1 판매량

1 만족도

1 평가도

KOREA EDUCATIONAL BRAND AWARDS
대한민국 교육브랜드 대상
2025

Xistory stands for
e**X**tra **I**ntensive story for
the University Entrance Examination.

자이스토리

KB244849

Xi story

대한민국 **No.1** 수능 기출문제집

2026

1 에디션

공통수학 1

★ 최신 유형 문제 최다 수록

▲ 최신 고1 학력평가 + 내신 기출 문항 수록
▲ 새 교육과정 개념 총정리, 160개 촘촘한 유형 분석
▲ 단계별 서술형 문제 – 내신 기출 서술형 문제 훈련
▲ 최종 실력 점검을 위한 내신 + 학평 대비 단원별 모의고사
▲ 1등급·2등급 문제 – 단서 , 발상 , 적용 특별 해설
▲ 다른 풀이, 톡톡 풀이, 쉬운 풀이, 입체 첨삭 해설
▲ 개념 강의 + 중요 문제
　동영상 강의 QR코드

강남구청
인터넷수능방송
강의교재

수경출판사

Believe in yourself!
Trust your abilities!
Only with both modesty
and solid confidence in your own strengths
can you achieve true success and happiness.

무료 인터넷 동영상 강의 유튜브 ^채_널
'셀프수학'

· 개념은 쉽고 확실하게
· 최고난도 문제는 시원하게
· 모든 문제를 깨드립니다.

*기초가 부족한 학생부터 최상위권 학생들을 위한 강의

석 민 준
서울대 첨단융합학과 2025년 입학
수지 현암고 졸

"1회독은 기억, 2회독은 내신과 수능 차이 분석,
3회독은 양적 확대, 4회독은 비법 노트 완성!"

■ 기출로 기본을, 회독으로 완성을 – 단계별 학습 루틴 정립기

고3이 되면서 내신과 수능을 동시에 준비해야 했어. 기출문제뿐만 아니라 심화 문제, 모의고사 학습 등 해야 할 일이 많았지만, '양보다 질'에 초점을 맞추어 기출문제를 통한 근간 다지기부터 시작했지.

자이스토리로 수학 I , 수학 II 기출은 4회독을 하면서 기초를 확립하고, 문제 밑에 풀이 발상과 실수 포인트를 직접 메모했어.

채점 할 때는 동그라미, 세모, 엑스, 별표 등을 표시하여 난이도와 오답 여부를 관리했어.

1회독에서는 기억을 되살리는 데 집중했고, 2회독에서는 평가원 기출을 중심으로 내신과 수능의 차이를 분석했어. 3회독에서는 사관 학교·경찰대·교육청 문제까지 범위를 확장하며 양적 확대를 시도했고, 마지막 4회독에서는 그동안 쌓인 메모를 정리해 나만의 '비법노트'를 완성했어.

이 비법노트는 개념 휘발을 막고, 새로운 문제를 풀 때도 과거 기출과의 연관성을 빠르게 떠올릴 수 있도록 도와줬어.

■ 1등급 고난도 스토리를 중심으로 회독하며 사고력을 확장해!

1등급을 목표로 했기 때문에, 시험 기간에는 자이스토리의 핵심 파트인 '1등급 고난도 스토리'를 집중적으로 공부했어. 어려운 문제를 풀 때는 자료를 해석하고 활용하는 시각을 기르는 게 우선이야.

서울대 선배의 1등급 전략을 보며 문제의 핵심 포인트를 파악했고, 경우의 수 같이 글로 이해하기 어려운 부분은 QR 강의 영상으로 보완했어.

같은 문제를 풀 때도 여러 풀이를 비교한 결과 '나만의 공부법'을 완성할 수 있었어. 자이스토리는 내신과 수능 모두 대비 가능한 진정한 수학 만능 교재야.

■ 계산 문제를 통해 '적용형 암기'를 익혀!

수학은 암기 과목은 아니지만, 공식을 적용하는 능력이 중요해. 특히, 곱셈공식을 외울 때 공식이 헷갈려 어려움을 겪었는데, 그럴수록 자이스토리 앞부분의 개념 문제를 반복 풀이했어.

공식을 외우기보다는 계산 문제를 통해 '적용'하는 방법을 익히면 암기가 훨씬 쉬워져. 공식은 외워서 쓰는 게 아니라, 몸에 익히는 것이라고 생각해.

■ 수학은 마라톤 – 꾸준함이 만드는 변화의 즐거움!

수험생활은 길고 험난한 여정이었어. 수학은 특히 배우고도 잊기 쉽고, 익숙한 문제도 다시 막히는 경우가 많았지.

하지만 이런 답답함은 누구에게나 일어나는 자연스러운 과정이야. 그럴 때마다 나는 조급해하지 않고, 단단한 기초를 유지하며 꾸준히 시간을 투자했어. 그러다 보면 어느새 같은 문제에서 전보다 훨씬 깊은 이해를 하게 되고, 못 풀던 문제를 풀어내는 순간의 성취감이 찾아왔어.

후배 여러분도 이 과정을 두려워하지 말고, '공부하는 즐거움'을 스스로 발견하길 바라. 꾸준함은 결국 여러분의 가장 강력한 무기가 될 거야.

■ 노력은 배신할 때도 있지만, 그 과정은 절대 헛되지 않아!

고등학교 공부는 중학교 때보다 훨씬 치열했어.

선행이 부족했던 나는 늘 뒤처지는 기분이 들었지만, 선생님이 해주신 "노력은 맛있다."라는 말을 떠올리며 하루하루 최선을 다했어.

결과가 늘 완벽하진 않지만, 노력했던 시간은 인생의 원동력이 된다고 믿어. 이 글을 읽는 후배들이 "노력은 맛있다."라는 말을 마음에 새기고 자신만의 공부를 해나가길 바라.

My Story Xi Story [공통수학 1]

자이스토리 33개년 역사

- 수능 난이도 (상) 빨간색
- 수능 난이도 (중) 검정색
- 수능 난이도 (하) 파란색

2025
11. 13
7년 만에 응시자가 최대였던 역대급 수능, 칸트를 너무 많이 사랑했다! 국어의 과학 지문, 칸트 지문으로 초반부터 완전 난감 ㅠㅠ. 영어에서도 칸트, 홉스 지문이 최고 오답률, 윤리에서도 칸트 문제.! 수학에서도 고난도 문항들이 많이 출제되었지만, 이번 입시 전략 최대 변수는 사탐런의 난이도 불균형으로 인한 유불리 발생이 아닐까.

2024
11. 14
축축하고 어색한 수능 날씨! 국어, 수학 난이도는 그냥저냥 했는데 영어는 까탈스러움. 선택과목별 난이도 편차가 커서 표준점수 영향력이 커질 듯. 의대 증원으로 21년만에 최대로 폭발한 최상위권 N수생. 과탐 응시자는 줄고 사과탐 혼합 응시는 늘고, 수능 등급을 짐작하기 너무나 어려워 ㅠㅠ

2023
11. 16
킬러를 없앤다고 했는데, 국어·영어는 매력적 오답들을 지뢰밭처럼 쫙 깔아 놨네ㅠㅠ 수학은 킬러 문제 대신에 무늬만 준킬러 문제들을 우중충하게 많이 깔아 놓고ㅠㅠ 서울대가 과탐Ⅱ과목 필수 응시를 폐지해서 표준 점수가 요동치지 않을까? 이과생들의 문과 침공이 또 다른 입시 변수가 될까?

2022
11. 17
따뜻했지만 가슴은 쿵쿵! 떨렸던 1교시 국어, 휴~ 그렇게 어려진 않았어. 수학은 킬러 문항은 없지만 까다로운 문제가 많아서 등급이~ ㅠㅠ. 영어는 듣기 속도가 평소보다 빨라서 귀가 빨간 토끼처럼 되어버렸네. 통합 수능 2년차, n수생들이 많아서 입시 전략 짜기 머리가 뽀개질듯!

2021
11. 18
창문을 열어도 춥지 않던 따뜻한 수능날이었어. 선택과목이 생겨서 안 그래도 혼란스러운 수학은 빈칸추론 문제의 등장으로 우리의 머리를 뜨겁게 달구는데... 마음을 다잡으며 풀기 시작한 영어는 듣기 뒷부분이 마치 독해처럼 길고 어려워서 채 식지 않은 열이 더욱 활활 타 올랐당 @_@!

2020
12. 03
코로나 때문에 플라스틱 칸막이가 장벽을 마주하고 치러진 수능. 이러한 수험생들의 고충을 고려해서인지 대체로 평이하게 나왔어! 그렇지만 수학 가형 30번 문제는 까다로웠지. 마스크를 끼고, 쉬는 시간마다 창문을 열어 환기를 해서 춥고, 방호복까지 등장한 수능이었지만, 처음 겪는 멘붕 상황에서도 무사히 수능을 치른 것에 엄지 척! 올려 주고 싶어 :)

2019
11. 14
별밤에 누워 너무 맑고 초롱한 눈으로, 8년 만에 바뀐 샤프로 수능을 보면 점수가 잘 나올까? 다행히 BIS비율 관련 지문을 제외하고 국어 난이도는 평이했어. 그러나 역시 수능은 수능! 수학 나형의 30번 문제, 좀 당황스럽더라. 국어와 영어는 까다롭지 않았지만 수학으로 변별력을 키운 2020 수능, 작은 실수가 뼈 때릴 듯!

2018
11. 15
국어 너... 좀 낯설다? 중국 천문학은 뭐고, 〈출생기〉는 또 뭐야? 국어는 독서와 문학 모두 낯섦의 결정체였어. 역대급 난이도의 국어를 풀고 나니 수학은 그래도 평이했어. 근데 작년보다 훨씬 어려워진 영어 때문에 또 다시 긴장 백배였지. 일명 "국어 쇼크, 역대 최저 등급 컷!" but, 내가 어려웠으면 남도 어려웠을 것이니 마음 편히 먹으면 좋은 결과가 있을 듯^^

2017
11. 23
어서 와~ 수능 연기는 처음이지? 일주일 동안 마음을 다잡고 힘겹게 수능 시험을 맞이했는데 날씨도 마음도 추운 시험 날이었어. 국어의 낯선 시와 긴 독서 지문, 수학은 그래프 유형 추론 문제, 어려워진 탐구 영역. 여진 올까 불안한데 문제까지 어려웠지. 올해 수능은 우리들의 정신력과 의지로 헤쳐 낸 〈강 건너간 노래〉였어.

2016
11. 17
지문을 다 읽었는데 기억이 안 난다ㅠ 생소한 주제의 제시문과 복합 유형까지! 1교시 국어 영역은 길고 낯설었다. 2교시, 세트 문제가 없어지고, 언어적 독해력을 묻는 문제도 출제된 수학(나형), 안 그래도 이미 쿠크다스처럼 깨진 내 정신은 이제 먼지가 되어 사라짐;; 덕분에 상위권 변별력은 커졌으나 우리는 그 누구랑 다르게 오직 실력으로 당당히 대학 가자!!

2015
11. 12
수능 날인데 날씨가 따뜻했다. 평가원에서는 포근한 난이도 출제를 발표하셨다. 하지만 EBS 체감 연계율이 하락한 영어와 국어에서 수험생들은 당황했다. 수학 A형에서는 귀납적 추론 문제 때문에 중하위권 수험생들의 심장이 요동쳤다. 모의평가보다 상승한 난이도로 '매운맛 수능'이 된 2016 수능!

2014
11. 13
입시 한파가 수험생들을 꽁꽁 얼리고ㅠ.ㅠ 낯선 지문으로 까다롭게 출제된 국어 A·B형 때문에 수능 체감 난이도 급상승! 무난한 난이도였던 수학에서는 실수와의 싸움이 등급을 결정하고~ '쉬운 영어' 방침에 따라 변별력이 떨어진 영어의 등급 컷은 하늘을 찌를 듯... 들쭉날쭉한 난이도로 수험생들을 당황시킨 2015 수능!

2013
11. 07
출제 위원도 수험생도 떨렸던 첫 수준별 수능!! 국어 A형의 과학 지문이 최상위권을 나누다... 수학 A·B형은 모두 주관식이 최고난도 문항으로 출제되고ㅠ.ㅠ 영어 B형에 상위권 학생들이 몰려 대입 당락의 변수가 될 전망!! 고난도 문제들은 EBS 연계와 전혀 무관했던 2014 수능~ 상위권 수험생들의 입시 경쟁이 치열할 터!

2012
11. 08
수준별 A·B형 체제로 개편되기 전의 마지막 수능 – 변별력 있는 고난도 문제가 여러 개 나와 상위권의 수학 실력을 제대로 세분화시키고... 빈칸 추론 유형 때문에 난이도가 급상승한 외국어가 또 한 번 수험생들의 발목을 잡았다고 -_-

2011
11. 10
쉬운 수능이었지만 복병은 존재~ 비문학 지문이 까다로웠던 언어 때문에 1교시부터 쩔쩔매다! 수리 가형은 조금 어려웠지만, 난이도 조절에 실패해서 너무 쉬워진 외국어는 점수가 대폭 상승?? 변별력을 잃은 수능 때문에 논술이 더더욱 중요해지고~

2010
11. 18
EBS와 연계 출제되었다고 하지만 체감 난이도는 더욱 더 상승↑ 비문학 지문 때문에 시간이 부족했던 언어와 최상위권 변별력 확보를 위해 확 어려워진 수리 영역~!! 외국어마저 어려운 어휘와 고난도 독해가 출제되어, EBS만 믿고 공부한 수험생들 제대로 배신 당하다...

2009
11. 12
2009년을 휩쓴 신종 인플루엔자 때문에 공부하기도, 시험보기도 힘들었던 수험생들을 위해 언어와 수리는 몸풀기 난이도로 출제! 하지만 오후엔 강력 외국어 펀치를 날리고, 이어지는 들쑥날쑥 난이도의 사과탐 펀치... 이래저래 원서 접수로 머리가 뽀개질 2010 대학입시!!!

2008
11. 13
표준점수와 백분위가 다시 부활한 09수능! 언어와 외국어, 사·과탐은 대체로 평이하게 출제되었으나 ~ 수험생들 간의 변별력 확보를 위해서인지 유독 까다로운 문항이 많았던 수리 가형과 수리 나형 때문에 체감 난이도 급수상↑ 수리 영역이 주요 변수로 작용하다!

2007
11. 15
등급제가 처음으로 적용된 08수능! 언어와 수리 나형은 어렵게, 수리 가형, 사·과탐, 외국어는 평이한 수준으로 출제돼 등급 블랭크를 없애기 위한 등급 간 변별력 확보는 성공~ 하지만 등급 내 동점자의 대거 발생으로 단 1점 차이로 희비가 엇갈리다!

2006
11. 16
수리 나형과 외국어는 만만~, 언어와 사·과탐은 지난해보다 유독 까다롭고 어려웠던 07수능! 결국 언어와 사·과탐 점수가 당락의 변수로 작용하다. 선택과목 간 난이도 조절 실패로, 휴~ 앞으로는 재수도 힘들다는데...

2005
11. 23
2006 수능 기상도 '맑다가 차차 흐림'– "너무 쉬웠어. 하하~"(언어 영역 종료 후)→"머릴 얻어맞은 느낌이야."(수리 영역 종료 후)→"그냥 찍었어."(외국어 영역 종료 후)→"망했어!!"(탐구 영역 종료 후)

2004
11. 17
♪외로워도 슬퍼도 나는 안 울어~. 언어 듣기에 느닷없이 등장한 캔디 주제곡은 일종의 복선이었을까…. 수험생들을 1교시는 웃게, 2·3교시는 내려 울게 만들었던 2005 수능, 그래도 모의평가 수준으로 평이하게 출제된 데자뷰 효과 덕이었는지 중·상위권 인플레 또 다시 야기.

2003
11. 05
대체로 교과서에 충실한 평이한 수준의 문제 출제가 이루어졌으나, 예상 지문 출제와 사상 첫 복수 정답 인정 논란으로 말도 많고 탈도 많던 2004 수능, 재수생의 연이은 강세로 고교 4학년 시대 가속화 되다!

2002
11. 06
너무 쉬웠던 2001 수능과 너무 어려웠던 2002 수능 사이의 적정선을 유지하며 널뛰기 논란을 일순간 잠재우는 듯 했으나, 고3의 학력 수준을 고려하지 않은 문제 출제로 난이도 조절 실패~

2001
11. 07
터무니없이 어려운 문제에 수험생들 쩔쩔~. 작년과는 반대로 언어와 수리가 오히려 점수 하락을 주도했으며, 쉬운 수능에 눈높이가 맞춰진 수험생들의 체감 난이도 상승으로 1, 2교시 이후 시험 중도 포기가 속출했다. 난이도 조절 大실패! 수능 평균 66점 하락↓

2000
11. 15
수능 만점자 66명. 풍년이로세! 수능 무용론이 나돌 정도로 변별력 상실 지속~ 변별력을 잃은 언어와 수리가 점수밭으로 작용하며 널뛰기식 난이도가 도마 위에 올랐다.

1999
11. 17
변별력을 아예 상실하다! 유독 깐깐했던 언어 영역을 제외하고 대체로 작년보다 쉽게 출제되면서 또다시 중·상위권 인플레 현상 야기. 1명의 수능 만점자 배출과 함께 300점 이상을 25만명까지 늘린 2000 수능!!

1998
11. 18
쉽게 낸다는 애초 발표와는 달리 수리가 어렵고 까다롭게 출제되는 바람에 수험생들 배신감에 부들부들~. 그러나 나머지 영역이 총점의 하락폭을 상쇄시켜 평균 27점 상승↑ 수능에서 첫 만점자가 탄생했으나, 쉽기로 소문난 99 수능 하따르면 만점자가 쏟아질 뻔!—;

1997
11. 19
교과서 내에서 자주 접해온 평이한 수준의 문제와 기출과 유사한 유형의 다수 출제로 평균 42점 상승↑ 변별력 논란을 일으키며, 상·하위권이 좁았던 기존의 항아리형에서 중·하위권이 비대한 꽃병형 점수대 분포로 변화!

1996
11. 13
1교시 언어가 예상보다 쉬워 내쉬던 안도의 한숨을 여지없이 끊어버린 수리와 사·과탐의 연이은 高난이도 출제는 재수생들을 두 번 죽이는 일이었다! 수능 사적으로 볼 때, 바야흐로 이 시기는 수리 주관식 문제와 총점 400점이 처음 도입되고, 영어 듣기가 17문항으로 늘어난 수능 과도기 시점.

1995
11. 22
영역별 난이도 예상과 달라 당황~ 수리&외국어=easy, 언어&사·과탐=hard 특히 생소한 지문으로 어렵게 1교시 언어와 통합 교과 소재의 高난이도 사·과탐이 수능 총점 초토화~! 지난해보다 평균 7점 down↓ 96 수능 시험 0점 지난해 3배!

1994
11. 23
수능 연 1회 시행의 시발점이었으나, 수능 高난이도 연속 행진 계속! 10문항이 늘어난 수리와 외국어는 무난했으나, 의외의 복병이었던 사·과탐의 난이도가 특히 높아 점수를 마구 갉아먹다.

고등학교 수학,
개념을 정확히 이해하고 문제 유형을 익히면 성적을 올릴 수 있습니다.

수학은 공식만 암기하면서 공부하면
성적이 오르지 않습니다.

개념과 연계된 문제 유형들은
단계별 문제를 통해서
익혀야 합니다.

자이스토리는 새 교육과정에 맞게
최신 학교시험과 학력평가 문제를 철저히 분석해
촘촘하게 유형을 분류하고 개념을 적용시키는 유형 훈련으로
수학 실력을 탄탄하게 올릴 수 있게 만들었습니다.

또한, 자이스토리만의 명쾌한 문제 분석과 풍부한 보충 첨삭 해설은
문제를 풀어가면서 동시에 개념과 유형을 자연스럽게
익힐 수 있도록 도와줍니다.

특별한 사람만이 수학을 좋아하고 잘하는 것이 아닙니다.
개념을 바르게 이해하고, 쉬운 문제부터 단계를 밟아 기본을 다지면
수학은 어느새 재미있는 과목이 되어 있을 것입니다.

어떤 목표를 달성하는 데 가장 중요한 것은 자신감이라고 하지요?
해낼 수 있다는 자신감을 갖고 자이스토리와 함께 하면
수학 1 등급을 반드시 이룰 수 있습니다.

– 대한민국 No.1 수능 문제집 자이스토리 –

🍀 학교시험 1등급 완성 학습 계획표 [35일]

Day	문항 번호	틀린 문제 / 헷갈리는 문제 번호 적기	날짜		복습 날짜	
1	A 01~70		월	일	월	일
2	71~128		월	일	월	일
3	129~158		월	일	월	일
4	B 01~75		월	일	월	일
5	76~125		월	일	월	일
6	126~165		월	일	월	일
7	C 01~85		월	일	월	일
8	86~130		월	일	월	일
9	D 01~82		월	일	월	일
10	83~145		월	일	월	일
11	E 01~57		월	일	월	일
12	58~110		월	일	월	일
13	111~144		월	일	월	일
14	F 01~80		월	일	월	일
15	81~144		월	일	월	일
16	145~180		월	일	월	일
17	G 01~72		월	일	월	일
18	73~153		월	일	월	일
19	154~196		월	일	월	일
20	H 01~62		월	일	월	일
21	63~100		월	일	월	일
22	I 01~83		월	일	월	일
23	84~137		월	일	월	일
24	138~187		월	일	월	일
25	J 01~50		월	일	월	일
26	51~81		월	일	월	일
27	K 01~80		월	일	월	일
28	81~135		월	일	월	일
29	136~168		월	일	월	일
30	L 01~85		월	일	월	일
31	86~136		월	일	월	일
32	137~179		월	일	월	일
33	모의 A~D		월	일	월	일
34	모의 E~H		월	일	월	일
35	모의 I~L		월	일	월	일

• 나는 _____ 대학교 _____ 학과 _____ 학번이 된다.

• 磨斧作針 (마부작침) – 도끼를 갈아 바늘을 만든다. (아무리 어려운 일이라도 끈기 있게 노력하면 이룰 수 있음을 비유하는 말)

🍀 집필진 · 감수진 선생님들

🌸 자이스토리는 내신 + 수능 준비를 가장 효과적으로
할 수 있도록 수능, 모의평가, 학력평가 기출문제를
개념별, 유형별, 난이도별로 수록하였습니다.
그리고 명강의로 소문난 학교 · 학원 선생님들께서 명쾌한
해설을 입체 첨삭으로 집필하셨습니다.

[집필진]

김덕환	대전 대성여자고등학교	전경준	서울 풍문고등학교	**[다른 풀이 집필]**	
배수나	가인아카데미	전준홍	서울 압구정 Yestudy	강 현	경주 비상아이비츠 강현학원
이종석	일등급 수학 저자	최대철	서울 인창고등학교	김리안	인천 수리안학원
송유헌	제주 GTS Math	홍지언	부산대학교 수학 박사과정	김예진	경남 수학 전문컨설턴트
신건률	대치 다원교육	홍지우	안양 부흥고등학교	김 준	인천 쭌에듀학원
장영환	제주 제로링수학교실	수경 수학 컨텐츠 연구소		신은숙	서울 펜타곤학원
장철희	서울 보성고등학교			유대호	평촌 플랜지에듀
				유재영	평택 비전고등학교
				이보형	성남 매쓰코드학원

이세복	고양 퍼스널수학
전승환	안양 공즐학원
정경애	대구 수투수학학원
정석균	천안 힐베르트 수학과학학원
채송화	부산 채송화수학

개념&문제 풀이
강의 선생님
유튜브 채널

셀프수학

[특별 감수진]

고호섭	보성 벌교고등학교	김우영	광주 김우영수학학원	문윤정	대구 정동고등학교	이선혜	광주 서석고등학교
권정철	부산 가야고등학교	김정태	서울 미래산업과학고등학교	문윤정	대구 정동고등학교	장광덕	화성 동탄의수학학원
김대식	하남 하남고등학교	김정환	안양 신성고등학교	양유식	세종 정석학원	장용준	의정부 상우고등학교
김미연	광명 충현고등학교	김진회	인천 인천외국어고등학교	윤규환	광주 광주석산고등학교	조현정	서울 동덕여자고등학교
김보원	서울 동일여자고등학교	김현주	포항 유성여자고등학교	윤미령	안산 미령수학	한재철	당진 송악고등학교
김성미	서울 에이원매쓰	남광현	서울 수학의힘(강동본원)	이나라	이천 양정여자고등학교		

[감수진]

강수미	세종 청람수학전문학원	김태성	광주 김태성수학	심혜림	성주 별고을교육원	임정수	서울 (성북)시그마수학학원
강유식	대전 연세제일학원	김현석	서울 1타수학목동관학원	안형진	전주 혁신청람수학	장지원	부산 해신수학학원
강지민	함안 명덕고등학교	김형진	서울 (마포)예일학원	양지현	성남 (분당)일비충천수학학원	장혜림	인천 와풀수학
강현아	서울 (대치)매쓰테라피	김호승	성남 (분당)수학의아침	양창진	의정부 수학의숲학원	장혜민	성남 우주수학학원
공아란	전주 세움입시학원	김호원	성남 (분당)원수학학원	어흥범	광주 수바시&매쓰피아	전찬용	부산 (개금)페르마학원
구무회	청주 엑스텐수학학원	김훤재	서울 반포파인만고등관	오정민	인천 갈루아수학학원	전호완	성남 숭신여자고등학교
기미나	인천 기쌤수학	남궁준	수원 새봄수학	윤동빈	춘천 페르마학원	정재웅	부산 수학1번가
김경미	춘천 페르마석사본원	마계춘	광주 어썸수학학원	윤세진	창원 매쓰플랜수학학원	정재훈	용인 시너지수학학원
김동현	서울 (성북)대치이상학원	문정탁	대구 STM수학학원	이경환	서울 꿈이룸수학전문학원	조우영	부산 위드유수학학원
김미나	서울 (목동)씨앤씨	민태흠	성남 생각하는수학공간학원	이경효	고양 효수학학원	최성문	서울 파이온수학학원
김미희	인천 희수학	박기두	서울 목동종로학원	이나영	창원 티오피에듀정상학원	최수민	서울 완벽한수학학원
김민서	안산 수풀림수학학원	박동민	울산 동지수학과학전문학원	이상아	서울 (위례)솔수학	최에나	광주 티오티수학학원
김병수	안양 (평촌)인재와고수	박성찬	수원 성찬쌤's 수학의공간	이성준	인천 지담수학학원	최인구	서울 강북제일학원
김보미	고양 유투엠향동캠퍼스	박성찬	수원 성찬쌤's 수학의공간	이세복	고양 퍼스널수학	최정곤	서울 깊은생각
김성현	서울 하이탑수학	박 찬	제주 찬수학학원	이수동	부천 E&T수학전문학원	최진규	성남 (분당)TSM수학학원
김양준	양산 이룸학원	박현준	서울 절대수학학원	이수연	수원 매향여자정보고등학교	황선아	서울 큐수학
김영대	아산 탑씨크리트배방학원	박현철	진천 셀마현수학학원	이수현	대구 구정남수학학원	**[My Top Secret 집필]**	
김용희	인천 수학의성지	배홍규	대구 매쓰피아수학학원	이승주	인천 명신여자고등학교	곽지훈	서울대 수학교육과
김윤혜	대전 슬기로운수학학원	백은지	부산 백퍼센트수학학원	이준석	서울 이준석수학	김진형	서울대 약학과
김장훈	제주 프로젝트M수학학원	서동원	대전 수학의중심학원	이진형	안동 성희여자고등학교	문지원	서울대 의예과
김재훈	세종 최고수학학원	서영덕	진주 탑앤탑학원	이창현	서울 미래탐구메인수학센터	석민준	서울대 첨단융합학과
김재훈	세종 최고수학학원	서영준	대전 힐탑학원	이태형	서울 (목동)고대수학학원	장현준	서강대 수학과
김정인	양주 옥정고등학교	소윤영	광주 (상무)플라톤학원	이현석	서울 이현석수학학원	정서린	서울대 약학과
김지연	서울 아드폰테스	손승태	구리 인창고등학교	이현호	고양 스카이맥스수학	정호재	서울대 경제학부
김지현	대전 파스칼대덕학원	신선학	울산 신쌤플러스수학전문학원	이효진	서울 올토수학학원	조선하	서울대 자유전공학부
김철준	파주 (운정)명인학원	심재현	용인 웨이메이커수학학원	이훈관	광주 일품수학학원	황대윤	서울대 수리과학부

🍀 차 례 [총 160개 유형]

개념&문제 풀이 강의 선생님 유튜브 채널

셀프수학

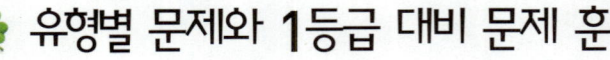 🍀 **유형별 문제와 1등급 대비 문제 훈련으로 내신 1등급 완성**

1 개념 스토리+개념 확인 문제

공통수학1에서 꼭 알아야 하는 중요한 교과서 개념을 쉽게 이해되도록 설명하였습니다. 또한, 개념과 공식을 확실히 자신의 것으로 만들 수 있는 개념 확인 문제를 함께 수록했습니다.

● **중요도 ★★★** : 시험에 자주 나오는 개념과 유형의 중요 정도 제시
● **개념 확인 문제** : 개념 하나하나에 대한 맞춤 문제로 구성

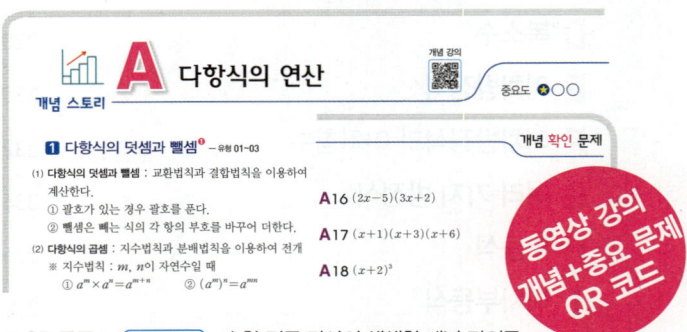

● **QR 코드** : 수학 전문 강사의 생생한 개념 강의를 통해 완벽한 개념 학습을 할 수 있도록 하였습니다.

3 서술형 스토리 – 단계별 문제해결 방법 제시

학교시험에서 출제되는 다양한 서술형 문제를 단계적으로 풀어 나가는 과정을 제시하여 서술형 문제에 대한 자신감을 얻을 수 있게 구성하였습니다.

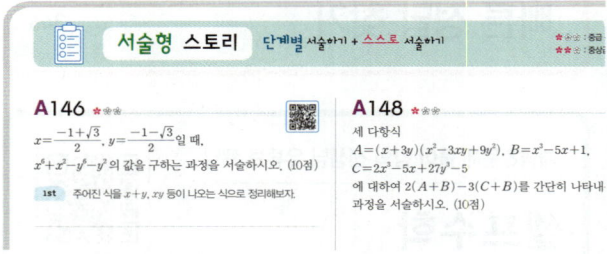

4 단원별 모의고사 – 내신+학평 대비와 단원 실력 최종 점검

중간, 기말 학교 시험에 대비할 수 있는 단원별 모의고사를 통해 자신의 실력을 체크하고, 부족한 부분은 보충할 수 있습니다. ★ 주요 문항 동영상 강의 제공

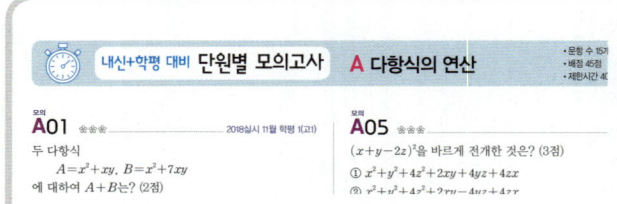

2 내신+학평 유형 스토리

개념에 따른 유형을 자세히 공부할 수 있도록 학교 시험이나 학력평가에서 출제되었던 문제들을 촘촘하게 세분화하여 개념순, 난이도 순으로 수록하였습니다.

● **유형 정리** : 시험에서 출제되었던 모든 유형을 제시하여 효과적이고 완벽한 유형 분석을 할 수 있도록 하였습니다.
● **tip** : 유형에 따라 한 번 더 상기해야 할 개념과 접근법을 제시하였습니다.
● **QR 코드** : 유형별 핵심 문제와 혼자 풀기 어려운 문제의 풀이 과정을 동영상 강의를 통해 한 번 더 학습할 수 있도록 하였습니다.

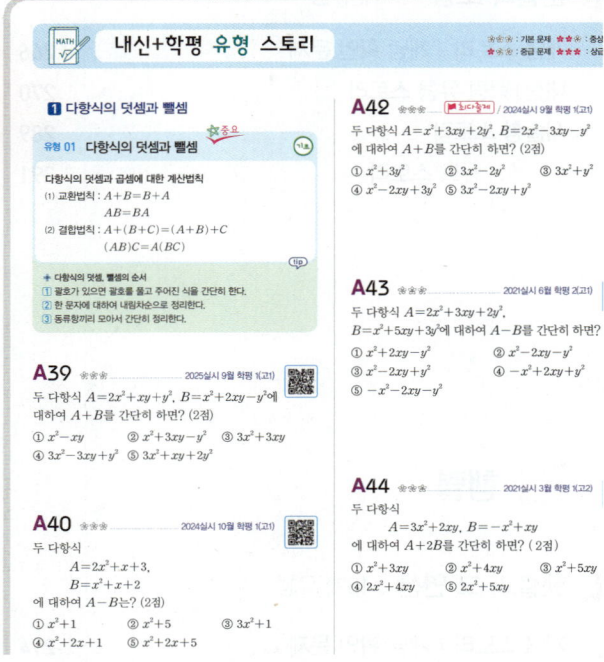

● **난이도** : ❀❀❀ – 기본 문제, ★❀❀ – 중급 문제
  ★★❀ – 중상급 문제, ★★★ – 상급 문제

● **출처표시** : 수능, 평가원 – 대비연도, 학력평가 – 실시연도
  • **2026대비 수능(나) 22번** : 2025년 11월에 실시한 수능
  • **2025실시 6월 학평 16(고1)** : 2025년 6월에 실시한 학력평가
  • **2024실시 3월 학평 10(고2)** : 2024년 3월에 실시한 학력평가
  • **표시 없는 문제** : 기출 변형 문제

● **최다출제** : 내신, 학평에서 가장 출제율이 높은 문제
● **신유형** : 최근 내신+학평에서 출제되는 새로운 유형의 문제
● **필수** : 유형 학습을 위해 꼭 확인 해야 하는 문제
● **중요** : 시험에 반드시 출제되는 중요 유형 체크
● **고난도** : 여러 개념을 복합적으로 묻는 고난도 유형

❺ 1등급 고난도 스토리 – 2등급 대비+1등급 대비

1등급을 가르는 변별력 있는 고난도 문제를 난이도 순으로
배열하여 종합적인 사고력과 응용력을 길러서 반드시 수학
1등급을 달성할 수 있도록 구성했습니다.

최고
⭐ **1등급 대비** : 실제 시험장에서 손도 대지 못했던 극강의 난이도 문제
　　　　　　　　　(도전해 보되, 좌절하지는 말자!)

✴ **1등급 대비** : 정답률이 20% 이하인 문제로, 1등급을 가르는 최고난도
　　　　　　　　　문제

✦ **2등급 대비** : 정답률이 21%~35%인 문제로, 1, 2등급으로 발돋움하는 데
　　　　　　　　　도움이 되는 최상급 문제

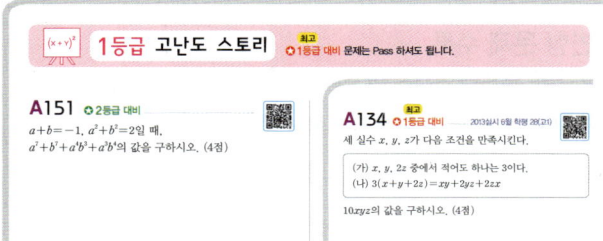

❻ 1등급 대비 · 2등급 대비 문제 특별 해설

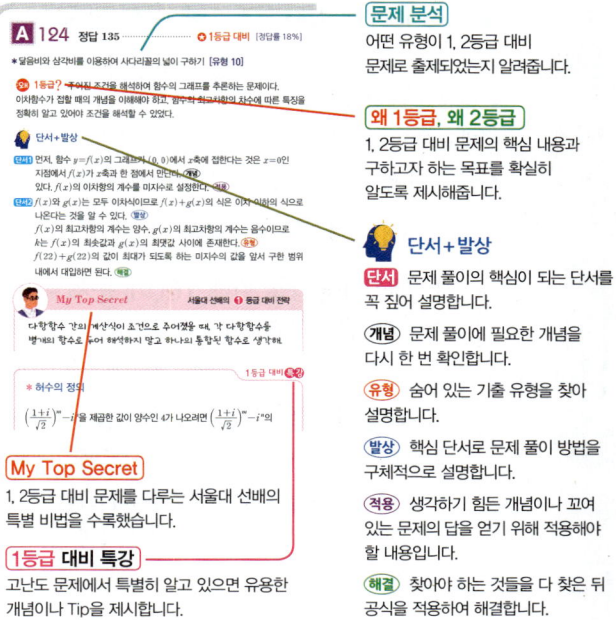

문제 분석
어떤 유형이 1, 2등급 대비
문제로 출제되었는지 알려줍니다.

왜 1등급, 왜 2등급
1, 2등급 대비 문제의 핵심 내용과
구하고자 하는 목표를 확실히
알도록 제시해줍니다.

단서＋발상
단서 문제 풀이의 핵심이 되는 단서를
꼭 짚어 설명합니다.

개념 문제 풀이에 필요한 개념을
다시 한 번 확인합니다.

유형 숨어 있는 기출 유형을 찾아
설명합니다.

발상 핵심 단서로 문제 풀이 방법을
구체적으로 설명합니다.

적용 생각하기 힘든 개념이나 꼬여
있는 문제의 답을 얻기 위해 적용해야
할 내용입니다.

해결 찾아야 하는 것들을 다 찾은 뒤
공식을 적용하여 해결합니다.

My Top Secret
1, 2등급 대비 문제를 다루는 서울대 선배의
특별 비법을 수록했습니다.

1등급 대비 특강
고난도 문제에서 특별히 알고 있으면 유용한
개념이나 Tip을 제시합니다.

❼ 입체 첨삭 해설!

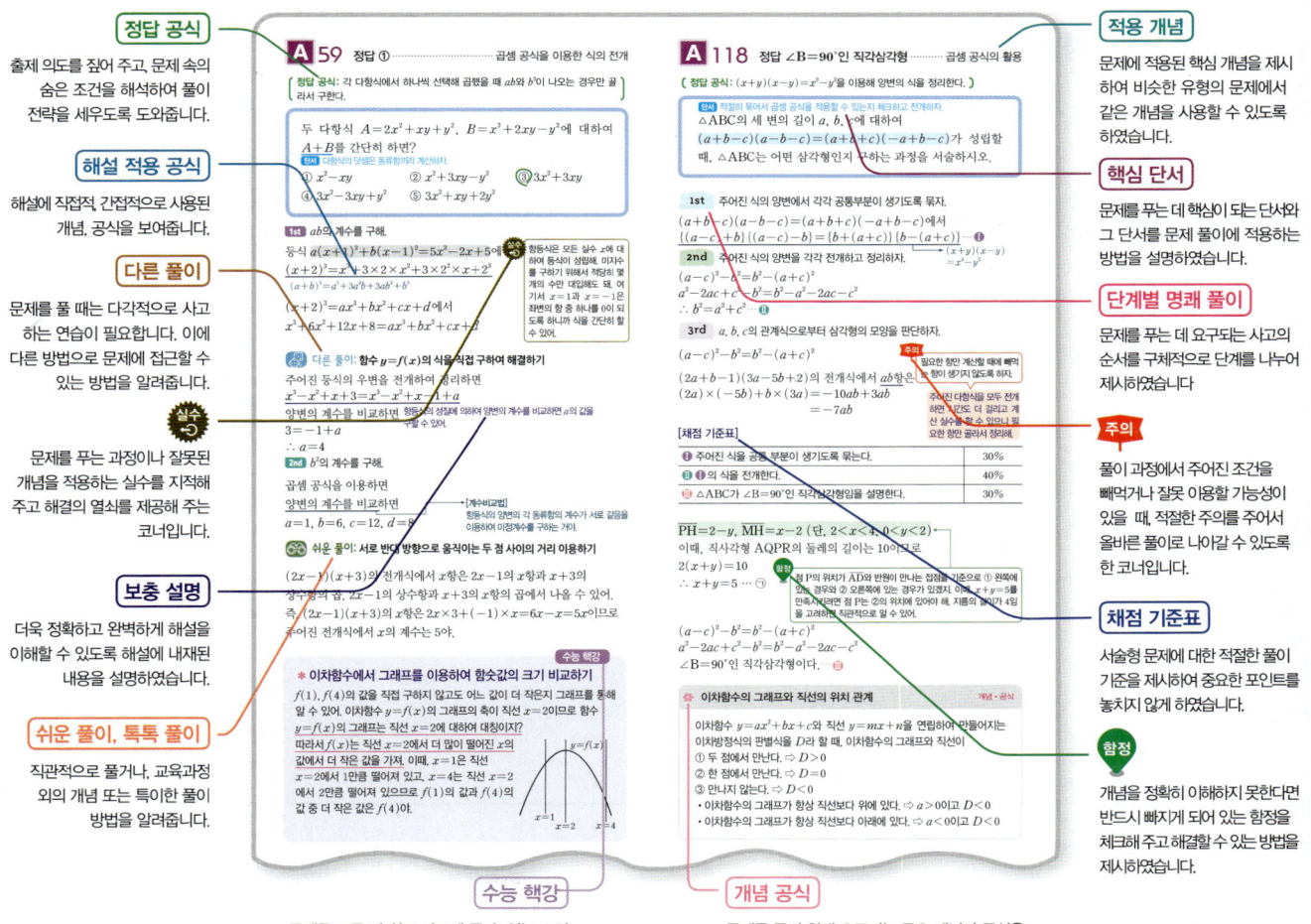

정답 공식
출제 의도를 짚어 주고, 문제 속의
숨은 조건을 해석하여 풀이
전략을 세우도록 도와줍니다.

해설 적용 공식
해설에 직접적, 간접적으로 사용된
개념, 공식을 보여줍니다.

다른 풀이
문제를 풀 때는 다각적으로 사고
하는 연습이 필요합니다. 이에
다른 방법으로 문제에 접근할 수
있는 방법을 알려줍니다.

실수
문제를 푸는 과정이나 잘못된
개념을 적용하는 실수를 지적해
주고 해결의 열쇠를 제공해 주는
코너입니다.

보충 설명
더욱 정확하고 완벽하게 해설을
이해할 수 있도록 해설에 내재된
내용을 설명하였습니다.

쉬운 풀이, 톡톡 풀이
직관적으로 풀거나, 교육과정
외의 개념 또는 특이한 풀이
방법을 알려줍니다.

수능 핵강
문제를 조금 더 쉽고 빠르게 풀 수 있는 스킬
등을 자세히 설명하였습니다.

개념 공식
문제를 풀기 위해 요구되는 주요 개념과 공식을
정리하였습니다.

적용 개념
문제에 적용된 핵심 개념을 제시
하여 비슷한 유형의 문제에서
같은 개념을 사용할 수 있도록
하였습니다.

핵심 단서
문제를 푸는 데 핵심이 되는 단서와
그 단서를 문제 풀이에 적용하는
방법을 설명하였습니다.

단계별 명쾌 풀이
문제를 푸는 데 요구되는 사고의
순서를 구체적으로 단계를 나누어
제시하였습니다.

주의
풀이 과정에서 주어진 조건을
빼먹거나 잘못 이용할 가능성이
있을 때, 적절한 주의를 주어서
올바른 풀이로 나아갈 수 있도록
한 코너입니다.

채점 기준표
서술형 문제에 대한 적절한 풀이
기준을 제시하여 중요한 포인트를
놓치지 않게 하였습니다.

함정
개념을 정확히 이해하지 못한다면
반드시 빠지게 되어 있는 함정을
체크해 주고 해결할 수 있는 방법을
제시하였습니다.

 **문항 배열 및 구성 [2003제]**

❶ 개념 이해와 개념 확인 문제 [414제]

각 단원에서 배울 개념 중 중요한 것들을 자세히 설명하고 개념 하나하나에 대한 맞춤 문제를 수록하였습니다.

❷ 최신 10개년 학력평가 기출 문제 전 문항 수록 [새교육과정 2003제]

• 2022~2025 고1, 고2 3월 학력평가 전 문항 수록 (292제)
• 새교육과정에 맞는 2015~2021 학력평가 우수 문항 선별 수록 (407제)
• 새교육과정 완벽 대비를 위한 유형별 내신 기출 변형 문제 수록 (599제)
• 필수 유형 완전 학습 – 내신+학평 유형 스토리 [160 유형, 문제 1194제]

> ★ **내신 1등급을 위한** 내신 기출 변형 문제 **추가 수록**
>
> **1. 내신 1등급을 위해 160개 문제 유형으로 세분화**
> 수학 개념을 쉽고 빠르게 이해하는 가장 좋은 학습법은 문제 유형을 세분화해서 공부하는 것입니다.
> 학교 시험은 다양한 유형에서 고르게 출제되기 때문에, 유형을 세분화해서 충분히 연습해야 합니다.
>
> **2. 160개 유형 연습을 위한 기출 문제 + 내신 기출 변형 문제 수록**
> 학력평가는 특별한 유형에서 많이 출제되기 때문에 어떤 유형은 기출 문제가 과하게 많고,
> 어떤 유형은 기출 문제가 부족합니다. 그래서 160개 유형에 맞는 내신 기출 변형 문제를 보충 수록해서
> 1등급을 위한 완벽한 학습이 되도록 하였습니다.

❸ 서술형 단계별 훈련을 위한 내신 기출 변형 문제 서술형 스토리 [서술형 93제]

각 단원 중 서술형 출제 방식에 적합하고 출제 비율이 높은 내신 기출 변형 서술형 문제를 구성하였습니다.

❹ 내신+학평 대비 단원별 모의고사 [기출 문제+기출 변형 문제 170제]

[공통수학1 문항 구성표]

시행연도	고1 3월 학력평가	고1 6월 학력평가	고1 9월 학력평가	고1 11월 학력평가	고2 3월 학력평가	연도별 문항 수
2025	0	30	30	0	15	75
2024	0	30	17	14	11	72
2023	0	30	17	13	13	73
2022	0	30	16	14	12	72
2021	0	30	20	14	13	77
2020	4	30	16	13	12	71
2019	5	28	14	14	23	84
2018	0	26	16	9	7	58
2017	1	15	8	4	6	34
2016	4	19	5	1	5	34
2015	2	12	7	5	6	32
내신 기출 변형 문제	599					
기본 개념, 서술형 문제	507					
총 수록 문항 수						2003

■ **내신 기출 변형 문제** : 160개 유형 예상 문제 수록
■ **학평 기출** : 2025~2022 학평 전부 수록, 2021~2015(7개년) 학평 선별

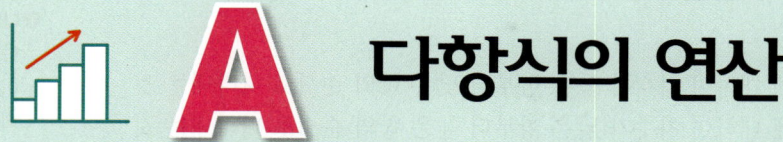

A 다항식의 연산

♣ 단원 학습 목표

• 중학교 과정에서 학습한 다항식의 뜻과 간단한 다항식을 계산하는 방법으로부터 두 개 이상의 문자를 포함한 복잡한 다항식의 사칙연산을 할 수 있다.

• 중학교에서 학습한 지수법칙을 바탕으로, 단항식의 곱셈으로부터 삼차식과 항이 3개인 곱셈 공식을 알고, 이를 다항식의 연산에 활용할 수 있다.

★ 자주 출제되는 필수 개념 학습법

• 다항식의 연산에서는 주어진 식을 먼저 간단히 한 후 다항식을 대입하여 계산한다. 이때, 괄호로 묶어서 대입하면 실수를 줄일 수 있는데, 괄호를 풀 때 괄호 앞의 부호에 주의한다.

• 곱셈 공식 또는 곱셈 공식의 변형을 통해 식의 값을 묻는 문제가 자주 출제되므로 반드시 정리해두도록 한다.

• (다항식)÷(다항식)은 각 다항식을 내림차순으로 정리한 후 자연수의 나눗셈과 같은 방법으로 계산한다.

★ 자주 출제되는 개념+공식

1 자주 쓰이는 곱셈 공식
(1) $(a+b)^3=a^3+3a^2b+3ab^2+b^3$
$(a-b)^3=a^3-3a^2b+3ab^2-b^3$
(2) $(a+b)(a^2-ab+b^2)=a^3+b^3$
$(a-b)(a^2+ab+b^2)=a^3-b^3$
(3) $(a+b+c)^2=a^2+b^2+c^2+2(ab+bc+ca)$

2 다항식 A를 다항식 $B(B \neq 0)$로 나눌 때의 몫을 Q, 나머지를 R라 하면
$A=BQ+R$ (단, $(R$의 차수$)<(B$의 차수$)$)

부호에 주의하여 곱셈 공식을 적용한다.

A 다항식의 연산

중요도 ★○○

1 다항식의 덧셈과 뺄셈 ─ 유형 01

(1) 다항식의 정리 방법 ❶

① 내림차순 : 한 문자에 대하여 차수가 높은 항부터 낮은 항의 순서로 나타내는 것

② 오름차순 : 한 문자에 대하여 차수가 낮은 항부터 높은 항의 순서로 나타내는 것

예) 다항식 $x^2+3xy-y^2-2x+5y+4$에 대하여

① x에 대하여 내림차순으로 정리: $x^2+(3y-2)x-y^2+5y+4$

② x에 대하여 오름차순으로 정리: $-y^2+5y+4+(3y-2)x+x^2$

(2) 다항식의 덧셈과 뺄셈

교환법칙과 결합법칙을 이용하여 동류항 ❷ 끼리 모아서 정리한 후 계산한다.

① 괄호가 있는 경우 괄호를 푼다. ┗→ 다항식에서 문자와 차수 같은 항

② 뺄셈은 빼는 식의 각 항의 부호를 바꾸어 더한다. ❸

(3) 다항식의 덧셈에 대한 성질

다항식 A, B, C에 대하여

① 교환법칙 : $A+B=B+A$

② 결합법칙 : $(A+B)+C=A+(B+C)$ ❹

2 다항식의 곱셈 ─ 유형 02~05

(1) 다항식의 곱셈 : 지수법칙과 분배법칙을 이용하여 **식을 전개한 다음 동류항끼리 모아서 정리**한다. ❺

※ 지수법칙 : m, n이 자연수일 때

① $a^m \times a^n = a^{m+n}$ ② $(a^m)^n = a^{mn}$ ③ $(ab)^m = a^m b^m$

④ $\left(\dfrac{a}{b}\right)^m = \dfrac{a^m}{b^m}$ (단, $b \neq 0$) ⑤ $a^m \div a^n = \begin{cases} a^{m-n} & (m>n) \\ 1 & (m=n) \\ \dfrac{1}{a^{n-m}} & (m<n) \end{cases}$ (단, $a \neq 0$)

(2) 다항식의 곱셈에 대한 성질

다항식 A, B, C에 대하여

① 교환법칙 : $AB=BA$

② 결합법칙 : $(AB)C=A(BC)$ ❻

③ 분배법칙 : $A(B+C)=AB+AC$, $(A+B)C=AC+BC$

(3) 곱셈공식

① $(a+b)^2 = a^2+2ab+b^2$, $(a-b)^2 = a^2-2ab+b^2$

② $(a-b)(a+b) = a^2-b^2$

③ $(x+a)(x+b) = x^2+(a+b)x+ab$

④ $(ax+b)(cx+d) = acx^2+(ad+bc)x+bd$

⑤ $(x+a)(x+b)(x+c) = x^3+(a+b+c)x^2+(ab+bc+ca)x+abc$

⑥ $(a+b)^3 = a^3+3a^2b+3ab^2+b^3$, $(a-b)^3 = a^3-3a^2b+3ab^2-b^3$ ❼

⑦ $(a+b)(a^2-ab+b^2) = a^3+b^3$, $(a-b)(a^2+ab+b^2) = a^3-b^3$

⑧ $(a+b+c)^2 = a^2+b^2+c^2+2(ab+bc+ca)$

⑨ $(a+b+c)(a^2+b^2+c^2-ab-bc-ca) = a^3+b^3+c^3-3abc$

⑩ $(a^2+ab+b^2)(a^2-ab+b^2) = a^4+a^2b^2+b^4$

이미 배웠던 공식

새로 배우는 공식

---

❶ **다항식의 정리 방법**

다항식을 한 문자에 대하여 내림차순이나 오름차순으로 정리할 때, 기준이 되는 문자를 제외한 나머지 문자는 상수로 생각한다.

❷ **동류항**

특정한 문자에 대하여 차수가 같은 항

❸ 예) $x^2-(y^2-2x+y)$
$=x^2-y^2+2x-y$

❹ $(A+B)+C$와 $A+(B+C)$의 결과가 같으므로 이를 보통 괄호없이 $A+B+C$로 나타낸다.

❺ 다항식의 곱셈에서는 다음과 같은 지수법칙을 이용한다.
$x^m x^n = x^{m+n}$ (단, m, n은 자연수)

❻ $(AB)C$와 $A(BC)$의 결과가 같으므로 이를 보통 괄호없이 ABC로 나타낸다.

❼ $(a-b)^3$
$=\{a+(-b)\}^3$
$=a^3+3a^2(-b)+3a(-b)^2+(-b)^3$
$=a^3-3a^2b+3ab^2-b^3$

1 다항식의 덧셈과 뺄셈

[**A01~A02**] 다항식 $7x^2-x^4-6+x$을 다음과 같이 정리하시오.

A01 x에 대한 내림차순

A02 x에 대한 오름차순

[**A03~A06**] 다음을 계산하시오.

A03 $(9x^2-4xy+6x)+(7xy-x-3x^2)$

A04 $(-3x^3-6x^2-11)-(-4+8x^2+2x^3)$

A05 $(4x^2+xy)+(y^2-xy)-(2y^2-5x^2)$

A06 $(5-4x^3)-(3x^2+2x^3)+(6x^2-x)$

[**A07~A09**] 두 다항식 $A=x^3-3x^2+2x+4$, $B=-2x^3+4x^2-x$에 대하여 다음을 계산하시오.

A07 $A+B$

A08 $3A-2B$

A09 $B-2(A-B)$

2 다항식의 곱셈

[**A10~A13**] 다음 식을 간단히 하시오.

A10 $-2ax^2\times5a^2x$

A11 $(3x^2y)^2\times(-xy^2)^3$

A12 $(-a^3b^2)^3\div(-2a^2b^4)^2$

A13 $(x^2y^3)^3\times(-x^3)^2\div(-xy^2)^4$

[**A14~A17**] 다음 식을 전개하시오.

A14 $3x(2x^2-3x+4)$

A15 $-y(5x^2+3x)+2x(y^2-y)$

A16 $(a^2+b)(a^2-2b-3)$

A17 $(a^2-2a+6)(a+1)-3(a+4)$

[**A18~A30**] 곱셈 공식을 이용하여 다음 식을 전개하시오.

A18 $(3x+1)^2$

A19 $(2x-y)^2$

A20 $(4x+y)(4x-y)$

A21 $(x+2)(x+5)$

A22 $(2x-5)(3x+2)$

A23 $(x+1)(x+3)(x+6)$

A24 $(x+2)^3$

A25 $(x-1)^3$

A26 $(x+2)(x^2-2x+4)$

A27 $(2a-1)(4a^2+2a+1)$

A28 $(a-2b+c)^2$

A29 $(x^2+2xy+4y^2)(x^2-2xy+4y^2)$

A30 $(a+b-c)(a^2+b^2+c^2-ab+bc+ca)$

3 곱셈 공식의 변형 — 유형 06~10

(1) $a^2+b^2=(a+b)^2-2ab=(a-b)^2+2ab$ ❽

(2) $a^3+b^3=(a+b)^3-3ab(a+b)$,　$a^3-b^3=(a-b)^3+3ab(a-b)$

(3) $a^2+b^2+c^2=(a+b+c)^2-2(ab+bc+ca)$

(4) $a^3+b^3+c^3=(a+b+c)(a^2+b^2+c^2-ab-bc-ca)+3abc$

참고 (1), (2)에 a 대신 x, b 대신 $\dfrac{1}{x}$을 대입하면 다음과 같다.

(1) $x^2+\dfrac{1}{x^2}=\left(x+\dfrac{1}{x}\right)^2-2=\left(x-\dfrac{1}{x}\right)^2+2$

(2) $x^3+\dfrac{1}{x^3}=\left(x+\dfrac{1}{x}\right)^3-3\left(x+\dfrac{1}{x}\right)$,　$x^3-\dfrac{1}{x^3}=\left(x-\dfrac{1}{x}\right)^3+3\left(x-\dfrac{1}{x}\right)$

4 다항식의 나눗셈 — 유형 11~12

(1) **다항식의 나눗셈** ❾

각 다항식을 내림차순으로 정리한 후 자연수의 나눗셈과 같은 방법으로 계산한다. ❿

(2) **다항식의 나눗셈에 대한 등식**

다항식 A를 다항식 $B(B\neq0)$로 나눌 때의 몫을 Q, 나머지를 R라 하면

$$A=BQ+R \text{ (단, } (R\text{의 차수)}<(B\text{의 차수)})$$

특히, $R=0$, 즉 $A=BQ$이면 A는 B로 나누어떨어진다고 한다.

예) 다항식 $f(x)$를 x^2+2로 나눈 몫이 $x-1$, 나머지가 7이면

$$f(x)=(x^2+2)(x-1)+7$$

❽ $(a+b)^2-2ab=(a-b)^2+2ab$에서

$(a-b)^2=(a+b)^2-4ab$

❾ 다항식의 나눗셈을 할 때에는 차수에 맞춰서 계산한다.

이때, 해당하는 차수의 항이 없으면 그 자리를 비워둔다.

예) $(2x^2+4)\div(x-1)$의 계산

```
              2x+2
     x-1 ) 2x²     +4
           2x²-2x
           ─────────
                2x+4
                2x-2
                ────
                   6
```

❿ 예) $(2x^2+3x+4)\div(x-1)$의 계산

```
              2x+5     ← 몫
     x-1 ) 2x²+3x+4
           2x²-2x         ← (x-1)×2x
           ────────
                5x+4
                5x-5      ← (x-1)×5
                ────
                   9      ← 나머지
```

개념 확인 문제

3 곱셈 공식의 변형

A31 $a+b=3$, $ab=-2$일 때, 다음 식의 값을 구하시오.

(1) a^2+b^2 　　　(2) a^3+b^3

A32 $a-b=1$, $ab=4$일 때, 다음 식의 값을 구하시오.

(1) a^2+b^2 　　　(2) a^3-b^3

A33 $x+\dfrac{1}{x}=3$일 때, $x^2+\dfrac{1}{x^2}$의 값을 구하시오.

A34 $a+b+c=1$, $ab+bc+ca=-14$, $abc=-24$일 때, $a^3+b^3+c^3$의 값을 구하시오.

4 다항식의 나눗셈

[A35~A36] 다음 식을 계산하시오.

A35 $(6x^3+15x^2-3x)\div3x$

A36 $(4a^2b^3+8a^3b-10ab^2)\div2ab$

[A37~A38] 다음 나눗셈의 몫과 나머지를 구하시오.

A37 $(x^3+4x^2-5)\div(x-2)$

A38 $(2x^3-x^2-6x+1)\div(x+1)$

1 다항식의 덧셈과 뺄셈

유형 01 다항식의 덧셈과 뺄셈   중요 기초

다항식의 덧셈과 곱셈에 대한 계산법칙
(1) 교환법칙 : $A+B=B+A$
      $AB=BA$
(2) 결합법칙 : $A+(B+C)=(A+B)+C$
      $(AB)C=A(BC)$
tip

✚ **다항식의 덧셈, 뺄셈의 순서**
1️⃣ 괄호가 있으면 괄호를 풀고 주어진 식을 간단히 한다.
2️⃣ 한 문자에 대하여 내림차순으로 정리한다.
3️⃣ 동류항끼리 모아서 간단히 정리한다.

A39 ✼✼✼ ············ 2025실시 9월 학평 1(고1)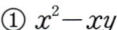

두 다항식 $A=2x^2+xy+y^2$, $B=x^2+2xy-y^2$에 대하여 $A+B$를 간단히 하면? (2점)

① x^2-xy 　　② $x^2+3xy-y^2$ 　③ $3x^2+3xy$
④ $3x^2-3xy+y^2$ 　⑤ $3x^2+xy+2y^2$

A40 ✼✼✼ ············ 2024실시 10월 학평 1(고1)

두 다항식
　　$A=2x^2+x+3$,
　　$B=x^2+x+2$
에 대하여 $A-B$는? (2점)

① x^2+1 　　② x^2+5 　　③ $3x^2+1$
④ x^2+2x+1 　⑤ x^2+2x+5

A41 ✼✼✼ ············ 2025실시 3월 학평 1(고2)

두 다항식
　　$A=x^2+2xy-2y^2$, $B=x^2+3xy+2y^2$
에 대하여 $A+B$를 간단히 하면? (2점)

① $x^2+4xy+y^2$ 　② x^2+5xy 　③ $2x^2+5xy-y^2$
④ $2x^2+5xy$ 　　⑤ $2x^2+6xy$

A42 ✼✼✼ ····· 🚩최다출제 / 2024실시 9월 학평 1(고1)

두 다항식 $A=x^2+3xy+2y^2$, $B=2x^2-3xy-y^2$에 대하여 $A+B$를 간단히 하면? (2점)

① x^2+3y^2 　　② $3x^2-2y^2$ 　③ $3x^2+y^2$
④ $x^2-2xy+3y^2$ 　⑤ $3x^2-2xy+y^2$

A43 ✼✼✼ ············ 2021실시 6월 학평 2(고1)

두 다항식 $A=2x^2+3xy+2y^2$,
$B=x^2+5xy+3y^2$에 대하여 $A-B$를 간단히 하면? (2점)

① $x^2+2xy-y^2$ 　　　② $x^2-2xy-y^2$
③ $x^2-2xy+y^2$ 　　　④ $-x^2+2xy+y^2$
⑤ $-x^2-2xy-y^2$

A44 ✼✼✼ ············ 2021실시 3월 학평 1(고2)

두 다항식
　　$A=3x^2+2xy$, $B=-x^2+xy$
에 대하여 $A+2B$를 간단히 하면? (2점)

① x^2+3xy 　　② x^2+4xy 　　③ x^2+5xy
④ $2x^2+4xy$ 　　⑤ $2x^2+5xy$

A45 ✼✼✼ ············ 2020실시 11월 학평 1(고1)

두 다항식
　　$A=x^2+y^2-1$, $B=2x^2-y^2+3$
에 대하여 $A+B$는? (2점)

① $2x^2+1$ 　　② $2x^2+2$ 　　③ $3x^2+1$
④ $3x^2+2$ 　　⑤ $3x^2+3$

A46 ❀❀❀   2020실시 9월 학평 1(고1)

두 다항식
$$A=x^2-xy+y^2,\ B=x^2+xy-y^2$$
에 대하여 $A+B$는? (2점)

① $2x^2$ ② $2y^2$ ③ $2xy$
④ x^2+y^2 ⑤ $2x^2+xy$

A47 ❀❀❀   2020실시 3월 학평 1(고2)

두 다항식
$$A=2x^2-3xy,\ B=x^2-4xy-y^2$$
에 대하여 $A-B$를 간단히 하면? (2점)

① x^2+xy ② x^2+2xy
③ x^2-xy+y^2 ④ x^2+xy+y^2
⑤ $x^2+2xy+y^2$

A48 ❀❀❀   2019실시 11월 학평 1(고1)

두 다항식
$$A=xy+x-1,\ B=xy-x+2$$
에 대하여 $A+B$는? (2점)

① $xy+1$ ② $xy+2$ ③ $2xy+1$
④ $2xy+2$ ⑤ $2xy+3$

A49 ❀❀❀   2022실시 3월 학평 1(고2)

두 다항식
$$A=3x^2-2xy+y^2,\ B=x^2+xy-y^2$$
에 대하여 $A-B$를 간단히 하면? (2점)

① $2x^2-3xy$ ② $2x^2-3xy+y^2$
③ $2x^2-3xy+2y^2$ ④ $2x^2-xy+y^2$
⑤ $2x^2-xy+2y^2$

A50 ❀❀❀   2021실시 11월 학평 1(고1)

두 다항식
$$A=x^2-2xy+y^2,\ B=3xy-y^2$$
에 대하여 $A+B$는? (2점)

① x^2-xy ② x^2+xy ③ x^2+2xy
④ $2x^2-xy$ ⑤ $2x^2+xy$

A51 ❀❀❀   2022실시 6월 학평 2(고1)

두 다항식 $A=4x^2+2x-1,\ B=x^2+x-3$에
대하여 $A-2B$를 간단히 하면? (2점)

① x^2+2 ② x^2+5 ③ $2x^2+5$
④ x^2-x+4 ⑤ $2x^2-x+4$

A52 ❀❀❀   2022실시 9월 학평 1(고1)

두 다항식 $A=x^2-2xy+y^2,\ B=x^2+2xy+y^2$에
대하여 $A+B$를 간단히 하면? (2점)

① x^2+y^2 ② $2x^2+2y^2$ ③ $3x^2+3y^2$
④ $2x^2-2xy+2y^2$ ⑤ $2x^2+2xy+2y^2$

A53 ❀❀❀   2019실시 9월 학평 1(고1)

두 다항식 $A=x^2+5x+4,\ B=x^2+2$에 대하여
$A-B$는? (2점)

① $5x-2$ ② $5x+2$ ③ x^2+5x
④ x^2+5x-2 ⑤ x^2+5x+2

A54 ✿✿✿
2023실시 9월 학평 1(고1)

두 다항식 $A=x^2-2x+1$, $B=2x^2+2x-2$에 대하여 $A+B$를 간단히 하면? (2점)

① x^2-x-1 ② x^2+x+1 ③ x^2+1
④ $3x^2-1$ ⑤ $3x^2+1$

A55 ✿✿✿
2023실시 6월 학평 2(고1)

두 다항식 $A=2x^2-4x+3$, $B=-x^2+9x+6$에 대하여 $A+B$를 간단히 하면? (2점)

① x^2+5x+9 ② x^2+5x-9 ③ x^2-5x+9
④ $-x^2+5x+9$ ⑤ $-x^2-5x+9$

A56 ✿✿✿
2023실시 3월 학평 1(고2)

두 다항식 $A=x^3+2x^2$, $B=2x^3-x^2-1$에 대하여 $A+B$를 간단히 하면? (2점)

① x^3-3x^2-1 ② x^3+x^2+1 ③ $3x^3+x^2-1$
④ $3x^3+x^2+1$ ⑤ $3x^3+3x^2-1$

A57 ✿✿✿
2022실시 11월 학평 1(고1)

두 다항식
$$A=x^2+2xy-1, B=-2x^2+xy+1$$
에 대하여 $A+B$는? (2점)

① $-x^2-2xy$ ② $-x^2+3xy$ ③ $-x^2+3xy+2$
④ $x^2+2xy+1$ ⑤ x^2+3xy

A58 ✿✿✿
2024실시 3월 학평 1(고2)

두 다항식 $A=3x^2+2x-1$, $B=-x^2+x+3$에 대하여 $A+B$를 간단히 하면? (2점)

① $2x^2-x+2$ ② $2x^2+x-2$ ③ $2x^2+3x+2$
④ $4x^2+x+4$ ⑤ $4x^2+3x+4$

A59 ✿✿✿ 초다출제 / 2021실시 9월 학평 1(고1)

두 다항식 $A=x^2-x+1$, $B=-x^2+2x$에 대하여 $A+B$는? (2점)

① $-x-1$ ② $-x+1$ ③ $x-1$
④ $x+1$ ⑤ $2x+1$

A60 ✿✿✿
2023실시 11월 학평 1(고1)

두 다항식
$$A=2x^2+3y^2-2, B=x^2-y^2$$
에 대하여 $A-B$는? (2점)

① $-x^2+y^2-2$ ② $-x^2+4y^2$ ③ x^2+y^2
④ x^2+y^2+2 ⑤ x^2+4y^2-2

A61 ✿✿✿
2024실시 6월 학평 2(고1)

두 다항식 $A=3x^2-5x+1$, $B=2x^2+x+3$에 대하여 $A-B$를 간단히 하면? (2점)

① x^2-4x-2 ② x^2-4x+2 ③ x^2-4x+4
④ x^2-6x-2 ⑤ x^2-6x+2

A62 ✿✿✿
2020실시 6월 학평 2(고1)

두 다항식
$$A=x^2+2x-1, B=x^2-x+3$$
에 대하여 $2A-B$를 간단히 하면? (2점)

① x^2+5x-5 ② x^2+5x-1 ③ x^2-3x-5
④ $2x^2-3x+5$ ⑤ $2x^2-3x-1$

A63 ✿✿✿

두 다항식 $A=x^2-xy+3y^2$, $B=2x^2-3xy+4y^2$에 대하여 $3A-2(A+2B)$를 계산하면? (2점)

① $5x^2+7xy-12y^2$　　② $5x^2+11xy-12y^2$
③ $7x^2+4xy-6y^2$　　④ $-7x^2+11xy-13y^2$
⑤ $-7x^2-13xy+8y^2$

A64 ✿✿✿　　필누 / 2016실시 9월 학평 2(고1)

두 다항식

$$A=2x^2-4x-2, \ B=3x+3$$

에 대하여 $X-A=B$를 만족시키는 다항식 X는? (2점)

① $2x^2-x+1$　　② $2x^2+x+1$　　③ $2x^2+x-1$
④ $-2x^2-x+1$　　⑤ $-2x^2+x+1$

A65 ✿✿✿　　2014실시 9월 학평 2(고1)

두 다항식

$$A=2x^3+x^2-4x+1, \ B=x^2-4x+3$$

에 대하여 $A-2X=B$를 만족시키는 다항식 X는? (2점)

① x^2+1　　② x^2+2　　③ x^3-1
④ x^3-2　　⑤ x^3+3

A66 ✿✿✿　　신유형

임의의 두 다항식 A, B에 대하여
$A*B=3A+B$로 정의할 때,
$(2x^2+3xy+y^2)*(-3x^2-6xy+y^2)$을 간단히 하면?
(3점)

① $-2x^2-12xy+y^2$　　② $-2x^2-12xy+3y^2$
③ $3x^2-3xy-4y^2$　　④ $3x^2+3xy+4y^2$
⑤ $9x^2-3xy+4y$

---

2 다항식의 곱셈

유형 02　다항식의 연산의 실생활에의 활용　활용

문제에서 주어진 문자에 해당하는 값 또는 식을 제시된 등식에 정확히 대입한 후 다항식의 연산을 이용한다.

tip

① 실생활과 관련된 용어에 대한 등식이 주어지므로 용어의 정의를 정확하게 파악하는 것이 중요하다.
② 주어진 등식에 문자에 해당하는 값 또는 식을 대입한 후 두 값의 비율을 구하는 문제가 대부분이므로 다항식의 연산과 지수법칙 등에서 실수하지 않도록 주의한다.

A67 ✿✿✿　　2025실시 6월 학평 7(고1)

전하를 저장하는 전기적 장치를 축전기라 한다. 축전기에 저장된 전기에너지를 $U(\mathrm{J})$, 전기용량을 $C(\mathrm{F})$, 전압을 $V(\mathrm{V})$라 할 때, 축전기에 저장된 전기에너지는 다음과 같은 관계식이 성립한다.

$$U=\frac{1}{2}CV^2$$

두 축전기 A와 B에 대하여 축전기 A의 전기용량은 축전기 B의 전기용량의 3배이고, 축전기 A의 전압은 축전기 B의 전압의 $\frac{2}{3}$배이다. 두 축전기 A와 B에 저장된 전기에너지를 각각 U_A와 U_B라 할 때, $\dfrac{U_A}{U_B}$의 값은? (3점)

① $\dfrac{1}{3}$　　② $\dfrac{2}{3}$　　③ 1
④ $\dfrac{4}{3}$　　⑤ $\dfrac{5}{3}$

A68 ✿✿✿✿ 2021실시 6월 학평 14(고1)

물체가 등속 원운동을 하기 위해 원의 중심방향으로 작용하는 일정한 크기의 힘을 구심력이라 한다. 질량이 m인 물체가 반지름의 길이가 r인 원의 궤도를 따라 v의 속력으로 등속 원운동을 할 때 작용하는 구심력의 크기 F는 다음과 같다.

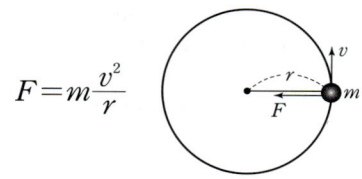

$$F = m\frac{v^2}{r}$$

물체 A와 물체 B는 반지름의 길이가 각각 r_A, r_B인 원의 궤도를 따라 등속 원운동을 한다. 물체 A의 질량은 물체 B의 질량의 3배이고, 물체 A의 속력은 물체 B의 속력의 $\frac{1}{2}$배이다. 물체 A와 물체 B의 구심력의 크기가 같을 때, $\dfrac{r_A}{r_B}$의 값은? (4점)

① $\dfrac{3}{8}$ ② $\dfrac{1}{2}$ ③ $\dfrac{5}{8}$

④ $\dfrac{3}{4}$ ⑤ $\dfrac{7}{8}$

A69 ✿✿✿ 2020실시 6월 학평 13(고1)

자동차의 엔진 속에는 원기둥 모양의 실린더가 있다. 실린더의 지름과 높이를 각각 보어와 스트로크라 하고, 실린더가 흡입할 수 있는 최대 기체의 양을 배기량이라 한다. 보어가 $R(\mathrm{mm})$, 스트로크가 $H(\mathrm{mm})$, 실린더의 개수가 $M(개)$인 자동차의 총 배기량을 $W(\mathrm{cc})$라 할 때, 다음과 같은 관계식이 성립한다고 한다.

$$W = \pi\left(\frac{R}{2}\right)^2 \frac{HM}{1000}$$

두 자동차 A, B에 대하여 A의 보어는 B의 보어의 $\dfrac{2}{3}$배이고, A의 스트로크는 B의 스트로크의 $\dfrac{9}{8}$배이다. 실린더의 개수가 같은 두 자동차 A, B의 총 배기량을 각각 W_A, W_B라 할 때, $\dfrac{W_A}{W_B}$의 값은? (단, 한 자동차의 실린더들은 모두 같다.)

(3점)

① $\dfrac{1}{4}$ ② $\dfrac{1}{2}$ ③ $\dfrac{3}{4}$

④ 1 ⑤ $\dfrac{5}{4}$

A70 ✿✿✿ 2019실시 6월 학평 14(고1)

망원경에서 대물렌즈 지름의 길이를 구경이라 하고 천체로부터 오는 빛을 모으는 능력을 집광력이라 한다. 구경이 $D(\mathrm{mm})$인 망원경의 집광력 F는 다음과 같은 관계식이 성립한다.

$$F = kD^2 \ (\text{단, } k\text{는 양의 상수이다.})$$

구경이 40인 망원경 A의 집광력은 구경이 x인 망원경 B의 집광력의 2배일 때, x의 값은? (4점)

① $10\sqrt{2}$ ② $15\sqrt{2}$ ③ $20\sqrt{2}$

④ $25\sqrt{2}$ ⑤ $30\sqrt{2}$

A71 ✽❀❀ 2023실시 6월 학평 14(고1)

분자 사이에 인력이나 반발력이 작용하지 않고
분자의 크기를 무시할 수 있는 가상의 기체를
이상 기체라 한다. 강철 용기에 들어 있는 이상 기체의
부피를 $V(L)$, 몰수를 $n(mol)$, 절대 온도를 $T(K)$,
압력을 $P(\text{atm})$이라 할 때, 다음과 같은 관계식이
성립한다.

$$V=R\left(\frac{nT}{P}\right) \text{ (단, } R\text{는 기체 상수이다.)}$$

강철 용기 A와 강철 용기 B에 부피가 각각 V_A, V_B인
이상 기체가 들어 있다. 강철 용기 A에 담긴 이상 기체의
몰수는 강철 용기 B에 담긴 이상 기체의 몰수의 $\frac{1}{4}$배이고,
강철 용기 A에 담긴 이상 기체의 압력은 강철 용기 B에
담긴 이상 기체의 압력의 $\frac{3}{2}$배이다.

강철 용기 A와 강철 용기 B에 담긴 이상 기체의 절대 온도가

같을 때, $\dfrac{V_A}{V_B}$의 값은? (4점)

① $\frac{1}{6}$ ② $\frac{1}{3}$ ③ $\frac{1}{2}$

④ $\frac{2}{3}$ ⑤ $\frac{5}{6}$

A72 ✽❀❀ 2018실시 6월 학평 17(고1)

실린더에 담긴 액체의 높이를 $h(m)$, 액체의 밀도를
$\rho(kg/m^3)$, 액체의 무게에 의한 밑면에서의 압력을
$P(N/m^2)$라 할 때, 다음과 같은 관계식이 성립한다.

$$P=\rho gh \text{ (단, } g\text{는 중력가속도이다.)}$$

실린더 A에 담긴 액체의 높이는 실린더 B에 담긴
액체의 높이의 15배이고, 실린더 A에 담긴 액체의 밀도는
실린더 B에 담긴 액체의 밀도의 $\frac{3}{5}$배이다. 실린더 A에
담긴 액체의 무게에 의한 밑면에서의 압력과 실린더
B에 담긴 액체의 무게에 의한 밑면에서의 압력을 각각

P_A, P_B라 할 때, $\dfrac{P_A}{P_B}$의 값은? (4점)

① 3 ② 5 ③ 7

④ 9 ⑤ 11

유형 03 다항식의 전개식에서의 계수 찾기 이해

분배법칙을 이용하여 전개한 후 동류항의 계수를 차수에 맞춰서
정리한다.

$$(a+b)(c+d)=ac+ad+bc+bd$$

주의 $ax^m \times bx^n = abx^{m+n}$ tip

① 다항식을 모두 전개하면 복잡하므로, 문제에서 구해야 하는 특정항을
만드는 데 필요한 각 다항식의 항을 파악하여 필요한 부분만 선택하여
전개한다.

② 전개하여 계수를 계산할 때, 부호에 유의한다.

A73 ❀❀❀ 🏁최다출제 / 2021실시 6월 학평 22(고1)

다항식 $(x+4)(2x^2-3x+1)$의 전개식에서
x^2의 계수를 구하시오. (3점)

A74 ❀❀❀ 2019실시 9월 학평 22(고1)

$(x+3)(x^2+2x+4)$의 전개식에서 x의 계수를 구하시오.
(3점)

A75 ❀❀❀ 2021실시 11월 학평 23(고1)

다항식 $(x+a)^3+x(x-4)$의 전개식에서 x^2의
계수가 10일 때, 상수 a의 값을 구하시오. (3점)

A76 ❀❀❀ 2018실시 6월 학평 2(고1)

$(2x+3y)(4x-y)$의 전개식에서 xy의 계수는? (2점)

① 7 ② 8 ③ 9

④ 10 ⑤ 11

A77 ✿✿✿ 2018실시 9월 학평 22(고1)
다항식 $(x+6)(2x^2+3x+1)$의 전개식에서 x^2의 계수를 구하시오. (3점)

A78 ✿✿✿ 2015실시(나) 3월 학평 3(고2)

$(x+2y)(x^2+xy)$의 전개식에서 x^2y의 계수는?

(2점)

① 1　　　　② 2　　　　③ 3
④ 4　　　　⑤ 5

A79 ✿✿✿ 2013실시 6월 학평 18(고1)

두 다항식 A, B에 대하여 연산 $<A,\ B>$를
$$<A,\ B>=A^2+AB+B^2$$
으로 정의할 때, 다항식 $<x^2+x+1,\ x^2+x>$의
전개식에서 x의 계수는? (3점)

① 3　　　　② 5　　　　③ 7
④ 9　　　　⑤ 11

A80 ✿✿✿

다항식 $(x+2x^2+3x^3+\cdots+100x^{100})^2$의
전개식에서 x^4의 계수를 구하시오. (3점)

유형 04 곱셈 공식을 이용한 식의 전개　기초

(1) $(a+b+c)^2=a^2+b^2+c^2+2(ab+bc+ca)$
(2) $(a+b)^3=a^3+3a^2b+3ab^2+b^3$
　$(a-b)^3=a^3-3a^2b+3ab^2-b^3$
(3) $(a+b)(a^2-ab+b^2)=a^3+b^3$
　$(a-b)(a^2+ab+b^2)=a^3-b^3$
(4) $(x+a)(x+b)(x+c)$
　$=x^3+(a+b+c)x^2+(ab+bc+ca)x+abc$
(5) $(a+b+c)(a^2+b^2+c^2-ab-bc-ca)=a^3+b^3+c^3-3abc$
(6) $(a^2+ab+b^2)(a^2-ab+b^2)=a^4+a^2b^2+b^4$

tip

① 문제에 주어진 식에서 곱셈 공식에 있는 형태가 보이면 이를 이용한다.
② 만약 형태를 파악하기 힘들 때에는 곱셈 공식에서 각각 특정 차수나 곱셈의 형식이 존재하므로 이를 통해 어떠한 곱셈 공식을 이용할지 미리 파악하여 주어진 식을 변형할 수 있다.
③ 곱셈 공식을 정확하게 적용했는지 분배법칙을 사용하여 확인할 수도 있다.

A81 ✿✿✿ 2023실시 6월 학평 22(고1)

다항식 $(4x-y-3z)^2$의 전개식에서 yz의 계수를 구하시오. (3점)

A82 ✿✿✿ 2023실시 3월 학평 6(고2)

$a+b=2$, $a^3+b^3=10$일 때, ab의 값은? (3점)

① $-\dfrac{2}{3}$　　　② $-\dfrac{1}{3}$　　　③ 0

④ $\dfrac{1}{3}$　　　⑤ $\dfrac{2}{3}$

A83 ✿✿✿ 2019실시 6월 학평 22(고1)
다항식 $(x+3)^3$을 전개한 식에서 x^2의 계수를 구하시오.
(3점)

A84 ✿✿✿ 2024실시 6월 학평 22(고1)

다항식 $(2x+y)^3$의 전개식에서 xy^2의 계수를 구하시오. (3점)

A85 ✤✤✤   2022실시 6월 학평 22(고1)

다항식 $(x+2y)^3$을 전개한 식에서 xy^2의 계수를 구하시오. (3점)

A86 ✤✤✤ 🔴최다출제 / 2014실시 9월 학평 5(고1)

x에 대한 다항식 $(ax+2)^3+(x-1)^2$을 전개한 식에서 x의 계수가 34일 때, 상수 a의 값은? (3점)

① 1   ② 3   ③ 5
④ 7   ⑤ 9

A87 ✤✤✤   2020실시 9월 학평 22(고1)

$(x^2+2x+5)^2$의 전개식에서 x의 계수를 구하시오. (3점)

A88 ✤✤✤   2020실시 6월 학평 23(고1)

$(3x+ay)^3$의 전개식에서 x^2y의 계수가 54일 때, 상수 a의 값을 구하시오. (3점)

A89 ✤✤✤   2024실시 6월 학평 6(고1)

$x+y-z=5$, $xy-yz-zx=4$일 때, $x^2+y^2+z^2$의 값은? (3점)

① 15   ② 17   ③ 19
④ 21   ⑤ 23

A90 ✤✤✤   2020실시 3월 학평 25(고2)

세 실수 x, y, z가 $x^2+y^2+4z^2=62$, $xy-2yz+2zx=13$을 만족시킬 때, $(x-y-2z)^2$의 값을 구하시오. (3점)

유형 05   치환을 이용한 식의 전개   (이해)

각 다항식의 공통부분을 간단한 한 문자로 치환하여 문제를 변형하면 복잡한 식을 쉽게 파악하여 문제를 푸는 데 용이하다.

예 $(x^2+2x-1)(x^2+2x+7)$에서 $x^2+2x=t$로 치환한 후 전개한다.   (tip)

① 문자를 추가하거나 변형하여 공통부분을 만들어서 하나의 문자로 치환한다. 이때, 치환한 식을 기존의 식과 혼동하지 않도록 주의한다.
② ( )( )( )( ) 꼴은 전개 후에 공통부분이 생기도록 상수에 유의하여 두 개씩 짝을 지어 전개한다.

A91 ✤✤✤   2018실시 11월 학평 10(고1)

두 실수 a, b에 대하여
$(a+b-1)\{(a+b)^2+a+b+1\}=8$일 때, $(a+b)^3$의 값은? (3점)

① 5   ② 6   ③ 7
④ 8   ⑤ 9

A92 *✤✤

$(x^2-3x+1)(x^2-3x-4)+2$를 전개하면? (3점)

① $x^4+6x^3+6x^2+9x+2$ ② $x^4+6x^3-6x^2+9x-2$
③ $x^4+6x^3-6x^2-9x+2$ ④ $x^4-6x^3-6x^2-9x+2$
⑤ $x^4-6x^3+6x^2+9x-2$

A93 *✤✤   (필수)

$(x-5)(x-3)(x-1)(x+1)$을 전개한 식이 $x^4+Ax^3+Bx^2+Cx-15$일 때, 상수 A, B, C에 대하여 $A+B+C$의 값은? (3점)

① -12 ② -3 ③ 5
④ 14   ⑤ 20

A94 *✤✤

$a=\sqrt{10}$일 때, 다음 식의 값을 구하시오. (4점)

$$\{(6+2a)^3-(6-2a)^3\}^2-\{(6+2a)^3+(6-2a)^3\}^2$$

3 곱셈 공식의 변형

유형 06 곱셈 공식의 변형 − $(x \pm y)^2$, $(x \pm y)^3$ 이용 ⭐중요

(1) $a^2 + b^2 = (a+b)^2 - 2ab = (a-b)^2 + 2ab$
(2) $(a+b)^2 = (a-b)^2 + 4ab$, $(a-b)^2 = (a+b)^2 - 4ab$
(3) $a^3 + b^3 = (a+b)^3 - 3ab(a+b)$
(4) $a^3 - b^3 = (a-b)^3 + 3ab(a-b)$

tip
1️⃣ 구하고자 하는 식이 복잡할 경우 문제의 식을 합, 차, 곱의 형태로 변형하면 사용해야 할 변형식을 알 수 있다. 예 $\frac{1}{a} + \frac{1}{b} = \frac{a+b}{ab}$
2️⃣ $x^2 + y^2$, $x^3 + y^3$, $x^4 + y^4$의 값을 구할 때는 $x+y$, xy의 값을 이용할 수 있도록 식을 변형한다.

A95 ❀❀❀ ·········· 2025실시 3월 학평 7(고2)

$a - b = 2$, $a^3 - b^3 = 32$일 때, ab의 값은? (3점)

① -5 ② -2 ③ 1
④ 4 ⑤ 7

A96 ❀❀❀ 🚩최다출제 / 2021실시 3월 학평 6(고2)

$a - b = 2$, $ab = \frac{1}{3}$일 때, $a^3 - b^3$의 값은? (3점)

① 8 ② 9 ③ 10
④ 11 ⑤ 12

A97 ❀❀❀ ·········· 2020실시 6월 학평 11(고1)

$x - y = 2$, $x^3 - y^3 = 12$일 때, xy의 값은? (3점)

① $\frac{1}{3}$ ② $\frac{2}{3}$ ③ 1
④ $\frac{4}{3}$ ⑤ $\frac{5}{3}$

A98 ❀❀❀ ·········· 2019실시 6월 학평 12(고1)

$x - y = 3$, $x^3 - y^3 = 18$일 때, $x^2 + y^2$의 값은? (3점)

① 7 ② 8 ③ 9
④ 10 ⑤ 11

A99 ❀❀❀ ·········· 2025실시 6월 학평 24(고1)

$k - \frac{3}{k} = 6$일 때, $k^3 - \frac{27}{k^3}$의 값을 구하시오. (3점)

A100 ❀❀❀ ·········· 2014실시 9월 학평 3(고1)

두 실수 a, b에 대하여 $a+b = 4$, $a^3 + b^3 = 40$일 때, ab의 값은? (2점)

① 1 ② 2 ③ 3
④ 4 ⑤ 5

A101 ❀❀❀ ·········· 2007실시 11월 학평 1(고1)

$a = 2 + \sqrt{3}$, $b = 2 - \sqrt{3}$일 때, $a^2 + b^2$의 값은? (2점)

① 10 ② $6\sqrt{3}$ ③ 12
④ $8\sqrt{3}$ ⑤ 14

A102 ❀❀❀ ·········· 2009실시 6월 학평 23(고1)

$a = 2 + \sqrt{2}$, $b = -2 + \sqrt{2}$일 때, $a^3 - b^3$의 값을 구하시오. (3점)

A103 ✽✽✽

$x+y=\sqrt{2}$, $xy=-2$일 때, $\dfrac{x^2}{y}+\dfrac{y^2}{x}$의 값은?

(3점)

① $-5\sqrt{2}$ ② $-4\sqrt{2}$ ③ $-3\sqrt{2}$

④ $-2\sqrt{2}$ ⑤ $-\sqrt{2}$

A104 ✽✽✽

두 실수 a, b에 대하여 $a+b=3$, $a^2+b^2=7$일 때, a^4+b^4의 값은? (3점)

① 39   ② 41   ③ 43

④ 45   ⑤ 47

A105 ✽✽✽

$x=3+2\sqrt{2}$, $y=3-2\sqrt{2}$일 때, $\dfrac{y}{x}+\dfrac{x}{y}$의 값은?

(3점)

① 28   ② 30   ③ 32

④ 34   ⑤ 36

A106 ✽✽✽

$x=\dfrac{2+\sqrt{3}}{2-\sqrt{3}}$, $y=\dfrac{2-\sqrt{3}}{2+\sqrt{3}}$일 때, x^2+xy+y^2의 값을 구하시오. (3점)

A107 ✽✽✽

$x+y=2$, $x^2+y^2=6$을 만족하는 두 실수 x, y에 대하여 x^7+y^7의 값은? (4점)

① 34   ② 82   ③ 198

④ 478   ⑤ 1054

유형 07 곱셈 공식의 변형 $-$ $x\pm\dfrac{1}{x}$ 이용 ⓘ해

(1) $x^2+\dfrac{1}{x^2}=\left(x+\dfrac{1}{x}\right)^2-2=\left(x-\dfrac{1}{x}\right)^2+2$

(2) $x^3+\dfrac{1}{x^3}=\left(x+\dfrac{1}{x}\right)^3-3\left(x+\dfrac{1}{x}\right)$

(3) $x^3-\dfrac{1}{x^3}=\left(x-\dfrac{1}{x}\right)^3+3\left(x-\dfrac{1}{x}\right)$

tip

1️⃣ $x+\dfrac{1}{x}$, $x-\dfrac{1}{x}$을 이용할 수 있도록 주어진 식을 변형하고 $x\times\dfrac{1}{x}=1$을 이용하여 구하고자 하는 식을 파악한다.

2️⃣ $x^2-kx+1=0$ 꼴이 주어지면 양변을 $x(x\neq0)$로 나누어서 $x+\dfrac{1}{x}=k$로 변형한다.

A108 ✽✽✽ 필수

$x^2-2x-1=0$일 때, $x^3-\dfrac{1}{x^3}$의 값을 구하시오.

(3점)

A109 ✽✽✽

$x^2+\dfrac{1}{x^2}=2$일 때, $x^3+\dfrac{1}{x^3}$의 값은? (3점)

① -8, 8   ② -6, 6   ③ -4, 4

④ -2, 2   ⑤ -1, 1

A110 ✽✽✽

양수 x에 대하여 $x^4-7x^2+1=0$일 때, $x^3+5x+\dfrac{5}{x}+\dfrac{1}{x^3}$의 값은? (3점)

① 27   ② 30   ③ 33

④ 36   ⑤ 39

유형 08 곱셈 공식의 변형 − $a^2+b^2+c^2$, $a^3+b^3+c^3$ 이용

(1) $a^2+b^2+c^2=(a+b+c)^2-2(ab+bc+ca)$
(2) $a^3+b^3+c^3=(a+b+c)(a^2+b^2+c^2-ab-bc-ca)+3abc$
(3) $a^2+b^2+c^2-ab-bc-ca=\dfrac{1}{2}\{(a-b)^2+(b-c)^2+(c-a)^2\}$

tip

1. 문제에서 주어진 식의 문자의 차수나 꼴을 보고, 어떤 곱셈 공식을 이용해야 되는지 파악한 후에 주어진 식을 변형한다.
2. 구하고자 하는 식이 복잡한 경우, 우선 식을 합, 차와 곱의 형태로 변형하여 사용해야 할 곱셈 공식의 변형식을 파악한다.

A111 ✽✽✽ ────── 2019실시(가) 3월 학평 6(고2)

$(a+b-c)^2=25$, $ab-bc-ca=-2$일 때, $a^2+b^2+c^2$의 값은? (3점)

① 27 ② 29 ③ 31
④ 33 ⑤ 35

A112 ✽✽✽ ────── 2014실시 6월 학평 8(고1)

$(2x+y-1)^2=3$을 만족시키는 x, y에 대하여
$4x^2+y^2+4xy-4x-2y$의 값은? (3점)

① 1 ② 2 ③ 3
④ 4 ⑤ 5

A113 ✽✽✽

$x+y+z=10$, $x^2+y^2+z^2=38$, $xyz=30$일 때,
$\dfrac{1}{x}+\dfrac{1}{y}+\dfrac{1}{z}$의 값은? (3점)

① $\dfrac{29}{30}$ ② $\dfrac{31}{30}$ ③ $\dfrac{37}{30}$
④ $\dfrac{41}{30}$ ⑤ $\dfrac{43}{30}$

A114 ✽✽✽ ──────
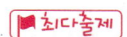

$a+b+c=1$, $ab+bc+ca=-14$, $abc=-24$
일 때, $(a+b)(b+c)(c+a)$의 값은? (3점)

① 10 ② 8 ③ 6
④ 4 ⑤ 2

A115 ✽✽✽

$a+b+c=0$, $a^2+b^2+c^2=3$일 때, $a^2b^2+b^2c^2+c^2a^2$의 값은? (3점)

① $\dfrac{1}{4}$ ② $\dfrac{3}{4}$ ③ 1
④ 2 ⑤ $\dfrac{9}{4}$

A116 ✽✽✽

세 실수 a, b, c에 대하여
$a+b+c=\sqrt{5}$, $a^2+b^2+c^2=13$, $a^3+b^3+c^3=5\sqrt{5}$를
만족할 때, abc의 값을 구하시오. (3점)

A117 ✽✽✽ ────── 2015실시 6월 학평 24(고1)

세 실수 a, b, c에 대하여
$$a^2+b^2+4c^2=44, \quad ab+2bc+2ca=28$$
일 때, $(a+b+2c)^2$의 값을 구하시오. (3점)

유형 09 곱셈 공식의 활용 – 수의 계산   활용

(1) 숫자를 문자로 바꾸고 적용할 곱셈 공식을 찾는다.
(2) 하나의 숫자를 문자로 바꾸고 다른 숫자를 같은 문자로
   나타내어 적용할 곱셈 공식을 찾는다.

 tip

① 반복되는 숫자는 같은 문자로 생각하고 주어진 식의 특징을 파악한
   후에 그 특징과 관련된 식의 꼴로 만들 수 있도록 변형해본다.
② 주로 특정한 수를 더하고 빼서 $(a+b)(a-b)=a^2-b^2$ 식을 이용하거나
   부호를 변형하기 위해 부호만 다른 수를 곱해주는 방법을 이용한다.

A118 ✽✽✽ 2019실시 6월 학평 8(고1)

$2016 \times 2019 \times 2022 = 2019^3 - 9a$가 성립할 때, 상수 a의
값은? (3점)

① 2018 ② 2019 ③ 2020
④ 2021 ⑤ 2022

A119 ✽✽✽

$101 \times (10000 - 100 + 1) - 99 \times 10101$의 값은? (3점)

① 1 ② 2 ③ 100
④ 2×99^3 ⑤ 2×101^3

A120 ✽✽✽ 2023실시 6월 학평 7(고1)

$\dfrac{2022 \times (2023^2 + 2024)}{2024 \times 2023 + 1}$ 의 값은? (3점)

① 2018 ② 2020 ③ 2022
④ 2024 ⑤ 2026

A121 ✽✽✽

다항식 $(2+1)(2^2+1)(2^4+1)(2^8+1) = 2^a - 1$을
만족하는 자연수 a의 값은? (3점)

① 4 ② 8 ③ 16
④ 32 ⑤ 64

고난도 유형 10 곱셈 공식의 활용 – 도형   중요 활용

그림과 같은 직육면체에 대하여
(1) 대각선 d의 길이 $= \sqrt{a^2 + b^2 + c^2}$
(2) 겉넓이 $= 2(ab + bc + ca)$
(3) 부피 $= abc$

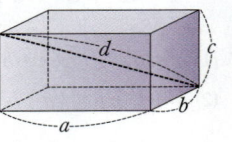

 tip

도형에서 주어진 길이, 넓이, 부피 등을 숫자로 파악하여 푸는 것보다는
문자로 표현한 다음 다항식의 연산을 이용하여 문제를 푼다.

A122 ✽✽✽ 2025실시 6월 학평 14(고1)

그림과 같이 모든 모서리의 길이의 합이 $16\sqrt{2}$,
부피가 $4\sqrt{2}$, $\overline{AG} = 2\sqrt{3}$인 직육면체 ABCD-EFGH가
있다. 사각형 ABCD의 넓이를 S_1, 사각형 BFGC의 넓
이를 S_2, 사각형 ABFE의 넓이를 S_3이라 할 때,
$S_1{}^2 + S_2{}^2 + S_3{}^2$의 값은? (4점)

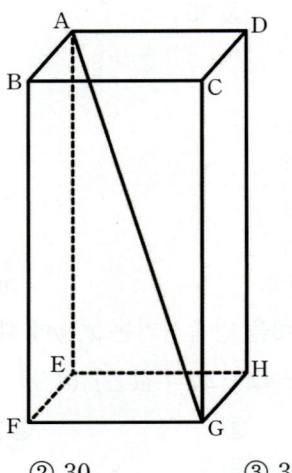

① 28 ② 30 ③ 32
④ 34 ⑤ 36

A123 ✽✽✽ 최다출제 / 2021실시 6월 학평 7(고1)

그림과 같이 겉넓이가 148이고, 모든 모서리의
길이의 합이 60인 직육면체 ABCD-EFGH가 있다.
$\overline{BG}^2 + \overline{GD}^2 + \overline{DB}^2$의 값은? (3점)

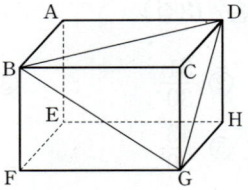

① 136 ② 142 ③ 148
④ 154 ⑤ 160

A124 ✻❀❀   2019실시 11월 학평 26(고1)

그림과 같이 ∠C=90°인 직각삼각형 ABC가 있다.
$\overline{AB}=2\sqrt{6}$이고 삼각형 ABC의 넓이가 3일 때,
$\overline{AC}^3+\overline{BC}^3$의 값을 구하시오. (4점)

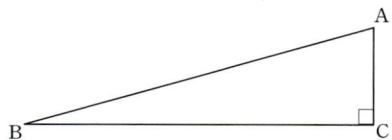

A125 ✻❀❀   2008실시 9월 학평 10(고1)

그림과 같이 $\overline{AB}=a$, $\overline{BC}=b$인 직사각형
ABCD가 있다. 세 사각형 ABFE, GFCH, IJHD가
모두 정사각형일 때, 사각형 EGJI의 넓이를 a, b에 대한
식으로 나타낸 것은? $\left(\text{단, } \dfrac{3}{2}a<b<2a\text{이다.}\right)$ (3점)

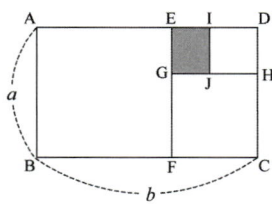

① $-6a^2+7ab-2b^2$ ② $3a^2-8ab+4b^2$
③ $-2a^2+3ab-b^2$ ④ $9a^2-6ab+b^2$
⑤ $a^2-4ab+4b^2$

A126 ✻❀❀   2007실시 9월 학평 27(고1)

사면체 OABC가 다음 조건을 만족한다.

(가) 세 선분 OA, OB, OC는 점 O에서 서로 수직이다.
(나) $\overline{OA}+\overline{OB}+\overline{OC}=9$이다.
(다) 세 삼각형 △OAB, △OBC, △OCA의 넓이의
     합은 13이다.

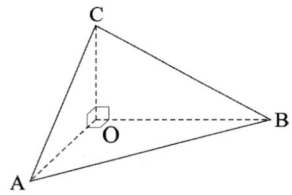

이때 $\overline{OA}^2+\overline{OB}^2+\overline{OC}^2$의 값을 구하시오. (4점)

A127 ✻❀❀   2019실시(가) 3월 학평 12(고2)

두 정육면체의 모든 모서리 길이의 합은 60이고,
겉넓이의 합은 126이다. 이 두 정육면체의 부피의 합은?
(3점)

① 95   ② 100   ③ 105
④ 110   ⑤ 115

A128 ✻❀❀   2017실시 6월 학평 12(고1)

서로 다른 두 양수 a, b에 대하여 한 변의 길이가 각각
a, $2b$인 두 개의 정사각형과 가로와 세로의 길이가 각각
a, b이고 넓이가 4인 직사각형이 있다. 두 정사각형의
넓이의 합이 가로와 세로의 길이가 각각 a, b인 직사각형의
넓이의 5배와 같을 때, 한 변의 길이가 $a+2b$인
정사각형의 넓이는? (3점)

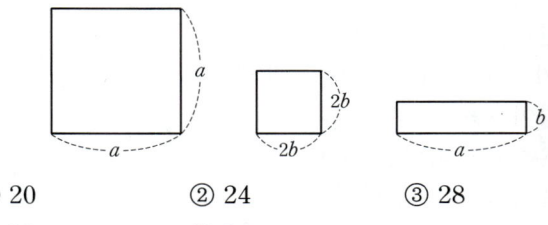

① 20   ② 24   ③ 28
④ 32   ⑤ 36

A129 ✱✻✻ 2017실시(나) 3월 학평 14(고2)

[그림 1]과 같이 모든 모서리의 길이가 1보다 큰 직육면체가 있다. 이 직육면체와 크기와 모양이 같은 나무토막의 한 모퉁이에서 한 모서리의 길이가 1인 정육면체 모양의 나무토막을 잘라내어 버리고 [그림 2]와 같은 입체도형을 만들었다. [그림 2]의 입체도형의 겉넓이는 236이고, 모든 모서리의 길이의 합은 82일 때, [그림 1]에서 직육면체의 대각선의 길이는? (4점)

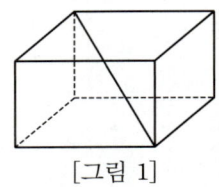 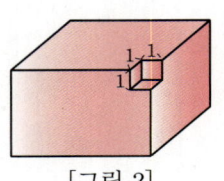

[그림 1]   [그림 2]

① $2\sqrt{30}$ ② $5\sqrt{5}$ ③ $\sqrt{130}$
④ $3\sqrt{15}$ ⑤ $2\sqrt{35}$

A130 ✱✱✻

그림과 같이 중심각의 크기가 90°이고 반지름의 길이가 4인 부채꼴 OAB가 있다. 이 부채꼴에 내접하고 넓이가 6인 직사각형 OCDE에 대하여 $\overline{AC}+\overline{CE}+\overline{EB}$의 값을 구하려고 할 때, 다음 물음에 답하시오. (4점)

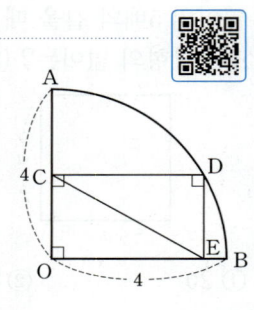

(1) $\overline{OC}=x$, $\overline{OE}=y$라고 할 때, x와 y 사이의 관계식 두 가지를 모두 구하시오.

(2) $\overline{AC}+\overline{CE}+\overline{EB}$의 값을 구하시오.

A131 ✱✱✻ 2024실시 3월 학평 16(고2)

그림과 같이 $\angle A=90°$, $\overline{BC}=\sqrt{10}$, $\overline{AB}=x$, $\overline{AC}=y$인 삼각형 ABC에 대하여 선분 AB 위에 점 P, 선분 BC 위에 두 점 Q, R, 선분 AC 위에 점 S를 사각형 PQRS가 정사각형이 되도록 잡는다. $\overline{PQ}=\dfrac{2}{7}\sqrt{10}$일 때, x^3-y^3의 값은? (단, $x>y$) (4점)

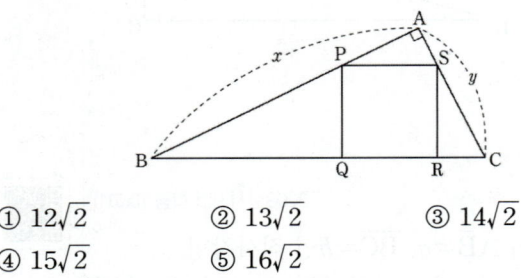

① $12\sqrt{2}$ ② $13\sqrt{2}$ ③ $14\sqrt{2}$
④ $15\sqrt{2}$ ⑤ $16\sqrt{2}$

A132 ✱✱✱ 2024실시 10월 학평 29(고1)

그림과 같이 중심이 O_1인 원 C_1 위에 두 점 A, B를 $\angle BO_1A=90°$가 되도록 잡는다. 선분 O_1A 위의 점 C에 대하여 선분 AC를 지름으로 하는 원을 C_2, 선분 O_1B 위의 점 D에 대하여 선분 BD를 지름으로 하는 원을 C_3이라 하고, 두 원 C_2, C_3의 중심을 각각 O_2, O_3이라 하자. 사각형 AO_2O_3B의 넓이가 34이고 $\overline{O_1C}+\overline{O_1D}=6\sqrt{2}$일 때, 세 원 C_1, C_2, C_3의 넓이의 합이 $p\pi$이다. p의 값을 구하시오. (단, 점 C는 점 A도 아니고 점 O_1도 아니며, 점 D는 점 B도 아니고 점 O_1도 아니다.) (4점)

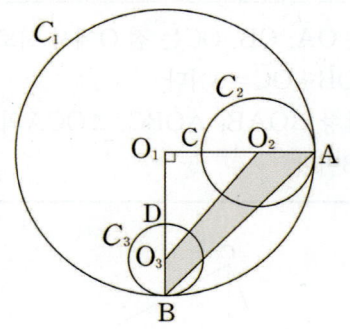

A133 ✦✦✦ .... 2024실시 6월 학평 19(고1)

그림과 같이 길이가 $2a$인 선분 AB를 지름으로 하는 반원이 있다. 호 AB 위의 두 점 C, D가

$$\overline{AC}=\overline{CD}=a-1,\ \overline{BD}=8$$

을 만족시킬 때, $a^3-\dfrac{1}{a^3}$의 값은?

(단, a는 $a>4$인 상수이다.) (4점)

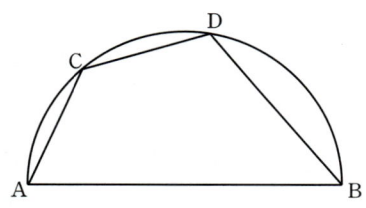

① 231   ② 232   ③ 233
④ 234   ⑤ 235

---

④ 다항식의 나눗셈

유형 11 다항식의 나눗셈 – 몫과 나머지 (기초)

두 다항식 A, B에 대하여 $A \div B$를 계산할 때, 직접 나누는 경우에는 같은 차수끼리 자리를 맞추어 나눈다.

(tip)

① 두 다항식을 나눌 때 각각 내림차순으로 정리한 다음 다항식의 나눗셈을 계산한다.
② 나머지의 차수가 나누는 식의 차수보다 작아질 때까지 나눈다. 이때, 몫과 나머지가 결정된다.

A134 ✿✿✿ .... 필수 / 2015실시 6월 학평 5(고1)

다음은 다항식 $3x^3-2x^2+3x+7$을 x^2-x+2로 나누는 과정이다. $a+b$의 값은? (단, a, b는 상수이다.) (3점)

$$
\begin{array}{r}
ax+1 \\
x^2-x+2\overline{)3x^3-2x^2+3x+7} \\
\underline{3x^3-3x^2+6x} \\
x^2-3x+7 \\
\underline{x^2-x+2} \\
-2x+b
\end{array}
$$

① 2   ② 4   ③ 6
④ 8   ⑤ 10

A135 ✦✦✦ .... 2024실시 6월 학평 25(고1)

다항식 $x^4+2x^3+11x-4$를 x^2+2x+3으로 나누었을 때의 몫과 나머지를 각각 $Q(x)$, $R(x)$라 하자. $Q(2)+R(1)$의 값을 구하시오. (3점)

A136 ✿✿✿
2011실시 9월 학평 4(고1) 변형

다항식 $2x^3-x^2+x+3$을 x^2+x-1로 나누었을 때의 몫을 $Q(x)$, 나머지를 $R(x)$라 할 때, $Q(1)+R(2)$의 값은? (3점)

① 7   ② 8   ③ 9
④ 10   ⑤ 11

A137 ✿✿✿
2023실시 6월 학평 24(고1)

다항식 x^3+2를 $(x+1)(x-2)$로 나누었을 때의 나머지를 $ax+b$라 할 때, $a+b$의 값을 구하시오. (단, a, b는 상수이다.) (3점)

A138 ✿✿✿

다항식 $3x^3-2x^2+x+4$를 x^2-x+k로 나누었을 때의 나머지가 $-4x+2$일 때, 상수 k의 값을 구하시오. (3점)

A139 ✿✿✿
2014실시 9월 학평 14(고1)

두 다항식 $P(x)=3x^3+x+11$, $Q(x)=x^2-x+1$에 대하여 다항식 $P(x)+4x$를 다항식 $Q(x)$로 나눈 나머지가 $5x+a$일 때, 상수 a의 값은? (3점)

① 5   ② 6   ③ 7
④ 8   ⑤ 9

고난도 유형 12 **다항식의 나눗셈 – $A=BQ+R$** 기초

다항식 A를 다항식 $B(B\neq0)$으로 나누었을 때의 몫을 Q, 나머지를 R라 하면
$A=BQ+R$ (단, (R의 차수)$<$(B의 차수))

tip
문제에서 주어진 다항식과 조건을 잘 이해하고 각각의 다항식의 차수에 유의하여 $A=BQ+R$ 꼴로 정확하게 변형하여 문제를 풀어 나가야 한다.

A140 ✿✿✿
2020실시 6월 학평 7(고1)

다항식 $f(x)$를 x^2+1로 나눈 나머지가 $x+1$이다. $\{f(x)\}^2$을 x^2+1로 나눈 나머지가 $R(x)$일 때, $R(3)$의 값은? (3점)

① 6   ② 7   ③ 8
④ 9   ⑤ 10

A141 ✿✿✿

다항식 $x^3+7x^2+11x+a$가 x^2+bx-1로 나누어떨어질 때, 상수 a, b에 대하여 ab의 값은? (3점)

① -6 ② -8 ③ -10
④ -12 ⑤ -14

A142 ✿✿✿

다항식 $P(x)$를 x^2+1로 나누었을 때의 몫이 $2x-1$이고 나머지가 5이다. 다항식 $P(x)$를 x^2-1로 나누었을 때의 나머지는? (3점)

① $-4x+3$　　② $-4x+5$　　③ -5

④ $4x+3$　　⑤ $4x+5$

A143 ✿✿✿ 2005실시 11월 학평 10(고1)

m차 다항식 $f(x)$를 n차 다항식 $g(x)$로 나눈 몫을 (x), 나머지를 $R(x)$라 할 때, [보기]에서 옳은 것을 모두 고르면? (단, $m>n>0$) (3점)

─────── [보기] ───────
ㄱ. $Q(x)$의 차수는 $m-n$이다.
ㄴ. $Q(x)$의 차수는 $R(x)$의 차수보다 크다.
ㄷ. $n=3$일 때, $R(x)$의 차수는 2차 이하이다.

① ㄱ　　② ㄴ　　③ ㄱ, ㄷ

④ ㄴ, ㄷ　　⑤ ㄱ, ㄴ, ㄷ

A144 ✿✿✿ 2008실시 9월 학평 7(고1)

상수가 아닌 두 다항식 $f(x)$, $g(x)$에 대하여 $f(x)$를 $g(x)$로 나눈 몫을 $Q(x)$, 나머지를 $R(x)$라 할 때, [보기]에서 항상 옳은 것만을 있는 대로 고른 것은? (단, $f(x)$의 차수는 $g(x)$의 차수보다 작지 않다.) (3점)

─────── [보기] ───────
ㄱ. $f(x)-R(x)$는 $g(x)$로 나누어떨어진다.
ㄴ. $f(x)+g(x)$를 $g(x)$로 나눈 나머지는 $R(x)$이다.
ㄷ. $f(x)$를 $Q(x)$로 나눈 나머지는 $R(x)$이다.

① ㄴ　　② ㄱ, ㄴ　　③ ㄴ, ㄷ

④ ㄱ, ㄷ　　⑤ ㄱ, ㄴ, ㄷ

A145 ✿✿✿ 2023실시 6월 학평 19(고1)

그림과 같이 선분 AB를 빗변으로 하는 직각삼각형 ABC가 있다. 점 C에서 선분 AB에 내린 수선의 발을 H라 할 때, $\overline{CH}=1$이고 삼각형 ABC의 넓이는 $\frac{4}{3}$이다.

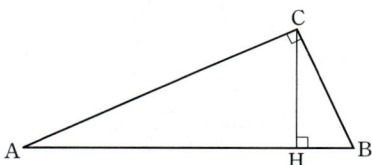

$\overline{BH}=x$라 할 때, $3x^3-5x^2+4x+7$의 값은? (단, $x<1$) (4점)

① $13-3\sqrt{7}$　　② $14-3\sqrt{7}$　　③ $15-3\sqrt{7}$

④ $16-3\sqrt{7}$　　⑤ $17-3\sqrt{7}$

A146 ❋❀❀

$x=\dfrac{-1+\sqrt{3}}{2}$, $y=\dfrac{-1-\sqrt{3}}{2}$일 때,
$x^6+x^2-y^6-y^2$의 값을 구하는 과정을 서술하시오. (10점)

1st 주어진 식을 $x+y$, xy 등이 나오는 식으로 정리해보자.

2nd $x+y$, $x-y$, xy, x^2+y^2의 값을 계산하자.

3rd 앞에서 구한 값들을 대입하여 주어진 식의 값을 구하자.

A147 ❋❀❀

실수 a, b, c에 대하여 $a+b+c=\sqrt{3}$, $a^2+b^2+c^2=5$,
$a^3+b^3+c^3=3\sqrt{3}$일 때, abc의 값을 구하는 과정을
서술하시오. (10점)

1st $ab+bc+ca$의 값을 구하자.

2nd $a^3+b^3+c^3$과 abc가 있는 곱셈 공식을 떠올리자.

3rd abc의 값을 구하자.

A148 ❋❀❀

세 다항식
$A=(x+3y)(x^2-3xy+9y^2)$, $B=x^3-5x+1$,
$C=2x^3-5x+27y^3-5$
에 대하여 $2(A+B)-3(C+B)$를 간단히 나타내는
과정을 서술하시오. (10점)

A149 ❋❀❀

$\triangle\mathrm{ABC}$의 세 변의 길이 a, b, c에 대하여
$$(a+b-c)(a-b-c)=(a+b+c)(-a+b-c)$$
가 성립할 때, $\triangle\mathrm{ABC}$는 어떤 삼각형인지 구하는 과정을
서술하시오. (10점)

A150 ❋❀❀

오른쪽 그림과 같은 직육면체의
겉넓이가 46이고, $\triangle\mathrm{BGD}$의
세 변의 길이의 제곱의 합이
108일 때, 이 직육면체의 모든
모서리의 길이의 합을 구하는
과정을 서술하시오. (10점)

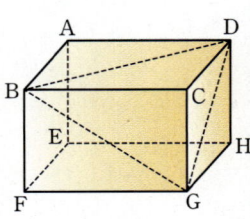

A151 ✪2등급 대비

$a+b=-1$, $a^2+b^2=2$일 때,
$a^7+b^7+a^4b^3+a^3b^4$의 값을 구하시오. (4점)

A152 ✪2등급 대비 ····· 2023실시 11월 학평 28(고1)

그림과 같이 직육면체 ABCD−EFGH에서
단면 AFC가 생기도록 사면체 F−ABC를 잘라내었다.
입체도형 ACD−EFGH의 모든 모서리의 길이의 합을 l_1,
겉넓이를 S_1이라 하고, 사면체 F−ABC의 모든 모서리의
길이의 합을 l_2, 겉넓이를 S_2라 하자. $l_1-l_2=28$,
$S_1-S_2=61$일 때, $\overline{AC}^2+\overline{CF}^2+\overline{FA}^2$의 값을 구하시오.

(4점)

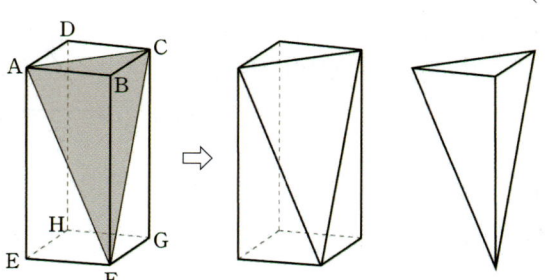

A153 ✪2등급 대비 ····· 2020실시 11월 학평 19(고1)

그림과 같이 중심이 O, 반지름의 길이가 4이고
중심각의 크기가 90°인 부채꼴 OAB가 있다.
호 AB 위의 점 P에서 두 선분 OA, OB에 내린 수선의
발을 각각 H, I라 하자. 삼각형 PIH에 내접하는 원의
넓이가 $\dfrac{\pi}{4}$일때, $\overline{PH}^3+\overline{PI}^3$의 값은? (단, 점 P는 점 A도
아니고 점 B도 아니다.) (4점)

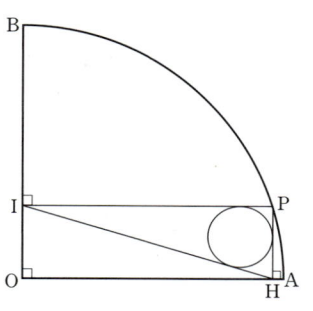

① 56 ② $\dfrac{115}{2}$ ③ 59

④ $\dfrac{121}{2}$ ⑤ 62

A154 ✪2등급 대비

$x^2-3x+1=0$일 때, $x^5+\dfrac{1}{x^5}$의 값을 구하시오.

(4점)

A155 ★1등급 대비 최고 ··········· 2013실시 6월 학평 28(고1)

세 실수 x, y, z가 다음 조건을 만족시킨다.

> (가) x, y, $2z$ 중에서 적어도 하나는 3이다.
> (나) $3(x+y+2z)=xy+2yz+2zx$

$10xyz$의 값을 구하시오. (4점)

A156 ★1등급 대비 최고 ··········· 2022실시 11월 학평 29(고1)

그림과 같이 모든 모서리의 길이가 a인 정사각뿔 O-ABCD가 있다. 네 선분 OA, OB, OC, OD 위의 네 점 E, F, G, H를 $\overline{OE}=\overline{OF}=\overline{OG}=\overline{OH}=b$가 되도록 잡는다. 두 정사각뿔 O-ABCD, O-EFGH의 부피의 합이 $2\sqrt{2}$이고 선분 AF의 길이가 2일 때, 사각형 ABFE의 넓이를 S라 하자. $32 \times S^2$의 값을 구하시오.

(단, a, b는 $a>b>0$인 상수이다.) (4점)

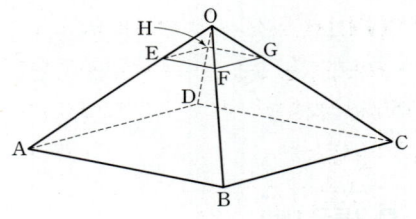

A157 ★1등급 대비 ··········· 2013실시 6월 학평 16(고1)

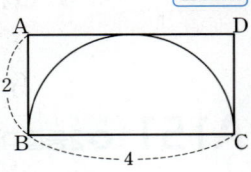

그림과 같이 $\overline{AB}=2$, $\overline{BC}=4$인 직사각형과 선분 BC를 지름으로 하는 반원이 있다. 호 BC 위의 한 점 P에서 선분 AB에 내린 수선의 발을 Q, 선분 AD에 내린 수선의 발을 R라고 할 때, 직사각형 AQPR의 둘레의 길이는 10이다. 직사각형 AQPR의 넓이는? (단, 점 P는 직사각형 ABCD의 내부에 있다.) (4점)

① 4 ② $\dfrac{9}{2}$ ③ 5

④ $\dfrac{11}{2}$ ⑤ 6

A158 ★1등급 대비 ··········· 2015실시 6월 학평 21(고1)

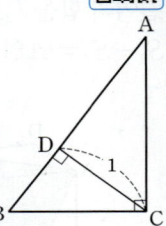

$\angle C=90°$인 직각삼각형 ABC가 있다. 그림과 같이 점 D는 꼭짓점 C에서 선분 AB에 내린 수선의 발이고 $\overline{CD}=1$이다. 삼각형 ABC의 둘레의 길이가 5일 때, 선분 AB의 길이는? (4점)

① $\dfrac{7}{4}$ ② $\dfrac{23}{12}$

③ $\dfrac{25}{12}$ ④ $\dfrac{9}{4}$

⑤ $\dfrac{29}{12}$

  **B** 항등식과 나머지정리

★ 유형 차례 ────────────────

♣ **단원 학습 목표**

• 방정식과 비교하여 항등식의 개념을 이해하고, 항등식의 성질을 이용해 미정계수를 정할 수 있다.

• 다항식의 나눗셈을 직접 하지 않고 나머지정리를 이용하여 다항식의 나눗셈에서의 나머지를 쉽게 구할 수 있다.

★ **자주 출제되는 필수 개념 학습법**

• 항등식의 다양한 표현과 뜻을 알고, 그 성질을 이용하여 주어진 등식에서 미지의 계수를 구할 수 있어야 한다.

• 다항식의 나눗셈을 $A = BQ + R$ $(Q : 몫, R : 나머지)$ 꼴로 정리하여 항등식의 성질을 이용하는 문제에서는 나머지가 나누는 식보다 차수가 작음에 유의하여 등식을 세운다.

• 나머지정리는 다항식을 일차식으로 나눈 나머지를 구하는 경우, 인수정리는 나머지정리에서 나머지가 0인 경우, 조립제법은 일차식으로 나눌 때의 몫과 나머지를 구하는 경우에 적용함을 이해한다.

★ **자주 출제되는 개념＋공식** ────────

1 다음 등식이 x에 대한 항등식일 때

　(1) $ax + b = 0 \iff a = 0,\ b = 0$

　(2) $ax + b = a'x + b' \iff a = a',\ b = b'$

2 나머지정리와 인수정리

　(1) 나머지정리 : 다항식 $f(x)$를 일차식 $x - a$로 나누었을 때의 나머지를 R라 하면 $R = f(a)$이다.

　(2) 인수정리 : 다항식 $f(x)$가 일차식 $x - a$로 나누어 떨어진다. $\iff f(a) = 0$

3 조립제법 : 다항식을 $x - a$ 꼴의 일차식으로 나눌 때, 계수만을 사용하여 몫과 나머지를 구하는 방법

다항식을 일차식으로 나누었을 때의 나머지는 상수이다.

B 항등식과 나머지정리

개념 스토리

중요도 ★★★

❶ 항등식과 미정계수법 ❶ — 유형 01~03

(1) **항등식** : 등식에 포함된 문자에 **어떤 값을 대입해도 항상 성립**하는 등식

(2) **항등식의 성질** : 다음 등식이 x에 대한 항등식일 때, (a, b, c, a', b', c'은 상수)

① $ax+b=0 \Leftrightarrow a=0,\ b=0$

② $ax+b=a'x+b' \Leftrightarrow a=a',\ b=b'$

③ $ax^2+bx+c=0 \Leftrightarrow a=0,\ b=0,\ c=0$

④ $ax^2+bx+c=a'x^2+b'x+c' \Leftrightarrow a=a',\ b=b',\ c=c'$

　例) 등식 $ax^2+bx-5=3x^2-2x+c$가 x에 대한 항등식이 되기 위한 조건

　　⟹ $a=3,\ b=-2,\ c=-5$

(3) **미정계수법** : 항등식의 성질을 이용하여 등식에서 결정되지 않은 계수의 값을 구하는 방법

① **수치대입법** : 미지수에 적당한 수를 대입하여 미정계수를 구하는 방법

② **계수비교법** : 항등식의 양변의 각 **동류항의 계수가 같음을 이용**하여 미정계수를 구하는 방법

> ❶ x에 대한 항등식
> ⇔ 모든 x에 대하여 성립한다.
> ⇔ x의 값에 관계없이 성립한다.
> ⇔ x가 어떤 값을 갖더라도 성립한다.
> ⇔ 임의의 x에 대하여 성립한다.

> ❷ x에 대한 항등식에서 미지수 x에 어떤 수를 대입해도 상관없지만 가능하면 $x=0$, $x=1$, $x=-1$과 같이 계산이 간단하게 되는 수를 대입하는 것이 좋다.

❷ 나머지정리와 인수정리 — 유형 04~11

(1) **나머지정리**

① 다항식 $f(x)$를 일차식 $x-a$로 나누었을 때의 나머지를 R라 하면 ⟹ $R=f(a)$ ❸

② 다항식 $f(x)$를 일차식 $ax+b$로 나누었을 때의 나머지를 R라 하면 ⟹ $R=f\left(-\dfrac{b}{a}\right)$

(2) **나머지정리와 나눗셈식**

다항식 $f(x)$를 $x-\alpha$로 나눈 나머지를 R_1, $x-\beta$로 나눈 나머지를 R_2라 할 때 $f(x)$를 $(x-\alpha)(x-\beta)$로 나눈 나머지는 다음의 순서로 구한다.

(ⅰ) $f(x)=(x-\alpha)(x-\beta)Q(x)+ax+b$ (a, b는 상수)로 놓는다.

(ⅱ) 나머지정리에 의해 $f(\alpha)=R_1$, $f(\beta)=R_2$이므로 (ⅰ)의 식에 대입하여 $a\alpha+b=R_1$, $a\beta+b=R_2$를 얻는다.

(ⅲ) 두 식을 연립하여 a, b의 값을 정하고 나머지를 구한다.

(3) **인수정리** ❹

① 다항식 $f(x)$가 일차식 $x-a$로 나누어떨어진다. ⟹ $f(a)=0$

② 다항식 $f(x)$가 일차식 $ax+b(a \neq 0)$로 나누어떨어진다. ⟹ $f\left(-\dfrac{b}{a}\right)=0$

> ❸ x에 대한 다항식 $f(x)$를 일차식 $x-a$로 나누었을 때의 나머지 R는 상수이다.

> ❹ 인수정리의 여러 가지 표현
> $f(x)$가 일차식 $x-a$로 나누어 떨어진다.
> ⇔ $f(x)$를 일차식 $x-a$로 나눈 나머지는 0이다.
> ⇔ $f(x)$는 일차식 $x-a$를 인수로 갖는다.
> ⇔ $f(x)=(x-a)Q(x)$

❸ 조립제법 ❺ — 유형 12~13

조립제법 : 다항식을 $x-a$ 꼴의 일차식으로 나눌 때, ❻ 계수만을 사용하여 몫과 나머지를 구하는 방법

例) 조립제법을 이용하여 다항식 $3x^3-2x^2+x+4$를 $x-1$로 나눈 몫과 나머지를 구하면 다음과 같다.

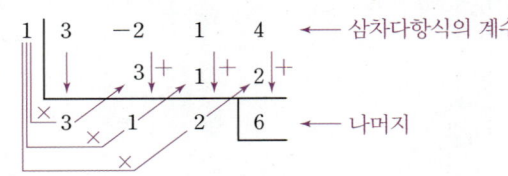

몫 : $3x^2+x+2$　　　나머지 : 6

> ❺ 조립제법을 이용할 때에는 차수가 높은 항의 계수부터 차례로 적는다. 이때, 해당되는 차수의 항이 없으면 그 자리에 0을 적는다.

> ❻ 다항식을 $ax+b$로 나눈 몫과 나머지
> 조립제법을 이용하여 $ax+b$로 나눈 몫과 나머지를 구하려면 $x+\dfrac{b}{a}$로 나눈 몫과 나머지를 구한 후, 몫을 a로 나눈다.

1 항등식과 미정계수법

B01 다음 [보기] 중 x에 대한 항등식을 모두 고르시오.

[보기]
ㄱ. $8x+2=5x-3$
ㄴ. $(x+1)^2+2x=x^2+4x+1$
ㄷ. $x^2+x=0$
ㄹ. $(x+4)(x-1)=x^2+3x-4$
ㅁ. $4x^2-1=(2x+1)(2x-1)$

[**B**02~**B**05] 다음 등식이 x에 대한 항등식이 되도록 하는 상수 a, b, c의 값을 각각 구하시오.

B02 $(a+b)x^2+(b-3)x-(2b+c)=0$

B03 $(x+2)(ax-1)=x^2+bx+c$

B04 $ax(x+1)-bx-c(x+1)=-x^2+5$

B05 $2x^2-x-6=a(x-1)^2+b(x-1)+c$

[**B**06~**B**07] 다음 등식이 모든 실수 x, y에 대하여 항상 성립할 때, 상수 a, b, c의 값을 각각 구하시오.

B06 $(x-4y)a+(x+y)b-3x+2y=0$

B07 $a(2x+y)-b(x-y)+4=6x-y+c$

2 나머지정리와 인수정리

B08 다항식 $8x^2+4x-3$을 $x+1$로 나누었을 때의 나머지를 구하시오.

B09 다항식 x^3+3x^2-2x+1을 $x-1$로 나누었을 때의 나머지를 구하시오.

B10 다항식 $-6x^3-x^2+7x-2$를 $x+2$로 나누었을 때의 나머지를 구하시오.

B11 다항식 $5x^2-3x+4$를 $2x-1$로 나누었을 때의 나머지를 구하시오.

B12 다항식 x^3-8x^2+kx+1을 $x-2$로 나누었을 때의 나머지가 3일 때, 상수 k의 값을 구하시오.

B13 다항식 $2x^2+ax-6$을 $2x+1$로 나누었을 때의 나머지가 1일 때, 상수 a의 값을 구하시오.

B14 다항식 x^3+kx^2-4x+9가 $x-1$로 나누어떨어질 때, 상수 k의 값을 구하시오.

B15 다항식 $2x^3+5x^2-ax-3$이 $x+3$으로 나누어떨어질 때, 상수 a의 값을 구하시오.

B16 다음 [보기] 중 다항식 $2x^3-5x^2+x+2$의 인수인 것을 모두 고르시오.

[보기]
ㄱ. $x-3$ ㄴ. $x-2$
ㄷ. $x-1$ ㄹ. $x+1$
ㅁ. $x+2$ ㅂ. $x+3$

3 조립제법

B17 다항식 $2x^3-5x^2+x-6$을 $x-2$로 나누었을 때의 몫과 나머지를 오른쪽과 같은 조립제법으로 구하려고 한다.
이때, 상수 k, a, b, c, d의 값을 차례로 구하시오.

k	2	-5	1	-6
		4	-2	-2
	a	b	c	d

[**B**18~**B**20] 조립제법을 이용하여 다음 나눗셈의 몫과 나머지를 구하시오.

B18 $(x^3+7x^2-2x+3)\div(x+1)$

B19 $(4x^3-6x^2+8x-1)\div\left(x-\dfrac{1}{2}\right)$

B20 $(3x^3-5x^2+4x+1)\div\left(x+\dfrac{1}{3}\right)$

1 항등식과 미정계수법

유형 01 항등식에서 미정계수 구하기 ⭐중요 기초

항등식에서 미정계수를 구할 때, 다음의 두 방법 중 하나를 이용한다.

(1) **수치대입법** : 식을 전개하였을 때, 각 항의 계수가 여러 미정계수로 복잡하게 나타날 경우 사용한다. 항등식의 문자에 적당한 수(곱의 인수를 0으로 하는 값)를 대입한다.

(2) **계수비교법** : 식을 전개하기 쉬울 때 사용한다. 식을 전개하면서 내림차순으로 정리한 후 양변의 계수를 비교한다.

(tip)
① $ax^2+bx+c=0$이 x에 대한 항등식이면 $a=b=c=0$이다.
② $ax^2+bx+c=a'x^2+b'x+c'$이 x에 대한 항등식이면 $a=a'$, $b=b'$, $c=c'$이다.
③ $ax+by+c=0$이 x, y에 대한 항등식이면 $a=b=c=0$이다.
④ 문제에서 모든(임의의) x에 대하여 성립하는 등식, x의 값에 관계없이 항상 성립하는 등식, 어떤 x의 값에 대하여도 항상 성립하는 등식 등의 표현은 x에 대한 항등식을 의미한다.

B21 ❀❀❀ ──────── 2025실시 6월 학평 22(고1)

등식
$$x^2+(a+1)x+8=x^2+10x+b$$
가 모든 실수 x에 대하여 항상 성립할 때, $a+b$의 값을 구하시오. (단, a, b는 상수이다.) (3점)

B22 ❀❀❀ 🚩최다출제 / 2021실시 9월 학평 2(고1)

등식 $x^2+(a-1)x-1=x^2+2x+b$가 x에 대한 항등식일 때, 두 상수 a, b에 대하여 $a+b$의 값은? (2점)

① 1 　　② 2 　　③ 3
④ 4 　　⑤ 5

B23 ❀❀❀ ──────── 2025실시 9월 학평 4(고1)

등식
$$a(x+2)^2+1=2x^2+bx+9$$
가 x에 대한 항등식일 때, 두 상수 a, b에 대하여 $a+b$의 값은? (3점)

① 10 　　② 11 　　③ 12
④ 13 　　⑤ 14

B24 ❀❀❀ ──────── 2024실시 10월 학평 5(고1)

등식
$$(x+2)(x^2-2x+4)=x^3+(a-3)x+4b$$
가 x에 대한 항등식일 때, $a\times b$의 값은? (단, a, b는 상수이다.) (3점)

① 6 　　② 9 　　③ 12
④ 15 　　⑤ 18

B25 ❀❀❀ 필수 / 2021실시 6월 학평 5(고1)

x의 값에 관계없이 등식
$$3x^2+ax+4=bx(x-1)+c(x-1)(x-2)$$
가 항상 성립할 때, $a+b+c$의 값은? (단, a, b, c는 상수이다.) (3점)

① -6 　　② -5 　　③ -4
④ -3 　　⑤ -2

B26 ❀❀❀ ──────── 2024실시 6월 학평 5(고1)

등식 $2x^2+ax+b=x(x-3)+(x+1)(x+3)$이 x에 대한 항등식일 때, ab의 값은? (단, a, b는 상수이다.) (3점)

① 1 　　② 2 　　③ 3
④ 4 　　⑤ 5

B27 ❀❀❀ ──────── 2019실시 11월 학평 23(고1)

모든 실수 x에 대하여 등식
$$4x^2+ax-1=bx(x+2)+c$$
가 성립할 때, $a+b+c$의 값을 구하시오. (단, a, b, c는 상수이다.) (3점)

B28 ✽✽✽ 　　　　　　　　　2019실시 6월 학평 5(고1)

모든 실수 x에 대하여 등식 $x^2+5x+a=(x+4)(x+b)$
가 성립할 때, $a+b$의 값은? (단, a, b는 상수이다.) (3점)

① 1　　　　　② 2　　　　　③ 3
④ 4　　　　　⑤ 5

B29 ✽✽✽ 　　　　　　　　　2023실시 9월 학평 2(고1)

등식 $x^2+(a+2)x=x^2+4x+(b-1)$이 x에
대한 항등식일 때, 두 상수 a, b에 대하여 $a+b$의 값은?
(2점)

① 1　　　　　② 2　　　　　③ 3
④ 4　　　　　⑤ 5

B30 ✽✽✽ 　　　　　　　　　2023실시 6월 학평 4(고1)

등식
$$x^2+ax-3=x(x+2)+b$$
가 x에 대한 항등식일 때, $a+b$의 값은?
(단, a, b는 상수이다.) (3점)

① -5　　　　② -4　　　　③ -3
④ -2　　　　⑤ -1

B31 ✽✽✽ 　　　　　　　　　2024실시 9월 학평 3(고1)

등식 $x^2+ax+b=x(x+3)+4$가 x에 대한
항등식일 때, 두 상수 a, b에 대하여 $a\times b$의 값은? (2점)

① 12　　　　　② 14　　　　　③ 16
④ 18　　　　　⑤ 20

B32 ✽✽✽ 　　　　　　　　　2020실시 9월 학평 6(고1)

등식 $a(x+1)^2+b(x-1)^2=5x^2-2x+5$가 x에 대한
항등식일 때, 두 상수 a, b의 곱 ab의 값은? (3점)

① 4　　　　　② 6　　　　　③ 8
④ 10　　　　　⑤ 12

B33 ✽✽✽ 　　　　　　　　　2021실시 11월 학평 2(고1)

모든 실수 x에 대하여 등식
$$x^2+(a+1)x+4=x^2+3x+b$$
가 성립할 때, $a+b$의 값은? (단, a, b는 상수이다.) (2점)

① 6　　　　　② 8　　　　　③ 10
④ 12　　　　　⑤ 14

B34 ✽✽✽ 　　　　　　　　　2022실시 9월 학평 3(고1)

등식 $x(x+1)+2(x+1)=x^2+ax+b$가 x에
대한 항등식일 때, 두 상수 a, b에 대하여 $a-b$의 값은?
(2점)

① 1　　　　　② 2　　　　　③ 3
④ 4　　　　　⑤ 5

B35 ✽✽✽ 　　　　　　　　　2022실시 3월 학평 24(고2)

등식
$$(2x+3)(x-2)+8=ax(x-2)+b(x-2)+cx$$
가 x에 대한 항등식일 때, $a+b+c$의 값을 구하시오.
(단, a, b, c는 상수이다.) (3점)

B36 ✲✲✲

다항식 $Q(x)$에 대하여 등식

$$x^3-5x^2+ax+1=(x-1)Q(x)-1$$

이 x에 대한 항등식일 때, $Q(a)$의 값은?

(단, a는 상수이다.) (3점)

① -6 ② -5 ③ -4

④ -3 ⑤ -2

B37 ✲✲✲

등식 $2x^2+3x+4=2(x+1)^2+a(x+1)+b$가 x에 대한 항등식일 때, $a-b$의 값은? (단, a, b는 상수이다.) (3점)

① -7 ② -6 ③ -5

④ -4 ⑤ -3

B38 ✲✲✲

등식 $2x^2+ax+1=(bx+1)(x+1)$이 x에 대한 항등식일 때, $a+b$의 값은? (단, a, b는 상수이다.) (3점)

① 1 ② 2 ③ 3

④ 4 ⑤ 5

B39 ✲✲✲

다항식 $(x+2)(x-1)(x+a)+b(x-1)$이 x^2+4x+5 로 나누어떨어질 때, $a+b$의 값을 구하시오.

(단, a, b는 상수이다.) (3점)

B40 *✲✲

다항식 $P(x)$가 모든 실수 x에 대하여 등식

$$x(x+1)(x+2)=(x+1)(x-1)P(x)+ax+b$$

를 만족시킬 때, $P(a-b)$의 값은?

(단, a, b는 상수이다.) (3점)

① 1 ② 2 ③ 3

④ 4 ⑤ 5

B41 *✲✲

다항식 $P(x)$와 상수 a에 대하여 등식 $x^3-x^2+3x-2=(x+2)P(x)+ax$가 x에 대한 항등식일 때, $P(-2)$의 값은? (4점)

① 9 ② 10 ③ 11

④ 12 ⑤ 13

B42 *✲✲

다항식 x^4을 $x-1$로 나눈 몫을 $q(x)$, 나머지를 r_1이라 하고, $q(x)$를 $x-4$로 나눈 나머지를 r_2라 하자. r_1+3r_2의 값을 구하시오. (3점)

B43 *✲✲

등식 $(a+2)x^2+(2-x)a^2+(2-x)b=0$이 x에 대한 항등식일 때, 두 상수 a, b의 합 $a+b$의 값은? (3점)

① -6 ② -4 ③ -2

④ 0 ⑤ 2

등식 $(x+a)^n = a_n x^n + a_{n-1} x^{n-1} + a_{n-2} x^{n-2} + \cdots + a_0$의
양변에 적당한 수를 대입하여 계수에 대한 식으로 나타낸다.

(1) $x=0$을 대입하면 $a^n = a_0$

(2) $x=1$을 대입하면 $(1+a)^n = a_n + a_{n-1} + a_{n-2} + \cdots + a_0$

(3) $x=-1$을 대입하면
$(a-1)^n = a_n(-1)^n + a_{n-1}(-1)^{n-1} + a_{n-2}(-1)^{n-2} + \cdots + a_0$

tip

① 주어진 등식에 적당한 수들을 대입하여 서로 연립하였을 때 문제해결에
도움이 되는 결과값이 나오도록 서로 연관되는 특정한 수 또는
0, 1, -1을 대입한다.

② 만일 짝수 차수나 홀수 차수의 항의 합을 구하는 문제에서는 $x=1$과
$x=-1$을 대입한 후 두 식을 연립하여 문제를 푼다.

B44 ✿✿✿ .... 2020실시 11월 학평 6(고1)

모든 실수 x에 대하여 등식

$$(x+2)^3 = ax^3 + bx^2 + cx + d$$

가 성립할 때, $a+b+c+d$의 값은?

(단, a, b, c, d는 상수이다.) (3점)

① 21   ② 24   ③ 27
④ 30   ⑤ 33

B45 ✿✿✿

$(x^2 - 2x - 1)^3 = a_1 x^6 + a_2 x^5 + \cdots + a_6 x + a_7$이 모든 실수
x에 대하여 성립할 때, 상수 a_1, a_2, $\cdots$, a_6, a_7에 대하여
$a_2 + a_4 + a_6$의 값은? (3점)

① -8 ② -4 ③ 0
④ 4   ⑤ 8

B46 ✿✿✿ .... 2008실시 6월 학평 24(고1)

$(2 + 6x - x^3)^2$
$= a_0 + a_1 x + a_2 x^2 + a_3 x^3 + a_4 x^4 + a_5 x^5 + a_6 x^6$
이 x에 대한 항등식일 때, $a_0 + a_2 + a_4 + a_6$의 값을
구하시오. (3점)

B47 ✿✿✿ **필수**

$(x^2 + x + 1)^{10} = a_0 x^{20} + a_1 x^{19} + a_2 x^{18} + a_3 x^{17} + \cdots + a_{19} x + a_{20}$
이 x에 대한 항등식일 때, 상수 a_0, a_1, $\cdots$, a_{19}, a_{20}에
대하여 $a_0 - a_1 + a_2 - a_3 + \cdots - a_{19} + a_{20}$의 값은? (3점)

① $3^{10} + 1$ ② 3^{10} ③ $3^{10} - 1$
④ $\dfrac{3^{10} - 1}{2}$ ⑤ 1

B48 ✿✿✿ .... 2006실시 5월 학평 13(고1) 변형

임의의 실수 x에 대하여
$(x^2 - 3x + 1)^{25} = a_0 + a_1 x + a_2 x^2 + \cdots + a_{50} x^{50}$이
성립할 때, 상수 a_0, a_1, $\cdots$, a_{50}에 대하여
$a_2 + a_4 + \cdots + a_{48} + a_{50}$의 값을 구하시오. (4점)

유형 03 조건을 만족시키는 항등식

(1) **방정식의 근이 a이다.**
  ⇒ 방정식에 $x=a$를 대입한다.
(2) **x, y의 값에 관계없이 등식이 성립한다.**
  ⇒ x, y에 대한 항등식이다.
  ⇒ ( )$x+$( )$y+$( )$=0$의 꼴로 정리한다.

> **tip**
> 조건이 한 문자로 간단히 정리되면 항등식에 대입하여 계수비교법을 이용하고, 간단히 정리되지 않으면 조건에 맞는 값을 대입하여 수치대입법을 이용한다.

B49 ❀❀❀ .... 2020실시 6월 학평 6(고1)

그림과 같이 8개의 다항식을 사각형 모양으로 배열하고 각 변에 배열된 3개의 다항식의 합을 각각 A, B, C, D라 하자. 다항식 A, B, C, D가 x의 값에 관계없이 모두 같을 때, 두 다항식의 합 $P(x)+Q(x)$는? (3점)

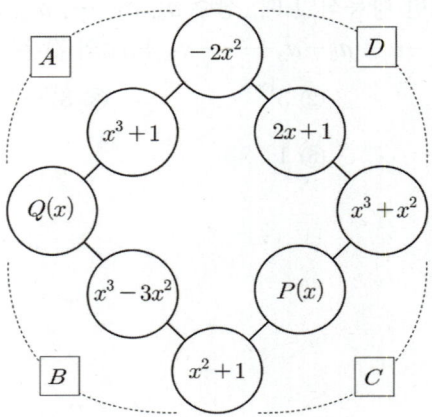

① $-3x^2+2x$ ② $-2x^2+4x$ ③ $-x^2+4x+1$
④ $2x^2+4x$ ⑤ $3x^2+2x$

B50 ❀❀❀ .... 2022실시 6월 학평 11(고1)

x에 대한 이차방정식
$x^2+k(2p-3)x-(p^2-2)k+q+2=0$이 실수 k의 값에 관계없이 항상 1을 근으로 가질 때, 두 상수 p, q에 대하여 $p+q$의 값은? (3점)

① -5 ② -2 ③ 1
④ 4 ⑤ 7

B51 ✱❀❀ ....

상수 a, b에 대하여 $\dfrac{x-ay+4}{bx+3y-2}$의 값이 x, y의 값에 관계없이 일정하다고 할 때, ab의 값은? (3점)

① -12 ② -9 ③ -4
④ -3 ⑤ -1

B52 ✱❀❀ ....

등식 $a^2x+(a+b-4)y+b^2=3ax+b$가 x, y에 대한 항등식일 때, 상수 a, b에 대하여 $a+2b$의 값은? (3점)

① 2 ② 3 ③ 4
④ 5 ⑤ 6

❷ 나머지정리와 인수정리

유형 04 나머지정리 – 일차식으로 나누는 경우

(1) 다항식 $f(x)$를 일차식 $x-a$로 나누었을 때의 나머지는 $f(a)$이다.

(2) 다항식 $f(x)$를 일차식 $ax+b$로 나누었을 때의 나머지는 $f\left(-\dfrac{b}{a}\right)$이다.

[tip]

① 나머지 정리는 나누는 식이 일차식일 때만 적용된다.
② 다항식 $f(x)$를 일차식인 $x-a$나 $ax+b$로 나눴을 때의 몫은 직접 알 수 없고 나머지는 항상 상수이다.
③ 다항식의 나눗셈에 관한 문제는 $A=BQ+R$ 꼴을 사용하여 표현하면 더욱 쉽게 파악할 수 있다.

B53 ✖✖✖ ·········· 2025실시 6월 학평 2(고1)

다항식 x^2-2x+6을 $x+1$로 나눈 나머지는? (2점)

① 5   ② 6   ③ 7
④ 8   ⑤ 9

B54 ✖✖✖ 최다출제 / 2021실시 9월 학평 22(고1)

다항식 x^3+2x^2-x+2를 $x-2$로 나눈 나머지를 구하시오. (3점)

B55 ✖✖✖ ·········· 2021실시 3월 학평 22(고2)

다항식 x^3+x^2-2x를 $x-2$로 나눈 나머지를 구하시오. (3점)

B56 ✖✖✖ ·········· 2020실시 3월 학평 6(고2)

다항식 x^2+3x+6을 $x+2$로 나눈 나머지는? (3점)

① 2   ② 4   ③ 6
④ 8   ⑤ 10

B57 ✖✖✖ ·········· 2019실시 11월 학평 22(고1)

다항식 x^2+4x-2를 $x-3$으로 나눈 나머지를 구하시오. (3점)

B58 ✖✖✖ ·········· 2020실시 6월 학평 3(고1)

다항식 $x^4+2x^3+3x^2+4x+5$를 $x-1$로 나눈 나머지는? (2점)

① 9   ② 11   ③ 13
④ 15   ⑤ 17

B59 ✖✖✖ ·········· 2024실시 6월 학평 3(고1)

다항식 $2x^3-x^2-x+4$를 $x-1$로 나눈 나머지는? (2점)

① 1   ② 2   ③ 3
④ 4   ⑤ 5

B60 ✖✖✖ ·········· 2023실시 11월 학평 23(고1)

다항식 x^3+ax^2-7을 $x-2$로 나눈 나머지가 17일 때, 상수 a의 값을 구하시오. (3점)

B61 ❀❀❀
2024실시 3월 학평 5(고2)

x에 대한 다항식 x^3+ax^2+12를 $x-2$로 나눈 나머지가 $2a-8$일 때, 상수 a의 값은? (3점)

① -6 ② -8 ③ -10
④ -12 ⑤ -14

B62 ❀❀❀
2024실시 9월 학평 22(고1)

x에 대한 다항식 x^3+2x^2-9x+a를 $x-1$로 나눈 나머지가 7일 때, 상수 a의 값을 구하시오. (3점)

B63 ❀❀❀
2023실시 6월 학평 3(고1)

x에 대한 다항식 x^3-2x^2-8x+a가 $x-3$으로 나누어떨어질 때, 상수 a의 값은? (2점)

① 6 ② 9 ③ 12
④ 15 ⑤ 18

B64 ❀❀❀
2022실시 6월 학평 3(고1)

다항식 x^3+x^2+x+1을 $2x-1$로 나눈 나머지는? (2점)

① $\dfrac{9}{8}$ ② $\dfrac{11}{8}$ ③ $\dfrac{13}{8}$
④ $\dfrac{15}{8}$ ⑤ $\dfrac{17}{8}$

B65 ❀❀❀
2020실시 9월 학평 5(고1)

다항식 $P(x)$를 x^2+2x-3으로 나눈 나머지가 $2x+5$일 때, $P(x)$를 $x-1$로 나눈 나머지는? (3점)

① 3 ② 4 ③ 5
④ 6 ⑤ 7

B66 ❀❀❀
2023실시 9월 학평 22(고1)

다항식 x^3-3x^2+3x-6을 $x-3$으로 나누었을 때의 나머지를 구하시오. (3점)

B67 ❀❀❀
2025실시 9월 학평 25(고1)

최고차항의 계수가 1인 이차다항식 $P(x)$를 $x-1$로 나눈 나머지가 2이고, $x-2$로 나눈 나머지가 3이다. $P(x)$를 $x-3$으로 나눈 나머지를 구하시오. (3점)

B68 ❀❀❀
2021실시 11월 학평 7(고1)

다항식 $f(x)$에 대하여 다항식 $(x+3)\{f(x)-2\}$를 $x-1$로 나눈 나머지가 16일 때, 다항식 $f(x)$를 $x-1$로 나눈 나머지는? (3점)

① 6 ② 7 ③ 8
④ 9 ⑤ 10

B69 ✿✿✿ 🚩최다출제

다항식 $f(x)$를 $x-5$로 나눈 몫은 x^2-2이고 나머지가 4일 때, $f(x)$를 $x+1$로 나눈 나머지는? (3점)

① 6 ② 8 ③ 10
④ 12 ⑤ 14

B70 ✿✿✿ 2019실시 9월 학평 11(고1)

최고차항의 계수가 1인 이차다항식 $f(x)$를 $x-1$로 나누었을 때의 나머지와 $x-3$으로 나누었을 때의 나머지가 6으로 같다. 이차다항식 $f(x)$를 $x-4$로 나눈 나머지는? (3점)

① 1 ② 3 ③ 5
④ 7 ⑤ 9

B71 ✳✿✿ 2023실시 6월 학평 11(고1)

최고차항의 계수가 1인 이차다항식 $P(x)$가 다음 조건을 만족시킬 때, $P(4)$의 값은? (3점)

> (가) $P(x)$를 $x-1$로 나누었을 때의 나머지는 1이다.
> (나) $xP(x)$를 $x-2$로 나누었을 때의 나머지는 2이다.

① 6 ② 7 ③ 8
④ 9 ⑤ 10

B72 ✳✿✿ 필수

다항식 $f(x)$를 일차식 $3x-2$로 나누었을 때의 몫을 $Q(x)$, 나머지를 R라 할 때, $f(x)$를 $x-\dfrac{2}{3}$로 나누었을 때의 몫과 나머지를 차례로 구한 것은? (3점)

① $\dfrac{1}{3}Q(x)$, $\dfrac{1}{3}R$ ② $Q(x)$, R
③ $Q(x)$, $3R$ ④ $3Q(x)$, R
⑤ $3Q(x)$, $3R$

B73 ✳✿✿ 2014실시 11월 학평 24(고1)

두 다항식 $f(x)$, $g(x)$에 대하여 $f(x)+g(x)$를 $x-3$으로 나누었을 때의 나머지가 8이고, $f(x)g(x)$를 $x-3$으로 나누었을 때의 나머지가 6이다. $\{f(x)\}^2+\{g(x)\}^2$을 $x-3$으로 나누었을 때의 나머지를 구하시오. (3점)

B74 ✳✿✿ 2016실시(나) 3월 13(고1) 변형

다항식 $f(x)=x^3+x^2-3x+2$에 대하여 $f(x)$를 $x-a$로 나누었을 때의 나머지를 R_1, $f(x)$를 $x+a$로 나누었을 때의 나머지를 R_2라고 하자. $R_1+R_2=10$일 때, $f(x)$를 $x-a^2$으로 나눈 나머지를 구하시오. (4점)

B75 ✳✳✿ 2020실시 6월 학평 15(고1)

두 다항식 $f(x)$, $g(x)$가 모든 실수 x에 대하여 다음 조건을 만족시킬 때, $g(x)$를 $x-4$로 나눈 나머지는? (4점)

> (가) $g(x)=x^2f(x)$
> (나) $g(x)+(3x^2+4x)f(x)=x^3+ax^2+2x+b$
> (단, a, b는 상수이다.)

① 16 ② 18 ③ 20
④ 22 ⑤ 24

❖ 정답 및 해설 50~53p

유형 05 나머지정리 – 이차식으로 나누는 경우 (이해)

다항식 $f(x)$를 $(x-\alpha)(x-\beta)$로 나누었을 때의 나머지는
$ax+b$ (a, b는 상수) 꼴이므로 다음과 같은 등식을 세울 수 있다.
$$f(x)=(x-\alpha)(x-\beta)g(x)+ax+b$$
이때, $f(\alpha)$, $f(\beta)$를 통해 a, b에 대한 방정식을 얻는다.

(tip)

1️⃣ 다항식 $f(x)$를 이차식으로 나눈 나머지는 일차 이하의 다항식이므로 $ax+b$로 나타내어야 하고, 이차식은 나머지정리를 사용하기 위해 $(x-\alpha)(x-\beta)$ 꼴로 인수분해하여 문제를 푸는 데 사용해야 한다.
2️⃣ 다항식의 나눗셈은 $A=BQ+R$ 꼴을 사용하여 표현하면 더욱 쉽게 파악할 수 있다.

B76 ✱※※ ·········· 2023실시 3월 학평 24(고2)

다항식 $P(x)$를 x^2+3으로 나눈 몫이 $3x+1$,
나머지가 $x+5$일 때, $P(x)$를 $x-1$로 나눈 나머지를
구하시오. (3점)

B77 ✱※※ ·········· 2015실시 11월 학평 24(고1)

다항식 $f(x)$를 x^2-7x로 나눈 나머지가 $x+4$
일 때, 다항식 $f(x)$를 $x-7$로 나눈 나머지를 구하시오.
(3점)

B78 ✱※※ ·········· 2021실시 6월 학평 16(고1)

최고차항의 계수가 1인 삼차다항식 $f(x)$가
다음 조건을 만족시킨다.

> (가) $f(0)=0$
> (나) $f(x)$를 $(x-2)^2$으로 나눈 나머지가
> $2(x-2)$이다.

$f(x)$를 $x-1$로 나눈 몫을 $Q(x)$라 할 때, $Q(5)$의 값은?
(4점)

① 3　　　　② 6　　　　③ 9
④ 12　　　　⑤ 15

B79 ✱※※ ·········· 2019실시 11월 학평 15(고1)

다항식 $f(x)$를 x^2-x로 나눈 나머지가 $ax+a$이고, 다항식
$f(x+1)$을 x로 나눈 나머지는 6일 때, 상수 a의 값은? (4점)

① 1　　　　② 2　　　　③ 3
④ 4　　　　⑤ 5

B80 ✱※※ ·········· 2024실시 10월 학평 7(고1)

다항식 $P(x)$는 $x+2$로 나누어떨어지고,
$P(x)$를 $x-4$로 나누었을 때의 나머지가 12이다. $P(x)$를
x^2-2x-8로 나누었을 때의 나머지를 $R(x)$라 할 때,
$R(1)$의 값은? (3점)

① 5　　　　② 6　　　　③ 7
④ 8　　　　⑤ 9

B81 ✱※※ ·········· 2015(가)실시 3월 학평 15(고2)
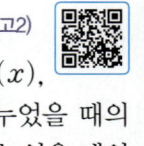

다항식 $P(x)$를 $x-2$로 나누었을 때의 몫이 $Q(x)$,
나머지는 3이고, 다항식 $Q(x)$를 $x-1$로 나누었을 때의
나머지는 2이다. $P(x)$를 $(x-1)(x-2)$로 나누었을 때의
나머지를 $R(x)$라 하자. $R(3)$의 값은? (4점)

① 5　　　　② 7　　　　③ 9
④ 11　　　　⑤ 13

B82 ✱✱✱ ·········· 2025실시 9월 학평 27(고1)

상수 a에 대하여 다항식 $f(x)$를 $(x-a)^2$으로
나눈 나머지는 $2f(x)+6x^2-4$이다.
$\{f(x)\}^2-2f(x)+3$을 x^2-4x-5로 나눈 나머지가 2일
때, $f(a^2)$의 값을 구하시오. (4점)

B83 ✽✽❀
2023실시 11월 학평 18(고1)

다항식 $f(x)$와 최고차항의 계수가 1인
삼차다항식 $g(x)$가 다음 조건을 만족시킨다.

> 다항식 $f(x)+g(x)$를 x로 나누었을 때의 나머지와
> 다항식 $f(x)+g(x)$를 x^2+2x-2로 나누었을 때의
> 나머지가 $x^2+2x-\dfrac{1}{2}f(x)$로 같다.

$g(1)=7$일 때, $f(3)$의 값은? (4점)

① 20 ② 22 ③ 24
④ 26 ⑤ 28

유형 06 나머지정리 – 삼차식으로 나누는 경우

다항식 $f(x)$를 $(x-\alpha)(x-\beta)(x-\gamma)$로 나누었을 때의
나머지는 ax^2+bx+c (a, b, c는 상수)로 놓고 다음과 같은
등식을 세운 후 $f(\alpha)$, $f(\beta)$, $f(\gamma)$를 이용해 상수 a, b, c를 구한다.
$$f(x)=(x-\alpha)(x-\beta)(x-\gamma)g(x)+ax^2+bx+c$$

tip

① 다항식 $f(x)$를 삼차식으로 나눈 나머지는 이차 이하의 다항식이고,
  나누는 삼차식을 $(x-\alpha)(x-\beta)(x-\gamma)$ 꼴로 인수분해하여 $f(\alpha)$,
  $f(\beta)$, $f(\gamma)$의 값을 이용하여 a, b, c의 값을 구한다.
② 나누는 식이 $(x-\alpha)h(x)$이고 $h(x)$가 이차식이면 $f(x)$를 $h(x)$로
  나눈 나머지와 ax^2+bx+c를 $h(x)$로 나눈 나머지가 같음을 이용하여
  a, b, c의 값을 구한다.

B84 ✽❀❀

다항식 $2x^5-5$를 $x(x-1)(x-2)$로 나누었을 때의
나머지를 $R(x)$라 할 때, $R(-1)$의 값은? (3점)

① 51 ② 52 ③ 53
④ 54 ⑤ 55

B85 ✽❀❀

다항식 $x^7-4x^5+2x^4-x^3+1$을 $x(x+2)(x-2)$로
나누었을 때의 나머지를 구하시오. (3점)

B86 ✽✽❀ 필수

다항식 $P(x)$를 $2x^2+1$로 나누었을 때의 나머지가
$x-1$이고, $x+2$로 나누었을 때의 나머지가 15이다.
이때, $P(x)$를 $(2x^2+1)(x+2)$로 나누었을 때의 나머지는?
(4점)

① $-4x^2-x+1$ ② $-4x^2+x+1$
③ $4x^2-x-1$ ④ $4x^2-x+1$
⑤ $4x^2+x+1$

B87 ✽✽❀
2024실시 9월 학평 18(고1)

다항식 $f(x)$가 다음 조건을 만족시킨다.

> (가) $f(x)$를 x^3-1로 나눈 몫과 나머지는 서로 같다.
> (나) $f(x)-x$는 x^2+x+1로 나누어떨어진다.

$f(x)$를 $x-2$로 나눈 나머지가 72일 때, $f(1)$의 값은? (4점)

① 4   ② 7   ③ 10
④ 13 ⑤ 16

다항식 $f(x)$를 $x-a$로 나누었을 때 나머지가 R이면 $f(a)=R$임을 이용하여 미정계수가 포함된 조건식을 얻고 이를 통해 미정계수를 구한다.

① 다항식 $f(x)$를 $g(x)$로 나눈 나머지는 $g(x)=0$이 되는 x의 값들을 $f(x)$에 대입하여 구한 후 이를 이용해 미정계수를 구한다.
② $g(x)$의 차수에 따라 나머지의 차수 역시 달라짐에 유의하고 만일 $g(x)=0$이 되는 x의 값들을 구하기 어려울 때는 전개하여 계수비교법을 이용한다.

B88 ✽✽✽ ·········· 2019실시(나) 3월 학평 13(고2)

다항식 $f(x)$를 $(x-3)(2x-a)$로 나눈 몫은 $x+1$이고 나머지는 6이다. 다항식 $f(x)$를 $x-1$로 나눈 나머지가 6일 때, 상수 a의 값은? (3점)

① 2   ② 4   ③ 6
④ 8   ⑤ 10

B89 ✽✽✽ ·········· 2023실시 6월 학평 13(고1)

x에 대한 다항식 $x^5+ax^2+(a+1)x+2$를 $x-1$로 나누었을 때의 몫은 $Q(x)$이고 나머지는 6이다. $a+Q(2)$의 값은? (단, a는 상수이다.) (3점)

① 33   ② 35   ③ 37
④ 39   ⑤ 41

B90 ✽✽✽   필수

다항식 x^3+ax^2-5x+4를 $x-2$로 나눌 때의 나머지와 $x+1$로 나눌 때의 나머지가 같을 때, 상수 a의 값은?
(3점)

① 1   ② 2   ③ 3
④ 4   ⑤ 5

B91 ✽✽✽ ·········· 2019실시 6월 학평 11(고1)

x에 대한 다항식 x^3-x^2-ax+5를 $x-2$로 나누었을 때의 몫은 $Q(x)$, 나머지는 5이다. $Q(a)$의 값은? (단, a는 상수이다.) (3점)

① 5   ② 6   ③ 7
④ 8   ⑤ 9

B92 ✽✽✽

다항식 ax^3+bx^2+3x를 x^2-4로 나눈 나머지가 $11x+8$이고, x^2-2x로 나눈 나머지가 cx이다. 상수 a, b, c에 대하여 $a+b+c$의 값은? (3점)

① 15   ② 17   ③ 19
④ 21   ⑤ 23

B93 ✽✽✽ ·········· 2013실시 11월 학평 9(고1)

다항식 x^3+ax^2-x-1을 x^2-1로 나눈 몫은 $Q(x)$이고, 나머지는 상수 R이다. $Q(a)=R$일 때, 실수 a의 값은? (3점)

① -2 ② -1 ③ 0
④ 1   ⑤ 2

고난도
유형 08 나머지정리의 응용

활용

(1) $f(x)$를 $g(x)$로 나눈 몫을 $Q(x)$라 할 때, $Q(x)$를 $x-a$로 나눈 나머지는 $Q(a)$이다.

(2) $f(ax+b)$를 $x-k$로 나눈 나머지는 x 대신 k를 대입한 값, 즉 $f(ak+b)$이다.

tip

다항식 $f(x)$를 $g(x)$로 나눌 때 생기는 몫과 나머지에 대하여 이 몫을 또 다른 다항식으로 나누는 등의 다양한 조건들이 문제에 주어진다. 이때마다 각각 나머지정리를 이용하여 얻은 단서들을 하나씩 찾아내면서 문제를 풀면 헷갈리지 않을 것이다.

B94 ✽❀❀ 　2020실시 11월 학평 13(고1)

다항식 $f(x+3)$을 $(x+2)(x-1)$로 나눈 나머지가 $3x+8$일 때, 다항식 $f(x^2)$을 $x+2$로 나눈 나머지는? (3점)

① 11　　　　② 12　　　　③ 13
④ 14　　　　⑤ 15

B95 ✽❀❀ 　2017실시 6월 학평 26(고1)

x에 대한 삼차다항식
$$P(x)=(x^2-x-1)(ax+b)+2$$
에 대하여 $P(x+1)$을 x^2-4로 나눈 나머지가 -3일 때, $50a+b$의 값을 구하시오. (단, a, b는 상수이다.) (4점)

B96 ✽❀❀

다항식 x^{50}을 $x-2$로 나눌 때의 몫을 $Q(x)$, 나머지를 R라 할 때, $Q(x)$의 상수항을 포함한 모든 계수의 총합은? (4점)

① $2^{49}-1$　　　② 2^{49}　　　③ $2^{50}-1$
④ 2^{50}　　　　⑤ $2^{50}+1$

B97 ✽✽❀ 　2023실시 9월 학평 27(고1)

다항식 $P(x)$에 대하여 $(x-2)P(x)-x^2$을 $P(x)-x$로 나누었을 때의 몫은 $Q(x)$, 나머지는 $P(x)-3x$이다. $P(x)$를 $Q(x)$로 나눈 나머지가 10일 때, $P(30)$의 값을 구하시오.
　　　　(단, 다항식 $P(x)-x$는 0이 아니다.) (4점)

B98 ✽✽✽ 　2024실시 6월 학평 16(고1)

x에 대한 다항식 x^3+ax^2+bx-4를 $x+1$로 나누었을 때의 몫은 $Q(x)$이고 나머지는 3이다. $(x^2+a)Q(x-2)$가 $x-2$로 나누어떨어질 때, $Q(1)$의 값은? (단, a, b는 상수이다.) (4점)

① -15　　　② -13　　　③ -11
④ -9　　　　⑤ -7

B99 ✽✽✽ 　2022실시 11월 학평 18(고1)

최고차항의 계수가 1인 삼차다항식 $f(x)$가 다음 조건을 만족시킬 때, $f(0)$의 값은? (4점)

(가) 다항식 $f(x+3)-f(x)$는 $(x-1)(x+2)$로 나누어떨어진다.
(나) 다항식 $f(x)$를 $x-2$로 나누었을 때의 나머지는 -3이다.

① 13　　　　② 14　　　　③ 15
④ 16　　　　⑤ 17

B100 ✽✽✽ 　2025실시 6월 학평 28(고1)

최고차항의 계수가 1인 이차다항식 $P(x)$에 대하여 $\{P(x)\}^2$을 x^2-4x-5로 나눈 몫은 $Q(x)$이고 나머지는 36이다. $P(0)\ne P(4)$일 때, 모든 $Q(-1)$의 값의 합을 구하시오. (4점)

자연수 A를 자연수 B로 나누었을 때의 나머지를 구할 때에는 A를 x에 대한 다항식으로, B를 x에 대한 일차식으로 나타낸 후 나머지정리를 이용한다.

(tip)

다항식의 나눗셈에서는 나머지가 음수일 수 있지만
자연수의 나눗셈에서는 나머지가 0 또는 자연수이어야 한다.

B101 ✱❋❋ .... 2024실시 6월 학평 8(고1)

$2024^4 + 2024^2 + 1$을 2022로 나눈 나머지는? (3점)

① 17 　　　② 18 　　　③ 19
④ 20 　　　⑤ 21

B102 ✱❋❋ .... 2020실시 6월 학평 24(고1)

$(2020+1)(2020^2-2020+1)$을 2017로 나눈 나머지를 구하시오. (3점)

B103 ✱❋❋ .... 2021실시 6월 학평 18(고1)

다음은 2022^{10}을 505로 나누었을 때의 나머지를 구하는 과정이다.

다항식 $(4x+2)^{10}$을 x로 나누었을 때의 몫을 $Q(x)$, 나머지를 R라고 하면
$(4x+2)^{10} = xQ(x) + R$이다.
이때, $R = \boxed{(가)}$ 이다.
등식 $(4x+2)^{10} = xQ(x) + \boxed{(가)}$에 $x=505$를 대입하면
$2022^{10} = 505 \times Q(505) + \boxed{(가)}$
　　　$= 505 \times \{Q(505) + \boxed{(나)}\} + \boxed{(다)}$이다.
따라서 2022^{10}을 505로 나누었을 때의 나머지는 $\boxed{(다)}$ 이다.

위의 (가), (나), (다)에 알맞은 수를 각각 a, b, c라 할 때, $a+b+c$의 값은? (4점)

① 1038 　　　② 1040 　　　③ 1042
④ 1044 　　　⑤ 1046

B104 ✱❋❋ .... 2005실시(나) 5월 학평 9(고2)

x에 대한 다항식 x^6을 $x+2$로 나눈 나머지가 a이고 2003^6을 2005로 나눈 나머지가 b일 때, $a+b$의 값은? (3점)

① 64 　　　② 84 　　　③ 108
④ 116 　　　⑤ 128

(1) 다항식 $f(x)$가 $x-a$로 나누어떨어지면 $f(x)$는 $x-a$를 인수로 가지고 $f(a)=0$이다.
(2) 다항식 $f(x)$가 $ax+b(a \neq 0)$로 나누어떨어지면 $f(x)$는 $ax+b$를 인수로 가지고 $f\left(-\dfrac{b}{a}\right)=0$이다.

(tip)

인수정리는 나머지정리에서 나머지가 0인 경우이다. 즉, $f(a)=0$ 또는 $f\left(-\dfrac{b}{a}\right)=0$을 이용하여 다항식 $f(x)$의 미정계수를 구할 수 있다.

B105 ❋❋❋ .... 2019실시 6월 학평 3(고1)

x에 대한 다항식 $x^3 + ax - 8$이 $x-1$로 나누어떨어지도록 하는 상수 a의 값은? (2점)

① 1 　　　② 3 　　　③ 5
④ 7 　　　⑤ 9

B106 ❋❋❋ .... 2022실시 9월 학평 22(고1)

x에 대한 다항식 $x^3 - x^2 - 10x + a$가 $x-1$로 나누어떨어질 때, 상수 a의 값을 구하시오. (3점)

B107 ❋❋❋ .... 2021실시 6월 학평 8(고1)

다항식 $f(x) = x^3 + ax^2 + bx + 6$을 $x-1$로 나누었을 때의 나머지는 4이다. $f(x+2)$가 $x-1$로 나누어떨어질 때, $b-a$의 값은? (단, a, b는 상수이다.) (3점)

① 4 　　　② 5 　　　③ 6
④ 7 　　　⑤ 8

B108 �֍֍֍

최고차항의 계수가 2인 x에 대한 이차다항식 $P(x)$에 대하여 $P(1)=P(2)=0$이 성립할 때, $P(3)$의 값은? (3점)

① 2   ② 4   ③ 6

④ 8   ⑤ 10

B109 ✷✷✷   2020실시 6월 학평 25(고1)

이차항의 계수가 1인 이차다항식 $f(x)$에 대하여 $f(x)+2$는 $x+2$로 나누어떨어지고, $f(x)-2$는 $x-2$로 나누어떨어질 때, $f(10)$의 값을 구하시오. (3점)

B110 ✷✷✷   2013실시 9월 학평 14(고1)

x에 대한 두 다항식

$$f(x)=2x^2+5x+2, \ g(x)=(a-1)x+b$$

가 있다. (단, a, b는 실수이다.)
다항식 $f(x)-g(x)$가 $x+2$를 인수로 갖기 위한 a와 b의 관계로 항상 옳은 것은? (3점)

① $a-b=0$ ② $a+b=0$

③ $a+b-2=0$ ④ $2a-b-2=0$

⑤ $2a+b+2=0$

B111 ✱✷✷   2018실시 11월 학평 11(고1)

x에 대한 다항식 x^4-4x^2+a가 $x-1$로 나누어떨어질 때의 몫을 $Q(x)$라 하자. $Q(a)$의 값은?
(단, a는 상수이다.) (3점)

① 24   ② 25   ③ 26

④ 27   ⑤ 28

B112 ✱✷✷   2017실시(나) 3월 학평 27(고2)

다항식 $f(x)=x^3-x^2+ax+b$를 다항식 x^2-2x-2로 나누었을 때의 몫을 $Q(x)$, 나머지를 $R(x)$라 하자. $R(2)=9$이고 $f(x)$는 $Q(x)$로 나누어떨어질 때, $f(4)$의 값을 구하시오. (단, a, b는 상수이다.) (4점)

B113 ✱✷✷   2015실시(나) 3월 학평 12(고2)

x에 대한 다항식 $(kx^3+3)(kx^2-4)-kx$가 $x+1$로 나누어떨어지도록 하는 모든 실수 k의 값의 합은? (3점)

① 5   ② 6   ③ 7

④ 8   ⑤ 9

B114 ✱✷✷

x^2의 계수가 1인 이차다항식 $f(x)$가 $f(2)=0$, $f(k)=0$, $f(3)=-2$를 만족시킨다. 다항식 $f(x)$를 $x-4$로 나누었을 때의 나머지를 R라 할 때, $k+R$의 값을 구하시오. (단, k는 $k\neq2$인 상수이다.) (4점)

B115 ✱✷✷   2020실시 9월 학평 17(고1)

이차항의 계수가 1인 이차다항식 $P(x)$와 일차항의 계수가 1인 일차다항식 $Q(x)$가 다음 조건을 만족시킨다.

> (가) 다항식 $P(x+1)-Q(x+1)$은 $x+1$로 나누어 떨어진다.
> (나) 방정식 $P(x)-Q(x)=0$은 중근을 갖는다.

다항식 $P(x)+Q(x)$를 $x-2$로 나눈 나머지가 12일 때, $P(2)$의 값은? (4점)

① 7   ② 8   ③ 9

④ 10   ⑤ 11

다항식 $f(x)$가 이차식 $(x-a)(x-b)$로 나누어떨어질 때 몫을 $Q(x)$라 하면 $f(x)=(x-a)(x-b)Q(x)$이고 $f(a)=0$, $f(b)=0$이다.

tip

$f(x)$가 이차식으로 나누어떨어지는 경우, 먼저 나누는 이차식을 $(x-a)(x-b)$ 꼴로 인수분해한 후 $f(a)=0$, $f(b)=0$을 이용하여 $f(x)$의 미정계수를 구한다.

B116 ❋❋❋ ⋯⋯⋯⋯⋯ 2014실시 6월 학평 5(고1)

x에 대한 다항식 $2x^3+ax^2+bx+6$이 x^2-1로 나누어떨어질 때, ab의 값은? (단, a, b는 상수이다.) (3점)

① 6 　　　② 8 　　　③ 10

④ 12 　　　⑤ 14

B117 ＊❋❋ ⋯⋯⋯⋯⋯ 2025실시 6월 학평 17(고1)

최고차항의 계수가 1인 삼차다항식 $P(x)$를 x^2-1로 나눈 몫과 나머지는 서로 같다. $(x+1)P(x)$가 x^2-1로 나누어떨어질 때, $P(4)$의 값은? (4점)

① 48 　　　② 52 　　　③ 56

④ 60 　　　⑤ 64

B118 ＊❋❋ ⋯⋯⋯⋯⋯ 2019실시 6월 학평 28(고1)

두 이차다항식 $P(x)$, $Q(x)$가 다음 조건을 만족시킨다.

(가) 모든 실수 x에 대하여 $2P(x)+Q(x)=0$이다.
(나) $P(x)Q(x)$는 x^2-3x+2로 나누어떨어진다.

$P(0)=-4$일 때, $Q(4)$의 값을 구하시오. (4점)

B119 ＊❋❋ ⋯⋯⋯⋯⋯ 2022실시 6월 학평 17(고1)

x에 대한 다항식 x^3+x^2+ax+b가 $(x-1)^2$으로 나누어떨어질 때의 몫을 $Q(x)$라 하자. 두 상수 a, b에 대하여 $Q(ab)$의 값은? (4점)

① -15 　　　② -14 　　　③ -13

④ -12 　　　⑤ -11

B120 ＊❋❋ ⋯⋯⋯⋯⋯ 2018실시 9월 학평 17(고1)

이차식 $f(x)$와 일차식 $g(x)$가 다음 조건을 만족시킨다.

(가) 방정식 $f(x)-g(x)=0$이 중근 1을 갖는다.
(나) 두 다항식 $f(x)$, $g(x)$를 $x-2$로 나누었을 때의 나머지는 각각 2, 5이다.

다항식 $f(x)-g(x)$를 $x+1$로 나누었을 때의 나머지는? (4점)

① -16 　　　② -14 　　　③ -12

④ -10 　　　⑤ -8

B121 ＊＊❋ ⋯⋯⋯⋯⋯ 2018실시 11월 학평 18(고1)

최고차항의 계수가 1인 두 이차다항식 $f(x)$, $g(x)$가 다음 조건을 만족시킨다.

(가) $f(x)-g(x)$를 $x-2$로 나눈 몫과 나머지가 서로 같다.
(나) $f(x)g(x)$는 x^2-1로 나누어떨어진다.

$g(4)=3$일 때, $f(2)+g(2)$의 값은? (4점)

① 1 　　　② 2 　　　③ 3

④ 4 　　　⑤ 5

B122 ✿✿✿ 2012실시 9월 학평 15(고1)

다음은 계수가 실수인 다항식 $P(x)$에 대하여 방정식 $x^3+2x-1=0$의 서로 다른 세 근이 모두 방정식 $(x^2+x+1)P(x)=1$의 근이 되도록 하는, 차수가 최소인 다항식 $P(x)$를 구하는 과정이다.

> $x^3+2x-1=0$의 서로 다른 세 근이 모두 방정식 $(x^2+x+1)P(x)=1$의 근이므로
>
> $(x^2+x+1)P(x)-1=(x^3+2x-1)Q(x)$
>
> 인 다항식 $Q(x)$가 존재한다.
>
> 즉, $(x^2+x+1)P(x)=(x^3+2x-1)Q(x)+1$이다.
>
> 그런데, x^3+2x-1을 x^2+x+1로 나눈 몫과 나머지는 각각 $x-1$, (가) 이므로
>
> $(x^2+x+1)P(x)$
>
> $=(x-1)(x^2+x+1)Q(x)+$(가)$Q(x)+1$ ⋯ ㉠
>
> 이다. 등식 ㉠을 만족하는 다항식 $P(x)$의 차수가 최소가 되기 위해서는 $Q(x)$가 다항식이므로
>
> (가)$Q(x)+1=x^2+x+1$
>
> 이어야 한다. 따라서 $Q(x)=$ (나) 이다.
>
> 그러므로 구하고자 하는 다항식 $P(x)=$ (다) 이다.

위의 과정에서 (가), (나), (다)에 알맞은 식을 각각 $f(x)$, $g(x)$, $h(x)$라 할 때, $f(1)+g(3)+h(5)$의 값은? (4점)

① 16 ② 17 ③ 18 ④ 19 ⑤ 20

B123 ✿✿✿ 2025실시 3월 학평 19(고2)

최고차항의 계수가 1인 서로 다른 두 삼차다항식 $f(x)$, $g(x)$와 최고차항의 계수가 1인 서로 다른 두 이차다항식 $P_1(x)$, $P_2(x)$는 다음 조건을 만족시킨다.

> (가) 다항식 $f(x)+g(x)$는 세 다항식 $P_1(x)$, $P_2(x)$, x^2-5x+6으로 각각 나누어떨어진다.
>
> (나) 두 다항식 $P_1(x)$, $P_2(x)$는 각각 다항식 $f(x)-g(x)$로 나누어떨어진다.

$f(1)=g(1)$이고 $f(2)=1$일 때, $g(3)$의 값은? (4점)

① -4 ② -2 ③ 0 ④ 2 ⑤ 4

3 조립제법

유형 12 조립제법 (기초)

x에 대한 다항식 ax^3+bx^2+cx+d를 $x-\alpha$로 나누었을 때의 몫과 나머지를 다음과 같이 조립제법을 이용하여 구하면 몫은 ax^2+px+q, 나머지는 r이다.

$$\begin{array}{c|cccc} \alpha & a & b & c & d \\ & & \square & \square & \square \\ \hline & a & p & q & r \end{array}$$

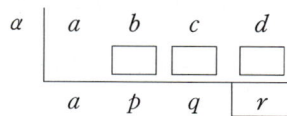

tip

다항식을 일차식으로 나누었을 때의 몫과 나머지는 조립제법을 이용하면 쉽게 구할 수 있다. 이때, 각 항의 차수와 나머지를 혼동하지 않도록 주의한다.

B124 ✿✿✿ 2018실시 6월 학평 5(고1)

다음은 조립제법을 이용하여 다항식 $2x^3+3x+4$를 일차식 $x-a$로 나누었을 때, 나머지를 구하는 과정을 나타낸 것이다.

$$\begin{array}{c|cccc} a & 2 & 0 & 3 & 4 \\ & & 2 & \square & \square \\ \hline & 2 & \square & \square & b \end{array}$$

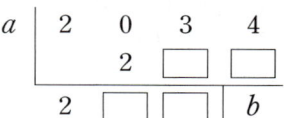

위 과정에 들어갈 두 상수 a, b에 대하여 $a+b$의 값은? (3점)

① 8 ② 9 ③ 10 ④ 11 ⑤ 12

B125 ✿✿✿ 2014실시 6월 학평 3(고1)

다항식 x^3-3x^2+2x+4를 $x-2$로 나눈 몫과 나머지를 조립제법을 이용하여 구하는 과정이다.

$$\begin{array}{c|cccc} 2 & 1 & -3 & 2 & 4 \\ & & 2 & a & 0 \\ \hline & 1 & -1 & 0 & b \end{array}$$

$a+b$의 값은? (단, a, b는 상수이다.) (2점)

① -2 ② -1 ③ 0 ④ 1 ⑤ 2

❖ 정답 및 해설 66~70p

B126 ✳✳✳

2017실시 6월 학평 5(고1)

다음은 조립제법을 이용하여 다항식
x^3-3x^2+5x-5를 $x-2$로 나누었을 때, 나머지를 구하는
과정을 나타낸 것이다.

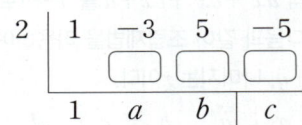

위 과정에 들어갈 세 상수 a, b, c에 대하여 abc의 값은?

(3점)

① -6 ② -5 ③ -4
④ -3 ⑤ -2

B127 ✳✳✳

2008실시 11월 학평 5(고1)

x에 대한 다항식 $P(x)=6x^3-3x^2+kx-1$은
$2x-1$로 나누어떨어진다. $P(x)$를 $x+1$로 나누었을 때의
몫은? (3점)

① $6x^2+9x-10$ ② $6x^2-9x+11$
③ $6x^2-9x-9$ ④ $6x^2+3x+5$
⑤ $6x^2-3x+9$

B128 ✳✳✳

2023실시 9월 학평 6(고1)

다항식 x^3+ax^2+bx+3이 $(x+1)^2$으로
나누어떨어질 때, 두 상수 a, b에 대하여 $a+b$의 값은?

(3점)

① 10   ② 11   ③ 12
④ 13   ⑤ 14

B129 ✳✳✳

2019실시(나) 3월 학평 25(고2)

다항식 $2x^3-x^2+x+3$을 $x+1$로 나눈 몫을
$Q(x)$라 할 때, $Q(-1)$의 값을 구하시오. (3점)

B130 ✱✳✳

2025실시 9월 학평 15(고1)

두 정수 a, b에 대하여 x에 대한 두 다항식
$$P(x)=x^4+x^3+2x-4,$$
$$Q(x)=x^4+x^3+ax^2+bx+1$$
이 모두 $x+b$로 나누어떨어질 때, $P(b)+Q(a)$의 값은?

(4점)

① -9 ② -7 ③ -5
④ -3 ⑤ -1

B131 ✱✳✳

2020실시 6월 학평 10(고1)

다음은 다항식 $3x^3-7x^2+5x+1$을 $3x-1$로 나눈 몫과
나머지를 구하기 위하여 조립제법을 이용하는 과정이다.

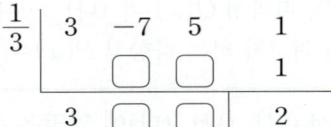

조립제법을 이용하면

이므로
$$3x^3-7x^2+5x+1=\left(x-\frac{1}{3}\right)(\boxed{(가)})+2$$
$$=(3x-1)(\boxed{(나)})+2$$이다.
따라서, 몫은 $\boxed{(나)}$이고, 나머지는 2이다.

위의 (가), (나)에 들어갈 식을 각각 $f(x)$, $g(x)$라 할 때,
$f(2)+g(2)$의 값은? (3점)

① 1   ② 2   ③ 3
④ 4   ⑤ 5

B132 ✱✳✳

x에 대한 다항식 x^3+ax^2+x+b가 $(x-1)^2$
으로 나누어떨어질 때, 상수 a, b에 대하여 $a-b$의
값은? (3점)

① -6 ② -2 ③ 0
④ 4   ⑤ 8

유형 13 조립제법을 이용하여 미정계수 구하기

x에 대한 다항식을 $x-a$에 대하여 내림차순으로 정리할 때, 조립제법을 이용하면 편리하다.

예 모든 실수 x에 대하여

$$2x^3-x^2+2x+3=a(x-1)^3+b(x-1)^2+c(x-1)+d$$일 때

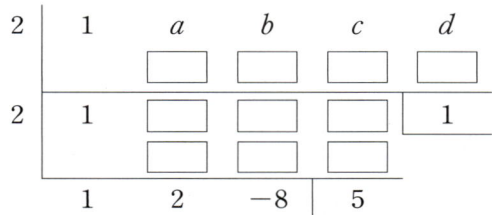

$$\therefore\ 2x^3-x^2+2x+3=2(x-1)^3+5(x-1)^2+6(x-1)+6$$

tip

조립제법을 연속으로 이용하여 $x-a$에 대한 내림차순으로 정리하면 미정계수를 쉽게 구할 수 있다.

B133 ✸✸✸ 2025실시 6월 학평 12(고1)

다음은 사차다항식

$P(x)=x^4+ax^3+bx^2+cx+d$를 조립제법을 이용하여 $x-2$로 나눈 몫과 나머지를 구하고, 그 몫을 다시 $x-2$로 나눈 몫과 나머지를 구하는 과정의 일부이다.

2	1	a	b	c	d
2	1				1
	1	2	-8	5	

$P(3)$의 값은? (단, a, b, c, d는 상수이다.) (3점)

① 13   ② 16   ③ 19
④ 22   ⑤ 25

B134 ✸✸✸ 2023실시 6월 학평 26(고1)

다음은 삼차다항식 $P(x)=ax^3+bx^2+cx+11$을 $x-3$으로 나누었을 때의 몫과 나머지를 조립제법을 이용하여 구하는 과정의 일부를 나타낸 것이다.

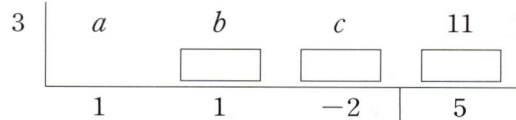

3	a	b	c	11
	1	1	-2	5

$P(x)$를 $x-4$로 나누었을 때의 나머지를 구하시오.
(단, a, b, c는 상수이다.) (4점)

B135 ✶✸✸ 2018실시 6월 학평 26(고1)

x에 대한 다항식 x^4+ax+b가 $(x-2)^2$으로 나누어떨어질 때, 몫을 $Q(x)$라 하자. 두 상수 a, b에 대하여 $a+b+Q(2)$의 값을 구하시오. (4점)

B136 ✶✶✸

모든 실수 x에 대하여 등식

$$4x^3-2x^2+x+\frac{1}{2}=a(2x+1)^3+b(2x+1)^2+c(2x+1)+d$$

가 성립할 때 상수 a, b, c, d에 대하여 $ab+c+d$의 값은? (4점)

① 1   ② 2   ③ 3
④ 4   ⑤ 5

B137 ✶✶✸

 신유형

함수 $f(x)=x^3-7x^2+10x+9$일 때, $f(3.1)$의 값을 구하시오. (4점)

B138 ✽❀❀

다항식 $f(x)$에 대하여
$$x^3 + ax + b = (x^2 - x + 1)f(x) + 3x - 4$$
가 x에 대한 항등식일 때, 상수 a, b에 대하여 $a+b$의 값을 구하는 과정을 서술하시오. (10점)

1st 주어진 식이 항등식이려면, $f(x)$는 일차식이어야 함을 이해하자.

2nd a, b의 값을 구하자.

3rd $a+b$를 구하자.

B139 ✽❀❀

다음 등식이 모든 실수 x에 대하여 항상 성립할 때, 상수 a, b, c에 대하여 abc의 값을 구하는 과정을 서술하시오.
(단, $x \neq -3$, $x \neq 0$) (10점)

$$\frac{x-9}{x(x+3)^2} = \frac{a}{x} + \frac{b}{x+3} + \frac{c}{(x+3)^2}$$

1st 우변의 식을 정리하자.

2nd a, b, c의 값을 구하자.

3rd abc를 구하자.

B140 ✽❀❀

두 다항식 $f(x)$, $g(x)$에 대하여 $f(x)+g(x)$를 $x^2 - x + 1$로 나누면 나머지가 -5, $f(x)-g(x)$를 $x^2 - x + 1$로 나누면 나머지가 3이다.
이때, $f(x)$를 $x^2 - x + 1$로 나누었을 때의 나머지를 구하는 과정을 서술하시오. (10점)

1st 나머지정리를 이용해서 $f(x)+g(x)$, $f(x)-g(x)$를 몫 $Q_1(x)$, $Q_2(x)$와 나머지를 이용하여 나타내자.

2nd 앞에서 구한 두 식을 더하여 $f(x)$를 구하자.

3rd $f(x)$를 $x^2 - x + 1$로 나눈 나머지를 구하자.

B141 ✽❀❀

다항식 $f(x)$를 $x(x-1)$로 나누었을 때의 나머지는 $2x+4$이고, $x-2$로 나누었을 때의 나머지는 10이다. 이 다항식 $f(x)$를 $x(x-1)(x-2)$로 나누었을 때의 나머지를 $R(x)$라 할 때, $R(3)$의 값을 구하는 과정을 서술하시오. (10점)

1st 나머지정리를 이용해서 $f(0)$, $f(1)$, $f(2)$의 값을 구하자.

2nd $f(x)$를 삼차식으로 나눈 나머지를 $R(x) = ax^2 + bx + c$라 하고, 앞에서 구한 함숫값을 이용하여 $R(x)$를 구하자.

3rd $R(3)$을 구하자.

B142 ✽✽✽

$x+y=1$을 만족하는 임의의 두 실수 x, y에 대하여 등식 $ax^2-xy+bx+cy+5=0$이 성립할 때, 상수 a, b, c의 값을 구하는 과정을 서술하시오. (10점)

B143 ✽✽✽

다항식 $f(x)$를 $2x^2+5x-3$으로 나눈 나머지가 $x+7$일 때, $f(-2x+1)$을 $x-2$로 나눈 나머지를 구하는 과정을 서술하시오. (10점)

B144 ✽✽✽

다항식 $f(x)$를 $x-4$로 나누었을 때의 몫은 $Q(x)$, 나머지는 3이다. $Q(x)$를 $x+1$로 나누었을 때의 나머지가 -2일 때, $f(x)$를 $x+1$로 나누었을 때의 나머지를 구하는 과정을 서술하시오. (10점)

B145 ✽✽✽

$1004^{10}+3$을 1003, 1005로 나눈 나머지를 각각 a, b라 할 때, $a+b$의 값을 구하는 과정을 서술하시오. (10점)

B146 ✽✽✽

다항식 $f(x)=x^3-12x^2+kx-18$이고, 서로 다른 세 자연수 a, b, c에 대하여 $f(a)=f(b)=f(c)=0$이다. 이때, 상수 k의 값을 구하는 과정을 서술하시오. (10점)

B147 ✽✽✽

x에 대한 다항식 $f(x)=2x^3+5x^2+5x+2$는 $f(x)=a(x+1)^3+b(x+1)^2+c(x+1)$의 꼴로 나타낼 수 있다. 상수 a, b, c의 값을 각각 구하고, 이 식을 이용하여 $f(9)$의 값을 구하는 과정을 서술하시오. (10점)

B148 ✪ 2등급 대비

등식

$(x^2-3x+1)^5=a_{10}(x-1)^{10}+a_9(x-1)^9+\cdots+a_1(x-1)+a_0$

이 x에 대한 항등식일 때, 상수 a_0, a_1, $\cdots$, a_9, a_{10}에 대하여 $a_2+a_4+a_6+a_8+a_{10}$의 값은? (4점)

① -3 ② -1 ③ 1
④ 3 ⑤ 5

B149 ✪ 2등급 대비 ⋯⋯⋯ 2017실시 9월 학평 17(고1)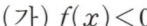

모든 실수 x에 대하여 다항식 $f(x)$가 다음 조건을 만족시킨다.

> (가) $f(x)<0$
> (나) $\{f(x+1)\}^2-9=(x-1)(x+1)(x^2+5)$

다항식 $f(x+a)$를 $x-2$로 나눈 나머지가 -6이 되도록 하는 모든 상수 a의 값의 곱은? (4점)

① -9 ② -7 ③ -5
④ -3 ⑤ -1

B150 ✪ 2등급 대비 ⋯⋯⋯ 2017실시 11월 학평 20(고1)

최고차항의 계수가 1인 이차식 $f(x)$를 $x-1$로 나누었을 때의 몫을 $Q_1(x)$라 하고, $f(x)$를 $x-2$로 나누었을 때의 몫을 $Q_2(x)$라 하면 $Q_1(x)$, $Q_2(x)$는 다음 조건을 만족시킨다.

> (가) $Q_2(1)=f(2)$
> (나) $Q_1(1)+Q_2(1)=6$

$f(3)$의 값은? (4점)

① 7 ② 8 ③ 9
④ 10 ⑤ 11

B151 ✪ 2등급 대비 ⋯⋯⋯ 2015실시 9월 학평 19(고1)

이차 이상의 다항식 $f(x)$를 $(x-a)(x-b)$로 나눈 나머지를 $R(x)$라 할 때, [보기]에서 옳은 것만을 있는 대로 고른 것은?

(단, a, b는 서로 다른 두 실수이다.) (4점)

> [보기]
> ㄱ. $f(a)-R(a)=0$
> ㄴ. $f(a)-R(b)=f(b)-R(a)$
> ㄷ. $af(b)-bf(a)=(a-b)R(0)$

① ㄱ ② ㄴ ③ ㄱ, ㄷ
④ ㄴ, ㄷ ⑤ ㄱ, ㄴ, ㄷ

B152 ✿2등급 대비 ········ 2014실시 6월 학평 21(고1)

삼차다항식 $P(x)$가 다음 조건을 만족시킨다.

> (가) $(x-1)P(x-2)=(x-7)P(x)$
> (나) $P(x)$를 x^2-4x+2로 나눈 나머지는 $2x-10$이다.

$P(4)$의 값은? (4점)

① -6 ② -3 ③ 0
④ 3 ⑤ 6

B153 ✿2등급 대비 ········ 2022실시 9월 학평 20(고1)

최고차항의 계수가 1인 사차다항식 $f(x)$가 다음
조건을 만족시킬 때, $f(4)$의 값은? (4점)

> (가) $f(x)$를 $x+1$로 나눈 나머지와 $f(x)$를
> x^2-3으로 나눈 나머지는 서로 같다.
> (나) $f(x+1)-5$는 x^2+x로 나누어떨어진다.

① -9 ② -8 ③ -7
④ -6 ⑤ -5

B154 ✿2등급 대비 ········ 2022실시 3월 학평 29(고2)

최고차항의 계수가 양수인 두 다항식 $f(x)$,
$g(x)$가 다음 조건을 만족시킨다.

> (가) $f(x)$를 $x^2+g(x)$로 나눈 몫은 $x+2$이고 나머지는
> $\{g(x)\}^2-x^2$이다.
> (나) $f(x)$는 $g(x)$로 나누어떨어진다.

$f(0)\neq0$일 때, $f(2)$의 값을 구하시오. (4점)

B155 ✿2등급 대비 ········ 2024실시 6월 학평 28(고1)

이차다항식 $f(x)$와 일차다항식 $g(x)$에 대하여
$f(x)g(x)$를 $f(x)-2x^2$으로 나누었을 때의 몫은
x^2-3x+3이고 나머지는 $f(x)+xg(x)$이다.
$f(-2)$의 값을 구하시오. (4점)

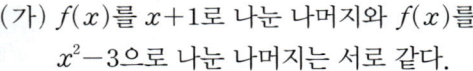

B156 ⭐2등급 대비 ········ 2022실시 6월 학평 29(고1)

삼차다항식 $P(x)$와 일차다항식 $Q(x)$가 다음 조건을 만족시킨다.

(가) $P(x)Q(x)$는 $(x^2-3x+3)(x-1)$로 나누어떨어진다.
(나) 모든 실수 x에 대하여
$x^3-10x+13-P(x)=\{Q(x)\}^2$이다.

$Q(0)<0$일 때, $P(2)+Q(8)$의 값을 구하시오. (4점)

B157 ⭐2등급 대비 ········ 2017실시 9월 학평 19(고1)

최고차항의 계수가 양수인 다항식 $f(x)$가 모든 실수 x에 대하여
$$\{f(x)\}^3=4x^2f(x)+8x^2+6x+1$$
을 만족시킬 때, [보기]에서 옳은 것만을 있는대로 고른 것은? (4점)

[보기]
ㄱ. 다항식 $f(x)$를 x로 나눈 나머지는 1이다.
ㄴ. 다항식 $f(x)$의 최고차항의 계수는 4이다.
ㄷ. 다항식 $\{f(x)\}^3$을 x^2-1로 나눈 나머지는 $14x+13$이다.

① ㄱ   ② ㄴ   ③ ㄱ, ㄷ
④ ㄴ, ㄷ   ⑤ ㄱ, ㄴ, ㄷ

B158 ⭐2등급 대비 ········ 2020실시 6월 학평 21(고1)

최고차항의 계수가 1인 사차다항식 $f(x)$가 다음 조건을 만족시킬 때, 양수 p의 값은? (4점)

(가) $f(x)$를 $x+2$, x^2+4로 나눈 나머지는 모두 $3p^2$이다.
(나) $f(1)=f(-1)$
(다) $x-\sqrt{p}$는 $f(x)$의 인수이다.

① $\frac{1}{2}$ ② 1   ③ $\frac{3}{2}$

④ 2   ⑤ $\frac{5}{2}$

B159 ⭐2등급 대비

x에 대한 다항식 $x^n(x^2+px+q)$를 $(x-2)^2$으로 나누면 나머지가 $2^{n+1}(x-2)$이다. 이때, 상수 p, q에 대하여 $p+q$의 값을 구하시오. (4점)

B160 최고 ☆1등급 대비 ······ 2019실시(가) 3월 학평 29(고2)

최고차항의 계수가 1인 다항식 $f(x)$가 다음 조건을 만족시킨다.

> (가) 다항식 $f(x)$를 다항식 $g(x)$로 나눈 몫과 나머지는 모두 $g(x)-2x^2$이다.
>
> (나) 다항식 $f(x)$를 $x-1$로 나눈 나머지는 $-\dfrac{9}{4}$이다.

$f(6)$의 값을 구하시오. (4점)

B161 ☆1등급 대비 ······ 2015실시 6월 학평 29(고1)

삼차다항식 $f(x)$가 다음 조건을 만족시킨다.

> (가) $f(1)=2$
> (나) $f(x)$를 $(x-1)^2$으로 나눈 몫과 나머지가 같다.

$f(x)$를 $(x-1)^3$으로 나눈 나머지를 $R(x)$라 하자. $R(0)=R(3)$일 때, $R(5)$의 값을 구하시오. (4점)

B162 ☆1등급 대비 ······ 2013실시(B) 3월 학평 16(고2)

다항식 $f(x)$가 다음 세 조건을 만족시킬 때, $f(0)$의 값은? (4점)

> (가) $f(x)$를 x^3+1로 나눈 몫은 $x+2$이다.
> (나) $f(x)$를 x^2-x+1로 나눈 나머지는 $x-6$이다.
> (다) $f(x)$를 $x-1$로 나눈 나머지는 -2이다.

① -10 ② -9 ③ -8
④ -7 ⑤ -6

B163 ☼1등급 대비 ☀신유형

x에 대한 이차다항식 $f(x)$가 다음 조건을
만족시킨다.

> (가) x^3+5x^2+6x+2를 $f(x)$로 나눈 나머지는 $g(x)$이다.
> (나) x^3+5x^2+6x+2를 $g(x)$로 나눈 나머지는
> $f(x)-x^2-4x$이다.

$g(2)$의 값은? (4점)

① 3   ② 4   ③ 5

④ 6   ⑤ 7

B165 최고 ☼1등급 대비 .... 2017실시 6월 학평 30(고1)

다음 조건을 만족시키는 모든 이차다항식 $P(x)$의
합을 $Q(x)$라 하자.

> (가) $P(1)P(2)=0$
> (나) 사차다항식 $P(x)\{P(x)-3\}$은 $x(x-3)$으로
>   나누어떨어진다.

$Q(x)$를 $x-4$로 나눈 나머지를 구하시오. (4점)

B164 ☼1등급 대비 .... 2021실시 9월 학평 29(고1)

다항식 $P(x)$와 최고차항의 계수가 1인
삼차다항식 $Q(x)$가 모든 실수 x에 대하여
$$\{Q(x+1)\}^2+\{Q(x)\}^2=(x^2-x)P(x)$$
를 만족시킨다. $P(x)$를 $Q(x)$로 나눈 나머지를 $R(x)$라
할 때, $R(3)$의 값을 구하시오.
(단, 다항식 $Q(x)$의 계수는 실수이다.) (4점)

C 인수분해

💬 복잡한 식에서 공통부분은 치환한다.

🍀 **단원 학습 목표**

- 인수분해는 다항식의 전개를 역으로 생각한 것으로, 앞에서 배운 곱셈 공식을 잘 기억하면 인수분해 공식도 쉽게 이해할 수 있다.
- 중학교에서 학습한 기본적인 인수분해 공식을 바탕으로 삼차 이상의 다항식의 인수분해 공식과 인수정리, 조립제법 등을 이용하여 좀 더 복잡하고 다양한 다항식을 인수분해할 수 있어야 한다.

★ **자주 출제되는 필수 개념 학습법**

- 인수분해는 곱셈 공식과 서로 반대의 과정이므로 곱셈 공식을 잘 외워두면 인수분해 공식의 이해가 빠르고, 인수분해가 잘 되었는지 확인하기 위해 곱셈 공식을 이용하여 전개해볼 수도 있다.
- 삼차 이상의 다항식의 인수분해는 앞으로 배울 방정식과 부등식, 도형의 방정식 과정에서 가장 기초적이고도 중요한 과정이다. 따라서 인수정리와 조립제법을 이용한 고차식의 인수분해 연습을 충분히 하도록 한다.

★ **자주 출제되는 개념+공식**

1 자주 쓰이는 인수분해 공식

  (1) $a^2+b^2+c^2+2ab+2bc+2ca=(a+b+c)^2$

  (2) $a^3+3a^2b+3ab^2+b^3=(a+b)^3$

    $a^3-3a^2b+3ab^2-b^3=(a-b)^3$

  (3) $a^3+b^3=(a+b)(a^2-ab+b^2)$

    $a^3-b^3=(a-b)(a^2+ab+b^2)$

  (4) $a^3+b^3+c^3-3abc$

    $=(a+b+c)(a^2+b^2+c^2-ab-bc-ca)$

2 인수정리를 이용한 인수분해

  ⇒ 다항식 $P(x)$를 인수분해할 때, $P(\alpha)=0$을 만족시키는 α의 값을 구하여 조립제법을 이용한다.

C 인수분해

개념 스토리

중요도 ★★○

① 인수분해^❶ — 유형 01

(1) **인수분해** : 하나의 다항식을 상수가 아닌 두 개 이상의 다항식의 곱으로 나타내는 것

(2) **인수분해의 기본** : 공통인수를 찾아 묶어낸다. 즉, $mx+my=m(x+y)$

예) $10x^3-15x^2=5x^2(2x-3)$

(3) **인수분해 공식** ^{❷, ❸}

① $a^2+2ab+b^2=(a+b)^2$, $a^2-2ab+b^2=(a-b)^2$
② $a^2-b^2=(a+b)(a-b)$
③ $x^2+(a+b)x+ab=(x+a)(x+b)$
④ $acx^2+(ad+bc)x+bd=(ax+b)(cx+d)$

이미 배웠던 공식

⑤ $a^2+b^2+c^2+2ab+2bc+2ca=(a+b+c)^2$
⑥ $a^3+3a^2b+3ab^2+b^3=(a+b)^3$, $a^3-3a^2b+3ab^2-b^3=(a-b)^3$
⑦ $a^3+b^3=(a+b)(a^2-ab+b^2)$, $a^3-b^3=(a-b)(a^2+ab+b^2)$
⑧ $a^3+b^3+c^3-3abc=(a+b+c)(a^2+b^2+c^2-ab-bc-ca)$
⑨ $a^4+a^2b^2+b^4=(a^2+ab+b^2)(a^2-ab+b^2)$

새로 배우는 공식

② 복잡한 식의 인수분해 — 유형 02~13

(1) **공통부분이 있는 다항식** : 공통부분을 하나의 문자로 치환한 후 인수분해한다.

(2) x^4+ax^2+b **꼴의 다항식** ^❹

① $x^2=X$로 치환하여 X^2+aX+b를 인수분해한다.
② X^2+aX+b가 인수분해되지 않으면 x^4+ax^2+b의 이차항 ax^2을 적당히 분리하여 $(x^2+A)^2-(Bx)^2$의 꼴로 변형한 후 인수분해한다. ^❺

예) $x^4-3x^2+1=(x^4-2x^2+1)-x^2=(x^2-1)^2-x^2=(x^2+x-1)(x^2-x-1)$

(3) **여러 문자를 포함한 다항식**

① 차수가 가장 낮은 문자에 대하여 내림차순으로 정리한 후 인수분해한다.
② 차수가 모두 같을 때에는 어느 한 문자에 대하여 내림차순으로 정리한 후 인수분해한다.

참고 한 문자에 대하여 정리할 때, 그 문자가 아닌 나머지 문자들은 상수로 생각한다.

(4) **인수정리와 조립제법을 이용한 인수분해**

삼차 이상의 다항식 $f(x)$는 인수정리와 조립제법을 이용하여 인수분해한다.

① $f(a)=0$을 만족하는 상수 a의 값을 구한다. ^❻
② 조립제법을 이용하여 $f(x)$를 $x-a$로 나눈 몫 $Q(x)$를 구한다.
③ $f(x)=(x-a)Q(x)$의 꼴로 인수분해한다.
④ 몫 $Q(x)$가 삼차 이상이면 위의 과정을 반복하여 인수분해한다.

예) 인수정리를 이용하여 다항식 x^3-4x^2+x+6을 인수분해하시오.

$f(x)=x^3-4x^2+x+6$으로 놓으면
$f(-1)=-1-4-1+6=0$이므로
$f(x)$는 $x+1$을 인수로 갖는다.
∴ $x^3-4x^2+x+6=(x+1)(x^2-5x+6)$
                $=(x+1)(x-2)(x-3)$

-1	1	-4	1	6
		-1	5	-6
	1	-5	6	0

---

❶ 인수 : 곱을 이루는 각각의 다항식

❷ 인수분해는 다항식을 전개하는 곱셈 공식을 역으로 생각하면 된다.

인수분해
$a^2+2ab+b^2=(a+b)^2$
전개

❸ 특별한 조건이 없는 한 인수들의 계수들은 유리수 범위 내에서 인수분해한다.

❹ 차수가 짝수인 항과 상수항으로만 이루어진 다항식을 **복이차식**이라고 한다.

❺ $a^4+a^2b^2+b^4$
$=a^4+2a^2b^2+b^4-a^2b^2$
$=(a^2+b^2)^2-(ab)^2$
$=(a^2+ab+b^2)(a^2-ab+b^2)$

❻ 계수가 모두 정수인 다항식 $f(x)$에서 $f(a)=0$을 만족하는 a의 값은
± 1
⇨ $\pm(f(x)$의 상수항의 약수)
⇨ $\pm \dfrac{\{f(x)\text{의 상수항의 약수}\}}{\{f(x)\text{의 최고차항의 계수의 약수}\}}$
의 순서로 찾는다.

1 인수분해

[C01~C03] 다음 식을 인수분해하시오.

C01 $3xy^2 - 9y$

C02 $(a-b)x + (b-a)y$

C03 $ad - bc - ac + bd$

[C04~C07] 다음 식을 인수분해하시오.

C04 $4x^2 + 4x + 1$

C05 $9x^2 - 24x + 16$

C06 $16a^2 + 8ab + b^2$

C07 $25a^2 - 20ab + 4b^2$

[C08~C10] 다음 식을 인수분해하시오.

C08 $9x^2 - y^2$

C09 $8a^2 - 50b^2$

C10 $(x+1)^2 - (y-1)^2$

[C11~C12] 다음 식을 인수분해하시오.

C11 $x^2 + 11x + 28$

C12 $6x^2 - 7xy - 5y^2$

[C13~C15] 다음 식을 인수분해하시오.

C13 $a^2 + 4b^2 + c^2 + 4ab + 4bc + 2ca$

C14 $x^2 + y^2 + z^2 - 2xy + 2yz - 2zx$

C15 $x^2 + y^2 + 2xy + 2x + 2y + 1$

[C16~C21] 다음 식을 인수분해하시오.

C16 $x^3 + 6x^2y + 12xy^2 + 8y^3$

C17 $27x^3 - 27x^2y + 9xy^2 - y^3$

C18 $a^3 + 1$

C19 $8a^3 - 27b^3$

C20 $a^3 + b^3 - c^3 + 3abc$

C21 $a^4 + a^2 + 1$

2 복잡한 식의 인수분해

[C22~C30] 다음 식을 인수분해하시오.

C22 $(x+1)^2 - 5(x+1) + 6$

C23 $(x^2 - 5x)(x^2 - 5x + 2) - 8$

C24 $(x-1)^2 + (x-1)(x+3) - 2(x+3)^2$

C25 $x^4 - 5x^2 + 4$

C26 $x^4 + 7x^2 + 16$

C27 $a^3 - ab^2 - b^2c + a^2c$

C28 $x^2 + xy - 2y^2 - x + 4y - 2$

C29 $x^3 + 2x^2 - 11x - 12$

C30 $x^4 - 3x^3 + 3x^2 + x - 6$

[C31~C32] 다음 식의 값을 구하시오.

C31 $7^2 - 8^2 + 9^2 - 10^2$

C32 $\dfrac{99^3 + 1}{99^2 - 99 + 1}$

1 인수분해

유형 01 인수분해 공식

(1) $acx^2+(ad+bc)x+bd=(ax+b)(cx+d)$
(2) $a^2+b^2+c^2+2ab+2bc+2ca=(a+b+c)^2$
(3) $a^3+3a^2b+3ab^2+b^3=(a+b)^3$
   $a^3-3a^2b+3ab^2-b^3=(a-b)^3$
(4) $a^3+b^3=(a+b)(a^2-ab+b^2)$
   $a^3-b^3=(a-b)(a^2+ab+b^2)$

tip

공통인수가 생기도록 항별로 인수를 묶거나 항을 전개하여 차수가 낮은 한 문자로 정리해주면 인수분해를 보다 손쉽게 할 수 있다.
① 모든 항의 공통인수로 묶은 후에 인수분해한다.
② 식을 알맞게 변형하여 인수분해 공식을 사용한다.

C33 ❀❀❀

다음 중 인수분해가 잘못된 것은? (3점)

① $a^4-16=(a+2)(a-2)(a^2+4)$
② $27a^3+64=(3a+4)(9a^2-12a+16)$
③ $a^2+b^2+c^2+2ab+2bc+2ca=(a+b+c)^2$
④ $a^2+b^2-c^2-2ab=(a-b+c)(a-b-c)$
⑤ $x^4+9x^2y^2+81y^4=(x^2+3xy+9y^2)^2$

C34 ❀❀❀   2019실시(나) 3월 학평 5(고2)

모든 실수 x에 대하여 등식
$$x^3-1=(x-1)(x^2+ax+b)$$
가 성립할 때, $a+b$의 값은? (단, a, b는 상수이다.) (3점)

① -2 ② -1 ③ 0
④ 1 ⑤ 2

C35 ❀❀❀

x^6-y^6을 인수분해하시오. (3점)

C36 ❀❀❀   2018실시 6월 학평 6(고1)

x에 대한 다항식 $x(x+2)+a$가 이차식 $(x+b)^2$으로 인수분해될 때, 두 상수 a, b에 대하여 ab의 값은? (3점)

① 1 ② 2 ③ 3
④ 4 ⑤ 5

C37 ❀❀❀   2018실시 9월 학평 2(고1)

다항식 x^3-27이 $(x-3)(x^2+ax+b)$로 인수분해될 때, $a+b$의 값은? (단, a, b는 상수이다.) (2점)

① 8 ② 9 ③ 10
④ 11 ⑤ 12

C38 ✿✿✿ 2019실시 9월 학평 7(고1)

다항식 $P(x)$에 대하여 등식

$$x^3+3x^2-x-3=(x^2-1)P(x)$$

가 x에 대한 항등식일 때, $P(1)$의 값은? (3점)

① 1   ② 2   ③ 3
④ 4   ⑤ 5

C39 ✿✿✿

다음 중 다항식 $x^4+2x^3-x^2-2x$의 인수가 <u>아닌</u> 것은? (3점)

① x ② $x-2$ ③ $x-1$
④ $x+1$ ⑤ $x+2$

C40 ✶✿✿

$x(8x^2-2)-6x(2x-1)+2x-1$이 $(ax+b)^3$으로 인수분해될 때, 상수 a, b에 대하여 $a-b$의 값은? (3점)

① -3 ② -1 ③ 1
④ 3   ⑤ 5

---

2 복잡한 식의 인수분해

유형 02 치환을 이용한 인수분해 ⭐중요 [이해]

(1) 공통부분이 있으면 공통부분을 치환하여 인수분해한다.

(2) 공통부분이 없으면 공통부분이 생기도록 변형한다. [tip]

1️⃣ ( )( )( )( ) 꼴은 두 개씩 묶은 다음 전개하여 공통부분을 찾는다.
2️⃣ 치환한 상태에서 인수분해한 후 치환한 문자에 원래 식을 대입하여 나온 결과가 인수분해가 되는 경우에는 꼭 인수분해를 해줘야 한다.

C41 ✿✿✿ 2025실시 9월 학평 9(고1)

다항식 $x(x-4)(x^2-4x+7)+12$가 $(x-1)(x+a)(x+b)^2$으로 인수분해될 때, 두 상수 a, b에 대하여 $2a+b$의 값은? (3점)

① -10 ② -8 ③ -6
④ -4 ⑤ -2

C42 ✿✿✿ 2021실시 9월 학평 7(고1)

다항식 $(x^2+1)^2+3(x^2+1)+2$가 $(x^2+a)(x^2+b)$로 인수분해될 때, 두 상수 a, b에 대하여 $a+b$의 값은? (3점)

① 1   ② 2   ③ 3
④ 4   ⑤ 5

C43 ✿✿✿ 2019실시 11월 학평 6(고1)

다항식 $(x^2+x)^2+2(x^2+x)-3$이 $(x^2+ax-1)(x^2+x+b)$로 인수분해될 때, 두 상수 a, b에 대하여 $a+b$의 값은? (3점)

① 1   ② 2   ③ 3
④ 4   ⑤ 5

C44 ✽❀❀ .... 2023실시 11월 학평 10(고1)

다항식 $(x^2+4)^2-3x(x^2+4)-4x^2$이
$(x+a)^2(x^2+bx+c)$로 인수분해될 때, 세 정수 a, b, c에
대하여 $a+b+c$의 값은? (3점)

① 3   ② 5   ③ 7

④ 9   ⑤ 11

C45 ✽❀❀ .... 2024실시 10월 학평 25(고1)

다항식 $(x^2+2x)(2x^2+4x+5)+3$이
$(x+a)^2(2x^2+bx+c)$로 인수분해될 때, $a+b+c$의
값을 구하시오. (단, a, b, c는 상수이다.) (3점)

C46 ✽❀❀ .... 2020실시 9월 학평 9(고1)

다항식 $(x^2+x)(x^2+x+1)-6$이
$(x+2)(x-1)(x^2+ax+b)$로 인수분해될 때,
두 상수 a, b에 대하여 $a+b$의 값은? (3점)

① 1   ② 2   ③ 3

④ 4   ⑤ 5

C47 ✽❀❀

$(x^2-x+1)(x^2-x-9)+21$을 인수분해하면
$(x+a)(x+b)(x+c)(x+d)$가 될 때, 상수 a, b, c, d에
대하여 $|a|+|b|+|c|+|d|$의 값은? (3점)

① 4   ② 5   ③ 6

④ 7   ⑤ 8

C48 ✽❀❀

다음 중 $(x^2+x)(x^2+x-8)+12$의 인수가 <u>아닌</u> 것은? (3점)

① $x+1$ ② $x-1$ ③ $x-2$

④ x^2+x-2 ⑤ x^2+x-6

C49 ✽❀❀ 🚩최다출제 / 2016실시 6월 학평 8(고1)

다항식 $(x^2-x)^2+2x^2-2x-15$가
$(x^2+ax+b)(x^2+ax+c)$로 인수분해될 때,
세 상수 a, b, c에 대하여 $a+b+c$의 값은? (3점)

① -2 ② -1 ③ 0

④ 1   ⑤ 2

C50 ✽❀❀ .... 2013실시 6월 학평 6(고1)

다음 중에서 다항식 $(x^2-x)(x^2-x-1)-2$의 인수인
것은? (3점)

① $x-2$ ② $x-1$ ③ x

④ x^2+1 ⑤ x^2+x+1

C51 ✽❀❀ .... 2024실시 6월 학평 15(고1)

x에 대한 다항식
$(x+2)(x+3)(x+4)(x+5)+k$가 $(x^2+ax+b)^2$으로
인수분해되도록 하는 세 실수 a, b, k에 대하여
$a+b+k$의 값은? (4점)

① 11   ② 13   ③ 15

④ 17   ⑤ 19

C52 ✽❀❀ .... 2024실시 9월 학평 12(고1)

다항식 $(x^2+x)(x^2+x+2)-8$이
$(x-1)(x+a)(x^2+x+b)$로 인수분해될 때,
두 상수 a, b에 대하여 $a+b$의 값은? (3점)

① 3   ② 4   ③ 5

④ 6   ⑤ 7

C53 *✿✿ .... 2014실시 6월 학평 4(고1)

다항식 $(x^2+2x)(x^2+2x-3)+2$를
인수분해하면 $(x^2+ax+b)(x^2+2x-2)$일 때,
$a+b$의 값은? (단, a, b는 상수이다.) (3점)

① -3 ② -1 ③ 1
④ 3 ⑤ 5

C54 *✿✿ .... 2016실시 9월 학평 5(고1)

다항식 $(2x+y)^2-2(2x+y)-3$을 인수분해하면
$(ax+y+1)(2x+by+c)$일 때, $a+b+c$의 값은?
(단, a, b, c는 상수이다.) (3점)

① -4 ② -2 ③ 0
④ 2 ⑤ 4

C55 *✿✿  최다출제 / 2022실시 11월 학평 16(고1)

x에 대한 다항식
$(x-1)(x-4)(x-5)(x-8)+a$가
$(x+b)^2(x+c)^2$으로 인수분해될 때, 세 정수 a, b, c에
대하여 $a+b+c$의 값은? (4점)

① 19 ② 21 ③ 23
④ 25 ⑤ 27

C56 *✿✿ ....

다음 식을 인수분해하시오. (4점)

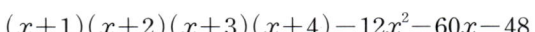

$$(x+1)(x+2)(x+3)(x+4)-12x^2-60x-48$$

유형 03 x^4+ax^2+b 꼴의 다항식의 인수분해 이해

(1) $x^2=t$로 치환하여 인수분해 공식을 적용할 수 있는지를 검토한다.

(2) 이차항을 더하거나 빼서 $(x^2+A)^2-(Bx)^2$의 꼴로
변형하여 인수분해한다.

tip

x^4+ax^2+b 꼴은 $(a+b)(a-b)=a^2-b^2$을 기본으로 문제를 풀어나가는
경우가 많으므로 위의 공식 꼴을 유도하기 위해 이차항을 더하거나 뺄 때
참고하여 식을 변형한다.

C57 ✿✿✿ .... 2022실시 9월 학평 7(고1)

다항식 x^4-x^2-12가 $(x-a)(x+a)(x^2+b)$로
인수분해될 때, 두 양수 a, b에 대하여 $a+b$의 값은? (3점)

① 4 ② 5 ③ 6
④ 7 ⑤ 8

C58 ✿✿✿ .... 2012실시 6월 학평 24(고1)

다항식 x^4-8x^2+16을 인수분해하면
$(x+a)^2(x+b)^2$이다. $\dfrac{2012}{a-b}$의 값을 구하시오.
(단, $a>b$이다.) (3점)

C59 ✿✿✿ .... 2005실시 5월 학평 3(고1)

다음은 다항식 x^4+2x^2+9를 인수분해하는
과정이다.

$$x^4+2x^2+9=x^4+6x^2+9-\boxed{(가)}x^2$$
$$=(x^2+3)^2-\boxed{(가)}x^2$$
$$=(x^2+3)^2-(\boxed{(나)}x)^2$$
$$=(x^2+\boxed{(나)}x+3)(x^2-2x+3)$$

위의 과정에서 (가), (나)에 알맞은 수를 바르게 짝지은 것
은? (2점)

	(가)	(나)
①	-4	-2
②	-4	2
③	-4	4
④	4	2
⑤	4	-4

C60 *✻✻
$x^4+3x^2+4=(x^2+x+2)(x^2+Ax+B)$일 때,
상수 A, B에 대하여 $A+B$의 값은? (3점)

① -2 ② -1 ③ 0

④ 1 ⑤ 2

C61 *✻✻
다음 중 $2a^4-7a^2b^2-4b^4$의 인수가 <u>아닌</u> 것은? (3점)

① $a-2b$ ② $a+2b$ ③ a^2-4b^2

④ $2a^2-b^2$ ⑤ $2a^2+b^2$

C62 *✻✻ .... 필수 / 2017실시 6월 학평 7(고1)
다항식 x^4+7x^2+16이
$(x^2+ax+b)(x^2-ax+b)$로 인수분해될 때,
두 양수 a, b에 대하여 $a+b$의 값은? (3점)

① 5 ② 6 ③ 7

④ 8 ⑤ 9

C63 *✻✻   2015실시 6월 학평 11(고1)
다항식 x^4+4x^2+16이 $(x^2+ax+b)(x^2-cx+d)$로
인수분해될 때, $a+b+c+d$의 값은? (단, a, b, c, d는
양수이다.) (3점)

① 12 ② 14 ③ 16

④ 18 ⑤ 20

유형 04 내림차순으로 정리하여 인수분해하기 

두 개 이상의 문자를 포함하는 식의 인수분해는
(i) 차수가 다를 때에는 차수가 가장 낮은 문자에 대하여
내림차순으로 정리한 후 인수분해한다.
(ii) 차수가 모두 같을 때에는 어느 한 문자에 대하여
내림차순으로 정리한 후 인수분해한다.   tip

1️⃣ 공통인수가 있으면 공통인수로 묶어서 인수분해하고, 상수항이
인수분해가 되면 상수항을 인수분해한 후 전체를 인수분해한다.
2️⃣ 내림차순으로 정리할 때, 모든 문자의 차수가 동일한 경우는 그 계수가
1 또는 양수인 것을 택한 후 그 문자에 대하여 내림차순으로 정리하는
것이 좋다.

C64 *✻✻   2021실시 6월 학평 25(고1)
x, y에 대한 이차식 $x^2+kxy-3y^2+x+11y-6$
이 x, y에 대한 두 일차식의 곱으로 인수분해 되도록 하는
자연수 k의 값을 구하시오. (3점)

C65 *✻✻   필수
$2x^2+5xy+2y^2+3x+3y+1$이
$(x+ay+1)(2x+by+1)$로 인수분해될 때, 상수 a, b에
대하여 ab의 값은? (3점)

① 0 ② 1 ③ 2

④ 3 ⑤ 4

C66 *✻✻
$a^2+3ab+2b^2-a-3b-2$를 인수분해하면? (3점)

① $(a-2b-1)(a+b-2)$

② $(a-2b+1)(a+b-2)$

③ $(a+2b-1)(a+b-2)$

④ $(a+2b+1)(a+b-2)$

⑤ $(a+2b+1)(a+b+2)$

C67 ✱❀❀

$x^2-3xy+2y^2+2x-y-3$이 $(x+ay-1)(x+by+3)$으로 인수분해될 때, 상수 a, b에 대하여 $a+b$의 값은? (3점)

① -5 ② -3 ③ -1

④ 1 ⑤ 3

C68 ✱❀❀

$x^2+2xy-3y^2+kx+y+10$이 x, y에 대한 일차식의 곱으로 인수분해될 때, 정수 k의 값을 구하시오. (3점)

유형 05 계수가 대칭인 사차식의 인수분해 이해

계수가 대칭인 사차식의 인수분해는

(i) 각 항을 x^2으로 묶는다.

(ii) $x^2+\dfrac{1}{x^2}=\left(x+\dfrac{1}{x}\right)^2-2=\left(x-\dfrac{1}{x}\right)^2+2$를 이용하여 주어진 식을 $x+\dfrac{1}{x}$ 또는 $x-\dfrac{1}{x}$에 대한 식으로 정리한다.

(iii) $x+\dfrac{1}{x}$ 또는 $x-\dfrac{1}{x}$을 치환하여 인수분해한 뒤 x^2을 다시 곱한다.

tip

x^3과 x의 계수가 같으면 $x+\dfrac{1}{x}$을 치환하고, x^3과 x의 계수가 절댓값이 같고 부호가 다르면 $x-\dfrac{1}{x}$을 치환한다.

C69 ✱❀❀

다음 중 $x^4-2x^3+3x^2-2x+1$의 인수인 것은? (3점)

① x^2-x+1 ② x^2-x-1

③ x^2-x+2 ④ x^2-2x-1

⑤ x^2-4x-1

C70 ✱❀❀

$2x^4+x^3+x^2+x+2$를 인수분해하면? (3점)

① $(x^2-x+1)(2x^2-3x+2)$

② $(x^2-x+1)(2x^2+3x+2)$

③ $(x^2+x+1)(2x^2-3x+2)$

④ $(x^2+x+1)(2x^2+3x+2)$

⑤ $(x^2+x+1)(2x^2+4x+3)$

C71 ✱❀❀

$x^4+3x^3-8x^2+3x+1$을 인수분해하면 $(x^2+ax+b)(x+c)^2$일 때, 상수 a, b, c에 대하여 $a+b+c$의 값은? (3점)

① -3 ② -1 ③ 1

④ 3 ⑤ 5

유형 06 a, b, c 순환 꼴의 인수분해 이해

순환하는 꼴의 다항식은 먼저 식을 전개한 다음 한 문자에 대하여 내림차순으로 정리한 후 공통부분을 묶거나 공식을 활용하여 인수분해한다.

tip

순환하는 꼴의 다항식의 특징은 다음과 같다.
1 문자들의 위치를 바꾸면 식의 부호만 달라진다.
2 인수분해를 한 식도 순환하는 꼴이다.

C72 ✱❀❀

$a^2b-a^2c+b^2c-b^2a+c^2a-c^2b$를 인수분해하면? (3점)

① $(a^2-b)(b-c^2)$ ② $(b^2-a)(a-c^2)$

③ $(a-b)(b-c)(a-c)$ ④ $(a-b)(b+c)(a-c)$

⑤ $(a-b)(b-c)(c-a)$

❖ 정답 및 해설 96~99p

C73 ✻✽✽　　　　　　　　　　　필수

$a(b^2-c^2)+b(c^2-a^2)+c(a^2-b^2)$을 인수분해하면? (3점)

① $(a+b)(b+c)(c+a)$　　② $(a+b)(b-c)(c+a)$
③ $(a+b)(b-c)(c-a)$　　④ $(a-b)(b-c)(a-c)$
⑤ $(a-b)(b-c)(c-a)$

C74 ✻✽✽

$a(b+c)^2+b(c+a)^2+c(a+b)^2-4abc$를
인수분해하시오. (3점)

C75 ✻✽✽　　　　　　2006실시 11월 학평 8(고1)

x, y, z에 대한 다항식
$xy(x+y)-yz(y+z)-zx(z-x)$의 인수는? (3점)

① $x-y$　　　　② $x-z$　　　　③ $y-z$
④ $x-y+z$　　　⑤ $x+y+z$

C76 ✻✻✽　　　　　　　　　

다음 중 다항식 $a^3(b+c)-a^2(b^2+bc+c^2)+b^2c^2$의
인수가 아닌 것을 모두 고르면? (정답 2개) (4점)

① $a-b$　　　　② $b-c$　　　　③ $c-a$
④ $ab-bc+ca$　　⑤ $ab+bc+ca$

고난도
유형 07　인수정리를 이용한 인수분해 　　✿중요 　이해

삼차 이상의 다항식 $f(x)$를 인수분해할 때
(i) $f(a)=0$을 만족하는 a의 값을 구한다.
(ii) 조립제법을 이용하여 $f(x)$를 $x-a$로 나눈 몫 $Q(x)$를 구한다.
(iii) $f(x)=(x-a)Q(x)$의 꼴로 인수분해한다.　　tip

1　다항식 $f(x)$에서 $f(a)=0$를 만족하는 a는
$\pm\dfrac{\{f(x)\text{의 상수항의 양의 약수}\}}{\{f(x)\text{의 최고차항의 계수의 양의 약수}\}}$ 중에서 선택하여
$f(x)=(x-a)Q(x)$ 꼴로 인수분해한다.
2　몫인 $Q(x)$ 또한 인수분해되는지 확인하여 인수분해가 더 이상 되지
않을 때까지 계속 인수분해한다.

C77 ✻✽✽

다음 중 $2x^3-x^2-5x-2$의 인수가 아닌 것을 모두
고르면? (정답 2개) (3점)

① $x-2$　　　　② $x+2$　　　　③ $x-1$
④ $x+1$　　　　⑤ $2x+1$

C78 ✽✽✽　　　　　　2015실시 9월 학평 22(고1)

모든 실수 x에 대하여
　　$2x^3-x^2-7x+6=(x-1)(x+2)(ax+b)$
일 때, $a-b$의 값을 구하시오. (단, a, b는 상수이다.)
　　　　　　　　　　　　　　　　　　　(3점)

C79 ✽✽✽　　　　2016실시(가) 3월 학평 9(고2)

다항식 $2x^3-3x^2-12x-7$을 인수분해하면
$(x+a)^2(bx+c)$일 때, $a+b+c$의 값은? (단, a, b, c는
상수이다.) (3점)

① -6　　　　② -5　　　　③ -4
④ -3　　　　⑤ -2

C80 ✽✽✽

다항식 $x^4-2x^3-7x^2+8x+12$를 인수분해하면
$(x+a)(x+b)(x+c)(x+d)$가 될 때,
상수 a, b, c, d에 대하여 $a^2+b^2+c^2+d^2$의 값은? (3점)

① 14   ② 16   ③ 18
④ 20   ⑤ 22

C81 ✽✽✽ .... 2017실시 11월 학평 6(고1) 변형

다항식 $x^3+5x^2+4x-10$이 $(x+a)(x^2+6x+b)$로 인수분해
될 때, 상수 a, b에 대하여 $a+b$의 값을 구하시오. (3점)

C82 ✽✽✽ .... 2016실시 11월 학평 14(고1)

다항식 $x^4-2x^3+2x^2-x-6$이
$(x+1)(x+a)(x^2+bx+c)$로 인수분해될 때, 세 정수
a, b, c의 합 $a+b+c$의 값은? (4점)

① -2 ② -1 ③ 0
④ 1   ⑤ 2

C83 ✽✽✽ .... 2024실시 10월 학평 28(고1)

두 이차다항식 $P(x)$, $Q(x)$가 다음 조건을
만족시킨다.

> (가) 모든 실수 x에 대하여
> $\quad \{P(x)\}^2-\{Q(x)\}^2=x^2(x-1)(x-2)$이다.
> (나) $|P(2)-Q(2)|<|P(1)-Q(1)|$

$P(3)+Q(3)=24$일 때, $P(4)$의 값을 구하시오. (4점)

유형 08 인수정리를 이용하여 미정계수 구하기 [이해]

인수정리를 이용하여 미정계수를 구하는 방법은 다음과 같다.
(i) $f(a)=0$을 만족하는 a의 값을 찾는다.
(ii) $f(x)$를 $x-a$로 나누는 조립제법을 시행한다.

tip

인수정리를 이용한 인수분해 문제에서 $f(a)=0$을 만족하는 a의 값으로
1, -1, 2, -2, 3, -3 이외의 것이 등장하는 경우는 거의 없으므로 주어진
다항식의 계수가 복잡해도 겁먹지 않도록 한다.

C84 ✽✽✽ .... 2024실시 6월 학평 11(고1)

x에 대한 두 다항식 x^3+2x^2+3x+6과
x^3+x+a가 모두 $x+b$로 나누어떨어질 때, $a+b$의
값은? (단, a, b는 실수이다.) (3점)

① 11   ② 12   ③ 13
④ 14   ⑤ 15

C85 ✽✽✽ .... 2020실시 11월 학평 15(고1)

일차식 $f(x)$에 대하여 다항식 $x^3+1-f(x)$가
$(x+1)(x+a)^2$으로 인수분해될 때, $f(7)$의 값은?
(단, a는 상수이다.) (4점)

① 2   ② 4   ③ 6
④ 8   ⑤ 10

C86   ✳❋❋

x^4+ax+b가 $(x+1)^2$을 인수로 가질 때, 상수 a, b에 대하여 $a+b$의 값은? (3점)

① 4   ② 5   ③ 6
④ 7   ⑤ 8

C87   ✳❋❋

다항식 $f(x)=2x^3+ax^2-4x-3$을 인수분해하였더니 $(2x+1)(x-1)(x+b)$이었다.
이때, 상수 a, b에 대하여 ab의 값은? (3점)

① -15 ② -5 ③ 5
④ 10   ⑤ 15

C88   ✳❋❋

다항식 $f(x)=x^4-x^3+ax^2+x+b$가 $(x-1)(x+2)$로 나누어떨어질 때, 상수 a, b의 값을 각각 구하고, $f(x)$를 인수분해하시오. (3점)

C89   ✳✳❋

일차식 $f(x)$에 대하여 $x^3-x^2+4f(x)$가 $(x-1)(x-m)(x-n)$으로 인수분해된다.
$mn=-8$일 때, 다음 중 $f(x)$로 적당한 것은?
(단, m, n은 상수) (4점)

① $-2x-2$ ② $-2x+2$
③ $-x+2$ ④ $x-2$
⑤ $2x-2$

유형 09   조건이 주어진 다항식의 인수분해

(1) 주어진 조건을 한 문자에 대해 정리하여 다항식에 대입한 다음 간단히 한 후 인수분해한다.
(2) 다항식을 먼저 인수분해한 후 주어진 조건을 대입하여 식을 정리한다.

tip

주어진 조건을 한 문자에 대하여 정리할 때는 대입했을 때 주어진 식에서 가장 적게 영향을 미칠 문자를 택하는 것이 편리하다. 즉, 주어진 식에서 가장 적게 나온 문자나 차수가 낮은 문자에 대하여 정리하도록 한다.

C90   ❋❋❋

$a+2b-c=0$일 때, 다음 중 $a^2+2ab-c^2$과 같은 것은?
(3점)

① $-2a(2a+5b)$ ② $-2b(a+2b)$
③ $-2(a+2b)^2$ ④ $2a(3a+2b)$
⑤ $2b(a+2b)$

C91   ✳❋❋

$x-y+2=0$일 때, $2x^2+xy-y^2-2x-y+8$과 같은 것은? (3점)

① $(2x-1)(x-2)$ ② $(2x-1)(x-4)$
③ $(2x+1)(x-2)$ ④ $(2x+1)(x+2)$
⑤ $(2x+1)(x+4)$

C92 ✳✳✳

$x+y+z=1$일 때, $2xy-x^2y-xy^2-xyz+z$와 같은 것은? (3점)

① $x(y+1)$ ② $x(y-1)$
③ $(x-1)(y-1)$ ④ $(x+1)(y-1)$
⑤ $(x+1)(y+1)$

C93 ✳✳✳

임의의 세 실수 a, b, c에 대하여

$[a, b, c]=(a-b)(b-c)$로 정의할 때, 다음 중
$[a, b, c]-[b, c, a]+[c, b, -a]$의 인수인 것을 모두
고르면? (정답 2개) (4점)

① $a-b$ ② $b-c$
③ $c-a$ ④ $a+2b-c$
⑤ $a-2b-c$

유형 10 **인수분해의 도형에의 활용**

주어진 조건에 따라 세운 관계식을 인수분해하여 다항식의 곱으로
나타낸다.

예 넓이가 $(x+y)^2-7(x+y)+12$이고, 가로의 길이가 $x+y-3$인
　직사각형에서
　$(x+y)^2-7(x+y)+12=(x+y-3)(x+y-4)$
　이므로 이 직사각형의 세로의 길이는 $x+y-4$이다.

tip

도형에서 변의 길이와 넓이, 부피 등이 다항식으로 주어질 때, 주어진
식을 인수분해하여 두 개 이상 다항식의 곱의 꼴로 나타내면 도형에서
변의 길이와 둘레의 길이, 넓이, 부피 등을 구할 수 있다.

C94 ✳✳✳ ⋯⋯⋯⋯⋯⋯ 2020실시 11월 학평 10(고1)

그림과 같이 세 모서리의 길이가
각각 x, x, $x+3$인 직육면체 모양에 한 모서리의 길이가
1인 정육면체 모양의 구멍이 두 개 있는 나무 블록이
있다. 세 정수 a, b, c에 대하여 이 나무 블록의 부피를
$(x+a)(x^2+bx+c)$로 나타낼 때, $a\times b\times c$의 값은?

(단, $x>1$) (3점)

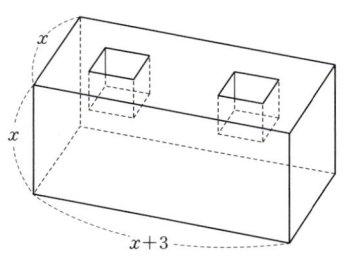

① -5 ② -4 ③ -3
④ -2 ⑤ -1

C95 ✽✽✽ 2019실시 6월 학평 7(고1)

그림과 같이 한 변의 길이가 $a+6$인 정사각형 모양의 색종이에서 한 변의 길이가 a인 정사각형 모양의 색종이를 오려내었다. 오려낸 후 남아 있는 ⬜ 모양의 색종이의 넓이가 $k(a+3)$일 때, 상수 k의 값은? (3점)

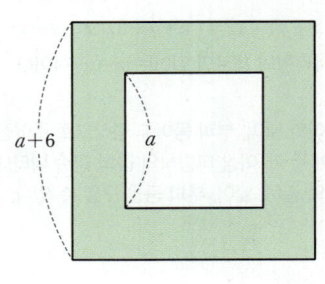

① 3   ② 6   ③ 9
④ 12   ⑤ 15

C96 ✽✽✽

밑면이 정사각형인 직육면체의 부피가 $x^3-7x^2+16x-12$이다. 이 직육면체의 밑면의 한 변의 길이를 a, 높이를 b라 할 때, $2a-b$를 x에 대한 식으로 나타내시오. (단, 밑면의 한 변의 길이, 높이는 일차항의 계수가 1인 일차식이고, $x>3$이다.) (4점)

C97 ✽✽✽ 필수 / 2015실시 9월 학평 11(고1)

3 이상의 자연수 n에 대하여 밑면의 가로의 길이와 세로의 길이가 각각 n^2+3n, $n+1$이고 높이가 n^3+3n^2+2n+2인 직육면체가 있다. 이 직육면체를 한 모서리의 길이가 n인 정육면체로 조각낼 때, 한 모서리의 길이가 n인 정육면체의 최대 개수는? (단, 남은 조각을 붙여서 정육면체를 만들 수는 없다.) (3점)

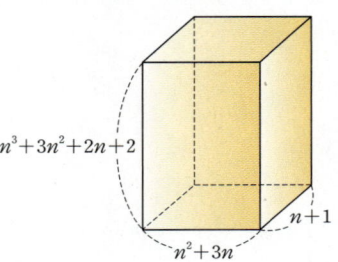

① $n(n+1)(n+2)$ ② $n(n+1)(n+3)$
③ $(n+1)(n+2)(n+3)$ ④ $(n+1)(n+2)(n+4)$
⑤ $(n+2)(n+3)(n+4)$

C98 ✽✽✽ 2019실시 3월 학평 15(고1)

[그림 1]은 한 변의 길이가 $3x$인 정사각형 모양의 색종이에서 사다리꼴 모양의 A 부분과 직사각형 모양의 B 부분을 잘라 내고 남은 부분을 나타낸 것이다.

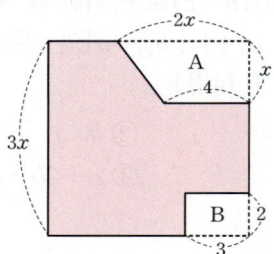

[그림 1]

[그림 1]의 색종이를 여러 조각으로 나누어 겹치지 않게 빈틈없이 붙여서 [그림 2]와 같이 세로의 길이가 $2x-2$인 직사각형 모양을 만들었다.

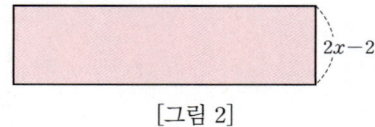

[그림 2]

이 직사각형의 가로의 길이는? (단, $x>2$) (4점)

① $3x+3$ ② $3x+4$ ③ $4x+2$
④ $4x+3$ ⑤ $4x+4$

삼각형의 세 변의 길이가 a, b, c일 때
(1) $a=b$ 또는 $b=c$ 또는 $a=c$ ⇒ 이등변삼각형
(2) $a=b=c$ ⇒ 정삼각형
(3) $c^2=a^2+b^2$ ⇒ 빗변의 길이가 c인 직각삼각형

tip

이 유형의 문제들은 주어진 식을 인수분해하여 세 변의 길이 사이의 관계를 어떻게 얻어내야 할지를 고민하는 것이 중요하다.

C99 ✱✾✾

$a^3+b^3+c^3=3abc$가 성립할 때, a, b, c를 세 변의 길이로 하는 삼각형은 어떤 삼각형인지 말하시오. (3점)

C100 ✱✾✾

삼각형 ABC의 세 변의 길이 a, b, c에 대하여
$$a^3-a^2b-a^2c+ac^2-bc^2+abc=0$$
이 성립할 때, 삼각형 ABC는 어떤 삼각형인가? (3점)

① 정삼각형
② $a=b$인 이등변삼각형
③ $b=c$인 이등변삼각형
④ 빗변의 길이가 a인 직각삼각형
⑤ 빗변의 길이가 b인 직각삼각형

C101 ✱✾✾ 필수

삼각형의 세 변의 길이가 각각 a, b, c이고,
$$b^3+c^3-a^2b-a^2c+bc^2+b^2c=0$$
을 만족할 때, 이 삼각형은 어떤 삼각형인가? (3점)

① 정삼각형
② $a=b$인 이등변삼각형
③ $b=c$인 이등변삼각형
④ 빗변의 길이가 a인 직각삼각형
⑤ 빗변의 길이가 b인 직각삼각형

구하고자 하는 값에 대한 식을 먼저 인수분해한 후 주어진 조건을 이용하여 식의 값을 계산한다.

tip

주어진 식에 수를 먼저 대입하기 전에 식을 인수분해하여 약분하거나 값이 간단하게 나오는 식을 찾아본다.

C102 ✾✾✾ 최다출제 / 2018실시 6월 학평 22(고1)

$x+y=6$, $xy=2$일 때, x^2y+xy^2의 값을 구하시오. (3점)

C103 ✾✾✾ 2019실시 6월 학평 9(고1)

$x=\sqrt{3}+\sqrt{2}$, $y=\sqrt{3}-\sqrt{2}$일 때, x^2y+xy^2+x+y의 값은? (3점)

① $\sqrt{3}$ ② $2\sqrt{3}$ ③ $3\sqrt{3}$
④ $4\sqrt{3}$ ⑤ $5\sqrt{3}$

C104 ✾✾✾ 2004실시 9월 학평 23(고1)

$x=5$일 때, $\dfrac{x^3+1}{x^2-3x} \times \dfrac{x^2+2x}{x^2-x+1}$의 값을 구하시오. (3점)

C105 ✽❀❀

세 양수 x, y, z가 $x^3+y^3+z^3=3xyz$를 만족시킬 때,

$\dfrac{4y}{x}-\dfrac{3z}{y}+\dfrac{2x}{z}$의 값은? (3점)

① -3 ② 0 ③ 3

④ 6 ⑤ 9

C106 ✽❀❀ 2016실시(나) 3월 학평 17(고2)

두 자연수 a, b에 대하여

$$a^2b+2ab+a^2+2a+b+1$$

의 값이 245일 때, $a+b$의 값은? (4점)

① 9 ② 10 ③ 11

④ 12 ⑤ 13

고난도
유형 13 인수분해를 이용한 수의 계산 중요 활용

인수분해를 이용한 수의 계산은 다음의 순서로 한다.

(i) 반복되는 적당히 큰 수를 문자로 치환한다.

(ii) 치환하여 얻은 식을 인수분해한다.

(iii) 간단해진 식의 문자 대신 원래의 수를 넣어 계산한다. tip

1️⃣ 인수분해를 쉽게 할 수 있는 적당한 수를 찾아 문자로 치환하는 연습을 많이 해야 한다.

2️⃣ 다음의 인수분해 공식은 수를 계산할 때 자주 쓰이는 공식들이다.

$$a^2-b^2=(a+b)(a-b)$$
$$a^3+b^3=(a+b)(a^2-ab+b^2)$$
$$a^3-b^3=(a-b)(a^2+ab+b^2)$$

C107 ❀❀❀ 2022실시 6월 학평 6(고1)

$101^3-3\times101^2+3\times101-1$의 값은? (3점)

① 10^5 ② 3×10^5 ③ 10^6

④ 3×10^6 ⑤ 10^7

C108 ✽❀❀ 2019실시(가) 3월 학평 26(고2)

$\sqrt{10\times13\times14\times17+36}$의 값을 구하시오. (4점)

C109 ❀❀❀ 2025실시 6월 학평 10(고1)

$\dfrac{2026^3+1}{2025^2+2026}$의 값은? (3점)

① 2024 ② 2025 ③ 2026

④ 2027 ⑤ 2028

C110 ✳✤✤ 🚩최다출제 / 2016실시 6월 학평 6(고1)

$\dfrac{2016^3+1}{2016^2-2016+1}$의 값은? (3점)

① 2016   ② 2017   ③ 2018

④ 2019   ⑤ 2020

C111 ✳✤✤ 2021실시 11월 학평 16(고1)

2 이상의 네 자연수 a, b, c, d에 대하여

$(14^2+2\times14)^2-18\times(14^2+2\times14)+45=a\times b\times c\times d$

일 때, $a+b+c+d$의 값은? (4점)

① 56   ② 58   ③ 60

④ 62   ⑤ 64

C112 ✳✤✤ 2018실시 11월 학평 16(고1)

2 이상의 세 자연수 p, q, r에 대하여

$42\times(42-1)\times(42+6)+5\times42-5=p\times q\times r$

일 때, $p+q+r$의 값은? (4점)

① 131   ② 133   ③ 135

④ 137   ⑤ 139

C113 ✳✤✤ 2018실시 6월 학평 15(고1)

2018^3-27을 $2018\times2021+9$로 나눈 몫은? (4점)

① 2015   ② 2025   ③ 2035

④ 2045   ⑤ 2055

C114 ✳✤✤ 2019실시 11월 학평 17(고1)

등식

$$(182\sqrt{182}+13\sqrt{13})\times(182\sqrt{182}-13\sqrt{13})=13^4\times m$$

을 만족하는 자연수 m의 값은? (4점)

① 211   ② 217   ③ 223

④ 229   ⑤ 235

C115 ✳✤✤

자연수 N이 $N=\dfrac{10^9-1}{10^3-1}$로 나타내어질 때,

N은 몇 자리의 자연수인지 구하시오. (4점)

C116 ✳✤✤

다음 식의 값을 구하시오. (4점)

$$\dfrac{1114^3-1}{1114^2-1}\times\dfrac{1116^2-1}{1114^2+1114+1}$$

C117 ✳✳✳ 2009실시 11월 학평 30(고1)

3 이하의 자연수 n에 대하여 A_n을 다음과 같이 정한다.

> (가) $A_1=9+99+999$
>
> (나) $A_n=$(세 수 9, 99, 999에서 서로 다른 $n(n\geq2)$개를 택하여 곱한 수의 총합)

이때 $A_1+A_2+A_3$의 값을 1000으로 나눈 나머지를 구하시오. (4점)

C118 ※※※

다음 식을 인수분해하는 과정을 서술하시오. (10점)

$$(a+b+c)(ab+bc+ca)-abc$$

1st 주어진 식을 전개하자.

2nd 한 문자에 관하여 내림차순으로 정리하자.

3rd 인수분해하자.

C119 ※※※

삼각형 ABC의 세 변의 길이 a, b, c가 다음을 만족할 때, 삼각형 ABC는 어떤 삼각형인지 구하는 과정을 서술하시오. (10점)

$$a^4+b^4+c^4+b^2c^2+c^2a^2+a^2b^2=2abc(a+b+c)$$

1st 우변의 식을 모두 좌변으로 이항한 후 인수분해하자.

2nd a, b, c의 관계식을 찾아보자.

3rd 삼각형의 모양을 판단하자.

C120 ※※※

x에 대한 다항식 $(x^2-2x-3)(x^2+2x-3)+k$를 최고차항의 계수가 양수인 x에 대한 다항식 A에 대하여 A^2의 꼴로 나타낼 수 있을 때, 상수 k의 값과 그때의 다항식 A를 구하는 과정을 서술하시오. (10점)

C121 ※※※

다음 물음에 답하시오. (10점)

(1) 다항식 $x(x+1)(x+2)(x+3)+1$을 인수분해하는 과정을 서술하시오.

(2) 등식 $40 \cdot 41 \cdot 42 \cdot 43 + 1 = n^2$을 만족하는 자연수 n의 값을 구하는 과정을 서술하시오.

C122 ※※※

다항식 $x^4+x^2-2xy-y^2+1$이 x^2의 계수가 1인 두 다항식의 곱으로 인수분해될 때, 인수인 두 다항식의 합을 구하는 과정을 서술하시오. (10점)

C123 ☆2등급 대비

정수 x, y에 대하여
$(x+2y)^3+(2x+y)^3-9(x^3+y^3)=0$을 만족하는 순서쌍
(x, y)의 개수를 구하시오. (단, $-3\le x\le 3$, $-3\le y\le 3$)
(4점)

C124 ☆2등급 대비 ······ 2013실시 6월 학평 14(고1)

두 양수 a, $b(a>b)$에 대하여 그림과 같은
직육면체 P, Q, R, S, T의 부피를 각각 p, q, r, s, t라
하자.

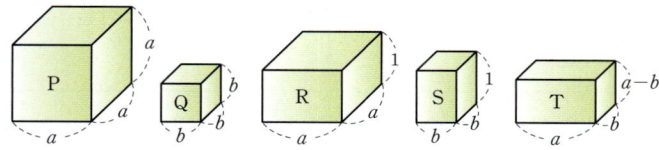

$p=q+r+s+t$일 때, $a-b$의 값은? (4점)

① $\dfrac{2}{3}$ ② $\dfrac{3}{4}$ ③ $\dfrac{4}{5}$

④ $\dfrac{5}{6}$ ⑤ 1

C125 ☆2등급 대비 ······ 2013실시 6월 학평 29(고1)

그림과 같이 크기가 다른 직사각형 모양의
색종이 A, B, C가 각각 5장, 11장, 8장 있다.

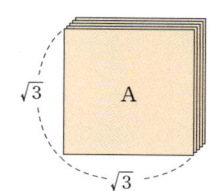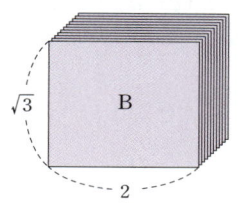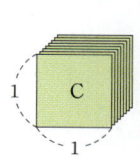

이들을 모두 사용하여 겹치지 않게 빈틈없이 이어 붙여서
하나의 직사각형을 만들었다. 이 직사각형의 둘레의
길이가 $a+b\sqrt{3}$일 때, $a+b$의 값을 구하시오.
(단, a, b는 자연수이다.) (4점)

C126 ☆2등급 대비

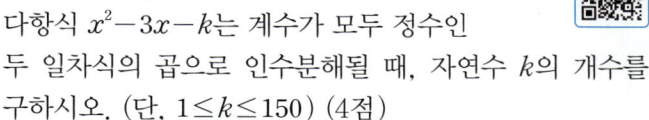

다항식 x^2-3x-k는 계수가 모두 정수인
두 일차식의 곱으로 인수분해될 때, 자연수 k의 개수를
구하시오. (단, $1\le k\le 150$) (4점)

C127 ★2등급 대비

삼각형 ABC의 세 변의 길이 a, b, c가 다음 조건을 모두 만족시킨다고 할 때, 삼각형 ABC의 넓이를 구하시오. (4점)

> (가) $a^2 - 5a - 6 = 0$
> (나) $a^2 + b^2 = c^2$
> (다) $a^2(b-c) + b^2(c-a) + c^2(a-b) = 0$

C128 ★1등급 대비

세 변의 길이가 a, b, 1인 삼각형 ABC의 넓이가 $\frac{1}{8}$이고, $a^4 + b^4 + 1 + 2a^2b^2 - 2a^2 - 2b^2 = 0$을 만족할 때, $|a-b|$의 값을 구하시오. (4점)

C129 ★1등급 대비
2018실시 6월 학평 21(고1)

모든 실수 x에 대하여 두 이차다항식 $P(x)$, $Q(x)$가 다음 조건을 만족시킨다.

> (가) $P(x) + Q(x) = 4$
> (나) $\{P(x)\}^3 + \{Q(x)\}^3 = 12x^4 + 24x^3 + 12x^2 + 16$

$P(x)$의 최고차항의 계수가 음수일 때, $P(2) + Q(3)$의 값은? (4점)

① 6 ② 7 ③ 8
④ 9 ⑤ 10

C130 최고 ★1등급 대비
2018실시 6월 학평 30(고1)

두 자연수 a, b에 대하여 일차식 $x-a$를 인수로 가지는 다항식 $P(x) = x^4 - 290x^2 + b$가 다음 조건을 만족시킨다.

> 계수와 상수항이 모두 정수인 서로 다른 세 개의 다항식의 곱으로 인수분해된다.

모든 다항식 $P(x)$의 개수를 p라 하고, b의 최댓값을 q라 할 때, $\dfrac{q}{(p-1)^2}$의 값을 구하시오. (4점)

❖ 정답 및 해설 113~116p

D 복소수

♣ **단원 학습 목표**

• 실수를 제곱하면 항상 0 이상인 수가 나오므로 중학교 수학에서는 이차방정식 $x^2=-1$의 해가 없다고 배웠다. 이 단원에서는 제곱해서 -1이 되는 수, 즉 허수단위 i에 대해 배우게 된다. 따라서 앞으로는 수를 다루는 체계가 실수와 허수를 포함한 복소수까지 확장된다.

• 복소수의 뜻과 성질을 이해하고 사칙연산을 할 수 있어야 한다. 또한, 이차방정식의 실근과 허근을 구분할 수 있도록 하자.

★ **자주 출제되는 필수 개념 학습법**

• 복소수의 사칙연산에서는 i를 하나의 문자로 보고 계산하면 편리하다.

• 복소수와 그 켤레복소수 사이의 관계, 켤레복소수의 성질을 반드시 이해하도록 한다.

• 복소수의 거듭제곱의 계산은 규칙을 찾거나 거듭제곱하는 수를 간단히 한다.

★ **자주 출제되는 개념+공식**

1 a, b, c, d가 실수일 때,

(1) $(a+bi)+(c+di)=(a+c)+(b+d)i$

(2) $(a+bi)(c+di)=(ac-bd)+(ad+bc)i$

(3) $\dfrac{a+bi}{c+di}=\dfrac{(a+bi)(c-di)}{(c+di)(c-di)}$

$\qquad =\dfrac{ac+bd}{c^2+d^2}+\dfrac{bc-ad}{c^2+d^2}i$ (단, $c+di\neq0$)

(4) $a+bi=c+di$이면 $a=c, b=d$

(5) 복소수 $a+bi$에 대하여 $a-bi$를 $a+bi$의 켤레복소수라 하고 $\overline{a+bi}$와 같이 나타낸다.

2 i의 거듭제곱

⇒ $i^2=-1, i^3=-i, i^4=1, \cdots, i^{4n}=1$ (단, n은 자연수)

허수부분의 부호를 바꾼 복소수를 켤레복소수라 한다.

D 복소수

개념 스토리

중요도 ★★○

1 복소수 — 유형 01~04

(1) **허수단위 i** : 제곱하여 -1이 되는 수를 i로 나타내고, 이를 허수단위라고 한다.❶

즉, $i^2=-1$, $i=\sqrt{-1}$❷

(2) **복소수** : 임의의 실수 a, b에 대하여 $a+bi$의 꼴로 나타내어지는 수를 복소수라 하고, a를 실수부분, b를 허수부분이라고 한다. 예) $3+4i$의 실수부분은 3, 허수부분은 4이다.

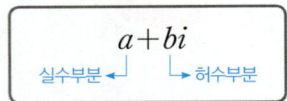

$$a+bi$$
실수부분 ←   → 허수부분

(3) **허수, 순허수** : 복소수 $z=a+bi$ (a, b는 실수)에서 허수부분 $b\neq0$일 때 z를 허수라 하고, 특히 $a=0$, $b\neq0$일 때 z를 순허수라 한다.

복소수
$(a+bi)$ ┌ 실수 $(b=0)$
         └ 허수 $(b\neq0)$ ┌ 순허수 $(a=0, b\neq0)$
                          └ 순허수가 아닌 허수 $(a\neq0, b\neq0)$

(4) **복소수가 서로 같을 조건**❸

두 복소수 $a+bi$, $c+di$ (a, b, c, d는 실수)에 대하여

① $a+bi=c+di$이면 $a=c$, $b=d$

② $a+bi=0$이면 $a=0$, $b=0$

┌─ 같다 ─┐
$a+bi=c+di$
└─ 같다 ─┘

2 켤레복소수 — 유형 05~08

(1) **켤레복소수** : 복소수 $z=a+bi$ (a, b는 실수)에 대하여 허수부분의 부호를 바꾼 복소수 $a-bi$를 z의 켤레복소수라 하고, $\bar{z}$로 나타낸다. 즉, $\overline{a+bi}=a-bi$이다.

$$\overline{a+bi}=a-bi$$
$$\overline{a-bi}=a+bi$$

(2) **켤레복소수의 성질** : 두 복소수 z_1, z_2의 켤레복소수를 각각 $\overline{z_1}$, $\overline{z_2}$라 할 때❹

① $\overline{z_1+z_2}=\overline{z_1}+\overline{z_2}$

② $\overline{z_1-z_2}=\overline{z_1}-\overline{z_2}$

③ $\overline{z_1 z_2}=\overline{z_1}\cdot\overline{z_2}$

④ $\overline{\left(\dfrac{z_1}{z_2}\right)}=\dfrac{\overline{z_1}}{\overline{z_2}}$ (단, $z_2\neq0$)

3 복소수의 사칙연산 — 유형 01~10

(1) **복소수의 사칙연산** : a, b, c, d가 실수일 때,

① 덧셈 : $(a+bi)+(c+di)=(a+c)+(b+d)i$

② 뺄셈 : $(a+bi)-(c+di)=(a-c)+(b-d)i$

③ 곱셈 : $(a+bi)(c+di)=(ac-bd)+(ad+bc)i$

④ 나눗셈 : $\dfrac{a+bi}{c+di}=\dfrac{(a+bi)(c-di)}{(c+di)(c-di)}=\dfrac{ac+bd}{c^2+d^2}+\dfrac{bc-ad}{c^2+d^2}i$❺ (단, $c+di\neq0$)

(2) **i의 거듭제곱** : i^n (n은 자연수)의 값은 i, -1, $-i$, 1이 이 순서대로 반복되어 나타나므로 다음과 같은 규칙을 갖는다.

$i^{4k}=1$, $i^{4k+1}=i$, $i^{4k+2}=-1$, $i^{4k+3}=-i$ (단, k는 자연수)

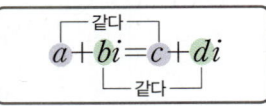

4 음수의 제곱근의 성질❻ — 유형 11~12

(1) **음수의 제곱근**

$a>0$일 때   ① $\sqrt{-a}=\sqrt{a}i$ ② $-a$의 제곱근은 $\sqrt{a}i$와 $-\sqrt{a}i$이다.

(2) $a<0$, $b<0$이면 $\sqrt{a}\sqrt{b}=-\sqrt{ab}$❼

(3) $a>0$, $b<0$이면 $\dfrac{\sqrt{a}}{\sqrt{b}}=-\sqrt{\dfrac{a}{b}}$❽

---

❶ 허수단위 i는 imaginary number (허수)의 첫 글자를 따온 것이다.

❷ 임의의 실수를 제곱하면 항상 0 또는 양수가 되므로 방정식 $x^2=-1$의 해는 실수의 범위에서는 존재하지 않는다.

❸ 허수와 허수 사이에는 서로 '같다'만 나타낼 수 있고, 대소 관계는 알 수 없다. 마찬가지로 실수와 허수 사이에서도 대소 관계를 알 수 없다.

❹ 복소수의 켤레복소수를 $\bar{z}$라 하면
① $z+\bar{z}$, $z\bar{z}$는 실수
② $z=\bar{z}\Leftrightarrow z$는 실수
$z+\bar{z}=0\Leftrightarrow z$는 순허수 또는 0

❺ 복소수의 나눗셈은 분모의 켤레복소수를 분자, 분모에 곱하여 계산한다.

❻ $a>0$일 때
① $\sqrt{-a}=\sqrt{a}\times\sqrt{-1}=\sqrt{a}i$
② $-a$의 제곱근은 $\pm\sqrt{a}i$

❼ $\sqrt{a}\sqrt{b}=-\sqrt{ab}$이면
$a<0$, $b<0$ 또는 $ab=0$이다.

❽ $\dfrac{\sqrt{a}}{\sqrt{b}}=-\sqrt{\dfrac{a}{b}}$ ($b\neq0$)이면
$a>0$, $b<0$ 또는 $a=0$이다.

1 복소수

[**D**01~**D**04] 다음 수를 허수단위 i를 사용하여 나타내시오.

D01 $\sqrt{-4}$

D02 $\sqrt{-6}$

D03 $\sqrt{-27}$

D04 $\sqrt{-28}$

D05 다음 수를 [보기]에서 있는 대로 고르시오.

[보기]
ㄱ. $3i$	ㄴ. $\sqrt{-5}$	ㄷ. $(-i)^2$
ㄹ. $4-2i$	ㅁ. 0	ㅂ. $-1+\sqrt{7}$
ㅅ. $\sqrt{(-3)^2}$	ㅇ. $6+\sqrt{2}i$	ㅈ. $\sqrt{10}i^2$

(1) 실수

(2) 허수

(3) 순허수

[**D**06~**D**09] 다음 복소수의 실수부분과 허수부분을 구하시오.

D06 $8+2i$

D07 $\sqrt{2}-i$

D08 $-4i$

D09 $\sqrt{15}$

[**D**10~**D**12] 다음 등식을 만족시키는 실수 a, b의 값을 각각 구하시오.

D10 $a+(a-b)i=3+4i$

D11 $(a+b)-(a-2b)i=-2-7i$

D12 $(2a-3b)+(3a-2b-5)i=0$

2 켤레복소수

[**D**13~**D**18] 다음 복소수의 켤레복소수를 구하시오.

D13 $1+2i$

D14 $-6+4i$

D15 $5-3i$

D16 $-i+8$

D17 -12

D18 $\dfrac{5}{4}i$

3 복소수의 사칙연산

[**D**19~**D**22] 다음을 계산하시오.

D19 $(5+2i)+(-3+3i)$

D20 $(7-4i)-(2+i)$

D21 $(4+3i)(1-6i)$

D22 $\dfrac{2-3i}{1-i}$

D23 $x=2+i$, $y=1-2i$일 때, 다음 식의 값을 구하시오.

(1) x^2+y^2 (2) $\dfrac{1}{x}-\dfrac{1}{y}$

[**D**24~**D**27] 다음을 계산하시오.

D24 i^{15}

D25 $(-i)^{100}$

D26 $-i^{22}$

D27 $i+i^2+i^3+i^4$

4 음수의 제곱근의 성질

[**D**28~**D**31] 다음 수의 제곱근을 구하시오.

D28 -7

D29 -12

D30 -20

D31 -81

[**D**32~**D**35] 다음을 계산하시오.

D32 $\sqrt{-4}\sqrt{-9}$

D33 $\sqrt{-2}\sqrt{3}$

D34 $\dfrac{\sqrt{-10}}{\sqrt{5}}$

D35 $\dfrac{\sqrt{30}}{\sqrt{-6}}$

1 복소수 + 3 복소수의 사칙연산

유형 01 복소수의 뜻과 사칙연산  기초

(1) 복소수 $a+bi$ (a, b는 실수)에 대하여($i^2=-1$)

$$a+bi \begin{cases} \text{실수 } a \ (b=0) \\ \text{허수} \begin{cases} \text{순허수 } bi \ (a=0, b\neq0) \\ \text{순허수가 아닌 허수 } a+bi \ (a\neq0, b\neq0) \end{cases} \end{cases}$$

(2) 복소수의 사칙연산은 허수단위 i를 문자처럼 생각하여 계산한다. tip

➕ 복소수의 사칙연산
1 덧셈과 뺄셈 : 실수는 실수부분끼리 허수는 허수부분끼리 계산한다.
2 곱셈 : 분배법칙을 이용하여 전개한 다음 $i^2=-1$임을 주의하여 계산한다.
3 나눗셈 : 분모에 허수가 있으면 켤레복소수를 분모, 분자에 각각 곱하여 계산한다.

$$\frac{a}{b+ci}=\frac{a(b-ci)}{(b+ci)(b-ci)}=\frac{ab-aci}{b^2+c^2} \ (\text{단, } b+ci\neq0)$$

D36 ✽✽✽ ········· 2025실시 3월 학평 2(고2)

$(1+i)+(3-4i)$의 값은? (단, $i=\sqrt{-1}$) (2점)

① $3-3i$ ② $3+3i$ ③ $4-3i$
④ $4+3i$ ⑤ $4-4i$

D37 ✽✽✽ ········· 2025실시 6월 학평 1(고1)

$(1+2i)-5i$의 값은? (단, $i=\sqrt{-1}$) (2점)

① $1-i$ ② $1-2i$ ③ $1-3i$
④ $1-4i$ ⑤ $1-5i$

D38 ✽✽✽ ········· 2020실시 3월 학평 2(고2)

$1+i^2$의 값은? (단, $i=\sqrt{-1}$) (2점)

① 0 ② $-i$ ③ i
④ $1-i$ ⑤ $1+i$

D39 ✽✽✽ ········· 2023실시 6월 학평 1(고1)

$i(1-i)$의 값은? (단, $i=\sqrt{-1}$) (2점)

① $-1-i$ ② $-1+i$ ③ i
④ $1-i$ ⑤ $1+i$

D40 ✽✽✽ ········· 2023실시 3월 학평 5(고2)

$(\sqrt{2}+\sqrt{-2})^2$의 값은? (단, $i=\sqrt{-1}$) (3점)

① $-4i$ ② $-2i$ ③ 0
④ $2i$ ⑤ $4i$

D41 ✽✽✽

다음 [보기]의 수 중 순허수의 개수를 a, 실수의 개수를 b, 복소수의 개수를 c라고 할 때, $a-b+c$의 값은?
(단, $i=\sqrt{-1}$) (3점)

[보기]

$$-\sqrt{-8}, \ -i^2, \ 1-\sqrt{3}, \ i+i^2, \ \sqrt{5}-\sqrt{5}i, \ \frac{1-i}{2}$$

① 2 ② 3 ③ 4
④ 5 ⑤ 6

D42 ✽✽✽ ········· 2021실시 6월 학평 1(고1)

$3i+(1-2i)$의 값은? (단, $i=\sqrt{-1}$) (2점)

① $1-3i$ ② $1-2i$ ③ $1-i$
④ 1 ⑤ $1+i$

D43 ✿✿✿ 🏁최다출제 / 2019실시 9월 학평 2(고1)

$(2+i)+(2-3i)$의 값은? (단, $i=\sqrt{-1}$) (2점)

① $1+i$　　　② $2-2i$　　　③ $2+2i$
④ $4-2i$　　　⑤ $4+2i$

D44 ✿✿✿ 2019실시 6월 학평 1(고1)

$(-2+4i)-3i$의 값은? (단, $i=\sqrt{-1}$이다.) (2점)

① $-2-i$　　　② $-2+i$　　　③ $3-i$
④ $3+i$　　　⑤ $2i$

D45 ✿✿✿ 2022실시 9월 학평 2(고1)

$(3+i)+(1-3i)$의 값은? (단, $i=\sqrt{-1}$이다.)

(2점)

① $2-2i$　　　② $3-2i$　　　③ $4-2i$
④ $3+2i$　　　⑤ $4+2i$

D46 ✿✿✿ 2019실시(가) 3월 학평 3(고2)

$i(2-i)$의 값은? (단, $i=\sqrt{-1}$) (2점)

① $-1-2i$　　　② $-1+2i$　　　③ $1-2i$
④ $1+2i$　　　⑤ $2+i$

D47 ✿✿✿ 2018실시 9월 학평 1(고1)

$(1+2i)+(3-i)$의 값은? (단, $i=\sqrt{-1}$) (2점)

① $2+i$　　　② $2-i$　　　③ $4+i$
④ $4-i$　　　⑤ $5+i$

D48 ✿✿✿ 2024실시 6월 학평 1(고1)

$(1-3i)+2i$의 값은? (단, $i=\sqrt{-1}$) (2점)

① $-1-2i$　　　② $-1-i$　　　③ $1-i$
④ $1+i$　　　⑤ $1+2i$

D49 ✿✿✿ 2024실시 3월 학평 2(고2)

$1+\dfrac{2}{1-i}$의 값은? (단, $i=\sqrt{-1}$) (2점)

① i　　　② $1-i$　　　③ $1+i$
④ $2+i$　　　⑤ $2+2i$

D50 ✿✿✿ 2022실시 6월 학평 1(고1)

$1+2i+i(1-i)$의 값은? (단, $i=\sqrt{-1}$이다.)

(2점)

① $-2+3i$　　　② $-1+3i$　　　③ $-1+4i$
④ $2+3i$　　　⑤ $2+4i$

D51 ✿✿✿ 2020실시 9월 학평 2(고1)

등식 $(1+2i)+(1+i)=a+bi$를 만족시키는
두 실수 a, b에 대하여 $a+b$의 값은? (단, $i=\sqrt{-1}$) (2점)

① 1　　　② 2　　　③ 3
④ 4　　　⑤ 5

D52 ✿✿✿ .... 2021실시 9월 학평 4(고1)

등식 $(2+3i)(1-i)=a+bi$를 만족시키는
두 실수 a, b에 대하여 $a+b$의 값은? (단, $i=\sqrt{-1}$) (3점)

① 3 ② 4 ③ 5
④ 6 ⑤ 7

D53 ✿✿✿ .... 2022실시 3월 학평 6(고2)

복소수 $\dfrac{a+3i}{2-i}$의 실수부분과 허수부분의 합이
3일 때, 실수 a의 값은? (단, $i=\sqrt{-1}$) (3점)

① 1 ② 2 ③ 3
④ 4 ⑤ 5

D54 ✿✿✿ .... 2018실시 9월 학평 11(고1)

버튼을 한 번 누르면 복소수가 하나씩 적힌
세 개의 공이 굴러 나오는 기계가 있다.

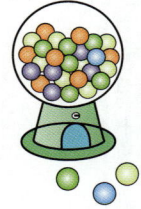

어느 상점에서 이 기계를 이용한 사람에게 굴러 나온
세 개의 공 중 두 개를 선택하게 하여 적힌 수의 곱이
자연수가 될 때, 그 자연수만큼 사탕으로 교환해 준다고
한다. 한 학생이 버튼을 한 번 눌렀더니 세 복소수 $2-3i$,
$1+2i$, $6+9i$가 각각 적힌 세 개의 공이 굴러 나왔다.
이 학생이 a개의 사탕으로 교환해 갔을 때, 자연수 a의
값은? (단, $i=\sqrt{-1}$) (3점)

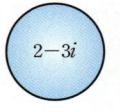 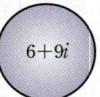

① 37 ② 38 ③ 39
④ 40 ⑤ 41

유형 02 **복소수가 주어질 때의 식의 값 구하기** 이해

(1) 복소수에 대한 이차 이상의 식의 값
⇒ $x=a+bi$ (a, b는 실수)에서 $x-a=bi$ 꼴로 변형한 후
양변을 제곱하여 이차방정식을 만들고 이것을 주어진 식에
대입한다.

(2) 두 복소수에 대한 식의 값
⇒ 두 복소수의 합 또는 곱을 구하여 주어진 식에 대입한다.

tip

① 분모가 복소수이면 켤레복소수를 분모, 분자에 각각 곱하여 분모가
실수가 되도록 변형하고, 주어진 조건의 수에 대한 합과 곱이 간단히
나오면 구해야 하는 식을 합과 곱을 이용할 수 있도록 변형하여 계산한다.

② 두 복소수 a, b에 대하여 $a+b$, ab의 값을 쉽게 알 수 있으면 아래의
식을 자주 이용한다.
$a^2+b^2=(a+b)^2-2ab=(a-b)^2+2ab$
$a^3+b^3=(a+b)^3-3ab(a+b)$
$a^3-b^3=(a-b)^3+3ab(a-b)$

D55 ✿✿✿  / 2021실시 6월 학평 6(고1)

두 복소수 $x=\dfrac{1-i}{1+i}$, $y=\dfrac{1+i}{1-i}$에 대하여
$x+y$의 값은? (단, $i=\sqrt{-1}$) (3점)

① $-4i$ ② $2i$ ③ 0
④ 2 ⑤ 4

D56 ✿✿✿ .... 2021실시 11월 학평 6(고1)

복소수 $z=2+\sqrt{2}i$에 대하여 z^2-4z의 값은?
(단, $i=\sqrt{-1}$) (3점)

① -12 ② -10 ③ -8
④ -6 ⑤ -4

D57 ✿✿✿ .... 2022실시 6월 학평 9(고1)

$x=2+i$, $y=2-i$일 때, $x^4+x^2y^2+y^4$의 값은?
(단, $i=\sqrt{-1}$이다.) (3점)

① 9 ② 10 ③ 11
④ 12 ⑤ 13

D58 ✽❀❀

$x=-2+3i$, $y=2+3i$일 때,
$x^3+x^2y-xy^2-y^3$의 값은? (단, $i=\sqrt{-1}$) (3점)

① 144   ② 150   ③ 156
④ 162   ⑤ 168

D59 ✽✽✽

$x=1-2i$, $y=1+2i$일 때, $x^3y+xy^3-x^2-y^2$의
값은? (단, $i=\sqrt{-1}$) (3점)

① -24 ② -22 ③ -20
④ -18 ⑤ -16

D60 ✽✽✽

$x=1-2i$, $y=1+2i$일 때, $x^3+xy^2-x^2y-y^3$의
값은? (단, $i=\sqrt{-1}$) (3점)

① -24 ② -22 ③ -20
④ $10i$ ⑤ $24i$

D61 ✽❀❀

두 복소수 $\alpha=\dfrac{1-i}{1+i}$, $\beta=\dfrac{1+i}{1-i}$에 대하여
$(1-2\alpha)(1-2\beta)$의 값은? (단, $i=\sqrt{-1}$이다.) (3점)

① 1   ② 2   ③ 3
④ 4   ⑤ 5

D62 ✽❀❀

두 복소수 $\alpha=\dfrac{1+i}{2i}$, $\beta=\dfrac{1-i}{2i}$에 대하여
$(2\alpha^2+3)(2\beta^2+3)$의 값은? (단, $i=\sqrt{-1}$이다.) (4점)

① 6   ② 10   ③ 14
④ 18   ⑤ 22

유형 03   복소수가 실수 또는 순허수가 되기 위한 조건

복소수 $z=a+bi$ (a, b는 실수)에 대하여

(1) $z=a+bi$가 실수이면 ⟹ $b=0$, 즉 $z=a$
(2) $z=a+bi$가 순허수(제곱해서 음의 실수)이면
    ⟹ $a=0$, $b\neq0$, 즉 $z=bi$

복소수 $z=a+bi$ (a, b는 실수)에 대하여
⓵ z^2이 실수이면 ⟹ z는 실수 ($b=0$) 또는 순허수($a=0$, $b\neq0$)
⓶ z^2이 음의 실수이면 ⟹ z는 순허수 ($a=0$, $b\neq0$)

D63 ✿❀❀

복소수 $(a^2+3a+2)+(a^2+2a)i$를 제곱하면
음의 실수가 된다. 이때 실수 a의 값은?

(단, $i=\sqrt{-1}$) (4점)

① -3 ② -2 ③ -1
④ 0   ⑤ 1

D64 ✿❀❀ 필수 /

5 이하의 두 자연수 m, n에 대하여 복소수 z를
$z=(m-n)+(m+n-4)i$라 하자. z^2이 실수가 되도록
하는 m, n의 모든 순서쌍 (m, n)의 개수는?

(단, $i=\sqrt{-1}$) (4점)

① 5   ② 7   ③ 9
④ 11   ⑤ 13

D65 ✿❀❀

좌표평면 위의 점 $P(x, y)$에 대하여 복소수 z를
$$z=(x+y-2)+(4x+y-8)i$$
라 하자. z^2이 실수가 되도록 하는 점 P가 나타내는
도형과 y축으로 둘러싸인 부분의 넓이를 구하시오.
(단, $i=\sqrt{-1}$) (4점)

유형 04 복소수가 서로 같을 조건

두 복소수가 서로 같기 위해서는 실수부분은 실수부분끼리, 허수부분은 허수부분끼리 같아야 한다.

즉, a, b, c, d가 실수일 때 두 복소수 $a+bi, c+di$에 대하여

(1) $a+bi=c+di$이면 $a=c, b=d$

(2) $a+bi=0$이면 $a=0, b=0$

이 유형은 항등식의 성질을 이용하는 것이다.

이때, $a+bi=c+di$에서 두 복소수가 서로 같을 조건을 이용하려면 반드시 a, b, c, d가 실수라는 조건이 있어야 한다.

D66 ✷✷✷ ········· 2025실시 6월 학평 4(고1)

두 실수 a, b에 대하여

$$a+4+bi=b+(2-i)i$$

일 때, $a+b$의 값은? (단, $i=\sqrt{-1}$) (3점)

① -3 ② -1 ③ 1

④ 3 ⑤ 5

D67 ✷✷✷ 🚩최다출제 / 2021실시 3월 학평 2(고2)

등식 $3x+(2+i)y=1+2i$를 만족시키는 두 실수 x, y에 대하여 $x+y$의 값은? (단, $i=\sqrt{-1}$) (2점)

① 1 ② 2 ③ 3

④ 4 ⑤ 5

D68 ✷✷✷ ········· 2022실시 6월 학평 23(고1)

$(3+ai)(2-i)=13+bi$를 만족시키는 두 실수 a, b에 대하여 $a+b$의 값을 구하시오.

(단, $i=\sqrt{-1}$이다.) (3점)

D69 ✷✷✷ ········· 2014실시 11월 학평 11(고1)

$xy<0$인 두 실수 x, y가 등식

$|x-y|+(x-1)i=3-2i$를 만족시킬 때, $x+y$의 값은?

(단, $i=\sqrt{-1}$) (3점)

① -2 ② -1 ③ 0

④ 1 ⑤ 2

D70 ✷✷✷ ········· 2019실시 9월 학평 10(고1)

두 실수 a, b에 대하여 $\dfrac{2a}{1-i}+3i=2+bi$일 때, $a+b$의 값은? (단, $i=\sqrt{-1}$) (3점)

① 6 ② 7 ③ 8

④ 9 ⑤ 10

D71 ✷✷✷ ········· 2023실시 9월 학평 5(고1)

등식 $\dfrac{2}{1-i}=a+bi$를 만족시키는 두 실수 a, b에 대하여 $a+b$의 값은? (단, $i=\sqrt{-1}$) (3점)

① -2 ② -1 ③ 0

④ 1 ⑤ 2

D72 ✷✷✷ ········· 2004실시 5월 학평 7(고1)

등식 $x+4xyi-3=4i-y$를 만족하는 실수 x, y에 대하여 x^2+y^2의 값은? (단, $i=\sqrt{-1}$) (3점)

① 6 ② 7 ③ 8

④ 9 ⑤ 10

D73 ✷✷✷ ········· 2015실시 6월 학평 26(고1)

등식 $(a-bi)^2=8i$를 만족시키는 실수 a, b에 대하여 $20a+b$의 값을 구하시오.

(단, $a>0$이고 $i=\sqrt{-1}$이다.) (4점)

② 켤레복소수 + ③ 복소수의 사칙연산

유형 05 켤레복소수

복소수 $a+bi$ (a, b는 실수)에 대하여 허수부분의 부호를 바꾼 복소수 $a-bi$를 $a+bi$의 켤레복소수라 하고, 기호로 $\overline{a+bi}$와 같이 나타낸다. 즉, $\overline{a+bi}=a-bi$이다.

① 켤레복소수는 허수부분의 부호를 바꾼 수이므로 실수 a의 켤레복소수 $\overline{a}$는 a와 같다.
② 켤레복소수를 구할 때, 부호를 바꾸는 과정에서 실수하지 않아야 한다. 즉, 복소수 $3i+2$의 켤레복소수는 $3i-2$가 아닌 $-3i+2$임에 주의해야 한다.

D74 ❋❋❋ ·················· 2018실시 11월 학평 3(고1)

복소수 $5-i$의 켤레복소수가 $a+bi$일 때, 두 실수 a, b의 곱 $a\times b$의 값은? (단, $i=\sqrt{-1}$) (2점)

① 1   ② 2   ③ 3
④ 4   ⑤ 5

D75 ❋❋❋ ·················· 2015실시 11월 학평 7(고1)

복소수 $z=2-3i$에 대하여 $(1+2i)\overline{z}$의 값은?
(단, $i=\sqrt{-1}$이고, $\overline{z}$는 z의 켤레복소수이다.) (3점)

① $-4+7i$ ② $-4+4i$ ③ $3-4i$
④ $3+7i$ ⑤ $7-4i$

D76 ❋❋❋ ·················· 2020실시 11월 학평 2(고1)

복소수 $z=3+2i$의 켤레복소수가 $\overline{z}$일 때, $z-\overline{z}$의 값은? (단, $i=\sqrt{-1}$) (2점)

① i ② $2i$ ③ $3i$
④ $4i$ ⑤ $5i$

D77 ❋❋❋ ·················· 2024실시 9월 학평 2(고1)

복소수 $z=1-2i$에 대하여 $z+\overline{z}$의 값은?
(단, $i=\sqrt{-1}$이고, $\overline{z}$는 z의 켤레복소수이다.) (2점)

① 1   ② 2   ③ 3
④ 4   ⑤ 5

D78 ❋❋❋ ·················· 2020실시 6월 학평 1(고1)

$z=2+3i$일 때, $z+\overline{z}$의 값은?
(단, $i=\sqrt{-1}$이고, $\overline{z}$는 z의 켤레복소수이다.) (2점)

① 0   ② 2   ③ 4
④ $3i$ ⑤ $6i$

D79 ❋❋❋ ·················· 2019실시 11월 학평 3(고1)

복소수 z의 켤레복소수 $\overline{z}$가 $2-i$일 때, $z+\overline{z}$의 값은? (단, $i=\sqrt{-1}$) (2점)

① -4 ② -2 ③ 0
④ 2   ⑤ 4

D80 ❋❋❋ ·················· 2025실시 9월 학평 3(고1)

복소수 $z=1+3i$의 켤레복소수가 $\overline{z}$일 때, $(z+\overline{z})i$의 값은? (단, $i=\sqrt{-1}$) (2점)

① $4i$ ② $2i$ ③ 0
④ 2   ⑤ 4

D81 ❋❋❋ ·················· 2020실시 9월 학평 7(고1)

복소수 $z=a+bi$ (a, b는 실수)에 대하여 등식 $2z+\overline{z}=3+5i$가 성립할 때, $a+b$의 값은?
(단, $i=\sqrt{-1}$이고, $\overline{z}$는 z의 켤레복소수이다.) (3점)

① 6   ② 7   ③ 8
④ 9   ⑤ 10

D82 ❋❋❋ ·················· 2022실시 11월 학평 3(고1)

복소수 $z=2+i$의 켤레복소수가 $\overline{z}$일 때, $z+i\overline{z}$의 값은? (단, $i=\sqrt{-1}$) (2점)

① $1-3i$ ② $1+i$ ③ $1+3i$
④ $3-i$ ⑤ $3+3i$

유형 06 켤레복소수의 성질 이해

복소수 z의 켤레복소수를 $\bar{z}$라 할 때

(1) $\bar{z}+z=$ (실수)

(2) $z\bar{z}=$ (실수)

(3) $z=\bar{z}\iff z$는 실수

(4) $z=-\bar{z}\iff z$는 순허수 또는 0

tip

① 켤레복소수의 성질을 이용하여 문제를 풀 때 주어진 식을 켤레복소수를 이용할 수 있도록 변형을 하여 문제에 접근하면 도움이 된다.

② 두 복소수 α, β에 대하여 $\alpha+\beta$, $\alpha\beta$가 모두 실수이면 α와 β는 서로 켤레복소수 관계이다.

D83 ❋❁❁ ·········· 2020실시 6월 학평 9(고1)

복소수 $z=x^2-(5-i)x+4-2i$에 대하여
$$\bar{z}=-z$$
를 만족시키는 모든 실수 x의 값의 합은? (단, $i=\sqrt{-1}$이고, $\bar{z}$는 z의 켤레복소수이다.) (3점)

① 1   ② 2   ③ 3

④ 4   ⑤ 5

D84 ✽❁❁ ·········· 2011실시 11월 학평 14(고1)

0이 아닌 복소수 $z=(i-2)x^2-3xi-4i+32$가 $z+\bar{z}=0$을 만족시킬 때, 실수 x의 값은?

(단, $i=\sqrt{-1}$이고 $\bar{z}$는 z의 켤레복소수이다.) (4점)

① -4 ② -1 ③ 1

④ 3   ⑤ 4

D85 ✽❁❁ ·········· 2016실시 6월 학평 17(고1)

복소수 $z=a+bi$ (a, b는 0이 아닌 실수)에 대하여 z^2-z가 실수일 때, [보기]에서 옳은 것만을 있는 대로 고른 것은?

(단, $i=\sqrt{-1}$이고, $\bar{z}$는 z의 켤레복소수이다.) (4점)

[보기]

ㄱ. $\overline{z^2-z}$는 실수이다.   ㄴ. $z+\bar{z}=1$ ㄷ. $z\bar{z}>\dfrac{1}{4}$

① ㄱ   ② ㄴ   ③ ㄱ, ㄴ

④ ㄱ, ㄷ   ⑤ ㄱ, ㄴ, ㄷ

D86 ✽❁❁ ·········· 필수 / 2017실시 6월 학평 18(고1)

복소수 $z=a+bi$ (a, b는 0이 아닌 실수)에 대하여
$$iz=\bar{z}$$
일 때, [보기]에서 옳은 것만을 있는 대로 고른 것은?

(단, $i=\sqrt{-1}$이고, $\bar{z}$는 z의 켤레복소수이다.) (4점)

[보기]

ㄱ. $z+\bar{z}=-2b$ ㄴ. $i\bar{z}=-z$ ㄷ. $\dfrac{\bar{z}}{z}+\dfrac{z}{\bar{z}}=0$

① ㄱ   ② ㄷ   ③ ㄱ, ㄴ

④ ㄴ, ㄷ   ⑤ ㄱ, ㄴ, ㄷ

D87 ✽✽✽ ·········· 2021실시 11월 학평 18(고1)

두 복소수
$$z_1=a+bi, \quad z_2=c+di$$
에 대하여 a, b, c, d는 자연수이고 $z_1\bar{z_1}=10$일 때, [보기]에서 옳은 것만을 있는 대로 고른 것은?

(단, $i=\sqrt{-1}$이고, $\bar{z}$는 복소수 z의 켤레복소수이다.) (4점)

[보기]

ㄱ. $a^2+b^2=10$

ㄴ. $z_1+\bar{z_2}=3$이면 $c+d=5$이다.

ㄷ. $(z_1+z_2)\overline{(z_1+z_2)}=41$이면 $z_2\bar{z_2}$의 최댓값은 17이다.

① ㄱ   ② ㄱ, ㄴ   ③ ㄱ, ㄷ

④ ㄴ, ㄷ   ⑤ ㄱ, ㄴ, ㄷ

유형 07 켤레복소수의 성질을 이용하여 식의 값 구하기 (이해)

두 복소수 z_1, z_2와 각각의 켤레복소수 $\overline{z_1}$, $\overline{z_2}$에 대하여

(1) $\overline{z_1+z_2}=\overline{z_1}+\overline{z_2}$

(2) $\overline{z_1-z_2}=\overline{z_1}-\overline{z_2}$

(3) $\overline{z_1 z_2}=\overline{z_1}\cdot\overline{z_2}$

(4) $\overline{\left(\dfrac{z_1}{z_2}\right)}=\dfrac{\overline{z_1}}{\overline{z_2}}$ (단, $z_2\neq0$)

(5) $\overline{(\overline{z_1})}=z_1$

(tip)

주어진 식에 처음부터 복소수의 값을 대입하면 계산이 복잡하므로 켤레복소수의 성질을 이용하여 구해야 하는 식을 간단히 한 후, 복소수의 값을 대입한다.

D88 ✽✽✽ ·········· 2014실시(A) 3월 학평 5(고2)

두 복소수 $\alpha=3+i$, $\beta=1-2i$에 대하여
$(\alpha-\beta)(\overline{\alpha}-\overline{\beta})$의 값은? (단, $i=\sqrt{-1}$이고, $\overline{\alpha}$, $\overline{\beta}$는 각각 α, β의 켤레복소수이다.) (3점)

① 11 　　　　② 13 　　　　③ 15

④ 17 　　　　⑤ 19

D89 ✽✽✽ ·········· 2011실시 9월 학평 14(고1)

두 복소수 α, β가
$$\overline{\alpha}\alpha=\beta\overline{\beta}=3,\ (\alpha+\beta)(\overline{\alpha}+\overline{\beta})=3$$
을 만족할 때, $(\alpha+\beta)\left(\dfrac{1}{\alpha}+\dfrac{1}{\beta}\right)$의 값은?

(단, $\overline{\alpha}$, $\overline{\beta}$는 각각 α, β의 켤레복소수이다.) (4점)

① $\dfrac{1}{9}$ 　　　② $\dfrac{1}{3}$ 　　　③ 1

④ 3 　　　　⑤ 9

D90 ✽✽✽ ·········· 2013실시 9월 학평 7(고1)

두 복소수 α, β에 대하여 $\alpha\overline{\beta}=1$, $\alpha+\dfrac{1}{\alpha}=2i$일 때, $\beta+\dfrac{1}{\beta}$의 값은? (단, $i=\sqrt{-1}$이고, $\overline{\alpha}$, $\overline{\beta}$는 각각 α, β의 켤레복소수이다.) (3점)

① -2 　　　② 2 　　　　③ $-2i$

④ i 　　　　⑤ $2i$

D91 ✽✽✽ ··········

두 복소수 $\alpha=2+i$, $\beta=2-3i$에 대하여
$\alpha\overline{\alpha}+\overline{\alpha}\beta+\alpha\overline{\beta}+\beta\overline{\beta}$의 값은?

(단, $\overline{\alpha}$는 α의 켤레복소수, $i=\sqrt{-1}$이다.) (3점)

① 12 　　　　② 14 　　　　③ 16

④ 18 　　　　⑤ 20

D92 ✽✽✽ ·········· 2010실시 9월 학평 2(고1)

$\alpha=2-7i$, $\beta=-1+4i$일 때,
$\alpha\overline{\alpha}+\overline{\alpha}\beta+\alpha\overline{\beta}+\beta\overline{\beta}$의 값은? (단, $i=\sqrt{-1}$이고 $\overline{\alpha}$, $\overline{\beta}$는 각각 α, β의 켤레복소수이다.) (2점)

① 8 　　　　② 9 　　　　③ 10

④ 11 　　　　⑤ 12

D93 ✽✽✽ ·········· 2012실시 11월 학평 21(고1)

0이 아닌 세 복소수 α, β, γ가 다음 조건을 만족시킨다.

(가) $\alpha+\beta+\gamma=0$
(나) $\dfrac{1}{\alpha}+\dfrac{1}{\beta}+\dfrac{1}{\gamma}=0$

이때 $\dfrac{\gamma}{\alpha}+\overline{\left(\dfrac{\alpha}{\beta}\right)}$의 값은?

$\left(\text{단, } \overline{\left(\dfrac{\alpha}{\beta}\right)}\text{는 } \dfrac{\alpha}{\beta}\text{의 켤레복소수이고, } i=\sqrt{-1}\text{이다.}\right)$ (4점)

① $-i$ 　　　② -1 　　　③ 0

④ i 　　　　⑤ 1

유형 08 복소수를 $z=a+bi$로 놓고 풀기

복소수 z와 그 켤레복소수 $\bar{z}$에 대하여 등식이 주어질 때 $z=a+bi$, $\bar{z}=a-bi$(a, b는 실수)라 놓고 등식에 대입한 뒤 복소수가 서로 같을 조건을 이용하여 a, b의 값을 구한다.

tip

① z는 복소수이므로 하나의 문자로 생각하지 않도록 주의한다.
즉, 미지수 a, b(a, b는 실수)를 설정하여 복소수 z를 $z=a+bi$로 놓으면 $\bar{z}=a-bi$가 된다.
② 복소수가 서로 같을 조건을 이용하여 실수부분은 실수부분끼리, 허수부분은 허수부분끼리 등식의 양변의 복소수를 비교하여 a, b의 값을 구한다.

D94 ✽✽✽ ─────── 2024실시 6월 학평 24(고1)

복소수 z에 대하여 등식 $3z-2\bar{z}=5+10i$가 성립할 때, $z\bar{z}$의 값을 구하시오.
(단, $\bar{z}$는 z의 켤레복소수이고, $i=\sqrt{-1}$이다.) (3점)

D95 ✽✽✽ ─────── 2025실시 3월 학평 11(고2)

실수가 아닌 복소수 z에 대하여 $z^2+4\bar{z}=0$일 때, $z\bar{z}$의 값은? (단, $\bar{z}$는 z의 켤레복소수이다.) (3점)

① 10 　　② 12 　　③ 14
④ 16 　　⑤ 18

D96 ✽✽✽ ─────── 2024실시 10월 학평 8(고1)

실수가 아닌 복소수 z에 대하여 $z-3\bar{z}=z^2$일 때, $z\bar{z}$의 값은? (단, $\bar{z}$는 z의 켤레복소수이다.) (3점)

① 10 　　② 12 　　③ 14
④ 16 　　⑤ 18

D97 ✽✽✽ ─────── 2011실시 6월 학평 12(고1)

복소수 z에 대하여 등식 $(2+i)z+3i\bar{z}=2+6i$가 성립할 때, $z\bar{z}$의 값은?
(단, $i=\sqrt{-1}$이고, $\bar{z}$는 z의 켤레복소수이다.) (3점)

① 2 　　② 5 　　③ 8
④ 10 　　⑤ 13

D98 ✽✽✽ ─────── 2023실시 11월 학평 8(고1)

실수부분이 1인 복소수 z에 대하여
$$\frac{z}{2+i}+\frac{\bar{z}}{2-i}=2$$일 때, $z\bar{z}$의 값은?
(단, $i=\sqrt{-1}$이고, $\bar{z}$는 z의 켤레복소수이다.) (3점)

① 2 　　② 4 　　③ 6
④ 8 　　⑤ 10

D99 ✽✽✽ ─────── 2019실시 6월 학평 27(고1)

실수 a에 대하여 복소수 $z=a+2i$가 $\bar{z}=\dfrac{z^2}{4i}$을 만족시킬 때, a^2의 값을 구하시오.
(단, $i=\sqrt{-1}$이고, $\bar{z}$는 z의 켤레복소수이다.) (4점)

D100 ✽✽✽ ─────── 2018실시 6월 학평 13(고1)

5 이하의 두 자연수 a, b에 대하여 복소수 z를 $z=a+bi$라 할 때, $\dfrac{\bar{z}}{z}$의 실수부분이 0이 되게 하는 모든 복소수 z의 개수는?
(단, $i=\sqrt{-1}$이고, $\bar{z}$는 z의 켤레복소수이다.) (3점)

① 1 　　② 2 　　③ 3
④ 4 　　⑤ 5

D101 ✹✹✾

2024실시 3월 학평 15(고2)

다음 조건을 만족시키는 복소수 z가 존재하도록
하는 모든 실수 k의 값의 곱은?

(단, $\bar{z}$는 z의 켤레복소수이다.) (4점)

> (가) $\bar{z}=-z$
> (나) $z^2+(k^2-3k-4)z+(k^2+2k-8)=0$

① -32 ② -16 ③ -8

④ -4 ⑤ -2

D102 ✹✹✾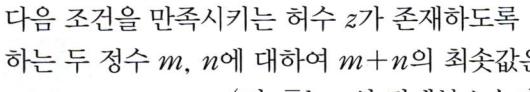

2023실시 3월 학평 17(고2)

다음 조건을 만족시키는 허수 z가 존재하도록
하는 두 정수 m, n에 대하여 $m+n$의 최솟값은?

(단, $\bar{z}$는 z의 켤레복소수이다.) (4점)

> (가) $z^2+mz+n=0$
> (나) $z+\bar{z}=8$

① 3 ② 5 ③ 7

④ 9 ⑤ 11

D103 ✹✹✾

두 복소수 $\dfrac{1+z}{\bar{z}}$와 $\dfrac{z}{1+z^2}$가 모두 실수가 되도록

하는 복소수 $z=a+bi$ ($a<0$, $b>0$인 실수)에 대하여
$a+b^2$의 값을 구하시오.

(단, $\bar{z}$는 z의 켤레복소수, $i=\sqrt{-1}$이다.) (4점)

⭐중요

유형 09 i의 거듭제곱  이해

자연수 k에 대하여
$$i^{4k-3}=i,\ i^{4k-2}=-1,\ i^{4k-1}=-i,\ i^{4k}=1$$
과 같이 i^k의 값은 i, -1, $-i$, 1이 계속 반복되어 나타난다.

(1) $i^k+i^{k+1}+i^{k+2}+i^{k+3}=0$ (단, k는 자연수)

예 $i+i^2+i^3+\cdots+i^{100}=0$

(2) $\dfrac{1}{i}+\dfrac{1}{i^2}+\dfrac{1}{i^3}+\dfrac{1}{i^4}=i^3+i^2+i+1=0$

예 $\dfrac{1}{i}+\dfrac{1}{i^2}+\dfrac{1}{i^3}+\cdots+\dfrac{1}{i^{100}}=0$

tip

① i^k(k는 자연수)의 값은 i, -1, $-i$, 1이 반복되어 나타나므로 자연수 k를 4로 나눈 나머지를 a($a=0, 1, 2, 3$)라 할 때 $i^k=i^a$이다.

② i^k(k는 자연수)은 4개를 주기로 값이 순환되므로 4개씩 묶어 더하면 0이 된다. 즉, 4개씩 짝을 짓고 남은 나머지 항들의 값만 이용하여 식의 값을 계산한다.

D104 ✹✹✹

2020실시 6월 학평 22(고1)

$i+2i^2+3i^3+4i^4+5i^5=a+bi$일 때, $3a+2b$의 값을
구하시오. (단, $i=\sqrt{-1}$이고, a, b는 실수이다.) (3점)

D105 ✹✹✹

🚩최다출제

$i+i^2+i^3+i^4+\cdots+i^{2000}$의 값은? (단, $i=\sqrt{-1}$) (3점)

① -1 ② $-i$ ③ 0

④ i ⑤ 1

D106 ✹✹✹

2007실시(나) 5월 학평 5(고2)

$i^3+i^6+i^9+\cdots+i^{51}$을 간단히 하면?

(단, $i=\sqrt{-1}$) (3점)

① $-i$ ② i ③ -1

④ 0 ⑤ 1

D107 * ✿ ✿

$i + 2i^2 + 3i^3 + 4i^4 + \cdots + 100i^{100} = x + yi$를 만족하는 실수 x, y에 대하여 $x+y$의 값은?

(단, $i = \sqrt{-1}$) (3점)

① -100 ② -50 ③ 0
④ 50 ⑤ 100

D108 ✶ ✶ ✿

2011실시 9월 학평 28(고1)

등식

$$\frac{1}{i} - \frac{1}{i^2} + \frac{1}{i^3} - \frac{1}{i^4} + \cdots + \frac{(-1)^{n+1}}{i^n} = 1 - i$$

가 성립하도록 하는 100 이하의 자연수 n의 개수를 구하시오. (단, $i = \sqrt{-1}$) (4점)

D109 ✶ ✿ ✿

2015실시 6월 학평 27(고1)

등식

$$(i + i^2) + (i^2 + i^3) + (i^3 + i^4) + \cdots + (i^{18} + i^{19}) = a + bi$$

를 만족시키는 실수 a, b에 대하여 $4(a+b)^2$의 값을 구하시오. (단, $i = \sqrt{-1}$이다.) (4점)

고난도

유형 10 복소수의 거듭제곱   ☆중요   이해

자연수 n에 대하여

(1) 복소수 z에 대한 거듭제곱 문제는 z^2, z^3, $z^4 \cdots$을 구하여 z^n의 규칙을 찾는다.

(2) $(1 \pm i)^n$ 꼴을 포함한 식의 값
⇒ $(1+i)^2 = 2i$, $(1-i)^2 = -2i$임을 이용한다.

(3) $\left(\dfrac{1+i}{1-i}\right)^n$, $\left(\dfrac{1-i}{1+i}\right)^n$ 꼴을 포함한 식의 값
⇒ $\dfrac{1+i}{1-i} = i$, $\dfrac{1-i}{1+i} = -i$임을 이용한다.

tip

복소수의 거듭제곱의 규칙이 바로 보이지 않으면 복소수의 거듭제곱을 몇 번 하여 규칙을 찾으려고 해야 한다. 왜냐하면 복소수의 거듭제곱은 $i^2 = -1$인 성질 때문에 분명하게 규칙이 존재하기 때문이다.

1   $\dfrac{1}{i} = -i$, $\dfrac{1}{i^2} = -1$, $\dfrac{1}{i^3} = i$

2   $\left(\dfrac{1+i}{\sqrt{2}}\right)^2 = i$, $\left(\dfrac{1-i}{\sqrt{2}}\right)^2 = -i$

3   $\left(\dfrac{\sqrt{2}}{1+i}\right)^2 = -i$, $\left(\dfrac{\sqrt{2}}{1-i}\right)^2 = i$

D110 ✿ ✿ ✿

2012실시 11월 학평 3(고1)

$z = \dfrac{1-i}{\sqrt{2}}$일 때, $z^8 + z^{12}$의 값은?

(단, $i = \sqrt{-1}$) (3점)

① $-2i$ ② -2 ③ 0
④ $2i$ ⑤ 2

D111 ✶ ✿ ✿

2025실시 6월 학평 15(고1)

복소수 $z = 1 - i$에 대하여

$$\left(\frac{1}{z} - \frac{1}{\bar{z}}\right)^n = (z-1)i$$

를 만족시키는 50 이하의 자연수 n의 개수는?

(단, $i = \sqrt{-1}$이고, $\bar{z}$는 z의 켤레복소수이다.) (4점)

① 11 ② 12 ③ 13
④ 14 ⑤ 15

D112 ✶ ✿ ✿

2013실시 9월 학평 5(고1)

등식 $i - \left(\dfrac{1-i}{1+i}\right)^{2013} = a + bi$를 만족하는 두 실수 a, b에 대하여 $a+b$의 값은? (단, $i = \sqrt{-1}$) (3점)

① 4 ② 2 ③ 0
④ -2 ⑤ -4

D113 ✱✾✾ 최다출제 / 2016실시 6월 학평 15(고1)

복소수 $z=\dfrac{1+i}{\sqrt{2}i}$에 대하여 $z^n=1$이 되도록 하는

자연수 n의 최솟값은? (단, $i=\sqrt{-1}$이다.) (4점)

① 2   ② 4   ③ 6

④ 8   ⑤ 10

D114 ✱✾✾ .... 2006실시 5월 학평 28(고1)

복소수 $z=\dfrac{1+i}{1-i}$에 대하여

$\dfrac{1}{z}+\dfrac{2}{z^2}+\dfrac{3}{z^3}+\cdots+\dfrac{100}{z^{100}}=x+yi$가 성립할 때, $x+y$의

값을 구하시오. (단, x, y는 실수이고 $i=\sqrt{-1}$이다.) (4점)

D115 ✱✾✾   필수

복소수 $z=\dfrac{2-\sqrt{5}i}{\sqrt{5}+2i}$에 대하여 $\omega=\dfrac{1+\bar{z}}{1+z}$라고 할 때,

$\omega^n=1$을 만족시키는 200 이하의 자연수 n의 개수는?

(단, $\bar{z}$는 z의 켤레복소수, $i=\sqrt{-1}$이다.) (4점)

① 40   ② 45   ③ 50

④ 55   ⑤ 60

D116 ✱✾✾ .... 2013실시 11월 학평 26(고1)

두 복소수 $z_1=\dfrac{\sqrt{2}}{1+i}$, $z_2=\dfrac{-1+\sqrt{3}i}{2}$에 대하여

$z_1{}^n=z_2{}^n$을 만족시키는 자연수 n의 최솟값을 구하시오.

(단, $i=\sqrt{-1}$) (4점)

D117 ✱✱✾ .... 2022실시 6월 학평 27(고1)

100 이하의 자연수 n에 대하여
$$(1-i)^{2n}=2^n i$$
를 만족시키는 모든 n의 개수를 구하시오.

(단, $i=\sqrt{-1}$이다.) (4점)

D118 ✱✱✾ .... 2024실시 6월 학평 17(고1)

실수 a에 대하여 복소수 z를

$z=a^2-1+(a-1)i$라 하자. z^2이 음의 실수일 때,
$$\left(\dfrac{1-i}{\sqrt{2}}\right)^n=\dfrac{(z-\bar{z})i}{4}$$
가 되도록 하는 100 이하의 자연수 n의 개수는?

(단, $\bar{z}$는 z의 켤레복소수이고, $i=\sqrt{-1}$이다.) (4점)

① 8   ② 9   ③ 10

④ 11   ⑤ 12

D119 ✱✱✱ .... 2007실시 11월 학평 30(고1)

200 이하의 자연수 n에 대하여

$\left(\dfrac{\sqrt{3}+i}{2}\right)^n=-1$을 만족시키는 n의 개수를 구하시오.

(단, $i=\sqrt{-1}$) (4점)

D120 ★★★
2021실시 9월 학평 20(고1)

복소수 $z=\dfrac{-1+\sqrt{3}i}{2}$ 에 대하여 [보기]에서 옳은

것만을 있는 대로 고른 것은? (단, $i=\sqrt{-1}$) (4점)

[보기]

ㄱ. $z^3=1$

ㄴ. $z^4+z^5=-1$

ㄷ. $z^n+z^{2n}+z^{3n}+z^{4n}+z^{5n}=-1$을 만족시키는
    100 이하의 모든 자연수 n의 개수는 66이다.

① ㄱ   ② ㄴ   ③ ㄱ, ㄴ

④ ㄱ, ㄷ   ⑤ ㄱ, ㄴ, ㄷ

---

4 음수의 제곱근의 성질

유형 11 음수의 제곱근의 계산 기초

음수의 제곱근을 허수단위 i를 사용하여 나타낸 후 계산한다.

(1) $a>0$일 때, $\sqrt{-a}=\sqrt{a}i$

(2) $a>0$일 때, $-a$의 제곱근은 $\pm\sqrt{a}i$

tip

음수의 제곱근을 계산할 때 실수를 줄이기 위해 $\sqrt{-a}=\sqrt{a}i$ (단, $a>0$)
로 바꾸어 푸는 습관을 가지는 것이 중요하다.

예 (1) $\sqrt{-2}\times\sqrt{-3}\neq\sqrt{(-2)(-3)}$

$\Rightarrow \sqrt{-2}\times\sqrt{-3}=\sqrt{2}i\times\sqrt{3}i=\sqrt{6}\times i^2=-\sqrt{6}=-\sqrt{(-2)(-3)}$

(2) $\dfrac{\sqrt{2}}{\sqrt{-3}}\neq\sqrt{-\dfrac{2}{3}}$

$\Rightarrow \dfrac{\sqrt{2}}{\sqrt{-3}}=\dfrac{\sqrt{2}}{\sqrt{3}i}=\dfrac{\sqrt{2}\times i}{\sqrt{3}i\times i}=\sqrt{\dfrac{2}{3}}\times\dfrac{\sqrt{-1}}{-1}=-\sqrt{-\dfrac{2}{3}}$

D121 ☆☆☆

다음 중 옳은 것은? (3점)

① $\sqrt{3}\sqrt{-5}=\sqrt{-15}$ ② $\sqrt{-3}\sqrt{-5}=\sqrt{15}$

③ $\dfrac{\sqrt{3}}{\sqrt{-5}}=\sqrt{-\dfrac{3}{5}}$ ④ $\dfrac{\sqrt{-3}}{\sqrt{-5}}=-\sqrt{\dfrac{3}{5}}$

⑤ $\dfrac{\sqrt{-3}}{\sqrt{5}}=-\sqrt{\dfrac{3}{5}}$

D122 ☆☆☆
2014실시 6월 학평 7(고1)

$\sqrt{-2}\sqrt{-18}+\dfrac{\sqrt{12}}{\sqrt{-3}}$의 값은?

(단, $i=\sqrt{-1}$이다.) (3점)

① $6+2i$ ② $6-2i$ ③ $-8i$

④ $-6+2i$ ⑤ $-6-2i$

D123 ☆☆☆
2014실시 6월 학평 7(고1) 변형

$\sqrt{-2}\sqrt{8}-\sqrt{-9}\sqrt{-18}+\dfrac{\sqrt{-32}}{\sqrt{-4}}+\dfrac{\sqrt{27}}{\sqrt{-3}}$의 값은?

(단, $i=\sqrt{-1}$) (3점)

① $9\sqrt{2}+i$ ② $10\sqrt{2}+i$ ③ $11\sqrt{2}+i$

④ $9\sqrt{2}-i$ ⑤ $10\sqrt{2}-i$

D124 ★☆☆

$-1<a<1$일 때, 다음을 간단히 하면?

(단, $i=\sqrt{-1}$) (3점)

$$\sqrt{a+1}\times\sqrt{a-1}\times\sqrt{1-a}\times\sqrt{-a-1}$$

① a^2+1 ② a^2-1 ③ $-a^2-1$

④ $(a^2-1)i$ ⑤ $(1-a^2)i$

D125 ★★☆
2025실시 6월 학평 19(고1)

이차다항식 $P(x)=x^2-ax+7-a$에 대하여

$$\sqrt{P(1)}+\sqrt{-P(1)}-\sqrt{P(0)-4}$$

의 값이 실수일 때, 모든 $P(-4)$의 값의 합은?

(단, a는 실수이다.) (4점)

① 60   ② 64   ③ 68

④ 72   ⑤ 76

유형 12 음수의 제곱근의 성질 ⭐중요 이해

두 실수 a, b에 대하여

(1) $\sqrt{a}\sqrt{b}=-\sqrt{ab}$이면 $a<0$, $b<0$ 또는 $ab=0$이다.

(2) $\dfrac{\sqrt{a}}{\sqrt{b}}=-\sqrt{\dfrac{a}{b}}$이면 $a>0$, $b<0$ 또는 $a=0$, $b\neq 0$이다.

tip

1. $a<0$, $b<0$인 경우를 제외하면 $\sqrt{a}\sqrt{b}=\sqrt{ab}$이다.

   또, $a>0$, $b<0$인 경우를 제외하면 $\dfrac{\sqrt{a}}{\sqrt{b}}=\sqrt{\dfrac{a}{b}}$이다. (단, $b\neq 0$)

2. 문제의 조건에서 $-\dfrac{\sqrt{a}}{\sqrt{b}}$, $-\sqrt{ab}$처럼 -1이 곱해져 있으면 -1을 i^2으로 바꾸어 생각하면 계산하는 데 훨씬 간편해진다.

D126 ✱※※ .... 2025실시 6월 학평 25(고1)

a가 음수일 때, $\dfrac{\sqrt{-4a}}{\sqrt{a}\sqrt{-4}}-\dfrac{\sqrt{-32}\sqrt{4a}}{\sqrt{2}\sqrt{-a}}$ 의 값을 구하시오. (3점)

D127 ✱※※

0이 아닌 두 실수 a, b에 대하여 $\sqrt{a}\sqrt{b}=-\sqrt{ab}$일 때, $\sqrt{(a+b)^2}-|a|$의 값은? (3점)

① $-b$ ② b ③ $2a-b$

④ $2a+b$ ⑤ $b-2a$

D128 ✱※※ 필수

등식 $\sqrt{\dfrac{x+1}{x-5}}=-\dfrac{\sqrt{x+1}}{\sqrt{x-5}}$ 을 만족하는 정수 x의 개수는?

(3점)

① 2   ② 3   ③ 4

④ 5   ⑤ 6

D129 ✱※※ .... 2005실시(나) 6월 학평 10(고2)

[보기]에서 옳은 것을 모두 고르면?

(단, $i=\sqrt{-1}$) (3점)

— [보기] —

ㄱ. $\sqrt{-a}=\sqrt{a}\,i$ $(a>0)$

ㄴ. $a<0$, $b<0$일 때, $\sqrt{a}\sqrt{b}=-\sqrt{ab}$

ㄷ. $i^{4n+2}=1$ (n은 음이 아닌 정수)

① ㄱ   ② ㄷ   ③ ㄱ, ㄴ

④ ㄴ, ㄷ   ⑤ ㄱ, ㄴ, ㄷ

D130 ✱※※ .... 2012실시 3월 학평 8(고2)

두 실수 x, y에 대하여 $\sqrt{x}\sqrt{y}=-\sqrt{xy}$가 성립하고 등식 $x^2+2x-(y+3)i=15+4i$를 만족한다. 두 실수 x, y의 곱 xy의 값은? (3점)

① 32   ② 33   ③ 34

④ 35   ⑤ 36

D131 ✱※※ .... 2013실시 6월 학평 13(고1)

0이 아닌 세 실수 a, b, c가 다음 조건을 만족시킨다.

(가) $b+c<a$

(나) $\dfrac{\sqrt{b}}{\sqrt{a}}=-\sqrt{\dfrac{b}{a}}$

세 수 a, b, c의 대소 관계로 옳은 것은? (3점)

① $a<c<b$ ② $b<a<c$ ③ $b<c<a$

④ $c<a<b$ ⑤ $c<b<a$

D132 ✽✼✼

복소수 $\omega = -\dfrac{1}{2} - \dfrac{\sqrt{3}}{2}i$일 때, $z = \dfrac{\omega+1}{\omega-1}$에 대하여 $z\bar{z}$의 값을 구하는 과정을 서술하시오.

(단, $\bar{z}$는 z의 켤레복소수이고, $i=\sqrt{-1}$이다.) (10점)

1st 구해야 하는 식을 ω와 $\bar{\omega}$의 식으로 정리해보자.

2nd $\omega+\bar{\omega}$와 $\omega\bar{\omega}$의 값을 구하자.

3rd $z\bar{z}$의 값을 구하자.

D133 ✽✼✼

복소수 $z=3+i$에 대하여 $\omega = \dfrac{z^2-\bar{z}}{z-2i}$일 때, $\omega\bar{\omega}$의 값을 구하는 과정을 서술하시오. (단, $\bar{z}$, $\bar{x}$는 각각 z, x의 켤레복소수이고, $i=\sqrt{-1}$이다.) (10점)

1st 복소수 z에 대하여 z^2과 $\bar{z}$를 구하자.

2nd 복소수 ω를 정리하자.

3rd $\omega\bar{\omega}$를 구하자.

D134 ✽✼✼

복소수 $z=a^2(1-i)+a(1-2i)-3(2-i)$가 0이 아닌 실수가 되도록 하는 a의 값을 m, 순허수가 되도록 하는 a의 값을 n이라고 할 때, $m-n$의 값을 구하는 과정을 서술하시오. (단, $i=\sqrt{-1}$) (10점)

D135 ✽✼✼

두 복소수 $\alpha = \dfrac{1+i}{1-i}$, $\beta = \dfrac{1-i}{1+i}$에 대하여 $\alpha+\beta^2+\alpha^3+\beta^4+\alpha^5+\beta^6+\cdots+\alpha^{99}+\beta^{100}$의 값을 구하는 과정을 서술하시오. (단, $i=\sqrt{-1}$) (10점)

D136 ✽✼✼

다음은 $\sqrt{-2}\sqrt{8}+\sqrt{-3}\sqrt{-12}-\dfrac{\sqrt{12}}{\sqrt{-3}}$를 계산하는 과정이다. 잘못된 부분을 찾아 설명하고, 바른 답을 구하는 과정을 서술하시오. (단, $i=\sqrt{-1}$) (10점)

$$\sqrt{-2}\sqrt{8}+\sqrt{-3}\sqrt{-12}-\dfrac{\sqrt{12}}{\sqrt{-3}}$$
$$=\sqrt{(-2)\times 8}+\sqrt{(-3)\times(-12)}-\sqrt{\dfrac{12}{-3}}$$
$$=\sqrt{-16}+\sqrt{36}-\sqrt{-4}$$
$$=4i+6-2i$$
$$=6+2i$$

D137 ⭐2등급 대비

임의의 자연수 n에 대하여

$$a_n = \left(\frac{1-i}{1+i}\right)^n + \left(\frac{1+i}{1-i}\right)^n$$

일 때, [보기] 중 옳은 것만을 있는 대로 고른 것은?

(단, $i=\sqrt{-1}$이다.) (4점)

[보기]

ㄱ. $a_{100}=2$

ㄴ. $a_{5n}=a_n$

ㄷ. $a_1+a_2+\cdots+a_{99}+a_{100}=100$

ㄹ. $a_1-a_2+a_3-a_4+\cdots+a_{99}-a_{100}=0$

① ㄱ, ㄴ   ② ㄱ, ㄹ   ③ ㄴ, ㄹ

④ ㄱ, ㄴ, ㄹ   ⑤ ㄱ, ㄷ, ㄹ

D138 ⭐2등급 대비   2013실시 6월 학평 21(고1)

그림과 같이 숫자가 표시되는 화면과 Ⓐ, Ⓑ 두 개의 버튼으로 구성된 장치가 있다.

Ⓐ버튼을 누르면 화면에 표시된 수와 $\dfrac{\sqrt{2}+\sqrt{2}i}{2}$를 곱한 결과가, Ⓑ버튼을 누르면 화면에 표시된 수와 $\dfrac{-\sqrt{2}+\sqrt{2}i}{2}$를 곱한 결과가 화면에 나타난다. 화면에 표시된 수가 1일 때, Ⓐ 또는 Ⓑ버튼을 여러 번 눌렀더니 다시 1이 나타났다. 버튼을 누른 횟수의 최솟값은? (단, $i=\sqrt{-1}$이다.) (4점)

① 3   ② 4   ③ 5

④ 6   ⑤ 7

D139 ⭐2등급 대비   2021실시 6월 학평 27(고1)

$$\left(\frac{\sqrt{2}}{1+i}\right)^n + \left(\frac{\sqrt{3}+i}{2}\right)^n = 2$$를 만족시키는 자연수 n의 최솟값을 구하시오. (단, $i=\sqrt{-1}$) (4점)

D140 ✪ 2등급 대비

2가 아닌 세 실수 a, b, c가 다음 조건을 모두 만족시킬 때, a, b, c의 대소 관계로 옳은 것은? (4점)

> (가) $\dfrac{\sqrt{a-2}}{\sqrt{b-2}} = -\sqrt{\dfrac{a-2}{b-2}}$
>
> (나) $|a+b| + |a-c-4| = 0$

① $a < b < c$ ② $a < c < b$ ③ $b < a < c$
④ $b < c < a$ ⑤ $c < b < a$

D141 ✪ 1등급 대비 ⋯⋯ 2023실시 6월 학평 29(고1)

49 이하의 두 자연수 m, n이
$$\left\{ \left(\dfrac{1+i}{\sqrt{2}} \right)^m - i^n \right\}^2 = 4$$
를 만족시킬 때, $m+n$의 최댓값을 구하시오.
(단, $i = \sqrt{-1}$) (4점)

D142 ✪ 1등급 대비 ⋯⋯ 2020실시 11월 학평 28(고1)

복소수 $z = \dfrac{i-1}{\sqrt{2}}$에 대하여
$$z^n + (z + \sqrt{2})^n = 0$$
을 만족시키는 25 이하의 자연수 n의 개수를 구하시오.
(단, $i = \sqrt{-1}$) (4점)

D143 ⭐1등급 대비   ☀️·신유형

a, b, c, d가 자연수일 때, 두 복소수 $z=a+bi$, $\omega=c+di$에 대하여 $z\bar{z}=13$이고, $z\bar{z}+\omega\bar{\omega}+z\bar{\omega}+\bar{z}\omega=65$이다. 이때, $\omega\bar{\omega}$의 최댓값을 구하시오. (단, $\bar{z}$, $\bar{\omega}$는 각각 z, ω의 켤레복소수이고 $i=\sqrt{-1}$이다.) (4점)

D144 ⭐1등급 대비   [최고]   2012실시 6월 학평 30(고1)

그림과 같이 6개의 면에 각각 0, 2, 3, 5, $2i$, $1+i$가 적힌 정육면체 모양의 주사위가 있다.
이 주사위를 n번 던져서 나온 수들을 모두 곱하였더니 -32가 되었다. 가능한 모든 n의 값의 합을 구하시오.
              (단, $i=\sqrt{-1}$이다.) (4점)

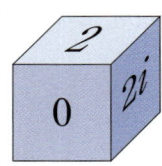

D145 ⭐1등급 대비   [최고]   2020실시 6월 학평 30(고1)

50 이하의 두 자연수 m, n에 대하여
$\left\{i^n+\left(\dfrac{1}{i}\right)^{2n}\right\}^m$의 값이 음의 실수가 되도록 하는 순서쌍 (m, n)의 개수를 구하시오. (단, $i=\sqrt{-1}$이다.) (4점)

동아리 소개

Sharing Choir (쉐어링콰이어)

고려대 간호대학, 의과대학 연합 합창동아리

'서로 다름'이 어우러진 작은 세상속으로!

쉐어링콰이어는 고려대학교 간호대학 · 의과대학 연합동아리로
1986년 창립 후 꾸준히 활동해오고 있습니다. 주요 활동으로는
여름 정기공연과 겨울 연합공연이 있습니다.

연습은 바쁜 학기 중을 피해 방학 때 이루어지고,
뮤직캠프로 시작됩니다. 펜션에 모여 공연 노래를 배우며,
고기도 구워 먹고 선, 후배 · 동기들과 4박 5일 동안 함께
지내며 서로가 더욱더 돈독해집니다. 또한, 연습 기간 중 소프라노, 알토, 테너 그리고 베이스
각 파트별로 모임을 가져 단합을 위해 노력하기도 합니다.

겨울 연합공연은 서울대 · 한양대 · 중앙대학교 간호대학 · 의과대학 합창단과 함께 준비하게
됩니다. 다른 학교와의 연합연습 및 뒤풀이를 통해 타학교 학생들과 친해질 기회도 가질 수
있습니다. 4개 학교의 학생들이 함께 무대에 올라 노래를 부르는 것은 그 웅장한 소리가
여름공연 무대와는 또 다른 경험을 선사해줍니다.

합창이란, 그 소리란, 누군가에게는 친숙할 수도 누군가에게는 무척 생소할 수도 있습니다.
각 파트의 노래를 부르고 있는 부원들조차 그 소리의 의미를 잘 모르지만, 그 뜻 모를 소리가
하나 될 때, 저희는 합창이라는 이름으로 하나의 울림이 됩니다.

노래를 잘하지 못해도, 고음이 올라가지 않아도 노래를 좋아하는 마음 하나만 있다면 누구나
환영합니다. 의료인이 되기 위한 힘든 학업과 바쁜 일정 속에서, 마음을 맞추어 아름다운
화음을 완성해 보아요!

  이차방정식

> 판별식의 부호는 서로 다른
> 실근의 개수를 알려준다.

♣ **단원 학습 목표**

· 중학교에서는 이차방정식의 해를 실수의 범위에서만 구했다.
  이 단원에서는 계수가 실수인 이차방정식의 해를 복소수의
  범위까지 확장하여 구하게 된다.

· 이차방정식을 풀지 않고도 판별식을 이용하여 근의 성질,
  근의 개수를 판단할 수 있고, 근과 계수의 관계를 이용해
  방정식의 미정계수를 구할 수 있다.

★ **자주 출제되는 필수 개념 학습법**

· 중학교에서 배웠던 이차방정식에서 근의 범위를 복소수로
  확장한 것이다. 중학교에서 익힌 이차방정식의 풀이 유형과
  판별식을 이용하여 실근, 허근을 판별하는 문제를 이해하도록
  한다.

· 이차방정식의 근에 대한 조건이 주어진 유형의 문제는 근과
  계수의 관계를 이용하여 해결하도록 한다.
  근과 계수의 관계에서는 곱셈 공식의 변형과 연계된 문제도
  자주 출제되니 꼭 확인하도록 하자.

★ **자주 출제되는 개념+공식**

1 계수가 실수인 이차방정식 $ax^2+bx+c=0$의 판별식을
   $D=b^2-4ac$라 할 때,

   (1) $D>0 \iff$ 서로 다른 두 실근

   (2) $D=0 \iff$ 중근 (서로 같은 두 실근)

   (3) $D<0 \iff$ 서로 다른 두 허근

2 이차방정식 $ax^2+bx+c=0$의 두 근을 α, β라 할 때,

   (1) $\alpha+\beta=-\dfrac{b}{a}$ (2) $\alpha\beta=\dfrac{c}{a}$

E 이차방정식

1 이차방정식의 풀이 — 유형 01~04

(1) 이차방정식의 실근과 허근

계수가 실수인 이차방정식 $ax^2+bx+c=0$은 복소수 범위에서 항상 근을 갖는다.

이때, 실수인 근을 실근, 허수인 근을 허근이라 한다.

(2) 이차방정식의 풀이

① 인수분해를 이용한 풀이

이차방정식 $(ax-b)(cx-d)=0$의 근은 $x=\dfrac{b}{a}$ 또는 $x=\dfrac{d}{c}$

② 근의 공식에 의한 풀이

계수가 실수인 이차방정식 $ax^2+bx+c=0$의 근은 $\boldsymbol{x=\dfrac{-b\pm\sqrt{b^2-4ac}}{2a}}$

참고 x의 계수가 짝수인 이차방정식 $ax^2+2b'x+c=0$의 근은 $x=\dfrac{-b'\pm\sqrt{b'^2-ac}}{a}$

(3) 절댓값 기호를 포함한 이차방정식의 풀이 ❶

절댓값 기호 안의 식의 값이 0이 되는 x의 값을 기준으로 범위를 나누어서 푼다.

예) 방정식 $x^2-|x|-6=0$에서 ❷

  (ⅰ) $x\geq0$일 때, $x^2-x-6=0$, $(x+2)(x-3)=0$ $\therefore x=3$ ($\because x\geq0$)

  (ⅱ) $x<0$일 때, $x^2+x-6=0$, $(x+3)(x-2)=0$ $\therefore x=-3$ ($\because x<0$)

  (ⅰ), (ⅱ)에서 주어진 방정식의 해는 $x=\pm3$

2 이차방정식의 근의 판별 — 유형 05~07

(1) 계수가 실수인 이차방정식 $ax^2+bx+c=0$의 근 $x=\dfrac{-b\pm\sqrt{b^2-4ac}}{2a}$가

실근인지 허근인지는 근호 안의 식 b^2-4ac의 값의 부호에 따라 판별할 수 있다.

b^2-4ac를 이 방정식의 판별식이라 하고, 기호 D로 나타낸다. 즉,

$$D=b^2-4ac$$ ❸

(2) 계수가 실수인 이차방정식 $ax^2+bx+c=0$의 판별식을 $D=b^2-4ac$라 하면

① $D>0$ $\Longleftrightarrow$ 서로 다른 두 실근

② $D=0$ $\Longleftrightarrow$ 중근 (서로 같은 두 실근) ❹ $D\geq0$이면 실근을 갖는다.

③ $D<0$ $\Longleftrightarrow$ 서로 다른 두 허근

3 이차방정식의 근과 계수의 관계 — 유형 08~12, 14

(1) 이차방정식의 근과 계수의 관계

이차방정식 $ax^2+bx+c=0$의 두 근을 α, β라 하면

$$\alpha+\beta=-\dfrac{b}{a},\ \alpha\beta=\dfrac{c}{a}$$ ❺

(2) 두 수를 근으로 하는 이차방정식의 작성

두 수 α, β를 근으로 하고 x^2의 계수가 1인 이차방정식은

$(x-\alpha)(x-\beta)=0$, 즉 $x^2-\underbrace{(\alpha+\beta)}_{두\ 근의\ 합}x+\underbrace{\alpha\beta}_{두\ 근의\ 곱}=0$ ❻

---

❶ $|a|=\begin{cases} a & (a\geq0) \\ -a & (a<0) \end{cases}$

❷ $x^2=|x|^2$임을 이용하여 $|x|$에 대한 이차방정식으로 변형한 후 방정식을 풀 수도 있다.

  예) 방정식 $x^2-|x|-6=0$에서

  $|x|^2-|x|-6=0$이므로

  $(|x|+2)(|x|-3)=0$

  $|x|=3$ ($\because |x|\geq0$)

  $\therefore x=\pm3$

❸ x의 계수가 짝수인 이차방정식의 판별식

방정식 $ax^2+2b'x+c=0$에서는 판별식 D 대신 $\dfrac{D}{4}=b'^2-ac$를 이용할 수 있다.

❹ 이차식 ax^2+bx+c가 완전제곱식이면 이차방정식 $ax^2+bx+c=0$이 중근을 가지므로 (판별식)$=0$이다.

❺ 두 근의 차

$|\alpha-\beta|=\dfrac{\sqrt{b^2-4ac}}{|a|}$ (단, α, β는 실수)

❻ 두 수 α, β를 근으로 하고 x^2의 계수가 a인 이차방정식은

$a\{x^2-(\alpha+\beta)x+\alpha\beta\}=0$

1 이차방정식의 풀이

[E01~E05] 다음 이차방정식의 해를 구하시오.

E01 $x^2+7x+10=0$

E02 $x^2+\dfrac{1}{6}x-\dfrac{1}{6}=0$

E03 $3x^2-5x-2=0$

E04 $x^2-x-3=0$

E05 $2x^2+4x+5=0$

[E06~E08] 다음 방정식의 해를 구하시오.

E06 $x^2+2|x|-3=0$

E07 $x^2-6|x|-1=0$

E08 $|x^2-2x|=1$

2 이차방정식의 근의 판별

[E09~E11] 다음 이차방정식의 근을 판별하시오.

E09 $x^2+2x-1=0$

E10 $9x^2-12x+4=0$

E11 $5x^2-3x+2=0$

E12 이차방정식 $2x^2+4x+a=0$에 대하여 다음을 구하시오.

(1) 실근을 갖도록 하는 실수 a의 값의 범위

(2) 허근을 갖도록 하는 실수 a의 값의 범위

[E13~E15] 다음 이차식이 완전제곱식이 되도록 하는 실수 a의 값을 모두 구하시오.

E13 x^2+ax+8

E14 x^2+7x+a

E15 $x^2+(1+a)x-a-1$

3 이차방정식의 근과 계수의 관계

E16 이차방정식 $x^2-4x+1=0$의 두 근을 α, β라고 할 때, 다음 식의 값을 구하시오.

(1) $\alpha+\beta$ (2) $\alpha\beta$

(3) $|\alpha-\beta|$ (4) $\dfrac{\beta}{\alpha}+\dfrac{\alpha}{\beta}$

E17 이차방정식 $x^2+5x-2=0$의 두 근을 α, β라고 할 때, 다음 식의 값을 구하시오.

(1) $\alpha^2\beta+\alpha\beta^2$ (2) $\dfrac{1}{\alpha}+\dfrac{1}{\beta}$

(3) $(\alpha+2)(\beta+2)$ (4) $\alpha^2-\beta^2$

E18 이차방정식 $ax^2+bx+c=0$의 두 근이 3, -5일 때, 이차방정식 $bx^2+cx-a=0$에 대하여 다음을 구하시오. (단, a, b, c는 상수이다.)

(1) 두 근의 합

(2) 두 근의 곱

[E19~E21] x^2의 계수가 1이고, 다음 두 수를 근으로 하는 이차방정식을 구하시오.

E19 3, -1

E20 $-2+\sqrt{5}$, $-2-\sqrt{5}$

E21 $1+3i$, $1-3i$

4 이차식의 인수분해 — 유형 13

이차방정식 $ax^2+bx+c=0$의 두 근을 α, β라 하면
$$ax^2+bx+c=a(x-\alpha)(x-\beta)$$ ❼

예) 이차방정식 $x^2+4x+8=0$의 근을 근의 공식을 이용하여 구하면 $x=-2\pm\sqrt{-4}=-2\pm2i$

따라서 이차식 x^2+4x+8을 인수분해하면
$$x^2+4x+8=\{x-(-2+2i)\}\{x-(-2-2i)\}=(x+2-2i)(x+2+2i)$$

❼ 계수가 실수인 모든 이차식은 복소수의 범위에서 두 일차식의 곱으로 나타낼 수 있다.

5 이차방정식의 켤레근 — 유형 15

이차방정식 $ax^2+bx+c=0$에서

(1) a, b, c가 유리수일 때, $p+q\sqrt{m}$이 근이면 $p-q\sqrt{m}$도 근이다. ❽
(단, p, q는 유리수, $q\neq0$, $\sqrt{m}$은 무리수)

(2) a, b, c가 실수일 때, $p+qi$가 근이면 $p-qi$도 근이다.
(단, p, q는 실수, $q\neq0$, $i=\sqrt{-1}$)

참고 $p+q\sqrt{m}$과 $p-q\sqrt{m}$, $p+qi$와 $p-qi$를 각각 **켤레근**이라 한다.

예) (1) 계수가 모두 유리수인 이차방정식의 한 근이 $1+2\sqrt{2}$이면 $1-2\sqrt{2}$도 근이다.
(2) 계수가 모두 실수인 이차방정식의 한 근이 $6-i$이면 $6+i$도 근이다.

❽ 이차방정식의 계수가 모두 유리수라는 조건이 없으면 $p+q\sqrt{m}$이 방정식의 한 근일 때, 다른 한 근이 반드시 $p-q\sqrt{m}$이 되는 것은 아님에 주의한다.
예) 이차방정식 $x^2-\sqrt{2}x-\sqrt{2}-1=0$ 의 두 근은 $1+\sqrt{2}$, -1이다.

개념 확인 문제

4 이차식의 인수분해

[E22~E27] 다음 이차식을 복소수의 범위에서 인수분해하시오.

E22 $x^2-6x+10$

E23 x^2+49

E24 $2x^2-4x+3$

E25 x^2-x+1

E26 $16x^2+4$

E27 $3x^2-2x+1$

5 이차방정식의 켤레근

[E28~E29] 다음 조건을 만족시키는 유리수 a, b의 값을 구하시오.

E28 이차방정식 $x^2+ax+b=0$의 한 근이 $3+\sqrt{6}$

E29 이차방정식 $x^2+ax+b=0$의 한 근이 $4\sqrt{7}-6$

[E30~E31] 다음 조건을 만족시키는 실수 m, n의 값을 구하시오.

E30 이차방정식 $mx^2-8x+n=0$의 한 근이 $-4-2i$

E31 이차방정식 $x^2+mx-n=0$의 한 근이 $i-6$

1 이차방정식의 풀이

유형 01   이차방정식의 풀이   (기초)

(1) **인수분해를 이용한 풀이**

x에 대한 이차방정식 $(ax-b)(cx-d)=0$의 근은

$x=\dfrac{b}{a}$ 또는 $x=\dfrac{d}{c}$

(2) **근의 공식을 이용한 풀이**

계수가 실수인 이차방정식 $ax^2+bx+c=0$의 근은

근의 공식을 이용하면 $x=\dfrac{-b\pm\sqrt{b^2-4ac}}{2a}$

① 문제에서 주어진 방정식을 (x에 대한 이차식)$=0$의 꼴로 정리한 다음 좌변을 두 일차식의 곱으로 인수분해하여 해를 구하고, 인수분해가 되지 않는 경우에는 근의 공식을 이용하여 해를 구하면 된다.

② 근의 공식을 이용할 때, x의 계수가 짝수인 이차방정식

$ax^2+2b'x+c=0$의 근은 $x=\dfrac{-b'\pm\sqrt{b'^2-ac}}{a}$

E32 ❀❀❀

다음은 계수가 실수인 이차방정식 $ax^2+bx+c=0$의 근의 공식을 유도하는 과정이다. (가), (나), (다)에 알맞은 것을 차례로 나열한 것은? (3점)

$ax^2+bx+c=0$에서 $x^2+\dfrac{b}{a}x=-\dfrac{c}{a}$이므로

양변에 $\boxed{\text{(가)}}$ 을 더하여 정리하면

$\left(x+\dfrac{b}{2a}\right)^2=\boxed{\text{(나)}}$ 이므로

$x+\dfrac{b}{2a}=\pm\sqrt{\boxed{\text{(나)}}}$

따라서 $x=\boxed{\text{(다)}}$

	(가)	(나)	(다)
①	$\dfrac{b^2}{4a}$	$\dfrac{b^2-4ac}{4a}$	$\dfrac{-b\pm\sqrt{b^2-4ac}}{2a}$
②	$\dfrac{b^2}{4a}$	$\dfrac{b^2-4ac}{4a^2}$	$\dfrac{b\pm\sqrt{b^2-4ac}}{2a}$
③	$\dfrac{b^2}{4a^2}$	$\dfrac{b^2-4ac}{4a}$	$\dfrac{-b\pm\sqrt{b^2-4ac}}{2a}$
④	$\dfrac{b^2}{4a^2}$	$\dfrac{b^2-4ac}{4a^2}$	$\dfrac{-b\pm\sqrt{b^2-4ac}}{2a}$
⑤	$\dfrac{b^2}{4a^2}$	$\dfrac{b^2-4ac}{4a^2}$	$\dfrac{b\pm\sqrt{b^2-4ac}}{2a}$

E33 ❀❀❀

이차방정식 $3(x+1)^2-4x=2x^2-2x+5$의 해는? (3점)

① $x=-1$ 또는 $x=3$ ② $x=1$ 또는 $x=2$

③ $x=-2\pm\sqrt{6}$ ④ $x=-2\pm2\sqrt{2}$

⑤ $x=2\pm\sqrt{6}$

E34 ❀❀❀

이차방정식 $(1+\sqrt{3})x^2+2x-8-4\sqrt{3}=0$의 두 근을 α, β라 할 때, $3\alpha-\beta$의 값은? (단, $\alpha>\beta$) (3점)

① $1+\sqrt{3}$ ② $4+2\sqrt{3}$ ③ $5+\sqrt{3}$

④ $6+2\sqrt{3}$ ⑤ $7+\sqrt{3}$

E35 ❀❀❀

두 실수 a, b에 대하여 $a\circ b=\sqrt{2}ab-a-b$로 정의할 때, $(x\circ x)+(4\circ x)+x=0$을 만족하는 x의 값을 모두 구하시오. (3점)

E36 ❀❀❀

이차방정식 $x^2-(4+\sqrt{5})x+\sqrt{5}k-5=0$의 두 근이 k, α일 때, $k+2\alpha$의 값은? (단, k는 자연수이다.) (3점)

① $-1+\sqrt{5}$ ② $1-\sqrt{5}$ ③ $3-2\sqrt{5}$

④ $3+2\sqrt{5}$ ⑤ $5+2\sqrt{5}$

이차방정식 $ax^2+bx+c=0$의 한 근이 α일 때,
$x=\alpha$를 $ax^2+bx+c=0$에 대입하면 주어진 등식이 성립한다.
즉, $a\alpha^2+b\alpha+c=0$이다.

tip

미정계수를 포함한 이차방정식의 한 근이 주어진 경우 방정식에 근을
대입하여 미정계수를 찾아 이차방정식을 완성하고, 이차방정식을 풀어
또 다른 한 근을 구한다.

E37 ❋❋❋ ⟍⟍⟍⟍⟍⟍⟍⟍⟍ 2014실시 3월 학평 23(고1)

이차방정식 $x^2-10x+a=0$의 한 근이 2일 때,
다른 한 근을 b라 하자. 두 실수 a, b의 합 $a+b$의 값을
구하시오. (3점)

E38 ❋❋❋ ⟍⟍⟍⟍⟍⟍⟍⟍⟍⟍⟍⟍⟍⟍⟍⟍⟍

이차방정식 $x^2+kx+1=0$의 한 근이 $2-\sqrt{3}$일 때,
상수 k의 값은? (3점)

① -5　　　　② -4　　　　③ -3
④ -2　　　　⑤ -1

E39 ✽❋❋ 필수

이차방정식 $x^2+3x+1=0$의 한 근을 α라 할 때,
$\alpha^2+\dfrac{1}{\alpha^2}$의 값은? (3점)

① 7　　　　② 8　　　　③ 9
④ 10　　　　⑤ 11

E40 ✽❋❋ ⟍⟍⟍⟍⟍⟍⟍⟍⟍ 2020실시 6월 학평 8(고1)

이차방정식 $2x^2-2x+1=0$의 한 근을 α라 할 때,
$\alpha^4-\alpha^2+\alpha$의 값은? (3점)

① $\dfrac{1}{4}$　　　　② $\dfrac{5}{16}$　　　　③ $\dfrac{3}{8}$
④ $\dfrac{7}{16}$　　　　⑤ $\dfrac{1}{2}$

E41 ✽❋❋

이차방정식 $kx^2-(2a+b)x-6kb-1=0$이
실수 k의 값에 관계없이 항상 $x=-2$를 근으로 가질 때,
상수 a, b에 대하여 $a+b$의 값을 구하시오. (3점)

E42 ✽❋❋

이차방정식 $2x^2+6x-9=0$의 두 근을 α, β라
할 때, $2(2\alpha^2+\beta^2)+6(2\alpha+\beta)$의 값을 구하시오. (3점)

유형 03 절댓값 기호를 포함한 이차방정식

절댓값 기호 안의 식의 값이 0이 되는 x의 값을 기준으로 x의 값의 범위를 나누어서 절댓값 기호를 없애고 푼다. 즉,

$$|P(x)| = \begin{cases} P(x) & (P(x) \geq 0) \\ -P(x) & (P(x) < 0) \end{cases}$$

임을 이용하여 x의 값의 범위를 나누어서 방정식을 푼다.

1 주어진 이차방정식을 x의 값의 범위를 나누어서 풀어도 되지만 $x^2 = |x|^2$임을 이용하여 변형하여 풀어도 된다.

2 $\sqrt{x^2}$을 포함한 이차방정식에서는 $\sqrt{x^2} = |x|$임을 이용하여 식을 정리한다.

E43 ✱❀❀　

이차방정식 $|x-1|^2 - 2|x-1| - 3 = 0$의 모든 근의 합은?
(3점)

① -4　　　② -2　　　③ 0
④ 2　　　⑤ 4

E44 ✱❀❀

방정식 $|x^2 + ax - 3| = 6$의 한 근이 -1일 때, -1을 제외한 모든 근의 곱은? (단, $a < 0$) (3점)

① 9　　　② 18　　　③ 27
④ 36　　　⑤ 45

E45 ✱❀❀

이차방정식 $x^2 - |x-2| - 10 = 0$의 해를 구하시오. (3점)

E46 ✱❀❀　필수

방정식 $x^2 + |x| - 4 = \sqrt{(x-3)^2}$의 해는? (3점)

① $x = -\sqrt{7}$ 또는 $x = -1$
② $x = -\sqrt{7}$ 또는 $x = -1 + 2\sqrt{2}$
③ $x = -1$ 또는 $x = -1 + 2\sqrt{2}$
④ $x = 1$ 또는 $x = \sqrt{7}$
⑤ $x = \sqrt{7}$ 또는 $x = -1 + 2\sqrt{2}$

유형 04 이차방정식의 활용 ✿중요

(i) 구하고자 하는 값을 미지수 x로 놓는다.
(ii) 주어진 조건을 이용하여 x에 대한 이차방정식을 세운다.
(iii) 이차방정식을 풀어서 x의 값을 구한다.
(iv) 구한 x의 값이 문제의 조건에 맞는지 확인한다.

이차방정식의 활용문제는 도형을 이용한 문제가 대부분이다. 원, 직각삼각형, 정사각형 등 특정 도형의 특징을 이용하거나 피타고라스 정리를 이용한 길이 구하기 또는 도형의 넓이를 구하는 문제들이 자주 나오는데 여기서 가장 중요한 점은 문제에서 물어보는 것을 정확하게 파악하여 상황에 맞는 그림이나 표를 만들어서 조건들을 빠트리지 않고 푸는 것이다.

E47 ❀❀❀　2022실시 6월 학평 7(고1)

어느 가족이 작년까지 한 변의 길이가 10 m인 정사각형 모양의 밭을 가꾸었다. 올해는 그림과 같이 가로의 길이를 x m만큼, 세로의 길이를 $(x-10)$ m만큼 늘여서 새로운 직사각형 모양의 밭을 가꾸었다. 올해 늘어난 ⌐ 모양의 밭의 넓이가 500 m²일 때, x의 값은?
(단, $x > 10$) (3점)

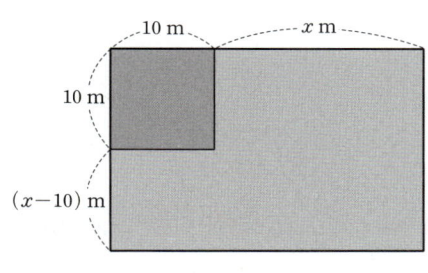

① 20　　　② 21　　　③ 22
④ 23　　　⑤ 24

E48 ✽✽✽ 2019실시 3월 학평 14(고1)

그림과 같이 $\overline{AB}=2$, $\overline{BC}=4$인 직사각형 ABCD가 있다. 대각선 BD 위에 한 점 O를 잡고, 점 O에서 네 변 AB, BC, CD, DA에 내린 수선의 발을 각각 P, Q, R, S라 하자. 사각형 APOS와 사각형 OQCR의 넓이의 합이 3이고 $\overline{AP}<\overline{PB}$일 때, 선분 AP의 길이는? (4점)

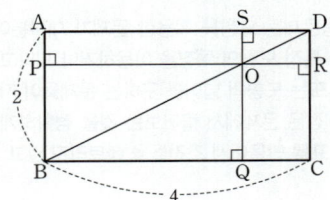

① $\dfrac{3}{8}$ ② $\dfrac{7}{16}$ ③ $\dfrac{1}{2}$

④ $\dfrac{9}{16}$ ⑤ $\dfrac{5}{8}$

E49 ✽✽✽ 🚩최다출제 / 2016실시 3월 학평 26(고1)

그림과 같이 $\overline{AC}=8$, $\angle A=90°$인 직각삼각형 ABC와 변 BC를 한 변으로 하는 정사각형 BDEC가 있다. 사각형 BDEC의 넓이는 삼각형 ABC의 넓이의 5배이고, $\overline{AB}>\overline{AC}$일 때, 변 AB의 길이를 구하시오. (4점)

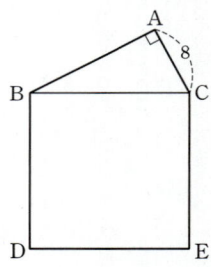

E50 ✽✽✽ 2008실시 11월 학평 27(고1)

어느 주유소에서 1 L당 a원인 기름을 하루에 b L 판매하였다. 이 주유소에서 기름값을 x % 내렸더니 하루 판매량이 $2x$ % 증가하여 하루 판매액이 8 % 증가하였다. 이때 x의 값을 구하시오. (단, $0<x<30$) (4점)

E51 ✽✽✽ 2007실시 11월 학평 19(고1)

다음과 같이 작동하는 화면보호기 프로그램이 있다.

Ⅰ. 모니터 중앙에 반지름 1 cm인 원이 생기고, 그 원의 반지름은 1 cm/초의 속도로 계속 커진다.

Ⅱ. 원이 생긴 후 2초마다 Ⅰ의 과정을 반복한다.

Ⅲ. 첫 번째 생겨서 커진 원의 넓이가 두 번째와 세 번째 생겨서 커진 두 원의 넓이의 합과 같아지면 모든 원은 화면에서 없어진다.

Ⅳ. 2초 후에 다시 Ⅰ~Ⅲ의 과정을 반복한다.

이 과정의 Ⅲ에서 첫 번째 원이 생겨서 없어지기까지 걸리는 시간은? (4점)

① 8초 ② 9초 ③ 10초

④ 11초 ⑤ 12초

E52 ★★❀
2019실시 3월 학평 18(고1)

그림과 같이 $\overline{AB}=2$, $\overline{BC}=4$인
직사각형 ABCD에서 변 BC의 중점을 M이라 하자.
점 B를 중심으로 하고 변 BA를 반지름으로 하는
부채꼴 BMA와 점 C를 중심으로 하고 변 CD를 반지름으로
하는 부채꼴 CDM이 있다. 두 점 E, F는 변 AD 위에 있고,
두 점 G, H는 각각 호 MA, 호 DM 위에 있다.
사각형 EGHF가 $\overline{EG}:\overline{GH}=1:2$인 직사각형이 될 때,
이 직사각형의 넓이는? (4점)

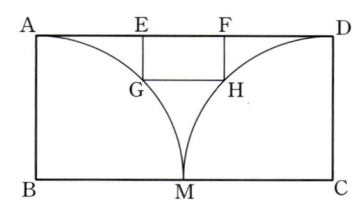

① $12-6\sqrt{3}$ ② $8-4\sqrt{3}$ ③ $8-5\sqrt{2}$
④ $6-3\sqrt{3}$ ⑤ $12-8\sqrt{2}$

2 이차방정식의 근의 판별

유형 05 이차방정식의 근의 판별 ✿중요 (이해)

계수가 실수인 이차방정식 $ax^2+bx+c=0$의 근은
판별식 $D=b^2-4ac$의 부호로 판별한다.
(1) $D>0 \iff$ 서로 다른 두 실근
(2) $D=0 \iff$ 중근 (서로 같은 두 실근)
(3) $D<0 \iff$ 서로 다른 두 허근

(tip)
이차방정식 $ax^2+bx+c=0$의 근은 근의 공식에 의해
$x=\dfrac{-b\pm\sqrt{b^2-4ac}}{2a}$이다.
여기서 $a\neq0$이므로 근을 결정하는 것은 근호 안의 식의 값인
$D=b^2-4ac$의 부호이고 $\pm\sqrt{D}$이기 때문에 근의 개수 또한 결정할 수 있다.

E53 ★★★
2025실시 6월 학평 5(고1)

x에 대한 이차방정식 $x^2-4\sqrt{3}x+a=0$이 서로
다른 두 실근을 갖도록 하는 자연수 a의 개수는? (3점)

① 7 ② 9 ③ 11
④ 13 ⑤ 15

E54 ★★★
2025실시 9월 학평 5(고1)

x에 대한 이차방정식 $x^2+4x+a-5=0$이
중근을 갖도록 하는 상수 a의 값은? (3점)

① 5 ② 6 ③ 7
④ 8 ⑤ 9

E55 ★★★

다음 중 허근을 가지는 이차방정식은? (3점)
① $x^2-2x-3=0$ ② $x^2+5x+11=0$
③ $x^2+4x+4=0$ ④ $x^2-2x-1=0$
⑤ $x^2+5x-6=0$

E56 ★★★
2020실시 9월 학평 4(고1)

x에 대한 이차방정식 $x^2+4x+a=0$이 실근을 갖도록 하는
자연수 a의 개수는? (3점)

① 1 ② 2 ③ 3
④ 4 ⑤ 5

E57 ★★★
2019실시 9월 학평 3(고1)

x에 대한 이차방정식 $x^2-6x+a=0$이 중근을 갖도록
하는 상수 a의 값은? (2점)

① 5 ② 7 ③ 9
④ 11 ⑤ 13

E58 ✽✽✽ 2021실시 9월 학평 24(고1)

x에 대한 이차방정식
$x^2+2(k-2)x+k^2-24=0$이 서로 다른 두 실근을 갖도록
하는 모든 자연수 k의 개수를 구하시오. (3점)

E59 ✽✽✽ ⏴최다출제 / 2018실시 9월 학평 6(고1)

x에 대한 이차방정식 $x^2+4x+k-3=0$이 실근을
갖도록 하는 모든 자연수 k의 개수는? (3점)

① 4   ② 5   ③ 6
④ 7   ⑤ 8

E60 ✽✽✽ 2019실시 6월 학평 23(고1)

x에 대한 이차방정식 $x^2-2x+a-6=0$이 중근을
갖도록 하는 상수 a의 값을 구하시오. (3점)

E61 ✽✽✽ 2023실시 11월 학평 22(고1)

x에 대한 이차방정식 $x^2+10x+a=0$이 중근을
갖도록 하는 상수 a의 값을 구하시오. (3점)

E62 ✽✽✽ 2024실시 9월 학평 14(고1)

x에 대한 이차방정식
$x^2-2(k-a)x+k^2-4k+b=0$이 실수 k의 값에 관계없이
항상 중근을 가질 때, 두 상수 a, b에 대하여 $a+b$의 값은?
(4점)

① 2   ② 3   ③ 4
④ 5   ⑤ 6

E63 ✽✽✽ 2024실시 6월 학평 7(고1)

x에 대한 이차방정식
$x^2-2kx+k^2+3k-22=0$이 서로 다른 두 허근을
갖도록 하는 자연수 k의 최솟값은? (3점)

① 5   ② 6   ③ 7
④ 8   ⑤ 9

E64 ✽✽✽ ⏴최다출제 / 2013실시 6월 학평 8(고1)

x에 대한 이차방정식 $x^2-kx+k-1=0$이 중근 α를
가질 때, $k+\alpha$의 값은? (단, k는 상수이다.) (3점)

① 1   ② 2   ③ 3
④ 4   ⑤ 5

E65 ✿✿✿ 2021실시 6월 학평 11(고1)

x에 대한 이차방정식
$x^2-2(m+a)x+m^2+m+b=0$ 이 실수 m의 값에
관계없이 항상 중근을 가질 때, $12(a+b)$의 값은?

(단, a, b는 상수이다.) (3점)

① 9   ② 10   ③ 11
④ 12   ⑤ 13

E66 ✿✿✿ 2023실시 9월 학평 24(고1)

x에 대한 이차방정식 $x^2+2ax+a^2+4a-28=0$이
실근을 갖도록 하는 모든 자연수 a의 개수를 구하시오.

(3점)

E67 ✿✿✿ 2018실시(가) 3월 학평 8(고2)

x에 대한 이차방정식
$$(a^2-9)x^2=a+3$$
이 서로 다른 두 실근을 갖도록 하는 10보다 작은 자연수
a의 개수는? (3점)

① 3   ② 4   ③ 5
④ 6   ⑤ 7

E68 ✿✿✿ 2010실시 11월 학평 12(고1)

x에 대한 이차방정식
$4x^2+2(2k+m)x+k^2-k+n=0$이 실수 k의 값에 관계
없이 중근을 가질 때, $m+n$의 값은?

(단, m, n은 실수이다.) (3점)

① $-\dfrac{3}{4}$ ② $-\dfrac{1}{4}$ ③ 0
④ $\dfrac{1}{4}$ ⑤ $\dfrac{3}{4}$

E69 ✿✿✿ 2013실시 9월 학평 19(고1)

x에 대한 이차방정식
$x^2+(m+1)x+2m-1=0$의 두 근이 정수가 되도록 하는
모든 정수 m의 값의 합은? (4점)

① 6   ② 7   ③ 8
④ 9   ⑤ 10

E70 ✿✿✿ 2022실시 6월 학평 20(고1)

모든 실수 x에 대하여 다항식 $P(x)$가
$$\{P(x)+2\}^2=(x-a)(x-2a)+4$$
를 만족시킬 때, 모든 $P(1)$의 값의 합은?

(단, a는 실수이다.) (4점)

① -9 ② -8 ③ -7
④ -6 ⑤ -5

삼각형의 세 변의 길이가 a, b, c $(a \leq b \leq c)$일 때
(1) $a = b$ 또는 $b = c$ 또는 $c = a$ ⇒ 이등변삼각형
(2) $a = b = c$ ⇒ 정삼각형
(3) $a^2 + b^2 > c^2$ ⇒ 예각삼각형
(4) $a^2 + b^2 = c^2$ ⇒ 빗변의 길이가 c인 직각삼각형
(5) $a^2 + b^2 < c^2$ ⇒ 둔각삼각형

tip

① 주어진 이차방정식의 판별식으로부터 이차방정식의 미정계수 사이의 관계를 파악한 다음 이를 이용하여 삼각형의 모양을 판단한다.
② 문제의 식이나 조건을 통해 이차방정식의 꼴로 바꾸어 판별식을 사용하기 편한 형태로 만드는 것이 중요하다.

E71 ✽✼✼

x에 대한 이차방정식 $(a+b)x^2 + 2cx + a - b = 0$이 서로 다른 두 실근을 가질 때, 실수 a, b, c를 세 변의 길이로 하는 삼각형은 어떤 삼각형인가? (단, $a \geq b \geq c$) (3점)

① 정삼각형 　② 예각삼각형 　③ 둔각삼각형
④ 이등변삼각형 　⑤ 직각삼각형

E72 ✽✼✼

x에 대한 이차방정식
$a(1+x^2) + 2bx + c(1-x^2) = 0$이 중근을 가질 때,
실수 a, b, c를 세 변의 길이로 하는 삼각형은
어떤 삼각형인가? (3점)

① 정삼각형
② $b = c$인 이등변삼각형
③ a를 빗변의 길이로 하는 직각삼각형
④ b를 빗변의 길이로 하는 직각이등변삼각형
⑤ 가장 긴 변의 길이가 c인 둔각삼각형

E73 ✽✼✼

x에 대한 이차방정식
　$(x-a)(x-b) + (x-b)(x-c) + (x-c)(x-a) = 0$
이 중근 또는 허근을 가질 때, 실수 a, b, c를 세 변의
길이로 하는 삼각형은 어떤 삼각형인지 말하시오. (3점)

이차식 $ax^2 + bx + c$가 완전제곱식이면
⇒ 이차방정식 $ax^2 + bx + c = 0$이 중근을 갖는다.
⇒ $b^2 - 4ac = 0$이다.

tip

① 이차항의 계수가 1인 이차식이 완전제곱식이 되려면
　$\left\{ \dfrac{(\text{일차항의 계수})}{2} \right\}^2 = (\text{상수항})$이어야 한다.
② 'k의 값에 관계없이 완전제곱식이 된다'는 것은 'k에 대한 항등식을 만들어라'라는 뜻이므로 (　) + (　)$k = 0$ 꼴로 만든 후 계수비교법을 이용한다.

E74 ✽✽✽

x에 대한 이차식 $x^2 - (k+3)x + k + 2$가 완전제곱식이 될 때, 실수 k의 값은? (3점)

① -2 　　② -1 　　③ 0
④ 1 　　⑤ 2

E75 ✽✽✽

x에 대한 이차식 $x^2 + (k-3)x + k^2 - k + 1$이 완전제곱식으로 인수분해가 되도록 하는 정수 k의 값은? (3점)

① -5 　　② -3 　　③ -1
④ 1 　　⑤ 3

E76 ✽✼✼

x에 대한 이차식 $x^2 - 2(k - 2a)x + k^2 + 3b - 4$가 실수 k의 값에 관계없이 항상 완전제곱식이 될 때, 실수 a, b에 대하여 $a + 3b$의 값은? (3점)

① -4 　　② -2 　　③ 0
④ 2 　　⑤ 4

❸ 이차방정식의 근과 계수의 관계

유형 08 이차방정식의 근과 계수의 관계를
이용하여 식의 값 구하기

이차방정식 $ax^2+bx+c=0$의 두 근을 α, β라 하면

(1) 두 근의 합 : $\alpha+\beta=-\dfrac{b}{a}$

(2) 두 근의 곱 : $\alpha\beta=\dfrac{c}{a}$

(3) 두 근의 차 : $|\alpha-\beta|=\dfrac{\sqrt{b^2-4ac}}{|a|}$ (단, a, α, β는 실수)

이차방정식 $ax^2+bx+c=0$의 두 근을 α, β라 하면
1 근과 계수의 관계를 이용하여 $\alpha+\beta$, $\alpha\beta$의 값을 구한다.
2 $a\alpha^2+b\alpha+c=0$, $a\beta^2+b\beta+c=0$임을 이용한다.
3 주어진 식을 곱셈 공식을 이용하여 $\alpha+\beta$, $\alpha\beta$의 꼴로 변형한 후
   알아낸 위의 값을 대입하여 푼다.

E77 ✲✲✲ ······ 2025실시 6월 학평 8(고1)

이차방정식 $x^2-3x+5=0$의 두 근을 α, β라
할 때, $\alpha^2\beta+\alpha\beta^2-\alpha\beta$의 값은? (3점)

① 5 　　　　② $\dfrac{15}{2}$ 　　　　③ 10

④ $\dfrac{25}{2}$ 　　　　⑤ 15

E78 ✲✲✲ ······ 2019실시 9월 학평 6(고1)

이차방정식 $x^2+6x+7=0$의 두 근을 α, β라 할 때,
$\alpha^2+\beta^2$의 값은? (3점)

① 14 　　　　② 16 　　　　③ 18

④ 20 　　　　⑤ 22

E79 ✲✲✲ ······ 2023실시 9월 학평 8(고1)

이차방정식 $x^2+2x+7=0$의 서로 다른 두 근을
α, β라 할 때, $\alpha^2+\alpha\beta+\beta^2$의 값은? (3점)

① -3 　　　　② -1 　　　　③ 1

④ 3 　　　　⑤ 5

E80 📕최다출제 / 2018실시 9월 학평 8(고1)

이차방정식 $x^2+3x+1=0$의 서로 다른 두 실근을
α, β라 할 때, $\alpha^2+\beta^2-3\alpha\beta$의 값은? (3점)

① 4 　　　　② 5 　　　　③ 6

④ 7 　　　　⑤ 8

E81 ✲✲✲ ······ 2023실시 11월 학평 3(고1)

이차방정식 $x^2-2x+5=0$의 두 근을 α, β라

할 때, $\dfrac{1}{\alpha}+\dfrac{1}{\beta}$의 값은? (2점)

① $\dfrac{1}{10}$ 　　　　② $\dfrac{1}{5}$ 　　　　③ $\dfrac{3}{10}$

④ $\dfrac{2}{5}$ 　　　　⑤ $\dfrac{1}{2}$

E82 ✲✲✲ ······ 2024실시 9월 학평 7(고1)

x에 대한 이차방정식 $x^2-x+k=0$이
서로 다른 두 근 α, β를 갖는다. $\alpha^3+\beta^3=10$일 때, 상수
k의 값은? (3점)

① -7 　　　　② -6 　　　　③ -5

④ -4 　　　　⑤ -3

E83 ✲✲✲ ······ 2016실시 6월 학평 25(고1)

이차방정식 $x^2+5x-2=0$의 두 근을 α, β라 할 때,
$\alpha^2-5\beta$의 값을 구하시오. (3점)

E84 ✲✲✲ ······ 2024실시 6월 학평 26(고1)

x에 대한 이차방정식 $3x^2-5x+k=0$의
두 근을 α, β라 할 때,
$(3\alpha-k)(\alpha-1)+(3\beta-k)(\beta-1)=-10$을 만족시키는
실수 k의 값을 구하시오. (4점)

E85 ✽❋❋ .... 2021실시 9월 학평 14(고1)

이차방정식 $x^2+2x+3=0$의 서로 다른 두 근을 α, β라 할 때, $\dfrac{1}{\alpha^2+3\alpha+3}+\dfrac{1}{\beta^2+3\beta+3}$의 값은? (4점)

① $-\dfrac{1}{3}$ ② $-\dfrac{1}{2}$ ③ $-\dfrac{2}{3}$

④ $-\dfrac{5}{6}$ ⑤ -1

E86 ✽❋❋ .... 2019실시 6월 학평 16(고1)

이차방정식 $x^2+x-1=0$의 서로 다른 두 근을 α, β라 하자. 다항식 $P(x)=2x^2-3x$에 대하여 $\beta P(\alpha)+\alpha P(\beta)$의 값은? (4점)

① 5   ② 6   ③ 7

④ 8   ⑤ 9

E87 ✽❋❋ .... 2014실시(B) 3월 학평 12(고2)

이차방정식
$$(x-a)(x-b)+(x-b)(x-c)+(x-c)(x-a)=0$$
의 두 근의 합과 곱이 각각 4, -3일 때, 이차방정식 $(x-a)^2+(x-b)^2+(x-c)^2=0$의 두 근의 곱은?
(단, a, b, c는 상수이다.) (3점)

① 15   ② 16   ③ 17

④ 18   ⑤ 19

E88 ✽❋❋ .... 2023실시 6월 학평 25(고1)

이차방정식 $x^2-6x+11=0$의 서로 다른 두 허근을 α, β라 할 때, $11\left(\dfrac{\overline{\alpha}}{\alpha}+\dfrac{\overline{\beta}}{\beta}\right)$의 값을 구하시오.
(단, $\overline{\alpha}$, $\overline{\beta}$는 각각 α, β의 켤레복소수이다.) (3점)

유형 09 근과 계수의 관계를 이용한 미정계수의 결정 – 두 근이 주어진 경우 （이해）

이차방정식 $ax^2+bx+c=0$의 두 근 α, β가 주어지면

(1) 두 근의 합 : $\alpha+\beta=-\dfrac{b}{a}$

(2) 두 근의 곱 : $\alpha\beta=\dfrac{c}{a}$

를 이용하여 미정계수를 구한다. （tip）

혹은 주어진 두 근을 이차방정식 $ax^2+bx+c=0$에 대입하여 구해도 된다.

E89 ❋❋❋ 🚩최다출제 / 2021실시 6월 학평 23(고1)

x에 대한 이차방정식 $x^2+ax-4=0$의 두 근이 -4, b일 때, 두 상수 a, b에 대하여 $a+b$의 값을 구하시오. (3점)

E90 ❋❋❋ .... 2020실시 11월 학평 5(고1)

이차방정식 $x^2+2x+a=0$의 두 근이 -3, b일 때, 두 상수 a, b의 합 $a+b$의 값은? (3점)

① -2 ② -1 ③ 0

④ 1   ⑤ 2

E91 ❋❋❋ .... 2019실시 11월 학평 4(고1)

x에 대한 이차방정식 $x^2+ax+b=0$의 두 근이 2, 8일 때, 두 상수 a, b에 대하여 $a+b$의 값은? (3점)

① 3   ② 4   ③ 5

④ 6   ⑤ 7

E92 ✸✸✸
2020실시 6월 학평 4(고1)

x에 대한 이차방정식 $x^2+ax-2=0$의 두 근이 1과 b일 때, 두 상수 a, b에 대하여 $a-b$의 값은? (3점)

① 1   ② 2   ③ 3
④ 4   ⑤ 5

E93 ✸✸✸
2024실시 6월 학평 23(고1)

x에 대한 이차방정식 $x^2-3x+a=0$의 두 근이 1, b일 때, ab의 값을 구하시오.

(단, a, b는 상수이다.) (3점)

E94 ✸✸✸
2018실시 6월 학평 23(고1)

x에 대한 이차방정식 $x^2+ax+b=0$의 두 근이 3, 4일 때, 두 상수 a, b에 대하여 $a+b$의 값을 구하시오. (3점)

[고난도]

유형 10 근과 계수의 관계를 이용한 미정계수의 결정 – 근의 관계식이 주어진 경우

이차방정식의 두 근의 조건에 따라 두 근을 다음과 같이 놓고 근과 계수의 관계를 이용한다.

(1) 두 근의 비가 $m:n$ ⟹ $m\alpha$, $n\alpha(\alpha\neq0)$
(2) 한 근이 다른 한 근의 m배 ⟹ α, $m\alpha(\alpha\neq0)$
(3) 두 근의 차가 m ⟹ α, $\alpha+m$ 또는 $\alpha-m$, α
(4) 두 근이 연속인 정수 ⟹ α, $\alpha+1$ 또는 $\alpha-1$, α

tip

이차방정식의 두 근 α, β에 대한 관계식이 주어졌을 때 이 관계식을 $\alpha+\beta$, $\alpha\beta$에 대한 식으로 변형한 후 근과 계수의 관계를 이용하여 미정계수를 구한다.

E95 ✸✸✸
2019실시 6월 학평 24(고1)

x에 대한 이차방정식 $x^2-kx+4=0$의 두 근을 α, β라 할 때, $\dfrac{1}{\alpha}+\dfrac{1}{\beta}=5$이다. 상수 k의 값을 구하시오. (3점)

E96 ✸✸✸
2021실시 11월 학평 9(고1)

x에 대한 이차방정식 $x^2-ax-4=0$의 두 근을 α, β라 하자. $\dfrac{\alpha}{\beta}+\dfrac{\beta}{\alpha}=-6$일 때, 양수 a의 값은? (3점)

① 3   ② 4   ③ 5
④ 6   ⑤ 7

E97 ✸✸✸
2022실시 9월 학평 8(고1)

이차방정식 $x^2+2x+k=0$의 서로 다른 두 근을 α, β라 할 때, $\alpha^2+\beta^2=8$이다. 상수 k의 값은? (3점)

① -5 ② -4 ③ -3
④ -2 ⑤ -1

E98 ✱✿✿ 2004실시 11월 학평 24(고1)

x에 대한 이차방정식
$x^2+(a^2-3a-4)x-a+2=0$의 두 실근의 절댓값이 같고
부호가 서로 다를 때, 상수 a의 값을 구하시오. (3점)

E99 ✱✿✿ 필수

이차방정식 $x^2-6x+k=0$의 두 근의 비가 $1:2$일 때,
상수 k의 값은? (3점)

① 2   ② 4   ③ 6

④ 8   ⑤ 10

E100 ✱✿✿ 2011실시 9월 학평 26(고1)

x에 대한 이차방정식
$x^2+(1-3m)x+2m^2-4m-7=0$의 두 근의 차가 4가
되도록 하는 실수 m의 모든 값의 곱을 구하시오. (4점)

E101 ✱✿✿ 2012실시 9월 학평 25(고1)

이차방정식 $3x^2-12x-k=0$의 두 실근의
절댓값의 합이 6일 때, 상수 k의 값을 구하시오. (3점)

E102 ✱✿✿ 2013실시 11월 학평 23(고1)

이차방정식 $2x^2-4x+k=0$의 서로 다른 두 실근
α, β가 $\alpha^3+\beta^3=7$을 만족시킬 때, 상수 k에 대하여
$30k$의 값을 구하시오. (3점)

E103 ✱✿✿ 2022실시 6월 학평 25(고1)

x에 대한 이차방정식 $x^2-3x+k=0$의 두 근을
α, β라 할 때, $\dfrac{1}{\alpha^2-\alpha+k}+\dfrac{1}{\beta^2-\beta+k}=\dfrac{1}{4}$을 만족시키는
실수 k의 값을 구하시오. (3점)

E104 ✱✱✿ 2019실시 11월 학평 18(고1)

등식 $(p+2qi)^2=-16i$를 만족시키는 두 실수
p, q는 x에 대한 이차방정식 $x^2+ax+b=0$의
두 실근이다. 두 상수 a, b에 대하여 a^2+b^2의 값은?
(단, $p>0$이고 $i=\sqrt{-1}$이다.) (4점)

① 16   ② 18   ③ 20

④ 22   ⑤ 24

E105 ✱✱✱ 2021실시 6월 학평 28(고1)

x에 대한 이차방정식 $x^2+2ax-b=0$의 두 근을
α, β라 할 때, $|\alpha-\beta|<12$를 만족시키는 두 자연수
a, b의 모든 순서쌍 (a, b)의 개수를 구하시오. (4점)

잘못 보고 푼 계수 대신에 바르게 보고 푼 계수와 근과 계수의 관계를 이용하여 원래의 이차방정식을 구한다.

(tip)

① 일차항의 계수를 잘못 보고 구한 두 근의 곱
  ⇒ 원래 방정식의 두 근의 곱과 같다.
② 상수항을 잘못 보고 구한 두 근의 합
  ⇒ 원래 방정식의 두 근의 합과 같다.

E106 ✱❀❀

민희와 성준이가 이차방정식 $ax^2+bx+c=0$을 푸는데 민희는 b를 잘못 보고 풀어 두 근 2, 4를 얻었고, 성준이는 c를 잘못 보고 풀어 두 근 $-3+\sqrt{6}$, $-3-\sqrt{6}$을 얻었다. 이 이차방정식의 올바른 두 근을 α, β라 할 때, $|\alpha-\beta|$의 값은? (4점)

① 1   ② 2   ③ 3
④ 4   ⑤ 5

E107 ✱❀❀

보람이가 x^2의 계수가 1인 이차방정식을 풀고 있다. 첫 번째 풀이에서 x의 계수를 잘못 보고 풀어 두 근 -1, -3을 얻었고, 두 번째 풀이에서 상수항을 잘못 보고 풀어 중근 2를 얻었다. 이 이차방정식의 올바른 해를 구하면? (4점)

① 1, 3   ② 1, 4   ③ 2, 3
④ 2, 4   ⑤ 3, 4

E108 ✱❀❀

이차방정식 $ax^2+bx+c=0$을 푸는데 근의 공식을 $x=\dfrac{-b\pm\sqrt{b^2-ac}}{2a}$로 잘못 기억하고 풀어서 두 근 -3, 1을 얻었다. 이때, 이 방정식의 옳은 근을 구하시오. (단, a, b, c는 실수) (4점)

두 수 α, β를 두 근으로 하고 x^2의 계수가 $a(a\neq0)$인 이차방정식은
(1) $a(x-\alpha)(x-\beta)=0$으로 놓고 전개한다.
(2) $\alpha+\beta$, $\alpha\beta$의 값을 구한 후 $a\{x^2-(\alpha+\beta)x+\alpha\beta\}=0$에 대입한다.

(tip)

주어진 이차방정식의 두 근을 α, β라 하고 이와 관련된 수를 근으로 가지는 이차방정식은
① 근과 계수의 관계를 이용하여 $\alpha+\beta$, $\alpha\beta$를 구한다.
② $\alpha+\beta$, $\alpha\beta$의 값을 통해 구하려는 이차방정식의 두 근의 합과 곱을 찾는다.

E109 ✱❀❀ .... 2025실시 6월 학평 13(고1)

이차방정식 $x^2-7x+5=0$의 두 근을 α, β라 하자. 최고차항의 계수가 1인 이차다항식 $P(x)$에 대하여
$$P(\alpha)=5\alpha-2,\ P(\beta)=5\beta-2$$
일 때, $P(5)$의 값은? (3점)

① 15   ② 18   ③ 21
④ 24   ⑤ 27

E110 ✱❀❀ .... 2006실시 11월 학평 16(고1)

이차방정식 $x^2+x-3=0$의 두 근을 α, β라 할 때, $f(\alpha)=f(\beta)=1$을 만족하는 이차식 $f(x)$는?
(단, $f(x)$의 이차항의 계수는 1이다.) (4점)

① x^2+x-2 ② x^2-x-4
③ x^2+x+4 ④ x^2-2x+2
⑤ x^2+2x+4

E111 ✱✱✱

이차방정식 $2x^2+5x-4=0$의 두 근을 α, β라고 할 때, 두 수 α^2-1, β^2-1을 근으로 하고 이차항의 계수가 4인 이차방정식을 $f(x)=0$이라고 하자. 이때, $f(-1)$의 값을 구하시오. (3점)

E112 ✱✱✱✱

2016실시 6월 학평 16(고1)

한 변의 길이가 10인 정사각형 ABCD가 있다. 그림과 같이 정사각형 ABCD의 내부에 한 점 P를 잡고, 점 P를 지나고 정사각형의 각 변에 평행한 두 직선이 정사각형의 네 변과 만나는 점을 각각 E, F, G, H라 하자. 직사각형 PFCG의 둘레의 길이가 28이고 넓이가 46일 때, 두 선분 AE와 AH의 길이를 두 근으로 하는 이차방정식은?

(단, 이차방정식의 이차항의 계수는 1이다.) (4점)

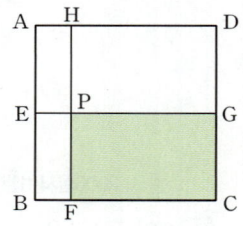

① $x^2-6x+4=0$ ② $x^2-6x+6=0$
③ $x^2-6x+8=0$ ④ $x^2-8x+6=0$
⑤ $x^2-8x+8=0$

---

4 이차식의 인수분해

유형 13 이차식의 인수분해 (이해)

이차식 ax^2+bx+c가 쉽게 인수분해되지 않을 때에는 근의 공식을 이용하여 이차방정식 $ax^2+bx+c=0$의 두 근 α, β를 구한 후 $ax^2+bx+c=a(x-\alpha)(x-\beta)$로 인수분해한다.

(tip)

계수가 실수인 이차식은 복소수의 범위에서 항상 두 일차식의 곱으로 인수분해된다.

E113 ✱✱✱

다음 중 이차식 $x^2+6x+10$의 인수인 것은? (3점)

① $x-3-i$ ② $x-3+i$
③ $x+3-i$ ④ $x+3-2i$
⑤ $x+3+2i$

E114 ✱✱✱

이차식 x^2-4x+7을 복소수 범위에서 인수분해하면?

(3점)

① $(x-2+\sqrt{3}i)(x-2-\sqrt{3}i)$
② $(x+2+\sqrt{3}i)(x+2-\sqrt{3}i)$
③ $(x-2+3i)(x-2-3i)$
④ $(x-3+\sqrt{2}i)(x-3-\sqrt{2}i)$
⑤ $(x+3+\sqrt{2}i)(x+3-\sqrt{2}i)$

E115 ✱✱✱

x, y에 대한 이차식 $x^2-y^2-3x-ky+2$가 x, y의 두 일차식의 곱으로 인수분해될 때, 모든 상수 k의 값의 곱은? (3점)

① -1 ② 0 ③ 1
④ 2 ⑤ 3

유형 14 이차방정식 $f(x)=0$과 $f(ax+b)=0$의 관계

이차방정식 $f(x)=0$의 두 근이 α, β이면
$f(\alpha)=0$, $f(\beta)=0$이므로 $f(ax+b)=0$의 두 근은
$ax+b=\alpha$, $ax+b=\beta$에서
$x=\dfrac{\alpha-b}{a}$ 또는 $x=\dfrac{\beta-b}{a}$이다.

tip

이차방정식 $f(x)=0$의 두 근이 α, β일 때, 방정식 $f(ax+b)=0$의
두 근은 $ax+b=\alpha$, $ax+b=\beta$를 만족시키는 x의 값을 뜻한다.

E116 ✽✽✽

방정식 $f(x)=0$의 한 근이 1일 때, 다음 중 -2를
반드시 근으로 갖는 x에 대한 방정식은? (3점)

① $f(-2x-3)=0$ ② $f(x+1)=0$
③ $f(x-2)=0$ ④ $f(3x+4)=0$
⑤ $f(x^2-1)=0$

E117 ✽✽✽

이차방정식 $f(x)=0$의 두 근의 곱이 4일 때, 이차방정식
$f(2x)=0$의 두 근의 곱을 구하시오. (3점)

E118 ✽✽✽

이차방정식 $f(x)=0$의 두 근의 합이 -10일 때,
이차방정식 $f(4x+1)=0$의 두 근의 합은? (3점)

① -3 ② -1 ③ 0
④ 1 ⑤ 3

E119 ✽✽✽

이차방정식 $f(x)=0$의 두 근 α, β에 대하여
$\alpha+\beta=5$, $\alpha\beta=13$일 때, 이차방정식 $f(3x-2)=0$의
두 근의 곱은? (3점)

① 1 ② 2 ③ 3
④ 4 ⑤ 5

E120 ✽✽✽

2004실시 11월 학평 14(고1)

이차방정식 $f(x)=0$의 두 근 α, β에 대하여
$\alpha+\beta=1$, $\alpha\beta=6$일 때, 이차방정식 $f(2x-1)=0$의 두
근의 곱은? (3점)

① 1 ② 2 ③ 4
④ 6 ⑤ 8

E121 ✽✽✽

2020실시 6월 학평 26(고1)

x에 대한 이차방정식 $f(x)=0$의 두 근의 합이 16일 때,
x에 대한 이차방정식 $f(2020-8x)=0$의 두 근의 합을
구하시오. (4점)

5 이차방정식의 켤레근

유형 15 **이차방정식의 켤레근** 이해

이차방정식 $ax^2+bx+c=0$에서
(1) a, b, c가 유리수일 때, $p+q\sqrt{m}$이 근이면 $p-q\sqrt{m}$도 근이다.
(단, p, q는 유리수, $q\neq 0$, $\sqrt{m}$은 무리수)
(2) a, b, c가 실수일 때, $p+qi$가 근이면 $p-qi$도 근이다.
(단, p, q는 실수, $q\neq 0$, $i=\sqrt{-1}$)
tip

계수가 유리수, 실수라는 조건이 문제에 있고 근이 한 개만 주어져 있으면 이 이차방정식은 켤레근을 갖는다는 의미가 숨겨져 있으므로 이차방정식의 켤레근을 이용하여 문제를 푼다.

E122 ✱✱✱ ────── 2025실시 3월 학평 24(고2)

두 실수 a, b에 대하여 이차방정식
$x^2+ax+b=0$의 한 근이 $2+3i$일 때, a^2+b^2의 값을 구하시오. (단, $i=\sqrt{-1}$) (3점)

E123 ✱✱✱ ────── 2012실시 11월 학평 4(고1) 변형

이차방정식 $x^2+ax+b=0$의 한 근이 $3-i$일 때, 실수 a, b에 대하여 $a+b$의 값은? (단, $i=\sqrt{-1}$) (3점)

① 1　　　　② 2　　　　③ 3
④ 4　　　　⑤ 5

E124 ✱✱✱ ────── 2012실시 11월 학평 4(고1)

x에 대한 이차방정식 $x^2+ax+b=0$의 한 근이 $1+i$일 때, 두 실수 a, b의 곱 ab의 값은?
(단, $i=\sqrt{-1}$) (3점)

① -4　　　　② -2　　　　③ 0
④ 2　　　　⑤ 4

E125 ✱✱✱ ────── 2021실시 9월 학평 12(고1)

계수가 실수인 이차방정식의 한 근이 $2-3i$이고 다른 한근을 α라 하자. 두 실수 a, b에 대하여 $\frac{1}{\alpha}=a+bi$일 때, $a+b$의 값은? (단, $i=\sqrt{-1}$) (3점)

① $-\frac{1}{13}$　　　② $-\frac{2}{13}$　　　③ $-\frac{3}{13}$
④ $-\frac{4}{13}$　　　⑤ $-\frac{5}{13}$

E126 ✱✱✱ ────── 2022실시 3월 학평 12(고2)

두 실수 a, b에 대하여 이차방정식
$x^2+ax+b=0$의 한 근이 $\frac{b}{2}+i$일 때, ab의 값은?
(단, $i=\sqrt{-1}$) (3점)

① -16　　　　② -8　　　　③ -4
④ -2　　　　⑤ -1

E127 ✱✱✱ ────── 2023실시 6월 학평 10(고1)

x에 대한 이차방정식 $2x^2+ax+b=0$의 한 근이 $2-i$일 때, $b-a$의 값은?
(단, a, b는 실수이고, $i=\sqrt{-1}$이다.) (3점)

① 12　　　　② 14　　　　③ 16
④ 18　　　　⑤ 20

E128 ✱✱✱

a, b가 실수일 때, 이차방정식 $x^2+ax+b=0$의 한 근이 $\frac{1}{3-i}$이다. $\frac{1}{a}, \frac{1}{b}$을 두 근으로 하는 이차방정식을 $3x^2+mx+n=0$이라고 할 때, 상수 m, n에 대하여 $\frac{n}{m}$의 값을 구하시오. (단, $i=\sqrt{-1}$) (4점)

E129 ✱✱✱ ────── 2023실시 9월 학평 25(고1)

x에 대한 이차방정식 $x^2-px+p+19=0$이 서로 다른 두 허근을 갖는다. 한 허근의 허수부분이 2일 때, 양의 실수 p의 값을 구하시오. (3점)

E130 ❋❋❊

이차방정식 $x^2-8x+10=0$의 두 근을 α, β라 할 때, $\dfrac{\beta}{\alpha^2-7\alpha+8}+\dfrac{\alpha}{\beta^2-7\beta+8}$의 값을 구하는 과정을 서술하시오. (10점)

1st 근과 계수의 관계를 이용하여 $\alpha+\beta$, $\alpha\beta$의 값을 구해보자.

2nd 주어진 식의 분모를 일차식 모양으로 간단하게 바꿔보자.

3rd $\alpha+\beta$, $\alpha\beta$의 값을 이용하여 주어진 식의 값을 계산하자.

E131 ❋❋❊

이차방정식 $x^2-4x+1=0$의 두 근을 α, β라 할 때, $\alpha^2+\dfrac{1}{\beta}$, $\beta^2+\dfrac{1}{\alpha}$을 두 근으로 하고 x^2의 계수가 1인 이차방정식을 구하는 과정을 서술하시오. (10점)

1st 근과 계수의 관계로부터 $\alpha+\beta$, $\alpha\beta$의 값을 구하자.

2nd $\alpha^2+\dfrac{1}{\beta}$, $\beta^2+\dfrac{1}{\alpha}$의 합과 곱을 구하자.

3rd 근과 계수의 관계를 이용하여 이차방정식을 구하자.

E132 ❋❋❊

실수 a, b에 대하여 이차방정식 $x^2-4ax+2b^2+6=0$이 중근을 가질 때, 이차방정식 $x^2+2bx-2a-5=0$의 근을 판별하는 과정을 서술하시오. (10점)

E133 ❋❋❊

삼각형 ABC에서 $\angle$A의 이등분선이 변 BC와 만나는 점을 D라고 할 때, $\overline{BD}=3$, $\overline{CD}=2$이다. 이때, $\overline{AB}$, $\overline{AC}$의 길이를 두 근으로 하는 이차방정식을 $x^2-(3a-8)x+4a=0$이라고 할 때, 실수 a의 값을 구하는 과정을 서술하시오. (10점)

E134 ❋❋❊

x, y에 대한 이차식 $x^2+3xy+2y^2+x-3ky-2$가 두 일차식의 곱으로 인수분해될 때, 실수 k의 값을 구하는 과정을 서술하시오. (단, $k\neq0$) (10점)

E135 ☆2등급 대비 ········· 2016실시 6월 학평 19(고1)

세 유리수 a, b, c에 대하여 x에 대한 이차방정식 $ax^2+\sqrt{3}bx+c=0$의 한 근이 $\alpha=2+\sqrt{3}$이다.

다른 한 근을 β라 할 때, $\alpha+\dfrac{1}{\beta}$의 값은? (4점)

① -4 ② $-2\sqrt{3}$ ③ 0

④ $2\sqrt{3}$ ⑤ 4

E136 ☆2등급 대비 ········· 2014실시 6월 학평 20(고1)

x에 대한 이차방정식 $x^2-px+p+3=0$이 허근 α를 가질 때, α^3이 실수가 되도록 하는 모든 실수 p의 값의 곱은? (4점)

① -2 ② -3 ③ -4

④ -5 ⑤ -6

E137 ☆2등급 대비 ········· 2018실시 6월 학평 29(고1)

최고차항의 계수가 음수인 이차다항식 $P(x)$가 모든 실수 x에 대하여

$$\{P(x)+x\}^2=(x-a)(x+a)(x^2+5)+9$$

를 만족시킨다. $\{P(a)\}^2$의 값을 구하시오. (단, $a>0$)

(4점)

E138 ☆2등급 대비 ········· 2014실시(A) 3월 학평 19(고2)

이차항의 계수가 1인 이차함수 $f(x)$는 다음 조건을 만족시킨다.

> (가) 이차방정식 $f(x)=0$의 두 근의 곱은 7이다.
> (나) 이차방정식 $x^2-3x+1=0$의 두 근 α, β에 대하여 $f(\alpha)+f(\beta)=3$이다.

$f(7)$의 값은? (4점)

① 10 ② 11 ③ 12

④ 13 ⑤ 14

E139 ✪ 2등급 대비 .... 2021실시 6월 학평 20(고1)

그림과 같이 한 변의 길이가 1인 정오각형
ABCDE가 있다. 두 대각선 AC와 BE가 만나는 점을
P라 하면 $\overline{BE}:\overline{PE}=\overline{PE}:\overline{BP}$가 성립한다.

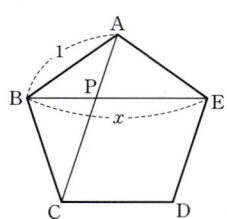

대각선 BE의 길이를 x라 할 때,
$1-x+x^2-x^3+x^4-x^5+x^6-x^7+x^8=p+q\sqrt{5}$이다.
$p+q$의 값은? (단, p, q는 유리수이다.) (4점)

① 22   ② 23   ③ 24

④ 25   ⑤ 26

E140 ✪ 2등급 대비 .... 2017실시 6월 학평 19(고1)

이차방정식 $x^2-4x+2=0$의 두 실근을 α, β
($\alpha<\beta$)라 하자. 그림과 같이 $\overline{AB}=\alpha$, $\overline{BC}=\beta$인
직각삼각형 ABC에 내접하는 정사각형의 넓이와 둘레의
길이를 두 근으로 하는 x에 대한 이차방정식이
$4x^2+mx+n=0$일 때, 두 상수 m, n에 대하여 $m+n$의
값은? (단, 정사각형의 두 변은 선분 AB와 선분 BC 위에
있다.) (4점)

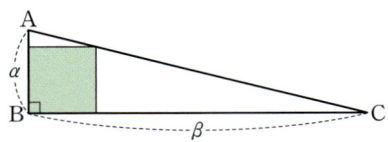

① -11 ② -10 ③ -9

④ -8 ⑤ -7

E141 ✪ 1등급 대비 .... 2022실시 9월 학평 29(고1)

두 실수 a, b에 대하여 이차방정식
$x^2+ax+b=0$의 서로 다른 두 근은 α, β이고, 이차방정식
$x^2+3ax+3b=0$의 서로 다른 두 근은 $\alpha+2$, $\beta+2$이다.
다음 조건을 만족시키는 자연수 n의 최솟값을 구하시오.
(4점)

> (가) $\alpha^n+\beta^n>0$
> (나) $\alpha^n+\beta^n=\alpha^{n+1}+\beta^{n+1}$

E142 ⭐1등급 대비 2015실시 6월 학평 30(고1)
최고

그림과 같이 밑면의 두 변의 길이가 각각 $a(a>5)$
와 4이고 높이가 4인 직육면체 ABCD—EFGH에서
선분 DE와 CF 위에 각각 $\overline{DP}=\overline{FQ}=\sqrt{2}$인 점 P와
점 Q를 잡는다. 점 P에서 직육면체의 겉면을 따라 점 Q에
도달하는 최단거리가 $2\sqrt{34}$일 때, $30a$의 값을 구하시오.
(4점)

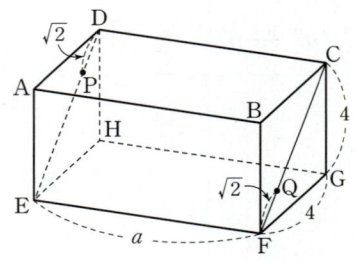

E143 ⭐1등급 대비 2015실시 9월 학평 29(고1)

이차방정식 $x^2+x+1=0$의 두 근 α, β에
대하여 이차함수 $f(x)=x^2+px+q$가 $f(\alpha^2)=-4\alpha$와
$f(\beta^2)=-4\beta$를 만족시킬 때, 두 상수 p, q에 대하여
$p+q$의 값을 구하시오. (4점)

E144 ⭐1등급 대비 2020실시 6월 학평 29(고1)

$\frac{\sqrt{2}}{2}<k<\sqrt{2}$인 실수 k에 대하여 그림과 같이
한 변의 길이가 각각 2, $2k$인 두 정사각형 ABCD,
EFGH가 있다. 두 정사각형의 대각선이 모두 한 점 O에서
만나고, 대각선 FH가 변 AB를 이등분한다. 변 AD와
EH의 교점을 I, 변 AD와 EF의 교점을 J, 변 AB와
EF의 교점을 K라 하자. 삼각형 AKJ의 넓이가 삼각형
EJI의 넓이의 $\frac{3}{2}$배가 되도록 하는 k의 값이
$p\sqrt{2}+q\sqrt{6}$일 때, $100(p+q)$의 값을 구하시오.
(단, p, q는 유리수이다.) (4점)

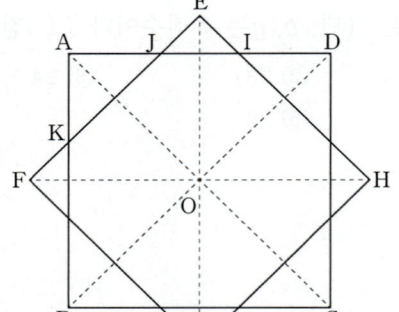

❖ 정답 및 해설 182~185p

F 이차방정식과 이차함수

♣ 단원 학습 목표

• 이차함수의 그래프와 x축 사이의 관계, 이차함수의 그래프와 직선 사이의 관계를 이차방정식의 해 또는 이차방정식의 판별식과 연관 지어 해석할 수 있다.

• 이차함수의 그래프를 이해하고, 그래프를 이용하여 제한된 범위에서의 이차함수의 최댓값, 최솟값을 구할 수 있다.

★ 자주 출제되는 필수 개념 학습법

• 이차함수의 그래프는 이차방정식, 이차부등식과 밀접한 관계가 있으므로 그래프의 특징을 정확히 이해하여야 한다. 특히, 그래프와 x축 또는 직선의 위치 관계를 이차방정식의 판별식과 연결지어 해결하는 연습을 충분히 하여야 한다.

• x의 값의 범위가 제한된 이차함수의 최댓값과 최솟값은 그래프에서 최댓값 또는 최솟값을 갖는 경우를 체크하며 확인한다.

★ 자주 출제되는 개념+공식

1 이차함수 $y=ax^2+bx+c$의 그래프와 직선 $y=mx+n$의 위치 관계는 이차방정식 $ax^2+(b-m)x+c-n=0$의 판별식을 D라 할 때,

(1) $D>0 \iff$ 서로 다른 두 점에서 만난다.

(2) $D=0 \iff$ 한 점에서 만난다.

(3) $D<0 \iff$ 만나지 않는다.

2 x의 값의 범위가 $\alpha \le x \le \beta$인 이차함수 $f(x)=a(x-m)^2+n$에서

(1) $\alpha \le m \le \beta$일 때,
　$\Rightarrow f(m), f(\alpha), f(\beta)$ 중 가장 큰 값이 최댓값, 가장 작은 값이 최솟값이다.

(2) $m<\alpha$ 또는 $m>\beta$일 때,
　$\Rightarrow f(\alpha), f(\beta)$ 중 큰 값이 최댓값, 작은 값이 최솟값이다.

꼭짓점의 좌표를 알면 이차함수의 그래프를 그려본다.

1 이차함수의 그래프 — 유형 01~02

(1) **이차함수 $y=a(x-m)^2+n$의 그래프** ❶

　① 이차함수 $y=ax^2$의 그래프를
　　x축의 방향으로 m만큼, y축의 방향으로 n만큼
　　평행이동한 것이다.

　② 꼭짓점의 좌표 : $(m,\ n)$
　　축의 방정식 : $x=m$

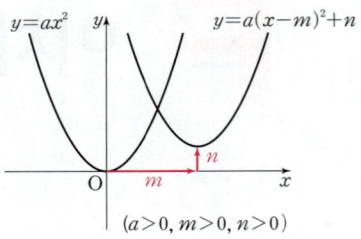

$(a>0,\ m>0,\ n>0)$

(2) **이차함수 $y=ax^2+bx+c$❷의 그래프**

　이차함수 $y=ax^2+bx+c$의 그래프는 함수식을 $y=a(x-m)^2+n$ 꼴로 변형하여
　좌표평면 위에 나타낸다.

　① 꼭짓점의 좌표 : $\left(-\dfrac{b}{2a},\ -\dfrac{b^2-4ac}{4a}\right)$

　　축의 방정식 : $x=-\dfrac{b}{2a}$

　② 이차함수 $y=ax^2+bx+c$의 그래프와 계수의 부호 결정❸

　　(i) 아래로 볼록하면 $a>0$, 위로 볼록하면 $a<0$

　　(ii) 축이 y축의 오른쪽에 있으면 $ab<0$, 축이 y축의 왼쪽에 있으면 $ab>0$

　　(iii) y절편이 x축의 위쪽에 있으면 $c>0$
　　　　y절편이 x축의 아래쪽에 있으면 $c<0$

　예) $y=ax^2+bx+c$의 그래프에서

　　(i) 아래로 볼록이므로 $a>0$

　　(ii) $x=-\dfrac{b}{2a}<0$이므로 $b>0$ ($\because a>0$)

　　(iii) $f(0)=c>0$

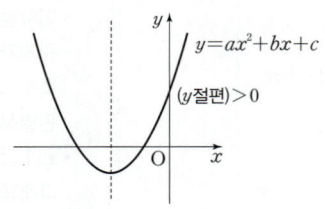

2 이차함수의 그래프와 이차방정식의 관계 — 유형 03~04

(1) **이차함수의 그래프와 이차방정식의 해**

　이차함수 $y=ax^2+bx+c$의 그래프와 x축과의 교점의 x좌표는❹
　이차방정식 $ax^2+bx+c=0$의 실근과 같다.❺

　[참고] 이차함수 $y=ax^2+bx+c$의 그래프와 x축의 교점의 개수는
　　　　이차방정식 $ax^2+bx+c=0$의 실근의 개수와 같다.

(2) **이차함수의 그래프와 x축의 위치 관계**

　이차함수 $y=ax^2+bx+c$의 그래프와 x축의 위치 관계는
　이차방정식 $ax^2+bx+c=0$의 판별식 $D=b^2-4ac$의 부호에 따라 결정된다.❻

$a>0$인 경우 ❼	$D>0$	$D=0$	$D<0$
$y=ax^2+bx+c$의 그래프	(그래프)	(그래프)	(그래프)
$ax^2+bx+c=0$의 해	$x=\alpha$ 또는 $x=\beta$	$x=\alpha$(중근)	허근
x축과의 위치 관계	서로 다른 두 점에서 만난다.	한 점에서 만난다. (접한다.)	만나지 않는다.

---

❶ 다항함수

함수 $y=f(x)$에서 $f(x)$가 x에 대한
다항식일 때, 이 함수를 다항함수라
하고, $f(x)$가 일차, 이차, 삼차, …의
다항식일 때, 그 다항함수를 각각
일차함수, 이차함수, 삼차함수, …라고
한다.

❷ $y=ax^2+bx+c$
$\Rightarrow y=a\left(x+\dfrac{b}{2a}\right)^2-\dfrac{b^2-4ac}{4a}$

❸ (i) 그래프의 개형으로 a의 부호를
　(ii) 그래프의 축의 위치로 b의 부호를
　(iii) 그래프의 y절편으로 c의 부호를
　　　정한다.

❹
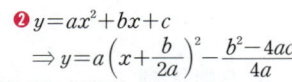
$y=ax^2+bx+c$
$ax^2+bx+c=0$의 실근

❺ 두 함수 $y=f(x),\ y=g(x)$의
그래프의 교점의 x좌표는
방정식 $f(x)=g(x)$의 실근과 같다.

❻ 이차함수 $y=ax^2+bx+c$의
그래프가 x축과 만난다.
$\Longleftrightarrow$ 이차방정식 $ax^2+bx+c=0$의
　　판별식 $D\geq0$이다.

❼ $a<0$인 경우
$y=ax^2+bc+c$의 그래프

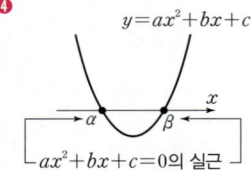

$D>0$	$D=0$	$D<0$

1 이차함수의 그래프

[**F01~F03**] 다음 이차함수의 그래프의 꼭짓점의 좌표와 축의 방정식을 구하시오.

F01 $y=x^2-2x+3$

F02 $y=-2x^2+8x$

F03 $y=\dfrac{1}{3}x^2-2x+\dfrac{10}{3}$

F04 이차함수 $y=ax^2+bx+c$의 그래프가 다음과 같을 때, 상수 a, b, c의 부호를 정하시오.

(1) 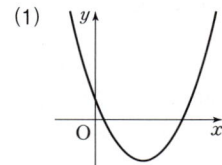　　　(2)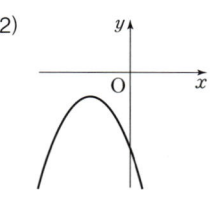

(3) 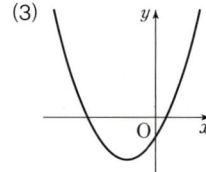　　　(4)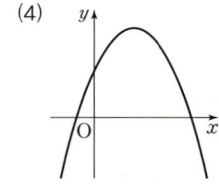

[**F05~F07**] 다음 조건을 만족시키는 이차함수의 식을 구하시오.

F05 그래프의 꼭짓점의 좌표가 $(-1, 3)$이고, y절편이 5이다.

F06 그래프가 x축과 만나는 두 점의 좌표가 $(-2, 0)$, $(1, 0)$이고, 한 점 $(-1, 2)$를 지난다.

F07 그래프가 세 점 $(-2, 7)$, $(0, -3)$, $(2, 3)$을 지난다.

2 이차함수의 그래프와 이차방정식의 관계

[**F08~F10**] 다음 이차함수의 그래프와 x축과의 교점의 x좌표를 구하시오.

F08 $y=4x^2+4x$

F09 $y=-x^2+6x+27$

F10 $y=\dfrac{1}{2}x^2-5x+\dfrac{25}{2}$

[**F11~F13**] 다음 이차함수의 그래프와 x축의 교점의 개수를 구하시오.

F11 $y=2x^2-x+3$

F12 $y=-3x^2-2x+4$

F13 $y=\dfrac{1}{9}x^2-2x+9$

F14 이차함수 $y=x^2-4x-k+1$의 그래프와 x축의 위치 관계가 다음과 같을 때, 실수 k의 값 또는 k의 값의 범위를 구하시오.

(1) 서로 다른 두 점에서 만난다.

(2) 한 점에서 만난다.

(3) 만나지 않는다.

F15 이차함수 $y=x^2+6x-k$의 그래프가 x축과 만날 때, 실수 k의 값의 범위를 구하시오.

3 이차함수의 그래프와 직선의 위치 관계 — 유형 05~06

이차함수 $y=ax^2+bx+c$의 그래프와 직선 $y=mx+n$의 위치 관계는 이차방정식 $ax^2+(b-m)x+c-n=0$❽의 판별식 D의 부호에 따라 결정된다.❾

① 서로 다른 두 점에서 만난다. $\Longleftrightarrow D>0$
② 한 점에서 만난다. $\Longleftrightarrow D=0$
③ 만나지 않는다. $\Longleftrightarrow D<0$

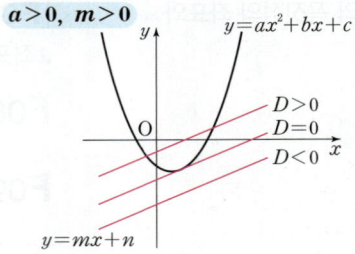

❽ $\begin{cases} y=ax^2+bx+c \\ y=mx+n \end{cases}$ 을 연립한 것이다.

❾ 일반적으로 두 함수 $y=f(x)$, $y=g(x)$의 그래프의 교점의 개수는 방정식 $f(x)=g(x)$의 서로 다른 실근의 개수와 같다.

4 이차함수의 최대·최소 — 유형 07~10

(1) 함수의 최댓값과 최솟값

① **최댓값** : 어떤 함수의 함숫값 중에서 가장 큰 값
② **최솟값** : 어떤 함수의 함숫값 중에서 가장 작은 값

(2) 이차함수 $y=a(x-m)^2+n$에서 x의 값의 범위가 실수 전체일 때,❿

① $a>0 \Rightarrow x=m$에서 최솟값 n을 갖고, 최댓값은 없다.
② $a<0 \Rightarrow x=m$에서 최댓값 n을 갖고, 최솟값은 없다.

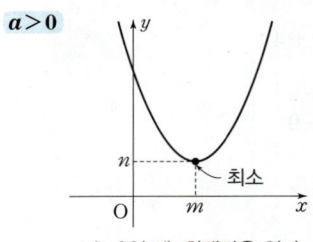

$a>0$일 때, 최댓값은 없다.

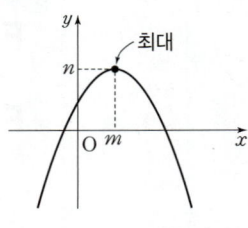

$a<0$일 때, 최솟값은 없다.

❿ 이차함수의 식이 $y=ax^2+bx+c$의 꼴로 주어진 경우

$$y=a\left(x+\frac{b}{2a}\right)^2-\frac{b^2-4ac}{4a}$$

로 바꾸어 최대·최소를 구한다.

참고 모든 실수 x에 대하여 이차함수 $y=f(x)$의 그래프는 꼭짓점에서 최댓값 또는 최솟값을 갖는다.

(3) 이차함수 $f(x)=a(x-m)^2+n$에서 x의 값의 범위가 $\alpha \le x \le \beta \,(\alpha<\beta)$일 때,⓫

① $\alpha \le m \le \beta$이면⓬
$\Rightarrow f(m), f(\alpha), f(\beta)$ 중 가장 큰 값이 최댓값, 가장 작은 값이 최솟값이다.

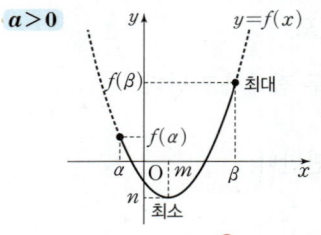

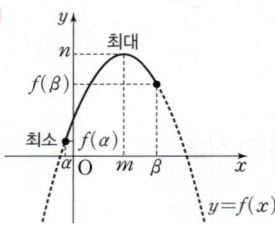

⓫ x의 값의 범위에 등호가 포함되지 않는 경우 최댓값 또는 최솟값이 존재하지 않을 수 있다.

⓬ x의 값의 범위에 이차함수의 꼭짓점의 x좌표인 $x=m$이 포함된 경우이다.

② $m<\alpha$ 또는 $m>\beta$이면⓭
$\Rightarrow f(\alpha), f(\beta)$ 중 큰 값이 최댓값, 작은 값이 최솟값이다.

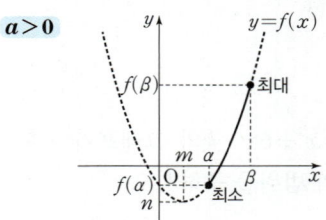

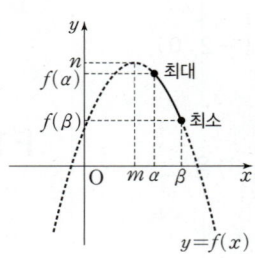

⓭ x의 값의 범위에 이차함수의 꼭짓점의 x좌표인 $x=m$이 포함되지 않은 경우이다.

참고 함수식이 같아도 x의 값의 범위가 다르면 최댓값과 최솟값이 다를 수 있다.

3 이차함수의 그래프와 직선의 위치 관계

[**F**16~**F**18] 다음 두 함수의 그래프의 교점의 x좌표를 구하시오.

F16 $y=x^2-2x+3$, $y=3x-1$

F17 $y=-x^2-4x+1$, $y=-2x+2$

F18 $y=2x^2+3x-7$, $y=4x+3$

[**F**19~**F**21] 다음 이차함수의 그래프와 직선의 교점의 개수를 구하시오.

F19 $y=-x^2+5x+1$, $y=x+2$

F20 $y=3x^2-2x-2$, $y=-x-5$

F21 $y=4x^2-x+4$, $y=-5x+3$

F22 이차함수 $y=x^2+4x-7$의 그래프와 직선 $y=3x-k$의 위치 관계가 다음과 같을 때, 실수 k의 값 또는 k의 값의 범위를 구하시오.

(1) 서로 다른 두 점에서 만난다.

(2) 한 점에서 만난다.

(3) 만나지 않는다.

F23 이차함수 $y=-2x^2+3x+1$의 그래프와 직선 $y=x+k$가 만나도록 하는 실수 k의 값의 범위를 구하시오.

4 이차함수의 최대·최소

[**F**24~**F**27] 다음 이차함수의 최댓값과 최솟값을 구하시오.

F24 $y=x^2+8x-1$

F25 $y=-3x^2+x$

F26 $y=\dfrac{1}{4}x^2-x+3$

F27 $y=-(x+3)(x-4)$

F28 이차함수 $y=2x^2+8x-k-1$의 최솟값이 -3일 때, 상수 k의 값을 구하시오.

F29 이차함수 $y=-3x^2+6x+2k$의 최댓값이 4일 때, 상수 k의 값을 구하시오.

[**F**30~**F**33] 다음과 같이 x의 값의 범위가 주어진 이차함수의 최댓값과 최솟값을 구하시오.

F30 $y=x^2-2x-5$ $(-1\leq x\leq 4)$

F31 $y=-2x^2-8x-3$ $(-3\leq x\leq 0)$

F32 $y=x^2-x+2$ $(-4\leq x\leq -1)$

F33 $y=-3x^2+12x-1$ $(3\leq x\leq 5)$

F34 $2\leq x\leq 5$에서 이차함수 $f(x)=x^2-6x+k$의 최댓값이 1일 때, 상수 k의 값을 구하시오.

F35 $-1\leq x\leq 1$에서 이차함수 $f(x)=-x^2-4x+k$의 최솟값이 -2일 때, 상수 k의 값을 구하시오.

1 이차함수의 그래프

유형 01 이차함수의 그래프의 성질

(1) **이차함수 $y=a(x-m)^2+n$의 그래프**
   ⇒ 이차함수 $y=ax^2$의 그래프를 x축의 방향으로 m만큼,
      y축의 방향으로 n만큼 평행이동한 것이다.

(2) **이차함수 $y=ax^2+bx+c$의 그래프**
   ⇒ 꼭짓점의 좌표 : $\left(-\dfrac{b}{2a},\ -\dfrac{b^2-4ac}{4a}\right)$
   ⇒ 축의 방정식 : $x=-\dfrac{b}{2a}$

   (tip)

1 이차함수 $y=ax^2+bx+c$에서 a의 부호, 꼭짓점과 축의 위치 등을
  이용하여 그래프의 개형을 그릴 수 있어야 한다.
2 이차함수의 그래프를 평행이동하여도 그래프의 볼록 방향과 폭은
  변하지 않는다.

F36 ✿✿✿ 🚩최다출제

이차함수 $y=x^2+px+q$의 그래프를 x축의 방향으로
1만큼, y축의 방향으로 3만큼 평행이동하였더니 꼭짓점의
좌표가 $(3,\ 2)$가 되었다. 이때, 상수 $p,\ q$에 대하여
$p+q$의 값은? (3점)

① -4 ② -1 ③ 0
④ 3 ⑤ 7

F37 ✿✿✿

이차함수 $y=ax^2+bx+c$의
그래프가 오른쪽 그림과 같을 때,
다음 중 옳지 <u>않은</u> 것을 모두
고르면? (단, $a,\ b,\ c$는 상수)
          (정답 2개) (3점)

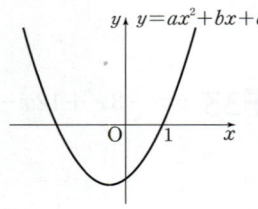

① $abc<0$ ② $\dfrac{b}{2a}-c<0$
③ $a+b+c=0$ ④ $a-3b+9c>0$
⑤ $4a+2b+c>0$

F38 ✿✿✿ 2013실시 3월 학평 13(고1)

일차함수 $y=ax+b$의 그래프가 그림과
같을 때, 이차함수 $y=a(x+b)^2$의
그래프로 알맞은 것은?
          (단, $a,\ b$는 상수이다.) (3점)

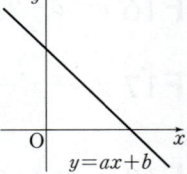

① 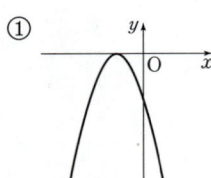   ②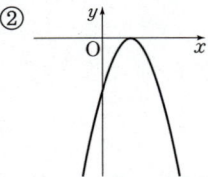

③ 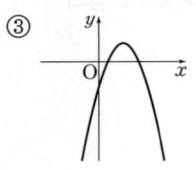   ④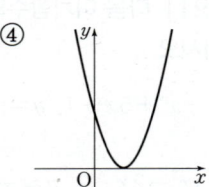

⑤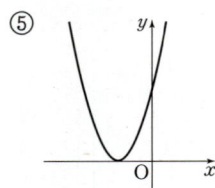

F39 ✿✿✿ 2015실시 3월 학평 9(고1)

0이 아닌 두 실수 $a,\ b$에 대하여 $\sqrt{a^2}=-a$,
$\sqrt{b^2}=b$가 성립할 때, 다음 중 이차함수 $y=ax^2+bx$의
그래프로 알맞은 것은? (3점)

① 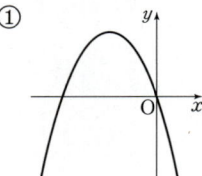   ②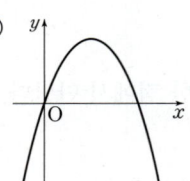

③ 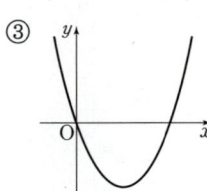   ④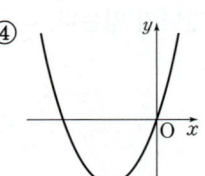

⑤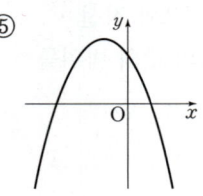

F40 ✽✽✽   2010실시 6월 학평 6(고1)

0이 아닌 세 실수 a, b, c가 다음 조건을 만족한다.

> (가) $\sqrt{a}\sqrt{b}=-\sqrt{ab}$
>
> (나) $\dfrac{\sqrt{c}}{\sqrt{b}}=-\sqrt{\dfrac{c}{b}}$

이때 이차함수 $y=ax^2+bx+c$의 그래프가 될 수 있는 것은? (3점)

①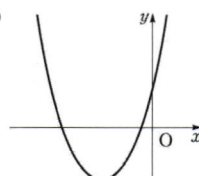

②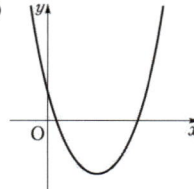

③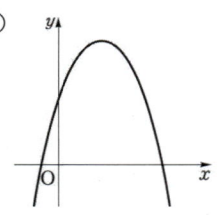

④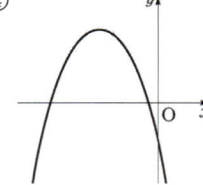

⑤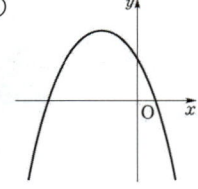

F41 ✽✽✽

오른쪽 그림은 이차함수 $y=ax^2+a^2x-3a$의 그래프이다. x축과 만나는 점을 A, y축과 만나는 점을 B, 꼭짓점을 C라 할 때, △ABC의 넓이는? (3점)

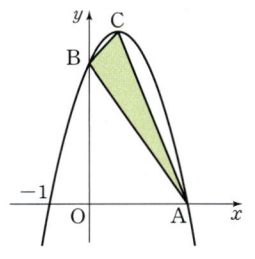

① 2   ② 4
③ 6   ④ 8
⑤ 10

F42 ✽✽✽   2007실시 6월 학평 18(고1)

좌표평면에 A(1, 4), B(1, 1), C(4, 1)을 꼭짓점으로 하는 삼각형 ABC가 있다. 이차함수 $y=ax^2$의 그래프와 삼각형 ABC의 교점의 개수를 $F(a)$라고 할 때, [보기]에서 옳은 것을 모두 고른 것은? (4점)

─────[보기]─────

ㄱ. $F(3)=2$

ㄴ. $a>4$이면 $F(a)=0$이다.

ㄷ. $\dfrac{1}{16}\le a\le 4$이면 $F(a)=2$이다.

① ㄱ   ② ㄴ   ③ ㄱ, ㄴ
④ ㄴ, ㄷ   ⑤ ㄱ, ㄴ, ㄷ

F43 ✽✽✽   신유형

평행이동에 의하여 그 그래프가 겹쳐질 수 있는 두 이차함수 $f(x)=x^2+x+4$, $g(x)=x^2-x+4$에 대하여 $\dfrac{f(1)f(2)f(3)\cdots f(20)}{g(1)g(2)g(3)\cdots g(20)}$의 값은? (4점)

① 82   ② 94   ③ 106
④ 118   ⑤ 130

유형 02 두 이차함수의 그래프의 활용

(1) 두 이차함수 $y=f(x)$, $y=g(x)$의 그래프의 교점의 x좌표는
   방정식 $f(x)=g(x)$의 실근이다.
(2) 두 이차함수의 최고차항의 계수가 같으면 한 이차함수의
   그래프를 평행이동하여 다른 이차함수의 그래프에 완전히
   포갤 수 있다.

tip

이차함수의 그래프는 꼭짓점과 축이 존재한다. 두 이차함수의 식을 살펴
꼭짓점 또는 축의 위치 관계를 파악하면 두 이차함수의 그래프 사이의
관계를 파악하기 쉬워진다.

F44 ✽✽✽ 필수 / 2017실시 6월 학평 15(고1) 변형

두 이차함수 $y=f(x)$,
$y=g(x)$의 그래프가
오른쪽 그림과 같을 때,
방정식 $f(x)-g(x)=0$의
모든 해의 합은? (3점)

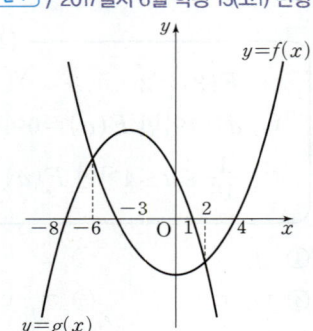

① -6 ② -5
③ -4 ④ -1
⑤ 1

F45 ✽✽✽ 2018실시 9월 학평 12(고1)

두 이차함수 $y=-(x-1)^2+a$, $y=2(x-1)^2-1$의
그래프가 서로 다른 두 점에서 만난다.
이 두 점 사이의 거리가 4일 때, 상수 a의 값은? (3점)

① 7 ② 8 ③ 9
④ 10 ⑤ 11

F46 ✽✽✽

오른쪽 그림과 같이
두 이차함수 $y=(x-k)^2$과
$y=x^2-3x-2$의
그래프가 y축과 만나는
점을 각각 A, B라 하고,
$y=(x-k)^2$의 그래프의
꼭짓점 D에서 y축과 평행한 직선을 그어
$y=x^2-3x-2$의 그래프와 만나는 점을 C라고 하자.
이때, 사각형 ABCD의 넓이가 10일 때, 양수 k의 값을
구하시오. (단, 점 C는 제 4사분면 위의 점이다.) (4점)

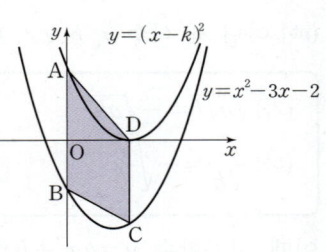

F47 ✽✽✽ 2016실시 3월 학평 14(고1)

그림과 같이 좌표평면에 제1사분면에 있는
정사각형 ABCD의 모든 변은 x축 또는 y축에 평행하다.
두 점 A, C는 각각 이차함수 $y=x^2$, $y=\frac{1}{2}x^2$의 그래프
위에 있고, 점 A의 y좌표는 점 C의 y좌표보다 크다.

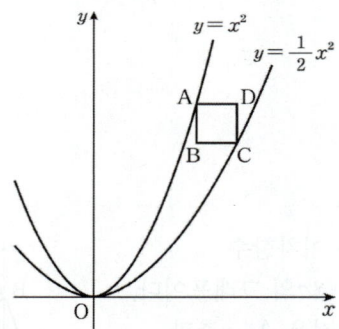

$\overline{AB}=1$일 때, 점 A의 x좌표와 y좌표의 합은? (4점)

① 9 ② 10 ③ 11
④ 12 ⑤ 13

F48 ✱✱❋ 2019실시 3월 학평 20(고1)

좌표평면에서 두 이차함수

$$y=x^2-2x+1, \quad y=-\frac{1}{2}x^2+3x-\frac{5}{2}$$

의 그래프가 x축에 수직인 직선과 만나는 두 점을 각각 A, B라 하자. 다음은 점 $C(k, 0)$에 대하여 삼각형 ABC가 정삼각형이 되도록 하는 양수 k의 값을 구하는 과정이다.

두 점 A, B를 지나는 직선의 방정식을 $x=t$라 하고 직선 $x=t$와 x축과의 교점을 D라 하자.
삼각형 ABC가 정삼각형이 되기 위해서는 직선 CD가 선분 AB를 수직이등분해야 한다.
그러므로 $\overline{AD}=\overline{BD}$에서

$$t^2+\boxed{(가)}=0$$
$$t=1 \ \text{또는} \ t=\boxed{(나)}$$

이때, $t=1$인 경우는 조건을 만족시키지 않고
$t=\boxed{(나)}$인 경우는 조건을 만족시킨다.
따라서 양수 k의 값은 $\boxed{(다)}$이다.

위의 (가)에 알맞은 식을 $f(t)$라 하고 (나), (다)에 알맞은 수를 각각 a, b라 할 때, $f(a)+b$의 값은? (4점)

① $-12+16\sqrt{3}$ ② $-11+16\sqrt{3}$ ③ $-12+17\sqrt{3}$
④ $-12+18\sqrt{2}$ ⑤ $-11+18\sqrt{2}$

F49 ✱✱✱ 2024실시 9월 학평 19(고1)

최고차항의 계수의 절댓값이 같은 두 이차함수
$y=f(x), y=g(x)$의 그래프가 서로 다른 두 점 A, B에서 만나고, 직선 AB의 기울기는 -1이다.
두 함수 $f(x), g(x)$가 다음 조건을 만족시킬 때, $f(-1)+g(-1)$의 값은? (4점)

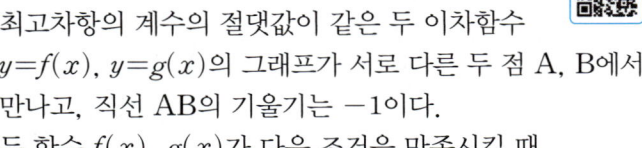

(가) $f(x)-g(x)=-4(x+3)(x-2)$
(나) $f(-3)+g(2)=5$

① 4   ② 5   ③ 6
④ 7   ⑤ 8

---

2 이차함수의 그래프와 이차방정식의 관계

유형 03 **이차함수의 그래프와 x축과의 교점** 이해

이차함수 $f(x)=ax^2+bx+c$의 그래프와 x축의 교점의 x좌표가 α, β이다.
⇒ 이차방정식 $ax^2+bx+c=0$의 실근은 α, β이다.
⇒ $f(\alpha)=f(\beta)=0$

tip
이차함수 $y=ax^2+bx+c$의 그래프와 x축이 만나는 두 교점 사이의 거리
⇒ 이차방정식 $ax^2+bx+c=0$의 두 실근을 α, β라 하면
$|\alpha-\beta|=\sqrt{(\alpha+\beta)^2-4\alpha\beta}$

F50 ✱✱✱

이차함수 $y=-2x^2+ax-b$의 그래프가 x축과 두 점 $(-2, 0)$, $(3, 0)$에서 만날 때, 상수 a, b에 대하여 $a+b$의 값은? (3점)

① -10 ② -6 ③ -2
④ 6   ⑤ 14

F51 ✱✱✱ 2019실시(나) 3월 학평 9(고2)

이차함수 $y=2x^2+ax-1$의 그래프가 x축과 만나는 두 점의 x좌표의 합이 -1일 때, 상수 a의 값은? (3점)

① -2 ② -1 ③ 0
④ 1   ⑤ 2

F52 ✱✱✱

이차함수 $y=x^2+ax+b$의 그래프와 x축과의 두 교점의 x좌표가 각각 -4, 1일 때, 이차함수 $y=x^2-bx+a$의 그래프와 x축과의 두 교점 사이의 거리는?
(단, a, b는 상수) (3점)

① 2   ② $\sqrt{5}$ ③ 3
④ 4   ⑤ $2\sqrt{5}$

F53 ✽❋❋

이차함수 $y=x^2-2ax+3a$가 x축과 두 점 A, B에서 만날 때, $\overline{AB}=4$가 되도록 하는 양수 a의 값은? (3점)

① 1   ② 2   ③ 3

④ 4   ⑤ 5

F54 ✽❋❋ 2020실시 9월 학평 14(고1)

두 자연수 a, b에 대하여 이차함수 $f(x)=a(x-2)(x-b)$가 다음 조건을 만족시킬 때, $f(4)$의 값은? (4점)

> (가) $f(0)=6$
> (나) x의 값의 범위가 $x>2$일 때, $f(x)>0$이다.

① 18   ② 20   ③ 22

④ 24   ⑤ 26

F55 ✽❋❋ 신유형 / 2021실시 9월 학평 15(고1)

그림과 같이 최고차항의 계수의 절댓값이 같은 세 이차함수 $y=f(x)$, $y=g(x)$, $y=h(x)$의 그래프가 있다. 방정식 $f(x)+g(x)+h(x)=0$의 모든 근의 합은? (4점)

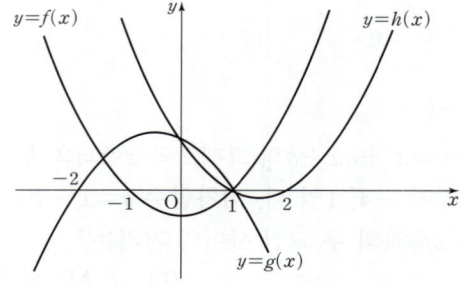

① 1   ② 2   ③ 3

④ 4   ⑤ 5

F56 ✽❋❋ 2019실시 3월 학평 27(고1)

좌표평면에서 이차함수 $y=f(x)$의 그래프의 꼭짓점을 A라 하고 이차함수 $y=f(x)$의 그래프가 x축과 만나는 두 점을 B, C라 할 때, 세 점 A, B, C가 다음 조건을 만족시킨다.

> (가) 점 A는 이차함수 $y=-x^2-2x-7$의 그래프의 꼭짓점이다.
> (나) 삼각형 ABC의 넓이는 12이다.

$f(3)$의 값을 구하시오. (4점)

F57 ✽❋❋ 2020실시 6월 학평 16(고1)

두 이차함수 $f(x)=x^2+ax+b$, $g(x)=-x^2+cx+d$에 대하여 그림과 같이 함수 $y=f(x)$의 그래프는 x축에 접하고, 두 함수 $y=f(x)$와 $y=g(x)$의 그래프는 제1사분면과 제2사분면에서 만난다.
[보기]에서 옳은 것만을 있는 대로 고른 것은? (4점)

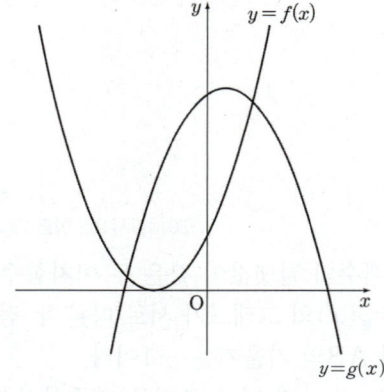

> **[보기]**
> ㄱ. $a^2-4b=0$
> ㄴ. $a^2-4d<0$
> ㄷ. $(a-c)^2-8(b-d)>0$

① ㄱ   ② ㄱ, ㄴ   ③ ㄱ, ㄷ

④ ㄴ, ㄷ   ⑤ ㄱ, ㄴ, ㄷ

F58 ✱✸✸
2013실시 11월 학평 13(고1)

그림은 최고차항의 계수가 1이고 $f(-2)=f(4)=0$인 이차함수 $y=f(x)$의 그래프이다.
방정식 $f(2x-1)=0$의 두 근의 합은? (3점)

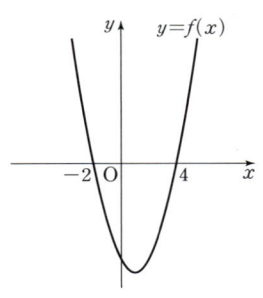

① 1   ② 2   ③ 3
④ 4   ⑤ 5

F59 ✱✱✸
2014실시 9월 학평 12(고1)

이차함수 $y=f(x)$의 그래프가 x축과 만나는
서로 다른 두 점 A, B에 대하여 $\overline{AB}=l$이라 하자.
$y=f(x)$의 그래프가 직선 $y=1$과 만나는 서로 다른
두 점 C, D에 대하여 $\overline{CD}=l+1$, $y=f(x)$의 그래프가
직선 $y=4$와 만나는 서로 다른 두 점 E, F에 대하여
$\overline{EF}=l+3$이다. l의 값은? (3점)

① 1   ② $\dfrac{3}{2}$ ③ 2
④ $\dfrac{5}{2}$ ⑤ 3

유형 04 이차함수의 그래프와 x축과의 위치 관계

이차함수 $y=ax^2+bx+c$의 그래프와 x축과의 교점의 개수는
이차방정식 $ax^2+bx+c=0$의 서로 다른 실근의 개수와 같으므로
이 이차방정식의 판별식 D의 값의 부호를 조사해야 한다.
(1) $D=b^2-4ac>0$ ⇒ 서로 다른 두 실근을 가지므로 x축과
서로 다른 두 점에서 만난다.
(2) $D=b^2-4ac=0$ ⇒ 중근을 가지므로 x축과 접한다.
(3) $D=b^2-4ac<0$ ⇒ 허근을 가지므로 x축과 만나지 않는다.

tip
미정계수 k를 포함하는 이차함수 $y=f(x)$의 그래프가 k의 값에 관계없이
항상 x축에 접한다.
⇒ k에 대한 항등식의 성질을 이용하여 계수비교법으로 미지수를 구한다.

F60 ✸✸✸
2021실시 6월 학평 3(고1)

이차함수 $y=x^2+4x+a$의 그래프가 x축과
접할 때, 상수 a의 값은? (2점)

① 4   ② 5   ③ 6
④ 7   ⑤ 8

F61 ✸✸✸
2020실시 9월 학평 24(고1)

이차함수 $y=x^2+ax+9$의 그래프가 x축에 접할 때,
양수 a의 값을 구하시오. (3점)

F62 ✸✸✸ 최다출제 / 2020실시 6월 학평 5(고1)

이차함수 $y=x^2-6x+a$의 그래프가 x축과 만나지
않도록 하는 정수 a의 최솟값은? (3점)

① 8   ② 10   ③ 12
④ 14   ⑤ 16

F63 ❀❀❀

이차함수 $y=x^2+2(k-1)x+k^2-3k+2$의 그래프가 x축과 서로 다른 두 점에서 만날 때, 다음 중 실수 k의 값이 될 수 없는 것은? (3점)

① 1　② 2　③ 3　④ 4　⑤ 5

F64 ❀❀❀

2022실시 6월 학평 10(고1)

이차함수 $y=x^2+2(a-1)x+2a+13$의 그래프가 x축과 만나지 않도록 하는 모든 정수 a의 값의 합은? (3점)

① 12　② 14　③ 16　④ 18　⑤ 20

F65 ❀❀❀

2022실시 9월 학평 12(고1)

두 상수 a, b에 대하여 이차함수 $y=x^2+ax+b$의 그래프가 점 $(1, 0)$에서 x축과 접할 때, 이차함수 $y=x^2+bx+a$의 그래프가 x축과 만나는 두 점 사이의 거리는? (3점)

① 1　② 2　③ 3　④ 4　⑤ 5

F66 ❀❀❀

2018실시 6월 학평 9(고1)

이차함수 $y=x^2-5x+k$의 그래프와 x축이 서로 다른 두 점에서 만나도록 하는 자연수 k의 최댓값은? (3점)

① 4　② 6　③ 8　④ 10　⑤ 12

F67 ❀❀❀

2022실시 9월 학평 18(고1)

함수 $f(x)=x^2+4x-3k^2-12k+40$의 그래프와 x축이 만나는 점의 개수와, 함수 $g(x)=x^2-12x+3k^2-36k+96$의 그래프와 x축이 만나는 점의 개수가 서로 같도록 하는 모든 정수 k의 개수는? (4점)

① 11　② 13　③ 15　④ 17　⑤ 19

F68 ❀❀❀ 필수

이차함수 $y=x^2-2(m+1)x+m^2-am+b$의 그래프가 실수 m의 값에 관계없이 항상 x축과 접할 때, 상수 a, b에 대하여 ab의 값은? (3점)

① -4　② -2　③ 2　④ 4　⑤ 6

3 이차함수의 그래프와 직선의 위치 관계

고난도
유형 05 **이차함수의 그래프와 직선의 교점**

이차함수 $f(x)=ax^2+bx+c$의 그래프와 직선 $g(x)=mx+n$의 교점의 x좌표는 두 식을 연립한 이차방정식의 실근이다.
(1) 교점의 x좌표가 주어지면 이차방정식에 대입한다.
(2) 교점의 x좌표에 대한 관계식이 주어지면 근과 계수의 관계를 이용한다.

tip

이차함수 $y=f(x)$의 그래프와 직선 $y=g(x)$가 만나는 서로 다른 두 점의 x좌표를 각각 α, β라 하면 $f(\alpha)=g(\alpha)$, $f(\beta)=g(\beta)$에서 $f(\alpha)-g(\alpha)=f(\beta)-g(\beta)=0$이므로 방정식 $f(x)=g(x)$는 서로 다른 두 실근 α, β를 가진다.

F69 ✽✽✽ ⋯⋯⋯⋯⋯⋯⋯ 2020실시 3월 학평 8(고2)

곡선 $y=2x^2-5x+a$와 직선 $y=x+12$가 서로 다른 두 점에서 만나고 두 교점의 x좌표의 곱이 -4일 때, 상수 a의 값은? (3점)

① 3 ② 4 ③ 5
④ 6 ⑤ 7

F70 ✽✽✽ ⋯⋯⋯⋯⋯⋯⋯ 2022실시 9월 학평 16(고1)

이차함수 $y=\dfrac{1}{2}(x-k)^2$의 그래프와 직선 $y=x$가 서로 다른 두 점 A, B에서 만난다. 두 점 A, B에서 x축에 내린 수선의 발을 각각 C, D라 하자. 선분 CD의 길이가 6일 때, 상수 k의 값은? (4점)

① $\dfrac{7}{2}$ ② 4 ③ $\dfrac{9}{2}$
④ 5 ⑤ $\dfrac{11}{2}$

F71 ✽✽✽ ⋯⋯⋯⋯⋯⋯⋯ 2020실시 6월 학평 17(고1)

자연수 n에 대하여 두 함수 $f(x)=x^2+n^2$과 $g(x)=2nx+1$의 그래프가 만나는 두 점을 각각 A, B라 하고, 점 A와 B에서 x축에 내린 수선의 발을 각각 C, D라 하자. 네 점 A, B, C, D를 꼭짓점으로 하는 사각형의 넓이가 66이 되도록 하는 n의 값은? (4점)

① 1 ② 2 ③ 3
④ 4 ⑤ 5

F72 ✽✽✽ ⋯⋯⋯⋯ 필수 / 2020실시 6월 학평 27(고1)

그림과 같이 이차함수 $y=x^2$의 그래프와 직선 $y=x+k$가 만나는 두 점을 각각 A, B라 하고, 점 A와 B에서 x축에 내린 수선의 발을 각각 C, D라 하자. 삼각형 AOC의 넓이를 S_1, 삼각형 DOB의 넓이를 S_2라 할 때, $S_1-S_2=20$을 만족시키는 양수 k의 값을 구하시오. (단, O는 원점이고, 두 점 A, B는 각각 제1사분면과 제2사분면 위에 있다.) (4점)

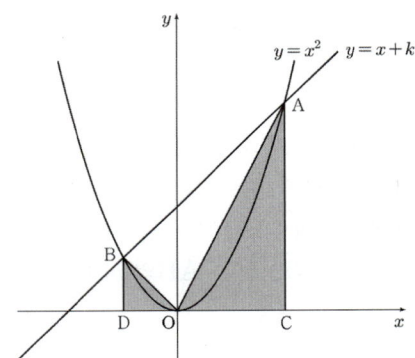

F73 ✽✽✽ ⋯⋯⋯⋯⋯⋯⋯ 2014실시 9월 학평 25(고1)

원점을 지나고 기울기가 양수 m인 직선이 이차함수 $y=x^2-2$의 그래프와 서로 다른 두 점 A, B에서 만난다. 두 점 A, B에서 x축에 내린 수선의 발을 각각 A′, B′이라 하자. 선분 AA′과 선분 BB′의 길이의 차가 16일 때, m의 값을 구하시오. (3점)

F74 ✱✱✲ 2016실시 9월 학평 15(고1)

양수 a에 대하여 두 함수 $f(x)=x^2$과
$g(x)=ax+2a^2$의 그래프가 만나는 두 점을 각각 A, B라
하고, 직선 $y=g(x)$가 x축과 만나는 점을 C, y축과 만나는
점을 D, 점 A에서 x축에 내린 수선의 발을 E라 하자.
삼각형 COD의 넓이를 S_1, 사각형 OEAD의 넓이를
S_2라 할 때, $S_2=kS_1$을 만족시키는 실수 k의 값은?
(단, O는 원점이고, 두 점 A, B는 각각 제1사분면과
제2사분면 위에 있다.) (4점)

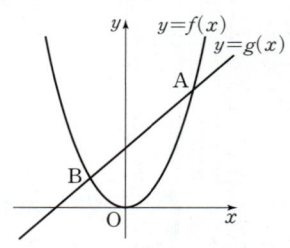

① $\dfrac{11}{4}$　　② $\dfrac{23}{8}$　　③ 3

④ $\dfrac{25}{8}$　　⑤ $\dfrac{13}{4}$

F75 ✱✱✲ 2024실시 10월 학평 19(고1)

곡선 $y=-x^2+6x$ 위의 서로 다른 두 점
A, B에 대하여 선분 AB를 지름으로 하는 원을 C라 하
자. 원 C의 넓이가 8π이고, 점 A를 지나고 기울기가 1인
직선이 원 C에 접할 때, 직선 AB의 y절편은? (4점)

① $\dfrac{27}{4}$　　② $\dfrac{29}{4}$　　③ $\dfrac{31}{4}$

④ $\dfrac{33}{4}$　　⑤ $\dfrac{35}{4}$

F76 ✱✱✲ 2023실시 3월 학평 28(고2)

자연수 n에 대하여 직선 $y=n$이 이차함수
$y=x^2-4x+4$의 그래프와 만나는 두 점의 x좌표를 각각
x_1, x_2라 하자. $\dfrac{|x_1|+|x_2|}{2}$의 값이 자연수가 되도록
하는 100 이하의 자연수 n의 개수를 구하시오. (4점)

F77 ✱✱✲ 2023실시 6월 학평 17(고1)

그림과 같이 이차함수 $y=ax^2(a>0)$의
그래프와 직선 $y=x+6$이 만나는 두 점 A, B의 x좌표를
각각 α, β라 하자. 점 B에서 x축에 내린 수선의 발을 H,
점 A에서 선분 BH에 내린 수선의 발을 C라 하자.
$\overline{BC}=\dfrac{7}{2}$일 때, $\alpha^2+\beta^2$의 값은? (단, $\alpha<\beta$) (4점)

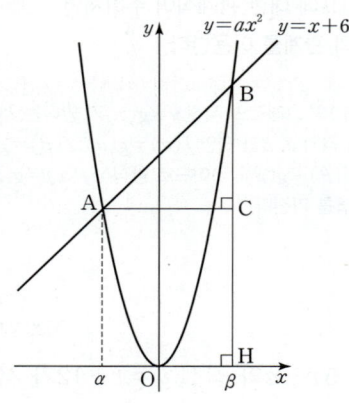

① $\dfrac{23}{4}$　　② $\dfrac{25}{4}$　　③ $\dfrac{27}{4}$

④ $\dfrac{29}{4}$　　⑤ $\dfrac{31}{4}$

F78 ✱✱✲ 2020실시 6월 학평 19(고1)

이차함수 $f(x)=x^2-x+k$의 그래프와 직선
$y=x+1$이 두 점에서 만날 때, 그 교점의 x좌표를 각각
α, β $(\alpha<\beta)$라 하자. 세 점 $A(\alpha, f(\alpha))$, $B(\beta, f(\alpha))$,
$C(\beta, f(\beta))$를 꼭짓점으로 하는 삼각형 ABC의 넓이가
8일 때, $f(6)$의 값은? (단, k는 상수이다.) (4점)

① 28　　② 29　　③ 30

④ 31　　⑤ 32

F79 ✲✲✾ ·········· 2023실시 6월 학평 21(고1)

1이 아닌 양수 k에 대하여 직선 $y=k$와
이차함수 $y=x^2$의 그래프가 만나는 두 점을 각각 A, B라
하고, 직선 $y=k$와 이차함수 $y=x^2-6x+6$의 그래프가
만나는 두 점을 각각 C, D라 할 때, [보기]에서 옳은 것만을
있는 대로 고른 것은? (단, 점 A의 x좌표는 점 B의
x좌표보다 작고, 점 C의 x좌표는 점 D의 x좌표보다 작다.)
(4점)

─────────[보기]─────────
ㄱ. $k=6$일 때, $\overline{CD}=6$이다.
ㄴ. k의 값에 관계없이 $\overline{CD}^2-\overline{AB}^2$의 값은 일정하다.
ㄷ. $\overline{CD}+\overline{AB}=4$일 때, $k+\overline{BC}=\dfrac{17}{16}$이다.
──────────────────────────

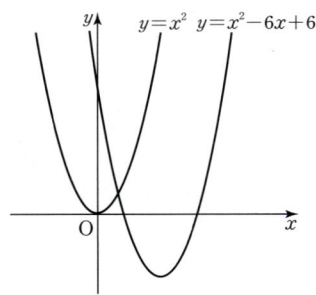

① ㄱ   ② ㄱ, ㄴ   ③ ㄱ, ㄷ
④ ㄴ, ㄷ   ⑤ ㄱ, ㄴ, ㄷ

F80 ✲✲✲ ·········· 2022실시 6월 학평 19(고1)

이차함수 $y=x^2-3x+1$의 그래프와
직선 $y=x+2$로 둘러싸인 도형의 내부에 있는 점 중에서
x좌표와 y좌표가 모두 정수인 점의 개수는? (4점)

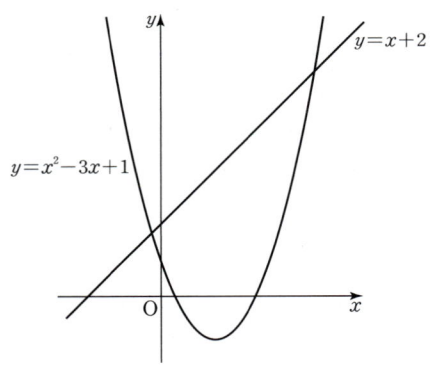

① 6   ② 7   ③ 8
④ 9   ⑤ 10

| 고난도 |

유형 06 이차함수의 그래프와 직선의 위치 관계 ✿중요 이해

이차함수 $y=f(x)$의 그래프와 직선 $y=g(x)$의 위치 관계는
이차방정식 $f(x)=g(x)$, 즉 $f(x)-g(x)=0$의 판별식 D를
이용한다.
(1) $D>0$이면 서로 다른 두 점에서 만난다.
(2) $D=0$이면 한 점에서 만난다.(접한다.)
(3) $D<0$이면 만나지 않는다.

tip

기울기가 m이고 이차함수 $y=f(x)$의 그래프에 접하는 직선의 방정식
⇒ 직선의 방정식을 $y=mx+k$로 놓고 이차함수의 식과 연립한
   이차방정식에서 (판별식)=0임을 이용한다.

F81 ✾✾✾ ·········· 2025실시 3월 학평 6(고2)

이차함수 $y=x^2-2ax+a+1$의 그래프가
직선 $y=-2x$에 접할 때, 양수 a의 값은? (3점)

① 2   ② $\dfrac{5}{2}$ ③ 3
④ $\dfrac{7}{2}$ ⑤ 4

F82 ✾✾✾ ·········· 2021실시 11월 학평 10(고1)

좌표평면에서 직선 $y=mx-4$가 이차함수
$y=x^2+x$의 그래프에 접하도록 하는 양수 m의 값은?
(3점)

① 1   ② 3   ③ 5
④ 7   ⑤ 9

F83 ✾✾✾ ·········· 2019실시 6월 학평 10(고1)

이차함수 $y=x^2+5x+2$의 그래프와 직선 $y=-x+k$가
서로 다른 두 점에서 만나도록 하는 정수 k의 최솟값은?
(3점)

① -10 ② -8 ③ -6
④ -4 ⑤ -2

F84 ✽✽✽ 2023실시 6월 학평 6(고1)

이차함수 $y=x^2+5x+9$의 그래프와 직선
$y=x+k$가 만나지 않도록 하는 자연수 k의 개수는? (3점)

① 1   ② 2   ③ 3
④ 4   ⑤ 5

F85 ✽✽✽ 2019실시 9월 학평 9(고1)

기울기가 5인 직선이 이차함수 $f(x)=x^2-3x+17$의
그래프에 접할 때, 이 직선의 y절편은? (3점)

① 1   ② 2   ③ 3
④ 4   ⑤ 5

F86 ✽✽✽ 2022실시 3월 학평 10(고2)

점 $(-1, 0)$을 지나고 기울기가 m인 직선이
곡선 $y=x^2+x+4$에 접할 때, 양수 m의 값은? (3점)

① $\dfrac{3}{2}$ ② 2   ③ $\dfrac{5}{2}$

④ 3   ⑤ $\dfrac{7}{2}$

F87 ✽✽✽ 필수 / 2023실시 3월 학평 8(고2)

이차함수 $y=x^2+ax+a^2$의 그래프가
직선 $y=-x$에 접하도록 하는 양수 a의 값은? (3점)

① $\dfrac{2}{3}$ ② 1   ③ $\dfrac{4}{3}$

④ $\dfrac{5}{3}$ ⑤ 2

F88 ✽✽✽ 2025실시 6월 학평 11(고1)

두 양수 m, n에 대하여 직선 $y=mx+2$가
두 이차함수 $y=\dfrac{1}{3}x^2+5$, $y=x^2+4x+n$의 그래프에 동
시에 접할 때, $m+n$의 값은? (3점)

① 4   ② 5   ③ 6
④ 7   ⑤ 8

F89 ✽✽✽ 2024실시 3월 학평 24(고2)

직선 $y=-x+k$가 이차함수 $y=x^2-2x+6$의
그래프와 만나도록 하는 자연수 k의 최솟값을 구하시오.
(3점)

F90 ✽✽✽ 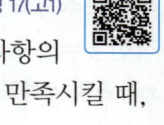 2025실시 9월 학평 17(고1)

이차항의 계수가 3인 이차함수 $f(x)$와 일차항의
계수가 12인 일차함수 $g(x)$가 다음 조건을 만족시킬 때,
$f(3)$의 값은? (4점)

> (가) $f(0)-g(0)=f(2)-g(2)=3$
> (나) 방정식 $f(x)+g(x)=0$이 중근을 갖는다.

① 48   ② 51   ③ 54
④ 57   ⑤ 60

F91 ✿❀❀ 2024실시 6월 학평 14(고1)

그림과 같이 이차함수 $y=-x^2+4x+5$의 그래프와 직선 $y=2x+a$가 한 점 A에서만 만난다. 이차함수 $y=-x^2+4x+5$의 그래프가 x축과 만나는 두 점 B, C에 대하여 삼각형 ABC의 넓이는?

(단, a는 상수이다.) (4점)

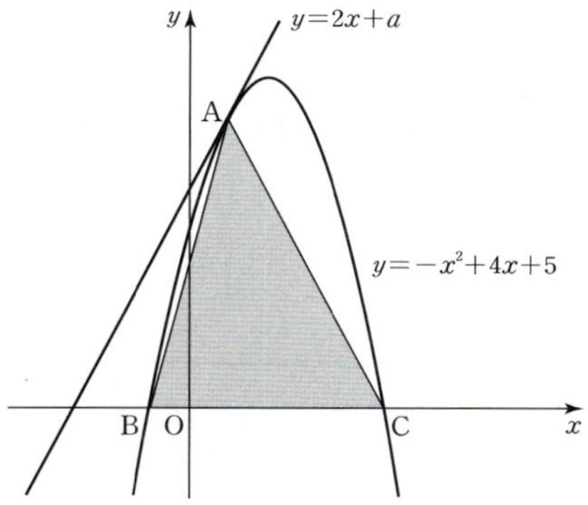

① 21 ② 22 ③ 23 ④ 24 ⑤ 25

F92 ✿❀❀ 2022실시 11월 학평 23(고1)

이차함수 $y=x^2+4x+k$의 그래프와 직선 $y=-2x+1$이 서로 다른 두 점에서 만나도록 하는 자연수 k의 최댓값을 구하시오. (3점)

F93 ✿❀❀ 2018실시 9월 학평 14(고1)

x에 대한 이차함수 $y=x^2-4kx+4k^2+k$의 그래프와 직선 $y=2ax+b$가 실수 k의 값에 관계없이 항상 접할 때, $a+b$의 값은? (단, a, b는 상수이다.) (4점)

① $\frac{1}{8}$ ② $\frac{3}{16}$ ③ $\frac{1}{4}$ ④ $\frac{5}{16}$ ⑤ $\frac{3}{8}$

F94 ✿✿❀ 2025실시 6월 학평 16(고1)

두 실수 $a(a>2)$, b에 대하여 이차함수 $y=x^2-(a+1)x+a$의 그래프와 직선 $y=bx-b$가 한 점 A(1, 0)에서만 만난다. 함수 $y=x^2-(a+1)x+a$의 그래프가 x축과 만나는 점 중 A가 아닌 점을 B, 함수 $y=x^2-(a+1)x+a$의 그래프가 y축과 만나는 점을 C, 직선 $y=bx-b$가 y축과 만나는 점을 D라 하자. 다음은 삼각형 OAD의 넓이를 S_1, 사각형 ABCD의 넓이를 S_2라 할 때, $S_1 : S_2=2 : 7$이 되도록 하는 a의 값을 구하는 과정이다. (단, O는 원점이다.)

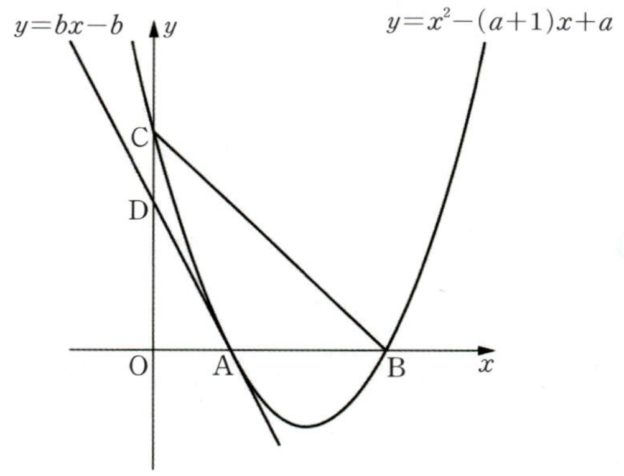

이차함수 $y=x^2-(a+1)x+a$의 그래프가 직선 $y=bx-b$와 한 점 A에서만 만나므로 이차방정식 $x^2-(a+b+1)x+a+b=0$의 판별식 $D=0$이다.
삼각형 OAD의 넓이 S_1과 사각형 ABCD의 넓이 S_2를 a에 대한 식으로 나타내면
$S_1=$ (가), $S_2=$ (나) 이다.
따라서 $S_1 : S_2=2 : 7$이 되도록 하는 a의 값은
$a=$ (다) 이다.

위의 (가), (나)에 알맞은 식을 각각 $f(a)$, $g(a)$라 하고, (다)에 알맞은 수를 p라 할 때, $f(5)+g(5)+p$의 값은?

(4점)

① $\frac{27}{2}$ ② $\frac{29}{2}$ ③ $\frac{31}{2}$ ④ $\frac{33}{2}$ ⑤ $\frac{35}{2}$

F95 ★★★

실수 k와 최고차항의 계수가 $\frac{1}{2}$인 이차함수 $f(x)$에 대하여 x에 대한 방정식 $f(x)+x=k$가 서로 다른 두 자연수 α, β를 근으로 가질 때, 함수 $f(x)$는 다음 조건을 만족시킨다.

(가) $f(\beta)=\beta$
(나) 모든 실수 x에 대하여 $f(x)\geq\beta$이다.

$f(0)\leq\alpha+\beta+f(\alpha)$일 때, 모든 $f(6)$의 값의 곱은? (4점)

① 45　　　② 48　　　③ 51
④ 54　　　⑤ 57

F96 ★★★

그림과 같이 이차함수 $y=x^2-4x+\frac{25}{4}$의 그래프가 직선 $y=ax(a>0)$과 한 점 A에서만 만난다. 이차함수 $y=x^2-4x+\frac{25}{4}$의 그래프가 y축과 만나는 점을 B, 점 A에서 x축에 내린 수선의 발을 H라 하고, 선분 OA와 선분 BH가 만나는 점을 C라 하자. 삼각형 BOC의 넓이를 S_1, 삼각형 ACH의 넓이를 S_2라 할 때, $S_1-S_2=\frac{q}{p}$이다. $p+q$의 값을 구하시오.
(단, O는 원점이고, p와 q는 서로소인 자연수이다.) (4점)

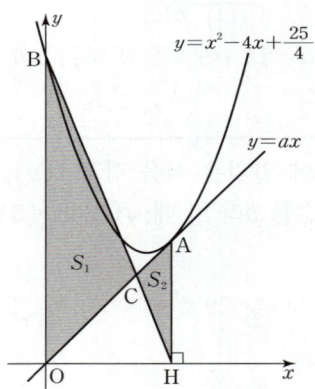

F97 ★★★

좌표평면에서 직선 $y=t$가 두 이차함수 $y=\frac{1}{2}x^2+3$, $y=-\frac{1}{2}x^2+x+5$의 그래프와 만날 때, 만나는 서로 다른 점의 개수가 3인 모든 실수 t의 값의 합을 구하시오. (4점)

F98 ★★★

최고차항의 계수가 $a(a<0)$인 두 이차함수 $f(x)$, $g(x)$에 대하여 $f(3)=g(3)$이다. 함수 $h(x)$를

$$h(x)=\begin{cases} f(x) & (x\leq3) \\ g(x) & (x>3) \end{cases}$$

이라 할 때, 함수 $h(x)$가 다음 조건을 만족시킨다.

(가) 함수 $y=h(x)$의 그래프와 직선 $y=f(0)$이 만나는 점의 x좌표는 0, 4, 12뿐이다.
(나) 두 실수 α, $\beta(\alpha<3<\beta)$에 대하여 함수 $y=h(x)$의 그래프와 직선 $y=2x-8$이 만나는 점의 x좌표는 α, 3, β이다.

$\alpha+\beta=6$일 때, $h(-2)+h(5)$의 값은? (4점)

① 15　　　② 16　　　③ 17
④ 18　　　⑤ 19

F99 ★★★

최고차항의 계수가 2인 이차함수 $f(x)$와 최고차항의 계수가 -1인 이차함수 $g(x)$가 다음 조건을 만족시킨다.

(가) 함수 $y=f(x)$의 그래프가 직선 $y=x$와 원점이 아닌 서로 다른 두 점 P, Q에서 만난다.
(나) 함수 $y=g(x)$의 그래프가 직선 $y=x$와 한 점 P에서만 만난다.
(다) 점 P의 x좌표는 점 Q의 x좌표보다 작고 $\overline{OP}=\overline{PQ}$이다.

부등식 $f(x)+g(x)\geq0$의 해가 모든 실수일 때, 점 P의 x좌표의 최댓값은? (단, O는 원점이다.) (4점)

① $1+\sqrt{3}$　　　② $2+\sqrt{3}$　　　③ $3+\sqrt{3}$
④ $4+\sqrt{3}$　　　⑤ $5+\sqrt{3}$

④ 이차함수의 최대·최소

고난도

유형 07 제한된 범위에서 이차함수의 최대·최소 ★중요 이해

$\alpha \le x \le \beta$에서 이차함수 $f(x) = a(x-p)^2 + q$의 최댓값과 최솟값은

(1) $\alpha \le p \le \beta$일 때, 즉 꼭짓점의 x좌표가 제한된 범위에 포함될 때 $f(\alpha)$, $f(\beta)$, q 중에서 가장 큰 값이 최댓값이고 가장 작은 값이 최솟값이다.

(2) $p < \alpha$ 또는 $p > \beta$일 때, 즉 꼭짓점의 x좌표가 제한된 범위에 포함되지 않을 때 $f(\alpha)$, $f(\beta)$ 중에서 큰 값이 최댓값이고 작은 값이 최솟값이다.

tip

① 제한된 범위에서 이차함수의 최댓값과 최솟값을 구할 때에는 그래프를 그려서 확인하면 실수를 줄일 수 있다.

② 이차함수의 꼭짓점의 x좌표가 미지수 k인 경우에는 k의 값이 제한된 범위에 포함될 때와 포함되지 않을 때로 범위를 나누어 그 값을 구해야 한다.

F100 ❁❁❁ · 2021실시 9월 학평 23(고1)

$1 \le x \le 4$에서 이차함수 $f(x) = -(x-2)^2 + 15$의 최솟값을 구하시오. (3점)

F101 ❁❁❁ · 2020실시 9월 학평 23(고1)

$0 \le x \le 5$일 때, 이차함수 $f(x) = (x-2)^2 + 4$의 최댓값을 구하시오. (3점)

F102 ❁❁❁ · 2018실시 11월 학평 6(고1)

$0 \le x \le 3$에서 이차함수 $y = -x^2 + 2x + 5$의 최솟값은? (3점)

① 2 ② 1 ③ 0
④ -1 ⑤ -2

F103 ❁❁❁ · 2019실시 11월 학평 9(고1)

$-1 \le x \le 3$에서 이차함수 $f(x) = x^2 - 4x + k$의 최댓값이 9일 때, 상수 k의 값은? (3점)

① 1 ② 2 ③ 3
④ 4 ⑤ 5

F104 ✿❁❁ · 2021실시 6월 학평 26(고1)

이차함수 $f(x) = ax^2 + bx + 5$가 다음 조건을 만족시킬 때, $f(-2)$의 값을 구하시오. (4점)

(가) a, b는 음의 정수이다.
(나) $1 \le x \le 2$일 때, 이차함수 $f(x)$의 최댓값은 3이다.

F105 ✿❁❁ · 최다출제 / 2015실시 9월 학평 4(고1)

$-2 \le x \le 3$에서 이차함수 $y = (x+1)^2 - 2$의 최댓값을 M, 최솟값을 m이라 할 때, $M + m$의 값은? (3점)

① 10 ② 12 ③ 14
④ 16 ⑤ 18

F106 ✿❁❁ · 2021실시 11월 학평 26(고1)

$0 \le x \le 2$에서 정의된 이차함수 $f(x) = x^2 - 2ax + 2a^2$의 최솟값이 10일 때, 함수 $f(x)$의 최댓값을 구하시오. (단, a는 양수이다.) (4점)

F107 ✱❀❀ 2018실시 9월 학평 25(고1)

$-2 \le x \le 3$일 때, 이차함수 $f(x) = 2x^2 - 4x + k$의 최솟값은 1이고 최댓값은 M이다. $k + M$의 값을 구하시오. (단, k는 상수이다.) (3점)

F108 ✱❀❀ 2020실시 6월 학평 14(고1)

실수 p에 대하여 $0 \le x \le 2$에서 이차함수 $f(x) = x^2 - 4px$의 최솟값을 $g(p)$라 하자. $g(-1) + g\left(\dfrac{1}{2}\right)$의 값은? (4점)

① -3 ② -2 ③ -1

④ 0 ⑤ 1

F109 ✱❀❀ 2019실시 9월 학평 17(고1)

양수 a에 대하여 $0 \le x \le a$에서 이차함수
$$f(x) = x^2 - 8x + a + 6$$
의 최솟값이 0이 되도록 하는 모든 a의 값의 합은? (4점)

① 11 ② 12 ③ 13

④ 14 ⑤ 15

F110 ✱❀❀ 2020실시 6월 학평 28(고1)

두 양수 p, q에 대하여 이차함수 $f(x) = -x^2 + px - q$가 다음 조건을 만족시킬 때, $p^2 + q^2$의 값을 구하시오. (4점)

> (가) $y = f(x)$의 그래프는 x축에 접한다.
> (나) $-p \le x \le p$에서 $f(x)$의 최솟값은 -54이다.

F111 ✱✱❀ 2024실시 10월 학평 17(고1)

최고차항의 계수가 1인 이차함수 $f(x)$가 다음 조건을 만족시킨다.

> (가) $f(p) = f(q)$인 서로 다른 두 정수 p, q가 존재한다.
> (나) $n \le x \le n + 3$에서 함수 $f(x)$의 최댓값과 최솟값의 곱이 $f(n) \times f(n+3)$의 값과 <u>같지 않도록</u> 하는 모든 자연수 n의 값은 4, 5, 6이다.

함수 $f(x)$의 최솟값이 1일 때, $f(8)$의 값은? (4점)

① 3 ② $\dfrac{13}{4}$ ③ $\dfrac{7}{2}$

④ $\dfrac{15}{4}$ ⑤ 4

F112 ✖✖❀ ⋯⋯⋯⋯⋯⋯ 2023실시 11월 학평 17(고1)

양수 k에 대하여 이차함수
$f(x)=-x^2+4x+k+3$의 그래프와 직선 $y=2x+3$이
서로 다른 두 점 $(\alpha, f(\alpha))$, $(\beta, f(\beta))$에서 만난다.
$\alpha \le x \le \beta$에서 함수 $f(x)$의 최댓값이 10일 때,
$\alpha \le x \le \beta$에서 함수 $f(x)$의 최솟값은? (단, $\alpha < \beta$) (4점)

① 1   ② 2   ③ 3

④ 4   ⑤ 5

F113 ✖✖❀ ⋯⋯⋯⋯⋯⋯ 2024실시 6월 학평 18(고1)

$-2 \le x \le 2$에서 이차함수
$$f(x)=x^2-(2a-b)x+a^2-4b$$
가 다음 조건을 만족시킨다.

> (가) 함수 $f(x)$는 $x=1$에서 최솟값을 가진다.
> (나) 함수 $f(x)$의 최댓값은 0이다.

$a+b$의 값은? (단, a, b는 상수이다.) (4점)

① 10   ② 11   ③ 12

④ 13   ⑤ 14

F114 ✖✖❀ ⋯⋯⋯⋯⋯⋯ 2022실시 11월 학평 17(고1)

함수 $f(x)=x-3$에 대하여 $-1 \le x \le 5$에서
함수 $f(x) \times f(|x-2|)$의 최댓값과 최솟값의 합은? (4점)

① 1   ② 2   ③ 3

④ 4   ⑤ 5

F115 ✖✖❀ ⋯⋯⋯⋯⋯⋯ 2014실시 6월 학평 27(고1)

이차함수 $f(x)$가 다음 조건을 만족시킨다.

> (가) x에 대한 방정식 $f(x)=0$의 두 근은 -2와 4이다.
> (나) $5 \le x \le 8$에서 이차함수 $f(x)$의 최댓값은 80이다.

$f(-5)$의 값을 구하시오. (4점)

F

F116 ✖✖✖ ⋯⋯⋯⋯⋯⋯ 2025실시 9월 학평 19(고1)

두 양수 a, b에 대하여 이차함수
$f(x)=a(x-b)^2$이 있다. 실수 k에 대하여 $k \le x \le k+2$
에서 이차함수 $f(x)$의 최댓값과 최솟값의 차를 $g(k)$라
할 때, 함수 $g(k)$가 다음 조건을 만족시킨다.

> (가) $g(3)=a$
> (나) $g(2)+g(6)=32$

$f(6)$의 값은? (4점)

① 8   ② 9   ③ 10

④ 11   ⑤ 12

 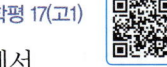

F117 ★★★

실수 a에 대하여 이차함수 $f(x)=(x-a)^2$이 다음 조건을 만족시킨다.

> (가) $2 \leq x \leq 10$에서 함수 $f(x)$의 최솟값은 0이다.
> (나) $2 \leq x \leq 6$에서 함수 $f(x)$의 최댓값과
> $6 \leq x \leq 10$에서 함수 $f(x)$의 최솟값은 같다.

$f(-1)$의 최댓값을 M, 최솟값을 m이라 할 때, $M+m$의 값은? (4점)

① 34   ② 35   ③ 36
④ 37   ⑤ 38

F118 ★★★

$1 \leq x \leq 2$에서 이차함수 $f(x)=(x-a)^2+b$의 최솟값이 5일 때, 두 실수 a, b에 대하여 옳은 것만을 [보기]에서 있는 대로 고른 것은? (4점)

> ─────────[보기]─────────
> ㄱ. $a=\dfrac{3}{2}$일 때, $b=5$이다.
> ㄴ. $a \leq 1$일 때, $b=-a^2+2a+4$이다.
> ㄷ. $a+b$의 최댓값은 $\dfrac{29}{4}$이다.

① ㄱ   ② ㄱ, ㄴ   ③ ㄱ, ㄷ
④ ㄴ, ㄷ   ⑤ ㄱ, ㄴ, ㄷ

유형 08 공통부분이 있는 함수의 최대·최소

함수 $y=\{f(x)\}^2+af(x)+b$의 최댓값과 최솟값 구하기

(1) $f(x)=t$로 놓고 t의 값의 범위를 구한다.
(2) $y=t^2+at+b$를 $y=(t-p)^2+q$ 꼴로 변형한다.
(3) t의 값의 범위에서 최댓값과 최솟값을 구한다.

tip

공통부분을 t로 치환하여 주어진 식의 최댓값과 최솟값을 구한 후 이때의 x의 값을 구할 때에는 치환한 식에 주의해야 한다. 또, x의 값의 범위와 t의 값의 범위를 혼동하지 않도록 하자.

F119 ★※※

$1 \leq x \leq 4$에서 이차함수 $y=(2x-1)^2-4(2x-1)+3$의 최댓값을 M, 최솟값을 m이라 할 때, $M-m$의 값을 구하시오. (3점)

F120 ★※※

$-1 \leq x \leq 3$일 때, 함수
$$y=(x^2-4x+2)^2-2(x^2-4x+2)-5$$
의 최댓값과 최솟값의 합은? (3점)

① 16   ② 20   ③ 24
④ 28   ⑤ 32

F121 ★※※

함수 $y=(x-1)^4+8(x-1)^2-2$의 최솟값은? (3점)

① -18 ② -2 ③ 2
④ 7   ⑤ 18

F122 ✱✾✾ 필수

함수

$$y=-2(x^2+2x-1)^2+12(x^2+2x-1)+k-24$$

의 최댓값이 6일 때, 상수 k의 값은? (3점)

① 3   ② 6   ③ 9

④ 12   ⑤ 15

F123 ✱✾✾

함수 $y=-(3x+4)^4+2(3x+4)^2+k$가 $x=a$에서 최댓값 3을 가질 때, 상수 a, k에 대하여 $a-k$의 값은?
(단, a는 정수이다.) (3점)

① -3 ② -1 ③ 1

④ 3   ⑤ 5

유형 09   조건이 주어진 이차식의 최대·최소   이해

x, y에 대한 등식이 조건으로 주어진 경우 이차식의 최댓값과 최솟값 구하기

(1) 주어진 등식을 한 문자에 대하여 정리한다.

(2) (1)의 식을 이차식에 대입하여 한 문자에 대한 이차식으로 나타낸다.

(3) (2)의 이차식에서 최댓값 또는 최솟값을 구한다.

  tip

1. 문제에 주어진 조건에서의 x, y가 임의의 실수가 아니라 조건을 만족시키는 수이므로 주어진 식을 한 문자에 대해 정리해야 한다.

2. 주어진 조건식에 제한된 범위가 존재할 경우 제한된 범위에 유의하여 문제를 푼다.

F124 ✱✾✾ 필수

점 $P(x, y)$가 두 점 $A(-2, 1)$, $B(3, -4)$를 이은 선분 AB 위를 움직일 때, x^2-2y^2의 최솟값은? (3점)

① -23 ② -11 ③ -2

④ 4   ⑤ 16

F125 ✱✾✾ 2017실시 6월 학평 16(고1)

직선 $y=-\dfrac{1}{4}x+1$이 y축과 만나는 점을 A, x축과 만나는 점을 B라 하자. 점 $P(a, b)$가 점 A에서 직선 $y=-\dfrac{1}{4}x+1$을 따라 점 B까지 움직일 때, a^2+8b의 최솟값은? (4점)

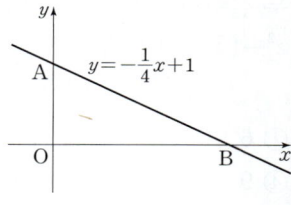

① 5   ② $\dfrac{17}{3}$ ③ $\dfrac{19}{3}$

④ 7   ⑤ $\dfrac{23}{3}$

F126 ✱✾✾

$a\geq0$, $b\geq0$이고 $a+b=2$일 때, a^2+3b^2의 최댓값을 M, 최솟값을 m이라고 하자. 이때, $M-m$의 값은? (3점)

① -3 ② 1   ③ 5

④ 9   ⑤ 16

F127 ✱✾✾

실수 x, y에 대하여 $x=a$, $y=b$일 때, $x^2+2y^2+6x-4y+7$이 최솟값 c를 가진다. 이때, abc의 값은? (단, a, b, c는 상수) (3점)

① -6 ② -4 ③ 0

④ 8   ⑤ 12

F128 ✳ ✳✳✳

두 실수 a, b에 대하여 복소수 $z=a+2bi$가
$z^2+(\bar{z})^2=0$을 만족시킬 때, $6a+12b^2+11$의 최솟값은?
(단, $i=\sqrt{-1}$이고, $\bar{z}$는 z의 켤레복소수이다.) (4점)

① 6   ② 7   ③ 8
④ 9   ⑤ 10

유형 10 이차함수의 최대·최소의 활용 ☆중요 활용

이차함수의 최대·최소의 활용 문제는 다음과 같은 순서로 구한다.
(ⅰ) 주어진 상황이나 조건에서 미지수 x를 정하고, x에 대한 함수식을 세운다.
(ⅱ) 주어진 조건을 만족시키는 x의 값의 범위를 정한다.
(ⅲ) 제한된 범위에서 (ⅱ)의 식의 최댓값 또는 최솟값을 구한다.

> tip
> ① 문제에서 주어진 조건들을 잘 찾아내고 각 조건들 또는 주어진 식의 범위를 확인하여 문제를 풀어나가야 한다.
> ② 도형에서의 최대·최소의 활용문제는 도형의 성질을 확실히 이해하여 식을 세워야 한다.

F129 ✳✳✳

지면에서 초속 60 m로 수직으로 쏘아 올린 물체의 x초 후의 높이를 y m라 할 때, 물체가 공중에 떠 있는 동안에는 $y=60x-5x^2$인 관계가 있다고 한다. 이 물체가 최고 높이에 도달하는 때는 몇 초 후인가? (3점)

① 5초   ② 6초   ③ 7초
④ 8초   ⑤ 9초

F130 ✳✳✳

길이가 32 cm인 철사를 둘로 나누어 각각으로 정사각형을 만들었을 때, 두 정사각형의 넓이의 합의 최솟값은?
(3점)

① 4 cm^2 ② 8 cm^2 ③ 16 cm^2
④ 32 cm^2 ⑤ 64 cm^2

F131 ✳✳✳

그림과 같이 윗면이 개방된 원통형 용기에 높이가 h인 지점까지 물이 채워져 있다. 용기에 충분히 작은 구멍을 뚫어 물을 흘려보내는 동시에 물을 공급하여 물의 높이를 h로 유지한다. 구멍의 높이를 a, 구멍으로부터 물이 바닥에 떨어지는 지점까지의 수평거리를 b라 하면 다음과 같은 관계식이 성립한다.

$$b=\sqrt{4a(h-a)} \quad (\text{단}, \ 0<a<h)$$

$h=10$일 때, b^2의 최댓값은? (4점)

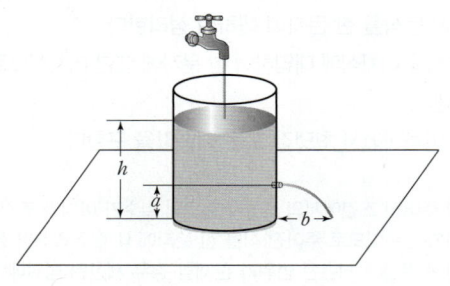

① 64   ② 81   ③ 100
④ 121   ⑤ 144

F132 ✱✻✻

길이가 20 m인 철끈을 이용하여 오른쪽 그림과 같이 한 면이 벽면인 밭에 직사각형 모양의 경계를 표시하려고 한다. 밭의 넓이의 최댓값은? (3점)

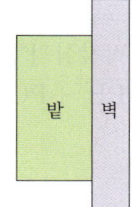

① 30 m² ② 35 m²

③ 40 m² ④ 45 m²

⑤ 50 m²

F133 ✱✻✻ 2020실시 6월 학평 12(고1)

직선 $y=-x+a$가 이차함수 $y=x^2+bx+3$의 그래프에 접하도록 하는 a의 최댓값은? (단, a, b는 실수이다.) (3점)

① 1 ② 2 ③ 3

④ 4 ⑤ 5

F134 ✱✻✻ 2022실시 6월 학평 16(고1)

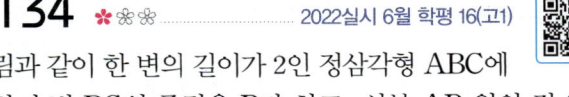

그림과 같이 한 변의 길이가 2인 정삼각형 ABC에 대하여 변 BC의 중점을 P라 하고, 선분 AP 위의 점 Q에 대하여 선분 PQ의 길이를 x라 하자. $\overline{AQ}^2+\overline{BQ}^2+\overline{CQ}^2$은 $x=a$에서 최솟값 m을 가진다. $\dfrac{m}{a}$의 값은?

(단, $0<x<\sqrt{3}$이고, a는 실수이다.) (4점)

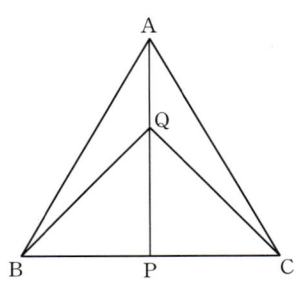

① $3\sqrt{3}$ ② $\dfrac{7\sqrt{3}}{2}$ ③ $4\sqrt{3}$

④ $\dfrac{9\sqrt{3}}{2}$ ⑤ $5\sqrt{3}$

F135 ✱✻✻ 최다출제 / 2021실시 9월 학평 16(고1)

그림과 같이 두 직선

$$l_1 : 2x-y+1=0, \quad l_2 : x+y-4=0$$

과 x축으로 둘러싸인 부분에 직사각형이 있다. 이 직사각형의 한 변은 x축 위에 있고 두 꼭짓점은 각각 직선 l_1, l_2 위에 있을 때, 직사각형의 넓이의 최댓값은?

(4점)

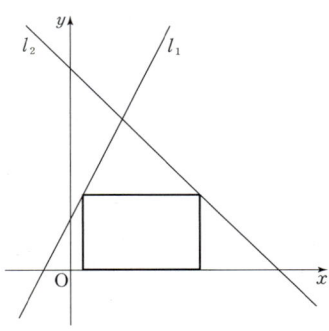

① $\dfrac{23}{8}$ ② 3 ③ $\dfrac{25}{8}$

④ $\dfrac{13}{4}$ ⑤ $\dfrac{27}{8}$

F136 ✱✻✻ 2021실시 6월 학평 17(고1)

그림과 같이 이차함수 $y=x^2-(a+4)x+3a+3$의 그래프가 x축과 만나는 서로 다른 두 점을 각각 A, B라 하고, y축과 만나는 점을 C라 하자.

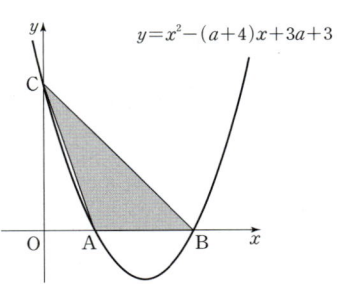

삼각형 ABC의 넓이의 최댓값은? (단, $0<a<2$) (4점)

① $\dfrac{13}{4}$ ② $\dfrac{27}{8}$ ③ $\dfrac{7}{2}$

④ $\dfrac{29}{8}$ ⑤ $\dfrac{15}{4}$

F137 ✱❋❋

오른쪽 그림과 같이 이차함수 $y=9-x^2$의 그래프와 x축으로 둘러싸인 부분에 직사각형을 내접시킬 때, 이 직사각형의 둘레의 길이의 최댓값을 구하시오. (3점)

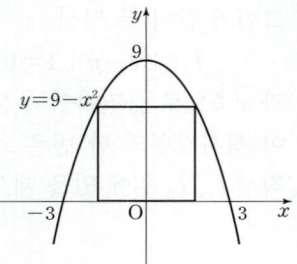

F138 ✱❋❋

어느 곤충 전시장에서 입장권을 5000원에 팔면 한 달 평균 6000명이 관람한다. 시장조사에 의하면, 입장료를 500원씩 내리면 관람객이 한 달 평균 1000명씩 더 온다고 한다. 전시장 수입을 최대로 하려면 입장권의 가격을 얼마로 하면 되겠는가? (3점)

① 3500원　　　② 4000원　　　③ 4500원
④ 5000원　　　⑤ 5500원

F139 ✱❋❋ 필누 / 2014실시 6월 학평 19(고1)

그림과 같이 $\angle B=90°$, $\overline{AB}=2$, $\overline{BC}=2\sqrt{3}$인 직각삼각형 ABC에서 점 P가 변 AC 위를 움직일 때, $\overline{PB}^2+\overline{PC}^2$의 최솟값은? (4점)

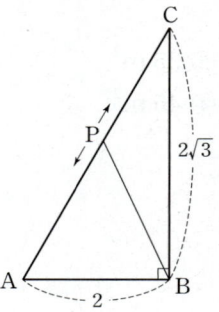

① $\dfrac{9}{2}$　　　② $\dfrac{11}{2}$　　　③ $\dfrac{13}{2}$

④ $\dfrac{15}{2}$　　　⑤ $\dfrac{17}{2}$

F140 ✱❋❋ 2015실시 6월 학평 19(고1)

두 이차함수 $f(x)=x^2-7$과 $g(x)=-2x^2+5$가 있다. 그림과 같이 네 점 A$(a, f(a))$, B$(a, g(a))$, C$(-a, g(-a))$, D$(-a, f(-a))$를 꼭짓점으로 하는 직사각형 ABCD의 둘레의 길이가 최대가 되도록 하는 a의 값은? (단, $0<a<2$이다.) (4점)

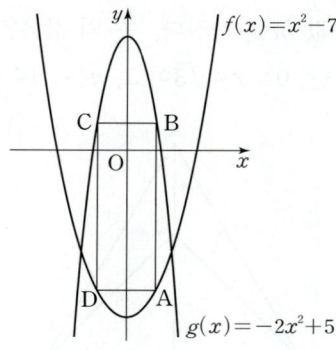

① $\dfrac{1}{3}$　　　② $\dfrac{2}{3}$　　　③ 1

④ $\dfrac{4}{3}$　　　⑤ $\dfrac{5}{3}$

F141 ✽✾✾

이차함수 $f(x)=x^2-2ax+5a$의 그래프의 꼭짓점을
A라 하고, 점 A에서 x축에 내린 수선의 발을 B라 하자.

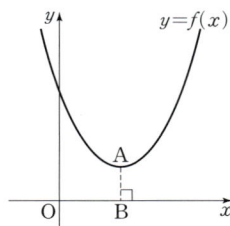

$0<a<5$일 때, $\overline{OB}+\overline{AB}$의 최댓값은?

(단, O는 원점이다.) (4점)

① 5 ② 6 ③ 7

④ 8 ⑤ 9

F142 ✽✽✾

이차함수 $f(x)=\dfrac{1}{2}x^2-2x$의 그래프가 x축과

만나는 두 점을 각각 O, A라 하자. $0<m<2$인 실수
m에 대하여 점 O를 지나고 기울기가 m인 직선 l_1이 이
차함수 $y=f(x)$의 그래프와 만나는 점 중 O가 아닌 점을
B, 점 A를 지나고 기울기가 m인 직선 l_2가 이차함수
$y=f(x)$의 그래프와 만나는 점 중 A가 아닌 점을 C라
하자. 두 점 B, C에서 x축에 내린 수선의 발을 각각 D,
E라 하고, 두 삼각형 AEC, ADB의 넓이를 각각 S_1, S_2
라 하자. S_1-S_2의 최댓값을 $\dfrac{q}{p}$라 할 때, $p\times q$의 값을

구하시오. (단, O는 원점이고, p와 q는 서로소인 자연수
이다.) (4점)

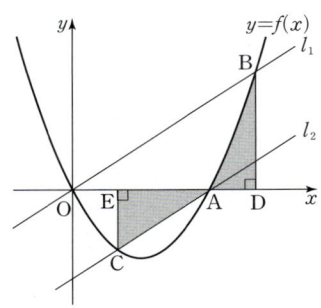

F143 ✽✽✾

그림과 같이 직선 $x=t(0<t<3)$이 두 이차함수
$y=2x^2+1$, $y=-(x-3)^2+1$의 그래프와 만나는 점을
각각 P, Q라 하자. 두 점 A(0, 1), B(3, 1)에 대하여
사각형 PAQB의 넓이의 최솟값은? (4점)

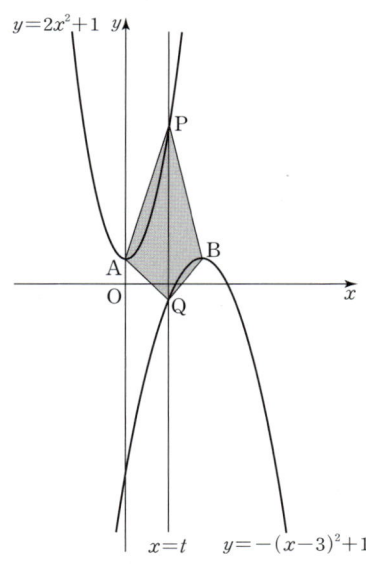

① $\dfrac{15}{2}$ ② 9 ③ $\dfrac{21}{2}$

④ 12 ⑤ $\dfrac{27}{2}$

F144 ✽✽✾

$1\le k\le 3$인 실수 k에 대하여 직선 $y=k(x+4)$
위에 x좌표가 $-k$인 점 P가 있다. 두 점 Q(-2, 0),
R(0, 1)에 대하여 사각형 PQOR의 넓이의 최댓값은?

(단, O는 원점이다.) (4점)

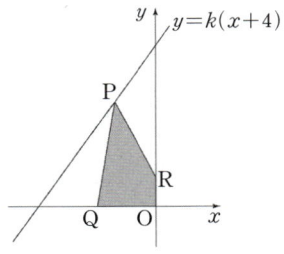

① $\dfrac{9}{2}$ ② $\dfrac{75}{16}$ ③ $\dfrac{39}{8}$

④ $\dfrac{81}{16}$ ⑤ $\dfrac{21}{4}$

F145 ✽❀❀

이차함수 $y=x^2-6x+3$의 그래프와 직선 $y=-2x+k$가 만나도록 하는 정수 k의 최솟값을 구하는 과정을 서술하시오. (10점)

1st 이차함수와 직선을 연립하자.

2nd 이차방정식의 판별식으로 실수 해가 존재할 조건을 찾자.

3rd 정수 k의 최솟값을 구하자.

F146 ✽✽❀

이차함수 $y=2x^2-4ax+9$의 그래프와 직선 $y=bx-ab$가 만나지 <u>않도록</u> 하는 자연수 a, b의 순서쌍 (a, b)의 개수를 구하는 과정을 서술하시오. (10점)

1st 이차함수와 직선을 연립하자.

2nd 이차방정식의 해가 없을 조건을 구하자.

3rd 자연수 a와 b의 순서쌍을 구하자.

F147 ✽❀❀

이차방정식 $x^2-4ax+5a^2-2a-3=0$의 두 실근을 α, β라고 할 때, $\alpha^2+\beta^2$의 최댓값과 최솟값의 곱을 구하는 과정을 서술하시오. (단, $-1 \le a \le 3$) (10점)

1st 근과 계수의 관계에서 α와 β의 합과 곱을 구하자.

2nd $\alpha^2+\beta^2=(\alpha+\beta)^2-2\alpha\beta$임을 이용하여 a에 관한 식을 찾자.

3rd $-1 \le a \le 3$에서 최댓값과 최솟값을 구하자.

F148 ✽❀❀

이차함수 $y=2x^2-kx+k$의 그래프는 실수 k의 값에 관계없이 항상 점 P를 지난다. 점 P가 이 이차함수의 그래프의 꼭짓점일 때, k의 값을 구하는 과정을 서술하시오. (10점)

1st k에 대한 항등식의 성질을 이용하여 점 P의 좌표를 구하자.

2nd 최고차항의 계수가 2이고 꼭짓점이 점 P인 이차함수를 구하자.

3rd 조건을 만족할 때의 k의 값을 구하자.

F149 ✽❀❀

이차함수 $y=f(x)$의 그래프가 오른쪽 그림과 같을 때, 이차방정식 $f(x+k)=0$의 두 실근의 곱이 4가 되도록 하는 양수 k의 값을 구하는 과정을 서술하시오. (10점)

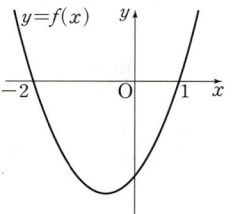

F150 ✽❀❀

이차함수 $y=ax^2+bx+c$의 그래프는 꼭짓점의 좌표가 $(-3, 2)$이고, x축과 두 점 A, B에서 만난다. $\overline{AB}=8$일 때, 상수 a, b, c에 대하여 $a-b+c$의 값을 구하는 과정을 서술하시오. (10점)

F151 ✽❀❀

이차함수 $y=x^2+ax+b+2$의 그래프가 점 $(-1, 1)$을 지나고 x축에 접할 때, 상수 a, b에 대하여 $a+b$의 값을 구하는 과정을 서술하시오. (단, $a>0$) (10점)

F152 ✽❀❀

이차함수 $y=-x^2-4x+3$의 그래프에 접하고 직선 $y=2x+8$에 평행한 직선의 x절편을 구하는 과정을 서술하시오. (10점)

F153 ✽✽❀

다음 그림과 같이 두 이차함수 $y=x^2-6x+3$, $y=-x^2+2x+3$의 그래프가 y축 위의 점 P와 또 다른 점 Q에서 만난다. y축에 평행한 직선을 그어 선분 PQ와 만나고 두 함수의 그래프와 만나는 두 점을 각각 R, S라고 할 때, 사각형 PRQS의 넓이의 최댓값을 구하는 과정을 서술하시오. (10점)

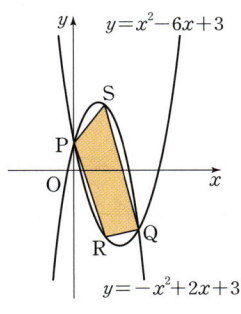

F154 ⭐2등급 대비 .... 2017실시 9월 학평 28(고1)

양수 a에 대하여 이차함수 $y=2x^2-2ax$의 그래프의 꼭짓점을 A, x축과 만나는 두 점을 각각 O, B라 하자.

점 A를 지나고 최고차항의 계수가 -1인 이차함수 $y=f(x)$의 그래프가 x축과 만나는 두 점을 각각 B, C라 할 때, 선분 BC의 길이는 3이다. 삼각형 ACB의 넓이를 구하시오. (단, O는 원점이다.) (4점)

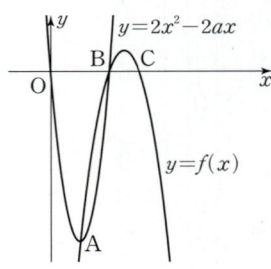

F155 ⭐2등급 대비 .... 2023실시 9월 학평 21(고1)

이차함수 $f(x)$와 이차항의 계수가 1인 이차함수 $g(x)$에 대하여 x에 대한 이차방정식
$$\{x-f(k)\}\{x-g(k)\}=0$$
이 서로 다른 두 실근 0, 4를 갖도록 하는 모든 실수 k의 개수가 3이다. $f(2)=4$일 때, $g(8)-f(8)$의 값은? (4점)

① 62   ② 64   ③ 66

④ 68   ⑤ 70

F156 ⭐2등급 대비 .... 2017실시 9월 학평 18(고1)

양수 k에 대하여 이차함수 $y=-\dfrac{x^2}{2}+k$의

그래프와 직선 $y=mx$가 만나는 서로 다른 두 점을 각각 A, B라 하자. 다음은 실수 m의 값에 관계없이 $\dfrac{1}{\overline{OA}}+\dfrac{1}{\overline{OB}}$이 일정한 값을 갖기 위한 k의 값을 구하는 과정이다.

(단, O는 원점이다.)

두 점 A, B의 x좌표를 각각 α, $\beta (\alpha<0<\beta)$라 하면 α, β는 이차방정식 $-\dfrac{x^2}{2}+k=mx$의 근이므로

이차방정식의 근과 계수의 관계에 의해
$$\alpha+\beta=-2m, \ \alpha\beta=-2k$$
두 점 A, B는 직선 $y=mx$ 위의 점이므로
$$A(\alpha, m\alpha), B(\beta, m\beta)$$
$$\overline{OA}=-\alpha\times\boxed{(가)}, \ \overline{OB}=\beta\times\boxed{(가)}$$
$$\frac{1}{\overline{OA}}+\frac{1}{\overline{OB}}=\frac{1}{-\alpha\times\boxed{(가)}}+\frac{1}{\beta\times\boxed{(가)}}$$
$$=\frac{\alpha-\beta}{\alpha\beta\times\boxed{(가)}}$$
$$=\frac{-\sqrt{4m^2+\boxed{(나)}}}{-2k\times\boxed{(가)}}$$

실수 m의 값에 관계없이 $\dfrac{1}{\overline{OA}}+\dfrac{1}{\overline{OB}}$이 갖는 일정한 값을 t라 하자.
$$t^2=\frac{4m^2+\boxed{(나)}}{(2k\times\boxed{(가)})^2}$$이므로
이를 정리하면 $4(1-k^2t^2)m^2+4(2k-k^2t^2)=0 \cdots \bigcirc$

따라서 $\bigcirc$이 m에 대한 항등식이므로 $k=\boxed{(다)}$이다.

이때, $\dfrac{1}{\overline{OA}}+\dfrac{1}{\overline{OB}}=\dfrac{1}{k}$이다.

위의 (가), (나)에 알맞은 식을 각각 $f(m)$, $g(k)$라 하고 (다)에 알맞은 수를 p라 할 때, $f(p)\times g(p)$의 값은? (4점)

① 2   ② $2\sqrt{5}$ ③ 10

④ $10\sqrt{5}$ ⑤ 50

F157 ✪2등급 대비 .... 2021실시 9월 학평 21(고1)

실수 k에 대하여 이차함수 $y=(x-k)^2-2$의
그래프와 직선 $y=2$는 서로 다른 두 점 A, B에서 만난다.
삼각형 AOB가 이등변삼각형이 되도록 하는 서로 다른
k의 개수를 n, k의 최댓값을 M이라 하자. $n+M$의 값은?
(단, O는 원점이고, 점 A의 x좌표는 점 B의 x좌표보다
작다.) (4점)

① $7+\sqrt{3}$ ② $7+2\sqrt{3}$ ③ $7+3\sqrt{3}$

④ $9+2\sqrt{3}$ ⑤ $9+3\sqrt{3}$

F158 ✪2등급 대비 .... 2023실시 9월 학평 28(고1)

그림과 같이 $2<a<4$인 실수 a에 대하여 두 함수
$f(x)=ax^2$, $g(x)=-a(x-a)^2+a^2$의 그래프가 있다.
직선 $y=4a$와 함수 $y=f(x)$의 그래프가 만나는 점을 각각
A, B라 하고 직선 $y=ax$와 함수 $y=g(x)$의 그래프가
만나는 점을 각각 C, D라 하자. 사각형 ACDB의 넓이의
최댓값을 M이라 할 때, $8 \times M$의 값을 구하시오.
(단, 점 A의 x좌표는 점 B의 x좌표보다 작고, 점 C의
x좌표는 점 D의 x좌표보다 작다.) (4점)

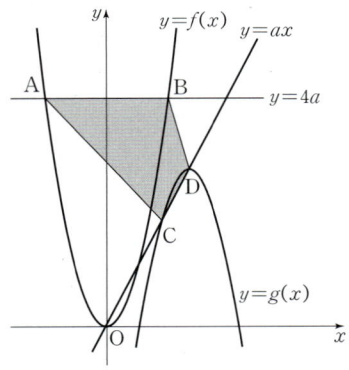

F159 ✪2등급 대비 .... 2025실시 3월 학평 21(고2)

두 실수 a, $b(b>0)$에 대하여 함수

$$f(x)=\begin{cases} x^2+ax+b & (x\leq 0) \\ -x^2+ax-b & (x>0) \end{cases}$$

이 다음 조건을 만족시킬 때, $f(2)=p+q\sqrt{2}$이다.
$p-q$의 값은? (단, p, q는 유리수이다.) (4점)

> (가) x에 대한 방정식 $f(x)=t$의 서로 다른 실근의
>   개수가 2가 되도록 하는 실수 t의 개수는 1이다.
> (나) 모든 정수 k에 대하여 $f(k)f(k+1)\geq 0$이다.

① -1 ② 3 ③ 7

④ 11 ⑤ 15

F160 ✪2등급 대비 .... 2024실시 9월 학평 21(고1)

세 양수 a, b, c에 대하여 두 이차함수

$$f(x)=(x-a)^2+b,\ g(x)=-\frac{1}{2}(x-c)^2+11$$

이 있다. x에 대한 이차방정식 $f(x)=g(x)$는 서로 다른 두 실근 α, β $(\alpha<\beta)$를 갖는다. 함수 $h(x)$가

$$h(x)=\begin{cases} f(x) & (\alpha\le x\le\beta) \\ g(x) & (x<\alpha\ \text{또는}\ x>\beta) \end{cases}$$

일 때, 함수 $h(x)$는 다음 조건을 만족시킨다.

> 함수 $y=h(x)$의 그래프와 직선 $y=k$가 서로 다른 세 점에서만 만나도록 하는 실수 k의 값은 2와 3이다.

함수 $y=h(x)$의 그래프가 직선 $y=2$와 만나는 서로 다른 세 점의 x좌표의 합을 S라 하고, 직선 $y=3$과 만나는 서로 다른 세 점의 x좌표의 합을 T라 하자.

$T-S=\dfrac{a}{2}$일 때, $h(\alpha+\beta)$의 값은? (4점)

① $\dfrac{17}{2}$　　② 9　　③ $\dfrac{19}{2}$

④ 10　　⑤ $\dfrac{21}{2}$

F161 ✪2등급 대비 .... 2021실시 6월 학평 29(고1)

두 이차함수 $f(x)=x^2+2x+1$, $g(x)=-x^2+5$에 대하여 함수 $h(x)$를

$$h(x)=\begin{cases} f(x) & (x\le-2\ \text{또는}\ x\ge1) \\ g(x) & (-2<x<1) \end{cases}$$

이라 하자. 직선 $y=mx+6$과 $y=h(x)$의 그래프가 서로 다른 세 점에서 만나도록 하는 모든 실수 m의 값의 합을 S라 할 때, $10S$의 값을 구하시오. (4점)

F162 ✪2등급 대비 .... 2025실시 6월 학평 27(고1)

두 자연수 a, b에 대하여 $-2\le x\le2$에서 이차함수 $f(x)=(x-a)^2+2b$의 최댓값을 M, 최솟값을 m이라 하자. $M\le36$이고 $m\ge5$를 만족시키는 모든 순서쌍 $(a,\ b)$의 개수를 구하시오. (4점)

F163 ✪ 2등급 대비 .... 2024실시 9월 학평 29(고1)

두 양수 p, q에 대하여 이차함수
$f(x)=(x-p)^2+q$와 자연수 m이 다음 조건을 만족시킬 때, $f(10)$의 값을 구하시오. (4점)

(가) $0 \le x \le 3$에서 함수 $f(x)$의 최솟값은 m이고 최댓값은 $m+4$이다.

(나) $0 \le x \le 5$에서 함수 $f(x)$의 최솟값은 m이고 최댓값은 $4m$이다.

F164 ✪ 2등급 대비 .... 2019실시 6월 학평 29(고1)

$-2 \le x \le 5$에서 정의된 이차함수 $f(x)$가
$$f(0)=f(4),\ f(-1)+|f(4)|=0$$
을 만족시킨다. 함수 $f(x)$의 최솟값이 -19일 때, $f(3)$의 값을 구하시오. (4점)

F165 ✪ 2등급 대비 .... 2020실시 6월 학평 20(고1)

그림은 이차함수 $f(x)=-x^2+11x-10$의 그래프와 직선 $y=-x+10$을 나타낸 것이다.
직선 $y=-x+10$ 위의 한 점 $A(t, -t+10)$에 대하여 점 A를 지나고 y축에 평행한 직선이 이차함수 $y=f(x)$의 그래프와 만나는 점을 B, 점 B를 지나고 x축과 평행한 직선이 이차함수 $y=f(x)$의 그래프와 만나는 점 중 B가 아닌 점을 C, 점 A를 지나고 x축에 평행한 직선과 점 C를 지나고 y축에 평행한 직선이 만나는 점을 D라 하자.
네 점 A, B, C, D를 꼭짓점으로 하는 직사각형의 둘레의 길이의 최댓값은? $\left(단,\ 2<t<10,\ t \ne \dfrac{11}{2} 이다. \right)$ (4점)

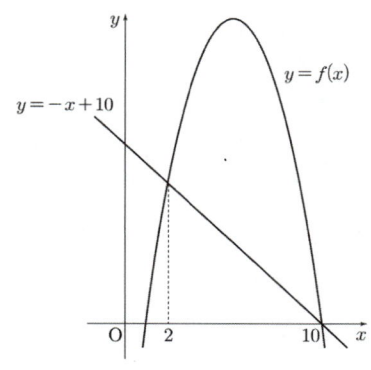

① 30   ② 33   ③ 36
④ 39   ⑤ 42

❖ 정답 및 해설 240~246p

F166 ✪ 2등급 대비 ⋯⋯⋯⋯ 2020실시 6월 학평 18(고1)

그림과 같이 한 변의 길이가 20인 정삼각형 ABC에 대하여 변 AB 위의 점 D, 변 AC 위의 점 G, 변 BC 위의 두 점 E, F를 꼭짓점으로 하는 직사각형 DEFG가 있다. 직사각형 DEFG의 넓이가 최대일 때, 삼각형 DBE에 내접하는 원의 둘레의 길이는 $(p\sqrt{3}+q)\pi$이다. p^2+q^2의 값은?

(단, p, q는 유리수이다.) (4점)

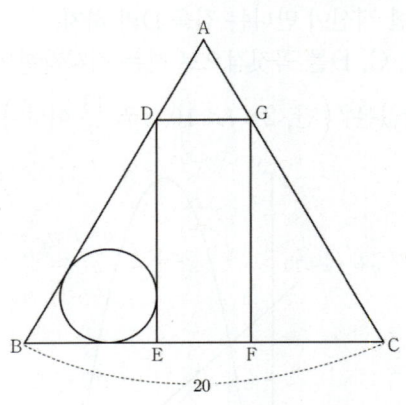

① 10 ② 20 ③ 30
④ 40 ⑤ 50

F167 ✪ 2등급 대비 ⋯⋯⋯⋯ 2019실시 6월 학평 20(고1)

그림과 같이 좌표평면 위의 네 점 O$(0, 0)$, A$(1, 0)$, B$(1, 2)$, C$(0, 1)$을 꼭짓점으로 하는 사각형 OABC가 있다. 실수 $k(0<k<1)$에 대하여 직선 $y=k$가 세 선분 OC, OB, AB와 만나는 점을 각각 D, E, F라 하자. 삼각형 OED의 넓이를 S_1, 사각형 OAFE의 넓이를 S_2, 삼각형 EFB의 넓이를 S_3, 사각형 DEBC의 넓이를 S_4라 할 때, $(S_1-S_3)^2+(S_2-S_4)^2$의 최솟값은? (4점)

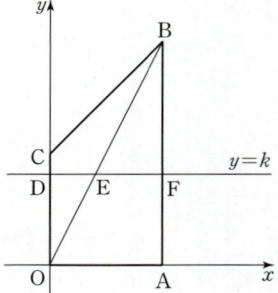

① $\dfrac{1}{8}$ ② $\dfrac{3}{16}$ ③ $\dfrac{1}{4}$
④ $\dfrac{5}{16}$ ⑤ $\dfrac{3}{8}$

F168 최고 ✪ 1등급 대비 ⋯⋯⋯⋯ 2021실시 6월 학평 21(고1)

두 이차함수 $f(x)$, $g(x)$는 다음 조건을 만족시킨다.

(가) $f(x)g(x)=(x^2-4)(x^2-9)$
(나) $f(\alpha)=f(\alpha+5)=0$인 실수 α가 존재한다.

[보기]에서 옳은 것만을 있는 대로 고른 것은? (4점)

[보기]

ㄱ. $f(2)=0$일 때, $g(3)=0$이다.

ㄴ. $g(2)>0$일 때, $f\left(\dfrac{5}{2}\right)<g\left(\dfrac{5}{2}\right)$이다.

ㄷ. x에 대한 방정식 $f(x)-g(x)=0$이 서로 다른 두 정수 m, n을 근으로 가질 때, $|m+n|=5$이다.

① ㄱ ② ㄱ, ㄴ ③ ㄱ, ㄷ
④ ㄴ, ㄷ ⑤ ㄱ, ㄴ, ㄷ

F169 ⭐1등급 대비 ⋯⋯ 2025실시 6월 학평 30(고1)

두 이차함수 $f(x)$, $g(x)$가 다음 조건을
만족시킨다.

(가) x에 대한 방정식
  $4x^2-2\{f(x)+g(x)\}x+f(x)g(x)=0$의 서로
  다른 실근의 개수가 1이다.

(나) x에 대한 방정식
  $4k^2-2\{f(x)+g(x)\}k+f(x)g(x)=0$의 서로
  다른 실근의 개수가 3이 되도록 하는 모든 실수
  k의 값은 $-\dfrac{1}{2}$, 0, 1이다.

모든 실수 x에 대하여 $f(x)-g(x) \geq 0$일 때,
$f(10)+g(6)$의 값을 구하시오. (4점)

F170 ⭐1등급 대비 ⋯⋯ 2025실시 9월 학평 30(고1)

두 양수 a, b에 대하여 이차함수

$f(x)=\dfrac{1}{4}(x-4)^2+a$와 두 일차함수 $g(x)=bx+7$,

$h(x)=-\dfrac{1}{b}x+7$이 있다. 세 함수 $f(x)$, $g(x)$, $h(x)$와

두 실수 α, $\beta(\alpha<\beta)$가 다음 조건을 만족시킨다.

모든 실수 x에 대하여
$\{f(x)-g(x)\}\{f(x)-h(x)\}$
$\qquad\qquad\qquad=\dfrac{1}{16}(x-\alpha)^n(x-\beta)^{4-n}$
을 만족시키는 자연수 n이 존재한다. (단, $1 \leq n \leq 3$)

네 점 $A(\alpha, f(\alpha))$, $B(\beta, f(\beta))$, $C(\alpha, 0)$, $D(\beta, 0)$에
대하여 사각형 ACDB의 넓이의 최댓값을 M, 최솟값을
m이라 할 때, $M+m=p+q\sqrt{5}$이다. $p+q$의 값을 구하
시오. (단, p와 q는 유리수이다.) (4점)

F171 최고 ⭐1등급 대비 ⋯⋯ 2022실시 6월 학평 30(고1)

두 이차함수 $f(x)$, $g(x)$는 다음 조건을
만족시킨다.

(가) 모든 실수 x에 대하여
  $f(x) \geq f(0)$, $g(x) \leq g(0)$이다.
(나) $f(0)$은 정수이고, $g(0)-f(0)=4$이다.

x에 대한 방정식 $f(x)+p=k$의 서로 다른 실근의 개수와
x에 대한 방정식 $g(x)-p=k$의 서로 다른 실근의 개수가
같게 되도록 하는 정수 k의 개수가 1일 때, 실수 p의
최솟값을 m, 최댓값을 M이라 하자. $m+10M$의 값을
구하시오. (4점)

F

F172 ⭐1등급 대비 ……… 2024실시 6월 학평 30(고1)

두 이차함수 $f(x)$, $g(x)$가 다음 조건을
만족시킨다.

> (가) 모든 실수 x에 대하여 $f(x) \leq 0 \leq g(x)$이다.
> (나) $k-2 \leq x \leq k+2$에서 함수 $f(x)$의 최댓값과
> $\quad k-2 \leq x \leq k+2$에서 함수 $g(x)$의 최솟값이 같게
> $\quad$ 되도록 하는 실수 k의 최솟값은 0, 최댓값은 1이다.
> (다) 방정식 $f(x)=f(0)$의 모든 실근의 합은 음수이다.

$f(1)=-2$, $g(1)=2$일 때, $f(3)+g(11)$의 값을
구하시오. (4점)

F173 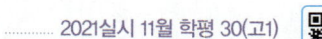 최고 ⭐1등급 대비 ……… 2021실시 11월 학평 30(고1)

이차함수 $f(x)=a(x-1)^2-10$ (a는 양의 상수)와
실수 k에 대하여 $k-1 \leq x \leq k+1$에서 함수 $|f(x)|$의
최댓값을 $g(k)$라 할 때, 함수 $g(k)$가 다음 조건을
만족시킨다.

> $g(k)=10$을 만족시키는 실수 k의 최댓값은 $\sqrt{10}$이다.

함수 $g(k)$가 $k=b$와 $k=c$에서 최솟값 m을 가질 때,
$b^2+c^2+m^2$의 값을 구하시오.

$\qquad$ (단, b, c는 서로 다른 상수이다.) (4점)

F174 ⭐1등급 대비 ……… 2014실시 6월 학평 30(고1)

그림과 같이 $-2<k<2$인 실수 k에 대하여
이차함수 $y=-x^2+1$의 그래프와 직선 $y=2x+k$가
만나는 두 점을 각각 A, B라 할 때, A, B에서 x축에 내린
수선의 발을 각각 A_1, B_1이라 하고, 직선 $y=2x+k$와
x축이 만나는 점을 C라 하자. 두 삼각형 ACA_1과 BCB_1의
넓이의 합이 $\frac{3}{2}$일 때, 상수 k의 값이 $p+q\sqrt{7}$이다.
$10p+q$의 값을 구하시오. (단, p, q는 유리수이다.) (4점)

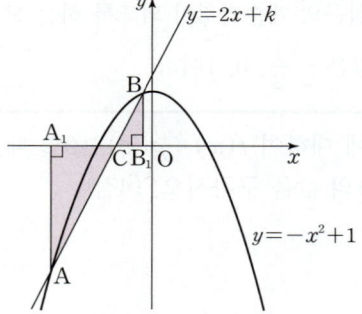

F175 최고 ★1등급 대비 ..... 2019실시 6월 학평 21(고1)

두 이차함수

$$f(x)=(x-a)^2-a^2,$$
$$g(x)=-(x-2a)^2+4a^2+b$$

가 다음 조건을 만족시킨다.

> (가) 방정식 $f(x)=g(x)$는 서로 다른 두 실근 α, β를
> 갖는다.
> (나) $\beta-\alpha=2$

[보기]에서 옳은 것만을 있는 대로 고른 것은?

(단, a, b는 상수이다.) (4점)

> ─────[보기]─────
> ㄱ. $a=1$일 때, $b=-\dfrac{5}{2}$
> ㄴ. $f(\beta)-g(\alpha)\leq g(2a)-f(a)$
> ㄷ. $g(\beta)=f(\alpha)+5a^2+b$이면 $b=-16$

① ㄱ   ② ㄱ, ㄴ   ③ ㄱ, ㄷ

④ ㄴ, ㄷ   ⑤ ㄱ, ㄴ, ㄷ

F176 최고 ★1등급 대비 ..... 2019실시 11월 학평 20(고1)

이차함수 $f(x)$가 다음 조건을 만족시킨다.

> (가) $f(-4)=0$
> (나) 모든 실수 x에 대하여 $f(x)\leq f(-2)$이다.

[보기]에서 옳은 것만을 있는 대로 고른 것은? (4점)

> ─────[보기]─────
> ㄱ. $f(0)=0$
> ㄴ. $-1\leq x\leq 1$에서 함수 $f(x)$의 최솟값은 $f(1)$이다.
> ㄷ. 실수 p에 대하여 $p\leq x\leq p+2$에서 함수 $f(x)$의
>   최솟값을 $g(p)$라 할 때, 함수 $g(p)$의 최댓값이
>   1이면 $f(-2)=\dfrac{4}{3}$이다.

① ㄱ   ② ㄱ, ㄴ   ③ ㄱ, ㄷ

④ ㄴ, ㄷ   ⑤ ㄱ, ㄴ, ㄷ

F177 최고 ★1등급 대비 ..... 2021실시 9월 학평 30(고1)

$t\geq 0$인 실수 t에 대하여 $t\leq x\leq t+3$에서
이차함수 $f(x)=x^2-4tx+10t$의 최댓값과 최솟값의
합을 $g(t)$라 하자. t에 대한 방정식 $g(t)=-4t+a$의
서로 다른 실근의 개수가 4가 되도록 하는 모든 실수 a의
값의 범위는 $p<a<q$이다. $4p+7q$의 값을 구하시오.

(단, p와 q는 상수이다.) (4점)

F

F178 ⭐1등급 대비 ········· 2024실시 6월 학평 29(고1)

그림과 같이 반지름의 길이가 1이고 중심각의 크기가 90°인 부채꼴 OAB가 있다. 호 AB 위의 점 C에 대하여 선분 BC를 지름으로 하는 원을 그린다. 선분 BC의 중점을 지나고 직선 OB에 평행한 직선이 원과 만나는 점 중 B에 가까운 점을 P라 하자. $\overline{BC}=x$일 때, 삼각형 OAP의 넓이를 $S(x)$라 하자.

$S(x)$의 최댓값이 $\dfrac{q}{p}$일 때, $p+q$의 값을 구하시오.

(단, $0<x<\sqrt{2}$이고, p와 q는 서로소인 자연수이다.) (4점)

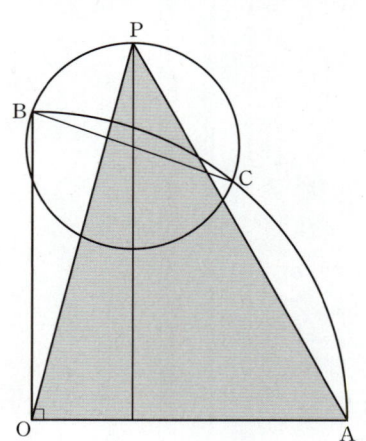

F179 ⭐1등급 대비 ········· 2016실시 6월 학평 29(고1)

그림과 같이 $\angle A=90°$이고 $\overline{AB}=6$인 직각이등변삼각형 ABC가 있다. 변 AB 위의 한 점 P에서 변 BC에 내린 수선의 발을 Q라 하고, 점 P를 지나고 변 BC와 평행한 직선이 변 AC와 만나는 점을 R라 하자. 사각형 PQCR의 넓이의 최댓값을 구하시오.

(단, 점 P는 꼭짓점 A와 꼭짓점 B가 아니다.) (4점)

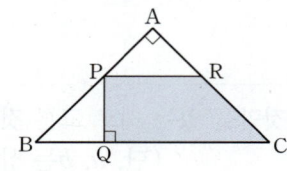

F180 🟡최고 ⭐1등급 대비 ········· 2014실시 9월 학평 30(고1)

그림과 같이 $\overline{AB}=6$, $\overline{BC}=8$, $\overline{CA}=10$인 직각삼각형 ABC의 두 꼭짓점 A, B를 각각 중심으로 하는 두 원 O_1, O_2가 서로 외접하고 있다. 변 AC와 원 O_1과의 교점을 P, 변 BC와 원 O_2와의 교점을 Q라 할 때, $\overline{PQ}^2$의 최솟값은 $\dfrac{b}{a}$이다. ab의 값을 구하시오.

(단, a와 b는 서로소인 자연수이다.) (4점)

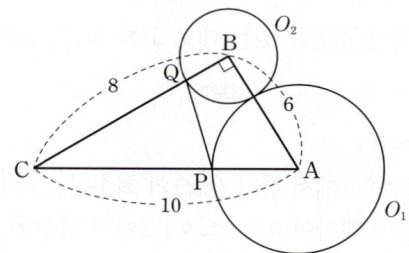

여러 가지 방정식

인수분해가 되는지 먼저 확인한다.

🍀 **단원 학습 목표**

• 앞에서 배운 인수정리와 치환 등을 이용한 인수분해를 통해 삼차방정식, 사차방정식을 풀 수 있다.
  또한, $x^3=1$의 허근 ω의 성질과 삼차방정식의 근과 계수의 관계에 대해 알아보자.

• 일차방정식과 이차방정식 또는 두 이차방정식으로 이루어진 연립이차방정식을 풀고, 이를 수학 내적, 외적 문제에 활용하여 해결할 수 있다.

★ **자주 출제되는 필수 개념 학습법**

• 삼차방정식, 사차방정식은 인수분해와 인수정리를 자유자재로 사용해야 해결할 수 있으므로 앞에서 배운 인수분해 공식과 조립제법 등을 확실히 알아두도록 한다.

• 삼차방정식의 근과 계수의 관계와 연계하여 삼차방정식의 켤레근의 성질을 활용하는 유형을 집중적으로 연습하도록 한다.

• 일차방정식과 이차방정식, 두 이차방정식, 대칭식으로 이루어진 연립방정식 등 연립이차방정식의 각 유형에 따른 풀이 방법을 충분한 연습을 통해 익히도록 한다.

★ **자주 출제되는 개념+공식**

1 $f(x)=0$ 꼴의 삼차방정식, 사차방정식은 $f(x)$를 인수분해한 후

  (1) $ABC=0$이면 $A=0$ 또는 $B=0$ 또는 $C=0$

  (2) $ABCD=0$이면
   $A=0$ 또는 $B=0$ 또는 $C=0$ 또는 $D=0$
  임을 이용하여 푼다.

2 삼차방정식 $ax^3+bx^2+cx+d=0$의 세 근을 α, β, γ라고 하면

  (1) $\alpha+\beta+\gamma=-\dfrac{b}{a}$ (2) $\alpha\beta+\beta\gamma+\gamma\alpha=\dfrac{c}{a}$

  (3) $\alpha\beta\gamma=-\dfrac{d}{a}$

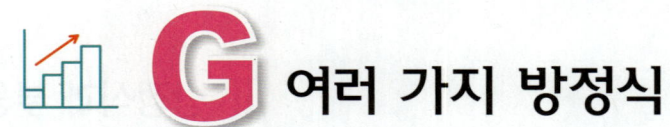
G 여러 가지 방정식

개념 스토리

1 삼차방정식과 사차방정식 ❶ — 유형 01~06, 11

(1) 삼차방정식과 사차방정식

다항식 $f(x)$가 x에 대한 삼차식, 사차식일 때,

방정식 $f(x)=0$을 각각 x에 대한 **삼차방정식**, **사차방정식**이라 한다.

(2) 삼차방정식과 사차방정식의 풀이

방정식 $f(x)=0$은 $f(x)$를 인수분해한 후 다음 성질을 이용하여 푼다.

$ABC=0$이면 $A=0$ 또는 $B=0$ 또는 $C=0$

$ABCD=0$이면 $A=0$ 또는 $B=0$ 또는 $C=0$ 또는 $D=0$

① 인수분해 공식을 이용한 풀이

인수분해 공식을 이용하여 다항식 $f(x)$를 인수분해한 후 푼다.

② 인수정리를 이용한 풀이

다항식 $f(x)$에 대하여 $f(a)=0$이면

$$f(x)=(x-a)Q(x) ❷$$

임을 이용하여 $f(x)$를 인수분해한 후 푼다.

참고 $f(a)=0$을 만족시키는 a의 값은 $\pm \dfrac{(f(x)\text{의 상수항의 약수})}{(f(x)\text{의 최고차항의 계수의 약수})}$ 중에서 찾을 수 있다.

③ 치환을 이용한 풀이

방정식에 공통부분이 있으면 **공통부분을 한 문자로 치환**하여

그 문자에 대한 방정식으로 변형한 후 인수분해한다.

④ $ax^4+bx^2+c=0$ $(a \neq 0)$ 꼴의 방정식 (복이차방정식) ❸

방법 1 $x^2=X$로 치환한 후 좌변을 인수분해한다.

방법 2 이차항을 분리하여 $A^2-B^2=0$의 꼴로 변형하여 좌변을 인수분해한다.

⑤ $ax^4+bx^3+cx^2+bx+a=0$ $(a \neq 0)$ 꼴의 방정식 (상반방정식) ❹

양변을 x^2으로 나눈 후 $x+\dfrac{1}{x}=X$로 치환하여 X에 대한 이차방정식을 푼다.

2 삼차방정식의 근과 계수의 관계 — 유형 07~08

(1) 삼차방정식의 근과 계수의 관계

삼차방정식 $ax^3+bx^2+cx+d=0$의 세 근을 α, β, γ라 하면

$$\alpha+\beta+\gamma=-\frac{b}{a},\ \alpha\beta+\beta\gamma+\gamma\alpha=\frac{c}{a},\ \alpha\beta\gamma=-\frac{d}{a}$$

예) 삼차방정식 $x^3+2x^2-3x-5=0$의 세 근을 α, β, γ라 하면

$$\alpha+\beta+\gamma=-\frac{2}{1}=-2,\ \alpha\beta+\beta\gamma+\gamma\alpha=\frac{-3}{1}=-3,\ \alpha\beta\gamma=-\frac{-5}{1}=5$$

(2) 세 수를 근으로 하는 삼차방정식

세 수 α, β, γ를 근으로 하고 x^3의 계수가 1인 삼차방정식은

$(x-\alpha)(x-\beta)(x-\gamma)=0$, 즉

$$x^3-(\alpha+\beta+\gamma)x^2+(\alpha\beta+\beta\gamma+\gamma\alpha)x-\alpha\beta\gamma=0 ❺$$

예) 세 수 -3, 2, 3을 근으로 하고 x^3의 계수가 1인 삼차방정식은

$$x^3-(-3+2+3)x^2+(-6+6-9)x-(-18)=0$$

$$\therefore x^3-2x^2-9x+18=0$$

---

❶ 계수가 실수인 삼차방정식과 사차방정식은 복소수의 범위에서 각각 3개, 4개의 근을 갖는다.

❷ $Q(x)$는 조립제법을 이용하여 구할 수 있다.

❸ 복이차방정식

방정식의 모든 항을 좌변으로 이항하였을 때,

$ax^4+bx^2+c=0(a\neq0,\ a,\ b,\ c$는 상수)과 같이 차수가 짝수인 항과 상수항으로만 이루어진 방정식

❹ $ax^3+bx^2+bx+a=0$ $(a\neq0)$ 꼴의 방정식은 $x=-1$을 근으로 가지므로 조립제법을 이용하여 인수분해한다.

참고 방정식

$ax^4+bx^3+cx^2+bx+a=0$의 한 근이 a이면 $\dfrac{1}{a}$도 이 방정식의 근이다.

❺ 세 수 α, β, γ를 근으로 하고 x^3의 계수가 k인 삼차방정식은

$k\{x^3-(\alpha+\beta+\gamma)x^2$
$+(\alpha\beta+\beta\gamma+\gamma\alpha)x-\alpha\beta\gamma\}$
$=0$

1 삼차방정식과 사차방정식

[G01~G03] 다음 방정식을 인수분해 공식을 이용하여 푸시오.

G01 $x^3+8=0$

G02 $x^3-4x^2-5x=0$

G03 $x^4-27x=0$

[G04~G08] 다음 방정식을 인수정리를 이용하여 푸시오.

G04 $x^3+3x^2-4x-12=0$

G05 $x^3-6x^2-8x-1=0$

G06 $x^3-x^2-13x+22=0$

G07 $x^4+x^3-8x-8=0$

G08 $x^4-x^3-2x^2+3x-1=0$

G09 방정식 $x^3+ax^2-12x-36=0$의 한 근이 -2일 때, 다음을 구하시오. (단, a는 실수)

　(1) a의 값

　(2) 나머지 두 근

[G10~G12] 다음 방정식을 치환을 이용하여 푸시오.

G10 $x^4-6x^2+9=0$

G11 $x^4+5x^2+4=0$

G12 $(x^2+x)^2-14(x^2+x)+24=0$

[G13~G14] 다음 방정식을 푸시오.

G13 $x^4+2x^2+9=0$

G14 $x^4-20x^2+4=0$

[G15~G16] 다음 방정식을 푸시오.

G15 $x^4+4x^3-10x^2+4x+1=0$

G16 $x^4-3x^3-2x^2-3x+1=0$

2 삼차방정식의 근과 계수의 관계

G17 삼차방정식 $x^3-5x^2-2x+4=0$의 세 근을 α, β, γ라 할 때, 다음 식의 값을 구하시오.

　(1) $\alpha+\beta+\gamma$　　　　(2) $\alpha\beta+\beta\gamma+\gamma\alpha$

　(3) $\alpha\beta\gamma$　　　　　(4) $\alpha^2+\beta^2+\gamma^2$

　(5) $\dfrac{1}{\alpha}+\dfrac{1}{\beta}+\dfrac{1}{\gamma}$　　　(6) $(1+\alpha)(1+\beta)(1+\gamma)$

[G18~G20] 다음 물음에 답하시오.

G18 세 수 -2, 1, 4를 근으로 하고 x^3의 계수가 1인 삼차방정식을 구하시오.

G19 세 수 -3, -2, 9를 근으로 하고 x^3의 계수가 1인 삼차방정식을 구하시오.

G20 세 수 1, 2, 6을 근으로 하고 x^3의 계수가 2인 삼차방정식을 구하시오.

3 삼차방정식의 켤레근 ❻ – 유형 09

삼차방정식 $ax^3+bx^2+cx+d=0$에서

(1) a, b, c, d가 유리수일 때, **$p+q\sqrt{m}$이 근이면 $p-q\sqrt{m}$도 근이다.**

(단, p, q는 유리수, $q \neq 0$, $\sqrt{m}$은 무리수)

(2) a, b, c, d가 실수일 때, **$p+qi$가 근이면 $p-qi$도 근이다.**

(단, p, q는 실수, $q \neq 0$, $i=\sqrt{-1}$)

예) (1) a, b, c, d가 유리수일 때, 삼차방정식 $ax^3+bx^2+cx+d=0$의 한 근이 $2-\sqrt{5}$이면 $2+\sqrt{5}$도 근이다.

(2) a, b, c, d가 실수일 때, 삼차방정식 $ax^3+bx^2+cx+d=0$의 한 근이 $3+i$이면 $3-i$도 근이다.

> ❻ 켤레근의 성질 (1), (2)는 이차 이상의 방정식에서 모두 성립한다.
> 이차방정식에서는 두 근이 서로 켤레근이지만 삼차방정식에서는 두 근이 서로 켤레근이고 나머지 한 근은 (1)의 경우는 유리수, (2)의 경우는 실수이다.

4 방정식 $x^3=1$의 허근의 성질 ❼ – 유형 10

방정식 $x^3=1$의 한 허근을 ω라 하면 다음 성질이 성립한다. (단, $\overline{\omega}$는 ω의 켤레복소수)

(1) $\omega^3=1$, $\omega^2+\omega+1=0$　　(2) $\omega+\overline{\omega}=-1$, $\omega\overline{\omega}=1$　　(3) $\omega^2=\overline{\omega}=\dfrac{1}{\omega}$

> **참고** 방정식 $x^3=-1$의 한 허근을 ω라 하면 다음 성질이 성립한다. (단, $\overline{\omega}$는 ω의 켤레복소수)
>
> (1) $\omega^3=-1$, $\omega^2-\omega+1=0$　　(2) $\omega+\overline{\omega}=1$, $\omega\overline{\omega}=1$　　(3) $\omega^2=-\overline{\omega}=-\dfrac{1}{\omega}$

> ❼ $x^3=1$에서 $x^3-1=0$
> $(x-1)(x^2+x+1)=0$
> 방정식의 한 허근이 ω이므로
> $\omega^2+\omega+1=0$

5 연립이차방정식의 풀이 ❽ – 유형 12~15

미지수가 2개인 연립방정식에서 차수가 높은 방정식이 이차방정식일 때, 이 연립방정식을 **미지수가 2개인 연립이차방정식** ❾ 이라 한다.

(1) **일차방정식과 이차방정식으로 이루어진 연립이차방정식**

일차방정식을 어느 한 문자에 대하여 정리한 후, 이차방정식에 대입하여 푼다.

(2) **두 개의 이차방정식으로 이루어진 연립이차방정식**

한 이차방정식에서 이차식을 두 개의 일차식의 곱으로 인수분해한 후 일차방정식과 이차방정식으로 이루어진 연립이차방정식을 푼다.

(3) **x, y에 대한 대칭식인 연립이차방정식** ❿

$x+y=u$, $xy=v$로 놓고, u, v에 대한 연립방정식을 푼 후, x, y는 t에 대한 이차방정식 $t^2-ut+v=0$의 두 근임을 이용하여 푼다.

> ❽ 미지수가 2개인 연립방정식에서 하나가 이차방정식이고 다른 것이 일차방정식 또는 이차방정식일 때, 이 연립방정식을 연립이차방정식이라 한다.

> ❾ 연립이차방정식은
> $\begin{cases} 일차방정식 \\ 이차방정식 \end{cases}$, $\begin{cases} 이차방정식 \\ 이차방정식 \end{cases}$
> 중 하나의 꼴이다.

> ❿ x, y를 서로 바꾸어 대입해도 변하지 않는 식을 x, y에 대한 대칭식이라 한다.

6 부정방정식의 풀이 ⓫ – 유형 16~17

(1) **정수 조건의 부정방정식**

(일차식) $\times$ (일차식) = (정수) 꼴로 변형한 후 곱해서 정수가 되는 두 일차식의 값을 구한다.

(2) **실수 조건의 부정방정식**

① A, B가 실수이고 $A^2+B^2=0$의 꼴이면 $A=0$, $B=0$임을 이용한다.

② 실수 x, y에 대한 이차방정식으로 주어지면 한 문자에 대하여 정리한 후 판별식 D가 $D \geq 0$임을 이용하여 푼다.

> ⓫ 방정식의 개수가 미지수의 개수보다 적은 방정식을 **부정방정식**이라 한다.

3 삼차방정식의 켤레근

[G21~G24] 다음 물음에 답하시오.

G21 삼차방정식 $x^3+ax^2+x+b=0$의 두 근이 $3-2\sqrt{2}$, 0 일 때, 유리수 a, b의 값을 각각 구하시오.

G22 삼차방정식 $x^3-3x^2+ax+b=0$의 두 근이 1, $1+\sqrt{2}$ 일 때, 유리수 a, b의 값을 각각 구하시오.

G23 삼차방정식 $x^3+ax^2-4x+b=0$의 두 근이 -3, $1-i$일 때, 실수 a, b의 값을 각각 구하시오.

G24 삼차방정식 $2x^3-12x^2+ax+b=0$의 두 근이 2, $2+i$일 때, 실수 a, b의 값을 각각 구하시오.

4 방정식 $x^3=1$의 허근의 성질

G25 방정식 $x^3=1$의 한 허근을 ω라 할 때, 다음 식의 값을 구하시오. (단, $\overline{\omega}$는 ω의 켤레복소수이다.)

(1) $\omega^2+\omega+1$ (2) $\omega+\overline{\omega}$

(3) $\omega\overline{\omega}$ (4) $\omega+\dfrac{1}{\omega}$

(5) $\omega^{10}+\omega^8+1$ (6) $(1+\omega)(1+\overline{\omega})$

G26 방정식 $x^3=-1$의 한 허근을 ω라 할 때, 다음 식의 값을 구하시오. (단, $\overline{\omega}$는 ω의 켤레복소수이다.)

(1) $\omega^2-\omega+1$ (2) $\omega+\overline{\omega}$

(3) $\omega\overline{\omega}$ (4) $\omega+\dfrac{1}{\omega}$

(5) $(1+\omega)(1-\omega^2)$ (6) $\omega+\dfrac{1}{\omega^2}$

5 연립이차방정식의 풀이

[G27~G34] 다음 연립방정식을 푸시오.

G27 $\begin{cases} x+y=-1 \\ x^2+y^2=13 \end{cases}$ **G28** $\begin{cases} x-y=7 \\ x^2-xy+y^2=39 \end{cases}$

G29 $\begin{cases} x-2y=0 \\ x^2+4y^2=20 \end{cases}$ **G30** $\begin{cases} x+y=2 \\ xy=-3 \end{cases}$

G31 $\begin{cases} x^2+y^2=10 \\ x-y=2 \end{cases}$ **G32** $\begin{cases} x^2-xy=2y^2 \\ x^2+y^2=13 \end{cases}$

G33 $\begin{cases} x^2-3xy+2y^2=0 \\ x^2+4y^2=40 \end{cases}$ **G34** $\begin{cases} x^2-y^2=0 \\ x^2+3xy+5y^2=18 \end{cases}$

6 부정방정식의 풀이

G35 방정식 $4x+3y=30$을 만족시키는 자연수 x, y의 순서쌍 (x, y)를 구하시오.

G36 방정식 $(x+1)(y+3)=7$을 만족시키는 정수 x, y의 순서쌍 (x, y)를 구하시오.

G37 방정식 $x^2+y^2+8x-4y+20=0$을 만족시키는 실수 x, y의 값을 구하시오.

1 삼차방정식과 사차방정식

 중요

유형 01 삼차방정식, 사차방정식의 풀이 기초

$f(x)=0$ 꼴의 삼차방정식과 사차방정식은 다음과 같은 방법으로 푼다.
(1) $f(x)$를 인수정리와 조립제법을 이용하여 인수분해한다.
(2) $ABC=0$이면 $A=0$ 또는 $B=0$ 또는 $C=0$,
    $ABCD=0$이면 $A=0$ 또는 $B=0$ 또는 $C=0$ 또는 $D=0$
    임을 이용한다.

tip
조립제법을 이용할 때 주어진 삼차방정식이나 사차방정식의 최고차항의 계수가 1이면 상수항의 약수 중에 가장 간단한 수부터 시작하면 편하다.

G38 ✿✿✿ ─────── 2025실시 6월 학평 23(고1)

사차방정식
$$x^4-2x^3-x^2+2x=0$$
의 모든 양의 실근의 합을 구하시오. (3점)

G39 ✿✿✿ ─────── 2017실시 6월 학평 9(고1)

삼차방정식 $x^3-2x^2-5x+6=0$의 세 실근
α, β, γ $(\alpha<\beta<\gamma)$에 대하여 $\alpha+\beta+2\gamma$의 값은? (3점)

① 3   ② 4   ③ 5
④ 6   ⑤ 7

G40 ✿✿✿ ─────── 2013실시 9월 학평 23(고1)

삼차방정식 $x^3-7x+6=0$의 세 근 α, β, γ
$(\alpha>\beta>\gamma)$에 대하여 $\alpha+2\beta-3\gamma$의 값을 구하시오.(3점)

G41 ✿✿✿ ─────── 2016실시(나) 3월 학평 10(고2)

방정식 $x^3+8=0$의 근 중 허수부분이 양수인 근을 α라 하자. $\alpha-\bar{\alpha}$의 값은?
(단, $i=\sqrt{-1}$이고, $\bar{a}$는 α의 켤레복소수이다.) (3점)

① $-2\sqrt{3}i$ ② $-\sqrt{3}i$ ③ $\sqrt{3}i$
④ $2\sqrt{3}i$ ⑤ $4\sqrt{3}i$

G42 ✿✿✿ ─────── 2022실시 6월 학평 13(고1)

삼차방정식
$$x^3+2x^2-3x-10=0$$
의 서로 다른 두 허근을 α, β라 할 때, $\alpha^3+\beta^3$의 값은?
(3점)

① -2 ② -3 ③ -4
④ -5 ⑤ -6

G43 ✱✿✿ 🚩최다출제 / 2021실시 6월 학평 12(고1)

삼차방정식 $x^3+x-2=0$의 서로 다른 두 허근을 α, β라 할 때, $\dfrac{\beta}{\alpha}+\dfrac{\alpha}{\beta}$의 값은? (3점)

① $-\dfrac{7}{2}$ ② $-\dfrac{5}{2}$ ③ $-\dfrac{3}{2}$
④ $-\dfrac{1}{2}$ ⑤ $\dfrac{1}{2}$

G44 ✱✿✿ ─────── 2015실시 6월 학평 9(고1)

삼차방정식 $x^3-2x^2+3x-2=0$의 두 허근을 α, β라 할 때, $\dfrac{1}{\alpha}+\dfrac{1}{\beta}$의 값은? (3점)

① $\dfrac{1}{6}$ ② $\dfrac{1}{3}$ ③ $\dfrac{1}{2}$
④ $\dfrac{2}{3}$ ⑤ $\dfrac{5}{6}$

G45 ✽❀❀   2020실시 3월 학평 26(고2)

삼차방정식 $x^3+x-2=0$의 서로 다른 두 허근을 α, β라 할 때, $\alpha^3+\beta^3$의 값을 구하시오. (4점)

G46 ✽❀❀   2018실시(가) 3월 학평 14(고2)

x에 대한 방정식

$$(1+x)(1+x^2)(1+x^4)=x^7+x^6+x^5+x^4$$

의 세 근을 각각 α, β, γ라 할 때, $\alpha^4+\beta^4+\gamma^4$의 값은? (4점)

① 3   ② 7   ③ 11

④ 15   ⑤ 19

G47 ✽❀❀   2017실시(가) 3월 학평 9(고2)

삼차방정식 $2x^3+x^2+2x+3=0$의 한 허근을 α라 할 때, $4\alpha^2-2\alpha+7$의 값은? (3점)

① 1   ② 3   ③ 5

④ 7   ⑤ 9

G48 ✽❀❀   2024실시 3월 학평 10(고2)

삼차방정식 $x^3+x^2-2=0$의 한 허근을 $a+bi$라 할 때, $|a|+|b|$의 값은?

(단, a, b는 실수이고, $i=\sqrt{-1}$이다.) (3점)

① 4   ② $\dfrac{7}{2}$ ③ 3

④ $\dfrac{5}{2}$ ⑤ 2

G49 ✽❀❀   2024실시 6월 학평 12(고1)

삼차방정식 $x^3+x^2+x-3=0$의 서로 다른 두 허근을 α, β라 할 때, $(\alpha^2+2\alpha+6)(\beta^2+2\beta+8)$의 값은? (3점)

① 11   ② 12   ③ 13

④ 14   ⑤ 15

G50 ✽❀❀   2017실시 9월 학평 9(고1)

삼차방정식 $x^3+x^2+x-3=0$의 두 허근을 각각 z_1, z_2라 할 때, $z_1\overline{z_1}+z_2\overline{z_2}$의 값은?

(단, $\overline{z_1}$, $\overline{z_2}$는 각각 z_1, z_2의 켤레복소수이다.) (3점)

① 2   ② 4   ③ 6

④ 8   ⑤ 10

G51 ✽❀❀   2014실시 11월 학평 23(고1)

사차방정식 $x^4-6x^3+15x^2-22x+12=0$의 모든 실근의 합을 구하시오. (3점)

G52 ✽❀❀   📕최다출제 / 2016실시 6월 학평 12(고1)

사차방정식 $x^4-5x^3+5x^2+5x-6=0$의 네 실근 중 가장 작은 것을 α, 가장 큰 것을 β라 할 때, $\beta-\alpha$의 값은? (3점)

① 1   ② 2   ③ 3

④ 4   ⑤ 5

G53 ✱✲✲

사차방정식 $x^4-3x^3+2x^2+2x-4=0$의 서로
다른 두 실근의 곱을 a, 서로 다른 두 허근의 곱을 b라
할 때, $a+b$의 값은? (3점)

① -8 ② -4 ③ 0

④ 4   ⑤ 8

G54 ✱✲✲   2018실시 6월 학평 12(고1)

다항식 $2x^3+x^2+x-1$을 일차식 $x-a$로 나누었을 때의
몫은 $Q(x)$, 나머지는 3이다. $Q(a)$의 값은?
(단, a는 상수이다.) (3점)

① 5   ② 6   ③ 7

④ 8   ⑤ 9

G55 ✱✲✲   2014실시(A) 3월 학평 11(고2)

다항식 $f(x)=x^3-(a+4)x^2+(4a-5)x+5a$에
대하여 $f(a)=f(a+3)=0$을 만족시키는 실수 a의 값의
합은? (3점)

① -4 ② -2 ③ 0

④ 2   ⑤ 4

G56 ✱✱✲   2019실시(나) 3월 학평 14(고2)

복소수 $z=a+bi$(a, b는 실수)가 다음 조건을
만족시킬 때, $a+b$의 값은? (단, $i=\sqrt{-1}$이고, $\bar{z}$는 z의
켤레복소수이다.) (4점)

> (가) z는 방정식 $x^3-3x^2+9x+13=0$의 근이다.
> (나) $\dfrac{z-\bar{z}}{i}$는 음의 실수이다.

① -3 ② -1 ③ 1

④ 3   ⑤ 5

유형 02   치환을 이용한 사차방정식의 풀이   이해

방정식에 공통부분이 있으면 공통부분을 하나의 문자로
치환한 후 그 문자에 대한 방정식으로 변형하여 해를 구한다.

tip

$(x-a)(x-b)(x-c)(x-d)=k$ 꼴의 사차방정식은 두 일차식의
상수항의 합과 나머지 두 일차식의 상수항의 합이 서로 같아지도록
두 일차식끼리 짝을 지어 전개한 후 공통부분을 한 문자로 치환한다.

G57 ✱✲✲   2013실시 9월 학평 27(고1)

두 실수 a, b에 대하여 $a^3=9-4\sqrt{5}$, $b^3=9+4\sqrt{5}$
일 때, $a+b$의 값을 구하시오. (4점)

G58 ✱✲✲   필수

사차방정식 $(x^2-3x)^2-8(x^2-3x)+15=0$의 네 근을
a, b, c, d라 할 때, $a+b+c+d$의 값은? (3점)

① 2   ② 4   ③ 6

④ 8   ⑤ 10

G59 ✱✲✲   2015실시 11월 학평 26(고1)

사차방정식 $(x^2-5x)(x^2-5x+13)+42=0$의 모든
실근의 곱을 구하시오. (4점)

G60 ✱❊❊ .... 2024실시 6월 학평 10(고1)

사차방정식 $(x^2-3x)(x^2-3x+6)+5=0$의
서로 다른 두 실근을 α, β라 할 때, $\alpha\beta$의 값은? (3점)

① 1   ② 2   ③ 3
④ 4   ⑤ 5

G61 ✱❊❊ .... 2014실시 9월 학평 7(고1)

사차방정식 $(x^2+x-1)(x^2+x+3)-5=0$의 서로 다른
두 허근을 α, β라 할 때, $\alpha\overline{\alpha}+\beta\overline{\beta}$의 값은?

(단, $\overline{z}$는 z의 켤레복소수이다.) (3점)

① 4   ② 5   ③ 6
④ 7   ⑤ 8

G62 ✱❊❊ .... 2013실시 11월 학평 19(고1)

방정식 $(x^2-4x+3)(x^2-6x+8)=120$의
한 허근을 ω라 할 때, $\omega^2-5\omega$의 값은? (4점)

① -16 ② -14 ③ -12
④ -10 ⑤ -8

유형 03 $x^4+ax^2+b=0$ 꼴의 방정식의 풀이 (이해)

$x^4+ax^2+b=0$ 꼴의 사차방정식

① $x^2=X$로 치환하여 X^2+aX+b를 인수분해한다.

② ①의 방법으로 인수분해되지 않을 경우에는
$(x^2+A)^2-(Bx)^2=0$ 꼴로 변형한 후 좌변을 인수분해한다.

(tip)

1️⃣ $x^2=X$로 치환한 후에 $X=n$(n은 임의의 실수)을 얻었을 때
사차방정식의 해는 n이 아니라 $\pm\sqrt{n}$임을 주의하자.
2️⃣ 사차방정식에서 치환을 하여 이차방정식 꼴을 만든 후 이차방정식의
근이 복잡할 때에는 근의 공식을 통해 근을 직접 구하기보다는
이차방정식의 판별식을 통해 근의 유무 및 개수를 확인하고
근과 계수의 관계를 통해 문제를 풀어나간다.

G63 ✱❊❊

사차방정식 $x^4-10x^2+9=0$의 네 근을 α, β, γ, δ라고
할 때, $|\alpha|+|\beta|+|\gamma|+|\delta|$의 값은? (3점)

① 4   ② 6   ③ 8
④ 10   ⑤ 12

G64 ✱✱❊ .... 2014실시 6월 학평 29(고1) 변형

x에 대한 사차방정식 $x^4-7x^2+k-6=0$의 모든 근이
실수가 되도록 하는 자연수 k의 개수를 구하시오. (4점)

G65 ✱❊❊   필수

사차방정식 $x^4-6x^2+1=0$의 모든 양의 근의
합은? (3점)

① 1   ② $\sqrt{2}$ ③ 2
④ $2\sqrt{2}$ ⑤ 4

G66 ✿✿✿

다음은 자연수 n에 대하여 x에 대한 사차방정식
$$4x^4-4(n+2)x^2+(n-2)^2=0$$
이 서로 다른 네 개의 정수해를 갖도록 하는 20 이하의 모든 n의 값을 구하는 과정이다.

$P(x)=4x^4-4(n+2)x^2+(n-2)^2$이라 하자.
$x^2=X$라 하면 주어진 방정식 $P(x)=0$은
$4X^2-4(n+2)X+(n-2)^2=0$이고
근의 공식에 의해 $X=\dfrac{n+2\pm\sqrt{\boxed{(가)}}}{2}$이다.

그러므로 $X=\left(\sqrt{\dfrac{n}{2}}+1\right)^2$ 또는 $X=\left(\sqrt{\dfrac{n}{2}}-1\right)^2$에서
$x=\sqrt{\dfrac{n}{2}}+1$ 또는 $x=-\sqrt{\dfrac{n}{2}}-1$ 또는 $x=\sqrt{\dfrac{n}{2}}-1$ 또는 $x=-\sqrt{\dfrac{n}{2}}+1$이다.

방정식 $P(x)=0$이 정수해를 갖기 위해서는 $\sqrt{\dfrac{n}{2}}$이 자연수가 되어야 한다.

따라서 자연수 n에 대하여 방정식 $P(x)=0$이 서로 다른 네 개의 정수해를 갖도록 하는 20 이하의 모든 n의 값은 $\boxed{(나)}$, $\boxed{(다)}$이다.

위의 (가)에 알맞은 식을 $f(n)$이라 하고, (나), (다)에 알맞은 수를 각각 a, b라 할 때, $f(b-a)$의 값은?

(단, $a<b$) (4점)

① 48   ② 56   ③ 64
④ 72   ⑤ 80

$ax^4+bx^3+cx^2+bx+a=0$ 꼴의 사차방정식
(ⅰ) 양변을 x^2으로 나눈다.
(ⅱ) $x+\dfrac{1}{x}=X$로 치환하여 주어진 방정식을 X에 대한 이차방정식으로 변형한 후 X의 값을 구한다.
(ⅲ) (ⅱ)에서 구한 X의 값에 대하여 $X=k$(k는 상수)일 때 $x+\dfrac{1}{x}=k$이므로 이차방정식 $x^2-kx+1=0$을 풀어 주어진 사차방정식의 근을 구한다.

(tip)
$ax^4+bx^3+cx^2-bx+a=0$ 꼴의 방정식의 경우 $x-\dfrac{1}{x}=X$로 치환하여 푼다.

G67 ✿✿✿

사차방정식 $x^4+2x^3-6x^2+2x+1=0$의 가장 큰 근을 α, 가장 작은 근을 β라 할 때, $\alpha-\beta$의 값은? (3점)

① $-1-\sqrt{3}$ ② $-\sqrt{3}$ ③ $1+\sqrt{3}$
④ $2+\sqrt{3}$ ⑤ $3+\sqrt{3}$

G68 ✿✿✿

사차방정식 $x^4+6x^3-5x^2+6x+1=0$의 한 실근을 α라고 할 때, $\left|\alpha-\dfrac{1}{\alpha}\right|$의 값은? (4점)

① 3   ② 4   ③ $3\sqrt{5}$
④ $4\sqrt{5}$ ⑤ $5\sqrt{5}$

(1) 방정식 $f(x)=0$의 한 근이 α이면 $f(\alpha)=0$임을 이용하여 미정계수를 구한다.

(2) 방정식 $f(x)=0$의 두 근이 α, β이면 $f(\alpha)=0$, $f(\beta)=0$임을 이용하여 미정계수를 구한다.

tip

방정식 $f(x)=0$의 한 근이 α이면 $f(\alpha)=0$이므로 $f(x)$는 $x-\alpha$를 인수로 갖는다. 즉, $f(x)=(x-\alpha)Q(x)$ 꼴로 나타낼 수 있다.

G69 ✿✿✿ ·········· 2018실시 6월 학평 8(고1)

x에 대한 삼차방정식 $ax^3+x^2+x-3=0$의 한 근이 1일 때, 나머지 두 근의 곱은? (단, a는 상수이다.) (3점)

① 1   ② 2   ③ 3

④ 4   ⑤ 5

G70 ✿✿✿ ·········· 2019실시 6월 학평 26(고1)

x에 대한 삼차방정식 $x^3-x^2+kx-k=0$이 허근 $3i$와 실근 α를 가질 때, $k+\alpha$의 값을 구하시오.

(단, k는 실수이고, $i=\sqrt{-1}$이다.) (4점)

G71 ✿✿✿ ·········· 🚩최다출제 / 2017실시 6월 학평 13(고1)

x에 대한 사차방정식 $x^4-x^3+ax^2+x+6=0$의 한 근이 -2일 때, 네 실근 중 가장 큰 것을 b라 하자. $a+b$의 값은? (단, a는 상수이다.) (3점)

① -7 ② -6 ③ -5

④ -4 ⑤ -3

G72 ✿✿✿ ·········· 2022실시 11월 학평 11(고1)

삼차방정식

$$x^3+(k+1)x^2+(4k-3)x+k+7=0$$

은 서로 다른 세 실근 1, α, β를 갖는다. $|\alpha-\beta|$의 값은? (단, k는 상수이다.) (3점)

① 5   ② 7   ③ 9

④ 11   ⑤ 13

삼차방정식의 근의 조건이 주어지면 $f(\alpha)=0$을 만족시키는 α를 찾은 후 $(x-\alpha)(ax^2+bx+c)=0$ 꼴로 변형하여 이차방정식 $ax^2+bx+c=0$의 판별식을 통해 근의 조건을 만족시키는 경우를 따져본다. 사차방정식도 이와 유사하다.

tip

삼차방정식이나 사차방정식을 인수분해하여 $P(x)Q(x)=0$의 꼴로 만들었을 때, $P(x)=0$에서의 근과 $Q(x)=0$에서의 근 모두 원래 주어진 방정식의 근이므로 서로 겹치거나 제한된 범위가 있는지 확인한다.

G

G73 ✿✿✿ ·········· 2024실시 10월 학평 23(고1)

x에 대한 방정식

$$x^3+3x^2+(16-a)x+a-20=0$$

이 허근을 갖도록 하는 자연수 a의 개수를 구하시오. (3점)

G74 ✿✿✿ ·········· 2023실시 6월 학평 12(고1)

x에 대한 삼차방정식

$$x^3-(2a+1)x^2+(a+1)^2x-(a^2+1)=0$$

의 서로 다른 두 허근을 α, β라 하자. $\alpha+\beta=8$일 때, $\alpha\beta$의 값은? (단, a는 실수이다.) (3점)

① 16   ② 17   ③ 18

④ 19   ⑤ 20

G75 ✿✿✿ ·········· 2024실시 9월 학평 15(고1)

x에 대한 삼차방정식

$x^3+5x^2+(a-6)x-a=0$의 서로 다른 실근의 개수가 2가 되도록 하는 모든 실수 a의 값의 합은? (4점)

① 1   ② 2   ③ 3

④ 4   ⑤ 5

G76 ✱❀❀ 2021실시 3월 학평 26(고2)

삼차방정식
$$x^3 - 5x^2 + (a+4)x - a = 0$$
의 서로 다른 실근의 개수가 2가 되도록 하는 모든 실수 a의 값의 합을 구하시오. (4점)

G77 ✱❀❀ 2022실시 3월 학평 16(고2)

삼차방정식 $x^3 - x^2 - kx + k = 0$의 세 근을 α, β, γ라 하자. α, β 중 실수는 하나뿐이고 $\alpha^2 = -2\beta$일 때, $\beta^2 + \gamma^2$의 값은? (단, k는 0이 아닌 실수이다.) (4점)

① -5 ② -4 ③ -3
④ -2 ⑤ -1

G78 ✱❀❀ 2016실시 9월 학평 16(고1)

x에 대한 방정식 $x^3 + (8-a)x^2 + (a^2-8a)x - a^3 = 0$이 서로 다른 세 실근을 갖기 위한 정수 a의 개수는? (4점)

① 6   ② 8   ③ 10
④ 12   ⑤ 14

G79 ✱❀❀ 2023실시 6월 학평 16(고1)

x에 대한 삼차방정식
$$(x-a)\{x^2 + (1-3a)x + 4\} = 0$$
이 서로 다른 세 실근 1, α, β를 가질 때, $\alpha\beta$의 값은? (단, a는 상수이다.) (4점)

① 4   ② 6   ③ 8
④ 10   ⑤ 12

G80 ✱❀❀ 2022실시 6월 학평 26(고1)

x에 대한 사차방정식 $x^4 - (2a-9)x^2 + 4 = 0$이 서로 다른 네 실근 α, β, γ, $\delta(\alpha < \beta < \gamma < \delta)$를 가진다. $\alpha^2 + \beta^2 = 5$일 때, 상수 a의 값을 구하시오. (4점)

G81 ✱✱❀ 2022실시 11월 학평 26(고1)

사차방정식 $(x^2 + kx + 2)(x^2 + kx + 6) + 3 = 0$이 실근과 허근을 모두 갖도록 하는 자연수 k의 값을 구하시오. (4점)

G82 ✱✱❀ 2023실시 9월 학평 18(고1)

세 실수 a, b, c에 대하여 삼차다항식
$$P(x) = x^3 + ax^2 + bx + c$$
가 다음 조건을 만족시킨다.

> (가) x에 대한 삼차방정식 $P(x) = 0$은 한 실근과 서로 다른 두 허근을 갖고, 서로 다른 두 허근의 곱은 5이다.
> (나) x에 대한 삼차방정식 $P(3x-1) = 0$은 한 근 0과 서로 다른 두 허근을 갖고, 서로 다른 두 허근의 합은 2이다.

$a + b + c$의 값은? (4점)

① 3   ② 4   ③ 5
④ 6   ⑤ 7

G83 ✶✶❀ 2018실시 6월 학평 20(고1)

다음은 x에 대한 삼차방정식
$2x^3-5x^2+(k+3)x-k=0$의 서로 다른 세 실근이
직각삼각형의 세 변의 길이일 때, 상수 k의 값을 구하는
과정의 일부이다.

삼차방정식 $2x^3-5x^2+(k+3)x-k=0$에서
$$(x-1)(\boxed{(가)}+k)=0$$
이므로 삼차방정식 $2x^3-5x^2+(k+3)x-k=0$의 서로
다른 세 실근은 1과 이차방정식 $\boxed{(가)}+k=0$의 두 근
이다. 이차방정식 $\boxed{(가)}+k=0$의 두 근을 α, $\beta(\alpha>\beta)$
라 하자. 1, α, β가 직각삼각형의 세 변의 길이가 되는
경우는 다음과 같이 2가지로 나눌 수 있다.
(i) 빗변의 길이가 1인 경우
　$\alpha^2+\beta^2=1$이므로 $(\alpha+\beta)^2-2\alpha\beta=1$이다.
　그러므로 $k=\boxed{(나)}$이다.
　그런데 $\boxed{(가)}+k=0$에서 판별식 $D<0$이므로 α, β
　는 실수가 아니다. 따라서 1, α, β는 직각삼각형의
　세 변의 길이가 될 수 없다.
(ii) 빗변의 길이가 α인 경우
　$1+\beta^2=\alpha^2$이므로 $(\alpha+\beta)(\alpha-\beta)=1$이다.
　그러므로 $k=\boxed{(다)}$이다. 이때, 1, α, β는 직각삼각
　형의 세 변의 길이가 될 수 있다.
따라서 (i)과 (ii)에 의하여 $k=\boxed{(다)}$이다.

위의 (가)에 알맞은 식을 $f(x)$라 하고, (나), (다)에
알맞은 수를 각각 p, q라 할 때, $f(3)\times\dfrac{q}{p}$의 값은? (4점)

① $\dfrac{13}{2}$　　　② $\dfrac{15}{2}$　　　③ $\dfrac{17}{2}$

④ $\dfrac{19}{2}$　　　⑤ $\dfrac{21}{2}$

G84 ✶✶✶ 2019실시 9월 학평 20(고1)

9 이하의 자연수 n에 대하여 다항식 $P(x)$가
$$P(x)=x^4+x^2-n^2-n$$
일 때, [보기]에서 옳은 것만을 있는 대로 고른 것은? (4점)

[보기]
　ㄱ. $P(\sqrt{n})=0$
　ㄴ. 방정식 $P(x)=0$의 실근의 개수는 2이다.
　ㄷ. 모든 정수 k에 대하여 $P(k)\neq0$이 되도록 하는
　　　모든 n의 값의 합은 31이다.

① ㄱ　　　　② ㄷ　　　　③ ㄱ, ㄴ
④ ㄴ, ㄷ　　　⑤ ㄱ, ㄴ, ㄷ

G85 ✶✶✶ 2023실시 11월 학평 27(고1)

삼차방정식 $x^3-3x^2+4x-2=0$의 한 허근을
ω라 할 때, $\{\omega(\bar{\omega}-1)\}^n=256$을 만족시키는 자연수 n의
값을 구하시오. (단, $\bar{\omega}$는 ω의 켤레복소수이다.) (4점)

G86 ✿✿✿
2025실시 3월 학평 17(고2)

이차함수 $f(x)=x^2-6x+5$가 있다. 실수 k에 대하여 x에 대한 방정식 $f(x)f(x-k)=0$의 서로 다른 실근의 개수를 $g(k)$라 하자. $g(k-7)+g(k+1)=6$이 되도록 하는 모든 k의 값의 합은? (4점)

① 9　　　　② 10　　　　③ 11
④ 12　　　　⑤ 13

G87 ✿✿✿
2022실시 9월 학평 27(고1)

x에 대한 사차방정식
$$x^4+(2a+1)x^3+(3a+2)x^2+(a+2)x=0$$
의 서로 다른 실근의 개수가 3이 되도록 하는 모든 실수 a의 값의 곱을 구하시오. (4점)

G88 ✿✿✿
2020실시 3월 학평 20(고2)

x에 대한 사차방정식
$x^4+(3-2a)x^2+a^2-3a-10=0$이 실근과 허근을 모두 가질 때, 이 사차방정식에 대하여 [보기]에서 옳은 것만을 있는 대로 고른 것은? (단, a는 실수이다.) (4점)

[보기]
ㄱ. $a=1$이면 모든 실근의 곱은 -3이다.
ㄴ. 모든 실근의 곱이 -4이면 모든 허근의 곱은 3이다.
ㄷ. 정수인 근을 갖도록 하는 모든 실수 a의 값의 합은 -1이다.

① ㄱ　　　　② ㄱ, ㄴ　　　　③ ㄱ, ㄷ
④ ㄴ, ㄷ　　　　⑤ ㄱ, ㄴ, ㄷ

---

② 삼차방정식의 근과 계수의 관계

유형 07　삼차방정식의 근과 계수의 관계

삼차방정식 $ax^3+bx^2+cx+d=0$의 세 근을 α, β, γ라 하면
(1) $\alpha+\beta+\gamma=-\dfrac{b}{a}$
(2) $\alpha\beta+\beta\gamma+\gamma\alpha=\dfrac{c}{a}$
(3) $\alpha\beta\gamma=-\dfrac{d}{a}$

문제에 주어진 식을 $\alpha+\beta+\gamma=-\dfrac{b}{a}$, $\alpha\beta+\beta\gamma+\gamma\alpha=\dfrac{c}{a}$, $\alpha\beta\gamma=-\dfrac{d}{a}$를 이용할 수 있도록 곱셈 공식을 변형한다.

G89 ✿✿✿
최다출제 / 2018실시 6월 학평 14(고1) 변형

삼차방정식 $x^3-2x^2+3x+5=0$의 세 근을 α, β, γ라 할 때, $(3-\alpha)(3-\beta)(3-\gamma)$의 값은? (3점)

① 11　　　　② 14　　　　③ 17
④ 20　　　　⑤ 23

G90 ✿✿✿
2018실시 6월 학평 14(고1)

삼차방정식 $x^3+2x^2-3x+4=0$의 세 근을 α, β, γ라 할 때, $(3+\alpha)(3+\beta)(3+\gamma)$의 값은? (4점)

① -5　　　　② -4　　　　③ -3
④ -2　　　　⑤ -1

G91 ✿✿✿
2025실시 9월 학평 18(고1)

x에 대한 삼차방정식
$x^3-6x^2+(k+8)x-2k=0$은 서로 다른 세 실근 α, β, $\gamma(\alpha<\beta<\gamma)$를 갖는다. $2\alpha+\beta=2\gamma$일 때, 상수 k의 값은? (4점)

① $\dfrac{27}{8}$　　　　② $\dfrac{7}{2}$　　　　③ $\dfrac{29}{8}$
④ $\dfrac{15}{4}$　　　　⑤ $\dfrac{31}{8}$

G92 ✿✿✿

삼차방정식 $x^3-2x^2+x-4=0$의 세 근을 α, β, γ라 할 때, $(\alpha+\beta)(\beta+\gamma)(\gamma+\alpha)$의 값은? (3점)

① -6　　　　② -4　　　　③ -2
④ 0　　　　⑤ 2

G93 ✿✿✿

삼차방정식 $x^3+ax^2+2bx+24=0$의 한 근이
-3이고 다른 두 근의 제곱의 합이 20일 때, 음수 a, b에
대하여 $a-b$의 값은? (3점)

① -8 ② -3 ③ 2
④ 5 ⑤ 8

G94 ✿✿❀ 2025실시 3월 학평 27(고2)

두 정수 a, b에 대하여 x에 대한 방정식
$x^3+ax^2+bx-3a=0$은 a를 포함한 서로 다른 세 정수를
근으로 갖고, x에 대한 방정식 $x^3+bx^2-2ax-2ab=0$은
정수인 근을 오직 하나만 갖는다. $a-b$의 값을 구하시오.

(4점)

G95 ✿✿❀ 2011실시 9월 학평 19(고1)

삼차방정식 $x^3+ax^2+bx+c=0$의 세 근을
α, β, γ라 하자. $\dfrac{1}{\alpha\beta}$, $\dfrac{1}{\beta\gamma}$, $\dfrac{1}{\gamma\alpha}$을 세 근으로 하는 삼차방
정식을 $x^3-2x^2+3x-1=0$이라 할 때, $a^2+b^2+c^2$의 값
은? (단, a, b, c는 상수이다.) (4점)

① 14 ② 15 ③ 16
④ 17 ⑤ 18

G96 ✿✿✿ 2024실시 6월 학평 20(고1)

x에 대한 삼차방정식
$$x^3-(a^2+a-1)x^2-a(a-3)x+4a=0$$
이 서로 다른 세 실근 α, β, γ $(\alpha<\beta<\gamma)$를 가질 때,
$\alpha\times\gamma=-4$가 되도록 하는 모든 실수 a의 값의 합은?

(4점)

① 1 ② 2 ③ 3
④ 4 ⑤ 5

유형 08 **삼차방정식의 작성** (이해)

α, β, γ를 세 근으로 하고, 최고차항의 계수가 1인 삼차방정식은
$(x-\alpha)(x-\beta)(x-\gamma)=0$이므로 이를 전개하면
$x^3-(\alpha+\beta+\gamma)x^2+(\alpha\beta+\beta\gamma+\gamma\alpha)x-\alpha\beta\gamma=0$이다.

(tip)

> 주어진 삼차방정식의 세 근 α, β, γ에 대하여 α, β, γ를 다른 형태로 변형한 값을 세 근으로 가지는 새로운 삼차방정식을 세우는 문제가 주로 나오므로 곱셈 공식의 변형 또는 전개 과정에서 실수하지 않도록 주의한다.

G97 ✿✿✿

삼차방정식 $x^3+4x^2+7x-2=0$의 세 근을 α, β, γ라고
할 때, $\dfrac{1}{\alpha}$, $\dfrac{1}{\beta}$, $\dfrac{1}{\gamma}$을 세 근으로 하고 x^3의 계수가 2인
삼차방정식은? (3점)

① $2x^3+7x^2-4x-1=0$ ② $2x^3+7x^2+4x-1=0$
③ $2x^3-7x^2+4x+1=0$ ④ $2x^3-7x^2-4x+1=0$
⑤ $2x^3-7x^2-4x-1=0$

G98 ✿✿✿ 2014실시 6월 학평 12(고1)

다음은 삼차방정식 $x^3+2x^2+3x+1=0$의 세 근이
α, β, γ일 때, $\dfrac{1}{\alpha}$, $\dfrac{1}{\beta}$, $\dfrac{1}{\gamma}$을 세 근으로 갖는 삼차방정식을
구하는 과정의 일부이다.

> α가 삼차방정식 $x^3+2x^2+3x+1=0$의 한 근이므로
> $\alpha^3+2\alpha^2+3\alpha+1=0$이다.
> α는 0이 아니므로 양변을 α^3으로 나누어 정리하면
> $\left(\dfrac{1}{\alpha}\right)^3+\boxed{(가)}\times\left(\dfrac{1}{\alpha}\right)^2+2\left(\dfrac{1}{\alpha}\right)+1=0$이다.
>
> 그러므로 $\dfrac{1}{\alpha}$은 최고차항의 계수가 1인 x에 대한
> 삼차방정식 $\boxed{(나)}=0$의 한 근이다.
> 같은 방법으로 β, γ도 삼차방정식
> $x^3+2x^2+3x+1=0$의 근이므로
> $$\vdots$$
> 이다.
> 따라서 $\dfrac{1}{\alpha}$, $\dfrac{1}{\beta}$, $\dfrac{1}{\gamma}$을 세 근으로 갖는 최고차항의 계수가
> 1인 x에 대한 삼차방정식은 $\boxed{(나)}=0$이다.

위의 (가)에 알맞은 수를 p, (나)에 알맞은 식을 $f(x)$라
할 때, $p+f(2)$의 값은? (3점)

① 28 ② 29 ③ 30
④ 31 ⑤ 32

G99 ✱✱✱

삼차방정식 $3x^3-x^2+x-1=0$의 세 근을 α, β, γ라 할 때, $\alpha+1$, $\beta+1$, $\gamma+1$을 세 근으로 하고 x^3의 계수가 3인 삼차방정식은? (3점)

① $3x^3+10x^2+12x+6=0$
② $3x^3+10x^2+12x-6=0$
③ $3x^3+10x^2-12x+6=0$
④ $3x^3-10x^2+12x-6=0$
⑤ $3x^3-10x^2-12x-6=0$

G100 ✱✱✱

삼차방정식 $x^3-4x^2+6x+3=0$의 세 근을 α, β, γ라 할 때, $2\alpha-1$, $2\beta-1$, $2\gamma-1$을 세 근으로 하고 x^3의 계수가 1인 삼차방정식은? (3점)

① $x^3+5x^2+11x+41=0$
② $x^3+5x^2-11x+41=0$
③ $x^3-5x^2+11x+41=0$
④ $x^3-5x^2+11x-41=0$
⑤ $x^3-5x^2-11x-41=0$

G101 ✱✱✱ 신유형

최고차항의 계수가 1인 삼차식 $f(x)$에 대하여
$$f(a)=a-1, f(b)=b-1, f(c)=c-1$$
이 성립할 때, 삼차방정식 $f(x)=0$의 세 근의 곱은? (4점)

① 1　　　② abc　　　③ $abc+1$
④ $a+b+c$　　　⑤ $a+b+c-1$

---

❸ 삼차방정식의 켤레근

유형 09　삼차방정식의 켤레근의 성질　이해

삼차방정식 $ax^3+bx^2+cx+d=0$에서

(1) a, b, c, d가 유리수일 때,
　$p+q\sqrt{m}$이 근이면 $p-q\sqrt{m}$도 근이다.
　　　　(단, p, q는 유리수, $q \neq 0$, $\sqrt{m}$은 무리수)

(2) a, b, c, d가 실수일 때, $p+qi$가 근이면 $p-qi$도 근이다.
　　　　(단, p, q는 실수, $q \neq 0$, $i=\sqrt{-1}$)

tip

켤레근의 특성상 서로 곱하거나 더하거나 빼면 식을 만들기 편한 수가 나온다. 즉, 켤레근을 근으로 가지는 삼차방정식이 나왔으면 삼차방정식의 근과 계수의 관계로 푼다.

G102 ✱✱✱

삼차방정식 $x^3+ax+b=0$의 한 근이 $\dfrac{1}{1-\sqrt{2}}$일 때, 유리수 a, b에 대하여 ab의 값은? (3점)

① -10　　　② -5　　　③ 0
④ 5　　　⑤ 10

G103 ✱✱✱ 2010실시 9월 학평 8(고1)

계수가 실수인 x에 대한 삼차방정식 $x^3+ax^2+bx-8=0$의 한 근이 $1-\sqrt{3}i$일 때, $a+b$의 값은? (단, $i=\sqrt{-1}$) (3점)

① 4　　　② 5　　　③ 6
④ 7　　　⑤ 8

G104 ✱✱✱ 최다출제

삼차방정식 $x^3+ax^2+bx-10=0$의 한 근이 $2+i$일 때, 나머지 두 근 중 실근을 α라고 하자. 이때, $a+b+\alpha$의 값은? (단, a, b는 실수이고, $i=\sqrt{-1}$이다.) (3점)

① -6　　　② -3　　　③ 3
④ 6　　　⑤ 9

G105 ✱❀❀

2023실시 3월 학평 10(고2)

삼차방정식 $x^3+2x-3=0$의 한 허근을
$a+bi$라 할 때, a^2b^2의 값은?

(단, a, b는 실수이고, $i=\sqrt{-1}$이다.) (3점)

① $\dfrac{11}{16}$ 　　② $\dfrac{3}{4}$ 　　③ $\dfrac{13}{16}$

④ $\dfrac{7}{8}$ 　　⑤ $\dfrac{15}{16}$

G106 ✱❀❀
2020실시 9월 학평 15(고1)

x에 대한 삼차방정식 $x^3+(k-1)x^2-k=0$의 한 허근을
z라 할 때, $z+\bar{z}=-2$이다. 실수 k의 값은?

(단, $\bar{z}$는 z의 켤레복소수이다.) (4점)

① $\dfrac{3}{2}$ 　　② 2 　　③ $\dfrac{5}{2}$

④ 3 　　⑤ $\dfrac{7}{2}$

G107 ✱❀❀

실수 a, b, c에 대하여 x에 대한 삼차식
$f(x)=x^3+ax^2+bx+c$가 다음 조건을 만족한다.

> (가) $f(x)$는 $x-6$을 인수로 갖는다.
> (나) 삼차방정식 $f(x)=0$의 한 근이 $3i$이다.

이때, 삼차방정식 $f(3x)=0$의 세 근의 합은?

(단, $i=\sqrt{-1}$) (4점)

① 1 　　② 2 　　③ 4

④ 8 　　⑤ 16

G108 ✱❀❀

2009실시 9월 학평 9(고1)

삼차방정식 $x^3-4x^2+4x-3=0$의 한 허근을
α라 한다. 이때 $\dfrac{\bar{\alpha}}{\alpha}+\dfrac{\alpha}{\bar{\alpha}}$의 값은?

(단, $\bar{\alpha}$는 α의 켤레복소수) (3점)

① 0 　　② 1 　　③ -1

④ 2 　　⑤ -2

G109 ✱✱❀

2015실시 9월 학평 15(고1)

세 실수 a, b, c에 대하여 한 근이 $1+\sqrt{3}i$인 방정식
$x^3+ax^2+bx+c=0$과 이차방정식 $x^2+ax+2=0$이
공통인 근 m을 가질 때, m의 값은? (단, $i=\sqrt{-1}$) (4점)

① 2 　　② 1 　　③ 0

④ -1 　　⑤ -2

G110 ✱✱✱

2025실시 6월 학평 29(고1)

x에 대한 삼차방정식 $(x-1)(x^2+ax+b)=0$의
서로 다른 세 근을 α, β, γ라 하자.
$(2\alpha+2\beta-\gamma)^2=-81$일 때, $(4+\alpha)(4+\beta)(4+\gamma)$의
값을 구하시오. (단, a, b는 실수이다.) (4점)

4 방정식 $x^3=1$의 허근의 성질

유형 10 방정식 $x^3=1$, $x^3=-1$의 허근의 성질

방정식 $x^3=1$의 한 허근을 ω라 할 때 (단, $\overline{\omega}$는 ω의 켤레복소수)

(1) $\omega^3=1$이므로
$$\omega^{3n-2}=\omega, \ \omega^{3n-1}=\omega^2, \ \omega^{3n}=1(단, \ n은 자연수)$$

(2) $\omega^2+\omega+1=0$, $\omega+\overline{\omega}=-1$, $\omega\overline{\omega}=1$

(3) $\omega^2=\overline{\omega}=\dfrac{1}{\omega}$

① 방정식 $x^3=1$의 한 허근 ω에 대하여 ω와 그 켤레복소수 $\overline{\omega}$가 방정식 $x^2+x+1=0$의 근이므로 이차방정식의 근과 계수의 관계와 허근의 성질을 이용하면 훨씬 간단하게 식의 값을 구할 수 있다.

② 규칙성을 찾아서 해결하는 문제는 허근 ω가 $\omega^3=1$을 만족시킴을 이용하여 ω^n을 간단히 한 후 해결한다. (단, n은 자연수)

G111 ★❀❀ ..... 2005실시 11월 학평 27(고1)

삼차방정식 $x^3=1$의 한 허근을 ω라 할 때,
$$\frac{1}{\omega+1}+\frac{1}{\omega^2+1}+\frac{1}{\omega^3+1}+\cdots+\frac{1}{\omega^{30}+1}$$의 값을 구하시오.

(4점)

G112 ★❀❀ ..... 2006실시 9월 학평 13(고1)

삼차방정식 $x^3+1=0$의 한 허근을 α라 할 때, 옳은 내용을 [보기]에서 모두 고른 것은?

(단, $\overline{\alpha}$는 α의 켤레복소수이다.) (4점)

---[보기]---

ㄱ. $\alpha^2-\alpha+1=0$

ㄴ. $\alpha+\overline{\alpha}=\alpha\overline{\alpha}=1$

ㄷ. $\alpha^3+(\overline{\alpha})^3=\alpha^2+(\overline{\alpha})^2$

---

① ㄱ   ② ㄱ, ㄴ   ③ ㄱ, ㄷ

④ ㄴ, ㄷ   ⑤ ㄱ, ㄴ, ㄷ

G113 ★❀❀

방정식 $x^3+1=0$의 한 허근을 ω라고 하자.
$$A=(1+\omega+\omega^2+\cdots+\omega^8)(1+\overline{\omega}+\overline{\omega}^2+\cdots+\overline{\omega}^8),$$
$$B=1-\frac{1}{\omega}+\frac{1}{\omega^2}-\frac{1}{\omega^3}$$일 때, AB의 값은?

(단, $\overline{\omega}$는 ω의 켤레복소수이다.) (4점)

① -2 ② -1 ③ 1

④ 2 ⑤ 4

G114 ★★❀ ..... 2021실시 6월 학평 19(고1)

복소수 z에 대하여 $z+\overline{z}=-1$, $z\overline{z}=1$일 때,
$$\frac{\overline{z}}{z^5}+\frac{(\overline{z})^2}{z^4}+\frac{(\overline{z})^3}{z^3}+\frac{(\overline{z})^4}{z^2}+\frac{(\overline{z})^5}{z}$$의 값은?

(단, $\overline{z}$는 z의 켤레복소수이다.) (4점)

① 2 ② 3 ③ 4

④ 5 ⑤ 6

G115 ★★❀

방정식 $x^3=-1$의 한 허근을 ω라고 할 때, 자연수 n에 대하여 함수 $f(n)$을 다음과 같이 정의한다.
$$f(n)=n\omega^n$$
이때, $f(1)+f(2)+f(3)+\cdots+f(10)=a\omega+b$를 만족시키는 실수 a, b에 대하여 $a-b$의 값을 구하시오.

(4점)

유형 11 삼차방정식, 사차방정식의 활용   활용

삼차방정식과 사차방정식의 활용문제는 다음의 순서로 푼다.

(ⅰ) 문제의 의미를 파악하여 구하는 것을 x로 놓는다.

(ⅱ) 주어진 조건을 이용하여 방정식을 세운다.

(ⅲ) 방정식을 풀고 구한 해가 문제의 뜻에 맞는지 확인한다.

    tip

삼차방정식과 사차방정식의 활용문제에서는 구하고자 하는 값이나 필요한 값을 x로 잘 설정하여 방정식을 유도하는 것이 가장 중요하다. 이때, 길이, 넓이, 부피 등의 값은 양수인 것에 주의한다.

G116 ✱❀❀ ⋯⋯⋯⋯ 2011실시 11월 학평 19(고1)

그림과 같이 가로와 세로의 길이가 각각 8, a인 직사각형 모양의 종이를 대각선을 따라 접어 겹쳐진 부분의 넓이가 10일 때, a의 값은? (단, $0<a<8$) (4점)

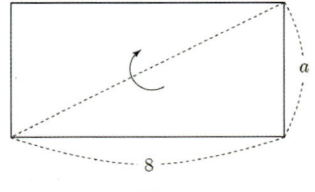

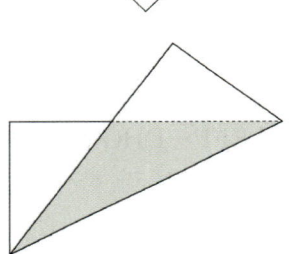

① 3   ② $\dfrac{13}{4}$ ③ $\dfrac{7}{2}$

④ $\dfrac{15}{4}$ ⑤ 4

G117 ✱❀❀ ⋯⋯⋯⋯ 2011실시 9월 학평 16(고1)

그림과 같이 세 모서리의 길이가 각각 x, $x+1$, $x+2$인 직육면체 모양의 블록이 있다.

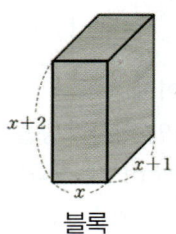

블록

이 블록들을 쌓아 만든 입체도형을 앞면, 옆면, 윗면에서 바라본 모양은 다음과 같다.

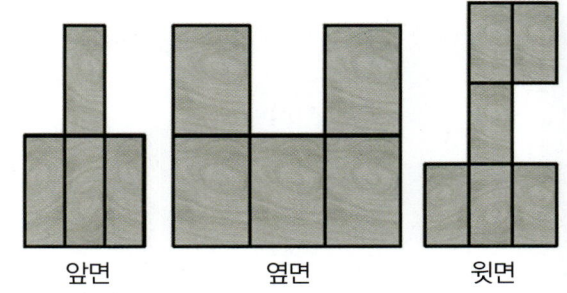

앞면   옆면   윗면

이 입체도형의 부피가 $7x^3+28x^2+20x+5$와 같을 때, x의 값은? (4점)

① 1   ② 2   ③ 3

④ 4   ⑤ 5

G118 ✱❀❀ ⋯⋯⋯⋯ 2007실시 9월 학평 17(고1)

한 모서리의 길이가 x cm인 정육면체 네 개를 그림과 같이 쌓아 놓은 입체의 부피는 A cm³, 겉넓이는 B cm²이다.

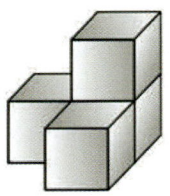

$3A=B+24$일 때, x의 값은? (3점)

① $\dfrac{3}{2}$ ② 2   ③ $1+\sqrt{2}$

④ $\dfrac{5}{2}$ ⑤ 3

G119 ✱❀❀

그림과 같이 가로의 길이와 세로의 길이가 각각 20 cm, 10 cm인 직사각형 모양의 종이가 있다.

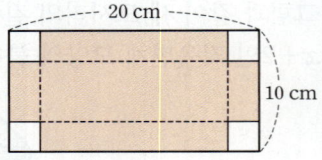

이 종이의 네 귀퉁이에서 한 변의 길이가 x cm인 정사각형을 잘라내고 점선을 따라 접었더니 부피가 168 cm³인 직육면체 모양의 뚜껑 없는 상자가 되었다. 이때, 자연수 x의 값을 구하시오. (3점)

G120 ✱❀❀

어떤 정육면체의 밑면의 가로의 길이와 세로의 길이를 각각 2 cm씩 늘이고 높이를 1 cm 줄여서 직육면체를 만들었더니 그 부피가 처음 정육면체의 부피의 2배가 되었다. 처음 정육면체의 한 모서리의 길이는? (3점)

① 2 cm   ② 3 cm   ③ 4 cm

④ 5 cm   ⑤ 6 cm

G121 ✱❀❀ 2012실시 9월 학평 27(고1) 변형

그림과 같이 원 밖의 한 점 P에서 원에 그은 접선의 접점을 A라 하고, 점 P를 지나는 직선이 원과 만나는 두 점을 각각 B, C라 하자.

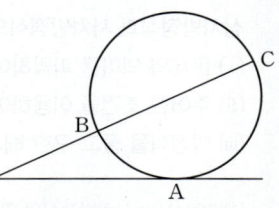

$\overline{PB}=x^2-2x+6$, $\overline{BC}=4x$, $\overline{PA}=\sqrt{21}\,x$가 되도록 하는 모든 x의 값의 합을 구하시오. (4점)

G122 ✱✱✱ 2024실시 10월 학평 20(고1)

양수 a에 대하여 $\overline{AB}=3a^2+10a+7$, $\overline{AD}=\overline{AE}=a$인 직육면체 ABCD−EFGH가 있다. 선분 AB를 $1:a$로 내분하는 점을 P, 선분 DC를 $1:a$로 내분하는 점을 Q라 하자. 직육면체 ABCD−EFGH에서 단면 PFGQ가 생기도록 삼각기둥 PFB−QGC를 잘라내었다. 사각기둥 AEFP−DHGQ의 부피를 V_1, 삼각기둥 PFB−QGC의 부피를 V_2라 하자. $V_1-V_2=4$일 때, 선분 AP의 길이는? (4점)

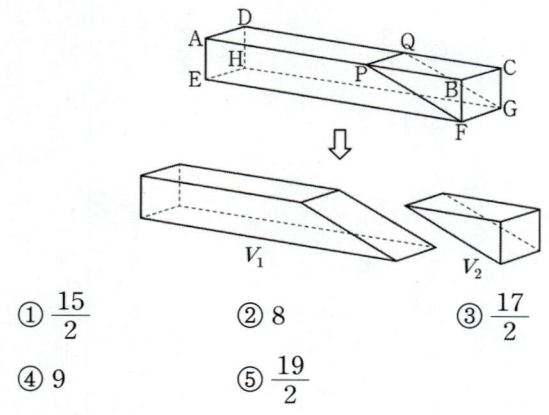

① $\dfrac{15}{2}$ ② 8   ③ $\dfrac{17}{2}$

④ 9   ⑤ $\dfrac{19}{2}$

5 연립이차방정식의 풀이

유형 12 $\begin{cases} \text{일차방정식} \\ \text{이차방정식} \end{cases}$ 꼴의 연립이차방정식

일차방정식과 이차방정식으로 이루어진 연립이차방정식은
다음의 순서로 푼다.

(i) 일차방정식을 x 또는 y에 대하여 정리한다.

(ii)(i)에서의 정리한 식을 이차방정식에 대입하여 푼다.

(iii)(ii)에서 구한 값을 (i)에 대입하여 나머지 해를 구한다.

(tip)

일차방정식에서 한 미지수에 대하여 정리할 때, 어느 미지수에 대해
정리해도 그 결과는 같지만 계수가 정수이거나 계산이 간단한 쪽을
선택하는 것이 풀이에 더 유용하다.

G123 ✱✱✱ ·········· 2025실시 6월 학평 9(고1)

연립방정식

$$\begin{cases} x-y=3 \\ 2x^2+y^2=6 \end{cases}$$

의 해를 $x=\alpha$, $y=\beta$라 할 때, $\alpha+\beta$의 값은? (3점)

① -2 ② -1 ③ 0

④ 1 ⑤ 2

G124 ✱✱✱ ·········· 2024실시 10월 학평 6(고1)

연립방정식

$$\begin{cases} x-y=2 \\ x^2+8x+y^2=2 \end{cases}$$

의 해를 $x=\alpha$, $y=\beta$라 할 때, $\alpha+\beta$의 값은? (3점)

① -1 ② -2 ③ -3

④ -4 ⑤ -5

G125 ✱✱✱ ·········· 2025실시 9월 학평 10(고1)

연립방정식

$$\begin{cases} 2x-y=4 \\ 3x^2-xy-7y=3 \end{cases}$$

의 해를 $x=\alpha$, $y=\beta$라 할 때, $\alpha+\beta$의 값은? (3점)

① 8 ② 11 ③ 14

④ 17 ⑤ 20

G126 ✱✱✱ ····· 최다출제 / 2021실시 9월 학평 11(고1)

연립방정식 $\begin{cases} 4x^2-4xy+y^2=0 \\ x+2y-10=0 \end{cases}$ 의 해를 $x=\alpha$,

$y=\beta$라 할 때, $\alpha+\beta$의 값은? (3점)

① 5 ② 6 ③ 7

④ 8 ⑤ 9

G127 ✱✱✱ ·········· 2021실시 3월 학평 9(고2)

연립방정식

$$\begin{cases} 2x-y=1 \\ 4x^2-x-y^2=5 \end{cases}$$

의 해가 $x=\alpha$, $y=\beta$일 때, $\alpha\beta$의 값은? (3점)

① 6 ② 7 ③ 8

④ 9 ⑤ 10

G128 ✱✱✱ ·········· 2021실시 11월 학평 12(고1)

연립방정식

$$\begin{cases} 3x-2y=7 \\ 6x^2-xy-2y^2=0 \end{cases}$$

의 해를 $x=\alpha$, $y=\beta$라 할 때, $\alpha-\beta$의 값은? (3점)

① 1 ② 2 ③ 3

④ 4 ⑤ 5

G129 ✸✸✸

연립방정식

$$\begin{cases} x-y=-5 \\ 4x^2+y^2=20 \end{cases}$$

의 해를 $x=\alpha$, $y=\beta$라 할 때, $\alpha+\beta$의 값을 구하시오.

(3점)

G130 ✸✸✸

연립방정식

$$\begin{cases} x-y+1=0 \\ x^2-2y^2-2=0 \end{cases}$$

의 해를 $x=\alpha$, $y=\beta$라 할 때, $\alpha+\beta$의 값은? (3점)

① -5　　　　② -4　　　　③ -3

④ -2　　　　⑤ -1

G131 ✸✸✸

x, y에 대한 연립방정식

$$\begin{cases} x-2y=1 \\ 2x-y^2=6 \end{cases}$$

의 해가 $x=\alpha$, $y=\beta$일 때, $\alpha+\beta$의 값을 구하시오. (3점)

G132 ✸✸✸

연립방정식

$$\begin{cases} 2x-y=1 \\ 5x^2-y^2=-5 \end{cases}$$

의 해를 $x=\alpha$, $y=\beta$라 할 때, $\alpha-\beta$의 값은? (3점)

① 1　　　　② 2　　　　③ 3

④ 4　　　　⑤ 5

G133 ✸✸✸

연립방정식

$$\begin{cases} 4x^2-y^2=27 \\ 2x+y=3 \end{cases}$$

의 해를 $x=\alpha$, $y=\beta$라 할 때, $\alpha-\beta$의 값은? (3점)

① 2　　　　② 4　　　　③ 6

④ 8　　　　⑤ 10

G134 ✸✸✸

연립방정식

$$\begin{cases} 2x-y-1=0 \\ 4x^2-6y+3=0 \end{cases}$$

의 해를 $x=\alpha$, $y=\beta$라 할 때, $\alpha \times \beta$의 값을 구하시오.

(3점)

G135 ✸✸✸

연립방정식 $\begin{cases} x=y+5 \\ x^2-2y^2=50 \end{cases}$ 의 해를 $x=\alpha$, $y=\beta$라 할 때,

$\alpha+\beta$의 값을 구하시오. (3점)

G136 ✸✸✸

연립방정식 $\begin{cases} x-y-1=0 \\ x^2-xy+2y=4 \end{cases}$ 의 해를 $x=\alpha$, $y=\beta$라 할 때,

$\alpha+\beta$의 값은? (3점)

① 1　　　　② 2　　　　③ 3

④ 4　　　　⑤ 5

G137 ❀❀❀ .... 2022실시 6월 학평 12(고1)

연립방정식
$$\begin{cases} x+y+xy=8 \\ 2x+2y-xy=4 \end{cases}$$
의 해를 $x=\alpha$, $y=\beta$라 할 때, $\alpha^2+\beta^2$의 값은? (3점)

① 8   ② 10   ③ 12

④ 14   ⑤ 16

G138 ❀❀❀ .... 2023실시 11월 학평 24(고1)

연립방정식
$$\begin{cases} x-y=3 \\ x^2-3xy+2y^2=6 \end{cases}$$
의 해가 $x=\alpha$, $y=\beta$라 할 때, $\alpha+\beta$의 값을 구하시오.

(3점)

G139 ✱❀❀ .... 2024실시 6월 학평 13(고1)

x, y에 대한 연립방정식
$$\begin{cases} x-y=3 \\ x^2-xy-y^2=k \end{cases}$$
의 해를 $\begin{cases} x=\alpha \\ y=\alpha-3 \end{cases}$ 또는 $\begin{cases} x=\beta \\ y=\beta-3 \end{cases}$ 이라 하자.

α, β가 서로 다른 두 실수가 되도록 하는 자연수 k의
최댓값은? (3점)

① 10   ② 11   ③ 12

④ 13   ⑤ 14

G140 ✱❀❀ .... 2021실시 6월 학평 13(고1)

연립방정식 $\begin{cases} 2x-3y=-1 \\ x^2-2y^2=-1 \end{cases}$ 의 해를

$x=\alpha$, $y=\beta$라 할 때, $\alpha+\beta$의 값은? (단, $\alpha \neq \beta$) (3점)

① 9   ② 10   ③ 11

④ 12   ⑤ 13

G141 ✱❀❀ [필수] / 2018실시 6월 학평 11(고1)

x, y에 대한 두 연립방정식
$$\begin{cases} 3x+y=a \\ 2x+2y=1 \end{cases}, \begin{cases} x^2-y^2=-1 \\ x-y=b \end{cases}$$
의 해가 일치할 때, 두 상수 a, b에 대하여 ab의 값은? (3점)

① 1   ② 2   ③ 3

④ 4   ⑤ 5

$\begin{cases} 이차방정식 \\ 이차방정식 \end{cases}$ 꼴의 연립이차방정식

(1) 두 개의 이차방정식으로 이루어진 연립이차방정식은 다음과 같은 순서로 푼다.
  (ⅰ) 상수항이 0인 이차방정식을 두 일차식의 곱으로 인수분해하여 일차방정식을 얻는다.
  (ⅱ) (ⅰ)에서 구한 일차방정식을 이차방정식에 각각 대입하여 푼다.
  (ⅲ) (ⅱ)에서 구한 값을 (ⅰ)에서 구한 식에 대입하여 해를 구한다.

(2) 대칭형의 연립방정식의 풀이
  (ⅰ) $x+y=u$, $xy=v$로 놓고 주어진 연립방정식을 u, v에 대한 연립방정식으로 나타낸다.
  (ⅱ) (ⅰ)에서 구한 연립방정식을 푼다.
  (ⅲ) x, y가 이차방정식 $t^2-ut+v=0$의 두 근임을 이용하여 해를 구한다.

tip

① 연립이차방정식에서 이차방정식 중 하나는 무조건 인수분해가 되도록 주어짐을 참고한다.
② 두 연립이차방정식이 공통인 해를 가진다면 미지수가 없는 이차방정식을 각각 하나씩 가져와서 새로운 연립이차방정식을 만들어 해를 찾은 후에 원래의 연립이차방정식에 대입하여 공통인 해를 찾을 수 있다.

G142 ✷❀❀ ··········· 2025실시 3월 학평 13(고2)

연립방정식

$$\begin{cases} 2x^2-5xy+2y^2=0 \\ 4x^2-y^2=45 \end{cases}$$

의 해를 $x=\alpha$, $y=\beta$라 할 때, $\alpha+\beta$의 값은?

(단, $\alpha>0$, $\beta>0$) (3점)

① $\sqrt{3}$ ② $\dfrac{3\sqrt{3}}{2}$ ③ $2\sqrt{3}$

④ $\dfrac{5\sqrt{3}}{2}$ ⑤ $3\sqrt{3}$

G143 ✷❀❀ ··········· 2020실시 3월 학평 13(고2)

연립방정식 $\begin{cases} x^2-3xy+2y^2=0 \\ x^2-y^2=9 \end{cases}$ 의 해를

$\begin{cases} x=\alpha_1 \\ y=\beta_1 \end{cases}$ 또는 $\begin{cases} x=\alpha_2 \\ y=\beta_2 \end{cases}$

라 하자. $\alpha_1<\alpha_2$일 때, $\beta_1-\beta_2$의 값은? (3점)

① $-2\sqrt{3}$ ② $-2\sqrt{2}$ ③ $2\sqrt{2}$

④ $2\sqrt{3}$ ⑤ 4

G144 ✷❀❀ ··········· 2024실시 9월 학평 25(고1)

연립방정식

$$\begin{cases} x^2-4xy+4y^2=0 \\ x^2-6x-12y+36=0 \end{cases}$$

의 해가 $x=\alpha$, $y=\beta$일 때, $\alpha\times\beta$의 값을 구하시오. (3점)

G145 ✷❀❀ ·········· 최다출제 / 2019실시(가) 3월 학평 13(고2)

연립방정식 $\begin{cases} x^2-2xy-3y^2=0 \\ x^2+y^2=20 \end{cases}$ 의 해를 $x=a$, $y=b$라

할 때, $a+b$의 값은? (단, $a>0$, $b>0$) (3점)

① $2\sqrt{6}$ ② $2\sqrt{7}$ ③ $4\sqrt{2}$

④ 6 ⑤ $2\sqrt{10}$

G146 *❀❀

연립방정식 $\begin{cases} 2x^2-xy-y^2=0 \\ 5x^2-y^2=4 \end{cases}$ 의 해를 $x=\alpha,\ y=\beta$라고 할 때, 다음 중 $\alpha\beta$의 값이 될 수 있는 것은? (3점)

① 1   ② 2   ③ 3
④ 4   ⑤ 5

G147 *❀❀   2014실시 6월 학평 27(고1)

연립방정식
$$\begin{cases} x^2-y^2=6 \\ (x+y)^2-2(x+y)=3 \end{cases}$$
을 만족시키는 양수 $x,\ y$에 대하여 $20xy$의 값을 구하시오.
(4점)

G148 *❀❀

연립방정식 $\begin{cases} 2x^2-xy-3y^2=0 \\ x^2+9y^2=10 \end{cases}$ 의 해를 $x=a,\ y=b$라고 할 때, $a+b$의 최댓값은? (3점)

① $-\dfrac{5\sqrt{2}}{3}$ ② -2 ③ 0
④ 2 ⑤ $\dfrac{5\sqrt{2}}{3}$

G149 *❀❀   2018실시 9월 학평 13(고1)

연립방정식 $\begin{cases} x^2-3xy+2y^2=0 \\ 2x^2-y^2=2 \end{cases}$ 의 해를 $x=\alpha,\ y=\beta$라 할 때, $\alpha^2+\beta^2$의 최댓값은? (3점)

① 4 ② $\dfrac{9}{2}$ ③ 5
④ $\dfrac{11}{2}$ ⑤ 6

G150 *❀❀   2016실시 9월 학평 13(고1)

연립방정식 $\begin{cases} x^2+y^2=40 \\ 4x^2+y^2=4xy \end{cases}$ 의 해를 $x=\alpha,\ y=\beta$라 할 때, $\alpha\beta$의 값은? (3점)

① 16   ② 17   ③ 18
④ 19   ⑤ 20

G151 *❀❀   2014실시 6월 학평 27(고1) 변형

연립방정식 $\begin{cases} x^2-y^2=6 \\ (x+y)^2-(x+y)=6 \end{cases}$ 을 만족시키는 양수 $x,\ y$에 대하여 $20xy$의 값을 구하시오.
(4점)

G152 *❀❀   필수

연립방정식 $\begin{cases} xy=8 \\ \dfrac{1}{x}+\dfrac{1}{y}=\dfrac{3}{4} \end{cases}$ 의 해를 $x=a,\ y=b$라고 할 때, 이차방정식 $bx^2+ax-1=0$의 두 근의 합은? (단, $a<b$) (4점)

① -2 ② $-\dfrac{1}{2}$ ③ $\dfrac{1}{2}$
④ 1 ⑤ 2

G153 *❀❀

연립방정식 $\begin{cases} x+y+xy=11 \\ x^2+y^2-xy=7 \end{cases}$ 을 만족시키는 자연수 $x,\ y$의 순서쌍 $(x,\ y)$의 개수는? (4점)

① 0   ② 1   ③ 2
④ 3   ⑤ 4

(1) 일차방정식을 이차방정식에 대입한 후 이차방정식의 판별식을 이용한다.
(2) 대칭형의 연립이차방정식은 t에 대한 이차방정식을 작성한 후 이차방정식의 판별식을 이용한다.

tip

이차방정식 $ax^2+bx+c=0$의 판별식 $D=b^2-4ac$에서
① $D>0 \Longleftrightarrow$ 서로 다른 두 실근
② $D=0 \Longleftrightarrow$ 중근(서로 같은 두 실근)
③ $D<0 \Longleftrightarrow$ 서로 다른 두 허근

G154 ✱✱✱

연립방정식 $\begin{cases} x+y=2(a-1) \\ xy=a^2+7 \end{cases}$ 이 실근을 갖도록 하는 실수 a의 값의 범위는? (3점)

① $a \leq -3$　　　② $a < -3$　　　③ $a \geq -3$
④ $a \leq 3$　　　⑤ $a \geq 3$

G155 ✱✱✱

연립방정식 $\begin{cases} x+y=6 \\ x+y+xy=3k-1 \end{cases}$ 이 실근을 갖도록 하는 양의 정수 k의 개수를 구하시오. (3점)

G156 ✱✱✱

연립방정식 $\begin{cases} x-y=k \\ 2x^2+x-y^2=5-2k^2 \end{cases}$ 이 실수해를 갖지 않도록 하는 정수 k의 최댓값은? (3점)

① -7　　　② -6　　　③ -5
④ -4　　　⑤ -3

G157 ✱✱✱　　　　　　　　　　필수

연립방정식 $\begin{cases} x+y=k \\ x^2+y^2=8 \end{cases}$ 이 오직 한 쌍의 해를 갖도록 하는 실수 k에 대하여 k^2의 값을 구하시오. (3점)

G158 ✱✱✱　　　　2020실시 11월 학평 9(고1)

x, y에 대한 연립방정식 $\begin{cases} 2x+y=1 \\ x^2-ky=-6 \end{cases}$ 이 오직 한 쌍의 해를 갖도록 하는 양수 k의 값은? (3점)

① 1　　　② 2　　　③ 3
④ 4　　　⑤ 5

G159 ✱✱✱　　　　2015실시(가) 3월 학평 24(고2)

x, y에 대한 연립방정식 $\begin{cases} 2x-y=5 \\ x^2-2y=k \end{cases}$ 가 오직 한 쌍의 해 $x=\alpha$, $y=\beta$를 가질 때, $\alpha+\beta+k$의 값을 구하시오.
(단, k는 상수이다.) (3점)

G160 ✱✱✱

연립방정식 $\begin{cases} x+y=2a \\ 2x^2+y^2=b \end{cases}$ 가 오직 한 쌍의 해를 가질 때, 실수 a, b에 대하여 $4a+3b$의 최솟값을 구하시오.
(3점)

유형 15 연립이차방정식의 활용

활용

연립이차방정식의 활용문제는 다음과 같은 순서로 푼다.
(i) 문제의 의미를 파악하여 구하는 것을 미지수 x, y로 놓는다.
(ii) 주어진 조건을 파악한 후 이를 이용하여 연립방정식을 세운다.
(iii) 연립방정식을 풀어서 구한 해가 문제의 뜻에 맞는지 확인한다.

tip

문제에서 구해야 하는 것에 대한 공식이나 정보 파악을 먼저 한 후에
필요한 값을 각각 미지수 x, y로 놓고 나서 문제에 주어진 조건에 따라
연립방정식을 세우면 훨씬 쉽게 문제를 해결할 수 있다.

G161 ✱✱✱
2018실시 6월 학평 10(고1)

밑면의 반지름의 길이가 r, 높이가 h인 원기둥 모양의
용기에 대하여 $r+2h=8$, $r^2-2h^2=8$일 때,
이 용기의 부피는? (단, 용기의 두께는 무시한다.) (3점)

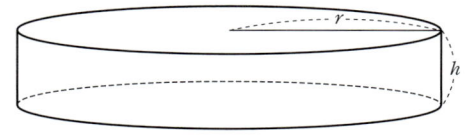

① 16π ② 20π ③ 24π
④ 28π ⑤ 32π

G162 ✱✱✱
필수

직사각형 모양의 꽃밭이 있다. 꽃밭의 둘레의 길이가
10 m이고, 대각선의 길이가 $\sqrt{13}$ m일 때,
이 꽃밭의 가로의 길이와 세로의 길이의 차는? (3점)

① 1 m   ② $\dfrac{3}{2}$ m   ③ 2 m
④ $\dfrac{5}{2}$ m   ⑤ 3 m

G163 ✱✱✱
2019실시 6월 학평 18(고1)

한 변의 길이가 a인 정사각형 ABCD와 한 변의
길이가 b인 정사각형 EFGH가 있다. 그림과 같이 네 점
A, E, B, F가 한 직선 위에 있고 $\overline{EB}=1$, $\overline{AF}=5$가
되도록 두 정사각형을 겹치게 놓았을 때, 선분 CD와
선분 HE의 교점을 I라 하자. 직사각형 EBCI의 넓이가
정사각형 EFGH의 넓이의 $\dfrac{1}{4}$일 때, b의 값은?

(단, $1<a<b<5$) (4점)

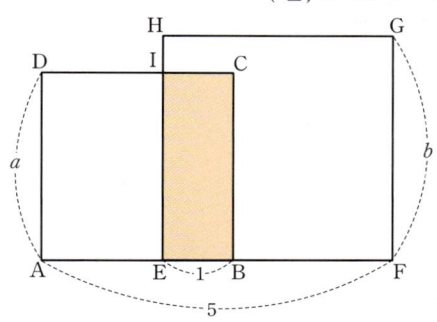

① $-2+\sqrt{26}$ ② $-2+3\sqrt{3}$ ③ $-2+2\sqrt{7}$
④ $-2+\sqrt{29}$ ⑤ $-2+\sqrt{30}$

G164 ✱✱✱

넓이가 25π cm²인 원에 내접하는 직각삼각형이 있다.
이 삼각형의 둘레의 길이가 24 cm일 때, 빗변이 아닌
두 변의 길이를 구하시오. (3점)

G165 ✱✱✱

각 자릿수의 제곱의 합이 41인 두 자리의 자연수가 있다.
이 자연수에서 십의 자리의 숫자와 일의 자리의 숫자를
바꾼 수는 처음 수보다 9만큼 작다고 할 때, 처음 자연수를
구하시오. (3점)

G166 ✷✷✾

그림과 같이 삼각형 ABC의 변 BC 위의 점 D에 대하여 $\overline{AD}=6$, $\overline{BD}=8$이고, $\angle BAD=\angle BCA$이다. $\overline{AC}=\overline{CD}-1$일 때, 삼각형 ABC의 둘레의 길이를 구하시오. (4점)

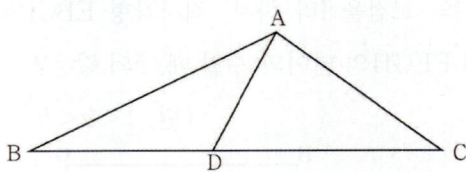

G167 ✷✾✾

한 모서리의 길이가 a인 정육면체 모양의 입체도형이 있다. 이 입체도형에서 그림과 같이 밑면의 반지름의 길이가 b이고 높이가 a인 원기둥 모양의 구멍을 뚫었다. 남아 있는 입체도형의 겉넓이가 $216+16\pi$일 때, 두 유리수 a, b에 대하여 $15(a-b)$의 값을 구하시오.

(단, $a>2b$) (4점)

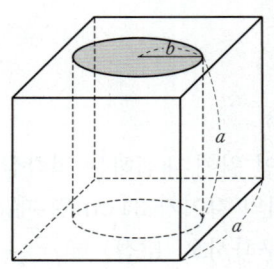

G168 ✷✾✾

x, y에 대한 방정식 $xy+x+y-1=0$을 만족시키는 정수 x, y를 좌표평면 위의 점 (x, y)로 나타낼 때, 이 점들을 꼭짓점으로 하는 사각형의 넓이는? (4점)

① 2   ② 6   ③ 8
④ $3\sqrt{2}$ ⑤ $4\sqrt{2}$

---

6 부정방정식의 풀이

유형 16 부정방정식 – 정수 조건 이해

정수(또는 자연수) 조건의 부정방정식, 즉 $axy+bx+cy+d=0$ 꼴에서 주어진 방정식을 (일차식)×(일차식)=k(k는 정수) 꼴로 변형한 다음 두 일차식의 곱이 k가 되는 정수를 찾아서 해를 구한다.

tip

방정식의 개수보다 미지수의 개수가 많으면 근이 무수히 많아서 정할 수 없는 것이 일반적이지만 근의 조건이 특수하게 정해지는 경우 그 근을 구할 수 있으므로 근에 대한 조건을 반드시 확인해야 한다.

G169 ✷✾✾

두 자연수 a, b($a<b$)와 모든 실수 x에 대하여 등식
$$(x^2-x)(x^2-x+3)+k(x^2-x)+8$$
$$=(x^2-x+a)(x^2-x+b)$$
를 만족시키는 모든 상수 k의 값의 합은? (4점)

① 8   ② 9   ③ 10
④ 11   ⑤ 12

G170 ✷✾✾

이차방정식 $x^2-(m-1)x+2m-9=0$의 두 근이 모두 정수가 되도록 하는 정수 m의 값의 합은? (3점)

① 2   ② 4   ③ 6
④ 8   ⑤ 10

G171 ✱✾✾

2004실시 9월 학평 28(고1)

네 변의 길이는 서로 다른 자연수이고, $\overline{AB}=9$, $\overline{CD}=7$, $\angle BAD=\angle BCD=90°$인 사각형 ABCD가 있다. 대각선 BD의 길이를 a라 할 때, a^2의 값을 구하시오.

(4점)

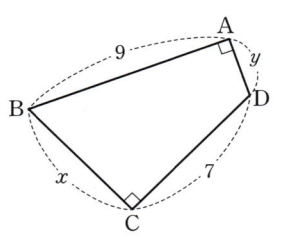

G172 ✱✾✾

🔆신유형

자연수 1을 분자로, 2 이상의 자연수를 분모로 갖는 분수를 단위분수라고 한다.

임의의 단위분수는 두 단위분수의 합으로 나타낼 수 있다.

예를 들어, $\frac{1}{3}=\frac{1}{4}+\frac{1}{12}=\frac{1}{6}+\frac{1}{6}$과 같이 두 가지 방법으로

나타낼 수 있다. 이때, 단위분수 $\frac{1}{6}$과 자연수 x, $y(x\leq y)$에

대하여 $\frac{1}{6}=\frac{1}{x}+\frac{1}{y}$과 같이 나타내는 방법의 수를 구하시오.

(4점)

유형 17 **부정방정식 – 실수 조건** 이해

실수 조건의 부정방정식, 즉 $ax^2+bxy+cy^2+dx+ey+f=0$ 꼴은 다음의 두 가지 방법으로 푼다.

[방법 1] 완전제곱 꼴로 변형이 가능하면
  $A^2+B^2=0$이면 $A=0$, $B=0$임을 이용한다.

[방법 2] 완전제곱 꼴로 변형이 불가능하면
  한 문자에 대하여 내림차순으로 정리한 후 x, y가 실수(실근)이므로 판별식 $D\geq 0$임을 이용한다.

tip

실수 조건이 주어진 부정방정식에서 x^2, y^2, x, y 외에 xy가 있으면 인수분해가 어려운 경우가 많으므로 이때는 위의 [방법 2]에서처럼 판별식을 이용하는 것이 좋다.

G173 ✱✱✱

$x^2+4xy+5y^2-6y+9=0$을 만족하는 실수 x, y에 대하여 $x+y$의 값은? (3점)

① -3　　　　② -1　　　　③ 1
④ 3　　　　⑤ 5

G174 ✱✾✾

방정식 $5x^2+y^2-4xy+6x+9=0$을 만족시키는 실수 x, y에 대하여 $x-y$의 값은? (3점)

① -6　　　　② -3　　　　③ 3
④ 6　　　　⑤ 9

G175 ✱✾✾

실수 x, y에 대하여 $3x^2+y^2+2xy-8y+24=0$이 성립할 때, xy의 값은? (3점)

① -12　　　　② -8　　　　③ -2
④ 8　　　　⑤ 12

G176 ✽✾✾

계수가 실수인 삼차방정식 $x^3+ax+6=0$의 한 근이 1일 때, 실수 a의 값과 나머지 두 근을 구하는 과정을 서술하시오. (10점)

1st 주어진 근을 삼차방정식에 대입하여 a를 구하자.

2nd 조립제법을 이용하여 삼차방정식의 좌변을 인수분해하자.

3rd 나머지 두 근을 구하자.

G177 ✽✽✾

사차방정식 $x^4-12x^2+ax+b=0$의 네 근이 -3, 4, α, β일 때, $\alpha^3+\beta^3$의 값을 구하는 과정을 서술하시오.
(단, a, b는 상수) (10점)

1st 두 근 -3과 4를 사차방정식에 대입하여 a와 b를 구하자.

2nd 조립제법을 이용하여 사차방정식의 좌변을 인수분해하자.

3rd 근과 계수의 관계를 이용하여 $\alpha^3+\beta^3$을 구하자.

G178 ✽✾✾

연립방정식 $\begin{cases} x+y=3 \\ x^2-3xy+y^2=-1 \end{cases}$ 의 근을 $x=\alpha$, $y=\beta$라고 할 때, $\alpha^2+\beta^2$의 값을 구하는 과정을 서술하시오. (10점)

1st 일차방정식을 이용하여 이차방정식의 한 문자를 소거하자.

2nd 한 문자로 표현된 이차방정식을 풀어서 α와 β의 값을 구하자.

3rd $\alpha^2+\beta^2$의 값을 구하자.

G179 ✽✾✾

연립방정식 $\begin{cases} 2x^2-3xy-2y^2=0 \\ 2x^2+y^2=36 \end{cases}$ 의 해를 구하는 과정을 서술하시오. (10점)

1st 인수분해되는 식부터 먼저 정리하자.

2nd $y=-2x$일 때, 연립방정식의 해를 구하자.

3rd $x=2y$일 때, 연립방정식의 해를 구하자.

G180 ✽✽✽

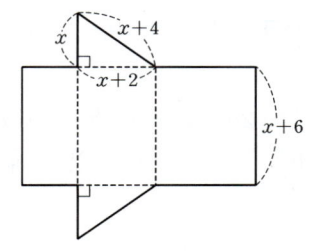

두 방정식
$$x^2-x-6=0, \ x^3+(2k+1)x^2+2(k-3)x-12k=0$$
이 공통인 근을 가지도록 하는 모든 상수 k의 값의 합을 구하는 과정을 서술하시오. (10점)

G181 ✽✽✽

삼차방정식 $x^3-5x^2+6x-2=0$의 세 근을 α, β, γ라고 할 때, $\dfrac{1}{\alpha^2}+\dfrac{1}{\beta^2}+\dfrac{1}{\gamma^2}$의 값을 구하는 과정을 서술하시오.

(10점)

G182 ✽✽✽

삼차방정식 $x^3-x^2+2x+1=0$의 세 근을 α, β, γ라고 할 때, $\alpha+\beta$, $\beta+\gamma$, $\gamma+\alpha$를 세 근으로 하고 x^3의 계수가 1인 삼차방정식을 구하는 과정을 서술하시오.

(10점)

G183 ✽✽✽

그림은 삼각기둥의 전개도이다. 이 전개도의 점선을 따라 접어서 만든 삼각기둥의 부피가 288일 때, 전개도에서 x의 값을 구하는 과정을 서술하시오. (10점)

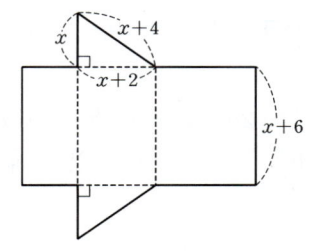

G184 ✽✽✽

연립방정식 $\begin{cases} x^2+xy+y^2=7 \\ x+y+xy=-5 \end{cases}$ 를 만족시키는 실수 x, y에 대하여 $|x-y|$의 최댓값을 M, 최솟값을 m이라고 하자. 이때, $M+m$의 값을 구하는 과정을 서술하시오.

(10점)

G185 ✽✽✽

방정식 $x^2+y^2+2x-6y-7=0$을 만족시키는 정수 x, y에 대하여 $x+y$의 최댓값을 구하는 과정을 서술하시오. (10점)

G186 ✪2등급 대비 ········ 2019실시(가) 3월 학평 20(고2)

x에 대한 삼차식

$$f(x)=x^3+(2a-1)x^2+(b^2-2a)x-b^2$$

에 대하여 [보기]에서 옳은 것만을 있는 대로 고른 것은?

(4점)

──────────[보기]──────────
ㄱ. $f(x)$는 $x-1$을 인수로 갖는다.

ㄴ. $a<b<0$인 어떤 두 실수 a, b에 대하여 방정식
   $f(x)=0$의 서로 다른 실근의 개수는 2이다.

ㄷ. 방정식 $f(x)=0$이 서로 다른 세 실근을 갖고
   세 근의 합이 7이 되도록 하는 두 정수 a, b의 모든
   순서쌍 (a, b)의 개수는 5이다.
──────────────────────────

① ㄱ   ② ㄱ, ㄴ   ③ ㄱ, ㄷ
④ ㄴ, ㄷ   ⑤ ㄱ, ㄴ, ㄷ

G187 ✪2등급 대비 ········ 2017실시 11월 학평 18(고1)

삼차방정식 $x^3=1$의 한 허근을 ω라 할 때,
[보기]에서 옳은 것만을 있는 대로 고른 것은?

(단, $\overline{\omega}$는 ω의 켤레복소수이다.) (4점)

──────────[보기]──────────
ㄱ. $\overline{\omega}^3=1$

ㄴ. $\dfrac{1}{\omega}+\left(\dfrac{1}{\omega}\right)^2=\dfrac{1}{\overline{\omega}}+\left(\dfrac{1}{\overline{\omega}}\right)^2$

ㄷ. $(-\omega-1)^n=\left(\dfrac{\overline{\omega}}{\omega+\overline{\omega}}\right)^n$을 만족시키는 100 이하의
   자연수 n의 개수는 50이다.
──────────────────────────

① ㄱ   ② ㄷ   ③ ㄱ, ㄴ
④ ㄴ, ㄷ   ⑤ ㄱ, ㄴ, ㄷ

G188 ✪2등급 대비 ········ 2024실시 3월 학평 29(고2)

다항식 $f(x)=x^4+(a+2)x^3+bx^2+ax+6$과
최고차항의 계수가 1이고 계수와 상수항이 모두 실수인
두 다항식 $g(x)$, $h(x)$가 다음 조건을 만족시킨다.

┌─────────────────────────────┐
│ (가) 방정식 $f(x)=0$은 실근을 갖지 않는다.
│ (나) 다항식 $f(x)$는 두 다항식 $g(x)$, $h(x)$를 인수로
│   갖고, $h(x)$를 $g(x)$로 나눈 나머지는
│ $-4x-1$이다.
└─────────────────────────────┘

a^2+b^2의 값을 구하시오. (단, a, b는 상수이다.) (4점)

G189 ✪2등급 대비 .... 2021실시 11월 학평 29(고1)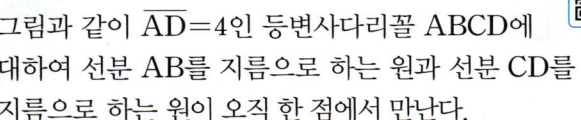

그림과 같이 $\overline{AD}=4$인 등변사다리꼴 ABCD에 대하여 선분 AB를 지름으로 하는 원과 선분 CD를 지름으로 하는 원이 오직 한 점에서 만난다. 사각형 ABCD의 넓이와 둘레의 길이를 각각 S, l이라 하면 $S^2+8l=6720$이다. $\overline{BD}^2$의 값을 구하시오.

(단, $\overline{AD}<\overline{BC}$, $\overline{AB}=\overline{CD}$) (4점)

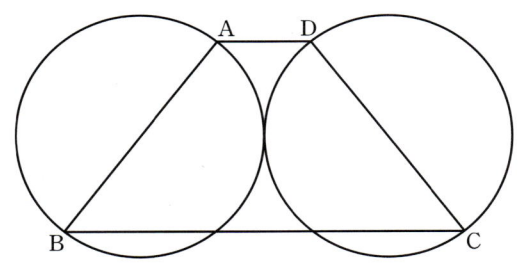

G190 ✪2등급 대비 .... 🔆신유형

연립방정식 $\begin{cases} |x-y|=4 \\ |x^2-y^2|=24 \end{cases}$ 를 만족시키는 실수 x, y에 대하여 모든 $x^2-4xy+4y^2$의 값의 합을 구하시오.

(4점)

G191 ✪2등급 대비 ....

$\angle B=90°$인 직각삼각형 ABC의 외접원의 반지름의 길이가 3, 내접원의 반지름의 길이가 1이라고 할 때, 직각삼각형 ABC의 세 변 중 가장 짧은 변의 길이를 구하시오. (4점)

G192 🔴최고 ✪1등급 대비 .... 2020실시 11월 학평 30(고1)

두 정수 m, n에 대하여 이차함수 $f(x)$와 일차함수 $g(x)$가 다음 조건을 만족시킨다.

> (가) 함수 $f(x)$의 최댓값은 0이다.
> (나) 함수 $y=f(x)$의 그래프와 함수 $y=g(x)$의 그래프는 두 점 $(m, 0)$, $(m+4, 32n)$에서 만난다.
> (다) $0\le a\le4$인 정수 a에 대하여 정수 b가 부등식 $g(m+a)\le b\le f(m+a)$를 만족시킬 때, a, b의 모든 순서쌍 (a, b)의 개수는 45이다.

방정식 $\{f(x)\}^2-\{g(x)\}^2=0$을 만족시키는 실근 중 최댓값과 최솟값의 합이 8일 때, $f(5)\times g(5)$의 값을 구하시오. (4점)

G193 ⭐1등급 대비 .... 🔆신유형

삼차방정식 $x^3-12x^2+mx-m-4=0$이 서로
다른 세 개의 양의 정수인 근을 가질 때, 실수 m의 값을
구하시오. (4점)

G194 ⭐1등급 대비 .... 2016실시(가) 3월 학평 30(고2)

x에 대한 삼차방정식 $ax^3+2bx^2+4bx+8a=0$이
서로 다른 세 정수를 근으로 갖는다. 두 정수 a, b가
$|a|\leq 50$, $|b|\leq 50$일 때, 순서쌍 (a, b)의 개수를
구하시오. (4점)

G195 ⭐1등급 대비 .... 2021실시 6월 학평 30(고1)

5 이상의 자연수 n에 대하여 다항식
$P_n(x)=(1+x)(1+x^2)(1+x^3)\cdots(1+x^{n-1})(1+x^n)-64$
가 x^2+x+1로 나누어떨어지도록 하는 모든 자연수 n의
값의 합을 구하시오. (4점)

G196 ⭐1등급 대비

방정식 $x^3=1$의 한 허근을 ω라고 할 때,
$f(n)=\dfrac{\omega^{2n}}{\overline{\omega}^n+1}$이라 하자.
이때, $f(1)+f(2)+f(3)+f(4)+\cdots+f(14)+f(15)$의
값을 구하시오.
(단, n은 자연수, $\overline{\omega}$는 ω의 켤레복소수이다.) (4점)

H 부등식

🌱 단원 학습 목표

• 중학교에서 학습한 연립일차방정식과 비교하여
  연립일차부등식을 이해하고, 수직선을 이용하여
  연립일차부등식의 해를 구할 수 있다.

• 절댓값 기호의 뜻을 이용하여 절댓값 기호를 포함한 부등식을
  풀 수 있다.

★ 자주 출제되는 필수 개념 학습법

• 연립부등식의 해는 각 부등식의 해의 공통부분이므로 수직선을
  이용하여 해를 구하도록 한다.
  특히, '해가 있다', '해가 없다', '정수해가 1개이다' 등의 해의
  조건이 주어진 경우 반드시 수직선을 활용하여 해를 나타내고
  확인해보는 습관을 들여야 한다.

• 절댓값 기호가 포함된 부등식 문제는 절댓값 기호 안의 식이
  0이 되는 미지수의 값을 기준으로 범위를 나눈 후 각 범위에서
  절댓값 기호를 없앤 후 해를 구하고, 구한 해의 공통부분을
  답으로 한다.

★ 자주 출제되는 개념+공식

1 $A < B < C$ 꼴의 부등식의 풀이

⇒ 연립부등식 $\begin{cases} A < B \\ B < C \end{cases}$ 꼴로 고쳐서 푼다.

2 $a > 0$일 때,

(1) $|x| < a \iff -a < x < a$

(2) $|x| > a \iff x < -a$ 또는 $x > a$

3 절댓값 기호를 포함한 부등식의 풀이

⇒ 부등식 $|x-a| + |x-b| < c$ (단, $a < b$)는
   $x < a$, $a \le x < b$, $x \ge b$인 경우로 나눠서 푼다.

양변에 음수를 곱하거나 나눌 때
부등호의 방향에 주의한다.

 **H 부등식**

개념 강의

개념 스토리

중요도 ★○○

❶ 허수는 대소 관계를 비교할 수 없으므로 부등식의 성질은 실수에서만 성립한다. 따라서 부등식의 해는 실수 범위에서 구한다.

1 일차부등식 — 유형 01~03

(1) **일차부등식** : 부등식의 모든 항을 좌변으로 이항하여 정리하였을 때, 좌변이 x에 대한 일차식인 부등식

(2) **부등식 $ax>b$의 해**

① $a>0$일 때, $x>\dfrac{b}{a}$ ② $a<0$일 때, $x<\dfrac{b}{a}$

③ $a=0$일 때, $\begin{cases} b\geq 0$이면 해는 없다. \\ b<0$이면 해는 모든 실수 \end{cases}$

부등식의 기본 성질 ❶

$a,\ b,\ c$가 실수일 때

(1) $a>b,\ b>c$이면 $a>c$

(2) $a>b$이면
$a+c>b+c,\ a-c>b-c$

(3) $a>b,\ c>0$이면
$ac>bc,\ \dfrac{a}{c}>\dfrac{b}{c}$

(4) $a>b,\ c<0$이면
$ac<bc,\ \dfrac{a}{c}<\dfrac{b}{c}$

2 연립일차부등식 — 유형 04~10

연립일차부등식 : 미지수가 한 개인 일차부등식 두 개를 한 쌍으로 묶어 나타낸 것

(1) **연립일차부등식의 풀이 순서** ❷

(ⅰ) 각각의 일차부등식을 푼다.

(ⅱ) 각 부등식의 해를 수직선 위에 나타낸다.

(ⅲ) 공통부분을 찾아 주어진 연립부등식의 해를 구한다.

(2) **$A<B<C$ 꼴의 부등식** : $A<B<C$ 꼴의 부등식은

연립부등식 $\begin{cases} A<B \\ B<C \end{cases}$ 꼴로 고쳐서 푼다. ❸

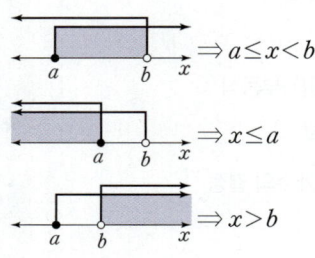

❷ 복잡한 연립부등식의 풀이

① 괄호가 있는 연립부등식 : 분배법칙을 이용하여 괄호를 풀어 정리한다.

② 계수가 분수인 연립부등식 : 양변에 분모의 최소공배수를 곱하여 계수를 정수로 고쳐서 푼다.

③ 계수가 소수인 연립부등식 : 양변에 10의 거듭제곱, 즉 10, 100, 1000, … 등을 곱하여 계수를 정수로 고쳐서 푼다.

❸ 부등식 $A<B<C$를
$\begin{cases} A<B \\ A<C \end{cases}$ 또는 $\begin{cases} A<C \\ B<C \end{cases}$ 로
고치지 않도록 주의한다.

3 해가 특수한 연립일차부등식 — 유형 05, 08

(1) **해가 1개인 경우**

두 부등식의 해를 수직선 위에 나타내었을 때 **공통부분이 $x=a$뿐이다.**

$\begin{cases} x\geq a \\ x\leq a \end{cases}$ $\therefore\ x=a$

(2) **해가 없는 경우**

두 부등식의 해를 수직선 위에 나타내었을 때 공통부분이 없다. (단, $a<b$)

① $\begin{cases} x<a \\ x>a \end{cases}$ ② $\begin{cases} x<a \\ x\geq a \end{cases}$ ③ $\begin{cases} x\leq a \\ x\geq b \end{cases}$

4 절댓값 기호를 포함한 일차부등식 ❹ — 유형 11~13

(1) 양수 a에 대하여

① $|x|<a$의 해는 $-a<x<a$ ❺   ② $|x|>a$의 해는 $x<-a$ 또는 $x>a$ ❻

(2) **절댓값 기호를 포함한 부등식의 풀이**

(ⅰ) 절댓값 기호 안의 식이 0이 되는 x의 값을 기준으로 범위를 나눈다.

(ⅱ) 각 범위에서 절댓값 기호를 없앤 후 식을 정리하여 해를 구한다. ❼

(ⅲ) (ⅱ)에서 구한 해를 합친 x의 값의 범위를 구한다.

참고 $|x-a|+|x-b|<c$ (단, $a<b$, $c>0$)이면

(ⅰ) $x<a$, (ⅱ) $a\leq x<b$, (ⅲ) $x\geq b$로 범위를 나누어 푼다. ❽

❹ 절댓값 : 수직선 위의 원점에서 어떤 수를 나타내는 한 점까지의 거리

❺ $|x|<a\ (a>0)$
$\Rightarrow$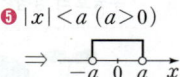

❻ $|x|>a\ (a>0)$
$\Rightarrow$

❼ $|x-a|=\begin{cases} x-a & (x\geq a) \\ -(x-a) & (x<a) \end{cases}$

❽

1 일차부등식

[H01~H03] 다음 일차부등식을 푸시오.

H01 $-3x+2(x+1)<-1$

H02 $\dfrac{x-3}{2}+x+4\geq 0$

H03 $\dfrac{2x+5}{3}-\dfrac{3x-2}{4}>1$

[H04~H05] 다음 x에 대한 부등식을 푸시오.

H04 $(a+2)x<a$

H05 $ax-3\geq x+a$

2 연립일차부등식

[H06~H08] 다음 연립부등식을 푸시오.

H06 $\begin{cases} 2x-5<3 \\ -x+6\geq 2x+3 \end{cases}$

H07 $\begin{cases} 3x+2\geq 2(x-1) \\ 3(x-1)<2x-3 \end{cases}$

H08 $\begin{cases} \dfrac{3}{5}x+0.4\leq x-0.8 \\ 3-\dfrac{x-2}{4}\geq \dfrac{2x-3}{2} \end{cases}$

[H09~H11] 다음 부등식을 푸시오.

H09 $2x-2<3x+5\leq x-7$

H10 $x+1\leq \dfrac{1}{2}x+4\leq 3x-1$

H11 $0.7(x-8)\leq 0.2(2x-7)<0.3(3x-13)$

3 해가 특수한 연립일차부등식

[H12~H15] 다음 연립부등식을 푸시오.

H12 $\begin{cases} 3x+1\leq -5 \\ 2x-3<4x+1 \end{cases}$

H13 $\begin{cases} 3x-4\geq -2(x-3) \\ -(x-3)\geq x-1 \end{cases}$

H14 $\begin{cases} \dfrac{5}{3}x-2<x+\dfrac{2}{3} \\ 3(x-3)>2x-4 \end{cases}$

H15 $\begin{cases} \dfrac{1}{3}x+\dfrac{1}{6}\geq \dfrac{1}{4}x+\dfrac{5}{12} \\ 0.4x-0.2\geq 0.5x-0.5 \end{cases}$

[H16~H18] 다음 연립부등식의 해가 없을 때 상수 a의 값의 범위를 구하시오.

H16 $\begin{cases} x>a \\ x<1 \end{cases}$

H17 $\begin{cases} x\geq 2 \\ x<a \end{cases}$

H18 $\begin{cases} x\geq a \\ x\leq 3 \end{cases}$

4 절댓값 기호를 포함한 일차부등식

[H19~H21] 다음 부등식을 푸시오.

H19 $|x-1|\leq 2$

H20 $|4x+3|>5$

H21 $|x-3|<2x-4$

[H22~H23] 다음 부등식을 푸시오.

H22 $|x+1|+|x-1|\geq 6$

H23 $|x-4|+|x+3|<9$

내신+학평 유형 스토리

✿✿✿ : 기본 문제 ✱✱✿ : 중상급 문제
✱✿✿ : 중급 문제 ✱✱✱ : 상급 문제

1 일차부등식

유형 01 부등식의 성질 〔기초〕

a, b, c가 실수일 때

(1) $a>b$, $b>c$이면 $a>c$

(2) $a>b>0$이면 $a^2>b^2$

(3) $a>b$이면 $a+c>b+c$, $a-c>b-c$

(4) $a>b$, $c>0$이면 $ac>bc$, $\dfrac{a}{c}>\dfrac{b}{c}$

(5) $a>b$, $c<0$이면 $ac<bc$, $\dfrac{a}{c}<\dfrac{b}{c}$

부등식을 풀 때 양변에 양수를 곱하거나 나누면 부등호의 방향은
그대로이지만 양변에 음수를 곱하거나 나누면 부등호의 방향이 바뀐다.

H24 ✿✿✿

실수 a, b, c에 대하여 $a>b$, $c<0$일 때, 다음 중 옳지
<u>않은</u> 것은? (3점)

① $a+c>b+c$ ② $a-c>b-c$ ③ $ac<bc$

④ $\dfrac{a}{c^2}<\dfrac{b}{c^2}$ ⑤ $c-a<c-b$

H25 ✿✿✿

실수 a, b, c에 대하여 다음 중 항상 성립하는 것은? (3점)

① $a<b<0$이면 $a^2<b^2$이다.

② $ac>bc$이면 $a>b$이다.

③ $ac^2>bc^2$이면 $a>b$이다.

④ $\dfrac{c^2}{a}>\dfrac{c^2}{b}$이면 $a>b$이다. (단, $a\neq0$, $b\neq0$)

⑤ $c<a<b$이면 $c^2<ab$이다.

H26 ✱✿✿

$1<a<b$인 실수 a, b에 대하여 [보기] 중 옳은
것만을 있는 대로 고른 것은? (3점)

[보기]

ㄱ. $\dfrac{1}{b}<\dfrac{1}{a}$ ㄴ. $\dfrac{a}{b^2}<\dfrac{b}{a^2}$ ㄷ. $a+b-1>ab$

① ㄱ ② ㄱ, ㄴ ③ ㄱ, ㄷ

④ ㄴ, ㄷ ⑤ ㄱ, ㄴ, ㄷ

유형 02 일차부등식의 풀이 〔기초〕

부등식 $ax>b$에서

(1) $a>0$이면 $x>\dfrac{b}{a}$ (2) $a<0$이면 $x<\dfrac{b}{a}$

(3) $a=0$, $b\geq0$이면 해는 없다.

(4) $a=0$, $b<0$이면 해는 모든 실수이다.

부등식을 풀 때 양변에 음수를 곱하거나 역수를 취할 때에는 부등호의
방향에 주의하고 계산 과정에서 각 미지수의 제한된 범위를 꼼꼼하게
확인하며 풀어야 한다.

H27 ✿✿✿

x에 대한 부등식 $ax+x-b>0$의 해가 $x<1$일 때,
$ax-bx-b<0$의 해는? (3점)

① $x<-a$ ② $x>a$ ③ $x>-b$

④ $x<b$ ⑤ $x<a-b$

H28 ✿✿✿

부등식 $(a+2)x<a^2(a+2)$의 해가 $x>5$일 때,
실수 a의 값은? (3점)

① -5 ② $-\sqrt{5}$ ③ -2

④ $\sqrt{5}$ ⑤ 5

H29 ❀❀❀

$a < b < 0$일 때, x에 대한 부등식
$ab^2x + 2a \leq a^2bx + 2b$의 해를 구하시오. (3점)

유형 03 특수한 해를 갖는 일차부등식 ☆중요 이해

부등식 $ax > b$에 대하여
(1) 해가 없다. $\Rightarrow a=0,\ b \geq 0$
(2) 해가 모든 실수이다. $\Rightarrow a=0,\ b < 0$

tip

계수에 미지수가 있는 부등식에서 해의 조건이 주어질 때, 미지수의 값의 범위에 주의하고, 부등호의 방향과 등호의 유무 등도 꼼꼼히 따져야 한다.

H30 ❀❀❀

모든 실수 x에 대하여 부등식
$a^2x - 3a > 4x - 4$가 성립할 때, 실수 a의 값은? (3점)

① -2 ② -1 ③ 1
④ 2 ⑤ 3

H31 ✿❀❀

x에 대한 부등식 $5x - a > ax - b$의 해가 <u>없을</u> 때, 실수 b의 최댓값은? (3점)

① -5 ② -1 ③ 1
④ 5 ⑤ 10

H32 ✿❀❀
필수

x에 대한 부등식 $a(4x+1) > b(x+2)$의 해가 모든 실수일 때, 부등식 $bx - 2a < 3b + 5ax$의 해는? (3점)

① $x < -14$ ② $x < -4$ ③ $x < 7$
④ $x > 4$ ⑤ $x > 14$

---

2 연립일차부등식 + 3 해가 특수한 연립일차부등식

유형 04 연립일차부등식의 풀이 ☆중요 기초

(i) 각각의 일차부등식의 해를 구한다.
(ii) (i)에서 구한 두 부등식의 해를 수직선 위에 나타내어 공통부분을 찾아 연립일차부등식의 해를 구한다.

tip

각 부등식을 풀 때
1️⃣ 계수가 분수이면 ⇒ 양변에 분모의 최소공배수를 곱한다.
2️⃣ 계수가 소수이면 ⇒ 양변에 10의 거듭제곱을 곱한다.

H

H33 ❀❀❀ 2025실시 6월 학평 6(고1)

연립부등식
$$\begin{cases} 3x \geq x - 3 \\ 2x + 1 \leq 11 \end{cases}$$
을 만족시키는 모든 정수 x의 값의 합은? (3점)

① 10 ② 11 ③ 12
④ 13 ⑤ 14

H34 ❀❀❀ 2025실시 9월 학평 23(고1)

연립부등식
$$\begin{cases} 3x \leq x + 16 \\ x + 8 \leq 4x - 10 \end{cases}$$
을 만족시키는 모든 정수 x의 값의 합을 구하시오. (3점)

H35 ❀❀❀  / 2021실시 9월 학평 6(고1)

연립부등식 $\begin{cases} x + 3 < 3x \\ 3x + 4 < 2x + 8 \end{cases}$ 의 해가

$a < x < b$일 때, ab의 값은? (3점)

① 6 ② 7 ③ 8
④ 9 ⑤ 10

H36 ❀❀❀ — 2023실시 9월 학평 4(고1)

연립부등식

$$\begin{cases} x+6 \le 4x \\ 3x+4 < x+16 \end{cases}$$

을 만족시키는 모든 정수 x의 개수는? (3점)

① 1 ② 2 ③ 3
④ 4 ⑤ 5

H37 ❀❀❀ — 2023실시 11월 학평 4(고1)

연립부등식

$$\begin{cases} 3x \ge 2x+3 \\ x-10 \le -x \end{cases}$$

를 만족시키는 모든 정수 x의 값의 합은? (3점)

① 10 ② 12 ③ 14
④ 16 ⑤ 18

H38 ❀❀❀ — 2024실시 9월 학평 23(고1)

연립부등식

$$\begin{cases} 2x \le x+11 \\ x+5 < 4x-2 \end{cases}$$

를 만족시키는 모든 정수 x의 개수를 구하시오. (3점)

H39 ❀❀❀ — 필수

연립부등식 $\begin{cases} x-5 < -2x+1 \\ 2(x-1) \le 7x+3 \end{cases}$ 을 풀면? (3점)

① $x < 2$ ② $-1 \le x < 2$ ③ $x \ge -1$
④ $1 \le x < 2$ ⑤ $x > 2$

H40 ❀❀❀ — 2016실시 3월 학평 9(고1)

연립부등식

$$\begin{cases} 4x > x-9 \\ x+2 \ge 2x-3 \end{cases}$$

을 만족시키는 정수 x의 개수는? (3점)

① 8 ② 9 ③ 10
④ 11 ⑤ 12

H41 ❀❀❀ — 2017실시 3월 학평 9(고1)

연립부등식 $\begin{cases} 2x < x+9 \\ x+5 \le 5x-3 \end{cases}$ 을 만족시키는 정수 x의

개수는? (3점)

① 3 ② 4 ③ 5
④ 6 ⑤ 7

H42 ❀❀❀

연립부등식 $\begin{cases} x - \dfrac{x-1}{2} \ge \dfrac{x}{4}+1 \\ 0.4(x+0.5) > 0.6x-1 \end{cases}$ 을

만족시키는 정수 x의 최댓값과 최솟값의 곱을 구하시오.

(4점)

유형 05 특수한 해를 갖는 연립일차부등식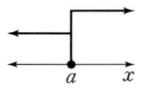

(1) 연립부등식의 해가 한 개인 경우 ⇒ 공통부분이 $x=a$뿐이다.

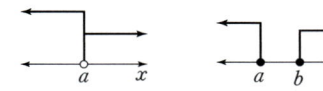

(2) 연립부등식의 해가 없는 경우 ⇒ 공통부분이 없다.

tip

연립일차부등식 문제를 풀 때 각 일차부등식의 해를 수직선을 그려서
범위를 그림으로 나타내면 더욱 더 확실하게 이해할 수 있고 해의 범위
또한 헷갈리지 않고 구할 수 있다.

H43 ✽✽✽

연립부등식 $\begin{cases} 2(x-1)>3x-3 \\ \dfrac{2}{3}x+1<x-2 \end{cases}$ 의 해는? (3점)

① $x<1$ ② $x>9$ ③ $-1<x<9$
④ $1<x<9$ ⑤ 해가 없다.

H44 ✽✽✽

연립부등식 $\begin{cases} \dfrac{x-1}{2} \leq \dfrac{x}{4}-1 \\ 0.8x<x+0.4 \end{cases}$ 의 해를 구하시오. (3점)

H45 ✽✽✽

$x+y=1$을 만족하는 두 실수 x, y가 연립부등식

$\begin{cases} 3x-5 \geq -x+3 \\ 2x-3y \geq 6x-5 \end{cases}$

를 만족할 때, $x-y$의 값은? (3점)

① -5 ② -3 ③ 1
④ 3 ⑤ 5

유형 06 $A<B<C$ 꼴의 부등식

$A<B<C$ 꼴의 연립부등식은 $A<B$이고 $B<C$이므로

연립부등식 $\begin{cases} A<B \\ B<C \end{cases}$ 꼴로 고쳐서 푼다.

tip

1️⃣ 기존의 연립일차부등식 문제 $\begin{cases} A<B \\ C<D \end{cases}$ 에서 $\begin{cases} A<B \\ B<C \end{cases}$ 처럼 공통인 부분 B가 존재하여 $A<B<C$의 꼴로 주어지므로 이 역시 나눠서 생각하고 수직선을 그려서 풀어야 한다.

2️⃣ $A<B<C$를 $\begin{cases} A<B \\ A<C \end{cases}$ 또는 $\begin{cases} A<C \\ B<C \end{cases}$ 꼴로 바꾸어 풀면 안 된다.

H46 ✽✽✽

연립부등식 $x-\dfrac{1}{2}<\dfrac{x}{2} \leq \dfrac{x-5}{4}$의 해는? (3점)

① $x \leq -5$ ② $x>-5$ ③ $x>1$
④ $1<x \leq 5$ ⑤ $-5 \leq x<1$

H47 ✽✽✽

연립부등식 $2x-7 \leq 6x+5<4x+9$의 해는 $a \leq x<b$이다.
이때, $a+b$의 값은? (3점)

① -3 ② -1 ③ 1
④ 3 ⑤ 5

H48 ✽✽✽

연립부등식 $5(x-1) \leq -x+4<\dfrac{2x+13}{3}$ 을
만족하는 정수 x의 개수는? (3점)

① 0 ② 1 ③ 2
④ 3 ⑤ 4

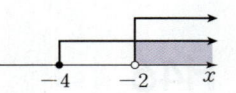

유형 07 연립일차부등식의 미정계수의 결정 – 해가 주어진 경우

각 일차부등식을 풀어 공통부분을 구한 후 이 공통부분을 주어진 연립일차부등식의 해와 비교하여 미정계수의 값을 구한다.

(tip)

주어진 연립부등식의 해의 부등호의 방향을 보고 각각의 일차부등식의 해와 비교하여 해당되는 부분끼리 비교하면 더욱 쉽게 해결할 수 있다.

H49 ✱✱✱

연립부등식 $\begin{cases} 2x-a>0 \\ 3x+2b\geq 0 \end{cases}$ 의 해를

수직선 위에 나타내면 오른쪽
그림과 같을 때, 상수 a, b에 대하여 $a+b$의 값은? (3점)

① 1   ② 2   ③ 3
④ 4   ⑤ 5

H50 ✱✱✱   2022실시 9월 학평 23(고1)

x에 대한 연립부등식

$$\begin{cases} x-1>8 \\ 2x-16\leq x+a \end{cases}$$

의 해가 $b<x\leq 28$일 때, 두 상수 a, b에 대하여 $a+b$의 값을 구하시오. (3점)

H51 ✱✱✱

연립부등식 $\begin{cases} 2x+7>5 \\ 8+ax\geq a \end{cases}$ 의 해가 $-1<x\leq 3$일 때,

실수 a의 값은? (단, $a<0$) (3점)

① -5 ② -4 ③ -3
④ -2 ⑤ -1

H52 ✱✱✱   필수

연립부등식 $\begin{cases} \dfrac{3x-2}{2}<\dfrac{2x+a}{3} \\ \dfrac{x}{2}+\dfrac{x-b}{4}\leq x-2 \end{cases}$ 의 해가 $-3\leq x<\dfrac{12}{5}$일 때,

상수 a, b에 대하여 ab의 값은? (3점)

① 24   ② 27   ③ 30
④ 33   ⑤ 36

H53 ✱✱✱

부등식 $0.3x+a<0.2x-3<0.5x-\dfrac{9}{5}$의 해가

$b+2<x<6$일 때, 상수 a, b에 대하여 $\dfrac{a}{b}$의 값은? (3점)

① $\dfrac{2}{5}$ ② $\dfrac{3}{5}$ ③ $\dfrac{4}{5}$
④ 1   ⑤ $\dfrac{6}{5}$

유형 08 연립일차부등식의 미정계수의 결정 – 해를 갖거나 갖지 않는 경우 ⭐중요

연립일차부등식에서 각각의 일차부등식의 해를 구한 후 이를 주어진 해의 조건에 맞게 수직선 위에 나타내어 해결한다.
(1) **연립부등식의 해가 없는 경우**
⇒ 공통부분이 없도록 해를 수직선 위에 나타낸다.
(2) **연립부등식의 해가 있는 경우**
⇒ 공통부분이 존재하도록 해를 수직선 위에 나타낸다.

(tip)

연립일차부등식 $\begin{cases} x>a \\ x<b \end{cases}$ 에서

① 해를 갖기 위한 조건은 $a<b$
② 해를 갖지 않기 위한 조건은 $a\geq b$

H54 ✱✱✱

연립부등식 $\begin{cases} 3x-2\geq 10 \\ x+6\leq 2a \end{cases}$ 의 해가 없을 때, 실수 a의 값의

범위는? (3점)

① $a\leq 4$ ② $a<4$ ③ $a\leq 5$
④ $a<5$ ⑤ $a\leq 6$

H55 ✱❀❀ 최다출제

연립부등식 $\begin{cases} 3x-2 \le 2(x+1) \\ \dfrac{3x+k}{3} > \dfrac{4x-k}{5}+2 \end{cases}$ 가 해를 갖지 않도록

하는 실수 k의 최댓값을 구하시오. (3점)

H56 ✱❀❀

연립부등식 $\begin{cases} \dfrac{3-2x}{2} \le a \\ 3x+6 > 5x \end{cases}$ 의 해가 존재하기 위한

정수 a의 최솟값은? (3점)

① -2 ② -1 ③ 0
④ 1 ⑤ 2

H57 ✱❀❀

부등식 $3x-2 < -\dfrac{x}{2}+3k < x+5$가 해를 갖도록 하는

모든 자연수 k의 값의 합을 구하시오. (3점)

유형 09	연립일차부등식의 미정계수의 결정 – 정수해의 개수가 주어진 경우

연립부등식의 정수인 해가 n개이면
(i) 각 일차부등식의 해를 수직선 위에 나타낸다.
(ii) 공통부분이 n개의 정수를 포함하도록 하는 미지수의 값의 범위를 구한다.

tip
정수의 범위를 설정할 때 <와 ≤와 같이 등호의 유무의 차이에 유의하고 해당되는 범위의 경곗값의 포함 여부에 주의하여 미지수의 값의 범위를 구한다.

H58 ✱❀❀

연립부등식 $\begin{cases} -2x+3a \le -3x+4a \\ 5x+3 > -5x-8 \end{cases}$ 을 만족하는 정수가

4개일 때, 실수 a의 값의 범위는? (3점)

① $1 \le a < 2$ ② $1 < a \le 2$ ③ $2 \le a < 3$
④ $2 < a \le 3$ ⑤ $3 \le a < 4$

H59 ✱❀❀ 최다출제

부등식 $3x-6 < x+1 < 5x+k$를 만족시키는 정수 x가 2와 3뿐일 때, 실수 k의 값의 범위는? (3점)

① $-8 < k \le -4$ ② $-8 \le k < -4$
③ $-7 < k \le -3$ ④ $-7 \le k < -3$
⑤ $-6 < k \le -2$

H60 ✱❀❀ 2019실시 6월 학평 15(고1)

x에 대한 연립부등식 $\begin{cases} x+2 > 3 \\ 3x < a+1 \end{cases}$ 을 만족시키는

모든 정수 x의 값의 합이 9가 되도록 하는 자연수 a의
최댓값은? (4점)

① 10 ② 11 ③ 12
④ 13 ⑤ 14

H61 ✱❀❀

연립부등식 $\begin{cases} \dfrac{x+1}{2} \ge k-x \\ \dfrac{x-2}{3} < \dfrac{1-2x}{2} \end{cases}$ 를 만족시키는 음의

정수 x가 2개일 때, 다음 중 실수 k의 값이 될 수 있는
것은? (3점)

① -4 ② -3 ③ 0
④ 3 ⑤ 4

H62 ✱❀❀ 2018실시 9월 학평 26(고1)

x에 대한 연립부등식 $3x-1 < 5x+3 \le 4x+a$를
만족시키는 정수 x의 개수가 8이 되도록 하는 자연수
a의 값을 구하시오. (4점)

유형 10 연립일차부등식의 활용 활용

연립일차부등식의 활용문제는 다음과 같은 순서로 푼다.
(i) 문제의 뜻을 이해하여 구하고자 하는 것을 미지수 x로 정한다.
(ii) 주어진 조건을 이용하여 x에 대한 연립부등식을 세운다.
(iii) 연립부등식을 풀어서 문제의 뜻에 맞는 답을 구한다.

tip

활용문제의 기본은 문제를 잘 파악하는 것이다. 그런 다음 구해야 하는 것을 미지수 x로 놓고 주어진 조건에서 얻어낸 정보로 범위를 잘 정하여 이것들을 연립일차부등식으로 세워 해를 구한다.

H63 ✱✱✱

연속하는 세 홀수의 합이 60보다 크고 66보다 작을 때, 세 홀수 중 가장 큰 수는? (3점)

① 15　　　　② 17　　　　③ 19
④ 21　　　　⑤ 23

H64 ✱✱✱

7 %의 소금물과 12 %의 소금물을 섞어서 8 % 이상 10 % 이하의 소금물 500 g을 만들려고 할 때, 섞어야 하는 7 %의 소금물의 양의 범위는? (3점)

① 100 g 이상 200 g 이하　② 100 g 이상 300 g 이하
③ 200 g 이상 300 g 이하　④ 200 g 이상 400 g 이하
⑤ 300 g 이상 400 g 이하

H65 ✱✱✱　　　　　　　　　　　　　　　　필수

A 물통에는 70 L의 물이 들어 있고, B 물통에는 50 L의 물이 들어 있다. A 물통에는 1분에 15 L씩, B 물통에는 1분에 5 L씩 물을 넣을 때, A 물통의 물의 양이 B 물통의 물의 양의 2배 이상 2.5배 이하가 되는 것은 물을 넣기 시작한 지 a분 이상 b분 이하이다. 이때, $a+b$의 값을 구하시오. (단, 물통의 크기는 충분히 크다.) (4점)

H66 ✱✱✱

어느 반 학생들이 긴 의자에 앉으려고 한다. 한 의자에 6명씩 앉으면 4명이 앉지 못하고 8명씩 앉으면 의자가 1개 남는다고 한다. 다음 중 의자의 개수가 될 수 없는 것은? (4점)

① 6　　　　② 7　　　　③ 8
④ 9　　　　⑤ 10

H67 ✱✱✱ ·········· 2021실시 9월 학평 13(고1)

직선 $y=x+k$가 이차함수 $y=x^2-2x+4$의 그래프와 만나고, 이차함수 $y=x^2-5x+15$의 그래프와 만나지 않도록 하는 모든 정수 k의 개수는? (3점)

① 3　　　　② 4　　　　③ 5
④ 6　　　　⑤ 7

4 절댓값 기호를 포함한 일차부등식

유형 11 절댓값 기호를 포함한 부등식 ⭐중요 이해

(1) **양수 a, $b(a<b)$에 대하여**
　① $|x|<a \Longleftrightarrow -a<x<a$
　② $|x|>a \Longleftrightarrow x<-a$ 또는 $x>a$
　③ $a<|x|<b \Longleftrightarrow a<x<b$ 또는 $-b<x<-a$
(2) **절댓값 기호를 포함한 부등식을 풀 때에는 절댓값 기호 안의 식이 0이 되는 미지수의 값을 기준으로 범위를 나누어 푼다.**

tip

① $|ax+b|<c$, $|ax+b|>c$ (단, $c>0$) 꼴
　(1) $|ax+b|<c \Rightarrow -c<ax+b<c$
　(2) $|ax+b|>c \Rightarrow ax+b<-c$ 또는 $ax+b>c$
② $|ax+b|<cx+d$ 꼴
　절댓값 기호 안의 식의 값이 0이 되는 x의 값인 $-\dfrac{b}{a}$를 기준으로 x의 값의 범위를 $x<-\dfrac{b}{a}$, $x\geq-\dfrac{b}{a}$로 나누어 푼다.

H68 ✿✿✿ 최다출제 / 2021실시 9월 학평 8(고1)

부등식 $|2x-1| \leq 5$를 만족시키는 모든 정수 x의 개수는? (3점)

① 2   ② 4   ③ 6
④ 8   ⑤ 10

H69 ✿✿✿ ⋯⋯⋯⋯⋯⋯ 2021실시 6월 학평 4(고1)

부등식 $|x-2| < 3$을 만족시키는 정수 x의 개수는? (3점)

① 1   ② 2   ③ 3
④ 4   ⑤ 5

H70 ✿✿✿ ⋯⋯⋯⋯⋯⋯ 2022실시 6월 학평 5(고1)

부등식 $|x-2| < 5$를 만족시키는 모든 정수 x의 개수는? (3점)

① 5   ② 6   ③ 7
④ 8   ⑤ 9

H71 ✿✿✿ ⋯⋯⋯⋯⋯⋯ 2023실시 9월 학평 23(고1)

부등식 $|x-5| < 2$를 만족시키는 모든 정수 x의 값의 합을 구하시오. (3점)

H72 ✿✿✿ ⋯⋯⋯⋯⋯⋯ 2022실시 9월 학평 6(고1)

부등식 $|2x+1| < 7$의 해가 $a < x < b$일 때, ab의 값은? (3점)

① −12   ② −10   ③ −8
④ −6   ⑤ −4

H73 ✿✿✿ ⋯⋯⋯⋯⋯⋯ 2019실시 11월 학평 10(고1)

부등식 $x > |3x+1| - 7$을 만족시키는 모든 정수 x의 값의 합은? (3점)

① −2   ② −1   ③ 0
④ 1   ⑤ 2

H74 ✿✿✿ ⋯⋯⋯⋯⋯⋯ 2023실시 6월 학평 5(고1)

부등식 $|2x-3| < 5$의 해가 $a < x < b$일 때, $a+b$의 값은? (3점)

① 2   ② $\frac{5}{2}$ ③ 3
④ $\frac{7}{2}$ ⑤ 4

H75 ✿✿✿ ⋯⋯⋯⋯⋯⋯ 2022실시 11월 학평 4(고1)

부등식 $|x-2| \leq 3$을 만족시키는 정수 x의 개수는? (3점)

① 3   ② 5   ③ 7
④ 9   ⑤ 11

H76 ✿✿✿ ⋯⋯⋯⋯⋯⋯ 2025실시 6월 학평 18(고1)

x에 대한 연립부등식
$$\begin{cases} |ax-1| < 21 \\ 2x+3 > 5 \end{cases}$$
를 만족시키는 자연수 x의 개수가 2일 때, 모든 정수 a의 값의 합은? (4점)

① 1   ② 2   ③ 3
④ 4   ⑤ 5

H77 ✿✿✿ ⋯⋯⋯⋯⋯⋯ 2020실시 9월 학평 26(고1)

연립부등식 $\begin{cases} 2x+5 \leq 9 \\ |x-3| \leq 7 \end{cases}$ 을 만족시키는 정수 x의 개수를 구하시오. (4점)

유형 12 절댓값 기호가 두 개인 부등식

일차식 $f(x)$, $g(x)$에 대하여 $f(a)=0$, $g(b)=0$ $(a<b)$일 때 부등식 $|f(x)|+|g(x)|<c$ $(c>0)$의 해는 x의 값의 범위를 $x<a$, $a \le x<b$, $x \ge b$로 나누어 푼다.

tip

$\sqrt{ax^2+nx+m}$ 꼴은 $\sqrt{a(x-b)^2}$, 즉 $\sqrt{a}|x-b|$ 꼴로 바꾼 후, 절댓값 기호 안을 0으로 하는 수를 기준으로 구간을 나누어서 생각해주면 된다.

H78 ✽✾✾

부등식 $|x+1|+|3-x| \le 6$을 만족하는 모든 정수 x의 값의 합은? (3점)

① 1　　　　② 4　　　　③ 7
④ 10　　　⑤ 13

H79 ✽✾✾ _____ 2011실시 11월 학평 23(고1)

부등식 $|x+1|+|x-2|<5$를 만족시키는 정수 x의 개수를 구하시오. (3점)

H80 ✽✾✾ [필수]

부등식 $|2x-3| \le \sqrt{x^2+2x+1}+6$의 해가 $\alpha \le x \le \beta$일 때, $\beta-\alpha$의 값은? (3점)

① 4　　　　② 6　　　　③ 8
④ 10　　　⑤ 12

H81 ✽✾✾ _____ 2007실시 9월 학평 18(고1)

수직선 위의 두 점 A(3), B(7)에 대하여 점 P(x)가 $\overline{AP}+\overline{BP} \le 8$을 만족시킬 때, 선분 OP의 길이의 최댓값과 최솟값의 합은? (단, O는 원점이다.)
(4점)

① 7　　　　② 8　　　　③ 9
④ 10　　　⑤ 11

유형 13 절댓값 기호를 포함한 부등식의 미정계수의 결정

(1) $|ax+b|<c$의 해가 없다. ⟹ $c \le 0$
(2) $|ax+b| \le c$의 해가 없다. ⟹ $c<0$
(3) $|ax+b|>c$의 해가 모든 실수이다. ⟹ $c<0$
(4) $|ax+b| \ge c$의 해가 모든 실수이다. ⟹ $c \le 0$

tip

a, b가 양수일 때
① $|x|<a$이면 $-a<x<a$
② $|x|>a$이면 $x<-a$ 또는 $x>a$
③ $a<|x|<b$이면 $-b<x<-a$ 또는 $a<x<b$

H82 ✽✾✾ [최다출제] / 2018실시 6월 학평 7(고1)

x에 대한 부등식 $|x-a|<2$를 만족시키는 모든 정수 x의 값의 합이 33일 때, 자연수 a의 값은? (3점)

① 11　　　② 12　　　③ 13
④ 14　　　⑤ 15

H83 ✾✾✾ _____ 2024실시 6월 학평 9(고1)

x에 대한 부등식 $|x-1|<n$을 만족시키는 정수 x의 개수가 9가 되도록 하는 자연수 n의 값은? (3점)

① 3　　　　② 4　　　　③ 5
④ 6　　　　⑤ 7

H84 ✾✾✾ _____ 2020실시 11월 학평 12(고1)

x에 대한 부등식 $|x-7| \le a+1$을 만족시키는 모든 정수 x의 개수가 9가 되도록 하는 자연수 a의 값은? (3점)

① 1　　　　② 2　　　　③ 3
④ 4　　　　⑤ 5

H85 ✿✿✿ 　　　　　　2019실시(나) 3월 학평 12(고2)

x에 대한 부등식 $|x-3|\le a$를 만족시키는 정수 x의 개수가 15가 되도록 하는 자연수 a의 값은? (3점)

① 5 　　　　　② 6 　　　　　③ 7
④ 8 　　　　　⑤ 9

H86 ✿✿✿ 　　　　　　　　　2018실시 9월 학평 10(고1)

부등식 $|3x-2|\le a$의 해가 $b\le x\le 2$일 때, 두 상수 a, b에 대하여 $a+b$의 값은? (단, $a>0$) (3점)

① $\dfrac{8}{3}$ 　　　　　② 3 　　　　　③ $\dfrac{10}{3}$
④ $\dfrac{11}{3}$ 　　　　　⑤ 4

H87 ✿✿✿ 　　　　　　　　　2017실시 6월 학평 8(고1)

x에 대한 부등식 $|x-2|<a$를 만족시키는 모든 정수 x의 개수가 19일 때, 자연수 a의 값은? (3점)

① 10 　　　　　② 12 　　　　　③ 14
④ 16 　　　　　⑤ 18

H88 ✿✿✿ 　　　　　　　　　2018실시 11월 학평 14(고1)

x에 대한 부등식 $|3x-1|<x+a$의 해가 $-1<x<3$일 때, 양수 a의 값은? (4점)

① 4 　　　　　② $\dfrac{17}{4}$ 　　　　　③ $\dfrac{9}{2}$
④ $\dfrac{19}{4}$ 　　　　　⑤ 5

H89 *✿✿✿

부등식 $|x-8|\le \dfrac{3}{4}k-6$의 해가 존재하지 <u>않도록</u> 하는 양의 정수 k의 개수는? (3점)

① 5 　　　　　② 6 　　　　　③ 7
④ 8 　　　　　⑤ 9

H90 *✿✿✿

부등식 $|x+1|+2<k$의 해가 존재하도록 하는 실수 k의 값의 범위를 구하시오. (3점)

H91 ✽✽✽

연립부등식 $\begin{cases} 3x+5 > -x-3 \\ \dfrac{x+3}{3} < k-x \end{cases}$ 를 만족시키는

양의 정수인 해가 2개일 때, 실수 k의 값의 범위를
구하는 과정을 서술하시오. (10점)

1st 연립부등식의 각 부등식을 풀자.

2nd 양의 정수인 해가 2개가 되는 조건을 찾자.

3rd 조건을 만족시키는 k의 값의 범위를 구하자.

H92 ✽✽✽

부등식 $\sqrt{4x^2-4x+1}+x-3 \le 0$의 해가 $a \le x \le b$일 때,
$a+b$의 값을 구하는 과정을 서술하시오. (10점)

1st $\sqrt{}$의 식을 정리하자.

2nd 절댓값 기호 안의 값을 0으로 하는 x의 값을 경계로 하여
구간을 나눈 후 부등식을 풀자.

3rd 부등식의 해를 구해 a, b의 값을 찾고 $a+b$의 값을 구하자.

H93 ✽✽✽

x에 대한 부등식 $(a-b)x+2a-b > 0$의 해가
$x < \dfrac{1}{2}$일 때, 부등식 $(a+3b)x+7a-3b \le 0$을 만족시키는
x의 최댓값을 구하는 과정을 서술하시오. (10점)

H94 ✽✽✽

연립부등식 $\begin{cases} 0.2x+1.5 \le 0.5x-1.2 \\ 3(x-4) > 4x-a \end{cases}$ 가 해를 갖지 <u>않도록</u>

하는 실수 a의 최댓값을 구하는 과정을 서술하시오.

(10점)

H95 ✽✽✽

부등식 $\big||x+2|-1\big| < 4$를 만족시키는 모든 정수
x의 값의 합을 구하는 과정을 서술하시오. (10점)

H96 ✪2등급 대비

두 정수 a, b에 대하여 부등식
$a(a-1)x+b<6x+a$의 해가 존재하지 않고,
$|b|\leq4$일 때, a, b의 순서쌍 (a, b)의 개수는? (4점)

① 8   ② 9   ③ 10

④ 11   ⑤ 12

H97 ✪2등급 대비

상수 a, b에 대하여

부등식 $(a+b)x+3a-2b\leq0$의 해가 $x\geq-\dfrac{4}{3}$일 때,

부등식 $|ax-2b|<-2a-b$를 만족시키는 정수 x의
최댓값과 최솟값의 합은? (4점)

① -2 ② -1 ③ 0

④ 1   ⑤ 2

H98 ✪1등급 대비

부등식 $\dfrac{x-4k}{3}<\dfrac{4x-5}{2}\leq-\dfrac{x}{4}+k$를 만족시키는

양의 정수 x는 2개, 음의 정수 x는 1개일 때,
다음 중 자연수 k의 값이 될 수 있는 것은? (4점)

① 1   ② 2   ③ 3

④ 4   ⑤ 5

H

H99 ⭐1등급 대비

두 양수 a, b에 대하여 부등식

$|x-a|+|x+1| \leq b$를 만족시키는 정수 x의 개수를

$f(a, b)$라 할 때, $f(n, n+3)=12$를 만족시키는 자연수

n의 값은? (4점)

① 4   ② 5   ③ 6

④ 7   ⑤ 8

H100 ⭐1등급 대비

부등식 $|3x-1|+|2x+3| \leq k$가 해를 갖지

<u>않도록</u> 하는 실수 k의 값의 범위는? (4점)

① $k<\dfrac{11}{3}$ ② $k<4$ ③ $k<\dfrac{13}{3}$

④ $k>\dfrac{11}{3}$ ⑤ $k>4$

I 이차부등식

이차항의 계수의
부호에 주의한다.

♣ 단원 학습 목표

• 이차부등식의 뜻을 알고, 이차부등식의 해를 구할 수 있다.
 이때, 이차부등식의 풀이 방법은 앞에서 배운 이차함수의
 그래프를 통해 이해하도록 한다.

• 앞에서 배운 연립이차방정식과 비교하여 연립이차부등식을
 이해하고, 연립일차부등식의 해를 수직선을 이용하여 공통
 부분을 구했듯이 연립이차부등식의 해를 구할 수 있도록 한다.

★ 자주 출제되는 필수 개념 학습법

• 이차부등식은 이차방정식과 마찬가지로 이차함수의 그래프를
 통해 이해해야 한다. 즉, 단순한 이차부등식의 풀이부터
 두 이차함수의 그래프의 위치 관계, 해가 모든 실수 또는 해가
 없는 이차부등식의 조건 등을 그래프를 통해 해결하도록 하자.

• 이차방정식의 실근의 부호와 위치에 대한 조건을 이용하여
 미정계수를 구하는 문제는 각 유형에 따른 풀이 방법을
 암기하기보다는 이차함수의 그래프를 그려서 해결할 수
 있도록 연습하자.

★ 자주 출제되는 개념+공식

1 $a>0$인 이차방정식 $ax^2+bx+c=0$의 서로 다른 두 실근이
 α, $\beta\,(\alpha<\beta)$일 때

 (1) 이차부등식 $ax^2+bx+c>0$의 해
 　　$\Longleftrightarrow x<\alpha$ 또는 $x>\beta$

 (2) 이차부등식 $ax^2+bx+c<0$의 해
 　　$\Longleftrightarrow \alpha<x<\beta$

2 이차방정식 $ax^2+bx+c=0$의 두 실근을 α, β라 하고,
 판별식을 D라고 하면

 (1) 두 근이 모두 양수 $\Longleftrightarrow D\geq0,\ \alpha+\beta>0,\ \alpha\beta>0$

 (2) 두 근이 모두 음수 $\Longleftrightarrow D\geq0,\ \alpha+\beta<0,\ \alpha\beta>0$

 (3) 두 근이 서로 다른 부호 $\Longleftrightarrow \alpha\beta<0$

Ⅰ 이차부등식

개념 강의

중요도 ★★★

1 이차부등식과 이차함수의 관계 — 유형 01~09

(1) 이차부등식

부등식의 모든 항을 좌변으로 이항하여 정리하였을 때,
좌변이 x에 대한 이차식인 부등식을 x에 대한 **이차부등식**이라 한다.

예) $-x^2+2\geq0$, $3x^2-7<10x$ 등은 x에 대한 이차부등식이다.

(2) 이차부등식의 해와 이차함수의 그래프의 관계 ❶

① $ax^2+bx+c>0$의 해
　⇨ $y=ax^2+bx+c$에서 $y>0$인 x의 값의 범위
　⇨ $y=ax^2+bx+c$의 그래프가 x축보다 위쪽에 있는 부분의 x의 값의 범위

② $ax^2+bx+c<0$의 해
　⇨ $y=ax^2+bx+c$에서 $y<0$인 x의 값의 범위
　⇨ $y=ax^2+bx+c$의 그래프가 x축보다 아래쪽에 있는 부분의 x의 값의 범위

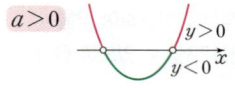 

❶ 등호가 포함된 이차부등식
$ax^2+bx+c\geq0$, $ax^2+bx+c\leq0$의
해는 $y=ax^2+bx+c$의 그래프가
x축과 만나는 부분까지 포함한다.

2 이차부등식의 풀이 — 유형 01~09

이차함수 $y=ax^2+bx+c\,(a>0)$의 그래프가 x축과 만나는 점의 x좌표를 α, β라 하고
이차방정식 $ax^2+bx+c=0$의 판별식을 D라 하면 이차부등식의 해는 다음과 같다.

$a>0$인 경우	$D>0$	$D=0$	$D<0$ ❷
$y=ax^2+bx+c$의 그래프	(그림) $\alpha\quad\beta\quad x$ $(\alpha<\beta)$	(그림) $\alpha\quad x$ $(\alpha=\beta)$	(그림) x
$ax^2+bx+c>0$의 해	$x<\alpha$ 또는 $x>\beta$	$x\neq\alpha$인 모든 실수	모든 실수
$ax^2+bx+c<0$의 해	$\alpha<x<\beta$	해가 없다.	해가 없다.
$ax^2+bx+c\geq0$의 해	$x\leq\alpha$ 또는 $x\geq\beta$	모든 실수	모든 실수
$ax^2+bx+c\leq0$의 해	$\alpha\leq x\leq\beta$	$x=\alpha$	해가 없다.

❷ 이차부등식 $f(x)>0$의 해는
이차방정식 $f(x)=0$의 판별식을
D라 할 때,
$D>0$이면 인수분해하거나 근의 공식
을 이용하여 구하고,
$D\leq0$이면 완전제곱식이 포함된 꼴로
변형하여 구한다.

주의 $a<0$인 경우에는 주어진 이차부등식의 양변에 -1을 곱하여 x^2의 계수를 양수로 바꾸어 푼다.
이때, 부등호의 방향이 바뀌는 것에 주의한다.

예) 부등식 $-x^2+4x+7<0$의 해는 부등식 $x^2-4x-7>0$의 해로 구한다.

3 이차부등식의 작성 — 유형 03

① 해가 $x<\alpha$ 또는 $x>\beta$이고, x^2의 계수가 1인 이차부등식은
　　$(x-\alpha)(x-\beta)>0 \iff x^2-(\alpha+\beta)x+\alpha\beta>0$
② 해가 $\alpha<x<\beta$이고, x^2의 계수가 1인 이차부등식은
　　$(x-\alpha)(x-\beta)<0 \iff x^2-(\alpha+\beta)x+\alpha\beta<0$

주의 이차부등식의 해가 주어지고 x^2의 계수가 a인 이차부등식은
$x^2-(\alpha+\beta)x+\alpha\beta>0$, $x^2-(\alpha+\beta)x+\alpha\beta<0$의 양변에 a를 곱하여 구한다.
이때, $a<0$이면 부등호의 방향이 바뀌는 것에 주의한다. ❸

❸ 예) 해가 $x<2$ 또는 $x>5$이고,
① x^2의 계수가 3인 이차부등식은
$3\{x^2-(2+5)x+2\times5\}>0$
② x^2의 계수가 -3인 이차부등식은
$-3\{x^2-(2+5)x+2\times5\}<0$

1 이차부등식과 이차함수의 관계

I01 이차함수 $y=f(x)$의 그래프가
오른쪽 그림과 같을 때, 다음
이차부등식의 해를 구하시오.
(1) $f(x)>0$

(2) $f(x)<0$

(3) $f(x)\geq 0$

(4) $f(x)\leq 0$

I02 다음 물음에 답하시오.
(1) 이차함수 $y=x^2-2x-8$의 그래프를 그리시오.

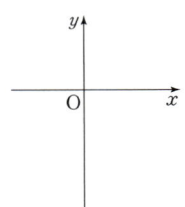

(2) 부등식 $x^2-2x-8>0$의 해를 구하시오.

(3) 부등식 $x^2-2x-8\leq 0$의 해를 구하시오.

I03 다음 물음에 답하시오.
(1) 이차함수 $y=-3x^2+6x-3$의 그래프를 그리시오.

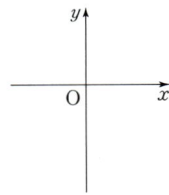

(2) 부등식 $-3x^2+6x-3>0$의 해를 구하시오.

(3) 부등식 $-3x^2+6x-3\geq 0$의 해를 구하시오.

(4) 부등식 $-3x^2+6x-3<0$의 해를 구하시오.

2 이차부등식의 풀이

[I04~I10] 다음 이차부등식을 푸시오.

I04 $x^2-4x-5>0$

I05 $-4x^2+x+5\geq 0$

I06 $6x^2-5x-6<0$

I07 $3x^2-12x+9\leq 0$

I08 $5x^2-20x+15>0$

I09 $2x^2+5x-3<0$

I10 $-x^2+3x+10<0$

[I11~I13] 다음 이차부등식을 푸시오.

I11 $x^2+4x+4\geq 0$

I12 $-2x^2+4x-3>0$

I13 $3x^2\leq 6x-3$

3 이차부등식의 작성

[I14~I17] 해가 다음과 같고, x^2의 계수가 1인
이차부등식을 구하시오.

I14 $x<-3$ 또는 $x>8$ I15 $-2\leq x\leq 3$

I16 $x\leq 1$ 또는 $x\geq 4$ I17 $-6<x<-5$

[I18~I21] 해가 다음과 같고, x^2의 계수가 -3인
이차부등식을 구하시오.

I18 $x<-2$ 또는 $x>5$ I19 $-1\leq x\leq 4$

I20 $x\leq 0$ 또는 $x\geq 3$ I21 $1<x<6$

4 이차부등식이 항상 성립할 조건 ❹ − 유형 06

이차방정식 $ax^2+bx+c=0$의 판별식을 $D=b^2-4ac$라 할 때, 모든 실수 x에 대하여

(1) 이차부등식 $ax^2+bx+c>0$이 성립할 조건 $\Rightarrow$ **$a>0$, $D<0$**

(2) 이차부등식 $ax^2+bx+c\geq0$이 성립할 조건 $\Rightarrow$ **$a>0$, $D\leq0$**

(3) 이차부등식 $ax^2+bx+c<0$이 성립할 조건 $\Rightarrow$ **$a<0$, $D<0$**

(4) 이차부등식 $ax^2+bx+c\leq0$이 성립할 조건 $\Rightarrow$ **$a<0$, $D\leq0$**

참고 (1) 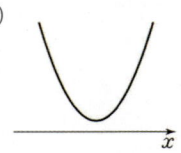 (2) 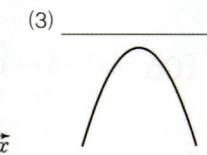 (3) 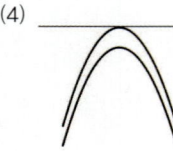 (4)

> ❹ 모든 실수 x에 대하여
> $f(x)>0$이려면 $y=f(x)$의 그래프가
> x축보다 항상 위쪽에 있어야 하고,
> $f(x)<0$이려면 $y=f(x)$의 그래프가
> x축보다 항상 아래쪽에 있어야 한다.

5 연립이차부등식 − 유형 10~14

(1) **연립이차부등식** ❺ : 차수가 가장 높은 부등식이 이차부등식인 연립부등식

(2) **연립이차부등식의 풀이**

연립이차부등식은 다음과 같은 순서로 푼다.

(i) 각각의 부등식을 푼다.

(ii) 각 부등식의 해를 수직선 위에 나타낸다.

(iii) 공통부분을 찾아 주어진 연립부등식의 해를 구한다. ❻

참고 $A<B<C$의 꼴의 부등식은 연립부등식 $\begin{cases} A<B \\ B<C \end{cases}$ 의 꼴로 고쳐서 푼다.

> ❺ 연립이차부등식은
> $\begin{cases} \text{일차부등식} \\ \text{이차부등식} \end{cases}$ 또는 $\begin{cases} \text{이차부등식} \\ \text{이차부등식} \end{cases}$ 의
> 꼴이다.

> ❻ 연립부등식을 이루고 있는 각 부등식의
> 해의 공통부분이 없으면 연립부등식의
> 해는 없다.

6 이차방정식의 실근의 조건 − 유형 15~17

(1) **이차방정식의 실근의 부호** ❼

이차방정식 $ax^2+bx+c=0$의 두 실근을 α, β라 하고, 판별식을 D라 하면

① **두 근이 모두 양수** $\Longleftrightarrow$ $D\geq0$, $\alpha+\beta>0$, $\alpha\beta>0$

② **두 근이 모두 음수** $\Longleftrightarrow$ $D\geq0$, $\alpha+\beta<0$, $\alpha\beta>0$

③ **두 근이 서로 다른 부호** $\Longleftrightarrow$ $\alpha\beta<0$

> 참고 $\alpha\beta<0$이면 $\dfrac{c}{a}<0$, 즉 $ac<0$이므로 항상 $D=b^2-4ac>0$이다.
> 이차방정식의 근의 부호는 실근인 경우에만 생각할 수 있다.

(2) **이차방정식의 근의 분리** ❽

이차방정식 $ax^2+bx+c=0\,(a>0)$의 판별식을 D라 하고, $f(x)=ax^2+bx+c$라 하면

① 두 근이 모두 p보다 크다. $\Longleftrightarrow$ $D\geq0$, $f(p)>0$, $-\dfrac{b}{2a}>p$

② 두 근이 모두 p보다 작다. $\Longleftrightarrow$ $D\geq0$, $f(p)>0$, $-\dfrac{b}{2a}<p$

③ 두 근 사이에 p가 있다. $\Longleftrightarrow$ $f(p)<0$

> 참고 $a>0$일 때 $f(p)<0$이면 이차함수 $y=f(x)$의 그래프는
> $x=p$의 좌우에서 x축과 만나게 된다.
> 즉, 항상 $D>0$이 되어 판별식의 부호를 따질 필요가 없다.
>
> $y=f(x)$
> $f(p)<0$

④ 두 근이 모두 p, $q\,(p<q)$ 사이에 있다. $\Longleftrightarrow$ $D\geq0$, $f(p)>0$, $f(q)>0$, $p<-\dfrac{b}{2a}<q$

> ❼ 이차함수 $f(x)=ax^2+bx+c$에
> 대하여 이차방정식 $f(x)=0$의 근의
> 위치를 판별하기 위해서는 이차함수
> $y=f(x)$의 그래프를 그린 후 다음
> 세 가지 조건을 살펴본다.
> ① $f(x)=0$의 판별식의 부호
> ② 경계에서의 함숫값의 부호
> ③ $y=f(x)$의 그래프의 축의 위치

> ❽ 이차방정식의 실근과 어떤 실수와의
> 대소 관계의 조건을 따지는 것을 **이차**
> **방정식의 근의 분리**라 한다.

4 이차부등식이 항상 성립할 조건

122 모든 실수 x에 대하여 부등식 $x^2+3x+a>0$이 성립하도록 하는 실수 a의 값의 범위를 구하시오.

123 모든 실수 x에 대하여 부등식 $-x^2-4ax+a-3<0$이 성립하도록 하는 실수 a의 값의 범위를 구하시오.

124 x의 값에 관계없이 부등식 $x^2-2ax+a\geq0$이 항상 성립하도록 하는 a의 값의 범위를 구하시오.

125 부등식 $x^2-4ax+3a+1>0$의 해가 모든 실수가 되도록 하는 a의 값의 범위를 구하시오.

126 부등식 $x^2+4x+a<0$의 해가 존재하지 않도록 하는 실수 a의 값의 범위를 구하시오.

5 연립이차부등식

127 다음 물음에 답하시오.
(1) 이차부등식 $4x^2-4x-3\geq0$의 해를 구하시오.

(2) 이차부등식 $x^2-3x+2<0$의 해를 구하시오.

(3) 연립부등식 $\begin{cases} 4x^2-4x-3\geq0 \\ x^2-3x+2<0 \end{cases}$ 의 해를 구하시오.

[128~130] 다음 연립부등식의 해를 구하시오.

128 $\begin{cases} 5x-6>3x+4 \\ x^2-7x-8<0 \end{cases}$

129 $\begin{cases} x^2-10x+16<0 \\ 4x-4\geq1+3x \end{cases}$

130 $\begin{cases} x^2-3x-4\leq0 \\ 3x-1\leq2.5x \end{cases}$

[131~133] 다음 연립부등식의 해를 구하시오.

131 $\begin{cases} x^2-x-12>0 \\ x^2+2x-3\leq0 \end{cases}$

132 $\begin{cases} x^2-4x+3\leq0 \\ 2x^2-5x+2<0 \end{cases}$

133 $\begin{cases} x^2+6x+8\leq0 \\ x^2-5x+6>0 \end{cases}$

[134~136] 다음 부등식의 해를 구하시오.

134 $-4x+3\leq x^2-2\leq2$

135 $-2x\leq x^2-3\leq6$

136 $x^2-9\leq2x-1\leq x^2-1$

6 이차방정식의 실근의 조건

[137~139] 다음 물음에 답하시오.

137 이차방정식 $x^2+8x+k-2=0$의 두 근이 모두 음수일 때, 실수 k의 값의 범위를 구하시오.

138 이차방정식 $x^2-2(k-1)x+3k-3=0$의 두 근이 모두 양수일 때, 실수 k의 값의 범위를 구하시오.

139 이차방정식 $x^2-(k+1)x-2k+5=0$의 두 근이 서로 다른 부호일 때, 실수 k의 값의 범위를 구하시오.

[140~143] 다음 물음에 답하시오.

140 이차방정식 $x^2+2kx+8=0$의 두 근이 모두 1보다 크도록 하는 실수 k의 값의 범위를 구하시오.

141 이차방정식 $x^2-4kx+5-k=0$의 두 근이 모두 1보다 작도록 하는 실수 k의 값의 범위를 구하시오.

142 이차방정식 $x^2+kx+k-3=0$의 두 근 사이에 1이 있도록 하는 실수 k의 값의 범위를 구하시오.

143 이차방정식 $x^2-(k+5)x+9=0$의 두 근이 모두 1보다 크고 4보다 작도록 하는 실수 k의 값의 범위를 구하시오.

1 이차부등식과 이차함수의 관계
+ 2 이차부등식의 풀이

유형 01 이차부등식의 풀이

이차방정식 $ax^2+bx+c=0$의 판별식 D에 대하여 $D>0$일 때,
이차함수 $y=ax^2+bx+c(a>0)$의 그래프가 x축과 만나는 점의
x좌표를 α, $\beta(\alpha<\beta)$라 하면 이차부등식의 해는 다음과 같다.

(1) $ax^2+bx+c>0$, 즉 $a(x-\alpha)(x-\beta)>0$이므로
  $x<\alpha$ 또는 $x>\beta$
(2) $ax^2+bx+c\geq0$, 즉 $a(x-\alpha)(x-\beta)\geq0$이므로
  $x\leq\alpha$ 또는 $x\geq\beta$
(3) $ax^2+bx+c<0$, 즉 $a(x-\alpha)(x-\beta)<0$이므로
  $\alpha<x<\beta$
(4) $ax^2+bx+c\leq0$, 즉 $a(x-\alpha)(x-\beta)\leq0$이므로
  $\alpha\leq x\leq\beta$

tip
이차방정식 $f(x)=0$의 판별식을 D라 할 때, 이차부등식 $f(x)>0$의
해는 다음과 같이 구한다.
① $D>0$일 때 ⇒ $f(x)$를 인수분해하고 인수분해가 안 될 때에는 근의
공식을 이용한다.
② $D=0$ 또는 $D<0$일 때 ⇒ $f(x)$를 $a(x-p)^2+q$ 꼴로 변형한다.

I44 ✽✽✽ ──────── 2025실시 6월 학평 3(고1)

이차부등식 $x^2-5x+4<0$을 만족시키는 모든
x의 값의 범위가 $1<x<a$일 때, a의 값은? (2점)

① 4   ② 5   ③ 6
④ 7   ⑤ 8

I45 ✽✽✽ ──────── 2020실시 9월 학평 3(고1)

이차부등식 $(x-1)(x-5)\leq0$을 만족시키는 자연수 x의
개수는? (2점)

① 1   ② 2   ③ 3
④ 4   ⑤ 5

I46 ✽✽✽ ── 🚩최다출제 / 2018실시 6월 학평 3(고1)

이차부등식 $x^2-6x+5\leq0$의 해가 $\alpha\leq x\leq\beta$일 때,
$\beta-\alpha$의 값은? (2점)

① 1   ② 2   ③ 3
④ 4   ⑤ 5

I47 ✽✽✽ ──────── 2017실시 6월 학평 4(고1)

이차부등식 $x^2-7x+12\geq0$의 해가 $x\leq\alpha$ 또는 $x\geq\beta$일 때,
$\beta-\alpha$의 값은? (3점)

① 1   ② 3   ③ 5
④ 7   ⑤ 9

I48 ✽✽✽

부등식 $(x-1)(3x-2)<4$를 만족시키는 정수 x의
개수는? (3점)

① 1   ② 2   ③ 3
④ 4   ⑤ 5

I49 ✽✽✽ ──────── 2015실시 11월 학평 10(고1)

이차함수 $f(x)=x^2-x-12$에 대하여
$f(x-1)<0$을 만족시키는 모든 정수 x의 값의 합은? (3점)

① 7   ② 8   ③ 9
④ 10   ⑤ 11

I50 ✱✿✿
2014실시 6월 학평 28(고1)

실수 x에 대하여 복소수 z가 다음 조건을 만족시킨다.

> (가) $z=3x+(2x-7)i$
> (나) $z^2+(\overline{z})^2$은 음수이다.

이때 정수 x의 개수를 구하시오.
(단, $i=\sqrt{-1}$이고, $\overline{z}$는 z의 켤레복소수이다.) (4점)

유형 02 절댓값 기호를 포함한 이차부등식

$|A|=\begin{cases} A & (A\geq 0) \\ -A & (A<0) \end{cases}$ 임을 이용하여 절댓값의 기호를 없앤다.

이때, A가 x에 대한 다항식이면 절댓값 안의 식 A의 값을 0으로 만드는 x의 값을 기준으로 경우를 나누어 푼다.

tip

1 $|x|<a$이면 $-a<x<a$ (단, $a>0$)
2 $ax^2+b|x|+c<0$은 $a|x|^2+b|x|+c<0$으로 변형하여 풀 수도 있다.

I51 ✱✿✿

부등식 $x^2+3|x|-4\leq 0$의 해는? (3점)

① $x\leq -1$ ② $x\geq 4$ ③ $-1\leq x\leq 1$
④ $-1\leq x\leq 4$ ⑤ $-4\leq x\leq 1$

I52 ✱✿✿

부등식 $x^2-6x-9\leq 3|x-3|$을 만족시키는 정수 x의 개수는? (3점)

① 9   ② 10   ③ 11
④ 12   ⑤ 13

I53 ✱✿✿

필수 / 2014실시 6월 학평 10(고1)

부등식 $x^2-2x-5<|x-1|$을 만족시키는 정수 x의 개수는? (3점)

① 4   ② 5   ③ 6
④ 7   ⑤ 8

---

3 이차부등식의 작성

유형 03 해가 주어진 이차부등식 ⭐중요

(1) 해가 $\alpha<x<\beta\ (\alpha<\beta)$이고 x^2의 계수가 1인 이차부등식은 $(x-\alpha)(x-\beta)<0$, 즉 $x^2-(\alpha+\beta)x+\alpha\beta<0$이다.

(2) 해가 $x<\alpha$ 또는 $x>\beta\ (\alpha<\beta)$이고 x^2의 계수가 1인 이차부등식은 $(x-\alpha)(x-\beta)>0$, 즉 $x^2-(\alpha+\beta)x+\alpha\beta>0$이다.

tip

주어진 이차부등식의 x^2의 계수가 1이 아닌 a일 때에는 x^2의 계수가 1인 이차부등식을 작성한 후 양변에 a를 곱한다. 이때, 부등호의 방향에 주의한다.

I54 ✿✿✿
2025실시 9월 학평 6(고1)

x에 대한 이차부등식 $x^2+ax+b\leq 0$의 해가 $3\leq x\leq 5$일 때, 두 상수 a, b에 대하여 $b-a$의 값은? (3점)

① 21   ② 22   ③ 23
④ 24   ⑤ 25

I55 ✿✿✿
2022실시 6월 학평 4(고1)

x에 대한 이차부등식 $x^2+ax+b<0$의 해가 $-4<x<3$일 때, 두 상수 a, b에 대하여 $a-b$의 값은?
(3점)

① 5   ② 7   ③ 9
④ 11   ⑤ 13

I56 ✿✿✿
2023실시 6월 학평 23(고1)

x에 대한 부등식 $x^2+ax+b\leq 0$의 해가 $-2\leq x\leq 4$일 때, ab의 값을 구하시오.
(단, a, b는 상수이다.) (3점)

I57 ✿✿✿
최다출제 / 2019실시 6월 학평 4(고1)

x에 대한 이차부등식 $x^2+ax+6\leq 0$의 해가 $2\leq x\leq 3$일 때, 상수 a의 값은? (3점)

① -5 ② -4 ③ -3
④ -2 ⑤ -1

I58 ✿✿✿ ⎯⎯⎯⎯⎯ 2024실시 6월 학평 4(고1)

x에 대한 이차부등식 $x^2+ax+6<0$의 해가
$2<x<3$일 때, 상수 a의 값은? (3점)

① -5 ② -4 ③ -3
④ -2 ⑤ -1

I59 ✿✿✿ ⎯⎯⎯⎯⎯ 2024실시 9월 학평 8(고1)

x에 대한 이차부등식 $x^2+ax-12\leq0$의 해가
$-4\leq x\leq b$일 때, 두 상수 a, b에 대하여 $a-b$의 값은?

(3점)

① -6 ② -5 ③ -4
④ -3 ⑤ -2

I60 ✿✿✿ ⎯⎯⎯⎯⎯ 2019실시(가) 3월 학평 7(고2)

이차부등식 $x^2-8x+a\leq0$ 의 해가 $b\leq x\leq6$일 때,
$a+b$의 값은? (단, a, b는 상수이다.) (3점)

① 14 ② 15 ③ 16
④ 17 ⑤ 18

I61 ✱✿✿ ⎯⎯⎯⎯⎯ 2007실시 9월 학평 28(고1)

이차부등식 $x^2-ax+12\leq0$의 해가
$\alpha\leq x\leq\beta$이고, 이차부등식 $x^2-5x+b\geq0$의 해가
$x\leq\alpha-1$ 또는 $x\geq\beta-1$일 때, 상수 a, b의 곱 ab의 값을
구하시오. (3점)

I62 ✱✿✿ ⎯⎯⎯⎯⎯

x에 대한 이차부등식 $x^2-(2a-1)x+a^2-a-2\leq0$을
만족시키는 모든 정수 x의 값의 합이 6일 때,
정수 a의 값은? (3점)

① -4 ② -2 ③ 2
④ 4 ⑤ 6

I63 ✱✿✿ ⎯⎯⎯⎯⎯ 2019실시 9월 학평 14(고1)

x에 대한 이차부등식 $x^2-(n+5)x+5n\leq0$을
만족시키는 정수 x의 개수가 3이 되도록 하는 모든 자연수
n의 값의 합은? (4점)

① 8 ② 9 ③ 10
④ 11 ⑤ 12

I64 ✿✿✿ ⎯⎯⎯⎯⎯ 2016실시(가) 3월 학평 24(고2)

이차함수 $f(x)$에 대하여 $f(1)=8$이고 부등식
$f(x)\leq0$의 해가 $-3\leq x\leq0$일 때, $f(4)$의 값을 구하시오.

(3점)

I65 ✽✿✿ .... 2014실시 6월 학평 13(고1)

이차함수 $f(x)=x^2$의 그래프가 그림과 같을 때, x에 대한 이차부등식 $\dfrac{1}{2}f(x)\leq k$를 만족시키는 정수 x의 개수가 7이 되도록 하는 모든 자연수 k의 값의 합은? (3점)

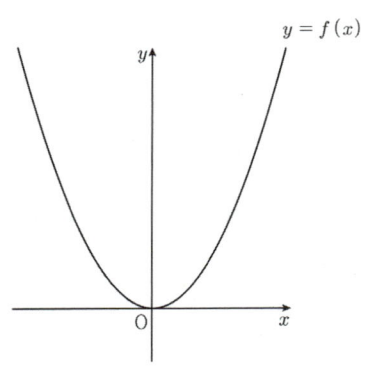

① 12   ② 15   ③ 18
④ 21   ⑤ 24

I66 ✽✽✽ .... 2022실시 6월 학평 15(고1)

이차다항식 $P(x)$가 다음 조건을 만족시킬 때, $P(-1)$의 값은? (4점)

> (가) 부등식 $P(x)\geq -2x-3$의 해는 $0\leq x\leq 1$이다.
> (나) 방정식 $P(x)=-3x-2$는 중근을 가진다.

① -3 ② -4 ③ -5
④ -6 ⑤ -7

I67 ✽✽✿ .... 2009실시 11월 학평 14(고1)

그림은 두 점 $(-1, 0)$, $(2, 0)$을 지나는 이차함수 $y=f(x)$의 그래프를 나타낸 것이다. 부등식 $f\left(\dfrac{x+k}{2}\right)\leq 0$의 해가 $-3\leq x\leq 3$일 때, 상수 k의 값은? (4점)

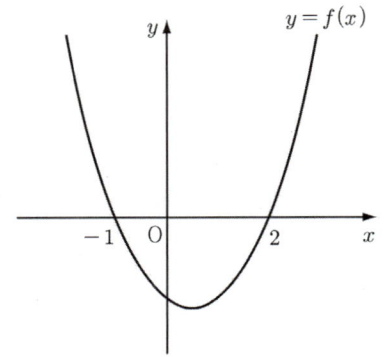

① 0   ② 1   ③ 2
④ 3   ⑤ 4

유형 04 이차부등식이 해를 한 개만 가질 조건 이해

이차함수 $f(x)=ax^2+bx+c$에서
이차방정식 $ax^2+bx+c=0$의 판별식을 D라 할 때,
이차부등식이 해를 오직 한 개만 가질 조건
(1) $ax^2+bx+c\leq 0$이 해를 한 개만 가질 조건 ⇒ $a>0$, $D=0$
(2) $ax^2+bx+c\geq 0$이 해를 한 개만 가질 조건 ⇒ $a<0$, $D=0$

tip
이차부등식의 해가 $x\neq\alpha$인 모든 실수인 문제는 이차부등식의 해가 $x=\alpha$ 뿐인 이차부등식이 되도록 부등호를 바꾸어 푼다.

I68 ✽✽✽ .... 2007실시 9월 학평 7(고1)

이차부등식 $ax^2+bx+c\geq 0$의 해가 $x=2$뿐일 때, 옳은 내용을 [보기]에서 모두 고른 것은? (3점)

> ───── [보기] ─────
> ㄱ. $a<0$
> ㄴ. $b^2-4ac=0$
> ㄷ. $a+b+c<0$

① ㄱ   ② ㄱ, ㄴ   ③ ㄱ, ㄷ
④ ㄴ, ㄷ   ⑤ ㄱ, ㄴ, ㄷ

I69 ✽✽✽ .... 2007실시 9월 학평 7(고1) 변형

x에 대한 이차부등식 $ax^2+bx+c\geq 0$의 해가 오직 $x=2$뿐일 때, 부등식 $bx^2+cx+8a<0$을 만족시키는 모든 정수 x의 값의 합은? (3점)

① 1   ② 2   ③ 3
④ 4   ⑤ 5

I70 ✽✽✽ .... 최다출제 / 2016실시 6월 학평 13(고1)

이차함수 $y=x^2-2ax+5a$의 그래프와 직선 $y=x$가 오직 한 점에서 만나도록 하는 모든 실수 a의 값의 합은? (3점)

① 1   ② 2   ③ 3
④ 4   ⑤ 5

I71 ✱❀❀
2015실시(가) 3월 학평 11(고2)

이차함수 $f(x)$가 다음 조건을 만족시킨다.

> (가) $f(0)=8$
> (나) 이차부등식 $f(x)>0$의 해는 $x\neq2$인 모든 실수이다.

$f(5)$의 값은? (3점)

① 12   ② 14   ③ 16
④ 18   ⑤ 20

I72 ✱✱❀
신유형

두 양수 a, b가 $\dfrac{1}{a}+\dfrac{1}{b}\leq2\sqrt{6}$, $(a-b)^2=36a^3b^3$을
만족시킬 때, $a+b$의 값은? (4점)

① $\dfrac{\sqrt{6}}{3}$ ② $\dfrac{2\sqrt{2}}{3}$ ③ $\dfrac{4}{3}$
④ $\dfrac{2\sqrt{6}}{3}$ ⑤ $\dfrac{4\sqrt{2}}{3}$

유형 05 특수한 해를 갖는 이차부등식 〔이해〕

이차함수 $f(x)=ax^2+bx+c$에서 이차방정식
$ax^2+bx+c=0$의 판별식을 D라 하면
(1) $a>0$, $D<0$일 때
　① $f(x)>0$의 해는 모든 실수이다.
　② $f(x)\leq0$의 해는 없다.
(2) $a<0$, $D<0$일 때
　① $f(x)\geq0$의 해는 없다.
　② $f(x)<0$의 해는 모든 실수이다.

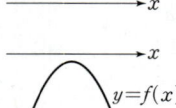
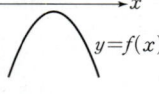

〔tip〕
이차함수의 그래프를 그려 이해하면 쉽다.

I73 ❀❀❀
2021실시 6월 학평 24(고1)

x에 대한 이차부등식 $x^2+8x+(a-6)<0$이
해를 갖지 않도록 하는 실수 a의 최솟값을 구하시오. (3점)

I74 ✱❀❀

이차부등식 $-x^2-2(a+4)x+3(a-2)>0$의 해가
존재하지 <u>않을</u> 때, 정수 a의 개수를 구하시오. (3점)

I75 ✱❀❀

이차부등식 $ax^2-6x+4a>0$의 해가 존재할 때, 다음 중
실수 a의 값이 될 수 <u>없는</u> 것은? (3점)

① $-\dfrac{3}{2}$ ② -1 ③ $-\dfrac{1}{2}$
④ $\dfrac{1}{2}$ ⑤ 1

---

4 이차부등식이 항상 성립할 조건

유형 06 이차부등식이 항상 성립할 조건 ✪중요 〔이해〕

이차방정식 $ax^2+bx+c=0$의 판별식을 D라 할 때, 모든 실수
x에 대하여
(1) 이차부등식 $ax^2+bx+c>0$이 성립할 조건 ⇒ $a>0$, $D<0$
(2) 이차부등식 $ax^2+bx+c\geq0$이 성립할 조건 ⇒ $a>0$, $D\leq0$
(3) 이차부등식 $ax^2+bx+c<0$이 성립할 조건 ⇒ $a<0$, $D<0$
(4) 이차부등식 $ax^2+bx+c\leq0$이 성립할 조건 ⇒ $a<0$, $D\leq0$

〔tip〕

이차함수 $y=ax^2+bx+c$의 최고차항이 양수인지 음수인지 파악한 후
이에 해당하는 이차함수의 그래프를 대략적으로 그려서 x축과의 관계를
알아본 후에 이차방정식 $ax^2+bx+c=0$의 판별식 D를 구하면 더욱
쉽게 문제를 이해할 수 있다.

I76 ❀❀❀
2019실시(가) 3월 학평 11(고2)

모든 실수 x에 대하여 부등식
$$x^2-2kx+2k+15\geq0$$
이 성립하도록 하는 정수 k의 개수는? (3점)

① 7   ② 9   ③ 11
④ 13   ⑤ 15

I77 ✽❀❀

다음 [보기] 중 모든 실수 x에 대하여 성립하는 부등식을 모두 고른 것은? (3점)

[보기]
ㄱ. $x^2-x+2<0$ ㄴ. $x^2-6x+9\geq0$
ㄷ. $x^2+2x+3>0$ ㄹ. $x^2+10x+25\leq0$
ㅁ. $-2x^2+2x-3<0$

① ㄱ, ㄴ ② ㄷ, ㄹ ③ ㄱ, ㄹ, ㅁ
④ ㄴ, ㄷ, ㅁ ⑤ ㄴ, ㄹ, ㅁ

I78 ✽❀❀ 2011실시 11월 학평 25(고1)

$-1\leq x\leq1$에서 이차부등식
$x^2-2x+3\leq-x^2+k$가 항상 성립할 때, 실수 k의 최솟값을 구하시오. (3점)

I79 ✽❀❀

모든 실수 x에 대하여 $\sqrt{x^2-8ax+4(3a+1)}$이 실수가 되도록 하는 실수 a의 최댓값과 최솟값의 합은? (3점)

① $-\dfrac{1}{2}$ ② 0 ③ $\dfrac{1}{4}$
④ $\dfrac{1}{2}$ ⑤ $\dfrac{3}{4}$

I80 ✽❀❀ 필수

모든 실수 x에 대하여 이차부등식 $ax^2-(a-1)x+a\leq0$이 성립하도록 하는 실수 a의 최댓값은? (3점)

① -3 ② -2 ③ -1
④ 0 ⑤ 1

I81 ❀❀❀ 2014실시 6월 학평 9(고1)

모든 실수 x에 대하여 이차부등식
$$x^2-2(k-2)x-k^2+5k-3\geq0$$
이 성립하도록 하는 모든 정수 k의 값의 합은? (3점)

① 2 ② 4 ③ 6
④ 8 ⑤ 10

I82 ✽❀❀ 2023실시 9월 학평 13(고1)

모든 실수 x에 대하여 이차부등식
$$x^2+(m+2)x+2m+1>0$$
이 성립하도록 하는 모든 정수 m의 값의 합은? (3점)

① 3 ② 4 ③ 5
④ 6 ⑤ 7

I83 ✽❀❀ 2015실시 6월 학평 12(고1)

$3\leq x\leq5$인 실수 x에 대하여 부등식
$$x^2-4x-4k+3\leq0$$
이 항상 성립하도록 하는 상수 k의 최솟값은? (3점)

① 1 ② 2 ③ 3
④ 4 ⑤ 5

유형 07

두 그래프의 위치 관계와 이차부등식 – 만나는 경우

(1) 이차함수 $y=f(x)$의 그래프가 직선 $y=g(x)$보다 아래쪽에 있는 x의 값의 범위
  ⇒ 이차부등식 $f(x)<g(x)$의 해
(2) 이차함수 $y=f(x)$의 그래프가 직선 $y=g(x)$보다 위쪽에 있는 x의 값의 범위
  ⇒ 이차부등식 $f(x)>g(x)$의 해

tip

이차함수 $y=f(x)$의 그래프와 직선 $y=g(x)$가 만날 때의 위치 관계를 파악할 때에는 이차방정식 $f(x)=g(x)$, 즉 $f(x)-g(x)=0$의 판별식 D의 부호를 조사해본다.

I84 ✱✱✱   🚩초다출제

이차함수 $y=ax^2-bx+a^2+3a$의 그래프가 직선 $y=5x-b$보다 아래쪽에 있는 x의 값의 범위가 $-6<x<1$일 때, 실수 a, b에 대하여 ab의 값을 구하시오.
(3점)

I85 ✱✱✱

이차함수 $y=x^2+ax-b$의 그래프가 직선 $y=-2x+2$보다 아래쪽에 있는 x의 값의 범위가 $-2<x<3$일 때, 실수 a, b에 대하여 ab의 값은? (3점)

① -12 ② -6 ③ 2
④ 6 ⑤ 12

I86 ✱✱✱

이차함수 $y=-3x^2+6x-4$의 그래프가 이차함수 $y=x^2-3x-2$의 그래프보다 위쪽에 있는 x의 값의 범위가 $\alpha<x<\beta$일 때, $\beta-\alpha$의 값은? (3점)

① $\dfrac{1}{4}$ ② $\dfrac{1}{2}$ ③ $\dfrac{3}{4}$
④ $\dfrac{3}{2}$ ⑤ $\dfrac{7}{4}$

I87 ✱✱✱ ⋯⋯⋯⋯ 2010실시 11월 학평 19(고1)

이차항의 계수가 음수인 이차함수 $y=f(x)$의 그래프와 직선 $y=x+1$이 두 점에서 만나고 그 교점의 y좌표가 각각 3과 8이다. 이때 이차부등식 $f(x)-x-1>0$을 만족시키는 모든 정수 x의 값의 합은?
(4점)

① 14   ② 15   ③ 16
④ 17   ⑤ 18

I88 ✱✱✱ ⋯⋯⋯⋯ 2014실시 9월 학평 11(고1)

직선 $y=px+q$와 이차함수 $y=ax^2+bx+c$의 그래프가 그림과 같을 때, [보기]에서 옳은 것만을 있는 대로 고른 것은? (3점)

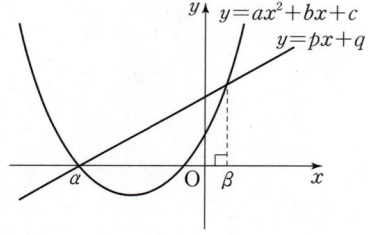

[보기]
ㄱ. $b^2-4ac>0$
ㄴ. $aq^2+bq+c>0$
ㄷ. 부등식 $ax^2+(b-p)x+c-q\le0$의 해는 $\alpha\le x\le\beta$

① ㄱ   ② ㄱ, ㄴ   ③ ㄱ, ㄷ
④ ㄴ, ㄷ   ⑤ ㄱ, ㄴ, ㄷ

I89 ✽❀❀   2015실시 9월 학평 14(고1)

0이 아닌 실수 p에 대하여 이차함수
$f(x)=x^2+px+p$의 그래프의 꼭짓점을 A, 이 이차함수의
그래프가 y축과 만나는 점을 B라 할 때, 두 점 A, B를
지나는 직선 l의 방정식을 $y=g(x)$라 하자.
부등식 $f(x)-g(x)\leq0$을 만족시키는 정수 x의 개수가
10이 되도록 하는 정수 p의 최댓값을 M, 최솟값을 m이라
할 때, $M-m$의 값은? (4점)

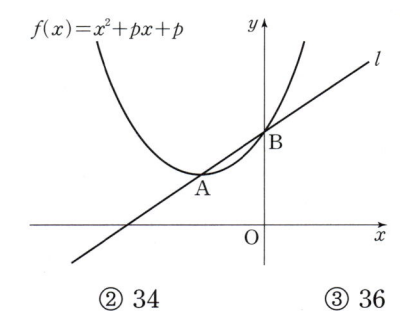

① 32   ② 34   ③ 36

④ 38   ⑤ 40

유형 08   두 그래프의 위치 관계와 이차부등식 – 만나지 않는 경우 [이해]

이차함수 $y=ax^2+bx+c$의 그래프가 직선 $y=mx+n$보다
항상 위쪽에 존재한다는 뜻은 두 그래프가 만나지 않는다는 뜻이다.
⇒ 모든 실수 x에 대하여 이차부등식 $ax^2+bx+c>mx+n$,
   즉 $ax^2+(b-m)x+c-n>0$이 성립한다.
⇒ 이차방정식 $ax^2+(b-m)x+c-n=0$의 판별식 D에
   대하여 $a>0$, $D<0$이다.

[tip]

이차함수 $y=ax^2+bx+c$의 그래프가 직선 $y=mx+n$보다 항상
아래쪽에 있으려면
① 모든 실수 x에 대하여 이차부등식 $ax^2+bx+c<mx+n$이 성립해야
   한다.
② 이차방정식 $ax^2+(b-m)x+c-n=0$의 판별식 D에 대하여
   $a<0$, $D<0$이다.

I91 ❀❀❀   2021실시 6월 학평 10(고1)

이차함수 $y=x^2+6x-3$의 그래프와
직선 $y=kx-7$이 만나지 않도록 하는 자연수 k의
개수는? (3점)

① 3   ② 4   ③ 5

④ 6   ⑤ 7

I90 ✽✽❀   2024실시 10월 학평 18(고1)

2가 아닌 양수 a에 대하여 직선 $x=a$가 두 함수
$f(x)=x^2-3x+3$, $g(x)=2x^2-4x$의 그래프와 만나는
점을 각각 P, Q라 하고, 직선 $x=a$가 x축과 만나는
점을 R이라 하자. $\overline{PR}+\overline{QR}\leq3$을 만족시키는 a의 최댓값
과 최솟값의 합은? (4점)

① 2   ② $\dfrac{7}{3}$ ③ $\dfrac{8}{3}$

④ 3   ⑤ $\dfrac{10}{3}$

I92 ✽❀❀   [필수]

이차함수 $y=kx^2-1$의 그래프가 직선 $y=4x-k+2$보다
항상 위쪽에 있을 때, 실수 k의 값의 범위는? (3점)

① $-1<k<4$ ② $-1<k<0$ ③ $k>0$

④ $0<k<4$ ⑤ $k>4$

I93 ✱❀❀
2017실시 9월 학평 25(고1)

이차함수 $y=x^2+2(a-4)x+a^2+a-1$의
그래프가 x축과 만나지 않도록 하는 정수 a의 최솟값을
구하시오. (3점)

I94 ✱❀❀

이차함수 $y=-x^2+4kx+5$의 그래프가 직선
$y=8x+16k-7$보다 항상 아래쪽에 있도록 하는 실수
k의 값의 범위는? (3점)

① $-2<k<4$ ② $-1<k<5$
③ $0<k<6$ ④ $1<k<7$
⑤ $2<k<8$

유형 09 이차부등식의 활용   `활용`

이차부등식의 활용문제는 다음의 순서로 해결한다.
(i) 주어진 조건에 맞게 이차부등식을 세운다.
(ii) 부등식을 풀어 해를 구한다. 이때 미지수의 범위에 유의한다.
`tip`

1 활용문제에서는 문제에서 구해야 하는 것이 무엇인지 파악하는 것이 중요하다.
2 미지수가 금액, 길이, 넓이, 부피, 시간 등의 값이면 항상 0보다 크다.

I95 ✱✱✱
2004실시 9월 학평 29(고1)

지면에서 70 m/초의 속도로 쏘아올린 물체의
t초 후의 높이를 h m라 할 때, $h=70t-5t^2$인 관계가
성립한다고 한다. 이때, 이 물체의 높이가 120 m 이상
되는 시간은 □초 동안이다. □ 안에 알맞은 값을 구하시
오. (4점)

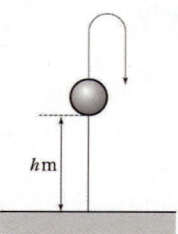

I96 ✱✱✱

밑변의 길이가 $5a-2$이고 높이가 $a+3$인 삼각형의 넓이가
20 이상이 되도록 하는 a의 최솟값을 구하시오. (3점)

I97 ✱❀❀
2017실시(나) 3월 학평 13(고2)

어느 라면 전문점에서 라면 한 그릇의 가격이
2000원이면 하루에 200그릇이 판매되고, 라면 한 그릇의
가격을 100원씩 내릴 때마다 하루 판매량이 20그릇씩 늘어
난다고 한다. 하루의 라면 판매액의 합계가 442000원 이
상이 되기 위한 라면 한 그릇의 가격의 최댓값은? (3점)

① 1500원   ② 1600원   ③ 1700원
④ 1800원   ⑤ 1900원

I98 ✽❀❀

어느 정육면체의 밑면의 가로의 길이, 세로의 길이를 각각 6 cm, 4 cm 늘이고 높이를 6 cm 줄여서 새로운 직육면체를 만들었더니 직육면체의 부피가 처음 정육면체의 부피보다 작아졌다. 다음 중 처음 정육면체의 한 모서리의 길이가 될 수 없는 것은? (3점)

① 8   ② 9   ③ 10

④ 11   ⑤ 12

I99 ✽❀❀

가로의 길이가 20 m, 세로의 길이가 15 m인 직사각형 모양의 땅에 그림과 같이 폭이 일정한 도로를 만들려고 한다. 이때, 도로를 제외한 땅의 넓이가 150 m² 이상이 되도록 하는 도로의 폭의 범위는? (4점)

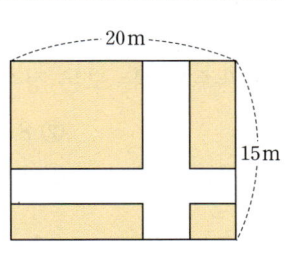

① 0 m 초과 5 m 이하   ② 0 m 초과 10 m 이하

③ 5 m 이상 10 m 미만   ④ 5 m 이상 15 m 미만

⑤ 10 m 이상 15 m 미만

I100 ✽✽❀

어느 상점에서 판매하던 A상품에 세금이 새롭게 부과되어서 이 상품의 가격을 원래의 가격보다 $x \%$ 올리기로 하였다. 가격을 올렸을 때, A상품의 판매량은 $0.5x \%$ 감소하였다. 세율은 총판매 수익의 10 %라고 할 때, 세금을 제외한 총판매 수익이 이전의 총판매 수익 이상이 되게 하는 x의 값의 범위는 $a \leq x \leq b$이다. 이때, $b-a$의 값은? (4점)

① $\dfrac{25}{3}$ ② $\dfrac{50}{3}$ ③ 25

④ $\dfrac{100}{3}$ ⑤ $\dfrac{125}{3}$

---

5 연립이차부등식

유형 10   **연립이차부등식의 풀이**   기초

연립이차부등식은 다음과 같은 순서로 푼다.

(i) 주어진 각 이차부등식의 해를 구한다.

(ii) (i)에서 구한 해의 공통범위를 구한다.   tip

① 연립이차부등식의 해는 수직선 위에 각각의 부등식의 해를 나타낸 후, 이들의 공통범위를 찾는다.

② 연립부등식 $f(x)<g(x)<h(x)$는 연립부등식 $\begin{cases} f(x)<g(x) \\ g(x)<h(x) \end{cases}$로 변형한 후 각각의 부등식의 해를 구해 공통범위를 찾는다.

I101 ❀❀❀   2025실시 3월 학평 8(고2)

연립부등식

$$\begin{cases} x^2-x-6 \geq 0 \\ x^2-25 < 0 \end{cases}$$

을 만족시키는 모든 정수 x의 값의 합은? (3점)

① -2 ② -1 ③ 0

④ 1   ⑤ 2

I102 ❀❀❀   필수

두 이차함수 $y=f(x)$, $y=g(x)$의 그래프가 그림과 같을 때, 부등식 $0<f(x)<g(x)$의 해는? (3점)

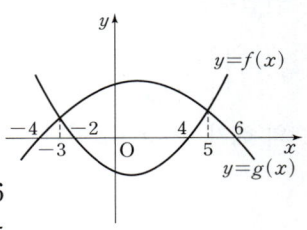

① $-4<x<-3$ 또는 $4<x<6$

② $-4<x<-2$ 또는 $4<x<5$

③ $-3<x<-2$

④ $-3<x<-2$ 또는 $4<x<5$

⑤ $-3<x<-2$ 또는 $4<x<6$

I103 ❀❀❀   최다출제 / 2016실시 6월 학평 24(고1)

연립부등식

$$\begin{cases} x-1 \geq 2 \\ x^2-5x \leq 0 \end{cases}$$

의 해가 $\alpha \leq x \leq \beta$이다. $\alpha^2+\beta^2$의 값을 구하시오. (3점)

I104 ✱✱✱　　　　　　　　2024실시 3월 학평 7(고2)

연립부등식 $\begin{cases} 2x+1<3 \\ x^2-2x-15\le 0 \end{cases}$ 을 만족시키는

모든 정수 x의 개수는? (3점)

① 4　　　　　② 5　　　　　③ 6

④ 7　　　　　⑤ 8

I105 ✱✱✱　　　　　　　　2022실시 11월 학평 7(고1)

연립부등식

$$\begin{cases} 2x-6\ge 0 \\ x^2-8x+12\le 0 \end{cases}$$

을 만족시키는 모든 자연수 x의 값의 합은? (3점)

① 15　　　　　② 16　　　　　③ 17

④ 18　　　　　⑤ 19

I106 ✱✱✱　　　　　　　　2018실시 6월 학평 24(고1)

연립부등식

$$\begin{cases} x-1\ge 2 \\ x^2-6x\le -8 \end{cases}$$

의 해가 $\alpha\le x\le \beta$이다. $\alpha+\beta$의 값을 구하시오. (3점)

I107 ✱✱✱　　　　　　　　2024실시 9월 학평 11(고1)

연립부등식

$$\begin{cases} x^2-x-12\le 0 \\ x^2-3x+2>0 \end{cases}$$

을 만족시키는 모든 정수 x의 값의 합은? (3점)

① 1　　　　　② 2　　　　　③ 3

④ 4　　　　　⑤ 5

I108 ✱✱✱　　　　　　　　2018실시(가) 3월 학평 7(고2)

연립부등식

$$\begin{cases} 2x-7\ge 0 \\ x^2-5x-14<0 \end{cases}$$

을 만족시키는 모든 정수 x의 값의 합은? (3점)

① 7　　　　　② 9　　　　　③ 11

④ 13　　　　　⑤ 15

I109 ✱✱✱　　　　　　　　2015실시 6월 학평 15(고1)

연립부등식

$$0\le -x^2+5x<-x+9$$

를 만족시키는 모든 정수 x의 값의 합은? (4점)

① 6　　　　　② 8　　　　　③ 10

④ 12　　　　　⑤ 14

I110 ✱✱✱　　　　　　　　2019실시 9월 학평 26(고1)

연립부등식

$$\begin{cases} x^2-x-56\le 0 \\ 2x^2-3x-2>0 \end{cases}$$

을 만족시키는 정수 x의 개수를 구하시오. (4점)

I111 ✱✱✱　　　　　　　　2023실시 9월 학평 12(고1)

연립부등식

$$\begin{cases} x^2-4x-12\le 0 \\ x^2-4x+4>0 \end{cases}$$

을 만족시키는 모든 정수 x의 개수는? (3점)

① 5　　　　　② 6　　　　　③ 7

④ 8　　　　　⑤ 9

유형 11 절댓값 기호를 포함한 연립이차부등식의 풀이 이해

양의 실수 a에 대하여
(1) $|f(x)|<a \iff -a<f(x)<a$
(2) $|f(x)|>a \iff f(x)<-a$ 또는 $f(x)>a$

tip

절댓값 기호를 포함한 부등식의 문제는 먼저 절댓값 안의 식의 값을 0으로 만드는 x의 값을 기준으로 경우를 나누어 푼다. 이때, 기준을 나눌 때 $+$, $-$의 부호에 유의하여 푼다.

I112 ❋❋❋ .... 2014실시 6월 학평 24(고1)

연립부등식
$$\begin{cases} |x-1| \le 6 \\ (x-2)(x-8) \le 0 \end{cases}$$
의 해가 $\alpha \le x \le \beta$일 때, $\alpha+\beta$의 값을 구하시오. (3점)

I113 ✿❋❋ / 2013실시 11월 학평 5(고1) 변형

연립부등식 $\begin{cases} |2x-1|<5 \\ x^2-5x+4 \le 0 \end{cases}$ 을 만족시키는 모든 정수 x의
값의 합은? (3점)

① -3　　　　② 0　　　　③ 3
④ 6　　　　⑤ 9

I114 ❋❋❋ .... 2025실시 9월 학평 14(고1)

x에 대한 연립부등식
$$\begin{cases} |x-k| \le 4 \\ x^2-11x+18<0 \end{cases}$$
을 만족시키는 정수 x의 개수가 3이 되도록 하는 모든
정수 k의 값의 합은? (4점)

① 7　　　　② 9　　　　③ 11
④ 13　　　　⑤ 15

I115 ❋❋❋ .... 2017실시 11월 학평 9(고1)

연립부등식 $\begin{cases} |x-1| \le 3 \\ x^2-8x+15>0 \end{cases}$ 을 만족시키는

정수 x의 개수는? (3점)

① 1　　　　② 2　　　　③ 3
④ 4　　　　⑤ 5

I116 ❋❋❋ .... 2007실시 9월 학평 16(고1)

연립부등식 $\begin{cases} |x-2|<k \\ x^2-2x-3 \le 0 \end{cases}$ 을 만족시키는

정수 x가 세 개 존재할 때, 양수 k의 최댓값은? (3점)

① 1　　　　② $\dfrac{3}{2}$　　　　③ 2
④ $\dfrac{5}{2}$　　　　⑤ 3

I117 ❋❋❋ .... 2023실시 11월 학평 11(고1)

x에 대한 연립부등식
$$\begin{cases} |x-5|<1 \\ x^2-4ax+3a^2>0 \end{cases}$$
이 해를 갖지 않도록 하는 자연수 a의 개수는? (3점)

① 3　　　　② 4　　　　③ 5
④ 6　　　　⑤ 7

I118 ❋❋❋ .... 2006실시 11월 학평 18(고1)

연립부등식 $\begin{cases} x^2+x-6>0 \\ |x-a| \le 1 \end{cases}$ 이 항상 해를 갖기

위한 실수 a의 값의 범위는? (4점)

① $-2<a<1$　　　　　② $-1 \le a \le 2$
③ $a<-1$ 또는 $a>0$　　　④ $a \le -2$ 또는 $a \ge 0$
⑤ $a<-2$ 또는 $a>1$

각 이차부등식의 해를 구하여 수직선 위에 나타낸 후 주어진 해와 비교하여 미지수의 범위를 구한다.

이차부등식에 미지수가 있어 해를 직접 구할 수 없을 때에는 먼저 주어진 해를 수직선 위에 나타내고 해당하는 해가 나올 수 있게 범위를 지정하여 이에 맞는 미지수를 알아내면 된다.

I119 ✽✽✽

x에 대한 연립부등식 $\begin{cases} x^2+ax+b \geq 0 \\ x^2+cx+d \leq 0 \end{cases}$ 의 해가

$2 \leq x \leq 3$ 또는 $x=5$일 때, 상수 a, b, c, d에 대하여 $a+b+c+d$의 값은? (3점)

① 7 　　　　② 8 　　　　③ 9

④ 10 　　　　⑤ 11

I120 ✽✽✽

연립부등식 $\begin{cases} x^2-(k+4)x+4k > 0 \\ x^2-4x-12 \leq 0 \end{cases}$ 의 해가 $4 < x \leq 6$일 때,

실수 k의 최댓값은? (3점)

① -2 　　　　② -1 　　　　③ 0

④ 1 　　　　⑤ 2

I121 ✽✽✽　　　　2025실시 6월 학평 26(고1)

x에 대한 부등식

$$2x+1 \leq 2x+a \leq x^2-2x+24$$

의 해가 모든 실수가 되도록 하는 a의 최댓값과 최솟값의 합을 구하시오. (단, a는 실수이다.) (4점)

I122 ✽✽✽　　　　2021실시 3월 학평 17(고2)

$a < 0$일 때, x에 대한 연립부등식

$$\begin{cases} (x-a)^2 < a^2 \\ x^2+a < (a+1)x \end{cases}$$

의 해가 $b < x < b+1$이다. $a+b$의 값은?

(단, a, b는 상수이다.) (4점)

① 2 　　　　② 1 　　　　③ 0

④ -1 　　　　⑤ -2

I123 ✽✽✽　　　　필수 / 2014실시 9월 학평 16(고1)

연립이차부등식 $\begin{cases} x^2+4x-21 \leq 0 \\ x^2-5kx-6k^2 > 0 \end{cases}$ 의 해가 존재하도록

하는 양의 정수 k의 개수는? (4점)

① 4 　　　　② 5 　　　　③ 6

④ 7 　　　　⑤ 8

I124 ✽✽✽

연립부등식 $\begin{cases} x^2-x-12 > 0 \\ x^2-(2k+2)x+k^2+2k < 0 \end{cases}$ 이 해를 갖지

않도록 하는 실수 k의 값의 범위가 $\alpha \leq k \leq \beta$일 때, $\alpha^2+\beta^2$의 값은? (4점)

① 5 　　　　② 8 　　　　③ 10

④ 13 　　　　⑤ 17

I125 ✿✿❁ 　　2024실시 10월 학평 14(고1)

x에 대한 연립부등식

$$\begin{cases} (x+9)(x-a^2+6a)\le 0 \\ (x-2a)(x-2a+16)\le 0 \end{cases}$$

을 만족시키는 실수 x가 오직 하나 존재하도록 하는 모든 실수 a의 값의 합은? (4점)

① $\dfrac{1}{2}$ 　　　　② 1 　　　　③ $\dfrac{3}{2}$

④ 2 　　　　⑤ $\dfrac{5}{2}$

I126 ✿✿❁ 　　2024실시 6월 학평 27(고1)

x에 대한 연립부등식 $\begin{cases} x^2-11x+24<0 \\ x^2-2kx+k^2-9>0 \end{cases}$ 의

해가 $\alpha<x<\beta$일 때, $\beta-\alpha=2$를 만족시키는 모든 실수 k의 값의 합을 구하시오. (4점)

I127 ✿❁❁ 　　2013실시 9월 학평 15(고1)

두 다항식 $f(x)=2x^2+5x+2$, $g(x)=(a-1)x+b$가 있다. 모든 실수 x에 대하여 부등식 $x-2\le g(x)\le f(x)$가 항상 성립하도록 하는 실수 b의 값의 범위는 $\alpha\le b\le\beta$이다. 이때, $\beta-\alpha$의 값은? (4점)

① 1 　　　　② $\dfrac{3}{2}$ 　　　　③ 2

④ $\dfrac{5}{2}$ 　　　　⑤ 3

고난도

유형 13 　정수인 해의 조건이 주어진 연립이차부등식 　이해

정수인 해의 조건이 주어진 연립이차부등식은 다음과 같은 순서로 푼다.

(i) 각 이차부등식의 해를 수직선 위에 나타낸다.

(ii) 수직선 위에 정수인 점을 표시한 후 주어진 조건을 만족시키는 정수가 포함되도록 하는 미지수의 범위를 구한다.

tip

미지수를 포함한 연립부등식의 해를 수직선 위에 움직이며 정수해의 개수를 확인하고 주어진 정수의 개수 조건에 만족하는 부분을 찾는다. 특히, 범위의 경계값의 포함 여부에 주의한다.

I128 ✿❁❁ 　　2021실시 11월 학평 15(고1)

x에 대한 연립부등식

$$\begin{cases} x^2-2x-3\ge 0 \\ x^2-(5+k)x+5k\le 0 \end{cases}$$

을 만족시키는 정수 x의 개수가 5가 되도록 하는 모든 정수 k의 값의 곱은? (4점)

① -36 　　　　② -30 　　　　③ -24

④ -18 　　　　⑤ -12

I129 ✽❀❀ 2023실시 3월 학평 14(고2)

x에 대한 연립부등식 $\begin{cases} x^2+3x-10<0 \\ ax \geq a^2 \end{cases}$ 을

만족시키는 정수 x의 개수가 4가 되도록 하는
정수 a의 값은? (4점)

① -2 ② -1 ③ 0

④ 1 ⑤ 2

I130 ✽❀❀ 2022실시 3월 학평 15(고2)

연립부등식 $\begin{cases} |x-k| \leq 5 \\ x^2-x-12>0 \end{cases}$ 을 만족시키는 모든

정수 x의 값의 합이 7이 되도록 하는 정수 k의 값은? (4점)

① -2 ② -1 ③ 0

④ 1 ⑤ 2

I131 ✽✽❀ 2023실시 6월 학평 27(고1)

자연수 n에 대하여 x에 대한 연립부등식

$$\begin{cases} |x-n|>2 \\ x^2-14x+40 \leq 0 \end{cases}$$

을 만족시키는 자연수 x의 개수가 2가 되도록 하는 모든
n의 값의 합을 구하시오. (4점)

I132 ✽✽❀ 2021실시 9월 학평 27(고1)

x에 대한 연립이차부등식

$$\begin{cases} x^2-10x+21 \leq 0 \\ x^2-2(n-1)x+n^2-2n \geq 0 \end{cases}$$

을 만족시키는 정수 x의 개수가 4가 되도록 하는 모든
자연수 n의 값의 합을 구하시오. (4점)

I133 ✽✽✽ 2022실시 6월 학평 28(고1)

x에 대한 연립부등식

$$\begin{cases} x^2-(a^2-3)x-3a^2<0 \\ x^2+(a-9)x-9a>0 \end{cases}$$

을 만족시키는 정수 x가 존재하지 않기 위한 실수 a의
최댓값을 M이라 하자. M^2의 값을 구하시오. (단, $a>2$)
(4점)

유형 14   연립이차부등식의 활용   활용

연립이차부등식의 활용문제는 다음과 같은 순서로 해결한다.
(1) 문제의 의미를 파악하여 구하는 것을 x로 놓는다.
(2) 주어진 조건을 이용하여 x에 대한 연립부등식을 세운다.
(3) 각 부등식의 해를 구한 후 공통범위를 구한다.

tip

1   길이, 넓이, 부피, 가격 등은 항상 양수임에 유의한다.
2   삼각형의 세 변의 길이가 $a, b, c\,(a \leq b \leq c)$일 때
   ① $c^2<a^2+b^2 \Rightarrow$ 예각삼각형
   ② $c^2=a^2+b^2 \Rightarrow$ 빗변의 길이가 c인 직각삼각형
   ③ $c^2>a^2+b^2 \Rightarrow$ 둔각삼각형

I134 ✽❀❀

길이가 x, $x+1$, $x+2$인 세 선분으로 둔각삼각형을
만들려고 한다. 이때, 정수 x의 값을 구하시오. (3점)

I135 ✸❀❀ .... 2020실시 9월 학평 28(고1)

그림과 같이 이차함수 $f(x)=-x^2+2kx+k^2+4$ $(k>0)$의
그래프가 y축과 만나는 점을 A라 하자. 점 A를 지나고
x축에 평행한 직선이 이차함수 $y=f(x)$의 그래프와 만나는
점 중 A가 아닌 점을 B라 하고, 점 B에서 x축에 내린
수선의 발을 C라 하자. 사각형 OCBA의 둘레의 길이를
$g(k)$라 할 때, 부등식 $14 \leq g(k) \leq 78$을 만족시키는 모든
자연수 k의 값의 합을 구하시오. (단, O는 원점이다.) (4점)

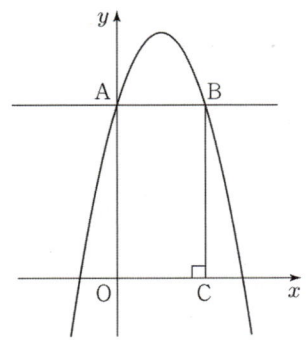

I136 ✸❀❀ .... 2011실시 11월 학평 26(고1) 변형

그림과 같이 $\overline{AC}=\overline{BC}=9$인 직각이등변삼각형
ABC가 있다. 빗변 AB 위의 점 P에서 변 BC와 변 AC에
내린 수선의 발을 각각 Q, R라 할 때, 직사각형 PQCR의
넓이는 두 삼각형 APR와 PBQ의 각각의 넓이보다 크다.
$\overline{QC}=a$일 때, 모든 자연수 a의 값의 합을 구하시오. (4점)

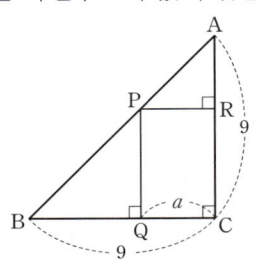

I137 ✸✸❀ .... 2018실시 9월 학평 18(고1)

그림과 같이 어느 행사장에서 바닥면이
등변사다리꼴이 되도록 무대 위에 3개의 직사각형 모양의
스크린을 설치하려고 한다.

양옆 스크린의 하단과 중앙 스크린의 하단이 만나는 지점을
각각 A, B라 하고, 만나지 않는 하단의 끝 지점을 각각
C, D라 하자. 사각형 ACDB는 $\overline{AC}=\overline{BD}$인
등변사다리꼴이고 $\overline{CD}=20$ m, $\angle BAC=120°$이다.
선분 AB의 길이는 선분 AC의 길이의 4배보다 크지 않고,
사다리꼴 ACDB의 넓이는 $75\sqrt{3}$ m² 이하이다.
중앙 스크린의 가로인 선분 AB의 길이를 d(m)라 할 때,
d의 최댓값과 최솟값의 합은?
(단, 스크린의 두께는 무시한다.) (4점)

① 25 　　　 ② 26 　　　 ③ 27
④ 28 　　　 ⑤ 29

6 이차방정식의 실근의 조건

유형 15 이차방정식의 근의 판별과 이차부등식 [이해]

이차방정식 $ax^2+bx+c=0$의 판별식 D에 대하여
(1) 서로 다른 두 실근을 가지려면 $D>0$
(2) 중근을 가지려면 $D=0$
(3) 서로 다른 두 허근을 가지려면 $D<0$

[tip]

이차방정식의 근을 판별하는 것 자체는 「E 이차방정식」 단원에서 이미
학습하여 익숙한 내용이다. 여기에서는 근을 판별하는 과정에 이차부등식
또는 연립이차부등식이 활용되는 것을 다룬다.

I138 ✸✸✸ .... 2021실시 3월 학평 5(고2)

이차방정식 $x^2+ax+16=0$이 허근을 갖도록
하는 자연수 a의 최댓값은? (3점)

① 1 　　　 ② 3 　　　 ③ 5
④ 7 　　　 ⑤ 9

I139 ✿✿✿ 2022실시 9월 학평 24(고1)

x에 대한 이차방정식 $x^2-(k+2)x+k+5=0$이 서로 다른 두 허근을 갖도록 하는 모든 정수 k의 개수를 구하시오. (3점)

I140 ✿✿✿ 2013실시 9월 학평 10(고1)

x에 대한 이차방정식 $x^2-2(k+2)x+2k^2-28=0$이 서로 다른 두 실근을 갖기 위한 정수 k의 개수는? (3점)

① 11 ② 12 ③ 13
④ 14 ⑤ 15

I141 ✿✿✿

x에 대한 두 이차방정식 $x^2-2kx+1=0$, $x^2-2kx+2k=0$이 모두 서로 다른 두 실근을 갖도록 하는 실수 k의 값의 범위는? (3점)

① $-1<k<0$ ② $0<k<1$
③ $1<k<2$ ④ $k<0$ 또는 $k>1$
⑤ $k<-1$ 또는 $k>2$

I142 *✿✿ 2025실시 9월 학평 11(고1)

다음 조건을 만족시키는 모든 정수 k의 개수는?

(3점)

> (가) x에 대한 이차방정식 $x^2+kx+3k=0$이 서로 다른 두 허근을 갖는다.
> (나) x에 대한 이차방정식
> $x^2-2(k-3)x+4k-7=0$이 실근을 갖는다.

① 6 ② 7 ③ 8
④ 9 ⑤ 10

I143 *✿✿ 2025실시 9월 학평 16(고1)

최고차항의 계수가 1인 이차함수 $f(x)$에 대하여 방정식 $f(x)=0$은 서로 다른 두 실근을 갖고, 두 근의 곱은 4이다. 방정식 $f(x)=-x+1$의 두 근의 차가 2일 때, $f(6)$의 값은? (4점)

① 7 ② 10 ③ 13
④ 16 ⑤ 19

I144 *✿✿ 2022실시 6월 학평 14(고1)

x에 대한 이차방정식 $x^2-2kx-k+20=0$이 서로 다른 두 실근 α, β를 가질 때, $\alpha\beta>0$을 만족시키는 모든 자연수 k의 개수는? (4점)

① 14 ② 15 ③ 16
④ 17 ⑤ 18

I145 *✿✿ 2015실시(가) 3월 학평 12(고2)

x에 대한 삼차방정식
$$x^3+(a-1)x^2+ax-2a=0$$
이 한 실근과 서로 다른 두 허근을 갖도록 하는 정수 a의 개수는? (3점)

① 5 ② 6 ③ 7
④ 8 ⑤ 9

I146 *✿✿ 2011실시 9월 학평 13(고1)

이차방정식 $x^2+2\sqrt{2}x-m(m+1)=0$은 실근을 갖고, 이차방정식 $x^2-(m-2)x+4=0$은 허근을 갖도록 하는 실수 m의 값의 범위는? (3점)

① $-3\leq m<4$ ② $-2<m<6$
③ $0<m\leq7$ ④ $1<m<8$
⑤ $2\leq m<9$

I147 ★★❀

이차방정식 $x^2-(k+2)x-k^2-3ak-4=0$이
실수 k의 값에 관계없이 항상 실근을 가질 때, 실수 a의
값의 범위를 구하시오. (4점)

I148 ★★❀ 2019실시 6월 학평 19(고1)

다음은 x에 대한 방정식
$$(x^2+ax+a)(x^2+x+a)=0$$
의 근 중 서로 다른 허근의 개수가 2이기 위한 실수 a의
값의 범위를 구하는 과정이다.

---

(1) $a=1$인 경우
  주어진 방정식은 $(x^2+x+1)^2=0$이다.
  이때, 방정식 $x^2+x+1=0$의 근은
  $$x=\frac{-1\pm\sqrt{\boxed{(가)}}i}{2}\ (단,\ i=\sqrt{-1})$$이므로
  방정식 $(x^2+x+1)^2=0$의 서로 다른 허근의
  개수는 2이다.

(2) $a\neq 1$인 경우
  방정식 $x^2+ax+a=0$의 근은
  $$x=\frac{-a\pm\sqrt{\boxed{(나)}}}{2}$$이다.
  (ⅰ) $\boxed{(나)}<0$일 때, 방정식 $x^2+x+a=0$은
    실근을 가져야 하므로 실수 a의 값의 범위는
    $$0<a\le\frac{1}{4}$$
    이다.
  (ⅱ) $\boxed{(나)}\ge 0$일 때, 방정식 $x^2+x+a=0$은
    허근을 가져야 하므로 실수 a의 값의 범위는
    $$a\ge\boxed{(다)}$$
    이다.

따라서 (1)과 (2)에 의하여 방정식
$(x^2+ax+a)(x^2+x+a)=0$
의 근 중 서로 다른 허근의 개수가 2이기 위한 실수
a의 값의 범위는
$$0<a\le\frac{1}{4}\ 또는\ a=1\ 또는\ a\ge\boxed{(다)}$$
이다.

위의 (가), (다)에 알맞은 수를 각각 p, q라 하고, (나)에
알맞은 식을 $f(a)$라 할 때, $p+q+f(5)$의 값은? (4점)

① 8   ② 9   ③ 10
④ 11   ⑤ 12

I149 ★★❀ 2014실시 11월 학평 27(고1)

x, y에 대한 연립방정식
$$\begin{cases} xy+3(x+y)=0 \\ xy-3(x+y)=k-9 \end{cases}$$
를 만족시키는 실수인 x, y가 존재하도록 하는
100 이하의 자연수 k의 개수를 구하시오. (4점)

유형 16 이차방정식의 실근의 부호

이차방정식 $ax^2+bx+c=0$의 두 근을 α, β라 하고 판별식을
D라 할 때
(1) 두 근이 모두 양수이려면 ⇒ $D\ge 0$, $\alpha+\beta>0$, $\alpha\beta>0$
(2) 두 근이 모두 음수이려면 ⇒ $D\ge 0$, $\alpha+\beta<0$, $\alpha\beta>0$
(3) 두 근이 서로 다른 부호이려면 ⇒ $\alpha\beta<0$

tip

이차방정식 $ax^2+bx+c=0$의 두 근을 α, β라 하고 두 근의 부호가 서로
다를 때
① 음수인 근의 절댓값이 양수인 근보다 작으려면 ⇒ $\alpha+\beta>0$, $\alpha\beta<0$
② 음수인 근의 절댓값이 양수인 근보다 크려면 ⇒ $\alpha+\beta<0$, $\alpha\beta<0$
③ 두 근의 절댓값이 같으려면 ⇒ $\alpha+\beta=0$, $\alpha\beta<0$

I150 ★❀❀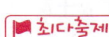

이차방정식 $x^2-(a-2)x+a+1=0$의 두 근이 모두
음수가 되도록 하는 실수 a의 값의 범위는? (3점)

① $-1<a\le 0$ ② $-1<a<2$
③ $0<a<2$ ④ $2<a\le 8$
⑤ $a\le 0$ 또는 $a\ge 8$

I151 ★❀❀

이차방정식 $x^2-6x+k+3=0$의 두 근이 모두 양수가
되도록 하는 실수 k의 값의 범위는? (3점)

① $k<-3$ ② $-3<k\le 6$
③ $k\ge 6$ ④ $k\le 6$
⑤ $k<-3$ 또는 $k\ge 6$

I152 ✽✽✽

x에 대한 이차방정식 $x^2+(a^2-a-6)x-a-1=0$의 두 실근의 절댓값이 같고 부호가 서로 다를 때, 상수 a의 값은? (3점)

① -2 ② -1 ③ 1
④ 2 ⑤ 3

I153 ✽✽✽ 2022실시 6월 학평 18(고1)

그림과 같이 빗변의 길이가 c이고 둘레의 길이가 10인 직각삼각형 ABC가 있다.

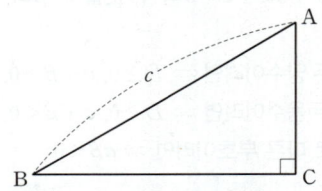

다음은 직각삼각형 ABC의 빗변의 길이 c의 범위를 구하는 과정이다.

$\overline{BC}=a$, $\overline{CA}=b$라 하면
삼각형 ABC의 둘레의 길이가 10이고 $\overline{AB}=c$이므로
$a+b=\boxed{(가)}$ … ㉠
이다. 삼각형 ABC가 직각삼각형이므로
$a^2+b^2=c^2$에서 $(a+b)^2-2ab=c^2$ … ㉡
이다. ㉠을 ㉡에 대입하면 $ab=\boxed{(나)}$이다.
a, b를 두 실근으로 가지고 이차항의 계수가 1인 x에 대한 이차방정식은
$x^2-(\boxed{(가)})x+\boxed{(나)}=0$ … ㉢
이고 ㉢의 판별식 $D\geq0$이다.
빗변의 길이 c는 양수이므로 부등식 $D\geq0$의 해를 구하면
$c\geq\boxed{(다)}$이다.
㉢의 두 실근 a, b는 모두 양수이므로
두 근의 합 $\boxed{(가)}$와 곱 $\boxed{(나)}$는 모두 양수이다.
따라서 빗변의 길이 c의 범위는 $\boxed{(다)}\leq c<5$이다.

위의 (가), (나)에 알맞은 식을 각각 $f(c)$, $g(c)$라 하고 (다)에 알맞은 수를 k라 할 때, $\dfrac{k}{25}\times f\left(\dfrac{9}{2}\right)\times g\left(\dfrac{9}{2}\right)$의 값은? (4점)

① $10(\sqrt{2}-1)$ ② $11(\sqrt{2}-1)$ ③ $12(\sqrt{2}-1)$
④ $10(\sqrt{2}+1)$ ⑤ $11(\sqrt{2}+1)$

I154 ✽✽✽

이차방정식 $x^2+(k+2)x+k-7=0$의 두 근의 부호가 서로 다르고 음수인 근의 절댓값이 양수인 근보다 크도록 하는 정수 k의 개수는? (4점)

① 6 ② 7 ③ 8
④ 9 ⑤ 10

I155 ✽✽✽ 2012실시 3월 학평 18(고2)

이차방정식 $x^2-2mx-3m-8=0$의 두 근 중 적어도 하나는 양의 실수가 되도록 하는 정수 m의 최솟값을 k라 할 때, k^2의 값은? (3점)

① 1 ② 4 ③ 9
④ 16 ⑤ 25

고난도 🌟중요

유형 17 이차방정식의 근의 분리 이해

이차방정식 $ax^2+bx+c=0(a>0)$의 판별식을 D라 하고, $f(x)=ax^2+bx+c$라 할 때

(1) 두 근이 모두 p보다 크다. $\Longleftrightarrow D\geq0, f(p)>0, -\dfrac{b}{2a}>p$

(2) 두 근이 모두 p보다 작다. $\Longleftrightarrow D\geq0, f(p)>0, -\dfrac{b}{2a}<p$

(3) 두 근 사이에 p가 있다. $\Longleftrightarrow f(p)<0$

tip

① 이차방정식의 근의 위치를 판별하려면 판별식, 경계에서의 함숫값, 그래프의 축의 위치를 조사하면 된다.
② 이차함수 $y=f(x)$의 그래프와 x축의 교점의 x좌표가 이차방정식 $f(x)=0$의 근이므로 주어진 조건에 따라 함수 $y=f(x)$의 그래프의 개형을 미리 그려 놓으면 문제를 풀 때 유용하다.

I156 ✽✽✽

이차방정식 $x^2-2kx+3k+4=0$의 두 근이 모두 1보다 크도록 하는 실수 k의 값의 범위는? (3점)

① $-1\leq k\leq4$ ② $-5\leq k\leq-1$
③ $k>-5$ ④ $k\geq4$
⑤ $-5<k\leq4$

I157 ✿❀❀ 🚩최다출제

이차방정식 $x^2-2kx+k+2=0$의 두 근이 모두 3보다 작은 양수일 때, 실수 k의 값의 범위를 구하시오. (3점)

I158 ✿❀❀

이차방정식 $x^2-2mx+m+2=0$의 서로 다른 두 근이 모두 0과 6 사이에 있을 때, 정수 m의 값은? (3점)

① 1   ② 2   ③ 3
④ 4   ⑤ 5

I159 ✿❀❀   2014실시 9월 학평 15(고1)

두 다항식 $P(x)=3x^3+x+11$, $Q(x)=x^2-x+1$에 대하여 x에 대한 이차방정식 $P(x)-3(x+1)Q(x)+mx^2=0$이 2보다 작은 한 근과 2보다 큰 한 근을 갖도록 하는 정수 m의 개수는? (4점)

① 1   ② 2   ③ 3
④ 4   ⑤ 5

I160 ✿❀❀

이차방정식 $x^2+kx+k^2-7=0$의 두 근을 α, β라고 할 때, $-3<\alpha<-1<\beta<1$이 되도록 하는 실수 k의 값의 범위는 $a<k<b$이다. 이때, $a+b$의 값을 구하시오. (4점)

I161 ✿✿❀   필수

이차방정식 $x^2-(a-1)x+2a+8=0$의 두 근 중에서 한 근만이 이차방정식 $x^2-7x+12=0$의 두 근 사이에 있을 때, 다음 중 실수 a의 값이 될 수 있는 것은? (4점)

① 10   ② 14   ③ 18
④ 22   ⑤ 26

I162 ✿✿✿

이차방정식 $x^2-kx+2k+5=0$의 근 중 적어도 한 개가 이차방정식 $x^2-3x-10=0$의 두 근 사이에 있을 때, 실수 k의 값의 범위는? (4점)

① $k\leq-2$ 또는 $k\geq10$
② $k\leq-2$ 또는 $k>10$
③ $k<-2$ 또는 $k\geq10$
④ $k\leq-\dfrac{9}{4}$ 또는 $k>10$
⑤ $-\dfrac{9}{4}<k\leq-2$ 또는 $k>10$

I163 ✿✿✿

이차부등식 $ax^2+bx+c<0$의 해가 $-\dfrac{1}{3}<x<2$일 때, 이차부등식 $bx^2+cx+a\geq0$의 해를 구하는 과정을 서술하시오. (단, a, b, c는 실수이다.) (10점)

1st a의 값의 범위를 구하자.

2nd 주어진 해를 이용하여 a, b, c의 관계식을 찾자.

3rd 이차부등식 $bx^2+cx+a\geq0$의 해를 구하자.

I164 ✿✿✿

x에 대한 이차부등식 $2x^2+(k-2)x-2k+4\leq0$의 해가 단 한 개 존재할 때, 양수 k의 값을 구하는 과정을 서술하시오. (10점)

1st 주어진 이차부등식의 해가 단 한 개 존재할 조건을 생각해보자.

2nd 주어진 이차부등식의 판별식을 구하자.

3rd 판별식이 0이 되게 하는 양수 k의 값을 구하자.

I165 ✿✿✿

연립부등식 $\begin{cases} |x+3|\leq k \\ x^2+10x-4k^2+25>0 \end{cases}$의 해가 없을 때, 양수 k의 최솟값을 구하는 과정을 서술하시오. (10점)

1st $|x+3|\leq k$의 해를 구하자.

2nd $x^2+10x-4k^2+25>0$의 해를 구하자.

3rd 연립부등식의 해가 없기 위한 k의 범위를 구하자.

I166 ✿✿✿

이차부등식 $3x^2-13x+4>0$, $x^2-(k+3)x+3k<0$을 동시에 만족하는 자연수 x가 오직 하나만 존재할 때, 실수 k의 값의 범위를 구하는 과정을 서술하시오. (10점)

1st $3x^2-13x+4>0$을 풀자.

2nd $x^2-(k+3)x+3k<0$의 좌변을 인수분해하자.

3rd 두 개의 부등식을 동시에 만족하는 자연수 x가 오직 하나 만 있게 하는 k의 범위를 구하자.

I167 ✽✽❀

두 부등식

$x+5 > |3x-1|$, $(a-1)x^2+(b+1)x+1 > 0$

의 해가 일치할 때, 실수 a, b에 대하여 ab의 값을 구하는 과정을 서술하시오. (10점)

I168 ✽✽✽

함수 $y=mx^2-4x+2m$의 그래프가 직선 $y=2mx-1$보다 항상 아래쪽에 있도록 하는 정수 m의 최댓값을 구하는 과정을 서술하시오. (10점)

I169 ✽✽✽

$\dfrac{\sqrt{x+2}}{\sqrt{x^2-x-30}}=-\sqrt{\dfrac{x+2}{x^2-x-30}}$를 만족시키는 정수 x의 최댓값과 최솟값의 합을 구하는 과정을 서술하시오. (10점)

I170 ✽✽✽

두 지점 사이의 거리가 $100x$ km일 때, 어느 상품을 운송하는 데 드는 비용은 자동차의 경우 (x^2+3x+1)만 원, 철도의 경우 $\left(\dfrac{1}{2}x^2+2x+5\right)$만 원, 선박의 경우 $(4x+11)$만 원이라고 한다. 이때, 이 상품을 철도로 운송하는 것이 다른 교통수단으로 운송하는 것보다 더 유리한 운송거리의 범위를 구하는 과정을 서술하시오. (10점)

I171 ✽✽✽

두 이차방정식 $x^2-4x+8-a^2=0$, $x^2+2ax-3a+4=0$ 중 적어도 하나가 실근을 가질 때, 실수 a의 값의 범위를 구하는 과정을 서술하시오. (10점)

I172 ✽✽✽

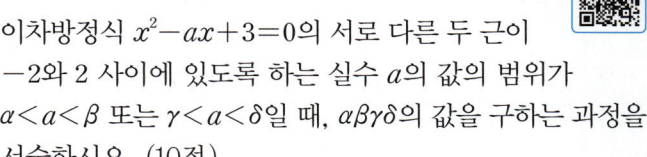

이차방정식 $x^2-ax+3=0$의 서로 다른 두 근이 -2와 2 사이에 있도록 하는 실수 a의 값의 범위가 $\alpha < a < \beta$ 또는 $\gamma < a < \delta$일 때, $\alpha\beta\gamma\delta$의 값을 구하는 과정을 서술하시오. (10점)

I173 ★ 2등급 대비

지면에서 초속 $5a$ m의 속도로 쏘아 올린 로켓의 t초 후의 높이를 $h(t)$ m라 하면 $h(t)=5at-5t^2$인 관계가 성립한다고 한다. 이 로켓이 40 m 이상의 높이에서 5초 이상 6초 이하로 머물러 있게 하기 위한 자연수 a의 값은? (4점)

① 5   ② 6   ③ 7
④ 8   ⑤ 9

I174 ★ 2등급 대비

연립부등식 $\begin{cases} x^2-(2k-8)x+k^2-8k>0 \\ x^2-5|x|+6\le0 \end{cases}$ 의 해가

존재하지 않을 때, 상수 k의 값의 범위는? (4점)

① $2\le k\le4$ ② $3\le k\le5$ ③ $4\le k\le6$
④ $5\le k\le7$ ⑤ $6\le k\le8$

I175 ★ 2등급 대비   2018실시(가) 3월 학평 21(고2)

다음 조건을 만족시키는 이차함수 $f(x)$에 대하여 $f(3)$의 최댓값을 M, 최솟값을 m이라 할 때, $M-m$의 값은? (4점)

(가) 부등식 $f\left(\dfrac{1-x}{4}\right)\le0$의 해가 $-7\le x\le9$이다.

(나) 모든 실수 x에 대하여 부등식 $f(x)\ge2x-\dfrac{13}{3}$이 성립한다.

① $\dfrac{7}{4}$ ② $\dfrac{11}{6}$ ③ $\dfrac{23}{12}$
④ 2   ⑤ $\dfrac{25}{12}$

I176 ✪2등급 대비 ⋯⋯⋯ 2008실시 9월 학평 21(고1) 변형

그림과 같이 일직선 위의 세 지점 A, B, C에 같은 제품을 생산하는 공장이 있다. A와 B 사이의 거리는 20 km, B와 C 사이의 거리는 50 km, A와 C 사이의 거리는 30 km이다. 이 일직선 위의 두 지점 A와 C 사이에 보관창고를 지으려고 한다. 공장과 보관창고와의 거리가 x km일 때, 제품 한 개당 운송비는 x^2원이 든다고 하자. 세 지점 A, B, C의 공장에서 하루에 생산되는 제품이 각각 100개, 200개, 300개일 때, 하루에 드는 총 운송비가 390000원 이하가 되도록 하려면 보관창고는 A지점에서 최대 몇 km 떨어진 지점까지 지을 수 있는가?

(단, 공장과 보관창고의 크기는 무시한다.) (4점)

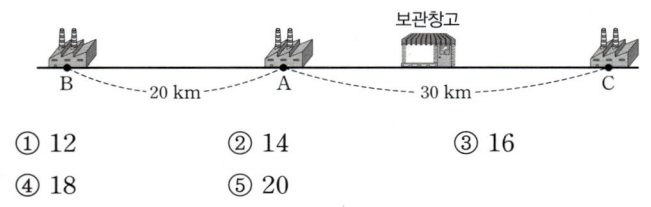

① 12   ② 14   ③ 16
④ 18   ⑤ 20

I177 ✪2등급 대비 ⋯⋯⋯ 2018실시(나) 3월 학평 20(고2)

실수 x에 대한 부등식

$$x^2-9\leq 2k(x-a)$$

에 대하여 [보기]에서 옳은 것만을 있는 대로 고른 것은?

(단, a, k는 상수이다.) (4점)

─────[보기]─────

ㄱ. $a=3$일 때, 부등식의 해는 $x\leq 2k-3$이다.

ㄴ. $a=5$일 때, 부등식의 해가 존재하지 않도록 하는 정수 k의 개수는 7이다.

ㄷ. $-3\leq a\leq 3$일 때, 모든 실수 k에 대하여 부등식을 만족시키는 정수 x의 값은 항상 존재한다.

① ㄱ   ② ㄴ   ③ ㄷ
④ ㄴ, ㄷ   ⑤ ㄱ, ㄴ, ㄷ

I178 ✪2등급 대비 ☀신유형

모든 실수 x에 대하여 $\sqrt{ax^2+6ax+3a-4}$가 순허수가 되도록 하는 상수 a의 값의 범위는? (4점)

① $-\dfrac{5}{3}<a<0$ ② $-\dfrac{2}{3}<a<0$

③ $-\dfrac{2}{3}<a\leq 0$ ④ $-\dfrac{1}{3}<a<0$

⑤ $-\dfrac{1}{3}<a\leq 0$

I179 ✪ **2등급** 대비 ·········· 2014실시 6월 학평 18(고1)

x에 대한 삼차방정식
$x^3-5x^2+(k-9)x+k-3=0$이 1보다 작은 한 근과
1보다 큰 서로 다른 두 실근을 갖도록 하는 모든 정수 k의
값의 합은? (4점)

① 24   ② 26   ③ 28

④ 30   ⑤ 32

I180 ✪ **2등급** 대비 ··········

이차방정식 $kx^2-(k^2-7)x-5=0$의 한 근은
1과 2 사이에 있고, 다른 한 근은 -1과 0 사이에 있을 때,
실수 k의 값의 범위를 구하시오. (4점)

I181 **최고** ✪ **1등급** 대비 ·········· 2019실시 6월 학평 30(고1)

x에 대한 이차부등식
$$(2x-a^2+2a)(2x-3a)\le 0$$
의 해가 $\alpha \le x \le \beta$이다.
두 실수 α, β가 다음 조건을 만족시킬 때, 모든 실수 a의
값의 합을 구하시오. (4점)

> (가) $\beta-\alpha$는 자연수이다.
> (나) $\alpha \le x \le \beta$를 만족하는 정수 x의 개수는 3이다.

I182 ✪1등급 대비 ·········· 2016실시 6월 학평 21(고1)

모든 실수 x에 대하여 부등식

$$-x^2+3x+2 \leq mx+n \leq x^2-x+4$$

가 성립할 때, m^2+n^2의 값은? (단, m, n은 상수이다.)

(4점)

① 8　　　　　② 10　　　　　③ 12

④ 14　　　　　⑤ 16

I184 ✪1등급 대비 ·········· 2025실시 6월 학평 20(고1)

x에 대한 연립부등식

$$\begin{cases} ax^2+(a+b)x+a+b+1<0 \\ (a+b)x^2+(a+b+1)x+a<0 \end{cases}$$

을 만족시키는 모든 x의 값의 범위가 $x<p$일 때, 옳은 것만을 [보기]에서 있는 대로 고른 것은?

(단, a, b, p는 실수이다.) (4점)

─────── [보기] ───────
ㄱ. $a=-1$일 때, $p=-1$이다.
ㄴ. $b>0$
ㄷ. $a^3 \leq -1$
──────────────────

① ㄱ　　　　② ㄱ, ㄴ　　　　③ ㄱ, ㄷ

④ ㄴ, ㄷ　　　⑤ ㄱ, ㄴ, ㄷ

I

I183 최고 ✪1등급 대비 ·········· 2017실시 6월 학평 21(고1)

x에 대한 연립부등식

$$\begin{cases} x^2-a^2x \geq 0 \\ x^2-4ax+4a^2-1<0 \end{cases}$$

을 만족시키는 정수 x의 개수가 1이 되기 위한 모든 실수 a의 값의 합은? (단, $0<a<\sqrt{2}$) (4점)

① $\dfrac{3}{2}$　　　　② $\dfrac{25}{16}$　　　　③ $\dfrac{13}{8}$

④ $\dfrac{27}{16}$　　　　⑤ $\dfrac{7}{4}$

I185 ⭐1등급 대비 ·········· 2018실시(가) 3월 학평 29(고2)

함수 $f(x)=x^2+2x-8$에 대하여 부등식

$$\frac{|f(x)|}{3}-f(x)\geq m(x-2)$$

를 만족시키는 정수 x의 개수가 10이 되도록 하는 양수 m의 최솟값을 구하시오. (4점)

I186 ⭐1등급 대비 ☀신유형 / 2023실시 6월 학평 30(고1)

두 이차함수 $f(x)$, $g(x)$가 다음 조건을 만족시킨다.

> (가) 함수 $y=f(x)$의 그래프는 x축과
>   한 점 $(0, 0)$에서만 만난다.
> (나) 부등식 $f(x)+g(x)\geq 0$의 해는 $x\geq 2$이다.
> (다) 모든 실수 x에 대하여
> $f(x)-g(x)\geq f(1)-g(1)$이다.

x에 대한 방정식 $\{f(x)-k\}\times\{g(x)-k\}=0$이 실근을 갖지 않도록 하는 정수 k의 개수가 5일 때, $f(22)+g(22)$의 최댓값을 구하시오. (4점)

I187 ⭐1등급 대비 ·········· 2014실시 6월 학평 29(고1)

x에 대한 사차방정식 $x^4-9x^2+k-10=0$의 모든 근이 실수가 되도록 하는 자연수 k의 개수를 구하시오. (4점)

J 경우의 수

♣ A에서 A로 돌아오는 방법

A로 다시 돌아오려면 A를 거치기 전에 꼭 거쳐야 할 곳이 B와 D이다.

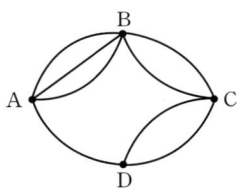

A를 출발하여 B, C, D를 한 번씩만 거쳐서, 다시 A로 돌아오는 방법은 다음의 2가지가 있다.

(i) A → B → C → D → A로 가는 방법

(ii) A → D → C → B → A로 가는 방법

동시에 또는 잇달아 일어나는 경우에는 곱의 법칙을 이용한다.

🌻 단원 학습 목표

• 합의 법칙과 곱의 법칙을 이해하고, 다양한 상황에서 이를 적용하여 경우의 수를 구할 수 있다.

• 복잡한 경우의 수 문제는 수형도나 표, 순서쌍 등을 이용하여 해결할 수 있다.

★ 자주 출제되는 필수 개념 학습법

• 경우의 수에 대한 문제들은 상당히 까다롭기 때문에 실수하기 쉬우므로 꼼꼼하게 풀어야 한다. 하나하나 직접 써보거나, 그려보면서 빠지거나 중복되지 않게 헤아리는 것이 중요하다. 이때, 수형도를 활용하면 편리하다.

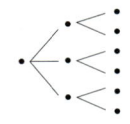

• 합의 법칙과 곱의 법칙은 구체적인 예를 통해 그 의미를 이해하고, 두 법칙이 적용되는 상황의 차이점을 구분하는 연습이 필요하다.

• 여러 가지 경우의 수를 유형별로 나누어 구하는 법을 정리하면 실수를 줄일 수 있다.

★ 자주 출제되는 개념+공식

1 어떤 실험이나 시행에서 일어날 수 있는 결과를 사건이라 하고, 특정한 사건이 일어날 수 있는 경우의 가짓수를 경우의 수라 한다.

2 합의 법칙과 곱의 법칙
사건 A가 일어나는 경우가 m가지이고 사건 B가 일어나는 경우의 수가 n가지이면

① 두 사건 A, B가 동시에 일어나지 않을 때,
사건 A 또는 사건 B가 일어나는 경우의 수는 $m+n$

② 두 사건 A, B가 동시에 (잇달아) 일어날 때,
사건 A와 사건 B가 동시에 일어나는 경우의 수는 $m \times n$

3 약수의 개수와 총합
a, b가 서로 다른 소수일 때,
($a^m \times b^n$의 약수의 개수)$=(m+1)(n+1)$
($a^m \times b^n$의 약수의 총합)
$=(a^0+a^1+a^2+\cdots+a^m)(b^0+b^1+b^2+\cdots+b^n)$

J 경우의 수

개념 강의

중요도 ★★○

* 사건 : 같은 조건에서 반복할 수 있는 실험이나 관찰에서 나타나는 결과
* 경우의 수 : 어떤 사건이 일어나는 모든 경우의 수

1 합의 법칙 ― 유형 01~02

(1) **합의 법칙**❶ : 두 사건 A, B가 **동시에 일어나지 않을 때** 사건 A, B가 일어나는 경우의 수가 각각 m, n이면

$$\text{(사건 } A \text{ 또는 사건 } B \text{가 일어나는 경우의 수)} = m+n ❷$$

예) 파란 구슬 2개, 노란 구슬 3개가 들어 있는 주머니에서 한 개의 구슬을 꺼낼 때, 파란 구슬 또는 노란 구슬이 나오는 경우의 수는 $2+3=5$

(2) **방정식과 부등식을 만족시키는 순서쌍의 개수**

계수의 절댓값이 큰 미지수부터 적당한 수를 대입하여 해의 개수를 구한다.

예) $x+3y=10$을 만족시키는 양의 정수 x, y의 순서쌍 (x, y)의 개수를 구하시오.
(ⅰ) $y=1$일 때 $x=7$ (ⅱ) $y=2$일 때 $x=4$ (ⅲ) $y=3$일 때 $x=1$이므로
구하는 순서쌍은 $(7, 1)$, $(4, 2)$, $(1, 3)$의 3개이다.

2 곱의 법칙 ― 유형 03~08

(1) **곱의 법칙**❸ : 두 사건 A, B에 대하여 사건 A가 일어나는 경우의 수가 m이고, 그 각각에 대하여 사건 B가 일어나는 경우의 수가 n일 때,

$$\text{(사건 } A \text{와 } B \text{가 동시에 일어나는 경우의 수)} = m \times n ❹$$

예) 남학생 5명, 여학생 4명 중에서 남녀 대표 1명씩 뽑는 경우의 수는 $5 \times 4 = 20$

(2) **전개식의 항의 개수**

a_1, a_2, $\cdots$, a_m, b_1, b_2, $\cdots$, b_n이 서로 다른 항일 때,

$$((a_1+a_2+\cdots+a_m)(b_1+b_2+\cdots+b_n) \text{의 전개식의 항의 개수}) = m \times n$$

(3) **약수의 개수와 총합**

a, b가 서로 다른 소수일 때,
① $(a^m \times b^n \text{의 약수의 개수}) = (m+1)(n+1)$
② $(a^m \times b^n \text{의 약수의 총합}) = (1+a^1+a^2+\cdots+a^m)(1+b^1+b^2+\cdots+b^n)$

(4) **지불 방법의 수**

x원짜리 화폐 m개, y원짜리 화폐 n개로 지불할 수 있는 방법 (단, 0원은 제외한다.)
① x원짜리 화폐를 지불하는 방법의 수 : $m+1$
② y원짜리 화폐를 지불하는 방법의 수 : $n+1$
따라서 총 지불 방법의 수는 $(m+1)(n+1)-1$이다.

└ x원짜리 화폐와 y원짜리 화폐를 둘다 지불하지 않는 경우는 제외해.

(5) **지불할 수 있는 금액의 수**

x원짜리 화폐 n개의 금액과 y원짜리 화폐 1개의 금액이 같을 때는
y원짜리 화폐 1개를 x원짜리 화폐 n개로 바꾸어 계산한다.

예) 10원짜리 동전 10개와 100원짜리 동전 1개는 금액이 같으므로 100원짜리 동전 1개를 10원짜리 동전 10개로 바꾸어 계산한다.

(6) **색칠하는 방법의 수**

① 인접한 영역이 가장 많은 영역에 칠할 색의 수를 구한 후, 이 영역과 인접해 있는 나머지 영역에 칠할 색의 수를 차례로 구하여 곱한다.
② 같은 색을 칠할 수 있는 영역이 있을 때는 이 영역들이 같은 색인 경우와 다른 색인 경우로 나누어 생각한다.

---

❶ 합의 법칙은 어느 두 사건도 동시에 일어나지 않는 셋 이상의 사건에 대해서도 성립한다.

❷ 두 사건 A, B가 일어나는 경우의 수가 각각 m, n이고, 두 사건 A, B가 동시에 일어나는 경우의 수가 l이면 사건 A 또는 사건 B가 일어나는 경우의 수는
$$m+n-l$$

❸ 곱의 법칙은 동시에(잇달아) 일어나는 셋 이상의 사건에 대해서도 성립한다. 합의 법칙과 곱의 법칙을 이용하는 기준은 여러 가지 경우 중 하나만 선택해도 되면 합의 법칙을, 동시에 또는 잇달아 일어나야 가능한 경우는 곱의 법칙을 이용한다.

❹ 수형도는 사건이 일어나는 모든 경우를 나뭇가지 모양으로 나타낸 그림으로 모든 경우의 수를 빠짐없이 중복되지 않게 구할 수 있다.
① 각 사건에 대하여 다른 사건이 일어나는 게 명확하면 경우의 수를 곱하면 된다.

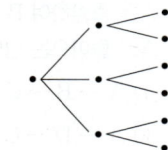

② 그러나 경우 나누기가 명확하지 않을 때 수형도를 이용하면 효율적으로 경우의 수를 구할 수 있다.

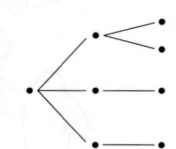

1 합의 법칙

[J01~J02] 서로 다른 두 개의 주사위를 동시에 던질 때, 다음을 구하시오.

J01 두 눈의 수의 합이 7이 되는 경우의 수

J02 두 눈의 수의 곱이 6이 되는 경우의 수

J03 수학책 3종류와 영어책 2종류 중에서 1종류의 책을 사는 방법의 수를 구하시오.

[J04~J05] 서로 다른 두 개의 주사위를 던질 때, 다음을 구하시오.

J04 나오는 두 눈의 수의 차가 3 또는 4가 되는 경우의 수

J05 나오는 두 눈의 수의 합이 4의 배수가 되는 경우의 수

J06 1부터 10까지의 자연수 중 한 개를 선택할 때, 선택된 수가 2의 배수 또는 5의 배수가 되는 경우의 수를 구하시오.

J07 1부터 20까지의 숫자가 적힌 카드 중에서 한 장을 선택할 때, 선택한 카드의 수가 4의 배수 또는 5의 배수가 되는 경우의 수를 구하시오.

J08 음이 아닌 정수 x, y에 대하여 방정식 $2x+5y=30$을 만족시키는 순서쌍 (x, y)의 개수를 구하시오.

J09 양의 정수 a, b에 대하여 부등식 $a+3b \leq 10$을 만족시키는 순서쌍 (a, b)의 개수를 구하시오.

J10 1000원짜리와 3000원짜리의 두 종류의 음료수를 합해서 10000원어치 사는 방법의 수를 구하시오. (단, 각 종류의 음료수는 적어도 한 개씩은 산다고 한다.)

2 곱의 법칙

[J11~J12] 세 자리 자연수에 대하여 다음을 구하시오.

J11 백의 자리의 숫자가 짝수, 십의 자리의 숫자와 일의 자리의 숫자가 모두 홀수인 수의 개수

J12 각 자리에 있는 세 숫자의 곱이 홀수인 수의 개수

[J13~J15] 다음 식을 전개할 때, 항의 개수를 구하시오.

J13 $(a+b+c)(x+y+z)$

J14 $(a-b)(p+q)(l+m-n)$

J15 $(x-y)^2(a+b)+(p+q+r)(l+m)$

J16 집, 학교, 도서관 사이의 도로가 오른쪽 그림과 같을 때, 집에서 출발하여 학교에 갔다가 도서관에서 공부하고 다시 집으로 돌아오는 방법의 수를 구하시오.

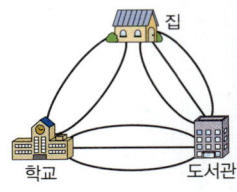

J17 360의 양의 약수의 개수를 구하시오.

[J18~J19] 1000원짜리 지폐 4장, 5000원짜리 지폐 2장, 10000원짜리 지폐 2장이 있을 때, 다음을 구하시오. (단, 0원은 제외한다.)

J18 지불할 수 있는 방법의 수

J19 지불할 수 있는 금액의 수

내신+학평 유형 스토리

1 합의 법칙

고난도
유형 01 합의 법칙 (기초)

두 사건 A, B가 동시에 일어나지 않을 때, 사건 A, B가
일어나는 경우의 수가 각각 m, n이면
(사건 A 또는 사건 B가 일어나는 경우의 수)$=m+n$

(tip)
① 두 사건 A, B가 일어나는 경우의 수가 각각 m, n이고 두 사건
   A, B가 동시에 일어나는 경우의 수가 l이면 사건 A 또는 사건 B가
   일어나는 경우의 수는 $m+n-l$임에 주의한다.
② 문제에 '또는', '이거나' 등이 있으면 합의 법칙을 이용하자.

J20 ✸✸✸ ·············· 2025실시 9월 학평 7(고1)

한 개의 주사위를 두 번 던져서 나오는 눈의
수를 차례로 a, b라 하자. $a^2+b\leq6$을 만족시키는 a, b의
모든 순서쌍 (a, b)의 개수는? (3점)

① 4   ② 5   ③ 6
④ 7   ⑤ 8

J21 ✸✸✸

각 면에 1, 2, 3, 4, 5, 6의 숫자가 하나씩 적힌 정육면체가
있다. 이 정육면체 한 개를 두 번 연속하여 던질 때, 밑면에
나온 숫자의 합이 3의 배수가 되는 경우의 수는? (3점)

① 2   ② 3   ③ 6
④ 9   ⑤ 12

J22 ✸✸✸

1에서 100까지의 자연수 중에서 3 또는 4로
나누어떨어지는 수의 개수는? (3점)

① 46   ② 48   ③ 50
④ 52   ⑤ 54

J23 ✸✸✸   (필수)

오른쪽 그림과 같이 1에서 8까지의
자연수가 적힌 8개의 공이 들어 있는
주머니가 있다. 이 주머니에서 한 번에
한 개씩 두 개의 공을 꺼낼 때, 나오는
두 공에 적힌 수의 차가 3 미만이 되는
경우의 수는?

   (단, 꺼낸 공은 다시 넣는다.) (3점)

① 32   ② 33   ③ 34
④ 35   ⑤ 36

J24 ✸✸✸ ·············· 2006실시(가) 10월 학평 이산 30(고3)

그림과 같이 4대의 컴퓨터에 A, B, C 3명이
앉아서 컴퓨터 실기 시험에 대비하여 연습을 하고 있다.
공정한 시험을 위하여 실기 시험에서는 자신이 연습하지
않은 컴퓨터를 사용하기로 한다. 세 명이 동시에 시험을
볼 때, 4대의 컴퓨터에 A, B, C 3명의 좌석을 배치하는
방법의 수를 구하시오. (4점)

J25 ✳❀❀

2016실시(가) 10월 학평 26(고3)

장미 8송이, 카네이션 6송이, 백합 8송이가 있다. 이 중 1송이를 골라 꽃병 A에 꽂고, 이 꽃과는 다른 종류의 꽃들 중 꽃병 B에 꽂을 꽃 9송이를 고르는 경우의 수를 구하시오. (단, 같은 종류의 꽃은 서로 구분하지 않는다.) (4점)

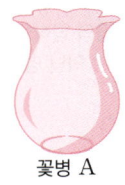
꽃병 A

꽃병 B

J26 ✳✳❀❀

2006대비(가) 9월 모평 이산 26(고3)

다음 그림이 포함하고 있는 모든 직사각형의 넓이의 총합은? (단, 각 칸의 가로의 길이와 세로의 길이는 1이다.) (3점)

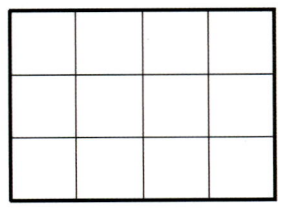

① 120　　② 140　　③ 160
④ 180　　⑤ 200

J27 ✳✳✳

2006실시(나) 10월 학평 30(고3)

16명의 선수가 출전한 씨름대회에서 2명씩 8개의 조를 편성하여 조별로 한 번씩 경기를 하여 승부를 가린 후, 이긴 선수는 이긴 선수끼리 2명씩 4개 조로 경기를 하여 8위 이상의 순위를 정하고, 진 선수는 진 선수끼리 2명씩 4개 조를 편성하여 9위 이하의 순위를 정한다. 이와 같은 방식으로 경기를 하여 1위부터 16위의 순위가 결정될 때까지 치러야 하는 총 경기 수를 구하시오.

(단, 무승부는 없다.) (4점)

유형 02　방정식과 부등식의 해의 개수　이해

(1) 방정식 $ax+by+cz=d$를 만족시키는 정수의 순서쌍 (x, y, z)의 개수는 x, y, z 중 계수의 절댓값이 가장 큰 문자를 기준으로 수를 대입하여 구한다.

(2) 부등식 $ax+by \leq c$를 만족시키는 정수의 순서쌍 (x, y)의 개수는 주어진 조건을 만족하는 $ax+by$의 값을 찾은 후 $ax+by=d$ 꼴의 방정식을 만들어 이 방정식의 해의 개수를 구한다.

tip

문제에서 주어진 조건을 경우를 나눠서 합의 법칙과 곱의 법칙을 이용하여 구한다.

J28 ✳✳✳　필수

방정식 $x+2y+4z=12$를 만족시키는 음이 아닌 정수 x, y, z의 순서쌍 (x, y, z)의 개수는? (3점)

① 10　　② 12　　③ 14
④ 16　　⑤ 18

J29 ✳✳✳

방정식 $x+2y+3z=12$를 만족시키는 자연수 x, y, z의 순서쌍 (x, y, z)의 개수는? (3점)

① 6　　② 7　　③ 8
④ 9　　⑤ 10

J30 ✽✽✽

부등식 $x+3y\le 8$을 만족시키는 자연수 x, y의 순서쌍 (x, y)의 개수는? (3점)

① 4   ② 5   ③ 6

④ 7   ⑤ 8

J31 ✽✽✽

부등식 $x+y+z\le 5$를 만족시키는 자연수 x, y, z의 순서쌍 (x, y, z)의 개수는? (3점)

① 6   ② 7   ③ 8

④ 9   ⑤ 10

J32 ✽✽✽

각 면에 1부터 6까지의 수가 각각 적힌 정육면체의 주사위를 세 번 던져서 나온 수를 차례로 x, y, z라고 할 때, $x+2y+3z=15$를 만족시키는 순서쌍 (x, y, z)의 개수는? (4점)

① 8   ② 9   ③ 10

④ 11   ⑤ 12

---

2 곱의 법칙

고난도
유형 03 곱의 법칙

두 사건 A, B에 대하여 사건 A가 일어나는 경우의 수가 m이고, 그 각각에 대하여 사건 B가 일어나는 경우의 수가 n이면
(사건 A와 B가 동시에 일어나는 경우의 수)$=m\times n$

tip

① 문제에서 '~이고', '그리고' 등이 있으면 곱의 법칙을 이용하자.
② (~인 경우의 수)=(전체 경우의 수)−(~가 아닌 경우의 수)

J33 ✽✽✽

1, 2, 3, 4, 5, 6의 여섯 개의 숫자에서 서로 다른 세 수를 사용하여 만들 수 있는 세 자리 홀수의 개수는? (3점)

① 60   ② 80   ③ 100

④ 120   ⑤ 240

J34 ✽✽✽   2020대비(나) 9월 모평 5(고3)

다음 조건을 만족시키는 두 자리의 자연수의 개수는? (3점)

> (가) 2의 배수이다.
> (나) 십의 자리의 수는 6의 약수이다.

① 16   ② 20   ③ 24

④ 28   ⑤ 32

J35 ✸✸✸

세 자리의 자연수 중 0이 반드시 포함된 세 자리 자연수는 모두 몇 개인가? (3점)

① 150   ② 171   ③ 180

④ 187   ⑤ 210

J36 ✱✸✸   2007실시(가) 4월 학평 이산 29(고3)

동전 한 개를 던져 앞면이 나오면 H, 뒷면이 나오면 T로 나타내자. 동전 한 개를 6번 던져 HTHTTT, THTHHT와 같이 H 바로 다음에 T가 나오는 경우가 2번만 나타나는 모든 경우의 수는? (4점)

① 19   ② 21   ③ 23

④ 25   ⑤ 27

J37 ✸✸✸   2006실시(가) 4월 학평 23(고3)

그림은 어떤 학생이 작성한 수행평가 보고서의 표지이다.

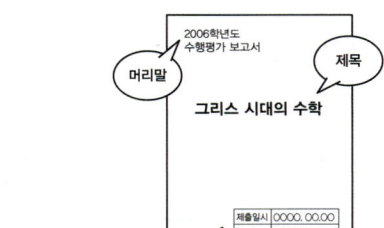

머리말, 제목, 인적사항의 글꼴을 표에서 각각 한 개씩 선택하여 바꾸려고 할 때, 글꼴이 모두 다른 경우의 수를 구하시오. (3점)

구분	글꼴
머리말	중고딕, 견고딕, 굴림체
제목	중고딕, 견고딕, 굴림체, 신명조, 견명조, 바탕체
인적사항	신명조, 견명조, 바탕체

J38 ✱✸✸   2004실시(가) 3월 학평 25(고3)

'3·6·9게임'은 참가자들이 돌아가며 자연수를 1부터 차례로 말하되 3, 6, 9가 들어가 있는 수는 말하지 않는 게임이다. 예를 들면 3, 13, 60, 396, 462, 900 등은 말하지 않아야 한다. '3·6·9게임'을 할 때, 1부터 999까지의 자연수 중 말하지 않아야 하는 수의 개수를 구하시오. (3점)

J39 ✱✸✸   2006대비(가) 6월 모평 이산 27(고3)

정팔각형의 모든 꼭짓점에 숫자 0 또는 1을 지정하려고 한다. 그림과 같이 고정된 두 꼭짓점 A와 B를 잇는 직선에 대하여 대칭인 점에 같은 숫자를 지정하는 경우의 수는? (3점)

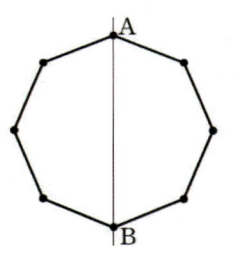

① 16   ② 32   ③ 48

④ 64   ⑤ 80

J40 ✽✽✾ ········· 2005실시(나) 10월 학평 15(고3)

[그림 1]과 같이 네 개의 방이 통로로 연결되어
있을 때, 어느 한 방에서 출발하여 모든 방을 한 번만 방
문하는 방법의 수는 출발하는 방의 경우의 수가 4(가지)
이고 각 경우에 모든 방을 방문하는 방법의 수는 2(가지)
이므로, $4 \times 2 = 8$(가지)이다.

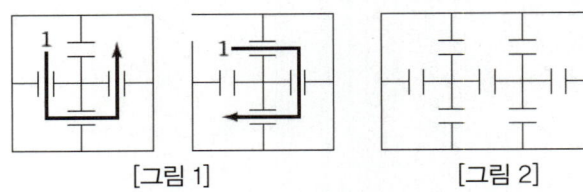

[그림 1]   [그림 2]

[그림 2]와 같이 6개의 방이 통로로 연결되어 있을 때, 어느
한 방에서 출발하여 모든 방을 한 번만 방문하는 방법의
수는? (4점)

① 12가지   ② 14가지   ③ 15가지
④ 16가지   ⑤ 18가지

J41 ✽✽✾ ········· 2008실시(나) 10월 학평 28(고3)

어떤 인터넷 사이트의 회원인 철수는 자신의
회원번호를 이용하여 다음과 같은 규칙에 따라 4자리 자
연수인 비밀번호를 만들려고 한다.

(가) 각 자리의 숫자는 모두 다르다.
(나) 회원번호의 각 자리에 쓰인 숫자와 0은 사용할 수
    없다.
(다) 회원번호가 나타내는 수보다 큰 4의 배수이다.

철수의 회원번호가 6549일 때, 만들 수 있는 서로 다른
비밀번호의 개수는? (3점)

① 12   ② 14   ③ 16
④ 18   ⑤ 20

J42 ✽✽✾ ········· 2025실시 9월 학평 26(고1)

다음 조건을 만족시키는 세 자리 자연수의
개수를 구하시오. (4점)

(가) 백의 자리의 수, 십의 자리의 수, 일의 자리의 수
    중 7의 개수는 1이다.
(나) 백의 자리의 수와 일의 자리의 수의 곱을 2로 나눈
    나머지는 1이다.

J43 ✽✽✾

A, B, C, D, E, F의 6대의 자동차가 모터쇼에서
그림과 같이 6개의 부스에 전시된다고 한다. A 자동차는
B 자동차보다 출입구에 가까운 부스에 전시되고,
B 자동차는 C 자동차보다 출입구에 가까운 부스에
전시되도록 자동차가 전시될 부스를 정하는 방법의 수는?
(단, 부스 ②와 ④, ③과 ⑤는 각각 출입구에서 같은
거리에 있다.) (4점)

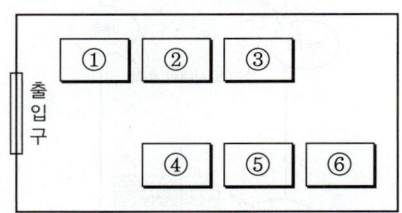

① 36   ② 48   ③ 60
④ 72   ⑤ 84

유형 04 약수의 개수

자연수 N이

$N=a^p \times b^q \times c^r$ (a, b, c는 서로 다른 소수, p, q, r는 자연수)

꼴로 소인수분해될 때

(1) (N의 약수의 개수)$=(p+1)(q+1)(r+1)$

(2) (N의 약수의 총합)

$\quad =(1+a+a^2+\cdots+a^p)\times(1+b+b^2+\cdots+b^q)$

$\quad\quad \times(1+c+c^2+\cdots+c^r)$

tip

N의 양의 약수는 a^p의 양의 약수와 b^q의 양의 약수와 c^r의 양의 약수 중에서 각각 하나씩 택하여 곱한 수이므로 그 개수가 $(p+1)(q+1)(r+1)$가 된다.

J44 ✿✿✿

324와 540의 공약수 중 양수의 개수는? (3점)

① 8 　　　② 10 　　　③ 12

④ 14 　　　⑤ 16

J45 ✿✿✿

10의 거듭제곱 중 양의 약수의 개수가 100인 수는? (3점)

① 10^5 　　　② 10^6 　　　③ 10^7

④ 10^8 　　　⑤ 10^9

J46 ✿✿✿

1800의 양의 약수 중 15의 배수의 총합은? (3점)

① 3600 　　　② 4200 　　　③ 4800

④ 5400 　　　⑤ 6000

유형 05 도로망에서의 경우의 수 **이해**

(1) 동시에 가거나 이어지는 길이면 곱의 법칙

(2) 동시에 갈 수 없는 길이면 합의 법칙

tip

1 도로망에서의 경우의 수를 구할 때, 출발하는 도시에서 다른 도시로 이동할 때 어떤 도시를 거치지 않고 이동하는지 아니면 거치고 이동하는지 확인한다.

2 만약 어떤 도시를 거친다면 어느 도시를 거쳐야 하는지를 생각해 본 다음 그것을 기준으로 사건을 나누어 경우의 수를 구해야 한다.

J47 ✿✿✿

오른쪽 그림과 같은 도로망이 있다. 동훈이는 이 도로망을 따라 A 지점에서 출발하여 B 지점과 C 지점을 차례로 지나 A 지점으로 돌아오고, 수정이는 A 지점에서 출발하여 C 지점과 B 지점을 차례로 지나 A 지점으로 돌아오려고 한다. 이때, 두 사람이 지나는 도로가 모두 다르도록 경로를 결정하는 방법의 수는? (3점)

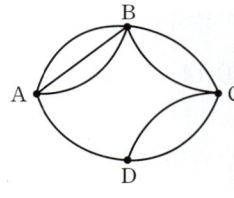

① 72 　　　② 76 　　　③ 80

④ 84 　　　⑤ 88

J48 ✿✿✿

네 개의 전시관 A, B, C, D 사이에는 오른쪽 그림과 같은 통로가 있다. A를 출발하여 모든 전시관을 한 번씩만 거쳐 다시 A로 돌아오는 방법의 수는? (3점)

① 20 　　　② 24 　　　③ 28

④ 32 　　　⑤ 36

J49 ✱❋❋

오른쪽 그림은 네 박물관 A, B, C, D 사이의 도로망을 나타낸 것이다. A 박물관에서 출발하여 다시 A 박물관으로 되돌아올 때, B 박물관, C 박물관, D 박물관을 단 한 번씩만 지나는 경우의 수는? (4점)

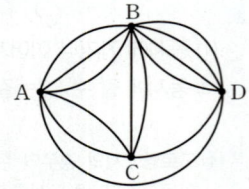

① 92
② 96
③ 108
④ 116
⑤ 120

J50 ✱❋❋

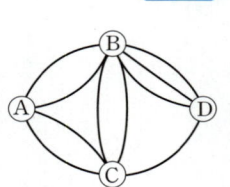

어느 놀이 동산에 있는 놀이기구 A, B, C, D 사이를 연결하는 도로망이 오른쪽 그림과 같을 때, 이 도로망을 따라 2번 이동하면서 이 놀이기구 중에서 서로 다른 3개의 놀이기구를 이용하려고 한다. 놀이기구 A 또는 B를 처음으로 이용하고, 같은 곳을 두 번 이상 지나지 않는 코스를 정하는 방법의 수는? (단, 놀이기구를 이용하는 순서가 다르면 다른 경우로 생각한다.) (4점)

① 14
② 17
③ 24
④ 29
⑤ 31

유형 06 도형에 색칠하는 방법의 수 이해

각 영역을 색칠하는 방법의 수는
(i) 인접한 영역이 가장 많은 영역에 색칠하는 방법의 수를 먼저 구하고 그 영역과 인접한 영역 순으로 방법의 수를 각각 구한다.
(ii) 같은 색을 칠할 수 있는 영역이 있을 때는 이 영역들이 같은 색인 경우와 다른 색인 경우로 나누어 생각한다.

tip

✚ 색칠하는 순서를 정하는 방법
1 인접한 영역의 개수가 가장 많은 영역을 먼저 칠한다.
2 인접하는 영역 중 이미 색칠된 영역의 개수가 가장 많은 영역을 칠한다.

J51 ✱❋❋ 🚩최다출제

오른쪽 그림의 A, B, C, D, E 5개의 영역을 빨강, 노랑, 파랑, 초록, 주황의 5가지 색으로 칠하려고 한다. 같은 색을 중복하여 사용해도 좋으나 인접하는 영역은 서로 다른 색으로 칠할 때, 칠하는 방법의 수는? (3점)

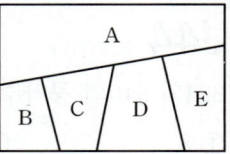

① 270
② 360
③ 450
④ 540
⑤ 630

J52 ✱❋❋ 2009실시(가) 4월 학평 13(고3)

서로 다른 네 가지의 색이 있다. 이 중 네 가지 이하의 색을 이용하여 인접한 행정 구역을 구별할 수 있도록 모두 칠하고자 한다. 다섯 개의 구역을 서로 다른 색으로 칠할 수 있는 모든 경우의 수는?
(단, 행정 구역에는 한 가지 색만을 칠한다.) (3점)

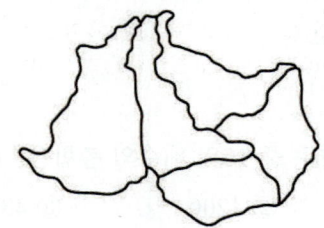

① 108
② 144
③ 216
④ 288
⑤ 324

J53 ✱✽✽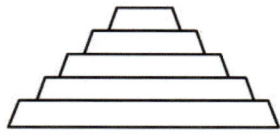

그림과 같이 크기가 같은 6개의 정사각형에
1부터 6까지의 자연수가 하나씩 적혀 있다.

1	2	3
4	5	6

서로 다른 4가지 색의 일부 또는 전부를 사용하여 다음
조건을 만족시키도록 6개의 정사각형에 색을 칠하는 경우의
수는? (단, 한 정사각형에 한 가지 색만을 칠한다.) (4점)

(가) 1이 적힌 정사각형과 6이 적힌 정사각형에는 같은
    색을 칠한다.
(나) 변을 공유하는 두 정사각형에는 서로 다른 색을 칠
    한다.

① 72   ② 84   ③ 96
④ 108   ⑤ 120

J54 ✱✽✽

그림과 같이 다섯 개의 영역으로 나누어진
도형이 있다. 각 영역에 빨간색, 노란색, 파란색 중 한 가
지 색을 칠하는데, 인접한 영역은 서로 다른 색을 칠하여
구별하려고 한다. 칠할 수 있는 방법의 수를 구하시오.

(4점)

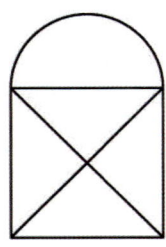

J55 ✱✱✽

그림과 같은 모양의 종이에 서로 다른 3가지 색을
사용하여 색칠하려고 한다. 이웃한 사다리꼴에는 서로 다
른 색을 칠하고, 맨 위의 사다리꼴과 맨 아래의 사다리꼴
에 서로 다른 색을 칠한다. 5개의 사다리꼴에 색을 칠하
는 방법의 수를 구하시오. (4점)

J56 ✱✱✽

그림과 같이 중심이 같고 반지름의 길이가
각각 1, 2, 3, 4, 5인 다섯 개의 원이 있다. 이 다섯 개의
원을 경계로 하여 안에서부터 다섯 개의 영역 A, B, C, D,
E로 나누고, 서로 다른 3가지 색의 물감을 칠하여 색칠된
문양을 만들려고 한다. 각 영역은 1가지 색으로만 칠하
고, 이웃한 영역은 서로 다른 색을 칠한다. 3가지 색의 물
감은 각각 10통 이하만 사용할 수 있고 물감 1통으로는
영역 A의 넓이만큼만 칠할 수 있을 때, 만들 수 있는 서
로 다르게 색칠된 문양의 개수는? (4점)

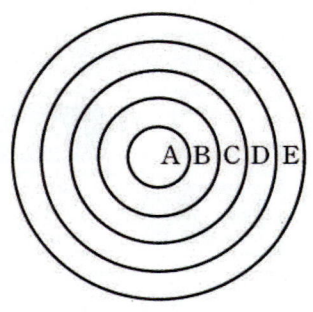

① 9   ② 12   ③ 15
④ 18   ⑤ 21

유형 07 수형도를 이용하는 경우의 수 이해

규칙을 찾기 어려운 경우의 수를 구할 때 수형도를 이용하면
중복되지 않고 빠짐없이 모든 경우를 나열할 수 있다.

tip

모든 경우의 수 문제의 기본이 되는 풀이 방법으로 수형도 그리기는
규칙을 찾기 어려운 경우의 수를 구할 때 도움이 된다.

J57 ✱❉❉

4명의 친구들이 각자 준비한 선물을 교환하려고 한다.
이때, 4명이 모두 다른 친구가 준비한 선물을 받는
경우의 수는? (3점)

① 7   ② 8   ③ 9
④ 10   ⑤ 11

J58 ✱❉❉ 　　　　2009실시 3월 학평 10(고1)

그림과 같이 세 면이 막혀 있는 주차장에
A, B, C, D 네 대의 차량이 주차되어 있다. 주차된 네
대의 차량이 한 번에 한 대씩 빠져나오려고 할 때, 차량
이 모두 빠져나오는 순서를 정하는 경우의 수는? (단, 모
든 차량은 주차 구역 내에서 직진만 하도록 한다.) (4점)

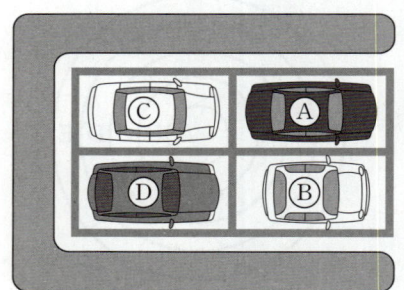

① 4   ② 6   ③ 8
④ 10   ⑤ 12

J59 ✱❉❉ 　　　　2012실시 3월 학평 28(고1)

숫자 1, 2, 3을 전부 또는 일부를 사용하여 같은
숫자가 이웃하지 않도록 다섯 자리 자연수를 만든다. 이때
만의 자리 숫자와 일의 자리 숫자가 같은 경우의 수를 구
하시오. (4점)

J60 ✱❉❉

다음 그림과 같이 두 개의 정육면체가 서로 붙어 있다.
A에서부터 L까지 모서리를 따라가는 최단경로 중 B를
통과하지 않는 경로의 수는? (3점)

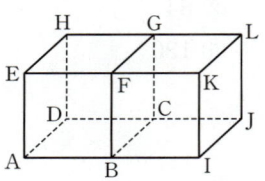

① 6   ② 8   ③ 10
④ 12   ⑤ 14

J61 ✱❉❉

1, 2, 3, 4, 5의 번호가 각각 적힌 5개의 축구공을
B_1, B_2, B_3, B_4, B_5라고 쓰여진 바구니에 각각 1개씩
넣을 때, 2번 공은 B_1에 넣고, n번 공은 B_n에 넣지 않는
경우의 수는? (단, $n=1, 2, 3, 4, 5$) (4점)

① 7   ② 8   ③ 9
④ 10   ⑤ 11

유형 08 지불 방법과 지불 금액의 수 활용

(1) 지불 방법의 수

① a원짜리 동전 n개로 지불할 수 있는 방법의 수
⇨ 0개, 1개, 2개 ⋯, n개의 $(n+1)$가지

② 100원짜리 동전 a개, 50원짜리 동전 b개, 10원짜리 동전 c개가 있을 때, 지불할 수 있는 방법의 수는
⇨ $(a+1)(b+1)(c+1)-1$ (0원을 지불하는 경우는 제외)

(2) 지불 금액의 수

① 화폐 단위가 큰 돈을 화폐 단위가 작은 돈으로 환산할 수 있는 경우 ⇨ 화폐 단위가 작은 돈으로 환산하여 지불 방법의 수를 구한다.

② 환산할 수 없는 경우 ⇨ (지불 방법의 수)=(지불 금액의 수)

tip

공식을 이용하면 문제를 쉽게 풀 수 있지만 원리를 이해하면 변형 문제도 쉽게 풀 수 있으므로 원리를 아는 것이 중요하다.

J62 ✳✳✳

10000원짜리 지폐 2장, 5000원짜리 지폐 2장, 1000원짜리 지폐 3장이 있다. 이 지폐의 일부 또는 전부를 사용하여 지불할 수 있는 금액의 수는?

(단, 0원을 지불하는 경우는 제외한다.) (4점)

① 27 ② 28 ③ 29
④ 30 ⑤ 31

J63 ✳✳✳

100원짜리 동전 2개, 500원짜리 동전 3개, 1000원 짜리 지폐 1장의 일부 또는 전부를 사용하여 지불할 수 있는 방법의 수를 a, 지불할 수 있는 금액의 수를 b라 할 때, $a-b$의 값은? (단, 0원을 지불하는 경우는 제외한다.)

(4점)

① 4 ② 5 ③ 6
④ 7 ⑤ 8

J64 ✳✳✳

50원짜리 동전 3개, 100원짜리 동전 4개, 500원짜리 동전 2개를 전부 또는 일부를 사용하여 어떤 물건 값을 지불하려고 한다. 지불하는 방법의 수를 m, 지불할 수 있는 금액의 수를 n이라 할 때, $m+n$의 값은? (단, 0원을 지불하는 경우는 제외한다.)

(4점)

① 89 ② 90 ③ 91
④ 92 ⑤ 93

J65 ✽✿✿

소수 a와 자연수 b에 대하여 $27a^b$ 꼴의 자연수 중에서 양의 약수의 개수가 20인 가장 작은 수를 구하는 과정을 서술하시오. (10점)

1st $a=3$일 때, $27a^b=3^3\times3^b$의 양의 약수의 개수가 20인 자연수를 구하자.

2nd $a\neq3$일 때, $27a^b=3^3\times a^b$의 양의 약수의 개수가 20인 가장 작은 자연수를 구하자.

3rd   조건을 만족시키는 자연수를 구하자.

J66 ✽✿✿

두 수 720과 2520의 양의 공약수 중에서 3의 배수의 개수를 구하는 과정을 서술하시오. (10점)

1st   720과 2520을 소인수분해하여 두 수의 최대공약수를 구하자.

2nd   두 수의 최대공약수로부터 공약수의 개수를 구할 수 있다. 이때, 3의 배수인 공약수가 되려면 어떤 조건을 만족시켜야 할지 생각하자.

3rd   3의 배수인 공약수의 개수를 구하자.

J67 ✽✿✿

오른쪽 그림과 같이 A 도시에서 B 도시로 가는 길은 4가지, B 도시에서 C 도시로 가는 길은 3가지, A 도시에서 C 도시로 가는 길은 2가지이다. A 도시에서 C 도시를 왕복하는데 B 도시와 C 도시를 각각 한 번만 거치는 방법의 수를 구하는 과정을 서술하시오. (10점)

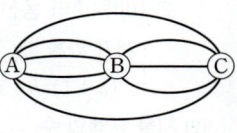

1st   A에서 C에 갔다가 다시 A로 돌아올 때 B와 C를 각각 한 번만 거치는 경로를 따져보자.

2nd   각각의 경로의 수를 구하자.

3rd   합의 법칙을 이용하여 답을 구하자.

J68 ✽✽✿

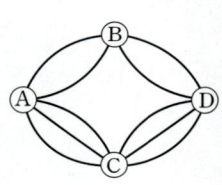

오른쪽 그림과 같은 통로에서 A 전시관에서 D 전시관으로 가는 모든 방법의 수가 100가지 이상이 되도록 하려면 B 전시관과 C 전시관을 잇는 통로를 최소 몇 개 만들어야 하는지 구하는 과정을 서술하시오. (단, 같은 지점은 한 번만 지나고 새로 만들어지는 통로끼리는 만나지 않는다.) (10점)

1st   B에서 C를 잇는 통로가 x개 있다고 놓고, A에서 D로 가는 모든 경로를 생각하자.

2nd   각각의 경로의 수를 구하자.

3rd   경로의 수가 100 이상이 되게 하는 자연수 x의 값을 구하자.

J69 *❋❋

200부터 500까지의 짝수 중에서 각 자리의 숫자가 모두 다른 수의 개수를 구하는 과정을 서술하시오. (10점)

J70 *❋❋

빨간색, 파란색, 노란색, 초록색의 구슬 4개와 빨간색, 파란색, 노란색의 상자 3개가 있다. 모든 상자에 반드시 상자와 같지 않은 색의 구슬 한 개만 넣는 경우의 수를 구하는 과정을 서술하시오. (10점)

J71 *❋❋

100원짜리 동전 3개, 50원짜리 동전 3개, 10원짜리 동전 3개의 일부 또는 전부를 사용하여 지불할 수 있는 방법의 수를 a, 지불할 수 있는 금액의 수를 b라 하자.

$\dfrac{a}{3} \times (b+1)$의 값을 구하는 과정을 서술하시오.

(단, 0원을 지불하는 경우는 제외한다.) (10점)

J72 *❋❋

50원, 100원, 500원짜리 동전만 사용할 수 있는 자동 판매기에서 600원짜리 음료수 2개를 선택하려고 한다. 세 종류의 동전을 모두 사용하여 거스름돈 없이 자동 판매기에 동전을 넣는 방법의 수를 구하는 과정을 서술하시오. (단, 동전을 넣는 순서는 고려하지 않는다.)
(10점)

J73 *❋❋

오른쪽 그림과 같은 입체가 있다. 점 A에서 출발하여 모서리를 따라 움직일 때, 모서리 CG를 반드시 지나고, 모서리를 따라 아래로 또는 밑면 IFGH에 평행하게 갈 수는 있지만 다시 위로 올라갈 수는 없다고 할 때, 점 I로 가는 방법의 수를 구하는 과정을 서술하시오.

(단, 각 꼭짓점을 많아야 한 번 지난다.) (10점)

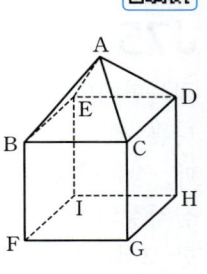

J74 ✪2등급 대비

1부터 20까지의 수가 각각 적혀 있는 20개의 구슬이 들어 있는 주머니가 있다. 이 주머니에서 세 개의 구슬을 동시에 꺼낼 때, 두 구슬에 적혀 있는 두 수의 평균과 나머지 한 구슬에 적혀 있는 수가 같아지도록 구슬을 꺼내는 방법의 수는? (4점)

① 80 ② 85 ③ 90

④ 95 ⑤ 100

J75 ✪2등급 대비

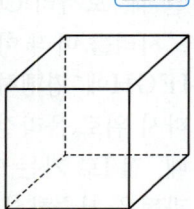

정육면체의 8개의 꼭짓점 중에서 서로 다른 세 점을 택하여 삼각형을 만들 때, 정육면체의 두 모서리를 공유하는 삼각형의 개수를 a, 정육면체의 한 모서리를 공유하는 삼각형의 개수를 b, 정육면체의 어느 변도 공유하지 않는 삼각형의 개수를 c라 할 때, a, b, c의 대소 관계를 구하시오. (4점)

J76 ✪2등급 대비 .... 2022실시 3월 학평 28(고2)

그림과 같이 한 개의 정삼각형과 세 개의 정사각형으로 이루어진 도형이 있다.

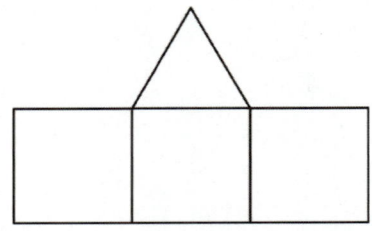

숫자 1, 2, 3, 4, 5, 6 중에서 중복을 허락하여 네 개를 택해 네 개의 정다각형 내부에 하나씩 적을 때, 다음 조건을 만족시키는 경우의 수를 구하시오. (4점)

> (가) 세 개의 정사각형에 적혀 있는 수는 모두 정삼각형에 적혀 있는 수보다 작다.
> (나) 변을 공유하는 두 정사각형에 적혀 있는 수는 서로 다르다.

J77 ✪ 2등급 대비 ·········· 2013대비(가) 수능 5(고3)

그림과 같이 마름모 모양으로 연결된 도로망이
있다. 이 도로망을 따라 A 지점에서 출발하여 C 지점을
지나지 않고, D 지점도 지나지 않으면서 B 지점까지
최단거리로 가는 경우의 수는? (4점)

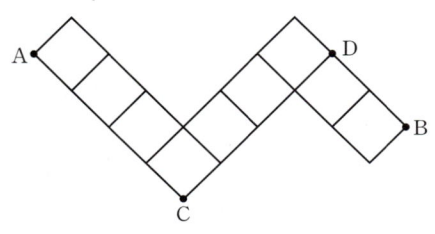

① 26   ② 24   ③ 22
④ 20   ⑤ 18

J78 ✪ 2등급 대비

오른쪽 그림과 같은 정육면체
ABCD−EFGH가 있다. 꼭짓점 A를
출발하여 모서리 12개와 각 면의
대각선 12개 중에서 모서리 세 변과
대각선 한 번을 지나 꼭짓점 G에
도착하는 서로 다른 방법의 수는?
(단, 한 번 지난 모서리나 대각선은
다시 지나지 않는다.) (4점)

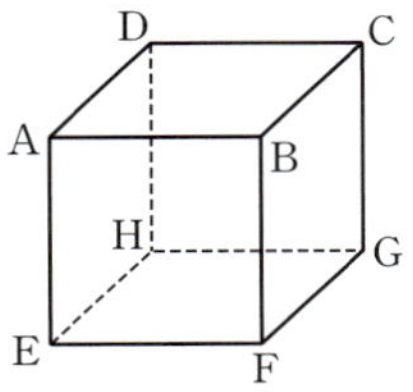

① 12   ② 18   ③ 24
④ 30   ⑤ 36

J79 ✪ 2등급 대비 ·········· 2009실시(가) 3월 학평 21(고3)

[그림 1]과 같이 사각형 모양의 판에 6개의
원이 삼각형 모양으로 그려져 있다. 각 원 안에 1부터 6까
지의 자연수를 각각 하나씩 적어 삼각형의 각 변에 있는
세 원 안에 적힌 수의 합이 모두 같게 하려고 한다. 예를
들어, [그림 2]와 같이 적으면 삼각형의 각 변에 있는 수
의 합이 모두 같다.

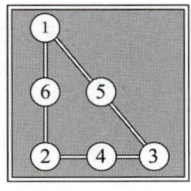

[그림 1]   [그림 2]

이와 같이 [그림 1]의 원 안에 수를 적는 방법의 수를
구하시오. (4점)

J80 ⭐1등급 대비

직사각형을 오른쪽 그림과 같이 6개의 삼각형으로 나누고 노랑, 파랑, 빨강 3가지 색을 칠하여 이들 6개의 삼각형을 구분하려고 한다. 이웃한 삼각형은 서로 다른 색을 칠하고, 세 가지 색을 모두 사용한다고 할 때, 모든 방법의 수를 구하시오. (4점)

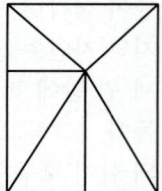

J81 ^{최고} ⭐1등급 대비 ········· 2016실시(나) 10월 학평 30(고3)

교내 수학경시대회에 A 학급 학생 3명, B 학급 학생 3명, C 학급 학생 2명이 참가 신청하였다. 그림과 같이 두 분단, 네 줄의 좌석에 다음 조건을 만족시키도록 이 학생 8명을 배정하는 방법의 수를 구하시오. (4점)

(가) 같은 줄의 바로 옆에 같은 학급 학생이 앉지 않도록 배정한다.

(나) 같은 분단의 바로 앞뒤에 같은 학급 학생이 앉지 않도록 배정한다.

(다) 같은 학급 학생을 같은 분단에 배정할 경우 학급 번호가 작을수록 교탁에 가까운 자리에 배정한다.

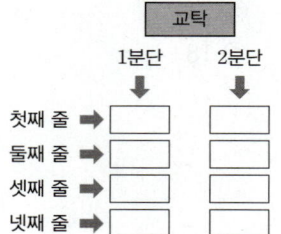

 K 순열과 조합

---

* $_n\mathrm{P}_r$와 $_n\mathrm{C}_r$를 꼭 구분해서 외우자.
- $_n\mathrm{P}_r$ ① n부터 r개를 곱해.
  ② n부터 r개를 일렬로 나열한다는 뜻이야.
- $_n\mathrm{C}_r = \dfrac{_n\mathrm{P}_r}{r!}$
  ① n개 중에서 r개를 잡아낸다고 기억하자.
  ② 분자는 n부터 r개를 곱하고 분모는 r부터 1까지 모두 곱하는 거야.

♣ 단원 학습 목표

- 순열의 뜻을 알고, 여러 가지 순열을 계산할 수 있다.
- 조합의 뜻과 성질을 이해하고, 여러 가지 조합을 계산할 수 있다.

★ 자주 출제되는 필수 개념 학습법

- 순열과 조합은 공식과 이론만 공부하는 것이 아니라 사고방식을 훈련하는 단원이라고 할 수 있다. 단순히 뜻과 공식을 암기하여 대입하는 것이 아니라 각 문제 상황을 이해하고, 해결하는 과정에 중점을 두고 학습해야 한다.
- 비슷해 보이는 문제라도 상황에 따라 순열을 이용해야 할 때가 있고, 조합을 이용해야 할 때가 있으므로 특정 문구만 보고 판단하여 문제를 풀면 틀리기 쉽다. 예를 들면, '일렬로'라는 문구가 들어가면 무조건 순열로 푸는 경향이 있는데 흰 바둑돌과 검은 바둑돌을 나열하는 문제에서는 조합을 이용해서 풀어야 한다.
- 사건 A가 적어도 한 번 일어나는 경우의 수는 전체 경우의 수에서 사건 A가 한 번도 일어나지 않을 경우의 수를 빼서 구한다. '적어도'라는 표현이 문제에 없어도 이와 같은 방법으로 푸는 게 더 쉬운 문제도 있으니 문구에 너무 집착하지 말고 상황을 이해하는 것이 중요하다.

★ 자주 출제되는 개념+공식

1 서로 다른 n개에서 $r(0 \le r \le n)$개를 택하여 일렬로 나열하는 것을 n개에서 r개를 택하는 순열이라 하고, 이 순열의 수를 기호 $_n\mathrm{P}_r$로 나타낸다.

2 순열의 수와 성질
① $_n\mathrm{P}_r = n(n-1)(n-2)\cdots(n-r+1)$
$= \dfrac{n!}{(n-r)!}$ $(0 \le r \le n)$
② $_n\mathrm{P}_n = n!$, $_n\mathrm{P}_0 = 1$, $0! = 1$

3 서로 다른 n개에서 순서를 생각하지 않고 $r(0 \le r \le n)$개를 택하는 것을 n개에서 r개를 택하는 조합이라 하고, 이 조합의 수를 기호 $_n\mathrm{C}_r$로 나타낸다.

4 조합의 수와 성질
① $_n\mathrm{C}_r = \dfrac{n!}{r!(n-r)!}$, $_n\mathrm{C}_n = 1$, $_n\mathrm{C}_0 = 1$
② $_n\mathrm{C}_r = {_n\mathrm{C}_{n-r}}$

K 순열과 조합

중요도 ⭐⭐⭐

1 순열 — 유형 01~05

(1) 순열의 뜻

서로 다른 n개에서 $r(0 \leq r \leq n)$개를 택하여 **일렬로 나열하는 것**을 n개에서 r개를 택하는 **순열**이라고 하고, 이 순열의 수를 기호 $_n\mathrm{P}_r$로 나타낸다.

(2) 계승

1부터 n까지의 자연수를 차례로 곱한 것을 n의 **계승**이라 하고, 기호로 $n!$❶과 같이 나타낸다.

$$n! = n(n-1)(n-2)\cdots 3 \times 2 \times 1$$

(3) 순열의 수 : 순열의 가짓수

① $_n\mathrm{P}_r = \overbrace{n(n-1)(n-2)\cdots(n-r+1)}^{r개}$

$\quad = \dfrac{n!}{(n-r)!} \ (0 \leq r \leq n)$

② $_n\mathrm{P}_n = n!, \ _n\mathrm{P}_0 = 1, \ 0! = 1$

2 이웃하는 순열과 이웃하지 않는 순열 — 유형 01~02

(1) 이웃하는 조건의 순열 풀이 순서 ❷

(ⅰ) 이웃하는 것을 한 묶음으로 생각하여 일렬로 배열한다.

(ⅱ) 이웃하는 것을 일렬로 배열한다.

(ⅲ) ((ⅰ)의 순열의 수) × ((ⅱ)의 순열의 수)

(2) 이웃하지 않는 조건의 순열 풀이 순서 ❸

(ⅰ) 이웃해도 좋은 것을 먼저 배열한다.

(ⅱ) 양끝과 사이사이에 이웃하지 않아야 할 것을 배열한다.

(ⅲ) ((ⅰ)의 순열의 수) × ((ⅱ)의 순열의 수)

3 여러 가지 순열 — 유형 03~05

(1) 조건을 만족시키는 정수의 개수 ❹

0이 포함된 n개의 숫자를 한 번씩 사용하여 정수를 만들 때 (단, $n \geq 3$)

① 두 자리 정수의 개수 $\Rightarrow (n-1) \times {}_{n-1}\mathrm{P}_1$

② 세 자리 정수의 개수 $\Rightarrow (n-1) \times {}_{n-1}\mathrm{P}_2$

(2) 사전식 나열의 경우의 수

기준이 되는 문자열 또는 수의 꼴을 살핀 후 먼저 자리를 정할 수 있는 자리에 문자 또는 수를 배열한 후 순열을 이용하여 나머지 자리에 올 수 있는 것을 배열하는 방법의 수를 구한다.

(3) '적어도~'의 조건이 있는 순열

사건 A가 적어도 한 번 일어나는 경우의 수를 m, 사건 A가 한 번도 일어나지 않는 경우의 수를 n이라 하면

$$m = (모든 \ 경우의 \ 수) - n$$

---

❶ $n!$은 'n팩토리얼(factorial)'이라 읽기도 한다.

❷ 전체 n개 중 이웃하는 것이 m개일 때, n개를 나열하는 방법의 수 (단, $m \leq n$)

(ⅰ) m개를 하나의 묶음으로 생각한다. (한 개로 생각한다.)

이때, 나열할 것의 총 개수는 $(n-m+1)$개이고 $(n-m+1)$개를 나열하는 방법의 수는 $(n-m+1)!$이다.

(ⅱ) 하나로 묶은 m개를 나열하는 방법의 수는 $m!$

(ⅲ) n개 중 m개가 이웃했을 때 나열하는 방법의 수는 $(n-m+1)! \times m!$

❸ 전체 $(m+n)$개 중 이웃하지 않는 것이 m개일 때, $(m+n)$개를 나열하는 방법의 수

(ⅰ) 이웃하지 않는 것과 관계없는 n개를 나열하는 방법의 수는 $n!$

(ⅱ) $\lor\bigcirc\lor\bigcirc\lor\bigcirc\lor\bigcirc\cdots\lor\bigcirc\lor\bigcirc\lor$

$\bigcirc$의 개수 : n개,

$\lor$의 개수 : $(n+1)$개이므로

$\lor$ 표시의 $(n+1)$개의 자리에 m개를 나열하는 방법의 수는 $_{n+1}\mathrm{P}_m$이다.

(ⅲ) (구하는 방법의 수)

$= n! \times {}_{n+1}\mathrm{P}_m$

❹ 배수판별법

① 2의 배수 : 일의 자리 숫자가 0, 2, 4, 6, 8인 경우

② 3의 배수 : 각 자리의 숫자의 합이 3의 배수

③ 4의 배수 : 끝의 두 자리의 수가 4의 배수

④ 5의 배수 : 일의 자리의 숫자가 0 또는 5

⑤ 6의 배수 : 2의 배수이면서 동시에 3의 배수

⑥ 8의 배수 : 끝의 세 자리의 수가 8의 배수

⑦ 9의 배수 : 각 자리의 숫자의 합이 9의 배수

1 순열

[K01~K04] 다음 값을 구하시오.

K01 $_5P_3$

K02 $_5P_5$

K03 $_8P_0$

K04 $4!$

[K05~K08] 다음 등식이 성립하는 자연수 n 또는 r의 값을 구하시오.

K05 $_nP_3 = 120$

K06 $_5P_r = 60$

K07 $_8P_r = \dfrac{8!}{4!}$

K08 $_nP_n = 120$

[K09~K12] 다음 등식이 성립하는 자연수 n 또는 r의 값을 구하시오.

K09 $_nP_3 = 210$

K10 $_nP_4 = 5 \times {}_nP_3$

K11 $_6P_r = 120$

K12 $_{n+1}P_2 + {}_nP_2 = 162$

2 이웃하는 순열과 이웃하지 않는 순열

[K13~K15] 6개의 문자 T, H, A, N, K, S 중에서 서로 다른 4개를 택하여 일렬로 배열할 때, 다음을 구하시오.

K13 일렬로 배열하는 경우의 수

K14 A가 맨 앞에 오는 경우의 수

K15 T, H가 이웃하는 경우의 수

K16 남학생 4명과 여학생 2명을 일렬로 세울 때, 여학생끼리 이웃하는 경우의 수를 구하시오.

K17 수학책 3권과 영어책 4권을 일렬로 책꽂이에 꽂을 때, 수학책끼리 이웃하지 않는 경우의 수를 구하시오.

3 여러 가지 순열

[K18~K19] 1, 2, 3, 4, 5의 다섯 개의 숫자 중에서 서로 다른 숫자를 사용하여 자연수를 만들 때, 다음을 구하시오.

K18 세 자리의 자연수의 개수

K19 세 자리의 자연수 중 짝수의 개수

[K20~K21] 0, 1, 2, 3의 4개의 숫자를 한 번씩 사용하여 세 자리의 정수를 만들 때, 다음을 구하시오.

K20 세 자리 정수의 개수

K21 세 자리 정수 중 짝수의 개수

K22 남학생 2명, 여학생 2명 중 회장 1명, 부회장 1명을 뽑을 때, 회장, 부회장 중 적어도 한 명은 남학생을 뽑는 방법의 수를 구하시오.

[K23~K25] 4개의 문자 a, b, c, d를 한 번씩만 사용하여 사전식으로 abcd에서 dcba까지 배열할 때, 다음 물음에 답하시오.

K23 a로 시작하는 문자열의 개수를 구하시오.

K24 cbda는 몇 번째에 오는 문자열인지 구하시오.

K25 20번째에 오는 문자열을 구하시오.

4 조합 — 유형 06~10

(1) 조합의 뜻 ❻

서로 다른 n개에서 **순서를 생각하지 않고** $r\,(0 \le r \le n)$개를 택하는 것을 n개에서 r개를 택하는 조합이라고 하고, 그 조합의 수를 기호 $_n\mathrm{C}_r$로 나타낸다.

(2) 조합의 수

① 서로 다른 n개에서 $r\,(0 \le r \le n)$개를 택하는 조합의 수는

$$_n\mathrm{C}_r = \frac{n!}{r!(n-r)!}$$

② $_n\mathrm{C}_0 = 1$, $_n\mathrm{C}_n = 1$ ❼

(3) $_n\mathrm{C}_r$와 $_n\mathrm{P}_r$의 관계

서로 다른 n개에서 $r\,(0 \le r \le n)$개를 뽑아 일렬로 나열하는 방법의 수는 $_n\mathrm{P}_r$

$$_n\mathrm{C}_r \times r! = \frac{n!}{(n-r)!} = {}_n\mathrm{P}_r \qquad \therefore {}_n\mathrm{C}_r = \frac{_n\mathrm{P}_r}{r!}$$

예) $_7\mathrm{C}_3 = \dfrac{_7\mathrm{P}_3}{3!} = \dfrac{7 \times 6 \times 5}{3 \times 2 \times 1} = 35$

(4) 조합의 수의 성질

① 서로 다른 n개에서 $r\,(0 \le r \le n)$개를 택하는 경우의 수와 $(n-r)$개를 택하는 경우의 수는 같다.

$$_n\mathrm{C}_r = {}_n\mathrm{C}_{n-r}$$

예) $_8\mathrm{C}_6 = {}_8\mathrm{C}_2 = \dfrac{_8\mathrm{P}_2}{2!} = \dfrac{8 \times 7}{2 \times 1} = 28$

② $_n\mathrm{C}_r = {}_{n-1}\mathrm{C}_r + {}_{n-1}\mathrm{C}_{r-1}$ (단, $1 \le r < n$)

(5) 특정한 조건이 있는 조합의 수

① **서로 다른 n개에서 r개를 뽑을 때**

$\begin{cases} \text{특정한 } k\text{개를 포함하여 뽑는 방법의 수} \Rightarrow {}_{n-k}\mathrm{C}_{r-k} \\ \text{특정한 } k\text{개를 제외하고 뽑는 방법의 수} \Rightarrow {}_{n-k}\mathrm{C}_r \end{cases}$

참고 서로 다른 n개에서 특정한 k개를 포함하여 r개를 뽑는 경우의 수는
특정한 k개를 제외한 $(n-k)$개에서 $(r-k)$개를 뽑는 경우의 수와 같다.

② (적어도 ~인 방법의 수) = (전체 방법의 수) − (~가 아닌 방법의 수) ❽

5 뽑아서 나열하는 경우의 수 ❾ — 유형 11

서로 다른 m개 중에서 r개, 서로 다른 n개 중에서 s개를 뽑아서 나열하는 경우의 수
$\Rightarrow {}_m\mathrm{C}_r \times {}_n\mathrm{C}_s \times (r+s)!$

6 조합과 도형의 개수 — 유형 12~14

(1) 어느 세 점도 한 직선 위에 있지 않은 한 평면 위에 있는 서로 다른 n개의 점을 연결하여 다음과 같은 도형을 만들 때,

① 직선의 개수 : $_n\mathrm{C}_2$

② 삼각형의 개수 : $_n\mathrm{C}_3$

(2) m개의 평행선과 n개의 평행선이 만날 때 생기는 평행사변형의 개수
$\Rightarrow {}_m\mathrm{C}_2 \times {}_n\mathrm{C}_2$

---

❻ 단순히 뽑을 때는 조합이고 뽑은 다음 일렬로 배열할 때는 순열이 된다. 즉, 서로 다른 것에서 순서를 생각하지 않고 택하는 것은 조합이고 순서를 생각하여 택하는 것은 순열이다.

❼ $_n\mathrm{C}_n = \dfrac{n!}{n!(n-n)!}$
$= \dfrac{n!}{n!0!} = 1$ (단, $0! = 1$)

❽ 예) (적어도 1명의 남학생이 뽑히는 방법의 수)
= (전체 방법의 수) − (모두 여학생이 뽑히는 방법의 수)

❾ 뽑아서 나열하는 방법의 수
$\Rightarrow$ (조합의 수) × (순열의 수)

4 조합

[K26~K29] 다음 값을 구하시오.

K26 $_6C_2$

K27 $_{10}C_7$

K28 $_4C_0$

K29 $_{11}C_{11}$

[K30~K35] 다음 등식을 만족하는 n 또는 r의 값을 구하시오.

K30 $_nC_2=15$

K31 $_{11}C_8=_{11}C_r$ (단, $r\neq8$)

K32 $_7C_r=_7C_{r+1}$

K33 $_nC_4=_nC_6$

K34 $_6C_3=\dfrac{_nP_3}{3!}$

K35 $_4C_r=_3C_r+_3C_1$ (단, $r<3$)

[K36~K37] 9명의 학생이 있다. 다음을 구하시오.

K36 3명을 택하는 경우의 수

K37 8명을 택하는 경우의 수

[K38~K39] 4명의 남학생과 3명의 여학생에 대하여 다음을 구하시오.

K38 4명의 학생을 뽑는 방법의 수

K39 남학생 1명과 여학생 2명을 뽑는 방법의 수

[K40~K42] 1, 2, 3, 4, 5, 6, 7, 8의 8개의 수 중에서 4개의 수를 택하려고 한다. 다음을 구하시오.

K40 1을 포함하여 택하는 방법의 수

K41 3을 제외하고 택하는 방법의 수

K42 5는 포함하고 8을 제외하여 택하는 방법의 수

K43 남자 4명과 여자 5명 중에서 3명의 대표를 뽑을 때, 적어도 여자 1명이 포함되도록 뽑는 방법의 수를 구하시오.

5 뽑아서 나열하는 경우의 수

[K44~K45] 7명의 학생 중에서 4명을 뽑을 때, 다음 물음에 답하시오.

K44 4명을 일렬로 세우는 방법의 수를 구하시오.

K45 특정한 두 학생 A, B를 포함시킬 때, 일렬로 세우는 방법의 수를 구하시오.

K46 어른 5명, 어린이 3명 중에서 어른 1명, 어린이 2명을 뽑아 일렬로 세우는 방법의 수를 구하시오.

6 조합과 도형의 개수

[K47~K48] 오른쪽 그림과 같이 원 위에 8개의 점이 놓여 있을 때, 다음을 구하시오.

K47 주어진 점을 이어서 만들 수 있는 직선의 개수

K48 주어진 점을 이어서 만들 수 있는 삼각형의 개수

K49 오른쪽 그림과 같은 정육각형에서 대각선의 개수를 구하시오.

1 순열 + **2** 이웃하는 순열과 이웃하지 않는 순열

유형 01   이웃하거나 이웃하지 않는 경우의 순열의 수

(1) **이웃하는 경우**
  (i) 이웃하는 것을 한 묶음으로 생각하여 일렬로 나열하는
    방법의 수를 구한다.
  (ⅱ) (한 묶음으로 생각하여 구한 순열의 수)
            ×(한 묶음 안에서의 순열의 수)

(2) **이웃하지 않은 경우**
  (i) 먼저 이웃해도 되는 것을 나열하는 방법의 수를 구한다.
  (ⅱ) 그 양끝과 사이사이에 이웃하지 않아야 할 것을 나열하는
    방법의 수를 구한다.

tip

이웃하거나 이웃하지 않는 경우의 수는 곱의 법칙을 이용한다.

K50 ❀❀❀ ……………… 2008실시(가) 4월 학평 이산 27(고3)

6명의 학생을 첫째 날 4명, 둘째 날 2명으로
나누어 한 사람씩 순서대로 상담하려고 한다. 이때 상담
순서를 정하는 방법의 수는? (3점)

① 120   ② 240   ③ 360
④ 480   ⑤ 720

K51 ❀❀❀ ……………… 2007대비(나) 9월 모평 6(고3)

여학생 2명과 남학생 4명이 순서를 정하여
차례로 뜀틀 넘기를 할 때, 여학생 2명이 연이어 뜀틀 넘
기를 하게 되는 경우의 수는? (3점)

① 120   ② 180   ③ 240
④ 300   ⑤ 360

K52 ❀❀❀ ……………… 2011대비(나) 9월 모평 7(고3)

그림과 같이 경계가 구분된 6개 지역의
인구조사를 조사원 5명이 담당하려고 한다. 5명 중에서 1
명은 서로 이웃한 2개 지역을, 나머지 4명은 남은 4개 지
역을 각각 1개씩 담당한다. 이 조사원 5명의 담당 지역을
정하는 경우의 수는? (단, 경계가 일부라도 닿은 두 지역
은 서로 이웃한 지역으로 본다.) (3점)

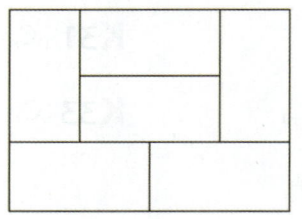

① 720   ② 840   ③ 960
④ 1080   ⑤ 1200

K53 ❀❀❀ ……………… 2021실시 3월 학평 24(고2)

7개의 문자 c, h, e, e, r, u, p를 모두 일렬로
나열할 때, 2개의 문자 e가 서로 이웃하게 되는 경우의
수를 구하시오. (3점)

K54 ❀❀❀ ……………… 2007실시(나) 7월 학평 8(고3)

그림과 같은 3좌석씩 3줄인 9개의 좌석에서
남자 5명, 여자 4명이 함께 영화를 관람하려 할 때, 남자
끼리 좌우에 이웃하여 앉지 않고, 여자끼리 이웃하여 앉
지 않는 방법의 수는? (3점)

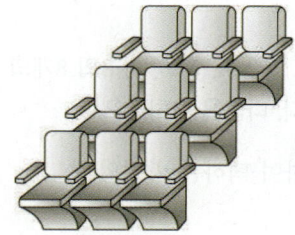

① $4! \times 5!$ ② $2 \times 3! \times 5!$ ③ $3 \times 4! \times 5!$
④ $5! \times 6!$ ⑤ $9 \times 4! \times 5!$

K55 ✿✿✿ 2010대비(나) 9월 모평 28(고3)

다음 그림의 빈칸에 6장의 사진 A, B, C, D, E, F를 하나씩 배치하여 사진첩의 한 면을 완성할 때, A와 B가 이웃하는 경우의 수는? (단, 옆으로 이웃하는 경우만 이웃하는 것으로 한다.) (4점)

① 128   ② 132   ③ 136
④ 140   ⑤ 144

K56 ✿✿✿ 2006실시(가) 4월 학평 이산 26(고3)

6명의 학생 A, B, C, D, E, F를 일렬로 세울 때, A를 맨 앞에 세우고 B는 A와 이웃하지 않게 세우는 경우의 수는? (3점)

① 24   ② 48   ③ 72
④ 96   ⑤ 120

K57 ✿✿✿ 2023실시 3월 학평 12(고2)

1학년 학생 2명과 2학년 학생 4명이 있다.
이 6명의 학생이 일렬로 나열된 6개의 의자에 다음 조건을 만족시키도록 모두 앉는 경우의 수는? (3점)

> (가) 1학년 학생끼리는 이웃하지 않는다.
> (나) 양 끝에 있는 의자에는 모두 2학년 학생이 앉는다.

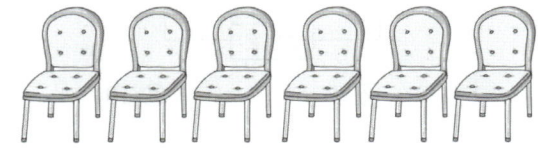

① 96   ② 120   ③ 144   ④ 168   ⑤ 192

K58 ✿✿✿ 2011실시 3월 학평 29(고2)

그림과 같이 의자 6개가 나란히 설치되어 있다.
여학생 2명과 남학생 3명이 모두 의자에 앉을 때, 여학생이 이웃하지 않게 앉는 경우의 수를 구하시오. (단, 두 학생 사이에 빈 의자가 있는 경우는 이웃하지 않는 것으로 한다.) (4점)

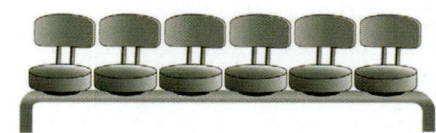

K59 ✿✿✿ 2010대비(나) 수능 14(고3)

두 인형 A, B에게 색이 정해지지 않은 셔츠와 바지를 모두 입힌 후, 입힌 옷의 색을 정하는 컴퓨터 게임이 있다. 서로 다른 모양의 셔츠와 바지가 각각 3개씩 있고, 각 옷의 색은 빨강과 초록 중 하나를 정한다. 한 인형에게 입힌 셔츠와 바지는 다른 인형에게 입히지 않는다. A 인형의 셔츠와 바지의 색은 서로 다르게 정하고, B 인형의 셔츠와 바지의 색도 서로 다르게 정한다. 이 게임에서 두 인형 A, B에게 셔츠와 바지를 입히고 색을 정할 때, 그 결과로 나타날 수 있는 경우의 수는? (4점)

① 252   ② 216   ③ 180
④ 144   ⑤ 108

K60 ✿✿✿ 2022실시 3월 학평 7(고2)

숫자 1, 2, 3, 4, 5가 하나씩 적혀 있는 5장의 카드가 있다. 이 5장의 카드를 모두 일렬로 나열할 때, 짝수가 적혀 있는 카드끼리 서로 이웃하지 않도록 나열하는 경우의 수는? (3점)

① 24   ② 36   ③ 48
④ 60   ⑤ 72

✿ 정답 및 해설 432~436p

K61 ✽✽❀ 2019실시(나) 3월 학평 28(고2)

어느 관광지에서 7명의 관광객 A, B, C, D, E, F, G가 마차를 타려고 한다. 그림과 같이 이 마차에는 4개의 2인용 의자가 있고, 마부는 가장 앞에 있는 2인용 의자의 오른쪽 좌석에 앉는다. 7명의 관광객이 다음 조건을 만족시키도록 비어 있는 7개의 좌석에 앉는 경우의 수를 구하시오. (4점)

> (가) A와 B는 같은 2인용 의자에 이웃하여 앉는다.
> (나) C와 D는 같은 2인용 의자에 이웃하여 앉지 않는다.

고난도
유형 02 **자리에 대한 조건이 있는 순열의 수** (이해)

특정한 자리에 오는 것의 위치를 고정시키고 나머지를 나열하는 방법을 구한다.

(tip)
① 위치가 고정되어 있는 경우에는 나머지를 나열하는 순열의 수를 생각한다.
② 특정한 자리에 오는 것끼리 자리 바꾸는 경우를 곱한다.

K62 ✽✽✽ (필수)

남자 2명, 여자 3명이 한 줄로 설 때, 양 끝에 여자가 서는 방법의 수는? (3점)

① 24   ② 36   ③ 48
④ 60   ⑤ 72

K63 ✽✽✽

A, B, C, D, E의 5개의 문자 중에서 3개를 뽑아 일렬로 나열할 때, A로 시작하는 경우의 수는? (3점)

① 12   ② 16   ③ 20
④ 24   ⑤ 28

K64 ✽✽✽ 2011실시 3월 학평 6(고1)

어느 고등학교 체육대회에서 이어달리기를 하는데, 여학생은 영희, 민주, 은영이가, 남학생은 철수, 상민이가 대표선수로 뽑혔다. 이 5명의 학생들이 여학생, 남학생, 여학생, 남학생, 여학생의 순서로 달려야 할 때, 달리는 순서를 정하는 방법의 수는? (3점)

① 12   ② 14   ③ 16
④ 18   ⑤ 20

K65 ✽✽✽ 2005실시(나) 10월 학평 7(고3)

그림과 같이 정사각형 모양으로 배열된 9개의 원형탁자와 세 가지 색 빨강, 파랑, 노랑 보자기가 각각 3장씩 있다. 이 9장의 보자기로 탁자를 하나씩 덮을 때, 어떤 행과 어떤 열에도 같은 색이 놓이지 않도록 덮는 방법의 수는? (3점)

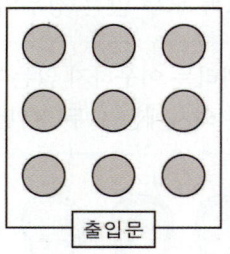

① 6   ② 8   ③ 10
④ 12   ⑤ 14

K66 ✽❀❀
2019실시(가) 3월 학평 10(고2)

그림과 같이 한 줄에 3개씩 모두 6개의 좌석이 있는 케이블카가 있다. 두 학생 A, B를 포함한 5명의 학생이 이 케이블카에 탑승하여 A, B는 같은 줄의 좌석에 앉고 나머지 세 명은 맞은편 줄의 좌석에 앉는 경우의 수는? (3점)

① 48　　② 54　　③ 60　　④ 66　　⑤ 72

K67 ✽❀❀
2016실시(나) 4월 학평 10(고3)

할머니, 아버지, 어머니, 아들, 딸로 구성된 5명의 가족이 있다. 이 가족이 그림과 같이 번호가 적힌 5개의 의자에 모두 앉을 때, 아버지, 어머니가 모두 홀수 번호가 적힌 의자에 앉는 경우의 수는? (3점)

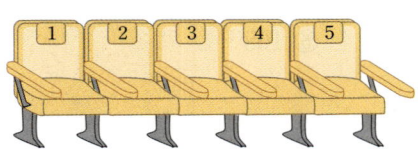

① 28　　② 30　　③ 32　　④ 34　　⑤ 36

K68 ✽✽❀
2024실시 3월 학평 18(고2)

그림과 같이 둥근 의자 3개와 사각 의자 3개가 교대로 나열되어 있다.

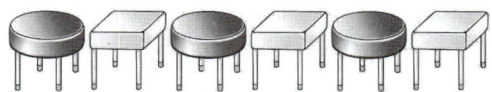

1학년 학생 2명, 2학년 학생 2명, 3학년 학생 2명이 다음 조건을 만족시키도록 이 6개의 의자에 모두 앉는 경우의 수는? (4점)

> (가) 2학년 학생은 사각 의자에만 앉는다.
> (나) 같은 학년 학생은 서로 이웃하여 앉지 않는다.

① 64　　② 72　　③ 80
④ 88　　⑤ 96

K69 ✽✽✽
2025실시 3월 학평 18(고2)

어느 숙소에는 그림과 같이 객실 번호가 적힌 10개의 객실이 있다.

관광객 A, B, C를 포함한 5명의 관광객이 다음 규칙에 따라 10개의 객실 중에서 서로 다른 한 객실에 숙박하는 경우의 수는? (4점)

> (가) 5명의 관광객 중 어느 관광객도 객실 번호가 102, 204인 객실에 숙박하지 않는다.
> (나) A와 B가 숙박하는 객실 번호의 차는 1 또는 100 이다.
> (다) A와 C가 숙박하는 객실 번호의 차는 4보다 크고 100이 아니다.

① 800　　② 840　　③ 880
④ 920　　⑤ 960

❖ 정답 및 해설 436~439p

K70 ★★★

서로 다른 네 종류의 모자 A, B, C, D가
각각 3개씩 모두 12개 있다. 12개의 모자를 [그림 1]과
같이 일정한 간격으로 배열된 12개의 모자걸이에 각각
걸려고 한다. 이때 모든 가로 방향과 모든 세로 방향에 서
로 다른 종류의 모자가 걸리도록 하려고 한다. [그림 2]는
이와 같은 방법으로 모자를 건 예이다.

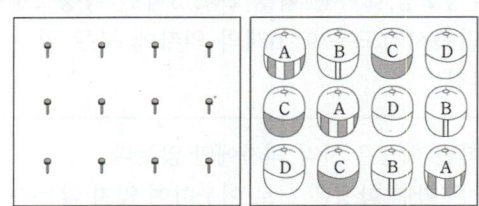

[그림 1]   [그림 2]

이와 같은 방법으로 12개의 모자를 모자걸이에 걸 수 있는
방법의 수를 모두 구하시오. (단, 같은 종류의 모자끼리는
서로 구별하지 않는다.) (4점)

---

3 여러 가지 순열

유형 03 '적어도'의 조건이 있는 순열의 수   이해

'적어도 ~'의 조건이 있는 순열의 수
(전체 경우의 수)−(사건이 일어나지 않는 경우의 수)

tip

① '적어도'라는 조건이 문제에 주어지면 사건을 여러 개로 나누어 각각의
경우의 수를 구한다.

② 합의 법칙을 이용하는 것보다는 모든 경우의 수에서 사건이 일어나지
않는 경우의 수를 빼는 것이 더 빠르고 효과적이다.

K71 ★★★   최다출제

남학생 3명, 여학생 3명 중 회장과 부회장을 각각 1명씩
뽑을 때, 적어도 1명을 남학생으로 뽑는 경우의 수는? (3점)

① 18   ② 20   ③ 22

④ 24   ⑤ 26

K72 ★★★

BOARD에 있는 5개의 문자를 일렬로 배열할 때,
적어도 한쪽 끝에는 자음이 오는 경우의 수는? (3점)

① 88   ② 93   ③ 98

④ 103   ⑤ 108

(1) 자연수의 개수를 구할 때, 맨 앞의 자리에는 0이 올 수 없으므로 맨 앞의 자리에 0이 오는 경우를 제외한다.
(2) 주어진 조건에 따라 기준이 되는 자리부터 먼저 나열하고 나머지 자리에는 남는 숫자들을 나열한다.

tip

문제의 조건에서 '~의 배수인 수'이면 배수판별법을 이용하여 풀면 된다.

K73 ❋❋❋

6개의 숫자 0, 1, 2, 3, 4, 5 중에서 서로 다른 5개를 택하여 다섯 자리의 정수를 만들 때, 4의 배수는 모두 몇 개 만들 수 있는가? (3점)

① 112 　　　② 120 　　　③ 128
④ 136 　　　⑤ 144

K74 ❋❋❋ 최다출제

1, 2, 3, 4, 5, 6을 한 번씩만 사용하여 만들 수 있는 여섯 자리의 자연수 중에서 일의 자리의 숫자와 십의 자리의 숫자가 모두 3의 배수인 자연수의 개수는? (3점)

① 48 　　　② 50 　　　③ 52
④ 54 　　　⑤ 56

K75 ❋❋❋

0, 1, 2, 3, 4의 5개의 숫자 중 서로 다른 4개의 숫자를 택하여 만들 수 있는 네 자리의 자연수 중에서 천의 자리의 숫자와 일의 자리의 숫자가 모두 홀수인 자연수의 개수는? (3점)

① 6 　　　② 8 　　　③ 10
④ 12 　　　⑤ 14

K76 ❋❋❋

1부터 8까지의 자연수가 각각 하나씩 적힌 8장의 카드를 모두 일렬로 나열할 때, 서로 이웃하는 두 카드에 적힌 수를 곱하여 만들어지는 7개의 수가 모두 짝수인 경우의 수는? (3점)

① 180 　　　② 360 　　　③ 720
④ 1440 　　　⑤ 2880

K77 ✱❋❋

1, 2, 3, 4, 5, 6의 6개의 숫자에서 서로 다른 3개의 수를 택하여 만들 수 있는 세 자리의 자연수 중 3의 배수의 개수는? (3점)

① 42 　　　② 48 　　　③ 54
④ 60 　　　⑤ 66

K78 ✱❋❋

1, 2, 3, …, 8, 9의 9개의 수에서 다음 두 조건을 만족시키도록 서로 다른 세 수를 선택하여 세 자리의 자연수를 만드는 방법의 수는? (3점)

(가) 세 수 중 어떤 두 수의 합은 나머지 한 수와 같다.
(나) 세 수 중 7은 반드시 포함된다.

① 18 　　　② 21 　　　③ 24
④ 27 　　　⑤ 30

K79 ✱❀❀ .... 2010실시(가) 4월 학평 이산 29(고3)

자연수 1, 2, 3, 4, 5, 6, 7, 8 중에서 어느
두 수의 합도 9가 되지 않는 서로 다른 4개의 수를 뽑아
네 자리의 자연수를 만들려고 한다. 이때 만들 수 있는
네 자리의 자연수의 개수는? (4점)

① 384   ② 424   ③ 464
④ 504   ⑤ 544

K80 ✱✱✱ .... 2025실시 9월 학평 29(고1)

1부터 8까지의 자연수가 하나씩 적혀 있는 8장의
카드가 있다. 이 8장의 카드 중에서 6장의 카드를 택하여
왼쪽부터 모두 일렬로 나열한다. 이 6장의 카드에 적힌
수를 왼쪽부터 순서대로 a_1, a_2, a_3, a_4, a_5, a_6이라 할 때,
세 자연수 A, B, C를

$$A = a_1 \times 100 + a_2 \times 10 + a_3,$$
$$B = a_4 \times 10 + a_5,$$
$$C = a_6$$

이라 하자. 두 수 $A+B+C$, $A-B-C$가 모두 5의 배
수가 되도록 하는 a_1, a_2, a_3, a_4, a_5, a_6의 모든 순서쌍
$(a_1, a_2, a_3, a_4, a_5, a_6)$의 개수를 구하시오. (4점)

유형 05 사전식으로 배열하는 방법의 수 (이해)

문자를 사전식으로 배열하거나 자연수를 크기순으로 나열할 때

(ⅰ) 기준이 되는 문자열 또는 수의 꼴을 살핀 후 먼저 자리를
정할 수 있는 자리에 문자 또는 수를 배열한다.

(ⅱ) 순열을 이용하여 나머지 자리에 올 수 있는 것을 배열한다.

(tip)

문제의 조건이 '~번째 수' 또는 '~번째로 나열'이라면 가장 큰 자리의 수
하나당 총 몇 개의 경우의 수가 만들어졌는지 판단하여 순서를 정할 수
있다.

K81 ✱✱✱ ....

5개의 숫자 0, 1, 2, 3, 4를 모두 사용하여 다섯 자리의
자연수를 만들 때, 39번째로 작은 수는? (3점)

① 23014   ② 23104   ③ 23401
④ 24130   ⑤ 24310

K82 ✱❀❀ ....

0, 1, 2, 3, 4, 5에서 서로 다른 4개를 택하여 만든 네
자리의 자연수를 작은 수부터 차례로 나열할 때, 3210은
몇 번째 수인가? (3점)

① 145   ② 146   ③ 147
④ 148   ⑤ 149

K83 ✱❀❀ .... 2004실시(나) 10월 학평 6(고3)

다음은 네 자연수 1, 2, 3, 4를 한 번씩 사용하여
만든 네 자리 정수를 크기순으로 나열한 것이다.

1234	1243	......	1423	1432
2134	2143	......	2413	2431
3124	3142	......	3412	3421
4123	4132	......	4312	4321

위의 모든 수들의 총합은? (3점)

① 88880   ② 77770   ③ 66660
④ 55550   ⑤ 44440

K84 ✿✿✿ 2005실시(나) 10월 학평 22(고3)

각 자리의 숫자가 서로 다른 세 자리의 자연수를 작은 수부터 차례로 나열할 때, 150번째에 나열되는 수를 구하시오. (3점)

K85 ✿✿✿

다섯 개의 문자 a, b, c, d, e를 모두 한 번씩 사용하여 사전식으로 배열할 때, cdeab는 몇 번째로 나타나는가? (3점)

① 65　　　　② 66　　　　③ 67
④ 68　　　　⑤ 69

K86 ✿✿✿

6개의 숫자 0, 1, 2, 3, 4, 5에서 서로 다른 3개의 숫자를 사용하여 만든 세 자리의 자연수 중에서 5의 배수의 개수는? (3점)

① 24　　　　② 30　　　　③ 36
④ 42　　　　⑤ 48

4 조합

유형 06 $_nP_r$와 $_nC_r$의 계산 　기초

(1) $_nP_r = n(n-1)(n-2)\cdots(n-r+1)$

$\quad\quad = \dfrac{n!}{(n-r)!}$ (단, $0 \le r \le n$)

(2) $_nP_n = n(n-1)(n-2)\cdots 3 \times 2 \times 1 = n!$, $_nP_0 = 1$, $0! = 1$

(3) $_nC_r = \dfrac{_nP_r}{r!} = \dfrac{n!}{r!(n-r)!}$

(4) $_nC_r = {_nC_{n-r}}$, $_nC_0 = 1$, $_nC_n = 1$

　　　　　　　　　　　　　　　　tip

위의 공식을 외우는 것도 중요하지만 어떤 상황에서 어떤 공식을 이용해야 하는지 판단하는 것이 더 중요하다.

K87 ✿✿✿ 2023실시 3월 학평 3(고2)

$_5P_3$의 값은? (2점)

① 20　　　　② 30　　　　③ 40
④ 50　　　　⑤ 60

K88 ✿✿✿ 2019실시(나) 3월 학평 22(고2)

$_4P_2$의 값을 구하시오. (3점)

K89 ✿✿✿ 2025실시 3월 학평 3(고2)

$_5C_2$의 값은? (2점)

① 2　　　　② 4　　　　③ 6
④ 8　　　　⑤ 10

K90 ✿✿✿ 2024실시 3월 학평 3(고2)

$_4C_2$의 값은? (2점)

① 6　　　　② 7　　　　③ 8
④ 9　　　　⑤ 10

 정답 및 해설 442~445p

K91 ❀❀❀ 2022실시 3월 학평 3(고2)

${}_{5}C_{3}\times 3!$의 값은? (2점)

① 15 ② 30 ③ 45
④ 60 ⑤ 75

K92 ❀❀❀ 2019실시(가) 3월 학평 22(고2)

${}_{5}C_{1}+{}_{5}C_{2}$의 값을 구하시오. (3점)

K93 ❀❀❀ 2025실시 9월 학평 22(고1)

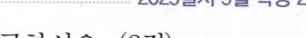

${}_{4}P_{3}+{}_{4}C_{3}$의 값을 구하시오. (3점)

K94 ❀❀❀ 2017대비(나) 수능 22(고3)

${}_{5}P_{2}+{}_{5}C_{2}$의 값을 구하시오. (3점)

K95 ❀❀❀ 2021실시 3월 학평 4(고2)

등식 ${}_{10}P_{3}=n\times{}_{10}C_{3}$을 만족시키는 n의 값은? (3점)

① 2 ② 4 ③ 6
④ 8 ⑤ 10

K96 ❀❀❀ 2016실시(나) 10월 학평 4(고3)

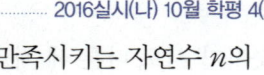

등식 ${}_{n}P_{2}-{}_{7}C_{2}=21$을 만족시키는 자연수 n의 값은? (3점)

① 6 ② 7 ③ 8
④ 9 ⑤ 10

K97 ❀❀❀ 2011대비(나) 수능 18(고3)

등식 $2\times{}_{n}C_{3}=3\times{}_{n}P_{2}$를 만족시키는 자연수 n의 값을 구하시오. (3점)

K98 ❀❀❀

비례식 ${}_{n}P_{3}:{}_{n-1}P_{2}=6:1$이 성립하도록 하는 자연수 n의 값을 구하시오. (단, $n\geq 3$) (3점)

K99 ✿❀❀

다음 식을 만족시키는 자연수 n의 값은? (3점)

$${}_{n}C_{2}+{}_{n+1}C_{3}=3{}_{n}P_{2}$$

① 12 ② 14 ③ 16
④ 18 ⑤ 20

K100 ✿❀❀

등식 ${}_{22}C_{r^2}={}_{22}C_{r+2}$를 만족시키는 모든 자연수 r의 값의 합은? (3점)

① 6 ② 7 ③ 8
④ 9 ⑤ 10

유형 07 $_n\mathrm{P}_r$와 $_n\mathrm{C}_r$를 이용한 증명

(1) $_n\mathrm{P}_r=n(n-1)(n-2)\cdots(n-r+1)$

　　　$=\dfrac{n!}{(n-r)!}$ (단, $0\le r\le n$)

(2) $_n\mathrm{C}_r=\dfrac{_n\mathrm{P}_r}{r!}=\dfrac{n!}{r!(n-r)!}$

　임을 이용하여 식을 간단히 하면 된다.

tip

증명하는 문제에서는 빈칸의 앞과 뒤의 고정된 값을 기준으로
비교하면서 차근차근 풀어 나가면 된다.

K101 ✿✾✾

다음은 $_{n-1}\mathrm{P}_r+r\times_{n-1}\mathrm{P}_{r-1}=_n\mathrm{P}_r$임을 증명하는 과정이다.

[증명]

$_{n-1}\mathrm{P}_r+r\times_{n-1}\mathrm{P}_{r-1}=\dfrac{(n-1)!}{(n-1-r)!}+r\times\dfrac{(n-1)!}{\boxed{(가)}}$

　　　　　　　$=\dfrac{(n-1)!}{\boxed{(가)}}\times n=\dfrac{\boxed{(나)}}{(n-r)!}=_n\mathrm{P}_r$

$\therefore\ _{n-1}\mathrm{P}_r+r\times_{n-1}\mathrm{P}_{r-1}=_n\mathrm{P}_r$

위의 증명에서 (가), (나)에 알맞은 것을 순서대로
적으면? (단, $1\le r<n$) (3점)

① $(n-r)!,\ n!$ 　　　② $(n-r)!,\ (n-1)!$

③ $(n-r)!,\ (n+1)!$ 　④ $n!,\ (n-1)!$

⑤ $n!,\ n!$

K102 ✿✾✾

다음은 $n\times_{n-1}\mathrm{C}_{r-1}=r\times_n\mathrm{C}_r$임을 증명하는
과정이다.

[증명]

$n\times_{n-1}\mathrm{C}_{r-1}=n\times\dfrac{(n-1)!}{(r-1)!\boxed{(가)}}$

　　　　　　$=\dfrac{\boxed{(나)}}{(r-1)!(n-r)!}$

　　　　　　$=\dfrac{r\times n!}{\boxed{(다)}(n-r)!}=r\times_n\mathrm{C}_r$

위의 증명에서 (가), (나), (다)에 알맞은 것을 순서대로
적으면? (3점)

① $(n-r)!,\ n!,\ (r-1)!$

② $(n-r)!,\ n!,\ r!$

③ $(n-r)!,\ (n-1)!,\ (r-1)!$

④ $(n-r-1)!,\ n!,\ r!$

⑤ $(n-r-1)!,\ (n-1)!,\ (r-1)!$

K103 ✿✾✾　　　　　2005실시(나) 10월 학평 12(고3)

다음은 서로 다른 n개에서 r개를 선택하는
조합의 수 $_n\mathrm{C}_r(r\le n)$에 대한 어떤 성질을 설명하는 과정
이다.

서로 다른 n개를 $\boxed{1}$, $\boxed{2}$, $\boxed{3}$, $\cdots$, $\boxed{n}$이라 하자.

(ⅰ) $\boxed{1}$을 포함하여 r개를 선택하는 조합의 수는
$\boxed{(가)}$이다.

　　$\boxed{2}$를 포함하여 r개를 선택하는 조합의 수는
$\boxed{(가)}$이다.

　　$\boxed{3}$을 포함하여 r개를 선택하는 조합의 수는
$\boxed{(가)}$이다.

　　　　　　　⋮

　　$\boxed{n}$을 포함하여 r개를 선택하는 조합의 수는
$\boxed{(가)}$이다.

　　이상을 모두 합하면 $n\times\boxed{(가)}$이다. ⋯ ㉠

(ⅱ) 그런데 위의 ㉠에 있는 조합의 수 중에는 $\boxed{1}$, $\boxed{2}$,
　　$\boxed{3}$, $\cdots$, $\boxed{r}$의 r개로 구성된 하나의 조합이
　　$\boxed{(나)}$번 반복되어 계산되었다.

　　　　　　　(중략)

(ⅰ), (ⅱ)로부터 서로 다른 n개에서 r개를 선택하는 조합
의 수 $_n\mathrm{C}_r$은
$_n\mathrm{C}_r=\boxed{(다)}\times_{n-1}\mathrm{C}_{r-1}$

위의 과정에서 (가), (나), (다)에 알맞은 것은? (3점)

	(가)	(나)	(다)
①	$_{n-1}\mathrm{C}_{r-1}$	r	$\dfrac{r}{n}$
②	$_n\mathrm{C}_{r-1}$	r	$\dfrac{n}{r}$
③	$_{n-1}\mathrm{C}_{r-1}$	n	$\dfrac{r}{n}$
④	$_{n-1}\mathrm{C}_{r-1}$	r	$\dfrac{n}{r}$
⑤	$_n\mathrm{C}_{r-1}$	n	$\dfrac{r}{n}$

(1) 서로 다른 n개에서 순서를 생각하지 않고 r개를 택하는
방법의 수 : $_nC_r$

(2) 서로 다른 n개에서 m개를 택한 후 나머지에서 k개를
택하는 방법의 수 : $_nC_m \times _{n-m}C_k$

tip

순서를 생각하지 않으면 $_nC_r$를 이용하여 문제를 푼다.

K104 ✳✳✳ ·········· 2019실시(나) 3월 학평 6(고2)

서로 다른 6개의 과목 중에서 서로 다른 3개를
선택하는 경우의 수는? (3점)

① 12 ② 14 ③ 16
④ 18 ⑤ 20

K105 ✳✳✳

어느 학교 동아리 회원은 1학년이 7명, 2학년이 5명이다.
이 동아리에서 8명을 뽑을 때, 1학년에서 5명, 2학년에서
3명을 뽑는 경우의 수를 구하시오. (3점)

K106 ✳✳✳ ·········· 2019실시(가) 3월 학평 8(고2)

9개의 숫자 0, 0, 0, 1, 1, 1, 1, 1, 1을 0끼리는
서로 이웃하지 않도록 일렬로 나열하여 만들 수 있는
아홉 자리의 자연수의 개수는? (3점)

① 12 ② 14 ③ 16
④ 18 ⑤ 20

K107 ✳✳✳ ·········· 2010대비(나) 9월 모평 8(고3)

어느 김밥 가게에서는 기본재료만 포함된
김밥의 가격을 1000원으로 하고, 기본재료 외에 선택재료
가 추가될 경우 다음 표에 따라 가격을 정한다. 예를 들어
맛살과 참치가 추가된 김밥의 가격은 1500원이다. 선택
재료를 추가하였을 때, 가격이 1500원 또는 2000원이 되
는 김밥의 종류는 모두 몇 가지인가? (단, 선택재료의 양
은 가격에 영향을 주지 않는다.) (3점)

선택재료	가격(원)
햄	200
맛살	200
김치	200
불고기	300
치즈	300
참치	300

① 12 ② 14 ③ 16
④ 18 ⑤ 20

K108 ✳✳✳ ·········· 2017실시(가) 3월 학평 12(고3)

$c<b<a<10$인 자연수 a, b, c에 대하여 백의
자리의 수, 십의 자리의 수, 일의 자리의 수가 각각 a, b,
c인 세 자리의 자연수 중 500보다 크고 700보다 작은
모든 자연수의 개수는? (3점)

① 12 ② 14 ③ 16
④ 18 ⑤ 20

K109 ✿✳✳ ·········· 2007실시(가) 5월 학평 이산 29(고3)

7명의 학생이 양로원으로 봉사활동을 갔다.
청소 도우미 2명, 빨래 도우미 2명, 식사 도우미 3명으로
역할을 나누려고 할 때, 가능한 방법의 수는? (4점)

① 105 ② 210 ③ 315
④ 420 ⑤ 630

K110 ✽❀❀ .... 2019실시(나) 10월 학평 26(고3)

흰 공 4개, 검은 공과 파란 공이 각각 2개씩, 빨간 공과 노란 공이 각각 1개씩 총 10개의 공이 들어 있는 주머니가 있다. 이 주머니에서 5개의 공을 꺼낼 때, 꺼낸 공의 색이 3종류인 경우의 수를 구하시오. (단, 같은 색의 공은 구별하지 않는다.) (4점)

K111 ✽❀❀ .... 2016실시(가) 3월 학평 17(고3)

1부터 8까지의 자연수가 각각 하나씩 적혀 있는 8장의 카드 중에서 동시에 5장의 카드를 선택하려고 한다. 선택한 카드에 적혀 있는 수의 합이 짝수인 경우의 수는? (4점)

① 24   ② 28   ③ 32
④ 36   ⑤ 40

K112 ✽✽✽ .... 2010실시(나) 10월 학평 25(고3)

반지름의 길이와 색이 모두 다른 나무 원판 5개가 있다. 5개의 원판의 중심이 일치하도록 원판을 쌓으려고 한다. 그림은 위에서 내려다봤을 때 원판 2개가 보이도록 원판 5개를 쌓은 한 가지 예이다. 이와 같이 위에서 내려다봤을 때 원판 2개가 보이도록 원판 5개를 쌓는 방법의 수를 구하시오. (4점)

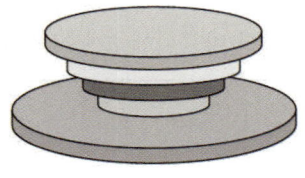

유형 09 **특정한 것을 포함하거나 포함하지 않는 조합의 수** 이해

(1) 특정한 것이 반드시 포함되는 경우
특정한 것을 이미 뽑았다고 생각하고 나머지에서 필요한 것을 뽑는다.

(2) 서로 다른 n개에서 r개를 뽑을 때
(1) 특정한 k개를 포함하여 r개를 뽑는 경우의 수 : $_{n-k}C_{r-k}$
(2) 특정한 k개를 제외하고 r개를 뽑는 경우의 수 : $_{n-k}C_r$

(3) 사건 A가 적어도 한 번 일어나는 경우의 수 :
(모든 경우의 수)−(사건 A가 일어나지 않는 경우의 수)

tip

1 $_{n-k}C_{r-k}$의 식은 $(n-k)$개에서 $(r-k)$개를 뽑는 방법의 수를 의미한다.

2 $_{n-k}C_r$의 식은 $(n-k)$개에서 r개를 뽑는 방법의 수를 의미한다.

K113 ❀❀❀ .... 🚩 최다출제

8명의 학생 중 4명의 위원을 뽑을 때, 특정한 세 학생 A, B, C 중 A는 뽑히지 않고 B, C는 함께 뽑히는 경우의 수는? (3점)

① 10   ② 14   ③ 18
④ 22   ⑤ 26

K114 ❀❀❀ .... 2011대비(나) 9월 모평 27(고3)

지수는 다음 규칙에 따라 월요일부터 금요일까지 5일 동안 하루에 한 가지씩 운동을 하는 계획을 세우려 한다.

> (가) 5일 중 3일을 선택하여 요가를 한다.
> (나) 요가를 하지 않는 2일 중 하루를 선택하여 수영, 줄넘기 중 한 가지를 하고, 남은 하루는 농구, 축구 중 한 가지를 한다.

지수가 세울 수 있는 계획의 가짓수는? (3점)

① 50   ② 60   ③ 70
④ 80   ⑤ 90

K115 ✱❀❀ .... 2018실시(가) 7월 학평 11(고3)

남학생 4명과 여학생 3명을 세 개의 모둠으로
나누려 할 때, 모든 모둠에 남학생과 여학생이 각각 1명
이상 포함되도록 하는 경우의 수는? (3점)

① 30   ② 32   ③ 34

④ 36   ⑤ 38

K116 ✱❀❀ .... 2007대비(나) 6월 모평 24(고3)

8종류의 과자 A, B, C, D, E, F, G, H로
다음 조건에 따라 세트 상품을 만들려고 한다.

> (가) 각 세트에는 서로 다른 4종류의 과자를 각각 한 개
> 씩 담는다.
> (나) A 또는 B를 담는 경우에는 A와 B를 같은 세트에
> 담는다.
> (다) A, B, C 모두를 같은 세트에 담지 않는다.

서로 다른 세트 상품을 만들 수 있는 방법의 수를 구하시오.
(4점)

K117 ✱❀❀ .... 2007대비(나) 9월 모평 24(고3)

수련회에 참가한 여학생 5명과 남학생 6명을
4개의 방에 배정하려고 한다. 여학생은 1호실에 3명, 2호
실에 2명을 배정하고, 남학생은 3호실과 4호실에 각각 3
명씩 배정하는 방법의 수를 구하시오. (4점)

K118 ✱❀❀ .... 2011대비(나) 6월 모평 23(고3)

A, B 두 사람이 서로 다른 4개의 동아리
중에서 2개씩 가입하려고 한다. A와 B가 공통으로 가입
하는 동아리가 1개 이하가 되도록 하는 경우의 수를 구하
시오. (단, 가입 순서는 고려하지 않는다.) (4점)

K119 ✱❀❀ .... 2019실시(가) 3월 학평 14(고2)

그림과 같이 9개의 칸으로 나누어진 정사각형의
각 칸에 1부터 9까지의 자연수가 적혀 있다.

1	2	3
4	5	6
7	8	9

이 9개의 숫자 중 다음 조건을 만족시키도록 2개의 숫자
를 선택하려고 한다.

> (가) 선택한 2개의 숫자는 서로 다른 가로줄에 있다.
> (나) 선택한 2개의 숫자는 서로 다른 세로줄에 있다.

예를 들어, 숫자 1과 5를 선택하는 것은 조건을
만족시키지만, 숫자 3과 9를 선택하는 것은 조건을
만족시키지 않는다. 조건을 만족시키도록 2개의 숫자를
선택하는 경우의 수는? (4점)

① 9   ② 12   ③ 15   ④ 18   ⑤ 21

K120 ✱✱❀ .... 2016실시(나) 10월 학평 28(고3)

다음 조건을 만족시키도록 서로 다른 5개의
바구니에 빨간색 공 3개와 파란색 공 6개를 모두 넣는 경
우의 수를 구하시오.
(단, 같은 색의 공은 서로 구별하지 않는다.) (4점)

> (가) 각 바구니에 공은 1개 이상, 3개 이하로 넣는다.
> (나) 빨간색 공은 한 바구니에 2개 이상 넣을 수 없다.

(사건 A가 적어도 한 번 일어나는 경우의 수)
=(모든 경우의 수)−(사건 A가 일어나지 않는 경우의 수)

tip

1 '적어도'라는 조건이 있는 경우는 전체 경우의 수에서 조건의 부정의
경우의 수를 빼면 더 효율적으로 구할 수 있다.
2 '적어도 ∼하는' 경우의 부정은 '절대 ∼하지 않는' 경우이다.

K121 ✽✽✽ 🚩최다출제

남학생 6명, 여학생 6명 중에서 4명을 뽑을 때, 남학생과
여학생을 각각 적어도 1명씩 뽑는 경우의 수는? (4점)

① 445   ② 450   ③ 455
④ 460   ⑤ 465

K122 ✽✽✽

1, 2, 3, 4, 5, 6의 자연수가 하나씩 쓰여 있는 6장의
카드 중에서 2장의 카드를 뽑을 때, 짝수가 쓰여 있는
카드를 적어도 1장 뽑는 경우의 수는? (4점)

① 10   ② 12   ③ 14
④ 16   ⑤ 18

K123 ✽✽✽

남녀 학생 12명으로 구성된 동아리에서 3명의 대표를
뽑으려고 한다. 적어도 한 명의 남학생이 뽑히는 방법의
수가 210일 때, 남학생의 수는? (4점)

① 4   ② 5   ③ 6
④ 7   ⑤ 8

K124 ✽✽✽

1부터 20까지의 자연수 중에서 3개의 서로 다른 수를
뽑아서 곱하였을 때 3의 배수가 되는 경우의 수는? (4점)

① 756   ② 761   ③ 766
④ 771   ⑤ 776

K125 ✽✽✽

새로 입사한 남자 사원 9명, 여자 사원 5명 중에서
3명을 뽑아 영업부에 배치하려고 한다. 남자 사원과 여자
사원을 각각 적어도 1명씩 영업부에 배치하는 방법의
수는? (4점)

① 260   ② 270   ③ 280
④ 290   ⑤ 300

K126 ✽✽✽ 2025실시 3월 학평 16(고2)

어느 청소년 센터에서는 서로 다른 3개의
체육 동아리와 서로 다른 2개의 음악 동아리를 운영한다.
두 청소년 A와 B가 이 5개의 동아리 중에서 다음 조건을
만족시키도록 동아리를 선택하는 경우의 수는? (4점)

(가) A와 B는 각자 1개 이상의 체육 동아리와 1개 이
상의 음악 동아리를 포함한 서로 다른 3개의 동아
리를 선택한다.
(나) A는 선택하고 B는 선택하지 않은 동아리의 개수
는 적어도 1이다.

① 56   ② 60   ③ 64
④ 68   ⑤ 72

K127 ✱✱✿
2018실시(나) 10월 학평 27(고3)

그림과 같이 숫자 1, 2, 3이 각각 하나씩 적힌 세 가지 그림의 카드 9장이 있다. 이 중에서 서로 다른 5장의 카드를 선택할 때, 숫자 1, 2, 3이 적힌 카드가 적어도 한 장씩 포함되도록 선택하는 경우의 수를 구하시오. (단, 카드를 선택하는 순서는 고려하지 않는다.) (4점)

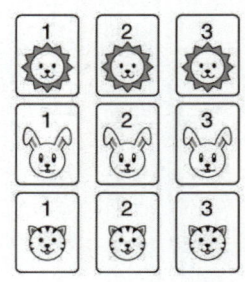

5 뽑아서 나열하는 경우의 수

고난도
유형 11 뽑아서 나열하는 방법의 수 [이해]

(1) m개 중에서 r개, n개 중에서 s개를 뽑아 일렬로 나열하는 방법의 수

$$_mC_r \times {}_nC_s \times (r+s)!$$

(2) 서로 다른 n개 중에서 r개를 뽑아 나열하는 경우의 수

$$_nP_r = n(n-1)(n-2)\cdots(n-r+1)$$
$$= \frac{n!}{(n-r)!} \quad (0 \le r \le n)$$

[tip]

✚ (1)과 같이 뽑아서 나열하는 문제는
① 뽑는 것은 조합으로
② 나열하는 것은 순열로 계산하므로
③ 경우의 수는 (조합의 수)×(순열의 수)

K128 ✻✻✻

1부터 9까지의 자연수 중에서 서로 다른 홀수 2개, 서로 다른 짝수 3개를 택하여 만들 수 있는 다섯 자리 자연수의 개수는? (3점)

① 4000 ② 4400 ③ 4800
④ 5200 ⑤ 5600

K129 ✻✻✻

남자 5명과 여자 4명이 함께 있는 모임이 있다. 이 모임에서 남자 대표, 남자 부대표, 여자 대표, 여자 부대표를 각각 1명씩 선출하려고 한다. 선출하는 방법의 수는? (3점)

① 240 ② 120 ③ 80
④ 40 ⑤ 20

K130 ✻✻✻

부모와 자녀 3명으로 이루어진 5명의 가족 중에서 부모를 포함하여 4명을 뽑아 일렬로 세우는 방법의 수는? (3점)

① 36 ② 72 ③ 108
④ 144 ⑤ 180

K131 ✻✻✻
2008대비(나) 수능 9(고3)

1부와 2부로 나누어 진행하는 어느 음악회에서 독창 2팀, 중창 2팀, 합창 3팀이 모두 공연할 때, 다음 두 조건에 따라 7팀의 공연 순서를 정하려고 한다.

(가) 1부에는 독창, 중창, 합창 순으로 3팀이 공연한다.
(나) 2부에는 독창, 중창, 합창, 합창 순으로 4팀이 공연한다.

이 음악회의 공연 순서를 정하는 방법의 수는? (3점)

① 18 ② 20 ③ 22
④ 24 ⑤ 26

K132 ✸✸✸❀ ···················· 2007대비(나) 6월 모평 30(고3)

남학생 2명과 여학생 2명이 함께 놀이공원에 가서 어느 놀이기구를 타려고 한다. 이 놀이기구는 그림과 같이 한 줄에 2개의 의자가 있고 모두 5줄로 되어 있다. 남학생 1명과 여학생 1명이 짝을 지어 2명씩 같은 줄에 앉을 때, 4명이 모두 놀이기구의 의자에 앉는 방법의 수를 구하시오. (4점)

K133 ✸✸✸❀ ···················· 2005대비(나) 6월 모평 25(고3)

갑은 컴퓨터를 이용하여 2000부터 2999까지의 네 자리 자연수를 을에게 전송하려고 한다. 전송 과정에서 일어날지도 모르는 오류를 을이 확인할 수 있도록 하기 위하여, 갑은 다음 규칙에 따라 전송하는 수의 끝에 숫자 하나를 덧붙여서 다섯 자리 수를 전송한다.

> 네 자리 수의 각 자리의 수의 합이 짝수이면 0, 홀수이면 1을 전송하는 수의 끝에 덧붙인다.

예를 들면, 2026은 20260으로, 2102는 21021로 전송한다. 갑이 전송하기 위하여 끝에 0을 덧붙인 다섯 자리 수 중에서 가운데 세 자리의 각각의 숫자가 모두 다른 경우의 수를 구하시오. (4점)

K134 ✸✸✸❀ ······································ 2021실시 3월 학평 18(고2)

어느 학교에서는 '확률과 통계', '미적분', '기하'의 수학 과목 3개와 '물리학Ⅱ', '화학Ⅱ', '생명과학Ⅱ', '지구과학Ⅱ'의 과학 과목 4개를 선택 교육 과정으로 운영한다. 두 학생 A, B가 이 7개의 과목 중에서 다음 조건을 만족시키도록 과목을 선택하려고 한다.

> • A, B는 각자 1개 이상의 수학 과목을 포함한 3개의 과목을 선택한다.
> • A가 선택하는 3개의 과목과 B가 선택하는 3개의 과목 중에서 서로 일치하는 과목의 개수는 1이다.

다음은 A, B가 과목을 선택하는 경우의 수를 구하는 과정이다.

> A, B가 선택하는 과목 중에서 서로 일치하는 과목이 수학 과목인 경우와 과학 과목인 경우로 나누어 구할 수 있다.
>
> (i) 서로 일치하는 과목이 수학 과목일 때
> 3개의 수학 과목 중에서 1개를 선택하는 경우의 수는 $_3C_1=3$
> 위의 각 경우에 대하여 나머지 6개의 과목 중에서 A가 2개를 선택하고, 나머지 4개의 과목 중에서 B가 2개를 선택하는 경우의 수는 $\boxed{\text{(가)}}$
> 이때의 경우의 수는 $3 \times \boxed{\text{(가)}}$
>
> (ii) 서로 일치하는 과목이 과학 과목일 때
> 4개의 과학 과목 중에서 1개를 선택하는 경우의 수는 $_4C_1=4$
> 위의 각 경우에 대하여 나머지 6개의 과목 중에서 A, B는 수학 과목을 1개 이상 선택해야 하므로 다음 두 가지 경우로 나눌 수 있다.
> (ii)−1 A, B 모두 수학 과목 1개와 과학 과목 1개를 선택하는 경우의 수는
> $(_3C_1 \times _3C_1) \times (_2C_1 \times _2C_1)=36$
> (ii)−2 A, B 중 한 명은 수학 과목 2개를 선택하고, 다른 한 명은 수학 과목 1개와 과학 과목 1개를 선택하는 경우의 수는 $\boxed{\text{(나)}}$
> 이때의 경우의 수는 $4 \times (36+\boxed{\text{(나)}})$
>
> (i), (ii)에 의하여 구하는 경우의 수는
> $3 \times \boxed{\text{(가)}} + 4 \times (36+\boxed{\text{(나)}})$이다.

위의 (가), (나)에 알맞은 수를 각각 p, q라 할 때, $p+q$의 값은? (4점)

① 102   ② 108   ③ 114

④ 120   ⑤ 126

K135 ✱✱✱   2025실시 9월 학평 21(고1)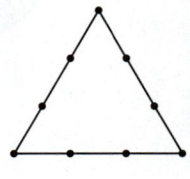

그림과 같이 월요일부터 금요일까지 총 5일 동안 진행되는 스포츠 주간에 서로 다른 네 종목 A, B, C, D를 활동하기 위한 스포츠 활동 신청서가 있다.

스포츠 활동 신청서

요일 종목	월요일	화요일	수요일	목요일	금요일
A					
B					
C					
D					

매일 서로 다른 두 종목씩 하루도 빠짐없이 활동하도록 다음 규칙에 따라 스포츠 활동 신청서를 작성하는 경우의 수는?

(단, 종목을 신청하는 순서는 고려하지 않는다.) (4점)

(가) 각 종목은 적어도 2일을 선택하여 활동한다.
(나) 종목 A와 종목 B는 같은 요일에 활동하지 않는다.
(다) 종목 B와 종목 C는 하루만 같은 요일에 활동한다.

① 410   ② 420   ③ 430
④ 440   ⑤ 450

---

6 조합과 도형의 개수

유형 12 직선의 개수   (이해)

(1) 어느 세 점도 일직선 위에 있지 않은 서로 다른 n개의 점을 이어 만들 수 있는 직선의 개수는 $_nC_2$

(2) 일직선 위에 r개의 점이 있는 경우 중복되는 직선의 개수는 $_rC_2$ (tip)

1️⃣ 두 점을 지나는 직선은 오직 하나뿐이므로 직선의 개수는 두 점을 택하는 방법의 수이다.

2️⃣ 일직선 위에 있는 모든 점들을 이으면 생기는 직선은 한 개뿐이다.

K136 ✱✱✱

어느 세 점도 일직선 위에 있지 않은 서로 다른 10개의 점을 이어서 만들 수 있는 직선의 개수는? (3점)

① 30   ② 45   ③ 60   ④ 75   ⑤ 90

K137 ✱✱✱

오른쪽 그림과 같이 정삼각형의 둘레에 같은 간격으로 9개의 점이 놓여 있다. 두 점을 연결하여 만든 직선 중에서 정삼각형을 두 부분으로 나누는 직선의 개수는? (3점)

① 16   ② 17   ③ 18   ④ 19   ⑤ 20

K138 ✱✱✱   2004실시(가) 4월 학평 이산 26(고3)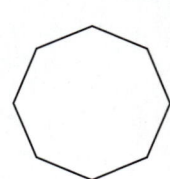

그림과 같이 삼각형 위에 7개의 점이 있다. 이 중 두 점을 연결하여 만들 수 있는 직선의 개수는? (3점)

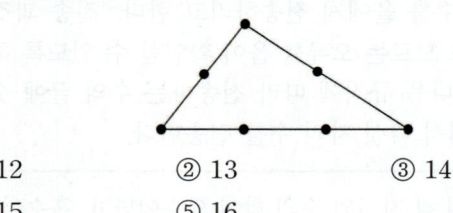

① 12   ② 13   ③ 14
④ 15   ⑤ 16

K139 ✱✱✱

오른쪽 그림과 같은 팔각형에서 대각선의 개수는? (3점)

① 18   ② 20
③ 22   ④ 24
⑤ 26

유형 13 삼각형의 개수 이해

어느 세 점도 일직선 위에 있지 않은 서로 다른 n개의 점을
이어 만들 수 있는 삼각형의 개수는 $_nC_3$

tip

일직선 위에 있는 세 개 이상의 점으로는 삼각형을 만들 수 없음에
유의하여 삼각형의 개수를 구한다.

K140 ✽✽✽

오른쪽 그림과 같이 같은 간격으로
놓인 12개의 점이 있을 때, 이 중
3개의 점을 연결하여 만들 수 있는
삼각형의 개수를 구하시오. (3점)

K141 ✽✽✽

평면 위에 7개의 점이 있다. 어느 세 점도 일직선 위에
있지 않는다고 한다. 이 7개의 점으로 만들어지는 직선의
개수를 a, 삼각형의 개수를 b라고 할 때, $a+b$의 값은? (3점)

① 52　　　　② 53　　　　③ 54
④ 55　　　　⑤ 56

K142 ✽✽✽ .... 2006실시(가) 5월 학평 이산 30(고3)

그림과 같이 사각형 ABCD의 꼭짓점과 변 위에
10개의 점이 있다. 이 중에서 3개의 점을 꼭짓점으로 하
는 삼각형의 개수를 구하시오. (4점)

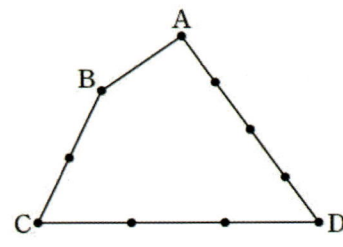

K143 ✽✽✽ .... 2020실시 3월 학평 15(고2)

삼각형 ABC에서, 꼭짓점 A와 선분 BC 위의
네 점을 연결하는 4개의 선분을 그리고, 선분 AB 위의
세 점과 선분 AC 위의 세 점을 연결하는 3개의 선분을
그려 그림과 같은 도형을 만들었다. 이 도형의 선들로
만들 수 있는 삼각형의 개수는? (4점)

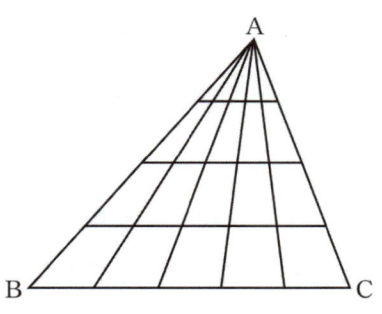

① 30　　　　② 40　　　　③ 50
④ 60　　　　⑤ 70

K144 ✽✽✽

좌표평면 위의 점 (x, y)에 대하여 x, y는 모두
정수이고, $1 \le x \le 4$, $1 \le y \le 4$이다. 이 점들 중 세 점을
꼭짓점으로 하는 삼각형은 모두 몇 개인지 구하시오. (4점)

K145 ✽✽✽

1, 2, 3, 4, 5 중 2개의 수를 임의로 뽑아 작은 수
를 a, 큰 수를 b라 하고, 또 다시 1, 2, 3, 4, 5 중 2개의
수를 임의로 뽑아 작은 수를 c, 큰 수를 d라 하자. 이때,
좌표평면에서 세 점 $O(0, 0)$, $P(a, b)$, $Q(c, d)$를 이어
만들 수 있는 모든 삼각형의 개수는? (단, 세 꼭짓점의
좌표가 일치하는 삼각형은 동일한 삼각형으로 생각한다.)
(4점)

① 44　　② 46　　③ 48　　④ 50　　⑤ 52

(1) 어느 세 점도 일직선 위에 있지 않은 서로 다른 n개의 점을 이어 만들 수 있는 사각형의 개수는 $_nC_4$

(2) m개의 평행선과 n개의 평행선이 서로 만날 때 만들어지는 평행사변형의 개수는 $_mC_2 \times _nC_2$

tip

① 사각형의 종류에 대한 별다른 조건이 존재하지 않을 때에는 공식을 사용하면 된다.

② 정사각형 같은 특정 조건이 문제에 있으면 만들 수 있는 경우가 한정되므로 이에 유의하여 문제를 풀어야 한다.

K146 ✱❀❀ ········ 2010실시(가) 4월 학평 이산 26(고3)

그림은 평행사변형의 각 변을 4등분하여 얻은 도형이다. 이 도형의 선들로 만들 수 있는 평행사변형 중에서 색칠한 부분을 포함하는 평행사변형의 개수는?

(3점)

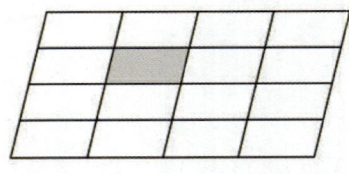

① 24   ② 30   ③ 36
④ 42   ⑤ 48

K147 ✱❀❀

오른쪽 그림과 같이 원 위에 8개의 점이 같은 간격으로 놓여 있을 때, 이 중에서 네 점을 꼭짓점으로 하는 사각형의 개수는? (3점)

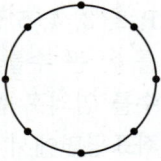

① 68   ② 70   ③ 72   ④ 74   ⑤ 76

K148 ✱❀❀

오른쪽 그림과 같이 12개의 점이 일정한 간격으로 놓여 있다. 12개의 점 중에서 네 점을 택하여 만들 수 있는 직사각형의 개수는? (3점)

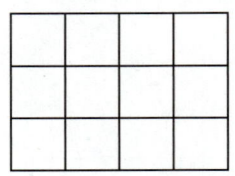

① 18   ② 20   ③ 22
④ 24   ⑤ 26

K149 ✱❀❀

그림과 같이 정사각형이 12개 붙어 있는 도형이 있다. 이 도형의 선으로 이루어질 수 있는 사각형 중 정사각형이 아닌 직사각형의 개수는? (4점)

① 30   ② 40   ③ 50
④ 60   ⑤ 70

K150 ✱✱❀ ········ 2011대비(나) 6월 모평 17(고3)

좌표평면 위에 9개의 점 (i, j) $(i=0, 4, 8, j=0, 4, 8)$이 있다. 이 9개의 점 중 네 점을 꼭짓점으로 하는 사각형 중에서 내부에 세 점 $(1, 1)$, $(3, 1)$, $(1, 3)$을 꼭짓점으로 하는 삼각형을 포함하는 사각형의 개수는? (4점)

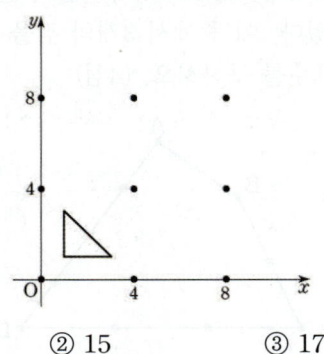

① 13   ② 15   ③ 17
④ 19   ⑤ 21

K151 ✿❀❀

0, 1, 2, 3, 4, 5, 6의 7개의 숫자 중 서로 다른 3개의 숫자를 택하여 세 자리의 자연수를 만들 때, 250보다 큰 수의 개수를 구하는 과정을 서술하시오. (10점)

1st 백의 자리의 수가 2이면서 250보다 큰 세 자리 자연수의 개수를 구하자.

2nd 백의 자리의 수가 2보다 큰 세 자리의 자연수의 개수를 구하자.

3rd 조건을 만족시키는 자연수의 개수를 구하자.

K152 ✿❀❀

다섯 개의 숫자 1, 2, 3, 4, 5를 써서 세 자리의 자연수를 만들 때, 다음 조건을 만족시키는 세 자리의 자연수의 개수를 구하는 과정을 서술하시오. (10점)

(가) 반드시 1을 포함한다.
(나) 1은 여러 번 쓸 수 있지만 다른 숫자는 한 번만 쓸 수 있다.

1st 1이 한 개 포함된 세 자리의 자연수의 개수를 구하자.

2nd 1이 두 개 포함된 세 자리의 자연수의 개수를 구하자.

3rd 1이 세 개 포함된 세 자리의 자연수의 개수를 구하자.

K153 ✿❀❀

오른쪽 그림과 같이 같은 간격으로 놓인 16개의 점 중에서 3개의 점을 꼭짓점으로 하는 삼각형의 개수를 구하시오. (10점)

1st 16개의 점 중 3개의 점을 택하는 방법의 수를 구하자.

2nd 한 직선 위의 점 중에서 3개의 점을 택한 방법의 수를 구하고, 이 경우에는 삼각형이 만들어지지 않는 경우의 수를 구하자.

3rd 삼각형의 개수를 구하자.

K154 ✿❀❀

원에 내접하는 정십이각형이 있다. 이 정십이각형의 꼭짓점 12개 중에서 3개의 점을 택하여 삼각형을 만들 때, 직각삼각형이 아닌 것의 개수를 구하는 과정을 서술하시오. (10점)

1st 만들 수 있는 삼각형의 개수를 구하자.

2nd 직각삼각형, 즉 지름을 한 변으로 하는 삼각형의 개수를 구하자.

3rd 조건을 만족시키는 삼각형의 개수를 구하자.

K155 *❋❋

다음은 어느 극장의 좌석 배치도의 일부분이다.

| 1 | 2 | 3 | 4 | 5 | 6 | 7 | 8 | 9 |

1번과 2번, 3번과 4번은 커플 좌석이고 5번부터 9번까지는 개인 좌석이다. 두 쌍의 부부를 포함하여 남자 4명과 여자 5명이 위의 좌석에 앉으려고 할 때, 부부는 부부끼리 커플 좌석에 앉고 남은 여자 3명은 서로 이웃하지 않도록 앉는 방법의 수를 구하는 과정을 서술하시오. (10점)

K156 *❋❋

0, 2, 4, 6, 8의 숫자가 하나씩 적힌 5장의 카드에서 3장을 택하여 만들 수 있는 세 자리의 정수 중 3의 배수의 개수를 구하는 과정을 서술하시오. (10점)

K157 *❋❋

남자 5명, 여자 4명 중에서 4명의 대표를 뽑을 때, [보기]의 각 경우의 수 A, B, C의 대소 관계를 구하는 과정을 서술하시오. (10점)

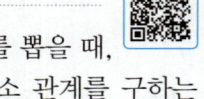

A : 남자 2명, 여자 2명을 뽑는 경우
B : 여자를 적어도 1명 뽑는 경우
C : 여자 1명, 남자 1명을 반드시 포함하는 경우

K158 *❋❋

등식 $_{12}C_{r-3} = {_{12}C_{3r-1}}$을 만족시키는 자연수 r의 값을 구하는 과정을 서술하시오. (10점)

K159 *❋❋ ⚡신유형

오른쪽 그림과 같이 거리가 1인 두 평행선 위에 1만큼 떨어져 있는 점이 각각 5개씩 있다. 이 중에서 넓이가 2가 되도록 네 개의 점을 연결하여 만들 수 있는 사각형의 개수를 구하는 과정을 서술하시오. (10점)

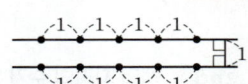

K160 *❋❋

오른쪽 그림은 정사각형의 각 변을 5등분한 후 그 점들을 연결하여 얻은 도형이다. 이 도형의 선들로 이루어질 수 있는 직사각형 중에서 정사각형이 아닌 직사각형의 개수를 구하는 과정을 서술하시오. (10점)

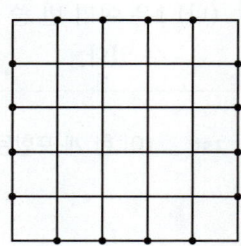

K161 ✿2등급 대비

1, 2, 3, 4, 5의 다섯 개의 숫자에서 서로 다른
세 개를 택해 세 자리 자연수를 만든다. 이때,
만들어지는 모든 세 자리 자연수의 총합은? (4점)

① 19960 ② 19970 ③ 19980
④ 19990 ⑤ 20000

K163 ✿2등급 대비

A, B를 포함한 7명이 동시에 같은 버스를 타게
되었다. 빈 좌석이 3좌석이었을 때, A, B가 모두
빈 좌석에 앉게 되는 방법의 수를 l, A, B가 모두
빈 좌석에 앉지 못하게 되는 방법의 수를 m, A, B 중 한
사람만 빈 좌석에 앉게 되는 방법의 수를 n이라고 할 때,
$l+m+n$의 값을 구하시오. (단, 빈 좌석에는 반드시
앉고, 빈 좌석은 서로 구별하지 않는다.) (4점)

K162 ✿2등급 대비
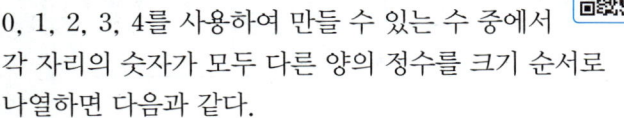

0, 1, 2, 3, 4를 사용하여 만들 수 있는 수 중에서
각 자리의 숫자가 모두 다른 양의 정수를 크기 순서로
나열하면 다음과 같다.

> 1, 2, 3, 4, 10, 12, ⋯, 43120, 43201, 43210

이때, 3421보다 작은 양의 정수의 개수는? (4점)

① 135 ② 137 ③ 139
④ 141 ⑤ 143

K164 ✿2등급 대비

A, B, C, D, E, F의 6개의 학교에서 각 학교별로
한 팀씩 참가한 동아리 발표대회가 있다. A와 B 학교
동아리 사이에 다른 학교 동아리 한 팀 또는 두 팀이
발표하도록 순서를 정하는 방법의 수는? (4점)

① 120 ② 168 ③ 240
④ 288 ⑤ 336

K165 ⓧ 2등급 대비 ········· 2023실시 3월 학평 27(고2)

서로 다른 네 종류의 인형이 각각 2개씩 있다.
이 8개의 인형 중에서 5개를 선택하는 경우의 수를
구하시오. (단, 같은 종류의 인형끼리는 서로 구별하지
않는다.) (4점)

K166 ⓧ 2등급 대비 ········· 2014실시(B) 3월 학평 29(고2)

9개의 숫자 1, 2, 3, 4, 5, 6, 7, 8, 9 중에서 서로
다른 3개의 숫자를 택하여 다음 조건을 만족시키도록
세 자리 자연수를 만들려고 한다.

> 각 자리의 수 중 어떤 두 수의 합도 9가 아니다.

예를 들어, 217은 조건을 만족시키지 않는다. 조건을
만족시키는 세 자리 자연수의 개수를 구하시오. (4점)

K167 최고 ⓧ 1등급 대비 ········· 2020실시 3월 학평 29(고2)

서로 다른 종류의 꽃 4송이와 같은 종류의 초콜릿
2개를 5명의 학생에게 남김없이 나누어 주려고 한다.
아무것도 받지 못하는 학생이 없도록 꽃과 초콜릿을
나누어 주는 경우의 수를 구하시오. (4점)

K168 ⓧ 1등급 대비 ········· 2021실시 3월 학평 21(고2)

그림과 같이 좌석 번호가 적힌 10개의 의자가
배열되어 있다.

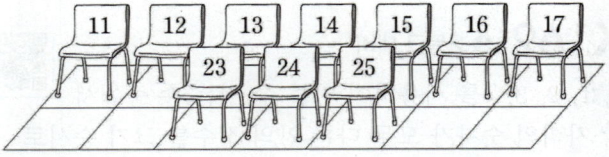

두 학생 A, B를 포함한 5명의 학생이 다음 규칙에 따라
10개의 의자 중에서 서로 다른 5개의 의자에 앉는 경우의
수는? (4점)

> (가) A의 좌석 번호는 24 이상이고, B의 좌석 번호는
>   14 이하이다.
> (나) 5명의 학생 중에서 어느 두 학생도 좌석 번호의
>   차가 1이 되도록 앉지 않는다.
> (다) 5명의 학생 중에서 어느 두 학생도 좌석 번호의
>   차가 10이 되도록 앉지 않는다.

① 54   ② 60   ③ 66
④ 72   ⑤ 78

행렬과 그 연산

행렬의 곱셈에는 수의
곱셈과 다른 성질이 있어
잘 구분해야 한다.

🍀 단원 학습 목표

• 행렬의 뜻을 알고, 실생활 자료를 행렬로 표현할 수 있다.
• 행렬의 연산을 할 수 있다.

★ 자주 출제되는 필수 개념 학습법

기본적인 행렬의 계산능력과 각 행렬의 성분을 이해하고 있는지 평가하는 2점 문제가 자주 출제되므로 계산 실수를 주의한다. 또한, 자주 출제되는 행렬의 진위형 문제는 주어진 조건을 얼마나 적절하게 [보기]의 형태로 바꿀 수 있는지가 중요하다.

★ 자주 출제되는 개념+공식

1 행렬의 뜻과 여러 가지 행렬
  ① 정사각행렬 : 행의 개수와 열의 개수가 서로 같은 행렬
  ② 영행렬 : 모든 성분이 0인 행렬
  ③ 단위행렬 : 왼쪽 위에서 오른쪽 아래로 내려가는 대각선(＼) 위의 성분은 모두 1이고, 그 이외의 성분은 모두 0인 정사각행렬

2 행렬의 연산

$A = \begin{pmatrix} a & b \\ c & d \end{pmatrix}$, $B = \begin{pmatrix} p & q \\ r & s \end{pmatrix}$와 실수 k에 대하여

  ① $A + B = \begin{pmatrix} a+p & b+q \\ c+r & d+s \end{pmatrix}$

  ② $A - B = \begin{pmatrix} a-p & b-q \\ c-r & d-s \end{pmatrix}$

  ③ $kA = \begin{pmatrix} ka & kb \\ kc & kd \end{pmatrix}$

  ④ $AB = \begin{pmatrix} ap+br & aq+bs \\ cp+dr & cq+ds \end{pmatrix}$

3 케일리–해밀턴의 정리

행렬 $A = \begin{pmatrix} a & b \\ c & d \end{pmatrix}$, $E = \begin{pmatrix} 1 & 0 \\ 0 & 1 \end{pmatrix}$, $O = \begin{pmatrix} 0 & 0 \\ 0 & 0 \end{pmatrix}$에 대하여

$A^2 - (a+d)A + (ad-bc)E = O$가 성립한다.

ㄴ 행렬과 그 연산

개념 스토리

중요도 ★★○

1 행렬의 뜻 — 유형 01

(1) **행렬** : 여러 개의 수 또는 문자를 직사각형 모양으로
배열하여 괄호 (　)로 묶은 것

(2) **성분** : 행렬을 구성하는 각각의 수 또는 문자

(3) **행** : 행렬에서 성분을 가로로 배열한 줄

(4) **열** : 행렬에서 성분을 세로로 배열한 줄

(5) **$m \times n$ 행렬** : m개의 행과 n개의 열로 이루어진 행렬❶

(6) **정사각행렬** : 행의 개수와 열의 개수가 서로 같은 행렬
$n \times n$ 행렬을 n차정사각행렬이라 한다.

(7) **행렬의 (i, j)성분** : 행렬에서 제 i행과 제 j열이 만나는 위치의 성분
기호로 a_{ij}와 같이 나타낸다.
└→ 이때, 행렬 A를 $A = (a_{ij})$와 같이 나타내기도 한다.

　　예) 오른쪽 삼차정사각행렬의 $(2, 3)$성분은 3이다.

제 1열　제 2열　제 3열

제 1행 ⇒
제 2행 ⇒
제 3행 ⇒
$$\begin{pmatrix} 1 & 2 & 6 \\ 3 & 3 & 3 \\ 1 & 2 & 4 \end{pmatrix}$$

$m \times n$ 행렬
행의 개수 ↲　↳ 열의 개수

❶ $m \times n$ 행렬은 'm by n 행렬' 또는
'm행 n열의 행렬'이라 읽는다.

2 서로 같은 행렬 — 유형 02

두 행렬에서 행의 개수와 열의 개수가 각각 같을 때, 두 행렬은 같은 꼴이라 한다.
같은 꼴인 두 행렬 A, B의 대응하는 성분이 각각 같을 때,
두 행렬 A, B는 서로 같다고 하며 **기호로 $A = B$와 같이 나타낸다.** ❷

예) $A = \begin{pmatrix} a & b \\ c & d \end{pmatrix}$❸, $B = \begin{pmatrix} 1 & 2 \\ 3 & 4 \end{pmatrix}$에 대하여 $A = B \Longleftrightarrow a = 1$, $b = 2$, $c = 3$, $d = 4$

❷ **서로 같은 행렬**

① 두 행렬 A, B가 서로 같지
않을 때, 기호로 $A \neq B$와 같이
나타낸다.
② 세 행렬 A, B, C에 대하여
$A = B$, $B = C$이면 $A = C$이다.

❸ 일반적으로 행렬은 알파벳의 대문자를
사용하여 나타내고, 행렬의 성분은
소문자를 사용하여 나타낸다.

3 행렬의 덧셈과 뺄셈 — 유형 03~04

(1) **행렬의 덧셈과 뺄셈**
같은 꼴의 두 행렬 A, B에 대하여

① A와 B의 합 : A와 B에 대응하는 성분의 합을 성분으로 하는 행렬
　　　　기호로 $A + B$와 같이 나타낸다.

② A에서 B를 뺀 차 : 행렬 A의 각 성분에서 그에 대응하는 행렬 B의 각 성분을 뺀 행렬
　　　　기호로 $A - B$와 같이 나타낸다.

　　예) $A = \begin{pmatrix} a & b \\ c & d \end{pmatrix}$, $B = \begin{pmatrix} p & q \\ r & s \end{pmatrix}$일 때, $A + B = \begin{pmatrix} a+p & b+q \\ c+r & d+s \end{pmatrix}$, $A - B = \begin{pmatrix} a-p & b-q \\ c-r & d-s \end{pmatrix}$

(2) **행렬의 덧셈에 대한 성질**
같은 꼴의 행렬 A, B, C에 대하여 다음이 성립한다.

① **교환법칙** : $A + B = B + A$

② **결합법칙** : $(A + B) + C = A + (B + C)$

(3) **영행렬** : $\begin{pmatrix} 0 \\ 0 \end{pmatrix}$, $\begin{pmatrix} 0 & 0 \\ 0 & 0 \end{pmatrix}$, $\begin{pmatrix} 0 & 0 & 0 \\ 0 & 0 & 0 \end{pmatrix}$과 같이 모든 성분이 0인 행렬로,
　　　　기호로 O와 같이 나타낸다.

① **$-A$** : 행렬 A의 모든 성분의 부호를 바꾼 행렬을 기호로 $-A$와 같이 나타낸다.

　　예) 행렬 $\begin{pmatrix} a_{11} & a_{12} \\ a_{21} & a_{22} \end{pmatrix}$에 대하여 $-A = \begin{pmatrix} -a_{11} & -a_{12} \\ -a_{21} & -a_{22} \end{pmatrix}$

② **영행렬의 성질**
행렬 A와 영행렬 O가 같은 꼴일 때,
　•$A + O = O + A = A$　　•$A + (-A) = (-A) + A = O$

1 행렬의 뜻

[**L**01~**L**06] 다음 행렬이 몇 행 몇 열의 행렬인지 말하고, 정사각행렬인 경우는 몇 차 정사각행렬인지 말하시오.

L01 $\begin{pmatrix} 5 \\ -1 \end{pmatrix}$ **L**02 $\begin{pmatrix} 6 & 4 \end{pmatrix}$

L03 $\begin{pmatrix} 1 & 9 & 7 \end{pmatrix}$ **L**04 $\begin{pmatrix} 5 & -3 \\ 2 & 4 \end{pmatrix}$

L05 $\begin{pmatrix} 12 & 0 & -4 \\ 7 & -1 & 13 \end{pmatrix}$ **L**06 $\begin{pmatrix} 1 & 0 & 0 \\ 0 & 0 & 0 \\ 0 & 0 & 1 \end{pmatrix}$

[**L**07~**L**11] 행렬 $A = \begin{pmatrix} 1 & -2 & 7 \\ 9 & 31 & 0 \\ 6 & -5 & 8 \end{pmatrix}$에 대하여 다음 물음에 답하시오.

L07 행렬 A의 행의 개수와 열의 개수를 차례로 구하시오.

L08 행렬 A의 제 2열의 성분을 모두 더한 값을 구하시오.

L09 $(3, 2)$성분을 구하시오.

L10 $(1, 3)$성분을 구하시오.

L11 행렬 A의 (i, j)성분을 a_{ij}라 할 때, $a_{11}+a_{23}+a_{31}$의 값을 구하시오.

L12 행렬 A의 (i, j)성분 a_{ij}가 $a_{ij}=2i-j$일 때, 행렬 A를 구하시오. (단, $i=1, 2, j=1, 2, 3$)

L13 행렬 A의 (i, j)성분 a_{ij}를
$$a_{ij}=\begin{cases} i-j & (i \leq j) \\ -i+j & (i > j) \end{cases}$$
로 정의할 때, 이차정사각행렬 A를 구하시오.

2 서로 같은 행렬

[**L**14~**L**16] 다음 등식을 만족시키는 실수 x, y의 값을 각각 구하시오.

L14 $\begin{pmatrix} x & -6 \\ 0 & 8 \end{pmatrix} = \begin{pmatrix} 10 & -6 \\ y & 8 \end{pmatrix}$

L15 $\begin{pmatrix} x-y & 2 \\ 6 & 8 \end{pmatrix} = \begin{pmatrix} 5 & 2 \\ 6 & 2x \end{pmatrix}$

L16 $\begin{pmatrix} 0 & 2 \\ -y & -3 \end{pmatrix} = \begin{pmatrix} 0 & x+y \\ 7 & -3 \end{pmatrix}$

3 행렬의 덧셈과 뺄셈

[**L**17~**L**19] 다음을 계산하시오.

L17 $\begin{pmatrix} 7 & -1 \\ 1 & 9 \end{pmatrix} + \begin{pmatrix} -5 & 1 \\ 6 & 0 \end{pmatrix}$

L18 $\begin{pmatrix} 11 & 5 & 0 \\ 3 & -7 & 5 \end{pmatrix} - \begin{pmatrix} 1 & -7 & -2 \\ 4 & 2 & -8 \end{pmatrix}$

L19 $\begin{pmatrix} 5 & 1 \end{pmatrix} - \begin{pmatrix} 5 & 1 \end{pmatrix}$

[**L**20~**L**23] 세 행렬 $A = \begin{pmatrix} -3 & 9 \\ 0 & 4 \end{pmatrix}$, $B = \begin{pmatrix} 1 & 7 \\ 1 & 2 \end{pmatrix}$, $C = \begin{pmatrix} 6 & 6 \\ -5 & 0 \end{pmatrix}$에 대하여 다음 등식을 만족시키는 행렬 X를 구하시오.

L20 $X = A - (B - C)$

L21 $X - \begin{pmatrix} 1 & 0 \\ 0 & 1 \end{pmatrix} = A$

L22 $X + \begin{pmatrix} 9 & 7 \\ -7 & -9 \end{pmatrix} = B$

L23 $C + X = O$

4 행렬의 실수배 — 유형 03~04

(1) 행렬의 실수배

임의의 실수 k에 대하여 행렬 A의 각 성분을 k배 한 것을 성분으로 하는 행렬을 행렬 A의 k배라 하며 **기호로 kA**와 같이 나타낸다.

예) 행렬 $A=\begin{pmatrix} 1 & 2 \\ 3 & 4 \end{pmatrix}$에 대하여 $2A=\begin{pmatrix} 2 & 4 \\ 6 & 8 \end{pmatrix}$

(2) 행렬의 실수배에 대한 성질

같은 꼴의 행렬 A, B와 실수 k, l에 대하여 다음이 성립한다.
① **결합법칙** : $(kl)A=k(lA)$
② **분배법칙** : $(k+l)A=kA+lA$, $k(A+B)=kA+kB$

5 행렬의 곱셈 — 유형 05~09

(1) 행렬의 곱셈❹

두 행렬 A, B에 대하여 행렬 A의 열의 개수와 행렬 B의 행의 개수가 같을 때,
└→ 행렬의 곱셈이 정의되는 경우

행렬 A의 제 i행의 성분과 행렬 B의 제 j열의 성분을 각각 차례대로 곱하여 더한 값을 (i, j)성분으로 하는 행렬을 두 행렬 A, B의 곱이라 하며 **기호로 AB**와 같이 나타낸다.

예) $A=\begin{pmatrix} a_{11} & a_{12} \\ a_{21} & a_{22} \end{pmatrix}$, $B=\begin{pmatrix} b_{11} & b_{12} \\ b_{21} & b_{22} \end{pmatrix}$일 때, $AB=\begin{pmatrix} a_{11}b_{11}+a_{12}b_{21} & a_{11}b_{12}+a_{12}b_{22} \\ a_{21}b_{11}+a_{22}b_{21} & a_{21}b_{12}+a_{22}b_{22} \end{pmatrix}$

(2) 행렬의 거듭제곱

정사각행렬 A와 자연수 m, n에 대하여
① $A^2=AA$, $A^3=A^2A$, $\cdots$, $A^{n+1}=A^nA$
② $A^mA^n=A^{m+n}$, $(A^m)^n=A^{mn}$

6 행렬의 곱셈에 대한 성질 — 유형 10~16

(1) 행렬의 곱셈에 대한 성질

합과 곱이 정의되는 세 행렬 A, B, C에 대하여
① **교환법칙은 일반적으로 성립하지 않는다.** ⇨ $AB\neq BA$❺
② **결합법칙** : $(AB)C=A(BC)$
③ **분배법칙** : $A(B+C)=AB+AC$, $(A+B)C=AC+BC$
④ $(kA)B=A(kB)=k(AB)$ (단, k는 실수)

(2) 단위행렬❻

왼쪽 위에서 오른쪽 아래로 내려가는 <u>대각선($\searrow$) 위의 성분은 모두 1</u>이고, 그 이외의
┌→ $a_{ij}=1\ (i=j)$
성분은 모두 0인 정사각행렬을 **단위행렬**이라 하고 **기호로 E**와 같이 나타낸다.

(3) 케일리–해밀턴의 정리

행렬 $A=\begin{pmatrix} a & b \\ c & d \end{pmatrix}$, $E=\begin{pmatrix} 1 & 0 \\ 0 & 1 \end{pmatrix}$, $O=\begin{pmatrix} 0 & 0 \\ 0 & 0 \end{pmatrix}$에 대하여

$A^2-(a+d)A+(ad-bc)E=O$가 성립한다. 이를 **케일리–해밀턴의 정리**라 한다.❼

---

❹ **행렬의 곱셈에서 주의해야 할 연산**

세 행렬 A, B, C와 영행렬 O에 대하여
① $AB=O$일 때, $A=O$ 또는 $B=O$인 것은 아니다.
② $A\neq O$, $B\neq O$이지만 $AB=O$인 경우가 있다.
③ $A\neq O$일 때, $AB=AC$이지만 $B\neq C$인 경우가 있다.

❺ **두 행렬**

$X=\begin{pmatrix} ① \\ ② \end{pmatrix}$, $Y=(a \quad b)$에 대하여
① XY는 2×2 행렬이다.

$XY=\begin{pmatrix} ①\times a & ①\times b \\ ②\times a & ②\times b \end{pmatrix}$
② YX는 1×1 행렬이다.

$YX=(a\times①+b\times②)$

❻ **단위행렬의 성질**

① $\begin{pmatrix} 1 & 0 \\ 0 & 1 \end{pmatrix}$은 이차단위행렬,

$\begin{pmatrix} 1 & 0 & 0 \\ 0 & 1 & 0 \\ 0 & 0 & 1 \end{pmatrix}$은 삼차단위행렬이다.
② 행렬 A와 같은 꼴인 단위행렬 E에 대하여 $AE=EA=A$
③ $E=E^2=E^3=\cdots$

❼ **케일리–해밀턴의 정리의 응용**

① A^2을 A, E에 대한 식으로 나타낼 수 있으므로 행렬의 거듭제곱에 대한 규칙을 찾을 수 있다.
② 반대로 $A^2-pA+qE=O$(p, q는 실수)를 만족시키는 행렬 $A=\begin{pmatrix} a & b \\ c & d \end{pmatrix}$에 대하여 항상 $a+d=p$, $ad-bc=q$인 것은 아니다.
③ $A^2-pA+qE=O$(p, q는 실수)를 만족시키는 행렬 A를 구할 때 $A=kE$인 경우와 $A\neq kE$인 경우로 나누어서 구한다.

4 행렬의 실수배

[**L24**~**L27**] 두 행렬 $A=\begin{pmatrix} 5 & 10 \\ 4 & -7 \end{pmatrix}$, $B=\begin{pmatrix} 14 & 8 \\ -6 & 2 \end{pmatrix}$에 대하여 다음 행렬을 구하시오.

L24 $3A$

L25 $\frac{1}{2}B$

L26 $-2(A+B)$

L27 $-A+10B$

5 행렬의 곱셈

[**L28**~**L31**] 다음을 계산하시오.

L28 $\begin{pmatrix} 9 & 5 \\ 0 & -2 \end{pmatrix}\begin{pmatrix} 1 \\ -8 \end{pmatrix}$

L29 $\begin{pmatrix} 4 & 2 \end{pmatrix}\begin{pmatrix} 9 & 9 \\ 5 & -1 \end{pmatrix}$

L30 $\begin{pmatrix} -2 & \frac{1}{2} \end{pmatrix}\begin{pmatrix} 7 \\ 2 \end{pmatrix}$

L31 $\begin{pmatrix} 1 & 2 & 3 \\ -1 & -2 & -3 \end{pmatrix}\begin{pmatrix} 1 & 0 & 1 \\ 0 & 1 & 0 \\ 1 & 0 & 1 \end{pmatrix}$

[**L32**~**L38**] 두 행렬 $A=\begin{pmatrix} 3 & -8 \\ 0 & 12 \end{pmatrix}$, $B=\begin{pmatrix} 0 & 7 \\ -4 & 6 \end{pmatrix}$에 대하여 다음 행렬을 구하시오.

L32 AB

L33 BA

L34 $A(A-B)$

L35 $(A-B)A$

L36 $(A+B)^2$

L37 $(A-B)^2$

L38 $(A+B)(A-B)$

L39 행렬 A가 2×1 행렬, 행렬 B가 1×3 행렬, 행렬 C가 3×2 행렬일 때, [보기]에서 곱셈을 할 수 있는 것만을 있는 대로 고르시오.

――――― [보기] ―――――
ㄱ. AB ㄴ. BA ㄷ. BC
ㄹ. CB ㅁ. AC ㅂ. CA

[**L40**~**L43**] 행렬 $A=\begin{pmatrix} 4 & -2 \\ 9 & 1 \end{pmatrix}$에 대하여 다음 행렬을 구하시오.

L40 A^2

L41 A^4

L42 $(-A)^2$

L43 $(2A)^2$

6 행렬의 곱셈에 대한 성질

[**L44**~**L47**] 합과 곱이 정의되는 세 행렬 A, B, C와 실수 k에 대하여 다음 □ 안에 알맞은 것을 [보기]에서 찾아 써넣으시오.

――――― [보기] ―――――
$=$ $\neq$ AB CB AC BC

L44 $AB \boxed{} BA$

L45 $(AB)C=A(\boxed{})$

L46 $(A+B)C=\boxed{}+BC$

L47 $(kA)B\boxed{}A(kB)\boxed{}k(AB)$

[**L48**~**L52**] 단위행렬 $E=\begin{pmatrix} 1 & 0 \\ 0 & 1 \end{pmatrix}$에 대하여 다음 행렬을 구하시오.

L48 E^2

L49 $-E^3$

L50 $5E$

L51 $(-E)^4$

L52 $E^2-(-E)^3$

내신+학평 유형 스토리

❋❋❋ : 기본 문제   ❋❋❋ : 중상급 문제
❋❋❋ : 중급 문제   ❋❋❋ : 상급 문제

1 행렬의 뜻

유형 01 행렬의 (i, j) 성분 (기초)

행렬 A의 제 i행과 제 j열이 만나는
위치의 성분을
행렬 A의 (i, j)성분이라 하고,
기호로 a_{ij}와 같이 나타낸다.
이때, 행렬 A를 $A=(a_{ij})$와 같이 나타내기도 한다.

제 j열
제 i행 → $\begin{pmatrix} \cdots & a_{ij} & \cdots \end{pmatrix}$

(tip)

일반적으로 행렬은 알파벳의 대문자 $A, B, C, \cdots$를 사용하여 나타내고,
행렬의 성분은 소문자 $a, b, c, \cdots$를 사용하여 나타낸다.

L53 ❋❋❋ ·········· 2006실시(나) 4월 학평 24(고3)

이차정사각행렬 A의 (i, j)성분 a_{ij}가
$$a_{ij}=(i+2j\text{의 양의 약수의 개수})$$
일 때, 행렬 A의 모든 성분의 합을 구하시오.
(단, $i=1, 2, j=1, 2$) (4점)

L54 ❋❋❋ ·········· 2010실시(나) 4월 학평 4(고3)

이차정사각행렬 A의 (i, j)성분 a_{ij}가 아래와 같이
정의될 때, 행렬 A의 모든 성분의 합은? (3점)

$$a_{ij}=\begin{cases} i-1 & (i>j) \\ i+j & (i=j) \\ i-2j & (i<j) \end{cases}$$

① 1   ② 2   ③ 3
④ 4   ⑤ 5

L55 ❋❋❋ ·········· 2013실시(A) 9월 학평 22(고2)

이차정사각행렬 A의 (i, j) 성분 a_{ij}가
$$a_{ij}=2i+j+1\,(i=1, 2, j=1, 2)$$
이다. 행렬 A의 모든 성분의 합을 구하시오. (3점)

L56 ❋❋❋ ·········· 2010실시(나) 11월 학평 5(고2)

이차정사각행렬 A의 (i, j) 성분 a_{ij}를
$$a_{ij}=\begin{cases} 3i+j & (i\text{가 홀수일 때}) \\ 3i-j & (i\text{가 짝수일 때}) \end{cases}$$
로 정의하자. 이때 행렬 A의 모든 성분의 합은? (3점)

① 12   ② 15   ③ 18
④ 21   ⑤ 24

L57 ❋❋❋ ·········· 2007실시(가) 6월 학평 12(고2)

이차정사각행렬 A의 (m, n) 성분을 a_{mn}이라고
하자. a_{mn}은 x에 대한 이차방정식 $x^2+2mx+n=0$이 서
로 다른 두 실근을 가지면 $a_{mn}=1$, 중근을 가지면 $a_{mn}=0$,
허근을 가지면 $a_{mn}=-1$이라고 할 때, 행렬 A는? (3점)

① $\begin{pmatrix} -1 & -1 \\ 1 & 1 \end{pmatrix}$ ② $\begin{pmatrix} -1 & 0 \\ -1 & 1 \end{pmatrix}$ ③ $\begin{pmatrix} 0 & 1 \\ -1 & 1 \end{pmatrix}$

④ $\begin{pmatrix} 0 & -1 \\ 1 & 1 \end{pmatrix}$ ⑤ $\begin{pmatrix} 0 & -1 \\ 1 & -1 \end{pmatrix}$

L58 ❋❋❋ ·········· 2011실시(나) 9월 학평 4(고2)

이차정사각행렬 A의 (i, j) 성분 a_{ij}를 이차함수
$y=x^2-2(i+j)x+9$의 그래프와 x축이 만나는 점의
개수로 정의할 때, 행렬 A는? (3점)

① $\begin{pmatrix} 0 & 1 \\ 1 & 1 \end{pmatrix}$ ② $\begin{pmatrix} 0 & 1 \\ 1 & 2 \end{pmatrix}$ ③ $\begin{pmatrix} 0 & 2 \\ 2 & 1 \end{pmatrix}$

④ $\begin{pmatrix} 1 & 0 \\ 0 & 2 \end{pmatrix}$ ⑤ $\begin{pmatrix} 1 & 1 \\ 2 & 0 \end{pmatrix}$

L59 ✻※※ 2007실시(나) 3월 학평 5(고3)

이차정사각행렬 A의 (i, j)성분 a_{ij}를

$$a_{ij} = \left[\frac{3i - j}{2} \right] \ (i = 1, 2, \ j = 1, 2)$$

로 정의할 때, 행렬 A의 모든 성분의 합은?
(단, $[x]$는 x보다 크지 않은 최대의 정수이다.) (3점)

① 5   ② 6   ③ 7

④ 8   ⑤ 9

2 서로 같은 행렬

유형 02 두 행렬이 서로 같을 조건

(1) 두 행렬에서 행의 개수와 열의 개수가 각각 같을 때, 두 행렬은 같은 꼴이라 한다.

(2) 같은 꼴인 두 행렬 A, B의 대응하는 성분이 각각 같을 때, 두 행렬 A, B는 서로 같다고 하며 기호로 $A = B$와 같이 나타낸다.

tip

1. 두 행렬 A, B가 서로 같지 않을 때, 기호로 $A \neq B$와 같이 나타낸다.
2. 세 행렬 A, B, C에 대하여 $A = B$, $B = C$이면 $A = C$이다.

L60 ※※※ 2025실시 9월 학평 2(고1)

두 행렬 $A = \begin{pmatrix} 6 & a+1 \\ 8 & 1 \end{pmatrix}$, $B = \begin{pmatrix} 6 & 4 \\ b-1 & 1 \end{pmatrix}$에 대하여

$A = B$일 때, $a \times b$의 값은? (단, a, b는 상수이다.) (2점)

① 15   ② 18   ③ 21

④ 24   ⑤ 27

L61 ※※※ 2014실시(A) 9월 학평 2(고2)

두 행렬 $A = \begin{pmatrix} a-1 & 4 \\ 2 & 6 \end{pmatrix}$, $B = \begin{pmatrix} 5 & 4 \\ 2 & b+2 \end{pmatrix}$에 대하여

$A = B$일 때, $a + b$의 값은? (2점)

① 9   ② 10   ③ 11

④ 12   ⑤ 13

L62 ※※※ 2012실시(A) 6월 학평 22(고2)

두 행렬 $A = \begin{pmatrix} 10 & -b \\ 3 & a-b \end{pmatrix}$, $B = \begin{pmatrix} 2a & a-15 \\ 3 & -5 \end{pmatrix}$에 대하여

$A = B$가 성립할 때, 두 실수 a, b의 곱 ab의 값을 구하시오. (3점)

L63 ※※※

등식 $\begin{pmatrix} x+y & x-z \\ y-z & y+z \end{pmatrix} = \begin{pmatrix} 5 & y \\ z & 3 \end{pmatrix}$을 만족시키는 실수

x, y, z에 대하여 $x + 3y + 5z$의 값을 구하시오. (3점)

L64 ※※※ 2010실시(나) 6월 학평 3(고2)

두 행렬 $A = \begin{pmatrix} 1-x & x+y \\ -1 & xy \end{pmatrix}$,

$B = \begin{pmatrix} y-2 & xy+1 \\ -1 & 4-xy \end{pmatrix}$에 대하여 $A = B$일 때, $x^3 + y^3$의

값은? (2점)

① 7   ② 8   ③ 9

④ 10   ⑤ 11

L65 ✷✷✷ .... 2006실시(나) 11월 학평 23(고2)

실수 x, y에 대하여 $\begin{pmatrix} 1 & x+y \\ -1 & 2 \end{pmatrix} = \begin{pmatrix} 1 & 4 \\ -1 & xy \end{pmatrix}$

일 때, x^3+y^3의 값을 구하시오. (3점)

3 행렬의 덧셈과 뺄셈 + 4 행렬의 실수배

유형 03 행렬의 덧셈, 뺄셈, 실수배 기초

두 행렬 $A=\begin{pmatrix} a & b \\ c & d \end{pmatrix}$, $B=\begin{pmatrix} x & y \\ z & w \end{pmatrix}$에 대하여

① $A+B=\begin{pmatrix} a+x & b+y \\ c+z & d+w \end{pmatrix}$

② $A-B=\begin{pmatrix} a-x & b-y \\ c-z & d-w \end{pmatrix}$

③ $kA=\begin{pmatrix} ka & kb \\ kc & kd \end{pmatrix}$ (단, k는 실수)

 tip

같은 꼴의 행렬에서만 덧셈과 뺄셈을 정의할 수 있다.

L66 ✷✷✷ .... 2015대비(A) 수능 2(고3)

두 행렬 $A=\begin{pmatrix} 1 & 1 \\ 0 & 2 \end{pmatrix}$, $B=\begin{pmatrix} 1 & 1 \\ 3 & 0 \end{pmatrix}$에 대하여

행렬 $A+B$의 모든 성분의 합은? (2점)

① 5   ② 6   ③ 7

④ 8   ⑤ 9

L67 ✷✷✷ .... 2015대비(A) 9월 모평 2(고3)

행렬 $A=\begin{pmatrix} 1 & 0 \\ 2 & 1 \end{pmatrix}$에 대하여 행렬 $3A$의 모든 성분의

합은? (2점)

① 12   ② 15   ③ 18

④ 21   ⑤ 24

L68 ✷✷✷ .... 2013대비(나) 6월 모평 2(고3)

두 행렬 $A=\begin{pmatrix} 3 & 0 \\ 1 & -1 \end{pmatrix}$, $B=\begin{pmatrix} 2 & -1 \\ 0 & 2 \end{pmatrix}$에 대하여

행렬 $A+2B$의 모든 성분의 합은? (2점)

① 3   ② 5   ③ 7

④ 9   ⑤ 11

L69 ✷✷✷

등식 $3\begin{pmatrix} 1 & -2 \\ x & -6 \end{pmatrix} + 2\begin{pmatrix} 1 & y \\ 3 & 9 \end{pmatrix} = \begin{pmatrix} 5 & 4 \\ 3 & 0 \end{pmatrix}$을 만족시키는

실수 x, y에 대하여 $x+y$의 값을 구하시오. (3점)

L70 ✷✷✷ .... 2015대비(A) 6월 모평 2(고3)

두 행렬 $A=\begin{pmatrix} 0 & 1 \\ 1 & 2 \end{pmatrix}$, $B=\begin{pmatrix} 1 & -2 \\ 0 & 2 \end{pmatrix}$에 대하여

행렬 $2A+B$의 모든 성분의 합은? (2점)

① 6   ② 7   ③ 8

④ 9   ⑤ 10

L71 ❀❀❀ 2014실시(나) 3월 학평 2(고3)

두 행렬 $A=\begin{pmatrix} 1 & -2 \\ 2 & -1 \end{pmatrix}$, $B=\begin{pmatrix} -1 & 2 \\ -1 & 3 \end{pmatrix}$에 대하여

$2A=X-B$를 만족시키는 행렬 X의 모든 성분의 합은? (2점)

① -1 ② 0 ③ 1
④ 2 ⑤ 3

L72 ❀❀❀ 2008대비(A) 수능 2(고3)

두 행렬 $A=\begin{pmatrix} 1 & -2 \\ 3 & 0 \end{pmatrix}$, $B=\begin{pmatrix} 2 & 0 \\ 1 & -1 \end{pmatrix}$에 대하여

$A=2B-X$를 만족시키는 행렬 X는? (2점)

① $\begin{pmatrix} 3 & 2 \\ -1 & -2 \end{pmatrix}$ ② $\begin{pmatrix} 3 & -2 \\ 1 & 2 \end{pmatrix}$ ③ $\begin{pmatrix} -1 & -2 \\ 3 & 2 \end{pmatrix}$
④ $\begin{pmatrix} -2 & -1 \\ 2 & 3 \end{pmatrix}$ ⑤ $\begin{pmatrix} -3 & 1 \\ -2 & 2 \end{pmatrix}$

L73 ❀❀❀ 2015대비(B) 9월 모평 1(고3)

두 행렬 $A=\begin{pmatrix} 1 & 1 \\ 1 & 1 \end{pmatrix}$, $B=\begin{pmatrix} 1 & 1 \\ a & 0 \end{pmatrix}$에 대하여

행렬 $A+B$의 모든 성분의 합이 10일 때, a의 값은? (2점)

① 1 ② 2 ③ 3
④ 4 ⑤ 5

L74 ❀❀❀ 2014대비(B) 수능 1(고3)

두 행렬 $A=\begin{pmatrix} 2 & 0 \\ 1 & 0 \end{pmatrix}$, $B=\begin{pmatrix} a & 0 \\ 2 & -3 \end{pmatrix}$에 대하여

행렬 $A+B$의 모든 성분의 합이 6일 때, a의 값은? (2점)

① 1 ② 2 ③ 3
④ 4 ⑤ 5

L75 ❀❀❀ 2014대비(A) 9월 모평 2(고3)

두 행렬 A, B에 대하여 $A=\begin{pmatrix} 2 & 1 \\ 1 & -1 \end{pmatrix}$이고

$A+B=\begin{pmatrix} 5 & 3 \\ 2 & 0 \end{pmatrix}$일 때, 행렬 B의 모든 성분의 합은? (2점)

① 7 ② 8 ③ 9
④ 10 ⑤ 11

L76 ❀❀❀ 2014실시(A) 6월 학평 2(고2)

행렬 $B=\begin{pmatrix} 1 & 2 \\ -1 & 1 \end{pmatrix}$에 대하여 $A-B=E$를

만족시키는 행렬 A는? (단, E는 단위행렬이다.) (2점)

① $\begin{pmatrix} 2 & 2 \\ -1 & 2 \end{pmatrix}$ ② $\begin{pmatrix} 0 & -2 \\ 1 & 0 \end{pmatrix}$ ③ $\begin{pmatrix} -1 & -4 \\ 2 & -1 \end{pmatrix}$
④ $\begin{pmatrix} 3 & 4 \\ -2 & 3 \end{pmatrix}$ ⑤ $\begin{pmatrix} 2 & 4 \\ 1 & -2 \end{pmatrix}$

L77 ❀❀❀ 2006실시(가) 6월 학평 22(고2)

두 행렬 $A=\begin{pmatrix} 1 & -4 \\ -5 & 2 \end{pmatrix}$, $B=\begin{pmatrix} 1 & 2 \\ 3 & 4 \end{pmatrix}$에 대하여

$A+\frac{1}{2}X=3B$를 만족시키는 행렬 X의 2행 1열의 성분을 구하시오. (3점)

L78 ❀❀❀ 2010실시(나) 4월 학평 2(고3)

두 행렬 $A=\begin{pmatrix} 1 & 0 \\ 3 & -2 \end{pmatrix}$, $B=\begin{pmatrix} 2 & -1 \\ 4 & 3 \end{pmatrix}$에 대하여

$A+X=3B+2X$를 만족시키는 행렬 X는? (2점)

① $\begin{pmatrix} 5 & -3 \\ 9 & 11 \end{pmatrix}$ ② $\begin{pmatrix} -5 & 3 \\ -9 & -11 \end{pmatrix}$ ③ $\begin{pmatrix} 5 & 3 \\ -9 & -11 \end{pmatrix}$
④ $\begin{pmatrix} -5 & 3 \\ -9 & 11 \end{pmatrix}$ ⑤ $\begin{pmatrix} -5 & -3 \\ 9 & -11 \end{pmatrix}$

❖ 정답 및 해설 477~480p

**행렬의 덧셈, 뺄셈, 실수배
– 행렬에 대한 두 등식이 주어진 경우**

두 행렬의 합, 차에 대한 두 등식이 주어진 경우에는 미지수가
2개인 연립일차방정식과 같이 푼다.

tip

같은 꼴의 행렬 A, B, C의 덧셈에 대하여 교환법칙과 결합법칙이 성립한다.
① $A+B=B+A$
② $(A+B)+C=A+(B+C)$

L79 ✷✷✷ ─────── 2025실시 9월 학평 24(고1)

두 이차정사각행렬 A, B에 대하여

$$A+B=\begin{pmatrix} 4 & 2 \\ -1 & 4 \end{pmatrix}, \quad A-2B=\begin{pmatrix} 1 & 2 \\ 8 & -11 \end{pmatrix}$$

일 때, 행렬 B의 모든 성분의 합을 구하시오. (3점)

L80 ✷✷✷ ─────── 2010대비(나) 6월 모평 2(고3)

두 행렬 A, B에 대하여

$$A-2B=\begin{pmatrix} -7 & -2 \\ 6 & 0 \end{pmatrix}, \quad B=\begin{pmatrix} 2 & -1 \\ -3 & 1 \end{pmatrix}$$

일 때, 행렬 A의 모든 성분의 합은? (2점)

① -1 ② -2 ③ -3
④ -4 ⑤ -5

L81 ✷✷✷ ─────── 2013실시(A) 9월 학평 2(고2)

두 이차정사각행렬 A, B에 대하여

$$A+B=\begin{pmatrix} 2 & 5 \\ -4 & 1 \end{pmatrix}, \quad A-B=\begin{pmatrix} 4 & 5 \\ 2 & 3 \end{pmatrix}$$

일 때, 행렬 A는? (2점)

① $\begin{pmatrix} 2 & 5 \\ 1 & 2 \end{pmatrix}$ ② $\begin{pmatrix} 2 & 4 \\ -1 & 2 \end{pmatrix}$ ③ $\begin{pmatrix} 3 & 5 \\ -1 & 2 \end{pmatrix}$

④ $\begin{pmatrix} 3 & 5 \\ 1 & 1 \end{pmatrix}$ ⑤ $\begin{pmatrix} 3 & 4 \\ -1 & 1 \end{pmatrix}$

L82 ✷✷✷ ─────── 2011실시(나) 6월 학평 5(고2)

두 행렬 A, B에 대하여

$$A+B=\begin{pmatrix} -3 & 4 \\ 2 & 3 \end{pmatrix}, \quad A-2B=\begin{pmatrix} -2 & 3 \\ 1 & 4 \end{pmatrix}$$

일 때, 행렬 $A-B$의 모든 성분의 합은? (3점)

① 5 ② 6 ③ 7
④ 8 ⑤ 9

L83 ✷✷✷ ─────── 2013실시(A) 6월 학평 23(고2)

이차정사각행렬 A, B가

$$A+2B=\begin{pmatrix} 5 & 13 \\ 2 & 10 \end{pmatrix}, \quad 2A+B=\begin{pmatrix} 4 & 11 \\ 1 & 11 \end{pmatrix}$$

을 만족시킬 때, 행렬 $A+B$의 모든 성분의 합을 구하시오. (3점)

L84 ✱✷✷ ─────── 2005대비(나) 9월 모평 2(고3)

$3A+B=\begin{pmatrix} 2 & 1 \\ -2 & 5 \end{pmatrix}, \quad 2A-B=\begin{pmatrix} 3 & -1 \\ 2 & 5 \end{pmatrix}$ 를 만족하는

행렬 A, B에 대하여 행렬 $A+B$의 각 성분의 합은? (2점)

① -1 ② 0 ③ 1
④ 2 ⑤ 3

L85 ✱✷✷ ─────── 2009실시(가) 6월 학평 22(고2) 변형

$2X+Y=\begin{pmatrix} 4 & 3 \\ 4 & -1 \end{pmatrix}, \quad X-Y=\begin{pmatrix} -1 & -3 \\ 2 & -2 \end{pmatrix}$ 를

만족하는 행렬 X, Y에 대하여 행렬 $X+Y$의 모든 성분의
합을 구하시오. (3점)

고난도

유형 05 행렬의 곱셈　　　　기초

(1) $A=\begin{pmatrix} ① \\ ② \end{pmatrix}$, $B=(a \quad b \quad c)$일 때,

$AB=\begin{pmatrix} ①×a & ①×b & ①×c \\ ②×a & ②×b & ②×c \end{pmatrix}$

(2) 행렬의 곱셈에서 일반적으로 교환법칙은 성립하지 않는다.

tip

1 행렬 A의 열의 개수와 행렬 B의 행의 개수가 같을 때만 행렬의 곱 AB가 정의된다.

2 행렬 A와 같은 꼴인 단위행렬 E에 대하여 $AE=EA=A$

L86 ❀❀❀ 　　　　2011대비(나) 6월 모평 26(고3)

두 행렬 $A=\begin{pmatrix} -2 \\ 4 \end{pmatrix}$, $B=\begin{pmatrix} 1 & \dfrac{3}{2} & 5 \end{pmatrix}$에 대하여

행렬 AB의 모든 성분의 합은? (3점)

① 5　　　　② 10　　　　③ 15

④ 20　　　　⑤ 25

L87 ❀❀❀ 　　　　2010대비(나) 수능 2(고3)

두 행렬 $A=\begin{pmatrix} 3 & 0 \\ 0 & 3 \end{pmatrix}$, $B=\begin{pmatrix} -1 & 1 \\ 1 & 1 \end{pmatrix}$에 대하여

행렬 $AB+2B$의 모든 성분의 합은? (2점)

① 10　　　　② 8　　　　③ 6

④ 4　　　　⑤ 2

L88 ❀❀❀ 　　　　1995대비(인) 수능 3(고3)

이차정사각행렬 A, B에 대하여

$A=\begin{pmatrix} 2 & -4 \\ -1 & 2 \end{pmatrix}$, $B=\begin{pmatrix} 1 & 2 \\ 2 & 4 \end{pmatrix}$일 때,

행렬 $\dfrac{1}{3}AB-BA$는? (1점)

① $\begin{pmatrix} -2 & -4 \\ 1 & 2 \end{pmatrix}$　② $\begin{pmatrix} -2 & 8 \\ 2 & -4 \end{pmatrix}$　③ $\begin{pmatrix} -4 & -8 \\ 2 & 4 \end{pmatrix}$

④ $\begin{pmatrix} -6 & -12 \\ 3 & 6 \end{pmatrix}$　⑤ $\begin{pmatrix} 0 & 0 \\ 0 & 0 \end{pmatrix}$

L89 ❀❀❀ 　　　　2006대비(나) 수능 2(고3)

두 행렬 $A=\begin{pmatrix} 1 & 1 \\ 1 & 0 \end{pmatrix}$, $B=\begin{pmatrix} 1 & 2 \\ 3 & 4 \end{pmatrix}$에 대하여

$2A+X=AB$를 만족시키는 행렬 X는? (2점)

① $\begin{pmatrix} 1 & 5 \\ 3 & -1 \end{pmatrix}$　② $\begin{pmatrix} 2 & 4 \\ -1 & 2 \end{pmatrix}$　③ $\begin{pmatrix} 2 & 5 \\ 7 & 0 \end{pmatrix}$

④ $\begin{pmatrix} 2 & 7 \\ 4 & 5 \end{pmatrix}$　⑤ $\begin{pmatrix} 4 & 6 \\ 1 & 2 \end{pmatrix}$

L90 ❀❀❀ 　　　　2010대비(나) 9월 모평 3(고3)

두 행렬 $A=\begin{pmatrix} 1 & 2 \\ 0 & 4 \end{pmatrix}$, $B=\begin{pmatrix} 3 & 0 \\ 1 & -2 \end{pmatrix}$에 대하여

$X+B=AB$를 만족시키는 행렬 X는? (2점)

① $\begin{pmatrix} 1 & 2 \\ 0 & 4 \end{pmatrix}$　② $\begin{pmatrix} 1 & 0 \\ 0 & -1 \end{pmatrix}$　③ $\begin{pmatrix} 2 & -4 \\ 3 & -6 \end{pmatrix}$

④ $\begin{pmatrix} 3 & 0 \\ 1 & -2 \end{pmatrix}$　⑤ $\begin{pmatrix} 2 & 1 \\ 3 & -1 \end{pmatrix}$

L91 ✳✳✳ ·········· 2025실시 9월 학평 13(고1)

두 이차정사각행렬 $A=\begin{pmatrix} 1 & a \\ b & -2 \end{pmatrix}$, B가

$$A+2B=\begin{pmatrix} 9 & 2 \\ 5 & 0 \end{pmatrix},\ AB=O$$

를 만족시킬 때, 행렬 B의 모든 성분의 합은?

(단, a, b는 상수이고, O는 영행렬이다.) (3점)

① 9   ② 10   ③ 11

④ 12   ⑤ 13

L92 ✳✳✳ ·········· 2005대비(나) 수능 18(고3)

이차방정식 $x^2-4x-1=0$의 두 근을 α, β라 할 때,

두 행렬의 곱 $\begin{pmatrix} \alpha & \beta \\ 0 & \alpha \end{pmatrix}\begin{pmatrix} \beta & \alpha \\ 0 & \beta \end{pmatrix}$의 모든 성분의 합을

구하시오. (3점)

L93 ✳✳✳ ·········· 2007실시(가) 11월 학평 28(고2)

두 행렬의 곱 $\begin{pmatrix} n-1 & 9-3n \end{pmatrix}\begin{pmatrix} n^2-4n+4 \\ n-1 \end{pmatrix}$의

성분이 소수가 되도록 하는 모든 자연수 n의 합을 구하시오. (4점)

L94 ✳✳✳ ·········· 2012대비(나) 9월 모평 14(고3)

행렬 $A=\begin{pmatrix} 1 & 1 \\ a & a \end{pmatrix}$와 이차정사각행렬 B가

다음 조건을 만족시킬 때, 행렬 $A+B$의 $(1,\ 2)$성분과 $(2,\ 1)$성분의 합은? (4점)

> (가) $B\begin{pmatrix} 1 \\ -1 \end{pmatrix}=\begin{pmatrix} 0 \\ 0 \end{pmatrix}$이다.
>
> (나) $AB=2A$이고, $BA=4B$이다.

① 2   ② 4   ③ 6

④ 8   ⑤ 9

유형 06 행렬의 거듭제곱 – A^2 구하기 (기초)

정사각행렬 A와 자연수 m, n에 대하여

① $A^2=AA$, $A^3=A^2A$, $\cdots$, $A^{n+1}=A^nA$

② $A^mA^n=A^{m+n}$, $(A^m)^n=A^{mn}$

(tip)

1 A^2, A^3, A^4, $\cdots$을 차례로 구하여 규칙을 찾는다.

2 $(A^m)^n=A^{mn}$을 이용하면 계산 횟수를 줄일 수 있다.

L95 ✳✳✳ ·········· 2025실시 9월 학평 8(고1)

행렬 $A=\begin{pmatrix} -1 & -2 \\ 2 & 3 \end{pmatrix}$에 대하여

행렬 A^2+A^3의 모든 성분의 합은? (3점)

① 1   ② 2   ③ 3

④ 4   ⑤ 5

L96 ✳✳✳ ·········· 1998대비(인) 수능 25(고3)

행렬 $A=\begin{pmatrix} 0 & 1 \\ 2 & 3 \end{pmatrix}$에 대하여 A^2의 모든 성분의 합을

구하시오. (2점)

L97 ✳✳✳ ·········· 2007대비(나) 9월 모평 2(고3)

두 행렬 A, B가 $A=\begin{pmatrix} 0 & 1 \\ 1 & 0 \end{pmatrix}$, $B=\begin{pmatrix} 1 & 0 \\ 0 & -1 \end{pmatrix}$일 때,

행렬 $(A+B)^2$은? (2점)

① $\begin{pmatrix} -1 & 1 \\ 1 & -1 \end{pmatrix}$ ② $\begin{pmatrix} 1 & 0 \\ 0 & 1 \end{pmatrix}$ ③ $\begin{pmatrix} 2 & 0 \\ 0 & -2 \end{pmatrix}$

④ $\begin{pmatrix} 0 & 2 \\ 2 & 0 \end{pmatrix}$ ⑤ $\begin{pmatrix} 2 & 0 \\ 0 & 2 \end{pmatrix}$

L98 ✿✿✿ 2014대비(A) 5월 예비 2(고3)

두 행렬 $A=\begin{pmatrix} 1 & 2 \\ 3 & 0 \end{pmatrix}$, $B=\begin{pmatrix} 0 & 1 \\ 2 & -1 \end{pmatrix}$에 대하여

행렬 $(A-B)^2$의 모든 성분의 합은? (2점)

① 2   ② 4   ③ 6

④ 8   ⑤ 10

L99 ✿✿✿ 2008대비(나) 6월 모평 5(고3)

두 상수 a, b에 대하여 행렬 $A=\begin{pmatrix} -1 & a \\ b & 2 \end{pmatrix}$가

$A^2=A$이고 $a^2+b^2=10$일 때, $(a+b)^2$의 값은? (3점)

① 6   ② 7   ③ 8

④ 9   ⑤ 10

L100 ✿✿✿

행렬 $A=\begin{pmatrix} 2 & 0 \\ 0 & \sqrt{2} \end{pmatrix}$에 대하여 $A^{10}=\begin{pmatrix} a & 0 \\ 0 & b \end{pmatrix}$일 때,

$\dfrac{a}{b}$의 값을 구하시오. (단, a, b는 상수이다.) (3점)

L101 ✿✿✿ 2003실시(나) 10월 학평 10(고2) 변형

이차정사각행렬 A, B가

$$A+B=\begin{pmatrix} 1 & 2 \\ 2 & 1 \end{pmatrix}, A-B=\begin{pmatrix} 1 & 0 \\ 0 & -1 \end{pmatrix}$$

일 때, 행렬 A^2-B^2은? (3점)

① $\begin{pmatrix} 0 & 1 \\ -1 & 0 \end{pmatrix}$ ② $\begin{pmatrix} 1 & 0 \\ 0 & -2 \end{pmatrix}$ ③ $\begin{pmatrix} 2 & 0 \\ 0 & -1 \end{pmatrix}$

④ $\begin{pmatrix} 1 & 0 \\ 0 & -1 \end{pmatrix}$ ⑤ $\begin{pmatrix} 1 & -2 \\ 2 & -1 \end{pmatrix}$

L102 ✿✿✿ 2005대비(나) 12월 예비 20(고3)

이차방정식 $x^2-7x-1=0$의 두 근을 α와 β라고 하자.

행렬 $A=\begin{pmatrix} \alpha & 1 \\ 1 & \beta \end{pmatrix}$에 대하여 $A^2=\begin{pmatrix} a & b \\ c & d \end{pmatrix}$라고 할 때,

$a+d$의 값을 구하시오. (3점)

L103 ✿✿✿ 2013실시(A) 4월 학평 28(고3)

두 이차정사각행렬 A, B의 (i, j)성분을 각각
a_{ij}, b_{ij}라 할 때,
$$a_{ij}+a_{ji}=0, b_{ij}-b_{ji}=0 \ (i=1, 2, j=1, 2)$$
이 성립한다. 두 행렬 A, B가 $2A-B=\begin{pmatrix} 1 & 2 \\ -2 & 4 \end{pmatrix}$를
만족시킬 때, 행렬 A^2-B의 $(2, 2)$성분을 구하시오. (4점)

유형 07 행렬의 거듭제곱 – 규칙 찾기 이해

(1) 행렬의 거듭제곱은 정사각행렬에서만 정의된다.

(2) 정사각행렬 A에 대하여 A^2, A^3, A^4, $\cdots$을 차례로 구하여 규칙을 찾는다.

tip

행렬 A가 정사각행렬이고 m, n이 자연수일 때,
[1] $A^{n+1}=A^nA$ [2] $A^mA^n=A^{m+n}$ [3] $(A^m)^n=A^{mn}$

L104 ✿✿✿ 2006대비(나) 6월 모평 20(고3)

두 행렬 $A=\begin{pmatrix} 1 & -1 \\ 0 & 1 \end{pmatrix}$, $B=\begin{pmatrix} 1 & -7 \\ 0 & -1 \end{pmatrix}$에 대하여

$A^{100}B$의 모든 성분의 합을 구하시오. (3점)

L105 ✿✿✿ 2014실시(A) 6월 학평 27(고2)

이차정사각행렬

$A=\begin{pmatrix} 2 & 0 \\ 1 & 1 \end{pmatrix}$, $B=\dfrac{1}{2}\begin{pmatrix} -1 & 0 \\ 1 & -2 \end{pmatrix}$에 대하여 행렬 B^4A^8의

모든 성분의 합을 구하시오. (4점)

L106 ✿✿✿ 2008대비(나) 9월 모평 26(고3)

행렬 $A=\begin{pmatrix} 0 & 2 \\ 3 & 0 \end{pmatrix}$에 대하여 $A^{11}=\begin{pmatrix} a & b \\ c & d \end{pmatrix}$일 때,

c의 값은? (3점)

① 0   ② $2^5 \cdot 3^5$ ③ $2^5 \cdot 3^6$

④ $2^6 \cdot 3^5$ ⑤ $2^6 \cdot 3^6$

L107 ✽❀❀ 2004실시(가) 6월 학평 10(고2)

행렬 $A = \begin{pmatrix} 0 & 1 \\ -1 & 2 \end{pmatrix}$에 대하여 행렬 A^n의 제 2행의

두 성분의 차가 25일 때, 자연수 n의 값은? (3점)

① 12   ② 13   ③ 14

④ 15   ⑤ 16

L108 ✽❀❀ 2008실시(나) 11월 학평 25(고2)

행렬 $A = \begin{pmatrix} 1 & -2 \\ -1 & 2 \end{pmatrix}$에 대하여

$A + A^2 + A^3 + A^4 + A^5 = kA$일 때, 상수 k의 값을 구하시오. (3점)

L109 ✽❀❀ 2009실시(나) 4월 학평 16(고3)

영행렬이 아닌 이차정사각행렬 A가 임의의

자연수 n에 대하여 $A^{n+1} = A^{n+2} + A^n$을 만족할 때,

A^{2009}을 간단히 하면? (4점)

① $-A^3$ ② $-A^2$ ③ A

④ A^2 ⑤ A^3

L110 ✽❀❀ 2004실시(나) 4월 학평 28(고3)

이차정사각행렬 $A = \begin{pmatrix} 1 & -1 \\ 0 & 1 \end{pmatrix}$에 대하여

$$A - A^2 + A^3 - A^4 + \cdots + A^{1003} - A^{1004} = \begin{pmatrix} a & b \\ c & d \end{pmatrix}$$

일 때, $a + b + c + d$의 값을 구하시오.

(단, $A^n = A^{n-1}A$) (4점)

L111 ✽❀❀ 2009대비(나) 6월 모평 19(고3)

자연수 n과 8 이하의 자연수 a에 대하여 $\begin{pmatrix} a & 3 \\ 0 & a \end{pmatrix}^n$의

$(1, 1)$성분과 $(1, 2)$성분이 같을 때, 가능한 모든 a의

값의 곱을 구하시오. (3점)

L112 ✽✽❀ 2011대비(나) 9월 모평 30(고3)

행렬 $\begin{pmatrix} 2 & 1 \\ 0 & -4 \end{pmatrix}^n$의 $(1, 2)$성분은

$2^4 - 2^5 + 2^6 - 2^7 + 2^8$이고 $(1, 1)$성분은 a이다.

$a + n$의 값을 구하시오. (단, n은 자연수이다.) (4점)

유형 08 행렬의 거듭제곱 $-$ $A^n = E$의 이용 ⓘ해

정사각행렬 A에 대하여 $A^n = E$ 또는 $A^n = -E$를 만족시키는
자연수 n의 값을 구한다.

① $A^n = E$이면 $A^{n+1} = A$, $A^{n+2} = A^2$, $\cdots$

② $A^n = -E$이면 $A^{2n} = (-E)^2 = E$, $A^{2n+1} = A$, $A^{2n+2} = A^2$, $\cdots$

tip

1️⃣ 실수 k에 대하여 $(kE)^n = k^n E$

2️⃣ $EA = AE = A$

L113 ❀❀❀ 2005대비(나) 6월 모평 5(고3)

행렬 A가 $A = \begin{pmatrix} 1 & -2 \\ 1 & -1 \end{pmatrix}$일 때, A^{62}은?

(단, O는 영행렬이고 E는 단위행렬이다.) (3점)

① $-E$ ② E ③ O

④ $-A$ ⑤ A

L114 ❀❀❀ 2014실시(A) 6월 학평 6(고2)

행렬 $A = \begin{pmatrix} 2 & -1 \\ 3 & -2 \end{pmatrix}$에 대하여 행렬 $A^2 + A^3$의

모든 성분의 합은? (3점)

① 4   ② 5   ③ 6

④ 7   ⑤ 8

L115 ✱✱✱ .... 2009실시(나) 9월 학평 22(고2)

행렬 $A=\begin{pmatrix} 2 & 5 \\ -1 & -2 \end{pmatrix}$에 대하여

행렬 $A+A^5+A^9$의 모든 성분의 합을 구하시오. (3점)

L116 ✱✱✱ .... 2012실시(A) 6월 학평 9(고2)

행렬 $A=\begin{pmatrix} -2 & 3 \\ -1 & 2 \end{pmatrix}$에 대하여

등식 $A^{2012}\begin{pmatrix} p \\ q \end{pmatrix}=\begin{pmatrix} -2 \\ 3 \end{pmatrix}$이 성립할 때, 두 실수 p, q의

합 $p+q$의 값은? (3점)

① -5 ② -1 ③ 0

④ 1   ⑤ 5

L117 ✱✱✱ .... 2011실시(나) 4월 학평 5(고3)

행렬 $A=\begin{pmatrix} 3 & 7 \\ -1 & -2 \end{pmatrix}$에 대하여

$A+A^2+A^3+\cdots+A^{2011}$의 모든 성분의 합은? (3점)

① 2   ② 7   ③ 12

④ 17   ⑤ 22

L118 ✱✱✱ .... 2010실시(나) 3월 학평 24(고3)

행렬 $A=\begin{pmatrix} 0 & 1 \\ -1 & 1 \end{pmatrix}$에 대하여 자연수 m, n은

다음 조건을 만족시킨다.

> (가) $A^m=A^n$
> (나) m, n은 100 이하의 서로 다른 자연수이다.

$|m-n|$의 최댓값을 p, 최솟값을 q라 할 때, $p+q$의
값을 구하시오. (4점)

유형 09 행렬의 곱셈의 실생활에의 활용 [활용]

(1) 실생활의 상황을 주어진 조건을 이용하여 표로 나타내고,
그것을 행렬로 나타낸다.

(2) 행렬과 관계있는 식으로 고쳐서 푼다.

[tip]

행렬의 곱을 구하고 각 성분이 의미하는 것을 파악한다.

L119 ✱✱✱ .... 2025실시 9월 학평 12(고1)

A 고등학교와 B 고등학교 학생들은 음악
활동으로 피아노와 드럼을 배우고 있다. [표 1]은 A 고등
학교와 B 고등학교의 남학생 수와 여학생 수를 나타낸
것이다. 두 학교 모두 [표 2]와 같이 남학생의 20 %는 피
아노를, 80 %는 드럼을 배우고, 여학생의 70 %는 피아
노를, 30 %는 드럼을 배운다.

(단위 : 명)

	남학생	여학생
A 고등학교	120	160
B 고등학교	130	140

[표 1]

(단위 : %)

	피아노	드럼
남학생	20	80
여학생	70	30

[표 2]

[표 1]과 [표 2]를 각각 행렬 $P=\begin{pmatrix} 120 & 160 \\ 130 & 140 \end{pmatrix}$,

$Q=\begin{pmatrix} 0.2 & 0.8 \\ 0.7 & 0.3 \end{pmatrix}$으로 나타낼 때, B 고등학교에서 드럼을

배우는 모든 학생 수를 나타낸 것은? (3점)

① 행렬 PQ의 $(1, 2)$ 성분
② 행렬 PQ의 $(2, 1)$ 성분
③ 행렬 PQ의 $(2, 2)$ 성분
④ 행렬 QP의 $(2, 1)$ 성분
⑤ 행렬 QP의 $(2, 2)$ 성분

❖ 정답 및 해설 488~492p

L120 ✱❀❀ .... 2002실시(자) 6월 학평 22(고2)

〈표1〉은 어느 단체에서 9월과 10월에 필요한
축구공과 축구화의 수량을 나타낸 것이고,
〈표2〉는 A, B 두 체육용품 가게에서 팔고 있는 축구공과
축구화의 단가를 나타낸 것이다.

〈표1〉 (단위 : 개)

	축구공	축구화
9월	37	77
10월	52	60

〈표2〉 (단위 : 원)

	A	B
축구공	23,000	28,000
축구화	36,000	42,000

두 행렬 X, Y를 각각

$$X=\begin{pmatrix} 37 & 77 \\ 52 & 60 \end{pmatrix},\ Y=\begin{pmatrix} 23000 & 28000 \\ 36000 & 42000 \end{pmatrix}$$

라 하자. 다음 중 10월에 필요한 축구공과 축구화를
A가게에서 구입할 때, 구입액의 총합을 나타내는 것은?

(3점)

① 행렬 XY의 $(1, 2)$성분
② 행렬 XY의 $(2, 1)$성분
③ 행렬 XY의 $(2, 2)$성분
④ 행렬 YX의 $(1, 2)$성분
⑤ 행렬 YX의 $(2, 1)$성분

L121 ✱❀❀ .... 2006실시(가) 6월 학평 16(고2)

제1문구점의 공책과 연필의 판매단가는
각각 250원, 150원이고, 제2문구점의 공책과 연필의
판매단가는 각각 300원, 100원이다. 다음 표는 두 문구점의
공책과 연필에 대한 이틀 동안의 판매실적을 나타낸 것이다.

〈표1〉 제1문구점의 판매실적

종류 \ 학년	공책(권)	연필(자루)
제1일	6	7
제2일	9	4

〈표2〉 제2문구점의 판매실적

종류 \ 판매일	공책(권)	연필(자루)
제1일	7	$x(x-2)$
제2일	x	3

〈표1〉과 〈표2〉의 자료로 두 문구점의 매출액을 행렬을
이용하여 비교하려고 한다. 제1문구점과 제2문구점의 이
틀 동안의 매출액이 서로 같게 되는 x에 대하여 제2문구
점의 제2일의 매출액은? (4점)

① 1200원   ② 1800원   ③ 2400원
④ 3000원   ⑤ 3600원

L122 ✱❀❀ .... 2011실시(나) 9월 학평 11(고2)

어느 고등학교 A와 B에서는 체육활동으로
테니스와 배드민턴을 배우고 있다. 두 학교 A, B의
1학년과 2학년의 학생 수는 〈표1〉과 같다. 두 학교 모두
〈표2〉와 같이 1학년 학생의 70 %는 테니스를, 30 %는
배드민턴을 배우고, 2학년 학생의 60 %는 테니스를, 40 %
는 배드민턴을 배운다고 한다.

(단위 : 명)

학교 \ 학년	A	B
1학년	300	200
2학년	250	150

〈표1〉

(단위 : %)

학년 \ 활동	1학년	2학년
테니스	70	60
배드민턴	30	40

〈표2〉

〈표1〉과 〈표2〉를 각각 행렬 $P=\begin{pmatrix} 300 & 200 \\ 250 & 150 \end{pmatrix}$,

$Q=\begin{pmatrix} 0.7 & 0.6 \\ 0.3 & 0.4 \end{pmatrix}$로 나타낼 때, A 학교에서 배드민턴을

배우는 학생 수를 나타낸 것은? (3점)

① PQ의 $(1, 2)$ 성분   ② PQ의 $(2, 1)$ 성분
③ QP의 $(1, 2)$ 성분   ④ QP의 $(2, 1)$ 성분
⑤ QP의 $(2, 2)$ 성분

L123 ★★❀ 2013실시(A) 6월 학평 9(고2)

표는 2013학년도 수시 모집에서 어느 대학 A학과와 B학과의 선발 인원수와 경쟁률을 나타낸 것이다.

〈선발 인원수〉

구분	A학과	B학과
일반 전형	30	40
특별 전형	10	20

〈경쟁률〉

구분	일반 전형	특별 전형
A학과	5.1	21.4
B학과	10.7	11.5

경쟁률은 $\dfrac{(\text{지원자 수})}{(\text{선발 인원수})}$ 의 값이고, 일반 전형과 특별 전형에 동시에 지원할 수 없으며, A학과와 B학과에 동시에 지원할 수 없다고 한다. 2013학년도 수시 모집에서 이 대학 A, B 두 학과의 일반 전형 지원자 수의 합을 m, B학과의 일반 전형과 특별 전형 지원자 수의 합을 n이라 하자. 두 행렬 $P=\begin{pmatrix} 30 & 40 \\ 10 & 20 \end{pmatrix}$, $Q=\begin{pmatrix} 5.1 & 21.4 \\ 10.7 & 11.5 \end{pmatrix}$ 에 대하여 $m+n$의 값과 같은 것은? (3점)

① 행렬 PQ의 $(1, 1)$ 성분과 $(2, 2)$ 성분의 합
② 행렬 PQ의 $(1, 1)$ 성분과 행렬 QP의 $(1, 1)$ 성분의 합
③ 행렬 PQ의 $(1, 1)$ 성분과 행렬 QP의 $(2, 2)$ 성분의 합
④ 행렬 PQ의 $(2, 2)$ 성분과 행렬 QP의 $(1, 1)$ 성분의 합
⑤ 행렬 PQ의 $(2, 2)$ 성분과 행렬 QP의 $(2, 2)$ 성분의 합

L124 ★★❀ 2010실시(나) 6월 학평 8(고2)

어느 식품회사의 숙성창고 출입문은 다음 규칙에 따라 생성되는 번호 $\boxed{a}\boxed{b}\boxed{c}\boxed{d}$ 에 의해 작동된다.

> (가) 출입문 번호 $\boxed{a}\boxed{b}\boxed{c}\boxed{d}$ 는 다음 날
> $\begin{pmatrix} 1 & 0 \\ 2 & 1 \end{pmatrix}\begin{pmatrix} a & b \\ c & d \end{pmatrix}=\begin{pmatrix} a' & b' \\ c' & d' \end{pmatrix}$ 에 의해 얻어지는 새로운 수 a', b', c', d'의 각각의 일의 자리 숫자로 구성된 $\boxed{p}\boxed{q}\boxed{r}\boxed{s}$ 로 자동으로 바뀐다.
> (나) 출입문 번호는 (가)에 따라 매일 한 번씩 바뀐다.
> (다) 처음 설정한 번호가 $\boxed{a}\boxed{b}\boxed{c}\boxed{d}$ 일 때, 바뀐 번호가 다시 $\boxed{a}\boxed{b}\boxed{c}\boxed{d}$ 가 되는 날 숙성창고 출입문이 처음으로 열린다.

예를 들어, 어느 날 번호가 $\boxed{3}\boxed{8}\boxed{2}\boxed{4}$ 이면 $\begin{pmatrix} 1 & 0 \\ 2 & 1 \end{pmatrix}\begin{pmatrix} 3 & 8 \\ 2 & 4 \end{pmatrix}=\begin{pmatrix} 3 & 8 \\ 8 & 20 \end{pmatrix}$ 이므로 다음날 번호는 $\boxed{3}\boxed{8}\boxed{8}\boxed{0}$ 으로 자동으로 바뀐다. 수요일에 처음 설정한 번호가 $\boxed{1}\boxed{1}\boxed{2}\boxed{5}$ 일 때, 숙성창고 출입문이 처음으로 열리는 요일은? (3점)

① 월요일　　　② 화요일　　　③ 수요일
④ 목요일　　　⑤ 금요일

L125 ★★✧ 　　　　2013실시(A) 3월 학평 9(고3)

가정의 전력량 요금은 200 kWh 이하까지는
다음과 같은 방법으로 계산한다.

> 사용한 전력량 중에서 100 kWh까지는 1 kWh에
> 59원이고, 100 kWh를 초과한 나머지 전력량에
> 대해서는 1 kWh에 122원이다.

한 달간 사용한 전력량이
a kWh($100 \leq a \leq 200$, a는 자연수)인 어느 가정의
전력량 요금(원)은 행렬 $\begin{pmatrix} 100 & a \\ 0 & x \end{pmatrix}\begin{pmatrix} 59 \\ 122 \end{pmatrix}$의 모든 성분의
합과 같다. x의 값은? (3점)

① -100 　　　② -1 　　　③ 0
④ 1 　　　　　⑤ 100

L126 ★★★ 　　　　2011실시(나) 10월 학평 20(고3)

그림과 같은 두 개의 도로망이 있다.

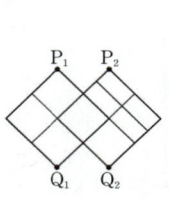 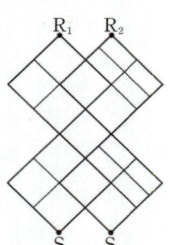

이차정사각행렬 A의 (i, j)성분 a_{ij} $(i=1, 2, j=1, 2)$를
$a_{ij}=(P_i$지점에서 도로망을 따라 Q_j지점까지 최단 거리로
가는 방법의 수)로 정의하자.
다음 중 R_1지점에서 도로망을 따라 S_2지점까지 최단
거리로 가는 방법의 수와 같은 것은?
　　(단, 모든 도로는 서로 평행하거나 수직이다.) (4점)

① 행렬 $2A$의 $(1, 2)$성분
② 행렬 A^2의 $(1, 2)$성분
③ 행렬 A^2의 $(2, 1)$성분
④ 행렬 A의 $(1, 2)$성분과 $(2, 2)$성분의 곱
⑤ 행렬 A의 $(1, 2)$성분과 $(2, 1)$성분의 곱

6 행렬의 곱셈에 대한 성질

유형 10 행렬의 곱셈에 대한 성질 (1) 　이해

합과 곱이 정의되는 세 행렬 A, B, C에 대하여
① $AB \neq BA$ ⇨ 교환법칙은 일반적으로 성립하지 않는다.
② $(AB)C=A(BC)$ ⇨ 결합법칙
③ $A(B+C)=AB+AC$, $(A+B)C=AC+BC$
　⇨ 분배법칙
④ $(kA)B=A(kB)=k(AB)$ (단, k는 실수)

tip
$(AB)C=A(BC)$는 괄호를 생략하여 간단히 ABC로 나타낼 수 있다.

L127 ✧✧✧ 　　　　2005실시(가) 7월 학평 3(고3)

두 행렬 $A=\begin{pmatrix} 3 & 1 \\ 2 & 4 \end{pmatrix}$, $B=\begin{pmatrix} -2 & -1 \\ -2 & -3 \end{pmatrix}$에 대하여
행렬 A^2+AB의 모든 성분의 합은? (3점)

① 10 　　　② 12 　　　③ 14
④ 16 　　　⑤ 18

L128 ★✧✧ 　　　　2007실시(가) 9월 학평 26(고2)

두 행렬 $A=\begin{pmatrix} 1 & -2 \\ x & -1 \end{pmatrix}$, $B=\begin{pmatrix} 1 & 2 \\ -3 & y \end{pmatrix}$에 대하여
$(A+B)^2=A^2+B^2$이 성립하도록 실수 x, y를 정할 때,
x^2+y^2의 값을 구하시오. (3점)

L129 ★✧✧

세 행렬
$$A=\begin{pmatrix} 1 & 3 \\ -2 & 4 \end{pmatrix}, B=\begin{pmatrix} 3 & 1 \\ 2 & -1 \end{pmatrix}, C=\begin{pmatrix} -1 & -2 \\ 3 & -4 \end{pmatrix}$$
에 대하여 행렬 $ABA+ABC$의 모든 성분의 합을
구하시오. (3점)

유형 11 행렬의 곱셈에 대한 성질 (2)

행렬의 곱셈에서 교환법칙은 일반적으로 성립하지 않기 때문에 지수법칙이나 곱셈 공식은 성립하지 않는다.

① $(A+B)^2=A^2+AB+BA+B^2$
② $(A-B)^2=A^2-AB-BA+B^2$
③ $(A+B)(A-B)=A^2-AB+BA-B^2$
④ $(AB)^2=ABAB$

tip

1 $(A+E)^2=A^2+AE+EA+E^2=A^2+2A+E$
2 $(A+E)(A-E)=A^2-AE+EA-E^2=A^2-E$

L130 ❀❀❀ 최다출제 / 2011실시(가) 11월 학평 3(고2)

두 행렬 A, B에 대하여

$$A+B=\begin{pmatrix} 2 & 2 \\ 3 & 1 \end{pmatrix}, \; B=\begin{pmatrix} 0 & 1 \\ 3 & 2 \end{pmatrix}$$

일 때, 행렬 $AB+B^2$은? (3점)

① $\begin{pmatrix} 3 & 5 \\ 6 & 6 \end{pmatrix}$ ② $\begin{pmatrix} 3 & 1 \\ 12 & 8 \end{pmatrix}$ ③ $\begin{pmatrix} 6 & 6 \\ 3 & 5 \end{pmatrix}$

④ $\begin{pmatrix} 6 & 8 \\ 3 & 1 \end{pmatrix}$ ⑤ $\begin{pmatrix} 12 & 8 \\ 3 & 1 \end{pmatrix}$

L131 ✿❀❀ 2002실시(자) 3월 학평 3(고3)

이차정사각행렬 A, B가

$$(A-B)^2=\begin{pmatrix} 5 & 3 \\ 3 & 2 \end{pmatrix}, \; A^2+B^2=\begin{pmatrix} 4 & 0 \\ 1 & 3 \end{pmatrix}$$

을 만족시킬 때, 행렬 $(A+B)^2$의 모든 성분의 합은? (3점)

① 1 ② 3 ③ 5
④ 7 ⑤ 9

L132 ✿❀❀ 2008실시(나) 3월 학평 19(고3)

이차정사각행렬 A, B가

$$A^2+B^2=\begin{pmatrix} 5 & 0 \\ \frac{3}{2} & 1 \end{pmatrix}, \; AB+BA=\begin{pmatrix} -4 & 0 \\ -\frac{1}{2} & 0 \end{pmatrix}$$

을 만족시킬 때, 행렬 $(A+B)^{100}$의 모든 성분의 합을 구하시오. (3점)

L133 ❀❀❀ 2004실시(가) 11월 학평 2(고2)

이차정사각행렬 A, B에 대하여

$$A+B=\begin{pmatrix} 1 & -2 \\ 3 & 2 \end{pmatrix}, \; AB+BA=\begin{pmatrix} -6 & -7 \\ 3 & 2 \end{pmatrix}$$

가 성립할 때, A^2+B^2은? (2점)

① $\begin{pmatrix} -5 & -6 \\ 9 & -2 \end{pmatrix}$ ② $\begin{pmatrix} 1 & 1 \\ 6 & -4 \end{pmatrix}$ ③ $\begin{pmatrix} -5 & -9 \\ 6 & 0 \end{pmatrix}$

④ $\begin{pmatrix} -1 & 1 \\ 6 & -4 \end{pmatrix}$ ⑤ $\begin{pmatrix} -6 & 7 \\ 3 & 2 \end{pmatrix}$

L134 ❀❀❀ 2014실시(A) 6월 학평 4(고2)

이차정사각행렬 A, B가

$$(A+B)^2=\begin{pmatrix} 2 & 2 \\ -1 & -1 \end{pmatrix}, \; A^2+B^2=\begin{pmatrix} 0 & -2 \\ 1 & 3 \end{pmatrix}$$

을 만족시킬 때, 행렬 $AB+BA$는? (3점)

① $\begin{pmatrix} -1 & -3 \\ 5 & -2 \end{pmatrix}$ ② $\begin{pmatrix} 1 & 5 \\ -1 & 8 \end{pmatrix}$ ③ $\begin{pmatrix} 1 & 7 \\ 8 & 4 \end{pmatrix}$

④ $\begin{pmatrix} 2 & 4 \\ -2 & -4 \end{pmatrix}$ ⑤ $\begin{pmatrix} 2 & -7 \\ 6 & -2 \end{pmatrix}$

L135 ❀❀❀ 2009실시(가) 9월 학평 9(고2)

두 이차정사각행렬 A, B가

$$A-B=\begin{pmatrix} 0 & 2 \\ -2 & 1 \end{pmatrix}, \; A^2+B^2=\begin{pmatrix} 0 & 2 \\ -1 & -1 \end{pmatrix}$$

을 만족시킬 때, 행렬 $AB+BA$의 모든 성분의 합은? (3점)

① 3 ② 4 ③ 5
④ 6 ⑤ 7

L136 ✿❀❀

세 행렬 A, B, C에 대하여

$$A-C=\begin{pmatrix} 1 & 2 \\ 2 & 3 \end{pmatrix}, \; B+C=\begin{pmatrix} 0 & 1 \\ 1 & 3 \end{pmatrix}$$

일 때, 행렬 $AB+AC-C(B+C)$의 모든 성분의 합을 구하시오. (3점)

행렬의 곱셈에서 교환법칙이 성립하면 지수법칙이나
곱셈 공식을 적용할 수 있다.
① $(A\pm B)^2=A^2\pm 2AB+B^2$ (복호동순)
② $(A+B)(A-B)=A^2-B^2$
③ $(AB)^2=A^2B^2$

tip

행렬의 곱셈에서 교환법칙이 성립하면 수나 다항식의 곱셈에서 성립하는
공식을 이용할 수 있다.

L137 ✻✻✻ ─────── 2007실시(나) 5월 학평 6(고3)

두 행렬 $A=\begin{pmatrix} a & 1 \\ 0 & -1 \end{pmatrix}$, $B=\begin{pmatrix} 1 & -1 \\ b & 1 \end{pmatrix}$에 대하여

$AB=BA$가 성립할 때, $a+b$의 값은?

(단, a, b는 상수이다.) (3점)

① -2　　　② -1　　　③ 0
④ 1　　　⑤ 2

L138 ✻✻✻ ─────── 2014실시(A) 9월 학평 25(고2)

두 실수 x, y에 대하여 두 행렬 A, B를
$$A=\begin{pmatrix} -1 & x \\ 3 & 0 \end{pmatrix},\ B=\begin{pmatrix} -2 & 2 \\ y & -1 \end{pmatrix}$$
이라 하자. $(A+B)(A-B)=A^2-B^2$일 때
x^2+y^2의 값을 구하시오. (3점)

L139 ✻✻✻ ─────── 2011실시(나) 9월 학평 6(고2) 변형

두 행렬 $A=\begin{pmatrix} x & 2 \\ y & 4 \end{pmatrix}$, $B=\begin{pmatrix} 2 & -4 \\ -1 & 2 \end{pmatrix}$에 대하여
$$(A+B)^2=A^2+2AB+B^2$$
이 성립할 때, xy의 값은? (단, x, y는 상수이다.) (3점)

① 1　　　② 2　　　③ 3
④ 4　　　⑤ 5

이차정사각행렬 A에 대하여
$A\begin{pmatrix} a \\ b \end{pmatrix}$ 꼴의 행렬을 포함한 식을 이용하여 행렬을 구할 때는
다음과 같이 주어진 식을 이용할 수 있도록 변형한다.
$$mA\begin{pmatrix} a \\ b \end{pmatrix}+nA\begin{pmatrix} c \\ d \end{pmatrix}=A\left\{m\begin{pmatrix} a \\ b \end{pmatrix}+n\begin{pmatrix} c \\ d \end{pmatrix}\right\}=A\begin{pmatrix} ma+nc \\ mb+nd \end{pmatrix}$$

tip

$A\begin{pmatrix} a \\ b \end{pmatrix}=\begin{pmatrix} p \\ q \end{pmatrix}$, $A\begin{pmatrix} c \\ d \end{pmatrix}=\begin{pmatrix} r \\ s \end{pmatrix}$이면
$$mA\begin{pmatrix} a \\ b \end{pmatrix}+nA\begin{pmatrix} c \\ d \end{pmatrix}=m\begin{pmatrix} p \\ q \end{pmatrix}+n\begin{pmatrix} r \\ s \end{pmatrix}=\begin{pmatrix} mp+nr \\ mq+ns \end{pmatrix}$$

L140 ✻✻✻ ─────── 2014실시(A) 6월 학평 8(고2)

이차정사각행렬 A에 대하여 $A\begin{pmatrix} 1 \\ 0 \end{pmatrix}=\begin{pmatrix} 2 \\ 3 \end{pmatrix}$,

$A\begin{pmatrix} 0 \\ 1 \end{pmatrix}=\begin{pmatrix} -1 \\ 2 \end{pmatrix}$이다. $A\begin{pmatrix} 1 \\ 2 \end{pmatrix}=\begin{pmatrix} p \\ q \end{pmatrix}$일 때,

$p+q$의 값은? (3점)

① 6　　② 7　　③ 8　　④ 9　　⑤ 10

L141 ✻✻✻ ─────── 2007실시(가) 4월 학평 6(고3)

이차정사각행렬 A가 $A\begin{pmatrix} a \\ b \end{pmatrix}=\begin{pmatrix} 3 \\ 1 \end{pmatrix}$, $A\begin{pmatrix} 3a-c \\ 3b-d \end{pmatrix}=\begin{pmatrix} 2 \\ 5 \end{pmatrix}$를

만족시킬 때, $A\begin{pmatrix} c \\ d \end{pmatrix}$의 모든 성분의 합은?

(단, a, b, c, d는 상수이다.) (3점)

① 1　　② 2　　③ 3　　④ 4　　⑤ 5

L142 ✻✻✻ ─────── 2013실시(A) 11월 학평 10(고2)

두 이차정사각행렬 A, B가 다음 조건을
만족시킨다. (단, E는 단위행렬이다.)

> (가) $AB+A=E$
>
> (나) $AB\begin{pmatrix} 1 \\ 2 \end{pmatrix}=\begin{pmatrix} 0 \\ 3 \end{pmatrix}$

$(B+E)\begin{pmatrix} x \\ y \end{pmatrix}=B\begin{pmatrix} 2 \\ 4 \end{pmatrix}$를 만족시키는 두 실수 x, y에

대하여 $x+y$의 값은? (3점)

① -6　　② -3　　③ 0　　④ 3　　⑤ 6

L143 ✳✳❀ 2008실시(가) 9월 학평 25(고2)

이차정사각행렬 A가 $A^2+A-2E=O$, $A\begin{pmatrix}1\\0\end{pmatrix}=\begin{pmatrix}1\\2\end{pmatrix}$를

만족한다. $A\begin{pmatrix}1\\2\end{pmatrix}=\begin{pmatrix}a\\b\end{pmatrix}$가 되는 상수 a, b에 대하여

$100a+10b$의 값을 구하시오.

(단, E는 단위행렬이고 O는 영행렬이다.) (3점)

고난도
유형 14 단위행렬 E를 포함한 식 이해

단위행렬 E에 대해서는 $EA=AE=A$, 즉 교환법칙이
성립하므로 곱셈 공식을 적용할 수 있다.
① $(A\pm E)^2=A^2\pm2A+E$ (복호동순)
② $(A+E)(A-E)=A^2-E$

tip

자연수 n에 대하여
① $E^n=E$
② $(kE)^n=k^nE$ (단, k는 실수)

L144 ✳✳✳ 2003대비(인) 수능 4(고3)

두 행렬 $E=\begin{pmatrix}1&0\\0&1\end{pmatrix}$과 $A=\begin{pmatrix}0&1\\1&0\end{pmatrix}$이 있다.

두 상수 a와 b가 $(E+2A)^2=aE+bA$를 만족할 때,
$a+b$의 값은? (2점)

① 6 ② 7 ③ 8
④ 9 ⑤ 10

L145 ✳❀❀ 2006실시(가) 9월 학평 25(고2)

단위행렬의 실수배가 아닌 이차정사각행렬 A에 대하여
$(A+E)^2=3A+2E$가 성립하면
$(A+E)^3=aA+bE$이다. 두 실수 a, b의 곱 ab의
값을 구하시오. (단, E는 단위행렬이다.) (3점)

L146 ✳❀❀

이차정사각행렬 A에 대하여 $A^2=\begin{pmatrix}1&-2\\0&a\end{pmatrix}$이고, 행렬

$(A+E)^2+(A-E)^2$의 모든 성분의 합이 10일 때,
상수 a의 값을 구하시오. (단, E는 단위행렬) (3점)

L147 ✳❀❀ 2008실시(가) 9월 학평 27(고2)

영행렬이 아닌 두 이차정사각행렬 X, Y에 대하여
$X+Y=E$, $XY=O$일 때, 행렬 A를 $A=3X+Y$라
하면 $A^3=aX+Y$이다. a의 값을 구하시오.

(단, E는 단위행렬이고 O는 영행렬이다.) (4점)

L148 ✳❀❀ 2011실시(나) 6월 학평 16(고2)

두 이차정사각행렬 A, B가 $A+B=E$,
$AB=E$를 만족시킬 때, $A^{2012}+B^{2012}$과 같은 행렬은?

(단, E는 단위행렬이다.) (4점)

① $-2E$ ② $-E$ ③ E
④ $2E$ ⑤ $3E$

L149 ✳❀❀ 2010실시(나) 6월 학평 10(고2)

이차정사각행렬 A, B가 $A+B=-E$,
$AB=E$를 만족시킬 때,
$(A+B)+(A^2+B^2)+\cdots+(A^{2011}+B^{2011})$을 간단히 한
것은? (단, E는 단위행렬이다.) (3점)

① $-2E$ ② $-E$ ③ E
④ $2E$ ⑤ $3E$

L150 ✳✳❀ 2009대비(나) 수능 24(고3)

이차정사각행렬 A는 모든 성분의 합이 0이고
$$A^2+A^3=-3A-3E$$
를 만족시킨다. 행렬 A^4+A^5의 모든 성분의 합을
구하시오. (단, E는 단위행렬이다.) (4점)

❖ 정답 및 해설 499~503p

L151 ＊＊※ .... 1995대비(인) 수능 13(고3)

이차정사각행렬 A, B에 대하여
$$A^2+A=E, \quad AB=2E$$
가 성립할 때, B^2을 A와 E로 나타내면?
(단, E는 이차단위행렬) (1.5점)

① $2A+4E$　　② $2A-E$　　③ $4A+8E$

④ $4A-2E$　　⑤ $8A-4E$

L152 ＊＊※ .... 2010실시(나) 6월 학평 26(고2)

이차정사각행렬 A, B와 실수 k에 대하여
$$A+kB=\begin{pmatrix} 2 & 2 \\ 1 & 3 \end{pmatrix}, \quad A+B=E, \quad B^2=B$$
가 성립할 때, $10k$의 값을 구하시오.
(단, E는 단위행렬이다.) (4점)

L153 ＊＊＊ .... 2014실시(A) 6월 학평 11(고2)

이차정사각행렬 A, B가
$$A+B=E, \quad (E-A)(E-B)=E$$
를 만족시킬 때, A^6+B^6의 모든 성분의 합은?
(단, E는 단위행렬이다.) (3점)

① 4　　② 6　　③ 8

④ 10　　⑤ 12

유형 15 행렬의 곱셈의 여러 가지 성질　이해

행렬의 참·거짓 판별

(1) 거짓임을 증명하려면 참이 되지 않는 극단적인 예(반례)를 하나 찾는다.

(2) 참임을 증명하려면 주어진 조건으로 연산을 이용하여 참임을 유도한다.

tip

수나 다항식의 계산에서 성립하는 성질이 행렬에서는 성립하지 않음에 주의한다.

L154 ＊＊＊ .... 2006실시(나) 3월 학평 11(고3)

이차정사각행렬 A, B에 대하여 등식
$$A+B=3E, \quad AB=4B$$
가 성립할 때, 항상 옳은 것을 [보기]에서 모두 고른 것은?
(단, E는 단위행렬이고 O는 영행렬이다.) (4점)

─────[보기]─────
ㄱ. $A=4E$　　　　ㄴ. $B^2+B=O$
ㄷ. $A^2-B^2=3(A-B)$
──────────────

① ㄱ　　② ㄴ　　③ ㄷ

④ ㄴ, ㄷ　　⑤ ㄱ, ㄴ, ㄷ

L155 ＊※※ .... 2005실시(나) 9월 학평 8(고2)

두 이차정사각행렬 A, B가 $AB=-BA$를 만족할 때, 항상 성립하는 것을 [보기]에서 모두 고른 것은? (3점)

─────[보기]─────
ㄱ. $(AB)^2=A^2B^2$
ㄴ. $(A+B)^2=A^2+B^2$
ㄷ. $(A-B)^2=(A+B)^2$
──────────────

① ㄱ　　② ㄴ　　③ ㄱ, ㄴ

④ ㄴ, ㄷ　　⑤ ㄱ, ㄴ, ㄷ

L156 ＊※※ .... 2012실시(A) 11월 학평 19(고2)

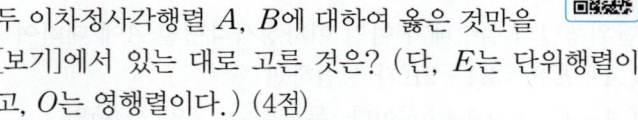

두 이차정사각행렬 A, B에 대하여 옳은 것만을 [보기]에서 있는 대로 고른 것은? (단, E는 단위행렬이고, O는 영행렬이다.) (4점)

─────[보기]─────
ㄱ. $A^2=E$이면 $A=E$이다.
ㄴ. $(A+2B)^2=(A-2B)^2$이면
　　$AB+BA=O$이다.
ㄷ. $AB=A$, $BA=B$이면 $A^2+B^2=A+B$이다.
──────────────

① ㄱ　　② ㄴ　　③ ㄷ

④ ㄴ, ㄷ　　⑤ ㄱ, ㄴ, ㄷ

L157 ✲✲✾ .... 2013실시(A) 11월 학평 20(고2)

두 이차정사각행렬 A, B가
$$AB+B=A, \quad ABA-A^2=E$$
를 만족시킬 때, 옳은 것만을 [보기]에서 있는 대로 고른 것은? (단, E는 단위행렬이다.) (4점)

─────[보기]─────
ㄱ. $AB=BA$
ㄴ. $A^3B^3=E$
ㄷ. $(A-E)^{30}=-3^{15}E$
────────────────

① ㄱ   ② ㄴ   ③ ㄱ, ㄷ
④ ㄴ, ㄷ   ⑤ ㄱ, ㄴ, ㄷ

L158 ✲✲✾ .... 2010대비(나) 수능 28(고3)

이차정사각행렬 A와 B에 대하여 옳은 것만을 [보기]에서 있는 대로 고른 것은? (단, O는 영행렬이고, E는 단위행렬이다.) (4점)

─────[보기]─────
ㄱ. $(A+B)^2=(A-B)^2$이면 $AB=O$이다.
ㄴ. $A^2=E$, $B^2=B$이면 $(ABA)^2=ABA$이다.
ㄷ. $A(A+E)=E$, $AB=-E$이면 $B^2=A+2E$
────────────────

① ㄴ   ② ㄷ   ③ ㄱ, ㄴ
④ ㄱ, ㄷ   ⑤ ㄴ, ㄷ

L159 ✲✲✾ .... 2005대비(나) 6월 모평 13(고3)

두 이차정사각행렬 $A_1=\begin{pmatrix} 1 & 0 \\ 1 & 0 \end{pmatrix}$, $B=\begin{pmatrix} 0 & 1 \\ 1 & 0 \end{pmatrix}$에 대하여
$$A_{n+1}=A_nB \quad (n=1, 2, 3, \cdots)$$
로 정의할 때, [보기]에서 옳은 것을 모두 고른 것은? (4점)

─────[보기]─────
ㄱ. $A_2=A_5$ ㄴ. $A_{2n+2}=A_{2n}A_{2n+2}$
ㄷ. $A_{2n+1}=A_{2n}A_{2n+1}$
────────────────

① ㄱ   ② ㄴ   ③ ㄱ, ㄴ
④ ㄴ, ㄷ   ⑤ ㄱ, ㄴ, ㄷ

유형 16 케일리 – 해밀턴의 정리 [이해]

(1) **케일리 – 해밀턴의 정리**
행렬 $A=\begin{pmatrix} a & b \\ c & d \end{pmatrix}$, $E=\begin{pmatrix} 1 & 0 \\ 0 & 1 \end{pmatrix}$, $O=\begin{pmatrix} 0 & 0 \\ 0 & 0 \end{pmatrix}$에 대하여
$A^2-(a+d)A+(ad-bc)E=O$가 성립한다.

(2) $A^2=(a+d)A-(ad-bc)E$이므로 행렬 A의 차수를 낮추는 데 활용할 수 있다.

[tip]
$A^2-pA+qE=O$ (p, q는 실수)를 만족시키는 행렬 A를 구할 때 $A=kE$인 경우와 $A \neq kE$인 경우로 나누어서 구한다.

L160 ✲✾✾ .... 2007대비(나) 6월 모평 22(고3)

행렬 $A=\begin{pmatrix} -1 & 3 \\ -1 & -1 \end{pmatrix}$에 대하여 $A^6\begin{pmatrix} 1 \\ 1 \end{pmatrix}=\begin{pmatrix} a \\ b \end{pmatrix}$일 때, $a+b$의 값을 구하시오. (3점)

L161 ✲✾✾ .... 2006실시(나) 4월 학평 5(고3)

이차방정식 $x^2-5x-1=0$의 두 근을 α, β라 할 때, 행렬 $A=\begin{pmatrix} 2 & \alpha \\ \beta & -2 \end{pmatrix}$에 대하여 A^5과 같은 행렬은? (3점)

① $6A$ ② $9A$ ③ $25A$
④ $27A$ ⑤ $81A$

L162 ✲✲✾ .... 2011대비(나) 수능 29(고3)

이차정사각행렬 A의 (i, j)성분 a_{ij}가
$$a_{ij}=i-j \quad (i=1, 2, \ j=1, 2)$$
이다. 행렬 $A+A^2+A^3+\cdots+A^{2010}$의 $(2, 1)$성분은? (4점)

① -2010 ② -1 ③ 0
④ 1 ⑤ 2010

❖ 정답 및 해설 503~507p

L163 ✱❀❀

두 이차정사각행렬 A, B의 (i, j)성분 a_{ij}, b_{ij}가

$$a_{ij}=\begin{cases} i(j+1)+1 & (i\neq j) \\ 2i+j & (i=j) \end{cases}, \quad b_{ij}=pi+qj$$

이고 $A=B$일 때, 상수 p, q에 대하여 pq의 값을 구하는 과정을 서술하시오. (10점)

1st 이차정사각행렬 A를 구하자.

2nd 이차정사각행렬 B를 구하자.

3rd 행렬이 서로 같을 조건을 이용하여 pq의 값을 구하자.

L164 ✱✱❀

$A=\begin{pmatrix} 1 & 2 \\ 2 & 4 \end{pmatrix}$일 때, 행렬 A^{10}의 모든 성분의 합은 $m\times 5^n$이다. 이때, 자연수 m, n의 합 $m+n$의 값을 구하는 과정을 서술하시오. (단, m과 5는 서로소이다.) (10점)

1st A^2과 A 사이의 관계식을 세우자.

2nd 규칙을 찾아 A^{10}과 A 사이의 관계식을 세우자.

3rd 행렬 A^{10}의 모든 성분의 합을 구하여 $m+n$의 값을 구하자.

L165 ✱❀❀

이차정사각행렬 A에 대하여

$$A\begin{pmatrix} 2 \\ 1 \end{pmatrix}=\begin{pmatrix} -1 \\ 1 \end{pmatrix}, \quad A\begin{pmatrix} -1 \\ 0 \end{pmatrix}=\begin{pmatrix} 3 \\ 1 \end{pmatrix}$$

이다. $A^{100}\begin{pmatrix} 1 \\ 1 \end{pmatrix}=\begin{pmatrix} x \\ y \end{pmatrix}$를 만족시키는 실수 x, y에 대하여

$\dfrac{2x+y}{2x-y}$의 값을 구하는 과정을 서술하시오. (10점)

1st $A\begin{pmatrix} 1 \\ 1 \end{pmatrix}$을 구하자.

2nd 규칙을 찾아 $A^{100}\begin{pmatrix} 1 \\ 1 \end{pmatrix}$을 구하자.

3rd $\dfrac{2x+y}{2x-y}$의 값을 구하자.

L166 ✱✱❀ 2004실시(가) 6월 학평 9(고2) 변형

행렬 $A=\begin{pmatrix} 3 & -2 \\ 2 & -1 \end{pmatrix}$일 때, $A^{10}=mA+nE$를 만족시키는 실수 m, n에 대하여 $m+n$의 값을 구하는 과정을 서술하시오. (10점)

1st A^2을 A, E로 나타내자.

2nd 규칙을 찾아 A^{10}을 A, E로 나타내자.

3rd $m+n$의 값을 구하자.

L167 ★★❀

이차정사각행렬 A에 대하여

$$A\binom{2}{3}=\binom{1}{-1},\ A\binom{-1}{1}=\binom{3}{1}$$

이 성립할 때, $A\binom{x}{y}=\binom{5}{-1}$을 만족시키는 실수 x, y의

합 $x+y$의 값을 구하는 과정을 서술하시오. (10점)

L168 ★★❀

2012대비(나) 수능 9(고3) 변형

이차정사각행렬 A가 다음 조건을 만족시킨다.

> (가) $A^2+3A-E=O$
>
> (나) $A\binom{-2}{1}=\binom{1}{-4}$

$(A+3E)\binom{x}{y}=\binom{4}{-2}$를 만족시키는 실수 x, y에

대하여 $x+y$의 값을 구하는 과정을 서술하시오. (10점)

L169 ★★★

두 행렬 $A=\begin{pmatrix}2&-1\\0&1\end{pmatrix}$, $B=\begin{pmatrix}1&1\\0&2\end{pmatrix}$에 대하여

행렬 $A^2B^2+A^3B^3+A^4B^4$의 모든 성분의 합을
구하는 과정을 서술하시오. (10점)

L170 ★★★

이차정사각행렬 A에 대하여

$$A^2-5A+6E=O,\ A\binom{2}{-3}=\binom{11}{1}$$

이 성립할 때, 행렬 $A\binom{-22}{-2}+A\binom{20}{-30}$의 모든 성분의

합을 구하는 과정을 서술하시오.

(단, E는 단위행렬이고, O는 영행렬이다.) (10점)

L171 ★★★

두 행렬 $A_1=\begin{pmatrix}1&2\\3&4\end{pmatrix}$, $P=\begin{pmatrix}0&1\\1&0\end{pmatrix}$에 대하여

행렬 A_{n+1}을 다음과 같이 정의한다. (단, n은 자연수)

> • 행렬 A_n의 $(1, 1)$성분이 $(1, 2)$성분보다 작으면
> $A_{n+1}=A_nP$
> • 행렬 A_n의 $(1, 1)$성분이 $(1, 2)$성분보다 작지 않으면
> $A_{n+1}=-PA_n$

이때, 행렬 A_{2005}의 $(2, 1)$성분을 구하는 과정을
서술하시오. (10점)

L172 ★★❀

행렬 $A=\begin{pmatrix}x&y\\y&x\end{pmatrix}$에 대하여 등식

$A^2+2A-3E=O$를 만족시키는 실수 x, y의 순서쌍
(x, y)의 개수를 구하는 과정을 서술하시오. (10점)

L173 ⭐2등급 대비 ····· 2010실시(나) 3월 학평 18(고3)

행렬 $A = \begin{pmatrix} a & b \\ c & d \end{pmatrix}$에 대하여

$$A\begin{pmatrix} 2 \\ 3 \end{pmatrix} = \begin{pmatrix} 3 \\ 4 \end{pmatrix}, \quad A^2\begin{pmatrix} 2 \\ 3 \end{pmatrix} = \begin{pmatrix} 5 \\ 7 \end{pmatrix}$$

일 때, $abcd$의 값을 구하시오. (3점)

L174 ⭐2등급 대비 ····· 2010대비(나) 9월 모평 25(고3)

행렬 $A = \begin{pmatrix} 0 & -1 \\ 1 & 0 \end{pmatrix}$에 대하여 $A^m = A^n$을

만족시키는 40 이하의 두 자연수 m, $n (m > n)$의
순서쌍 (m, n)의 개수를 구하시오. (4점)

L175 ⭐2등급 대비

두 행렬 $X = \begin{pmatrix} 0 & 1 \\ 1 & 0 \end{pmatrix}$, $A = \begin{pmatrix} a & b \\ c & d \end{pmatrix}$에 대하여

다음 행렬 중 $X^m A X^n$의 꼴로 나타낼 수 없는 것은?
(단, m, n은 자연수이다.) (4점)

① $\begin{pmatrix} a & b \\ c & d \end{pmatrix}$ ② $\begin{pmatrix} a & c \\ b & d \end{pmatrix}$ ③ $\begin{pmatrix} c & d \\ a & b \end{pmatrix}$

④ $\begin{pmatrix} b & a \\ d & c \end{pmatrix}$ ⑤ $\begin{pmatrix} d & c \\ b & a \end{pmatrix}$

L176 ⭐2등급 대비

이차정사각행렬 X, Y에 대하여
$$[X, Y] = XY - YX$$
로 정의한다. A, B, C가 이차정사각행렬일 때, [보기]의
성질 중 옳은 것만을 있는 대로 고른 것은? (4점)

───[보기]───
ㄱ. $[B, A] = -[A, B]$
ㄴ. $[aA, B] = a[A, B]$
ㄷ. $[[A, B], C] = [C, [B, A]]$

① ㄱ   ② ㄱ, ㄴ   ③ ㄱ, ㄷ
④ ㄴ, ㄷ   ⑤ ㄱ, ㄴ, ㄷ

L177 ⭐1등급 대비

모든 성분이 0 또는 1인 4×1 행렬 X에 대하여

$$\begin{pmatrix} 1 & 1 & 1 & 1 \\ 1 & 0 & 1 & 0 \end{pmatrix} X = \begin{pmatrix} m \\ n \end{pmatrix}$$

이라 할 때, $m+n$이 홀수가 되도록 하는 행렬 X의 개수를 구하시오. (4점)

L178 ⭐1등급 대비

이차정사각행렬 A가

$$A\begin{pmatrix} 2 \\ 1 \end{pmatrix} = \begin{pmatrix} 4 \\ 3 \end{pmatrix}, \quad A\begin{pmatrix} 1 \\ 1 \end{pmatrix} = \begin{pmatrix} 2 \\ 2 \end{pmatrix}$$

를 만족시킬 때, 다음 성질을 이용하여 행렬 A의 모든 성분의 합을 구하시오. (4점)

> $A\begin{pmatrix} a \\ b \end{pmatrix} = \begin{pmatrix} p \\ q \end{pmatrix}$, $A\begin{pmatrix} c \\ d \end{pmatrix} = \begin{pmatrix} r \\ s \end{pmatrix}$이면 $A\begin{pmatrix} a & c \\ b & d \end{pmatrix} = \begin{pmatrix} p & r \\ q & s \end{pmatrix}$가 성립한다.

L179 ⭐1등급 대비

두 자연보호구역 P_1, P_2에서
두 종류의 동물 q_1, q_2의 서식 여부를 조사하여

q_i가 P_j구역에 살고 있으면 $a_{ij}=1$,
q_i가 P_j구역에 살고 있지 않으면 $a_{ij}=0$
$(i, j = 1, 2)$

인 행렬 $A = \begin{pmatrix} a_{11} & a_{12} \\ a_{21} & a_{22} \end{pmatrix}$를 만들었다. $A^2 = \begin{pmatrix} 1 & 2 \\ 0 & 1 \end{pmatrix}$일 때, [보기]에서 옳은 것만을 있는 대로 고른 것은? (4점)

> [보기]
> ㄱ. q_1은 P_1, P_2 중 어느 한 구역에서만 살고 있다.
> ㄴ. P_1구역에는 q_1, q_2 중 어느 한 종류만 살고 있다.
> ㄷ. P_2구역에는 q_1, q_2 모두 살고 있다.

① ㄱ   ② ㄱ, ㄴ   ③ ㄱ, ㄷ
④ ㄴ, ㄷ   ⑤ ㄱ, ㄴ, ㄷ

달리샤

서울대 달리기 동아리

달리기의 매력으로 초대합니다.

달리기는 고가의 장비나 연마할 기술이 없이도
편한 옷과 운동화만 있으면 부담 없이 즐길 수 있는 운동입니다.
처음 시작하는 사람들도 체력과 실력 향상을 몸소 느낄 수 있기도 합니다.

달리샤에서는 정기적으로 개최하는 달리기 모임으로 건강을 챙기고,
부원들과 함께하는 뒤풀이를 통해 친목도 다집니다.
날씨가 좋은 주말에는 야외 코스를 신나게 달리고,
한 학기에 한 번 이상 10km 마라톤 단체 출전을 합니다.

부담 없이 운동을 시작하고 싶거나
새롭게 도전해 보고 싶은 사람,
균형 잡힌 몸을 원하는 사람이라면,
달리샤에서 함께 달려 봅시다!

Special

★ 내신+학평 대비

단원별 모의고사

[제한시간 40분]

모의 A01 ✿✿✿
2018실시 11월 학평 1(고1)

두 다항식

$$A=x^2+xy,\ B=x^2+7xy$$

에 대하여 $A+B$는? (2점)

① x^2+2xy ② x^2+4xy ③ $2x^2+4xy$

④ $2x^2+8xy$ ⑤ $3x^2+2xy$

모의 A02 ✿✿✿
2016실시 6월 학평 1(고1)

두 다항식 $A=2x^2+3xy+1,\ B=2x^2+2xy-3$에 대하여 $A-B$는? (2점)

① $xy+4$ ② $xy+2$ ③ xy

④ $xy-2$ ⑤ $xy-4$

모의 A03 ✿✿✿

두 다항식 $A=2x^3+x^2-3x+2,\ B=x^3-3x^2+2$에 대하여 $(3A+B)-(A+2B)$를 계산하면? (2점)

① $2x^3-5x^2-3x-2$ ② $2x^3+5x^2-5x+2$

③ $3x^3-5x^2-2x-2$ ④ $3x^3+5x^2-4x-2$

⑤ $3x^3+5x^2-6x+2$

모의 A04 ✿✿✿

$(1+x+x^2+\cdots+x^{2018})^2$의 전개식에서 x^4의 계수는? (3점)

① 4 ② 5 ③ 6

④ 7 ⑤ 8

모의 A05 ✿✿✿

$(x+y-2z)^2$을 바르게 전개한 것은? (3점)

① $x^2+y^2+4z^2+2xy+4yz+4zx$

② $x^2+y^2+4z^2+2xy-4yz+4zx$

③ $x^2+y^2+4z^2+2xy-4yz-4zx$

④ $x^2+y^2-4z^2+2xy+4yz+4zx$

⑤ $x^2+y^2-4z^2+2xy-4yz+4zx$

모의 A06 ✽✿✿

$a+3b+2c=13,\ 3ab+6bc+2ca=20$일 때, $a^2+9b^2+4c^2$의 값은? (3점)

① 127 ② 129 ③ 131

④ 133 ⑤ 135

모의 A07 ✽✿✿

$a-b=-3,\ a^3-b^3=9$일 때, a^2-ab+b^2의 값은? (3점)

① 1 ② 5 ③ 8

④ 12 ⑤ 15

모의 A08 ✽✿✿

$x^2+3x+1=0$일 때, $x^5+\dfrac{1}{x^5}$의 값은? (3점)

① -115 ② -117 ③ -119

④ -121 ⑤ -123

모의 A09 ✽✽✻

$a+b+c=\sqrt{3}$이고 $a^2+b^2+c^2=1$일 때, $3a+6b+9c=k\sqrt{3}$이다. k의 값은? (단, a, b, c는 실수, k는 유리수) (3점)

① 2   ② 4   ③ 6
④ 8   ⑤ 10

모의 A10 ✽✻✻

$91\times99\times111$의 값은? (3점)

① 111111   ② 999999   ③ 1111111
④ 9999999   ⑤ 99999999

모의 A11 ✽✻✻

오른쪽 그림과 같이 넓이가 8π인 원에 내접하는 직사각형의 둘레의 길이가 14일 때, 이 직사각형의 넓이는? (3점)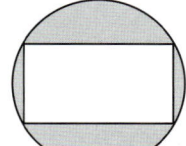

① $\dfrac{13}{2}$ ② 7

③ $\dfrac{15}{2}$ ④ 8

⑤ $\dfrac{17}{2}$

모의 A12 ✽✻✻   2016실시 6월 학평 10(고1)

그림과 같이 모든 모서리 길이의 합이 20인 직육면체 ABCD-EFGH가 있다. $\overline{AG}=\sqrt{13}$일 때, 직육면체 ABCD-EFGH의 겉넓이는? (3점)

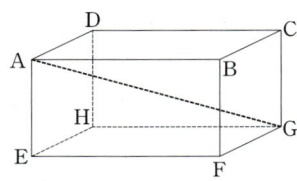

① 10   ② 12   ③ 14
④ 16   ⑤ 18

모의 A13 ✽✽✽

다항식 A를 $3x^2-2x+1$로 나누었을 때의 몫은 $x-2$이고 나머지는 -4일 때, 다항식 A의 x^3의 계수와 x의 계수의 합은? (3점)

① 7   ② 8   ③ 9
④ 10   ⑤ 11

모의 A14 ✽✻✻

다항식 $P(x)$를 $3x-6$으로 나누었을 때의 몫을 $Q(x)$, 나머지를 R라고 할 때, $P(x)$를 $x-2$로 나누었을 때의 몫과 나머지를 차례로 구하면? (3점)

① $Q(x),\ R$ ② $2Q(x),\ R$ ③ $3Q(x),\ R$
④ $2Q(x),\ 2R$ ⑤ $3Q(x),\ 2R$

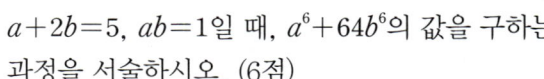

모의 A15 ✽✻✻

$a+2b=5$, $ab=1$일 때, a^6+64b^6의 값을 구하는 과정을 서술하시오. (6점)

모의 B01 ❀❀❀
2016실시 6월 학평 5(고1)

모든 실수 x에 대하여 등식
$$(x-1)(x+a)=bx^2-3x+2$$
가 성립할 때, $a+b$의 값은? (단, a, b는 상수이다.) (3점)

① -1 ② -2 ③ -3
④ -4 ⑤ -5

모의 B02 ❀❀❀

등식 $x^2+2x-3=a(x-1)^2+b(x-1)+c$가
x에 대한 항등식이 되도록 하는 상수 a, b, c에 대하여
$a+2b+3c$의 값은? (3점)

① 6 ② 7 ③ 8
④ 9 ⑤ 10

모의 B03 ✿❀❀

등식 $(k+2)x+(3k+1)y-k+2=0$이 k의 값에 관계없이
항상 성립할 때, 상수 x, y에 대하여 $x+y$의 값은? (3점)

① $-\dfrac{3}{5}$ ② $-\dfrac{2}{5}$ ③ $-\dfrac{1}{5}$
④ $\dfrac{1}{5}$ ⑤ $\dfrac{2}{5}$

모의 B04 ❀❀❀

다항식 $3x^3-4x^2+x+k$를 x^2+x+1로 나눈 나머지가
$5x+12$일 때, 상수 k의 값은? (3점)

① 3 ② 5 ③ 7
④ 9 ⑤ 11

모의 B05 ❀❀❀
2018실시 9월 학평 23(고1)

x에 대한 다항식 x^3-2x-a가 $x-2$로
나누어떨어지도록 하는 상수 a의 값을 구하시오. (3점)

모의 B06 ✿❀❀

x에 대한 다항식 x^3-2x^2+ax+b가 x^2-4x+3으로
나누어떨어질 때, 상수 a, b에 대하여 $b-a$의 값은? (3점)

① 9 ② 10 ③ 11
④ 12 ⑤ 13

모의 B07 ✿❀❀

x^3의 계수가 1인 삼차식 $f(x)$에 대하여
$f(1)=f(2)=f(3)$이고, $f(x)$는 $x+2$로 나누어떨어진다.
이때, $f(0)$의 값은? (3점)

① 50 ② 51 ③ 52
④ 53 ⑤ 54

모의 B08 ✿❀❀

등식 $(2x^2-x+3)^3=a_0+a_1x+\cdots+a_5x^5+a_6x^6$이
x의 값에 관계없이 항상 성립할 때, 상수 a_0, a_1, $\cdots$, a_5,
a_6에 대하여 $a_0+a_2+a_4+a_6$의 값은? (3점)

① 140 ② 145 ③ 150
④ 155 ⑤ 160

B09 ✽✽✽

등식 $x^4 + ax^2 + bx - 24 = (x-4)(x+3)f(x)$가 임의의 x에 대하여 성립할 때, $f(-1)$의 값은? (단, a, b는 상수) (3점)

① 2   ② 3   ③ 4
④ 5   ⑤ 6

B10 ✽✽✽

다항식 $x^3 - ax^2 + 2x - 7$을 $x-2$로 나누었을 때의 나머지와 $x+1$로 나누었을 때의 나머지가 같을 때, 상수 a의 값은? (3점)

① -5 ② -1 ③ 1
④ 3 ⑤ 5

B11 ✽✽✽

다항식 $f(x)$를 $(x-2)^2$으로 나눈 나머지는 $x-5$이고, $x+2$로 나눈 나머지는 9일 때, $f(x)$를 $(x-2)^2(x+2)$로 나눈 나머지는? (4점)

① $-x^2 - 3x - 1$ ② $-x^2 - 3x + 1$
③ $-x^2 + 3x - 1$ ④ $x^2 - 3x - 1$
⑤ $x^2 - 3x + 1$

B12 ✽✽✽

2021^{100}을 2020으로 나누었을 때의 나머지를 p, 2020^{100}을 2019로 나누었을 때의 나머지를 q라 할 때, $p+q$의 값은? (3점)

① 1   ② 2   ③ 3
④ 4   ⑤ 5

B13 ✽✽✽

삼차다항식 $f(x)$가 다음 조건을 만족시킨다.

> (가) $f(2) = 1$
> (나) $f(x)$를 $(x-2)^2$으로 나눈 몫과 나머지가 같다.

$f(x)$를 $(x-2)^3$으로 나눈 나머지를 $R(x)$라 하자. $R(0) = R(6)$일 때, $R(10)$의 값을 구하시오. (4점)

B14 ✽✽✽

다항식 $x^{200} - 1$을 $(x-1)^2$으로 나누었을 때의 나머지를 $R(x)$라고 하자. 이때, $R(3)$의 값은? (4점)

① 100   ② 200   ③ 300
④ 400   ⑤ 500

B15 ✽✽✽

다음 나눗셈을 조립제법을 이용하여 계산한 몫을 $Q(x)$, 나머지를 R라 할 때, $Q(3) + R$의 값은? (3점)

> $$(2x^3 - 5x^2 + 4x + 3) \div (2x - 1)$$

① 4   ② 6   ③ 8
④ 10   ⑤ 12

✖ 서술형

B16 ✽✽✽

두 다항식 $f(x)$, $g(x)$에 대하여 $f(x) + g(x)$를 $x-2$로 나누었을 때의 나머지가 8이고, $\{f(x)\}^3 + \{g(x)\}^3$을 $x-2$로 나누었을 때의 나머지가 32이다. $f(x)g(x)$를 $x-2$로 나누었을 때의 나머지를 구하는 과정을 서술하시오. (7점)

모의
C01 ✽✽✽ ────────────────── 2014실시 11월 학평 2(고1)

다항식 x^3-8y^3이 $(x-ay)(x^2+2xy+4y^2)$으로 인수분해될 때, 상수 a의 값은? (2점)

① 1　　　　② 2　　　　③ 3
④ 4　　　　⑤ 5

모의
C02 ✽✽✽ ──────────────────

다음 중 다항식 x^3-2x^2-x+2의 인수가 <u>아닌</u> 것을 모두 고르면? (정답 2개) (3점)

① $x-1$　　② $x+1$　　③ $x-2$
④ $x+2$　　⑤ $x-3$

모의
C03 ✽✽✽ ──────────────────

다음 중 두 다항식 x^2+x-6, x^3+4x^2+x-6에 공통으로 들어 있는 인수인 것은? (3점)

① $x+1$　　② $x-2$　　③ $x+2$
④ $x-3$　　⑤ $x+3$

모의
C04 ✽✽✽ ──────────────────

$x^4+6x^2y^2+25y^4$을 인수분해하면
$(x^2+Axy+By^2)(x^2-Axy+By^2)$이 된다.
이때, 상수 A, B에 대하여 $A+B$의 값을 구하시오.

(단, $A>0$) (3점)

모의
C05 ✽✽✽ ──────────────────

다항식
$$(x^2+2xy+y^2)(x^2-2xy+y^2)-8(x^2+y^2)+16$$
의 인수인 것만을 [보기]에서 모두 고른 것은? (3점)

───────────[보기]───────────
ㄱ. $x+y+1$　　ㄴ. $x-y-1$　　ㄷ. $x+y+2$
ㄹ. $x-y+2$　　ㅁ. $x-y-4$　　ㅂ. $x+y+4$
──────────────────────────

① ㄱ, ㄴ　　② ㄱ, ㅁ　　③ ㄴ, ㅂ
④ ㄷ, ㄹ　　⑤ ㄷ, ㅁ

모의
C06 ✽✽✽ ──────────────────

자연수 n에 대하여 $f(n)=n^3-2n-4$라 할 때, $f(n)$이 소수가 되는 자연수 n의 값은? (3점)

① 3　　　　② 5　　　　③ 7
④ 9　　　　⑤ 11

모의
C07 ✽✽✽ ──────────────────

자연수 n에 대하여 가로의 길이가 $n^3+7n^2+14n+8$, 세로의 길이가 n^2+5n+6인 직사각형 모양의 바닥이 있다. 한 변의 길이가 $n+2$인 정사각형 모양의 타일로 이 바닥 전체를 겹치지 않게 빈틈없이 깔려고 한다. 이때, 필요한 타일의 개수는? (3점)

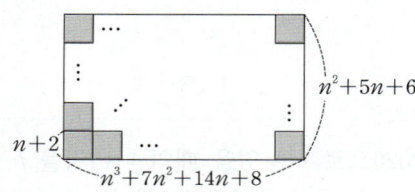

① $(n+1)(n+3)$
② $(n+3)(n+4)$
③ $(n+1)(n+2)(n+3)$
④ $(n+1)(n+3)(n+4)$
⑤ $(n+2)(n+3)(n+4)$

C08 *❀❀

삼각형 ABC의 세 변의 길이 a, b, c 사이에 다음과 같은 관계가 성립할 때, 삼각형 ABC는 어떤 삼각형인가? (3점)

$$a^3 - a^2 b + ac^2 + ab^2 - b^3 - bc^2 = 0$$

① $a=b$인 이등변삼각형
② $b=c$인 이등변삼각형
③ 정삼각형
④ 빗변의 길이가 a인 직각삼각형
⑤ 빗변의 길이가 c인 직각삼각형

C09 *❀❀

$x^2 - 4xy + 3y^2 + 6x - 10y + 8$을 x, y에 대한 두 일차식의 곱으로 인수분해했을 때, 이 두 일차식인 인수들의 합은? (3점)

① $2x-2y-4$ ② $2x-2y+4$
③ $2x-4y-6$ ④ $2x-4y+6$
⑤ $2x+4y+6$

C10 *❀❀

$a-b=3+\sqrt{2}$, $b-c=3-\sqrt{2}$일 때,
$a^2(b-c)+b^2(c-a)+c^2(a-b)$의 값은? (3점)

① 40   ② 42   ③ 44
④ 46   ⑤ 48

C11 *❀❀

$\dfrac{2000^3+1}{2001}$의 값을 구하면? (3점)

① 3997991   ② 3998001   ③ 3998011
④ 3998021   ⑤ 3998031

C12 *❀❀ 2017실시 6월 학평 6(고1)

1이 아닌 두 자연수 a, b $(a<b)$에 대하여
$$11^4 - 6^4 = a \times b \times 157$$
로 나타낼 때, $a+b$의 값은? (3점)

① 21   ② 22   ③ 23
④ 24   ⑤ 25

C13 *❀❀ 2017실시(가) 3월 학평 14(고2)

세 다항식 $f(x)=x^2+x$, $g(x)=x^2-2x-1$, $h(x)$에 대하여
$$\{f(x)\}^3 + \{g(x)\}^3 = (2x^2-x-1)h(x)$$
가 x에 대한 항등식일 때, $h(x)$를 $x-1$로 나누었을 때의 나머지는? (4점)

① 8   ② 9   ③ 10
④ 11   ⑤ 12

✖ 서술형

C14 *❀❀

a^3+b^3을 인수분해하고 그 결과를 이용하여 1000027이 소수가 아님을 서술하시오. (6점)

모의 D01 ✱✱✱ ·········· 2019실시(나) 3월 학평 4(고2)

$i(1+i)$의 값은? (단, $i=\sqrt{-1}$) (3점)

① $-2+i$ ② $-1+i$ ③ i
④ $1+i$ ⑤ $2+i$

모의 D02 ✱✱✱ ·········· 2018실시 6월 학평 1(고1)

$(3+i)-2i$의 값은? (단, $i=\sqrt{-1}$이다.) (2점)

① $1-i$ ② $2-i$ ③ $3-i$
④ $4-i$ ⑤ $5-i$

모의 D03 ✱✱✱ ··········

등식 $\overline{(1-2i)}(x-yi)=3+i$를 만족하는 실수 x, y에 대하여 $x+y$의 값은?

(단, $\bar{z}$는 z의 켤레복소수이고, $i=\sqrt{-1}$이다.) (3점)

① 2   ② 3   ③ 4
④ 5   ⑤ 6

모의 D04 ✱✱✱ ·········· 2017실시 6월 학평 14(고1) 변형

두 복소수 $\alpha=\dfrac{1+i}{i}$, $\beta=\dfrac{1-i}{i}$에 대하여

$(2\alpha^2+3)(2\beta^2+3)$의 값은? (단, $i=\sqrt{-1}$이다.) (4점)

① 20   ② 25   ③ 30
④ 35   ⑤ 40

모의 D05 ✱✱✱ ·········· 2013실시(B) 3월 학평 1(고2)

두 실수 x, y가 등식 $(x+3)-yi=9-8i$를 만족시킬 때, $x+y$의 값은? (단, $i=\sqrt{-1}$이다.) (2점)

① 14   ② 15   ③ 16
④ 17   ⑤ 18

모의 D06 ✿✱✱ ··········

$\alpha=2-3i$, $\beta=1+2i$일 때, $\alpha\bar{\beta}+\bar{\alpha}\beta+\bar{\alpha}\bar{\beta}+\alpha\beta$의 값은? (단, $i=\sqrt{-1}$이고, $\bar{\alpha}$, $\bar{\beta}$는 각각 α, β의 켤레복소수이다.) (3점)

① 8   ② 9   ③ 10
④ 11   ⑤ 12

모의 D07 ✿✱✱ ··········

실수가 아닌 복소수 z에 대하여 $z(z+2)$가 실수이고 $z\bar{z}=6$일 때, $z(z+2)$의 값은?

(단, $\bar{z}$는 z의 켤레복소수이다.) (3점)

① -6 ② -3 ③ 1
④ 3   ⑤ 6

모의 D08 ✿✱✱ ·········· 2013실시(A) 3월 학평 16(고2)

등식 $z^2=3+4i$를 만족시키는 복소수 z에 대하여 $z\bar{z}$의 값은? (단, $i=\sqrt{-1}$이고 $\bar{z}$는 z의 켤레복소수이다.) (4점)

① 5   ② 6   ③ 7
④ 8   ⑤ 9

모의 D09 ✿✿✿

$x = \dfrac{3-i}{1+3i}$일 때, $1 - x + x^2 - x^3 + x^4 - x^5$의 값은?

(단, $i = \sqrt{-1}$) (3점)

① 1   ② i ③ $-i$

④ $1+i$ ⑤ $1-i$

모의 D10 ✿✿✿

$i + 2i^2 + 3i^3 + 4i^4 + \cdots + 2018i^{2018} = x + yi$를
만족하는 실수 x, y에 대하여 $x + y$의 값은?

(단, $i = \sqrt{-1}$) (3점)

① -3 ② -2 ③ -1

④ 0 ⑤ 1

모의 D11 ✿✿✿ 2017실시 9월 학평 7(고1)

복소수 0, i, $-2i$, $3i$, $-4i$, $5i$가 적힌 다트판에
3개의 다트를 던져 맞히는 게임이 있다. 3개의 다트를
모두 다트판에 맞혔을 때, 얻을 수 있는 세 복소수를
a, b, c라 하자. $a^2 - bc$의 최솟값은?

(단, $i = \sqrt{-1}$이고 경계에 맞는 경우는 없다.) (3점)

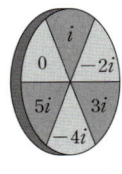 

① -49 ② -47 ③ -45

④ -43 ⑤ -41

모의 D12 ✿✿✿

임의의 자연수 n에 대하여 $A = i^n - \dfrac{1}{i^n}$이 가질 수 있는
서로 다른 값의 개수는? (단, $i = \sqrt{-1}$이다.) (4점)

① 1   ② 2   ③ 3

④ 4   ⑤ 5

모의 D13 ✿✿✿ 2014실시 6월 학평 7(고1) 변형

$\sqrt{-5}\sqrt{-20} + \dfrac{\sqrt{45}}{\sqrt{-5}}$의 값은? (단, $i = \sqrt{-1}$이다.) (3점)

① $10+3i$ ② $10-3i$ ③ $-8i$

④ $-10+3i$ ⑤ $-10-3i$

모의 D14 ✿✿✿

등식 $\dfrac{\sqrt{x+1}}{\sqrt{x-3}} = -\sqrt{\dfrac{x+1}{x-3}}$을 만족시키는 정수 x의
개수는? (3점)

① 2   ② 3   ③ 4

④ 5   ⑤ 6

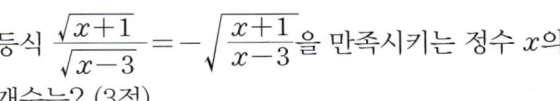

✖ 서술형

모의 D15 ✿✿✿

다음 조건을 만족시키는 실수 x, y에 대하여
xy의 값을 구하는 과정을 서술하시오.

(단, $i = \sqrt{-1}$이다.) (7점)

(가) $\sqrt{x}\sqrt{y} = -\sqrt{xy}$
(나) $x^2 + 3x - (y+3)i = 18 + 4i$

E01 ✽✿✿

이차방정식 $f(x)=0$의 두 근 α, β에 대하여 $\alpha+\beta=-4$일 때, 이차방정식 $f(2x-5)=0$의 두 근의 합은? (3점)

① -3　　　　② -1　　　　③ 0

④ 1　　　　⑤ 3

E02 ✽✿✿

그림은 어느 지역에 있는 토지를 정사각형 ABCD로 나타낸 것이다. 변 AD 위에 $\overline{AE}=5$ m가 되는 점 E와 변 CD 위에 $\overline{CF}=3$ m가 되는 점 F를 일직선으로 연결한 경계선을 만들었다. 오각형 ABCFE의 넓이가 129 m²일 때, 정사각형 ABCD의 넓이는 a m²이다. a의 값을 구하시오. (4점)

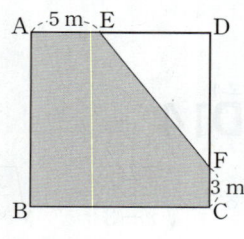

E03 ✿✿✿

이차방정식 $x^2-(a-1)x+(a+2)=0$이 중근을 갖도록 하는 모든 실수 a의 값의 합은? (3점)

① 2　　　　② 3　　　　③ 4

④ 5　　　　⑤ 6

E04 ✿✿✿

이차방정식 $x^2-3x-2=0$의 두 근이 α, β일 때, $\alpha^3-3\alpha^2+\alpha\beta+2\beta$의 값은? (4점)

① 0　　　　② 2　　　　③ 4

④ 6　　　　⑤ 8

E05 ✽✿✿

이차방정식 $3x^2-2x+1=0$의 두 근이 α, β일 때, $\dfrac{\beta}{\alpha}$, $\dfrac{\alpha}{\beta}$를 두 근으로 갖고 최고차항의 계수가 1인 이차방정식은 $x^2+px+q=0$이다. 상수 p, q에 대하여 $p-q$의 값은? (3점)

① $-\dfrac{2}{3}$　　　② $-\dfrac{1}{3}$　　　③ $\dfrac{1}{3}$

④ $\dfrac{2}{3}$　　　⑤ 1

E06 ✽✿✿

x에 대한 이차방정식 $x^2+(2k-2)x+k^2+ak+b=0$이 k의 값에 관계없이 중근을 가질 때, 실수 a, b에 대하여 $a+b$의 값은? (3점)

① -5　　　　② -3　　　　③ -1

④ 1　　　　⑤ 3

E07 ✿✿✿

x에 대한 이차방정식
$$(a^2-4)x^2=a+2$$
가 서로 다른 두 실근을 갖도록 하는 9보다 작은 자연수 a의 개수는? (3점)

① 3　　　　② 4　　　　③ 5

④ 6　　　　⑤ 7

모의 E08 ✿✿✿

0이 아닌 세 실수 p, q, r에 대하여 이차방정식 $x^2+px+q=0$의 두 근을 α, β라 할 때, $x^2+rx+p=0$은 두 근 3α, 3β를 갖는다. 이때, $\dfrac{r}{q}$의 값은? (4점)

① $\dfrac{1}{9}$ ② $\dfrac{1}{3}$ ③ 3

④ 9   ⑤ 27

모의 E09 ✿✿✿

이차방정식 $x^2+(6-k)x-12=0$의 두 근의 절댓값의 비가 3 : 1이 되도록 하는 모든 상수 k의 값의 곱은? (3점)

① 12   ② 14   ③ 16

④ 18   ⑤ 20

모의 E10 ✿✿✿ 2013실시(B) 3월 학평 19(고2)

이차방정식 $x^2-ax-3a=0\,(a>0)$의 서로 다른 두 실근 α, β에 대하여 $|\alpha|+|\beta|=8$일 때, $\alpha^2+\beta^2$의 값은? (4점)

① 34   ② 36   ③ 38

④ 40   ⑤ 42

모의 E11 ✿✿✿

x에 대한 이차방정식 $x^2+(m+n)x-mn=0$의 한 근이 $-2+\sqrt{5}i$일 때, m^3+n^3의 값은?

(단, $i=\sqrt{-1}$이고 m, n은 실수이다.) (3점)

① 164   ② 168   ③ 172

④ 176   ⑤ 180

모의 E12 ✿✿✿

방정식 $x^2+|x+2|=\sqrt{(x-2)^2+8}$의 모든 근의 제곱의 합은? (4점)

① 12   ② 14   ③ 16

④ 18   ⑤ 20

모의 E13 ✿✿✿

다음 [보기] 중 계수가 실수인 x에 대한 두 이차방정식 $ax^2+2bx+c=0$, $ax^2+3bx+c=0$의 근에 대한 설명으로 옳은 것만을 있는 대로 고른 것은? (4점)

─────[보기]─────

ㄱ. 두 이차방정식에서 각각의 두 근의 곱은 서로 같다.

ㄴ. $ac>0$이면 두 이차방정식은 실수인 공통인 근을 갖지 않는다.

ㄷ. $ax^2+3bx+c=0$이 허근을 가지면 $ax^2+2bx+c=0$도 허근을 가진다.

① ㄱ   ② ㄷ   ③ ㄱ, ㄴ

④ ㄴ, ㄷ   ⑤ ㄱ, ㄴ, ㄷ

✖ 서술형

모의 E14 ✿✿✿

실수 a, b가 등식

$$\sqrt{a^2+2ab-8a+b^2-8b+16}+\sqrt{a^2b^2+4ab+4}=0$$

을 만족시킬 때, x^2의 계수가 1이고 a, b를 두 근으로 하는 이차방정식을 구하는 과정을 서술하시오. (5점)

모의 F01 ✱✱✱

이차함수 $y=x^2-2kx+k^2-2k-3$의 그래프의 꼭짓점이 제3사분면 위에 있을 때, 상수 k의 값의 범위는? (3점)

① $-\dfrac{3}{2}<k<0$　② $-\dfrac{3}{2}<k\leq0$　③ $k<0$

④ $0<k<\dfrac{3}{2}$　⑤ $0\leq k<\dfrac{3}{2}$

모의 F02 ✱✱✱

이차함수 $y=x^2-3x-2$의 그래프가 x축과 서로 다른 두 점 A, B에서 만날 때, 선분 AB의 길이는? (3점)

① 3　② $\sqrt{10}$　③ $2\sqrt{3}$

④ 4　⑤ $\sqrt{17}$

모의 F03 ✱✱✱ ·········· 2016실시 3월 학평 20(고1)

이차함수 $y=x^2-ax+a$의 그래프에 대하여 [보기]에서 옳은 것만을 있는 대로 고른 것은?

(단, a는 실수이다.) (4점)

───────[보기]───────
ㄱ. 점 $(1,\ 1)$을 지난다.

ㄴ. x축의 방향으로 $-\dfrac{a}{2}$만큼 평행이동한 그래프는 y축에 대칭이다.

ㄷ. 꼭짓점이 x축 위에 있도록 하는 a의 개수는 1이다.
──────────────────

① ㄱ　② ㄷ　③ ㄱ, ㄴ

④ ㄴ, ㄷ　⑤ ㄱ, ㄴ, ㄷ

모의 F04 ✱✱✱

이차함수 $y=x^2+3ax+a^2-2a+1$의 그래프가 x축과 서로 다른 두 점에서 만날 때, 실수 a의 값의 범위는? (3점)

① $-3<a<\dfrac{1}{5}$　② $-2<a<\dfrac{2}{5}$

③ $-2\leq a\leq\dfrac{2}{5}$　④ $a<-3$ 또는 $a>\dfrac{1}{5}$

⑤ $a<-2$ 또는 $a>\dfrac{2}{5}$

모의 F05 ✱✱✱

이차함수 $y=x^2+ax+b$의 그래프가 두 직선 $y=-x+1$과 $y=3x+5$에 동시에 접할 때, 상수 a, b에 대하여 ab의 값은? (3점)

① 6　② 9　③ 12

④ 15　⑤ 18

모의 F06 ✱✱✱

직선 $y=x+m$은 이차함수 $y=x^2-x-4$의 그래프와 서로 다른 두 점에서 만나고, 이차함수 $y=x^2-3x+10$의 그래프와 만나지 않을 때, 정수 m의 최댓값과 최솟값의 합은? (4점)

① -2　② -1　③ 0

④ 1　⑤ 2

모의 F07 ✱✱✱ ·········· 2017실시(가) 3월 학평 7(고2)

이차함수 $f(x)=x^2+ax+b$의 그래프는 직선 $x=2$에 대하여 대칭이다. $0\leq x\leq3$에서 함수 $f(x)$의 최댓값이 8일 때, $a+b$의 값은? (단, a, b는 상수이다.) (3점)

① 4　② 6　③ 8

④ 10　⑤ 12

F08 ★★✽ 2014실시 11월 학평 26(고1)

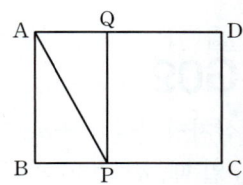

그림과 같이 일차함수 $y=f(x)$의 그래프는
점 $(8, 0)$을 지나고, 이차함수 $y=g(x)$의 그래프는
직선 $x=8$을 축으로 한다. 두 함수 $y=f(x)$와 $y=g(x)$의
그래프가 만나는 서로 다른 두 점의 x좌표가 각각 4,
16일 때, 방정식 $|f(x)|+g(x)=0$의 모든 실근의 곱을
구하시오. (단, 두 함수 $f(x)$, $g(x)$의 최고차항의 계수는
양수이다.) (4점)

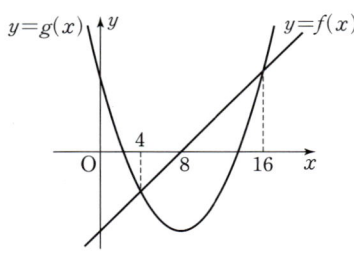

F09 ★✽✽

이차함수 $y=ax^2+bx+c$의 그래프가 두 점 $(-2, 0)$,
$(1, 0)$을 지나고, 꼭짓점이 직선 $4x-y=7$ 위에 있을
때, 상수 a, b, c에 대하여 $a-b-c$의 값은? (3점)

① -4 ② -2 ③ 0
④ 4 ⑤ 8

F10 ★✽✽ 2016실시(나) 3월 학평 15(고2)

이차항의 계수가 -1인 이차함수 $y=f(x)$의
그래프와 직선 $y=g(x)$가 만나는 두 점의 x좌표는
2와 6이다. $h(x)=f(x)-g(x)$라 할 때, 함수 $h(x)$는
$x=p$에서 최댓값 q를 갖는다. $p+q$의 값은? (4점)

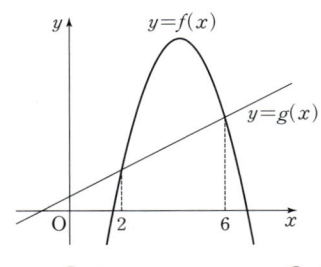

① 8 ② 9 ③ 10
④ 11 ⑤ 12

F11 ★✽✽

$0 \le x \le a$에서 이차함수 $f(x)=x^2-4x+5$의 최솟값이 b,
최댓값이 17일 때, 실수 a, b에 대하여 $2a+b$의 값은?
(단, $a>0$) (3점)

① 12 ② 13 ③ 14
④ 15 ⑤ 16

F12 ★✽✽

오른쪽 그림과 같이 가로의
길이가 4, 세로의 길이가 3인
직사각형 ABCD에서 점 P가 $\overline{BC}$
위를 움직이고, $\overline{PQ}$와 $\overline{AB}$가
평행하도록 점 Q가 $\overline{AD}$ 위를
움직일 때, $\overline{AP}^2+\overline{PQ}^2+\overline{QD}^2$의 최솟값은? (4점)

① 25 ② 26 ③ 27
④ 28 ⑤ 29

✖ 서술형

F13 ★✽✽

실수 k의 값에 관계없이 이차함수
$y=x^2-2kx+k^2+2k-5$의 그래프가 항상 접하는 직선의
y절편을 구하는 과정을 서술하시오. (9점)

모의 G01 ✾✾✾
2016실시 6월 학평 9(고1)

삼차방정식
$$x^3+x^2+x-3=0$$
의 두 허근을 α, β라 할 때, $(\alpha-1)(\beta-1)$의 값은? (3점)

① 6   ② 7   ③ 8

④ 9   ⑤ 10

모의 G02 ✾✾✾

삼차방정식 $x^3+ax^2+bx-3a+2=0$의 세 근이 -1, 2, c일 때, $a+b+c$의 값은? (단, a, b는 상수) (3점)

① -8 ② -4 ③ -1

④ 3   ⑤ 6

모의 G03 ✾✾✾
2018실시 11월 학평 27(고1)

그림과 같이 이차함수 $y=x^2-8x+12$의
그래프와 직선 $y=k$가 만나는 두 점을 각각 A, B라 하자.
삼각형 AOB의 넓이가 15일 때, 양수 k의 값을 구하시오.
(단, O는 원점이다.) (4점)

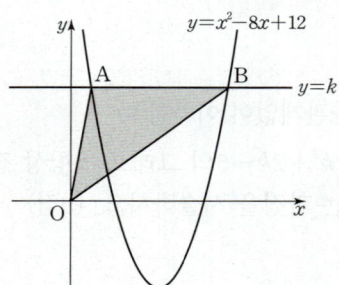

모의 G04 ✾✾✾

방정식 $4x^4-8x^3+3x^2-8x+4=0$의 모든 실근의 곱은?
(3점)

① $\dfrac{1}{2}$ ② 1   ③ $\dfrac{3}{2}$

④ 2   ⑤ $\dfrac{5}{2}$

모의 G05 ✾✾✾

삼차방정식 $x^3-2x^2+x-3=0$의 세 근을 α, β, γ라 할 때, $\alpha^3+\beta^3+\gamma^3$의 값은? (3점)

① 11   ② 12   ③ 13

④ 14   ⑤ 15

모의 G06 ✾✾✾

삼차방정식 $x^3-1=0$의 한 허근을 ω라 할 때,
[보기] 중 옳은 것만을 있는 대로 고른 것은?
(단, $\overline{\omega}$는 ω의 켤레복소수) (3점)

─────────── [보기] ───────────
ㄱ. $\omega^2+\omega+1=0$ ㄴ. $\omega+\overline{\omega}+\omega\overline{\omega}=0$
ㄷ. $\omega+\dfrac{1}{\omega}=1$ ㄹ. $\omega^3+(\overline{\omega})^3=\omega^2+(\overline{\omega})^2$
──────────────────────────────

① ㄱ, ㄴ   ② ㄱ, ㄹ   ③ ㄴ, ㄷ

④ ㄱ, ㄴ, ㄷ   ⑤ ㄱ, ㄴ, ㄹ

모의 G07 ✾✾✾

삼차방정식 $x^3+ax+b=0$의 한 근이 $3+\sqrt{2}$일 때,
유리수 a, b에 대하여 $a+b$의 값은? (3점)

① 9   ② 10   ③ 11

④ 12   ⑤ 13

G08 ✽✽✻ ....

다항식 $f(x)=x^3+ax^2+bx+c$가 다음 조건을 만족할 때, 삼차방정식 $f(2x)=0$의 세 근의 합은?

(단, a, b, c는 실수, $i=\sqrt{-1}$) (4점)

> (가) $f(x)$는 $x-2$로 나누어떨어진다.
> (나) 삼차방정식 $f(x)=0$의 한 근이 $\sqrt{3}i$이다.

① $\dfrac{3}{4}$ ② 1 ③ $\dfrac{5}{4}$

④ $\dfrac{3}{2}$ ⑤ $\dfrac{7}{4}$

모의
G09 ✽✻✻ .... 2015실시 11월 학평 8(고1)

두 양수 α, β에 대하여 $x=\alpha$, $y=\beta$가 연립이차방정식 $\begin{cases} 2x-y=-3 \\ 2x^2+y^2=27 \end{cases}$의 해일 때, $\alpha \times \beta$의 값은? (3점)

① 1 ② 2 ③ 3

④ 4 ⑤ 5

모의
G10 ✽✻✻ ....

연립방정식 $\begin{cases} x+y=1 \\ 2x^2+y^2=k \end{cases}$가 실근을 갖도록 하는 실수 k의 최솟값은? (3점)

① $-\dfrac{2}{3}$ ② $-\dfrac{1}{3}$ ③ 0

④ $\dfrac{1}{3}$ ⑤ $\dfrac{2}{3}$

모의
G11 ✽✻✻ ....

연립방정식 $\begin{cases} x^2-xy-2y^2=0 \\ x^2+2xy-3y^2=20 \end{cases}$의 해를 $x=a$, $y=b$라고 할 때, 다음 중 ab의 값이 될 수 있는 것은? (3점)

① -8 ② -5 ③ -4

④ 4 ⑤ 5

모의
G12 ✽✽✽ .... 2018실시 6월 학평 19(고1)

그림과 같이 직선 위에 $\overline{AB}=6$인 두 점 A, B가 있다. 선분 AB 위의 점 C에 대하여 선분 AC의 중점을 P_1, 선분 CB의 중점을 P_2라 하고 $\overline{P_1C}=a$, $\overline{CP_2}=b$라 하자. 점 P_1을 중심으로 하고 반지름의 길이가 $a+\dfrac{1}{2}$인 반원 O_1, 점 P_2를 중심으로 하고 반지름의 길이가 $b+\dfrac{1}{2}$인 반원 O_2를 각각 그린 후, 선분 P_1P_2를 지름으로 하는 반원을 그린다. 두 반원 O_1과 O_2의 교점이 호 P_1P_2 위에 있을 때, ab의 값은? (단, $a<b$) (4점)

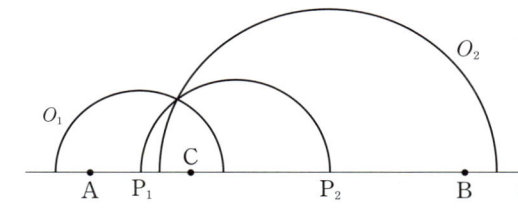

① $\dfrac{5}{4}$ ② $\dfrac{7}{4}$ ③ $\dfrac{9}{4}$

④ $\dfrac{11}{4}$ ⑤ $\dfrac{13}{4}$

모의
G13 ✽✻✻ ....

$ab+2a-3b=2$를 만족하는 정수 a, b의 순서쌍 (a, b)의 개수는? (3점)

① 2 ② 4 ③ 6

④ 8 ⑤ 10

✖ 서술형

모의
G14 ✽✻✻ ....

각 자릿수의 제곱의 합이 74인 두 자리의 자연수가 있다. 이 자연수의 십의 자리의 숫자와 일의 자리의 숫자를 바꾼 수는 처음 수보다 18만큼 작다고 할 때, 처음 자연수를 구하는 과정을 서술하시오. (8점)

모의고사 G

모의
H01 ❀❀❀ ─────

부등식 $(a-b)x > a+b$의 해가 모든 실수일 때, 부등식
$(a+b)x > 2a-b$의 해는? (단, a, b는 상수이다.) (3점)

① $x < -\dfrac{1}{2}$　　② $x > -\dfrac{1}{2}$　　③ $x < \dfrac{1}{2}$

④ $x > \dfrac{1}{2}$　　⑤ $x < 2$

모의
H02 ❀❀❀ ───────── 2014실시 3월 학평 5(고1)

연립부등식
$$\begin{cases} 3(x+4) > 6x \\ x-1 > 0 \end{cases}$$
을 만족시키는 정수 x의 개수는? (3점)

① 1　　　② 2　　　③ 3

④ 4　　　⑤ 5

모의
H03 ❀❀❀ ─────

연립부등식 $2x-7 < \dfrac{3x+2}{5} \leq 4x-3$을 만족시키는 모든
자연수 x의 값의 합은? (3점)

① 10　　　② 15　　　③ 20

④ 25　　　⑤ 30

모의
H04 ❀❀❀ ─────

x에 대한 연립부등식 $\begin{cases} 2x-a > 3 \\ -x+4 > b \end{cases}$의 해가 $-3 < x < 4$일
때, 상수 a, b에 대하여 $a+b$의 값은? (3점)

① -9　　　② -1　　　③ 0

④ 1　　　⑤ 9

모의
H05 ❀❀❀ ─────

x에 대한 연립부등식
$$\begin{cases} x-2 \leq 2x-a \\ 3x-4 \leq 14-5x \end{cases}$$
가 정수인 해를 갖도록 하는 상수 a의 최댓값은? (3점)

① 1　　　② 2　　　③ 3

④ 4　　　⑤ 5

모의
H06 ❀❀❀ ─────

이차방정식 $x^2+2\sqrt{2}x+m-1=0$은 실근을 갖고,
이차방정식 $x^2-(2m-1)x+m^2=0$은 허근을 갖도록
하는 실수 m의 값의 범위는? (3점)

① $-1 \leq m < 1$　　② $-\dfrac{1}{2} < m \leq 3$　　③ $\dfrac{1}{4} < m \leq 3$

④ $\dfrac{1}{2} \leq m < 4$　　⑤ $1 < m < 4$

모의
H07 ❀❀❀ ─────

연립부등식
$$\begin{cases} 3(x-2) > 4x+k \\ x+1.2 \geq 0.1(1-x) \end{cases}$$
의 해가 없을 때, 실수 k의 최솟값은? (3점)

① -6　　　② -5　　　③ -4

④ -3　　　⑤ -2

H08 ✱✱✱ 2018실시(가) 3월 학평 11(고2)

부등식 $|3x-2| \leq x+6$의 해가 $\alpha \leq x \leq \beta$일 때, $\alpha+\beta$의 값은? (3점)

① 3   ② 4   ③ 5

④ 6   ⑤ 7

H09 ✱✱✱

x에 대한 부등식 $|4x+3|-2 \leq k$의 해가 $-2 \leq x \leq \dfrac{1}{2}$일 때, 상수 k의 값은? (3점)

① 3   ② 5   ③ 7

④ 9   ⑤ 11

H10 ✱✱✱

연립부등식

$$\begin{cases} |x-2| < k \\ 3x+3 \geq 4x \end{cases}$$

를 만족시키는 정수 x가 3개 존재할 때, 양수 k의 값의 범위는? (3점)

① $1 < k < 2$ ② $1 \leq k < 2$ ③ $1 < k \leq 2$

④ $2 \leq k < 3$ ⑤ $2 < k \leq 3$

H11 ✱✱✱

부등식 $|x+1|+|x-3| \leq 6$을 만족하는 정수 x의 개수는? (3점)

① 4   ② 5   ③ 6

④ 7   ⑤ 8

H12 ✱✱✱

부등식 $\big||2x-3|-7\big| < 4$를 만족시키는 모든 정수 x의 값의 합은? (4점)

① 6   ② 9   ③ 10

④ 14   ⑤ 15

✖ 서술형

H13 ✱✱✱ 2007실시 9월 학평 18(고1) 변형

수직선 위의 두 점 $A(3)$, $B(8)$에 대하여 점 $P(x)$가 $\overline{AP}+\overline{BP} \leq 9$를 만족시킬 때, 선분 OP의 길이의 최댓값과 최솟값의 합을 구하는 과정을 서술하시오.

(단, O는 원점이다.) (8점)

모의 **I01** ✽✽✽

이차부등식 $(x+1)(x-3)<5$의 해가 $\alpha<x<\beta$일 때, $\alpha+2\beta$의 값은? (3점)

① -2　　　　② 0　　　　③ 2

④ 4　　　　⑤ 6

모의 **I02** ✽✽✽　　　　2016실시 6월 학평 4(고1)

이차부등식 $x^2+ax+b<0$의 해가 $-1<x<5$가 되도록 하는 두 상수 a, b의 곱 ab의 값은? (3점)

① 20　　　　② 25　　　　③ 30

④ 35　　　　⑤ 40

모의 **I03** ✽✽✽

x에 대한 이차부등식
$$(a-2)x^2-(a+1)x+2a-2\leq 0$$
의 해가 오직 한 개 존재할 때, 실수 a의 값은? (3점)

① 3　　　　② 2　　　　③ $\dfrac{5}{7}$

④ $\dfrac{3}{5}$　　　　⑤ $\dfrac{1}{3}$

모의 **I04** ✽✽✽

이차부등식 $kx^2+4x+k+3<0$이 모든 실수 x에 대하여 성립하도록 하는 실수 k의 값의 범위는? (3점)

① $k<0$　　　② $k>1$　　　③ $k<-4$

④ $-4<k<1$　　⑤ $k<-4$ 또는 $k>1$

모의 **I05** ✽✽✽

모든 실수 x에 대하여 $\sqrt{ax^2+2(a-1)x+a}$가 실수가 되도록 하는 정수 a의 최솟값은? (3점)

① -1　　　　② 0　　　　③ 1

④ 2　　　　⑤ 3

모의 **I06** ✽✽✽

이차함수 $y=x^2-2x-4$의 그래프가 이차함수 $y=-x^2+2x+2$의 그래프보다 위쪽에 있는 x의 값의 범위는? (3점)

① $-3<x<1$　　　　② $x<-3$ 또는 $x>1$

③ $-1<x<3$　　　　④ $x<-1$ 또는 $x>3$

⑤ $1<x<3$

모의 **I07** ✽✽✽　　　　2014실시 11월 학평 29(고1)

최고차항의 계수가 각각 $\dfrac{1}{2}$, 2인 두 이차함수 $y=f(x)$, $y=g(x)$가 다음 조건을 만족시킨다.

> (가) 두 함수 $y=f(x)$와 $y=g(x)$의 그래프는 직선 $x=p$를 축으로 한다.
> (나) 부등식 $f(x)\geq g(x)$의 해는 $-1\leq x\leq 5$이다.

$p\times\{f(2)-g(2)\}$의 값을 구하시오.

（단, p는 상수이다.) (4점)

연립이차부등식 $\begin{cases} x^2+x-6\geq 0 \\ x^2+4x-5<0 \end{cases}$ 을 풀면? (3점)

① $-5<x\leq -3$ ② $-5\leq x<-3$
③ $-3<x\leq 1$ ④ $-3\leq x<1$
⑤ $1<x\leq 2$

연립부등식 $\begin{cases} x^2-2x-24\leq 0 \\ |x-3|<5 \end{cases}$ 를 만족시키는 정수 x의

개수는? (3점)

① 6 ② 7 ③ 8
④ 9 ⑤ 10

연립부등식 $\begin{cases} 3x^2-4kx-4k^2\leq 0 \\ x^2+(k+7)x+4k\leq 0 \end{cases}$ 의 해가

$x=-1$을 포함할 때, 이 연립부등식의 해를 구하시오.

(단, k는 자연수) (4점)

실수 x, y가 $x^2+4y^2-2xy-12=0$을 만족시킬 때, x의
최댓값과 최솟값의 차는? (3점)

① 2 ② 4 ③ 8
④ 16 ⑤ 32

이차방정식 $x^2+2mx+2-m=0$의 두 근이 모두 1보다
크도록 하는 실수 m의 값의 범위가 $a<m\leq b$일 때,
ab의 값은? (4점)

① 6 ② 8 ③ 10
④ 12 ⑤ 14

2013실시(A) 3월 학평 18(고2)

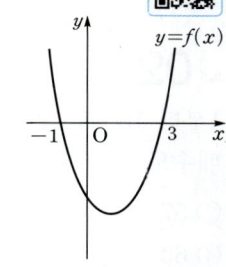

실수 전체의 집합에서 정의된 함수
$f(x)=x^2-2x-3$의 그래프는
그림과 같다. 함수 $g(x)$를

$$g(x)=\frac{f(x)+|f(x)|}{2}$$

라 할 때, 옳은 것만을 [보기]에서 있는
대로 고른 것은? (4점)

[보기]
ㄱ. $y=g(x)$의 그래프는 직선 $x=2$에 대하여 대칭이다.
ㄴ. 방정식 $g(x)=1$은 서로 다른 두 실근을 갖는다.
ㄷ. 부등식 $g(x)\leq 0$의 해는 $-1\leq x\leq 3$이다.

① ㄱ ② ㄴ ③ ㄱ, ㄷ
④ ㄴ, ㄷ ⑤ ㄱ, ㄴ, ㄷ

✖ 서술형

세 변의 길이가 각각 x, $x-4$, $x-8$인 삼각형이
예각삼각형이 되도록 하는 x의 값의 범위를 구하는 과정을
서술하시오. (7점)

모의 J01 ✳✳✳

각 면에 1부터 4까지의 숫자가 하나씩 적혀 있는 정사면체가 있다. 이 정사면체를 세 번 연속하여 던질 때, 밑면에 나온 숫자의 합이 5 또는 12인 경우의 수는? (3점)

① 5　　　　② 6　　　　③ 7
④ 8　　　　⑤ 9

모의 J02 ✳✳✳

1부터 100까지의 자연수 중에서 3의 배수도 아니고 7의 배수도 아닌 자연수의 개수는? (4점)

① 57　　　　② 58　　　　③ 59
④ 60　　　　⑤ 61

모의 J03 ✳✳✳

두 수 x, y가 $-1 \le x \le 2$, $-3 \le y \le 4$인 정수일 때, 좌표평면에서 (x, y)를 좌표로 하는 점의 개수는? (3점)

① 28　　　　② 30　　　　③ 32
④ 34　　　　⑤ 36

모의 J04 ✳✳✳

다항식 $(a+b)(x+y+z)(p+q+r+s)$를 전개할 때 생기는 서로 다른 항의 개수는? (3점)

① 8　　　　② 12　　　　③ 16
④ 20　　　　⑤ 24

모의 J05 ✳✳✳

3개의 주사위를 던져서 나온 수를 작은 수부터 차례로 나열하여 세 자리의 자연수를 만든다. 예를 들어 3, 1, 5가 나왔다면 135이고, 2, 4, 2가 나왔다면 224라 한다. 이와 같이 세 자리의 자연수를 만들 때, 짝수가 되는 경우의 수를 구하시오. (4점)

모의 J06 ✳✳✳

180의 양의 약수 중 3의 배수의 개수는? (3점)

① 10　　　　② 12　　　　③ 14
④ 16　　　　⑤ 18

모의 J07 ✳✳✳

주사위를 세 번 던져서 나온 눈의 수를 차례로 a, b, c라 할 때, $a+3b+5c=25$를 만족시키는 순서쌍 (a, b, c)의 개수는? (4점)

① 7　　　　② 8　　　　③ 9
④ 10　　　　⑤ 11

모의
J08 ✸✸✸

길이가 같은 15개의 성냥개비를
모두 사용하여 만들 수 있는 서로
다른 삼각형의 개수는? (단, 합동
인 삼각형은 하나로 센다.) (4점)

① 6   ② 7

③ 8   ④ 9

⑤ 10

모의
J09 ✸✸✸

그림은 네 도시 A, B, C, D를
연결하는 길을 나타낸 것이다.
A 도시에서 출발하여 D 도시로
가는 모든 경우의 수는? (단, 같은
도시는 두 번 지나지 않는다.) (3점)

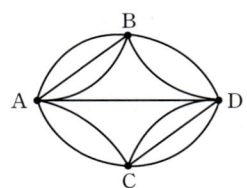

① 12   ② 13

③ 14   ④ 15

⑤ 16

모의
J10 ✸✸✸

오른쪽 그림과 같은 네 영역 A,
B, C, D에 노랑, 초록, 빨강,
파랑의 4가지 색 중 어느 한 색을
칠하려고 한다. 이때, 네 영역
A, B, C, D에 색을 칠하는 방법의
수는? (단, 이웃한 영역은 서로
다른 색을 칠한다.) (3점)

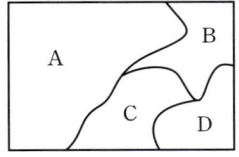

① 36   ② 48   ③ 52

④ 60   ⑤ 72

모의
J11 ✸✸✸

오른쪽 그림은 정육면체의
뚜껑이 열려 있는 상태를 나타낸
것이다. 꼭짓점 A에서 출발하여
모서리를 따라 꼭짓점 I까지
가는 데 한 번 지나간 꼭짓점은
다시 지나가지 않는다고 할 때,
꼭짓점 A에서 꼭짓점 I까지
최단거리로 모서리를 따라가는
방법의 수는? (4점)

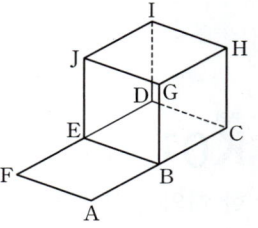

① 8   ② 9   ③ 10

④ 11   ⑤ 12

모의
J12 ✸✸✸

100원짜리 동전 2개, 50원짜리 동전 3개, 10원짜리 동전
4개의 일부 또는 전부를 사용하여 지불하는 방법의
수는? (단, 0원을 지불하는 경우는 제외한다.) (4점)

① 57   ② 58   ③ 59

④ 60   ⑤ 61

✖ 서술형

모의
J13 ✸✸✸

세 문자 x, y, z로 중복을 허락하여 세 자리의 문자열을
만들 때, 다음 조건을 모두 만족시키는 문자열의 개수를
구하는 과정을 서술하시오. (8점)

(가) x 바로 다음에는 z가 온다.
(나) y 바로 다음에는 x 또는 z가 온다.
(다) z 바로 다음에는 x 또는 y 또는 z가 온다.

모의 K01 ✱✱✱

한 개의 주사위를 두 번 던져 나온 눈의 수를 차례로 a, b 라 할 때, $a+b$의 값이 홀수인 순서쌍 (a, b)의 개수는?

(3점)

① 9 ② 12 ③ 15
④ 18 ⑤ 21

모의 K02 ✱✱✱

동욱이와 수경이를 포함한 6명을 같은 6개의 의자에 일렬로 앉힐 때, 동욱이와 수경이 사이에 2명만 앉는 방법의 수는? (3점)

① 100 ② 111 ③ 122
④ 133 ⑤ 144

모의 K03 ✱✱✱

분자와 분모의 곱이 12!인 기약분수 중에서 0과 1 사이에 있는 기약분수의 개수는? (4점)

① 8 ② 10 ③ 12
④ 14 ⑤ 16

모의 K04 ✱✱✱

주머니 안에 빨간 공 4개, 파란 공 3개, 노란 공 5개가 들어 있다. 이 중에서 3개의 공을 꺼낼 때, 모두 같은 색의 공을 꺼내는 방법의 수는? (3점)

① 11 ② 12 ③ 13
④ 14 ⑤ 15

모의 K05 ✱✱✱

$_{10}C_{r+1} = {}_{10}C_{2r}$를 만족시키는 모든 자연수 r의 값의 합은?

(3점)

① 2 ② 3 ③ 4
④ 5 ⑤ 6

모의 K06 ✱✱✱

네 사람이 5대의 승용차 A, B, C, D, E를 이용하여 같이 타고 가거나 각자 타고 가려고 한다. 이때, 적어도 두 사람이 승용차를 같이 타고 가는 경우의 수는? (3점)

① 490 ② 495 ③ 500
④ 505 ⑤ 510

모의 K07 ✱✱✱

어느 고등학교 동아리의 1학년 학생 3명, 2학년 학생 3명, 3학년 학생 4명 중에서 세 명을 뽑아 캠페인 활동을 하려고 한다. 1학년 학생 또는 2학년 학생이 적어도 1명 포함되도록 뽑는 방법의 수는? (3점)

① 104 ② 108 ③ 112
④ 116 ⑤ 120

모의 K08 ✱✱✱

7개의 숫자 1, 2, 3, 4, 5, 6, 7에서 서로 다른 4개를 사용하여 네 자리의 정수를 만들 때, 3500보다 큰 수는 모두 몇 개인가? (4점)

① 500 ② 510 ③ 520
④ 530 ⑤ 540

모의 K09 ✽✽✽

좌표평면에서 점 A(5, 5)와 원점 O를 이은 선분을
대각선으로 하는 정사각형의 둘레 및 내부에 x좌표,
y좌표가 정수인 서로 다른 두 점을 이어 선분을 만든다.
이때, 이 선분과 선분 OA와 교점을 갖도록 서로 다른
두 점을 정하는 방법의 수는? (3점)

① 300   ② 330   ③ 360
④ 390   ⑤ 420

모의 K10 ✽✽✽

어느 극장에는 각 열에 A, B, C, D, E, F의 좌석
표시가 붙은 6개의 좌석이 놓여 있다. 6명의 학생이
A, B, C, D, E, F가 적혀 있는 표를 한 장씩 나누어
갖고 지정된 열에서 좌석 표시를 확인하지 않고 앉기로
할 때, 세 명은 자기 좌석에 앉고 다른 세 명은 다른 사람의
좌석에 앉게 되는 경우의 수는? (4점)

① 24   ② 32   ③ 40
④ 48   ⑤ 56

모의 K11 ✽✽✽

0, 1, 2, 3, 4, 5의 여섯 개의 숫자 중 서로 다른 세 수를
사용하여 만들 수 있는 세 자리의 자연수의 개수는? (4점)

① 20   ② 40   ③ 60
④ 80   ⑤ 100

모의 K12 ✽✽✽

서로 같은 모양의 흰 구슬 7개와 검은 구슬 3개를 일렬로
나열할 때, 검은 구슬이 서로 이웃하지 않도록 나열하는
경우의 수는? (3점)

① 54   ② 56   ③ 58
④ 60   ⑤ 62

모의 K13 ✽✽✽

오른쪽 그림과 같이 x축, y축
위에 각각 5개와 3개의 점이
일정한 간격으로 놓여 있다.
x축과 y축 위에 있는 점을
이어서 만든 두 직선의 교점이
제1사분면에서 생기도록 하는
방법의 수는? (3점)

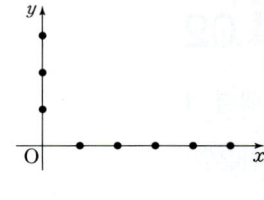

① 24   ② 26   ③ 28
④ 30   ⑤ 32

✖ 서술형

모의 K14 ✽✽✽

1부터 9까지의 숫자 중에서 서로 다른 4개의 숫자를
사용하여 비밀번호를 만들 때, 홀수 2개와 짝수 2개로
이루어진 비밀번호의 개수를 구하는 과정을 서술하시오.

(7점)

모의 L01 ✿✿✿

이차정사각행렬 A의 (i, j)성분 a_{ij}를
$$a_{ij}=ij+1 \ (i=1, 2, j=1, 2)$$
라 하자. 행렬 A의 모든 성분의 합은? (2점)

① 10 　　　② 11 　　　③ 12
④ 13 　　　⑤ 14

모의 L02 ✿✿✿

행렬 $A=\begin{pmatrix} 1 & 2 \\ 2 & -1 \end{pmatrix}$에 대하여 행렬 $2A$의 모든 성분의 합은? (2점)

① 2 　　　② 4 　　　③ 6
④ 8 　　　⑤ 10

모의 L03 ✿✿✿

등식 $\begin{pmatrix} a & b \\ a^2 & b^2 \end{pmatrix}\begin{pmatrix} 1 \\ 1 \end{pmatrix}=\begin{pmatrix} 5 \\ 13 \end{pmatrix}$이 성립할 때,
$(a^2+a)(b^2+b)$의 값은? (3점)

① 78 　　　② 72 　　　③ 66
④ 60 　　　⑤ 54

모의 L04 ✿✿✿

행렬 $A=\begin{pmatrix} 1 & 0 \\ 3 & 1 \end{pmatrix}$에 대하여 $A^8=\begin{pmatrix} 1 & 0 \\ a & 1 \end{pmatrix}$일 때, a의 값은? (3점)

① 72 　　　② 36 　　　③ 24
④ 12 　　　⑤ 9

모의 L05 ✿✿✿

두 행렬 $A=\begin{pmatrix} 3 & 1 \\ -1 & 4 \end{pmatrix}$, $B=\begin{pmatrix} 4 & -1 \\ 1 & 3 \end{pmatrix}$에 대하여 A^2+AB의 모든 성분의 합은? (3점)

① 50 　　　② 49 　　　③ 48
④ 47 　　　⑤ 46

모의 L06 ✿✿✿

두 행렬 $A=\begin{pmatrix} 1 & 2 \\ 3 & 0 \end{pmatrix}$, $B=\begin{pmatrix} 1 & 3 \\ 2 & 0 \end{pmatrix}$에 대하여 행렬 $(A+B)^2-(A^2+B^2)$의 모든 성분의 합은? (3점)

① 38 　　　② 40 　　　③ 42
④ 44 　　　⑤ 46

모의 L07 ✿✿✿

두 이차정사각행렬 A, B가
$$(A+B)^2=\begin{pmatrix} 3 & 1 \\ 2 & 1 \end{pmatrix}, \ A^2+B^2=\begin{pmatrix} 2 & -1 \\ 3 & 1 \end{pmatrix}$$
을 만족할 때, $(A-B)^2$은? (3점)

① $\begin{pmatrix} 1 & -1 \\ 2 & 1 \end{pmatrix}$ 　② $\begin{pmatrix} 1 & -3 \\ 4 & 1 \end{pmatrix}$ 　③ $\begin{pmatrix} 1 & 0 \\ -3 & 1 \end{pmatrix}$
④ $\begin{pmatrix} -1 & 3 \\ 2 & 1 \end{pmatrix}$ 　⑤ $\begin{pmatrix} -4 & 1 \\ 1 & 3 \end{pmatrix}$

모의 L08 ✿✿✿

두 이차정사각행렬 A, B가
$$A+B=\begin{pmatrix} 1 & 2 \\ -3 & 1 \end{pmatrix}, \ A-B=\begin{pmatrix} 3 & -1 \\ 0 & 1 \end{pmatrix}$$
을 만족할 때, $A^2+AB-BA-B^2$은? (3점)

① $\begin{pmatrix} -6 & -5 \\ 3 & -1 \end{pmatrix}$ 　② $\begin{pmatrix} 6 & 5 \\ -3 & 1 \end{pmatrix}$ 　③ $\begin{pmatrix} 3 & 1 \\ -9 & 4 \end{pmatrix}$
④ $\begin{pmatrix} -3 & -1 \\ 9 & -4 \end{pmatrix}$ 　⑤ $\begin{pmatrix} 3 & 6 \\ -4 & -1 \end{pmatrix}$

L09 ✽✿✿

두 행렬 $A=\begin{pmatrix} 2 & 0 \\ 1 & -1 \end{pmatrix}$, $B=\begin{pmatrix} 1 & a \\ 0 & 1 \end{pmatrix}$에 대하여

$AB=BA$가 성립할 때, 상수 a의 값은? (3점)

① -2　　　　② -1　　　　③ 0

④ 1　　　　⑤ 2

L10 ✽✽✿

두 이차정사각행렬 $A=\begin{pmatrix} x & 0 \\ -1 & 2 \end{pmatrix}$, $B=\begin{pmatrix} 2 & y \\ 1 & 1 \end{pmatrix}$에

대하여 $(A+B)(A-B)=A^2-B^2$이 성립할 때,

$x+y$의 값은? (4점)

① 1　　　　② 2　　　　③ 3

④ 4　　　　⑤ 5

L11 ✽✽✿

이차정사각행렬 A에 대하여

$$A^2=2A-E,\ A\begin{pmatrix} 2 \\ 1 \end{pmatrix}=\begin{pmatrix} 1 \\ 2 \end{pmatrix}$$

를 만족할 때, 행렬 $A^2\begin{pmatrix} 2 \\ 1 \end{pmatrix}$은? (단, E는 단위행렬) (4점)

① $\begin{pmatrix} 1 \\ 2 \end{pmatrix}$　　　　② $\begin{pmatrix} 2 \\ 1 \end{pmatrix}$　　　　③ $\begin{pmatrix} 0 \\ 3 \end{pmatrix}$

④ $\begin{pmatrix} 3 \\ 3 \end{pmatrix}$　　　　⑤ $\begin{pmatrix} 4 \\ 1 \end{pmatrix}$

L12 ✽✽✿

행렬 $A=\begin{pmatrix} 3 & 0 \\ 1 & 2 \end{pmatrix}$에 대하여

$(A+E)(A^2-A+E)$는? (단, E는 단위행렬) (4점)

① $\begin{pmatrix} 1 & 0 \\ 0 & 1 \end{pmatrix}$　　② $\begin{pmatrix} 9 & 0 \\ 5 & 4 \end{pmatrix}$　　③ $\begin{pmatrix} 26 & 0 \\ 19 & 7 \end{pmatrix}$

④ $\begin{pmatrix} 27 & 0 \\ 19 & 8 \end{pmatrix}$　　⑤ $\begin{pmatrix} 28 & 0 \\ 19 & 9 \end{pmatrix}$

L13 ✽✽✿

이차정사각행렬 A가 $A^2-A+E=O$를 만족시킬 때,

$A^{15}=kE$에서 실수 k의 값은?

(단, E는 단위행렬, O는 영행렬이다.) (4점)

① -2　　　　② -1　　　　③ 0

④ 1　　　　⑤ 2

L14 ✽✽✽

두 이차정사각행렬 A, B에 대하여 [보기]에서

옳은 것만을 있는 대로 고른 것은?

(단, E는 단위행렬, O는 영행렬이다.) (4점)

───────[보기]───────

ㄱ. $A+B=E$이면 $A^2-B^2=A-B$이다.

ㄴ. $A^2=2A$이면 $A=O$ 또는 $A=2E$이다.

ㄷ. $AB=A$이고 $BA=B$이면 $AB=BA$이다.

───────────────

① ㄱ　　　　② ㄴ　　　　③ ㄱ, ㄷ

④ ㄴ, ㄷ　　　⑤ ㄱ, ㄴ, ㄷ

✖ 서술형

L15 ✽✽✿

이차정사각행렬 A의 (i, j)성분 a_{ij}와

이차정사각행렬 B의 (i, j)성분 b_{ij}를 각각

$$a_{ij}=i-j+1,\ b_{ij}=i+j+1\ (i=1,2,\ j=1,2)$$

라 할 때, 행렬 AB의 $(2, 2)$성분을 구하시오. (5점)

A 다항식의 연산

01 $-x^4+7x^2+x-6$ 02 $-6+x+7x^2-x^4$

03 $6x^2+3xy+5x$ 04 $-5x^3-14x^2-7$

05 $9x^2-y^2$ 06 $-6x^3+3x^2-x+5$

07 $-x^3+x^2+x+4$ 08 $7x^3-17x^2+8x+12$

09 $-8x^3+18x^2-7x-8$ 10 $-10a^3x^3$ 11 $-9x^7y^8$

12 $-\dfrac{a^5}{4b^2}$ 13 x^8y 14 $6x^3-9x^2+12x$

15 $-5x^2y-5xy+2xy^2$ 16 $a^4-a^2b-3a^2-2b^2-3b$

17 a^3-a^2+a-6 18 $9x^2+6x+1$

19 $4x^2-4xy+y^2$ 20 $16x^2-y^2$

21 $x^2+7x+10$ 22 $6x^2-11x-10$

23 $x^3+10x^2+27x+18$ 24 $x^3+6x^2+12x+8$

25 x^3-3x^2+3x-1 26 x^3+8

27 $8a^3-1$ 28 $a^2+4b^2+c^2-4ab-4bc+2ca$

29 $x^4+4x^2y^2+16y^4$ 30 $a^3+b^3-c^3+3abc$

31 (1) 13   (2) 45   32 (1) 9   (2) 13

33 7   34 -29

35 $2x^2+5x-1$ 36 $2ab^2+4a^2-5b$

37 몫 : $x^2+6x+12$, 나머지 : 19

38 몫 : $2x^2-3x-3$, 나머지 : 4

39 ③   40 ①   41 ④   42 ③   43 ②   44 ②   45 ④

46 ①   47 ④   48 ③   49 ③   50 ②   51 ③   52 ②

53 ②   54 ④   55 ①   56 ③   57 ②   58 ③   59 ④

60 ⑤   61 ④   62 ①   63 ④   64 ①   65 ③   66 ④

67 ④   68 ④   69 ④   70 ④   71 ①   72 ④   73 5

74 10   75 3   76 ④   77 15   78 ③   79 ①   80 10

81 6   82 ②   83 9   84 6   85 12   86 ②   87 20

88 2   89 ②   90 36   91 ⑤   92 ⑤   93 ④   94 256

95 ④   96 ③   97 ②   98 ①   99 270   100 ②   101 ⑤

102 40   103 ②   104 ⑤   105 ④   106 195   107 ④   108 14

109 ④   110 ③   111 ②   112 ②   113 ②   114 ①   115 ⑤

116 $-4\sqrt5$ 117 100   118 ②   119 ②   120 ③   121 ③

122 ⑤   123 ④   124 108   125 ①   126 29   127 ①   128 ⑤

129 ②   130 (1) $xy=6$, $x^2+y^2=16$ (2) $12-2\sqrt7$ 131 ③

132 154   133 ④   134 ④   135 23   136 ⑤   137 7   138 2

139 ④   140 ①   141 ④   142 ④   143 ③   144 ②   145 ④

146 $-\dfrac{19\sqrt3}{4}$ 147 $-\sqrt3$

148 $-5x^3-27y^3+20x+14$

149 ∠B＝90°인 직각삼각형   150 40   151 $-\dfrac{35}{4}$

152 148   153 ②   154 123   155 135   156 126   157 ②   158 ③

B 항등식과 나머지정리

01 ㄴ, ㄹ, ㅁ   02 $a=-3$, $b=3$, $c=-6$

03 $a=1$, $b=1$, $c=-2$ 04 $a=-1$, $b=4$, $c=-5$

05 $a=2$, $b=3$, $c=-5$ 06 $a=1$, $b=2$

07 $a=\dfrac{5}{3}$, $b=-\dfrac{8}{3}$, $c=4$ 08 1

09 3   10 28   11 $\dfrac{15}{4}$ 12 13   13 -13 14 -6 15 4

16 ㄴ, ㄷ   17 2, 2, -1, -1, -8

18 몫 : x^2+6x-8, 나머지 : 11

19 몫 : $4x^2-4x+6$, 나머지 : 2

20 몫 : $3x^2-6x+6$, 나머지 : -1 21 17   22 ②   23 ①

24 ①   25 ③   26 ③   27 11   28 ⑤   29 ③   30 ⑤

31 ①   32 ②   33 ①   34 ①   35 5   36 ①   37 ④

38 ⑤   39 3   40 ③   41 ①   42 256   43 ①   44 ③

45 ①   46 29   47 ⑤   48 $\dfrac{5^{25}-3}{2}$ 49 ②   50 ②

51 ④   52 ④   53 ⑤   54 16   55 8   56 ②   57 19

58 ④   59 ④   60 4   61 ⑤   62 13   63 ④   64 ④

65 ⑤   66 3   67 6   68 ①   69 ③   70 ⑤   71 ①

72 ④   73 52   74 29   75 ⑤   76 22   77 11   78 ⑤

79 ③   80 ②   81 ①   82 16   83 ②   84 ③

85 $8x^2-4x+1$ 86 ⑤   87 ①   88 ①   89 ③   90 ②

91 ②   92 ③   93 ①   94 ①   95 46   96 ③   97 91

98 ③   99 ①   100 8   101 ⑤   102 28   103 ②   104 ⑤

105 ④   106 10   107 ②   108 ②   109 106   110 ④   111 ①

112 45   113 ④   114 3   115 ②   116 ④   117 ①   118 24

119 ②   120 ③   121 ②   122 ②   123 ②   124 ①   125 ②

126 ④   127 ②   128 ①   129 9   130 ④   131 ④   132 ②

133 ①   134 23   135 40   136 ①   137 2,521   138 0

139 -4 140 -1 141 16   142 $a=-1$, $b=-4$, $c=-5$

143 4   144 13   145 8   146 29

147 $a=2$, $b=-1$, $c=1$, $f(9)=1910$ 148 ③   149 ④

150 ③   151 ③   152 ①   153 ③   154 33   155 20   156 13

157 ③   158 ④   159 -2 160 74   161 26   162 ④   163 ④

164 54   165 27

C 인수분해

01 $3y(xy-3)$　**02** $(a-b)(x-y)$

03 $-(a+b)(c-d)$　**04** $(2x+1)^2$　**05** $(3x-4)^2$

06 $(4a+b)^2$　**07** $(5a-2b)^2$　**08** $(3x+y)(3x-y)$

09 $2(2a+5b)(2a-5b)$　**10** $(x+y)(x-y+2)$

11 $(x+4)(x+7)$　**12** $(3x-5y)(2x+y)$

13 $(a+2b+c)^2$　**14** $(x-y-z)^2$　**15** $(x+y+1)^2$

16 $(x+2y)^3$　**17** $(3x-y)^3$　**18** $(a+1)(a^2-a+1)$

19 $(2a-3b)(4a^2+6ab+9b^2)$

20 $(a+b-c)(a^2+b^2+c^2-ab+bc+ca)$

21 $(a^2+a+1)(a^2-a+1)$　**22** $(x-1)(x-2)$

23 $(x-1)(x-4)(x^2-5x-2)$　**24** $-4(3x+5)$

25 $(x+1)(x-1)(x+2)(x-2)$

26 $(x^2+x+4)(x^2-x+4)$

27 $(a+b)(a-b)(a+c)$　**28** $(x+2y-2)(x-y+1)$

29 $(x+1)(x-3)(x+4)$

30 $(x+1)(x-2)(x^2-2x+3)$

31 -34　**32** 100　**33** ⑤　**34** ⑤

35 $(x+y)(x-y)(x^2+xy+y^2)(x^2-xy+y^2)$

36 ①　**37** ⑤　**38** ④　**39** ②　**40** ④　**41** ②　**42** ⑤

43 ④　**44** ①　**45** 8　**46** ④　**47** ⑤　**48** ①　**49** ④

50 ①　**51** ⑤　**52** ④　**53** ③　**54** ③　**55** ⑤

56 $(x-1)(x+1)(x+4)(x+6)$

57 ②　**58** 503　**59** ④　**60** ④　**61** ④　**62** ①　**63** ①

64 2　**65** ③　**66** ④　**67** ②　**68** 7　**69** ①　**70** ②

71 ⑤　**72** ③　**73** ⑤　**74** $(a+b)(b+c)(c+a)$　**75** ②

76 ②, ④　**77** ②, ③　**78** 5　**79** ③　**80** ②

81 9　**82** ③　**83** 25　**84** ②　**85** ③　**86** ④　**87** ⑤

88 $a=-7$, $b=6$, $f(x)=(x+1)(x-1)(x+2)(x-3)$

89 ②　**90** ②　**91** ①　**92** ③　**93** ②, ⑤ **94** ①　**95** ④

96 $x-1$ **97** ③　**98** ④　**99** 정삼각형　**100** ②　**101** ④

102 12　**103** ④　**104** 21　**105** ③　**106** ②　**107** ③　**108** 176

109 ④　**110** ②　**111** ③　**112** ①　**113** ①　**114** ①　**115** 7

116 1117　**117** 999 **118** $(a+b)(b+c)(c+a)$

119 정삼각형　**120** $k=16$, $A=x^2-5$

121 (1) $(x^2+3x+1)^2$ (2) 1721　**122** $2x^2+2$

123 19　**124** ⑤　**125** 24　**126** 10　**127** 18　**128** $\dfrac{\sqrt{2}}{2}$

129 ⑤　**130** 146

D 복소수

01 $2i$　**02** $\sqrt{6}i$　**03** $3\sqrt{3}i$　**04** $2\sqrt{7}i$

05 (1) ㄷ, ㅁ, ㅂ, ㅅ, ㅈ (2) ㄱ, ㄴ, ㄹ, ㅇ (3) ㄱ, ㄴ

06 실수부분 : 8, 허수부분 : 2

07 실수부분 : $\sqrt{2}$, 허수부분 : -1

08 실수부분 : 0, 허수부분 : -4

09 실수부분 : $\sqrt{15}$, 허수부분 : 0

10 $a=3$, $b=-1$ **11** $a=1$, $b=-3$ **12** $a=3$, $b=2$

13 $1-2i$　**14** $-6-4i$　**15** $5+3i$

16 $i+8$　**17** -12　**18** $-\dfrac{5}{4}i$

19 $2+5i$　**20** $5-5i$　**21** $22-21i$

22 $\dfrac{5-i}{2}$　**23** (1) 0 (2) $\dfrac{1}{5}-\dfrac{3}{5}i$　**24** $-i$

25 1　**26** 1　**27** 0　**28** $\pm\sqrt{7}i$　**29** $\pm2\sqrt{3}i$

30 $\pm2\sqrt{5}i$　**31** $\pm9i$ **32** -6　**33** $\sqrt{6}i$　**34** $\sqrt{2}i$

35 $-\sqrt{5}i$　**36** ③　**37** ③　**38** ①　**39** ⑤　**40** ⑤

41 ④　**42** ⑤　**43** ④　**44** ②　**45** ③　**46** ④　**47** ③

48 ③　**49** ④　**50** ④　**51** ⑤　**52** ④　**53** ④　**54** ③

55 ③　**56** ④　**57** ③　**58** ①　**59** ①　**60** ⑤　**61** ⑤

62 ②　**63** ③　**64** ②　**65** 6　**66** ③　**67** ①　**68** 18

69 ④　**70** ②　**71** ⑤　**72** ②　**73** 38　**74** ⑤　**75** ①

76 ④　**77** ②　**78** ③　**79** ⑤　**80** ②　**81** ①　**82** ⑤

83 ⑤　**84** ①　**85** ⑤　**86** ⑤　**87** ⑤　**88** ②　**89** ③

90 ⑤　**91** ⑤　**92** ③　**93** ②　**94** 29　**95** ④　**96** ②

97 ②　**98** ⑤　**99** 12　**100** ⑤　**101** ①　**102** ④　**103** $\dfrac{1}{4}$

104 12　**105** ③　**106** ①　**107** ③　**108** 25　**109** 16　**110** ③

111 ②　**112** ②　**113** ④　**114** 100　**115** ③　**116** 24　**117** 25

118 ⑤　**119** 17　**120** ②　**121** ①　**122** ⑤　**123** ③　**124** ②

125 ④　**126** 7　**127** ①　**128** ⑤　**129** ③　**130** ④　**131** ④

132 $\dfrac{1}{3}$　**133** $\dfrac{37}{5}$ **134** -1 **135** 0　**136** 해설 참조　**137** ④

138 ②　**139** 24　**140** ④　**141** 94　**142** 6　**143** 26　**144** 18

145 150

E 이차방정식

01 $x=-2$ 또는 $x=-5$　**02** $x=-\dfrac{1}{2}$ 또는 $x=\dfrac{1}{3}$

03 $x=-\dfrac{1}{3}$ 또는 $x=2$　**04** $x=\dfrac{1\pm\sqrt{13}}{2}$

05 $x=\dfrac{-2\pm\sqrt{6}i}{2}$　**06** $x=\pm1$

07 $x=3+\sqrt{10}$ 또는 $x=-3-\sqrt{10}$

08 $x=1\pm\sqrt{2}$ 또는 $x=1$

09 서로 다른 두 실근　**10** 중근　**11** 서로 다른 두 허근

12 (1) $a \leq 2$ (2) $a > 2$ **13** $a = \pm 4\sqrt{2}$ **14** $a = \dfrac{49}{4}$

15 $a = -5$ 또는 $a = -1$ **16** (1) 4 (2) 1 (3) $2\sqrt{3}$ (4) 14

17 (1) 10 (2) $\dfrac{5}{2}$ (3) -8 (4) $\pm 5\sqrt{33}$

18 (1) $\dfrac{15}{2}$ (2) $-\dfrac{1}{2}$ **19** $x^2 - 2x - 3 = 0$

20 $x^2 + 4x - 1 = 0$ **21** $x^2 - 2x + 10 = 0$

22 $(x-3-i)(x-3+i)$ **23** $(x+7i)(x-7i)$

24 $2\left(x - \dfrac{2+\sqrt{2}i}{2}\right)\left(x - \dfrac{2-\sqrt{2}i}{2}\right)$

25 $\left(x - \dfrac{1+\sqrt{3}i}{2}\right)\left(x - \dfrac{1-\sqrt{3}i}{2}\right)$ **26** $16\left(x + \dfrac{i}{2}\right)\left(x - \dfrac{i}{2}\right)$

27 $3\left(x - \dfrac{1+\sqrt{2}i}{3}\right)\left(x - \dfrac{1-\sqrt{2}i}{3}\right)$

28 $a = -6$, $b = 3$ **29** $a = 12$, $b = -76$

30 $m = -1$, $n = -20$ **31** $m = 12$, $n = -37$ **32** ④

33 ③   **34** ⑤   **35** $-2+2\sqrt{2}$, $-2-\sqrt{2}$ **36** ④   **37** 24

38 ②   **39** ①   **40** ①   **41** $\dfrac{7}{12}$ **42** 27   **43** ④   **44** ③

45 $x = -4$ 또는 $x = \dfrac{1+\sqrt{33}}{2}$ **46** ②   **47** ①   **48** ③

49 16   **50** 10   **51** ②   **52** ⑤   **53** ③   **54** ⑤   **55** ②

56 ④   **57** ③   **58** 6   **59** ④   **60** 7   **61** 25   **62** ⑤

63 ④   **64** ③   **65** ①   **66** 7   **67** ④   **68** ①   **69** ①

70 ②   **71** ②   **72** ③   **73** 정삼각형   **74** ②   **75** ④

76 ⑤   **77** ③   **78** ⑤   **79** ①   **80** ①   **81** ④   **82** ⑤

83 27   **84** 8   **85** ④   **86** ④   **87** ④   **88** 14   **89** 4

90 ①   **91** ④   **92** ③   **93** 4   **94** 5   **95** 20   **96** ②

97 ④   **98** 4   **99** ④   **100** 13   **101** 15   **102** 10   **103** 6

104 ②   **105** 120   **106** ②   **107** ①   **108** $x = -1 \pm \sqrt{13}$

109 ②   **110** ①   **111** 16   **112** ②   **113** ③   **114** ①   **115** ①

116 ①   **117** 1   **118** ①   **119** ②   **120** ②   **121** 503   **122** 185

123 ④   **124** ①   **125** ①   **126** ③   **127** ④   **128** 2   **129** 10

130 -14 **131** $x^2 - 18x + 6 = 0$

132 서로 다른 두 실근   **133** 6   **134** -1 **135** ③   **136** ②

137 16   **138** ⑤   **139** ①   **140** ⑤   **141** 6   **142** 240

143 10   **144** 50

F 이차방정식과 이차함수

01 꼭짓점의 좌표 : $(1, 2)$, 축의 방정식 : $x = 1$

02 꼭짓점의 좌표 : $(2, 8)$, 축의 방정식 : $x = 2$

03 꼭짓점의 좌표 : $\left(3, \dfrac{1}{3}\right)$, 축의 방정식 : $x = 3$

04 (1) $a > 0$, $b < 0$, $c > 0$ (2) $a < 0$, $b < 0$, $c < 0$

   (3) $a > 0$, $b > 0$, $c < 0$ (4) $a < 0$, $b > 0$, $c > 0$

05 $y = 2(x+1)^2 + 3$ (또는 $y = 2x^2 + 4x + 5$)

06 $y = -x^2 - x + 2$ **07** $y = 2x^2 - x - 3$

08 -1, 0   **09** -3, 9   **10** 5   **11** 0   **12** 2

13 1   **14** (1) $k > -3$ (2) $k = -3$ (3) $k < -3$

15 $k \geq -9$ **16** 1, 4   **17** -1 **18** -2, $\dfrac{5}{2}$ **19** 2

20 0   **21** 1   **22** (1) $k < \dfrac{29}{4}$ (2) $k = \dfrac{29}{4}$ (3) $k > \dfrac{29}{4}$

23 $k \leq \dfrac{3}{2}$ **24** 최댓값 : 없다, 최솟값 : -17

25 최댓값 : $\dfrac{1}{12}$, 최솟값 : 없다.

26 최댓값 : 없다, 최솟값 : 2

27 최댓값 : $\dfrac{49}{4}$, 최솟값 : 없다.   **28** -6 **29** $\dfrac{1}{2}$

30 최댓값 : 3, 최솟값 : -6

31 최댓값 : 5, 최솟값 : -3

32 최댓값 : 22, 최솟값 : 4

33 최댓값 : 8, 최솟값 : -16 **34** 6   **35** 3   **36** ②

37 ②, ④ **38** ①   **39** ②   **40** ⑤   **41** ③   **42** ③   **43** ③

44 ③   **45** ⑤   **46** 2   **47** ④   **48** ①   **49** ③   **50** ①

51 ⑤   **52** ①   **53** ④   **54** ①   **55** ④   **56** 18   **57** ⑤

58 ②   **59** ④   **60** ①   **61** 6   **62** ②   **63** ①   **64** ②

65 ③   **66** ②   **67** ③   **68** ②   **69** ②   **70** ②   **71** ④

72 13   **73** 4   **74** ③   **75** ④   **76** 12   **77** ②   **78** ①

79 ⑤   **80** ⑤   **81** ③   **82** ③   **83** ③   **84** ④   **85** ①

86 ④   **87** ②   **88** ②   **89** 6   **90** ⑤   **91** ④   **92** 9

93 ②   **94** ③   **95** ①   **96** 91   **97** 17   **98** ③   **99** ②

100 11   **101** 13   **102** ①   **103** ④   **104** 3   **105** ②   **106** 18

107 22   **108** ③   **109** ①   **110** 60   **111** ②   **112** ①   **113** ①

114 ③   **115** 54   **116** ①   **117** ①   **118** ⑤   **119** 25   **120** ③

121 ②   **122** ④   **123** ①   **124** ①   **125** ④   **126** ④   **127** ⑤

128 ③   **129** ②   **130** ④   **131** ③   **132** ②   **133** ③   **134** ③

135 ⑤   **136** ②   **137** 20   **138** ②   **139** ④   **140** ①   **141** ⑤

142 12   **143** ②   **144** ④   **145** -1 **146** 9   **147** 384 **148** 4

149 2   **150** $\dfrac{3}{2}$ **151** 6   **152** -6 **153** 16   **154** 27   **155** ④

156 ②   **157** ②   **158** 121   **159** ②   **160** ⑤   **161** 45   **162** 23

163 67   **164** 11   **165** ①   **166** ①   **167** ①   **168** ⑤   **169** 114

170 163   **171** 31   **172** 154   **173** 74   **174** 39   **175** ⑤   **176** ⑤

177 225   **178** 13   **179** 12   **180** 360

G 여러 가지 방정식

01 $x = -2$ 또는 $x = 1 \pm \sqrt{3}i$

02 $x = -1$ 또는 $x = 0$ 또는 $x = 5$

03 $x = 0$ 또는 $x = 3$ 또는 $x = \dfrac{-3 \pm 3\sqrt{3}i}{2}$

04 $x = -3$ 또는 $x = -2$ 또는 $x = 2$

05 $x = -1$ 또는 $x = \dfrac{7 \pm \sqrt{53}}{2}$

06 $x = 2$ 또는 $x = \dfrac{-1 \pm 3\sqrt{5}}{2}$

07 $x=-1$ 또는 $x=2$ 또는 $x=-1\pm\sqrt{3}i$

08 $x=1$ 또는 $x=\dfrac{-1\pm\sqrt{5}}{2}$

09 (1) $a=5$ (2) $x=-6$ 또는 $x=3$

10 $x=\pm\sqrt{3}$ **11** $x=\pm i$ 또는 $x=\pm2i$

12 $x=1$ 또는 $x=-2$ 또는 $x=3$ 또는 $x=-4$

13 $x=-1\pm\sqrt{2}i$ 또는 $x=1\pm\sqrt{2}i$

14 $x=-2\pm\sqrt{6}$ 또는 $x=2\pm\sqrt{6}$

15 $x=-3\pm2\sqrt{2}$ 또는 $x=1$

16 $x=\dfrac{-1\pm\sqrt{3}i}{2}$ 또는 $x=2\pm\sqrt{3}$

17 (1) 5 (2) -2 (3) -4 (4) 29 (5) $\dfrac{1}{2}$ (6) 0

18 $x^3-3x^2-6x+8=0$ **19** $x^3-4x^2-39x-54=0$

20 $2x^3-18x^2+40x-24=0$ **21** $a=-6,\ b=0$

22 $a=1,\ b=1$ **23** $a=1,\ b=6$ **24** $a=26,\ b=-20$

25 (1) 0 (2) -1 (3) 1 (4) -1 (5) 0 (6) 1

26 (1) 0 (2) 1 (3) 1 (4) 1 (5) 3 (6) 0

27 $x=-3,\ y=2$ 또는 $x=2,\ y=-3$

28 $x=2,\ y=-5$ 또는 $x=5,\ y=-2$

29 $x=-\sqrt{10},\ y=-\dfrac{\sqrt{10}}{2}$ 또는 $x=\sqrt{10},\ y=\dfrac{\sqrt{10}}{2}$

30 $x=-1,\ y=3$ 또는 $x=3,\ y=-1$

31 $x=-1,\ y=-3$ 또는 $x=3,\ y=1$

32 $x=-\dfrac{\sqrt{26}}{2},\ y=\dfrac{\sqrt{26}}{2}$ 또는 $x=\dfrac{\sqrt{26}}{2},\ y=-\dfrac{\sqrt{26}}{2}$ 또는

    $x=\dfrac{2\sqrt{65}}{5},\ y=\dfrac{\sqrt{65}}{5}$ 또는 $x=-\dfrac{2\sqrt{65}}{5},\ y=-\dfrac{\sqrt{65}}{5}$

33 $x=2\sqrt{2},\ y=2\sqrt{2}$ 또는 $x=-2\sqrt{2},\ y=-2\sqrt{2}$

    또는 $x=2\sqrt{5},\ y=\sqrt{5}$ 또는 $x=-2\sqrt{5},\ y=-\sqrt{5}$

34 $x=\sqrt{2},\ y=\sqrt{2}$ 또는 $x=-\sqrt{2},\ y=-\sqrt{2}$

    또는 $x=\sqrt{6},\ y=-\sqrt{6}$ 또는 $x=-\sqrt{6},\ y=\sqrt{6}$

35 $(3,\ 6),\ (6,\ 2)$

36 $(0,\ 4),\ (6,\ -2),\ (-2,\ -10),\ (-8,\ -4)$

37 $x=-4,\ y=2$ **38** 3 **39** ③   **40** 13 **41** ④

42 ③   **43** ③   **44** ③   **45** 5 **46** ①   **47** ①   **48** ⑤

49 ⑤   **50** ③   **51** 4 **52** ④   **53** ③   **54** ⑤   **55** ②

56 ②   **57** 3 **58** ③   **59** 6 **60** ①   **61** ⑤   **62** ①

63 ③   **64** 13 **65** ④   **66** ⑤   **67** ⑤   **68** ③   **69** ③

70 10 **71** ④   **72** ①   **73** 15 **74** ②   **75** ②   **76** 7

77 ⑤   **78** ①   **79** ③   **80** 7 **81** 4 **82** ①   **83** ①

84 ⑤   **85** 16 **86** ①   **87** 12 **88** ⑤   **89** ⑤   **90** ②

91 ④   **92** ③   **93** ③   **94** 3 **95** ①   **96** ①   **97** ⑤

98 ①   **99** ④   **100** ③   **101** ④   **102** ①   **103** ①   **104** ⑤

105 ①   **106** ②   **107** ②   **108** ③   **109** ④   **110** 65 **111** 15

112 ②   **113** ⑤   **114** ④   **115** 10 **116** ⑤   **117** ⑤   **118** ②

119 3 **120** ①   **121** 5 **122** ④   **123** ②   **124** ④   **125** ②

126 ②   **127** ①   **128** ③   **129** 3 **130** ③   **131** 7 **132** ③

133 ③   **134** 3 **135** 15 **136** ③   **137** ①   **138** 5 **139** ②

140 ④   **141** ②   **142** ⑤   **143** ①   **144** 18 **145** ③   **146** ①

147 25 **148** ⑤   **149** ①   **150** ①   **151** 25 **152** ②   **153** ③

154 ①   **155** 5 **156** ②   **157** 16 **158** ②   **159** 7

160 $-\dfrac{1}{2}$ **161** ⑤   **162** ①   **163** ③   **164** 6 cm, 8 cm

165 54 **166** 39 **167** 60 **168** ④   **169** ②   **170** ⑤   **171** 85

172 5 **173** ①   **174** ③   **175** ①

176 $a=-7$, 나머지 두 근 : $2,\ -3$ **177** 2 **178** 5

179 $x=\pm\sqrt{6},\ y=\mp2\sqrt{6}$ 또는 $x=\pm4,\ y=\pm2$ (복호동순)

180 $-\dfrac{1}{2}$ **181** 4 **182** $x^3-2x^2+3x-3=0$ **183** 6

184 9 **185** 7 **186** ⑤   **187** ⑤   **188** 5 **189** 164 **190** 90

191 $4-\sqrt{2}$ **192** 64 **193** 44 **194** 46 **195** 38 **196** $\dfrac{15}{2}$

H 부등식

01 $x>3$ **02** $x\geq-\dfrac{5}{3}$ **03** $x<14$

04 (i) $a>-2$일 때, $x<\dfrac{a}{a+2}$ (ii) $a<-2$일 때, $x>\dfrac{a}{a+2}$

    (iii) $a=-2$일 때, 해가 없다.

05 (i) $a>1$일 때, $x\geq\dfrac{a+3}{a-1}$ (ii) $a<1$일 때, $x\leq\dfrac{a+3}{a-1}$

    (iii) $a=1$일 때, 해가 없다.

06 $x\leq1$ **07** $-4\leq x<0$ **08** $3\leq x\leq4$

09 $-7<x\leq-6$ **10** $2\leq x\leq6$ **11** $5<x\leq14$

12 해가 없다.   **13** $x=2$ **14** 해가 없다.

15 $x=3$ **16** $a\geq1$ **17** $a\leq2$ **18** $a>3$

19 $-1\leq x\leq3$ **20** $x<-2$ 또는 $x>\dfrac{1}{2}$ **21** $x>\dfrac{7}{3}$

22 $x\leq-3$ 또는 $x\geq3$ **23** $-4<x<5$

24 ④   **25** ③   **26** ②   **27** ③   **28** ②   **29** $x\leq\dfrac{2}{ab}$

30 ①   **31** ④   **32** ①   **33** ⑤   **34** 21 **35** ①   **36** ④

37 ②   **38** 9 **39** ②   **40** ①   **41** ⑤   **42** 10 **43** ⑤

44 해가 없다.   **45** ④   **46** ①   **47** ②   **48** ③   **49** ②

50 21 **51** ②   **52** ③   **53** ②   **54** ④   **55** $\dfrac{9}{4}$ **56** ②

57 6 **58** ③   **59** ③   **60** ⑤   **61** ②   **62** 9 **63** ⑤

64 ④   **65** 28 **66** ⑤   **67** ②   **68** ③   **69** ⑤   **70** ⑤

71 15 **72** ①   **73** ⑤   **74** ③   **75** ③   **76** ②   **77** 7

78 ③   **79** 4 **80** ⑤   **81** ④   **82** ①   **83** ③   **84** ③

85 ③   **86** ③   **87** ①   **88** ⑤   **89** ③   **90** $k>2$

91 $\dfrac{11}{3}<k\leq5$ **92** $-\dfrac{2}{3}$ **93** $-\dfrac{1}{3}$ **94** 21 **95** -18

96 ②   **97** ⑤   **98** ④   **99** ⑤   **100** ①

I 이차부등식

01 (1) $x<-3$ 또는 $x>1$ (2) $-3<x<1$
   (3) $x\le-3$ 또는 $x\ge1$ (4) $-3\le x\le1$

02 (1) (2) $x<-2$ 또는 $x>4$
   (3) $-2\le x\le4$

03 (1) (2) 해가 없다.
   (3) $x=1$
   (4) $x\ne1$인 모든 실수

04 $x<-1$ 또는 $x>5$ 05 $-1\le x\le\dfrac{5}{4}$

06 $-\dfrac{2}{3}<x<\dfrac{3}{2}$ 07 $1\le x\le3$ 08 $x<1$ 또는 $x>3$

09 $-3<x<\dfrac{1}{2}$ 10 $x<-2$ 또는 $x>5$ 11 모든 실수

12 해가 없다. 13 $x=1$ 14 $x^2-5x-24>0$

15 $x^2-x-6\le0$ 16 $x^2-5x+4\ge0$

17 $x^2+11x+30<0$ 18 $-3x^2+9x+30<0$

19 $-3x^2+9x+12\ge0$ 20 $-3x^2+9x\le0$

21 $-3x^2+21x-18>0$ 22 $a>\dfrac{9}{4}$

23 $-1<a<\dfrac{3}{4}$ 24 $0\le a\le1$ 25 $-\dfrac{1}{4}<a<1$

26 $a\ge4$

27 (1) $x\le-\dfrac{1}{2}$ 또는 $x\ge\dfrac{3}{2}$ (2) $1<x<2$ (3) $\dfrac{3}{2}\le x<2$

28 $5<x<8$ 29 $5\le x<8$ 30 $-1\le x\le2$

31 해가 없다. 32 $1\le x<2$ 33 $-4\le x\le-2$

34 $1\le x\le2$ 35 $x=-3$ 또는 $1\le x\le3$

36 $-2\le x\le0$ 또는 $2\le x\le4$ 37 $2<k\le18$

38 $k\ge4$ 39 $k>\dfrac{5}{2}$ 40 $-\dfrac{9}{2}<k\le-2\sqrt{2}$

41 $k\le-\dfrac{5}{4}$ 42 $k<1$ 43 $1\le k<\dfrac{5}{4}$

44 ① 45 ⑤ 46 ④ 47 ① 48 ② 49 ③ 50 8
51 ③ 52 ⑤ 53 ② 54 ③ 55 ⑤ 56 16 57 ①
58 ① 59 ⑤ 60 ① 61 42 62 ③ 63 ③ 64 56
65 ③ 66 ① 67 ② 68 ⑤ 69 ① 70 ④ 71 ④
72 ④ 73 22 74 10 75 ① 76 ② 77 ④ 78 7
79 ⑤ 80 ③ 81 ③ 82 ④ 83 ② 84 -10 85 ①
86 ⑤ 87 ⑤ 88 ⑤ 89 ④ 90 ⑤ 91 ⑤ 92 ⑤
93 2 94 ④ 95 10 96 2 97 ③ 98 ⑤ 99 ①
100 ④ 101 ① 102 ④ 103 34 104 ① 105 ④ 106 7
107 ① 108 ⑤ 109 ④ 110 13 111 ④ 112 9 113 ③
114 ③ 115 ⑤ 116 ③ 117 ① 118 ⑤ 119 ④ 120 ①

121 21 122 ⑤ 123 ③ 124 ④ 125 ⑤ 126 11 127 ③
128 ④ 129 ② 130 ④ 131 21 132 30 133 10 134 2
135 15 136 9 137 ② 138 ④ 139 7 140 ① 141 ⑤
142 ① 143 ② 144 ④ 145 ③ 146 ②
147 $-2\le a\le\dfrac{4}{3}$ 148 ⑤ 149 29 150 ① 151 ②
152 ⑤ 153 ② 154 ③ 155 ② 156 ④ 157 $2\le k<\dfrac{11}{5}$
158 ③ 159 ② 160 5 161 ③ 162 ②
163 $-1\le x\le\dfrac{3}{5}$ 164 2 165 2
166 $5<k\le6$ 167 $-\dfrac{2}{9}$ 168 -2 169 3
170 200 km 초과 600 km 미만 171 $a\le-2$ 또는 $a\ge1$
172 147 173 ④ 174 ② 175 ⑤ 176 ⑤ 177 ④
178 ③ 179 ④ 180 $3<k<1+\dfrac{\sqrt{22}}{2}$ 181 6 182 ②
183 ① 184 ② 185 2 186 120 187 21

J 경우의 수

01 6 02 4 03 5 04 10 05 9 06 6 07 8
08 4 09 12 10 3 11 100 12 125 13 9 14 12
15 12 16 18 17 24 18 44 19 34 20 ④ 21 ⑤
22 10 23 ③ 24 11 25 20 26 ⑤ 27 32 28 ④
29 ② 30 ④ 31 ⑤ 32 ② 33 ① 34 ② 35 ⑤
36 ② 37 36 38 657 39 ② 40 ④ 41 ① 42 88
43 ④ 44 ③ 45 ⑤ 46 ④ 47 ① 48 ② 49 ①
50 ④ 51 ④ 52 ② 53 ① 54 36 55 30 56 ②
57 ③ 58 ② 59 18 60 ① 61 ⑤ 62 ① 63 ③
64 ② 65 432 66 16 67 48 68 8 69 104 70 11
71 840 72 7 73 14 74 ③ 75 $c<a=b$ 76 130
77 ② 78 ⑤ 79 24 80 60 81 396

K 순열과 조합

01 60 02 120 03 1 04 24 05 6 06 3 07 4
08 5 09 7 10 8 11 3 12 9 13 360 14 60
15 72 16 240 17 1440 18 60 19 24 20 18 21 10
22 10 23 6 24 16 25 dacb 26 15 27 120 28 1
29 1 30 6 31 3 32 3 33 10 34 6 35 2
36 84 37 9 38 35 39 12 40 35 41 35 42 20
43 80 44 840 45 240 46 90 47 28 48 56 49 9
50 ⑤ 51 ⑤ 52 ⑤ 53 720 54 ③ 55 ⑤ 56 ④
57 ⑤ 58 480 59 ④ 60 ⑤ 61 576 62 ② 63 ①
64 ① 65 ④ 66 ⑤ 67 ① 68 ① 69 ④ 70 576
71 ④ 72 ⑤ 73 ⑤ 74 ① 75 ④ 76 ① 77 ②
78 ⑤ 79 ① 80 720 81 ② 82 ④ 83 ③ 84 307
85 ① 86 ⑤ 87 ⑤ 88 12 89 ① 90 ① 91 ④
92 15 93 28 94 30 95 ① 96 ② 97 11 98 6

99 ② 100 ① 101 ① 102 ② 103 ④ 104 ⑤ 105 210
106 ⑤ 107 ④ 108 ③ 109 ② 110 15 111 ② 112 50
113 ① 114 ④ 115 ④ 116 25 117 200 118 30 119 ④
120 450 121 ⑤ 122 ② 123 ④ 124 ⑤ 125 ② 126 ⑤
127 108 128 ③ 129 ① 130 ② 131 ④ 132 160 133 360
134 ② 135 ⑤ 136 ② 137 ③ 138 ① 139 ② 140 200
141 ⑤ 142 105 143 ④ 144 516 145 ① 146 ③ 147 ②
148 ② 149 ② 150 ② 151 129 152 49 153 516 154 160
155 96 156 20 157 $A<C<B$ 158 4 159 25 160 170
161 ③ 162 ③ 163 35 164 ⑤ 165 16 166 336 167 960
168 ②

63 14 64 ③ 65 40 66 ⑤ 67 ① 68 ④ 69 4
70 ④ 71 ⑤ 72 ① 73 ④ 74 ④ 75 ① 76 ①
77 28 78 ② 79 3 80 ⑤ 81 ③ 82 ② 83 19
84 ② 85 8 86 ③ 87 ① 88 ① 89 ② 90 ③
91 ① 92 16 93 9 94 ④ 95 ④ 96 22 97 ⑤
98 ④ 99 ① 100 32 101 ④ 102 53 103 3 104 93
105 32 106 ③ 107 ① 108 121 109 ② 110 502 111 18
112 37 113 ① 114 ④ 115 12 116 ④ 117 ② 118 102
119 ③ 120 ② 121 ② 122 ④ 123 ③ 124 ① 125 ①
126 ② 127 ① 128 17 129 3 130 ③ 131 ② 132 52
133 ② 134 ④ 135 ⑤ 136 23 137 ② 138 13 139 ②
140 ② 141 ⑤ 142 ⑤ 143 80 144 ④ 145 40 146 4
147 27 148 ② 149 ② 150 18 151 ③ 152 40 153 ①
154 ④ 155 ④ 156 ④ 157 ③ 158 ④ 159 ④ 160 128
161 ② 162 ④ 163 2 164 18 165 3 166 1 167 10
168 6 169 56 170 -12 171 3 172 4 173 30
174 180 175 ② 176 ⑤ 177 8 178 4 179 ④

L 행렬과 그 연산

01 2×1 행렬 02 1×2 행렬 03 1×3 행렬
04 2×2 행렬, 2차정사각행렬 05 2×3 행렬
06 3×3 행렬, 3차정사각행렬 07 3, 3

08 24 09 -5 10 7 11 7 12 $\begin{pmatrix} 1 & 0 & -1 \\ 3 & 2 & 1 \end{pmatrix}$

13 $\begin{pmatrix} 0 & -1 \\ -1 & 0 \end{pmatrix}$ 14 $x=10,\ y=0$ 15 $x=4,\ y=-1$

16 $x=9,\ y=-7$ 17 $\begin{pmatrix} 2 & 0 \\ 7 & 9 \end{pmatrix}$ 18 $\begin{pmatrix} 10 & 12 & 2 \\ -1 & -9 & 13 \end{pmatrix}$

19 $(0\ \ 0)$ 20 $X=\begin{pmatrix} 2 & 8 \\ -6 & 2 \end{pmatrix}$ 21 $X=\begin{pmatrix} -2 & 9 \\ 0 & 5 \end{pmatrix}$

22 $X=\begin{pmatrix} -8 & 0 \\ 8 & 11 \end{pmatrix}$ 23 $X=\begin{pmatrix} -6 & -6 \\ 5 & 0 \end{pmatrix}$

24 $\begin{pmatrix} 15 & 30 \\ 12 & -21 \end{pmatrix}$ 25 $\begin{pmatrix} 7 & 4 \\ -3 & 1 \end{pmatrix}$ 26 $\begin{pmatrix} -38 & -36 \\ 4 & 10 \end{pmatrix}$

27 $\begin{pmatrix} 135 & 70 \\ -64 & 27 \end{pmatrix}$ 28 $\begin{pmatrix} -31 \\ 16 \end{pmatrix}$ 29 $(46\ \ 34)$

30 (-13) 31 $\begin{pmatrix} 4 & 2 & 4 \\ -4 & -2 & -4 \end{pmatrix}$

32 $\begin{pmatrix} 32 & -27 \\ -48 & 72 \end{pmatrix}$ 33 $\begin{pmatrix} 0 & 84 \\ -12 & 104 \end{pmatrix}$

34 $\begin{pmatrix} -23 & -93 \\ 48 & 72 \end{pmatrix}$ 35 $\begin{pmatrix} 9 & -204 \\ 12 & 40 \end{pmatrix}$

36 $\begin{pmatrix} 13 & -21 \\ -84 & 328 \end{pmatrix}$ 37 $\begin{pmatrix} -51 & -135 \\ 36 & -24 \end{pmatrix}$

38 $\begin{pmatrix} 5 & -51 \\ 60 & 168 \end{pmatrix}$ 39 ㄱ, ㄷ, ㅂ 40 $\begin{pmatrix} -2 & -10 \\ 45 & -17 \end{pmatrix}$

41 $\begin{pmatrix} -446 & 190 \\ -855 & -161 \end{pmatrix}$ 42 $\begin{pmatrix} -2 & -10 \\ 45 & -17 \end{pmatrix}$

43 $\begin{pmatrix} -8 & -40 \\ 180 & -68 \end{pmatrix}$ 44 $\neq$ 45 BC 46 AC 47 =, =

48 $\begin{pmatrix} 1 & 0 \\ 0 & 1 \end{pmatrix}$ 49 $\begin{pmatrix} -1 & 0 \\ 0 & -1 \end{pmatrix}$ 50 $\begin{pmatrix} 5 & 0 \\ 0 & 5 \end{pmatrix}$

51 $\begin{pmatrix} 1 & 0 \\ 0 & 1 \end{pmatrix}$ 52 $\begin{pmatrix} 2 & 0 \\ 0 & 2 \end{pmatrix}$ 53 11 54 ④ 55 22

56 ③ 57 ④ 58 ② 59 ① 60 ⑤ 61 ② 62 50

〈내신＋학평 대비 모의고사〉

A 01④ 02① 03⑤ 04② 05③ 06② 07② 08⑤
09③ 10② 11⑤ 12② 13② 14③ 15 9009

B 01① 02④ 03① 04② 05 4 06③ 07⑤ 08①
09③ 10⑤ 11④ 12② 13 49 14④ 15③ 16 20

C 01② 02④, ⑤ 03⑤ 04 7 05④ 06① 07④
08① 09④ 10② 11② 12② 13⑤ 14 해설 참조

D 01② 02③ 03① 04② 05① 06① 07① 08①
09④ 10③ 11③ 12③ 13⑤ 14③ 15 42

E 01⑤ 02 169 03⑤ 04③ 05② 06③ 07④ 08⑤
09⑤ 10④ 11③ 12⑤ 13⑤ 14 $x^2-4x-2=0$

F 01① 02⑤ 03③ 04⑤ 05④ 06④ 07①
08 48 09⑤ 10① 11② 12② 13 -6

G 01① 02① 03 5 04② 05① 06① 07⑤ 08②
09⑤ 10⑤ 11③ 12② 13③ 14 75

H 01③ 02② 03② 04① 05④ 06③ 07② 08①
09① 10③ 11④ 12② 13 11

I 01⑤ 02① 03① 04③ 05③ 06④ 07 27 08①
09③ 10 $-\dfrac{4}{3}\leq x\leq -1$ 11③ 12① 13④
14 $x>20$

J 01④ 02① 03③ 04⑤ 05 135 06② 07① 08②
09② 10② 11① 12③ 13 13

K 01④ 02③ 03④ 04⑤ 05③ 06④ 07④ 08⑤
09⑤ 10③ 11⑤ 12① 13④ 14 1440

L 01④ 02④ 03④ 04③ 05② 06① 07② 08②
09③ 10① 11⑤ 12③ 13② 14① 15 13

🍀 차 례

A 다항식의 연산

01 $-x^4+7x^2+x-6$　　**02** $-6+x+7x^2-x^4$

03 $6x^2+3xy+5x$　　**04** $-5x^3-14x^2-7$

05 $9x^2-y^2$　　**06** $-6x^3+3x^2-x+5$

07 $-x^3+x^2+x+4$　　**08** $7x^3-17x^2+8x+12$

09 $-8x^3+18x^2-7x-8$　　**10** $-10a^3x^3$　　**11** $-9x^7y^8$

12 $-\dfrac{a^5}{4b^2}$　　**13** x^8y　　**14** $6x^3-9x^2+12x$

15 $-5x^2y-5xy+2xy^2$　　**16** $a^4-a^2b-3a^2-2b^2-3b$

17 a^3-a^2+a-6　　**18** $9x^2+6x+1$

19 $4x^2-4xy+y^2$　　**20** $16x^2-y^2$

21 $x^2+7x+10$　　**22** $6x^2-11x-10$

23 $x^3+10x^2+27x+18$　　**24** $x^3+6x^2+12x+8$

25 x^3-3x^2+3x-1　　**26** x^3+8

27 $8a^3-1$　　**28** $a^2+4b^2+c^2-4ab-4bc+2ca$

29 $x^4+4x^2y^2+16y^4$　　**30** $a^3+b^3-c^3+3abc$

31 (1) 13　(2) 45　　**32** (1) 9　(2) 13

33 7　　**34** -29

35 $2x^2+5x-1$　　**36** $2ab^2+4a^2-5b$

37 몫 : $x^2+6x+12$, 나머지 : 19

38 몫 : $2x^2-3x-3$, 나머지 : 4

39 ③	**40** ①	**41** ④	**42** ③	**43** ②	**44** ②	**45** ④
46 ①	**47** ④	**48** ③	**49** ③	**50** ②	**51** ③	**52** ②
53 ②	**54** ④	**55** ①	**56** ③	**57** ④	**58** ③	**59** ④
60 ⑤	**61** ④	**62** ①	**63** ④	**64** ①	**65** ③	**66** ④
67 ④	**68** ④	**69** ④	**70** ③	**71** ①	**72** ④	**73** 5
74 10	**75** 3	**76** ④	**77** 15	**78** ③	**79** ①	**80** 10
81 6	**82** ②	**83** 9	**84** 6	**85** 12	**86** ②	**87** 20
88 2	**89** ②	**90** 36	**91** ⑤	**92** ⑤	**93** ④	**94** 256
95 ④	**96** ③	**97** ②	**98** ①	**99** 270	**100** ②	**101** ⑤
102 40	**103** ②	**104** ⑤	**105** ④	**106** 195	**107** ④	**108** 14
109 ④	**110** ③	**111** ②	**112** ②	**113** ②	**114** ①	**115** ⑤

116 $-4\sqrt5$　　**117** 100　**118** ②　**119** ②　**120** ③　**121** ③

122 ⑤　**123** ④　**124** 108　**125** ①　**126** 29　**127** ①　**128** ⑤

129 ②　**130** (1) $xy=6$, $x^2+y^2=16$ (2) $12-2\sqrt7$　**131** ③

132 154　**133** ④　**134** ④　**135** 23　**136** ⑤　**137** 7　**138** 2

139 ④　**140** ①　**141** ④　**142** ④　**143** ③　**144** ②　**145** ④

146 $-\dfrac{19\sqrt3}{4}$　　**147** $-\sqrt3$

148 $-5x^3-27y^3+20x+14$

149 ∠B＝90°인 직각삼각형　　**150** 40　**151** $-\dfrac{35}{4}$

152 148　**153** ②　**154** 123　**155** 135　**156** 126　**157** ②　**158** ③

B 항등식과 나머지정리

01 ㄴ, ㄹ, ㅁ　　**02** $a=-3$, $b=3$, $c=-6$

03 $a=1$, $b=1$, $c=-2$　　**04** $a=-1$, $b=4$, $c=-5$

05 $a=2$, $b=3$, $c=-5$　　**06** $a=1$, $b=2$

07 $a=\dfrac{5}{3}$, $b=-\dfrac{8}{3}$, $c=4$　**08** 1

09 3　　**10** 28　　**11** $\dfrac{15}{4}$　　**12** 13　　**13** -13　**14** -6　**15** 4

16 ㄴ, ㄷ　　　**17** 2, 2, -1, -1, -8

18 몫 : x^2+6x-8, 나머지 : 11

19 몫 : $4x^2-4x+6$, 나머지 : 2

20 몫 : $3x^2-6x+6$, 나머지 : -1　**21** 17　**22** ②　**23** ①

24 ①	**25** ③	**26** ③	**27** 11	**28** ⑤	**29** ③	**30** ⑤
31 ①	**32** ②	**33** ①	**34** ①	**35** 5	**36** ①	**37** ④
38 ⑤	**39** 3	**40** ③	**41** ①	**42** 256	**43** ①	**44** ③
45 ①	**46** 29	**47** ⑤	**48** $\dfrac{5^{25}-3}{2}$		**49** ②	**50** ②
51 ④	**52** ④	**53** ⑤	**54** 16	**55** 8	**56** ②	**57** 19
58 ④	**59** ④	**60** 4	**61** ⑤	**62** 13	**63** ④	**64** ④
65 ⑤	**66** 3	**67** 6	**68** ①	**69** ③	**70** ⑤	**71** ②
72 ④	**73** 52	**74** 29	**75** ⑤	**76** 22	**77** 11	**78** ⑤
79 ③	**80** ②	**81** ①	**82** 16	**83** ②	**84** ③	

85 $8x^2-4x+1$　**86** ⑤　**87** ①　**88** ①　**89** ③　**90** ②

91 ②　**92** ③　**93** ②　**94** ①　**95** 46　**96** ③　**97** 91

98 ③　**99** ①　**100** 8　**101** ⑤　**102** 28　**103** ②　**104** ⑤

105 ④　**106** 10　**107** ②　**108** ②　**109** 106　**110** ④　**111** ①

112 45　**113** ④　**114** 3　**115** ②　**116** ④　**117** ①　**118** 24

119 ④　**120** ①　**121** ②　**122** ②　**123** ②　**124** ③　**125** ⑤

126 ④　**127** ②　**128** ③　**129** 9　**130** ④　**131** ④　**132** ②

133 ①　**134** 23　**135** 40　**136** ①　**137** 2.521　**138** 0

139 -4　**140** -1　**141** 16　**142** $a=-1$, $b=-4$, $c=-5$

143 4　**144** 13　**145** 8　**146** 29

147 $a=2$, $b=-1$, $c=1$, $f(9)=1910$　　**148** ③　**149** ④

150 ③　**151** ③　**152** ①　**153** ③　**154** 33　**155** 20　**156** 13

157 ③　**158** ④　**159** -2　**160** 74　**161** 26　**162** ④　**163** ④

164 54　**165** 27

C 인수분해

01 $3y(xy-3)$ **02** $(a-b)(x-y)$

03 $-(a+b)(c-d)$ **04** $(2x+1)^2$ **05** $(3x-4)^2$

06 $(4a+b)^2$ **07** $(5a-2b)^2$ **08** $(3x+y)(3x-y)$

09 $2(2a+5b)(2a-5b)$ **10** $(x+y)(x-y+2)$

11 $(x+4)(x+7)$ **12** $(3x-5y)(2x+y)$

13 $(a+2b+c)^2$ **14** $(x-y-z)^2$ **15** $(x+y+1)^2$

16 $(x+2y)^3$ **17** $(3x-y)^3$ **18** $(a+1)(a^2-a+1)$

19 $(2a-3b)(4a^2+6ab+9b^2)$

20 $(a+b-c)(a^2+b^2+c^2-ab+bc+ca)$

21 $(a^2+a+1)(a^2-a+1)$ **22** $(x-1)(x-2)$

23 $(x-1)(x-4)(x^2-5x-2)$ **24** $-4(3x+5)$

25 $(x+1)(x-1)(x+2)(x-2)$

26 $(x^2+x+4)(x^2-x+4)$

27 $(a+b)(a-b)(a+c)$ **28** $(x+2y-2)(x-y+1)$

29 $(x+1)(x-3)(x+4)$

30 $(x+1)(x-2)(x^2-2x+3)$

31 -34 **32** 100 **33** ⑤ **34** ⑤

35 $(x+y)(x-y)(x^2+xy+y^2)(x^2-xy+y^2)$

36 ① **37** ⑤ **38** ④ **39** ② **40** ④ **41** ② **42** ⑤

43 ④ **44** ① **45** 8 **46** ④ **47** ⑤ **48** ① **49** ④

50 ① **51** ⑤ **52** ④ **53** ③ **54** ③ **55** ⑤

56 $(x-1)(x+1)(x+4)(x+6)$

57 ② **58** 503 **59** ④ **60** ④ **61** ④ **62** ① **63** ①

64 2 **65** ③ **66** ④ **67** ② **68** 7 **69** ① **70** ②

71 ⑤ **72** ③ **73** ⑤ **74** $(a+b)(b+c)(c+a)$ **75** ②

76 ②, ④ **77** ②, ③ **78** 5 **79** ③ **80** ③

81 9 **82** ③ **83** 25 **84** ② **85** ③ **86** ④ **87** ⑤

88 $a=-7,\ b=6,\ f(x)=(x+1)(x-1)(x+2)(x-3)$

89 ② **90** ② **91** ① **92** ③ **93** ②, ⑤ **94** ④ **95** ④

96 $x-1$ **97** ③ **98** ④ **99** 정삼각형 **100** ② **101** ④

102 12 **103** ④ **104** 21 **105** ③ **106** ② **107** ③ **108** 176

109 ④ **110** ② **111** ③ **112** ① **113** ① **114** ① **115** 7

116 1117 **117** 999 **118** $(a+b)(b+c)(c+a)$

119 정삼각형 **120** $k=16,\ A=x^2-5$

121 (1) $(x^2+3x+1)^2$ (2) 1721 **122** $2x^2+2$

123 19 **124** ⑤ **125** 24 **126** 10 **127** 18 **128** $\dfrac{\sqrt{2}}{2}$

129 ⑤ **130** 146

D 복소수

01 $2i$ **02** $\sqrt{6}i$ **03** $3\sqrt{3}i$ **04** $2\sqrt{7}i$

05 (1) ㄷ, ㅁ, ㅂ, ㅅ, ㅈ (2) ㄱ, ㄴ, ㄹ, ㅇ (3) ㄱ, ㄴ

06 실수부분 : 8, 허수부분 : 2

07 실수부분 : $\sqrt{2}$, 허수부분 : -1

08 실수부분 : 0, 허수부분 : -4

09 실수부분 : $\sqrt{15}$, 허수부분 : 0

10 $a=3,\ b=-1$ **11** $a=1,\ b=-3$ **12** $a=3,\ b=2$

13 $1-2i$ **14** $-6-4i$ **15** $5+3i$

16 $i+8$ **17** -12 **18** $-\dfrac{5}{4}i$

19 $2+5i$ **20** $5-5i$ **21** $22-21i$

22 $\dfrac{5-i}{2}$ **23** (1) 0 (2) $\dfrac{1}{5}-\dfrac{3}{5}i$ **24** $-i$

25 1 **26** 1 **27** 0 **28** $\pm\sqrt{7}i$ **29** $\pm2\sqrt{3}i$

30 $\pm2\sqrt{5}i$ **31** $\pm9i$ **32** -6 **33** $\sqrt{6}i$ **34** $\sqrt{2}i$

35 $-\sqrt{5}i$ **36** ③ **37** ③ **38** ① **39** ⑤ **40** ⑤

41 ④ **42** ⑤ **43** ④ **44** ② **45** ③ **46** ④ **47** ③

48 ③ **49** ④ **50** ④ **51** ⑤ **52** ④ **53** ④ **54** ④

55 ③ **56** ④ **57** ③ **58** ① **59** ① **60** ⑤ **61** ⑤

62 ② **63** ③ **64** ② **65** 6 **66** ③ **67** ① **68** 18

69 ④ **70** ④ **71** ⑤ **72** ② **73** 38 **74** ⑤ **75** ①

76 ④ **77** ② **78** ③ **79** ⑤ **80** ② **81** ① **82** ⑤

83 ⑤ **84** ① **85** ⑤ **86** ⑤ **87** ⑤ **88** ② **89** ③

90 ⑤ **91** ⑤ **92** ③ **93** ② **94** 29 **95** ④ **96** ②

97 ② **98** ⑤ **99** 12 **100** ⑤ **101** ① **102** ④ **103** $\dfrac{1}{4}$

104 12 **105** ③ **106** ① **107** ③ **108** 25 **109** 16 **110** ③

111 ② **112** ② **113** ④ **114** 100 **115** ③ **116** 24 **117** 25

118 ⑤ **119** 17 **120** ③ **121** ① **122** ⑤ **123** ③ **124** ②

125 ④ **126** 7 **127** ① **128** ⑤ **129** ③ **130** ④ **131** ④

132 $\dfrac{1}{3}$ **133** $\dfrac{37}{5}$ **134** -1 **135** 0 **136** 해설 참조 **137** ④

138 ② **139** 24 **140** ④ **141** 94 **142** 6 **143** 26 **144** 18

145 150

E 이차방정식

01 $x=-2$ 또는 $x=-5$ **02** $x=-\dfrac{1}{2}$ 또는 $x=\dfrac{1}{3}$

03 $x=-\dfrac{1}{3}$ 또는 $x=2$ **04** $x=\dfrac{1\pm\sqrt{13}}{2}$

05 $x=\dfrac{-2\pm\sqrt{6}i}{2}$ **06** $x=\pm1$

07 $x=3+\sqrt{10}$ 또는 $x=-3-\sqrt{10}$

08 $x=1\pm\sqrt{2}$ 또는 $x=1$

09 서로 다른 두 실근 **10** 중근 **11** 서로 다른 두 허근

12 (1) $a \le 2$ (2) $a > 2$ 13 $a = \pm 4\sqrt{2}$ 14 $a = \frac{49}{4}$

15 $a = -5$ 또는 $a = -1$ 16 (1) 4   (2) 1   (3) $2\sqrt{3}$ (4) 14

17 (1) 10   (2) $\frac{5}{2}$ (3) -8 (4) $\pm 5\sqrt{33}$

18 (1) $\frac{15}{2}$ (2) $-\frac{1}{2}$ 19 $x^2 - 2x - 3 = 0$

20 $x^2 + 4x - 1 = 0$ 21 $x^2 - 2x + 10 = 0$

22 $(x-3-i)(x-3+i)$ 23 $(x+7i)(x-7i)$

24 $2\left(x - \dfrac{2+\sqrt{2}i}{2}\right)\left(x - \dfrac{2-\sqrt{2}i}{2}\right)$

25 $\left(x - \dfrac{1+\sqrt{3}i}{2}\right)\left(x - \dfrac{1-\sqrt{3}i}{2}\right)$ 26 $16\left(x + \dfrac{i}{2}\right)\left(x - \dfrac{i}{2}\right)$

27 $3\left(x - \dfrac{1+\sqrt{2}i}{3}\right)\left(x - \dfrac{1-\sqrt{2}i}{3}\right)$

28 $a = -6, b = 3$ 29 $a = 12, b = -76$

30 $m = -1, n = -20$ 31 $m = 12, n = -37$ 32 ④

33 ③   34 ⑤   35 $-2+2\sqrt{2}, -2-\sqrt{2}$ 36 ④   37 24

38 ②   39 ①   40 ①   41 $\frac{7}{12}$ 42 27   43 ④   44 ③

45 $x = -4$ 또는 $x = \dfrac{1+\sqrt{33}}{2}$ 46 ②   47 ①   48 ③

49 16   50 10   51 ②   52 ⑤   53 ③   54 ⑤   55 ②

56 ④   57 ③   58 6   59 ④   60 7   61 25   62 ⑤

63 ④   64 ③   65 ①   66 7   67 ④   68 ①   69 ①

70 ②   71 ②   72 ③   73 정삼각형   74 ②   75 ④

76 ⑤   77 ③   78 ⑤   79 ①   80 ①   81 ④   82 ⑤

83 27   84 8   85 ③   86 ④   87 ④   88 14   89 4

90 ①   91 ④   92 ③   93 4   94 5   95 20   96 ②

97 ④   98 4   99 ④   100 13   101 15   102 10   103 6

104 ②   105 120   106 ②   107 ①   108 $x = -1 \pm \sqrt{13}$

109 ②   110 ①   111 16   112 ②   113 ③   114 ①   115 ①

116 ①   117 1   118 ①   119 ③   120 ②   121 503 122 185

123 ④   124 ①   125 ①   126 ③   127 ④   128 2   129 10

130 -14 131 $x^2 - 18x + 6 = 0$

132 서로 다른 두 실근   133 6   134 -1 135 ③   136 ②

137 16   138 ⑤   139 ①   140 ⑤   141 6   142 240

143 10   144 50

F 이차방정식과 이차함수

01 꼭짓점의 좌표 : $(1, 2)$, 축의 방정식 : $x = 1$

02 꼭짓점의 좌표 : $(2, 8)$, 축의 방정식 : $x = 2$

03 꼭짓점의 좌표 : $\left(3, \dfrac{1}{3}\right)$, 축의 방정식 : $x = 3$

04 (1) $a > 0, b < 0, c > 0$ (2) $a < 0, b < 0, c < 0$
   (3) $a > 0, b > 0, c < 0$ (4) $a < 0, b > 0, c > 0$

05 $y = 2(x+1)^2 + 3$ (또는 $y = 2x^2 + 4x + 5$)

06 $y = -x^2 - x + 2$ 07 $y = 2x^2 - x - 3$

08 -1, 0   09 -3, 9   10 5   11 0   12 2

13 1   14 (1) $k > -3$ (2) $k = -3$ (3) $k < -3$

15 $k \ge -9$ 16 1, 4   17 -1 18 $-2, \dfrac{5}{2}$ 19 2

20 0   21 1   22 (1) $k < \dfrac{29}{4}$ (2) $k = \dfrac{29}{4}$ (3) $k > \dfrac{29}{4}$

23 $k \le \dfrac{3}{2}$ 24 최댓값 : 없다, 최솟값 : -17

25 최댓값 : $\dfrac{1}{12}$, 최솟값 : 없다.

26 최댓값 : 없다, 최솟값 : 2

27 최댓값 : $\dfrac{49}{4}$, 최솟값 : 없다.   28 -6 29 $\dfrac{1}{2}$

30 최댓값 : 3, 최솟값 : -6

31 최댓값 : 5, 최솟값 : -3

32 최댓값 : 22, 최솟값 : 4

33 최댓값 : 8, 최솟값 : -16 34 6   35 3   36 ②

37 ②, ④ 38 ①   39 ②   40 ⑤   41 ③   42 ③   43 ③

44 ③   45 ⑤   46 2   47 ④   48 ①   49 ③   50 ①

51 ⑤   52 ①   53 ④   54 ①   55 ④   56 18   57 ⑤

58 ②   59 ④   60 ①   61 6   62 ②   63 ①   64 ②

65 ③   66 ②   67 ③   68 ④   69 ②   70 ②   71 ④

72 13   73 4   74 ③   75 ④   76 12   77 ②   78 ①

79 ⑤   80 ⑤   81 ③   82 ④   83 ③   84 ④   85 ①

86 ④   87 ②   88 ②   89 6   90 ⑤   91 ④   92 9

93 ②   94 ③   95 ①   96 91   97 17   98 ③   99 ②

100 11   101 13   102 ①   103 ④   104 3   105 ②   106 18

107 22   108 ③   109 ①   110 60   111 ②   112 ①   113 ①

114 ③   115 54   116 ①   117 ①   118 ⑤   119 25   120 ③

121 ②   122 ④   123 ②   124 ①   125 ②   126 ④   127 ⑤

128 ③   129 ②   130 ④   131 ③   132 ⑤   133 ③   134 ③

135 ⑤   136 ②   137 20   138 ②   139 ④   140 ①   141 ⑤

142 12   143 ②   144 ④   145 -1 146 9   147 384 148 4

149 2   150 $\dfrac{3}{2}$ 151 6   152 -6 153 16   154 27   155 ④

156 ⑤   157 ②   158 121   159 ②   160 ⑤   161 45   162 23

163 67   164 11   165 ③   166 ⑤   167 ①   168 ⑤   169 114

170 163   171 31   172 154   173 74   174 39   175 ⑤   176 ⑤

177 225 178 13   179 12   180 360

G 여러 가지 방정식

01 $x = -2$ 또는 $x = 1 \pm \sqrt{3}i$

02 $x = -1$ 또는 $x = 0$ 또는 $x = 5$

03 $x = 0$ 또는 $x = 3$ 또는 $x = \dfrac{-3 \pm 3\sqrt{3}i}{2}$

04 $x = -3$ 또는 $x = -2$ 또는 $x = 2$

05 $x = -1$ 또는 $x = \dfrac{7 \pm \sqrt{53}}{2}$

06 $x = 2$ 또는 $x = \dfrac{-1 \pm 3\sqrt{5}}{2}$

07 $x=-1$ 또는 $x=2$ 또는 $x=-1\pm\sqrt{3}i$

08 $x=1$ 또는 $x=\dfrac{-1\pm\sqrt{5}}{2}$

09 (1) $a=5$　　(2) $x=-6$ 또는 $x=3$

10 $x=\pm\sqrt{3}$　　　　　**11** $x=\pm i$ 또는 $x=\pm 2i$

12 $x=1$ 또는 $x=-2$ 또는 $x=3$ 또는 $x=-4$

13 $x=-1\pm\sqrt{2}i$ 또는 $x=1\pm\sqrt{2}i$

14 $x=-2\pm\sqrt{6}$ 또는 $x=2\pm\sqrt{6}$

15 $x=-3\pm 2\sqrt{2}$ 또는 $x=1$

16 $x=\dfrac{-1\pm\sqrt{3}i}{2}$ 또는 $x=2\pm\sqrt{3}$

17 (1) 5　(2) -2　(3) -4　(4) 29　(5) $\dfrac{1}{2}$　(6) 0

18 $x^3-3x^2-6x+8=0$　**19** $x^3-4x^2-39x-54=0$

20 $2x^3-18x^2+40x-24=0$　**21** $a=-6$, $b=0$

22 $a=1$, $b=1$　**23** $a=1$, $b=6$　**24** $a=26$, $b=-20$

25 (1) 0　(2) -1　(3) 1　(4) -1　(5) 0　(6) 1

26 (1) 0　(2) 1　(3) 1　(4) 1　(5) 3　(6) 0

27 $x=-3$, $y=2$ 또는 $x=2$, $y=-3$

28 $x=2$, $y=-5$ 또는 $x=5$, $y=-2$

29 $x=-\sqrt{10}$, $y=-\dfrac{\sqrt{10}}{2}$ 또는 $x=\sqrt{10}$, $y=\dfrac{\sqrt{10}}{2}$

30 $x=-1$, $y=3$ 또는 $x=3$, $y=-1$

31 $x=-1$, $y=-3$ 또는 $x=3$, $y=1$

32 $x=-\dfrac{\sqrt{26}}{2}$, $y=\dfrac{\sqrt{26}}{2}$ 또는 $x=\dfrac{\sqrt{26}}{2}$, $y=-\dfrac{\sqrt{26}}{2}$ 또는

　　$x=\dfrac{2\sqrt{65}}{5}$, $y=\dfrac{\sqrt{65}}{5}$ 또는 $x=-\dfrac{2\sqrt{65}}{5}$, $y=-\dfrac{\sqrt{65}}{5}$

33 $x=2\sqrt{2}$, $y=2\sqrt{2}$ 또는 $x=-2\sqrt{2}$, $y=-2\sqrt{2}$

　　또는 $x=2\sqrt{5}$, $y=\sqrt{5}$ 또는 $x=-2\sqrt{5}$, $y=-\sqrt{5}$

34 $x=\sqrt{2}$, $y=\sqrt{2}$ 또는 $x=-\sqrt{2}$, $y=-\sqrt{2}$

　　또는 $x=\sqrt{6}$, $y=-\sqrt{6}$ 또는 $x=-\sqrt{6}$, $y=\sqrt{6}$

35 $(3, 6)$, $(6, 2)$

36 $(0, 4)$, $(6, -2)$, $(-2, -10)$, $(-8, -4)$

37 $x=-4$, $y=2$　　**38** 3　**39** ③　**40** 13　**41** ④

42 ③　**43** ③　**44** ③　**45** 5　**46** ①　**47** ①　**48** ⑤

49 ⑤　**50** ③　**51** 4　**52** ④　**53** ③　**54** ⑤　**55** ②

56 ②　**57** 3　**58** ③　**59** 6　**60** ①　**61** ⑤　**62** ①

63 ③　**64** 13　**65** ④　**66** ⑤　**67** ⑤　**68** ③　**69** ③

70 10　**71** ④　**72** ①　**73** 15　**74** ②　**75** ②　**76** 7

77 ⑤　**78** ①　**79** ③　**80** 7　**81** 4　**82** ①　**83** ①

84 ⑤　**85** 16　**86** ①　**87** 12　**88** ⑤　**89** ⑤　**90** ②

91 ④　**92** ③　**93** ③　**94** 3　**95** ①　**96** ①　**97** ⑤

98 ①　**99** ④　**100** ③　**101** ③　**102** ①　**103** ①　**104** ⑤

105 ①　**106** ②　**107** ②　**108** ③　**109** ②　**110** 65　**111** 15

112 ②　**113** ⑤　**114** ④　**115** 10　**116** ③　**117** ⑤　**118** ②

119 3　**120** ①　**121** 5　**122** ④　**123** ②　**124** ④　**125** ②

126 ②　**127** ①　**128** ③　**129** 3　**130** ③　**131** 7　**132** ③

133 ③　**134** 3　**135** 15　**136** ③　**137** ①　**138** 5　**139** ②

140 ④　**141** ②　**142** ⑤　**143** ①　**144** 18　**145** ③　**146** ①

147 25　**148** ⑤　**149** ①　**150** ①　**151** 25　**152** ②　**153** ③

154 ①　**155** 5　**156** ②　**157** 16　**158** ②　**159** 7

160 $-\dfrac{1}{2}$　**161** ⑤　**162** ①　**163** ③　**164** 6 cm, 8 cm

165 54　**166** 39　**167** 60　**168** ②　**169** ②　**170** ⑤　**171** 85

172 5　**173** ①　**174** ③　**175** ①

176 $a=-7$, 나머지 두 근 : 2, -3　**177** 2　**178** 5

179 $x=\pm\sqrt{6}$, $y=\mp 2\sqrt{6}$ 또는 $x=\pm 4$, $y=\pm 2$ (복호동순)

180 $-\dfrac{1}{2}$　**181** 4　**182** $x^3-2x^2+3x-3=0$　**183** 6

184 9　**185** 7　**186** ⑤　**187** ⑤　**188** 5　**189** 164 **190** 90

191 $4-\sqrt{2}$　**192** 64　**193** 44　**194** 46　**195** 38　**196** $\dfrac{15}{2}$

H 부등식

01 $x>3$　　　　**02** $x\ge -\dfrac{5}{3}$　　**03** $x<14$

04 (ⅰ) $a>-2$일 때, $x<\dfrac{a}{a+2}$　(ⅱ) $a<-2$일 때, $x>\dfrac{a}{a+2}$

　　(ⅲ) $a=-2$일 때, 해가 없다.

05 (ⅰ) $a>1$일 때, $x\ge\dfrac{a+3}{a-1}$　(ⅱ) $a<1$일 때, $x\le\dfrac{a+3}{a-1}$

　　(ⅲ) $a=1$일 때, 해가 없다.

06 $x\le 1$　　　**07** $-4\le x<0$　**08** $3\le x\le 4$

09 $-7<x\le -6$ **10** $2\le x\le 6$　**11** $5<x\le 14$

12 해가 없다.　**13** $x=2$　　**14** 해가 없다.

15 $x=3$　　**16** $a\ge 1$ **17** $a\le 2$　　　**18** $a>3$

19 $-1\le x\le 3$　**20** $x<-2$ 또는 $x>\dfrac{1}{2}$　**21** $x>\dfrac{7}{3}$

22 $x\le -3$ 또는 $x\ge 3$　**23** $-4<x<5$

24 ④　**25** ③　**26** ②　**27** ③　**28** ②　**29** $x\le\dfrac{2}{ab}$

30 ①　**31** ④　**32** ①　**33** ⑤　**34** 21　**35** ①　**36** ④

37 ②　**38** 9　**39** ②　**40** ①　**41** ⑤　**42** 10　**43** ⑤

44 해가 없다.　**45** ④　**46** ①　**47** ②　**48** ③　**49** ②

50 21　**51** ②　**52** ④　**53** ②　**54** ④　**55** $\dfrac{9}{4}$　**56** ②

57 6　**58** ③　**59** ③　**60** ⑤　**61** ②　**62** 9　**63** ⑤

64 ④　**65** 28　**66** ⑤　**67** ②　**68** ②　**69** ⑤　**70** ⑤

71 15　**72** ①　**73** ⑤　**74** ③　**75** ②　**76** ②　**77** 7

78 ②　**79** 4　**80** ⑤　**81** ④　**82** ①　**83** ③　**84** ③

85 ③　**86** ③　**87** ①　**88** ⑤　**89** ③　**90** $k>2$

91 $\dfrac{11}{3}<k\le 5$　**92** $-\dfrac{2}{3}$　**93** $-\dfrac{1}{3}$ **94** 21　**95** -18

96 ②　**97** ⑤　**98** ④　**99** ⑤　**100** ①

I 이차부등식

01 (1) $x<-3$ 또는 $x>1$ (2) $-3<x<1$
(3) $x\le-3$ 또는 $x\ge1$ (4) $-3\le x\le1$

02 (1) (2) $x<-2$ 또는 $x>4$
(3) $-2\le x\le4$

03 (1) (2) 해가 없다.
(3) $x=1$
(4) $x\ne1$인 모든 실수

04 $x<-1$ 또는 $x>5$ **05** $-1\le x\le\dfrac{5}{4}$

06 $-\dfrac{2}{3}<x<\dfrac{3}{2}$ **07** $1\le x\le3$ **08** $x<1$ 또는 $x>3$

09 $-3<x<\dfrac{1}{2}$ **10** $x<-2$ 또는 $x>5$ **11** 모든 실수

12 해가 없다. **13** $x=1$ **14** $x^2-5x-24>0$

15 $x^2-x-6\le0$ **16** $x^2-5x+4\ge0$

17 $x^2+11x+30<0$ **18** $-3x^2+9x+30<0$

19 $-3x^2+9x+12\ge0$ **20** $-3x^2+9x\le0$

21 $-3x^2+21x-18>0$ **22** $a>\dfrac{9}{4}$

23 $-1<a<\dfrac{3}{4}$ **24** $0\le a\le1$ **25** $-\dfrac{1}{4}<a<1$

26 $a\ge4$

27 (1) $x\le-\dfrac{1}{2}$ 또는 $x\ge\dfrac{3}{2}$ (2) $1<x<2$ (3) $\dfrac{3}{2}\le x<2$

28 $5<x<8$ **29** $5\le x<8$ **30** $-1\le x\le2$

31 해가 없다. **32** $1\le x<2$ **33** $-4\le x\le-2$

34 $1\le x\le2$ **35** $x=-3$ 또는 $1\le x\le3$

36 $-2\le x\le0$ 또는 $2\le x\le4$ **37** $2<k\le18$

38 $k\ge4$ **39** $k>\dfrac{5}{2}$ **40** $-\dfrac{9}{2}<k\le-2\sqrt{2}$

41 $k\le-\dfrac{5}{4}$ **42** $k<1$ **43** $1\le k<\dfrac{5}{4}$

44 ① **45** ⑤ **46** ④ **47** ① **48** ② **49** ③ **50** 8
51 ③ **52** ⑤ **53** ② **54** ③ **55** ⑤ **56** 16 **57** ①
58 ① **59** ⑤ **60** ① **61** 42 **62** ③ **63** ③ **64** 56
65 ③ **66** ① **67** ② **68** ⑤ **69** ① **70** ④ **71** ④
72 ④ **73** 22 **74** 10 **75** ① **76** ② **77** ④ **78** 7
79 ⑤ **80** ③ **81** ③ **82** ④ **83** ② **84** -108 **85** ①
86 ⑤ **87** ⑤ **88** ⑤ **89** ④ **90** ⑤ **91** ⑤ **92** ⑤
93 2 **94** ④ **95** 10 **96** 2 **97** ③ **98** ⑤ **99** ①
100 ④ **101** ① **102** ④ **103** 34 **104** ① **105** ④ **106** 7
107 ① **108** ⑤ **109** ④ **110** 13 **111** ④ **112** 9 **113** ④
114 ③ **115** ⑤ **116** ③ **117** ① **118** ⑤ **119** ④ **120** ①

121 21 **122** ⑤ **123** ③ **124** ④ **125** ⑤ **126** 11 **127** ③
128 ④ **129** ② **130** ④ **131** 21 **132** 30 **133** 10 **134** 2
135 15 **136** 9 **137** ② **138** ④ **139** 7 **140** ① **141** ⑤
142 ① **143** ② **144** ② **145** ③ **146** ②

147 $-2\le a\le\dfrac{4}{3}$ **148** ⑤ **149** 29 **150** ① **151** ②

152 ⑤ **153** ② **154** ③ **155** ② **156** ④ **157** $2\le k<\dfrac{11}{5}$

158 ③ **159** ② **160** 5 **161** ③ **162** ②

163 $-1\le x\le\dfrac{3}{5}$ **164** 2 **165** 2

166 $5<k\le6$ **167** $-\dfrac{2}{9}$ **168** -2 **169** 3

170 200 km 초과 600 km 미만   **171** $a\le-2$ 또는 $a\ge1$

172 147   **173** ④ **174** ② **175** ⑤ **176** ⑤ **177** ④

178 ③ **179** ④ **180** $3<k<1+\dfrac{\sqrt{22}}{2}$ **181** 6 **182** ②

183 ① **184** ② **185** 2   **186** 120 **187** 21

J 경우의 수

01 6 **02** 4 **03** 5 **04** 10 **05** 9 **06** 6 **07** 8
08 4 **09** 12 **10** 3 **11** 100 **12** 125 **13** 9 **14** 12
15 12 **16** 18 **17** 24 **18** 44 **19** 34 **20** ④ **21** ⑤
22 ③ **23** ③ **24** 11 **25** 20 **26** ⑤ **27** 32 **28** ④
29 ② **30** ④ **31** ⑤ **32** ② **33** ① **34** ② **35** ②
36 ② **37** 36 **38** 657 **39** ② **40** ④ **41** ① **42** 88
43 ④ **44** ③ **45** ⑤ **46** ④ **47** ① **48** ② **49** ①
50 ④ **51** ④ **52** ② **53** ③ **54** 36 **55** 30 **56** ②
57 ③ **58** ② **59** 18 **60** ① **61** ⑤ **62** ① **63** ③
64 ② **65** 432 **66** 16 **67** 48 **68** 8 **69** 104 **70** 11
71 840 **72** 7 **73** 14 **74** ③ **75** $c<a=b$ **76** 130
77 ② **78** ⑤ **79** 24 **80** 60 **81** 396

K 순열과 조합

01 60 **02** 120 **03** 1 **04** 24 **05** 6 **06** 3 **07** 4
08 5 **09** 7 **10** 8 **11** 3 **12** 9 **13** 360 **14** 60
15 72 **16** 240 **17** 1440 **18** 60 **19** 24 **20** 18 **21** 10
22 10 **23** 6 **24** 16 **25** dacb **26** 15 **27** 120 **28** 1
29 1 **30** 6 **31** 3 **32** 3 **33** 10 **34** 6 **35** 2
36 84 **37** 9 **38** 35 **39** 12 **40** 35 **41** 35 **42** 20
43 80 **44** 840 **45** 240 **46** 90 **47** 28 **48** 56 **49** 9
50 ⑤ **51** ③ **52** ⑤ **53** 720 **54** ③ **55** ⑤ **56** ④
57 ③ **58** 480 **59** ④ **60** ⑤ **61** 576 **62** ② **63** ①
64 ① **65** ④ **66** ⑤ **67** ④ **68** ① **69** ④ **70** 576
71 ④ **72** ⑤ **73** ⑤ **74** ① **75** ④ **76** ⑤ **77** ②
78 ⑤ **79** ① **80** 720 **81** ② **82** ④ **83** ③ **84** 307
85 ① **86** ② **87** ⑤ **88** 12 **89** ⑤ **90** ① **91** ④
92 15 **93** 28 **94** 30 **95** ③ **96** ② **97** 11 **98** 6

99 ② 100 ① 101 ① 102 ② 103 ④ 104 ⑤ 105 210
106 ⑤ 107 ④ 108 ③ 109 ② 110 15 111 ② 112 50
113 ① 114 ④ 115 ④ 116 25 117 200 118 30 119 ④
120 450 121 ⑤ 122 ② 123 ④ 124 ⑤ 125 ② 126 ⑤
127 108 128 ③ 129 ① 130 ② 131 ④ 132 160 133 360
134 ② 135 ⑤ 136 ② 137 ③ 138 ① 139 ② 140 200
141 ⑤ 142 105 143 ④ 144 516 145 ① 146 ③ 147 ②
148 ② 149 ② 150 ② 151 129 152 49 153 516 154 160
155 96 156 20 157 $A<C<B$ 158 4 159 25 160 170
161 ③ 162 ③ 163 35 164 ⑤ 165 16 166 336 167 960
168 ②

L 행렬과 그 연산

01 2×1 행렬　02 1×2 행렬　03 1×3 행렬

04 2×2 행렬, 2차정사각행렬　05 2×3 행렬

06 3×3 행렬, 3차정사각행렬　07 3, 3

08 24　09 -5　10 7　11 7　12 $\begin{pmatrix} 1 & 0 & -1 \\ 3 & 2 & 1 \end{pmatrix}$

13 $\begin{pmatrix} 0 & -1 \\ -1 & 0 \end{pmatrix}$　14 $x=10, y=0$　15 $x=4, y=-1$

16 $x=9, y=-7$　17 $\begin{pmatrix} 2 & 0 \\ 7 & 9 \end{pmatrix}$　18 $\begin{pmatrix} 10 & 12 & 2 \\ -1 & -9 & 13 \end{pmatrix}$

19 $\begin{pmatrix} 0 & 0 \end{pmatrix}$　20 $X=\begin{pmatrix} 2 & 8 \\ -6 & 2 \end{pmatrix}$　21 $X=\begin{pmatrix} -2 & 9 \\ 0 & 5 \end{pmatrix}$

22 $X=\begin{pmatrix} -8 & 0 \\ 8 & 11 \end{pmatrix}$　23 $X=\begin{pmatrix} -6 & -6 \\ 5 & 0 \end{pmatrix}$

24 $\begin{pmatrix} 15 & 30 \\ 12 & -21 \end{pmatrix}$ 25 $\begin{pmatrix} 7 & 4 \\ -3 & 1 \end{pmatrix}$ 26 $\begin{pmatrix} -38 & -36 \\ 4 & 10 \end{pmatrix}$

27 $\begin{pmatrix} 135 & 70 \\ -64 & 27 \end{pmatrix}$ 28 $\begin{pmatrix} -31 \\ 16 \end{pmatrix}$ 29 $\begin{pmatrix} 46 & 34 \end{pmatrix}$

30 $\begin{pmatrix} -13 \end{pmatrix}$　31 $\begin{pmatrix} 4 & 2 & 4 \\ -4 & -2 & -4 \end{pmatrix}$

32 $\begin{pmatrix} 32 & -27 \\ -48 & 72 \end{pmatrix}$　33 $\begin{pmatrix} 0 & 84 \\ -12 & 104 \end{pmatrix}$

34 $\begin{pmatrix} -23 & -93 \\ 48 & 72 \end{pmatrix}$　35 $\begin{pmatrix} 9 & -204 \\ 12 & 40 \end{pmatrix}$

36 $\begin{pmatrix} 13 & -21 \\ -84 & 328 \end{pmatrix}$　37 $\begin{pmatrix} -51 & -135 \\ 36 & -24 \end{pmatrix}$

38 $\begin{pmatrix} 5 & -51 \\ 60 & 168 \end{pmatrix}$ 39 ㄱ, ㄷ, ㅂ 40 $\begin{pmatrix} -2 & -10 \\ 45 & -17 \end{pmatrix}$

41 $\begin{pmatrix} -446 & 190 \\ -855 & -161 \end{pmatrix}$　42 $\begin{pmatrix} -2 & -10 \\ 45 & -17 \end{pmatrix}$

43 $\begin{pmatrix} -8 & -40 \\ 180 & -68 \end{pmatrix}$ 44 $\neq$ 45 BC 46 AC 47 =, =

48 $\begin{pmatrix} 1 & 0 \\ 0 & 1 \end{pmatrix}$　49 $\begin{pmatrix} -1 & 0 \\ 0 & -1 \end{pmatrix}$　50 $\begin{pmatrix} 5 & 0 \\ 0 & 5 \end{pmatrix}$

51 $\begin{pmatrix} 1 & 0 \\ 0 & 1 \end{pmatrix}$　52 $\begin{pmatrix} 2 & 0 \\ 0 & 2 \end{pmatrix}$　53 11　54 ④　55 22

56 ③　57 ④　58 ②　59 ①　60 ⑤　61 ②　62 50

63 14 64 ③ 65 40 66 ⑤ 67 ① 68 ④ 69 4
70 ④ 71 ⑤ 72 ① 73 ④ 74 ④ 75 ① 76 ①
77 28 78 ② 79 3 80 ⑤ 81 ③ 82 ② 83 19
84 ② 85 8 86 ③ 87 ① 88 ① 89 ② 90 ③
91 ① 92 16 93 9 94 ③ 95 ④ 96 22 97 ⑤
98 ④ 99 ① 100 32 101 ④ 102 53 103 3 104 93
105 32 106 ③ 107 ① 108 121 109 ② 110 502 111 18
112 37 113 ① 114 ④ 115 12 116 ④ 117 ① 118 102
119 ③ 120 ② 121 ② 122 ④ 123 ③ 124 ① 125 ①
126 ② 127 ① 128 17 129 3 130 ③ 131 ② 132 52
133 ② 134 ④ 135 ⑤ 136 23 137 ② 138 13 139 ②
140 ② 141 ⑤ 142 ⑤ 143 80 144 ④ 145 40 146 4
147 27 148 ② 149 ② 150 18 151 ③ 152 40 153 ①
154 ④ 155 ② 156 ④ 157 ③ 158 ⑤ 159 ④ 160 128
161 ② 162 ④ 163 2 164 18 165 3 166 1 167 10
168 6 169 56 170 -12 171 3 172 4 173 30
174 180 175 ② 176 ⑤ 177 8 178 4 179 ④

〈내신＋학평 대비 모의고사〉

Ⓐ 01 ④ 02 ① 03 ⑤ 04 ② 05 ③ 06 ② 07 ② 08 ⑤
　09 ③ 10 ② 11 ⑤ 12 ② 13 ② 14 ③ 15 9009

Ⓑ 01 ① 02 ④ 03 ① 04 ④ 05 4 06 ③ 07 ⑤ 08 ①
　09 ① 10 ⑤ 11 ④ 12 ② 13 49 14 ④ 15 ③ 16 20

Ⓒ 01 ② 02 ④, ⑤ 03 ⑤ 04 7 05 ④ 06 ① 07 ④
　08 ① 09 ④ 10 ② 11 ② 12 ② 13 ⑤ 14 해설 참조

Ⓓ 01 ② 02 ④ 03 ① 04 ② 05 ① 06 ① 07 ① 08 ①
　09 ④ 10 ③ 11 ⑤ 12 ③ 13 ⑤ 14 ③ 15 42

Ⓔ 01 ⑤ 02 169 03 ⑤ 04 ③ 05 ② 06 ③ 07 ④ 08 ⑤
　09 ⑤ 10 ④ 11 ③ 12 ⑤ 13 ⑤ 14 $x^2-4x-2=0$

Ⓕ 01 ② 02 ③ 03 ② 04 ⑤ 05 ④ 06 ④ 07 ①
　08 48 09 ⑤ 10 ① 11 ③ 12 ② 13 -6

Ⓖ 01 ① 02 ① 03 5 04 ② 05 ① 06 ① 07 ⑤ 08 ②
　09 ⑤ 10 ⑤ 11 ⑤ 12 ② 13 ③ 14 75

Ⓗ 01 ③ 02 ② 03 ② 04 ① 05 ④ 06 ③ 07 ② 08 ①
　09 ① 10 ③ 11 ④ 12 ② 13 11

Ⓘ 01 ⑤ 02 ① 03 ① 04 ③ 05 ③ 06 ④ 07 27 08 ①
　09 ③ 10 $-\dfrac{4}{3}\leq x \leq -1$ 11 ③ 12 ① 13 ④
　14 $x>20$

Ⓙ 01 ③ 02 ① 03 ③ 04 ⑤ 05 135 06 ② 07 ① 08 ②
　09 ② 10 ① 11 ⑤ 12 ③ 13 13

Ⓚ 01 ④ 02 ⑤ 03 ⑤ 04 ⑤ 05 ③ 06 ④ 07 ④ 08 ⑤
　09 ⑤ 10 ⑤ 11 ⑤ 12 ② 13 ④ 14 1440

Ⓛ 01 ④ 02 ③ 03 ② 04 ③ 05 ② 06 ① 07 ② 08 ②
　09 ③ 10 ① 11 ③ 12 ⑤ 13 ② 14 ① 15 13

A 다항식의 연산

🐝 개념 확인 문제

A 01 정답 $-x^4+7x^2+x-6$

A 02 정답 $-6+x+7x^2-x^4$

A 03 정답 $6x^2+3xy+5x$

A 04 정답 $-5x^3-14x^2-7$

A 05 정답 $9x^2-y^2$

A 06 정답 $-6x^3+3x^2-x+5$

A 07 정답 $-x^3+x^2+x+4$

A 08 정답 $7x^3-17x^2+8x+12$

A 09 정답 $-8x^3+18x^2-7x-8$

A 10 정답 $-10a^3x^3$

A 11 정답 $-9x^7y^8$

A 12 정답 $-\dfrac{a^5}{4b^2}$

A 13 정답 x^8y

A 14 정답 $6x^3-9x^2+12x$

A 15 정답 $-5x^2y-5xy+2xy^2$

A 16 정답 $a^4-a^2b-3a^2-2b^2-3b$

A 17 정답 a^3-a^2+a-6

A 18 정답 $9x^2+6x+1$

A 19 정답 $4x^2-4xy+y^2$

A 20 정답 $16x^2-y^2$

A 21 정답 $x^2+7x+10$

A 22 정답 $6x^2-11x-10$

A 23 정답 $x^3+10x^2+27x+18$

A 24 정답 $x^3+6x^2+12x+8$

A 25 정답 x^3-3x^2+3x-1

A 26 정답 x^3+8

A 27 정답 $8a^3-1$

A 28 정답 $a^2+4b^2+c^2-4ab-4bc+2ca$

A 29 정답 $x^4+4x^2y^2+16y^4$

A 30 정답 $a^3+b^3-c^3+3abc$

A 31 정답 (1) 13 (2) 45
(1) $a^2+b^2=(a+b)^2-2ab=3^2-2\times(-2)=9+4=13$
(2) $a^3+b^3=(a+b)^3-3ab(a+b)$
$=3^3-3\times(-2)\times3=27+18=45$

A 32 정답 (1) 9 (2) 13
(1) $a^2+b^2=(a-b)^2+2ab=1^2+2\times4=1+8=9$
(2) $a^3-b^3=(a-b)^3+3ab(a-b)$
$=1^3+3\times4\times1=1+12=13$

A 33 정답 7
$x^2+\dfrac{1}{x^2}=\left(x+\dfrac{1}{x}\right)^2-2=3^2-2=9-2=7$

A 34 정답 -29
$a^2+b^2+c^2=(a+b+c)^2-2(ab+bc+ca)$
$=1^2-2\times(-14)=29$
$\therefore a^3+b^3+c^3$
$=(a+b+c)(a^2+b^2+c^2-ab-bc-ca)+3abc$
$=1\times\{29-(-14)\}+3\times(-24)$
$=43-72=-29$

A 35 정답 $2x^2+5x-1$

A 36 정답 $2ab^2+4a^2-5b$

A 37 정답 몫 : $x^2+6x+12$, 나머지 : 19

A 38 정답 몫 : $2x^2-3x-3$, 나머지 : 4

$$
\begin{array}{r}
2x^2-3x-3 \Leftarrow 몫 \\
x+1\overline{)2x^3-\ x^2-6x+1} \\
\underline{2x^3+2x^2} \\
-3x^2-6x \\
\underline{-3x^2-3x} \\
-3x+1 \\
\underline{-3x-3} \\
4 \Leftarrow 나머지
\end{array}
$$

A 39 정답 ③ ·· 다항식의 연산

정답 공식: 덧셈에 대한 교환법칙과 결합법칙을 이용하여 동류항끼리 모아서 정리한 후 계산한다.

> 두 다항식 $A=2x^2+xy+y^2$, $B=x^2+2xy-y^2$에 대하여 $A+B$를 간단히 하면?
>
> 단서 다항식의 덧셈은 동류항끼리 계산하자.
>
> ① x^2-xy ② $x^2+3xy-y^2$ ③ $3x^2+3xy$
> ④ $3x^2-3xy+y^2$ ⑤ $3x^2+xy+2y^2$

1st 동류항끼리 계산하여 $A+B$를 간단히 해.

$A+B=(2x^2+xy+y^2)+(x^2+2xy-y^2)$
$\quad=(2x^2+x^2)+(xy+2xy)+(y^2-y^2)=3x^2+3xy$

다항식의 덧셈과 뺄셈은 동류항끼리만 가능해.

A 40 정답 ① ·· 다항식의 연산

정답 공식: 두 다항식 A, B를 대입하여 동류항끼리 모아서 계산한다.

> 두 다항식
> $\qquad A=2x^2+x+3$, $B=x^2+x+2$
> 에 대하여 $A-B$는?
>
> 단서 주어진 두 다항식을 $A-B$에 대입하여 동류항끼리 모아서 계산해.
>
> ① x^2+1 ② x^2+5 ③ $3x^2+1$
> ④ x^2+2x+1 ⑤ x^2+2x+5

1st 두 다항식 A, B를 $A-B$에 대입하여 동류항끼리 모아서 계산해.

→ 동류항은 문자와 차수가 같은 항이야.

두 다항식 $A=2x^2+x+3$, $B=x^2+x+2$에서
$A-B=(2x^2+x+3)-(x^2+x+2)$

→ 분배법칙을 이용하여 $-(x^2+x+2)=-x^2-x-2$ 와 같이 계산해.

$\quad=(2x^2-x^2)+(x-x)+(3-2)$
$\quad=x^2+1$

A 41 정답 ④ ·· 다항식의 연산

정답 공식: 동류항끼리 모아서 정리한 후 계산한다.

> 두 다항식
> $\qquad A=x^2+2xy-2y^2$, $B=x^2+3xy+2y^2$
> 에 대하여 $A+B$를 간단히 하면?
>
> 단서 다항식의 덧셈은 동류항끼리 계산하자.
>
> ① $x^2+4xy+y^2$ ② x^2+5xy ③ $2x^2+5xy-y^2$
> ④ $2x^2+5xy$ ⑤ $2x^2+6xy$

1st $A+B$를 구해.

$A+B=(x^2+2xy-2y^2)+(x^2+3xy+2y^2)$
$\quad=(x^2+x^2)+(2xy+3xy)+(-2y^2+2y^2)$

다항식의 덧셈과 뺄셈은 동류항끼리만 가능해.

$\quad=2x^2+5xy$

A 42 정답 ③ ·· 다항식의 덧셈과 뺄셈

정답 공식: 덧셈에 대한 교환법칙과 결합법칙을 이용하여 동류항끼리 모아서 정리한 후 계산한다.

> 두 다항식 $A=x^2+3xy+2y^2$, $B=2x^2-3xy-y^2$에 대하여 $A+B$를 간단히 하면?
>
> 단서 다항식의 덧셈은 동류항끼리 계산하자.
>
> ① x^2+3y^2 ② $3x^2-2y^2$ ③ $3x^2+y^2$
> ④ $x^2-2xy+3y^2$ ⑤ $3x^2-2xy+y^2$

1st 동류항끼리 계산하여 $A+B$를 간단히 해.

$A+B$에서 A, B를 x, y에 대한 다항식으로 나타내면
$A+B=(x^2+3xy+2y^2)+(2x^2-3xy-y^2)$이다.

2nd 동류항끼리 계산하여 답을 구하자.

이때, 동류항끼리 묶어서 계산하면
$A+B=(1+2)x^2+(3-3)xy+(2-1)y^2=3x^2+y^2$

이때 xy항의 계수가 0이면 그 항은 0이 되니 사라져.

A 43 정답 ② ·· 다항식의 연산

정답 공식: 문자와 차수가 같은 항끼리 계산하여 식을 간단히 한다.

> 두 다항식 $A=2x^2+3xy+2y^2$, $B=x^2+5xy+3y^2$에 대하여 $A-B$를 간단히 하면?
>
> 단서 동류항끼리 모아서 식을 간단히 해.
>
> ① $x^2+2xy-y^2$ ② $x^2-2xy-y^2$
> ③ $x^2-2xy+y^2$ ④ $-x^2+2xy+y^2$
> ⑤ $-x^2-2xy-y^2$

1st $A-B$를 간단히 해.

$A-B=(2x^2+3xy+2y^2)-(x^2+5xy+3y^2)$ 분배법칙을 이용하여 식을 전개해.
$\quad=2x^2+3xy+2y^2-x^2-5xy-3y^2$
$\quad=2x^2-x^2+3xy-5xy+2y^2-3y^2$ 교환법칙을 이용해서 동류항끼리 모은 거야.
$\quad=(2-1)x^2+(3-5)xy+(2-3)y^2$
$\quad=x^2-2xy-y^2$

A 44 정답 ② ·· 다항식의 연산

정답 공식: 동류항끼리 모아서 동류항의 계수의 덧셈으로 계산한다.

> 두 다항식
> $\qquad A=3x^2+2xy$, $B=-x^2+xy$
> 에 대하여 $A+2B$를 간단히 하면?
>
> 단서 두 다항식의 동류항을 찾아서 계산해.
>
> ① x^2+3xy ② x^2+4xy ③ x^2+5xy
> ④ $2x^2+4xy$ ⑤ $2x^2+5xy$

1st 두 다항식의 덧셈과 실수배를 계산하자.

$A+2B=(3x^2+2xy)+2(-x^2+xy)$
$\quad=3x^2+2xy-2x^2+2xy$
$\quad=x^2+4xy$

x^2항끼리, xy항끼리 정리해.
즉, $3x^2-2x^2=(3-2)x^2=x^2$이고
$2xy+2xy=(2+2)xy=4xy$야.

(정답 공식: 두 다항식의 합은 동류항끼리 모아서 계산한다.)

두 다항식
$$A=x^2+y^2-1, \; B=2x^2-y^2+3$$
에 대하여 $A+B$는? [단서] 두 다항식 A, B를 $A+B$에 대입하여 다항식의 덧셈을 계산해.

① $2x^2+1$ ② $2x^2+2$ ③ $3x^2+1$
④ $3x^2+2$ ⑤ $3x^2+3$

[1st] 다항식의 덧셈을 계산해.
$$A+B=(x^2+y^2-1)+(2x^2-y^2+3)$$
$$=\underline{x^2+2x^2+y^2-y^2-1+3}$$
문자와 차수가 같은 동류항끼리 모은 거야.
$$=(1+2)x^2+(1-1)y^2+(-1+3)$$
$$=3x^2+2$$

(정답 공식: 다항식의 연산은 동류항끼리 계산하여 간단히 한다.)

두 다항식 [단서] 두 다항식이 주어져 있으므로 대입하여 동류항끼리 계산하자.
$$A=x^2-xy+y^2, \; B=x^2+xy-y^2$$
에 대하여 $A+B$는?

① $2x^2$ ② $2y^2$ ③ $2xy$
④ x^2+y^2 ⑤ $2x^2+xy$

[1st] 다항식을 계산할 때, 동류항끼리 모은 후 계산하자.
$$A+B=(x^2-xy+y^2)+(x^2+xy-y^2)$$
$$=\underline{(1+1)x^2+(-1+1)xy+(1-1)y^2}$$
$$=2x^2$$ 동류항이란 문자의 종류와 차수가 같은 항을 의미해.

(정답 공식: 동류항끼리 모아서 동류항의 계수의 뺄셈으로 계산한다.)

두 다항식
$$A=2x^2-3xy, \; B=x^2-4xy-y^2$$
에 대하여 $A-B$를 간단히 하면?
[단서] 다항식의 뺄셈을 하려면 동류항끼리 모아야겠지?

① x^2+xy ② x^2+2xy ③ x^2-xy+y^2
④ x^2+xy+y^2 ⑤ $x^2+2xy+y^2$

[1st] 동류항끼리 모아서 계산해.
$$A-B=(2x^2-3xy)-(x^2-4xy-y^2)$$
$$=2x^2-3xy-x^2+4xy+y^2$$
괄호 앞에 '$-$' 부호가 있으면 괄호를 풀 때 괄호 안의 계수의 부호가 바뀜에 주의해.
$$=(2-1)x^2+(-3+4)xy+y^2$$
$$=x^2+xy+y^2$$

(정답 공식: 두 다항식 A, B를 대입하여 동류항끼리 계산한다.)

두 다항식
$$A=xy+x-1, \; B=xy-x+2$$ [단서] 두 다항식 A, B가 주어졌으니까 대입하여 동류항끼리 계산하면 돼.
에 대하여 $A+B$는?

① $xy+1$ ② $xy+2$ ③ $2xy+1$
④ $2xy+2$ ⑤ $2xy+3$

[1st] 두 다항식 A, B를 $A+B$에 대입하여 동류항끼리 계산하자.
$$A+B=\underline{(xy+x-1)+(xy-x+2)}$$
$$=(1+1)xy+(1-1)x+(-1+2)$$
$$=2xy+1$$

(정답 공식: 동류항끼리 모아서 동류항의 계수의 뺄셈으로 계산한다.)

두 다항식
$$A=3x^2-2xy+y^2, \; B=x^2+xy-y^2$$
에 대하여 $A-B$를 간단히 하면?

① $2x^2-3xy$ ② $2x^2-3xy+y^2$
③ $2x^2-3xy+2y^2$ ④ $2x^2-xy+y^2$
⑤ $2x^2-xy+2y^2$

[단서] 두 다항식의 동류항끼리 계산하면 돼. 동류항끼리의 연산은 계수끼리 계산하여 문자를 곱하는 분배법칙을 활용한 것으로 이해하면 좋아.

[1st] $A-B$를 x, y에 대한 식으로 나타낸 후 동류항끼리 계산하여 간단히 해.
$$A-B=(3x^2-2xy+y^2)-(x^2+xy-y^2)$$
$$=\underline{3x^2-2xy+y^2-x^2-xy+y^2}$$
$$=2x^2-3xy+2y^2$$ 다항식의 덧셈과 뺄셈은 동류항끼리 계산해.
여기서는 $3x^2$과 $-x^2$, $-2xy$와 $-xy$, y^2과 y^2이 각각 동류항이야.

(정답 공식: 두 다항식의 합은 동류항끼리 모아서 계산한다.)

두 다항식
$$A=x^2-2xy+y^2, \; B=3xy-y^2$$ [단서] 두 다항식 A, B를 $A+B$에 대입하여 다항식의 덧셈을 계산해.
에 대하여 $A+B$는?

① x^2-xy ② x^2+xy ③ x^2+2xy
④ $2x^2-xy$ ⑤ $2x^2+xy$

[1st] 다항식의 덧셈을 계산해.
$$A+B=(x^2-2xy+y^2)+(3xy-y^2)$$
$$=\underline{x^2+y^2-y^2-2xy+3xy}$$
문자와 차수가 같은 동류항끼리 모은 거야.
$$=x^2+(1-1)y^2+(-2+3)xy$$
$$=x^2+xy$$

A 51 정답 ③ ······················· 다항식의 연산

(정답 공식: 동류항끼리 모아 계산한다.)

두 다항식
$$A=4x^2+2x-1, \ B=x^2+x-3$$
에 대하여 $A-2B$를 간단히 하면?
단서 주어진 두 다항식을 $A-2B$에 대입하여 동류항끼리 계산해.
① x^2+2 ② x^2+5 ③ $2x^2+5$
④ x^2-x+4 ⑤ $2x^2-x+4$

1st 동류항끼리 모아서 $A-2B$를 간단히 해.
$A-2B=(4x^2+2x-1)\underline{-2(x^2+x-3)}$ → 동류항은 문자와 차수가 같은 항이야.
$\qquad$ 분배법칙을 이용해.
$\quad=4x^2+2x-1-2x^2-2x+6$
$\quad=4x^2-2x^2+2x-2x-1+6$
$\quad=(4-2)x^2+(2-2)x+(-1+6)$
$\quad=2x^2+5$

A 52 정답 ② ······················· 다항식의 연산

(정답 공식: 동류항끼리 모아 계산한다.)

두 다항식
$$A=x^2-2xy+y^2, \ B=x^2+2xy+y^2$$
에 대하여 $A+B$를 간단히 하면?
단서 $A+B$에 두 다항식 A, B를 대입하여 동류항끼리 계산해.
① x^2+y^2 ② $2x^2+2y^2$ ③ $3x^2+3y^2$
④ $2x^2-2xy+2y^2$ ⑤ $2x^2+2xy+2y^2$

1st 주어진 식을 간단히 해.
$A+B=(x^2-2xy+y^2)+(x^2+2xy+y^2)$
$\qquad=\underline{x^2+x^2-2xy+2xy+y^2+y^2}$
$\qquad\quad$ 교환법칙을 이용하여 동류항끼리 모은 거야.
$\qquad=(1+1)x^2+(-2+2)xy+(1+1)y^2$
$\qquad=2x^2+2y^2$

A 53 정답 ② ······················· 다항식의 연산

(정답 공식: 두 다항식 A, B를 대입해 동류항끼리 정리한다.)

두 다항식
$$A=x^2+5x+4, \ B=x^2+2$$
에 대하여 $A-B$는?
단서 다항식의 연산은 동류항끼리 묶어서 계산해.
① $5x-2$ ② $5x+2$ ③ x^2+5x
④ x^2+5x-2 ⑤ x^2+5x+2

1st 식을 대입하고 동류항끼리 묶어서 계산해.
$A-B=\underline{(x^2+5x+4)-(x^2+2)}$
$\qquad=5x+2 \quad {\scriptstyle x^2+5x+4-x^2-2=(1-1)x^2+5x+(4-2)}$
$\qquad\qquad\qquad\qquad {\scriptstyle =5x+2}$

A 54 정답 ④ ···················· 다항식의 덧셈과 뺄셈

(정답 공식: 교환법칙과 결합법칙을 이용하여 식을 간단히 한다.)

두 다항식
$$A=x^2-2x+1, \ B=2x^2+2x-2$$
에 대하여 $A+B$를 간단히 하면?
단서 동류항끼리 모아서 식을 간단히 해.
① x^2-x-1 ② x^2+x+1 ③ x^2+1
④ $3x^2-1$ ⑤ $3x^2+1$

1st 동류항끼리 계산하여 $A+B$를 간단히 해.
$A+B=(x^2-2x+1)+(2x^2+2x-2)$
$\qquad\quad$ 동류항끼리 모아.
$\qquad=(1+2)x^2+(-2+2)x+(1-2)$
$\qquad=3x^2-1 \quad {\scriptstyle 일차항의\ 계수가\ 0이므로\ 일차항은\ 사라져.}$

A 55 정답 ① ······················· 다항식의 연산

(정답 공식: 두 다항식 A, B를 대입하여 동류항끼리 모아서 계산한다.)

두 다항식
$$A=2x^2-4x+3, \ B=-x^2+9x+6$$
에 대하여 $A+B$를 간단히 하면?
단서 주어진 두 다항식을 $A+B$에 대입하여 동류항끼리 모아서 계산해.
① x^2+5x+9 ② x^2+5x-9 ③ x^2-5x+9
④ $-x^2+5x+9$ ⑤ $-x^2-5x+9$

1st 두 다항식 A, B를 $A+B$에 대입하여 동류항끼리 계산해.
$A+B=\underline{(2x^2-4x+3)+(-x^2+9x+6)}$ → 동류항은 문자와 차수가 같은 항이야.
$\qquad\quad$ 교환법칙을 이용하여 동류항끼리 모아.
$\qquad=2x^2-x^2-4x+9x+3+6$
$\qquad=(2-1)x^2+(-4+9)x+(3+6)$
$\qquad=x^2+5x+9$

A 56 정답 ③ ······················· 다항식의 연산

(정답 공식: 다항식의 덧셈과 뺄셈을 할 때는 동류항끼리 모아서 계산한다.)

두 다항식
$$A=x^3+2x^2, \ B=2x^3-x^2-1$$
에 대하여 $A+B$를 간단히 하면? **단서** 다항식의 덧셈에서 동류항끼리 모아서 계산해야 함을 알 수 있어.
① x^3-3x^2-1 ② x^3+x^2+1 ③ $3x^3+x^2-1$
④ $3x^3+x^2+1$ ⑤ $3x^3+3x^2-1$

1st 다항식의 덧셈을 계산해.
$A+B=(x^3+2x^2)+(2x^3-x^2-1)$
$\qquad=\underline{x^3+2x^3+2x^2-x^2-1}$
$\qquad=3x^3+x^2-1 \quad$ → 동류항끼리 모은 거야.
$\qquad\quad$ 동류항끼리 덧셈은 계수끼리 계산한 후 문자를 곱한 것으로 이해하면 돼.

✿ **다항식의 연산** $\qquad\qquad\qquad$ 개념·공식

(1) 다항식의 덧셈 : 동류항끼리 모아서 동류항의 계수의 덧셈으로 계산한다.
(2) 다항식의 뺄셈 : 빼는 식의 각 항의 부호를 바꾸어 더한다.

A 57 정답 ② ···················· 다항식의 덧셈과 뺄셈

(정답 공식: 문자와 차수가 같은 항끼리 계산하여 식을 간단히 한다.)

두 다항식
$$A=x^2+2xy-1, \quad B=-2x^2+xy+1$$
에 대하여 $A+B$는?

단서 $A+B$에 두 다항식 A, B를 대입하여 동류항끼리 계산해.

① $-x^2-2xy$　　② $-x^2+3xy$
③ $-x^2+3xy+2$　　④ $x^2+2xy+1$
⑤ x^2+3xy

1st $A+B$를 간단히 해.
$$A+B=(x^2+2xy-1)+(-2x^2+xy+1)$$
$$=x^2-2x^2+2xy+xy-1+1$$
교환법칙을 이용해서 동류항끼리 모은 거야.
$$=(1-2)x^2+(2+1)xy+(-1+1)$$
$$=-x^2+3xy$$

A 58 정답 ③ ···················· 다항식의 연산

(정답 공식: 다항식의 덧셈과 뺄셈을 할 때는 동류항끼리 모아서 계산한다.)

두 다항식
$$A=3x^2+2x-1, \quad B=-x^2+x+3$$
에 대하여 $A+B$를 간단히 하면?

단서 다항식의 덧셈에서 동류항끼리 모아서 계산해야 함을 알 수 있어.

① $2x^2-x+2$　　② $2x^2+x-2$　　③ $2x^2+3x+2$
④ $4x^2+x+4$　　⑤ $4x^2+3x+4$

1st 다항식의 덧셈을 계산해.
$$A+B=(3x^2+2x-1)+(-x^2+x+3)$$
$$=3x^2-x^2+2x+x-1+3$$
$$=2x^2+3x+2$$ → 동류항끼리 모은 거야.
동류항끼리 덧셈은 계수끼리 계산한 후 문자를 곱한 것으로 이해하면 돼.

A 59 정답 ④ ···················· 다항식의 연산

(정답 공식: 동류항끼리 모아서 계산한다.)

두 다항식
$$A=x^2-x+1, \quad B=-x^2+2x$$
에 대하여 $A+B$는?

단서 $A+B$에 두 다항식 A, B를 대입하여 동류항끼리 계산해.

① $-x-1$　　② $-x+1$　　③ $x-1$
④ $x+1$　　⑤ $2x+1$

1st $A+B$를 구해.
$$A+B=(x^2-x+1)+(-x^2+2x)=x^2-x^2-x+2x+1$$
교환법칙을 이용하여 동류항끼리 모은 거야.
$$=(1-1)x^2+(-1+2)x+1$$
$$=x+1$$

A 60 정답 ⑤ ···················· 다항식의 덧셈과 뺄셈

(정답 공식: 두 다항식 A, B를 대입하여 동류항끼리 모아서 계산한다.)

두 다항식
$$A=2x^2+3y^2-2, \quad B=x^2-y^2$$
에 대하여 $A-B$는?

단서 주어진 두 다항식을 $A-B$에 대입하여 동류항끼리 모아서 계산해.

① $-x^2+y^2-2$　　② $-x^2+4y^2$　　③ x^2+y^2
④ x^2+y^2+2　　⑤ x^2+4y^2-2

1st 두 다항식 A, B를 $A-B$에 대입하여 동류항끼리 모아서 계산해.
→ 동류항은 문자와 차수가 같은 항이야.
두 다항식 $A=2x^2+3y^2-2$, $B=x^2-y^2$에서
$$A-B=(2x^2+3y^2-2)-(x^2-y^2)$$
$$=2x^2+3y^2-2-x^2+y^2$$
→ 분배법칙을 이용하여 $-(x^2-y^2)=-x^2-(-y^2)=-x^2+y^2$ 과 같이 계산해.
$$=(2x^2-x^2)+(3y^2+y^2)-2$$
$$=x^2+4y^2-2$$
→ 교환법칙을 이용하여 동류항끼리 모을 수 있어.

A 61 정답 ④ ···················· 다항식의 덧셈과 뺄셈

(정답 공식: 동류항끼리 모아서 동류항의 계수의 뺄셈으로 계산한다.)

두 다항식 $A=3x^2-5x+1$, $B=2x^2+x+3$에 대하여 $A-B$를 간단히 하면?

단서 다항식의 뺄셈을 하려면 동류항끼리 모아야겠지?

① x^2-4x-2　　② x^2-4x+2　　③ x^2-4x+4
④ x^2-6x-2　　⑤ x^2-6x+2

1st 다항식의 뺄셈을 계산해.
$$A-B=(3x^2-5x+1)-(2x^2+x+3)$$
$$=3x^2-5x+1-2x^2-x-3$$
$$=(3-2)x^2-(5+1)x+(1-3)$$
$$=x^2-6x-2$$
→ 동류항끼리 묶어서 계산할 때 '−'부호가 있으니까 부호 실수를 하지 않도록 주의해.

A 62 정답 ① ···················· 다항식의 연산

(정답 공식: $A(B+C)=AB+AC$)

두 다항식
$$A=x^2+2x-1, \quad B=x^2-x+3$$
에 대하여 $2A-B$를 간단히 하면?

단서 두 다항식이 주어져 있으니까 대입하여 동류항끼리 계산하자.

① x^2+5x-5　　② x^2+5x-1　　③ x^2-3x-5
④ $2x^2-3x+5$　　⑤ $2x^2-3x-1$

1st 주어진 두 다항식을 대입하여 계산하자.
$$2A-B=2(x^2+2x-1)-(x^2-x+3)$$
$$=2x^2+4x-2-x^2+x-3$$
$$=x^2+5x-5$$

주의 다항식의 계산에서 분배법칙을 이용하여 괄호를 없앨 때 실수하기 쉬워. 특히 −를 분배할 때 부호를 실수하기 쉬우니까 주의해야 해.

A 63 정답 ④ ······················· 다항식의 덧셈과 뺄셈

【 정답 공식: A, B에 관한 식을 먼저 정리한 후, A, B를 각각 대입해 동류항끼리 정리한다. 】

두 다항식 $A=x^2-xy+3y^2$, $B=2x^2-3xy+4y^2$에 대하여 $3A-2(A+2B)$를 계산하면?

① $5x^2+7xy-12y^2$ ② $5x^2+11xy-12y^2$
③ $7x^2+4xy-6y^2$ ④$-7x^2+11xy-13y^2$
⑤ $-7x^2-13xy+8y^2$ **단서** A, B를 문자로 생각하여 간단히 정리하자.

1st $3A-2(A+2B)$를 먼저 정리한 후에 A와 B의 식을 대입해.

$3A-2(A+2B)=3A-2A-4B=A-4B$

주의 분배 법칙을 이용할 때 마이너스 부호에 주의하여 전개하도록 해.

$\quad=x^2-xy+3y^2-4(2x^2-3xy+4y^2)$
$\quad=x^2-xy+3y^2-8x^2+12xy-16y^2$
$\quad=-7x^2+11xy-13y^2$ 동류항끼리 계산!

A 64 정답 ① ······················· 다항식의 덧셈과 뺄셈

【 정답 공식: $X=A+B$이므로 A, B를 대입해 동류항끼리 모아 정리한다. 】

두 다항식 $A=2x^2-4x-2$, $B=3x+3$에 대하여 $X-A=B$를 만족시키는 다항식 X는? **단서** $X-A=B$에서 $X=A+B$이므로 두 다항식 A, B의 합을 x에 대한 내림차순으로 구하면 되겠지!

①$2x^2-x+1$ ② $2x^2+x+1$ ③ $2x^2+x-1$
④ $-2x^2-x+1$ ⑤ $-2x^2+x+1$

1st $X=A+B$이므로 A와 B의 식을 대입해서 정리할 수 있지?

$X-A=B$에서 $X=A+B$이므로
$X=A+B$
$\quad=(2x^2-4x-2)+(3x+3)$
$\qquad 2x^2+(-4+3)x+(-2+3)$
$\quad=2x^2-x+1$

A 65 정답 ③ ······················· 다항식의 덧셈과 뺄셈

【 정답 공식: X를 A, B에 관한 식으로 정리하고, A, B를 대입한다. 】

두 다항식 $A=2x^3+x^2-4x+1$, $B=x^2-4x+3$에 대하여 $A-2X=B$를 만족시키는 다항식 X는?
단서 $X=\frac{1}{2}(A-B)$이므로 동류항끼리 묶어서 다항식을 계산하자.

① x^2+1 ② x^2+2 ③x^3-1
④ x^3-2 ⑤ x^3+3

1st 다항식의 연산은 동류항끼리 묶어서 정리해.

$A-2X=B$에서 $2X=A-B$
$\therefore X=\frac{1}{2}(A-B)=\frac{1}{2}\{2x^3+x^2-4x+1-(x^2-4x+3)\}$
$\qquad\qquad\qquad\quad 2x^3+x^2-4x+1-x^2+4x-3$
$\quad=\frac{1}{2}(2x^3-2)$
$\quad=x^3-1$

A 66 정답 ④ ······················· 다항식의 덧셈과 뺄셈

【 정답 공식: 주어진 기호의 정의에 따라 식을 세우고, 동류항끼리 모아 정리한다. 】

임의의 두 다항식 A, B에 대하여 $A*B=3A+B$로 정의할 때, $(2x^2+3xy+y^2)*(-3x^2-6xy+y^2)$을 간단히 하면?
단서 $A*B$는 A에 3배하고 B를 더하는 것으로 약속한 거야.

① $-2x^2-12xy+y^2$ ② $-2x^2-12xy+3y^2$
③ $3x^2-3xy-4y^2$ ④$3x^2+3xy+4y^2$
⑤ $9x^2-3xy+4y^2$

1st 연산의 정의대로 계산해보자.

$(2x^2+3xy+y^2)*(-3x^2-6xy+y^2)$
$=3(2x^2+3xy+y^2)+(-3x^2-6xy+y^2)$
$=6x^2+9xy+3y^2-3x^2-6xy+y^2$
$=3x^2+3xy+4y^2$

여기서 $2x^2+3xy+y^2=A$, $-3x^2-6xy+y^2=B$로 놓고 생각해보자.

A 67 정답 ④ ················ 다항식의 연산의 실생활에서의 활용

【 정답 공식: 두 축전기 A, B에 대한 전기용량과 전압에 대한 관계식을 각각 나타내어 활용한다. 】

전하를 저장하는 전기적 장치를 축전기라 한다. 축전기에 저장된 전기에너지를 $U(\text{J})$, 전기용량을 $C(\text{F})$, 전압을 $V(\text{V})$라 할 때, 축전기에 저장된 전기에너지는 다음과 같은 관계식이 성립한다.

$$U=\frac{1}{2}CV^2$$

단서 A, B에 대한 전기용량과 전압을 각각 문자로 표현하여 관계를 구해.

두 축전기 A와 B에 대하여 축전기 A의 전기용량은 축전기 B의 전기용량의 3배이고, 축전기 A의 전압은 축전기 B의 전압의 $\frac{2}{3}$배이다. 두 축전기 A와 B에 저장된 전기에너지를 각각 U_A와 U_B라 할 때, $\frac{U_A}{U_B}$의 값은?

① $\frac{1}{3}$ ② $\frac{2}{3}$ ③ 1   ④$\frac{4}{3}$ ⑤ $\frac{5}{3}$

1st A, B의 전기용량과 전압의 관계를 구해.

축전기 A, B의 전기용량을 각각 C_A, C_B라 하면
$C_A=3C_B$, 즉 $\frac{C_A}{C_B}=3$
축전기 A, B의 전압을 각각 V_A, V_B라 하면
$V_A=\frac{2}{3}V_B$, 즉 $\frac{V_A}{V_B}=\frac{2}{3}$

2nd $\frac{U_A}{U_B}$의 값을 구해.

$\therefore \frac{U_A}{U_B}=\frac{\frac{1}{2}C_AV_A^2}{\frac{1}{2}C_BV_B^2}=\frac{C_A}{C_B}\times\left(\frac{V_A}{V_B}\right)^2=3\times\left(\frac{2}{3}\right)^2=\frac{4}{3}$
$\underbrace{\qquad\qquad\qquad}_{U=\frac{1}{2}CV^2}$

정답 및 해설 **13**

정답 공식: 등식의 양변에 같은 수를 곱해도 등식이 성립하고 0이 아닌 같은 수로 나누어도 등식이 성립한다.

물체가 등속 원운동을 하기 위해 원의 중심방향으로 작용하는 일정한 크기의 힘을 구심력이라 한다. 질량이 m인 물체가 반지름의 길이가 r인 원의 궤도를 따라 v의 속력으로 등속 원운동을 할 때 작용하는 구심력의 크기 F는 다음과 같다.

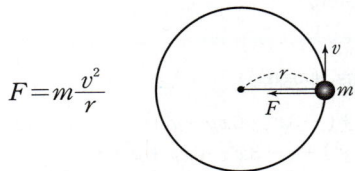

$$F = m\frac{v^2}{r}$$

물체 A와 물체 B는 반지름의 길이가 각각 r_A, r_B인 원의 궤도를 따라 등속 원운동을 한다. 물체 A의 질량은 물체 B의 질량의 3배이고, 물체 A의 속력은 물체 B의 속력의 $\frac{1}{2}$배이다. 물체

단서 물체 A의 질량과 속도를 물체 B의 질량과 속도를 활용해서 나타내 봐.

A와 물체 B의 구심력의 크기가 같을 때, $\frac{r_A}{r_B}$의 값은?

① $\frac{3}{8}$ ② $\frac{1}{2}$ ③ $\frac{5}{8}$

④ $\frac{3}{4}$ ⑤ $\frac{7}{8}$

1st 물체 A의 질량과 속도를 물체 B의 질량과 속도를 이용하여 나타내 봐.

두 물체 A, B의 질량을 각각 m_A, m_B라 하면 물체 A의 질량은 물체 B의 질량의 3배이므로 $m_A = 3m_B$ ··· ㉠
a가 b의 k배이면 $a=bk$가 성립해.

또, 두 물체 A, B의 속력을 각각 v_A, v_B라 하면 물체 A의 속력은 물체 B의 속력의 $\frac{1}{2}$배이므로 $v_A = \frac{1}{2}v_B$ ··· ㉡

2nd 두 물체의 구심력의 크기를 구해.

두 물체 A, B의 구심력의 크기를 각각 F_A, F_B라 하면

$$F_A = m_A \frac{v_A{}^2}{r_A} = 3m_B \frac{\left(\frac{1}{2}v_B\right)^2}{r_A} = 3m_B \frac{v_B{}^2}{4r_A} \ (\because ㉠, ㉡)$$

$$F_B = m_B \frac{v_B{}^2}{r_B}$$

3rd $\frac{r_A}{r_B}$의 값을 구해.

이때, 두 물체 A, B의 구심력의 크기가 같으므로 $F_A = F_B$에서

$$3m_B \frac{v_B{}^2}{4r_A} = m_B \frac{v_B{}^2}{r_B}$$

따라서 양변에 $\frac{r_A}{m_B v_B{}^2}$를 곱하면

$$\frac{r_A}{r_B} = \frac{3}{4}$$

정답 공식: $X = kY \iff \dfrac{X}{Y} = k$

자동차의 엔진 속에는 원기둥 모양의 실린더가 있다. 실린더의 지름과 높이를 각각 보어와 스트로크라 하고, 실린더가 흡입할 수 있는 최대 기체의 양을 배기량이라 한다. 보어가 $R(\text{mm})$, 스트로크가 $H(\text{mm})$, 실린더의 개수가 $M(\text{개})$인 자동차의 총 배기량을 $W(\text{cc})$라 할 때, 다음과 같은 관계식이 성립한다고 한다.

$$W = \pi\left(\frac{R}{2}\right)^2 \frac{HM}{1000}$$

단서 자동차의 총 배기량을 구하는 공식이 주어졌으니까 두 자동차 A, B의 보어, 스트로크, 실린더의 개수에 대한 식을 비교할 수 있도록 식을 만들 수 있어.

두 자동차 A, B에 대하여 A의 보어는 B의 보어의 $\frac{2}{3}$배이고, A의 스트로크는 B의 스트로크의 $\frac{9}{8}$배이다. 실린더의 개수가 같은 두 자동차 A, B의 총 배기량을 각각 W_A, W_B라 할 때, $\frac{W_A}{W_B}$의 값은? (단, 한 자동차의 실린더들은 모두 같다.)

① $\frac{1}{4}$ ② $\frac{1}{2}$ ③ $\frac{3}{4}$

④ 1 ⑤ $\frac{5}{4}$

1st 두 자동차의 보어, 스트로크, 실린더의 개수를 문자로 표현해보고, 관계식을 구하자.

실린더의 개수가 M인 두 자동차 A, B의 보어를 각각 R_A, R_B라 하고, 스트로크를 각각 H_A, H_B라 하자.

두 자동차 A, B에 대하여 A의 보어는 B의 보어의 $\frac{2}{3}$배이고, A의 스트로크는 B의 스트로크의 $\frac{9}{8}$배라 하므로

$$R_A = \frac{2}{3}R_B, \ H_A = \frac{9}{8}H_B \ \cdots ㉠$$

2nd 구한 것을 주어진 공식에 대입하여 W_A, W_B의 관계식을 구하자.

$W = \pi\left(\frac{R}{2}\right)^2 \frac{HM}{1000}$에 ㉠을 대입하여 W_A, W_B 사이의 관계식을 구하면

$$W_A = \pi\left(\frac{R_A}{2}\right)^2 \frac{H_A M}{1000}$$

$$= \pi\left(\frac{\frac{2}{3}R_B}{2}\right)^2 \frac{\frac{9}{8}H_B M}{1000}$$

$$= \frac{1}{2}\pi\left(\frac{R_B}{2}\right)^2 \frac{H_B M}{1000}$$

$$= \frac{1}{2}W_B \quad \frac{4}{9} \times \frac{9}{8} \times \pi\left(\frac{R_B}{2}\right)^2 \frac{H_B M}{1000} = \frac{1}{2}W_B$$

$$\therefore \frac{W_A}{W_B} = \frac{1}{2}$$

함정 이렇게 공식이 주어지고, 각 요소들의 관계가 따로 주어지면 적당히 문자로 표현하여 전체적인 관계식을 구하는 경우가 많아. 문자만 적절히 이용하면 풀리는 경우가 대부분이므로 어렵게 생각하지 않도록 하자.

정답 공식: $F=kD^2$에 $D=40$, $D=x$를 대입하여 F가 2배일 때의 x를 구한다.

> 망원경에서 대물렌즈 지름의 길이를 구경이라 하고 천체로부터 오는 빛을 모으는 능력을 집광력이라 한다. 구경이 $D(\text{mm})$인 망원경의 집광력 F는 다음과 같은 관계식이 성립한다.
> $$F=kD^2 \text{ (단, } k\text{는 양의 상수이다.)}$$
> **단서** 구경과 집광력 사이의 관계식을 잘 살펴봐~ 집광력은 구경의 제곱에 비례하지?
> 구경이 40인 망원경 A의 집광력은 구경이 x인 망원경 B의 집광력의 2배일 때, x의 값은?
>
> ① $10\sqrt{2}$ ② $15\sqrt{2}$ ③ $20\sqrt{2}$
> ④ $25\sqrt{2}$ ⑤ $30\sqrt{2}$

1st 두 망원경 A, B의 집광력을 각각 구해보자.

구경이 $D(\text{mm})$인 망원경의 집광력 F는 $F=kD^2$과 같은 관계식이 성립하므로
구경이 40인 망원경 A의 집광력은
$$F_A=k\times40^2=40^2k \cdots \text{㉠}$$
구경이 x인 망원경 B의 집광력은
$$F_B=k\times x^2=kx^2 \cdots \text{㉡}$$

2nd 두 망원경 A, B의 집광력의 관계를 이용하여 망원경 B의 구경을 구하자.

망원경 A의 집광력은 망원경 B의 집광력의 2배라 하므로
$$F_A=2F_B$$
여기에 ㉠, ㉡을 대입하면
$$40^2k=2kx^2$$
$$x^2=\frac{40^2}{2}=\frac{1600}{2}=800$$
$$\therefore x=\sqrt{800}=20\sqrt{2}$$

사실 구경 D와 집광력 F 사이의 관계식 $F=kD^2$에 의하여 집광력이 2배가 되면 구경은 $\sqrt{2}$배가 되는 것을 알 수 있어.
즉, 망원경 B의 구경은 망원경 A의 구경의 $\frac{1}{\sqrt{2}}$배가 되므로
$x=\frac{40}{\sqrt{2}}=20\sqrt{2}$로 구할 수도 있어.

수능 핵강

✱ 실생활에의 활용 문제 해결법

실생활과 관련된 소재를 이용한 다항식의 연산의 활용 문제는 최근 학력평가에 꾸준히 나오고 있는 유형이야.
이 유형은 문제의 글을 읽고 제시된 식에 <u>적절한 수 또는 문자를 대입하여 계산하면 돼.</u>
문제가 길고 내용이 생소하여 어렵게 느껴질 수 있지만 <u>각 문자에 대응하는 수 또는 문자만 잘 찾으면</u> 쉽게 계산할 수 있는 유형이니 겁먹지 말고 글을 차근차근 읽으며 식을 세우고 정리하도록 해.

✿ 다항식의 연산의 실생활에의 활용   개념·공식

문제에서 주어진 문자에 해당하는 값 또는 식을 제시된 등식에 정확히 대입한 후 다항식의 연산을 이용한다.
(1) 실생활과 관련된 용어에 대한 등식이 주어지므로 용어의 정의를 정확하게 파악하는 것이 중요하다.
(2) 주어진 등식에 문자에 해당하는 값 또는 식을 대입한 후 두 값의 비율을 구하는 문제가 대부분이므로 다항식의 연산과 지수법칙 등에서 실수하지 않도록 주의한다.

정답 공식: 두 강철 용기에 담긴 이상 기체의 몰수와 압력에 대한 관계식을 각각 나타내어 활용한다.

> 분자 사이에 인력이나 반발력이 작용하지 않고 분자의 크기를 무시할 수 있는 가상의 기체를 이상 기체라 한다. 강철 용기에 들어 있는 이상 기체의 부피를 $V(\text{L})$, 몰수를 $n(\text{mol})$, 절대 온도를 $T(\text{K})$, 압력을 $P(\text{atm})$이라 할 때, 다음과 같은 관계식이 성립한다. **단서1** 주어진 식에서 변화되는 양, 즉 변수를 찾아야 해. 이 문제에서는 n, P가 변수임을 파악해야 해.
> $$V=R\left(\frac{nT}{P}\right) \text{ (단, } R\text{는 기체 상수이다.)}$$
> 강철 용기 A와 강철 용기 B에 부피가 각각 V_A, V_B인 이상 기체가 들어 있다. 강철 용기 A에 담긴 이상 기체의 몰수는 강철 용기 B에 담긴 이상 기체의 몰수의 $\frac{1}{4}$배이고, **단서2** $n_A=\frac{1}{4}n_B$
> 강철 용기 A에 담긴 이상 기체의 압력은 강철 용기 B에 담긴 이상 기체의 압력의 $\frac{3}{2}$배이다. **단서3** $P_A=\frac{3}{2}P_B$
> 강철 용기 A와 강철 용기 B에 담긴 이상 기체의 절대 온도가 같을 때, $\frac{V_A}{V_B}$의 값은?
>
> ① $\frac{1}{6}$ ② $\frac{1}{3}$ ③ $\frac{1}{2}$ ④ $\frac{2}{3}$ ⑤ $\frac{5}{6}$

1st 두 강철 용기 A, B에 담긴 이상 기체의 몰수, 압력에 대한 관계식을 각각 나타내.

두 강철 용기 A, B에 담긴 이상 기체의 몰수를 각각 n_A, n_B라 하고, 압력을 각각 P_A, P_B라 하자.
이때, 각 강철 용기에 담긴 이상 기체의 절대 온도가 T로 같고, 강철 용기 A에 담긴 이상 기체의 몰수는 강철 용기 B에 담긴 이상 기체의 몰수의 $\frac{1}{4}$배, 강철 용기 A에 담긴 이상 기체의 압력은 강철 용기 B에 담긴 이상 기체의 압력의 $\frac{3}{2}$배이므로
$$n_A=\frac{1}{4}n_B, \ P_A=\frac{3}{2}P_B \cdots \text{㉠}$$

주의 문제에 글로 주어진 조건을 문자로 표현하여 여러 가지 관계식을 구해.

2nd 구한 관계식을 $V=R\left(\frac{nT}{P}\right)$에 대입하여 $\frac{V_A}{V_B}$의 값을 구해.

$V=R\left(\frac{nT}{P}\right)$에서
$$V_A=R\left(\frac{n_AT}{P_A}\right) \cdots \text{㉡}, \quad V_B=R\left(\frac{n_BT}{P_B}\right) \cdots \text{㉢}$$
㉡에 ㉠을 대입하면
$$V_A=R\left(\frac{n_AT}{P_A}\right)=R\left(\frac{\frac{1}{4}n_BT}{\frac{3}{2}P_B}\right)=\frac{1}{6}R\left(\frac{n_BT}{P_B}\right)=\frac{1}{6}V_B \ (\because \text{㉢})$$
$$\underline{\frac{1}{4}\div\frac{3}{2}=\frac{1}{4}\times\frac{2}{3}=\frac{1}{6}}$$
$$\therefore \frac{V_A}{V_B}=\frac{1}{6}$$

🔄 다른 풀이: **2nd** 에서 $\frac{V_A}{V_B}$를 직접 나누기

$V_A=R\left(\frac{n_AT}{P_A}\right)$, $V_B=\left(\frac{n_BT}{P_B}\right)$이므로
$$\frac{V_A}{V_B}=\frac{R\left(\frac{n_AT}{P_A}\right)}{R\left(\frac{n_BT}{P_B}\right)}=\frac{\frac{n_A}{P_A}}{\frac{n_B}{P_B}}=\frac{n_A}{n_B}\times\frac{P_B}{P_A}=\frac{1}{4}\times\frac{2}{3}=\frac{1}{6}$$
$$\underline{\frac{n_A}{n_B}=\frac{1}{4}, \frac{P_B}{P_A}=\frac{2}{3}}$$

A 72 정답 ④ ·········· 다항식의 연산의 실생활에의 활용

정답 공식: 주어진 조건을 이용하여 식을 두 개 구한 후 $\dfrac{P_A}{P_B}$의 값을 계산한다.

실린더에 담긴 액체의 높이를 $h(\text{m})$, 액체의 밀도를 $\rho(\text{kg/m}^3)$, 액체의 무게에 의한 밑면에서의 압력을 $P(\text{N/m}^2)$라 할 때, 다음과 같은 관계식이 성립한다.
단서1 식으로 나타내면 $h_A=15h_B$
$$P=\rho gh \ (\text{단, } g\text{는 중력가속도이다.})$$
실린더 A에 담긴 액체의 높이는 실린더 B에 담긴 액체의 높이의 15배이고, 실린더 A에 담긴 액체의 밀도는 실린더 B에 담긴 액체의 밀도의 $\dfrac{3}{5}$배이다. 실린더 A에 담긴 액체의 무게에 의한 밑면에서의 압력과 실린더 B에 담긴 액체의 무게에 의한 밑면에서의 압력을 각각 P_A, P_B라 할 때, $\dfrac{P_A}{P_B}$의 값은?
단서2 식으로 나타내면 $\rho_A=\dfrac{3}{5}\rho_B$
① 3　　② 5　　③ 7
④ 9　　⑤ 11

1st 주어진 조건을 이용하여 두 실린더 A, B에 담긴 액체의 높이 사이의 관계식과 밀도 사이의 관계식을 구하자.
실린더 A에 담긴 액체의 높이를 h_A, 실린더 B에 담긴 액체의 높이를 h_B, 실린더 A에 담긴 액체의 밀도를 ρ_A, 실린더 B에 담긴 액체의 밀도를 ρ_B라 하면

$h_A=15h_B \cdots \bigcirc$ → 실린더 A에 담긴 액체의 높이가 실린더 B에 담긴 액체의 높이의 15배이므로 $h_A=15h_B$ 임을 알 수 있어.

$\rho_A=\dfrac{3}{5}\rho_B \cdots \bigcirc$ → 실린더 A에 담긴 액체의 밀도는 실린더 B에 담긴 액체의 밀도의 $\dfrac{3}{5}$배이므로 $\rho_A=\dfrac{3}{5}\rho_B$ 임을 알 수 있어.

실수 문제에 글로 주어진 조건을 문자로 바꿀 때 정확하게 조건의 의미를 파악하여 두 문자의 관계를 식으로 작성해야 해.

2nd $\dfrac{P_A}{P_B}$의 값을 구하자.

$\bigcirc$, $\bigcirc$에 의하여

$\dfrac{P_A}{P_B}=\dfrac{\rho_A g h_A}{\rho_B g h_B}=\dfrac{\left(\dfrac{3}{5}\rho_B\right)g(15h_B)}{\rho_B g h_B}=9$ → $h_A=15h_B$, $\rho_A=\dfrac{3}{5}\rho_B$를 대입하면 $\dfrac{P_A}{P_B}$의 값을 구할 수 있어.

A 73 정답 5 ·········· 다항식의 전개식에서의 계수 찾기

정답 공식: 분배법칙을 이용하여 전개하고 동류항끼리 계산하여 x^2의 계수를 구한다.

다항식 $(x+4)(2x^2-3x+1)$의 전개식에서 x^2의 계수를 구하시오.
단서 분배법칙을 이용하여 전개하고 x^2의 계수를 구해.

1st 주어진 다항식을 전개해.
$(x+4)(2x^2-3x+1)=2x^3-3x^2+x+8x^2-12x+4$ 다항식의 덧셈에 대한 교환법칙을 이용한 거야.
$=2x^3-3x^2+8x^2+x-12x+4$
$=2x^3+(-3+8)x^2+(1-12)x+4$
$=2x^3+5x^2-11x+4$
따라서 x^2의 계수는 5이다.

🔍 **쉬운 풀이:** x^2 항만 계산하여 계수 구하기
$(x+4)(2x^2-3x+1)$은 (일차식)×(이차식)의 형태야. 따라서 이차항은 (일차항)×(일차항) 또는 (상수항)×(이차항)의 결과로 얻을 수 있으므로 $x\times(-3x)=-3x^2$, $4\times 2x^2=8x^2$이 이차항이 돼.
따라서 x^2의 계수는 $-3+8=5$야.

A 74 정답 10 ·········· 다항식의 전개식에서 계수 찾기

정답 공식: $(a+b)(x+y+z)=ax+ay+az+bx+by+bz$

$(x+3)(x^2+2x+4)$의 전개식에서 x의 계수를 구하시오.
단서 분배법칙을 이용해서 전개해.

1st 분배법칙을 이용하여 다항식을 전개하자.
$(x+3)(x^2+2x+4)=x^3+2x^2+4x+3x^2+6x+12$
$=x^3+(2+3)x^2+(4+6)x+12$
$=x^3+5x^2+10x+12$ 동류항끼리 묶어서 계산해.
따라서 x의 계수는 10이다.

A 75 정답 3 ·········· 곱셈 공식을 이용한 식의 전개

정답 공식: 곱셈 공식을 이용하여 주어진 다항식을 전개한다.

단서 다항식을 전개하여 x^2의 계수를 a로 나타내 봐.
다항식 $(x+a)^3+x(x-4)$의 전개식에서 x^2의 계수가 10일 때, 상수 a의 값을 구하시오.

1st 주어진 다항식을 전개해.
$(a+b)^3=a^3+3a^2b+3ab^2+b^3$
$(a-b)^3=a^3-3a^2b+3ab^2-b^3$
$(x+a)^3+x(x-4)=(x^3+3ax^2+3a^2x+a^3)+(x^2-4x)$
$=x^3+3ax^2+x^2+3a^2x-4x+a^3$
$=x^3+(3a+1)x^2+(3a^2-4)x+a^3$
따라서 주어진 다항식의 전개식에서 x^2의 계수는 $3a+1$이다.
2nd 상수 a의 값을 구해.
이때, x^2의 계수가 10이므로 $3a+1=10$에서
$3a=9 \quad \therefore a=3$

A 76 정답 ④ ·········· 곱셈 공식을 이용한 식의 전개

정답 공식: 식을 전개하여 xy의 계수를 구한다.

$(2x+3y)(4x-y)$의 전개식에서 xy의 계수는?
단서 분배법칙을 이용해서 전개해.
① 7　② 8　③ 9　④ 10　⑤ 11

1st 분배법칙을 이용해서 전개한 후 xy의 계수를 구하자.
$(2x+3y)(4x-y)=8x^2-2xy+12xy-3y^2$
$=8x^2+10xy-3y^2$
$(a+b)(c+d)$
$=a(c+d)+b(c+d)$
$=ac+ad+bc+bd$
따라서 xy의 계수는 10이다.

A 77 정답 15 ·········· 곱셈 공식을 이용한 식의 전개

정답 공식: 식을 전개하여 x^2의 계수를 구한다.

다항식 $(x+6)(2x^2+3x+1)$의 전개식에서 x^2의 계수를 구하시오.
단서 분배법칙을 이용해서 전개할 수 있어.

1st 분배법칙을 이용하여 주어진 다항식을 전개하자.
$(x+6)(2x^2+3x+1)=x(2x^2+3x+1)+6(2x^2+3x+1)$
분배법칙
$(a+b)(c+d)$
$=a(c+d)+b(c+d)$
$=2x^3+3x^2+x+12x^2+18x+6$ 동류항끼리 정리하자.
$=2x^3+15x^2+19x+6$
를 이용해서 전개하자.
따라서 x^2의 계수는 15이다.

A 78 정답 ③ ·························· 다항식의 전개식에서의 계수 찾기

[정답 공식]: 분배법칙을 이용하여 전개하고 동류항끼리 계산하여 x^2y의 계수를 구한다.

> $(x+2y)(x^2+xy)$의 전개식에서 x^2y의 계수는?
> **[단서]** 분배법칙을 이용하여 주어진 식을 전개해.
> ① 1 ② 2 ③ 3
> ④ 4 ⑤ 5

1st 분배법칙을 이용하여 다항식을 전개한 후 x^2y의 계수를 구하자.

$(x+2y)(x^2+xy) = \underline{x^3 + x^2y + 2x^2y + 2xy^2}$
$= x^3 + 3x^2y + 2xy^2$ ← 동류항끼리 계산해.

따라서 x^2y의 계수는 3이다.

A 79 정답 ① ·························· 곱셈 공식을 이용한 식의 전개

[정답 공식]: 주어진 기호의 정의에 따라 식을 세우고, 각각 괄호에서 한 항씩 뽑아 곱했을 때 x가 나오는 경우만 센다.

> **[단서]** $<A, B>$의 연산이 어떻게 정의되었는지 잘 관찰하고 이용하면 돼.
> 두 다항식 A, B에 대하여 연산 $<A, B>$를
> $<A, B> = A^2 + AB + B^2$으로 정의할 때,
> 다항식 $<x^2+x+1, x^2+x>$의 전개식에서 x의 계수는?
> ① 3 ② 5 ③ 7 ④ 9 ⑤ 11

1st 연산 $<A, B>$의 규칙에 따라 x에 대한 다항식을 전개하자.

$<A, B> = A^2 + AB + B^2$에서
$A = x^2+x+1$, $B = x^2+x$이므로
$<x^2+x+1, x^2+x>$

> x의 계수만 구하면 되므로 (상수항) × (x항의 계수)의 합을 계산해도 돼. 즉, $1 \times 1 + 1 \times 1 + 1 \times 1 = 3$임을 알 수 있어.

$= (x^2+x+1)^2 + (x^2+x+1)(x^2+x) + (x^2+x)^2$
이때, $x^2+x=t$라 하면
식에서 x^2+x가 계속 반복되므로 치환한 거야.

$(t+1)^2 + (t+1)t + t^2 = t^2 + 2t + 1 + t^2 + t + t^2$
$= 3t^2 + 3t + 1$
$= 3t(t+1) + 1$
$= 3(x^2+x)(x^2+x+1) + 1$
$= 3x^4 + 6x^3 + 6x^2 + 3x + 1$

> **실수** $x^2+x=t$로 치환하여 t에 관한 식을 구한 다음에 다시 t를 x^2+x로 치환하여 x에 관한 식으로 바꾸어 주는 것을 잊지 않도록 하자.

따라서 x의 계수는 3이다.

A 80 정답 10 ·························· 곱셈 공식을 이용한 식의 전개

[정답 공식]: 각각 괄호에서 한 항씩 뽑아 곱했을 때 x^4이 나오는 경우만 센다.

> **[단서]** 구하려는 것은 x^4이므로 x^4이 되는 곱만 구하여 더하자.
> 다항식 $(x+2x^2+3x^3+\cdots+100x^{100})^2$의 전개식에서 x^4의 계수를 구하시오.

1st x^4의 항이 나오는 경우만 계산하면 돼.

$(x+2x^2+3x^3+\cdots+100x^{100})^2$
$= (x+2x^2+3x^3+\cdots+100x^{100})(x+2x^2+3x^3+\cdots+100x^{100})$

이 식의 전개식에서 x^4의 항은
$\underset{\text{(일차)×(삼차)}}{x \cdot 3x^3} + \underset{\text{(이차)×(이차)}}{2x^2 \cdot 2x^2} + \underset{\text{(삼차)×(일차)}}{3x^3 \cdot x} = 10x^4$

따라서 x^4의 계수는 10이다.

A 81 정답 6 ······················· 곱셈 공식을 이용한 식의 전개

[정답 공식]: $(a+b+c)^2 = a^2+b^2+c^2+2ab+2bc+2ca$

> 다항식 $(4x-y-3z)^2$의 전개식에서 yz의 계수를 구하시오.
> **[단서]** 곱셈 공식을 이용하여 식을 전개해.

1st 주어진 다항식을 곱셈 공식을 이용하여 전개해.

$(4x-y-3z)^2$
> → $(4x-y-3z)^2$을 $(a+b+c)^2$의 꼴로 바꿔서 곱셈 공식을 이용해.
> $(a+b+c)^2 = a^2+b^2+c^2+2ab+2bc+2ca$

$= \{4x+(-y)+(-3z)\}^2$
$= 16x^2 + y^2 + 9z^2 - 8xy + 6yz - 24zx$
따라서 yz의 계수는 6이다.

쉬운 풀이: yz항이 나오는 부분만 계산하기

$(4x-y-3z)^2 = (4x-y-3z) \times (4x-y-3z)$이므로
yz항이 나오는 부분만 계산하면
$(-y) \times (-3z) + (-3z) \times (-y) = 6yz$
따라서 yz의 계수는 6이야.

A 82 정답 ② ······················· 곱셈공식을 이용한 식의 전개

[정답 공식]: $(a+b)^3 = a^3+3a^2b+3ab^2+b^3$
$(a-b)^3 = a^3-3a^2b+3ab^2-b^3$

> $a+b=2$, $a^3+b^3=10$일 때, ab의 값은?
> ① $-\dfrac{2}{3}$ ② $-\dfrac{1}{3}$ ③ 0
> ④ $\dfrac{1}{3}$ ⑤ $\dfrac{2}{3}$
> **[단서]** $a+b$, a^3+b^3의 값을 주고 ab의 값을 구하는 문제이므로 $a+b$, ab에 관한 식으로 나타내면 쉽게 해결할 수 있어.

1st 곱셈공식을 이용하여 ab의 값을 구해.

$(a+b)^3 = a^3 + \underline{3a^2b + 3ab^2} + b^3$
$= a^3 + b^3 + 3ab(a+b)$ ← 공통인수 $3ab$로 묶어.
$a+b=2$, $a^3+b^3=10$을 대입하면 $8 = 10 + 6ab$
$6ab = -2$ ∴ $ab = -\dfrac{1}{3}$

A 83 정답 9 ·························· 곱셈 공식을 이용한 식의 전개

[정답 공식]: $(a+b)^3 = a^3+3a^2b+3ab^2+b^3$

> 다항식 $(x+3)^3$을 전개한 식에서 x^2의 계수를 구하시오.
> **[단서]** 곱셈 공식을 이용하여 직접 전개해보자.

1st $(x+3)^3$을 직접 전개하여 x^2의 계수를 찾자.

$(x+3)^3 = x^3 + 3x^2 \times 3 + 3x \times 3^2 + 3^3$
$= x^3 + 9x^2 + 27x + 27$
> → $(a+b)^3 = a^3+3a^2b+3ab^2+b^3$을 이용하여 전개하자.

따라서 x^2의 계수는 9이다.

A 84 정답 6 ·························· 곱셈 공식을 이용한 식의 전개

[정답 공식]: $(a+b)^3 = a^3+3a^2b+3ab^2+b^3$

> 다항식 $(2x+y)^3$의 전개식에서 xy^2의 계수를 구하시오.
> **[단서]** 곱셈 공식을 이용하여 식을 전개해.

$(2x+y)^3$
$=(2x)^3+3\times(2x)^2\times y+3\times(2x)\times y^2+y^3$
$=8x^3+12x^2y+6xy^2+y^3$ $(x+y)^3$의 곱셈 공식에 x 대신 $2x$를 대입하여
따라서 xy^2의 계수는 6이다.   구할 수 있어.

A 85 정답 12 ·············· 곱셈 공식을 이용한 식의 전개

(정답 공식: $(a+b)^3=a^3+3a^2b+3ab^2+b^3$임을 이용한다.)

다항식 $(x+2y)^3$을 전개한 식에서 xy^2의 계수를 구하시오.
[단서] 주어진 다항식을 전개하여 xy^2의 계수를 구해.

1st 주어진 식을 전개하여 xy^2의 계수를 구해.
$(x+2y)^3=x^3+3\times x^2\times 2y+3\times x\times(2y)^2+(2y)^3$
$=x^3+6x^2y+12xy^2+8y^3$ $(x+y)^3=x^3+3x^2y+3xy^2+y^3$에
따라서 다항식 $(x+2y)^3$을 전개한 식에서 xy^2의 계수는 12이다. y 대신 $2y$를 대입한 거야.

A 86 정답 ② ·············· 곱셈 공식을 이용한 식의 전개

(정답 공식: 곱셈 공식을 이용해 식을 전개한 후, x의 계수를 구한다.)

x에 대한 다항식 $(ax+2)^3+(x-1)^2$을 전개한 식에서 x의 계수가 34일 때, 상수 a의 값은? [단서] 곱셈 공식을 이용하여 주어진 다항식을 전개하자.
① 1   ② 3   ③ 5   ④ 7   ⑤ 9

1st 주어진 식을 전개하여 x의 계수가 34가 되게 해.

주어진 다항식을 전개하면   [주의] 다항식을 전개할 때 공식을 정확히 암기하고 빠진 것이 없도록 주의하여 전개하도록 해.

$(ax+2)^3+(x-1)^2=a^3x^3+6a^2x^2+12ax+8+x^2-2x+1$
$=a^3x^3+(6a^2+1)x^2+(12a-2)x+9$
x의 계수가 34이므로 $(a+b)^3=a^3+3ab(a+b)+b^3$
$12a-2=34$ $\therefore a=3$ $(a-b)^2=a^2-2ab+b^2$

A 87 정답 20 ·············· 곱셈 공식을 이용한 식의 전개

(정답 공식: $(a+b+c)^2=a^2+b^2+c^2+2ab+2bc+2ca$)

$(x^2+2x+5)^2$의 전개식에서 x의 계수를 구하시오.
[단서] 곱셈 공식을 이용하여 식을 전개해 봐.

1st 주어진 다항식을 전개하자. $(x^2+2x+5)\times(x^2+2x+5)$에서 x항이 나오는 부분,
$(x^2+2x+5)^2$ 즉 $2x\times 5+5\times 2x=10x+10x=20x$만 계산해서 계수를 구해내도 돼.

$=(x^2)^2+(2x)^2+5^2+2\times x^2\times 2x+2\times 2x\times 5+2\times 5\times x^2$
$=x^4+4x^2+25+4x^3+20x+10x^2=x^4+4x^3+14x^2+20x+25$
따라서 x의 계수는 20이다.

A 88 정답 2 ·············· 곱셈 공식을 이용한 식의 전개

(정답 공식: $(a+b)^3=a^3+3a^2b+3ab^2+b^3$)

$(3x+ay)^3$의 전개식에서 x^2y의 계수가 54일 때, 상수 a의 값을 구하시오. [단서] 주어진 다항식을 곱셈 공식을 이용하여 전개하자.

1st 곱셈 공식 $(a+b)^3=a^3+3a^2b+3ab^2+b^3$을 이용하자.
$(3x+ay)^3=(3x)^3+3\cdot(3x)^2\cdot ay+3\cdot 3x\cdot(ay)^2+(ay)^3$
$=27x^3+27ax^2y+9a^2xy^2+a^3y^3$
이므로 x^2y의 계수는 $27a$이다. $(a+b)^3=a^3+3a^2b+3ab^2+b^3$
$27a=54$ $\therefore a=2$

A 89 정답 ② ·············· 곱셈 공식을 이용한 식의 전개

(정답 공식: $(a+b+c)^2=a^2+b^2+c^2+2(ab+bc+ca)$)

$x+y-z=5$, $xy-yz-zx=4$일 때, $x^2+y^2+z^2$의 값은?
[단서] 곱셈 공식을 이용하여 $(x+y-z)^2$을 전개하면 주어진 식의 모양이 보일 거야.
① 15   ② 17   ③ 19   ④ 21   ⑤ 23

1st 곱셈 공식을 이용하여 $(x+y-z)^2$을 전개하자.
$(x+y-z)^2=x^2+y^2+z^2+2(xy-yz-zx)=25$
제곱할 때 xy, yz, zx항의 부호를 실수하지 않도록 주의해.
2nd 전개된 식을 이용하여 $x^2+y^2+z^2$의 값을 구하자.
$x^2+y^2+z^2+2\times 4=25$ ($\because xy-yz-zx=4$)
$\therefore x^2+y^2+z^2=25-8=17$

🌟 톡톡 풀이: z 대신 $-z'$을 대입하여 풀기
$x+y-z=5$, $xy-yz-zx=4$의 식에
z 대신 $-z'$을 대입하면
$x+y+z=5$, $xy+yz'+z'x=4$
따라서 $x^2+y^2+(-z')^2=x^2+y^2+z'^2$이고
$x^2+y^2+z'^2=(x+y+z')^2-2(xy+yz'+z'x)$
$=5^2-2\times 4=17$

A 90 정답 36 ·············· 곱셈 공식을 이용한 식의 전개

(정답 공식: $(a+b+c)^2=a^2+b^2+c^2+2(ab+bc+ca)$)

세 실수 x, y, z가 [단서] 곱셈 공식을 이용하여 $(x-y-2z)^2$을 전개하면 주어진 식의 모양이 보일 거야.
$x^2+y^2+4z^2=62$, $xy-2yz+2zx=13$
을 만족시킬 때, $(x-y-2z)^2$의 값을 구하시오.

1st 곱셈 공식을 이용하여 $(x-y-2z)^2$을 전개해.
$(x-y-2z)^2=x^2+y^2+4z^2-2xy+4yz-4zx$
$=x^2+y^2+4z^2-2(xy-2yz+2zx)$ $(x-y-2z)^2=\{x+(-y)+(-2z)\}^2$
$=62-2\times 13$ $=x^2+(-y)^2+(-2z)^2+2\times x\times(-y)$
$=36$ $+2\times(-y)\times(-2z)+2\times(-2z)\times x$

A 91 정답 ⑤ ·············· 곱셈 공식을 이용한 식의 전개

(정답 공식: $(a-b)(a^2+ab+b^2)=a^3-b^3$)

두 실수 a, b에 대하여 $(a+b-1)\{(a+b)^2+a+b+1\}=8$일 때, $(a+b)^3$의 값은? [단서] 식에 $a+b$가 공통으로 보이니, $a+b$를 X로 치환해서 정리하면 식이 간단해질 거야.
① 5   ② 6   ③ 7   ④ 8   ⑤ 9

1st 복잡한 식에 $a+b$가 반복되므로 $a+b=X$로 치환하자.
$(a+b-1)\{(a+b)^2+a+b+1\}=8$에서
$a+b=X$로 치환하면
$(X-1)(X^2+X+1)=8$

2nd 곱셈 공식을 적용하여 식을 간단히 하자.
곱셈 공식에 의해

$X^3 - 1 = 8$ ∴ $X^3 = 9$
따라서 구하는 값은 $(a+b)^3 = X^3 = 9$

[곱셈 공식]
① $(a+b)^3 = a^3 + 3a^2b + 3ab^2 + b^3$
② $(a-b)^3 = a^3 - 3a^2b + 3ab^2 - b^3$
③ $(a-b)(a^2+ab+b^2) = a^3 - b^3$
④ $(a+b)(a^2-ab+b^2) = a^3 + b^3$

A 92 정답 ⑤ ················· 곱셈 공식을 이용한 식의 전개

(정답 공식: $x^2 - 3x$와 같이 반복되는 부분은 치환한다.)

단서 반복되는 식은 치환을 이용하자. 즉, $x^2 - 3x = X$로 놓고 전개하자.
$(x^2 - 3x + 1)(x^2 - 3x - 4) + 2$를 전개하면?

① $x^4 + 6x^3 + 6x^2 + 9x + 2$ ② $x^4 + 6x^3 - 6x^2 + 9x - 2$
③ $x^4 + 6x^3 - 6x^2 - 9x + 2$ ④ $x^4 - 6x^3 - 6x^2 - 9x + 2$
⑤ $x^4 - 6x^3 + 6x^2 + 9x - 2$

1st $x^2 - 3x = X$로 놓고 전개하자.
$x^2 - 3x = X$라 하면
$(x^2 - 3x + 1)(x^2 - 3x - 4) + 2 = (X+1)(X-4) + 2$

$x^2 - 3x + 1 = X$라 놓으면
$(x^2 - 3x + 1)(x^2 - 3x + 1 - 5) + 2$
$= X(X-5) + 2 = X^2 - 5X + 2$
로 풀 수도 있어.

$= X^2 - 3X - 2$
$= (x^2 - 3x)^2 - 3(x^2 - 3x) - 2$
$= x^4 - 6x^3 + 9x^2 - 3x^2 + 9x - 2$
$= x^4 - 6x^3 + 6x^2 + 9x - 2$

A 93 정답 ④ ················· 곱셈 공식을 이용한 식의 전개

(정답 공식: 두 묶음씩 곱하여 반복되는 부분이 나오도록 한다.)

단서 공통부분을 유도하기 위해 적절히 2개씩 짝을 지어 곱하자.
$(x-5)(x-3)(x-1)(x+1)$을 전개한 식이
$x^4 + Ax^3 + Bx^2 + Cx - 15$일 때, 상수 A, B, C에 대하여
$A+B+C$의 값은?

① -12 ② -3 ③ 5 ④ 14 ⑤ 20

1st 공통부분이 나오도록 두 개씩 묶어서 전개해보자.
$(x-5)(x-3)(x-1)(x+1) = \{(x-5)(x+1)\}\{(x-3)(x-1)\}$
$= (x^2 - 4x - 5)(x^2 - 4x + 3)$

주의 일차식 4개를 치환하여 계산하기 위해 상수항을 미리 맞춰보면 계산의 실수도 줄여주고 시간도 절약할 수 있어.

x의 계수가 모두 1인 일차식 4개를 곱하는 경우 둘씩 짝을 지어 곱한 후 치환해서 푸는 게 일반적이야. 둘씩 짝짓는 방법은 상수항끼리 더해 보면 $-5 + 1 = -3 - 1$이니까 $(x-5)(x+1)$과 $(x-3)(x-1)$로 짝지으면 돼.

2nd $x^2 - 4x = X$라 놓고 전개하여 A, B, C의 값을 찾자.
$x^2 - 4x = X$라 하면
(주어진 식) $= (X-5)(X+3) = X^2 - 2X - 15$
$= (x^2 - 4x)^2 - 2(x^2 - 4x) - 15$
$= x^4 - 8x^3 + 14x^2 + 8x - 15$
따라서 $A = -8$, $B = 14$, $C = 8$이므로
$A+B+C = -8 + 14 + 8 = 14$

A 94 정답 256 ················· 곱셈 공식을 이용한 식의 전개

(정답 공식: 반복되는 식의 형태를 A, B로 치환한 후, 곱셈 공식을 이용해 정리한다.)

$a = \sqrt{10}$일 때, 다음 식의 값을 구하시오.
단서 $(6+2a)^3$, $(6-2a)^3$이 반복되니까 치환하자.
$\{(6+2a)^3 - (6-2a)^3\}^2 - \{(6+2a)^3 + (6-2a)^3\}^2$

1st 주어진 식을 정리하고, $(6+2a)^3 = A$, $(6-2a)^3 = B$로 치환해.
$(6+2a)^3 = A$, $(6-2a)^3 = B$로 치환하자.
(주어진 식) **반복되는 것은 하나의 문자로 치환하자.**
$= (A-B)^2 - (A+B)^2$
$= A^2 - 2AB + B^2 - (A^2 + 2AB + B^2)$
$= -4AB$
$= -4(6+2a)^3(6-2a)^3$
$= -4\{(6+2a)(6-2a)\}^3$
$= -4(36 - 4a^2)^3$ ← $(X+Y)(X-Y) = X^2 - Y^2$을 이용하자.

2nd 정리한 식에 $a = \sqrt{10}$을 대입해서 식의 값을 구해.
$= -4(36 - 4 \cdot 10)^3$ ← $a = \sqrt{10} \Rightarrow a^2 = 10$
$= -4 \cdot (-64)^3 = 256$

A 95 정답 ④ ·········· 곱셈 공식의 변형 $-$ $(x \pm y)^2$, $(x \pm y)^3$ 이용

(정답 공식: $a^3 - b^3 = (a-b)^3 + 3ab(a-b)$)

$a - b = 2$, $a^3 - b^3 = 32$일 때, ab의 값은?
단서 곱셈 공식 $a^3 - b^3 = (a-b)^3 + 3ab(a-b)$를 이용하여 값을 구해.

① -5 ② -2 ③ 1
④ 4 ⑤ 7

1st 곱셈 공식을 이용하여 ab의 값을 구해.
$a - b = 2$이고 $a^3 - b^3 = (a-b)^3 + 3ab(a-b) = 32$이므로
$8 + 6ab = 32$, $6ab = 24$
∴ $ab = 4$

주의 $a = b + 2$를 $a^3 - b^3 = 32$에 대입하는 것도 생각할 수 있지만 편리한 계산을 위해서 곱셈 공식 $a^3 - b^3 = (a-b)^3 + 3ab(a-b)$를 떠올리는 게 우선이야.

A 96 정답 ③ ·········· 곱셈 공식의 변형 $-$ $(x \pm y)^2$, $(x \pm y)^3$ 이용

(정답 공식: $a^3 - b^3 = (a-b)^3 + 3ab(a-b)$)

$a - b = 2$, $ab = \frac{1}{3}$일 때, $a^3 - b^3$의 값은?
단서 곱셈 공식의 변형을 이용해 $a^3 - b^3$을 $a-b$와 ab에 대한 식으로 나타내 봐.

① 8 ② 9 ③ 10
④ 11 ⑤ 12

1st 곱셈 공식의 변형을 이용하자.
$a^3 - b^3 = (a-b)^3 + 3ab(a-b)$
$= 2^3 + 3 \times \frac{1}{3} \times 2$
$= 8 + 2 = 10$

공식이 잘 기억나지 않으면 $(a+b)^3 = a^3 + 3a^2b + 3ab^2 + b^3$의 식에서 b 대신에 $-b$를 대입하여 정리해도 돼.

A 97 정답 ② ·········· 곱셈 공식의 변형 $-$ $(x \pm y)^2$, $(x \pm y)^3$ 이용

(정답 공식: $a^3 - b^3 = (a-b)^3 + 3ab(a-b)$)

$x - y = 2$, $x^3 - y^3 = 12$일 때, xy의 값은?
단서 곱셈 공식의 변형을 이용하여 $x^3 - y^3$을 $x-y$와 xy의 식으로 나타내.

① $\frac{1}{3}$ ② $\frac{2}{3}$ ③ 1
④ $\frac{4}{3}$ ⑤ $\frac{5}{3}$

1st x^3-y^3을 $x-y$의 값을 이용할 수 있게 변형하자.

$x^3-y^3=(x-y)^3+3xy(x-y)$

$(x-y)^3=x^3-3x^2y+3xy^2-y^3$에서 $(x-y)^3=x^3-3xy(x-y)$

∴ $x^3-y^3=(x-y)^3+3xy(x-y)$

2nd 주어진 값을 대입하여 xy의 값을 구하자.

$x-y=2$, $x^3-y^3=12$를 대입하면

$12=2^3+3xy\times 2$

$6xy=4$ ∴ $xy=\dfrac{2}{3}$

수능 핵강

✱ 곱셈 공식의 변형을 이용해야 하는 이유

$x-y=2$에서 $y=x-2$를 $x^3-y^3=12$에 대입하면

$x^3-(x-2)^3=12$, $x^3-(x^3-6x^2+12x-8)=12$

$6x^2-12x-4=0$, $3x^2-6x-2=0$

∴ $x=\dfrac{3\pm\sqrt{15}}{3}$ ⇨ $y=\dfrac{-3\pm\sqrt{15}}{3}$ (복호동순)

위와 같이 x, y를 직접 구해서 xy의 값을 구하기에는 너무 복잡해.

곱셈 공식의 변형을 이용하여 값을 구하면 정확하고 빠르게 구할 수 있어.

A 98 정답 ① ········· 곱셈 공식의 변형 – $(x\pm y)^2$, $(x\pm y)^3$ 이용

(정답 공식: $x^3-y^3=(x-y)^3+3xy(x-y)$, $x^2+y^2=(x-y)^2+2xy$)

$x-y=3$, $x^3-y^3=18$일 때, x^2+y^2의 값은?

단서 $x-y$, xy의 값을 알면 곱셈 공식의 변형을 통해 x^3-y^3의 값을 구할 수 있어.

① 7 ② 8 ③ 9 ④ 10 ⑤ 11

1st $x-y$의 값이 주어졌으니, x^3-y^3으로부터 xy의 값을 구하자.

$x^3-y^3=(x-y)^3+3xy(x-y)=3^3+3xy\times 3$

$18=27+9xy$ ∴ $xy=-1$ ··· ㉠

2nd 곱셈 공식의 변형을 이용하여 x^2+y^2을 계산하자.

∴ $x^2+y^2=(x-y)^2+2xy$

$=3^2+2\times(-1)(∵㉠)$

$=7$

$x^2+y^2=(x+y)^2-2xy$
$=(x-y)^2+2xy$

A 99 정답 270 ········· 곱셈 공식의 변형 – $(x\pm y)^2$, $(x\pm y)^3$ 이용

(정답 공식: $a^3-b^3=(a-b)^3+3ab(a-b)$)

$k-\dfrac{3}{k}=6$일 때, $k^3-\dfrac{27}{k^3}$의 값을 구하시오.

단서 $\dfrac{27}{k^3}=\left(\dfrac{3}{k}\right)^3$이므로 $a-b$의 값을 알 때 a^3-b^3의 값을 구하는 문제야.

1st 곱셈 공식의 변형을 이용하여 $k^3-\dfrac{27}{k^3}$의 값을 구하자.

$a^3-b^3=(a-b)^3+3ab(a-b)$에

$a=k$, $b=\dfrac{3}{k}$을 대입하면

공식이 잘 기억나지 않으면 $(a-b)^3$을 전개하여 a^3-b^3을 남기고 이항해.

$k^3-\dfrac{27}{k^3}=\left(k-\dfrac{3}{k}\right)^3+3\times 3\times\left(k-\dfrac{3}{k}\right)$

$k\times\dfrac{3}{k}=3$

$=6^3+3\times 3\times 6=216+54=270$

A 100 정답 ② ········· 곱셈 공식의 변형 – $(x\pm y)^2$, $(x\pm y)^3$ 이용

(정답 공식: $a^3+b^3=(a+b)^3-3ab(a+b)$)

두 실수 a, b에 대하여 $a+b=4$, $a^3+b^3=40$일 때, ab의 값은?

① 1 ② 2 ③ 3 ④ 4 ⑤ 5

단서 곱셈 공식의 변형을 이용하여 a^3+b^3을 $a+b$와 ab로 나타내 보자.

1st 주어진 식을 $a+b$, a^3+b^3의 값을 이용할 수 있도록 바꿔보자.

$a^3+b^3=(a+b)^3-3ab(a+b)$에서

$a^3+b^3=(a+b)^3-3ab(a+b)$
$a^3-b^3=(a-b)^3+3ab(a-b)$

$40=4^3-3ab\times 4$, $40=64-12ab$

$12ab=24$ ∴ $ab=2$

A 101 정답 ⑤ ········· 곱셈 공식의 변형 – $(x\pm y)^2$, $(x\pm y)^3$ 이용

(정답 공식: $a^2+b^2=(a+b)^2-2ab$)

$a=2+\sqrt{3}$, $b=2-\sqrt{3}$일 때, a^2+b^2의 값은?

단서 주어진 a, b의 값에서 $a+b$, ab의 값을 구해 곱셈 공식의 변형을 이용하자.

① 10 ② $6\sqrt{3}$ ③ 12 ④ $8\sqrt{3}$ ⑤ 14

1st a, b의 값을 이용해 $a+b$, ab의 값을 구하자.

$a=2+\sqrt{3}$, $b=2-\sqrt{3}$에서

$a+b=(2+\sqrt{3})+(2-\sqrt{3})=4$

$ab=(2+\sqrt{3})(2-\sqrt{3})=2^2-(\sqrt{3})^2=1$

$a+b$, ab의 값이 간단한 자연수가 되므로 곱셈 공식의 변형을 이용하기 쉬워져.

2nd a^2+b^2의 값을 구하자.

∴ $a^2+b^2=(a+b)^2-2ab$

$=4^2-2\times 1=16-2=14$

🔷 다른 풀이: a, b의 값을 a^2+b^2에 직접 대입하여 계산하기

$a^2+b^2=(2+\sqrt{3})^2+(2-\sqrt{3})^2$

$=(7+4\sqrt{3})+(7-4\sqrt{3})=14$

A 102 정답 40 ········· 곱셈 공식의 변형 – $(x\pm y)^2$, $(x\pm y)^3$ 이용

(정답 공식: $a^3-b^3=(a-b)^3+3ab(a-b)$)

$a=2+\sqrt{2}$, $b=-2+\sqrt{2}$일 때, a^3-b^3의 값을 구하시오.

단서 주어진 a, b의 값에서 $a-b$, ab의 값을 구해 곱셈 공식의 변형을 이용하자.

1st a, b의 값을 이용해 $a-b$, ab의 값을 구하자.

$a=2+\sqrt{2}$, $b=-2+\sqrt{2}$에서

$a-b=(2+\sqrt{2})-(-2+\sqrt{2})=4$

$ab=(2+\sqrt{2})(-2+\sqrt{2})=(\sqrt{2})^2-2^2=-2$

a와 b를 각각 세제곱하여 a^3-b^3의 값을 구하면 계산이 복잡해지므로 $a-b$와 ab의 값을 구해 곱셈 공식의 변형을 이용하자.

2nd a^3-b^3의 값을 구하자.

∴ $a^3-b^3=(a-b)^3+3ab(a-b)$

$=4^3+3\times(-2)\times 4=64-24=40$

A 103 정답 ② ······ 곱셈 공식의 변형 – $(x \pm y)^2$, $(x \pm y)^3$ 이용

(정답 공식: $(x+y)^3 = x^3 + y^3 + 3xy(x+y)$
$(x-y)^3 = x^3 - y^3 - 3xy(x-y)$)

$x+y = \sqrt{2}$, $xy = -2$일 때, $\dfrac{x^2}{y} + \dfrac{y^2}{x}$의 값은?

① $-5\sqrt{2}$ ② $-4\sqrt{2}$ ③ $-3\sqrt{2}$
④ $-2\sqrt{2}$ ⑤ $-\sqrt{2}$

단서 $x+y$, xy의 값이 주어져 있으므로 $x+y$, xy의 식이 보이도록 주어진 식을 변형해야 하는 거야.

1st 곱셈 공식을 이용해 주어진 식을 $x+y$, xy로 나타내봐.

$\dfrac{x^2}{y} + \dfrac{y^2}{x}$을 통분하면 $\dfrac{x^3+y^3}{xy}$이고,

$x^3 + y^3 = (x+y)^3 - 3xy(x+y)$이므로

$\dfrac{x^3+y^3}{xy} = \dfrac{(x+y)^3 - 3xy(x+y)}{xy}$

$\qquad \to (x+y)^3 = x^3 + 3x^2y + 3xy^2 + y^3$이므로
$\qquad x^3 + y^3 = (x+y)^3 - 3x^2y - 3xy^2 = (x+y)^3 - 3xy(x+y)$

$\qquad = \dfrac{(\sqrt{2})^3 - 3 \times (-2) \times \sqrt{2}}{-2}$

$\qquad = \dfrac{2\sqrt{2} + 6\sqrt{2}}{-2} = \dfrac{8\sqrt{2}}{-2} = -4\sqrt{2}$

다른 풀이: 통분한 후 $x^3 + y^3 = (x+y)(x^2 - xy + y^2)$을 이용하여 식의 값 구하기

$\dfrac{x^2}{y} + \dfrac{y^2}{x} = \dfrac{x^3+y^3}{xy} = \dfrac{(x+y)(x^2-xy+y^2)}{xy}$

$\qquad = \dfrac{(x+y)\{(x+y)^2 - 3xy\}}{xy}$

$\qquad \to x^3 + y^3 = (x+y)(x^2 - xy + y^2)$
$\qquad x^3 - y^3 = (x-y)(x^2 + xy + y^2)$

$\qquad = \dfrac{\sqrt{2} \times \{(\sqrt{2})^2 - 3 \times (-2)\}}{-2}$

$\qquad = \dfrac{8\sqrt{2}}{-2} = -4\sqrt{2}$

A 104 정답 ⑤ ······ 곱셈 공식의 변형 – $(x \pm y)^2$, $(x \pm y)^3$ 이용

(정답 공식: $a^2 + b^2 = (a+b)^2 - 2ab$)

두 실수 a, b에 대하여 $a+b = 3$, $a^2 + b^2 = 7$일 때, $a^4 + b^4$의 값은?

단서 곱셈 공식의 변형을 이용하여 $a^2 + b^2$을 $a+b$와 ab로 나타내 보자.

① 39   ② 41   ③ 43
④ 45   ⑤ 47

1st 곱셈 공식의 변형을 이용하여 ab의 값을 구하자.

$a^2 + b^2 = (a+b)^2 - 2ab$에서

$\quad a^2 + b^2 = (a+b)^2 - 2ab$
$\qquad\quad = (a-b)^2 + 2ab$

$7 = 3^2 - 2ab$, $2ab = 2$

$\therefore ab = 1$

2nd $a^4 + b^4$의 값을 구하자.

따라서 $a^2 + b^2 = 7$, $ab = 1$이므로

$a^4 + b^4 = (a^2 + b^2)^2 - 2a^2b^2$

$a^2 + b^2 = (a+b)^2 - 2ab$에 a 대신 a^2을, b 대신 b^2을 대입한 식이야.

$\qquad = (a^2 + b^2)^2 - 2(ab)^2$

$\qquad = 7^2 - 2 \times 1^2 = 49 - 2 = 47$

A 105 정답 ④ ·························· 곱셈 공식의 변형

(정답 공식: 통분한 후, $x^2 + y^2 = (x+y)^2 - 2xy$를 이용한다.)

$x = 3 + 2\sqrt{2}$, $y = 3 - 2\sqrt{2}$일 때, $\dfrac{y}{x} + \dfrac{x}{y}$의 값은?

단서 $\dfrac{y}{x} + \dfrac{x}{y} = \dfrac{x^2+y^2}{xy}$에서 xy와 x^2+y^2만 구하면 돼.

① 28   ② 30   ③ 32
④ 34   ⑤ 36

1st 주어진 식을 $x+y$, xy의 값을 이용할 수 있도록 바꿔보자.

$x + y = (3 + 2\sqrt{2}) + (3 - 2\sqrt{2}) = 6$ ┐ x와 y는 $2\sqrt{2}$ 앞의 부호만 다르니까 $x+y$, xy를 쉽게 구할 수 있어.
$xy = (3 + 2\sqrt{2}) \cdot (3 - 2\sqrt{2}) = 1$

$\therefore \dfrac{y}{x} + \dfrac{x}{y} = \dfrac{x^2+y^2}{xy} = \dfrac{(x+y)^2 - 2xy}{xy} = \dfrac{6^2 - 2 \cdot 1}{1} = 34$

A 106 정답 195 ·························· 곱셈 공식의 변형

(정답 공식: $x^2 + xy + y^2 = (x+y)^2 - xy$이므로, 분모의 유리화로 $x+y$, xy를 구한다.)

$x = \dfrac{2+\sqrt{3}}{2-\sqrt{3}}$, $y = \dfrac{2-\sqrt{3}}{2+\sqrt{3}}$일 때, $x^2 + xy + y^2$의 값을 구하시오.

단서 x, y의 분모를 유리화하여 간단히 나타내자.

1st x와 y를 각각 유리화해.

$x = \dfrac{2+\sqrt{3}}{2-\sqrt{3}} = \dfrac{(2+\sqrt{3})(2+\sqrt{3})}{(2-\sqrt{3})(2+\sqrt{3})}$

$\quad = \dfrac{(2+\sqrt{3})^2}{4-3} = 7 + 4\sqrt{3}$

$y = \dfrac{2-\sqrt{3}}{2+\sqrt{3}} = \dfrac{(2-\sqrt{3})(2-\sqrt{3})}{(2+\sqrt{3})(2-\sqrt{3})}$

$\quad = \dfrac{(2-\sqrt{3})^2}{4-3} = 7 - 4\sqrt{3}$

[분모의 유리화]
(1) $\dfrac{1}{\sqrt{b}} = \dfrac{\sqrt{b}}{b}$ (2) $\dfrac{1}{a+\sqrt{b}} = \dfrac{a-\sqrt{b}}{a^2-b}$

2nd 주어진 식에 x, y의 값을 대입해.

$\therefore x^2 + xy + y^2 = (x+y)^2 - xy$

$\qquad x^2 + xy + y^2 = x^2 + 2xy + y^2 - xy = (x^2 + 2xy + y^2) - xy = (x+y)^2 - xy$

$\qquad = (7 + 4\sqrt{3} + 7 - 4\sqrt{3})^2 - (7 + 4\sqrt{3})(7 - 4\sqrt{3})$

$\qquad = 14^2 - (49 - 48)$

$\qquad = 196 - 1 = 195$

다른 풀이: 분모의 유리화를 통해 x, y의 값을 정리한 후 $x^2 + xy + y^2$에 바로 대입하기

$x = 7 + 4\sqrt{3}$, $y = 7 - 4\sqrt{3}$을 식에 바로 대입하여 구해도 돼.

$\therefore x^2 + xy + y^2 = (7 + 4\sqrt{3})^2 + (7 + 4\sqrt{3})(7 - 4\sqrt{3}) + (7 - 4\sqrt{3})^2$

$\qquad = 97 + 56\sqrt{3} + 1 + 97 - 56\sqrt{3}$

$\qquad = 195$

A 107 정답 ④ ······ 곱셈 공식의 변형 – $(x \pm y)^2$, $(x \pm y)^3$ 이용

(정답 공식: $x^2 + y^2 = (x+y)^2 - 2xy$, $x^3 + y^3 = (x+y)^3 - 3xy(x+y)$)

$x + y = 2$, $x^2 + y^2 = 6$을 만족하는 두 실수 x, y에 대하여 $x^7 + y^7$의 값은?

단서 $x^7 + y^7$을 바로 구할 수 없으니 $x^3 + y^3$, $x^4 + y^4$의 값을 각각 구해 두 식을 곱하여 $x^7 + y^7$의 식을 나타내도록 하자.

① 34   ② 82   ③ 198
④ 478   ⑤ 1054

1st 주어진 식을 이용해 xy의 값을 구하자.

$x^2 + y^2 = (x+y)^2 - 2xy$에서

$6=2^2-2xy,\ 2xy=-2$

$\therefore xy=-1$

2nd $x^3+y^3,\ x^4+y^4$의 값을 구하자.

$x^3+y^3=(x+y)^3-3xy(x+y)$
$\qquad =2^3-3\times(-1)\times2=8+6=14$

$x^4+y^4=(x^2+y^2)^2-2x^2y^2$
$\qquad =(x^2+y^2)^2-2(xy)^2$
$\qquad =6^2-2\times(-1)^2=36-2=34$

3rd x^7+y^7의 값을 구하자.

$\therefore \underline{x^7+y^7=(x^3+y^3)(x^4+y^4)-(xy)^3\times(x+y)}$

$(x^3+y^3)(x^4+y^4)=x^7+x^3y^4+x^4y^3+y^7$
$\qquad\qquad\qquad\quad =x^7+y^7+(xy)^3\times(x+y)$

이므로 $x^7+y^7=(x^3+y^3)(x^4+y^4)-(xy)^3\times(x+y)$

$\qquad =14\times34-(-1)^3\times2=476+2=478$

A 108 정답 14 ·············· 곱셈 공식의 변형

[정답 공식: $x-\dfrac{1}{x}=2,\ x^3-\dfrac{1}{x^3}=\left(x-\dfrac{1}{x}\right)^3+3\left(x-\dfrac{1}{x}\right)$을 이용한다.]

$x^2-2x-1=0$일 때, $x^3-\dfrac{1}{x^3}$의 값을 구하시오.

단서 $x=0$이 $x^2-2x-1=0$의 근이 아니니까 x로 양변을 나누어서 $x-\dfrac{1}{x}$의 값을 구하자.

1st $x^2-2x-1=0$의 양변을 x로 나누어 $x-\dfrac{1}{x}$의 값을 구해.

$x^2-2x-1=0$의 근이 $x\neq0$이므로 양변을 x로 나누면

주의 $x^2-2x-1=0$에 $x=0$을 대입하면 $-1\neq0$이므로 $x=0$은 이 방정식의 해가 아니야.

주의 분모는 0이 될 수 없으므로 주어진 식의 값이 0이 된다면 식을 x로 나눌 수 없어.

$x-2-\dfrac{1}{x}=0$ $\therefore x-\dfrac{1}{x}=2$

2nd 주어진 식을 $x-\dfrac{1}{x}$을 이용할 수 있도록 바꿔보자.

$\therefore \underline{x^3-\dfrac{1}{x^3}=\left(x-\dfrac{1}{x}\right)^3+3\cdot x\cdot\dfrac{1}{x}\left(x-\dfrac{1}{x}\right)}$

$\qquad =2^3+3\cdot1\cdot2$ $a^3-b^3=(a-b)^3+3ab(a-b)$에 $a=x,\ b=\dfrac{1}{x}$을 대입한 거야.
$\qquad =8+6=14$

A 109 정답 ④ ·············· 곱셈 공식의 변형

[정답 공식: $x^2+\dfrac{1}{x^2}=\left(x+\dfrac{1}{x}\right)^2-2,\ x^3+\dfrac{1}{x^3}=\left(x+\dfrac{1}{x}\right)^3-3\left(x+\dfrac{1}{x}\right)$]

$x^2+\dfrac{1}{x^2}=2$일 때, $x^3+\dfrac{1}{x^3}$의 값은?

단서 $x^2+\dfrac{1}{x^2}=2$를 변형하여 $x+\dfrac{1}{x}$의 값부터 구하자.

① $-8,\ 8$ ② $-6,\ 6$ ③ $-4,\ 4$
④ $-2,\ 2$ ⑤ $-1,\ 1$

1st $x^2+\dfrac{1}{x^2}=\left(x+\dfrac{1}{x}\right)^2-2$임을 이용하여 $x+\dfrac{1}{x}$의 값을 구해.

$x^2+\dfrac{1}{x^2}=\left(x+\dfrac{1}{x}\right)^2-2\cdot x\cdot\dfrac{1}{x}=2$에서

$a^2+b^2=(a+b)^2-2ab$에 $a=x,\ b=\dfrac{1}{x}$을 대입한 거야.

$\left(x+\dfrac{1}{x}\right)^2=4$

주의 제곱의 꼴이나 절댓값을 풀 때 부호에 주의해. 제곱이나 절댓값의 결과가 0이 아닌 경우, 이를 풀면 +와 - 두 가지를 모두 고려해야 해.

$\therefore x+\dfrac{1}{x}=\pm2$

2nd $x^3+\dfrac{1}{x^3}=\left(x+\dfrac{1}{x}\right)^3-3\left(x+\dfrac{1}{x}\right)$임을 이용하여 식의 값을 구해.

$\therefore \underline{x^3+\dfrac{1}{x^3}=\left(x+\dfrac{1}{x}\right)^3-3x\cdot\dfrac{1}{x}\cdot\left(x+\dfrac{1}{x}\right)}$

$\qquad =(\pm2)^3-3\cdot(\pm2)$ $a^3+b^3=(a+b)^3-3ab(a+b)$에 $a=x,\ b=\dfrac{1}{x}$을 대입한 거야.
$\qquad =\pm8\mp6=\pm2$ (복호동순)

A 110 정답 ③ ·············· 곱셈 공식의 변형

[정답 공식: $x^2+\dfrac{1}{x^2}=\left(x+\dfrac{1}{x}\right)^2-2,\ x^3+\dfrac{1}{x^3}=\left(x+\dfrac{1}{x}\right)^3-3\left(x+\dfrac{1}{x}\right)$]

양수 x에 대하여 $x^4-7x^2+1=0$일 때,

$x^3+5x+\dfrac{5}{x}+\dfrac{1}{x^3}$의 값은?

단서 x가 양수니까 등식의 양변을 x^2으로 나눠서 $x^2+\dfrac{1}{x^2},\ x+\dfrac{1}{x}$의 값을 유도하자.

① 27 ② 30 ③ 33
④ 36 ⑤ 39

1st 주어진 등식의 양변을 x^2으로 나눠 봐.

$x^4-7x^2+1=0$의 양변을 x^2으로 나누면

$x^2-7+\dfrac{1}{x^2}=0$

$x\neq0$이므로 등식의 양변을 x^2으로 나눌 수 있어.

주의 등식의 양변을 나눌 때 0이 되는 수로는 나눌 수 없으므로 꼭 0이 되는지 안 되는지 범위를 파악하도록 해.

$\therefore x^2+\dfrac{1}{x^2}=7$

이때, $x^2+\dfrac{1}{x^2}=\left(x+\dfrac{1}{x}\right)^2-2=7$이므로

$\left(x+\dfrac{1}{x}\right)^2=9$

$\therefore x+\dfrac{1}{x}=3\ (\because x>0)$

x가 양수이니까 $\dfrac{1}{x}$도 양수겠지? 즉, 양수끼리의 합은 당연히 양수야.

2nd 구하는 식을 $x+\dfrac{1}{x}$에 대한 식으로 변형해.

$x^3+\dfrac{1}{x^3}=\left(x+\dfrac{1}{x}\right)^3-3\left(x+\dfrac{1}{x}\right)$
$\qquad =3^3-3\cdot3=18$

$x^3+5x+\dfrac{5}{x}+\dfrac{1}{x^3}=x^3+\dfrac{1}{x^3}+5\left(x+\dfrac{1}{x}\right)$
$\qquad =18+5\cdot3=33$

$x^3+\dfrac{1}{x^3}=\left(x+\dfrac{1}{x}\right)^3-3\cdot x\cdot\dfrac{1}{x}\cdot\left(x+\dfrac{1}{x}\right)$
$\qquad =\left(x+\dfrac{1}{x}\right)^3-3\left(x+\dfrac{1}{x}\right)$

A 111 정답 ② ·············· 곱셈 공식의 변형

(정답 공식: $a^2+b^2+c^2=(a+b+c)^2-2(ab+bc+ca)$이다.)

$(a+b-c)^2=25,\ ab-bc-ca=-2$일 때, $a^2+b^2+c^2$의 값은?

단서 $(a+b-c)^2$을 전개하면 $a^2+b^2+c^2,\ ab-bc-ca$ 꼴이 나와.

① 27 ② 29 ③ 31
④ 33 ⑤ 35

1st 곱셈 공식을 이용하여 $(a+b-c)^2$을 전개해봐.

$\underline{(a+b-c)^2=a^2+b^2+(-c)^2+2ab+2b(-c)+2(-c)a}$

$(A+B+C)^2$
$=A^2+B^2+C^2+2AB+2BC+2CA$

$\qquad =a^2+b^2+c^2+2(ab-bc-ca)$

이때, $(a+b-c)^2=25,\ ab-bc-ca=-2$이므로

$25=a^2+b^2+c^2+2\times(-2)$

$\therefore a^2+b^2+c^2=25+4=29$

A 112 정답 ② ···································· 곱셈 공식의 변형

정답 공식: $(2x+y-1)^2$을 전개하여 구하고자 하는 식과 어떤 관련이 있는지 파악한다.

단서 전개하여 구하고자 하는 꼴로 변형해.

$(2x+y-1)^2=3$을 만족시키는 x, y에 대하여
$4x^2+y^2+4xy-4x-2y$의 값은?

① 1 　　　　② 2 　　　　③ 3
④ 4 　　　　⑤ 5

1st $(2x+y-1)^2=3$을 전개한 식을 이용하여 구해야 하는 식의 값을 찾아봐.

$(2x+y-1)^2=3$에서
$\underline{4x^2+y^2+1+4xy-2y-4x}=3$ $\rangle$ $(a+b+c)^2=a^2+b^2+c^2+2ab+2bc+2ca$
$\therefore \underline{4x^2+y^2+4xy-4x-2y}=2$

A 113 정답 ② ···································· 곱셈 공식의 변형

정답 공식: 통분한 후, $xy+yz+zx=\frac{1}{2}\{(x+y+z)^2-(x^2+y^2+z^2)\}$을 이용한다.

$x+y+z=10$, $x^2+y^2+z^2=38$, $xyz=30$일 때, $\frac{1}{x}+\frac{1}{y}+\frac{1}{z}$
의 값은?
단서 $\frac{1}{x}+\frac{1}{y}+\frac{1}{z}=\frac{xy+yz+zx}{xyz}$에서 $xy+yz+zx$의 값만 구하면 해결돼.

① $\frac{29}{30}$　② $\frac{31}{30}$　③ $\frac{37}{30}$　④ $\frac{41}{30}$　⑤ $\frac{43}{30}$

1st 구해야 하는 식을 통분하면 $\frac{xy+yz+zx}{xyz}$야. 주어진 방정식에서 $xy+yz+zx$의 값을 찾아야겠지?

$\underline{x^2+y^2+z^2=(x+y+z)^2-2(xy+yz+zx)}$에서
$(x+y+z)^2=x^2+y^2+z^2+2xy+2yz+2zx$에서 $2xy+2yz+2zx$를 좌변으로 이항하면 나와.
$38=10^2-2(xy+yz+zx)$
$\therefore xy+yz+zx=31$
$\therefore \frac{1}{x}+\frac{1}{y}+\frac{1}{z}=\frac{xy+yz+zx}{xyz}=\frac{31}{30}$

A 114 정답 ① ···································· 곱셈 공식의 변형

정답 공식: $a+b+c=1$을 이용하여 $a+b=1-c$와 같은 형태로 바꾼 후 전개한다.

$a+b+c=1$, $ab+bc+ca=-14$, $abc=-24$일 때, $(a+b)(b+c)(c+a)$의 값은?
단서 문자 하나씩 이항하여 $a+b=1-c$, $b+c=1-a$, $c+a=1-b$로 변형하여 대입하자.

① 10 　　　　② 8 　　　　③ 6
④ 4 　　　　⑤ 2

1st 구해야 하는 식을 전개해.

$a+b+c=1$, $ab+bc+ca=-14$, $abc=-24$이므로
$(a+b)(b+c)(c+a)=(1-a)(1-b)(1-c)$
$a+b+c=1$에서 $a+b=1-c$, $=1^3-(a+b+c)+(ab+bc+ca)-abc$
$b+c=1-a$, $c+a=1-b$를 $=1-1+(-14)-(-24)=10$
대입하면 쉽게 전개할 수 있어.

A 115 정답 ⑤ ···································· 곱셈 공식의 변형

정답 공식: $ab+bc+ca$의 값을 구하고, $a^2b^2+b^2c^2+c^2a^2=(ab+bc+ca)^2-2abc(a+b+c)$를 이용한다.

$a+b+c=0$, $a^2+b^2+c^2=3$일 때, $a^2b^2+b^2c^2+c^2a^2$의 값은?
단서 $ab=A$, $bc=B$, $ca=C$로 생각하여 $A^2+B^2+C^2$의 변형된 공식을 이용하자.

① $\frac{1}{4}$　　② $\frac{3}{4}$　　③ 1
④ 2 　　⑤ $\frac{9}{4}$

1st 주어진 방정식으로부터 $ab+bc+ca$의 값을 찾아보자.

$(a+b+c)^2=a^2+b^2+c^2+2(ab+bc+ca)$이므로
$0=3+2(ab+bc+ca)$ $\therefore ab+bc+ca=-\frac{3}{2}$
$\therefore \underline{a^2b^2+b^2c^2+c^2a^2=(ab+bc+ca)^2-2(ab^2c+abc^2+a^2bc)}$
$=(ab+bc+ca)^2-2abc\underline{(a+b+c)}_{=0}$
$=\left(-\frac{3}{2}\right)^2=\frac{9}{4}$ $x^2+y^2+z^2=(x+y+z)^2-2(xy+yz+zx)$
에 $x=ab$, $y=bc$, $z=ca$를 대입한 거야.

A 116 정답 $-4\sqrt{5}$ ···································· 곱셈 공식의 변형

정답 공식: $a^3+b^3+c^3-3abc=(a+b+c)(a^2+b^2+c^2-ab-bc-ca)$
이므로 $a+b+c$와 $a^2+b^2+c^2$에서 $ab+bc+ca$의 값을 구한다.

세 실수 a, b, c에 대하여 $a+b+c=\sqrt{5}$, $a^2+b^2+c^2=13$, $a^3+b^3+c^3=5\sqrt{5}$를 만족할 때, abc의 값을 구하시오.
단서 $a^3+b^3+c^3-3abc$를 인수분해 공식에 맞게 변형하자.

1st $(a+b+c)^2=a^2+b^2+c^2+2(ab+bc+ca)$임을 이용하여 $ab+bc+ca$를 구할 수 있지?

$(a+b+c)^2=a^2+b^2+c^2+2(ab+bc+ca)$에서
$(\sqrt{5})^2=13+2(ab+bc+ca)$
$\therefore ab+bc+ca=-4$

2nd $a^3+b^3+c^3-3abc=(a+b+c)(a^2+b^2+c^2-ab-bc-ca)$임을 이용하여 abc를 구해.

$\underline{a^3+b^3+c^3=(a+b+c)(a^2+b^2+c^2-ab-bc-ca)+3abc}$에서
$5\sqrt{5}=\sqrt{5}\cdot\{13-(-4)\}+3abc$ $(a+b+c)(a^2+b^2+c^2-ab-bc-ca)+3abc$
$\therefore abc=-4\sqrt{5}$ $=a^3+ab^2+ac^2-a^2b-abc-ca^2$
$+a^2b+b^3+bc^2-ab^2-b^2c-abc$
$+ca^2+cb^2+c^3-abc-bc^2-c^2a+3abc$
$=a^3+b^3+c^3$

A 117 정답 100 ···································· 곱셈 공식의 변형

정답 공식: $2c$를 하나의 문자로 생각한다.

세 실수 a, b, c에 대하여
$a^2+b^2+4c^2=44$, $ab+2bc+2ca=28$
일 때, $(a+b+2c)^2$의 값을 구하시오.
단서 $(a+b+2c)^2=a^2+b^2+(2c)^2+2ab+2b\cdot(2c)+2\cdot(2c)\cdot a$를 정리하자.

1st $(x+y+z)^2=x^2+y^2+z^2+2(xy+yz+zx)$임을 이용해.

$a^2+b^2+4c^2=44$, $ab+2bc+2ca=28$이므로
$\underline{(a+b+2c)^2=a^2+b^2+(2c)^2+2ab+2b\cdot(2c)+2\cdot(2c)\cdot a}$
$=a^2+b^2+4c^2+2(ab+2bc+2ca)$
$=44+2\times28$ $(x+y+z)^2$
$=100$ $=x^2+y^2+z^2+2(xy+yz+zx)$

A 118 정답 ② ···················· 곱셈 공식의 활용 – 수의 계산

【 정답 공식: $(a-b)(a+b)=a^2-b^2$ 】

> $2016 \times 2019 \times 2022 = 2019^3 - 9a$가 성립할 때, 상수 a의 값은?
> 단세 2019를 x로 놓고 식을 간단히 한 후 전개해 보자.
> ① 2018　　　② 2019　　　③ 2020
> ④ 2021　　　⑤ 2022

1st 2019를 x로 치환하고, 좌변을 정리하자.

$2016 \times 2019 \times 2022 = 2019^3 - 9a$의 좌변에서 $2019 = x$로 치환하자.

$2016 \times 2019 \times 2022 = (x-3)x(x+3)$
$\quad = x(x-3)(x+3)$
$\quad = x(x^2-9)$　[합차 공식]
$\quad\quad\quad\quad\quad\quad (a+b)(a-b)=a^2-b^2$
$\quad = x^3 - 9x$
$\quad = 2019^3 - 9 \times 2019$ (∵ $x=2019$)

이것이 $2019^3 - 9a$와 같아야 하므로

$a = 2019$

A 119 정답 ② ···················· 곱셈 공식의 활용

【 정답 공식: $100=x$로 치환해 식을 전개하고 간단히 하여 계산한다. 】

> 단세 $100=x$로 놓고 주어진 식을 x에 관한 식으로 만들자.
> $101 \times (10000 - 100 + 1) - 99 \times 10101$의 값은?
> ① 1　　② 2　　③ 100　　④ 2×99^3　　⑤ 2×101^3

1st $100=x$로 치환하여 곱셈 공식을 이용하여 풀어보자.

$101 \times (10000 - 100 + 1) - 99 \times 10101$
$= (100+1) \times (100^2 - 100 + 1) - (100-1) \times (100^2 + 100 + 1)$
　$101 = 100+1, \ 10000 = 100^2, \ 99 = 100-1, \ 10101 = 10000 + 100 + 1$

$100 = x$라 하면
(주어진 식)$= (x+1)(x^2-x+1) - (x-1)(x^2+x+1)$
$\quad\quad\quad\quad = x^3 + 1 - (x^3 - 1) = 2$

> 식을 계산하기 편한 형태로 바꾸기 쉽게 숫자를 문자로 치환하는 거야.

A 120 정답 ③ ···················· 곱셈 공식의 활용 – 수의 계산

【 정답 공식: 복잡한 식은 치환을 이용하여 식을 간단히 한 다음 다시 원래 상태로 되돌린다. 】

> 단세 제일 많이 보이는 2023, 2024 중에서 2022와의 관계도 생각하면 2023을 치환하는 것이 좋아.
> $\dfrac{2022 \times (2023^2 + 2024)}{2024 \times 2023 + 1}$의 값은?
> ① 2018　　② 2020　　③ 2022　　④ 2024　　⑤ 2026

1st 반복되는 것은 치환을 이용하여 간단히 나타낸 후 계산하자.

$2023 = x$로 치환하여 문제의 식을 정리하면

$\dfrac{(x-1)\{x^2 + (x+1)\}}{(x+1)x + 1} = \dfrac{(x-1)(x^2+x+1)}{x^2+x+1}$

이때, 분모와 분자에 x^2+x+1이 공통이므로 약분하면

> 주의 이때 x^2+x+1의 값이 0이 아닌지는 점검할 필요가 있어.
> $x^2 + x + 1 = x^2 + x + \dfrac{1}{4} + \dfrac{3}{4} = \left(x + \dfrac{1}{2}\right)^2 + \dfrac{3}{4} > 0$이니까
> 분모와 분자를 x^2+x+1로 약분해도 돼.

위 식은 $x - 1 = 2022$이다.
　$x=2023$을 다시 대입했어.

A 121 정답 ③ ···················· 곱셈 공식의 활용

【 정답 공식: 양변에 $(2-1)$을 곱한다. 】

> 다항식 $(2+1)(2^2+1)(2^4+1)(2^8+1) = 2^a - 1$을 만족하는 자연수 a의 값은?
> 단세 $1 = 2-1$이므로 다항식의 앞에 $(2-1)$을 넣어 $(x-y)(x+y)=x^2-y^2$을 적용하자.
> ① 4　　② 8　　③ 16
> ④ 32　　⑤ 64

1st 주어진 식의 양변에 $(2-1)$을 곱하면 $(a-b)(a+b)=a^2-b^2$을 이용할 수 있겠지?

$(2+1)(2^2+1)(2^4+1)(2^8+1)$
$= (2-1)(2+1)(2^2+1)(2^4+1)(2^8+1)$
$= (2^2-1)(2^2+1)(2^4+1)(2^8+1)$
$= (2^4-1)(2^4+1)(2^8+1)$
$= (2^8-1)(2^8+1)$
$= 2^{16} - 1 = 2^a - 1$　$(a-b)(a+b)=a^2-b^2$을 이용하자.

∴ $a = 16$

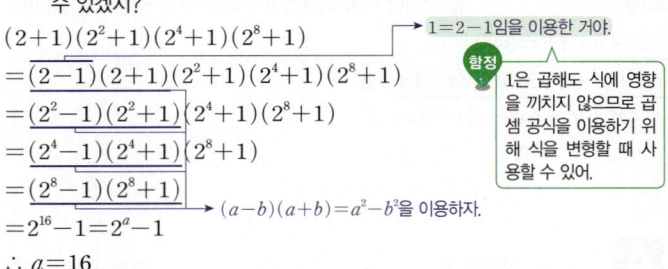

> 함정 $1=2-1$임을 이용한 거야.
> 1은 곱해도 식에 영향을 끼치지 않으므로 곱셈 공식을 이용하기 위해 식을 변형할 때 사용할 수 있어.

A 122 정답 ⑤ ···················· 곱셈 공식의 활용 – 도형

【 정답 공식: $a^2 + b^2 + c^2 = (a+b+c)^2 - 2(ab+bc+ca)$ 】

> 단세 이를 식으로 나타내기 위해 서로 길이가 다른 세 모서리의 길이를 각각 문자로 설정해.
> 그림과 같이 모든 모서리의 길이의 합이 $16\sqrt{2}$, 부피가 $4\sqrt{2}$, $\overline{AG} = 2\sqrt{3}$인 직육면체 ABCD–EFGH가 있다. 사각형 ABCD의 넓이를 S_1, 사각형 BFGC의 넓이를 S_2, 사각형 ABFE의 넓이를 S_3라 할 때, $S_1^2 + S_2^2 + S_3^2$의 값은?

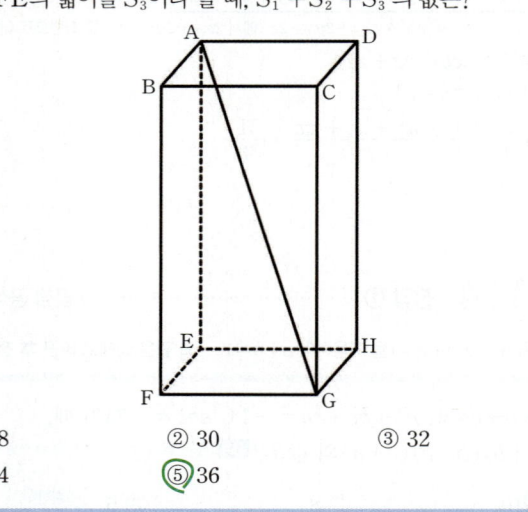

> ① 28　　② 30　　③ 32
> ④ 34　　⑤ 36

1st 세 모서리의 길이를 문자로 설정하여 문제의 조건을 식으로 나타내자.

직육면체 ABCD–EFGH의 세 모서리의 길이를
$\overline{AB} = a$, $\overline{AD} = b$, $\overline{AE} = c$라 하면
모든 모서리의 길이의 합이 $16\sqrt{2}$이므로
$4(a+b+c) = 16\sqrt{2}$
∴ $a+b+c = 4\sqrt{2}$ ··· ㉠
부피가 $4\sqrt{2}$이므로 $abc = 4\sqrt{2}$ ··· ㉡

$\overline{AG}=2\sqrt{3}$이므로
$\sqrt{a^2+b^2+c^2}=2\sqrt{3}$ $\rightarrow$ $\overline{EG}=\sqrt{a^2+b^2}$이고 $\overline{AE}=c$이므로
직각삼각형 AEG에서 피타고라스의 정리를
이용하면 $\overline{AG}=\sqrt{a^2+b^2+c^2}$
$\therefore a^2+b^2+c^2=12 \cdots \text{ⓒ}$

2nd 세 식을 통해 $ab+bc+ca$의 값을 구하자.

㉠의 양변을 제곱하면
$(a+b+c)^2=(4\sqrt{2})^2$
$\therefore a^2+b^2+c^2+2(ab+bc+ca)=32$
ⓒ에 의하여
$12+2(ab+bc+ca)=32$ $\therefore ab+bc+ca=10 \cdots \text{ⓔ}$

3rd 위에서 얻은 정보들을 이용하여 답을 구하자.

이때, $S_1=ab$, $S_2=bc$, $S_3=ca$이므로
㉠, ⓒ, ⓔ에 의하여
$S_1{}^2+S_2{}^2+S_3{}^2=\underline{a^2b^2+b^2c^2+c^2a^2}$ $\rightarrow a^2+b^2+c^2=(a+b+c)^2-2(ab+bc+ca)$
$=(ab+bc+ca)^2-2abc(a+b+c)$
$=10^2-2\times4\sqrt{2}\times4\sqrt{2}$
$=100-64=36$

$\therefore \overline{BG}^2+\overline{GD}^2+\overline{DB}^2$
$=(z^2+y^2)+(z^2+x^2)+(y^2+x^2)$
$=2(x^2+y^2+z^2)$
$=2\{(x+y+z)^2-2(xy+yz+zx)\}$
$=2(15^2-2\times74)(\because \text{㉠, ㉡})$
$=2(225-148)$ $a^2+b^2+c^2 \leftarrow$
$=2\times77=154$ $=(a+b+c)^2-2(ab+bc+ca)$

수능 핵강

＊ 곱셈 공식의 변형
다음과 같은 곱셈 공식의 변형은 문제 해결에 자주 사용돼.
① $a^2+b^2=(a+b)^2-2ab$
$=(a-b)^2+2ab$
② $a^3\pm b^3=(a\pm b)^3\mp 3ab(a\pm b)$ (복호동순)
③ $a^2+b^2+c^2=(a+b+c)^2-2(ab+bc+ca)$
④ $a^2+b^2+c^2-ab-bc-ca=\frac{1}{2}\{(a-b)^2+(b-c)^2+(c-a)^2\}$

A 123 정답 ④ ································· 곱셈 공식의 활용 – 도형

(정답 공식: $a^2+b^2+c^2=(a+b+c)^2-2(ab+bc+ca)$임을 이용한다.)

단서 1 모서리의 길이가 각각 x, y, z인 직육면체의 겉넓이는 $2(xy+yz+zx)$이고 모든 모서리의 길이의 합은 $4(x+y+z)$야.

그림과 같이 겉넓이가 148이고, 모든 모서리의 길이의 합이 60인 직육면체 ABCD－EFGH가 있다.

$\overline{BG}^2+\overline{GD}^2+\overline{DB}^2$의 값은?

단서 2 피타고라스 정리를 이용하여 $\overline{BG}^2$, $\overline{GD}^2$, $\overline{DB}^2$을 직육면체의 모서리의 길이로 나타내.

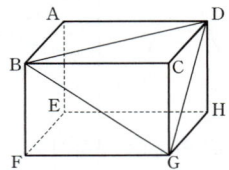

① 136   ② 142   ③ 148
④ 154   ⑤ 160

1st 직육면체의 겉넓이와 모서리의 길이의 합을 이용하여 모서리의 길이 사이의 관계식을 찾아.

세 모서리 AB, BC, BF의 길이를 각각 x, y, z라 하면 직육면체의 겉넓이가 148이므로
$\underline{2xy+2yz+2zx=148}$
직육면체에서 넓이가 같은 면은 각각 2개씩이야.
$\therefore xy+yz+zx=74 \cdots \text{㉠}$

또, 직육면체의 모든 모서리의 길이의 합이 60이므로
$\underline{4x+4y+4z=60}$ $\rightarrow$ 직육면체에서 길이가 같은 모서리는 각각 4개씩이야.
$\therefore x+y+z=15 \cdots \text{㉡}$

2nd $\overline{BG}^2+\overline{GD}^2+\overline{DB}^2$의 값을 구해.

직각삼각형 BFG에서 피타고라스 정리에 의하여
$\overline{BG}^2=\overline{BF}^2+\overline{FG}^2=z^2+y^2$
직각삼각형 CGD에서 피타고라스 정리에 의하여
$\overline{GD}^2=\overline{CG}^2+\overline{CD}^2=z^2+x^2$
직각삼각형 BCD에서 피타고라스 정리에 의하여
$\overline{DB}^2=\overline{BC}^2+\overline{CD}^2=y^2+x^2$

A 124 정답 108 ······························· 곱셈 공식의 활용 – 도형

(정답 공식: $\angle C=90°$인 직각삼각형 ABC는 $\overline{AC}^2+\overline{BC}^2=\overline{AB}^2$이 성립한다.)

단서 1 직각삼각형과 피타고라스 정리는 뗄 수 없는 관계야. 피타고라스 정리를 이용하여 식을 세우도록 하자.

그림과 같이 $\angle C=90°$인 직각삼각형 ABC가 있다.
$\overline{AB}=2\sqrt{6}$이고 삼각형 ABC의 넓이가 3일 때, $\overline{AC}^3+\overline{BC}^3$의 값을 구하시오.

단서 2 직각삼각형의 넓이를 구하려면 밑변의 길이와 높이가 필요해. 즉, $\overline{AC}$, $\overline{BC}$의 길이를 이용하여 식을 세울 수 있어.

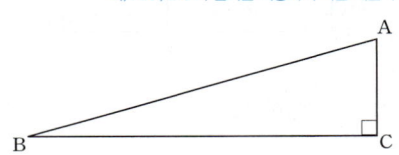

1st $\overline{AC}$, $\overline{BC}$의 길이를 문자로 표현하여 식을 세우자.

$\overline{AC}=b$, $\overline{BC}=a$라 놓자.
삼각형 ABC가 직각삼각형이므로 피타고라스 정리에 의해
$\underline{a^2+b^2=(2\sqrt{6})^2=24 \cdots \text{㉠}}$ $\rightarrow \overline{AC}^2+\overline{BC}^2=\overline{AB}^2$이지?

또, 삼각형 ABC의 넓이가 3이므로
$\frac{1}{2}\times a\times b=3$ $\therefore ab=6 \cdots \text{㉡}$

2nd 구하려는 식을 곱셈 공식에 의해 변형하여 필요한 식을 유도하여 구하자.

$\underline{a^3+b^3=(a+b)^3-3ab(a+b)}$이므로
$a+b$의 값만 구하면 된다. $\rightarrow$ 곱셈 공식에서
$(a+b)^2=a^2+b^2+2ab$ $(a+b)^3=a^3+3a^2b+3ab^2+b^3$
$=24+2\times6(\because \text{㉠, ㉡})=36$ $=a^3+b^3+3ab(a+b)$
$\therefore a+b=6(\because a>0, b>0) \cdots \text{ⓒ}$ $\therefore a^3+b^3=(a+b)^3-3ab(a+b)$
$a^3+b^3=(a+b)^3-3ab(a+b)$
$=6^3-3\times6\times6(\because \text{ⓒ, ㉡})=108$
$\therefore \overline{AC}^3+\overline{BC}^3=108$

정답 공식: 정사각형의 성질을 이용하여 각 변의 길이를 a, b에 대한 식으로 나타낸다.

그림과 같이 $\overline{AB}=a$, $\overline{BC}=b$인 직사각형 ABCD가 있다. 세 사각형 ABFE, GFCH, IJHD가 모두 정사각형일 때, <u>사각형 EGJI의 넓이를 a, b에 대한 식으로 나타낸 것은?</u>

단서2 (사각형 EGJI의 넓이) $=\overline{EI}\times\overline{EG}$

$\left(\text{단, } \dfrac{3}{2}a<b<2a\text{이다.}\right)$

단서1 세 사각형이 모두 정사각형이므로 $\overline{AB}=\overline{BF}$, $\overline{CF}=\overline{CH}$, $\overline{ID}=\overline{DH}$야.

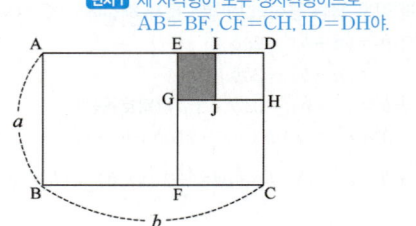

① $-6a^2+7ab-2b^2$ 　　② $3a^2-8ab+4b^2$
③ $-2a^2+3ab-b^2$ 　　④ $9a^2-6ab+b^2$
⑤ $a^2-4ab+4b^2$

1st 사각형 ABFE, GFCH, IJHD가 모두 정사각형임을 이용하여 $\overline{EI}$, $\overline{EG}$의 길이를 구하자.

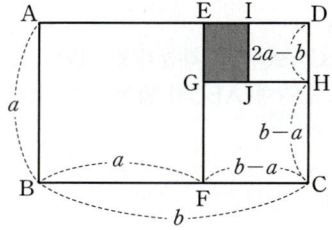

사각형 ABFE가 정사각형이므로
$\overline{BF}=\overline{AB}=a$
$\therefore \overline{CF}=b-a$
$\quad \overline{CF}=\overline{BC}-\overline{BF}$

사각형 GFCH가 정사각형이므로
$\overline{CH}=\overline{CF}=b-a$
$\therefore \overline{DH}=a-(b-a)=2a-b$
$\quad \overline{DH}=\overline{CD}-\overline{CH}$ 　$b<2a$에서 $2a-b>0$이야.

사각형 IJHD가 정사각형이므로
$\overline{ID}=\overline{DH}=2a-b$
$\therefore \overline{EI}=(b-a)-(2a-b)=-3a+2b$
$\quad \overline{EI}=\overline{DE}-\overline{DI}=\overline{CF}-\overline{DH}$ 　$\dfrac{3}{2}a<b$에서 $-3a+2b>0$이야.

2nd 사각형 EGJI의 넓이를 구하자.
$\therefore$ (사각형 EGJI의 넓이)$=\overline{EI}\times\overline{EG}$
$\qquad\qquad\qquad\qquad =\overline{EI}\times\overline{DH}$
$\qquad\qquad\qquad\qquad =(-3a+2b)(2a-b)$
$\qquad\qquad\qquad\qquad =-6a^2+3ab+4ab-2b^2$
$\qquad\qquad\qquad\qquad =-6a^2+7ab-2b^2$

🧩 **다른 풀이**: 사각형 ABCD의 넓이에서 세 정사각형 ABFE, GFCH, IJHD의 넓이를 빼서 사각형 EGJI의 넓이 구하기

정사각형 ABFE의 넓이는 a^2
정사각형 GFCH의 넓이는 $(b-a)^2$
정사각형 IJHD의 넓이는 $(2a-b)^2$

$\therefore$ (사각형 EGJI의 넓이)
$\quad =$(사각형 ABCD의 넓이)
$\qquad -$(세 정사각형 ABFE, GFCH, IJHD의 넓이의 합)
$\quad =ab-\{a^2+(b-a)^2+(2a-b)^2\}$
$\quad =ab-(a^2+b^2-2ab+a^2+4a^2-4ab+b^2)$
$\quad =ab-(6a^2-6ab+2b^2)$
$\quad =-6a^2+7ab-2b^2$

정답 공식: 세 선분 OA, OB, OC의 길이를 문자로 놓고 주어진 조건을 식으로 나타낸 후 곱셈 공식을 이용한다.

사면체 OABC가 다음 조건을 만족한다.

(가) 세 선분 OA, OB, OC는 점 O에서 서로 수직이다.
　　단서1 △OAB, △OBC, △OCA는 모두 직각삼각형이야.
(나) $\overline{OA}+\overline{OB}+\overline{OC}=9$이다.
(다) 세 삼각형 △OAB, △OBC, △OCA의 넓이의 합은 13이다.

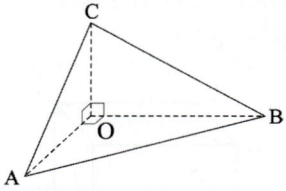

이때 $\overline{OA}^2+\overline{OB}^2+\overline{OC}^2$의 값을 구하시오.
단서2 주어진 조건에서 세 선분 OA, OB, OC의 길이에 대한 식의 값을 구한 후 곱셈 공식의 변형을 이용해.

1st 세 선분 OA, OB, OC의 길이를 각각 a, b, c로 놓고 조건을 이용하여 a, b, c에 대한 식의 값을 구하자.
$\overline{OA}=a$, $\overline{OB}=b$, $\overline{OC}=c$라 하면
조건 (나)에서
$a+b+c=9$
조건 (다)에서 세 삼각형 △OAB, △OBC, △OCA의 넓이의 합이 13이므로
$\dfrac{1}{2}ab+\dfrac{1}{2}bc+\dfrac{1}{2}ca=13$
세 삼각형 △OAB, △OBC, △OCA는 모두 직각삼각형이므로
$\triangle OAB=\frac{1}{2}ab$, $\triangle OBC=\frac{1}{2}bc$, $\triangle OCA=\frac{1}{2}ca$
$\therefore ab+bc+ca=26$

2nd $\overline{OA}^2+\overline{OB}^2+\overline{OC}^2$의 값을 구하자.
$\therefore \overline{OA}^2+\overline{OB}^2+\overline{OC}^2=a^2+b^2+c^2$
$\qquad\qquad\qquad =(a+b+c)^2-2(ab+bc+ca)$
$\qquad\qquad\qquad \scriptstyle (a+b+c)^2=a^2+b^2+c^2+2(ab+bc+ca)$
$\qquad\qquad\qquad =9^2-2\times26$
$\qquad\qquad\qquad =81-52=29$

A 127 정답 ① ····· 곱셈 공식의 활용

정답 공식: 두 정육면체의 한 모서리의 길이를 각각 a, b로 놓고 $a^2+b^2=(a+b)^2-2ab$와 $a^3+b^3=(a+b)^3-3ab(a+b)$를 이용한다.

두 정육면체의 모든 모서리 길이의 합은 60이고, 겉넓이의 합은 126이다. 이 두 정육면체의 부피의 합은?
[단서 1] 두 정육면체의 한 모서리의 길이를 각각 a, b라 한 후, 주어진 조건을 이용하여 a, b에 관한 식을 세워 봐.
[단서 2] a^3+b^3의 값을 구하라는 뜻이지?

① 95   ② 100   ③ 105
④ 110   ⑤ 115

[1st] 주어진 조건을 문자를 이용하여 식으로 나타내.
두 정육면체의 한 모서리의 길이를 각각 a, b라 하자.
한 정육면체의 모서리의 개수는 12이고, 두 정육면체의 모든 모서리 길이의 합이 60이므로
$12a+12b=60$ ∴ $a+b=5$
또, 한 정육면체의 면의 개수는 6이고, 두 정육면체의 겉넓이의 합이 126이므로
$6a^2+6b^2=126$
↳ 한 모서리의 길이가 a인 정육면체의 면 한 개의 넓이는 a^2이므로 정육면체의 겉넓이는 $6a^2$이야. 한 모서리의 길이가 b인 정육면체의 겉넓이도 마찬가지로 생각하면 돼.
∴ $a^2+b^2=21$
이때, $a^2+b^2=(a+b)^2-2ab$이므로
$21=5^2-2ab$
$2ab=4$ ∴ $ab=2$

[2nd] 두 정육면체의 부피의 합을 구해.
따라서 두 정육면체의 부피의 합은
$a^3+b^3=\underline{(a+b)^3-3ab(a+b)}$
   $=5^3-3\times2\times5$
   $=125-30$
   $=95$
↳ a^3+b^3의 값을 뒤에서 배우는 인수분해 공식을 이용해 다음과 같이 구해도 돼.
$a^3+b^3=(a+b)(a^2-ab+b^2)$
   $=5\times(21-2)=95$

A 128 정답 ⑤ ····· 곱셈 공식의 활용

정답 공식: 각 사각형의 넓이의 식을 구하고 주어진 조건에 따라 식을 세운다.

[단서 1] 두 정사각형과 직사각형의 넓이를 a, b를 사용한 식으로 나타내 봐.
서로 다른 두 양수 a, b에 대하여 한 변의 길이가 각각 a, $2b$인 두 개의 정사각형과 가로와 세로의 길이가 각각 a, b이고 넓이가 4인 직사각형이 있다. 두 정사각형의 넓이의 합이 가로와 세로의 길이가 각각 a, b인 직사각형의 넓이의 5배와 같을 때, 한 변의 길이가 $a+2b$인 정사각형의 넓이는?
[단서 2] 이 조건을 이용하여 a, b에 대한 등식을 찾아야 해.

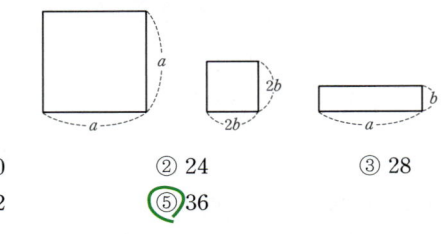

① 20   ② 24   ③ 28
④ 32   ⑤ 36

[1st] 주어진 조건으로부터 a와 b 사이의 관계식을 찾아야겠지?
두 정사각형의 넓이의 합은 $a^2+(2b)^2$이고 직사각형의 넓이는 ab이므로 $a^2+4b^2=5ab$이다.
↳ 두 정사각형의 넓이의 합이 직사각형의 넓이의 5배라 했지?

[2nd] 구해야 하는 정사각형의 넓이 $(a+2b)^2$을 전개해봐.
따라서 $ab=4$이고 $(a+2b)^2=a^2+4b^2+4ab$이므로
$(a+2b)^2=9ab=9\cdot4=36$

A 129 정답 ② ····· 곱셈 공식의 활용

정답 공식: 정육면체를 잘라내면 겉넓이와 모서리가 어떻게 변하는지 생각해본다.

[그림 1]과 같이 모든 모서리의 길이가 1보다 큰 직육면체가 있다. 이 직육면체와 크기와 모양이 같은 나무토막의 한 모퉁이에서 한 모서리의 길이가 1인 정육면체 모양의 나무토막을 잘라내어 버리고 [그림 2]와 같은 입체도형을 만들었다. [그림 2]의 입체도형의 겉넓이는 236이고, 모든 모서리의 길이의 합은 82일 때, [그림 1]에서 직육면체의 대각선의 길이는?
[단서] 직육면체의 가로의 길이, 세로의 길이, 높이를 a, b, c라 하고 겉넓이와 모서리의 길이의 합을 이용해서 식을 세우자.

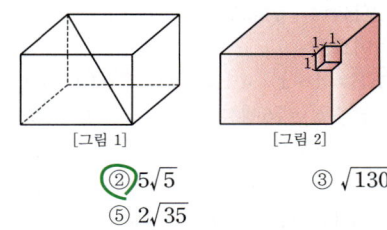

[그림 1]   [그림 2]

① $2\sqrt{30}$ ② $5\sqrt{5}$ ③ $\sqrt{130}$
④ $3\sqrt{15}$ ⑤ $2\sqrt{35}$

[1st] 세 모서리를 a, b, c라 하고 겉넓이, 모서리의 길이의 합을 표현해 보자.
[그림 1]의 직육면체의 가로의 길이, 세로의 길이, 높이를 각각 a, b, c라 하자.
[그림 2]의 겉넓이와 [그림 1]의 겉넓이는 같으므로
$2(ab+bc+ca)=236$
∴ $ab+bc+ca=118$
↳ [그림 2]의 입체도형은 직육면체에서 부피가 1인 정육면체가 없는 그림이지? 하지만 앞면과 옆면, 그리고 위에서 바라보면 겉넓이에 대한 변화가 없다는 것을 알 수 있을 거야.
[그림 2]의 모든 모서리의 합은 82이므로
$4(a+b+c)+6=82$
∴ $a+b+c=19$
↳ [그림 2]에서 부피가 1인 정육면체가 없어져서 가로, 세로의 길이, 높이가 각각 1인 모서리가 2개씩 더 생겼어.

[2nd] 직육면체의 대각선의 길이는 $\sqrt{a^2+b^2+c^2}$이지? 곱셈 공식을 이용해.
따라서 직육면체의 대각선의 길이는
$\sqrt{a^2+b^2+c^2}=\sqrt{(a+b+c)^2-2(ab+bc+ca)}$
   $=\sqrt{19^2-236}=\sqrt{125}=5\sqrt{5}$

A 130 정답 (1) $xy=6$, $x^2+y^2=16$ (2) $12-2\sqrt{7}$
····· 곱셈 공식의 활용

정답 공식: $\overline{OD}$를 그어 x, y의 관계식 하나를 얻고, 직사각형의 넓이에서 다른 식을 얻는다.

다음 그림과 같이 중심각의 크기가 $90°$이고 반지름의 길이가 4인 부채꼴 OAB가 있다. 이 부채꼴에 내접하고 넓이가 6인 직사각형 OCDE에 대하여 $\overline{AC}+\overline{CE}+\overline{EB}$의 값을 구하려고 할 때, 다음 물음에 답하시오.

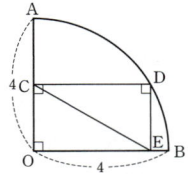

(1) $\overline{OC}=x$, $\overline{OE}=y$라고 할 때, x와 y 사이의 관계식 두 가지를 모두 구하시오.
[단서 1] $\triangle COE$는 직각삼각형이므로 피타고라스 정리를 이용하자.
[단서 2] $\overline{CE}=\overline{OD}$임을 이용하자.
(2) $\overline{AC}+\overline{CE}+\overline{EB}$의 값을 구하시오.

1st 직사각형의 넓이로부터 xy의 값을 구해.

(1) 직사각형의 넓이가 6이므로

$xy=6$

2nd 직사각형의 대각선의 길이는 부채꼴의 반지름의 길이와 같아.

또한, $\overline{CE}=\overline{OD}=\overline{OB}$이고 $\overline{CE}=\sqrt{x^2+y^2}$, $\overline{OB}=4$이므로

$\sqrt{x^2+y^2}=4$

$\therefore x^2+y^2=16$

> $\overline{CE}$와 $\overline{OD}$는 직사각형의 대각선의 길이니까 서로 같고, $\overline{OD}$와 $\overline{OB}$는 원의 반지름이므로 같아.

> **함정** 원의 일부가 제시된 문제에서는 그림에 숨어있는 반지름과 길이가 같은 선분을 찾는 것이 중요해.

3rd $\overline{AC}+\overline{CE}+\overline{EB}$의 값을 x, y로 나타내.

(2) $\overline{AC}=4-x$, $\overline{EB}=4-y$이고

$\overline{CE}=\overline{OD}=4$이므로

$\overline{AC}+\overline{CE}+\overline{EB}=4-x+4+4-y=12-(x+y)$

이때, $xy=6$, $x^2+y^2=16$에서

$(x+y)^2=x^2+y^2+2xy=16+2\cdot6=28$

$\therefore x+y=2\sqrt{7}$ $(\because x+y>0)$

$\therefore \overline{AC}+\overline{CE}+\overline{EB}=12-(x+y)=12-2\sqrt{7}$

✿ 자주 쓰이는 곱셈 공식   개념·공식

① $(a+b)^2=a^2+2ab+b^2$
   $(a-b)^2=a^2-2ab+b^2$
② $(a+b)(a-b)=a^2-b^2$
③ $(a+b)^3=a^3+b^3+3ab(a+b)$
   $(a-b)^3=a^3-b^3-3ab(a-b)$
④ $(a+b+c)^2=a^2+b^2+c^2+2(ab+bc+ca)$

A 131   정답 ③ ·········· 곱셈 공식의 활용 – 도형

(정답 공식: $x^3-y^3=(x-y)^3+3xy(x-y)$ **임을 이용한다.)**

그림과 같이 $\angle A=90°$, $\overline{BC}=\sqrt{10}$, $\overline{AB}=x$, $\overline{AC}=y$인 삼각형 ABC에 대하여 선분 AB 위에 점 P, 선분 BC 위에 두 점 Q, R, 선분 AC 위에 점 S를 <u>사각형 PQRS가 정사각형</u>이 되도록 잡는다. $\overline{PQ}=\dfrac{2}{7}\sqrt{10}$일 때, x^3-y^3의 값은?

> **단서1** $\overline{PQ}=\overline{PS}=\overline{SR}=\overline{RQ}$, $\overline{PS}\,/\!/\,\overline{BC}$임을 알 수 있어.

> **단서2** $x^3-y^3=(x-y)^3+3xy(x-y)$이므로 $x-y$와 xy의 값을 알면 x^3-y^3의 값을 구할 수 있어. (단, $x>y$)

> **단서3** 즉, $x-y>0$

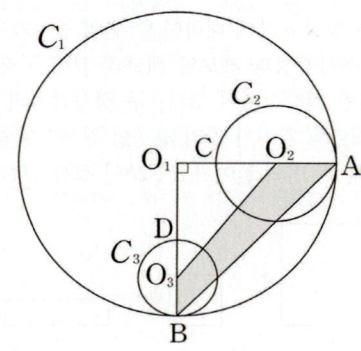

① $12\sqrt{2}$ ② $13\sqrt{2}$ ③ $14\sqrt{2}$
④ $15\sqrt{2}$ ⑤ $16\sqrt{2}$

1st 직각삼각형 ABC로부터 x, y 사이의 관계식을 구해.

삼각형 ABC에서 $\angle A=90°$, $\overline{BC}=\sqrt{10}$이므로

피타고라스 정리를 이용하면 $x^2+y^2=10$ $\cdots$ ㉠

△ABC에서 $\angle A=90°$이면 $\overline{BC}^2=\overline{AB}^2+\overline{AC}^2$이 성립함을 알 수 있어.

2nd 삼각형 ABC와 삼각형 APS가 닮음인 사실로부터 x, y 사이의 관계식을 하나 더 구해.

사각형 PQRS가 정사각형이므로 $\overline{PS}=\overline{PQ}=\dfrac{2}{7}\sqrt{10}$이다.

두 삼각형 ABC와 APS가 AA 닮음이므로

△ABC∽△QBP∽△APS∽△RSC(AA 닮음)

닮음비는 $\overline{BC}:\overline{PS}=\sqrt{10}:\dfrac{2}{7}\sqrt{10}=1:\dfrac{2}{7}$이고

$\overline{AB}=x$, $\overline{AC}=y$이므로 $\overline{AP}=\dfrac{2}{7}x$, $\overline{AS}=\dfrac{2}{7}y$

또한, 두 삼각형 ABC와 QBP가 AA 닮음이므로

$\overline{BC}:\overline{BP}=\overline{CA}:\overline{PQ}$

$\sqrt{10}:\dfrac{5}{7}x=y:\dfrac{2\sqrt{10}}{7}$

> $\overline{AP}=\dfrac{2}{7}x$이므로 $\overline{BP}=\overline{AB}-\overline{AP}=x-\dfrac{2}{7}x=\dfrac{5}{7}x$

$\therefore xy=4$ $\cdots$ ㉡

3rd x, y 사이의 관계식을 이용해서 x^3-y^3의 값을 구해.

㉠, ㉡에 의해

$(x-y)^2=(x^2+y^2)-2xy=10-8=2$

이때, $x>y$이므로 $x-y=\sqrt{2}$ $\cdots$ ㉢

㉡, ㉢에 의해

$x^3-y^3=(x-y)^3+3xy(x-y)$
$=(\sqrt{2})^3+3\times4\times\sqrt{2}$
$=2\sqrt{2}+12\sqrt{2}=14\sqrt{2}$

A 132   정답 154 ············· 곱셈 공식의 활용

(정답 공식: $x^2+y^2+z^2=(x-y-z)^2+2(xy-yz-zx)$ **)**

그림과 같이 중심이 O_1인 원 C_1 위에 두 점 A, B를 $\angle BO_1A=90°$가 되도록 잡는다. 선분 O_1A 위의 점 C에 대하여 선분 AC를 지름으로 하는 원을 C_2, 선분 O_1B 위의 점 D에 대하여 선분 BD를 지름으로 하는 원을 C_3이라 하고, 두 원 C_2, C_3의 중심을 각각 O_2, O_3이라 하자. 사각형 AO_2O_3B의 넓이가 34이고 $\overline{O_1C}+\overline{O_1D}=6\sqrt{2}$일 때,

> **단서1** 두 삼각형 AO_1B, $O_2O_1O_3$의 넓이의 차로 계산하자.

> **단서2** 두 길이 모두 세 원의 반지름의 길이를 이용해서 식을 세울 수 있어.

세 원 C_1, C_2, C_3의 넓이의 합이 $p\pi$이다. p의 값을 구하시오. (단, 점 C는 점 A도 아니고 점 O_1도 아니며, 점 D는 점 B도 아니고 점 O_1도 아니다.)

1st 사각형 AO_2O_3B의 넓이를 이용해 식을 세우자.

세 원 C_1, C_2, C_3의 반지름의 길이를 각각 r_1, r_2, r_3이라 하자.

사각형 AO_2O_3B의 넓이가 34이므로

$\square AO_2O_3B=\triangle AO_1B-\triangle O_2O_1O_3$

$\quad=\dfrac{1}{2}\times\overline{O_1A}\times\overline{O_1B}-\dfrac{1}{2}\times\overline{O_1O_2}\times\overline{O_1O_3}$

$\quad=\dfrac{1}{2}r_1^2-\dfrac{1}{2}(r_1-r_2)(r_1-r_3)$

$\quad=\dfrac{1}{2}(r_1r_2-r_2r_3+r_3r_1)=34$

$$r_1r_2-r_2r_3+r_3r_1=68$$

주의
> **주의** 세 항 사이의 부호를 헷갈리지 않도록 주의하렴.

2nd $\overline{O_1C}+\overline{O_1D}=6\sqrt{2}$를 이용하여 또 다른 식을 세우자.

또한, $\overline{O_1C}+\overline{O_1D}=6\sqrt{2}$에서

$(r_1-2r_2)+(r_1-2r_3)=6\sqrt{2}$ → 원 C_1에서는 반지름을 이용했고, 두 원 C_2, C_3에서는 지름을 이용해서 $\overline{O_1C}$, $\overline{O_1D}$의 값을 식으로 나타낼 수 있어.

$r_1-r_2-r_3=3\sqrt{2}$

3rd 세 원 C_1, C_2, C_3의 넓이의 합을 구하여 p의 값을 구해.

세 원 C_1, C_2, C_3의 넓이의 합은

$r_1^2\pi+r_2^2\pi+r_3^2\pi$
$=\{(r_1-r_2-r_3)^2+2(r_1r_2-r_2r_3+r_3r_1)\}\pi$
$=(18+136)\pi=154\pi$

$\therefore p=154$

A 133 정답 ④ ·········· 곱셈 공식의 활용

> **정답 공식:** 한 원에서 현의 길이가 같으면 중심각의 크기는 같고, 이등변삼각형의 각의 이등분선은 밑변을 수직이등분한다.

단서 1 원의 지름인 $\overline{AB}$를 한 변으로 하는 $\triangle ADB$에서 $\angle ADB$는 직각임을 알 수 있어.

그림과 같이 길이가 $2a$인 선분 AB를 지름으로 하는 반원이 있다. 호 AB 위의 두 점 C, D가

$$\overline{AC}=\overline{CD}=a-1, \quad \overline{BD}=8$$

을 만족시킬 때, $a^3-\dfrac{1}{a^3}$의 값은? (단, a는 $a>4$인 상수이다.)

단서 2 $a^3-\dfrac{1}{a^3}=\left(a-\dfrac{1}{a}\right)^3+3\left(a-\dfrac{1}{a}\right)$

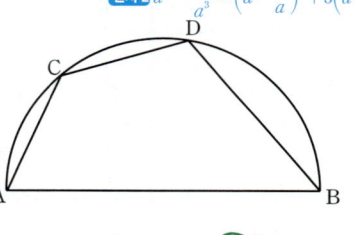

① 231 ② 232 ③ 233 ④ 234 ⑤ 235

1st 선분 AB를 지름으로 하는 $\triangle ADB$를 그린 후 삼각형의 합동과 닮음을 이용하여 a에 대한 식을 세우자.

$\overline{AB}$는 지름이므로 $\angle ADB=90°$이다.

$\overline{AB}$의 중점을 O, $\overline{AD}$와 $\overline{OC}$가 만나는 점을 M이라 하면

$\triangle AOC\equiv\triangle DOC$이므로 $\angle ACO=\angle DCO$이다.

$\angle AOC=\angle DOC$ ($\because \overline{AC}=\overline{CD}$),
$\overline{OC}$는 공통, $\overline{AO}=\overline{DO}$ (반지름)
$\triangle AOC\equiv\triangle DOC$ (SAS 합동)

$\overline{CM}$이 $\angle ACD$의 이등분선이고

삼각형 ACD가 $\overline{AC}=\overline{DC}$인 이등변삼각형이므로

$\overline{AM}=\overline{DM}$, $\angle AMC=90°$이다.

이때, $\angle ADB=90°$, $\overline{BD}=8$이고 $\triangle AMO$와 $\triangle ADB$가 닮음이므로

$\overline{AM}:\overline{AD}=\overline{OM}:\overline{BD}$

$1:2=\overline{OM}:8$

→ 두 삼각형 AMO, ADB에서 $\angle A$는 공통, $\angle AMO=\angle ADB=90°$이므로 $\triangle AMO \varpropto \triangle ADB$ (AA 닮음)

$\therefore \overline{OM}=4$

따라서 $\overline{AM}:\overline{AD}=\overline{OM}:\overline{BD}$가 성립해.

직각삼각형 AMC에서

$\overline{AM}^2=\overline{AC}^2-\overline{CM}^2$

직각삼각형 AMO에서

$\overline{AM}^2=\overline{AO}^2-\overline{OM}^2$이므로

$\overline{AC}^2-\overline{CM}^2=\overline{AO}^2-\overline{OM}^2$

$(a-1)^2-(a-4)^2=a^2-4^2$

2nd a에 대한 식을 이용하여 $a^3-\dfrac{1}{a^3}$의 값을 구하자.

위 식을 전개하면 $a^2-6a-1=0$

→ 근의 공식에 의해 $a=3\pm\sqrt{3^2-(-1)}=3\pm\sqrt{10}$인데 $a>4$이므로 $a=3+\sqrt{10}$

$a^2-6a-1=0$의 양변을 a로 나누면 $a-\dfrac{1}{a}=6$

$\therefore a^3-\dfrac{1}{a^3}=\left(a-\dfrac{1}{a}\right)^3+3\left(a-\dfrac{1}{a}\right)$
$=6^3+3\times 6=216+18=234$

→ [곱셈 공식의 변형]

→ $a^2+ta\pm 1=0$과 같은 이차방정식에서 $a\pm\dfrac{1}{a}$을 구할 때는 양변을 a로 나누면 돼.

$a^3-b^3=(a-b)^3+3ab(a-b)$에 b 대신 $\dfrac{1}{a}$을 대입하면

$a^3-\dfrac{1}{a^3}=\left(a-\dfrac{1}{a}\right)^3+3\left(a-\dfrac{1}{a}\right)$

A 134 정답 ④ ·········· 다항식의 나눗셈

> **정답 공식:** 다항식의 나눗셈의 원리를 이해한다.

다음은 다항식 $3x^3-2x^2+3x+7$을 x^2-x+2로 나누는 과정이다. $a+b$의 값은? (단, a, b는 상수이다.)

$$\begin{array}{r} ax+1 \\ x^2-x+2\,)\overline{\,3x^3-2x^2+3x+7\,} \\ \underline{3x^3-3x^2+6x} \\ x^2-3x+7 \\ \underline{x^2-\ x+2} \\ -2x+b \end{array}$$

단서 1 $(x^2-x+2)\times ax$

단서 2 $(x^2-3x+7)-(x^2-x+2)$ $-2x+b$

① 2 ② 4 ③ 6 ④ 8 ⑤ 10

1st 다항식의 나눗셈의 원리를 이용해.

$(x^2-x+2)\times ax=3x^3-3x^2+6x$이므로

$ax^3-ax^2+2ax=3x^3-3x^2+6x$ → 계수를 비교하자.

$\therefore a=3$

또한, $(x^2-3x+7)-(x^2-x+2)=-2x+b$이므로

$x^2-3x+7-x^2+x-2=-2x+b$

$-2x+5=-2x+b$

$\therefore b=5$

따라서 $a+b=3+5=8$이다.

🔧 **다른 풀이:** 다항식의 나눗셈을 직접하여 몫과 나머지 구하기

다항식의 나눗셈을 직접하면

$$\begin{array}{r} a\to 3x+1 \\ x^2-x+2\,)\overline{\,3x^3-2x^2+3x+7\,} \\ \underline{3x^3-3x^2+6x} \\ x^2-3x+7 \\ \underline{x^2-\ x+2} \\ -2x+5 \leftarrow b \end{array}$$

따라서 $a=3$, $b=5$이므로

$a+b=8$이야.

🔭 **쉬운 풀이: 몫과 나머지 각각 $ax+1$, $-2x+b$임을 이용하기**

$3x^3-2x^2+3x+7$을 x^2-x+2로 나눈 몫과 나머지가 각각
$ax+1$, $-2x+b$이므로
$3x^3-2x^2+3x+7=(ax+1)(x^2-x+2)+(-2x+b)$
$=ax^3+(1-a)x^2+(2a-3)x+(2+b)$
다항식 $f(x)$를 $g(x)$로 나눈 몫과 나머지를 각각 $Q(x)$, $R(x)$라 하면
$f(x)=g(x)Q(x)+R(x)$가 성립해.
좌변과 우변의 계수를 비교하면
$a=3$, $b=5$이므로 $a+b=8$이야.

A 135　정답 23 ·· 다항식의 나눗셈

(**정답 공식:** 다항식의 나눗셈의 원리를 이해한다.)

> 단서 몫은 이차식이겠지?
> 다항식 $x^4+2x^3+11x-4$를 x^2+2x+3으로 나누었을 때의
> 몫과 나머지를 각각 $Q(x)$, $R(x)$라 하자. $Q(2)+R(1)$의
> 값을 구하시오.

1st 직접 나누어서 $Q(x)$, $R(x)$를 구하자.

다항식 $x^4+2x^3+11x-4$를 x^2+2x+3으로 직접 나누면

$$
\begin{array}{r}
x^2-3 \\
x^2+2x+3\,\overline{)\,x^4+2x^3+11x-4} \\
\underline{x^4+2x^3+3x^2} \\
-3x^2+11x-4 \\
\underline{-3x^2-6x-9} \\
17x+5
\end{array}
$$

이므로 $Q(x)=x^2-3$, $R(x)=17x+5$

2nd $Q(2)+R(1)$의 값을 구하자.

$Q(2)=2^2-3=1$, $R(1)=17+5=22$이므로
$Q(2)+R(1)=1+22=23$

🧩 **다른 풀이: 항등식 이용하기**

다항식 $x^4+2x^3+11x-4$를 x^2+2x+3으로 나누었을 때의 몫은
$Q(x)$, 나머지는 $R(x)$이므로 항등식을 세우면
$x^4+2x^3+11x-4=(x^2+2x+3)Q(x)+R(x)$ ··· ㉠
이때, 사차식을 이차식으로 나누었으므로 몫 $Q(x)$는 이차항의
계수가 1인 이차식, $R(x)$는 일차 이하의 식이야.
따라서 $Q(x)=x^2+ax+b$ (a, b는 실수),
$R(x)=cx+d$ (c, d는 실수)라 하고 ㉠에 대입하면
$x^4+2x^3+11x-4$
$=(x^2+2x+3)Q(x)+R(x)$
$=(x^2+2x+3)(x^2+ax+b)+cx+d$
$=x^4+(2+a)x^3+(2a+3+b)x^2+(3a+2b+c)x+3b+d$
위 식이 x에 대한 항등식이므로 양변의 동류항의 계수를 비교하면
$2+a=2$　∴ $a=0$
$2a+3+b=0$　∴ $b=-3$
$3a+2b+c=11$, $c=11-2\times(-3)$
∴ $c=17$
$3b+d=-4$, $d=-4-3\times(-3)$
∴ $d=5$
따라서 $Q(x)=x^2-3$, $R(x)=17x+5$
(이하 동일)

> **[계수비교법]**
> 항등식의 양변의 각 동류항의 계수가 같음을 이용하여
> 미정계수를 구해.

A 136　정답 ⑤ ·· 다항식의 나눗셈

(**정답 공식:** 다항식의 나눗셈을 직접 수행한다.)

> 단서 몫과 나머지를 알려면 직접 나누자.
> 다항식 $2x^3-x^2+x+3$을 x^2+x-1로 나누었을 때의 몫을
> $Q(x)$, 나머지를 $R(x)$라 할 때, $Q(1)+R(2)$의 값은?
>
> ① 7　　　　　② 8　　　　　③ 9
> ④ 10　　　　　⑤ 11

1st 직접 나누어서 몫과 나머지를 구해보자.

$$
\begin{array}{r}
2x-3 \\
x^2+x-1\,\overline{)\,2x^3-x^2+x+3} \\
\underline{2x^3+2x^2-2x}\quad\leftarrow (x^2+x-1)\times 2x \\
-3x^2+3x+3 \\
\underline{-3x^2-3x+3}\quad\leftarrow (x^2+x-1)\times(-3) \\
6x
\end{array}
$$

따라서 $Q(x)=2x-3$, $R(x)=6x$이므로
$Q(1)+R(2)=(2\cdot 1-3)+6\cdot 2$
$=-1+12=11$

A 137　정답 7 ····················· 다항식의 나눗셈 − 몫과 나머지

(**정답 공식:** 다항식의 나눗셈을 직접 하여 나머지를 구한다.)

> 단서 직접 다항식을 나누어서 나머지의 계수를 비교해.
> 다항식 x^3+2를 $(x+1)(x-2)$로 나누었을 때의 나머지를
> $ax+b$라 할 때, $a+b$의 값을 구하시오.
> 　　　　　　　　　　　　　　　　　(단, a, b는 상수이다.)

1st 직접 나눠 나머지를 구하자.

$$
\begin{array}{r}
x+1 \\
x^2-x-2\,\overline{)\,x^3+2} \\
\underline{x^3-x^2-2x}\quad\leftarrow (x^2-x-2)\times x \\
x^2+2x+2 \\
\underline{x^2-x-2}\quad\leftarrow (x^2-x-2)\times 1 \\
3x+4
\end{array}
$$

따라서 나머지가 $3x+4$이므로 $a=3$, $b=4$이다.
∴ $a+b=7$

🧩 **다른 풀이: 항등식 이용하기**

다항식 x^3+2를 $(x+1)(x-2)$로 나누었을 때의 몫을 $Q(x)$라 하면
나머지는 $ax+b$이므로
$x^3+2=(x+1)(x-2)Q(x)+ax+b$
└─ 다항식 $P(x)$를 다항식 $A(x)$로 나눈 몫이 $Q(x)$, 나머지가 $R(x)$이면
　 $P(x)=A(x)Q(x)+R(x)$
이 등식이 x에 대한 항등식이므로
$x=-1$을 대입하면
$-1+2=-a+b$ ··· ㉠
$x=2$를 대입하면 ──▶ $(x+1)(x-2)=0$을 만드는
$8+2=2a+b$ ··· ㉡　　　 x의 값을 이용해.
㉠과 ㉡을 연립하면 $a=3$, $b=4$야.
㉡−㉠을 하면 $9=3a$　∴ $a=3$
이 값을 ㉠에 대입하면 $1=-3+b$　∴ $b=4$
따라서 $a+b=7$이야.

A 138 정답 2 ······················· 다항식의 나눗셈

(정답 공식: 다항식의 나눗셈을 직접하여 나온 나머지를 비교한다.)

> [단서] 직접 나누어서 몫과 나머지의 계수를 비교하자.
> 다항식 $3x^3-2x^2+x+4$를 x^2-x+k로 나누었을 때의 나머지가 $-4x+2$일 때, 상수 k의 값을 구하시오.

[1st] 직접 나눈 나머지와 $-4x+2$를 비교하면 돼.

$$\begin{array}{r} 3x+1 \\ x^2-x+k\overline{)\,3x^3-2x^2+\qquad x+4} \\ \underline{3x^3-3x^2+\qquad 3kx} \qquad \leftarrow (x^2-x+k)\times 3x \\ x^2+(1-3k)x+4 \\ \underline{x^2-\qquad x+k} \qquad \leftarrow (x^2-x+k)\times 1 \\ (2-3k)x+(4-k) \end{array}$$

나머지가 $(2-3k)x+(4-k)=-4x+2$이므로
$2-3k=-4,\ 4-k=2$
$\therefore\ k=2$

A 139 정답 ④ ·················· 다항식의 나눗셈 – 몫과 나머지

(정답 공식: 다항식의 나눗셈을 직접 하여 나머지를 구한다.)

> 두 다항식 $P(x)=3x^3+x+11$, $Q(x)=x^2-x+1$에 대하여 다항식 $P(x)+4x$를 다항식 $Q(x)$로 나눈 나머지가 $5x+a$일 때, 상수 a의 값은? [단서] $P(x)+4x$를 $Q(x)$로 직접 나누어 본다.
>
> ① 5　　② 6　　③ 7　　④ 8　　⑤ 9

[1st] 다항식의 나눗셈을 하여 a의 값을 구하자.

$P(x)+4x=(3x^3+x+11)+4x=3x^3+5x+11$이므로 $P(x)+4x$를 $Q(x)$로 직접 나누면

$$\begin{array}{r} 3x\quad +3 \\ x^2-x+1\overline{)\,3x^3\qquad\quad +5x\quad +11} \\ \underline{3x^3\ -3x^2\ +3x} \\ 3x^2\ +2x\quad +11 \\ \underline{3x^2\ -3x\quad +3} \\ 5x\quad +8 \end{array}$$

따라서 나머지는 $5x+8$이므로 $a=8$
문제의 조건에서 나머지가 $5x+a$라 했어.

A 140 정답 ① ·············· 다항식의 나눗셈 – $A=BQ+R$ 꼴 이용

(정답 공식: 다항식 P를 다항식 A로 나눈 몫이 Q, 나머지가 R이면 $P=AQ+R$ 로 나타낼 수 있다.)

> 다항식 $f(x)$를 x^2+1로 나눈 나머지가 $x+1$이다. $\{f(x)\}^2$을 x^2+1로 나눈 나머지가 $R(x)$일 때, $R(3)$의 값은?
> [단서] 다항식을 이차식으로 나누면 나머지는 일차식 이하가 돼. 먼저 $f(x)$를 몫과 나머지를 이용하여 나타내봐.
> ① 6　　② 7　　③ 8　　④ 9　　⑤ 10

[1st] 다항식 $f(x)$를 몫과 나머지를 이용하여 표현할 수 있지?

다항식 $f(x)$를 x^2+1로 나누었을 때의 몫을 $Q(x)$라 하면 나머지가 $x+1$이므로 $f(x)=(x^2+1)Q(x)+x+1 \cdots \text{㉠}$

[2nd] 다항식을 이차식으로 나누면 나머지는 일차 이하인 식이어야 해.
㉠을 $\{f(x)\}^2$에 대입하여 전개하자.
$\{f(x)\}^2$
$=\{(x^2+1)Q(x)+x+1\}^2$
$=(x^2+1)^2\{Q(x)\}^2$
$\quad +2(x^2+1)(x+1)Q(x)+(x+1)^2$

> [실수!] 복잡해 보이니까 $(x^2+1)Q(x)=X$, $x+1=Y$로 치환해서 곱셈 공식을 적용해보자.
> $\{(x^2+1)Q(x)+x+1\}^2$
> $=(X+Y)^2=X^2+2XY+Y^2$
> $=(x^2+1)^2\{Q(x)\}^2+2(x^2+1)Q(x)(x+1)+(x+1)^2$

$=(x^2+1)^2\{Q(x)\}^2+2(x^2+1)(x+1)Q(x)+x^2+2x+1$
$=(x^2+1)^2\{Q(x)\}^2+2(x^2+1)(x+1)Q(x)+(x^2+1)+2x$
공통이므로 묶자.
$=(x^2+1)[(x^2+1)\{Q(x)\}^2+2(x+1)Q(x)+1]+2x$
따라서 다항식 $\{f(x)\}^2$을 이차식 x^2+1로 나눈 나머지는 $R(x)=2x$ 이므로
이 부분이 $\{f(x)\}^2$을 x^2+1로 나누었을 때의 몫이야.
$R(3)=2\times 3=6$

A 141 정답 ④ ·········· 다항식의 나눗셈 – $A=BQ+R$ 꼴 이용

(정답 공식: 주어진 다항식을 (나누는 식)×(몫)으로 나타낸 후 전개하고, 계수 비교 를 통해 a,b의 값을 구한다.)

> [단서1] 다항식 A가 B로 나누어떨어지면 몫을 Q라 할 때, $A=BQ$지?
> 다항식 $x^3+7x^2+11x+a$가 x^2+bx-1로 나누어떨어질 때, 상수 a,b에 대하여 ab의 값은?
> [단서2] a,b를 각각 찾으려 애쓰지 말고 곱을 구하는 데 초점을 맞춰.
> ① -6　　② -8　　③ -10
> ④ -12　　⑤ -14

[1st] $A=BQ$임을 이용하여 식을 세우고 전개해.
다항식 $x^3+7x^2+11x+a$가 x^2+bx-1로 나누어떨어질 때의 몫을
$x+c\ (c\text{는 상수})$

> 삼차식이 이차식으로 나누어떨어지면 (삼차식)=(이차식)×(몫)이고, 양쪽의 차수가 같아야 하므로 몫은 일차식이야. 이때, x^3의 계수가 1임을 이용하면 몫의 일차항의 계수도 1인 것을 알 수 있어.

라 하면
$x^3+7x^2+11x+a=(x^2+bx-1)(x+c)$
$\qquad\qquad =x^3+(b+c)x^2+(bc-1)x-c$
이때, 양변의 계수를 비교하면
$b+c=7,\ bc-1=11 \cdots \text{㉠},\ a=-c \cdots \text{㉡}$
이고, ㉡에서 $c=-a$를 ㉠에 대입하면
$b\times(-a)-1=11 \qquad \therefore\ ab=-12$

> [실수!] 미지수를 적게 사용할수록 문제를 해결하기 편해진다는 것을 알아두도록!!

A 142 정답 ④ ·········· 다항식의 나눗셈 – $A=BQ+R$ 꼴 이용

(정답 공식: x^2-1로 나누었을 때 나머지는 일차 이하의 다항식이므로 이를 $R(x)=ax+b$라 놓은 후, $x=-1, x=1$을 대입해 a,b의 값을 구한다.)

> [단서] $P(x)$를 B로 나누었을 때의 몫을 Q, 나머지를 R이라 하면 $P(x)=BQ+R$야.
> 다항식 $P(x)$를 x^2+1로 나누었을 때의 몫이 $2x-1$이고 나머지가 5이다. 다항식 $P(x)$를 x^2-1로 나누었을 때의 나머지는?
>
> ① $-4x+3$　　② $-4x+5$　　③ -5
> ④ $4x+3$　　⑤ $4x+5$

1st 몫과 나머지를 이용하여 $P(x)$를 구해보자.

$P(x)$를 B로 나누었을 때의 몫을 Q, 나머지를 R라고 하면

$P(x)=BQ+R$이므로

$P(x)=(x^2+1)(2x-1)+5=2x^3-x^2+2x+4$

2nd $P(x)$를 x^2-1로 나눈 나머지를 구해봐.

$P(x)=2x^3-x^2+2x+4$를 x^2-1로 나누면

$$
\begin{array}{r}
2x-1 \\
x^2-1{\overline{\smash{\big)}\,2x^3-x^2+2x+4}} \\
\underline{2x^3\phantom{{}-x^2}-2x} \\
-x^2+4x+4 \\
\underline{-x^2+1} \\
4x+3
\end{array}
$$

$(x^2-1)(2x-1)+4x+3$
$=2x^3-x^2-2x+1+4x+3$
$=2x^3-x^2+2x+4$
$=P(x)$

따라서 $P(x)$를 x^2-1로 나누었을 때의 나머지는 $4x+3$이다.

A 143 정답 ③ ················· 다항식의 나눗셈 $-$ $A=BQ+R$

[정답 공식: 다항식 A를 다항식 $B(B\neq0)$로 나누었을 때의 몫을 Q, 나머지를 R 라 하면 $A=BQ+R$ (단, (R의 차수)<(B의 차수))이다.**]**

m차 다항식 $f(x)$를 n차 다항식 $g(x)$로 나눈 몫을 $Q(x)$, 나머지를 $R(x)$라 할 때, [보기]에서 옳은 것을 모두 고르면?

단서 다항식의 나눗셈에서 몫과 나머지 사이의 관계를 이용하여 $f(x)$를 $g(x)$, $Q(x)$, $R(x)$를 이용하여 나타내봐. (단, $m>n>0$)

───[보기]───

ㄱ. $Q(x)$의 차수는 $m-n$이다.
ㄴ. $Q(x)$의 차수는 $R(x)$의 차수보다 크다.
ㄷ. $n=3$일 때, $R(x)$의 차수는 2차 이하이다.

① ㄱ   ② ㄴ   ③ ㄱ, ㄷ
④ ㄴ, ㄷ   ⑤ ㄱ, ㄴ, ㄷ

1st 다항식의 나눗셈, 몫과 나머지의 관계 등을 이용하여 [보기]의 참, 거짓을 판별하자.

ㄱ. $f(x)=g(x)Q(x)+R(x)$
이때, $f(x)$의 차수는 $g(x)$의 차수와 $Q(x)$의 차수의 합이고
$g(x)$, $Q(x)$의 최고차항을 각각 ax^n, bx^k이라 하면 $g(x)Q(x)$의 최고차항은 $ax^n\times bx^k=abx^{n+k}$이므로 $(g(x)$의 차수$)+(Q(x)$의 차수$)=(f(x)$의 차수$)$야.
$f(x)$의 차수가 m, $g(x)$의 차수가 n이므로 $Q(x)$의 차수는 $m-n$이다. (참)

ㄴ. 【반례】$f(x)=x^3+4x^2$, $g(x)=x^2+2x$라 하면
$Q(x)=x+2$, $R(x)=-4x$이므로
$Q(x)$의 차수와 $R(x)$의 차수는 같다. (거짓)

$$
\begin{array}{r}
x+2 \\
x^2+2x{\overline{\smash{\big)}\,x^3+4x^2}} \\
\underline{x^3+2x^2} \\
2x^2 \\
\underline{2x^2+4x} \\
-4x
\end{array}
$$

ㄷ. $R(x)$의 차수는 $g(x)$의 차수보다 작으므로
다항식의 나눗셈에서 나머지의 차수는 나누는 식의 차수보다 항상 작아.
$n=3$, 즉 $g(x)$가 삼차다항식이면
$R(x)$의 차수는 2차 이하이다. (참)

따라서 옳은 것은 ㄱ, ㄷ이다.

A 144 정답 ② ················· 다항식의 나눗셈 $-$ $A=BQ+R$

[정답 공식: 다항식 A를 다항식 $B(B\neq0)$로 나누었을 때의 몫을 Q, 나머지를 R 라 하면 $A=BQ+R$ (단, (R의 차수)<(B의 차수))이다.**]**

상수가 아닌 두 다항식 $f(x)$, $g(x)$에 대하여 $f(x)$를 $g(x)$로 나눈 몫을 $Q(x)$, 나머지를 $R(x)$라 할 때, [보기]에서 항상 옳은 것만을 있는 대로 고른 것은? (단, $f(x)$의 차수는 $g(x)$의 차수보다 작지 않다.) **단서** 다항식의 나눗셈에서 몫과 나머지 사이의 관계를 이용하여 $f(x)$를 $g(x)$, $Q(x)$, $R(x)$를 이용하여 나타내 봐.

───[보기]───

ㄱ. $f(x)-R(x)$는 $g(x)$로 나누어떨어진다.
ㄴ. $f(x)+g(x)$를 $g(x)$로 나눈 나머지는 $R(x)$이다.
ㄷ. $f(x)$를 $Q(x)$로 나눈 나머지는 $R(x)$이다.

① ㄴ   ② ㄱ, ㄴ   ③ ㄴ, ㄷ
④ ㄱ, ㄷ   ⑤ ㄱ, ㄴ, ㄷ

1st 다항식의 나눗셈, 몫과 나머지의 관계 등을 이용하여 [보기]의 참, 거짓을 판별하자.

ㄱ. $f(x)=g(x)Q(x)+R(x)$에서
$f(x)-R(x)=g(x)Q(x)$
$f(x)-R(x)$를 $g(x)$로 나눈 몫은 $Q(x)$이고 나머지는 0이야.
즉, $f(x)-R(x)$는 $g(x)$로 나누어떨어진다. (참)

ㄴ. $f(x)=g(x)Q(x)+R(x)$에서
$f(x)+g(x)=g(x)Q(x)+R(x)+g(x)$
$\qquad\qquad=g(x)\{Q(x)+1\}+R(x)$
이므로 $f(x)+g(x)$를 $g(x)$로 나눈 나머지는 $R(x)$이다. (참)

ㄷ. 【반례】$f(x)=x^3-1$, $g(x)=x^2+1$이라 하면
$Q(x)=x$, $R(x)=-x-1$

$$
\begin{array}{r}
x \\
x^2+1{\overline{\smash{\big)}\,x^3\phantom{{}+x}-1}} \\
\underline{x^3+x} \\
-x-1
\end{array}
$$

이때, $f(x)$를 $Q(x)$로 나눈 나머지는 -1이므로 $R(x)$가 아니다. (거짓)

$$
\begin{array}{r}
x^2 \\
x{\overline{\smash{\big)}\,x^3\phantom{{}-}-1}} \\
\underline{x^3} \\
-1
\end{array}
$$

따라서 옳은 것은 ㄱ, ㄴ이다.

A 145 정답 ④ ················· 다항식의 나눗셈 $-$ $A=BQ+R$

[정답 공식: 다항식 A를 다항식 $B(B\neq0)$로 나누었을 때의 몫을 Q, 나머지를 R라 하면 $A=BQ+R$ (단, (R의 차수)<(B의 차수))이다.**]**

그림과 같이 선분 AB를 빗변으로 하는 직각삼각형 ABC가 있다. 점 C에서 선분 AB에 내린 수선의 발을 H라 할 때, $\overline{CH}=1$이고 삼각형 ABC의 넓이는 $\dfrac{4}{3}$이다.

단서 2 밑변의 길이인 $\overline{AB}$의 값을 구할 수 있어.

단서 1 직각삼각형 ABC 안에 직각삼각형 2개가 더 생겼어.

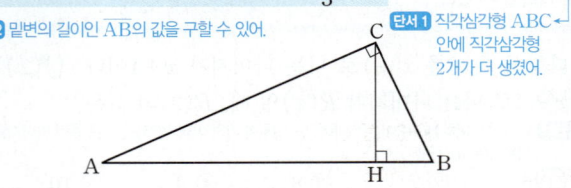

$\overline{BH}=x$라 할 때, $3x^3-5x^2+4x+7$의 값은? (단, $x<1$)

① $13-3\sqrt{7}$ ② $14-3\sqrt{7}$ ③ $15-3\sqrt{7}$
④ $16-3\sqrt{7}$ ⑤ $17-3\sqrt{7}$

1st $\overline{BH}=x$를 구하자.

두 삼각형 AHC, CHB가 서로 닮음이므로

$\overline{AH}:\overline{CH}=\overline{CH}:\overline{BH}$ $\angle CAH=90°-\angle ACH$, $\angle BCH=90°-\angle ACH$에서 $\angle CAH=\angle BCH$이고 $\angle AHC=\angle CHB=90°$이므로 AA 닮음이야.

$\therefore \overline{CH}^2=\overline{AH}\times\overline{BH}$

이때, $\overline{CH}=1$이고 삼각형 ABC의 넓이는 $\dfrac{4}{3}$이므로

$\triangle ABC=\dfrac{1}{2}\times\overline{AB}\times\overline{CH}=\dfrac{1}{2}\times\overline{AB}\times 1=\dfrac{4}{3}$에서

$\overline{AB}=\dfrac{8}{3}$

$\overline{BH}=x$이고 $\overline{AH}=\overline{AB}-\overline{BH}=\dfrac{8}{3}-x$이므로

$\overline{CH}^2=\overline{AH}\times\overline{BH}$에서

$1^2=\left(\dfrac{8}{3}-x\right)x$, $3x^2-8x+3=0$ … ㉠
$\longrightarrow$ 이차방정식의 짝수 근의 공식을 이용해.

$\therefore x=\dfrac{4\pm\sqrt{7}}{3}$

그런데 $0<x<1$이므로 $x=\dfrac{4-\sqrt{7}}{3}$ … ㉡

2nd ㉠을 이용하여 다항식 $3x^3-5x^2+4x+7$을 간단히 하자.

$3x^3-5x^2+4x+7$을 다항식 $3x^2-8x+3$으로 나누면 몫은 $x+1$이고 나머지는 $9x+4$이다. 다항식 A를 다항식 $B(B\neq 0)$로 나누었을 때의 몫을 Q, 나머지를 R라 하면 $A=BQ+R$ (단, $(R$의 차수$)<(B$의 차수$)$)이다.

$3x^3-5x^2+4x+7=(3x^2-8x+3)(x+1)+9x+4$

이때, $3x^2-8x+3=0$이므로

$3x^3-5x^2+4x+7=9x+4$ … ㉢

3rd 구하는 값을 구하자.

따라서 ㉡, ㉢에 의하여 구하는 값은

$9x+4=9\times\dfrac{4-\sqrt{7}}{3}+4=16-3\sqrt{7}$이다.

서술형 스토리

A 146 정답 $-\dfrac{19\sqrt{3}}{4}$ ························· 곱셈 공식의 변형

> **정답 공식:** $x^2=X$, $y^2=Y$로 치환해 주어진 식을 정리하고, X, Y의 값을 구해 대입한다.

> $x=\dfrac{-1+\sqrt{3}}{2}$, $y=\dfrac{-1-\sqrt{3}}{2}$일 때, $x^6+x^2-y^6-y^2$의 값을 구하는 과정을 서술하시오. **단서** $(x^6-y^6)+(x^2-y^2)$으로 놓고 인수분해해보자.

1st 주어진 식을 $x+y$, xy 등이 나오는 식으로 정리해보자.

$x^6+x^2-y^6-y^2$ $\longrightarrow$ 주어진 두 수 x, y는 $\sqrt{3}$ 앞에 있는 부호만 다르므로 $x+y$와 xy를 구하기가 쉬워.

$=(x^6-y^6)+(x^2-y^2)$

$=(x^2-y^2)(x^4+x^2y^2+y^4)+(x^2-y^2)$

$=(x^2-y^2)(x^4+x^2y^2+y^4+1)$

$=(x+y)(x-y)\{(x^2+y^2)^2-x^2y^2+1\}$ … ㉠ … **Ⅰ**

2nd $x+y$, $x-y$, xy, x^2+y^2의 값을 계산하자.

$x+y=\dfrac{-1+\sqrt{3}}{2}+\dfrac{-1-\sqrt{3}}{2}=-1$

$x-y=\dfrac{-1+\sqrt{3}}{2}-\dfrac{-1-\sqrt{3}}{2}=\sqrt{3}$

$xy=\dfrac{(-1+\sqrt{3})(-1-\sqrt{3})}{2\times 2}=\dfrac{1-3}{4}=-\dfrac{1}{2}$

$x^2+y^2=(x+y)^2-2xy=1-2\left(-\dfrac{1}{2}\right)=2$ … **Ⅱ**

3rd 앞에서 구한 값들을 대입하여 주어진 식의 값을 구하자.

따라서 ㉠에 이 값들을 대입하면 구하는 식의 값은

$(-1)\times\sqrt{3}\times\left(2^2-\dfrac{1}{4}+1\right)=-\dfrac{19\sqrt{3}}{4}$ … **Ⅲ**

[채점 기준표]

Ⅰ 주어진 식을 정리한다.		30%
Ⅱ $x+y$, xy 등의 식의 값을 구한다.		40%
Ⅲ **Ⅰ**의 식에 **Ⅱ**를 대입하여 주어진 식의 값을 구한다.		30%

A 147 정답 $-\sqrt{3}$ ····························· 곱셈 공식의 변형

> **정답 공식:** $a^3+b^3+c^3-3abc=(a+b+c)(a^2+b^2+c^2-ab-bc-ca)$이므로 $a+b+c$와 $a^2+b^2+c^2$에서 $ab+bc+ca$의 값을 구해서, abc의 값을 구한다.

> **단서** $a^3+b^3+c^3-3abc$의 인수분해 공식을 기억하자.
> 실수 a, b, c에 대하여 $a+b+c=\sqrt{3}$, $a^2+b^2+c^2=5$, $a^3+b^3+c^3=3\sqrt{3}$일 때, abc의 값을 구하는 과정을 서술하시오.

1st $ab+bc+ca$의 값을 구하자.

$a+b+c=\sqrt{3}$의 양변을 제곱하면 $a^2+b^2+c^2+2(ab+bc+ca)=3$

$a^2+b^2+c^2=5$이므로

$5+2(ab+bc+ca)=3$ $\therefore ab+bc+ca=-1$ … **Ⅰ**

2nd $a^3+b^3+c^3$과 abc가 있는 곱셈 공식을 떠올리자.

$a^3+b^3+c^3-3abc=(a+b+c)(a^2+b^2+c^2-ab-bc-ca)$에서

$a^3+b^3+c^3=3\sqrt{3}$이므로 $\longrightarrow a+b+c$, $a^2+b^2+c^2$, $a^3+b^3+c^3$의 값이 주어졌으니까 이 등식을 이용하면 abc의 값을 구하기 쉬워.

3rd abc의 값을 구하자.

$3\sqrt{3}-3abc=\sqrt{3}\cdot\{5-(-1)\}$

$3abc=-3\sqrt{3}$ $\therefore abc=-\sqrt{3}$ … **Ⅱ**

[채점 기준표]

Ⅰ $ab+bc+ca$의 값을 구한다.		40%
Ⅱ $a^3+b^3+c^3-3abc=(a+b+c)(a^2+b^2+c^2-ab-bc-ca)$를 이용하여 abc의 값을 구한다.		60%

A 148 정답 $-5x^3-27y^3+20x+14$ · 다항식의 덧셈과 뺄셈

> **정답 공식:** A를 곱셈 공식을 이용해 전개한 후, A, B, C를 대입해 정리한다.

> **단서 1** 무조건 전개하지 말고 곱셈 공식을 적용할 수 있는지 체크하자.
> 세 다항식 $A=(x+3y)(x^2-3xy+9y^2)$, $B=x^3-5x+1$, $C=2x^3-5x+27y^3-5$에 대하여 $2(A+B)-3(C+B)$를 간단히 나타내는 과정을 서술하시오. **단서 2** 식부터 간단히 정리하고 A, B, C를 대입하여 정리하자.

1st $2(A+B)-3(C+B)$를 전개하여 간단히 나타내자.

$A=(x+3y)(x^2-3xy+9y^2)=x^3+27y^3$ … **Ⅰ**

$2(A+B)-3(C+B)$ $(x+3y)\{x^2-x\cdot 3y+(3y)^2\}=x^3+(3y)^3$임을 이용한 거야.

$=2A+2B-3C-3B$

$=2A-B-3C$ … **Ⅱ**

> 주어진 식을 먼저 간단히 정리하면 계산 과정에서 실수를 줄일 수 있어.

2nd 앞에서 구한 식에 A, B, C의 식을 대입하자.

$=2(x^3+27y^3)-(x^3-5x+1)-3(2x^3-5x+27y^3-5)$

$=2x^3+54y^3-x^3+5x-1-6x^3+15x-81y^3+15$

3rd 내림차순으로 정리해보자.

$=-5x^3-27y^3+20x+14$ … **Ⅲ**

[채점 기준표]

❶ A를 곱셈 공식을 이용하여 정리한다.	20%
❷ $2(A+B)-3(C+B)$를 정리한다.	30%
❸ ❷의 식에 A, B, C를 대입하여 정리한다.	50%

A 149 정답 ∠B=90°인 직각삼각형 ········· 곱셈 공식의 활용

(**정답 공식:** $(x+y)(x-y)=x^2-y^2$을 이용해 양변의 식을 정리한다.)

> **단서** 적절히 묶어서 곱셈 공식을 적용할 수 있는지 체크하고 전개하자.
> △ABC의 세 변의 길이 a, b, c에 대하여
> $(a+b-c)(a-b-c)=(a+b+c)(-a+b-c)$가 성립할 때, △ABC는 어떤 삼각형인지 구하는 과정을 서술하시오.

1st 주어진 식의 양변에서 각각 공통부분이 생기도록 묶자.

$(a+b-c)(a-b-c)=(a+b+c)(-a+b-c)$에서
$\{(a-c)+b\}\{(a-c)-b\}=\{b+(a+c)\}\{b-(a+c)\}$ ··· ❶

     → $(x+y)(x-y)$ $=x^2-y^2$

2nd 주어진 식의 양변을 각각 전개하고 정리하자.

$(a-c)^2-b^2=b^2-(a+c)^2$
$a^2-2ac+c^2-b^2=b^2-a^2-2ac-c^2$
$\therefore \underline{b^2=a^2+c^2}$ ··· ❷

3rd a, b, c의 관계식으로부터 삼각형의 모양을 판단하자.

따라서 △ABC는 b를 빗변으로 하는 직각삼각형이므로
∠B=90°인 직각삼각형이다. ··· ❸

[채점 기준표]

❶ 주어진 식을 공통 부분이 생기도록 묶는다.	30%
❷ ❶의 식을 전개한다.	40%
❸ △ABC가 ∠B=90°인 직각삼각형임을 설명한다.	30%

✿ 자주 쓰이는 곱셈 공식   개념·공식

① $(a+b)^2=a^2+2ab+b^2$
   $(a-b)^2=a^2-2ab+b^2$
② $(a+b)(a-b)=a^2-b^2$
③ $(a+b)^3=a^3+b^3+3ab(a+b)$
   $(a-b)^3=a^3-b^3-3ab(a-b)$
④ $(a+b+c)^2=a^2+b^2+c^2+2(ab+bc+ca)$

A 150 정답 40 ················· 곱셈 공식의 활용

(**정답 공식:** 세 변의 길이가 각각 a, b, c인 직육면체의 겉넓이는 $2(ab+bc+ca)$ 이고, △BGD의 각 변의 길이의 제곱은 a^2+b^2, b^2+c^2, c^2+a^2이다.)

> 오른쪽 그림과 같은 직육면체의 겉넓이 가 46이고, △BGD의 세 변의 길이의 제곱의 합이 108일 때, 이 직육면체의 모든 모서리의 길이의 합을 구하는 과정 을 서술하시오.
>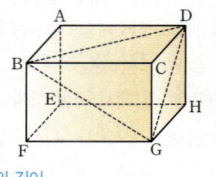
> **단서** 직육면체의 가로의 길이, 세로의 길이, 높이를 각각 문자로 나타내보자.

1st $\overline{AD}=a$, $\overline{AB}=b$, $\overline{AE}=c$라 하고, 겉넓이가 46임을 이용하여 $ab+bc+ca$의 값을 구하자.

직육면체의 가로의 길이, 세로의 길이, 높이를 각각 a, b, c라 하면 겉넓이가 46이므로 → 직육면체는 마주보는 면끼리 서로 같으니까 2를 곱한 거야.
$2(ab+bc+ca)=46$
$\therefore ab+bc+ca=23$ ··· ❶

2nd 세 변의 길이의 제곱의 합에서 $a^2+b^2+c^2$의 값을 구하자.

또, △BGD의 세 변의 길이의 제곱의 합이 108이므로
$(\sqrt{a^2+b^2})^2+(\sqrt{b^2+c^2})^2+(\sqrt{c^2+a^2})^2=108$
$a^2+b^2+b^2+c^2+c^2+a^2=108$
$\therefore a^2+b^2+c^2=54$ ··· ❷
$(a+b+c)^2=a^2+b^2+c^2+2(ab+bc+ca)$에서
$(a+b+c)^2=54+2\cdot23=100$
$\therefore a+b+c=10$ ($\because a+b+c>0$)

> **주의** 길이는 0보다 큰 값만 가지므로 제곱의 형태를 풀 때 주의해.

3rd 위에서 구한 값을 이용하여 모든 모서리의 길이의 합 $4(a+b+c)$를 구하자.

따라서 직육면체의 모든 모서리의 길이의 합은 $4\times10=40$이다. ··· ❸
     a, b, c가 각각 4개씩이므로 $4(a+b+c)$가 돼.

[채점 기준표]

❶ 직육면체의 세 모서리의 길이를 각각 a, b, c라 놓고 겉넓이를 구하는 식을 이용하여 $ab+bc+ca$의 값을 구한다.	30%
❷ △BGD의 세 모서리의 길이의 제곱의 합을 구하는 식을 이용하여 $a^2+b^2+c^2$의 값을 구한다.	30%
❸ 직육면체의 모든 모서리의 길이의 합을 구한다.	40%

(x+y)²   1등급 고난도 스토리

A 151 정답 $-\dfrac{35}{4}$ ················· ⭐2등급 대비 [정답률 33%]

(**정답 공식:** 공통인수끼리 묶어 주어진 식을 정리한다.)

> $a+b=-1$, $a^2+b^2=2$일 때, $a^7+b^7+a^4b^3+a^3b^4$의 값을 구 하시오.
> **단서** 적절히 묶어서 인수분해가 되도록 하자.

1st 구해야 하는 식을 정리해서 어떤 값을 찾아야 하는지 파악해.

$a^7+b^7+a^4b^3+a^3b^4=a^4(a^3+b^3)+b^4(a^3+b^3)$
           $=(a^3+b^3)(a^4+b^4)$
→ a와 b의 차수가 서로 대칭으로 같으니까 a^4과 b^4으로 묶으면 공통인수가 보여.

2nd 주어진 조건으로부터 ab의 값을 구할 수 있지?

$a^2+b^2=(a+b)^2-2ab$에서
$2=(-1)^2-2ab$
$\therefore ab=-\dfrac{1}{2}$
$a^3+b^3=(a+b)^3-3ab(a+b)$
    $=-1-3\cdot\left(-\dfrac{1}{2}\right)\cdot(-1)$
    $=-\dfrac{5}{2}$

→ $X^2+Y^2=(X+Y)^2-2XY$에서 $X=a^2$, $Y=b^2$을 대입한 거야.

$a^4+b^4=(a^2+b^2)^2-2a^2b^2$
    $=2^2-2\cdot\left(-\dfrac{1}{2}\right)^2=\dfrac{7}{2}$

> **주의** 주어진 조건을 이용할 수 있는 형태로 식을 변형해야 해.

3rd a^3+b^3, a^4+b^4의 값을 이용하여 구해야 하는 식의 값을 계산해.

$\therefore a^7+b^7+a^4b^3+a^3b^4=(a^4+b^4)(a^3+b^3)=\dfrac{7}{2}\cdot\left(-\dfrac{5}{2}\right)=-\dfrac{35}{4}$

A 152 정답 148 ·············· ⭐2등급 대비 [정답률 32%]

정답 공식: $(x+y+z)^2 = x^2+y^2+z^2+2(xy+yz+zx)$

그림과 같이 직육면체 ABCD-EFGH에서 단면 AFC가 생기도록 사면체 F-ABC를 잘라내었다. 입체도형 ACD-EFGH의 <u>모든 모서리의 길이의 합을 l_1, 겉넓이를</u> <u>S_1</u>이라 하고, 사면체 F-ABC의 <u>모든 모서리의 길이의 합을</u> <u>l_2, 겉넓이를 S_2라 하자.</u> $l_1-l_2=28$, $S_1-S_2=61$일 때, $\overline{AC}^2+\overline{CF}^2+\overline{FA}^2$의 값을 구하시오.

단서 직육면체의 각 모서리의 길이를 x, y, z로 설정해서 모든 모서리 길이의 합과 겉넓이를 x, y, z로 표현해야 해.

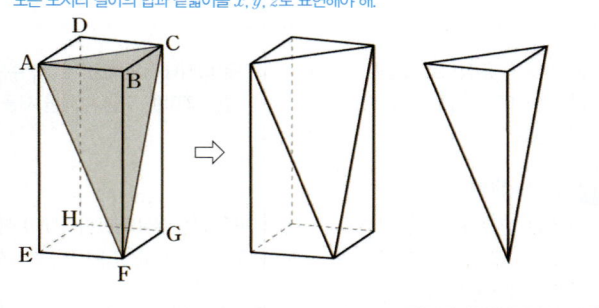

💡 **단서+발상** [유형 10]

단서 직육면체의 모서리는 가로, 세로, 높이로 나눌 수 있으므로 각각 x, y, z로 놓는다. **발상**

이를 이용하여 l_1, l_2, S_1, S_2를 x, y, z에 대한 식으로 표현할 수 있다. **해결**

-------------------- [문제 풀이 순서] --------------------

1st 모서리의 길이를 문자로 설정해서 l_1-l_2, S_1-S_2를 구해.

$\overline{AB}=x$, $\overline{AD}=y$, $\overline{AE}=z$라 하면

$l_1 = 3x+3y+3z+\sqrt{x^2+y^2}+\sqrt{x^2+z^2}+\sqrt{y^2+z^2}$

$l_2 = x+y+z+\sqrt{x^2+y^2}+\sqrt{x^2+z^2}+\sqrt{y^2+z^2}$

이므로 $l_1-l_2=2x+2y+2z=28$에서

$x+y+z=14$

삼각형 AFC의 넓이를 A라 하자.

삼각형 AFC의 넓이를 x, y, z로 표현하려고 하면 풀이가 많이 복잡해져.
l_1-l_2에서 $\overline{AC}+\overline{CF}+\overline{FA}$가 소거되는 걸 보고 S_1-S_2에서 x, y, z로 표현하기 힘든 삼각형 AFC의 넓이가 소거될 걸 예상할 수 있어. 이럴 땐, 일단 문자로 설정하고 문제를 풀어봐.

$S_1 = xy+yz+zx+\frac{1}{2}xy+\frac{1}{2}yz+\frac{1}{2}zx+A$

$S_2 = \frac{1}{2}xy+\frac{1}{2}yz+\frac{1}{2}zx+A$

이므로 $S_1-S_2 = xy+yz+zx=61$

2nd $\overline{AC}^2+\overline{CF}^2+\overline{FA}^2$의 값을 구해.

$\therefore \overline{AC}^2+\overline{CF}^2+\overline{FA}^2 = (x^2+y^2)+(y^2+z^2)+(z^2+x^2)$
$= 2(x^2+y^2+z^2)$
$= 2\{(x+y+z)^2-2(xy+yz+zx)\}$
$= 2\times(14^2-2\times61)$
$= 2\times74 = 148$

My Top Secret
서울대 선배의 ❶등급 대비 전략

l_1과 l_2에 겹치는 모서리가 존재하고 S_1과 S_2에 겹치는 넓이가 존재한다는 것을 알 수 있어. 그런데 구하고자 하는 값은 l_1-l_2와 S_1-S_2이므로 겹치는 부분은 굳이 구할 필요가 없어. 이처럼 꼭 제외해야 하는 부분 또는 꼭 포함시켜야 하는 부분이 등급을 가르는 문제에 종종 나오므로 주의해야 해.

A 153 정답 ② ·············· ⭐2등급 대비 [정답률 34%]

정답 공식: 삼각형 ABC의 세 변의 길이가 a, b, c이고 내접원의 반지름의 길이가 r일 때, 삼각형 ABC의 넓이는 $\frac{1}{2}\times r\times(a+b+c)$이다.

그림과 같이 중심이 O, 반지름의 길이가 4이고 중심각의 크기가 90°인 부채꼴 OAB가 있다. 호 AB 위의 점 P에서 두 선분 OA, OB에 내린 수선의 발을 각각 H, I라 하자. 삼각형 PIH에 내접하는 원의 넓이가 $\frac{\pi}{4}$일 때, $\overline{PH}^3+\overline{PI}^3$의 값은?

단서1 사각형 OHPI는 직사각형이야.
단서2 내접원의 반지름의 길이가 주어진 거야.
단서3 $\overline{PH}=x$, $\overline{PI}=y$라 하고 곱셈 공식을 이용하여 x^3+y^3의 값을 구하면 돼.

(단, 점 P는 점 A도 아니고 점 B도 아니다.)

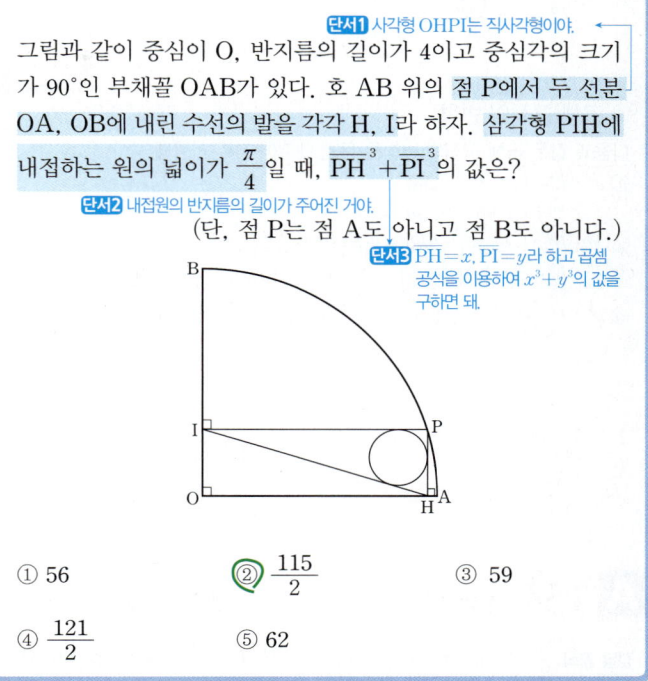

① 56   ② $\frac{115}{2}$ ③ 59

④ $\frac{121}{2}$ ⑤ 62

1st $\overline{PH}=x$, $\overline{PI}=y$라 하고 $x+y$, xy의 값을 각각 구해.

부채꼴 OAB의 중심각의 크기가 90°이고 점 P에서 두 선분 OA, OB에 내린 수선의 발이 각각 H, I이므로 사각형 OHPI는 직사각형이다. 이때, 부채꼴 OAB의 반지름의 길이가 4이므로 $\overline{HI}=\overline{OP}=4$이다.

직사각형의 두 대각선의 길이는 서로 같아.

한편, $\overline{PH}=x$, $\overline{PI}=y$라 하면 직각삼각형 PIH에서 피타고라스 정리에 의하여 $\overline{PH}^2+\overline{PI}^2=\overline{HI}^2$에서

$x^2+y^2=4^2=16$ ··· ㉠

또한, 삼각형 PIH의 내접원의 반지름의 길이를 r라 하면 내접원의 넓이가 $\frac{\pi}{4}$이므로 $\pi r^2=\frac{\pi}{4}$에서

$r^2=\frac{1}{4}$ $\therefore r=\frac{1}{2}$ ($\because r>0$)

따라서 삼각형 PIH의 넓이에 의하여

$\frac{1}{2}\times\overline{PH}\times\overline{PI}=\frac{1}{2}\times r\times(\overline{PH}+\overline{PI}+\overline{HI})$에서

$\frac{1}{2}xy=\frac{1}{2}\times\frac{1}{2}\times(x+y+4)$

$2xy=x+y+4$

$\therefore x+y=2xy-4$ ··· ㉡

$x^2+y^2=(x+y)^2-2xy$이므로 ㉠, ㉡에서

$\underline{(2xy-4)^2-2xy=16}$

$4x^2y^2-18xy=0$

$2x^2y^2-9xy=0$

$xy(2xy-9)=0$

$\therefore xy=\frac{9}{2}$ ($\because xy\neq0$) ··· ㉢

→ $(2xy-4)^2-2xy=16$을 정리하면
$2(xy-2)^2-(xy-2)-10=0$이고
$xy-2=X$라 하면
$2X^2-X-10=0$, $(X+2)(2X-5)=0$
$(xy-2+2)(2xy-4-5)=0$
$\therefore xy(2xy-9)=0$
이렇게 치환을 이용하여 정리할 수도 있어.

㉢을 ㉡에 대입하면

$x+y=2\times\frac{9}{2}-4=5$ ··· ㉣

→ x, y는 각각 두 선분 PH, PI의 길이이므로 양수야. 따라서 $x>0$, $y>0$이므로 $xy\neq0$이야.

2nd $\overline{\mathrm{PH}}^3+\overline{\mathrm{PI}}^3$의 값을 구해.

$$\begin{aligned}\therefore\ \overline{\mathrm{PH}}^3+\overline{\mathrm{PI}}^3&=x^3+y^3\\&=(x+y)^3-3xy(x+y)\\&=5^3-3\times\frac{9}{2}\times5\ (\because\ \text{ⓒ, ⓔ})\\&=\frac{115}{2}\end{aligned}$$

＊ 곱셈 공식의 변형 ［수능 핵강］

다음과 같은 곱셈 공식의 변형은 문제 해결에 자주 사용돼.

① $a^2+b^2=(a+b)^2-2ab$
　　　$=(a-b)^2+2ab$

② $a^3\pm b^3=(a\pm b)^3\mp3ab(a\pm b)$ (복호동순)

③ $a^2+b^2+c^2=(a+b+c)^2-2(ab+bc+ca)$

④ $a^2+b^2+c^2-ab-bc-ca=\dfrac{1}{2}\{(a-b)^2+(b-c)^2+(c-a)^2\}$

A 154 정답 123 ·················· ✪2등급 대비 [정답률 35%]

〔 **정답 공식:** $x+\dfrac{1}{x}=3$이고, $x^5+\dfrac{1}{x^5}=\left(x^2+\dfrac{1}{x^2}\right)\left(x^3+\dfrac{1}{x^3}\right)-\left(x+\dfrac{1}{x}\right)$임을 이용한다. 〕

〔 **단서** $x=0$이 주어진 방정식의 근이 아니므로 x로 양변을 나누어 $x+\dfrac{1}{x}$의 값을 구하자.

$x^2-3x+1=0$일 때, $x^5+\dfrac{1}{x^5}$의 값을 구하시오. 〕

1st 주어진 방정식으로부터 $x+\dfrac{1}{x}$의 값을 구해.

$x^2-3x+1=0$에서 $x\ne0$이므로 양변을 x로 나누면

$x-3+\dfrac{1}{x}=0$

> **함정** $x^5+\dfrac{1}{x^5}$에는 $x\ne0$이라는 사실과 $x^2-3x+1=0$을 $x+\dfrac{1}{x}$의 형태로 바꾸어 생각하라는 힌트가 포함되어 있어.

$\therefore\ x+\dfrac{1}{x}=3$

2nd $x^2+\dfrac{1}{x^2}$, $x^3+\dfrac{1}{x^3}$의 값을 찾아야 해.

$x^2+\dfrac{1}{x^2}=\left(x+\dfrac{1}{x}\right)^2-2x\cdot\dfrac{1}{x}=3^2-2=7$
　$\underline{a^2+b^2=(a+b)^2-2ab\text{에서 }a=x,\ b=\dfrac{1}{x}\text{을 대입한 거야.}}$

$x^3+\dfrac{1}{x^3}=\left(x+\dfrac{1}{x}\right)^3-3x\cdot\dfrac{1}{x}\left(x+\dfrac{1}{x}\right)$
　$\underline{a^3+b^3=(a+b)^3-3ab(a+b)\text{에서 }a=x,\ b=\dfrac{1}{x}\text{을 대입한 거야.}}$
　　$=3^3-3\cdot3=18$

3rd $\left(x^2+\dfrac{1}{x^2}\right)\left(x^3+\dfrac{1}{x^3}\right)$을 전개하여 $x^5+\dfrac{1}{x^5}$의 값을 구하자.

$\left(x^2+\dfrac{1}{x^2}\right)\left(x^3+\dfrac{1}{x^3}\right)=x^5+\dfrac{1}{x^5}+x+\dfrac{1}{x}$이므로

$x^5+\dfrac{1}{x^5}=\left(x^2+\dfrac{1}{x^2}\right)\left(x^3+\dfrac{1}{x^3}\right)-\left(x+\dfrac{1}{x}\right)$
　　$=7\cdot18-3=123$

직접적으로 $x^5+\dfrac{1}{x^5}$을 구할 수 없어. $x^2+\dfrac{1}{x^2}$, $x^3+\dfrac{1}{x^3}$을 곱해서 식을 찾아내야 해.

A 155 정답 135 ··············· ✪1등급 대비 [정답률 18%]

＊ 조건을 식으로 나타낸 후 곱셈 공식을 이용해 식을 전개하여 주어진 식의 값 구하기 [유형 04]

〔 세 실수 x, y, z가 다음 조건을 만족시킨다.

(가) x, y, $2z$ 중에서 적어도 하나는 3이다. **단서1** 수식으로 표현해 보자.

(나) $3(x+y+2z)=xy+2yz+2zx$

단서2 수식으로 표현된 식에 조건을 이용하여 간단히 하자.

$10xyz$의 값을 구하시오. 〕

왜 1등급? 문장으로 표현된 조건을 수식으로 나타내어 정리한 뒤 세 수의 곱을 구하는 문제이다. 이를 위해서 조건 (가)와 동일한 의미를 지닌 수식을 세울 수 있어야 한다.

단서+발상

단서1 조건 (가)의 문장을 해석하여 같은 의미를 갖는 수식으로 나타내야 한다.
$x=3$ 또는 $y=3$ 또는 $2z=3$이므로 $x-3=0$ 또는 $y-3=0$ 또는 $2z-3=0$이다. **발상**
따라서 a 또는 b가 0인 것과 $ab=0$은 같은 의미를 가지므로 $(x-3)(y-3)(2z-3)=0$이다. **적용**

단서2 $(x-3)(y-3)(2z-3)=0$을 전개하여 얻은 식
$2xyz-3(xy+2yz+2zx)+9(x+y+2z)-27=0$에 조건 (나)의 식을 대입하여 정리하면 된다. **해결**

주의 적어도 하나가 3인 조건을 $x=3$인 경우, $y=3$인 경우, $2z=3$인 경우로 나누는 것보다 $abc=0$과 $a=0$ 또는 $b=0$ 또는 $c=0$임을 활용하여 조건 (가)를 수식으로 나타내는 것이 간단하다.

〔 **핵심 정답 공식:** 조건 (가)에서 $(x-3)(y-3)(2z-3)=0$이다. 〕

-------------------- [문제 풀이 순서] --------------------

1st 조건 (가)에 의해 $(x-3)(y-3)(2z-3)=0$이 성립함을 이용해.

조건 (가)에서 $\underline{x,\ y,\ 2z}$ 중 적어도 하나는 3이라 하므로
$\underline{(x-3)(y-3)(2z-3)}=0$
이 성립한다. 이것을 전개하면
$(x-3)(y-3)(2z-3)=0$
$(xy-3x-3y+9)(2z-3)=0$
$2xyz-6xz-6yz+18z-3xy+9x+9y-27=0$
$2xyz-3(xy+2yz+2zx)+9(x+y+2z)-27=0\ \cdots\ \bigcirc$

> $x=3$ 또는 $y=3$ 또는 $2z=3$이므로
> $x-3=0$ 또는 $y-3=0$ 또는 $2z-3=0$
> $\therefore\ (x-3)(y-3)(2z-3)=0$

2nd 조건 (나)를 ㉠에 대입한 후 정리하자.

조건 (나)의 $3(x+y+2z)=xy+2yz+2zx$를 ㉠에 대입하면
$2xyz-3\{3(x+y+2z)\}+9(x+y+2z)-27=0$
$2xyz-9(x+y+2z)+9(x+y+2z)-27=0$
$2xyz-27=0$

3rd 식의 값을 구해.

따라서 $xyz=\dfrac{27}{2}$이므로 $10xyz=10\cdot\dfrac{27}{2}=135$

톡톡 풀이: 조건 (가)를 특수하게 적용하여 $x=3$이라 놓고 식의 값 구하기

조건 (가)에서 x, y, $2z$ 중에서 적어도 하나는 3이라고 했지?
조건 (나)에서 $3(x+y+2z)=xy+2yz+2zx$이므로
$x=3$을 조건 (나)에 대입하여 문제를 풀어도 돼.
따라서 $x=3$을 대입하면 $3(x+y+2z)=9+3y+6z$이고
$xy+2yz+2zx=3y+2yz+6z$이므로

$9+3y+6z=3y+2yz+6z$, $2yz=9$ $\quad\therefore yz=\dfrac{9}{2}$야.

따라서 $10xyz=10\times3\times\dfrac{9}{2}=135$야.

1등급 대비 특강

* 조건 (가)의 식을 삼차방정식으로 이해하여 쉽게 전개하기

조건 (나)를 살펴보면, $2yz=y\times2z$, $2zx=2z\times x$이므로 $2z=t$로 치환하였을 때 $3(x+y+t)=xy+yt+tx$야. 즉, x, y, t를 근으로 갖는 삼차방정식의 계수와 관련있음을 알 수 있어.

조건 (가)의 $(x-3)(y-3)(2z-3)=0$에서 $(3-x)(3-y)(3-t)=0$이므로 3을 하나의 문자로 보고 $3^3-(x+y+t)3^2+(xy+yt+tx)3-xyt=0$으로 쉽게 전개할 수 있어.

A 156 정답 126 ⭐1등급 대비 [정답률 6%]

*닮음비와 삼각비를 이용하여 사다리꼴의 넓이 구하기 [유형 10]

> 단서1 한 개의 정사각형과 4개의 정삼각형으로 이루어진 입체도형이야.
>
> 그림과 같이 모든 모서리의 길이가 a인 정사각뿔 O−ABCD가 있다. 네 선분 OA, OB, OC, OD 위의 네 점 E, F, G, H를 $\overline{OE}=\overline{OF}=\overline{OG}=\overline{OH}=b$가 되도록 잡는다.
> 두 정사각뿔 O−ABCD, O−EFGH의 부피의 합이 $2\sqrt{2}$이고 선분 AF의 길이가 2일 때, 사각형 ABFE의 넓이를 S라 하자. $32\times S^2$의 값을 구하시오.
> 단서2 윗변과 아랫변의 길이가 각각 b, a인 등변사다리꼴이네?
> (단, a, b는 $a>b>0$인 상수이다.)

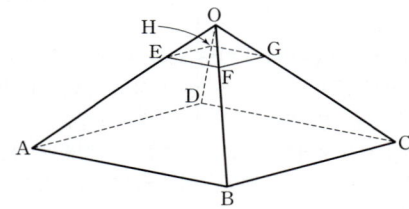

🔥 **1등급 ?** 정사각뿔의 부피와 선분의 길이를 이용하여 관계식을 구하고, 곱셈 공식을 이용하여 넓이를 계산하는 문제이다. 계산이 복잡해 어렵게 느껴질 수 있다.

💡 **단서+발상**

단서1 피타고라스 정리를 이용하여 정사각뿔의 높이를 구한다. 뿔의 부피는 밑면의 넓이와 높이가 각각 같은 기둥 부피의 $\dfrac{1}{3}$임을 이용하여 부피의 합을 a와 b로 표현하고, $\overline{AF}$의 길이를 이용하여 두 개의 관계식을 구한다. 적용

단서2 S의 값은 $\dfrac{1}{2}\times$(윗변과 아랫변의 길이의 합)$\times$(높이) 또는 두 삼각형의 넓이의 차를 이용하여 구할 수 있다. 해결

⚠️ **주의** 계산 실수를 하지 않도록 주의한다.

> 🔑 **핵심 정답 공식**: 두 정사각뿔의 부피의 합과 선분 AF의 길이가 주어졌으므로 각각 관계식을 세워서 a^2-b^2의 값을 구한다.

------------------------ [문제 풀이 순서] ------------------------

 두 정사각뿔의 부피의 합을 a, b에 대한 식으로 나타내.
모든 모서리의 길이가 a인 정사각뿔 O−ABCD의 높이는 피타고라스 정리에 의해

$$\sqrt{\overline{OA}^2-\left(\dfrac{1}{2}\overline{AC}\right)^2}=\sqrt{a^2-\left(\dfrac{\sqrt{2}}{2}a\right)^2}=\dfrac{\sqrt{2}}{2}a$$

이고 정사각뿔 O−ABCD의 부피는

$$\underbrace{\dfrac{1}{3}\times a^2\times\dfrac{\sqrt{2}}{2}a}_{\text{각뿔의 부피는 }\frac{1}{3}\times(\text{밑넓이})\times(\text{높이})}=\dfrac{\sqrt{2}}{6}a^3$$

마찬가지로 모든 모서리의 길이가 b인 정사각뿔 O−EFGH의 부피는
$\dfrac{\sqrt{2}}{6}b^3$이다.
→ a를 b로 바꾸면 돼

두 정사각뿔 O−ABCD, O−EFGH의 부피의 합이 $2\sqrt{2}$이므로

$$\dfrac{\sqrt{2}}{6}(a^3+b^3)=2\sqrt{2}$$

$$\therefore a^3+b^3=12 \cdots ㉠$$

2nd 선분 AF의 길이를 이용하여 a, b에 대한 식을 하나 더 나타내.

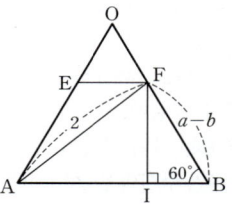

점 F에서 선분 AB에 내린 수선의 발을 I라 하면
삼각형 FIB는 $\overline{FB}=a-b$이고 $\angle FBI=60°$인 직각삼각형이므로
→ (∵ 삼각형 OAB는 정삼각형)

$$\overline{FI}=\dfrac{\sqrt{3}}{2}\overline{FB}=\dfrac{\sqrt{3}}{2}(a-b),\ \overline{BI}=\dfrac{1}{2}\overline{FB}=\dfrac{1}{2}(a-b)$$
→ 한 내각의 크기가 $60°$인 직각삼각형의 세 변의 길이의 비는 $1:\sqrt{3}:2$

$$\therefore \overline{AI}=\overline{AB}-\overline{BI}=a-\dfrac{1}{2}(a-b)=\dfrac{1}{2}(a+b)$$

이제, 삼각형 FAI에서 피타고라스 정리에 의해

$\overline{AI}^2+\overline{FI}^2=\overline{AF}^2$에서 $\left\{\dfrac{1}{2}(a+b)\right\}^2+\left\{\dfrac{\sqrt{3}}{2}(a-b)\right\}^2=2^2$

$$\dfrac{1}{4}(a^2+2ab+b^2)+\dfrac{3}{4}(a^2-2ab+b^2)=4$$

$$\therefore a^2-ab+b^2=4 \cdots ㉡$$

3rd $a+b$, ab, $a-b$의 값을 각각 구해.
인수분해 공식 $a^3+b^3=(a+b)(a^2-ab+b^2)$에 ㉠, ㉡을 대입하면
$12=(a+b)\times4$ $\quad\therefore a+b=3$
㉡의 좌변을 $a+b$가 나오도록 변형하여 $a+b=3$을 대입하면
$a^2-ab+b^2=(a+b)^2-3ab=3^2-3ab=4$

$$-3ab=-5 \quad\therefore ab=\dfrac{5}{3}$$

이제, 곱셈 공식 $(a-b)^2=(a+b)^2-4ab$에 대입하면

$$(a-b)^2=3^2-4\times\dfrac{5}{3},\ (a-b)^2=\dfrac{7}{3}$$

$$\therefore a-b=\dfrac{\sqrt{21}}{3}\ (\because a>b)$$

4th $32\times S^2$의 값을 구해.
사각형 ABFE의 넓이 S는 정삼각형 OAB의 넓이에서 정삼각형 OEF의 넓이를 뺀 것과 같으므로

$$S=\dfrac{\sqrt{3}}{4}a^2-\dfrac{\sqrt{3}}{4}b^2$$
→ 한 변의 길이가 a인 정삼각형의 넓이는 $\dfrac{\sqrt{3}}{4}a^2$

$$=\dfrac{\sqrt{3}}{4}(a^2-b^2)$$
→ [곱셈 공식] $(a+b)(a-b)=a^2-b^2$

$$=\dfrac{\sqrt{3}}{4}(a+b)(a-b)$$

$$=\dfrac{\sqrt{3}}{4}\times3\times\dfrac{\sqrt{21}}{3}=\dfrac{3\sqrt{7}}{4}$$

$$\therefore 32\times S^2=32\times\dfrac{63}{16}=126$$

My Top Secret 　서울대 선배의 ❶ 등급 대비 전략

a^3+b^3은 $(a+b)^3-3ab(a+b)$로 나타낼 수 있지만 $(a+b)(a^2-ab+b^2)$으로도 나타낼 수 있어. 같은 식이라도 서로 다른 공식으로 표현할 수 있기 때문에 다양한 곱셈 공식을 제대로 알고 있는 것이 중요해!

A 157　정답 ②　⋯⋯⋯⋯　★1등급 대비　[정답률 27%]

* 곱셈 공식을 이용하여 도형의 넓이 구하기 [유형 10]

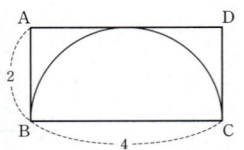

단서1 $\overline{PQ}$와 $\overline{PR}$를 문자로 나타내자.

그림과 같이 $\overline{AB}=2$, $\overline{BC}=4$인 직사각형과 선분 BC를 지름으로 하는 반원이 있다. 호 BC 위의 한 점 P에서 선분 AB에 내린 수선의 발을 Q, 선분 AD에 내린 수선의 발을 R 라고 할 때, 직사각형 AQPR의 둘레의 길이는 10이다. 직사각형 AQPR의 넓이는? (단, 점 P는 직사각형 ABCD의 내부에 있다.) 단서2 둘레의 길이도 문자로 나타내자.

① 4　　② $\dfrac{9}{2}$　　③ 5

④ $\dfrac{11}{2}$　　⑤ 6

왜 **1등급?** 조건을 만족시키는 직사각형의 넓이를 구하는 문제이다. 이를 위해서는 점 P의 위치를 따져보고 직사각형의 각 변의 길이를 문자로 나타내어 도형을 이용해 식을 세울 수 있어야 한다.

💡 단서+발상

단서1 점 P가 반원과 직사각형의 접점의 왼쪽에 위치하면 $\overline{PR}<\overline{AB}=2$이고 $\overline{PQ}<\overline{BM}=2$이므로 직사각형 AQPR의 둘레의 길이는 $2(\overline{RP}+\overline{PQ})<8$로 10이 될 수 없다. 개념
따라서 점 P는 반원과 직사각형의 접점의 오른쪽에 위치하므로 $\overline{PQ}=x$, $\overline{PR}=y$라 할 때, $0<y<2$이고, $2<x<4$이다. 발상

단서2 직사각형 AQPR의 둘레의 길이가 10이고 직사각형의 둘레의 길이는 $2\times\{$(가로의 길이)$+$(세로의 길이)$\}$이므로 $2(x+y)=10$이라는 식을 얻을 수 있다. 적용

주의 x와 y를 각각 구하는 것보다 곱셈 공식을 활용하여 $x+y$와 xy를 구하는 것이 간단하다.

핵심 정답 공식: $\overline{PQ}=x$, $\overline{PR}=y$라 할 때, 직사각형 AQPR의 둘레의 길이 조건에서 x, y의 관계식을 하나 얻고, P가 반원 위의 점이라는 조건에서 또 하나의 관계식을 얻는다.

- - - - - - - - - - - [문제 풀이 순서] - - - - - - - - - - -

1st 주어진 그림에 사각형 AQPR를 나타내 봐.

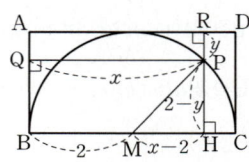

직사각형 AQPR의 넓이를 구하는 것이므로 $\overline{PQ}=x$, $\overline{PR}=y$라 놓은 거야.

그림과 같이 호 BC 위에 점 P를 잡고 $\overline{PQ}=x$, $\overline{PR}=y$라 하자. 또, 점 P에서 선분 BC에 내린 수선의 발을 H, 선분 BC의 중점을 M이 라 하면

$\overline{PH}=2-y$, $\overline{MH}=x-2$ (단, $2<x<4$, $0<y<2$)

이때, 직사각형 AQPR의 둘레의 길이는 10이므로
$2(x+y)=10$
$\therefore x+y=5 \cdots$ ㉠

함정 점 P의 위치가 $\overline{AD}$와 반원이 만나는 접점을 기준으로 ① 왼쪽에 있는 경우와 ② 오른쪽에 있는 경우가 있겠지. 이때, $x+y=5$를 만족시키려면 점 P는 ②의 위치에 있어야 해. 지름의 길이가 4임을 고려하면 직관적으로 알 수 있어.

2nd 직각삼각형 PMH에서 피타고라스 정리를 이용하자.
직각삼각형 PMH에서 피타고라스 정리에 의해
$\underset{\overline{PH}^2+\overline{MH}^2=\overline{PM}^2}{(2-y)^2+(x-2)^2=4}$
$x^2+y^2-4(x+y)+4=0$
$(x+y)^2-2xy-4(x+y)+4=0 \cdots$ ㉡
　　　　　　　 곱셈 공식의 변형 $a^2+b^2=(a+b)^2-2ab$를 이용한 거야.
㉠을 ㉡에 대입하면
$25-2xy-20+4=0$, $2xy=9$
한편, 직사각형 AQPR의 넓이는 xy이므로
$$xy=\dfrac{9}{2}$$

1등급 대비 특강

* 원의 성질을 이용하여 직각삼각형 만들기

문제에서 원이 나오면 원의 중심과 원 위의 점을 연결한 선분은 원의 반지름이 됨을 활용할 수 있어. 이를 활용하여 이 문제에서는 점 P와 원의 중심 M을 연결한 후, 점 P에서 선분 BC에 수선의 발을 내려 직각삼각형을 만든 뒤 피타고라스 정리를 이용했어.

My Top Secret 　서울대 선배의 ❶ 등급 대비 전략

1, 2등급을 가르는 대비 문제들을 풀다보면 원과 관련된 유형이 자주 출제되는 걸 알 수 있을 거야.
이때, 문제에 원이 나오면 제일 먼저 해야 할 것은 "원의 중심과 반지름의 길이를 찾는 것!" 이라고 말해주고 싶어.
원에 대해 활용되는 성질은 대단히 많아. 원의 중심과 현 사이의 관계, 원과 접선, 원주각과 중심각의 크기, 삼각형의 내접원과 외접원 등등… 이렇게 중요한 성질들의 기본 핵심은 원의 중심과 반지름에서 나온다는 것을 기억하도록 해!

A 158　정답 ③　⋯⋯⋯⋯　★1등급 대비　[정답률 20%]

* 곱셈 공식을 활용하여 변의 길이 구하기 [유형 10]

$\angle C=90°$인 직각삼각형 ABC가 있다. 그림과 같이 점 D는 꼭짓점 C에서 선분 AB에 내린 수선의 발이고 $\overline{CD}=1$이다. 삼각형 ABC의 둘레의 길이가 5일 때, 선분 AB의 길이는?
단서2 $a+b+c=5$야.

단서1 $\triangle ABC=\dfrac{1}{2}\cdot a\cdot b$
$=\dfrac{1}{2}\cdot c\cdot 1$

① $\dfrac{7}{4}$　　② $\dfrac{23}{12}$　　③ $\dfrac{25}{12}$

④ $\dfrac{9}{4}$　　⑤ $\dfrac{29}{12}$

1등급? 삼각형의 변의 길이를 문자로 나타내고 곱셈 공식의 변형을 이용하여 삼각형의 넓이를 구하는 방법을 이용하는 것이 중요하다.

단서+발상

단서1 ∠A의 대변인 선분 BC의 길이를 a, ∠B의 대변인 선분 AC의 길이를 b, ∠C의 대변인 선분 AB의 길이를 c라 하자.

삼각형 ABC는 직각삼각형이므로 넓이를 $\frac{1}{2} \times a \times b$로 나타낼 수 있다.

한편, $\overline{AB} \perp \overline{CD}$이므로 삼각형 ABC를 밑변이 $\overline{AB}$, 높이가 $\overline{CD}$인 삼각형으로 볼 수 있고 넓이를 $\frac{1}{2} \times c \times 1$로 나타낼 수 있다. **개념**

단서2 삼각형 ABC의 둘레의 길이는 세 변의 길이의 합이므로 $a+b+c=5$이다. 또한 삼각형 ABC는 직각삼각형이므로 피타고라스의 정리를 적용하여 $a^2+b^2=c^2$이다. **발상**

주의 직각삼각형에서는 피타고라스의 정리를 떠올릴 수 있어야 한다.

핵심 정답 공식: 삼각형의 세 변의 길이를 a, b, c라 놓고, △ABC가 직각삼각형인 조건, △ABC의 둘레의 길이 조건, $\overline{AB} \times \overline{CD} = \overline{AC} \times \overline{BC}$인 조건을 이용하여 a, b, c의 값을 구한다.

-------------------- [문제 풀이 순서] --------------------

1st 삼각형 ABC의 넓이는 $\frac{1}{2} \times \overline{BC} \times \overline{AC}$ 또는 $\frac{1}{2} \times \overline{AB} \times \overline{CD}$로 구할 수 있어.

그림과 같이 $\overline{AB}=c$, $\overline{BC}=a$, $\overline{CA}=b$라 하면 삼각형 ABC의 넓이 $\frac{1}{2}ab = \frac{1}{2}c$에서

$ab=c$ … ㉠

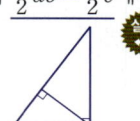

위와 같은 삼각형이 출제되었을 때는 일단 넓이를 구하는 2가지 방법을 이용해 보자.

실수 활용 문제에서는 조건들을 이용하여 구해야 할 것을 미지수로 놓고 식을 세울 수 있어야 해. 이때, 미지수가 의미하는 대상에 따라 범위에 제한이 있을 수 있으니 유의하자.

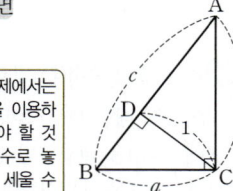

2nd 삼각형 ABC의 둘레의 길이가 5임을 이용해.

삼각형 ABC의 세 변의 길이의 합이 5이므로

$a+b+c=5$

∴ $a+b=5-c$ … ㉡

3rd 끝으로 피타고라스 정리 적용!

직각삼각형 ABC에서 피타고라스 정리에 의하여

$c^2=a^2+b^2$

$c^2=(a+b)^2-2ab$

㉠, ㉡을 대입하면

$c^2=(5-c)^2-2c$

$c^2=25-10c+c^2-2c$

$12c=25$　∴ $c=\dfrac{25}{12}$

1등급 대비 특강

* 닮음을 이용한 변 사이의 관계

일반적인 경우에는 닮음을 통해 변 사이의 관계를 구할 수 있어.

이 문제 같은 경우 ∠ACB＝∠CDB이고 ∠B는 공통인 삼각형 ABC와 삼각형 CBD가 닮음이야.

따라서 $\overline{AB} : \overline{CB} = \overline{AC} : \overline{CD}$이므로 $ab=c$를 구할 수 있어.

개념 확인 문제

B 01 정답 ㄴ, ㄹ, ㅁ

B 02 정답 $a=-3$, $b=3$, $c=-6$

$a+b=0$, $b-3=0$, $2b+c=0$이므로

$a=-b$, $b=3$, $c=-2b$

∴ $a=-3$, $b=3$, $c=-6$

B 03 정답 $a=1$, $b=1$, $c=-2$

$ax^2+(-1+2a)x-2=x^2+bx+c$이므로

$a=1$, $-1+2a=b$, $c=-2$

∴ $a=1$, $b=1$, $c=-2$

B 04 정답 $a=-1$, $b=4$, $c=-5$

$ax^2+ax-bx-cx-c=-x^2+5$

$ax^2+(a-b-c)x-c=-x^2+5$

$a=-1$, $a-b-c=0$, $-c=5$

∴ $a=-1$, $b=4$, $c=-5$

B 05 정답 $a=2$, $b=3$, $c=-5$

$x=1$을 대입하면

$2-1-6=c$　∴ $c=-5$

$x=0$을 대입하면

$-6=a-b+c$　∴ $a-b=-1$ … ㉠

$x=2$를 대입하면

$8-2-6=a+b+c$　∴ $a+b=5$ … ㉡

㉠과 ㉡에서 $a=2$, $b=3$

B 06 정답 $a=1$, $b=2$

$(a+b-3)x+(-4a+b+2)y=0$

$a+b-3=0$, $-4a+b+2=0$

연립하면 $a=1$, $b=2$

B 07 정답 $a=\dfrac{5}{3}$, $b=-\dfrac{8}{3}$, $c=4$

$(2a-b)x+(a+b)y+4=6x-y+c$이므로

$2a-b=6$, $a+b=-1$, $4=c$

∴ $a=\dfrac{5}{3}$, $b=-\dfrac{8}{3}$, $c=4$

B 08 정답 1

$f(x)=8x^2+4x-3$이라 하면

$f(-1)=8-4-3=1$

B 09 정답 3

$f(x)=x^3+3x^2-2x+1$이라 하면

$f(1)=1+3-2+1=3$

B 10 정답 28

$f(x)=-6x^3-x^2+7x-2$라 하면

$f(-2)=48-4-14-2=28$

B 11 정답 $\dfrac{15}{4}$

$f(x)=5x^2-3x+4$라 하면

$f\left(\dfrac{1}{2}\right)=\dfrac{5}{4}-\dfrac{3}{2}+4=\dfrac{15}{4}$

B 12 정답 13

$f(x)=x^3-8x^2+kx+1$이라 하면 $f(2)=3$이므로

$f(2)=8-32+2k+1=3$

$2k=26$ $\quad\therefore k=13$

B 13 정답 -13

$f(x)=2x^2+ax-6$이라 하면 $f\left(-\dfrac{1}{2}\right)=1$이므로

$f\left(-\dfrac{1}{2}\right)=2\times\left(-\dfrac{1}{2}\right)^2+a\times\left(-\dfrac{1}{2}\right)-6$

$\qquad\qquad=\dfrac{1}{2}-\dfrac{1}{2}a-6=1$

$-\dfrac{1}{2}a=\dfrac{13}{2}$ $\qquad\therefore a=-13$

B 14 정답 -6

$f(x)=x^3+kx^2-4x+9$라 하면 $f(1)=0$이므로

$f(1)=1+k-4+9=0$ $\quad\therefore k=-6$

B 15 정답 4

$f(x)=2x^3+5x^2-ax-3$이라 하면 $f(-3)=0$이므로

$f(-3)=2\times(-3)^3+5\times(-3)^2-a\times(-3)-3=0$

$-54+45+3a-3=0$ $\quad\therefore a=4$

B 16 정답 ㄴ, ㄷ

$f(x)=2x^3-5x^2+x+2$라 놓으면

ㄱ. $f(3)=2\times3^3-5\times3^2+3+2=14\neq0$

ㄴ. $f(2)=2\times2^3-5\times2^2+2+2=0$

ㄷ. $f(1)=2\times1^3-5\times1^2+1+2=0$

ㄹ. $f(-1)=2\times(-1)^3-5\times(-1)^2-1+2=-6\neq0$

ㅁ. $f(-2)=2\times(-2)^3-5\times(-2)^2-2+2=-36\neq0$

ㅂ. $f(-3)=2\times(-3)^3-5\times(-3)^2-3+2=-100\neq0$

B 17 정답 2, 2, -1, -1, -8

B 18 정답 몫 : x^2+6x-8, 나머지 : 11

몫 : x^2+6x-8

나머지 : 11

-1	1	7	-2	3
		-1	-6	8
	1	6	-8	11

B 19 정답 몫 : $4x^2-4x+6$, 나머지 : 2

몫 : $4x^2-4x+6$

나머지 : 2

$\dfrac{1}{2}$	4	-6	8	-1
		2	-2	3
	4	-4	6	2

B 20 정답 몫 : $3x^2-6x+6$, 나머지 : -1

몫 : $3x^2-6x+6$

나머지 : -1

$-\dfrac{1}{3}$	3	-5	4	1
		-1	2	-2
	3	-6	6	-1

B 21 정답 17 ·································· 항등식에서 미정계수 구하기

정답 공식: 등식에 포함된 문자에 어떤 값을 대입해도 항상 성립하는 등식을 항등식이라 한다.

> 등식
>
> $x^2+(a+1)x+8=x^2+10x+b$
>
> 가 모든 실수 x에 대하여 항상 성립할 때, $a+b$의 값을 구하시오. (단, a, b는 상수이다.)
>
> **단서** 위 등식이 x에 대한 항등식임을 알 수 있으니 동류항의 계수를 비교하자.

1st 우변을 좌변으로 이항하여 정리하자.

주어진 등식의 우변을 좌변으로 이항하여 정리하면

$(a-9)x+8-b=0$ → 실수 p, q에 대하여 $px+q=0$이 모든 실수 x에 대하여 항상 성립하면 $p=0$이고 $q=0$

2nd 계수비교법을 이용하여 답을 구하자.

이 등식이 x에 대한 항등식이므로

$a-9=0$ $\quad\therefore a=9$

$8-b=0$ $\quad\therefore b=8$

$\therefore a+b=9+8=17$

🔷 **다른 풀이**: **수치대입법 이용하기**

등식이 x에 대한 항등식이므로

양변에 $x=0$을 대입하면 $8=b$ ··· ㉠

양변에 $x=1$을 대입하면 $1+(a+1)+8=1+10+b$

$a+10=b+11$

$\therefore a=b+1=9$ (∵ ㉠)

$\therefore a+b=9+8=17$

B 22 정답 ② ·································· 항등식에서 미정계수 구하기

정답 공식: $ax^2+bx+c=a'x^2+b'x+c'$이 x에 대한 항등식이면 $a=a'$, $b=b'$, $c=c'$이 성립한다.

> **단서** 주어진 등식이 항등식이니까 양변의 동류항끼리의 계수와 상수항이 각각 같아야 해.
>
> 등식 $x^2+(a-1)x-1=x^2+2x+b$가 x에 대한 항등식일 때, 두 상수 a, b에 대하여 $a+b$의 값은?
>
> ① 1 ② 2 ③ 3
>
> ④ 4 ⑤ 6

1st 항등식의 성질을 이용하여 a, b의 값을 각각 구해.

등식 $x^2+(a-1)x-1=x^2+2x+b$가 x에 대한 항등식이므로 양변의 x항의 계수와 상수항을 각각 비교하면

$a-1=2$, $-1=b$

따라서 $a=3$, $b=-1$이므로

$a+b=3+(-1)=2$

[항등식의 성질]
① $ax+b=0$이 x에 대한 항등식이면 $a=0$, $b=0$
② $ax+b=a'x+b'$이 x에 대한 항등식이면 $a=a'$, $b=b'$
③ $ax^2+bx+c=0$이 x에 대한 항등식이면 $a=0$, $b=0$, $c=0$
④ $ax^2+bx+c=a'x^2+b'x+c'$이 x에 대한 항등식이면 $a=a'$, $b=b'$, $c=c'$

B 23 정답 ① ·························· 항등식에서 미정계수 구하기

정답 공식: 다음 등식이 x에 대한 항등식일 때
① $ax^2+bx+c=0 \iff a=0, b=0, c=0$
② $ax^2+bx+c=a'x^2+b'x+c' \iff a=a', b=b', c=c'$
(단, a, b, c, a', b', c'은 상수)

등식
$$a(x+2)^2+1=2x^2+bx+9$$
가 x에 대한 항등식일 때, 두 상수 a, b에 대하여 $a+b$의 값은?

단서 x에 대한 내림차순으로 정리해서 각 항의 계수를 비교하자.

① 10 ② 11 ③ 12
④ 13 ⑤ 14

1st 문제의 등식을 한쪽으로 이항하여 정리하자.
$ax^2+4ax+4a+1=2x^2+bx+9$에서
$(a-2)x^2+(4a-b)x+4a-8=0$ → 동류항끼리 모을 수 있어.

2nd 항등식의 성질을 이용하여 답을 구하자.
위 등식은 x에 대한 항등식이므로 → x에 어떠한 값을 대입해도 성립하려면 각 항의 계수가 0이어야 해.
$a-2=0, 4a-b=0, 4a-8=0$
따라서 $a=2, b=4a=8$이므로
$a+b=2+8=10$

다른 풀이: 항등식에 임의의 실수를 대입하기

주어진 등식 $a(x+2)^2+1=2x^2+bx+9 \cdots$ ㉠이
x에 대한 항등식이므로
㉠에 $x=-2$를 대입하면 → 좌변이 간단해져.
$1=8-2b+9, 2b=16$ $\therefore b=8$
또한, ㉠에 $x=0$을 대입하면 → 우변이 간단해져.
$4a+1=9$ $\therefore a=2$
$\therefore a+b=2+8=10$

B 24 정답 ① ·························· 항등식에서 미정계수 구하기

정답 공식: x에 적절한 수를 대입해서 등식을 만족하는 a, b의 값을 구한다.

등식
$$(x+2)(x^2-2x+4)=x^3+(a-3)x+4b$$
가 x에 대한 항등식일 때, $a \times b$의 값은?

단서 모든 실수 x에 대해서 항상 등식이 성립해. x에 적절한 수를 대입할 거야.

① 6 ② 9 ③ 12 ④ 15 ⑤ 18

1st x에 적절한 수를 대입해서 $a \times b$의 값을 구해.
$(x+2)(x^2-2x+4)=x^3+(a-3)x+4b$에서
$x=0$을 대입하면 좌변은 $2 \times 4=8$이고, 우변은 x를 가진 항은 전부 0이 되고 $4b$만 남으니까 b의 값을 구하기 수월해.
$x=0$을 대입하면
$8=4b$ $\therefore b=2$
$x=-2$를 대입하면
$0=-8-2a+6+4b, 2a=4b-2$
$\therefore a=2b-1=3$
$2a=4b-2$ $\therefore a \times b=6$

다른 풀이: 전개하여 계수를 비교하기

주어진 등식의 좌변을 전개하여 정리하면
$(x+2)(x^2-2x+4)=x^3-2x^2+4x+2x^2-4x+8$
$=x^3+8$
이므로
$x^3+8=x^3+(a-3)x+4b$에서 양변의 동류항의 계수를 비교하면
$a-3=0$ $\therefore a=3$
$4b=8$ $\therefore b=2$
$\therefore a \times b=6$

B 25 정답 ③ ·························· 항등식에서 미정계수 구하기

정답 공식: 주어진 등식이 x에 대한 항등식이면 x에 어떤 값을 대입해도 등식이 성립한다.

단서 1 'x의 값에 관계없이 ~가 성립할 때', '모든 실수 x에 대하여 ~가 성립할 때' 등의 표현이 있으면 등식이 x에 대한 항등식이라는 뜻이야.

x의 값에 관계없이 등식
$$3x^2+ax+4=bx(x-1)+c(x-1)(x-2)$$
가 항상 성립할 때, $a+b+c$의 값은?

단서 2 주어진 등식의 양변에 적절한 x의 값을 대입하여 a, b, c의 값을 각각 구하면 돼.

(단, a, b, c는 상수이다.)

① -6 ② -5 ③ -4 ④ -3 ⑤ -2

1st 항등식의 성질을 이용하여 a, b, c의 값을 각각 구해.
주어진 등식이 x에 대한 항등식이므로
$3x^2+ax+4=bx(x-1)+c(x-1)(x-2)$의 양변에

(i) $x=1$을 대입하면
$3+a+4=0$ $\therefore a=-7$
(ii) $x=2$를 대입하면
$12+2a+4=2b, 12+2 \times (-7)+4=2b$
$2b=2$ $\therefore b=1$
(iii) $x=0$을 대입하면
$4=2c$ $\therefore c=2$
$\therefore a+b+c=(-7)+1+2=-4$

실수 우변의 식이 인수 x, $x-1$, $x-2$의 곱과 합으로 되어 있으므로 전개하여 계수를 비교하는 방법보다 각각의 인수를 0이 되게 하는 값을 대입하는 방법으로 푸는 것이 효과적이야.

다른 풀이: 계수비교법 이용하기

우변을 전개하여 계수비교법을 이용하자.
(우변)$=bx(x-1)+c(x-1)(x-2)=bx^2-bx+cx^2-3cx+2c$
$=(b+c)x^2-(b+3c)x+2c$
이므로 $3x^2+ax+4=(b+c)x^2-(b+3c)x+2c$에서
$3=b+c, a=-(b+3c), 4=2c$
$\therefore a=-7, b=1, c=2$
$\therefore a+b+c=(-7)+1+2=-4$

B 26 정답 ③ ·························· 항등식에서 미정계수 구하기

정답 공식: $ax^2+bx+c=a'x^2+b'x+c'$이 x에 대한 항등식일 때 $a=a', b=b', c=c'$이다.

등식 $2x^2+ax+b=x(x-3)+(x+1)(x+3)$이 x에 대한 항등식일 때, ab의 값은? (단, a, b는 상수이다.)

단서 등식을 전개했을 때 양변의 각 동류항의 계수가 서로 같아야 해.

① 1 ② 2 ③ 3
④ 4 ⑤ 5

1st 우변의 식을 정리하자.

주어진 등식 $2x^2+ax+b=x(x-3)+(x+1)(x+3)$이

x에 대한 항등식이므로 우변을 전개하여 정리하면

$2x^2+ax+b=x(x-3)+(x+1)(x+3)$에서

$2x^2+ax+b=x^2-3x+x^2+4x+3$

$2x^2+ax+b=2x^2+x+3$

2nd 항등식의 성질을 이용하여 ab의 값을 구하자.

위 식이 x에 대한 항등식이므로 양변의 동류항의 계수를 비교하면

$a=1$, $b=3$

[계수비교법]
항등식의 양변의 각 동류항의 계수가 같음을 이용하여 미정계수를 구해.

$\therefore ab=1\times3=3$

📐 **다른 풀이: 수치대입법을 이용하여 미정계수 구하기**

x에 0, 3, -1, -3을 대입하면 우변의 각 항을 0으로 만들 수 있어.

[수치대입법]
항등식의 미지수에 적당한 수를 대입하여 미정계수를 구해.

이 중 좌변의 계산이 간단한 $x=0$, $x=-1$을 등식의 양변에 대입해 봐.

(ⅰ) $x=0$ 대입

$\quad 2\times0^2+a\times0+b=0\times(-3)+1\times3 \qquad \therefore b=3$

(ⅱ) $x=-1$ 대입

$\quad 2\times(-1)^2+a\times(-1)+b=(-1)\times(-4)+0\times2$

$\quad 2-a+b=4$

$\quad -a+b=2$

$\quad \therefore a=1 \longrightarrow b=3$이므로 $-a=2-3 \quad \therefore a=1$

$\therefore ab=1\times3=3$

B 27 정답 11 ······················ 항등식에서 미정계수 구하기

〔 **정답 공식**: 모든 실수 x에 대하여 등식 $ax^2+bx+c=a'x^2+b'x+c'$이 성립하면 $a=a'$, $b=b'$, $c=c'$이다. 〕

> 모든 실수 x에 대하여 등식 **단서** 모든 실수 x에 대하여 등식이 성립하므로 항등식이지?
> $\qquad 4x^2+ax-1=bx(x+2)+c$
> 가 성립할 때, $a+b+c$의 값을 구하시오. (단, a, b, c는 상수 이다.)

1st 항등식의 성질을 이용하자.

$4x^2+ax-1$

$=bx(x+2)+c$

$=bx^2+2bx+c$

양변의 계수를 비교하면

$b=4$, $2b=a$, $c=-1$이므로

$a=8$, $b=4$, $c=-1$

[항등식의 성질]
모든 실수 x에 대하여 다음 등식이 성립할 때,
(1) $ax+b=0 \Longleftrightarrow a=0, b=0$
(2) $ax^2+bx+c=0 \Longleftrightarrow a=0, b=0, c=0$
(3) $ax+b=a'x+b' \Longleftrightarrow a=a', b=b'$
(4) $ax^2+bx+c=a'x^2+b'x+c'$
$\Longleftrightarrow a=a', b=b', c=c'$

$\therefore a+b+c=8+4+(-1)=11$

📐 **다른 풀이: 수치대입법 이용하기**

등식 $4x^2+ax-1=bx(x+2)+c$가 모든 실수 x에 대하여 성립하므로

$x=0$, $x=-2$, $x=1$을 대입해도 등식이 성립해.

(ⅰ) $x=0$을 등식에 대입하면 $-1=c$

(ⅱ) $x=-2$를 등식에 대입하면 $16-2a-1=c$에서

$\quad -2a=-16\ (\because c=-1) \qquad \therefore a=8$

(ⅲ) $x=1$을 등식에 대입하면 $4+a-1=3b+c$에서

$\quad 3b=12\ (\because a=8, c=-1) \qquad \therefore b=4$

$\therefore a+b+c=8+4+(-1)=11$

B 28 정답 ⑤ ······················ 항등식에서 미정계수 구하기

〔 **정답 공식**: 모든 실수 x에 대하여 등식이 성립하는 것은 항등식이다. 〕

> 모든 실수 x에 대하여 등식
> $\qquad x^2+5x+a=(x+4)(x+b)$
> 가 성립할 때, $a+b$의 값은? (단, a, b는 상수이다.)
> **단서** 모든 실수 x에 대해 성립하는 등식이므로 항등식이야.
> ① 1 　　② 2 　　③ 3 　　④ 4 　　⑤ 5

1st 우변을 전개하고, 양변의 계수를 비교해보자.

$x^2+5x+a=(x+4)(x+b)$에서

$x^2+5x+a=x^2+(b+4)x+4b$

계수비교법을 이용하면

[계수비교법]
항등식의 양변의 각 동류항의 계수가 서로 같음을 이용하여 미정계수를 구한다.

$b+4=5$, $a=4b \qquad \therefore a=4$, $b=1$

$\therefore a+b=4+1=5$

📐 **다른 풀이: 수치대입법 이용하기**

모든 실수 x에 대해 성립하므로 수치대입법을 사용하자.

주어진 등식의 양변에 $x=-4$를 대입하면

$(-4)^2+5\times(-4)+a=0$, $-4+a=0 \qquad \therefore a=4$

주어진 등식의 양변에 $x=0$을 대입하면

$a=4b$, $4=4b \qquad \therefore b=1$

$\therefore a+b=4+1=5$

B 29 정답 ③ ······················ 항등식에서 미정계수 구하기

〔 **정답 공식**: 모든 실수 x에 대하여 등식 $ax^2+bx+c=a'x^2+b'x+c'$이 성립하면 $a=a'$, $b=b'$, $c=c'$이다. 〕

> **단서** 양변의 동류항의 계수를 비교하거나 x에 어떤 수를 대입해도 등식이 성립함을 이용해.
> 등식 $x^2+(a+2)x=x^2+4x+(b-1)$이 x에 대한 항등식일 때, 두 상수 a, b에 대하여 $a+b$의 값은?
> ① 1 　　② 2 　　③ 3 　　④ 4 　　⑤ 5

1st 양변의 동류항의 계수를 비교해보자.

⚠️ **주의** 항등식 문제마다 양변의 계수를 비교하는 계수비교법과 x에 적당한 수를 대입하는 수치대입법 중 더 효율적인 방법을 선택해야 해.

등식 $x^2+(a+2)x=x^2+4x+(b-1)$이 x에 대한 항등식일 때

좌변의 일차항의 계수는 $a+2$, 우변의 일차항의 계수는 4이므로

$a+2=4$이다. $\longrightarrow x$에 대한 항등식이므로 양변의 일차항의 계수가 서로 같아야 해.

$\therefore a=2$

좌변은 상수항이 없고 우변은 상수항이 $b-1$이므로

$0=b-1$이다. $\longrightarrow x$에 대한 항등식이므로 양변의 상수항이 서로 같아야 해.

$\therefore b=1$

$\therefore a+b=2+1=3$

📐 **다른 풀이: x에 어떤 수를 대입해도 등식이 성립함을 이용하기**

등식 $x^2+(a+2)x=x^2+4x+(b-1)$에서

(좌변)$=0$이 되도록 하는 x의 값인 0을 양변에 대입해보면

$0=b-1$에서 $b=1$이야.

즉, $x^2+(a+2)x=x^2+4x$

이제, (우변)$=0$이 되도록 하는 x의 값인 -4를 양변에 대입해보면

$16-4(a+2)=0$에서 $16-4a-8=0$

$4a=8 \qquad \therefore a=2$

$\therefore a+b=2+1=3$

정답 공식: $ax^2+bx+c=a'x^2+b'x+c'$이 x에 대한 항등식이면 $a=a'$, $b=b'$, $c=c'$이다.

> 단서 등식이 항등식이면 양변의 각 동류항의 계수가 서로 같아야 해.
>
> 등식 $x^2+ax-3=x(x+2)+b$가 x에 대한 항등식일 때, $a+b$의 값은? (단, a, b는 상수이다.)
>
> ① -5 ② -4 ③ -3
> ④ -2 ⑤ -1

1st 우변을 전개하고, 양변의 동류항의 계수를 비교해보자.

등식 $x^2+ax-3=x(x+2)+b$, 즉 $x^2+ax-3=x^2+2x+b$가 x에 대한 항등식이므로 계수비교법을 이용하면 →우변 $x(x+2)+b$를 전개해.

$ax^2+bx+c=a'x^2+b'x+c'$이
x에 대한 항등식이면
$a=a'$, $b=b'$, $c=c'$
$a=2$, $b=-3$

$\therefore a+b=2+(-3)=-1$

다른 풀이: 항등식의 성질 이용하기

주어진 등식이 x에 대한 항등식이므로 x에 임의의 실수를 대입해도 식이 성립해.
즉, 주어진 등식의 양변에 $x=-1$을 대입하면
$(-1)^2+a\times(-1)-3=(-1)\times(-1+2)+b$에서
$1-a-3=-1+b$
$\therefore a+b=-1$

정답 공식: $ax^2+bx+c=a'x^2+b'x+c'$이 x에 대한 항등식일 때, $a=a'$, $b=b'$, $c=c'$

> 단서 x에 관한 항등식이므로 한 변으로 모두 이항 후 식을 정리하여 답을 구하자.
>
> 등식 $x^2+ax+b=x(x+3)+4$가 x에 대한 항등식일 때, 두 상수 a, b에 대하여 $a\times b$의 값은?
>
> ① 12   ② 14   ③ 16
> ④ 18   ⑤ 20

1st 등식의 우변을 좌변으로 이항하여 정리하자.

등식 $x^2+ax+b=x(x+3)+4$에서
우변을 모두 좌변으로 이항하여 정리하면
$x^2+ax+b=x^2+3x+4$
$(a-3)x+(b-4)=0$ →x에 어떠한 값을 대입해도 성립하려면 상수항 및 x항의 계수가 모두 0이어야 해.

2nd 항등식의 성질을 이용하여 $a\times b$의 값을 구하자.

이 등식이 x에 대한 항등식이므로
$a-3=0$, $b-4=0$
따라서 $a=3$, $b=4$이므로 $a\times b=12$이다.

다른 풀이: 수치대입법 이용하기

등식 $x^2+ax+b=x(x+3)+4$가
x에 대한 항등식이므로 $x=0$, $x=1$일 때도 등식이 성립해.
$x=0$을 대입하면 $b=4$
$x=1$을 대입하면 $1+a+4=1\times(1+3)+4$ $\therefore a=3$
따라서 $a\times b=3\times4=12$

정답 공식: $ax^2+bx+c=a'x^2+b'x+c'$이 x에 대한 항등식이면 $a=a'$, $b=b'$, $c=c'$이 성립한다.

> 등식 $a(x+1)^2+b(x-1)^2=5x^2-2x+5$가 x에 대한 항등식일 때, 두 상수 a, b의 곱 ab의 값은? 단서 주어진 등식이 x에 대한 항등식이라고 했지? 항등식의 성질을 이용하여 풀면 돼.
>
> ① 4   ② 6   ③ 8   ④ 10   ⑤ 12

1st 주어진 등식이 x에 대한 항등식이므로 x에 어떤 수를 대입해도 등식이 항상 성립해.

등식 $a(x+1)^2+b(x-1)^2=5x^2-2x+5$에

실수 항등식은 모든 실수 x에 대하여 등식이 성립해. 미지수를 구하기 위해서 적당히 몇 개의 수만 대입해도 돼. 여기서 $x=1$과 $x=-1$은 좌변의 항 중 하나를 0이 되도록 하니까 식을 간단히 할 수 있어.

(i) $x=1$을 대입하면
$a(1+1)^2+b(1-1)^2=5\times1^2-2\times1+5$
$4a=5-2+5=8$ $\therefore a=2$

(ii) $x=-1$을 대입하면
$a(-1+1)^2+b(-1-1)^2=5\times(-1)^2-2\times(-1)+5$
$4b=5+2+5=12$ $\therefore b=3$

(i), (ii)에서 $ab=2\times3=6$

다른 풀이: 계수비교법 이용하기

$a(x+1)^2+b(x-1)^2=5x^2-2x+5$의 좌변을 전개하여 정리하면
$a(x^2+2x+1)+b(x^2-2x+1)=5x^2-2x+5$
$(a+b)x^2+(2a-2b)x+a+b=5x^2-2x+5$
양변의 계수를 비교하면 $a+b=5$, $2a-2b=-2$
두 식을 연립하여 풀면 $a=2$, $b=3$
$\therefore ab=2\times3=6$

(정답 공식: 모든 x에 대하여 등식이 성립하면 그 등식은 x에 대한 항등식이다.)

> 모든 실수 x에 대하여 등식 단서 모든 실수 x에 대하여 성립하므로 주어진 등식은 x에 대한 항등식이야.
> $$x^2+(a+1)x+4=x^2+3x+b$$
> 가 성립할 때, $a+b$의 값은? (단, a, b는 상수이다.)
>
> ① 6   ② 8   ③ 10   ④ 12   ⑤ 14

1st 항등식의 성질을 이용하여 a, b의 값을 각각 구해.

등식 $x^2+(a+1)x+4=x^2+3x+b$가 x에 대한 항등식이므로 양변의 동류항의 계수를 비교하면 $a+1=3$, $4=b$에서 $a=2$, $b=4$이다.

2nd $a+b$의 값을 구해. →$ax^2+bx+c=a'x^2+b'x+c'$이 x에 대한 항등식이면 $a=a'$, $b=b'$, $c=c'$이 성립해.

$\therefore a+b=2+4=6$

다른 풀이: 수치대입법 이용하기

주어진 등식 $x^2+(a+1)x+4=x^2+3x+b$가 x에 대한 항등식이므로
x에 어떤 값을 대입해도 등식이 성립해야 해.
따라서 주어진 등식의 양변의 x에 적당한 값을 대입해 보자.
(i) 양변에 $x=0$을 대입하면
$4=b$ $\therefore b=4$
(ii) 양변에 $x=1$을 대입하면
$1^2+(a+1)\times1+4=1^2+3\times1+b$, $1+a+1+4=1+3+b$
$\therefore a=-2+b=-2+4=2$ ($\because b=4$)
$\therefore a+b=2+4=6$

(**정답 공식**: $ax^2+bx+c=a'x^2+b'x+c'$이 x에 대한 항등식이면 $a=a', b=b', c=c'$이 성립한다.)

> **단서** 좌변을 전개하여 계수를 비교해.
> 등식 $x(x+1)+2(x+1)=x^2+ax+b$가 x에 대한 항등식일 때, 두 상수 a, b에 대하여 $a-b$의 값은?
> ① 1   ② 2   ③ 3   ④ 4   ⑤ 5

1st 양변의 계수를 비교하여 a, b의 값을 각각 구하고 $a-b$를 계산해.

$x(x+1)+2(x+1)=x^2+x+2x+2=x^2+3x+2$이므로
$x(x+1)+2(x+1)=x^2+ax+b$에서
$x^2+3x+2=x^2+ax+b$
양변의 계수를 비교하면 $a=3, b=2$ ──→ 주어진 식이 x에 대한 항등식이므로 양변의 계수가 같아야 해.
$\therefore a-b=3-2=1$

쉬운 풀이: 수치대입법 이용하기

$x(x+1)+2(x+1)=x^2+ax+b$가 x에 대한 항등식이므로 양변의 x에 어떤 값을 대입해도 식이 성립해.
그런데 구하는 값이 $a-b$이므로 $a-b$가 나오도록 양변에
$x=-1$을 대입하면
$x=-1$을 대입하여 바로 $a-b$의 값을 구할 수도 있지만 눈에 바로 보이지 않는 경우 x에 서로 다른 두 값을 각각 대입해 봐.
그러면 a, b에 대한 두 일차방정식이 만들어지는데 이 두 식을 연립하여 a, b의 값을 구해도 돼.
$0=(-1)^2+a\times(-1)+b$ $\therefore a-b=1$

(**정답 공식**: 주어진 등식이 x에 대한 항등식이면 x에 어떤 값을 대입해도 등식이 성립한다.)

> 등식 $(2x+3)(x-2)+8=ax(x-2)+b(x-2)+cx$가 x에 대한 항등식일 때, $a+b+c$의 값을 구하시오. (단, a, b, c는 상수이다.)
> **단서** 주어진 등식이 x에 대한 항등식이므로 양변의 식이 간단해지도록 x에 적절한 값을 대입해 a, b, c의 값을 각각 구해.

1st 주어진 식의 양변에 x 대신 적절한 값을 대입하여 항등식의 성질을 이용하자.

(i) 주어진 등식의 양변에 $x=2$를 대입하면
    $8=2c$ $\therefore c=4 \cdots$ ㉠
(ii) 주어진 등식의 양변에 $x=0$을 대입하면
    $3\times(-2)+8=-2b, -2b=2$ $\therefore b=-1 \cdots$ ㉡
(iii) 주어진 등식의 양변에 $x=1$을 대입하면
    $5\times(-1)+8=-a-b+c$ ── a의 값만 구하면 되므로 $x=0, x=2$ 이외의 어떤 값을 x 대신에 대입해도 상관없어.
    $-a+1+4=3 \ (\because$ ㉠, ㉡$)$ $\therefore a=2$
$\therefore a+b+c=2+(-1)+4=5$

다른 풀이: 계수비교법 이용하기

주어진 등식을 전개하여 좌변과 우변을 각각 간단히 나타내보면
$(좌변)=(2x+3)(x-2)+8=2x^2-x+2$
$(우변)=ax(x-2)+b(x-2)+cx=ax^2-2ax+bx-2b+cx$
$\qquad =ax^2+(b+c-2a)x-2b$
주어진 등식이 x에 대한 항등식이므로
$2=a, -1=b+c-2a, 2=-2b$가 성립해.
따라서 $a=2, b=-1$이고, ──→ $px^2+qx+r=p'x^2+q'x+r'$이 x에 대한 항등식이면 $p=p', q=q', r=r'$이야.
$-1=-1+c-4$에서 $c=4$이므로
$a+b+c=2+(-1)+4=5$

(**정답 공식**: x에 대한 항등식은 x에 어떤 값을 대입해도 항상 등식이 성립한다.)

> 다항식 $Q(x)$에 대하여 등식
> $x^3-5x^2+ax+1=(x-1)Q(x)-1$
> 이 x에 대한 항등식일 때, $Q(a)$의 값은? (단, a는 상수이다.)
> **단서 1** 주어진 식의 x 대신에 어떤 값을 대입해도 식이 성립해.
> **단서 2** 주어진 항등식에 $x=a$를 대입하여 구하면 돼.
> ① -6 ② -5 ③ -4 ④ -3 ⑤ -2

1st 상수 a의 값을 구해.

등식 $x^3-5x^2+ax+1=(x-1)Q(x)-1$이 x에 대한 항등식이므로 양변에 $x=1$을 대입하면
주어진 등식의 x 대신에 어떤 값을 대입해도 식이 성립하므로 상수 a의 값을 구하기 위해 x에 적당한 값을 대입해야 해. 그런데 우변의 $(x-1)Q(x)$가 0이 되어야 a의 값을 구할 수 있으니까 이것을 0으로 만드는 x를 대입해야 해.
$1^3-5\times1^2+a\times1+1=(1-1)Q(1)-1$
$1-5+a+1=-1, a-3=-1$ $\therefore a=2$

2nd $Q(a)$의 값을 구해.

따라서 주어진 등식은 $x^3-5x^2+2x+1=(x-1)Q(x)-1$이므로
$Q(a)$의 값을 구하기 위해 양변에 $x=a=2$를 대입하면
$2^3-5\times2^2+2\times2+1=(2-1)Q(2)-1$
$8-20+4+1=Q(2)-1, -7=Q(2)-1$
$\therefore Q(2)=-6 \Rightarrow Q(a)=-6$

(**정답 공식**: 계산이 편한 x의 값을 두 개 대입하여 a, b를 구한다.)

> 등식
> $2x^2+3x+4=2(x+1)^2+a(x+1)+b$
> **단서** x에 대한 항등식이면 x 대신 어떤 값을 대입해도 항상 등식이 성립해.
> 가 x에 대한 항등식일 때, $a-b$의 값은? (단, a, b는 상수이다.)
> ① -7 ② -6 ③ -5 ④ -4 ⑤ -3

1st x 대신 어떤 값을 대입해도 등식이 성립함을 이용하자.

$2x^2+3x+4=2(x+1)^2+a(x+1)+b \cdots$ ㉠
㉠의 양변에 $x=-1$을 대입하면
$2-3+4=b$ $\therefore b=3$ ── x에 대한 항등식이므로 x 대신 어떤 값을 대입해도 등식이 성립해.
㉠의 양변에 $x=0$을 대입하면
$4=2+a+b$이고, $b=3$이므로 $a=-1$
$\therefore a-b=-1-3=-4$

다른 풀이: 계수비교법 이용하기

주어진 등식의 우변을 전개하여 정리하면
$2x^2+3x+4=2x^2+(4+a)x+(2+a+b)$
양변의 동류항의 계수를 비교하면
$4+a=3, 2+a+b=4$ ── 항등식의 성질에 의하여 양변의 동류항의 계수가 각각 같아.
따라서 $a=-1, b=3$이므로 $a-b=-4$

> **수능 핵강**
>
> ＊ **항등식에서 미지수의 계수를 구하는 방법**
> 항등식의 성질을 이용하여 주어진 등식에서 미지수의 계수를 정하는 방법을 미정계수법이라고 해.
> 미정계수법에는 양변의 동류항의 계수를 비교하여 정하는 방법(계수 비교법)과 문자에 적당한 수를 대입하여 계수를 정하는 방법(수치 대입법)이 있는데 문제의 상황에 따라 적당한 방법을 적용하면 돼.

B 38 정답 ⑤ ······························· 항등식에서 미정계수 구하기

정답 공식: 등식 $ax^2+bx+c=a'x^2+b'x+c'$이 x에 대한 항등식일 때 $a=a'$, $b=b'$, $c=c'$이다.

단서 등식을 전개했을 때 양변의 각 동류항의 계수가 서로 같아야 해

등식 $2x^2+ax+1=(bx+1)(x+1)$이 x에 대한 항등식일 때, $a+b$의 값은? (단, a, b는 상수이다.)

① 1 ② 2 ③ 3
④ 4 ⑤ 5

1st 우변의 식을 정리해.

주어진 등식 $2x^2+ax+1=(bx+1)(x+1)$이 x에 대한 항등식이므로 우변을 전개하여 정리하면

$2x^2+ax+1=\underline{(bx+1)(x+1)}$에서 $(ax+b)(cx+d)$
$=acx^2+(ad+bc)x+bd$

$2x^2+ax+1=bx^2+(b+1)x+1$

2nd 항등식의 성질을 이용하여 $a+b$의 값을 구해.

위 식이 x에 대한 항등식이므로 양변의 동류항의 계수를 비교하면

$b=2$, $a=b+1=3$

[계수비교법]
항등식의 양변의 각 동류항의 계수가 서로 같음을 이용하여 미정계수를 구한다.

$\therefore a+b=3+2=5$

B 39 정답 3 ······························· 항등식에서 미정계수 구하기

정답 공식: 등식 $ax^2+bx+c=a'x^2+b'x+c'$이 항등식이면 $a=a'$, $b=b'$, $c=c'$이다.

다항식 $(x+2)(x-1)(x+a)+b(x-1)$이 x^2+4x+5로 나누어떨어질 때, $a+b$의 값을 구하시오. (단, a, b는 상수이다.)

단서 삼차식이 이차식으로 나누어떨어지므로 몫은 일차식이고, 나머지는 0이야.

1st 다항식을 몫과 나머지로 나타내자.

다항식 $(x+2)(x-1)(x+a)+b(x-1)$을 x^2+4x+5로 나누었을 때의 몫을 $Q(x)$라 하면

$\underline{(x+2)(x-1)(x+a)+b(x-1)=(x^2+4x+5)Q(x)}$에서
나누어떨어지므로 나머지는 0이야.

$(x-1)\{(x+2)(x+a)+b\}=(x^2+4x+5)Q(x)$ ··· ㉠

2nd 몫과 a, b의 값을 구하자.

㉠에서 x^2+4x+5는 $x-1$을 인수로 갖지 않고, 좌변은 최고차항의 계수가 1인 삼차식이므로 ㉠은 항등식이지?

$Q(x)=x-1$ → 즉, 좌변의 다항식이 $(x-1)$을 인수로 가지므로 우변의 다항식도 $(x-1)$을 인수로 가져야 해.

즉, $x^2+4x+5=(x+2)(x+a)+b$이므로

$x^2+4x+5=x^2+(2+a)x+2a+b$에서 항등식의 성질에 의해

$4=2+a$, $5=2a+b$ $\therefore a=2$, $b=1$

$\therefore a+b=2+1=3$

✿ 항등식의 성질   개념·공식

① $ax+b=0$이 x에 대한 항등식 $\Longleftrightarrow a=0$, $b=0$
② $ax+b=a'x+b'$이 x에 대한 항등식 $\Longleftrightarrow a=a'$, $b=b'$
③ $ax^2+bx+c=0$이 x에 대한 항등식 $\Longleftrightarrow a=0$, $b=0$, $c=0$
④ $ax^2+bx+c=a'x^2+b'x+c'$이 x에 대한 항등식
    $\Longleftrightarrow a=a'$, $b=b'$, $c=c'$

B 40 정답 ③ ······························· 항등식에서 미정계수 구하기

정답 공식: 주어진 등식이 x에 대한 항등식이면 x에 어떤 값을 대입해도 등식이 성립한다.

다항식 $P(x)$가 모든 실수 x에 대하여 등식

$$x(x+1)(x+2)=(x+1)(x-1)P(x)+ax+b$$

를 만족시킬 때, $P(a-b)$의 값은? (단, a, b는 상수이다.)

단서 $P(x)$의 식을 모르니까 $P(x)$가 없어지도록 $P(x)$에 곱해진 $(x+1)(x-1)$을 0으로 만드는 $x=1$, $x=-1$을 등식에 각각 대입하여 a, b 사이의 관계식을 찾자.

① 1 ② 2 ③ 3
④ 4 ⑤ 5

1st 항등식의 성질을 이용하여 a, b의 값을 구하자.

$x(x+1)(x+2)=(x+1)(x-1)P(x)+ax+b$

가 x에 대한 항등식이므로 먼저 양변에 $x=-1$을 대입하면

$(-1)\times0\times1=0\times(-2)\times P(-1)+a\times(-1)+b$

$\therefore -a+b=0$ ··· ㉠

또한, 양변에 $x=1$을 대입하면

$1\times2\times3=2\times0\times P(1)+a\times1+b$

$\therefore a+b=6$ ··· ㉡

㉠, ㉡을 연립하여 풀면 ㉡−㉠을 하면 $2a=6$ $\therefore a=3$
$a=3$, $b=3$ $a=3$을 ㉠에 대입하면 $-3+b=0$ $\therefore b=3$

2nd $P(a-b)$의 값을 구하자.

주어진 등식은

$x(x+1)(x+2)=(x+1)(x-1)P(x)+3x+3$

이고 $a-b=0$이므로 위 등식의 양변에 $x=0$을 대입하면
$a-b=3-3=0$ $P(a-b)$, 즉 $P(0)$의 값을 구해야 하므로 $x=0$을 대입하는 거야.

$0\times1\times2=1\times(-1)\times P(0)+3\times0+3$

$\therefore P(0)=3$

따라서 $P(a-b)=P(0)=3$이다.

⚙ **다른 풀이: 다항식의 나눗셈을 직접하여 몫과 나머지 구하기**

등식 $x(x+1)(x+2)=(x+1)(x-1)P(x)+ax+b$의 좌변이

$x(x+1)(x+2)=(x^2+x)(x+2)=x^3+3x^2+2x$

이므로 다항식 x^3+3x^2+2x를 $\underline{x^2-1}$로 나눈 몫이 다항식 $P(x)$이고
나머지가 $ax+b$야. $=(x+1)(x-1)$

$$\begin{array}{r}
x+3 \\
x^2-1\overline{\smash{)}\,x^3+3x^2+2x} \\
\underline{x^3-x} \\
3x^2+3x \\
\underline{3x^2-3} \\
3x+3
\end{array}$$

위와 같이 직접 다항식의 나눗셈을 하면 몫은 $P(x)=x+3$이고, 나머지는 $3x+3$이므로 $a=3$, $b=3$이야.

$\therefore P(a-b)=P(0)=0+3=3$

✿ 항등식의 성질   개념·공식

① $ax+b=0$이 x에 대한 항등식 $\Longleftrightarrow a=0$, $b=0$
② $ax+b=a'x+b'$이 x에 대한 항등식 $\Longleftrightarrow a=a'$, $b=b'$
③ $ax^2+bx+c=0$이 x에 대한 항등식 $\Longleftrightarrow a=0$, $b=0$, $c=0$
④ $ax^2+bx+c=a'x^2+b'x+c'$이 x에 대한 항등식
    $\Longleftrightarrow a=a'$, $b=b'$, $c=c'$

B 41 정답 ① ·············· 항등식에서 미정계수 구하기

정답 공식: 항등식의 성질과 인수정리를 이용하여 다항식 $P(x)$를 구한다.

다항식 $P(x)$와 상수 a에 대하여 등식
$x^3-x^2+3x-2=(x+2)P(x)+ax$가
x에 대한 항등식일 때, $P(-2)$의 값은?

단서 항등식의 성질을 이용할 수 있어.

① 9   ② 10   ③ 11
④ 12   ⑤ 13

1st a의 값을 먼저 구해.

$x^3-x^2+3x-2=(x+2)P(x)+ax$가 x에 대한 항등식이므로 양변에 $x=-2$를 대입하면

주어진 등식이 x에 대한 항등식이므로 어떤 x를 대입해도 식이 성립해.

$(-2)^3-(-2)^2+3\times(-2)-2=(-2+2)P(-2)+a\times(-2)$에서
$-8-4-6-2=-2a$, $-2a=-20$ $\therefore a=10$

2nd $P(x)$를 완성하고 $P(-2)$의 값을 구해.

즉, $x^3-x^2+3x-2=(x+2)P(x)+10x$에서
$(x+2)P(x)=x^3-x^2+3x-2-10x=x^3-x^2-7x-2$
이때, $x^3-x^2-7x-2=(x+2)(x^2-3x-1)$이므로
$(x+2)P(x)=(x+2)(x^2-3x-1)$

$\begin{array}{r|rrrr} -2 & 1 & -1 & -7 & -2 \\ & & -2 & 6 & 2 \\ \hline & 1 & -3 & -1 & 0 \end{array}$

이 등식이 x에 대한 항등식이고
$P(x)$가 다항식이므로
$P(x)=x^2-3x-1$
$\therefore P(-2)=(-2)^2-3\times(-2)-1$
$\qquad =4+6-1=9$

톡톡 풀이: x에 어떤 값을 대입해도 식이 성립함을 이용하기

$x^3-x^2+3x-2=(x+2)P(x)+ax$의 양변에 $x=-2$를 대입하면 $a=10$이지?

위의 풀이에서 $a=10$이지?

즉, $x^3-x^2+3x-2=(x+2)P(x)+10x$이므로
양변에 $x=1$을 대입하면
$1-1+3-2=3P(1)+10$, $3P(1)=-9$
$\therefore P(1)=-3 \cdots \bigcirc$
또, $x^3-x^2+3x-2=(x+2)P(x)+10x$에서 좌변이 최고차항의 계수가 1인 삼차다항식이므로 $P(x)$는 최고차항의 계수가 1인 이차다항식이어야 해.

$P(x)=px^n+qx^{n-1}+\cdots+r$라 하면 $(x+2)P(x)=(x+2)(px^n+qx^{n-1}+\cdots+r)$이고 이것이 최고차항의 계수가 1인 삼차다항식이 되려면 $p=1$, $n=2$가 되어야 해. 즉, $P(x)$는 최고차항의 계수가 1인 이차다항식이야.

즉, $P(x)=x^2+px-1$이라 하면 $\bigcirc$에 의하여
$P(1)=1+p-1=-3$ $\therefore p=-3$
따라서 $P(x)=x^2-3x-1$이므로
$P(-2)=4+6-1=9$야.

B 42 정답 256 ·············· 항등식의 성질

정답 공식: 몫과 나머지의 관계를 이용해 $q(x)$, r_1, r_2에 관한 식을 세운 후, r_1+3r_2를 구하기 위한 x의 값을 대입한다.

단서 x^4을 나눗셈에 대한 등식으로 표현하자.

다항식 x^4을 $x-1$로 나눈 몫을 $q(x)$, 나머지를 r_1이라 하고, $q(x)$를 $x-4$로 나눈 나머지를 r_2라 하자. r_1+3r_2의 값을 구하시오.

1st 몫과 나머지를 이용해서 식을 세우자.

x^4을 $x-1$로 나눈 몫이 $q(x)$, 나머지가 r_1이므로
$x^4=(x-1)q(x)+r_1 \cdots \bigcirc$ (다항식)=(나누는 식)$\times$(몫)+(나머지)

또, $q(x)$를 $x-4$로 나눈 나머지가 r_2이므로 몫을 $q_1(x)$라 하면
$q(x)=(x-4)q_1(x)+r_2 \cdots \bigcirc\!\!\bigcirc$
$\bigcirc\!\!\bigcirc$을 $\bigcirc$에 대입하면 분배법칙 이용
$x^4=(x-1)\{(x-4)q_1(x)+r_2\}+r_1$
$\quad =(x-1)(x-4)q_1(x)+(x-1)r_2+r_1 \cdots \bigcirc\!\!\bigcirc\!\!\bigcirc$

2nd $\bigcirc\!\!\bigcirc\!\!\bigcirc$의 식이 항등식임을 이용해.

$\bigcirc\!\!\bigcirc\!\!\bigcirc$의 식이 항등식이므로 양변에 $x=4$를 대입하면
$4^4=3\times r_2+r_1$ 나눗셈에 대한 등식은 항상 항등식이지?
$\therefore r_1+3r_2=256$

B 43 정답 ① ·············· 항등식의 성질

정답 공식: $a_n x^n+a_{n-1}x^{n-1}+\cdots+a_1 x+a_0=0$이 x에 대한 항등식이면 $a_n=a_{n-1}=\cdots=a_0=0$이다.

등식 $(a+2)x^2+(2-x)a^2+(2-x)b=0$이 x에 대한 항등식일 때, 두 상수 a, b의 합 $a+b$의 값은?

① -6 ② -4 ③ -2
④ 0   ⑤ 2

단서 x에 대한 내림차순으로 정리한 $px^2+qx+r=0$ 꼴에서 항등식이므로 $p=0$, $q=0$, $r=0$이어야 해.

1st x에 대한 내림차순으로 정리한 $px^2+qx+r=0$ 꼴이 모든 x에 대하여 성립하는 경우는 $p=0$, $q=0$, $r=0$임을 이용해.

$(a+2)x^2+(2-x)a^2+(2-x)b=0$을
x에 대한 내림차순으로 정리하면
$(a+2)x^2-(a^2+b)x+2a^2+2b=0$
x에 대한 항등식이므로
$a+2=0$, $a^2+b=0$, $2a^2+2b=0$
계수비교법 이용
$\therefore a=-2$, $b=-4$
$\therefore a+b=-6$

실수 문제에서 'x에 대한 항등식'이라 하였으므로 x에 대한 내림차순으로 정리하여 (계수)=0이 되는 값들을 찾으면 돼.

다른 풀이: 수치대입법 이용하기

$(a+2)x^2+(2-x)a^2+(2-x)b=0$이 x에 대한 항등식이므로
양변에 $x=2$를 대입하면
$4(a+2)=0$ $\therefore a=-2$ 수치대입법 이용
양변에 $x=0$을 대입하면
$2a^2+2b=0$에서 $8+2b=0$ $\therefore b=-4$
$\therefore a+b=-6$

B 44 정답 ③ ·············· 항등식의 계수의 합 구하기

정답 공식: x에 대한 항등식에 x 대신에 어떤 값을 대입해도 등식이 항상 성립한다.

모든 실수 x에 대하여 등식

단서 1 모든 실수 x에 대하여 등식이 성립한다는 것은 x에 어떤 값을 대입해도 등식이 성립한다는 거야.

$(x+2)^3=ax^3+bx^2+cx+d$

가 성립할 때, $a+b+c+d$의 값은?

단서 2 주어진 등식의 양변에 $x=1$을 대입하면 $a+b+c+d$의 값을 구할 수 있지?

(단, a, b, c, d는 상수이다.)

① 21   ② 24   ③ 27
④ 30   ⑤ 33

1st 항등식의 성질을 이용하여 $a+b+c+d$의 값을 구해.

모든 실수 x에 대하여 등식이 성립하므로 등식

$(x+2)^3=ax^3+bx^2+cx+d$의 양변에 $x=1$을 대입하면

$(1+2)^3=a\times1^3+b\times1^2+c\times1+d$ 모든 실수 x에 대하여 등식이 성립하므로 x에 어떤 값을 대입해도 등식이 성립해야 해.

$\therefore a+b+c+d=3^3=27$

🔷 **다른 풀이: 계수비교법 이용하기**

곱셈 공식을 이용하면

$\underline{(x+2)^3=x^3+3\times2\times x^2+3\times2^2\times x+2^3}=x^3+6x^2+12x+8$이므로

$(x+2)^3=ax^3+bx^2+cx+d$에서 $^{(a+b)^3=a^3+3a^2b+3ab^2+b^3}$

$x^3+6x^2+12x+8=ax^3+bx^2+cx+d$

양변의 계수를 비교하면 →[계수비교법]

항등식의 양변의 각 동류항의 계수가 서로 같음을 이용하여 미정계수를 구하는 거야.

$a=1,\ b=6,\ c=12,\ d=8$

$\therefore a+b+c+d=1+6+12+8=27$

B 45 정답 ① ·········· 항등식에서 계수의 합 구하기

정답 공식: 홀수 차수 항의 계수만 더한 식의 값을 구하고 있으므로, $x=1$과 $x=-1$을 각각 식에 대입해 연립한다.

> $(x^2-2x-1)^3=a_1x^6+a_2x^5+\cdots+a_6x+a_7$이 모든 실수 x에 대하여 성립할 때, 상수 $a_1,\ a_2,\ \cdots,\ a_6,\ a_7$에 대하여 $a_2+a_4+a_6$의 값은? **단서** 주어진 항등식에 x 대신 적절한 값들을 대입하여 나온 값을 더하거나 빼서 구하자.
>
> ① -8 ② -4 ③ 0
> ④ 4 ⑤ 8

1st 주어진 등식의 양변에 $x=1$, $x=-1$을 대입하여 계수들 사이의 관계식을 구하자. **주의** 구하는 합이 홀수 차수인 항들의 계수인 점을 고려하여 x에 대입할 값을 정해.

주어진 등식의 양변에 $x=1$을 대입하면 $x=1$을 등식에 대입하면 $a_1+a_2+\cdots+a_6+a_7$의 값을 구할 수 있어.

$(1-2-1)^3=a_1+a_2+\cdots+a_6+a_7$

$\therefore a_1+a_2+\cdots+a_6+a_7=-8\ \cdots$ ㉠

양변에 $x=-1$을 대입하면 $x=-1$을 등식에 대입하면 $a_1-a_2+\cdots-a_6+a_7$의 값을 구할 수 있어.

$(1+2-1)^3=a_1-a_2+\cdots-a_6+a_7$

$\therefore a_1-a_2+\cdots-a_6+a_7=8\ \cdots$ ㉡

2nd ㉠에서 ㉡을 빼보자.

㉠$-$㉡을 하면

$2(a_2+a_4+a_6)=-16$ $\therefore a_2+a_4+a_6=-8$

B 46 정답 29 ·········· 항등식에서 계수의 합 구하기

정답 공식: x에 대한 항등식에 x 대신 어떠한 값을 대입해도 등식이 항상 성립한다.

> $(2+6x-x^3)^2=a_0+a_1x+a_2x^2+a_3x^3+a_4x^4+a_5x^5+a_6x^6$이 x에 대한 항등식일 때, $a_0+a_2+a_4+a_6$의 값을 구하시오.
>
> **단서** 주어진 항등식에 x 대신 적절한 값들을 대입하여 나온 값을 더하거나 빼서 구하자.

1st 주어진 등식에 $x=1$, $x=-1$을 대입하여 계수들 사이의 관계식을 구하자.

우변에 $a_0+a_2+a_4+a_6$만 남도록 $x=1$, $x=-1$을 대입하여 $a_1+a_3+a_5$를 소거하자.

주어진 등식에 $x=1$을 대입하면

$7^2=a_0+a_1+a_2+a_3+a_4+a_5+a_6\ \cdots$ ㉠

주어진 등식에 $x=-1$을 대입하면

$(-3)^2=a_0-a_1+a_2-a_3+a_4-a_5+a_6\ \cdots$ ㉡

2nd $a_0+a_2+a_4+a_6$의 값을 구하자.

㉠$+$㉡을 하면

$49+9=2(a_0+a_2+a_4+a_6)$

$\therefore a_0+a_2+a_4+a_6=29$

B 47 정답 ⑤ ·········· 항등식에서 계수의 합 구하기

정답 공식: x에 대한 항등식이 주어졌으므로, 주어진 식의 값을 구하기 위한 x의 값을 대입한다.

> $(x^2+x+1)^{10}=a_0x^{20}+a_1x^{19}+a_2x^{18}+a_3x^{17}+\cdots+a_{19}x+a_{20}$
>
> 이 x에 대한 항등식일 때, 상수 $a_0,\ a_1,\ \cdots,\ a_{19},\ a_{20}$에 대하여 $a_0-a_1+a_2-a_3+\cdots-a_{19}+a_{20}$의 값은?
>
> ① $3^{10}+1$ ② 3^{10} ③ $3^{10}-1$
> ④ $\dfrac{3^{10}-1}{2}$ ⑤ 1
>
> **단서** $a_1,\ a_3,\ \cdots,\ a_{19}$ 앞의 부호가 $-$이기 위해서 항등식의 x에 무엇을 대입할지 생각하자.

1st 주어진 등식의 양변에 $x=-1$을 대입해봐.

$(x^2+x+1)^{10}=a_0x^{20}+a_1x^{19}+a_2x^{18}+a_3x^{17}+\cdots+a_{19}x+a_{20}$

의 양변에 $x=-1$을 대입하면 x의 차수가 홀수이면 -1, 짝수이면 1이야.

$\{(-1)^2+(-1)+1\}^{10}=a_0-a_1+a_2-a_3+\cdots-a_{19}+a_{20}$

$\therefore a_0-a_1+a_2-a_3+\cdots-a_{19}+a_{20}=1$

> ⚙ **항등식에서 계수의 합 구하기** 개념·공식
>
> 주어진 등식의 양변에 적당한 수를 대입하여 계수에 대한 식으로 나타낸다. 즉, 등식 $(x+k)^n=a_nx^n+a_{n-1}x^{n-1}+a_{n-2}x^{n-2}+\cdots+a_0$에서
>
> ① 양변에 $x=0$을 대입하면 $k^n=a_0$
> ② 양변에 $x=1$을 대입하면 $(1+k)^n=a_n+a_{n-1}+a_{n-2}+\cdots+a_0$

B 48 정답 $\dfrac{5^{25}-3}{2}$ ·········· 항등식에서 계수의 합 구하기

정답 공식: 짝수 차수 항의 계수만 더한 식의 값을 구하고 있으므로, $x=1$과 $x=-1$을 각각 식에 대입해 연립한다. 이후 a_0를 구하기 위해 $x=0$을 대입한다.

> 임의의 실수 x에 대하여 $(x^2-3x+1)^{25}=a_0+a_1x+a_2x^2+\cdots+a_{50}x^{50}$이 성립할 때, 상수 $a_0,\ a_1,\ \cdots,\ a_{50}$에 대하여 $a_2+a_4+\cdots+a_{48}+a_{50}$의 값을 구하시오.
>
> **단서** 주어진 등식에 $x=-1$, $x=1$을 대입하여 더하거나 빼서 $a_2+a_4+\cdots+a_{48}+a_{50}$의 값을 구하자.

1st 주어진 등식의 양변에 $x=1$, $x=-1$을 대입하여 계수들 사이의 관계식을 구하자. **주의** x에 대한 고차식에서 계수를 구할 때에는 $x=0$ 또는 $x=\pm1$을 대입.

→ 구하려는 것이 $a_2+a_4+\cdots+a_{48}+a_{50}$이니까

주어진 등식의 양변에 $x=1$을 대입하면 주어진 식에 $x=1$과 $x=-1$을 등식에 대입하면 우변의 식은 간단해져.

$(1-3+1)^{25}=a_0+a_1+a_2+a_3+\cdots+a_{48}+a_{49}+a_{50}$

$\therefore a_0+a_1+a_2+a_3+\cdots+a_{48}+a_{49}+a_{50}=-1\ \cdots$ ㉠

양변에 $x=-1$을 대입하면

$(1+3+1)^{25}=a_0-a_1+a_2-a_3+\cdots+a_{48}-a_{49}+a_{50}$

$\therefore a_0-a_1+a_2-a_3+\cdots+a_{48}-a_{49}+a_{50}=5^{25}\ \cdots$ ㉡

2nd ㉠과 ㉡의 합을 구해보자.

㉠$+$㉡을 하면

$2(a_0+a_2+a_4+\cdots+a_{48}+a_{50})=5^{25}-1$

$\therefore a_0+a_2+a_4+\cdots+a_{48}+a_{50}=\dfrac{5^{25}-1}{2}$

이때, 주어진 등식의 양변에 $x=0$을 대입하면 $a_0=1$이므로 $x=0$을 대입하면 우변은 상수항 a_0만 남게 돼.

$a_2+a_4+\cdots+a_{48}+a_{50}=\dfrac{5^{25}-1}{2}-1$

$=\dfrac{5^{25}-3}{2}$

B 49 정답 ② ···················· 조건을 만족시키는 항등식

【 정답 공식: x의 값에 상관없이 등식이 같으면 항등식이라는 의미이다. 】

그림과 같이 8개의 다항식을 사각형 모양으로 배열하고 각 변에 배열된 3개의 다항식의 합을 각각 A, B, C, D라 하자. 다항식 A, B, C, D가 x의 값에 관계없이 모두 같을 때, 두 다항식의 합 $P(x)+Q(x)$는?

단서 $A=B=C=D$가 x의 값에 관계없이 성립하므로 항등식이지? $P(x)$, $Q(x)$가 나오도록 적당한 등식을 세우자.

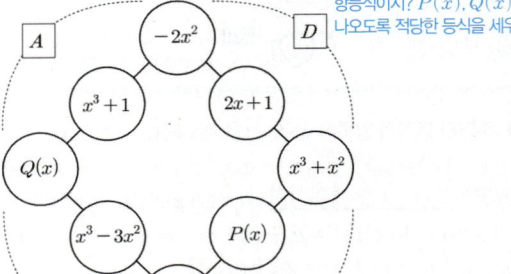

① $-3x^2+2x$ ② $-2x^2+4x$
③ $-x^2+4x+1$ ④ $2x^2+4x$
⑤ $3x^2+2x$

1st A, B, C, D를 각각 구해보자.

주어진 그림에서
$A=-2x^2+(x^3+1)+Q(x)=x^3-2x^2+1+Q(x)$
$B=Q(x)+(x^3-3x^2)+(x^2+1)=Q(x)+x^3-2x^2+1$
$C=(x^2+1)+P(x)+(x^3+x^2)=P(x)+x^3+2x^2+1$
$D=-2x^2+(2x+1)+(x^3+x^2)=x^3-x^2+2x+1$

2nd $A=D$, $C=D$에서 $P(x)$, $Q(x)$를 찾은 후 다항식의 합 $P(x)+Q(x)$를 구하자.

$A=D$가 성립하므로

함정 다항식 A, B, C, D가 x의 값에 관계없이 같다고 하므로 $A=D$ 대신 $B=D$를 구해서 풀어도 돼. $A=D$나 $B=D$에서 다항식 $Q(x)$를 똑같이 유도할 수 있어.

$x^3-2x^2+1+Q(x)$
$=x^3-x^2+2x+1$
$\therefore Q(x)=x^2+2x$

→ $A=B$이므로 $A=D$ 또는 $B=D$를 이용해 $Q(x)$를 구하면 돼.

또, $C=D$가 성립하므로
$P(x)+x^3+2x^2+1=x^3-x^2+2x+1$
$\therefore P(x)=-3x^2+2x$
$\therefore P(x)+Q(x)=(-3x^2+2x)+(x^2+2x)$
$\qquad\qquad\qquad =-2x^2+4x$

B 50 정답 ② ···················· 조건을 만족시키는 항등식

【 정답 공식: 방정식 $f(x)=0$의 해가 $x=a$이면 $f(a)=0$이 성립한다. 】

x에 대한 이차방정식 단서 2 여기서 k에 대한 항등식임을 알 수 있어.
$x^2+k(2p-3)x-(p^2-2)k+q+2=0$이 실수 k의 값에 관계없이 항상 1을 근으로 가질 때, 두 상수 p, q에 대하여 $p+q$의 값은?

→ 단서 1 1을 근으로 가지므로 주어진 이차방정식에 $x=1$을 대입하면 식이 성립해야 해.

① -5 ② -2 ③ 1
④ 4 ⑤ 7

1st 1이 이차방정식의 한 근임을 이용해.

x에 대한 이차방정식 $x^2+k(2p-3)x-(p^2-2)k+q+2=0$의 한 근이 1이므로 $x=1$을 대입하면

방정식의 근은 방정식에 대입했을 때 식이 성립하는 값이므로 $x=1$을 대입하면 식이 성립해.

$1+k(2p-3)-(p^2-2)k+q+2=0$에서
$-(p^2-2p+1)k+q+3=0$ ··· ㉠

2nd 항등식의 성질을 이용하여 p, q의 값을 각각 구해.

㉠이 실수 k의 값에 관계없이 항상 성립해야 하므로
k의 값에 관계없이 이차방정식의 근이 항상 1이라는 것은 이차방정식에 $x=1$을 대입하여 만든 식이 k의 값에 관계없이 성립해야 한다는 거야.

$p^2-2p+1=0$, $q+3=0$이어야 한다.
$ax+b=0$이 실수 x의 값에 관계없이 항상 성립하려면 $a=0$, $b=0$이어야 해.

$p^2-2p+1=0$에서 $(p-1)^2=0$ $\therefore p=1$
$q+3=0$에서 $q=-3$
$\therefore p+q=1+(-3)=-2$

❀ **이차방정식**   개념·공식

① 이차방정식
미지수가 x인 방정식에서 모든 항을 좌변으로 이항하여 정리하였을 때 (x에 관한 이차식)$=0$의 꼴로 나타내어지는 방정식

② 이차방정식의 해
이차방정식 $ax^2+bx+c=0$을 참이 되게 하는 x의 값

B 51 정답 ④ ···················· 조건을 만족시키는 항등식

【 정답 공식: 주어진 식의 값을 k(k는 상수)라 두고, 식을 정리한 후 $ax+by+c=0$이 x, y에 대한 항등식이면 $a=b=c=0$이어야 함을 이용한다. 】

상수 a, b에 대하여 $\dfrac{x-ay+4}{bx+3y-2}$의 값이 x, y의 값에 관계없이 일정하다고 할 때, ab의 값은?
단서 이 식이 x, y의 값에 상관없이 일정한 값을 가지니까 x, y에 대한 항등식을 의미해.

① -12 ② -9 ③ -4
④ -3 ⑤ -1

1st 주어진 식의 값을 k라 두고 정리해보자.

$\dfrac{x-ay+4}{bx+3y-2}=k$($k\neq0$인 상수)라 두고 x, y에 관하여 정리하면

$x-ay+4=bkx+3ky-2k$ → $\dfrac{x-ay+4}{bx+3y-2}$가 일정한 값을 가진다고 하니까 상수 k로 놓은 거야.
$(1-bk)x-(a+3k)y+4+2k=0$

2nd x, y에 대한 항등식의 성질을 이용하여 a와 b의 값을 구해봐.

이 식이 x, y에 대한 항등식이므로   → x, y의 값에 관계없이 성립해야 하므로 x, y에 대한 항등식이야.
$1-bk=0$
$a+3k=0$
$4+2k=0$
$4+2k=0$에서 $k=-2$이므로
$1-bk=0$에서
$1+2b=0$ $\therefore b=-\dfrac{1}{2}$

$a+3k=0$에서
$a-6=0$ $\therefore a=6$

$\therefore ab=6\cdot\left(-\dfrac{1}{2}\right)=-3$

B 52 정답 ④ ················· 조건을 만족시키는 항등식

정답 공식: 식을 정리한 후, $ax+by+c=0$이 x, y에 대한 항등식이면 $a=b=c=0$이어야 함을 이용한다.

등식 $a^2x+(a+b-4)y+b^2=3ax+b$가 x, y에 대한 항등식일 때, 상수 a, b에 대하여 $a+2b$의 값은?

① 2 ② 3 ③ 4
④ 5 ⑤ 6

단서 주어진 등식이 x, y에 대한 항등식이므로 양변에서 x의 계수끼리, y의 계수끼리, 상수항끼리 각각 같아야 해.

1st 주어진 등식이 x, y에 대한 항등식인 것을 이용하여 a와 b의 관계식을 구해.

등식이 x, y에 대한 항등식이므로
$a^2=3a$, $a+b-4=0$, $b^2=b$에서

$\begin{cases} a^2-3a=0 \cdots \bigcirc \\ a+b-4=0 \cdots \bigcirc\!\!\!\bigcirc \\ b^2-b=0 \cdots \bigcirc\!\!\!\bigcirc\!\!\!\bigcirc \end{cases}$

→ 주어진 등식의 우변에서 y항이 없으므로 y의 계수는 0이야.

2nd a, b의 값을 구하자.

$\bigcirc$에서 $a^2-3a=a(a-3)=0$
∴ $a=0$ 또는 $a=3$
$\bigcirc\!\!\!\bigcirc\!\!\!\bigcirc$에서 $b^2-b=b(b-1)=0$
∴ $b=0$ 또는 $b=1$
$\bigcirc\!\!\!\bigcirc$에서 $a+b=4$가 성립해야 하므로 $a=3$, $b=1$
∴ $a+2b=5$

B 53 정답 ⑤ ····················· 나머지정리

정답 공식: 다항식 $f(x)$를 일차식 $x-a$로 나누었을 때의 나머지를 R이라 하면 $R=f(a)$

단서 일차식으로 나눈 나머지는 나머지정리를 이용하여 구할 수 있어.

다항식 x^2-2x+6을 $x+1$로 나눈 나머지는?

① 5 ② 6 ③ 7 ④ 8 ⑤ 9

1st 몫과 나머지를 설정하여 식으로 나타내자.

다항식 x^2-2x+6을 $x+1$로 나눈 몫을 $Q(x)$, 나머지를 R이라 하면
$x^2-2x+6=(x+1)Q(x)+R$

→ $Q(x)$를 없애기 위해서는 $x+1=0$을 만드는 x의 값을 대입해.

2nd 나머지정리를 이용하여 나머지를 구하자.

따라서 양변에 $x=-1$을 대입하면
$R=(-1)^2-2\times(-1)+6=1+2+6=9$

B 54 정답 16 ··········· 나머지정리 – 일차식으로 나누는 경우

정답 공식: 다항식 $f(x)$를 $x-a$로 나눈 나머지를 R라 하면 $R=f(a)$이다.

다항식 x^3+2x^2-x+2를 $x-2$로 나눈 나머지를 구하시오.

단서 일차식으로 나누니까 나머지정리를 이용해.

1st 주어진 다항식을 일차식으로 나눈 나머지를 구해.

$f(x)=x^3+2x^2-x+2$라 하고 $f(x)$를 $x-2$로 나눈 나머지를 R라 하면 나머지정리에 의하여
$R=f(2)=2^3+2\times2^2-2+2=16$

$f(x)$를 $x-2$로 나누었을 때의 몫을 $Q(x)$라 하면 나머지가 R이므로 $f(x)=(x-2)Q(x)+R$로 나타낼 수 있어.
즉, 양변에 $x=2$를 대입하면 $R=f(2)$야.

B 55 정답 8 ··········· 나머지정리 – 일차식으로 나누는 경우

정답 공식: 다항식 $f(x)$를 일차식 $x-a$로 나눈 나머지는 $f(a)$이다.

다항식 x^3+x^2-2x를 $x-2$로 나눈 나머지를 구하시오.

단서 나머지정리에 의해 x^3+x^2-2x에 $x=2$를 대입한 값이 구하는 나머지야.

1st 나머지정리를 이용하자.

$P(x)=x^3+x^2-2x$라 하자.
다항식 $P(x)$를 $x-2$로 나눈 나머지는
$P(2)=2^3+2^2-2\times2=8$

다항식 $P(x)$를 $x-2$로 나누었을 때의 몫을 $Q(x)$, 나머지를 R라 하면 $P(x)=(x-2)Q(x)+R$이므로 $P(2)=R$야.

다른 풀이: 다항식의 나눗셈을 직접하여 나머지 구하기

다항식을 직접 나누어서 나머지를 구하자.

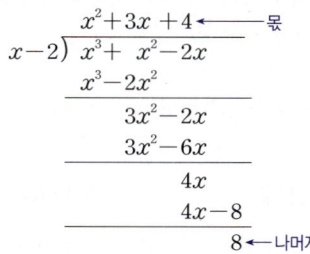

B 56 정답 ② ··········· 나머지정리 – 일차식으로 나누는 경우

정답 공식: 다항식 $f(x)$를 $x-a$로 나눈 나머지는 $f(a)$이다.

다항식 x^2+3x+6을 $x+2$로 나눈 나머지는?

단서 나머지정리에 의해 다항식 x^2+3x+6에 $x=-2$를 대입한 값을 구하면 돼.

① 2 ② 4 ③ 6
④ 8 ⑤ 10

1st 다항식을 일차식으로 나눈 나머지는 나머지정리를 이용하자.

$P(x)=x^2+3x+6$이라 하자.
다항식 $P(x)$를 $x+2$로 나눈 나머지는 나머지정리에 의해
$P(-2)=(-2)^2+3\times(-2)+6$
$\quad\quad =4$

다항식 $f(x)$를 일차식 $x-a$로 나누었을 때의 나머지를 R라 하면 $R=f(a)$

B 57 정답 19 ··········· 나머지정리 – 일차식으로 나누는 경우

정답 공식: 다항식 $P(x)$를 일차식 $x-a$로 나눈 나머지는 $P(a)$이다.

다항식 x^2+4x-2를 $x-3$으로 나눈 나머지를 구하시오.

단서 일차식으로 어떤 다항식을 나눈 나머지는 나머지정리에 의해 구해지지

1st 다항식을 일차식으로 나눈 나머지는 나머지정리를 이용하여 풀자.

$P(x)=x^2+4x-2$라 놓으면 $P(x)$를 $x-3$으로 나눈 나머지는 나머지정리에 의해
$P(3)=3^2+4\times3-2=19$

다항식 $P(x)$를 일차식 $x-a$로 나눌 때 몫을 $Q(x)$, 나머지를 R라 하면 $P(x)=(x-a)Q(x)+R$
∴ $P(a)=R$

B 58 정답 ④ ················· 나머지정리 – 일차식으로 나누는 경우

(정답 공식: 다항식 $P(x)$를 일차식 $x-a$로 나눈 나머지는 $P(a)$이다.)

> 다항식 $x^4+2x^3+3x^2+4x+5$를 $x-1$로 나눈 나머지는?
> [단서] 다항식을 일차식으로 나눈 나머지를 구하는 거니까 나머지정리를 이용하자.
> ① 9   ② 11   ③ 13
> ④ 15   ⑤ 17

[1st] 다항식을 일차식으로 나눈 나머지를 구하는 거니까 나머지정리를 이용하면 되겠지. [함정] 나머지정리는 다항식을 일차식으로 나눌 때, 나머지를 편리하게 구할 수 있는 좋은 도구야. 여기서 중요한 것은 일차식으로 나눌 때만 이 정리를 이용할 수 있다는 거야.

$f(x)=x^4+2x^3+3x^2+4x+5$라 놓자.

$f(x)$를 $x-1$로 나눈 나머지는 나머지정리에 의해 $f(1)$이므로

$f(1)=1+2+3+4+5=15$

B 59 정답 ④ ················· 나머지정리 – 일차식으로 나누는 경우

(정답 공식: 다항식 $f(x)$를 $x-a$로 나눈 나머지를 R라 하면 $R=f(a)$이다.)

> 다항식 $2x^3-x^2-x+4$를 $x-1$로 나눈 나머지는?
> [단서] 다항식을 일차식으로 나눈 나머지는 직접 계산하지 않아도 나머지정리로 쉽게 구할 수 있어.
> ① 1   ② 2   ③ 3
> ④ 4   ⑤ 5

[1st] 다항식을 일차식으로 나눈 나머지는 나머지정리를 이용하여 풀자.

[주의] 나머지정리는 일차식으로 나눌 때만 이용할 수 있어.

$f(x)=2x^3-x^2-x+4$라 하자.

다항식 $f(x)$를 $x-1$로 나눈 나머지는 나머지정리에 의해

$f(1)=2-1-1+4=4$
    다항식 $f(x)$를 일차식 $x-a$로 나눈 나머지는 $f(a)$

B 60 정답 4 ················· 나머지정리 – 일차식으로 나누는 경우

(정답 공식: 다항식 $f(x)$를 일차식 $x-a$로 나누었을 때의 나머지는 $f(a)$이다.)

> 다항식 x^3+ax^2-7을 $x-2$로 나눈 나머지가 17일 때, 상수 a의 값을 구하시오.
> [단서] $f(x)=x^3+ax^2-7$이라 하면 $f(2)$의 값을 구해.

[1st] 나머지정리를 이용하여 상수 a의 값을 구해.

$f(x)=x^3+ax^2-7$이라 하면 나머지정리에 의하여

$f(2)=8+4a-7=17$, $4a=16$
    다항식 $f(x)$를 일차식 $x-a$로
    나누었을 때의 나머지는 $f(a)$

$\therefore a=4$ 다항식 x^3+ax^2-7에 $x=2$를 대입해.

✿ **나머지정리**   개념 · 공식

x에 대한 다항식 $f(x)$를

(1) $x-a$로 나누었을 때의 나머지는 $f(a)$이다.

(2) $ax-b$로 나누었을 때의 나머지는 $f\left(\dfrac{b}{a}\right)$이다. ($a\neq0$)

B 61 정답 ⑤ ················· 나머지정리 – 일차식으로 나누는 경우

(정답 공식: 다항식 $f(x)$를 일차식 $x-a$로 나눈 나머지는 $f(a)$이다.)

> x에 대한 다항식 x^3+ax^2+12를 $x-2$로 나눈 나머지가 $2a-8$일 때, 상수 a의 값은? [단서1] 다항식을 일차식으로 나누니까 나머지정리를 이용해.
> ① -6 ② -8 ③ -10
> ④ -12 ⑤ -14 [단서2] 나머지정리에 의해 $x=2$를 대입하면 식의 값이 $2a-8$이야.

[1st] 나머지정리를 이용하여 a에 대한 방정식을 구해.

$f(x)=x^3+ax^2+12$로 놓으면 나머지정리에 의해
    다항식 $f(x)$를 일차식 $x-a$로 나눈 나머지는 $f(a)$야.

$f(2)=8+4a+12$이므로 $4a+20=2a-8$

[2nd] 일차방정식의 풀이를 이용하여 상수 a의 값을 구해.

$4a+20=2a-8$, $2a=-28$

$\therefore a=-14$

[함정] 나머지정리는 다항식을 일차식으로 나눌 때, 나머지를 편리하게 구할 수 있는 좋은 도구야. 여기서 중요한 것은 일차식으로 나눌 때만 이 정리를 이용할 수 있다는 거야.

B 62 정답 13 ················· 나머지정리 – 일차식으로 나누는 경우

(정답 공식: 다항식 $f(x)$를 일차식 $x-a$로 나눈 나머지는 $R=f(a)$이다.)

> [단서] 나머지정리에 의하여 다항식 x^3+2x^2-9x+a에 $x=1$을 대입하면 7의 값을 갖게 돼.
> x에 대한 다항식 x^3+2x^2-9x+a를 $x-1$로 나눈 나머지가 7일 때, 상수 a의 값을 구하시오.

[1st] $x-1$로 나눈 나머지를 a에 관한 식으로 나타내자.

$f(x)=x^3+2x^2-9x+a$라 하면

$f(x)$를 $x-1$로 나눈 나머지는
    $f(x)$를 $x-a$로 나눈 나머지는 $f(a)$야.

$f(1)=1+2-9+a=a-6$

[2nd] a의 값을 구하자.

나머지 $a-6=7$이므로

$a=13$

B 63 정답 ④ ················· 나머지정리 – 일차식으로 나누는 경우

(정답 공식: 다항식 $f(x)$를 일차식 $x-a$로 나누었을 때의 나머지를 R라 하면 $R=f(a)$이다.)

> x에 대한 다항식 x^3-2x^2-8x+a가 $x-3$으로 나누어떨어질 때, 상수 a의 값은?
> [단서] 나누어떨어진다는 것은 나머지가 0임을 뜻해.
> ① 6   ② 9   ③ 12   ④ 15   ⑤ 18

[1st] 나머지정리를 이용하여 식을 세우자.

x에 대한 다항식 x^3-2x^2-8x+a를 $x-3$으로 나누었을 때의 나머지가 0이므로 나머지정리에 의해
    $x-3=0$이 되도록 하는 $x=3$을 원래의 다항식에 대입해서 나머지를 구해야 해.

$3^3-2\times3^2-8\times3+a=0$
    다항식 $f(x)$를 일차식 $x-a$로 나누었을 때의 나머지를 R라 하면 $R=f(a)$야.

$27-18-24+a=0$

$\therefore a=15$

B 64 정답 ④ ·················· 나머지정리 – 일차식으로 나누는 경우

정답 공식: x에 대한 다항식 $f(x)$를 일차식 $ax-b$로 나눈 나머지는 $f\left(\dfrac{b}{a}\right)$이다.

> 다항식 x^3+x^2+x+1을 $2x-1$로 나눈 나머지는?
>
> **단서** 나머지정리를 이용하여 나머지를 구해.
>
> ① $\dfrac{9}{8}$ ② $\dfrac{11}{8}$ ③ $\dfrac{13}{8}$
>
> ④ $\dfrac{15}{8}$ ⑤ $\dfrac{17}{8}$

1st 주어진 다항식을 일차식으로 나눈 나머지를 구해.

다항식 x^3+x^2+x+1을 $2x-1$로 나눈 몫을 $Q(x)$, 나머지를 R라 하면
$x^3+x^2+x+1=(2x-1)Q(x)+R$이다. → 일차식 $2x-1$로 나누니까 나머지 R는 상수야.

이 식의 양변에 $x=\dfrac{1}{2}$을 대입하면

$R=\left(\dfrac{1}{2}\right)^3+\left(\dfrac{1}{2}\right)^2+\dfrac{1}{2}+1$ → 구하는 값이 나머지 R의 값이고 우변의 $(2x-1)Q(x)$가 0이 되면 우변의 R만 남지? 따라서 $(2x-1)Q(x)$를 0으로 만드는 x의 값 $\dfrac{1}{2}$을 대입하는 거야.

$=\dfrac{1}{8}+\dfrac{1}{4}+\dfrac{1}{2}+1$

$=\dfrac{1+2+4+8}{8}=\dfrac{15}{8}$

따라서 구하는 나머지는 $\dfrac{15}{8}$이다.

다른 풀이: 다항식의 나눗셈을 직접하여 나머지 구하기

$$2x-1\ \overline{\big)\ x^3+\ x^2+\ x+1}\quad \dfrac{1}{2}x^2+\dfrac{3}{4}x+\dfrac{7}{8}$$

$$\underline{x^3-\dfrac{1}{2}x^2}$$
$$\dfrac{3}{2}x^2+\ x$$
$$\underline{\dfrac{3}{2}x^2-\dfrac{3}{4}x}$$
$$\dfrac{7}{4}x+1$$
$$\underline{\dfrac{7}{4}x-\dfrac{7}{8}}$$
$$\dfrac{15}{8}$$

따라서 다항식 x^3+x^2+x+1을 $2x-1$로 나눈 몫은 $\dfrac{1}{2}x^2+\dfrac{3}{4}x+\dfrac{7}{8}$이고 나머지는 $\dfrac{15}{8}$야.

B 65 정답 ⑤ ·················· 나머지정리 – 일차식으로 나누는 경우

정답 공식: 다항식 $P(x)$를 일차식 $x-\alpha$로 나눈 나머지는 $P(\alpha)$이다.

> **단서1** 다항식을 나눈 식과 나머지가 주어져 있으니까 그 다항식을 식으로 나타낼 수 있어야 해.
>
> 다항식 $P(x)$를 x^2+2x-3으로 나눈 나머지가 $2x+5$일 때, $P(x)$를 $x-1$로 나눈 나머지는?
>
> **단서2** 다항식을 일차식으로 나눈 나머지는 나머지정리를 이용해서 풀 수 있어.
>
> ① 3 ② 4 ③ 5
>
> ④ 6 ⑤ 7

1st 주어진 다항식 $P(x)$를 나눗셈에 대한 성질을 이용하여 나타내자.

→ 다항식 P를 A로 나눈 몫이 Q, 나머지가 R이면 $P=AQ+R$로 나타낼 수 있어.

다항식 $P(x)$를 x^2+2x-3으로 나눈 몫을 $Q(x)$라 하면, 나머지는 $2x+5$라 하므로

$P(x)=(x^2+2x-3)Q(x)+2x+5\ \cdots\ \bigcirc$

2nd 나머지정리를 이용하여 나머지를 구하자.

다항식 $P(x)$를 일차식 $x-1$로 나눈 나머지는 나머지정리에 의해 $P(1)$이므로 $\bigcirc$에 $x=1$을 대입하면

$P(1)=(1^2+2\times1-3)Q(1)+2\times1+5$

$\quad\quad=0\times Q(1)+7=7$

B 66 정답 3 ·················· 나머지정리 – 일차식으로 나누는 경우

정답 공식: 다항식 $P(x)$를 일차식 $x-\alpha$로 나눈 나머지는 $P(\alpha)$이다.

> 다항식 x^3-3x^2+3x-6을 $x-3$으로 나누었을 때의 나머지를 구하시오.
>
> **단서** 다항식을 일차식으로 나눈 나머지는 상수야.

1st 나머지정리를 이용하여 나머지를 구해.

다항식 $P(x)=x^3-3x^2+3x-6$을 일차식 $x-3$으로 나눈 나머지는 나머지정리에 의하여 $P(3)$이다.

다항식 $P(x)$를 일차식 $x-\alpha$로 나눈 나머지는 $P(\alpha)$야.

$\therefore P(3)=3^3-3\times3^2+3\times3-6=3$

따라서 구하고자 하는 나머지는 3이다.

다항식의 나눗셈 개념·공식

다항식 A를 다항식 B $(B\neq0)$로 나눌 때의 몫을 Q, 나머지를 R라고 하면 $A=BQ+R$ (단, $(R$의 차수$)<(B$의 차수$)$)

B 67 정답 6 ·················· 나머지정리 – 일차식으로 나누는 경우

정답 공식: 이차다항식 $P(x)$의 최고차항의 계수가 1로 주어져 있으므로 $P(x)$의 일차항의 계수와 상수항을 구하면 문제를 해결할 수 있다.

> 최고차항의 계수가 1인 이차다항식 $P(x)$를 $x-1$로 나눈 나머지가 2이고, $x-2$로 나눈 나머지가 3이다. $P(x)$를 $x-3$으로 나눈 나머지를 구하시오.
>
> **단서** 다항식을 일차식으로 나눈 나머지는 상수야.

1st $P(x)$를 구해.

최고차항의 계수가 1인 이차다항식 $P(x)$를 $P(x)=x^2+ax+b$라 하면 → 마침 주어진 조건도 두 개이므로 미정계수를 구할 수 있어.

$P(x)$를 $x-1$로 나눈 나머지가 2이므로 $P(1)=2$이다. → 다항식 $P(x)$를 일차식 $x-\alpha$로 나눈 나머지는 $P(\alpha)$야.

$P(1)=1+a+b=2$에서 $a+b=1\ \cdots\ \bigcirc$

$P(x)$를 $x-2$로 나눈 나머지가 3이므로 $P(2)=3$이다.

$P(2)=4+2a+b=3$에서 $2a+b=-1\ \cdots\ \bigcirc\!\!\bigcirc$

$\bigcirc,\ \bigcirc\!\!\bigcirc$을 연립하면 → $\bigcirc\!\!\bigcirc-\bigcirc$에서 $a=-2$이고, 이 값을 $\bigcirc$에 대입하면 $b=3$

$a=-2,\ b=3$이므로 $P(x)=x^2-2x+3$이다.

2nd $P(x)$를 $x-3$으로 나눈 나머지를 구하자.

나머지정리에 의해 $P(x)$를 $x-3$으로 나눈 나머지는 $P(3)$과 같다.

$\therefore P(3)=9-6+3=6$

B 68 정답 ① ⸺⸺⸺⸺⸺⸺ 나머지정리 – 일차식으로 나누는 경우

(**정답 공식**: 다항식 $f(x)$를 $x-a$로 나눈 나머지는 $f(a)$이다.)

> **단서1** $g(x)=(x+3)\{f(x)-2\}$라 하면 나머지정리에 의하여 $g(1)$의 값을 알 수 있어.
>
> 다항식 $f(x)$에 대하여 다항식 $(x+3)\{f(x)-2\}$를 $x-1$로 나눈 나머지가 16일 때, 다항식 $f(x)$를 $x-1$로 나눈 나머지는? **단서2** 나머지정리를 이용하여 나머지를 구해.
>
> ① 6   ② 7   ③ 8   ④ 9   ⑤ 10

1st $f(1)$의 값을 구해.

$g(x)=(x+3)\{f(x)-2\}$라 하면 다항식 $g(x)$를 $x-1$로 나눈 나머지가 16이므로 나머지정리에 의하여 $g(1)=16$

> $g(x)$를 $x-1$로 나눈 몫을 $Q(x)$, 나머지를 R라 하면 $g(x)=(x-1)Q(x)+R$이고 이 식의 양변에 $x=1$을 대입하면 $R=g(1)$이야.

즉, $4\{f(1)-2\}=16$에서 $f(1)-2=4$ ∴ $f(1)=6$

2nd 다항식 $f(x)$를 $x-1$로 나눈 나머지를 구해.

따라서 다항식 $f(x)$를 $x-1$로 나눈 나머지는 나머지정리에 의하여 $f(1)=6$이다.

B 69 정답 ③ ⸺⸺⸺⸺⸺⸺⸺⸺⸺⸺⸺ 나머지정리

(**정답 공식**: 몫과 나머지의 관계식을 세운 후, 나머지정리를 이용한다.)

> **단서1** $f(x)$를 나눗셈에 대한 등식으로 나타내자.
>
> 다항식 $f(x)$를 $x-5$로 나눈 몫은 x^2-2이고 나머지가 4일 때, $f(x)$를 $x+1$로 나눈 나머지는? **단서2** 나머지정리에 의해 $f(-1)$을 구하면 돼.
>
> ① 6   ② 8   ③10
>
> ④ 12   ⑤ 14

1st 몫과 나머지를 이용하여 $f(x)$의 식을 세워.

$f(x)$를 $x-5$로 나눈 몫이 x^2-2, 나머지가 4이므로

$f(x)=(x-5)(x^2-2)+4$ (다항식)=(나누는 식)×(몫)+(나머지)

따라서 $f(x)$를 $x+1$로 나눈 나머지는

> $f(x)$를 $x-a$로 나눈 나머지는 $f(a)$

$f(-1)=(-6)\cdot(-1)+4=10$

B 70 정답 ⑤ ⸺⸺⸺⸺⸺ 나머지정리 – 일차식으로 나누는 경우

(**정답 공식**: 다항식 $f(x)$를 일차식 $x-a$로 나누었을 때의 나머지를 R라 하면 $R=f(a)$)

> **단서1** $f(x)=x^2+ax+b$로 놓고 생각해 봐.
>
> 최고차항의 계수가 1인 이차다항식 $f(x)$를 $x-1$로 나누었을 때의 나머지와 $x-3$으로 나누었을 때의 나머지가 6으로 같다. **단서2** 일차식으로 나누니까 나머지정리를 이용해.
>
> 이차다항식 $f(x)$를 $x-4$로 나눈 나머지는?
>
> ① 1   ② 3   ③ 5
>
> ④ 7   ⑤ 9

1st 조건을 만족시키는 다항식 $f(x)$를 세우고 나머지정리를 이용해.

최고차항의 계수가 1인 이차다항식 $f(x)$를

$f(x)=x^2+ax+b$ (a, b는 상수)라 하면

나머지정리에 의하여 ⸺⸺▸ 다항식 $f(x)$를 일차식 $x-a$로 나누었을 때의 나머지를 R라 하면 $R=f(a)$

$f(1)=1+a+b=6$ ∴ $a+b=5$ … ㉠

$f(3)=9+3a+b=6$ ∴ $3a+b=-3$ … ㉡

2nd 두 식을 연립하여 $f(x)$를 구해.

㉠-㉡을 하면

$-2a=8$ ∴ $a=-4$

> **실수**⑤ a, b에 대한 두 일차방정식 ㉠, ㉡에서 b의 계수가 같으므로 ㉠-㉡을 하면 문자 b를 쉽게 소거할 수 있어.

이를 ㉠에 대입하면

$-4+b=5$ ∴ $b=9$

따라서 $f(x)=x^2-4x+9$이므로

$f(4)=16-16+9=9$

> 🪄 **톡톡 풀이**: 다항식 $f(x)$를 다항식 $g(x)$로 나누었을 때의 나머지가 R이면 $f(x)-R$는 $g(x)$로 나누어떨어짐을 이용하기

이차다항식 $f(x)$를 $x-1$로 나누었을 때의 나머지와 $x-3$으로 나누었을 때의 나머지가 6으로 같으므로 $f(x)-6$은 두 다항식 $x-1$과 $x-3$으로 나누어떨어짐을 알 수 있어.

이때, $f(x)-6$은 최고차항의 계수가 1인 이차다항식이므로

$f(x)-6=(x-1)(x-3)$

따라서 $f(4)-6=(4-1)\times(4-3)=3$이므로

$f(4)=3+6=9$

B 71 정답 ② ⸺⸺⸺⸺⸺ 나머지정리 – 일차식으로 나누는 경우

(**정답 공식**: 다항식 $f(x)$를 $x-a$로 나누었을 때의 나머지를 R라 하면 $R=f(a)$이다.)

> **단서1** 이차항의 계수가 주어졌으니까 일차항의 계수와 상수항만 구하면 $P(x)$를 구할 수 있어.
>
> 최고차항의 계수가 1인 이차다항식 $P(x)$가 다음 조건을 만족시킬 때, $P(4)$의 값은?
>
> > **단서2** 일차식으로 나누니까 나머지정리를 이용해.
> >
> > (가) $P(x)$를 $x-1$로 나누었을 때의 나머지는 1이다.
> > (나) $xP(x)$를 $x-2$로 나누었을 때의 나머지는 2이다.
>
> ① 6   ② 7   ③ 8   ④ 9   ⑤ 10

1st $P(x)$를 구하자.

이차다항식 $P(x)$의 최고차항의 계수가 1이므로

두 상수 a, b에 대하여 $P(x)=x^2+ax+b$라 하자.

조건 (가)에서 나머지정리에 의해 $P(1)=1$이므로

$1+a+b=1$에서 $a+b=0$ … ㉠ ⸺▸ 다항식 $f(x)$를 $x-a$로 나누었을 때의 나머지를 R라 하면 $R=f(a)$

조건 (나)에서 나머지정리에 의해 ⸺▸ $P(x)$가 아니라 $xP(x)$이기 때문에 $P(2)$가 아닌 $2P(2)$의 값이 2임을 확인해야 해.

$2P(2)=2$

$xP(x)$를 $x-2$로 나눈 몫을 $Q(x)$, 나머지를 R라 하면 $xP(x)=(x-2)Q(x)+R$이므로 $x=2$를 대입하면 $2P(2)=R$

즉, $P(2)=1$이므로

$4+2a+b=1$에서 $2a+b=-3$ … ㉡

㉡-㉠에서 $a=-3$

이것을 ㉡에 대입하면 $b=3$이므로

$P(x)=x^2-3x+3$

2nd $P(4)$의 값을 구하자.

∴ $P(4)=4^2-3\times4+3=7$

> 🔷 **다른 풀이**: $P(1)=P(2)=1$ 이용하기

최고차항의 계수가 1인 이차다항식 $P(x)$가 $P(1)=P(2)=1$을 만족시키므로

$P(x)=(x-1)(x-2)+1$

∴ $P(4)=3\times2+1=7$

B 72 정답 ④ ···································· 나머지정리

(정답 공식: 몫과 나머지의 관계식을 세운다.)

> 단서 $f(x)$를 나누는 식과 몫의 곱에서 나머지를 더하여 나타내보자.
> 다항식 $f(x)$를 일차식 $3x-2$로 나누었을 때의 몫을
> $Q(x)$, 나머지를 R라 할 때, $f(x)$를 $x-\dfrac{2}{3}$로 나누었을 때의
> 몫과 나머지를 차례로 구한 것은?
>
> ① $\dfrac{1}{3}Q(x),\ \dfrac{1}{3}R$ ② $Q(x),\ R$
>
> ③ $Q(x),\ 3R$ ④ $3Q(x),\ R$
>
> ⑤ $3Q(x),\ 3R$

1st 몫과 나머지를 이용하여 식을 세운 후 $f(x)=\left(x-\dfrac{2}{3}\right)\square+\square$ 꼴로 만들자.

$f(x)$를 $3x-2$로 나눈 몫이 $Q(x)$, 나머지가 R이므로

> $f(x)$를 $x-\dfrac{2}{3}$로 나누므로 $f(x)=\left(x-\dfrac{2}{3}\right)\square+\square$ 꼴로 만들어야 해.

$f(x)=(3x-2)Q(x)+R=\left(x-\dfrac{2}{3}\right)\cdot 3Q(x)+R$

따라서 $f(x)$를 $x-\dfrac{2}{3}$로 나눈 몫은 $3Q(x)$, 나머지는 R이다.

B 73 정답 52 ···································· 나머지정리

(정답 공식: $f(3)=A$, $g(3)=B$라 하면 $A+B$, AB가 주어졌으므로 A^2+B^2 을 구한다.)

> 두 다항식 $f(x)$, $g(x)$에 대하여 $f(x)+g(x)$를 $x-3$으로 나누 [단서 1: 나머지정리에 의하여 $f(3)+g(3)=8$]
> 었을 때의 나머지가 8이고, $f(x)g(x)$를 $x-3$으로 나누었을 때
> 의 나머지가 6이다. $\{f(x)\}^2+\{g(x)\}^2$을 $x-3$으로 나누었을
> 때의 나머지를 구하시오. [단서 2: 나머지정리에 의하여 $f(3)g(3)=6$]

1st 나머지정리를 이용하여 $f(3)$, $g(3)$의 합과 곱을 구해.

$f(x)+g(x)$를 $x-3$으로 나누었을 때의 나머지가 8이므로
$f(3)+g(3)=8$
또, $f(x)g(x)$를 $x-3$으로 나누었을 때의 나머지가 6이므로
$f(3)g(3)=6$

2nd $a^2+b^2=(a+b)^2-2ab$를 이용하자.

따라서 $\{f(x)\}^2+\{g(x)\}^2$을 $x-3$으로 나누었을 때의 나머지는
$\{f(3)\}^2+\{g(3)\}^2$이므로
$\{f(3)\}^2+\{g(3)\}^2=\{f(3)+g(3)\}^2-2f(3)g(3)=8^2-2\times 6=52$
두 다항식의 합과 곱을 알고 제곱의 합을 구해야 하므로 곱셈 공식을 이용하자.

B 74 정답 29 ···································· 나머지정리

(정답 공식: $f(a)$, $f(-a)$와 $f(a)+f(-a)=10$이 주어졌으므로, a를 구해 나머 지정리를 이용한다.)

> [단서 1: 일차식으로 나눈 나머지는 나머지정리를 이용하자.]
> 다항식 $f(x)=x^3+x^2-3x+2$에 대하여 $f(x)$를 $x-a$로 나누
> 었을 때의 나머지를 R_1, $f(x)$를 $x+a$로 나누었을 때의 나머
> 지를 R_2라고 하자. $R_1+R_2=10$일 때, $f(x)$를 $x-a^2$으로 나
> 눈 나머지를 구하시오. [단서 2: 나머지정리에 의해 구하는 나머지는 $f(a^2)$이야.]

1st 주어진 조건식으로부터 a^2을 구해.

$f(x)=x^3+x^2-3x+2$를 $x-a$, $x+a$로 나눈 나머지가 각각 R_1, R_2
이므로 나머지정리에 의해 (다항식을 일차식으로 나눈 나머지는 나머지정리로 구하자.)

$R_1=f(a)=a^3+a^2-3a+2$, $R_2=f(-a)=-a^3+a^2+3a+2$
이때, $R_1+R_2=10$이라 하므로 $R_1+R_2=2a^2+4=10$ ∴ $a^2=3$

> a^3+a^2-3a+2
> $+)\ -a^3+a^2+3a+2$
> $\overline{\quad 2a^2\quad +4}$

2nd $f(x)$를 $x-a^2$으로 나눈 나머지가 보이지?

$a^2=3$이므로 $f(x)$를 $x-a^2=x-3$으로 나눈 나머지는
$f(3)=27+9-9+2=29$ ($f(a^2)=f(3)$이 나머지야.)

B 75 정답 ⑤ ···················· 나머지정리 – 일차식으로 나누는 경우

(정답 공식: 0이 아닌 다항식 $g(x)$에 대하여 $g(x)f(x)=g(x)h(x)$가 모든 실 수 x에 대하여 성립하면 $f(x)=h(x)$이다.)

> 두 다항식 $f(x)$, $g(x)$가 모든 실수 x에 대하여 다음 조건을
> 만족시킬 때, $g(x)$를 $x-4$로 나눈 나머지는?
> [단서 2: 다항식 $g(x)$를 일차식으로 나눈 나머지는 나머지정리에 의해 구할 수 있지?]
>
> (가) $g(x)=x^2f(x)$
> (나) $g(x)+(3x^2+4x)f(x)=x^3+ax^2+2x+b$
> [단서 1: 조건 (가)의 식을 조건 (나)의 식에 대입한 후 (단, a, b는 상수이다.) 정리하여 주어진 등식이 x에 대한 항등식임을 이용해.]
>
> ① 16 ② 18 ③ 20 ④ 22 ⑤ 24

1st 주어진 두 조건을 이용하여 식을 간단한 형태로 정리하자.

조건 (가)에서 $g(x)=x^2f(x)$를 조건 (나)에 대입하면
$x^2f(x)+(3x^2+4x)f(x)=x^3+ax^2+2x+b$

> $f(x)$가 공통이니까 묶을 수 있는 거야.

$(x^2+3x^2+4x)f(x)=x^3+ax^2+2x+b$
∴ $4x(x+1)f(x)=x^3+ax^2+2x+b$ ··· (*)

2nd 항등식의 성질을 이용하여 다항식 $f(x)$를 구하자.

위 식은 모든 실수 x에 대하여 성립하므로 항등식이다.
(i) (*)의 양변에 $x=0$을 대입하면 $b=0$ ··· ㉠
(ii) (*)의 양변에 $x=-1$을 대입하면
$0=-1+a-2+b$ ∴ $a=3$ (∵ ㉠)
$4x(x+1)f(x)=x^3+3x^2+2x=x(x^2+3x+2)=x(x+1)(x+2)$
$x(x+1)f(x)=x(x+1)\times\dfrac{1}{4}(x+2)$
∴ $f(x)=\dfrac{1}{4}x+\dfrac{1}{2}$ (같겠지?)

3rd $g(x)$를 $x-4$로 나눈 나머지를 구하자.

조건 (가)에 의해 $g(x)=x^2f(x)=x^2\left(\dfrac{1}{4}x+\dfrac{1}{2}\right)=\dfrac{1}{4}x^3+\dfrac{1}{2}x^2$

따라서 구하는 것은 다항식 $g(x)$를 $x-4$로 나눈 나머지, 즉
$g(4)$이므로 (다항식 $P(x)$를 일차식 $x-a$로 나눈 나머지는 $P(a)$지!)

$g(4)=\dfrac{1}{4}\times 4^3+\dfrac{1}{2}\times 4^2=16+8=24$

🔧 톡톡 풀이: $f(x)$의 식을 구하지 않고 $f(4)$의 값만 찾아 $g(4)$의 값 구하기

두 조건 (가), (나)에 의하여 $4x(x+1)f(x)=x^3+ax^2+2x+b$
(i) 양변에 $x=0$을 대입하면 $b=0$
(ii) 양변에 $x=-1$을 대입하면
$0=-1+a-2+b$이고, $b=0$이므로 $a=3$
∴ $4x(x+1)f(x)=x^3+3x^2+2x=x(x^2+3x+2)=x(x+1)(x+2)$
이때, 위의 식의 양변에 $x=4$를 대입하면
$80f(4)=120$ ∴ $f(4)=\dfrac{3}{2}$
따라서 $g(x)$를 $x-4$로 나눈 나머지는 나머지정리에 의해 $g(4)$의 값이므로
조건 (가)에 의해 $g(4)=16f(4)=16\times\dfrac{3}{2}=24$

B 76 정답 22 ·················· 나머지 정리−이차식으로 나누는 경우

【 정답 공식: 다항식 $P(x)$를 $x-a$로 나눈 나머지는 $P(a)$이다. 】

다항식 $P(x)$를 x^2+3으로 나눈 몫이 $3x+1$, 나머지가 $x+5$
일 때, $P(x)$를 $x-1$로 나눈 나머지를 구하시오.

단서 1 $P(x)$를 x에 대하여 나타낼 수 있어.
단서 2 다항식을 일차식으로 나눈 나머지는 상수이고 나머지정리를 활용하여 구할 수 있어.

1st 나눗셈의 뜻을 이용하여 다항식 $P(x)$를 표현해봐.
다항식 $P(x)$를 x^2+3으로 나눈 몫이 $3x+1$, 나머지가 $x+5$이므로
$P(x)=(x^2+3)(3x+1)+x+5$이다.
다항식 $f(x)$를 $g(x)$로 나눈 몫이 $Q(x)$, 나머지가 $R(x)$이면 $f(x)=g(x)Q(x)+R(x)$야.

2nd 나머지 정리를 이용해서 $x-1$로 나눈 나머지를 구해.
$P(x)$를 $x-1$로 나눈 몫을 $Q(x)$, 나머지를 R라 하면
$P(x)=(x-1)Q(x)+R$이고 양변에 $x=1$을 대입하면
$R=P(1)=(1^2+3)(3\times1+1)+1+5=4\times4+1+5=22$
따라서 구하는 나머지는 22이다.

B 77 정답 11 ·················· 나머지정리−이차식으로 나누는 경우

【 정답 공식: 몫과 나머지의 관계식을 세운 후, 나머지정리를 이용한다. 】

단서 1 다항식 $f(x)$를 x^2-7x로 나눈 몫을 $Q(x)$라 하면 $f(x)=(x^2-7x)Q(x)+x+4$야.
다항식 $f(x)$를 x^2-7x로 나눈 나머지가 $x+4$일 때, 다항식
$f(x)$를 $x-7$로 나눈 나머지를 구하시오.
단서 2 나머지정리에 의하여 나머지는 $f(7)$이야.

1st $f(x)$를 x^2-7x로 나눈 몫과 나머지를 이용하여 나타내보자.
다항식 $f(x)$를 x^2-7x로 나눈 몫을 $Q(x)$라 하면 나머지가 $x+4$이므로
$f(x)=(x^2-7x)Q(x)+x+4$
$\quad\ =x(x-7)Q(x)+x+4 \cdots \ ㉠$

2nd 나머지정리를 이용하자.
나머지정리에 의하여 다항식 $f(x)$를 $x-7$로 나눈 나머지는 $f(7)$과
같다.
x에 대한 다항식 $f(x)$를 일차식 $x-a$로 나눈 나머지는 $f(a)$야.
따라서 $x=7$을 ㉠에 대입하면
$f(7)=7+4=11$

B 78 정답 ⑤ ·················· 나머지정리−이차식으로 나누는 경우

【 정답 공식: 삼차다항식을 이차식으로 나눈 몫은 일차식이고 나머지는 일차 이하의 다항식이다. 】

최고차항의 계수가 1인 삼차다항식 $f(x)$가 다음 조건을 만족
시킨다.

(가) $f(0)=0$ **단서** 다항식 A를 다항식 $B(B\neq0)$로 나누었을 때의 몫을 Q, 나머지를 R라 하면 $A=BQ+R$가 성립해.
(나) $f(x)$를 $(x-2)^2$으로 나눈 나머지가 $2(x-2)$이다.

$f(x)$를 $x-1$로 나눈 몫을 $Q(x)$라 할 때, $Q(5)$의 값은?

① 3　　　　　② 6　　　　　③ 9
④ 12　　　　　⑤ 15

1st 주어진 조건을 이용하여 $f(x)$를 구하자.
$f(x)$가 최고차항의 계수가 1인 삼차다항식이므로 조건 (나)에 의하여
$f(x)=(x-2)^2(x+k)+2(x-2)$ (k는 상수) $\cdots$ ㉠이다.
삼차식 $f(x)$를 이차식 $(x-2)^2$으로 나누었을 때의 몫은 일차식이야. 그런데 $f(x)$의 최고차항의 계수가 1이므로 몫의 최고차항의 계수도 1이 되어야 해.
이때, 조건 (가)에서 $f(0)=0$이므로 ㉠의 양변에 $x=0$을 대입하면
$f(0)=4k-4=0$　∴ $k=1$
$\therefore f(x)=(x-2)^2(x+1)+2(x-2)$
$\qquad\ =(x-2)\{(x-2)(x+1)+2\}$
$\qquad\ =(x-2)(x^2-x-2+2)=(x-2)(x^2-x)$
$\qquad\ =x(x-1)(x-2)=(x-1)\{x(x-2)\} \cdots$ ㉡

2nd $Q(5)$의 값을 구해.
이때, $f(x)$를 $x-1$로 나눈 몫이 $Q(x)$이므로 ㉡에서
$Q(x)=x(x-2)$
$\therefore Q(5)=5\times3=15$

🧭 **다른 풀이:** $f(x)=x^3+ax^2+bx+c$로 놓고 조건을 이용해 a, b, c의 값 찾기

최고차항의 계수가 1인 삼차다항식 $f(x)$를
$f(x)=x^3+ax^2+bx+c$ (a, b, c는 상수)라 하면
조건 (가)에서 $f(0)=0$이므로 $c=0$
$\therefore f(x)=x^3+ax^2+bx \cdots$ ㉢
이때, $f(x)$를 $(x-2)^2$으로 나누었을 때의 몫을 $P(x)$라 하면
조건 (나)에 의하여
$f(x)=(x-2)^2P(x)+2(x-2) \cdots$ ㉣
㉢, ㉣에서
$x^3+ax^2+bx=(x-2)^2P(x)+2(x-2) \cdots$ ㉤
㉤의 양변에 $x=2$를 대입하면 $8+4a+2b=0$
$4+2a+b=0$　∴ $b=-2a-4 \cdots$ ㉥
㉥을 ㉤에 대입하면
$x^3+ax^2-(2a+4)x=(x-2)^2P(x)+2(x-2)$
$x(x^2+ax-2a-4)=(x-2)^2P(x)+2(x-2)$
$x(x+a+2)(x-2)=(x-2)\{(x-2)P(x)+2\}$
$\therefore x(x+a+2)=(x-2)P(x)+2$
위 식의 양변에 다시 $x=2$를 대입하면 $2a+8=2$
$2a=-6$　∴ $a=-3$
따라서 ㉥에 의하여 $b=-2\times(-3)-4=2$이므로
$f(x)=x^3-3x^2+2x=x(x^2-3x+2)=x(x-1)(x-2)$
$\qquad\ =(x-1)\{x(x-2)\}$
(이하 동일)

B 79 정답 ③ ·················· 나머지정리−이차식으로 나누는 경우

【 정답 공식: 다항식 P를 다항식 A로 나눌 때의 몫이 Q, 나머지가 R이면 $P=AQ+R$이다. 】

다항식 $f(x)$를 x^2-x로 나눈 나머지가 $ax+a$이고, 다항식
$f(x+1)$을 x로 나눈 나머지는 6일 때, 상수 a의 값은?
단서 다항식을 나눈 나머지가 나오지? 다항식의 나눗셈을 이용하여 $f(x)$를 나타내자.

① 1　　　　　② 2　　　　　③ 3
④ 4　　　　　⑤ 5

1st 다항식의 나눗셈을 이용하여 $f(x)$를 표현해보자.

다항식 $f(x)$를 x^2-x로 나눌 때의 몫을 $Q(x)$라 하면 나머지가 $ax+a$이므로

$$f(x)=(x^2-x)Q(x)+ax+a$$
$$=x(x-1)Q(x)+a(x+1)$$

여기에 x 대신 $x+1$을 대입하면

$$f(x+1)=(x+1)xQ(x+1)+a(x+2) \cdots \bigcirc$$

2nd 나머지의 차수는 나누는 다항식의 차수보다 낮음을 이용하여 상수 a의 값을 구하자.

$\bigcirc$에서 $f(x+1)=(x+1)xQ(x+1)+ax+2a$이므로

$$f(x+1)=x\{(x+1)Q(x+1)+a\}+2a$$

> $f(x+1)$을 x로 나누면 몫이 $\{(x+1)Q(x+1)+a\}$이고 나머지가 $2a$가 된다는 뜻이야.

이때, 다항식 $f(x+1)$을 x로 나눈 나머지가 6이라 했으므로

$$2a=6 \qquad \therefore a=3$$

톡톡 풀이: 나머지정리의 원리에 의해 $f(1)=6$임을 이용하기

다항식 $f(x+1)$을 x로 나눈 나머지는 6이라 하므로 나머지정리에 의하여

$$f(1)=6$$

따라서 $\bigcirc$에 $x=0$을 대입하면

$$f(1)=2a=6 \qquad \therefore a=3$$

> **실수** 다항식 $P(x)$를 일차식 $x-a$로 나누면 나머지는 $P(a)$야. 여기서 다항식 $f(x+1)$을 일차식 x로 나눈 거니까 나머지는 $x=0$을 대입하면 $f(0+1)=6$, 즉 $f(1)=6$이야.

B 80 정답 ② ················· 나머지정리

정답 공식: 다항식 $P(x)$를 $x-a$로 나누었을 때의 나머지를 R이라 하면 $P(a)=R$

> **단서1** $P(-2)=0, P(4)=12$
>
> 다항식 $P(x)$는 $x+2$로 나누어떨어지고, $P(x)$를 $x-4$로 나누었을 때의 나머지가 12이다. $P(x)$를 x^2-2x-8로 나누었을 때의 나머지를 $R(x)$라 할 때, $R(1)$의 값은?
> **단서2** $R(x)$의 차수는 x^2-2x-8보다 작아.
>
> ① 5 　　　② 6 　　　③ 7
> ④ 8 　　　⑤ 9

1st 나머지정리를 이용해서 $P(-2)$, $P(4)$의 값을 각각 구해.

[나머지정리]
다항식 $P(x)$를 일차식 $(x-a)$로 나누었을 때의 나머지를 R이라 하면 $R=P(a)$

나머지정리에 의하여

$P(x)$는 $x+2$로 나누어떨어지므로 $P(-2)=0$

$P(x)$를 $x-4$로 나누었을 때의 나머지가 12이므로 $P(4)=12$

2nd $R(x)$를 구하고 $R(1)$의 값을 구해.

$P(x)$를 x^2-2x-8로 나누었을 때의 몫을 $Q(x)$라 하면

> $P(x)$를 $f(x)$로 나누었을 때의 몫을 $Q(x)$, 나머지 $R(x)$라 하면 ($f(x)$의 차수)$>$($R(x)$의 차수)가 성립해.

$P(x)=(x^2-2x-8)Q(x)+R(x)$이고 $R(x)$는 일차식 또는 상수이다.

> 이차식으로 나누었으므로 나머지 $R(x)$는 일차식이거나 상수항이어야 해.

$R(x)=ax+b$라 하면

$P(x)=(x+2)(x-4)Q(x)+ax+b$이므로

$x=-2$를 대입하면 $0=P(-2)=-2a+b \cdots \bigcirc$

$x=4$를 대입하면 $12=P(4)=4a+b \cdots \bigcirc\bigcirc$

두 식을 연립하면 $a=2$, $b=4$이므로 $R(x)=2x+4$

$\therefore R(1)=6$

> $\bigcirc-\bigcirc\bigcirc$을 하면 $-12=-6a$ $\quad \therefore a=2$
> $\bigcirc$에 이 값을 대입하면 $b=4$

B 81 정답 ① ············· 나머지정리 — 이차식으로 나누는 경우

정답 공식: $P(x)$, $Q(x)$를 이용해 몫과 나머지의 관계식을 세운 후, $R(x)$를 구한다.

> **단서** $P(x)$와 $Q(x)$를 나눗셈에 대한 등식으로 나타내자.
>
> 다항식 $P(x)$를 $x-2$로 나누었을 때의 몫이 $Q(x)$, 나머지는 3이고, 다항식 $Q(x)$를 $x-1$로 나누었을 때의 나머지는 2이다. $P(x)$를 $(x-1)(x-2)$로 나누었을 때의 나머지를 $R(x)$라 하자. $R(3)$의 값은?
>
> ① 5 　　　② 7 　　　③ 9
> ④ 11 　　　⑤ 13

1st 다항식 A를 다항식 B로 나누었을 때의 몫을 Q, 나머지를 R라 하면 $A=BQ+R$이지?

다항식 $P(x)$를 $x-2$로 나누었을 때의 몫이 $Q(x)$이고 나머지가 3이므로

> (다항식)$=$(나누는 식)$\times$(몫)$+$(나머지)

$$P(x)=(x-2)Q(x)+3 \cdots \bigcirc$$

또, 다항식 $Q(x)$를 $x-1$로 나누었을 때의 나머지가 2이므로 몫을 $q(x)$라 하면

$$Q(x)=(x-1)q(x)+2 \cdots \bigcirc\bigcirc$$

$\bigcirc\bigcirc$을 $\bigcirc$에 대입하면

> 분배법칙 이용

$$P(x)=(x-2)\{(x-1)q(x)+2\}+3$$
$$=(x-2)(x-1)q(x)+2(x-2)+3$$
$$=(x-2)(x-1)q(x)+2x-1$$

따라서 $P(x)$를 $(x-1)(x-2)$로 나누었을 때의 나머지는 $R(x)=2x-1$이다.

> 이차식 $(x-1)(x-2)$로 나눈 것이므로 나머지는 일차식 꼴이야.

$$\therefore R(3)=2 \cdot 3-1=5$$

B 82 정답 16 ················· 나머지정리

정답 공식: 다항식 $P(x)$를 $(x-\alpha)(x-\beta)$로 나눈 나머지가 R이면 $P(\alpha)=P(\beta)=R$ (단, R은 상수)

> 상수 a에 대하여 다항식 $f(x)$를 $(x-a)^2$으로 나눈 나머지는 $2f(x)+6x^2-4$이다.
> **단서** 다항식의 나눗셈에서 나머지의 차수는 나누는 식의 차수보다 작아.
> $\{f(x)\}^2-2f(x)+3$을 x^2-4x-5로 나눈 나머지가 2일 때, $f(a^2)$의 값을 구하시오.

1st $f(x)$의 차수를 구하자.

$f(x)$를 이차식 $(x-a)^2$으로 나눈 나머지는 $2f(x)+6x^2-4$이므로

> 다항식 $f(x)$를 다항식 $g(x)$로 나눈 몫을 $Q(x)$, 나머지를 $R(x)$라 하면 $f(x)=g(x)Q(x)+R(x)$ ($R(x)$의 차수)$<$($g(x)$의 차수)

$2f(x)+6x^2-4$는 일차식이거나 상수이다.

따라서 $f(x)$는 이차항의 계수가 -3인 이차식이므로 두 상수 p, q에 대하여

$$f(x)=-3x^2+px+q라 하자. \cdots \bigcirc$$

2nd $f(x)$를 구하자.

$\{f(x)\}^2-2f(x)+3$을 x^2-4x-5로 나눈 몫을 $Q(x)$라 하면 나머지가 2이므로

$$\{f(x)\}^2-2f(x)+3=(x^2-4x-5)Q(x)+2$$

이때, $x^2-4x-5=(x+1)(x-5)$이므로

$$\{f(x)\}^2-2f(x)+3=(x+1)(x-5)Q(x)+2 \cdots \bigcirc\bigcirc$$

$\bigcirc\bigcirc$의 양변에 $x=-1$을 대입하면

> 양변에 $x=-1$, $x=5$를 각각 대입하여 우변을 간단히 해.

$$\{f(-1)\}^2-2f(-1)+3=2$$
$$\{f(-1)\}^2-2f(-1)+1=0$$

$\{f(-1)-1\}^2=0$이므로 $f(-1)=1$에서
$f(-1)=-3-p+q(\because \bigcirc)=1$
$\therefore p-q=-4 \cdots ©$
©의 양변에 $x=5$을 대입하면
$\{f(5)\}^2-2f(5)+3=2$
$\{f(5)\}^2-2f(5)+1=0$
$\{f(5)-1\}^2=0$이므로 $f(5)=1$
$f(5)=-75+5p+q(\because \bigcirc)=1$
$\therefore 5p+q=76 \cdots ②$

©, ②을 연립하면 $p=12$, $q=16$이고 → ©+②에서 $6p=72$, 즉 $p=12$이고, 이 값을 ②에 대입하면 $q=16$
$f(x)=-3x^2+12x+16 \cdots ⑩$이다.

3rd $f(x)$의 식을 이용하여 a의 값과 $f(a^2)$의 값을 구하자.

$f(x)=-3x^2+12x+16$을 $(x-a)^2$으로 나눈 나머지는
$2f(x)+6x^2-4=2(-3x^2+12x+16)+6x^2-4=24x+28$이므로
$f(x)=(x-a)^2\times(-3)+24x+28$이라 하자.

위 식의 양변에 $x=a$를 대입하면 → $f(x)$가 최고차항의 계수가 -3인 이차식이므로 $(x-a)^2$으로 나누면 몫은 최고차항의 계수인 -3이 돼.
$f(a)=24a+28$
⑩에서
$f(a)=-3a^2+12a+16$이므로
$-3a^2+12a+16=24a+28$
$3a^2+12a+12=0$, $a^2+4a+4=0$
$(a+2)^2=0 \quad \therefore a=-2$
$\therefore f(a^2)=f(4)=-48+48+16(\because ⑩)=16$

B 83 정답 ② ················· 나머지정리 − 이차식으로 나누는 경우

(**정답 공식:** 다항식 $f(x)$를 일차식 $x-a$으로 나눌 때의 나머지는 $f(a)$이다.)

> **단서1** 다항식 $f(x)$의 차수를 알려주지 않았으므로 조건을 이용하여 차수를 알아내야 해.
> 다항식 $f(x)$와 최고차항의 계수가 1인 삼차다항식 $g(x)$가 다음 조건을 만족시킨다.
>
> > **단서2** 다항식을 일차식으로 나누었을 때의 나머지는 상수야.
> > 다항식 $f(x)+g(x)$를 x로 나누었을 때의 나머지와 다항식 $f(x)+g(x)$를 x^2+2x-2로 나누었을 때의 나머지가 $x^2+2x-\frac{1}{2}f(x)$로 같다.
> > **단서3** $x^2+2x-\frac{1}{2}f(x)$가 상수가 되어야 하므로 $f(x)$를 추론할 수 있어.
>
> $g(1)=7$일 때, $f(3)$의 값은?
> **단서4** $g(1)=7$을 통해 $f(x)+g(x)$에 대한 항등식에 $x=1$을 대입해야 해.
> ① 20 ② 22 ③ 24 ④ 26 ⑤ 28

1st 나머지정리를 이용하여 다항식 $f(x)$를 추론한다.

다항식 $f(x)+g(x)$를 x로 나누었을 때의 나머지 $x^2+2x-\frac{1}{2}f(x)$는
─────────
상수이므로   나머지정리에 의해 $f(x)+g(x)$에 $x=0$을 대입한 값이 $x^2+2x-\frac{1}{2}f(x)$와 같아.
→ 다항식 $f(x)$를 다항식 $g(x)$로 나눌 때 몫이 $Q(x)$이고 나머지가 $R(x)$라 하면 $(g(x)$의 차수$)>(R(x)$의 차수$)$야. 즉, 일차식으로 나누면 나머지는 상수야.
$f(0)+g(0)=x^2+2x-\frac{1}{2}f(x)=R(R$는 상수$) \cdots \bigcirc$
$f(x)=2x^2+4x-2R \cdots ©$

2nd 다항식 $f(x)+g(x)$의 조건을 이용하여 나머지 R의 값을 구해.
다항식 $f(x)+g(x)$는 최고차항의 계수가 1인 삼차식이고
다항식 $g(x)$는 최고차항의 계수가 1인 삼차다항식이고 $f(x)$가 이차식이므로 $f(x)+g(x)$는 최고차항의 계수가 1인 삼차다항식이야.
다항식 $f(x)+g(x)$를 x로 나누었을 때의 나머지와 x^2+2x-2로

나누었을 때의 나머지가 모두 R이므로
$f(x)+g(x)=x(x^2+2x-2)+R \cdots ©$
다항식 $f(x)+g(x)$를 x로 나누었을 때의 몫은 x^2+2x-2, 나머지는 R이고, 다항식 $f(x)+g(x)$를 x^2+2x-2로 나누었을 때의 몫은 x, 나머지는 R야.
©에 ©을 대입하면
$2x^2+4x-2R+g(x)=x^3+2x^2-2x+R$
$g(x)=x^3-6x+3R$
$g(1)=7$에서 $R=4$
따라서 $f(3)=18+12-8=22$

🎯 **다른 풀이:** $f(0)+g(0)=R$임을 이용하여 © 구하기

$f(x)+g(x)$는 최고차항의 계수가 1인 삼차다항식이고 x^2+2x-2로 나누었을 때의 나머지가 R이므로 몫을 일차항의 계수가 1인 일차식 $x-a$라 하자.
$f(x)+g(x)=(x^2+2x-2)(x-a)+R$이므로
$x=0$을 대입하면
$f(0)+g(0)=2a+R=R (\because \bigcirc) \quad \therefore a=0$
$\therefore f(x)+g(x)=x(x^2+2x-2)+R$
(이하 동일)

B 84 정답 ③ ················· 나머지정리 − 삼차식으로 나누는 경우

(**정답 공식:** 삼차식으로 나눈 나머지는 이차 이하의 다항식이므로, 이를 $R(x)=ax^2+bx+c$라 놓은 후, $x=0$, $x=1$, $x=2$를 대입해 a, b, c를 구한다.)

> **단서** 삼차식으로 나눈 나머지는 이차식으로 놓아야겠지?
> 다항식 $2x^5-5$를 $x(x-1)(x-2)$로 나누었을 때의 나머지를 $R(x)$라 할 때, $R(-1)$의 값은?
> ① 51 ② 52 ③ 53 ④ 54 ⑤ 55

1st 주어진 다항식을 삼차식으로 나눈 나머지를 ax^2+bx+c로 놓고 나머지정리를 이용해.

주어진 다항식을 $f(x)$라 하고 이 식을 삼차식으로 나눈 몫을 $Q(x)$, 나머지를 $R(x)=ax^2+bx+c(a, b, c$는 상수$)$로 놓으면 [주의]
$f(x)=2x^5-5=x(x-1)(x-2)Q(x)+ax^2+bx+c$
이다. 나머지정리를 이용하자.
주의 → 다항식의 나눗셈에서 나머지는 나누는 식보다 항상 차수가 낮아야 함을 기억해야 해.
$f(0)=-5=c \quad \therefore c=-5$
$f(1)=2-5=a+b-5$
$\therefore a+b=2 \cdots \bigcirc$
$f(2)=64-5=4a+2b-5$
$\therefore 2a+b=32 \cdots ©$
좌변과 우변을 따로 계산하는 것보다 양변에 있는 -5를 소거하고 계산하는 게 빨라.

2nd $R(x)$를 구해.

$\bigcirc$, ©을 연립하여 풀면
$a=30$, $b=-28$
따라서 구하는 나머지는 $R(x)=30x^2-28x-5$이므로
$R(-1)=30+28-5=53$

B 85 정답 $8x^2-4x+1$ ··· 나머지정리 − 삼차식으로 나누는 경우

(**정답 공식:** 삼차식으로 나눈 나머지는 이차 이하의 다항식이므로, 이를 $R(x)=ax^2+bx+c$라 놓은 후, $x=0$, $x=-2$, $x=2$를 대입해 a, b, c를 구한다.)

> 다항식 $x^7-4x^5+2x^4-x^3+1$을 $x(x+2)(x-2)$로 나누었을 때의 나머지를 구하시오. **단서** 삼차식으로 나눈 나머지를 이차식으로 놓은 후 $A=BQ+R$로 식을 세우고, 나머지정리를 이용해.

1st 주어진 다항식을 삼차식으로 나눈 나머지를 ax^2+bx+c로 놓고 나머지정리를 이용해.

주어진 다항식을 $f(x)$라 하고 이 식을 삼차식으로 나눈 몫을 $Q(x)$, 나머지를 ax^2+bx+c (a, b, c는 상수)로 놓으면

$f(x)=x^7-4x^5+2x^4-x^3+1$ ← 나머지는 나누는 다항식보다 차수가 더 낮아야 해.
$=x(x+2)(x-2)Q(x)+ax^2+bx+c$

나머지정리를 이용하면
$f(0)=1=c$ ∴ $c=1$
$f(-2)=-128+128+32+8+1=4a-2b+1$
이므로 $4a-2b=40$에서 $2a-b=20$ ⋯ ㉠
$f(2)=128-128+32-8+1=4a+2b+1$
이므로 $4a+2b=24$에서 $2a+b=12$ ⋯ ㉡

2nd 연립방정식을 풀어서 a, b의 값을 구하자.

㉠+㉡에서 $4a=32$ ∴ $a=8$
$a=8$을 ㉡에 대입하면
$16+b=12$ ∴ $b=-4$
따라서 구하는 나머지는 $8x^2-4x+1$이다.

B 86 정답 ⑤ ·················· 나머지정리 — 삼차식으로 나누는 경우

정답 공식: $P(x)$를 $2x^2+1$로 나누었을 때의 몫을 $Q(x)$라 하고, $P(-2)=15$임을 이용해 $Q(-2)$를 구하고, 이를 이용해 $Q(x)$에 대한 몫과 나머지 표현을 세운 후, 이를 다시 $P(x)$의 관계식에 대입해 삼차식으로 나눈 나머지를 구한다.

단서 1 $P(x)=(2x^2+1)Q_1(x)+x-1$로 놓을 수 있어.
다항식 $P(x)$를 $2x^2+1$로 나누었을 때의 나머지가 $x-1$이고, $x+2$로 나누었을 때의 나머지가 15이다. 이때, $P(x)$를 $(2x^2+1)(x+2)$로 나누었을 때의 나머지는?

단서 2 $P(x)=(x+2)Q_2(x)+15$로 놓을 수 있지.

① $-4x^2-x+1$ ② $-4x^2+x+1$
③ $4x^2-x-1$ ④ $4x^2-x+1$
⑤ $4x^2+x+1$

단서 3 삼차식으로 나눈 나머지는 이차 이하의 다항식이야. 조건에서 $2x^2+1$로 나눈 나머지가 나와 있으니까 이용해 봐.

1st 조건들을 식으로 표현해 보자.

다항식 $P(x)$를 $2x^2+1$로 나누었을 때의 몫을 $Q_1(x)$라 하면 나머지가 $x-1$이므로 $P(x)=(2x^2+1)Q_1(x)+x-1$ ⋯ ㉠
또한, $P(x)$를 $x+2$로 나누었을 때의 몫을 $Q_2(x)$라 하면 나머지가 15이므로 $P(x)=(x+2)Q_2(x)+15$ ⋯ ㉡

2nd $P(x)$를 삼차식으로 나누었을 때의 나머지를 ㉠을 이용하여 표현해 보자.

$P(x)$를 $(2x^2+1)(x+2)$로 나눈 몫을 $Q(x)$, 나머지를 $R(x)$라 하면
$P(x)=(2x^2+1)(x+2)Q(x)+R(x)$이고,
$R(x)$는 이차 이하의 다항식이다. → $R(x)=\square x^2+\star x+\triangle$
이때, ㉠에서 $P(x)$를 $2x^2+1$로 나눈 나머지가 $x-1$이므로
나머지인 $R(x)$를 $2x^2+1$로 나눈 나머지도 $x-1$이다.
따라서 $R(x)=a(2x^2+1)+x-1$로 놓을 수 있으므로
$P(x)=(2x^2+1)(x+2)Q(x)+a(2x^2+1)+x-1$ ⋯ ㉢

실수 나머지 $R(x)$는 이차식이므로 이를 이차식인 $2x^2+1$로 나누었을 때 몫은 상수 a가 되고, $R(x)=a(2x^2+1)+x-1$ 꼴로 나타낼 수 있어. → 주어진 조건을 이용하여 나머지를 이렇게 놓는 것이 이 문제 풀이의 핵심이야!

3rd ㉡을 이용하여 $R(x)$를 구해보자.

㉡에서 $P(-2)=15$이므로 이것을 ㉢에 대입하면
$15=9a-3$ ∴ $a=2$
∴ $R(x)=2(2x^2+1)+x-1$
$=4x^2+x+1$

B 87 정답 ① ·················· 나머지정리 – 삼차식으로 나누는 경우

정답 공식: 다항식 $f(x)$를 $g(x)$로 나눈 몫을 $Q(x)$, 나머지를 $R(x)$라 하면 $f(x)=g(x)Q(x)+R(x)$이다. (단, $R(x)$의 차수는 $g(x)$보다 낮다.)

다항식 $f(x)$가 다음 조건을 만족시킨다.

단서 1 3차식으로 나누었으니 나머지는 2차 이하의 다항식이야.
(가) $f(x)$를 x^3-1로 나눈 몫과 나머지는 서로 같다.
(나) $f(x)-x$는 x^2+x+1로 나누어떨어진다.
단서 2 $x^3-1=(x-1)(x^2+x+1)$을 통해 두 조건 (가), (나)의 관계를 생각해 보자.

$f(x)$를 $x-2$로 나눈 나머지가 72일 때, $f(1)$의 값은?

① 4   ② 7   ③ 10   ④ 13   ⑤ 16

1st 조건 (가)를 식으로 나타내자.

조건 (가)에서 다항식 $f(x)$를 x^3-1로 나눈 몫과 나머지를 $g(x)$라 하면 $g(x)$의 차수는 2 이하이므로 $g(x)=ax^2+bx+c$일 때,
$f(x)=(x^3-1)(ax^2+bx+c)+ax^2+bx+c$ ⋯ ㉠
라 할 수 있다. → 조건 (가)에서 몫과 나머지는 동일하니 다음과 같이 식을 설정해야 해.

2nd 조건 (나)를 통해 a, b, c의 관계를 파악하자.

조건 (나)를 이용하기 위해 ㉠을 변형하면
$f(x)-x=(x^3-1)(ax^2+bx+c)+ax^2+(b-1)x+c$
$=(x^2+x+1)(x-1)(ax^2+bx+c)+ax^2+(b-1)x+c$
2차식으로 나눈 나머지는 1차식 또는 상수가 되어야 하니 $ax^2+(b-1)x+c$에서 $a(x^2+x+1)$을 묶어.
$=(x^2+x+1)\{(x-1)(ax^2+bx+c)+a\}$
$+(b-1-a)x+c-a$
조건 (나)에서 $f(x)-x$는 x^2+x+1로 나누어떨어지므로
$b-1-a=0$, $c-a=0$
$b=a+1$, $c=a$

3rd $f(x)$를 파악하여 답을 구하자.

이를 ㉠에 대입하면
$f(x)=(x^3-1)\{ax^2+(a+1)x+a\}+ax^2+(a+1)x+a$
$f(x)$를 $x-2$로 나눈 나머지가 72이므로
$f(2)=7\times(7a+2)+7a+2=8(7a+2)=72$
∴ $a=1$
$f(x)=(x^3-1)(x^2+2x+1)+(x^2+2x+1)$
$=x^3(x+1)^2$
이므로 $f(1)=1^3\times2^2=4$이다.

B 88 정답 ① ·················· 나머지정리를 이용한 미정계수 구하기

정답 공식: 다항식 $f(x)$를 일차식 $x-a$로 나누었을 때의 나머지는 $f(a)$이다.

다항식 $f(x)$를 $(x-3)(2x-a)$로 나눈 몫은 $x+1$이고 나머지는 6이다.
단서 1 다항식 $A(x)$를 다항식 $B(x)$로 나눈 몫이 $Q(x)$, 나머지가 $R(x)$이면 $A(x)=B(x)Q(x)+R(x)$야.
다항식 $f(x)$를 $x-1$로 나눈 나머지가 6일 때, 상수 a의 값은?
단서 2 나머지정리에 의하여 $f(1)=6$이지?

① 2   ② 4   ③ 6   ④ 8   ⑤ 10

1st 다항식 $f(x)$를 몫과 나머지를 이용하여 나타내자.

다항식 $f(x)$를 $(x-3)(2x-a)$로 나눈 몫이 $x+1$이고 나머지가 6이므로 $f(x)=(x-3)(2x-a)(x+1)+6$ ⋯ ㉠

2nd 나머지정리를 이용하여 $f(1)$의 값을 구하자.

이때, 다항식 $f(x)$를 $x-1$로 나눈 나머지가 6이므로

나머지정리에 의해 $f(1)=6$이다.
다항식 $f(x)$를 일차식 $x-a$로 나누었을 때의 나머지는 $f(a)$야.

3rd $f(1)$의 값을 이용하여 a의 값을 구하자.
따라서 ㉠에 $x=1$을 대입하면
$$f(1)=(1-3)\times(2-a)\times(1+1)+6$$
$$=-4(2-a)+6=4a-2=6$$
$4a=8$　∴ $a=2$

🔧 **톡톡 풀이: 주어진 조건으로 항등식을 만들어 양변의 인수 비교하기**

다항식 $f(x)$를 $(x-3)(2x-a)$로 나눈 몫이 $x+1$이고 나머지가 6이므로
$$f(x)=(x-3)(2x-a)(x+1)+6 \cdots ㉡$$
한편, 다항식 $f(x)$를 $x-1$로 나눈 몫을 $Q(x)$라 하면 나머지가 6이므로
$$f(x)=(x-1)Q(x)+6 \cdots ㉢$$
㉡, ㉢에서
$$(x-3)(2x-a)(x+1)=(x-1)Q(x)$$
따라서 $(x-3)(2x-a)(x+1)$은 $x-1$을 인수로 가져야 하므로
$2x-a=2(x-1)$에서 $a=2$야.
$(x-3)(2x-a)(x+1)=(x-1)Q(x)$가 항등식이고 등식의 우변이 $x-1$을 인수로 가지므로 좌변도 $x-1$을 인수로 가져야 해.
그런데 $x-3$, $x+1$은 $x-1$을 인수로 가질 수 없으므로 $2x-a$가 $x-1$을 인수로 가져야 함을 알 수 있어.

B 89 정답 ③ ················· 나머지정리를 이용한 미정계수 구하기

[정답 공식: 다항식 $f(x)$를 $x-a$로 나누었을 때의 나머지를 R라 하면 $R=f(a)$이다.]

> x에 대한 다항식 $x^5+ax^2+(a+1)x+2$를 $x-1$로 나누었을 때의 몫은 $Q(x)$이고 나머지는 6이다. $a+Q(2)$의 값은?
> **단서** 일차식으로 나누니까 나머지정리를 이용해.
> (단, a는 상수이다.)
> ① 33　② 35　③ 37
> ④ 39　⑤ 41

1st 상수 a의 값을 구하자.
x에 대한 다항식 $x^5+ax^2+(a+1)x+2$를 $x-1$로 나눈 몫이 $Q(x)$, 나머지가 6이므로
$$x^5+ax^2+(a+1)x+2=(x-1)Q(x)+6 \cdots ㉠$$
이 식에 $x=1$을 대입하면
$$1^5+a\times1^2+(a+1)\times1+2=6$$
$2a+4=6$　∴ $a=1$

다항식 $f(x)$를 다항식 $g(x)$로 나누었을 때의 몫을 $Q(x)$, 나머지를 $R(x)$라 하면 $f(x)=g(x)Q(x)+R(x)$가 성립해.
→ $x=1$을 대입하면 $x-1=0$이므로 $Q(x)$의 식을 몰라도 a의 값을 구할 수 있어.

2nd $Q(2)$의 값을 구하자.
㉠에 $a=1$을 대입하면
$$x^5+x^2+2x+2=(x-1)Q(x)+6$$
이 식에 $x=2$를 대입하면
→ $Q(2)$의 값을 구하기 위해서 $x=2$를 대입해.
$$2^5+2^2+2\times2+2=(2-1)\times Q(2)+6$$
∴ $Q(2)=42-6=36$
∴ $a+Q(2)=1+36=37$

🔧 **톡톡 풀이: 조립제법 이용하기**

조립제법을 이용하여
다항식 $x^5+ax^2+(a+1)x+2$를 $x-1$로 나눈 몫과 나머지를 구하면 몫은 $x^4+x^3+x^2+(a+1)x+(2a+2)$이고 나머지는 $2a+4$야.
즉, $2a+4=6$에서 $a=1$이고
이것을 $Q(x)=x^4+x^3+x^2+(a+1)x+(2a+2)$에 대입하면
$$Q(x)=x^4+x^3+x^2+2x+4$$
∴ $Q(2)=16+8+4+4+4=36$
(이하 동일)

B 90 정답 ② ················· 나머지정리를 이용한 미정계수 구하기

[정답 공식: 주어진 다항식을 $f(x)$라 하면 $f(2)=f(-1)$임을 이용한다.]

> **단서** 주어진 다항식을 $f(x)$라 놓으면 나머지정리에 의해 $f(2)=f(-1)$
> 다항식 x^3+ax^2-5x+4를 $x-2$로 나눌 때의 나머지와 $x+1$로 나눌 때의 나머지가 같을 때, 상수 a의 값은?
> ① 1　② 2　③ 3
> ④ 4　⑤ 5

1st 나머지정리를 이용하여 a에 대한 방정식을 구해.
$f(x)=x^3+ax^2-5x+4$로 놓으면 나머지정리에 의해
$$f(2)=f(-1)$$
즉, $f(2)=8+4a-10+4=4a+2$,
$f(-1)=-1+a+5+4=a+8$이므로 $4a+2=a+8$
∴ $a=2$
$f(2)=f(-1)$을 적용한 거야.

B 91 정답 ② ················· 나머지정리를 이용한 미정계수 구하기

[정답 공식: 다항식 $f(x)$를 일차식 $x-a$로 나눈 나머지는 $f(a)$이다.]

> x에 대한 다항식 x^3-x^2-ax+5를 $x-2$로 나누었을 때의 몫은 $Q(x)$, 나머지는 5이다. $Q(a)$의 값은? (단, a는 상수이다.)
> **단서** 다항식을 일차식으로 나누었지? 나머지정리를 이용할 수 있는지 알아보자.
> ① 5　② 6　③ 7　④ 8　⑤ 9

1st 다항식을 일차식으로 나누었으니까 나머지정리를 이용하여 상수 a의 값을 구하자.
[나머지정리]
다항식 $f(x)$를 일차식 $x-a$로 나눈 나머지는 $f(a)$야.
$f(x)=x^3-x^2-ax+5$로 놓자.
다항식 $f(x)$를 $x-2$로 나눈 나머지는 $f(2)$이므로
$$f(2)=2^3-2^2-2a+5=-2a+9$$
그런데 나머지가 5라 하므로
$-2a+9=5$, $2a=4$　∴ $a=2$

2nd 다항식 $f(x)$를 다항식 $g(x)$로 나눈 몫이 $Q(x)$, 나머지가 $R(x)$이면 $f(x)=g(x)Q(x)+R(x)$로 나타낼 수 있지?
x^3-x^2-2x+5를 $x-2$로 나누었을 때의 몫은 $Q(x)$, 나머지는 5이므로
$$x^3-x^2-2x+5=(x-2)Q(x)+5$$
$$x^3-x^2-2x=(x-2)Q(x)$$
그런데 $x^3-x^2-2x=x(x^2-x-2)=(x-2)x(x+1)$이므로
$(x-2)x(x+1)=(x-2)Q(x)$에서 $Q(x)=x(x+1)$
∴ $Q(a)=Q(2)$
　　$=2\times3=6$

주의 $(x-2)x(x+1)=(x-2)Q(x)$에서 좌우가 같기 위해서 $Q(x)=x(x+1)$로 놓는데 특수한 경우, 즉 $x=2$인 경우에는 정할 수가 없게 되기 때문에 항등식인지를 먼저 따져야 가능해.

📐 **다른 풀이: 조립제법을 이용하여 몫과 나머지 구하기**

다항식을 일차식으로 나누었으니까 조립제법을 이용하자.

2	1	-1	$-a$	5
		2	2	$4-2a$
	1	1	$2-a$	$9-2a$

나머지가 5이므로 $9-2a=5$　∴ $a=2$
$Q(x)$는 몫이므로 $Q(x)=x^2+x+(2-a)=x^2+x$
∴ $Q(a)=Q(2)=2^2+2=6$

B92 정답 ③ ·················· 나머지정리를 이용한 미정계수 구하기

(정답 공식: 나머지정리를 이용하여 a, b, c를 구한다. **)**

> **단서1** $ax^3+bx^2+3x=(x^2-4)Q_1(x)+11x+8$로 놓자.
>
> 다항식 ax^3+bx^2+3x를 x^2-4로 나눈 나머지가 $11x+8$이
> 고, x^2-2x로 나눈 나머지가 cx이다. 상수 a, b, c에 대하여
> $a+b+c$의 값은? **단서2** $ax^3+bx^2+3x=(x^2-2x)Q_2(x)+cx$로 놓자.
>
> ① 15   ② 17   ③ 19   ④ 21   ⑤ 23

1st 주어진 다항식을 $A=BQ+R$ 꼴로 표현하자.

먼저, 나누는 다항식 x^2-4와 x^2-2x를 인수분해하면 $\rightarrow$ 나누는 다항식이 일차식의 곱으로 인수분해되면 나머지정리를 이용할 수 있어.
$x^2-4=(x+2)(x-2)$
$x^2-2x=x(x-2)$
한편, 다항식 ax^3+bx^2+3x를 x^2-4로 나누었을 때의 몫을 $Q_1(x)$라
하면 나머지가 $11x+8$이고, x^2-2x로 나누었을 때의 몫을 $Q_2(x)$라 하
면 나머지가 cx이므로
$$ax^3+bx^2+3x=(x+2)(x-2)Q_1(x)+11x+8$$
$$=x(x-2)Q_2(x)+cx$$

2nd 나머지정리를 이용하여 a, b, c의 값을 구해보자.

나머지정리를 이용하여 연립방정식을 풀자.
(ⅰ) $ax^3+bx^2+3x=(x+2)(x-2)Q_1(x)+11x+8$에서
$x=-2$를 대입하면
$-8a+4b-6=-14$ ∴ $2a-b=2 \cdots$ ㉠
$x=2$를 대입하면
$8a+4b+6=30$ ∴ $2a+b=6 \cdots$ ㉡
㉠, ㉡을 연립하여 풀면 $a=2$, $b=2$
(ⅱ) $2x^3+2x^2+3x=x(x-2)Q_2(x)+cx$에서
$x=2$를 대입하면
$16+8+6=2c$ ∴ $c=15$
∴ $a+b+c=2+2+15=19$

B93 정답 ② ·················· 나머지정리를 이용한 미정계수 구하기

(정답 공식: 다항식 $f(x)$를 $x-a$로 나누었을 때의 나머지를 R이라 하면
$R=f(a)$이다. **)**

> 다항식 x^3+ax^2-x-1을 x^2-1로 나눈 몫은 $Q(x)$이고,
> 나머지는 상수 R이다. $Q(a)=R$일 때, 실수 a의 값은?
>
> **단서** 다항식의 나눗셈을 이용하여 x^3+ax^2-x-1을
> 두 다항식 x^2-1, $Q(x)$와 상수 R을 이용하여 나타내 봐.
>
> ① -2 ② -1 ③ 0
> ④ 1   ⑤ 2

1st R을 a에 대한 식으로 나타내자.

다항식 x^3+ax^2-x-1을 x^2-1로 나눈 몫이 $Q(x)$이고,
나머지가 R이므로
$x^3+ax^2-x-1=(x^2-1)Q(x)+R \cdots$ ㉠
㉠의 양변에 $x=1$ 또는 $x=-1$을 대입하면
$x^3+ax^2-x-1=(x^2-1)Q(x)+R$에
$x=1$을 대입하면 $R=1+a-1-1=a-1$
$x=-1$을 대입하면 $R=-1+a+1-1=a-1$
$R=a-1$

2nd $R=a-1$임을 이용하여 $Q(x)$를 구하자.

$R=a-1$을 ㉠에 대입하면
$x^3+ax^2-x-1=(x^2-1)Q(x)+a-1$에서
$(x^2-1)Q(x)=x^3+ax^2-x-1-(a-1)$
$=x^3+ax^2-x-a=x^2(x+a)-(x+a)$
$=(x^2-1)(x+a)$

∴ $Q(x)=x+a$
$(x^2-1)Q(x)=(x^2-1)(x+a)$는 x에 대한 항등식이야.

3rd a의 값을 구하자.

이때, $Q(a)=R$이므로
$a+a=a-1$ ∴ $a=-1$

B94 정답 ① ···························· 나머지정리의 응용

(정답 공식: 다항식 $f(x)$를 다항식 $g(x)$로 나눈 몫과 나머지를 각각 $Q(x)$,
$R(x)$라 하면 $f(x)=g(x)Q(x)+R(x)$가 성립한다. **)**

> **단서1** $f(x+3)$을 $(x+2)(x-1)$로 나눈 몫과 나머지를 이용하여 나타낼 수 있지?
>
> 다항식 $f(x+3)$을 $(x+2)(x-1)$로 나눈 나머지가 $3x+8$일
> 때, 다항식 $f(x^2)$을 $x+2$로 나눈 나머지는?
> **단서2** 나머지정리를 이용하여 나머지를 구해.
>
> ① 11   ② 12   ③ 13   ④ 14   ⑤ 15

1st $f(x+3)$을 $(x+2)(x-1)$로 나눈 몫과 나머지를 이용하여 나타내.

다항식 $f(x+3)$을 $(x+2)(x-1)$로 나눈 몫을 $Q(x)$라 하면 나머지
가 $3x+8$이므로
$$f(x+3)=(x+2)(x-1)Q(x)+3x+8 \cdots ㉠$$

2nd 나머지정리를 이용하여 $f(x^2)$을 $x+2$로 나눈 나머지를 구해.

나머지정리에 의하여 $f(x^2)$을 $x+2$로 나눈 나머지는
다항식 $f(x)$를 일차식 $x-a$로 나눈 몫을 $Q(x)$, 나머지를 R라 하면
$f(x)=(x-a)Q(x)+R$이고, 등식의 양변에 $x=a$를 대입하면 $f(a)=R$이므로
$f(x)$를 $x-a$로 나눈 나머지는 $f(a)$야.
$f((-2)^2)=f(4) \cdots$ ㉡이다.
이때, $x=1$을 ㉠에 대입하면 $\rightarrow$ $f(x^2)$을 $x+2$로 나눈 몫과 나머지를 각각 $Q'(x)$, R라 하면 $f(x^2)=(x+2)Q'(x)+R$이지?
$x+3=4$에서 $x=1$이고 구하는 것이 $f(4)$의 값이니까 ㉠에 $x=1$을 대입하는 거야.   이 식의 양변에 $x=-2$를 대입하면 $f(4)=R$이므로 나머지는 $f(4)$임을 알 수 있어.
$f(1+3)=(1+2)(1-1)Q(1)+3\times1+8$에서
$f(4)=11$
따라서 ㉡에 의하여 $f(x^2)$을 $x+2$로 나눈 나머지는 $f(4)=11$이다.

🎯 **톡톡 풀이:** $f(x+3)$에 대한 식을 치환을 이용해 $f(x^2)$에 대한 식으로 변형하기

다항식 $f(x+3)$을 $(x+2)(x-1)$로 나눈 몫을 $Q(x)$라 하면 나머지가
$3x+8$이므로 $f(x+3)=(x+2)(x-1)Q(x)+3x+8$
이 식의 양변에 x 대신 $t-3$을 대입하면 $\rightarrow$ $f(x+3)$에 대한 등식을 좀 더 간단히 하기 위해 $x+3=t$라 하면 $x=t-3$이 돼.
$f(t)=(t-1)(t-4)Q(t-3)+3(t-3)+8$
다시 양변에 t 대신 x^2을 대입하면
$f(x^2)=(x^2-1)(x^2-4)Q(x^2-3)+3(x^2-3)+8$
$=(x^2-1)(x^2-4)Q(x^2-3)+3x^2-1$
$=(x+1)(x-1)(x+2)(x-2)Q(x^2-3)$
$+3(x+2)(x-2)+11$ $\rightarrow 3x^2-1=3(x^2-4)+11$
$=3(x+2)(x-2)+11$
$=(x+2)\{(x+1)(x-1)(x-2)Q(x^2-3)+3(x-2)\}+11$
따라서 $f(x^2)$을 $x+2$로 나눈 몫은
$(x+1)(x-1)(x-2)Q(x^2-3)+3(x-2)$이고 나머지는 11이야.

B95 정답 46 ···························· 나머지정리의 응용

(정답 공식: $x=2$, $x=-2$를 대입해 a, b에 관한 식을 2개 얻고 a, b를 구한다. **)**

> x에 대한 삼차다항식   **단서** $x^2-4=0$이 되는 x의 값은 ±2야.
> $x=\pm2$를 대입하면 나머지만 남겠지.
> $$P(x)=(x^2-x-1)(ax+b)+2$$
> 에 대하여 $P(x+1)$을 x^2-4로 나눈 나머지가 -3일 때,
> $50a+b$의 값을 구하시오. (단, a, b는 상수이다.)

1st $P(x+1)$을 몫과 나머지를 이용하여 나타내봐.

$P(x)=(x^2-x-1)(ax+b)+2 \cdots \text{㉠}$

한편, $P(x+1)$을 x^2-4로 나눈 나머지가 -3이므로 몫을 $Q(x)$라 하면

$P(x+1)=(x^2-4)Q(x)-3$
$\qquad\quad =(x-2)(x+2)Q(x)-3 \cdots \text{㉡}$

2nd x에 적절한 값을 대입하여 a와 b의 관계식을 구해보자.

㉡에 $x=2$를 대입하면 ┌ ㉡에서 $Q(x)$의 식을 알 수 없으므로 $Q(x)$의 식에
$P(3)=-3$ │ 관계없이 항상 성립하도록 하는 x의 값, 즉
㉡에 $x=-2$를 대입하면 └ $(x-2)(x+2)=0$인 $x=2$와 $x=-2$를 대입하는 거야.
$P(-1)=-3$

이때, ㉠에 $x=3$을 대입하면
$P(3)=(9-3-1)(3a+b)+2=5(3a+b)+2$
이때, $P(3)=-3$이므로
$5(3a+b)+2=-3,\ 5(3a+b)=-5$
$\therefore 3a+b=-1 \cdots \text{㉢}$

또한, ㉠에 $x=-1$을 대입하면
$P(-1)=(1+1-1)(-a+b)+2=-a+b+2$
이때, $P(-1)=-3$이므로
$-a+b+2=-3 \quad \therefore -a+b=-5 \cdots \text{㉣}$

㉢, ㉣을 연립하여 풀면
$a=1,\ b=-4 \qquad \therefore 50a+b=50-4=46$

B 96 정답 ③ ┄┄┄┄┄┄┄┄┄┄┄┄ 나머지정리의 응용

> **정답 공식**: $x=2$를 대입해 R을 구하고, 다항식의 모든 계수의 합은 $x=1$을 대입한 식의 값임을 이용한다.

> **단서1** x^{50}을 나눗셈에 대한 등식으로 표현하자.
> 다항식 x^{50}을 $x-2$로 나눌 때의 몫을 $Q(x)$, 나머지를 R라 할 때, $Q(x)$의 상수항을 포함한 모든 계수의 총합은?
> ① $2^{49}-1$ ② 2^{49} ③ $2^{50}-1$
> ④ 2^{50} ⑤ $2^{50}+1$ **단서2** 상수항을 포함한 모든 계수의 총합은 $Q(1)$이야.

1st x^{50}을 $x-2$로 나눈 몫과 나머지를 이용하여 나타내봐.
$x^{50}=(x-2)Q(x)+R$에 $x=2$를 대입하면 $R=2^{50}$

2nd 상수항을 포함한 모든 계수의 총합은 $x=1$을 대입한 값이겠지?
$Q(x)$의 상수항을 포함한 모든 계수의 총합은 $Q(1)$이므로

$x=1$을 대입하면
$1=-Q(1)+2^{50}$
$\therefore Q(1)=2^{50}-1$
따라서 $Q(x)$의 상수항을 포함한 모든 계수의 총합은
$2^{50}-1$이다. $Q(x)=a_{49}x^{49}+a_{48}x^{48}+\cdots+a_1x+a_0$이므로 $x=1$을 대입하면 $Q(1)=a_{49}+a_{48}+\cdots+a_1+a_0$이 되어 $Q(1)$이 모든 계수와 상수항의 총합이 돼.

> **함정** 상수항을 포함한 모든 계수의 총합을 구할 때에는 미지수에 1을 대입하여 미지수를 소거시켜 주면 구할 수 있어.

B 97 정답 91 ┄┄┄┄┄┄┄┄┄┄┄┄ 나머지정리의 응용

> **정답 공식**: 다항식 $f(x)$를 $g(x)$로 나누었을 때의 몫을 $Q(x)$, 나머지를 $R(x)$라 하면 $f(x)=g(x)Q(x)+R(x)$가 성립한다.

> **단서** 나머지는 나누는 식보다 차수가 작아.
> 다항식 $P(x)$에 대하여 $(x-2)P(x)-x^2$을 $P(x)-x$로 나누었을 때의 몫은 $Q(x)$, 나머지는 $P(x)-3x$이다.
> $P(x)$를 $Q(x)$로 나눈 나머지가 10일 때, $P(30)$의 값을 구하시오. (단, 다항식 $P(x)-x$는 0이 아니다.)

1st $P(x),\ Q(x)$에 관한 항등식을 세우고 나머지의 차수를 이용하여 $Q(x)$를 구하자.

다항식 $P(x)$에 대하여 $(x-2)P(x)-x^2$을 $P(x)-x$로 나누었을 때의 몫은 $Q(x)$, 나머지는 $P(x)-3x$이므로 항등식을 세우면 ┌ 항등식이므로 x에 어떤 값을 대입하더라도 등식이 성립해.
$(x-2)P(x)-x^2=\{P(x)-x\}Q(x)+P(x)-3x \cdots \text{㉠}$
다항식 A를 다항식 $B(B\ne0)$로 나누었을 때의 몫을 Q, 나머지를 R라 하면 $A=BQ+R$이다. (단, (R의 차수)<(B의 차수))
이때, 나머지 $P(x)-3x$의 차수는 나누는 식 $P(x)-x$의 차수보다 작아야 하므로 다항식 $P(x)$는 일차항의 계수가 3인 일차식이어야 한다. $P(x)$가 2차 이상의 다항식이면 $P(x)-3x$와 $P(x)-x$의 최고차항의 계수가 0이 아닌 수로 동일하므로 같은 차수의 다항식이 되어 문제의 조건을 만족시키지 않아.
따라서 $P(x)=3x+b$ (b는 상수)라 하고 ㉠에 대입하면
$(x-2)(3x+b)-x^2=(2x+b)Q(x)+b$
$2x^2+(b-6)x-2b=(2x+b)Q(x)+b$
$2x^2+(b-6)x-3b=(2x+b)Q(x)$

$\begin{array}{ccc} 2 & \diagdown & b & \rightarrow & b \\ 1 & \diagup & -3 & \rightarrow & -6 \\ \hline & & & & b-6 \end{array}$

$(2x+b)(x-3)=(2x+b)Q(x) \quad \therefore Q(x)=x-3$

2nd $P(x)$를 $Q(x)$로 나눈 나머지를 이용하여 $P(30)$의 값을 구하자.
$P(x)$를 $Q(x)$로 나눈 나머지가 10이고 $Q(x)=x-3$이므로 나머지정리에 의해 $P(3)=10$
다항식 $f(x)$를 일차식 $x-a$로 나누었을 때의 나머지를 R라 하면 $R=f(a)$
$P(x)=3x+b$에서 $P(3)=9+b=10 \quad \therefore b=1$
따라서 $P(x)=3x+1$이므로 $P(30)=90+1=91$

B 98 정답 ③ ┄┄┄┄┄┄┄┄┄┄┄┄ 나머지정리의 응용

> **정답 공식**: 다항식 $f(x)$를 일차식 $x-a$로 나누었을 때의 몫을 $Q(x)$, 나머지를 R라 하면 $f(x)=(x-a)Q(x)+R$이고 $R=f(a)$

> x에 대한 다항식 x^3+ax^2+bx-4를 $x+1$로 나누었을 때의 몫은 $Q(x)$이고 나머지는 3이다. $(x^2+a)Q(x-2)$가 $x-2$로 나누어떨어질 때, $Q(1)$의 값은?
> **단서** $x=2$를 대입했을 때 다항식의 값이 0이 되어야 해.
> (단, $a,\ b$는 상수이다.)
> ① -15 ② -13 ③ -11 ④ -9 ⑤ -7

1st a와 b의 관계식을 구하자.
다항식 x^3+ax^2+bx-4를 $x+1$로 나누었을 때의 몫이 $Q(x)$이고 나머지가 3이므로 다음과 같이 나타낼 수 있다.
$x^3+ax^2+bx-4=(x+1)Q(x)+3 \cdots \text{㉠}$
㉠의 양변에 $x=-1$을 대입하면 → $(x+1)Q(x)$를 없앨 수 있는 수를 x에 대입해 보자.
$-1+a-b-4=3$
$\therefore b=a-8 \cdots \text{㉡}$

2nd 나머지정리를 이용하여 $Q(x)$를 구하자.
㉡을 ㉠에 대입하여 정리하면
$x^3+ax^2+(a-8)x-7=(x+1)Q(x)$
위 식이 항등식이므로 좌변은 $x+1$로 나누어떨어져야 한다.
조립제법을 이용하면

$\begin{array}{r|rrrr} -1 & 1 & a & a-8 & -7 \\ & & -1 & -a+1 & 7 \\ \hline & 1 & a-1 & -7 & 0 \end{array}$

$\therefore (x+1)\{x^2+(a-1)x-7\}=(x+1)Q(x)$
즉, $Q(x)=x^2+(a-1)x-7$
3rd $Q(1)$의 값을 구하자.
$(x^2+a)Q(x-2)$가 $x-2$로 나누어떨어지므로
나머지정리에 의해 $x-2$로 나누어떨어지므로 $(x^2+a)Q(x-2)$를 직접 구할 필요 없이 나머지정리에 의해 $x=2$를 대입하여 a에 관한 방정식을 세울 수 있어.

60 자이스토리 공통수학1

$(x^2+a)Q(x-2)$에 $x=2$를 대입하면
$(2^2+a)Q(0)=(a+4)\times(-7)=0$ ∴ $a=-4$
따라서 $Q(x)=x^2-5x-7$이므로 $Q(1)=1^2-5\times1-7=-11$

B 99 정답 ① ·· 나머지정리의 응용

> **정답 공식**: 최고차항의 계수가 1인 삼차다항식 $f(x)$를 x^3+ax^2+bx+c라 두고 조건에서 a, b, c의 값을 구한다.

> 단서 1 $f(x)=x^3+ax^2+bx+c$로 놓고 생각해 봐.
>
> 최고차항의 계수가 1인 삼차다항식 $f(x)$가 다음 조건을 만족시킬 때, $f(0)$의 값은? 단서 2 삼차다항식 $f(x)$의 상수항과 같아.
>
> (가) 다항식 $f(x+3)-f(x)$는 $(x-1)(x+2)$로 나누어떨어진다. 단서 3 인수정리에 의해 $f(1+3)-f(1)=0$이고 $f(-2+3)-f(-2)=0$이야.
>
> (나) 다항식 $f(x)$를 $x-2$로 나누었을 때의 나머지는 -3이다. 단서 4 다르게 해석하면 $f(x)-(-3)$은 $x-2$로 나누어떨어진다는 거야.
>
> ① 13   ② 14   ③ 15   ④ 16   ⑤ 17

1st 항등식의 성질을 이용하여 삼차다항식 $f(x)$를 구해.

최고차항의 계수가 1인 삼차다항식 $f(x)$를
$f(x)=x^3+ax^2+bx+c$라 하면
$f(x+3)=(x+3)^3+a(x+3)^2+b(x+3)+c$이고
$f(x+3)-f(x)$
$=(x^3+9x^2+27x+27)+a(x^2+6x+9)+b(x+3)+c$
$\qquad\qquad\qquad\qquad\qquad -(x^3+ax^2+bx+c)$
$=9x^2+(27+6a)x+27+9a+3b$
위 식은 조건 (가)에 의해 $(x-1)(x+2)$로 나누어떨어지고
최고차항의 계수가 9이므로
$\underline{9x^2+(27+6a)x+27+9a+3b=9(x-1)(x+2)}$
근과 계수의 관계를 이용해서 식을 세워도 돼.
위 식은 x에 대한 항등식이므로 전개해서 양변의 동류항의 계수를
각각 비교하면
$9x^2+(27+6a)x+27+9a+3b=9x^2+9x-18$에서
$27+6a=9$이고 $27+9a+3b=-18$ ∴ $a=-3$, $b=-6$
∴ $f(x)=x^3-3x^2-6x+c$

2nd 나머지정리를 이용하여 삼차다항식 $f(0)$의 값을 구해.

조건 (나)에서 다항식 $f(x)$를 $x-2$로 나누었을 때의 나머지는
-3이므로 $f(2)=-3$이다. **[나머지정리]** 다항식 $f(x)$를 $x-a$로 나눈 나머지는 $f(a)$ (상수)야.
$f(2)=8-12-12+c=-3$ ∴ $c=13$
∴ $f(0)=13$

다른 풀이: 인수정리 활용하기

조건 (가)에서 인수정리에 의하여 $f(x+3)-f(x)$에 $x=1$, $x=-2$를
대입하면 나머지가 0이야. **[인수정리]**
즉, $f(4)-f(1)=0$이고 $f(1)-f(-2)=0$이야. 다항식 $f(x)$가 $x-a$로 나누어떨어지면 $f(a)=0$이야.
∴ $f(4)=f(1)=f(-2)$
$f(4)=f(1)=f(-2)=k$ (k는 상수)라 하면 최고차항의 계수가 1인
삼차다항식 $f(x)$는
$\underline{f(x)=(x+2)(x-1)(x-4)+k}$
$f(x)$가 삼차다항식일 때
$f(\alpha)=f(\beta)=f(\gamma)=k$이면
$f(x)=a(x-\alpha)(x-\beta)(x-\gamma)+k$
조건 (나)에서 나머지정리에 의하여 $f(2)=-3$
$f(2)=4\times1\times(-2)+k=-8+k=-3$ ∴ $k=5$
따라서 $f(x)=(x+2)(x-1)(x-4)+5$이므로
$f(0)=2\times(-1)\times(-4)+5=13$

✿ 항등식, 나머지정리 개념·공식

(1) 항등식
주어진 문자에 어떤 값을 대입하여도 항상 성립하는 등식
① $ax+b=0$이 x에 관한 항등식 ⟺ $a=0$, $b=0$
② $ax+b=a'x+b'$이 x에 관한 항등식 ⟺ $a=a'$, $b=b'$
③ $ax^2+bx+c=0$이 x에 관한 항등식 ⟺ $a=0$, $b=0$, $c=0$
④ $ax^2+bx+c=a'x^2+b'x+c'$이 x에 관한 항등식
   ⟺ $a=a'$, $b=b'$, $c=c'$

(2) 나머지정리
나머지정리는 다항식을 일차식으로 나눈 나머지를 구할 때 이용한다.
① 다항식 $f(x)$를 $x-a$로 나눈 나머지를 R라 하면 $R=f(a)$
② 다항식 $f(x)$를 $ax+b$ $(a\neq0)$로 나눈 나머지를 R라 하면
$$R=f\left(-\frac{b}{a}\right)$$

B 100 정답 8 ·· 나머지정리의 응용

> **정답 공식**: 다항식 $f(x)$를 $P(x)$로 나눈 몫이 $Q(x)$이고 나머지가 $R(x)$이면 $f(x)=P(x)Q(x)+R(x)$

> 단서 1 $\{P(x)\}^2$은 최고차항의 계수가 1인 사차다항식이므로 $Q(x)$는 최고차항의 계수가 1인 이차다항식임을 알 수 있어.
>
> 최고차항의 계수가 1인 이차다항식 $P(x)$에 대하여 $\{P(x)\}^2$을 x^2-4x-5로 나눈 몫은 $Q(x)$이고 나머지는 36이다. $P(0)\neq P(4)$일 때, 모든 $Q(-1)$의 값의 합을 구하시오.
> 단서 2 이차함수의 대칭성에 의해 이차함수 $y=P(x)$의 그래프는 직선 $x=\frac{0+4}{2}=2$에 대하여 대칭이 아님을 알 수 있어.

1st $P(x)$에 관한 항등식을 나타내자.

$\{P(x)\}^2$을 x^2-4x-5로 나눈 몫은 $Q(x)$, 나머지는 36이므로
$\underline{\{P(x)\}^2=(x^2-4x-5)Q(x)+36}$
$36=6^2$이므로 36을 이항하여 인수분해공식
$a^2-b^2=(a-b)(a+b)$를 이용할 수 있어.

2nd $x^2-4x-5=(x+1)(x-5)$를 이용해 $P(-1)$, $P(5)$의 값으로 가능한 값을 구하자.

위 식에서 $\{P(x)\}^2-36=(x^2-4x-5)Q(x)$
이때, $36=6^2$이고, $x^2-4x-5=(x-5)(x+1)$이므로
$\{P(x)\}^2-6^2=(x-5)(x+1)Q(x)$
$\{P(x)-6\}\{P(x)+6\}=(x-5)(x+1)Q(x)$ ⋯ ㉠
㉠에 $x=-1$, $x=5$를 각각 대입하면 우변은 0이므로
$\{P(-1)-6\}\{P(-1)+6\}=0$, $\{P(5)-6\}\{P(5)+6\}=0$
즉, $P(-1)$, $P(5)$의 값은 각각 6 또는 -6이다.
이때, $P(-1)=P(5)$이면 이차함수의 대칭성에 의해

이차함수 $y=P(x)$의 그래프에서 대칭축이 $x=\frac{(-1)+5}{2}=2$가 되어

문제의 $P(0)\neq P(4)$를 만족시키지 않는다.
따라서 $P(-1)=6$, $P(5)=-6$ 또는 $P(-1)=-6$, $P(5)=6$이다.

3rd 각각의 $Q(x)$에 따른 $Q(-1)$의 값을 구한 후 모든 $Q(-1)$의 값의 합을 구하자.

$P(x)=x^2+ax+b$라 하자.
(i) $P(-1)=6$이고 $P(5)=-6$일 때
$P(-1)=1-a+b=6$에서 $a-b=-5$

$P(5)=25+5a+b=-6$에서 $5a+b=-31$

두 식을 더하면

$6a=-36$ $\therefore a=-6$

$a=-6$을 $5a+b=-31$에 대입하면

$-30+b=-31$ $\therefore b=-1$

$a=-6$, $b=-1$이므로 $P(x)=x^2-6x-1$

위 식을 ㉠에 대입하면

$(x^2-6x-7)(x^2-6x+5)=(x-5)(x+1)Q(x)$

$\underline{(x-7)(x+1)(x-1)(x-5)}=(x-5)(x+1)Q(x)$

따라서 $Q(x)=(x-1)(x-7)$이므로 이 등식은 x에 관한 항등식이므로 $Q(x)$를 구할 수 있어.

$Q(-1)=(-2)\times(-8)=16$

(ii) $P(-1)=-6$이고 $P(5)=6$일 때

$P(-1)=1-a+b=-6$에서 $a-b=7$

$P(5)=25+5a+b=6$에서 $5a+b=-19$

두 식을 더하면

$6a=-12$ $\therefore a=-2$

$a=-2$를 위의 식에 대입하면

$-2-b=7$ $\therefore b=-9$

$a=-2$, $b=-9$이므로 $P(x)=x^2-2x-9$

위 식을 ㉠에 대입하면

$(x^2-2x-15)(x^2-2x-3)=(x-5)(x+1)Q(x)$

$(x-5)(x+3)(x-3)(x+1)=(x-5)(x+1)Q(x)$

따라서 $Q(x)=(x-3)(x+3)$이므로

$Q(-1)=(-4)\times2=-8$

(i), (ii)에 의하여 모든 $Q(-1)$의 값의 합은

$16+(-8)=8$

B 101 정답 ⑤ ···················· 나머지정리의 응용

(정답 공식: 다항식 $f(x)$를 일차식 $x-a$로 나눈 나머지는 $f(a)$이다.)

> 2024^4+2024^2+1을 2022로 나눈 나머지는?
> 단서 $2024=2022+2$이므로 적당한 문자를 이용할 수 있도록 식을 변형해야겠지?
> ① 17   ② 18   ③ 19
> ④ 20   ⑤21

1st 2024를 x로 놓고 식을 세우자.

2024를 x라 하면

$2024^4+2024^2+1=x^4+x^2+1$이고 $2022=x-2$이다.

즉, x^4+x^2+1을 $x-2$로 나눈 나머지를 구하는 것과 같다.

2nd 나머지정리를 이용하여 나머지를 구하자.

$P(x)=x^4+x^2+1$을 $x-2$로 나눈 나머지를 구하는 것과 같으므로

나머지정리에 의해 조립제법을 이용하여 몫과 나머지를 구하면 $x^4+x^2+1=(x-2)(x^3+2x^2+5x+10)+21$

$P(2)=2^4+2^2+1$

$=16+4+1=21$ 주의 나머지가 나누는 수보다 작은지 확인해야 해.

톡톡 풀이: 2024를 2022로 나눈 나머지부터 찾은 후 구하기

2024를 2022로 나눈 나머지는 2이므로

$2024^4+2024^2+1=(2022+2)^4+(2022+2)^2+1$에

의하여 2024^4+2024^2+1을 2022로 나눈 나머지는

2^4+2^2+1이야.

따라서 구하는 나머지는

$2^4+2^2+1=16+4+1=21$

B 102 정답 28 ···················· 나머지정리의 응용

(정답 공식: $(x+1)(x^2-x+1)=x^3+1$)

> $(2020+1)(2020^2-2020+1)$을 2017로 나눈 나머지를 구하시오.
> 단서 숫자가 너무 커서 직접 구하기는 어려워. 적당한 문자를 이용할 수 있도록 변형해야겠지?

1st 2020을 x로 놓고 식을 세우자.

2020을 x로 놓자.

그럼, 주어진 문제는 $(x+1)(x^2-x+1)$을 $\underline{x-3}$으로 나눈 나머지를 구하는 것과 같다. $2017=2020-3$이지?

즉, $P(x)=x^3+1$을 $x-3$으로 나눈 나머지를 구하는 것과 같으므로

실수 $(x+1)(x^2-x+1)=x^3+1$임을 이용한 거야.

나머지정리에 의해

$P(3)=3^3+1=27+1=28$

톡톡 풀이: 주어진 값을 2020^3+1로 놓고, 2023^3을 2017로 나눈 나머지부터 찾기

$(2020+1)(2020^2-2020+1)=2020^3+1$

2020을 2017로 나눈 나머지는 3이므로

2020^3을 2017로 나눈 나머지는 $3^3=27$

따라서 2020^3+1을 2017로 나눈 나머지는

$27+1=28$

B 103 정답 ② ···················· 나머지정리의 응용

(정답 공식: 다항식 $f(x)$를 일차식 $x-a$로 나눈 나머지는 $f(a)$이다.)

> 다음은 2022^{10}을 505로 나누었을 때의 나머지를 구하는 과정이다.
>
> 다항식 $(4x+2)^{10}$을 x로 나누었을 때의 몫을 $Q(x)$, 나머지를 R라고 하면
> $(4x+2)^{10}=xQ(x)+R$이다.
> 이때, $R=$ (가) 이다.
> 등식 $(4x+2)^{10}=xQ(x)+$ (가) 에
> $x=505$를 대입하면 단서1 $x=505$를 대입하는 이유는 등식의 좌변이 2022^{10}이 되기 때문이야.
> $2022^{10}=505\times Q(505)+$ (가)
> $=505\times\{Q(505)+$ (나) $\}+$ (다) 이다.
> 따라서 2022^{10}을 505로 나누었을 때의 나머지는
> (다) 이다. 단서2 (가)가 (나)와 (다)로 변형되고 (나) 앞에 505가 곱해져 있으니까 (가)를 $505\times\square+\triangle$ 꼴로 나타내라는 거야.
>
> 위의 (가), (나), (다)에 알맞은 수를 각각 a, b, c라 할 때, $a+b+c$의 값은?
> ① 1038   ② 1040   ③ 1042
> ④ 1044   ⑤ 1046

1st 나머지정리를 이용해.

다항식 $(4x+2)^{10}$을 x로 나누었을 때의 몫을 $Q(x)$, 나머지를 R라고 하면 $\underline{(4x+2)^{10}=xQ(x)+R}$ … ㉠이다.

다항식 $f(x)$를 다항식 $g(x)$로 나누었을 때의 몫을 $Q(x)$, 나머지를 $R(x)$라 하면 $f(x)=g(x)Q(x)+R(x)$가 성립해.

이때, ㉠의 양변에 $x=0$을 대입하면

나머지 R의 값을 구해야 하니까 우변에는 R만 남겨야 해. 그러기 위해서는 $xQ(x)$를 없애야 하므로 $x=0$을 대입하는 거야.

$R=2^{10}=\boxed{1024}$ 이다.
　　　　　　　(가)

$\therefore (4x+2)^{10}=xQ(x)+1024$

위 식의 양변에 $x=505$를 대입하면

$2022^{10}=505 \times Q(505)+1024$
$\phantom{2022^{10}}=505 \times Q(505)+505 \times 2+14$
$\phantom{2022^{10}}=505 \times \{Q(505)+\boxed{2}\}+\boxed{14}$ 이다.
$\phantom{2022^{10}=505 \times \{Q(505)}$(나)$+}$(다)

따라서 2020^{10}을 505로 나누었을 때의 나머지는 14이다.

2nd $a+b+c$의 값을 구해.

따라서 $a=1024$, $b=2$, $c=14$이므로
$a+b+c=1024+2+14=1040$

B 104　정답 ⑤ ·············· 나머지정리를 이용한 수의 나눗셈

(정답 공식: 다항식 $f(x)$를 $x-a$로 나누었을 때의 나머지는 $f(a)$이다.)

x에 대한 다항식 x^6을 $x+2$로 나눈 나머지가 a이고 2003^6을

단서 1 다항식의 나눗셈을 이용하여 x^6을 다항식 $x+2$와 상수 a를 이용하여 나타내 봐.

2005로 나눈 나머지가 b일 때, $a+b$의 값은?

단서 2 $2003=x$라 하면 $2005=x+2$야.

① 64　　　　　　② 84　　　　　　③ 108
④ 116　　　　　⑤ 128

1st 나머지정리를 이용하여 a, b의 값을 구하자.

x^6을 $x+2$로 나눈 몫을 $Q(x)$라 하면
$x^6=(x+2)Q(x)+a$

위 식의 양변에 $x=-2$를 대입하면
$a=(-2)^6=64$
$\therefore x^6=(x+2)Q(x)+64$ ··· ㉠

㉠에 $x=2003$을 대입하면
$2003^6=2005Q(2003)+64$

등식 $2003^6=2005Q(2003)+64$에서 64는 나누는 수 2005보다 작으므로 2003^6을 2005로 나누면 몫은 $Q(2003)$이고 나머지는 64가 돼.

이므로 2003^6을 2005로 나눈 나머지는 $b=64$이다.
$\therefore a+b=64+64=128$

B 105　정답 ④ ················ 인수정리-일차식으로 나누는 경우

(정답 공식: 다항식 $f(x)$가 일차식 $x-a$로 나누어떨어지면 $f(a)=0$이 성립한다.)

x에 대한 다항식 x^3+ax-8이 $x-1$로 나누어떨어지도록 하는 상수 a의 값은?

단서 다항식이 일차식으로 나누어떨어지므로 인수정리를 이용하여 풀자.

① 1　　　　　　② 3　　　　　　③ 5
④ 7　　　　　　⑤ 9

1st 인수정리를 적용하여 상수 a를 구하자.

$f(x)=x^3+ax-8$이라 놓으면 $f(x)$는 일차식 $x-1$로 나누어떨어진다고 하므로

인수정리에 의해 $f(1)=0$

주의 인수정리는 나누는 것이 일차식일 경우만 적용해야 해!

$f(1)=1^3+a-8=0$
$\therefore a=7$

[인수정리]
x에 대한 다항식 $f(x)$와 일차식 $x-a$에 대하여
① $f(a)=0$이면 $f(x)$는 $x-a$로 나누어떨어진다.
② $f(x)$가 $x-a$로 나누어떨어지면 $f(a)=0$이다.

B 106　정답 10 ·············· 나머지정리를 이용한 미정계수 구하기

(정답 공식: x에 대한 다항식 $f(x)$가 $x-k$로 나누어떨어지면 $f(k)=0$이다.)

x에 대한 다항식 $x^3-x^2-10x+a$가 $x-1$로 나누어떨어질 때, 상수 a의 값을 구하시오.

단서 나누어떨어지므로 나머지가 0이야.

1st 상수 a의 값을 구해.

$f(x)=x^3-x^2-10x+a$라 하면 $f(x)$가 $x-1$로 나누어떨어지므로 $f(1)=0$이다. 즉, $1^3-1^2-10 \times 1+a=0$에서 $-10+a=0$

$f(x)$를 $x-1$로 나누었을 때의 몫을 $Q(x)$라 하면 $f(x)=(x-1)Q(x)$지? 여기에 $x=1$을 대입하면 $f(1)=0$이야.

$\therefore a=10$

B 107　정답 ② ················ 인수정리 – 일차식으로 나누는 경우

(정답 공식: 다항식 $f(x)$를 일차식 $x-a$로 나눈 나머지는 $f(a)$이다.)

단서 1 나머지정리에 의해 $f(1)=4$야.

다항식 $f(x)=x^3+ax^2+bx+6$을 $x-1$로 나누었을 때의 나머지는 4이다. $f(x+2)$가 $x-1$로 나누어떨어질 때, $b-a$의 값은? (단, a, b는 상수이다.)

단서 2 인수정리에 의해 $f(x+2)$에 $x=1$을 대입하면 0이 돼.

① 4　　　　　　② 5　　　　　　③ 6
④ 7　　　　　　⑤ 8

1st 주어진 조건을 이용하여 a, b 사이의 관계식을 찾아.

$f(x)$를 $x-1$로 나눈 나머지가 4이므로 $f(1)=4$가 성립한다.

다항식을 일차식으로 나누면 나머지는 상수야.

즉, $1+a+b+6=4$에서
$a+b=-3$ ··· ㉠

또, $f(x+2)$가 $x-1$로 나누어떨어지므로 몫을 $Q(x)$라 하면
$f(x+2)=(x-1)Q(x)$

인수정리에 의해 양변에 $x=1$을 대입하면 $f(3)=0$

다항식 $P(x)$에 대하여 $P(x)$가 일차식 $x-a$로 나누어떨어지면 $P(a)=0$이야.

즉, $27+9a+3b+6=0$에서
$9a+3b=-33$
$\therefore 3a+b=-11$ ··· ㉡

2nd 연립방정식을 풀어 a, b의 값을 각각 구하고 $b-a$를 계산해.

㉠, ㉡을 연립하여 풀면 $a=-4$, $b=1$
$\therefore b-a=1-(-4)=5$

✿ 나머지정리와 인수정리　　　　　　　개념·공식

① 나머지정리
　 다항식 $f(x)$를 $x-a$로 나눈 나머지는 $f(a)$
② 인수정리
　 $f(a)=0 \iff$ 다항식 $f(x)$는 $x-a$로 나누어떨어진다.
　 　　　　$\iff$ 다항식 $f(x)$는 $x-a$를 인수로 갖는다.

(정답 공식: 인수정리를 이용해 $P(x)$를 구한다.)

> 단서 1 최고차항의 계수가 2인 것에 주의해.
> 최고차항의 계수가 2인 x에 대한 이차다항식 $P(x)$에 대하
> 여 $P(1)=P(2)=0$이 성립할 때, $P(3)$의 값은?
> 단서 2 인수정리에 의해 $P(x)$는 $x-1$, $x-2$를 인수로 가진다는 거야.
> ① 2   ② 4   ③ 6
> ④ 8   ⑤ 10

1st 인수정리를 이용하여 이차다항식 $P(x)$를 구해. 쉽게 말하면 $P(1)=0$이면
$P(1)=0$이면 $P(x)$는 $x-1$을 인수로 가진다. $P(x)$는 $x-1$을 인수로 가진다.
마찬가지로 $P(2)=0$이므로 $P(x)$는 $x-2$를 인수로 가진다. $P(x)=(x-1)Q(x)$ 꼴이라는 거야.
한편, 최고차항의 계수가 2라 하므로
$P(x)=2(x-1)(x-2)$ $P(x)$가 이차다항식이니까 이렇게 표현이 가능해.
$\therefore P(3)=2(3-1)(3-2)=4$

🔷 다른 풀이: $P(x)=2x^2+ax+b$로 놓고 조건을 이용하여 a,b의 값 구하기
$P(x)$는 최고차항의 계수가 2인 x에 대한 이차다항식이므로
$P(x)=2x^2+ax+b$ (a,b는 상수)라 놓을 수 있어.
$P(1)=0$, $P(2)=0$이므로
$2+a+b=0$, $8+2a+b=0$
두 식을 연립하여 풀면 $a=-6$, $b=4$ $\quad 2a+b=-8$
따라서 $P(x)=2x^2-6x+4$이므로 $\quad -)\ a+b=-2$
$P(3)=2\cdot3^2-6\cdot3+4=4$ $\quad a\quad=-6 \Rightarrow b=4$

(정답 공식: 다항식 $P(x)$가 다항식 $A(x)$로 나누어떨어지면 다항식 $A(x)$는 다항식 $P(x)$의 인수이다.)

> 단서 이차다항식 $f(x)$의 이차항의 계수가 1인 것과 $f(x)+2$, $f(x)-2$가 각각 $x+2$, $x-2$로 나누어떨어진다는 조건에서 $f(x)$의 인수를 구할 수 있어.
> 이차항의 계수가 1인 이차다항식 $f(x)$에 대하여 $f(x)+2$는
> $x+2$로 나누어떨어지고, $f(x)-2$는 $x-2$로 나누어떨어질 때,
> $f(10)$의 값을 구하시오.

1st 다항식 $P(x)$가 어떤 식으로 나누어떨어지면 어떤 식이 다항식 $P(x)$의 인수가 돼.
$f(x)+2$는 $x+2$로 나누어떨어지므로
$f(x)+2=(x+2)(x+k)$ (k는 상수) … ㉠
로 놓을 수 있다.
> 🔴실수 $f(x)$는 이차항의 계수가 1인 이차다항식이므로 $f(x)+2$의 인수를 $x+k$로 놓을 수 있어. 만약 이차항의 계수가 1이라는 조건이 없으면 $x+k$ 대신 $ax+k$ (a는 0이 아닌 상수)로 놓아야 해.

2nd 어떤 식으로 나누어떨어지면 나머지는 0이야.
$f(x)-2$는 $x-2$로 나누어떨어지므로
$f(x)-2$에 $x=2$를 대입한 값이 0, 즉 $f(2)-2=0$에서 $f(2)=2$이다.
… ㉡

3rd k의 값을 구하여 $f(x)$를 완성하자.
㉠에 $x=2$를 대입하면
$f(2)+2=4(2+k)$, $2+2=4(2+k)$ ($\because$ ㉡)
$\therefore k=-1$ $\quad 4=8+4k$, $4k=-4$ $\quad \therefore k=-1$
$k=-1$을 ㉠에 대입하면 $f(x)+2=(x+2)(x-1)$에서
$f(x)=(x+2)(x-1)-2$이므로
$f(10)=12\times9-2=106$

🔷 다른 풀이: $f(x)=x^2+ax+b$로 놓고 인수정리를 이용해 a,b의 값 구하기
이차항의 계수가 1인 이차다항식 $f(x)$를
$f(x)=x^2+ax+b$ (a,b는 상수)라 놓자.
$f(x)+2$가 $x+2$로 나누어떨어지므로 $f(-2)+2=0$에서
$4-2a+b+2=0$
$\therefore -2a+b=-6$ … ㉢
또, $f(x)-2$가 $x-2$로 나누어떨어지므로 $f(2)-2=0$에서
$4+2a+b-2=0$
$\therefore 2a+b=-2$ … ㉣
㉢, ㉣을 연립하여 풀면 $a=1$, $b=-4$
㉣$-$㉢을 하면 $4a=4$ $\therefore a=1$
$a=1$을 ㉢에 대입하면 $-2+b=-6$ $\therefore b=-4$
따라서 $f(x)=x^2+x-4$이므로
$f(10)=100+10-4=106$

(정답 공식: 다항식 $f(x)$가 $x-a$를 인수로 가지면 $f(a)=0$이다.)

> x에 대한 두 다항식
> $\quad f(x)=2x^2+5x+2$, $g(x)=(a-1)x+b$
> 가 있다. (단, a, b는 실수이다.)
> 다항식 $f(x)-g(x)$가 $x+2$를 인수로 갖기 위한 a와 b의 관계
> 로 항상 옳은 것은? 단서 인수정리에 의해 $f(x)-g(x)$에 $x=-2$를 대입하면 0이 돼.
> ① $a-b=0$ ② $a+b=0$
> ③ $a+b-2=0$ ④ $2a-b-2=0$
> ⑤ $2a+b+2=0$

1st 인수정리를 이용하자.
[인수정리] x에 대한 다항식 $f(x)$와 일차식 $x-a$에 대하여
① $f(a)=0$이면 $f(x)$는 $x-a$로 나누어떨어진다.
② $f(x)$가 $x-a$로 나누어떨어지면 $f(a)=0$이다.
$f(x)-g(x)$가 $x+2$를 인수로 가지므로
$f(-2)-g(-2)=0$
이때, $f(-2)=2\times(-2)^2+5\times(-2)+2=8-10+2=0$
이므로 $g(-2)=0$에서
$-2(a-1)+b=0$ $\quad \therefore 2a-b-2=0$

(정답 공식: 다항식 $f(x)$가 $x-a$로 나누어떨어지면 $f(a)=0$이 성립한다.)

> 단서 다항식을 일차식으로 나누니까 인수정리를 이용하자.
> x에 대한 다항식 x^4-4x^2+a가 $x-1$로 나누어떨어질 때의 몫
> 을 $Q(x)$라 하자. $Q(a)$의 값은? (단, a는 상수이다.)
> ① 24   ② 25   ③ 26   ④ 27   ⑤ 28

1st 다항식 $f(x)$가 일차식 $x-a$로 나누어떨어지면 $f(a)=0$이 성립해.
x에 대한 다항식 x^4-4x^2+a가 $x-1$로 나누어떨어지므로 인수정리에 의해
[인수정리]◀
$1^4-4\times1^2+a=0$ x에 대한 다항식 $f(x)$와 일차식 $x-a$에 대하여
$\therefore a=3$ ① $f(a)=0$이면 $f(x)$는 $x-a$로 나누어떨어진다.
② $f(x)$가 $x-a$로 나누어떨어지면 $f(a)=0$이다.

2nd 주어진 다항식을 $x-1$과 $Q(x)$로 표현하자.

$x^4-4x^2+3=(x-1)Q(x)$ 주의

위 식의 양변에 $x=3$을 대입하면

$3^4-4\times3^2+3=2Q(3)$

$2Q(3)=48$

$\therefore Q(3)=24$

> 주의 일반적으로 다항식 $f(x)$를 $ax+b$로 나눌 때 몫을 $Q(x)$, 나머지를 R이라 하면
> $f(x)=(ax+b)Q(x)+R$라는 항등식으로 나타낼 수 있어.
> 만일 나누어떨어진다면 $R=0$이므로
> $f(x)=(ax+b)Q(x)$가 돼.

B 112 정답 45 ·············· 인수정리 – 일차식으로 나누는 경우

(**정답 공식**: 다항식 $f(x)$가 $x-a$로 나누어떨어지면 $f(a)=0$이다.)

> 다항식 $f(x)=x^3-x^2+ax+b$를 다항식 x^2-2x-2로 나누었을 때의 몫을 $Q(x)$, 나머지를 $R(x)$라 하자. $R(2)=9$이고
> **단서 1** 다항식을 이차식으로 나눈 몫과 나머지를 알아야 하므로 다항식의 나눗셈을 직접 해 봐.
> $f(x)$는 $Q(x)$로 나누어떨어질 때, $f(4)$의 값을 구하시오.
> **단서 2** 인수정리를 이용할 수 있어.
> (단, a, b는 상수이다.)

1st 다항식의 나눗셈을 이용하여 $Q(x)$, $R(x)$의 식을 구하자.

$f(x)=x^3-x^2+ax+b$를 x^2-2x-2로 나누면

$$
\begin{array}{r}
x\quad+1 \\
x^2-2x-2\,{\overline{\smash{)}\,x^3\ -x^2\ +ax\ +b}} \\
\underline{x^3\ -2x^2\quad\ -2x} \\
x^2\ \ (a+2)x\ +b \\
\underline{x^2\quad\ -2x\quad -2} \\
(a+4)x\quad b+2
\end{array}
$$

$\therefore Q(x)=x+1,\ R(x)=(a+4)x+b+2$

2nd 다항식 $f(x)$가 $Q(x)$로 나누어떨어짐을 이용하여 a, b의 값을 구하자.

$R(2)=9$이므로

$2(a+4)+b+2=9$ $\therefore 2a+b=-1 \cdots \bigcirc$

또, 다항식 $f(x)=x^3-x^2+ax+b$가 $Q(x)=x+1$로 나누어떨어지므로 $f(-1)=0$이다.

$(-1)^3-(-1)^2-a+b=0$ $\therefore a-b=-2 \cdots \bigcirc$

$\bigcirc$, $\bigcirc$을 연립하여 풀면

$\bigcirc+\bigcirc$을 하면 $3a=-3$ $\therefore a=-1$

$a=-1$을 $\bigcirc$에 대입하면 $-2+b=-1$ $\therefore b=1$

$a=-1,\ b=1$

3rd $f(4)$의 값을 구하자.

따라서 $f(x)=x^3-x^2-x+1$이므로

$f(4)=4^3-4^2-4+1=64-16-4+1=45$

다른 풀이: $f(x)$가 $Q(x)$로 나누어떨어지면 $R(x)$도 $Q(x)$로 나누어떨어짐을 이용하기

$f(x)=x^3-x^2+ax+b$를 다항식 x^2-2x-2로 나누면 위의 풀이에 의해

$Q(x)=x+1,\ R(x)=(a+4)x+b+2$

$\therefore f(x)=(x^2-2x-2)(x+1)+R(x)$

그런데 $f(x)$가 $Q(x)$, 즉 $x+1$로 나누어떨어지므로 $R(x)$도 $x+1$로 나누어떨어진다.

즉, $R(x)=k(x+1)$ (k는 상수)로 놓으면

$R(2)=9$이므로 $R(x)=(a+4)x+b+2$는 일차 이하의 다항식인데

$3k=9$ $R(x)$가 일차식 $x+1$로 나누어떨어지므로

$\therefore k=3$ $R(x)=k(x+1)$ (k는 상수) 꼴로 나타낼 수 있어.

$\therefore R(x)=3(x+1)$

따라서 $f(x)=(x^2-2x-2)(x+1)+3(x+1)$이므로

$f(4)=(4^2-2\times4-2)(4+1)+3(4+1)$

$\qquad=6\times5+3\times5=45$

B 113 정답 ④ ···································· 인수정리

(**정답 공식**: 인수정리 및 근과 계수의 관계를 이용한다.)

> x에 대한 다항식 $(kx^3+3)(kx^2-4)-kx$가 $x+1$로 나누어떨어지도록 하는 모든 실수 k의 값의 합은?
> **단서** 다항식 A를 다항식 B로 나누었을 때의 몫을 Q, 나머지를 R이라 하면 $A=BQ+R$가 성립해. 특히, $R=0$이면 A는 B로 나누어떨어진다고 하지!
> ① 5 　　　　② 6 　　　　③ 7
> ④ 8 　　　　⑤ 9

1st 인수정리를 이용하면 k에 관한 방정식을 찾을 수 있어.

$P(x)=(kx^3+3)(kx^2-4)-kx$라 할 때, 다항식 $P(x)$가 $x+1$로 나누어떨어지므로 몫을 $Q(x)$라 하면 다음과 같이 나타낼 수 있다.

$P(x)=(kx^3+3)(kx^2-4)-kx$

$\qquad=(x+1)Q(x) \cdots \bigcirc$

$\bigcirc$의 양변에 $x=-1$을 대입하면

$P(-1)=(-k+3)(k-4)+k=0$

$-k^2+7k-12+k=0$

$k^2-8k+12=0$

$(k-2)(k-6)=0$이므로 $k=2$ 또는 $k=6$이지?

k의 값을 직접 구해도 돼!

따라서 이차방정식의 근과 계수의 관계에 의하여

이차방정식 $ax^2+bx+c=0$의 두 근을 α, β라 하면 $\alpha+\beta=-\dfrac{b}{a}$, $\alpha\beta=\dfrac{c}{a}$

모든 실수 k의 값의 합은 8이다.

쉬운 풀이: 인수정리를 바로 적용해 k의 값 구하기

주어진 다항식을 $P(x)$라고 하면 나머지정리에 의해

$P(-1)=0$

즉, $(-k+3)(k-4)+k=0$에서

$-k^2+7k-12+k=0$ $\therefore k^2-8k+12=0$

따라서 모든 실수 k의 값의 합은 8이야.

B 114 정답 3 ···································· 인수정리

(**정답 공식**: $f(3)=-2$에서 $k\neq2$이므로, $f(x)$의 두 근과 최고차항의 계수를 이용해 k와 $f(x)$를 구하고 나머지정리를 이용해 R를 구한다.)

> **단서 1** $f(x)$가 $x-2$, $x-k$를 인수로 갖는다는 뜻이야.
> x^2의 계수가 1인 이차다항식 $f(x)$가 $f(2)=0$, $f(k)=0$, $f(3)=-2$를 만족시킨다. 다항식 $f(x)$를 $x-4$로 나누었을 때의 나머지를 R라 할 때, $k+R$의 값을 구하시오.
> **단서 2** $R=f(4)$네?
> (단, k는 $k\neq2$인 상수이다.)

1st 인수정리를 이용해 $f(x)$의 식을 세우자.

$f(x)$는 x^2의 계수가 1인 이차식이고 $f(2)=0$, $f(k)=0$이므로

$f(x)=(x-2)(x-k)$ $f(x)$는 $x-2$, $x-k$를 인수로 가져.

이때, $f(3)=3-k=-2$이므로 $k=5$ 주의

따라서 $f(x)=(x-2)(x-5)$이므로

$R=f(4)=-2$

$\therefore k+R=5+(-2)=3$

> 주의 $f(2)=f(k)=0$이라는 것은 $f(x)$가 $x-2$, $x-k$로 나누어떨어진다는 뜻이야.

B 115 정답 ② ····················· 인수정리 – 일차식으로 나누는 경우

(**정답 공식**: 다항식 $f(x)$가 $x-a$로 나누어떨어지면 $f(a)=0$이다.)

> 이차항의 계수가 1인 이차다항식 $P(x)$와 일차항의 계수가 1
> 인 일차다항식 $Q(x)$가 다음 조건을 만족시킨다.
> └▶ **단서1** 이차다항식 $P(x)$와 일차다항식 $Q(x)$의 최고차항의 계수가 1임을 이용하여 식을 세울 수 있어.
>
> > (가) 다항식 $P(x+1)-Q(x+1)$은 $x+1$로 나누어떨 어진다. **단서2** 인수정리에 의해 $x=-1$을 대입하면 $P(0)-Q(0)=0$이야.
> > (나) 방정식 $P(x)-Q(x)=0$은 중근을 갖는다.
>
> 다항식 $P(x)+Q(x)$를 $x-2$로 나눈 나머지가 12일 때,
> $P(2)$의 값은? **단서3** 나머지정리에 의해 $P(x)+Q(x)$에 $x=2$를 대입한 값이 12라는 거야.
>
> ① 7   ②8   ③ 9
> ④ 10   ⑤ 11

1st 이차다항식 $P(x)$와 일차다항식 $Q(x)$를 식으로 나타내자.

세 실수 a, b, c에 대하여 $P(x)=x^2+ax+b$, $Q(x)=x+c$ … ㉠라
놓자. $P(x)$와 $Q(x)$는 최고차항의 계수가 1이므로 미정계수를 3개로 줄일 수 있어.

2nd 조건 (가), (나)를 이용할 수 있게 식을 변형하자.

㉠에 x 대신 $x+1$을 대입하여 다음을 계산하자.

$P(x+1)-Q(x+1)=\{(x+1)^2+a(x+1)+b\}-\{(x+1)+c\}$
$=(x+1)^2+a(x+1)-(x+1)+b-c$
$\underline{x+1이\ 공통이니까\ 묶을\ 수\ 있어.}$
$=(x+1)(x+1+a-1)+b-c$
$=(x+1)(x+a)+b-c$ … ㉡

조건 (가)에 의해 $P(-1+1)-Q(-1+1)=0$, 즉 $P(0)-Q(0)=0$
이므로 ㉡에 $x=-1$을 대입하면 **[인수정리]** 다항식 $f(x)$가 $x-a$로 나누어떨어지면 $f(a)=0$이야.

$P(0)-Q(0)=b-c=0$

$\therefore\ b=c$ … ㉢ →조건 (가)에서 $P(x+1)-Q(x+1)$이 $x+1$로 나누어떨어지므로 나머지가 0이어야 하지? 즉, ㉡에서 $b-c=0$임을 바로 알 수도 있어.

즉, $P(x+1)-Q(x+1)=(x+1)(x+a)$이므로 x 대신 $x-1$을 대
입하면 $P(x)-Q(x)=x(x-1+a)$

그런데 조건 (나)에서 방정식 $P(x)-Q(x)=0$이 중근을 가지므로
$x(x-1+a)=0$이 중근을 가지려면 $-1+a=0$ $\therefore\ a=1$
$\therefore\ P(x)=x^2+x+b$

3rd 다항식 $P(x)$를 구하고 $P(2)$의 값을 계산하자.

다항식 $P(x)+Q(x)$를 $x-2$로 나눈 나머지가 12이므로 나머지정리
에 의해 $P(2)+Q(2)=12$

주의 나머지정리를 이용할 수 있는 조건은 나누는 식이 일차식이어야 해. 나누는 식이 이차식 이상이면 직접 나눌 수 밖에 없어. 항상 나누는 식이 일차식인지 아닌지 체크하면서 써야 해.

$(2^2+2+b)+(2+c)=12$
$6+b+2+b=12$ ($\because$ ㉢)
$2b=4$ $\therefore\ b=2$
따라서 $P(x)=x^2+x+2$이므로 →구하는 값이 $P(2)$이니까 $P(x)$만 찾았어.
$P(2)=2^2+2+2=8$ 참고로, $c=b=2$이므로 일차식 $Q(x)=x+2$야.

🔹 **다른 풀이**: $b=c$를 대입해 $P(x)-Q(x)$의 식을 바로 구한 후 a의 값 찾기

$P(x)=x^2+ax+b$, $Q(x)=x+c$ (a, b, c는 상수)라 할 때, 조건 (가)
에 의해 $P(0)-Q(0)=0$이므로

$b-c=0$ $\therefore\ b=c$

즉, $P(x)=x^2+ax+b$, $Q(x)=x+b$라 할 수 있어.

이때, 조건 (나)에 의해 방정식 $P(x)-Q(x)=0$이 중근을 가지므로

방정식 $x^2+ax+b-(x+b)=0$, 즉 $x^2+(a-1)x=0$이 중근을 가지
려면 $a=1$이어야 해. $(a-1)^2-4\times1\times0=0$에서 $(a-1)^2=0$ $\therefore\ a=1$

$\therefore\ P(x)=x^2+x+b$

(이하 동일)

B 116 정답 ④ ····················· 인수정리 – 이차식으로 나누는 경우

(**정답 공식**: 인수정리를 이용한다.)

> **단서** $2x^3+ax^2+bx+6=(x^2-1)\times(몫)$이므로 $x=-1$, $x=1$을 대입하여 a, b의 값을 구해.
>
> x에 대한 다항식 $2x^3+ax^2+bx+6$이 x^2-1로 나누어떨어질
> 때, ab의 값은? (단, a, b는 상수이다.)
>
> ① 6   ② 8   ③ 10   ④12   ⑤ 14

1st 다항식 $f(x)$가 다항식 $g(x)$로 나누어떨어지면 $f(x)=g(x)Q(x)$ 꼴이
야. 이때, $Q(x)$는 몫이지.

다항식 $2x^3+ax^2+bx+6$이 x^2-1로 나누어떨어지므로 몫을 $Q(x)$라
하면

$2x^3+ax^2+bx+6=(x^2-1)Q(x)$
$=(x-1)(x+1)Q(x)$ … ㉠ → $f(x)=2x^3+ax^2+bx+6$이라 하면 $f(x)$가 $x^2-1=(x-1)(x+1)$로 나누어떨어지므로 인수정리에 의하여 $f(-1)=0$, $f(1)=0$이야.

2nd 항등식을 이용해서 a, b의 값을 구해.

㉠의 양변에

(i) $x=-1$을 대입하면
$-2+a-b+6=0$
$\therefore\ a-b=-4$ … ㉡ **주의** 문제에서 다항식 이 나누어떨어진 다고 하였으므로 나머지는 0이지.

(ii) $x=1$을 대입하면 $2+a+b+6=0$
$\therefore\ a+b=-8$ … ㉢

㉡, ㉢을 연립하면 $a=-6$, $b=-2$ $\therefore\ ab=12$

B 117 정답 ① ····················· 인수정리

[**정답 공식**: 다항식 $f(x)$를 $P(x)$로 나눈 몫이 $Q(x)$이고 나머지가 $R(x)$이면 $f(x)=P(x)Q(x)+R(x)$]

> **단서1** $P(x)=(x^2-1)Q(x)+Q(x)$
>
> 최고차항의 계수가 1인 삼차다항식 $P(x)$를 x^2-1로 나눈
> 몫과 나머지는 서로 같다. $(x+1)P(x)$가 x^2-1로 나누어
> 떨어질 때, $P(4)$의 값은? **단서2** $(x+1)P(x)$는 (x^2-1)을 인수로 가져
>
> ①48   ② 52   ③ 56   ④ 60   ⑤ 64

1st 인수정리를 이용하여 $P(4)$의 값을 구해.

최고차항의 계수가 1인 삼차다항식 $P(x)$를 x^2-1로 나눈 몫을
$x-m$이라 하면 나머지도 $x-m$이므로
최고차항의 계수가 1인 삼차다항식을 최고차항의 계수가 1인 이차다항식으로 나누면 몫은 최고차항의 계수가 1인 일차다항식이야.

$P(x)=(x^2-1)(x-m)+(x-m)=x^2(x-m)$
$(x+1)P(x)$가 x^2-1로 나누어떨어지므로
$(x+1)P(x)$를 x^2-1로 나눈 몫을 $Q(x)$라 하면
$(x+1)P(x)=(x^2-1)Q(x)$에서
$(x+1)x^2(x-m)=(x+1)(x-1)Q(x)$
위 식의 양변에 $x=1$을 대입하면
$2\times1^2\times(1-m)=0$ $x=1$을 대입하면 우변만 0이 되므로 m의 값을 구할 수 있어.
$1-m=0$ $\therefore\ m=1$
따라서 $P(x)=x^2(x-1)$이므로 $P(4)=4^2\times3=48$

B 118 정답 24 ·················· 인수정리 – 이차식으로 나누는 경우

정답 공식: 두 다항식의 상수를 제외한 인수가 같다는 것은 두 다항식이 실수배의 관계가 있을 때이다.

두 이차다항식 $P(x)$, $Q(x)$가 다음 조건을 만족시킨다.

단서 조건 (가)에서 두 다항식 $P(x)$, $Q(x)$의 인수가 같겠지? 조건 (나)에서는 어떤 인수가 같은지 힌트를 주고 있어.

(가) 모든 실수 x에 대하여 $2P(x)+Q(x)=0$이다.
(나) $P(x)Q(x)$는 x^2-3x+2로 나누어떨어진다.

$P(0)=-4$일 때, $Q(4)$의 값을 구하시오.

1st 조건 (가)로 두 다항식 $P(x)$, $Q(x)$에 대해 알아보자.
조건 (가)에서 $2P(x)+Q(x)=0$, 즉 $Q(x)=-2P(x)$ … ㉠이므로
다항식 $P(x)$와 $Q(x)$의 x에 대한 인수는 같다.

2nd 이제 $P(x)$, $Q(x)$의 인수를 구하자.
조건 (나)에서 $P(x)Q(x)$가 x^2-3x+2로 나누어떨어진다고 하므로
$P(x)Q(x)$는 $x^2-3x+2=(x-1)(x-2)$를 인수로 갖고,
$P(x)$, $Q(x)$는 각각 인수로 $(x-1)(x-2)$를 가진다.
즉, $P(x)=a(x-1)(x-2)$ (단, a는 실수)로 놓으면 $P(0)=-4$이므로

$P(x)Q(x)$가 $(x-1)(x-2)$를 인수로 가지면 $P(x)$ 또는 $Q(x)$가 $x-1$ 또는 $x-2$를 인수로 가지게 돼. 조건 (가)에 의해 $P(x)$와 $Q(x)$는 상수를 제외한 인수가 같기 때문에 $P(x)$, $Q(x)$ 모두 $x-1$, $x-2$를 인수로 가지는 거야.

$P(0)=2a=-4$ ∴ $a=-2$
따라서 $P(x)=-2(x-1)(x-2)$이므로
㉠에 의해 $Q(x)=4(x-1)(x-2)$
∴ $Q(4)=4\times3\times2=24$

B 119 정답 ④ ·················· 인수정리 – 이차식으로 나누는 경우

정답 공식: 다항식 $f(x)$를 다항식 $P(x)$로 나눈 몫을 $Q(x)$, 나머지를 $R(x)$라 하면 $f(x)=P(x)Q(x)+R(x)$이다.

x에 대한 다항식 x^3+x^2+ax+b가 $(x-1)^2$으로 나누어떨어질 때의 몫을 $Q(x)$라 하자. 두 상수 a, b에 대하여 $Q(ab)$의 값은? **단서** 주어진 다항식은 두 다항식 $(x-1)^2$, $Q(x)$의 곱으로 나타낼 수 있어.

① -15 ② -14 ③ -13
④ -12 ⑤ -11

1st a, b 사이의 관계식을 찾아.
x에 대한 다항식 x^3+x^2+ax+b가 $(x-1)^2$으로 나누어떨어질 때의 몫이 $Q(x)$이므로
나누어떨어지므로 나머지는 없어.
$x^3+x^2+ax+b=(x-1)^2Q(x)$ … ㉠
㉠의 양변에 $x=1$을 대입하면 $1+1+a+b=0$
∴ $b=-a-2$ … ㉡

2nd ab의 값을 구해.
$b=-a-2$를 ㉠에 대입하면

$$
\begin{array}{r|rrrr}
1 & 1 & 1 & a & -a-2 \\
  &   & 1 & 2 & a+2 \\
\hline
  & 1 & 2 & a+2 & 0
\end{array}
$$

∴ $x^3+x^2+ax-a-2=(x-1)(x^2+2x+a+2)$

$x^3+x^2+ax-a-2=(x-1)^2Q(x)$에서
$(x-1)(x^2+2x+a+2)=(x-1)^2Q(x)$
∴ $x^2+2x+a+2=(x-1)Q(x)$ … ㉢

좌변에 인수 $x-1$이 있고 우변에 인수 $(x-1)^2$이 있으므로 $x^2+2x+a+2$는 $(x-1)Q(x)$로 인수분해 돼.

㉢의 양변에 $x=1$을 대입하면
$1+2+a+2=0$ ∴ $a=-5$
이것을 ㉡에 대입하면 $b=-(-5)-2=3$
∴ $ab=(-5)\times3=-15$

3rd $Q(x)$를 찾고 $Q(ab)$의 값을 구해.
㉢에 $a=-5$를 대입하면 $x^2+2x-3=(x-1)Q(x)$에서
$(x-1)(x+3)=(x-1)Q(x)$
따라서 $Q(x)=x+3$이므로
$Q(ab)=Q(-15)=(-15)+3=-12$

🔷 **다른 풀이:** 항등식의 성질을 이용해 $Q(x)$를 바로 구하기
$x^3+x^2+ax+b=(x-1)^2Q(x)$에서
$x^3+x^2+ax+b=(x^2-2x+1)Q(x)$이므로 $Q(x)$는 일차식이야.
또, 좌변의 삼차항의 계수는 1, 상수항은 b이므로 우변의 삼차항의 계수도 1, 상수항도 b가 되어야 해.

→ 좌변은 삼차식이고 우변은 이차식과 $Q(x)$의 곱이므로 우변이 삼차식이 되려면 $Q(x)$는 일차식이 되어야 해.

따라서 $Q(x)=x+b$이어야 해.
즉, $x^3+x^2+ax+b=(x^2-2x+1)(x+b)$에서
$x^3+x^2+ax+b=x^3+(b-2)x^2+(1-2b)x+b$이고,
이 등식은 x에 대한 항등식이므로 양변의 계수를 비교하면
$1=b-2$에서 $b=3$이고,
$a=1-2b=1-2\times3=-5$야.
따라서 $Q(x)=x+3$, $ab=(-5)\times3=-15$이므로
$Q(ab)=Q(-15)=(-15)+3=-12$야.

B 120 정답 ③ ························· 인수정리

정답 공식: 조건 (가)를 이용해 $f(x)-g(x)$의 식을 세운 후, 조건 (나)와 나머지 정리를 이용해 $f(x)-g(x)$의 식을 결정한다.

이차식 $f(x)$와 일차식 $g(x)$가 다음 조건을 만족시킨다.

단서 1 이차식 $f(x)$의 최고차항의 계수를 a라 하면 $f(x)-g(x)=a(x-1)^2$으로 놓을 수 있어.

(가) 방정식 $f(x)-g(x)=0$이 중근 1을 갖는다.
(나) 두 다항식 $f(x)$, $g(x)$를 $x-2$로 나누었을 때의 나머지는 각각 2, 5이다. **단서 2** 나머지정리에 의하여 $f(2)=2$, $g(2)=5$

다항식 $f(x)-g(x)$를 $x+1$로 나누었을 때의 나머지는? **단서 3** $f(-1)-g(-1)$의 값을 구하면 돼.

① -16 ② -14 ③ -12
④ -10 ⑤ -8

1st $f(x)-g(x)$는 이차식임을 이용하자.
$f(x)$는 이차식, $g(x)$는 일차식이므로 $f(x)-g(x)$는 이차식이다.
이차식 $f(x)$의 최고차항의 계수를 a라 하면 조건 (가)에 의하여
$f(x)-g(x)=a(x-1)^2$ … ㉠

이차방정식 $f(x)-g(x)=0$이 중근 1을 가지므로 이차식 $f(x)-g(x)$는 $(x-1)^2$을 인수로 가짐을 알 수 있어.

로 놓을 수 있다.
또, 조건 (나)에 의하여 $f(2)=2$, $g(2)=5$이므로
㉠의 양변에 $x=2$를 대입하면

다항식 $f(x)$를 일차식 $x-a$로 나눈 나머지는 $f(a)$와 같아.

주의 이차식 $f(x)$의 이차항은 일차식 $g(x)$에 동류항이 없으므로 뺄셈을 해도 없어지지 않아.

$f(2)-g(2)=a$
∴ $a=2-5=-3$

2nd $a=-3$을 대입한 후 $f(-1)-g(-1)$의 값을 구하자.
$a=-3$을 ㉠에 대입하면
$f(x)-g(x)=-3(x-1)^2$ … ㉡
따라서 구하는 값은 $f(-1)-g(-1)$이므로 ㉡의 양변에 $x=-1$을 대입하면

다항식 $f(x)-g(x)$를 $x+1$로 나누었을 때의 나머지는 나머지정리에 의하여 $f(-1)-g(-1)$과 같아.

$f(-1)-g(-1)=-12$

$f(-1)-g(-1)=-3(-1-1)^2$
$=-3\times4=-12$

정답 공식: 다항식 $f(x)$를 $x-a$로 나눌 때의 몫이 $Q(x)$, 나머지가 R이면 $f(x)=(x-a)Q(x)+R$로 나타낼 수 있다.

최고차항의 계수가 1인 두 이차다항식 $f(x)$, $g(x)$가 다음 조건을 만족시킨다. **단서** 일차식 $x-2$로 나눈 나머지는 상수야. 즉, $f(x)-g(x)$를 $x-2$로 나눈 몫과 나머지가 상수이므로 $f(x)-g(x)$는 일차식임을 알 수 있어.

(가) $f(x)-g(x)$를 $x-2$로 나눈 몫과 나머지가 서로 같다.
(나) $f(x)g(x)$는 x^2-1로 나누어떨어진다.

$g(4)=3$일 때, $f(2)+g(2)$의 값은?

① 1　　　　② 2　　　　③ 3
④ 4　　　　⑤ 5

1st $f(x)-g(x)$를 $x-2$로 나눈 몫과 나머지로 표현해보자.
조건 (가)에 의하여 $f(x)-g(x)$를 $x-2$로 나눈 몫과 나머지를 각각 $a(a$는 실수)라 하면 　일차식 $x-2$로 나눈 나머지는 상수이므로 조건 (가)에 의하여 몫도 상수야.

$$f(x)-g(x)=a(x-2)+a=a(x-1) \cdots ㉠$$

즉, $f(x)-g(x)$는 $x-1$을 인수로 갖는다.
2nd $f(x)g(x)$를 몫과 나머지로 표현해보자.
$f(x)g(x)$가 x^2-1로 나누어떨어지므로 몫을 $Q(x)$라 하면
$$f(x)g(x)=(x^2-1)Q(x)=(x+1)(x-1)Q(x) \cdots ㉡$$
즉, $x-1$은 $f(x)$, $g(x)$의 공통 인수이다.
3rd $g(4)=3$을 이용하여 $f(x)$, $g(x)$를 각각 구하자.
$g(x)$가 최고차항의 계수가 1이고 $x-1$을 인수로 가지므로
$g(x)=(x-1)(x+b)(b$는 상수)
라 하면
$g(4)=3$이므로
$g(4)=3(b+4)=3$
$\therefore b=-3$
즉, $g(x)=(x-1)(x-3)$이다.
이때, 조건 (나)에서 $f(x)g(x)$가
$(x-1)(x+1)$을 인수로 가지는데
$g(x)$가 $x+1$을 인수로 갖지 않으므로 $f(x)$가 $x+1$을 인수로 가진다.
따라서 $f(x)=(x-1)(x+1)$이므로
$f(2)+g(2)=3+(-1)=2$

함정 ㉡에 의해 $f(x)$ 또는 $g(x)$는 $x-1$을 인수로 가지지? 만약 $f(x)$가 $x-1$을 인수로 가진다면 $f(x)=(x-1)P(x)$로 놓을 수 있어.
이것을 ㉠에 대입하면
$(x-1)P(x)-g(x)=a(x-1)$
$g(x)=(x-1)P(x)-a(x-1)$
$\quad =(x-1)\{P(x)-a\}$
이므로 $g(x)$도 $x-1$을 인수로 가지게 돼. 마찬가지로 $g(x)$가 $x-1$을 인수로 가진다고 하면 $f(x)$도 $x-1$을 인수로 가지게 되는 거야.

🔵 **쉬운 풀이**: $f(1)$, $g(1)$의 값을 찾아 $f(x)g(x)$의 식 완성하기
조건 (가)에 의하여 $f(x)g(x)$를 $x-2$로 나눈 몫과 나머지를 $Q(x)$라 하면 $f(x)-g(x)=(x-2)Q(x)+Q(x)$
양변에 $x=1$을 대입하면
$f(1)-g(1)=0 \cdots ㉠'$
조건 (나)에 의하여 $f(x)g(x)$를 $x^2-1=(x+1)(x-1)$로 나눈 몫을 $G(x)$라 하면 $f(x)g(x)=(x+1)(x-1)G(x)$
양변에 $x=1$을 대입하면
$f(1)g(1)=0 \cdots ㉡'$
㉠', ㉡'을 연립하여 풀면
$f(1)=g(1)=0 \cdots ㉢'$
이때, $f(x)$, $g(x)$는 최고차항의 계수가 1인 이차다항식이고 ㉢'에 의하여 $x-1$을 인수로 가지므로
$f(x)g(x)=(x+1)(x-1)^2(x+k)$
따라서 $g(x)=(x-1)(x+m)$ ($m=k$ 또는 $m=1$)이라 하면
$g(4)=3$이므로 $(4-1)(4+m)=3$에서 $m=-3$
따라서 $g(x)=(x-3)(x-1)$, $f(x)=(x+1)(x-1)$이므로
$f(2)+g(2)=3+(-1)=2$

정답 공식: 다항식 $f(x)$가 $x-a$로 나누어떨어지면 $f(a)=0$이다.

다음은 계수가 실수인 다항식 $P(x)$에 대하여 방정식 $x^3+2x-1=0$의 서로 다른 세 근이 모두 방정식 $(x^2+x+1)P(x)=1$의 근이 되도록 하는, 차수가 최소인 다항식 $P(x)$를 구하는 과정이다.

$x^3+2x-1=0$의 서로 다른 세 근이 모두 방정식 $(x^2+x+1)P(x)=1$의 근이므로
$$(x^2+x+1)P(x)-1=(x^3+2x-1)Q(x)$$
단서1 $x^3+2x-1=0$ 의 서로 다른 세 근이 모두 방정식 $(x^2+x+1)P(x)=1$, 즉 $(x^2+x+1)P(x)-1=0$의 근이 되므로 x^3+2x-1은 $(x^2+x+1)P(x)-1$ 의 인수임을 알 수 있어
인 다항식 $Q(x)$가 존재한다.
즉, $(x^2+x+1)P(x)=(x^3+2x-1)Q(x)+1$이다.
그런데, x^3+2x-1을 x^2+x+1로 나눈 몫과 나머지는 각각 $x-1$, (가) 이므로 **단서2** x^3+2x-1을 x^2+x+1로 직접 나누면 몫과 나머지를 구할 수 있어.
$(x^2+x+1)P(x)$
$=(x-1)(x^2+x+1)Q(x)+$ (가) $Q(x)+1 \cdots ㉠$
이다. 등식 ㉠을 만족하는 다항식 $P(x)$의 차수가 최소가 되기 위해서는 $Q(x)$가 다항식이므로
(가) $Q(x)+1=x^2+x+1$
이어야 한다. 따라서 $Q(x)=$ (나) 이다.
그러므로 구하고자 하는 다항식 $P(x)=$ (다) 이다.

위의 과정에서 (가), (나), (다)에 알맞은 식을 각각 $f(x)$, $g(x)$, $h(x)$라 할 때, $f(1)+g(3)+h(5)$의 값은?

① 16　　　　② 17　　　　③ 18
④ 19　　　　⑤ 20

1st 주어진 과정을 따라가며 (가), (나), (다)에 알맞은 식을 구하자.
$x^3+2x-1=0$의 서로 다른 세 근이 모두 방정식 $(x^2+x+1)P(x)=1$의 근이므로
$(x^2+x+1)P(x)-1=(x^3+2x-1)Q(x)$인 다항식 $Q(x)$가 존재한다.
즉, $(x^2+x+1)P(x)=(x^3+2x-1)Q(x)+1$이다.
이때, x^3+2x-1을 x^2+x+1로 나눈 몫과 나머지를 구하면 다음과 같다.

$$
\begin{array}{r}
x \quad\quad -1 \\
x^2+x+1\,\overline{)\,x^3 \quad\quad +2x \quad -1} \\
x^3 +x^2 +x \\
\hline
-x^2 +x -1 \\
-x^2 -x -1 \\
\hline
2x
\end{array}
$$

즉, x^3+2x-1을 x^2+x+1로 나눈 몫과 나머지는 각각 $x-1$, $2x$ (가)이므로
$(x^2+x+1)P(x)=(x-1)(x^2+x+1)Q(x)+2xQ(x)+1 \cdots ㉠$
$(x^2+x+1)P(x)=(x^3+2x-1)Q(x)+1$에서
$(x^2+x+1)P(x)=(x^3+2x-1)Q(x)+1=\{(x^2+x+1)(x-1)+2x\}Q(x)+1$
$\quad =(x-1)(x^2+x+1)Q(x)+2xQ(x)+1$
이다.
등식 ㉠을 만족하는 다항식 $P(x)$의 차수가 최소가 되기 위해서는 $Q(x)$가 다항식이므로
$2xQ(x)+1=x^2+x+1$이어야 한다.
등식 ㉠을 만족하는 다항식 $P(x)$의 차수가 최소가 되기 위해서는 $2xQ(x)+1$이 x^2+x+1을 인수로 가지면서 최소 차수이어야 하고 상수항이 1이어야 하므로 $2xQ(x)+1=x^2+x+1$이야.

따라서 $Q(x)=\dfrac{x^2+x}{2x}=\underline{\dfrac{1}{2}(x+1)}_{\text{(나)}}$ 이다.

그러므로
$$(x^2+x+1)P(x)=(x-1)(x^2+x+1)Q(x)+x^2+x+1$$
$$=(x^2+x+1)\{(x-1)Q(x)+1\}$$
이므로 구하고자 하는 다항식
$$P(x)=(x-1)Q(x)+1=(x-1)\times\dfrac{1}{2}(x+1)+1$$
$$=\dfrac{1}{2}(x^2-1)+1=\underline{\dfrac{1}{2}(x^2+1)}_{\text{(다)}}$$
이다.

2nd $f(1)+g(3)+h(5)$의 값을 구하자.

따라서 $f(x)=2x$, $g(x)=\dfrac{1}{2}(x+1)$, $h(x)=\dfrac{1}{2}(x^2+1)$이므로
$$f(1)+g(3)+h(5)=2+2+13=17$$

B 123 정답 ② ·················· 인수정리를 활용한 다항식 구성

> **정답 공식:** 다항식 $f(x)$가 다항식 $g(x)$로 나누어떨어지면 $f(x)$는 $g(x)$를 인수로 가진다.

최고차항의 계수가 1인 서로 다른 두 삼차다항식
$f(x)$, $g(x)$와 최고차항의 계수가 1인 서로 다른 두 이차다항식 $P_1(x)$, $P_2(x)$는 다음 조건을 만족시킨다.

단서1 $f(x)+g(x)$는 $P_1(x)$, $P_2(x)$, x^2-5x+6을 인수로 가지고 $P_1(x)$, $P_2(x)$는 $f(x)-g(x)$를 인수로 가져.

(가) 다항식 $f(x)+g(x)$는 세 다항식 $P_1(x)$, $P_2(x)$, x^2-5x+6으로 각각 나누어떨어진다.
(나) 두 다항식 $P_1(x)$, $P_2(x)$는 각각 다항식 $f(x)-g(x)$로 나누어떨어진다.

$f(1)=g(1)$이고 $f(2)=1$일 때, $g(3)$의 값은?
단서2 $f(x)-g(x)$는 $x-1$을 인수로 가져.

① -4 ② -2 ③ 0
④ 2 ⑤ 4

1st $f(x)-g(x)$의 차수를 구해.

조건 (나)에서 $P_1(x)$, $P_2(x)$는 $f(x)-g(x)$로 나누어떨어지므로 $P_1(x)$, $P_2(x)$는 $f(x)-g(x)$를 인수로 갖는다.

[인수정리]
$f(a)=0 \Longleftrightarrow$ 다항식 $f(x)$는 $x-a$로 나누어떨어진다.
$\Longleftrightarrow$ 다항식 $f(x)$는 $x-a$를 인수로 갖는다.

이때, $f(x)$, $g(x)$는 각각 최고차항의 계수가 1인 삼차식이므로 $f(x)-g(x)$는 이차 이하의 다항식이다.
$f(x)=x^3+ax^2+\cdots$, $g(x)=x^3+bx^2+\cdots$이면 $f(x)-g(x)=(a-b)x^2+\cdots$

(i) $f(x)-g(x)$가 이차식인 경우
$f(x)-g(x)$의 이차항의 계수를 m $(m\neq0)$이라 하면 $P_1(x)$, $P_2(x)$는 이차식 $f(x)-g(x)$로 나누어떨어지고 최고차항의 계수가 1인 이차식이므로
$$P_1(x)=\dfrac{1}{m}\{f(x)-g(x)\}=P_2(x)$$가 되어
$P_1(x)$, $P_2(x)$가 서로 다른 이차식이라는 조건을 만족시키지 않는다.
(ii) $f(x)-g(x)$가 상수인 경우
상수 c에 대하여 $f(x)-g(x)=c$라 하면
$f(1)=g(1)$, 즉 $f(1)-g(1)=0$이므로 $c=0$이고 $f(x)-g(x)=0$
즉, $f(x)=g(x)$가 되어 $f(x)$, $g(x)$가 서로 다른 삼차식이라는 조건을 만족시키지 않는다.
(i), (ii)에서 $f(x)-g(x)$는 일차식이다.

2nd $f(x)+g(x)$를 구해.

$f(1)-g(1)=0$에서 $f(x)-g(x)$는 $x-1$을 인수로 가지므로
$f(x)-g(x)=k(x-1)$ $(k\neq0)$ ··· ㉠라 하자.
또한, 조건 (나)에서 $\underline{P_1(x), P_2(x)$는 모두 $x-1$을 인수로 갖고}
다항식 $f(x)-g(x)$가 $x-1$을 인수로 가지므로 두 다항식 $P_1(x)$, $P_2(x)$도 $x-1$을 인수로 가져야 해.
조건 (가)에서 $f(x)+g(x)$는 $P_1(x)$, $P_2(x)$를 인수로 가지므로 $f(x)+g(x)$는 $x-1$을 인수로 갖는다.
$f(x)$, $g(x)$는 각각 최고차항의 계수가 1인 삼차식이므로 $f(x)+g(x)$는 최고차항의 계수가 2인 삼차식이고, 두 다항식 $x-1$과 $x^2-5x+6=(x-2)(x-3)$을 인수로 가지므로
$f(x)+g(x)=2(x-1)(x-2)(x-3)$ ··· ㉡
3rd $g(3)$의 값을 구해.

㉠, ㉡을 변끼리 더하면
$$2f(x)=2(x-1)(x-2)(x-3)+k(x-1)$$
위 식에 $x=2$를 대입하면
$$2f(2)=k \quad f(2)=1$$을 이용할 거야.
$$\therefore k=2$$
㉠, ㉡을 변끼리 빼면
$$-2g(x)=-2(x-1)(x-2)(x-3)+2(x-1)$$
$$g(x)=(x-1)(x-2)(x-3)-(x-1)$$
위 식에 $x=3$을 대입하면
$$g(3)=-2$$

B 124 정답 ③ ·················· 조립제법

> **정답 공식:** 조립제법 식에 맞는 a, b의 값을 구한다.

단서 다항식을 일차식으로 나누었을 때의 몫과 나머지는 조립제법으로 쉽게 구할 수 있어.
다음은 조립제법을 이용하여 다항식 $2x^3+3x+4$를 일차식 $x-a$로 나누었을 때, 나머지를 구하는 과정을 나타낸 것이다.

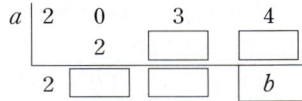

위 과정에 들어갈 두 상수 a, b에 대하여 $a+b$의 값은?

① 8 ② 9 ③ 10
④ 11 ⑤ 12

1st 조립제법을 이용하여 상수 a, b의 값을 구하자.

다항식 $2x^3+3x+4$를 일차식 $x-a$로 나누었을 때, 몫과 나머지를 구하기 위하여 조립제법을 이용하면 오른쪽과 같다.

a	2	0	3	4
		$2a$		
	2	$2a$		b

이때, 문제의 조건에서 $2a=2$이므로 $a=1$이다.
따라서 $2x^3+3x+4$를 일차식 $x-1$로 나누었을 때, 몫과 나머지를 조립제법을 이용하여 구하면 $b=9$이므로
$$a+b=1+9=10$$

1	2	0	3	4
		2	2	5
	2	2	5	9

다항식 $2x^3+3x+4$를 일차식 $x-1$로 나눈 몫은 $2x^2+2x+5$이고, 나머지는 9야.

쉬운 풀이: a의 값을 찾은 후 나머지정리를 이용하여 b의 값 구하기

$2a=2$에서 $a=1$이므로 $f(x)=2x^3+3x+4$로 놓으면 나머지정리에 의하여
문제에서 주어진 조립제법은 다항식 $2x^3+3x+4$를 일차식 $x-a$로 나눈 나머지가 b임을 나타내고 있어.
$$b=f(1)=2+3+4=9$$
$$\therefore a+b=1+9=10$$

B 125 정답 ⑤ ⋯⋯⋯⋯⋯⋯⋯⋯⋯⋯⋯⋯⋯⋯ 조립제법

(정답 공식: 조립제법 식에 맞는 a, b의 값을 구한다.)

> 다항식 x^3-3x^2+2x+4를 $x-2$로 나눈 몫과 나머지를 조립
> 제법을 이용하여 구하는 과정이다.
> [단서] 다항식을 일차식으로 나누었을 때의 몫과 나머지는 조립제법으로 쉽게 구할 수 있어.
>
> $$\begin{array}{r|rrrr} 2 & 1 & -3 & 2 & 4 \\ & & 2 & a & 0 \\ \hline & 1 & -1 & 0 & b \end{array}$$
>
> $a+b$의 값은? (단, a, b는 상수이다.)
>
> ① -2 ② -1 ③ 0
> ④ 1 ⑤ 2

[1st] 조립제법의 과정을 이용하여 a, b의 값을 구하자.

$$\begin{array}{r|rrrr} 2 & 1 & -3 & 2 & 4 \\ & & 2 & -2 & 0 \quad \rightarrow 2\times(-1) \\ \hline & 1 & -1 & 0 & 4 \\ & & & & 4+0 \end{array}$$

따라서 $a=-2$, $b=4$이므로
$a+b=-2+4=2$

B 126 정답 ④ ⋯⋯⋯⋯⋯⋯⋯⋯⋯⋯⋯⋯⋯⋯ 조립제법

(정답 공식: 조립제법 식에 맞는 a, b, c의 값을 구한다.)

> 다음은 조립제법을 이용하여 다항식 x^3-3x^2+5x-5를 $x-2$
> 로 나누었을 때, 나머지를 구하는 과정을 나타낸 것이다.
> [단서] 다항식을 일차식으로 나누었을 때의 몫과 나머지는 조립제법으로 쉽게 구할 수 있어.
>
> $$\begin{array}{r|rrrr} 2 & 1 & -3 & 5 & -5 \\ & & \boxed{} & \boxed{} & \boxed{} \\ \hline & 1 & a & b & c \end{array}$$
>
> 위 과정에 들어갈 세 상수 a, b, c에 대하여 abc의 값은?
>
> ① -6 ② -5 ③ -4
> ④ -3 ⑤ -2

[1st] 조립제법의 과정을 이용하여 a, b, c의 값을 구하자.

$$\begin{array}{r|rrrr} 2 & 1 & -3 & 5 & -5 \\ & & 2 & -2 & 6 \\ \hline & 1 & -1 & 3 & 1 \end{array}$$

$-3+2\times 1 \leftarrow$ $5+2\times(-1)$ $-5+2\times 3$

따라서 $a=-1$, $b=3$, $c=1$이므로
$abc=(-1)\times 3\times 1=-3$

✿ 조립제법   개념·공식

다항식을 일차식으로 나누었을 때의 몫과 나머지는 조립제법을 이용하면
쉽게 구할 수 있다.
이때, 각 항의 차수와 나머지를 혼동하지 않도록 주의한다.

B 127 정답 ② ⋯⋯⋯⋯⋯⋯⋯⋯⋯⋯⋯⋯⋯⋯ 조립제법

(정답 공식: 다항식 $f(x)$가 $x-a$로 나누어떨어지면 $f(a)=0$이다.)

> x에 대한 다항식 $P(x)=6x^3-3x^2+kx-1$은 $2x-1$로 나누
> [단서1] 다항식 $P(x)$가 다항식 $2x-1$로 나누어떨어지므로 $P\left(\frac{1}{2}\right)=0$이야.
> 어떨어진다. $P(x)$를 $x+1$로 나누었을 때의 몫은?
> [단서2] 다항식을 일차식으로 나누는 경우 조립제법을 이용하면 편해.
>
> ① $6x^2+9x-10$ ② $6x^2-9x+11$
> ③ $6x^2-9x-9$ ④ $6x^2+3x+5$
> ⑤ $6x^2-3x+9$

[1st] 인수정리를 이용하여 k의 값을 구하자.

다항식 $P(x)$가 일차식 $2x-1$로 나누어떨어지므로
인수정리를 이용해.
$P\left(\frac{1}{2}\right)=0$에서

$6\times\left(\frac{1}{2}\right)^3-3\times\left(\frac{1}{2}\right)^2+\frac{1}{2}k-1=0$

$\frac{3}{4}-\frac{3}{4}+\frac{1}{2}k-1=0 \qquad \therefore k=2$

[2nd] 조립제법을 이용하여 $P(x)$를 $x+1$로 나누었을 때의 몫을 구하자.
$P(x)=6x^3-3x^2+2x-1$이므로 조립제법을 이용하여 $P(x)$를 $x+1$
로 나누면

$$\begin{array}{r|rrrr} -1 & 6 & -3 & 2 & -1 \\ & & -6 & 9 & -11 \\ \hline & 6 & -9 & 11 & -12 \end{array}$$

$P(x)=(x+1)(6x^2-9x+11)-12$
따라서 구하는 몫은 $6x^2-9x+11$이다.

B 128 정답 ③ ⋯⋯⋯⋯⋯⋯⋯⋯⋯⋯⋯⋯⋯⋯ 조립제법

[정답 공식: 다항식 $f(x)$가 $P(x)$로 나누어떨어지고 몫이 $Q(x)$이면
$f(x)=P(x)Q(x)$로 나타낼 수 있다.]

> [단서] 주어진 다항식을 $(x+1)^2$과 몫의 곱으로 나타낼 수 있어.
> 다항식 x^3+ax^2+bx+3이 $(x+1)^2$으로 나누어떨어질 때,
> 두 상수 a, b에 대하여 $a+b$의 값은?
>
> ① 10 ② 11 ③ 12
> ④ 13 ⑤ 14

[1st] a와 b의 관계식을 구하자.
다항식 x^3+ax^2+bx+3이 $(x+1)^2$으로 나누어떨어지므로
몫을 $Q(x)$라 하면 다음과 같이 나타낼 수 있다.   나머지가 0
$x^3+ax^2+bx+3=(x+1)^2Q(x)$ ⋯ ㉠
㉠의 양변에 $x=-1$을 대입하면
$-1+a-b+3=0$ 우변을 0으로 만드는 수를 x에 대입해보자.
$\therefore b=a+2$ ⋯ ㉡

[2nd] $a+b$의 값을 구해.
㉡을 ㉠에 대입하면
$x^3+ax^2+(a+2)x+3=(x+1)^2Q(x)$
위 식이 항등식이므로 좌변은 $x+1$로 나누어떨어져야 한다.
조립제법을 이용하면

$$\begin{array}{r|rrrr} -1 & 1 & a & a+2 & 3 \\ & & -1 & -a+1 & -3 \\ \hline & 1 & a-1 & 3 & 0 \end{array}$$

$\therefore (x+1)\{x^2+(a-1)x+3\}=(x+1)^2 Q(x)$
$x^2+(a-1)x+3=(x+1)Q(x) \cdots \text{©}$
©의 양변에 $x=-1$을 대입하면
$1-(a-1)+3=0$ 〔우변이 $(x+1)$로 나누어떨어지므로 $x=-1$을 대입해보자.〕
$\therefore a=5$
이 값을 ©에 대입하면 $b=7$이다.
$\therefore a+b=5+7=12$

🔧 **톡톡 풀이: 몫을 먼저 구하여 전체 식 구하기**

$x^3+ax^2+bx+3=(x+1)^2 Q(x)$에서 $Q(x)$는 일차식이고
좌변의 삼차항의 계수가 1, 상수항이 3이므로
$Q(x)=x+3$이어야 해.
즉, $x^3+ax^2+bx+3=(x+1)^2(x+3)$
우변을 전개하면
$x^3+ax^2+bx+3=x^3+5x^2+7x+3$
양변의 동류항의 계수를 비교하면
$a=5$, $b=7$이므로 $a+b=5+7=12$

B 129 정답 9 ················· 조립제법

(**정답 공식**: 조립제법을 이용하여 몫 $Q(x)$를 구한다.)

> 다항식 $2x^3-x^2+x+3$을 $x+1$로 나눈 몫을 $Q(x)$라 할 때, $Q(-1)$의 값을 구하시오. 〔단서〕 다항식 $2x^3-x^2+x+3$을 일차식 $x+1$로 나눈 몫을 찾아야 하므로 조립제법을 이용하자.

1st 주어진 다항식을 $x+1$로 나눈 몫 $Q(x)$를 조립제법을 이용하여 구하자.
다항식 $2x^3-x^2+x+3$을 $x+1$로 나눈 몫과 나머지를 조립제법을 이용하여 구하면

나누는 식 $x+1$을 0으로 만드는 x의 값

$$
\begin{array}{r|rrrr}
-1 & 2 & -1 & 1 & 3 \\
   &   & -2 & 3 & -4 \\ \hline
   & 2 & -3 & 4 & -1
\end{array}
$$

나눠지는 식 $2x^3-x^2+x+3$의 각 항의 계수와 상수항

따라서 $Q(x)=2x^2-3x+4$이므로 $Q(-1)=2+3+4=9$

B 130 정답 ④ ················· 조립제법

(**정답 공식**: 다항식 $f(x)$가 일차식 $x-a$로 나누어떨어지면 $f(a)=0$이고, $f(x)$는 $x-a$를 인수로 갖는다.)

> 두 정수 a, b에 대하여 x에 대한 두 다항식
> $P(x)=x^4+x^3+2x-4$, $Q(x)=x^4+x^3+ax^2+bx+1$이 모두 $x+b$로 나누어떨어질 때, $P(b)+Q(a)$의 값은?
> 〔단서〕 인수정리를 이용할 수 있어.
> ① -9 ② -7 ③ -5 ④ -3 ⑤ -1

1st 조립제법을 이용하여 $P(x)$를 인수분해 하자.
$P(x)=x^4+x^3+2x-4$에서
$P(1)=0$, $P(-2)=0$이므로 조립제법을 이용하면
$P(x)$의 최고차항의 계수가 1이므로 $P(x)$에 $x=\pm$(상수항의 약수)를 각각 대입해서 $P(x)=0$이 되는 값을 찾아.

$$
\begin{array}{r|rrrrr}
1 & 1 & 1 & 0 & 2 & -4 \\
  &   & 1 & 2 & 2 & 4 \\ \hline
-2 & 1 & 2 & 2 & 4 & 0 \\
  &   & -2 & 0 & -4 & \\ \hline
  & 1 & 0 & 2 & 0 &
\end{array}
$$

따라서 $P(x)=(x-1)(x+2)(x^2+2)$이고
$P(x)$가 일차식 $x+b$로 나누어떨어지므로
$b=-1$ 또는 $b=2$이다.

2nd b의 각 값에 대하여 $Q(x)$를 조사하자.
(i) $b=-1$일 때,
$Q(x)=x^4+x^3+ax^2-x+1$은 $x-1$로 나누어떨어지므로
$Q(1)=1+1+a-1+1=0$에서 $a=-2$이다.
이는 a와 b가 정수라는 문제의 조건을 만족시킨다.
(ii) $b=2$일 때,
$Q(x)=x^4+x^3+ax^2+2x+1$은 $x+2$로 나누어떨어지므로
$Q(-2)=16-8+4a-4+1=0$에서
[인수정리]
x에 대한 다항식 $f(x)$가 일차식 $x-a$로 나누어떨어질 때의 몫을 $Q(x)$라 하면
$f(x)=(x-a)Q(x)$
이 등식은 x에 대한 항등식이므로 $x=a$를 대입하면 $f(a)=0$
$4a+5=0$ $\therefore a=-\dfrac{5}{4}$
이는 a가 정수라는 조건을 만족시키지 않는다.
(i), (ii)에 의하여 $a=-2$, $b=-1$이고
$Q(x)=x^4+x^3-2x^2-x+1$이다.

3rd $P(b)+Q(a)$의 값을 구하자.
$\therefore P(b)+Q(a)$
$=P(-1)+Q(-2)$
$=(1-1-2-4)+(16-8-8+2+1)$
$=-3$

B 131 정답 ④ ················· 조립제법

(**정답 공식**: 조립제법은 다항식을 일차식으로 나눌 때의 몫과 나머지를 구할 때 이용한다.)

> 다음은 다항식 $3x^3-7x^2+5x+1$을 $3x-1$로 나눈 몫과 나머지를 구하기 위하여 조립제법을 이용하는 과정이다.
> 〔단서 1〕 다항식을 일차식으로 나눈 몫과 나머지는 조립제법을 이용해서 구하는 게 편리해.
>
> 조립제법을 이용하면
> 〔단서 3〕 $3x^3-7x^2+5x+1$의 각 항의 계수와 상수항이야.
> 〔단서 2〕 $3x-1$을 0으로 만드는 x의 값이야.
>
>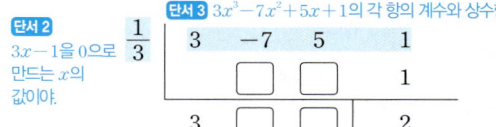
>
> 이므로
> $3x^3-7x^2+5x+1=\left(x-\dfrac{1}{3}\right)(\boxed{(가)})+2$
> $=(3x-1)(\boxed{(나)})+2$이다.
> 따라서, 몫은 $\boxed{(나)}$ 이고, 나머지는 2이다.

위의 (가), (나)에 들어갈 식을 각각 $f(x)$, $g(x)$라 할 때, $f(2)+g(2)$의 값은?

① 1 ② 2 ③ 3
④ 4 ⑤ 5

1st 몫과 나머지를 구해.

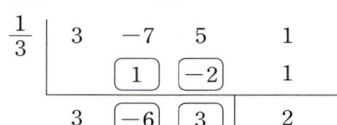

위의 조립제법에 의하여

$$3x^3-7x^2+5x+1=\left(x-\dfrac{1}{3}\right)(\underbrace{3x^2-6x+3}_{\text{(가)}})+2$$
$$=(3x-1)(\underbrace{x^2-2x+1}_{\text{(나)}})+2\text{이다.}$$

따라서, 몫은 x^2-2x+1이고, 나머지는 2이다.

2nd $f(2)+g(2)$의 값을 구해.

$f(x)=3x^2-6x+3$, $g(x)=x^2-2x+1$이므로

$$f(2)+g(2)=(3\times2^2-6\times2+3)+(2^2-2\times2+1)$$
$$=3+1=4$$

B 132 정답 ② ·················· 조립제법을 이용한 다항식의 나눗셈

【 **정답 공식**: 다항식의 인수가 두 개 주어졌으므로, 조립제법을 두 번 이용한다. 】

> [단서] 주어진 다항식이 $(x-1)^2$으로 나누어떨어지므로 조립제법을 두 번 사용해도 돼.
>
> x에 대한 다항식 x^3+ax^2+x+b가 $(x-1)^2$으로 나누어떨어질 때, 상수 a, b에 대하여 $a-b$의 값은?
>
> ① -6　　　② -2　　　③ 0
>
> ④ 4　　　⑤ 8

1st 조립제법을 이용해.

다항식 x^3+ax^2+x+b가 $(x-1)^2$으로 나누어떨어진다고 하므로 조립
　직접 나누어도 되지만 조립제법을 이용하면 쉬워.
제법을 두 번 썼을 때 나머지가 모두 0이어야 한다.

1	1	a	1	b
		1	$a+1$	$a+2$
1	1	$a+1$	$a+2$	$\boxed{a+b+2}$
		1	$a+2$	
	1	$a+2$	$\boxed{2a+4}$	

$\therefore a+b+2=0$, $2a+4=0$

$2a+4=0$에서 $a=-2$

$a=-2$를 $a+b+2=0$에 대입하면

$-2+b+2=0$　　$\therefore b=0$

$\therefore a-b=-2$

🔧 **다른 풀이**: 항등식의 성질을 이용해 a, b의 값 구하기

x^3+ax^2+x+b를 이차식 $(x-1)^2$으로 나누니까 몫은 일차식이지?

$$x^3+ax^2+x+b=(x-1)^2(px+q)$$
$$=(x^2-2x+1)(px+q)$$
$$=px^3+(-2p+q)x^2+(p-2q)x+q$$

위 식은 x에 대한 항등식이므로 계수비교법에 의해

> 원래 다항식이 삼차식이니까 이차식에 일차식을 곱해야 삼차식이 되는 거야.

$p=1$, $-2p+q=a$, $p-2q=1$, $q=b$

$\therefore p=1$, $q=0$, $a=-2$, $b=0$

$\therefore a-b=-2$

(다항식)=(나누는 식)×(몫)+(나머지)는 항상 항등식이야.

> **함정**
> 나누는 식의 최고차항의 계수가 1이고 차수가 2이므로 원래의 식과 비교하여 몫을 최대한 간단히 설정하는 것이 좋아. 즉, x^3의 계수가 1이므로 몫을 $x+q$로 바로 놓을 수 있지.

B 133 정답 ① ··· 조립제법

【 **정답 공식**: 다항식 A를 다항식 $B(B\neq0)$으로 나눌 때의 몫을 Q, 나머지를 R이라 하면 $A=BQ+R$ (단, $(R$의 차수$)<(B$의 차수$)$) 】

> 다음은 사차다항식 $P(x)=x^4+ax^3+bx^2+cx+d$를 조립제법을 이용하여 $x-2$로 나눈 몫과 나머지를 구하고, 그 몫을 다시 $x-2$로 나눈 몫과 나머지를 구하는 과정의 일부이다.
>
> [단서 2] 조립제법 과정에서 몫과 나머지가 주어져 있으므로 이를 이용하면 $P(x)$를 $x-2$로 나눈 몫을 구할 수 있어.
> [단서 1] 나머지가 1로 주어졌으므로 몫을 구하면 $P(x)$를 구할 수 있어.
>
>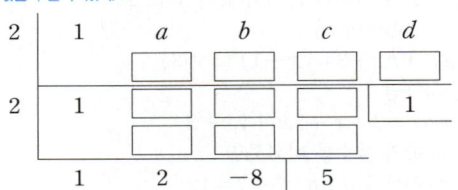
>
> $P(3)$의 값은? (단, a, b, c, d는 상수이다.)
>
> ① 13　　　② 16　　　③ 19
>
> ④ 22　　　⑤ 25

1st 몫과 나머지의 정보를 토대로 조립제법 과정의 빈칸을 채우자.

조립제법 과정을 거슬러 올라가자.

$P(x)$를 $x-2$로 나눈 몫을 $Q(x)$라 하면

$Q(x)$를 $x-2$로 나눈 몫이 x^2+2x-8이고, 나머지가 5이므로
　조립제법 과정의 1, 2, -8을 통해 몫이 x^2+2x-8임을 알 수 있어.
$$Q(x)=(x-2)(x^2+2x-8)+5$$
$$=x^3-12x+21$$

그러므로 이를 반영하면 조립제법의 과정의 일부는 다음과 같이 채울 수 있다.
> **주의** $x^3-12x+21$에서 x^2의 계수가 0임에 주의해.

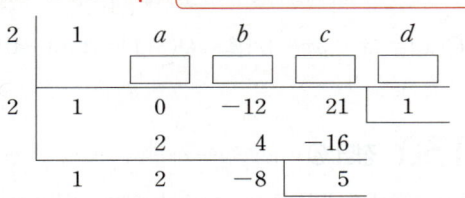

2nd $P(x)$를 $x-2$로 나눈 몫과 나머지를 토대로 $P(x)$를 구하자.

$P(x)$를 $x-2$로 나눈 몫이 $x^3-12x+21$이고, 나머지가 1이므로

$$P(x)=(x-2)(x^3-12x+21)+1$$

3rd $P(3)$의 값을 구하자.
　$P(3)$의 값만 구하면 되므로 식을 끝까지 전개하지 않아도 돼.

$$\therefore P(3)=(3-2)\times(3^3-12\times3+21)+1$$
$$=1\times(27-36+21)+1$$
$$=13$$

⚙️ **조립제법**　　　　　　　　　　　개념·공식

다항식을 일차식으로 나누었을 때의 몫과 나머지는 조립제법을 이용하면 쉽게 구할 수 있다.

이때, 각 항의 차수와 나머지를 혼동하지 않도록 주의한다.

정답 공식: 다항식 $f(x)$를 일차식 $x-a$로 나누었을 때의 나머지를 R라 하면 $R=f(a)$이다.

다음은 삼차다항식 $P(x)=ax^3+bx^2+cx+11$을 $x-3$으로 나누었을 때의 **몫과 나머지**를 조립제법을 이용하여 구하는 과정의 일부를 나타낸 것이다. **[단서1]** 조립제법으로 나타낸 것의 맨 아랫줄의 숫자를 보면 몫과 나머지를 알 수 있어.

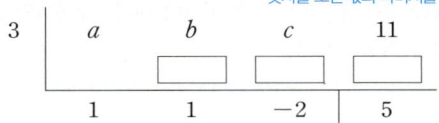

$P(x)$를 $x-4$로 나누었을 때의 나머지를 구하시오.
[단서2] $P(4)$의 값을 구해.

(단, a, b, c는 상수이다.)

1st 몫과 나머지를 이용하여 $P(x)$를 구해.

삼차다항식 $P(x)=ax^3+bx^2+cx+11$을 $x-3$으로 나누었을 때의 **몫과 나머지**를 조립제법을 이용하여 구하는 과정에서

> **주의**
> 조립제법의 맨 아랫줄의 숫자를 이용하여 몫과 나머지를 알 수 있어. 몫은 나누는 다항식의 차수보다 하나 작은 차수부터 내림차순으로 정리하고, 가장 오른쪽에 있는 수는 나머지야.

몫은 x^2+x-2, 나머지는 5이므로
$$P(x)=(x-3)(x^2+x-2)+5$$

2nd $P(x)$를 $x-4$로 나누었을 때의 나머지를 구해.

다항식 $P(x)$를 $x-4$로 나누었을 때의 나머지는 $P(4)$이므로
$$P(4)=1\times(16+4-2)+5=23$$

> 다항식 $f(x)$를 일차식 $x-a$로 나누었을 때의 나머지를 R라 하면 $R=f(a)$

🧭 다른 풀이: 조립제법의 빈칸을 완성하기

주어진 조립제법의 빈칸을 채우면 다음과 같아.

$$\begin{array}{c|cccc} 3 & a & b & c & 11 \\ & & {}_{\llcorner 3\times1} & {}_{\llcorner 3\times1} & {}_{\llcorner 3\times(-2)} \\ & & 3 & 3 & -6 \\ \hline & 1 & 1 & -2 & 5 \end{array}$$

이때 $a=1$, $b+3=1$, $c+3=-2$이므로
$b=-2$, $c=-5$이다.
따라서 $P(x)=x^3-2x^2-5x+11$이므로
$P(x)$를 $x-4$로 나눈 나머지는
$$P(4)=64-32-20+11=23$$

🌸 나머지정리 개념·공식

x에 대한 다항식 $f(x)$를
① $x-a$로 나누었을 때의 나머지는 $f(a)$이다.
② $ax-b$로 나누었을 때의 나머지는 $f\left(\dfrac{b}{a}\right)$이다. (단, $a\neq0$)

정답 공식: 조립제법을 통해 a, b 사이의 관계식을 세워 a, b의 값을 찾고, 이를 이용해 $Q(x)$를 구한다.

x에 대한 **다항식** x^4+ax+b가 $(x-2)^2$으로 나누어떨어질 때, 몫을 $Q(x)$라 하자. 두 상수 a, b에 대하여 $a+b+Q(2)$의 값을 구하시오. **[단서]** $x^4+ax+b=(x-2)^2Q(x)$가 된다는 뜻이야.

1st 조립제법을 사용하여 나머지가 0이 되도록 하자.

$x^4+ax+b=(x-2)^2Q(x)$이므로 조립제법을 이용하면

$$\begin{array}{c|ccccc} 2 & 1 & 0 & 0 & a & b \\ & & 2 & 4 & 8 & 2a+16 \\ \hline & 1 & 2 & 4 & a+8 & b+2a+16 \end{array}$$

x^4+ax+b는 $x-2$로 나누어떨어지므로
$b+2a+16=0 \cdots$ ㉠   나누어떨어진다는 것은 나머지가 0이 된다는 뜻이야.
또, $(x-2)Q(x)=x^3+2x^2+4x+a+8$이므로
$x^3+2x^2+4x+a+8$을 $x-2$로 나누면

$$\begin{array}{c|cccc} 2 & 1 & 2 & 4 & a+8 \\ & & 2 & 8 & 24 \\ \hline & 1 & 4 & 12 & a+32 \end{array}$$

$x^3+2x^2+4x+a+8$은 $x-2$로 나누어떨어지므로
$a+32=0 \cdots$ ㉡
이고 $x^4+ax+b=(x-2)^2(x^2+4x+12)$이다.

2nd $a+b+Q(2)$의 값을 구하자.

㉠, ㉡을 연립하여 풀면 → ㉡에서 $a=-32$이므로 ㉠에 대입하면 $b-64+16=0$에서 $b=48$
$a=-32$, $b=48$
$Q(x)=x^2+4x+12$에서 $Q(2)=4+8+12=24$이므로
$$a+b+Q(2)=-32+48+24=40$$

정답 공식: 주어진 다항식에 대해 $2x+1$을 인수로 하는 조립제법을 세 번 하여 a, b, c, d의 값을 구한다.

모든 실수 x에 대하여 등식
$$4x^3-2x^2+x+\frac{1}{2}=a(2x+1)^3+b(2x+1)^2+c(2x+1)+d$$
가 성립할 때 상수 a, b, c, d에 대하여 $ab+c+d$의 값은?
[단서] 나누는 식이 $2x+1$이지? 조립제법은 $x-a$ 꼴의 일차식으로 나눌 때의 몫과 나머지를 간단하게 구하는 방법이야. 이 문제와 같이 일차항의 계수가 1이 아닌 경우는 나중에 변환 과정을 꼭 거쳐야 해.

① 1   ② 2   ③ 3
④ 4   ⑤ 5

1st 조립제법을 반복 적용하여 주어진 다항식을 $2x+1$의 거듭제곱의 합으로 나타내봐.

조립제법을 이용하여 $x+\dfrac{1}{2}$로 나누는 것을 반복하면, 다음의 결과를 얻는다.
→ $2x+1=0$과 같은 해를 가지는 일차항의 계수가 1인 일차식이야.

$$\begin{array}{c|cccc} -\frac{1}{2} & 4 & -2 & 1 & \frac{1}{2} \\ & & -2 & 2 & -\frac{3}{2} \\ \hline -\frac{1}{2} & 4 & -4 & 3 & -1 \\ & & -2 & 3 & \\ \hline -\frac{1}{2} & 4 & -6 & 6 & \\ & & -2 & & \\ \hline & 4 & -8 & & \end{array}$$

따라서

$$4x^3-2x^2+x+\frac{1}{2}$$

$$=\left(x+\frac{1}{2}\right)(4x^2-4x+3)-1$$

$$=\left(x+\frac{1}{2}\right)\left\{\left(x+\frac{1}{2}\right)(4x-6)+6\right\}-1$$

$$=\left(x+\frac{1}{2}\right)\left[\left(x+\frac{1}{2}\right)\left\{4\left(x+\frac{1}{2}\right)-8\right\}+6\right]-1$$

$$=\left(x+\frac{1}{2}\right)\left\{4\left(x+\frac{1}{2}\right)^2-8\left(x+\frac{1}{2}\right)+6\right\}-1$$

$$=4\left(x+\frac{1}{2}\right)^3-8\left(x+\frac{1}{2}\right)^2+6\left(x+\frac{1}{2}\right)-1$$

$$=\frac{1}{2}(2x+1)^3-2(2x+1)^2+3(2x+1)-1$$

$4\left(x+\frac{1}{2}\right)^3=\frac{1}{2}\times 2^3\left(x+\frac{1}{2}\right)^3$ → $8\left(x+\frac{1}{2}\right)^2=2\times 2^2\left(x+\frac{1}{2}\right)^2$

$\qquad\qquad =\frac{1}{2}\left\{2\left(x+\frac{1}{2}\right)\right\}^3$ $\qquad\qquad =2\left\{2\left(x+\frac{1}{2}\right)\right\}^2$

$\qquad\qquad =\frac{1}{2}(2x+1)^3$ $\qquad\qquad\qquad =2(2x+1)^2$

이므로 $a=\frac{1}{2}$, $b=-2$, $c=3$, $d=-1$이다.

$$\therefore ab+c+d=\frac{1}{2}\times(-2)+3+(-1)$$

$$=-1+3-1=1$$

B 137　정답 2.521 ·························· 조립제법의 활용

（ 정답 공식: $f(x)$를 $x-3$을 인수로 하여 조립제법으로 분해한 후, $x=3.1$을 대입한다. ）

> 함수 $f(x)=x^3-7x^2+10x+9$일 때, $f(3.1)$의 값을 구하시오.
>
> 단서 $f(x)$에 x 대신 3.1을 대입했을 때 계산하기 편하려면 $f(x)$가 $x-3$에 대한 제곱식 꼴로 표현되어야 해.

1st 조립제법을 이용하여 $f(x)$를 $(x-3)$의 제곱식으로 표현해봐.

```
3 | 1  -7   10    9
  |      3  -12   -6
3 | 1  -4   -2  ③
  |      3   -3
3 | 1  -1  ⑤
  |      3
    1  ②
```

위의 조립제법에서
$$f(x)=x^3-7x^2+10x+9$$
$$=(x-3)^3+2(x-3)^2-5(x-3)+3$$이므로

조립제법에 의해 $x-3$의 거듭제곱의 합의 꼴로 나타낼 때, 조립제법의 나머지들은 상수항과 계수가 되는 거야.

$$f(3.1)=0.1^3+2\times 0.1^2-5\times 0.1+3$$
$$=2.521$$

B 138　정답 0 ························ 항등식과 미정계수법

（ 정답 공식: $f(x)=x+c$로 놓을 수 있으므로, 식을 전개해 계수를 비교한다. ）

> 단서 항등식이 되려면 등식의 우변의 $f(x)$는 최고차항의 계수가 1인 일차식이어야 해.
>
> 다항식 $f(x)$에 대하여 $x^3+ax+b=(x^2-x+1)f(x)+3x-4$ 가 x에 대한 항등식일 때, 상수 a, b에 대하여 $a+b$의 값을 구하는 과정을 서술하시오.

1st 주어진 식이 항등식이려면, $f(x)$는 일차식이어야 함을 이해하자.

$x^3+ax+b=(x^2-x+1)f(x)+3x-4$가 x에 대한 항등식이 되려면 $f(x)$는 x에 대한 일차식이어야 한다. 좌변과 우변의 차수가 같아야 하므로 $f(x)$는 일차식이어야 해.

주의

2nd a, b의 값을 구하자.

이때, 주어진 등식의 좌변의 최고차항의 계수가 1이므로
$f(x)=x+c$(c는 상수)로 놓으면 ⋯ ❶

다항식 x^3+ax+b를 x^2-x+1로 나눈 몫이 $f(x)$이고 나머지가 $3x-4$라는 의미로 이해할 수 있어.

$$x^3+ax+b=(x^2-x+1)(x+c)+3x-4$$
$$=x^3+(c-1)x^2+(4-c)x+c-4$$

각 항의 계수를 비교하면
$$0=c-1,\ a=4-c,\ b=c-4$$
$$\therefore a=3,\ b=-3,\ c=1 \cdots ❷$$

$f(x)=kx+c$라 놓으면 우변은
$(x^2-x+1)(kx+c)$
$=kx^3+(c-k)x^2+(k-c)x+c$
에서 좌변의 최고차항의 계수가 1이므로
$k=1$, 즉 $f(x)=x+c$로 놓은 거야.

3rd $a+b$를 구하자.
$$\therefore a+b=3+(-3)=0 \cdots ❸$$

[채점 기준표]

❶ $f(x)=x+c$의 꼴로 놓는다.	40%
❷ a, b, c의 값을 구한다.	50%
❸ $a+b$의 값을 구한다.	10%

B 139　정답 -4 ·························· 항등식

（ 정답 공식: 양변을 통분한 후, x에 대한 항등식 조건으로부터 양변의 분자가 같도록 식을 세운 후, x에 대해 내림차순으로 정리해 각 항의 계수가 0이 되는 a, b, c의 값을 찾는다. ）

> 다음 등식이 모든 실수 x에 대하여 항상 성립할 때, 상수 a, b, c에 대하여 abc의 값을 구하는 과정을 서술하시오.
> $$(단,\ x\neq-3,\ x\neq 0)$$
>
> 단서 우변을 정리하여 좌변의 계수와 비교하자.
>
> $$\frac{x-9}{x(x+3)^2}=\frac{a}{x}+\frac{b}{x+3}+\frac{c}{(x+3)^2}$$

1st 우변의 식을 정리하자.

주의 복잡한 식의 전개이니 전개 과정에서 계수나 차수 계산에 특히 유의하자.

주어진 식의 우변을 통분하면

$$\frac{a}{x}+\frac{b}{x+3}+\frac{c}{(x+3)^2}$$

$$=\frac{a(x+3)^2+bx(x+3)+cx}{x(x+3)^2}$$ ← 분모를 $x(x+3)^2$으로 통분한 거야.

$$=\frac{a(x^2+6x+9)+b(x^2+3x)+cx}{x(x+3)^2}$$

$$=\frac{(a+b)x^2+(6a+3b+c)x+9a}{x(x+3)^2} \cdots ❶$$

$$\therefore \frac{x-9}{x(x+3)^2}=\frac{(a+b)x^2+(6a+3b+c)x+9a}{x(x+3)^2}$$

2nd a, b, c의 값을 구하자.

위 등식이 항상 성립하기 위해서는 양변의 분자가 같아야 하므로

$x-9=(a+b)x^2+(6a+3b+c)x+9a$ ← $x\neq-3, x\neq0$인 모든 실수 x에 대하여 성립해야 하므로 항등식이야.

양변의 계수를 비교하면

$a+b=0,\ 6a+3b+c=1,\ 9a=-9$

즉, $9a=-9$에서 $a=-1$

이것을 $a+b=0$에 대입하면

$-1+b=0$ ∴ $b=1$

또한, $a=-1,\ b=1$을 $6a+3b+c=1$에 대입하면

$-6+3+c=1$ ∴ $c=4$

3rd abc의 값을 구하자.

따라서 $a=-1,\ b=1,\ c=4$이므로 … ❷

$abc=(-1)\cdot1\cdot4=-4$ … ❸

[채점 기준표]

❶ 우변의 식을 통분하여 정리한다.	40%
❷ a, b, c의 값을 구한다.	50%
❸ abc의 값을 구한다.	10%

B 140 정답 -1 ························· 나머지정리

정답 공식: 주어진 조건으로부터 몫과 나머지의 관계식을 두 개 세운 후, 연립하여 $f(x)$의 몫과 나머지의 관계식을 구한다.

단서 $f(x)+g(x)$와 $f(x)-g(x)$에 관한 식을 정리하자.

두 다항식 $f(x),\ g(x)$에 대하여 $f(x)+g(x)$를 x^2-x+1로 나누면 나머지가 -5, $f(x)-g(x)$를 x^2-x+1로 나누면 나머지가 3이다. 이때, $f(x)$를 x^2-x+1로 나누었을 때의 나머지를 구하는 과정을 서술하시오.

1st 나머지정리를 이용해서 $f(x)+g(x)$, $f(x)-g(x)$를 몫 $Q_1(x)$, $Q_2(x)$와 나머지를 이용하여 나타내자.

$f(x)+g(x)$, $f(x)-g(x)$를 x^2-x+1로 나눌 때의 몫을 각각 $Q_1(x)$, $Q_2(x)$라 하면

$f(x)+g(x)=(x^2-x+1)Q_1(x)-5$ … ㉠
$f(x)-g(x)=(x^2-x+1)Q_2(x)+3$ … ㉡ … ❶

2nd 앞에서 구한 두 식을 더하여 $f(x)$를 구하자.

㉠+㉡을 하면

㉠−㉡을 하면 $g(x)$를 x^2-x+1로 나누었을 때의 나머지를 구할 수 있어.

$2f(x)=(x^2-x+1)\{Q_1(x)+Q_2(x)\}-2$

∴ $f(x)=(x^2-x+1)\left\{\dfrac{Q_1(x)+Q_2(x)}{2}\right\}-1$ … ❷

3rd $f(x)$를 x^2-x+1로 나눈 나머지를 구하자.

따라서 $f(x)$를 x^2-x+1로 나누었을 때의 나머지는 -1이다. … ❸

[채점 기준표]

❶ $f(x)+g(x)$, $f(x)-g(x)$를 몫과 나머지를 이용하여 x에 대한 식으로 나타낸다.	40%
❷ ❶의 식을 이용하여 $f(x)$를 x에 대한 식으로 나타낸다.	40%
❸ $f(x)$를 x^2-x+1로 나누었을 때의 나머지를 구한다.	20%

B 141 정답 16 ························· 나머지정리

정답 공식: $f(0), f(1), f(2)$가 주어졌으므로, $R(x)=ax^2+bx+c$로 놓고 a, b, c를 구한다.

단서 $x(x-1)$과 $x-2$로 나누었을 때의 나머지에 맞게 식을 정리해.

다항식 $f(x)$를 $x(x-1)$로 나누었을 때의 나머지는 $2x+4$이고, $x-2$로 나누었을 때의 나머지는 10이다.

이 다항식 $f(x)$를 $x(x-1)(x-2)$로 나누었을 때의 나머지를 $R(x)$라 할 때, $R(3)$의 값을 구하는 과정을 서술하시오.

1st 나머지정리를 이용해서 $f(0), f(1), f(2)$의 값을 구하자.

다항식 $f(x)$를 $x(x-1)$로 나누었을 때의 몫을 $Q_1(x)$라 하면

$f(x)=x(x-1)Q_1(x)+2x+4$

양변에 $x=0, x=1$을 각각 대입하면

$f(0)=4, f(1)=6$

또, 다항식 $f(x)$를 $x-2$로 나누었을 때의 나머지가 10이므로

$f(2)=10$ … ❶

2nd $f(x)$를 삼차식으로 나눈 나머지를 $R(x)=ax^2+bx+c$라 하고, 앞에서 구한 함숫값을 이용하여 $R(x)$를 구하자.

따라서 다항식 $f(x)$를 $x(x-1)(x-2)$로 나누었을 때의 몫을 $Q(x)$, 나머지를 $R(x)=ax^2+bx+c(a, b, c$는 상수)라 하면

$f(x)=x(x-1)(x-2)Q(x)+ax^2+bx+c$ ← $f(x)$를 삼차식 $x(x-1)(x-2)$로 나누었다고 하니가 나머지는 차수가 하나 아래인 이차식 꼴이어야 해.

양변에 $x=0, x=1, x=2$를 각각 대입하면 ← $x(x-1)(x-2)=0$이 되는 x의 값을 대입한 거야.

$f(0)=c=4$
$f(1)=a+b+c=6$
$f(2)=4a+2b+c=10$

위 세 식을 연립하여 풀면

$a=1, b=1, c=4$

주의 다항식을 나눌 때에 나머지는 나누는 식보다 항상 차수가 낮아야 됨을 알고 이에 유의해서 문제를 풀도록 하자.

3rd $R(3)$을 구하자.

따라서 $R(x)=x^2+x+4$이므로 … ❷

$R(3)=9+3+4=16$ … ❸

[채점 기준표]

❶ 주어진 조건으로부터 $f(0)=4, f(1)=6, f(2)=10$을 얻는다.	40%
❷ $R(x)$를 구한다.	50%
❸ $R(3)$의 값을 구한다.	10%

B 142 정답 $a=-1, b=-4, c=-5$ ·· 조건을 만족하는 항등식

정답 공식: $y=1-x$로 놓고 등식에 대입해 x에 대한 항등식 조건으로부터 식을 x에 대해 내림차순으로 정리했을 때 각 항의 계수가 0임을 이용한다.

단서 1 이것을 x, y 중 한 문자에 대해 정리하자.

$x+y=1$을 만족하는 임의의 두 실수 x, y에 대하여 등식 $ax^2-xy+bx+cy+5=0$이 성립할 때, 상수 a, b, c의 값을 구하는 과정을 서술하시오.

단서 2 x, y 중 한 문자에 대한 항등식으로 만들자.

1st 주어진 식에 $y=1-x$를 대입하여 x에 관한 식으로 만들자.

$x+y=1$에서 $y=1-x$를 $ax^2-xy+bx+cy+5=0$에 대입하면

$ax^2-x(1-x)+bx+c(1-x)+5=0$ ← 문자의 개수를 2개에서 1개로 줄이려는 거야.

∴ $(a+1)x^2+(b-c-1)x+c+5=0$ … ❶

함정 $x+y=1$이므로 x가 결정되면 y도 자동으로 결정돼. 따라서 항등식을 x에 대해 정리할지, y에 대해 정리할지 고민할 필요 없어.

정답 및 해설 **75**

2nd 항등식의 성질을 이용하여 a, b, c 사이의 관계식을 찾자.

이 식이 x에 대한 항등식이므로
임의의 실수 x라고 하니까 x에 대한 항등식이야.

$a+1=0$, $b-c-1=0$, $c+5=0$

3rd a, b, c의 값을 구하자.

$\therefore a=-1$, $b=-4$, $c=-5$ … **Ⅱ**

[채점 기준표]

Ⅰ 주어진 등식을 x(또는 y)에 대한 식으로 정리한다.		50%
Ⅱ **Ⅰ**의 식이 항등식임을 이용하여 a, b, c의 값을 구한다.		50%

✿ **항등식의 성질**　　　　　　　　　개념·공식

(1) $ax+b=0$이 x에 대한 항등식 $\Longleftrightarrow a=0$, $b=0$
(2) $ax+b=a'x+b'$이 x에 대한 항등식 $\Longleftrightarrow a=a'$, $b=b'$
(3) $ax^2+bx+c=0$이 x에 대한 항등식 $\Longleftrightarrow a=0$, $b=0$, $c=0$
(4) $ax^2+bx+c=a'x^2+b'x+c'$이 x에 대한 항등식
　　$\Longleftrightarrow a=a'$, $b=b'$, $c=c'$

B 143 정답 4 ……………………………… 나머지정리

(**정답 공식**: 나머지정리를 이용한다.)

> **단서 1** 다항식 $f(x)$를 몫을 $Q(x)$로 놓고 표현해보자.
> 다항식 $f(x)$를 $2x^2+5x-3$으로 나눈 나머지가 $x+7$일 때, $f(-2x+1)$을 $x-2$로 나눈 나머지를 구하는 과정을 서술하시오. **단서 2** $x-2$로 나눈 나머지는 $f(-2x+1)$에 x 대신 2를 대입한 값이야.

1st $f(x)$를 몫과 나머지를 이용하여 나타내보자.

$f(x)$를 $2x^2+5x-3$으로 나눌 때의 몫을 $Q(x)$라 하면 나머지가 $x+7$이므로
$f(x)=(2x^2+5x-3)Q(x)+x+7$
　　$=(2x-1)(x+3)Q(x)+x+7$ … **Ⅰ**

2nd $f(-2x+1)$을 $x-2$로 나눈 나머지를 $f(\Box)$ 꼴로 나타내자.

따라서 $f(-2x+1)$을 $x-2$로 나눈 나머지는
$f(-2\cdot2+1)=f(-3)$

다항식 $f(x)$를 $x-a$로 나눈 나머지 R는 $R=f(a)$이다.

3rd 나머지를 계산하자.

$=-3+7=4$ … **Ⅱ**

[채점 기준표]

Ⅰ $f(x)$를 x에 대한 식으로 나타낸다.		60%
Ⅱ $f(-2x+1)$을 $x-2$로 나눈 나머지 $f(-3)$의 값을 구한다.		40%

✿ **다항식의 나눗셈**　　　　　　　　　개념·공식

다항식 A를 다항식 B ($B\neq0$)로 나눌 때의 몫을 Q, 나머지를 R라고 하면 $A=BQ+R$ (단, (R의 차수) < (B의 차수))

B 144 정답 13 ……………………………… 나머지정리

(**정답 공식**: $f(x)$, $Q(x)$에 대해 각각 몫과 나머지의 관계식을 세우고 나머지정리를 이용한다.)

> **단서 1** $f(x)$를 나눗셈에 대한 등식으로 표현해보자.
> 다항식 $f(x)$를 $x-4$로 나누었을 때의 몫은 $Q(x)$, 나머지는 3이다. $Q(x)$를 $x+1$로 나누었을 때의 나머지가 -2일 때, $f(x)$를 $x+1$로 나누었을 때의 나머지를 구하는 과정을 서술하시오.
> **단서 2** $Q(x)$를 나눗셈에 대한 등식으로 표현해보자.

1st $f(x)$, $Q(x)$를 몫과 나머지를 이용하여 나타내자.

$f(x)$를 $x-4$로 나누었을 때의 몫은 $Q(x)$, 나머지는 3이므로
$f(x)=(x-4)Q(x)+3$ … ㉠ … **Ⅰ**
　　　(다항식)=(나누는 식)×(몫)+(나머지)
$Q(x)$를 $x+1$로 나누었을 때의 몫을 $Q_1(x)$라 하면 나머지가 -2이므로
$Q(x)=(x+1)Q_1(x)-2$ … ㉡ … **Ⅱ**

2nd $Q(x)$를 $f(x)$에 대입하여 정리하자.

㉡을 ㉠에 대입하면
$f(x)=(x-4)\{(x+1)Q_1(x)-2\}+3$
　　$=(x-4)(x+1)Q_1(x)-2(x-4)+3$
　　$=(x-4)(x+1)Q_1(x)-2x+11$ … **Ⅲ**

3rd $f(x)$를 $x+1$로 나눈 나머지를 구하자.

따라서 $f(x)$를 $x+1$로 나누었을 때의 나머지는
$f(-1)=-2\cdot(-1)+11$
　　　　$=13$ … **Ⅳ**

나머지정리에 의해 $f(-1)$을 구하면 돼.

[채점 기준표]

Ⅰ $f(x)$를 x에 대한 식으로 나타낸다.		30%
Ⅱ $Q(x)$를 x에 대한 식으로 나타낸다.		30%
Ⅲ **Ⅱ**의 식을 **Ⅰ**에 대입하여 정리한다.		20%
Ⅳ $f(x)$를 $x+1$로 나누었을 때의 나머지를 구한다.		20%

수능 핵강

✱ **나머지정리 이해하기**

x에 대한 다항식 $f(x)$를 일차식 $x-a$로 나누었을 때의 몫을 $Q(x)$, 나머지를 R라고 하면 $f(x)=(x-a)Q(x)+R$
이 등식은 x에 대한 항등식이므로 $x=a$를 대입하면
$f(a)=0\cdot Q(a)+R$　　$\therefore f(a)=R$
특히, 일차식 $ax+b$로 나누었을 때의 나머지는 $f\left(-\dfrac{b}{a}\right)$야.

B 145 정답 8 ……………………………… 나머지정리의 활용

(**정답 공식**: $1004=x$로 치환해 몫과 나머지의 관계식을 세운다.)

> **단서** 1004를 치환하여 다항식으로 변형해보자.
> $1004^{10}+3$을 1003, 1005로 나눈 나머지를 각각 a, b라 할 때, $a+b$의 값을 구하는 과정을 서술하시오.

1st $1004=x$라 하고 $1004^{10}+3$를 x에 관한 식으로 나타내자.

숫자를 적절한 문자로 바꿔서 표현할 수 있으면 돼.
$1004=x$, $f(x)=x^{10}+3$으로 놓자. … **Ⅰ**

주의
숫자를 문자로 치환하여 풀 때 최대한 계산하기 편한 수를 선택하도록 해.

이때, $1003=x-1$, $1005=x+1$이므로
$f(x)$를 $x-1$, $x+1$로 나눈 몫을 각각 $Q_1(x)$, $Q_2(x)$라 하면
$x^{10}+3=(x-1)Q_1(x)+a$ … ㉠
$x^{10}+3=(x+1)Q_2(x)+b$ … ㉡

2nd $1003=x-1$, $1005=x+1$이니까, 앞에서 구한 식을 $x-1$, $x+1$로 나눈 나머지를 구해 a와 b의 값을 찾자.

㉠에 $x=1$을 대입하면

$1^{10}+3=a$ ∴ $a=4$

㉡에 $x=-1$을 대입하면

$(-1)^{10}+3=b$ ∴ $b=4$ … Ⅱ

3rd $a+b$의 값을 구하자.

∴ $a+b=4+4=8$ … Ⅲ

[채점 기준표]

❶ $1004^{10}+3$에서 $f(x)=x^{10}+3$으로 놓는다.	40%
❷ a, b의 값을 각각 구한다.	50%
❸ $a+b$의 값을 구한다.	10%

B 146 정답 **29** ······················ 인수정리의 활용

(**정답 공식**: a, b, c는 $f(x)$의 근이고, 근과 계수의 관계로부터 세 근의 합과 곱을 알 수 있으므로 a, b, c가 자연수인 조건을 이용해 그 값을 구한다.)

다항식 $f(x)=x^3-12x^2+kx-18$이고, 서로 다른 세 자연수 a, b, c에 대하여 $f(a)=f(b)=f(c)=0$이다. 이때, 상수 k의 값을 구하는 과정을 서술하시오. **단서** 다항식 $f(x)$는 $x-a$, $x-b$, $x-c$로 나누어떨어진다는 거야.

1st 인수정리를 이용하여 $f(x)$를 나타내자.

$f(a)=f(b)=f(c)=0$이므로 인수정리에 의하여 $f(x)$는 $x-a$, 인수정리에 의해 다항식 $f(x)$는 $x-a$, $x-b$, $x-c$를 인수로 가진다는 뜻이야.

$x-b$, $x-c$로 나누어떨어진다.

이때, $f(x)$는 최고차항의 계수가 1인 삼차식이므로

$f(x)=(x-a)(x-b)(x-c)$ … ❶

즉, $x^3-12x^2+kx-18=(x-a)(x-b)(x-c)$

2nd 앞에서 구한 식은 항등식이니까, 계수끼리 비교하여 a, b, c의 값을 구하자.

우변을 전개하여 정리하면

$x^3-12x^2+kx-18=x^3-(a+b+c)x^2+(ab+bc+ca)x-abc$

좌변과 우변의 각 항의 계수를 비교하면

$a+b+c=12$ ┐ a, b, c가 문자니까 $x=a$, $x=b$, $x=c$를 대입
$ab+bc+ca=k$ │ 하여 구하는 수치대입법을 이용하지 않도록 해.
$abc=18$ ┘

3rd k의 값을 구하자.

이때, 합이 12이고 곱이 18인 서로 다른 세 자연수는 오직 1, 2, 9뿐이므로 … ❷

$k=ab+bc+ca$
$=1\cdot2+2\cdot9+9\cdot1=29$ … ❸

[채점 기준표]

❶ 인수정리를 이용하여 $f(x)=(x-a)(x-b)(x-c)$로 놓는다.	30%
❷ a, b, c의 값을 구한다.	50%
❸ k의 값을 구한다.	20%

B 147 정답 $a=2$, $b=-1$, $c=1$, $f(9)=1910$ ···· 조립제법

(**정답 공식**: 조립제법을 이용해 $x+1$을 인수로 해서 식을 분해한다.)

단서 $x+1$에 관한 제곱식으로 나타내려면 조립제법을 이용하자.
x에 대한 다항식 $f(x)=2x^3+5x^2+5x+2$는 $f(x)=a(x+1)^3+b(x+1)^2+c(x+1)$의 꼴로 나타낼 수 있다. 상수 a, b, c의 값을 각각 구하고, 이 식을 이용하여 $f(9)$의 값을 구하는 과정을 서술하시오.

1st 조립제법을 이용하여 $f(x)$를 $(x+1)$의 거듭제곱의 합으로 나타내자.

$f(x)=2x^3+5x^2+5x+2$
$=\underline{a(x+1)^3+b(x+1)^2+c(x+1)}$ 조립제법을 쓰면 거듭제곱 꼴의 합으로 나타낼 수 있어.
$=(x+1)\{a(x+1)^2+b(x+1)+c\}$
$=(x+1)[(x+1)\{a(x+1)+b\}+c]$

2nd a, b, c의 값을 구하자.

위 식에서와 같이 $f(x)$에 조립제법을 세 번 시행하면 a, b, c를 다음과 같이 구할 수 있다.

∴ $a=2$, $b=-1$, $c=1$ … ❶

∴ $f(x)$
$=2(x+1)^3-(x+1)^2+(x+1)$ … ❷

```
-1 | 2    5    5    2
   |     -2   -3   -2
-1 | 2    3    2  | 0
   |     -2   -1
-1 | 2    1  | 1 ← c
   |     -2
     2  | -1 ← b
        ↑
        a
```

3rd $f(9)$의 값을 구하자.

$x=9$를 대입하면

$f(9)=2\cdot10^3-10^2+10=1910$ … ❸

[채점 기준표]

❶ 조립제법을 이용하여 a, b, c의 값을 각각 구한다.	40%
❷ $f(x)$를 구한다.	40%
❸ $f(9)$의 값을 구한다.	20%

수능 핵강

*** 주어진 항등식에서 미정계수 구하기**
$2x^3+5x^2+5x+2=a(x+1)^3+b(x+1)^2+c(x+1)$이 x에 대한 항등식이므로 $x=-1$, 0, 1을 대입하여 얻은 세 식을 연립하여 a, b, c의 값을 구할 수도 있고, 우변을 전개한 후 정리하여 좌변과 계수를 비교하여 a, b, c의 값을 구할 수도 있어.

$_{(x+y)^2}$ 1등급 고난도 스토리

B 148 정답 **③** ····················· ★ 2등급 대비 [정답률 31%]

(**정답 공식**: 짝수 차수 항의 계수를 모두 더하고 a_0을 뺀 식을 구하므로, $x=0$, $x=1$, $x=2$를 각각 대입한 후 연립하여 주어진 식의 값을 구한다.)

등식 **단서1** x에 대한 항등식이니까 x에 어떤 숫자를 넣어도 등식은 성립하겠지?
$(x^2-3x+1)^5=a_{10}(x-1)^{10}+a_9(x-1)^9+\cdots+a_1(x-1)+a_0$
이 x에 대한 항등식일 때, 상수 a_0, a_1, $\cdots$, a_9, a_{10}에 대하여
$a_2+a_4+a_6+a_8+a_{10}$의 값은?

① -3 ② -1 ③ 1
④ 3   ⑤ 5

→ **단서2** 주어진 등식에 적당한 x의 값을 대입하여
a_0, a_1, $\cdots$, a_9, a_{10}에 대한 식을 만들면 연산을 통해 $a_2+a_4+a_6+a_8+a_{10}$의 값을 구할 수 있어. 이 식에 a_9이 없는 것에 주의해.

1st $x-1$의 값이 ± 1, 0이 되는 x의 값을 주어진 항등식에 대입해봐.

$x-1=1$, 즉 $x=2$를 주어진 등식에 대입하면

$-1=a_{10}+a_9+a_8+\cdots+a_2+a_1+a_0$ $\cdots$ ㉠

등식의 좌변에 $x=2$를 대입한 값이야.

즉, $(4-6+1)^5=(-1)^5=-1$

> 항등식의 계수들의 합에 대한 문제에서는 $(-1)^n$을 활용할 때가 많아. 짝수 번째 계수들과 홀수 번째 계수들 각각의 합을 구하는 테크닉이야.

$x-1=-1$, 즉 $x=0$을 주어진 등식에 대입하면

$1=a_{10}-a_9+a_8-\cdots+a_2-a_1+a_0$ $\cdots$ ㉡

등식의 좌변에 $x=0$을 대입한 값이야.

$x-1=0$, 즉 $x=1$을 주어진 등식에 대입하면

$-1=a_0$ $\cdots$ ㉢

등식의 좌변에 $x=1$을 대입한 값이야.

즉, $(1-3+1)^5=(-1)^5=-1$

> **주의** $x-1$의 값이 ± 1, 0 이외의 수가 되면 거듭제곱을 계산하기도 어려울 뿐 아니라 소거하기도 힘들겠지.

2nd ㉠, ㉡, ㉢을 이용하여 $a_2+a_4+a_6+a_8+a_{10}$의 값을 구해봐.

㉠+㉡을 계산하면

$0=2(a_{10}+a_8+a_6+a_4+a_2+a_0)$

$\therefore a_2+a_4+a_6+a_8+a_{10}=-a_0=1$ ($\because$ ㉢)

⚙️ **항등식에서 계수의 합 구하기**　　　　　개념·공식

주어진 등식의 양변에 적당한 수를 대입하여 계수에 대한 식으로 나타낸다. 즉, 등식 $(x+k)^n=a_nx^n+a_{n-1}x^{n-1}+a_{n-2}x^{n-2}+\cdots+a_0$에서
① 양변에 $x=0$을 대입하면 $k^n=a_0$
② 양변에 $x=1$을 대입하면 $(1+k)^n=a_n+a_{n-1}+a_{n-2}+\cdots+a_0$

B 149　정답 ④　⭐ 2등급 대비 [정답률 33%]

> **정답 공식:** (나)에서 $f(x)$의 식을 구하고, (가)를 이용해 $f(x)$를 결정한다. 나머지 정리를 이용해 $f(a+2)=-6$인 a의 값을 모두 찾는다.

모든 실수 x에 대하여 다항식 $f(x)$가 다음 조건을 만족시킨다.

(가) $f(x)<0$　**단서1** $f(x)<0$을 이용하여 다항식 $f(x+1)$을 구해.

(나) $\{f(x+1)\}^2-9=(x-1)(x+1)(x^2+5)$

다항식 $f(x+a)$를 $x-2$로 나눈 나머지가 -6이 되도록 하는 모든 상수 a의 값의 곱은?　**단서2** $f(x+a)=(x-2)Q(x)-6$에서 $f(2+a)=-6$을 만족하는 a의 값을 구하는 거야.

① -9　　② -7　　③ -5

④ -3　　⑤ -1

1st 조건 (나)에서 다항식 $f(x+1)$을 구하자.

$\{f(x+1)\}^2-9=(x-1)(x+1)(x^2+5)$에서

$\{f(x+1)\}^2=(x-1)(x+1)(x^2+5)+9=(x^2-1)(x^2+5)+9$

$=x^4+4x^2+4=(x^2+2)^2$

$\therefore f(x+1)=\pm(x^2+2)$

그런데 조건 (가)에서 모든 실수 x에 대하여 $f(x)<0$이므로

> **주의** 모든 x에 대하여 $f(x)<0$이므로 x 대신에 $x+1$을 대입한 $f(x+1)<0$이야.

$f(x+1)=-(x^2+2)=-x^2-2$ $\cdots$ ㉠

> 모든 실수 x에 대하여 $x^2\geq 0$이므로 $x^2+2>0$에서 $-(x^2+2)<0$이야.

2nd $x+1=t$로 치환하여 다항식 $f(x)$를 구하자.

> 💡 **함정** 먼저 $f(x)$를 구해야 x 대신 $x+a$를 대입해서 $f(x+a)$의 식을 세울 수 있어.

㉠에서 $x+1=t$라 하면 $x=t-1$이므로

$f(t)=-(t-1)^2-2=-t^2+2t-3$ $\cdots$ ㉡

> ㉠에 x 대신에 $t-1$을 대입한 거야.

㉡에서 $t=x+a$라 하면

$f(x+a)=-(x+a)^2+2(x+a)-3$

3rd 항등식의 성질을 이용하자.

다항식 $f(x+a)$를 $x-2$로 나눌 때의 몫을 $Q(x)$라 하면

나머지가 -6이므로

$f(x+a)=(x-2)Q(x)-6$

$-(x+a)^2+2(x+a)-3=(x-2)Q(x)-6$ $\cdots$ ㉢

㉢의 양변에 $x=2$를 대입하면 $-(2+a)^2+2(2+a)-3=-6$

$\therefore a^2+2a-3=0$　→　$a^2+2a-3=0$에서 $(a+3)(a-1)=0$ $\therefore a=-3$ 또는 $a=1$

따라서 이차방정식의 근과 계수의 관계에 의해 모든 상수 a의 값의 곱은 -3이다.

🔷 **다른 풀이:** 조건 (나)의 등식에 x 대신 $x-1$을 대입해 $f(x)$의 식을 찾은 후 $f(x+a)$의 식 구하기

$\{f(x+1)\}^2=(x-1)(x+1)(x^2+5)+9$에서

$\{f(x)\}^2=(x-1-1)(x-1+1)\{(x-1)^2+5\}+9$

$=x(x-2)(x^2-2x+6)+9$

> 위의 식에 x 대신에 $x-1$을 대입한 거야.

$=(x^2-2x)(x^2-2x+6)+9$

$=(x^2-2x)^2+6(x^2-2x)+9$

$=(x^2-2x+3)^2$

$\therefore f(x)=\pm(x^2-2x+3)$

> 모든 실수 x에 대하여 $x^2-2x+3=(x-1)^2+2>0$이므로 $-(x^2-2x+3)<0$이야.

$f(x)<0$이므로

$f(x)=-(x^2-2x+3)=-x^2+2x-3$

$\therefore f(x+a)=-(x+a)^2+2(x+a)-3$

(이하 동일)

B 150　정답 ③　⭐ 2등급 대비 [정답률 35%]

> **정답 공식:** $f(x)=(x-1)Q_1(x)+R_1$, $f(x)=(x-2)Q_2(x)+R_2$로 놓은 후 $f(x)$가 최고차항의 계수가 1인 이차식임을 이용한다.

> **단서1** $f(x)$를 일차식 $x-1$로 나누면 나머지는 상수이므로 $f(x)=(x-1)Q_1(x)+R_1$로 놓을 수 있어.

최고차항의 계수가 1인 이차식 $f(x)$를 $x-1$로 나누었을 때의 몫을 $Q_1(x)$라 하고, $f(x)$를 $x-2$로 나누었을 때의 몫을 $Q_2(x)$라 하면 $Q_1(x)$, $Q_2(x)$는 다음 조건을 만족시킨다.

> **단서2** $f(x)$를 일차식 $x-2$로 나누면 나머지는 상수이므로 $f(x)=(x-2)Q_2(x)+R_2$로 놓을 수 있어.

(가) $Q_2(1)=f(2)$

(나) $Q_1(1)+Q_2(1)=6$

$f(3)$의 값은?

① 7　　② 8　　③ 9　　④ 10　　⑤ 11

1st 문제의 조건에 맞는 식을 세우자.

> **주의** 문제에서 주어진 조건을 식으로 잘 표현해서 유기적으로 연결하면 문제를 해결하는 실마리가 보이기도 해.

$f(x)$를 $x-1$로 나누었을 때의 몫을 $Q_1(x)$, 나머지를 R_1이라 하면

$f(x)=(x-1)Q_1(x)+R_1$ $\cdots$ ㉠

$f(x)$를 $x-2$로 나누었을 때의 몫을 $Q_2(x)$, 나머지를 R_2라 하면

$f(x)=(x-2)Q_2(x)+R_2$ $\cdots$ ㉡

2nd 조건 (가), (나)의 식이 나오도록 ㉠, ㉡에 각각 $x=2$, $x=1$을 대입하자.

㉡의 양변에 $x=2$를 대입하면 $f(2)=R_2$이므로 조건 (가)에 의하여

$R_2=f(2)=Q_2(1)$　→　$f(x)$를 $x-2$로 나누었을 때의 나머지가 $Q_2(1)$과 같다는 뜻이야.

$\therefore f(x)=(x-2)Q_2(x)+Q_2(1)$ $\cdots$ ㉢

㉢의 양변에 $x=1$을 대입하면 $f(1)=-Q_2(1)+Q_2(1)=0$

㉠의 양변에 $x=1$을 대입하면 $f(1)=R_1=0$　→　$f(1)=0$이므로 $f(1)=R_1=0$이야.

3rd $f(x)=(x-1)Q_1(x)$에서 $Q_1(x)$는 일차식임을 이용하자.

$f(x)$는 최고차항의 계수가 1인 이차식이므로 $Q_1(x)=x+a$라 하면

$f(x)=(x-1)(x+a)$

$Q_1(1)=1+a$, $f(2)=2+a=Q_2(1)$이므로 조건 (나)에서

$Q_1(1)+Q_2(1)=(1+a)+(2+a)=2a+3=6$

따라서 $a=\dfrac{3}{2}$이므로 $f(x)=(x-1)\left(x+\dfrac{3}{2}\right)$

$\therefore f(3)=(3-1)\left(3+\dfrac{3}{2}\right)=9$

다른 풀이: $Q_1(x)=x+a$, $Q_2(x)=x+b$로 놓고 주어진 조건을 이용해 a, b의 값을 찾아 $f(x)$의 식 구하기

$f(x)$를 $x-1$로 나누었을 때의 몫을 $Q_1(x)=x+a$, 나머지를 R_1이라 하면

$f(x)=(x-1)(x+a)+R_1 \cdots \bigcirc'$ → $f(x)$가 최고차항의 계수가 1인 이차식이므로 몫을 $x+a$로 놓을 수 있어.

$f(x)$를 $x-2$로 나누었을 때의 몫을 $Q_2(x)=x+b$, 나머지를 R_2라 하면

$f(x)=(x-2)(x+b)+R_2 \cdots \bigcirc'$

$\bigcirc'$에서 $f(1)=R_1$, $f(2)=2+a+R_1 \cdots \boxdot$

$\bigcirc'$에서 $f(1)=-1-b+R_2$, $f(2)=R_2 \cdots \boxminus$

$\boxdot$, $\boxminus$에서 $R_1=-1-b+R_2$, $2+a+R_1=R_2$

즉, $R_1-R_2=-1-b=-2-a$ $\quad\therefore a-b=-1 \cdots \boxplus$

조건 (나)에서 $1+a+1+b=6$이므로 $a+b=4 \cdots \varotimes$

$\boxplus$, $\varotimes$을 연립하여 풀면 $a=\dfrac{3}{2}$, $b=\dfrac{5}{2}$야.

또, 조건 (가)에 의해 $1+b=2+a+R_1$이고,

$\boxplus$에서 $a-b=-1$이므로 $R_1=0$

$\therefore f(x)=(x-1)\left(x+\dfrac{3}{2}\right)$

(이하 동일)

B 151 정답 ③ ·············· ⭐ 2등급 대비 [정답률 35%]

정답 공식: $f(x)$에 대한 몫과 나머지의 관계식을 세우고, $R(x)$는 일차 이하의 다항식임을 이용한다.

단서 1 몫을 $Q(x)$라 하면 $f(x)=(x-a)(x-b)Q(x)+R(x)$

이차 이상의 다항식 $f(x)$를 $(x-a)(x-b)$로 나눈 나머지를 $R(x)$라 할 때, [보기]에서 옳은 것만을 있는 대로 고른 것은? (단, a, b는 서로 다른 두 실수이다.)

[보기]

단서 2 $f(x)=(x-a)(x-b)Q(x)+R(x)$에 $x=a$를 대입해.

ㄱ. $f(a)-R(a)=0$ → 단서 3 $f(x)=(x-a)(x-b)Q(x)+R(x)$에 $x=a$, $x=b$를 대입해.

ㄴ. $f(a)-R(b)=f(b)-R(a)$

ㄷ. $af(b)-bf(a)=(a-b)R(0)$

단서 4 $f(x)$를 이차식으로 나누었으므로 $R(x)=px+q$라 하면 $R(0)=q$야.

① ㄱ　　　　　② ㄴ　　　　　③ ㄱ, ㄷ

④ ㄴ, ㄷ　　　　⑤ ㄱ, ㄴ, ㄷ

1st 몫을 $Q(x)$라 하고 몫과 나머지를 이용해서 다항식을 세우자.

다항식 $f(x)$를 $(x-a)(x-b)$로 나눈 몫을 $Q(x)$라 하면 나머지가 $R(x)$이므로

$f(x)=\underbrace{(x-a)(x-b)Q(x)}_{몫}+\underbrace{R(x)}_{나머지} \cdots \bigcirc$

ㄱ. $\bigcirc$의 양변에 $x=a$를 대입하면

$f(a)=R(a) \cdots \bigcirc$이므로 $f(a)-R(a)=0$이다. (참)

ㄴ. $\bigcirc$의 양변에 $x=b$를 대입하면 $f(b)=R(b) \cdots \boxdot$

$\bigcirc+\boxdot$을 하면 $f(a)+f(b)=R(a)+R(b)$이므로

$f(a)-R(b)=-f(b)+R(a)$에서

$f(a)-R(b)=-\{f(b)-R(a)\}$이다. (거짓)

2nd 다항식 $f(x)$를 이차식으로 나누면 나머지 $R(x)$는 일차식 이하임을 이용해.

ㄷ. 상수 p, q에 대하여 $R(x)=px+q$라 하면 $R(0)=q$이고

다항식을 n차식으로 나누면 나머지는 $(n-1)$차식 이하야.

$\bigcirc$, $\boxdot$에 의하여 $\underbrace{f(a)=ap+q}_{R(a)}$, $\underbrace{f(b)=bp+q}_{R(b)}$

주의 다항식을 나눌 때에 나머지는 나누는 식보다 항상 차수가 낮지?

$\therefore af(b)-bf(a)=abp+aq-abp-bq$

$=(a-b)q=(a-b)R(0)$ (참)

따라서 옳은 것은 ㄱ, ㄷ이다.

B 152 정답 ① ·············· ⭐ 2등급 대비 [정답률 34%]

정답 공식: (가)에서 $P(x)$의 인수를 두 개 구하고, (나)에서 $P(x)$가 삼차식이므로 몫을 $ax+b$라 놓고 (가)에서 구한 인수를 대입해 a, b를 구하고, $P(4)$를 구한다.

삼차다항식 $P(x)$가 다음 조건을 만족시킨다.

단서 1 $x=1$을 대입하면 $P(1)=0$ / $x=7$을 대입하면 $P(5)=0$

(가) $(x-1)P(x-2)=(x-7)P(x)$

(나) $P(x)$를 x^2-4x+2로 나눈 나머지는 $2x-10$이다.

단서 2 삼차식을 이차식으로 나눴으므로 몫을 $ax+b$라 하면 $P(x)=(x^2-4x+2)(ax+b)+2x-10$

$P(4)$의 값은?

① -6　　　　② -3　　　　③ 0

④ 3　　　　　⑤ 6

1st 조건 (가)에서 $P(x)=0$을 만족하는 실수 x의 값을 구하자.

$(x-1)P(x-2)=(x-7)P(x)$에 $x=1$을 대입하면

$0\times P(-1)=-6P(1)$ $\quad\therefore P(1)=0$

또, $x=7$을 대입하면

$6P(5)=0\times P(7)$ $\quad\therefore P(5)=0$

2nd 조건 (나)에서 삼차함수 $P(x)$를 구하자.

$P(x)$는 삼차다항식이므로 이차다항식 x^2-4x+2로 나눌 때의 몫을 $ax+b(a, b는 상수)$라고 하면 나머지가 $2x-10$이므로

$P(x)=(x^2-4x+2)(ax+b)+2x-10 \cdots \bigcirc$

이때, $P(1)=0$이므로 $\bigcirc$에 $x=1$을 대입하면

$0=-(a+b)-8$

(삼차식) $=$ (이차식) $\times$ (몫) $+$ (일차식) 에서 몫이 일차식임을 알 수 있어.

$\therefore a+b=-8 \cdots \bigcirc$

또, $P(5)=0$이므로 $\bigcirc$에 $x=5$를 대입하면

$0=7(5a+b)$

주의 나누는 식과 몫을 곱하여 나누기 전의 식과 비교했을 때 두 식의 차수가 일치해야 해.

$\therefore 5a+b=0 \cdots \boxdot$

$\bigcirc$, $\boxdot$을 연립하여 풀면

$a=2$, $b=-10$

따라서 $P(x)=(x^2-4x+2)(2x-10)+2x-10$이므로

$P(4)=(16-16+2)\times(8-10)+8-10$

$=-6$

B 153 정답 ③ ·············· ⭐ 2등급 대비 [정답률 30%]

정답 공식: 다항식 $f(x)$를 $g(x)$로 나눈 몫을 $Q(x)$, 나머지를 $R(x)$라 하면 $f(x)=g(x)Q(x)+R(x)$이다. 이때, $R(x)$의 차수는 $g(x)$의 차수보다 낮다.

최고차항의 계수가 1인 사차다항식 $f(x)$가 다음 조건을 만족시킬 때, $f(4)$의 값은?

단서 1 $f(x)$를 $x+1$로 나눈 나머지는 상수이므로 $f(x)$를 x^2-3으로 나눈 나머지도 상수야.

(가) $f(x)$를 $x+1$로 나눈 나머지와 $f(x)$를 x^2-3으로 나눈 나머지는 서로 같다.

(나) $f(x+1)-5$는 x^2+x로 나누어떨어진다.

단서 2 나머지가 0이야.

① -9　　　　② -8　　　　③ -7

④ -6　　　　⑤ -5

1st 조건 (가)를 이용하여 $f(x)$를 유추해.

조건 (가)에 의하여 $f(x)$를 $x+1$, x^2-3으로 나눈 몫을 각각 $Q_1(x)$, $Q_2(x)$, 나머지를 R라 하면

R는 $f(x)$를 일차식 $x+1$로 나누었을 때의 나머지이므로 상수야.

$f(x)=(x+1)Q_1(x)+R$ $\quad\therefore f(x)-R=(x+1)Q_1(x) \cdots \bigcirc$

$f(x)=(x^2-3)Q_2(x)+R$ $\quad\therefore f(x)-R=(x^2-3)Q_2(x) \cdots \bigcirc$

$f(x)-R$는 ㉠에 의하여 $x+1$을 인수로 갖고, ㉡에 의하여 x^2-3을 인수로 갖는다. 　[$F(x)=G(x)H(x)$이면 $G(x), H(x)$는 $F(x)$의 인수야]

따라서 상수 a에 대하여 $f(x)-R=(x+1)(x^2-3)(x+a)$라

$f(x)$는 최고차항의 계수가 1인 사차다항식이고 R는 상수이므로 $f(x)-R$도 최고차항의 계수가 1인 사차다항식이야. 그런데 $f(x)-R$가 $x+1$과 x^2-3을 인수로 가지므로 $f(x)-R=(x+1)(x^2-3)g(x)$로 나타낼 수 있고 $(x+1)(x^2-3)g(x)$도 최고차항의 계수가 1인 사차다항식이어야 하므로 $g(x)$는 최고차항의 계수가 1인 일차다항식이어야 해.

놓을 수 있으므로 $f(x)=(x+1)(x^2-3)(x+a)+R$ ⋯ ㉢

2nd 조건 (나)를 이용하여 a, R의 값을 각각 구해.

조건 (나)에서 $f(x+1)-5$가 x^2+x, 즉 $x(x+1)$로 나누어떨어지므로 이때의 몫을 $Q_3(x)$라 하면

$f(x+1)-5=x(x+1)Q_3(x)$ ⋯ ㉣

㉣의 양변에 $x=0$을 대입하면

$f(1)-5=0$ 　 ∴ $f(1)=5$

㉣의 양변에 $x=-1$을 대입하면

$f(0)-5=0$ 　 ∴ $f(0)=5$

즉, ㉢의 양변에 $x=0$을 대입하면 　[$f(0)=5$를 이용하기 위해서 $x=0$을 대입하는 거야.]

$f(0)=1\times(-3)\times a+R$에서 $-3a+R=5$ ⋯ ㉤

또, ㉢의 양변에 $x=1$을 대입하면 　[$f(1)=5$를 이용하기 위해서 $x=1$을 대입하는 거야.]

$f(1)=2\times(-2)\times(1+a)+R$에서 $-4-4a+R=5$

∴ $-4a+R=9$ ⋯ ㉥

㉤, ㉥을 연립하여 풀면 $a=-4, R=-7$

따라서 $f(x)=(x+1)(x^2-3)(x-4)-7$이므로

$f(4)=5\times13\times0-7=-7$이다.

B 154 정답 33 ⋯⋯⋯⋯⋯⋯⋯⋯⋯⋯⋯ ⭐ **2등급 대비** [정답률 28%]

> **정답 공식:** 다항식 A를 다항식 $B(B\neq0)$로 나누었을 때의 몫을 Q, 나머지를 R라 하면 $A=BQ+R$이다. 이때, R의 차수는 B의 차수보다 낮다.

최고차항의 계수가 양수인 두 다항식 $f(x), g(x)$가 다음 조건을 만족시킨다. [단서1] $f(x)$를 $x^2+g(x)$로 나눈 몫과 나머지를 이용하여 $f(x)$를 표현할 수 있어. 이때, 나머지는 나누는 식보다 차수가 낮아야 한다는 것을 기억하도록 해.

(가) $f(x)$를 $x^2+g(x)$로 나눈 몫은 $x+2$이고 나머지는 $\{g(x)\}^2-x^2$이다.

(나) $f(x)$는 $g(x)$로 나누어떨어진다.

$f(0)\neq0$일 때, $f(2)$의 값을 구하시오.

[단서2] $f(x)$가 $g(x)$로 나누어떨어지므로 $f(x)$는 $g(x)$를 인수로 가짐을 알 수 있어.

1st 조건 (가)를 이용해 $f(x)$를 식으로 나타내봐.

다항식 $f(x)$를 $x^2+g(x)$로 나눈 몫이 $x+2$이고 나머지가 $\{g(x)\}^2-x^2$이므로

$f(x)=\{x^2+g(x)\}(x+2)+\{g(x)\}^2-x^2$ ⋯ ㉠

과 같이 나타낼 수 있다. 　[다항식 A를 다항식 $B(B\neq0)$로 나누었을 때의 몫을 Q, 나머지를 R라 하면 $A=BQ+R$]

2nd $g(x)$의 차수를 구해야 해.

이때, $f(x)$를 $x^2+g(x)$로 나누었을 때의 나머지가 $\{g(x)\}^2-x^2$이므로 $\{g(x)\}^2-x^2$의 차수는 $x^2+g(x)$의 차수보다 작아야 한다.

먼저, $g(x)$의 차수가 $n(n\geq2)$이면 $\{g(x)\}^2-x^2$의 차수는 $2n$, $x^2+g(x)$의 차수는 n인데 $2n>n$이므로 조건을 만족시키지 않는다.

$g(x)=kx^n+\cdots(n\geq2)$이라 하면
$\{g(x)\}^2-x^2=(kx^n+\cdots)^2-x^2=k^2x^{2n}+\cdots \Rightarrow$ 차수 : $2n$
$x^2+g(x)=x^2+kx^n+\cdots \Rightarrow$ 차수 : n
　[$2n-n=n\geq2>0$이므로 $2n>n$이야.]

또한, $g(x)$가 상수이면 $\{g(x)\}^2-x^2$과 $x^2+g(x)$의 차수가 2로 같으므로 이 경우도 조건을 만족시키지 않는다.

따라서 $g(x)$의 차수는 1, 즉 $g(x)$는 일차식이어야 한다.

3rd $g(x)$를 완성해 $f(2)$의 값을 구하자.

$g(x)$가 일차식이므로 $x^2+g(x)$는 이차식이고, $\{g(x)\}^2-x^2$은 일차식 또는 상수여야 한다.

즉, $g(x)=kx+a(k, a$는 상수, $k>0)$이라 하면 $\{g(x)\}^2-x^2=(kx+a)^2-x^2=(k^2-1)x^2+2kax+a^2$에서

$k^2-1=0$이어야 하므로

$k^2=1$ 　 ∴ $k=1 (\because k>0)$

따라서 $g(x)=x+a$이므로 ㉠에 대입하면

$f(x)=(x^2+x+a)(x+2)+(x+a)^2-x^2$ ⋯ ㉡

한편, 조건 (나)에서 $f(x)$는 $g(x)=x+a$로 나누어떨어지므로

$f(-a)=0$ ⋯ ㉢이다. 　[다항식 $f(x)$가 일차식 $x+a$로 나누어떨어지면 인수정리에 의해 $f(-a)=0$]

㉡에 $x=-a$를 대입하면

$f(-a)=(a^2-a+a)(-a+2)+(-a+a)^2-(-a)^2$
$\qquad=-a^3+a^2=0$

$-a^2(a-1)=0$ 　 ∴ $a=0$ 또는 $a=1$

그런데 $a=0$이면 ㉢에 의해 $f(0)=0$이 되어 $f(0)\neq0$이라는 조건을 만족시키지 않는다.

따라서 $a=1$이므로 ㉡에 대입하면

$f(x)=(x^2+x+1)(x+2)+(x+1)^2-x^2$
$\qquad=(x^2+x+1)(x+2)+2x+1$

∴ $f(2)=(4+2+1)\times4+4+1=33$

🔑 **다른 풀이:** $f(x)$가 $g(x)$로 나누어떨어짐을 이용하여 $g(x)$의 인수를 찾아 $g(x)$의 식 구하기

다항식 $f(x)$를 $x^2+g(x)$로 나눈 몫이 $x+2$이고 나머지가 $\{g(x)\}^2-x^2$이므로

$f(x)=\{x^2+g(x)\}(x+2)+\{g(x)\}^2-x^2$

과 같이 나타낼 수 있어. 이 식을 전개하여 정리하면

$f(x)=\{x^2+g(x)\}(x+2)+\{g(x)\}^2-x^2$
$\qquad=x^2(x+2)+g(x)(x+2)+\{g(x)\}^2-x^2$
$\qquad=g(x)(x+2)+\{g(x)\}^2+x^2(x+2)-x^2$
$\qquad=g(x)\{x+2+g(x)\}+x^3+x^2$
$\qquad=g(x)\{x+2+g(x)\}+x^2(x+1)$ ⋯ ㉣

이때, 조건 (나)에서 $f(x)$는 $g(x)$로 나누어떨어지므로 ㉣에 의해 $x^2(x+1)$도 $g(x)$로 나누어떨어져야 해.

즉, $g(x)$는 $x^2(x+1)$의 인수인 $x, x^2, x+1$ 중에서 몇 개들의 곱의 꼴로 나타내어진다는 걸 알 수 있어.

그런데 $f(0)\neq0$에서 ㉣에 의해 $g(0)\{2+g(0)\}\neq0$이므로 $g(0)\neq0$이어야 해.

따라서 $g(x)$는 x 또는 x^2은 인수로 가지지 않고, 최고차항의 계수가 양수이므로

$g(x)=k(x+1)(k>0)$이라 할 수 있어.

한편, $f(x)$를 $x^2+g(x)$로 나누었을 때의 나머지가 $\{g(x)\}^2-x^2$이므로 $\{g(x)\}^2-x^2$의 차수는 $x^2+g(x)$의 차수보다 작아야 해.

그런데 $x^2+g(x)=x^2+k(x+1)$이고, $\{g(x)\}^2-x^2=k^2(x+1)^2-x^2=(k^2-1)x^2+2k^2x+k^2$이므로 $\{g(x)\}^2-x^2$의 차수가 $x^2+g(x)$의 차수보다 작으려면 $k^2-1=0$이어야 해.

따라서 $k^2=1$에서 $k=1 (\because k>0)$이므로 $g(x)=x+1$이고, 이를 ㉣에 대입하면

$f(x)=(x+1)\{x+2+(x+1)\}+x^2(x+1)$
$\qquad=(x+1)(2x+3)+x^2(x+1)$

∴ $f(2)=3\times7+4\times3=33$

┌ **정답 공식**: 다항식 $f(x)$를 다항식 $g(x)$로 나눈 몫과 나머지를 각각 ┐
│ $Q(x)$, $R(x)$라 하면 $f(x)=g(x)Q(x)+R(x)$가 성립한다. │

┌───┐
│ **단서1** $f(x)$는 이차다항식이고 $g(x)$는 일차다항식이므로
│ $f(x)g(x)$는 삼차다항식임을 알 수 있어.
│
│ 이차다항식 $f(x)$와 일차다항식 $g(x)$에 대하여 $\underline{f(x)g(x)}$를
│ $f(x)-2x^2$으로 나누었을 때의 몫은 x^2-3x+3이고
│ 나머지는 $f(x)+xg(x)$이다. $f(-2)$의 값을 구하시오.
│ **단서2** 몫이 이차식이므로 $f(x)-2x^2$은 일차식이고
│ 나머지는 상수항임을 확인할 수 있어.
└───┘

🧠 **단서＋발상** [유형 03＋08]

단서1 $f(x)$는 이차식이고 $g(x)$는 일차식이므로 문제의 상황은 삼차식을
이차 이하의 다항식으로 나눈 것임을 알 수 있다. **개념**

단서2 삼차식을 이차 이하의 다항식으로 나누었는데 몫이 이차식이므로
$f(x)-2x^2$은 일차식인 것을 알 수 있다. 따라서 삼차식을 일차식으로
나누었으므로 나머지는 상수로 나타낼 수 있음을 알 수 있다. **발상**

------------------- [문제 풀이 순서] -------------------

1st $f(x)g(x)$를 $f(x)-2x^2$으로 나눈 몫과 나머지를 이용하여 나타내.

$f(x)g(x)$를 $f(x)-2x^2$으로 나눈 몫은 x^2-3x+3이고
나머지는 $f(x)+xg(x)$이므로
$f(x)g(x)=\{f(x)-2x^2\}(x^2-3x+3)+f(x)+xg(x)$ ··· ㉠

2nd ㉠의 식을 이용하여 $f(x)$를 구하자.

이때, $f(x)$는 이차다항식, $g(x)$는 일차다항식이므로
$f(x)g(x)$는 삼차다항식이고,
몫 x^2-3x+3이 이차다항식이므로
$f(x)-2x^2$은 일차다항식이어야 한다. ┐ $f(x)-2x^2$이 일차다항식이므로
$f(x)-2x^2$이 일차다항식이므로 │ $f(x)$의 최고차항은 2차임을 알 수 있고
나머지인 $f(x)+xg(x)$는 상수여야 한다. ┘ x^2의 계수는 2임을 알 수 있어.
$f(x)=2x^2+ax+b$라 하면
$f(x)+xg(x)=2x^2+ax+b+xg(x)$는 상수여야 하므로
$x\{2x+a+g(x)\}=0$ $2x^2+ax+xg(x)=0$
즉, $g(x)=-2x-a$이고 $f(x)+xg(x)=b$이다.
이를 ㉠의 식에 대입하면
$(2x^2+ax+b)(-2x-a)=(ax+b)(x^2-3x+3)+b$
위 식을 전개하면
$\underline{-4x^3-4ax^2-(a^2+2b)x-ab}$
$=ax^3+(b-3a)x^2+(3a-3b)x+4b$
∴ $a=-4$ 모든 실수 x에 대하여 등식이 성립할 때,
동류항의 계수가 같음을 이용하여 미정계수를 구해.
$b-3a=-4a$, $a=-b$
∴ $b=4$
∴ $f(x)=2x^2-4x+4$

3rd $f(-2)$의 값을 구하자.

∴ $f(-2)=2\times(-2)^2-4\times(-2)+4$
$=8+8+4=20$

┌───┐
                                    1등급 대비 특강

✳ **다항식의 나눗셈에서 꼭 체크할 것!**

나머지정리에서 가장 중요하게 생각해야 할 것은
다항식들의 최고차항의 계수와 차수이다.
(나누어지는 식의 최고차항의 차수)≥(나누는 식의 최고차항의 차수)
                               > (나머지의 최고차항의 차수)
이는 복잡한 나머지 정리 문제에서 풀이의 방향성을 제시하는 경우가
많으므로 이를 가장 먼저 생각하는 것이 좋다.
└───┘

┌ **정답 공식**: 다항식 $f(x)$가 $g(x)$로 나누어떨어지고 몫이 $Q(x)$이면 ┐
│ $f(x)=g(x)Q(x)$이다. 이때, $g(x)$와 $Q(x)$를 $f(x)$의 인수라 한다. │

┌───┐
│ 삼차다항식 $P(x)$와 일차다항식 $Q(x)$가 다음 조건을
│ 만족시킨다. **단서1** $P(x)$와 $Q(x)$가 각각 삼차다항식, 일차다항식이므로 $P(x)Q(x)$는
│ 사차다항식이고 $P(x)Q(x)$를 $(x^2-3x+3)(x-1)$로
│ 나누었을 때의 몫은 일차다항식이야.
│ ┌───────────────────────────────────┐
│ │ (가) $P(x)Q(x)$는 $(x^2-3x+3)(x-1)$로
│ │   나누어떨어진다.
│ │ (나) 모든 실수 x에 대하여
│ │ $x^3-10x+13-P(x)=\{Q(x)\}^2$이다.
│ │ **단서2** 우변이 이차다항식이므로 좌변도 이차다항식이 되어야 해.
│ └───────────────────────────────────┘
│ $Q(0)<0$일 때, $P(2)+Q(8)$의 값을 구하시오.
└───┘

1st 두 조건 (가), (나)를 이용하여 $P(x)$를 먼저 구해.

$P(x)$, $Q(x)$는 각각 삼차다항식, 일차다항식이므로 $P(x)Q(x)$는
사차다항식이다. 또, $(x^2-3x+3)(x-1)$은 이차다항식과 일차다항식의
곱이므로 삼차다항식이다.
따라서 $P(x)Q(x)$를 $(x^2-3x+3)(x-1)$로 나눈 몫은
일차다항식이므로 조건 (가)에 의하여
$(x^2-3x+3)(x-1)$이 사차다항식이 되려면 일차다항식을 곱해주어야 해.
$P(x)Q(x)=(x^2-3x+3)(x-1)(px+q)$(단, p, q는 상수, $p\neq0$)
라 하면 $Q(x)$는 일차다항식이므로 $Q(x)$의 인수는 $x-1$ 또는 $px+q$
이어야 한다.
방정식 $x^2-3x+3=0$의 판별식을 D라 하면 ◀──
$D=(-3)^2-4\times1\times3=9-12=-3<0$이므로 실수해를 갖지 않아. 즉, x^2-3x+3은
실수 범위에서 인수분해 되지 않고 $Q(x)$는 일차다항식이므로 x^2-3x+3을 인수로 가질 수 없어.
따라서 $Q(x)$는 $x-1$ 또는 $px+q$를 인수로 가져야 해.
이때, $Q(x)$가 $x-1$을 인수로 갖는다면
$Q(x)=a(x-1)$(단, a는 상수, $a\neq0$)이라 놓을 수 있으므로
이 식을 조건 (나)에 대입하면
$x^3-10x+13-P(x)=\{a(x-1)\}^2$에서
$P(x)=x^3-10x+13-\{a(x-1)\}^2$
$=x^3-10x+13-a^2x^2+2a^2x-a^2$
$=x^3-a^2x^2+(2a^2-10)x+13-a^2$
한편, $Q(x)=a(x-1)$이므로 조건 (가)에 의하여 $P(x)$는
x^2-3x+3으로 나누어떨어져야 한다.

$$
\require{enclose}
\begin{array}{r}
x+(-a^2+3) \\[2pt]
x^2-3x+3\,\enclose{longdiv}{x^3\quad -a^2x^2+(2a^2-10)x+13-a^2} \\
\underline{x^3\quad -3x^2+\quad\quad 3x\quad\quad\quad\quad} \\
(-a^2+3)x^2+(2a^2-13)x+13-a^2 \\
\underline{(-a^2+3)x^2-3(-a^2+3)x+3(-a^2+3)} \\
(-a^2-4)x+4+2a^2
\end{array}
$$

$P(x)$를 x^2-3x+3으로 직접 나누어 보면 위와 같으므로 x의 값에
관계없이 나머지인 $(-a^2-4)x+4+2a^2=0$이어야 한다.
다항식의 나눗셈의 결과는 x의 값에 관계없이 성립해야 해.
그런데 $-a^2-4\neq0$이므로 $(-a^2-4)x+4+2a^2=0$을 만족시키는
실수 a에 대하여 $a^2\geq0$이므로 $-a^2\leq0$이고 양변에 -4를 더하면
$-a^2-4\leq-4$이므로 $-a^2-4\neq0$이야.
a의 값은 존재하지 않는다.
즉, $Q(x)$는 $x-1$을 인수로 갖지 않는다.
따라서 $P(x)$는 x^2-3x+3과 $x-1$을 인수로 가지고, 조건 (나)에 의해
$P(x)$의 최고차항의 계수가 1이어야 하므로
$\boxed{P(x)=(x-1)(x^2-3x+3)\text{이다.}}$
$x^3-10x+13-P(x)=\{Q(x)\}^2$에서 우변이
이차다항식이므로 좌변에서 x^3항이 없어져야 하지?
따라서 $P(x)=x^3+\cdots$ 꼴이 되어야 해.

2nd $Q(x)$를 구해.

조건 (나)에 의하여
$$\{Q(x)\}^2 = x^3 - 10x + 13 - P(x)$$
$$= x^3 - 10x + 13 - (x-1)(x^2 - 3x + 3)$$
$$= x^3 - 10x + 13 - (x^3 - 4x^2 + 6x - 3)$$
$$= 4x^2 - 16x + 16 = 4(x^2 - 4x + 4) = 4(x-2)^2$$
$$\therefore Q(x) = -2(x-2) \text{ 또는 } Q(x) = 2(x-2)$$

(i) $Q(x) = -2(x-2)$이면 $Q(0) = 4$이므로 $Q(0) < 0$을 만족시키지 않는다.
(ii) $Q(x) = 2(x-2)$이면 $Q(0) = -4$이므로 $Q(0) < 0$을 만족시킨다.
(i), (ii)에 의하여 $Q(x) = 2(x-2)$이다.

3rd $P(2) + Q(8)$의 값을 구해.

따라서 $P(2) = (2-1) \times (2^2 - 3 \times 2 + 3) = 1 \times 1 = 1$이고
$Q(8) = 2 \times (8-2) = 2 \times 6 = 12$이므로
$P(2) + Q(8) = 1 + 12 = 13$

B 157 정답 ③ ·············· ⭐ 2등급 대비 [정답률 25%]

【 정답 공식: $f(x)$의 차수를 구하고, 차수에 맞는 $f(x)$를 대입해 양변의 계수를 비교해 $f(x)$의 미정계수를 결정한다. 】

최고차항의 계수가 양수인 다항식 $f(x)$가 모든 실수 x에 대하여
$$\{f(x)\}^3 = 4x^2 f(x) + 8x^2 + 6x + 1$$
을 만족시킬 때, [보기]에서 옳은 것만을 있는대로 고른 것은?

단서 1 다항식 $f(x)$의 차수를 n이라고 하면 좌변과 우변의 차수를 비교하여 n의 값을 구할 수 있어.

단서 2 나머지정리에 의하여 $f(0)$의 값을 구하는 거지!

[보기]

ㄱ. 다항식 $f(x)$를 x로 나눈 나머지는 1이다.
ㄴ. 다항식 $f(x)$의 최고차항의 계수는 4이다.
ㄷ. 다항식 $\{f(x)\}^3$을 $x^2 - 1$로 나눈 나머지는 $14x + 13$이다.

단서 3 몫을 $Q(x)$라 하면 이차식으로 나누므로 나머지는 일차식이야. 따라서 $\{f(x)\}^3 = (x^2-1)Q(x) + px + q$로 놓을 수 있어.

① ㄱ 　　② ㄴ 　　③ ㄱ, ㄷ
④ ㄴ, ㄷ 　　⑤ ㄱ, ㄴ, ㄷ

1st $f(x)$의 차수를 n이라 하고 좌변과 우변의 차수를 비교하자.

$f(x)$의 차수를 n이라 하면 좌변의 차수는 $3n$, 우변의 차수는 $n+2$이므로

예를 들어 $f(x) = x^n$이라 하면 $(x^n)^3 = 4x^2 \cdot x^n + \cdots$에서 $x^{3n} = 4x^{n+2} + \cdots$이야.

$3n = n + 2$ 　　$\therefore n = 1$

따라서 $f(x) = ax + b$ (a, b는 상수, $a > 0$)라 할 수 있다.

2nd 다항식 $f(x)$를 구하자.

$(ax+b)^3 = 4x^2(ax+b) + 8x^2 + 6x + 1$에서
$a^3 x^3 + 3a^2 bx^2 + 3ab^2 x + b^3 = 4ax^3 + (4b+8)x^2 + 6x + 1$
위의 식은 x에 대한 항등식이므로 양변의 계수를 비교하면
$a^3 = 4a$, $3a^2 b = 4b + 8$, $3ab^2 = 6$, $b^3 = 1$
따라서 $\underline{a = 2, b = 1}$이므로
$f(x) = 2x + 1 \cdots$ ㉠

$a^3 = 4a$에서 $a > 0$이므로 양변을 a로 나누면
$a^2 = 4$ $\therefore a = 2$($\because a > 0$)
$a = 2$를 $3a^2 b = 4b + 8$에 대입하면
$12b = 4b + 8$ $\therefore b = 1$

실수⚡ 문제에서 최고차항의 계수가 양수라 했으므로 문제의 조건에 맞는 a의 값을 찾을 수 있어야 해.

3rd $f(x) = 2x + 1$을 이용하여 참, 거짓을 따지자.

ㄱ. ㉠에서 $f(0) = 1$이므로 $f(x)$를 x로 나눈 나머지는 1이다. (참)
ㄴ. $f(x)$의 최고차항의 계수는 2이다. (거짓) 　나머지정리에 의해 $f(0)$
ㄷ. $\{f(x)\}^3$을 $x^2 - 1$로 나눈 몫을 $Q(x)$, 나머지를 $px + q$ (p, q는 상수)라 하면

x에 대한 다항식을 $P(x)$로 나누었을 때의 몫을 $Q(x)$, 나머지를 $R(x)$라 하면 $f(x) = P(x)Q(x) + R(x)$이고, 이 식은 x에 대한 항등식이야. 단, $R(x)$의 차수는 $P(x)$의 차수보다 낮아야 해.

$(2x+1)^3 = (x-1)(x+1)Q(x) + px + q$

이 식의 양변에 $x = 1$을 대입하면
$27 = p + q \cdots$ ㉡
$x = -1$을 대입하면
$-1 = -p + q \cdots$ ㉢
㉡, ㉢을 연립하면 $p = 14$, $q = 13$이므로 나머지는 $14x + 13$이다. (참)
따라서 옳은 것은 ㄱ, ㄷ이다.

🔷 다른 풀이: 주어진 등식에서 $f(0)$의 값을 구해 나머지정리를 이용하여 ㄱ의 참, 거짓 판별하기

ㄱ. $\{f(x)\}^3 = 4x^2 f(x) + 8x^2 + 6x + 1$에 $x = 0$을 대입하면
$\{f(0)\}^3 = 1$이므로 $f(0) = 1$ (참)
ㄴ. $f(x)$의 차수를 n이라 하면 좌변의 차수는 $3n$, 우변의 차수는 $n+2$이므로 $n = 1$
$f(x) = ax + b$ (a, b는 상수)라 하면 주어진 등식의 좌변의 최고차항의 계수는 a^3, 우변의 최고차항의 계수는 $4a$이므로
$a^3 = 4a$이고, $a > 0$에서 $a^2 = 4$ $\therefore a = 2$
즉 $f(x)$의 최고차항의 계수는 2야. (거짓)
ㄷ. ㄱ, ㄴ에 의해 $f(x) = 2x + 1$이므로 $\{f(x)\}^3$을 $x^2 - 1$로 나눈 몫을 $Q(x)$, 나머지를 $cx + d$ (c, d는 상수)라 하면
$\{f(x)\}^3 = (x^2 - 1)Q(x) + cx + d$이므로
$\{f(1)\}^3 = c + d = \underline{27}$ $f(1) = 2 \times 1 + 1 = 3$에서 $3^3 = 27$
$\{f(-1)\}^3 = -c + d = \underline{-1}$ $f(-1) = 2 \times (-1) + 1$에서 $(-1)^3 = -1$
이를 연립하여 풀면 $c = 14$, $d = 13$
즉, $\{f(x)\}^3$을 $x^2 - 1$로 나눈 나머지는 $14x + 13$이야. (참)
따라서 옳은 것은 ㄱ, ㄷ이야.

B 158 정답 ④ ·············· ⭐ 2등급 대비 [정답률 23%]

【 정답 공식: 다항식 P를 다항식 A, B로 나눈 나머지가 모두 R이면 다항식 Q에 대하여 $P - R = ABQ$로 나타낼 수 있다. 】

최고차항의 계수가 1인 사차다항식 $f(x)$가 다음 조건을 만족시킬 때, 양수 p의 값은?

단서 1 최고차항의 계수가 1이므로 사차다항식 $f(x)$의 식을 세울 때, 문자를 하나 줄일 수 있어.

(가) $f(x)$를 $x+2$, $x^2 + 4$로 나눈 나머지는 모두 $3p^2$이다.
단서 2 조건 (가)를 다르게 해석하면 $f(x) - 3p^2$은 $x+2$, $x^2 + 4$로 나누어떨어진다는 거야.
(나) $f(1) = f(-1)$
(다) $x - \sqrt{p}$는 $f(x)$의 인수이다.
단서 3 $f(x)$를 $x - \sqrt{p}$로 나누면 나머지가 0이야.

① $\dfrac{1}{2}$ 　　② 1 　　③ $\dfrac{3}{2}$
④ 2 　　⑤ $\dfrac{5}{2}$

1st 조건 (가)를 이용하여 $f(x)$에 대한 식을 구하자.

조건 (가)에 의하여 $f(x)$를 $x+2$, $x^2 + 4$로 각각 나누었을 때의 나머지가 모두 $3p^2$으로 같으므로 $f(x) - 3p^2$은 $x+2$와 $x^2 + 4$로 모두 나누어떨어진다.
이때, $f(x)$는 최고차항의 계수가 1인 사차다항식이므로
$f(x) - 3p^2 = (x+2)(x^2+4)(x+a)$ (단, a는 상수)
라 놓을 수 있다.

확장💡 $f(x) = (x+2)Q_1(x) + 3p^2$, $f(x) = (x^2+4)Q_2(x) + 3p^2$에서 $f(x) - 3p^2 = (x+2)Q_1(x)$, $f(x) - 3p^2 = (x^2+4)Q_2(x)$이므로 $f(x) - 3p^2$은 $x+2$, $x^2 + 4$를 인수로 가져.

$\therefore f(x) = (x+2)(x^2+4)(x+a) + 3p^2 \cdots$ ㉠

2nd 조건 (나)를 이용하여 등식을 세우고 a의 값을 구하자.

조건 (나)에서 $f(1) = f(-1)$이므로 ㉠에 의해

$3 \times 5 \times (1+a) + 3p^2 = 1 \times 5 \times (-1+a) + 3p^2$

$15(1+a) = 5(-1+a)$

$15+15a = -5+5a$

$10a = -20$ $\quad \therefore a = -2$

따라서 $a=-2$를 ㉠에 대입하면

$\begin{aligned} &\rightarrow f(x) = (x+2)(x-2)(x^2+4)+3p^2 \\ &\quad = (x^2-4)(x^2+4)+3p^2 \\ &\quad = x^4-16+3p^2 \end{aligned}$

$f(x) = \underline{(x+2)(x^2+4)(x-2)} + 3p^2$

$\quad = x^4 - 16 + 3p^2 \cdots$ ㉡

3rd 조건 (다)를 이용하여 양수 p의 값을 구해.

조건 (다)에서 $x-\sqrt{p}$가 $f(x)$의 인수라 하므로 $f(\sqrt{p})=0$

㉡에 $x=\sqrt{p}$를 대입하면

$x-\sqrt{p}$가 $f(x)$의 인수라는 것은 $f(x)$가 $x-\sqrt{p}$로 나누어떨어진다는 거야. 즉, $f(x)$를 $x-\sqrt{p}$로 나눈 나머지가 0이라는 거지.

$p^2 - 16 + 3p^2 = 0$, $4p^2 = 16$

$p^2 = 4$ $\quad \therefore p = 2$ $(\because p>0)$

B 159 정답 −2 ·················· ⭐ **2등급 대비** [정답률 31%]

> **정답 공식**: 몫과 나머지가 모두 $x-2$를 인수로 가지므로, 주어진 다항식도 $x-2$를 인수로 가져야 하고, 양변을 $x-2$로 나눠도 식이 성립함을 이용한다.

> **단서** 몫을 $Q(x)$로 놓고 x에 대한 다항식을 세우자.
> x에 대한 다항식 $x^n(x^2+px+q)$를 $(x-2)^2$으로 나누면 나머지가 $2^{n+1}(x-2)$이다. 이때, 상수 p, q에 대하여 $p+q$의 값을 구하시오.

1st 주어진 식을 몫과 나머지를 이용하여 나타내봐.

$x^n(x^2+px+q)$를 $(x-2)^2$으로 나눌 때의 몫을 $Q(x)$라 하면 나머지가 $2^{n+1}(x-2)$이므로

$x^n(x^2+px+q) = (x-2)^2 Q(x) + 2^{n+1}(x-2)$

$\qquad = (x-2)\{(x-2)Q(x)+2^{n+1}\} \cdots$ ㉠

2nd $x=2$를 대입해서 p와 q의 관계식을 구해.

$x=2$를 대입하면 $2^n(4+2p+q)=0$

㉠이 항등식이므로 우변의 곱이 0이 되는 $x=2$를 대입한 거야.

$2^n \neq 0$이므로

$4+2p+q=0$

$\therefore q = -2p-4 \cdots$ ㉡

함정 항등식의 성질을 이용하여 p, q 사이의 관계식을 얻어내면 항등식을 더 간단하게 정리할 수 있어.

3rd 항등식의 성질을 이용해.

㉡을 ㉠에 대입하면

$x^n(x^2+px-2p-4) = (x-2)^2 Q(x) + 2^{n+1}(x-2)$

$\boxed{x^n(x-2)(x+p+2)} = (x-2)\{\boxed{(x-2)Q(x)+2^{n+1}}\}$

이 식은 x에 대한 항등식이므로

$x^n(x+p+2) = (x-2)Q(x) + 2^{n+1}$

여기에 $x=2$를 대입하면

$2^n(4+p) = 2^{n+1}$

우변의 곱이 0이 되도록 $x=2$를 대입한 거야.

양변을 2^n으로 나누면

$4+p=2$ $\quad \therefore p=-2$

㉡에 대입하면

$q = (-2) \times (-2) - 4 = 0$

$\therefore p+q = -2+0 = -2$

> ✿ **나머지정리** 개념·공식
>
> ① 다항식 $f(x)$를 일차식 $x-a$로 나눈 나머지를 R라 하면
> $\quad R = f(a)$
> ② 다항식 $f(x)$를 일차식 $ax+b$ $(a \neq 0)$로 나눈 나머지를 R라 하면
> $\quad R = f\left(-\dfrac{b}{a}\right)$

B 160 정답 74 ························· ⭐ **1등급 대비** [정답률 20%]

✱ 다항식의 나눗셈에서 나누는 식의 차수보다 나머지의 차수가 낮아야함을 바탕으로 다항식을 구한 후 나머지 정리를 이용하기 [유형 04]

> 최고차항의 계수가 1인 다항식 $f(x)$가 다음 조건을 만족시킨다. **단서1** 다항식 $f(x)$를 $g(x)$와 $g(x)$로 나누었을 때의 몫과 나머지로 표현할 수 있어. 이때, 나머지 $g(x)-2x^2$의 차수가 다항식 $g(x)$의 차수보다 낮아야 함을 기억해.
>
> (가) 다항식 $f(x)$를 다항식 $g(x)$로 나눈 몫과 나머지는 모두 $g(x)-2x^2$이다.
>
> (나) 다항식 $f(x)$를 $x-1$로 나눈 나머지는 $-\dfrac{9}{4}$이다.
> **단서2** 나머지정리를 이용하면 $f(1)$의 값을 알 수 있어.
>
> $f(6)$의 값을 구하시오.

왜 1등급? 다항식의 나눗셈을 몫과 나머지를 이용한 식으로 바르게 나타낼 수 있어야 하고, 특히, 나누는 식보다 나머지의 차수가 낮음을 바탕으로 나누는 식의 차수를 따져보아야 하는 것이 어려웠다.

💡 **단서+발상**

단서1 다항식 $f(x)$를 다항식 $g(x)$로 나눈 나머지는 $g(x)$보다 차수가 낮다. 개념

따라서 $g(x)-2x^2$은 $g(x)$보다 차수가 낮은데, 발상

$g(x)$의 차수가 1이면 $g(x)-2x^2$의 차수는 2이고, $g(x)$의 차수가 3 이상이면 $g(x)-2x^2$도 차수가 같아지므로 $g(x)$의 차수는 2이고, $g(x)-2x^2$은 일차식이다. 적용

단서2 조건 (가)를 이용해 $g(x)$의 식을 세우면 이를 이용해 $f(x)$를 세울 수 있다.

그런 다음 $f(1) = -\dfrac{9}{4}$를 이용해 $f(x)$를 완성한다. 해결

주의 $f(x)$의 최고차항의 계수가 1이라는 조건을 지나친 경우 식을 완성하지 못할 수 있다.

> **핵심 정답 공식**: 다항식 A를 다항식 $B (B \neq 0)$로 나누었을 때의 몫을 Q, 나머지를 R라 하면 $A = BQ+R$이다. 이때, R의 차수는 B의 차수보다 낮다.

-------------------- [문제 풀이 순서] --------------------

1st 조건 (가)를 이용하여 다항식 $g(x)$의 차수를 찾아 봐.

조건 (가)에서 다항식 $f(x)$를 다항식 $g(x)$로 나눈 나머지가 $g(x)-2x^2$이라 했는데, 나머지 $g(x)-2x^2$의 차수는 나누는 식 $g(x)$의 차수보다 낮아야 하므로 다항식 $g(x)$는 최고차항의 계수가 2인 이차식이다.

즉, $g(x) = 2x^2+ax+b$ (a, b는 상수) $\cdots$ ㉠라 놓을 수 있다.

2nd 다항식 $f(x)$의 식을 구해.

이때, 조건 (가)를 식으로 나타내면

$f(x) = g(x)\{g(x)-2x^2\} + g(x)-2x^2$

$\quad = \{g(x)+1\}\{g(x)-2x^2\}$

이므로 이 식에 ㉠을 대입하면

$f(x) = (2x^2+ax+b+1)(ax+b)$

그런데 $f(x)$의 최고차항의 계수가 1이라 했으므로

$a = \dfrac{1}{2}$

$f(x)$의 최고차항의 계수가 $2a$이므로 $2a=1$ $\therefore a=\dfrac{1}{2}$

$g(x)$가 일차식이면 ($g(x)$의 차수) < ($g(x)-2x^2$의 차수) $g(x)$가 삼차 이상의 다항식이면 ($g(x)$의 차수) = ($g(x)-2x^2$의 차수) 즉, $g(x)$는 이차식이어야 하고 $g(x)$의 최고차항의 계수가 2이어야 $g(x)-2x^2$이 일차식이 되어 ($g(x)$의 차수) > ($g(x)-2x^2$의 차수) 가 돼.

즉, $f(x) = \left(2x^2 + \dfrac{1}{2}x+b+1\right)\left(\dfrac{1}{2}x+b\right)$이고, 조건 (나)에서 나머지정리에 의해 $f(1) = -\dfrac{9}{4}$이므로

다항식 $P(x)$를 일차식 $x-\alpha$로 나누었을 때의 나머지를 R라 하면 $R = P(\alpha)$

$f(1) = \left(2 + \dfrac{1}{2} + b + 1\right)\left(\dfrac{1}{2}+b\right) = b^2 + 4b + \dfrac{7}{4} = -\dfrac{9}{4}$

$b^2 + 4b + 4 = 0$, $(b+2)^2 = 0$

$\therefore b = -2$

따라서 $f(x)=\left(2x^2+\dfrac{1}{2}x-1\right)\left(\dfrac{1}{2}x-2\right)$이므로

$f(6)=(72+3-1)\times(3-2)=74$

1등급 대비 **특강**

* 다항식의 나눗셈에 대한 조건 해석하기

나누는 식, 몫, 나머지가 모두 $g(x)$와 관련되어 있으므로 $f(x)$를 $g(x)$와 관련된 식으로 나타내. 다항식과 관련된 문제에서는 먼저 다항식의 차수를 알아내는 것이 일반적이므로 $g(x)$의 차수를 알아봐.

한편, 조건 (나)는 $g(x)$의 차수와 무관한 조건이므로 조건 (가)를 통해 $g(x)$의 차수를 알아내야 해. 또한, 조건 (가)를 보면 나누는 식과 나머지가 조금 다른데, 나머지는 나누는 식보다 차수가 낮음을 이용하면 $g(x)$의 차수를 결정할 수 있어.

B 161 정답 26 ·············· ★1등급 대비 [정답률 22%]

* 특정 다항식으로 나눈 몫과 나머지가 같은 다항식 구하기 [유형 08]

삼차다항식 $f(x)$가 다음 조건을 만족시킨다.

(가) $f(1)=2$ **단서2** $f(x)$에 $x=1$을 대입했을 때 2가 나오도록 하자.

(나) $f(x)$를 $(x-1)^2$으로 나눈 몫과 나머지가 같다.

단서1 몫과 나머지를 같은 일차식으로 놓자.

$f(x)$를 $(x-1)^3$으로 나눈 나머지를 $R(x)$라 하자.
$R(0)=R(3)$일 때, $R(5)$의 값을 구하시오.

 **왜 1등급?** 어떤 다항식으로 나눈 몫과 나머지가 같은 다항식을 또 다른 다항식으로 나눈 나머지를 구하는 문제로, 몫과 나머지가 같을 때의 다항식을 세우고 함숫값을 대입해 다항식을 다시 정리하여 나타내는 과정을 생각해내야 해결이 가능하다.

💡 단서 + 발상

단서1 삼차다항식 $f(x)$를 나누는 식이 $(x-1)^2$이므로 몫과 나머지의 차수는 1이다. (발상)
따라서 나머지를 $ax+b$, $f(x)=(x-1)^2(ax+b)+ax+b$라 할 수 있다. (적용)

단서2 $f(1)=2$이므로 $a+b=2$에서 $b=2-a$를 대입하면
$ax+b=ax-a+2=a(x-1)+2$이다. (적용)
$f(x)=(x-1)^2\{a(x-1)+2\}+a(x-1)+2$라 할 수 있다. (해결)

주의 $f(x)$가 삼차다항식이므로 $(x-1)^2$으로 나눈 몫은 일차식이다.

[**핵심 정답 공식**: (나) 조건에서 $f(x)$의 몫과 나머지의 관계식을 세우고, 이를 전개해 $R(x)$의 식을 구한 후, $R(0)=R(3)$ 조건을 이용해 $R(x)$를 결정한다.]

---------- [문제 풀이 순서] ----------

1st 이차식으로 나누면 나머지는 일차 이하의 다항식이지?

조건 (나)에 의하여 $f(x)$를 $(x-1)^2$으로 나누었을 때의 몫과 나머지를 $ax+b$라 하면
$f(x)=(x-1)^2(ax+b)+(ax+b)$ … ㉠

이차식으로 나누었으므로 나머지는 일차식 꼴이야.

2nd $f(1)=2$에서 나머지는 $a(x-1)+2$와 같음을 이용해.

조건 (가)에서 $f(1)=2$이므로
$ax+b=a(x-1)+2$라 하고 ㉠에 대입하면
$f(x)=(x-1)^2\{a(x-1)+2\}+a(x-1)+2$
$\quad=a(x-1)^3+2(x-1)^2+a(x-1)+2$

$f(x)$를 $(x-1)^3$으로 나눈 나머지야.

함정 $f(1)=2$이므로 ㉠에서 $b=2-a$지? 즉, $f(x)$를 $(x-1)^2$으로 나눈 나머지가 $a(x-1)+2$가 되는 거야.

3rd $f(x)$를 $(x-1)^3$으로 나눈 나머지 $R(x)$는 이차 이하의 다항식이야.

즉, $f(x)$를 $(x-1)^3$으로 나눈 나머지 $R(x)$는
$R(x)=2(x-1)^2+a(x-1)+2$이고 $R(0)=R(3)$이므로
$2-a+2=8+2a+2$
$\therefore a=-2 \Rightarrow R(x)=2(x-1)^2-2(x-1)+2$
$\therefore R(5)=2\cdot4^2-2\cdot4+2=26$

1등급 대비 **특강**

* 조건을 해석하여 $f(x)$를 특수한 꼴로 나타내기

조건 (가), (나)와 $R(x)$가 $(x-1)^n$의 계수에 대해 설명하고 있어.
따라서 $f(x)$를 $(x-1)^n$에 대하여 나타내면 간단하게 풀 수 있어.
즉, $f(x)=a(x-1)^3+b(x-1)^2+c(x-1)+d$라 할 수 있고,
$f(1)=d=2$야. 몫과 나머지도 직접 구하면 $a=c$, $b=2$임을 알 수 있고, $R(x)$도 직접 구할 수 있어.

 My Top Secret 서울대 선배의 ❶ 등급 대비 전략

$f(x)$가 삼차다항식이라는 조건이 없었으면 어떻게 될까?

이 경우에도 답은 같아. 나머지의 차수는 나누는 식의 차수보다 작으니 차수가 1 이하야. 그래서 $f(x)=(x-1)^2(ax+b)+ax+b$라 할 수 있어.

다만, $a=0$일 수도 있다는 점을 놓치지 않아야 해. 원래 문제에서는 $f(x)$가 삼차다항식이어서 $a\neq0$이었지만, 이 조건이 없으면 꼭 그럴 필요는 없어.

B 162 정답 ④ ·············· ★1등급 대비 [정답률 20%]

* 특정 다항식으로 나눈 나머지를 이용하여 다항식 구하기 [유형 04+08]

다항식 $f(x)$가 다음 세 조건을 만족시킬 때, $f(0)$의 값은?

단서1 삼차식으로 나눈 나머지는 이차식 이하야.

(가) $f(x)$를 x^3+1로 나눈 몫은 $x+2$이다.

(나) $f(x)$를 x^2-x+1로 나눈 나머지는 $x-6$이다.

(다) $f(x)$를 $x-1$로 나눈 나머지는 -2이다.

단서2 $x^3+1=(x+1)(x^2-x+1)$로 인수분해하고,
이차식 x^2-x+1로 나눈 나머지가 $x-6$이 되도록 만들자.

① -10 ② -9 ③ -8
④ -7 ⑤ -6

 왜 1등급? 특정 다항식으로 나눈 몫과 나머지가 주어졌을 때, 다항식을 구하는 문제로, 다항식 x^3+1이 어떤 인수를 가지고 있는지 알아내야 풀이가 가능해진다.

💡 단서 + 발상

단서1 나누는 식의 차수보다 나머지의 차수가 더 낮아야 하는데, 조건 (가)에서 나누는 식이 삼차식이므로 나머지의 차수는 2 이하이다. (발상)
따라서 다항식 $f(x)=(x^3+1)(x+2)+ax^2+bx+c$라 할 수 있다. (적용)

단서2 x^3+1을 인수분해하면 $(x+1)(x^2-x+1)$이다. (개념)
따라서 $f(x)=(x^2-x+1)(x+1)(x+2)+ax^2+bx+c$이고
$(x^2-x+1)(x+1)(x+2)$는 x^2-x+1로 나누어떨어지므로 $f(x)$를 x^2-x+1로 나눈 나머지는 ax^2+bx+c를 x^2-x+1로 나눈 나머지와 같다. (발상)

나누어지는 다항식과 나누는 다항식의 차수가 같으면 몫이 상수이다.
이 문제에서는 ax^2+bx+c를 x^2-x+1로 나눈 몫이 상수이다.

> **핵심 정답 공식**: $f(x)$를 x^3+1로 나눈 나머지를 이차식 $R(x)=ax^2+bx+c$라 하면, (나) 조건에서 계수 비교를 통해 a, b, c에 대한 식을 2개 얻고, (다)에서 식을 1개 얻는다.

------------------- [문제 풀이 순서] -------------------

1st 다항식 $f(x)$를 삼차식으로 나누면 나머지는 이차 이하의 다항식이지?

조건 (가)에 의해 $f(x)$를 x^3+1로 나눈 나머지를
ax^2+bx+c (a, b, c는 상수)라 하면
$f(x)=(x^3+1)(x+2)+ax^2+bx+c$
$=\underline{(x+1)(x^2-x+1)}(x+2)+ax^2+bx+c$
$\quad\quad\quad\quad\quad\quad\quad\quad a^3+b^3=(a+b)(a^2-ab+b^2)$
이때, 조건 (나)에서 $f(x)$를 x^2-x+1로 나눈 나머지가 $x-6$이라 하므로
$f(x)=(x+1)(x^2-x+1)(x+2)+\underline{a(x^2-x+1)+x-6}$
$=(x^2-x+1)\{(x+1)(x+2)+a\}+x-6$
$=(x^2-x+1)(x^2+3x+a+2)+x-6 \cdots \text{㉠}$

> ax^2+bx+c의 계수 a를 맞추고 나머지가 $x-6$이 되도록 변형한 거야.

또, 조건 (다)에 의해
$f(1)=-2$이므로

> $ax^2+bx+c=a(x^2-x+1)+x-6$에서 a는 최고차항의 계수이기도 하면서 몫이기도 해.

㉠의 양변에 $x=1$을 대입하면
$f(1)=1\cdot(a+6)+1-6=a+1=-2$
$\therefore a=-3$
따라서 ㉠에 의해 $f(x)=(x^2-x+1)(x^2+3x-1)+x-6$이므로
$f(0)=1\cdot(-1)-6=-7$

My Top Secret
서울대 선배의 **❶** 등급 대비 전략

다항식 $f(x)$가 $g(x)$의 인수이면 다항식 $h(x)$를 $f(x)$로 나눈 나머지는 다항식 $h(x)$를 $g(x)$로 나눈 나머지를 $f(x)$로 나눈 나머지와 같아.
따라서 다항식 $h(x)$를 $f(x)$로 나눈 나머지를 바로 구하기 어렵다면 $f(x)$를 인수로 갖는 다른 다항식으로 나눈 나머지를 구한 뒤 그것을 $f(x)$로 나눈 나머지를 구해도 돼.

B 163 정답 ④ ············· ⭐1등급 대비 [정답률 18%]

* 나누는 식의 차수는 나머지의 차수보다 높음을 이용하여 조건을 만족시키는 다항식 구하기 [유형 08]

> x에 대한 이차다항식 $f(x)$가 다음 조건을 만족시킨다.
>
> **단서1** $x^3+5x^2+6x+2=f(x)Q_1(x)+g(x)$로 놓을 수 있어. 이때, $f(x)$가 이차식이니까 $g(x)$의 차수는 일차 이하야.
>
> (가) x^3+5x^2+6x+2를 $f(x)$로 나눈 나머지는 $g(x)$이다.
> (나) x^3+5x^2+6x+2를 $g(x)$로 나눈 나머지는
> $f(x)-x^2-4x$이다.
>
> **단서2** $x^3+5x^2+6x+2=g(x)Q_2(x)+f(x)-x^2-4x$로 놓을 수 있지.
>
> $g(2)$의 값은?
>
> ① 3　　② 4　　③ 5　　④ 6　　⑤ 7

> **왜 1등급?** 주어진 다항식을 나누었을 때, 조건을 만족시키는 다항식을 구하는 문제인데, 나누는 식의 차수보다 나머지의 차수가 낮음을 바탕으로 $f(x)$의 식을 세운 후 항등식의 성질을 이용할 수 있어야 한다.

💡 단서+발상

단서1 문제에 제시된 다항식을 $f(x)$로 나눈 나머지인 $g(x)$는 $f(x)$보다 차수가 낮다. **개념**
따라서 $f(x)$가 이차다항식이므로 $g(x)$의 차수는 1 이하이다. **발상**

단서2 $g(x)$의 차수는 1 이하이므로 $g(x)$로 나눈 나머지는 상수이다. **개념**
따라서 $f(x)-x^2-4x=a$라 할 수 있는데 $f(x)=x^2+4x+a$이고 $f(x)$의 상수항만 미정이므로 x^3+5x^2+6x+2를 $f(x)=x^2+4x+a$로 나눈 몫을 직접 구할 수 있다. **적용**

> 0이 아닌 실수 p에 대해 $p(x+1)$로 나눈 나머지는 $x+1$로 나눈 나머지와 같다.

> **핵심 정답 공식**: (가)에서 $g(x)$는 일차 이하의 다항식이므로, (나)에서 $f(x)-x^2-4x=a$ (a는 상수)임을 이용해 $f(x)$의 식을 세운다.

------------------- [문제 풀이 순서] -------------------

1st 주어진 조건을 이용하여 $f(x)$, $g(x)$에 대한 등식을 만들어봐.

조건 (가)에 의해 x^3+5x^2+6x+2를 $f(x)$로 나눈 몫을 $Q_1(x)$라 하면
나머지가 $g(x)$이므로
$x^3+5x^2+6x+2=f(x)Q_1(x)+g(x) \cdots \text{㉠}$
또, 조건 (나)에 의해 x^3+5x^2+6x+2를 $g(x)$로 나눈 몫을 $Q_2(x)$라 하면 나머지가 $f(x)-x^2-4x$이므로
$x^3+5x^2+6x+2=g(x)Q_2(x)+f(x)-x^2-4x \cdots \text{㉡}$

2nd ㉠, ㉡과 $f(x)$가 이차식임을 이용하여 $g(x)$를 구하자.

이때, $f(x)$는 이차다항식이고, $g(x)$는 주어진 다항식을 $f(x)$로 나눈 나머지이므로 $g(x)$는 일차 이하의 다항식이다.
또한, ㉡에서 주어진 다항식을 일차 이하의 다항식 $g(x)$로 나눈 나머지는 상수여야 하므로
$f(x)-x^2-4x=a$ (단, a는 상수)에서 $f(x)=x^2+4x+a$이다.
즉, ㉠에서 다항식 x^3+5x^2+6x+2를 $f(x)=x^2+4x+a$로 나눈 나머지 $g(x)$를 다항식의 나눗셈을 하여 직접 구하면

$$
\begin{array}{r}
x+1 \\
x^2+4x+a \overline{\smash{)}\ x^3+5x^2+6x+2} \\
\underline{x^3+4x^2+ax} \\
x^2+(6-a)x+2 \\
\underline{x^2+4x+a} \\
(2-a)x+2-a
\end{array}
$$

> **주의** 나머지는 항상 나누는 식보다 차수가 낮으므로 문제에서 주어진 조건 '이차다항식 $f(x)$'임을 잘 이용해야 해.

$x^3+5x^2+6x+2=(x^2+4x+a)(x+1)+(2-a)x+2-a$
$\therefore g(x)=\underline{(2-a)(x+1)} \cdots \text{㉢}$
위의 식에서 $g(x)=(2-a)x+2-a=(2-a)(x+1)$이야.
㉢을 ㉡에 대입하면
$x^3+5x^2+6x+2=(2-a)(x+1)Q_2(x)+a$
이 식은 x에 대한 항등식이므로 양변에 $x=-1$을 대입하면
$-1+5-6+2=a$　　$\therefore a=0$
따라서 $g(x)=2(x+1)$이므로 $g(2)=2\times3=6$

1등급 대비 특강
* 나누는 다항식을 k배 하는 경우 몫과 나머지

0이 아닌 실수 k에 대해 $kf(x)$로 나눈 나머지는 $f(x)$로 나눈 나머지와 같아. 다항식 $g(x)$를 $kf(x)$로 나눌 때의 몫을 $Q(x)$, 나머지를 $R(x)$라 한다면 $g(x)=kf(x)Q(x)+R(x)$이고 이를 변형하면 $g(x)=f(x)\{kQ(x)\}+R(x)$이므로 몫이 k배 되고 나머지는 그대로가 되는 거야.

B 164 정답 54 ⭐1등급 대비 [정답률 22%]

* 주어진 등식에서 다항식의 인수에 대한 조건을 찾아 다항식을 완성하고 나머지정리 적용하기 [유형 08+10]

> 다항식 $P(x)$와 최고차항의 계수가 1인 삼차다항식 $Q(x)$가 모든 실수 x에 대하여 [단서1 우변을 0으로 만드는 x의 값이 존재하지? 그 x의 값을 대입하여 삼차다항식 $Q(x)$를 구해.]
> $$\{Q(x+1)\}^2+\{Q(x)\}^2=(x^2-x)P(x)$$
> 를 만족시킨다. $P(x)$를 $Q(x)$로 나눈 나머지를 $R(x)$라 할 때, $R(3)$의 값을 구하시오. [단서2 $Q(x)$는 삼차다항식이니까 나머지 $R(x)$는 이차 이하의 다항식이야.]
> (단, 다항식 $Q(x)$의 계수는 실수이다.)

 1등급? 주어진 등식에서 삼차다항식의 인수에 대한 정보를 찾아 삼차다항식을 완성한 후, 나머지정리를 적용하는 문제이다.
주어진 등식을 해석할 때 실수 조건을 찾아내는 것이 중요하며, 이를 인수 조건에 어떻게 활용할 수 있는지 파악하는 게 문제 해결의 핵심이다.

💡 **단서+발상**

[단서1] 주어진 등식의 좌변에서 알아낼 수 있는 것이 없기 때문에 우변을 관찰해야 한다. 우변의 식이 0이 되도록 하는 x의 값은 $x=0$과 $x=1$이므로 이를 등식에 대입하면 $\{Q(1)\}^2+\{Q(0)\}^2=0$, $\{Q(2)\}^2+\{Q(1)\}^2=0$이라는 조건이 나온다. [발상]
이때, 두 실수의 제곱의 합이 0이 되기 위해서는 두 값이 모두 0이어야 한다는 성질을 적용하면 $Q(0)=Q(1)=Q(2)=0$임을 알 수 있다. [적용]

[단서2] [단서1]에 의해 $Q(x)$의 식을 세운 다음 이를 주어진 등식에 적용하면 $P(x)$의 식을 구할 수 있다. 구해야 하는 것이 $P(x)$를 $Q(x)$로 나눈 나머지인 $R(x)$이므로 $P(x)=Q(x)\times(몫)+R(x)$ 꼴로 나타내면 된다. [해결]
이때, 나누는 식 $Q(x)$가 삼차다항식이므로 나머지 $R(x)$는 이차 이하의 다항식임을 기억해야 한다. [개념]

⭐**주의** $P(x)$를 $Q(x)$로 나눈 나머지를 구할 때 $P(x)$와 $Q(x)$를 직접 전개하는 것보다는 $P(x)$의 식을 $Q(x)$와 몫의 곱의 형태가 나오도록 변형하는 것이 나머지를 찾기 수월하다.

[**핵심 정답 공식**: 다항식 $f(x)$를 $g(x)$로 나누었을 때의 몫을 $Q(x)$, 나머지를 $R(x)$라 하면 $f(x)=g(x)Q(x)+R(x)$가 성립한다.]

-------------------- [문제 풀이 순서] --------------------

1st 삼차다항식 $Q(x)$를 구해.
$\{Q(x+1)\}^2+\{Q(x)\}^2=(x^2-x)P(x)$에서
$\{Q(x+1)\}^2+\{Q(x)\}^2=x(x-1)P(x)\cdots\bigcirc$
㉠의 양변에 $x=0$을 대입하면
$\{Q(1)\}^2+\{Q(0)\}^2=0\cdots\bigcirc$
이때, $\{Q(1)\}^2\geq0$, $\{Q(0)\}^2\geq0$이므로 ㉡을 만족시키려면
다항식 $Q(x)$의 계수가 실수이니까 $Q(1)$, $Q(0)$의 값도 실수야. 이때, 실수 a에 대하여 $a^2\geq0$이므로 $\{Q(1)\}^2\geq0$, $\{Q(0)\}^2\geq0$이야.
$\{Q(1)\}^2=0$, $\{Q(0)\}^2=0$이어야 한다.
$\therefore Q(1)=0$, $Q(0)=0$
또, ㉠의 양변에 $x=1$을 대입하면
$\{Q(2)\}^2+\{Q(1)\}^2=0$이고
$Q(1)=0$이므로 $\{Q(2)\}^2=0$에서 $Q(2)=0$이다.
따라서 삼차다항식 $Q(x)$는 $x-1$, x, $x-2$를 인수로 가지고 최고차항
다항식 $f(x)$가 $f(a)=0$을 만족시키면 $f(x)$는 $x-a$를 인수로 가져.
의 계수가 1이므로 $Q(x)=x(x-1)(x-2)\cdots\bigcirc$이다.

2nd 다항식 $P(x)$를 구해.
㉢의 양변에 x 대신 $x+1$을 대입하면
$Q(x+1)=x(x-1)(x+1)$이므로 $Q(x)$와 $Q(x+1)$을 ㉠에 대입하면
$x^2(x-1)^2(x+1)^2+x^2(x-1)^2(x-2)^2=x(x-1)P(x)$
$x^2(x-1)^2\{(x+1)^2+(x-2)^2\}=x(x-1)P(x)$
$\therefore P(x)=x(x-1)\{(x+1)^2+(x-2)^2\}$
$\qquad=x(x-1)(x^2+2x+1+x^2-4x+4)$
$\qquad=x(x-1)(2x^2-2x+5)$

3rd $P(x)$를 $Q(x)$로 나눈 나머지 $R(x)$를 구해.
$P(x)$를 $Q(x)$로 나눈 몫과 나머지를 구하기 위해 $P(x)$의 식을 변형하면
$P(x)=x(x-1)(2x^2-2x+5)$
$\qquad=x(x-1)\{\underline{(x-2)(2x+2)}+9\}$ ← 앞에 $x(x-1)$이 곱해져 있고 $Q(x)$로 나타내어야 하니까 $x-2$로 묶어줘야 해.
$\qquad=x(x-1)(x-2)(2x+2)+9x(x-1)$
$\qquad=\underline{(2x+2)Q(x)}+9x(x-1)$
따라서 $R(x)=9x(x-1)$이므로 $P(x)$를 $Q(x)$로 나눈 몫은 $2x+2$이고 나머지는 $9x(x-1)$이야.
$R(3)=9\times3\times2=54$

 My Top Secret 서울대 선배의 ❶ 등급 대비 전략

모든 문제는 문제에 제시된 식에서 해결할 수 있는 조건이 나올 수밖에 없어. 따라서 풀이를 제대로 하느냐 못하느냐는 문제 해결의 포인트를 어느 부분에서 찾아내느냐, 얼마나 빠르게 뽑아내느냐에 달려 있지.
이 문제는 $Q(x)$가 최고차항의 계수가 1인 삼차다항식이라는 것 이외에는 어떠한 정보도 없기 때문에 주어진 등식의 좌변에서는 문제 해결의 포인트를 찾을 수 없어. 하지만 등식의 우변에서는 식의 값을 0으로 만드는 x의 값이 보이므로 이 점을 활용하는 방향으로 접근해야 해.

B 165 정답 27 ⭐1등급 대비 [정답률 7%]

* 인수정리를 통해 조건을 만족시킬 수 있는 가능한 경우를 나누어 각각의 경우에 대한 다항식 구하기 [유형 10+11]

> 다음 조건을 만족시키는 모든 이차다항식 $P(x)$의 합을 $Q(x)$라 하자. [단서1 조건을 만족시키는 이차다항식 $P(x)$를 모두 구해서 더한 식이 $Q(x)$야.]
>
> (가) $P(1)P(2)=0$
> (나) 사차다항식 $P(x)\{P(x)-3\}$은 $x(x-3)$으로 나누어떨어진다. [단서2 인수정리를 이용해.]
>
> $Q(x)$를 $x-4$로 나눈 나머지를 구하시오. [단서3 $Q(4)$의 값을 구하는 것이지!]

 1등급? 조건을 만족시킬 수 있는 가능한 경우를 나누어 각각의 경우에 대한 이차다항식을 하나도 빠짐없이 구해내야 하는 문제이다.
인수정리를 통해 주어진 조건과 동일한 의미를 갖는 조건으로 바꾼 후 각 경우에서 조건을 만족시키는지 찾는 과정이 복잡하여 어려웠다.

💡 **단서+발상**

[단서1] 먼저, 조건을 만족시키는 모든 $P(x)$를 구해야 $Q(x)$를 구할 수 있으므로 놓치는 경우가 없어야 한다. [발상]

단서2 이제, $x(x-3)$으로 나누어떨어지는 다항식은 x로 나누어떨어지고 $x-3$으로 나누어떨어진다. **개념**

따라서 $x=0$과 $x=3$을 대입하였을 때 다항식의 값은 0이다. **발상**

즉, $P(0)=0$ 또는 $P(0)=3$이고, $P(3)=0$ 또는 $P(3)=3$이다.

또, $P(1)=0$ 또는 $P(2)=0$이므로 경우를 나누어 이차다항식 $P(x)$를 구할 수 있다. **해결**

단서3 마지막으로, $Q(x)$는 조건을 만족시키는 모든 $P(x)$의 합으로 구한다. 그런 다음 $Q(x)$를 $x-4$로 나눈 나머지는 나머지정리에 의해 $Q(4)$의 값을 구하면 된다. **해결**

주의 $P(x)$는 이차다항식이므로 $P(x)=0$을 만족시키는 x의 개수가 3개 이상일 수 없다.

> **핵심 정답 공식:** $P(x)=0$의 근은 많아야 두 개임을 이용해 (가), (나)를 동시에 만족하는 모든 $P(x)$를 구하고, 이들의 합을 $Q(x)$로 놓고 $Q(4)$의 값을 구한다.

------------------------------ [문제 풀이 순서] ------------------------------

1st 주어진 조건의 의미를 하나하나 살펴보자.

조건 (가)에서 $P(1)P(2)=0$이므로 $P(1)=0$ 또는 $P(2)=0$

조건 (나)에서 $P(x)\{P(x)-3\}$을 $x(x-3)$으로 나누었을 때의 몫을 $q(x)$라 하면 나누어떨어지므로

$$P(x)\{P(x)-3\}=x(x-3)q(x)$$

위의 식에 $x=0$을 대입하면

$$P(0)\{P(0)-3\}=0$$

$\therefore P(0)=0$ 또는 $P(0)=3$

또, $x=3$을 대입하면

$$P(3)\{P(3)-3\}=0$$

$\therefore P(3)=0$ 또는 $P(3)=3$

2nd 찾아낸 조건을 이용하여 이차다항식 $P(x)$를 추론하자.

조건 (가)에 의하여 다음과 같이 세 가지 경우로 나눌 수 있다.

(i) $P(1)=0$, $P(2)=0$인 경우 **주의**

> 경우를 나누어 풀 때에는 빠트리는 것이 없는지 유의해.

조건 (나)에서 $P(x)$는 이차다항식이므로 $\underline{P(0)=3,\ P(3)=3}$이어야 한다.

> $P(1)=0$, $P(2)=0$에서 이차식 $P(x)$가 $x-1$, $x-2$를 인수로 가지므로 $P(x)=0$인 x가 1, 2 이외에 나올 수 없어.

따라서 $P(x)=k(x-1)(x-2)$ ($k\neq0$인 상수)로 두면

$$P(0)=P(3)=2k=3$$이므로 $k=\dfrac{3}{2}$

$\therefore P(x)=\dfrac{3}{2}(x-1)(x-2)$ … ㉠

(ii) $P(1)=0$, $P(2)\neq0$인 경우

$P(x)$는 이차다항식이므로 조건 (나)에 의해 다음 세 가지 경우만 생각하면 된다.

> 경우는 모두 4가지이지만 $P(0)=0$, $P(3)=0$이면 $P(1)=0$에서 $P(x)$는 x, $x-1$, $x-3$을 인수로 가지게 되고 이는 $P(x)$가 이차식이라는 조건에 모순이야.

i) $P(1)=0$, $P(0)=0$, $P(3)=3$일 때,
$P(x)=lx(x-1)$ ($l\neq0$인 상수)로 두면
$$P(3)=6l=3$$이므로 $l=\dfrac{1}{2}$
$\therefore P(x)=\dfrac{1}{2}x(x-1)$ … ㉡

> **실수** 문제에서 $P(x)$가 이차다항식이라 했으므로 $P(x)=0$인 x의 값은 2개 이하야.

ii) $P(1)=0$, $P(0)=3$, $P(3)=0$일 때,
$P(x)=m(x-1)(x-3)$ ($m\neq0$인 상수)로 두면
$$P(0)=3m=3$$이므로 $m=1$
$\therefore P(x)=(x-1)(x-3)$ … ㉢

iii) $P(1)=0$, $P(0)=3$, $P(3)=3$일 때,
$P(x)=(x-1)(ax+b)$ (a, b는 상수, $a\neq0$)로 두면
$$P(0)=-b=3,\ P(3)=2(3a+b)=3$$에서
$$a=\dfrac{3}{2},\ b=-3$$

$\therefore P(x)=(x-1)\left(\dfrac{3}{2}x-3\right)=\dfrac{3}{2}(x-1)(x-2)$

그런데 $P(2)=0$이므로 모순이다.

> 위의 식은 결국 ㉠과 같아.

(iii) $P(1)\neq0$, $P(2)=0$인 경우
(ii)와 마찬가지로 세 가지 경우를 생각하자.

i) $P(2)=0$, $P(0)=0$, $P(3)=3$일 때,
$P(x)=nx(x-2)$ ($n\neq0$인 상수)로 두면
$$P(3)=3n=3$$이므로 $n=1$
$\therefore P(x)=x(x-2)$ … ㉣

ii) $P(2)=0$, $P(0)=3$, $P(3)=0$일 때,
$P(x)=r(x-2)(x-3)$ ($r\neq0$인 상수)로 두면
$$P(0)=6r=3$$이므로 $r=\dfrac{1}{2}$
$\therefore P(x)=\dfrac{1}{2}(x-2)(x-3)$ … ㉤

iii) $P(2)=0$, $P(0)=3$, $P(3)=3$일 때,
$P(x)=(x-2)(cx+d)$ (c, d는 상수, $c\neq0$)로 두면
$$P(0)=-2d=3,\ P(3)=3c+d=3$$에서
$$c=\dfrac{3}{2},\ d=-\dfrac{3}{2}$$

$\therefore P(x)=(x-2)\left(\dfrac{3}{2}x-\dfrac{3}{2}\right)=\dfrac{3}{2}(x-1)(x-2)$

그런데 $P(1)=0$이므로 모순이다.

> 위의 식도 결국 ㉠과 같아.

3rd $Q(x)$를 구해서 마무리하자.

그러므로 (i), (ii), (iii)의 ㉠, ㉡, ㉢, ㉣, ㉤에서

$$Q(x)=\dfrac{3}{2}(x-1)(x-2)+\dfrac{1}{2}x(x-1)$$
$$\qquad\qquad +(x-1)(x-3)+x(x-2)+\dfrac{1}{2}(x-2)(x-3)$$

따라서 $Q(x)$를 $x-4$로 나눈 나머지는

> 나머지정리에 의해 $Q(4)$야.

$$Q(4)=\dfrac{3}{2}\times3\times2+\dfrac{1}{2}\times4\times3+3\times1+4\times2+\dfrac{1}{2}\times2\times1$$
$$=9+6+3+8+1=27$$

$Q(x)=\dfrac{3}{2}(x-1)(x-2)+\dfrac{1}{2}x(x-1)+(x-1)(x-3)+x(x-2)$
$$\qquad\qquad\qquad\qquad\qquad\qquad +\dfrac{1}{2}(x-2)(x-3)$$
$$=\dfrac{3}{2}(x^2-3x+2)+\dfrac{1}{2}(x^2-x)+(x^2-4x+3)+(x^2-2x)+\dfrac{1}{2}(x^2-5x+6)$$
$$=\dfrac{9}{2}(x^2-3x+2)$$

$\therefore Q(4)=\dfrac{9}{2}(16-12+2)=27$

1등급 대비 특강

* 경우를 나누어 $P(x)$를 구하기

$P(x)$는 이차다항식이므로 $P(x)=0$을 만족시키는 x의 개수가 3 이상일 수 없다는 점을 바탕으로 $P(0)=0$이고, $P(3)=0$인 경우는 $P(1)=0$ 또는 $P(2)=0$이 불가능함을 알 수 있어.

따라서 $P(0)=3$이고, $P(3)=3$일 때와 $P(0)=3$ 또는 $P(3)=3$일 때로 나누어 모든 $P(x)$를 구할 수 있어.

My Top Secret   서울대 선배의 **1**등급 대비 전략

최고차항이 n차인 다항식 $f(x)$에 대하여 $f(x)=0$을 만족시키는 실수 x는 최대 n개야. 만약 실수 x가 $n+1$개 이상 존재한다면 $f(x)$가 n차식이 될 수 없어. 이를 알고 있으면 앞으로 이와 비슷한 유형의 문제에서 가능한 다항식 $f(x)$를 좀 더 빨리 골라낼 수 있어.

C 01 정답 $3y(xy-3)$

C 02 정답 $(a-b)(x-y)$

C 03 정답 $-(a+b)(c-d)$

C 04 정답 $(2x+1)^2$

C 05 정답 $(3x-4)^2$

C 06 정답 $(4a+b)^2$

C 07 정답 $(5a-2b)^2$

C 08 정답 $(3x+y)(3x-y)$

C 09 정답 $2(2a+5b)(2a-5b)$

C 10 정답 $(x+y)(x-y+2)$

C 11 정답 $(x+4)(x+7)$

C 12 정답 $(3x-5y)(2x+y)$

C 13 정답 $(a+2b+c)^2$
$a^2+4b^2+c^2+4ab+4bc+2ca$
$=a^2+(2b)^2+c^2+2\cdot a\cdot 2b+2\cdot 2b\cdot c+2\cdot c\cdot a$
$=(a+2b+c)^2$

C 14 정답 $(x-y-z)^2$
$x^2+y^2+z^2-2xy+2yz-2zx$
$=x^2+(-y)^2+(-z)^2+2\cdot x\cdot(-y)+2\cdot(-y)\cdot(-z)$
$\qquad\qquad\qquad\qquad\qquad +2\cdot(-z)\cdot x$
$=(x-y-z)^2$

C 15 정답 $(x+y+1)^2$
$x^2+y^2+2xy+2x+2y+1$
$=x^2+y^2+1^2+2\cdot x\cdot y+2\cdot x\cdot 1+2\cdot y\cdot 1$
$=(x+y+1)^2$

C 16 정답 $(x+2y)^3$
$x^3+6x^2y+12xy^2+8y^3$
$=x^3+3\cdot x^2\cdot 2y+3\cdot x\cdot(2y)^2+(2y)^3=(x+2y)^3$

C 17 정답 $(3x-y)^3$
$27x^3-27x^2y+9xy^2-y^3$
$=(3x)^3-3\cdot(3x)^2\cdot y+3\cdot 3x\cdot y^2-y^3=(3x-y)^3$

C 18 정답 $(a+1)(a^2-a+1)$

C 19 정답 $(2a-3b)(4a^2+6ab+9b^2)$

C 20 정답 $(a+b-c)(a^2+b^2+c^2-ab+bc+ca)$

C 21 정답 $(a^2+a+1)(a^2-a+1)$

C 22 정답 $(x-1)(x-2)$
$x+1=t$로 치환하면
$(x+1)^2-5(x+1)+6$
$=t^2-5t+6$
$=(t-2)(t-3)$
$=(x+1-2)(x+1-3)$
$=(x-1)(x-2)$

C 23 정답 $(x-1)(x-4)(x^2-5x-2)$
$x^2-5x=t$로 치환하면
$t(t+2)-8=t^2+2t-8$
$\qquad\qquad =(t+4)(t-2)$
$\qquad\qquad =(x^2-5x+4)(x^2-5x-2)$
$\qquad\qquad =(x-1)(x-4)(x^2-5x-2)$

C 24 정답 $-4(3x+5)$
$x-1=X$, $x+3=Y$로 치환하면
$(x-1)^2+(x-1)(x+3)-2(x+3)^2$
$=X^2+XY-2Y^2$
$=(X-Y)(X+2Y)$
$=(x-1-x-3)(x-1+2x+6)$
$=-4(3x+5)$

C 25 정답 $(x+1)(x-1)(x+2)(x-2)$
$x^2=t$로 치환하면
t^2-5t+4
$=(t-1)(t-4)$
$=(x^2-1)(x^2-4)$
$=(x^2-1^2)(x^2-2^2)$
$=(x+1)(x-1)(x+2)(x-2)$

C 26 정답 $(x^2+x+4)(x^2-x+4)$
x^4+7x^2+16
$=x^4+8x^2+16-x^2$
$=(x^2+4)^2-x^2$
$=(x^2+4+x)(x^2+4-x)$
$=(x^2+x+4)(x^2-x+4)$

C 27 정답 $(a+b)(a-b)(a+c)$
$a^3-ab^2-b^2c+a^2c$
$=c(a^2-b^2)+a(a^2-b^2)$
$=(a^2-b^2)(a+c)$
$=(a+b)(a-b)(a+c)$

C 28 정답 $(x+2y-2)(x-y+1)$
$x^2+xy-2y^2-x+4y-2$
$=x^2+(y-1)x-2y^2+4y-2$
$=x^2+(y-1)x-2(y^2-2y+1)$
$=x^2+(y-1)x-2(y-1)^2$

$\begin{array}{ll}x & 2(y-1) \\ x & -(y-1)\end{array}$
$\overline{\qquad x(2y-2)-x(y-1)=x(y-1)}$

$=\{(x+2(y-1)\}\{x-(y-1)\}$
$=(x+2y-2)(x-y+1)$

(주어진 식)
$$=(X+4)(X+6)-12X-48$$
$$=X^2+10X+24-12X-48$$
$$=\underline{X^2-2X-24}$$

$$=(X+4)(X-6)$$
$$=(x^2+5x+4)(x^2+5x-6)$$
$$=(x+1)(x+4)(x-1)(x+6)$$
$$=(x-1)(x+1)(x+4)(x+6)$$

수능 핵강

＊ 일차식이 4개 곱해진 식에서 같은 부분이 나오도록 짝을 지어 전개하기

일차식이 4개 곱해진 식은 바로 전개하여 인수분해하지 않고 2개씩 짝을 지어 반복되는 식을 만들어 치환하여 푸는 게 일반적이야.
2개씩 짝을 짓는 요령은 일차식의 x의 계수가 모두 1인 경우 상수항끼리의 합이 같도록 하는 거야.
$(x+a)(x+b)(x+c)(x+d)$에서 $a+c=b+d$이면 $(x+a)(x+c)$, $(x+b)(x+d)$로 짝을 지으면 돼. 즉,
$$(x+a)(x+b)(x+c)(x+d)=\{(x+a)(x+c)\}\{(x+b)(x+d)\}$$

C 57 정답 ② ·················· 복이차식의 인수분해

(**정답 공식**: 복이차식 꼴의 다항식을 인수분해할 때는 x^2을 치환한다.)

단서 x^4항과 x^2항밖에 없으니까 $x^2=t$로 치환하여 인수분해해 봐.

다항식 x^4-x^2-12가 $(x-a)(x+a)(x^2+b)$로 인수분해될 때, 두 양수 a, b에 대하여 $a+b$의 값은?

① 4 ② 5 ③ 6
④ 7 ⑤ 8

1st 주어진 다항식을 인수분해하자.

$x^2=t$라 하면 $x^4=t^2$이므로 ⟶ $x^4=(x^2)^2=t^2$
$$x^4-x^2-12=\underline{t^2-t-12}=(t-4)(t+3)$$
$$=\underline{(x^2-4)}(x^2+3)$$
$$=(x-2)(x+2)(x^2+3) \quad \longrightarrow a^2-b^2=(a-b)(a+b)$$

2nd $a+b$의 값을 구해.

양수 a, b에 대하여 $x^4-x^2-12=(x-a)(x+a)(x^2+b)$이므로
$a=2$, $b=3$
$$\therefore a+b=2+3=5$$

✿ x^4+ax^2+b 꼴의 다항식의 인수분해　　개념·공식

① $x^2=X$로 바꾸어 인수분해한다.
② 이차항을 적당히 분리하여 A^2-B^2 꼴로 변형한 후 인수분해한다.

C 58 정답 503 ·················· 복이차식의 인수분해

(**정답 공식**: 복이차식 꼴의 다항식을 인수분해할 때는 x^2을 치환한다.)

다항식 x^4-8x^2+16을 인수분해하면 $(x+a)^2(x+b)^2$이다.
단서 x^4항과 x^2항밖에 없으니까 $x^2=t$로 치환하여 인수분해해 봐.
$\dfrac{2012}{a-b}$의 값을 구하시오. (단, $a>b$이다.)

1st $x^2=t$로 치환하고 인수분해하여 a, b의 값을 구하자.

$x^2=t$라 하면
$$x^4-8x^2+16=t^2-8t+16$$
$$=(t-4)^2$$
$$=(x^2-4)^2$$
$$=\underline{(x+2)^2(x-2)^2}$$
$$\quad {}_{(x^2-4)^2=\{(x+2)(x-2)\}^2}$$
$$=(x+a)^2(x+b)^2$$

이때, $a>b$이므로 $a=2$, $b=-2$

2nd $\dfrac{2012}{a-b}$의 값을 구하자.

$$\therefore \frac{2012}{a-b}=\frac{2012}{2-(-2)}=\frac{2012}{4}=503$$

🎲 **다른 풀이: 항등식의 성질을 이용하기**

x^4-8x^2+16을 인수분해하면 $(x+a)^2(x+b)^2$이므로
$$x^4-8x^2+16=(x+a)^2(x+b)^2 \cdots \text{㉠}$$
은 x에 대한 항등식이다.
㉠의 양변에 $x=-a$를 대입하면 $\underline{a^4-8a^2+16=0}$이므로
$(a^2-4)^2=0$, $a^2=4$　$\therefore a=\pm2$　${}_{a^4-8a^2+16=(a^2)^2-2\times a^2\times 4+4^2}$
㉠의 양변에 $x=-b$를 대입하면 $b^4-8b^2+16=0$이므로
$(b^2-4)^2=0$, $b^2=4$　$\therefore b=\pm2$
이때, 문제의 조건에서 $a>b$이므로 $a=2$, $b=-2$
$$\therefore \frac{2012}{a-b}=\frac{2012}{2-(-2)}=\frac{2012}{4}=503$$

C 59 정답 ④ ·················· 복이차식의 인수분해

(**정답 공식**: $(x^2+b)^2-a^2x^2=(x^2+ax+b)(x^2-ax+b)$를 이용하기 위해 식을 변형한다.)

다음은 다항식 x^4+2x^2+9를 인수분해하는 과정이다.
단서 복이차식을 A^2-B^2 꼴로 변형한 후 합차 공식을 이용하여 인수분해하는 과정이야.

$$x^4+2x^2+9=x^4+6x^2+9-\boxed{\text{(가)}}x^2$$
$$=(x^2+3)^2-\boxed{\text{(가)}}x^2$$
$$=(x^2+3)^2-\left(\boxed{\text{(나)}}x\right)^2$$
$$=\left(x^2+\boxed{\text{(나)}}x+3\right)(x^2-2x+3)$$

위의 과정에서 (가), (나)에 알맞은 수를 바르게 짝지은 것은?

	(가)	(나)
①	-4	-2
②	-4	2
③	-4	4
④	4	2
⑤	4	-4

1st 주어진 다항식을 두 제곱식의 차 꼴로 변형하여 인수분해하자.

$$x^4+2x^2+9=x^4+6x^2+9-\underset{2x^2=6x^2-4x^2}{\underline{4x^2}}$$ ⟵ (가)
$$=(x^2+3)^2-4x^2$$ ⟵ (나)
$$=(x^2+3)^2-(2x)^2$$
$$=(x^2+2x+3)(x^2-2x+3)$$

함정 복이차식을 인수분해할 때 무조건 $x^2=t$로 치환하면 안 돼. 주어진 식에서 $x^2=t$로 치환하면 t^2+2t+9인데 이 식은 바로 인수분해가 되지 않거든. 이럴 때는 주어진 식을 A^2-B^2 꼴로 변형한 후 합차 공식을 이용하여 인수분해해야 해.

C 60 정답 ④ ··· 복이차식의 인수분해

【 정답 공식: $(x^2+b)^2-a^2x^2=(x^2+ax+b)(x^2-ax+b)$를 이용한다. 】

> [단서] 복이차식은 식을 변형해서 X^2-Y^2 꼴로 만들도록 하자.
> $x^4+3x^2+4=(x^2+x+2)(x^2+Ax+B)$일 때, 상수 A, B에 대하여 $A+B$의 값은?
> ① -2　② -1　③ 0　④$1$　⑤ 2

[1st] X^2-Y^2 꼴이 나오도록 식을 변형해서 인수분해하자.

$x^4+3x^2+4=\underline{(x^4+4x^2+4)-x^2}=(x^2+2)^2-x^2$
　　　　　$=(x^2+2+x)(x^2+2-x)=(x^2+x+2)(x^2-x+2)$

　　→ X^2-Y^2 꼴로 유도한 거야.

따라서 $A=-1$, $B=2$이므로 $A+B=-1+2=1$

C 61 정답 ④ ··· 복이차식의 인수분해

【 정답 공식: $a^2=A$, $b^2=B$로 두고 인수분해한다. 】

> [단서] $a^2=A$, $b^2=B$로 생각하여 인수분해할 수 있는지 체크하자.
> 다음 중 $2a^4-7a^2b^2-4b^4$의 인수가 아닌 것은?
> ① $a-2b$　② $a+2b$　③ a^2-4b^2　④$2a^2-b^2$　⑤ $2a^2+b^2$

[1st] $a^2=A$, $b^2=B$로 치환해서 인수분해해.

$a^2=A$, $b^2=B$로 치환하면

[주의] 주어진 식의 모든 항이 짝수 차수로 되어 있으므로 a^2과 b^2을 각각 다른 문자로 치환해.

$2a^4-7a^2b^2-4b^4$
$=2A^2-7AB-4B^2$
$=(2A+B)(A-4B)$
$=(2a^2+b^2)(\underline{a^2-4b^2})$
$=(2a^2+b^2)\{a^2-(2b)^2\}$　밑줄 친 식은 모두 인수야.
$=(a+2b)(a-2b)(2a^2+b^2)$

따라서 인수가 아닌 것은 ④이다.

C 62 정답 ① ··· 복이차식의 인수분해

【 정답 공식: $(x^2+b)^2-a^2x^2=(x^2+ax+b)(x^2-ax+b)$를 이용하기 위해 식을 변형한다. 】

> 다항식 x^4+7x^2+16이 $(x^2+ax+b)(x^2-ax+b)$로 인수분해될 때, 두 양수 a, b에 대하여 $a+b$의 값은?
> ①$5$　② 6　③ 7　④ 8　⑤ 9
>
> [단서] x에 대한 사차식을 두 이차다항식의 곱으로 인수분해하는 것이므로 완전제곱식을 이용하여 m^2-n^2의 꼴로 변형해 봐.

[1st] X^2-Y^2 꼴이 나오도록 식을 변형해서 인수분해하자.

다항식 x^4+7x^2+16을 인수분해하면

$x^4+7x^2+16=\underline{(x^4+8x^2+16)-x^2}$
　　　　　　　$=(x^2+4)^2-x^2$
　　　　　　　$=(x^2+x+4)(x^2-x+4)$

완전제곱식이 되려면 x^2항의 계수가 상수 16의 $\frac{1}{2}$인 8이어야 하므로 $x^4+7x^2+16=x^4+8x^2+16-x^2$으로 변형한 거야.

따라서 $a=1$, $b=4$이므로 $a+b=5$

🔧 **다른 풀이:** 미지수가 포함된 항을 전개하고 계수를 비교하여 미지수 구하기

$x^4+7x^2+16=(x^2+ax+b)(x^2-ax+b)$
　　　　　　　$=(x^2+b+ax)(x^2+b-ax)$
　　　　　　　$=(x^2+b)^2-(ax)^2=x^4+2bx^2+b^2-a^2x^2$
　　　　　　　$=x^4+(2b-a^2)x^2+b^2$

이때, 좌변과 우변의 항이 서로 같고

위의 등식은 x에 대한 항등식이야.

$2b-a^2=7$, $16=b^2$

$b^2=16$에서 $b=4$ $(\because b>0)$

$2b-a^2=7$에서

$8-a^2=7$, $a^2=1$

∴ $a=1$ $(\because a>0)$

[주의] 문제의 조건에서 a, b가 양수라 한 것에 주의!!

따라서 $a=1$, $b=4$이므로 $a+b=5$

C 63 정답 ① ··· 복이차식의 인수분해

【 정답 공식: $(x^2+b)^2-a^2x^2=(x^2+ax+b)(x^2-ax+b)$를 이용하기 위해 식을 변형한다. 】

> [단서] 복이차식을 A^2-B^2 꼴로 변형할 수 있나 살펴보자.
> 다항식 x^4+4x^2+16이 $(x^2+ax+b)(x^2-cx+d)$로 인수분해될 때, $a+b+c+d$의 값은? (단, a, b, c, d는 양수이다.)
> ①$12$　　② 14　　③ 16
> ④ 18　　⑤ 20

[1st] $a^2-b^2=(a+b)(a-b)$를 이용할 수 있도록 주어진 식을 변형하자.

$x^4+4x^2+16=\underline{(x^4+8x^2+16)-4x^2}$　$4x^2$을 $8x^2-4x^2$으로 분해하여 적용한 거야.

　　　　　　　$=(x^2+4)^2-(2x)^2$
　　　　　　　$=(x^2+4+2x)(x^2+4-2x)$　← $A^2-B^2=(A+B)(A-B)$
　　　　　　　$=(x^2+2x+4)(x^2-2x+4)$
　　　　　　　$=(x^2+ax+b)(x^2-cx+d)$

따라서 $a=2$, $b=4$, $c=2$, $d=4$이므로
$a+b+c+d=2+4+2+4=12$

⚜ **x^4+ax^2+b 꼴의 다항식의 인수분해**　　개념·공식

① $x^2=X$로 바꾸어 인수분해한다.
② 이차항을 적당히 분리하여 A^2-B^2 꼴로 변형한 후 인수분해한다.

C 64 정답 2 ····························· 내림차순으로 정리하여 인수분해하기

【 정답 공식: $(x-\alpha)(x-\beta)=x^2-(\alpha+\beta)x+\alpha\beta$임을 이용한다. 】

> [단서] x에 대하여 내림차순으로 정리해서 접근해 봐.
> x, y에 대한 이차식 $x^2+kxy-3y^2+x+11y-6$이 x, y에 대한 두 일차식의 곱으로 인수분해 되도록 하는 자연수 k의 값을 구하시오.

[1st] x에 대하여 내림차순으로 정리해 봐.

주어진 이차식을 x에 대한 내림차순으로 정리하면

$x^2+kxy-3y^2+x+11y-6$
$=x^2+(ky+1)x-3y^2+11y-6$
$=x^2+(ky+1)x-(3y-2)(y-3)$

이것이 x, y에 대한 두 일차식의 곱으로 인수분해 되려면
$\underline{(3y-2)-(y-3)=ky+1}$이어야 한다.

x에 대하여 내림차순으로 정리한 식에서 상수항인 $-(3y-2)(y-3)$을 $-(3y-2)$와 $(y-3)$의 곱으로 생각할 수도 있지만 이 경우 x의 계수가 $-2y-1$이 되므로 $ky+1$이 될 수 없어.

따라서 y의 계수를 비교하면 $k=2$이다.

톡톡 풀이: 주어진 x 또는 y에 대한 이차방정식으로 만들고 이차방정식의 판별식을 이용하여 k의 값 구하기

주어진 이차식을 x에 대한 내림차순으로 정리한 후 이차방정식을 만들면 $x^2+(ky+1)x-3y^2+11y-6=0$이야.

이때, $(ky+1)^2-4(-3y^2+11y-6)=A$라 하고 위의 이차방정식의 근을 구하면 ($A$는 위의 x에 대한 이차방정식의 판별식이야.)

$x=\dfrac{-(ky+1)\pm\sqrt{A}}{2}$이므로

→ 이차방정식 $ax^2+bx+c=0$의 해는 $x=\dfrac{-b\pm\sqrt{b^2-4ac}}{2a}$

$x^2+(ky+1)x-3y^2+11y-6$
$=\left\{x-\dfrac{-(ky+1)+\sqrt{A}}{2}\right\}\left\{x-\dfrac{-(ky+1)-\sqrt{A}}{2}\right\}$야.

한편, 주어진 이차식이 x, y에 대한 일차식의 곱이 되려면 A가 완전제곱식이어야 하므로 이차방정식 $A=0$의 판별식 $D=0$이 되어야 해.

(이차방정식 $A=0$은 y에 대한 이차방정식이야.) (y에 대한 이차방정식 $A=0$이 중근을 가지면 A가 완전제곱식이 돼.) (A가 완전제곱식이면 근호를 없앨 수 있지?)

y에 대한 이차방정식 $(ky+1)^2-4(-3y^2+11y-6)=0$,
즉 $(k^2+12)y^2+2(k-22)y+25=0$에 대하여

$\dfrac{D}{4}=(k-22)^2-25(k^2+12)=0$이고, k에 대한 이차방정식을 풀면

$6k^2+11k-46=0$, $(k-2)(6k+23)=0$

$\therefore k=2$ 또는 $k=-\dfrac{23}{6}$

따라서 자연수 k의 값은 2야.

C 65 정답 ③ ……………… 내림차순으로 정리하여 인수분해하기

정답 공식: 한 문자에 대해 내림차순으로 정리한 후 인수분해한다.

단서 먼저 x에 대하여 내림차순으로 정리하자.
$2x^2+5xy+2y^2+3x+3y+1$이 $(x+ay+1)(2x+by+1)$로 인수분해될 때, 상수 a, b에 대하여 ab의 값은?

① 0 ② 1 ③ 2 ④ 3 ⑤ 4

1st x에 대해 내림차순으로 정리해서 인수분해해 보자.

$2x^2+5xy+2y^2+3x+3y+1=2x^2+(5y+3)x+2y^2+3y+1$
(x, y가 섞인 복잡한 식은 x 또는 y에 대하여 내림차순으로 정리하는 게 기본이야.)

$=2x^2+(5y+3)x+(2y+1)(y+1)$

$x \qquad 2y+1$
$2x \qquad y+1$
$(y+1+4y+2)x=(5y+3)x$

$=(x+2y+1)(2x+y+1)$
$=(x+ay+1)(2x+by+1)$

따라서 $a=2$, $b=1$이므로 $ab=2$

톡톡 풀이: 항등식으로 주어진 식을 x에 대하여 정리한 후 계수를 비교하여 미정계수 구하기

$2x^2+5xy+2y^2+3x+3y+1$
$=(x+ay+1)(2x+by+1)$
$=2x^2+(2a+b)xy+aby^2+3x+(a+b)y+1$

위 식은 x, y에 대한 항등식이므로 계수를 비교해 보자. (y^2의 계수를 비교해 보면 (전개한 식은 항상 항등식이야.) $ab=2$

C 66 정답 ④ ……………… 내림차순으로 정리하여 인수분해하기

정답 공식: 한 문자에 대해 내림차순으로 정리한 후 인수분해한다.

단서 복잡한 인수분해는 a, b 어느 하나에 대하여 내림차순으로 정리하자.
$a^2+3ab+2b^2-a-3b-2$를 인수분해하면?

① $(a-2b-1)(a+b-2)$ ② $(a-2b+1)(a+b-2)$
③ $(a+2b-1)(a+b-2)$ ④ $(a+2b+1)(a+b-2)$
⑤ $(a+2b+1)(a+b+2)$

1st a에 대한 내림차순으로 정리해서 인수분해해 보자.
$a^2+3ab+2b^2-a-3b-2=a^2+(3b-1)a+2b^2-3b-2$
(a, b가 복잡하게 섞여 있지? 차수가 같으니까 a, b 어느 하나로 정리하자.)
$=a^2+(3b-1)a+(2b+1)(b-2)$

$a \qquad 2b+1$
$a \qquad b-2$
$(2b+1+b-2)a=(3b-1)a$

$=(a+2b+1)(a+b-2)$

다른 풀이: b에 대하여 내림차순으로 정리하여 인수분해하기

b에 대한 내림차순으로 정리할 수도 있어.

$a^2+3ab+2b^2-a-3b-2=2b^2+(3a-3)b+a^2-a-2$
$=2b^2+(3a-3)b+(a-2)(a+1)$

$b \qquad a-2$
$2b \qquad a+1$
$(2a-4+a+1)b=(3a-3)b$

$=(b+a-2)(2b+a+1)$
$=(a+2b+1)(a+b-2)$

여러 문자를 포함한 식의 인수분해 개념·공식

① 차수가 가장 낮은 문자에 대하여 내림차순으로 정리한 다음 인수분해한다.
② 모든 문자의 차수가 같을 때는 어느 한 문자에 대하여 정리한다.

C 67 정답 ② ……………… 내림차순으로 정리하여 인수분해하기

정답 공식: 한 문자에 대해 내림차순으로 정리한 후 인수분해한다.

단서 먼저 x에 대하여 내림차순으로 정리하자.
$x^2-3xy+2y^2+2x-y-3$이 $(x+ay-1)(x+by+3)$으로 인수분해될 때, 상수 a, b에 대하여 $a+b$의 값은?

① -5 ② -3 ③ -1 ④ 1 ⑤ 3

1st x에 대해 내림차순으로 정리해서 인수분해해 보자.
$x^2-3xy+2y^2+2x-y-3$
$=x^2-(3y-2)x+2y^2-y-3$ (x에 대하여 내림차순으로 정리했지?)

$2y \qquad -3$
$y \qquad 1$
$2y-3y=-y$

$=x^2-(3y-2)x+(2y-3)(y+1)$

$x \qquad -(y+1)$
$x \qquad -(2y-3)$
$(-y-1-2y+3)x=-(3y-2)x$

$=(x-y-1)(x-2y+3)$
따라서 $a=-1$, $b=-2$이므로 $a+b=-3$

✳ 항등식의 성질을 이용하여 계수 구하기

$x^2-3xy+2y^2+2x-y-3=(x+ay-1)(x+by+3)$은 항등식이므로 우변을 전개한 후 계수를 비교하는 방법으로 풀어도 돼.

C 68 정답 7 ·················· 내림차순으로 정리하여 인수분해하기

정답 공식: 한 문자에 대해 내림차순으로 정리한 후 인수분해가 되기 위한 조건을 이용한다.

> **단서** x 또는 y에 대하여 내림차순으로 정리하자.
> $x^2+2xy-3y^2+kx+y+10$이 x, y에 대한 일차식의 곱으로 인수분해될 때, 정수 k의 값을 구하시오.

1st x에 대해 내림차순으로 정리해서 인수분해해 보자.

$x^2+2xy-3y^2+kx+y+10$
$=x^2+(2y+k)x-(3y^2-y-10)$
$=x^2+(2y+k)x-(3y+5)(y-2)$

주어진 식이 x, y에 대한 일차식의 곱으로 인수분해되려면
$2y+k=-(y-2)+(3y+5)$
$\therefore k=7$

$$
\begin{array}{cc}
x & -(y-2) \\
x & 3y+5 \\
\hline
& (-y+2+3y+5)x=(2y+7)x \\
& \quad\qquad\uparrow\!- k
\end{array}
$$

C 69 정답 ① ·················· 계수가 대칭인 사차식의 인수분해

정답 공식: 계수가 대칭인 다항식은 $x\pm\dfrac{1}{x}$을 이용할 수 있도록 식을 변형한다.

> **단서** 주어진 식의 계수는 x^2을 기준으로 대칭이야.
> 다음 중 $x^4-2x^3+3x^2-2x+1$의 인수인 것은?
> ① x^2-x+1 ② x^2-x-1 ③ x^2-x+2
> ④ x^2-2x-1 ⑤ x^2-4x-1

1st 좌우가 대칭인 사차식은 $x^2\left\{a\left(x+\dfrac{1}{x}\right)^2+b\left(x+\dfrac{1}{x}\right)+c\right\}$ 꼴로 바꿔보자.

$\overbrace{x^4-2x^3+3x^2-2x+1}$ 〈계수가 x^2을 기준으로 좌우 대칭인 사차식이므로 x^2으로 묶어서 생각하자.

$=x^2\left(x^2-2x+3-\dfrac{2}{x}+\dfrac{1}{x^2}\right)$

$=x^2\left\{x^2+\dfrac{1}{x^2}-2\left(x+\dfrac{1}{x}\right)+3\right\}$ → $x^2+\dfrac{1}{x^2}=\left(x+\dfrac{1}{x}\right)^2-2$

$=x^2\left\{\left(x+\dfrac{1}{x}\right)^2-2\left(x+\dfrac{1}{x}\right)+1\right\}$

$=x^2\left(x+\dfrac{1}{x}-1\right)^2$ → $x+\dfrac{1}{x}=X$로 놓으면
$\quad X^2-2X+1=(X-1)^2=\left(x+\dfrac{1}{x}-1\right)^2$

$=(x^2-x+1)^2$

> ✿ **계수가 대칭인 사차식의 인수분해**   〈개념·공식〉
>
> (i) 가운데 항이 상수가 되도록 x^2으로 묶어 낸다.
> (ii) $x^2+\dfrac{1}{x^2}=\left(x+\dfrac{1}{x}\right)^2-2=\left(x-\dfrac{1}{x}\right)^2+2$임을 이용하여 $x+\dfrac{1}{x}$ 또는 $x-\dfrac{1}{x}$에 대한 이차식으로 정리하여 인수분해한다.
> (iii) 각 인수에 x를 곱하여 다항식이 되도록 한다.

C 70 정답 ② ·················· 계수가 대칭인 사차식의 인수분해

정답 공식: 계수가 대칭인 다항식은 $\left(x+\dfrac{1}{x}\right)^2$ 또는 $\left(x+\dfrac{1}{x}\right)$을 이용할 수 있도록 식을 변형한다.

> **단서** 주어진 식은 x^2을 기준으로 계수가 대칭이야.
> $2x^4+x^3+x^2+x+2$를 인수분해하면?
> ① $(x^2-x+1)(2x^2-3x+2)$
> ② $(x^2-x+1)(2x^2+3x+2)$
> ③ $(x^2+x+1)(2x^2-3x+2)$
> ④ $(x^2+x+1)(2x^2+3x+2)$
> ⑤ $(x^2+x+1)(2x^2+4x+3)$

1st 좌우가 대칭인 사차식이니까 $x^2\left\{a\left(x+\dfrac{1}{x}\right)^2+b\left(x+\dfrac{1}{x}\right)+c\right\}$ 꼴로 바꿔봐.

$2x^4+\overbrace{x^3+x^2+x}+2$ 〈계수가 x^2을 기준으로 대칭인 식이니까 x^2으로 묶자.

$=x^2\left(2x^2+x+1+\dfrac{1}{x}+\dfrac{2}{x^2}\right)$

$=x^2\left\{2\left(x^2+\dfrac{1}{x^2}\right)+\left(x+\dfrac{1}{x}\right)+1\right\}$

$=x^2\left[2\left\{\left(x+\dfrac{1}{x}\right)^2-2\right\}+\left(x+\dfrac{1}{x}\right)+1\right]$

$=x^2\left\{2\left(x+\dfrac{1}{x}\right)^2-4+\left(x+\dfrac{1}{x}\right)+1\right\}$

$=x^2\left\{2\left(x+\dfrac{1}{x}\right)^2+\left(x+\dfrac{1}{x}\right)-3\right\}$

$=x^2\left\{\left(x+\dfrac{1}{x}\right)-1\right\}\left\{2\left(x+\dfrac{1}{x}\right)+3\right\}$ → $x+\dfrac{1}{x}=X$로 치환하면
$\quad 2X^2+X-3=(X-1)(2X+3)$

$=(x^2-x+1)(2x^2+3x+2)$ $=\left\{\left(x+\dfrac{1}{x}\right)-1\right\}\left\{2\left(x+\dfrac{1}{x}\right)+3\right\}$

C 71 정답 ⑤ ·················· 계수가 대칭인 사차식의 인수분해

정답 공식: 계수가 대칭인 다항식은 $\left(x+\dfrac{1}{x}\right)^2$ 또는 $\left(x+\dfrac{1}{x}\right)$을 이용할 수 있도록 식을 변형한다.

> **단서** 계수가 x^2을 기준으로 좌우 대칭이야.
> $x^4+3x^3-8x^2+3x+1$을 인수분해하면
> $(x^2+ax+b)(x+c)^2$일 때, 상수 a, b, c에 대하여 $a+b+c$의 값은?
> ① -3 ② -1 ③ 1 ④ 3 ⑤ 5

1st 좌우가 대칭인 사차식이니까 $x^2\left\{p\left(x+\dfrac{1}{x}\right)^2+q\left(x+\dfrac{1}{x}\right)+r\right\}$ 꼴로 바꿔.

$x^4+\overbrace{3x^3-8x^2+3x}+1$ 〈계수가 x^2을 기준으로 대칭이니까 x^2으로 묶어.

$=x^2\left(x^2+3x-8+\dfrac{3}{x}+\dfrac{1}{x^2}\right)$

$=x^2\left\{x^2+\dfrac{1}{x^2}+3\left(x+\dfrac{1}{x}\right)-8\right\}$

$=x^2\left\{\left(x+\dfrac{1}{x}\right)^2+3\left(x+\dfrac{1}{x}\right)-10\right\}$ → $x^2+\dfrac{1}{x^2}=\left(x+\dfrac{1}{x}\right)^2-2$

$=x^2\left\{\left(x+\dfrac{1}{x}\right)+5\right\}\left\{\left(x+\dfrac{1}{x}\right)-2\right\}$ → $x+\dfrac{1}{x}=X$로 치환하면
$\quad X^2+3X-10=(X+5)(X-2)$

$=\left\{x\left(x+\dfrac{1}{x}\right)+5x\right\}\left\{x\left(x+\dfrac{1}{x}\right)-2x\right\}$ $=\left\{\left(x+\dfrac{1}{x}\right)+5\right\}\left\{\left(x+\dfrac{1}{x}\right)-2\right\}$

$=(x^2+5x+1)(x^2-2x+1)=(x^2+5x+1)(x-1)^2$

따라서 $a=5$, $b=1$, $c=-1$이므로
$a+b+c=5+1+(-1)=5$

C 72 정답 ③ ·············· a, b, c 순환 꼴의 인수분해

(정답 공식: 한 문자에 대해 내림차순으로 정리한 후 인수분해한다.)

> **단서** a, b, c의 차수가 모두 같으면 어느 한 문자에 대하여 정리하자.
> $a^2b-a^2c+b^2c-b^2a+c^2a-c^2b$ 를 인수분해하면?
>
> ① $(a^2-b)(b-c^2)$ ② $(b^2-a)(a-c^2)$
> ③ $(a-b)(b-c)(a-c)$ ④ $(a-b)(b+c)(a-c)$
> ⑤ $(a-b)(b-c)(c-a)$

1st 어느 한 문자에 대해 내림차순으로 정리해봐.

공통인수가 $b-c$ 이므로 묶자.

$a^2b-a^2c+b^2c-b^2a+c^2a-c^2b=(b-c)a^2-(b^2-c^2)a+b^2c-c^2b$

> a, b, c가 같은 꼴로 순환하는 것은 어느 한 문자에 대해 내림차순으로 정리하면 돼.

$=(b-c)a^2-(b-c)(b+c)a+bc(b-c)$
$=(b-c)\{a^2-(b+c)a+bc\}$
$=(b-c)\{(a-b)(a-c)\}$
$=(a-b)(b-c)(a-c)$

$a \quad -b$
$a \quad -c$
$(-b-c)a=-(b+c)a$

> **함정** 세 문자를 $\square^2(\triangle-\bigcirc)$의 꼴에 차례로 돌아가며 넣은 형태야.

✿ 순환하는 꼴의 다항식의 인수분해   개념·공식

a, b, c의 차수가 같으면서 순환하는 꼴의 다항식
➡ 주어진 식을 전개한 후 한 문자에 대하여 내림차순으로 정리한다.

C 73 정답 ⑤ ·············· a, b, c 순환 꼴의 인수분해

(정답 공식: 식을 전개해 한 문자에 대해 내림차순으로 정리한 후 인수분해한다.)

> **단서** a, b, c의 차수가 모두 같으므로 한 문자에 대하여 정리하자.
> $a(b^2-c^2)+b(c^2-a^2)+c(a^2-b^2)$ 을 인수분해하면?
>
> ① $(a+b)(b+c)(c+a)$ ② $(a+b)(b-c)(c+a)$
> ③ $(a+b)(b-c)(c-a)$ ④ $(a-b)(b-c)(a-c)$
> ⑤ $(a-b)(b-c)(c-a)$

1st a, b, c가 순환하는 식이니까 어느 한 문자에 대해 내림차순으로 정리해봐.

$a(b^2-c^2)+b(c^2-a^2)+c(a^2-b^2)$

> **함정** 세 문자를 $\square(\triangle^2-\bigcirc^2)$의 꼴에 차례로 돌아가며 넣은 형태야.

$=ab^2-ac^2+bc^2-a^2b+a^2c-b^2c$
$=-(b-c)a^2+(b^2-c^2)a-bc(b-c)$ a에 대하여 내림차순으로 정리한 거야.
$=-(b-c)a^2+(b+c)(b-c)a-bc(b-c)$
$=-(b-c)\{a^2-(b+c)a+bc\}$ $b-c$가 공통인수이므로 묶자.
$=-(b-c)(a-b)(a-c)$
$=(a-b)(b-c)(c-a)$

$a \quad -b$
$a \quad -c$
$(-b-c)a=-(b+c)a$

C 74 정답 $(a+b)(b+c)(c+a)$

·············· a, b, c 순환 꼴의 인수분해

(정답 공식: 식을 전개해 한 문자에 대해 내림차순으로 정리한 후 인수분해한다.)

> **단서** 제곱을 전개한 후 인수분해하자.
> $a(b+c)^2+b(c+a)^2+c(a+b)^2-4abc$ 를 인수분해하시오.

1st 주어진 식을 전개하여 한 문자에 대해 내림차순으로 정리해봐.

> **주의** a, b, c의 차수가 같을 때에는 셋 중 어떤 문자에 대해서 내림차순으로 정리해도 상관없어.

$a(b+c)^2+b(c+a)^2+c(a+b)^2-4abc$
$=a(b^2+2bc+c^2)+b(c^2+2ac+a^2)+c(a^2+2ab+b^2)-4abc$
$=ab^2+2abc+ac^2+bc^2+2abc+a^2b+a^2c+2abc+b^2c-4abc$
$=ab^2+ac^2+bc^2+a^2b+a^2c+b^2c+2abc$
$=(b+c)a^2+(b^2+2bc+c^2)a+b^2c+bc^2$ a에 대하여 내림차순으로 정리한 거야.
$=(b+c)a^2+(b+c)^2a+bc(b+c)$ $b+c$가 공통인수이므로 묶자.
$=(b+c)\{a^2+(b+c)a+bc\}$
$=(b+c)(a+b)(a+c)$ $a \quad b$
$=(a+b)(b+c)(c+a)$ $a \quad c$
                        $(b+c)a$

C 75 정답 ② ·············· a, b, c 순환 꼴의 인수분해

(정답 공식: 한 문자에 대해 내림차순으로 정리한 후 인수분해한다.)

> x, y, z에 대한 다항식
> $xy(x+y)-yz(y+z)-zx(z-x)$ 의 인수는?
>
> **단서** 전개한 후 어느 한 문자에 대하여 내림차순으로 정리하자.
> ① $x-y$ ② $x-z$ ③ $y-z$
> ④ $x-y+z$ ⑤ $x+y+z$

1st 주어진 다항식을 전개한 후 x에 대해 내림차순으로 정리해서 인수분해하자.

x, y, z 모두 2차이므로 x가 아닌 y 또는 z에 대하여 정리해도 돼.

$xy(x+y)-yz(y+z)-zx(z-x)$
$=x^2y+xy^2-y^2z-yz^2-z^2x+zx^2$
$=(y+z)x^2+(y^2-z^2)x-y^2z-yz^2$
$=(y+z)x^2+(y+z)(y-z)x-yz(y+z)$
$=(y+z)\{x^2+(y-z)x-yz\}$ 공통인수인 $y+z$로 묶어.
$=(y+z)(x+y)(x-z)$
$=(x+y)(y+z)(x-z)$
따라서 주어진 다항식의 인수인 것은 ②이다.

C 76 정답 ②, ④ ·············· a, b, c 순환 꼴의 인수분해

(정답 공식: 식이 a에 대해 내림차순으로 정리되어 있는데, 인수분해가 가능한지 알 수 없으므로 다른 문자에 대해 내림차순으로 정리한다.)

> **단서** 먼저 전개한 후 차수가 가장 낮은 문자에 대하여 정리하자.
> 다음 중 다항식 $a^3(b+c)-a^2(b^2+bc+c^2)+b^2c^2$의 인수가 아닌 것을 모두 고르면? (정답 2개)
>
> ① $a-b$ ② $b-c$ ③ $c-a$
> ④ $ab-bc+ca$ ⑤ $ab+bc+ca$

1st 주어진 식을 전개한 후, 차수가 낮은 문자에 대해 내림차순으로 정리해봐.

$a^3(b+c)-a^2(b^2+bc+c^2)+b^2c^2$
$=a^3b+a^3c-a^2b^2-a^2bc-a^2c^2+b^2c^2$ 차수가 가장 낮은 b 또는 c에 대하여 내림차순으로 정리하자.
$=-(a^2-b^2)c^2+a^2c(a-b)+a^2b(a-b)$
$=-(a-b)(a+b)c^2+a^2c(a-b)+a^2b(a-b)$
$=-(a-b)(ac^2+bc^2-a^2c-a^2b)$ $a-b$가 공통인수이므로 묶자.
$=-(a-b)\{(c^2-a^2)b+ac(c-a)\}$
$=-(a-b)\{(c-a)(c+a)b+ac(c-a)\}$
$=-(a-b)(c-a)\{(c+a)b+ac\}$ $c-a$가 공통인수야.
$=-(a-b)(c-a)(ab+bc+ca)$

> **주의** a, b, c 중 한 문자에 대하여 내림차순으로 정리하고 인수분해할 때 공통인수를 최대한 묶어야 실수를 방지할 수 있어.

〔 정답 공식: 인수정리를 통해 인수를 찾은 후 조립제법으로 인수분해한다. **〕**

> 단서 주어진 다항식을 0으로 하는 x의 값을 구하고 조립제법을 이용하자.
> 다음 중 $2x^3-x^2-5x-2$의 인수가 <u>아닌</u> 것을 모두 고르면?
> (정답 2개)
>
> ① $x-2$　　② $x+2$　　③ $x-1$
> ④ $x+1$　　⑤ $2x+1$

1st 조립제법으로 인수분해할 수 있지?

$2x^3-x^2-5x-2$를 조립제법을 이용하여 인수분해하면

```
    -1 | 2   -1   -5   -2  →  f(x)=2x³-x²-5x-2에서
       |     -2    3    2     f(-1)=-2-1+5-2=0이므로
       | 2   -3   -2  | 0     이것으로 조립제법을 이용하면 돼.
```

$2x^3-x^2-5x-2=(x+1)(2x^2-3x-2)$
$\qquad\qquad\qquad\quad =(x+1)(x-2)(2x+1)$

따라서 인수가 아닌 것은 ②, ③이다.

C 78 정답 5 ···················· 인수정리를 이용한 인수분해

〔 정답 공식: 인수정리를 통해 인수를 찾은 후 조립제법을 이용하여 인수분해한다. **〕**

> 모든 실수 x에 대하여 단서 $2x^3-x^2-7x+6$을 조립제법을 이용하여 인수분해하자.
> $2x^3-x^2-7x+6=(x-1)(x+2)(ax+b)$일 때, $a-b$의 값을 구하시오. (단, a, b는 상수이다.)

1st 조립제법을 이용해 $2x^3-x^2-7x+6$을 인수분해하자.

$2x^3-x^2-7x+6$을 조립제법을 이용하여 인수분해하면 다음과 같다.

주어진 등식에서 $x-1$, $x+2$가 $2x^3-x^2-7x+6$의 인수임을 알 수 있으므로 조립제법을 바로 이용할 수 있어.

```
     1 | 2   -1   -7    6
       |      2    1   -6
    -2 | 2    1   -6  | 0
       |     -4    6
       | 2   -3  | 0
```

따라서 $2x^3-x^2-7x+6=(x-1)(x+2)(2x-3)$이므로
$a=2$, $b=-3$
$\therefore a-b=2-(-3)=5$

🔎 쉬운 풀이: 항등식의 성질 이용하기

$2x^3-x^2-7x+6=(x-1)(x+2)(ax+b)$의 양변에 $x=-1$을 대입하면 주어진 등식은 x에 대한 항등식이므로 x에 어떤 값을 대입해도 등식이 성립해. 이때, $a-b$의 꼴이 바로 나올 수 있도록 $x=-1$을 대입한 거야.

$-2-1+7+6=(-2)\times1\times(-a+b)$
$10=2(a-b)\qquad\therefore a-b=5$

❋ 인수정리를 이용한 인수분해 　　　　　　개념·공식

삼차 이상의 다항식 $f(x)$를 인수분해할 때
(i) $f(a)=0$을 만족하는 a의 값을 구한다.
(ii) 조립제법을 이용하여 $f(x)$를 $x-a$로 나눈 몫 $Q(x)$를 구한다.
(iii) $f(x)=(x-a)Q(x)$의 꼴로 인수분해한다.

C 79 정답 ③ ···················· 인수정리를 이용한 인수분해

〔 정답 공식: 인수정리를 통해 인수를 찾은 후 조립제법을 이용하여 인수분해한다. **〕**

> 다항식 $2x^3-3x^2-12x-7$을 인수분해하면 $(x+a)^2(bx+c)$일 때, $a+b+c$의 값은? (단, a, b, c는 상수이다.)
> 단서 주어진 다항식을 0으로 만드는 x의 값을 찾아 조립제법을 이용하자.
>
> ① -6　　② -5　　③ -4
> ④ -3　　⑤ -2

1st 조립제법을 이용하여 주어진 다항식을 인수분해하자.

$f(x)=2x^3-3x^2-12x-7$이라 하면 $f(-1)=0$이므로
$f(-1)=2\times(-1)^3-3\times(-1)^2-12\times(-1)-7=-2-3+12-7=0$
조립제법을 이용하여 인수분해하면 다음과 같다.

```
    -1 | 2   -3   -12   -7
       |     -2     5    7
    -1 | 2   -5    -7  | 0
       |     -2     7
       | 2   -7  | 0
```

따라서 $2x^3-3x^2-12x-7=(x+1)^2(2x-7)$이므로
$a=1$, $b=2$, $c=-7$
$\therefore a+b+c=1+2+(-7)=-4$

C 80 정답 ③ ···················· 인수정리를 이용한 인수분해

〔 정답 공식: 인수정리를 통해 인수를 찾은 후 조립제법으로 인수분해한다. **〕**

> 단서 주어진 다항식을 0으로 하는 x의 값을 구하자.
> 다항식 $x^4-2x^3-7x^2+8x+12$를 인수분해하면 $(x+a)(x+b)(x+c)(x+d)$가 될 때, 상수 a, b, c, d에 대하여 $a^2+b^2+c^2+d^2$의 값은?
>
> ① 14　　② 16　　③ 18　　④ 20　　⑤ 22

1st 조립제법으로 인수분해해 보자.

$x^4-2x^3-7x^2+8x+12$를 조립제법을 이용하여 인수분해하면

```
    -1 | 1   -2   -7    8    12
       |     -1    3    4   -12
     2 | 1   -3   -4   12  | 0
       |      2   -2  -12
       | 1   -1   -6  | 0
```

$x^4-2x^3-7x^2+8x+12$
$=(x+1)(x^3-3x^2-4x+12)$
$=(x+1)(x-2)(x^2-x-6)$
$=(x+1)(x-2)(x+2)(x-3)$
$\therefore a^2+b^2+c^2+d^2=1^2+(-2)^2+2^2+(-3)^2=18$

$f(x)=x^4-2x^3-7x^2+8x+12$로 놓으면
$f(-1)=1+2-7-8+12=0$,
$f(2)=16-16-28+16+12=0$
이므로 $f(a)=0$인 $a=-1$, 2야.

C 81 정답 9 ···················· 인수정리를 이용한 인수분해

〔 정답 공식: 인수정리를 통해 인수를 찾은 후 조립제법으로 인수분해한다. **〕**

> 단서 인수정리＋조립제법을 이용하여 인수분해하자.
> 다항식 $x^3+5x^2+4x-10$이 $(x+a)(x^2+6x+b)$로 인수분해될 때, 상수 a, b에 대하여 $a+b$의 값을 구하시오.

1st $x^3+5x^2+4x-10$을 조립제법을 이용하여 인수분해하자.

$f(x)=x^3+5x^2+4x-10$이라 하면

$f(1)=1+5+4-10=0$이므로

주어진 다항식은 $x-1$로 나누어떨어진다.

1	1	5	4	-10
		1	6	10
	1	6	10	0

조립제법을 이용하면

$x^3+5x^2+4x-10=(x-1)(x^2+6x+10)=(x+a)(x^2+6x+b)$

$\therefore a=-1,\ b=10 \Rightarrow a+b=9$

→ $f(\alpha)=0$이 되는 α는 대체로 $-1,1,-2,2$ 중에 있는 경우가 많아.

🧭 **다른 풀이: 미지수가 포함된 항을 전개하고 계수를 비교하여 미지수 구하기**

$(x+a)(x^2+6x+b)$를 전개하면 $x^3+(6+a)x^2+(b+6a)x+ab$

이 식이 $x^3+5x^2+4x-10$과 같으므로 계수를 비교하면

$6+a=5,\ b+6a=4,\ ab=-10$ 항등식이니까 계수비교법을 쓴 거야.

$\therefore a=-1,\ b=10 \Rightarrow a+b=9$

C 82 정답 ③ ·································· 인수정리를 이용한 인수분해

(정답 공식: 인수정리를 통해 인수를 찾은 후 조립제법으로 인수분해한다.)

다항식 $x^4-2x^3+2x^2-x-6$이 $(x+1)(x+a)(x^2+bx+c)$로 인수분해될 때, 세 정수 $a,\ b,\ c$의 합 $a+b+c$의 값은?

① -2 ② -1 ③ 0

④ 1   ⑤ 2

단서 4차 이상의 다항식의 인수분해에서 인수분해 공식을 바로 적용하기 어려운 것은 주어진 식을 0으로 만드는 x의 값부터 찾은 후 조립제법을 이용해 봐.

1st 조립제법을 이용하여 주어진 다항식을 인수분해하자.

다항식 $x^4-2x^3+2x^2-x-6$을 조립제법을 이용하여 인수분해하면

$f(x)=x^4-2x^3+2x^2-x-6$이라 하면

$f(-1)=(-1)^4-2\times(-1)^3+2\times(-1)^2-(-1)-6$

$\qquad =1+2+2+1-6=0$

-1	1	-2	2	-1	-6
		-1	3	-5	6
2	1	-3	5	-6	0
		2	-2	6	
	1	-1	3	0	

$g(x)=x^3-3x^2+5x-6$이라 하면

$g(2)=2^3-3\times2^2+5\times2-6$

$\qquad =8-12+10-6=0$

$x^4-2x^3+2x^2-x-6=(x+1)(x-2)(x^2-x+3)$

따라서 $a=-2,\ b=-1,\ c=3$이므로

$a+b+c=(-2)+(-1)+3=0$

C 83 정답 25 ·································· 인수정리를 이용한 인수분해

(정답 공식: 다항식 $f(x)$에 대하여 $f(a)=0$이면 $f(x)$는 $x-a$를 인수로 갖는다.)

단서 1 차수가 주어진 다항식은 식을 구성할 수 있어. 하지만 최고차항의 계수가 주어져 있지 않으니 미지수로 설정해야 해.

두 이차다항식 $P(x),\ Q(x)$가 다음 조건을 만족시킨다.

(가) 모든 실수 x에 대하여

$\{P(x)\}^2-\{Q(x)\}^2=x^2(x-1)(x-2)$이다.

단서 2 $\{P(x)\}^2-\{Q(x)\}^2=\{P(x)+Q(x)\}\{P(x)-Q(x)\}$로 인수분해 돼.

$x^2(x-1)(x-2)$에 $x=0,1,2$를 대입해 봐.

(나) $|P(2)-Q(2)|<|P(1)-Q(1)|$

단서 3 $P(x)-Q(x)$의 식을 설정해서 $x=1$과 $x=2$를 대입해.

$P(3)+Q(3)=24$일 때, $P(4)$의 값을 구하시오.

단서 4 $P(x)+Q(x)$의 식을 설정해서 3을 대입해.

1st $P(x)+Q(x),\ P(x)-Q(x)$의 차수를 각각 구해.

$P(x),\ Q(x)$는 이차식이므로

$P(x)-Q(x),\ P(x)+Q(x)$는 이차 이하의 다항식이고

주의 이차식 두 개를 더하거나 뺐을 때, 이차식이 아닐 수 있어.

$\{P(x)+Q(x)\}\{P(x)-Q(x)\}$는 사차 이하의 다항식이다.

조건 (가)에서

$\{P(x)+Q(x)\}\{P(x)-Q(x)\}=x^2(x-1)(x-2)$이므로

$P(x)+Q(x),\ P(x)-Q(x)$는 각각 이차다항식이고

$x^2(x-1)(x-2)$의 인수이다.

2nd 조건을 활용해서 $P(x)+Q(x),\ P(x)-Q(x)$의 식을 구하고 $P(4)$의 값을 구해.

$P(x)-Q(x)$를 최고차항의 계수가 $a(a\neq0)$인 이차다항식이라면

$P(x)+Q(x)$는 최고차항의 계수가 $\frac{1}{a}$인 이차다항식이고

$P(x)-Q(x),\ P(x)+Q(x)$는 다음과 같이 네 가지 경우가 가능하다.

주의 차수가 주어진 다항식은 식을 설정할 수 있고, 식을 설정할 때는 인수를 활용해. ax^2+bx+c와 같이 모르는 미지수를 다 문자로 설정하면 모르는 계수가 너무 많아져서 오히려 복잡해져.

	$P(x)-Q(x)$	$P(x)+Q(x)$
㉠	$a(x-1)(x-2)$	$\frac{1}{a}x^2$
㉡	$ax(x-1)$	$\frac{1}{a}x(x-2)$
㉢	ax^2	$\frac{1}{a}(x-1)(x-2)$
㉣	$ax(x-2)$	$\frac{1}{a}x(x-1)$

실수 ↻ 주어진 조건들은 x에 1, 2, 3을 대입해 보라는 거야. 대입할 경우가 많아 보이지만 하나씩 대입해 보면 모든 조건을 만족하는 다항식을 찾을 수 있어.

조건 (나)에서

$0\leq|P(2)-Q(2)|<|P(1)-Q(1)|$이므로

$P(1)-Q(1)\neq0$ $P(1)-Q(1)\neq0$이므로 $P(x)-Q(x)$가 $x-1$을 인수로 갖지 않는다는 거야. 그래서

따라서 ㉠, ㉡은 성립하지 않는다. $x-1$을 인수로 갖는 ㉠, ㉡의 경우가 탈락!

(i) ㉢인 경우

$|P(2)-Q(2)|=4|a|,\ |P(1)-Q(1)|=|a|$이므로

조건 (나)를 만족시키지 않는다.

(ii) ㉣인 경우

$P(x)-Q(x)=ax(x-2)$에서

$|P(2)-Q(2)|=0,\ |P(1)-Q(1)|=|a|$이므로

조건 (나)를 만족시킨다.

(i), (ii)에 의하여

$P(x)-Q(x)=ax(x-2),\ P(x)+Q(x)=\frac{1}{a}x(x-1)$

$P(3)+Q(3)=24$에서 $\frac{1}{a}\times3\times2=24,\ \frac{6}{a}=24$ $\therefore a=\frac{1}{4}$

$P(x)-Q(x)=\frac{1}{4}x(x-2),\ P(x)+Q(x)=4x(x-1)$

3rd $P(4)$의 값을 구해.

$\{P(x)-Q(x)\}+\{P(x)+Q(x)\}=\frac{1}{4}x(x-2)+4x(x-1)$

$2P(4)=\frac{1}{4}\times4\times2+4\times4\times3=50$

$\therefore P(4)=25$

C 84 정답 ② ················· 인수정리를 이용하여 미정계수 구하기

(정답 공식: 다항식 $f(x)$가 일차식 $x-a$로 나누어떨어지면 $f(a)=0$이다.)

> **단서1** 인수분해할 수 있어.
> x에 대한 두 다항식 $\underline{x^3+2x^2+3x+6}$과 x^3+x+a가 모두
> $x+b$로 나누어떨어질 때, $a+b$의 값은?
> **단서2** 각 다항식이 일차식으로 나누어떨어지므로
>   인수정리를 이용해봐.
>   (단, a, b는 실수이다.)
> ① 11   ② 12   ③ 13   ④ 14   ⑤ 15

1st x^3+2x^2+3x+6에 인수정리를 적용하여 b의 값을 구하자.

$f(x)=x^3+2x^2+3x+6$이라 하면 $f(-2)=0$이므로

다음과 같이 인수분해할 수도 있어.

(i) 조립제법

```
 -2 | 1    2    3    6
     |     -2   0   -6
     ---------------------
       1    0    3    0
```
$f(x)=(x+2)(x^2+3)$

(ii) 공통인수로 묶어 인수분해
$f(x)=x^3+2x^2+3x+6$
$=x^2(x+2)+3(x+2)$
$=(x+2)(x^2+3)$

인수정리에 의해 일차식 $x+2$로 나누어떨어진다.

$\therefore b=2$

2nd x^3+x+a도 $x+b$로 나누어떨어지므로 인수정리를 적용하여 a의 값을 구하자.

$g(x)=x^3+x+a$라 하면 $g(x)$도 $x+2$로 나누어떨어지므로
$g(-2)=0$이 되어야 한다.   다항식 $f(x)$가 일차식 $x-a$로
                         나누어떨어지면 $f(a)=0$이야.
$g(-2)=(-2)^3+(-2)+a=-10+a=0$
$\therefore a=10$

3rd $a+b$의 값을 구하자.

$\therefore a+b=10+2=12$

C 85 정답 ③ ················· 인수정리를 이용하여 미정계수 구하기

(정답 공식: 다항식 $P(x)$가 일차식 $x-a$로 나누어떨어지면 인수정리에 의하여 $P(a)=0$이다.)

> **단서1** $f(x)=kx+p$ 꼴로 나타낼 수 있어.
> 일차식 $f(x)$에 대하여 다항식 $x^3+1-f(x)$가 $(x+1)(x+a)^2$
> 으로 인수분해될 때, $f(7)$의 값은? (단, a는 상수이다.)
> **단서2** $x^3+1-f(x)=(x+1)(x+a)^2$이라는 거지?
> ① 2   ② 4   ③ 6
> ④ 8   ⑤ 10

1st $f(-1)$의 값을 구해.

다항식 $x^3+1-f(x)$가 $(x+1)(x+a)^2$으로 인수분해되므로
$x^3+1-f(x)=(x+1)(x+a)^2 \cdots$ ㉠
즉, 다항식 $x^3+1-f(x)$가 일차식 $x+1$로 나누어떨어지므로 <u>인수정리</u>에 의하여
                              [인수정리]
$(-1)^3+1-f(-1)=0$ $f(a)=0$
$\therefore f(-1)=0$ ⇔ 다항식 $f(x)$는 $x-a$로 나누어떨어진다.
                              ⇔ 다항식 $f(x)$는 $x-a$를 인수로 갖는다.

2nd 함수 $f(x)$를 찾고 $f(7)$의 값을 구해.

$f(-1)=0$이므로 일차식 $f(x)$는 $x+1$을 인수로 갖는다.
즉, 0이 아닌 상수 k에 대하여 $f(x)=k(x+1)$이라 하면
$x^3+1-f(x)=x^3+1-k(x+1)$
$=(x+1)(x^2-x+1)-k(x+1)$
$=(x+1)(x^2-x+1-k)$
이때, ㉠에 의하여 $(x+1)(x^2-x+1-k)=(x+1)(x+a)^2$이므로
$x^2-x+1-k=(x+a)^2$에서

$x^2-x+1-k=x^2+2ax+a^2$
$\therefore (2a+1)x+(a^2-1+k)=0 \cdots$ ㉡
㉡은 x에 대한 항등식이어야 하므로
$\underline{2a+1=0,\ a^2-1+k=0}$ 모든 실수 x에 대하여 $(2a+1)x+(a^2-1+k)=0$이
$\therefore a=-\dfrac{1}{2},\ k=\dfrac{3}{4}$ 성립해야 하므로 x의 계수도 0이고 상수항도 0이어야 해.

따라서 $f(x)=\dfrac{3}{4}(x+1)$이므로

$f(7)=\dfrac{3}{4}\times(7+1)=6$

> **다른 풀이:** $f(x)$를 x에 대하여 정리하고, 일차식임을 이용하여 미지수 구하기

다항식 $x^3+1-f(x)$가 $(x+1)(x+a)^2$으로 인수분해되므로
$x^3+1-f(x)=(x+1)(x+a)^2$에서
$f(x)=x^3+1-(x+1)(x+a)^2$
$=x^3+1-\{x^3+(2a+1)x^2+(a^2+2a)x+a^2\}$
$=-(2a+1)x^2-(a^2+2a)x-a^2+1 \cdots$ ㉢
그런데 $f(x)$는 일차식이라 했으므로
$2a+1=0$이고 $a^2+2a\neq0$이어야 해.

즉, $2a+1=0$에서 $a=-\dfrac{1}{2}$이므로 이를 ㉢에 대입하면

$f(x)=-\left(\dfrac{1}{4}-1\right)x-\dfrac{1}{4}+1=\dfrac{3}{4}x+\dfrac{3}{4}$

$\therefore f(7)=\dfrac{3}{4}\times7+\dfrac{3}{4}=6$

C 86 정답 ④ ················· 인수정리를 이용하여 미정계수 구하기

(정답 공식: 인수가 주어졌으므로, 인수정리를 통해 b를 a에 관한 식으로 표현한 후, 조립제법으로 식을 인수분해한다.)

> **단서** $(x+1)^2$을 인수로 가지니까 $x=-1$을 다항식에 대입하면 0이 돼.
> x^4+ax+b가 $(x+1)^2$을 인수로 가질 때, 상수 a, b에 대하여 $a+b$의 값은?
> ① 4   ② 5   ③ 6
> ④ 7   ⑤ 8

1st 인수정리를 이용하여 a와 b의 관계식을 찾자.

x^4+ax+b는 $(x+1)^2$으로 나누어떨어진다는 것과 같은 의미야.

x^4+ax+b가 $(x+1)^2$을 인수로 가지므로 인수정리에 의하여
$1-a+b=0$
$\therefore b=a-1 \cdots$ ㉠

> **함정** 주어진 조건의 의미를 잘 파악하여 a와 b 사이의 관계식을 얻은 후 문자를 한 개로 줄여나가야 해.

2nd 조립제법을 이용하여 주어진 다항식을 인수분해하자.

$f(x)=x^4+ax+a-1$로 놓으면 $f(-1)=0$이므로 조립제법을 이용하여 인수분해하면

```
 -1 | 1    0    0    a     a-1
     |     -1   1   -1    -a+1
     ----------------------------
       1   -1    1   a-1     0
```

$\therefore f(x)=(x+1)(x^3-x^2+x+a-1)$

이때, $\underline{x^3-x^2+x+a-1}$도 $x+1$을 인수로 가지므로 인수정리에 의하여
$-1-1-1+a-1=0$ $\therefore a=4$ $f(x)=(x+1)(x^3-x^2+x+a-1)$
$a=4$를 ㉠에 대입하면 $b=3$ $=(x+1)^2Q(x)$
$\therefore a+b=4+3=7$ 꼴이니까 $x^3-x^2+x+a-1$에서 $x+1$이라는
                       인수가 하나 더 있어야 해.

C 87 정답 ⑤ ·················· 인수정리를 이용하여 미정계수 구하기

> **정답 공식:** 인수가 두 개 주어졌으므로, 인수정리를 이용해 a의 값을 구하고 조립제법으로 다항식을 인수분해하여 b의 값을 결정한다.

> 다항식 $f(x)=2x^3+ax^2-4x-3$을 인수분해하였더니 $(2x+1)(x-1)(x+b)$이었다. 이때, 상수 a, b에 대하여 ab의 값은? **단서** $f(x)$의 인수가 $x-1$임을 이용하여 a를 구하자.
> ① -15 ② -5 ③ 5
> ④ 10 ⑤ 15

1st 인수정리를 이용하여 a의 값을 구할 수 있지?
$f(x)=2x^3+ax^2-4x-3=(2x+1)(x-1)(x+b)$에서
$f(x)$가 $x-1$을 인수로 가지므로
$f(1)=2+a-4-3=0$ ∴ $a=5$

2nd 조립제법을 이용하여 주어진 다항식을 인수분해하자.
$f(x)=2x^3+5x^2-4x-3$을 조립제법을 이용하여 인수분해하면
$f(x)=0$이 되는 것을 찾고 조립제법을 이용하면 돼. $f(1)=2+5-4-3=0$이지.

```
1 | 2   5   -4   -3
  |     2    7    3
    2   7    3  |  0
```

$f(x)=2x^3+5x^2-4x-3$
$\quad=(x-1)(2x^2+7x+3)$
$\quad=(x-1)(2x+1)(x+3)$

$2x \diagdown 1$
$x \diagup 3$
$(6+1)x=7x$

따라서 $b=3$이므로 $ab=15$

> ✿ **인수정리와 조립제법을 이용한 인수분해** 개념·공식
>
> 삼차 이상의 다항식 $f(x)$를 인수분해할 때에는 인수정리와 조립제법을 이용한다.
> (i) 다항식 $f(x)$에서 $f(a)=0$을 만족시키는 상수 a의 값을 구한다.
> (ii) 조립제법을 이용하여 $f(x)$를 $x-a$로 나누었을 때의 몫 $Q(x)$를 구하여 $f(x)=(x-a)Q(x)$ 꼴로 인수분해한다.

C 88 정답 $a=-7$, $b=6$
$$f(x)=(x+1)(x-1)(x+2)(x-3)$$
··························· 인수정리를 이용하여 미정계수 구하기

> **정답 공식:** 인수가 두 개 주어졌으므로 인수정리를 이용해 a, b의 값을 결정하고, 조립제법으로 다항식을 인수분해한다.

> **단서** $f(x)$는 $x-1$과 $x+2$를 인수로 가져.
> 다항식 $f(x)=x^4-x^3+ax^2+x+b$가 $(x-1)(x+2)$로 나누어떨어질 때, 상수 a, b의 값을 각각 구하고, $f(x)$를 인수분해하시오.

1st 인수정리를 이용하여 a와 b의 값을 구할 수 있지?
다항식 $f(x)=x^4-x^3+ax^2+x+b$가 $(x-1)(x+2)$로 나누어떨어지므로 $f(x)$는 $x-1$, $x+2$를 인수로 갖는다. $f(1)=0, f(-2)=0$이 성립해.
$f(1)=1-1+a+1+b=0$
∴ $a+b=-1$
$f(-2)=16+8+4a-2+b=0$
∴ $4a+b=-22$

2nd 조립제법을 이용하여 주어진 다항식을 인수분해하자.
두 식을 연립하여 풀면
$a=-7$, $b=6$

$\begin{array}{r} 4a+b=-22 \\ -)\ a+b=\ -1 \\ \hline 3a\quad=-21 \end{array}$
⇨ $a=-7$ ⇨ $b=6$

$f(x)=x^4-x^3-7x^2+x+6$이 $x-1$, $x+2$를 인수로 가지므로 조립제법을 이용하여 인수분해하면

함정 $f(x)$가 $x-1$과 $x+2$로 나누어떨어진다는 점을 이용하면 조립제법도 쉽지!

```
 1 | 1  -1  -7   1   6
   |     1   0  -7  -6
-2 | 1   0  -7  -6 | 0
   |    -2   4   6
     1  -2  -3 |  0
```

$f(x)=x^4-x^3-7x^2+x+6=(x-1)(x^3-7x-6)$
$\quad=(x-1)(x+2)(x^2-2x-3)$
$\quad=(x+1)(x-1)(x+2)(x-3)$

C 89 정답 ② ·················· 인수정리를 이용하여 미정계수 구하기

> **정답 공식:** $f(x)=ax+b$로 놓은 후 인수정리를 이용해 a, b의 관계식을 구하고 조립제법으로 다항식을 인수분해한 후, 양변의 계수를 비교하여 a, b의 값을 구한다.

> **단서 1** $f(x)$가 일차식이라 하므로 $f(x)=ax+b(a\neq0)$로 놓자.
> 일차식 $f(x)$에 대하여 $x^3-x^2+4f(x)$가 $(x-1)(x-m)(x-n)$으로 인수분해된다. $mn=-8$일 때, 다음 중 $f(x)$로 적당한 것은? (단, m, n은 상수)
> ① $-2x-2$ ② $-2x+2$
> ③ $-x+2$ ④ $x-2$
> ⑤ $2x-2$ **단서 2** $x-1$을 인수로 가지므로 $x^3-x^2+4f(x)$에 $x=1$을 대입한 값은 0이야.

1st $f(x)=ax+b$로 놓고 식을 정리한 후, 인수정리를 이용하여 a와 b의 관계식을 찾자.
$f(x)$가 일차식이므로 $f(x)=ax+b(a\neq0)$라 하면
$x^3-x^2+4f(x)=x^3-x^2+4(ax+b)=x^3-x^2+4ax+4b$
위 식이 $x-1$을 인수로 가지므로 → $x^3-x^2+4f(x)$가 $(x-1)(x-m)(x-n)$으로 인수분해된다고 하니까 $x-1$을 인수로 가져.
$1-1+4a+4b=0$
∴ $b=-a$ ··· ㉠

2nd 조립제법을 이용하여 인수분해한 후, 문제에서 주어진 인수분해 식과 계수를 비교해보자.
$x^3-x^2+4ax-4a$를 조립제법을 이용하여 인수분해하면

```
1 | 1  -1   4a   -4a
  |     1    0    4a
    1   0   4a  |  0
```

∴ $x^3-x^2+4ax-4a=(x-1)(x^2+4a)$
따라서 $(x-1)(x-m)(x-n)=(x-1)\{x^2-(m+n)x+mn\}$에서
$x^2-(m+n)x+mn=x^2+4a$이므로 계수를 비교하면
$m+n=0$, $mn=4a$ 이것은 x에 대한 항등식이니까 계수비교법을 이용해.
이때, $mn=-8$이므로 $4a=-8$ ∴ $a=-2$
㉠에서 $b=2$
∴ $f(x)=-2x+2$

C 90 정답 ② ·················· 조건이 주어진 다항식의 인수분해

> **정답 공식:** $c=a+2b$를 주어진 다항식에 대입해 정리한 후 인수분해한다.

> **단서 1** $c=a+2b$임을 이용하여 한 문자를 다른 문자로 나타내자.
> $a+2b-c=0$일 때, 다음 중 $a^2+2ab-c^2$과 같은 것은?
> ① $-2a(2a+5b)$ ② $-2b(a+2b)$
> ③ $-2(a+2b)^2$ ④ $2a(3a+2b)$
> ⑤ $2b(a+2b)$ **단서 2** $c=a+2b$를 대입하고, 인수분해하자.

1st $c=a+2b$를 주어진 식에 대입하여 정리하자.

$a+2b-c=0 \Rightarrow c=a+2b$

$a^2+2ab-c^2$에 $c=a+2b$를 대입하여 정리하면

$a^2+2ab-c^2=a^2+2ab-(a+2b)^2$ ⟵ c라는 문자를 대신하여 $a+2b$를 대입하면 문자가 하나 줄어.

$\qquad\qquad\qquad\quad =a^2+2ab-(a^2+4ab+4b^2)$

$\qquad\qquad\qquad\quad =-2ab-4b^2=-2b(a+2b)$

🔧 톡톡 풀이: 주어진 식을 직접 인수분해 하기

$a^2+2ab-c^2=a^2+2ab-(a+2b)^2$

$\qquad\qquad\quad =a\underline{(a+2b)}-\underline{(a+2b)}^2$ ⟵ $a+2b$가 공통인수니까 묶자.

$\qquad\qquad\quad =(a+2b)\{a-(a+2b)\}$

$\qquad\qquad\quad =-2b(a+2b)$

C 91 정답 ① ····················· 조건이 주어진 다항식의 인수분해

(**정답 공식:** $y=x+2$를 주어진 다항식에 대입해 정리한 후 인수분해한다.)

> **단서 1** $y=x+2$처럼 한 문자를 다른 문자에 대하여 바꾸자.
> $x-y+2=0$일 때, $2x^2+xy-y^2-2x-y+8$과 같은 것은?
> **단서 2** $y=x+2$를 대입하고, 인수분해하자.
> ① $(2x-1)(x-2)$ ② $(2x-1)(x-4)$
> ③ $(2x+1)(x-2)$ ④ $(2x+1)(x+2)$
> ⑤ $(2x+1)(x+4)$

1st $y=x+2$를 주어진 식에 대입하여 x에 관한 식을 인수분해하자.

$x-y+2=0$에서 $y=x+2$

$2x^2+xy-y^2-2x-y+8$에 $y=x+2$를 대입하여 정리하면

$2x^2+x(x+2)-(x+2)^2-2x-(x+2)+8$ ⟵ x에 대하여 한 문자로 나타낼 수 있어.

$=2x^2+x^2+2x-x^2-4x-4-2x-x-2+8$

$=2x^2-5x+2$

$=(2x-1)(x-2)$

$2x \quad\diagdown\quad -1$
$x \quad\diagup\quad -2$
$\overline{\qquad\qquad (-4-1)x=-5x}$

C 92 정답 ③ ····················· 조건이 주어진 다항식의 인수분해

(**정답 공식:** $z=1-x-y$를 주어진 다항식에 대입해 정리한 후 인수분해한다.)

> **단서 1** $z=1-x-y$임을 이용하여 한 문자를 다른 문자로 나타내자.
> $x+y+z=1$일 때, $2xy-x^2y-xy^2-xyz+z$와 같은 것은?
> **단서 2** $z=1-x-y$를 대입하고, 인수분해하자.
> ① $x(y+1)$ ② $x(y-1)$
> ③ $(x-1)(y-1)$ ④ $(x+1)(y-1)$
> ⑤ $(x+1)(y+1)$

1st 한 문자를 없애기 위해 $z=1-x-y$를 주어진 식에 대입하여 정리하자.

$x+y+z=1 \Rightarrow z=1-x-y$

$2xy-x^2y-xy^2-xyz+z$에 $z=1-x-y$를 대입하여 정리하면

$2xy-x^2y-xy^2-xy(1-x-y)+1-x-y$ ⟵ 선택지에 주어진 식이 x, y로 이루어져 있으니까 z 대신 x, y의 식을 넣는 거야.

$=2xy-x^2y-xy^2-xy+x^2y+xy^2+1-x-y$

$=xy-x-y+1$

$=x(y-1)-(y-1)$ ⟵ $y-1$이 공통인수니까 묶자.

$=(x-1)(y-1)$

🌸 여러 문자를 포함한 식의 인수분해 개념·공식

> ① 차수가 가장 낮은 문자에 대하여 내림차순으로 정리한 다음 인수분해한다.
> ② 모든 문자의 차수가 같을 때는 어느 한 문자에 대하여 정리한다.

C 93 정답 ②, ⑤ ···················· 조건이 주어진 다항식의 인수분해

(**정답 공식:** 주어진 기호의 정의에 따라 식을 세운 후 공통인수로 묶어 인수분해한다.)

> **단서** $[a, b, c]$의 정의대로 주어진 식을 풀자.
> 임의의 세 실수 a, b, c에 대하여 $[a, b, c]=(a-b)(b-c)$로 정의할 때, 다음 중 $[a, b, c]-[b, c, a]+[c, b, -a]$의 인수인 것을 모두 고르면? (정답 2개)
> ① $a-b$ ② $b-c$
> ③ $c-a$ ④ $a+2b-c$
> ⑤ $a-2b-c$

1st 정의에 맞게 주어진 식을 정리한 후, 인수분해해.

주어진 식을 정리하면

$[a, b, c]-[b, c, a]+[c, b, -a]$

$=(a-b)(b-c)-(b-c)(c-a)+(c-b)(b+a)$

$=(a-b)\underline{(b-c)}-\underline{(b-c)}(c-a)-\underline{(b-c)}(b+a)$

$=(b-c)(a-b-c+a-b-a)$ ⟵ $b-c$가 공통인수이므로 묶자.

$=\underline{(b-c)}(\underline{a-2b-c})$
$\quad\ \downarrow \qquad\quad \downarrow$
$\quad \text{인수}$

C 94 정답 ② ····················· 인수분해의 도형에의 활용

(**정답 공식:** 나무 블록의 부피를 x에 대한 다항식으로 나타낸 후 조립제법을 이용하여 인수분해한다.)

> **단서 1** 가로의 길이가 x, 세로의 길이가 y, 높이가 z인 직육면체의 부피는 xyz야.
> 그림과 같이 세 모서리의 길이가 각각 x, x, $x+3$인 직육면체 모양에 한 모서리의 길이가 1인 정육면체 모양의 구멍이 두 개 있는 나무 블록이 있다. 세 정수 a, b, c에 대하여 이 나무 블록의 부피를 $(x+a)(x^2+bx+c)$로 나타낼 때, $a \times b \times c$의 값은? (단, $x>1$)
> **단서 3** 일차식과 이차식의 곱으로 되어 있으니 인수정리를 이용하여 인수를 찾아.

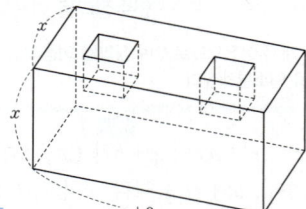

> **단서 2** 나무 블록의 부피는 (큰 직육면체의 부피)−(작은 정육면체 두 개의 부피)로 계산해.
> ① -5 ② -4 ③ -3
> ④ -2 ⑤ -1

1st 나무 블록의 부피를 x에 대한 다항식으로 나타내.

밑면의 가로의 길이가 $x+3$, 세로의 길이가 x이고 높이가 x인 직육면체의 부피는 $(x+3) \times x \times x=x^2(x+3)$

한 모서리의 길이가 1인 정육면체의 부피는 $1^3=1$

따라서 나무 블록의 부피는

$x^2(x+3)-1 \times 2=x^3+3x^2-2 \cdots ㉠$

 삼차식 x^3+3x^2-2를 인수분해하기 어려우면 문제에서 주어진 식 $(x+a)(x^2+bx+c)$를 전개하여 계수를 비교하여 상수 a, b, c의 값을 구해도 돼.

2nd 조립제법을 이용하여 인수분해해.

$f(x)=x^3+3x^2-2$라 하면 $f(-1)=(-1)^3+3\times(-1)^2-2=0$이므로 다항식 ㉠은 $x+1$을 인수로 가진다.

조립제법을 이용하여 인수분해하면

x^3+3x^2-2
$=(x+1)(x^2+2x-2)$
$=(x+a)(x^2+bx+c)$

$$\begin{array}{r|rrrr} -1 & 1 & 3 & 0 & -2 \\ & & -1 & -2 & 2 \\ \hline & 1 & 2 & -2 & 0 \end{array}$$

3rd $a\times b\times c$의 값을 구해.

따라서 $a=1$, $b=2$, $c=-2$이므로
$a\times b\times c=1\times2\times(-2)=-4$

C 95 정답 ④ ····························· 인수분해 공식의 도형에의 활용

정답 공식: $x^2-y^2=(x+y)(x-y)$

그림과 같이 한 변의 길이가 $a+6$인 정사각형 모양의 색종이에서 한 변의 길이가 a인 정사각형 모양의 색종이를 오려내었다. 오려낸 후 남아 있는 □ 모양의 색종이의 넓이가 $k(a+3)$일 때, 상수 k의 값은?

단서 색종이의 넓이는 큰 정사각형의 넓이에서 작은 정사각형의 넓이를 빼면 되겠지?

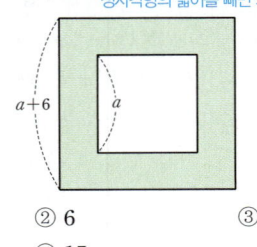

① 3   ② 6   ③ 9
④ 12   ⑤ 15

1st 큰 정사각형의 넓이에서 작은 정사각형의 넓이를 빼자.

색칠한 부분의 넓이를 구하면
$(a+6)^2-a^2=(a+6+a)(a+6-a)$
 $=(2a+6)\times6$ ← $x^2-y^2=(x+y)(x-y)$
 $=12(a+3)$

이것이 $k(a+3)$과 같으므로 $k=12$

C 96 정답 $x-1$ ····························· 인수정리를 이용한 인수분해

정답 공식: 인수정리를 통해 인수를 찾은 후 조립제법으로 인수분해한다.

단서 인수정리와 조립제법을 이용하여 인수분해하자.

밑면이 정사각형인 직육면체의 부피가 $x^3-7x^2+16x-12$이다. 이 직육면체의 밑면의 한 변의 길이를 a, 높이를 b라 할 때, $2a-b$를 x에 대한 식으로 나타내시오. (단, 밑면의 한 변의 길이, 높이는 일차항의 계수가 1인 일차식이고, $x>3$이다.)

1st 조립제법으로 부피의 삼차식을 인수분해해 봐.

$x^3-7x^2+16x-12$에 x 대신 2를 대입하면 $8-28+32-12=0$이므로 조립제법을 이용하여 인수분해하면 ← x 대신 대입한 값 중 0이 되는 것을 찾자.

$$\begin{array}{r|rrrr} 2 & 1 & -7 & 16 & -12 \\ & & 2 & -10 & 12 \\ \hline & 1 & -5 & 6 & 0 \end{array}$$

$x^3-7x^2+16x-12=(x-2)(x^2-5x+6)$
 $=(x-2)(x-2)(x-3)$
 $=(x-2)^2(x-3)$

2nd 밑면이 정사각형임을 이용해서 각 변의 길이를 구해보자.

이때, 밑면이 정사각형이므로 밑면의 한 변의 길이는 $x-2$, 직육면체의 높이는 $x-3$이다. ← 정사각형은 가로와 세로의 길이가 같으니까 $(x-2)^2$에서 한 변의 길이가 $x-2$야.

$\therefore a=x-2$, $b=x-3$
$\therefore 2a-b=2(x-2)-(x-3)=x-1$

🔅 인수분해 공식   개념·공식

(1) $ma\pm mb=m(a\pm b)$ (복호동순)
(2) $a^2\pm2ab+b^2=(a\pm b)^2$ (복호동순)
(3) $a^2-b^2=(a+b)(a-b)$
(4) $x^2+(a+b)x+ab=(x+a)(x+b)$
(5) $acx^2+(ad+bc)x+bd=(ax+b)(cx+d)$
(6) $a^2+b^2+c^2+2(ab+bc+ca)=(a+b+c)^2$
(7) $a^4+a^2b^2+b^4=(a^2+ab+b^2)(a^2-ab+b^2)$
(8) $a^3+3a^2b+3ab^2+b^3=(a\pm b)^3$ (복호동순)
(9) $a^3\pm b^3=(a\pm b)(a^2\mp ab+b^2)$ (복호동순)
(10) $a^3+b^3+c^3-3abc=(a+b+c)(a^2+b^2+c^2-ab-bc-ca)$
$\qquad=\dfrac{1}{2}(a+b+c)\{(a-b)^2+(b-c)^2+(c-a)^2\}$

C 97 정답 ③ ····························· 인수분해의 활용

정답 공식: 각 모서리를 n으로 나누었을 때 몫을 구한다.

단서 가로, 세로, 높이를 모두 $n\times$□ 꼴로 만들어서 □를 곱하자.

3 이상의 자연수 n에 대하여 밑면의 가로의 길이와 세로의 길이가 각각 n^2+3n, $n+1$이고 높이가 n^3+3n^2+2n+2인 직육면체가 있다. 이 직육면체를 한 모서리의 길이가 n인 정육면체로 조각낼 때, 한 모서리의 길이가 n인 정육면체의 최대 개수는? (단, 남은 조각을 붙여서 정육면체를 만들 수는 없다.)

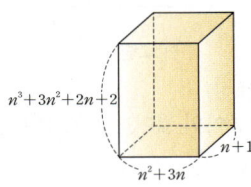

① $n(n+1)(n+2)$ ② $n(n+1)(n+3)$
③ $(n+1)(n+2)(n+3)$ ④ $(n+1)(n+2)(n+4)$
⑤ $(n+2)(n+3)(n+4)$

1st 각 모서리의 길이를 이용하여 주어진 직육면체를 몇 개의 정육면체로 조각낼 수 있는지 구해 보자.

직육면체의 밑면의 가로의 길이는 $n^2+3n=n(n+3)$,
세로의 길이는 $n+1=n\times1+1$이고
직육면체의 높이는
$n^3+3n^2+2n+2=n(n^2+3n+2)+2$이므로
이 직육면체를 한 모서리의 길이가 n인 정육면체로 조각낼 때, 정육면체는 최대

→ $(n+3)\times1\times(n^2+3n+2)=(n+1)(n+2)(n+3)$(개)

얻을 수 있다. 직육면체의 (가로의 길이)×(세로의 길이)×(높이)만큼 정육면체가 생기지?

함정 정육면체의 부피는 $n^3=n\times n\times n$이므로 직육면체의 가로, 세로, 높이를 n으로 나눌 때의 몫을 모두 곱한 수만큼 정육면체를 만들 수 있어. 이때, 나머지는 n보다 작은 수이므로 생각할 필요 없어.

C 98 정답 ④ ……………………… 인수분해의 도형에의 활용

(정답 공식: (직사각형의 넓이)=(가로의 길이)×(세로의 길이))

[그림 1]은 한 변의 길이가 $3x$인 정사각형 모양의 색종이에서 사다리꼴 모양의 A 부분과 직사각형 모양의 B 부분을 잘라 내고 남은 부분을 나타낸 것이다.

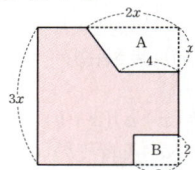

[그림 1]

단서 색종이를 여러 조각으로 나누어 겹치지 않게 빈틈없이 붙였으므로 여러 조각으로 나누기 전의 색종이의 넓이와 새로운 색종이의 넓이는 같아.

[그림 1]의 색종이를 여러 조각으로 나누어 겹치지 않게 빈틈없이 붙여서 [그림 2]와 같이 세로의 길이가 $2x-2$인 직사각형 모양을 만들었다.

[그림 2]

이 직사각형의 가로의 길이는? (단, $x>2$)

① $3x+3$ ② $3x+4$ ③ $4x+2$ ④ $4x+3$ ⑤ $4x+4$

1st [그림 1]의 색종이의 넓이를 먼저 구해보자.

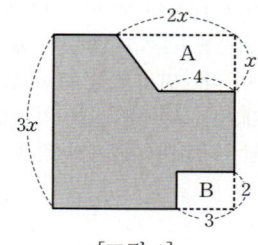

[그림 1]

([그림 1]의 색종이의 넓이)
=(정사각형 모양의 색종이의 넓이)$-$(A, B 부분의 넓이)

$=(3x)^2-\dfrac{1}{2}\times(2x+4)\times x-2\times 3$

$=9x^2-(x^2+2x)-6$

$=8x^2-2x-6$

$=(2x-2)(4x+3)$ … ㉠

[인수분해 공식]
$acx^2+(ad+bc)x+bd$
$=(ax+b)(cx+d)$

2nd [그림 2]의 색종이의 가로의 길이를 구해보자.

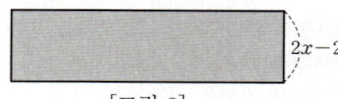

[그림 2]

[그림 1]의 색종이를 여러 조각으로 나누어 겹치지 않게 빈틈없이 붙여서 직사각형 모양의 색종이를 만들었으므로 두 도형의 넓이는 같다.
따라서 [그림 2]의 색종이의 넓이가 ㉠과 같아야 하므로 $(2x-2)(4x+3)$이 된다.
그런데 직사각형의 세로의 길이가 $2x-2$이므로 가로의 길이는 $4x+3$이다.

C 99 정답 정삼각형 ……… 인수분해를 이용한 삼각형의 모양 판단

(정답 공식: 인수분해 공식을 이용한다.)

단서 $a^3+b^3+c^3-3abc$의 인수분해 공식을 떠올리자.
$a^3+b^3+c^3=3abc$가 성립할 때, a, b, c를 세 변의 길이로 하는 삼각형은 어떤 삼각형인지 말하시오.

1st 주어진 식을 인수분해하자.
$a^3+b^3+c^3=3abc$에서 $a^3+b^3+c^3-3abc=0$이므로
$(a+b+c)(a^2+b^2+c^2-ab-bc-ca)=0$ … ㉠

2nd a, b, c는 삼각형의 세 변의 길이임을 이용하여 삼각형의 모양을 판단하자.
a, b, c는 삼각형의 세 변의 길이이므로 $a+b+c\neq 0$이다.
㉠의 양변을 $a+b+c$로 나누면
$a^2+b^2+c^2-ab-bc-ca=0$

$\dfrac{1}{2}\{(a-b)^2+(b-c)^2+(c-a)^2\}=0$

주의 길이는 항상 양수이고, 실수의 제곱은 항상 0 이상이니까 삼각형의 모양을 판단할 때에 주의하도록 하자.

$(a-b)^2=0$이고 $(b-c)^2=0$이고 $(c-a)^2=0$
$a-b=0$이고 $b-c=0$이고 $c-a=0$
$\therefore a=b=c$
따라서 세 변의 길이가 모두 같으므로 정삼각형이다.

$a^2+b^2+c^2-ab-bc-ca=\dfrac{1}{2}(2a^2+2b^2+2c^2-2ab-2bc-2ca)$
$=\dfrac{1}{2}\{(a^2-2ab+b^2)+(b^2-2bc+c^2)+(c^2-2ca+a^2)\}$
$=\dfrac{1}{2}\{(a-b)^2+(b-c)^2+(c-a)^2\}$

C 100 정답 ② ……………… 인수분해를 이용한 삼각형의 모양 판단

(정답 공식: 주어진 식을 b에 대해 내림차순으로 정리한 후, 공통인수로 묶어 인수분해한다.)

삼각형 ABC의 세 변의 길이 a, b, c에 대하여 $a^3-a^2b-a^2c+ac^2-bc^2+abc=0$이 성립할 때, 삼각형 ABC는 어떤 삼각형인가? **단서** 인수분해를 하기 위해서 공통인수를 찾자.

① 정삼각형
② $a=b$인 이등변삼각형
③ $b=c$인 이등변삼각형
④ 빗변의 길이가 a인 직각삼각형
⑤ 빗변의 길이가 b인 직각삼각형

1st 주어진 식을 인수분해하여 각 변의 길이의 관계식을 찾자.

$a^3-a^2b-a^2c+ac^2-bc^2+abc=0$에서

→ a, b, c의 차수를 구하면 a는 3차, b는 1차, c는 2차이므로 차수가 가장 낮은 b에 대해 내림차순으로 정리하는 거야.

$-b(a^2-ac+c^2)+a(a^2-ac+c^2)=0$
$(a^2-ac+c^2)(a-b)=0$ a^2-ac+c^2이 공통인수이니까 묶자.

이때, $a^2-ac+c^2=(a-c)^2+ac>0$ $(\because a>0,\ c>0)$이므로
$a-b=0$, 즉 $a=b$
따라서 삼각형 ABC는 $a=b$인 이등변삼각형이다.

실수 길이는 항상 양수이고, 실수의 제곱은 항상 0 이상이야. 또, $a=b$인 것을 알게 되었지만 c는 a, b와 어떤 관계를 가지는지 판단할 수 없으므로 판단할 수 있는 것만 가지고 삼각형의 모양을 판단하자.

C 101 정답 ④ .... 인수분해를 이용한 삼각형의 모양 판단

정답 공식: a에 대해 내림차순으로 정리한 후 공통인수로 묶어 인수분해한다.

> 삼각형의 세 변의 길이가 각각 a, b, c이고,
> $b^3+c^3-a^2b-a^2c+bc^2+b^2c=0$을 만족할 때, 이 삼각형은 어떤 삼각형인가? **단서** a, b, c 중 차수가 가장 낮은 a에 대하여 정리하자.
>
> ① 정삼각형
> ② $a=b$인 이등변삼각형
> ③ $b=c$인 이등변삼각형
> ④ 빗변의 길이가 a인 직각삼각형
> ⑤ 빗변의 길이가 b인 직각삼각형

1st 주어진 식에서 차수가 가장 낮은 문자에 대하여 내림차순으로 식을 정리한 후, 인수분해하자.

세 문자 a, b, c의 차수는 각각 2차, 3차, 3차이므로 차수가 가장 낮은 문자인 a에 대하여 식을 정리하면

$b^3+c^3-a^2b-a^2c+bc^2+b^2c = -a^2(b+c)+b^3+b^2c+c^3+bc^2$

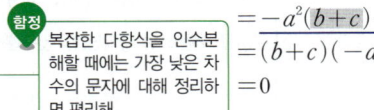
함정 복잡한 다항식을 인수분해 할 때에는 가장 낮은 차수의 문자에 대해 정리하면 편리해.

$= -a^2(b+c)+b^2(b+c)+c^2(b+c)$
$= (b+c)(-a^2+b^2+c^2)$ $b+c$가 공통인수니까 묶자.
$= 0$

2nd 조건을 만족하는 삼각형의 모양을 판단하자.

> 삼각형의 세 변의 길이가 a, b, c일 때
> ① $a=b$ 또는 $b=c$ 또는 $c=a$
>   ⇒ 이등변삼각형
> ② $a=b=c$ ⇒ 정삼각형
> ③ $a^2+b^2=c^2$ ⇒ 빗변의 길이가 c인 직각삼각형

a, b, c가 삼각형의 세 변의 길이이므로
$b>0$, $c>0$에서 $b+c>0$
$\therefore -a^2+b^2+c^2=0 \Rightarrow b^2+c^2=a^2$
따라서 빗변의 길이가 a인 직각삼각형이다.

> 피타고라스 정리가 성립하는 삼각형은 직각삼각형밖에 없어.

⚙ 인수분해의 삼각형에서의 활용 개념·공식

삼각형의 세 변의 길이 a, b, c 사이의 관계가 식으로 주어졌을 때, 삼각형의 모양 판단은 다음의 순서로 한다.
(i) (다항식)$=0$ 꼴의 관계식에서 좌변을 인수분해하여 ( )( )$=0$ 꼴로 나타낸다.
(ii) 좌변의 각 인수가 0이 되는 조건을 이용하여 a, b, c 사이의 관계를 파악하고 삼각형의 모양을 판단한다.
① $a=b$ 또는 $b=c$ 또는 $c=a$ ⇒ 이등변삼각형
② $a=b=c$ ⇒ 정삼각형
③ $c^2=a^2+b^2$ ⇒ 빗변의 길이가 c인 직각삼각형

C 102 정답 12 .... 인수분해를 이용한 식의 값 구하기

정답 공식: 공통인수로 묶어서 식의 값을 구한다.

> **단서** 공통인수 xy를 묶어내자.
> $x+y=6$, $xy=2$일 때, x^2y+xy^2의 값을 구하시오.

1st 주어진 식을 공통인수로 묶어 정리하자.

$x^2y+xy^2=xy(x+y)=2\times6=12$
→ $x^2y=xy\times x$, $xy^2=xy\times y$이므로 xy는 공통인수야.

✍ 다른 풀이: 주어진 두 식을 곱하여 직접 식의 값 구하기

$x+y=6$의 양변에 xy를 곱하면 $x^2y+xy^2=6xy$
$xy=2$이므로
$x^2y+xy^2=6\times2=12$

C 103 정답 ④ .... 인수분해를 이용한 식의 값 구하기

정답 공식: 복잡한 다항식을 인수분해할 때, 문자의 차수가 다르면 문자의 차수가 낮은 것에 대하여 내림차순으로 정리하고, 차수가 같으면 어느 문자로 정리해도 상관없다.

> **단서** 주어진 x, y의 값을 잘 봐~ 부호 하나만 다르고 나머지는 모두 같지? 그럼, xy 또는 $x+y$를 구하여 구하는 식에 적용할 수 있는지 살펴보자.
> $x=\sqrt{3}+\sqrt{2}$, $y=\sqrt{3}-\sqrt{2}$일 때, x^2y+xy^2+x+y의 값은?
>
> ① $\sqrt{3}$　　② $2\sqrt{3}$　　③ $3\sqrt{3}$
> ④ $4\sqrt{3}$　　⑤ $5\sqrt{3}$

1st 주어진 식을 인수분해해보자.

x^2y+xy^2+x+y
$=xy(x+y)+(x+y)$
$=(x+y)(xy+1)$

> **[복잡한 다항식을 쉽게 인수분해하는 방법]**
> ① 변형 또는 치환
> ② 가장 낮은 차수의 문자에 대하여 내림차순으로 정리
> ③ 어느 한 문자에 대하여 내림차순으로 정리

2nd xy, $x+y$의 값을 구하여 인수분해한 식에 대입해보자.

그런데 $x=\sqrt{3}+\sqrt{2}$, $y=\sqrt{3}-\sqrt{2}$이므로
$x+y=(\sqrt{3}+\sqrt{2})+(\sqrt{3}-\sqrt{2})$
$=2\sqrt{3}$
$xy=(\sqrt{3}+\sqrt{2})(\sqrt{3}-\sqrt{2})$
$=3-2=1$

> x, y를 보면 부호 하나만 다르고 나머지는 같지? 대부분 $x+y$, xy를 구해서 푸는데, 값을 혼동해서 부호의 실수가 많아.

$\therefore x^2y+xy^2+x+y=(x+y)(xy+1)$
$=2\sqrt{3}\times2=4\sqrt{3}$

C 104 정답 21 .... 인수분해를 이용하여 식의 값 구하기

정답 공식: 인수분해를 이용해 주어진 식을 간단히 한 후 식의 값을 구한다.

> $x=5$일 때, $\dfrac{x^3+1}{x^2-3x}\times\dfrac{x^2+2x}{x^2-x+1}$의 값을 구하시오.
> **단서** 인수분해 공식을 이용해 주어진 식의 분모, 분자를 각각 인수분해해 봐.

1st 주어진 식의 분모, 분자를 각각 인수분해하여 정리한 후 $x=5$를 대입하자.

$\dfrac{x^3+1}{x^2-3x}\times\dfrac{x^2+2x}{x^2-x+1}$
$=\dfrac{(x+1)(x^2-x+1)}{x(x-3)}\times\dfrac{x(x+2)}{x^2-x+1}$

→ $a^3+b^3=(a+b)(a^2-ab+b^2)$

$=\dfrac{(x+1)(x+2)}{x-3}$
$=\dfrac{6\times7}{2}=21$ $x=5$를 대입해.

C 105 정답 ③ .... 인수분해를 이용한 식의 값 구하기

정답 공식: 인수분해 공식을 이용한다.

> 세 양수 x, y, z가 $x^3+y^3+z^3=3xyz$를 만족시킬 때, $\dfrac{4y}{x}-\dfrac{3z}{y}+\dfrac{2x}{z}$의 값은?
> **단서** $x^3+y^3+z^3-3xyz$를 인수분해하자.
>
> ① -3　　② 0　　③ 3
> ④ 6　　⑤ 9

1st 주어진 식을 인수분해하여 x, y, z 사이의 관계식을 찾아봐.

$x^3+y^3+z^3=3xyz$에서 $x^3+y^3+z^3-3xyz=0$
$(x+y+z)(x^2+y^2+z^2-xy-yz-zx)=0$

$$\frac{1}{2}(x+y+z)\{(x-y)^2+(y-z)^2+(z-x)^2\}=0$$

이때, $x+y+z\neq0$이므로 $\longrightarrow$ x, y, z가 모두 양수라 했지?

$$(x-y)^2+(y-z)^2+(z-x)^2=0$$

$\therefore x=y=z$
$x^3+y^3+z^3=3xyz$가 성립하는 세 양수 x, y, z의 관계는 $x=y=z$라는 결과를 기억해두면 편리.

$$\therefore \frac{4y}{x}-\frac{3z}{y}+\frac{2x}{z}=4-3+2=3$$

✿ **인수분해 공식**   개념·공식

(1) $ma\pm mb=m(a\pm b)$ (복호동순)
(2) $a^2\pm2ab+b^2=(a\pm b)^2$ (복호동순)
(3) $a^2-b^2=(a+b)(a-b)$
(4) $x^2+(a+b)x+ab=(x+a)(x+b)$
(5) $acx^2+(ad+bc)x+bd=(ax+b)(cx+d)$
(6) $a^2+b^2+c^2+2(ab+bc+ca)=(a+b+c)^2$
(7) $a^4+a^2b^2+b^4=(a^2+ab+b^2)(a^2-ab+b^2)$
(8) $a^3\pm3a^2b+3ab^2\pm b^3=(a\pm b)^3$ (복호동순)
(9) $a^3\pm b^3=(a\pm b)(a^2\mp ab+b^2)$ (복호동순)
(10) $a^3+b^3+c^3-3abc=(a+b+c)(a^2+b^2+c^2-ab-bc-ca)$
　　　$=\frac{1}{2}(a+b+c)\{(a-b)^2+(b-c)^2+(c-a)^2\}$

C 106 정답 ② ····················· 인수분해를 이용한 식의 값 구하기

[정답 공식: 주어진 식을 한 문자에 대해 내림차순으로 정리한 후 인수분해한다.]

두 자연수 a, b에 대하여
$$a^2b+2ab+a^2+2a+b+1$$
의 값이 245일 때, $a+b$의 값은?

단서 복잡한 식을 인수분해하려면 차수가 낮은 문자에 대해 내림차순으로 정리해봐.

① 9　　　　　② 10　　　　　③ 11
④ 12　　　　　⑤ 13

1st 주어진 식을 b에 대하여 내림차순으로 정리하자.

주어진 식을 b에 대하여 내림차순으로 정리하면
$$(a^2+2a+1)b+a^2+2a+1=(a^2+2a+1)(b+1)$$
주어진 식은 b에 대한 일차식이므로 $=(a+1)^2(b+1)$
내림차순으로 정리하면 b에 대한 일
차항과 상수항이 나타나게 돼.

2nd 245를 소인수분해하여 자연수 a와 b의 값을 구해.

245를 소인수분해하면 $245=5\times7^2$이므로
$(a+1)^2(b+1)=245=7^2\times5$ $\longrightarrow$ 소인수분해는 합성수를 그 수의 소인수들만의 곱으로 나타내는 것!
a, b는 자연수이므로
$a=6, b=4$
$\therefore a+b=10$

🔧 **다른 풀이: 주어진 식을 a에 대하여 내림차순으로 정리하여 미지수 구하기**

주어진 식을 a에 대하여 내림차순으로 정리하면
$$(b+1)a^2+2(b+1)a+b+1=(b+1)(a^2+2a+1)$$
$$=(b+1)(a+1)^2$$
(이하 동일)

C 107 정답 ③ ····················· 인수분해를 이용한 수의 계산

(정답 공식: 반복되는 수를 문자로 치환해 인수분해한다.)

$101^3-3\times101^2+3\times101-1$의 값은?
단서 101이 반복해서 나타나고 있네? $101=x$라 하고 식을 나타내면 어떻게 접근해야 할지 보일 거야.

① 10^5　　　　② 3×10^5　　　　③ 10^6
④ 3×10^6　　　⑤ 10^7

1st 치환을 이용하여 인수분해해.

$101=x$라 하면
$101^3-3\times101^2+3\times101-1$
$=x^3-3x^2+3x-1=(x-1)^3$ $\longrightarrow$ $a^3+3a^2b+3ab^2+b^3=(a+b)^3$이지?
여기에 $a=x, b=-1$을 대입해보면
$x^3-3x^2+3x-1=(x-1)^3$이야.

2nd 다시 $x=101$을 대입해.

$=(101-1)^3=100^3=(10^2)^3=10^6$
자연수 m, n에 대하여 $(a^m)^n=a^{mn}$이야.

C 108 정답 176 ····················· 인수분해를 이용한 수의 계산

[정답 공식: 큰 수를 계산할 때, 주어진 식을 문자를 이용하여 나타낸 후 인수분해 하여 간단히 정리하면 계산이 편리해진다.]

$\sqrt{10\times13\times14\times17+36}$의 값을 구하시오.
단서 직접 계산하기에는 수가 너무 크지? 이럴 때에는 주어진 식을 문자를 이용하여 나타낸 후 정리해 봐.

1st 문자를 이용하여 주어진 식을 나타내.

$x=10$이라 하면
$x(x+7), (x+3)(x+4)$를 각각 전개해야 공통부분이 생겨서 그 다음 전개하기가 편해.
$10\times13\times14\times17+36=x(x+3)(x+4)(x+7)+36$
$=\{x(x+7)\}\{(x+3)(x+4)\}+36$
$=(x^2+7x)(x^2+7x+12)+36$
$=(x^2+7x)^2+12(x^2+7x)+36$
$=(x^2+7x+6)^2$
$x^2+7x=t$로 치환하면
$(x^2+7x)(x^2+7x+12)+36$
$=t(t+12)+36=t^2+12t+36$
$=(t+6)^2=(x^2+7x+6)^2$
이므로
$\sqrt{10\times13\times14\times17+36}=\sqrt{(x^2+7x+6)^2}$
$=|x^2+7x+6|$

2nd $\sqrt{10\times13\times14\times17+36}$의 값을 구해. 실수 a에 대하여 $\sqrt{a^2}=|a|$

$x=10$을 $|x^2+7x+6|$에 대입하면
$|x^2+7x+6|=|100+70+6|=176$
$\therefore \sqrt{10\times13\times14\times17+36}=176$

✿ **인수분해를 이용한 수의 계산**   개념·공식

수의 계산이 복잡한 경우
⇒ 수를 문자로 치환한 후 인수분해하여 수를 다시 대입한다.

C 109 정답 ④ ····················· 인수분해를 이용한 수의 계산

[정답 공식: 복잡한 식은 치환을 이용하여 식을 간단히 한 다음 다시 원래 상태로 되돌린다.]

$\dfrac{2026^3+1}{2025^2+2026}$의 값은?
단서 제일 많이 보이는 2026을 문자로 치환해봐.

① 2024　　　　② 2025　　　　③ 2026
④ 2027　　　　⑤ 2028

1st 반복되는 것은 치환을 이용하여 간단히 나타낸 후 계산하자.

문제의 식에서 $2026 = x$로 치환하면 → $2026 = x$이므로 $2025 = 2026 - 1 = x - 1$

$$\frac{x^3+1}{(x-1)^2+x} = \frac{(x+1)(x^2-x+1)}{x^2-x+1} = x+1$$

분자는 $a^3+b^3=(a+b)(a^2-ab+b^2)$ 공식을 이용하여 인수분해할 수 있어.

2nd 치환한 문자에 원래의 값을 대입하여 답을 구하자.

다시 x에 2026을 대입하면

$2026+1=2027$

다른 풀이: $14 = t$로 치환하여 t에 대한 식으로 바꾸고 인수분해하여 미지수 구하기

$14 = t$라 하면

$(14^2 + 2 \times 14)^2 - 18 \times (14^2 + 2 \times 14) + 45$
$= (t^2 + 2t)^2 - 18(t^2 + 2t) + 45$ 식이 복잡하면 t^2+2t를 다른 문자로 치환하여 생각해 봐.
$= \{(t^2+2t)-3\}\{(t^2+2t)-15\}$
$= (t^2+2t-3)(t^2+2t-15)$
$= (t-1)(t+3)(t-3)(t+5)$
$= (14-1)(14+3)(14-3)(14+5)$
$= 13 \times 17 \times 11 \times 19$
(이하 동일)

C 110 정답 ② ················· 인수분해를 이용한 수의 계산

【 **정답 공식**: 반복되는 수를 문자로 치환해 인수분해한다. 】

$\dfrac{2016^3+1}{2016^2-2016+1}$의 값은?   **단서** 복잡한 식을 간단히 하기 위하여 치환을 사용하자.

① 2016   ② 2017   ③ 2018   ④ 2019   ⑤ 2020

1st 복잡한 식은 치환해서 생각하자.

$2016 = x$라 하면 주어진 식은 다음과 같이 변형할 수 있다.

$$\frac{2016^3+1}{2016^2-2016+1} = \frac{x^3+1}{x^2-x+1}$$
$$= \frac{(x+1)(x^2-x+1)}{x^2-x+1}$$
$$= x+1$$
$$= 2017$$

$x^2-x+1 \neq 0$ 이므로 약분이 가능해.

$x=2016$이므로 $x+1=2016+1=2017$이야.

실수 분수식의 값을 구할 때에는 분모, 분자를 약분할 수 있도록 인수분해하자.

C 111 정답 ③ ················· 인수분해를 이용한 수의 계산

【 **정답 공식**: 복잡한 수의 계산에서 공통된 부분이 있으면 이를 문자로 치환한 후 인수분해를 이용한다. 】

2 이상의 네 자연수 a, b, c, d에 대하여

$(14^2 + 2 \times 14)^2 - 18 \times (14^2 + 2 \times 14) + 45 = a \times b \times c \times d$일 때, $a+b+c+d$의 값은?   **단서** 공통 부분이 보이니까 공통 부분을 한 문자로 치환한 후 인수분해해 봐.

① 56   ② 58   ③ 60   ④ 62   ⑤ 64

1st 인수분해를 이용하여 주어진 식을 간단히 해.

$14^2 + 2 \times 14 = X$라 하면

$(14^2 + 2 \times 14)^2 - 18 \times (14^2 + 2 \times 14) + 45$
$= X^2 - 18X + 45$
$= (X-3)(X-15)$
$= (14^2 + 2 \times 14 - 3) \times (14^2 + 2 \times 14 - 15)$

$X = 14^2 + 2 \times 14$를 대입한 거야.

이때, 위의 식에서 $14 = Y$라 하면

$(14^2 + 2 \times 14 - 3) \times (14^2 + 2 \times 14 - 15)$
$= (Y^2 + 2Y - 3)(Y^2 + 2Y - 15)$
$= (Y-1)(Y+3)(Y-3)(Y+5)$
$= (14-1)(14+3)(14-3)(14+5)$
$= 13 \times 17 \times 11 \times 19$

$Y = 14$를 대입한 거야.

2nd $a+b+c+d$의 값을 구해.

$\therefore a+b+c+d = 13+17+11+19 = 60$

13, 17, 11, 19는 모두 소수이므로 $13 \times 17 \times 11 \times 19$를 2 이상의 네 자연수의 곱으로 나타내는 방법은 오직 하나뿐이야.

C 112 정답 ① ················· 인수분해를 이용한 수의 계산

【 **정답 공식**: 반복되는 숫자를 치환하여 식으로 나타낸 후 인수분해한다. 】

2 이상의 세 자연수 p, q, r에 대하여

$42 \times (42-1) \times (42+6) + 5 \times 42 - 5 = p \times q \times r$ **단서** 식에서 42가 반복되고 있지? 42를 미지수로 잡고 식을 정리해보자.

일 때, $p+q+r$의 값은?

① 131   ② 133   ③ 135   ④ 137   ⑤ 139

1st 반복되는 숫자 42를 미지수로 치환하고 식을 정리해보자.

$42 \times (42-1) \times (42+6) + 5 \times 42 - 5$에서 반복되는 숫자 42를 x로 놓자.

$42 \times (42-1) \times (42+6) + 5 \times 42 - 5$
$= x(x-1)(x+6) + 5x - 5$
$= x(x-1)(x+6) + 5(x-1)$
$= (x-1)(x^2+6x) + 5(x-1)$
$= (x-1)(x^2+6x+5)$
$= (x-1)(x+1)(x+5)$

실수 42와 같이 두 자리 이상의 수의 복잡한 계산에서는 $42 = x$로 치환하여 인수분해를 이용하면 시간도 절약되고, 실수를 줄일 수 있어.

2nd x 대신 42를 대입하자.

(주어진 식)$= (42-1) \times (42+1) \times (42+5)$
$= 41 \times 43 \times 47$

$\therefore p+q+r = 41+43+47 = 131$

C 113 정답 ① ················· 인수분해를 이용한 수의 계산

【 **정답 공식**: 반복되는 수를 문자로 치환해 인수분해한다. 】

$2018^3 - 27$을 $2018 \times 2021 + 9$로 나눈 몫은?   **단서** $27 = 3^3$이므로 인수분해 공식 $a^3 - b^3 = (a-b)(a^2+ab+b^2)$을 이용할 수 있어.

① 2015   ② 2025   ③ 2035   ④ 2045   ⑤ 2055

1st $2018 = a$, $3 = b$로 놓자.

함정 인수분해를 고려하여 주어진 식 $2018^3 - 27$에서 27 안에 숨어있는 3을 찾아내야 해.

$a = 2018$, $b = 3$이라 하면

$2018^3 - 3^3 = a^3 - b^3$이므로

$2018 \times 2021 + 9 = 2018(2018+3) + 3^2$
$= a(a+b) + b^2$
$= a^2 + ab + b^2$

$\therefore 2018^3 - 27 = a^3 - b^3$
$= (a-b)(a^2+ab+b^2)$

$a^3 - b^3 = (a-b)(a^2+ab+b^2)$
$a^3 + b^3 = (a+b)(a^2-ab+b^2)$

따라서 구하는 몫은 $a-b = 2018-3 = 2015$이다.

C 114 정답 ① .... 인수분해를 이용한 수의 계산

(**정답 공식**: $(a+b)(a-b)=a^2-b^2$, $a^3-b^3=(a-b)(a^2+ab+b^2)$)

> 등식 단서 $182\sqrt{182}=A$, $13\sqrt{13}=B$라 놓으면 좌변의 식은 $(A+B)(A-B)$로 익숙한 꼴로 바뀌지?
> $$(182\sqrt{182}+13\sqrt{13})\times(182\sqrt{182}-13\sqrt{13})=13^4\times m$$
> 을 만족하는 자연수 m의 값은?
>
> ① 211　　　② 217　　　③ 223
> ④ 229　　　⑤ 235

1st 반복되는 것은 치환을 이용하여 간단히 나타낸 후 계산하자.

$182\sqrt{182}=A$, $13\sqrt{13}=B$로 치환하면
$(182\sqrt{182}+13\sqrt{13})\times(182\sqrt{182}-13\sqrt{13})$
$=(A+B)(A-B)$
$=A^2-B^2$
$=(182\sqrt{182})^2-(13\sqrt{13})^2$

> **주의** 치환을 하는 이유는 식을 간단히 만들고 계산을 편하게 하기 위한 거야. 계산이 된 후에 치환된 것을 다시 원래 상태로 되돌리는 작업을 빠트리기 쉬우니까 주의해.

$=182^3-13^3$
$=(13\times14)^3-13^3$ (∵ $182=13\times14$)
$=13^3\times14^3-13^3$
$=13^3\times(14^3-1^3)$
$=13^3\times(14-1)\times(14^2+14\times1+1^2)$
$=13^4\times211$　$a^3-b^3=(a-b)(a^2+ab+b^2)$을 이용한 거야.

이것이 $13^4\times m$과 같으므로 $m=211$

C 115 정답 7 .... 인수분해를 이용한 수의 계산

(**정답 공식**: 반복되는 수를 문자로 치환해 인수분해한다.)

> 자연수 N이 $N=\dfrac{10^9-1}{10^3-1}$로 나타내어질 때, N은 몇 자리의 자연수인지 구하시오. 단서 $10^3=x$로 치환하여 인수분해해보자.

1st $10^3=x$라 하고, 분자를 인수분해해 봐.

$10^9=(10^3)^3$이므로 $10^3=x$라 하면

> **주의** 분수식의 값을 구할 때에는 분모, 분자를 약분하여 최대한 간단한 식으로 정리하는 것이 목표야.

$N=\dfrac{10^9-1}{10^3-1}$

$=\dfrac{x^3-1}{x-1}$

$=\dfrac{(x-1)(x^2+x+1)}{x-1}$

$=x^2+x+1=(10^3)^2+10^3+1$　← x를 다시 10^3으로 바꾼 거야.
$=1000000+1000+1$
$=1001001$

따라서 N은 7자리의 자연수이다.

C 116 정답 1117 .... 인수분해를 이용한 수의 계산

(**정답 공식**: 반복되는 수를 문자로 치환해 인수분해한다.)

> 다음 식의 값을 구하시오.
> $$\frac{1114^3-1}{1114^2-1}\times\frac{1116^2-1}{1114^2+1114+1}$$
> 단서 1114가 반복되므로 그것을 치환하자.

1st 반복되는 숫자인 1114를 x로 놓고 식을 인수분해한 후 정리해보자.

$\underline{1114=x}$라 하면 1114가 반복되니까 1114를 x로 치환한 거야.

> **주의** 약분되는 식은 최대한 약분해야 계산이 간단해져.

(주어진 식) $=\dfrac{x^3-1}{x^2-1}\times\dfrac{(x+2)^2-1}{x^2+x+1}$

$=\dfrac{(x-1)(x^2+x+1)}{(x+1)(x-1)}\times\dfrac{(x+2+1)(x+2-1)}{x^2+x+1}$　$a^3-b^3=(a-b)(a^2+ab+b^2)$

$=\dfrac{(x-1)(x^2+x+1)}{(x+1)(x-1)}\times\dfrac{(x+3)(x+1)}{x^2+x+1}$

$=x+3$
$=1114+3=1117$

C 117 정답 999 .... 인수분해를 이용한 수의 계산

(**정답 공식**: 9, 99, 999를 각각 a, b, c로 놓고 주어진 식을 a, b, c에 대한 식으로 나타낸 후 인수분해한다.)

> 3 이하의 자연수 n에 대하여 A_n을 다음과 같이 정한다.
>
> (가) $A_1=9+99+999$ 단서1 $9=a$, $99=b$, $999=c$로 놓으면 A_n은 a, b, c에 대한 식으로 표현돼.
> (나) $A_n=$(세 수 9, 99, 999에서 서로 다른 $n(n\geq2)$개를 택하여 곱한 수의 총합)
>
> 이때 $A_1+A_2+A_3$의 값을 1000으로 나눈 나머지를 구하시오. 단서2 주어진 조건을 이용하여 A_2, A_3을 구한 후 $A_1+A_2+A_3$을 a, b, c에 대한 식으로 나타내어 인수분해해 봐.

1st A_2, A_3의 값을 구하자.

$A_2=$(세 수 9, 99, 999에서 서로 다른 2개를 택하여 곱한 수의 총합)
　$=9\times99+99\times999+999\times9$　9와 99, 99와 999, 999와 9
$A_3=$(세 수 9, 99, 999에서 서로 다른 3개를 택하여 곱한 수의 총합)
　$=9\times99\times999$　9와 99와 999

2nd $9=a$, $99=b$, $999=c$라 하고 $A_1+A_2+A_3$을 a, b, c에 대한 식으로 나타내자.

$9=a$, $99=b$, $999=c$라 하면
$A_1=a+b+c$, $A_2=ab+bc+ca$, $A_3=abc$
이때,
$A_1+A_2+A_3+1=a+b+c+ab+bc+ca+abc+1$
  $A_1+A_2+A_3$만으로는　$=a(1+b+c+bc)+1+b+c+bc$
인수분해가 되지 않으므로　$=(a+1)(1+b+c+bc)$
1을 더해서 인수분해해　$=(a+1)\{b(c+1)+c+1\}$
보는 거야.　$=(a+1)(b+1)(c+1)$

이므로
$A_1+A_2+A_3=(a+1)(b+1)(c+1)-1$

3rd $A_1+A_2+A_3$의 값을 1000으로 나눈 나머지를 구하자.

$A_1+A_2+A_3=(a+1)(b+1)(c+1)-1$
　　　　　$=(9+1)(99+1)(999+1)-1$
　　　　　$=10\times100\times1000-1=1000000-1$
　　　　　$=999999$

따라서 $A_1+A_2+A_3=999999$를 1000으로 나눈 나머지는 999이다.
　　　$999999=1000\times999+999$

🔧 **톡톡 풀이**: 삼차다항식의 전개식 이용하기

$A_1=9+99+999$,
$A_2=9\times99+99\times999+999\times9$,
$A_3=9\times99\times999$
이므로
$(x+9)(x+99)(x+999)=x^3+A_1x^2+A_2x+A_3$ ··· ㉠
$(x+\alpha)(x+\beta)(x+\gamma)=x^3+(\alpha+\beta+\gamma)x^2+(\alpha\beta+\beta\gamma+\gamma\alpha)x+\alpha\beta\gamma$

이고, 이 식은 x에 대한 항등식이므로 ㉠에 $x=1$을 대입하면

$10 \times 100 \times 1000 = 1 + A_1 + A_2 + A_3$

$\therefore A_1 + A_2 + A_3 = 1000000 - 1 = 999999$

따라서 $A_1 + A_2 + A_3 = 999999$를 1000으로 나눈 나머지는 999야.

📋 서술형 스토리

C 118 정답 $(a+b)(b+c)(c+a)$

$\cdots\cdots\cdots\cdots\cdots\cdots\cdots\cdots\cdots\cdots$ a, b, c 순환 꼴의 인수분해

(**정답 공식**: 식을 전개한 후, 한 문자에 대해 내림차순으로 정리해 인수분해한다.)

다음 식을 인수분해하는 과정을 서술하시오.

> **단서** a, b, c가 섞여있으면 차수가 가장 낮은 것에 대하여 정리하자.
>
> $(a+b+c)(ab+bc+ca) - abc$

1st 주어진 식을 전개하자.

$(a+b+c)(ab+bc+ca) - abc$

$= a^2b + abc + a^2c + ab^2 + b^2c + abc + abc + bc^2 + ac^2 - abc$

2nd 한 문자에 관하여 내림차순으로 정리하자.

> a, b, c의 차수가 모두 이차이므로 어느 한 문자에 대해 내림차순으로 정리하면 돼.

$= a^2(b+c) + a(b^2 + 2bc + c^2) + b^2c + bc^2$

$= a^2(b+c) + a(b+c)^2 + bc(b+c)$ … ❶

> **실수**
> a, b, c 중 한 문자에 대하여 내림차순으로 정리하고 인수분해할 때는 공통인수를 최대한 묶어서 정리해야 계산 실수를 막을 수 있어.

3rd 인수분해하자.

$= (b+c)\{a^2 + a(b+c) + bc\}$

$= (b+c)(a+b)(a+c)$

$= (a+b)(b+c)(c+a)$ … ❷

[채점 기준표]

❶ 주어진 식을 전개한 후 한 문자에 관하여 내림차순으로 정리한다.	60%
❷ ❶의 식을 인수분해한다.	40%

C 119 정답 정삼각형 $\cdots\cdots$ 인수분해를 이용한 삼각형의 모양 판단

(**정답 공식**: a^2, b^2, c^2에 대한 완전제곱식과 ab, bc, ca에 대한 완전제곱식을 만들어 인수분해한다.)

삼각형 ABC의 세 변의 길이 a, b, c가 다음을 만족할 때, 삼각형 ABC는 어떤 삼각형인지 구하는 과정을 서술하시오.

> $a^4 + b^4 + c^4 + b^2c^2 + c^2a^2 + a^2b^2 = 2abc(a+b+c)$

> **단서** 우변의 항을 모두 좌변으로 이항한 후 좌변의 식을 인수분해해보자.

1st 우변의 식을 모두 좌변으로 이항한 후 인수분해하자.

> **함정** 완전제곱식을 이용할 수 있게 식을 변형하는 것이 해결의 실마리야.

주어진 식을 이항하여 정리하면

$a^4 + b^4 + c^4 + b^2c^2 + c^2a^2 + a^2b^2 - 2a^2bc - 2ab^2c - 2abc^2 = 0$

위 식의 좌변을 인수분해하면

$(a^2+b^2+c^2)^2 - a^2b^2 - b^2c^2 - c^2a^2 - 2a^2bc - 2ab^2c - 2abc^2 = 0$

> $a^4+b^4+c^4+2b^2c^2+2c^2a^2+2a^2b^2-b^2c^2-c^2a^2-a^2b^2$처럼 b^2c^2, c^2a^2, a^2b^2을 더하고 뺀 거야.

$(a^2+b^2+c^2)^2 - (a^2b^2 + b^2c^2 + c^2a^2 + 2a^2bc + 2ab^2c + 2abc^2) = 0$

> $ab=A$, $bc=B$, $ca=C$로 치환하면
> $A^2+B^2+C^2+2AB+2BC+2CA=(A+B+C)^2$이 나와.

$(a^2+b^2+c^2)^2 - (ab+bc+ca)^2 = 0$

$(a^2+b^2+c^2-ab-bc-ca)(a^2+b^2+c^2+ab+bc+ca) = 0$

> $\frac{1}{2}\{(a-b)^2+(b-c)^2+(c-a)^2\}$으로 변형해.

$\frac{1}{2}\{(a-b)^2+(b-c)^2+(c-a)^2\} \times (a^2+b^2+c^2+ab+bc+ca) = 0$ … ❶

2nd a, b, c의 관계식을 찾아보자.

그런데 여기서 a, b, c는 양수이므로

$a^2+b^2+c^2+ab+bc+ca > 0$

$(a-b)^2 + (b-c)^2 + (c-a)^2 = 0$

$\therefore a = b = c$ … ❷

3rd 삼각형의 모양을 판단하자.

따라서 삼각형 ABC는 정삼각형이다. … ❸

[채점 기준표]

❶ 주어진 식을 정리한 후 인수분해한다.	50%
❷ a, b, c 사이의 관계식을 구한다.	30%
❸ 삼각형 ABC가 정삼각형임을 안다.	20%

C 120 정답 $k=16$, $A=x^2-5$ $\cdots\cdots$ 치환을 이용한 인수분해

(**정답 공식**: 식을 전개한 후 완전제곱식을 만들기 위한 조건을 이용한다.)

> **단서1** 공통부분을 묶어 간단히 하자.
>
> x에 대한 다항식 $(x^2-2x-3)(x^2+2x-3)+k$를 최고차항의 계수가 양수인 x에 대한 다항식 A에 대하여 A^2의 꼴로 나타낼 수 있을 때, 상수 k의 값과 그때의 다항식 A를 구하는 과정을 서술하시오.
> **단서2** 완전제곱 꼴을 만들자.

1st 주어진 식을 전개하자.

$(x^2-2x-3)(x^2+2x-3)+k$

$= \{(x^2-3)-2x\}\{(x^2-3)+2x\}+k$

> $(A-B)(A+B)=A^2-B^2$을 이용할 수 있어.

$= \{(x^2-3)^2 - (2x)^2\} + k$

$= x^4 - 6x^2 + 9 - 4x^2 + k$

$= x^4 - 10x^2 + 9 + k$ … ❶

2nd 주어진 식이 완전제곱식임을 이용하여 k의 값을 구하자.

이 식을 x에 대한 완전제곱의 꼴로 나타낼 수 있으므로

$9 + k = \left(-\frac{10}{2}\right)^2$

> x^2-ax+b가 완전제곱 꼴이려면 $b=\left(-\frac{a}{2}\right)^2$이면 돼.

$9 + k = 25$

$\therefore k = 16$ … ❷

3rd 다항식 A를 구하자.

따라서 $x^4 - 10x^2 + 25 = (x^2-5)^2$이므로

$A = x^2 - 5$ … ❸

[채점 기준표]

❶ 주어진 식을 전개한다.	40%
❷ ❶의 식이 완전제곱식임을 이용해 k의 값을 구한다.	40%
❸ A의 식을 구한다.	20%

C 121 정답 (1) $(x^2+3x+1)^2$ (2) 1721

·· 치환을 이용한 인수분해

[정답 공식: 공통부분이 나오도록 두 개씩 묶어 전개한 후, 공통부분을 치환하여]
인수분해한다.

다음 물음에 답하시오.
(1) 다항식 $x(x+1)(x+2)(x+3)+1$을 인수분해하는 과정
을 서술하시오. [단서 1] 2개씩 묶어서 공통부분이 생기도록 하자.
(2) 등식 $40\cdot41\cdot42\cdot43+1=n^2$을 만족하는 자연수 n의 값을
구하는 과정을 서술하시오. [단서 2] (1)에서 구한 것을 이용하여 n을 구하자.

1st (1)에서 주어진 다항식을 인수분해하자.
(1) $x(x+1)(x+2)(x+3)+1$ → 일차식 4개가 곱해져 있으면 적절히 2개씩 묶어 반복되는 식이 나오게 하자.
$=\{x(x+3)\}\{(x+1)(x+2)\}+1$
$=(x^2+3x)(x^2+3x+2)+1$
$x^2+3x=X$로 치환하면 x^2+3x가 반복되니까 치환을 이용하자.
(주어진 식)$=X(X+2)+1=X^2+2X+1$
$=(X+1)^2=(x^2+3x+1)^2 \cdots$ ❶

2nd (1)에서 인수분해 한 식에 $x=40$을 대입하자.
(2) $x(x+1)(x+2)(x+3)+1=(x^2+3x+1)^2$
의 양변에 $x=40$을 대입하면
$40\cdot41\cdot42\cdot43+1=(40^2+3\cdot40+1)^2=1721^2 \cdots$ ❷

3rd n의 값을 구하자.
$\therefore n=1721 \cdots$ ❸

[채점 기준표]

❶ 주어진 식을 치환을 이용하여 인수분해한다.		50%
❷ ❶의 인수분해한 식에 $x=40$을 대입한다.		30%
❸ 주어진 등식을 만족하는 n의 값을 구한다.		20%

C 122 정답 $2x^2+2$ ·········· 내림차순으로 정리하여 인수분해하기

(정답 공식: 주어진 식을 y에 대해 내림차순으로 정리한 후 인수분해한다.)

[단서] x, y 중 차수가 낮은 y에 대하여 정리하자.
다항식 $x^4+x^2-2xy-y^2+1$이 x^2의 계수가 1인 두 다항식의
곱으로 인수분해될 때, 인수인 두 다항식의 합을 구하는 과
정을 서술하시오.

1st 주어진 식을 차수가 낮은 문자에 대해 내림차순으로 정리하자.

[함정] 인수분해는 여러 가지 방법이 있어.
$x^4+x^2-2xy-y^2+1$은 짝수차항으로만 이루어져 있으므로
복이차식의 인수분해를 이용해도 돼.
즉, $(x^4+2x^2+1)-(x^2+2xy+y^2)=(x^2+1)^2-(x+y)^2$
$=(x^2+1+x+y)(x^2+1-x-y)$

주어진 식을 y에 대하여 내림차순으로 정리하면 x의 차수가 4차, y의 차수가 2차이므로 차수가 낮은 y에 대하여 내림차순으로 정리하자.
$x^4+x^2-2xy-y^2+1=-y^2-2xy+x^4+x^2+1$
$=-y^2-2xy+(x^2+1)^2-x^2$

2nd 인수분해하자.

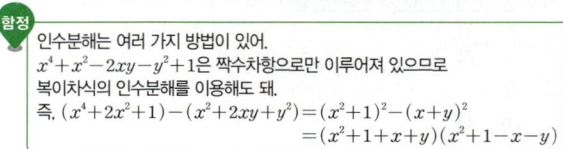

$=-\{y^2+2xy-(x^2+x+1)(x^2-x+1)\}$
$=-(y+x^2+x+1)(y-x^2+x-1)$
$=(x^2+x+y+1)(x^2-x-y+1) \cdots$ ❶

3rd 인수인 두 다항식의 합을 구하자.
따라서 인수의 합은
$(x^2+x+y+1)+(x^2-x-y+1)=2x^2+2 \cdots$ ❷

[채점 기준표]

❶ 주어진 식을 정리한 후 인수분해한다.		80%
❷ 인수인 두 다항식의 합을 구한다.		20%

(x+y)² 1등급 고난도 스토리

C 123 정답 19 ···································· ★2등급 대비 [정답률 35%]

[정답 공식: 식을 전개하여 x, y에 대한 식을 얻고, 식을 만족하는 순서쌍 (x, y)]
를 구한다.

[단서 2] x, y가 정수이므로 x의 범위와 y의 범위에 맞게 경우를 나누어야 해.
정수 x, y에 대하여 $(x+2y)^3+(2x+y)^3-9(x^3+y^3)=0$을
만족하는 순서쌍 (x, y)의 개수를 구하시오. [단서 1] 전개하여 인수분해하자.
(단, $-3\leq x\leq3$, $-3\leq y\leq3$)

1st 주어진 식을 인수분해해서 x와 y의 관계식을 구해 봐.
주어진 식의 좌변을 전개하여 인수분해하면 $(a+b)^3=a^3+3a^2b+3ab^2+b^3$ 임을 이용하여 전개하자.
$(x+2y)^3+(2x+y)^3-9(x^3+y^3)$
$=x^3+6x^2y+12xy^2+8y^3+8x^3+12x^2y+6xy^2+y^3-9x^3-9y^3$
$=18x^2y+18xy^2$
$=18xy(x+y)$
이때, $18xy(x+y)=0$이므로 → x와 y는 절댓값이 같고 부호가 반대인 수야.
$x=0$ 또는 $y=0$ 또는 $x+y=0$

2nd 주어진 범위에서의 순서쌍 (x, y)의 개수를 구해.
따라서 $-3\leq x\leq3$, $-3\leq y\leq3$인 정수 x, y에 대하여
순서쌍 (x, y)는
$(0, -3), (0, -2), (0, -1), (0, 0), (0, 1), (0, 2), (0, 3),$
$(-3, 0), (-2, 0), (-1, 0), (1, 0), (2, 0), (3, 0),$ $x=0$일 때.
  $x\neq0$이고 $y=0$일 때.
$(-3, 3), (-2, 2), (-1, 1), (1, -1), (2, -2), (3, -3)$
으로 19개이다. $x\neq0, y\neq0$이고 $x+y=0$일 때.

[실수] 조건을 만족시키는 순서쌍의 개수
를 셀 때, $(0, 0)$처럼 겹치는 것을
중복하여 세지 않도록 주의해.

C 124 정답 ⑤ ···································· ★2등급 대비 [정답률 35%]

(정답 공식: p, q, r, s, t를 a, b에 관한 식으로 나타낸 후 식을 정리해 인수분해한다.)

두 양수 $a, b(a>b)$에 대하여 그림과 같은 직육면체 P, Q, R,
S, T의 부피를 각각 p, q, r, s, t라 하자. [단서] 주어진 그림을 이용하여 부피 p, q, r, s, t를 구하자.

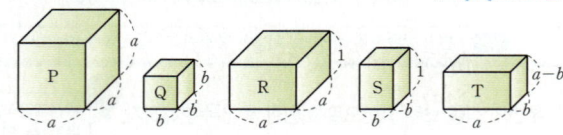

$p=q+r+s+t$일 때, $a-b$의 값은?
① $\dfrac{2}{3}$ ② $\dfrac{3}{4}$ ③ $\dfrac{4}{5}$
④ $\dfrac{5}{6}$ ⑤ 1

1st 각 직육면체의 부피를 구하고 조건을 이용해서 관계식을 세우자.

직육면체 P, Q, R, S, T의 부피 p, q, r, s, t를 각각 구하면
$p=a^3$, $q=b^3$, $r=a^2$, $s=b^2$, $t=ab(a-b)$
이때, $p=q+r+s+t$에 대입하면
$a^3=b^3+a^2+b^2+ab(a-b)$ ··· ㉠

2nd ㉠을 인수분해하여 간단히 정리하자.

㉠의 식을 정리하면
$a^3-b^3-a^2-b^2-ab(a-b)=0$
$\underline{(a-b)}(a^2+ab+b^2)-(a^2+b^2)-ab\underline{(a-b)}=0$
$\underline{(a-b)}\boxed{(a^2+b^2)}-\boxed{(a^2+b^2)}=0$ 공통인수 $a-b$로 묶자.
$(a-b-1)(a^2+b^2)=0$ a^2+b^2이 공통인수이므로 묶자.
이때, $a^2+b^2>0$이므로 $a-b-1=0$
$\therefore a-b=1$

다른 풀이: 정리된 식을 a에 대한 내림차순으로 정리하여 값을 구하기

㉠을 한 문자 a에 대한 내림차순으로 정리하면
$a^3-b^3-a^2-b^2-ab(a-b)=0$에서 a와 b의 차수가 모두 3이므로 어떤 문자에
$a^3-(b+1)a^2+b^2a-b^3-b^2=0$ 대해서 내림차순으로 정리해도 상관없어.
$a^3-(b+1)a^2+b^2a-b^2(b+1)=0$
이때, $f(a)=a^3-(b+1)a^2+b^2a-b^2(b+1)$이라 하면
$f(b+1)=(b+1)^3-(b+1)(b+1)^2+b^2(b+1)-b^2(b+1)=0$
이므로 $f(a)$는 $a-b-1$을 인수로 갖지?

$\therefore f(a)$
$=(a-b-1)(a^2+b^2)$
$=0$

	$b+1$	1	$-b-1$	b^2	$-b^2(b+1)$
			$b+1$	0	$b^2(b+1)$
		1	0	b^2	0

(이하 동일)

C

C 125   정답 24 ············ ⭐2등급 대비 [정답률 33%]

정답 공식: $\sqrt{3}=x$로 놓고 만들어진 직사각형의 넓이를 x에 대한 식으로 나타내어 인수분해한다.

그림과 같이 크기가 다른 직사각형 모양의 색종이 A, B, C가 각각 5장, 11장, 8장 있다.

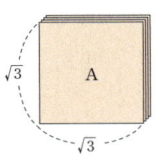 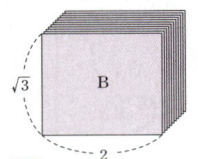 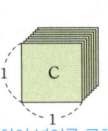

단서 A, B, C 각각의 장 수를 곱하여 넓이를 구하자.

이들을 모두 사용하여 겹치지 않게 빈틈없이 이어 붙여서 하나의 직사각형을 만들었다. 이 직사각형의 둘레의 길이가 $a+b\sqrt{3}$일 때, $a+b$의 값을 구하시오. (단, a, b는 자연수이다.)

1st $\sqrt{3}=x$라 하고 색종이를 모두 사용하여 만든 직사각형의 넓이를 구하자.

$\sqrt{3}=x$라 하면
A 색종이 한 장의 넓이는 x^2,   함정   중복되는 수 $\sqrt{3}$을 문자 x로 치환하여
B 색종이 한 장의 넓이는 $2x$,   식을 정리하면 식이 한 눈에 보이겠지?
C 색종이 한 장의 넓이는 1이다.
이때, A, B, C의 세 색종이가 각각 5장, 11장, 8장씩 있고 이 색종이를 모두 사용하여 겹치지 않게 빈틈없이 이어 붙여서 만든 직사각형의 넓이는
$5x^2+22x+8$ ··· ㉠ x^2 : 5장, $2x$: 11장, 1 : 8장 ⇨ $5x^2+22x+8$

2nd ㉠을 인수분해하여 만든 직사각형의 두 변의 길이를 구해.

㉠을 인수분해하면
$5x^2+22x+8=(5x+2)(x+4)$이므로 만든 직사각형의 두 변의 길이는 $5x+2$, $x+4$이다.

따라서 구하는 직사각형의 둘레의 길이는
$2(5x+2)+2(x+4)=10x+4+2x+8=12x+12$
$=12+12\sqrt{3}$ ($\because x=\sqrt{3}$)
$\therefore a=12$, $b=12$ ⇨ $a+b=24$

C 126   정답 10 ············ ⭐2등급 대비 [정답률 34%]

정답 공식: 합이 3이고 곱이 $-k$인 두 정수 α, β에 대해 조건을 만족하는 k를 모두 구한다.

단서 일차항의 계수가 1인 두 일차식을 지정하여 표현해보자.

다항식 x^2-3x-k는 계수가 모두 정수인 두 일차식의 곱으로 인수분해될 때, 자연수 k의 개수를 구하시오. (단, $1 \le k \le 150$)

1st $x^2-3x-k=(x-\alpha)(x-\beta)$ (단, α, β는 정수)에서 $\alpha+\beta$, $\alpha\beta$의 값을 구해.

x^2-3x-k가 계수가 모두 정수인 두 일차식의 곱으로 인수분해되므로
$x^2-3x-k=(x-\alpha)(x-\beta)=x^2-(\alpha+\beta)x+\alpha\beta$ (α, β는 정수)라 하면 $\alpha+\beta=3$, $\alpha\beta=-k$
    $\alpha+\beta=3$을 만족하는 정수 α와 β는 무수히 많아.
    하지만 k의 범위가 주어졌으니까 그 개수를 구할 수 있어.

2nd α와 β가 정수인 것을 이용해서 150 이하의 자연수 k의 값을 구해봐.

$\alpha=1$이면 $\beta=2$이므로 $\alpha\beta=-k=2$ $\therefore \underline{k=-2}$
$\alpha=2$이면 $\beta=1$이므로 $\alpha\beta=-k=2$ $\therefore \underline{k=-2}$ → k는 자연수여야 해.
$\alpha=3$이면 $\beta=0$이므로 $\alpha\beta=-k=0$ $\therefore \underline{k=0}$
$\alpha=4$이면 $\beta=-1$이므로 $\alpha\beta=-k=-4$ $\therefore k=4$
$\alpha=5$이면 $\beta=-2$이므로 $\alpha\beta=-k=-10$ $\therefore k=10$
    ⋮
$\alpha=13$이면 $\beta=-10$이므로 $\alpha\beta=-k=-130$ $\therefore k=130$
$\alpha=14$이면 $\beta=-11$이므로 $\alpha\beta=-k=-154$ $\therefore k=154$
따라서 $1 \le k \le 150$을 만족하는 자연수 k의 개수는 10이다.

C 127   정답 18 ············ ⭐2등급 대비 [정답률 30%]

정답 공식: (가)에서 a를 구하고, (나)에서 직각삼각형 조건을 얻고, (다)의 식을 전개하여 한 문자에 대해 내림차순으로 정리한 후 인수분해하여 또 하나의 조건을 얻는다.

삼각형 ABC의 세 변의 길이 a, b, c가 다음 조건을 모두 만족시킨다고 할 때, 삼각형 ABC의 넓이를 구하시오.

(가) $a^2-5a-6=0$ 단서 1 인수분해하여 a의 값을 구하자.
(나) $a^2+b^2=c^2$ 단서 2 피타고라스 정리가 성립하는 삼각형이야.
(다) $a^2(b-c)+b^2(c-a)+c^2(a-b)=0$
    단서 3 a, b, c의 차수가 모두 같으니까 어느 한 문자에 대하여 정리하자.

1st (가)에서 a의 값을 구해.

(가)에서 $a^2-5a-6=(a+1)(a-6)=0$이므로
$a=6$ ($\because a>0$)

2nd (나)에서 삼각형의 모양을 판단해.

(나)에서 $a^2+b^2=c^2$이므로 삼각형 ABC는 c를 빗변의 길이로 하는 직각삼각형이다.

3rd (다)에서 주어진 식을 전개한 후 어느 한 문자에 대해 식을 정리해봐.

(다)에서
$\underline{a^2(b-c)+b^2(c-a)+c^2(a-b)}$ a, b, c의 차수가 모두 이차로 같으니까
$=a^2(b-c)+b^2c-ab^2+ac^2-bc^2$ 어느 한 문자에 대하여 내림차순으로 정리하면 돼.
$=a^2(b-c)+bc(b-c)-a(b^2-c^2)$

함정 $\Box^2(\triangle-\bigcirc)$의 꼴에 세 문자 a, b, c를 차례로 돌아가며 넣은 형태야.

$$=a^2(b-c)+bc(b-c)-a(b+c)(b-c)$$
$$=(b-c)(a^2+bc-ab-ac) \quad \text{← } b-c\text{가 공통인수니까 묶자.}$$
$$=(b-c)\{a(a-b)-c(a-b)\}$$
$$=(b-c)(a-c)(a-b) \quad \text{← } a-b\text{가 공통인수니까 묶자.}$$
$$=(a-b)(b-c)(a-c)=0$$
이때, (나)에서 $b\ne c$, $a\ne c$이므로 $a=b$

주의 삼각형의 빗변은 나머지 두 변보다 항상 길어야 해. 더 정확히 말하면 $b<c$, $a<c$야.

$$\therefore \triangle ABC=\frac{1}{2}\cdot 6\cdot 6=18$$

🌸 순환하는 꼴의 다항식의 인수분해 · 개념·공식

a, b, c의 차수가 같으면서 순환하는 꼴의 다항식
➡ 주어진 식을 전개한 후 한 문자에 대하여 내림차순으로 정리한다.

C 128 정답 $\dfrac{\sqrt{2}}{2}$ ⭐1등급 대비 [정답률 25%]

* 인수분해를 통해 세 변의 길이 사이의 관계를 구하고, 삼각형의 모양 결정하기 [유형 01+02+10+11]

> **단서2** 삼각형의 모양을 찾아낸 후 삼각형의 넓이를 이용해 a, b 사이의 관계식을 하나 더 구할 수 있어.
>
> 세 변의 길이가 a, b, 1인 삼각형 ABC의 넓이가 $\dfrac{1}{8}$이고, $a^4+b^4+1+2a^2b^2-2a^2-2b^2=0$을 만족할 때, $|a-b|$의 값을 구하시오. **단서1** 차수가 너무 높으니까 치환하여 차수를 낮추자.

왜 1등급? 이 문제는 삼각형의 세 변의 길이와 관련된 식의 값을 구하는 문제이다. 문제에 주어진 복잡한 식을 인수분해를 통해 완전제곱식으로 묶어내어 세 변의 길이 사이의 관계를 구하고 이를 통해 삼각형의 성질을 알아내야 한다.

💡 단서+발상

단서1 먼저, a^4, b^4의 차수가 높으니까 $a^2=A$, $b^2=B$로 치환하여 차수를 낮춘 후 주어진 등식의 좌변을 인수분해하자.
즉, $a^4+2a^2b^2+b^4-2(a^2+b^2)+1$을 a^2+b^2에 대해 정리하면 주어진 등식에 의해 $a^2+b^2=1$임을 알 수 있다. **(발상)**
따라서 세 변의 길이가 a, b, 1이므로 피타고라스 정리에 의해 삼각형 ABC는 빗변의 길이가 1인 직각삼각형임을 알 수 있다. **(적용)**

단서2 이제, 길이가 a인 변과 길이가 b인 변이 서로 수직이고 이 직각삼각형의 넓이가 $\dfrac{1}{8}$이므로 $\dfrac{1}{2}ab=\dfrac{1}{8}$이다. **(해결)**

주의 복잡한 식도 인수분해를 통해 정리할 수 있다.

> **핵심 정답 공식:** 반복되는 부분을 치환하거나 한 문자에 대해 내림차순으로 정리하여 식을 인수분해하여 a, b에 대한 식을 얻은 후, 조건을 만족시키는 a, b에 대해 $|a-b|$를 구한다.

--------------------- [문제 풀이 순서] ---------------------

1st 주어진 식을 인수분해하자.
$a^4+b^4+1+2a^2b^2-2a^2-2b^2=0$에서
$a^2=A$, $b^2=B$, $-1=C$라 하면 ← 치환할 것을 적절하게 선택하여 인수분해 공식을 쓸 수 있도록 하자.
$a^4+b^4+1+2a^2b^2-2a^2-2b^2$
$=A^2+B^2+C^2+2AB+2AC+2BC$ → a에 대하여 내림차순으로 정리하면
$=(A+B+C)^2$ $a^4+2(b^2-1)a^2+(b^4-2b^2+1)$
$=(a^2+b^2-1)^2=0$ $=a^4+2(b^2-1)a^2+(b^2-1)^2$ $=(a^2+b^2-1)^2$

함정 주어진 식이 그동안 봐왔던 완전제곱식의 모양과 약간 달라 당황했지? 이 문제처럼 주어진 식의 형태에서 적당한 식을 치환해 완전제곱식으로 바꿔주는 연습을 자주 해야 이러한 문제를 해결하기가 쉬워져.

2nd a와 b의 관계식을 찾아보자.
$\therefore a^2+b^2=1$ ← 피타고라스 정리가 성립하지?

이때, 삼각형의 세 변의 길이가 a, b, 1이므로 삼각형 ABC는 빗변의 길이가 1인 직각삼각형이다.

한편, 삼각형 ABC의 넓이가 $\dfrac{1}{8}$이므로

$$\frac{1}{2}ab=\frac{1}{8} \quad \therefore ab=\frac{1}{4}$$

3rd $|a-b|$의 값을 구해.

따라서 $(a-b)^2=a^2+b^2-2ab=1-2\cdot\dfrac{1}{4}=\dfrac{1}{2}$이므로

$$|a-b|=\frac{\sqrt{2}}{2}$$

🔶 복잡한 식의 인수분해에서 차수를 낮춰 정리하기 1등급 대비 **특강**

복잡한 식을 인수분해할 때는 한 문자를 기준으로 차수가 높은 순서대로 정리하고 치환을 통해 차수를 낮추면 인수분해하기 편리해. $a^2=A$, $b^2=B$와 같이 치환을 통해 차수를 4차에서 2차로 낮출 수 있고 A를 기준으로 내림차순으로 정리하면 $A^2+2(B-1)A+(B-1)^2=0$에서 $(A+B-1)^2=0$이므로 $A+B-1=0$을 구할 수 있어.

C 129 정답 ⑤ ⭐1등급 대비 [정답률 20%]

* 곱셈 공식과 인수분해를 활용하여 이차다항식 구하기 [유형 01+07]

> 모든 실수 x에 대하여 두 이차다항식 $P(x)$, $Q(x)$가 다음 조건을 만족시킨다.
>
> (가) $P(x)+Q(x)=4$ **단서1** $a^3+b^3=(a+b)^3-3ab(a+b)$를 이용하여 주어진 식을 변형할 수 있어.
> (나) $\{P(x)\}^3+\{Q(x)\}^3=12x^4+24x^3+12x^2+16$
>
> $P(x)$의 최고차항의 계수가 음수일 때, $P(2)+Q(3)$의 값은? **단서2** $P(x)$의 최고차항의 계수를 a $(a<0)$라고 하면 $Q(x)$의 최고차항의 계수는 $-a$야.
>
> ① 6 ② 7 ③ 8
> ④ 9 ⑤ 10

왜 1등급? 이 문제는 합과 세제곱의 합이 주어진 두 이차다항식을 구하는 문제이다. 간접적으로 주어진 조건에 맞는 $P(x)$, $Q(x)$를 유도하기가 쉽지 않게 되어 있다.

💡 단서+발상

단서1 먼저, $a^3+b^3=(a+b)^3-3ab(a+b)$의 공식을 적용하여 조건 (나)의 $\{P(x)\}^3+\{Q(x)\}^3$의 식을 변형할 수 있다. **(발상)**
여기에 조건 (가)를 적용하면
$64-12P(x)Q(x)=12x^4+24x^3+12x^2+16$을 도출할 수 있다. **(적용)**
즉, $-P(x)Q(x)=x^4+2x^3+x^2-4$이고 우변을 두 이차다항식으로 인수분해하면 인수분해를 통해 $P(x)$와 $Q(x)$의 식의 형태를 알 수 있다.

단서2 $P(x)+Q(x)=4$이고 $P(x)Q(x)$의 최고차항의 계수가 -1이므로 두 다항식의 최고차항의 계수의 절댓값은 같고 부호는 반대이며 그 곱은 -1이다. **(개념)**
따라서 $P(x)$의 최고차항의 계수가 음수이므로 -1이고, $Q(x)$의 최고차항의 계수는 1이다. **(적용)**

주의 $P(x)$와 $Q(x)$의 이차항과 일차항의 절댓값은 같고 부호는 반대이다.

핵심 정답 공식: 곱셈 공식을 이용하여 $P(x)Q(x)$를 구한 후, 인수분해하여 $P(x)$, $Q(x)$를 구한다.

---------- [문제 풀이 순서] ----------

1st $a^3+b^3=(a+b)^3-3ab(a+b)$를 이용하여 주어진 조건을 정리하자.

$\underbrace{\{P(x)\}^3+\{Q(x)\}^3}=12x^4+24x^3+12x^2+16$

→좌변이 a^3+b^3의 꼴이므로 곱셈 공식의 변형

$\{P(x)+Q(x)\}^3-3P(x)Q(x)\{P(x)+Q(x)\}$

$\qquad a^3+b^3$
$\qquad =(a+b)^3-3ab(a+b)$
를 적용해 보자.

$=12x^4+24x^3+12x^2+16$

조건 (가)에서 $P(x)+Q(x)=4$이므로

$64-12P(x)Q(x)=12x^4+24x^3+12x^2+16$

$-12P(x)Q(x)=12x^4+24x^3+12x^2-48$

$-P(x)Q(x)=x^4+2x^3+x^2-4$ ┐→조립제법을 이용하면

$=(x-1)(x+2)(x^2+x+2)$

$=(x^2+x-2)(x^2+x+2)$

	1	2	1	0	-4
1		1	3	4	4
	1	3	4	4	0
-2		-2	-2	-4	
	1	1	2	0	

함정 조건 (가)를 통해 $P(x)$, $Q(x)$가 이차항과 일차항의 계수는 절댓값은 같고 부호만 다르다는 것을 알 수 있으므로 이를 통해 조립제법을 사용하여 구한 $-(x-1)(x+2)(x^2+x+2)$에서 $(-x^2-x+2)(x^2+x+2)$ 꼴로 $P(x)Q(x)$를 예상할 수 있는 거야.

2nd $P(x)$의 최고차항의 계수가 음수임을 이용하여 $P(x)$, $Q(x)$를 구하자.

$P(x)+Q(x)=4$이고 $P(x)$의 최고차항의 계수가 음수이므로 조건 (가), (나)를 만족시키는 두 이차다항식 $P(x)$, $Q(x)$는 $P(x)=-x^2-x+2$, $Q(x)=x^2+x+2$이다.

$\therefore P(2)+Q(3)=-4+14=10$ →$P(2)=-4-2+2=-4$
$\qquad\qquad Q(3)=9+3+2=14$

다른 풀이: 두 이차다항식을 조건에 맞도록 설정하여 계수를 비교하여 다항식 구하기

두 이차다항식 $P(x)$, $Q(x)$가 조건 (가)를 만족시키고, $P(x)$의 최고차항의 계수가 음수이므로 $P(x)=ax^2+bx+c$ $(a<0)$, $Q(x)=4-(ax^2+bx+c)$로 놓을 수 있어.

$\{P(x)\}^3+\{Q(x)\}^3$ →$A=ax^2+bx+c$라 하면 $Q(x)=4-A$이므로 $\{Q(x)\}^3=(4-A)^3=64-48A^2+12A-A^3$이야.

$=(ax^2+bx+c)^3+64-48(ax^2+bx+c)$
$\qquad +12(ax^2+bx+c)^2-(ax^2+bx+c)^3$

$=12a^2x^4+24abx^3+(12b^2+24ac-48a)x^2$
$\qquad +(24bc-48b)x+(12c^2-48c+64)$

$=12x^4+24x^3+12x^2+16$

양변의 계수를 비교하면

$12a^2=12$에서 $a=-1$ ($\because a<0$)

$24ab=24$에서 $b=-1$ ┐→$a=b=-1$을 대입해 봐.

$\underline{12b^2+24ac-48a=12}$에서 $c=2$

$b=-1$, $c=2$를 $24bc-48b=0$, $12c^2-48c+64=16$에 대입하면 등식이 성립하므로

$P(x)=-x^2-x+2$, $Q(x)=4-(-x^2-x+2)=x^2+x+2$
(이하 동일)

쉬운 풀이: 조건 (가)의 식을 조건 (나)의 식에 대입하여 $P(x)$, $Q(x)$ 구하기

조건 (가)에 의하여 $Q(x)=4-P(x)$이고 이것을 조건 (나)에 대입하면

$\{P(x)\}^3+\{4-P(x)\}^3=12x^4+24x^3+12x^2+16$에서

$64-48P(x)+12\{P(x)\}^2=12x^4+24x^3+12x^2+16$

$\{P(x)\}^2-4P(x)+4=x^4+2x^3+x^2$

$\{P(x)-2\}^2=x^2(x+1)^2$

$\therefore P(x)-2=|x(x+1)|$

그런데 $P(x)$의 최고차항의 계수가 음수이므로

$P(x)-2=-x(x+1)$ $\therefore P(x)=-x^2-x+2$

$\therefore Q(x)=4-P(x)=4-(-x^2-x+2)=x^2+x+2$
(이하 동일)

＊ 조건을 적용하기 편한 방법으로 인수분해 하기

$P(x)+Q(x)=4$라고 주어졌으므로 $\{P(x)\}^3+\{Q(x)\}^3$을 인수분해를 통해 $\{P(x)+Q(x)\}[\{P(x)\}^2-P(x)Q(x)+\{Q(x)\}^2]$으로 나타내기 보다는 $\{P(x)+Q(x)\}^3-3P(x)Q(x)\{P(x)+Q(x)\}$로 나타내는 것이 더 유리해.

이렇게 하면 두 다항식의 합과 곱이 주어졌으므로 두 다항식을 구할 수 있어.

My Top Secret   서울대 선배의 **❶**등급 대비 전략

이차방정식의 근과 계수와의 관계에 의해 $P(x)+Q(x)$와 $P(x)Q(x)$를 이차방정식의 두 근의 합과 곱으로 볼 수 있어. 즉, t에 대한 이차방정식 $t^2-\{P(x)+Q(x)\}t+P(x)Q(x)=0$을 풀어 $P(x)$와 $Q(x)$의 식을 구할 수도 있어.

C 130   **정답 146** .... ⭐**1등급 대비** [정답률 14%]

＊ 인수정리와 다항식의 나눗셈, 조립제법을 이용하여 다항식을 인수분해한 후 조건을 만족시키는 미지수 구하기 [유형 07+09]

단서1 인수정리에 의하여 $P(a)=0$임을 알 수 있어.

두 자연수 a, b에 대하여 일차식 $x-a$를 인수로 가지는 다항식 $P(x)=x^4-290x^2+b$가 다음 조건을 만족시킨다.

> 계수와 상수항이 모두 정수인 서로 다른 세 개의 다항식의 곱으로 인수분해된다.

모든 다항식 $P(x)$의 개수를 p라 하고, b의 최댓값을 q라 할 때, $\dfrac{q}{(p-1)^2}$의 값을 구하시오.

단서2 $P(x)$가 사차다항식이므로 $P(x)=$(일차식)×(일차식)×(이차식)이어야 하고, 특히 (이차식)은 정수의 범위에서는 더이상 인수분해가 되지 않아야 해.

왜 1등급? 이 문제는 자연수인 미지수를 인수분해를 통해 구하는 문제이다. 사차다항식이 서로 다른 세 개의 다항식으로 인수분해되기 위해 자연수 a와 b를 구하는 과정이 매우 복잡하다.

단서＋발상

단서1 먼저, 인수정리에 의해 $P(a)=0$임을 알 수 있다.

그리고 $a^2=(-a)^2$이므로 $P(-a)=0$이다.

즉, 다항식 $P(x)$는 $x+a$도 인수로 가짐을 알 수 있다. **발상**

따라서 다항식 $P(x)$를 x^2-a^2으로 나눈 나머지는 0이므로 $b=290a^2-a^4$이고, b가 자연수이므로 a는 17 이하의 자연수이어야 한다. **적용**

단서2 이제, 사차다항식이 서로 다른 세 개의 다항식의 곱으로 인수분해되면 세 다항식의 최고차항의 차수의 합은 4이고 각 다항식의 차수는 1 이상이므로 세 다항식은 각각 일차식, 일차식, 이차식이다. **개념**

$P(x)$는 일차식 $x+a$와 $x-a$를 인수로 가지므로 $P(x)$를 x^2-a^2으로 나눈 몫은 이차식이고 계수가 정수인 일차식으로 인수분해되지 않아야 한다. **발상**

$P(x)$를 x^2-a^2으로 나눈 몫은 x^2+a^2-290이고 a는 17 이하의 자연수이므로 정수의 범위에서 인수분해가 되지 않으려면 $290-a^2$이 제곱수가 아니어야 한다. **적용**

핵심 정답 공식: 인수정리를 이용하여 b를 a에 대한 식으로 나타낸 후, $P(x)$를 두 이차식의 곱으로 나타낸다. 그리고 이차식이 다시 두 일차식으로 각각 인수분해될 수 있는 a, b의 조건을 구한다.

------------------ [문제 풀이 순서] ------------------

 1st $x-a$가 $P(x)$의 인수임을 이용하자.

다항식 $P(x)$가 일차식 $x-a$를 인수로 가지므로
$P(a)=0$, 즉 $a^4-290a^2+b=0$
이때, b가 자연수이므로 $b=a^2(290-a^2)>0$에서 $290-a^2>0$이어야
한다.
$290-a^2>0$을 만족시키는 a의 값이 될 수 있는 것은 1, 2, 3, $\cdots$, 17이
다. _{$290-a^2>0$에서 $a^2<290$이고 $17^2=289$, $18^2=324$이므로 자연수 a의 값이 될 수 있는 수는 1, 2, 3, $\cdots$, 17이야.}

a	1	0	-290	0	b
		a	a^2	a^3-290a	a^4-290a^2
	1	a	a^2-290	a^3-290a	$b+a^4-290a^2$

$P(x)$가 $x-a$를 인수로 가지므로 조립제법을 이용하여 나누면 나머지가 0이 되어야 해.

$\therefore P(x)=(x-a)\{x^3+ax^2+(a^2-290)x+a^3-290a\}$

함정 조건에서 $P(x)$가 서로 다른 세 개의 다항식으로 인수분해된다고 했으므로 나머지는 존재하지 않음을 주의하여 나머지를 쓰지 않도록 해야 해.

2nd 다항식 $P(x)$를 $x-a$로 나눈 몫이 두 다항식의 곱으로 인수분해됨을 이용하자.

몫 $Q(x)=x^3+ax^2+(a^2-290)x+a^3-290a$라 하면 $Q(-a)=0$이므로 조립제법을 이용하면 _{다항식 $Q(x)$는 일차식 $x+a$로 나누어떨어져.}

$-a$	1	a	a^2-290	a^3-290a
		$-a$	0	$-a^3+290a$
	1	0	a^2-290	0

즉, 다항식 $P(x)$는
$x^4-290x^2+b=(x-a)(x+a)(x^2+a^2-290)$으로 인수분해된다.

3rd 다항식 $(x-a)(x+a)(x^2+a^2-290)$에서 인수 x^2+a^2-290이 더 이상 인수분해되지 않는 자연수 a의 개수를 구하자.

주어진 조건을 만족시키려면 이차식 x^2+a^2-290이 계수와 상수항이 모두 정수인 서로 다른 두 개의 일차식의 곱으로 인수분해되지 않아야 한다.

 실수 x^2+a^2-290이 인수분해가 되면 주어진 식이 네 개 이상의 다항식의 곱으로 나타내어지겠지? 따라서 x^2+a^2-290이 더 이상 인수분해되지 않도록 하는 a의 값을 구하는 거야.

이때, $x^2+a^2-290=x^2-(290-a^2)$이 계수와 상수항이 모두 정수인 서로 다른 두 개의 일차식의 곱으로 인수분해되는 경우는 $290-a^2$이 제곱수인 경우이다. 즉,
$290=1^2+17^2=11^2+13^2$ _{자연수 a의 값이 될 수 있는 수는 1, 2, 3, $\cdots$, 17이므로 $290-a^2$에 a^2 대신 1^2, 2^2, 3^2, $\cdots$, 17^2을 대입하여 $290-a^2$이 제곱수가 되는 경우를 구하면 $a=1, 11, 13, 17$이야.}

이므로 $290-a^2$이 제곱수가 되는 자연수 a의 값은
$a=1$, $a=11$, $a=13$, $a=17$
그러므로 조건을 만족하는 자연수 a의 개수는 $17-4=13$이므로 모든 다항식 $P(x)$의 개수도 13이다.
또, $b=a^2(290-a^2)=-(a^2-145)^2+145^2$에서
a가 자연수이므로 b의 최댓값은 $a=12$일 때
$12^2\times(290-12^2)$이다. _{a가 자연수이므로 b는 a^2이 145에 가장 가까운 제곱수일 때 최댓값을 가져. 즉, $a^2=12^2=144$일 때 b가 최댓값을 가지게 돼.}
따라서 $p=13$이고 $q=12^2\times(290-12^2)$이므로
$$\frac{q}{(p-1)^2}=\frac{12^2\times(290-12^2)}{(13-1)^2}=146$$

 My Top Secret 서울대 선배의 ❶ 등급 대비 전략

$P(x)=P(-x)$이므로 사차다항식 $P(x)$는 $(x^2-p)(x^2-q)$의 꼴로 인수분해됨을 알 수 있어. 이때, $p+q=290$이고 p 또는 q가 a^2이므로 $P(x)=(x^2-a^2)(x^2-290+a^2)$이 되지.
따라서 b는 이 식에 $x=0$을 대입한 $a^2(290-a^2)$이고, $P(x)$가 (일차식)×(일차식)×(이차식) 꼴이 되기 위해서는 $290-a^2$이 제곱수가 되면 안 됨을 알 수 있어.

  D 복소수

🐝 개념 **확인** 문제

D 01 정답 $2i$

D 02 정답 $\sqrt{6}i$

D 03 정답 $3\sqrt{3}i$

D 04 정답 $2\sqrt{7}i$

D 05 정답 (1) ㄷ, ㅁ, ㅂ, ㅅ, ㅈ (2) ㄱ, ㄴ, ㄹ, ㅇ (3) ㄱ, ㄴ

D 06 정답 실수부분 : 8, 허수부분 : 2

D 07 정답 실수부분 : $\sqrt{2}$, 허수부분 : -1

D 08 정답 실수부분 : 0, 허수부분 : -4

D 09 정답 실수부분 : $\sqrt{15}$, 허수부분 : 0

D 10 정답 $a=3$, $b=-1$

D 11 정답 $a=1$, $b=-3$

D 12 정답 $a=3$, $b=2$

D 13 정답 $1-2i$

D 14 정답 $-6-4i$

D 15 정답 $5+3i$

D 16 정답 $i+8$

D 17 정답 -12

D 18 정답 $-\dfrac{5}{4}i$

D 19 정답 $2+5i$

D 20 정답 $5-5i$

D 21 정답 $22-21i$

D 22 정답 $\dfrac{5-i}{2}$

D 23 정답 (1) 0 (2) $\dfrac{1}{5}-\dfrac{3}{5}i$

$x+y=2+i+1-2i=3-i$
$xy=(2+i)(1-2i)=4-3i$
(1) $x^2+y^2=(x+y)^2-2xy=(3-i)^2-2(4-3i)$
    $=8-6i-8+6i=0$
(2) $\dfrac{1}{x}-\dfrac{1}{y}=\dfrac{y-x}{xy}=\dfrac{1-2i-2-i}{4-3i}=\dfrac{-1-3i}{4-3i}$
    $=\dfrac{(-1-3i)(4+3i)}{(4-3i)(4+3i)}=\dfrac{-4-3i-12i+9}{16+9}$
    $=\dfrac{5-15i}{25}=\dfrac{1}{5}-\dfrac{3}{5}i$

D 24 정답 $-i$

D 25 정답 1

D 26 정답 1

D 27 정답 0

D 28 정답 $\pm\sqrt{7}i$

D 29 정답 $\pm2\sqrt{3}i$

D 30 정답 $\pm2\sqrt{5}i$

D 31 정답 $\pm9i$

D 32 정답 -6

D 33 정답 $\sqrt{6}i$

D 34 정답 $\sqrt{2}i$

D 35 정답 $-\sqrt{5}i$

내신+학평 유형 스토리

D 36 정답 ③ ·························· 복소수의 연산

[정답 공식: a, b, c, d가 모두 실수일 때,
$(a+bi)+(c+di)=(a+c)+(b+d)i$]

$(1+i)+(3-4i)$의 값은? (단, $i=\sqrt{-1}$)
단서 실수부분과 허수부분을 구분하여 계산해.
① $3-3i$　　　② $3+3i$　　　③ $4-3i$
④ $4+3i$　　　⑤ $4-4i$

1st $(1+i)+(3-4i)$의 값을 구해.
$(1+i)+(3-4i)=(1+3)+(1-4)i=4-3i$
실수부분은 실수부분끼리, 허수부분은 허수부분끼리 계산해.

D 37 정답 ③ ·························· 복소수의 연산

(정답 공식: $(a+bi)\pm(c+di)=(a\pm c)+(b\pm d)i$)

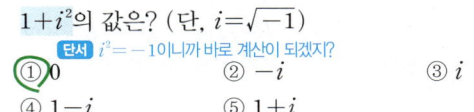

단서 실수부분과 허수부분을 구분하여 계산해.
$(1+2i)-5i$의 값은? (단, $i=\sqrt{-1}$)
① $1-i$　　　② $1-2i$　　　③ $1-3i$
④ $1-4i$　　　⑤ $1-5i$

1st $(1+2i)-5i$의 값을 구해.
$(1+2i)-5i=1+(2i-5i)=1+(2-5)i=1-3i$
실수부분은 실수부분끼리, 허수부분은 허수부분끼리 계산해.

D 38 정답 ① ·················· 복소수의 뜻과 사칙연산

(정답 공식: 허수단위 $i=\sqrt{-1}$에 대하여 $i^2=-1$이다.)

$1+i^2$의 값은? (단, $i=\sqrt{-1}$)
단서 $i^2=-1$이니까 바로 계산이 되겠지?
① 0　　　② $-i$　　　③ i
④ $1-i$　　　⑤ $1+i$

1st 복소수의 뜻만 알면 바로 계산할 수 있어.
$i^2=-1$이므로 ┌→ $i=\sqrt{-1}$이므로 $i^2=(\sqrt{-1})^2=-1$
$1+i^2=1+(-1)=0$

D 39 정답 ⑤ ·················· 복소수의 뜻과 사칙연산

[정답 공식: 실수 a, b, c, d에 대하여
$(a+bi)(c+di)=(ac-bd)+(ad+bc)i$이다.]

단서 i와 $(1-i)$ 사이에는 곱셈 연산이 숨겨져 있으니 $i^2=-1$을 실수하지 않고 적용해야 해.
$i(1-i)$의 값은? (단, $i=\sqrt{-1}$)
① $-1-i$　　　② $-1+i$　　　③ i
④ $1-i$　　　⑤ $1+i$

1st 주어진 식을 계산해.
$i(1-i)=i-i^2=i-(-1)=i+1$
└→ $i=\sqrt{-1}$이므로 $i^2=-1$이야.

D 40 정답 ⑤ ·················· 복소수의 뜻과 사칙연산

(정답 공식: $i^2=-1$이고, i를 허수단위라고 한다.)

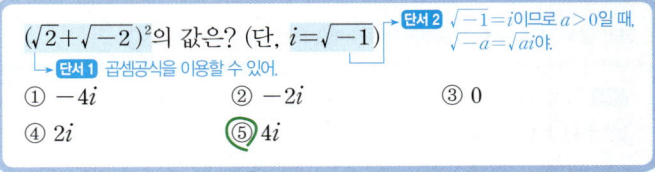

$(\sqrt{2}+\sqrt{-2})^2$의 값은? (단, $i=\sqrt{-1}$)
단서 2 $\sqrt{-1}=i$이므로 $a>0$일 때, $\sqrt{-a}=\sqrt{a}i$야.
단서 1 곱셈공식을 이용할 수 있어.
① $-4i$　　　② $-2i$　　　③ 0
④ $2i$　　　⑤ $4i$

1st 주어진 식을 정리해서 값을 구해.
$(\sqrt{2}+\sqrt{-2})^2=(\sqrt{2}+\sqrt{2}i)^2$　$\sqrt{-2}=\sqrt{2}\times\sqrt{-1}=\sqrt{2}i$
$=(\sqrt{2})^2+2\times\sqrt{2}\times\sqrt{2}i+(\sqrt{2}i)^2$
$=2+4i+2\times(-1)$　└→ $(a+b)^2=a^2+2ab+b^2$
$=2+4i-2=4i$

D41 정답 ④ ·· 복소수의 뜻과 사칙연산

[정답 공식: 각 수를 실수부분과 허수부분이 드러나도록 정리한다. **]**

다음 [보기]의 수 중 순허수의 개수를 a, 실수의 개수를 b, 복소수의 개수를 c라고 할 때, $a-b+c$의 값은? (단, $i=\sqrt{-1}$)

단서 $x+yi$ $(x, y$는 실수) 꼴은 모두 복소수야.

[보기]

$$-\sqrt{-8}, \quad -i^2, \quad 1-\sqrt{3}, \quad i+i^2, \quad \sqrt{5}-\sqrt{5}i, \quad \frac{1-i}{2}$$

① 2   ② 3   ③ 4
④ 5   ⑤ 6

1st 순허수, 실수, 복소수의 정의를 이용해.

$-\sqrt{-8}=-2\sqrt{2}i$, $-i^2=1$, $i+i^2=i-1$

순허수는 $-\sqrt{-8}$의 1개 ⇨ $a=1$

실수는 $-i^2$, $1-\sqrt{3}$의 2개 ⇨ $b=2$

복소수는 $-\sqrt{-8}$, $-i^2$, $1-\sqrt{3}$, $i+i^2$, $\sqrt{5}-\sqrt{5}i$, $\frac{1-i}{2}$의 6개 ⇨ $c=6$

복소수는 $a+bi$(a, b는 실수) 꼴이면 되므로 순허수, 순허수가 아닌 허수, 실수를 모두 포함해.

∴ $a-b+c=1-2+6=5$

D42 정답 ⑤ ·· 복소수의 뜻과 사칙연산

[정답 공식: 실수 a, b, c, d에 대하여 $(a+bi)\pm(c+di)=(a\pm c)+(b\pm d)i$(복호동순)이다. **]**

$3i+(1-2i)$의 값은? (단, $i=\sqrt{-1}$)

단서 실수부분은 실수부분끼리, 허수부분은 허수부분끼리 계산하면 돼.

① $1-3i$ ② $1-2i$ ③ $1-i$ ④ 1   ⑤ $1+i$

1st 두 복소수의 덧셈을 계산해.

$3i+(1-2i)=1+(3i-2i)=1+(3-2)i=1+i$

허수단위 i를 문자로 생각하여 다항식의 덧셈으로 계산해.

⚙ 복소수의 덧셈과 뺄셈   개념·공식

a, b, c, d가 실수일 때

(1) 덧셈 : $(a+bi)+(c+di)=(a+c)+(b+d)i$

(2) 뺄셈 : $(a+bi)-(c+di)=(a-c)+(b-d)i$

D43 정답 ④ ·· 복소수의 사칙연산

[정답 공식: 복소수를 실수부분과 허수부분으로 정리한다. **]**

단서 복소수의 연산은 실수부분과 허수부분으로 나누어서 계산해야 해.

$(2+i)+(2-3i)$의 값은? (단, $i=\sqrt{-1}$)

① $1+i$ ② $2-2i$ ③ $2+2i$ ④ $4-2i$ ⑤ $5+2i$

1st 실수부분과 허수부분으로 나누어 정리해.

$(2+i)+(2-3i)=(2+2)+\{1+(-3)\}i$

$=4-2i$ 허수단위 i를 문자로 생각하면 다항식에서 동류항끼리 묶어서 계산하는 것과 비슷해.

D44 정답 ② ·· 복소수의 사칙연산

[정답 공식: a, b, c, d가 실수일 때, $(a+bi)\pm(c+di)=(a\pm c)+(b\pm d)i$ (복호동순) **]**

$(-2+4i)-3i$의 값은? (단, $i=\sqrt{-1}$이다.)

단서 실수부분, 허수부분끼리 정리하면 돼.

① $-2-i$ ② $-2+i$ ③ $3-i$
④ $3+i$ ⑤ $2i$

1st 실수는 실수끼리, 허수는 허수끼리 계산하자.

$(-2+4i)-3i$

$=-2+(4i-3i)$ [복소수의 덧셈, 뺄셈] a, b, c, d가 실수이고, $i=\sqrt{-1}$일 때,

$=-2+i$ $(a+bi)\pm(c+di)=(a\pm c)+(b\pm d)i$ (복호동순)

D45 정답 ③ ·· 복소수의 사칙연산

[정답 공식: 실수 a, b, c, d에 대하여 $(a+bi)\pm(c+di)=(a\pm c)+(b\pm d)i$ (복호동순)이다. **]**

$(3+i)+(1-3i)$의 값은? (단, $i=\sqrt{-1}$이다.)

단서 실수부분은 실수부분끼리, 허수부분은 허수부분끼리 모아서 계산해.

① $2-2i$ ② $3-2i$ ③ $4-2i$
④ $3+2i$ ⑤ $4+2i$

1st 실수부분과 허수부분으로 나누어 계산해.

$(3+i)+(1-3i)=(3+1)+(1-3)i=4-2i$

$3+i$에서 실수부분은 3이고 허수부분은 1이야.

또, $1-3i$에서 실수부분은 1이고 허수부분은 -3이야.

D46 정답 ④ ·· 복소수의 사칙연산

[정답 공식: a, b, c, d가 실수일 때, $(a+bi)(c+di)=(ac-bd)+(ad+bc)i$이다. **]**

$i(2-i)$의 값은? (단, $i=\sqrt{-1}$)

단서 분배법칙을 이용하여 괄호를 없애고 식을 정리해. 이때, $i^2=-1$이지?

① $-1-2i$ ② $-1+2i$ ③ $1-2i$ ④ $1+2i$ ⑤ $2+i$

1st 분배법칙을 이용하여 복소수의 곱셈을 계산해.

$i^2=-1$이므로   복소수의 곱셈은 허수단위 i를 문자처럼 생각하여 다항식

$i(2-i)=2i-i^2$ 의 곱셈과 같이 전개한 후, 계산 과정에서 $i^2=-1$임을 이용하여 정리해.

$=2i-(-1)=1+2i$

D47 정답 ③ ·· 복소수의 뜻과 사칙연산

[정답 공식: 복소수를 실수부분과 허수부분으로 정리한다. **]**

$(1+2i)+(3-i)$의 값은? (단, $i=\sqrt{-1}$)

단서 실수부분은 실수부분끼리, 허수부분은 허수부분끼리 계산해.

① $2+i$ ② $2-i$ ③ $4+i$ ④ $4-i$ ⑤ $5+i$

1st 복소수의 연산은 실수부분과 허수부분으로 나누어서 계산하자.

$(1+2i)+(3-i)=(1+3)+\{2+(-1)\}i$

$=4+i$ 허수단위 i를 문자로 생각하면 $2i$와 $-i$는 동류항처럼 취급할 수 있어.

D 48 정답 ③ ·········· 복소수의 사칙연산

정답 공식: 실수 a, b, c, d에 대하여
$(a+bi)\pm(c+di)=(a\pm c)+(b\pm d)i$(복호동순)이다.

단서 실수부분, 허수부분끼리 정리하면 돼.

$(1-3i)+2i$의 값은? (단, $i=\sqrt{-1}$)

① $-1-2i$ ② $-1-i$ ③ $1-i$ ④ $1+i$ ⑤ $1+2i$

1st 실수부분은 실수부분끼리, 허수부분은 허수부분끼리 계산하자.

$(1-3i)+2i=1+(-3+2)i=1-i$

a, b, c, d가 실수이고, $i=\sqrt{-1}$일 때,
$(a+bi)\pm(c+di)=(a\pm c)+(b\pm d)i$(복호동순)

D 49 정답 ④ ·········· 복소수 연산

정답 공식: 분모가 허수인 경우 분모의 켤레복소수를 분모, 분자에 곱하여 연산한다.

$1+\dfrac{2}{1-i}$의 값은? (단, $i=\sqrt{-1}$)
단서 분모를 실수로 만들기 위해 분모와 분자에 $1+i$를 곱해.

① i ② $1-i$ ③ $1+i$ ④ $2+i$ ⑤ $2+2i$

1st $\dfrac{2}{1-i}$의 분모, 분자에 $1+i$를 곱해.
$1-i$의 켤레복소수인 $1+i$를 곱해.

$\dfrac{2}{1-i}=\dfrac{2(1+i)}{(1-i)(1+i)}=\dfrac{2(1+i)}{2}=1+i$

2nd $1+\dfrac{2}{1-i}$를 연산해.

$1+\dfrac{2}{1-i}=1+(1+i)=2+i$

D 50 정답 ④ ·········· 복소수의 사칙연산

정답 공식: 실수 a, b, c, d에 대하여
$(a+bi)\pm(c+di)=(a\pm c)+(b\pm d)i$ (복호동순)이다.

단서 허수 i를 문자로 생각하여 먼저 전개한 후 실수부분은 실수부분끼리,
허수부분은 허수부분끼리 계산해.

$1+2i+i(1-i)$의 값은? (단, $i=\sqrt{-1}$이다.)

① $-2+3i$ ② $-1+3i$ ③ $-1+4i$
④ $2+3i$ ⑤ $2+4i$

1st 주어진 식을 계산해.
$i=\sqrt{-1}$이므로 $i^2=-1$이야.

$1+2i+i(1-i)=1+2i+i-i^2=1+2i+i-(-1)$
$=1+2i+i+1=(1+1)+(2+1)i$
실수부분은 실수부분끼리, 허수부분은 허수부분끼리 계산해.
$=2+3i$

D 51 정답 ⑤ ·········· 복소수의 사칙연산

정답 공식: x, y, z, w가 실수일 때, $(x+yi)+(z+wi)=(x+z)+(y+w)i$

단서 실수부분은 실수부분끼리, 허수부분은 허수부분끼리 계산하여 정리해.

등식 $(1+2i)+(1+i)=a+bi$를 만족시키는 두 실수 a, b에
대하여 $a+b$의 값은? (단, $i=\sqrt{-1}$)

① 1 ② 2 ③ 3 ④ 4 ⑤ 5

1st 복소수의 상등을 이용하여 상수 a, b의 값을 구하자.

$(1+2i)+(1+i)=(1+1)+(2+1)i=2+3i=a+bi$

따라서 $a=2, b=3$이므로
$a+b=2+3=5$

다항식의 연산에서 동류항끼리 묶어서 계산하는
방법과 비슷하게 실수는 실수끼리 허수는 허수
끼리 모은 거야.

D 52 정답 ④ ·········· 복소수의 뜻과 사칙연산

정답 공식: 복소수의 곱셈은 분배법칙을 이용하여 전개한 후 $i^2=-1$임을 이용한다.

단서 두 복소수가 같으려면 실수부분은 실수부분끼리 허수부분은 허수부분끼리 같아야 해.

등식 $(2+3i)(1-i)=a+bi$를 만족시키는 두 실수 a, b에 대
하여 $a+b$의 값은? (단, $i=\sqrt{-1}$)

① 3 ② 4 ③ 5
④ 6 ⑤ 7

1st 좌변을 정리해.

$(2+3i)(1-i)=2-2i+3i-3i^2$ $i^2=-1$이므로 $-3i^2=-3\times(-1)=3$
$=2+(-2+3)i+3$
$=(2+3)+i=5+i$

2nd 두 복소수가 서로 같을 조건을 이용하여 a, b의 값을 각각 구해.

즉, $5+i=a+bi$이므로 복소수가 서로 같을 조건에 의하여
$a=5, b=1$
$\therefore a+b=5+1=6$

D 53 정답 ④ ·········· 복소수의 뜻과 사칙연산

정답 공식: 복소수 $z=a+bi$(단, a, b는 실수)에서 a를 복소수 z의 실수부분, b를
복소수 z의 허수부분이라 한다.

복소수 $\dfrac{a+3i}{2-i}$의 실수부분과 허수부분의 합이 3일 때, 실수
a의 값은? (단, $i=\sqrt{-1}$)
단서 주어진 복소수의 분모를 실수로 고친 후
실수부분과 허수부분을 구해야 해.

① 1 ② 2 ③ 3
④ 4 ⑤ 5

1st 주어진 복소수의 분모를 실수로 고치자.

복소수 $\dfrac{a+3i}{2-i}$의 분모를 실수로 고치기 위해
분모, 분자에 $2+i$를 곱하면
실수 a, b에 대하여
$(a-bi)(a+bi)=a^2-(bi)^2=a^2-(-b^2)=a^2+b^2$
$\dfrac{(a+3i)(2+i)}{(2-i)(2+i)}=\dfrac{2a+ai+6i+3i^2}{2^2-i^2}$
$=\dfrac{2a-3+(a+6)i}{5}$

2nd 실수부분과 허수부분의 합이 3임을 이용하여 a의 값을 구해.

복소수 $\dfrac{2a-3+(a+6)i}{5}$의 실수부분은 $\dfrac{2a-3}{5}$이고,

허수부분은 $\dfrac{a+6}{5}$이므로

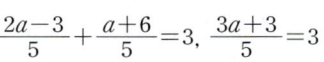

복소수 $\dfrac{2a-3+(a+6)i}{5}$의
실수부분을 $2a-3$, 허수부분을
$a+6$으로 생각하는 실수를 하면 안 돼.

$\dfrac{2a-3}{5}+\dfrac{a+6}{5}=3$, $\dfrac{3a+3}{5}=3$
$3a+3=15, 3a=12$
$\therefore a=4$

D 54 정답 ③ ································ 복소수의 뜻과 사칙연산

【 정답 공식: 복소수를 두 개씩 곱해서 곱이 자연수가 되는 경우를 구한다. 】

버튼을 한 번 누르면 복소수가 하나씩 적힌 세 개의 공이 굴러 나오는 기계가 있다.

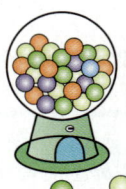

단서 1 세 개의 공 중 두 개를 선택하는 방법은 3가지가 있어.

어느 상점에서 이 기계를 이용한 사람에게 굴러 나온 세 개의 공 중 두 개를 선택하게 하여 적힌 수의 곱이 자연수가 될 때, 그 자연수만큼 사탕으로 교환해 준다고 한다.
한 학생이 버튼을 한 번 눌렀더니 세 복소수 $2-3i$, $1+2i$, $6+9i$가 각각 적힌 세 개의 공이 굴러 나왔다.
이 학생이 a개의 사탕으로 교환해 갔을 때, 자연수 a의 값은?
(단, $i=\sqrt{-1}$)

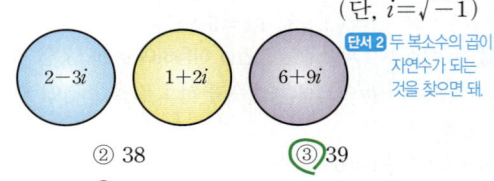

단서 2 두 복소수의 곱이 자연수가 되는 것을 찾으면 돼.

① 37   ② 38   ③ 39
④ 40   ⑤ 41

1st 세 복소수에서 서로 다른 두 개의 복소수의 곱을 구하자.
세 복소수를 $A=2-3i$, $B=1+2i$, $C=6+9i$라고 하면
$AB=(2-3i)(1+2i)$
$\quad =2+4i-3i+6$
$\quad =8+i$

복소수의 곱셈은 i를 문자로 생각하여 다항식의 곱셈에서와 같이 분배법칙을 이용하여 전개하고, 그 과정에서 i^2이 나오면 $i^2=-1$임을 이용하여 계산하면 돼.

$AC=(2-3i)(6+9i)$
$\quad =12+18i-18i+27$
$\quad =39$
$BC=(1+2i)(6+9i)$
$\quad =6+9i+12i-18$
$\quad =-12+21i$
$\therefore a=39$

수능 핵강

✱ 두 복소수의 곱이 실수가 될 조건 알아보기
임의의 복소수와 그 켤레복소수의 곱은 항상 실수이므로 실수가 아닌 두 복소수 α, β의 곱 $\alpha\beta$가 실수가 되려면 $\beta=\overline{k\alpha}$ (k는 실수)이어야 해.
이 문제에서는 $6+9i=3(2+3i)$이고, $2+3i$는 $2-3i$의 켤레복소수이므로 세 복소수 중에서 곱이 자연수가 될 수 있는 것은 $2-3i$와 $6+9i$임을 알 수 있어.

✿ **복소수의 덧셈과 뺄셈**   개념·공식

a, b, c, d가 실수일 때
(1) 덧셈: $(a+bi)+(c+di)=(a+c)+(b+d)i$
(2) 뺄셈: $(a+bi)-(c+di)=(a-c)+(b-d)i$

D 55 정답 ③ ················· 복소수가 주어질 때의 식의 값 구하기

【 정답 공식: 분모의 실수화를 이용하여 주어진 복소수를 간단히 한다. 】

두 복소수 $x=\dfrac{1-i}{1+i}$, $y=\dfrac{1+i}{1-i}$에 대하여 $x+y$의 값은?
단서 분모와 분자에 분모의 켤레복소수를 곱하여 간단히 나타내 봐.
(단, $i=\sqrt{-1}$)

① $-4i$ ② $2i$ ③ 0   ④ 2   ⑤ 4

1st x, y를 간단히 하자.
→ $1+i$의 켤레복소수는 $1-i$이므로 분모와 분자에 $1-i$를 각각 곱해서 분모를 실수로 나타내.

$x=\dfrac{1-i}{1+i}=\dfrac{(1-i)(1-i)}{(1+i)(1-i)}=\dfrac{1-2i+i^2}{1-i^2}=\dfrac{-2i}{2}=-i$

$y=\dfrac{1+i}{1-i}=\dfrac{(1+i)(1+i)}{(1-i)(1+i)}=\dfrac{1+2i+i^2}{1-i^2}=\dfrac{2i}{2}=i$

$1-i$의 켤레복소수는 $1+i$이므로 분모와 분자에 $1+i$를 각각 곱해서 분모를 실수로 나타내.

2nd $x+y$의 값을 구하자.
$\therefore x+y=(-i)+i=0$

D 56 정답 ④ ·················· 복소수가 주어질 때 식의 값 구하기

【 정답 공식: $i^2=-1$임을 이용한다. 】

복소수 $z=2+\sqrt{2}i$에 대하여 z^2-4z의 값은? (단, $i=\sqrt{-1}$)
단서 복소수 z를 대입하여 식의 값을 구해.

① -12 ② -10 ③ -8
④ -6 ⑤ -4

1st z^2-4z의 값을 구해.
$z=2+\sqrt{2}i$이므로
$z^2=(2+\sqrt{2}i)^2=4+4\sqrt{2}i+2i^2=2+4\sqrt{2}i$
$\therefore z^2-4z=2+4\sqrt{2}i-4(2+\sqrt{2}i)$
     → $i^2=-1$이므로 $2i^2=2\times(-1)=-2$
$\quad\quad\quad =2+4\sqrt{2}i-8-4\sqrt{2}i$
$\quad\quad\quad =-6$

실수부분은 실수부분끼리, 허수부분은 허수부분끼리 계산하면 돼.

🔷 **다른 풀이: 구하는 식을 변형하여 값을 대입하기**
$z^2-4z=z(z-4)=(2+\sqrt{2}i)\{(2+\sqrt{2}i)-4\}$
$\quad\quad\quad =(\sqrt{2}i+2)(\sqrt{2}i-2)=2i^2-4$
    $(a+b)(a-b)=a^2-b^2$
$\quad\quad\quad =-2-4=-6$

👓 **쉬운 풀이: 우변의 2를 이항하여 양변을 제곱하여 정리하기**
$z=2+\sqrt{2}i$에서 $z-2=\sqrt{2}i$
양변을 제곱하면 $(z-2)^2=(\sqrt{2}i)^2$
$z^2-4z+4=2i^2=-2$
$\therefore z^2-4z=-6$

D 57 정답 ③ ·················· 복소수가 주어질 때 식의 값 구하기

【 정답 공식: 곱셈 공식을 이용하여 주어진 식을 간단히 한 후 x, y를 대입한다. 】

$x=2+i$, $y=2-i$일 때, $x^4+x^2y^2+y^4$의 값은?
단서 이 값을 구할 때 바로 x, y의 값을 대입하여 구할 수 있지만 x^4, y^4 때문에 계산 과정이 복잡해. 따라서 주어진 식을 조금 더 간단하게 정리해서 대입해 봐.
(단, $i=\sqrt{-1}$이다.)

① 9   ② 10   ③ 11
④ 12   ⑤ 13

1st 주어진 식을 간단히 해.

$x^4+x^2y^2+y^4=\underline{x^4+2x^2y^2+y^4-x^2y^2}$ ← x^2y^2을 더하고 뺄 거야.

$=(x^2)^2+2x^2y^2+(y^2)^2-x^2y^2$

$=(x^2+y^2)^2-x^2y^2 \cdots \text{㉠}$

2nd x^2+y^2, x^2y^2의 값을 각각 구해서 ㉠에 대입해.

$x=2+i$, $y=2-i$이므로

$x+y=(2+i)+(2-i)=4$,

$xy=\underline{(2+i)(2-i)}=2^2-i^2=4-(-1)=5$이다.
  └ $(a+b)(a-b)=a^2-b^2$

즉, $x^2+y^2=(x+y)^2-2xy=4^2-2\times5=16-10=6$이고

$x^2y^2=(xy)^2=5^2=25$이다. $(x+y)^2=x^2+2xy+y^2$에서
  $x^2+y^2=(x+y)^2-2xy$

이것을 ㉠에 대입하면

$x^4+x^2y^2+y^4=6^2-25=36-25=11$

다른 풀이 ❶ 주어진 식을 더 간단히 정리하여 값을 구하기

㉠을 좀 더 정리해볼까?

$x^4+x^2y^2+y^4$

$=(x^2+y^2)^2-x^2y^2$

$=(x^2+y^2)^2-(xy)^2$ → $a^2-b^2=(a+b)(a-b)$

$=\{(x^2+y^2)+xy\}\{(x^2+y^2)-xy\}$

$=\{(x+y)^2-2xy+xy\}\{(x+y)^2-2xy-xy\}$

$=\{(x+y)^2-xy\}\{(x+y)^2-3xy\}$

여기에 $x+y=4$, $xy=5$를 대입하면

$x^4+x^2y^2+y^4=(4^2-5)\times(4^2-3\times5)$

$=(16-5)\times(16-15)$

$=11\times1=11$

다른 풀이 ❷ 값을 직접 주어진 식에 대입하여 값을 구하기

$x^2=(2+i)^2=4+4i+i^2=4+4i-1=3+4i$에서

$x^4=(x^2)^2=(3+4i)^2=9+24i+16i^2=9+24i-16=-7+24i$

$y^2=(2-i)^2=4-4i+i^2=4-4i-1=3-4i$에서

$y^4=(y^2)^2=(3-4i)^2=9-24i+16i^2=9-24i-16=-7-24i$

$xy=(2+i)(2-i)=4-i^2=4-(-1)=5$에서

$x^2y^2=(xy)^2=5^2=25$

$\therefore x^4+x^2y^2+y^4=(-7+24i)+25+(-7-24i)=11$

D 58 정답 ① ·········· 복소수가 주어질 때의 식의 값 구하기

정답 공식: 복잡한 식을 인수분해할 때는 공통인수가 있으면 공통인수로 묶어서 인수분해한다.

$x=-2+3i$, $y=2+3i$일 때, $x^3+x^2y-xy^2-y^3$의 값은?

단서 주어진 식에 x, y를 바로 대입하기보다는 인수분해를 하여 식을 간단히 한 후 대입해. (단, $i=\sqrt{-1}$)

① 144 ② 150 ③ 156 ④ 162 ⑤ 168

1st 주어진 식을 인수분해하자.

$\underline{x^3+x^2y}-\underline{xy^2-y^3}=x^2(x+y)-y^2(x+y)=\underline{(x^2-y^2)}(x+y)$
  x^3+x^2y에서 공통인수인 $x^2-y^2=(x+y)(x-y)$
  x^2을 묵고, $-xy^2-y^3$에 $=(x+y)(x-y)(x+y)$
  서 공통인수인 $-y^2$을 묵어. $=(x+y)^2(x-y) \cdots \text{㉠}$

2nd 주어진 식의 값을 구해.

이때,

$x+y=(-2+3i)+(2+3i)=6i$

$x-y=(-2+3i)-(2+3i)=-4$

이므로 ㉠에 의하여 구하는 식의 값은 → $i^2=-1$

$(x+y)^2(x-y)=(6i)^2\times(-4)=36\underline{i^2}\times(-4)$

$=(-36)\times(-4)=144$

D 59 정답 ① ·········· 복소수가 주어질 때 식의 값 구하기

정답 공식: 복잡한 식을 인수분해할 때는 공통인수가 있으면 공통인수로 묶어서 인수분해한다.

단서 1 두 복소수 x, y가 켤레복소수이니까 $x+y$, xy의 값이 실수야.

$x=1-2i$, $y=1+2i$일 때, $x^3y+xy^3-x^2-y^2$의 값은?

단서 2 주어진 식에 x, y를 바로 대입하기보다는 인수분해를 하여 식을 간단히 한 다음 대입해. (단, $i=\sqrt{-1}$)

① -24 ② -22 ③ -20 ④ -18 ⑤ -16

1st 주어진 식을 인수분해 하자.

$x^3y+xy^3-x^2-y^2$

$=xy(x^2+y^2)-(x^2+y^2)$

$=(xy-1)(x^2+y^2) \cdots \text{㉠}$
└ 공통인수인 xy로 묶어.

> **주의** 주어진 식에서 x^3y, xy^3을 계산하면 복잡하고 실수하기 쉬워. 인수분해하여 간단한 식의 곱으로 나타내면 실수를 줄일 수 있어.

2nd x, y의 값을 대입하여 구하는 식의 값을 구해.

$x=1-2i$, $y=1+2i$에서 → 두 복소수 x, y가 켤레복소수이면 $x+y$, xy의 값이 실수이므로 $x+y$, xy의 값을 구하고, 곱셈 공식을 활용해.

$x+y=(1-2i)+(1+2i)=2$,

$xy=(1-2i)(1+2i)=1^2-\underline{(2i)^2}=1-(-4)=5$

이므로 $i=\sqrt{-1}$이므로 $i^2=-1$

$x^2+y^2=(x+y)^2-2xy$

$=2^2-2\times5=-6$

이 값을 ㉠의 식에 대입하면 구하는 값은

$(xy-1)(x^2+y^2)=(5-1)\times(-6)=-24$이다.

D 60 정답 ⑤ ·········· 복소수가 주어질 때 식의 값 구하기

정답 공식: 곱셈 공식을 이용하여 주어진 식을 간단히 한 후 x, y를 대입한다.

$x=1-2i$, $y=1+2i$일 때, $x^3+xy^2-x^2y-y^3$의 값은?

단서 바로 x, y의 값을 대입하여 구할 수도 있지만 계산 과정이 복잡해. 따라서 주어진 식을 조금 더 간단하게 정리해서 대입해 봐. (단, $i=\sqrt{-1}$)

① -24 ② -22 ③ -20 ④ $10i$ ⑤ $24i$

1st 주어진 식을 인수분해하여 간단히 하자.

$x^3+xy^2-x^2y-y^3$

$=x(x^2+y^2)-y(x^2+y^2)$

$=(x^2+y^2)(x-y)$

2nd $x-y$, xy의 값을 이용해 주어진 식의 값을 구하자.

이때, $x=1-2i$, $y=1+2i$에서

$x-y=(1-2i)-(1+2i)=-4i$,

$xy=\underline{(1-2i)(1+2i)}=1+4=5$

이므로 $(a+bi)(a-bi)=a^2-(bi)^2=a^2+b^2$

$x^2+y^2=(x-y)^2+2xy=(-4i)^2+2\times5=-6$
  $(x-y)^2=x^2-2xy+y^2$이므로 $=16i^2=-16$
  $x^2+y^2=(x-y)^2+2xy$

$\therefore x^3+xy^2-x^2y-y^3=(x^2+y^2)(x-y)$

$=(-6)\times(-4i)=24i$

D 61 정답 ⑤ ·············· 복소수가 주어질 때 식의 값 구하기

[정답 공식: $\dfrac{1-i}{1+i}=\dfrac{(1-i)^2}{(1+i)(1-i)}=-i$, $\dfrac{1+i}{1-i}=\dfrac{(1+i)^2}{(1-i)(1+i)}=i$ 임을 이용한다.**]**

두 복소수 $\alpha=\dfrac{1-i}{1+i}$, $\beta=\dfrac{1+i}{1-i}$에 대하여 $(1-2\alpha)(1-2\beta)$의 값은? (단, $i=\sqrt{-1}$이다.)

단서 두 복소수 α, β를 분모의 실수화를 이용하여 더 간단히 나타내보자.

① 1 ② 2 ③ 3 ④ 4 ⑤ 5

1st 두 복소수 α, β의 분모를 실수화하여 간단히 나타내자.

$\alpha=\dfrac{1-i}{1+i}=\dfrac{(1-i)^2}{(1+i)(1-i)}=\dfrac{1-2i+i^2}{1-i^2}=\dfrac{-2i}{2}=-i$

$\beta=\dfrac{1+i}{1-i}=\dfrac{(1+i)^2}{(1-i)(1+i)}=\dfrac{1+2i+i^2}{1-i^2}=\dfrac{2i}{2}=i$

$\therefore \alpha+\beta=(-i)+i=0$, $\alpha\beta=-i^2=1$ … ㉠

2nd 구하는 식을 전개하여 $\alpha+\beta$, $\alpha\beta$의 값을 대입하여 계산하자.

$(1-2\alpha)(1-2\beta)=1-2(\alpha+\beta)+4\alpha\beta$
$=1-2\times0+4\times1$ ($\because$ ㉠)
$=5$

$\dfrac{a+bi}{c+di}=\dfrac{(a+bi)(c-di)}{(c+di)(c-di)}$
$=\dfrac{(ac+bd)+(-ad+bc)i}{c^2+d^2}$

🧩 다른 풀이: 분모를 실수화로 간단히 나타내고, α, β의 값을 대입하여 구하기

$(1-2\alpha)(1-2\beta)=(1+2i)(1-2i)=1-4i^2=5$

D 62 정답 ② ·············· 복소수가 주어질 때 식의 값 구하기

[정답 공식: 복소수의 곱셈을 할 때 분배법칙을 이용하여 전개한 다음 $i^2=-1$임을 이용하여 계산한다.**]**

두 복소수 $\alpha=\dfrac{1+i}{2i}$, $\beta=\dfrac{1-i}{2i}$에 대하여 $(2\alpha^2+3)(2\beta^2+3)$의 값은? (단, $i=\sqrt{-1}$이다.)

단서 α^2, β^2을 먼저 계산한 후 주어진 식에 대입해.

① 6 ② 10 ③ 14 ④ 18 ⑤ 22

1st α^2, β^2을 계산한 후 주어진 식의 값을 구하자.

$\alpha=\dfrac{1+i}{2i}$에서

$\alpha^2=\left(\dfrac{1+i}{2i}\right)^2=\dfrac{2i}{-4}=-\dfrac{i}{2}$이므로 $2\alpha^2=-i$

$\beta=\dfrac{1-i}{2i}$에서 $\left(\dfrac{1+i}{2i}\right)^2=\dfrac{1^2+2i+i^2}{4i^2}=\dfrac{1+2i-1}{-4}$

$\beta^2=\left(\dfrac{1-i}{2i}\right)^2=\dfrac{-2i}{-4}=\dfrac{i}{2}$이므로 $2\beta^2=i$
$\left(\dfrac{1-i}{2i}\right)^2=\dfrac{1^2-2i+i^2}{4i^2}=\dfrac{1-2i-1}{-4}$

$\therefore (2\alpha^2+3)(2\beta^2+3)=(3-i)(3+i)=9+1=10$

🧩 다른 풀이: 곱셈 공식의 변형을 이용하여 식의 값 구하기

$\alpha+\beta=\dfrac{1+i}{2i}+\dfrac{1-i}{2i}=\dfrac{2}{2i}=\dfrac{1}{i}=-i$

$\alpha\beta=\dfrac{1+i}{2i}\times\dfrac{1-i}{2i}=\dfrac{2}{-4}=-\dfrac{1}{2}$

이때,
$\alpha^2+\beta^2=(\alpha+\beta)^2-2\alpha\beta$
$=(-i)^2-2\times\left(-\dfrac{1}{2}\right)=-1+1=0$

이므로
$(2\alpha^2+3)(2\beta^2+3)=4(\alpha\beta)^2+6(\alpha^2+\beta^2)+9$ $(2\alpha^2+3)(2\beta^2+3)$
$=4\times\left(-\dfrac{1}{2}\right)^2+6\times0+9=10$ $=4\alpha^2\beta^2+6\alpha^2+6\beta^2+9$

D 63 정답 ③ ·············· 복소수가 실수가 되기 위한 조건

[정답 공식: $z=a+bi$ (a, b는 실수)에 대하여 $z^2=(a^2-b^2)+2abi$가 실수이면 $a=0$ 또는 $b=0$이다.**]**

복소수 $(a^2+3a+2)+(a^2+2a)i$를 제곱하면 음의 실수가 된다. 이때 실수 a의 값은? (단, $i=\sqrt{-1}$)

단서 복소수를 제곱한 값이 음의 실수가 되려면 이 복소수는 어떤 조건을 가져야 하는지 생각해 봐.

① -3 ② -2 ③ -1 ④ 0 ⑤ 1

1st 복소수를 제곱한 값이 음의 실수가 되는 조건을 이용하자.

복소수 $z=x+yi$ (x, y는 실수)에 대하여
$z^2=x^2-y^2+2xyi$이고, z^2이 음의 실수가 되려면 $x=0$, $y\neq0$
$z^2=x^2-y^2+2xyi$에서 z^2이 음의 실수가 되려면 $x^2-y^2<0$, $2xy=0$
$2xy=0$에서 $x=0$ 또는 $y=0$
이때, $y=0$이면 $x^2-y^2<0$에서 $x^2<0$
그런데 이를 만족시키는 실수 x는 존재하지 않아.
따라서 조건을 만족시키려면 $x=0$이고 $y\neq0$이어야 해.

따라서 $(a^2+3a+2)+(a^2+2a)i$를 제곱했을 때 음의 실수가 되려면
$a^2+3a+2=0$이고 $a^2+2a\neq0$이어야 하므로
$a^2+3a+2=0$에서 $(a+1)(a+2)=0$
$\therefore a=-1$ 또는 $a=-2$ … ㉠
$a^2+2a\neq0$에서 $a(a+2)\neq0$
$\therefore a\neq0$이고 $a\neq-2$ … ㉡
㉠, ㉡에서 $a=-1$

D 64 정답 ② ·············· 복소수가 실수가 되기 위한 조건

[정답 공식: 복소수 $z=a+bi$일 때 $z^2=a^2-b^2+2abi$이고 z^2이 실수이면 $ab=0$이다.**]**

5 이하의 두 자연수 m, n에 대하여 복소수 z를 $z=(m-n)+(m+n-4)i$라 하자. z^2이 실수가 되도록 하는 m, n의 모든 순서쌍 (m,n)의 개수는? **단서** z^2의 허수부분은 0이야.
(단, $i=\sqrt{-1}$)

① 5 ② 7 ③ 9 ④ 11 ⑤ 13

1st z^2이 실수가 될 조건을 구해.

$z=(m-n)+(m+n-4)i$에서
$z^2=(m-n)^2-(m+n-4)^2+2(m-n)(m+n-4)i$
복소수 $z=a+bi$일 때
$z^2=(a+bi)^2=a^2+2abi+(bi)^2$
$=a^2+2abi-b^2=a^2-b^2+2abi$
z^2이 실수가 되려면 허수부분이 0이어야 하므로
$2(m-n)(m+n-4)=0$
$\therefore m=n$ 또는 $m+n=4$

2nd 순서쌍 (m, n)의 개수를 구해.

(i) $m=n$일 때

$m=n$을 만족시키는 5 이하의 두 자연수 m, n의 모든 순서쌍은 $(1, 1)$, $(2, 2)$, $(3, 3)$, $(4, 4)$, $(5, 5)$의 5개이다.

(ii) $m+n=4$일 때

$m+n=4$를 만족시키는 5 이하의 두 자연수 m, n의 모든 순서쌍은 $(1, 3)$, $(2, 2)$, $(3, 1)$의 3개이다.

(i), (ii)에서 $(2, 2)$는 중복되므로 z^2이 실수가 되도록 하는

실수 중복되는 순서쌍이 있는지 꼭 확인해야 해.

5 이하의 두 자연수 m, n의 모든 순서쌍 (m, n)의 개수는 $5+3-1=7$이다.

D 65 정답 6 ·········· 복소수가 실수가 되기 위한 조건

(**정답 공식**: $z=a+bi$(a, b는 실수)에 대해 $z^2=(a^2-b^2)+2abi$가 실수가 되려면 a 또는 b가 0이어야 한다.)

단서 z^2을 하여 정리한 식의 (허수부분)$=0$이 되어야 해.

좌표평면 위의 점 $P(x, y)$에 대하여 복소수 z를

$$z=(x+y-2)+(4x+y-8)i$$

라 하자. z^2이 실수가 되도록 하는 점 P가 나타내는 도형과 y축으로 둘러싸인 부분의 넓이를 구하시오. (단, $i=\sqrt{-1}$)

1st z^2이 실수일 조건을 생각해.

$z=(x+y-2)+(4x+y-8)i$에서

$z^2=(x+y-2)^2-(4x+y-8)^2+2(x+y-2)(4x+y-8)i$

z^2이 실수가 되려면 허수부분이 0이 되어야 하므로

$2(x+y-2)(4x+y-8)=0$ $\longrightarrow AB=0 \Longleftrightarrow A=0$ 또는 $B=0$

$\therefore x+y-2=0$ 또는 $4x+y-8=0$

2nd 좌표평면에 조건을 만족하는 함수의 그래프를 그려봐.

이때, z^2이 실수가 되도록 하는 점 P가 나타내는 도형은 두 직선 $y=-x+2$, $y=-4x+8$이고 이 두 직선과 y축으로 둘러싸인 부분은 그림의 어두운 부분이다.

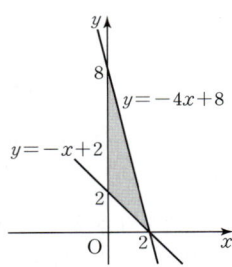

따라서 두 직선의 교점의 좌표는 $(2, 0)$이므로

구하는 넓이는 $\dfrac{1}{2} \times 6 \times 2 = 6$이다.

밑변의 길이가 6, 높이가 2인 삼각형의 넓이야.

D 66 정답 ③ ·········· 복소수가 서로 같을 조건

(**정답 공식**: a, b가 실수일 때, $a+bi=0$이면 $a=0$, $b=0$)

두 실수 a, b에 대하여

$a+4+bi=b+(2-i)i$ **단서** 우변에서 i^2을 구할 필요가 있음에 주의해.

일 때, $a+b$의 값은? (단, $i=\sqrt{-1}$)

① -3 ② -1 ③ 1 ④ 3 ⑤ 5

1st 우변의 항을 모두 좌변으로 이항하여 정리해.

$a+4+bi=b+(2-i)i$에서 $i^2=-1$이므로

$a+4+bi=b+1+2i$

문제의 등식을 좌변으로 이항하여 정리하면

$a-b+3+(b-2)i=0$

식을 정리할 때 실수부분과 허수부분을 나누어 정리해야 복소수가 서로 같을 조건 중 (실수부분)$=0$, (허수부분)$=0$을 이용할 수 있어.

2nd 복소수가 서로 같을 조건을 이용하여 $a+b$의 값을 구하자.

a, b가 실수이므로 복소수가 서로 같을 조건에 의하여

$a-b+3=0$, $b-2=0$ a, b가 실수일 때, $a+bi=0$이면 $a=0, b=0$

$b-2=0$에서 $b=2$

이를 $a-b+3=0$에 대입하면

$a+1=0$ $\therefore a=-1$

따라서 $b=2$, $a=-1$이므로 $a+b=1$

D 67 정답 ① ·········· 복소수가 서로 같을 조건

(**정답 공식**: a, b, c, d가 실수이고 $a+bi=c+di$이면 $a=c$, $b=d$이다.)

등식 $3x+(2+i)y=1+2i$를 만족시키는 두 실수 x, y에 대하여 $x+y$의 값은? (단, $i=\sqrt{-1}$) **단서** x, y가 실수이므로, i에 대해서 정리해야 해.

① 1 ② 2 ③ 3
④ 4 ⑤ 5

1st 복소수가 서로 같을 조건을 이용하여 x, y의 값을 구하자.

등식 $3x+(2+i)y=1+2i$의 좌변을 정리하면

$3x+2y+yi=1+2i$

$(3x+2y)+yi=1+2i$

등식의 양변에 있는 두 복소수의 실수부분과 허수부분을 각각 비교하면

$3x+2y=1$, $y=2$ a, b, c, d가 실수일 때 $a+bi=c+di$이면 $a=c, b=d$야.

$y=2$를 $3x+2y=1$에 대입하면

$3x+4=1$ $\therefore x=-1$

$\therefore x+y=-1+2=1$

D 68 정답 18 ·········· 복소수가 서로 같을 조건

(**정답 공식**: 네 실수 a, b, c, d에 대하여 $a+bi=c+di$이면 $a=c$, $b=d$이다.)

단서 두 복소수가 같을 조건을 이용하여 a, b의 값을 각각 구하면 돼.

$(3+ai)(2-i)=13+bi$를 만족시키는 두 실수 a, b에 대하여 $a+b$의 값을 구하시오. (단, $i=\sqrt{-1}$이다.)

1st 좌변을 $p+qi$ 꼴로 나타내.

$(3+ai)(2-i)=6-3i+2ai-ai^2$ $i=\sqrt{-1}$이므로 $i^2=-1$

$\qquad\qquad\qquad =6+(2a-3)i+a$

$\qquad\qquad\qquad =(a+6)+(2a-3)i$

2nd 복소수가 같을 조건을 이용해.

$(3+ai)(2-i)=13+bi$에서

$(a+6)+(2a-3)i=13+bi$

즉, $a+6=13$에서 $a=7$이고

$b=2a-3=2\times7-3=11$이므로

$a+b=7+11=18$

D 69 정답 ④ ·········· 복소수가 서로 같을 조건

(정답 공식: a, b, c, d가 실수이고 $a+bi=c+di$이면 $a=c$, $b=d$이다.)

> $xy<0$인 두 실수 x, y가 등식 $|x-y|+(x-1)i=3-2i$를 만족시킬 때, $x+y$의 값은? (단, $i=\sqrt{-1}$)
> ① -2　　② -1　　③ 0
> ④ 1　　⑤ 2 　[단서] 복소수가 서로 같을 조건을 이용해 실수부분은 실수부분끼리, 허수부분은 허수부분끼리 비교해.

[1st] 복소수가 서로 같을 조건을 이용하여 x, y의 값을 구하자.
x, y가 실수이므로 복소수가 서로 같을 조건에 의하여
$|x-y|=3$, $x-1=-2$
$x-1=-2$에서 $x=-1$
$\underline{|x-y|=3}$에서 $|-1-y|=3$
$x=-1$이므로 $xy<0$에서 $y>0$이야.
이때, $x-y<0$이므로 $|x-y|=3$에서 $x-y=-3$이야.
즉, $-1-y=-3$이므로 $y=2$야.
$1+y=\pm3$ ∴ $y=-4$ 또는 $y=2$
이때, $xy<0$이므로 $x=-1$, $y=2$
∴ $x+y=-1+2=1$

D 70 정답 ② ·········· 복소수가 서로 같을 조건

(정답 공식: a, b, c, d가 실수일 때, $a+bi=c+di \Longleftrightarrow a=c$, $b=d$)

> 두 실수 a, b에 대하여 $\dfrac{2a}{1-i}+3i=2+bi$일 때, $a+b$의 값은?
> [단서] 복소수가 서로 같을 조건을 이용해. (단, $i=\sqrt{-1}$)
> ① 6　　② 7　　③ 8　　④ 9　　⑤ 10

[1st] 분모가 허수인 경우, 분모를 실수로 만들어서 정리하자.

$\dfrac{2a}{1-i}+3i=\dfrac{2a(1+i)}{(1-i)(1+i)}+3i=\dfrac{2a(1+i)}{2}+3i$
$\quad =a(1+i)+3i$ → 분모 $1-i$의 켤레복소수 $1+i$를 분자와 분모에 각각 곱해서 분모를 실수로 바꿔주어야 해.
$\quad =a+(a+3)i$ → 즉, 분모는 $(1-i)(1+i)=1^2-i^2=1+1=2$가 돼.

[2nd] 양변을 비교하여 두 실수 a, b의 값을 구하자.
$a+(a+3)i=2+bi$이므로
$a=2$, $b=a+3=2+3=5$
∴ $a+b=2+5=7$

D 71 정답 ⑤ ·········· 복소수가 서로 같을 조건

(정답 공식: a, b, c, d가 실수일 때, 두 복소수 $a+bi$, $c+di$에 대하여 $a+bi=c+di$이면 $a=c$, $b=d$이다.)

> 등식 $\dfrac{2}{1-i}=a+bi$를 만족시키는 두 실수 a, b에 대하여 $a+b$의 값은? (단, $i=\sqrt{-1}$)
> [단서] a, b는 실수이므로 실수부분과 허수부분을 각각 구하라는 거야.
> ① -2　　② -1　　③ 0
> ④ 1　　⑤ 2

[1st] 좌변을 실수화하여 a, b의 값을 구하자.

등식 $\dfrac{2}{1-i}=a+bi$의 좌변을 실수화하기 위해 분모와 분자에 각각 $\underline{1+i}$를 곱하면 → 실수화하기 위해서는 $1-i$의 켤레복소수를 곱해야 해.

$\dfrac{2}{1-i}=\dfrac{2\times(1+i)}{(1-i)(1+i)}=1+i$
이다.
따라서 문제의 등식은 $1+i=a+bi$이고
a, b가 실수이므로 $a=1$, $b=1$이다.
∴ $a+b=2$

🔧 **다른 풀이**: 양변에 $1-i$를 곱하여 실수부분과 허수부분 비교하기

$\dfrac{2}{1-i}=a+bi$의 양변에 $1-i$를 곱하면
$2=(a+bi)(1-i)$
$2=a-ai+bi+b$
$2=(a+b)-(a-b)i$
a, b는 실수이므로 위 식에서 실수부분을 비교하면
$a+b=2$

D 72 정답 ② ·········· 복소수가 서로 같을 조건

(정답 공식: a, b, c, d가 실수이고 $a+bi=c+di$이면 $a=c$, $b=d$이다.)

> 등식 $x+4xyi-3=4i-y$를 만족하는 실수 x, y에 대하여 x^2+y^2의 값은? (단, $i=\sqrt{-1}$)
> [단서] 복소수가 서로 같을 조건을 이용해 실수부분은 실수부분끼리, 허수부분은 허수부분끼리 비교해.
> ① 6　　② 7　　③ 8
> ④ 9　　⑤ 10

[1st] 복소수가 서로 같을 조건을 이용하여 x, y 사이의 관계식을 찾자.
$x+4xyi-3=4i-y$에서 $(x-3)+4xyi=-y+4i$
x, y가 실수이므로 복소수가 서로 같을 조건에 의하여
$x-3=-y$, $4xy=4$ 　[실수]
∴ $x+y=3$, $xy=1$

> [실수] 실수부분과 허수부분을 정확히 알고 식을 세워야 해. $(x-3)+4xyi=4i-y$에서 $x-3=4$, $4xy=-y$로 놓으면 안 돼.

[2nd] x^2+y^2의 값을 구하자.
∴ $x^2+y^2=(x+y)^2-2xy$
$\quad =3^2-2\times1$
$\quad =9-2=7$

D 73 정답 38 ·········· 복소수가 서로 같을 조건

(정답 공식: $a+bi=c+di$이면 $a=c$, $b=d$이다. (a, b, c, d는 실수))

> [단서] 좌변을 전개하여 복소수가 서로 같을 조건을 이용할 수 있는지 조사하자.
> 등식 $(a-bi)^2=8i$를 만족시키는 실수 a, b에 대하여 $20a+b$의 값을 구하시오. (단, $a>0$이고 $i=\sqrt{-1}$이다.)

[1st] 실수부분과 허수부분으로 나누어서 복소수가 서로 같을 조건을 이용해.
$(a-bi)^2=8i$에서 $a^2-b^2-2abi-8i=0$
∴ $a^2-b^2-2(ab+4)i=0$
실수부분과 허수부분이 각각 0이어야 하므로
$a^2-b^2=0$ … ㉠
$ab+4=0$ … ㉡

[복소수가 서로 같을 조건]
a, b, c, d가 실수일 때,
(1) $a+bi=0 \Leftrightarrow a=0$, $b=0$
(2) $a+bi=c+di \Leftrightarrow a=c$, $b=d$

[2nd] ㉠, ㉡을 연립해서 a, b의 값을 구해.
㉠에서 $(a-b)(a+b)=0$ 　∴ $a=b$ 또는 $a=-b$
(i) $a=b$일 때, ㉡에서 $a^2=-4$이므로 만족하는 실수 a의 값은 존재하지 않는다.
$a=\pm2i$니까 실수가 아니야.
(ii) $a=-b$일 때, ㉡에서 $a^2=4$이므로
$a=2$ ($\because a>0$), $b=-2$
∴ $20a+b=40-2=38$

> [주의] 'a, b가 실수'라는 조건은 그냥 지나치기 쉬워. 구한 답이 문제에 주어진 조건과 맞는지 꼭 확인하도록 해.

D 74 정답 ⑤ ····· 켤레복소수

(**정답 공식**: a, b가 실수일 때, 복소수 $a+bi$의 켤레복소수는 $a-bi$이다.)

복소수 $5-i$의 켤레복소수가 $a+bi$일 때, 두 실수 a, b의 곱 $a \times b$의 값은? (단, $i=\sqrt{-1}$) **단서** 켤레복소수는 실수부분은 그대로 두고, 허수부분의 부호만 바꾸면 돼.

① 1 ② 2 ③ 3
④ 4 ⑤ 5

1st 복소수 $x+yi$ (단, x, y는 실수)의 켤레복소수는 $x-yi$지?
복소수 $5-i$의 켤레복소수는 $5+i$이고
이것이 $a+bi$와 같으므로
$a=5$, $b=1$ ──→ $5+i=5+1i$로 1이 생략되어 있는 거야.
$\therefore a \times b = 5 \times 1 = 5$

D 75 정답 ① ····· 켤레복소수

(**정답 공식**: 실수 a, b에 대하여 $z=a+bi$이면 $\bar{z}=a-bi$이다.)

복소수 $z=2-3i$에 대하여 $(1+2i)\bar{z}$의 값은?
(단, $i=\sqrt{-1}$이고, $\bar{z}$는 z의 켤레복소수이다.)

① $-4+7i$ ② $-4+4i$ ③ $3-4i$
④ $3+7i$ ⑤ $7-4i$ **단서** 복소수의 켤레복소수는 원래 복소수에서 허수부분의 부호만 바뀜을 명심하자.

1st 복소수 z의 켤레복소수 $\bar{z}$를 구하자.
$z=2-3i$이므로 $\bar{z}=2+3i$
$\therefore (1+2i)\bar{z}=(1+2i)(2+3i)$
$\qquad =2+3i+4i+6i^2=-4+7i$
실수부분은 실수부분끼리, 허수부분은 허수부분끼리 계산하고, $i^2=-1$이야.

D 76 정답 ④ ····· 켤레복소수

[**정답 공식**: 복소수 $z=a+bi$ (a, b는 실수)에 대하여 z의 켤레복소수는 허수부 분의 부호를 바꾼 $\bar{z}=a-bi$이다.]

단서 1 복소수 z에 대하여 z의 켤레복소수는 허수부분의 부호를 바꾸어 구해.
복소수 $z=3+2i$의 켤레복소수가 $\bar{z}$일 때, $z-\bar{z}$의 값은?
(단, $i=\sqrt{-1}$)

① i ② $2i$ ③ $3i$
④ $4i$ ⑤ $5i$ **단서 2** 실수부분은 실수부분끼리, 허수부분은 허수부분끼리 계산해.

1st 복소수 z의 켤레복소수 $\bar{z}$를 구해.
복소수 $z=3+2i$의 켤레복소수 $\bar{z}$는 z의 허수부분의 부호를 바꾼
$\bar{z}=3-2i$이다.
2nd $z-\bar{z}$의 값을 구해.
$\therefore z-\bar{z}=(3+2i)-(3-2i)=3+2i-3+2i$
$\qquad =3-3+2i+2i=(3-3)+(2+2)i=4i$
허수단위 i를 문자로 생각하고 동류항끼리 모은 거야.

✿ 복소수의 덧셈과 뺄셈 개념·공식

a, b, c, d가 실수일 때
(1) 덧셈: $(a+bi)+(c+di)=(a+c)+(b+d)i$
(2) 뺄셈: $(a+bi)-(c+di)=(a-c)+(b-d)i$

D 77 정답 ② ····· 켤레복소수

(**정답 공식**: 실수 a, b에 대하여 $z=a+bi$이면 $\bar{z}=a-bi$이다.)

단서 복소수의 켤레복소수는 원래 복소수에서 허수부분의 부호만 바뀜을 명심하자.
복소수 $z=1-2i$에 대하여 $z+\bar{z}$의 값은?
(단, $i=\sqrt{-1}$이고, $\bar{z}$는 z의 켤레복소수이다.)

① 1 ② 2 ③ 3
④ 4 ⑤ 5

1st 복소수 z의 켤레복소수를 구하자.
$z=1-2i$이므로
$\bar{z}=\overline{1-2i}=1+2i$이다.
2nd $z+\bar{z}$를 구하자.
따라서 $z+\bar{z}=(1-2i)+(1+2i)=2$이다.
두 복소수를 더할 때에는 실수부분끼리와 허수부분끼리 더하면 돼.

✿ 켤레복소수 개념·공식

① 복소수 $z=a+bi$에 대하여 허수부분의 부호를 바꾼 $a-bi$를 복소수 $a+bi$의 켤레복소수라 하고 $\bar{z}$로 나타낸다.
② 임의의 복소수와 그의 켤레복소수와의 합과 곱은 실수이다.

D 78 정답 ③ ····· 켤레복소수

(**정답 공식**: 복소수 $z=a+bi$ (단, a, b가 실수)일 때, 켤레복소수 $\bar{z}=a-bi$이다.)

$z=2+3i$일 때, $z+\bar{z}$의 값은? **단서** z의 켤레복소수를 구하여 실수는 실수끼리, 허수는 허수끼리 계산하면 돼.
(단, $i=\sqrt{-1}$이고, $\bar{z}$는 z의 켤레복소수이다.)

① 0 ② 2 ③ 4
④ $3i$ ⑤ $6i$

1st 켤레복소수는 원래 복소수에서 허수부분의 부호만 다르지.
$z=2+3i$이므로 $\bar{z}=2-3i$ ──→ 실수 a, b에 대하여 복소수 $z=a+bi$의 켤레복소수는 $\bar{z}=a-bi$
$\therefore z+\bar{z}=(2+3i)+(2-3i)=4$

D 79 정답 ⑤ ····· 켤레복소수

(**정답 공식**: 두 실수 a, b에 대하여 $\bar{z}=a-bi$이면 $\bar{\bar{z}}=\overline{a-bi}=a+bi=z$)

복소수 z의 켤레복소수 $\bar{z}$가 $2-i$일 때, $z+\bar{z}$의 값은?
단서 복소수 z의 켤레복소수 $\bar{z}$가 주어졌다? $\bar{z}$의 켤레복소수는 원래 복소수 z임을 이용하여 z를 구하자.
(단, $i=\sqrt{-1}$)

① -4 ② -2 ③ 0
④ 2 ⑤ 4

1st 복소수 z의 켤레복소수 $\bar{z}$를 이용하여 복소수 z를 구하자.
$\bar{z}=2-i$에서 ──→ 복소수 $z=a+bi$ (a, b는 실수)에 대하여 켤레복소수가 $\bar{z}$일 때,
$z=\bar{\bar{z}}=\overline{2-i}=2+i$
$\therefore z+\bar{z}=(2+i)+(2-i)=4$
(1) $\bar{z}=a-bi$ (2) $z+\bar{z}=2a$
(3) $z-\bar{z}=2bi$ (4) $z\bar{z}=a^2+b^2$
(5) $\bar{\bar{z}}=z$

D 80 정답 ② ····················· 켤레복소수

(정답 공식: 두 실수 a, b에 대하여 복소수 $a+bi$의 켤레복소수는 $a-bi$이다.)

> **단서** 복소수의 켤레복소수는 원래 복소수에서 허수부분의
> 부호만 바뀜을 명심하자.
>
> 복소수 $z=1+3i$의 <u>켤레복소수가 $\overline{z}$일 때</u>, $(z+\overline{z})i$ 의 값은?
> (단, $i=\sqrt{-1}$)
>
> ① $4i$ ② $2i$ ③ 0
> ④ 2 ⑤ 4

1st 복소수 $z=1+3i$의 켤레복소수를 구하여 주어진 식을 계산해.

$z=1+3i$의 켤레복소수 $\overline{z}=1-3i$이므로 주어진 식을 계산하면

$\underline{(z+\overline{z})i}=(1+3i+1-3i)i=2i$ → 복소수 $z=a+bi$일 때,
$z+\overline{z}=2a$임을 이용해도 돼.

D 81 정답 ① ····················· 켤레복소수

(정답 공식: 복소수 $a+bi$ (a, b는 실수)의 켤레복소수는 $a-bi$이다.)

> 복소수 $z=a+bi$ (a, b는 실수)에 대하여
> 등식 $2z+\overline{z}=3+5i$가 성립할 때, $a+b$의 값은?
> (단, $i=\sqrt{-1}$이고 $\overline{z}$는 z의 켤레복소수이다.)
>
> **단서** 복소수의 켤레복소수를 구하여 대입하고 실수부분끼리, 허수부분끼리 계산해.
>
> ① 6 ② 7 ③ 8
> ④ 9 ⑤ 10

1st 복소수 z의 켤레복소수를 구하여 식에 대입하자.

복소수 $z=a+bi$ (a, b는 실수)의 켤레복소수는 $\overline{z}=a-bi$이므로

> 🔄 **실수** 복소수를 표현할 때, 허수부분을 뒤에 놓는 경우가 대부분이야. 그래서 켤레복소수를 구할 때, 무조건 뒤의 부호를 바꾸면 된다는 착각을 할 수 있어. 하지만 켤레복소수는 허수부분의 부호가 바뀌는 거야. 즉, 복소수 $3i-2$의 켤레복소수는 $3i+2$가 아니라 $-3i-2$가 되는 거야.

주어진 등식 $2z+\overline{z}=3+5i$에 대입하자.

$2(a+bi)+(a-bi)=3+5i$

$2a+2bi+a-bi=3+5i$

$3a+bi=3+5i$

2nd 복소수의 상등을 이용하여 a, b를 구하고 그 합도 구하자.

복소수의 상등에 의해 → 실수 a, b, c, d가 실수일 때
$a+bi=c+di$이면
$a=c, b=d$

$3a=3$, $b=5$

따라서 $a=1$, $b=5$이므로

$a+b=1+5=6$

🔧 **톡톡 풀이: 켤레복소수를 이용하여 복소수 z 구하기**

$2z+\overline{z}=3+5i$ ··· ㉠에서 $2z+\overline{z}$와 $3+5i$의 켤레복소수는 각각
$2\overline{z}+z$, $3-5i$이므로 $2\overline{z}+z=3-5i$ ··· ㉡

㉠×2−㉡을 하면 $a=1$, $b=5$이므로 $a+b=6$이야.

$4z+2\overline{z}-(2\overline{z}+z)=6+10i-(3-5i), 3z=3+15i$ ∴ $z=1+5i$

⚙️ **켤레복소수**   개념·공식

① 복소수 $z=a+bi$에 대하여 허수부분의 부호를 바꾼 $a-bi$를 복소수
$a+bi$의 켤레복소수라 하고 $\overline{z}$로 나타낸다.
② 임의의 복소수와 그의 켤레복소수와의 합과 곱은 실수이다.

D 82 정답 ⑤ ····················· 켤레복소수

(정답 공식: 두 실수 a, b에 대하여 복소수 $a+bi$의 켤레복소수는 $a-bi$이다.)

> 복소수 $z=2+i$의 켤레복소수가 $\overline{z}$일 때, <u>$z+i\overline{z}$의 값은?</u>
>
> **단서** z의 켤레복소수를 구하여 실수는 실수끼리,
> 허수는 허수끼리 계산하면 돼.   (단, $i=\sqrt{-1}$)
>
> ① $1-3i$ ② $1+i$ ③ $1+3i$ ④ $3-i$ ⑤ $3+3i$

1st $z+i\overline{z}$의 값을 구해.

$z=2+i$에서 $\overline{z}=2-i$

[켤레복소수]
두 실수 a, b에 대하여 복소수 $z=a+bi$의
켤레복소수는 $\overline{z}=a-bi$야.

∴ $z+i\overline{z}=(2+i)+i(2-i)=2+i+2i-i^2$
$=2+i+2i-(-1)=3+3i$ $i^2=-1$

실수부분과 허수부분을 구분하여 계산해.

D 83 정답 ⑤ ····················· 켤레복소수의 성질

(정답 공식: 복소수 z와 그 켤레복소수 $\overline{z}$에 대하여 $z+\overline{z}=0$이면 z는 0 또는 순허 수이다.)

> **단서 1** $z=$ (실수부분) + (허수부분)으로 제대로 정리해봐.
>
> 복소수 $z=x^2-(5-i)x+4-2i$에 대하여
> $\overline{z}=-z$ **단서 2** $\overline{z}=-z$, 즉 $z+\overline{z}=0$이므로 z는 0 또는 순허수야.
> 를 만족시키는 모든 실수 x의 값의 합은?
> (단, $i=\sqrt{-1}$이고, $\overline{z}$는 z의 켤레복소수이다.)
>
> ① 1 ② 2 ③ 3 ④ 4 ⑤ 5

1st 복소수 z를 실수부분과 허수부분으로 나누어 나타내자.

$z=x^2-(5-i)x+4-2i$
$=(x^2-5x+4)+(x-2)i$

> 🔄 **실수** 복소수 문제를 풀 때 자주 실수하는 것이 실수부분과 허수부분을 제대로 구하지 않는 거야. 이 문제에서 복소수 $z=x^2-(5-i)x+4-2i$는 실수부분과 허수부분이 제대로 나누어져 있지 않아. 정리부터 하고 문제를 풀기 시작해야 해.

2nd 주어진 식을 변형하여 실수 x의 값을 구하자.

$\overline{z}=-z$, 즉 $\overline{z}+z=0$이므로 복소수 z는 0 또는 순허수이다.

즉, z의 (실수부분)$=0$이므로 $x^2-5x+4=0$, $(x-1)(x-4)=0$

∴ $x=1$ 또는 $x=4$

따라서 모든 실수 x의 값의 합은 $1+4=5$이다.

$x^2-5x+4=0$의 두 근을 α, β라 놓으면 이차방정식의 근과 계수의 관계에 의해
$\alpha+\beta=-\dfrac{-5}{1}=5$로 구할 수도 있어.

D 84 정답 ① ····················· 켤레복소수의 성질

(정답 공식: 복소수 z와 그 켤레복소수 $\overline{z}$에 대하여 $z+\overline{z}=0$이면 z는 0 또는 순허 수이다.)

> 0이 아닌 복소수 $z=(i-2)x^2-3xi-4i+32$가 $z+\overline{z}=0$을 만
> **단서 1** $z=($ $)+($ $)i$ 꼴로 정리해 봐.
> 족시킬 때, 실수 x의 값은? (단, $i=\sqrt{-1}$이고 $\overline{z}$는 z의 켤레복
> 소수이다.)   **단서 2** $z+\overline{z}=0$을 만족시키는 복소수 z의
> 성질을 알아야 해.
>
> ① -4 ② -1 ③ 1
> ④ 3 ⑤ 4

1st 복소수 z의 실수부분과 허수부분을 알 수 있도록 정리하자.

$z=(i-2)x^2-3xi-4i+32$
$\quad=-2x^2+32+(x^2-3x-4)i$

2nd 복소수 z의 특징을 파악하여 x의 값을 구하자.

이때, $z+\bar{z}=0$을 만족시키는 복소수 z는 순허수이므로

> $z+\bar{z}=0$이면 z는 0 또는 순허수인데, 문제의 조건에서 z가 0이 아니라고 했으므로 z는 순허수야.

$-2x^2+32=0$이고 $x^2-3x-4\neq0$이어야 한다.

즉, $-2x^2+32=0$에서

$x^2=16$ $\quad\therefore x=-4$ 또는 $x=4$ ··· ㉠

또, $x^2-3x-4\neq0$에서

$(x+1)(x-4)\neq0$ $\quad\therefore x\neq-1$이고 $x\neq4$ ··· ㉡

㉠, ㉡에서 $x=-4$

> $(x+1)(x-4)\neq0$이려면 $x+1\neq0$이어야 하고 $x-4\neq0$이어야 하므로 $x\neq-1$이고 $x\neq4$야.

D 85 정답 ⑤ ·········· 켤레복소수의 성질

(정답 공식: $z=a+bi$를 z^2-z에 대입하여 a, b에 대한 조건을 먼저 구한다. **)**

복소수 $z=a+bi$ (a, b는 0이 아닌 실수)에 대하여 z^2-z가 실수일 때, [보기]에서 옳은 것만을 있는 대로 고른 것은?

(단, $i=\sqrt{-1}$이고, $\bar{z}$는 z의 켤레복소수이다.)

[보기]

ㄱ. $\overline{z^2-z}$는 실수이다. ㄴ. $z+\bar{z}=1$ ㄷ. $z\bar{z}>\dfrac{1}{4}$

① ㄱ ② ㄴ ③ ㄱ, ㄴ
④ ㄱ, ㄷ ⑤ ㄱ, ㄴ, ㄷ

> **단서**
> $z^2-z=(a+bi)^2-(a+bi)$
> $=(a^2-a-b^2)+(2a-1)bi$
> 가 실수일 조건을 생각해.

1st z^2-z가 실수가 되게 하는 조건을 찾아보자.

ㄱ. z^2-z는 실수이므로 $\overline{z^2-z}$도 실수이다. (참)

ㄴ. $z^2-z=(a+bi)^2-(a+bi)$
$\quad=a^2+2abi-b^2-a-bi$
$\quad=(a^2-a-b^2)+(2a-1)bi$

> **실수 →** 복소수가 실수가 되는 조건은 '(허수부분)=0'이라는 것만 기억하면 다양한 형태의 복소수가 나와도 실수하지 않을 거야.

이때, z^2-z가 실수이므로 $(2a-1)b=0$이고, $b\neq0$이므로 $a=\dfrac{1}{2}$이다.

즉, $z=\dfrac{1}{2}+bi$에서 $\bar{z}=\dfrac{1}{2}-bi$이므로 $z+\bar{z}=1$이다. (참)

ㄷ. $z=\dfrac{1}{2}+bi$이고 $\bar{z}=\dfrac{1}{2}-bi$이므로

$z\bar{z}=\dfrac{1}{4}+b^2>\dfrac{1}{4}$이 성립한다. (참)

> b가 실수이면 실수의 성질에 의하여 $b^2\geq0$
> 이것을 이용하면
> $z\bar{z}=\dfrac{1}{4}+b^2$에서 $b\neq0$이므로 $b^2>0$이야.

따라서 옳은 것은 ㄱ, ㄴ, ㄷ이다.

> 따라서 $z\bar{z}=\dfrac{1}{4}+b^2>\dfrac{1}{4}$이 성립해.

D 86 정답 ⑤ ·········· 켤레복소수의 성질

(정답 공식: $z=a+bi$ (a, b는 실수)의 켤레복소수 $\bar{z}=a-bi$이다. **)**

복소수 $z=a+bi$ (a, b는 0이 아닌 실수)에 대하여

$iz=\bar{z}$ **단서** $\overline{z}=\overline{a+bi}=a-bi$를 의미하지.

일 때, [보기]에서 옳은 것만을 있는 대로 고른 것은?

(단, $i=\sqrt{-1}$이고, $\bar{z}$는 z의 켤레복소수이다.)

[보기]

ㄱ. $z+\bar{z}=-2b$ ㄴ. $i\bar{z}=-z$ ㄷ. $\dfrac{\bar{z}}{z}+\dfrac{z}{\bar{z}}=0$

① ㄱ ② ㄷ ③ ㄱ, ㄴ
④ ㄴ, ㄷ ⑤ ㄱ, ㄴ, ㄷ

1st $\overline{z}=\overline{a+bi}=a-bi$임을 이용해서 a, b 사이의 관계식을 구하자.

$z=a+bi$에 대하여 $iz=i(a+bi)=-b+ai$, $\bar{z}=a-bi$

이때, $iz=\bar{z}$이므로 $a=-b$

> $-b+ai=a-bi$에서 a, b는 실수이므로 $a=-b$야.

$\therefore z=a-ai$ 또는 $z=-b+bi$

2nd [보기]의 진위를 판별하자.

ㄱ. $z+\bar{z}=-b+bi-b-bi=-2b$ (참)

ㄴ. $i\bar{z}=i(a+ai)=ai-a=-(a-ai)=-z$ (참)

> $z=a-ai$ 또는 $z=-b+bi$이므로 $\bar{z}=a+ai$ 또는 $\bar{z}=-b-bi$

ㄷ. $iz=\bar{z}$에서 $\dfrac{\bar{z}}{z}=i$이므로

$\dfrac{\bar{z}}{z}+\dfrac{z}{\bar{z}}=i+\dfrac{1}{i}=i-i=0$이다. (참)

> 서로 역수 관계야.

따라서 옳은 것은 ㄱ, ㄴ, ㄷ이다.

D 87 정답 ⑤ ·········· 켤레복소수의 성질

(정답 공식: x, y가 실수일 때, 복소수 $z=x+yi$의 켤레복소수는 $\bar{z}=x-yi$이다. **)**

> **단서 1** 자연수의 성질을 이용해서 풀어야 해. 조건을 놓치지 마.

두 복소수 $z_1=a+bi$, $z_2=c+di$에 대하여 a, b, c, d는 자연수이고 $z_1\bar{z_1}=10$일 때, [보기]에서 옳은 것만을 있는 대로 고른 것은? (단, $i=\sqrt{-1}$이고, $\bar{z}$는 복소수 z의 켤레복소수이다.)

> **단서 2** 어떤 복소수와 그 복소수의 켤레복소수는 실수부분은 같고 허수부분은 부호만 달라.

[보기]

ㄱ. $a^2+b^2=10$
ㄴ. $z_1+\bar{z_2}=3$이면 $c+d=5$이다.
ㄷ. $(z_1+z_2)(\overline{z_1+z_2})=41$이면 $z_2\bar{z_2}$의 최댓값은 17이다.

① ㄱ ② ㄱ, ㄴ ③ ㄱ, ㄷ
④ ㄴ, ㄷ ⑤ ㄱ, ㄴ, ㄷ

1st $z_1\bar{z_1}=10$임을 이용하여 ㄱ의 참, 거짓을 따져.

ㄱ. $z_1=a+bi$이므로 $\bar{z_1}=a-bi$

$z_1\bar{z_1}=10$에서 $(a+bi)(a-bi)=10$, $a^2-b^2i^2=10$

$a^2-b^2\times(-1)=10$ $\quad\therefore a^2+b^2=10$ ··· ㉠ (참)

> $i^2=-1$이지?

2nd $z_1+\bar{z_2}=3$과 a, b, c, d는 자연수임을 이용하여 ㄴ의 참, 거짓을 따져.

ㄴ. $a^2+b^2=10$에서 a, b가 자연수이므로

$a=1$이면 $a^2=1$이고 $b^2=9$이므로 $b=3$이다. ··· ㉡

$a=2$이면 $a^2=4$이고 $b^2=6$이므로 자연수 b는 존재하지 않는다.

$a=3$이면 $a^2=9$이고 $b^2=1$이므로 $b=1$이다.

$a\geq4$이면 $a^2\geq16$이므로 자연수 b는 존재하지 않는다.

$\therefore a=1$, $b=3$ 또는 $a=3$, $b=1$

한편, $z_2=c+di$에서 $\bar{z_2}=c-di$이므로 $z_1+\bar{z_2}=3$에서

$(a+bi)+(c-di)=3$, $(a+c)+(b-d)i=3$

$\therefore a+c=3$, $b-d=0$

> a, b, c, d가 실수일 때 $a+bi=c+di$이면 $a=c$, $b=d$야.

그런데 $a+c=3$에서 $a<3$이어야 하므로 ㉡에 의하여

> $a\geq3$이면 c는 자연수가 될 수 없어.

$a=1$, $b=3$, $c=2$이고 $b-d=0$에서 $d=b=3$

$\therefore c+d=2+3=5$ (참)

3rd $(z_1+z_2)(\overline{z_1+z_2})=41$과 a, b, c, d는 자연수임을 이용하여 ㄷ의 참, 거짓을 따져.

ㄷ. $z_2\bar{z_2}=(c+di)(c-di)=c^2-d^2i^2=c^2+d^2$ ··· ㉢

한편, $z_1+z_2=(a+bi)+(c+di)=(a+c)+(b+d)i$이고

$\overline{z_1+z_2}=(a+c)-(b+d)i$이다.

즉, $(z_1+z_2)(\overline{z_1+z_2})=41$에서
$\{(a+c)+(b+d)i\}\{(a+c)-(b+d)i\}=41$
$(a+c)^2-(b+d)^2i^2=41$
$\therefore (a+c)^2+(b+d)^2=41 \cdots$ ㉣
<u>a, b, c, d가 자연수이므로 $a+c, b+d$는 모두 2 이상의 자연수야.</u>

㉣에서 $a+c=2$이면 $(a+c)^2=4$이고 $(b+d)^2=37$이므로
자연수 $b+d$는 존재하지 않는다. 마찬가지로 ㉣에서
$a+c=3$이면 $(a+c)^2=9$이고 $(b+d)^2=32$이므로
자연수 $b+d$는 존재하지 않는다.
$a+c=4$이면 $(a+c)^2=16$이고 $(b+d)^2=25$이므로
자연수 $b+d=5$이다.
$a+c=5$이면 $(a+c)^2=25$이고 $(b+d)^2=16$이므로
자연수 $b+d=4$이다.
$a+c=6$이면 $(a+c)^2=36$이고 $(b+d)^2=5$이므로
자연수 $b+d$는 존재하지 않는다.
$a+c\geq7$이면 $(a+c)^2\geq49$이므로 자연수 $b+d$는 존재하지 않는다.

(i) $a+c=4$, $b+d=5$일 때,
  i) $a=1$이면 $c=3$이고 ㉠에서 자연수 $b=3$이므로 $d=2$이다.
    ㉢에 의하여 $z_2\overline{z_2}=c^2+d^2=3^2+2^2=13$
  ii) $a=2$이면 $c=2$이고 ㉠에서 자연수 b는 존재하지 않는다.
  iii) $a=3$이면 $c=1$이고 ㉠에서 자연수 $b=1$이므로 $d=4$이다.
    ㉢에 의하여 $z_2\overline{z_2}=c^2+d^2=1^2+4^2=17$
  iv) $a\geq4$이면 자연수 c는 존재하지 않는다.

(ii) $a+c=5$, $b+d=4$일 때,
  i) $a=1$이면 $c=4$이고 ㉠에서 자연수 $b=3$이므로 $d=1$이다.
    ㉢에 의하여 $z_2\overline{z_2}=c^2+d^2=4^2+1^2=17$
  ii) $a=2$이면 $c=3$이고 ㉠에서 자연수 b는 존재하지 않는다.
  iii) $a=3$이면 $c=2$이고 ㉠에서 자연수 $b=1$이므로 $d=3$이다.
    ㉢에 의하여 $z_2\overline{z_2}=c^2+d^2=2^2+3^2=13$
  iv) $a=4$이면 $c=1$이고 ㉠에서 자연수 b는 존재하지 않는다.
  v) $a\geq5$이면 자연수 c는 존재하지 않는다.

(i), (ii)에 의하여 $z_2\overline{z_2}=13$ 또는 $z_2\overline{z_2}=17$이므로 $z_2\overline{z_2}$의 최댓값은 17이다. (참)
따라서 옳은 것은 ㄱ, ㄴ, ㄷ이다.

D 88 정답 ② ········ 켤레복소수의 성질을 이용하여 식의 값 구하기

(**정답 공식**: 두 복소수 z_1, z_2에 대하여 $\overline{z_1\pm z_2}=\overline{z_1}\pm\overline{z_2}$임을 이용한다.)

두 복소수 $\alpha=3+i$, $\beta=1-2i$에 대하여 $(\alpha-\beta)(\overline{\alpha}-\overline{\beta})$의 값은? (단, $i=\sqrt{-1}$이고, $\overline{\alpha}$, $\overline{\beta}$는 각각 α, β의 켤레복소수이다.)

단서 $\overline{\alpha-\beta}=\overline{\alpha}-\overline{\beta}$ 임을 이용해.

① 11   ② 13   ③ 15
④ 17   ⑤ 19

1st 켤레복소수의 성질을 이용해서 해결해.
$\alpha-\beta=(3+i)-(1-2i)=2+3i$
$\overline{\alpha}-\overline{\beta}=\overline{\alpha-\beta}=\overline{2+3i}=2-3i$
<u>$\overline{\alpha}=3-i$, $\overline{\beta}=1+2i$이므로</u>
<u>$\overline{\alpha}-\overline{\beta}=(3-i)-(1+2i)=2-3i$</u>
$\therefore (\alpha-\beta)(\overline{\alpha}-\overline{\beta})=(2+3i)(2-3i)$
                    $=2^2-3^2i^2=13$
                    <u>$i^2=-1$</u>

D 89 정답 ③ ········ 켤레복소수의 성질을 이용하여 식의 값 구하기

(**정답 공식**: 두 복소수 z_1, z_2에 대하여 $\overline{z_1\pm z_2}=\overline{z_1}\pm\overline{z_2}$임을 이용한다.)

두 복소수 α, β가
$\alpha\overline{\alpha}=\beta\overline{\beta}=3$, $(\alpha+\beta)(\overline{\alpha+\beta})=3$
을 만족할 때, $(\alpha+\beta)\left(\dfrac{1}{\alpha}+\dfrac{1}{\beta}\right)$의 값은?

단서 $\alpha\overline{\alpha}=\beta\overline{\beta}=3$에서 $\dfrac{1}{\alpha}, \dfrac{1}{\beta}$을 각각 $\overline{\alpha}, \overline{\beta}$에 대한 식으로 나타내봐.

(단, $\overline{\alpha}$, $\overline{\beta}$는 각각 α, β의 켤레복소수이다.)

① $\dfrac{1}{9}$ ② $\dfrac{1}{3}$ ③ 1
④ 3   ⑤ 9

1st 조건에서 $\dfrac{1}{\alpha}, \dfrac{1}{\beta}$을 각각 $\overline{\alpha}, \overline{\beta}$에 대한 식으로 나타내어 주어진 식을 변형하자.

$\alpha\overline{\alpha}=3$에서 $\overline{\alpha}=\dfrac{3}{\alpha}$이므로 $\dfrac{1}{\alpha}=\dfrac{\overline{\alpha}}{3}$

$\beta\overline{\beta}=3$에서 $\overline{\beta}=\dfrac{3}{\beta}$이므로 $\dfrac{1}{\beta}=\dfrac{\overline{\beta}}{3}$

$\therefore (\alpha+\beta)\left(\dfrac{1}{\alpha}+\dfrac{1}{\beta}\right)=(\alpha+\beta)\left(\dfrac{\overline{\alpha}}{3}+\dfrac{\overline{\beta}}{3}\right)$
                    $=\dfrac{1}{3}(\alpha+\beta)(\overline{\alpha}+\overline{\beta})$
                    $=\dfrac{1}{3}(\alpha+\beta)(\overline{\alpha+\beta})$
                    $=\dfrac{1}{3}\times 3=1$

$(\alpha+\beta)(\overline{\alpha+\beta})$에서 전개하지 말고 켤레복소수의 성질을 이용하면 $(\alpha+\beta)(\overline{\alpha+\beta})=3$을 이용할 수 있어.

D 90 정답 ⑤ ········ 켤레복소수의 성질을 이용하여 식의 값 구하기

(**정답 공식**: 두 복소수 z_1, z_2에 대하여 $\overline{z_1\cdot z_2}=\overline{z_1}\cdot\overline{z_2}$이고, $\overline{\overline{z_1}}=z_1$이다.)

단서 $\alpha\overline{\beta}$는 실수이므로 $\overline{\alpha\overline{\beta}}=\overline{\alpha}\overline{\overline{\beta}}=\overline{\alpha}\beta$야.
두 복소수 α, β에 대하여 $\alpha\overline{\beta}=1$, $\alpha+\dfrac{1}{\alpha}=2i$일 때, $\beta+\dfrac{1}{\overline{\beta}}$
의 값은? (단, $i=\sqrt{-1}$이고, $\overline{\alpha}$, $\overline{\beta}$는 각각 α, β의 켤레복소수이다.)

① -2 ② 2   ③ $-2i$ ④ i ⑤ $2i$

1st 켤레복소수의 성질을 이용해.
$\alpha\overline{\beta}=1$에서 $\dfrac{1}{\overline{\beta}}=\alpha$
복소수의 성질에 의하여
$\alpha\overline{\beta}=1$에서 $\overline{\alpha\overline{\beta}}=\overline{\alpha}\beta=1$이므로 $\beta=\dfrac{1}{\overline{\alpha}}$
$\therefore \beta+\dfrac{1}{\overline{\beta}}=\dfrac{1}{\overline{\alpha}}+\alpha=2i$
→ z가 실수이면 $\overline{z}=z$야.

D 91 정답 ⑤ ········ 켤레복소수의 성질을 이용하여 식의 값 구하기

[**정답 공식**: 구해야 하는 식을 인수분해한 후, 복소수 z_1, z_2에 대해 $\overline{z_1+z_2}=\overline{z_1}+\overline{z_2}$임을 이용한다.]

단서 $\overline{x+y}=\overline{x}+\overline{y}$임을 이용하여 정리하자.
두 복소수 $\alpha=2+i$, $\beta=2-3i$에 대하여 $\alpha\overline{\alpha}+\alpha\overline{\beta}+\overline{\alpha}\beta+\beta\overline{\beta}$
의 값은? (단, $\overline{\alpha}$는 α의 켤레복소수, $i=\sqrt{-1}$이다.)

① 12   ② 14   ③ 16
④ 18   ⑤ 20

1st 주어진 식을 동류항끼리 묶어서 인수분해 한 후에 α와 β의 값을 대입해 봐.

$$a\bar{a}+\bar{a}\beta+a\bar{\beta}+\beta\bar{\beta}=\bar{a}(\alpha+\beta)+\bar{\beta}(\alpha+\beta)$$
$$=(\alpha+\beta)(\bar{\alpha}+\bar{\beta})=(\alpha+\beta)\overline{(\alpha+\beta)}$$

$\alpha+\beta=(2+i)+(2-3i)=4-2i$에서
$\overline{\alpha+\beta}=4+2i$이므로
$a\bar{a}+\bar{a}\beta+a\bar{\beta}+\beta\bar{\beta}=(4-2i)(4+2i)=16-\underline{4i^2}=20$

$i^2=-1$이지?

D 92 정답 ③ ········· 켤레복소수의 성질을 이용하여 식의 값 구하기

(**정답 공식**: 두 복소수 z_1, z_2에 대하여 $\overline{z_1\pm z_2}=\overline{z_1}\pm\overline{z_2}$임을 이용한다.)

$\alpha=2-7i$, $\beta=-1+4i$일 때, $a\bar{a}+\bar{a}\beta+a\bar{\beta}+\beta\bar{\beta}$의 값은?

단서 인수분해하여 식을 간단히 해 봐.

(단, $i=\sqrt{-1}$이고 $\bar{\alpha}$, $\bar{\beta}$는 각각 α, β의 켤레복소수이다.)

① 8   ② 9   ③ 10
④ 11   ⑤ 12

1st 주어진 식을 동류항끼리 묶어서 인수분해 한 후 α와 β의 값을 대입해 봐.

$$a\bar{a}+\bar{a}\beta+a\bar{\beta}+\beta\bar{\beta}=\bar{a}(\alpha+\beta)+\bar{\beta}(\alpha+\beta)$$
$$=(\alpha+\beta)(\bar{\alpha}+\bar{\beta})$$
$$=(\alpha+\beta)\overline{(\alpha+\beta)}$$

이때, $\alpha=2-7i$, $\beta=-1+4i$에서
$\alpha+\beta=(2-7i)+(-1+4i)=1-3i$이고
$\overline{\alpha+\beta}=1+3i$이므로
$\overline{\alpha+\beta}=\overline{1-3i}=1+3i$

$$a\bar{a}+\bar{a}\beta+a\bar{\beta}+\beta\bar{\beta}=(\alpha+\beta)\overline{(\alpha+\beta)}$$
$$=(1-3i)(1+3i)$$
$$=1+9=10$$
$(1-3i)(1+3i)=1^2-(3i)^2=1-(-9)$

D 93 정답 ② ········· 켤레복소수의 성질을 이용하여 식의 값 구하기

(**정답 공식**: 실수 a, b에 대하여 $z=a+bi$이면 $\bar{z}=a-bi$이다.)

0이 아닌 세 복소수 α, β, γ가 다음 조건을 만족시킨다.

(가) $\alpha+\beta+\gamma=0$ **단서1** 조건 (가), (나)의 식을 이용해 한 문자를 다른 두 문자에 대한 식으로 나타낼 수 있어.

(나) $\dfrac{1}{\alpha}+\dfrac{1}{\beta}+\dfrac{1}{\gamma}=0$

단서2 $\dfrac{1}{\alpha}+\dfrac{1}{\beta}+\dfrac{1}{\gamma}=0$에서 $\dfrac{\alpha\beta+\beta\gamma+\gamma\alpha}{\alpha\beta\gamma}=0$이므로 $\alpha\beta+\beta\gamma+\gamma\alpha=0$임을 알 수 있어.

이때 $\dfrac{\gamma}{\alpha}+\overline{\left(\dfrac{\alpha}{\beta}\right)}$의 값은?

$\left(\text{단, }\overline{\left(\dfrac{\alpha}{\beta}\right)}\text{는 }\dfrac{\alpha}{\beta}\text{의 켤레복소수이고, }i=\sqrt{-1}\text{이다.}\right)$

① $-i$ ② -1 ③ 0
④ i ⑤ 1

1st 주어진 조건을 이용하여 $\dfrac{\gamma}{\alpha}$의 값을 구하자.

조건 (나)에서 $\dfrac{1}{\alpha}+\dfrac{1}{\beta}=-\dfrac{1}{\gamma}$이므로

$$\dfrac{\alpha+\beta}{\alpha\beta}=-\dfrac{1}{\gamma}$$

이때, 조건 (가)에서 $\alpha+\beta=-\gamma$이므로 위 식에 대입하면

$$\dfrac{-\gamma}{\alpha\beta}=-\dfrac{1}{\gamma} \qquad \therefore \alpha\beta=\gamma^2 \cdots \ominus$$

같은 방법으로 하면

조건 (나)에서 $\dfrac{1}{\beta}+\dfrac{1}{\gamma}=-\dfrac{1}{\alpha}$이므로 $\dfrac{\beta+\gamma}{\beta\gamma}=-\dfrac{1}{\alpha}$
이때, 조건 (가)에서 $\beta+\gamma=-\alpha$이므로 위 식에 대입하면
$\dfrac{-\alpha}{\beta\gamma}=-\dfrac{1}{\alpha}$ $\therefore \beta\gamma=\alpha^2$

$$\beta\gamma=\alpha^2 \cdots \ominus\ominus$$

또한, 조건 (나)에서 $\dfrac{1}{\alpha}+\dfrac{1}{\beta}+\dfrac{1}{\gamma}=0$, 즉 $\dfrac{\alpha\beta+\beta\gamma+\gamma\alpha}{\alpha\beta\gamma}=0$이므로

$$\alpha\beta+\beta\gamma+\gamma\alpha=0$$

위 식에 $\ominus$, $\ominus\ominus$을 대입하면

$$\gamma^2+\gamma\alpha+\alpha^2=0$$

위 식의 양변을 α^2으로 나누면

$$\left(\dfrac{\gamma}{\alpha}\right)^2+\dfrac{\gamma}{\alpha}+1=0$$

$$\therefore \dfrac{\gamma}{\alpha}=\dfrac{-1+\sqrt{3}i}{2} \text{ 또는 } \dfrac{\gamma}{\alpha}=\dfrac{-1-\sqrt{3}i}{2}$$

$\left(\dfrac{\gamma}{\alpha}\right)^2+\dfrac{\gamma}{\alpha}+1=0$에서 $\dfrac{\gamma}{\alpha}=x$라 하면 $x^2+x+1=0$
이차방정식 $x^2+x+1=0$의 해를 근의 공식을 이용하여 구하면
$x=\dfrac{-1\pm\sqrt{1^2-4\times1\times1}}{2\times1}=\dfrac{-1\pm\sqrt{3}i}{2}$

2nd $\dfrac{\gamma}{\alpha}+\overline{\left(\dfrac{\alpha}{\beta}\right)}$의 값을 구하자.

한편, $\ominus\ominus$에서 $\beta\gamma=\alpha^2$의 양변을 $\alpha\beta$로 나누면

$$\dfrac{\gamma}{\alpha}=\dfrac{\alpha}{\beta}$$

즉, $\dfrac{\gamma}{\alpha}+\overline{\left(\dfrac{\alpha}{\beta}\right)}=\dfrac{\gamma}{\alpha}+\overline{\left(\dfrac{\gamma}{\alpha}\right)}$이다.

이때,

$\dfrac{\gamma}{\alpha}=\dfrac{-1+\sqrt{3}i}{2}$이면 $\overline{\left(\dfrac{\gamma}{\alpha}\right)}=\dfrac{-1-\sqrt{3}i}{2}$이므로

$$\dfrac{\gamma}{\alpha}+\overline{\left(\dfrac{\gamma}{\alpha}\right)}=\dfrac{-1+\sqrt{3}i}{2}+\dfrac{-1-\sqrt{3}i}{2}=-1$$

$\dfrac{\gamma}{\alpha}=\dfrac{-1-\sqrt{3}i}{2}$이면 $\overline{\left(\dfrac{\gamma}{\alpha}\right)}=\dfrac{-1+\sqrt{3}i}{2}$이므로

$$\dfrac{\gamma}{\alpha}+\overline{\left(\dfrac{\gamma}{\alpha}\right)}=\dfrac{-1-\sqrt{3}i}{2}+\dfrac{-1+\sqrt{3}i}{2}=-1$$

$$\therefore \dfrac{\gamma}{\alpha}+\overline{\left(\dfrac{\alpha}{\beta}\right)}=\dfrac{\gamma}{\alpha}+\overline{\left(\dfrac{\gamma}{\alpha}\right)}=-1$$

복소수 $\dfrac{\gamma}{\alpha}$와 그 **켤레복소수** $\overline{\left(\dfrac{\gamma}{\alpha}\right)}$의 합은 복소수 $\dfrac{\gamma}{\alpha}$의 실수부분의 2배와 같으므로
$\dfrac{\gamma}{\alpha}+\overline{\left(\dfrac{\gamma}{\alpha}\right)}=-\dfrac{1}{2}\times2=-1$

🔵 **다른 풀이**: $\dfrac{\alpha}{\beta}$의 값을 먼저 구하기

조건 (나)에서 $\dfrac{1}{\beta}+\dfrac{1}{\gamma}=-\dfrac{1}{\alpha}$이므로 $\dfrac{\beta+\gamma}{\beta\gamma}=-\dfrac{1}{\alpha}$

이때, 조건 (가)에서 $\beta+\gamma=-\alpha$이므로 위 식에 대입하면

$$\dfrac{-\alpha}{\beta\gamma}=-\dfrac{1}{\alpha} \qquad \therefore \alpha^2=\beta\gamma$$

위 식의 양변을 $\alpha\beta$로 나누면

$$\dfrac{\alpha}{\beta}=\dfrac{\gamma}{\alpha} \cdots \ominus\ominus\ominus$$

한편, 조건 (나)의 $\dfrac{1}{\alpha}+\dfrac{1}{\beta}+\dfrac{1}{\gamma}=0$의 양변에 α를 곱하면

$$1+\dfrac{\alpha}{\beta}+\dfrac{\alpha}{\gamma}=0$$

이때, $\dfrac{\alpha}{\beta}=t$라 하면

$$1+t+\frac{1}{t}=0, \ t^2+t+1=0 \qquad \therefore t=\frac{-1\pm\sqrt{3}i}{2}$$

©에서 $\frac{\alpha}{\beta}=\frac{\gamma}{\alpha}$이므로 $\frac{\alpha}{\gamma}=\frac{1}{\frac{\alpha}{\beta}}$ $\qquad \therefore \frac{\alpha}{\gamma}=\frac{1}{t}$

따라서 $\frac{\alpha}{\beta}=\frac{-1\pm\sqrt{3}i}{2}$이므로 ㉢에 의해

$$\frac{\gamma}{\alpha}+\overline{\left(\frac{\alpha}{\beta}\right)}=\frac{\alpha}{\beta}+\overline{\left(\frac{\alpha}{\beta}\right)}=\frac{-1\pm\sqrt{3}i}{2}+\frac{-1\mp\sqrt{3}i}{2}=-1$$

D 94 정답 29 ·························· 복소수를 $z=a+bi$로 놓고 풀기

〔 **정답 공식:** a, b, c, d가 실수일 때, 두 복소수 $a+bi, c+di$에 대하여 $a+bi=c+di$이면 $a=c, b=d$ 〕

> [단서] 복소수가 서로 같은 조건을 이용해.
>
> 복소수 z에 대하여 등식 $3z-2\bar{z}=5+10i$가 성립할 때, $z\bar{z}$의 값을 구하시오.
> (단, $\bar{z}$는 z의 켤레복소수이고, $i=\sqrt{-1}$이다.)

1st 복소수 z를 구하자.

$z=a+bi$ (a, b는 실수)라 하면
$\bar{z}=a-bi$이므로 $3z-2\bar{z}=5+10i$의 식은

$3(a+bi)-2(a-bi)=5+10i$ ⟶ [켤레복소수] 복소수 $a+bi$ (a, b는 실수)에 대하여 허수부분의 부호를 바꾼 복소수 $a-bi$
$3a+3bi-2a+2bi=5+10i$
$a+5bi=5+10i$
$\therefore a=5, \ b=2$
즉, $z=5+2i$

2nd $z\bar{z}$의 값을 구하자.

$\therefore z\bar{z}=(5+2i)(5-2i)$
$\qquad =5^2-(2i)^2=25-(-4)=29$

D 95 정답 ④ ·························· 복소수를 $z=a+bi$로 놓고 풀기

〔 **정답 공식:** $z=a+bi$의 켤레복소수 $\bar{z}=a-bi$이다. (단, a, b는 실수) 〕

> 실수가 아닌 복소수 z에 대하여 $z^2+4\bar{z}=0$일 때,
> [단서] a, b가 실수인 복소수 $z=a+bi$에서 $b=0$이면 $z=a$로 실수 돼. 따라서 $b\neq0$이야.
> $z\bar{z}$의 값은? (단, $\bar{z}$는 z의 켤레복소수이다.)
> ① 10　　　　　② 12　　　　　③ 14
> ④ 16　　　　　⑤ 18

1st 주어진 식에 $z=a+bi$ (a, b는 실수, $b\neq0$)를 대입해서 a, b의 관계식을 구해.

실수가 아닌 복소수 $z=a+bi$ (a, b는 실수, $b\neq0$)라 하자.
켤레복소수 $\bar{z}=a-bi$이므로
$z^2+4\bar{z}=0$에서
$(a+bi)^2+4(a-bi)=a^2+2abi-b^2+4a-4bi$
$(a+bi)^2=a^2+2abi+(bi)^2=a^2+2abi-b^2$
$\qquad\qquad\qquad =(a^2-b^2+4a)+(2ab-4b)i=0$
a, b가 실수이고 $a+bi=0$이면 $a=0, b=0$
즉, $a^2-b^2+4a=0, \ 2ab-4b=0$

2nd $z\bar{z}$의 값을 구해.

$2ab-4b=0$에서 $b\neq0$이므로
$2a-4=0 \qquad \therefore a=2$
이 값을 $a^2-b^2+4a=0$에 대입하면
$4-b^2+8=0, \ b^2=12$
$\therefore z\bar{z}=(a+bi)(a-bi)=a^2+b^2=4+12=16$

🧭 **다른 풀이 : 켤레복소수의 성질 활용하기**

$z=a+bi, \ \bar{z}=a-bi$ (a, b는 실수)에 대하여
$z+\bar{z}=2a$이므로 $z+\bar{z}$는 실수야.
$z+\bar{z}=k$ (k는 실수)라 하자.
$z^2+4\bar{z}=0$의 양변에 $4z$를 더하면
$z^2+4(z+\bar{z})=4z$
$z^2-4z+4k=0$이므로
x에 대한 이차방정식 $x^2-4x+4k=0$의 두 근은 $z, \bar{z}$야.
> 계수가 실수인 이차방정식의 허근인 해는 켤레근임이므로 z가 이차방정식의 근이면 $\bar{z}$도 근이야.
이차방정식의 근과 계수의 관계에 의해
$z+\bar{z}=4, \ z\bar{z}=4k$
즉, $z+\bar{z}=k=4$이므로 $z\bar{z}=4k=16$

D 96 정답 ② ·························· 복소수를 $z=a+bi$로 놓고 풀기

〔 **정답 공식:** $z=a+bi$ (a, b는 실수)일 때, $\bar{z}=a-bi$ 〕

> 실수가 아닌 복소수 z에 대하여 $z-3\bar{z}=z^2$일 때, $z\bar{z}$의 값은?
> [단서 1] $z=a+bi$에서 $b=0$이면 $z=a$이므로 실수가 돼.
> [단서 2] $z=a+bi$를 대입하면 돼.
> (단, $\bar{z}$는 z의 켤레복소수이다.)
> ① 10　　　　　② 12　　　　　③ 14
> ④ 16　　　　　⑤ 18

1st a, b의 관계식을 구해.

$z=a+bi$ (a, b는 실수, $b\neq0$)라 하자.
$\bar{z}=a-bi$이므로
> $z=a+bi$에서 $b=0$이면 $z=a$이므로 실수가 돼.
이를 $z-3\bar{z}=z^2$에 대입하면
$(a+bi)-3(a-bi)=(a+bi)^2$
$a+bi-3a+3bi=a^2+2abi-b^2$
$-2a+4bi=(a^2-b^2)+2abi$
이때, 실수부분끼리 허수부분끼리 비교하면
$\begin{cases} -2a=a^2-b^2 \\ 4b=2ab \end{cases}$ a, b, c, d가 실수이고 $a+bi=c+di$이면 $a=c, b=d$

2nd $z\bar{z}$의 값을 구해.

$4b=2ab$에서 $b\neq0$이므로
$4=2a \qquad \therefore a=2$
이 값을 $-2a=a^2-b^2$에 대입하면
$-4=4-b^2, \ b^2=8$
$\therefore z\bar{z}=(a+bi)\times(a-bi)=a^2+b^2=2^2+8=12$
> 복소수 z와 켤레복소수 $\bar{z}$에 대하여 $z=a+bi$ (a, b는 실수)일 때 $z\bar{z}=a^2+b^2$이 성립해.

🧭 **다른 풀이 : 켤레복소수의 성질 활용하기**

$x^2+mx+n=0$ (m, n는 실수)가 허근 z를 가지면
방정식의 허근은 $z, \bar{z}$이고 $z+\bar{z}=-m, \ z\bar{z}=n$이야.
$z+\bar{z}=k$ (k는 실수)라 하면
$\bar{z}=k-z$를 $z-3\bar{z}=z^2$에 대입하면 $z-3(k-z)=z^2$
$\therefore z^2-4z+3k=0$
이때, 방정식 $x^2-4x+3k=0$의 두 허근을 $z, \bar{z}$라 하면
이차방정식의 근과 계수의 관계에 의하여
$z+\bar{z}=4=k, \ z\bar{z}=3k$
$\therefore z\bar{z}=12$

D 97 정답 ② ·························· 복소수를 $z=a+bi$로 놓고 풀기

정답 공식: 복소수를 $z=a+bi$로 놓고 주어진 조건을 만족시키는 a, b의 값을 구한다.

> 복소수 z에 대하여 등식 $(2+i)z+3i\overline{z}=2+6i$가 성립할 때, $z\overline{z}$의 값은? (단, $i=\sqrt{-1}$이고, $\overline{z}$는 z의 켤레복소수이다.)
>
> ① 2 　　　② 5 　　　③ 8
> ④ 10 　　　⑤ 13
>
> **단서** z가 주어지지 않았을 때는 $z=a+bi(a, b$는 실수)로 놓고 풀자.

1st 복소수를 $z=a+bi$로 놓고 주어진 식에 대입하자.

$z=a+bi$(단, a, b는 실수)라 하면 $\overline{z}=\overline{a+bi}=a-bi$

z, $\overline{z}$를 $(2+i)z+3i\overline{z}=2+6i$에 대입하면

$(2+i)(a+bi)+3i(a-bi)=2+6i$

$\underline{2a+2bi+ai+bi^2+3ai-3bi^2}=2+6i$

$\quad 2a+2bi+ai+bi^2+3ai-3bi^2$
$\quad =2a+2bi+ai-b+3ai+3b$
$\quad =(2a-b+3b)+(2b+a+3a)i$

$(2a+2b)+(4a+2b)i=2+6i$

2nd 복소수가 서로 같을 조건을 이용하여 a, b의 값을 구하자.

이때, 복소수가 서로 같을 조건에 의해

$2a+2b=2$, $4a+2b=6$

두 식을 연립하여 풀면 $a=2$, $b=-1$

$\quad 2a+2b=2 \cdots \text{㉠}, \ 4a+2b=6 \cdots \text{㉡}$
$\quad \text{㉡}-\text{㉠}$을 하면 $2a=4 \quad \therefore a=2$
$\quad a=2$를 ㉠에 대입하면 $4+2b=2, 2b=-2 \quad \therefore b=-1$

따라서 $z=2-i$이므로

$z\overline{z}=(2-i)(2+i)=4+1=5$

D 98 정답 ⑤ ·························· 복소수를 $z=a+bi$로 놓고 풀기

정답 공식: $\overline{\left(\dfrac{z_1}{z_2}\right)}=\dfrac{\overline{z_1}}{\overline{z_2}}$, $\overline{z_1+z_2}=\overline{z_1}+\overline{z_2}$

> **단서 1** $z=1+ai$ (a는 실수)로 표현할 수 있어. 　**단서 2** $\dfrac{z}{2+i}$, $\dfrac{\overline{z}}{2-i}$는 서로 켤레복소수 관계야.
>
> 실수부분이 1인 복소수 z에 대하여 $\dfrac{z}{2+i}+\dfrac{\overline{z}}{2-i}=2$일 때, $z\overline{z}$의 값은? (단, $i=\sqrt{-1}$이고, $\overline{z}$는 z의 켤레복소수이다.)
>
> ① 2 　　② 4 　　③ 6 　　④ 8 　　⑤ 10

1st $\dfrac{z}{2+i}$의 실수부분을 구해.

$\overline{\left(\dfrac{z}{2+i}\right)}=\dfrac{\overline{z}}{\overline{2+i}}=\dfrac{\overline{z}}{2-i}$이므로

$\longrightarrow \overline{\left(\dfrac{z_1}{z_2}\right)}=\dfrac{\overline{z_1}}{\overline{z_2}}, \overline{z_1+z_2}=\overline{z_1}+\overline{z_2}$가 성립해.

$\dfrac{\overline{z}}{2-i}$는 $\dfrac{z}{2+i}$와 서로 켤레복소수이다.

$\dfrac{z}{2+i}+\dfrac{\overline{z}}{2-i}=2$이므로 $\dfrac{z}{2+i}$의 실수부분은 1이다.

2nd $z\overline{z}$의 값을 구해.

복소수 $z=x+yi$에 대하여 $z+\overline{z}=2x$
즉, $z+\overline{z}$는 z의 실수부분의 2배로 구할 수 있어.

z의 실수부분이 1이므로 $z=1+ai$ (a는 실수)라 하자.

$\dfrac{z}{2+i}=\dfrac{1+ai}{2+i}=\dfrac{1+ai}{2+i}\times\dfrac{2-i}{2-i}=\dfrac{2+a+(2a-1)i}{5}$에서

$\longrightarrow$ 실수부분은 $\dfrac{2+a}{5}$야.

$\dfrac{2+a}{5}=1$이므로 $a=3$

따라서 $z\overline{z}=\underline{(1+3i)(1-3i)}=1^2+3^2=10$

$\longrightarrow$ 복소수 z와 켤레복소수 $\overline{z}$에 대하여 $z=a+bi$ (a, b는 실수)일 때 $z\overline{z}=a^2+b^2$이 성립해.

다른 풀이: 복소수가 같을 조건 이용하기

복소수 z의 실수부분이 1이므로 $z=1+ai$ (a는 실수)라 하자.

$\overline{z}=1-ai$ 이므로

$\dfrac{z}{2+i}+\dfrac{\overline{z}}{2-i}=\dfrac{1+ai}{2+i}+\dfrac{1-ai}{2-i}$

$\qquad\qquad\qquad =\dfrac{(1+ai)(2-i)+(1-ai)(2+i)}{(2+i)(2-i)}=\dfrac{2a+4}{5}$

$\dfrac{2a+4}{5}=2$에서 $a=3$

따라서 $z\overline{z}=(1+3i)(1-3i)=1^2+3^2=10$

D 99 정답 12 ·························· 복소수를 $z=a+bi$로 놓고 풀기

정답 공식: a, b, c, d가 실수일 때, $a+bi=c+di \iff a=c$, $b=d$

> 실수 a에 대하여 복소수 $z=a+2i$가 $\overline{z}=\dfrac{z^2}{4i}$을 만족시킬 때, a^2의 값을 구하시오. (단, $i=\sqrt{-1}$이고, $\overline{z}$는 z의 켤레복소수이다.)
>
> **단서** 복소수 z가 주어졌으니까 바로 대입하여 정리하자.

1st 복소수 $z=a+2i$를 주어진 식에 대입하자.

$z=a+2i$이므로

$\overline{z}=a-2i$, $z^2=(a+2i)^2=a^2+4ai-4$

이것을 $\overline{z}=\dfrac{z^2}{4i}$에 대입하면 $a-2i=\dfrac{a^2+4ai-4}{4i}$

$4i(a-2i)=(a^2-4)+4ai$, $8+4ai=(a^2-4)+4ai$

2nd 두 복소수가 같을 조건을 이용하여 a^2의 값을 구하자.

복소수가 같을 조건에 의해

$\underline{a^2-4}=8$

$\therefore a^2=12$

[두 복소수가 같을 조건]
a, b, c, d가 실수일 때,
① $a+bi=0 \Leftrightarrow a=0, b=0$
② $a+bi=c+di \Leftrightarrow a=c, b=d$

D 100 정답 ⑤ ·························· 복소수를 $z=a+bi$로 놓고 풀기

정답 공식: z, $\overline{z}$를 $\dfrac{z}{\overline{z}}$에 대입하여 자연수 a, b의 조건을 구한다.

> 5 이하의 두 자연수 a, b에 대하여 복소수 z를 $z=a+bi$라 할 때, $\dfrac{z}{\overline{z}}$의 실수부분이 0이 되게 하는 모든 복소수 z의 개수는? (단, $i=\sqrt{-1}$이고, $\overline{z}$는 z의 켤레복소수이다.)
>
> **단서** $z=a+bi$, $\overline{z}=a-bi$를 대입해 봐.
>
> ① 1 　　② 2 　　③ 3 　　④ 4 　　⑤ 5

1st $\overline{z}=a-bi$이므로 $\dfrac{z}{\overline{z}}$를 a, b에 대한 식으로 나타내자.

$\dfrac{z}{\overline{z}}=\dfrac{a+bi}{a-bi}=\dfrac{(a+bi)^2}{(a-bi)(a+bi)}$

$\quad =\dfrac{a^2-b^2+2abi}{a^2+b^2}$

$\quad =\dfrac{a^2-b^2}{a^2+b^2}+\dfrac{2abi}{a^2+b^2}$

$\longrightarrow$ 실수부분은 $\dfrac{a^2-b^2}{a^2+b^2}$, 허수부분은 $\dfrac{2ab}{a^2+b^2}$야.

주의 문제에서 주어진 여러 조건을 종합적으로 적용할 수 있어야 해.

이므로 실수부분이 0이 되기 위해서는

$a^2-b^2=0$

$\longrightarrow$ 자연수 a, b에 대하여 $a^2+b^2>0$이므로 실수부분이 0이 되려면 $\dfrac{a^2-b^2}{a^2+b^2}=0$에서 $a^2=b^2$이어야 해.

그런데 a, b가 자연수이므로 $a=b$이어야 한다.

$a^2-b^2=0$에서 $a=b$ 또는 $a=-b$인데 $a=-b$이면 a, b의 부호가 서로 다르므로 a, b가 모두 자연수이기 위해서는 $a=b$이어야 해.

2nd 5 이하의 자연수 a, b에 대하여 $a=b$인 경우의 z의 개수를 구하자.

a, b가 5 이하의 자연수이므로

5 이하의 자연수 중에서 $a=b$를 만족시키는 a, b의 순서쌍 (a, b)는 $(1, 1)$, $(2, 2)$, $(3, 3)$, $(4, 4)$, $(5, 5)$의 5개야.

$z=1+i$, $2+2i$, $3+3i$, $4+4i$, $5+5i$이다.

따라서 모든 복소수 z의 개수는 5이다.

D 101 정답 ① ····················· 복소수를 $z=a+bi$로 놓고 풀기

[**정답 공식**: 복소수 z와 그 켤레복소수 $\bar{z}$에 대하여 $z+\bar{z}=0$이면 z는 0 또는 순허수이다.]

다음 조건을 만족시키는 복소수 z가 존재하도록 하는 모든 실수 k의 값의 곱은? (단, $\bar{z}$는 z의 켤레복소수이다.)

> (가) $\bar{z}=-z$ **단서1** $\bar{z}=-z$, 즉, $z+\bar{z}=0$이면 z는 0 또는 순허수야.
> (나) $z^2+(k^2-3k-4)z+(k^2+2k-8)=0$
> **단서2** 이차방정식 $x^2+(k^2-3k-4)x+(k^2+2k-8)=0$의 한 근이 z야.

① -32 ② -16 ③ -8
④ -4 ⑤ -2

1st 조건 (가)에서 z에 대한 조건을 찾자.

복소수 $z=a+bi$ (a, b는 실수)라 하자.

$z=a+bi$이면 $\bar{z}=a-bi$이겠지?

조건 (가)에 의해 $a-bi=-(a+bi)$

$a-bi=-a-bi$ ∴ $a=0$

즉, $z=bi$ 꼴이므로 z는 0 또는 순허수이다.

2nd $z=0$일 때, k의 값을 구하자.

$z=0$을 조건 (나)에 대입하면

$k^2+2k-8=0$, $(k+4)(k-2)=0$

∴ $k=-4$ 또는 $k=2$ ··· ㉠

주의
복소수는 실수를 포함하므로 $z=0$인 경우를 빼먹지 않도록 주의해.

3rd z가 순허수일 때, k의 값을 구하자.

$z=bi$ ($b\neq0$인 실수)을 조건 (나)의 등식에 대입하면

$-b^2+(k^2-3k-4)bi+(k^2+2k-8)=0$

$(k^2-3k-4)bi+(k^2+2k-8-b^2)=0$

이때, $b\neq0$이므로 복소수가 서로 같을 조건에서

$k^2-3k-4=0$, $k^2+2k-8-b^2=0$이다. a, b, c, d가 실수 일 때, $a+bi=c+di$이면 $a=c$, $b=d$

$k^2-3k-4=(k-4)(k+1)=0$에서

$k=-1$ 또는 $k=4$

이때, $k=-1$이면 $b^2=k^2+2k-8=-9$이므로 이러한 실수 b는 존재하지 않으며

$k=4$이면 $b^2=k^2+2k-8=16$으로 실수 b가 존재한다.

∴ $k=4$ ··· ㉡

㉠, ㉡에서 구한 모든 실수 k의 값은 -4, 2, 4이고

이들의 곱은 $(-4)\times2\times4=-32$이다.

D 102 정답 ④ ····················· 복소수를 $z=a+bi$로 놓고 풀기

(**정답 공식**: 두 복소수 $a+bi$, $c+di$에 대해 $a+bi=c+di$면 $a=c$, $b=d$이다.)

다음 조건을 만족시키는 허수 z가 존재하도록 하는 두 정수 m, n에 대하여 $m+n$의 최솟값은? (단, $\bar{z}$는 z의 켤레복소수이다.)

단서2 $m+n$의 값이 여러 값이 될 수 있고 이 중 가장 작은 값을 찾아야 해.
단서1 m, n의 값이 정수임을 이용할 수 있어.

> (가) $z^2+mz+n=0$
> (나) $z+\bar{z}=8$

① 3   ② 5   ③ 7
④ 9   ⑤ 11

1st 정수 m의 값부터 구해.

실수 a, b에 대하여 $z=a+bi$라 하면 $\bar{z}=a-bi$이므로

복소수 $a+bi$의 켤레복소수는 허수부분의 부호를 반대로 한 $\bar{z}=a-bi$야.

조건 (나)의 $z+\bar{z}=8$에서 $(a+bi)+(a-bi)=8$

$2a=8$ ∴ $a=4$

즉, $z=4+bi$이고 이것을 조건 (가)의 $z^2+mz+n=0$에 대입하면

$(4+bi)^2+m(4+bi)+n=0$에서

$16+8bi-b^2+4m+bmi+n=0$

$\underline{(16-b^2+4m+n)+b(8+m)i=0}$ $a+bi=0$이면 $a=0$, $b=0$

∴ $16-b^2+4m+n=0$, $b(8+m)=0$

이때, $z=4+bi$는 허수이므로 $b\neq0$이다.

따라서 $b(8+m)=0$에서 $8+m=0$

∴ $m=-8$

2nd 정수 n의 최솟값을 구하고 $m+n$의 최솟값을 구해.

$m=-8$을 $16-b^2+4m+n=0$에 대입하면

$16-b^2-32+n=0$에서 $n=b^2+16$

그런데 b는 실수이므로 $b^2>0$에서 $n=b^2+16>16$

따라서 정수 n의 최솟값은 17이므로 $m+n$의 최솟값은 $-8+17=9$이다.

톡톡 풀이: 이차방정식의 근과 계수의 관계 이용하기

허수 z가 $z^2+mz+n=0$을 만족시키므로 z는 x에 대한 이차방정식 $x^2+mx+n=0$의 한 근이야. 그런데 m, n이 정수로 실수이므로 이차방정식 $x^2+mx+n=0$의 모든 계수는 실수야.

따라서 이 이차방정식은 z의 켤레복소수 $\bar{z}$도 근으로 가지므로

실수 a, b, c에 대하여 이차방정식 $ax^2+bx+c=0$이 허수 z를 근으로 가지면 z의 켤레복소수 $\bar{z}$도 근으로 가져.

이차방정식의 근과 계수의 관계에 의하여 $z+\bar{z}=-m$이야.

그런데 조건 (나)에 의하여 $z+\bar{z}=8$이므로 $-m=8$에서 $m=-8$이야.

한편, 이차방정식 $x^2+mx+n=0$이 서로 다른 두 허근을 가지므로 이 이차방정식의 판별식을 D라 할 때 $D<0$이어야 해.

이차방정식 $ax^2+bx+c=0$의 판별식을 D라 하면 $D=b^2-4ac$야.

즉, $m^2-4n<0$에서 $64-4n<0$, $4n>64$ ∴ $n>16$

(이하 동일)

🌸 **켤레복소수의 성질** 개념·공식

① 복소수 $z=a+bi$에 대하여 허수부분의 부호를 바꾼 $a-bi$를 복소수 $a+bi$의 켤레복소수라 하고 $\bar{z}$로 나타낸다.

② 임의의 복소수와 그의 켤레복소수와의 합과 곱은 실수이다.

③ 두 복소수 z_1, z_2에 대하여 다음이 성립한다.

- $\overline{(\bar{z_1})}=z_1$
- $\overline{z_1+z_2}=\bar{z_1}+\bar{z_2}$
- $\overline{z_1-z_2}=\bar{z_1}-\bar{z_2}$
- $\overline{z_1z_2}=\bar{z_1}\cdot\bar{z_2}$
- $\overline{\left(\dfrac{z_1}{z_2}\right)}=\dfrac{\bar{z_1}}{\bar{z_2}}$ (단, $z_2\neq0$)

D 103 정답 $\dfrac{1}{4}$ ································· 복소수를 $z=a+bi$로 놓고 풀기

(정답 공식: z가 실수이면 $\bar{z}$도 실수임을 이용한다.)

> **단서** 실수에 대한 켤레복소수도 실수 그 자신임을 이용하자.
>
> 두 복소수 $\dfrac{1+z}{\bar{z}}$와 $\dfrac{z}{1+z^2}$가 모두 실수가 되도록 하는 복소수 $z=a+bi$ ($a<0$, $b>0$인 실수)에 대하여 $a+b^2$의 값을 구하시오. (단, $\bar{z}$는 z의 켤레복소수, $i=\sqrt{-1}$이다.)

1st 복소수와 그 켤레복소수가 같으면 그 수는 실수겠지?

$\dfrac{1+z}{\bar{z}}$의 켤레복소수는 $\overline{\left(\dfrac{1+z}{\bar{z}}\right)}=\dfrac{1+\bar{z}}{z}$이고, $\dfrac{1+z}{\bar{z}}$가 실수이므로

$\dfrac{1+z}{\bar{z}}=\dfrac{1+\bar{z}}{z}$ ← 복소수 z가 실수이면 $z=\bar{z}$가 성립해.

$z+z^2=\bar{z}+\bar{z}^2$

$z-\bar{z}+z^2-\bar{z}^2=0$

$(z-\bar{z})+(z-\bar{z})(z+\bar{z})=0$

$(z-\bar{z})(z+\bar{z}+1)=0$

$z=a+bi$에서 $a<0$, $b>0$이므로 $z-\bar{z}\neq0$ … (*)

$\therefore z+\bar{z}+1=0$

$\qquad$ → $z-\bar{z}=0$이려면 z가 실수이면 돼.

$(a+bi)+(a-bi)=-1$ 그런데 $z=a+bi$에서 $a<0$, $b>0$이므로 $z-\bar{z}\neq0$이야.

$2a=-1$

$\therefore a=-\dfrac{1}{2}$ … ㉠

> **주의** 복소수 z가 실수이면 $z=\bar{z}$가 성립해.
>
> 복소수와 그 켤레복소수 사이의 성질은 자주 이용되므로 정확히 알아두도록!
>
> **실수** $z=a+bi$에서 a, b의 조건에 따라 복소수 z의 성질이 결정되므로 문제에 제시된 조건을 꼭 확인해.

$\dfrac{z}{1+z^2}$의 켤레복소수는 $\overline{\left(\dfrac{z}{1+z^2}\right)}=\dfrac{\bar{z}}{1+\bar{z}^2}$이고 $\dfrac{z}{1+z^2}$가 실수이므로

$\dfrac{z}{1+z^2}=\dfrac{\bar{z}}{1+\bar{z}^2}$ → $z+z\bar{z}^2=\bar{z}+z^2\bar{z}$

$\qquad z-\bar{z}+z\bar{z}^2-z^2\bar{z}=0$

$\qquad (z-\bar{z})-z\bar{z}(z-\bar{z})=0$

$(z-\bar{z})(1-z\bar{z})=0$

(*)에서 $z-\bar{z}\neq0$이므로 $z\bar{z}=1$

$(a+bi)(a-bi)=1$

$\therefore a^2+b^2=1$ … ㉡

㉠을 ㉡에 대입하면 $b=\dfrac{\sqrt{3}}{2}$ ($\because b>0$)

$\qquad\qquad\qquad$ 문제의 조건이야.

$\therefore a+b^2=-\dfrac{1}{2}+\left(\dfrac{\sqrt{3}}{2}\right)^2=\dfrac{1}{4}$

D 104 정답 12 ································· i의 거듭제곱

(정답 공식: i, i^2, i^3, i^4, i^5 …은 i, -1, $-i$, 1이 반복된다.)

> **단서** 복소수 i^n은 $n=1, 2, 3, 4, \cdots$를 대입하면 i, -1, $-i$, 1이 반복 돼. 이것을 이용하여 좌변의 식을 정리해보자.
>
> $i+2i^2+3i^3+4i^4+5i^5=a+bi$일 때, $3a+2b$의 값을 구하시오. (단, $i=\sqrt{-1}$이고, a, b는 실수이다.)

1st 복소수 i^n의 값의 반복성을 이용하여 식을 정리하자.

$i^2=-1$, $i^3=i^2i=-i$, $i^4=i^2i^2=(-1)\times(-1)=1$,

$i^5=i^4i=1\times i=i$이므로

n이 자연수일 때, $i^{4n-3}=i$, $i^{4n-2}=-1$, $i^{4n-1}=-i$, $i^{4n}=1$ 임을 알고 있으면 식을 간단히 할 수 있어.

$i+2i^2+3i^3+4i^4+5i^5=i-2-3i+4+5i=2+3i=a+bi$

따라서 a, b가 실수이므로 $a=2$, $b=3$

$\therefore 3a+2b$

$\quad =3\times2+2\times3$

$\quad =12$

> **주의** a, b가 실수라는 조건이 없으면 답이 무수히 많이 나올 수 있어. 즉, $a=2$, $b=3$뿐만 아니라 $a=3i$, $b=-2i$도 되고, $a=2+3i$, $b=0$도 될 수 있기 때문이야.

D 105 정답 ③ ································· i의 거듭제곱

(정답 공식: n이 음이 아닌 정수일 때, $i^{4n}=1$, $i^{4n+1}=i$, $i^{4n+2}=-1$, $i^{4n+3}=-i$이다.)

> **단서** $i^2=-1$, $i^3=-i$, $i^4=1$, $i^5=i$, $\cdots$ 규칙이 보이면 적용하자.
>
> $i+i^2+i^3+i^4+\cdots+i^{2000}$의 값은? (단, $i=\sqrt{-1}$)
>
> ① -1 ② $-i$ ③ 0 ④ i ⑤ 1

1st i의 거듭제곱은 i, -1, $-i$, 1의 수가 반복해서 나타나지?

$i^2=-1$, $i^3=-i$, $i^4=1$이므로

$i+i^2+i^3+i^4=i-1-i+1=0$

$\therefore i+i^2+i^3+i^4+\cdots+i^{2000}$ i의 거듭제곱은 값이 반복해서 나와!

$\quad =(i+i^2+i^3+i^4)+i^4(i+i^2+i^3+i^4)+\cdots+i^{1996}(i+i^2+i^3+i^4)$

$\quad =0$

D 106 정답 ① ································· i의 거듭제곱

(정답 공식: 임의의 정수 n에 대해 $i^{4n}=1$, $i^{4n+1}=i$, $i^{4n+2}=-1$, $i^{4n+3}=-i$이다.)

> $i^3+i^6+i^9+\cdots+i^{51}$을 간단히 하면? (단, $i=\sqrt{-1}$)
>
> **단서** i의 거듭제곱의 규칙을 적용하자.
>
> ① $-i$ ② i ③ -1
> ④ 0 ⑤ 1

1st 허수 단위 i의 거듭제곱이 주기적으로 반복되는 성질을 이용하여 주어진 식의 값을 구하자.

$i^3=-i$이고

$i^6=(i^3)^2=(-i)^2=-1$ $(-i)^2=i^2=-1$

$i^9=(i^3)^3=(-i)^3=i$ $(-i)^3=-i^3=-(-i)=i$

$i^{12}=(i^3)^4=(-i)^4=1$ $(-i)^4=i^4=1$

$\therefore i^3+i^6+i^9+\cdots+i^{51}$

$\quad =(i^3+i^6+i^9+i^{12})+(i^{15}+i^{18}+i^{21}+i^{24})$

$\qquad\qquad\qquad +\cdots+(i^{39}+i^{42}+i^{45}+i^{48})+i^{51}$

$(i^3+i^6+i^9+i^{12})+(i^{15}+i^{18}+i^{21}+i^{24})+\cdots+(i^{39}+i^{42}+i^{45}+i^{48})+i^{51}$

$=(i^3+i^6+i^9+i^{12})+i^{12}(i^3+i^6+i^9+i^{12})+\cdots+i^{36}(i^3+i^6+i^9+i^{12})+(i^4)^{12}\times i^3$

$=(i^3+i^6+i^9+i^{12})+(i^4)^3(i^3+i^6+i^9+i^{12})+\cdots+(i^4)^9(i^3+i^6+i^9+i^{12})+i^3$

$=(-i-1+i+1)+(-i-1+i+1)$

$\qquad\qquad +\cdots+(-i-1+i+1)+(-i)$

$=-i$

D 107 정답 ③ ································· i의 거듭제곱

(정답 공식: n이 음이 아닌 정수일 때, $i^{4n}=1$, $i^{4n+1}=i$, $i^{4n+2}=-1$, $i^{4n+3}=-i$이다.)

> **단서** i^n의 값은 i, -1, $-i$, 1을 반복하지.
>
> $i+2i^2+3i^3+4i^4+\cdots+100i^{100}=x+yi$를 만족하는 실수 x, y에 대하여 $x+y$의 값은? (단, $i=\sqrt{-1}$)
>
> ① -100 ② -50 ③ 0 ④ 50 ⑤ 100

1st i의 거듭제곱은 네 개의 수가 반복해서 나타나니까 주어진 식을 네 개씩 묶어서 계산해보자.

$n\geq0$인 정수에 대하여 → 반복되는 값들을 공식화한 거야.

$i^{4n}=1$, $i^{4n+1}=i$, $i^{4n+2}=-1$, $i^{4n+3}=-i$이므로

$i+2i^2+3i^3+4i^4+5i^5+6i^6+7i^7+8i^8+\cdots+100i^{100}$

$=(i-2-3i+4)+(5i-6-7i+8)+\cdots+(97i-98-99i+100)$

$=\underbrace{(2-2i)+(2-2i)+\cdots+(2-2i)}_{25개}$ 전체 항이 100개인데 4개씩 묶으면 25묶음이야.

$=25(2-2i)$
$=50-50i$
즉, $50-50i=x+yi$에서 $x=50$, $y=-50$
$\therefore x+y=0$

D 108 정답 25 ·· i의 거듭제곱

(정답 공식: 임의의 정수 n에 대해 $i^{4n}=1$, $i^{4n+1}=i$, $i^{4n+2}=-1$, $i^{4n+3}=-i$이다.)

등식 [단서] i의 거듭제곱의 규칙을 이용해 주어진 등식을 만족시키는 n의 값의 형태를 찾아야 해.

$$\frac{1}{i}-\frac{1}{i^2}+\frac{1}{i^3}-\frac{1}{i^4}+\cdots+\frac{(-1)^{n+1}}{i^n}=1-i$$

가 성립하도록 하는 100 이하의 자연수 n의 개수를 구하시오.
(단, $i=\sqrt{-1}$)

1st 허수 단위 i의 거듭제곱이 주기적으로 반복되는 성질을 이용하자.
자연수 k에 대하여
$$i^n=\begin{cases} i & (n=4k-3일\ 때) \\ -1 & (n=4k-2일\ 때) \\ -i & (n=4k-1일\ 때) \\ 1 & (n=4k일\ 때) \end{cases}$$
이므로

$$\frac{1}{i}-\frac{1}{i^2}+\frac{1}{i^3}-\frac{1}{i^4}+\cdots+\frac{(-1)^{n+1}}{i^n}$$

$$=-i+1+i-1+\cdots+\frac{(-1)^{n+1}}{i^n}$$

$\frac{1}{i}-\frac{1}{i^2}+\frac{1}{i^3}-\frac{1}{i^4}$
$=\frac{1}{i}-\frac{1}{-1}+\frac{1}{-i}-\frac{1}{1}=\frac{i}{i^2}+1-\frac{i}{i^2}-1$
$=\frac{i}{-1}+1-\frac{i}{-1}-1=-i+1+i-1$

$$=\begin{cases} -i & (n=4k-3일\ 때) \\ 1-i & (n=4k-2일\ 때) \\ 1 & (n=4k-1일\ 때) \\ 0 & (n=4k일\ 때) \end{cases}$$
$-i+1+i-1=0$이므로
$n=4k-3$일 때,
$-i+1+i-1+\cdots+\frac{(-1)^{n+1}}{i^n}=0+0+\cdots+0+(-i)=-i$
$n=4k-2$일 때,
$-i+1+i-1+\cdots+\frac{(-1)^{n+1}}{i^n}=0+0+\cdots+0+(-i)+1=1-i$
$n=4k-1$일 때,
$-i+1+i-1+\cdots+\frac{(-1)^{n+1}}{i^n}=0+0+\cdots+0+(-i)+1+i=1$
$n=4k$일 때,
$-i+1+i-1+\cdots+\frac{(-1)^{n+1}}{i^n}=0+0+\cdots+0=0$

2nd 조건을 만족시키는 n의 개수를 구하자.
즉, 주어진 등식을 만족하는 n의 값은 자연수 k에 대하여 $n=4k-2$일 때이므로
$1\le 4k-2\le 100$, $3\le 4k\le 102$
$\therefore \frac{3}{4}\le k\le \frac{51}{2}$ ··· ㉠

이때, ㉠을 만족시키는 자연수 k의 값은
$1, 2, 3, \cdots, 25$
따라서 조건을 만족시키는 자연수 n의 개수는 25이다.

D 109 정답 16 ·· i^n의 거듭제곱

(정답 공식: n이 음이 아닌 정수일 때, $i^{4n}=1$, $i^{4n+1}=i$, $i^{4n+2}=-1$, $i^{4n+3}=-i$이다.)

[단서] i의 거듭제곱의 규칙을 적용하자.
등식 $(i+i^2)+(i^2+i^3)+(i^3+i^4)+\cdots+(i^{18}+i^{19})=a+bi$를 만족시키는 실수 a, b에 대하여 $4(a+b)^2$의 값을 구하시오.
(단, $i=\sqrt{-1}$이다.)

1st i의 거듭제곱의 성질을 이용해.
$(i+i^2)+(i^2+i^3)+\cdots+(i^{18}+i^{19})$
$=(i+i^2+\cdots+i^{18})+(i^2+i^3+\cdots+i^{19})$
$=(i+i^2)+(i^2+i^3)$
$=(i-1)+(-1-i)$
$=-2$

$(i+i^2+i^3+i^4+i^5+i^6+\cdots+i^{18})$
$+(i^2+i^3+i^4+i^5+i^6+i^7+\cdots+i^{19})$
$=\{i+i^2+(-i+1+i-1)+\cdots+(i+1+i-1)\}$
$+\{i^2+i^3+(1+i-1-i)+\cdots+(1+1-1-i-1)\}$
$=(i+i^2)+(i^2+i^3)$

따라서 $a=-2$, $b=0$이므로
$4(a+b)^2=4\times(-2+0)^2=16$

🎲 **다른 풀이:** $i+i^{19}=0$임을 이용하여 식을 변형하여 값을 구하고 미지수 구하기
$i+i^{19}=i+(i^4)^4 i^3=i+i^3=i-i=0$이므로 주어진 등식의 좌변을 변형하면
$i+\{(i+i^2)+(i^2+i^3)+\cdots+(i^{18}+i^{19})\}+i^{19}$
$=(i+i)+(i^2+i^2)+\cdots+(i^{19}+i^{19})$
$=2(i+i^2+i^3+\cdots+i^{19})$
$=2(i+i^2+i^3+\cdots+i^{19}+i^{20}-i^{20})$
$=2\{(i+i^2+i^3+i^4)+(i^5+i^6+i^7+i^8)+\cdots$
$\qquad\qquad\qquad +(i^{17}+i^{18}+i^{19}+i^{20})-i^{20}\}$
$=2\{(i+i^2+i^3+i^4)+i^4(i+i^2+i^3+i^4)+\cdots$
$\qquad\qquad\qquad +i^{16}(i+i^2+i^3+i^4)-i^{20}\}$
$=2\{(i-1-i+1)+i(i-1-i+1)+\cdots+i^{16}(i-1-i+1)-i^{20}\}$
$=2\cdot(-i^{20})$ $\underbrace{i-1-i+1=0}$
$=-2$
따라서 $a=-2$, $b=0$이므로 $4(a+b)^2=16$

D 110 정답 ③ ·· 복소수의 거듭제곱

(정답 공식: z^2, z^3, $\cdots$을 구해 $z^n=1$이 되는 최소의 n을 찾는다.)

$z=\dfrac{1-i}{\sqrt{2}}$일 때, z^8+z^{12}의 값은? (단, $i=\sqrt{-1}$)
[단서] z^2부터 해 보고, $z^n=1$이 되는 n을 찾아.

① $-2i$ ② -2 ③ 0
④ $2i$ ⑤ 2

1st z의 거듭제곱을 구해 z^n의 규칙을 찾자.
$z=\dfrac{1-i}{\sqrt{2}}$에 대하여
$z^2=\left(\dfrac{1-i}{\sqrt{2}}\right)^2=\dfrac{-2i}{2}=-i$이므로
$z^4=(z^2)^2=(-i)^2=-1$ $\left(\dfrac{1-i}{\sqrt{2}}\right)^2=\dfrac{1^2-2i+i^2}{2}=\dfrac{1-2i-1}{2}$
$z^8=(z^4)^2=(-1)^2=1$
$\therefore z^8+z^{12}=z^8+z^8 z^4=1-1=0$
$z^8+z^8 z^4=1+1\times(-1)$

D 111 정답 ② ·· 복소수의 거듭제곱

(정답 공식: 두 실수 a, b에 대하여 $\overline{a+bi}=a-bi$)

복소수 $z=1-i$에 대하여
$$\left(\frac{1}{z}-\frac{1}{\overline{z}}\right)^n=(z-1)i$$
[단서] 우변은 $(z-1)i=(-i)\times i=1$이고 좌변도 켤레복소수의 성질을 이용해 간단히 정리할 수 있어.
를 만족시키는 50 이하의 자연수 n의 개수는?
(단, $i=\sqrt{-1}$이고, $\overline{z}$는 z의 켤레복소수이다.)

① 11 ② 12 ③ 13 ④ 14 ⑤ 15

1st 주어진 식을 정리하여 조건을 만족하는 자연수 n의 개수를 구해.

$z=1-i$ 이므로 $\bar{z}=1+i$ 이고, → 실수 a, b에 대하여 $\overline{a+bi}=a-bi$

$\bar{z}z=(1-i)(1+i)=2$

$\bar{z}-z=(1+i)-(1-i)=2i$이므로

(좌변)$=\left(\dfrac{1}{z}-\dfrac{1}{\bar{z}}\right)^n=\left(\dfrac{\bar{z}-z}{z\bar{z}}\right)^n=\left(\dfrac{2i}{2}\right)^n=i^n$,

(우변)$=(z-1)i=(-i)\times i=1$

즉, 주어진 식을 간단히 하면 $i^n=1$이므로 → n이 자연수일 때,
위 식을 만족시키는 50 이하의 자연수 n은
$4, 8, 12, \cdots, 48$로 개수는 12이다.

$i^{4n}=1, i^{4n-3}=i,$
$i^{4n-2}=-1, i^{4n-1}=-i$

D 112 정답 ② ·········· 복소수의 거듭제곱

정답 공식: 먼저, $\dfrac{1-i}{1+i}$의 분모가 실수가 되도록 정리한다.

등식 $i-\left(\dfrac{1-i}{1+i}\right)^{2013}=a+bi$를 만족하는 두 실수 a, b에 대하여 $a+b$의 값은? (단, $i=\sqrt{-1}$) **단서** $\dfrac{1-i}{1+i}$부터 간단한 식으로 정리하자.

① 4　　　② 2　　　③ 0
④ -2　　　⑤ -4

1st $\dfrac{1-i}{1+i}$를 간단히 해.

$\dfrac{1-i}{1+i}=\dfrac{(1-i)^2}{(1+i)(1-i)}=\dfrac{-2i}{2}=-i$이므로 $\dfrac{1+i}{1-i}=i$도 자주 쓰이니까 기억하자.

$i-\left(\dfrac{1-i}{1+i}\right)^{2013}=i-(-i)^{2013}=i+i=2i=a+bi$

$(-i)^4=1$이므로 $(-i)^{2013}=\{(-i)^4\}^{503}\cdot(-i)=-i$

따라서 $a=0, b=2$이므로 $a+b=2$

D 113 정답 ④ ·········· 복소수의 거듭제곱

정답 공식: $z^2=-i$임을 이용한다.

복소수 $z=\dfrac{1+i}{\sqrt{2}i}$에 대하여 $z^n=1$이 되도록 하는 자연수 n의 최솟값은? (단, $i=\sqrt{-1}$이다.) **단서** 복소수 $z=\dfrac{1+i}{\sqrt{2}i}$에서 분모를 실수로 바꾸는 방법은 분모, 분자에 i 또는 $-i$를 곱하면 돼!

① 2　　② 4　　③ 6　　④ 8　　⑤ 10

1st z의 분모가 실수가 되도록 정리한 후에 그 수의 거듭제곱을 구해보자.

복소수 z에서 분모에 허수가 있으므로 분모, 분자에 $-i$를 곱하여 분모를 실수로 바꾸자.

$z=\dfrac{(1+i)\cdot(-i)}{\sqrt{2}i\cdot(-i)}$

복소수에서 분모를 실수로 바꾸려면 분모의 켤레복소수를 분모, 분자에 곱하면 돼.

$\dfrac{a+bi}{c+di}=\dfrac{(a+bi)(c-di)}{(c+di)(c-di)}=\dfrac{ac+bd}{c^2+d^2}+\dfrac{bc-ad}{c^2+d^2}i$ (단, $c-di\neq0$)

$=\dfrac{1-i}{\sqrt{2}}$

$z^2=z\times z=\left(\dfrac{1-i}{\sqrt{2}}\right)\cdot\left(\dfrac{1-i}{\sqrt{2}}\right)=\dfrac{1-2i-1}{2}=-i$

$z^4=z^2\times z^2=(-i)\cdot(-i)=i^2=-1$

$z^8=z^4\times z^4=(-1)\cdot(-1)=1$

따라서 $z^n=1$이 되도록 하는 자연수 n의 최솟값은 8이다.

함정 z^n의 꼴에 대한 문제는 $n=1, 2, 3, \cdots$을 대입하며 규칙을 찾아야 해.
만약 규칙이 나오지 않는다면 계산 실수를 하지 않았는지 점검해봐!

D 114 정답 100 ·········· 복소수의 거듭제곱

정답 공식: 먼저, $\dfrac{1+i}{1-i}$의 분모가 실수가 되도록 정리한다.

복소수 $z=\dfrac{1+i}{1-i}$에 대하여 **단서** z의 분모를 실수화해 봐.

$\dfrac{1}{z}+\dfrac{2}{z^2}+\dfrac{3}{z^3}+\cdots+\dfrac{100}{z^{100}}=x+yi$가 성립할 때, $x+y$의 값을 구하시오. (단, x, y는 실수이고 $i=\sqrt{-1}$이다.)

1st z의 분모가 실수가 되도록 정리하자.

$z=\dfrac{1+i}{1-i}=\dfrac{(1+i)^2}{(1-i)(1+i)}=\dfrac{2i}{2}=i$

$\dfrac{(1+i)^2}{(1-i)(1+i)}=\dfrac{1+2i+i^2}{1^2-i^2}=\dfrac{1+2i-1}{1-(-1)}$

2nd 허수 단위 i의 거듭제곱이 주기적으로 반복되는 성질을 이용해 주어진 식의 좌변을 간단히 하자.

$\dfrac{1}{z}+\dfrac{2}{z^2}+\dfrac{3}{z^3}+\cdots+\dfrac{100}{z^{100}}$

$=\dfrac{1}{i}+\dfrac{2}{i^2}+\dfrac{3}{i^3}+\cdots+\dfrac{100}{i^{100}}$

$=\left(\dfrac{1}{i}+\dfrac{2}{i^2}+\dfrac{3}{i^3}+\dfrac{4}{i^4}\right)+\left(\dfrac{5}{i^5}+\dfrac{6}{i^6}+\dfrac{7}{i^7}+\dfrac{8}{i^8}\right)$

$\qquad\qquad+\cdots+\left(\dfrac{97}{i^{97}}+\dfrac{98}{i^{98}}+\dfrac{99}{i^{99}}+\dfrac{100}{i^{100}}\right)$

$=\left(\dfrac{1}{i}-2-\dfrac{3}{i}+4\right)+\dfrac{1}{i^4}\left(\dfrac{5}{i}-6-\dfrac{7}{i}+8\right)+\cdots$

$i^4=i^8=\cdots=i^{96}=1$이고

$\dfrac{1}{i}-2-\dfrac{3}{i}+4=-i-2-(-3i)+4=2+2i$

$\dfrac{5}{i}-6-\dfrac{7}{i}+8=-5i-6-(-7i)+8=2+2i$

$\qquad\qquad\qquad+\dfrac{1}{i^{96}}\left(\dfrac{97}{i}-98-\dfrac{99}{i}+100\right)$

$\vdots$

$\dfrac{97}{i}-98-\dfrac{99}{i}+100=-97i-98-(-99i)+100=2+2i$

$=(2+2i)+(2+2i)+\cdots+(2+2i)$

$=(2+2i)\times25$

$=50+50i$

따라서 $x=50, y=50$이므로
$x+y=50+50=100$

D 115 정답 ③ ·········· 복소수의 거듭제곱

정답 공식: z의 분모를 실수화하고, z와 $\bar{z}$를 ω에 대입한다. ω^n도 분모를 실수화하여 ω^n을 구한다.

단서 1 분모의 실수화를 이용하여 z를 간단히 정리하자.

복소수 $z=\dfrac{2-\sqrt{5}i}{\sqrt{5}+2i}$에 대하여 $\omega=\dfrac{1+\bar{z}}{1+z}$라고 할 때, $\omega^n=1$을 만족시키는 200 이하의 자연수 n의 개수는? **단서 2** z를 대입하고 간단히 하자.

(단, $\bar{z}$는 z의 켤레복소수, $i=\sqrt{-1}$이다.)

① 40　　　② 45　　　③ 50
④ 55　　　⑤ 60

1st z를 실수화하여 ω에 대입해.

$z=\dfrac{(2-\sqrt{5}i)(\sqrt{5}-2i)}{(\sqrt{5}+2i)(\sqrt{5}-2i)}$ 복잡한 z의 식을 간단히 정리하자.

$=\dfrac{2\sqrt{5}-4i-5i+2\sqrt{5}i^2}{(\sqrt{5})^2-(2i)^2}=\dfrac{-9i}{9}=-i$

즉, $z=-i$, $\bar{z}=i$이므로

$$\omega = \frac{1+\bar{z}}{1+z} = \frac{1+i}{1-i}$$

$$= \frac{(1+i)(1+i)}{(1-i)(1+i)} = \frac{1+i+i+i^2}{1-i^2}$$

$$= \frac{2i}{2} = i$$

따라서 $\omega=i$, $\omega^4=1$이므로 $\omega^n=1$을 만족하는 200 이하의 자연수 n의 개수는 200 이하의 4의 배수인 50개이다.

D 116 정답 24 ·························· 복소수의 거듭제곱

【 정답 공식: z_1, z_2의 거듭제곱을 각각 계산해본다. 】

> 두 복소수 $z_1=\dfrac{\sqrt{2}}{1+i}$, $z_2=\dfrac{-1+\sqrt{3}i}{2}$에 대하여 $z_1{}^n=z_2{}^n$을 만족시키는 자연수 n의 최솟값을 구하시오. (단, $i=\sqrt{-1}$)
>
> 단서 z_1, $z_1{}^2$, $z_1{}^3$, $z_1{}^4$, $\cdots$, z_2, $z_2{}^2$, $z_2{}^3$, $z_2{}^4$, $\cdots$을 구해서 규칙을 찾자.

1st z_1과 z_2의 분모가 실수가 되게 바꾼 후에 거듭제곱을 하나씩 구해봐.

복소수 z_1의 분모를 실수로 바꾸면

$$z_1 = \frac{\sqrt{2}}{1+i} = \frac{\sqrt{2}(1-i)}{(1+i)(1-i)} = \frac{\sqrt{2}(1-i)}{2} = \frac{1-i}{\sqrt{2}}$$

함정: z^n에 대한 문제는 대부분 거듭제곱 꼴에서 규칙이 존재하므로 이를 파악하기 위해 z^2, z^3, z^4을 직접 해보는 것이 좋아.

$$z_1{}^2 = \frac{1-i}{\sqrt{2}} \times \frac{1-i}{\sqrt{2}} = \frac{-2i}{2} = -i$$

→ 분모를 실수로 바꾸기 위해 분모 $1+i$의 켤레복소수 $1-i$를 분모, 분자에 곱해.

$$z_1{}^3 = (-i) \times \frac{1-i}{\sqrt{2}} = \frac{-1-i}{\sqrt{2}}$$

$$z_1{}^4 = (-i) \times (-i) = -1$$

$$\vdots$$

$$z_1{}^8 = (-1) \times (-1) = 1$$

또한,

$$z_2{}^2 = \frac{-1+\sqrt{3}i}{2} \times \frac{-1+\sqrt{3}i}{2} = \frac{-2-2\sqrt{3}i}{4} = \frac{-1-\sqrt{3}i}{2}$$

$$z_2{}^3 = \frac{-1-\sqrt{3}i}{2} \times \frac{-1+\sqrt{3}i}{2} = \frac{4}{4} = 1$$

즉, $z_1{}^8=1$이고 $z_2{}^3=1$이므로 $z_1{}^n=z_2{}^n$을 만족시키는 자연수 n은 8과 3의 공배수이다.

따라서 자연수 n의 최솟값은 8과 3의 최소공배수인 24이다.

D 117 정답 25 ·························· 복소수의 거듭제곱

【 정답 공식: n이 음이 아닌 정수일 때,
$i^{4n}=1$, $i^{4n+1}=i$, $i^{4n+2}=-1$, $i^{4n+3}=-i$이다. 】

> 100 이하의 자연수 n에 대하여
> $$(1-i)^{2n}=2^n i$$
> 를 만족시키는 모든 n의 개수를 구하시오. (단, $i=\sqrt{-1}$이다.)
>
> 단서 허수 i의 거듭제곱에 관한 문제이므로 규칙성이 있다고 생각하고 문제를 풀어야 해.

1st $(1-i)^{2n}$에 n 대신 1, 2, 3, $\cdots$을 대입하여 조건을 만족시키는 n의 값의 규칙성을 찾아.

$n=1$일 때,

$$(1-i)^{2\times1} = (1-i)^2 = 1-2i+i^2 = -2i$$

$n=2$일 때,

$$(1-i)^{2\times2} = (1-i)^4 = (1-i)^2(1-i)^2 = (-2i) \times (-2i)$$
$$= 2^2 i^2 = -2^2 \quad (1-i)^{2n}은 (1-i)^{2(n-1)}에 (1-i)^2=-2i를 곱해서 구하는 것이 간단해.$$

$n=3$일 때,

$$(1-i)^{2\times3} = (1-i)^6 = (1-i)^4(1-i)^2 = -2^2 \times (-2i) = 2^3 i$$

$n=4$일 때, 조건을 만족시키는 n의 값이야.

$$(1-i)^{2\times4} = (1-i)^8 = (1-i)^6(1-i)^2 = 2^3 i \times (-2i) = -2^4 i^2 = 2^4$$

$n=5$일 때,

$$(1-i)^{2\times5} = (1-i)^{10} = (1-i)^8(1-i)^2 = 2^4 \times (-2i) = -2^5 i$$

$n=6$일 때,

$$(1-i)^{2\times6} = (1-i)^{12} = (1-i)^{10}(1-i)^2$$
$$= -2^5 i \times (-2i) = 2^6 i^2 = -2^6$$

$n=7$일 때,

$$(1-i)^{2\times7} = (1-i)^{14} = (1-i)^{12}(1-i)^2 = -2^6 \times (-2i) = 2^7 i$$

$n=8$일 때, 조건을 만족시키는 n의 값이야.

$$(1-i)^{2\times8} = (1-i)^{16} = (1-i)^{14}(1-i)^2$$
$$= 2^7 i \times (-2i) = -2^8 i^2 = 2^8$$

$$\vdots$$

2nd $(1-i)^{2n}=2^n i$를 만족시키는 100 이하의 자연수 n의 개수를 구해.

따라서 음이 아닌 정수 k에 대하여 $n=4k+3$일 때 $(1-i)^{2n}=2^n i$를 만족시킨다. 조건을 만족시키는 자연수 n의 값은 3, 7, 11, $\cdots$이야.

따라서 구하는 100 이하의 자연수 n의 개수는 $0 \le k \le 24$인 정수 k의 개수와 같으므로 $24-0+1=25$이다. 두 정수 a, b에 대하여 $a \le x \le b$를 만족시키는 정수 x의 개수는 $b-a+1$이다.

🔍 **쉬운 풀이:** 허수 i의 거듭제곱을 이용하여 규칙 찾기

$(1-i)^2 = 1-2i+i^2 = -2i$이므로

$$(1-i)^{2n} = \{(1-i)^2\}^n = (-2i)^n = 2^n(-i)^n$$
$$a^{mn}=(a^m)^n \qquad (ab)^n=a^n b^n$$

즉, $(1-i)^{2n}=2^n i$에서

$$2^n(-i)^n = 2^n i \quad \therefore (-i)^n = i$$

$n=1$일 때, $(-i)^n = (-i)^1 = -i$

$n=2$일 때, $(-i)^n = (-i)^2 = i^2 = -1$

$n=3$일 때, $(-i)^n = (-i)^3 = (-i)^2 \times (-i) = -1 \times (-i) = i$

$n=4$일 때, $(-i)^n = (-i)^4 = (-i)^3 \times (-i) = i \times (-i) = -i^2 = 1$

$n=5$일 때, $(-i)^n = (-i)^5 = (-i)^4 \times (-i) = 1 \times (-i) = -i$

$$\vdots$$

따라서 음이 아닌 정수 k에 대하여 $n=4k+3$일 때, 주어진 조건을 만족시켜. $(-i)^n$의 값은 4를 주기로 같은 값이 반복되고 있지?

(이하 동일)

D 118 정답 ⑤ ·························· 복소수의 거듭제곱

【 정답 공식: n이 음이 아닌 정수일 때, $i^{4n}=1$이다. 】

> 단서 1 z^2이 음의 실수이려면 z는 순허수여야 해.
> 단서 2 $z_1=\left(\dfrac{1-i}{\sqrt{2}}\right)$라 하고 거듭제곱을 계산해보면 특정한 값이 반복됨을 알 수 있어.
>
> 실수 a에 대하여 복소수 z를 $z=a^2-1+(a-1)i$라 하자.
> z^2이 음의 실수일 때, $\left(\dfrac{1-i}{\sqrt{2}}\right)^n = \dfrac{(z-\bar{z})i}{4}$가 되도록 하는 100 이하의 자연수 n의 개수는?
> (단, $\bar{z}$는 z의 켤레복소수이고, $i=\sqrt{-1}$이다.)
>
> ① 8 ② 9 ③ 10 ④ 11 ⑤ 12

1st z^2이 음의 실수일 조건을 구한 후 복소수 z를 구하자.

$z=a^2-1+(a-1)i$에서

z^2이 음의 실수이려면 z는 순허수가 되어야 하므로

$z=a^2-1+(a-1)i$에서 $a^2-1=0$

$a^2=1 \quad \therefore a=-1$

즉, $z=-2i$

$a=1$이면 $z=0$이 되기 때문에 $a=-1$이야.

$z=a+bi(a, b$는 실수)라 하면
$z^2=(a+bi)^2=a^2+2abi+(bi)^2$
$\quad = a^2+2abi-b^2$
z^2이 음의 실수일 때, $2ab=0$이야. $b=0$이면 $z=a$가 되어 z^2은 양수이므로 $a=0$이 돼. 즉, z^2이 음의 실수이려면 z는 순허수여야 해.

$\dfrac{(z-\bar{z})i}{4}$에 $z=-2i$를 대입하면 $\dfrac{(-2i-\overline{2i})i}{4}=\dfrac{-4i^2}{4}=\dfrac{4}{4}=1$

이때, $z_1=\dfrac{1-i}{\sqrt{2}}$라 하면

$(z_1)^2=\left(\dfrac{1-i}{\sqrt{2}}\right)^2=\dfrac{1-2i-1}{2}=\dfrac{-2i}{2}=-i$

$(z_1)^4=\{(z_1)^2\}^2=(-i)^2=i^2=-1$

$(z_1)^8=\{(z_1)^4\}^2=(-1)^2=1$

즉, 복소수 $\dfrac{1-i}{\sqrt{2}}$는 8의 배수의 거듭제곱일 때마다 1이 된다.

__반복되는 규칙을 모두 나열해보면__

$\left(\dfrac{1-i}{\sqrt{2}}\right)^8=1$이므로 음이 아닌 정수 n에 대하여

$\left(\dfrac{1-i}{\sqrt{2}}\right)^{8n+1}=\dfrac{1-i}{\sqrt{2}},\ \left(\dfrac{1-i}{\sqrt{2}}\right)^{8n+2}=-i,\ \left(\dfrac{1-i}{\sqrt{2}}\right)^{8n+3}=\dfrac{-1-i}{\sqrt{2}},$

$\left(\dfrac{1-i}{\sqrt{2}}\right)^{8n+4}=-1,\ \left(\dfrac{1-i}{\sqrt{2}}\right)^{8n+5}=\dfrac{-1+i}{\sqrt{2}},\ \left(\dfrac{1-i}{\sqrt{2}}\right)^{8n+6}=i,$

$\left(\dfrac{1-i}{\sqrt{2}}\right)^{8n+7}=\dfrac{1+i}{\sqrt{2}},\ \left(\dfrac{1-i}{\sqrt{2}}\right)^{8n+8}=1$

3rd 조건을 만족시키는 자연수 n의 개수를 구하자.

따라서 $\left(\dfrac{1-i}{\sqrt{2}}\right)^n=\dfrac{(z-\bar{z})i}{4}=1$이 되도록 하는 n은 8의 배수이므로

100 이하의 자연수 중 8의 배수인 n의 개수는 __12__이다.

$8\times1,\ 8\times2,\ \cdots,\ 8\times12$이므로 12개

D119 정답 17 ···························· 복소수의 거듭제곱

(정답 공식: $z^2,\ z^3,\ \cdots$을 구해 $z^n=1$이 되는 최소의 n을 찾는다.)

> 200 이하의 자연수 n에 대하여 $\left(\dfrac{\sqrt{3}+i}{2}\right)^n=-1$을 만족시키
>
> **단서** $\dfrac{\sqrt{3}+i}{2}$의 거듭제곱을 하여 $\left(\dfrac{\sqrt{3}+i}{2}\right)^n=-1$이 되는 n의 규칙을 찾아야 해.
>
> 는 n의 개수를 구하시오. (단, $i=\sqrt{-1}$)

1st $z=\dfrac{\sqrt{3}+i}{2}$의 거듭제곱을 구해 $z^n=-1$이 되는 n의 값의 규칙을 찾자.

$\left(\dfrac{\sqrt{3}+i}{2}\right)^2=\dfrac{3+2\sqrt{3}i-1}{4}=\dfrac{1+\sqrt{3}i}{2},$

$\left(\dfrac{\sqrt{3}+i}{2}\right)^3=\dfrac{3\sqrt{3}+9i-3\sqrt{3}-i}{8}=i$이고

$\underline{\left(\dfrac{\sqrt{3}+i}{2}\right)^6=i^2=-1}$ $\left(\dfrac{\sqrt{3}+i}{2}\right)^6=\left\{\left(\dfrac{\sqrt{3}+i}{2}\right)^3\right\}^2=i^2=-1$

$\underline{\left(\dfrac{\sqrt{3}+i}{2}\right)^{12}=(-1)^2=1}$ $\left(\dfrac{\sqrt{3}+i}{2}\right)^{12}=\left\{\left(\dfrac{\sqrt{3}+i}{2}\right)^6\right\}^2=(-1)^2=1$

즉, __$n=12k+6$__ (k는 음이 아닌 정수)일 때, $\left(\dfrac{\sqrt{3}+i}{2}\right)^n=-1$
$k=0,\ 1,\ 2,\ 3,\ \cdots$

> **주의**
>
> $\left(\dfrac{\sqrt{3}+i}{2}\right)^6=-1$에서 $n=6k$ (k는 음이 아닌 정수)라 하면 안 돼.
>
> $n=12,\ 24,\ \cdots$일 때는 $\left(\dfrac{\sqrt{3}+i}{2}\right)^n=1$이 되기 때문이야.
>
> 따라서 n의 값이 6의 홀수배인 수일 때만 $\left(\dfrac{\sqrt{3}+i}{2}\right)^n=-1$이므로
>
> $n=6(2k+1)=12k+6$ (k는 음이 아닌 정수)로 놓아야 해.

2nd 조건을 만족시키는 n의 개수를 구하자.

n이 200 이하의 자연수이므로 $1\leq n\leq200$

즉, $1\leq12k+6\leq200$에서

$-5\leq12k\leq194$ ∴ $-\dfrac{5}{12}\leq k\leq\dfrac{97}{6}$ ··· ㉠

이때, ㉠을 만족시키는 음이 아닌 정수 k의 값은

$0,\ 1,\ 2,\ \cdots,\ 16$

따라서 조건을 만족시키는 자연수 n의 개수는 17이다.

D120 정답 ③ ···························· 복소수의 거듭제곱

(정답 공식: $a^{m+n}=a^m\times a^n$임을 이용한다.)

> **단서** [보기]에서 구해야 하는 것이 복소수 z의 거듭제곱들이니까 z의 거듭제곱을 구하여 규칙을 찾아 봐.
>
> 복소수 $z=\dfrac{-1+\sqrt{3}i}{2}$에 대하여 [보기]에서 옳은 것만을 있는
>
> 대로 고른 것은? (단, $i=\sqrt{-1}$)
>
> **[보기]**
> ㄱ. $z^3=1$
> ㄴ. $z^4+z^5=-1$
> ㄷ. $z^n+z^{2n}+z^{3n}+z^{4n}+z^{5n}=-1$을 만족시키는 100 이하의 모든 자연수 n의 개수는 66이다.
>
> ① ㄱ   ② ㄴ   ③ ㄱ, ㄴ
> ④ ㄱ, ㄷ   ⑤ ㄱ, ㄴ, ㄷ

1st z^3의 값을 구해.

ㄱ. $z=\dfrac{-1+\sqrt{3}i}{2}$이므로

$z^2=\left(\dfrac{-1+\sqrt{3}i}{2}\right)^2=\dfrac{1-2\sqrt{3}i+3i^2}{4}$

$=\dfrac{1-2\sqrt{3}i-3}{4}$

$=\dfrac{-2-2\sqrt{3}i}{4}=\dfrac{-1-\sqrt{3}i}{2}$

$z^3=z\times z^2=\dfrac{-1+\sqrt{3}i}{2}\times\dfrac{-1-\sqrt{3}i}{2}=\dfrac{1-3i^2}{4}=\dfrac{1+3}{4}=1$ (참)

2nd z^4+z^5의 값을 구해.

ㄴ. ㄱ에 의하여 $z^4=z\times z^3=\dfrac{-1+\sqrt{3}i}{2}\times1=\dfrac{-1+\sqrt{3}i}{2}$이고
$z^3=1$임을 이용하면 차수를 줄일 수 있어.
이때, $4=1+3$이므로 $z^4=z^{1+3}=z\times z^3$이야.

$\underset{z^5=z^{2+3}=z^2\times z^3}{z^5=z^2\times z^3=\dfrac{-1-\sqrt{3}i}{2}\times1=\dfrac{-1-\sqrt{3}i}{2}}$이므로

$z^4+z^5=\dfrac{-1+\sqrt{3}i}{2}+\dfrac{-1-\sqrt{3}i}{2}=\dfrac{-2}{2}=-1$ (참)

3rd $z^n+z^{2n}+z^{3n}+z^{4n}+z^{5n}=-1$을 만족시키는 자연수 n의 조건을 찾아.

ㄷ. ㄱ에 의하여 k가 자연수일 때

$\underset{z^4=z\times z^3=z,\ z^7=z\times(z^3)^2=z,\ \cdots}{z=z^4=z^7=\cdots=z^{3k-2}=\dfrac{-1+\sqrt{3}i}{2}}$

$\underset{z^5=z^2\times z^3=z^2,\ z^8=z^2\times(z^3)^2=z^2,\ \cdots}{z^2=z^5=z^8=\cdots=z^{3k-1}=\dfrac{-1-\sqrt{3}i}{2}}$

$\underset{z^6=(z^3)^2=1,\ z^9=(z^3)^3=1,\ \cdots}{z^3=z^6=z^9=\cdots=z^{3k}=1}$

따라서 $n=3k-2,\ n=3k-1,\ n=3k$일 때로 경우를 나누어
자연수 m에 대하여 z^m의 값은 $\dfrac{-1+\sqrt{3}i}{2}$ 또는 $\dfrac{-1-\sqrt{3}i}{2}$ 또는 1이야.

$z^n+z^{2n}+z^{3n}+z^{4n}+z^{5n}$의 값을 구하면

정답 및 해설 **137**

(ⅰ) $n=3k-2$일 때,

$$z^n=z^{3k-2}=\frac{-1+\sqrt{3}i}{2}$$

$$z^{2n}=z^{2(3k-2)}=z^{6k-4}=z^{3(2k-1)-1}=z^2=\frac{-1-\sqrt{3}i}{2}$$

$$z^{3n}=z^{3(3k-2)}=1$$

$$z^{4n}=z^{4(3k-2)}=z^{12k-8}=z^{3(4k-2)-2}=\frac{-1+\sqrt{3}i}{2}$$

$$z^{5n}=z^{5(3k-2)}=z^{15k-10}=z^{3(5k-3)-1}=\frac{-1-\sqrt{3}i}{2}$$

$$\therefore z^n+z^{2n}+z^{3n}+z^{4n}+z^{5n}$$
$$=\frac{-1+\sqrt{3}i}{2}+\frac{-1-\sqrt{3}i}{2}+1+\frac{-1+\sqrt{3}i}{2}+\frac{-1-\sqrt{3}i}{2}$$
$$=-1$$

(ⅱ) $n=3k-1$일 때,

$$z^n=z^{3k-1}=\frac{-1-\sqrt{3}i}{2}$$

$$z^{2n}=z^{2(3k-1)}=z^{6k-2}=z^{3\times2k-2}=\frac{-1+\sqrt{3}i}{2}$$

$$z^{3n}=z^{3(3k-1)}=1$$

$$z^{4n}=z^{4(3k-1)}=z^{12k-4}=z^{3(4k-1)-1}=\frac{-1-\sqrt{3}i}{2}$$

$$z^{5n}=z^{5(3k-1)}=z^{15k-5}=z^{3(5k-1)-2}=\frac{-1+\sqrt{3}i}{2}$$

$$\therefore z^n+z^{2n}+z^{3n}+z^{4n}+z^{5n}$$
$$=\frac{-1-\sqrt{3}i}{2}+\frac{-1+\sqrt{3}i}{2}+1+\frac{-1-\sqrt{3}i}{2}+\frac{-1+\sqrt{3}i}{2}$$
$$=-1$$

(ⅲ) $n=3k$일 때,

$$z^n=z^{3k}=1,\ z^{2n}=z^{2\times3k}=z^{3\times2k}=1,\ z^{3n}=z^{3\times3k}=1$$
$$z^{4n}=z^{4\times3k}=z^{3\times4k}=1,\ z^{5n}=z^{5\times3k}=z^{3\times5k}=1$$
$$\therefore z^n+z^{2n}+z^{3n}+z^{4n}+z^{5n}=1+1+1+1+1=5$$

(ⅰ)~(ⅲ)에 의하여 자연수 n이 3의 배수가 아닐 때
$z^n+z^{2n}+z^{3n}+z^{4n}+z^{5n}=-1$이다.
이때, 100 이하의 자연수 중에서 3의 배수는 3, 6, 9, $\cdots$, 99로 33개
이므로 $z^n+z^{2n}+z^{3n}+z^{4n}+z^{5n}=-1$을 만족시키는 100 이하의 자
연수 n의 개수는 $100-33=67$이다. (거짓)
따라서 옳은 것은 ㄱ, ㄴ이다.

수능 핵강

* 식을 변형한 후 곱셈공식을 이용해 z^3의 값 구하기

z^3의 값을 다른 방법으로 구해 보자.
$z=\dfrac{-1+\sqrt{3}i}{2}$에서 $2z=-1+\sqrt{3}i$이므로 $2z+1=\sqrt{3}i$
이것의 양변을 제곱하면 $4z^2+4z+1=3i^2=-3$
$4z^2+4z+4=0$ $\therefore z^2+z+1=0 \cdots \bigcirc$
즉, $\bigcirc$의 양변에 $z-1$을 곱하면 $(z-1)(z^2+z+1)=0$
$z^3-1=0$ $\therefore z^3=1$

D 121 정답 ① ⋯⋯⋯⋯⋯⋯⋯⋯⋯⋯⋯⋯ 음수의 제곱근의 계산

(정답 공식: $a>0$일 때, $\sqrt{-a}=\sqrt{a}i$로 놓고 계산한다.)

다음 중 옳은 것은? [단서] $\sqrt{-3}=\sqrt{3}i$, $\sqrt{-5}=\sqrt{5}i$로 놓고 주어진 식을 계산해봐.

① $\sqrt{3}\sqrt{-5}=\sqrt{-15}$ ② $\sqrt{-3}\sqrt{-5}=\sqrt{15}$

③ $\dfrac{\sqrt{3}}{\sqrt{-5}}=\sqrt{-\dfrac{3}{5}}$ ④ $\dfrac{\sqrt{-3}}{\sqrt{-5}}=-\sqrt{\dfrac{3}{5}}$

⑤ $\dfrac{\sqrt{-3}}{\sqrt{5}}=-\sqrt{\dfrac{3}{5}}$

1st 음수의 제곱근의 성질을 이용하여 주어진 식을 계산해.

① $\sqrt{3}\sqrt{-5}=\sqrt{3}\sqrt{5}i=\sqrt{15}i=\sqrt{-15}$

② $\sqrt{-3}\sqrt{-5}=\sqrt{3}i\sqrt{5}i$
$\quad=\sqrt{15}i^2=-\sqrt{15}$

③ $\dfrac{\sqrt{3}}{\sqrt{-5}}=\dfrac{\sqrt{3}}{\sqrt{5}i}=\dfrac{\sqrt{3}i}{\sqrt{5}i^2}=\dfrac{\sqrt{3}i}{-\sqrt{5}}$
$\quad=-\sqrt{\dfrac{3}{5}}i=-\sqrt{-\dfrac{3}{5}}$

④ $\dfrac{\sqrt{-3}}{\sqrt{-5}}=\dfrac{\sqrt{3}i}{\sqrt{5}i}=\dfrac{\sqrt{3}}{\sqrt{5}}=\sqrt{\dfrac{3}{5}}$

⑤ $\dfrac{\sqrt{-3}}{\sqrt{5}}=\dfrac{\sqrt{3}i}{\sqrt{5}}=\sqrt{\dfrac{3}{5}}i=\sqrt{-\dfrac{3}{5}}$

[음수의 제곱근의 성질]
① $a<0$, $b<0$일 때 $\sqrt{a}\sqrt{b}=-\sqrt{ab}$이고,
다른 경우는 모두 $\sqrt{a}\sqrt{b}=\sqrt{ab}$

② $a>0$, $b<0$일 때 $\dfrac{\sqrt{a}}{\sqrt{b}}=-\sqrt{\dfrac{a}{b}}$이고,
다른 경우는 모두 $\dfrac{\sqrt{a}}{\sqrt{b}}=\sqrt{\dfrac{a}{b}}$ ($b\neq0$)

D 122 정답 ⑤ ⋯⋯⋯⋯⋯⋯⋯⋯⋯⋯⋯⋯ 음수의 제곱근의 계산

정답 공식: 실수 a, b에 대하여
$a\leq0$, $b\leq0 \Longleftrightarrow \sqrt{a}\sqrt{b}=-\sqrt{ab}$, $a\geq0$, $b<0 \Longleftrightarrow \dfrac{\sqrt{a}}{\sqrt{b}}=-\sqrt{\dfrac{a}{b}}$

$\sqrt{-2}\sqrt{-18}+\dfrac{\sqrt{12}}{\sqrt{-3}}$의 값은? (단, $i=\sqrt{-1}$이다.)

[단서] 음수의 제곱근의 성질을 이용해 식의 값을 계산해.

① $6+2i$ ② $6-2i$ ③ $-8i$
④ $-6+2i$ ⑤ $-6-2i$

1st 음수의 제곱근의 성질을 이용하여 주어진 식을 계산하자.

$$\sqrt{-2}\sqrt{-18}+\dfrac{\sqrt{12}}{\sqrt{-3}}=-\sqrt{(-2)\times(-18)}-\sqrt{\dfrac{12}{-3}}$$
$$=-\sqrt{36}-\sqrt{-4}$$
$$\small -\sqrt{36}-\sqrt{-4}=-\sqrt{6^2}-\sqrt{2^2}i$$
$$=-6-2i$$

다른 풀이: 주어진 식을 음수의 거듭제곱으로 나타내어 직접 계산하기

$$\sqrt{-2}\sqrt{-18}+\dfrac{\sqrt{12}}{\sqrt{-3}}=\sqrt{2}i\times\sqrt{18}i+\dfrac{2\sqrt{3}}{\sqrt{3}i}$$
$$\small \sqrt{-2}\sqrt{-18}+\dfrac{\sqrt{12}}{\sqrt{-3}}=(\sqrt{2}\times\sqrt{-1})\times(\sqrt{18}\times\sqrt{-1})+\dfrac{\sqrt{12}}{\sqrt{3}\times\sqrt{-1}}$$
$$=\sqrt{36}i^2+\dfrac{2i}{i^2}=-6-2i$$

D 123 정답 ③ ························ 음수의 제곱근의 계산

정답 공식: a, b가 실수일 때,
$\sqrt{a}\sqrt{b}=-\sqrt{ab} \Longleftrightarrow a\le 0, b\le 0, \dfrac{\sqrt{b}}{\sqrt{a}}=-\sqrt{\dfrac{b}{a}} \Longleftrightarrow a<0, b\ge 0$

단서 1 음수의 제곱근의 성질 중 $a<0, b<0$일 때 $\sqrt{a}\sqrt{b}=-\sqrt{ab}$에 해당하는 식이지?

$\sqrt{-2}\sqrt{8}-\sqrt{-9}\sqrt{-18}+\dfrac{\sqrt{-32}}{\sqrt{-4}}+\dfrac{\sqrt{27}}{\sqrt{-3}}$ 의 값은?

(단, $i=\sqrt{-1}$)

① $9\sqrt{2}+i$ ② $10\sqrt{2}+i$ ③ $11\sqrt{2}+i$

④ $9\sqrt{2}-i$ ⑤ $10\sqrt{2}-i$

단서 2 음수의 제곱근의 성질 중 $a>0, b<0$일 때 $\dfrac{\sqrt{a}}{\sqrt{b}}=-\sqrt{\dfrac{a}{b}}$에 해당하는 식이야.

1st 음수의 제곱근의 성질을 이용하여 주어진 식을 계산해.

$\sqrt{-2}\sqrt{8}-\sqrt{-9}\sqrt{-18}+\dfrac{\sqrt{-32}}{\sqrt{-4}}+\dfrac{\sqrt{27}}{\sqrt{-3}}$

$=\sqrt{-16}\oplus\sqrt{9\times 18}+\sqrt{\dfrac{32}{4}}\ominus\sqrt{\dfrac{27}{-3}}$

$=4i+9\sqrt{2}+2\sqrt{2}-3i$ ← 부호에 주의해!

$=11\sqrt{2}+i$ $\sqrt{-\dfrac{27}{3}}=\sqrt{-9}=\sqrt{9}\sqrt{-1}=3i$

🔷 **다른 풀이:** 주어진 식을 음수의 거듭제곱으로 나타내어 직접 계산하기

(주어진 식)$=\sqrt{2}i\times 2\sqrt{2}-3i\times 3\sqrt{2}i+\dfrac{4\sqrt{2}i}{2i}+\dfrac{3\sqrt{3}}{\sqrt{3}i}$

$=4i+9\sqrt{2}+2\sqrt{2}-3i$

$=11\sqrt{2}+i$

D 124 정답 ② ························ 음수의 제곱근의 계산

정답 공식: 실수 a, b에 대해 $a<0$이면 $\sqrt{a}=\sqrt{-a}i$이다.
또, $a<0, b<0$이면 $\sqrt{a}\sqrt{b}=-\sqrt{ab}$이다.

단서 $-1<a$에서 $a+1>0$, $a<1$에서 $a-1<0$임을 알 수 있어.

$-1<a<1$일 때, 다음을 간단히 하면? (단, $i=\sqrt{-1}$)

$$\sqrt{a+1}\times\sqrt{a-1}\times\sqrt{1-a}\times\sqrt{-a-1}$$

① a^2+1 ② a^2-1 ③ $-a^2-1$

④ $(a^2-1)i$ ⑤ $(1-a^2)i$

1st $\sqrt{}$ 안의 수의 부호를 체크해야겠지? $a<0$이면 $\sqrt{a}=\sqrt{|a|}i$로 바꾸면 돼.

$-1<a<1$일 때,

범위가 주어진 목적은 $\sqrt{}$ 안의 값이 음수인지 양수인지 따져 줄 수 있게 하기 위해서야.

$a+1>0$, $a-1<0$, $1-a>0$, $-a-1<0$이므로

$\sqrt{a+1}\times\sqrt{a-1}\times\sqrt{1-a}\times\sqrt{-a-1}$

$=\sqrt{a+1}\times\sqrt{1-a}i\times\sqrt{1-a}\times\sqrt{a+1}i$

$=\sqrt{(1-a^2)}i\times\sqrt{(1-a^2)}i$

$=(1-a^2)i^2 (\because 1-a^2>0)$

$=-(1-a^2)=a^2-1$

함정 범위에 따라 $\sqrt{}$ 안의 식의 값의 부호를 먼저 판별한 후 식의 값이 음수일 때 i를 사용하는 것에 유의하여 식을 명확하게 나타내야 해.

D 125 정답 ④ ························ 음수의 제곱근의 계산

정답 공식: $x>0$일 때, $\sqrt{-x}=\sqrt{x}i$

이차다항식 $P(x)=x^2-ax+7-a$에 대하여

$\sqrt{P(1)}+\sqrt{-P(1)}-\sqrt{P(0)-4}$

단서 $P(1), P(0)-4$의 부호를 판별해.

의 값이 실수일 때, 모든 $P(-4)$의 값의 합은?

(단, a는 실수이다.)

① 60   ② 64   ③ 68   ④ 72   ⑤ 76

1st $\sqrt{P(1)}+\sqrt{-P(1)}-\sqrt{P(0)-4}$를 a에 대한 식으로 나타내.

이차다항식 $P(x)=x^2-ax+7-a$에 대하여

$P(1)=8-2a, -P(1)=2a-8,$

$P(0)-4=(7-a)-4=3-a$이므로

$\sqrt{P(1)}+\sqrt{-P(1)}-\sqrt{P(0)-4}$

$=\sqrt{8-2a}+\sqrt{2a-8}-\sqrt{3-a}$ … ㉠

2nd $\sqrt{P(1)}+\sqrt{-P(1)}-\sqrt{P(0)-4}$의 값이 실수가 되기 위한 $P(1)$, $P(0)-4$의 부호를 판별해.

먼저 $\sqrt{8-2a}$, $\sqrt{2a-8}$이 동시에 실수이려면

$8-2a\ge 0 \Longleftrightarrow a\le 4$, $2a-8\ge 0 \Longleftrightarrow a\ge 4$이므로 $a=4$

이때, $a=4$를 ㉠에 대입하면

$\sqrt{8-2a}+\sqrt{2a-8}-\sqrt{3-a}=\sqrt{0}+\sqrt{0}-\sqrt{-1}=-i$이므로

조건을 만족시키지 않는다.

따라서 $a\ne 4$이고 두 수 $\sqrt{8-2a}$, $\sqrt{2a-8}$ 중 하나는 실수, 다른 하나는 허수이다.

$\sqrt{8-2a}, \sqrt{2a-8}, \sqrt{3-a}$ 중 허수가 하나 뿐이면 ㉠의 값은 무조건 허수야. 셋 중 두 수 이상이 허수이어야 하니 $\sqrt{3-a}$는 무조건 허수이어야겠지?

3rd 각 경우에 대한 $P(-4)$의 값을 구해.

(i) $\sqrt{8-2a}$는 실수, $\sqrt{2a-8}$와 $\sqrt{3-a}$는 허수인 경우

$2a-8<0$, $3-a<0$이므로 $3<a<4$

또한,

$\sqrt{2a-8}-\sqrt{3-a}=\sqrt{8-2a}i-\sqrt{a-3}i$

$=(\sqrt{8-2a}-\sqrt{a-3})i$ $x>0$일 때, $\sqrt{-x}=\sqrt{x}i$

가 실수이므로

$\sqrt{8-2a}-\sqrt{a-3}=0 (8-2a>0, a-3>0)$

$8-2a=a-3$ a, b가 실수일 때, $a+bi$가 실수이면 $b=0$

즉, $a=\dfrac{11}{3}$이고 $P(x)=x^2-\dfrac{11}{3}x+\dfrac{10}{3}$

$3<a<4$를 만족해.

$\therefore P(-4)=16+\dfrac{44}{3}+\dfrac{10}{3}=34$

(ii) $\sqrt{2a-8}$은 실수, $\sqrt{8-2a}$와 $\sqrt{3-a}$는 허수인 경우

$8-2a<0$, $3-a<0$이므로 $a>4$

또한,

$\sqrt{8-2a}-\sqrt{3-a}=\sqrt{2a-8}i-\sqrt{a-3}i$

$=(\sqrt{2a-8}-\sqrt{a-3})i$

가 실수이므로

$\sqrt{2a-8}-\sqrt{a-3}=0 (2a-8>0, a-3>0)$

$2a-8=a-3$

즉, $a=5$이고 $P(x)=x^2-5x+2$

$a>4$를 만족해.

$\therefore P(-4)=16+20+2=38$

(i), (ii)에 의하여 모든 $P(-4)$의 값의 합은 $34+38=72$

D 126 정답 7 ························· 음수의 제곱근의 성질

(정답 공식: $a<0$, $b<0$일 때, $\sqrt{a}\sqrt{b}=-\sqrt{ab}$)

a가 음수일 때, $\dfrac{\sqrt{-4a}}{\sqrt{a}\sqrt{-4}}-\dfrac{\sqrt{-32}\sqrt{4a}}{\sqrt{2}\sqrt{-a}}$ 의 값을 구하시오.

단서 각 항의 부호를 판단하여 식을 간단히 나타내.

1st 각 항의 부호를 고려하여 식의 값을 구해.

$a<0$, $-4<0$이므로

$\sqrt{a}\sqrt{-4}=-\sqrt{a\times(-4)}=-\sqrt{-4a}$

$\dfrac{\sqrt{-4a}}{\sqrt{a}\sqrt{-4}}=\dfrac{\sqrt{-4a}}{-\sqrt{-4a}}=-1$
$a<0$, $b<0$이면 $\sqrt{a}\sqrt{b}=-\sqrt{ab}$이지? 여기에 $b=-4$를 대입했다 생각해 봐.

마찬가지로

$-32<0$, $4a<0$이므로

$\sqrt{-32}\sqrt{4a}=-\sqrt{-32\times4a}=-\sqrt{-128a}$

$2>0$, $-a>0$이므로

$\sqrt{2}\sqrt{-a}=\sqrt{2\times(-a)}=\sqrt{-2a}$

$\dfrac{\sqrt{-32}\sqrt{4a}}{\sqrt{2}\sqrt{-a}}=\dfrac{-\sqrt{-128a}}{\sqrt{-2a}}=\dfrac{-8\sqrt{-2a}}{\sqrt{-2a}}=-8$

$\therefore \dfrac{\sqrt{-4a}}{\sqrt{a}\sqrt{-4}}-\dfrac{\sqrt{-32}\sqrt{4a}}{\sqrt{2}\sqrt{-a}}=(-1)-(-8)=7$

🔷 **다른 풀이:** a가 음수이므로 $a=-b$로 두기

a가 음수이므로 $a=-b$라 하면 $b>0$

$\dfrac{\sqrt{-4a}}{\sqrt{a}\sqrt{-4}}-\dfrac{\sqrt{-32}\sqrt{4a}}{\sqrt{2}\sqrt{-a}}$

$=\dfrac{\sqrt{4b}}{\sqrt{-b}\sqrt{-4}}-\dfrac{\sqrt{-32}\sqrt{-4b}}{\sqrt{2}\sqrt{b}}$

$=\dfrac{\sqrt{4b}}{\sqrt{bi}\sqrt{4i}}-\dfrac{\sqrt{32i}\sqrt{4bi}}{\sqrt{2}\sqrt{b}}$

$=\dfrac{\sqrt{4b}}{-\sqrt{b}\sqrt{4}}-\dfrac{-\sqrt{32}\sqrt{4b}}{\sqrt{2}\sqrt{b}}$

$=-\dfrac{\sqrt{4b}}{\sqrt{4b}}+\dfrac{4\sqrt{2}\times2\sqrt{b}}{\sqrt{2}\sqrt{b}}$

$=-1+\dfrac{8\sqrt{2b}}{\sqrt{2b}}$

$=-1+8=7$

D 127 정답 ① ························· 음수의 제곱근의 성질

(정답 공식: 실수 a, b에 대해 $a\leq0$, $b\leq0\Longleftrightarrow \sqrt{a}\sqrt{b}=-\sqrt{ab}$이다.)

0이 아닌 두 실수 a, b에 대하여 $\sqrt{a}\sqrt{b}=-\sqrt{ab}$일 때, $\sqrt{(a+b)^2}-|a|$의 값은? **단서** $a<0$, $b<0$이면 $\sqrt{a}\sqrt{b}=-\sqrt{ab}$야.

① $-b$ ② b ③ $2a-b$ ④ $2a+b$ ⑤ $b-2a$

1st $\sqrt{a}\sqrt{b}=-\sqrt{ab}$인 것은 $a<0$, $b<0$이지?

0이 아닌 두 실수 a, b에 대하여

$\sqrt{a}\sqrt{b}=-\sqrt{ab}$가 성립하려면 $a<0$, $b<0$ 예를 들어 기억하자.

$\therefore \sqrt{(a+b)^2}-|a|=-(a+b)-(-a)$
$\quad=-a-b+a$
$\quad=-b$

$A<0$일 때, $\sqrt{A^2}=-A$, $|A|=-A$

$\sqrt{-2}\sqrt{-3}=\sqrt{2}i\cdot\sqrt{3}i$ $=\sqrt{(-2)\times(-3)}i^2$ $=-\sqrt{(-2)\times(-3)}$

D 128 정답 ⑤ ························· 음수의 제곱근의 성질

(정답 공식: 실수 a, b에 대해 $a<0$, $b\geq0\Longleftrightarrow \dfrac{\sqrt{b}}{\sqrt{a}}=-\sqrt{\dfrac{b}{a}}$ 이다.)

단서 $\sqrt{\dfrac{b}{a}}=-\dfrac{\sqrt{b}}{\sqrt{a}}$가 성립하는 조건을 찾자.

등식 $\sqrt{\dfrac{x+1}{x-5}}=-\dfrac{\sqrt{x+1}}{\sqrt{x-5}}$을 만족하는 정수 x의 개수는?

① 2   ② 3   ③ 4   ④ 5   ⑤ 6

1st $\sqrt{\dfrac{a}{b}}=-\dfrac{\sqrt{a}}{\sqrt{b}}$인 것은 $a\geq0$, $b<0$이지?

주의 음수의 제곱근의 성질을 제대로 이해하고 있는지 체크해!

$\sqrt{\dfrac{x+1}{x-5}}=-\dfrac{\sqrt{x+1}}{\sqrt{x-5}}$이려면

$x+1\geq0$, $x-5<0$ $\sqrt{\dfrac{1}{-1}}=\sqrt{-1}=i=\dfrac{i\cdot i}{i}=-\dfrac{1}{i}=-\dfrac{\sqrt{1}}{\sqrt{-1}}$을 기억하고 있자.

$\therefore -1\leq x<5$

따라서 구하는 정수 x는 -1, 0, 1, 2, 3, 4의 6개이다.

D 129 정답 ③ ························· 음수의 제곱근의 성질

(정답 공식: 실수 a, b에 대하여 $a\leq0$, $b\leq0\Longleftrightarrow \sqrt{a}\sqrt{b}=-\sqrt{ab}$이다.)

[보기]에서 옳은 것을 모두 고르면? (단, $i=\sqrt{-1}$)

━━━ [보기] ━━━

ㄱ. $\sqrt{-a}=\sqrt{a}i$ $(a>0)$

ㄴ. $a<0$, $b<0$일 때, $\sqrt{a}\sqrt{b}=-\sqrt{ab}$
  단서1 음수의 제곱근의 성질을 떠올려봐.

ㄷ. $i^{4n+2}=1$ (n은 음이 아닌 정수)
  단서2 i의 거듭제곱의 규칙을 생각해.

① ㄱ   ② ㄷ   ③ ㄱ, ㄴ   ④ ㄴ, ㄷ   ⑤ ㄱ, ㄴ, ㄷ

1st 음수의 제곱근의 성질을 이용하여 [보기]의 참, 거짓을 판별하자.

ㄱ. $a>0$이므로
  $\sqrt{-a}=\sqrt{a\times(-1)}=\sqrt{a}\times\sqrt{-1}=\sqrt{a}i$ (참)

ㄴ. $a<0$, $b<0$일 때, $-a>0$, $-b>0$이므로
  $\sqrt{a}\sqrt{b}=\sqrt{(-a)}i\times\sqrt{(-b)}i$
  $=\sqrt{(-a)\times(-b)}i^2$ $\sqrt{a}\sqrt{b}=\sqrt{(-a)\times(-1)}\times\sqrt{(-b)\times(-1)}$ $=\sqrt{(-a)}\times\sqrt{(-1)}\times\sqrt{(-b)}\times\sqrt{(-1)}$
  $=-\sqrt{ab}$ (참)

ㄷ. n이 음이 아닌 정수일 때
  $i^{4n+2}=i^{4n}\times i^2=1\times(-1)=-1$ (거짓)
  $i^2=-1$이므로 $i^4=(i^2)^2=(-1)^2=1$ $\therefore i^{4n}=(i^4)^n=1^n=1$ (n은 음이 아닌 정수)

따라서 옳은 것은 ㄱ, ㄴ이다.

D 130 정답 ④ ························· 음수의 제곱근의 성질

(정답 공식: 실수 a, b에 대하여 $a\leq0$, $b\leq0\Longleftrightarrow \sqrt{a}\sqrt{b}=-\sqrt{ab}$이다.)

두 실수 x, y에 대하여 $\sqrt{x}\sqrt{y}=-\sqrt{xy}$가 성립하고 등식 **단서1** $\sqrt{x}\sqrt{y}=-\sqrt{xy}$이면 $x<0$, $y<0$ 또는 $xy=0$
$x^2+2x-(y+3)i=15+4i$를 만족한다. 두 실수 x, y의 곱 xy의 값은? **단서2** 복소수가 서로 같을 조건을 생각해.

① 32   ② 33   ③ 34   ④ 35   ⑤ 36

1st 음수의 제곱근의 성질을 이용하여 x, y의 부호를 파악하자.

실수 x, y에 대하여 $\sqrt{x}\sqrt{y}=-\sqrt{xy}$이므로

$x\le0$, $y\le0$

2nd 복소수가 서로 같을 조건을 이용하여 x, y의 값을 구하자.

$x^2+2x-(y+3)i=15+4i$에서

$\underline{x^2+2x=15,\ -(y+3)=4}$

실수 a, b, c, d에 대하여
$a+bi=c+di$이면 $a=c$, $b=d$

$x^2+2x=15$에서 $x^2+2x-15=0$

$(x+5)(x-3)=0$

$\therefore x=-5$ ($\because x\le0$)

$-(y+3)=4$에서

$y+3=-4$ $\quad\therefore y=-7$

$\therefore xy=(-5)\times(-7)=35$

D 131 정답 ④ ······································ 음수의 제곱근의 성질

정답 공식: 실수 a, b에 대해 $a<0$, $b\ge0\iff \dfrac{\sqrt{b}}{\sqrt{a}}=-\sqrt{\dfrac{b}{a}}$ 이다.

0이 아닌 세 실수 a, b, c가 다음 조건을 만족시킨다.

(가) $b+c<a$ **단서 2** $a<0$, $b>0$에 따라 c와 a의 대소 관계를 살펴보자.

(나) $\dfrac{\sqrt{b}}{\sqrt{a}}=-\sqrt{\dfrac{b}{a}}$ **단서 1** 이것을 만족하는 조건은 $a<0$, $b>0$이야.

세 수 a, b, c의 대소 관계로 옳은 것은?

① $a<c<b$ ② $b<a<c$ ③ $b<c<a$

④ $c<a<b$ ⑤ $c<b<a$

1st 조건 (나)에서 a와 b의 부호를 알면 조건 (가)로부터 세 수의 대소 관계를 구할 수 있어.

조건 (가)에서 $b+c<a$ ··· ㉠

조건 (나)에서 $\dfrac{\sqrt{b}}{\sqrt{a}}=-\sqrt{\dfrac{b}{a}}$이므로 $\underline{a<0,\ b>0}$

a, b, c가 0이 아닌 세 실수라는 말이 없으면 $b\ge0$이라 놓아야 해.

즉, $a<b$ ··· ㉡

㉠에서 $c<b+c<a$ ($\because b>0$) ··· ㉢

따라서 ㉡, ㉢에 의해서

$c<a<b$

📋 **서술형 스토리**

D 132 정답 $\dfrac{1}{3}$ ······································ 켤레복소수

정답 공식: $\omega+\overline{\omega}$와 $\omega\overline{\omega}$를 이용하여 $z\overline{z}$를 구한다.

단서 1 $\omega+\overline{\omega}$와 $\omega\overline{\omega}$의 값을 구하자. **단서 2** $z\overline{z}$를 ω와 $\overline{\omega}$에 관한 식으로 고치자.

복소수 $\omega=-\dfrac{1}{2}-\dfrac{\sqrt{3}}{2}i$일 때, $z=\dfrac{\omega+1}{\omega-1}$에 대하여 $z\overline{z}$의 값을 구하는 과정을 서술하시오.

(단, $\overline{z}$는 z의 켤레복소수이고, $i=\sqrt{-1}$이다.)

1st 구해야 하는 식을 ω와 $\overline{\omega}$의 식으로 정리해보자.

$\overline{z}=\overline{\left(\dfrac{\omega+1}{\omega-1}\right)}=\dfrac{\overline{\omega}+1}{\overline{\omega}-1}$이므로 ··· ❶

$z\overline{z}=\dfrac{\omega+1}{\omega-1}\cdot\dfrac{\overline{\omega}+1}{\overline{\omega}-1}=\dfrac{\omega\overline{\omega}+(\omega+\overline{\omega})+1}{\omega\overline{\omega}-(\omega+\overline{\omega})+1}$ 결국 $\omega\overline{\omega}$와 $\omega+\overline{\omega}$의 값을 알면 돼.

2nd $\omega+\overline{\omega}$와 $\omega\overline{\omega}$의 값을 구하자.

$\omega=-\dfrac{1}{2}-\dfrac{\sqrt{3}}{2}i$이므로 $\underline{\omega+\overline{\omega}=-1,\ \omega\overline{\omega}=1}$이다. ··· ❷

$\omega+\overline{\omega}=-\dfrac{1}{2}-\dfrac{\sqrt{3}}{2}i-\dfrac{1}{2}+\dfrac{\sqrt{3}}{2}i=-1$

3rd $z\overline{z}$의 값을 구하자.

$\omega\overline{\omega}=\left(-\dfrac{1}{2}-\dfrac{\sqrt{3}}{2}i\right)\left(-\dfrac{1}{2}+\dfrac{\sqrt{3}}{2}i\right)$

$\therefore z\overline{z}=\dfrac{1-1+1}{1-(-1)+1}=\dfrac{1}{3}$ ··· ❸ $=\dfrac{1}{4}+\dfrac{3}{4}=1$

[채점 기준표]

❶ $\overline{z}$를 $\overline{\omega}$에 관한 식으로 나타낸다.	40%
❷ $\omega+\overline{\omega}$와 $\omega\overline{\omega}$의 값을 구한다.	30%
❸ $z\overline{z}$의 값을 구한다.	30%

D 133 정답 $\dfrac{37}{5}$ ······································ 켤레복소수

정답 공식: z, $\overline{z}$를 대입하여 ω를 구한 다음, $\omega\overline{\omega}$를 계산한다.

복소수 $z=3+i$에 대하여 $\omega=\dfrac{z^2-\overline{z}}{z-2i}$일 때, $\omega\overline{\omega}$의 값을 구하는 과정을 서술하시오. **단서** z^2, $\overline{z}$를 구하여 ω에 대입한 후 식을 간단히 정리해.

(단, $\overline{z}$, $\overline{\omega}$는 각각 z, ω의 켤레복소수이고 $i=\sqrt{-1}$이다.)

1st 복소수 z에 대하여 z^2과 $\overline{z}$를 구하자.

$z=3+i$이므로

$z^2=(3+i)^2=9+6i-1=8+6i,\ \overline{z}=3-i$ ··· ❶

2nd 복소수 ω를 정리하자.

$\omega=\dfrac{z^2-\overline{z}}{z-2i}$에 z, z^2, $\overline{z}$를 대입하면

$\omega=\dfrac{8+6i-(3-i)}{3+i-2i}=\dfrac{5+7i}{3-i}=\dfrac{(5+7i)(3+i)}{(3-i)(3+i)}$

$=\dfrac{8+26i}{10}=\dfrac{4}{5}+\dfrac{13}{5}i$ ··· ❷

분모를 실수화하기 위해 분모의 켤레복소수를 분모, 분자에 각각 곱하는 거야.

3rd $\omega\overline{\omega}$를 구하자.

따라서 $\overline{\omega}=\dfrac{4}{5}-\dfrac{13}{5}i$이므로

복소수 $x=a+bi$ (a, b는 실수)에 대하여 $x\overline{x}=a^2+b^2$

$\omega\overline{\omega}=\left(\dfrac{4}{5}+\dfrac{13}{5}i\right)\left(\dfrac{4}{5}-\dfrac{13}{5}i\right)=\dfrac{16}{25}+\dfrac{169}{25}=\dfrac{37}{5}$ ··· ❸

[채점 기준표]

❶ z^2, $\overline{z}$를 구한다.	20%
❷ ω를 정리한다.	50%
❸ $\omega\overline{\omega}$의 값을 구한다.	30%

🔑 **다른 풀이:** $\omega\overline{\omega}$를 z와 $\overline{z}$에 대하여 나타낸 후 $\omega\overline{\omega}$의 값 구하기

$\omega=\dfrac{z^2-\overline{z}}{z-2i}$이므로 $\overline{\omega}=\overline{\left(\dfrac{z^2-\overline{z}}{z-2i}\right)}=\dfrac{\overline{z}^2-z}{\overline{z}+2i}$이고

$z=3+i$, $\overline{z}=3-i$이므로

$\omega\overline{\omega}=\dfrac{z^2-\overline{z}}{z-2i}\times\dfrac{\overline{z}^2-z}{\overline{z}+2i}=\dfrac{(z\overline{z})^2-(z^3+\overline{z}^3)+z\overline{z}}{z\overline{z}+2i(z-\overline{z})+4}=\dfrac{10^2-36+10}{10+2i(2i)+4}$

$=\dfrac{37}{5}$

$z+\overline{z}=(3+i)+(3-i)=6,\ z\overline{z}=(3+i)(3-i)=10$
$z^3+\overline{z}^3=(z+\overline{z})^3-3z\overline{z}(z+\overline{z})=6^3-3\times10\times6=36$
$z-\overline{z}=(3+i)-(3-i)=2i$

D 134 정답 −1 ·· 복소수의 뜻

정답 공식: z를 실수부분과 허수부분으로 정리한 후, 조건을 만족하는 m, n의 값을 계산한다.

단서 $z=(\quad)+(\quad)i$ 꼴로 변형하고, 실수 또는 순허수가 되는 조건을 구하자.

복소수 $z=a^2(1-i)+a(1-2i)-3(2-i)$가 0이 아닌 실수가 되도록 하는 a의 값을 m, 순허수가 되도록 하는 a의 값을 n이라고 할 때, $m-n$의 값을 구하는 과정을 서술하시오.

(단, $i=\sqrt{-1}$)

1st $z=A+Bi$ 꼴로 정리해보자.

$z=a^2(1-i)+a(1-2i)-3(2-i)$
$\quad=(a^2+a-6)+(-a^2-2a+3)i$
$\quad=\underline{(a+3)(a-2)-(a+3)(a-1)i}$ ··· ❶

$z=\alpha+\beta i(\alpha, \beta$는 실수)에 대하여
$\begin{cases}\beta=0 : 실수\\ \alpha=0, \beta\ne0 : 순허수\end{cases}$

2nd $B=0$이면 z는 실수, $A=0$, $B\ne0$이면 z는 순허수임을 이용해서 m과 n의 값을 구하자.

$a=1$일 때, $z=-4$로 실수이다. ∴ $m=1$
$a=2$일 때, $z=-5i$로 순허수이다. ∴ $n=2$ ··· ❷

3rd $m-n$의 값을 구하자.

∴ $m-n=1-2=-1$ ··· ❸

[채점 기준표]

❶ 복소수 z를 실수부분과 허수부분이 구분되도록 정리한다.	40%
❷ m, n의 값을 각각 구한다.	40%
❸ $m-n$의 값을 구한다.	20%

D 135 정답 0 ·· i의 거듭제곱

정답 공식: α, β를 분모의 실수화를 통해 먼저 계산한다.

단서 1 분모의 실수화로 α, β를 간단히 하자.

두 복소수 $\alpha=\dfrac{1+i}{1-i}$, $\beta=\dfrac{1-i}{1+i}$에 대하여

$\alpha+\beta^2+\alpha^3+\beta^4+\alpha^5+\beta^6+\cdots+\alpha^{99}+\beta^{100}$의 값을 구하는 과정을 서술하시오. (단, $i=\sqrt{-1}$) **단서 2** α^m과 β^n의 값이 반복되는 규칙을 구해야 해.

1st α와 β를 실수화하자.

$\alpha=\dfrac{1+i}{1-i}=\dfrac{(1+i)^2}{(1-i)(1+i)}=\dfrac{2i}{2}=i$

$\dfrac{1+i}{1-i}=i, \dfrac{1-i}{1+i}=-i$는 자주 쓰이니 결과를 기억해 놓도록 하자.

$\beta=\dfrac{1-i}{1+i}=\dfrac{(1-i)^2}{(1+i)(1-i)}=\dfrac{-2i}{2}=-i$ ··· ❶

함정 $\dfrac{1+i}{1-i}$ 또는 $\dfrac{1-i}{1+i}$이 나오면 분모의 실수화를 먼저 하고 거듭제곱 꼴의 규칙을 찾아내야 해.

2nd α와 β의 거듭제곱을 구하자.

$\alpha+\beta^2+\alpha^3+\beta^4+\alpha^5+\beta^6+\cdots+\alpha^{99}+\beta^{100}$
$=i+(-i)^2+i^3+(-i)^4+i^5+(-i)^6+\cdots+i^{99}+(-i)^{100}$ ··· ❷
$=\underline{i+i^2+i^3+i^4+i^5+i^6+\cdots+i^{99}+i^{100}}$

i^n(n은 자연수)은 i, -1, $-i$, 1이 반복되지?

3rd 식의 값을 구하자.

$=\underbrace{(i-1-i+1)+\cdots+(i-1-i+1)}_{25개}=0$ ··· ❸

[채점 기준표]

❶ α, β를 간단히 한다.	30%
❷ 주어진 식을 i의 거듭제곱의 합으로 나타낸다.	30%
❸ 답을 구한다.	40%

✿ i의 거듭제곱 개념·공식

① $i=\sqrt{-1}$, $i^2=-1$, $i^3=-i$, $i^4=1$
② $n\ge0$인 정수에 대하여
$\quad i^{4n}=1$, $i^{4n+1}=i$, $i^{4n+2}=-1$, $i^{4n+3}=-i$

D 136 정답 해설 참조 ·· 음수의 제곱근

정답 공식: 실수 a, b에 대해

$a<0$, $b\ge0 \iff \dfrac{\sqrt{b}}{\sqrt{a}}=-\sqrt{\dfrac{b}{a}}$이고, $a\le0$, $b\le0 \iff \sqrt{a}\sqrt{b}=-\sqrt{ab}$이다.

다음은 $\sqrt{-2}\sqrt{8}+\sqrt{-3}\sqrt{-12}-\dfrac{\sqrt{12}}{\sqrt{-3}}$를 계산하는 과정이다. 잘못된 부분을 찾아 설명하고, 바른 답을 구하는 과정을 서술하시오. (단, $i=\sqrt{-1}$)

$\sqrt{-2}\sqrt{8}+\sqrt{-3}\sqrt{-12}-\dfrac{\sqrt{12}}{\sqrt{-3}}$
$=\sqrt{(-2)\times8}+\sqrt{(-3)\times(-12)}-\sqrt{\dfrac{12}{-3}}$
$=\sqrt{-16}+\sqrt{36}-\sqrt{-4}$
$=4i+6-2i$
$=6+2i$

단서 $\sqrt{a}\sqrt{b}=-\sqrt{ab}$와 $\dfrac{\sqrt{b}}{\sqrt{a}}=-\sqrt{\dfrac{b}{a}}$가 성립하는 조건을 생각해보자.

1st 순서대로 등식이 성립하는지 살펴보자.

주어진 식의 $\sqrt{-3}\sqrt{-12}$와 $\dfrac{\sqrt{12}}{\sqrt{-3}}$를 각각 $\sqrt{(-3)\times(-12)}$와 $\sqrt{\dfrac{12}{-3}}$로 계산한 부분이 잘못되었다. ··· ❶

2nd $\sqrt{}$ 안의 부호가 음수일 때를 주의하자.

$\sqrt{-3}\sqrt{-12}=\sqrt{3}i\times\sqrt{12}i=\sqrt{36}\times i^2=-\sqrt{36}$

$\dfrac{\sqrt{12}}{\sqrt{-3}}=\dfrac{\sqrt{12}}{\sqrt{3}i}=\sqrt{4}\times\dfrac{i}{i^2}=-\sqrt{4}i=-\sqrt{-4}$

3rd 계산이 잘못된 부분을 바르게 고치자.

주어진 식의 잘못된 부분을 바르게 고치면

a, b가 양수일 때,
$\begin{cases}\sqrt{-a}\sqrt{-b}=-\sqrt{(-a)(-b)}\\ \dfrac{\sqrt{b}}{\sqrt{-a}}=-\sqrt{\dfrac{b}{-a}}\end{cases}$

$\sqrt{-2}\sqrt{8}+\sqrt{-3}\sqrt{-12}-\dfrac{\sqrt{12}}{\sqrt{-3}}=\sqrt{-16}-\sqrt{36}+\sqrt{-4}$
$=4i-6+2i$
$=-6+6i$ ··· ❷

🔷 다른 풀이: 주어진 식을 음수의 거듭제곱으로 나타내어 직접 계산하기

$\sqrt{-2}\sqrt{8}+\sqrt{-3}\sqrt{-12}-\dfrac{\sqrt{12}}{\sqrt{-3}}=\sqrt{2}i\sqrt{8}+\sqrt{3}i\sqrt{12}i-\dfrac{\sqrt{12}}{\sqrt{3}i}$
$=4i-6+2i=-6+6i$

a가 양수일 때, $\sqrt{-a}=\sqrt{a}i$

[채점 기준표]

❶ 계산 과정의 잘못된 부분을 안다.	50%
❷ 바르게 계산하여 답을 구한다.	50%

D 137 정답 ④ ················· ★2등급 대비 [정답률 29%]

> 정답 공식: $\frac{1-i}{1+i}$, $\frac{1+i}{1-i}$ 를 먼저 간단히 한 다음, a_n의 규칙성을 찾는다.

임의의 자연수 n에 대하여

$$a_n = \left(\frac{1-i}{1+i}\right)^n + \left(\frac{1+i}{1-i}\right)^n$$

단서 1 $\frac{1-i}{1+i}$, $\frac{1+i}{1-i}$ 의 분모를 실수화하여 a_n을 간단히 나타내자.

일 때, [보기] 중 옳은 것만을 있는 대로 고른 것은?
(단, $i = \sqrt{-1}$ 이다.)

[보기]

ㄱ. $a_{100} = 2$

ㄴ. $a_{5n} = a_n$

단서 2 i^n의 거듭제곱을 이용해 a_n의 규칙성을 찾아내야 해.

ㄷ. $a_1 + a_2 + \cdots + a_{99} + a_{100} = 100$

ㄹ. $a_1 - a_2 + a_3 - a_4 + \cdots + a_{99} - a_{100} = 0$

① ㄱ, ㄴ ② ㄱ, ㄹ ③ ㄴ, ㄹ
④ ㄱ, ㄴ, ㄹ ⑤ ㄱ, ㄷ, ㄹ

1st a_n의 규칙성을 찾아봐.

함정 $\frac{1+i}{1-i}$ 또는 $\frac{1-i}{1+i}$ 이 나오면 분모의 실수화를 먼저 하고 i의 거듭제곱의 규칙을 잘 이용해야 해.

$$a_n = \left(\frac{1-i}{1+i}\right)^n + \left(\frac{1+i}{1-i}\right)^n$$

$$= \left\{\frac{(1-i)(1-i)}{(1+i)(1-i)}\right\}^n + \left\{\frac{(1+i)(1+i)}{(1-i)(1+i)}\right\}^n$$

$$= \left\{\frac{(1-i)^2}{2}\right\}^n + \left\{\frac{(1+i)^2}{2}\right\}^n$$

$$= (-i)^n + i^n$$

이므로

$\frac{(1-i)^2}{2} = \frac{1-2i-1}{2} = \frac{-2i}{2} = -i$

$\frac{(1+i)^2}{2} = \frac{1+2i-1}{2} = \frac{2i}{2} = i$

$a_1 = (-i) + i = 0$

$a_2 = (-i)^2 + i^2 = -1 + (-1) = -2$

$a_3 = (-i)^3 + i^3 = i + (-i) = 0$

$a_4 = (-i)^4 + i^4 = 1 + 1 = 2$

즉, 자연수 n에 대하여

$(-i)^{4n} = i^{4n} = 1$이므로

$(-i)^{4n} = \{(-i)^4\}^n = \{(-1)^4 \times i^4\}^n = (1 \times 1)^n = 1$

$a_{4n} = a_4 = 2$

$a_{4n+1} = a_1 = 0$

$a_{4n+2} = a_2 = -2$

$a_{4n+3} = a_3 = 0$

$a_{4n} = (-i)^{4n} + i^{4n} = 1 + 1 = 2$

$a_{4n+1} = (-i)^{4n+1} + i^{4n+1}$
$= (-i)^{4n} \times (-i) + i^{4n} \times i = -i + i = 0$

a_{4n+2}, a_{4n+3}도 같은 방법으로 정리하면 돼.

2nd ㄱ ~ ㄹ의 참, 거짓을 따져봐.

ㄱ. $a_{100} = a_{4 \times 25} = a_4 = 2$ (참)

ㄴ. $a_{5n} = (-i)^{5n} + i^{5n} = (-i)^{4n} \times (-i)^n + i^{4n} \times i^n$
$= (-i)^n + i^n = a_n$ (참)

ㄷ. $a_1 + a_2 + a_3 + a_4 = 0 + (-2) + 0 + 2 = 0$이므로

$a_1 + a_2 + \cdots + a_{99} + a_{100}$

$= a_1 + a_2 + a_3 + a_4 + a_5 + a_6 + a_7 + a_8 + \cdots + a_{97} + a_{98} + a_{99} + a_{100}$

$= (a_1 + a_2 + a_3 + a_4) + (a_1 + a_2 + a_3 + a_4) + \cdots$
$\qquad\qquad\qquad\qquad + (a_1 + a_2 + a_3 + a_4)$

$= 25(a_1 + a_2 + a_3 + a_4) = 0$ (거짓)

ㄹ. $a_1 - a_2 + a_3 - a_4 = 0 - (-2) + 0 - 2 = 0$이므로

$a_1 - a_2 + a_3 - a_4 + \cdots + a_{99} - a_{100}$

$= a_1 - a_2 + a_3 - a_4 + a_5 - a_6 + a_7 - a_8 + \cdots + a_{97} - a_{98} + a_{99} - a_{100}$

$= (a_1 - a_2 + a_3 - a_4) + (a_1 - a_2 + a_3 - a_4) + \cdots + (a_1 - a_2 + a_3 - a_4)$

$= 25(a_1 - a_2 + a_3 - a_4) = 0$ (참)

따라서 옳은 것은 ㄱ, ㄴ, ㄹ이다.

D 138 정답 ② ················· ★2등급 대비 [정답률 28%]

> 정답 공식: A버튼을 두 번 누를 때와 B버튼을 두 번 누를 때, 그리고 A, B를 각각 한 번씩 눌렀을 때 어떤 수를 곱한 것과 같은지를 각각 구해본다.

그림과 같이 숫자가 표시되는 화면과 Ⓐ, Ⓑ 두 개의 버튼으로 구성된 장치가 있다.

단서 $A^n = 1$이 되는 n을 구하고, $B^m = 1$이 되는 m을 구하자. 그리고 $(AB)^x = 1$이 되는 최소의 자연수 x의 값을 구하자.

Ⓐ버튼을 누르면 화면에 표시된 수와 $\frac{\sqrt{2}+\sqrt{2}i}{2}$ 를 곱한 결과가,

Ⓑ버튼을 누르면 화면에 표시된 수와 $\frac{-\sqrt{2}+\sqrt{2}i}{2}$ 를 곱한 결과가 화면에 나타난다. 화면에 표시된 수가 1일 때, Ⓐ 또는 Ⓑ버튼을 여러 번 눌렀더니 다시 1이 나타났다. 버튼을 누른 횟수의 최솟값은? (단, $i = \sqrt{-1}$ 이다.)

① 3 ② 4 ③ 5
④ 6 ⑤ 7

1st $A = \frac{\sqrt{2}+\sqrt{2}i}{2}$, $B = \frac{-\sqrt{2}+\sqrt{2}i}{2}$ 라 하고 A^n, B^m의 값을 각각 구해 보자.

Ⓐ버튼을 한 번 누르는 것을 $A = \frac{\sqrt{2}+\sqrt{2}i}{2}$ 라고 하면 Ⓐ버튼을 두 번 누르면

$$A^2 = \left(\frac{\sqrt{2}+\sqrt{2}i}{2}\right)^2 = i$$

$\left(\frac{\sqrt{2}+\sqrt{2}i}{2}\right)^2 = \frac{2+4i-2}{4} = i$

세 번 누르면

$$A^3 = \left(\frac{\sqrt{2}+\sqrt{2}i}{2}\right)^3 = i \times \frac{\sqrt{2}+\sqrt{2}i}{2} = \frac{-\sqrt{2}+\sqrt{2}i}{2}$$

네 번 누르면

$$A^4 = (A^2)^2 = i^2 = -1$$

$\therefore A^8 = 1$

$A^n = 1$이 성립하는 최소의 자연수 n을 구해야 해. 여기서 $A^2 = i \to A^4 = -1 \to A^8 = 1$로 결국 구하려는 결과를 얻을 수 있어.

또, Ⓑ버튼을 한 번 누르는 것을 $B = \frac{-\sqrt{2}+\sqrt{2}i}{2}$ 라고 하면 Ⓑ버튼을 두 번 누르면

$$B^2 = \left(\frac{-\sqrt{2}+\sqrt{2}i}{2}\right)^2 = -i$$

$\left(\frac{-\sqrt{2}+\sqrt{2}i}{2}\right)^2 = \frac{2-4i-2}{4} = -i$

세 번 누르면

$$B^3 = \left(\frac{-\sqrt{2}+\sqrt{2}i}{2}\right)^3 = (-i) \times \frac{-\sqrt{2}+\sqrt{2}i}{2} = \frac{\sqrt{2}+\sqrt{2}i}{2}$$

네 번 누르면

$$B^4 = (B^2)^2 = (-i)^2 = -1$$

$\therefore B^8 = 1$

2nd A, B를 어떤 순서로 곱하면 1이 나오는지 생각해 보자.

그런데 Ⓐ버튼과 Ⓑ버튼을 한 번씩 누른 결과는

$$AB = \frac{\sqrt{2}+\sqrt{2}i}{2} \times \frac{-\sqrt{2}+\sqrt{2}i}{2} = -1$$

A, B를 혼합하는 경우를 꼭 체크하자.

이므로 Ⓐ버튼과 Ⓑ버튼을 두 번씩 누른 결과는

$ABAB = (-1)^2 = 1$이다.

따라서 화면에 1이 다시 나타날 때까지 버튼을 누른 횟수의 최솟값은 4이다.

함정 각각의 버튼을 따로 누르는 경우만 생각하지 않고 두 개의 버튼을 번갈아 누르는 경우도 잊지 말고 생각해야 해.

[정답 공식: $z_1=\dfrac{\sqrt{2}}{1+i}$, $z_2=\dfrac{\sqrt{3}+i}{2}$라 놓고 z_1, z_2의 거듭제곱을 각각 계산해 본다.]

$\left(\dfrac{\sqrt{2}}{1+i}\right)^n+\left(\dfrac{\sqrt{3}+i}{2}\right)^n=2$를 만족시키는 자연수 n의 최솟값을 구하시오. (단, $i=\sqrt{-1}$)

단서 $z_1=\dfrac{\sqrt{2}}{1+i}$, $z_2=\dfrac{\sqrt{3}+i}{2}$라 하고 거듭제곱을 하여 각각 1이 나오게 되는 거듭제곱의 값을 구해.

1st $\dfrac{\sqrt{2}}{1+i}$, $\dfrac{\sqrt{3}+i}{2}$ 각각을 거듭제곱하여 규칙을 찾아.

복소수 z에 대하여 거듭제곱을 구하면서 i 또는 $-i$가 등장하면 그때부터 제곱해 봐.

$z_1=\dfrac{\sqrt{2}}{1+i}$라 하면

$(z_1)^2=\left(\dfrac{\sqrt{2}}{1+i}\right)^2=\dfrac{2}{1+2i+i^2}=\dfrac{2}{2i}=\dfrac{1}{i}=\dfrac{i}{i^2}=-i$

$(z_1)^4=\{(z_1)^2\}^2=(-i)^2=i^2=-1$

$(z_1)^8=\{(z_1)^4\}^2=(-1)^2=1$

따라서 복소수 z_1은 8의 배수의 거듭제곱마다 1이 된다.

$z_2=\dfrac{\sqrt{3}+i}{2}$라 하면

$(z_2)^2=\left(\dfrac{\sqrt{3}+i}{2}\right)^2=\dfrac{3+2\sqrt{3}i+i^2}{4}=\dfrac{2+2\sqrt{3}i}{4}=\dfrac{1+\sqrt{3}i}{2}$

$(z_2)^3=(z_2)^2\times z_2=\dfrac{1+\sqrt{3}i}{2}\times\dfrac{\sqrt{3}+i}{2}=\dfrac{\sqrt{3}+i+3i+\sqrt{3}i^2}{4}=\dfrac{4i}{4}=i$

z_2의 경우 $(z_2)^2=\dfrac{1+\sqrt{3}i}{2}$이므로 이를 제곱해도 i 또는 $-i$가 나오지 않아.

$(z_2)^6=\{(z_2)^3\}^2=i^2=-1$ 그래서 $(z_2)^3$을 구해 본 거야.

$(z_2)^{12}=\{(z_2)^6\}^2=(-1)^2=1$

따라서 복소수 z_2는 12의 배수의 거듭제곱마다 1이 된다.

2nd 조건을 만족시키는 자연수 n의 최솟값을 구해.

$\left(\dfrac{\sqrt{2}}{1+i}\right)^n+\left(\dfrac{\sqrt{3}+i}{2}\right)^n=2$이려면 두 복소수 z_1과 z_2를 거듭제곱하여 더했을 때 허수부분이 0이 되어야 한다.

그런데 $z_1=\dfrac{\sqrt{2}}{1+i}=\dfrac{\sqrt{2}-\sqrt{2}i}{2}$와 $z_2=\dfrac{\sqrt{3}+i}{2}$의 허수부분이

$-\dfrac{\sqrt{2}}{2}$, $\dfrac{1}{2}$이므로 두 복소수 z_1과 z_2를 거듭제곱하여 더한다 해도 허수부분이 0이 될 수는 없다.

즉, $\left(\dfrac{\sqrt{2}}{1+i}\right)^n+\left(\dfrac{\sqrt{3}+i}{2}\right)^n=2$를 만족시키려면

$\left(\dfrac{\sqrt{2}}{1+i}\right)^n=1$과 $\left(\dfrac{\sqrt{3}+i}{2}\right)^n=1$을 동시에 만족시키는 자연수 n을 찾아야 한다.

따라서 자연수 n의 최솟값은 8, 12의 최소공배수인 24이다.

🌸 **복소수의 거듭제곱** 　　　　　　　　　개념·공식

복소수 z에 대하여 z^n(n은 자연수)의 값을 구할 때는 다음을 이용하여 z^n의 값의 규칙을 찾아낸다.

(1) $(1\pm i)^n$꼴 : $(1\pm i)^2=\pm 2i$ (복호동순)

(2) $\left(\dfrac{1+i}{1-i}\right)^n$, $\left(\dfrac{1-i}{1+i}\right)^n$꼴 : $\left(\dfrac{1+i}{1-i}\right)^2=-1$, $\left(\dfrac{1-i}{1+i}\right)^2=-1$

[정답 공식: 실수 a, b에 대해 $\dfrac{\sqrt{b}}{\sqrt{a}}=-\sqrt{\dfrac{b}{a}}\Leftrightarrow a<0$, $b\geq 0$이다.]

2가 아닌 세 실수 a, b, c가 다음 조건을 모두 만족시킬 때, a, b, c의 대소 관계로 옳은 것은?

(가) $\dfrac{\sqrt{a-2}}{\sqrt{b-2}}=-\sqrt{\dfrac{a-2}{b-2}}$ 　**단서 1** 음수의 제곱근의 성질을 이용하여 $a-2$와 $b-2$의 부호를 판별하자.

(나) $|a+b|+|a-c-4|=0$ 　**단서 2** 실수의 절댓값은 항상 0 이상이야. 그렇다면 두 실수의 절댓값의 합이 0이 되려면 두 실수의 값은 얼마여야 할까?

① $a<b<c$ 　　② $a<c<b$

③ $b<a<c$ 　　④ $b<c<a$

⑤ $c<b<a$

1st 조건 (가)를 통해 a, b의 대소를 비교할 수 있어.

조건 (가)에서 $\dfrac{\sqrt{a-2}}{\sqrt{b-2}}=-\sqrt{\dfrac{a-2}{b-2}}$이므로

$a-2>0$, $b-2<0$

$\therefore a>2$, $b<2$ ··· ㉠

2nd 실수 A, B에 대하여 $|A|+|B|=0$이면 $A=0$, $B=0$이야.

조건 (나)에서 $|a+b|+|a-c-4|=0$이므로

$a+b=0$, $a-c-4=0$

$\therefore b=-a$, $c=a-4$ → 실수의 절댓값은 0 또는 양수야. 즉, 절댓값끼리의 합이 0이려면 두 절댓값이 각각 0이어야 해.

이때, $a>2$에서 $-a<-2$이므로

$b<-2$ ··· ㉡

또, $a>2$에서 $a-4>-2$이므로

$c>-2$ ··· ㉢

따라서 ㉠, ㉡, ㉢에 의해

$b<-2<c<a$이므로

$b<c<a$이다. $c=a-4$에서 $c-a=-4<0$이니까 $c<a$야.

함정 조건 (가)에서 얻은 a, b의 값의 범위로는 c의 값의 범위를 정확히 판별할 수 없으므로 조건 (나)에서 얻은 등식을 변형하여 a, b, c의 대소 관계를 파악할 수 있어야 해.

🌸 **음수의 제곱근의 계산** 　　　　　　　개념·공식

(1) $\sqrt{-a}=\sqrt{a}\,i\,(a>0)$임을 이용하여 음수의 제곱근을 허수단위 i를 사용하여 나타낸다.

(2) 음수의 제곱근의 성질을 이용하여 계산한다.

① $a<0$, $b<0\Rightarrow\sqrt{a}\sqrt{b}=-\sqrt{ab}$

② $a>0$, $b<0\Rightarrow\dfrac{\sqrt{a}}{\sqrt{b}}=-\sqrt{\dfrac{a}{b}}$

＊복소수가 들어간 식의 거듭제곱에서 규칙성 찾기 [유형 02+09]

49 이하의 두 자연수 m, n이

$\left\{\left(\dfrac{1+i}{\sqrt{2}}\right)^m-i^n\right\}^2=4$ 　**단서** $\dfrac{1+i}{\sqrt{2}}$의 거듭제곱을 계산하면서 규칙성을 먼저 찾아야 해.

를 만족시킬 때, $m+n$의 최댓값을 구하시오. (단, $i=\sqrt{-1}$)

왜 1등급? 복소수의 거듭제곱의 규칙성을 이용해 m의 경우를 나누어 m과 n의 값을 구하는 문제이다. 식을 거듭제곱했을 때 간단한 형태로 변화된다는 것을 찾아내지 못하면 문제를 푸는 데 어려움을 겪을 수 있다.

단서+발상

단서 복잡한 $\dfrac{1+i}{\sqrt{2}}$ 의 형태를 단순하게 변화시킬 방법을 찾아야 하는데, m이 $\dfrac{1+i}{\sqrt{2}}$ 의 지수이므로 $\dfrac{1+i}{\sqrt{2}}$ 을 거듭제곱한 값들을 먼저 구해볼 수 있다. **발상**

주의 허수 i가 포함된 식을 계산할 때 부호에서 실수가 나오지 않도록 주의한다.

핵심 정답 공식: n이 음이 아닌 정수일 때, $i^{4n}=1,\ i^{4n+1}=i,\ i^{4n+2}=-1,\ i^{4n+3}=-i$이다.

---------------- [문제 풀이 순서] ----------------

1st 자연수 m의 경우를 나누는 기준을 정하자.

$\left(\dfrac{1+i}{\sqrt{2}}\right)^2 = \dfrac{1^2+i^2+2i}{2} = \dfrac{1-1+2i}{2} = i$ 이므로

$\left(\dfrac{1+i}{\sqrt{2}}\right)^4 = \left\{\left(\dfrac{1+i}{\sqrt{2}}\right)^2\right\}^2 = i^2 = -1$

$\left(\dfrac{1+i}{\sqrt{2}}\right)^6 = \left(\dfrac{1+i}{\sqrt{2}}\right)^4 \left(\dfrac{1+i}{\sqrt{2}}\right)^2 = (-1)\times i = -i$

$\left(\dfrac{1+i}{\sqrt{2}}\right)^8 = \left\{\left(\dfrac{1+i}{\sqrt{2}}\right)^4\right\}^2 = (-1)^2 = 1$

즉, $\left(\dfrac{1+i}{\sqrt{2}}\right)^m$ 의 값은 자연수 m을 8로 나눈 나머지가 같은 수끼리 같은 값을 가진다.

따라서 자연수 m을 8로 나눈 나머지에 따라 경우를 나누어 생각할 수 있다. <small>그러면 모두 8개의 경우로 나뉘지만 $\left(\dfrac{1+i}{\sqrt{2}}\right)^m - i^n$의 값이 비슷한 경우는 묶어서 간단하게 해결하려 해.</small>

2nd 각각의 m에 대한 n의 값을 생각하자.

(ⅰ) m이 홀수일 때 → <small>m이 $8k+1, 8k+3, 8k+5, 8k+7$ (k는 음이 아닌 정수)인 경우를 모두 포함해.</small>
음이 아닌 정수 k에 대하여

$\left(\dfrac{1+i}{\sqrt{2}}\right)^{8k+1} = \left(\dfrac{1+i}{\sqrt{2}}\right)^1 = \dfrac{1+i}{\sqrt{2}}$

$\left(\dfrac{1+i}{\sqrt{2}}\right)^{8k+3} = \left(\dfrac{1+i}{\sqrt{2}}\right)^3 = \left(\dfrac{1+i}{\sqrt{2}}\right)^{2+1} = i \times \dfrac{1+i}{\sqrt{2}} = \dfrac{i-1}{\sqrt{2}}$

$\left(\dfrac{1+i}{\sqrt{2}}\right)^{8k+5} = \left(\dfrac{1+i}{\sqrt{2}}\right)^5 = \left(\dfrac{1+i}{\sqrt{2}}\right)^{4+1} = -1 \times \dfrac{1+i}{\sqrt{2}} = \dfrac{-1-i}{\sqrt{2}}$

$\left(\dfrac{1+i}{\sqrt{2}}\right)^{8k+7} = \left(\dfrac{1+i}{\sqrt{2}}\right)^7 = \left(\dfrac{1+i}{\sqrt{2}}\right)^{6+1} = -i \times \dfrac{1+i}{\sqrt{2}} = \dfrac{-i+1}{\sqrt{2}}$

이고 i^n의 값은 $\pm i$ 또는 ± 1만 가능하므로

$\left(\dfrac{1+i}{\sqrt{2}}\right)^m - i^n$ 의 값은 실수나 순허수가 될 수 없다.

<small>$\left(\dfrac{1+i}{\sqrt{2}}\right)^m - i^n$의 값이 실수나 순허수여야 제곱했을 때 실수가 되지? 더 정확히는 $x^2=4$의 해가 $x=\pm 2$이므로 $\left(\dfrac{1+i}{\sqrt{2}}\right)^m - i^n = \pm 2$여야 해.</small>

따라서 $\left\{\left(\dfrac{1+i}{\sqrt{2}}\right)^m - i^n\right\}^2 = 4$를 만족시키는 두 자연수 m, n의 값이 존재하지 않는다.

(ⅱ) $m = 4k+2$ (k는 음이 아닌 정수)일 때
<small>m이 $8k+2, 8k+6$ (k는 음이 아닌 정수)인 경우를 모두 포함해.</small>

$\left\{\left(\dfrac{1+i}{\sqrt{2}}\right)^m - i^n\right\}^2 = \left\{\left(\dfrac{1+i}{\sqrt{2}}\right)^{4k+2} - i^n\right\}^2$

$= \left[\left\{\left(\dfrac{1+i}{\sqrt{2}}\right)^2\right\}^{2k+1} - i^n\right]^2$

$= (i^{2k+1} - i^n)^2$

이 값이 4가 되려면 $i^{2k+1} - i^n = \pm 2$이어야 하는데 i^{2k+1}의 값은 $\pm i$만 가능하고, i^n의 값은 $\pm i$ 또는 ± 1만 가능하므로 이를 만족시키는 자연수 n의 값이 존재하지 않는다.

(ⅲ) $m = 8k+4$ (k는 음이 아닌 정수)일 때

$\left\{\left(\dfrac{1+i}{\sqrt{2}}\right)^m - i^n\right\}^2 = \left\{\left(\dfrac{1+i}{\sqrt{2}}\right)^{8k+4} - i^n\right\}^2$

$= \left\{\left(\dfrac{1+i}{\sqrt{2}}\right)^4 - i^n\right\}^2$

$= (-1 - i^n)^2$

이 값이 4가 되려면 $i^n = 1$이면 되므로 n은 4의 배수이어야 한다.

따라서 이를 만족시키는 49 이하의 두 자연수 m, n의 최댓값은 $\underline{m=44,\ n=48}$이다. → <small>$k=5$일 때 $m=44$로 최대야.</small>

$\therefore m+n = 44+48 = 92$

(ⅳ) $m = 8k$ (k는 자연수)일 때

$\left\{\left(\dfrac{1+i}{\sqrt{2}}\right)^m - i^n\right\}^2 = \left\{\left(\dfrac{1+i}{\sqrt{2}}\right)^{8k} - i^n\right\}^2 = (1 - i^n)^2$

이 값이 4가 되려면 $i^n = -1$이면 되므로 n은 4로 나눈 나머지가 2인 수이어야 한다.

따라서 이를 만족시키는 49 이하의 두 자연수 m, n의 최댓값은 $\underline{m=48,\ n=46}$이다. → <small>$k=6$일 때 $m=48$로 최대야.</small>

$\therefore m+n = 48+46 = 94$

3rd $m+n$의 최댓값을 구하자.

(ⅰ)~(ⅳ)에 의하여 $m+n$의 최댓값은 94이다.

1등급 대비 특강

＊ 허수의 정의

$\left(\dfrac{1+i}{\sqrt{2}}\right)^m - i^n$을 제곱한 값이 양수인 4가 나오려면 $\left(\dfrac{1+i}{\sqrt{2}}\right)^m - i^n$의 허수부분은 0이 되어야 해. 만약 m이 홀수라면 $\left(\dfrac{1+i}{\sqrt{2}}\right)^m - i^n$의 허수부분이 무리수가 되어 n에 어떤 값을 대입하더라도 허수부분을 0으로 상쇄하는 것이 불가능해져.

따라서 m의 값이 짝수일 때의 n의 값을 찾으면 문제의 답을 구할 수 있어.

My Top Secret 서울대 선배의 **1**등급 대비 전략

복소수에 관련된 문제를 풀 때, 주어진 식이 복잡하면서 지수의 형태로 묶여 있을 때는 거듭제곱한 값을 구해보자. 복소수를 제곱, 세제곱한 값이 단순하게 변화하면서 답을 쉽게 구할 수 있는 경우가 많이 존재해.

D 142 정답 6 ············· ★1등급 대비 [정답률 24%]

＊ 복소수의 거듭제곱의 지수 n에 대한 규칙 발견하기 [유형 09+10]

복소수 $z = \dfrac{i-1}{\sqrt{2}}$ 에 대하여 <small>**단서1** n에 1부터 차례로 대입하여 $z^n, (z+\sqrt{2})^n, z^n+(z+\sqrt{2})^n$의 값을 각각 구해 봐.</small>

$z^n + (z+\sqrt{2})^n = 0$

을 만족시키는 25 이하의 자연수 n의 개수를 구하시오.
<small>**단서2** n에 1부터 25까지 모두 대입하는 것은 너무 많은 계산이 필요해. 이 문제는 규칙이 있다는 것을 생각하고 접근해.</small>

(단, $i = \sqrt{-1}$)

왜 1등급? 복소수의 거듭제곱의 성질을 이용하여 반복되는 규칙을 찾는 문제이다. 25 이하의 자연수 n를 구하기 위해 반복되는 규칙을 찾는 과정이 어렵다.

단서+발상

단서1 먼저, 자연수 n에 1, 2, 3, …을 대입하여 z^n, $(z+\sqrt{2})^n$의 값을 계산하고 이를 바탕으로 표로 정리하면 반복되는 규칙을 관찰할 수 있다. **발상**

단서2 자연수 n에 1부터 25까지 모두 대입하는 것은 시간상으로 무리이므로, 표로 정리하고 관찰하며 규칙을 발견할 때까지만 계산하도록 한다. **적용**

주의 복소수의 거듭제곱을 계산할 때, 연산 실수를 하지 않도록 조심해야 한다. 이 때, 지수 법칙이나 곱셈 공식, i의 거듭제곱의 성질을 잘 활용하면 좀 더 간단하게 계산할 수 있고 실수를 줄일 수 있다.

(**핵심 정답 공식**: $n=1$, 2, 3, …을 차례로 대입하여 복소수의 거듭제곱의 값이 갖는 규칙을 찾는다.)

--------------------- [문제 풀이 순서] ---------------------

1st z^n, $(z+\sqrt{2})^n$, $z^n+(z+\sqrt{2})^n$의 값을 각각 구해 봐.

$z=\dfrac{i-1}{\sqrt{2}}$이므로

$z^2=\left(\dfrac{i-1}{\sqrt{2}}\right)^2=\dfrac{i^2-2i+1}{2}=\dfrac{-1-2i+1}{2}=\dfrac{-2i}{2}=-i$

또, $z+\sqrt{2}=\dfrac{i-1}{\sqrt{2}}+\sqrt{2}=\dfrac{i-1+2}{\sqrt{2}}=\dfrac{i+1}{\sqrt{2}}$이므로

$(z+\sqrt{2})^2=\left(\dfrac{i+1}{\sqrt{2}}\right)^2=\dfrac{i^2+2i+1}{2}=\dfrac{-1+2i+1}{2}=i$

> 복소수 z의 거듭제곱에 대한 규칙을 찾을 때, $i^2=-1$, $i^4=1$임을 이용할 수 있도록 보통 z^2을 먼저 구해 보는 것이 풀이의 기본이야.

따라서 $n=1$부터 $n=8$까지 z^n, $(z+\sqrt{2})^n$, $z^n+(z+\sqrt{2})^n$의 값을 구하면 다음 표와 같다.

> z^n, $(z+\sqrt{2})^n$의 값이 각각 1이 나올 때까지 직접 구해 봐. 이때, 지수법칙 $a^{mn}=(a^m)^n$을 이용하면 좀 더 쉽게 z^n, $(z+\sqrt{2})^n$의 값을 구할 수 있어.

n	z^n	$(z+\sqrt{2})^n$	$z^n+(z+\sqrt{2})^n$
1	$\dfrac{i-1}{\sqrt{2}}$	$\dfrac{i+1}{\sqrt{2}}$	$\sqrt{2}i$
2	$-i$	i	0
3	$\dfrac{i+1}{\sqrt{2}}$	$\dfrac{i-1}{\sqrt{2}}$	$\sqrt{2}i$
4	-1	-1	-2
5	$\dfrac{-i+1}{\sqrt{2}}$	$\dfrac{-i-1}{\sqrt{2}}$	$-\sqrt{2}i$
6	i	$-i$	0
7	$\dfrac{-i-1}{\sqrt{2}}$	$\dfrac{-i+1}{\sqrt{2}}$	$-\sqrt{2}i$
8	1	1	2

2nd $z^n+(z+\sqrt{2})^n=0$이 되는 n의 규칙을 찾아 25 이하의 자연수 n의 개수를 구해.

표에서 $n=2$, 6일 때 $z^n+(z+\sqrt{2})^n=0$이다.

 실수 n의 값을 1부터 대입하여 $z^n+(z+\sqrt{2})^n$의 값이 0이 되는 n의 값을 찾아야 하는데, $n=2$일 때 성립한다고 $n=6$일 때를 확인하지 않으면 안 돼. 반드시 $z^n+(z+\sqrt{2})^n$의 값이 일정한 값으로 순환이 될 때까지 확인해야 해.

한편, $z^8=1$, $(z+\sqrt{2})^8=1$이므로
$z^2=z^{10}=z^{18}$, $z^6=z^{14}=z^{22}$이고
$(z+\sqrt{2})^2=(z+\sqrt{2})^{10}=(z+\sqrt{2})^{18}$
$(z+\sqrt{2})^6=(z+\sqrt{2})^{14}=(z+\sqrt{2})^{22}$
이다.

> $z^8=1$이므로 자연수 k에 대하여 $z=z^{8k+1}$, $z^2=z^{8k+2}$, $z^3=z^{8k+3}$, $z^4=z^{8k+4}$, $z^5=z^{8k+5}$, $z^6=z^{8k+6}$, $z^7=z^{8k+7}$, $z^8=z^{8k+8}=1$
> 이 성립해. 마찬가지로 $(z+\sqrt{2})^n$의 값의 규칙을 찾을 수 있어.

따라서 $z^n+(z+\sqrt{2})^n=0$을 만족시키는 25 이하의 자연수 n의 값은 2, 6, 10, 14, 18, 22로 모두 6개이다.

＊복소수의 거듭제곱에서 찾아야 할 것 _{1등급 대비 **특강**}

복소수의 거듭제곱을 반복해서 계산하다가 그 값이 i 또는 $-i$가 나올 때가 중요한 지점이야. i의 거듭제곱의 주기성을 이미 알고 있기 때문에 이를 활용하면 구하려는 복소수의 거듭제곱의 값이 반복되는 주기를 더 빠르게 찾아낼 수 있어.

 My Top Secret 서울대 선배의 **①** 등급 대비 전략

복소수의 거듭제곱이 제시되는 문제는 일반적으로 반복되는 규칙이 숨겨져 있는 경우가 많아.
비슷한 유형의 문제에 접근할 때, 이러한 문제는 규칙이 있다는 것을 먼저 생각한다면 조금 더 쉽게 문제를 파악할 수 있어.

D 143 정답 26 ·········· ⭐1등급 대비 [정답률 19%]

＊복소수와 그 켤레복소수의 곱에 대한 식을 정리하여 조건을 만족시키는 자연수 찾기 [유형 06+07+08]

> **단서2** a, b, c, d가 자연수이므로 한정된 경우의 수가 나오리라 예상되지?
> a, b, c, d가 자연수일 때, 두 복소수 $z=a+bi$, $\omega=c+di$에 대하여 $z\bar{z}=13$이고, $z\bar{z}+\omega\bar{\omega}+\bar{z}\omega+\bar{z}\omega=65$이다. 이때, $\omega\bar{\omega}$의 최댓값을 구하시오.
> → **단서1** $z\bar{z}$는 실수가 나와.
> (단, $\bar{z}$, $\bar{\omega}$는 각각 z, ω의 켤레복소수이고 $i=\sqrt{-1}$이다.)

왜 1등급? 이 문제는 복소수와 그 켤레복소수의 곱이 주어졌을 때, 조건을 만족시키는 복소수의 실수부분과 허수부분을 구하는 문제이다. 이를 위해서 복소수와 그 켤레복소수의 곱이 실수이고, 자연수 a, b, c, d가 조건을 만족시키는 경우를 각각 나누어 따져볼 때, 정확히 식을 대입하고 전개하는 과정이 복잡하다.

 단서+발상

단서1 먼저, $z\bar{z}=a^2+b^2$이므로 복소수와 켤레복소수를 곱한 결과는 실수가 됨을 알 수 있다. **발상**
또한, $z\bar{z}+\omega\bar{\omega}+\bar{z}\omega+\bar{z}\omega=(z+\omega)(\bar{z}+\bar{\omega})$이고, 이는 $(z+\omega)\overline{(z+\omega)}$와 같으므로 이 값도 실수이다. **개념**

단서2 a, b, c, d가 자연수이므로 $a^2+b^2=13$을 만족시키는 자연수 a, b는 각각 2, 3 또는 3, 2이다. 또한, $(z+\omega)\overline{(z+\omega)}$는 $(a+c)^2+(b+d)^2=65$이고 a는 2 이상이므로 $a+c=7$, $b+d=4$ 또는 $a+c=4$, $b+d=7$이다. **적용**
각각의 경우에서 a, b, c, d의 값을 구한 후 $\omega\bar{\omega}=c^2+d^2$의 최댓값을 구할 수 있다. **해결**

주의 a, b, c, d가 자연수이므로 주어진 조건을 만족시키는 경우가 한정적이다.

(**핵심 정답 공식**: $z\bar{z}=13$에서 가능한 (a, b)의 순서쌍을 구하고, $(z+\omega)(\bar{z}+\bar{\omega})=65$에서 가능한 (c, d)의 순서쌍을 구한다.)

--------------------- [문제 풀이 순서] ---------------------

1st 주어진 조건을 정리해서 각 문자들 사이의 관계식을 찾아보자.

$z=a+bi$, $\bar{z}=a-bi$, $\omega=c+di$, $\bar{\omega}=c-di$
$z\bar{z}=(a+bi)(a-bi)=a^2+b^2=13$에서 a, b가 자연수이므로
$a=2$, $b=3$ 또는 $a=3$, $b=2$ ··· ㉠

> **주의** 문제에서 주어진 범위에 대한 조건을 잘 확인하도록 해.

$z\bar{z}+\omega\bar{\omega}+\bar{z}\omega+\bar{z}\omega$
$=(z+\omega)(\bar{z}+\bar{\omega})=(z+\omega)\overline{(z+\omega)}$
$=\{(a+c)+(b+d)i\}\{(a+c)-(b+d)i\}$
$=(a+c)^2+(b+d)^2$ $(X+Y)(X-Y)=X^2-Y^2$, $i^2=-1$

이때, a, b, c, d가 자연수이므로 $a+c$, $b+d$도 각각 2 이상의 자연수이고 $(a+c)^2+(b+d)^2=65$이므로
$a+c=4$, $b+d=7$ 또는 $a+c=7$, $b+d=4$ … ㉡
㉠, ㉡을 연립하여 풀면
$a=2$, $b=3$일 때, $c=2$, $d=4$ 또는 $c=5$, $d=1$
$a=3$, $b=2$일 때, $c=1$, $d=5$ 또는 $c=4$, $d=2$

> **실수** 가능한 경우의 수가 많이 나오므로 각각의 경우를 빼먹지 않도록 해.

2nd 각각의 경우에 대해 $\omega\bar{\omega}$의 값을 구하면 최댓값을 찾을 수 있겠지?
따라서 ω로 가능한 복소수는 $2+4i$ 또는 $5+i$ 또는 $1+5i$ 또는 $4+2i$이다. <u>a, b, c, d가 자연수이므로 조건을 만족하는 ω는 많지 않은 거야.</u>
(i) $\omega=2+4i$ 또는 $\omega=4+2i$일 때, $\omega\bar{\omega}=2^2+4^2=20$
(ii) $\omega=1+5i$ 또는 $\omega=5+i$일 때, $\omega\bar{\omega}=1^2+5^2=26$
따라서 $\omega\bar{\omega}$의 최댓값은 26이다.

D 144 정답 18 ⭐1등급 대비 [정답률 11%]

* 복소수의 거듭제곱을 이해하고, 복소수들의 곱이 음의 정수가 나오기 위한 경우 구하기 [유형 10+11]

> **단서2** 곱한 결과가 실수이므로 두 허수 $2i$, $1+i$의 거듭제곱의 결과를 이용하여 곱셈의 결과가 실수가 되게 만드는 방법을 생각해야 해.
>
> 그림과 같이 6개의 면에 각각 0, 2, 3, 5, $2i$, $1+i$가 적힌 정육면체 모양의 주사위가 있다. 이 주사위를 n번 던져서 나온 수들을 모두 곱하였더니 -32가 되었다. 가능한 모든 n의 값의 합을 구하시오. (단, $i=\sqrt{-1}$이다.)
> **단서1** 곱한 결과가 -32여야 하므로 곱하는 수 중 0, 3, 5는 포함되면 안 되겠지?

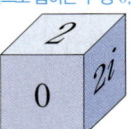

왜1등급? 이 문제는 복소수들의 곱이 -32가 나오도록 하는 경우를 구하는 문제이다. i가 포함된 주사위의 눈의 수들의 곱이 -32가 나오는 경우를 바로 알 수 없으므로 발상하기가 쉽지 않다.

💡 **단서+발상**

단서1 $1+i$를 제곱하면 $2i$이고, $2i$를 제곱하면 -4이므로 주사위를 던졌을 때 $1+i$, $2i$, 2 중에서 나와야 하고, 0, 3, 5는 나오지 않아야 한다. **발상**
또, 모두 곱한 수가 $-32=-2^5$이므로 $2i$, 2 중에서만 나오는 경우 5번을 던져야 하고, $1+i$도 나오는 경우, $(1+i)^2=2i$이므로 더 많이 던져야 한다. **적용**

단서2 $-32=-4\times8$이다. 여기서 -4가 나오기 위해서는 $1+i$가 4번 나오거나 $2i$가 2번 나오거나 $1+i$가 2번, $2i$가 1번 나와야 한다. **발상**
또, 8이 나오기 위해서는 $2i$가 1번 이상 나오면 불가능하므로 2만 3번 나와야 한다. **적용**

주의 $1+i$와 같이 복소수가 순허수나 실수가 아니라고 해서 거듭제곱을 했을 때 실수가 될 수 없는 것은 아니다.

> **핵심 정답 공식:** 복소수의 곱셈은 허수단위 i를 문자처럼 생각하여 다항식의 곱셈과 같이 분배법칙을 이용하여 전개하고, 계산 과정에서 나오는 i^2에는 -1을 대입하여 정리한다.

--------------------- [문제 풀이 순서] ---------------------

1st 주사위를 던졌을 때 나와야 하는 수와 횟수에 대한 조건을 생각해 봐.
주사위를 던져 나온 수들을 모두 곱한 값이 -32, 즉 -2^5이므로 0, 3, 5는 나오지 않아야 한다. <u>주사위를 던져 0이 한 번이라도 나오면 곱셈의 결과는 0이 되고, 3 또는 5가 나오면 곱셈의 결과가 2의 거듭제곱으로 표현될 수 없어.</u>
즉, 주사위를 던졌을 때,
2, $2i$, $1+i$ 중 하나가 나와야 한다.

또, 곱한 결과 -32는 음의 실수이고
$(2i)^2=4i^2=-4$
$(1+i)^2\times2i=2i\times2i=4i^2=-4$ → $(1+i)^2=1+2i+i^2=1+2i-1=2i$
$(1+i)^4=\{(1+i)^2\}^2=(2i)^2=4i^2=-4$
이므로 $-32=-2^5$에서 주사위는 최소한 5번 이상 던져야 한다.

2nd 조건을 만족시키는 모든 n의 값의 합을 구해.
(i) 주사위를 5번 던지는 경우, 즉 $n=5$인 경우
  2가 3회, $2i$가 2회 나오면
  $2^3\times(2i)^2=8\times(-4)=-32$
(ii) 주사위를 6번 던지는 경우, 즉 $n=6$인 경우
  2가 3회, $1+i$가 2회, $2i$가 1회 나오면
  $2^3\times(1+i)^2\times2i=8\times2i\times2i=-32$
(iii) 주사위를 7번 던지는 경우, 즉 $n=7$인 경우
  2가 3회, $1+i$가 4회 나오면
  $2^3\times(1+i)^4=8\times(2i)^2=8\times4i^2=-32$

> $-32=-2^5$인데 주어진 주사위에서 -2는 나올 수 없어. 즉, $-32=(-4)\times8$이므로 -4를 기준으로 한 후 곱해서 8이 나오는 경우를 따져보면 돼.

따라서 (i)~(iii)에 의하여 가능한 n의 값은 5, 6, 7이므로 모든 n의 값의 합은 $5+6+7=18$이다.

> **1등급 대비 특강**
>
> * 복소수 $k(1\pm i)$의 특수한 성질 이해하기
>
> $a(1+i)$를 제곱하면 $2a^2i$가 되고, 네제곱하면 $-4a^4$이 돼.
> 또한, $b(1-i)$를 제곱하면 $-2b^2i$가 되고, 네제곱하면 $-4b^4$이 돼.
> 따라서 복소수의 실수부분과 허수부분의 절댓값이 같으면 이 복소수를 제곱하였을 때 순허수가 되고, 네제곱하였을 때 음의 실수가 돼.
> 이를 이용하여 $1+i$에 대한 특수한 성질을 놓치지 않아야 문제를 빠르게 풀 수 있어.

> **My Top Secret** 서울대 선배의 ❶등급 대비 전략
>
> 던지는 횟수 n을 구하기 위해서는 나올 수 있는 경우의 수를 추려내고, 각 수가 몇 번 나와야 -32가 나올 수 있는지를 구해야 해.
> 즉, 이 문제에서 주사위를 던지는 횟수를 물어본 이유는 어떤 복소수를 어떻게 곱해야 음의 실수가 되느냐를 알아내는 것이 핵심이기 때문임을 알아채야 해.

D 145 정답 150 ⭐1등급 대비 [정답률 9%]

* 복소수의 거듭제곱이 음의 실수가 되도록 하는 미지수의 개수 구하기 [유형 10+11]

> **단서1** $\frac{1}{i}=-i$로 바꾼 후 식을 간단히 정리하자.
>
> 50 이하의 두 자연수 m, n에 대하여 $\left\{i^n+\left(\frac{1}{i}\right)^{2n}\right\}^m$의 값이 음의 실수가 되도록 하는 순서쌍 (m, n)의 개수를 구하시오.
> **단서2** 복소수 i^m이 보이면 반복되는 값들이 나오는 것을 예상할 수 있어. n과 m의 경우를 나누어 음의 실수가 나오는 규칙을 찾는 게 중요해. (단, $i=\sqrt{-1}$이다.)

왜 1등급? 이 문제는 복소수의 거듭제곱의 결과가 음의 실수가 되도록 하는 자연수 m, n의 순서쌍 (m, n)의 개수를 구하는 문제이다.
복잡하게 주어진 식의 값이 두 자연수 m, n의 값에 의해 음의 실수가 되는 경우를 유추하는 게 어렵다.

🧠 단서+발상

단서1 먼저, 분모에 있는 허수를 없애기 위해 $\dfrac{1}{i}$을 변형하면

$$\frac{1}{i}=\frac{1\times i}{i\times i}=\frac{i}{i^2}=\frac{i}{-1}=-i$$ 이므로

$$i^n+\left(\frac{1}{i}\right)^{2n}=i^n+(-i)^{2n}=i^n+\{(-i)^2\}^n=i^n+(-1)^n$$ 이다. **발상**

단서2

$i^1=i$	$(-1)^1=-1$
$i^2=-1$	$(-1)^2=1$
$i^3=i^2\times i=(-1)\times i=-i$	$(-1)^3=-1$
$i^4=(i^2)^2=(-1)^2=1$	$(-1)^4=1$
$i^5=i^4\times i=1\times i=i$	$(-1)^5=-1$

자연수 n에 대하여 $i^{n+4}=i^n$이고, $(-1)^{n+2}=(-1)^n$이므로
$f(n)=i^n+(-1)^n$은 $f(n+4)=f(n)$이다. **개념**
따라서 n을 4로 나눈 나머지에 따라 나누어 $f(n)=i^n+(-1)^n$을 계산할 수 있으므로 자연수 k에 대하여 $n=4k-1$, $n=4k-2$, $n=4k-3$, $n=4k$일 때, $f(n)=i^n+(-1)^n$을 구한 후, 이를 거듭제곱하여 음의 실수가 되는 경우가 있는지 확인하면 된다. **적용**
위에서 찾아낸 n에 대하여 음수를 홀수 번 거듭제곱하면 음수, 짝수 번 거듭제곱하면 양수가 됨을 이용하여 가능한 m의 값을 구한다. **해결**

주의 $f(n)=i^n+(-1)^n$의 값 중 순허수는 없으므로 $\{f(n)\}^m$의 값이 음의 실수가 되도록 하는 자연수 m의 값을 구할 때 $\{f(n)\}^4$이 실수인 경우부터 생각하면 된다.

> **핵심 정답 공식:** 자연수 n에 대하여 i^n의 값은 i, -1, $-i$, 1이 반복되고, $(-1)^n$의 값은 n이 짝수이면 1, n이 홀수이면 -1이다.

---------- **[문제 풀이 순서]** ----------

1st $i^2=-1$임을 이용하여 괄호 안의 식을 간단하게 나타내보자.

$\dfrac{1}{i}=\dfrac{1\times i}{i\times i}=\dfrac{i}{-1}=-i$ 이므로

$\left(\dfrac{1}{i}\right)^{2n}=(-i)^{2n}=\{(-i)^2\}^n=(-1)^n$

$\therefore \left\{i^n+\left(\dfrac{1}{i}\right)^{2n}\right\}^m=\{i^n+(-1)^n\}^m$

> i^n은 i, -1, $-i$, 1이 반복되고, $(-1)^n$은 -1, 1이 반복되겠네?

2nd n의 값에 따라 $i^n+(-1)^n$의 규칙성을 찾아보자.
$f(n)=i^n+(-1)^n$이라 할 때,

$f(1)=i-1$
$f(2)=i^2+(-1)^2=(-1)+1=0$
$f(3)=i^3+(-1)^3=-i-1$
$f(4)=i^4+(-1)^4=1+1=2$
$f(5)=i^5+(-1)^5=i-1=f(1)$
$f(6)=i^6+(-1)^6=-1+1=0=f(2)$
⋮

> **실수**
> $f(1)=f(5)=\cdots$,
> $f(2)=f(6)=\cdots$,
> $f(3)=f(7)=\cdots$,
> $f(4)=f(8)=\cdots$
> 이 되는 규칙을 살펴보면 n을 $4k-3$, $4k-2$, $4k-1$, $4k$로 나누어서 다루어야 함을 예상할 수 있어.

즉, $f(n)$의 값은 $n=1$, 2, 3, 4, $\cdots$일 때 $i-1$, 0, $-i-1$, 2, $\cdots$가 계속 반복되는 것을 알 수 있다.

3rd n의 값을 자연수 k에 대하여 $4k-3$, $4k-1$, $4k-2$, $4k$인 경우로 나누어 조건을 만족시키는 순서쌍의 개수를 구하자.

(i) $n=4k-3$ (k는 자연수)일 때
> $i^{4k-3}=i$이고,
> $4k-3$은 홀수이므로
> $(-1)^{4k-3}=-1$이야.

$f(n)=i-1$이고
$(i-1)^2=-2i$, $(i-1)^4=(-2i)^2=(-2)^2\times i^2=-2^2$이므로
$\{f(n)\}^4=-2^2$,
$\{f(n)\}^{12}=[\{f(n)\}^4]^3=(-2^2)^3=-2^6$,
$\{f(n)\}^{20}=[\{f(n)\}^4]^5=(-2^2)^5=-2^{10}$, $\cdots$
즉, 주어진 식의 값이 음의 실수가 되도록 하는 50 이하의 자연수 m의 값은 4, 12, 20, 28, 36, 44의 6개이다.
이때, 50 이하의 자연수 n의 값은 1, 5, 9, $\cdots$, 45, 49의 13개이므로 조건을 만족시키는 순서쌍 (m, n)의 개수는 $6\times13=78$(개)이다.

(ii) $n=4k-1$ (k는 자연수)일 때
> $i^{4k-1}=-i$이고, $4k-1$은 홀수이므로
> $(-1)^{4k-1}$은 -1이야.

> $f(n)$이 같은 값을 가지는 경우에 m의 값은 6개이고, 그에 따른 n의 값이 13개이므로 $6\times13=78$(개)임을 알 수 있어.

$f(n)=-i-1$이고
$(-i-1)^2=2i$, $(-i-1)^4=(2i)^2=2^2\times i^2=-2^2$이므로
$\{f(n)\}^4=-2^2$,
$\{f(n)\}^{12}=[\{f(n)\}^4]^3=(-2^2)^3=-2^6$,
$\{f(n)\}^{20}=[\{f(n)\}^4]^5=(-2^2)^5=-2^{10}$, $\cdots$
즉, 주어진 식의 값이 음의 실수가 되도록 하는 50 이하의 자연수 m의 값은 4, 12, 20, 28, 36, 44의 6개이다.
이때, 50 이하의 자연수 n의 값은 3, 7, 11, $\cdots$, 47의 12개이므로 조건을 만족시키는 순서쌍 (m, n)의 개수는 $6\times12=72$(개)이다.

> $f(n)$이 같은 값을 가지는 경우에 m의 값은 6개이고, 그에 따른 n의 값이 12개이므로 $6\times12=72$(개)임을 알 수 있어.

(iii) $n=4k-2$, $n=4k$ (k는 자연수)일 때
> $n=4k-2$이면 $i^n=-1$이고 $4k-2$는 짝수이므로
> $(-1)^n=1$
> $\therefore i^n+(-1)^n=-1+1=0$
> $n=4k$이면 $i^{4k}=1$이고, $4k$는 짝수이므로
> $(-1)^n=1$
> $\therefore i^n+(-1)^n=1+1=2$

$f(n)$은 0 또는 2이므로 $\{f(n)\}^m\geq0$이다.
즉, 주어진 식의 값은 음의 실수를 가질 수 없으므로 순서쌍 (m, n)은 존재하지 않는다.

따라서 50 이하의 자연수 m, n에 대하여 $\left\{i^n+\left(\dfrac{1}{i}\right)^{2n}\right\}^m$의 값이 음의 실수가 되도록 하는 순서쌍 (m, n)의 개수는 $78+72=150$(개)이다.

1등급 대비 특강

✱ 복소수의 거듭제곱에서 특정한 값이 나오는 경우 이해하기

위의 풀이에서 $f(n)=i^n+(-1)^n$의 값은 $i-1$, 0, $-i-1$, 2 중 하나야.
그런데 $f(n)=0$과 $f(n)=2$일 때는 $f(n)$을 아무리 거듭제곱을 해도 음의 실수가 될 수 없어.
또, $f(n)=i-1$, $f(n)=-i-1$일 때는 실수에 실수가 아닌 복소수를 곱하면 실수가 아니야.
따라서 $f(n)=i-1$, $f(n)=-i-1$일 때는 $f(n)$을 거듭제곱하여 실수가 되는 최소의 자연수 m을 구한 뒤, 이를 거듭제곱하여 결과가 음수이도록 하는 m을 골라주면 계산 과정을 줄일 수 있어.

⚙ i의 거듭제곱 **개념 · 공식**

① $i=\sqrt{-1}$, $i^2=-1$, $i^3=-i$, $i^4=1$
② $n\geq0$인 정수에 대하여
$i^{4n}=1$, $i^{4n+1}=i$, $i^{4n+2}=-1$, $i^{4n+3}=-i$

E 이차방정식

🐝 개념 **확인** 문제

E 01 정답 $x=-2$ 또는 $x=-5$

E 02 정답 $x=-\dfrac{1}{2}$ 또는 $x=\dfrac{1}{3}$

E 03 정답 $x=-\dfrac{1}{3}$ 또는 $x=2$

E 04 정답 $x=\dfrac{1\pm\sqrt{13}}{2}$

E 05 정답 $x=\dfrac{-2\pm\sqrt{6}i}{2}$

E 06 정답 $x=\pm1$

E 07 정답 $x=3+\sqrt{10}$ 또는 $x=-3-\sqrt{10}$

E 08 정답 $x=1\pm\sqrt{2}$ 또는 $x=1$

E 09 정답 서로 다른 두 실근

E 10 정답 중근

E 11 정답 서로 다른 두 허근

E 12 정답 (1) $a\leq2$ (2) $a>2$

E 13 정답 $a=\pm4\sqrt{2}$

E 14 정답 $a=\dfrac{49}{4}$

E 15 정답 $a=-5$ 또는 $a=-1$
이차식 $x^2+(1+a)x-a-1$이 완전제곱식이면
이차방정식 $x^2+(1+a)x-a-1=0$이 중근을 가지므로
판별식 $D=(1+a)^2-4(-a-1)=0$이다.
$(a^2+2a+1)+4a+4=0$
$a^2+6a+5=0,\ (a+5)(a+1)=0$
$\therefore a=-5$ 또는 $a=-1$

E 16 정답 (1) 4 (2) 1 (3) $2\sqrt{3}$ (4) 14
(3) $(\alpha-\beta)^2=(\alpha+\beta)^2-4\alpha\beta=4^2-4\times1=12$
  $\therefore |\alpha-\beta|=\sqrt{12}=2\sqrt{3}$
(4) $\dfrac{\beta}{\alpha}+\dfrac{\alpha}{\beta}=\dfrac{\beta^2+\alpha^2}{\alpha\beta}=\dfrac{(\alpha+\beta)^2-2\alpha\beta}{\alpha\beta}=\dfrac{4^2-2\times1}{1}=14$

E 17 정답 (1) 10 (2) $\dfrac{5}{2}$ (3) -8 (4) $\pm5\sqrt{33}$
근과 계수의 관계에 의해 $\alpha+\beta=-5,\ \alpha\beta=-2$
(1) $\alpha^2\beta+\alpha\beta^2=\alpha\beta(\alpha+\beta)=(-2)\times(-5)=10$
(2) $\dfrac{1}{\alpha}+\dfrac{1}{\beta}=\dfrac{\alpha+\beta}{\alpha\beta}=\dfrac{-5}{-2}=\dfrac{5}{2}$
(3) $(\alpha+2)(\beta+2)=\alpha\beta+2(\alpha+\beta)+4$
  $=-2+2\times(-5)+4=-8$
(4) $(\alpha-\beta)^2=(\alpha+\beta)^2-4\alpha\beta=(-5)^2-4\times(-2)$
  $=25+8=33 \Rightarrow \alpha-\beta=\pm\sqrt{33}$
  $\therefore \alpha^2-\beta^2=(\alpha-\beta)(\alpha+\beta)=\pm\sqrt{33}\times(-5)=\pm5\sqrt{33}$

E 18 정답 (1) $\dfrac{15}{2}$ (2) $-\dfrac{1}{2}$
이차방정식 $ax^2+bx+c=0$의 두 근이 3, -5이므로
이차방정식의 근과 계수의 관계에 의하여
$3+(-5)=-\dfrac{b}{a},\ 3\times(-5)=\dfrac{c}{a}$
$b=2a,\ c=-15a$
이 값을 이차방정식 $bx^2+cx-a=0$에 대입하면
$2ax^2-15ax-a=0,\ 2x^2-15x-1=0$
(1) 이차방정식의 두 근의 합은 $-\dfrac{-15}{2}=\dfrac{15}{2}$
(2) 이차방정식의 두 근의 곱은 $\dfrac{-1}{2}=-\dfrac{1}{2}$

E 19 정답 $x^2-2x-3=0$

E 20 정답 $x^2+4x-1=0$

E 21 정답 $x^2-2x+10=0$

E 22 정답 $(x-3-i)(x-3+i)$

E 23 정답 $(x+7i)(x-7i)$

E 24 정답 $2\left(x-\dfrac{2+\sqrt{2}i}{2}\right)\left(x-\dfrac{2-\sqrt{2}i}{2}\right)$

E 25 정답 $\left(x-\dfrac{1+\sqrt{3}i}{2}\right)\left(x-\dfrac{1-\sqrt{3}i}{2}\right)$

E 26 정답 $16\left(x+\dfrac{i}{2}\right)\left(x-\dfrac{i}{2}\right)$

E 27 정답 $3\left(x-\dfrac{1+\sqrt{2}i}{3}\right)\left(x-\dfrac{1-\sqrt{2}i}{3}\right)$

E 28 정답 $a=-6,\ b=3$
$a,\ b$가 모두 유리수이고 한 근이 $3+\sqrt{6}$이므로 다른 한 근은
$3-\sqrt{6}$이다.
이차방정식의 근과 계수의 관계에 의해
$(3+\sqrt{6})+(3-\sqrt{6})=-a \Rightarrow a=-6$
$(3+\sqrt{6})(3-\sqrt{6})=b \Rightarrow b=3$

E 29 정답 $a=12$, $b=-76$

a, b가 모두 유리수이고, 한 근이 $4\sqrt{7}-6=-6+4\sqrt{7}$이므로 다른 한 근은 $-6-4\sqrt{7}$이다.
이차방정식의 근과 계수의 관계에 의해
$(-6+4\sqrt{7})+(-6-4\sqrt{7})=-a \Rightarrow a=12$
$(-6+4\sqrt{7})(-6-4\sqrt{7})=b \Rightarrow b=-76$

E 30 정답 $m=-1$, $n=-20$

m, n이 모두 실수이고 한 근이 $-4-2i$이므로 다른 한 근은 $-4+2i$이다.
이차방정식의 근과 계수의 관계에 의해
$(-4-2i)+(-4+2i)=\dfrac{8}{m} \Rightarrow m=-1$
$(-4-2i)(-4+2i)=\dfrac{n}{m} \Rightarrow n=-20$

E 31 정답 $m=12$, $n=-37$

m, n이 모두 실수이고, 한 근이 $i-6=-6+i$이므로 다른 한 근은 $-6-i$이다.
이차방정식의 근과 계수의 관계에 의해
$(-6+i)+(-6-i)=-m \Rightarrow m=12$
$(-6+i)(-6-i)=-n \Rightarrow n=-37$

 내신+학평 유형 스토리

E 32 정답 ④ ·································· 이차방정식의 풀이

(정답 공식: 완전제곱식을 이용하여 근의 공식을 유도한다.)

다음은 계수가 실수인 이차방정식 $ax^2+bx+c=0$의 근의 공식을 유도하는 과정이다. (가), (나), (다)에 알맞은 것을 차례로 나열한 것은? [단서] 완전제곱식을 이용하여 근의 공식을 유도하고 있어.

> $ax^2+bx+c=0$에서 $x^2+\dfrac{b}{a}x=-\dfrac{c}{a}$이므로
> 양변에 [(가)]을 더하여 정리하면
> $\left(x+\dfrac{b}{2a}\right)^2=$ [(나)] 이므로
> $x+\dfrac{b}{2a}=\pm\sqrt{[(나)]}$
> 따라서 $x=$ [(다)]

	(가)	(나)	(다)
①	$\dfrac{b^2}{4a}$	$\dfrac{b^2-4ac}{4a}$	$\dfrac{-b\pm\sqrt{b^2-4ac}}{2a}$
②	$\dfrac{b^2}{4a}$	$\dfrac{b^2-4ac}{4a^2}$	$\dfrac{b\pm\sqrt{b^2-4ac}}{2a}$
③	$\dfrac{b^2}{4a^2}$	$\dfrac{b^2-4ac}{4a}$	$\dfrac{-b\pm\sqrt{b^2-4ac}}{2a}$
④	$\dfrac{b^2}{4a^2}$	$\dfrac{b^2-4ac}{4a^2}$	$\dfrac{-b\pm\sqrt{b^2-4ac}}{2a}$
⑤	$\dfrac{b^2}{4a^2}$	$\dfrac{b^2-4ac}{4a^2}$	$\dfrac{b\pm\sqrt{b^2-4ac}}{2a}$

[1st] 주어진 식을 정리하여 $(일차식)^2=0$의 꼴로 만들어 봐.

$ax^2+bx+c=0$에서 $x^2+\dfrac{b}{a}x=-\dfrac{c}{a}$이므로

양변에 $\dfrac{b^2}{4a^2}$ $\leftarrow$ (가) 을 더하여 정리하면

$x^2+\dfrac{b}{a}x+\dfrac{b^2}{4a^2}=-\dfrac{c}{a}+\dfrac{b^2}{4a^2}$

> $x^2+kx=x^2+kx+\left(\dfrac{k}{2}\right)^2-\left(\dfrac{k}{2}\right)^2$
> $=\left(x+\dfrac{k}{2}\right)^2-\dfrac{k^2}{4}$ 임을 이용하려는 거야.

$\left(x+\dfrac{b}{2a}\right)^2=\dfrac{b^2-4ac}{4a^2}$ 이므로
$\leftarrow$ (나)

$x+\dfrac{b}{2a}=\pm\sqrt{\dfrac{b^2-4ac}{4a^2}}$

$x=-\dfrac{b}{2a}\pm\dfrac{\sqrt{b^2-4ac}}{2a}$

따라서 $x=\dfrac{-b\pm\sqrt{b^2-4ac}}{2a}$ $\leftarrow$ (다)

E 33 정답 ③ ·································· 이차방정식의 풀이

(정답 공식: 식을 전개하고 정리한 후, 근의 공식을 이용한다.)

[단서] 식을 전개하고 이차방정식 꼴로 정리하자.
이차방정식 $3(x+1)^2-4x=2x^2-2x+5$의 해는?
① $x=-1$ 또는 $x=3$ ② $x=1$ 또는 $x=2$
③ $x=-2\pm\sqrt{6}$ ④ $x=-2\pm2\sqrt{2}$
⑤ $x=2\pm\sqrt{6}$

[1st] 주어진 식을 정리하여 $(이차식)=0$ 꼴로 만들어.

$3(x+1)^2-4x=2x^2-2x+5$에서 $\rightarrow (a+b)^2=a^2+2ab+b^2$
$3(x^2+2x+1)-4x=2x^2-2x+5$
$x^2+4x-2=0$ [짝수 계수의 근의 공식]
$\therefore x=-2\pm\sqrt{6}$ 이차방정식 $ax^2+2b'x+c=0$의 근은 $x=\dfrac{-b'\pm\sqrt{(b')^2-ac}}{a}$

E 34 정답 ⑤ ·································· 이차방정식의 풀이

(정답 공식: 최고차항의 계수가 유리수가 되도록 이차방정식을 변형하여 두 근을 구한다.)

이차방정식 $(1+\sqrt{3})x^2+2x-8-4\sqrt{3}=0$의 두 근을 α, β라 할 때, $3\alpha-\beta$의 값은? (단, $\alpha>\beta$) [단서] x^2의 계수가 정수가 되게 양변에 $1-\sqrt{3}$을 곱하자.
① $1+\sqrt{3}$ ② $4+2\sqrt{3}$
③ $5+\sqrt{3}$ ④ $6+2\sqrt{3}$
⑤ $7+\sqrt{3}$

[1st] 최고차항의 숫자를 유리수가 되게 한 후에 이차방정식을 풀자.
주어진 이차방정식의 양변에 $1-\sqrt{3}$을 곱하면
$(1+\sqrt{3})(1-\sqrt{3})=1-3=-2$이므로 x^2의 계수를 정수로 바꿀 수 있어.
$(1-\sqrt{3})(1+\sqrt{3})x^2+2(1-\sqrt{3})x+(1-\sqrt{3})(-8-4\sqrt{3})=0$
$-2x^2+2(1-\sqrt{3})x+4(1+\sqrt{3})=0$
$x^2-(1-\sqrt{3})x-2(1+\sqrt{3})=0$
$(x-2)(x+1+\sqrt{3})=0$
$(-2+1+\sqrt{3})x=(-1+\sqrt{3})x$
$\therefore x=2$ 또는 $x=-1-\sqrt{3}$
따라서 $\alpha=2$, $\beta=-1-\sqrt{3}$ $(\because \alpha>\beta)$이므로
$3\alpha-\beta=6-(-1-\sqrt{3})=7+\sqrt{3}$

(1) 인수분해에 의한 풀이

$(ax-b)(cx-d)=0$이면 $x=\dfrac{b}{a}$ 또는 $x=\dfrac{d}{c}$

(2) 근의 공식에 의한 풀이

① $ax^2+bx+c=0$의 근은 ⇨ $x=\dfrac{-b\pm\sqrt{b^2-4ac}}{2a}$

② $ax^2+2b'x+c=0$의 근은 ⇨ $x=\dfrac{-b'\pm\sqrt{b'^2-ac}}{a}$

E 35　정답 $-2+2\sqrt{2}$, $-2-\sqrt{2}$ ·············· 이차방정식의 풀이

【 **정답 공식**: 주어진 연산 기호의 정의에 따라 식을 세운 후, 이차방정식을 푼다. 】

[단서] 연산 기호 ∘의 정의대로 식을 세우자.

두 실수 a, b에 대하여 $a\circ b=\sqrt{2}ab-a-b$로 정의할 때, $(x\circ x)+(4\circ x)+x=0$을 만족하는 x의 값을 모두 구하시오.

[1st] 정의된 연산대로 식을 정리하여 방정식을 풀어.

$(x\circ x)+(4\circ x)+x=0$에서 $a\circ b=\sqrt{2}ab-a-b$로 정의된 대로 식을 풀자.

$(\sqrt{2}x^2-x-x)+(4\sqrt{2}x-4-x)+x=0$, $\sqrt{2}x^2+(4\sqrt{2}-2)x-4=0$

양변에 $\sqrt{2}$를 곱하면 x^2의 계수가 정수가 되게 $\sqrt{2}$를 곱하는 거야.

$2x^2+(8-2\sqrt{2})x-4\sqrt{2}=0$ 　양변을 2로 나누자.

$x^2+(4-\sqrt{2})x-2\sqrt{2}=0$

[근의 공식] 이차방정식 $ax^2+bx+c=0$의 근은 $x=\dfrac{-b+\sqrt{b^2-4ac}}{2a}$

근의 공식을 이용하여 해를 구하면

$x=\dfrac{-(4-\sqrt{2})\pm\sqrt{(4-\sqrt{2})^2-4\cdot1\cdot(-2\sqrt{2})}}{2}$

[주의] 근의 공식을 쓸 때 계수가 무리수라 복잡하므로 계산할 때 유의하자.

$=\dfrac{-4+\sqrt{2}\pm3\sqrt{2}}{2}$

따라서 구하는 x의 값은

$\dfrac{-4+\sqrt{2}+3\sqrt{2}}{2}=-2+2\sqrt{2}$ 또는 $\dfrac{-4+\sqrt{2}-3\sqrt{2}}{2}=-2-\sqrt{2}$

E 36　정답 ④ ································· 이차방정식의 풀이

【 **정답 공식**: $x=k$를 대입하여 k에 대한 이차방정식을 풀어 k의 값을 구한다. 】

이차방정식 $x^2-(4+\sqrt{5})x+\sqrt{5}k-5=0$의 두 근이 k, α일 때, $k+2\alpha$의 값은? (단, k는 자연수이다.)

[단서] $x=k$가 근이므로 식에 대입하면 등식이 성립하겠지?

① $-1+\sqrt{5}$　　　② $1-\sqrt{5}$
③ $3-2\sqrt{5}$　　　④ $3+2\sqrt{5}$
⑤ $5+2\sqrt{5}$

[1st] 이차방정식에 $x=k$를 대입해 보자.

$x^2-(4+\sqrt{5})x+\sqrt{5}k-5=0$의 한 근이 k이므로 $x=k$를 대입하면

$k^2-(4+\sqrt{5})k+\sqrt{5}k-5=0$ 　근의 의미를 정확히 알고 있으면 k를 구할 수 있어.

$k^2-4k-5=0$, $(k+1)(k-5)=0$

∴ $k=5$ ($\because$ k는 자연수)

$k=5$를 주어진 이차방정식에 대입하면

$x^2-(4+\sqrt{5})x+5(\sqrt{5}-1)=0$

$(x-5)(x+1-\sqrt{5})=0$

$x \times -(\sqrt{5}-1)$
$x \times -5$
$-(5+\sqrt{5}-1)x=-(4+\sqrt{5})x$

∴ $x=5$ 또는 $x=-1+\sqrt{5}$

따라서 $k=5$, $\alpha=-1+\sqrt{5}$이므로

$k+2\alpha=5+2(-1+\sqrt{5})=3+2\sqrt{5}$

[주의] 문제에서 이차방정식의 두 근이 k, α라 했고 k가 자연수라 했으니까 $\alpha\neq5$야.

E 37　정답 24 ····························· 한 근이 주어진 이차방정식

【 **정답 공식**: 이차방정식 $ax^2+bx+c=0$의 한 근이 k이면 $ak^2+bk+c=0$이 성립한다. 】

이차방정식 $x^2-10x+a=0$의 한 근이 2일 때, 다른 한 근을 b라 하자. 두 실수 a, b의 합 $a+b$의 값을 구하시오.

[단서] 방정식에 근을 대입하면 등식이 성립해.

[1st] 주어진 방정식에 $x=2$를 대입하자.

이차방정식 $x^2-10x+a=0$의 한 근이 2이므로 방정식에 $x=2$를 대입하면

$2^2-10\times2+a=0$ 　∴ $a=16$

[2nd] a의 값을 대입하여 이차방정식을 풀자.

이차방정식 $x^2-10x+a=0$에 $a=16$을 대입하면

$x^2-10x+16=0$, $(x-2)(x-8)=0$

∴ $x=2$ 또는 $x=8$ 　주어진 방정식의 한 근이 2이고 다른 한 근이 b이므로 $b=8$

따라서 $b=8$이므로

$a+b=16+8=24$

E 38　정답 ② ····························· 한 근이 주어진 이차방정식

【 **정답 공식**: 주어진 근을 직접 대입한 후 k를 구한다. 】

이차방정식 $x^2+kx+1=0$의 한 근이 $2-\sqrt{3}$일 때, 상수 k의 값은?

[단서] 주어진 이차방정식에 $x=2-\sqrt{3}$을 대입해 풀어봐.

① -5　　　② -4　　　③ -3
④ -2　　　⑤ -1

[1st] 주어진 이차방정식에 $x=2-\sqrt{3}$을 대입하자.

이차방정식 $x^2+kx+1=0$의 한 근이 $2-\sqrt{3}$이므로

$(2-\sqrt{3})^2+k(2-\sqrt{3})+1=0$

$4-4\sqrt{3}+3+k(2-\sqrt{3})+1=0$

$k(2-\sqrt{3})=-4(2-\sqrt{3})$

∴ $k=-4$

$4-4\sqrt{3}+3+k(2-\sqrt{3})+1=0$에서
$8+2k-(4+k)\sqrt{3}=0$이므로
즉, $8+2k=0$, $4+k=0$이므로
$k=-4$라고 푼 친구들이 있을 거야.
그런데 이 풀이 방법은 답은 맞았지만 틀린 풀이야.
이 풀이 과정을 쓰기 위해서는 k가 유리수라는 조건이 있어야 함을 반드시 명심하도록 해!

🔧 **다른 풀이**: $x=2-\sqrt{3}$을 이차방정식으로 변형하여 k의 값 구하기

주어진 이차방정식의 한 근이 $x=2-\sqrt{3}$이므로

$x-2=-\sqrt{3}$

양변을 제곱하면

$x^2-4x+4=3$ 　∴ $x^2-4x+1=0$

이 식이 $x^2+kx+1=0$과 같으므로 $k=-4$야.

[실수] k의 조건에 따라 달라질 수 있으므로 이에 주의하면서 문제를 풀자.

E 39　정답 ① ····························· 한 근이 주어진 이차방정식

【 **정답 공식**: 주어진 이차방정식에 $x=\alpha$를 대입하여 $\alpha+\dfrac{1}{\alpha}$을 구하고, $\alpha^2+\dfrac{1}{\alpha^2}=\left(\alpha+\dfrac{1}{\alpha}\right)^2-2$를 이용하여 식의 값을 구한다. 】

[단서1] $x=\alpha$가 이 이차방정식의 한 근이니까 $\alpha^2+3\alpha+1=0$이야.

이차방정식 $x^2+3x+1=0$의 한 근을 α라 할 때, $\alpha^2+\dfrac{1}{\alpha^2}$의 값은?

① 7　　　② 8　　　③ 9
④ 10　　　⑤ 11

[단서2] $\alpha+\dfrac{1}{\alpha}$의 값을 알면 $\alpha^2+\dfrac{1}{\alpha^2}$의 값을 구할 수 있어.

1st 주어진 이차방정식에 한 근 α를 대입하고 식을 정리하여 $\alpha+\dfrac{1}{\alpha}$의 값을 구해.

주어진 이차방정식 $x^2+3x+1=0$의 한 근이 $x=\alpha$이므로
$\alpha^2+3\alpha+1=0$ $\quad$ $x^2+3x+1=0$에 $x=0$을 대입하면 $0^2+3\times0+1\neq0$
위 식의 양변을 α로 나누면 $\quad$ 즉, $x=0$은 이 이차방정식의 근이 아니므로 $\alpha\neq0$이야.
따라서 $\alpha^2+3\alpha+1=0$의 양변을 α로 나눌 수 있어.

$\alpha+3+\dfrac{1}{\alpha}=0$ $\quad\therefore\ \alpha+\dfrac{1}{\alpha}=-3$

따라서 $\alpha+\dfrac{1}{\alpha}=-3$의 양변을 제곱하면

$\left(\alpha+\dfrac{1}{\alpha}\right)^2=9,\ \alpha^2+2+\dfrac{1}{\alpha^2}=9\quad\therefore\ \alpha^2+\dfrac{1}{\alpha^2}=7$

✿ **한 근이 주어진 이차방정식** $\qquad$ 개념·공식

이차방정식의 한 근이 주어지면
(1) 주어진 근을 이차방정식에 대입하여 미지수의 값 또는 다른 한 근을 구한다.
(2) 주어진 근을 이차방정식에 대입한 후
　① 곱셈 공식의 변형을 이용하여 필요한 식의 모양을 만든다.
　② 식을 변형하여 구해야 하는 식의 차수를 낮춘다.

E 40 정답 ① ·················· 한 근이 주어진 이차방정식

정답 공식: 이차방정식 $ax^2+bx+c=0$의 한 근이 k이면 $ak^2+bk+c=0$이 성립한다.

이차방정식 $2x^2-2x+1=0$의 한 근을 α라 할 때,
$\alpha^4-\alpha^2+\alpha$의 값은?

단서 방정식의 해를 대입하면 등호가 성립해. α를 대입하여 식을 구하고, 그것을 이용하여 $\alpha^4-\alpha^2+\alpha$의 값을 유도하자.

① $\dfrac{1}{4}$　　② $\dfrac{5}{16}$　　③ $\dfrac{3}{8}$

④ $\dfrac{7}{16}$　　⑤ $\dfrac{1}{2}$

1st 방정식의 해를 대입하여 식을 구하자.
이차방정식 $2x^2-2x+1=0$의 한 근을 α라 하므로
$2\alpha^2-2\alpha+1=0$ … ㉠
2nd 식을 변형하여 $\alpha^4-\alpha^2+\alpha$의 값을 유도하자.
㉠에서 $\alpha^2-\alpha=-\dfrac{1}{2}$이고

$\alpha^2=\alpha-\dfrac{1}{2}$ $\quad$구하려는 식에 α^4이 있으므로 양변을 제곱하여 α^4을 구하고 변형하자.
위 식의 양변을 제곱하면

$\alpha^4=\left(\alpha-\dfrac{1}{2}\right)^2=\alpha^2-2\times\alpha\times\dfrac{1}{2}+\dfrac{1}{4}=\alpha^2-\alpha+\dfrac{1}{4}$

따라서 우변의 $\alpha^2-\alpha$를 좌변으로 이항하면 $\alpha^4-\alpha^2+\alpha=\dfrac{1}{4}$

🧭 **다른 풀이:** 이차방정식의 근의 공식을 이용하여 α의 값을 먼저 구하기

이차방정식 $2x^2-2x+1=0$의 해를 근의 공식을 이용하여 구하면
$x=\dfrac{-(-1)\pm\sqrt{(-1)^2-2}}{2}=\dfrac{1\pm i}{2}$

이때, $\alpha=\dfrac{1+i}{2}$라 하면 $\alpha^2=\dfrac{1}{2}i$ $\quad$ $\alpha=\dfrac{1-i}{2}$로 놓고 풀어도 같은 결과를 얻을 수 있어.

$\alpha^4=\left(\dfrac{1}{2}i\right)^2=-\dfrac{1}{4}$ $\quad$ $\alpha^2=-\dfrac{1}{2}i$이고, $\alpha^4=\left(-\dfrac{1}{2}i\right)^2=-\dfrac{1}{4}$이므로

$\therefore\ \alpha^4-\alpha^2+\alpha$ $\quad$ $\alpha^4-\alpha^2+\alpha=-\dfrac{1}{4}+\dfrac{1}{2}i+\dfrac{1-i}{2}=\dfrac{1}{4}$이야.

$=-\dfrac{1}{4}-\dfrac{1}{2}i+\dfrac{1+i}{2}=\dfrac{1}{4}$

E 41 정답 $\dfrac{7}{12}$ ·················· 한 근이 주어진 이차방정식

정답 공식: 주어진 한 근을 대입하고 k에 대해 내림차순으로 식을 정리한 후, k에 대한 항등식 조건을 이용해 a, b의 값을 구한다.

이차방정식 $kx^2-(2a+b)x-6kb-1=0$이 실수 k의 값에 관계없이 항상 $x=-2$를 근으로 가질 때, 상수 a, b에 대하여 $a+b$의 값을 구하시오.

단서 2 k에 대한 항등식으로 만들라는 거야.
단서 1 근이므로 식에 대입하면 등식이 성립해.

1st $x=-2$를 대입해 봐.
$x=-2$가 주어진 이차방정식의 근이므로 $\quad$ 근을 식에 대입하면 등식이 성립하는 거야.
$k\cdot(-2)^2-(2a+b)\cdot(-2)-6kb-1=0$
$4k+4a+2b-6kb-1=0$
$\therefore\ (4-6b)k+4a+2b-1=0$

2nd k에 관한 항등식임을 이용해서 a와 b의 값을 구해보자.
이 식이 k의 값에 관계없이 항상 성립하므로
$4-6b=0,\ 4a+2b-1=0$ $\quad$ $(\ \ )k+(\ \ )=0$이 k의 값에 관계없이 항상 성립, 즉 k에 대한 항등식이므로 $(\ \ )$는 모두 0이어야 해.
$\therefore\ a=-\dfrac{1}{12},\ b=\dfrac{2}{3}$

$\therefore\ a+b=-\dfrac{1}{12}+\dfrac{2}{3}=\dfrac{7}{12}$

E 42 정답 27 ·················· 한 근이 주어진 이차방정식

정답 공식: 주어진 한 근을 대입하고 k에 대해 내림차순으로 식을 정리한 후, k에 대한 항등식 조건을 이용해 a, b의 값을 구한다.

단서 방정식 $f(x)=0$의 근이 $x=a$이면 $f(a)=0$이 성립해.
이차방정식 $2x^2+6x-9=0$의 두 근을 α, β라 할 때, $2(2\alpha^2+\beta^2)+6(2\alpha+\beta)$의 값을 구하시오.

1st 주어진 이차방정식에 $x=\alpha$, $x=\beta$를 대입하면 등식이 성립함을 이용하자.
이차방정식 $2x^2+6x-9=0$의 두 근이 α, β이므로
$2\alpha^2+6\alpha-9=0,\ 2\beta^2+6\beta-9=0$ $\quad$ α, β가 이차방정식 $2x^2+6x-9=0$의 두 근이므로 x 대신 α 또는 β를 대입하면 등식이 성립해야 해.
$\therefore\ 2(2\alpha^2+\beta^2)+6(2\alpha+\beta)$
$=4\alpha^2+2\beta^2+12\alpha+6\beta$
$=2(2\alpha^2+6\alpha)+(2\beta^2+6\beta)$
$=2\times9+9=27$ $\quad$ $2\alpha^2+6\alpha-9=0$이므로 $2\alpha^2+6\alpha=9$ $2\beta^2+6\beta-9=0$이므로 $2\beta^2+6\beta=9$

🧭 **다른 풀이:** 이차방정식의 근과 계수의 관계를 이용하기

이차방정식 $2x^2+6x-9=0$의 두 근이 α, β이므로
이차방정식의 근과 계수의 관계에 의하여
$\alpha+\beta=-\dfrac{6}{2}=-3,\ \alpha\beta=-\dfrac{9}{2}$
$\therefore\ 2(2\alpha^2+\beta^2)+6(2\alpha+\beta)=2(\alpha^2+\alpha^2+\beta^2)+6(\alpha+\alpha+\beta)$
$=2\alpha^2+2(\alpha+\beta)^2-4\alpha\beta+6\alpha+6(\alpha+\beta)$
$=2\alpha^2+6\alpha+18$ $\quad$ $2\alpha^2+6\alpha-9=0$에서 $2\alpha^2+6\alpha=9$
$=9+18=27$

정답 ④ ·························· 절댓값 기호를 포함한 이차방정식

정답 공식: 절댓값 안의 값이 0이 되는 x의 값을 기준으로 경우를 나누어 각각의 이차방정식을 푼다. 또는 $|x-1|=t$로 치환한다.

단서 절댓값을 풀기 위해서 x의 범위를 $x \geq 1$, $x < 1$로 나누자.

이차방정식 $|x-1|^2 - 2|x-1| - 3 = 0$의 모든 근의 합은?

① -4　　② -2　　③ 0　　④ 2　　⑤ 4

1st $x < 1$ 또는 $x \geq 1$인 경우를 나누어 절댓값을 없애자.

$|x-1|^2 - 2|x-1| - 3 = 0$에서

절댓값을 풀기 위해 $x \geq 1$, $x < 1$로 나누어야 해. 즉, 절댓값 안의 값이 양수 또는 0, 음수인 경우로 나누어야 해.

(i) $x \geq 1$일 때

$(x-1)^2 - 2(x-1) - 3 = 0$

$x^2 - 2x + 1 - 2x + 2 - 3 = 0$

$x^2 - 4x = 0$

$x(x-4) = 0$

∴ $x = 0$ 또는 $x = 4$

그런데 $x \geq 1$이어야 하므로 $x = 4$

(ii) $x < 1$일 때

$(x-1)^2 + 2(x-1) - 3 = 0$

$x^2 - 2x + 1 + 2x - 2 - 3 = 0$

$x^2 - 4 = 0$

$(x+2)(x-2) = 0$

∴ $x = -2$ 또는 $x = 2$

그런데 $x < 1$이어야 하므로 $x = -2$

실수 x의 값을 구한 뒤에 절댓값을 풀기 위해 나누었던 범위에 해당하는 값인지 꼭 확인해야 해.

따라서 주어진 방정식의 모든 근의 합은 $4 - 2 = 2$이다.

👓 **쉬운 풀이:** $|x-1| = t$로 치환하여 주어진 방정식의 해 구하기

$|x-1| = t\ (t \geq 0)$라 하면

$t^2 - 2t - 3 = 0$, $(t+1)(t-3) = 0$　　∴ $t = 3\ (\because t \geq 0)$

즉, $|x-1| = 3$에서 $x - 1 = \pm 3$

∴ $x = 4$ 또는 $x = -2$ (이하 동일)

정답 ③ ·························· 절댓값 기호를 포함한 이차방정식

정답 공식: 주어진 한 근을 대입해 a의 값을 구하고, 절댓값 안의 식의 값이 양수인 경우와 음수인 경우를 나누어 각각의 이차방정식을 푼다.

단서1 $x = -1$이 근이므로 식에 대입하여 등식을 만족시키도록 하자.

방정식 $|x^2 + ax - 3| = 6$의 한 근이 -1일 때, -1을 제외한 모든 근의 곱은? (단, $a < 0$) 단서2 a의 값 중 음수인 것만 고르자.

① 9　　② 18　　③ 27

④ 36　　⑤ 45

1st 한 근이 주어져있으니 주어진 이차방정식에 대입하면 a의 값을 찾을 수 있어.

a를 구하기 위해 $x = -1$을 대입한 거야.

$|x^2 + ax - 3| = 6$에 $x = -1$을 대입하면

$|1 - a - 3| = 6 \Rightarrow |-a-2| = 6$, $|a+2| = 6$

주의 문제에서 주어진 조건에 맞는지 꼭 확인하도록 해.

$a + 2 = \pm 6$　　∴ $a = -8\ (\because a < 0)$

따라서 방정식 $|x^2 - 8x - 3| = 6$을 풀면 $x^2 - 8x - 3 = \pm 6$

(i) $x^2 - 8x - 3 = 6$에서

a가 양수일 때, $|x| = a \Longleftrightarrow x = \pm a$

$x^2 - 8x - 9 = 0$, $(x+1)(x-9) = 0$　　∴ $x = -1$ 또는 $x = 9$

(ii) $x^2 - 8x - 3 = -6$에서

$x^2 - 8x + 3 = 0$　　∴ $x = 4 \pm \sqrt{13}$

따라서 -1을 제외한 모든 근의 곱은

$9 \times (4 + \sqrt{13}) \times (4 - \sqrt{13}) = 27$

정답 $x = -4$ 또는 $x = \dfrac{1 + \sqrt{33}}{2}$

·························· 절댓값 기호를 포함한 이차방정식

정답 공식: 절댓값 안의 값이 0이 되는 x의 값을 기준으로 경우를 나누어 각각의 이차방정식을 푼다.

이차방정식 $x^2 - |x-2| - 10 = 0$의 해를 구하시오.

단서 절댓값을 풀기 위해 절댓값 안이 0이 되는 값을 기준으로 범위를 나누자.

1st $x < 2$ 또는 $x \geq 2$인 경우로 나누면 절댓값을 없앨 수 있어.

$x^2 - |x-2| - 10 = 0$에서

(i) $x < 2$일 때, $x - 2 < 0$이므로 $|x-2| = -(x-2)$

$x^2 + (x-2) - 10 = 0$, $x^2 + x - 12 = 0$

$(x+4)(x-3) = 0$　　∴ $x = -4$ 또는 $x = 3$

그런데 $x < 2$이므로 $x = -4$

(ii) $x \geq 2$일 때, $x - 2 \geq 0$이므로 $|x-2| = x-2$

$x^2 - (x-2) - 10 = 0$, $x^2 - x - 8 = 0$

∴ $x = \dfrac{1 \pm \sqrt{33}}{2}$

그런데 $x \geq 2$이므로 $x = \dfrac{1 + \sqrt{33}}{2}$

실수 $\sqrt{33}$의 대략적인 값을 이용해 x의 값을 구한 후 이 값이 조건에 맞는 값인지 꼭 확인하도록 하자.

따라서 주어진 방정식의 근은

$x = -4$ 또는 $x = \dfrac{1 + \sqrt{33}}{2}$

$5 < \sqrt{33} < 6$의 각 변에 1을 더하자.

$6 < 1 + \sqrt{33} < 7$의 각 변에 $\dfrac{1}{2}$을 곱하자.

∴ $3 < \dfrac{1 + \sqrt{33}}{2} < \dfrac{7}{2} \Rightarrow 3 < x < \dfrac{7}{2}$

⚙️ **이차방정식의 풀이**　　개념·공식

(1) 인수분해에 의한 풀이

$(ax - b)(cx - d) = 0$이면 $x = \dfrac{b}{a}$ 또는 $x = \dfrac{d}{c}$

(2) 근의 공식에 의한 풀이

① $ax^2 + bx + c = 0$의 근은 $\Rightarrow x = \dfrac{-b \pm \sqrt{b^2 - 4ac}}{2a}$

② $ax^2 + 2b'x + c = 0$의 근은 $\Rightarrow x = \dfrac{-b' \pm \sqrt{b'^2 - ac}}{a}$

정답 ② ·························· 절댓값 기호를 포함한 이차방정식

정답 공식: 절댓값 안의 값이 0이 되는 x의 값을 기준으로 경우를 나누어 각각의 이차방정식을 푼다.

단서 $\sqrt{x^2} = |x|$임을 이용하여 식을 다시 나타내보자.

방정식 $x^2 + |x| - 4 = \sqrt{(x-3)^2}$의 해는?

① $x = -\sqrt{7}$ 또는 $x = -1$

② $x = -\sqrt{7}$ 또는 $x = -1 + 2\sqrt{2}$

③ $x = -1$ 또는 $x = -1 + 2\sqrt{2}$

④ $x = 1$ 또는 $x = \sqrt{7}$

⑤ $x = \sqrt{7}$ 또는 $x = -1 + 2\sqrt{2}$

1st $\sqrt{a^2} = |a|$임을 이용하여 식을 다시 나타낸 후, 절댓값 안의 부호에 따라 세 가지의 경우로 나누어 보자.

$x^2 + |x| - 4 = \sqrt{(x-3)^2}$에서 $x^2 + |x| - 4 = |x-3|$

(i) $x < 0$일 때,

$x^2 - x - 4 = -(x-3)$

$x^2 = 7$　　∴ $x = \pm\sqrt{7}$

그런데 $x < 0$이므로 $x = -\sqrt{7}$

절댓값이 2개지? 절댓값 안이 0인 x의 값은 $x = 0$, $x = 3$이므로 이것을 경계로 하여 x의 범위를 나누자.

주의 절댓값 안이 0이 되게 하는 x의 값이 2개일 때는 범위를 세 부분으로 나누어야 해.

(ii) $0 \leq x < 3$일 때,
$x^2 + x - 4 = -(x-3)$
$x^2 + 2x - 7 = 0$ $\therefore x = -1 \pm 2\sqrt{2}$
그런데 $0 \leq x < 3$이므로 $x = -1 + 2\sqrt{2}$

> **실수** $\sqrt{2}$의 대략적인 값을 이용해 $-1 \pm 2\sqrt{2}$ 중 조건에 맞는 것만 답으로 정해야 해.

(iii) $x \geq 3$일 때,
$x^2 + x - 4 = x - 3$
$x^2 = 1$ $\therefore x = \pm 1$
그런데 $x \geq 3$이므로 $x = \pm 1$은 근이 아니다.
따라서 주어진 방정식의 해는 $x = -\sqrt{7}$ 또는 $x = -1 + 2\sqrt{2}$

🌸 절댓값 기호를 포함한 방정식   개념·공식

① $|x| = \begin{cases} x & (x \geq 0) \\ -x & (x < 0) \end{cases}$ 임을 이용하여 절댓값 기호 안의 식의 값이 0
이 되는 x의 값을 기준으로 x의 값의 범위를 나누어서 방정식을 푼다.

② $\sqrt{x^2}$을 포함한 방정식 ⇨ $\sqrt{x^2} = |x|$임을 이용한다.

E 47   정답 ① ···················· 이차방정식의 활용

(**정답 공식**: 이차방정식 $k(x-a)(x-b) = 0$의 해는 $x=a$ 또는 $x=b$이다.)

어느 가족이 작년까지 한 변의 길이가 10 m인 정사각형 모양의 밭을 가구었다. 올해는 그림과 같이 가로의 길이를 x m만큼, 세로의 길이를 $(x-10)$ m만큼 늘여서 새로운 직사각형 모양의 밭을 가구었다. 올해 늘어난 ⌐ 모양의 밭의 넓이가 500 m²일 때, x의 값은? (단, $x > 10$)

> **단서** 직사각형 모양의 밭의 넓이에서 정사각형 모양의 밭의 넓이를 뺀 것이 ⌐ 모양의 밭의 넓이야.

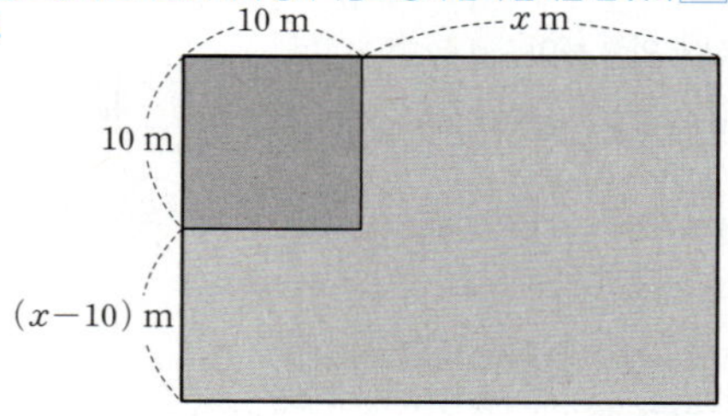

① 20   ② 21   ③ 22
④ 23   ⑤ 24

1st 주어진 조건을 이용하여 이차방정식을 세워.
직사각형 모양의 밭의 가로의 길이는 $(10+x)$ m이고 세로의 길이는 $10 + (x-10) = x$ (m)이다.
따라서 직사각형 모양의 밭의 넓이는 $(10+x) \times x = 10x + x^2$ (m²), 정사각형 모양의 밭의 넓이는 $10 \times 10 = 100$ (m²)이고 올해 늘어난 ⌐ 모양의 밭의 넓이가 500 m²이므로 이차방정식을 세우면
$10x + x^2 - 100 = 500$이다.

2nd 이차방정식을 풀어 x의 값을 구해.
이차방정식의 우변을 좌변으로 이항하여 정리하면
$x^2 + 10x - 600 = 0$에서 $(x-20)(x+30) = 0$
$\therefore x = 20$ 또는 $x = -30$
그런데 $x > 10$이므로 $x = 20$이다.

> $AB = 0$이면 $A = 0$ 또는 $B = 0$이야. 즉, $x - 20 = 0$ 또는 $x + 30 = 0$에서 $x = 20$ 또는 $x = -30$이야.

> **주의** 한 변의 길이가 10 m인 정사각형에서 세로의 길이를 $(x-10)$ m 만큼 늘여서 직사각형을 만들었으므로 $x - 10 > 0$에서 $x > 10$이야. 이 조건은 문제에 주어졌지만 만약 주어지지 않았더라도 $x - 10$은 길이이므로 $x - 10 > 0$이라 생각해서 문제를 풀어야 해.

E 48   정답 ③ ···················· 이차방정식의 활용

(**정답 공식**: 두 각의 크기가 같은 두 삼각형은 AA 닮음이다.)

그림과 같이 $\overline{AB} = 2$, $\overline{BC} = 4$인 직사각형 ABCD가 있다. 대각선 BD 위에 한 점 O를 잡고, 점 O에서 네 변 AB, BC, CD, DA에 내린 수선의 발을 각각 P, Q, R, S라 하자. 사각형 APOS와 사각형 OQCR의 넓이의 합이 3이고 $\overline{AP} < \overline{PB}$일 때, 선분 AP의 길이는?

> **단서** 선분 AP의 길이를 구하는 거니까 이것을 미지수로 놓자. 그리고 두 사각형 APOS와 OQCR의 넓이를 미지수로 표현할 수 있는지 생각해보자.

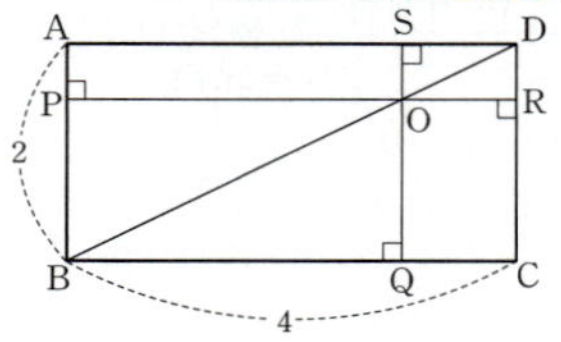

① $\dfrac{3}{8}$ ② $\dfrac{7}{16}$ ③ $\dfrac{1}{2}$
④ $\dfrac{9}{16}$ ⑤ $\dfrac{5}{8}$

1st 구하려는 것을 미지수로 놓고 식을 세우자.
$\overline{AP} = x$라 놓으면 $\overline{DR} = x$
삼각형 DOR와 삼각형 DBC는 서로 닮음이므로
$\overline{DR} : \overline{OR} = \overline{DC} : \overline{BC} = 1 : 2$

> ∠ODR는 공통, ∠ORD = ∠BCD = 90°이므로 AA 닮음이야.

$x : \overline{OR} = 1 : 2$
$\therefore \overline{OR} = 2x$
즉, $\overline{PO} = \overline{PR} - \overline{OR} = 4 - 2x$

> **함정** 삼각형의 닮음을 이용하여 길이의 비를 이용하는 경우가 많아. 그림이 주어지면 닮음인 도형을 찾는 게 문제를 해결하는 열쇠가 된다는 걸 잊지 말자.

2nd 사각형 APOS와 사각형 OQCR의 넓이의 합이 3임을 이용하여 x를 구하자.
사각형 APOS의 넓이를 구하면
$x(4 - 2x) = 4x - 2x^2$
또, 사각형 OQCR의 넓이를 구하면
$2x(2 - x) = 4x - 2x^2$
사각형 APOS와 사각형 OQCR의 넓이의 합이 3이므로
$(4x - 2x^2) + (4x - 2x^2) = 3$
$4x^2 - 8x + 3 = 0$
$(2x-1)(2x-3) = 0$

> $2 \times {}^{-1 \to -2}_{-3 \to -6} \\ \hline \qquad\quad -8$

$\therefore x = \dfrac{1}{2}$ 또는 $x = \dfrac{3}{2}$
이때, $\overline{AP} < \overline{PB}$이므로 $x < 2 - x$, 즉 $x < 1$
$\therefore x = \dfrac{1}{2}$

> 이 조건이 없다면 $x = \dfrac{3}{2}$도 될 수 있다는 것을 다시 체크해 주어야 해.

E 49   정답 16 ···················· 이차방정식의 활용

(**정답 공식**: $\overline{AB} = x$로 놓고 넓이에 대한 조건과 피타고라스 정리를 이용해 x에 대한 이차방정식을 세운 후, 이차방정식을 푼다.)

그림과 같이 $\overline{AC} = 8$, $\angle A = 90°$인 직각삼각형 ABC와 변 BC를 한 변으로 하는 정사각형 BDEC가 있다. 사각형 BDEC의 넓이는 삼각형 ABC의 넓이의 5배이고, $\overline{AB} > \overline{AC}$일 때, 변 AB의 길이를 구하시오.

> **단서 1** 삼각형 ABC의 넓이와 사각형 BDEC의 넓이를 구하여 조건에 맞는 식을 세우자.

> **단서 2** $\overline{AB} > \overline{AC}$이므로 $\overline{AB} > 8$이야.

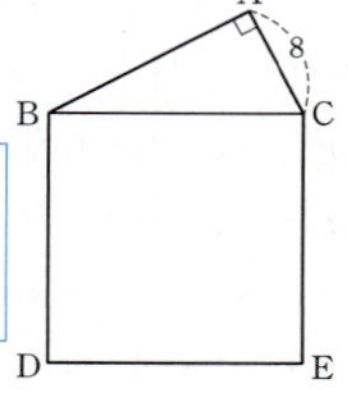

1st $\overline{AB}=x$로 두고 삼각형과 사각형의 넓이를 이용하여 식을 세우자.

$\overline{AB}=x$라 하면 $\overline{AB}>\overline{AC}$에서 $x>8$이다.

또, 직각삼각형 ABC에서 피타고라스 정리에 의해

$\overline{BC}^2=\overline{AB}^2+\overline{AC}^2$이므로

$\overline{BC}=\sqrt{\overline{AB}^2+\overline{AC}^2}=\sqrt{x^2+8^2}=\sqrt{x^2+64}$

직각삼각형 ABC와 사각형 BDEC의 넓이를 각각 구하면

$\triangle ABC=\frac{1}{2}\times\overline{AB}\times\overline{AC}=\frac{1}{2}\times x\times 8=4x$

(사각형 BDEC의 넓이)$=\overline{BC}^2=x^2+64$

이때, 주어진 조건에서 〔사각형 BDEC는 정사각형이라 했지?〕

(사각형 BDEC의 넓이)$=5\triangle ABC$이므로

$x^2+64=5\times 4x=20x$

2nd 인수분해.

$x^2-20x+64=0,\ (x-4)(x-16)=0$ ∴ $x=4$ 또는 $x=16$

조건에 의해 $x>8$이므로 $x=16$이다.
→ $\overline{AB}>\overline{AC}$라는 조건이 있지?

〔**실수**〕 문제에 주어진 범위 조건에 맞는지 꼭 확인하도록 하자.

따라서 $\overline{AB}=16$이다.

다른 풀이: $\overline{BC}=x$로 놓고 이차방정식을 세워 풀기

$\overline{BC}=x$라 하면 $\overline{AB}=\sqrt{x^2-64}$이므로

직각삼각형 ABC와 사각형 BDEC의 넓이를 각각 구하면

$\triangle ABC=\frac{1}{2}\times\overline{AB}\times\overline{AC}=\frac{1}{2}\times\sqrt{x^2-64}\times 8=4\sqrt{x^2-64}$

(사각형 BDEC의 넓이)$=\overline{BC}^2=x^2$

이때, 주어진 조건에서

(사각형 BDEC의 넓이)$=5\triangle ABC$이므로

$x^2=20\sqrt{x^2-64},\ x^4=400(x^2-64)$

$x^4-400x^2+25600=0$
→ $x^2=X$라 하면
$(x^2-320)(x^2-80)=0$ $X^2-400X+25600=0$
∴ $x^2=320$ 또는 $x^2=80$ $(X-320)(X-80)=0$

이때, $\overline{AB}>8$이어야 하는데

$x^2=80$일 때, $\overline{AB}=\sqrt{80-64}=\sqrt{16}=4$이므로 $\overline{AB}>8$이라는 조건에 모순이야.

따라서 $x^2=320$일 때, $\overline{AB}=\sqrt{320-64}=\sqrt{256}=16$이야.

E 50 정답 **10** ·· 이차방정식의 활용

〔**정답 공식**: 처음의 양을 A라 할 때, $r\%$ 증가한 양은 $A\left(1+\frac{r}{100}\right)$, $r\%$ 감소한 양은 $A\left(1-\frac{r}{100}\right)$이다.〕

어느 주유소에서 1 L당 a원인 기름을 하루에 b L 판매하였다. 이 주유소에서 기름값을 $x\%$ 내렸더니 하루 판매량이 $2x\%$ 증가하여 하루 판매액이 8% 증가하였다. 이때 x의 값을 구하시오. (단, $0<x<30$) 〔**단서** $x\%$ 내린 기름값과 $2x\%$ 증가한 판매량을 곱하면 8% 증가한 판매액이 돼.〕

1st 주어진 조건을 이용해 이차방정식을 세우자.

기름값을 a원에서 $x\%$ 내리면 $a\left(1-\frac{x}{100}\right)$원
$a-\frac{x}{100}a$

판매량이 b L에서 $2x\%$ 증가하면 $b\left(1+\frac{2x}{100}\right)$ L이고,
$b+\frac{2x}{100}b$

전체 판매액은 ab원에서 8% 증가하여 $ab\left(1+\frac{8}{100}\right)$원이 되므로

$a\left(1-\frac{x}{100}\right)b\left(1+\frac{2x}{100}\right)=ab\left(1+\frac{8}{100}\right)$

2nd 이차방정식을 풀자.

위의 이차방정식을 풀면

$\left(1-\frac{x}{100}\right)\left(1+\frac{2x}{100}\right)=1+\frac{8}{100}$

$1+\frac{x}{100}-\frac{2x^2}{10000}=1+\frac{8}{100}$

$\frac{x}{100}-\frac{2x^2}{10000}=\frac{8}{100}$

$100x-2x^2=800,\ x^2-50x+400=0$

$(x-10)(x-40)=0$

∴ $x=10$ 또는 $x=40$

이때, $0<x<30$이므로 $x=10$

E 51 정답 ② ·· 이차방정식의 활용

〔**정답 공식**: t초 후 첫 번째, 두 번째, 세 번째 생긴 원의 반지름의 길이를 t에 대한 식으로 나타낸다.〕

다음과 같이 작동하는 화면보호기 프로그램이 있다.

Ⅰ. 모니터 중앙에 반지름 1 cm인 원이 생기고, 그 원의 반지름은 1 cm/초의 속도로 계속 커진다.
〔**단서 1** 첫 번째 원이 생긴지 t초 후, 이 원의 반지름은 $1\times t$(cm)만큼 길어져.〕

Ⅱ. 원이 생긴 후 2초마다 Ⅰ의 과정을 반복한다.
〔**단서 2** 첫 번째 원이 생긴지 t초 후, 두 번째 원의 반지름은 $1\times(t-2)$(cm)만큼, 세 번째 원의 반지름은 $1\times(t-4)$(cm)만큼 길어져.〕

Ⅲ. 첫 번째 생겨서 커진 원의 넓이가 두 번째와 세 번째 생겨서 커진 두 원의 넓이의 합과 같아지면 모든 원은 화면에서 없어진다.

Ⅳ. 2초 후에 다시 Ⅰ~Ⅲ의 과정을 반복한다.

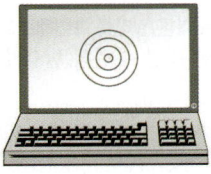

이 과정의 Ⅲ에서 첫 번째 원이 생겨서 없어지기까지 걸리는 시간은?

① 8초   ② 9초   ③ 10초

④ 11초   ⑤ 12초

1st 구하려는 것을 미지수로 놓고 이차방정식을 세우자.

첫 번째 원이 생겨서 없어지기까지 걸리는 시간을 t초라 하자.

원의 반지름은 매초 1 cm씩 커지므로 첫 번째 원이 생긴지 t초 후

첫 번째 생긴 원의 반지름의 길이는

$t+1$ (cm) t초 후, 첫 번째 원의 반지름의 길이는 1 cm에서 $1\times t$ (cm)만큼 더 커져.

두 번째 생긴 원의 반지름의 길이는

$1+(t-2)=t-1$ (cm)

세 번째 생긴 원의 반지름의 길이는

$1+(t-4)=t-3$ (cm)

이때, t초 후 첫 번째 생겨서 커진 원의 넓이가 두 번째와 세 번째 생겨서 커진 두 원의 넓이의 합과 같아진다고 하면

$\pi(t+1)^2=\pi(t-1)^2+\pi(t-3)^2$

2nd 이차방정식을 풀자.

위의 이차방정식을 풀면
$(t+1)^2=(t-1)^2+(t-3)^2$
$t^2+2t+1=t^2-2t+1+t^2-6t+9$
$t^2-10t+9=0,\ (t-1)(t-9)=0$
$\therefore t=1$ 또는 $t=9$
이때, $t\geq4$이므로 $t=9$
세 번째 생긴 원이 생기려면 첫 번째 원이 생기고 난 후 최소 4초 이상 걸리므로 $t\geq4$야.
따라서 위의 과정의 Ⅲ에서 첫 번째 원이 생겨서 없어지기까지 걸리는 시간은 9초이다.

E 52 정답 ⑤ ······································· 이차방정식의 활용

정답 공식: 직각삼각형에서 피타고라스 정리를 이용할 수 있다.

그림과 같이 $\overline{AB}=2$, $\overline{BC}=4$인 직사각형 ABCD에서 변 BC의 중점을 M이라 하자. 점 B를 중심으로 하고 변 BA를 반지름으로 하는 부채꼴 BMA와 점 C를 중심으로 하고 변 CD를 반지름으로 하는 부채꼴 CDM이 있다. 두 점 E, F는 변 AD 위에 있고, 두 점 G, H는 각각 호 MA, 호 DM 위에 있다. 사각형 EGHF가 $\overline{EG}:\overline{GH}=1:2$인 직사각형이 될 때, 이 직사각형의 넓이는?
단서 사각형 EGHF의 세로의 길이와 가로의 길이의 비가 1:2이므로 EG의 길이를 알면 EF의 길이를 알 수 있겠지?

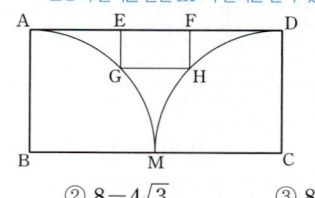

① $12-6\sqrt3$ ② $8-4\sqrt3$ ③ $8-5\sqrt2$
④ $6-3\sqrt3$ ⑤ $12-8\sqrt2$

1st $\overline{EG}$의 길이를 기준으로 다른 길이를 표현해보자.
$\overline{EG}=x$, 점 G에서 $\overline{BC}$에 내린 수선의 발을 P, 점 H에서 $\overline{BC}$에 내린 수선의 발을 Q라 하자.

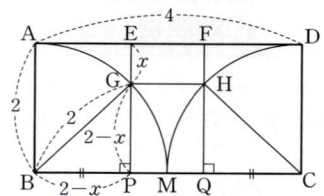

점 G는 부채꼴 BMA의 호 위의 점이므로
$\overline{BG}=2$,
$\overline{GP}=\overline{EP}-\overline{EG}=2-x$,
$\overline{AE}=\overline{FD}$, $\overline{EF}=2x$, $\overline{AD}=4$이므로
$\overline{BP}=\overline{AE}=\dfrac{\overline{AD}-\overline{EF}}{2}=\dfrac{4-2x}{2}=2-x$
삼각형 BPG와 CQH에서
$\overline{BG}=\overline{CH}=2$, $\overline{GP}=\overline{HQ}=2-x$
$\angle BPG=\angle CQH=90°$
즉, △BPG≡△CQH(RHS 합동)이므로
$\overline{BP}=\overline{CQ}$
$\therefore \overline{AE}=\overline{FD}$

2nd 직각삼각형 BPG에 피타고라스 정리를 적용하자.
직각삼각형 BPG에 피타고라스 정리를 적용하면
$\overline{BG}^2=\overline{BP}^2+\overline{GP}^2$에서
주의 $\overline{EG}=x$, $\overline{BP}=\overline{AE}=2-x$이므로 $x>0$, $2-x>0$ 즉, $0<x<2$이므로 $x=2-\sqrt2$
$2^2=(2-x)^2+(2-x)^2$
$4=2(2-x)^2$, $(2-x)^2=2$
$2-x=\pm\sqrt2$ $\therefore x=2-\sqrt2$ … ㉠
$\therefore$ (직사각형 EGHF의 넓이)$=\overline{EG}\times\overline{GH}=x\times2x$
$=2x^2=2(2-\sqrt2)^2\ (\because ㉠)$
$=2(6-4\sqrt2)=12-8\sqrt2$

E 53 정답 ③ ······································· 이차방정식의 판별식

정답 공식: 이차방정식이 서로 다른 두 실근을 가진다. ⟺ (판별식)>0

x에 대한 이차방정식 $x^2-4\sqrt3x+a=0$이 서로 다른 두 실근을 갖도록 하는 자연수 a의 개수는?
단서 이차방정식이 서로 다른 두 실근을 가진다. ⟺ (판별식)>0

① 7 ② 9 ③11 ④ 13 ⑤ 15

1st 판별식을 활용하여 자연수 a의 개수를 구해.
x에 대한 이차방정식 $x^2-4\sqrt3x+a=0$ 이 서로 다른 두 실근을 가지려면 이차방정식의 판별식을 D라 할 때,
$\dfrac{D}{4}=(-2\sqrt3)^2-a>0$ 이차방정식 $ax^2+2b'x+c=0$의 x의 계수가 짝수이므로 $\dfrac{D}{4}=b'^2-ac$ 공식을 이용할 수 있어.
$12-a>0$ $\therefore a<12$
따라서 조건을 만족시키는 자연수 a의 개수는 11

다른 풀이: '(방정식의 실근의 개수)=(함수의 그래프의 교점의 개수)'임을 이용하기
방정식 $x^2-4\sqrt3x=-a$에서
함수 $y=x^2-4\sqrt3x$의 그래프와 직선 $y=-a$의 교점의 개수가 방정식의 실근의 개수와 같으므로 서로 다른 두 교점이 존재해야 해.
이차함수 $y=x^2-4\sqrt3x=(x-2\sqrt3)^2-12$의 그래프는 $x=2\sqrt3$에서 최솟값 -12를 가져.
따라서 조건을 만족시키려면
$-a>-12$ $\therefore a<12$ (이하 동일)

E 54 정답 ⑤ ······································· 이차방정식의 판별식

정답 공식: 계수가 실수인 이차방정식 $ax^2+bx+c=0$이 중근을 가질 때 판별식 $D=b^2-4ac=0$

x에 대한 이차방정식 $x^2+4x+a-5=0$이 중근을 갖도록 하는 상수 a의 값은?
단서 x에 대한 이차방정식에서 판별식 $D=0$임을 이용해보자.

① 5 ② 6 ③ 7 ④ 8 ⑤9

1st 이차방정식의 판별식을 이용하여 상수 a의 값을 구해.
이차방정식 $x^2+4x+a-5=0$이 중근을 가지므로
판별식을 D라 하면
$\dfrac{D}{4}=2^2-1\times(a-5)$
$=4-a+5=9-a=0$
$\therefore a=9$
x에 대한 이차방정식 $ax^2+bx+c=0$이 중근을 가지면 판별식 $D=b^2-4ac=0$이고, x에 대한 이차방정식 $ax^2+2b'x+c=0$이 중근을 가지면 판별식 $\dfrac{D}{4}=b'^2-ac=0$을 이용해도 돼.

E 55 정답 ② ······································· 이차방정식의 근의 판별

정답 공식: 이차방정식의 판별식 D에 대하여 $D<0$이면 서로 다른 두 허근을 가진다.

단서 판별식 $D<0$인 이차방정식을 찾자.
다음 중 허근을 가지는 이차방정식은?

① $x^2-2x-3=0$ ② $x^2+5x+11=0$
③ $x^2+4x+4=0$ ④ $x^2-2x-1=0$
⑤ $x^2+5x-6=0$

1st 판별식이 음수인 경우를 찾아야겠지?

① $\dfrac{D}{4} = 1+3 = 4 > 0$이므로 실근을 가진다.

② $D = 25-44 = -19 < 0$이므로 허근을 가진다.

③ $\dfrac{D}{4} = 4-4 = 0$이므로 중근을 가진다.

④ $\dfrac{D}{4} = 1+1 = 2 > 0$이므로 실근을 가진다.

⑤ $D = 25-4 \times (-6) = 49 > 0$이므로 실근을 가진다.

> 직접 근을 구할 수도 있지만 실근인지 허근인지를 따지는 것은 판별식 D의 부호로도 충분해.

수능 핵강

* 이차항의 계수가 짝수인 이차방정식의 판별식

이차방정식 $ax^2+bx+c=0$의 판별식 $D=b^2-4ac$야.

그런데 $ax^2+2b'x+c=0$처럼 x의 계수가 짝수이면 $\dfrac{D}{4}$를 쓰는 게 더 간편해. 이차방정식 $ax^2+2b'x+c=0$의 판별식 D를 구하면
$$D=(2b')^2-4ac=4(b')^2-4ac$$
양변에 $\dfrac{1}{4}$을 곱하면 $\dfrac{D}{4}=(b')^2-ac$

즉, $\dfrac{D}{4}$의 식은 여기서 나왔는데, 숫자가 더 간단해지니까 잘 기억해 두고 써먹자.

E 56 정답 ④ ·········· 이차방정식의 근의 판별

> **정답 공식:** 이차방정식 $ax^2+bx+c=0$의 판별식을 D라 하면 이 이차방정식이 실근을 가질 조건은 $D \geq 0$이다.

x에 대한 이차방정식 $x^2+4x+a=0$이 실근을 갖도록 하는 자연수 a의 개수는? **단서** 이차방정식이 실근을 갖는 조건은 판별식을 이용해야지? 여기서 실근이 서로 다르다라는 조건이 없다는 것에 주의해.

① 1   ② 2   ③ 3

④ 4   ⑤ 5

1st 주어진 이차방정식이 실근을 가질 조건은 판별식 $D \geq 0$이지.

이차방정식 $x^2+4x+a=0$의 판별식을 D라 하면

$\dfrac{D}{4} = 2^2 - 1 \times a \geq 0$ x의 계수가 짝수인 이차방정식 $ax^2+2b'x+c=0$의 판별식은 $D=(2b')^2-4ac=4(b')^2-4ac$ 에서 양변을 4로 나눈 $\dfrac{D}{4}=(b')^2-ac$를 유도할 수 있어.

$4-a \geq 0$

$\therefore a \leq 4$

따라서 주어진 조건을 만족시키는 자연수 a는 1, 2, 3, 4로 4개이다.

> **주의**
> 이차방정식이 실근을 가질 조건을 서로 다른 두 실근을 가질 조건으로 착각해서 판별식 $D > 0$으로 놓지 않도록 주의해. 실근을 갖는다는 것은 서로 다른 두 실근 또는 중근을 갖는 것을 의미해.

E 57 정답 ③ ·········· 이차방정식의 근의 판별

> **정답 공식:** 이차방정식이 중근을 가질 조건은 판별식 $D=0$이다.

x에 대한 이차방정식 $x^2-6x+a=0$이 중근을 갖도록 하는 상수 a의 값은? **단서** 이차방정식이 중근을 가지려면 판별식이 0이어야 해.

① 5   ② 7   ③ 9   ④ 11   ⑤ 13

1st 중근을 가지므로 판별식 $D=0$이어야 함을 이용해.

이차방정식 $x^2-6x+a=0$의 판별식을 D라 하면

$D=(-6)^2-4a=0$, $36-4a=0$

$\therefore a=9$ 이차방정식 $ax^2+bx+c=0$이 중근을 가질 조건은 판별식 $D=b^2-4ac$에서 $D=0$

E 58 정답 6 ·········· 이차방정식의 근의 판별

> **정답 공식:** 이차방정식 $ax^2+bx+c=0$이 서로 다른 두 실근을 가지면 이 이차방정식의 판별식을 D라 할 때 $D>0$이다.

x에 대한 이차방정식 $x^2+2(k-2)x+k^2-24=0$이 서로 다른 두 실근을 갖도록 하는 모든 자연수 k의 개수를 구하시오.

단서 이차방정식이 서로 다른 두 실근을 가지려면 이 이차방정식의 판별식이 0보다 커야 해.

1st 이차방정식이 서로 다른 두 실근을 갖도록 하는 자연수 k의 개수를 구해.

이차방정식 $x^2+2(k-2)x+k^2-24=0$이 서로 다른 두 실근을 가지므로 이 이차방정식의 판별식을 D라 하면 $D>0$이어야 한다.

> 이차방정식 $ax^2+bx+c=0$의 판별식을 D라 하면 $D=b^2-4ac$야. 이때, $D>0$이면 서로 다른 두 실근, $D=0$이면 한 실근(중근), $D<0$이면 실근을 갖지 않아.

즉, $\dfrac{D}{4} = (k-2)^2 - 1 \times (k^2-24) > 0$에서

> 일차항의 계수가 짝수인 이차방정식 $ax^2+2b'x+c=0$에서 $\dfrac{D}{4}=b'^2-ac$야.

$k^2-4k+4-k^2+24>0$, $-4k>-28$ $\therefore k<7$

따라서 조건을 만족시키는 모든 자연수 k는 1, 2, 3, $\cdots$, 6으로 6개이다.

> **다른 풀이:** 이차방정식의 실근의 개수와 이차함수의 그래프의 관계를 이용하여 자연수 k의 값 구하기

x에 대한 이차방정식 $x^2+2(k-2)x+k^2-24=0$이 서로 다른 두 실근을 가지므로 $f(x)=x^2+2(k-2)x+k^2-24$라 하면 함수 $y=f(x)$의 그래프는 x축과 서로 다른 두 점에서 만나야 해.

> 방정식 $f(x)=0$의 서로 다른 실근의 개수는 함수 $y=f(x)$의 그래프가 x축과 만나는 점의 개수와 같아.

이때, $f(x)$의 최고차항의 계수가 1로 양수이므로 함수 $y=f(x)$의 그래프는 아래로 볼록해. 따라서 함수 $f(x)$의 최솟값이 0보다 작아야 이차방정식 $f(x)=0$이 서로 다른 두 실근을 가져.

> 함수 $f(x)$의 최솟값이 0보다 작으면 함수 $y=f(x)$의 그래프는 그림과 같이 x축과 서로 다른 두 점에서 만나.

$f(x) = x^2+2(k-2)x+k^2-24$
$= x^2+2(k-2)x+(k-2)^2-(k-2)^2+k^2-24$
$= (x+k-2)^2-(k-2)^2+k^2-24$
$= (x+k-2)^2-k^2+4k-4+k^2-24$
$= (x+k-2)^2+4k-28$

따라서 $f(x)$는 $x=-k+2$에서 최솟값 $f(-k+2)=4k-28$을 가지므로 $4k-28<0$이어야 해. 즉, $4k<28$에서 $k<7$이야.

(이하 동일)

E 59 정답 ④ ·········· 이차방정식의 근의 판별

> **정답 공식:** 이차방정식이 실근을 가질 조건은 판별식 $D \geq 0$임을 이용해 k의 범위를 구한다.

x에 대한 다항식 $x^2+4x+k-3=0$이 실근을 갖도록 하는 모든 자연수 k의 개수는? **단서** 이차방정식의 판별식의 부호를 조사하면 돼.

① 4   ② 5   ③ 6

④ 7   ⑤ 8

1st 이차방정식이 실근을 가질 조건은 판별식 $D=b^2-4ac \geq 0$임을 이용하자.

이차방정식 $x^2+4x+k-3=0$의 판별식을 D라 하면 실근을 가질 조건은

$\dfrac{D}{4} = 4-(k-3) \geq 0$ $\therefore k \leq 7$

> 서로 다른 두 실근을 가지거나 서로 같은 두 실근을 가져야 하므로 $D \geq 0$이어야 해.

따라서 자연수 k의 개수는 7이다.

> $k \leq 7$을 만족하는 자연수 k는 1, 2, 3, 4, 5, 6, 7이야.

다른 풀이: $f(x)\geq0$일 때 $\sqrt{f(x)}$는 실수임을 이용하여 자연수 k의 값 구하기

근의 공식에 의하여

$$x=\frac{-4\pm\sqrt{16-4(k-3)}}{2}=-2\pm\sqrt{7-k}$$

이고 x가 실수이므로 $7-k\geq0$을 만족해야 해.
따라서 자연수 k의 값은 1, 2, 3, $\cdots$, 7이므로 그 개수는 7이야.

E 60 정답 7 ···································· 이차방정식의 근의 판별

(**정답 공식:** 이차방정식이 중근을 가지려면 (판별식)=0이어야 한다.)

x에 대한 이차방정식 $x^2-2x+a-6=0$이 중근을 갖도록 하는
상수 a의 값을 구하시오. **단서** 이차방정식이 중근을 가지려면 판별식이 0이어야 하지.

1st 이차방정식이 중근을 가지려면 판별식이 0이면 돼.
이차방정식 $x^2-2x+a-6=0$이 중근을 가지려면 판별식 D가 0이어
야 한다.

[이차방정식의 판별식]
이차방정식 $ax^2+bx+c=0$의 판별식을
$D=b^2-4ac$라 할 때,
(1) $D>0$: 서로 다른 두 실근을 가진다.
(2) $D=0$: 중근을 가진다.
(3) $D<0$: 서로 다른 두 허근을 가진다.

$D=(-2)^2-4(a-6)=0$
$4-4a+24=0,\ 28-4a=0$
$\therefore a=7$

다른 풀이: 완전제곱식을 이용하여 상수 a의 값 구하기

이차방정식이 중근을 가지므로 주어진 식의 좌변이 완전제곱식이어야
해.
즉, $a-6=\left(\dfrac{-2}{2}\right)^2=1$이므로 $a=7$이야.

E 61 정답 25 ···································· 이차방정식의 근의 판별

(**정답 공식:** 이차방정식이 중근을 가질 조건은 판별식 $D=0$이다.)

단서 이차방정식 $x^2+10x+a=0$의 판별식을 D라 하면 $D=0$
x에 대한 이차방정식 $x^2+10x+a=0$이 중근을 갖도록 하는
상수 a의 값을 구하시오.

1st 이차방정식이 중근을 가지려면 판별식 $D=0$이어야 해.

이차방정식 $x^2+10x+a=0$의 짝수 판별식을 $\dfrac{D}{4}$라 하자.

이차방정식 $ax^2+2b'x+c=0$의 짝수 판별식은 $\dfrac{D}{4}=b'^2-ac$야.

이차방정식 $x^2+10x+a=0$이 중근을 가지므로
$\dfrac{D}{4}=5^2-a=0$에서 $a=25$

이차방정식 $ax^2+bx+c=0$의 판별식을 D라 할 때,
이차방정식이 중근을 가지면 $D=0$이야.

다른 풀이: 완전제곱식의 꼴 이용하기

이차방정식 $x^2+10x+a=0$에서
$(x+5)^2+a-25=0$이므로 중근을 갖기 위해서는
$(x+5)^2=25-a$라 할 때, $25-a=0$, 즉 $a=25$이면 돼.

⚙ **이차방정식의 근의 판별** 개념·공식

이차방정식 $ax^2+bx+c=0$의 판별식을 $D=b^2-4ac$라 하면
① $D>0 \iff$ 서로 다른 두 실근
② $D=0 \iff$ 중근
③ $D<0 \iff$ 서로 다른 두 허근

E 62 정답 ⑤ ···································· 이차방정식의 근의 판별

(**정답 공식:** 계수가 실수인 이차방정식 $ax^2+bx+c=0$이 중근을 가질 때
판별식 $D=b^2-4ac=0$)

단서 1 실수 k에 대한 항등식이기에 k에 대한 식으로 정리해야 해.
x에 대한 이차방정식 $x^2-2(k-a)x+k^2-4k+b=0$이
실수 k의 값에 관계없이 항상 중근을 가질 때, 두 상수 a, b에
대하여 $a+b$의 값은? **단서 2** x에 대한 이차방정식에서 판별식 $D=0$임을 이용해보자.

① 2 　　　 ② 3 　　　 ③ 4
④ 5 　　　 ⑤ 6

1st 이차방정식의 판별식을 이용하자.
이차방정식 $x^2-2(k-a)x+k^2-4k+b=0$의
판별식을 D라 하자. → 이 이차방정식은 k가 아니라 x에 대한
이차방정식임에 주의하렴.
이 이차방정식이 중근을 가지므로

$$\frac{D}{4}=\{-(k-a)\}^2-(k^2-4k+b)=0$$
$$(4-2a)k+a^2-b=0$$

2nd k에 대한 항등식 조건을 이용하여 a, b의 값을 구하자.
이 등식이 k에 관한 항등식이므로
$4-2a=0,\ a^2-b=0$
따라서 $a=2$, $b=4$이므로 $a+b=6$이다.

E 63 정답 ④ ···································· 이차방정식의 근의 판별

(**정답 공식:** x의 계수가 짝수인 이차방정식 $ax^2+2b'x+c=0$이 서로 다른
두 허근을 가지려면 판별식 $\dfrac{D}{4}=b'^2-ac<0$을 만족해야 한다.)

x에 대한 이차방정식 $x^2-2kx+k^2+3k-22=0$이
서로 다른 두 허근을 갖도록 하는 자연수 k의 최솟값은?
단서 이차방정식이 서로 다른 두 허근을 가지려면 이 이차방정식의 판별식이 0보다 작아야 해.

① 5 　　　 ② 6 　　　 ③ 7
④ 8 　　　 ⑤ 9

1st 이차방정식이 서로 다른 두 허근을 갖도록 하는 자연수 k의 최솟값을
구하자.
이차방정식 $x^2-2kx+k^2+3k-22=0$이 서로 다른 두 허근을
가지므로 이 이차방정식의 판별식을 D라 하면 $D<0$이어야 한다.

→ [이차방정식의 판별식]
이차방정식 $ax^2+bx+c=0$
의 판별식을 $D=b^2-4ac$라 할 때,
(1) $D>0$: 서로 다른 두 실근을 가진다.
(2) $D=0$: 중근을 가진다.
(3) $D<0$: 서로 다른 두 허근을 가진다.

즉, $\dfrac{D}{4}=k^2-(k^2+3k-22)<0$에서

이차방정식의 x^2의 계수가 짝수이므로
$\dfrac{D}{4}=b'^2-ac$ 공식을 이용할 수 있어.

$k^2-k^2-3k+22=-3k+22<0$

$\therefore k>\dfrac{22}{3}=7.33\cdots$

따라서 자연수 k의 최솟값은 8이다.

정답 ③ ······················· 이차방정식의 근의 판별

정답 공식: 이차방정식이 중근을 가질 조건은 판별식 $D=0$이다.

> x에 대한 이차방정식 $x^2-kx+k-1=0$이 중근 α를 가질 때, $k+\alpha$의 값은? (단, k는 상수이다.) **단서** $x^2-kx+k-1=0$의 판별식 D에 대하여 $D=0$이야.
>
> ① 1 ② 2 ③ 3
> ④ 4 ⑤ 5

1st 중근을 가지므로 (판별식)$=0$임을 이용해서 k의 값을 구해.

이차방정식 $x^2-kx+k-1=0$의 판별식을 D라 하면 중근을 가지므로

$D=k^2-4(k-1)=k^2-4k+4$ 이차방정식 $ax^2+bx+c=0$이 중근을 가질 조건은 판별식 $D=b^2-4ac$라 할 때, $D=0$이야.
 $=(k-2)^2=0$
$\therefore k=2$

2nd 구한 k의 값을 처음 이차방정식에 대입하여 중근을 구해.

$k=2$를 $x^2-kx+k-1=0$에 대입하면

$x^2-2x+1=0$, $(x-1)^2=0$ $\therefore x=1$

따라서 중근은 $\alpha=1$이므로

$k+\alpha=3$

🔧 **톡톡 풀이**: 이차방정식의 중근은 두 근이 서로 같음을 의미함을 이용하여 k의 값과 α의 값을 각각 구하기

$x^2-kx+k-1=0$을 k에 대하여 정리하면

$-k(x-1)+x^2-1=0$ 문자를 여러 개 포함한 식은 차수가 가장 낮은 문자에 대하여 정리한 후 인수분해하면 편리해.
$-k(x-1)+(x+1)(x-1)=0$
$(x-1)\{-k+(x+1)\}=0$
$(x-1)(x-k+1)=0$

이 방정식이 중근을 가지려면

$1=k-1$ $\therefore k=2$

따라서 중근은 $\alpha=1$이므로 $k+\alpha=3$이야.

정답 ① ······················· 이차방정식의 근의 판별

정답 공식: x의 값에 관계없이 $ax+b=0$이 항상 성립하면 $a=0$, $b=0$이다.

> x에 대한 이차방정식 $x^2-2(m+a)x+m^2+m+b=0$이 실수 m의 값에 관계없이 항상 중근을 가질 때, $12(a+b)$의 값은? **단서** 이차방정식이 중근을 가질 조건에서 m에 대한 항등식을 구해.
> (단, a, b는 상수이다.)
>
> ① 9 ② 10 ③ 11
> ④ 12 ⑤ 13

1st 이차방정식이 중근을 가질 조건을 이용해. 이차방정식 $ax^2+bx+c=0$의 판별식은 $D=b^2-4ac$야.

이차방정식 $x^2-2(m+a)x+m^2+m+b=0$의 판별식을 D라 하면 이 이차방정식이 중근을 가지므로 $D=0$이어야 한다. 이차방정식 $f(x)=0$의 판별식을 D라 할 때, $f(x)=0$이 서로 다른 두 실근을 가지면 $D>0$, 한 근(중근)을 가지면 $D=0$, 실근을 갖지 않으면 $D<0$이야.

$\dfrac{D}{4}=\{-(m+a)\}^2-1\times(m^2+m+b)=0$ 일차항의 계수가 짝수인 이차방정식 $ax^2+2b'x+c=0$의 판별식은 $\dfrac{D}{4}=b'^2-ac$야.

$2am+a^2-m-b=0$, $(2a-1)m+a^2-b=0$

2nd 항등식의 성질을 이용하여 a, b의 값을 각각 구해.

실수 m의 값에 관계없이 $(2a-1)m+a^2-b=0$이 성립하므로 m에 어떤 값을 대입해도 식이 성립한다는 거야.

$2a-1=0$, $a^2-b=0$ $\therefore a=\dfrac{1}{2}$, $b=a^2=\dfrac{1}{4}$

$\therefore 12(a+b)=12\left(\dfrac{1}{2}+\dfrac{1}{4}\right)=6+3=9$

정답 7 ······················· 이차방정식의 근의 판별

정답 공식: 이차방정식 $ax^2+bx+c=0$이 실근을 가지기 위해서는 판별식 $D=b^2-4ac\geq0$이어야 한다.

> x에 대한 이차방정식 $x^2+2ax+a^2+4a-28=0$이 실근을 갖도록 하는 모든 자연수 a의 개수를 구하시오. **단서** 이차방정식의 판별식을 이용해.

1st 이차방정식의 판별식을 이용해.

이차방정식 $x^2+2ax+a^2+4a-28=0$의 판별식을 D라 하면 이차방정식이 실근을 가지기 위해서는 $D\geq0$이 성립해야 한다.

즉, $D=4a^2-4(a^2+4a-28)=-16a+112\geq0$에서

$-16a\geq-112$ $\therefore a\leq7$
 부등식의 양변을 -16으로 나누면 부등호의 방향이 바뀌어.

2nd 주어진 부등식을 만족하는 자연수 a의 개수를 구해.

부등식 $a\leq7$을 만족시키는 자연수 a의 개수는 1, 2, 3, 4, 5, 6, 7로 7이다.

정답 ④ ······················· 이차방정식의 근의 판별

정답 공식: 이차방정식의 판별식 D에 대하여 $D>0$이면 서로 다른 두 실근을 가진다.

> x에 대한 이차방정식 **단서1** $(a^2-9)x^2=a+3$에서 $(a+3)(a-3)x^2=a+3$이므로 식을 좀 더 간단히 정리할 수 있어.
> $$(a^2-9)x^2=a+3$$
> 이 서로 다른 두 실근을 갖도록 하는 10보다 작은 자연수 a의 개수는? **단서2** 이차방정식이 서로 다른 두 실근을 가지므로 (판별식)>0임을 이용해.
>
> ① 3 ② 4 ③ 5
> ④ 6 ⑤ 7

1st 이차방정식의 판별식을 이용하자.

$(a^2-9)x^2=a+3$에서

$(a+3)(a-3)x^2=a+3$

이때, $a+3\neq0$이므로 양변을 $a+3$으로 나누면 a는 자연수이므로 $a+3>0$이야.

$(a-3)x^2=1$ $\therefore (a-3)x^2-1=0$

이차방정식 $(a-3)x^2-1=0$의 판별식을 D라 하면 이 이차방정식이 서로 다른 두 실근을 가지므로

$D=0^2-4(a-3)(-1)=4(a-3)>0$

$a-3>0$ $\therefore a>3$

따라서 10보다 작은 자연수 a의 값은 4, 5, 6, 7, 8, 9이므로 그 개수는 6이다.

🔷 **다른 풀이**: 판별식을 이용하지 않고 구하기

$(a^2-9)x^2=a+3$에서

$(a+3)(a-3)x^2=a+3$

이때, $a+3\neq0$, $a-3\neq0$이므로 양변을 $(a+3)(a-3)$으로 나누면 $a-3=0$이면 주어진 방정식의 x^2의 계수가 0이 되어 이차방정식이라는 조건에 맞지 않아.

$x^2=\dfrac{1}{a-3}$

[이차방정식 $x^2=k$의 실근]
① $k>0$ ⇨ $x=\pm\sqrt{k}$ ⇨ 서로 다른 두 실근
② $k=0$ ⇨ $x=0$ ⇨ 중근
③ $k<0$ ⇨ $x=\pm\sqrt{-k}\,i$ ⇨ 서로 다른 두 허근

이 이차방정식이 서로 다른 두 실근을 가지므로

$\dfrac{1}{a-3}>0$, $a-3>0$ $\therefore a>3$

따라서 10보다 작은 자연수 a의 값은 4, 5, 6, 7, 8, 9이므로 그 개수는 6이야.

··· 이차방정식의 근의 판별

(정답 공식: 이차방정식의 판별식 D에 대하여 $D=0$이면 중근을 가진다.)

> x에 대한 이차방정식 ㅤㅤ**단서1** 실수 k에 대한 항등식의 성질을 이용하기 위해 k에 대한 식으로 정리해야 해.
> $4x^2+2(2k+m)x+k^2-k+n=0$이 실수 k의 값에 관계없이 중근을 가질 때, $m+n$의 값은? (단, m, n은 실수이다.)
> **단서2** x에 대한 이차방정식에서 판별식 $D=0$임을 이용해.
> ① $-\dfrac{3}{4}$ ㅤㅤ ② $-\dfrac{1}{4}$ ㅤㅤ ③ 0
> ④ $\dfrac{1}{4}$ ㅤㅤ ⑤ $\dfrac{3}{4}$

1st 이차방정식의 판별식을 이용하자.

이차방정식 $4x^2+2(2k+m)x+k^2-k+n=0$의 판별식을 D라 하면
이 이차방정식이 중근을 가지므로

$\dfrac{D}{4}=(2k+m)^2-4(k^2-k+n)=0$

$4k^2+4km+m^2-4k^2+4k-4n=0$

$4k(m+1)+m^2-4n=0 \cdots$ ㉠

2nd 항등식의 성질을 이용하여 m, n의 값을 구하자.

이때, ㉠은 실수 k의 값에 관계없이 성립하므로

$\underline{4(m+1)=0,\ m^2-4n=0}$ ㅤㅤ 실수 k에 대한 항등식이라는 거야.
k의 값에 관계없이 $ak+b=0$이 항상 ㅤㅤ즉, k에 어떤 값을 대입해도 이 등식이 성립한다는 거지.
성립하면 $a=0, b=0$

$4(m+1)=0$에서 $m=-1$

$m=-1$을 $m^2-4n=0$에 대입하면

$1-4n=0$ ㅤㅤ $\therefore n=\dfrac{1}{4}$

$\therefore m+n=-1+\dfrac{1}{4}=-\dfrac{3}{4}$

··· 이차방정식의 근의 판별

(정답 공식: 근의 공식에서 근호 안의 수가 제곱수이거나 0일 조건(두 근이 유리수 일 조건)을 찾고, 구한 m의 값을 대입하여 두 근이 정수가 되는지 확인한다.)

> ㅤㅤ**단서** 근의 공식을 이용하여 근을 구하여 정수가 되는 m의 값을 찾자.
> x에 대한 이차방정식 $x^2+(m+1)x+2m-1=0$의 두 근이 정수가 되도록 하는 모든 정수 m의 값의 합은?
> ① 6 ㅤㅤ ② 7 ㅤㅤ ③ 8 ㅤㅤ ④ 9 ㅤㅤ ⑤ 10

1st 이차방정식의 두 근이 정수가 되는 조건을 생각해 보자.

$x^2+(m+1)x+2m-1=0$의 근은 근의 공식에 의하여

$x=\dfrac{-(m+1)\pm\sqrt{(m+1)^2-4(2m-1)}}{2}$

이때, 두 근이 정수가 되기 위해서는 $(m+1)^2-4(2m-1)$이 제곱수
이거나 0이어야 한다. 그런데 ㅤ 이 말은 결국 근 속에 근호가 존재하지 않게 하는 조건을 찾는 것과 같아.

$(m+1)^2-4(2m-1)=m^2-6m+5=(m-3)^2-4$

에서 제곱수가 아니므로 0이어야 한다. 즉,

$m^2-6m+5=0$

$(m-1)(m-5)=0$

$\therefore m=1$ 또는 $m=5$

ㅤㅤ**주의** 조건을 만족시키는 근이 맞는지 방정식에 대입하여 확인하도록 하자.

2nd 주어진 이차방정식에 구한 m의 값을 대입하여 두 근이 정수가 되는지 확인해.

(i) $m=1$일 때, $x^2+2x+1=(x+1)^2=0$이므로

$\underline{x=-1}$로 근은 정수이다. m의 값에 따라 근이 정수가 되는지 확인하자.

(ii) $m=5$일 때, $x^2+6x+9=(x+3)^2=0$이므로

$\underline{x=-3}$으로 근은 정수이다.
m의 값에 따라 근이 정수가 되는지 확인하자.

따라서 주어진 조건을 만족시키는 모든 정수 m의 값의 합은
$1+5=6$이다.

🪄 톡톡 풀이: 이차방정식의 근과 계수의 관계를 이용하여 조건을 만족시키는 m의 값 구하기

이차방정식 $x^2+(m+1)x+2m-1=0$의 두 근을 α, β라 하면
이차방정식의 근과 계수의 관계에 의하여

$\alpha+\beta=-m-1 \cdots$ ㉠, $\alpha\beta=2m-1 \cdots$ ㉡

㉡+㉠$\times 2$를 계산하면

$\alpha\beta+2\alpha+2\beta=-3$이고 다시 양변에 4를 더하면

$\alpha\beta+2\alpha+2\beta+4=1$ ㅤㅤ $\therefore (\alpha+2)(\beta+2)=1$

이때, α, β가 정수이므로 $\alpha+2$, $\beta+2$도 정수지?

$\therefore \begin{cases} \alpha+2=1 \\ \beta+2=1 \end{cases}$ 또는 $\begin{cases} \alpha+2=-1 \\ \beta+2=-1 \end{cases}$

따라서 $\alpha=\beta=-1$ 또는 $\alpha=\beta=-3$이 되고

㉠의 $m=-1-(\alpha+\beta)$에 대입하면 $m=1$ 또는 $m=5$

$\therefore$ (구하는 합)$=1+5=6$

··· 이차방정식의 근의 판별

(정답 공식: 일차식 $f(x)$에 대하여 이차방정식 $\{f(x)\}^2=0$은 중근을 갖는다.)

> 모든 실수 x에 대하여 다항식 $P(x)$가
> ㅤㅤ$\{P(x)+2\}^2=(x-a)(x-2a)+4$
> 를 만족시킬 때, 모든 $P(1)$의 값의 합은?
> **단서** $\{P(x)+2\}^2=(x-a)(x-2a)+4$를 만족시키는 $P(1)$의 값이 여러 개 존재한다는 거야. ㅤㅤ (단, a는 실수이다.)
> ① -9 ㅤㅤ ② -8 ㅤㅤ ③ -7
> ④ -6 ㅤㅤ ⑤ -5

1st a의 값을 구해.

$\{P(x)+2\}^2=(x-a)(x-2a)+4$에서 우변이 x에 대한 이차식이므로
좌변도 x에 대한 이차식이어야 한다. 즉, 다항식 $P(x)$는 일차식이다.

따라서 $(x-a)(x-2a)+4$는 (일차식)^2 꼴, 즉 완전제곱식이므로
이차방정식 $(x-a)(x-2a)+4=0$은 중근을 갖는다.

이차방정식의 좌변을 전개하면 $x^2-3ax+2a^2+4=0$이고
이 이차방정식이 중근을 가져야 하므로 판별식을 D라 하면
$D=0$이어야 한다.

즉, $D=(-3a)^2-4\times 1\times(2a^2+4)=0$에서 ㅤㅤ이차방정식 $ax^2+bx+c=0$의 판별식을 D라 할 때 이차방정식 이 서로 다른 두 실근을 가지면 $D>0$, 한 실근(중근)을 가지면 $D=0$, 실근을 갖지 않으면 $D<0$이야.

$9a^2-8a^2-16=0$, $a^2=16$

$\therefore a=4$ 또는 $a=-4$

2nd a의 값에 따른 $P(1)$의 값을 구해.

$\{P(x)+2\}^2=(x-a)(x-2a)+4=x^2-3ax+2a^2+4$에

(i) $a=4$를 대입하면 ㅤㅤ 두 다항식 $f(x), g(x)$에 대하여 $\{f(x)\}^2=\{g(x)\}^2$이면 $f(x)=\pm g(x)$야.

$\underline{\{P(x)+2\}^2=x^2-12x+36=(x-6)^2}$에서

$P(x)+2=\pm(x-6)$, $P(x)=\pm(x-6)-2$

$\therefore P(x)=x-8$ 또는 $P(x)=-x+4$

따라서 $P(1)=1-8=-7$ 또는 $P(1)=-1+4=3$이다.

(ii) $a=-4$를 대입하면

$\{P(x)+2\}^2=x^2+12x+36=(x+6)^2$에서

$P(x)+2=\pm(x+6)$, $P(x)=\pm(x+6)-2$

$\therefore P(x)=x+4$ 또는 $P(x)=-x-8$

따라서 $P(1)=1+4=5$ 또는 $P(1)=-1-8=-9$이다.

(i), (ii)에 의하여 모든 $P(1)$의 값의 합은
$(-7)+3+5+(-9)=-8$이다.

다른 풀이: $P(x)=px+q$라 하고 조건을 만족시키는 모든 $P(1)$의 값 구하기

위의 풀이에 의하여 $P(x)$는 일차식이므로
$P(x)=px+q$ (p, q는 상수, $p\neq0$)라 하고 주어진 식에 대입하면
$(px+q+2)^2=(x-a)(x-2a)+4$에서
$p^2x^2+2p(q+2)x+(q+2)^2=x^2-3ax+2a^2+4$
$\therefore p^2x^2+(2pq+4p)x+q^2+4q+4=x^2-3ax+2a^2+4$
위의 등식은 x에 대한 항등식이므로 양변의 계수를 비교하면
$p^2=1$, $2pq+4p=-3a$, $q^2+4q+4=2a^2+4$
즉, $p^2=1$에서 $p=1$ 또는 $p=-1$이므로

(i) $p=1$일 때, $2pq+4p=-3a$에서 $2q+4=-3a$

$\therefore a=-\dfrac{2}{3}q-\dfrac{4}{3}$

이것을 $q^2+4q+4=2a^2+4$, 즉 $q^2+4q=2a^2$에 대입하면
$q^2+4q=2\left(-\dfrac{2}{3}q-\dfrac{4}{3}\right)^2$, $q^2+4q=\dfrac{8}{9}q^2+\dfrac{32}{9}q+\dfrac{32}{9}$
$9q^2+36q=8q^2+32q+32$, $q^2+4q-32=0$
$(q+8)(q-4)=0$ $\therefore q=-8$ 또는 $q=4$
따라서 $P(x)=x-8$ 또는 $P(x)=x+4$이므로
$P(1)=1-8=-7$ 또는 $P(1)=1+4=5$야.

(ii) $p=-1$일 때, $2pq+4p=-3a$에서 $-2q-4=-3a$

$\therefore a=\dfrac{2}{3}q+\dfrac{4}{3}$

이것을 $q^2+4q+4=2a^2+4$, 즉 $q^2+4q=2a^2$에 대입하면
$q^2+4q=2\left(\dfrac{2}{3}q+\dfrac{4}{3}\right)^2$, $q^2+4q=\dfrac{8}{9}q^2+\dfrac{32}{9}q+\dfrac{32}{9}$
이 경우도 (i)과 같으므로 $q=-8$ 또는 $q=4$야.
따라서 $P(x)=-x-8$ 또는 $P(x)=-x+4$이므로
$P(1)=-1-8=-9$ 또는 $P(1)=-1+4=3$이야.

(i), (ii)에 의하여 조건을 만족시키는 모든 $P(1)$의 값의 합은
$(-7)+5+(-9)+3=-8$이야.

E 71 정답 ② 이차방정식의 판별식과 삼각형

(**정답 공식**: 이차방정식이 서로 다른 두 실근을 가질 조건은 판별식 $D>0$이다.)

단서 1 이차방정식이 서로 다른 두 실근을 가지는 조건은 (판별식)>0이야.
x에 대한 이차방정식 $(a+b)x^2+2cx+a-b=0$이 서로 다른 두 실근을 가질 때, 실수 a, b, c를 세 변의 길이로 하는 삼각형은 어떤 삼각형인가? (단, $a\geq b\geq c$)

단서 2 변의 길이의 관계를 통해 알 수 있는 삼각형에는 이등변삼각형, 정삼각형, 예각삼각형, 직각삼각형, 둔각삼각형이 있어.

① 정삼각형
② 예각삼각형
③ 둔각삼각형
④ 이등변삼각형
⑤ 직각삼각형

1st 이차방정식이 서로 다른 두 실근을 가질 조건을 이용하자.
이차방정식 $(a+b)x^2+2cx+a-b=0$이 서로 다른 두 실근을 가지므로 판별식을 D라 하면
$\dfrac{D}{4}=c^2-(a+b)(a-b)>0$
$c^2-(a^2-b^2)>0$
$c^2-a^2+b^2>0$
$\therefore a^2<b^2+c^2 \cdots$ ㉠

E 72 정답 ③ 이차방정식의 판별식과 삼각형

(**정답 공식**: 식을 전개해 x에 대해 내림차순으로 정리한 후, 판별식 $D=0$을 이용한다.)

단서 이차방정식이 중근을 가지면 판별식 $D=0$이야.
x에 대한 이차방정식 $a(1+x^2)+2bx+c(1-x^2)=0$이 중근을 가질 때, 실수 a, b, c를 세 변의 길이로 하는 삼각형은 어떤 삼각형인가?

① 정삼각형
② $b=c$인 이등변삼각형
③ a를 빗변의 길이로 하는 직각삼각형
④ b를 빗변의 길이로 하는 직각이등변삼각형
⑤ 가장 긴 변의 길이가 c인 둔각삼각형

1st 판별식을 이용하여 a, b, c의 관계식을 찾아서 삼각형의 모양을 판단하자.
$a(1+x^2)+2bx+c(1-x^2)=0$에서 $(a-c)x^2+2bx+a+c=0$이 중근을 가지므로
판별식 $D=0$이 성립해야 해.
$\dfrac{D}{4}=b^2-(a-c)(a+c)=0$
x의 계수가 짝수지?
$b^2-a^2+c^2=0$
$\therefore a^2=b^2+c^2$
따라서 a, b, c를 세 변의 길이로 하는 삼각형은 a를 빗변의 길이로 하는 직각삼각형이다.

E 73 정답 정삼각형 이차방정식의 판별식과 삼각형

(**정답 공식**: 식을 전개해 x에 대해 내림차순으로 정리한 후, 판별식 $D\leq0$을 이용한다.)

단서 주어진 이차방정식을 $px^2+qx+r=0$ 꼴로 정리한 후 중근 또는 허근을 가지기
x에 대한 이차방정식 위한 판별식의 조건을 이용하자.
$(x-a)(x-b)+(x-b)(x-c)+(x-c)(x-a)=0$이 중근 또는 허근을 가질 때, 실수 a, b, c를 세 변의 길이로 하는 삼각형은 어떤 삼각형인지 말하시오.

1st 주어진 이차방정식을 정리해.
$(x-a)(x-b)+(x-b)(x-c)+(x-c)(x-a)=0$을 정리하면
$x^2-(a+b)x+ab+x^2-(b+c)x+bc+x^2-(c+a)x+ca=0$
$3x^2-2(a+b+c)x+ab+bc+ca=0 \cdots$ ㉠
2nd 이차방정식이 중근 또는 허근을 갖기 위한 조건을 생각해.
이차방정식 ㉠이 중근 또는 허근을 가지므로 판별식을 D라 하면
이차방정식 $ax^2+bx+c=0$ (단, a, b, c는 실수)은
① $D=b^2-4ac>0$일 때, 서로 다른 두 실근
② $D=b^2-4ac=0$일 때, 중근
③ $D=b^2-4ac<0$일 때, 서로 다른 두 허근
$\dfrac{D}{4}=(a+b+c)^2-3(ab+bc+ca)\leq0$
$a^2+b^2+c^2+2(ab+bc+ca)-3(ab+bc+ca)\leq0$
$a^2+b^2+c^2-(ab+bc+ca)\leq0$

2nd a, b, c를 세 변의 길이로 하는 삼각형의 성질을 찾자.
따라서 문제의 조건에서 $a\geq b\geq c$이므로 a가 가장 긴 변의 길이이고, ㉠을 만족시키므로 주어진 삼각형은 예각삼각형이다.

삼각형의 세 변의 길이 a, b, c에 대하여 ① 삼각형의 결정조건: $a<b+c$
a가 가장 긴 변의 길이일 때, ② $a^2<b^2+c^2$ ➡ 예각삼각형
$a^2=b^2+c^2$ ➡ 직각삼각형
$a^2>b^2+c^2$ ➡ 둔각삼각형

$$\frac{1}{2}\{(a-b)^2+(b-c)^2+(c-a)^2\}\leq 0 \ \cdots \ \textcircled{\tiny L}$$

$$
\begin{aligned}
a^2+b^2+c^2-(ab+bc+ca)&=\frac{1}{2}\{2a^2+2b^2+2c^2-2(ab+bc+ca)\}\\
&=\frac{1}{2}\{(a^2-2ab+b^2)+(b^2-2bc+c^2)+(c^2-2ca+a^2)\}\\
&=\frac{1}{2}\{(a-b)^2+(b-c)^2+(c-a)^2\}
\end{aligned}
$$

그런데 a, b, c는 실수이고 (실수)$^2\geq0$이므로

부등식 $\textcircled{\tiny L}$을 만족시키려면

$a-b=0$, $b-c=0$, $c-a=0$

주의 · 아래의 변형은 삼각형의 변의 길이 사이의 관계식을 구할 때 자주 나오는 꼴이므로 외워두면 편리해.

$\therefore a=b=c$

따라서 a, b, c를 세 변의 길이로 하는 삼각형은 정삼각형이다.

→ a, b, c는 실수이므로 $(a-b)^2\geq0$, $(b-c)^2\geq0$, $(c-a)^2\geq0$이야.

즉, $\frac{1}{2}\{(a-b)^2+(b-c)^2+(c-a)^2\}\leq0$을 만족시키기 위해서는

$(a-b)^2=0$, $(b-c)^2=0$, $(c-a)^2=0$에서 $a-b=0$, $b-c=0$, $c-a=0$이어야 하지.

E 74 정답 ② ···················· 이차식이 완전제곱식이 되는 조건

(정답 공식: 완전제곱식 꼴로 표현되는 이차방정식의 판별식 $D=0$이다.)

단서 · 이차식 $f(x)$가 완전제곱식이면 이차방정식 $f(x)=0$은 중근을 가져.

x에 대한 이차식 $x^2-(k+3)x+k+2$가 완전제곱식이 될 때, 실수 k의 값은?

① -2　　② -1　　③ 0

④ 1　　⑤ 2

1st 이차식이 완전제곱식이 되는 조건을 이용해 식을 세우자.

주어진 이차식 $x^2-(k+3)x+k+2$가 완전제곱식이면 이차방정식

$x^2-(k+3)x+k+2=0$이 중근을 가지므로

이 이차방정식의 판별식을 D라 하면

$D=(k+3)^2-4(k+2)=0$

이차방정식 $ax^2+bx+c=0$이 중근을 가질 조건 $\Rightarrow b^2-4ac=0$

$k^2+6k+9-4k-8=0$

$k^2+2k+1=0$, $(k+1)^2=0$

$\therefore k=-1$

E 75 정답 ④ ···················· 이차식이 완전제곱식이 되는 조건

(정답 공식: 완전제곱식 꼴로 표현되는 이차방정식의 판별식 $D=0$이다.)

x에 대한 이차식 $x^2+(k-3)x+k^2-k+1$이 완전제곱식으로 인수분해가 되도록 하는 정수 k의 값은?

① -5　　② -3　　③ -1

④ 1　　⑤ 3

단서 · 이차식 ax^2+bx+c가 완전제곱식이면 이차방정식 $ax^2+bx+c=0$이 중근을 가짐을 이용해.

1st 완전제곱식으로 인수분해 되는 것은 중근을 갖는다는 거지?

이차식 $x^2+(k-3)x+k^2-k+1$이 완전제곱식으로 인수분해가 되면

이차방정식 $x^2+(k-3)x+k^2-k+1=0$은 중근을 갖는다.

즉, 이차방정식 $x^2+(k-3)x+k^2-k+1=0$의 판별식을 D라 하면

$D=(k-3)^2-4\cdot1\cdot(k^2-k+1)=0$에서

$k^2-6k+9-4k^2+4k-4=0$

$3k^2+2k-5=0$, $(3k+5)(k-1)=0$

$\therefore k=-\dfrac{5}{3}$ 또는 $k=1$

주어진 이차식에서 x^2항의 계수가 1이므로 주어진 이차식은 $(x+A)^2$ 꼴로 인수분해가 된다는 뜻이야.

따라서 정수 k의 값은 1이다.

E 76 정답 ⑤ ···················· 이차식이 완전제곱식이 되는 조건

(정답 공식: 완전제곱식 꼴로 표현되는 이차방정식의 판별식 $D=0$이다. 이 식이 k에 대한 항등식이 되도록 a, b의 값을 구한다.)

단서 1 · k에 대한 항등식이라는 거야.

x에 대한 이차식 $x^2-2(k-2a)x+k^2+3b-4$가 실수 k의 값에 관계없이 항상 완전제곱식이 될 때, 실수 a, b에 대하여 $a+3b$의 값은?

단서 2 · 이차식이 완전제곱식이면 (이차식)$=0$은 중근을 가지지? 판별식을 이용해.

① -4　　② -2　　③ 0

④ 2　　⑤ 4

1st 이차식이 완전제곱식이 될 때의 조건을 찾아.

주어진 이차식 $x^2-2(k-2a)x+k^2+3b-4$가 완전제곱식이면

이차방정식 $x^2-2(k-2a)x+k^2+3b-4=0$이 중근을 가지므로

판별식을 D라 하면

$$\frac{D}{4}=(k-2a)^2-(k^2+3b-4)=0$$

$k^2-4ak+4a^2-k^2-3b+4=0$

$-4ak+4a^2-3b+4=0$

2nd k에 대한 항등식임에 유의하여 a와 b의 값을 구하자.

이때, $-4ak+4a^2-3b+4=0$이 k의 값에 관계없이 항상 성립하므로

$-4a=0$, $4a^2-3b+4=0$

$ax+b=0$이 x에 대한 항등식이면 $a=0$, $b=0$

$ax^2+bx+c=0$이 x에 대한 항등식이면 $a=0$, $b=0$, $c=0$

$\therefore a=0$, $b=\dfrac{4}{3}$

$4a^2-3b+4=0$에서 $a=0$이므로 $-3b+4=0$ $\therefore b=\dfrac{4}{3}$

$\therefore a+3b=0+4=4$

🌸 **이차방정식의 근의 판별**　　　　개념·공식

이차방정식 $ax^2+bx+c=0$의 판별식을 $D=b^2-4ac$라 하면

① $D>0 \iff$ 서로 다른 두 실근

② $D=0 \iff$ 중근

③ $D<0 \iff$ 서로 다른 두 허근

E 77 정답 ③ ···················· 이차방정식의 근과 계수의 관계

(정답 공식: x에 대한 이차방정식 $ax^2+bx+c=0$의 두 근을 α, β라 하면 $\alpha+\beta=-\dfrac{b}{a}$, $\alpha\beta=\dfrac{c}{a}$)

이차방정식 $x^2-3x+5=0$의 두 근을 α, β라 할 때, $\alpha^2\beta+\alpha\beta^2-\alpha\beta$의 값은?

단서 · 공통인수인 $\alpha\beta$로 묶어서 식을 정리해 봐.

① 5　　② $\dfrac{15}{2}$　　③ 10

④ $\dfrac{25}{2}$　　⑤ 15

1st $\alpha+\beta$, $\alpha\beta$의 값을 각각 구하여 답을 구하자.

이차방정식 $x^2-3x+5=0$에서

이차방정식의 근과 계수의 관계에 의하여

x에 대한 이차방정식 $ax^2+bx+c=0$의 두 근을 α, β라 하면 $\alpha+\beta=-\dfrac{b}{a}$, $\alpha\beta=\dfrac{c}{a}$

$\alpha+\beta=3$, $\alpha\beta=5$

$\therefore \alpha^2\beta+\alpha\beta^2-\alpha\beta=\alpha\beta(\alpha+\beta-1)=5\times(3-1)=10$

α, β의 값을 몰라도 $\alpha+\beta$, $\alpha\beta$의 값만 알면 식의 값을 구할 수 있어.

1st 계수가 실수인 이차방정식의 허수인 해는 켤레근임을 이용해. 두 근의 합과 곱으로부터 이차식을 만들 수 있지?

$x^2+ax+b=0$의 계수가 모두 실수이고 한 근이 $3-i$이므로 다른 근은 $3+i$이다.

> 근의 공식 $\dfrac{-b\pm\sqrt{b^2-4ac}}{2a}$ 에서 계수가 실수이므로 두 근은 $\sqrt{\ }$ 앞의 부호만 다르기 때문에 켤레근이 생겨.

즉, 근과 계수의 관계에 의하여
$-a=(3-i)+(3+i)=6$
$\therefore a=-6$
$b=(3-i)(3+i)=3^2-i^2=9-(-1)=10$
$\therefore a+b=4$

E 124 정답 ① ·························· 이차방정식의 켤레근

> **정답 공식:** 실수 계수를 갖는 이차방정식이 서로 다른 두 허근을 가질 때, 두 근은 서로 켤레복소수 관계이다.

x에 대한 이차방정식 $x^2+ax+b=0$의 한 근이 $1+i$일 때, 두 실수 a, b의 곱 ab의 값은? (단, $i=\sqrt{-1}$)

> **단서** 계수가 실수 이차방정식에서 허수인 근을 가질 경우 켤레근을 이용하여 다른 한 근을 바로 구할 수 있어.

① -4 ② -2 ③ 0 ④ 2 ⑤ 4

1st 이차방정식의 켤레근과 근과 계수의 관계를 이용하여 a, b의 값을 구하자.

이차방정식 $x^2+ax+b=0$의 계수가 모두 실수이고 한 근이 $1+i$이므로 다른 한 근은 $1-i$이다.

실수 $a(a\neq0)$, b, c에 대하여 이차방정식 $ax^2+bx+c=0$의 한 근이 $p+qi$이면 다른 한 근은 $p-qi$이다. (단, p, q는 실수, $q\neq0$)

즉, 이차방정식 $x^2+ax+b=0$의 근과 계수의 관계에 의하여
$-a=(1+i)+(1-i)=2$ $\therefore a=-2$
$b=(1+i)(1-i)=1-i^2=2$
$\therefore ab=(-2)\times2$ $\because i^2=-1$
$\quad\quad=-4$

E 125 정답 ① ·························· 이차방정식의 켤레근

> **정답 공식:** 계수가 실수인 이차방정식의 한 근이 실수가 아닌 복소수 z이면 다른 한 근은 $\bar{z}$이다.

> **단서** 계수가 실수인 이차방정식이 두 허근을 가지면 그 두 허근은 서로 켤레복소수 관계에 있어.

계수가 실수인 이차방정식의 한 근이 $2-3i$이고 다른 한 근을 α라 하자. 두 실수 a, b에 대하여 $\dfrac{1}{\alpha}=a+bi$일 때, $a+b$의 값은? (단, $i=\sqrt{-1}$)

① $-\dfrac{1}{13}$ ② $-\dfrac{2}{13}$ ③ $-\dfrac{3}{13}$

④ $-\dfrac{4}{13}$ ⑤ $-\dfrac{5}{13}$

1st 이차방정식의 다른 한 근 α를 구해.

계수가 실수인 이차방정식의 한 근이 $2-3i$이면 다른 한 근은 $\alpha=2+3i$이다.

2nd $\dfrac{1}{\alpha}$을 구해.

$\dfrac{1}{\alpha}=\dfrac{1}{2+3i}=\dfrac{2-3i}{(2+3i)(2-3i)}=\dfrac{2-3i}{4-9i^2}=\dfrac{2}{13}-\dfrac{3}{13}i$

따라서 $a=\dfrac{2}{13}$, $b=-\dfrac{3}{13}$이므로

> 분모, 분자에 각각 $2-3i$를 곱하여 분모를 실수화하는 과정이야.

$a+b=\dfrac{2}{13}+\left(-\dfrac{3}{13}\right)=-\dfrac{1}{13}$

E 126 정답 ③ ·························· 이차방정식의 켤레근

> **정답 공식:** 실수 a, b, c에 대하여 이차방정식 $ax^2+bx+c=0$의 한 근이 $p+qi$이면 다른 한 근은 $p-qi$이다. (단, p, q는 실수, $q\neq0$)

두 실수 a, b에 대하여 이차방정식 $x^2+ax+b=0$의 한 근이 $\dfrac{b}{2}+i$일 때, ab의 값은? (단, $i=\sqrt{-1}$)

> **단서** 계수가 실수인 이차방정식에서 복소수 근을 가질 경우 켤레근을 이용해 다른 한 근을 구할 수 있어.

① -16 ② -8 ③ -4
④ -2 ⑤ -1

1st 켤레근과 근과 계수의 관계를 이용하여 a, b 사이의 관계식을 구해.

이차방정식 $x^2+ax+b=0$에서 a, b가 실수이고 한 근이 $\dfrac{b}{2}+i$이므로

켤레근의 성질에 의해 다른 한 근은 $\dfrac{b}{2}-i$이다.

즉, 이차방정식 $x^2+ax+b=0$의 두 근이 $\dfrac{b}{2}+i$, $\dfrac{b}{2}-i$이므로

근과 계수의 관계에 의해

> 이차방정식 $ax^2+bx+c=0$의 두 근이 α, β일 때, $\alpha+\beta=-\dfrac{b}{a}$, $\alpha\beta=\dfrac{c}{a}$

$-a=\left(\dfrac{b}{2}+i\right)+\left(\dfrac{b}{2}-i\right)$ $\therefore b=-a$ ··· ㉠

$b=\left(\dfrac{b}{2}+i\right)\left(\dfrac{b}{2}-i\right)$ $\therefore b=\dfrac{b^2}{4}+1$ ··· ㉡

$\left(\dfrac{b}{2}+i\right)\left(\dfrac{b}{2}-i\right)=\left(\dfrac{b}{2}\right)^2-i^2=\dfrac{b^2}{4}+1$

2nd a, b의 값을 구해.

㉡에서 $4b=b^2+4$이므로
$b^2-4b+4=0$, $(b-2)^2=0$ $\therefore b=2$
$b=2$를 ㉠에 대입하면 $a=-2$
$\therefore ab=(-2)\times2=-4$

다른 풀이: 주어진 근을 이차방정식에 대입하여 a, b의 값 각각 구하기

이차방정식 $x^2+ax+b=0$의 한 근이 $x=\dfrac{b}{2}+i$이므로

이를 대입하여 정리하면

$\left(\dfrac{b}{2}+i\right)^2+a\left(\dfrac{b}{2}+i\right)+b=0$

$\dfrac{b^2}{4}+bi-1+\dfrac{ab}{2}+ai+b=0$

$\dfrac{b^2}{4}+\dfrac{ab}{2}+b-1+(a+b)i=0$

그런데 a, b가 실수이므로

> 실수 A, B에 대하여 $A+Bi=0$이면 $A=0$, $B=0$

$a+b=0$, $\dfrac{b^2}{4}+\dfrac{ab}{2}+b-1=0$이어야 해.

즉, $a=-b$이고, 이를 $\dfrac{b^2}{4}+\dfrac{ab}{2}+b-1=0$에 대입하면

$\dfrac{b^2}{4}-\dfrac{b^2}{2}+b-1=0$, $-\dfrac{b^2}{4}+b-1=0$, $b^2-4b+4=0$
$(b-2)^2=0$ $\therefore b=2$
따라서 $b=2$이고, $a=-b=-2$이므로
$ab=(-2)\times2=-4$

정답 공식: 계수가 실수인 이차방정식의 한 근이 복소수 z이면 다른 한 근은 $\bar{z}$이다.

> **단서 1** 주어진 이차방정식에 $x=2-i$를 대입하면 성립해.
>
> x에 대한 이차방정식 $2x^2+ax+b=0$의 한 근이 $2-i$일 때, $b-a$의 값은? (단, a, b는 실수이고, $i=\sqrt{-1}$이다.)
>
> **단서 2** a, b가 실수라는 조건에 의해 이차방정식의 다른 한 근은 $2-i$의 켤레복소수야.
>
> ① 12 ② 14 ③ 16
> ④ 18 ⑤ 20

1st 주어진 이차방정식에 주어진 근을 대입해.

이차방정식 $2x^2+ax+b=0$의 한 근이 $2-i$이므로
$x=2-i$를 대입하면
$2(2-i)^2+a(2-i)+b=0$
$2(4-4i-1)+2a-ai+b=0$
$(2a+b+6)-(8+a)i=0$ → 실수는 실수끼리, 허수는 허수끼리 모아.

2nd 복소수의 상등 조건을 이용하여 a, b의 값을 구해.

$(2a+b+6)-(8+a)i=0$에서 복소수의 상등에 의해
$2a+b+6=0$이고 $8+a=0$이다.
$8+a=0$에서 $a=-8$이고
이것을 $2a+b+6=0$에 대입하면 $b=10$
$\therefore b-a=10-(-8)=18$

[복소수의 상등]
a,b,c,d가 실수일 때,
(1) $a+bi=0 \iff a=0, b=0$
(2) $a+bi=c+di \iff a=c, b=d$

🔷 **다른 풀이 ❶** : $2-i$의 켤레복소수가 이차방정식의 다른 한 근임을 이용하기

이차방정식 $2x^2+ax+b=0$의 계수가 모두 실수이고 한 근이 $2-i$이므로 다른 한 근은 $2+i$야.
이차방정식의 근과 계수의 관계에 의하여

계수가 모두 실수인 이차방정식의 근의 공식에서 두 근은 $\sqrt{}$ 앞의 부호만 다르기 때문에 켤레근이 생겨.

이차방정식 $ax^2+bx+c=0$의 두 근 α, β에 대하여
① $\alpha+\beta=-\dfrac{b}{a}$ ② $\alpha\beta=\dfrac{c}{a}$

$(2-i)+(2+i)=-\dfrac{a}{2}$에서 $4=-\dfrac{a}{2}$ $\therefore a=-8$

$(2-i)(2+i)=\dfrac{b}{2}$에서 $4+1=\dfrac{b}{2}$ $\therefore b=10$

(이하 동일)

🔷 **다른 풀이 ❷** : 주어진 한 근을 변형하여 이차방정식 만들기

주어진 이차방정식의 한 근이 $x=2-i$이므로
$x-2=-i$
양변을 제곱하면 $(x-2)^2=(-i)^2$ → $(a-b)^2=a^2-2ab+b^2, i^2=-1$
$x^2-4x+4=-1$
$x^2-4x+5=0 \cdots \bigcirc$
이때, 주어진 이차방정식의 이차항의 계수가 2이므로
$\bigcirc$의 양변에 2를 곱하면 → 주어진 이차방정식의 최고차항의 계수를 같게 하기 위해 양변에 2를 곱해.
$2x^2-8x+10=0$
이제 주어진 이차방정식과 동류항의 계수를 비교하면
$a=-8$, $b=10$
(이하 동일)

⚙ **한 근이 주어진 이차방정식**   개념·공식

이차방정식의 한 근이 주어지면
(1) 주어진 근을 이차방정식에 대입하여 미지수의 값 또는 다른 한 근을 구한다.
(2) 주어진 근을 이차방정식에 대입한 후
  ① 곱셈 공식의 변형을 이용하여 필요한 식의 모양을 만든다.
  ② 식을 변형하여 구해야 하는 식의 차수를 낮춘다.

정답 공식: 실수 계수를 갖는 이차방정식이 서로 다른 두 허근을 가질 때, 두 근은 서로 켤레복소수 관계이다.

> **단서 1** 이차방정식의 계수가 모두 실수이므로 다른 한 근은 $\dfrac{1}{3-i}$의 켤레근이야.
>
> a, b가 실수일 때, 이차방정식 $x^2+ax+b=0$의 한 근이 $\dfrac{1}{3-i}$이다.
>
> $\dfrac{1}{a}$, $\dfrac{1}{b}$을 두 근으로 하는 이차방정식을 $3x^2+mx+n=0$이라고 할 때, 상수 m, n에 대하여 $\dfrac{n}{m}$의 값을 구하시오. (단, $i=\sqrt{-1}$)
>
> **단서 2** 이차항의 계수가 3이어야 하므로 $3\left(x-\dfrac{1}{a}\right)\left(x-\dfrac{1}{b}\right)=0$을 구하면 돼.

1st 실수 계수의 이차방정식은 허수인 해가 켤레근으로 나오는 것을 이용하여 a, b의 값을 구할 수 있지?

$$\dfrac{1}{3-i}=\dfrac{3+i}{(3-i)(3+i)}=\dfrac{3+i}{10}$$

a, b가 실수이므로 이차방정식 $x^2+ax+b=0$의 한 근이 $\dfrac{3+i}{10}$이면

다른 한 근은 $\dfrac{3-i}{10}$이다.

a, b가 실수라는 조건에 의해 다른 한 근은 켤레근이 되는 거야.

2nd $\dfrac{1}{a}$, $\dfrac{1}{b}$의 합과 곱을 구하여 이차방정식을 만들어보자.

즉, 근과 계수의 관계에 의하여
$$-a=\dfrac{3+i}{10}+\dfrac{3-i}{10}=\dfrac{3}{5}$$
$$\therefore a=-\dfrac{3}{5}$$
$$b=\dfrac{3+i}{10}\times\dfrac{3-i}{10}=\dfrac{10}{100}=\dfrac{1}{10}$$
$$\dfrac{1}{a}+\dfrac{1}{b}=-\dfrac{5}{3}+10=\dfrac{25}{3}$$
$$\dfrac{1}{a}\times\dfrac{1}{b}=\left(-\dfrac{5}{3}\right)\times 10=-\dfrac{50}{3}$$

> ⚠ **주의**
> 켤레근이 존재할 수 있는 조건에 유의하여 문제를 푸는 데 필요한 정보를 얻도록 하자.

따라서 $\dfrac{1}{a}$, $\dfrac{1}{b}$을 두 근으로 하고 이차항의 계수가 3인 이차방정식은
$3\left(x^2-\dfrac{25}{3}x-\dfrac{50}{3}\right)=0$, 즉 $3x^2-25x-50=0$이므로
$m=-25$, $n=-50$
$$\therefore \dfrac{n}{m}=\dfrac{-50}{-25}=2$$

정답 공식: 이차방정식 $ax^2+bx+c=0$에서 a, b, c가 실수일 때, $p+qi$가 근이면 $p-qi$도 근이다. (단, p, q는 실수, $q\neq 0$, $i=\sqrt{-1}$)

> x에 대한 이차방정식 $x^2-px+p+19=0$이 서로 다른 두 허근을 갖는다. 한 허근의 허수부분이 2일 때, 양의 실수 p의 값을 구하시오.
>
> **단서** 이차방정식의 모든 계수가 실수이므로 두 허근은 서로 켤레복소수여야 해. 그러니 다른 한 근의 허수부분은 -2가 돼.

1st 이차방정식의 두 근을 설정하자.

p가 실수이므로 이차방정식 $x^2-px+p+19=0$의 두 허근은 서로 켤레복소수여야 한다.

이차방정식의 모든 계수가 실수이면 이차방정식의 근과 계수의 관계에 의하여 두 근의 합과 곱이 모두 실수이므로 이를 만족시키는 두 허근은 서로 켤레복소수야.

한 허근의 허수부분이 2이므로 허근의 실수부분을 a라 하면 두 허근은 $a+2i$, $a-2i$이다.

2nd 이차방정식의 근과 계수의 관계를 통해 p의 값을 구하자.

이차방정식의 근과 계수의 관계에 의하여

$(a+2i)+(a-2i)=p$ … ㉠

$(a+2i)(a-2i)=p+19$ … ㉡

㉠에서 $a=\dfrac{p}{2}$이고 이를 ㉡에 대입하면

$\underbrace{\left(\dfrac{p}{2}+2i\right)\left(\dfrac{p}{2}-2i\right)}_{(a+b)(a-b)=a^2-b^2}=p+19$

$\dfrac{p^2}{4}+4=p+19$

$p^2-4p-60=0$

$(p-10)(p+6)=0$

따라서 양의 실수 p의 값은 10이다.

🔷 **다른 풀이: 이차방정식의 완전제곱식을 이용하여 p의 값 구하기**

이차방정식 $x^2-px+p+19=0$에서

$\left(x-\dfrac{p}{2}\right)^2=\dfrac{p^2}{4}-p-19$

따라서 $x=\dfrac{p}{2}\pm\sqrt{\dfrac{p^2}{4}-p-19}$야.

한편, 한 허근의 허수부분이 2이므로

$\pm\sqrt{\dfrac{p^2}{4}-p-19}=\pm2i$

양변을 제곱하면 $\dfrac{p^2}{4}-p-19=-4$에서

$p^2-4p-60=0$

(이하 동일)

📋 **서술형 스토리**

E 130 정답 -14 ················ 이차방정식의 근과 계수의 관계

> **정답 공식:** α, β가 이차방정식의 근이므로 $x=\alpha$, $x=\beta$를 대입해도 식이 성립함을 이용하여 식을 정리하고, 근과 계수의 관계를 이용한다.

> **단서** α, β가 근이므로 대입해도 등식이 성립해.
> 이차방정식 $x^2-8x+10=0$의 두 근을 α, β라 할 때,
> $\dfrac{\beta}{\alpha^2-7\alpha+8}+\dfrac{\alpha}{\beta^2-7\beta+8}$의 값을 구하는 과정을 서술하시오.

1st 근과 계수의 관계를 이용하여 $\alpha+\beta$, $\alpha\beta$의 값을 구해보자.

$x^2-8x+10=0$의 두 근이 α, β이므로 근과 계수의 관계에 의하여

$\alpha+\beta=8$, $\alpha\beta=10$ … ❶

2nd 주어진 식의 분모를 일차식 모양으로 간단하게 바꿔보자.

한편, α, β가 주어진 이차방정식의 두 근이므로 대입하면

$\alpha^2-8\alpha+10=0$, $\beta^2-8\beta+10=0$

$\therefore \alpha^2-7\alpha+8=\alpha-2$, $\beta^2-7\beta+8=\beta-2$ … ❷

구하는 식의 분모가 복잡한 이차식이므로 일차식으로 바꿀 수 있게 고치자.

3rd $\alpha+\beta$, $\alpha\beta$의 값을 이용하여 주어진 식의 값을 계산하자.

$\therefore \dfrac{\beta}{\alpha^2-7\alpha+8}+\dfrac{\alpha}{\beta^2-7\beta+8}$

$=\dfrac{\beta}{\alpha-2}+\dfrac{\alpha}{\beta-2}=\dfrac{\beta(\beta-2)+\alpha(\alpha-2)}{(\alpha-2)(\beta-2)}$

$=\dfrac{\alpha^2+\beta^2-2(\alpha+\beta)}{\alpha\beta-2(\alpha+\beta)+4}=\underbrace{\dfrac{(\alpha+\beta)^2-2\alpha\beta-2(\alpha+\beta)}{\alpha\beta-2(\alpha+\beta)+4}}_{a^2+b^2=(a+b)^2-2ab}$

$=\dfrac{8^2-2\cdot10-2\cdot8}{10-2\cdot8+4}=\dfrac{28}{-2}=-14$ … ❸

[채점 기준표]

❶ 근과 계수의 관계를 이용해 $\alpha+\beta$, $\alpha\beta$의 값을 구한다.	30%
❷ $\alpha^2-7\alpha+8$, $\beta^2-7\beta+8$을 간단한 식으로 정리한다.	30%
❸ 주어진 식의 값을 구한다.	40%

E 131 정답 $x^2-18x+6=0$ … 이차방정식의 근과 계수의 관계

> **정답 공식:** 근과 계수의 관계를 이용한다.

> **단서** x^2의 계수가 1인 이차방정식의 두 근이 α, β일 때, 이 이차방정식은 $(x-\alpha)(x-\beta)=0$이지.
> 이차방정식 $x^2-4x+1=0$의 두 근을 α, β라 할 때,
> $\alpha^2+\dfrac{1}{\beta}$, $\beta^2+\dfrac{1}{\alpha}$ 을 두 근으로 하고 x^2의 계수가 1인 이차방정식을 구하는 과정을 서술하시오.

1st 근과 계수의 관계로부터 $\alpha+\beta$, $\alpha\beta$의 값을 구하자.

$x^2-4x+1=0$의 두 근이 α, β이므로

근과 계수의 관계에서

$\alpha+\beta=4$, $\alpha\beta=1$ … ❶

2nd $\alpha^2+\dfrac{1}{\beta}$, $\beta^2+\dfrac{1}{\alpha}$의 합과 곱을 구하자.

$\left(\alpha^2+\dfrac{1}{\beta}\right)+\left(\beta^2+\dfrac{1}{\alpha}\right)=\alpha^2+\beta^2+\dfrac{1}{\alpha}+\dfrac{1}{\beta}$

$=\underline{(\alpha+\beta)^2-2\alpha\beta}+\dfrac{\alpha+\beta}{\alpha\beta}$ → 곱셈 공식의 변형 $a^2+b^2=(a+b)^2-2ab$를 이용한 거야.

$=16-2+4$

$=18$

$\left(\alpha^2+\dfrac{1}{\beta}\right)\left(\beta^2+\dfrac{1}{\alpha}\right)=(\alpha\beta)^2+\alpha+\beta+\dfrac{1}{\alpha\beta}$

$=1+4+1$

$=6$ … ❷

3rd 근과 계수의 관계를 이용하여 이차방정식을 구하자.

따라서 구하는 이차방정식은 $x^2-18x+6=0$ … ❸
                           두 근의 합   두 근의 곱

📍 **함정** $\alpha+\beta$, $\alpha\beta$의 값을 이용해 α, β에 대한 식으로 주어진 두 근의 합과 곱을 수로 나타내는 것이 핵심이야.

[채점 기준표]

❶ 근과 계수의 관계를 이용하여 $\alpha+\beta$, $\alpha\beta$의 값을 구한다.	20%
❷ $\left(\alpha^2+\dfrac{1}{\beta}\right)+\left(\beta^2+\dfrac{1}{\alpha}\right)$과 $\left(\alpha^2+\dfrac{1}{\beta}\right)\left(\beta^2+\dfrac{1}{\alpha}\right)$의 값을 구한다.	50%
❸ 이차방정식을 구한다.	30%

🌸 이차방정식의 근과 계수의 관계   개념·공식

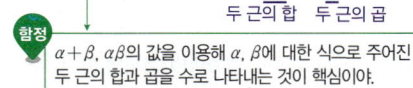

① 두 근의 합 : $-\dfrac{(x\text{의 계수})}{(x^2\text{의 계수})}$

② 두 근의 곱 : $\dfrac{(\text{상수항})}{(x^2\text{의 계수})}$

E 132 정답 서로 다른 두 실근 ·········· 이차방정식의 근의 판별

(**정답 공식**: 이차방정식이 중근을 가질 조건은 판별식 $D=0$이다.)

실수 a, b에 대하여 이차방정식 $x^2-4ax+2b^2+6=0$이 중근을 가질 때, 이차방정식 $x^2+2bx-2a-5=0$의 근을 판별하는 과정을 서술하시오.

단서 이차방정식의 판별식 $D=0$이어야 해.

1st $x^2-4ax+2b^2+6=0$의 판별식으로 a, b의 관계식을 찾자.

이차방정식 $x^2-4ax+2b^2+6=0$의 판별식을 D_1이라고 하면

$$\frac{D_1}{4}=(-2a)^2-(2b^2+6)=0 \qquad \therefore b^2=2a^2-3 \cdots ❶$$

x의 계수가 짝수니까 $\frac{D_1}{4}$을 구한 거야.

2nd $x^2+2bx-2a-5=0$의 판별식을 구하자.

이차방정식 $x^2+2bx-2a-5=0$의 판별식을 D_2라고 하면

$$\frac{D_2}{4}=b^2-(-2a-5)$$

판별식 D_2가 양수이면 서로 다른 두 실근, 음수이면 서로 다른 두 허근, 0이면 중근을 가져.

$$=2a^2-3+2a+5$$

$$=2a^2+2a+2=2\left(a+\frac{1}{2}\right)^2+\frac{3}{2}$$

$2a^2+2a+2=2\left(a^2+a+\frac{1}{4}\right)-2\times\frac{1}{4}+2$
$=2\left(a+\frac{1}{2}\right)^2+\frac{3}{2}$

3rd a, b의 관계식으로부터 $x^2+2bx-2a-5=0$의 근을 판별하자.

이때, 임의의 실수 a에 대하여 $2\left(a+\frac{1}{2}\right)^2+\frac{3}{2}>0$이므로

$$\frac{D_2}{4}>0 \cdots ❷$$

따라서 이차방정식 $x^2+2bx-2a-5=0$은 서로 다른 두 실근을 갖는다. $\cdots ❸$

[채점 기준표]

❶ 이차방정식 $x^2-4ax+2b^2+6=0$이 중근을 가질 조건을 이용하여 a, b의 관계식을 구한다.	30%	
❷ 이차방정식 $x^2+2bx-2a-5=0$의 판별식의 부호를 조사한다.	50%	
❸ 이차방정식 $x^2+2bx-2a-5=0$의 근을 판별한다.	20%	

E 133 정답 6 ················· 이차방정식의 근과 계수의 관계

(**정답 공식**: $\triangle ABC$의 각의 이등분선에 의해 $\overline{AB}:\overline{AC}=3:2$이므로 $\overline{AB}=3k$, $\overline{AC}=2k$로 두고, 근과 계수의 관계를 이용한다.)

단서 각의 이등분선의 성질을 이용하라는 거야.

삼각형 ABC에서 $\angle A$의 이등분선이 변 BC와 만나는 점을 D라고 할 때, $\overline{BD}=3$, $\overline{CD}=2$이다. 이때, $\overline{AB}$, $\overline{AC}$의 길이를 두 근으로 하는 이차방정식을 $x^2-(3a-8)x+4a=0$이라고 할 때, 실수 a의 값을 구하는 과정을 서술하시오.

1st 삼각형에서 각의 이등분선의 성질을 이용하여 $\overline{AB}$, $\overline{AC}$의 비를 구하자.

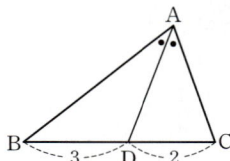

각의 이등분선의 성질에 의해
$$\overline{AB}:\overline{AC}=\overline{BD}:\overline{CD}=3:2 \cdots ❶$$

2nd $\overline{AB}$, $\overline{AC}$의 비로부터 두 근을 k의 배수로 놓고 근과 계수의 관계를 이용하여 a와 k의 관계식을 찾자.

즉, $\overline{AB}$, $\overline{AC}$의 길이를 두 근으로 하는 이차방정식

$x^2-(3a-8)x+4a=0$의 두 근의 비가 3 : 2이므로 두 근을 $3k$, $2k$ $(k>0)$라고 하자. $\cdots ❷$

근과 계수의 관계에 의하여

$$3k+2k=3a-8$$
$$\therefore a=\frac{5k+8}{3} \cdots ㉠$$
$$3k\cdot 2k=4a$$
$$\therefore a=\frac{3}{2}k^2 \cdots ㉡ \cdots ❸$$

[특수한 조건의 이차방정식의 풀이]
이차방정식 $ax^2+bx+c=0$에 대하여
(1) 두 근의 비가 $m:n$이면 두 근을 ma, na로 놓고 푼다.
(2) 두 근의 차가 k이면 두 근을 α, $\alpha+k$로 놓고 푼다.

주의 k의 값이 길이를 나타내므로 항상 0보다 크겠지?

3rd a의 값을 찾자.

㉠, ㉡에서

$$\frac{5k+8}{3}=\frac{3}{2}k^2$$
$$9k^2-10k-16=0$$
$$(9k+8)(k-2)=0$$
$$\therefore k=2\ (\because k>0)$$
$$\therefore a=\frac{3}{2}k^2=\frac{3}{2}\times 2^2=6 \cdots ❹$$

[채점 기준표]

❶ $\overline{AB}$와 $\overline{AC}$의 길이의 비를 구한다.	30%
❷ 주어진 이차방정식의 두 근을 $3k$, $2k$로 놓는다.	20%
❸ 근과 계수의 관계를 이용하여 a, k에 대한 식을 세운다.	30%
❹ k의 값을 구한 후 a의 값을 구한다.	20%

✿ 이차방정식의 근과 계수의 관계
개념·공식

① 두 근의 합 : $-\dfrac{(x\text{의 계수})}{(x^2\text{의 계수})}$

② 두 근의 곱 : $\dfrac{(\text{상수항})}{(x^2\text{의 계수})}$

E 134 정답 -1 ··· 이차식이 두 일차식의 곱으로 인수분해될 조건

(**정답 공식**: 식을 x에 대해 내림차순으로 정리한 후, 근의 공식에서 근호 안의 식이 완전제곱식이 되어야 함을 이용한다.)

단서 (이차식)$=0$의 판별식이 완전제곱식이어야 해.

x, y에 대한 이차식 $x^2+3xy+2y^2+x-3ky-2$가 두 일차식의 곱으로 인수분해될 때, 실수 k의 값을 구하는 과정을 서술하시오. (단, $k\neq 0$)

1st 주어진 식을 x에 대하여 내림차순으로 정리하여 판별식을 구하자.

x, y에 대한 이차식 $x^2+3xy+2y^2+x-3ky-2$가 두 일차식의 곱으로 인수분해되려면 (이차식)$=0$의 판별식이 완전제곱식이어야 한다.

주어진 이차식을 x에 대하여 내림차순으로 정리하면

$$x^2+(3y+1)x+2y^2-3ky-2 \cdots ❶$$

판별식이 완전제곱이면 근의 공식에서 $\sqrt{\ }$ 를 없앨 수 있기 때문이야.

이때, x에 대한 이차방정식 $x^2+(3y+1)x+2y^2-3ky-2=0$의 판별식을 D_1이라고 하면

$$D_1=(3y+1)^2-4(2y^2-3ky-2)$$
$$=y^2+6(1+2k)y+9$$

가 완전제곱식이어야 한다. $\cdots ❷$

함정 '두 일차식의 곱으로 인수분해된다.'라는 뜻은 '두 근이 존재한다.'라는 뜻이므로 판별식을 이용하자.

2nd 주어진 식의 판별식이 완전제곱식이 되려면 y에 대한 식의 판별식이 0이어야 함을 이용하자.

y에 대한 이차방정식 $y^2+6(1+2k)y+9=0$의 판별식을 D_2라고 하면

$\dfrac{D_2}{4}=\{3(1+2k)\}^2-9=0 \cdots$ **Ⅲ**　y에 대한 이차방정식이 중근을 가지면 완전제곱식이 돼.

3rd k의 값을 구하자.

$4k^2+4k+1-1=0 \Rightarrow k(k+1)=0$

$\therefore k=-1 \ (\because k\neq 0) \cdots$ **Ⅳ**

[채점 기준표]

Ⅰ 주어진 이차식을 x에 대하여 내림차순으로 정리한다.	20%
Ⅱ x에 대한 이차방정식의 판별식이 완전제곱식이 되어야 함을 안다.	30%
Ⅲ **Ⅱ**에서 구한 y에 대한 이차방정식의 판별식이 0이 되어야 함을 안다.	30%
Ⅳ k의 값을 구한다.	20%

$(x+y)^2$ **1등급 고난도 스토리**

E 135 정답 ③ ·················· ★**2등급 대비** [정답률 35%]

정답 공식: $\alpha=2+\sqrt{3}$을 대입해 식을 $p+q\sqrt{3}=0$(p, q는 유리수)의 꼴로 정리한다. 이때, p, q가 유리수이므로 $p=q=0$이어야 한다.

세 유리수 a, b, c에 대하여 x에 대한 이차방정식 $ax^2+\sqrt{3}bx+c=0$의 한 근이 $\alpha=2+\sqrt{3}$이다. 다른 한 근을 β라 할 때, $\alpha+\dfrac{1}{\beta}$의 값은?

단서 a, b, c가 유리수이지만 일차항의 계수가 $\sqrt{3}b$로 무리수야. 따라서 한 근이 $2+\sqrt{3}$이라고 해서 다른 한 근을 $2-\sqrt{3}$이라고 하는 실수를 범하지 말자.

① -4　　　② $-2\sqrt{3}$　　　③ 0
④ $2\sqrt{3}$　　　⑤ 4

1st $\alpha=2+\sqrt{3}$을 이차방정식에 대입하자.

$\alpha=2+\sqrt{3}$은 이차방정식 $ax^2+\sqrt{3}bx+c=0$의 한 근이므로

$a(2+\sqrt{3})^2+\sqrt{3}b(2+\sqrt{3})+c=0$

$(7a+3b+c)+(4a+2b)\sqrt{3}=0$　$a(7+4\sqrt{3})+2\sqrt{3}b+3b+c=0$

a, b, c가 유리수이므로

$7a+3b+c=0,\ 4a+2b=0$　→ $4a+2b=0$에서 $b=-2a$이고 이것을 $7a+3b+c=0$에 대입하면 $7a-6a+c=0$ $\therefore c=-a$

$\therefore b=-2a,\ c=-a$

2nd b, c를 대입하여 이차방정식을 구하자.

주어진 방정식에 $b=-2a$, $c=-a$를 대입하면

$a(x^2-2\sqrt{3}x-1)=0$　주어진 방정식이 이차방정식이라 했으므로 x^2의 계수인 a가 0이 되면 안 돼.

$a\neq 0$이므로 양변을 a로 나누면

$x^2-2\sqrt{3}x-1=0$

주의 이차방정식에서 최고차항의 계수가 문자일 경우는 반드시 확인해야 할 조건이야!!

따라서 근의 공식에 의하여 x를 구하면

$x=\sqrt{3}\pm\sqrt{(\sqrt{3})^2-1\cdot(-1)}=\sqrt{3}\pm 2$

에서 $\beta=-2+\sqrt{3}$이다.

$\therefore \alpha+\dfrac{1}{\beta}=2+\sqrt{3}+\dfrac{1}{-2+\sqrt{3}}=0$

$\alpha+\dfrac{1}{\beta}=\sqrt{3}+2+\dfrac{1}{\sqrt{3}-2}=\sqrt{3}+2+\dfrac{\sqrt{3}+2}{3-4}$
$=\sqrt{3}+2-\sqrt{3}-2=0$

E 136 정답 ② ·················· ★**2등급 대비** [정답률 32%]

정답 공식: $\alpha=a+bi$(a, b는 실수)로 놓고, α^3의 허수부분이 0이 되는 a, b의 조건을 구한다.

단서 방정식의 계수가 모두 실수이므로 다른 한 근은 $\bar{\alpha}$야.
x에 대한 이차방정식 $x^2-px+p+3=0$이 허근 α를 가질 때, α^3이 실수가 되도록 하는 모든 실수 p의 값의 곱은?

① -2　　　② -3　　　③ -4
④ -5　　　⑤ -6

1st 복소수 α가 근이면 켤레복소수 $\bar{\alpha}$도 근임을 이용해.

이차방정식 $x^2-px+p+3=0$의 한 허근을 $\alpha=a+bi$(a, b는 실수, $b\neq 0$)라 하면 $\bar{\alpha}=a-bi$도 근이므로 근과 계수의 관계에 의하여

x의 계수 $-p$, 상수항 $p+3$은 모두 실수이므로 근이 서로 켤레인 관계가 있어.

$\alpha+\bar{\alpha}=(a+bi)+(a-bi)=2a=p$

$\therefore a=\dfrac{p}{2}$

$\alpha\bar{\alpha}=(a+bi)(a-bi)=a^2+b^2=p+3$

$\therefore b^2=-a^2+p+3=-\dfrac{p^2}{4}+p+3 \cdots$ ㉠

2nd $\alpha^3=(a+bi)^3$을 전개해서 ㉠을 이용해.

$\alpha^3=(a+bi)^3$
$\quad=a^3+3a^2bi-3ab^2-b^3i$
$\quad=(a^3-3ab^2)+(3a^2b-b^3)i$

이때, α^3이 실수이므로 허수부분인 $3a^2b-b^3=0$이다.

그런데 $b\neq 0$이므로　**주의** 문제에서 α가 허근이라고 했으므로 $b\neq 0$이지!

$b^2=3a^2 \cdots$ ㉡

복소수 $a+bi$에 대하여
(1) $b=0$이면 복소수는 실수이다.
(2) $a=0$, $b\neq 0$이면 복소수는 순허수이다.

㉠을 ㉡에 대입하면

$-\dfrac{p^2}{4}+p+3=3\times\left(\dfrac{p}{2}\right)^2$

$\therefore p^2-p-3=0$

따라서 근과 계수의 관계에 의하여 모든 실수 p의 값의 곱은 -3이다.

🪄 톡톡 풀이: 이차방정식의 판별식을 이용하기

이차방정식 $x^2-px+p+3=0$이 허근을 가지므로 판별식을 D라 하면

$D=p^2-4(p+3)<0$

$p^2-4p-12<0,\ (p+2)(p-6)<0$　$\therefore -2<p<6$

또, 이차방정식 $x^2-px+p+3=0$의 한 허근이 α이므로

$\alpha^2-p\alpha+p+3=0$에서 $\alpha^2-p\alpha+p^2=p^2-p-3$

이 식의 양변에 $\alpha+p$를 각각 곱하면

$(\alpha+p)(\alpha^2-p\alpha+p^2)=(\alpha+p)(p^2-p-3)$

$\alpha^3+p^3=(\alpha+p)(p^2-p-3)$　→ $(a+b)(a^2-ab+b^2)=a^3+b^3$
$\qquad\quad=(p^2-p-3)\alpha+p^3-p^2-3p$

이므로

$\alpha^3=(p^2-p-3)\alpha+p^3-p^2-3p-p^3$
$\quad=(p^2-p-3)\alpha-p^2-3p$

→ α의 허수부분이 없어져야 하므로 계수 $p^2-p-3=0$이 되어야 해.

이때, α^3이 실수이므로 $p^2-p-3=0$이어야 해.

따라서 근과 계수의 관계에 의하여 모든 실수 p의 값의 곱은 -3이야.

🔍 쉬운 풀이: 주어진 근을 방정식에 대입하기

$x=\alpha$가 이차방정식의 근이므로 대입하면

$\alpha^2-p\alpha+p+3=0 \Rightarrow \alpha^2=p\alpha-p-3$

$\therefore \alpha^3=p\alpha^2-p\alpha-3\alpha=p(p\alpha-p-3)-p\alpha-3\alpha$
$\qquad=p^2\alpha-p^2-3p-p\alpha-3\alpha=(p^2-p-3)\alpha-p^2-3p$

α^3이 실수가 되도록 하려면

$p^2-p-3=0$

(이하 동일)

E 137 정답 16 ·············· ✪2등급 대비 [정답률 34%]

정답 공식: 우변의 식을 전개한 후, $x^2=t$로 치환한다. 이 식이 완전제곱식이 되려면 판별식 $D=0$이어야 한다.

최고차항의 계수가 음수인 이차다항식 $P(x)$가 모든 실수 x에 대하여 [단서] 좌변이 (이차식)² 꼴이므로 우변도 이차식의 제곱 꼴이어야 해.
$$\{P(x)+x\}^2=(x-a)(x+a)(x^2+5)+9$$
를 만족시킨다. $\{P(a)\}^2$의 값을 구하시오. (단, $a>0$)

[1st] $(x-a)(x+a)(x^2+5)+9$가 이차다항식의 제곱 꼴임을 이용하자.

$P(x)+x$는 이차다항식이므로 우변의 $(x-a)(x+a)(x^2+5)+9$도 이차다항식의 제곱 꼴이어야 한다.
$$(x-a)(x+a)(x^2+5)+9=(x^2-a^2)(x^2+5)+9$$
$$=x^4+(5-a^2)x^2-5a^2+9 \cdots ㉠$$
$x^2=t \geq 0$으로 놓으면 ㉠은 $t^2+(5-a^2)t-5a^2+9$이고, 이 식이 완전제곱식이 되려면 t에 대한 이차방정식 $t^2+(5-a^2)t-5a^2+9=0$의 판별식 $D=0$이어야 하므로
$$D=(5-a^2)^2-4(-5a^2+9)=0$$
$$a^4-10a^2+25+20a^2-36=0$$
$$a^4+10a^2-11=0$$
$$\underline{(a^2-1)(a^2+11)=0}$$ → $a^2=1$ 또는 $a^2=-11$인데 a가 실수이므로 a^2의 값은 -11이 될 수 없어.
따라서 $a^2=1$에서 $a>0$이므로 $a=1$이다.

[2nd] 주어진 등식에 $a=1$을 대입하여 $P(x)$를 구하자.

$a=1$을 주어진 등식에 대입하면
$$\{P(x)+x\}^2=(x^2+2)^2$$
이므로 $P(x)+x=\pm(x^2+2)$

주어진 등식의 우변에 $a=1$을 대입하면
$(x-1)(x+1)(x^2+5)+9$
$=(x^2-1)(x^2+5)+9$
$=x^4+4x^2+4=(x^2+2)^2$

∴ $P(x)=x^2-x+2$ 또는 $P(x)=-x^2-x-2$

[주의] 두 수 A, B에서 $A^2=B^2$이면 $A=-B$이거나 $A=B$이므로 이를 식에도 적용할 수 있어.

그런데 $P(x)$의 이차항의 계수가 음수이므로
$$P(x)=-x^2-x-2$$
$$\therefore \{P(a)\}^2=\{P(1)\}^2=(-4)^2=16$$

[다른 풀이] 주어진 식의 우변을 전개하고, 좌변을 조건에 따라 $P(x)+x=-x^2+px+q$로 놓은 뒤 전개하여 양변의 계수를 비교하여 값 구하기

$$\{P(x)+x\}^2=(x^2-a^2)(x^2+5)+9$$
$$=x^4+(5-a^2)x^2-5a^2+9 \cdots ㉡$$
이고 $P(x)$의 최고차항의 계수가 음수이므로
$P(x)+x=-x^2+px+q$로 놓을 수 있어. 즉,
주어진 등식의 우변은 x에 대한 사차다항식이고, 사차항의 계수가 1이므로 $P(x)$의 이차항의 계수는 1 또는 -1임을 알 수 있어. 그런데 $P(x)$의 이차항의 계수가 음수이므로 -1이어야 해.
$$(-x^2+px+q)^2=x^4-2px^3+(p^2-2q)x^2+2pqx+q^2$$
이므로 ㉡에 대입하여 양변의 계수를 비교하면
$$-2p=0,\ p^2-2q=5-a^2,\ 2pq=0,\ q^2=-5a^2+9$$
$p=0$이므로 $a^2=2q+5$를 $q^2=-5a^2+9$에 대입하면
$$q^2+10q+16=0,\ (q+8)(q+2)=0$$
$$\therefore q=-8 \text{ 또는 } q=-2$$
이때, $q=-8$이면 $a^2=-11<0$이 되어 모순이야.
즉, $q=-2$이므로 $a^2=2q+5=1$에서
$a=1 (\because a>0)$
따라서 $P(x)+x=-x^2-2$, 즉 $P(x)=-x^2-x-2$이므로
$$\{P(a)\}^2=\{P(1)\}^2=(-4)^2=16$$

E 138 정답 ⑤ ·············· ✪2등급 대비 [정답률 34%]

정답 공식: 조건 (가)와 근과 계수의 관계를 이용하여 $f(x)$를 세우고, 조건 (나)를 이용하여 $f(x)$를 구한다.

이차항의 계수가 1인 이차함수 $f(x)$는 다음 조건을 만족시킨다.

(가) 이차방정식 $f(x)=0$의 두 근의 곱은 7이다.
[단서 1] $f(x)$의 이차항의 계수가 1이므로 $f(x)=x^2+kx+7$로 놓을 수 있어!
(나) 이차방정식 $x^2-3x+1=0$의 두 근 α, β에 대하여 $f(\alpha)+f(\beta)=3$이다.
[단서 2] 근과 계수의 관계에 의해 $\alpha+\beta=3$, $\alpha\beta=1$이야!

$f(7)$의 값은?

① 10 ② 11 ③ 12
④ 13 ⑤ 14

[1st] 이차방정식의 근과 계수의 관계를 이용해.

이차방정식 $f(x)=0$의 이차항의 계수가 1이고 두 근의 곱이 7이므로 $f(x)=x^2+kx+7$(단, k는 실수)이라 하자.

[함정] 근과 계수의 관계를 통해 $f(x)$의 식을 나타낼 수 있어야 풀이가 가능해져.

조건 (나)에서
이차방정식 $x^2-3x+1=0$의 두 근이 α, β이므로
근과 계수의 관계에 의해 이차방정식 $ax^2+bx+c=0$의 두 근을 α, β라 하면
$$\alpha+\beta=3,\ \alpha\beta=1 \cdots ㉠$$ → $\alpha+\beta=-\frac{b}{a},\ \alpha\beta=\frac{c}{a}$

[2nd] $f(\alpha)+f(\beta)=3$을 이용하여 k의 값을 구해서 해결해.

한편, $f(\alpha)+f(\beta)=3$에서
$$(\alpha^2+k\alpha+7)+(\beta^2+k\beta+7)=3$$
$$(\alpha^2+\beta^2)+k(\alpha+\beta)+14=3$$
$$(\alpha+\beta)^2-2\alpha\beta+k(\alpha+\beta)+14=3$$
$$9-2+3k+14=3\ (\because ㉠)\quad \therefore k=-6$$
따라서 $f(x)=x^2-6x+7$이므로
$$f(7)=49-42+7=14$$

E 139 정답 ① ·············· ✪2등급 대비 [정답률 26%]

정답 공식: 이차방정식 $ax^2+bx+c=0$의 해는 $x=\frac{-b\pm\sqrt{b^2-4ac}}{2a}$이다.

그림과 같이 한 변의 길이가 1인 정오각형 ABCDE가 있다. 두 대각선 AC와 BE가 만나는 점을 P라 하면 [단서 1] 정오각형은 모든 내각의 크기가 같은 도형이야.
$\overline{BE}:\overline{PE}=\overline{PE}:\overline{BP}$가 성립한다.
[단서 2] 이 조건을 이용하여 x의 값을 구해.

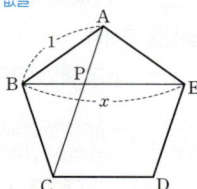

대각선 BE의 길이를 x라 할 때, [단서 3] 위에서 구한 x에 대한 방정식을 변형해. x의 차수를 낮춰서 식을 정리해야 해.
$1-x+x^2-x^3+x^4-x^5+x^6-x^7+x^8=p+q\sqrt{5}$이다.
$p+q$의 값은? (단, p, q는 유리수이다.)

① 22 ② 23 ③ 24
④ 25 ⑤ 26

1st 선분 PE의 길이를 구하고 선분 BP의 길이를 x로 나타내.

정오각형의 한 내각의 크기는 $\dfrac{180°\times 3}{5}=108°$이다.

> 정 n각형의 한 내각의 크기는 $\dfrac{180°\times(n-2)}{n}$ 야.

> 정오각형 ABCDE에서 두 대각선 AC, AD를 그으면 정오각형은 3개의 삼각형으로 나누어져. 따라서 정오각형의 모든 내각의 크기의 합은 $180°\times 3$이야. 그런데 정오각형은 5개의 내각의 크기가 모두 같으므로 한 내각의 크기는 $\dfrac{180°\times 3}{5}$이야.

이때, 삼각형 ABC는 이등변삼각형이므로

$\angle BAC=\dfrac{1}{2}\times(180°-\angle ABC)=\dfrac{1}{2}\times(180°-108°)=36°$

$\therefore \angle PAE=\angle BAE-\angle BAC=108°-36°=72°$

마찬가지로 이등변삼각형 ABE에서 $\angle ABE=36°$이므로 삼각형 PAB에서 $\angle APE=\angle PAB+\angle ABP=36°+36°=72°$

> 삼각형의 한 외각의 크기는 그와 이웃하지 않는 두 내각의 크기의 합과 같지? 즉, $\angle APE$는 삼각형 PAB의 한 외각이므로 $\angle APE=\angle PAB+\angle ABP$야.

따라서 $\angle PAE=\angle APE$이므로 삼각형 EAP는 $\overline{PE}=\overline{AE}=1$인 이등변삼각형이다.

> 이등변삼각형의 두 밑각의 크기는 서로 같아.

$\therefore \overline{BP}=x-1$

2nd $\overline{BE}:\overline{PE}=\overline{PE}:\overline{BP}$임을 이용하여 x의 값을 구해.

$\overline{BE}:\overline{PE}=\overline{PE}:\overline{BP}$에서 $x:1=1:(x-1)$, $x(x-1)=1$

$x^2-x=1\cdots\bigcirc$, $x^2-x-1=0$

$\therefore x=\dfrac{-(-1)\pm\sqrt{(-1)^2-4\times 1\times(-1)}}{2}=\dfrac{1\pm\sqrt 5}{2}$

그런데 $x>0$이므로 $x=\dfrac{1+\sqrt 5}{2}$

> $1=\sqrt 1$이므로 $1<\sqrt 5$야. 따라서 $1-\sqrt 5<0$이므로 x의 값이 양수이려면 $x=\dfrac{1+\sqrt 5}{2}$이어야 해.

> x는 선분 BE의 길이이므로 양수이어야 해.

3rd $1-x+x^2-x^3+x^4-x^5+x^6-x^7+x^8$의 값을 구해.

$\bigcirc$에서 $x^2=x+1$이고

> 이것을 이용해서 x의 차수를 줄여나가야 해.

$x^3=x\times x^2=x(x+1)=x^2+x=(x+1)+x=2x+1$

$x^4=x\times x^3=x(2x+1)=2x^2+x=2(x+1)+x=3x+2$

$x^5=x\times x^4=x(3x+2)=3x^2+2x=3(x+1)+2x=5x+3$

$x^6=x\times x^5=x(5x+3)=5x^2+3x=5(x+1)+3x=8x+5$

이므로

$1-x+x^2-x^3+x^4-x^5+x^6-x^7+x^8$

$=1+(x^2-x)+x^2(x^2-x)+x^4(x^2-x)+x^6(x^2-x)$

$=1+1+x^2+x^4+x^6\ (\because \bigcirc)$

$=2+(x+1)+(3x+2)+(8x+5)$

$=12x+10$

$=12\times\dfrac{1+\sqrt 5}{2}+10=16+6\sqrt 5$

따라서 $p=16$, $q=6$이므로

$p+q=16+6=22$

다른 풀이: 닮음을 이용하여 선분 PE의 길이 구하기

두 삼각형 ABP, EBA에서 $\angle B$는 공통이고

$\angle BAP=\angle BEA=36°$이므로 $\triangle ABP\backsim\triangle EBA$(AA 닮음)야.

따라서 $\overline{AB}:\overline{EB}=\overline{BP}:\overline{BA}$에서 $\overline{AB}^2=\overline{EB}\times\overline{BP}$가 성립해.

그런데 문제의 조건인 $\overline{BE}:\overline{PE}=\overline{PE}:\overline{BP}$에서

$\overline{PE}^2=\overline{BE}\times\overline{BP}$이므로 $\overline{AB}^2=\overline{PE}^2$이고 $\overline{AB}$와 $\overline{PE}$는 모두 양수이므로

$\overline{AB}=\overline{PE}$야.

$\therefore \overline{PE}=\overline{AB}=1$

(이하 동일)

E 140   정답 ⑤   ★2등급 대비 [정답률 28%]

> **정답 공식:** 정사각형에 의해 생기는 두 직각삼각형이 닮음인 것과 근과 계수의 관계를 이용하여 정사각형의 한 변의 길이를 구한다.

이차방정식 $x^2-4x+2=0$의 두 실근을 α, $\beta\ (\alpha<\beta)$라 하자.

> **단서1** 근과 계수의 관계에 의하여 $\alpha+\beta=4$, $\alpha\beta=2$

그림과 같이 $\overline{AB}=\alpha$, $\overline{BC}=\beta$인 직각삼각형 ABC에 내접하는 정사각형의 넓이와 둘레의 길이를 두 근으로 하는 x에 대한 이차방정식이 $4x^2+mx+n=0$일 때, 두 상수 m, n에 대하여 $m+n$의 값은?

> **단서2** 닮은 삼각형을 이용해서 정사각형의 한 변의 길이를 구할 수 있어.

> **단서3** 넓이와 둘레의 길이를 a, b라 하면 a, b를 두 근으로 하는 이차방정식을 만들 수 있지?

(단, 정사각형의 두 변은 선분 AB와 선분 BC 위에 있다.)

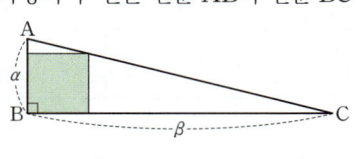

① -11 ② -10 ③ -9
④ -8 ⑤ -7

1st 근과 계수의 관계를 이용해서 두 근 α, β의 합과 곱을 구하자.

$x^2-4x+2=0$의 두 근이 α, β이므로 근과 계수의 관계에 의해

$\alpha+\beta=4$, $\alpha\beta=2$

> 이차방정식 $ax^2+bx+c=0$의 두 근을 α, β라 하면
> $ax^2+bx+c=a(x-\alpha)(x-\beta)=a\{x^2-(\alpha+\beta)x+\alpha\beta\}$
> $b=-a(\alpha+\beta)$, $c=a\alpha\beta$ $\therefore \alpha+\beta=-\dfrac{b}{a}$, $\alpha\beta=\dfrac{c}{a}$

2nd 삼각형의 닮음을 이용해서 정사각형의 한 변의 길이를 구하자.

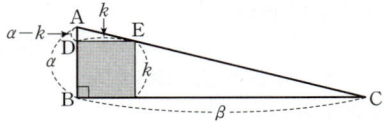

직각삼각형에 내접하는 정사각형의 한 변의 길이를 k라 하면 삼각형의 닮음에 의하여

$\alpha:\beta=(\alpha-k):k$

$\alpha k=\alpha\beta-\beta k$

$(\alpha+\beta)k=\alpha\beta$

$\therefore k=\dfrac{\alpha\beta}{\alpha+\beta}$

$=\dfrac{2}{4}=\dfrac{1}{2}$

> 두 삼각형 ABC, ADE에서
> $\angle A$는 공통, $\angle ABC=\angle ADE=90°$이므로
> $\triangle ABC\backsim\triangle ADE$(AA 닮음)
> 따라서 $\overline{AB}:\overline{BC}=\overline{AD}:\overline{DE}$가 성립해.

> **함정** 직각삼각형에 내접하는 정사각형에 관한 문제에서는 삼각형의 닮음이 많이 쓰여. 이 조건은 문제에서 직접 제시되지 않아 단번에 생각해내기가 쉽지 않으니 이러한 유형의 문제들을 많이 풀어봐야 해.

3rd 정사각형의 넓이와 둘레의 길이를 두 근으로 하는 이차방정식을 구하자.

한 변의 길이가 $\dfrac{1}{2}$인 정사각형의 넓이는 $\dfrac{1}{2}\times\dfrac{1}{2}=\dfrac{1}{4}$이고, 둘레의 길이는 $4\times\dfrac{1}{2}=2$이므로 이차항의 계수가 4이고 $\dfrac{1}{4}$, 2를 두 근으로 하는 이차방정식은

$4\left(x-\dfrac{1}{4}\right)(x-2)=0$ $\therefore 4x^2-9x+2=0$

따라서 $m=-9$, $n=2$이므로

$m+n=-9+2=-7$

> $4x^2+mx+n=0$의 두 근이 $\dfrac{1}{4}$, 2이므로
> $-\dfrac{m}{4}=\dfrac{1}{4}+2$ $\therefore m=-9$
> $\dfrac{n}{4}=\dfrac{1}{4}\times 2$ $\therefore n=2$

✿ 이차방정식의 작성   개념·공식

두 수 α, β를 근으로 하고 x^2의 계수가 a인 이차방정식은
$a(x-\alpha)(x-\beta)=0 \Rightarrow ax^2-a(\alpha+\beta)x+a\alpha\beta=0$

141 정답 **6** ·········· ★**1등급 대비** [정답률 24%]

＊ 이차방정식의 근과 계수의 관계를 이용하여 조건을 만족시키는 자연수 n의 값 구하기 [유형 08+10]

> **단서1** 이차방정식의 두 근이 주어졌으니까 이차방정식의 근과 계수의 관계를 이용하여 α, β에 대한 관계식을 먼저 찾아.
>
> 두 실수 a, b에 대하여 이차방정식 $x^2+ax+b=0$의 서로 다른 두 근은 α, β이고, 이차방정식 $x^2+3ax+3b=0$의 서로 다른 두 근은 $\alpha+2$, $\beta+2$이다. 다음 조건을 만족시키는 자연수 n의 최솟값을 구하시오.
>
> (가) $\alpha^n+\beta^n>0$
> (나) $\alpha^n+\beta^n=\alpha^{n+1}+\beta^{n+1}$
>
> **단서2** 위에 주어진 조건을 이용해 a, b의 값을 구한 후, 이차방정식 $x^2+ax+b=0$의 두 근 α, β에 대해 $\alpha^n+\beta^n$의 값의 특징 또는 규칙성 등을 찾아낼 수 있어야 해.

 1등급? 이차방정식의 근과 계수의 관계를 이용하여 주어진 조건을 만족시키는 자연수 n의 최솟값을 구하는 문제이다.
두 이차방정식의 근과 계수의 관계를 이용해 미정계수를 구한 후, 두 근의 거듭제곱의 합으로 이루어진 식의 차수를 낮추어 조건을 만족시키는 경우를 구해야 한다.

💡 **단서+발상**

단서1 두 이차방정식의 계수가 a, b에 대한 식이고, 두 근은 α, β에 대한 식이므로 두 이차방정식 각각에서 이차방정식의 근과 계수의 관계를 이용하면 a, b 사이의 관계식을 찾을 수 있다. **발상**
이를 통해서 연립방정식을 풀면 두 실수 a, b의 값을 구할 수 있다. **적용**

단서2 a, b의 값을 구하면 α와 β를 두 실근으로 가지는 이차방정식을 알 수 있으므로 **발상**
이차방정식의 근과 계수의 관계를 이용하여 α와 β의 거듭제곱에 대한 식을 얻을 수 있다. **적용**
그런 다음, 조건을 만족시키는 자연수 n의 값을 찾기 위해서 자연수를 n에 차례대로 대입하며 $\alpha^n+\beta^n$의 값을 구하도록 한다. 이때, n의 값이 커지면 거듭제곱의 값을 계산하기 어려워지므로 조건을 활용해 특징을 찾아 거듭제곱의 차수를 낮추는 것이 중요하다. **해결**

주의 a, b의 값을 구해 이차방정식을 완성한 후 α와 β의 값을 직접 구해 $\alpha^n+\beta^n$의 값을 계산하는 것보다는 $\alpha+\beta$와 $\alpha\beta$의 값을 이용해 차수를 낮추어 $\alpha^n+\beta^n$의 값을 계산하는 것이 더 편리하다.

> **핵심 정답 공식** : 이차방정식 $ax^2+bx+c=0$의 두 근을 α, β라 하면
> $\alpha+\beta=-\dfrac{b}{a}$, $\alpha\beta=\dfrac{c}{a}$이다.

---------------------- [문제 풀이 순서] ----------------------

1st 두 실수 a, b의 값을 각각 구해.

이차방정식 $x^2+ax+b=0$의 서로 다른 두 근이 α, β이므로 이차방정식의 근과 계수의 관계에 의하여
$\alpha+\beta=-a$ ··· ㉠, $\alpha\beta=b$ ··· ㉡
또, 이차방정식 $x^2+3ax+3b=0$의 서로 다른 두 근이 $\alpha+2$, $\beta+2$이므로 이차방정식의 근과 계수의 관계에 의하여
$(\alpha+2)+(\beta+2)=-3a$에서 $\alpha+\beta+4=-3a$ ··· ㉢
$(\alpha+2)(\beta+2)=3b$에서 $\alpha\beta+2(\alpha+\beta)+4=3b$ ··· ㉣
㉠을 ㉢에 대입하면
$-a+4=-3a$, $-2a=4$ $\therefore a=-2$
㉠, ㉡을 ㉣에 대입하면
$b-2a+4=3b$, $2b=-2a+4$
$\therefore b=-a+2=-(-2)+2=4$

2nd α^3, β^3의 값을 구해.

$a=-2$, $b=4$이므로 이차방정식 $x^2+ax+b=0$, 즉 $x^2-2x+4=0$의 서로 다른 두 근이 α, β이다.
위의 이차방정식에 $x=\alpha$를 대입하면 → 방정식 $f(x)=0$의 해가 $x=k$일 때 $f(k)=0$이야. 즉, 방정식의 해는 방정식을 만족시키는 x의 값이야.
$\alpha^2-2\alpha+4=0$에서 $\alpha^2=2\alpha-4$ ··· ㉤
이 식의 양변에 α를 곱하면 ㉤에 의하여
$\alpha^3=2\alpha^2-4\alpha=2(2\alpha-4)-4\alpha=4\alpha-8-4\alpha=-8$
> α^3을 다른 방법으로 구해 볼까?
> $\alpha^2-2\alpha+4=0$이므로 양변에 $\alpha+2$를 곱하면
> $(\alpha+2)(\alpha^2-2\alpha+4)=0$에서 $\alpha^3+8=0$ $\therefore \alpha^3=-8$
마찬가지 방법으로 하면 $\beta^2=2\beta-4$이고, $\beta^3=-8$이다.
> β도 이차방정식 $x^2-2x+4=0$의 해이므로 $x=\beta$를 방정식에 대입하여 β^2, β^3을 각각 구해.

3rd n 대신 1, 2, 3, …을 차례로 대입하여 조건을 만족시키는 자연수 n의 최솟값을 구해.

㉠에 의하여 $\alpha+\beta=2$
> 곱셈 공식의 변형을 이용하여 구하면
> $\alpha^2+\beta^2=(\alpha+\beta)^2-2\alpha\beta=2^2-2\times4=-4$
$\alpha^2+\beta^2=(2\alpha-4)+(2\beta-4)=2(\alpha+\beta)-8=2\times2-8=-4$
$\alpha^3+\beta^3=(-8)+(-8)=-16$
$\alpha^4+\beta^4=\alpha^3\times\alpha+\beta^3\times\beta=-8\alpha-8\beta=-8(\alpha+\beta)=-8\times2=-16$
→ $n=3$일 때, 조건 (나)를 만족시키지만 조건 (가)는 만족시키지 않아.
$\alpha^5+\beta^5=\alpha^3\times\alpha^2+\beta^3\times\beta^2=-8\alpha^2-8\beta^2=-8(\alpha^2+\beta^2)$
$=-8\times(-4)=32$
$\alpha^6+\beta^6=(\alpha^3)^2+(\beta^3)^2=(-8)^2+(-8)^2=64+64=128$
$\alpha^7+\beta^7=\alpha^6\times\alpha+\beta^6\times\beta=(\alpha^3)^2\times\alpha+(\beta^3)^2\times\beta$
$=(-8)^2\alpha+(-8)^2\beta=64\alpha+64\beta=64(\alpha+\beta)$
$=64\times2=128$
즉, $n=6$일 때 $\alpha^6+\beta^6=128>0$이고 $\alpha^6+\beta^6=\alpha^7+\beta^7=128$이므로 두 조건 (가), (나)를 모두 만족시킨다.
따라서 조건을 만족시키는 자연수 n의 최솟값은 6이다.

 My Top Secret 서울대 선배의 ❶ 등급 대비 전략

주어진 이차방정식이 정수가 아닌 실수를 근으로 가질 때, 이 이차방정식의 해에 대한 조건을 해석해야 하는 유형에서는 해를 직접 구하여 대입하거나 계산하는 것보다는 이차방정식의 근과 계수의 관계 등을 통해 근에 대한 관계식을 여러 가지 얻어낸 후 이를 이용하는 것이 문제를 쉽게 해결할 수 있어.

142 정답 **240** ·········· ★**1등급 대비** [정답률 15%]

＊ 전개도를 통해 최단거리가 되는 경로를 파악한 후 방정식을 이용해 직육면체의 모서리의 길이 구하기 [유형 04]

> 그림과 같이 밑면의 두 변의 길이가 각각 $a(a>5)$와 4이고 높이가 4인 직육면체 ABCD−EFGH에서 선분 DE와 CF 위에 각각 $\overline{DP}=\overline{FQ}=\sqrt{2}$인 점 P와 점 Q를 잡는다. 점 P에서 직육면체의 겉면을 따라 점 Q에 도달하는 최단거리가 $2\sqrt{34}$ 일 때, 30a의 값을 구하시오.
> **단서2** 최단거리를 a에 대한 이차방정식으로 세운 후 a의 값을 구해.
>
> **단서1** 전개도를 그려서 최단거리가 되는 경우를 살펴봐.

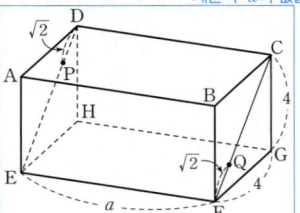

왜 1등급? 이 문제는 직육면체의 겉면을 따라 이은 두 점 사이의 최단거리를 이용하는 문제로 직육면체의 전개도에서 두 점을 연결한 선분의 길이가 최소인 경우를 찾아야 한다.

단서+발상

단서1 점 P와 점 Q를 잇는 최단거리는 직육면체의 전개도를 그린 다음 두 점을 잇는 선분의 길이 중 가장 작은 값이다. **개념**

전개도를 그렸을 때, 점 P와 점 Q가 있는 두 면은 서로 이웃할 수 없고, 두 면 사이에는 이웃하는 두 변의 길이가 a와 4인 직사각형이 존재한다. 따라서 다음과 같이 두 경로를 생각해볼 수 있다.

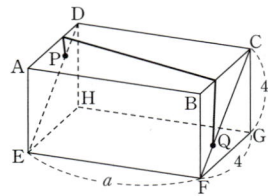 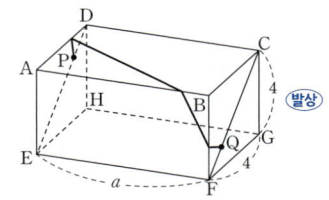

단서2 각각의 경우에서 피타고라스 정리를 이용해 선분 PQ의 길이를 a에 대한 식으로 나타내고 $a>5$임을 이용하여 어떤 경우가 최단거리인지 찾는다. **적용**
이 최단거리가 $2\sqrt{34}$이므로 a에 대한 이차방정식을 세워 a의 값을 구할 수 있다. **해결**

주의 최단거리를 구하기 위해 전개도를 그릴 때 한 가지 경우만 그리지 말고, 빠트리는 경우가 없도록 주의하여야 한다. 또, 범위 조건에 유의하여 미지수가 포함된 부등식의 대소 비교를 할 수 있어야 한다.

> **핵심 정답 공식:** 직육면체의 전개도를 그려 점 P에서 점 Q까지 도달하는 경우를 나눈 후, 그 중 최단거리가 $2\sqrt{34}$임을 이용하여 a의 값을 구한다.

-------------------- **[문제 풀이 순서]** --------------------

1st 전개도를 그려서 점 P에서 점 Q로 가는 최단 경로를 생각해.

점 P에서 직육면체의 겉면을 따라 점 Q에 도달하는 최단거리를 구하기 위해 고려해야 할 경로는 아래와 같이 두 가지를 생각할 수 있다.

빠짐없이 모든 경로를 찾아보자.

> **함정** 도형에서의 최단경로를 구할 때 전개도를 그려서 풀면 쉽게 풀 수 있어. 이때, 도형에서의 최단거리는 직관적으로 파악하기 어려울 때는 이처럼 경우를 나눠서 각각을 구하여 비교해보도록 하자.

(i) [그림 1]과 같은 경로로 이동하는 경우
  직육면체의 전개도를 그려보면 [그림 2]와 같다.

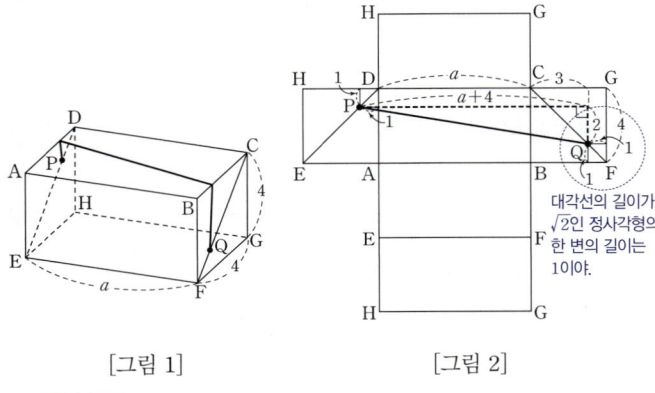

대각선의 길이가 $\sqrt{2}$인 정사각형의 한 변의 길이는 1이야.

[그림 1]　　　　　　[그림 2]

즉, $\overline{DP}$, $\overline{FQ}$를 한 변의 길이가 1인 정사각형의 대각선으로 보면 [그림 2]에서
$$\overline{PQ}=\sqrt{(a+4)^2+2^2}=\sqrt{a^2+8a+20} \cdots \text{㉠}$$

(ii) [그림 3]과 같은 경로로 이동하는 경우
  직육면체의 전개도를 그려보면 [그림 4]와 같다.

[그림 3]　　　　　　[그림 4]

즉, $\overline{DP}$, $\overline{FQ}$를 한 변의 길이가 1인 정사각형의 대각선으로 보면 [그림 4]에서
$$\overline{PQ}=\sqrt{(a+2)^2+6^2}=\sqrt{a^2+4a+40} \cdots \text{㉡}$$

2nd ㉠과 ㉡의 대소를 비교해서 최단거리를 찾자.

㉠과 ㉡의 대소를 비교하면
$$(\sqrt{a^2+4a+40})^2-(\sqrt{a^2+8a+20})^2$$
$$=(a^2+4a+40)-(a^2+8a+20)$$
$$=-4a+20<0\,(\because a>5)$$ 문제의 조건을 빠뜨리지 말고 꼼꼼히 확인하자.
$$\therefore \sqrt{a^2+4a+40}<\sqrt{a^2+8a+20}$$
즉, $\sqrt{a^2+4a+40}$이 최단거리이다.

A^2, B^2이 실수일 때, $A^2-B^2<0$이면 $A^2<B^2$이고, $A>0$, $B>0$일 때, $A^2<B^2$이면 $A<B$야.

3rd a의 값을 구하자.

따라서 $\sqrt{a^2+4a+40}=2\sqrt{34}$이므로
$$a^2+4a+40=136, \ a^2+4a-96=0$$
$$(a-8)(a+12)=0$$
$$\therefore a=8\,(\because a>5)$$
$$\therefore 30a=30\times8=240$$

1등급 대비 특강

✱ 전개도에서 두 점 사이의 최단거리 찾기

전개도를 그릴 때 점 P가 있는 면과 점 Q가 있는 면의 위치 관계를 기준으로 그리면 경우를 놓치지 않고 그릴 수 있어.
전개도에서 두 점 P와 Q를 잇는 직선이 이웃하는 두 변의 길이가 a, 4인 직사각형을 하나만 지나는 경우, 두 개 지나는 경우, 세 개 지나는 경우 등으로 나눌 수 있는데, 세 개 이상 지나는 경우는 최단거리가 될 수 없음을 바로 알 수 있으므로 두 개를 지나는 경우와 하나만 지나는 경우에서 비교해보면 돼.

✿ 이차방정식의 풀이
개념·공식

(1) 인수분해에 의한 풀이
  $(ax-b)(cx-d)=0$이면 $x=\dfrac{b}{a}$ 또는 $x=\dfrac{d}{c}$

(2) 근의 공식에 의한 풀이
  ① $ax^2+bx+c=0$의 근은 ⇨ $x=\dfrac{-b\pm\sqrt{b^2-4ac}}{2a}$
  ② $ax^2+2b'x+c=0$의 근은 ⇨ $x=\dfrac{-b'\pm\sqrt{b'^2-ac}}{a}$

* 이차방정식의 근과 계수의 관계를 이용해 두 근 사이의 관계식을 구하기
[유형 08+10]

> 단서1 $\alpha^2+\alpha+1=0$, $\beta^2+\beta+1=0$이고, 근과 계수의 관계에 의하여 $\alpha+\beta=-1$이야.
> 이차방정식 $x^2+x+1=0$의 두 근 α, β에 대하여 이차함수 $f(x)=x^2+px+q$가 $f(\alpha^2)=-4\alpha$와 $f(\beta^2)=-4\beta$를 만족시킬 때, 두 상수 p, q에 대하여 $p+q$의 값을 구하시오.
> 단서2 α^2을 β에 대한 식으로, β^2을 α에 대한 식으로 바꾸어 $f(\alpha^2)$, $f(\beta^2)$의 식에 대입하면 새로운 이차방정식을 얻을 수 있어.

왜 1등급? 주어진 이차방정식의 두 근인 α와 β를 활용해 새로운 이차방정식의 미정계수를 구하는 문제로 이차방정식의 근과 계수의 관계를 통해 주어진 식과 같은 근을 갖는 이차방정식을 찾아낼 수 있어야 한다.

💡 단서+발상

단서1 α^2이나 β^2과 같이 $f(x)$에 대입할 문자의 차수가 2여서 복잡하므로 **발상** 차수를 낮추기 위해 식을 변형한다. **적용**
또, 이차방정식의 근과 계수와의 관계에 의해 $\alpha+\beta=-1$이고, $\alpha^2=-\alpha-1=\beta$, $\beta^2=-\beta-1=\alpha$이다. **개념**

단서2 $f(\alpha^2)=f(\beta)=-4(-\beta-1)$, $f(\beta^2)=f(\alpha)=-4(-\alpha-1)$이므로 이차방정식 $f(x)=4x+4$의 두 근이 α, β이다. **발상**
따라서 방정식 $x^2+x+1=0$과 $f(x)-4x-4=0$의 최고차항의 계수가 1로 같고, 두 근이 α, β로 같다. **적용**

주의 최고차항의 계수를 고려하여 두 근이 같은 경우 방정식의 계수를 구할 수 있다.

> **핵심 정답 공식**: α^2, β^2을 α, β에 관한 식으로 변형하고, 근과 계수의 관계와 주어진 관계식을 이용하여 p, q의 값을 구한다.

------------------ [문제 풀이 순서] ------------------

1st 이차방정식 $ax^2+bx+c=0$의 두 근이 α, β이면 두 근의 합과 곱은
$$\alpha+\beta=-\frac{b}{a}, \ \alpha\beta=\frac{c}{a}$$이고 $a\alpha^2+b\alpha+c=0$임을 이용해.

α, β가 이차방정식 $x^2+x+1=0$의 두 근이므로
→ α, β를 $x^2+x+1=0$에 대입하면 등식이 성립해.
$\alpha^2+\alpha+1=0$, $\beta^2+\beta+1=0$이고
근과 계수의 관계에 의하여 $\alpha+\beta=-1$에서
$\alpha+1=-\beta$, $\beta+1=-\alpha$이므로
$\alpha^2=-(\alpha+1)=\beta$
$\beta^2=-(\beta+1)=\alpha$

2nd $\alpha^2=\beta$, $\beta^2=\alpha$임을 이용해서 $f(\alpha^2)$, $f(\beta^2)$을 각각 구하자.
$f(\alpha^2)=f(\beta)=-4\alpha=-4(-\beta-1)=4\beta+4$에서
$f(\beta)-4\beta-4=0$
$f(\beta^2)=f(\alpha)=-4\beta=-4(-\alpha-1)=4\alpha+4$에서
$f(\alpha)-4\alpha-4=0$
즉, 이차방정식 $f(x)-4x-4=0$의 두 근이 α, β이고 $f(x)$의 최고차항의 계수가 1이므로

> **함정** 새로운 함수 $h(x)=f(x)-4x-4$라고 정의할 때, $h(\alpha)=h(\beta)=0$이므로 $h(x)=(x-\alpha)(x-\beta)$야. 따라서 $f(x)=(x-\alpha)(x-\beta)+4x+4$가 되는 거야.

$f(x)-4x-4=(x-\alpha)(x-\beta)=x^2+x+1$
∴ $f(x)=x^2+5x+5$
따라서 $p=5$, $q=5$이므로
$p+q=5+5=10$

이차방정식 $x^2+x+1=0$의 두 근이 α, β이므로 $x^2+x+1=(x-\alpha)(x-\beta)$로 인수분해돼.

🌟 톡톡 풀이: p, q에 대한 연립방정식을 세워서 p, q의 값 구하기

α, β가 이차방정식 $x^2+x+1=0$의 두 근이므로
$\alpha^3=1$, $\beta^3=1$, $\alpha^2=\beta$, $\beta^2=\alpha$, $\alpha+\beta=-1$
또, $f(\alpha^2)=\alpha^4+p\alpha^2+q=-4\alpha$에서
→ $x^3-1=(x-1)(x^2+x+1)$이므로 α, β는 $x^3-1=0$의 근이야.
$\alpha^3\cdot\alpha+p\beta+q=-4\alpha$이므로
$p\beta+q=-5\alpha$ ··· ㉠
$f(\beta^2)=\beta^4+p\beta^2+q=-4\beta$에서
$\beta^3\cdot\beta+p\alpha+q=-4\beta$이므로
$p\alpha+q=-5\beta$ ··· ㉡
㉡-㉠을 하면
$p(\alpha-\beta)=5(\alpha-\beta)$
∴ $p=5$ ($\because \alpha\neq\beta$)
㉠+㉡을 하면
$p(\alpha+\beta)+2q=-5(\alpha+\beta)$ ··· ㉢
이때, $\alpha+\beta=-1$을 만족하므로 ㉢에서
$5\cdot(-1)+2q=-5\cdot(-1)$
∴ $q=5$
∴ $p+q=5+5=10$

> **1등급 대비 특강**
>
> *** 방정식의 해의 의미 이용하기**
>
> $f(x)$에 $x=\alpha^2$ 또는 $x=\beta^2$을 대입하면 α 또는 β에 대한 사차다항식이 나오게 돼.
> 그런데 사차다항식은 다루기 힘들므로 $x^2+x+1=0$의 해가 $x=\alpha$, $x=\beta$임을 이용하여 차수를 낮출 수 있어.
> 즉, $\alpha^2+\alpha+1=0$에서 $\alpha^2=-\alpha-1$, $\beta^2+\beta+1=0$에서 $\beta^2=-\beta-1$이므로 α^2, β^2을 α 또는 β로 나타낼 수 있어.

> **My Top Secret**   서울대 선배의 ❶등급 대비 전략
>
> "이차방정식의 두 근을 α, β라 할 때, ~"라는 문장이 나오면 거의 반사적으로 이차방정식의 근과 계수의 관계를 떠올리게 되지?
> 이차방정식의 근과 계수의 관계는 방정식을 풀 때에 필수 요소이므로 절대 잊어서는 안 되는 공식이야.
> 그리고 방정식에서 근이 주어질 때, 근과 계수의 관계만큼 자주 쓰이지는 않지만 유용하게 이용되는 것이 하나 또 있어.
> 이 문제에서와 같이 방정식 $x^2+x+1=0$의 한 근이 α이면 $\alpha^2+\alpha+1=0$이 성립하므로 $\alpha^2=-\alpha-1$이 되어 α에 대한 고차식의 값을 구할 때 차수를 줄일 수 있다는 거야.
> 이는 이차방정식뿐만 아니라 삼차, 사차방정식에서도 유용하게 사용할 수 있으니까 잘 기억해두길 바라.

⚙️ 한 근이 주어진 이차방정식   개념·공식

이차방정식의 한 근이 주어지면
(1) 주어진 근을 이차방정식에 대입하여 미지수의 값 또는 다른 한 근을 구한다.
(2) 주어진 근을 이차방정식에 대입한 후
  ① 곱셈 공식의 변형을 이용하여 필요한 식의 모양을 만든다.
  ② 식을 변형하여 구해야 하는 식의 차수를 낮춘다.

✱ 겹쳐진 두 정사각형에 의해 만들어진 두 삼각형의 넓이 관계를 활용하여 이차방정식을 세워 정사각형의 한 변의 길이 구하기 [유형 01+04]

> **단서1** 이 조건에 의해서 △EJI와 △AKJ는 모두 직각이등변삼각형이 돼.
>
> $\dfrac{\sqrt{2}}{2}<k<\sqrt{2}$ 인 실수 k 에 대하여 그림과 같이 한 변의 길이가 각각 2, $2k$ 인 두 정사각형 ABCD, EFGH가 있다. 두 정사각형의 대각선이 모두 한 점 O에서 만나고, 대각선 FH가 변 AB를 이등분한다. 변 AD와 EH의 교점을 I, 변 AD와 EF의 교점을 J, 변 AB와 EF의 교점을 K라 하자. 삼각형 AKJ의 넓이가 삼각형 EJI의 넓이의 $\dfrac{3}{2}$ 배가 되도록 하는 k 의 값이 $p\sqrt{2}+q\sqrt{6}$ 일 때, $100(p+q)$ 의 값을 구하시오.
>
> **단서2** 두 직각삼각형의 넓이 관계를 이용하여 식을 세울 수 있어.
>
> (단, p, q 는 유리수이다.)

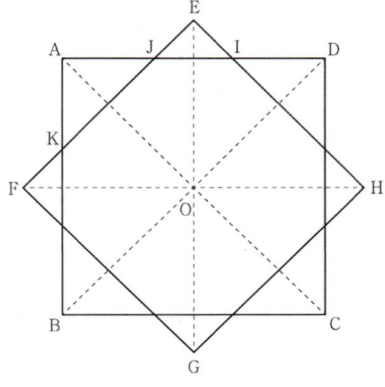

😮**왜 1등급?** 한 변의 길이가 다른 두 정사각형을 겹쳐서 만들어지는 직각이등변삼각형의 넓이의 비율이 주어졌을 때, 정사각형의 한 변의 길이를 구하는 문제로 넓이의 조건이 주어진 직각이등변삼각형의 변들 중 하나를 문자로 정하고 직각이등변삼각형의 성질, 피타고라스 정리를 적용하여 나머지 변들을 그 문자에 대한 식으로 정리할 수 있어야 한다.

💡 **단서+발상**

단서1 두 정사각형의 대각선이 모두 만나는 점 O를 지나고 변 AB를 이등분하는 선분이 FH이므로 선분 FH는 선분 AB와 수직이다. **개념**
즉, 정사각형을 대각선을 기준으로 접은 도형은 직각이등변삼각형이므로 삼각형 EJI, AKJ도 직각이등변삼각형이 된다. **발상**

단서2 점 E에서 선분 AD에 내린 수선의 발을 L이라 하면, L은 선분 AD의 중점이므로 선분 AL의 길이는 1이다. **개념**
또, 두 삼각형 EJI, AKJ가 직각이등변삼각형이므로 $\overline{JL}=x$ 라 놓으면 두 삼각형의 넓이를 x 에 대한 식으로 나타낼 수 있다. **발상**
따라서 두 삼각형의 넓이 관계를 이용해 이차방정식을 세워 x 의 값을 구하고, $\overline{OE}=\overline{OL}+\overline{LE}$ 임을 이용해 k 의 값을 구할 수 있다. **해결**

⚠️**주의** 정사각형의 대각선은 내각의 크기를 이등분하므로 두 삼각형 EJI와 AKJ가 직각이등변삼각형임을 쉽게 알 수 있다. 즉, 두 삼각형이 직각이등변삼각형임을 밝히는 데 에너지를 쓰기보다는 주어진 넓이 관계를 활용하여 선분의 길이를 구하는 데 집중해야 한다.

┌─────────────────────────────────────┐
핵심 정답 공식: 이차방정식 $ax^2+bx+c=0$ 의 근은 $x=\dfrac{-b\pm\sqrt{b^2-4ac}}{2a}$ 이다.
또한, 한 변의 길이가 a 인 정사각형의 대각선의 길이는 $\sqrt{2}a$ 이다.
└─────────────────────────────────────┘

- - - - - - - - - - - [문제 풀이 순서] - - - - - - - - - - -

1st 변의 길이를 미지수로 놓고 △EJI와 △AKJ의 넓이를 식으로 나타내보자.

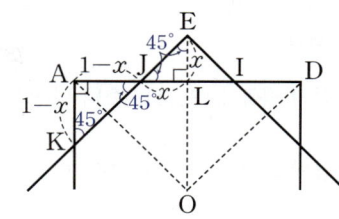

꼭짓점 E에서 변 AD에 내린 수선의 발을 L, $\overline{JL}=x$ ($x>0$) 라 하면, △EJL은 직각이등변삼각형이므로 $\overline{EL}=x$ 이다.

$$\therefore \triangle EJI=\frac{1}{2}\times\overline{JI}\times\overline{EL}$$

$$=\frac{1}{2}\times 2x\times x=x^2$$

또한, $\overline{AJ}=1-x$ 이고, △AKJ도 직각이등변삼각형이므로

$$\triangle AKJ=\frac{1}{2}\times\overline{AJ}\times\overline{AK}$$

> → $\overline{AD}=2$ 이므로 $\overline{AL}=\frac{1}{2}\times\overline{AD}=\frac{1}{2}\times 2=1$
> $\therefore \overline{AJ}=\overline{AL}-\overline{JL}=1-x$

$$=\frac{1}{2}\times(1-x)\times(1-x)$$

$$=\frac{(1-x)^2}{2}$$

2nd 삼각형 AKJ의 넓이가 삼각형 EJI의 넓이의 $\dfrac{3}{2}$ 배임을 이용하여 x 의 값을 구하자.

삼각형 AKJ의 넓이가 삼각형 EJI의 넓이의 $\dfrac{3}{2}$ 배이므로

$\dfrac{(1-x)^2}{2}=\dfrac{3}{2}x^2$ 에서 $1-2x+x^2=3x^2$

$2x^2+2x-1=0$

근의 공식을 이용하여 해를 구하면

$$x=\frac{-1+\sqrt{1+2}}{2}=\frac{-1+\sqrt{3}}{2}\ (\because x>0)$$

한편, $\overline{OE}=\sqrt{2}k$ 이고,

> → $\overline{GE}$ 는 한 변의 길이가 $2k$ 인 정사각형의 대각선이므로
> $\overline{GE}=\sqrt{2}\times 2k=2\sqrt{2}k$
> $\therefore \overline{OE}=\frac{1}{2}\times\overline{GE}=\frac{1}{2}\times 2\sqrt{2}k=\sqrt{2}k$

$\overline{OE}=\overline{OL}+\overline{EL}=1+\dfrac{-1+\sqrt{3}}{2}=\dfrac{1+\sqrt{3}}{2}$ 이므로

$$\sqrt{2}k=\frac{1+\sqrt{3}}{2}$$

$$\therefore k=\frac{1+\sqrt{3}}{2\sqrt{2}}=\frac{\sqrt{2}+\sqrt{6}}{4}=\frac{1}{4}\sqrt{2}+\frac{1}{4}\sqrt{6}$$

따라서 $p=\dfrac{1}{4}$, $q=\dfrac{1}{4}$ 이므로

$$100(p+q)=100\times\left(\frac{1}{4}+\frac{1}{4}\right)=100\times\frac{1}{2}=50$$

 My Top Secret 서울대 선배의 ❶ 등급 대비 전략

이 문제에서 k 의 값을 바로 구하기 위해 k 에 대한 방정식을 직접 세우려고 한다면 식이 복잡해져. 왜냐하면 크기가 큰 정사각형에 의해 만들어지는 작은 삼각형들 사이의 넓이 조건을 이용해야 하기 때문에 선분의 길이들을 k 에 대한 식으로 나타내었을 때 k 의 계수가 1보다 작은 수로 나올 수밖에 없기 때문이야.
도형과 관련된 문제에서는 구하고자 하는 값을 바로 문자로 놓고 푸는 경우도 있지만, 이 문제처럼 조건이나 힌트가 주어진 부분에 문자를 정한 후 그 부분을 바탕으로 구하고자 하는 선분의 길이나 넓이 관계를 거꾸로 찾아가는 방법을 사용할 수도 있어야 해.

F **이차방정식과 이차함수**

🐝 **개념 확인 문제**

F 01 정답 꼭짓점의 좌표 : $(1, 2)$, 축의 방정식 : $x=1$

F 02 정답 꼭짓점의 좌표 : $(2, 8)$, 축의 방정식 : $x=2$

F 03 정답 꼭짓점의 좌표 : $\left(3, \dfrac{1}{3}\right)$, 축의 방정식 : $x=3$

F 04 정답 (1) $a>0$, $b<0$, $c>0$　　(2) $a<0$, $b<0$, $c<0$
　　　　(3) $a>0$, $b>0$, $c<0$　　(4) $a<0$, $b>0$, $c>0$

F 05 정답 $y=2(x+1)^2+3$ (또는 $y=2x^2+4x+5$)

F 06 정답 $y=-x^2-x+2$

F 07 정답 $y=2x^2-x-3$

F 08 정답 -1, 0

F 09 정답 -3, 9

F 10 정답 5

F 11 정답 0

F 12 정답 2

F 13 정답 1

F 14 정답 (1) $k>-3$　　　(2) $k=-3$　　　(3) $k<-3$

F 15 정답 $k\geq-9$
이차방정식 $x^2+6x-k=0$의 판별식을 D라 하면
$$\dfrac{D}{4}=3^2-1\times(-k)=9+k$$
주어진 이차함수의 그래프가 x축과 만나려면
$D\geq0$이어야 하므로
$9+k\geq0$　　$\therefore k\geq-9$

F 16 정답 1, 4

F 17 정답 -1

F 18 정답 -2, $\dfrac{5}{2}$

F 19 정답 2

F 20 정답 0

F 21 정답 1

F 22 정답 (1) $k<\dfrac{29}{4}$　　　　(2) $k=\dfrac{29}{4}$　　　(3) $k>\dfrac{29}{4}$

F 23 정답 $k\leq\dfrac{3}{2}$
$-2x^2+3x+1=x+k$, 즉 $2x^2-2x+k-1=0$의 판별식을
D라 하면
$$\dfrac{D}{4}=(-1)^2-2\times(k-1)=-2k+3$$
주어진 이차함수의 그래프와 직선이 만나려면
$D\geq0$이어야 하므로
$-2k+3\geq0$　　$\therefore k\leq\dfrac{3}{2}$

F 24 정답 최댓값 : 없다, 최솟값 : -17

F 25 정답 최댓값 : $\dfrac{1}{12}$, 최솟값 : 없다.

F 26 정답 최댓값 : 없다, 최솟값 : 2

F 27 정답 최댓값 : $\dfrac{49}{4}$, 최솟값 : 없다.

F 28 정답 -6
$y=2x^2+8x-k-1=2(x+2)^2-k-9$의 최솟값이 -3이므로
$-k-9=-3$　　$\therefore k=-6$

F 29 정답 $\dfrac{1}{2}$
$y=-3x^2+6x+2k=-3(x-1)^2+2k+3$의 최댓값이
4이므로
$2k+3=4$　　$\therefore k=\dfrac{1}{2}$

F 30 정답 최댓값 : 3, 최솟값 : -6

F 31 정답 최댓값 : 5, 최솟값 : -3

F 32 정답 최댓값 : 22, 최솟값 : 4

F 33 정답 최댓값 : 8, 최솟값 : -16

F 34 정답 6
$f(x)=x^2-6x+k=(x-3)^2+k-9$이므로
$f(3)=k-9$, $f(2)=4-12+k=k-8$
$f(5)=25-30+k=k-5$
따라서 $2\leq x\leq5$에서 최댓값은 $k-5$이므로
$k-5=1$　　$\therefore k=6$

F 35 정답 3
$f(x)=-x^2-4x+k=-(x+2)^2+k+4$이므로
$f(-1)=-1+4+k=k+3$, $f(1)=-1-4+k=k-5$
따라서 $-1\leq x\leq1$에서 최솟값은 $k-5$이므로
$k-5=-2$　　$\therefore k=3$

F 36 정답 ② ──────── 이차함수의 그래프의 성질

정답 공식: 점 (a, b)를 x축의 방향으로 m만큼, y축의 방향으로 n만큼 평행이동 시킨 점의 좌표는 $(a+m, b+n)$이다.

이차함수 $y=x^2+px+q$의 그래프를 x축의 방향으로 1만큼, y축의 방향으로 3만큼 평행이동하였더니 꼭짓점의 좌표가 $(3, 2)$가 되었다. 이때, 상수 p, q에 대하여 $p+q$의 값은?

① -4 ② -1 ③ 0
④ 3 ⑤ 7

단서 좌표가 $(3, 2)$인 점을 거꾸로 이동하여 원래의 이차방정식의 꼭짓점의 좌표를 구하자.

1st 꼭짓점의 좌표를 거꾸로 평행이동하여 원래 함수의 꼭짓점의 좌표를 구해보자.

주의 함수의 그래프의 평행이동은 그래프를 이루는 점들의 이동이기 때문에 함수의 성질이나 특징에 영향을 미치지 않아. 따라서 꼭짓점을 평행이동시키면 꼭짓점이 돼.

이동한 후의 이차함수의 꼭짓점의 좌표가 $(3, 2)$이므로 원래 함수의 꼭짓점의 좌표는 x축의 방향으로 -1만큼, y축의 방향으로 -3만큼 평행이동시킨 $(2, -1)$이다. $(3, 2) \xrightarrow[y축:-3]{x축:-1} (3-1, 2-3)=(2, -1)$

x^2항의 계수가 1이고, 꼭짓점의 좌표가 $(2, -1)$인 이차함수를 구하면
$y=(x-2)^2-1=x^2-4x+3$
이것이 $y=x^2+px+q$와 같아야 하므로
$p=-4, q=3$
$\therefore p+q=-4+3=-1$

꼭짓점의 좌표가 (a, b)이고, 최고차항의 계수가 m인 이차함수는 $y=m(x-a)^2+b$

F 37 정답 ②, ④ ──────── 이차함수의 그래프의 성질

정답 공식: 그래프의 모양으로 a의 부호를, 꼭짓점의 x좌표로 b의 부호를, y절편으로 c의 부호를 구한다.

단서 그래프의 볼록, 축의 위치, y절편을 살펴보자.

이차함수 $y=ax^2+bx+c$의 그래프가 오른쪽 그림과 같을 때, 다음 중 옳지 않은 것을 모두 고르면? (단, a, b, c는 상수) (정답 2개)

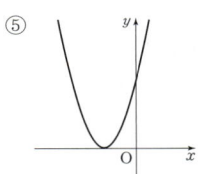

① $abc<0$
② $\dfrac{b}{2a}-c<0$
③ $a+b+c=0$
④ $a-3b+9c>0$
⑤ $4a+2b+c>0$

1st 그래프의 모양으로 a의 부호를, 꼭짓점의 x좌표로 b의 부호를, y절편으로 c의 부호를 알 수 있지?

$y=ax^2+bx+c$의 그래프가 아래로 볼록하므로 $a>0$
축이 y의 왼쪽에 있으므로
$ab>0$ $\therefore b>0$
y절편이 x축의 아래쪽에 있으므로 $c<0$

$\rightarrow y=a\left(x+\dfrac{b}{2a}\right)^2-\dfrac{b^2-4ac}{4a}$ 이고
축은 $x=-\dfrac{b}{2a}<0$에서 $ab>0$

① $a>0, b>0, c<0$이므로
$abc<0$ (참)
② $\dfrac{b}{2a}>0, -c>0$이므로
$\dfrac{b}{2a}-c>0$ (거짓)
③ $x=1$일 때 $y=0$이므로
$a+b+c=0$ (참)

④ $x=-\dfrac{1}{3}$일 때 $y<0$이므로
$a\left(-\dfrac{1}{3}\right)^2+b\left(-\dfrac{1}{3}\right)+c=\dfrac{1}{9}a-\dfrac{1}{3}b+c<0$
$\therefore a-3b+9c=9\left(\dfrac{1}{9}a-\dfrac{1}{3}b+c\right)<0$ (거짓)
⑤ $x=2$일 때 $y>0$이므로
$4a+2b+c>0$ (참)

F 38 정답 ① ──────── 이차함수의 그래프의 성질

정답 공식: 직선의 기울기와 y절편으로 a, b의 부호를 구한다.

단서1 a는 기울기, b는 y절편을 나타내.

일차함수 $y=ax+b$의 그래프가 그림과 같을 때, 이차함수 $y=a(x+b)^2$의 그래프로 알맞은 것은? (단, a, b는 상수이다.) **단서2** a는 그래프의 모양, 점 $(-b, 0)$은 꼭짓점을 나타내.

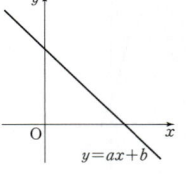

① 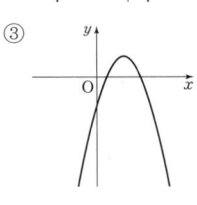   ②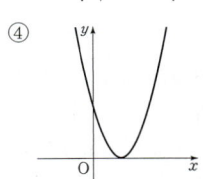

③   ④

⑤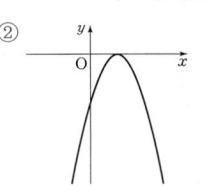

1st 직선의 기울기와 y절편으로부터 a와 b의 부호를 알 수 있지?

주어진 일차함수의 그래프가 오른쪽 아래를 향하고, y축과 x축의 위쪽에서 만나므로 $a<0, b>0$

$\underbrace{a<0}_{기울기}$ (기울기)<0 $\underbrace{b>0}_{y절편}$ (y절편)>0

따라서 $y=a(x+b)^2$의 그래프는 $a<0$이므로 위로 볼록하고, 꼭짓점의 좌표 $(-b, 0)$에서 $-b<0$이므로 x축과 원점의 왼쪽에서 접하는 ①이다.

❀ **이차함수 $y=a(x-p)^2+q$의 그래프**   개념·공식

(1) 이차함수 $y=a(x-p)^2+q$의 그래프
   ① 이차함수 $y=ax^2$의 그래프를 x축의 방향으로 p만큼, y축의 방향으로 q만큼 평행이동한 것이다.
   ② 꼭짓점의 좌표 : (p, q)
   ③ 축의 방정식 : $x=p$
(2) 이차함수 $y=a(x-p)^2+q$에서 a, p, q의 부호
   ① a의 부호 구하는 방법
     ⇒ 그래프가 아래로 볼록($\cup$) : $a>0$
       그래프가 위로 볼록($\cap$) : $a<0$
   ② p, q의 부호 구하는 방법
     ⇒ 꼭짓점 (p, q)의 위치로 결정

[정답 공식: $\sqrt{A^2}=|A|$임을 이용하여 a, b의 부호를 구한다.]

> 단서1 a, b의 부호를 파악해.
>
> 0이 아닌 두 실수 a, b에 대하여 $\sqrt{a^2}=-a$, $\sqrt{b^2}=b$가 성립할 때, 다음 중 이차함수 $y=ax^2+bx$의 그래프로 알맞은 것은?
>
>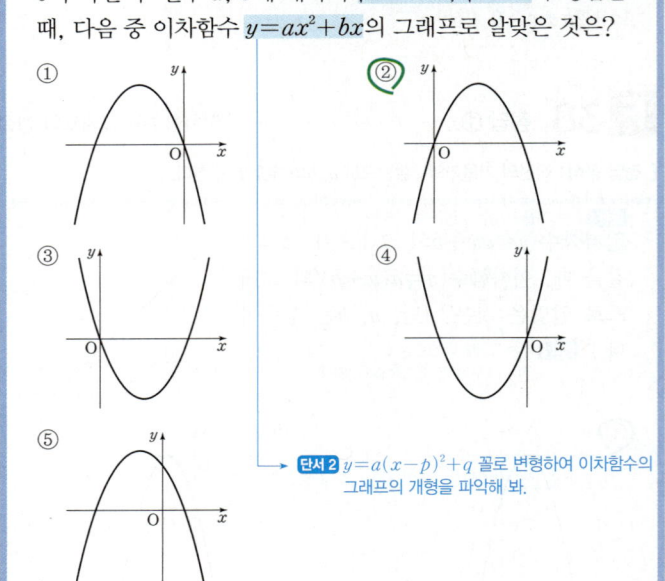
>
> 단서2 $y=a(x-p)^2+q$ 꼴로 변형하여 이차함수의 그래프의 개형을 파악해 봐.

1st 주어진 조건으로부터 a와 b의 부호를 판단해 봐.

0이 아닌 두 실수 a, b에 대하여

$\sqrt{a^2}=|a|=-a$이므로 $a<0$
$\sqrt{b^2}=|b|=b$이므로 $b>0$

$\rightarrow \sqrt{A^2}=|A|=\begin{cases} A\ (A\geq 0) \\ -A\ (A<0) \end{cases}$

> 함정 음수의 제곱근의 성질을 이용해 숨어있는 a, b의 부호를 찾아내야 해.

$y=ax^2+bx$
$=a\left(x^2+\dfrac{b}{a}x\right)$
$=a\left(x+\dfrac{b}{2a}\right)^2-\dfrac{b^2}{4a}$

따라서 이차함수 $y=ax^2+bx$의 그래프의 꼭짓점의 좌표는 $\left(-\dfrac{b}{2a},\ -\dfrac{b^2}{4a}\right)$이다.

이때, $a<0$, $b>0$이므로

$-\dfrac{b}{2a}>0,\ -\dfrac{b^2}{4a}>0$

$(-,+)$	$(+,+)$
$(-,-)$	$(+,-)$

즉, 꼭짓점이 제1사분면에 있음을 알 수 있다.

따라서 이차함수 $y=ax^2+bx$의 그래프는 $x=0$일 때 $y=0$이므로 원점을 지나고, $a<0$이므로 위로 볼록하며 꼭짓점이 제1사분면에 있는 ②이다.

🔷 **다른 풀이: 이차함수의 이차항의 계수와 축의 위치를 파악하여 그래프의 개형 그리기**

(i) $y=ax^2+bx$에서 $a<0$이므로 그래프는 위로 볼록해.

(ii) $y=ax^2+bx$에 $y=0$을 대입하면 $0=ax^2+bx=x(ax+b)$에서 $x=0$ 또는 $x=-\dfrac{b}{a}$이므로 그래프는 원점을 지남을 알 수 있어.

(iii) $ab<0$이므로 축은 y축의 오른쪽에 위치하게 되지.

따라서 이차함수 $y=ax^2+bx$의 그래프는 그림과 같아.

> 축은 $x=-\dfrac{b}{2a}$이므로 $-\dfrac{b}{2a}>0$이야.
> 즉, 축은 x축의 오른쪽에 있어.

[정답 공식: 이차함수 $y=ax^2+bx+c(a\neq 0)$에서 a, b, c의 부호를 파악하여 그래프의 개형을 그린다.]

> 0이 아닌 세 실수 a, b, c가 다음 조건을 만족한다.
>
> (가) $\sqrt{a}\sqrt{b}=-\sqrt{ab}$
>
> (나) $\dfrac{\sqrt{c}}{\sqrt{b}}=-\sqrt{\dfrac{c}{b}}$ 단서1 음수의 제곱근의 성질을 이용해 a, b, c의 부호를 알아내야 해.
>
> 이때 이차함수 $y=ax^2+bx+c$의 그래프가 될 수 있는 것은?
>
> 단서2 a, b, c의 부호를 이용해 그래프의 모양과 축의 위치, y절편의 위치를 확인해.
>
>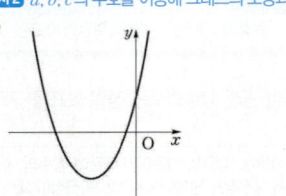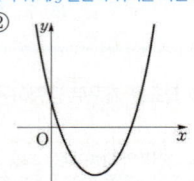
>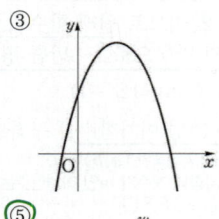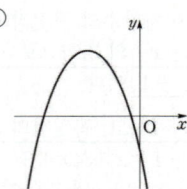
>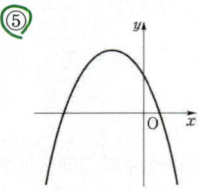

1st 주어진 조건을 이용하여 a, b, c의 조건을 파악하자.

조건 (가)에서 $\sqrt{a}\sqrt{b}=-\sqrt{ab}$이므로 $a<0$, $b<0$

[음수의 제곱근의 성질]
① $a<0$, $b<0$일 때, $\sqrt{a}\sqrt{b}=-\sqrt{ab}$ 이고, 다른 경우는 모두 $\sqrt{a}\sqrt{b}=\sqrt{ab}$

조건 (나)에서 $\dfrac{\sqrt{c}}{\sqrt{b}}=-\sqrt{\dfrac{c}{b}}$이므로 $b<0$, $c>0$

② $a>0$, $b<0$일 때, $\dfrac{\sqrt{a}}{\sqrt{b}}=-\sqrt{\dfrac{a}{b}}$ 이고, 다른 경우는 모두 $\dfrac{\sqrt{a}}{\sqrt{b}}=\sqrt{\dfrac{a}{b}}$ (단, $b\neq 0$)

2nd a, b, c의 부호를 이용하여 이차함수 $y=ax^2+bx+c$의 그래프의 개형을 구하자.

$y=ax^2+bx+c$에서 $a<0$이므로 그래프는 위로 볼록하고

$a<0$, $b<0$에서 $-\dfrac{b}{2a}<0$이므로 그래프의 대칭축은 y축의 왼쪽에 있다.

$y=ax^2+bx+c=a\left(x+\dfrac{b}{2a}\right)^2-\dfrac{b^2-4ac}{4}$에서

그래프의 축의 방정식은 $x=-\dfrac{b}{2a}$야.

또, $c>0$이므로 그래프는 y축과 $y>0$인 부분에서 만난다.

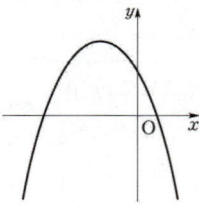

따라서 조건을 만족시키는 이차함수의 그래프가 될 수 있는 것은 ⑤이다.

F 41 정답 ③ ·· 이차함수의 그래프의 성질

정답 공식: 이차함수가 지나는 점 $(-1, 0)$을 대입하여 a의 값을 구한다. 꼭짓점 C와 점 A의 좌표로부터 △ABC의 넓이를 구한다.

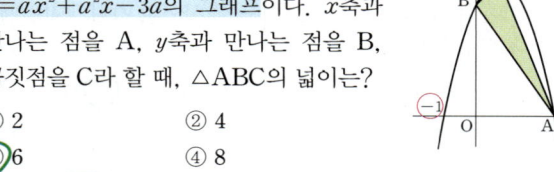

오른쪽 그림은 이차함수
$y=ax^2+a^2x-3a$의 그래프이다. x축과
만나는 점을 A, y축과 만나는 점을 B,
꼭짓점을 C라 할 때, △ABC의 넓이는?

① 2　　　　　② 4
③ 6　　　　　④ 8
⑤ 10

단서 그림에서 이차함수는 점 $(-1, 0)$을 지나므로
주어진 이차함수에 $x=-1$, $y=0$을 대입하자.

1st 조건을 이용하여 세 점 A, B, C의 좌표를 구해보자.

$y=ax^2+a^2x-3a$의 그래프가 점 $(-1, 0)$을 지나므로
$0=a-a^2-3a$, $a^2+2a=0$
$a(a+2)=0$　∴ $a=-2$ $(∵ a≠0)$　→ 이차함수이므로 x^2의 계수가 0이면 안 돼.
즉, $a≠0$

∴ $y=-2x^2+4x+6=-2(x-1)^2+8$
이 이차함수의 식에 $y=0$을 대입하면
$-2x^2+4x+6=0$, $x^2-2x-3=0$　→ 이차함수의 그래프가 x축과 만나는 점 A의 좌표를 구하려는 거야.
$(x-3)(x+1)=0$
∴ $x=3$ 또는 $x=-1$
따라서 점 A의 좌표는 $(3, 0)$이고, B$(0, 6)$, C$(1, 8)$이므로
△ABC=△OBC+△OCA-△OBA　→ (사각형 OACB의 넓이)
$=\dfrac{1}{2}×6×1+\dfrac{1}{2}×3×8-\dfrac{1}{2}×3×6$
$=3+12-9=6$

=△OBC+△OCA이므로
△ABC
=(사각형 OACB의 넓이)-△OBA
=△OBC+△OCA-△OBA

F 42 정답 ③ ·· 이차함수의 그래프의 성질

정답 공식: 이차함수 $y=ax^2 (a≠0)$에서 a의 절댓값이 클수록 그래프의 폭이 좁아진다.

좌표평면에 A$(1, 4)$, B$(1, 1)$, C$(4, 1)$을 꼭짓점으로 하는 삼각형 ABC가 있다. 이차함수 $y=ax^2$의 그래프와 삼각형 ABC의 교점의 개수를 $F(a)$라고 할 때, [보기]에서 옳은 것을 모두 고른 것은? (4점) **단서** 이차함수 $y=ax^2$의 그래프가 삼각형 ABC의 꼭짓점을 지날 때의 a의 값을 기준으로 그래프의 모양을 유추해 봐.

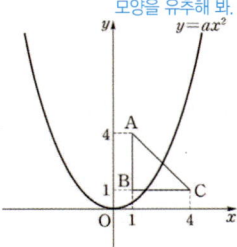

────── [보기] ──────
ㄱ. $F(3)=2$
ㄴ. $a>4$이면 $F(a)=0$이다.
ㄷ. $\dfrac{1}{16}≤a≤4$이면 $F(a)=2$이다.

① ㄱ　　　　② ㄴ　　　　③ ㄱ, ㄴ
④ ㄴ, ㄷ　　　⑤ ㄱ, ㄴ, ㄷ

1st 이차함수 $y=ax^2$의 그래프의 개형을 이용해 a의 값에 따른 $F(a)$의 값을 추론해 보자.

$y=ax^2$의 그래프가 점 $(1, 4)$를 지날 때, $a=4$
　　$y=ax^2$에 $x=1$, $y=4$를 대입하면
　　$4=a×1^2$　∴ $a=4$

$y=ax^2$의 그래프가 점 $(4, 1)$을 지날 때, $a=\dfrac{1}{16}$
　　$y=ax^2$에 $x=4$, $y=1$을 대입하면
　　$1=a×4^2$, $16a=1$　∴ $a=\dfrac{1}{16}$

이므로 다음과 같이 a의 값의 범위를 나누어 이차함수 $y=ax^2$의 그래프와 삼각형 ABC의 교점의 개수를 구해 보자.

(i) $a<\dfrac{1}{16}$ 또는 $a>4$일 때, [그림 1]과 같이 이차함수 $y=ax^2$의 그래프와 삼각형 ABC의 교점의 개수는 0이다.

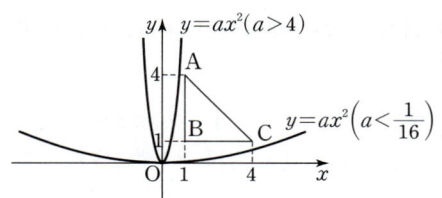

[그림 1]

(ii) $a=\dfrac{1}{16}$ 또는 $a=4$일 때, [그림 2]와 같이 이차함수 $y=ax^2$의 그래프와 삼각형 ABC의 교점의 개수는 1이다.

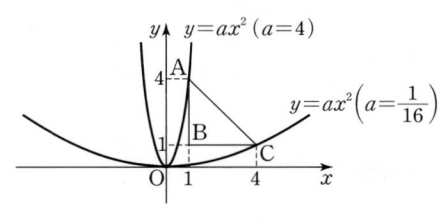

[그림 2]

(iii) $\dfrac{1}{16}<a<4$일 때, [그림 3]과 같이 이차함수 $y=ax^2$의 그래프와 삼각형 ABC의 교점의 개수는 2이다.

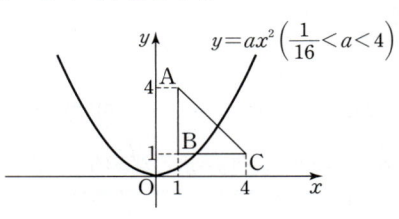

[그림 3]

2nd [보기]의 참, 거짓을 판별하자.

ㄱ. $a=3$일 때, $y=ax^2$, 즉 $y=3x^2$의 그래프와 삼각형 ABC의 교점의
(iii)의 경우야.
개수는 2이므로 $F(3)=2$ (참)

ㄴ. $a>4$이면 $y=ax^2$의 그래프와 삼각형 ABC의 교점의 개수는 0이므
(i)의 경우야.
로 $F(a)=0$ (참)

ㄷ. $a=\dfrac{1}{16}$ 또는 $a=4$일 때, $y=ax^2$의 그래프와 삼각형 ABC의 교점
(ii)의 경우야.
의 개수는 1이고, $\dfrac{1}{16}<a<4$일 때, $y=ax^2$의 그래프와 삼각형
(iii)의 경우야.
ABC의 교점의 개수는 2이므로 $\dfrac{1}{16}≤a≤4$이면 $F(a)=1$ 또는
$F(a)=2$이다. (거짓)

따라서 옳은 것은 ㄱ, ㄴ이다.

정답 공식: $f(x)$와 $g(x)$가 평행이동하여 겹쳐지는 함수임을 이용하여 식의 값을 구한다.

평행이동에 의하여 그 그래프가 겹쳐질 수 있는 두 이차함수 $f(x)=x^2+x+4$, $g(x)=x^2-x+4$에 대하여

$$\dfrac{f(1)f(2)f(3)\cdots f(20)}{g(1)g(2)g(3)\cdots g(20)}$$의 값은? [단서] $f(x)$와 $g(x)$의 관계를 평행이동으로 구하자.

① 82   ② 94   ③ 106

④ 118   ⑤ 130

[1st] 주어진 함수는 x축으로 평행이동하여 겹쳐지는 함수니까 $f(x+m)=g(x)$를 만족하지?

$f(x)=x^2+x+4=\left(x+\dfrac{1}{2}\right)^2+\dfrac{15}{4}$ 꼭짓점의 좌표가 $\left(-\dfrac{1}{2},\ \dfrac{15}{4}\right) \longrightarrow \left(\dfrac{1}{2},\ \dfrac{15}{4}\right)$

$g(x)=x^2-x+4=\left(x-\dfrac{1}{2}\right)^2+\dfrac{15}{4}$ 로 변하는 것을 보면 x축의 방향으로 1만큼 평행이동한 것을 알 수 있어.

즉, $g(x)$의 그래프는 $f(x)$의 그래프를 x축의 방향으로 1만큼 평행이동한 것이다.

따라서 $f(1)=g(2)$, $f(2)=g(3)$, $f(3)=g(4)$, $\cdots$, $f(18)=g(19)$, $f(19)=g(20)$이므로

$\dfrac{f(1)f(2)f(3)\cdots f(20)}{g(1)g(2)g(3)\cdots g(20)}=\dfrac{f(20)}{g(1)}$

$=\dfrac{20^2+20+4}{1-1+4}=106$

✿ 이차함수의 그래프   개념·공식

이차함수 $y=a(x-p)^2+q$의 그래프의 성질

(1) 이차함수 $y=ax^2$의 그래프를 x축의 방향으로 p만큼, y축의 방향으로 q만큼 평행이동한 것이다.

(2) 꼭짓점의 좌표 : $(p,\ q)$

(3) 축의 방정식 : $x=p$

정답 공식: 그래프에서 $y=f(x)$와 $y=g(x)$의 교점을 구한다.

두 이차함수 $y=f(x)$, $y=g(x)$의 그래프가 오른쪽 그림과 같을 때, 방정식 $f(x)-g(x)=0$의 모든 해의 합은? [단서] $f(x)=g(x)$가 되는 x의 값은 $y=f(x)$와 $y=g(x)$가 서로 만나는 점의 x좌표야.

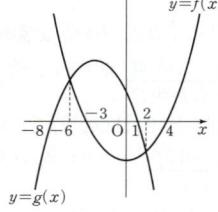

① -6 ② -5

③ -4 ④ -1

⑤ 1

[1st] 그래프로부터 이차방정식 $f(x)=g(x)$의 해를 알 수 있어.

$f(x)-g(x)=0$에서 $f(x)=g(x)$ $\cdots$ ㉠

이를 만족하는 해는 두 이차함수 $y=f(x)$, $y=g(x)$의 그래프의 교점의 x좌표이므로   이런 표현은 수학 문제에서 자주 나오는 형태니까 기억하자. 즉, $f(x)=g(x)$를 두 함수 $y=f(x)$와 $y=g(x)$의 교점의 x좌표를 구하는 것으로 해석해.

$x=-6$ 또는 $x=2$

따라서 구하는 모든 해의 합은 $-6+2=-4$

정답 공식: 두 그래프의 축의 방정식이 같으므로 교점의 좌표가 축에 대하여 대칭임을 이용한다.

[단서] 두 이차함수의 그래프의 축이 모두 직선 $x=1$이야.

두 이차함수 $y=-(x-1)^2+a$, $y=2(x-1)^2-1$의 그래프가 서로 다른 두 점에서 만난다. 이 두 점 사이의 거리가 4일 때, 상수 a의 값은?

① 7   ② 8   ③ 9   ④ 10   ⑤ 11

[1st] 두 이차함수의 그래프의 축의 방정식을 알아보자.

두 이차함수 $y=-(x-1)^2+a$, $y=2(x-1)^2-1$의 그래프의 축의 방정식은 $x=1$로 서로 같다.   이차함수 $y=a(x-p)^2+q$의 그래프의 축의 방정식은 $x=p$야.

[2nd] 두 이차함수의 그래프의 교점을 각각 A, B라 하면 두 점 A, B도 직선 $x=1$에 대하여 대칭임을 이용하자.

그림과 같이 두 이차함수의 그래프의 교점을 각각 A, B라 하자.

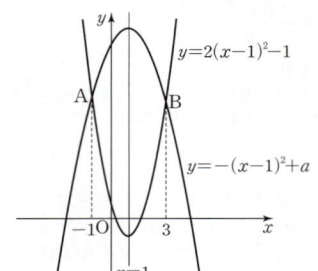

[함정] 두 함수의 그래프의 축이 같으면 그래프의 두 교점은 축에 대하여 대칭으로 존재해. 따라서 문제를 풀 때 α, β로 미지수 두 개를 사용하지 않고 $x=p$인 축을 기준으로 $p-\alpha$, $p+\alpha$로 미지수 하나를 이용하여 나타내는 것이 포인트야.

두 점 A, B도 직선 $x=1$에 대하여 대칭이고, 두 점 사이의 거리가 4이므로 두 점 A, B의 x좌표는 각각 -1, 3이다.

두 점 A, B 사이의 거리가 4이므로 점 A의 x좌표는 $1-\dfrac{4}{2}=-1$, 점 B의 x좌표는 $1+\dfrac{4}{2}=3$임을 알 수 있어.

따라서 $x=3$일 때 두 이차함수의 함숫값이 같으므로

$-(3-1)^2+a=2(3-1)^2-1$, $-4+a=8-1$ $x=-1$일 때 함숫값이 같음을 이용해도 결과는 같아.

$\therefore a=11$

정답 공식: $x=0$, $x=k$일 때 두 함수의 y좌표로부터 $\overline{AB}$, $\overline{CD}$의 길이를 구한다.

오른쪽 그림과 같이 두 이차함수 $y=(x-k)^2$과 $y=x^2-3x-2$의 그래프가 y축과 만나는 점을 각각 A, B라 하고, $y=(x-k)^2$의 그래프의 꼭짓점 D에서 y축과 평행한 직선을 그어 $y=x^2-3x-2$의 그래프와 만나는 점을 C라고 하자. 이때, 사각형 ABCD의 넓이가 10일 때, 양수 k의 값을 구하시오. (단, 점 C는 제 4사분면 위의 점이다.) [단서] 사각형 ABCD는 한 쌍의 마주보는 변이 평행하므로 사다리꼴이야.

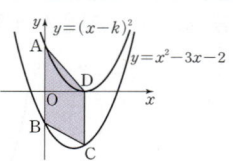

[1st] 네 점 A, B, C, D의 좌표를 구해보자.

$y=(x-k)^2$에서 A$(0,\ k^2)$, D$(k,\ 0)$ 점 A에서 y절편, 점 D에서 x절편을 구하면 돼.

$y=x^2-3x-2$에서 B$(0,\ -2)$

$y=x^2-3x-2$에 $x=k$를 대입하면 $y=k^2-3k-2$이므로

C$(k,\ k^2-3k-2)$

$\overline{AB}=k^2-(-2)=k^2+2$ [주의] 선분의 길이는 항상 양수이므로 k^2-3k-2의 값에 절댓값을 씌워서 $\overline{DC}$의 길이의 식을 나타내어야 해.

$\overline{DC}=|k^2-3k-2|=-k^2+3k+2$

2nd 사각형 ABCD의 모양을 판단하고 그 넓이로부터 k의 값을 구하자.

이때, 사각형 ABCD는 사다리꼴이고 넓이가 10이므로

$\frac{1}{2} \cdot \{(k^2+2)+(-k^2+3k+2)\} \cdot k = 10$

$\frac{1}{2}k(3k+4)=10$ <small>(사다리꼴의 넓이)$=\frac{1}{2} \times$(아랫변의 길이+윗변의 길이)×(높이)</small>

$3k^2+4k-20=0$

$(3k+10)(k-2)=0$

$\therefore k=2 \; (\because k>0)$

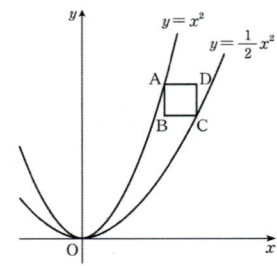

3rd 점 A의 x좌표와 y좌표의 합을 구하자.

따라서 점 A의 x좌표는 3이고 y좌표는 $3^2=9$이므로

점 A의 x좌표와 y좌표의 합은

$3+9=12$

F 47 정답 ④ ························· 두 이차함수의 그래프의 활용

> **정답 공식:** 점 A의 좌표와 정사각형의 한 변의 길이를 이용해 점 C의 좌표를 구해 이차함수의 식에 대입한다.

그림과 같이 좌표평면에 제1사분면에 있는 정사각형 **ABCD**의 모든 변은 x축 또는 y축에 평행하다. 두 점 A, C는 각각

<small>**단서1** 두 점 A, B와 두 점 C, D의 x좌표가 각각 같고, 두 점 A, D와 두 점 B, C의 y좌표가 각각 같아.</small>

이차함수 $y=x^2$, $y=\frac{1}{2}x^2$의 그래프 위에 있고, 점 A의 y좌표는 점 C의 y좌표보다 크다.

$\overline{AB}=1$일 때, 점 A의 x좌표와 y좌표의 합은?

<small>**단서2** 정사각형의 한 변의 길이가 1이므로 두 점 A, B의 y좌표의 차가 1이고, 두 점 B, C의 x좌표의 차도 1이지.</small>

① 9   ② 10   ③ 11

④ 12   ⑤ 13

1st 점 A의 좌표를 이용해 점 C의 좌표를 나타내자.

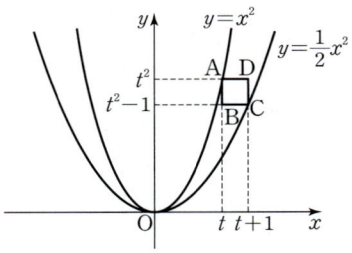

이차함수 $y=x^2$의 그래프 위의 점 A의 x좌표를 t라 하면

점 A의 좌표는 $A(t, t^2)$이고

점 A의 x좌표가 t이고 정사각형 ABCD의 한 변의 길이가 1이므로

점 C의 좌표는 $C(t+1, t^2-1)$

2nd t의 값을 구하자. <small>정사각형 ABCD의 한 변의 길이가 1이므로 점 C의 x좌표는 점 A의 x좌표보다 1만큼 크고, 점 C의 y좌표는 점 A의 y좌표보다 1만큼 작아.</small>

점 C는 이차함수 $y=\frac{1}{2}x^2$의 그래프 위의 점이므로

$t^2-1=\frac{1}{2}(t+1)^2$ <small>$C(t+1, t^2-1)$이므로 $y=\frac{1}{2}x^2$에 $x=t+1$, $y=t^2-1$을 대입한 거야.</small>

$2t^2-2=t^2+2t+1$, $t^2-2t-3=0$

$(t+1)(t-3)=0$ $\therefore t=-1$ 또는 $t=3$

이때, 점 A는 제1사분면의 점이므로

$t>0$에서 $t=3$

F 48 정답 ① ························· 이차함수의 그래프의 성질

> **정답 공식:** 한 변의 길이가 a인 정삼각형의 높이는 $\frac{\sqrt{3}}{2}a$이다.

좌표평면에서 두 이차함수 <small>**단서** 주어진 조건에 맞게 그림을 그려서 세 점 A, B, C를 나타내어 생각하자.</small>

$$y=x^2-2x+1, \; y=-\frac{1}{2}x^2+3x-\frac{5}{2}$$

의 그래프가 x축에 수직인 직선과 만나는 두 점을 각각 A, B라 하자. 다음은 점 $C(k, 0)$에 대하여 삼각형 ABC가 정삼각형이 되도록 하는 양수 k의 값을 구하는 과정이다.

> 두 점 A, B를 지나는 직선의 방정식을 $x=t$라 하고 직선 $x=t$와 x축과의 교점을 D라 하자.
> 삼각형 ABC가 정삼각형이 되기 위해서는 직선 CD가 선분 AB를 수직이등분해야 한다.
> 그러므로 $\overline{AD}=\overline{BD}$에서
> $t^2+\boxed{(가)}=0$
> $t=1$ 또는 $t=\boxed{(나)}$
> 이때, $t=1$인 경우는 조건을 만족시키지 않고
> $t=\boxed{(나)}$인 경우는 조건을 만족시킨다.
> 따라서 양수 k의 값은 $\boxed{(다)}$이다.

위의 (가)에 알맞은 식을 $f(t)$라 하고 (나), (다)에 알맞은 수를 각각 a, b라 할 때, $f(a)+b$의 값은?

① $-12+16\sqrt{3}$ ② $-11+16\sqrt{3}$ ③ $-12+17\sqrt{3}$

④ $-12+18\sqrt{2}$ ⑤ $-11+18\sqrt{2}$

1st 주어진 조건을 그래프로 나타내보자.

두 이차함수 $y=x^2-2x+1$,

$y=-\frac{1}{2}x^2+3x-\frac{5}{2}$의 그래프가 x축에 수직인 직선과 만나는 두 점을 각각 A, B라 하고, 점 $C(k, 0)$에 대하여 삼각형 ABC가 정삼각형이 되도록 그리면 그림과 같다.

2nd 삼각형 ABC가 정삼각형이려면 x축 이 선분 AB를 수직이등분해야 함을 이용해보자.

두 점 A, B를 지나는 직선의 방정식을 $x=t$라 하면

$A(t, t^2-2t+1)$, $B\left(t, -\frac{1}{2}t^2+3t-\frac{5}{2}\right)$ ⋯ ㉠ <small>▶두 점 A, B는 x축에 수직인 직선과 만난다고 하므로 두 점의 x좌표는 같지?</small>

직선 $x=t$와 x축과의 교점을 D라 하면 $\overline{CD} \perp \overline{AB}$이고 $\overline{AD}=\overline{BD}$이어야 하므로 $t^2-2t+1=-\left(-\frac{1}{2}t^2+3t-\frac{5}{2}\right)$

$\frac{1}{2}t^2+t-\frac{3}{2}=0$, $t^2+2t-3=0$ ←(가)

$(t-1)(t+3)=0$

$\therefore t=1$ 또는 $t=-3$ ←(나)

이때, $t=1$인 경우는 조건을 만족시키지 않으므로 $t=-3$

$t=-3$을 ⊙에 대입하면

A$(-3, 16)$, B$(-3, -16)$

 만약 $t=1$일 경우, $t=1$을 ⊙에 대입하면 A$(1,0)$, B$(1,0)$으로 같게 되어 삼각형 ABC가 만들어지지 않아.

3rd 정삼각형의 한 변의 길이를 이용해 점 C의 좌표를 찾자.

정삼각형 ABC에서 선분 AB가 밑변이면 높이는 선분 CD이다.

$\overline{AB}=16-(-16)=16+16=32$

$\overline{CD}=\dfrac{\sqrt{3}}{2}\times\overline{AB}=\dfrac{\sqrt{3}}{2}\times32=16\sqrt{3}$

즉, C$(-3+16\sqrt{3}, 0)$이다.

[정삼각형의 높이와 넓이]
한 변의 길이가 a인 정삼각형에 대하여
(높이)$=\dfrac{\sqrt{3}}{2}a$, (넓이)$=\dfrac{\sqrt{3}}{4}a^2$

따라서 $f(t)=2t-3$, $a=-3$,

$b=-3+16\sqrt{3}$이므로

$f(a)+b=f(-3)+(-3+16\sqrt{3})$

$=2\times(-3)-3+(-3+16\sqrt{3})$

$=-12+16\sqrt{3}$

F 49 정답 ③ ·········· 이차함수의 그래프의 성질

정답 공식: 이차함수 $y=ax^2+bx+c$의 그래프와 x축과의 교점의 x좌표는 이차방정식 $ax^2+bx+c=0$의 실근과 같다.

단서 1 교점에서는 두 함수 $f(x), g(x)$의 함숫값이 일치해.
최고차항의 계수의 절댓값이 같은 두 이차함수 $y=f(x)$, $y=g(x)$의 그래프가 서로 다른 두 점 A, B에서 만나고, 직선 AB의 기울기는 -1이다. 두 함수 $f(x), g(x)$가 다음 조건을 만족시킬 때, $f(-1)+g(-1)$의 값은?

단서 2 x에 -3 또는 2를 대입하면 우변이 0이 돼.
(가) $f(x)-g(x)=-4(x+3)(x-2)$
(나) $f(-3)+g(2)=5$

① 4 ② 5 ③ 6 ④ 7 ⑤ 8

1st $f(x), g(x)$의 최고차항의 계수를 구하자.

서로 다른 두 이차함수 $y=f(x)$, $y=g(x)$의 최고차항의 계수가 같으면 교점의 개수가 한 개 뿐이므로
$f(x)$의 최고차항의 계수가 a이면 $g(x)$의 최고차항의 계수는 $-a$이다.

조건 (가)에 의하여 두 이차함수 $f(x), g(x)$의

$f(x)-g(x)$의 최고차항의 계수가 -4이므로

$a-(-a)=-4$에서 $a=-2$

최고차항의 계수는 각각 -2, 2이다. ··· ⊙

2nd $f(2), f(-3), g(2), g(-3)$의 관계를 파악하자.

또한, $f(-3)-g(-3)=f(2)-g(2)=0$이므로

$f(-3)=g(-3)$이고 $f(2)=g(2)$이다.

그러므로 두 점 A, B의 x좌표는 -3, 2이므로

직선 AB의 기울기 $\dfrac{f(2)-f(-3)}{2-(-3)}=-1$에서

$f(2)-f(-3)=-5$ ··· ⓛ

조건 (나)에서 $f(-3)+f(2)=5$이므로 ⓛ과 연립하면

$f(2)=0, f(-3)=5$ ($g(2)=f(2)$이므로 두 식을 연립할 수 있도록 바꿨어.)

3rd 함수 $f(x)+g(x)$를 통해 답을 구하자.

$h(x)=f(x)+g(x)$라 하면 ⊙에 의하여

$h(x)=bx+c$이다.

$f(x)+g(x)$는 이차항의 계수가 0이므로 일차 이하의 식이야.

$f(x), g(x)$를 각각 구하는 것도 좋지만, 문제에서 묻고 있는 것이 $f(-1)+g(-1)$이니 두 함수의 합에 관한 함수만 구하는 것이 효율적이야.

$h(2)=f(2)+g(2)=0+0=0$,

$h(-3)=f(-3)+g(-3)=5+5=10$에서

$2b+c=0$, $-3b+c=10$

두 일차방정식을 연립하면 $b=-2, c=4$이므로

$h(x)=-2x+4$이다.

따라서 $f(-1)+g(-1)=h(-1)=2+4=6$이다.

F 50 정답 ① ·········· 이차함수의 그래프와 x축의 교점

정답 공식: 두 근을 각각 대입하여 a, b에 대한 연립방정식을 푼다.

단서 이차방정식 $-2x^2+ax-b=0$의 두 근이 $x=-2, x=3$이라는 거야.
이차함수 $y=-2x^2+ax-b$의 그래프가 x축과 두 점 $(-2, 0)$, $(3, 0)$에서 만날 때, 상수 a, b에 대하여 $a+b$의 값은?

① -10 ② -6 ③ -2 ④ 6 ⑤ 14

1st $y=0$이니까 x에 관한 이차방정식을 만들 수 있지? 근과 계수의 관계를 이용해.

이차함수 $y=-2x^2+ax-b$의 그래프와 x축의 교점의 x좌표가 -2, 3이므로 -2, 3은 이차방정식 $-2x^2+ax-b=0$의 두 근이다.

이차방정식의 근을 구하는 것은 이차함수에서 x절편을 구하는 것과 같아.

따라서 근과 계수의 관계에 의하여

$-2+3=-\dfrac{a}{-2}$, $(-2)\cdot3=\dfrac{-b}{-2}$

$\therefore a=2, b=-12$

$\therefore a+b=-10$

F 51 정답 ⑤ ·········· 이차함수의 그래프와 x축과의 교점

정답 공식: 이차함수 $y=ax^2+bx+c$의 그래프가 x축과 만나는 점의 x좌표는 이차방정식 $ax^2+bx+c=0$의 해와 같다.

이차함수 $y=2x^2+ax-1$의 그래프가 x축과 만나는 두 점의 x

단서 1 이차방정식 $2x^2+ax-1=0$의 실근이 존재한다는 뜻이야.

좌표의 합이 -1일 때, 상수 a의 값은?

단서 2 이차함수의 그래프가 x축과 만나는 두 점의 x좌표의 합은 이차방정식에서의 두 실근의 합을 뜻하므로 이차방정식의 근과 계수의 관계를 이용해봐.

① -2 ② -1 ③ 0 ④ 1 ⑤ 2

1st 이차함수의 그래프와 이차방정식의 관계를 이용해.

이차함수 $y=2x^2+ax-1$의 그래프가 x축과 만나는 두 점의 x좌표는

x축은 직선 $y=0$이므로 이차함수 $y=2x^2+ax-1$의 그래프와 직선 $y=0$이 만나는 점의 x좌표는 이차방정식 $2x^2+ax-1=0$의 해와 같아.

이차방정식 $2x^2+ax-1=0$의 두 실근과 같다.

이때, 이차함수 $y=2x^2+ax-1$의 그래프가 x축과 만나는 두 점의 x좌표의 합이 -1이므로 이차방정식 $2x^2+ax-1=0$의 근과 계수의 관계에 의하여

이차방정식 $ax^2+bx+c=0$에 대하여

(두 근의 합) $=-\dfrac{a}{2}=-1$

(두 근의 합) $=-\dfrac{b}{a}$, (두 근의 곱) $=\dfrac{c}{a}$

$\therefore a=2$

정답 ① ⸱⸱⸱⸱⸱⸱⸱⸱⸱⸱⸱⸱⸱⸱⸱⸱⸱⸱ 이차함수의 그래프와 x축의 교점

정답 공식: 두 근을 각각 대입하여 a, b에 대한 연립방정식을 푼다.

> 단서 $x=-4$, $x=1$은 이차방정식 $x^2+ax+b=0$의 두 근이야.
> 이차함수 $y=x^2+ax+b$의 그래프와 x축과의 두 교점의 x좌표가 각각 -4, 1일 때, 이차함수 $y=x^2-bx+a$의 그래프와 x축과의 두 교점 사이의 거리는? (단, a, b는 상수)
> ① 2 　　② $\sqrt{5}$ 　　③ 3
> ④ 4 　　⑤ $2\sqrt{5}$

1st $x^2+ax+b=0$의 두 근이 주어졌으니까 a, b를 구할 수 있지?

이차방정식 $x^2+ax+b=0$의 두 근이 -4, 1이므로 근과 계수의 관계에 의하여

$-4+1=-a$, $(-4)\times 1=b$ ← 이차함수 $y=x^2+ax+b$의 그래프와 x축과의 교점의 x좌표가 -4, 1이라는 것과 같아.

$\therefore a=3$, $b=-4$

따라서 이차함수 $y=x^2-bx+a$, 즉 $y=x^2+4x+3$의 그래프와 x축의 두 교점의 x좌표는 이차방정식 $x^2+4x+3=0$의 근이므로

$x^2+4x+3=0$, $(x+1)(x+3)=0$

$\therefore x=-1$ 또는 $x=-3$

따라서 이차함수 $y=x^2+4x+3$의 그래프와 x축과의 두 교점 사이의 거리는 $-1-(-3)=2$

⚙ **이차방정식의 근과 계수의 관계** 　　　　개념·공식

① 두 근의 합 : $-\dfrac{(x \text{의 계수})}{(x^2 \text{의 계수})}$

② 두 근의 곱 : $\dfrac{(\text{상수항})}{(x^2 \text{의 계수})}$

정답 ④ ⸱⸱⸱⸱⸱⸱⸱⸱⸱⸱⸱⸱⸱⸱⸱⸱⸱⸱ 이차함수의 그래프와 x축의 교점

정답 공식: 근과 계수의 관계를 이용하여 이차방정식의 두 근의 차가 4가 되도록 a의 값을 정한다.

> 이차함수 $y=x^2-2ax+3a$가 x축과 두 점 A, B에서 만날 때, $\overline{AB}=4$가 되도록 하는 양수 a의 값은?
> ① 1 　　② 2 　　③ 3
> ④ 4 　　⑤ 5 단서 이차방정식 $x^2-2ax+3a=0$의 두 근이 포물선 $y=x^2-2ax+3a$와 x축의 교점임을 이용해.

1st $x^2-2ax+3a=0$의 두 근을 α, β라 놓고, 근과 계수의 관계와 조건 $|\alpha-\beta|=4$를 이용해.

주어진 이차함수와 x축의 교점을 나타내는 이차방정식 $x^2-2ax+3a=0$의 두 근을 α, β라 두면

$\alpha+\beta=2a$, $\alpha\beta=3a$

$\overline{AB}=4$이면 두 근의 차가 4가 되어야 하므로

$(\alpha-\beta)^2=(\alpha+\beta)^2-4\alpha\beta=4a^2-12a=16$

$a^2-3a-4=0$, $(a-4)(a+1)=0$

$\therefore a=4$ 또는 $a=-1$

따라서 a는 양수이므로 $a=4$ ← 주의 문제의 조건에 유의하여 이에 해당하는 범위의 a의 값을 선택하도록 해.

정답 ① ⸱⸱⸱⸱⸱⸱⸱⸱⸱⸱⸱⸱⸱⸱⸱⸱⸱⸱ 이차함수의 그래프와 x축과의 교점

정답 공식: 이차함수 $f(x)=k(x-\alpha)(x-\beta)$ (α, β는 실수)의 그래프는 x축과 α, β에서 만난다.

> 두 자연수 a, b에 대하여 이차함수 $f(x)=a(x-2)(x-b)$가 다음 조건을 만족시킬 때, $f(4)$의 값은?
> 단서 1 주어진 이차함수의 상수 a, b가 자연수임에 유의하자.
>
> (가) $f(0)=6$
> (나) x의 값의 범위가 $x>2$일 때, $f(x)>0$이다.
> └ 단서 2 $x>2$인 범위에서 함숫값이 양수가 되는 조건을 만족하도록 a, b의 값을 정해야 해.
>
> ① 18 　　② 20 　　③ 22
> ④ 24 　　⑤ 26

1st 조건 (가)를 만족시키는 식을 구해보자.

두 자연수 a, b에 대하여 이차함수 $f(x)=a(x-2)(x-b)$는 조건 (가)에 의해 $f(0)=6$을 만족시키므로

$f(0)=a\times(0-2)\times(0-b)=2ab=6$

$\therefore ab=3$

즉, a, b는 자연수이므로 [함정 a, b가 자연수라는 조건이 없으면 a, b가 되는 수는 무수히 많아. 조건이 특수하면 그것에 유의하면서 풀어야 하는 거야.]

$a=1$, $b=3$ 또는 $a=3$, $b=1$

2nd a, b의 값에서 조건 (나)를 만족시키는 것을 골라보자.

(i) $a=1$, $b=3$일 때,

　주어진 이차함수는 $f(x)=(x-2)(x-3)$이므로

　이차함수 $y=f(x)$의 그래프의 개형은 [그림 1]과 같다.

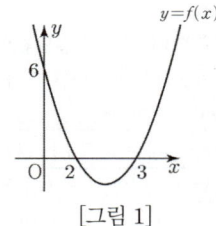

[그림 1]

그런데 $2<x\leq 3$에서 $f(x)\leq 0$이므로 조건 (나)에서 $x>2$일 때 함숫값 $f(x)$가 양수여야 한다는 것에 모순이야.

조건 (나)를 만족시키지 않는다.

(ii) $a=3$, $b=1$일 때,

　주어진 이차함수는 $f(x)=3(x-2)(x-1)$이므로

　이차함수 $y=f(x)$의 그래프의 개형은 [그림 2]와 같다.

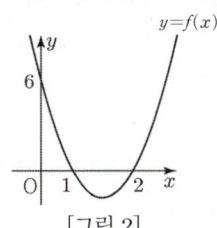

[그림 2]

이때, $x>2$에서 $f(x)>0$이므로 조건 (나)를 만족시킨다.

(i), (ii)에 의해 $a=3$, $b=1$이고, $f(x)=3(x-2)(x-1)$이므로

$f(4)=3\times(4-2)\times(4-1)$

　　$=3\times 2\times 3=18$

[정답 공식: x축과 두 점 $x=\alpha$, $x=\beta$에서 만나는 이차함수의 그래프의 식은 $y=k(x-\alpha)(x-\beta)$ $(k\neq0)$이다.]

단서 1 세 이차함수 $f(x)$, $g(x)$, $h(x)$의 최고차항의 계수를 한 문자로 나타낼 수 있어.
그림과 같이 최고차항의 계수의 절댓값이 같은 세 이차함수 $y=f(x)$, $y=g(x)$, $y=h(x)$의 그래프가 있다. 방정식 $f(x)+g(x)+h(x)=0$의 모든 근의 합은?

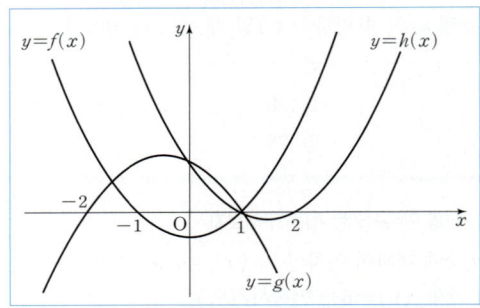

단서 2 그래프의 모양으로 세 이차함수의 최고차항의 계수의 부호를 알 수 있어. 또, x축과의 교점의 x좌표가 주어졌으니까 $f(x)$, $g(x)$, $h(x)$의 식을 세울 수 있어.

① 1   ② 2   ③ 3   ④ 4   ⑤ 5

1st 세 이차함수의 식을 구해 보자.

두 이차함수 $y=f(x)$, $y=h(x)$의 그래프는 아래로 볼록하므로 두 이차함수 $f(x)$, $h(x)$의 최고차항의 계수는 양수이고, 이차함수 $y=g(x)$의 그래프는 위로 볼록하므로 이차함수 $g(x)$의 최고차항의 계수는 음수이다. 이차함수의 그래프가 아래로 볼록하면 최고차항의 계수는 양수, 위로 볼록하면 최고차항의 계수는 음수야.

이때, 세 이차함수의 최고차항의 계수의 절댓값이 같으므로 양수 k에 대하여 두 이차함수 $f(x)$, $h(x)$의 최고차항의 계수를 k, 이차함수 $g(x)$의 최고차항의 계수를 $-k$라 하면 함수 $y=f(x)$의 그래프가 x축과 $x=-1$, $x=1$인 두 점에서 만나므로 $f(x)=k(x+1)(x-1)$, 함수 $y=g(x)$의 그래프가 x축과 $x=-2$, $x=1$인 두 점에서 만나므로 $g(x)=-k(x+2)(x-1)$, 함수 $y=h(x)$의 그래프가 x축과 $x=1$, $x=2$인 두 점에서 만나므로 $h(x)=k(x-1)(x-2)$이다. 이차방정식 $f(x)=0$의 실근이 $x=\alpha$, $x=\beta$ $(\alpha\neq\beta)$이면 이차함수 $y=f(x)$의 그래프는 x축과 두 점 $(\alpha,0)$, $(\beta,0)$에서 만나.

2nd 방정식 $f(x)+g(x)+h(x)=0$의 모든 근의 합을 구해.

$f(x)+g(x)+h(x)=0$에서
$k(x+1)(x-1)-k(x+2)(x-1)+k(x-1)(x-2)=0$
$k(x-1)\{(x+1)-(x+2)+(x-2)\}=0$ 공통인수 $k(x-1)$로 묶어서 정리해.
$k(x-1)(x-3)=0$ $\therefore x=1$ 또는 $x=3$
따라서 방정식 $f(x)+g(x)+h(x)=0$의 모든 근의 합은 $1+3=4$이다.

다른 풀이: 이차방정식의 근과 계수의 관계 이용하기

$f(x)+g(x)+h(x)=0$에서
$k(x+1)(x-1)-k(x+2)(x-1)+k(x-1)(x-2)=0$
$kx^2-k-kx^2-kx+2k+kx^2-3kx+2k=0$
$kx^2-4kx+3k=0$
따라서 이차방정식의 근과 계수의 관계에 의하여
이차방정식 $ax^2+bx+c=0$의 두 근을 α, β라 하면
$\alpha+\beta=-\dfrac{b}{a}$, $\alpha\beta=\dfrac{c}{a}$가 성립해.
방정식 $f(x)+g(x)+h(x)=0$의 모든 근의 합은
$-\dfrac{-4k}{k}=4$ $(\because k\neq0)$야.

[정답 공식: $y=ax^2+bx+c=a\left(x+\dfrac{b}{2a}\right)^2+c-\dfrac{b^2}{4a}$]

좌표평면에서 이차함수 $y=f(x)$의 그래프의 꼭짓점을 A라 하고 이차함수 $y=f(x)$의 그래프가 x축과 만나는 두 점을 B, C라 할 때, 세 점 A, B, C가 다음 조건을 만족시킨다.

(가) 점 A는 이차함수 $y=-x^2-2x-7$의 그래프의 꼭짓점이다. **단서** 조건 (가)의 이차함수를 표준형으로 바꾸면 꼭짓점을 구할 수 있지? 그리고 조건 (나)로부터 구할 수 있는 길이를 생각해보자.
(나) 삼각형 ABC의 넓이는 12이다.

$f(3)$의 값을 구하시오.

1st 조건 (가)로 점 A의 좌표를 구하자.
이차함수 $y=-x^2-2x-7$의 그래프의 꼭짓점을 구하면
$y=-x^2-2x-7=-(x+1)^2-6$ 이차함수 $y=a(x-\alpha)^2+\beta$의 꼭짓점의 좌표는 (α,β)지?
즉, 이차함수 $y=f(x)$의 그래프의 꼭짓점 $A(-1,-6)$이므로
$f(x)=k(x+1)^2-6$ (단, $k\neq0$)

2nd 조건 (나)를 이용하여 두 점 B, C의 x좌표를 구하자.
그림과 같이 함수 $y=f(x)$가 x축과 만나려면 $k>0$이어야 한다.
$A(-1,-6)$이므로 $k<0$이면 $y=f(x)$의 그래프는 x축과 만나지 않아.
두 점 B, C는 x축 위의 점이므로 삼각형의 ABC의 높이는 점 A의 y좌표의 절댓값으로 6이고, 밑변의 길이는 $\overline{BC}$의 길이이다.
조건 (나)에 의해 삼각형 ABC의 넓이가 12이므로
$\dfrac{1}{2}\times\overline{BC}\times6=12$ $\therefore \overline{BC}=4$

이차함수의 그래프는 축인 $x=-1$에 대하여 대칭이므로 선분 BC의 중점의 x좌표는 -1이다. **주의**
$\overline{BC}=4$이므로
점 B의 x좌표는 $-1+\dfrac{4}{2}=1$
점 C의 x좌표는 $-1-\dfrac{4}{2}=-3$

이차함수 $y=ax^2+bx+c$의 그래프의 특징 중 하나가 축에 대한 대칭이야. 이때, 축의 방정식은 $x=-\dfrac{b}{2a}$야.

3rd 함수 $f(x)$의 식을 구하자.
함수 $f(x)=k(x+1)^2-6$의 그래프가 $B(1, 0)$을 지나므로 대입하면
$0=k(1+1)^2-6$ $\therefore k=\dfrac{3}{2}$
따라서 $f(x)=\dfrac{3}{2}(x+1)^2-6$이므로
$f(3)=\dfrac{3}{2}\times4^2-6=24-6=18$

다른 풀이: 이차방정식의 근과 계수의 관계 이용하기

2nd 에서 두 점 B, C의 x좌표를 b, c라 하자.
$\overline{BC}=4$이므로 $|b-c|=4$
이때, b, c는 이차방정식 $f(x)=0$, 즉 $k(x+1)^2-6=0$의 두 근이므로
$kx^2+2kx+k-6=0$에서 $b+c=-2$, $bc=\dfrac{k-6}{k}$
$(b-c)^2=(b+c)^2-4bc$이므로 이차방정식의 근과 계수의 관계를 적용한 거야.
$16=4-\dfrac{4(k-6)}{k}$, $12k=-4k+24$
$16k=24$ $\therefore k=\dfrac{3}{2}$
(이하 동일)

⚙️ **이차함수 $y=ax^2+bx+c$를 표준형으로 변형하는 방법** 　개념·공식

$$y=ax^2+bx+c$$
$$=a\left(x^2+\frac{b}{a}x\right)+c$$
$$=a\left(x^2+\frac{b}{a}x+\frac{b^2}{4a^2}-\frac{b^2}{4a^2}\right)+c$$
$$=a\left(x+\frac{b}{2a}\right)^2+c-\frac{b^2}{4a}$$

F 57 정답 ⑤ ················· 이차함수의 그래프와 x축과의 위치 관계

정답 공식: 두 이차함수 $y=f(x)$, $y=g(x)$의 그래프가 서로 다른 두 점에 만나면 이차방정식 $f(x)-g(x)=0$의 판별식 $D>0$이다.

단서 1 이차함수의 그래프와 x축 사이의 관계를 이차방정식으로 바꾸어 생각해 봐.

두 이차함수 $f(x)=x^2+ax+b$, $g(x)=-x^2+cx+d$에 대하여 그림과 같이 함수 $y=f(x)$의 그래프는 x축에 접하고, 두 함수 $y=f(x)$와 $y=g(x)$의 그래프는 제1사분면과 제2사분면에서 만난다. [보기]에서 옳은 것만을 있는 대로 고른 것은?

단서 2 두 함수 $y=f(x)$, $y=g(x)$의 그래프가 두 개의 교점을 가진다는 것은 방정식 $f(x)=g(x)$의 해가 두 개 있다는 거야.

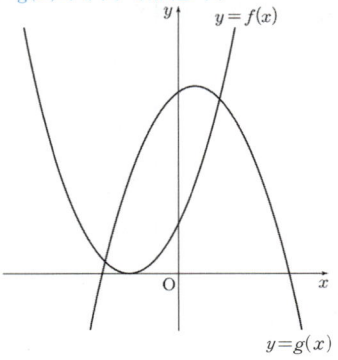

[보기]

ㄱ. $a^2-4b=0$　　　ㄴ. $a^2-4d<0$
ㄷ. $(a-c)^2-8(b-d)>0$

① ㄱ　② ㄱ, ㄴ　③ ㄱ, ㄷ　④ ㄴ, ㄷ　⑤ ㄱ, ㄴ, ㄷ

1st 함수 $y=f(x)$의 그래프가 x축과 접하니까 이차방정식 $f(x)=0$이 중근을 가져.

ㄱ. 이차함수 $f(x)=x^2+ax+b$에 대하여 $y=f(x)$의 그래프가 x축에 접하므로 이차방정식 $x^2+ax+b=0$의 판별식 $D=0$이 성립한다.
∴ $D=a^2-4b=0$ (참)

2nd ㄱ을 이용하여 ㄴ의 참, 거짓을 판별하자.

ㄴ. ㄱ에 의하여 $a^2=4b$이므로
$$a^2-4d=4b-4d$$
이때, b는 이차함수 $y=f(x)$의 그래프가 y축과 만나는 점의 y좌표이고, d는 이차함수 $y=g(x)$의 그래프가 y축과 만나는 점의 y좌표인데 주어진 그림에서 보면 d가 b보다 위쪽에 위치하므로 $b-d<0$
∴ $a^2-4d=4b-4d$
$$=4(b-d)<0 \text{ (참)}$$

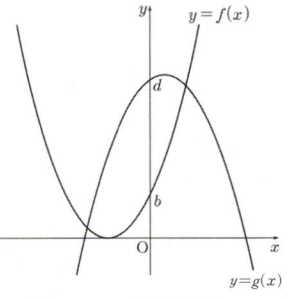

🎈**함정** 두 이차함수 $f(x)=x^2+ax+b$, $g(x)=-x^2+cx+d$의 그래프가 y축과 만나는 점의 y좌표가 각각 b, d임을 알아야 풀 수 있어.

3rd 방정식 $f(x)-g(x)=0$의 판별식을 이용하여 ㄷ의 참, 거짓을 판별하자.

ㄷ. 두 함수 $y=f(x)$와 $y=g(x)$의 그래프가 서로 다른 두 점에서 만나므로 이차방정식 $f(x)=g(x)$는 서로 다른 두 실근을 가진다.
즉, 이차방정식 $x^2+ax+b=-x^2+cx+d$에서
$2x^2+(a-c)x+b-d=0$이 서로 다른 두 실근을 가지려면 판별식 $D>0$이어야 한다.
∴ $D=(a-c)^2-8(b-d)>0$ (참)

🏅**실수** $(a-c)^2-8(b-d)$의 $a-c$, $b-d$는 $f(x)$와 $g(x)$의 계수의 차임을 안다면 정답을 구하는 데에 도움이 되겠지. 따라서 주어진 식의 형태를 유심히 관찰하는 것도 문제 해결에 많은 도움이 돼.

따라서 옳은 것은 ㄱ, ㄴ, ㄷ이다.

🔑 **다른 풀이:** 이차방정식의 근과 계수의 관계 이용하여 a^2-4d의 부호 결정하기

ㄴ. 두 함수 $y=f(x)$와 $y=g(x)$의 그래프가 제1 사분면과 제2 사분면에서 만나므로 이차방정식 $f(x)=g(x)$는 서로 다른 두 실근을 갖고, 두 실근의 부호가 달라야 해.
따라서 이차방정식 $x^2+ax+b=-x^2+cx+d$,
즉 $2x^2+(a-c)x+b-d=0$에서 두 근의 부호가 다르므로 근과 계수의 관계에 의해
(두 근의 곱)$=\dfrac{b-d}{2}<0$에서 $b-d<0$ ··· ㉠이야.

이때, ㄱ에서 $a^2-4b=0$이라 했으므로 $b=\dfrac{a^2}{4}$을 ㉠에 대입하면
$$\frac{a^2}{4}-d<0$$
∴ $a^2-4d<0$ (참)

(이하 동일)

F 58 정답 ② ························· 이차함수의 그래프와 x축의 교점

정답 공식: 그래프에서 $f(x)$의 식을 구하고 x 대신 $2x-1$을 대입한다.

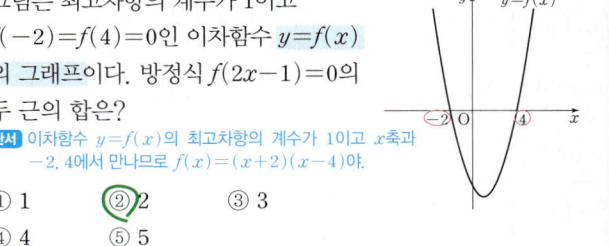

그림은 최고차항의 계수가 1이고 $f(-2)=f(4)=0$인 이차함수 $y=f(x)$의 그래프이다. 방정식 $f(2x-1)=0$의 두 근의 합은?

단서 이차함수 $y=f(x)$의 최고차항의 계수가 1이고 x축과 -2, 4에서 만나므로 $f(x)=(x+2)(x-4)$야.

① 1　② 2　③ 3
④ 4　⑤ 5

1st 그래프로부터 $f(x)$를 구해서 x 대신 $2x-1$을 대입해 봐.

이차함수 $y=f(x)$의 최고차항의 계수가 1이고 x축과 -2, 4에서 만나므로
$$f(x)=(x+2)(x-4)$$

　　　최고차항의 계수가 a이고, x축과 α, β에서 만나는 이차함수 $f(x)$는 $f(x)=a(x-\alpha)(x-\beta)$야.

함수 $f(x)$에서 x 대신 $2x-1$을 대입하면
$$f(2x-1)=(2x-1+2)(2x-1-4)$$
$$=(2x+1)(2x-5)$$

🏅**실수** $f(x)$에서 x 대신에 $2x-1$이 들어갔다고 생각하면 쉬워.

따라서 $f(2x-1)=0$의 두 근은 $x=-\dfrac{1}{2}$ 또는 $x=\dfrac{5}{2}$이므로
두 근의 합은 $-\dfrac{1}{2}+\dfrac{5}{2}=2$이다.

F 59 정답 ④ ················ 이차함수의 그래프와 x축의 교점

정답 공식: 이차함수를 y축에 대칭인 함수로 놓으면,
$$f\left(\frac{l}{2}\right)=0, \ f\left(\frac{l+1}{2}\right)=1, \ f\left(\frac{l+3}{2}\right)=4\text{이다.}$$

이차함수 $y=f(x)$의 그래프가 x축과 만나는 서로 다른 두 점 A, B에 대하여 $\overline{AB}=l$이라 하자. $y=f(x)$의 그래프가 직선 $y=1$과 만나는 서로 다른 두 점 C, D에 대하여 $\overline{CD}=l+1$, $y=f(x)$의 그래프가 직선 $y=4$와 만나는 서로 다른 두 점 E, F에 대하여 $\overline{EF}=l+3$이다. l의 값은?

단서 이차함수 $y=f(x)$를 y축에 대칭인 이차함수라고 생각해서 풀자.
즉, A$\left(-\frac{l}{2}, 0\right)$, B$\left(\frac{l}{2}, 0\right)$으로 놓고 시작해.

① 1 ② $\frac{3}{2}$ ③ 2
④ $\frac{5}{2}$ ⑤ 3

1st $y=f(x)$를 y축에 대칭인 함수로 놓고 x축과의 교점의 좌표를 이용해서 $f(x)$를 x에 관한 이차식으로 나타내자.

$y=f(x)$를 y축에 대칭인 이차함수라 생각하면 $\overline{AB}=l$이므로 A$\left(-\frac{l}{2}, 0\right)$, B$\left(\frac{l}{2}, 0\right)$이라 할 수 있으므로

$$y=a\left(x+\frac{l}{2}\right)\left(x-\frac{l}{2}\right) \text{(단, } a\neq 0) \cdots \bigcirc$$

주의 최고차항의 계수가 주어지지 않았으므로 미지수 a를 사용해야 해.

2nd $y=f(x)$와 $y=1$, $y=4$와의 교점의 좌표를 $\bigcirc$에 대입하자.

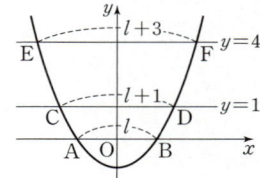

그림에서 $y=1$이면 $\bigcirc$의 그래프는 점 $\left(\frac{l+1}{2}, 1\right)$을 지나므로

$\underset{\text{점 D의 좌표}}{}$

$$1=a\left(\frac{l+1}{2}+\frac{l}{2}\right)\left(\frac{l+1}{2}-\frac{l}{2}\right)$$

$$\frac{1}{a}=\left(l+\frac{1}{2}\right)\times\frac{1}{2} \cdots \bigcirc\bigcirc$$

이차함수 $\bigcirc$에 점 $\left(\frac{l+1}{2}, 1\right)$의 좌표를 대입해.

$y=4$이면 $\bigcirc$의 그래프는 점 $\left(\frac{l+3}{2}, 4\right)$를 지나므로

$$4=a\left(\frac{l+3}{2}+\frac{l}{2}\right)\left(\frac{l+3}{2}-\frac{l}{2}\right)$$

$\underset{\text{점 F의 좌표}}{}$

$$\frac{4}{a}=\left(l+\frac{3}{2}\right)\times\frac{3}{2} \cdots \bigcirc\bigcirc$$

이차함수 $\bigcirc$에 점 $\left(\frac{l+3}{2}, 4\right)$를 대입해.

$\bigcirc\bigcirc-\bigcirc\bigcirc\times4$를 하면

$$\frac{3}{2}l+\frac{9}{4}=2l+1, \ \frac{1}{2}l=\frac{5}{4}$$

$$\therefore l=\frac{5}{2}$$

❀ **이차함수의 그래프**   개념·공식

이차함수 $y=a(x-p)^2+q$의 그래프의 성질
(1) 이차함수 $y=ax^2$의 그래프를 x축의 방향으로 p만큼, y축의 방향으로 q만큼 평행이동한 것이다.
(2) 꼭짓점의 좌표 : (p, q)
(3) 축의 방정식 : $x=p$

F 60 정답 ① ··········· 이차함수의 그래프와 x축과의 위치 관계

정답 공식: 이차함수의 그래프가 x축과 접하면 꼭짓점이 x축 위에 있다.

이차함수 $y=x^2+4x+a$의 그래프가 x축과 접할 때, 상수 a의 값은? 단서 이차함수의 그래프가 x축과 접하므로 꼭짓점의 y좌표는 0이어야 해.

①4 ② 5 ③ 6
④ 7 ⑤ 8

1st 이차함수의 그래프의 꼭짓점의 좌표를 구해.

$\underline{y=x^2+4x+a=(x+2)^2+a-4}$이므로 이차함수 $y=x^2+4x+a$의 그래프의 꼭짓점의 좌표는 $(-2, a-4)$이다.

$x^2+4x+a=(x^2+4x+4)-4+a$
$\qquad\qquad =(x+2)^2+a-4$

이차함수 $y=a(x-p)^2+q$의 그래프의 꼭짓점의 좌표는 (p, q)야.

2nd x축과 접하기 위한 상수 a의 값을 구해.

이차함수 $y=x^2+4x+a$의 그래프가 x축과 접하므로 그래프는 그림과 같아야 한다. 즉, 꼭짓점의 y좌표가 0이어야 하므로

이차항의 계수가 1로 양수이므로 이차함수 $y=x^2+4x+a$의 그래프는 아래로 볼록한 포물선이야.

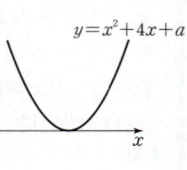

$a-4=0$ $\therefore a=4$

🔖 **다른 풀이:** 이차방정식의 판별식 이용하기

이차함수 $y=x^2+4x+a$의 그래프가 x축과 접하면 이차방정식 $x^2+4x+a=0$은 중근을 가져. 이 이차방정식의 판별식을 D라 하면 $D=0$이어야 하므로

$$\frac{D}{4}=2^2-a=0 \qquad \therefore a=4$$

이차방정식 $ax^2+bx+c=0$의 판별식을 D라 하면 $D=b^2-4ac$이고 이차방정식 $ax^2+2b'x+c=0$의 판별식을 D라 하면 $\frac{D}{4}=b'^2-ac$야.

❀ **이차함수와 이차방정식의 관계**   개념·공식

이차함수 $f(x)=ax^2+bx+c$와 이차방정식 $ax^2+bx+c=0$의 판별식 D에 대하여
① 함수 $y=f(x)$의 그래프가 x축과 서로 다른 두 점에서 만난다. $\Longleftrightarrow D>0$
② 함수 $y=f(x)$의 그래프가 x축과 접한다. $\Longleftrightarrow D=0$
③ 함수 $y=f(x)$의 그래프가 x축과 만나지 않는다. $\Longleftrightarrow D<0$

F 61 정답 6 ··········· 이차함수의 그래프와 x축과의 위치 관계

정답 공식: 이차함수 $y=f(x)$의 그래프가 x축에 접할 때, 이차방정식 $f(x)=0$의 판별식 $D=0$이다.

이차함수 $y=x^2+ax+9$의 그래프가 x축에 접할 때, 양수 a의 값을 구하시오. 단서 이차함수의 그래프가 x축에 접할 때, 이차방정식은 중근을 가져야 해.

1st 이차함수의 그래프가 x축에 접하는 경우 이차함수의 식으로 만들어진 이차방정식은 중근을 가져.

이차함수 $y=x^2+ax+9$가 x축에 접할 때, 이차방정식 $x^2+ax+9=0$은 중근을 가진다.

즉, 이차방정식 $x^2+ax+9=0$의 판별식 $D=0$이므로

$$D=a^2-4\times1\times9=a^2-36=0$$

$$a^2=36$$

$$\therefore a=6 \ (\because a>0)$$

[이차함수와 이차방정식의 관계]
이차함수 $f(x)=ax^2+bx+c$와 이차방정식 $ax^2+bx+c=0$의 판별식 D에 대하여
(1) 함수 $y=f(x)$의 그래프가 x축과 서로 다른 두 점에서 만난다. $\Longleftrightarrow D>0$
(2) 함수 $y=f(x)$의 그래프가 x축과 접한다. $\Longleftrightarrow D=0$
(3) 함수 $y=f(x)$의 그래프가 x축과 만나지 않는다. $\Longleftrightarrow D<0$

정답 ② ⸺⸺⸺⸺⸺⸺ 이차함수의 그래프와 x축과의 위치 관계

정답 공식: 이차함수 $y=f(x)$의 그래프가 x축과 만나지 않으면 이차방정식 $f(x)=0$의 판별식을 D라 할 때, $D<0$이 성립한다.

> 이차함수 $y=x^2-6x+a$의 그래프가 x축과 만나지 않도록 하는 정수 a의 최솟값은?
>
> 단서 이차함수의 그래프와 x축이 만나는 점의 개수는 이차함수의 식에 $y=0$을 대입했을 때 나온 이차방정식의 근의 개수와 일치해.
>
> ① 8 　　② 10 　　③ 12
> ④ 14 　　⑤ 16

1st 이차함수 $y=f(x)$의 그래프와 x축이 만나는 점의 x좌표는 이차방정식 $f(x)=0$의 해와 같아.

이차함수 $y=x^2-6x+a$의 그래프와 x축이 만나지 않으려면 이차방정식 $x^2-6x+a=0$이 서로 다른 두 허근을 가져야 한다. 이차함수 $y=x^2-6x+a$와 x축, 즉 $y=0$을 연립한 방정식을 의미해.

즉, 이차방정식 $x^2-6x+a=0$의 판별식을 D라 하면

$\dfrac{D}{4}=9-a<0$ 이차방정식 $ax^2+2b'x+c=0$과 같이 x의 계수가 짝수인 경우 판별식 D는 $\dfrac{D}{4}=(b')^2-ac$로 더 간단하게 계산할 수 있어.

$\therefore a>9$

따라서 정수 a의 최솟값은 10이다.

F 63 정답 ① ⸺⸺⸺⸺⸺⸺ 이차함수의 그래프와 x축의 위치 관계

정답 공식: 이차함수 $y=f(x)$와 x축의 교점의 개수가 2이므로 이차방정식 $f(x)=0$의 판별식 $D>0$이다.

> 이차함수 $y=x^2+2(k-1)x+k^2-3k+2$의 그래프가 x축과 서로 다른 두 점에서 만날 때, 다음 중 실수 k의 값이 될 수 없는 것은?
>
> 단서 이차방정식 $x^2+2(k-1)x+k^2-3k+2=0$이 서로 다른 두 실근을 가진다는 거야.
>
> ① 1 　　② 2 　　③ 3
> ④ 4 　　⑤ 5

1st 이차방정식의 판별식이 양수가 될 조건을 찾아.

이차함수 $y=x^2+2(k-1)x+k^2-3k+2$의 그래프가 x축과 서로 다른 두 점에서 만나므로 이차방정식 $x^2+2(k-1)x+k^2-3k+2=0$의 판별식을 D라고 하면 이차함수의 그래프가 x축과 서로 다른 두 점에서 만나므로 이차방정식은 서로 다른 실근을 가져야 해.

$\dfrac{D}{4}=(k-1)^2-(k^2-3k+2)>0$

$\therefore k>1$

따라서 선택지 중 k의 값이 될 수 없는 것은 ①이다.

❋ **이차방정식의 판별식** 　　　　　　　　　개념·공식

계수가 실수인 이차방정식 $ax^2+bx+c=0$에서 판별식을 $D=b^2-4ac$라 할 때,
① $D>0 \iff$ 서로 다른 두 실근을 갖는다.
② $D=0 \iff$ 서로 같은 두 실근(중근)을 갖는다.
③ $D<0 \iff$ 서로 다른 두 허근을 갖는다.

F 64 정답 ② ⸺⸺⸺⸺⸺⸺ 이차함수의 그래프와 x축과의 위치 관계

정답 공식: 이차방정식 $ax^2+bx+c=0$의 판별식을 D라 할 때 $D<0$이면 이차방정식의 실근은 존재하지 않는다.

> 단서 이차함수 $y=f(x)$의 그래프가 x축과 만나지 않으면 이차방정식 $f(x)=0$의 실근은 존재하지 않아.
>
> 이차함수 $y=x^2+2(a-1)x+2a+13$의 그래프가 x축과 만나지 않도록 하는 모든 정수 a의 값의 합은?
>
> ① 12 　　② 14 　　③ 16
> ④ 18 　　⑤ 20

1st 이차방정식의 판별식을 이용해.

이차함수 $y=x^2+2(a-1)x+2a+13$의 그래프가 x축과 만나지 않으므로 이차방정식 $x^2+2(a-1)x+2a+13=0$의 실근이 존재하지 않는다. 함수 $y=f(x)$의 그래프가 x축과 만나는 점의 x좌표는 방정식 $f(x)=0$의 해이고 함수 $y=f(x)$의 그래프가 x축과 만나지 않으면 방정식 $f(x)=0$의 실근이 존재하지 않아.

즉, 이 이차방정식의 판별식을 D라 하면 $D<0$이어야 한다. 이차방정식 $ax^2+bx+c=0$의 판별식을 D라 하면 $D=b^2-4ac$야. 이 이차방정식은 $D>0$이면 서로 다른 두 실근을 갖고, $D=0$이면 한 실근(중근)을 가져. 또, $D<0$이면 실근을 갖지 않아.

$\dfrac{D}{4}=(a-1)^2-1\times(2a+13)=a^2-2a+1-2a-13$

$=a^2-4a-12=(a+2)(a-6)<0$ 일차항의 계수가 짝수인 이차방정식 $ax^2+2bx+c=0$의 판별식은 $\dfrac{D}{4}=b^2-ac$로 나타낼 수 있어.

$\therefore -2<a<6$

따라서 조건을 만족시키는 모든 정수 a는 -1, 0, 1, 2, 3, 4, 5이고 그 합은 $(-1)+0+1+2+3+4+5=14$이다.

🔷 **다른 풀이**: **이차함수의 최솟값을 이용하여 조건을 만족시키는 정수 a의 값 구하기** → 최고차항의 계수가 양수인 이차함수의 그래프는 아래로 볼록하고 최고차항의 계수가 음수인 이차함수의 그래프는 위로 볼록해.

주어진 이차함수 $y=x^2+2(a-1)x+2a+13$의 이차항의 계수는 1로 양수이므로 그래프는 아래로 볼록해.

따라서 이 이차함수의 그래프가 x축과 만나지 않으려면 이차함수의 최솟값이 0보다 커야 해. 이때,

$y=x^2+2(a-1)x+2a+13$
$=x^2+2(a-1)x+(a-1)^2-(a-1)^2+2a+13$
$=(x+a-1)^2-(a-1)^2+2a+13$
$=(x+a-1)^2-a^2+4a+12$

이므로 이 이차함수의 최솟값은 $x=-a+1$일 때 $-a^2+4a+12$이고 이 값이 0보다 커야 하므로 이차함수 $f(x)=a(x-p)^2+q(a>0)$는 $x=p$일 때 최솟값 q를 가져.

$-a^2+4a+12>0$에서

$a^2-4a-12<0$, $(a+2)(a-6)<0$ 　　$\therefore -2<a<6$

(이하 동일)

F 65 정답 ③ ⸺⸺⸺⸺⸺⸺ 이차함수의 그래프와 x축과의 위치 관계

정답 공식: 이차방정식의 해와 이차함수의 그래프가 x축과 만나는 점의 관계를 이용한다.

> 단서1 이차함수 $y=f(x)$의 그래프가 x축과 접하면 이차방정식 $f(x)=0$은 중근을 가져.
>
> 두 상수 a, b에 대하여 이차함수 $y=x^2+ax+b$의 그래프가 점 $(1, 0)$에서 x축과 접할 때, 이차함수 $y=x^2+bx+a$의 그래프가 x축과 만나는 두 점 사이의 거리는?
>
> 단서2 이차방정식 $f(x)=0$이 서로 다른 두 실근 α, β를 가지면 이차함수 $y=f(x)$의 그래프는 x축과 두 점 $(\alpha, 0)$, $(\beta, 0)$에서 만나.
>
> ① 1 　　② 2 　　③ 3
> ④ 4 　　⑤ 5

1st a, b의 값을 각각 구해.

이차함수 $y=x^2+ax+b$의 그래프가 점 $(1, 0)$에서 x축과 접하므로 이차방정식 $x^2+ax+b=0$은 중근 $x=1$을 갖는다. 이때, 최고차항의 계수가 1이고 $x=1$을 중근으로 하는 이차방정식은 $(x-1)^2=0$, 즉 $x^2-2x+1=0$이므로 $x^2+ax+b=x^2-2x+1$에서 $a=-2$, $b=1$이다.

> x에 대한 항등식이므로 양변의 계수를 비교하여 a, b의 값을 각각 구하면 돼.

2nd 이차함수 $y=x^2+bx+a$가 x축과 만나는 두 점 사이의 거리를 구해.

이차함수 $y=x^2+bx+a$, 즉 $y=x^2+x-2$의 그래프가 x축과 만나는 두 점의 x좌표는 이차방정식 $x^2+x-2=0$의 서로 다른 두 실근과 같다.
$x^2+x-2=0$에서 $(x+2)(x-1)=0$
$\therefore x=-2$ 또는 $x=1$
따라서 이차함수 $y=x^2+x-2$의 그래프가 x축과 만나는 두 점의 좌표는 $(-2, 0)$, $(1, 0)$이므로 이 두 점 사이의 거리는 $1-(-2)=3$이다.

> **실수**
> 두 점 (x_1, y_1), (x_2, y_2) 사이의 거리를 d라 하면 $d=\sqrt{(x_2-x_1)^2+(y_2-y_1)^2}$인데 두 점 $(1, 0)$, $(-2, 0)$은 x축 위의 점이므로 x좌표의 차로 두 점 사이의 거리를 구할 수 있어.

다른 풀이 ➊ : 이차방정식의 판별식 이용하기

이차함수 $y=x^2+ax+b$가 점 $(1, 0)$을 지나므로 $x=1$, $y=0$을 이차함수의 식에 대입하면 식이 성립하지?

> 함수 $y=f(x)$의 그래프가 점 (a, b)를 지나면 $b=f(a)$가 성립해.

즉, $0=1+a+b$에서 $b=-a-1$ … ㉠
또, 이차함수 $y=x^2+ax+b$의 그래프가 점 $(1, 0)$에서 x축과 접하므로 이차방정식 $x^2+ax+b=0$은 중근을 가져.
따라서 이 이차방정식의 판별식을 D라 하면 $D=0$에서
$a^2-4\times1\times b=0$

> 이차방정식 $ax^2+bx+c=0$의 판별식을 D라 하면 $D=b^2-4ac$이고 이차방정식이 서로 다른 두 실근을 가지면 $D>0$, 중근(한 실근)을 가지면 $D=0$, 실근을 갖지 않으면 $D<0$이야.

$\therefore a^2-4b=0$ … ㉡
㉠을 ㉡에 대입하면
$a^2-4(-a-1)=0$, $a^2+4a+4=0$, $(a+2)^2=0$
$\therefore a=-2$, $b=-(-2)-1=1$
(이하 동일)

다른 풀이 ➋ : 이차방정식의 근과 계수의 관계 이용하기

위의 풀이에서 $a=-2$, $b=1$이므로 이차함수 $y=x^2+bx+a$는 $y=x^2+x-2$지?
이때, 이 이차함수의 그래프가 x축과 만나는 두 점을 $(\alpha, 0)$, $(\beta, 0)$이라 하면 α, β는 이차방정식 $x^2+x-2=0$의 서로 다른 두 실근이므로 이차방정식의 근과 계수의 관계에 의하여

> 이차방정식 $ax^2+bx+c=0$의 해를 $x=\alpha$, $x=\beta$라 하면 이차방정식의 근과 계수의 관계에 의하여 $\alpha+\beta=-\dfrac{b}{a}$, $\alpha\beta=\dfrac{c}{a}$야.

$\alpha+\beta=-1$, $\alpha\beta=-2$ … ㉢야.
그런데 구하는 것은 두 점 $(\alpha, 0)$, $(\beta, 0)$ 사이의 거리인 $|\alpha-\beta|$의 값이므로 이것을 ㉢을 이용하여 구해 보자.
$(\alpha-\beta)^2=(\alpha+\beta)^2-4\alpha\beta=(-1)^2-4\times(-2)=1+8=9$

> $(\alpha-\beta)^2=\alpha^2+\beta^2-2\alpha\beta=\{(\alpha+\beta)^2-2\alpha\beta\}-2\alpha\beta$
> $=(\alpha+\beta)^2-4\alpha\beta$

$\therefore \alpha-\beta=3$ 또는 $\alpha-\beta=-3$
따라서 $|\alpha-\beta|=3$이므로 이차함수 $y=x^2+x-2$의 그래프가 x축과 만나는 두 점 사이의 거리는 3이야.

> 이차방정식의 두 근이 α, β일 때 풀이와 같이 이차방정식의 근과 계수의 관계를 이용하여 $|\alpha-\beta|$를 구할 수도 있지만 공식으로 기억해 두자. 이차방정식 $ax^2+bx+c=0$의 두 근 α, β에 대하여 $|\alpha-\beta|=\dfrac{\sqrt{b^2-4ac}}{|a|}$야.

✿ 이차함수의 그래프와 x축과의 위치 관계   개념·공식

이차함수 $y=ax^2+bx+c$의 그래프가
(1) x축과 서로 다른 두 점에서 만난다. $\iff D>0$
(2) x축과 접한다. $\iff D=0$
(3) x축과 만나지 않는다. $\iff D<0$

F 66   정답 ② ·················· 이차함수의 그래프와 x축의 위치 관계

> **정답 공식:** 이차함수 $y=f(x)$와 x축이 서로 다른 두 점에서 만나므로 이차방정식 $f(x)=0$의 판별식 $D>0$이다.

이차함수 $y=x^2-5x+k$의 그래프와 x축이 서로 다른 두 점에서 만나도록 하는 자연수 k의 최댓값은?

> **단서** 이차함수 $y=f(x)$의 그래프가 x축과 서로 다른 두 점에서 만나려면 이차방정식 $f(x)=0$이 서로 다른 두 실근을 가져야 해.

① 4   ② 6   ③ 8
④ 10   ⑤ 12

1st 이차함수의 그래프가 x축과 서로 다른 두 점에서 만날 조건을 생각하자.

이차함수 $y=x^2-5x+k$의 그래프가 x축과 서로 다른 두 점에서 만나려면 이차방정식 $x^2-5x+k=0$이 서로 다른 두 실근을 가져야 한다.
즉, 이차방정식의 판별식 $D>0$이어야 하므로
$D=(-5)^2-4k=25-4k>0$

> 이차방정식 $ax^2+bx+c=0$에 대하여 $D=b^2-4ac$라 하면 $D>0 \iff$ 서로 다른 두 실근 $\iff$ 이차함수 $y=ax^2+bx+c$의 그래프가 x축과 서로 다른 두 점에서 만난다.

$\therefore k<\dfrac{25}{4}=6.25$
따라서 자연수 k의 최댓값은 6이다.

🧨 톡톡 풀이: 이차함수의 최솟값을 이용하여 조건을 만족시키는 자연수 k의 최댓값 구하기

아래로 볼록인 이차함수의 그래프에서 꼭짓점의 y좌표가 0보다 작으면 이차함수의 그래프가 x축과 서로 다른 두 점에서 만나므로

$$y=\left(x-\frac{5}{2}\right)^2+k-\frac{25}{4}$$

> **주의**
> 함수 $y=\left(x-\dfrac{5}{2}\right)^2$의 그래프를 y축의 방향으로 $k-\dfrac{25}{4}$만큼 평행이동시킨 거야.

에서 $k-\dfrac{25}{4}<0$

> 이차함수의 꼭짓점의 좌표를 구하려면 $y=ax^2+bx+c=a\left(x+\dfrac{b}{2a}\right)^2-\dfrac{b^2-4ac}{4a}$의 꼴로 바꾸어야 해.

$\therefore k<\dfrac{25}{4}=6.25$
따라서 자연수 k의 최댓값은 6이야.

★ 이차방정식과 이차함수의 그래프의 관계   수능 핵강

이차함수 $y=ax^2+bx+c$의 그래프와 x축이 서로 만날 때, 그 교점의 x좌표가 바로 이차방정식 $ax^2+bx+c=0$의 실근이야.
따라서 $D=b^2-4ac$라 할 때, 이차방정식의 근과 이차함수의 그래프의 관계를 정리하면 다음과 같아.

	$D>0$	$D=0$	$D<0$
$ax^2+bx+c=0$의 해	서로 다른 두 실근	중근	서로 다른 두 허근
$y=ax^2+bx+c$의 그래프와 x축의 위치 관계	서로 다른 두 점에서 만난다.	한 점에서 만난다. (접한다.)	만나지 않는다.
$a>0$일 때 $y=ax^2+bx+c$ 의 그래프			
$a<0$일 때 $y=ax^2+bx+c$ 의 그래프			

F 67 정답 ③ ·················· 이차함수의 그래프와 x축과의 위치 관계

정답 공식: 이차방정식의 판별식 D에 대하여 이차방정식이 서로 다른 두 근을 가지면 $D>0$, 한 실근(중근)을 가지면 $D=0$, 실근을 갖지 않으면 $D<0$이다.

단서1 이차함수 $y=ax^2+bx+c$의 그래프가 x축과 만나는 점의 개수는 이차방정식 $ax^2+bx+c=0$의 서로 다른 실근의 개수와 같으므로 이차방정식을 이용하여 접근해.

함수 $f(x)=x^2+4x-3k^2-12k+40$의 그래프와 x축이 만나는 점의 개수와, 함수 $g(x)=x^2-12x+3k^2-36k+96$의 그래프와 x축이 만나는 점의 개수가 서로 같도록 하는 모든 정수 k의 개수는?

단서2 이차함수의 그래프와 x축의 교점의 개수를 비교하는 거니까 두 이차방정식 $f(x)=0$, $g(x)=0$에서 판별식을 이용해.

① 11   ② 13   ③ 15
④ 17   ⑤ 19

1st 이차함수 $F(x)$에 대하여 함수 $y=F(x)$의 그래프와 x축의 교점의 개수는 이차방정식 $F(x)=0$의 서로 다른 실근의 개수와 관련이 있으므로 두 이차방정식의 판별식을 구해.

두 이차함수 $y=f(x)$, $y=g(x)$의 그래프와 x축의 교점의 개수를 알아야 하므로 두 이차방정식 $f(x)=0$, $g(x)=0$의 판별식을 생각하자.
이차방정식 $f(x)=0$, 즉 $x^2+4x-3k^2-12k+40=0$의 판별식을 D_1이라 하면

이차방정식 $ax^2+bx+c=0$의 판별식을 D라 하면 $D=b^2-4ac$야. 특히, x의 계수가 짝수인 이차방정식 $ax^2+2b'x+c=0$의 판별식을 D라 하면 $D=(2b')^2-4ac=4\{(b')^2-ac\}$에서 $\frac{D}{4}=(b')^2-ac$인데 판별식의 부호로 이차방정식의 서로 다른 실근의 개수를 알 수 있으니까 x의 계수가 짝수인 이차방정식은 $\frac{D}{4}$의 부호로 서로 다른 실근의 개수를 구해도 돼.

$\frac{D_1}{4}=2^2-1\times(-3k^2-12k+40)=4+3k^2+12k-40$
$\quad=3k^2+12k-36=3(k^2+4k-12)$
$\quad=3(k+6)(k-2)$

또, 이차방정식 $g(x)=0$, 즉 $x^2-12x+3k^2-36k+96$의 판별식을 D_2라 하면

$\frac{D_2}{4}=(-6)^2-1\times(3k^2-36k+96)=36-3k^2+36k-96$
$\quad=-3k^2+36k-60=-3(k^2-12k+20)$
$\quad=-3(k-2)(k-10)$

2nd 두 이차방정식의 서로 다른 실근의 개수가 같을 때의 정수 k의 개수를 구해.
두 이차방정식 $f(x)=0$, $g(x)=0$의
(i) 서로 다른 실근의 개수가 2로 같을 때,

이차방정식의 판별식 D에 대하여 이차방정식이 서로 다른 두 실근을 가지면 $D>0$이야.

$\frac{D_1}{4}>0$에서 $3(k+6)(k-2)>0$
$\therefore k<-6$ 또는 $k>2$
$\frac{D_2}{4}>0$에서 $-3(k-2)(k-10)>0$
$3(k-2)(k-10)<0$ $\therefore 2<k<10$
따라서 두 이차방정식의 서로 다른 실근의 개수가 2로 같도록 하는 실수 k의 값의 범위는 $2<k<10$이므로 정수 k는 $10-2-1=7$(개)이다.

정수 a, b에 대하여 부등식 $a<x<b$를 만족시키는 정수 x는 $(b-a-1)$개야.

(ii) 서로 다른 실근의 개수가 1로 같을 때,

이차방정식의 판별식 D에 대하여 이차방정식이 한 실근(중근)을 가지면 $D=0$이야.

$\frac{D_1}{4}=0$에서 $3(k+6)(k-2)=0$
$\therefore k=-6$ 또는 $k=2$
$\frac{D_2}{4}=0$에서 $-3(k-2)(k-10)=0$
$\therefore k=2$ 또는 $k=10$
따라서 두 이차방정식의 서로 다른 실근의 개수가 1로 같도록 하는 정수 k는 2로 1개이다.

(iii) 서로 다른 실근의 개수가 0으로 같을 때,

이차방정식의 판별식 D에 대하여 이차방정식이 실근을 갖지 않으면 $D<0$이야.

$\frac{D_1}{4}<0$에서 $3(k+6)(k-2)<0$
$\therefore -6<k<2$
$\frac{D_2}{4}<0$에서 $-3(k-2)(k-10)<0$
$3(k-2)(k-10)>0$ $\therefore k<2$ 또는 $k>10$
따라서 두 이차방정식의 서로 다른 실근의 개수가 0으로 같도록 하는 실수 k의 값의 범위는 $-6<k<2$이므로 정수 k는 $2-(-6)-1=7$(개)이다.
(i)~(iii)에 의하여 두 이차방정식의 서로 다른 실근의 개수가 같도록 하는 모든 정수 k는 $7+1+7=15$(개)이므로 두 함수의 그래프와 x축이 만나는 점의 개수가 서로 같도록 하는 모든 정수 k도 15개이다.

F 68 정답 ② ·················· 이차함수의 그래프와 x축의 위치 관계

정답 공식: 이차함수 $y=f(x)$와 x축이 접하므로 이차방정식 $f(x)=0$의 판별식 $D=0$이다. 이때 나오는 식이 m에 대한 항등식임을 이용하여 a, b의 값을 구한다.

단서2 m에 관한 항등식이야.
이차함수 $y=x^2-2(m+1)x+m^2-am+b$의 그래프가 실수 m의 값에 관계없이 항상 x축과 접할 때, 상수 a, b에 대하여 ab의 값은?

단서1 접하니까 이차방정식의 판별식 $D=0$이지?

① -4 ② -2 ③ 2   ④ 4   ⑤ 6

1st 이차방정식의 판별식이 0이야.
이차함수 $y=x^2-2(m+1)x+m^2-am+b$의 그래프가 x축에 접하므로 이차방정식 $x^2-2(m+1)x+m^2-am+b=0$의 판별식을 D라고 하면 $\frac{D}{4}=(m+1)^2-(m^2-am+b)=0$

x의 계수가 짝수니까 $\frac{D}{4}$를 이용한 거야.

$(2+a)m+1-b=0$

2nd $\Box m+\triangle=0$이 m의 값에 관계없이 성립하려면 $\Box=\triangle=0$이어야 하지?
이 식이 m의 값에 관계없이 항상 성립하므로
$2+a=0$, $1-b=0$ $\therefore a=-2$, $b=1$
$\therefore ab=-2$

m에 대한 항등식이라는 말을 다르게 표현한 거야.

F 69 정답 ② ·················· 이차함수의 그래프와 직선의 교점

정답 공식: 이차방정식 $Ax^2+Bx+C=0$의 두 근을 α, β라 하면 근과 계수의 관계에 의해 $\alpha+\beta=-\frac{B}{A}$, $\alpha\beta=\frac{C}{A}$

곡선 $y=2x^2-5x+a$와 직선 $y=x+12$가 서로 다른 두 점에서 만나고 두 교점의 x좌표의 곱이 -4일 때, 상수 a의 값은?

단서1 $y=2x^2-5x+a$와 $y=x+12$를 연립한 이차방정식이 서로 다른 두 실근을 갖겠네.

① 3   ② 4   ③ 5
④ 6   ⑤ 7

단서2 이차방정식의 두 근의 곱이 주어졌으므로 근과 계수의 관계를 떠올려야 해.

1st 곡선과 직선의 교점의 x좌표를 구하기 위해 연립하여 식을 세우자.
곡선 $y=2x^2-5x+a$와 직선 $y=x+12$가 만나는 두 점의 x좌표를 각각 α, β라 하고 두 식 $y=2x^2-5x+a$, $y=x+12$를 연립하면
$2x^2-5x+a=x+12$에서
$2x^2-6x+a-12=0$ ··· ㉠

곡선과 직선이 서로 다른 두 점에서 만나므로 이차방정식의 판별식을 D라 하면 $\frac{D}{4}=(-3)^2-2\times(a-12)>0$
$9-2a+24>0$ $\therefore a<\frac{33}{2}$

2nd 두 교점의 x좌표의 곱이 주어졌으니까 이를 이용하여 a의 값을 구하자.

이차방정식 ㉠의 두 근이 α, β이므로 근과 계수의 관계에 의해

$$\alpha\beta = \frac{a-12}{2}$$

이차방정식 $ax^2+bx+c=0$의 두 근이 α, β일 때, $\alpha+\beta=-\frac{b}{a}$, $\alpha\beta=\frac{c}{a}$

이때, 곡선과 직선의 두 교점의 x좌표의 곱이 -4라 했으므로
$\alpha\beta = -4$이다. ⟵ 곡선과 직선을 연립한 이차방정식 ㉠의 근이야.

즉, $\frac{a-12}{2} = -4$이므로

$$a-12 = -8 \qquad \therefore a = 4$$

이차방정식의 근과 계수의 관계 개념·공식

① 두 근의 합 : $-\dfrac{(x의\ 계수)}{(x^2의\ 계수)}$

② 두 근의 곱 : $\dfrac{(상수항)}{(x^2의\ 계수)}$

F 70 정답 ② ·········· 이차함수의 그래프와 직선의 교점

정답 공식: 이차방정식 $ax^2+bx+c=0$의 두 근을 α, β라 하면 $\alpha+\beta=-\frac{b}{a}$, $\alpha\beta=\frac{c}{a}$이다.

단서 1 두 점 A, B의 x좌표는 이차함수의 식과 직선의 방정식을 연립한 이차방정식의 서로 다른 두 실근과 같아.

이차함수 $y=\frac{1}{2}(x-k)^2$의 그래프와 직선 $y=x$가 서로 다른 두 점 A, B에서 만난다. 두 점 A, B에서 x축에 내린 수선의 발을 각각 C, D라 하자. 선분 CD의 길이가 6일 때, 상수 k의 값은? 단서 2 두 점 C, D의 x좌표는 각각 두 점 A, B의 x좌표와 같아.

① $\frac{7}{2}$ ② 4 ③ $\frac{9}{2}$

④ 5 ⑤ $\frac{11}{2}$

1st 선분 CD의 길이를 이용하여 두 점 C, D의 좌표를 나타내.

점 D의 x좌표가 점 C의 x좌표보다 크다고 할 때, 점 C의 좌표를
점 C의 x좌표가 점 D의 x좌표보다 크다고 하고 풀어도 결과는 같아.
$(\alpha, 0)$이라 하면 선분 CD의 길이가 6이므로 점 D의 x좌표는
$(\alpha+6, 0)$이다. 선분 CD는 x축 위에 있으므로 선분 CD의 길이는 두 점 C, D의 x좌표의 차로 구해. 즉, 점 D의 x좌표를 β라 하면 $\beta-\alpha=6$이므로 $\beta=\alpha+6$이야.

2nd 상수 k의 값을 구해.

한편, 두 점 A, B는 직선 $y=x$ 위의 점이고 점 A의 x좌표는 점 C의 x좌표와, 점 B의 x좌표는 점 D의 x좌표와 같으므로 두 점 A, B의 좌표는 각각 (α, α), $(\alpha+6, \alpha+6)$이다. 직선 $y=x$ 위의 점은 x좌표와 y좌표가 같아.

이때, 이차함수 $y=\frac{1}{2}(x-k)^2$, 즉 $y=\frac{1}{2}x^2-kx+\frac{1}{2}k^2$의 그래프와 직선 $y=x$가 만나는 두 점이 A, B이므로 이차함수의 식과 직선의 식을 연립한 이차방정식의 서로 다른 두 실근이 α, $\alpha+6$이다.

$\frac{1}{2}x^2-kx+\frac{1}{2}k^2=x$에서 $\frac{1}{2}x^2-(k+1)x+\frac{1}{2}k^2=0$

$\therefore x^2-2(k+1)x+k^2=0$ … ㉠

따라서 이차방정식 ㉠의 서로 다른 두 실근이 α, $\alpha+6$이므로 이차방정식의 근과 계수의 관계에 의하여
$\alpha+(\alpha+6)=2(k+1)$에서 $\alpha=k-2$ … ㉡이고
$\alpha(\alpha+6)=k^2$에서 $\alpha^2+6\alpha-k^2=0$ … ㉢이다.
㉡을 ㉢에 대입하면 $(k-2)^2+6(k-2)-k^2=0$에서
$k^2-4k+4+6k-12-k^2=0$
$2k-8=0$, $2k=8$ $\therefore k=4$

쉬운 풀이: 두 점 C, D의 좌표를 서로 다른 미지수를 이용하여 나타내어 조건을 만족시키는 k의 값 구하기

이차함수 $y=\frac{1}{2}(x-k)^2$의 그래프와 직선 $y=x$의 두 교점 A, B의 x좌표를 각각 α, β라 하면 두 점 C, D의 x좌표도 각각 α, β지? 그런데 선분 CD의 길이가 6이므로 $|\alpha-\beta|=6$이야.

이것의 양변을 제곱하면 $(\alpha-\beta)^2=36$에서
$\alpha > \beta$인지, $\alpha < \beta$인지 알 수 없으니까 절댓값을 취해주어야 해.

$(\alpha+\beta)^2-4\alpha\beta=36$ … ㉣
$(\alpha-\beta)^2=\alpha^2+\beta^2-2\alpha\beta$
$=\{(\alpha+\beta)^2-2\alpha\beta\}-2\alpha\beta$
$=(\alpha+\beta)^2-4\alpha\beta$

한편, 위의 풀이에 의하여 이차함수의 식과 직선의 식을 연립한 이차방정식은 $x^2-2(k+1)x+k^2=0$이고 이 이차방정식의 해가 $x=\alpha$ 또는 $x=\beta$이므로 이차방정식의 근과 계수의 관계에 의하여
$\alpha+\beta=2(k+1)$, $\alpha\beta=k^2$
이것을 ㉣에 대입하면
$\{2(k+1)\}^2-4k^2=36$,
$4k^2+8k+4-4k^2=36$
$8k=32$
$\therefore k=4$

F 71 정답 ④ ·········· 이차함수의 그래프와 직선의 교점

정답 공식: 이차함수 $y=f(x)$와 일차함수 $y=g(x)$의 그래프가 만나는 점의 x좌표는 이차방정식 $f(x)-g(x)=0$의 해와 같다.

단서 1 두 함수의 그래프가 만나는 점의 x좌표는 방정식을 이용하여 구할 수 있어.

자연수 n에 대하여 두 함수 $f(x)=x^2+n^2$과 $g(x)=2nx+1$의 그래프가 만나는 두 점을 각각 A, B라 하고, 점 A와 B에서 x축에 내린 수선의 발을 각각 C, D라 하자. 네 점 A, B, C, D를 꼭짓점으로 하는 사각형의 넓이가 66이 되도록 하는 n의 값은? 단서 2 좌표평면 위의 한 점에서 x축에 내린 수선의 발은 x좌표는 변화가 없고 y좌표는 0이 돼.

① 1 ② 2 ③ 3

④ 4 ⑤ 5

1st 두 함수의 그래프가 만나는 점의 x좌표는 두 식을 연립한 방정식의 해야.

두 함수 $y=f(x)$와 $y=g(x)$의 그래프의 교점의 x좌표는 이차방정식 $x^2+n^2=2nx+1$의 해가 된다. 정리하면
함수의 그래프의 교점에서는 x와 y의 값이 두 그래프를 나타내는 함수의 식을 모두 만족해.

$x^2-2nx+n^2-1=0$
$x^2-2nx+(n-1)(n+1)$

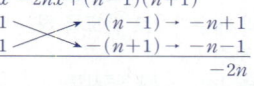

$(x-n+1)(x-n-1)=0$
$\therefore x=n-1$ 또는 $x=n+1$

2nd 이차방정식의 해를 이용하여 네 점 A, B, C, D의 좌표를 각각 구하자.

두 점 A, B의 좌표는 각각
$A(n-1, 2n^2-2n+1)$
$B(n+1, 2n^2+2n+1)$
$x=n-1$, $x=n+1$을 각각 $g(x)=2nx+1$에 대입하여 y좌표를 구한 거야.

또, 두 점 A, B에서 x축에 내린 수선의 발은 각각 A, B와 x좌표는 같고, y좌표는 0이므로
$C(n-1, 0)$, $D(n+1, 0)$

사각형 ACDB에서 $\angle ACD = \angle BDC = 90°$, 즉 $\overline{AC} /\!/ \overline{BD}$이므로 사각형 ACDB는 사다리꼴이다.

$\overline{AC} = 2n^2 - 2n + 1$, $\overline{BD} = 2n^2 + 2n + 1$,
<u>AC와 BD의 길이는 각각 점 A와 점 B의 y좌표의 값과 같아.</u>

$\overline{CD} = (n+1) - (n-1) = 2$이므로

$$(\text{사각형 ACDB의 넓이}) = \frac{1}{2} \times (\overline{AC} + \overline{BD}) \times \overline{CD}$$
$$= \frac{1}{2} \times \{(2n^2 - 2n + 1) + (2n^2 + 2n + 1)\} \times 2$$
$$= \frac{1}{2} \times (4n^2 + 2) \times 2 = 4n^2 + 2$$

이때, 사각형 ACDB의 넓이가 66이므로

$4n^2 + 2 = 66$ ∴ $n = \pm 4$

따라서 n은 자연수이므로 $n = 4$이다.

F 72 정답 13 ·············· 이차함수의 그래프와 직선의 교점

정답 공식: 이차방정식 $ax^2 + bx + c = 0$의 두 근이 α, β일 때, $\alpha + \beta = -\dfrac{b}{a}$, $\alpha\beta = \dfrac{c}{a}$이다.

[단서1] 이차함수 $y = x^2$의 그래프와 직선 $y = x + k$가 만나는 두 점을 각각 A, B라 하면 이차방정식 $x^2 = x + k$의 해가 두 점 A, B의 x좌표라 할 수 있어.

그림과 같이 이차함수 $y = x^2$의 그래프와 직선 $y = x + k$가 만나는 두 점을 각각 A, B라 하고, 점 A와 B에서 x축에 내린 수선의 발을 각각 C, D라 하자. 삼각형 AOC의 넓이를 S_1, 삼각형 DOB의 넓이를 S_2라 할 때, $S_1 - S_2 = 20$을 만족시키는 양수 k의 값을 구하시오. (단, O는 원점이고, 두 점 A, B는 각각 제1사분면과 제2사분면 위에 있다.)

[단서2] S_1, S_2의 값을 구하기 위해 각각의 삼각형의 밑변의 길이와 높이를 알아야 해.

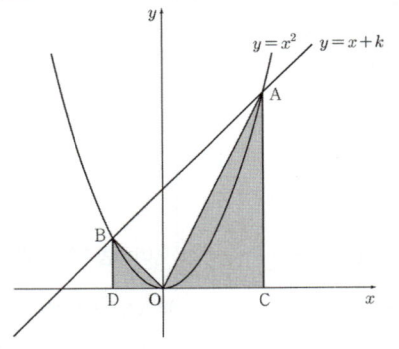

1st 두 점 A, B의 x좌표의 값의 관계를 구하자.

점 A의 x좌표를 α, 점 B의 x좌표를 β라 하면, α, β는 이차함수 $y = x^2$과 직선 $y = x + k$를 연립한 이차방정식 $x^2 = x + k$, 즉 $x^2 - x - k = 0$의 두 근이다.

이때, 이차방정식의 근과 계수의 관계에 의하여

$\alpha + \beta = 1$, $\alpha\beta = -k$ ··· ㉠

[이차방정식의 근과 계수의 관계]
이차방정식 $ax^2 + bx + c = 0$의 두 근을 α, β라 하면
(1) $\alpha + \beta = -\dfrac{b}{a}$ (2) $\alpha\beta = \dfrac{c}{a}$

2nd S_1, S_2의 값을 α, β를 이용하여 나타내보자.

$A(\alpha, \alpha^2)$, $B(\beta, \beta^2)$이고, $\alpha > 0$, $\beta < 0$이므로

주의 $\beta < 0$이기 때문에 밑변의 길이를 β로 놓으면 안 돼. 밑변의 길이는 $|\beta| = -\beta$가 되는 거야. '—'가 있다고 값이 음수라고 생각하면 틀리게 돼.

$S_1 = \triangle AOC = \dfrac{1}{2} \times \alpha \times \alpha^2 = \dfrac{1}{2}\alpha^3$

$S_2 = \triangle DOB = \dfrac{1}{2} \times (-\beta) \times \beta^2 = -\dfrac{1}{2}\beta^3$

3rd $S_1 - S_2$의 값을 α, β에 대한 식으로 나타낸 후 k의 값을 구하자.

$S_1 - S_2 = \dfrac{1}{2}\alpha^3 - \left(-\dfrac{1}{2}\beta^3\right) = \dfrac{1}{2}(\alpha^3 + \beta^3) = 20$에서

$\alpha^3 + \beta^3 = 40$

$(\alpha + \beta)^3 - 3\alpha\beta(\alpha + \beta) = 1^3 + 3k \times 1 \ (\because ㉠) = 40$

$3k = 39$

∴ $k = 13$

[곱셈 공식의 변형]
(1) $a^3 + b^3 = (a+b)^3 - 3ab(a+b)$
(2) $a^3 - b^3 = (a-b)^3 + 3ab(a-b)$

F 73 정답 4 ·············· 이차함수의 그래프와 직선의 위치 관계 Ⓕ

정답 공식: 주어진 이차함수와 직선 $y = mx$의 두 교점을 $A(\alpha, m\alpha)$, $B(\beta, m\beta)$로 놓고 근과 계수의 관계로 식을 찾은 후, $|\overline{AA'} - \overline{BB'}| = 16$에 대입하여 방정식을 푼다.

[단서1] 원점을 지나고 기울기가 양수 m인 직선의 방정식은 $y = mx$야.

원점을 지나고 기울기가 양수 m인 직선이 이차함수 $y = x^2 - 2$의 그래프와 서로 다른 두 점 A, B에서 만난다. 두 점 A, B에서 x축에 내린 수선의 발을 각각 A', B'이라 하자. 선분 AA'과 선분 BB'의 길이의 차가 16일 때, m의 값을 구하시오.

[단서2] 이차함수의 그래프와 직선의 교점의 x좌표를 α, β로 놓고 풀자.

1st $y = mx$와 $y = x^2 - 2$를 연립해 봐.

원점을 지나고 기울기가 m인 직선의 방정식은 $y = mx$이다.

두 점 A', B'의 x좌표를 각각 α, $\beta \ (\alpha < 0 < \beta)$라 하면 α, β가 이차방정식 $x^2 - 2 = mx$, 즉 $x^2 - mx - 2 = 0$의 두 근이므로

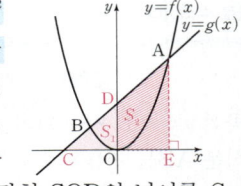

근과 계수의 관계에서 $\alpha + \beta = m$

직선 $y = mx$와 이차함수 $y = x^2 - 2$의 교점의 x좌표는 이차방정식 $x^2 - 2 = mx$의 두 근과 같아.

2nd 두 점 A, B의 좌표로부터 $|\overline{AA'} - \overline{BB'}| = 16$을 만족하는 m의 값을 찾자.

두 점 A, B의 좌표는 각각 $A(\alpha, m\alpha)$, $B(\beta, m\beta)$이므로

실수 선분의 길이는 양수이므로 길이를 나타낼 때에는 절댓값을 이용하여 나타내도록 하자.

$\overline{AA'} = |m\alpha| = -m\alpha$, $\overline{BB'} = |m\beta| = m\beta$

선분의 길이는 양수지? 그래프에서 $m\alpha < 0$이므로 길이를 나타낼 때는 $-m\alpha$로 표현해야 해.

두 선분의 길이의 차가 16이므로

$|\overline{AA'} - \overline{BB'}| = |-m\alpha - m\beta|$
$= |m(\alpha + \beta)| = m^2 = 16$

∴ $m = 4 \ (\because m > 0)$

$\alpha + \beta = m$이므로 $|m(\alpha + \beta)| = |m^2| = m^2 \ (\because m^2 > 0)$

F 74 정답 ③ ·············· 이차함수의 그래프와 직선의 위치 관계

정답 공식: 이차방정식 $f(x) = g(x)$의 두 근으로 A, B의 x좌표를 구하고, $g(x)$의 x절편과 y절편으로 C, D의 좌표를 구하여, 넓이 S_1, S_2의 식을 세운다.

[단서] $f(x) = g(x)$임을 이용해서 교점 A, B의 좌표를 구할 수 있어.

양수 a에 대하여 두 함수 $f(x) = x^2$과 $g(x) = ax + 2a^2$의 그래프가 만나는 두 점을 각각 A, B라 하고, 직선 $y = g(x)$가 x축과 만나는 점을 C, y축과 만나는 점을 D, 점 A에서 x축에 내린 수선의 발을 E라 하자. 삼각형 COD의 넓이를 S_1, 사각형 OEAD의 넓이를 S_2라 할 때, $S_2 = kS_1$을 만족시키는 실수 k의 값은? (단, O는 원점이고, 두 점 A, B는 각각 제1사분면과 제2사분면 위에 있다.)

① $\dfrac{11}{4}$ ② $\dfrac{23}{8}$ ③ 3 ④ $\dfrac{25}{8}$ ⑤ $\dfrac{13}{4}$

각각의 점의 좌표를 찾아보자.

$g(x)=0$에서 $ax+2a^2=a(x+2a)=0$
$\therefore x=-2a\,(\because a>0)$
따라서 점 C의 좌표는 $(-2a,\,0)$
$f(x)=g(x)$에서 $x^2=ax+2a^2$
$x^2-ax-2a^2=0$, $(x+a)(x-2a)=0$

→ 점 A는 제1사분면 위에 있으므로 점 A의 x좌표는 $2a$야.
따라서 $y=x^2$에 $x=2a$를 대입하면 $y=4a^2$

$\therefore x=-a$ 또는 $x=2a$
즉, 점 A, E의 좌표는 $\underline{\mathrm{A}(2a,\,4a^2)}$, $\mathrm{E}(2a,\,0)$
또, 점 D는 직선 $y=ax+2a^2$이 y축과 만나는 점이므로 점 D의 좌표는
$\mathrm{D}(0,\,2a^2)$

2nd 삼각형 COD와 사각형 OEAD의 넓이를 식으로 나타내어 k를 찾자.

(삼각형 COD의 넓이)$=S_1=\dfrac{1}{2}\times\underset{\overline{\mathrm{OC}}}{2a}\times\underset{\overline{\mathrm{OD}}}{2a^2}=2a^3$

(사각형 OEAD의 넓이)$=S_2=\dfrac{1}{2}\times(\underset{\overline{\mathrm{OD}}}{2a^2}+\underset{\overline{\mathrm{AE}}}{4a^2})\times\underset{\overline{\mathrm{OE}}}{2a}=6a^3$

→ $S_1:S_2=2a^3:6a^3=1:3$

따라서 $\underline{S_1:S_2=1:3}$이므로
$S_2=3S_1$에서 $k=3$이다.

다른 풀이: 닮음비를 이용하여 두 도형의 넓이의 비 구하기

$g(x)=0$에서 $ax+2a^2=a(x+2a)=0$
이때, $a>0$이므로 $x=-2a$
따라서 점 C의 좌표는 $(-2a,\,0)$
$f(x)=g(x)$에서 $x^2=ax+2a^2$
$x^2-ax-2a^2=0$
$(x+a)(x-2a)=0$
$\therefore x=-a$ 또는 $x=2a$
즉, 점 A, D, E의 좌표는 $\mathrm{A}(2a,\,4a^2)$, $\mathrm{D}(0,\,2a^2)$, $\mathrm{E}(2a,\,0)$
이때, 삼각형 COD와 삼각형 CEA의 닮음비는 $1:2$이므로 넓이의 비는 $1:4$야.

$\boxed{\overline{\mathrm{OD}}:\overline{\mathrm{EA}}=2a^2:4a^2=1:2}$

닮음비가 $a:b$인 두 도형의 넓이의 비는 $a^2:b^2$

즉, $S_1:S_2=1:3$이므로 $S_2=3S_1$
$\therefore k=3$

$S_1:S_2=1:(4-1)$ $=1:3$

주의 두 닮은 도형에서 길이의 제곱의 비가 넓이의 비이고 세제곱의 비가 부피의 비임을 잊지 말자.

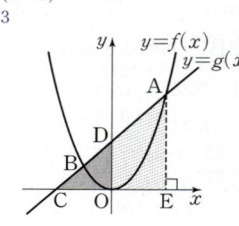

F 75 정답 ④ ·················· 이차함수의 그래프와 직선의 교점

정답 공식: 원 위의 한 점에서 원의 중심을 이은 직선과 그 점에서의 접선은 서로 수직이다.

단서1 반지름의 길이가 r인 원의 넓이는 πr^2이고, 선분 AB가 이 원의 지름이므로 $\overline{\mathrm{AB}}$의 길이를 구할 수 있어.

곡선 $y=-x^2+6x$ 위의 서로 다른 두 점 A, B에 대하여 선분 AB를 지름으로 하는 원을 C라 하자. 원 C의 넓이가 8π이고, 점 A를 지나고 기울기가 1인 직선이 원 C에 접할 때, 직선 AB의 y절편은?

단서2 점 A에서 만나는 원 위의 접선과 지름은 수직으로 만나므로 직선 AB의 기울기는 -1이야.

① $\dfrac{27}{4}$ ② $\dfrac{29}{4}$ ③ $\dfrac{31}{4}$
④ $\dfrac{33}{4}$ ⑤ $\dfrac{35}{4}$

1st 직선 AB의 y의 절편이 a일 때, 직선의 방정식을 구하자.

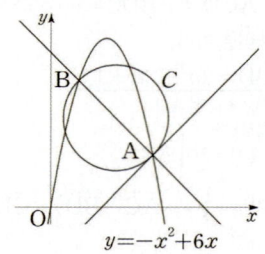

$y=-x^2+6x$

원 C 위의 점 A에서 접선의 기울기가 1이므로 직선 AB의 기울기는 -1이다.
이때, 직선 AB의 y절편을 $a(a$는 상수)라 하면 직선 AB의 방정식은 $y=-x+a$이다.

2nd 두 점 A, B의 좌표를 설정하여 관계식을 찾자.

두 점 A, B의 x좌표를 각각 $\alpha,\,\beta\,(\alpha>\beta)$라 하면
두 점 A, B의 좌표는 각각 $(\alpha,\,-\alpha+a)$, $(\beta,\,-\beta+a)$이므로
$\overline{\mathrm{AB}}=\sqrt{2}(\alpha-\beta)$
또한, 원 C의 넓이가 8π이므로 반지름의 길이는 $\sqrt{8}=2\sqrt{2}$
$\overline{\mathrm{AB}}=\sqrt{2}(\alpha-\beta)=4\sqrt{2}$

→ 선분 AB는 지름이니까 반지름의 길이를 2배해.

$\therefore \alpha-\beta=4\,\cdots\,\text{㉠}$
또한, $-x^2+6x=-x+a$에서

이차함수 $y=f(x)$의 그래프와 직선 $y=g(x)$가 만나는 두 점이 A, B이므로 방정식 $f(x)=g(x)$의 두 실근이 $\alpha,\,\beta$임을 알 수 있어.

이차방정식 $x^2-7x+a=0$의 두 근이 $\alpha,\,\beta$이므로
이차방정식의 근과 계수의 관계에 의하여
$\alpha+\beta=7\,\cdots\,\text{㉡}$, $\alpha\beta=a$

3rd 직선 AB의 y절편을 구해.

㉠, ㉡을 연립하면

→ ㉠+㉡을 하면 $2\alpha=11$ $\therefore \alpha=\dfrac{11}{2}$
이 값을 ㉠에 대입하면 $\beta=\alpha-4=\dfrac{3}{2}$

$\alpha=\dfrac{11}{2}$, $\beta=\dfrac{3}{2}$이므로
$a=\dfrac{11}{2}\times\dfrac{3}{2}=\dfrac{33}{4}$

F 76 정답 12 ·················· 이차함수의 그래프와 직선의 교점

정답 공식: 두 곡선 $y=f(x)$, $y=g(x)$의 교점의 x좌표는 방정식 $f(x)=g(x)$의 실근이다.

자연수 n에 대하여 직선 $y=n$이 이차함수 $y=x^2-4x+4$의 그래프와 만나는 두 점의 x좌표를 각각 x_1, x_2라 하자.

단서1 직선의 방정식과 이차함수의 식을 연립하여 만든 이차방정식의 해가 x_1, x_2야.

$\dfrac{|x_1|+|x_2|}{2}$의 값이 자연수가 되도록 하는 100 이하의 자연수 n의 개수를 구하시오.

단서2 함수 $y=x^2-4x+4$의 그래프에 의하여 x_1, x_2 중 적어도 1개는 양수야. 즉, x_1, x_2 중 음수가 있는 경우와 없는 경우로 나누어 생각해.

1st x_1, x_2를 n에 대하여 나타내.

x_1, x_2는 직선 $y=n$과 이차함수 $y=x^2-4x+4$의 그래프의 교점의 x좌표이므로 $x^2-4x+4=n$, 즉 $x^2-4x+4-n=0$의 서로 다른 두 실근이다. 이 이차방정식의 판별식을 D라 하면 $\dfrac{D}{4}=(-2)^2-1\times(4-n)=n$이고

n은 100 이하의 자연수이므로 $\dfrac{D}{4}>0$이야. 즉, 이 이차방정식은 서로 다른 두 실근을 가져.

이때, 이차방정식의 근의 공식에 의하여
$$x=\frac{-(-2)\pm\sqrt{(-2)^2-1\times(4-n)}}{1}$$
$$=2\pm\sqrt{n}$$ 이차방정식 $ax^2+2bx+c=0$의 근은 짝수 근의 공식에 의하여 $x=\frac{-b\pm\sqrt{b^2-ac}}{a}$야.

이므로 $x_1<x_2$라 하면 $x_1=2-\sqrt{n}$, $x_2=2+\sqrt{n}$이다.

2nd 자연수 n의 범위에 따라 경우를 나누어 조건을 만족시키는 100 이하의 자연수 n의 개수를 구해.

(i) $1\le n\le4$일 때, $x_1\ge0$, $x_2>0$이므로

자연수 n에 대하여 $2+\sqrt{n}>0$이므로 $|x_2|=x_2$
또한, $2-\sqrt{n}\ge0$에서 $\sqrt{n}\le2$ ∴ $n\le4$
따라서 $1\le n\le4$일 때 $|x_1|=x_1$이고 $n>4$일 때 $|x_1|=-x_1$이야.

$$\frac{|x_1|+|x_2|}{2}=\frac{x_1+x_2}{2}=\frac{(2-\sqrt{n})+(2+\sqrt{n})}{2}=\frac{4}{2}=2$$

따라서 이때의 $\frac{|x_1|+|x_2|}{2}$의 값이 자연수가 되도록 하는

자연수 n의 값은 1, 2, 3, 4로 4개이다. $\sqrt{n}$이 자연수가 되어야 하므로 n은 4보다
(ii) $n>4$일 때, $x_1<0$, $x_2>0$이므로 크고 100보다 작거나 같은 제곱수야.

$$\frac{|x_1|+|x_2|}{2}=\frac{-x_1+x_2}{2}=\frac{-(2-\sqrt{n})+(2+\sqrt{n})}{2}$$
$$=\frac{2\sqrt{n}}{2}=\sqrt{n}$$

따라서 이때의 $\frac{|x_1|+|x_2|}{2}$의 값이 자연수가 되도록 하는

100 이하의 자연수 n의 값은 9, 16, 25, 36, 49, 64, 81, 100으로 8개이다.
(i), (ii)에 의하여 조건을 만족시키는 100 이하의 자연수의 개수는
$4+8=12$이다.

다른 풀이: 이차방정식의 근과 계수의 관계 이용하기

x_1, x_2는 이차방정식 $x^2-4x+4-n=0$의 서로 다른 두 실근이므로
이차방정식의 근과 계수의 관계에 의하여
$x_1+x_2=4$ … ㉠, $x_1x_2=4-n$이지? 이차방정식 $ax^2+bx+c=0$의 두 근을
이때, $x_1<x_2$라 하면 α, β라 하면 $\alpha+\beta=-\frac{b}{a}$, $\alpha\beta=\frac{c}{a}$야.
$(x_2-x_1)^2=(x_2+x_1)^2-4x_2x_1=4^2-4\times(4-n)=4n$
∴ $x_2-x_1=\sqrt{4n}=2\sqrt{n}$ … ㉡

이차방정식 $ax^2+bx+c=0$의 두 근을 α, β라 하면
$|\alpha-\beta|=\frac{\sqrt{b^2-4ac}}{|a|}$임을 이용하면 $|x_2-x_1|=\frac{\sqrt{16-16+4n}}{|1|}=\sqrt{4n}=2\sqrt{n}$이야.

이차함수 $y=x^2-4x+4=(x-2)^2$의
그래프는 그림과 같으므로
$1\le n\le4$일 때 $x_1\ge0$, $x_2>0$이고 $n>4$일 때
$x_1<0$, $x_2>0$이야.
즉, $n=4$를 기준으로 범위를 나누어 조건을
만족시키는 100 이하의 자연수의 개수를
구하자.

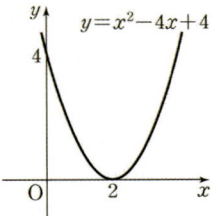
$y=x^2-4x+4$

(i) $1\le n\le4$일 때,
$$\frac{|x_1|+|x_2|}{2}=\frac{x_1+x_2}{2}=\frac{4}{2}(\because㉠)=2$$

따라서 이때의 $\frac{|x_1|+|x_2|}{2}$의 값이 자연수가 되도록 하는

자연수 n의 값은 1, 2, 3, 4로 4개야.
(ii) $n>4$일 때,
$$\frac{|x_1|+|x_2|}{2}=\frac{-x_1+x_2}{2}=\frac{2\sqrt{n}}{2}(\because㉡)=\sqrt{n}$$

따라서 이때의 $\frac{|x_1|+|x_2|}{2}$의 값이 자연수가 되도록 하는

100 이하의 자연수 n의 값은 9, 16, 25, 36, 49, 64, 81, 100으로 8개야.
(i), (ii)에 의하여 조건을 만족시키는 100 이하의 자연수의 개수는
$4+8=12$야.

F 77 정답 ② ···················· 이차함수의 그래프와 직선의 교점

정답 공식: 이차방정식의 해와 이차함수의 그래프가 x축과 만나는 점의 관계를 이용한다.

단서 1 두 식을 연립한 이차방정식의 두 실근임을 이용해야 해.
그림과 같이 이차함수 $y=ax^2\,(a>0)$의 그래프와 직선
$y=x+6$이 만나는 두 점 A, B의 x좌표를 각각 α, β라 하자. 점
B에서 x축에 내린 수선의 발을 H, 점 A에서 선분 BH에
내린 수선의 발을 C라 하자. $\overline{BC}=\dfrac{7}{2}$일 때, $\alpha^2+\beta^2$의 값은?

단서 2 직선 AB의 기울기가 1이므로 $\overline{AC}=\overline{BC}$임을 알 수 있어.

(단, $\alpha<\beta$)

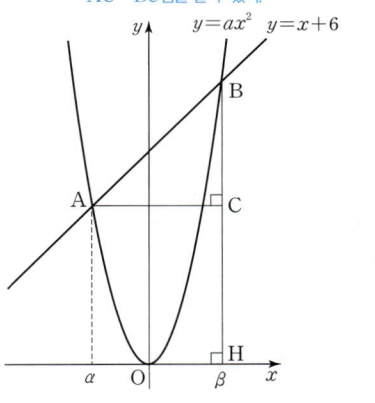
$y=ax^2$ $y=x+6$

① $\dfrac{23}{4}$ ② $\dfrac{25}{4}$ ③ $\dfrac{27}{4}$
④ $\dfrac{29}{4}$ ⑤ $\dfrac{31}{4}$

1st 두 함수식을 연립하여 α, β의 관계식을 찾자.
이차함수 $y=ax^2\,(a>0)$의 그래프와 직선 $y=x+6$이 만나는 두 점
A, B의 x좌표 α, $\beta\,(\alpha<\beta)$는 두 함수식을 연립한 이차방정식
$ax^2=x+6$, 즉 $ax^2-x-6=0$의 두 실근과 같으므로
이차방정식의 근과 계수의 관계에 의하여
$$\alpha+\beta=\frac{1}{a},\ \alpha\beta=-\frac{6}{a}$$
이차함수 $y=ax^2+bx+c$의 그래프와
직선 $y=mx+n$의 교점의 x좌표는
이차방정식 $ax^2+(b-m)x+c-n=0$의 실근과 같아.

2nd 직선 AB의 기울기를 이용하여 $\beta-\alpha$의 값을 구하자.
x축, y축과 각각 평행한 두 직선 AC, BC에 대하여
직선 AB의 기울기가 1이므로 직선의 기울기는 $\frac{(y$의 값의 변화량$)}{(x$의 값의 변화량$)}$ 임을
$\dfrac{\overline{BC}}{\overline{AC}}=1$에서 $\overline{AC}=\overline{BC}=\dfrac{7}{2}$ 이용하여 식을 세울 수 있어.

∴ $\beta-\alpha=\overline{AC}=\dfrac{7}{2}$ $\beta-\alpha$의 값을 두 점 A, B의 좌표를 이용하여 구할 수도 있어.
A$(\alpha,\alpha+6)$, B$(\beta,\beta+6)$이고
$\overline{BC}=(\beta+6)-(\alpha+6)=\beta-\alpha=\dfrac{7}{2}$

3rd $\alpha^2+\beta^2$의 값을 구하자.
$(\alpha+\beta)^2=(\alpha-\beta)^2+4\alpha\beta$에서 $\dfrac{1}{a^2}=\dfrac{49}{4}-\dfrac{24}{a}$
$49a^2-96a-4=0$
$(49a+2)(a-2)=0$
$a>0$이므로 $a=2$

따라서 $\alpha+\beta=\dfrac{1}{2}$, $\alpha\beta=-3$이므로 구하는 값은
$\alpha^2+\beta^2=(\alpha+\beta)^2-2\alpha\beta=\left(\dfrac{1}{2}\right)^2-2\times(-3)=\dfrac{25}{4}$이다.
α, β를 각각 구할 필요없이 문제에서
묻고 있는 식을 이끌어내면 돼.

> **정답 공식:** 이차함수 $y=f(x)$의 그래프와 직선 $y=g(x)$의 교점의 x좌표가 α, β
> 이면 이차방정식 $f(x)=g(x)$의 두 근은 $x=\alpha$, $x=\beta$이다.

[단서1] 이차함수의 그래프와 직선이 두 점에서 만나므로 두 식을 연립하여 세운 이차방정식의 해가 두 개임을 알 수 있어.

이차함수 $f(x)=x^2-x+k$의 그래프와 직선 $y=x+1$이 두 점에서 만날 때, 그 교점의 x좌표를 각각 α, β ($\alpha<\beta$)라 하자. 세 점 A$(\alpha, f(\alpha))$, B$(\beta, f(\alpha))$, C$(\beta, f(\beta))$를 꼭짓점으로 하는 삼각형 ABC의 넓이가 8일 때, $f(6)$의 값은?

[단서2] 삼각형의 넓이를 이용하려면 우선 삼각형의 모양을 알아내야 하고, 삼각형의 밑변의 길이와 높이를 찾아야 해.

(단, k는 상수이다.)

① 28 ② 29 ③ 30
④ 31 ⑤ 32

[1st] 먼저 이차함수의 그래프와 직선의 교점의 x좌표를 구하자.

이차함수 $f(x)=x^2-x+k$의 그래프와 직선 $y=x+1$의 교점의 x좌표를 구하자. 두 함수의 그래프의 교점을 구하기 위해 두 식을 연립하여 나온 해를 구하면 그것이 교점의 x좌표와 같아.

$x^2-x+k=x+1$에서

$x^2-2x+k-1=0$

이차함수의 그래프와 직선이 두 점에서 만나고, 그 교점의 x좌표가 각각 α, β ($\alpha<\beta$)이므로 위의 이차방정식의 두 근은 각각 α, β ($\alpha<\beta$)이다.

[2nd] 삼각형 ABC의 모양을 생각해 봐.

이차함수 $y=f(x)$의 그래프와 직선 $y=x+1$은 두 점 A$(\alpha, f(\alpha))$, C$(\beta, f(\beta))$에서 만나므로

$f(\alpha)=\alpha+1$, $f(\beta)=\beta+1$ → $f(\beta)-f(\alpha)=(\beta+1)-(\alpha+1)=\beta-\alpha$

이때, 직선 $y=x+1$의 기울기가 1이므로 삼각형 ABC는 직각이등변삼각형이다.

💡 함정
두 점 A$(\alpha, f(\alpha))$, B$(\beta, f(\alpha))$의 y좌표가 같으므로 두 점은 x축과 평행한 직선 위에 있고, 두 점 B$(\beta, f(\alpha))$, C$(\beta, f(\beta))$의 x좌표가 같으므로 두 점은 y축과 평행한 직선 위에 있으므로 삼각형 ABC는 직각삼각형이야.
그리고 두 점 A$(\alpha, f(\alpha))$, C$(\beta, f(\beta))$는 기울기가 1인 직선 위에 있으므로 삼각형 ABC는 직각이등변삼각형이 되는 거야.

[3rd] 삼각형의 넓이를 α, β에 대한 식으로 나타내보자.

직각이등변삼각형 ABC의 넓이가 8이므로

$\dfrac{1}{2}\times(\beta-\alpha)^2=8$, $(\beta-\alpha)^2=16$

$\therefore \beta-\alpha=4$ ($\because \alpha<\beta$)

한편, 이차방정식 $x^2-2x+k-1=0$에서 근과 계수의 관계에 의해

$\alpha+\beta=2$, $\alpha\beta=k-1$

연립방정식 $\begin{cases}\beta-\alpha=4\\ \alpha+\beta=2\end{cases}$ 를 풀면 $\underline{\alpha=-1, \beta=3}$

$\beta-\alpha=4$와 $\alpha+\beta=2$를 변변 더하면 $2\beta=6$ ∴ $\beta=3$ $\beta=3$을 $\alpha+\beta=2$에 대입하면 $\alpha+3=2$ ∴ $\alpha=-1$

$\alpha\beta=k-1=-3$에서 $k=-2$

따라서 $f(x)=x^2-x-2$이므로

$f(6)=6^2-6-2=28$

🧩 다른 풀이: 곱셈공식의 변형을 이용하여 k의 값 구하기

[3rd] 에서 $\dfrac{1}{2}(\beta-\alpha)^2=8$ ∴ $(\beta-\alpha)^2=16$

이차방정식 $x^2-2x+k-1=0$에서 근과 계수의 관계에 의해

$\alpha+\beta=2$, $\alpha\beta=k-1$이므로

$(\beta-\alpha)^2=(\alpha+\beta)^2-4\alpha\beta$

$16=2^2-4(k-1)$, $16=4-4k+4$

$4k=-8$ ∴ $k=-2$

(이하 동일)

> **정답 공식:** 이차함수 $y=ax^2+bx+c$의 그래프와 직선 $y=mx+n$의 교점의 x좌표는 이차방정식 $ax^2+(b-m)x+c-n=0$의 실근과 같다.

[단서1] 두 곡선의 교점이 $(1, 1)$이기 때문에 $k\ne1$이라는 조건을 설정했어.

1이 아닌 양수 k에 대하여 직선 $y=k$와 이차함수 $y=x^2$의 그래프가 만나는 두 점을 각각 A, B라 하고, 직선 $y=k$와 이차함수 $y=x^2-6x+6$의 그래프가 만나는 두 점을 각각 C, D라 할 때, [보기]에서 옳은 것만을 있는 대로 고른 것은? (단, 점 A의 x좌표는 점 B의 x좌표보다 작고, 점 C의 x좌표는 점 D의 x좌표보다 작다.)

[보기]

ㄱ. $k=6$일 때, $\overline{\text{CD}}=6$이다.
ㄴ. k의 값에 관계없이 $\overline{\text{CD}}^2-\overline{\text{AB}}^2$의 값은 일정하다.
ㄷ. $\overline{\text{CD}}+\overline{\text{AB}}=4$일 때, $k+\overline{\text{BC}}=\dfrac{17}{16}$이다.

[단서2] 조건 ㄴ과 함께 보면 $\overline{\text{CD}}-\overline{\text{AB}}$의 값을 구할 수 있어.

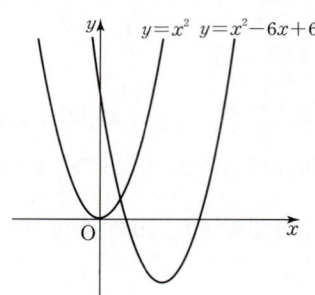

① ㄱ ② ㄱ, ㄴ ③ ㄱ, ㄷ
④ ㄴ, ㄷ ⑤ ㄱ, ㄴ, ㄷ

[1st] ㄱ의 진위 여부를 판단하자.

ㄱ. 직선 $y=6$과 곡선 $y=x^2-6x+6$이 만나는 두 점의 x좌표는 x에 대한 이차방정식 $x^2-6x+6=6$의 두 실근이다.
$x^2-6x=0$, $x(x-6)=0$ ∴ $x=0$, $x=6$
따라서 C$(0, 6)$, D$(6, 6)$이고 $\overline{\text{CD}}=6$이다. (참)

[2nd] ㄱ에서와 마찬가지 방법으로 ㄴ의 진위 여부를 판단하자.

ㄴ. ㄱ에서와 마찬가지로
이차방정식 $x^2=k$의 두 실근이 두 점 A, B의 x좌표이고,
이차방정식 $x^2-6x+6=k$의 두 실근이 두 점 C, D의 x좌표이다.
$x^2=k$에서 $x=\pm\sqrt{k}$ ⋯ ㉠
$\therefore \overline{\text{AB}}=2\sqrt{k}$
$x^2-6x+6=k$에서 $(x-3)^2=k+3$, $x-3=\pm\sqrt{k+3}$
$x=3\pm\sqrt{k+3}$ ⋯ ㉡ → 근의 공식을 이용해도 되지만 완전제곱식 형태로 정리해서 근을 구했어.
$\therefore \overline{\text{CD}}=2\sqrt{k+3}$
따라서 $\overline{\text{CD}}^2-\overline{\text{AB}}^2$의 값은
$\overline{\text{CD}}^2-\overline{\text{AB}}^2=4(k+3)-4k=12$로 일정하다. (참)

[3rd] ㄴ에서 구한 식을 바탕으로 ㄷ의 진위 여부를 판단하자.

ㄷ. $\overline{\text{CD}}^2-\overline{\text{AB}}^2=12$, $\overline{\text{CD}}+\overline{\text{AB}}=4$이므로
$(\overline{\text{CD}}-\overline{\text{AB}})(\overline{\text{CD}}+\overline{\text{AB}})=(\overline{\text{CD}}-\overline{\text{AB}})\times4=12$
$\therefore \overline{\text{CD}}-\overline{\text{AB}}=3$ → $\overline{\text{CD}}+\overline{\text{AB}}=4, \overline{\text{CD}}-\overline{\text{AB}}=3$의 양변을 각각 더하면 $2\overline{\text{CD}}=7, \overline{\text{CD}}=\dfrac{7}{2}$이고, 이 값을 대입하면 $\overline{\text{AB}}=\dfrac{1}{2}$이야.

따라서 $\overline{\text{CD}}=\dfrac{7}{2}$, $\overline{\text{AB}}=\dfrac{1}{2}$이므로

$\overline{\text{AB}}=2\sqrt{k}=\dfrac{1}{2}$ ∴ $k=\dfrac{1}{16}$

또한, ㉠, ㉡에 의하여 두 점 B, C의 x좌표는 각각 $\dfrac{1}{4}$, $\dfrac{5}{4}$이므로

$\overline{BC} = \dfrac{5}{4} - \dfrac{1}{4} = 1$

점 A의 x좌표는 점 B의 x좌표보다 작고
점 C의 x좌표는 점 D의 x좌표보다
작다는 조건을 이용해야 두 점의 x좌표를
특정할 수 있어.

$\therefore k + \overline{BC} = \dfrac{1}{16} + 1 = \dfrac{17}{16}$ (참)

따라서 옳은 것은 ㄱ, ㄴ, ㄷ이다.

F 80 정답 ⑤ ·················· 이차함수의 그래프와 직선의 위치 관계

정답 공식: x좌표와 y좌표가 모두 정수인 점의 개수를 구하는 문제는 x좌표(또는 y좌표)가 정수일 때를 기준으로 y좌표(또는 x좌표)가 정수일 때를 구한다.

이차함수 $y = x^2 - 3x + 1$의 그래프와 직선 $y = x + 2$로 둘러싸인 도형의 내부에 있는 점 중에서 x좌표와 y좌표가 모두 정수인 점의 개수는?

단서 두 그래프의 교점의 x좌표를 $\alpha, \beta(\alpha < \beta)$라 할 때, $\alpha < x < \beta$를 만족시키는 정수 x를 기준으로 y가 정수인 점을 찾는다.

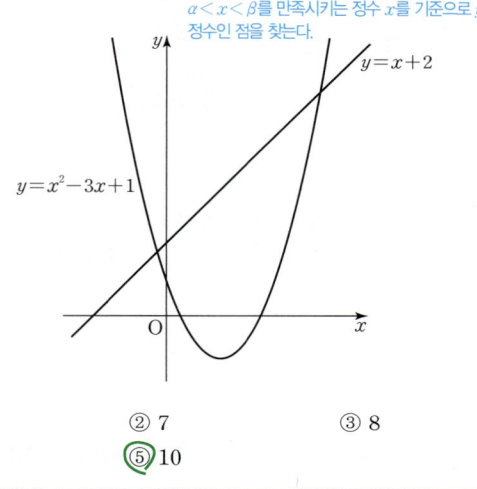

① 6   ② 7   ③ 8

④ 9   ⑤ 10

1st 두 그래프의 교점의 좌표를 구해.

두 함수 $y = f(x)$, $y = g(x)$의 그래프의 교점의 x좌표는 방정식 $f(x) = g(x)$의 실근이야.

이차함수 $y = x^2 - 3x + 1$의 그래프와 직선 $y = x + 2$의 교점의 x좌표는 이차방정식 $x^2 - 3x + 1 = x + 2$, 즉 $x^2 - 4x - 1 = 0$의 해이다.

따라서 교점의 x좌표는 이차방정식의 근의 공식에 의하여

이차방정식 $ax^2 + bx + c = 0$의 해는 $x = \dfrac{-b \pm \sqrt{b^2 - 4ac}}{2a}$이고

이차방정식 $ax^2 + 2b'x + c = 0$의 해는 $x = \dfrac{-b' \pm \sqrt{b'^2 - ac}}{a}$야.

$x = -(-2) \pm \sqrt{(-2)^2 - 1 \times (-1)} = 2 \pm \sqrt{5}$이므로 두 교점의 좌표는 각각 $(2 - \sqrt{5}, \ 4 - \sqrt{5})$, $(2 + \sqrt{5}, \ 4 + \sqrt{5})$이다.

2nd 조건을 만족시키는 점의 개수를 x좌표를 기준으로 구해.

두 그래프로 둘러싸인 도형의 내부에 있는 점의 좌표를 (p, q)라 하면 $2 - \sqrt{5} < p < 2 + \sqrt{5}$이므로 p가 가질 수 있는 정수 값은 0, 1, 2, 3, 4이다.

$4 < 5 < 9$이므로 $2 < \sqrt{5} < 3$이지? 즉, $4 < 2 + \sqrt{5} < 5$이고 $-3 < -\sqrt{5} < -2$에서 $-1 < 2 - \sqrt{5} < 0$이야.

이것을 기준으로 q가 정수가 되는 경우를 구하자.

$f(x) = x^2 - 3x + 1$, $g(x) = x + 2$라 하면

주어진 그래프를 보면 $2 - \sqrt{5} < x < 2 + \sqrt{5}$에서 $x^2 - 3x + 1 < x + 2$이므로 $f(x) < g(x)$야.

(i) $x = p = 0$일 때, $f(0) = 1$, $g(0) = 2$이므로 $1 < q < 2$이다.

따라서 정수 q는 존재하지 않으므로 이때의 x좌표와 y좌표가 모두 정수인 점은 존재하지 않는다.

(ii) $x = p = 1$일 때, $f(1) = 1 - 3 + 1 = -1$, $g(1) = 1 + 2 = 3$이므로 $-1 < q < 3$이다.

따라서 정수 q는 0, 1, 2이므로 이때의 x좌표와 y좌표가 모두 정수인 점의 개수는 $(1, 0)$, $(1, 1)$, $(1, 2)$로 3이다.

(iii) $x = p = 2$일 때, $f(2) = 4 - 6 + 1 = -1$, $g(2) = 2 + 2 = 4$이므로 $-1 < q < 4$이다.

따라서 정수 q는 0, 1, 2, 3이므로 이때의 x좌표와 y좌표가 모두 정수인 점의 개수는 $(2, 0)$, $(2, 1)$, $(2, 2)$, $(2, 3)$으로 4이다.

(iv) $x = p = 3$일 때, $f(3) = 9 - 9 + 1 = 1$, $g(3) = 3 + 2 = 5$이므로 $1 < q < 5$이다.

따라서 정수 q는 2, 3, 4이므로 이때의 x좌표와 y좌표가 모두 정수인 점의 개수는 $(3, 2)$, $(3, 3)$, $(3, 4)$로 3이다.

(v) $x = p = 4$일 때, $f(4) = 16 - 12 + 1 = 5$, $g(4) = 4 + 2 = 6$이므로 $5 < q < 6$이다.

따라서 정수 q는 존재하지 않으므로 이때의 x좌표와 y좌표가 모두 정수인 점은 존재하지 않는다.

(i) ~ (v)에 의하여 두 그래프로 둘러싸인 도형의 내부에 있는 점 중에서 x좌표와 y좌표가 모두 정수인 점의 개수는 $0 + 3 + 4 + 3 + 0 = 10$이다.

수능 핵강

✽ 그림을 그려서 확인하기

두 그래프로 둘러싸인 도형의 내부에 있는 점 중에서 x좌표와 y좌표가 모두 정수인 점을 그려보면 다음과 같아.

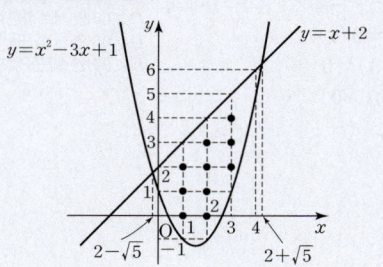

F 81 정답 ③ ·················· 이차함수와 직선의 위치 관계

정답 공식: 이차방정식 $ax^2 + bx + c = 0 (a \neq 0)$이 중근을 가지면 판별식 $b^2 - 4ac = 0$이다.

이차함수 $y = x^2 - 2ax + a + 1$의 그래프가 직선 $y = -2x$에 접할 때, 양수 a의 값은?

단서 직선과 이차함수의 그래프가 접하면 교점의 개수가 1이야.

① 2   ② $\dfrac{5}{2}$ ③ 3

④ $\dfrac{7}{2}$ ⑤ 4

1st 두 식을 연립해서 a의 값을 구해.

두 그래프 $\begin{cases} y = x^2 - 2ax + a + 1 \\ y = -2x \end{cases}$가 접하므로

연립한 이차방정식 $x^2 - 2ax + a + 1 = -2x$는 중근을 가진다.

즉, $x^2 + 2(1 - a)x + a + 1 = 0$이 중근을 가지므로

이차방정식 $x^2 + 2(1 - a)x + a + 1 = 0$의 판별식을 D라 할 때,

$\dfrac{D}{4} = (1 - a)^2 - (a + 1) = a^2 - 3a = a(a - 3) = 0$

x에 대한 이차방정식 $ax^2 + bx + c = 0$이 중근을 가지면 판별식 $D = b^2 - 4ac = 0$이고,

x에 대한 이차방정식 $ax^2 + 2b'x + c = 0$이 중근을 가지면 판별식 $\dfrac{D}{4} = b'^2 - ac = 0$을 이용해도 돼.

$a > 0$이므로 $a = 3$

F 82 정답 ③ ················· 이차함수의 그래프와 직선의 위치 관계

이차함수 $f(x)$와 일차함수 $g(x)$에 대하여 두 함수 $y=f(x)$, $y=g(x)$의 그래프의 위치 관계는 이차방정식 $f(x)=g(x)$의 실근의 개수로 알 수 있다.

단서 직선과 이차함수의 그래프가 접하면 두 식을 연립한 이차방정식이 중근을 가져야 해.

좌표평면에서 직선 $y=mx-4$가 이차함수 $y=x^2+x$의 그래프에 접하도록 하는 양수 m의 값은?

① 1　　　　② 3　　　　③ 5
④ 7　　　　⑤ 9

1st 직선과 이차함수의 그래프가 접하도록 하는 조건을 알아봐.

직선 $y=mx-4$가 이차함수 $y=x^2+x$의 그래프와 접하므로 이차방정식 $x^2+x=mx-4$, 즉 $x^2-(m-1)x+4=0$이 중근을 가져야 한다.

2nd 직선과 이차함수의 그래프가 접하도록 하는 양수 m의 값을 구해.

이차방정식 $x^2-(m-1)x+4=0$의 판별식을 D라 하면 이 이차방정식이 중근을 가져야 하므로 $D=0$이어야 한다.

즉, $\{-(m-1)\}^2-4\times1\times4=0$에서
$m^2-2m-15=0$
$(m-5)(m+3)=0$
$\therefore m=5 \ (\because m>0)$

> 이차방정식 $ax^2+bx+c=0$의 판별식을 $D=b^2-4ac$라 할 때 이 이차방정식은
> $D>0$이면 서로 다른 두 실근을 가져.
> $D=0$이면 한 실근을 가져.
> $D<0$이면 실근을 갖지 않아.

F 83 정답 ③ ················· 이차함수의 그래프와 직선의 위치 관계

정답 공식: 이차함수의 그래프와 직선이 서로 다른 두 점에서 만나려면 두 식을 연립하여 나온 이차방정식의 판별식이 0보다 크면 된다.

이차함수 $y=x^2+5x+2$의 그래프와 직선 $y=-x+k$가 서로 다른 두 점에서 만나도록 하는 정수 k의 최솟값은?

단서 이차함수와 직선의 그래프가 만나는 점의 개수는 연립해서 만든 이차방정식의 판별식과 연결이 되지?

① -10　　　② -8　　　③ -6
④ -4　　　⑤ -2

1st 이차함수의 그래프와 직선이 서로 다른 두 점에서 만나므로 연립한 식이 서로 다른 두 근을 가지면 돼.

이차함수 $y=x^2+5x+2$의 그래프와 직선 $y=-x+k$가 서로 다른 두 점에서 만나므로 연립한 이차방정식 $x^2+5x+2=-x+k$, 즉 $x^2+6x+(2-k)=0$은 서로 다른 두 근을 가진다.

$x^2+6x+(2-k)=0$의 판별식
$D=6^2-4(2-k)>0$
$28+4k>0$
$\therefore k>-7$
따라서 정수 k의 최솟값은 -6이다.

> **[이차방정식의 실근의 개수]**
> 이차방정식 $ax^2+bx+c=0$의 판별식을 $D=b^2-4ac$라 하면
> (1) $D>0$: 2개
> (2) $D=0$: 1개
> (3) $D<0$: 0개

☆ 이차함수의 그래프와 직선의 위치 관계　　　개념·공식

이차함수 $y=ax^2+bx+c$의 그래프와 직선 $y=mx+n$의 위치 관계는 이차방정식 $ax^2+bx+c=mx+n$, 즉 $ax^2+(b-m)x+c-n=0$의 판별식 $D=(b-m)^2-4a(c-n)$의 값의 부호에 따라 다음과 같다.

	$D>0$	$D=0$	$D<0$
$y=ax^2+bx+c(a>0)$의 그래프와 직선 $y=mx+n(m>0)$의 위치 관계			

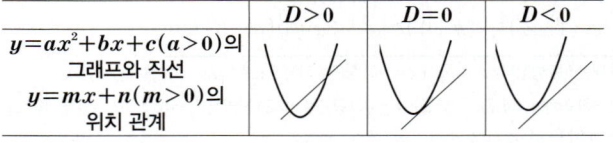

F 84 정답 ④ ················· 이차함수의 그래프와 직선의 위치 관계

정답 공식: 이차함수 $y=f(x)$의 그래프와 직선 $y=g(x)$의 그래프가 만나지 않으면 이차방정식 $f(x)-g(x)=0$의 판별식을 D라 할 때, $D<0$이 성립한다.

단서 두 식을 연립한 이차방정식이 실근을 갖지 않는다는 뜻이야.

이차함수 $y=x^2+5x+9$의 그래프와 직선 $y=x+k$가 만나지 않도록 하는 자연수 k의 개수는?

① 1　　　　② 2　　　　③ 3
④ 4　　　　⑤ 5

1st 이차함수의 그래프와 이차방정식의 관계를 이용해.

이차함수 $y=x^2+5x+9$의 그래프와 직선 $y=x+k$가 만나지 않도록 하려면 두 식을 연립한 이차방정식 $x^2+5x+9=x+k$,
> 이차함수의 식과 일차함수의 식을 연립하여 만든 방정식은 이차방정식이야.

즉 $x^2+4x+9-k=0$이 실근을 갖지 않아야 한다.

2nd 이차방정식이 실근을 갖지 않을 조건을 이용하여 자연수 k의 개수를 구해.

이차방정식 $x^2+4x+9-k=0$의 판별식을 D라 하면 이 이차방정식이
> 이차방정식의 실근의 개수는 이차방정식의 판별식의 부호로 알 수 있어.

실근을 갖지 않아야 하므로 $D<0$이어야 한다.

> **[이차방정식의 실근의 개수]**
> 이차방정식 $ax^2+bx+c=0$의 판별식을 $D=b^2-4ac$라 하면
> (1) $D>0$: 2개
> (2) $D=0$: 1개
> (3) $D<0$: 0개

즉, $D=4^2-4(9-k)=4k-20<0$에서 $k<5$이다.
따라서 조건을 만족시키는 자연수 k는 1, 2, 3, 4로 개수는 4이다.

F 85 정답 ① ················· 이차함수의 그래프와 직선의 위치 관계

정답 공식: 구하는 직선을 $y=5x+k$라 두고 이차함수와 연립하여 판별식 $D=0$임을 이용한다.

기울기가 5인 직선이 이차함수 $f(x)=x^2-3x+17$의 그래프에 접할 때, 이 직선의 y절편은?

단서 직선과 이차함수의 그래프가 접하려면 두 식을 연립한 이차방정식이 중근을 가져야 해.

① 1　　　　② 2　　　　③ 3
④ 4　　　　⑤ 5

1st 기울기가 5인 직선의 방정식을 세우자.

기울기가 5인 직선의 y절편을 k라 하면 직선의 방정식은
$y=5x+k$
> 기울기가 a, y절편이 b인 직선의 방정식은 $y=ax+b$

2nd 직선의 방정식과 이차함수를 연립한 이차방정식의 판별식이 0임을 이용하여 k의 값을 구하자.

$y=5x+k$를 $y=x^2-3x+17$에 대입하면
$5x+k=x^2-3x+17$에서
$x^2-8x+17-k=0$
이차방정식의 판별식을 D라 하면 중근을 가져야 하므로 $D=0$이다.
$D=(-8)^2-4(17-k)$
　$=64-68+4k$
　$=-4+4k=0$
$\therefore k=1$
따라서 직선의 y절편은 1이다.

> **주의**
> 직선과 이차함수의 그래프가 한 점에서 만나므로 두 식을 연립한 이차방정식의 근의 개수는 1이야.
> 즉, 중근을 가지므로 판별식 $D=0$이어야 해.

F 86 정답 ④ ········ 이차함수의 그래프와 직선의 위치 관계

(**정답 공식**: 이차방정식 $ax^2+bx+c=0$이 중근을 가지면 $b^2-4ac=0$이다.)

> 점 $(-1, 0)$을 지나고 기울기가 m인 직선이 곡선 $y=x^2+x+4$
> 에 접할 때, 양수 m의 값은?
>
> ① $\dfrac{3}{2}$　　　　② 2　　　　③ $\dfrac{5}{2}$
>
> ④ 3　　　　⑤ $\dfrac{7}{2}$
>
> **단서** 직선과 이차함수의 그래프의 위치 관계가 주어진 경우 두 식을 연립한 이차방정식의 판별식을 이용하는 거야.

1st 기울기가 m이고 점 $(-1, 0)$을 지나는 직선의 방정식을 구해.

기울기가 m이고 점 $(-1, 0)$을 지나는 직선의 방정식을 구하면
$y-0=m\{x-(-1)\}$　∴ $y=mx+m$
기울기가 m이고 한 점 (x_1, y_1)을 지나는 직선의 방정식은 $y-y_1=m(x-x_1)$

2nd 직선과 이차함수의 그래프가 접하는 상황을 이차방정식으로 나타내봐.

직선 $y=mx+m$과 곡선 $y=x^2+x+4$가 접하면
이차방정식 $mx+m=x^2+x+4$가 중근을 가져야 한다.
직선과 이차함수의 그래프가 서로 접하는 경우에는 두 그래프가 한 점에서 만나므로 두 식을 연립한 이차방정식이 중근을 가지게 되는 거야.

즉, 이차방정식 $x^2+(1-m)x+4-m=0$이 중근을 가지므로
$(1-m)^2-4(4-m)=0$
$m^2+2m-15=0$
$(m-3)(m+5)=0$
∴ $m=3$ 또는 $m=-5$
따라서 양수 m의 값은 $m=3$이다.

F 87 정답 ② ········ 이차함수의 그래프와 직선의 위치 관계

(**정답 공식**: 이차방정식 $ax^2+bx+c=0$이 중근을 가지면 $b^2-4ac=0$이다.)

> 이차함수 $y=x^2+ax+a^2$의 그래프가 직선 $y=-x$에 접하도록
> 하는 양수 a의 값은?　　**단서 1** 두 함수의 그래프가 접한다는 사실을 이용하여 방정식을 세울 수 있어.
>
> ① $\dfrac{2}{3}$　　　　② 1　　　　③ $\dfrac{4}{3}$
>
> **단서 2** a의 값이 여러 개일 수 있는데 그 중 양수인 값을 찾아야 해.
>
> ④ $\dfrac{5}{3}$　　　　⑤ 2

1st 이차함수의 그래프와 직선이 접함을 이용해.

이차함수 $y=x^2+ax+a^2$의 그래프가 직선 $y=-x$에 접하므로
이차방정식 $x^2+ax+a^2=-x$는 중근을 가진다.
두 그래프가 접하면 교점이 1개이고 이차방정식의 해가 1개라는 말이야.
그래서 주어진 이차방정식이 중근을 가져.
즉, x에 대한 이차방정식 $x^2+(a+1)x+a^2=0$의 판별식을 D라 하면
$D=0$이다.　이차방정식 $ax^2+bx+c=0$의 판별식을 D라 하면 $D=b^2-4ac$야.

2nd 양수 a의 값을 구해.

$D=(a+1)^2-4\times1\times a^2=(a+1)^2-4a^2$이므로
$(a+1)^2-4a^2=0$에서 $a^2+2a+1-4a^2=0$, $3a^2-2a-1=0$
$(3a+1)(a-1)=0$　∴ $a=-\dfrac{1}{3}$ 또는 $a=1$

그런데 a는 양수이므로 $a=1$이다.

F 88 정답 ② ········ 이차함수의 그래프와 직선의 위치 관계

(**정답 공식**: 이차함수 $y=ax^2+bx+c$의 그래프와 직선 $y=mx+n$이 접하면 이차방정식 $ax^2+bx+c=mx+n$이 중근을 가진다.)

> **단서** 직선이 이차함수의 그래프에 접하면 한 점에서 만나고, 연립한 방정식은 중근을 가져.
>
> 두 양수 m, n에 대하여 직선 $y=mx+2$가 두 이차함수
> $y=\dfrac{1}{3}x^2+5$, $y=x^2+4x+n$의 그래프에 동시에 접할 때,
> $m+n$ 의 값은?
>
> ① 4　　　② 5　　　③ 6　　　④ 7　　　⑤ 8

1st m의 값을 구해.

직선 $y=mx+2$가 이차함수 $y=\dfrac{1}{3}x^2+5$의 그래프에 접하므로

x에 대한 이차방정식 $mx+2=\dfrac{1}{3}x^2+5$, 즉

$\dfrac{1}{3}x^2-mx+3=0$은 중근을 가진다.　이차함수의 그래프와 직선이 접한다는 것은 두 식을 연립한 이차방정식이 중근을 갖는다는 거야.

이차방정식 $\dfrac{1}{3}x^2-mx+3=0$의 판별식을 D라 할 때,

$D=m^2-4\times\dfrac{1}{3}\times3=m^2-4=0$

$m>0$이므로 $m=2$　이차방정식 $ax^2+bx+c=0$ $(a\ne0)$이 중근을 가지면 판별식 $D=b^2-4ac=0$

2nd n의 값을 구하여 $m+n$의 값을 구해.

직선 $y=2x+2$가 이차함수 $y=x^2+4x+n$의 그래프에 접하므로
x에 대한 이차방정식 $2x+2=x^2+4x+n$, 즉
$x^2+2x+n-2=0$은 중근을 가진다.
이차방정식 $x^2+2x+n-2=0$의 판별식을 D'이라 할 때,

$\dfrac{D'}{4}=1^2-(n-2)=0$

$3-n=0$　∴ $n=3$
∴ $m+n=2+3=5$

F 89 정답 6 ········ 이차함수의 그래프와 직선의 위치 관계

(**정답 공식**: 이차함수의 그래프와 직선이 만나려면 두 식을 연립하여 나온 이차방정식의 판별식이 0보다 크거나 같으면 된다.)

> 직선 $y=-x+k$가 이차함수 $y=x^2-2x+6$의 그래프와
> 만나도록 하는 자연수 k의 최솟값을 구하시오.
>
> **단서** 두 함수의 그래프가 만난다는 사실을 이용하여 방정식을 세웠을 때 해의 조건을 알 수 있어.

1st 이차함수의 그래프와 직선이 서로 만나므로 연립한 이차방정식이 중근을 가지거나 서로 다른 두 실근을 가지면 돼.

이차함수 $y=x^2-2x+6$의 그래프와 직선 $y=-x+k$가 만나므로
이를 연립한 이차방정식 $x^2-2x+6=-x+k$에서
$x^2-x+6-k=0$은 실근을 갖는다.　**주의** 이차방정식이 실근을 갖는다는 의미는 서로 다른 실근이 1개 또는 2개란 의미야. 두 경우 모두 가능하다는 것을 잊어선 안 돼!
이차방정식 $x^2-x+6-k=0$의 판별식을
D라 하면
$D=(-1)^2-4\times1\times(6-k)\ge0$
이차방정식 $ax^2+bx+c=0$의 판별식을 $D=b^2-4ac$라 하면
이차방정식의 서로 다른 실근의 개수는 $D>0$이면 2개, $D=0$이면 1개, $D<0$이면 0개
$1-4(6-k)\ge0$, $4k-23\ge0$

$$\therefore k \geq \frac{23}{4} = 5.\times\times\times$$

따라서 자연수 k의 최솟값은 6이다.

이차함수의 그래프와 직선의 위치 관계　　　　　개념·공식

이차함수 $y=ax^2+bx+c$의 그래프와 직선 $y=mx+n$의 위치 관계는 이차방정식 $ax^2+bx+c=mx+n$, 즉 $ax^2+(b-m)x+c-n=0$의 판별식 $D=(b-m)^2-4a(c-n)$의 값의 부호에 따라 다음과 같다.

	$D>0$	$D=0$	$D<0$
$y=ax^2+bx+c(a>0)$의 그래프와 직선 $y=mx+n(m>0)$의 위치 관계		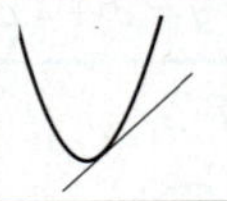	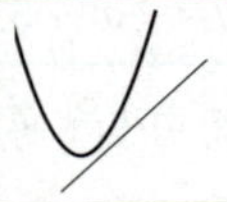

F 90　정답 ⑤　·················· 이차방정식과 이차함수의 위치 관계

정답 공식: $f(0)-g(0)$과 $f(2)-g(2)$의 값이 모두 3이므로 나머지정리를 이용하여 이차식 $f(x)-g(x)$를 만들면 된다.

이차항의 계수가 3인 이차함수 $f(x)$와 일차항의 계수가 12인 일차함수 $g(x)$가 다음 조건을 만족시킬 때, $f(3)$의 값은?

> (가) $f(0)-g(0)=f(2)-g(2)=3$
> (나) 방정식 $f(x)+g(x)=0$이 중근을 갖는다.
> **단서** 이차방정식의 해와 이차함수의 그래프가 x축과 만나는 점의 관계를 이용해.

① 48　　② 51　　③ 54　　④ 57　　⑤ 60

1st 조건 (가)를 이용하여 이차함수 $f(x)-g(x)$를 구해.

$f(0)-g(0)$과 $f(2)-g(2)$의 값이 모두 3이고,
$f(x)-g(x)$는 이차항의 계수가 3인 이차식이므로
$f(x)$는 이차항의 계수가 3인 이차함수이고 $g(x)$는 일차함수이므로
$f(x)-g(x)$는 이차항의 계수가 3인 이차식이야.

$$f(x)-g(x)=3x(x-2)+3=3x^2-6x+3 \cdots \text{㉠}$$

$h(x)$를 $x-a$로 나눈 나머지가 R이면 $h(a)=R$이다.
따라서 $h(a)=R$이면 $h(x)=(x-a)Q(x)+R$로 식을 세워.

2nd 이차함수 $f(x)+g(x)$를 만들어 조건 (나)를 적용하자.

일차항의 계수가 12인 일차함수 $g(x)$를 상수 k에 대하여 $g(x)=12x+k$라 하자.

㉠에서
$$f(x)=3x^2-6x+3+g(x)$$
$$=3x^2-6x+3+12x+k$$
$$=3x^2+6x+3+k \cdots \text{㉡}$$

즉, $f(x)+g(x)=3x^2+18x+3+2k$이고
방정식 $f(x)+g(x)=0$이 중근을 가지므로
이차방정식이 중근을 가지면 판별식 $D=0$

$3x^2+18x+3+2k=0$의 판별식을 D라 할 때,
$$\frac{D}{4}=9^2-3\times(3+2k)=0$$이다.

$$-6k+72=0 \qquad \therefore k=12$$

3rd $f(x)$의 식을 구하여 $f(3)$의 값을 구하자.

$k=12$를 ㉡에 대입하면
$f(x)=3x^2+6x+15$이므로
$$f(3)=27+18+15=60$$

🔑 다른 풀이: 식의 미정계수를 각각 구하기

$f(x)=3x^2+bx+c$, $g(x)=12x+k$라 하면
조건 (가)에서
$f(0)-g(0)=3$에서 $c-k=3 \cdots \text{㉢}$

$f(2)-g(2)=3$에서 $(12+2b+c)-(24+k)=3$
$2b-12+(c-k)=3$
이때, ㉢에서 $c-k=3$이므로
$2b-12+3=3 \qquad \therefore b=6$

조건 (나)에서 방정식 $f(x)+g(x)=0$이 중근을 가지므로
$$f(x)+g(x)=3x^2+(b+12)x+(c+k)$$
$$=3x^2+18x+(c+k)$$

$3x^2+18x+(c+k)=0$의 판별식을 D라 할 때,
$$\frac{D}{4}=9^2-3\times(c+k)=0$$

즉, $c+k=27$이고 ㉢에서 $c-k=3$이므로
연립하면 $c=15$, $k=12$

따라서 $f(x)=3x^2+6x+15$, $g(x)=12x+12$이므로
$$f(3)=27+18+15=60$$

F 91　정답 ④　·················· 이차함수의 그래프와 직선의 위치 관계

정답 공식: 이차함수의 그래프와 직선이 한 점에서 만나면 이차함수와 직선을 연립한 이차방정식의 판별식 $D=0$이다.

> **단서1** 두 식을 연립한 이차방정식은 중근을 가져.
> 그림과 같이 이차함수 $y=-x^2+4x+5$의 그래프와 직선 $y=2x+a$가 한 점 A에서만 만난다. 이차함수 $y=-x^2+4x+5$의 그래프가 x축과 만나는 두 점 B, C에 대하여 삼각형 ABC의 넓이는? (단, a는 상수이다.)
> **단서2** 선분 BC를 삼각형의 밑변, 점 A의 y좌표를 삼각형의 높이로 생각할 수 있어.

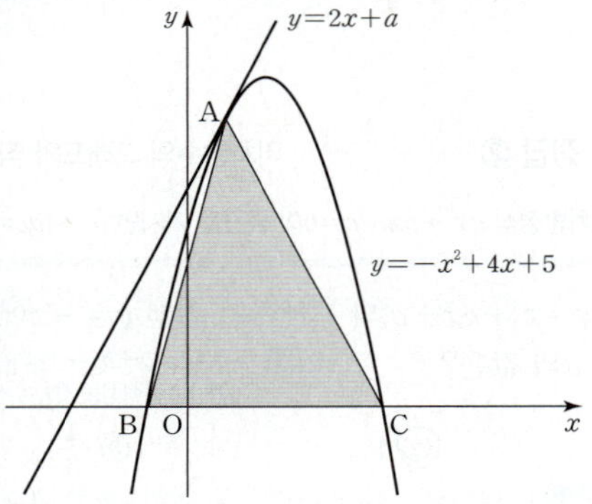

① 21　　② 22　　③ 23　　④ 24　　⑤ 25

1st 이차함수의 그래프가 직선과 한 점에서 만날 조건을 생각하자.

이차함수 $y=-x^2+4x+5$의 그래프와 직선 $y=2x+a$가 한 점에서만 만나려면 $-x^2+4x+5=2x+a$에서
이차방정식 $-x^2+4x+5=2x+a$의 서로 다른 근의 개수는 1이야.

이차방정식 $x^2-2x+(a-5)=0$이 중근을 가져야 한다.
즉, 이차방정식 $x^2-2x+(a-5)=0$의 판별식을 D라 할 때, $D=0$이어야 한다.

$$\frac{D}{4}=(-1)^2-(a-5)=0, \; 6-a=0$$

$$\therefore a=6$$

2nd 세 점 A, B, C의 좌표를 각각 구하자.

이차함수 $y=-x^2+4x+5$의 그래프가 직선 $y=2x+6$과 만나는 점의 x좌표는
두 식을 연립하여 만든 이차방정식 $x^2-2x+1=0$의 실근과 같으므로
$(x-1)^2=0$에서 $x=1$

이때, 점 A는 이차함수 $y=-x^2+4x+5$의 그래프 위의 점이므로
점 A의 좌표는 A$(1, 8)$이다. → $y=-1^2+4\times1+5=8$
또한, 이차함수 $y=-x^2+4x+5=-(x-5)(x+1)$에서
이차함수의 그래프가 x축과 만나는 점은 $(-1, 0)$, $(5, 0)$이므로

> x축과 만나는 점의 y좌표는 0이므로 y에 0을 대입하여
> x의 값을 찾으면 돼.

두 점 B, C의 좌표는 각각 B$(-1, 0)$, C$(5, 0)$이다.

3rd 삼각형 ABC의 넓이를 구하자.

따라서 구하는 삼각형 ABC의 넓이는

$\dfrac{1}{2}\times\{5-(-1)\}\times8=\dfrac{1}{2}\times6\times8=24$

2nd 판별식 $D=0$임을 이용하자.

이차방정식 ㉠의 판별식을 D라 하면

> 이차방정식 $ax^2+bx+c=0(a\neq0)$에서
> $D=b^2-4ac$로 놓으면
> ① $D>0 \Longleftrightarrow$ 서로 다른 두 실근
> ② $D=0 \Longleftrightarrow$ 중근
> ③ $D<0 \Longleftrightarrow$ 서로 다른 두 허근

$\dfrac{D}{4}=(2k+a)^2-4k^2-k+b$

$\qquad=(4a-1)k+a^2+b=0 \cdots$ ㉡

㉡이 k의 값에 관계없이 성립하려면

> k에 대한 항등식이 될 조건은
> $4a-1=0, a^2+b=0$

$a=\dfrac{1}{4}$, $b=-\dfrac{1}{16}$

$\therefore a+b=\dfrac{1}{4}-\dfrac{1}{16}=\dfrac{3}{16}$

F 92 정답 **9** ·············· 이차함수의 그래프와 직선의 위치 관계

> **정답 공식:** 이차함수의 그래프와 직선이 서로 다른 두 점에서 만나려면
> 두 식을 연립하여 나온 이차방정식의 판별식이 0보다 크면 된다.

이차함수 $y=x^2+4x+k$의 그래프와 직선 $y=-2x+1$이
서로 다른 두 점에서 만나도록 하는 자연수 k의 최댓값을
구하시오.

> **단서** 두 식을 연립해서 만든 이차방정식의 판별식을
> 이용하면 되지?

1st 이차함수의 그래프와 직선이 서로 다른 두 점에서 만나므로 연립한 식이
서로 다른 두 근을 가지면 돼.

이차함수 $y=x^2+4x+k$의 그래프와 직선 $y=-2x+1$이 서로 다른
두 점에서 만나므로 연립한 이차방정식 $x^2+4x+k=-2x+1$에서
$x^2+6x+k-1=0$은 서로 다른 두 근을 가진다.

> **주의** 이차함수의 그래프와 직선의 교점의 개수는 두 식을 연립한
> 이차방정식의 실근의 개수와 같으니까 교점의 개수가 2이면
> 이차방정식의 실근의 개수도 2가 되어야 해.

이차방정식 $x^2+6x+k-1=0$의 판별식을 D라 하면

$\dfrac{D}{}=6^2-4(k-1)>0$

> **[이차방정식의 실근의 개수]**
> 이차방정식 $ax^2+bx+c=0$의 판별식을
> $D=b^2-4ac$라 하면 이차방정식의 실근의 개수는
> (1) $D>0:2$개 (2) $D=0:1$개 (3) $D<0:0$개

$36-4k+4>0$

$40>4k \qquad \therefore k<10$

따라서 자연수 k의 최댓값은 9이다.

F 93 정답 **②** ·············· 이차함수의 그래프와 직선의 위치 관계

> **정답 공식:** 두 식을 연립한 이차방정식의 판별식 $D=0$임을 이용한다. 이때 나온
> 식이 k에 대한 항등식임을 이용해 a, b의 값을 구한다.

> **단서 1** k에 대한 항등식이라는 뜻이야.

x에 대한 이차함수 $y=x^2-4kx+4k^2+k$의 그래프와 직선
$y=2ax+b$가 실수 k의 값에 관계없이 항상 접할 때, $a+b$
의 값은? (단, a, b는 상수이다.) **단서 2** 이차함수의 그래프와 직선이 서로
접할 조건을 생각해 보자.

① $\dfrac{1}{8}$ ② $\dfrac{3}{16}$ ③ $\dfrac{1}{4}$

④ $\dfrac{5}{16}$ ⑤ $\dfrac{3}{8}$

1st 이차함수의 그래프와 직선이 서로 접할 조건을 생각해 보자.

x에 대한 이차함수 $y=x^2-4kx+4k^2+k$의 그래프와 직선 $y=2ax+b$
가 접하므로 x에 대한 이차방정식 $x^2-4kx+4k^2+k=2ax+b$, 즉
$x^2-2(2k+a)x+4k^2+k-b=0 \cdots$ ㉠
이 중근을 가져야 한다.

F 94 정답 **③** ·············· 이차함수의 그래프와 직선의 위치 관계

> **정답 공식:** 이차함수 $y=ax^2+bx+c$의 그래프와 직선 $y=mx+n$이 접하면
> 이차방정식 $ax^2+bx+c=mx+n$이 중근을 가진다.

두 실수 $a(a>2)$, b에 대하여 이차함수

> **단서 1** 한 점에서만 만나기 때문에 연립
> 하여 만든 이차방정식의 판별식
> $D=0$임을 이용할 수 있어.

$y=x^2-(a+1)x+a$의 그래프와 직선 $y=bx-b$가 한 점
A$(1, 0)$에서만 만난다. 함수 $y=x^2-(a+1)x+a$의
그래프가 x축과 만나는 점 중 A가 아닌 점을 B, 함수
$y=x^2-(a+1)x+a$의 그래프가 y축과 만나는 점을 C, 직선
$y=bx-b$가 y축과 만나는 점을 D라 하자. 다음은 삼각형
OAD의 넓이를 S_1, 사각형 ABCD의 넓이를 S_2라 할 때,
$S_1 : S_2=2 : 7$이 되도록 하는 a의 값을 구하는 과정이다. (단,
O는 원점이다.)

> **단서 2** $x^2-(a+1)x+a=(x-a)(x-1)$
> 로 인수분해하면 두 점 A, B의 x좌표를
> 알 수 있어.

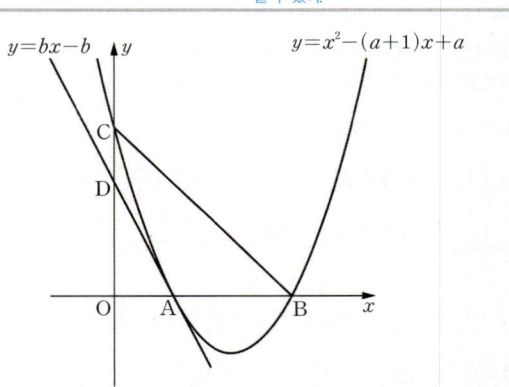

이차함수 $y=x^2-(a+1)x+a$의 그래프가 직선
$y=bx-b$와 한 점 A에서만 만나므로 이차방정식
$x^2-(a+b+1)x+a+b=0$의 판별식 $D=0$이다.
삼각형 OAD의 넓이 S_1과 사각형 ABCD의 넓이
S_2를 a에 대한 식으로 나타내면
$S_1=$ (가) , $S_2=$ (나) 이다.
따라서 $S_1 : S_2=2 : 7$이 되도록 하는 a의 값은
$a=$ (다) 이다.

위의 (가), (나)에 알맞은 식을 각각 $f(a)$, $g(a)$라 하고, (다)
에 알맞은 수를 p라 할 때, $f(5)+g(5)+p$의 값은?

① $\dfrac{27}{2}$ ② $\dfrac{29}{2}$ ③ $\dfrac{31}{2}$ ④ $\dfrac{33}{2}$ ⑤ $\dfrac{35}{2}$

이차함수 $y=x^2-(a+1)x+a$의 그래프가 직선 $y=bx-b$와 한 점 A에서만 만나므로

이차방정식 $x^2-(a+b+1)x+a+b=0$의 판별식 $D=0$이다.

$D=(a+b+1)^2-4(a+b)=0$에서

$a^2+b^2+2ab-2a-2b+1=(a+b-1)^2=0$

$a+b-1=0$에서 $b=-a+1$ … ㉠

> 이후의 풀이를 a에 관한 식으로 나타내기 위해 b를 a에 관한 식으로 정리했어.

2nd S_1, S_2를 a에 관한 식으로 나타내자.

네 점 A, B, C, D의 좌표는 각각

$(1, 0)$, $(a, 0)$, $(0, a)$, $(0, -b)$이고,

> $x^2-(a+1)x+a=(x-a)(x-1)$에서 점 B의 좌표는 $(a, 0)$이고 $y=x^2-(a+1)x+a$에 $x=0$을 대입해보면 점 C의 좌표는 $(0, a)$임을 알 수 있어.

삼각형 OAD의 넓이 S_1과 사각형 ABCD의 넓이 S_2를 a에 대한 식으로 나타내면

$S_1=\frac{1}{2}\times\overline{OA}\times\overline{OD}$

$=\frac{1}{2}\times1\times(-b)=\frac{1}{2}(a-1)$ ($\because$ ㉠) — (가)

$S_2=\frac{1}{2}\times\overline{OB}\times\overline{OC}-S_1$ → □ABCD=△OBC−△OAD

$=\frac{1}{2}a^2-\frac{1}{2}(a-1)=\frac{1}{2}(a^2-a+1)$ — (나)

3rd 비례식을 이용하여 a의 값을 구하자.

따라서 $S_1:S_2=2:7$이 되도록 하는 a의 값은

$\frac{1}{2}(a-1):\frac{1}{2}(a^2-a+1)=2:7$

$(a-1):(a^2-a+1)=2:7$

$2a^2-2a+2=7a-7$

$2a^2-9a+9=0$, $(2a-3)(a-3)=0$

$a>2$이므로 $a=3$ 이다. — (다)

4th $f(a)$, $g(a)$, p를 정리하여 답을 구하자.

$f(a)=\frac{1}{2}(a-1)$에서 $f(5)=\frac{1}{2}\times(5-1)=2$,

$g(a)=\frac{1}{2}(a^2-a+1)$에서 $g(5)=\frac{1}{2}\times(5^2-5+1)=\frac{21}{2}$이고,

$p=3$이므로 $f(5)+g(5)+p=2+\frac{21}{2}+3=\frac{31}{2}$

⚙ 이차함수의 그래프와 직선의 위치 관계   개념·공식

이차함수 $y=ax^2+bx+c$의 그래프와 직선 $y=mx+n$의 위치 관계는 이차방정식 $ax^2+bx+c=mx+n$, 즉 $ax^2+(b-m)x+c-n=0$의 판별식 $D=(b-m)^2-4a(c-n)$의 값의 부호에 따라 다음과 같다.

	$D>0$	$D=0$	$D<0$
$y=ax^2+bx+c(a>0)$의 그래프와 직선 $y=mx+n(m>0)$의 위치 관계			

F 95 정답 ① ················· 이차함수의 그래프와 직선의 위치 관계

> **정답 공식**: 이차함수 $f(x)$에 대하여 $f(x)\geq q$이면 $f(x)=a(x-p)^2+q$ $(a>0)$이다.

실수 k와 최고차항의 계수가 $\frac{1}{2}$인 이차함수 $f(x)$에 대하여 x에 대한 방정식 $f(x)+x=k$ 가 서로 다른 두 자연수 α, β를 근으로 가질 때, 함수 $f(x)$는 다음 조건을 만족시킨다.

> **단서 1** 이차방정식의 근과 계수의 관계를 활용할 수 있어.

(가) $f(\beta)=\beta$ → **단서 2** 이차함수 $y=f(x)$의 그래프 개형을 떠올려봐. 꼭짓점의 좌표를 말해주는 거야.
(나) 모든 실수 x에 대하여 $f(x)\geq\beta$이다.

$f(0)\leq\alpha+\beta+f(\alpha)$일 때, 모든 $f(6)$의 값의 곱은?

① 45   ② 48   ③ 51   ④ 54   ⑤ 57

1st 조건을 이용하여 $f(x)$를 나타내.

조건 (나)에 의해 이차함수 $y=f(x)$의 꼭짓점의 y좌표는 β이고, 조건 (가)에 의해 $f(\beta)=\beta$이므로 함수 $f(x)$의 꼭짓점의 좌표는 (β, β)이다.

$\therefore f(x)=\frac{1}{2}(x-\beta)^2+\beta$ … ㉠

> 최고차항의 계수가 a이고, 그래프의 꼭짓점의 좌표가 (p, q)인 이차함수 $f(x)=a(x-p)^2+q$

2nd 방정식 $f(x)+x=k$의 두 근 α, β의 관계를 구해.

방정식 $f(x)+x=k$에서

$\frac{1}{2}(x^2-2\beta x+\beta^2)+\beta+x-k=0$

$\frac{1}{2}x^2+(1-\beta)x+\left(\frac{1}{2}\beta^2+\beta-k\right)=0$

두 자연수 α, β가 위 방정식의 근이므로 이차방정식의 근과 계수의 관계에 의해

$\alpha+\beta=2\beta-2$

> x에 대한 이차방정식 $ax^2+bx+c=0$의 두 근을 α, β라 하면 $\alpha+\beta=-\frac{b}{a}$

$\therefore \alpha=\beta-2$ … ㉡

3rd $f(6)$의 값의 곱을 구해.

$f(0)\leq\alpha+\beta+f(\alpha)$이므로

㉡에서 $f(0)\leq\beta-2+\beta+f(\beta-2)$

이때, ㉠에서 $f(0)=\frac{1}{2}\beta^2+\beta$이고

$f(\beta-2)=\frac{1}{2}(\beta-2-\beta)^2+\beta=\frac{1}{2}\times(-2)^2+\beta=2+\beta$이므로

$\frac{1}{2}\beta^2+\beta\leq\beta-2+\beta+(2+\beta)$

$\frac{1}{2}\beta^2-2\beta\leq0$, $\beta^2-4\beta\leq0$, $\beta(\beta-4)\leq0$

$\therefore 0\leq\beta\leq4$

이때, β는 자연수이므로 가능한 값은 1, 2, 3, 4이고 ㉡에서 α도 자연수이므로 가능한 α, β의 순서쌍 (α, β)는 $(1, 3)$, $(2, 4)$

> $\beta=1$이면 $\alpha=-1$, $\beta=2$이면 $\alpha=0$이므로 조건을 만족시키지 않아.

$\beta=3$일 때, $f(x)=\frac{1}{2}(x-3)^2+3$이므로 $f(6)=\frac{15}{2}$

$\beta=4$일 때, $f(x)=\frac{1}{2}(x-4)^2+4$이므로 $f(6)=6$

따라서 모든 $f(6)$의 값의 곱은 $\frac{15}{2}\times6=45$

정답 공식: 이차함수의 그래프와 직선이 한 점에서 만나면 이차함수와 직선을 연립한 이차방정식의 판별식 $D=0$이다.

단서 1 두 식을 연립한 이차방정식은 중근을 가져.

그림과 같이 이차함수 $y=x^2-4x+\dfrac{25}{4}$의 그래프가 직선 $y=ax(a>0)$과 한 점 A에서만 만난다.

이차함수 $y=x^2-4x+\dfrac{25}{4}$의 그래프가 y축과 만나는 점을 B, 점 A에서 x축에 내린 수선의 발을 H라 하고, 선분 OA와 선분 BH가 만나는 점을 C라 하자.

삼각형 BOC의 넓이를 S_1, 삼각형 ACH의 넓이를 S_2라 할 때, $S_1-S_2=\dfrac{q}{p}$이다. $p+q$의 값을 구하시오.

(단, O는 원점이고, p와 q는 서로소인 자연수이다.)

단서 2 S_1, S_2를 직접 구해도 되지만 S_1-S_2의 값을 구하면 되므로 삼각형 BOH의 넓이에서 삼각형 AOH의 넓이를 뺀 값을 구해도 돼.

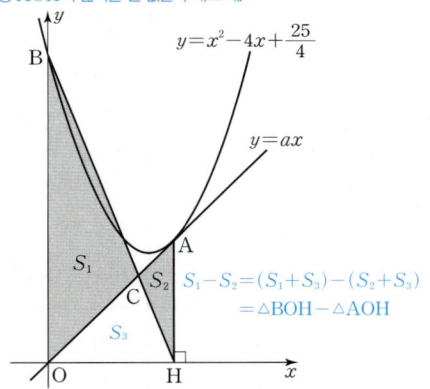

$S_1-S_2=(S_1+S_3)-(S_2+S_3)$
$=\triangle BOH-\triangle AOH$

1st 이차함수의 그래프가 직선과 한 점에서 만날 조건을 생각해.

이차함수 $y=x^2-4x+\dfrac{25}{4}$의 그래프가 직선 $y=ax$와 한 점에서만

만나려면 $x^2-4x+\dfrac{25}{4}=ax$에서 → 이차방정식 $x^2-4x+\dfrac{25}{4}=ax$의 서로 다른 근의 개수는 1이야.

이차방정식 $x^2-(a+4)x+\dfrac{25}{4}=0$이 중근을 가져야 한다.

즉, 이차방정식 $x^2-(a+4)x+\dfrac{25}{4}=0$의 판별식을 D라 할 때, $D=0$이어야 한다.

$D=\{-(a+4)\}^2-4\times1\times\dfrac{25}{4}=0$

이차방정식 $ax^2+bx+c=0$의 판별식을 D라 할 때 $D=b^2-4ac$

$(a+4)^2=25$에서 $a>0$이므로 $a=1$
→ $a+4=\pm5$이므로 $a=1$ 또는 $a=-9$야.

2nd 세 점 A, B, H의 좌표를 각각 구해.

이차함수 $y=x^2-4x+\dfrac{25}{4}$의 그래프가 직선 $y=x$와 만나는 점의

x좌표는 연립한 이차방정식 $x^2-5x+\dfrac{25}{4}=0$의 실근과 같으므로

$\left(x-\dfrac{5}{2}\right)^2=0$에서 $x=\dfrac{5}{2}$

따라서 점 A의 좌표는 $A\left(\dfrac{5}{2},\ \dfrac{5}{2}\right)$이다.
→ 점 A의 x좌표가 $\dfrac{5}{2}$이고 직선 $y=x$ 위의 점이므로 y좌표도 $\dfrac{5}{2}$야.

또한 점 A에서 x축에 내린 수선의 발인 점 H의 좌표는

$H\left(\dfrac{5}{2},\ 0\right)$이고, → x좌표는 점 A와 같고 x축 위에 있는 점의 y좌표는 0이야.

이차함수 $y=x^2-4x+\dfrac{25}{4}$의 식에 $x=0$을 대입하면 $y=\dfrac{25}{4}$이므로

$B\left(0,\ \dfrac{25}{4}\right)$이다.

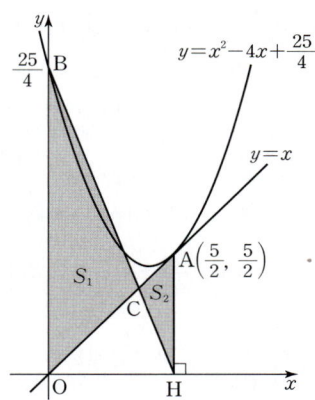

3rd S_1-S_2의 값을 구해.

한편, 삼각형 BOH의 넓이를 T_1, 삼각형 AOH의 넓이를 T_2라 하면 $T_1-T_2=S_1-S_2$가 성립한다.

삼각형 COH의 넓이를 R라 하면
$T_1=S_1+R$, $T_2=S_2+R$이므로
$T_1-T_2=S_1-S_2$

삼각형 COH의 넓이를 공통으로 하면 S_1-S_2의 값은 삼각형 BOH의 넓이에서 삼각형 AOH의 넓이를 뺀 값과 같아.

$S_1-S_2=T_1-T_2$

$=\dfrac{1}{2}\times\dfrac{5}{2}\times\dfrac{25}{4}-\dfrac{1}{2}\times\dfrac{5}{2}\times\dfrac{5}{2}$

$=\dfrac{125}{16}-\dfrac{25}{8}=\dfrac{75}{16}$

따라서 $p=16$, $q=75$이므로 $p+q=91$이다.

🔷 **다른 풀이: 3rd 에서 점 C의 좌표를 구하여 S_1-S_2 계산하기**

두 점 $B\left(0,\ \dfrac{25}{4}\right)$, $H\left(\dfrac{5}{2},\ 0\right)$을 지나는 직선의 방정식은

$\dfrac{x}{\dfrac{5}{2}}+\dfrac{y}{\dfrac{25}{4}}=1$, 즉 $y=-\dfrac{5}{2}x+\dfrac{25}{4}$야.
→ 두 점 $(a,\ 0)$, $(0,\ b)$를 지나는 직선의 방정식은 $\dfrac{x}{a}+\dfrac{y}{b}=1$ (단, $ab\neq0$)

두 직선 $y=x$, $y=-\dfrac{5}{2}x+\dfrac{25}{4}$의 교점의 x좌표는

$x=-\dfrac{5}{2}x+\dfrac{25}{4}$에서 $\dfrac{7}{2}x=\dfrac{25}{4}$

$\therefore x=\dfrac{25}{14}$

따라서 점 C의 좌표는 $C\left(\dfrac{25}{14},\ \dfrac{25}{14}\right)$야.

삼각형 BOC의 넓이 S_1은

$S_1=\dfrac{1}{2}\times\overline{OB}\times(\text{점 C의 }x\text{좌표})$

$=\dfrac{1}{2}\times\dfrac{25}{4}\times\dfrac{25}{14}=\dfrac{625}{112}$

삼각형 ACH의 넓이 S_2는

$S_2=\dfrac{1}{2}\times\overline{AH}\times\left\{\dfrac{5}{2}-(\text{점 C의 }x\text{좌표})\right\}=\dfrac{1}{2}\times\dfrac{5}{2}\times\dfrac{5}{7}=\dfrac{25}{28}$

$\therefore S_1-S_2=\dfrac{625}{112}-\dfrac{25}{28}=\dfrac{525}{112}=\dfrac{75}{16}$

따라서 $p=16$, $q=75$이므로 $p+q=91$

F 97 정답 **17** ·············· 이차함수의 그래프와 직선의 위치 관계

> **정답 공식**: 이차함수 $y=ax^2+bx+c$의 그래프는 $y=a(x-p)^2+q$ 꼴로 변형하여 꼭짓점의 좌표를 찾아 좌표평면 위에 그린다.

> **단서1** 직선 $y=t$는 x축에 평행해.
>
> 좌표평면에서 직선 $y=t$가 두 이차함수 $y=\dfrac{1}{2}x^2+3$,
>
> $y=-\dfrac{1}{2}x^2+x+5$의 그래프와 만날 때, 만나는 서로 다른 점의 개수가 3인 모든 실수 t의 값의 합을 구하시오.
>
> **단서2** 이차함수의 그래프와 x축에 평행한 직선은 만나지 않거나 한 점에서 만나거나 두 점에서 만나. 그럼 두 이차함수의 그래프와 직선 $y=t$가 서로 다른 세 점에서 만나려면 직선이 한 그래프와 두 점에서 만나고 다른 한 그래프와 한 점에서 만나거나, 직선이 두 그래프의 교점을 지나면서 두 그래프와 각각 두 점에서 만나야 해.

1st 두 이차함수 $y=\dfrac{1}{2}x^2+3$, $y=-\dfrac{1}{2}x^2+x+5$의 그래프와 직선 $y=t$를 좌표평면에 그려봐.

이차함수 $y=\dfrac{1}{2}x^2+3$의 그래프는 아래로 볼록하고 꼭짓점의 좌표가

— 이차함수 $f(x)=k(x-a)^2+b$에 대하여 $k>0$일 때, 함수 $y=f(x)$의 그래프는 아래로 볼록하고 꼭짓점의 좌표가 (a, b)야. 또, $k<0$일 때, 함수 $y=f(x)$의 그래프는 위로 볼록하고 꼭짓점의 좌표가 (a, b)야.

$(0, 3)$이다.

또, 이차함수 $y=-\dfrac{1}{2}x^2+x+5=-\dfrac{1}{2}(x-1)^2+\dfrac{11}{2}$의 그래프는 위로

$-\dfrac{1}{2}x^2+x+5=-\dfrac{1}{2}(x^2-2x+1-1)+5$
$\qquad=-\dfrac{1}{2}(x^2-2x+1)+\dfrac{1}{2}+5=-\dfrac{1}{2}(x-1)^2+\dfrac{11}{2}$

볼록하고 꼭짓점의 좌표가 $\left(1, \dfrac{11}{2}\right)$이다.

따라서 두 그래프와 세 점에서 만나도록 하는 직선 $y=t$를 좌표평면에 나타내면 그림과 같다.

두 이차함수의 그래프와 직선 $y=t$가 서로 다른 세 점에서 만나는 경우는 직선 $y=t$가 두 이차함수의 그래프의 꼭짓점을 지나거나 두 이차함수의 그래프의 교점을 지날 때야.

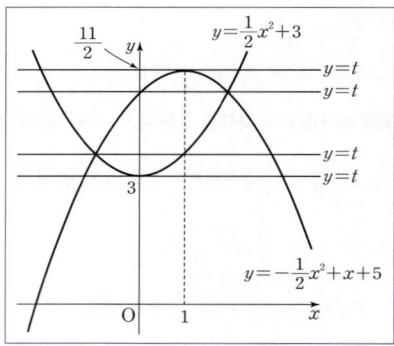

2nd 직선 $y=t$가 두 이차함수의 그래프와 만나는 서로 다른 점의 개수가 3이 되도록 하는 t의 값을 모두 구해.

그림에 의하여 직선 $y=t$가 두 이차함수의 그래프와 만나는 서로 다른 점의 개수가 3인 경우는 직선 $y=t$가

(i) 이차함수의 그래프의 꼭짓점을 지날 때,

　i) 이차함수 $y=\dfrac{1}{2}x^2+3$의 그래프의 꼭짓점의 좌표는 $(0, 3)$이므로 $t=3$이어야 한다.

　ii) 이차함수 $y=-\dfrac{1}{2}x^2+x+5=-\dfrac{1}{2}(x-1)^2+\dfrac{11}{2}$의 그래프의 꼭짓점의 좌표는 $\left(1, \dfrac{11}{2}\right)$이므로 $t=\dfrac{11}{2}$이어야 한다.

(ii) 두 이차함수의 그래프의 교점을 지날 때,

　두 이차함수 $y=\dfrac{1}{2}x^2+3$, $y=-\dfrac{1}{2}x^2+x+5$의 그래프의 교점의

　두 함수 $y=f(x)$, $y=g(x)$의 그래프의 교점의 x좌표는 방정식 $f(x)=g(x)$의 실근과 같아.

　x좌표를 구하기 위해 연립하면 $\dfrac{1}{2}x^2+3=-\dfrac{1}{2}x^2+x+5$에서

　$x^2-x-2=0$, $(x-2)(x+1)=0$ ∴ $x=2$ 또는 $x=-1$

따라서 두 이차함수의 그래프의 교점의 좌표는 $(2, 5)$, $\left(-1, \dfrac{7}{2}\right)$이

$y=\dfrac{1}{2}x^2+3$에
$x=2$를 대입하면 $y=\dfrac{1}{2}\times4+3=5$
$x=-1$을 대입하면 $y=\dfrac{1}{2}\times1+3=\dfrac{7}{2}$

므로 가능한 t의 값은

　i) 직선 $y=t$가 점 $(2, 5)$를 지날 때, $t=5$이어야 한다.

　ii) 직선 $y=t$가 점 $\left(-1, \dfrac{7}{2}\right)$을 지날 때, $t=\dfrac{7}{2}$이어야 한다.

(i), (ii)에 의하여 직선 $y=t$가 두 이차함수의 그래프와 만나는 서로 다른 점의 개수가 3이 되도록 하는 t의 값은 3 또는 $\dfrac{11}{2}$ 또는 5 또는 $\dfrac{7}{2}$이므로 조건을 만족시키는 모든 실수 t의 값의 합은

$3+\dfrac{11}{2}+5+\dfrac{7}{2}=17$이다.

F 98 정답 **③** ·············· 이차방정식과 이차함수의 관계

> **정답 공식**: 이차함수 $y=ax^2+bx+c$의 그래프와 직선 $y=mx+n$의 교점의 x좌표는 이차방정식 $ax^2+(b-m)x+c-n=0$의 실근과 같다.

> 최고차항의 계수가 $a(a<0)$인 두 이차함수 $f(x)$, $g(x)$에 대하여 $f(3)=g(3)$이다. 함수 $h(x)$를
>
> $$h(x)=\begin{cases} f(x) & (x\le3) \\ g(x) & (x>3) \end{cases}$$
>
> 이라 할 때, 함수 $h(x)$가 다음 조건을 만족시킨다.
>
> > (가) 함수 $y=h(x)$의 그래프와 직선 $y=f(0)$이 만나는 점의 x좌표는 0, 4, 12뿐이다.
> >
> > **단서1** 이를 통해 함수 $g(x)$에서 $g(4)=g(12)$임을 알 수 있어.
> >
> > (나) 두 실수 α, $\beta(\alpha<3<\beta)$에 대하여 함수 $y=h(x)$의 그래프와 직선 $y=2x-8$이 만나는 점의 x좌표는 α, 3, β이다. **단서2** 그러므로 $h(3)=2\times3-8=-2$
>
> $\alpha+\beta=6$일 때, $h(-2)+h(5)$의 값은?
>
> ① 15　　② 16　　③ 17　　④ 18　　⑤ 19

1st 두 함수 $y=f(x)$, $y=g(x)$의 그래프의 개형을 추측하자.

그래프가 위로 볼록한 두 이차함수 $y=f(x)$, $y=g(x)$의 그래프가 $x=3$인 점에서 만나고

조건 (가)에 의하여 함수 $y=h(x)$의 그래프와 직선 $y=f(0)$이 서로 다른 세 점에서 만나므로

직선 $x=0$은 함수 $y=f(x)$의 그래프의 축의 방정식이다.

두 이차함수 $y=f(x)$, $y=g(x)$의 그래프의 최댓값의 대소를 비교해 가면서 조건을 모두 만족시키는 함수의 그래프의 개형을 찾아.

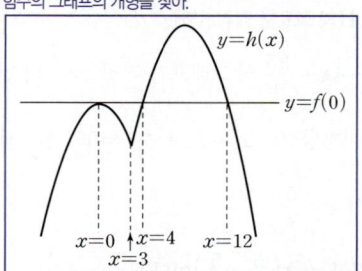

$f(0)=f(3)$인 경우에도 교점이 3개이지만 교점의 x좌표 중 3이 없으므로 조건에 맞지 않아.

∴ $f(x)=ax^2+f(0)$

$h(0)=h(4)=h(12)$에서 $f(0)=g(4)=g(12)$ … ㉠

그러므로 함수 $y=g(x)$의 그래프는

직선 $x=\dfrac{4+12}{2}=8$에 대하여 대칭이고 ㉠에 의하여

$g(x)=a(x-8)^2+b$라 할 때 $g(4)=16+b=f(0)$

$\therefore b=-16a+f(0)$

$\therefore g(x)=a(x-8)^2-16a+f(0)$
$=ax^2-16ax+48a+f(0)$

→ 최고차항의 계수가 a, 축의 방정식이 $x=8$, $g(4)=f(0)$을 이용하여 만든 함수식이야. $g(x)=a(x-4)(x-12)+f(0)$으로 구해도 돼.

조건 (나)에 의하여 함수 $y=h(x)$의 그래프와 두 직선 $y=f(0)$, $y=2x-8$은 다음 그림과 같아야 한다.

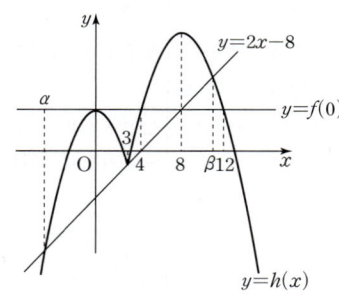

2nd 조건 (나)를 이용하여 두 함수 $f(x)$, $g(x)$를 구하자.

이차방정식 $f(x)=2x-8$의 두 실근이 α, 3이므로

[이차방정식과 이차함수의 관계]
(1) 이차함수 $y=ax^2+bx+c$의 그래프와 x축의 교점의 x좌표가 α, β이면 이차방정식 $ax^2+bx+c=0$의 두 실근은 α, β
(2) 이차함수 $y=ax^2+bx+c$의 그래프와 직선 $y=mx+n$의 교점의 x좌표가 α, β이면 이차방정식 $ax^2+bx+c=mx+n$의 두 실근은 α, β

$ax^2+f(0)=2x-8$

$ax^2-2x+f(0)+8=0$

이차방정식의 근과 계수의 관계에 의해

$\alpha+3=\dfrac{2}{a}$ ··· ㉡

이차방정식 $g(x)=2x-8$의 두 실근이 3, β이므로

$ax^2-16ax+48a+f(0)=2x-8$

$ax^2-(16a+2)x+f(0)+48a+8=0$

이차방정식의 근과 계수의 관계에 의해

$3+\beta=16+\dfrac{2}{a}$ ··· ㉢

이때, $\alpha+\beta=6$이므로 ㉡, ㉢의 두 식을 변끼리 더하면

$\alpha+\beta+6=16+\dfrac{4}{a}$

$12=16+\dfrac{4}{a}$ $\therefore a=-1$

또한, 직선 $y=2x-8$ 위의 점 중 x좌표가 3인 점의 좌표는 $(3, -2)$이므로 $f(3)=-2$

$f(x)=-x^2+f(0)$에 $x=3$을 대입하면

$-2=-9+f(0)$, $f(0)=7$

$\therefore f(x)=-x^2+7$, $g(x)=-x^2+16x-41$

3rd 문제에서 묻고 있는 답을 구하자.

$\therefore h(-2)+h(5)=f(-2)+g(5)$

주의 x의 값이 3을 기준으로 $f(x)$, $g(x)$ 중 어느 함수에 대입할지 헷갈리지 않도록 주의해.

$=(-4+7)+(-25+80-41)$
$=3+14=17$

정답 공식: 두 함수 $y=f(x)$와 $y=g(x)$의 그래프의 교점의 x좌표는 방정식 $f(x)=g(x)$의 실근과 같다.

최고차항의 계수가 2인 이차함수 $f(x)$와 최고차항의 계수가 -1인 이차함수 $g(x)$가 다음 조건을 만족시킨다.

(가) 함수 $y=f(x)$의 그래프가 직선 $y=x$와 원점이 아닌 서로 다른 두 점 P, Q에서 만난다.

(나) 함수 $y=g(x)$의 그래프가 직선 $y=x$와 한 점 P에서만 만난다. **단서 1** 점 P의 x좌표를 t라 하면 이차방정식 $g(x)=x$는 t를 중근으로 가져.

(다) 점 P의 x좌표는 점 Q의 x좌표보다 작고 $\overline{\text{OP}}=\overline{\text{PQ}}$이다. **단서 2** 점 P의 x좌표를 t라 하면 이차방정식 $f(x)=x$는 t, $2t$를 두 근으로 가져.

부등식 $f(x)+g(x)\geq0$의 해가 모든 실수일 때, 점 P의 x좌표의 최댓값은? (단, O는 원점이다.)

① $1+\sqrt{3}$ ② $2+\sqrt{3}$ ③ $3+\sqrt{3}$
④ $4+\sqrt{3}$ ⑤ $5+\sqrt{3}$

1st 조건을 이용하여 두 함수 $y=f(x)$, $y=g(x)$의 그래프와 직선 $y=x$를 그리자.

이차함수 $y=f(x)$의 그래프는 최고차항의 계수가 2이므로 아래로 볼록하고, 이차함수 $y=g(x)$의 그래프는 최고차항의 계수가 -1이므로 위로 볼록하다.

조건 (다)에 의해 점 P의 x좌표를 $t(t>0)$라 하면 점 Q의 x좌표는 $2t$이므로 조건 (가), (나)를 만족시키는 두 함수 $y=f(x)$, $y=g(x)$의 그래프와 직선 $y=x$를 그리면 그림과 같다.

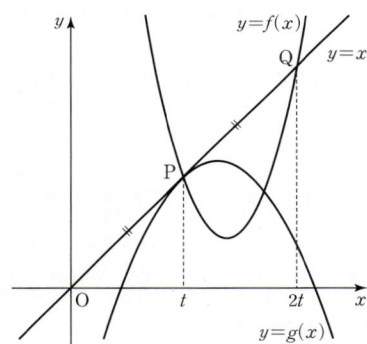

2nd $f(x)+g(x)$를 구하자.

조건 (가)에 의해

이차방정식 $f(x)=x$는 t, $2t$를 두 근으로 가지므로

이차방정식 $ax^2+bx+c=0$의 두 근을 α, β라 하면 $ax^2+bx+c=a(x-\alpha)(x-\beta)$

$f(x)-x=2(x-t)(x-2t)$

$\therefore f(x)=2(x-t)(x-2t)+x$

또한, 조건 (나)에 의해

이차방정식 $g(x)=x$는 t를 중근으로 가지므로

t를 중근으로 가지고 최고차항의 계수가 -1인 이차방정식 $g(x)-x$는 $g(x)-x=-(x-t)^2$이 돼.

$g(x)-x=-(x-t)^2$

$\therefore g(x)=-(x-t)^2+x$

$\therefore f(x)+g(x)=2(x-t)(x-2t)+x-(x-t)^2+x$
$=x^2+2(1-2t)x+3t^2$

3rd 점 P의 x좌표의 최댓값을 구하자.

$f(x)+g(x)=x^2+2(1-2t)x+3t^2$에서 부등식 $f(x)+g(x)\geq0$

즉, 이차부등식 $x^2+2(1-2t)x+3t^2\geq0$의 해가 모든 실수이므로
$ax^2+bx+c\geq0$의 해가 모든 실수이려면 x에 어떤 값을 대입해도 $y=ax^2+bx+c$의 함숫값이 0보다 크거나 같아야 해. 따라서 그래프는 그림과 같게 되고 $ax^2+bx+c=0$이 중근이나 허근을 가져야 돼.

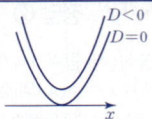

이차방정식 $x^2+2(1-2t)x+3t^2=0$의 판별식을 D라 하면 $D\leq0$이 성립해야 한다.

즉, $\dfrac{D}{4}=(1-2t)^2-1\times3t^2=t^2-4t+1\leq0$에서
$2-\sqrt{3}\leq t\leq2+\sqrt{3}$

근의 공식에 의해
$t=\dfrac{-(-2)\pm\sqrt{(-2)^2-1\times1}}{1}=2\pm\sqrt{3}$
$\{t-(2-\sqrt{3})\}\{t-(2+\sqrt{3})\}\leq0$
$\therefore 2-\sqrt{3}\leq t\leq2+\sqrt{3}$

따라서 t의 최댓값이 $2+\sqrt{3}$이므로
점 P의 x좌표의 최댓값은 $2+\sqrt{3}$이다.

❀ 이차함수의 그래프   개념·공식

이차함수 $y=a(x-p)^2+q$의 그래프의 성질
(1) 이차함수 $y=ax^2$의 그래프를 x축의 방향으로 p만큼, y축의 방향으로 q만큼 평행이동한 것이다.
(2) 꼭짓점의 좌표 : (p, q)
(3) 축의 방정식 : $x=p$

F 100   정답 11 ………… 제한된 범위에서 이차함수의 최대·최소

정답 공식: $a<p<b$인 상수 p와 음수 k에 대하여 $a\leq x\leq b$에서 함수 $f(x)=k(x-p)^2+q$의 최댓값은 $f(p)$이고 최솟값은 $f(a)$, $f(b)$ 중 작은 값이다.

단서1 모든 실수 x에서 이차함수 $f(x)$의 최솟값을 구하는 것이 아니야. 주의해!
$1\leq x\leq4$에서 이차함수 $f(x)=-(x-2)^2+15$의 최솟값을 구하시오.
단서2 이차함수 $y=f(x)$의 그래프의 축의 방정식은 $x=2$야.

1st 함수 $f(x)$의 최솟값을 구해.

이차함수 $y=a(x-p)^2+q(a\neq0)$의 그래프의 축은 직선 $x=p$야.

이차함수 $y=f(x)$의 그래프의 축이 직선 $x=2$이고 $f(x)$의 최고차항의 계수가 음수이므로 함수 $f(x)$는 $x<2$에서 증가하고 $x>2$에서 감소한다.
최고차항의 계수가 음수인 이차함수의 그래프는 위로 볼록한 포물선이야.
함수 $y=f(x)$의 그래프의 개형은 그림과 같아.

따라서 함수 $f(x)$의 최솟값은 $f(1)$, $f(4)$ 중 작은 값이고
$f(1)=-(1-2)^2+15=14$, $f(4)=-(4-2)^2+15=11$이므로 함수 $f(x)$의 최솟값은 11이다.

수능 핵강

✳ 이차함수에서 그래프를 이용하여 함숫값의 크기 비교하기

$f(1)$, $f(4)$의 값을 직접 구하지 않고도 어느 값이 더 작은지 그래프를 통해 알 수 있어. 이차함수 $y=f(x)$의 그래프의 축이 직선 $x=2$이므로 함수 $y=f(x)$의 그래프는 직선 $x=2$에 대하여 대칭이지?
따라서 $f(x)$는 직선 $x=2$에서 더 많이 떨어진 x의 값에서 더 작은 값을 가져. 이때, $x=1$은 직선 $x=2$에서 1만큼 떨어져 있고, $x=4$는 직선 $x=2$에서 2만큼 떨어져 있으므로 $f(1)$의 값과 $f(4)$의 값 중 더 작은 값은 $f(4)$야.

F 101   정답 13 ………… 제한된 범위에서 이차함수의 최대, 최소

정답 공식: $p\leq x\leq q$일 때, 이차함수 $f(x)=(x-a)^2+k$에서 $p\leq a\leq q$이면 최솟값은 k이고, 최댓값은 $f(p)$, $f(q)$ 중 큰 값이다.

$0\leq x\leq5$일 때, 이차함수 $f(x)=(x-2)^2+4$의 최댓값을 구하시오.
단서 꼭짓점의 x좌표가 주어진 범위에 속하므로 $x=2$에서 최솟값을 가져. 최댓값은 주어진 범위의 양 끝값을 각각 식에 대입한 후 함숫값을 비교해.

1st 함수 $f(x)$의 그래프의 꼭짓점의 x좌표가 $0\leq x\leq5$의 범위에 있으므로 $f(0)$, $f(5)$의 값 중 하나가 최댓값이지.

$0\leq x\leq5$일 때, 이차함수 $f(x)=(x-2)^2+4$의 그래프의 꼭짓점의 x좌표는 2이고 $0\leq2\leq5$이므로 $x=2$에서 $f(x)$는 최솟값을 갖는다.
그리고,
$f(0)=(0-2)^2+4=8$
$f(5)=(5-2)^2+4=13$
꼭짓점의 x좌표가 주어진 범위에 속하므로 주어진 범위의 양 끝값인 $f(0)$, $f(5)$의 값 중 큰 값이 최댓값이 되는 거야.
이므로 $0\leq x\leq5$일 때, 함수 $f(x)$는 $x=5$에서 최댓값 13을 갖는다.

F 102   정답 ① ………… 제한된 범위에서 이차함수의 최대·최소

정답 공식: $x_1\leq x\leq x_2$에서 이차함수 $y=a(x-p)^2+q$의 꼭짓점이 주어진 범위에 포함되면 $f(x_1)$, $f(x_2)$, $f(p)$ 중 가장 작은 값이 최솟값이다.

단서 범위가 주어지고, 함수의 최대, 최소를 구하는 문제야. 그래프의 개형을 그리면, 범위 내에서 최댓값과 최솟값을 구할 수 있어.
$0\leq x\leq3$에서 이차함수 $y=-x^2+2x+5$의 최솟값은?
① 2   ② 1   ③ 0
④ −1   ⑤ −2

1st 먼저 주어진 범위에서 이차함수 $y=-x^2+2x+5$의 그래프를 그려 보자.
$y=-x^2+2x+5$
$=-(x^2-2x)+5$
$=-(x^2-2x+1-1)+5$
$=-(x^2-2x+1)+1+5$
$=-(x-1)^2+6$

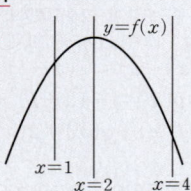

즉, 이차함수 $y=-x^2+2x+5$의 그래프를 $0\leq x\leq3$의 범위에서 그리면 그림과 같다.

2nd 그래프를 이용하여 최솟값을 구하자.
이 이차함수는 축인 $x=1$에서 최댓값을 가지고, 축에서 멀어질수록 함숫값은 감소한다.
즉, 주어진 범위 내에서 축에서 가장 멀리 떨어진 $x=3$에서 최솟값을 갖는다.
$\therefore$ (최솟값)$=-3^2+2\times3+5=2$

🔖 다른 풀이: 범위의 양 끝값과 축에서의 함숫값을 비교하여 최솟값 구하기

그래프를 그리지 않고 풀 수도 있어.
주어진 범위에서 이차함수의 최대, 최소를 구할 때는 x의 범위의 양 끝에서, 그리고 축에서의 함숫값만 비교하면 돼.

$x=0$에서 함숫값 5
$x=3$에서 함숫값 2
축인 $x=1$에서 함숫값 6

[제한된 범위에서 이차함수의 최대·최소]
이차함수 $y=a(x-p)^2+q$에서 $\alpha\leq x\leq\beta$일 때 $x=p$ (축의 방정식)가 범위에 포함되면 $f(p)$, $f(\alpha)$, $f(\beta)$ 중 가장 큰 값이 최댓값, 가장 작은 값이 최솟값이야.

따라서 주어진 이차함수의 최댓값은 6, 최솟값은 2야.

F 103 정답 ④ ············· 제한된 범위에서 이차함수의 최대·최소

정답 공식: $m \leq x \leq n$에서 이차함수 $f(x)=(x-p)^2+q$의 그래프의 축의 방정식은 $x=p$이고, $m \leq p \leq n$이면 이 이차함수의 최솟값은 q이다. 또한, m 또는 n 중 p에서 더 멀리 떨어져 있는 값에 대한 함숫값이 이 이차함수의 최댓값이다.

$-1 \leq x \leq 3$에서 이차함수 $f(x)=x^2-4x+k$의 최댓값이 9일 때, 상수 k의 값은? **단서** 정의역이 제한된 범위에서의 이차함수의 최댓값은 축의 방정식을 구하여 알아낼 수 있어.

① 1 ② 2 ③ 3
④ 4 ⑤ 5

1st 이차함수의 축이 제한된 범위에 속하는지 살펴보자.

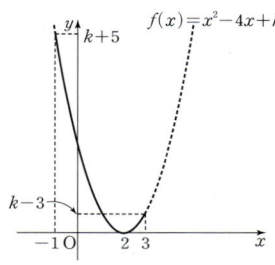

이차함수 $f(x)=x^2-4x+k$에서
$f(x)=x^2-4x+k=(x-2)^2+k-4$
따라서 함수 $f(x)$는 $x=2$에서 최솟값을 갖는다.
또한, $-1 \leq x \leq 3$일 때, 함수 $f(x)$는 $x=-1$에서 최댓값 9를 갖는다.
$f(-1)=k+5=9$ *$x=2$가 $-1 \leq x \leq 3$의 범위에 있으므로 최솟값은 $f(2)$이고 최댓값은 $f(-1)$, $f(3)$의 값 중 큰 값이야. 이때, $x=2$에서 더 멀리 떨어진 $x=-1$에서 최댓값을 가지게 돼.*
$\therefore k=4$

> 🌸 **제한된 범위에서 이차함수의 최대·최소** 개념·공식
>
> 이차함수 $y=ax^2+bx+c=a(x-m)^2+n$에 대하여
> $\alpha \leq x \leq \beta$ $(\alpha < \beta)$일 때,
> ① $\alpha \leq m \leq \beta$이면 $f(m)$, $f(\alpha)$, $f(\beta)$ 중 가장 큰 값이 최댓값, 가장 작은 값이 최솟값이다.
> ② $m < \alpha$ 또는 $m > \beta$이면 $f(\alpha)$, $f(\beta)$ 중 큰 값이 최댓값, 작은 값이 최솟값이다.

F 104 정답 3 ············· 제한된 범위에서 이차함수의 최대, 최소

정답 공식: 제한된 범위에 이차함수의 그래프의 축이 포함되지 않으면 범위의 양 끝점에서 최대, 최소를 가진다.

이차함수 $f(x)=ax^2+bx+5$가 다음 조건을 만족시킬 때, $f(-2)$의 값을 구하시오.

> **단서 1** 음의 정수라는 조건을 이용하여 a, b의 값을 특정할 수 있다는 예상을 할 수 있어.
> (가) a, b는 음의 정수이다.
> (나) $1 \leq x \leq 2$일 때, 이차함수 $f(x)$의 최댓값은 3이다.
> **단서 2** 이 범위에 이차함수 $y=f(x)$의 그래프의 축이 포함되는지, 포함되지 않는지를 알아봐야 해.

1st 이차함수 $y=f(x)$의 그래프의 축의 방정식을 알아내.

$$f(x)=ax^2+bx+5=a\left(x^2+\frac{b}{a}x+\frac{b^2}{4a^2}-\frac{b^2}{4a^2}\right)+5$$

$$=a\left(x+\frac{b}{2a}\right)^2-\frac{b^2}{4a}+5$$ *이차함수의 그래프의 축이나 꼭짓점의 좌표를 알아보려면 표준형인 $y=a(x-p)^2+q$ 꼴로 변형해야 해.*

따라서 이차함수 $y=f(x)$의 그래프의 축의 방정식은 $x=-\dfrac{b}{2a}$이다. *이차함수 $y=a(x-p)^2+q$의 그래프의 축의 방정식은 $x=p$이고 꼭짓점의 좌표는 (p, q)야.*

그런데 a, b가 음의 정수이므로 $-\dfrac{b}{2a}<0$에서 이차함수 $y=f(x)$의 그래프의 축은 그림과 같이 y축의 왼쪽에 위치한다.

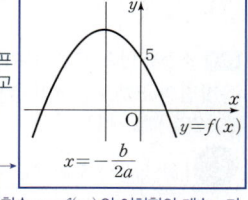

이차함수 $y=f(x)$의 이차항의 계수 a가 음수이므로 그래프는 위로 볼록한 포물선이야.

2nd 최댓값을 이용하여 $f(x)$를 결정하고 $f(-2)$의 값을 구해.

그림에 의하여 이차함수의 그래프의 축의 오른쪽에서는 x의 값이 커질수록 $f(x)$의 값이 작아지므로 $1 \leq x \leq 2$일 때, 함수 $f(x)$는 $x=1$에서 최댓값을 갖고 $x=2$에서 최솟값을 가진다.
즉, $f(1)=3$이므로 $a+b+5=3$ $\therefore a+b=-2$
그런데 조건 (가)에서 a, b가 음의 정수이므로 합이 -2인 두 음의 정수는 $a=-1$, $b=-1$뿐이다.
따라서 $f(x)=-x^2-x+5$이므로
$f(-2)=-(-2)^2-(-2)+5=3$

> *a가 음수이므로 $a<0$ … ㉠*
> *$a+b=-2$에서 $b=-a-2$이고 b도 음수이므로 $-a-2<0$ $\therefore a>-2$ … ㉡*
> *㉠, ㉡에 의해 $-2<a<0$*
> *따라서 $-2<a<0$인 음의 정수 $a=-1$이고, $b=-a-2=-(-1)-2=-1$이야.*

F 105 정답 ② ············· 제한된 범위에서 이차함수의 최대·최소

정답 공식: x값의 범위에 따른 $f(x)$의 최댓값과 최솟값을 구한다.

$-2 \leq x \leq 3$에서 이차함수 $y=(x+1)^2-2$의 최댓값을 M, 최솟값을 m이라 할 때, $M+m$의 값은? **단서 1** 꼭짓점의 좌표는 $(-1, -2)$

① 10 ② 12 ③ 14
④ 16 ⑤ 18

> **단서 2** 주어진 이차함수를 $y=f(x)$라 할 때, 꼭짓점의 x좌표 -1이 $-2 \leq x \leq 3$의 범위에 포함되므로 최솟값은 $f(-1)$이고 축과 멀리 떨어진 $f(3)$이 최댓값이야.

1st 주어진 범위 안에 꼭짓점이 포함되어 있으면 양 끝점과 꼭짓점을 비교하여 최댓값과 최솟값을 구할 수 있어.

이차함수 $y=(x+1)^2-2$의 그래프의 꼭짓점의 좌표는 $(-1, -2)$이므로 꼭짓점의 x좌표가 주어진 x의 값의 범위 $-2 \leq x \leq 3$에 속한다.
즉, 최솟값은 $x=-1$일 때 $y=-2$이고, 최댓값은 축 $x=-1$에서 더 멀리 떨어진 $x=3$일 때 $y=14$이다. *그래프를 그려서 확인해봐.*
따라서 $m=-2$, $M=14$이므로
$M+m=12$

F 106 정답 18 ············· 제한된 범위에서 이차함수의 최대, 최소

정답 공식: 이차함수의 최댓값, 최솟값을 구할 때는 이차함수의 그래프의 꼭짓점의 x좌표가 주어진 x의 값의 범위에 포함되는지, 포함되지 않는지를 따져야 한다.

> **단서 1** 이차함수 $f(x)$에서 x의 값의 범위가 제한되어 있어.
> $0 \leq x \leq 2$에서 정의된 이차함수 $f(x)=x^2-2ax+2a^2$의 최솟값이 10일 때, 함수 $f(x)$의 최댓값을 구하시오.
> **단서 2** 이차함수 $f(x)$의 최솟값을 이용하여 양수 a의 값을 결정해.
> (단, a는 양수이다.)

1st 이차함수 $y=f(x)$의 그래프의 꼭짓점의 x좌표를 구해.

$f(x)=x^2-2ax+2a^2=x^2-2ax+a^2+a^2=(x-a)^2+a^2$

이차함수 $f(x)=a(x-b)^2+c$에 대하여 $y=f(x)$의 그래프의 꼭짓점의 좌표는 (b,c)이고 축의 방정식은 $x=b$야. 또한, 그래프의 모양은 $a>0$일 때 아래로 볼록하고, $a<0$일 때 위로 볼록해.

따라서 이차함수 $y=f(x)$의 그래프의 꼭짓점의 x좌표는 $x=a$이다.

이차함수 $f(x)$의 이차항의 계수가 1로 양수이므로 $y=f(x)$의 그래프의 개형은 아래로 볼록해.

2nd 조건을 만족시키는 함수 $f(x)$의 식을 완성해.

꼭짓점의 x좌표인 a의 값의 범위를 $0<a\le2$일 때와 $a>2$일 때로 나누어 이차함수 $f(x)$의 최솟값을 구하자.

실수 a는 양수이므로 $a\le0$일 때는 생각하지 않아도 돼.

(i) $0<a\le2$일 때,
이차함수 $f(x)$는 $x=a$에서 최솟값을 가지므로 최솟값은
$f(a)=a^2$ $0<a\le2$이면 함수 $y=f(x)$의 그래프의 개형은 그림과 같으므로 함수 $f(x)$는 $x=a$에서 최솟값 $f(a)$를 가져.
즉, $a^2=10$에서 $a=\pm\sqrt{10}$
그런데 $0<a\le2$이므로 조건을 만족시키는 양수 a는 존재하지 않는다.

(ii) $a>2$일 때,
이차함수 $f(x)$는 $x=2$에서 최솟값을 가지므로 최솟값은
$f(2)=4-4a+2a^2$ $a>2$이면 $0\le x\le2$일 때, 함수 $f(x)$는 점점 감소해.
즉, $4-4a+2a^2=10$에서 $2a^2-4a-6=0$
$2(a+1)(a-3)=0$ $\therefore a=3 (\because a>2)$

(i), (ii)에 의하여 $a=3$이므로
$f(x)=x^2-6x+18=(x-3)^2+9$

3rd 함수 $f(x)$의 최댓값을 구해.

따라서 함수 $f(x)$는 $x=0$에서 최댓값을 가지므로 최댓값은
$f(0)=18$이다. 조건을 만족시키는 함수 $y=f(x)$의 그래프의 개형은 그림과 같으므로 함수 $f(x)$는 $x=0$에서 최댓값, $x=2$에서 최솟값을 가져.

F 107 정답 22 ················· 이차함수의 최대, 최소

정답 공식: $f(x)$의 축의 위치를 파악하고, 최솟값으로부터 k의 값을 구한다.

$-2\le x\le3$일 때, 이차함수 $f(x)=2x^2-4x+k$의 최솟값은 1이고 최댓값은 M이다. $k+M$의 값을 구하시오.

단서 제한된 범위에서 이차함수의 최댓값과 최솟값을 구할 때는 이차함수의 그래프의 축의 위치를 먼저 파악해야 해. (단, k는 상수이다.)

1st 이차함수의 그래프를 그려보자.

$f(x)=2x^2-4x+k=2(x-1)^2+k-2$이므로
이차함수 $y=f(x)$의 그래프의 꼭짓점의 x좌표 1은 주어진 x의 값의 범위에 속하고 그래프는 그림과 같다.

이차함수 $y=ax^2+bx+c=a\left(x+\dfrac{b}{2a}\right)^2-\dfrac{b^2-4ac}{4a}$의 그래프의 꼭짓점은 $\left(-\dfrac{b}{2a}, -\dfrac{b^2-4ac}{4a}\right)$.
축의 방정식은 $x=-\dfrac{b}{2a}$야.

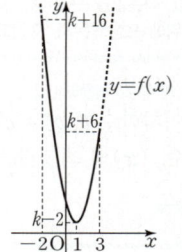

2nd 주어진 범위 $-2\le x\le3$에서 최댓값과 최솟값을 구하자.

$f(-2)=k+16$, $f(1)=k-2$, $f(3)=k+6$이고
$k-2<k+6<k+16$이므로 $-2\le x\le3$에서 함수 $f(x)$의 최솟값은
$f(1)=k-2=1$
$\therefore k=3$
따라서 함수 $f(x)$의 최댓값은
$M=f(-2)=k+16=3+16=19$이므로
$k+M=3+19=22$

톡톡 풀이: 이차함수의 그래프의 성질을 이용하기

$f(x)=2x^2-4x+k=2(x-1)^2+k-2$이므로
$y=f(x)$의 그래프는 직선 $x=1$에 대하여 대칭이야.
즉, $-2\le x\le3$에서 함수 $f(x)$의 최솟값은 $f(1)=k-2$이고, 최댓값은 $x=1$에서 x의 값이 가장 멀리 있는 $x=-2$일 때의 함숫값, 즉 $f(-2)$의 값이지.
따라서 $k-2=1$에서 $k=3$이므로
$f(-2)=18+3-2=19$
$\therefore k+M=3+19=22$

F 108 정답 ③ ············· 제한된 범위에서 이차함수의 최대·최소

정답 공식: $a\le x\le b$에 대하여 이차함수 $f(x)=(x-k)^2+q$는 $a\le k\le b$이면 최솟값은 $f(k)$, $k<a$ 또는 $k>b$이면 최솟값은 $f(a)$, $f(b)$ 중 작은 값이다.

실수 p에 대하여 $0\le x\le2$에서 이차함수 $f(x)=x^2-4px$의 최솟값을 $g(p)$라 하자. $g(-1)+g\left(\dfrac{1}{2}\right)$의 값은?

단서 범위가 주어진 이차함수의 최솟값을 구하는 거야. 실수 p의 값에 따라 축이 결정되고, 또한 축이 주어진 범위 안에 있는지 밖에 있는지에 따라 최솟값이 결정된다는 사실을 기억해야 해.

① -3　　　② -2　　　③ -1
④ 0　　　⑤ 1

1st $g(-1)$의 값을 구하기 위해 $p=-1$일 때의 $f(x)$의 최솟값을 구하자.

(i) $p=-1$일 때,
$f(x)=x^2+4x=(x+2)^2-4$
즉, $0\le x\le2$에서 $f(0)=0$, $f(2)=12$이므로 함수 $f(x)$의 최솟값은 $f(0)=0$
$\therefore g(-1)=0$

실수 이차함수 $f(x)$의 그래프의 축은 $x=-2$이므로 $0\le x\le2$의 범위 밖에 있어. 즉, $f(x)$의 최솟값은 $f(0)$, $f(2)$의 값 중 작은 값이야. 즉, $f(0)=0$, $f(2)=12$이므로 최솟값은 $f(0)$이 되는 거야.

2nd $g\left(\dfrac{1}{2}\right)$의 값을 구하기 위해 $p=\dfrac{1}{2}$일 때의 $f(x)$의 최솟값을 구하자.

(ii) $p=\dfrac{1}{2}$일 때,
$f(x)=x^2-2x=(x-1)^2-1$
즉, $0\le x\le2$에서 함수 $f(x)$의 최솟값은 $f(1)=-1$
이차함수 $f(x)$의 그래프의 축은 $x=1$이므로 $0\le x\le2$의 범위 안에 있어.
$\therefore g\left(\dfrac{1}{2}\right)=-1$ 즉, 이차함수 $f(x)$의 그래프는 아래로 볼록이므로 최솟값은 $f(1)$이 되는 거야.

$\therefore g(-1)+g\left(\dfrac{1}{2}\right)=0+(-1)=-1$

수능 핵강

* 미지수가 있는 이차함수의 문제에 쉽게 접근하기

$f(x)=x^2-4px=(x-2p)^2-4p^2$임을 통해 p의 값의 범위에 따라 함수 $f(x)$의 최솟값을 일반화하여 구하려고 한다면 오히려 문제가 어려워져.
구하고자 하는 값이 $g(-1)+g\left(\dfrac{1}{2}\right)$이므로 $p=-1$, $p=\dfrac{1}{2}$일 때, 함수 $f(x)$의 최솟값을 구하는 것이 훨씬 쉽게 문제를 풀 수 있는 방법이야.

F 109 정답 ① ·············· 제한된 범위에서 이차함수의 최대 · 최소

정답 공식: 이차함수 $y=f(x)$의 그래프를 활용하여 양수 a의 값의 범위에 따른 최솟값을 찾는다.

> 양수 a에 대하여 $0 \leq x \leq a$에서 이차함수
> $f(x) = x^2 - 8x + a + 6$ ──▶ **단서 2** x의 범위가 제한되어 있으므로 a의 값의 범위를 생각해야겠지.
> 의 최솟값이 0이 되도록 하는 모든 a의 값의 합은?
> ──▶ **단서 1** $f(x) = (x-p)^2 + q$ 꼴로 변형한 후 최솟값을 가지는 경우를 따져봐.
> ① 11　　② 12　　③ 13　　④ 14　　⑤ 15

1st a의 값의 범위에 따른 함수 $y=f(x)$의 그래프의 개형을 그려봐.

$f(x) = x^2 - 8x + a + 6 = (x-4)^2 + a - 10$이므로
이차함수의 개형을 그릴 때에는 함수식을 $y=a(x-p)^2+q$의 형태로 바꿔주면 편해.

함수 $y=f(x)$의 그래프는 축의 방정식이 $x=4$이고 아래로 볼록한 곡선이다.
이차함수 $y=a(x-p)^2+q$의 그래프에서 a가 양수이면 아래로 볼록인 곡선이고, 이때 축의 방정식은 $x=p$야.

따라서 $0 \leq x \leq a$ 안에 축이 포함되는 경우와 포함되지 않는 경우로 나누어 그래프의 개형을 그리면 다음과 같다.

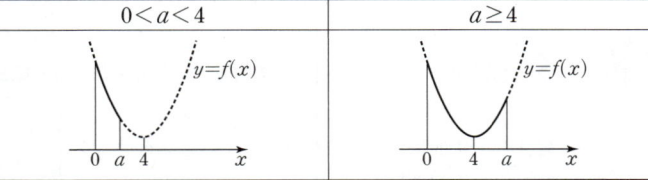

$0 < a < 4$	$a \geq 4$

2nd a의 값의 범위에 따른 함수 $f(x)$의 최솟값을 구해.

(i) $0 < a < 4$일 때, 최솟값은 $f(a) = 0$이므로
$$f(a) = a^2 - 7a + 6 = 0$$
$$(a-1)(a-6) = 0$$
∴ $a=1$ 또는 $a=6$
이때, $0 < a < 4$이므로 $a=1$

> **실수** a의 값이 2개가 나왔지만 주어진 조건을 만족시키는 값은 1개뿐이야. 구한 값이 범위를 만족시키는지 꼭 확인해야 해.

(ii) $a \geq 4$일 때, 최솟값은 $f(4) = 0$이므로
$$f(4) = 16 - 32 + a + 6 = a - 10 = 0$$
∴ $a = 10$ ──▶ 이 값은 $a \geq 4$를 만족시키지?

따라서 (i), (ii)에 의해 모든 a의 값의 합은 $1+10=11$이다.

✿ 제한된 범위가 있는 이차함수의 최대 · 최소　　개념 · 공식

이차함수 $y = ax^2 + bx + c = a(x-m)^2 + n$에 대하여
$\alpha \leq x \leq \beta \, (\alpha < \beta)$일 때,
① $\alpha \leq m \leq \beta$이면 $f(m)$, $f(\alpha)$, $f(\beta)$ 중 가장 큰 값이 최댓값, 가장 작은 값이 최솟값이다.
② $m < \alpha$ 또는 $m > \beta$이면 $f(\alpha)$, $f(\beta)$ 중 큰 값이 최댓값, 작은 값이 최솟값이다.

F 110 정답 60 ·············· 제한된 범위에서 이차함수의 최대·최소

정답 공식: 이차함수 $y=f(x)$의 그래프가 x축에 접하면 이차방정식 $f(x)=0$의 판별식 $D=0$이 성립한다.

> 두 양수 p, q에 대하여 이차함수 $f(x) = -x^2 + px - q$가 다음 조건을 만족시킬 때, $p^2 + q^2$의 값을 구하시오.
> ──▶ **단서 1** 이차함수 $y=f(x)$의 그래프가 x축에 접하니까 이차방정식 $f(x)=0$의 판별식이 0이 돼.
> (가) $y=f(x)$의 그래프는 x축에 접한다.
> (나) $-p \leq x \leq p$에서 $f(x)$의 최솟값은 -54이다.
> ──▶ **단서 2** 이차함수 $f(x)$의 x^2의 계수가 음수이므로 주어진 구간에서 축보다 더 멀리 있는 x의 값에서 최솟값을 갖겠지.

1st 그래프가 x축에 접하는 이차함수 $f(x)$에 대하여 이차방정식 $f(x)=0$의 판별식은 0이 돼.

조건 (가)에서 이차함수 $f(x) = -x^2 + px - q$의 그래프가 x축에 접한다고 하므로 이차방정식 $f(x)=0$의 판별식 $D=0$이다.
$$D = p^2 - 4q = 0 \quad \text{\tiny $f(x) = -\left(x-\frac{p}{2}\right)^2 + \frac{p^2}{4} - q$의 그래프의 꼭짓점의 y좌표가 0임을 이용해도 결과는 같아.}$$
∴ $q = \dfrac{p^2}{4}$ ··· ㉠

즉, ㉠을 $f(x)$의 식에 대입하면
$$f(x) = -x^2 + px - \frac{p^2}{4} = -\left(x - \frac{p}{2}\right)^2$$

2nd 조건 (나)를 이용하여 최솟값을 가질 때의 x의 값을 찾자.

이차함수 $y=f(x)$의 그래프의 꼭짓점의 x좌표가 $\dfrac{p}{2}$이고 최고차항의 계수가 -1이므로 $y=f(x)$의 그래프는 위로 볼록하다.
이때, $-p \leq x \leq p$에서 $f(x)$의 최솟값은 $f(-p)$이다.
따라서 함수 $f(x)$의 최솟값이 -54이므로

> 위로 볼록한 이차함수의 함숫값은 x의 값이 축에서 멀어질수록 함숫값은 점점 작아져.

$$f(-p) = -\left(-p - \frac{p}{2}\right)^2$$
$$= -\frac{9p^2}{4} = -54$$
∴ $p^2 = 24$

$p^2 = 24$를 ㉠에 대입하면
$$q = \frac{24}{4} = 6$$
∴ $p^2 + q^2 = 24 + 36 = 60$

F 111 정답 ② ·············· 제한된 범위에서 이차함수의 최대·최소

정답 공식: 대칭축이 $x=m$이고 최솟값이 n인 이차함수 $f(x)$는 $f(x) = a(x-m)^2 + n \, (a>0)$

> 최고차항의 계수가 1인 이차함수 $f(x)$가 다음 조건을 만족시킨다.
>
> ──▶ **단서 1** 이 조건을 만족시키는 이차함수 $f(x)$의 그래프의 대칭축은 $x = \dfrac{p+q}{2}$
> (가) $f(p) = f(q)$인 서로 다른 두 정수 p, q가 존재한다.
> (나) $n \leq x \leq n+3$에서 함수 $f(x)$의 최댓값과 최솟값의 곱이 $f(n) \times f(n+3)$의 값과 같지 않도록 하는 모든 자연수 n의 값은 4, 5, 6이다.
> ──▶ **단서 2** $f(n)$, $f(n+3)$은 양 끝점의 함숫값이야. 따라서 이차함수의 그래프 개형을 그려서 양 끝점이 최대, 최소가 되지 않도록 하는 구간을 잡아야 해.
>
> 함수 $f(x)$의 최솟값이 1일 때, $f(8)$의 값은?
> ──▶ **단서 3** 대칭축이 $x=m$인 이차함수를 표준형으로 나타내면 $f(x) = (x-m)^2 + 1$이야.
> ① 3　　② $\dfrac{13}{4}$　　③ $\dfrac{7}{2}$
> ④ $\dfrac{15}{4}$　　⑤ 4

1st 조건 (가)를 이용하여 함수 $f(x)$의 최댓값과 최솟값의 곱이 $f(n) \times f(n+3)$의 값과 같지 않은 경우를 구해.

조건 (가)에서 $f(p) = f(q)$를 만족시키는 서로 다른 정수 p, q에 대하여 이차함수 $y=f(x)$의 그래프는 직선 $x = \dfrac{p+q}{2}$에 대하여 대칭이다.

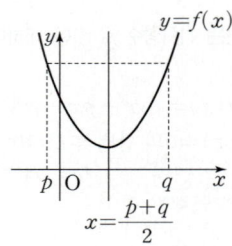

$y=f(x)$

$x=\dfrac{p+q}{2}$

(i) $n+3 \leq \dfrac{p+q}{2}$인 경우

$n+3 \leq \dfrac{p+q}{2}$에서 등호가 들어가도 되는지 살펴봐야겠지?

$n+3=\dfrac{p+q}{2}$인 경우에도 최댓값과 최솟값의 곱은

$f(n) \times f(n+3)$이야.

그래서 등호가 들어간 경우까지 이 범위에서 같이 고려해도 돼.

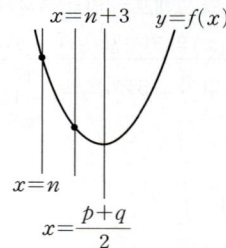

$x=n+3$ $y=f(x)$

$x=n$

$x=\dfrac{p+q}{2}$

$n \leq x \leq n+3$에서

함수 $f(x)$의 최댓값은 $f(n)$, 최솟값은 $f(n+3)$이므로

최댓값과 최솟값의 곱은 $f(n) \times f(n+3)$

(ii) $\dfrac{p+q}{2} \leq n$인 경우

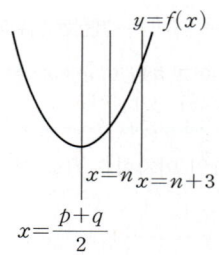

$y=f(x)$

$x=n$ $x=n+3$

$x=\dfrac{p+q}{2}$

$n \leq x \leq n+3$에서

함수 $f(x)$의 최댓값은 $f(n+3)$, 최솟값은 $f(n)$이므로

최댓값과 최솟값의 곱은 $f(n+3) \times f(n)$

(i), (ii)에 의하여

$n \leq x \leq n+3$에서 함수 $f(x)$의 최댓값과 최솟값의 곱이

$f(n) \times f(n+3)$의 값과 같지 않은 경우는 $n<\dfrac{p+q}{2}<n+3$일 때

이다.

이 경우에는 최솟값이 $\left(\dfrac{p+q}{2}\right)$,

$y=f(x)$ 최댓값이 $f(n)$ 또는 $f(n+3)$이야.

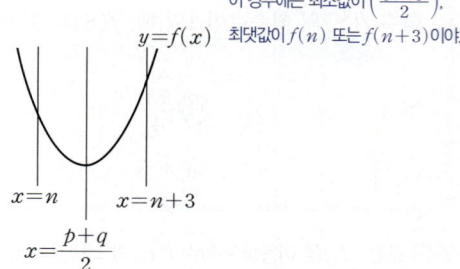

$x=n$ $x=n+3$

$x=\dfrac{p+q}{2}$

2nd 함수 $y=f(x)$의 그래프의 대칭축을 구해.

조건 (나)에 의하여 부등식 $n<\dfrac{p+q}{2}<n+3$을 만족시키는

자연수 n의 값이 4, 5, 6이므로

$4<\dfrac{p+q}{2}<7, \; 5<\dfrac{p+q}{2}<8, \; 6<\dfrac{p+q}{2}<9$

가 모두 성립해야 한다.

$\therefore 6<\dfrac{p+q}{2}<7$

$12<p+q<14$에서 $p+q$는 정수이므로 $p+q=13$

즉, 함수 $y=f(x)$의 그래프의 대칭축의 방정식은 $x=\dfrac{p+q}{2}=\dfrac{13}{2}$이다.

3rd $f(8)$의 값을 구해.

최고차항이 1인 이차함수 $f(x)$의 최솟값이 1이므로

$f(x)=\left(x-\dfrac{13}{2}\right)^2+1$에 대하여

$f(8)=\left(8-\dfrac{13}{2}\right)^2+1=\left(\dfrac{3}{2}\right)^2+1=\dfrac{13}{4}$

F 112 정답 ① ·········· 제한된 범위에서 이차함수의 최대 · 최소

정답 공식: 이차함수 $y=a(x-p)^2+q$에서 $\alpha \leq x \leq \beta$일 때,
$x=p$(축의 방정식)이 범위에 포함되면 $f(p)$, $f(\alpha)$, $f(\beta)$ 중 가장 큰 값이
최댓값, 가장 작은 값이 최솟값이다.

단서1 이차함수 $f(x)=-x^2+4x+k+3$의 그래프의 꼭짓점의 좌표를 구하고 $k>0$에 대하여 직선 $y=2x+3$과 함께 그래프를 좌표평면 위에 그려봐.

양수 k에 대하여 이차함수 $f(x)=-x^2+4x+k+3$의
그래프와 직선 $y=2x+3$이 서로 다른 두 점 $(\alpha, f(\alpha))$,
$(\beta, f(\beta))$에서 만난다. $\alpha \leq x \leq \beta$에서 함수 $f(x)$의 최댓값이
10일 때, $\alpha \leq x \leq \beta$에서 함수 $f(x)$의 최솟값은? (단, $\alpha<\beta$)

단서2 제한된 범위 $\alpha \leq x \leq \beta$에 대하여 이차함수의 축이 제한된 범위 안에 있는지 확인해.

① 1   ② 2   ③ 3   ④ 4   ⑤ 5

1st 이차함수 $y=f(x)$의 그래프와 직선 $y=2x+3$을 좌표평면 위에 나타내자.

이차함수 $f(x)=-x^2+4x+k+3=-(x-2)^2+k+7$의 그래프의
꼭짓점의 좌표는 $(2, k+7)$이고 직선 $y=2x+3$은 점 $(2, 7)$을
지난다.

이차함수의 그래프의 꼭짓점과 직선의 위치 관계가 중요해.
이차함수의 그래프의 꼭짓점이 직선보다 위에 위치하므로
이차함수의 그래프와 직선의 교점의 x좌표 사이에 꼭짓점의 x좌표가 있게 돼.

$f(2)=k+7>7$ ($\because k>0$)이므로 이차함수 $y=f(x)$의 그래프와
직선 $y=2x+3$은 다음 그림과 같다.

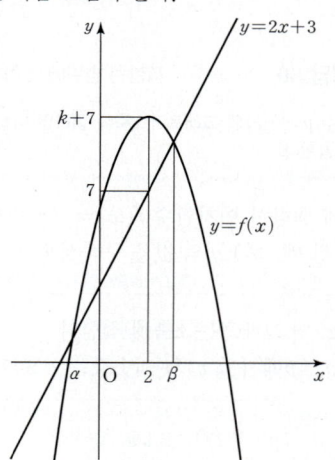

2nd 최댓값을 이용하여 상수 k의 값을 구한다.

$\alpha < 2 < \beta$이므로 $\alpha \leq x \leq \beta$에서 함수 $f(x)$의 최댓값은
$\underline{f(2) = k + 7 = 10}$에서 $k = 3$ 그래프를 봤을 때, $\alpha \leq x \leq \beta$에서 y값이 제일 클 때는 $x = 2$일 때임을 알 수 있어.

3rd 제한된 범위에서 함수 $f(x)$의 최솟값을 구한다.

이차함수 $y = -x^2 + 4x + 6$와 직선 $y = 2x + 3$이 서로 다른 두 점에서
만나는 x좌표를 구하면   두 함수 $y = f(x)$, $y = g(x)$의 그래프의 교점의 x좌표는 방정식 $f(x) = g(x)$의 해야.
$\underline{-x^2 + 4x + 6 = 2x + 3}$

$x^2 - 2x - 3 = 0$에서 $(x + 1)(x - 3) = 0$
$\therefore x = -1$ 또는 $x = 3$
이때 $\alpha < \beta$이므로 $\alpha = -1$, $\beta = 3$
따라서 $-1 \leq x \leq 3$에서 함수 $f(x)$의 최솟값은
이때 축이 $x = 2$이므로 축에서 더 멀리 떨어진 $f(-1)$이 최솟값이야.
$f(-1) = -(-1)^2 + 4 \times (-1) + 6$
$\qquad = -1 - 4 + 6 = 1$

F 113 정답 ① ············ 제한된 범위에서 이차함수의 최대 · 최소

정답 공식: 제한된 범위에서 이차함수의 최댓값, 최솟값은 이차함수의 그래프의 꼭짓점의 x좌표가 제한된 범위에 포함되는지, 포함되지 않는지를 먼저 파악한다.

> $-2 \leq x \leq 2$에서 이차함수
>
> $\qquad f(x) = x^2 - (2a - b)x + a^2 - 4b$ **단서 1** 최고차항의 계수가 1로 양수이므로 그래프는 아래로 볼록하다는 것을 알 수 있어.
>
> 가 다음 조건을 만족시킨다.   **단서 2** $-2 \leq x \leq 2$이므로 이차함수는 $f(x) = (x-1)^2 + \square$의 형태임을 알 수 있어.
>
> > (가) 함수 $f(x)$는 $x = 1$에서 최솟값을 가진다.
> >
> > (나) 함수 $f(x)$의 최댓값은 0이다.   **단서 3** 제한된 범위에서 이차함수 $f(x)$는 축의 방정식으로부터 가장 멀리 떨어진 곳에서 최댓값을 가지므로 $f(-2)$의 값이 0임을 알 수 있어.
>
> $a + b$의 값은? (단, a, b는 상수이다.)
>
> ① 10   ② 11   ③ 12   ④ 13   ⑤ 14

1st 조건 (가)를 이용하여 a, b 사이의 관계식을 구하자.

이차함수 $f(x) = x^2 - (2a - b)x + a^2 - 4b$는
최고차항의 계수가 1로 양수이므로 그래프는 아래로 볼록하고,
$x = 1$에서 최솟값을 가지므로
이차함수 $f(x)$는 꼭짓점에서 최솟값을 가진다.

$f(x) = \left\{ x - \left(a - \dfrac{b}{2} \right) \right\}^2 + ab - \dfrac{b^2}{4} - 4b$ $a^2 - 4b - \left(a - \dfrac{b}{2} \right)^2$
$\qquad\qquad\qquad\qquad\qquad\qquad\qquad = ab - \dfrac{b^2}{4} - 4b$

이고, 꼭짓점의 x좌표가 $x = 1$이므로

$a - \dfrac{b}{2} = 1$

$\therefore b = 2a - 2 \cdots \bigcirc$

2nd 조건 (나)를 이용하여 a, b 사이의 관계식을 구하자.

이차함수의 그래프는 아래로 볼록하고 축의 방정식이 $x = 1$이므로
이차함수 $f(x)$는 $x = -2$에서 최댓값 0을 갖는다.
축의 방정식 $x = 1$로부터 $x = -2$가 $x = 2$보다 더 멀리 떨어져 있으므로 $x = -2$에서 최댓값을 가져.
$f(x) = x^2 - (2a - b)x + a^2 - 4b$에 $x = -2$를 대입하면
$f(-2) = (-2)^2 - (2a - b) \times (-2) + a^2 - 4b$
$\qquad = \underline{a^2 + 4a - 6b + 4 = 0} \cdots \bigcirc$
$\qquad\qquad \because (최댓값) = 0$

3rd 두 관계식을 연립하여 $a + b$의 값을 구하자.

$\bigcirc$의 식에 $\bigcirc$을 대입하면
$a^2 + 4a - 6(2a - 2) + 4 = a^2 - 8a + 16 = (a - 4)^2 = 0$
따라서 $a = 4$, $b = 6$ ($\because \bigcirc$)이므로
$a + b = 4 + 6 = 10$

F 114 정답 ③ ············ 제한된 범위에서 이차함수의 최대 · 최소

정답 공식: 구간을 나누어 $f(|x - 2|)$의 식을 구한 다음 함수 $f(x)$와 곱하여 주어진 구간에서 최댓값과 최솟값을 각각 구한다.

> 함수 $f(x) = x - 3$에 대하여 $-1 \leq x \leq 5$에서 함수
> $\underline{f(x) \times f(|x - 2|)}$의 최댓값과 최솟값의 합은?
> **단서** 함수 $f(x)$가 일차함수이니까 함수 $f(x) \times f(|x-2|)$는 $x = 2$를 기준으로 식이 다른 이차함수야.
>
> ① 1   ② 2   ③ 3
> ④ 4   ⑤ 5

F

1st $-1 \leq x \leq 2$에서 함수 $f(x) \times f(|x - 2|)$의 최댓값과 최솟값을 각각 구해.

(i) $-1 \leq x \leq 2$일 때

주의 구간을 나누어서 절댓값 기호를 벗겨야 해.

$f(x) \times f(|x - 2|) = f(x)f(-x + 2) = (x - 3)(-x - 1)$
$\quad x \leq 2$일 때 $\qquad\qquad\qquad\quad = -x^2 + 2x + 3$
$\quad |x - 2| = -x + 2 \qquad\qquad = -(x - 1)^2 + 4$

즉, 꼭짓점의 좌표가 $(1, 4)$이고 위로 볼록한 이차함수이다.
따라서 함수 $f(x) \times f(|x - 2|)$는 $-1 \leq x \leq 2$일 때
꼭짓점인 $x = 1$에서 최댓값 4를 가지고,
$x = -1$에서 최솟값 0을 갖는다.
축인 $x = 1$에서 가장 멀리 떨어져 있는 x의 값에서 최솟값을 가져.

2nd $2 \leq x \leq 5$에서 함수 $f(x) \times f(|x - 2|)$의 최댓값과 최솟값을 각각 구해.

(ii) $2 \leq x \leq 5$일 때

$f(x) \times f(|x - 2|) = f(x) \times f(x - 2)$
$\quad x \geq 2$일 때 $\qquad\qquad\qquad = (x - 3)(x - 5)$
$\quad |x - 2| = x - 2 \qquad\qquad = x^2 - 8x + 15$
$\qquad\qquad\qquad\qquad\qquad = (x - 4)^2 - 1$

즉, 꼭짓점의 좌표가 $(4, -1)$이고 아래로 볼록한 이차함수이다.
따라서 함수 $f(x) \times f(|x - 2|)$는 $2 \leq x \leq 5$일 때
꼭짓점인 $x = 4$에서 최솟값 -1을 가지고,
$x = 2$에서 최댓값 3을 갖는다.
축인 $x = 4$에서 가장 멀리 떨어져 있는 x의 값에서 최댓값을 가져.

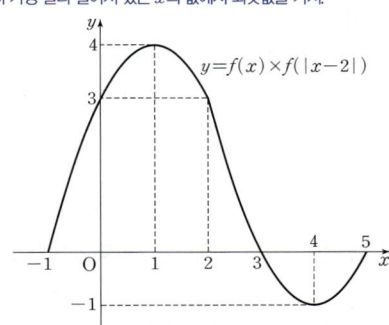

(i), (ii)에 의하여 $-1 \leq x \leq 5$에서 함수 $f(x) \times f(|x - 2|)$의
최댓값은 4이고 최솟값은 -1이다.
따라서 구하는 합은 $4 + (-1) = 3$

✿ **제한된 범위가 있는 이차함수의 최대 · 최소**   개념 · 공식

이차함수 $y = ax^2 + bx + c = a(x - m)^2 + n$에 대하여
$\alpha \leq x \leq \beta$ $(\alpha < \beta)$일 때,
① $\alpha \leq m \leq \beta$이면 $f(m)$, $f(\alpha)$, $f(\beta)$ 중 가장 큰 값이 최댓값, 가장 작은 값이 최솟값이다.
② $m < \alpha$ 또는 $m > \beta$이면 $f(\alpha)$, $f(\beta)$ 중 큰 값이 최댓값, 작은 값이 최솟값이다.

F 115 정답 54 ········· 제한된 범위에서 이차함수의 최대·최소

[정답 공식: (가)에서 $f(x)$의 식을 세우고, (나)에서 x^2의 계수를 정한다.]

> 이차함수 $f(x)$가 다음 조건을 만족시킨다.
>
> > (가) x에 대한 방정식 $f(x)=0$의 두 근은 -2와 4이다.
> > (나) $5 \leq x \leq 8$에서 이차함수 $f(x)$의 최댓값은 80이다.
>
> $f(-5)$의 값을 구하시오.
>
> **단서** 이차함수는 $f(x)=a(x+2)(x-4)$라 할 수 있어. 이때,
> $f(x)=a(x^2-2x-8)=a\{(x-1)^2-9\}$이므로 $x=1$에 대하여 대칭임을 알 수 있어.

1st 조건 (가)에서 최고차항의 계수가 a인 이차방정식을 세울 수 있지?

조건 (가)에서 $f(x)=a(x+2)(x-4)\,(a \neq 0)$이라 하면
$$f(x)=a(x^2-2x-8)$$
$$=a\{(x^2-2x+1)-9\}$$
$$=a(x-1)^2-9a$$

실수!
최고차항의 계수가 정해지지 않았으므로 미지수 a를 사용 하고 a의 값이 양수일 때와 음 수일 때로 나누어서 풀자.

2nd 조건 (나)에서 a가 양수 또는 음수일 때로 나누어서 최댓값이 80이 되게 하는 a를 구해.

조건 (나)에서

(i) $a>0$이면 이차함수의 그래프는
아래로 볼록이고
꼭짓점의 x좌표가 $x=1$이므로
$x=8$에서 최댓값 80을 갖는다.
$$40a=80 \qquad \therefore a=2$$
함수 $f(x)$에 $x=8$을 대입하면
$f(8)=49a-9a=40a$

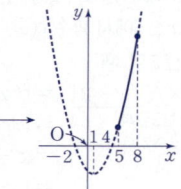

(ii) $a<0$이면 이차함수의 그래프는
위로 볼록이고
꼭짓점의 x좌표가 $x=1$이므로
$x=5$에서 최댓값 80을 갖는다.
$$7a=80 \qquad \therefore a=\frac{80}{7}$$
이때, 조건 $a<0$인 것에 모순이므로 적합하지 않다.

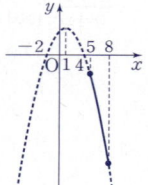

(i), (ii)에 의하여 $a=2$이므로
$$f(x)=2(x+2)(x-4)$$
$$\therefore f(-5)=2 \times (-3) \times (-9) = 54$$

F 116 정답 ① ········· 제한된 범위에서 이차함수의 최대·최소

[정답 공식: 함수 $y=f(x)$의 그래프의 꼭짓점 $(b, 0)$과 구간 $k \leq x \leq k+2$의 상대적인 위치에 따라 함수 $f(x)$의 최댓값과 최솟값이 달라진다.]

> 두 양수 a, b에 대하여 이차함수 $f(x)=a(x-b)^2$이 있다. 실수 k에 대하여 $k \leq x \leq k+2$에서 이차함수 $f(x)$의 최댓값 과 최솟값의 차를 $g(k)$라 할 때, 함수 $g(k)$가 다음 조건을 만 족시킨다.
> **단서 1** 특정한 범위에서 이차함수의 최댓값과 최솟값의 차를 구해야 하므로 범위의 양 끝점과 함수의 꼭짓점에서의 함숫값의 크기를 비교해야 해.
>
> > (가) $g(3)=a$ **단서 2** 구간 $3 \leq x \leq 5$에서 이차함수의 최대, 최소를 따져야겠지?
> > (나) $g(2)+g(6)=32$
>
> $f(6)$의 값은?
>
> ① 8   ② 9   ③ 10   ④ 11   ⑤ 12

1st 구간 $3 \leq x \leq 5$에서 함수 $f(x)$의 최대, 최소를 구해 보자.

조건 (가)에서 $g(3)=a$이므로
이차함수 $f(x)=a(x-b)^2$의 꼭짓점인 $(b, 0)$의 위치에 따라 함수의 그래프를 구분해 따져보자.

(i) $0<b \leq 3$일 때,

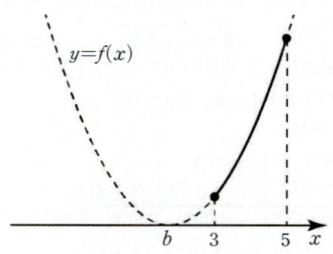

이차함수의 최댓값은 $f(5)$, 최솟값은 $f(3)$이므로
$$g(3)=f(5)-f(3)$$
$$=a(5-b)^2-a(3-b)^2$$
$$=a\{(5-b)^2-(3-b)^2\} \quad \longrightarrow a^2-b^2=(a+b)(a-b)$$
$$=a(5-b+3-b)(5-b-3+b)$$
$$=2a(8-2b)$$
$$=16a-4ab=a$$
$15a=4ab$이고 $a>0$이므로 양변을 $4a$로 나누면
$b=\dfrac{15}{4}$이고 이 값은 $0<b \leq 3$에 모순이다.

(ii) $3<b<4$일 때,
꼭짓점에서 더 멀리 떨어져 있는 $x=5$에서 최댓값을 가져.

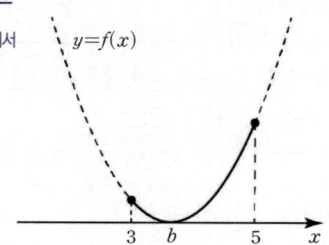

이차함수의 최댓값은 $f(5)$, 최솟값은 $f(b)$이므로
$$g(3)=f(5)-f(b)=a(5-b)^2=a$$
$(5-b)^2=1$이므로 $5-b=1$ 또는 $5-b=-1$
따라서 $b=4$ 또는 $b=6$이고 이 값은 $3<b<4$에 모순이다.

(iii) $b=4$일 때,

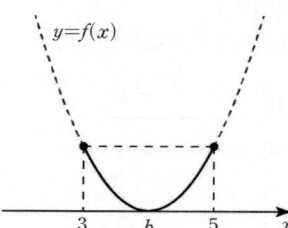

이차함수의 최댓값은 $f(5)=f(3)$, 최솟값은 $f(b)$이므로
$$g(3)=f(5)-f(b)$$
$$=a(5-b)^2=a \quad \longrightarrow \text{(ii)에서 계산했지?}$$
에서 $b=4$ 또는 $b=6$
$$\therefore b=4 \cdots \ominus$$

(iv) $4<b<5$일 때,
꼭짓점에서 더 멀리 떨어져 있는 $x=3$에서 최댓값을 가져.

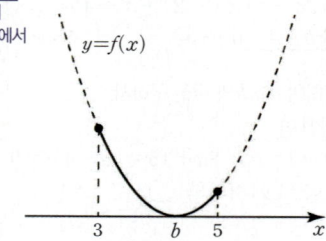

이차함수의 최댓값은 $f(3)$, 최솟값은 $f(b)$이므로
$g(3)=f(3)-f(b)=a(3-b)^2=a$
$(3-b)^2=1$이므로 $3-b=1$ 또는 $3-b=-1$
따라서 $b=2$ 또는 $b=4$이고 이 값은 $4<b<5$에 모순이다.
(v) $b\geq5$일 때,

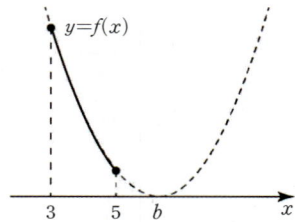

이차함수의 최댓값은 $f(3)$, 최솟값은 $f(5)$이므로
$$\begin{aligned}g(3)&=f(3)-f(5)=a(3-b)^2-a(5-b)^2\\&=a\{(3-b)^2-(5-b)^2\}\\&=a(3-b+5-b)(3-b-5+b)\\&=-2a(8-2b)\\&=-16a+4ab=a\end{aligned}$$
$17a=4ab$이고 $a>0$이므로 양변을 $4a$로 나누면
$b=\dfrac{17}{4}$이고 이 값은 $b\geq5$에 모순이다.

(i)~(v)에서 $b=4$이고 $f(x)=a(x-4)^2$이다.

2nd 조건 (나)를 이용하여 a의 값을 구하자.

$g(2)+g(6)=32$에서
$g(2)$는 구간 $2\leq x\leq4$에서 함수 $f(x)$의 최댓값과 최솟값의 차를 의미하므로
$g(2)=f(2)-f(4)=a(2-4)^2-a(4-4)^2=4a$
$g(6)$은 $6\leq x\leq8$에서 함수 $f(x)$의 최댓값과 최솟값의 차를 의미하므로
$$\begin{aligned}g(6)&=f(8)-f(6)=a(8-4)^2-a(6-4)^2\\&=16a-4a=12a\end{aligned}$$
$g(2)+g(6)=4a+12a=16a=32$이므로 $a=2$

3rd $f(6)$의 값을 구하자.

따라서 $f(x)=2(x-4)^2$이므로 $f(6)=8$이다.

F 117 정답 ① ·············· 제한된 범위에서 이차함수의 최대·최소

정답 공식: 제한된 범위에서 이차함수의 최댓값, 최솟값은 이차함수의 그래프의 꼭짓점의 x좌표가 제한된 범위에 포함되는지, 포함되지 않는지를 먼저 파악한다.

실수 a에 대하여 이차함수 $f(x)=(x-a)^2$이 다음 조건을 만족시킨다.
단서1 최고차항의 계수가 1로 양수이므로 그래프는 아래로 볼록하고, $x=a$에서 최솟값 0을 가져.

단서2 이차함수 $f(x)$의 최솟값이 0이므로 실수 a의 값의 범위를 알 수 있어.
(가) $2\leq x\leq10$에서 함수 $f(x)$의 최솟값은 0이다.
(나) $2\leq x\leq6$에서 함수 $f(x)$의 최댓값과
$6\leq x\leq10$에서 함수 $f(x)$의 최솟값은 같다.
단서3 제한된 범위에서 이차함수 $f(x)$는 축의 방정식으로부터 가장 멀리 떨어진 곳에서 최댓값을 가지고 가장 가까운 곳에서 최솟값을 가지지?

$f(-1)$의 최댓값을 M, 최솟값을 m이라 할 때, $M+m$의 값은?

① 34 ② 35 ③ 36 ④ 37 ⑤ 38

1st 조건 (가)를 이용하여 실수 a의 범위를 구해.

이차함수 $f(x)=(x-a)^2$은 최고차항의 계수가 1로 양수이므로 그래프는 아래로 볼록하고,
$x=a$에서 최솟값 0을 가지므로 조건 (가)에 의해 $2\leq a\leq10$이다.

2nd 실수 a의 범위를 나누어 $f(-1)$의 최댓값과 최솟값을 구해.

(i) $a=2$인 경우
함수 $f(x)=(x-a)^2=(x-2)^2$의 그래프는 다음과 같다.

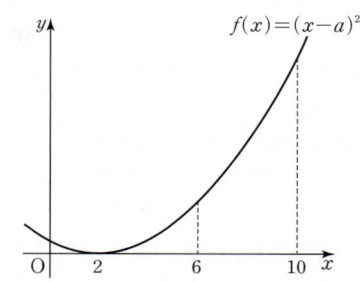

$2\leq x\leq6$에서 함수 $f(x)$의 최댓값과 $6\leq x\leq10$에서 함수 $f(x)$의 최솟값은 $f(6)$으로 같으므로 조건 (나)를 만족시킨다.
따라서 $f(-1)=(-1-2)^2=9$

(ii) $2<a\leq6$인 경우

> **함정** 조건 (나)에서 $x=6$을 기준으로 $2\leq x\leq6$에서 함수 $f(x)$의 최댓값과 $6\leq x\leq10$에서 함수 $f(x)$의 최솟값을 비교했으므로 a의 범위도 $a=6$을 기준으로 생각해. a의 범위를 잘 나누어 따져야 문제를 해결할 수 있어.

$2\leq x\leq6$에서 함수 $f(x)$의 최댓값은 $f(2)$ 또는 $f(6)$이고
축의 방정식 $x=a$로부터 더 멀리 떨어져 있는 점에서 최댓값을 가져.
$6\leq x\leq10$에서 함수 $f(x)$의 최솟값은 $f(6)$이므로
조건 (나)에 의해 $f(2)\leq f(6)$이다. 축의 방정식 $x=a$로부터 가장 가까운 점이기 때문이야.
$(2-a)^2\leq(6-a)^2$에서 $4-4a+a^2\leq36-12a+a^2$
$\therefore a\leq4$

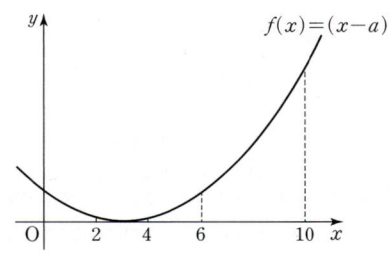

($2<a\leq4$인 경우)

$f(-1)=(-1-a)^2=(a+1)^2$이고
$2<a\leq4$에서 $2+1<a+1\leq4+1$
$3^2<(a+1)^2\leq5^2$이므로 $9<f(-1)\leq25$
한편, $4<a\leq6$인 경우 $2\leq x\leq6$에서 함수 $f(x)$의 최댓값은 $f(2)$이고 $6\leq x\leq10$에서 함수 $f(x)$의 최솟값은 $f(6)$이다.
그런데 $f(2)>f(6)$이므로 조건 (나)를 만족시키지 않는다.

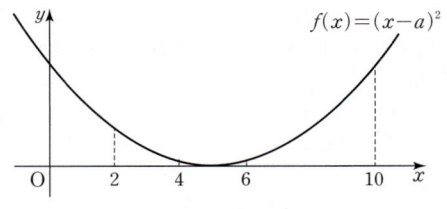

($4<a\leq6$인 경우)

(iii) $6<a\leq10$인 경우
$2\leq x\leq6$에서 함수 $f(x)$의 최댓값은 $f(2)$이고
$6\leq x\leq10$에서 함수 $f(x)$의 최솟값은 0이다.
그런데 $f(2)>0$이므로 조건 (나)를 만족시키지 않는다.

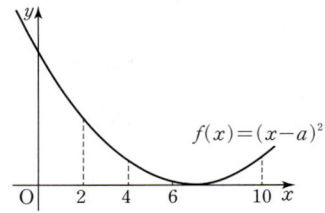

따라서 (i), (ii), (iii)에 의해
$9 \leq f(-1) \leq 25$이므로 $M=25$, $m=9$이다.
$$\therefore M+m=25+9=34$$

F 118 정답 ⑤ ················ 제한된 범위에서 이차함수의 최대, 최소

(**정답 공식**: 제한된 범위에서 이차함수의 최댓값, 최솟값은 이차함수의 그래프의
꼭짓점의 x좌표가 제한된 범위에 포함되는지, 포함되지 않는지를 먼저 파악한다.)

단서 1 제한된 범위에서 이차함수는 최댓값과 최솟값을 가져. 즉, a의 값의 범위에 따라 함수 $f(x)$의 최솟값은 $f(1)$, $f(a)$, $f(2)$ 중 하나야.

$1 \leq x \leq 2$에서 이차함수 $f(x)=(x-a)^2+b$의 최솟값이 5일 때,
두 실수 a, b에 대하여 옳은 것만을 [보기]에서 있는 대로
고른 것은?

단서 2 최고차항의 계수가 1로 양수이므로 그래프는 아래로 볼록해. 따라서 그래프의 축 $x=a$에 대하여 $x<a$이면 $f(x)$는 감소하고, $x>a$이면 $f(x)$는 증가해.

[보기]

단서 3 $1<\frac{3}{2}<2$임을 이용하여 최솟값을 구해.
ㄱ. $a=\frac{3}{2}$일 때, $b=5$이다.

단서 4 $a \leq 1$이면 $1 \leq x \leq 2$에서 함수 $f(x)$는 증가해.
ㄴ. $a \leq 1$일 때, $b=-a^2+2a+4$이다.

단서 5 a의 값의 범위에 따라 b의 값을 구해서 $a+b$의 최댓값을 구해 봐.
ㄷ. $a+b$의 최댓값은 $\frac{29}{4}$이다.

① ㄱ   ② ㄱ, ㄴ   ③ ㄱ, ㄷ
④ ㄴ, ㄷ   ⑤ ㄱ, ㄴ, ㄷ

1st $a=\frac{3}{2}$일 때 b의 값을 구해.

ㄱ. $1<\frac{3}{2}<2$이므로 $a=\frac{3}{2}$일 때, $1 \leq x \leq 2$에서

함수 $f(x)=\left(x-\frac{3}{2}\right)^2+b$는 $x=\frac{3}{2}$에서 최솟값 b를 가진다.
$\therefore b=5$ (참) $a=\frac{3}{2}$일 때, $1 \leq x \leq 2$에서 함수 $y=f(x)$의 그래프는 그림과 같으므로 $f(x)$는 $x=\frac{3}{2}$에서 최솟값 b를 가져.

2nd $a \leq 1$일 때 b를 a에 대한 식으로 나타내.

ㄴ. $a \leq 1$이면 $1 \leq x \leq 2$에서 함수 $f(x)$는 증가하므로 이 범위에서
$a \leq 1$일 때, $1 \leq x \leq 2$에서 함수 $y=f(x)$의 그래프는 그림과 같으므로 $f(x)$는 $x=1$에서 최솟값을 가져.
함수 $f(x)$는 $x=1$에서 최솟값 $f(1)$을 가진다.
즉, $f(1)=5$에서
$(1-a)^2+b=5$, $1-2a+a^2+b=5$
$\therefore b=-a^2+2a+4$ (참)

3rd a의 값의 범위에 따라 $1 \leq x \leq 2$에서 함수 $f(x)$의 최솟값이 5일 때 $a+b$의 최댓값을 구해.

ㄷ. a의 값에 범위에 따라 $1 \leq x \leq 2$에서 함수 $f(x)$의 최솟값이 5일 때 $a+b$의 최댓값을 구하자.
(i) $a \leq 1$일 때
ㄴ에 의하여 $b=-a^2+2a+4$이므로

$$a+b=-a^2+3a+4=-\left(a^2-3a+\frac{9}{4}-\frac{9}{4}\right)+4$$
$$=-\left(a-\frac{3}{2}\right)^2+\frac{9}{4}+4=-\left(a-\frac{3}{2}\right)^2+\frac{25}{4}$$

$a+b$는 $a<\frac{3}{2}$일 때 증가하고 $a>\frac{3}{2}$일 때 감소해. 그런데 a의 값의 범위가 $a \leq 1$이고 $1<\frac{3}{2}$이므로 $a \leq 1$에서 $a+b$는 증가해. 따라서 $a=1$일 때 $a+b$는 최댓값을 가져.

따라서 $a \leq 1$에서 $a+b$는 $a=1$일 때
최댓값 $-1^2+3 \times 1+4=6$을 가진다.

(ii) $1<a \leq 2$일 때
ㄱ과 마찬가지인 경우이므로 함수 $f(x)$는 $x=a$에서 최솟값 b를
가진다. 즉, $b=5$이고 $1<a \leq 2$에서 각 변에 b를 더하면
$1+b<a+b \leq 2+b$에서 $6<a+b \leq 7$이므로
$1<a \leq 2$에서 $a+b$는 $a=2$일 때 최댓값 7을 가진다.

(iii) $a>2$일 때,
$1 \leq x \leq 2$에서 함수 $f(x)$는 감소하므로 이 범위에서 함수 $f(x)$는
$x=2$에서 최솟값 $f(2)$를 가진다. 즉, $f(2)=5$에서
$(2-a)^2+b=5$, $4-4a+a^2+b=5$
따라서 $b=-a^2+4a+1$이므로
$a+b=-a^2+5a+1$

$a>2$일 때, $1 \leq x \leq 2$에서 함수 $y=f(x)$의 그래프는 그림과 같으므로 $f(x)$는 $x=2$에서 최솟값을 가져.

$$=-\left(a^2-5a+\frac{25}{4}-\frac{25}{4}\right)+1$$
$$=-\left(a-\frac{5}{2}\right)^2+\frac{25}{4}+1$$
$$=-\left(a-\frac{5}{2}\right)^2+\frac{29}{4}$$

$a+b$는 $a<\frac{5}{2}$일 때 증가하고 $a>\frac{5}{2}$일 때 감소해. 그런데 a의 값의 범위가 $a>2$이고 $\frac{5}{2}>2$이므로 $a=\frac{5}{2}$일 때 $a+b$는 최댓값을 가져.

따라서 $a>2$에서 $a+b$는 $a=\frac{5}{2}$일 때

최댓값 $\frac{29}{4}$를 가진다.

(i) ~ (iii)에 의하여 $a+b$의 최댓값은 $\frac{29}{4}$이다. (참)
따라서 옳은 것은 ㄱ, ㄴ, ㄷ이다.

F 119 정답 25 ············ 제한된 범위에서 이차함수의 최대 · 최소

(**정답 공식**: 반복되는 식을 t로 치환하여 최댓값과 최솟값을 구한다.)

단서 $2x-1=t$라고 치환하여 계산하자. 이때, 주어진 범위도 t의 범위로 바꾸어야 해.
$1 \leq x \leq 4$에서 이차함수 $y=(2x-1)^2-4(2x-1)+3$의 최댓
값을 M, 최솟값을 m이라 할 때, $M-m$의 값을 구하시오.

1st $2x-1=t$로 놓고 t에 관한 이차함수의 최댓값과 최솟값을 구하자.
$y=(2x-1)^2-4(2x-1)+3$에서 $2x-1=t$라 치환하면
주어진 범위 $1 \leq x \leq 4$는 $1 \leq t \leq 7$이다.
$y=(2x-1)^2-4(2x-1)+3$ $1 \leq x \leq 4$, $2 \leq 2x \leq 8$
                          $\therefore 1 \leq 2x-1 \leq 7$
$=t^2-4t+3$
$=(t-2)^2-1$ ($1 \leq t \leq 7$)
최솟값은 $t=2$일 때 $m=-1$이고, 최댓값은 $t=7$일 때 $M=24$이므로
$M-m=24-(-1)=25$

다른 풀이: 주어진 식을 정리하여 최댓값과 최솟값 구하기

주어진 이차함수를 전개하여 내림차순으로 정리하면
$y=(2x-1)^2-4(2x-1)+3=4x^2-4x+1-8x+4+3$
$=4x^2-12x+8=4\left(x-\frac{3}{2}\right)^2-1$

따라서 $1 \leq x \leq 4$에서

최솟값은 $m=f\left(\frac{3}{2}\right)=-1$,

최댓값은 $M=f(4)=4 \times \left(\frac{5}{2}\right)^2-1=24$

이므로 $M-m=24-(-1)=25$

F 120 정답 ③ ········· 공통부분이 있는 식의 최대·최소

[정답 공식]: 반복되는 식을 t로 치환하여 최댓값과 최솟값을 구한다. 이때, t의 범위에 주의한다.

[단서 1] 이 범위를 만족하는 근의 범위가 구해져.
$-1 \leq x \leq 3$일 때, 함수 $y = (x^2 - 4x + 2)^2 - 2(x^2 - 4x + 2) - 5$의 최댓값과 최솟값의 합은? [단서 2] $x^2 - 4x + 2$가 반복되니까 t로 치환하자.

① 16 　② 20 　③ 24 　④ 28 　⑤ 32

1st 공통되는 부분을 t로 치환해 봐. 이때 t의 범위도 체크해야 해.

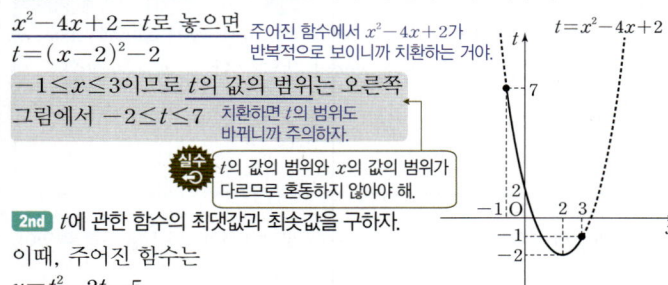

$\underline{x^2 - 4x + 2} = t$로 놓으면 　주어진 함수에서 $x^2 - 4x + 2$가 반복적으로 보이니까 치환하는 거야.
$t = (x-2)^2 - 2$
$-1 \leq x \leq 3$이므로 t의 값의 범위는 오른쪽 그림에서 $-2 \leq t \leq 7$ 치환하면 t의 범위도 바뀌니까 주의하자.

[실수 주의] t의 값의 범위와 x의 값의 범위가 다르므로 혼동하지 않아야 해.

2nd t에 관한 함수의 최댓값과 최솟값을 구하자.
이때, 주어진 함수는
$y = t^2 - 2t - 5$
　$= (t-1)^2 - 6 \ (-2 \leq t \leq 7)$
따라서 $t = 1$일 때 최솟값은 -6, $t = 7$일 때 최댓값은 30이므로
최댓값과 최솟값의 합은 $30 - 6 = 24$

F 121 정답 ② ········· 공통부분이 있는 식의 최대·최소

[정답 공식]: 반복되는 식을 t로 치환하여 최솟값을 구한다. 이때, $t \geq 0$임에 주의한다.

[단서] $(x-1)^2$이 반복되므로 치환하자.
함수 $y = (x-1)^4 + 8(x-1)^2 - 2$의 최솟값은?

① -18　②-2　③ 2
④ 7　⑤ 18

1st $(x-1)^2 = t \ (t \geq 0)$로 치환해야겠지?
$(x-1)^2 = t$로 놓으면 $t \geq 0$
이때, 주어진 함수는
$y = t^2 + 8t - 2 = (t+4)^2 - 18 \ (t \geq 0)$ 그림으로 확인하자.
따라서 $t = 0$일 때 최솟값 -2를 가진다.

F 122 정답 ④ ········· 공통부분이 있는 식의 최대·최소

[정답 공식]: 반복되는 식을 t로 치환하여 최댓값이 6이 되도록 k의 값을 정한다. 이때, t의 범위에 주의한다.

[단서] $x^2 + 2x - 1$이 반복되므로 치환하자.
함수 $y = -2(x^2 + 2x - 1)^2 + 12(x^2 + 2x - 1) + k - 24$의 최댓값이 6일 때, 상수 k의 값은?

① 3　②6　③ 9
④12　⑤ 15

1st $x^2 + 2x - 1 = t$로 치환하자. 이때 t의 범위도 체크해.
$x^2 + 2x - 1 = t$로 놓으면 $t = (x+1)^2 - 2 \geq -2$이므로
t의 값의 범위는 $t \geq -2$ 치환한 문자의 범위에 주의하자.

이때, 주어진 함수는
$y = -2t^2 + 12t + k - 24$
　$= -2(t-3)^2 + k - 6 \ (t \geq -2)$
따라서 $t = 3$일 때 최댓값 $k - 6$을 가지므로
$k - 6 = 6$ 　$\therefore k = 12$

F 123 정답 ① ········· 이차함수의 최대·최소

[정답 공식]: 반복되는 식을 t로 치환하고, $x = a$에서 최댓값 3을 가지도록 a의 값을 정한다.

[단서] $(3x+4)^2$으로 공통부분이 보이네? 치환하자!
함수 $y = -(3x+4)^4 + 2(3x+4)^2 + k$가 $x = a$에서 최댓값 3을 가질 때, 상수 a, k에 대하여 $a - k$의 값은? (단, a는 정수이다.)

①-3　② -1　③ 1　④ 3　⑤ 5

1st 공통부분을 치환하여 함수식을 정리하자.
$y = -(3x+4)^4 + 2(3x+4)^2 + k$에서
$(3x+4)^2 = t \ (t \geq 0)$로 치환하면
$y = -t^2 + 2t + k$
　$= -(t-1)^2 + k + 1 \ (t \geq 0)$

2nd 주어진 함수의 최댓값을 이용하여 a, k의 값을 찾자.
이 함수는 $\underline{t = 1}$일 때, 최댓값 3을 가지므로 　$t = 1$, 즉 $3x+4 = 1$일 때 최댓값 $k+1 = 3$을 가져.
$t = 1$에서 $(3x+4)^2 = 1$
$9x^2 + 24x + 15 = 0$
$3x^2 + 8x + 5 = (x+1)(3x+5) = 0$
$\therefore x = -1$ 또는 $x = -\dfrac{5}{3}$
한편, 최댓값이 3이므로 $k + 1 = 3$ 　$\therefore k = 2$
따라서 $a = -1 \ (\because a$는 정수$)$, $k = 2$이므로
$a - k = -1 - 2 = -3$

F 124 정답 ① ········ 일차식 조건이 주어진 이차식의 최대·최소

[정답 공식]: 선분 AB의 방정식을 구하여 $x^2 - 2y^2$에 대입하고, 이차함수의 최솟값을 구한다.

[단서] 두 점 A, B를 지나는 직선의 방정식부터 구하자.
점 $P(x, y)$가 두 점 $A(-2, 1)$, $B(3, -4)$를 이은 선분 AB 위를 움직일 때, $x^2 - 2y^2$의 최솟값은?

①-23　② -11　③ -2　④ 4　⑤ 16

1st 두 점 A, B를 지나는 직선의 방정식을 구해.
두 점 $A(-2, 1)$, $B(3, -4)$를 잇는 선분을 나타내는 방정식은
$y - 1 = \dfrac{-4 - 1}{3 - (-2)}(x + 2)$ 　두 점 $A(x_1, y_1)$, $B(x_2, y_2)$를 지나는 직선의
$\therefore y = -x - 1 \ (-2 \leq x \leq 3)$ ··· ㉠ 방정식은 $y - y_1 = \dfrac{y_2 - y_1}{x_2 - x_1}(x - x_1)(x_1 \neq x_2)$

[함정] 선분이므로 범위를 꼭 선정하고, 이에 유의하여 문제를 풀어야 해.

2nd $-2 \leq x \leq 3$에서 최솟값을 구해보자.
㉠을 $x^2 - 2y^2$에 대입하면
$x^2 - 2y^2 = x^2 - 2(-x-1)^2$ 　두 점 A와 B의 x좌표를 범위의 양 끝으로 하니까
　$= -x^2 - 4x - 2$ 　$-2 \leq x \leq 3$이야.
　$= -(x+2)^2 + 2 \ (-2 \leq x \leq 3)$
따라서 $x = 3$일 때 최솟값 -23을 가진다.

〔 **정답 공식**: 점 $P(a, b)$가 직선위의 점이므로 b를 a에 대한 식으로 정리하여 a^2+8b에 대입하여 이차함수의 최솟값을 구한다. 이때, a의 범위에 주의한다. 〕

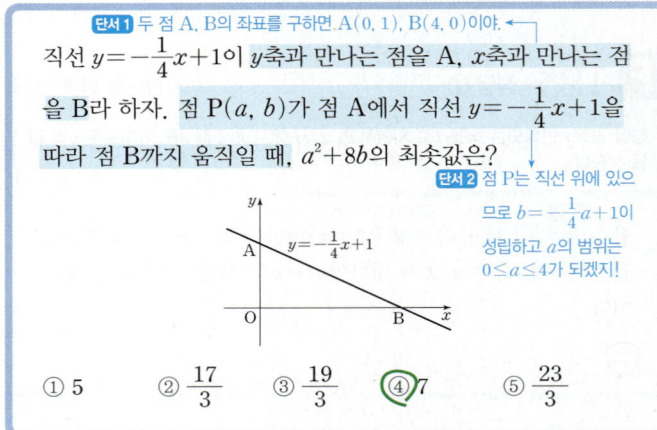

단서1 두 점 A, B의 좌표를 구하면 A$(0, 1)$, B$(4, 0)$이야.

직선 $y=-\dfrac{1}{4}x+1$이 y축과 만나는 점을 A, x축과 만나는 점을 B라 하자. 점 $P(a, b)$가 점 A에서 직선 $y=-\dfrac{1}{4}x+1$을 따라 점 B까지 움직일 때, a^2+8b의 최솟값은?

단서2 점 P는 직선 위에 있으므로 $b=-\dfrac{1}{4}a+1$이 성립하고 a의 범위는 $0\leq a\leq 4$가 되겠지!

① 5　　② $\dfrac{17}{3}$　　③ $\dfrac{19}{3}$　　④ 7　　⑤ $\dfrac{23}{3}$

1st 점 P가 직선 $y=-\dfrac{1}{4}x+1$ 위를 움직이므로 $b=-\dfrac{1}{4}a+1$이지? a^2+8b에 대입하여 a에 관한 식으로 정리해봐.

두 점 A, B의 좌표는 각각 $(0, 1)$, $(4, 0)$이다. → $0=-\dfrac{1}{4}x+1$에서 $x=4$

이때, 점 $P(a, b)$는 직선 $y=-\dfrac{1}{4}x+1$ 위의 점이고 x좌표의 범위는 점 A에서 점 B까지 움직이므로 $b=-\dfrac{1}{4}a+1\,(0\leq a\leq 4)$ … ㉠

2nd ㉠을 a^2+8b에 대입하여 주어진 범위에서 최솟값을 구해.

㉠을 a^2+8b에 대입하면

$a^2+8b=a^2+8\left(-\dfrac{1}{4}a+1\right)=a^2-2a+8$
$=(a-1)^2+7\,(0\leq a\leq 4)$

따라서 $a=1$일 때, a^2+8b의 최솟값은 7이다.

아래로 볼록인 이차함수가 $a=1$에 대하여 대칭이므로 범위 $0\leq a\leq 4$에서 최댓값은 $a=1$에서 가장 멀리 떨어진 $a=4$일 때 가지고, 최솟값은 $a=1$일 때 가지겠지!

〔 **정답 공식**: $b=2-a$를 a^2+3b^2에 대입하고 a의 범위에 따른 식의 값의 최댓값과 최솟값을 구한다. 〕

단서 a 또는 b에 대한 식으로 고칠 수 있어.

$a\geq 0$, $b\geq 0$이고 $a+b=2$일 때, a^2+3b^2의 최댓값을 M, 최솟값을 m이라고 하자. 이때, $M-m$의 값은?

① -3　　② 1　　③ 5
④ 9　　⑤ 16

1st $b=2-a$로 놓고 주어진 식을 a에 관한 이차식으로 변형하자. 이때, a의 범위에 주의해.

$a+b=2$에서
$b=2-a$ … ㉠
$a\geq 0$, $b\geq 0$이므로
$a\geq 0$, $2-a\geq 0$
∴ $0\leq a\leq 2$

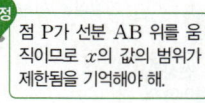

함정 점 P가 선분 AB 위를 움직이므로 x의 값의 범위가 제한됨을 기억해야 해.

㉠을 a^2+3b^2에 대입하면

$a^2+3b^2=a^2+3(2-a)^2$
$=4a^2-12a+12$
$=4\left(a-\dfrac{3}{2}\right)^2+3$

$4a^2-12a+12$
$=4(a^2-3a)+12$
$=4\left\{a^2-3a+\left(\dfrac{3}{2}\right)^2-\left(\dfrac{3}{2}\right)^2\right\}+12$
$=4\left(a-\dfrac{3}{2}\right)^2-9+12=4\left(a-\dfrac{3}{2}\right)^2+3$

이때, $0\leq a\leq 2$이므로

$a=\dfrac{3}{2}$일 때 최솟값은 3, $a=0$일 때 최댓값은 12이다.

따라서 $M=12$, $m=3$이므로 $M-m=12-3=9$

〔 **정답 공식**: 주어진 식을 완전제곱식과 숫자의 합으로 변형하자. 〕

단서 x, y에 대한 제곱식으로 변형해보자.

실수 x, y에 대하여 $x=a$, $y=b$일 때, $x^2+2y^2+6x-4y+7$이 최솟값 c를 가진다. 이때, abc의 값은? (단, a, b, c는 상수)

① -6　　② -4　　③ 0
④ 8　　⑤ 12

1st x^2과 y^2의 계수가 양수니까 제곱식의 합으로 변형하면 최솟값을 구할 수 있어.

$x^2+2y^2+6x-4y+7=(x+3)^2+2(y-1)^2-4$

이때, x, y가 실수이므로
$(x+3)^2\geq 0$, $2(y-1)^2\geq 0$
(실수)$^2\geq 0$이지?

$(x^2+6x)+2(y^2-2y)+7$
$=(x^2+6x+9)+2(y^2-2y+1)-9-2+7$
$=(x+3)^2+2(y-1)^2-4$

∴ $x^2+2y^2+6x-4y+7\geq -4$

따라서 $x=-3$, $y=1$일 때, 최솟값 -4를 가지므로
$a=-3$, $b=1$, $c=-4$
∴ $abc=12$

〔 **정답 공식**: z, $\bar{z}$를 대입하여 a, b의 조건을 구한 후 이를 주어진 식에 대입하여 최솟값을 구한다. 〕

단서1 $z=a+2bi$이면 $\bar{z}=\overline{a+2bi}=a-2bi$야.

두 실수 a, b에 대하여 복소수 $z=a+2bi$가 $z^2+(\bar{z})^2=0$을 만족시킬 때, $6a+12b^2+11$의 최솟값은?

(단, $i=\sqrt{-1}$이고, $\bar{z}$는 z의 켤레복소수이다.)

단서2 두 실수 a, b에 대한 이차식이므로 먼저 한 문자에 관한 식으로 나타낸 후 최솟값을 구하자.

① 6　　② 7　　③ 8
④ 9　　⑤ 10

1st $z=a+2bi$이면 $\bar{z}=\overline{a+2bi}=a-2bi$이므로 $z^2+(\bar{z})^2=0$에 대입하자.

$z^2=(a+2bi)^2=(a^2-4b^2)+4abi$,
$(\bar{z})^2=(a-2bi)^2=(a^2-4b^2)-4abi$
이므로
$z^2+(\bar{z})^2=2(a^2-4b^2)=0$ → 두 복소수 z^2, $(\bar{z})^2$의 덧셈은 실수부분은 실수부분끼리, 허수부분은 허수부분끼리 계산하면 돼.

∴ $a^2=4b^2$

2nd $4b^2=a^2$을 $6a+12b^2+11$에 대입하여 주어진 식의 최솟값을 구하자.

$6a+12b^2+11$에 $4b^2=a^2$을 대입하면
두 실수 a, b에 대한 이차식 $6a+12b^2+11$에 $4b^2=a^2$을 대입하면 a에 대한 이차식이 되므로 완전제곱식을 포함한 꼴로 변형하면 최솟값을 구할 수 있어.

$6a+12b^2+11=3a^2+6a+11=3(a+1)^2+8$

따라서 $a=-1$일 때, $6a+12b^2+11$의 최솟값은 8이다.

→ a가 실수이므로 $(a+1)^2\geq 0$이야. 즉, $3(a+1)^2\geq 0$이므로 $3(a+1)^2+8\geq 8$임을 알 수 있지.

다른 풀이: 주어진 식을 b에 대한 이차식으로 나타내어 최솟값 구하기

$a^2=4b^2$에서 $a=\pm 2b$이므로
(i) $a=-2b$를 주어진 식에 대입하면
$$12b^2-12b+11=12(b^2-b)+11$$
$$=12\left(b-\frac{1}{2}\right)^2+8\geq 8$$
(ii) $a=2b$를 주어진 식에 대입하면
$$12b^2+12b+11=12(b^2+b)+11$$
$$=12\left(b+\frac{1}{2}\right)^2+8\geq 8$$
(i), (ii)에 의하여 최솟값은 8이야.

F 129 정답 ② ····················· 이차함수의 최대 · 최소의 활용

정답 공식: 높이 y가 x의 이차함수로 주어졌으므로 이차함수의 최댓값을 구한다.

> 지면에서 초속 60 m로 수직으로 쏘아 올린 물체의 x초 후의 높이를 y m라 할 때, 물체가 공중에 떠 있는 동안에는 $y=60x-5x^2$인 관계가 있다고 한다. 이 물체가 최고 높이에 도달하는 때는 몇 초 후인가? **단서** 이차함수의 x^2의 계수가 음수이므로 최댓값이 존재해.
>
> ① 5초 ② 6초 ③ 7초
> ④ 8초 ⑤ 9초

1st 주어진 이차함수의 꼭짓점을 구해야겠지?
$$y=60x-5x^2$$
$$=-5(x^2-12x+36)+180$$
$$=-5(x-6)^2+180\ (x\geq 0)$$
따라서 최고 높이에 도달하는 때는 6초 후이다.
이차함수의 최댓값은 꼭짓점의 y좌표인 180이야.

F 130 정답 ④ ····················· 이차함수의 최대 · 최소의 활용

정답 공식: 두 정사각형의 한 변의 길이를 각각 a, b라 하자. b를 a에 대한 식으로 정리하여 a^2+b^2에 대입하여 이차함수의 최솟값을 구한다.

> **단서** 두 정사각형의 한 변의 길이를 각각 문자로 정하여 식을 세우자.
> 길이가 32 cm인 철사를 둘로 나누어 각각으로 정사각형을 만들었을 때, 두 정사각형의 넓이의 합의 최솟값은?
>
> ① 4 cm² ② 8 cm² ③ 16 cm²
> ④ 32 cm² ⑤ 64 cm²

1st 두 정사각형의 한 변의 길이를 각각 a, b라 하고 a, b 사이의 관계식을 찾아.
두 정사각형의 한 변의 길이를 각각 a cm, b cm라 하면
$4a+4b=32$ → 정사각형은 네 변의 길이가 같으니까 4를 곱한 거야.
$\therefore b=8-a\ (a>0,\ b>0)\ \cdots\ ㉠$
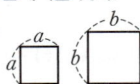

2nd 두 정사각형의 넓이의 합의 최솟값을 구해.
두 정사각형의 넓이의 합은
$$a^2+b^2=a^2+(8-a)^2$$
$$=2a^2-16a+64$$
$$=2(a-4)^2+32\ (0<a<8)\ (\because ㉠)$$
함정 $a>0$이고 $b=8-a>0$이므로 $0<a<8$이 되는 거야.
결국 두 정사각형이 같아야 넓이의 합이 최소가 되는 거야.
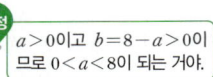
따라서 두 정사각형의 넓이의 합의 최솟값은 32 cm²이다.

F 131 정답 ③ ····················· 이차함수의 최대, 최소의 활용

정답 공식: 범위가 주어진 이차함수의 최댓값과 최솟값은 범위의 경계에서의 함숫값과 그래프의 꼭짓점의 y좌표 중 가장 큰 값이 최댓값이고 가장 작은 값이 최솟값이다.

> 그림과 같이 윗면이 개방된 원통형 용기에 높이가 h인 지점까지 물이 채워져 있다. 용기에 충분히 작은 구멍을 뚫어 물을 흘려보내는 동시에 물을 공급하여 물의 높이를 h로 유지한다. 구멍의 높이를 a, 구멍으로부터 물이 바닥에 떨어지는 지점까지의 수평거리를 b라 하면 다음과 같은 관계식이 성립한다.
> $$b=\sqrt{4a(h-a)}\ (단,\ 0<a<h)$$
> **단서 1** 양변을 제곱하면 b^2은 a에 대한 이차식이야.
> $h=10$일 때, b^2의 최댓값은?
> **단서 2** b^2이 a에 대한 이차식이므로 완전제곱 꼴로 변형하여 최댓값을 구해.
>
>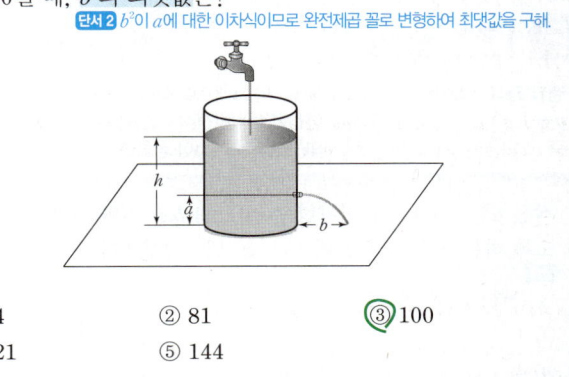
>
> ① 64 ② 81 ③ 100
> ④ 121 ⑤ 144

1st b^2을 a에 대한 완전제곱식의 꼴로 나타내.
$h=10$이므로 $b=\sqrt{4a(10-a)}$에서
$$b^2=4a(10-a)=-4(a^2-10a)=-4(a-5)^2+100\ (0<a<10)$$
$\underline{-4(a^2-10a)=-4(a^2-10a+25-25)}$
$\qquad\qquad =-4(a^2-10a+25)+100=-4(a-5)^2+100$

2nd b^2의 최댓값을 구해.
따라서 b^2은 $a=5$일 때, 최댓값 100을 갖는다.

F 132 정답 ⑤ ····················· 이차함수의 최대 · 최소의 활용

정답 공식: 직사각형의 가로, 세로의 길이를 각각 x, y로 놓고 길이의 총합이 20임을 이용해 넓이의 최댓값을 구한다.

> 길이가 20 m인 철끈을 이용하여 오른쪽 그림과 같이 한 면이 벽면인 밭에 직사각형 모양의 경계를 표시하려고 한다. 밭의 넓이의 최댓값은?
>
> ① 30 m² ② 35 m²
> ③ 40 m² ④ 45 m²
> ⑤ 50 m²
>
> **단서** 밭의 가로의 길이와 세로의 길이를 문자로 나타내어 식을 세우자.
>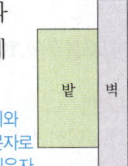

1st 밭의 가로의 길이를 x, 세로의 길이를 y라 놓고 x와 y 사이의 관계식을 구하자.
가로의 길이를 x m$(0<x<10)$, 세로의 길이를 y m라 하면 길이가 20 m인 철끈이므로 가로의 길이를 최대로 해도 10을 넘지 않아. 길이니까 0보다 크고.
$2x+y=20$ 그림과 같이 밭이 벽과 만나는 부분은 제외됨을 주의하자.
$\therefore y=20-2x$

밭의 넓이 xy를 x에 관한 식으로 변형하여 최댓값을 구해. 단, $0<x<10$
임에 주의해.

이때, 밭의 넓이는
$$xy=x(20-2x)$$
$$=20x-2x^2$$
$$=-2(x^2-10x)$$
$$=-2(x^2-10x+25-25)$$
$$=-2(x-5)^2+50 \ (0<x<10)$$
따라서 밭의 넓이의 최댓값은 50 m²이다.

> **주의**
> 꼭짓점의 좌표가 주어진 범위에 속하는지 확인하도록 하자.

F 133 정답 ③ ································· 이차함수의 최대·최소의 활용

> **정답 공식**: 이차함수 $y=ax^2+bx+c$의 그래프와 직선
> $y=mx+n$이 접하면, 두 식을 연립한 이차방정식 $ax^2+bx+c=mx+n$,
> 즉 $ax^2+(b-m)x+c-n=0$의 판별식 $D=0$이 성립한다.

> 직선 $y=-x+a$가 이차함수 $y=x^2+bx+3$의 그래프에 접하
> 도록 하는 a의 최댓값은? (단, a, b는 실수이다.)
>
> **단서** 직선과 이차함수의 그래프의 교점의 개수는 두 식을 연립하여 만들어진 이차방정식의 근의 개수와 밀접한 관계가 있어.
>
> ① 1   ② 2   ③ 3
> ④ 4   ⑤ 5

1st 직선과 이차함수의 그래프가 접하려면 두 식을 연립하여 나온 이차방정식이 중근을 가져야 해.

직선 $y=-x+a$가 이차함수 $y=x^2+bx+3$의 그래프에 접하므로
이차방정식 $x^2+bx+3=-x+a$, 즉 $x^2+(b+1)x+3-a=0$이 중근을 갖는다.

2nd 이차방정식이 중근을 가지므로 판별식이 0이어야 해.

이차방정식 $x^2+(b+1)x+3-a=0$의 판별식을 D라 하면
$$D=(b+1)^2-4(3-a)=0$$
$$(b+1)^2-12+4a=0$$
$$4a=-(b+1)^2+12$$
$$\therefore a=-\frac{1}{4}(b+1)^2+3$$

$a=y$로, $b=x$로 생각하면 이 식은 이차함수 $y=-\frac{1}{4}(x+1)^2+3$이야.

따라서 $b=-1$일 때 실수 a는 최댓값 3을 갖는다.

> 🌸 **이차함수의 최대·최소의 활용**   개념·공식
>
> 이차함수의 최대·최소의 활용 문제는 다음과 같은 순서로 구한다.
> (ⅰ) 주어진 상황이나 조건에서 미지수 x를 정하고, x에 대한 함수식을 세운다.
> (ⅱ) 주어진 조건을 만족시키는 x의 값의 범위를 정한다.
> (ⅲ) 제한된 범위에서 (ⅱ)의 식의 최댓값 또는 최솟값을 구한다.

F 134 정답 ③ ····················· 이차함수의 최대·최소의 활용

> **정답 공식**: 이차함수 $f(x)=a(x-p)^2+q(a>0)$은 $x=p$에서 최솟값 q를 가진다.

> 그림과 같이 한 변의 길이가 2인 정삼각형 ABC에 대하여
> 변 BC의 중점을 P라 하고, 선분 AP 위의 점 Q에 대하여
> 선분 PQ의 길이를 x라 하자. $\overline{AQ}^2+\overline{BQ}^2+\overline{CQ}^2$은 $x=a$에서
> 최솟값 m을 가진다. $\frac{m}{a}$의 값은?
>
> **단서** 세 선분 AQ, BQ, CQ의 길이를 선분 PQ의 길이 x로 나타내.
>
> (단, $0<x<\sqrt{3}$이고, a는 실수이다.)

> ① $3\sqrt{3}$ ② $\frac{7\sqrt{3}}{2}$ ③ $4\sqrt{3}$
> ④ $\frac{9\sqrt{3}}{2}$ ⑤ $5\sqrt{3}$

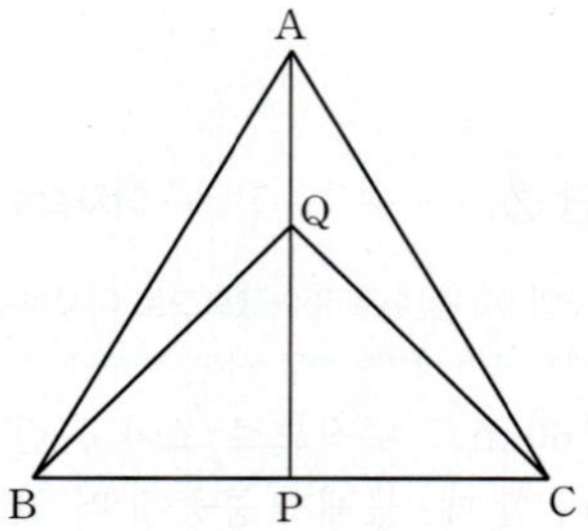

1st 세 선분 AQ, BQ, CQ의 길이의 제곱을 각각 구해.

삼각형 ABC는 한 변의 길이가 2인 정삼각형이고 선분 AP는
정삼각형의 높이이므로 $\overline{AP}=\frac{\sqrt{3}}{2}\times 2=\sqrt{3}$이다.

한 변의 길이가 a인 정삼각형의 높이는 $\frac{\sqrt{3}}{2}a$야.

정삼각형의 꼭짓점에서 밑변에 내린 수선의 발은 밑변을 이등분해. 따라서 점 P가 변 BC의 중점이므로 선분 AP는 삼각형 ABC의 높이가 되는 거야.

이때, $\overline{PQ}=x$이므로 $\overline{AQ}=\overline{AP}-\overline{PQ}=\sqrt{3}-x$에서
$\overline{AQ}^2=(\sqrt{3}-x)^2=x^2-2\sqrt{3}x+3$이다.

또, 삼각형 BPQ는 직각삼각형이므로 피타고라스 정리에 의하여
$\overline{BQ}^2=\overline{BP}^2+\overline{PQ}^2=1^2+x^2=1+x^2$이고 두 삼각형 BPQ, CPQ는
서로 합동이므로 $\overline{CQ}^2=1+x^2$이다.

두 삼각형 BPQ, CPQ에서 점 P는 선분 BC의 중점이므로 BP=CP, PQ는 공통. ∠BPQ=∠CPQ=90°이므로 △BPQ≡△CPQ(SAS 합동)

2nd $\overline{AQ}^2+\overline{BQ}^2+\overline{CQ}^2$의 최솟값을 구해.

$$\overline{AQ}^2+\overline{BQ}^2+\overline{CQ}^2=(x^2-2\sqrt{3}x+3)+(1+x^2)+(1+x^2)$$
$$=3x^2-2\sqrt{3}x+5$$
$$=3\left(x^2-\frac{2\sqrt{3}}{3}x+\frac{1}{3}-\frac{1}{3}\right)+5$$
$$=3\left(x-\frac{\sqrt{3}}{3}\right)^2-3\times\frac{1}{3}+5$$
$$=3\left(x-\frac{\sqrt{3}}{3}\right)^2+4$$

$\overline{AQ}^2+\overline{BQ}^2+\overline{CQ}^2$은 최고차항의 계수가 3인 이차함수이므로 그래프는 아래로 볼록해. 따라서 최솟값은 꼭짓점 $\left(\frac{\sqrt{3}}{3},4\right)$의 y좌표야.

따라서 $\overline{AQ}^2+\overline{BQ}^2+\overline{CQ}^2$은 $x=\frac{\sqrt{3}}{3}$일 때, 최솟값 4를 가지므로
$a=\frac{\sqrt{3}}{3}$, $m=4$이다.

$$\therefore \frac{m}{a}=m\times\frac{1}{a}=4\times\frac{3}{\sqrt{3}}=4\sqrt{3}$$

F 135 정답 ⑤ .... 이차함수의 최대·최소의 활용

정답 공식: 음수 k와 $a<p<b$인 상수 p에 대하여 $a \leq x \leq b$에서 이차함수 $f(x)=k(x-p)^2+q$의 최댓값은 $f(p)=q$이다.

그림과 같이 두 직선
$$l_1 : 2x-y+1=0, \quad l_2 : x+y-4=0$$
과 x축으로 둘러싸인 부분에 직사각형이 있다. 이 직사각형의 한 변은 x축 위에 있고 두 꼭짓점은 각각 직선 l_1, l_2 위에 있을 때, 직사각형의 넓이의 최댓값은?

단서 1 두 직선 l_1, l_2 위에 있는 직사각형의 두 꼭짓점의 y좌표는 같아.

단서 2 직선 l_1 위에 있는 직사각형의 꼭짓점의 x좌표 또는 직선 l_2 위에 있는 직사각형의 꼭짓점의 x좌표를 이용하여 직사각형의 가로의 길이, 세로의 길이를 각각 구해서 넓이를 구해.

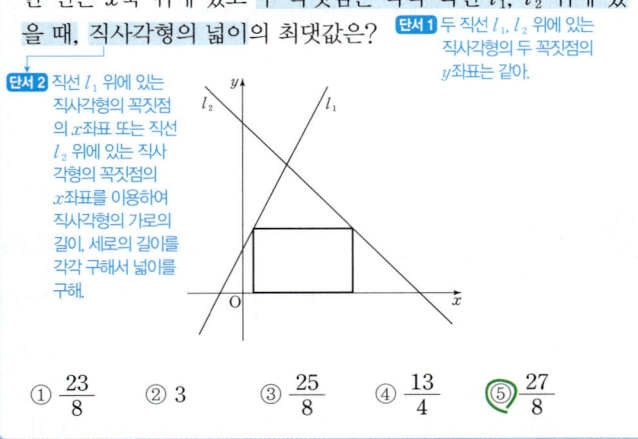

① $\dfrac{23}{8}$ ② 3   ③ $\dfrac{25}{8}$ ④ $\dfrac{13}{4}$ ⑤ $\dfrac{27}{8}$

1st 직사각형의 넓이를 구해.

그림과 같이 직선 l_1 위의 직사각형의 꼭짓점을 P, 직선 l_2 위의 직사각형의 꼭짓점을 Q라 하고 두 점 P, Q의 x좌표를 각각
$$a, b \left(-\frac{1}{2}<a<1, \ 1<b<4\right)$$

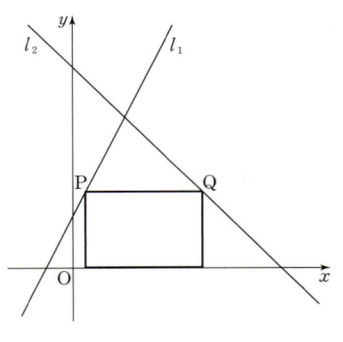

두 직선 l_1, l_2의 x절편은 각각 $-\frac{1}{2}$, 4이고 두 직선의 교점의 x좌표는 1이야. 따라서 두 점 P, Q의 x좌표인 a, b의 값의 범위는 $-\frac{1}{2}<a<1$, $1<b<4$이어야 해.

라 하면
$$P(a, 2a+1), \quad Q(b, -b+4)$$이다.

점 P는 직선 $2x-y+1=0$, 즉 $y=2x+1$ 위의 점이므로 점 P의 y좌표는 $2a+1$이고, 점 Q는 직선 $x+y-4=0$, 즉 $y=-x+4$ 위의 점이므로 점 Q의 y좌표는 $-b+4$야.

이때, 선분 PQ는 x축과 평행하므로 두 점 P, Q의 y좌표는 같다. 즉, $2a+1=-b+4$에서 $b=-2a+3$이므로

→ 직사각형의 마주보는 두 변은 서로 평행해.

$$\overline{PQ}=b-a=(-2a+3)-a=-3a+3$$
따라서 직사각형의 넓이는
$$\overline{PQ} \times (\text{점 P의 } y\text{좌표})=(-3a+3)(2a+1)=-6a^2+3a+3$$

2nd 직사각형의 넓이의 최댓값을 구해.

직사각형의 넓이를 $S(a)$라 하면
$$S(a)=-6a^2+3a+3=-6\left(a-\frac{1}{4}\right)^2+\frac{27}{8} \left(-\frac{1}{2}<a<1\right)$$이므로

$-6a^2+3a+3=-6\left(a^2-\frac{1}{2}a+\frac{1}{16}-\frac{1}{16}\right)+3$
$\qquad =-6\left(a-\frac{1}{4}\right)^2+\frac{3}{8}+3=-6\left(a-\frac{1}{4}\right)^2+\frac{27}{8}$

함수 $S(a)$는 $a=\frac{1}{4}$일 때 최댓값 $\frac{27}{8}$을 가진다.

$-\frac{1}{2}<a<1$에서 함수 $y=S(a)$의 그래프는 그림과 같아.

따라서 $S(a)$는 $a=\frac{1}{4}$에서 최댓값을 가져.

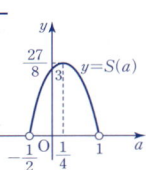

따라서 직사각형의 넓이의 최댓값은 $\dfrac{27}{8}$이다.

F 136 정답 ② .... 이차함수의 최대, 최소의 활용

정답 공식: 이차함수 $y=ax^2+bx+c$의 그래프와 x축의 교점의 x좌표는 이차방정식 $ax^2+bx+c=0$의 실근과 같다.

그림과 같이 이차함수 $y=x^2-(a+4)x+3a+3$의 그래프가 x축과 만나는 서로 다른 두 점을 각각 A, B라 하고, y축과 만나는 점을 C라 하자.

단서 1 함수 $y=f(x)$의 그래프와 x축의 교점의 x좌표는 방정식 $f(x)=0$의 실근이야.

단서 2 점 C는 이차함수의 그래프와 y축의 교점이지?

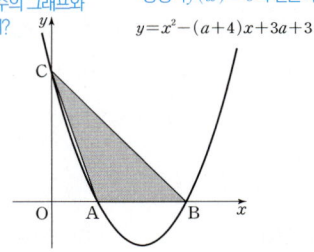

삼각형 ABC의 넓이의 최댓값은? (단, $0<a<2$)

단서 3 삼각형 ABC에서 밑변을 AB라 하면 높이는 OC의 길이야.

① $\dfrac{13}{4}$ ② $\dfrac{27}{8}$ ③ $\dfrac{7}{2}$

④ $\dfrac{29}{8}$ ⑤ $\dfrac{15}{4}$

1st 세 점 A, B, C의 좌표를 각각 구해.

이차함수 $y=x^2-(a+4)x+3a+3$의 그래프가 x축과 만나는 점의 x좌표는 $x^2-(a+4)x+3a+3=0$에서
$$x^2-(a+4)x+3(a+1)=0, \quad (x-a-1)(x-3)=0$$
$\therefore x=a+1$ 또는 $x=3$

그런데 $0<a<2$이므로 두 점 A, B의 좌표는 각각 $(a+1, 0)$, $(3, 0)$이다.

그림에서 점 A가 점 B보다 왼쪽에 있으므로 점 A의 x좌표가 점 B의 x좌표보다 작아. 즉, $0<a<2$에서 $1<a+1<3$이므로 점 A의 x좌표는 $a+1$이야.

한편, 이차함수의 식에 $x=0$을 대입하면 $y=3a+3$이므로 점 C의 좌표는 $(0, 3a+3)$이다.

그래프와 y축이 만나는 점의 x좌표는 항상 0이야. 따라서 그래프의 식에 $x=0$을 대입하여 y좌표를 구할 수 있어.

2nd 삼각형 ABC의 넓이를 a에 대하여 나타내.

$\overline{AB}=3-(a+1)=-a+2$, $\overline{OC}=3a+3$이므로
$$\triangle ABC=\frac{1}{2} \times \overline{AB} \times \overline{OC}=\frac{1}{2}(-a+2)(3a+3)$$
$$=-\frac{3}{2}(a-2)(a+1)$$

3rd 삼각형 ABC의 넓이의 최댓값을 구해.

삼각형 ABC의 넓이를 $f(a)$라 하면
$$f(a)=-\frac{3}{2}(a-2)(a+1)$$
$$=-\frac{3}{2}(a^2-a-2)$$
$$=-\frac{3}{2}\left(a^2-a+\frac{1}{4}-\frac{1}{4}\right)+3$$
$$=-\frac{3}{2}\left(a-\frac{1}{2}\right)^2+3+\frac{3}{8}$$
$$=-\frac{3}{2}\left(a-\frac{1}{2}\right)^2+\frac{27}{8} \ (0<a<2)$$

이차함수 $y=f(a)$의 그래프의 꼭짓점의 a좌표가 $0<a<2$에 포함되므로 $f(a)$는 꼭짓점의 a좌표에서 최댓값을 가져.

따라서 $0<a<2$에서 삼각형 ABC의 넓이는 $a=\dfrac{1}{2}$일 때, 최댓값 $\dfrac{27}{8}$을 가진다.

F

다른 풀이: 이차방정식의 근과 계수의 관계를 이용하여 선분 AB의 길이 구하기

이차함수 $y=x^2-(a+4)x+3a+3$의 그래프가 x축과 만나는 서로 다른 두 점 A, B의 x좌표를 각각 α, $\beta(\alpha<\beta)$라 하면
α, β는 이차방정식 $x^2-(a+4)x+3a+3=0$의 두 실근이므로
근과 계수의 관계에 의해 $\alpha+\beta=a+4$, $\alpha\beta=3a+3$ ⋯ ㉠
이때, 삼각형 ABC의 넓이를 구하기 위해 삼각형 ABC의 밑변을 $\overline{AB}$라 하면
$$\overline{AB}=\beta-\alpha=\sqrt{(\alpha+\beta)^2-4\alpha\beta}=\sqrt{(a+4)^2-4(3a+3)}\ (\because ㉠)$$
$$=\sqrt{a^2+8a+16-12a-12}=\sqrt{a^2-4a+4}$$
$$=\sqrt{(a-2)^2}=-(a-2)\ (\because 0<a<2)$$
(이하 동일)

F 137 정답 20 ························· 이차함수의 최대·최소의 활용

정답 공식: 직사각형에서 제1사분면에 있는 꼭짓점을 $P(a, b)$라 하면, $b=9-a^2$이므로, 직사각형의 둘레의 길이를 a에 대한 식으로 나타낸다.

> **단서** 이차함수와 직사각형이 만나는 교점의 좌표를 이용하여 식을 유도해야 해.
> 오른쪽 그림과 같이 이차함수 $y=9-x^2$의 그래프와 x축으로 둘러싸인 부분에 직사각형을 내접시킬 때, 이 직사각형의 둘레의 길이의 최댓값을 구하시오.

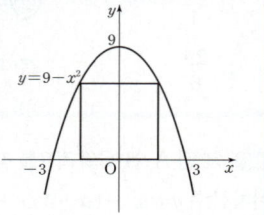

1st 이차함수와 직사각형이 제1사분면에서 만나는 점을 $P(a, 9-a^2)$이라 놓고 둘레의 길이를 나타내봐.

이차함수가 $y=-x^2+9$이므로 직사각형의 꼭짓점 중 제1사분면에 있는 꼭짓점을 P라 할 때, 점 P의 x좌표를 $a\,(0<a<3)$라 하면 점 P의 좌표는 $(a, -a^2+9)$이다.

> 이차함수에 $x=a$를 대입하면 $y=9-a^2$이야.

> **주의** 점 P가 제1사분면 위의 점이니까 그래프 위의 점 P의 x좌표인 a의 값은 $0<a<3$이어야 해.

따라서 직사각형의 가로의 길이는 $2a$, 세로의 길이는 $-a^2+9$이므로 둘레의 길이는 점 P의 x의 좌표가 a이므로 가로의 길이는 이것의 2배이므로 $2a$야.
$$2(2a-a^2+9)=-2a^2+4a+18$$
$$=-2(a^2-2a+1-1)+18$$
$$=-2(a-1)^2+20$$
따라서 $a=1$일 때 직사각형의 둘레의 길이의 최댓값은 20이다.

F 138 정답 ② ························· 이차함수의 최대·최소의 활용

정답 공식: (입장료)×(관람객 수)=(총수입)을 이용하여 식을 세우고, 이차함수가 최댓값을 가질 때의 입장료의 가격을 구한다.

> **단서** 입장료를 500원씩 내리면 관람객 수는 1000명씩 늘어난다고 생각하자.
> 어느 곤충 전시장에서 입장권을 5000원에 팔면 한 달 평균 6000명이 관람한다. 시장조사에 의하면, 입장료를 500원씩 내리면 관람객이 한 달 평균 1000명씩 더 온다고 한다. 전시장 수입을 최대로 하려면 입장권의 가격을 얼마로 하면 되겠는가?
>
> ① 3500원　　② 4000원　　③ 4500원
> ④ 5000원　　⑤ 5500원

1st (5000원에서 $500x$원 내린 입장료)×(6000명에서 $1000x$명 늘어난 관람객 수)=(입장료 총 수입)임을 이용하여 식을 세워보자.

> 입장료를 $500x$원 내린다고 하면 더 오는 관중의 수는 $1000x$명이다.

> **활정** 입장료를 내리는 단위가 500원씩이므로 $500x$원으로 나타낼 수 있어.

이때, 전시장 수입을 y원이라고 하면
$$y=(5000-500x)(6000+1000x) \begin{smallmatrix}(500원씩 내릴 때의 입장료)\\×(1000명씩 더 오는 입장객)=(입장료 총 수입)\end{smallmatrix}$$
$$=-500000x^2+2000000x+30000000$$
$$=-500000(x-2)^2+32000000\ (0\le x<10)$$
이므로 $x=2$일 때 최댓값은 32000000원이다.

> $x=10$이면 $5000-500\times10=0$(원)이니까 입장료가 0원이니까 제외하자.

따라서 전시장 수입을 최대로 하려면 입장권 가격을 $5000-500\times2=4000$(원)으로 해야 한다.

F 139 정답 ④ ························· 이차함수의 최대, 최소의 활용

정답 공식: P에서 $\overline{BC}$까지의 길이를 a로 놓고 $\overline{PB}^2$, $\overline{PC}^2$을 a에 대한 식으로 나타낸다.

> 그림과 같이 $\angle B=90°$, $\overline{AB}=2$, $\overline{BC}=2\sqrt{3}$인 직각삼각형 ABC에서 점 P가 변 AC 위를 움직일 때, $\overline{PB}^2+\overline{PC}^2$의 최솟값은?
>
> **단서** 점 P에서 $\overline{BC}$와 $\overline{AB}$에 각각 수선의 발을 내리면 직각삼각형이 또 생기지? 직각삼각형이면 피타고라스 정리를 떠올리자.

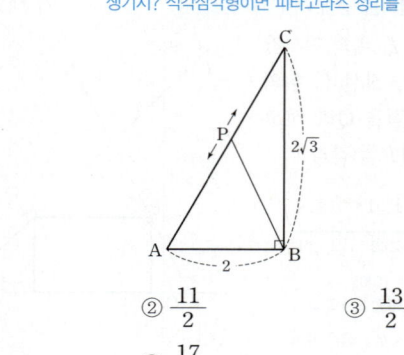

① $\dfrac{9}{2}$　　② $\dfrac{11}{2}$　　③ $\dfrac{13}{2}$
④ $\dfrac{15}{2}$　　⑤ $\dfrac{17}{2}$

1st 삼각형 ABC에서 $\overline{AB}:\overline{BC}=1:\sqrt{3}$인 것을 이용해.

그림과 같이 점 P에서 변 BC에 내린 수선의 발을 D, 변 AB에 내린 수선의 발을 E라 하고 $\overline{PD}=a$라 하자.

> $\angle CDP=\angle CBA=90°$, $\angle C$는 공통이므로 AA 닮음이야.

$\triangle CPD \sim \triangle CAB$(AA 닮음)이므로
$$\overline{CD}=\sqrt{3}a,\ \overline{BD}=\sqrt{3}(2-a)$$
따라서 피타고라스 정리에 의하여

> 두 직각삼각형 PBD와 PDC에 적용한 거야.

$$\overline{PB}^2=a^2+3(2-a)^2$$
$$=4a^2-12a+12$$
$$\overline{PC}^2=a^2+3a^2=4a^2$$

2nd $\overline{PB}^2+\overline{PC}^2$의 최솟값을 구해.

$\therefore \overline{PB}^2+\overline{PC}^2=8a^2-12a+12$
$$=8\left(a-\dfrac{3}{4}\right)^2+\dfrac{15}{2}$$

따라서 $a=\dfrac{3}{4}$일 때, 최솟값 $\dfrac{15}{2}$를 가진다.

다른 풀이: 삼각형 ABC를 좌표평면에 나타내어 $\overline{PB}^2+\overline{PC}^2$의 최솟값 구하기

점 B를 원점으로 $\overline{AB}$, $\overline{BC}$를 각각 x축, y축으로 하는 좌표평면을 생각하면 $A(-2, 0)$, $B(0, 0)$, $C(0, 2\sqrt{3})$

이때, 직선 AC의 방정식은 $y=\dfrac{0-2\sqrt{3}}{-2-0}x+2\sqrt{3}=\sqrt{3}x+2\sqrt{3}$이므로

점 P의 좌표를 $(a, \sqrt{3}a+2\sqrt{3})(-2\leq a\leq 0)$이라 하면

$\overline{PB}^2=(a-0)^2+(\sqrt{3}a+2\sqrt{3}-0)^2$
$=4a^2+12a+12$

두 점 (x_1, y_1), (x_2, y_2)를 지나는 직선의 방정식은

$y-y_1=\dfrac{y_2-y_1}{x_2-x_1}(x-x_1)$
$(x_1\neq x_2)$

$\overline{PC}^2=(a-0)^2+(\sqrt{3}a+2\sqrt{3}-2\sqrt{3})^2$
$=4a^2$

$\therefore \overline{PB}^2+\overline{PC}^2=4a^2+12a+12+4a^2$
$=8a^2+12a+12$
$=8\left(a+\dfrac{3}{4}\right)^2+\dfrac{15}{2}$

따라서 $\overline{PB}^2+\overline{PC}^2$은 $a=-\dfrac{3}{4}$일 때, 최솟값 $\dfrac{15}{2}$를 가져.

F 140 정답 ① ························· 이차함수의 최대, 최소의 활용

정답 공식: 직사각형 ABCD의 둘레를 a에 대한 식으로 나타낸다.

두 이차함수 $f(x)=x^2-7$과 $g(x)=-2x^2+5$가 있다. 그림과 같이 네 점 $A(a, f(a))$, $B(a, g(a))$, $C(-a, g(-a))$, $D(-a, f(-a))$를 꼭짓점으로 하는 직사각형 ABCD의 둘레의 길이가 최대가 되도록 하는 a의 값은? (단, $0<a<2$이다.) 단서 직사각형 ABCD에 의해 $\overline{AD}=\overline{BC}$, $\overline{BA}=\overline{CD}$가 됨을 이용하자.

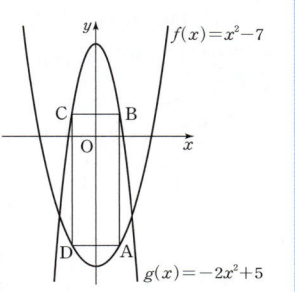

① $\dfrac{1}{3}$ ② $\dfrac{2}{3}$ ③ 1
④ $\dfrac{4}{3}$ ⑤ $\dfrac{5}{3}$

1st 직사각형 ABCD의 각 변의 길이부터 구해.

$f(x)=x^2-7$, $g(x)=-2x^2+5$는 y축에 대하여 대칭인 함수이므로

$\overline{AD}=\overline{BC}=a-(-a)=2a$ 사각형 ABCD가 직사각형이니까 마주보는 변의 길이를 같게 놓은 거야.

$\overline{BA}=\overline{CD}=g(a)-f(a)$
$=(-2a^2+5)-(a^2-7)$
$=-3a^2+12$

2nd 사각형 ABCD의 둘레의 길이는 a에 대한 이차함수이므로 $0<a<2$에서의 최댓값을 구해.

직사각형 ABCD의 둘레의 길이를 $l(a)$라 하면

$l(a)=\overline{AD}+\overline{BC}+\overline{BA}+\overline{CD}$
$=2(\overline{AD}+\overline{BA})$
$=2(2a-3a^2+12)$
$=-6a^2+4a+24$
$=-6\left(a-\dfrac{1}{3}\right)^2+\dfrac{74}{3}\ (0<a<2)$

따라서 $a=\dfrac{1}{3}$일 때, 직사각형 ABCD의 둘레의 길이가 최대이다.

F 141 정답 ⑤ ························· 이차함수의 최대 · 최소

정답 공식: A, B의 좌표를 구하여 $\overline{OB}$, $\overline{AB}$를 a에 대한 식으로 나타내고, a의 범위에 따라 $\overline{OB}+\overline{AB}$의 최댓값을 구한다.

이차함수 $f(x)=x^2-2ax+5a$의 그래프의 꼭짓점을 A라 하고, 점 A에서 x축에 내린 수선의 발을 B라 하자. 단서 이차함수 $y=x^2-2ax+5a$의 꼭짓점을 이용하자.

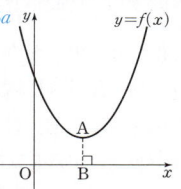

$0<a<5$일 때, $\overline{OB}+\overline{AB}$의 최댓값은? (단, O는 원점이다.)

① 5   ② 6   ③ 7   ④ 8   ⑤ 9

1st 이차함수의 꼭짓점의 좌표를 이용해서 A와 B의 좌표를 구하자.

$y=x^2-2ax+5a=(x-a)^2-a^2+5a$

이므로 꼭짓점의 좌표는 $A(a, -a^2+5a)$이고 점 B의 좌표는 $B(a, 0)$이다. 이것을 좌표평면에 나타내면 다음과 같다.

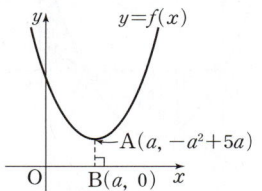

2nd 위의 그래프에서 $\overline{OB}+\overline{AB}$의 값을 a로 나타내자.

위 그래프에서 $0<a<5$이므로 $\overline{OB}=a$, $\overline{AB}=-a^2+5a$이다.

따라서 $\overline{OB}+\overline{AB}=g(a)$라 하면

$g(a)=-a^2+6a$
$=-(a^2-6a+9)+9$
$=-(a-3)^2+9$

즉, $0<a<5$에서 $-a^2+5a>0$이야.

이므로 $0<a<5$에서 $\overline{OB}+\overline{AB}$의 최댓값은 9이다.

$a=3$이 $0<a<5$의 범위에 속하지?

주의 문제에서 주어진 a의 값의 범위를 꼭 확인하도록 하자.

제한된 범위가 있는 이차함수의 최대 · 최소 개념 · 공식

이차함수 $y=ax^2+bx+c=a(x-m)^2+n$에 대하여 $\alpha\leq x\leq\beta\ (\alpha<\beta)$일 때,

① $\alpha\leq m\leq\beta$이면 $f(m)$, $f(\alpha)$, $f(\beta)$ 중 가장 큰 값이 최댓값, 가장 작은 값이 최솟값이다.

② $m<\alpha$ 또는 $m>\beta$이면 $f(\alpha)$, $f(\beta)$ 중 큰 값이 최댓값, 작은 값이 최솟값이다.

정답 공식: 이차함수 $y=a(x-m)^2+n$ 의 최대, 최소
① $a>0$ 이면 $x=m$ 에서 최솟값 n 을 갖고, 최댓값은 없다.
② $a<0$ 이면 $x=m$ 에서 최댓값 n 을 갖고, 최솟값은 없다.

단서1 점 A의 좌표를 구할 수 있어.
이차함수 $f(x)=\dfrac{1}{2}x^2-2x$ 의 그래프가 x 축과 만나는 두 점을 각각 O, A라 하자. $0<m<2$ 인 실수 m 에 대하여 점 O를 지나고 기울기가 m 인 직선 l_1 이 이차함수 $y=f(x)$ 의 그래프와 만나는 점 중 O가 아닌 점을 B, 점 A를 지나고 기울기가 m 인 직선 l_2 가 이차함수 $y=f(x)$ 의 그래프와 만나는 점 중 A가 아닌 점을 C라 하자. 두 점 B, C에서 x 축에 내린 수선의 발을 각각 D, E라 하고, 두 삼각형 AEC, ADB의 넓이를 각각
단서2 두 점 B, C의 좌표를 구해야겠지?
S_1, S_2 라 하자. S_1-S_2 의 최댓값을 $\dfrac{q}{p}$ 라 할 때, $p\times q$ 의 값을 구하시오. (단, O는 원점이고, p 와 q 는 서로소인 자연수이다.)

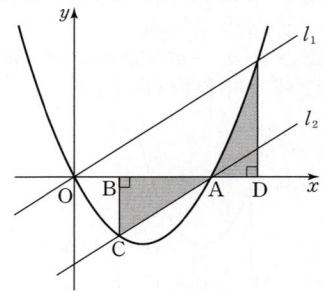

1st　점 A의 좌표를 찾자.
$f(x)=\dfrac{1}{2}x^2-2x=\dfrac{1}{2}x(x-4)$ 에서 곡선 $y=f(x)$ 와 x 축이 만나는 점 A의 좌표는 $(4, 0)$ 이다.

2nd　두 삼각형 AEC, ADB의 변의 길이를 m 에 관한 식으로 나타내자.
직선 l_1 의 방정식은 $y=mx$ 이고 점 B는 $y=f(x)$ 의 그래프와 직선 l_1 의 교점이므로
　　원점을 지나고 기울기가 m 인 직선 l_1 의 방정식은 $y=mx$
$f(x)=mx,\ \dfrac{1}{2}x^2-2x=mx,\ \dfrac{1}{2}x(x-2m-4)=0$
$\therefore x=2m+4$
점 B의 x 좌표는 $2m+4$ 이므로
→ 점 B의 x 좌표를 알면 그 점이 직선 $y=mx$ 위의 점이므로 y 좌표를 알 수 있어.
점 B의 좌표는 $(2m+4, 2m^2+4m)$ 이다.
점 D의 좌표는 $(2m+4, 0)$ 이므로
$\overline{\text{AD}}=(2m+4)-4=2m,\ \overline{\text{BD}}=2m^2+4m\ \cdots\ \textcircled{\scriptsize{ㄱ}}$
직선 l_2 의 방정식은 $y=m(x-4)$ 이고 점 C는 $y=f(x)$ 의 그래프와 직선 l_2 의 교점이므로
　　점 A $(4, 0)$ 을 지나고 기울기가 m 인 직선 l_2 의 방정식은 $y=m(x-4)$
$f(x)=m(x-2),\ \dfrac{1}{2}x^2-2x=m(x-4)$
$\dfrac{1}{2}(x^2-4x)=\dfrac{1}{2}(2mx-8m)$
$\dfrac{1}{2}\{x^2-(4+2m)x+8m\}=0,\ \dfrac{1}{2}(x-4)(x-2m)=0\quad\therefore x=2m$
점 C의 x 좌표는 $2m$ 이므로 점 C의 좌표는 $(2m, 2m^2-4m)$ 이다.

주의 점 C는 제4사분면 위의 점이므로 $2m^2-4m<0$ 이야. 두 점의 좌표를 이용하여 길이를 구하는 데 있어 부호를 실수하지 않도록 주의해.

점 E의 좌표는 $(2m, 0)$ 이므로 $\overline{\text{AE}}=4-2m,\ \overline{\text{CE}}=4m-2m^2\ \cdots\ \textcircled{\scriptsize{ㄴ}}$
　　$\overline{\text{CE}}$ 의 길이는 $|\text{E의 }y\text{좌표}|$ 와 같아.
　　이때, E의 y 좌표가 음수이니 $|2m^2-4m|=-(2m^2-4m)$ 이야.

3rd　S_1, S_2 를 m 에 관한 식으로 나타내 답을 구하자.
ㄱ, ㄴ에 의하여 두 삼각형 AEC, ADB의 넓이 S_1, S_2 는 각각
$S_1=\dfrac{1}{2}\times\overline{\text{AE}}\times\overline{\text{CE}}=\dfrac{1}{2}(4-2m)(4m-2m^2)$
$\qquad=\dfrac{1}{2}(16m-8m^2-8m^2+4m^3)=2m^3-8m^2+8m$
$S_2=\dfrac{1}{2}\times\overline{\text{AD}}\times\overline{\text{BD}}=\dfrac{1}{2}\times 2m\times(2m^2+4m)=2m^3+4m^2$
$S_1-S_2=(2m^3-8m^2+8m)-(2m^3+4m^2)$
$\qquad\quad=-12m^2+8m=-12\left(m-\dfrac{1}{3}\right)^2+\dfrac{4}{3}$
　　　　　　　　　　$m=\dfrac{1}{3}$ 에서 최댓값 $\dfrac{4}{3}$ 를 가져.
따라서 S_1-S_2 의 최댓값은 $\dfrac{4}{3}=\dfrac{q}{p}$ 이므로 $p=3,\ q=4$
$\therefore p\times q=3\times 4=12$

정답 공식: 범위가 주어진 이차함수의 최댓값과 최솟값은 경계값과 그래프의 꼭짓점의 y 좌표 중 가장 큰 값이 최댓값이고 가장 작은 값이 최솟값이다.

그림과 같이 직선 $x=t\,(0<t<3)$ 이 두 이차함수
$y=2x^2+1,\ y=-(x-3)^2+1$ 의 그래프와 만나는 점을
각각 P, Q라 하자. 두 점 A$(0, 1)$, B$(3, 1)$ 에 대하여 사각형
PAQB의 넓이의 최솟값은?
단서2 두 삼각형 AQP, BPQ의 넓이의 합과 같아.
→단서1 두 함수식에 $x=t$ 를 각각 대입하면 두 점 P, Q의 y 좌표를 구해 선분 PQ의 길이의 방정식을 구할 수 있어.

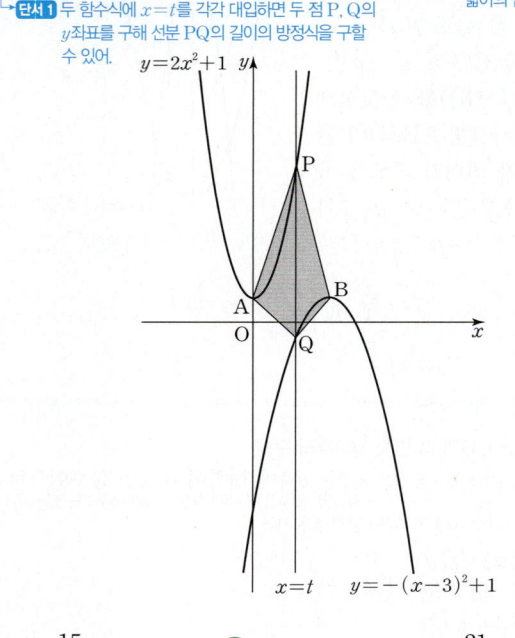

① $\dfrac{15}{2}$　　　　② 9　　　　③ $\dfrac{21}{2}$
④ 12　　　　⑤ $\dfrac{27}{2}$

1st　사각형 PAQB의 넓이를 t 에 대하여 나타내자.
두 점 P, Q의 x 좌표가 모두 t 이므로
두 이차함수식 $y=2x^2+1,\ y=-(x-3)^2+1$ 에 각각 $x=t$ 를 대입하여 두 점 P, Q의 좌표를 구하면　　$=-x^2+6x-8$
P$(t, 2t^2+1)$, Q$(t, -t^2+6t-8)$ 이다.
$\therefore \overline{\text{PQ}}=(2t^2+1)-(-t^2+6t-8)=3t^2-6t+9$
이때, 사각형 PAQB의 넓이는
두 삼각형 AQP, BPQ의 넓이의 합과 같다.
→ 정확히는 절댓값 기호를 씌워야 하지만 그림에서 (점 P의 y 좌표)>(점 Q의 y 좌표) 임을 알 수 있으니 바로 계산했어.
점 H를 H$(t, 1)$ 이라 하면

$\triangle AQP + BPQ$

$= \dfrac{1}{2} \times \overline{PQ} \times \overline{AH} + \dfrac{1}{2} \times \overline{PQ} \times \overline{BH}$

<small>세 점 A, B, H는 한 직선 $y=1$ 위에 있으니까
$\overline{AH} + \overline{BH} = \overline{AB} = 3$</small>

$= \dfrac{1}{2} \times \overline{PQ} \times \overline{AB}$

$= \dfrac{1}{2} \times (3t^2 - 6t + 9) \times 3 = \dfrac{9}{2} t^2 - 9t + \dfrac{27}{2}$

$= \dfrac{9}{2}(t^2 - 2t + 1 - 1) + \dfrac{27}{2} = \dfrac{9}{2}(t-1)^2 + 9$

2nd 주어진 범위에서 사각형 PAQB의 넓이의 최솟값을 구하자.

따라서 $0 < t < 3$에서 사각형 PAQB의 넓이 $\dfrac{9}{2}(t-1)^2 + 9$의 최솟값은 $t=1$일 때 9이다.

<small>아래로 볼록한 이차함수 $y = \dfrac{9}{2}(t-1)^2 + 9$의 그래프의
꼭짓점이 $0 < t < 3$의 범위에 포함되므로 꼭짓점에서
최솟값을 가져.</small>

F 144 정답 ④ ·········· 이차함수의 최대, 최소의 활용

〔 **정답 공식**: 제한된 범위에서 이차함수의 최대, 최소를 구하려면 가장 먼저 제한된 범위 안에 이차함수의 축이 포함되어 있는지 확인해야 한다. 〕

$1 \le k \le 3$인 실수 k에 대하여 직선 $y = k(x+4)$ 위에 x좌표가 $-k$인 점 P가 있다. 두 점 Q$(-2, 0)$, R$(0, 1)$에 대하여 사각형 PQOR의 넓이의 최댓값은? (단, O는 원점이다.)

<small>**단서1** 문제 안에서 범위가 주어진 경우에는 이를 이용해야 하는 순간이 있음을 명심해.</small>

<small>**단서2** 특수한 형태의 사각형이 아니기에 두 삼각형 OPQ, ORP로 나누어 넓이를 생각해 봐.</small>

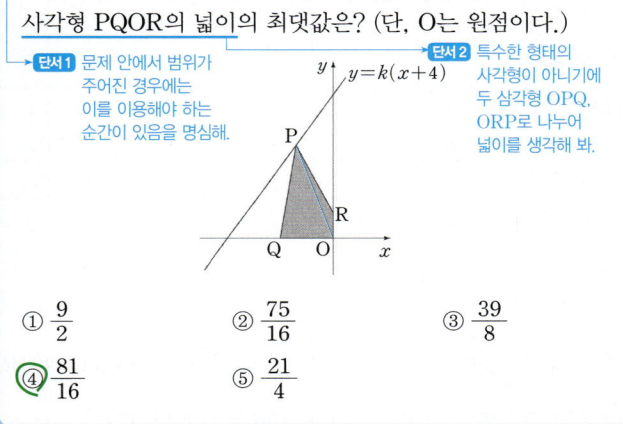

① $\dfrac{9}{2}$ 　② $\dfrac{75}{16}$ 　③ $\dfrac{39}{8}$

④ $\dfrac{81}{16}$ 　⑤ $\dfrac{21}{4}$

1st 점 P의 좌표를 k에 관한 식으로 나타내자.

직선 $y = k(x+4)$ 위의 x좌표가 $-k$인 점 P의 좌표는 $(-k, -k^2 + 4k)$이다.

$1 \le k \le 3$에서 $-k < 0$, $-k^2 + 4k = -(k-2)^2 + 4 > 0$이므로 점 P는 제 2사분면 위의 점이다.

2nd 사각형의 넓이를 k에 관한 식으로 나타내자.

사각형 PQOR의 넓이를 $f(k)$라 하면 이는 두 삼각형 OPQ, ORP의 넓이의 합과 같으므로 <small>두 삼각형에서 밑변을 선분 OQ, 선분 OR로 설정하면 두 삼각형의 높이는 모두 점 P의 좌표를 이용해서 파악할 수 있어.</small>

$f(k) = \triangle OPQ + \triangle ORP$

$= \dfrac{1}{2} \times \overline{OQ} \times |(\text{점 P의 } y\text{좌표})| + \dfrac{1}{2} \times \overline{OR} \times |(\text{점 P의 } x\text{좌표})|$

$= \dfrac{1}{2} \times 2 \times |-k^2 + 4k| + \dfrac{1}{2} \times 1 \times |-k|$

$= (-k^2 + 4k) + \dfrac{k}{2}$

$= -k^2 + \dfrac{9}{2}k = -\left(k - \dfrac{9}{4}\right)^2 + \dfrac{81}{16}$

3rd 주어진 범위에서 넓이의 최댓값을 구하자.

이때, $1 \le \dfrac{9}{4} \le 3$이므로 <small>이 범위임을 확인해야 이차함수의 그래프의 꼭짓점이 정의역의 범위에 포함되는지 알 수 있으므로 최댓값을 가지는 k의 값을 정할 수 있어.</small>

이차함수 $y = f(k)$ $(1 \le k \le 3)$는 $k = \dfrac{9}{4}$에서 최댓값을 갖는다.

따라서 사각형 PQOR의 넓이는 $k = \dfrac{9}{4}$일 때 최댓값 $\dfrac{81}{16}$을 갖는다.

📋 **서술형 스토리**

F 145 정답 −1 ·········· 이차함수의 그래프와 직선의 위치 관계

〔 **정답 공식**: 두 식을 연립하여 판별식 $D \ge 0$인 k의 범위를 구한다. 〕

<small>**단서** 이차함수와 직선의 식을 연립한 이차방정식이 실근을 갖는다는 뜻이야.</small>

이차함수 $y = x^2 - 6x + 3$의 그래프와 직선 $y = -2x + k$가 만나도록 하는 정수 k의 최솟값을 구하는 과정을 서술하시오.

1st 이차함수와 직선을 연립하자.

이차함수 $y = x^2 - 6x + 3$의 그래프와 직선 $y = -2x + k$가 만나므로 이차방정식 $x^2 - 6x + 3 = -2x + k$, 즉 $x^2 - 4x + 3 - k = 0$ ··· ㉠ <small>이차함수의 그래프와 직선이 두 점에서 만나거나 접하는 경우야.</small>

2nd 이차방정식의 판별식으로 실수 해가 존재할 조건을 찾자.

㉠의 판별식을 D라고 하면 $\dfrac{D}{4} = (-2)^2 - (3-k) \ge 0$ ··· ❶

$4 - 3 + k \ge 0$ ∴ $k \ge -1$ ··· ❷

3rd 정수 k의 최솟값을 구하자.

따라서 k의 최솟값은 -1이다. ··· ❸

[채점 기준표]

❶ 이차함수의 그래프와 직선이 만나도록 하는 조건을 찾는다.	50%
❷ k의 값의 범위를 구한다.	30%
❸ k의 최솟값을 구한다.	20%

F 146 정답 9 ·········· 이차함수의 그래프와 직선의 위치 관계

〔 **정답 공식**: 두 식을 연립하여 판별식 $D < 0$이 되도록 하는 자연수 a, b의 조건을 구한다. 〕

<small>**단서1** 이차함수와 직선을 연립하여 나온 이차방정식이 실근을 갖지 않아야 해.</small>

이차함수 $y = 2x^2 - 4ax + 9$의 그래프와 직선 $y = bx - ab$가 만나지 **않도록** 하는 자연수 a, b의 순서쌍 (a, b)의 개수를 구하는 과정을 서술하시오. <small>**단서2** a, b가 자연수라고 하니까 순서쌍 (a, b)를 구할 수 있어.</small>

1st 이차함수와 직선을 연립하자.

이차함수 $y = 2x^2 - 4ax + 9$의 그래프와 직선 $y = bx - ab$가 만나지 않으므로 이차방정식 $2x^2 - 4ax + 9 = bx - ab$에서 $2x^2 - (4a+b)x + 9 + ab = 0$ ··· ㉠

<small>$y = 2x^2 - 4ax + 9$　$y = 2x^2 - (4a+b)x + 9 + ab$</small>

2nd 이차방정식의 해가 없을 조건을 구하자.

㉠의 판별식을 D라고 하면 $D = (4a+b)^2 - 4 \cdot 2 \cdot (9 + ab) < 0$

∴ $16a^2 + b^2 < 72$ ··· ❶

<small>$y = bx - ab$</small>

<small>만나지 않으니까 이차방정식의 판별식 $D < 0$이어야 해.</small>

3rd 자연수 a와 b의 순서쌍을 구하자.

이때, a, b가 자연수이므로

> 자연수인 조건에 유의하고, 각각의 범위에 따른 순서쌍을 구할 때 기준이 되는 범위를 정해서 경우를 나누어야 실수하지 않아.

(i) $a=1$일 때,

$16+b^2<72$, $b^2<56$

$\therefore b=1, 2, 3, 4, 5, 6, 7$ $b^2=1, 4, 9, 16, 25, 36, 49$

(ii) $a=2$일 때,

$16\cdot2^2+b^2<72$, $b^2<8$

$\therefore b=1, 2$ $b^2=1, 4$

(iii) $a\geq3$일 때

부등식을 만족하는 자연수 b의 값은 존재하지 않는다. $\cdots$ ⓘⓘ

따라서 위의 부등식을 만족시키는 자연수 a, b의 순서쌍 (a, b)는

$(1, 1)$, $(1, 2)$, $(1, 3)$, $(1, 4)$, $(1, 5)$, $(1, 6)$, $(1, 7)$, $(2, 1)$, $(2, 2)$의 9개이다. $\cdots$ ⓘⓘⓘ

[채점 기준표]

ⓘ 이차함수의 그래프와 직선이 만나지 않을 때, a, b 사이의 관계식을 구한다.	40%
ⓘⓘ ⓘ의 식을 만족시키는 a, b의 값을 구한다.	40%
ⓘⓘⓘ 자연수 a, b의 순서쌍 (a, b)의 개수를 구한다.	20%

F 147   정답 384 ························· 이차함수의 최대 · 최소

(**정답 공식:** 근과 계수의 관계를 이용해 $\alpha^2+\beta^2$를 a에 대한 식으로 나타낸다.)

> **단서 1** '이차방정식의 두 실근 α, $\beta \sim$'라는 문장이 나오면 근과 계수의 관계를 떠올리자.
>
> 이차방정식 $x^2-4ax+5a^2-2a-3=0$의 두 실근을 α, β라고 할 때, $\alpha^2+\beta^2$의 최댓값과 최솟값의 곱을 구하는 과정을 서술하시오. (단, $-1\leq a\leq3$) **단서 2** 곱셈 공식의 변형이 생각나야지?

1st 근과 계수의 관계에서 α와 β의 합과 곱을 구하자.

이차방정식 $x^2-4ax+5a^2-2a-3=0$에서 근과 계수의 관계에 의하여

> '이차방정식 $\sim$의 두 실근 $\sim$'이라는 말이 나오면 근과 계수의 관계를 이용하자.

$\alpha+\beta=4a$, $\alpha\beta=5a^2-2a-3$ $\cdots$ ⓘ

2nd $\alpha^2+\beta^2=(\alpha+\beta)^2-2\alpha\beta$임을 이용하여 a에 관한 식을 찾자.

$\therefore \alpha^2+\beta^2=(\alpha+\beta)^2-2\alpha\beta$

$\quad =(4a)^2-2(5a^2-2a-3)$

> **주의** 꼭짓점의 x좌표의 값이 주어진 범위 안에 포함되는지 꼭 확인하도록 하자.

$\quad =6a^2+4a+6=6\left(a^2+\dfrac{2}{3}a+\dfrac{1}{9}\right)-\dfrac{2}{3}+6$

$\quad =6\left(a+\dfrac{1}{3}\right)^2+\dfrac{16}{3}$ $(-1\leq a\leq3)$ $\cdots$ ⓘⓘ

> 축 $a=-\dfrac{1}{3}$이 $-1\leq a\leq3$에 속하므로 최솟값은 $\dfrac{16}{3}$이 돼.

3rd $-1\leq a\leq3$에서 최댓값과 최솟값을 구하자.

따라서 $a=-\dfrac{1}{3}$일 때 최솟값은 $\dfrac{16}{3}$, $a=3$일 때 최댓값은 72이므로 구하는 값은 $\dfrac{16}{3}\times72=384$ $\cdots$ ⓘⓘⓘ

[채점 기준표]

ⓘ 근과 계수의 관계를 이용하여 $\alpha+\beta$, $\alpha\beta$를 a에 대한 식으로 나타낸다.	30%
ⓘⓘ $\alpha^2+\beta^2$을 a에 대한 식으로 나타낸다.	30%
ⓘⓘⓘ 최댓값과 최솟값을 구하여 그 곱을 구한다.	40%

F 148   정답 4 ························· 이차함수의 그래프

(**정답 공식:** 이차함수를 k에 대해 내림차순으로 정리한 후, k에 대한 항등식임을 이용하여 점 P를 구한다.)

> **단서** k에 대하여 항등식이라는 것이므로 ( )$k+$( )$=0$ 꼴로 만들자.
>
> 이차함수 $y=2x^2-kx+k$의 그래프는 실수 k의 값에 관계없이 항상 점 P를 지난다. 점 P가 이 이차함수의 그래프의 꼭짓점일 때, k의 값을 구하는 과정을 서술하시오.

1st k에 대한 항등식의 성질을 이용하여 점 P의 좌표를 구하자.

$y=2x^2-kx+k$를 k에 대하여 정리하면

> k에 대한 항등식이니까 k에 대하여 정리하는 거야.

$(1-x)k+2x^2-y=0$

이 식이 k의 값에 관계없이 항상 성립하므로

$1-x=0$, $2x^2-y=0$

$\therefore x=1$, $y=2$

$\therefore$ P$(1, 2)$ $\cdots$ ⓘ

2nd 최고차항의 계수가 2이고 꼭짓점이 점 P인 이차함수를 구하자.

따라서 점 P$(1, 2)$가 주어진 이차함수의 그래프의 꼭짓점이므로

$y=2x^2-kx+\boxed{k}$

> 상수항이 같아야 해.

$\quad =2(x-1)^2+2$

$\quad =2x^2-4x+\boxed{4}$ $\cdots$ ⓘⓘ

3rd 조건을 만족할 때의 k의 값을 구하자.

$\therefore k=4$ $\cdots$ ⓘⓘⓘ

[채점 기준표]

ⓘ 점 P의 좌표를 구한다.	40%
ⓘⓘ 이차함수의 식을 구한다.	40%
ⓘⓘⓘ k의 값을 구한다.	20%

F 149   정답 2 ···················· 이차함수의 그래프와 이차방정식

(**정답 공식:** 그래프에서 $f(x)$의 식을 구하고 x 대신 $x+k$를 대입한다.)

> **단서** 그림에서 이차함수 $f(x)$와 x축의 교점의 x좌표가 -2, 1임을 이용해.
>
> 이차함수 $y=f(x)$의 그래프가 오른쪽 그림과 같을 때, 이차방정식 $f(x+k)=0$의 두 실근의 곱이 4가 되도록 하는 양수 k의 값을 구하는 과정을 서술하시오.

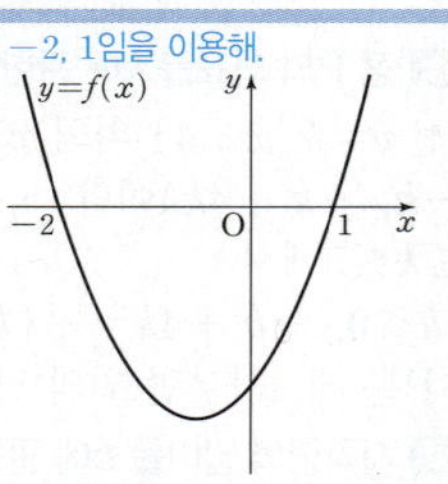

1st 주어진 그래프로부터 이차방정식의 식을 세워보자.

> 이차함수의 x^2의 계수가 양수라는 거야.

이차함수 $y=f(x)$의 그래프가 아래로 볼록이고, 두 점 $(-2, 0)$, $(1, 0)$을 지나므로

$f(x)=a(x+2)(x-1)(a>0)$로 놓을 수 있다. $\cdots$ ⓘ

2nd $f(x+k)=0$의 두 실근을 구하자.

> **주의** $f(x+k)$는 $f(x)$의 식에서 x 대신에 $x+k$를 넣으라는 뜻이야.

$f(x+k)=a(x+k+2)(x+k-1)$

이므로 이차방정식 $f(x+k)=0$의 두 실근은

$x=-k-2$ 또는 $x=-k+1$ $\cdots$ ⓘⓘ

3rd 조건을 만족하는 k의 값을 구하자.

그런데 두 실근의 곱이 4이므로 $(-k-2)(-k+1)=4$
$k^2+k-6=0$, $(k+3)(k-2)=0$
$\therefore k=2\,(\because k>0)\,\cdots\,Ⅲ$

[채점 기준표]

❶ 주어진 그래프를 이용하여 $f(x)$의 식을 구한다.	40%
❷ $f(x+k)=0$의 두 실근을 구한다.	30%
❸ k의 값을 구한다.	30%

F 150 정답 $\dfrac{3}{2}$ ·· 이차함수의 그래프

(정답 공식: 꼭짓점의 좌표를 이용하여 이차함수의 식을 세우고, $\overline{AB}$가 두 근의 차)
임을 이용하여 a, b, c를 구한다.

단서 꼭짓점의 좌표가 주어졌으니까 $y=a(x+3)^2+2$ 꼴로 놓을 수 있어.
이차함수 $y=ax^2+bx+c$의 그래프는 꼭짓점의 좌표가
$(-3, 2)$이고, x축과 두 점 A, B에서 만난다. $\overline{AB}=8$일 때,
상수 a, b, c에 대하여 $a-b+c$의 값을 구하는 과정을 서술
하시오.

1st 꼭짓점의 좌표를 이용하여 이차함수의 식을 세우자.

꼭짓점의 좌표가 $(-3, 2)$이므로 구하는 이차함수의 식을
$y=a(x+3)^2+2$라고 하면
$y=a(x+3)^2+2$
$\quad=ax^2+6ax+9a+2\,\cdots\,❶$

2nd 두 점 A, B의 좌표를 구하자.

이때, 이 이차함수의 그래프의 축의 방정식이 $x=-3$이고 $\overline{AB}=8$이므로
두 점 A, B의 x좌표는 $-7, 1$이다. $\cdots\,❷$

3rd $\overline{AB}=8$임을 이용하여 a, b, c의 값을 구하자.

즉, $-7, 1$은 이차방정식 $ax^2+6ax+9a+2=0$의 두 근이므로 근과 계
수의 관계에 의하여

[이차방정식의 근과 계수의 관계]
이차방정식 $ax^2+bx+c=0$의
두 근을 α, β라 하면
(1) $\alpha+\beta=-\dfrac{b}{a}$ (2) $\alpha\beta=\dfrac{c}{a}$

$(-7)\cdot 1=\dfrac{9a+2}{a}$
$-7a=9a+2$
$\therefore a=-\dfrac{1}{8}$
$\therefore y=-\dfrac{1}{8}(x+3)^2+2=-\dfrac{1}{8}x^2-\dfrac{3}{4}x+\dfrac{7}{8}$

따라서 $a=-\dfrac{1}{8}$, $b=-\dfrac{3}{4}$, $c=\dfrac{7}{8}$이므로 $\cdots\,❸$

$a-b+c=-\dfrac{1}{8}-\left(-\dfrac{3}{4}\right)+\dfrac{7}{8}$
$\qquad\quad=\dfrac{3}{2}\,\cdots\,❹$

[채점 기준표]

❶ 꼭짓점의 좌표를 이용하여 이차함수의 식을 세운다.	30%
❷ 두 점 A, B의 x좌표를 구한다.	40%
❸ a, b, c의 값을 구한다.	20%
❹ $a-b+c$의 값을 구한다.	10%

F 151 정답 6 ····················· 이차함수의 그래프와 x축과의 관계

(정답 공식: 이차함수가 지나는 한 점과 판별식 $D=0$으로 a, b를 구한다.)

이차함수 $y=x^2+ax+b+2$의 그래프가 점 $(-1, 1)$을 지나고
x축에 접할 때, 상수 a, b에 대하여 $a+b$의 값을 구하는 과
정을 서술하시오. (단, $a>0$) 단서 이차함수의 그래프가 x축에 접하게 되는
조건을 떠올려 봐.

1st 점 $(-1, 1)$을 주어진 이차함수에 대입하여 a와 b의 관계식을 구하자.

이차함수 $y=x^2+ax+b+2$의 그래프가 점 $(-1, 1)$을 지나므로
$1=1-a+b+2$
$\therefore b=a-2\,\cdots\,㉠\,\cdots\,❶$

2nd 주어진 이차함수가 x축에 접한다는 건 판별식이 0임을 이용하자.

한편, 이차함수 $y=x^2+ax+b+2$의 그래프가 x축에 접하므로
이차방정식 $x^2+ax+b+2=0$의
판별식을 D라고 하면
$D=a^2-4(b+2)=0\,\cdots\,❷$

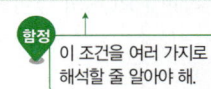

이차함수 $y=f(x)$의 그래프가 x축
에 접한다.
⇒ 이차방정식 $f(x)=0$이 중근을
갖는다.
⇒ 이차방정식 $f(x)=0$의
(판별식)$=0$이다.

3rd a와 b의 값을 구하자.

이 식에 ㉠을 대입하면
$a^2-4a=0$, $a(a-4)=0$
$\therefore a=4\,(\because a>0)$
따라서 $b=a-2=4-2=2$이므로
$a+b=4+2=6\,\cdots\,❸$

함정 이 조건을 여러 가지로 해석할 줄 알아야 해.

[채점 기준표]

❶ 주어진 이차함수의 그래프가 점 $(-1, 1)$을 지남을 이용하여 a, b 사이의 관계식을 구한다.	30%
❷ 주어진 이차함수의 그래프가 x축에 접함을 이용하여 a, b 사이의 관계식을 구한다.	40%
❸ a, b의 값을 구하여 $a+b$의 값을 구한다.	30%

F 152 정답 -6 ············ 이차함수의 그래프와 직선의 위치 관계

(정답 공식: 서로 평행한 두 직선의 기울기는 같으므로, 구하는 직선의 방정식을)
$y=2x+k$라 두고 이차함수와 연립하여 판별식 $D=0$임을 이용한다.

단서 평행한 두 직선의 기울기는 서로 같아.
이차함수 $y=-x^2-4x+3$의 그래프에 접하고
직선 $y=2x+8$에 평행한 직선의 x절편을 구하는 과정을
서술하시오.

1st 평행한 두 직선의 기울기는 같음을 이용하여 구하는 직선의 방정식을
세워보자.

직선 $y=2x+8$에 평행한 직선의 기울기는 2이므로 구하는 직선의
방정식을 $y=2x+k\,(k$는 상수$)$라고 하자. $\cdots\,❶$

2nd 위에서 구한 직선과 주어진 이차함수를 연립한 이차방정식의 판별식이
0임을 이용하여 k의 값을 구하자.

이 직선이 이차함수 $y=-x^2-4x+3$의 그래프에 접하므로 이차방정식
$-x^2-4x+3=2x+k$, 즉 $x^2+6x+k-3=0$의 판별식을 D라고 하면
$\dfrac{D}{4}=9-(k-3)=0$
$\therefore k=12$

접하니까 이차함수와 직선을 연립하여
얻은 이차방정식의 판별식 $D=0$이야.

3rd 구하는 직선의 x절편을 구하자.

따라서 구하는 직선의 방정식은 $y=2x+12$이다. … **Ⅱ**

이때, $0=2x+12$, $x=-6$이므로 x절편은 -6이다. … **Ⅲ**

[채점 기준표]

Ⅰ 구하는 직선의 방정식을 $y=2x+k$로 놓는다.	30%
Ⅱ k의 값을 구하여 직선의 방정식을 구한다.	50%
Ⅲ x절편을 구한다.	20%

F 153 정답 16 ·························· 이차함수의 최대·최소

(**정답 공식**: 사각형 PRQS의 넓이는 △PRS, △QRS의 넓이의 합과 같다.)

단서 두 이차함수를 연립하여 만나는 두 점의 x좌표를 구하자.

다음 그림과 같이 두 이차함수 $y=x^2-6x+3$, $y=-x^2+2x+3$의 그래프가 y축 위의 점 P와 또 다른 점 Q 에서 만난다. y축에 평행한 직선을 그어 선분 PQ와 만나고 두 함수의 그래프와 만나는 두 점을 각각 R, S라고 할 때, 사각형 PRQS의 넓이의 최댓값을 구하는 과정을 서술하시오.

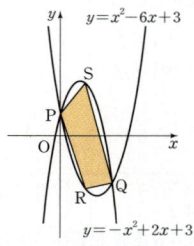

1st 두 이차함수의 교점 P, Q를 구해보자.

두 이차함수 $y=x^2-6x+3$, $y=-x^2+2x+3$의 교점의 x좌표는 이차 방정식 $x^2-6x+3=-x^2+2x+3$, 즉 $2x^2-8x=0$의 근이므로

$2x(x-4)=0$

모든 함수들의 교점의 x좌표는 연립하여 방정식을 만든 후 근을 구하면 돼.

$\therefore x=0$ 또는 $x=4$

$\therefore$ P$(0, 3)$, Q$(4, -5)$ … **Ⅰ**

2nd 직선 $x=k$와 두 이차함수의 교점의 좌표 S, R을 구해보자.

오른쪽 그림과 같이 직선 $x=k$ $(0<k<4)$ 와 두 이차함수의 그래프의 교점을 각각 R, S라고 하면

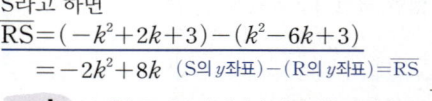

$\overline{RS}=(-k^2+2k+3)-(k^2-6k+3)$

$=-2k^2+8k$ (S의 y좌표)$-$(R의 y좌표)$=\overline{RS}$

3rd 사각형 PRQS의 넓이의 최댓값을 구하자.

$\therefore$ (사각형 PRQS의 넓이)

$=$△PRS$+$△QRS

$=\dfrac{1}{2}\times(-2k^2+8k)\times k+\dfrac{1}{2}\times(-2k^2+8k)\times(4-k)$

$\dfrac{1}{2}\times\overline{SR}\times$(점 P와 직선 SR 사이의 거리)

$=-4k^2+16k$

$\dfrac{1}{2}\times\overline{SR}\times$(점 Q와 직선 SR 사이의 거리)

$=-4(k-2)^2+16$ … **Ⅱ**

이때, $0<k<4$이므로 사각형 PRQS의 넓이의 최댓값은 16이다. … **Ⅲ**

[채점 기준표]

Ⅰ 두 점 P, Q의 좌표를 구한다.	30%
Ⅱ 사각형 PRQS의 넓이를 k에 대한 식으로 나타낸다.	40%
Ⅲ 사각형 PRQS의 넓이의 최댓값을 구한다.	30%

(x↔y)² 1등급 고난도 스토리

F 154 정답 27 ·························· ★2등급 대비 [정답률 28%]

정답 공식: 완전제곱식을 이용하여 꼭짓점의 좌표 A를, 이차함수를 인수분해하 여 B의 좌표를, $\overline{BC}=3$을 이용하여 C의 좌표를 a로 나타내어 $y=f(x)$의 식을 찾는다.

단서1 완전제곱식을 이용해서 꼭짓점의 좌표를 구할 수 있어.

양수 a에 대하여 이차함수 $y=2x^2-2ax$의 그래프의 꼭짓점 을 A, x축과 만나는 두 점을 각각 O, B라 하자. 점 A를 지 나고 최고차항의 계수가 -1인 이차함수 $y=f(x)$의 그래프 가 x축과 만나는 두 점을 각각 B, C라 할 때, 선분 BC의 길 이는 3이다. 삼각형 ACB의 넓이를 구하시오. (단, O는 원 점이다.)

단서2 조건을 이용해 서 함수 $f(x)$ 를 구할 수 있 어.

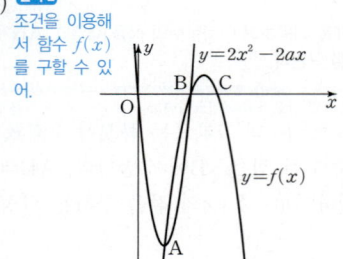

1st 두 점 A, B의 좌표를 구하자.

$y=2x^2-2ax=2(x^2-ax)$

$=2\left(x-\dfrac{a}{2}\right)^2-\dfrac{a^2}{2}$

이므로 꼭짓점 A의 좌표는 A$\left(\dfrac{a}{2}, -\dfrac{a^2}{2}\right)$

또, $2x^2-2ax=2x(x-a)=0$에서

$x=0$ 또는 $x=a$이므로

x축과 만나는 원점이 아닌 점 B의 좌표는 B$(a, 0)$

2nd $\overline{BC}=3$임을 이용해서 함수 $f(x)$를 구하자.

B$(a, 0)$이고 $\overline{BC}=3$이므로 C$(a+3, 0)$이다.

따라서 x^2의 계수가 -1이고 x축과 두 점 B$(a, 0)$, C$(a+3, 0)$에서 만나는 이차함수 $f(x)$의 식을 구하면

이차항의 계수가 m이고 x축과 $x=\alpha$, $x=\beta$인 두 점에서 만나는 이차함수의 식은 $y=m(x-\alpha)(x-\beta)$

$f(x)=-(x-a)(x-a-3)$

함수 $f(x)$의 그래프가 점 A를 지나므로

$-\dfrac{a^2}{2}=-\left(\dfrac{a}{2}-a\right)\left(\dfrac{a}{2}-a-3\right)$

$\dfrac{a^2}{2}=\dfrac{a^2}{4}+\dfrac{3}{2}a$, $a^2-6a=0$

$a(a-6)=0$ $\therefore a=0$ 또는 $a=6$

이때, a는 양수이므로 $a=6$

$\therefore$ A$(3, -18)$

따라서 삼각형 ACB의 넓이는

주의 점 A의 y좌표가 음수이므로 넓이를 구할 때 조심해.

$\dfrac{1}{2}\times3\times18=27$

△ACB$=\dfrac{1}{2}\times\overline{BC}\times$(점 A의 y좌표의 절댓값)

F 155 정답 ④ ················· ✪2등급 대비 [정답률 23%]

정답 공식: 이차함수 $y=f(x)$의 그래프와 x축의 교점의 x좌표는 이차방정식 $f(x)=0$의 실근과 같다.

이차함수 $f(x)$와 이차항의 계수가 1인 이차함수 $g(x)$에 대하여 x에 대한 이차방정식 <u>단서1</u>함수 $y=g(x)$의 그래프는 아래로 볼록해.

$$\{x-f(k)\}\{x-g(k)\}=0$$ <u>단서2</u> $f(k)=0, g(k)=4$ 또는 $f(k)=4, g(k)=0$

이 서로 다른 두 실근 0, 4를 갖도록 하는 모든 실수 k의 개수가 3이다. $f(2)=4$일 때, $g(8)-f(8)$의 값은?

① 62 　　　 ② 64 　　　 ③ 66
④ 68 　　　 ⑤ 70

1st 주어진 조건을 이차함수의 그래프의 관점에서 생각하자.

이차방정식 $\{x-f(k)\}\{x-g(k)\}=0$이
서로 다른 두 실근 0, 4를 가지려면
$$\begin{cases} f(k)=0 \\ g(k)=4 \end{cases} \text{ 또는 } \begin{cases} f(k)=4 \\ g(k)=0 \end{cases}$$ 이어야 한다.

이때, 두 함수 $y=f(x)$, $y=g(x)$의 그래프가 각각 두 직선 $y=0$, $y=4$ 또는 두 직선 $y=4$, $y=0$과 만나는 서로 다른 x의 값이 오직 3개만 존재해야 문제의 조건을 만족시킨다.

2nd 이차함수 $y=g(x)$의 꼭짓점의 y좌표에 따라 경우를 나누어 생각하자.

이차항의 계수가 1인 이차함수 $y=g(x)$의 그래프에서
<u>꼭짓점의 y좌표가 0 또는 음수인 경우로 나누어 생각할 수 있다.</u>
이차항의 계수가 1인 이차함수 $y=g(x)$의 그래프가 직선 $y=4$와 만나는 점의 최대 개수는 2이므로 꼭짓점의 y좌표가 양수이면 직선 $y=0$과 만나지 않아 문제의 조건을 만족시키는 k의 개수가 3개일 수 없어.

(i) 함수 $y=g(x)$의 꼭짓점의 y좌표가 0일 때
　함수 $g(x)=(x-a)^2$ (a는 상수)라 하면
　곡선 $y=g(x)$가 두 직선 $y=0$, $y=4$와 만나는 점의 좌표는
　$(a, 0), (a-2, 4), (a+2, 4)$이다.
　따라서 곡선 $y=f(x)$는 세 점 $(a, 4), (a-2, 0), (a+2, 0)$을
　지나야 문제의 조건을 만족시키므로
　$$f(x)=-(x-a)^2+4$$
　$f(a-2)=f(a+2)$이므로 축의 방정식은 $\frac{(a-2)+(a+2)}{2}=a$에서 $x=a$이고,
　꼭짓점의 좌표는 $(a, 4)$야.
　$f(x)=k(x-a)^2+4$ (k는 상수)라 하고 $(a-2, 0)$을 대입하면 $k=-1$이야.
　따라서 $f(x)=-(x-a)^2+4$
　이때, $f(2)=4$에 의하여 $a=2$이고
　$$f(x)=-(x-2)^2+4, \quad g(x)=(x-2)^2$$

(ii) 함수 $y=g(x)$의 꼭짓점의 y좌표가 0보다 작을 때
　상수 b와 양의 상수 c에 대하여 함수 $g(x)=(x-b)^2-c^2$이라 하면
　곡선 $y=g(x)$가 두 직선 $y=0$, $y=4$와 만나는 점의 좌표는
　$(b-c, 0), (b+c, 0), (b-\sqrt{c^2+4}, 4), (b+\sqrt{c^2+4}, 4)$이다.
　따라서 곡선 $y=f(x)$는 네 점 $(b-c, 4), (b+c, 4),$
　$(b-\sqrt{c^2+4}, 0), (b+\sqrt{c^2+4}, 0)$ 중 3개의 점만을 지나야 한다.
　그런데 이 4개의 점 중 어느 3개의 점을 지나는 경우에도 <u>함수 $y=f(x)$의 그래프의 축은 $x=b$가 되어 네 점을 모두 지나게</u>
　만약 두 점 $(b-c, 4), (b+c, 4)$를 지나면 축의 방정식은 $\frac{(b-c)+(b+c)}{2}=b$에서 $x=b$이고, 두 점 $(b-\sqrt{c^2+4}, 0), (b+\sqrt{c^2+4}, 0)$을 지나면 축의 방정식은 $\frac{(b-\sqrt{c^2+4})+(b+\sqrt{c^2+4})}{2}=b$에서 $x=b$이기 때문이야.
　되므로 문제의 조건을 만족시키는 k의 값이 존재하지 않는다.

3rd $g(8)-f(8)$의 값을 구해.

(i), (ii)에 의하여
$f(x)=-(x-2)^2+4$, $g(x)=(x-2)^2$이므로
$f(8)=-(8-2)^2+4=-32$, $g(8)=(8-2)^2=36$
∴ $g(8)-f(8)=36-(-32)=68$

F 156 정답 ② ················· ✪2등급 대비 [정답률 26%]

정답 공식: 근과 계수의 관계, 두 점 사이의 거리를 이용해 빈칸에 들어갈 식과 수를 구한다.

<u>단서1</u> 두 점 A, B의 x좌표를 각각 $\alpha, \beta(\alpha<0<\beta)$라 하면 α, β 사이의 관계식을 구할 수 있어.

양수 k에 대하여 이차함수 $y=-\frac{x^2}{2}+k$의 그래프와 직선

$y=mx$가 만나는 서로 다른 두 점을 각각 A, B라 하자. 다음

은 실수 m의 값에 관계없이 $\frac{1}{\overline{OA}}+\frac{1}{\overline{OB}}$이 일정한 값을 갖기

<u>단서2</u> m의 값에 관계없이 성립한다는 것은 모든 실수 m에 대하여 성립한다는 의미!
위한 k의 값을 구하는 과정이다. (단, O는 원점이다.)

두 점 A, B의 x좌표를 각각 $\alpha, \beta(\alpha<0<\beta)$라 하면
α, β는 이차방정식 $-\frac{x^2}{2}+k=mx$의 근이므로
이차방정식의 근과 계수의 관계에 의해
$$\alpha+\beta=-2m, \quad \alpha\beta=-2k$$
두 점 A, B는 직선 $y=mx$ 위의 점이므로
$A(\alpha, m\alpha), B(\beta, m\beta)$
$$\overline{OA}=-\alpha\times\boxed{(가)}, \quad \overline{OB}=\beta\times\boxed{(가)}$$
$$\frac{1}{\overline{OA}}+\frac{1}{\overline{OB}}=\frac{1}{-\alpha\times\boxed{(가)}}+\frac{1}{\beta\times\boxed{(가)}}$$
$$=\frac{\alpha-\beta}{\alpha\beta\times\boxed{(가)}}$$
$$=\frac{-\sqrt{4m^2+\boxed{(나)}}}{-2k\times\boxed{(가)}}$$

실수 m의 값에 관계없이 $\frac{1}{\overline{OA}}+\frac{1}{\overline{OB}}$이 갖는 일정한
값을 t라 하자.
$$t^2=\frac{4m^2+\boxed{(나)}}{\left(2k\times\boxed{(가)}\right)^2} \text{이므로}$$
이를 정리하면 $4(1-k^2t^2)m^2+4(2k-k^2t^2)=0 \cdots$ ㉠
따라서 ㉠이 m에 대한 항등식이므로 $k=\boxed{(다)}$이다.
이때, $\frac{1}{\overline{OA}}+\frac{1}{\overline{OB}}=\frac{1}{k}$이다.

위의 (가), (나)에 알맞은 식을 각각 $f(m), g(k)$라 하고
(다)에 알맞은 수를 p라 할 때, $f(p)\times g(p)$의 값은?

① 2 　　　 ② $2\sqrt{5}$ 　　　 ③ 10
④ $10\sqrt{5}$ 　　　 ⑤ 50

1st 두 점 A, B의 x좌표를 각각 $\alpha, \beta(\alpha<0<\beta)$라 하고 관계식을 구하자.

두 점 A, B의 x좌표를 각각 $\alpha, \beta(\alpha<0<\beta)$라 하면
α, β는 이차방정식 $-\frac{x^2}{2}+k=mx$, 즉 $x^2+2mx-2k=0$의 두 근이
므로 근과 계수의 관계에 의해
$$\alpha+\beta=-2m, \quad \alpha\beta=-2k$$
두 점 A, B는 직선 $y=mx$ 위의 점이므로
$A(\alpha, m\alpha), B(\beta, m\beta)$
오른쪽 그림에서 두 점 O, P 사이의 거리는
피타고라스 정리에 의해
$\overline{OP}=\sqrt{x_1^2+y_1^2}$이므로
좌표평면에서 원점 O와 점 P 사이의 거리는
$\sqrt{(\text{점 P의 }x\text{좌표})^2+(\text{점 P의 }y\text{좌표})^2}$이야.

$$\overline{OA}=\sqrt{a^2+m^2a^2}=\sqrt{a^2(1+m^2)}$$
$$=-a\times\sqrt{1+m^2}\ (\because a<0)$$ (가)
$$\overline{OB}=\sqrt{\beta^2+m^2\beta^2}=\sqrt{\beta^2(1+m^2)}$$
$$=\beta\times\sqrt{1+m^2}\ (\because \beta>0)$$

실수 $\sqrt{a^2}=\begin{cases}a & (a\geq0)\\ -a & (a<0)\end{cases}$

$$\therefore \frac{1}{\overline{OA}}+\frac{1}{\overline{OB}}=\frac{1}{-a\times\sqrt{1+m^2}}+\frac{1}{\beta\times\sqrt{1+m^2}}$$

$$=\frac{a-\beta}{a\beta\times\sqrt{1+m^2}}$$

$(a-\beta)^2=(a+\beta)^2-4a\beta$
$=4m^2+8k$
$\therefore a-\beta=-\sqrt{4m^2+8k}\ (\because a<\beta)$

$$=\frac{-\sqrt{4m^2+8k}}{-2k\times\sqrt{1+m^2}}$$ (나)

$$=\frac{\sqrt{4m^2+8k}}{2k\times\sqrt{1+m^2}}$$

2nd 항등식을 이용하여 실수 k의 값을 구해.

실수 m의 값에 관계없이 $\dfrac{1}{\overline{OA}}+\dfrac{1}{\overline{OB}}$이 갖는 일정한 값을 t라 하면

$$t^2=\frac{4m^2+8k}{(2k\times\sqrt{1+m^2})^2}=\frac{4m^2+8k}{4k^2\times(1+m^2)}$$이므로

$$4k^2t^2(1+m^2)=4m^2+8k$$

$$4(1-k^2t^2)m^2+4(2k-k^2t^2)=0 \cdots \bigcirc$$ (다)

따라서 $\bigcirc$이 m에 대한 항등식이므로 $k=\dfrac{1}{2}$이다.

$4(1-k^2t^2)m^2+4(2k-k^2t^2)=0$이 모든 실수 m에 대하여 성립 조건은 $1-k^2t^2=0$, $2k-k^2t^2=0$이므로
$1=2k$ $\therefore k=\dfrac{1}{2}$

이때, $\dfrac{1}{\overline{OA}}+\dfrac{1}{\overline{OB}}=\dfrac{1}{k}$이다.

3rd $f(p)\times g(p)$의 값을 구해.

$f(m)=\sqrt{1+m^2}$, $g(k)=8k$, $p=\dfrac{1}{2}$이므로

$$f(p)\times g(p)=f\left(\frac{1}{2}\right)\times g\left(\frac{1}{2}\right)=\sqrt{1+\left(\frac{1}{2}\right)^2}\times 4=2\sqrt{5}$$

$k=\dfrac{1}{2}$일 때 $1-k^2t^2=0$에서 양수 t의 값은 2야.

 157 정답 ② .... ⭐2등급 대비 [정답률 21%]

[정답 공식: 두 함수 $y=f(x)$, $y=g(x)$의 그래프가 만나는 점의 x좌표는 방정식 $f(x)=g(x)$의 실근이다.]

단서 1 이차함수와 직선의 식을 연립하여 풀면 두 교점 A, B의 x좌표를 구할 수 있어.

실수 k에 대하여 이차함수 $y=(x-k)^2-2$의 그래프와 직선 $y=2$는 서로 다른 두 점 A, B에서 만난다. 삼각형 AOB가 이등변삼각형이 되도록 하는 서로 다른 k의 개수를 n, k의 최댓값을 M이라 하자. $n+M$의 값은? (단, O는 원점이고, 점 A의 x좌표는 점 B의 x좌표보다 작다.)

단서 2 이등변삼각형은 두 변의 길이가 같은 삼각형이니까 삼각형 AOB에서 $\overline{OA}=\overline{OB}$인 경우, $\overline{OA}=\overline{AB}$인 경우, $\overline{OB}=\overline{AB}$인 경우로 나누어 생각하면 돼.

① $7+\sqrt{3}$ ② $7+2\sqrt{3}$ ③ $7+3\sqrt{3}$
④ $9+2\sqrt{3}$ ⑤ $9+3\sqrt{3}$

1st 두 점 A, B의 좌표를 각각 구해.

두 점 A, B는 이차함수 $y=(x-k)^2-2$의 그래프와 직선 $y=2$가 만나는 점이므로 두 점 A, B의 x좌표를 구하기 위해 연립하면
$(x-k)^2-2=2$에서 $(x-k)^2=4$, $x-k=\pm2$
$\therefore x=k\pm2$

따라서 두 점 A, B의 좌표는 각각 $(k-2, 2)$, $(k+2, 2)$이다.

주의 k는 실수이므로 $k+2>k-2$이지? 이때, 문제에서 점 A의 x좌표는 점 B의 x좌표보다 작다고 했으니까 점 A의 x좌표는 $k-2$이고 점 B의 x좌표는 $k+2$가 되어야 해.

2nd 세 선분 AB, OA, OB의 길이를 구해.

세 점 $A(k-2, 2)$, $B(k+2, 2)$, $O(0, 0)$에 대하여
$$\overline{AB}=|(k+2)-(k-2)|=4 \cdots \bigcirc$$
두 점 A, B는 직선 $y=2$ 위의 점이므로 선분 AB의 길이는 두 점 A, B의 x좌표의 차의 절댓값이야.

$$\overline{OA}=\sqrt{\{(k-2)-0\}^2+(2-0)^2}=\sqrt{k^2-4k+8} \cdots \bigcirc\bigcirc$$

$$\overline{OB}=\sqrt{\{(k+2)-0\}^2+(2-0)^2}=\sqrt{k^2+4k+8} \cdots \bigcirc\bigcirc\bigcirc$$

3rd 경우를 나누어 삼각형 AOB가 이등변삼각형이 되도록 하는 k의 값을 구해.

삼각형 AOB가 이등변삼각형이 되려면 $\overline{OA}=\overline{OB}$ 또는 $\overline{OA}=\overline{AB}$ 또는 $\overline{OB}=\overline{AB}$이어야 하므로 각각의 경우에서 k의 값을 구하자.

(i) $\overline{OA}=\overline{OB}$일 때, $\bigcirc\bigcirc=\bigcirc\bigcirc\bigcirc$에서
$\sqrt{k^2-4k+8}=\sqrt{k^2+4k+8}$이므로 양변을 제곱하면
$k^2-4k+8=k^2+4k+8$, $8k=0$ $\therefore k=0$

(ii) $\overline{OA}=\overline{AB}$일 때, $\bigcirc\bigcirc=\bigcirc$에서
$\sqrt{k^2-4k+8}=4$이므로 양변을 제곱하면
$k^2-4k+8=16$, $k^2-4k-8=0$
$\therefore k=-(-2)\pm\sqrt{(-2)^2-1\times(-8)}=2\pm\sqrt{12}=2\pm2\sqrt{3}$

일차항의 계수가 짝수인 이차방정식
$ax^2+2b'x+c=0$의 근의 공식은 $x=\dfrac{-b'\pm\sqrt{b'^2-ac}}{a}$야.

(iii) $\overline{OB}=\overline{AB}$일 때, $\bigcirc\bigcirc\bigcirc=\bigcirc$에서
$\sqrt{k^2+4k+8}=4$이므로 양변을 제곱하면
$k^2+4k+8=16$, $k^2+4k-8=0$
$\therefore k=-2\pm\sqrt{2^2-1\times(-8)}=-2\pm\sqrt{12}=-2\pm2\sqrt{3}$

(i)~(iii)에 의하여 삼각형 AOB가 이등변삼각형이 되도록 하는 서로 다른 k의 개수는 5이고 k의 최댓값은 $2+2\sqrt{3}$이므로
$n=5$, $M=2+2\sqrt{3}$
$\therefore n+M=5+(2+2\sqrt{3})=7+2\sqrt{3}$

🔄 다른 풀이: k의 값의 범위에 따라 경우를 나누어 실수 k의 값 구하기

$k=0$일 때와 $k<0$일 때, $k>0$일 때로 나누어 생각하자.

(i) $k=0$일 때, 이차함수 $y=(x-k)^2-2$의 그래프와 직선 $y=2$의 두 교점 A, B는 y축에 대하여 대칭이므로 $\overline{OA}=\overline{OB}$를 만족해.
즉, 삼각형 AOB는 이등변삼각형이 돼.
두 점 A, B가 y축에 대하여 대칭이므로 y축 위의 임의의 한 점 C에 대하여 $\overline{CA}=\overline{CB}$를 만족해. 이때, 원점 O도 y축 위의 점이므로 $\overline{OA}=\overline{OB}$야.

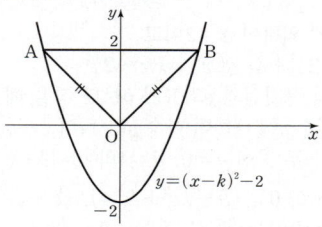

[그림 1]

(ii) $k<0$일 때, 이차함수 $y=(x-k)^2-2$의 그래프와 직선 $y=2$의 두 교점 A, B에 대하여 삼각형 AOB가 이등변삼각형이 되는 경우는 다음의 그림과 같이 두 가지 경우가 있어.

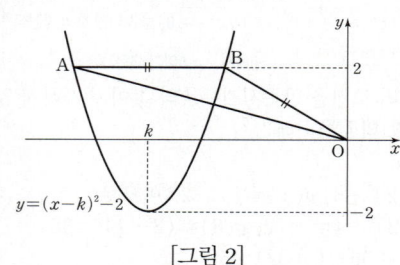

[그림 2]

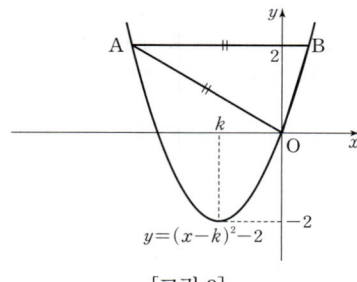

[그림 3]

따라서 $k<0$일 때 삼각형 AOB가 이등변삼각형이 되도록 하는 서로 다른 k의 값은 2개야.

(iii) $k>0$일 때, 이차함수 $y=(x-k)^2-2$의 그래프와 직선 $y=2$의 두 교점 A, B에 대하여 삼각형 AOB가 이등변삼각형이 되는 경우도 다음의 그림과 같이 두 가지 경우가 있어.

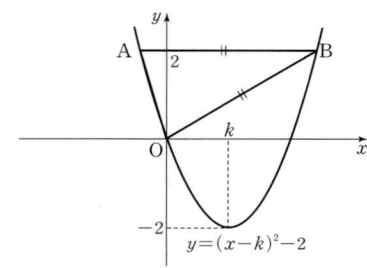

[그림 4]

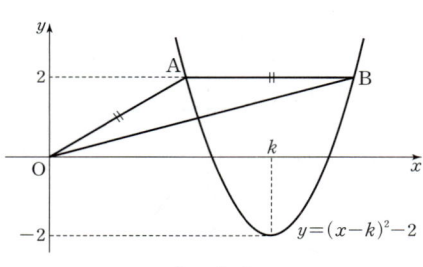

[그림 5]

따라서 $k>0$일 때 삼각형 AOB가 이등변삼각형이 되도록 하는 서로 다른 k의 값은 2개야.

(ⅰ)~(ⅲ)에 의하여 삼각형 AOB가 이등변삼각형이 되도록 하는 서로 다른 k의 값은 5개야.

∴ $n=5$ ← 함수 $y=f(x)$의 그래프를 x축의 방향으로 m만큼, y축의 방향으로 n만큼 평행이동한 그래프의 식은 $y=f(x-m)+n$이야.

한편, 이차함수 $y=(x-k)^2-2$의 그래프는 이차함수 $y=x^2-2$의 그래프를 x축의 방향으로 k만큼 평행이동시킨 것이므로 k의 값이 최대가 되는 경우는 $k>0$일 때의 [그림 5]와 같아.

즉, $\overline{OA}=\overline{AB}$이어야 하므로 **2nd** 에서 ㉠, ㉡에 의해 $\sqrt{k^2-4k+8}=4$

$k^2-4k+8=16$, $k^2-4k-8=0$

$k=-(-2)\pm\sqrt{(-2)^2-1\times(-8)}=2\pm\sqrt{12}=2\pm2\sqrt{3}$

∴ $k=2+2\sqrt{3}$ (∵ $k>0$)

따라서 $M=2+2\sqrt{3}$이므로

$n+M=5+(2+2\sqrt{3})=7+2\sqrt{3}$

❀ **이차함수의 그래프와 직선의 교점**　　개념·공식

이차함수 $y=f(x)$의 그래프와 직선 $y=g(x)$의 교점의 x좌표가 α, β이다.
⇒ 이차방정식 $f(x)=g(x)$의 두 실근이 α, β이다.

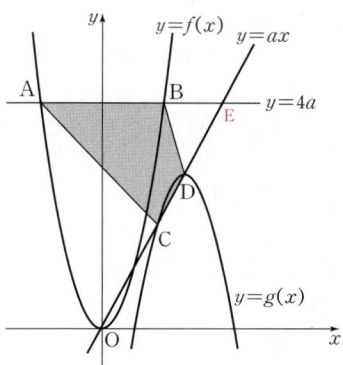

F 158 정답 121 ·················· ⭐**2등급 대비** [정답률 22%]

정답 공식: 두 함수 $y=f(x)$와 $y=g(x)$의 그래프의 교점의 x좌표는 방정식 $f(x)=g(x)$의 실근과 같다.

단서 1 방정식 $f(x)=4a$의 해는 두 점 A, B의 x좌표이고, 방정식 $g(x)=ax$의 해는 두 점 C, D의 x좌표야.

그림과 같이 $2<a<4$인 실수 a에 대하여 두 함수 $f(x)=ax^2$, $g(x)=-a(x-a)^2+a^2$의 그래프가 있다. 직선 $y=4a$와 함수 $y=f(x)$의 그래프가 만나는 점을 각각 A, B라 하고 직선 $y=ax$와 함수 $y=g(x)$의 그래프가 만나는 점을 각각 C, D라 하자. 사각형 ACDB의 넓이의 최댓값을 M이라 할 때, $8\times M$의 값을 구하시오. (단, 점 A의 x좌표는 점 B의 x좌표보다 작고, 점 C의 x좌표는 점 D의 x좌표보다 작다.)

단서 2 두 직선 $y=4a$와 $y=ax$가 만나는 점을 E라 하면 사각형 ACDB의 넓이는 삼각형 ACE와 삼각형 BDE의 넓이의 차가 되겠지?

1st 네 점 A, B, C, D의 좌표를 구하자.
두 함수 $y=f(x)$와 $y=g(x)$의 교점의 x좌표는 방정식 $f(x)=g(x)$의 실근과 같아.

직선 $y=4a$와 함수 $y=f(x)$의 그래프가 만나는 점의 x좌표를 구하기 위해 두 식을 연립하면

$f(x)=4a$에서 $ax^2=4a$

$x^2=4$ ∴ $x=\pm2$

따라서 $\underline{A(-2, 4a), B(2, 4a)}$이다. → (점 A의 x좌표)<(점 B의 x좌표)

같은 방법으로 직선 $y=ax$와 함수 $y=g(x)$의 그래프가 만나는 점의 x좌표를 구하기 위해 두 식을 연립하면

$g(x)=ax$에서 $-a(x-a)^2+a^2=ax$

양변을 $-a$로 나누면 $(x-a)^2-a=-x$

$(x-a)^2+(x-a)=0$, $(x-a)(x-a+1)=0$

∴ $x=a$ 또는 $x=a-1$

이 값을 $y=ax$에 대입하면 $y=a^2$ 또는 $y=a^2-a$이므로

$\underline{C(a-1, a^2-a), D(a, a^2)}$이다. → (점 C의 x좌표)<(점 D의 x좌표)

2nd 사각형 ACDB의 넓이를 구하자.

두 직선 $y=4a$와 $y=ax$가 만나는 점을 E라 하자.

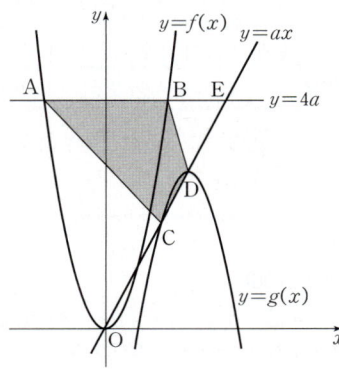

점 E의 x좌표는 $ax=4a$에서 $x=4$이므로 $E(4, 4a)$이다.
삼각형 ACE의 밑변을 $\overline{AE}$라 하면
높이는 $4a-\underbrace{(a^2-a)}_{\text{점 C의 } y좌표}=-a^2+5a$이므로

$$\triangle ACE=\frac{1}{2}\times\overline{AE}\times(-a^2+5a)$$
$$=\frac{1}{2}\times\{4-(-2)\}\times(-a^2+5a)$$
$$=-3a^2+15a$$

삼각형 BDE의 밑변을 $\overline{BE}$라 하면
높이는 $4a-\underbrace{a^2}_{\text{점 D의 } y좌표}$이므로

$$\triangle BDE=\frac{1}{2}\times\overline{BE}\times(4a-a^2)=\frac{1}{2}\times(4-2)\times(4a-a^2)$$
$$=4a-a^2$$

$$\therefore \square ACDB=\triangle ACE-\triangle BDE$$
$$=(-3a^2+15a)-(4a-a^2)=-2a^2+11a$$

3rd $8\times M$의 값을 구해.

$2<a<4$인 실수 a에 대하여
사각형 ACDB의 넓이의 최댓값 M의 값을 구하면
$$\square ACDB=-2a^2+11a$$
$$=-2\left\{a^2-\frac{11}{2}a+\left(\frac{11}{4}\right)^2-\left(\frac{11}{4}\right)^2\right\}$$
$$=-2\left(a-\frac{11}{4}\right)^2+\frac{121}{8}$$

이므로 $a=\underbrace{\frac{11}{4}}_{2<a<4\text{인지 꼭 확인해.}}$일 때, 최댓값 $M=\frac{121}{8}$이다.

$$\therefore 8\times M=8\times\frac{121}{8}=121$$

F 159 정답 ② ···················· ★**2등급 대비** [정답률 34%]

> **정답 공식:** 이차함수 $y=x^2+ax+b=\left(x+\frac{a}{2}\right)^2+b-\frac{a^2}{4}$의 그래프의
> 꼭짓점의 좌표는 $\left(-\frac{a}{2}, b-\frac{a^2}{4}\right)$이다.

두 실수 $a, b(b>0)$에 대하여 함수
$$f(x)=\begin{cases} x^2+ax+b & (x\leq 0) \\ -x^2+ax-b & (x>0) \end{cases}$$
단서1 $f(x)=\begin{cases} g(x) & (x\leq 0) \\ h(x) & (x>0) \end{cases}$라 하면 함수 $y=f(x)$의 그래프는 점 $(0, b)$를 지나고
양수 x에 대하여 $g(-x)=-h(x)$야.

이 다음 조건을 만족시킬 때, $f(2)=p+q\sqrt{2}$이다. $p-q$의 값은? (단, p, q는 유리수이다.)

> (가) x에 대한 방정식 $f(x)=t$의 서로 다른 실근의 개수가 2가 되도록 하는 실수 t의 개수는 1이다.
> **단서2** 함수 $y=f(x)$의 그래프와 직선 $y=t$의 교점의 개수를 묻고 있어. 두 함수의 그래프를 직접 그려서 조건을 만족시키도록 하는 a, b의 값을 찾아야 해.
>
> (나) 모든 정수 k에 대하여 $f(k)f(k+1)\geq 0$이다.
> **단서3** $f(k), f(k+1)$의 부호가 같거나, 적어도 하나가 0이어야 해.

① -1 ② 3 ③ 7
④ 11 ⑤ 15

💡 **단서 + 발상 [유형 02+06]**

단서1 두 이차함수 $y=x^2+ax+b, y=-x^2+ax-b$의 그래프의 관계를 파악하고 조건 (가)를 활용해서 a의 부호를 결정한다. **발상**

단서2 두 이차함수의 그래프의 꼭짓점의 y좌표에 따라 경우를 나누어 조건 (가)를 만족시키는 함수 $y=f(x)$의 그래프의 개형을 찾는다. **적용**

단서3 조건 (나)를 만족시키는 함수 $f(x)$를 구하여 $f(2)$의 값을 구한다. **해결**

-------------------- [문제 풀이 순서] --------------------

1st 두 이차함수 $y=x^2+ax+b, y=-x^2+ax-b$의 그래프의 관계를 파악해.

$x\leq 0$에서 $f(x)=x^2+ax+b=\left(x+\frac{a}{2}\right)^2+b-\frac{a^2}{4}$이므로

그래프는 아래로 볼록하고 꼭짓점의 좌표는 $\left(-\frac{a}{2}, b-\frac{a^2}{4}\right)$이다.

$x>0$에서

$$f(x)=-x^2+ax-b=-(x^2-ax)-b=-\left(x-\frac{a}{2}\right)^2-b+\frac{a^2}{4}$$

이므로 그래프는 위로 볼록하고 꼭짓점의 좌표는 $\left(\frac{a}{2}, -b+\frac{a^2}{4}\right)$이다.

즉, 함수 $f(x)=\begin{cases} g(x) & (x\leq 0) \\ h(x) & (x>0) \end{cases}$라 하면

함수 $y=f(x)$의 그래프는 점 $(0, b)$를 지나고 임의의 양수 x에 대하여
$\underline{g(-x)=-h(x)}$ ··· ㉠이다.
$g(-1)=-h(1), g(-2)=-h(2), g(-3)=-h(3), \cdots$

2nd 조건 (가)를 활용해서 a의 부호를 결정해.
a의 부호를 찾아서 두 이차함수의 그래프의 대칭축의 위치를 결정해야 해.

$a\leq 0$일 때, 함수 $y=f(x)$의 그래프의 개형은 다음과 같다.

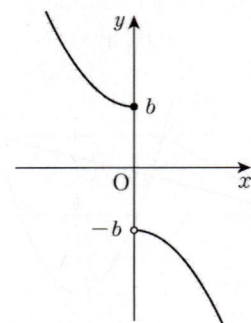

이때, 함수 $y=f(x)$의 그래프와 직선 $y=t$의 교점의 개수는 0 또는 1이므로 방정식 $f(x)=t$의 서로 다른 실근의 개수가 2가 되도록 하는 실수 t가 존재하지 않는다.
따라서 조건 (가)를 만족시키지 않으므로 $a>0$이다.

3rd 조건 (가)를 만족시키는 함수 $y=f(x)$의 그래프의 개형을 찾아.
$a>0, b>0$이고, 함수 $y=f(x)$의 그래프와 직선 $y=t$의 교점의 개수를 따져야 하므로

함수 $f(x)=\begin{cases} \left(x+\frac{a}{2}\right)^2+b-\frac{a^2}{4} & (x\leq 0) \\ -\left(x-\frac{a}{2}\right)^2-b+\frac{a^2}{4} & (x>0) \end{cases}$ 의 그래프의 개형을

꼭짓점의 y좌표에 따라 경우를 나누어 그리자.

① $b-\frac{a^2}{4}>0$인 경우

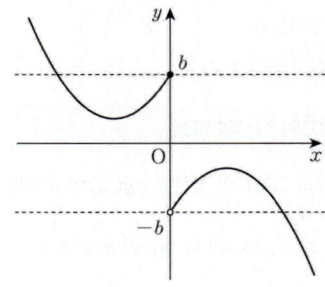

함수 $y=f(x)$의 그래프와 직선 $y=t$의 교점의 개수가 2가 되도록 하는 실수 t가 무수히 많이 존재하므로 조건 (가)를 만족시키지 않는다.

② $b-\dfrac{a^2}{4}=0$인 경우

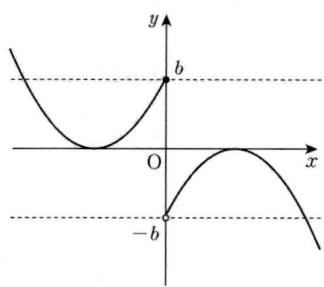

함수 $y=f(x)$의 그래프와 직선 $y=t$의 교점의 개수가 2가 되도록 하는 실수 t가 무수히 많이 존재하므로 조건 (가)를 만족시키지 않는다.

③ $-b<b-\dfrac{a^2}{4}<0$인 경우

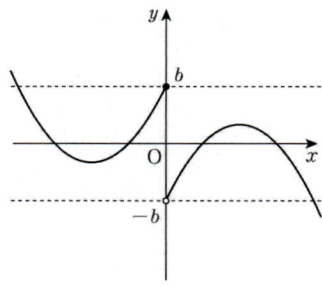

함수 $y=f(x)$의 그래프와 직선 $y=t$의 교점의 개수가 2가 되도록 하는 실수 t가 무수히 많이 존재하므로 조건 (가)를 만족시키지 않는다.

④ $b-\dfrac{a^2}{4}=-b$인 경우

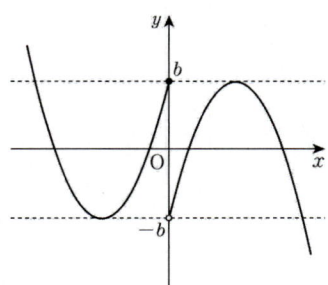

함수 $y=f(x)$의 그래프와 직선 $y=t$의 교점의 개수가 2가 되도록 하는 실수 t는 $t=-b$ 하나만 존재하므로 조건 (가)를 만족시킨다.

주의 함수 $y=f(x)$의 그래프와 직선 $y=b$의 교점의 개수는 3이므로 조건 (가)를 만족시키지 않아.

⑤ $b-\dfrac{a^2}{4}<-b$인 경우

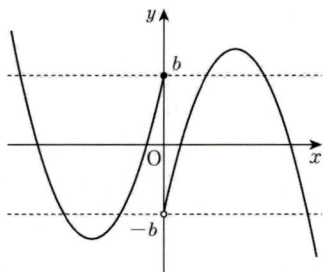

함수 $y=f(x)$의 그래프와 직선 $y=t$의 교점의 개수가 2가 되도록 하는 실수 t가 $t=b-\dfrac{a^2}{4}$, $t=-b+\dfrac{a^2}{4}$으로 두 개 존재하므로 조건 (가)를 만족시키지 않는다.

따라서 ①~⑤에서 조건 (가)를 만족시키는 경우는

④ $b-\dfrac{a^2}{4}=-b$, 즉 $b=\dfrac{a^2}{8}$ … ㉡일 때 뿐이다.

4th 조건 (나)를 만족시키는 함수 $f(x)$를 구하여 $f(2)$의 값을 구해.

조건 (나)에서 모든 정수 k에 대하여 $f(k)f(k+1)\geq0$이므로 $f(k)$, $f(k+1)$의 부호가 같거나, 적어도 하나가 0이다.
$f(0)=b>0$이 주어졌으므로 $k=0$의 근방에서 $f(k)$의 부호를 조사해 보자.
$f(-1)f(0)\geq0$, $f(0)f(1)\geq0$이어야 하므로
$f(-1)\geq0$, $f(1)\geq0$이어야 한다.
$\therefore f(-1)=f(1)=0$

㉠에서 $g(-1)=-h(1)$, 즉 $f(-1)=-f(1)$이므로 $f(-1)=f(1)=0$만 가능해.

$f(1)=-1+a-b=0$ … ㉢
㉡, ㉢을 연립하면
$b=\dfrac{a^2}{8}=a-1$, $a^2=8(a-1)$, $a^2-8a+8=0$

이차방정식의 근의 공식을 이용하면
$a=4\pm2\sqrt{2}$이므로
$(a,b)=(4+2\sqrt{2},\ 3+2\sqrt{2})$ 또는 $(a,b)=(4-2\sqrt{2},\ 3-2\sqrt{2})$
$x>0$인 범위에서 $f(1)=0$이고 대칭축이 $x=\dfrac{a}{2}$이므로
$f(x)=0\ (x>0)$의 두 근은 1과 $a-1$이다.

$\dfrac{a}{2}=\dfrac{1+(a-1)}{2}$

$(a,b)=(4+2\sqrt{2},\ 3+2\sqrt{2})$인 경우
$f(x)=0$의 근 $a-1=3+2\sqrt{2}$에 대하여
$2<2\sqrt{2}<3$이므로 $5<3+2\sqrt{2}<6$이고,
$f(x)=-x^2+(4+2\sqrt{2})x-(3+2\sqrt{2})\ (x>0)$에서
$f(5)=8\sqrt{2}-8>0$
$f(6)=10\sqrt{2}-15<0$

$=\sqrt{200}-\sqrt{225}<0$

즉, $f(5)f(6)<0$이 되어 조건 (나)를 만족시키지 않는다.
$\therefore (a,b)=(4-2\sqrt{2},\ 3-2\sqrt{2})$
$f(x)=-x^2+(4-2\sqrt{2})x-(3-2\sqrt{2})\ (x>0)$ … ㉣

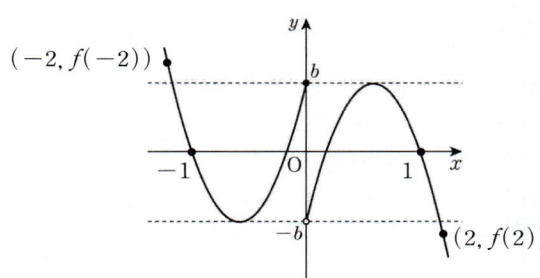

그래프에 의해 모든 정수 k에 대하여 다음이 성립한다.
$f(k)\ \times\ f(k+1)>0\ (k\leq-3)$
$f(-2)\ \times\ f(-1)=0$
$f(-1)\ \times\ f(0)=0$
$f(0)\ \times\ f(1)=0$
$f(1)\ \times\ f(2)=0$
$f(k)\ \times\ f(k+1)>0\ (k\geq2)$
㉣에서
$f(2)=-4+(4-2\sqrt{2})\times2-(3-2\sqrt{2})$
$=1-2\sqrt{2}=p+q\sqrt{2}$
따라서 $p=1$, $q=-2$이므로 $p-q=3$

✱ 숨은 대칭성 찾기 🔴1등급 대비 특강

이번 문제를 해결하는 키는 대칭성이 쥐고 있어.
풀이처럼 두 함수 $g(x)$, $h(x)$를 $g(x)=x^2+ax+b$,
$h(x)=-x^2+ax-b$라 하면 0이 아닌 모든 실수 x에 대해
$h(x)=-x^2+ax-b=-\{(-x)^2+a(-x)+b\}=-g(-x)$가 성립하
므로 $x\neq0$일 때 $g(x)$와 $h(x)$의 숨겨진 대칭성을 발견할 수 있어.
이렇게 문제에서 명시적으로 대칭성을 주지 않더라도 출제자가 은근히 숨
겨놓은 대칭성을 발견하는 연습을 미리 해둬야 해. 특히 어렵거나 복잡한
문제들에서 이런 숨겨진 대칭성을 찾을 수 있도록 평소에 대비해 두자!

My Top Secret 　서울대 선배의 ❶ 등급 대비 전략

이번 문제처럼 그래프의 개형을 처음부터 알 수 없고 그래프의 개형을
유추할 수 있는 단서들이 주어진 문제들이 있어. 이런 문제들을 다룰 때
는 먼저 그래프의 개형이 문제에서 제시한 조건을 모두 만족시키도록 그
래프의 개형을 그려보는 거야! 물론 풀이처럼 경우를 나눠서 문제를 푸는
것도 좋은 접근이지만 실제 시험장에서는 계산 과정에서 실수하기 쉽거
든. 그래프의 개형을 그리고 그 개형을 만족하는 계수들을 결정하면 어느
샌가 정답에 근접한 너의 모습을 발견하게 될 거야!

F 160 정답 ⑤ ·············· ⭐ 2등급 대비 [정답률 34%]

[정답 공식: 이차함수 $y=ax^2+bx+c$의 그래프와 x축과의 교점의 x좌표는]
이차방정식 $ax^2+bx+c=0$의 실근과 같다.

세 양수 a, b, c에 대하여 두 이차함수
$$f(x)=(x-a)^2+b,\ g(x)=-\frac{1}{2}(x-c)^2+11$$
이 있다. x에 대한 이차방정식 $f(x)=g(x)$는 서로 다른 두
실근 α, $\beta(\alpha<\beta)$를 갖는다. 함수 $h(x)$가 **단서1** $y=f(x)$와
$y=g(x)$의 그래프의
교점의 x좌표는
α, β임을 알 수 있어.

$$h(x)=\begin{cases} f(x) & (\alpha\leq x\leq\beta) \\ g(x) & (x<\alpha\ \text{또는}\ x>\beta) \end{cases}$$

일 때, 함수 $h(x)$는 다음 조건을 만족시킨다.

> 함수 $y=h(x)$의 그래프와 직선 $y=k$가 서로 다른
> 세 점에서만 만나도록 하는 실수 k의 값은 2와 3이다.
> **단서2** $k\neq2$이고 $k\neq3$일 때에는 함수의 그래프와 직선이 만나는 점의 개수는
> 2 이하이거나 4 이상이라는 뜻임을 명심해.

함수 $y=h(x)$의 그래프가 직선 $y=2$와 만나는 서로 다른 세
점의 x좌표의 합을 S라 하고, 직선 $y=3$과 만나는 서로
다른 세 점의 x좌표의 합을 T라 하자. $T-S=\dfrac{a}{2}$일 때,
$h(\alpha+\beta)$의 값은?

① $\dfrac{17}{2}$　② 9　③ $\dfrac{19}{2}$　④ 10　⑤ $\dfrac{21}{2}$

💡 단서+발상 [유형 02+06]

단서1 $f(x)$의 최고차항의 계수는 양수이고 $g(x)$의 최고차항의 계수는
음수인데 방정식 $f(x)=g(x)$의 실근이 α, β이므로 $\alpha\leq x\leq\beta$에서
$f(x)\leq g(x)$인 것을 알 수 있다. **개념**

단서2 함수 $y=h(x)$의 그래프와 직선 $y=k$는 $k=2$ 또는 $k=3$일 때만 서로
다른 세 점에서만 만난다. **적용**
$k\neq2$이거나 $k\neq3$인 경우에는 함수 $y=h(x)$의 그래프와 직선 $y=k$의
교점이 세 개가 아닌 것을 찾을 수 있다. **발상**

1st 함수 $y=h(x)$의 그래프를 파악하자.
함수 $y=h(x)$의 그래프는 두 함수 $y=f(x)$와 $y=g(x)$의 그래프의
교점을 기준으로 두 교점의 사이에서는 함수 $y=f(x)$의 그래프를,
그 외의 범위에서는 함수 $y=g(x)$의 그래프를 따른다.

2nd 경우를 나누어 문제 조건을 만족시키는지 확인하자.
함수 $y=f(x)$의 그래프의 축인 직선 $x=a$가 $\alpha<x<\beta$의 범위에
포함되는 경우와 아닌 경우를 나누어 생각하자.
(i) $a\leq\alpha$인 경우
두 함수 $y=f(x)$,
$y=g(x)$의
그래프의 개형은
그림과 같다.

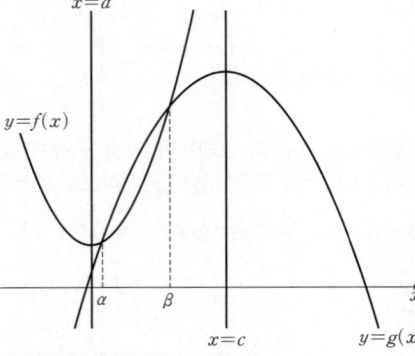

이 경우 함수 $y=h(x)$의 그래프와 직선 $y=k$가
서로 다른 3개의 점에서 만나는 실수 k의 값은 존재하지
않는다. 이 경우에는 항상 함수 $y=h(x)$의 그래프와
직선 $y=k$가 만나는 점의 개수가 2 이하가 돼.
(ii) $\alpha<a<\beta$인 경우
두 함수 $y=f(x)$, $y=g(x)$의 그래프의 개형은 아래와 같다.

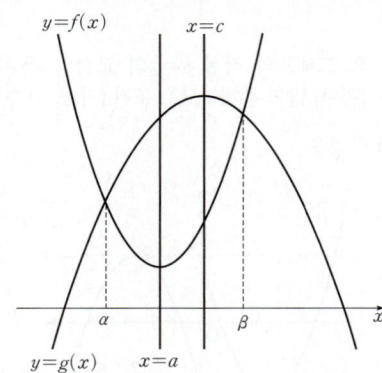

또는

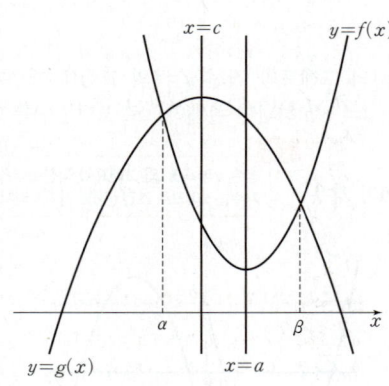

(i) 이 경우에는 함수 $y=h(x)$의 그래프와 직선 $y=k$가 서로 다른
3개의 점에서 만나는 실수 k의 값이 2개 존재한다.
(iii) $\beta\leq a$인 경우
두 함수 $y=f(x)$, $y=g(x)$의 그래프의 개형은 아래와 같다.

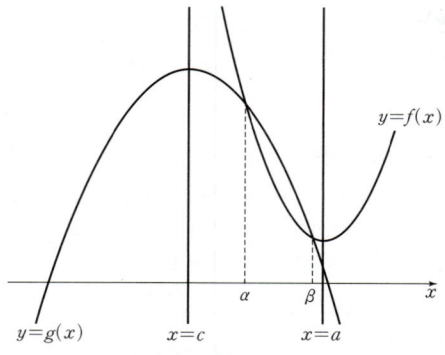

이 경우 함수 $y=h(x)$의 그래프와 직선 $y=k$가 서로 다른 3개의 점에서 만나는 실수 k의 값은 존재하지 않는다.

그러므로 (i), (ii), (iii)에 의하여

$\underline{a<\alpha<\beta}$이고 $f(\alpha)=b=2$이다. → 2, 3 중에 더 작은 값이 함수 $y=f(x)$의 그래프의 꼭짓점의 y좌표이기 때문이야.

3rd a, c의 대소 관계에 따라 경우를 나누어 $h(x)$를 구하자.

이제 a, c의 대소 관계에 따라
다음과 같이 경우를 나누어 생각할 수 있다.

(I) $a=c$일 때
함수 $y=h(x)$의 그래프의 개형은 아래와 같아 직선 $y=k$와 서로 다른 세 점에서 만나는 실수 k의 값은 하나 뿐이다.

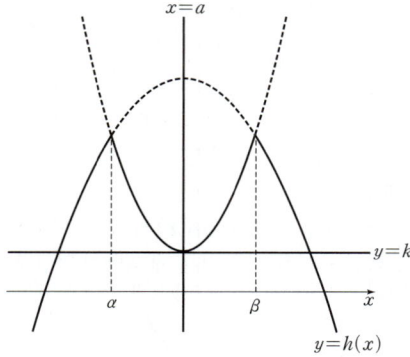

(II) $a<c$일 때
함수 $y=h(x)$의 그래프의 개형은 아래와 같다.

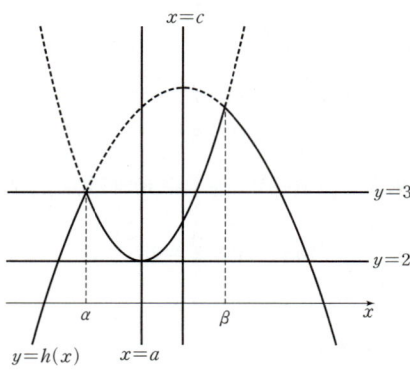

이때 $f(\alpha)=g(\alpha)=3$이어야 하므로
$f(x)=(x-a)^2+2$에서 $\alpha=a-1$이다.

$g(x)=-\dfrac{1}{2}(x-c)^2+11$에서 $g(a-1)=3$이므로
$c=a+3$이다. $\quad$ $-\dfrac{1}{2}(a-1-c)^2+11=3$, $\dfrac{1}{2}(a-1-c)^2=8$,
$\qquad (a-1-c)^2=16$이야.
$\qquad a-c-1=4$ 또는 $a-c-1=-4$이므로 $c=a-5$ 또는 $c=a+3$
$\qquad$ 이때 $a<c$이므로 $c=a+3$이야.

이때 $\underline{S=2c+a=3a+6}$, $\underline{T=2c+(a+1)=3a+7}$이므로
$\qquad$ 이차함수의 그래프의 대칭성을 이용하면 정확한
$T-S=1=\dfrac{a}{2}$에서 $a=2$ $\quad$ x좌표의 값은 몰라도 합은 알 수 있어.

(III) $a>c$일 때
함수 $y=h(x)$의 그래프의 개형은 아래와 같다.

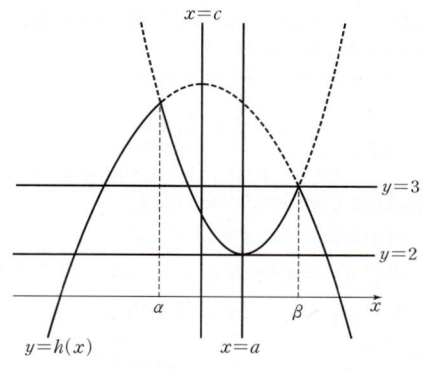

이때 $f(\beta)=g(\beta)=3$이어야 하므로
$f(x)=(x-a)^2+2$에서 $\beta=a+1$이다.

$g(x)=-\dfrac{1}{2}(x-c)^2+11$에서 $g(a+1)=3$이므로
$c=a-3$이다.
이때 $S=2c+a=3a-6$, $T=2c+(a-1)=3a-7$이므로

$T-S=-1=\dfrac{a}{2}$에서 $a=-2$

이는 양수 a라는 조건에 맞지 않는다.
따라서 (I), (II), (III)에 의하여 $a=2$, $c=5$이다.

$\therefore f(x)=(x-2)^2+2$, $g(x)=-\dfrac{1}{2}(x-5)^2+11$

4th 문제에서 물어보는 답을 구하자.

$(x-2)^2+2=-\dfrac{1}{2}(x-5)^2+11$에서
$x^2-6x+5=(x-1)(x-5)=0$이므로
$\alpha=1$, $\beta=5$이다.

$\therefore h(\alpha+\beta)=h(6)=g(6)=-\dfrac{1}{2}\times(6-5)^2+11$

$\qquad\qquad\qquad =-\dfrac{1}{2}+11=\dfrac{21}{2}$

1등급 대비 특강

＊ **교점의 개수가 변하는 지점을 주목하기!**

함수 $y=h(x)$의 그래프와 직선 $y=k$의 교점의 개수가 변할 수 있는 지점은 직선 $y=k$가 이차함수의 그래프의 꼭짓점을 지날 때($k=b$ 또는 $k=11$)와 직선 $y=k$가 함수 $y=h(x)$의 식이 바뀌는 지점을 지날 때 ($k=h(\alpha)$ 또는 $k=h(\beta)$)이다.
이 2가지를 주목하면 조건을 만족시키는 그래프의 개형을 효율적으로 찾을 수 있다.

정답 공식: 이차함수의 그래프와 직선이 접하는 경우 이차함수와 직선의 식을 연립한 이차방정식의 판별식 $D=0$이어야 한다.

두 이차함수 $f(x)=x^2+2x+1$, $g(x)=-x^2+5$에 대하여 함수 $h(x)$를 **단서 1** 함수 $y=h(x)$의 그래프를 정확히 그려서 그래프와 직선이 서로 다른 세 점에서 만나는 경우가 언제인지를 파악해야 해.

$$h(x)=\begin{cases} f(x)\ (x\le-2 \text{ 또는 } x\ge1) \\ g(x)\ (-2<x<1) \end{cases}$$

이라 하자. 직선 $y=mx+6$과 $y=h(x)$의 그래프가 서로 다른 세 점에서 만나도록 하는 모든 실수 m의 값의 합을 S라 할 때, $10S$의 값을 구하시오. **단서 2** 직선 $y=mx+6$이 m의 값에 관계없이 항상 지나는 점을 알아야 해.

1st 함수 $y=h(x)$의 그래프를 좌표평면에 나타내.

$f(x)=x^2+2x+1=(x+1)^2$, $g(x)=-x^2+5$이므로 두 함수 $y=f(x)$, $y=g(x)$의 그래프는 [그림 1]과 같다.

두 함수 $y=f(x)$, $y=g(x)$의 그래프는 두 점 $(-2,1)$, $(1,4)$에서 만나.

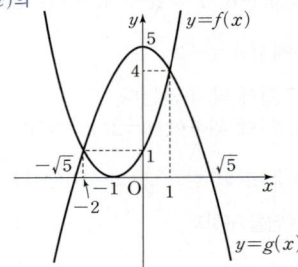

[그림 1]

즉, 함수 $h(x)=\begin{cases} f(x)\ (x\le-2 \text{ 또는 } x\ge1) \\ g(x)\ (-2<x<1) \end{cases}$의 그래프를 그리면 [그림 2]와 같다.

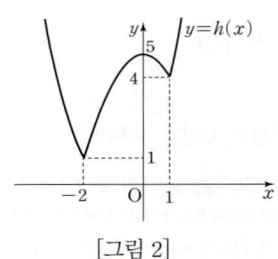

[그림 2]

2nd 직선 $y=mx+6$과 함수 $y=h(x)$의 그래프가 서로 다른 세 점에서 만나도록 하는 실수 m의 값을 구해. ┌ 직선 $y=mx+6$의 y절편은 6이야. 즉, m에 어떤 값을 대입해도 이 직선은 점 $(0,6)$을 지나.

직선 $y=mx+6$은 m의 값에 관계없이 항상 점 $(0,6)$을 지나므로 직선의 기울기 m의 값을 변화시키면서 이 직선과 함수 $y=h(x)$의 그래프가 서로 다른 세 점에서 만나도록 하는 경우를 알아보면 다음의 두 가지이다.

(ⅰ) 직선 $y=mx+6$이 점 $(-2,1)$을 지나는 경우

이 경우에 직선 $y=mx+6$과 함수 $y=h(x)$의 그래프는 [그림 3]과 같이 서로 다른 세 점에서 만난다.

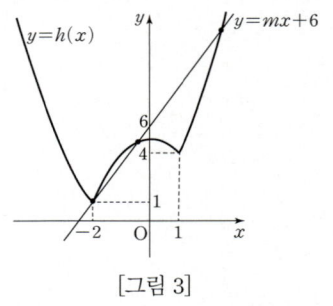

[그림 3]

따라서 직선 $y=mx+6$에 점 $(-2,1)$의 좌표를 대입하면 $1=-2m+6$에서 $2m=5$ ┌ 함수 $y=F(x)$의 그래프가 점 (a,b)를 지나면 $b=F(a)$가 성립해.

$$\therefore m=\frac{5}{2}$$

(ⅱ) 직선 $y=mx+6$이 함수 $y=g(x)$의 그래프에 접하는 경우

직선의 방정식 $y=mx+6$과 함수 $y=g(x)$의 식을 연립하면 $mx+6=-x^2+5$에서 $x^2+mx+1=0$

이 이차방정식의 판별식을 D라 하면 $D=m^2-4$

이때, 직선 $y=mx+6$과 함수 $y=g(x)$의 그래프가 접해야 하므로 판별식 $D=0$이어야 한다. ┌ 직선과 이차함수의 그래프가 접하면 직선의 방정식과 이차함수의 식을 연립한 이차방정식은 중근을 가져야 해. 따라서 이차방정식의 판별식을 D라 할 때, $D=0$이어야 해.

즉, $m^2-4=0$에서 $(m+2)(m-2)=0$

$$\therefore m=-2 \text{ 또는 } m=2 \cdots (*)$$

ⅰ) $m=-2$일 때,

직선 $y=-2x+6$과 함수 $y=h(x)$의 그래프는 [그림 4]와 같이 점 $(1,4)$를 포함한 서로 다른 두 점에서 만난다.

점 $(1,4)$는 직선 $y=-2x+6$과 함수 $y=g(x)$의 그래프의 접점이야.

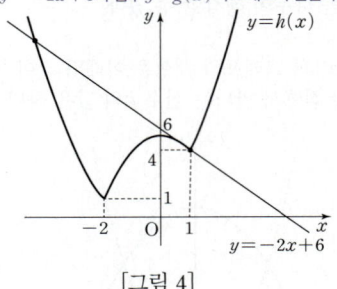

[그림 4]

ⅱ) $m=2$일 때,

직선 $y=2x+6$과 함수 $y=h(x)$의 그래프는 [그림 5]와 같이 점 $(-1,4)$를 포함한 서로 다른 세 점에서 만난다.

점 $(-1,4)$는 직선 $y=2x+6$과 함수 $y=g(x)$의 그래프의 접점이야.

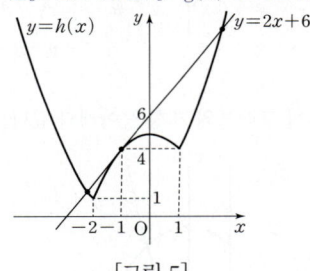

[그림 5]

(ⅰ), (ⅱ)에 의하여 조건을 만족시키는 실수 m의 값은 $\frac{5}{2}$, 2이므로

$$S=\frac{5}{2}+2=\frac{9}{2} \qquad \therefore 10S=10\times\frac{9}{2}=45$$

수능 핵강

✳ 직선과 곡선의 접점의 좌표 구하기

(✳)에서 직선 $y=mx+6$과 함수 $y=g(x)$의 그래프의 접점의 좌표를 구해 보자.

직선의 방정식과 함수 $y=g(x)$의 식을 연립한 이차방정식 $x^2+mx+1=0$에서

(ⅰ) $m=-2$일 때,
$x^2-2x+1=0$, $(x-1)^2=0$ ∴ $x=1$
즉, $x=1$인 점에서 접하고, 직선의 방정식 $y=-2x+6$에 $x=1$을 대입하면 $y=-2+6=4$이므로 접점의 좌표는 $(1, 4)$야.
따라서 $x>0$인 범위에서 직선 $y=-2x+6$과 함수 $y=h(x)$의 그래프는 한 점에서 만나.

(ⅱ) $m=2$일 때,
$x^2+2x+1=0$, $(x+1)^2=0$ ∴ $x=-1$
즉, $x=-1$인 점에서 접하고, 직선의 방정식 $y=2x+6$에 $x=-1$을 대입하면 $y=-2+6=4$이므로 접점의 좌표는 $(-1, 4)$야.
따라서 $x<0$인 범위에서 직선 $y=2x+6$과 함수 $y=h(x)$의 그래프는 서로 다른 두 점에서 만나.

F 162 정답 23 ·················· ⭐**2등급 대비** [정답률 22%]

정답 공식: 이차함수 $f(x)=m(x-p)^2+q$ $(m>0)$의 그래프의 대칭축은 $x=p$이다.

> 단서 대칭축 $x=a$의 위치에 따라 이차함수의 최댓값과 최솟값을 구해.
> 두 자연수 a, b에 대하여 $-2 \le x \le 2$에서 이차함수 $f(x)=(x-a)^2+2b$의 최댓값을 M, 최솟값을 m이라 하자. $M \le 36$이고 $m \ge 5$를 만족시키는 모든 순서쌍 (a, b)의 개수를 구하시오.

 단서+발상

단서 이차함수 $f(x)=(x-a)^2+2b$의 그래프는 최고차항의 계수가 1이므로 아래로 볼록인 포물선이고 꼭짓점의 좌표는 $(a, 2b)$임을 알 수 있다. 개념
대칭축 $x=a$에서 a가 자연수이므로 $a=1, 2, 3, 4, \cdots$인 경우 각각 대칭축이 주어진 범위 안에 포함되는지를 따져 각각 최댓값과 최솟값을 a, b에 관한 식으로 나타낸다. 발상
각각의 경우에서 '$M \le 36$이고 $m \ge 5$'를 만족시키는 (a, b)를 구한다. 적용

------------------- [문제 풀이 순서] -------------------

1st 대칭축의 위치에 따라 경우를 나누어 순서쌍 (a, b)의 개수를 구해.

$f(x)=(x-a)^2+2b$의 그래프의 대칭축은 $x=a$이고 a는 자연수이므로 $a=1, 2, 3, 4, \cdots$의 경우를 분류하자.

(ⅰ) $a=1$일 때, $f(x)=(x-1)^2+2b$

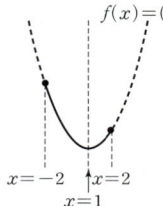
$-2 \le x \le 2$에서 $f(x)$의 최댓값과 최솟값을 고려하는데 그래프의 대칭축이 $x=a$이니까 $1 \le a \le 2$, $a \ge 3$에서 다른 결과가 나올 거라 예상할 수 있어.

→ 제한된 범위에서 이차함수의 최대 최소는 그래프를 그려보면 돼. 최고차항의 계수가 양수이므로 꼭짓점에서 최솟값을 가지고, 꼭짓점에서 멀어질수록 함수값이 커져.

즉, 최댓값 $M=f(-2)=9+2b$, 최솟값 $m=f(1)=2b$이므로
$9+2b \le 36$, $2b \ge 5$
$5 \le 2b \le 27$ ∴ $2.5 \le b \le 13.5$

따라서 $a=1$일 때, 부등식을 만족시키는 자연수 b의 값은 3, 4, 5, $\cdots$, 13이므로 순서쌍 (a, b)의 개수는 11이다.

(ⅱ) $a=2$일 때, $f(x)=(x-2)^2+2b$

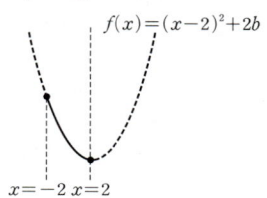

즉, 최댓값 $M=f(-2)=16+2b$, 최솟값 $m=f(2)=2b$이므로
$16+2b \le 36$, $2b \ge 5$
$5 \le 2b \le 20$ ∴ $2.5 \le b \le 10$

따라서 $a=2$일 때, 부등식을 만족시키는 자연수 b의 값은 3, 4, 5, $\cdots$, 10이므로 순서쌍 (a, b)의 개수는 8이다.

(ⅲ) $a=3$일 때, $f(x)=(x-3)^2+2b$

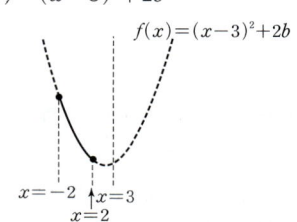

즉, 최댓값 $M=f(-2)=25+2b$, 최솟값 $m=f(2)=1+2b$이므로
$25+2b \le 36$, $1+2b \ge 5$
$4 \le 2b \le 11$ ∴ $2 \le b \le 5.5$

따라서 $a=3$일 때, 부등식을 만족시키는 자연수 b의 값은 2, 3, 4, 5이므로 순서쌍 (a, b)의 개수는 4이다.

(ⅳ) $a \ge 4$일 때, $f(x)=(x-a)^2+2b$

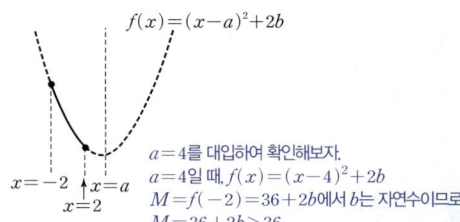
$a=4$를 대입하여 확인해보자.
$a=4$일 때, $f(x)=(x-4)^2+2b$
$M=f(-2)=36+2b$에서 b는 자연수이므로
$M=36+2b>36$

즉, 최댓값 $M=f(-2)=(-2-a)^2+2b \ge 36+2b>36$이므로 $M \le 36$을 만족시키는 자연수 b의 값은 존재하지 않는다.

(ⅰ)~(ⅳ)에 의하여 모든 순서쌍의 개수는
$11+8+4=23$

> **1등급 대비** 특강
> **✳ 제한된 범위에서 이차함수의 최대, 최소**
> 이차함수 $f(x)=m(x-p)^2+q$ $(m>0)$의 그래프 대칭축은 $x=p$이고 꼭짓점의 좌표는 (p, q)인 것을 다들 잘 알 거야. 그렇다면 두 실수 $a<b$에 대해 $a \le x \le b$이면 언제 $f(x)$가 최댓값, 최솟값을 가질까? 사실 답은 p가 어느 범위에 해당하는지에 따라 답이 달라져. 먼저 $p \le a$인 경우에는 최솟값은 $f(a)$, 최댓값은 $f(b)$를 가져. 다음으로 $a<p<b$인 경우에는 최솟값은 $f(p)=q$, 최댓값은 $f(a)$와 $f(b)$중 더 큰 값을 최댓값으로 가져. 마지막으로 $b \le p$인 경우에는 최솟값은 $f(b)$, 최댓값은 $f(a)$를 가져. 그래서 이차함수의 최대, 최소를 구할 때는 대칭축이 어느 범위에 있는지 확인하는 게 중요해!

정답 및 해설 **243**

My Top Secret　　서울대 선배의 **1** 등급 대비 전략

실제 시험장에서 이번 문제처럼 제한된 범위에서 이차함수의 최대, 최소를 구할 때는 그릴 수 있다면 그래프를 직접 그려보는 게 좋아. 이번 문제를 예시로 들자면, $a=1$인 경우에는 대칭축의 x좌표가 -2와 2 사이에 존재하므로 $f(1)$이 최솟값이 되고, $f(-2)>f(2)$이므로 $f(-2)$가 최댓값이 됨을 알 수 있지. 또한 $a\geq2$인 경우에는 대칭축의 x좌표가 2보다 크므로 $f(2)$가 최솟값, $f(-2)$가 최댓값이 됨을 알 수 있지.

여기서 a와 b가 모두 자연수이고 $M\leq36$이고 $m\geq5$이어야 하므로 $a\geq4$이면 최댓값이 $f(-2)=(-2-a)^2+2b\geq36+2b>36$이잖아? 그러므로 우리가 실질적으로 고려하면 되는 경우는 $a=1$일 때, $a=2$일 때, 그리고 $a=3$일 때 말고는 없어. 이 세 가지 경우만 고려하면 구하고자 하는 모든 순서쌍을 구할 수 있지.

F 163　정답 67 ⭐ 2등급 대비 [정답률 25%]

정답 공식: 제한된 범위에서 이차함수의 최대, 최소를 구하려면 가장 먼저 제한된 범위 안에 이차함수의 그래프의 축이 포함되어 있는지 확인해야 한다.

> **단서1** 단순히 부호를 언급한 것이 아니라 자연수로 언급한 것 자체가 문제를 푸는 과정에서 중요한 단서로 작용할 수 있으니 잊지 말고 확인하자.
>
> 두 양수 p, q에 대하여 이차함수 $f(x)=(x-p)^2+q$와 **자연수** m이 다음 조건을 만족시킬 때, $f(10)$의 값을 구하시오.
>
> > (가) $0\leq x\leq3$에서 함수 $f(x)$의 최솟값은 m이고 최댓값은 $m+4$이다.
> >
> > (나) $0\leq x\leq5$에서 함수 $f(x)$의 최솟값은 m이고 최댓값은 $4m$이다. **단서2** 조건 (나)에서 최솟값이 조건 (가)에서의 최솟값과 동일하니 이는 $0\leq p\leq3$임을 알 수 있어.

 단서 + 발상　[유형 08]

단서1 m은 자연수이므로 m은 $m>0$인 정수인 것을 알 수 있다. **개념**

단서2 (가)에서의 $f(x)$의 최솟값과 (나)에서의 $f(x)$의 최솟값이 동일하므로 $0\leq p\leq3$이어야 한다는 것을 알 수 있다. **발상**

------------------ [문제 풀이 순서] ------------------

1st 양수 p의 조건을 나누는 기준을 설정하자.

$\dfrac{0+3}{2}=\dfrac{3}{2}$, $\dfrac{0+5}{2}=\dfrac{5}{2}$이므로
두 조건 (가), (나)의 가운데 값을 기준으로 설정해야 p의 범위에 따라 $f(x)$가 최솟값 또는 최댓값을 갖는 x의 값이 변하게 돼.
조건 (가), (나)의 최솟값, 최댓값을 정하기 위해 양수 p에 대하여 다음과 같이 경우를 나누어 생각하자.

2nd 각각의 조건에 따라 함수 $f(x)$를 파악하자.

(i) $0<p\leq\dfrac{3}{2}$일 때
조건 (가)에 의해 $0\leq x\leq3$에서 $f(x)$의 최솟값은 $f(p)=q=m$
최댓값은 $f(3)=(3-p)^2+q=(3-p)^2+m=m+4$
$(3-p)^2=4$에서 $p=1$ 또는 $p=5$

$\therefore p=1\left(\because 0<p\leq\dfrac{3}{2}\right)$

조건 (나)에 의해 $0\leq x\leq5$에서 $f(x)$의 최댓값은 $f(5)=(5-1)^2+q=16+m=4m$
$m=\dfrac{16}{3}$이므로 자연수라는 조건을 만족시키지 않는다.

(ii) $\dfrac{3}{2}<p\leq\dfrac{5}{2}$일 때
조건 (가)에 의해 $0\leq x\leq3$에서 $f(x)$의 최솟값은 $f(p)=q=m$
최댓값은 $f(0)=(0-p)^2+q=p^2+m=m+4$
$p^2=4$에서 $p=2$ 또는 $p=-2$
$\therefore p=2\left(\because \dfrac{3}{2}<p\leq\dfrac{5}{2}\right)$
조건 (나)에 의해 $0\leq x\leq5$에서 $f(x)$의 최댓값은
$f(5)=(5-2)^2+q=9+m=4m$
$m=3$이므로 자연수라는 조건을 만족시킨다.

(iii) $\dfrac{5}{2}<p\leq3$일 때
조건 (가)에 의해 $0\leq x\leq3$에서 $f(x)$의 최솟값은 $f(p)=q=m$
최댓값은 $f(0)=(0-p)^2+q=p^2+m=m+4$
$p^2=4$에서 $p=2$ 또는 $p=-2$이므로
이를 만족하는 p가 없다. $\left(\because \dfrac{5}{2}<p\leq3\right)$

(iv) $p>3$일 때
조건 (가)에 의해 $0\leq x\leq3$에서 $f(x)$의 최솟값은
$f(3)=(3-p)^2+q=m$이고
조건 (나)에 의해 $0\leq x\leq5$에서 $f(x)$의 최솟값은 $f(p)$ 또는 $f(5)$인데
$3<p<50$이면 $f(p)$가 최솟값 $p\geq50$이면 $f(5)$가 최솟값이 돼.
이는 $f(3)$보다 작으므로 조건을 만족시키지 않는다.

3rd 위에서 얻은 결과를 통해 $f(10)$의 값을 구하자.
따라서 (i)~(iv)에 의하여 $f(x)=(x-2)^2+3$이므로
$f(10)=(10-2)^2+3=64+3=67$이다.

My Top Secret　　서울대 선배의 **1** 등급 대비 전략

주어진 구간에서 이차함수의 최대·최소를 구할 때 주어진 구간 안에 이차함수의 축이 존재하는지 먼저 확인해 봐. 예를 들어, 이차함수의 축이 주어진 구간에 포함된다면 (가)에서 $f(x)$의 최솟값은 $f(0),f(p),f(3)$ 중 가장 작은 값이 되고, 축이 주어진 구간에 포함되지 않는다면 $f(x)$의 최솟값은 $f(0),f(3)$ 중 작은 값이 되기 때문이야.

F 164　정답 11 ⭐ 2등급 대비 [정답률 38%]

정답 공식: 이차함수 $f(x)$에 대하여 $f(\alpha)=f(\beta)$가 성립하면 축의 방정식은 $x=\dfrac{\alpha+\beta}{2}$이다.

> $-2\leq x\leq5$에서 정의된 이차함수 $f(x)$가 **단서1** 이차함수의 그래프를 생각해봐~ 함숫값이 같으면 축의 방정식을 알 수 있겠지?
> $f(0)=f(4)$, $f(-1)+|f(4)|=0$
> 을 만족시킨다. 함수 $f(x)$의 최솟값이 -19일 때, $f(3)$의 값을 구하시오. **단서2** 정의역이 정해져 있으므로 이차함수의 그래프의 모양에 따라 어디에서 최솟값을 갖는지 따져봐.

1st 주어진 조건으로 이차함수의 그래프의 축의 방정식을 찾자.
$f(0)=f(4)$이므로 그래프의 축의 방정식은 $x=2$이다.
이차함수는 축에 대하여 대칭이므로 축을 제외한 곳에서 함숫값이 같은 것이 2개씩 나오지?

만약 $f(4)<0$이면

$f(-1)-f(4)=0$에서 $f(-1)=f(4)$

그런데 이것은 축의 방정식이 $x=2$
라는 것에 모순이다. └─이것에 맞는 이차함수 $f(x)$의 축의 방정식은

즉, $f(4)\geq0$이므로 $f(-1)+f(4)=0$ $x=\dfrac{-1+4}{2}=\dfrac{3}{2}$이야.

3rd 최고차항 계수의 부호를 찾아 최솟값을 가지는 x의 값을 찾자.

축의 방정식이 $x=2$이고, $f(0)=f(4)\geq0$을 만족시키는 이차함수 $y=f(x)$의 그래프의 개형은 최고차항의 계수의 부호에 따라 다음 두 가지 경우로 나눌 수 있다.

(i) (이차항의 계수)<0인 경우

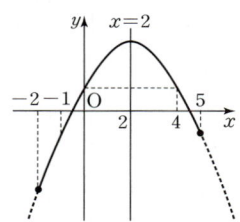

이 경우 $f(-1)+f(4)=0$을 만족시킬 수 있다.

즉, $f(x)$의 최솟값이 -19이므로

$\underline{f(-2)=-19}$
주어진 범위에서 축의 방정식 $x=2$로부터 가장 멀리 떨어진 x의 값인 -2에서 최솟값을 가지지?

(ii) (이차항의 계수)>0인 경우

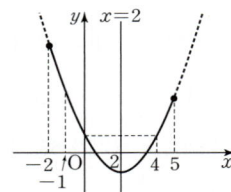

이 경우 $f(4)\geq0$이면 $f(-1)>0$이므로 $f(-1)+f(4)=0$을 만족시키지 않는다.

(i), (ii)에 의해 (이차항의 계수)<0이고, $f(-2)=-19$이다.

4th 주어진 식들을 정리하여 $f(x)$를 구하자.

함수 $f(x)=a(x-2)^2+p(a<0)$라 놓으면

$f(-1)+f(4)=0$이 성립하므로

주의
$f(x)$의 축의 방정식이 $x=k$이면 $f(x)=a(x-k)^2+q$ 꼴로 놓을 수 있어.

$f(-1)+f(4)=(9a+p)+(4a+p)$
$\qquad\qquad\qquad =13a+2p=0$

$\therefore p=-\dfrac{13}{2}a \cdots \bigcirc$

$f(-2)=-19$가 성립하므로 $f(-2)=16a+p=-19$

여기에 $\bigcirc$을 대입하면 $16a-\dfrac{13}{2}a=-19$

$\dfrac{19}{2}a=-19 \qquad \therefore a=-2$

$a=-2$를 $\bigcirc$에 대입하면 $p=13$

따라서 $f(x)=-2(x-2)^2+13$이므로

$f(3)=-2\times1^2+13=11$

F 165 정답 ③ ················· ☆2등급 대비 [정답률 23%]

정답 공식: $\alpha<x<\beta$에서 이차함수 $f(x)=k(x-a)^2+b(k<0)$에 대하여 $\alpha<a<\beta$일 때, $f(x)$의 최댓값은 $f(a)=b$이다.

단서1 직선 $y=-x+10$ 위의 한 점 A를 잡으면 B, C, D를 차례로 잡을 수 있어.

그림은 이차함수 $f(x)=-x^2+11x-10$의 그래프와 직선 $y=-x+10$을 나타낸 것이다. 직선 $y=-x+10$ 위의 한 점 A$(t,\ -t+10)$에 대하여 점 A를 지나고 y축에 평행한 직선이 이차함수 $y=f(x)$의 그래프와 만나는 점을 B, 점 B를 지나고 x축과 평행한 직선이 이차함수 $y=f(x)$의 그래프와 만나는 점 중 B가 아닌 점을 C, 점 A를 지나고 x축에 평행한 직선과 점 C를 지나고 y축에 평행한 직선이 만나는 점을 D라 하자. 네 점 A, B, C, D를 꼭짓점으로 하는 직사각형의 둘레의 길이의 최댓값은? $\left(단,\ 2<t<10,\ t\neq\dfrac{11}{2}이다.\right)$

단서2 점 A가 이차함수 $y=f(x)$의 그래프의 축의 오른쪽에 위치하는지 왼쪽에 위치하는지 알 수 없지? t의 값에 따라 직사각형의 둘레의 길이가 어떻게 달라지는지 체크해야 해.

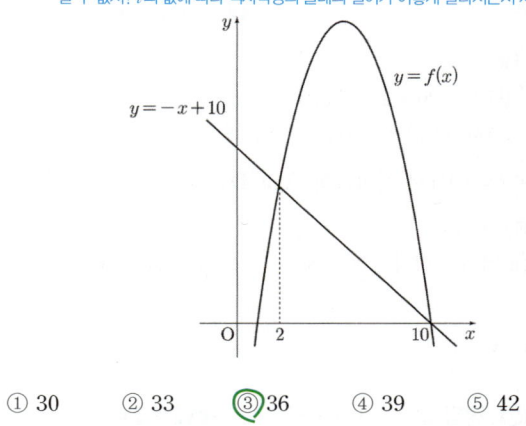

① 30 ② 33 ③ 36 ④ 39 ⑤ 42

1st 점 A의 좌표를 이용하여 점 B의 좌표를 t에 관한 식으로 나타내고, 선분 AB의 길이를 구하자.

직선 $y=-x+10$ 위의 한 점 A$(t,\ -t+10)$을 지나고 y축에 평행한 직선이 이차함수 $y=f(x)$의 그래프와 점 B에서 만나므로 점 B의 x좌표는 점 A의 x좌표와 같다. y축과 평행한 직선 위에 있는 두 점의 x좌표는 같아.

즉, B$(t,\ -t^2+11t-10)$이므로

$\overline{AB}=-t^2+11t-10-(-t+10)=-t^2+12t-20$

2nd 이차함수의 그래프의 축을 기준으로 t의 값의 범위를 나누어 선분 BC의 길이를 나타내는 식을 구한 후 직사각형의 둘레의 길이의 최댓값을 찾자.

$f(x)=-x^2+11x-10=-\left(x-\dfrac{11}{2}\right)^2+\dfrac{81}{4}$이므로

이차함수 $y=f(x)$의 그래프의 축의 방정식은 $x=\dfrac{11}{2}$이다.

따라서 축을 기준으로 t의 값의 범위를 다음과 같이 나누어 생각하자.

(i) $2<t<\dfrac{11}{2}$인 경우

점 B와 축 사이의 거리는

$\dfrac{11}{2}-t$이므로

$\overline{BC}=2\times\left(\dfrac{11}{2}-t\right)$

$\qquad =11-2t$
점 C와 점 B는 축 $x=\dfrac{11}{2}$에 대하여 대칭이야.
점 B와 축 사이의 거리는 점 C와 축 사이의 거리와 같으므로 점 B와 축 사이의 거리에 2배를 한 거야.

직사각형 ADCB의 둘레의 길이는

$$2(\overline{AB}+\overline{BC})$$
$$=2(-t^2+12t-20+11-2t)$$
$$=2(-t^2+10t-9)=-2(t-5)^2+32$$

즉, $2<t<\dfrac{11}{2}$에서 직사각형 ADCB의 둘레의 길이의 최댓값은 $t=5$일 때, 32가 된다.

(ii) $\dfrac{11}{2}<t<10$인 경우

점 B와 축 사이의 거리는

<u>$t-\dfrac{11}{2}$이므로</u>

$\dfrac{11}{2}<t$이므로 점 B와 축 사이의 거리는 $t-\dfrac{11}{2}$이 되는 거야.

$$\overline{BC}=2\times\left(t-\dfrac{11}{2}\right)$$
$$=2t-11$$

직사각형 ABCD의 둘레의 길이는
$$2(\overline{AB}+\overline{BC})$$
$$=2(-t^2+12t-20+2t-11)$$
$$=2(-t^2+14t-31)=-2(t-7)^2+36$$

즉, $\dfrac{11}{2}<t<10$에서 직사각형 ABCD의 둘레의 길이의 최댓값은 $t=7$일 때, 36이 된다.

따라서 (i), (ii)에서 직사각형의 둘레의 길이의 최댓값은 36이다.

 166 정답 ⑤ ································ ⭐2등급 대비 [정답률 24%]

[정답 공식: $\alpha<x<\beta$에서 이차함수 $f(x)=k(x-a)^2+b(k<0)$에 대하여 $\alpha<a<\beta$일 때, 최댓값은 $f(a)=b$이다.]

그림과 같이 한 변의 길이가 20인 정삼각형 ABC에 대하여 변 AB 위의 점 D, 변 AC 위의 점 G, 변 BC 위의 두 점 E, F를 꼭짓점으로 하는 직사각형 DEFG가 있다. 직사각형 DEFG의 넓이가 최대일 때, 삼각형 DBE에 내접하는 원의 둘레의 길이는 $(p\sqrt3+q)\pi$이다. p^2+q^2의 값은?

단서 1 직각삼각형의 세 변의 길이의 비를 이용하여 직사각형의 넓이를 길이에 대한 이차함수로 나타낸 후 최대가 되는 경우를 생각해보자.

단서 2 원의 둘레의 길이는 원의 반지름의 길이만 알면 돼. 이때, 직각삼각형에 내접하는 원의 반지름의 길이는 삼각형의 넓이를 이용하여 구할 수 있어.

(단, p, q는 유리수이다.)

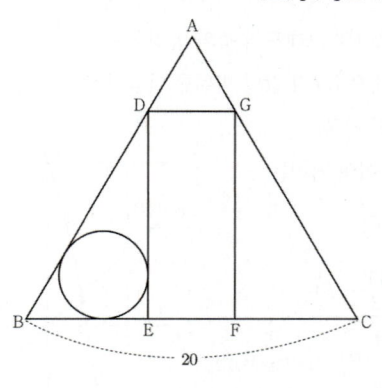

① 10   ② 20   ③ 30
④ 40   ⑤ 50

1st 직사각형 DEFG의 넓이를 식으로 나타내고 넓이가 최대일 때를 구하자.

점 A에서 선분 DG, 선분 BC 에 내린 수선의 발을 각각 H, I 라 하고, 원과 선분 BC의 접점 을 J라 하자.

$\overline{BI}=10$, $\overline{AI}=10\sqrt3$이고
한 변의 길이가 20인 정삼각형의 높이는 $\dfrac{\sqrt3}{2}\times20=10\sqrt{3}$이지

$\overline{DH}=a\,(0<a<10)$라 하면
$\overline{AH}=\sqrt3a$, $\overline{DE}=10\sqrt3-\sqrt3a$

삼각형 ADH와 삼각형 ABI는 한 내각의 크기가 60°인 직각삼각형이므로 세 변의 길이의 비가 $1:\sqrt3:2$가 돼. 즉, $\overline{DH}=a$, $\overline{BI}=10$이므로 $\overline{AH}=\sqrt3a$, $\overline{AI}=10\sqrt3$이고, $\overline{DE}=\overline{HI}=\overline{AI}-\overline{AH}$ $=10\sqrt3-\sqrt3a$야.

직사각형 DEFG의 넓이를 S라 하면
$\overline{DG}=2a$, $\overline{DE}=10\sqrt3-\sqrt3a$이므로
$$S=2a(10\sqrt3-\sqrt3a)$$
$$=20\sqrt3a-2\sqrt3a^2$$
$$=-2\sqrt3(a^2-10a+25-25)$$
$$=-2\sqrt3(a-5)^2+50\sqrt3$$

따라서 $a=5$일 때, 직사각형 DEFG의 넓이의 최댓값은 $50\sqrt3$이다.

2nd 직사각형 DEFG의 넓이가 최대일 때, 삼각형 DBE에 내접하는 원의 반지름의 길이를 구하자.

$a=5$일 때, $\overline{BE}=10-5=5$이고, $\overline{DE}=10\sqrt3-5\sqrt3=5\sqrt3$이다.

$$\therefore \triangle DBE=\dfrac{1}{2}\times\overline{BE}\times\overline{DE}=\dfrac{1}{2}\times5\times5\sqrt3=\dfrac{25\sqrt3}{2}\cdots\text{㉠}$$

한편, 삼각형 DBE는 한 내각의 크기가 60°인 직각삼각형이므로 세 변의 길이의 비는 $1:\sqrt3:2$가 된다.
$\overline{BE}:\overline{DE}:\overline{BD}=1:\sqrt3:2$야.

즉, $\overline{BD}=2\overline{BE}=2\times5=10$이다.

이때, 삼각형 DBE에 내접하는 원의 반지름의 길이를 r라 하면
$$\triangle DBE=\dfrac{1}{2}\times(\overline{BE}+\overline{DE}+\overline{DB})\times r$$
$$=\dfrac{1}{2}\times(5+5\sqrt3+10)\times r$$
$$=\dfrac{r}{2}\times(15+5\sqrt3)\cdots\text{㉡}$$

삼각형 ABC의 세 변의 길이가 a,b,c이고 내접원의 반지름의 길이가 r일 때 삼각형 ABC의 넓이는 $\dfrac{1}{2}\times(a+b+c)\times r$

㉠=㉡이므로
$$\dfrac{r}{2}\times(15+5\sqrt3)=\dfrac{25\sqrt3}{2}$$
$$\therefore r=\dfrac{25\sqrt3}{2}\times\dfrac{2}{15+5\sqrt3}$$
$$=\dfrac{5\sqrt3}{3+\sqrt3}=\dfrac{5\sqrt3(3-\sqrt3)}{(3+\sqrt3)(3-\sqrt3)}$$
$$=\dfrac{15\sqrt3-15}{6}=\dfrac{5\sqrt3-5}{2}$$

즉, 내접하는 원의 둘레의 길이는
$$2\times\dfrac{5\sqrt3-5}{2}\pi=(5\sqrt3-5)\pi$$
반지름의 길이가 r인 원의 둘레의 길이는 $2\pi r$

따라서 $p=5$, $q=-5$이므로
$$p^2+q^2=25+25=50$$

정답 공식: 이차함수 $y=a(x-p)^2+q$에서 $a>0$이면 최솟값은 q이고 최댓값은 없다. $a<0$이면 최댓값은 q이고 최솟값은 없다.

그림과 같이 좌표평면 위의 네 점 $O(0, 0)$, $A(1, 0)$, $B(1, 2)$, $C(0, 1)$을 꼭짓점으로 하는 사각형 OABC가 있다.
실수 $k(0<k<1)$에 대하여 직선 $y=k$가 세 선분 OC, OB, AB와 만나는 점을 각각 D, E, F라 하자. 삼각형 OED의 넓이를 S_1, 사각형 OAFE의 넓이를 S_2, 삼각형 EFB의 넓이를 S_3, 사각형 DEBC의 넓이를 S_4라 할 때, $(S_1-S_3)^2+(S_2-S_4)^2$의 최솟값은?

단서 O, A, B, C의 좌표가 주어져 있으니까 두 삼각형 OBC, OAB의 넓이는 구할 수 있어. k의 값에 따라 $S_1{\sim}S_4$의 넓이의 변화가 생기지? $S_1{\sim}S_4$의 문자를 줄여보자.

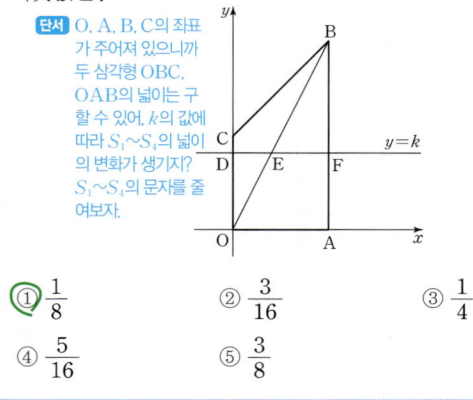

① $\dfrac{1}{8}$ ② $\dfrac{3}{16}$ ③ $\dfrac{1}{4}$

④ $\dfrac{5}{16}$ ⑤ $\dfrac{3}{8}$

1st S_3, S_4를 S_1, S_2로 표현해보자.

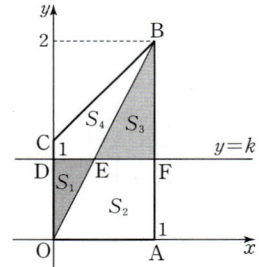

삼각형 OAB의 넓이는

$S_2+S_3=\dfrac{1}{2}\times1\times2=1$ $\therefore S_3=1-S_2\cdots$ ㉠

삼각형 OBC의 넓이는

$S_1+S_4=\dfrac{1}{2}\times1\times1=\dfrac{1}{2}$ $\therefore S_4=\dfrac{1}{2}-S_1\cdots$ ㉡

2nd $(S_1-S_3)^2+(S_2-S_4)^2$의 최솟값을 구하자.

$(S_1-S_3)^2+(S_2-S_4)^2$

$=(S_1+S_2-1)^2+\left(S_2+S_1-\dfrac{1}{2}\right)^2$ ($\because$ ㉠, ㉡)

$=(k-1)^2+\left(k-\dfrac{1}{2}\right)^2$

$=2k^2-3k+\dfrac{5}{4}$ $S_1+S_2=$(직사각형 OAFD의 넓이)$=1\times k=k$

$=2\left(k^2-\dfrac{3}{2}k+\dfrac{9}{16}-\dfrac{9}{16}\right)+\dfrac{5}{4}$

$=2\left(k-\dfrac{3}{4}\right)^2+\dfrac{1}{8}$

[이차함수의 최대·최소]
$y=a(x-p)^2+q$에서
(1) $a>0$이면 최댓값은 없고, 최솟값은 q이다.
(2) $a<0$이면 최댓값은 q이고, 최솟값은 없다.

이때, $0<k<1$이므로 꼭짓점에서 최솟값을 가진다.

따라서 $k=\dfrac{3}{4}$일 때, 구하는 식의 최솟값은 $\dfrac{1}{8}$이다.

＊이차함수와 이차방정식 사이의 관계를 이용해 주어진 조건을 만족시키는 두 이차함수의 식 유추하기 [유형 02]

두 이차함수 $f(x)$, $g(x)$는 다음 조건을 만족시킨다.

단서1 $x^2-4=(x+2)(x-2)$이고 $x^2-9=(x+3)(x-3)$이므로 $f(x)$, $g(x)$는 각각 $x+2$, $x-2$, $x+3$, $x-3$ 중 서로 다른 두 개의 인수의 곱으로 나타낼 수 있어.

(가) $f(x)g(x)=(x^2-4)(x^2-9)$

(나) $f(a)=f(a+5)=0$인 실수 a가 존재한다.

단서2 $f(x)$는 이차함수이므로 방정식 $f(x)=0$은 2개의 근을 가져. 그런데 $a+5\neq a$이므로 $f(x)=0$은 서로 다른 2개의 실근을 가진다는 거야. 또한, $(a+5)-a=5$이므로 $f(x)=0$의 서로 다른 두 실근의 차는 5이어야 해.

[보기]에서 옳은 것만을 있는 대로 고른 것은?

[보기]
ㄱ. $f(2)=0$일 때, $g(3)=0$이다.

ㄴ. $g(2)>0$일 때, $f\left(\dfrac{5}{2}\right)<g\left(\dfrac{5}{2}\right)$이다.

ㄷ. x에 대한 방정식 $f(x)-g(x)=0$이 서로 다른 두 정수 m, n을 근으로 가질 때, $|m+n|=5$이다.

단서3 방정식 $f(x)-g(x)=0$이 서로 다른 두 정수 m, n을 근으로 가지므로 이 방정식은 이차방정식이야.

① ㄱ   ② ㄱ, ㄴ   ③ ㄱ, ㄷ

④ ㄴ, ㄷ   ⑤ ㄱ, ㄴ, ㄷ

왜 1등급? 주어진 조건을 만족시키는 두 이차함수의 식을 찾아 [보기]의 참, 거짓을 판단하는 문제로 이차함수의 특징, 이차함수와 이차방정식 사이의 관계 등을 이용하여 주어진 조건을 해석한 후, 적절한 미지수를 도입하여 두 이차함수의 식을 구해야 한다.

💡 단서+발상

단서1 $f(x)g(x)=(x^2-4)(x^2-9)=(x+2)(x-2)(x+3)(x-3)$에서 두 이차함수 $f(x)$, $g(x)$의 곱이 서로 다른 4개의 일차식인 인수들의 곱으로 표현되었으므로 $x+2$, $x-2$, $x+3$, $x-3$ 중 서로 다른 두 개의 인수들끼리 묶어 곱하면 두 이차함수 $f(x)$, $g(x)$의 식을 표현할 수 있다. 발상

이때, $f(x)g(x)$의 최고차항의 계수가 1, 즉 두 이차함수 $f(x)$, $g(x)$의 최고차항의 계수의 곱이 1이 되어야 하므로 $f(x)$의 최고차항의 계수를 $k(k\neq0)$로 놓으면 $g(x)$의 최고차항의 계수는 $\dfrac{1}{k}$로 놓아야 함을 명심해야 한다. 적용

단서2 방정식 $f(x)=0$의 근이 될 수 있는 것은 -3, -2, 2, 3 중 2개인데 두 근의 차가 5이기 때문에 두 근은 -2, 3 또는 -3, 2이어야 한다. 발상

즉, $f(x)$는 $x+2$와 $x-3$의 곱 또는 $x-2$와 $x+3$의 곱으로 표현됨을 알 수 있다. 적용

단서3 방정식 $f(x)-g(x)=0$이 서로 다른 두 실근을 가지기 위해서는 이 방정식이 이차방정식이어야 한다. 발상

또한, 두 실근 m, n이 모두 정수이어야 하므로 m, n에 대한 관계식을 통해 가능한 m, n의 순서쌍을 찾고, 경우를 나눠 $|m-n|=5$를 만족시키는지 확인한다. 해결

주의 두 함수 $f(x)$와 $g(x)$의 최고차항의 계수가 1이 아니라 두 함수의 곱 $f(x)g(x)$의 최고차항의 계수가 1이다. 즉, 두 이차함수의 최고차항의 계수가 서로 역수 관계임을 이용해 새로운 문자를 사용해 식을 세워야 한다는 것을 놓치지 말아야 한다.

또한, 두 정수 m, n에 대한 부정방정식을 풀어 m, n의 값으로 가능한 모든 경우를 나눠 하나씩 살펴보아야 한다.

(핵심 정답 공식: 주어진 조건을 이용하여 두 이차함수의 식을 추론한다. **)**

1st 조건 (가), (나)를 이용하여 가능한 두 이차함수 $f(x)$, $g(x)$를 구해 봐.

조건 (가)에 의하여 ┌▶ $f(x)$, $g(x)$가 이차함수이므로 $f(x)$, $g(x)$는 $x+2$, $x-2$, $x+3$, $x-3$ 중 2개씩 짝지어서 각각 인수로 가지면 돼.

$f(x)g(x)=(x^2-4)(x^2-9)=(x+2)(x-2)(x+3)(x-3)$이고

조건 (나)에 의하여 $f(x)=0$을 만족시키는 x의 값은 α 또는 $\alpha+5$이므로 이차방정식 $f(x)=0$의 두 실근의 차가 5이다.

따라서 0이 아닌 상수 k에 대하여

└▶ $k=0$이면 $f(x)$, $g(x)$는 이차함수가 될 수 없어.

$$\begin{cases} f(x)=k(x-2)(x+3) \\ g(x)=\dfrac{1}{k}(x+2)(x-3) \end{cases} \text{ 또는 } \begin{cases} f(x)=k(x+2)(x-3) \\ g(x)=\dfrac{1}{k}(x-2)(x+3) \end{cases} \text{이다.}$$

두 이차함수 $f(x)$, $g(x)$의 최고차항의 계수가 정해지지 않았으므로 곱해서 1이 되는, 즉 k, $\dfrac{1}{k}$을 각각 의 함수의 최고차항의 계수로 둬야 해.

2nd $f(2)=0$을 만족시키는 $f(x)$를 찾아 $g(3)$의 값을 구해.

ㄱ. $f(2)=0$이면 함수 $f(x)$는 $x-2$를 인수로 가져야 한다.

즉, $\begin{cases} f(x)=k(x-2)(x+3) \\ g(x)=\dfrac{1}{k}(x+2)(x-3) \end{cases}$ 이어야 하므로 $g(3)=0$이다. (참)

함수 $g(x)$가 $x-3$을 인수로 가지므로 $g(3)=0$이야.

3rd $g(2)>0$일 때, $f\left(\dfrac{5}{2}\right)$, $g\left(\dfrac{5}{2}\right)$의 크기를 비교해.

ㄴ. $g(2)>0$에서 $g(2)\ne0$이므로 함수 $g(x)$는 $x-2$를 인수로 가지지 않는다.

즉, $f(x)$가 $x-2$를 인수로 가져야 하므로

$$\begin{cases} f(x)=k(x-2)(x+3) \\ g(x)=\dfrac{1}{k}(x+2)(x-3) \end{cases} \text{이어야 한다.}$$

이때, $g(2)=\dfrac{1}{k}\times4\times(-1)=-\dfrac{4}{k}$이고 $g(2)>0$이므로

$k<0$이어야 한다.

💡함정 조건 (가)에 의해 두 이차함수의 최고차항의 계수를 1이라고 생각하면 $g(2)<0$이 되기 때문에 문제에 오류가 있다고 착각할 수 있어. 그런데 두 이차함수의 최고차항의 계수를 음수로 생각하면 $g(2)>0$인 경우가 생기는 것을 알 수 있지.
$f(x)g(x)$의 최고차항의 계수가 1이면 각 함수의 최고차항의 계수가 k, $\dfrac{1}{k}$이어야 한다는 것을 잊지마.

따라서 $f\left(\dfrac{5}{2}\right)=k\left(\dfrac{5}{2}-2\right)\left(\dfrac{5}{2}+3\right)=\dfrac{11}{4}k<0$,

$g\left(\dfrac{5}{2}\right)=\dfrac{1}{k}\left(\dfrac{5}{2}+2\right)\left(\dfrac{5}{2}-3\right)=-\dfrac{9}{4k}>0$이므로

$f\left(\dfrac{5}{2}\right)<0<g\left(\dfrac{5}{2}\right)$이다. (참) ▶ (음수)<0<(양수)

4th x에 대한 방정식 $f(x)-g(x)=0$이 서로 다른 두 정수 m, n을 근으로 가질 때, $|m+n|$의 값을 구해.

ㄷ. (i) $\begin{cases} f(x)=k(x-2)(x+3) \\ g(x)=\dfrac{1}{k}(x+2)(x-3) \end{cases}$, 즉 $\begin{cases} f(x)=kx^2+kx-6k \\ g(x)=\dfrac{1}{k}x^2-\dfrac{1}{k}x-\dfrac{6}{k} \end{cases}$인 경우

방정식

$$f(x)-g(x)=\left(k-\dfrac{1}{k}\right)x^2+\left(k+\dfrac{1}{k}\right)x-6\left(k-\dfrac{1}{k}\right)=0 \cdots \text{㉠}$$

이 서로 다른 두 정수 근을 가지므로 ㉠은 이차방정식이다.

즉, $k-\dfrac{1}{k}\ne0$에서 $k\ne\pm1$이다.

$k-\dfrac{1}{k}=0$이면 $f(x)-g(x)=0$은 이차방정식이 아니야.

㉠의 양변에 k를 곱하면

$(k^2-1)x^2+(k^2+1)x-6(k^2-1)=0$

이차방정식 $(k^2-1)x^2+(k^2+1)x-6(k^2-1)=0$의 서로 다른 두 정수 근 m, n에 대하여 근과 계수의 관계에서 $mn=-6$이고,

$$mn=\dfrac{-6(k^2-1)}{k^2-1}=-6 \; (\because k^2-1\ne0)$$

m, n이 정수이므로 가능한 m, n의 순서쌍을 (m, n)으로 나타내면

$(-6, 1)$, $(1, -6)$, $(-3, 2)$, $(2, -3)$, $(-2, 3)$, $(3, -2)$, $(-1, 6)$, $(6, -1)$

로 8가지이다.

i) $(m, n)=(-6, 1)$, $(1, -6)$인 경우 ▶두 근의 합은 $-6+1=1+(-6)=-5$야.

$m+n=\dfrac{-k^2-1}{k^2-1}=-5$에서

이차방정식의 근과 계수의 관계에서 두 근의 합을 나타낸 거야.

$-k^2-1=-5k^2+5$, $4k^2=6$

$k^2=\dfrac{3}{2}$ ∴ $k=\pm\sqrt{\dfrac{3}{2}}$

따라서 x에 대한 방정식 $f(x)-g(x)=0$은 $x=-6$, $x=1$을 두 정수 근으로 가질 수 있다.

ii) $(m, n)=(-3, 2)$, $(2, -3)$인 경우 ▶두 근의 합은 $-3+2=2+(-3)=-1$이야.

$m+n=\dfrac{-k^2-1}{k^2-1}=-1$에서

$-k^2-1=-k^2+1$

즉, $-1=1$은 모순이므로 이 경우에는 k의 값이 존재하지 않는다.

따라서 x에 대한 방정식 $f(x)-g(x)=0$은 $x=-3$, $x=2$를 두 정수 근으로 가질 수 없다.

iii) $(m, n)=(-2, 3)$, $(3, -2)$인 경우 ▶두 근의 합은 $-2+3=3+(-2)=1$이야.

$m+n=\dfrac{-k^2-1}{k^2-1}=1$에서

$-k^2-1=k^2-1$, $2k^2=0$

$k^2=0$ ∴ $k=0$

그런데 $k\ne0$이므로 x에 대한 방정식 $f(x)-g(x)=0$은 $x=-2$, $x=3$을 두 정수 근으로 가질 수 없다.

iv) $(m, n)=(-1, 6)$, $(6, -1)$인 경우 ▶두 근의 합은 $-1+6=6+(-1)=5$야.

$m+n=\dfrac{-k^2-1}{k^2-1}=5$에서

$-k^2-1=5k^2-5$, $6k^2=4$

$k^2=\dfrac{2}{3}$ ∴ $k=\pm\sqrt{\dfrac{2}{3}}$

따라서 x에 대한 방정식 $f(x)-g(x)=0$은 $x=-1$, $x=6$을 두 정수 근으로 가질 수 있다.

(ii) $\begin{cases} f(x)=k(x+2)(x-3) \\ g(x)=\dfrac{1}{k}(x-2)(x+3) \end{cases}$, 즉 $\begin{cases} f(x)=kx^2-kx-6k \\ g(x)=\dfrac{1}{k}x^2+\dfrac{1}{k}x-\dfrac{6}{k} \end{cases}$인 경우

방정식

$$f(x)-g(x)=\left(k-\dfrac{1}{k}\right)x^2-\left(k+\dfrac{1}{k}\right)x-6\left(k-\dfrac{1}{k}\right)=0 \cdots \text{㉡}$$

이 서로 다른 두 정수 근을 가지므로 ㉡은 이차방정식이다.

즉, $k-\dfrac{1}{k}\ne0$에서 $k\ne\pm1$이다.

ⓛ의 양변에 k를 곱하면
$(k^2-1)x^2-(k^2+1)x-6(k^2-1)=0$
이차방정식 $(k^2-1)x^2-(k^2+1)x-6(k^2-1)=0$의 서로 다른
두 정수 근 m, n에 대하여 근과 계수의 관계에서 $mn=-6$이고,
m, n이 정수이므로 가능한 m, n의 순서쌍을 (m, n)으로 나타
내면
$(-6, 1)$, $(1, -6)$, $(-3, 2)$, $(2, -3)$, $(-2, 3)$, $(3, -2)$,
$(-1, 6)$, $(6, -1)$
로 8가지이다.
　i) $(m, n)=(-6, 1)$, $(1, -6)$인 경우

$m+n=\dfrac{k^2+1}{k^2-1}=-5$에서

$k^2+1=-5k^2+5$, $6k^2=4$

$k^2=\dfrac{2}{3}$　∴ $k=\pm\sqrt{\dfrac{2}{3}}$

따라서 x에 대한 방정식 $f(x)-g(x)=0$은 $x=-6$, $x=1$
을 두 정수 근으로 가질 수 있다.
　ii) $(m, n)=(-3, 2)$, $(2, -3)$인 경우

$m+n=\dfrac{k^2+1}{k^2-1}=-1$에서

$k^2+1=-k^2+1$, $2k^2=0$

$k^2=0$　∴ $k=0$

그런데 $k\ne0$이므로 x에 대한 방정식 $f(x)-g(x)=0$은
$x=-3$, $x=2$를 두 정수 근으로 가질 수 없다.
　iii) $(m, n)=(-2, 3)$, $(3, -2)$인 경우

$m+n=\dfrac{k^2+1}{k^2-1}=1$에서

$k^2+1=k^2-1$

즉, $1=-1$은 모순이므로 이 경우에는 k의 값이 존재하지 않
는다.
따라서 x에 대한 방정식 $f(x)-g(x)=0$은 $x=-2$, $x=3$
을 두 정수 근으로 가질 수 없다.
　iv) $(m, n)=(-1, 6)$, $(6, -1)$인 경우

$m+n=\dfrac{k^2+1}{k^2-1}=5$에서

$k^2+1=5k^2-5$, $4k^2=6$

$k^2=\dfrac{3}{2}$　∴ $k=\pm\sqrt{\dfrac{3}{2}}$

따라서 x에 대한 방정식 $f(x)-g(x)=0$은 $x=-1$, $x=6$
을 두 정수 근으로 가질 수 있다.
(i), (ii)에 의하여 x에 대한 방정식 $f(x)-g(x)=0$이 서로 다른 두
정수 m, n을 근으로 가지면 $|m+n|=5$이다. (참)
따라서 옳은 것은 ㄱ, ㄴ, ㄷ이다. 　　x에 대한 방정식 $f(x)-g(x)=0$의 서로 다른 두
　　　　　　　　　　　　　　　　　정수 근의 순서쌍 (m, n)은 $(-6, 1)$, $(1, -6)$,
　　　　　　　　　　　　　　　　　$(-1, 6)$, $(6, -1)$이야.

My Top Secret　　　서울대 선배의 ❶ 등급 대비 전략
이와 같은 [보기]의 진위를 판별하는 유형에서는 추론한 함수가 문제
에 주어진 기본적인 조건을 만족시키더라도 함수의 식 자체는 완전하
지 않을 수 있어.
따라서 함수의 식을 정확하게 구하기 위해서는 미지수를 도입해서 식
을 세워야 하며, [보기]에 주어진 조건들을 통해 미지수를 상황에 맞
게 파악해.

F 169　정답 114 ········· ⭐1등급 대비 [정답률 15%]

> 정답 공식: 이차함수의 그래프와 이차방정식의 해
> 이차함수 $y=ax^2+bx+c$의 그래프와 직선 $y=mx+n$의 교점의 x좌표는
> 이차방정식 $ax^2+(b-m)x+c-n=0$의 실근과 같다.

두 이차함수 $f(x)$, $g(x)$가 다음 조건을 만족시킨다.

> (가) x에 대한 방정식
> $4x^2-2\{f(x)+g(x)\}x+f(x)g(x)=0$의 서로
> [단서1] 이 방정식은 $\{f(x)-2x\}\{g(x)-2x\}=0$으로
> 　　인수분해할 수 있어.
> 다른 실근의 개수가 1이다.
> (나) x에 대한 방정식 [단서2] 조건 (가)와 다르게 x^2, x 대신 k^2, k로 바뀐
> 　　　　　　　　　　　부분을 헷갈리지 말고 식을 파악해.
> $4k^2-2\{f(x)+g(x)\}k+f(x)g(x)=0$의 서로 다
> 른 실근의 개수가 3이 되도록 하는 모든 실수
> k의 값은 $-\dfrac{1}{2}$, 0, 1이다.

모든 실수 x에 대하여 $f(x)-g(x)\ge0$일 때, $f(10)+g(6)$의
값을 구하시오.

💡 단서+발상

[단서1] $4x^2-2\{f(x)+g(x)\}x+f(x)g(x)=\{2x-f(x)\}\{2x-g(x)\}=0$의 서로 다른 실근의 개수가 1이므로 $f(x)=2x$ 또는 $g(x)=2x$의
서로 다른 실근의 개수가 1이다. (발상)
문제에서 주어진 두 조건 (가), (나)를 이용해 세 함수 $y=f(x)$,
$y=g(x)$, $y=2x$의 관계를 파악할 수 있다. 이때 '모든 실수 x에 대해
$f(x)-g(x)\ge0$'이라는 조건도 동시에 만족시켜야 함에 주의한다. (발상)

[단서2] $4k^2-2\{f(x)+g(x)\}k+f(x)g(x)=\{2k-f(x)\}\{2k-g(x)\}=0$의
서로 다른 실근의 개수가 3이므로 $f(x)=2k$ 또는 $g(x)=2k$의 서로
다른 실근의 개수가 3이다. (발상)
$f(x)=2k$ 또는 $g(x)=2k$의 서로 다른 실근의 개수가 3이 되도록 하는
모든 실수 k의 값이 $-\dfrac{1}{2}$, 0, 1이므로 $y=f(x)$ 또는 $y=g(x)$의 그래프와
직선 $y=-1$, $y=0$, $y=2$의 교점의 개수가 각각 3이다. (적용)

-------------------- [문제 풀이 순서] --------------------

1st $y=f(x)$, $y=g(x)$, $y=2x$ 사이의 관계를 파악하자.

조건 (가)에서
$\{f(x)-2x\}\{g(x)-2x\}=0$의 서로 다른 실근의 개수가 1이므로
$f(x)=2x$의 실근이 1개, $g(x)=2x$의 실근이 0개
$f(x)=2x$의 실근이 0개, $g(x)=2x$의 실근이 1개
$f(x)=2x$의 실근과 $g(x)=2x$의 실근이 같은 근 1개인 경우가 있다.

 공통근을 갖는 경우를 빼먹지 않도록 주의해.

조건 (나)에서
방정식 $\{f(x)-2k\}\{g(x)-2k\}=0$의 서로 다른 실근의 개수는
3이므로
곡선 $y=f(x)$와 직선 $y=2k$ 또는 곡선 $y=g(x)$와 직선 $y=2k$의
서로 다른 교점의 개수는 3이다.
이때, 모든 실수 x에 대하여 $f(x)\ge g(x)$인데 모든 실수 x에 대하여
$f(x)=g(x)$이면 조건 (나)를 만족시킬 수 없으므로
　　$f(x)=g(x)$이면 $\{f(x)-2k\}^2=0$으로 $f(x)=2k$이고 이차곡선 $y=f(x)$의 그래프와
　　직선 $y=2k$의 서로 다른 교점의 개수는 2 이하야.
두 곡선 $y=f(x)$, $y=g(x)$의 위치 관계를 다음과 같이 나누어 생각해
볼 수 있다.

2nd 각각의 경우에 따른 $f(x)$, $g(x)$를 구하자.

(ⅰ) $f(x)$, $g(x)$의 최고차항의 계수가 모두 양수일 때

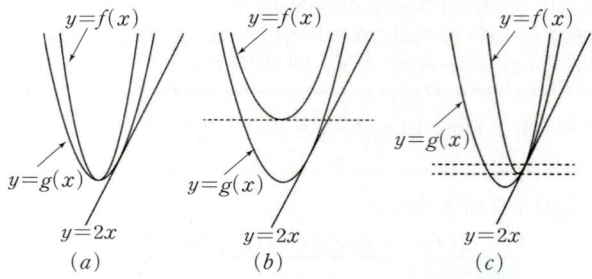

(a) (b) (c)

그림과 같이 (a), (b), (c)에 해당하는 경우 곡선 $y=f(x)$와 직선 $y=2k$ 또는 곡선 $y=g(x)$와 직선 $y=2k$의 서로 다른 교점의 개수가 3인 k의 값이 3개가 존재하지 않으므로 모두 조건 (나)를 만족시키지 않는다.

(ⅱ) $f(x)$, $g(x)$의 최고차항의 계수가 모두 음수일 때

(ⅰ)과 마찬가지로 조건 (나)를 만족시키지 않는다.

(ⅲ) $f(x)$, $g(x)$의 최고차항의 계수의 부호가 다를 때

모든 실수 x에 대하여 $f(x) \geq g(x)$이려면 $f(x)$의 최고차항의 계수는 양수이고 $g(x)$의 최고차항의 계수는 음수이어야 한다.

이때, $y=f(x)$의 그래프 또는 $y=g(x)$의 그래프와 직선 $y=2x$의 서로 다른 교점의 개수가 1인 경우는 그림과 같은 세 가지 경우가 있다.

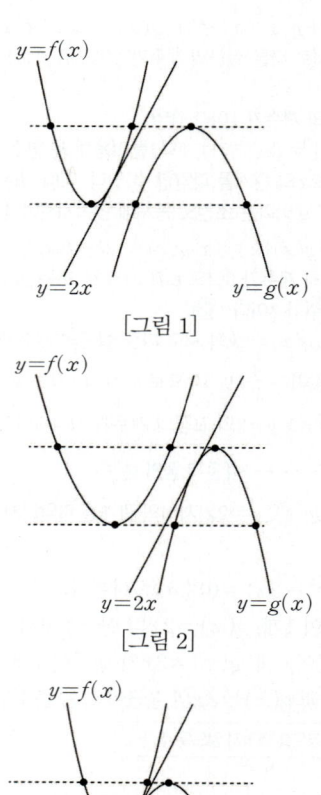

[그림 1]

[그림 2]

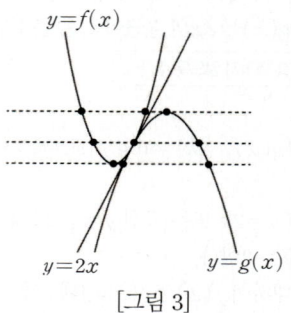

[그림 3]

[그림 1]과 [그림 2]의 경우 $y=f(x)$의 그래프 또는 $y=g(x)$의 그래프와 직선 $y=2k$의 서로 다른 교점의 개수가 3인 k의 값이

2개이므로 조건 (나)를 만족시키지 않는다.

[그림 3]의 경우 $y=f(x)$의 그래프 또는 $y=g(x)$의 그래프와 직선 $y=2k$의 서로 다른 교점의 개수가 3인 k의 값이 3개이므로 조건 (나)를 만족시킨다.

따라서 조건을 만족시키는 곡선의 개형은 그림과 같다.

서로 다른 실근의 개수가 3이 되도록 하는 모든 실수 k의 값이 3개이려면 그림과 같이 $y=f(x)$의 그래프, $y=g(x)$의 그래프, 직선 $y=2x$가 모두 만나는 점이 존재해야 해.

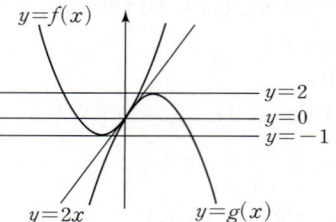

$f(x)=ax^2+bx$ $(a>0)$라 하면

$ax^2+bx=2x$에서 $y=2x$와 $y=0$의 교점인 원점을 $y=f(x)$의 그래프가 지나므로 상수항이 없어도 돼

$ax^2+(b-2)x=0$이 중근 0을 가지므로

이차방정식의 판별식을 D라 하면 $y=f(x)$와 $y=2x$의 접점의 x좌표가 0이야.

$D=(b-2)^2-4a \times 0=0$, $(b-2)^2=0$ $\therefore b=2$

또한, 이차함수 $y=f(x)$의 그래프의 꼭짓점의 y좌표가 -1이므로

직선의 방정식이 $y=2k$이므로 꼭짓점의 y좌표가 $-\frac{1}{2}$이 아니라 -1임에 주의해

$f(x)=ax^2+2x=a\left(x+\dfrac{1}{a}\right)^2-\dfrac{1}{a}$에서 $-\dfrac{1}{a}=-1$ $\therefore a=1$

$\therefore f(x)=x^2+2x$

같은 방법으로 $g(x)=px^2+qx$ $(p<0)$라 하면

$px^2+qx=2x$에서 $px^2+(q-2)x=0$이 중근 0을 가지므로 $q=2$

또한, 이차함수 $y=g(x)$의 그래프에서 꼭짓점의 y좌표가 2이므로

$g(x)=px^2+2x=p\left(x+\dfrac{1}{p}\right)^2-\dfrac{1}{p}$에서 $-\dfrac{1}{p}=2$ $\therefore p=-\dfrac{1}{2}$

$\therefore g(x)=-\dfrac{1}{2}x^2+2x$

3rd $f(10)+g(6)$의 값을 구하자.

(ⅰ)~(ⅲ)에 의하여

$f(x)=x^2+2x$, $g(x)=-\dfrac{1}{2}x^2+2x$이므로

$f(10)+g(6)=120+(-6)=114$

1등급 대비 특강

✳ 방정식의 의미 이해하기

조건 (가)에서 주어진 방정식을 인수분해하면 $\{2x-f(x)\}\{2x-g(x)\}=0$을 얻을 수 있어. 이 방정식의 서로 다른 실근의 개수가 1이라는 의미는 두 이차방정식 $f(x)=2x$와 $g(x)=2x$를 둘 다 만족시키는 서로 다른 실근의 개수가 1이라는 의미를 포함하고 있어.

한편, 조건 (나)에서 주어진 방정식을 인수분해하면 $\{2k-f(x)\}\{2k-g(x)\}=0$을 얻을 수 있어. 이 방정식의 서로 다른 실근의 개수가 3이 된다는 의미는 두 이차방정식 $f(x)=2k$와 $g(x)=2k$의 실근들을 모두 모았을 때, 서로 다른 실근의 개수가 3이 된다는 거지.

이 문제처럼 문제에서 제시하는 조건들을 이해하는 게 쉽지 않은 경우가 있어. 그럴 때는 좌표평면에 그래프의 개형들을 직접 그려보면서 접근하다 보면 문제 해결의 실마리를 찾는데 큰 도움이 될 거야!

정답 공식: 이차함수의 그래프와 직선이 한 점에서 만나면 이차함수와 직선을 연립한 이차방정식의 판별식 $D=0$이다.

두 양수 a, b에 대하여 이차함수 $f(x)=\dfrac{1}{4}(x-4)^2+a$와

두 일차함수 $g(x)=bx+7$, $h(x)=-\dfrac{1}{b}x+7$이 있다.

세 함수 $f(x)$, $g(x)$, $h(x)$와 두 실수 α, $\beta(\alpha<\beta)$가 다음 조건을 만족시킨다. 단서1 두 직선은 y절편이 같고 기울기의 곱이 -1이므로 서로 수직인 직선이야.

> 모든 실수 x에 대하여
>
> $\{f(x)-g(x)\}\{f(x)-h(x)\}=\dfrac{1}{16}(x-\alpha)^n(x-\beta)^{4-n}$
>
> 을 만족시키는 자연수 n이 존재한다. (단, $1\le n\le 3$) 단서2 $n=1, n=2, n=3$을 각각 대입해서 각 경우를 따로 생각해봐.

단서3 두 직선 AC, BD가 서로 평행하므로 사각형 ACDB는 사다리꼴이야.

네 점 $A(\alpha, f(\alpha))$, $B(\beta, f(\beta))$, $C(\alpha, 0)$, $D(\beta, 0)$에 대하여 사각형 ACDB의 넓이의 최댓값을 M, 최솟값을 m이라 할 때, $M+m=p+q\sqrt{5}$이다. $p+q$의 값을 구하시오.

(단, p와 q는 유리수이다.)

단서 + 발상

단서1 세 함수 $f(x)$, $g(x)$, $h(x)$의 관계를 파악할 수 있다. 특히, 두 일차함수 $g(x)$, $h(x)$가 서로 수직임을 이용한다. 발상

단서2 (i) $n=1$일 때, (ii) $n=2$일 때, (iii) $n=3$일 때로 나누어 생각한다. 발상

단서3 두 직선 AC, BD 모두 y축에 평행한 직선이니 사각형 ABCD는 사다리꼴이다. 이때, 윗변과 아랫변의 길이는 각각 점 A의 y좌표, 점 B의 y좌표이고 높이는 두 점 C, D의 x좌표의 차이니 네 점의 좌표를 구해야 한다. 적용

------------------ [문제 풀이 순서] ------------------

1st 세 함수 $f(x)$, $g(x)$, $h(x)$의 관계를 파악하자.

함수 $y=f(x)$의 그래프는 제1사분면 위의 점 $(4, a)$를 꼭짓점으로 하고 제1사분면 및 제2사분면을 지나는 포물선이고 → y절편이 양수 $4+a$야.
두 직선 $y=g(x)$, $y=h(x)$는 점 $(0, 7)$에서 만나고 서로 수직이다. $\cdots$ ㉠
기울기의 곱이 -1

또한, 두 이차식 $f(x)-g(x)$, $f(x)-h(x)$의 최고차항의 계수는

모두 $\dfrac{1}{4}$이고,

문제의 조건에 의해 두 이차방정식 $f(x)-g(x)=0$,
$f(x)-h(x)=0$은 실근을 가져야 한다.
이차방정식 $f(x)-g(x)=0$에서

$\dfrac{1}{4}(x-4)^2+a-(bx+7)=0$

$(x-4)^2+4(a-bx-7)=0$

$x^2-(4b+8)x+4a-12=0$

이차방정식의 근과 계수의 관계에 의해 두 근의 합은

[이차방정식의 근과 계수의 관계]
x에 대한 이차방정식 $ax^2+bx+c=0$의 두 근을 α, β라 하면 $\alpha+\beta=-\dfrac{b}{a}$, $\alpha\beta=\dfrac{c}{a}$

$4b+8>0$이므로 양수이다. $\cdots$ ㉡ → $\because b>0$

2nd n의 값에 따라 경우를 나누어 함수 $f(x)$와 사각형 ACDB의 넓이를 구하자.

(i) $n=1$일 때

$\{f(x)-g(x)\}\{f(x)-h(x)\}=\dfrac{1}{16}(x-\alpha)(x-\beta)^3$

즉, $f(x)-g(x)$, $f(x)-h(x)$는

$\dfrac{1}{4}(x-\alpha)(x-\beta)$, $\dfrac{1}{4}(x-\beta)^2$ 중 하나이다.

그러므로 $f(\beta)-g(\beta)=f(\beta)-h(\beta)=0$에서
$f(\beta)=g(\beta)=h(\beta)$
㉠에 의하여 $\beta=0$이고 $\alpha<\beta=0$이다.

그런데 $\dfrac{1}{4}(x-\alpha)(x-\beta)$, $\dfrac{1}{4}(x-\beta)^2$ 중 어느 것도 ㉡을 만족시키지 않는다. 두 근의 합이 각각 $\alpha+\beta=\alpha<0$, $\beta+\beta=0$이므로 ㉡을 만족시키지 않아.

(ii) $n=2$일 때

$\{f(x)-g(x)\}\{f(x)-h(x)\}=\dfrac{1}{16}(x-\alpha)^2(x-\beta)^2$

즉, $f(x)-g(x)$, $f(x)-h(x)$는 → 두 함수 $g(x)$, $h(x)$는 서로 다르므로 $f(x)-g(x)$, $f(x)-h(x)$도 서로
$\dfrac{1}{4}(x-\alpha)^2$, $\dfrac{1}{4}(x-\beta)^2$ 중 하나이다. 다른 함수가 되므로 두 함수가 모두 $\dfrac{1}{4}(x-\alpha)(x-\beta)$가 되는 경우는
그러므로 두 이차방정식 고려하지 않아도 돼.

$f(x)-g(x)=0$, $f(x)-h(x)=0$은 모두 중근을 가지므로
세 함수 $y=f(x)$, $y=g(x)$, $y=h(x)$의 그래프의 개형은 그림과 같다.

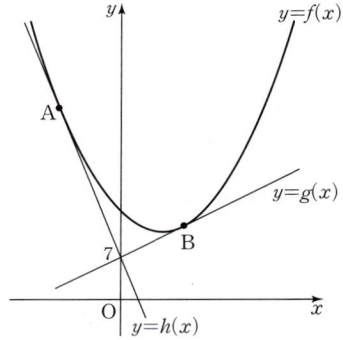

이차방정식 $f(x)-g(x)=0$은 중근을 가지므로
계수가 실수인 이차방정식 $ax^2+bx+c=0$의 판별식을 $D=b^2-4ac$라 하면 $D=0\iff$ 중근 (서로 같은 두 실근)

$\dfrac{1}{4}(x-4)^2+a-(bx+7)=0$

$(x-4)^2+4(a-bx-7)=0$

$x^2-(4b+8)x+4a-12=0$의 판별식을 D_1이라 하면

$\dfrac{D_1}{4}=(2b+4)^2-(4a-12)=0 \cdots$ ㉢

이차방정식 $f(x)-h(x)=0$은 중근을 가지므로

$\dfrac{1}{4}(x-4)^2+a-\left(-\dfrac{1}{b}x+7\right)=0$

$(x-4)^2+4\left(a+\dfrac{1}{b}x-7\right)=0$

$x^2-\left(-\dfrac{4}{b}+8\right)x+4a-12=0$의 판별식을 D_2라 하면

$\dfrac{D_2}{4}=\left(-\dfrac{2}{b}+4\right)^2-(4a-12)=0 \cdots$ ㉣

㉢, ㉣에 의하여

$(2b+4)^2=\left(-\dfrac{2}{b}+4\right)^2$, $(b+2)^2=\left(-\dfrac{1}{b}+2\right)^2$

$b+2=-\left(-\dfrac{1}{b}+2\right)$인데 $b+2=-\dfrac{1}{b}+2$이면

$b=-\dfrac{1}{b}$, $b^2=-1$이므로 b의 값이 존재하지 않는다.

$$\therefore b+2=\frac{1}{b}-2$$

→ 이차방정식의 근의 공식에 의해 $b=-2\pm\sqrt{5}$
이때, $b>0$이므로 $b=-2+\sqrt{5}$

$$\underline{b^2+4b-1=0} \qquad \therefore b=-2+\sqrt{5}$$

따라서 $g(x)=(-2+\sqrt{5})x+7$,

$$h(x)=-\frac{1}{-2+\sqrt{5}}x+7=-(2+\sqrt{5})x+7 \text{이다.}$$

$b=-2+\sqrt{5}$를 ㉢에 대입하면 $(2\sqrt{5})^2-(4a-12)=0$

$$32-4a=0,\ 4a=32 \qquad \therefore a=8$$

따라서 $f(x)=\frac{1}{4}(x-4)^2+8=\frac{1}{4}x^2-2x+12$

$$f(x)-g(x)=\frac{1}{4}x^2-\sqrt{5}x+5=\frac{1}{4}(x-2\sqrt{5})^2 \qquad \therefore \alpha=2\sqrt{5}$$

$$f(x)-h(x)=\frac{1}{4}x^2+\sqrt{5}x+5=\frac{1}{4}(x+2\sqrt{5})^2 \qquad \therefore \beta=-2\sqrt{5}$$

이므로 네 점 A, B, C, D의 좌표는 각각

$A(-2\sqrt{5},\ 17+4\sqrt{5})$, $B(2\sqrt{5},\ 17-4\sqrt{5})$, $C(-2\sqrt{5},\ 0)$,

$D(2\sqrt{5},\ 0)$이다.

$h(-2\sqrt{5})=-(2+\sqrt{5})\times(-2\sqrt{5})+7$
$=4\sqrt{5}+10+7=17+4\sqrt{5}$
$g(2\sqrt{5})=(-2+\sqrt{5})\times 2\sqrt{5}+7$
$=-4\sqrt{5}+10+7=17-4\sqrt{5}$

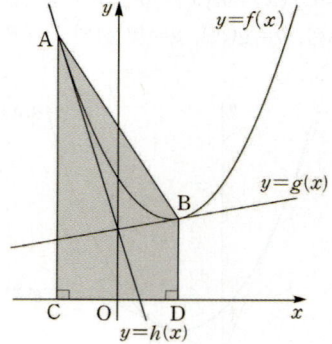

사다리꼴 ABCD의 넓이는

$$\frac{1}{2}\times(\overline{AC}+\overline{BD})\times\overline{CD}$$

$$=\frac{1}{2}\times(17-4\sqrt{5}+17+4\sqrt{5})\times 4\sqrt{5}=68\sqrt{5}$$

(iii) $n=3$일 때

$$\{f(x)-g(x)\}\{f(x)-h(x)\}=\frac{1}{16}(x-\alpha)^3(x-\beta)$$

즉, $f(x)-g(x)$, $f(x)-h(x)$는

$\frac{1}{4}(x-\alpha)^2$, $\frac{1}{4}(x-\alpha)(x-\beta)$ 중 하나이다.

그러므로 $f(\alpha)-g(\alpha)=f(\alpha)-h(\alpha)=0$에서

$$f(\alpha)=g(\alpha)=h(\alpha)$$

㉠에 의하여 $\alpha=0$이고 $\beta>\alpha=0$이다.

㉡에 의하여 $f(x)-g(x)=\frac{1}{4}x(x-\beta)$이므로

$$f(x)-h(x)=\frac{1}{4}x^2 \text{이다.}$$

$f(x)-g(x)=\frac{1}{4}(x-4)^2+a-(bx+7)=\frac{1}{4}x^2-\frac{1}{4}\beta x$에서

좌변을 정리하면

$$\frac{1}{4}x^2-2x+4+a-(bx+7)=\frac{1}{4}x^2-(b+2)x+a-3$$

이고 이 등식은 항등식이므로 $b+2=\frac{1}{4}\beta$, $a-3=0$

$f(x)-h(x)=\frac{1}{4}(x-4)^2+a-\left(-\frac{1}{b}x+7\right)=\frac{1}{4}x^2$에서

좌변을 정리하면

$$\frac{1}{4}(x^2-8x+16)+a+\frac{1}{b}x-7=\frac{1}{4}x^2-2x+\frac{1}{b}x+4+a-7$$

$$=\frac{1}{4}x^2+\left(\frac{1}{b}-2\right)x+(a-3)$$

이고, 이 등식은 항등식이므로 $\frac{1}{b}-2=0$, $a-3=0$

따라서 $a=3$, $b=\frac{1}{2}$이고 $\beta=10$이다.

따라서 $f(x)=\frac{1}{4}(x-4)^2+3=\frac{1}{4}x^2-2x+7$, $g(x)=\frac{1}{2}x+7$,

$h(x)=-2x+7$이므로

세 함수 $y=f(x)$, $y=g(x)$, $y=h(x)$의 그래프는 그림과 같다.

네 점 A, B, C, D의 좌표는 각각

$A(0,\ 7)$, $B(10,\ 12)$, $C(0,\ 0)$, $D(10,\ 0)$이다.

$h(0)=7$
$g(10)=5+7=12$

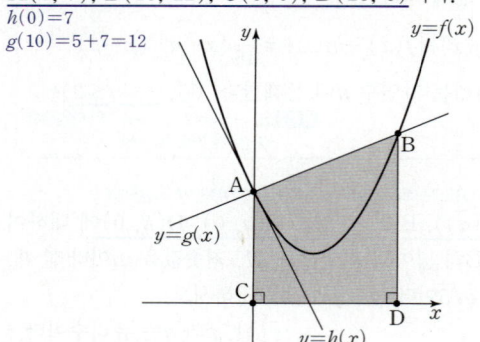

사다리꼴 ABCD의 넓이는

$$\frac{1}{2}\times(\overline{AC}+\overline{BD})\times\overline{CD}=\frac{1}{2}\times(7+12)\times 10=95$$

3rd 위에서 구한 정보를 바탕으로 답을 구하자.

(i)~(iii)에 의하여 $M=68\sqrt{5}$, $m=95$이므로

$$M+m=95+68\sqrt{5}=p+q\sqrt{5}$$

따라서 $p=95$, $q=68$이므로 $p+q=95+68=163$

1등급 대비 특강

＊ 이차방정식의 근과 계수의 관계 응용하기

이차방정식을 다루다 보면 근과 계수의 관계를 자주 이용하게 될 거야. 이 관계를 알면 두 근의 합과 곱을 쉽게 구할 수 있어. 예를 들어, 이번 문제에서 이차방정식 $f(x)-g(x)=0$을 정리하면 일차항의 계수는 $-(4b+8)$이므로 근과 계수의 관계에 의해 두 근의 합은 $4b+8$임을 알 수 있어.
주어진 조건에서 $b>0$이므로 두 근의 합 $4b+8$ 또한 양수임을 알 수 있지. 이 사실을 모르고 $n=1$인 경우를 살펴본다면 모순이 생기는 부분을 놓쳐서 문제를 풀 수 없을지도 몰라. 꼭 **근과 계수의 관계**를 통해 얻은 값이 어떤 **의미를 가지는지 확인하는 연습**을 해줘야 해. 다음에 이차방정식을 다룰 때 이번에 배운 문제처럼 근과 계수의 관계를 적재적소에 활용해 보자!

★ 두 이차함수의 그래프와 한 직선이 만날 때, 미지수의 값의 범위를 나누어 교점의 개수에 대한 조건을 만족시키는 경우 찾기 [유형 05]

두 이차함수 $f(x)$, $g(x)$는 다음 조건을 만족시킨다.

(가) 모든 실수 x에 대하여 <mark>단서1</mark> 함수 $f(x)$는 $x=0$에서 최소, 함수 $g(x)$는 $x=0$에서 최대야.
  $f(x) \geq f(0)$, $g(x) \leq g(0)$이다.
(나) $f(0)$은 정수이고, $g(0)-f(0)=4$이다.
  <mark>단서2</mark> $f(0)$, 4는 정수이므로 $g(0)$도 정수야.

<mark>단서3</mark> 함수 $y=f(x)+p$의 그래프와 직선 $y=k$의 서로 다른 교점의 개수와 같아.

x에 대한 방정식 $f(x)+p=k$의 서로 다른 실근의 개수와 x에 대한 방정식 $g(x)-p=k$의 서로 다른 실근의 개수가 같게 되도록 하는 정수 k의 개수가 1일 때, 실수 p의 최솟값을 m, 최댓값을 M이라 하자. $m+10M$의 값을 구하시오.
<mark>단서4</mark> 함수 $y=g(x)-p$의 그래프와 직선 $y=k$의 서로 다른 교점의 개수와 같아.

왜 1등급? 이차함수의 그래프와 직선의 교점을 이용하여 두 방정식의 서로 다른 실근의 개수가 같도록 하는 미지수를 구하는 문제로 두 이차함수의 그래프의 개형을 파악하고 조건을 만족시키는 미지수 p의 값의 범위를 구해야 한다.

단서+발상

<mark>단서1</mark> 모든 실수 x에 대하여 $f(x)$의 값이 $f(0)$의 값보다 크거나 같다는 것은 $f(x)$의 함숫값 중 $f(0)$의 값이 가장 작다는 뜻이므로 $f(0)$이 $f(x)$의 최솟값이 된다. 즉, 이차함수 $f(x)$는 $x=0$에서 최솟값을 가짐을 알 수 있다.
마찬가지로 모든 실수 x에 대하여 $g(x)$의 값이 $g(0)$의 값보다 작거나 같으므로 $g(0)$이 $g(x)$의 최댓값이 된다. 즉, 이차함수 $g(x)$는 $x=0$에서 최댓값을 가짐을 알 수 있다. (발상)

<mark>단서2</mark> 조건 (나)에 의해 $g(0)=f(0)+4$인데 $f(0)$, 4가 모두 정수이므로 $g(0)$도 정수임을 알 수 있다. (개념)
따라서 두 함수의 그래프의 꼭짓점의 y좌표의 차는 항상 4이다. (적용)

<mark>단서3, 4</mark> 방정식 $f(x)+p=k$와 방정식 $g(x)-p=k$의 서로 다른 실근의 개수는 각각 함수 $y=f(x)+p$의 그래프와 함수 $y=g(x)-p$의 그래프가 직선 $y=k$와 만나는 서로 다른 점의 개수이다. (개념)
이때, 함수 $y=f(x)+p$의 그래프는 $y=f(x)$의 그래프를 y축의 방향으로 p만큼 평행이동한 그래프이고, 함수 $y=g(x)-p$의 그래프는 $y=g(x)$의 그래프를 y축의 방향으로 $-p$만큼 평행이동한 그래프이기 때문에 (개념) p의 값의 범위에 따라 경우를 나누어 서로 다른 실근의 개수가 같게 되도록 하는 정수 k의 개수가 1개일 때를 찾자. (적용)

주의 실근이 존재하지 않는 경우는 실근의 개수가 0이다. 즉, 두 방정식의 실근의 개수가 같을 때, 두 방정식의 실근의 개수가 각각 0인 경우도 있다. 따라서 문제를 풀 때, 두 방정식의 실근이 존재하는 경우만 확인하면 안 된다.

핵심 정답 공식: 방정식 $f(x)=g(x)$의 서로 다른 실근의 개수는 두 함수 $y=f(x)$, $y=g(x)$의 그래프의 서로 다른 교점의 개수와 같다.

--------------- [문제 풀이 순서] ---------------

1st 두 함수 $y=f(x)$, $y=g(x)$의 그래프를 그리자.

조건 (가)에서 모든 실수 x에 대하여 $f(x) \geq f(0)$, $g(x) \leq g(0)$이므로 함수 $f(x)$는 $x=0$에서 최솟값을 갖고, 함수 $g(x)$는 $x=0$에서 최댓값을 갖는다.
즉, 함수 $y=f(x)$의 그래프의 개형은 점 $(0, f(0))$을 꼭짓점으로 하고 아래로 볼록하다. 또, 함수 $y=g(x)$의 그래프의 개형은 점 $(0, g(0))$을 꼭짓점으로 하고 위로 볼록하다. 모든 실수 x에 대하여 최솟값이 존재하는 이차함수의 그래프는 아래로 볼록하고 모든 실수 x에 대하여 최댓값이 존재하는 이차함수의 그래프는 위로 볼록해.

또한, 두 이차함수 $y=f(x)$, $y=g(x)$의 그래프의 축의 방정식은 $x=0$이고 이차함수의 그래프의 꼭짓점을 지나고 y축에 평행한 직선은 이차함수의 그래프의 축이야.
조건 (나)에서 $f(0)$이 정수이므로 $g(0)=f(0)+4$도 정수이다.
(정수)+(정수)=(정수)이고 $f(0)$과 4는 정수이므로 $g(0)=f(0)+4$는 정수야.
한편, 두 함수 $y=f(x)$, $y=g(x)$의 그래프의 두 꼭짓점이 각각 $(0, f(0))$, $(0, g(0))=(0, f(0)+4)$이므로 두 꼭짓점을 잇는 선분의 길이는 항상 4이고 그래프의 개형을 그리면 다음과 같다.

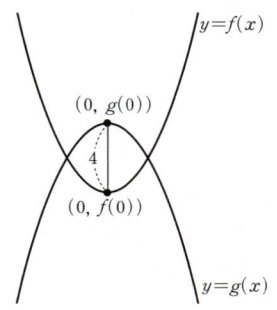

2nd 조건을 만족시키는 실수 p의 값의 범위를 구해.

x에 대한 방정식 $f(x)+p=k$의 서로 다른 실근의 개수는 함수 $y=f(x)+p$의 그래프와 직선 $y=k$의 서로 다른 교점의 개수와 같고, x에 대한 방정식 $g(x)-p=k$의 서로 다른 실근의 개수는 함수 $y=g(x)-p$의 그래프와 직선 $y=k$의 서로 다른 교점의 개수와 같다.
이때, 함수 $y=f(x)+p$의 그래프는 함수 $y=f(x)$의 그래프를 y축의 방향으로 p만큼 평행이동한 것이고 함수 $y=g(x)-p$의 그래프는 함수 $y=g(x)$의 그래프를 y축의 방향으로 $-p$만큼 평행이동한 것이다.
함수 $y=f(x)$의 그래프를 x축의 방향으로 p만큼, y축의 방향으로 q만큼 평행이동한 그래프의 식은 $y=f(x-p)+q$야.
또한, 두 함수 $y=f(x)+p$, $y=g(x)-p$의 그래프의 꼭짓점의 좌표는 각각 $(0, f(0)+p)$, $(0, g(0)-p)$이고 이 두 점 사이의 거리는 $|g(0)-p-\{f(0)+p\}|=|g(0)-f(0)-2p|=|4-2p|$이므로 p의 값의 범위에 따라 경우를 나누어 조건을 만족시키는 경우를 찾자.
(i) $p<0$일 때, 두 꼭짓점 $(0, f(0)+p)$, $(0, g(0)-p)$를 잇는 선분 위에 y좌표가 정수인 점의 개수에 따라 경우를 나누는 거야.

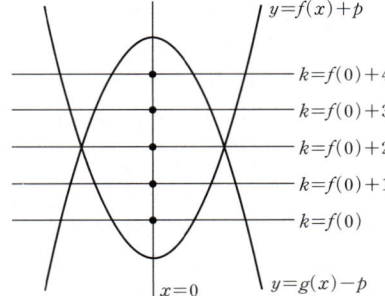

$|4-2p|>4$이므로 $f(0)+p<k<g(0)-p$인 정수 k에 대하여 함수 $y=f(x)+p$의 그래프와 직선 $y=k$의 서로 다른 교점의 개수와 함수 $y=g(x)-p$의 그래프와 직선 $y=k$의 서로 다른 교점의 개수가 2로 같으므로 이때의 정수 k의 개수는 5 이상이다.
$-1 \leq p<0$일 때 정수 k의 개수는 5, $-2 \leq p<-1$일 때 정수 k의 개수는 7, $-3 \leq p<-2$일 때 정수 k의 개수는 9, …야.
(ii) $0 \leq p<1$일 때,

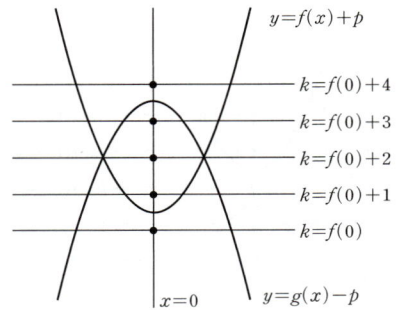

$2 < |4-2p| \le 4$이므로 k의 값이 $f(0)+1$, $f(0)+2$, $f(0)+3$일 때 함수 $y=f(x)+p$의 그래프와 직선 $y=k$의 서로 다른 교점의 개수와 함수 $y=g(x)-p$의 그래프와 직선 $y=k$의 서로 다른 교점의 개수가 2로 같고 $k \le f(0)$, $k \ge f(0)+4$일 때 함수 $y=f(x)+p$의 그래프와 직선 $y=k$의 서로 다른 교점의 개수와 함수 $y=g(x)-p$의 그래프와 직선 $y=k$의 서로 다른 교점의 개수가 다르다.
이때의 직선 $y=k$는 한 그래프와는 두 점에서 만나고 다른 그래프와는 한 점에서 만나거나 만나지 않아.

(iii) $1 \le p < 2$일 때,

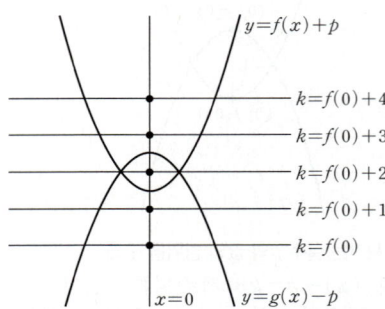

$0 < |4-2p| \le 2$이므로 k의 값이 $f(0)+2$일 때 함수 $y=f(x)+p$의 그래프와 직선 $y=k$의 서로 다른 교점의 개수와 함수 $y=g(x)-p$의 그래프와 직선 $y=k$의 서로 다른 교점의 개수가 2로 같고 $k \le f(0)+1$, $k \ge f(0)+3$일 때 함수 $y=f(x)+p$의 그래프와 직선 $y=k$의 서로 다른 교점의 개수와 함수 $y=g(x)-p$의 그래프와 직선 $y=k$의 서로 다른 교점의 개수가 다르다.
이때의 직선 $y=k$는 한 그래프와는 두 점에서 만나고 다른 그래프와는 한 점에서 만나거나 만나지 않아.

(iv) $p=2$일 때,

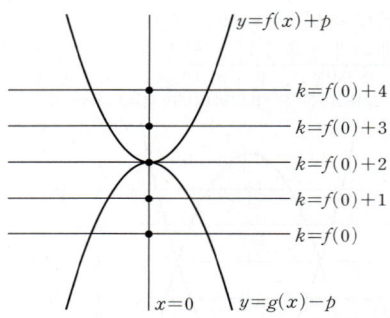

$|4-2p|=0$이므로 k의 값이 $f(0)+2$일 때 함수 $y=f(x)+p$의 그래프와 직선 $y=k$의 서로 다른 교점의 개수와 함수 $y=g(x)-p$의 그래프와 직선 $y=k$의 서로 다른 교점의 개수가 1로 같고 $k \le f(0)+1$, $k \ge f(0)+3$일 때 함수 $y=f(x)+p$의 그래프와 직선 $y=k$의 서로 다른 교점의 개수와 함수 $y=g(x)-p$의 그래프와 직선 $y=k$의 서로 다른 교점의 개수가 다르다.
이때의 직선 $y=k$는 한 그래프와는 두 점에서 만나고 다른 그래프와는 만나지 않아.

(v) $2 < p \le 3$일 때,
$p>2$이면 두 함수 $y=f(x)+p$, $y=g(x)-p$의 그래프는 만나지 않아.

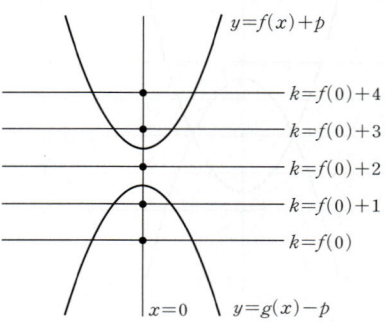

$0 < |4-2p| \le 2$이므로 k의 값이 $f(0)+2$일 때 함수 $y=f(x)+p$의 그래프와 직선 $y=k$의 서로 다른 교점의 개수와 함수 $y=g(x)-p$의 그래프와 직선 $y=k$의 서로 다른 교점의 개수가 0으로 같고 $k \le f(0)+1$, $k \ge f(0)+3$일 때 함수 $y=f(x)+p$의 그래프와 직선 $y=k$의 서로 다른 교점의 개수와 함수 $y=g(x)-p$의 그래프와 직선 $y=k$의 서로 다른 교점의 개수가 다르다.
이때의 직선 $y=k$는 한 그래프와는 두 점에서 만나고 다른 그래프와는 만나지 않아.

(vi) $p>3$일 때,

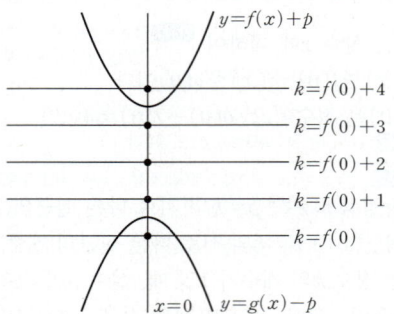

$|4-2p|>2$이므로 $g(0)-p < k < f(0)+p$인 정수 k에 대하여 함수 $y=f(x)+p$의 그래프와 직선 $y=k$의 서로 다른 교점의 개수와 함수 $y=g(x)-p$의 그래프와 직선 $y=k$의 서로 다른 교점의 개수가 0으로 같으므로 이때의 정수 k의 개수는 3 이상이다.
$3<p \le 4$일 때 정수 k의 개수는 3, $4<p \le 5$일 때 정수 k의 개수는 5, $5<p \le 6$일 때 정수 k의 개수는 7, …이야.

즉, 방정식 $f(x)+p=k$의 서로 다른 실근의 개수와 방정식 $g(x)-p=k$의 서로 다른 실근의 개수가 같게 되도록 하는 정수 k의 개수가 1인 경우는 (iii), (iv), (v)이므로 실수 p의 값의 범위는 $1 \le p \le 3$이다.
따라서 실수 p의 최솟값은 $m=1$이고 최댓값은 $M=3$이므로 $m+10M=1+10 \times 3=31$이다.

1등급 대비 특강

두 방정식의 서로 다른 실근의 개수가 같은 경우

두 이차함수 $y=f(x)+p$와 $y=g(x)+p$의 그래프가 만나면, 부등식 $f(0)+p<k<g(0)-p$를 만족시키는 정수 k에 대하여 두 방정식의 서로 다른 실근의 개수가 같아.
또한, 두 함수의 그래프가 만나지 않으면, 부등식 $g(0)-p<k<f(0)+p$를 만족시키는 정수 k에 대하여 두 방정식의 서로 다른 실근의 개수가 같아. 이 점을 이용하면 문제를 쉽게 해결할 수 있어.

F 172 정답 154 ·················· ★1등급 대비 [정답률 13%]

정답 공식: 이차함수 $f(x)=a(x-m)^2+n(a>0)$에서 x의 값의 범위가 $\alpha \le x \le \beta\ (\alpha < \beta)$일 때, $\alpha \le m \le \beta$이면 $f(m)$, $f(\alpha)$, $f(\beta)$ 중 가장 큰 값이 최댓값, 가장 작은 값이 최솟값이다. 또, $m<\alpha$ 또는 $m>\beta$이면 $\alpha \le x \le \beta\ (\alpha < \beta)$일 때, $f(\alpha)$, $f(\beta)$ 중 큰 값이 최댓값, 작은 값이 최솟값이다.

두 이차함수 $f(x)$, $g(x)$가 다음 조건을 만족시킨다.

단서1 이차함수 $f(x)$의 모든 함숫값은 0 이하이고, 이차함수 $g(x)$의 모든 함숫값은 0 이상이야.

(가) 모든 실수 x에 대하여 $f(x) \le 0 \le g(x)$이다.
(나) $k-2 \le x \le k+2$에서 함수 $f(x)$의 최댓값과 $k-2 \le x \le k+2$에서 함수 $g(x)$의 최솟값이 같게 되도록 하는 실수 k의 최솟값은 0, 최댓값은 1이다.
(다) 방정식 $f(x)=f(0)$의 모든 실근의 합은 음수이다.

단서3 $f(x)$는 이차함수이므로 $f(x)=f(0)$에서 $x=0$ 이외에 또 하나의 x의 값이 존재해서 그 값이 음수임을 알 수 있어.
단서2 조건 (가)의 $f(x) \le 0 \le g(x)$를 통해 두 값이 같으려면 두 값은 모두 0이어야 해.
$f(1)=-2$, $g(1)=2$일 때, $f(3)+g(11)$의 값을 구하시오.

단서1 $f(x) \leq 0$이므로 $f(x)$의 최댓값은 0보다 작거나 같고, $0 \leq g(x)$이므로 $g(x)$의 최솟값은 0보다 크거나 같은 것을 알 수 있다. 개념

단서2 조건을 통해 $f(x)$의 값과 $g(x)$의 값이 같은 경우는 $f(x)=g(x)=0$일 때 뿐이므로 $f(x)$의 최댓값은 0, $g(x)$의 최솟값은 0인 것을 알 수 있다. 발상

단서3 $x=0$은 방정식 $f(x)=f(0)$의 해이고 $y=f(x)$는 이차함수이므로 방정식 $f(x)=f(0)$의 0이 아닌 해는 음수인 것을 알 수 있다. 적용

-------------------- [문제 풀이 순서] --------------------

1st 조건을 이용하여 두 이차함수 $f(x)$, $g(x)$의 식을 나타내자.
조건 (가)에 의하여 이차함수 $f(x)$의 최댓값은 0 이하이고
이차함수 $g(x)$의 최솟값은 0 이상이다.
조건 (나)에 의하여 $0 \leq k \leq 1$인 실수 k에 대하여
$k-2 \leq x \leq k+2$에서 이차함수 $f(x)$의 최댓값과
이차함수 $g(x)$의 최솟값은 0으로 같다.
즉, 이차함수 $f(x)$의 그래프는 위로 볼록한 함수가 되고, 이차함수 $g(x)$의 그래프는 아래로 볼록한 함수가 되며, 두 이차함수의 그래프는 x축에 접한다.
따라서 상수 $a(a<0)$, $b(b>0)$, c, d에 대하여
$f(x)=a(x-c)^2$, $g(x)=b(x-d)^2$으로 놓을 수 있다.

2nd 두 이차함수 $f(x)$, $g(x)$를 구하자.
이때, 조건 (나)에서
k의 최솟값 0일 때 x의 값의 범위는 $-2 \leq x \leq 2$,
k의 최솟값 1일 때 x의 값의 범위는 $-1 \leq x \leq 3$
이므로 이 범위를 모두 만족시키는 x의 값의 범위는 $-1 \leq x \leq 2$이다.
따라서 상수 c, d 중 하나의 값은 -1, 다른 하나의 값은 2가 되어야
조건 (나)를 만족시킨다. … ㉠

만약 하나의 값이 -1보다 작으면 k의 최댓값이 1이 될 수 없고, 하나의 값이 2보다 크면 k의 최솟값이 0이 될 수 없어.

조건 (다)에서 $f(0)=ac^2$이므로
$f(x)=f(0)$
$ax^2-2acx=ax(x-2c)=0$ ∴ $x=0$ 또는 $x=2c$
이때, 모든 실근의 합은 $0+2c=2c<0$
즉, $c<0$이므로
㉠에 의하여 $c=-1$이 되고, $d=2$가 된다.
즉, $f(x)=a(x+1)^2$, $g(x)=b(x-2)^2$에서
$f(1)=-2$, $g(1)=2$이므로

$f(1)=4a=-2$ ∴ $a=-\dfrac{1}{2}$

$g(1)=b \times (-1)^2=2$ ∴ $b=2$

따라서 $f(x)=-\dfrac{1}{2}(x+1)^2$, $g(x)=2(x-2)^2$

3rd $f(3)+g(11)$의 값을 구하자.

∴ $f(3)+g(11)=-\dfrac{1}{2} \times (3+1)^2 + 2 \times (11-2)^2$
$\qquad\qquad\qquad = -8 + 162 = 154$

1등급 대비 특강

* 이차함수의 함숫값의 범위가 제한적인 경우 접근하기!

함숫값의 범위가 부등식으로 주어진 경우에는 부등식의 등호가 성립할 때가 가장 특별한 경우이므로 해당 상황이 정답인 경우가 많다. 또한, 본 문제의 (가) 조건처럼 부등식이 연결되어 있는 경우에 $f(x) \leq g(x)$처럼 양 끝의 항들에 대한 부등식을 찾아내는 것도 중요하다.

F 173 정답 74 ················· ⚡1등급 대비 [정답률 8%]

* 이차함수에 절댓값을 취한 함수에 대하여 움직이는 범위에서의 이 함수의 최댓값으로 정의된 함수의 최솟값 구하기 [유형 08+11]

이차함수 $f(x)=a(x-1)^2-10$(a는 양의 상수)와 실수 k에 대하여 $k-1 \leq x \leq k+1$에서 함수 $|f(x)|$의 최댓값을 $g(k)$라 할 때, 함수 $g(k)$가 다음 조건을 만족시킨다.

단서1 길이가 2인 x의 값의 범위에서의 함수 $|f(x)|$의 최댓값을 구해야 해.

$g(k)=10$을 만족시키는 실수 k의 최댓값은 $\sqrt{10}$이다.
단서2 $k=\sqrt{10}$일 때, $\sqrt{10}-1 \leq x \leq \sqrt{10}+1$에서 함수 $|f(x)|$의 최댓값이 10이라는 거야.

함수 $g(k)$가 $k=b$와 $k=c$에서 최솟값 m을 가질 때, $b^2+c^2+m^2$의 값을 구하시오. (단, b, c는 서로 다른 상수이다.)

와 1등급 ? 이차함수에 절댓값을 취한 함수에 대하여 제한된 범위에서의 최댓값을 새로운 함수로 정의했을 때 이 새로운 함수의 최솟값을 구하는 문제로 절댓값을 취한 함수의 그래프의 특징을 이용해 제한된 범위에서의 최댓값이 변하는 지점을 파악해야 새롭게 정의된 함수와 그 최솟값을 구할 수 있다.

단서+발상

단서1 먼저, 이차함수 $y=f(x)$의 그래프는 점 $(1, -10)$을 꼭짓점으로 하고 아래로 볼록한 포물선이므로 이를 통해서 함수 $y=|f(x)|$의 그래프의 개형을 그릴 수 있다. 개념
이때, $k-1 \leq x \leq k+1$에서 $(k+1)-(k-1)=2$이므로 발상
길이가 항상 2인 x의 값의 범위를 여러 가지 경우로 잡아보며 그래프를 이용해 $|f(x)|$의 최댓값은 어디에서 어떻게 생기는지 확인해봐야 한다. 적용

단서2 조건을 통해 $g(k)=10$을 만족시키는 실수 k가 존재함을 알았으므로 $g(k)=10$을 만족시키는 k의 값이 최대가 되는 경우를 함수 $y=|f(x)|$의 그래프와 직선 $y=10$의 그래프를 통해서 유추할 수 있고, 이를 통해서 양의 실수 a의 값을 구할 수 있다. 적용
그런 다음 함수 $y=|f(x)|$의 그래프의 특징을 정확히 잡아 k의 값의 범위를 나누어 함수 $g(k)$를 구하도록 한다. 해결

주의 함수 $g(k)$를 실수 a의 값에 따라 경우를 나누어 구하는 것이 아니라, 주어진 조건을 만족시키는 k의 값을 이용해 실수 a의 값을 먼저 구해야 한다.

핵심 정답 공식: $|f(x)| = \begin{cases} f(x) & (f(x) \geq 0) \\ -f(x) & (f(x) < 0) \end{cases}$ 이다.

-------------------- [문제 풀이 순서] --------------------

1st a의 값을 구하여 함수 $f(x)$의 식을 완성해.
$f(x)=a(x-1)^2-10$에 대하여 a가 양수이므로 함수 $y=f(x)$의 그래프는 점 $(1, -10)$을 꼭짓점으로 하고 아래로 볼록하다.
이차함수 $f(x)=a(x-p)^2+q$에 대하여 $a>0$일 때와 $a<0$일 때의 함수 $y=f(x)$의 그래프의 개형은 각각 아래로 볼록, 위로 볼록해. 또한, 꼭짓점의 좌표는 (p, q)야.
따라서 두 함수 $y=f(x)$와 $y=|f(x)|$의 그래프의 개형은 그림과 같다.
함수 $y=|f(x)|$의 그래프는 함수 $y=f(x)$의 그래프에서 $y<0$인 부분을 x축에 대하여 대칭이동하여 그려.

실수 k에 대하여 $g(k)$는 $k-1 \le x \le k+1$에서 함수 $|f(x)|$의 최댓값이므로 그림과 같이 $|f(x)|=10$을 만족시키는 x의 값 중 1이 아닌 값을 각각 p, $q(p<q)$라 할 때, $g(k)=10$을 만족시키는 k의 값이 최대가 되는 경우는 <u>$k+1=q$일 때이다.</u>

> $k+1>q$이면 $g(k)=|f(k+1)|$ $=f(k+1)>10$이 돼.

즉, $g(k)=10$을 만족시키는 실수 k의 최댓값은 $q-1$인데 조건에서 이 값이 $\sqrt{10}$이므로 $q-1=\sqrt{10}$
$\therefore q=\sqrt{10}+1$
따라서 함수 $y=f(x)$의 그래프는 점 $(\sqrt{10}+1, 10)$을 지나므로 $f(\sqrt{10}+1)=10$에서 $a\{(\sqrt{10}+1)-1\}^2-10=10$
$10a-10=10$, $10a=20$ $\quad \therefore a=2$
따라서 $f(x)=2(x-1)^2-10$이다.

2nd 함수 $y=|f(x)|$의 그래프와 x축의 교점의 x좌표를 기준으로 함수 $g(k)$를 구해.

$f(x)=0$에서 $2(x-1)^2-10=0$
$2x^2-4x-8=0$, $x^2-2x-4=0$
$\therefore x=-(-1) \pm \sqrt{(-1)^2-1 \times(-4)}=1 \pm \sqrt{5}$
따라서 두 실수 x_1, $x_2(x_1<x_2)$에 대하여

$x_1<x_2<1-\sqrt{5}$이면 $|f(x_1)|>|f(x_2)|$ $\cdots$ ㉠

$1-\sqrt{5} \le x_1<x_2<1$이면 $|f(x_1)|<|f(x_2)|$ $\cdots$ ㉡

$1 \le x_1<x_2<1+\sqrt{5}$이면 $|f(x_1)|>|f(x_2)|$ $\cdots$ ㉢

$1+\sqrt{5} \le x_1<x_2$이면 $|f(x_1)|<|f(x_2)|$ $\cdots$ ㉣

> $x<1-\sqrt{5}$일 때 x의 값이 커지면 $|f(x)|$의 값은 작아져.
> $1-\sqrt{5} \le x<1$일 때 x의 값이 커지면 $|f(x)|$의 값도 커져.
> $1 \le x<1+\sqrt{5}$일 때 x의 값이 커지면 $|f(x)|$의 값은 작아져.
> $x \ge 1+\sqrt{5}$일 때 x의 값이 커지면 $|f(x)|$의 값도 커져.

이고 이를 이용하여 함수 $g(k)$를 구하면 다음과 같다.

(i) $k+1<1-\sqrt{5}$, 즉 $k<-\sqrt{5}$일 때, ㉠에 의하여
$g(k)=|f(k-1)|=f(k-1)=2(k-1-1)^2-10$
$=2(k-2)^2-10=2k^2-8k-2$

> $k<-\sqrt{5}$일 때 $f(k-1)>0$이야.

(ii) $k-1<1-\sqrt{5} \le k+1$, 즉 $-\sqrt{5} \le k<2-\sqrt{5}$일 때, ㉠, ㉡에 의하여 $g(k)$는 $|f(k-1)|$과 $|f(k+1)|$ 중 큰 값이다.
$\underline{|f(k-1)|=f(k-1)=2(k-1-1)^2-10}$
$\qquad =2(k-2)^2-10=2k^2-8k-2$

> $-\sqrt{5} \le k<2-\sqrt{5}$일 때, $f(k-1)>0$이야.

$\underline{|f(k+1)|=-f(k+1)=-\{2(k+1-1)^2-10\}}$
$\qquad =-2k^2+10$

> $-\sqrt{5} \le k<2-\sqrt{5}$일 때, $f(k+1) \le 0$이야.

이므로 $|f(k-1)| \ge |f(k+1)|$인 경우는
$2k^2-8k-2 \ge -2k^2+10$, $4k^2-8k-12 \ge 0$
$k^2-2k-3 \ge 0$, $(k+1)(k-3) \ge 0$
$\therefore k \le -1$ 또는 $k \ge 3$
$|f(k-1)|<|f(k+1)|$인 경우는 $-1<k<3$
$\therefore g(k)=\begin{cases} 2k^2-8k-2 & (-\sqrt{5} \le k \le -1) \\ -2k^2+10 & (-1<k<2-\sqrt{5}) \end{cases}$

(iii) $1-\sqrt{5} \le k-1<k+1<1$, 즉 $2-\sqrt{5} \le k<0$일 때, ㉡에 의하여
$g(k)=|f(k+1)|=-f(k+1)=-\{2(k+1-1)^2-10\}$
$\qquad =-2k^2+10$ $\quad$ $2-\sqrt{5} \le k<0$일 때, $f(k+1) \le 0$이야.

(iv) $k-1<1 \le k+1$, 즉 $0 \le k<2$일 때,
$g(k)=10$

(v) $1 \le k-1<k+1<1+\sqrt{5}$, 즉 $2 \le k<\sqrt{5}$일 때, ㉢에 의하여
$g(k)=|f(k-1)|=-f(k-1)=-\{2(k-1-1)^2-10\}$
$\qquad =-2(k-2)^2+10=-2k^2+8k+2$

> $2 \le k<\sqrt{5}$일 때, $f(k-1)<0$이야.

(vi) $k-1<1+\sqrt{5} \le k+1$, 즉 $\sqrt{5} \le k<2+\sqrt{5}$일 때, ㉢, ㉣에 의하여 $g(k)$는 $|f(k-1)|$과 $|f(k+1)|$ 중 큰 값이다.
$\underline{|f(k-1)|=-f(k-1)=-\{2(k-1-1)^2-10\}}$
$\qquad =-2(k-2)^2+10=-2k^2+8k+2$

> $\sqrt{5} \le k<2+\sqrt{5}$에서 $f(k-1)<0$이야.

$\underline{|f(k+1)|=f(k+1)=2(k+1-1)^2-10=2k^2-10}$

> $\sqrt{5} \le k<2+\sqrt{5}$에서 $f(k+1) \ge 0$이야.

이므로 $|f(k-1)| \ge |f(k+1)|$인 경우는
$-2k^2+8k+2 \ge 2k^2-10$, $4k^2-8k-12 \le 0$
$k^2-2k-3 \le 0$, $(k+1)(k-3) \le 0$
$\therefore -1 \le k \le 3$
$|f(k-1)|<|f(k+1)|$인 경우는 $k<-1$ 또는 $k>3$
$\therefore g(k)=\begin{cases} -2k^2+8k+2 & (\sqrt{5} \le k \le 3) \\ 2k^2-10 & (3<k<2+\sqrt{5}) \end{cases}$

(vii) $1+\sqrt{5} \le k-1$, 즉 $k \ge 2+\sqrt{5}$일 때, ㉣에 의하여
$g(k)=|f(k+1)|=f(k+1)=2(k+1-1)^2-10$
$\qquad =2k^2-10$

(i) ~ (vii)에 의하여
$g(k)=\begin{cases} 2k^2-8k-2 & (k \le -1) \\ -2k^2+10 & (-1<k<0) \\ 10 & (0 \le k<2) \\ -2k^2+8k+2 & (2 \le k \le 3) \\ 2k^2-10 & (k>3) \end{cases}$

3rd 함수 $g(k)$의 최솟값과 그때의 k의 값을 구해.
함수 $y=g(k)$의 그래프를 그리면 다음과 같다.

> 이차함수의 그래프의 성질을 이용하여 각 범위에서 함수 $y=g(k)$의 그래프를 그려 봐.

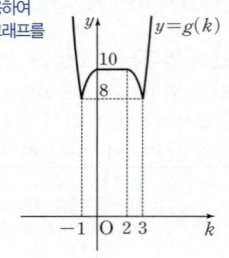

따라서 <u>함수 $g(k)$는 $k=-1$과 $k=3$에서 최솟값 8을 가지므로</u>

> 그래프에서 $g(k)$의 최솟값과 그때의 k의 값을 구해.

$b=-1$, $c=3$, $m=8$ 또는 $b=3$, $c=-1$, $m=8$이다.
$\therefore b^2+c^2+m^2=(-1)^2+3^2+8^2$
$\qquad =1+9+64=74$

1등급 대비 특강

＊함수 $g(k)$의 증가, 감소 알아보기

이 문제는 함수 $g(k)$의 최솟값을 결정하는 문제로, 위의 풀이와 같이 k의 값의 범위에 따라 $g(k)$를 구해서 푸는 방법도 있지만, $g(k)$가 감소하는지 증가하는지 판단하는 것으로 최솟값을 계산할 수 있어.

방정식 $|f(x-1)|=|f(x+1)|$의 1이 아닌 해를 α, $\beta(\alpha<\beta)$라 했을 때, 함수 $y=|f(x)|$의 그래프를 이용하면 함수 $g(k)$는

(i) $k<\alpha$에서는 감소한다.
(ii) $\alpha<k<0$에서는 증가한다.
(iii) $0<k<2$에서는 일정한 값 10을 갖는다.
(iv) $2<k<\beta$에서는 감소한다.
(v) $k>\beta$에서는 증가한다.

이를 통해서 함수 $g(k)$가 $k=\alpha$와 $k=\beta$에서 최솟값을 가짐을 유추할 수 있고 이를 통해 문제를 해결할 수 있다.

✱ 이차함수의 그래프와 직선 사이의 관계를 이해하고, 이차방정식의 근과 계수의
관계를 활용하여 삼각형의 넓이를 미지수로 표현하기 [유형 05+06]

> **단서1** 이차함수와 직선을 연립한 이차방정식이 서로 다른 두 실근을 가진다는 거야.
>
> $-2<k<2$인 실수 k에 대하여 이차함수 $y=-x^2+1$의
> 그래프와 직선 $y=2x+k$가 만나는 두 점을 각각 A, B라 할
> 때, A, B에서 x축에 내린 수선의 발을 각각 A_1, B_1이라 하
> 고, 직선 $y=2x+k$와 x축이 만나는 점을 C라 하자.
> 두 삼각형 ACA_1과 BCB_1의 넓이의 합이 $\frac{3}{2}$일 때, 상수 k의
> 값이 $p+q\sqrt{7}$이다. $10p+q$의 값을 구하시오. (단, p, q는 유
> 리수이다.)
> → **단서2** 두 삼각형 ACA_1과 BCB_1의 넓이를 구한 후
> 합한 값이 $\frac{3}{2}$이라는 거니까 식을 구해야 해.

💡 단서+발상

단서1 두 방정식을 연립하여 점 A와 점 B의 좌표를 구하려고 하면, k의 값이
정해지지 않았으므로 방정식을 풀기가 힘들다.
따라서 두 함수의 그래프가 만나는 두 점의 x좌표를 각각 α, β라 놓고, α, β
사이의 관계에 집중하자. [발상]

단서2 교점의 y좌표를 $-\alpha^2+1$, $-\beta^2+1$이라 하면 차수가 높아 계산이 복잡하므로
$2\alpha+k$, $2\beta+k$가 적절하다. [발상]
이때, 이차방정식의 근과 계수의 관계에 의해 $\alpha+\beta=-2$, $\alpha\beta=k-1$이고,
두 삼각형의 넓이를 α, β에 대한 식으로 따로 계산하여 더한 값이 $\frac{3}{2}$임을
통해 k의 값을 구할 수 있다. [해결]

주의 k의 값의 범위를 고려하여 k의 값을 구할 수 있어야 한다.
또한, 곱셈 공식의 변형을 정확히 적용해야 실수를 줄일 수 있다.

┌ **핵심 정답 공식**: 점 A, B의 x좌표를 각각 α, β라 하고, 두 삼각형이 넓이를 α, β,
k에 대한 식으로 나타내자. 근과 계수의 관계를 이용해 α, β를 k에 대한 식으로
나타낸다.

---------------------- [문제 풀이 순서] ----------------------

1st 이차함수의 그래프와 직선의 두 교점의 x좌표를 α, β라 하자.

곡선 $y=-x^2+1$과 직선 $y=2x+k$의 두 교점 A, B의 x좌표를 각각
α, β라 하면 ← 곡선과 직선을 연립하여 얻은 방정식이 이차방정식이니까 α, β로 놓은 거야.
$A(\alpha, 2\alpha+k)$, $B(\beta, 2\beta+k)$,
$A_1(\alpha, 0)$, $B_1(\beta, 0)$, $C\left(-\frac{k}{2}, 0\right)$

2nd 근과 계수의 관계를 이용해서 삼각형의 넓이를 구하자.

α, β는 이차방정식 $-x^2+1=2x+k$, 즉 $x^2+2x+k-1=0$의 두 근
이므로 근과 계수의 관계에 의하여
$\alpha+\beta=-2$, $\alpha\beta=k-1$ ··· ㉠
이때, 삼각형 ACA_1과 삼각형 BCB_1의 넓이를 각각 S_1, S_2라 하면

$$S_1=\frac{1}{2}\times\overline{A_1A}\times\overline{A_1C}$$
$$=\frac{1}{2}(-2\alpha-k)\left(-\frac{k}{2}-\alpha\right)$$
$$=\left(\alpha+\frac{k}{2}\right)^2$$

> **실수** 길이는 양수이므로 길이의
> 식을 잘 나타내도록 하자.

$$S_2=\frac{1}{2}\times\overline{B_1B}\times\overline{B_1C}$$
$$=\frac{1}{2}(2\beta+k)\left(\beta+\frac{k}{2}\right)$$
$$=\left(\beta+\frac{k}{2}\right)^2$$

3rd 두 삼각형의 넓이의 합이 $\frac{3}{2}$임을 이용해서 k의 값을 구해.

한편, 두 삼각형 ACA_1과 BCB_1의 넓이의 합이 $\frac{3}{2}$이므로
$$\left(\alpha+\frac{k}{2}\right)^2+\left(\beta+\frac{k}{2}\right)^2=\frac{3}{2}$$
$$(\alpha^2+\beta^2)+k(\alpha+\beta)+\frac{k^2}{2}=\frac{3}{2}$$
$$2(\alpha^2+\beta^2)+2k(\alpha+\beta)+k^2-3=0 \quad \overset{\text{곱셈 공식의 변형}}{\longrightarrow} a^2+b^2=(a+b)^2-2ab를 이용하자.$$
$$2\{(\alpha+\beta)^2-2\alpha\beta\}+2k(\alpha+\beta)+k^2-3=0$$
㉠을 대입하면
$$k^2-8k+9=0$$
$$\therefore k=4-\sqrt{7}\ (\because -2<k<2) \longrightarrow \text{주어진 조건이니까 잊지 말자.}$$
따라서 $p=4$, $q=-1$이므로
$$10p+q=10\times4+(-1)=39$$

> ### 🔴 My Top Secret 서울대 선배의 ❶ 등급 대비 전략
>
> 삼각형 넓이를 문자를 통해 나타낼 때, 계산이 복잡해지지 않도록 간
> 단하게 나타낼 방법을 고민해보아야 해. 두 점 A, B의 y좌표를 나
> 타낼 때, $-\alpha^2+1$, $-\beta^2+1$이 아니라 $2\alpha+k$, $2\beta+k$로 나타내는
> 것이 편해.
> 또한, 도형의 길이를 나타낼 때 좌표가 음수인 경우는 부호에 신경써
> 서 표현해야 해.

---

 175 정답 ⑤ ·························· ⭐1등급 대비 [정답률 18%]

✱ 이차함수의 최대, 최소를 바탕으로 두 이차함수의 그래프의 교점의 위치에 대한
참, 거짓 판별하기 [유형 07+11]

> 두 이차함수
> $$f(x)=(x-a)^2-a^2,$$
> $$g(x)=-(x-2a)^2+4a^2+b$$
> 가 다음 조건을 만족시킨다.
>
> > (가) 방정식 $f(x)=g(x)$는 서로 다른 두 실근 α, β
> > 를 갖는다. **단서1** 두 이차함수 $f(x), g(x)$의 식을 연립하면 이차방정식
> > $f(x)=g(x)$를 유도할 수 있지? 이 이차방정식이
> > 서로 다른 두 실근 α, β를 가지니까 근과 계수의 관계를
> > 이용하자.
> > (나) $\beta-\alpha=2$
>
> [보기]에서 옳은 것만을 있는 대로 고른 것은?
> **단서2** $f(x), g(x)$의 식에 $\beta, \alpha, 2a, a$를 넣으면 (단, a, b는 상수이다.)
> 미지수가 너무 많아 식이 복잡해.
> $g(2a)$와 $f(a)$가 의미하는 것을 생각해 봐.
>
> > [보기]
> > ㄱ. $a=1$일 때, $b=-\frac{5}{2}$
> > ㄴ. $f(\beta)-g(\alpha)\le g(2a)-f(a)$
> > ㄷ. $g(\beta)=f(a)+5a^2+b$이면 $b=-16$
> > **단서3** $g(\beta)-f(a)=5a^2+b=(4a^2+b)-(-a^2)$임을 이용해.
>
> ① ㄱ　② ㄱ, ㄴ　③ ㄱ, ㄷ　④ ㄴ, ㄷ　⑤ ㄱ, ㄴ, ㄷ

💡 단서+발상

단서1 먼저, $\beta-\alpha$의 값을 이용하기 위해 근과 계수의 관계를 바탕으로 $\alpha+\beta$와
$\alpha\beta$를 구한다. α, β는 $f(x)-g(x)=0$의 실근이므로 $2x^2-6ax-b=0$의
실근이다. [개념]

단서2 ㄴ의 부등식의 $f(x)$와 $g(x)$에 α, β, $2a$, a를 집어넣어 각 값을 비교하면 계산이 까다롭다. 그러나 $g(2a)$는 최고차항의 계수가 음수인 $g(x)$의 최댓값이고, $f(a)$는 최고차항의 계수가 양수인 $f(x)$의 최솟값인 점을 활용하면 **개념** 부등식이 한결 간단해지므로 ㄴ의 참, 거짓을 판단할 수 있다. **해결**

단서3 $5a^2+b=g(2a)-f(a)$이므로 **발상** ㄴ과 연결지어 이 경우가 성립되는 조건을 찾아내어야 한다. **해결**

> **핵심 정답 공식:** 이차방정식 $ax^2+bx+c=0$의 두 근을 α, β라 할 때, $\alpha+\beta=-\dfrac{b}{a}$, $\alpha\beta=\dfrac{c}{a}$가 성립한다.

--------------------- [문제 풀이 순서] ---------------------

1st 이차방정식의 근과 계수의 관계를 적용하자.

ㄱ. $f(x)=(x-a)^2-a^2=x^2-2ax$,
$g(x)=-(x-2a)^2+4a^2+b=-x^2+4ax+b$이므로
$f(x)=g(x)$에서 $x^2-2ax=-x^2+4ax+b$
$2x^2-6ax-b=0$
조건 (가)에서 이 이차방정식의 두 근이 α, β이므로 근과 계수의
관계에 의해 $\alpha+\beta=3a$, $\alpha\beta=-\dfrac{b}{2}$ ··· ㉠

$(\beta-\alpha)^2=(\alpha+\beta)^2-4\alpha\beta$이므로

> [곱셈 공식의 변형]
> (1) $a^2+b^2=(a+b)^2-2ab$
> $=(a-b)^2+2ab$
> (2) $(a+b)^2=(a-b)^2+4ab$

$4=9a^2+2b$ ($\because$ 조건 (나), ㉠)
이때, $a=1$이면 $4=9+2b$
$\therefore b=-\dfrac{5}{2}$ (참)

2nd 이차함수의 최댓값, 최솟값을 활용하자.

ㄴ. $f(x)=(x-a)^2-a^2$은 $x=a$에서 최솟값 $-a^2$을 갖고,
$g(x)=-(x-2a)^2+4a^2+b$는 $x=2a$에서 최댓값 $4a^2+b$를
가진다. ··· ㉡

즉,
$$f(\beta)=g(\beta)\le g(2a),$$
$$-g(\alpha)=-f(\alpha)\le -f(a)$$

> **실수** $g(2a)$는 $g(x)$의 최댓값, $f(a)$는 $f(x)$의 최솟값이므로 두 부등식이 성립해.

이므로 두 부등식을 더하면
$f(\beta)-g(\alpha)\le g(2a)-f(a)$ (참)

ㄷ. $g(\beta)=f(\alpha)+5a^2+b$에서 $g(\beta)-f(\alpha)=5a^2+b$
이때, $g(2a)-f(a)=4a^2+b-(-a^2)=5a^2+b$ ($\because$ ㉡)이므로
$g(\beta)-f(\alpha)=5a^2+b=g(2a)-f(a)$

> 위 식이 성립하려면 ㄴ에 의하여 $\beta=2a$, $\alpha=a$ ··· ㉢이어야 한다.

> **함정** ㄴ에서 $g(x)$의 최댓값은 $g(2a)$, $f(x)$의 최솟값은 $f(a)$이므로 $f(\beta)-g(\alpha)=g(\beta)-f(\alpha)\le g(2a)-f(a)$에서 등호는 $\beta=2a$, $\alpha=a$일 때 성립할 수 있어.

조건 (나)에 의해
$\beta-\alpha=2a-a=a=2$ $\therefore a=2$, $\beta=4$ ($\because$ ㉢)
즉, $\alpha\beta=8=-\dfrac{b}{2}$ ($\because$ ㉠)이므로 $b=-16$이다. (참)

따라서 옳은 것은 ㄱ, ㄴ, ㄷ이다.

My Top Secret 서울대 선배의 **1**등급 대비 전략

이 문제는 보기의 ㄱ, ㄴ, ㄷ의 참, 거짓을 판단하는 문제야. 이런 문제는 ㄱ, ㄴ, ㄷ이 서로 연관되어 있음을 아는 게 중요해.
즉, ㄴ에서 $f(\beta)-g(\alpha)$가 ㄷ에서 $g(\beta)-f(\alpha)$로 바뀌어 나왔고, $g(2a)-f(a)$는 $5a^2+b$로 바뀌어 나왔어. ㄴ을 해결하기 위해 계산한 내용을 바탕으로 ㄷ을 해결할 수 있는 방안을 얻을 수 있지. 그리고 ㄱ을 해결하기 위해 구한 a와 b의 관계를 ㄷ에서 사용할 수 있어.

F 176 정답 ⑤ ···················· ⭐**1등급 대비** [정답률 15%]

* 주어진 조건을 통해 이차함수의 그래프의 특징을 찾아 [보기]의 참, 거짓 판별하기 [유형 07+08+11]

> 이차함수 $f(x)$가 다음 조건을 만족시킨다.
>
> > (가) $f(-4)=0$ **단서1** 이차함수의 그래프가 x축과 만나는 점을 알 수 있어.
> > (나) 모든 실수 x에 대하여 $f(x)\le f(-2)$이다.
> > **단서2** $x=-2$일 때, 이차함수 $f(x)$는 최댓값을 가진다는 것을 알 수 있어.

[보기]에서 옳은 것만을 있는 대로 고른 것은?

> [보기]
> ㄱ. $f(0)=0$ **단서3** 주어진 조건을 이용해 이차함수 $y=f(x)$의 그래프를 그려봐.
> ㄴ. $-1\le x\le 1$에서 함수 $f(x)$의 최솟값은 $f(1)$이다.
> ㄷ. 실수 p에 대하여 $p\le x\le p+2$에서 함수 $f(x)$의 최솟값을 $g(p)$라 할 때, 함수 $g(p)$의 최댓값이 1이면 $f(-2)=\dfrac{4}{3}$이다.
> > **단서4** $p\le x\le p+2$의 간격이 p의 값에 관계없이 항상 2네? 즉, 함수 $y=f(x)$의 그래프에서 x의 값의 범위를 2만큼의 간격을 유지하며 움직일 때 $f(x)$의 최솟값의 변화가 나타나는 지점을 찾아내는 것이 중요해.

① ㄱ ② ㄱ, ㄴ ③ ㄱ, ㄷ
④ ㄴ, ㄷ ⑤ ㄱ, ㄴ, ㄷ

왜 1등급? 조건으로 주어진 이차함수의 함숫값과 최댓값의 의미를 이해하여 함수의 식을 세운 후 제한된 범위에서의 이차함수의 최대, 최소에 대한 참·거짓을 판단하는 문제로 이차함수의 최고차항의 계수와 축을 이용해 그래프를 그려서 이차함수의 그래프의 성질과 특징을 정확히 해석할 수 있어야 한다.

💡 **단서+발상**

단서1 조건 (가)에서 $f(-4)=0$이라는 것은 $x=-4$일 때, 함숫값이 0이라는 것이므로 이차함수 $y=f(x)$의 그래프가 점 $(-4,\ 0)$을 지난다는 것을 알 수 있다. **개념**

단서2 조건 (나)에서 모든 실수 x에 대하여 $f(x)\le f(-2)$이므로 모든 실수 x에 대하여 함수 $f(x)$의 함숫값 중 $x=-2$일 때의 함숫값이 가장 크다. 즉, 이차함수의 $f(x)$가 $x=-2$에서 최댓값을 갖는다는 뜻이므로 **발상** $f(x)$의 최고차항의 계수는 음수이고, 축의 방정식은 $x=-2$임을 알 수 있다. **개념**

단서3 주어진 두 조건에 의해 $f(x)=a(x+2)^2+b$ (a, b는 상수, $a<0$)으로 놓은 후 $x=0$을 대입하여 $f(0)=0$인지 확인하고 그래프를 그려 $-1\le x\le 1$에서 함수 $f(x)$가 어디서 최솟값을 갖는지 확인하자. **적용**

단서4 $p\le x\le p+2$의 간격이 p의 값에 관계없이 2이므로 함수 $y=f(x)$의 그래프에서 폭이 2가 되는 순간의 p의 값을 구해 **발상** 그 값을 기준으로 구간을 나누어 함수 $f(x)$의 최솟값을 찾아보자. **해결**

주의 조건을 통해 이차함수 $f(x)$의 최고차항의 계수와 축을 찾아낸 후 그래프의 개형을 그릴 수 있어야 한다. 또한, 이차함수의 그래프는 항상 축에 대하여 대칭임을 잊어서는 안 된다.

> **핵심 정답 공식:** 모든 x에 대하여 $f(x)\le f(a)$가 성립하면 함수 $f(x)$는 $x=a$에서 최댓값 $f(a)$를 가진다.

--------------------- [문제 풀이 순서] ---------------------

1st 조건을 만족시키는 이차함수의 그래프를 그리자.

조건 (가)에서 $f(-4)=0$을 만족시키는 이차함수 $f(x)$는 인수정리에 의해 $f(x)=(x+4)Q(x)$ 꼴이다.

> [인수정리]
> 다항식 $P(x)$에 대하여 $P(\alpha)=0$일 때, $P(x)$는 일차식 $x-\alpha$를 인수로 가져. 즉, 다항식 $P(x)$에 대하여 $P(\alpha)=0$이면 $P(x)=(x-\alpha)Q(x)$야.

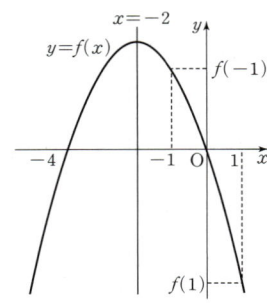

또한, 조건 (나)에서 모든 실수 x에 대하여 $f(x) \le f(-2)$의 의미는 모든 실수 x에 대한 함숫값 $f(x)$가 $f(-2)$보다는 작거나 같다는 것이므로 $f(-2)$가 $f(x)$의 값 중 가장 크다는 것을 뜻한다.
즉, 이차함수 $f(x)$는 $x=-2$에서 최댓값을 갖는다.

2nd 그래프를 보고, [보기]의 참, 거짓을 판별하자.

ㄱ. 이차함수 $f(x)$는 축 $x=-2$에 대하여 대칭이고, $f(-4)=0$이므로 $f(-2+2)=0$, 즉 $f(0)=0$이다. (참)

 축 $x=-2$에서 왼쪽으로 2만큼 떨어진 $x=-4$일 때의 함숫값이 0이므로 축 $x=-2$에서 오른쪽으로 2만큼 떨어진 $x=0$일 때의 함숫값도 0이야.
즉, $f(0)=0$이지.

ㄴ. 위의 그림에서 함수 $y=f(x)$의 그래프를 보면 $-1 \le x \le 1$에서 함수 $f(x)$의 최솟값은 $f(1)$이다. (참)

이차함수 $y=f(x)$의 그래프의 축의 방정식이 $x=-2$이므로 $x=-2$가 $-1 \le x \le 1$의 범위에 속하지 않아. 따라서 주어진 범위가 축의 오른쪽 범위이므로 축에서 가장 멀리 떨어진 $x=1$에서 함수 $f(x)$는 최솟값을 가지지

ㄷ. $p \le x \le p+2$는 실수 p의 값에 관계없이 간격이 항상 2이다.
즉, 이차함수 $y=f(x)$의 그래프의 폭이 2가 되는 p의 값이 -3이므로 $p=-3$을 기준으로 구간을 나누어 $p \le x \le p+2$에서의 함수 $f(x)$의 최솟값 $g(p)$의 값의 변화를 찾아보자.

함수 $f(x)$에서

> $y=f(x)$의 그래프의 축이 $x=-2$이므로 $x=-2$와 $x=p$ 사이의 간격이 1이면 되지? 즉, $p=-2-1=-3$이 되는 거야.

(i) $p=-3$일 때

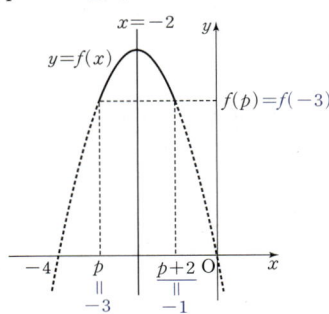

$f(p)=f(p+2)$이므로 $g(p)=f(p)=f(-3)$

(ii) $p<-3$일 때

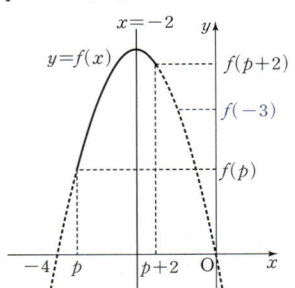

$f(p)<f(p+2)$이므로 $g(p)=f(p)$

(iii) $p>-3$일 때

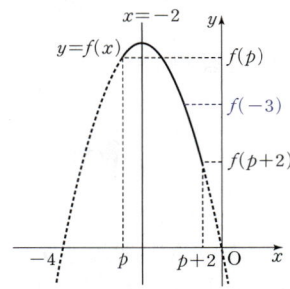

$f(p)>f(p+2)$이므로 $g(p)=f(p+2)$

(i), (ii), (iii)에 의하여 함수 $g(p)$는 다음과 같다.

$$g(p)=\begin{cases} f(p) & (p \le -3) \\ f(p+2) & (p > -3) \end{cases}$$

이때, $p \le -3$인 모든 p에 대하여 $g(p) \le f(-3)$이고 $p > -3$인 모든 p에 대하여 $g(p) < f(-3)$이므로 $g(p)$의 최댓값은 $f(-3)=1$이다.

따라서 조건 (가)와 ㄱ에 의해 $f(x)=ax(x+4)$ (a는 상수)라 놓을 수 있으므로 이 식에 $f(-3)=1$임을 적용하면

$f(-3)=-3a \times (-3+4)=1$

$\therefore a=-\dfrac{1}{3}$

즉, $f(x)=-\dfrac{1}{3}x(x+4)$이므로

$f(-2)=-\dfrac{1}{3} \times (-2) \times (-2+4)=\dfrac{4}{3}$ (참)

따라서 옳은 것은 ㄱ, ㄴ, ㄷ이다.

My Top Secret   서울대 선배의 ❶ 등급 대비 전략

이 문제는 이차함수 $f(x)$가 최댓값을 가지면 최고차항의 계수가 음수, 최솟값을 가지면 최고차항의 계수가 양수인 것이 숨겨진 조건이라 할 수 있어. 물론 함수의 그래프를 그려보면 자연스럽게 알 수 있지만, 수식으로 나타낼 때 빠뜨리지 않도록 조심해야 해.

❀ **제한된 범위가 있는 이차함수의 최대·최소**   개념·공식

이차함수 $y=ax^2+bx+c=a(x-m)^2+n$에 대하여
$\alpha \le x \le \beta$ ($\alpha < \beta$)일 때,
① $\alpha \le m \le \beta$이면 $f(m)$, $f(\alpha)$, $f(\beta)$ 중 가장 큰 값이 최댓값, 가장 작은 값이 최솟값이다.
② $m < \alpha$ 또는 $m > \beta$이면 $f(\alpha)$, $f(\beta)$ 중 큰 값이 최댓값, 작은 값이 최솟값이다.

* 이차함수의 최댓값과 최솟값의 합으로 새롭게 정의된 함수 구하기

[유형 07+08+10]

> **단서1** 이차함수 $y=f(x)$의 그래프의 축이 $t\le x\le t+3$인 구간에 있을 때와 있지 않을 때 최댓값과 최솟값이 달라짐을 알고 접근해야 해.
>
> $t\ge0$인 실수 t에 대하여 $t\le x\le t+3$에서 이차함수 $f(x)=x^2-4tx+10t$의 **최댓값**과 **최솟값**의 합을 $g(t)$라 하자. t에 대한 **방정식** $g(t)=-4t+a$의 서로 다른 실근의 개수가 4가 되도록 하는 모든 실수 a의 값의 범위는 $p<a<q$이다. $4p+7q$의 값을 구하시오. (단, p와 q는 상수이다.)
>
> **단서2** $g(t)=-4t+a$에서 $g(t)+4t=a$이고 이 방정식의 서로 다른 실근의 개수가 4가 되어야 하므로 함수 $y=g(t)+4t$의 그래프와 직선 $y=a$의 교점의 개수가 4가 되는 a의 값의 범위를 구해야 해.

 1등급? 제한된 범위에서 이차함수의 최댓값과 최솟값을 찾아야 하는데, 제한된 범위와 이차함수의 식 모두에 미지수가 있으므로 미지수의 값의 범위를 나눈 후 최댓값과 최솟값을 구해야 하는 고난도 문제이다.
또한, 범위에 따라 다르게 정의된 함수의 그래프와 직선의 교점의 개수에 대한 조건을 만족시켜야 하는 또다른 미지수의 값을 구해야 하므로 이차함수의 최대·최소, 이차함수의 그래프와 직선의 위치 관계에 대한 정확한 개념 이해와 적용이 필요하다.

💡 단서+발상

단서1 이차함수 $f(x)=x^2-4tx+10t=(x-2t)^2-4t^2+10t$에서 그래프의 축이 $x=2t$이므로 구간 $t\le x\le t+3$에 대하여 $2t$의 값의 범위에 따라 최댓값과 최솟값이 결정된다. 【개념】
즉, $t\ge0$인 t에 대하여 $t\le2t\le t+3$, $t+3<2t$인 경우로 나누고, $2t$와 t, $2t$와 $t+3$ 사이의 거리를 따져보면서 이차함수 $f(x)$의 최댓값과 최솟값을 찾아 함수 $g(x)$를 구한다. 【발상】

단서2 방정식 $g(t)=-4t+a$를 정리하면 $g(t)+4t=a$이므로 이 방정식의 실근의 개수는 함수 $y=g(t)+4t$의 그래프와 직선 $y=a$의 교점의 개수와 같다. 【개념】

따라서 함수 $y=g(t)+4t$의 그래프를 그리고 직선 $y=a$를 움직이면서 교점의 개수가 4가 되도록 하는 a의 값의 범위를 찾는다. 【해결】

주의 방정식 $g(t)=-4t+a$의 실근의 개수를 관찰하기 위해 함수 $y=g(t)$의 그래프와 직선 $y=-4t+a$를 그려봐도 된다. 하지만 이 경우는 이차함수의 그래프와 직선이 접할 때를 따져봐야 하는데, t의 값의 범위의 폭이 작아 그래프를 그려 관찰하기가 어렵다. 따라서 $g(t)=-4t+a$에서 변수 t가 포함된 항을 등식의 한쪽으로 이항하여 정리한 후 이에 대한 그래프를 그려 교점을 파악하는 것이 좀 더 쉽다.

> **핵심 정답 공식:** $p\le x\le q$에서 정의된 이차함수 $f(x)=k(x-\alpha)^2+\beta\ (k>0)$에 대하여 $p\le\alpha\le q$이면 최솟값은 $f(\alpha)$이고 최댓값은 $f(p)$, $f(q)$ 중 큰 값이다.
> 또, $\alpha<p$이거나 $\alpha>q$이면 $f(p)$, $f(q)$ 중 큰 값이 최댓값, 작은 값이 최솟값이다.

--------------------- [문제 풀이 순서] ---------------------

1st 이차함수 $y=f(x)$의 그래프의 축의 방정식을 구해.

$f(x)=x^2-4tx+10t=(x^2-4tx+4t^2)-4t^2+10t$
$\quad\ =(x-2t)^2-4t^2+10t$

따라서 함수 $y=f(x)$의 그래프의 축의 방정식은 $x=2t$이다.
> 축 $x=2t$에 대하여 $2t$가 t와 $t+3$ 사이에 있을 때와 사이에 있지 않을 때를 나누어 생각해. 이때, $t\ge0$이므로 $t\le2t$야.

2nd 경우를 나누어 $g(t)$를 구해.

(i) $t\le2t\le t+3$, 즉 $0\le t\le3$ … ㉠일 때, 함수 $f(x)$의 최댓값과 최솟값은 다음의 두 경우로 나누어 구할 수 있다.
> $t\ge0$이므로 항상 $2t\ge t$가 성립해. 따라서 $2t<t$인 경우는 따져주지 않아도 돼.

i) $2t-t\le(t+3)-2t$인 경우
> 축 $x=2t$가 $x=t+3$보다 $x=t$에 더 가까울 때를 따지는 거야.

$t\le-t+3$에서 $2t\le3$
$\therefore t\le\dfrac{3}{2}$

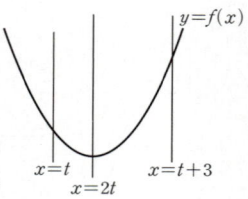

그런데 ㉠에 의하여 $0\le t\le\dfrac{3}{2}$

이때의 함수 $y=f(x)$의 그래프의 개형은 그림과 같으므로 최댓값은 $f(t+3)=(t+3)^2-4t(t+3)+10t=-3t^2+4t+9$이고 최솟값은 $f(2t)=-4t^2+10t$이다.
따라서 최댓값과 최솟값의 합 $g(t)$는
$g(t)=f(t+3)+f(2t)$
$\quad\ =(-3t^2+4t+9)+(-4t^2+10t)$
$\quad\ =-7t^2+14t+9$

ii) $2t-t>(t+3)-2t$인 경우
> 축 $x=2t$가 $x=t$보다 $x=t+3$에 더 가까울 때를 따지는 거야.

$t>-t+3$에서 $2t>3$
$\therefore t>\dfrac{3}{2}$

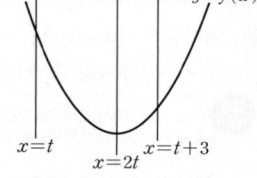

그런데 ㉠에 의하여 $\dfrac{3}{2}<t\le3$

이때의 함수 $y=f(x)$의 그래프의 개형은 그림과 같으므로 최댓값은 $f(t)=t^2-4t\times t+10t=-3t^2+10t$이고 최솟값은 $f(2t)=-4t^2+10t$이다.
따라서 최댓값과 최솟값의 합 $g(t)$는
$g(t)=f(t)+f(2t)$
$\quad\ =(-3t^2+10t)+(-4t^2+10t)$
$\quad\ =-7t^2+20t$

(ii) $2t>t+3$, 즉 $t>3$일 때,
함수 $y=f(x)$의 그래프의 개형은 그림과 같으므로 최댓값은
$f(t)=t^2-4t\times t+10t$
$\quad\ =-3t^2+10t$
이고 최솟값은
$f(t+3)=(t+3)^2-4t(t+3)+10t=-3t^2+4t+9$이다.
따라서 최댓값과 최솟값의 합 $g(t)$는
$g(t)=f(t)+f(t+3)$
$\quad\ =(-3t^2+10t)+(-3t^2+4t+9)$
$\quad\ =-6t^2+14t+9$

(i), (ii)에 의하여
$$g(t)=\begin{cases}-7t^2+14t+9 & \left(0\le t\le\dfrac{3}{2}\right)\\[2mm]-7t^2+20t & \left(\dfrac{3}{2}<t\le3\right)\\[2mm]-6t^2+14t+9 & (t>3)\end{cases}$$

3rd 방정식 $g(t)=-4t+a$의 서로 다른 실근의 개수가 4가 되도록 하는 실수 a의 값의 범위를 구해.

$g(t)=-4t+a$에서 $g(t)+4t=a$이므로 이 방정식의 서로 다른 실근의 개수가 4가 되려면 함수 $y=g(t)+4t$의 그래프와 직선 $y=a$의 서로 다른 교점의 개수가 4가 되어야 한다.
> 방정식 $f(x)=g(x)$의 서로 다른 실근의 개수는 두 함수 $y=f(x)$, $y=g(x)$의 그래프의 서로 다른 교점의 개수와 같아.

$$g(t)+4t=\begin{cases}-7t^2+18t+9\\-7t^2+24t\\-6t^2+18t+9\end{cases}$$

함수 $y=-7\left(t-\dfrac{9}{7}\right)^2+\dfrac{144}{7}$ 의 그래프는 꼭짓점의 좌표가 $\left(\dfrac{9}{7},\dfrac{144}{7}\right)$ 이고 위로 볼록한 포물선이므로 이 함수는 $t<\dfrac{9}{7}$ 일 때 증가하고, $t>\dfrac{9}{7}$ 일 때 감소해.

$$=\begin{cases}-7\left(t-\dfrac{9}{7}\right)^2+\dfrac{144}{7}&\left(0\le t\le\dfrac{3}{2}\right)\\-7\left(t-\dfrac{12}{7}\right)^2+\dfrac{144}{7}&\left(\dfrac{3}{2}<t\le3\right)\\-6\left(t-\dfrac{3}{2}\right)^2+\dfrac{45}{2}&(t>3)\end{cases}$$

함수 $y=-7\left(t-\dfrac{12}{7}\right)^2+\dfrac{144}{7}$ 의 그래프는 꼭짓점의 좌표가 $\left(\dfrac{12}{7},\dfrac{144}{7}\right)$ 이고 위로 볼록한 포물선이므로 이 함수는 $t<\dfrac{12}{7}$ 일 때 증가하고, $t>\dfrac{12}{7}$ 일 때 감소해.

함수 $y=-6\left(t-\dfrac{3}{2}\right)^2+\dfrac{45}{2}$ 의 그래프는 꼭짓점의 좌표가 $\left(\dfrac{3}{2},\dfrac{45}{2}\right)$ 이고 위로 볼록한 포물선이므로 이 함수는 $t<\dfrac{3}{2}$ 일 때 증가하고, $t>\dfrac{3}{2}$ 일 때 감소해.

이고, $t=\dfrac{3}{2}$ 에서의 함숫값은

$$-7\times\left(\dfrac{3}{2}\right)^2+18\times\dfrac{3}{2}+9=-\dfrac{63}{4}+27+9=\dfrac{81}{4}$$

이므로 함수 $y=g(t)+4t$ 의 그래프와 직선 $y=a$ 의 서로 다른 교점의 개수가 4가 되려면 직선 $y=a$ 는 그림과 같아야 한다.

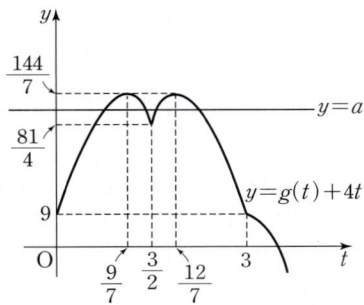

$$\therefore \dfrac{81}{4}<a<\dfrac{144}{7}$$

따라서 $p=\dfrac{81}{4}$, $q=\dfrac{144}{7}$ 이므로

$$4p+7q=4\times\dfrac{81}{4}+7\times\dfrac{144}{7}=81+144=225$$

다른 풀이: 함수 $y=g(t)$ 의 그래프와 직선 $y=-4t+a$ 의 교점의 개수가 4가 되도록 하는 실수 a 의 값의 범위 구하기

위의 풀이에서

$$g(t)=\begin{cases}-7t^2+14t+9&\left(0\le t\le\dfrac{3}{2}\right)\\-7t^2+20t&\left(\dfrac{3}{2}<t\le3\right)\\-6t^2+14t+9&(t>3)\end{cases}$$

$$=\begin{cases}-7(t-1)^2+16&\left(0\le t\le\dfrac{3}{2}\right)&\cdots①\\-7\left(t-\dfrac{10}{7}\right)^2+\dfrac{100}{7}&\left(\dfrac{3}{2}<t\le3\right)&\cdots②\\-6\left(t-\dfrac{7}{6}\right)^2+\dfrac{103}{6}&(t>3)&\cdots③\end{cases}$$

이므로 함수 $y=g(t)$ 의 그래프는 그림과 같아.

$g\left(\dfrac{3}{2}\right)=-7\times\left(\dfrac{3}{2}\right)^2+14\times\dfrac{3}{2}+9=-\dfrac{63}{4}+21+9=\dfrac{57}{4}$

$g(3)=-7\times3^2+20\times3=-63+60=-3$

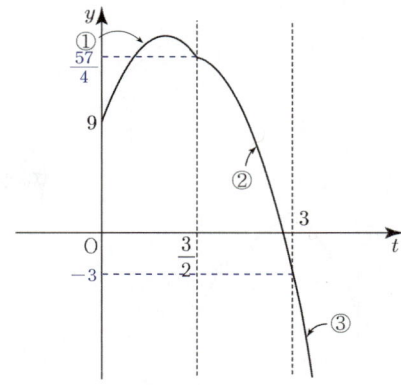

방정식 $g(t)=-4t+a$ 의 서로 다른 실근의 개수가 4라는 것은 함수 $y=g(t)$ 의 그래프와 직선 $y=-4t+a$ 가 만나는 서로 다른 점의 개수가 4라는 뜻이야.

즉, 기울기가 일정한 직선 $y=-4t+a$ 를 평행이동시키면서 함수 $y=g(t)$ 의 그래프와 만나는 서로 다른 점의 개수가 4가 되는 경우를 찾아보면 다음 그림과 같이 직선 $y=-4t+a$ 가 점 $\left(\dfrac{3}{2},\dfrac{57}{4}\right)$ 을 지나는 경우와 직선 $y=-4t+a$ 가 $y=g(t)$ 의 그래프에 접하는 경우 사이에 직선이 존재해야 한다는 것을 알 수 있어.

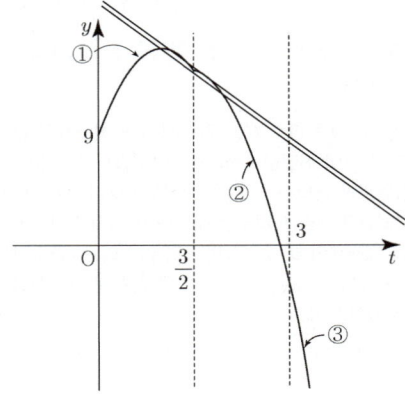

먼저, 직선 $y=-4t+a$ 가 점 $\left(\dfrac{3}{2},\dfrac{57}{4}\right)$ 을 지날 때

$\dfrac{57}{4}=-4\times\dfrac{3}{2}+a$, $\dfrac{57}{4}=-6+a$ $\therefore a=\dfrac{81}{4}\cdots\text{ⓒ}$

또한, $0\le t\le\dfrac{3}{2}$ 에서 함수 $g(t)=-7t^2+14t+9$ 의 그래프가 직선 $y=-4t+a$ 와 접할 때, 이차방정식 $-7t^2+14t+9=-4t+a$, 즉 $7t^2-18t+a-9=0$ 의 판별식을 D_1 이라 하면 이 이차방정식이 중근을 가져야 하므로

$\dfrac{D_1}{4}=(-9)^2-7(a-9)=0$, $81-7a+63=0$

$7a=144$ $\therefore a=\dfrac{144}{7}\cdots\text{ⓓ}$

$7t^2-18t+a-9=0$ 에 ⓒ을 대입하면 $7t^2-18t+\dfrac{144}{7}-9=0$, $49t^2-126t+81=0$ $(7t-9)^2=0$ $\therefore t=\dfrac{9}{7}$

마지막으로, $\dfrac{3}{2}<t\le3$ 에서 함수 $g(t)=-7t^2+20t$ 의 그래프가 즉, $t=\dfrac{9}{7}$ 에서 직선이 접하게 돼. 직선 $y=-4t+a$ 와 접할 때, 이차방정식 $-7t^2+20t=-4t+a$, 즉 $7t^2-24t+a=0$ 의 판별식을 D_2 라 하면 이 이차방정식이 중근을 가져야 하므로

$\dfrac{D_2}{4}=(-12)^2-7a=0$, $7a=144$ $\therefore a=\dfrac{144}{7}\cdots\text{ⓔ}$

$7t^2-24t+a=0$ 에 ⓔ을 대입하면 $7t^2-24t+\dfrac{144}{7}=0$, $49t^2-168t+144=0$ $(7t-12)^2=0$ $\therefore t=\dfrac{12}{7}$ 즉, $t=\dfrac{12}{7}$ 에서 직선이 접하게 돼.

ⓒ, ⓓ, ⓔ에서 방정식 $g(t)=-4t+a$ 의 서로 다른 실근의 개수가 4가 되도록 하는 실수 a 의 값의 범위는 그림과 같이 $\dfrac{81}{4}<a<\dfrac{144}{7}$ 야.

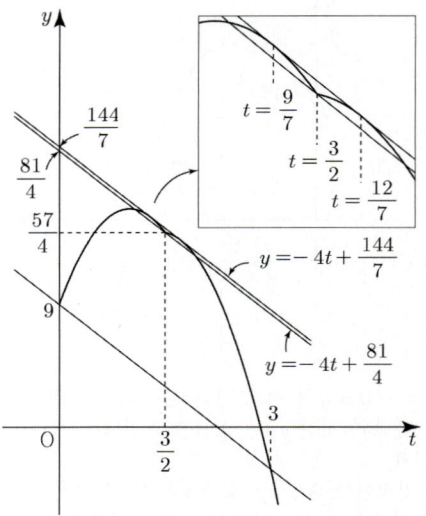

따라서 $p=\dfrac{81}{4}$, $q=\dfrac{144}{7}$이므로

$4p+7q=81+144=225$

1등급 대비 특강

✳ t, $t+3$, $2t$의 대소 관계에 따른 이차함수 $f(x)$의 최댓값과 최솟값

새로운 함수 $g(t)$는 이차함수 $f(x)$의 최댓값과 최솟값의 합으로 만들어졌기 때문에 먼저 $f(x)$의 최댓값과 최솟값이 어떻게 결정되는지 알아야 해.
그런데 x의 범위뿐만 아니라 $f(x)$의 식에도 미지수 t가 포함되어 있기 때문에 t의 값의 범위를 어떻게 나누는지가 이 문제 해결의 중요한 열쇠야.
즉, 이차함수의 그래프의 축 $x=2t$와 x의 범위의 양 끝값 사이의 대소 관계, 이때의 최대, 최소가 되는 x의 값 등을 종합적으로 정리하여 t의 값의 범위를 나눌 수 있어야 해.

✿ x의 값이 제한된 이차함수의 최댓값·최솟값   개념·공식

이차함수 $f(x)=a(x-p)^2+q\,(a>0)$에서 x의 값의 범위가 $x_1 \le x \le x_2$일 때,

(1) 꼭짓점이 범위에 포함되면
$f(x_1)$, $f(x_2)$ 중 큰 값이 최댓값,
q가 최솟값이다.

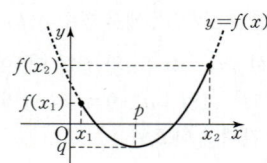

(2) 꼭짓점이 범위에 포함되지 않으면
$f(x_1)$, $f(x_2)$ 중 큰 값이 최댓값,
작은 값이 최솟값이다.

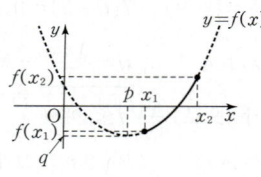

F 178 정답 13 ·························· ★1등급 대비 [정답률 16%]

정답 공식: $a<x<\beta$에서 이차함수 $f(x)=k(x-a)^2+b\,(k<0)$에 대하여 $a<a<\beta$일 때, 최댓값은 $f(a)=b$이다.

단서1 OB와 OC는 반지름으로 길이가 같으므로 삼각형 OBC는 이등변삼각형임을 알 수 있어.

그림과 같이 반지름의 길이가 1이고 중심각의 크기가 $90°$인 부채꼴 OAB가 있다. 호 AB 위의 점 C에 대하여 선분 BC를 지름으로 하는 원을 그린다. 선분 BC의 중점을 지나고 직선 OB에 평행한 직선이 원과 만나는 점 중 B에 가까운 점을 P라 하자. $\overline{BC}=x$일 때, 삼각형 OAP의 넓이를 $S(x)$라 하자. $S(x)$의 최댓값이 $\dfrac{q}{p}$일 때, $p+q$의 값을 구하시오.
(단, $0<x<\sqrt{2}$이고, p와 q는 서로소인 자연수이다.)

단서3 삼각형의 넓이를 x에 대한 이차함수로 나타낸 후 최대가 되는 경우를 생각해보자.

단서2 삼각형의 넓이는 $\dfrac{1}{2}\times$(밑변의 길이)$\times$(높이)로 구할 수 있는데 밑변의 길이는 1이므로 높이에 대한 식을 x로 나타내서 구할 수 있겠지?

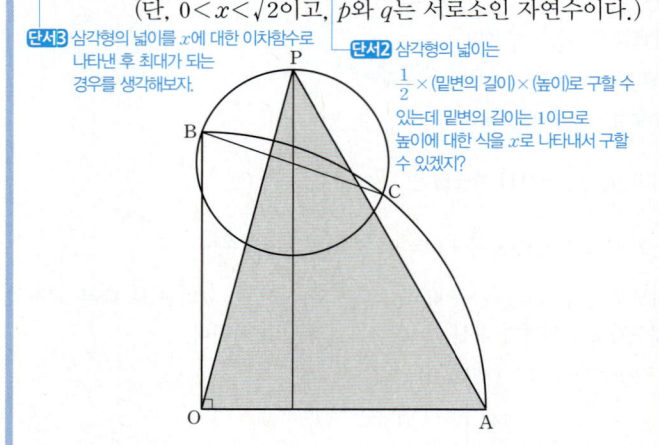

💡 **단서+발상** [유형 08+11]

단서1 점 B와 점 C는 점 O를 중심으로 하는 부채꼴의 호 위에 존재하므로 $\overline{OB}=\overline{OC}=1$이 성립한다. 따라서 삼각형 OBC는 $\overline{OB}=\overline{OC}=1$인 이등변삼각형인 것을 알 수 있다. **개념**

단서2 삼각형 OAP의 넓이를 구해야 하는데 밑변으로 볼 수 있는 $\overline{OA}=1$로 주어져 있으므로 높이를 x에 대한 식으로 나타내어 $S(x)$를 구한다. **발상**

단서3 $S(x)$가 x에 대한 이차식으로 표현되므로 최대가 되는 경우를 계산한다. **해결**

·············· **[문제 풀이 순서]** ··············

1st 삼각형 OAP의 높이를 구하자.

$\overline{BC}$의 중점을 M이라 하고 점 M을 지나고 직선 OB에 평행한 직선이 선분 OA와 만나는 점을 H라 하자.

삼각형 OAP 넓이 $S(x)=\dfrac{1}{2}\times\overline{OA}\times\overline{PH}$이고
$\overline{OA}$의 길이는 반지름으로 일정하므로 $\overline{PH}$의 길이를 구할 방법을 생각해보자.

$\overline{OB}=\overline{OC}$인 이등변삼각형 OBC에서 점 M이 선분 BC의 중점이므로 $\angle OMB=90°$이다.

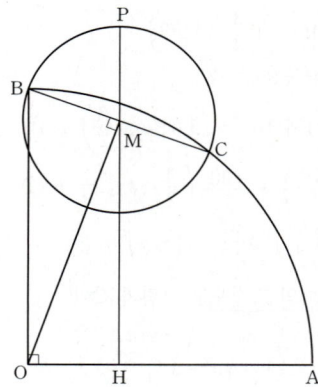

$\overline{BC}=x$에서 $\overline{PM}=\overline{BM}=\frac{1}{2}\times\overline{BC}=\frac{1}{2}x$이므로

직각삼각형 OMB에서

$\overline{OM}^2=\overline{OB}^2-\overline{BM}^2=1-\left(\frac{x}{2}\right)^2=1-\frac{x^2}{4}$이다.
반지름의 길이가 1이므로 $\overline{OB}$는 1임을 알 수 있고,
피타고라스 정리를 이용하여 $\overline{OM}^2$을 구할 수 있어.

이때, $\triangle$OHM$\sim\triangle$BMO이므로
두 삼각형 OHM, BMO에서
∠OMH=∠BOM, ∠OHM=∠BMO이므로
$\triangle$OHM$\sim\triangle$BMO (AA 닮음)

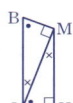

$\overline{MH}:\overline{OM}=\overline{OM}:\overline{OB}$

$\overline{OB}=1$이므로 $\overline{MH}:\overline{OM}=\overline{OM}:1$

$\overline{MH}=\overline{OM}^2=1-\frac{x^2}{4}$

2nd 삼각형 OAP의 넓이 $S(x)$를 구하자.

$S(x)=\frac{1}{2}\times\overline{OA}\times\overline{PH}$

$=\frac{1}{2}\times\overline{OA}\times(\overline{MH}+\overline{PM})$

$=\frac{1}{2}\times1\times\left(1-\frac{x^2}{4}+\frac{x}{2}\right)$

$=-\frac{1}{8}(x-1)^2+\frac{5}{8}\ (0<x<\sqrt{2})$
$y=ax^2+bx+c(a<0)$의 최댓값은
$y=a(x-p)^2+q$의 완전제곱의 형태로 변형하여 구할 수 있어.

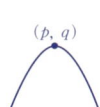

(p, q)

3rd $S(x)$의 최댓값을 구한 후 $p+q$의 값을 구하자.

따라서 $x=1$일 때, $S(x)$의 최댓값은 $\frac{5}{8}$이므로

$p=8, q=5$

$\therefore p+q=8+5=13$

1등급 대비 **특강**

✽ **원이 주어지면 원의 중심을 지나는 보조선 긋기!**

원과 관련된 도형 문제에서는 원의 중심을 포함하는 보조선을 그으면 편한 경우가 많다. 본 문제의 경우에도 점 C와 점 O를 이어 이등변삼각형을 만들어 내었고, 점 M과 점 O를 이어 닮음을 사용하였다.

F 179 정답 12 ············· ⭐1등급 대비 [정답률 20%]

✽ 도형의 넓이를 문자로 나타낸 후 이차함수의 최댓값 구하기 [유형 08+11]

그림과 같이 ∠A=90°이고 $\overline{AB}$=6인 직각이등변삼각형 ABC가 있다. 변 AB 위의 한 점 P에서 변 BC에 내린 수선의 발을 Q라 하고, 점 P를 지나고 변 BC와 평행한 직선이 변 AC와 만나는 점을 R라 하자. 사각형 PQCR의 넓이의 최댓값을 구하시오. (단, 점 P는 꼭짓점 A와 꼭짓점 B가 아니다.)

단서1 사각형 PQCR는 사다리꼴이지?
단서2 사다리꼴 PQCR의 넓이는 $\frac{1}{2}\times(\overline{PR}+\overline{CQ})\times\overline{PQ}$로 구할 수 있어.

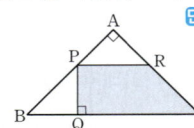

왜1등급? 도형의 넓이의 최댓값을 구하는 문제로 각 선분의 길이를 미지수로 나타내고 이 미지수의 값의 범위를 세운 후 이차함수를 이용해 넓이의 최댓값을 구해야 한다.

🔆 **단서+발상**

단서1 삼각형 ABC가 직각이등변삼각형이므로 $\overline{AB}=\overline{AC}$이다.
그리고 사각형 PQCR에서 선분 PR와 선분 QC는 평행하므로 이 사각형은 사다리꼴이다. 개념

단서2 $\overline{BQ}=a$라 하고, 각 선분의 길이를 a에 대한 식으로 나타내어 사각형 PQCR의 넓이를 a에 대한 식으로 나타낼 수 있다. 발상
즉, 삼각형 BQP는 직각이등변삼각형이므로 $\overline{PQ}=a, \overline{BP}=\sqrt{2}a$이고,
$\overline{AB}=\overline{AP}+\overline{PB}$이므로 $\overline{AP}=6-\sqrt{2}a$이다.
또, 삼각형 APR도 직각이등변삼각형이므로 $\overline{PR}=\sqrt{2}(6-\sqrt{2}a)$이고
$\overline{BC}=\overline{BQ}+\overline{QC}$이므로 $\overline{QC}=6\sqrt{2}-a$이다.
이를 바탕으로 사다리꼴 PQCR의 넓이를 a에 대한 식으로 나타낼 수 있다. 해결

⚠ 주의 넓이가 최대가 될 때의 a의 값이 a의 값의 범위 내에 속하는지 확인해야 한다.

핵심 정답 공식: $\overline{BQ}=a$라 놓고 사각형 PQCR의 넓이를 a에 대한 식으로 나타내어 a의 값의 범위에 따른 사각형 PQCR의 넓이의 최댓값을 구한다.

----- [문제 풀이 순서] -----

1st $\overline{BQ}=a$로 놓고 삼각형의 각 변의 길이를 나타내봐. $\overline{AB}$=6임을 이용하면 a의 범위도 구할 수 있어.

다음과 같이 $\overline{BQ}=a$라 하면 △PBQ는 직각이등변삼각형이므로 $\overline{PQ}=a, \overline{BP}=\sqrt{2}a$이다.
삼각형 PBQ에서 피타고라스 정리에 의하여
$\overline{PB}^2=\overline{BQ}^2+\overline{PQ}^2=a^2+a^2=2a^2$
이므로 $\overline{PB}=\sqrt{2}a$

또, △APR는 $\overline{PA}=6-\sqrt{2}a$인 직각이등변삼각형이므로
$\overline{PR}=\sqrt{2}(6-\sqrt{2}a)=6\sqrt{2}-2a$
직각이등변삼각형의 빗변이 아닌 한 변의 길이가 t이면 빗변의 길이는 $\sqrt{2}t$야.

$\overline{CQ}=\overline{BC}-\overline{BQ}=6\sqrt{2}-a$

이때, $\overline{AB}$=6이므로
$0<\sqrt{2}a<6$에서 $0<a<3\sqrt{2}$이다.
⚠ 주의 a의 값의 범위가 존재하므로 이에 주의해야 해.

2nd 사각형 PQCR의 넓이를 a에 관한 식으로 나타내면 a의 범위 내에서 최댓값을 구할 수 있겠지?

(사각형 PQCR의 넓이)$=\frac{1}{2}\times(\overline{PR}+\overline{CQ})\times\overline{PQ}$

$=\frac{1}{2}\times(6\sqrt{2}-2a+6\sqrt{2}-a)\times a$

$=6\sqrt{2}a-\frac{3}{2}a^2=-\frac{3}{2}(a^2-4\sqrt{2}a+8-8)$

$=-\frac{3}{2}(a-2\sqrt{2})^2+12\ (0<a<3\sqrt{2})$

이므로 $\overline{BQ}=2\sqrt{2}$일 때, 사각형 PQCR의 넓이의 최댓값은 12이다.

🔄 **다른 풀이:** 사각형 PQCR의 넓이를 삼각형 ABC의 넓이에서 두 삼각형 APR, PBQ의 넓이의 합을 빼서 구하기

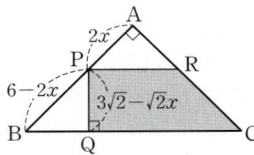

$\overline{PA}=2x$라 하면 삼각형 APR의 넓이는 $2x^2$이야.
$\frac{1}{2}\times(2x)^2=2x^2$

이때, $\overline{PB}=6-2x, \overline{BQ}=\overline{PQ}=\frac{6-2x}{\sqrt{2}}=3\sqrt{2}-\sqrt{2}x$이므로
삼각형 PBQ의 넓이는 $(3-x)^2$이지!
$\frac{1}{2}\times(3\sqrt{2}-\sqrt{2}x)^2$
$=\frac{1}{2}\times(\sqrt{2})^2\times(3-x)^2=(3-x)^2$

정답 및 해설 **263**

즉, 사각형 PQCR의 넓이가 최대가 되기 위해서는
두 삼각형 APR와 PBQ의 넓이의 합이 최소가 되어야 해.
따라서 두 삼각형 APR와 PBQ의 넓이의 합은
$$2x^2+(3-x)^2=3x^2-6x+9=3(x-1)^2+6$$
이므로 $x=1$일 때, 넓이의 합의 최솟값이 6이야.
즉, 삼각형 ABC의 넓이가 18이므로 사각형 PQCR의 넓이의 최댓값은
$18-6=12$야. $\angle A=90°$인 직각삼각형 ABC에서 $\overline{AB}=6$이므로
삼각형 ABC의 넓이는 $\frac{1}{2}\times 6\times 6=18$이야.

1등급 대비 **특강**

*** 내각의 크기가 특수각인 직각삼각형에서 각 변의
   길이 쉽게 구하기**

구하고자 하는 값이 넓이의 최댓값이므로 도형의 넓이를 식으로 나타내어
야 해. 주어진 도형이 직각이등변삼각형이므로 각 선분의 길이를 미지수로
나타낼 때, 직각이등변삼각형의 세 변의 길이의 비인 $1:1:\sqrt{2}$를 적절히
이용하면 풀이 시간을 줄일 수 있어.
마찬가지로 세 내각의 크기가 $30°$, $60°$, $90°$인 직각삼각형에서는 세 변의
길이의 비인 $1:\sqrt{3}:2$를 이용하면 편리해.

F 180 정답 360 ⭐1등급 대비 [정답률 14%]

* 서로 외접하는 원과 삼각형의 닮음을 활용하여 각 선분의 길이를 한 문자에
  대하여 나타낸 후 이차함수의 최솟값 구하기 [유형 08+11]

그림과 같이 $\overline{AB}=6$, $\overline{BC}=8$, $\overline{CA}=10$인 직각삼각형 ABC
의 두 꼭짓점 A, B를 각각 중심으로 하는 두 원 O_1, O_2가 서
로 외접하고 있다. 변 AC와 원 O_1과의 교점을 P, 변 BC와
원 O_2와의 교점을 Q라 할 때, $\overline{PQ}^2$의 최솟값은 $\frac{b}{a}$이다. ab의
값을 구하시오. (단, a와 b는 서로소인 자연수이다.)

단서2 직각삼각형
PH$_1$Q에서
$\overline{PQ}^2=\overline{PH_1}^2+\overline{QH_1}^2$

단서1 점 P에서 $\overline{BC}$, $\overline{AB}$에 내린
수선의 발을 각각 H$_1$, H$_2$,
원 O_1의 반지름의 길이를 r
라 하고 닮은 삼각형을 찾아
서 필요한 길이를 구하자.

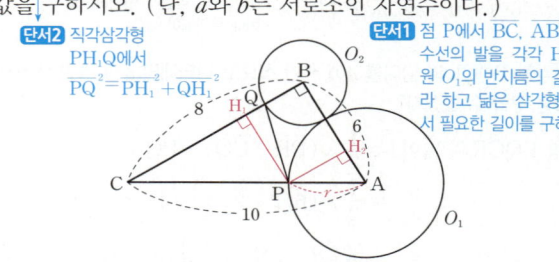

왜 1등급? 외접하는 두 원 위의 점을 이은 선분의 길이의 최솟값을 구하는 문제로
적당한 점에서 수선의 발을 내려 직각삼각형을 만들고, 직각삼각형의 닮음을 이용
하여 선분들의 길이에 대한 이차함수로 나타내어 최솟값을 구해야 한다.

 단서+발상

단서1 문제에서 구하고자 하는 값이 $\overline{PQ}^2$인데, 삼각형 CPQ가 직각삼각형이 아니
므로 $\overline{PQ}$의 길이를 바로 알아내기 힘들다.
따라서 피타고라스 정리를 사용하기 위해 점 P에서 수선의 발을 내린다. **발상**
또한, 삼각형 APH$_2$와 삼각형 PCH$_1$은 삼각형 ACB와 닮음이므로 원 O_1
의 반지름의 길이를 r라 하면, 각 선분의 길이를 r에 대한 식으로 나타낼 수
있다. **적용**

단서2 직각삼각형 PQH$_1$에서 두 선분 H$_1$Q와 H$_1$P의 길이를 r로 나타내었으므로
피타고라스 정리를 통해 선분 PQ의 길이도 r에 대한 식으로 나타낼 수 있다.
적용
선분 H$_1$Q와 H$_1$P의 길이를 나타낸 식이 r에 대한 일차식이므로 $\overline{PQ}^2$은 r에
대한 이차식이 됨을 알 수 있고, 이 식의 최솟값을 구할 수 있다. **해결**

주의 두 원 중 한 원의 반지름의 길이 r의 값의 범위를 구하여 선분의 길이를 r에
대한 식으로 나타낼 수 있어야 하고, 적당히 선분을 그어 서로 닮음인 삼각형을
찾아낼 수 있어야 한다.

핵심 정답 공식: 점 P에서 $\overline{AB}$, $\overline{BC}$에 각각 수선의 발을 내린 다음, 원 O_1의
반지름의 길이를 r라 두고 삼각형의 닮음을 이용해 각 변의 길이를 r에 대한
식으로 나타낸다.

-------------------- [문제 풀이 순서] --------------------

1st 점 P에서 $\overline{BC}$, $\overline{AB}$에 내린 수선의 발을 각각 H$_1$, H$_2$, 원 O_1의 반지름의 길
이를 r라 하고 관계식을 구하자.

그림과 같이 두 원의 접점을 T,
점 P에서 $\overline{BC}$, $\overline{AB}$에 내린 수선의
발을 각각 H$_1$, H$_2$라 하고 원 O_1의
반지름의 길이를 r(단, $0<r<6$)
라 하자. **주의**

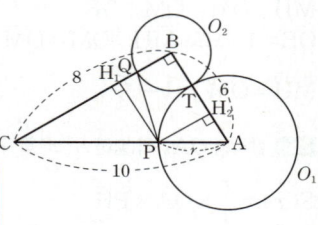

주의 반지름의 길이는 양수이고,
두 원의 반지름의 길이의 합이
6이므로 $0<r<6$이어야 해.

이때, 두 삼각형 AH$_2$P, ABC에서
$\angle A$가 공통이고
$\angle AH_2P=\angle ABC=90°$이므로
$\triangle AH_2P\sim\triangle ABC$ (AA 닮음)
두 쌍의 대응각의 크기가 각각 같아.

따라서 $r:10=\overline{PH_2}:8$에서
$\overline{PH_2}=\frac{4}{5}r$이므로 $\overline{BH_1}=\overline{PH_2}=\frac{4}{5}r$

$\overline{BQ}=\overline{BT}=6-r$

실수 길이를 식으로 나타낼 때, 부호에
대한 확실한 조건이 없으면 절댓값
을 통해 표현하도록 하자.

$\therefore \overline{QH_1}=|\overline{BH_1}-\overline{BQ}|=\left|\frac{4}{5}r-(6-r)\right|$
$=\left|\frac{9}{5}r-6\right| \cdots ⊙$

또, 두 삼각형 PH$_1$C, ABC에서
$\angle C$가 공통이고
$\angle PH_1C=\angle ABC=90°$이므로
$\triangle PH_1C\sim\triangle ABC$ (AA 닮음)

따라서 $(10-r):10=\overline{PH_1}:6$이므로 $\overline{PH_1}=\frac{3}{5}(10-r) \cdots ⓛ$

2nd 삼각형 PH$_1$Q에서 피타고라스 정리를 이용하여 $\overline{PQ}$의 길이를 구하자.

⊙, ⓛ에 의하여

$$\overline{PQ}^2=\overline{PH_1}^2+\overline{QH_1}^2$$
$$=\left\{\frac{3}{5}(10-r)\right\}^2+\left(\frac{9}{5}r-6\right)^2=\left\{\frac{3}{5}(10-r)\right\}^2+\left\{\frac{3}{5}(3r-10)\right\}^2$$
$$=\frac{9}{25}\{(10-r)^2+(3r-10)^2\}=\frac{9}{25}(10r^2-80r+200)$$
$$=\frac{18}{5}(r^2-8r+20)$$

이차함수의 최솟값은 $y=m(x-p)^2+q$ 꼴로 변형하여 구해.

$$=\frac{18}{5}(r-4)^2+\frac{72}{5} \ (0<r<6)$$

따라서 $\overline{PQ}^2$은 $r=4$일 때, 최솟값 $\frac{72}{5}$를 가지므로 $a=5$, $b=72$이다.
$\therefore ab=5\times 72=360$

1등급 대비 **특강**

* 선분의 길이를 한 문자로 나타내기

서로 닮음인 직각삼각형을 찾기 위해 점 P에서 수선의 발을 내리는 이유는
점 Q에서는 내릴 수 있는 수선의 발이 하나밖에 없기 때문이야.
점 Q에서 수선의 발을 내린 경우에도 r에 대해 나타낼 수 있지만, 계산을
줄여주는 닮음 조건을 많이 활용할 수 없다.
따라서 빗변 위에 있는 점 P에서 수선의 발을 내리는 것이 효율적이야.

G 여러 가지 방정식

🐝 **개념 확인** 문제

G 01 정답 $x=-2$ 또는 $x=1\pm\sqrt{3}i$
$x^3+8=x^3+2^3=(x+2)(x^2-2x+4)=0$
$x+2=0$ 또는 $x^2-2x+4=0$
$\therefore x=-2$ 또는 $x=1\pm\sqrt{3}i$

G 02 정답 $x=-1$ 또는 $x=0$ 또는 $x=5$
$x^3-4x^2-5x=x(x^2-4x-5)$
$=x(x+1)(x-5)=0$
$x=0$ 또는 $x+1=0$ 또는 $x-5=0$
$\therefore x=-1$ 또는 $x=0$ 또는 $x=5$

G 03 정답 $x=0$ 또는 $x=3$ 또는 $x=\dfrac{-3\pm3\sqrt{3}i}{2}$
$x^4-27x=x(x^3-27)=x(x^3-3^3)$
$=x(x-3)(x^2+3x+9)=0$
$x=0$ 또는 $x-3=0$ 또는 $x^2+3x+9=0$
$\therefore x=0$ 또는 $x=3$ 또는 $x=\dfrac{-3\pm3\sqrt{3}i}{2}$

G 04 정답 $x=-3$ 또는 $x=-2$ 또는 $x=2$
$f(x)=x^3+3x^2-4x-12$로 놓자.
$f(2)=8+12-8-12=0$이므로

$$
\begin{array}{r|rrrr}
2 & 1 & 3 & -4 & -12 \\
  &   & 2 & 10 & 12 \\
\hline
  & 1 & 5 & 6 & 0
\end{array}
$$

$f(x)=(x-2)(x^2+5x+6)$
$=(x-2)(x+2)(x+3)=0$
$x-2=0$ 또는 $x+2=0$ 또는 $x+3=0$
$\therefore x=2$ 또는 $x=-2$ 또는 $x=-3$

G 05 정답 $x=-1$ 또는 $x=\dfrac{7\pm\sqrt{53}}{2}$
$f(x)=x^3-6x^2-8x-1$로 놓자.
$f(-1)=-1-6+8-1=0$
$f(x)=(x+1)(x^2-7x-1)=0$
$x+1=0$ 또는 $x^2-7x-1=0$

$$
\begin{array}{r|rrrr}
-1 & 1 & -6 & -8 & -1 \\
   &   & -1 & 7 & 1 \\
\hline
   & 1 & -7 & -1 & 0
\end{array}
$$

$\therefore x=-1$ 또는 $x=\dfrac{7\pm\sqrt{53}}{2}$

G 06 정답 $x=2$ 또는 $x=\dfrac{-1\pm3\sqrt{5}}{2}$
$f(x)=x^3-x^2-13x+22$로 놓자.
$f(2)=8-4-26+22=0$이므로

$$
\begin{array}{r|rrrr}
2 & 1 & -1 & -13 & 22 \\
  &   & 2 & 2 & -22 \\
\hline
  & 1 & 1 & -11 & 0
\end{array}
$$

$f(x)=(x-2)(x^2+x-11)=0$
$x-2=0$ 또는 $x^2+x-11=0$
$\therefore x=2$ 또는 $x=\dfrac{-1\pm3\sqrt{5}}{2}$

G 07 정답 $x=-1$ 또는 $x=2$ 또는 $x=-1\pm\sqrt{3}i$
$f(x)=x^4+x^3-8x-8$로 놓자.
$f(-1)=1-1+8-8$
$=0$
$f(x)=(x+1)(x^3-8)$
$=(x+1)(x^3-2^3)$
$=(x+1)(x-2)(x^2+2x+4)=0$

$$
\begin{array}{r|rrrrr}
-1 & 1 & 1 & 0 & -8 & -8 \\
   &   & -1 & 0 & 0 & 8 \\
\hline
   & 1 & 0 & 0 & -8 & 0
\end{array}
$$

$x+1=0$ 또는 $x-2=0$ 또는 $x^2+2x+4=0$
$\therefore x=-1$ 또는 $x=2$ 또는 $x=-1\pm\sqrt{3}i$

G 08 정답 $x=1$ 또는 $x=\dfrac{-1\pm\sqrt{5}}{2}$
$f(x)=x^4-x^3-2x^2+3x-1$로 놓자.
$f(1)=1-1-2+3-1=0$
$f(x)=(x-1)^2(x^2+x-1)$
$=0$
$(x-1)^2=0$ 또는 $x^2+x-1=0$
$\therefore x=1$ 또는 $x=\dfrac{-1\pm\sqrt{5}}{2}$

$$
\begin{array}{r|rrrrr}
1 & 1 & -1 & -2 & 3 & -1 \\
  &   & 1 & 0 & -2 & 1 \\
\hline
1 & 1 & 0 & -2 & 1 & 0 \\
  &   & 1 & 1 & -1 & \\
\hline
  & 1 & 1 & -1 & 0 &
\end{array}
$$

G 09 정답 (1) $a=5$ (2) $x=-6$ 또는 $x=3$
(1) 방정식 $x^3+ax^2-12x-36=0$의 한 근이 -2이므로
$(-2)^3+a\times(-2)^2-12\times(-2)-36=0$
$-8+4a+24-36=0$, $4a=20$
$\therefore a=5$
(2) 방정식 $x^3+5x^2-12x-36=0$의 좌변을 조립제법을 이용하여 인수분해하면

$$
\begin{array}{r|rrrr}
-2 & 1 & 5 & -12 & -36 \\
   &   & -2 & -6 & 36 \\
\hline
   & 1 & 3 & -18 & 0
\end{array}
$$

$(x+2)(x^2+3x-18)=(x+2)(x+6)(x-3)=0$
$x+2=0$ 또는 $x+6=0$ 또는 $x-3=0$
따라서 나머지 두 근은 $x=-6$ 또는 $x=3$이다.

G 10 정답 $x=\pm\sqrt{3}$
$x^4-6x^2+9=0$에서 $x^2=X$로 치환하자.
$X^2-6X+9=(X-3)^2=0$
$X-3=0$ $\therefore X=3$
$x^2=3$ $\therefore x=\pm\sqrt{3}$

G 11 정답 $x=\pm i$ 또는 $x=\pm2i$
$x^4+5x^2+4=0$에서 $x^2=X$로 치환하자.
$X^2+5X+4=(X+1)(X+4)=0$
$\therefore X=-1$ 또는 $X=-4$
$x^2=-1$ 또는 $x^2=-4$
$\therefore x=\pm i$ 또는 $x=\pm2i$

G 12 정답 $x=1$ 또는 $x=-2$ 또는 $x=3$ 또는 $x=-4$
$x^2+x=X$로 치환하자.
$X^2-14X+24=(X-2)(X-12)=0$
$\therefore X=2$ 또는 $X=12$
$x^2+x-2=0$ 또는 $x^2+x-12=0$
$(x-1)(x+2)=0$ 또는 $(x-3)(x+4)=0$
$\therefore x=1$ 또는 $x=-2$ 또는 $x=3$ 또는 $x=-4$

G 13 정답 $x=-1\pm\sqrt{2}i$ 또는 $x=1\pm\sqrt{2}i$

$x^4+2x^2+9=0$에서
$x^4+6x^2+9-4x^2=0$
$(x^2+3)^2-(2x)^2=0$
$(x^2+2x+3)(x^2-2x+3)=0$
$x^2+2x+3=0$ 또는 $x^2-2x+3=0$
$\therefore x=-1\pm\sqrt{2}i$ 또는 $x=1\pm\sqrt{2}i$

G 14 정답 $x=-2\pm\sqrt{6}$ 또는 $x=2\pm\sqrt{6}$

$x^4-20x^2+4=0$에서
$x^4-4x^2+4-16x^2=0$
$(x^2-2)^2-(4x)^2=0$
$(x^2+4x-2)(x^2-4x-2)=0$
$x^2+4x-2=0$ 또는 $x^2-4x-2=0$
$\therefore x=-2\pm\sqrt{6}$ 또는 $x=2\pm\sqrt{6}$

G 15 정답 $x=-3\pm2\sqrt{2}$ 또는 $x=1$

양변을 x^2으로 나누면
$x^2+4x-10+\dfrac{4}{x}+\dfrac{1}{x^2}=0$

$\left(x^2+\dfrac{1}{x^2}\right)+4\left(x+\dfrac{1}{x}\right)-10=0$

$\left\{\left(x+\dfrac{1}{x}\right)^2-2\right\}+4\left(x+\dfrac{1}{x}\right)-10=0$

$\left(x+\dfrac{1}{x}\right)^2+4\left(x+\dfrac{1}{x}\right)-12=0$

$x+\dfrac{1}{x}=X$로 치환하면 $X^2+4X-12=0$
$(X+6)(X-2)=0$ $\therefore X=-6$ 또는 $X=2$
$x+\dfrac{1}{x}=-6$ 또는 $x+\dfrac{1}{x}=2$
$x^2+6x+1=0$ 또는 $x^2-2x+1=0$
$\therefore x=-3\pm2\sqrt{2}$ 또는 $x=1$

G 16 정답 $x=\dfrac{-1\pm\sqrt{3}i}{2}$ 또는 $x=2\pm\sqrt{3}$

양변을 x^2으로 나누면
$x^2-3x-2-\dfrac{3}{x}+\dfrac{1}{x^2}=0$

$\left(x^2+\dfrac{1}{x^2}\right)-3\left(x+\dfrac{1}{x}\right)-2=0$

$\left\{\left(x+\dfrac{1}{x}\right)^2-2\right\}-3\left(x+\dfrac{1}{x}\right)-2=0$

$\left(x+\dfrac{1}{x}\right)^2-3\left(x+\dfrac{1}{x}\right)-4=0$

$x+\dfrac{1}{x}=X$로 치환하면 $X^2-3X-4=0$
$(X+1)(X-4)=0$ $\therefore X=-1$ 또는 $X=4$
$x+\dfrac{1}{x}=-1$ 또는 $x+\dfrac{1}{x}=4$
$x^2+x+1=0$ 또는 $x^2-4x+1=0$
$\therefore x=\dfrac{-1\pm\sqrt{3}i}{2}$ 또는 $x=2\pm\sqrt{3}$

G 17 정답 (1) 5   (2) -2 (3) -4

         (4) 29   (5) $\dfrac{1}{2}$ (6) 0

(1) 근과 계수의 관계에 의해 $\alpha+\beta+\gamma=-\dfrac{-5}{1}=5$

(2) 근과 계수의 관계에 의해 $\alpha\beta+\beta\gamma+\gamma\alpha=\dfrac{-2}{1}=-2$

(3) 근과 계수의 관계에 의해 $\alpha\beta\gamma=-\dfrac{4}{1}=-4$

(4) $\alpha^2+\beta^2+\gamma^2=(\alpha+\beta+\gamma)^2-2(\alpha\beta+\beta\gamma+\gamma\alpha)$
                 $=5^2-2\times(-2)=25+4=29$

(5) $\dfrac{1}{\alpha}+\dfrac{1}{\beta}+\dfrac{1}{\gamma}=\dfrac{\alpha\beta+\beta\gamma+\gamma\alpha}{\alpha\beta\gamma}=\dfrac{-2}{-4}=\dfrac{1}{2}$

(6) $(1+\alpha)(1+\beta)(1+\gamma)$
    $=1+(\alpha+\beta+\gamma)+(\alpha\beta+\beta\gamma+\gamma\alpha)+\alpha\beta\gamma$
    $=1+5-2-4=0$

G 18 정답 $x^3-3x^2-6x+8=0$

$(x+2)(x-1)(x-4)=0 \Rightarrow x^3-3x^2-6x+8=0$

G 19 정답 $x^3-4x^2-39x-54=0$

세 수 -3, -2, 9를 근으로 하고 x^3의 계수가 1인 삼차방정식은
$x^3-(-3-2+9)x^2+(6-27-18)x-54=0$
$\therefore x^3-4x^2-39x-54=0$

G 20 정답 $2x^3-18x^2+40x-24=0$

세 수 1, 2, 6을 근으로 하고 x^3의 계수가 2인 삼차방정식은
$2\{x^3-(1+2+6)x^2+(2+6+12)x-12\}=0$
$\therefore 2x^3-18x^2+40x-24=0$

G 21 정답 $a=-6$, $b=0$

주어진 삼차방정식의 계수가 모두 유리수이므로 한 근이
$3-2\sqrt{2}$이면 $3+2\sqrt{2}$도 근이다.
근과 계수의 관계에 의해
$-a=(3-2\sqrt{2})+(3+2\sqrt{2})+0=6$
$\therefore a=-6$
$-b=(3-2\sqrt{2})\times(3+2\sqrt{2})\times0=0$
$\therefore b=0$

G 22 정답 $a=1$, $b=1$

주어진 삼차방정식의 계수가 모두 유리수이므로 한 근이
$1+\sqrt{2}$이면 $1-\sqrt{2}$도 근이다.
근과 계수의 관계에 의해
$a=1\times(1+\sqrt{2})+1\times(1-\sqrt{2})+(1+\sqrt{2})(1-\sqrt{2})$
   $=(1+\sqrt{2})+(1-\sqrt{2})+(-1)=1$
$-b=1\times(1+\sqrt{2})(1-\sqrt{2})=-1$
$\therefore b=1$

G 23 정답 $a=1$, $b=6$

허근 $1-i$에 대해 켤레복소수인 $1+i$도 근이다.
근과 계수의 관계에 의해
$-a=-3+(1-i)+(1+i)=-1 \Rightarrow a=1$
$-b=-3(1-i)(1+i)=(-3)\times2=-6 \Rightarrow b=6$

G 24 정답 $a=26$, $b=-20$

허근 $2+i$에 대해 켤레복소수인 $2-i$도 근이다.
근과 계수의 관계에 의해
$\dfrac{a}{2}=2(2+i)+2(2-i)+(2+i)(2-i)$

$$=(4+2i)+(4-2i)+5$$
$$=13$$
$$\Rightarrow a=26$$
$$-\frac{b}{2}=2(2+i)(2-i)=2\times5=10 \Rightarrow b=-20$$

G 25 정답 (1) 0 (2) -1 (3) 1 (4) -1 (5) 0 (6) 1

$x^3=1 \Rightarrow x^3-1=0 \Rightarrow (x-1)(x^2+x+1)=0$

ω는 $x^2+x+1=0$의 한 허근이므로 다른 허근은 $\overline{\omega}$이다.

또, $\omega^3=1$, $\omega^2+\omega+1=0$이 성립한다.

(1) $\omega^2+\omega+1=0$

(2) 근과 계수의 관계에 의해 $\omega+\overline{\omega}=-\frac{1}{1}=-1$

(3) 근과 계수의 관계에 의해 $\omega\overline{\omega}=\frac{1}{1}=1$

(4) $\omega+\frac{1}{\omega}=\frac{\omega^2+1}{\omega}=\frac{-\omega}{\omega}=-1$

(5) $\omega^{10}+\omega^8+1=(\omega^3)^3\cdot\omega+(\omega^3)^2\cdot\omega^2+1$
$=\omega+\omega^2+1=0$

(6) $(1+\omega)(1+\overline{\omega})=(-\omega^2)\times(-\overline{\omega}^2)=(\omega\overline{\omega})^2=1$

G 26 정답 (1) 0 (2) 1 (3) 1 (4) 1 (5) 3 (6) 0

$x^3=-1$에서 $x^3+1=0 \Rightarrow (x+1)(x^2-x+1)=0$

ω는 $x^2-x+1=0$의 한 허근이므로 다른 한 허근은 $\overline{\omega}$이다.

또, $\omega^3=-1$, $\omega^2-\omega+1=0$이 성립한다.

(1) $\omega^2-\omega+1=0$

(2) 근과 계수의 관계에 의해 $\omega+\overline{\omega}=1$

(3) 근과 계수의 관계에 의해 $\omega\overline{\omega}=1$

(4) $\omega+\frac{1}{\omega}=\frac{\omega^2+1}{\omega}=\frac{\omega}{\omega}=1$

(5) $(1+\omega)(1-\omega^2)=1-\omega^2+\omega-\omega^3$에서
$-\omega^2+\omega=1$, $\omega^3=-1$이므로
$(1+\omega)(1-\omega^2)=1+1-(-1)=3$

(6) $\omega+\frac{1}{\omega^2}=\frac{\omega^3+1}{\omega^2}=0$

G 27 정답 $x=-3, y=2$ 또는 $x=2, y=-3$

$\begin{cases} x+y=-1 & \cdots \text{㉠} \\ x^2+y^2=13 & \cdots \text{㉡} \end{cases}$

㉠에서 $y=-1-x$를 ㉡에 대입하면

$x^2+(-1-x)^2=13$, $x^2+x-6=0$

$(x+3)(x-2)=0$ $\therefore x=-3$ 또는 $x=2$

따라서 ㉠에서

$\begin{cases} x=-3 \\ y=2 \end{cases}$ 또는 $\begin{cases} x=2 \\ y=-3 \end{cases}$

G 28 정답 $x=2, y=-5$ 또는 $x=5, y=-2$

$\begin{cases} x-y=7 & \cdots \text{㉠} \\ x^2-xy+y^2=39 & \cdots \text{㉡} \end{cases}$

㉠에서 $x=y+7 \cdots \text{㉢}$

㉢을 ㉡에 대입하면

$(y+7)^2-y(y+7)+y^2=39$

$y^2+14y+49-y^2-7y+y^2-39=0$

$y^2+7y+10=0$, $(y+2)(y+5)=0$

$\therefore y=-2$ 또는 $y=-5$

따라서 ㉢에서

$\begin{cases} x=5 \\ y=-2 \end{cases}$ 또는 $\begin{cases} x=2 \\ y=-5 \end{cases}$

G 29 정답 $x=-\sqrt{10}, y=-\frac{\sqrt{10}}{2}$ 또는 $x=\sqrt{10}, y=\frac{\sqrt{10}}{2}$

$\begin{cases} x-2y=0 & \cdots \text{㉠} \\ x^2+4y^2=20 & \cdots \text{㉡} \end{cases}$

㉠에서 $x=2y$를 ㉡에 대입하면

$(2y)^2+4y^2=20$, $8y^2=20$

$y^2=\frac{5}{2}$ $\therefore y=-\frac{\sqrt{10}}{2}$ 또는 $y=\frac{\sqrt{10}}{2}$

따라서 ㉠에서 $\begin{cases} x=-\sqrt{10} \\ y=-\frac{\sqrt{10}}{2} \end{cases}$ 또는 $\begin{cases} x=\sqrt{10} \\ y=\frac{\sqrt{10}}{2} \end{cases}$

G 30 정답 $x=-1, y=3$ 또는 $x=3, y=-1$

$\begin{cases} x+y=2 & \cdots \text{㉠} \\ xy=-3 & \cdots \text{㉡} \end{cases}$

합과 곱이 주어졌으므로 x, y를 근으로 가지는 이차방정식은 $t^2-(x+y)t+xy=0$이다.

$t^2-2t-3=0$

$(t+1)(t-3)=0$

$t+1=0$ 또는 $t-3=0$

$\therefore t=-1$ 또는 $t=3$

$\therefore \begin{cases} x=-1 \\ y=3 \end{cases}$ 또는 $\begin{cases} x=3 \\ y=-1 \end{cases}$

G 31 정답 $x=-1, y=-3$ 또는 $x=3, y=1$

$(x-y)^2=x^2+y^2-2xy$에서

$2^2=10-2xy$

$\therefore xy=3 \cdots \text{㉠}$

$x-y=2$에서 $x=y+2 \cdots \text{㉡}$을 ㉠에 대입하면

$(y+2)y=3$, $y^2+2y-3=0$

$(y+3)(y-1)=0$

$\therefore y=-3$ 또는 $y=1$

따라서 ㉡에서 $\begin{cases} x=-1 \\ y=-3 \end{cases}$ 또는 $\begin{cases} x=3 \\ y=1 \end{cases}$

G 32 정답 $x=-\frac{\sqrt{26}}{2}, y=\frac{\sqrt{26}}{2}$ 또는
$x=\frac{\sqrt{26}}{2}, y=-\frac{\sqrt{26}}{2}$ 또는
$x=\frac{2\sqrt{65}}{5}, y=\frac{\sqrt{65}}{5}$ 또는 $x=-\frac{2\sqrt{65}}{5}, y=-\frac{\sqrt{65}}{5}$

$\begin{cases} x^2-xy=2y^2 & \cdots \text{㉠} \\ x^2+y^2=13 & \cdots \text{㉡} \end{cases}$

㉠에서 $x^2-xy-2y^2=0$

$(x+y)(x-2y)=0$

$\therefore x=-y \cdots \text{㉢}$ 또는 $x=2y \cdots \text{㉣}$

이를 ㉡에 각각 대입하면

$(-y)^2+y^2=13$ 또는 $(2y)^2+y^2=13$

$2y^2=13$ 또는 $5y^2=13$

$\therefore y=\pm\frac{\sqrt{26}}{2}$ 또는 $y=\pm\frac{\sqrt{65}}{5}$

따라서 ㉢에서 $\begin{cases} x=-\frac{\sqrt{26}}{2} \\ y=\frac{\sqrt{26}}{2} \end{cases}$ 또는 $\begin{cases} x=\frac{\sqrt{26}}{2} \\ y=-\frac{\sqrt{26}}{2} \end{cases}$

㉣에서 $\begin{cases} x=\frac{2\sqrt{65}}{5} \\ y=\frac{\sqrt{65}}{5} \end{cases}$ 또는 $\begin{cases} x=-\frac{2\sqrt{65}}{5} \\ y=-\frac{\sqrt{65}}{5} \end{cases}$

G 33 정답 $x=2\sqrt{2}$, $y=2\sqrt{2}$ 또는 $x=-2\sqrt{2}$, $y=-2\sqrt{2}$
또는 $x=2\sqrt{5}$, $y=\sqrt{5}$ 또는 $x=-2\sqrt{5}$, $y=-\sqrt{5}$

$$\begin{cases} x^2-3xy+2y^2=0 & \cdots \text{㉠} \\ x^2+4y^2=40 & \cdots \text{㉡} \end{cases}$$

㉠에서 $(x-y)(x-2y)=0$

$\therefore x=y$ 또는 $x=2y$

(i) $x=y$를 ㉡에 대입하면

$y^2+4y^2=40$, $y^2=8$ $\therefore y=\pm2\sqrt{2}$

$\therefore \begin{cases} x=2\sqrt{2} \\ y=2\sqrt{2} \end{cases}$ 또는 $\begin{cases} x=-2\sqrt{2} \\ y=-2\sqrt{2} \end{cases}$

(ii) $x=2y$를 ㉡에 대입하면

$4y^2+4y^2=40$, $y^2=5$ $\therefore y=\pm\sqrt{5}$

$\therefore \begin{cases} x=2\sqrt{5} \\ y=\sqrt{5} \end{cases}$ 또는 $\begin{cases} x=-2\sqrt{5} \\ y=-\sqrt{5} \end{cases}$

G 34 정답 $x=\sqrt{2}$, $y=\sqrt{2}$ 또는 $x=-\sqrt{2}$, $y=-\sqrt{2}$
또는 $x=\sqrt{6}$, $y=-\sqrt{6}$ 또는 $x=-\sqrt{6}$, $y=\sqrt{6}$

$$\begin{cases} x^2-y^2=0 & \cdots \text{㉠} \\ x^2+3xy+5y^2=18 & \cdots \text{㉡} \end{cases}$$

㉠에서 $(x+y)(x-y)=0$

$\therefore x=-y$ 또는 $x=y$

(i) $x=-y$를 ㉡에 대입하면

$y^2-3y^2+5y^2=18$, $y^2=6$

$\therefore y=\pm\sqrt{6}$

$\therefore \begin{cases} x=\sqrt{6} \\ y=-\sqrt{6} \end{cases}$ 또는 $\begin{cases} x=-\sqrt{6} \\ y=\sqrt{6} \end{cases}$

(ii) $x=y$를 ㉡에 대입하면

$y^2+3y^2+5y^2=18$, $y^2=2$

$\therefore y=\pm\sqrt{2}$

$\therefore \begin{cases} x=\sqrt{2} \\ y=\sqrt{2} \end{cases}$ 또는 $\begin{cases} x=-\sqrt{2} \\ y=-\sqrt{2} \end{cases}$

G 35 정답 $(3, 6)$, $(6, 2)$

$y=-\dfrac{4}{3}x+10$으로 변형하면

x, y가 모두 자연수이므로 x는 3의 배수이어야 한다.

$\therefore \begin{cases} x=3 \\ y=6 \end{cases}$ 또는 $\begin{cases} x=6 \\ y=2 \end{cases}$ $\Rightarrow$ $(3, 6)$, $(6, 2)$

G 36 정답 $(0, 4)$, $(6, -2)$, $(-2, -10)$, $(-8, -4)$

두 정수를 곱해서 7이 되는 경우는

$(-1)\times(-7)$, $(-7)\times(-1)$, 1×7, 7×1

$x+1$	-1	-7	1	7
$y+3$	-7	-1	7	1

$\Rightarrow$

x	-2	-8	0	6
y	-10	-4	4	-2

G 37 정답 $x=-4$, $y=2$

$(x^2+8x)+(y^2-4y)+20=0$

$(x^2+8x+16)+(y^2-4y+4)=0$

$(x+4)^2+(y-2)^2=0$

$x+4=0$, $y-2=0$

$\therefore x=-4$, $y=2$

G 38 정답 3 ·· 사차방정식

(정답 공식 : 다항식을 인수분해하여 방정식의 양의 실근을 구한다.)

사차방정식
$$\underline{x^4-2x^3-x^2+2x=0}$$
단서 좌변을 인수분해하여 일차식의 곱으로 나타내 봐.
의 모든 양의 실근의 합을 구하시오.

1st $x^4-2x^3-x^2+2x$를 인수분해하여 방정식의 양의 실근의 합을 구해.

$x^4-2x^3-x^2+2x=x(x^3-2x^2-x+2)$
먼저 공통인수로 묶어.
$$=x\{x^2(x-2)-(x-2)\}$$
$$=x(x^2-1)(x-2)$$
$$=x(x+1)(x-1)(x-2)=0$$

따라서 사차방정식 $x^4-2x^3-x^2+2x=0$은 서로 다른 네 실근
-1, 0, 1, 2를 가진다.

이때, 양의 실근은 1, 2이므로 모든 양의 실근의 합은 $1+2=3$

G 39 정답 ③ ·· 삼차방정식의 풀이

(정답 공식 : 조립제법으로 인수분해하여 세 근을 구한다.)

삼차방정식 $x^3-2x^2-5x+6=0$의 세 실근 α, β, γ $(\alpha<\beta<\gamma)$
단서 삼차 이상의 방정식 $f(x)=0$에서 $f(a)=0$이 되는 a를 찾고 조립제법을 이용하여 $f(x)$를 인수분해해.
에 대하여 $\alpha+\beta+2\gamma$의 값은?

① 3 ② 4 ③ 5
④ 6 ⑤ 7

1st 주어진 삼차방정식의 좌변을 인수분해하자.

주어진 삼차방정식 $x^3-2x^2-5x+6=0$에 $x=1$을 대입하면 등식이
성립하므로 주어진 방정식의 좌변을 조립제법을 이용하여 인수분해하면

$x^3-2x^2-5x+6=0$에
$x=1$을 대입하면
$1^3-2\times1^2-5\times1+6$
$=1-2-5+6=0$

```
1 |  1  -2  -5   6
  |      1  -1  -6
3 |  1  -1  -6 | 0
  |      3   6
     1   2 | 0
```

$x^3-2x^2-5x+6=(x-1)(x^2-x-6)$
$$=(x-1)(x-3)(x+2)$$

즉, $(x-1)(x-3)(x+2)=0$이므로 주어진 삼차방정식의 세 실근은
$x=1$, $x=3$, $x=-2$

따라서 $\alpha=-2$, $\beta=1$, $\gamma=3$이므로
문제의 조건에서 $a<b<c$라 했어.
$\alpha+\beta+2\gamma=-2+1+2\times3=5$

G 40 정답 13 ·· 삼차방정식의 풀이

(정답 공식 : 조립제법으로 인수분해하여 세 근을 구한다.)

삼차방정식 $x^3-7x+6=0$의 세 근 α, β, γ $(\alpha>\beta>\gamma)$에
단서 삼차 이상의 방정식 $f(x)=0$에서 $f(a)=0$이 되는 a를 찾고 조립제법을 이용하여 $f(x)$를 인수분해해.
대하여 $\alpha+2\beta-3\gamma$의 값을 구하시오.

1st 주어진 삼차방정식의 좌변을 인수분해하자.

주어진 삼차방정식 $x^3-7x+6=0$에 $x=1$을 대입하면 등식이 성립하

$x^3-7x+6=0$에 $x=1$을 대입하면 $1^3-7\times1+6=1-7+6=0$

므로 주어진 방정식의 좌변을 조립제법을 이용하여 인수분해하면

```
1 | 1   0  -7   6
  |     1   1  -6
2 | 1   1  -6 | 0
  |     2   6
    1   3 | 0
```

$x^3-7x+6=(x-1)(x^2+x-6)$
$=(x-1)(x-2)(x+3)$

즉, $(x-1)(x-2)(x+3)=0$이므로 주어진 삼차방정식의 세 실근은
$x=1$, $x=2$, $x=-3$
따라서 $\alpha=2$, $\beta=1$, $\gamma=-3$이므로
문제의 조건에서 $\alpha>\beta>\gamma$라 했어.
$\alpha+2\beta-3\gamma=2+2\times1-3\times(-3)$
$=2+2+9=13$

G 41 정답 ④ ·········· 삼차방정식의 풀이

【 정답 공식: 인수분해하여 세 근을 구한다. 】

방정식 $x^3+8=0$의 근 중 허수부분이 양수인 근을 α라 하자.
$\alpha-\bar{\alpha}$의 값은? (단, $i=\sqrt{-1}$이고, $\bar{\alpha}$는 α의 켤레복소수이다.)

단서 삼차방정식은 복소수의 범위에서 3개의 근을 가져.
우선 인수분해를 이용해서 해결할 수 있는지 알아보자!

① $-2\sqrt{3}i$ ② $-\sqrt{3}i$ ③ $\sqrt{3}i$ ④ $2\sqrt{3}i$ ⑤ $4\sqrt{3}i$

1st $x^3+8=0$의 좌변을 인수분해해 봐.

$x^3+8=0$의 좌변을 인수분해하면
$(x+2)(x^2-2x+4)=0$ → $a^3+b^3=(a+b)(a^2-ab+b^2)$
∴ $x=-2$ 또는 $x^2-2x+4=0$

실수! $x^3=-8$로 놓고 풀면 실근 $x=-2$만 구하는 실수를 할 수 있으니까 항상 (다항식)=0 꼴에서 좌변의 식을 인수분해하여 실근뿐만 아니라 허근도 구할 수 있도록 하자.

$x^2-2x+4=0$에서 근의 공식에 의해
$x=1\pm\sqrt{3}i$ [짝수 근의 공식]
이차방정식 $ax^2+2b'x+c=0$의 근은
$x=\dfrac{-b'\pm\sqrt{b'^2-ac}}{a}$

2nd $x^3+8=0$의 세 근을 구해 보자.

방정식 $x^3+8=0$의 세 근은 $x=-2$ 또는 $x=1+\sqrt{3}i$ 또는 $x=1-\sqrt{3}i$이
므로 세 근의 허수부분은 각각 0, $\sqrt{3}$, $-\sqrt{3}$이다.
따라서 $\alpha=1+\sqrt{3}i$, $\bar{\alpha}=1-\sqrt{3}i$이므로
$\alpha-\bar{\alpha}=1+\sqrt{3}i-(1-\sqrt{3}i)=2\sqrt{3}i$

두 실수 a, b에 대하여
$\alpha=a+bi$라 하면 α의 켤레복소수 $\bar{\alpha}$는
$\bar{\alpha}=\overline{a+bi}=a-bi$

 톡톡 풀이: 켤레복소근의 성질 이용하여 값 구하기

$x^3+8=0$의 좌변을 인수분해하면 $(x+2)(x^2-2x+4)=0$
α가 이차방정식 $x^2-2x+4=0$의 한 근이면 켤레복소수인 $\bar{\alpha}$도 근이 돼.
따라서 $\alpha+\bar{\alpha}=2$, $\alpha\bar{\alpha}=4$
$x^2-2x+4=0$의 계수가 모두 실수지?

α, $\bar{\alpha}$는 이차방정식 $x^2-2x+4=0$의 두 근이므로
근과 계수의 관계에 의해 $\alpha+\bar{\alpha}=2$, $\alpha\bar{\alpha}=4$

$\alpha=a+bi$ (a는 실수, $b>0$)라 하면 $\bar{\alpha}=a-bi$이므로
$\alpha+\bar{\alpha}=2$에서 $2a=2$ ∴ $a=1$
또, $\alpha\bar{\alpha}=4$에서 $a^2+b^2=4$이므로
$1+b^2=4$, $b^2=3$ ∴ $b=\sqrt{3}$ ($\because b>0$)
∴ $\alpha-\bar{\alpha}=2bi=2\sqrt{3}i$

G 42 정답 ③ ·········· 삼차방정식의 풀이

【 정답 공식: 이차방정식 $ax^2+bx+c=0$의 두 근을 α, β라 하면
$\alpha+\beta=-\dfrac{b}{a}$, $\alpha\beta=\dfrac{c}{a}$이다. 】

삼차방정식 **단서1** 삼차방정식은 적어도 하나의 실근을 가져.
$x^3+2x^2-3x-10=0$
의 서로 다른 두 허근을 α, β라 할 때, $\alpha^3+\beta^3$의 값은?
단서2 주어진 삼차방정식의 두 허근이 α, β이므로 나머지 한 근은 실근이야.

① -2 ② -3 ③ -4
④ -5 ⑤ -6

1st 주어진 삼차방정식을 풀자. → 조립제법으로 좌변을 인수분해하면

$x^3+2x^2-3x-10=0$에서
$(x-2)(x^2+4x+5)=0$
∴ $x=2$ 또는 $x^2+4x+5=0$ … ㉠

```
2 | 1   2  -3  -10
  |     2   8   10
    1   4   5 | 0
```
에서 $x^3+2x^2-3x-10=(x-2)(x^2+4x+5)$

이차방정식 $x^2+4x+5=0$의 판별식을 D라 하면
$\dfrac{D}{4}=2^2-1\times5=4-5=-1<0$이므로 이 이차방정식은 서로 다른 두 허근을 가져.

2nd 주어진 삼차방정식의 서로 다른 두 허근 α, β에 대하여 $\alpha^3+\beta^3$의 값을 구해.

㉠에 의하여 삼차방정식 $x^3+2x^2-3x-10=0$의 서로 다른 두 허근은
이차방정식 $x^2+4x+5=0$의 두 근이다.
따라서 이차방정식의 근과 계수의 관계에 의하여
$\alpha+\beta=-4$, $\alpha\beta=5$이므로
$\alpha^3+\beta^3=(\alpha+\beta)^3-3\alpha\beta(\alpha+\beta)$
$=(-4)^3-3\times5\times(-4)$
$=-64+60=-4$

→ $(x+y)^3=x^3+3x^2y+3xy^2+y^3$
$=x^3+3xy(x+y)+y^3$
에서 $x^3+y^3=(x+y)^3-3xy(x+y)$

고차방정식의 풀이 방법 개념·공식

① 인수분해 공식의 이용
  • $x^3\pm a^3=(x\pm a)(x^2\mp ax+a^2)$ (복호동순)
  • $x^4-a^4=(x-a)(x+a)(x^2+a^2)$
② 인수정리와 조립제법의 이용
  다항식 $f(x)$에서 $f(\alpha)=0$이면 $f(x)$는 $x-\alpha$를 인수로 가지므로
  $f(\alpha)=0$인 α의 값을 찾아 조립제법을 이용하여 인수분해한다.

G 43 정답 ③ ·········· 삼차방정식의 풀이

【 정답 공식: 이차방정식 $ax^2+bx+c=0$의 두 근이 α, β일 때,
$\alpha+\beta=-\dfrac{b}{a}$, $\alpha\beta=\dfrac{c}{a}$이다. 】

삼차방정식 $x^3+x-2=0$의 서로 다른 두 허근을 α, β라 할
단서1 삼차방정식은 적어도 한 개의 실근을 가져. 그런데 주어진 삼차방정식이 서로 다른 두 허근을 가지니까 나머지 근은 실근이야.
때, $\dfrac{\beta}{\alpha}+\dfrac{\alpha}{\beta}$의 값은?
단서2 주어진 식을 통분하면 이차방정식의 근과 계수의 관계를 이용해야 한다는 것을 알 수 있을 거야.

① $-\dfrac{7}{2}$ ② $-\dfrac{5}{2}$ ③ $-\dfrac{3}{2}$ ④ $-\dfrac{1}{2}$ ⑤ $\dfrac{1}{2}$

1st 이차방정식의 근과 계수의 관계를 이용하여 $\alpha+\beta$, $\alpha\beta$의 값을 구해.

$x^3+x-2=0$에서 $(x-1)(x^2+x+2)=0$
즉, 주어진 삼차방정식의 두 허근 α, β는 이차방정식
$x^2+x+2=0$의 두 허근이므로 이차방정식의 근과 계수의 관계에 의하
여 $\alpha+\beta=-1$, $\alpha\beta=2$ … ㉠

```
1 | 1   0   1  -2
  |     1   1   2
    1   1   2 | 0
```

2nd $\dfrac{\beta}{\alpha}+\dfrac{\alpha}{\beta}$ 의 값을 구해.

$\therefore \dfrac{\beta}{\alpha}+\dfrac{\alpha}{\beta}=\boxed{\dfrac{\alpha^2+\beta^2}{\alpha\beta}}=\dfrac{(\alpha+\beta)^2-2\alpha\beta}{\alpha\beta}$

$(\alpha+\beta)^2=\alpha^2+2\alpha\beta+\beta^2$에서
$\alpha^2+\beta^2=(\alpha+\beta)^2-2\alpha\beta$

$\qquad\qquad =\dfrac{(-1)^2-2\times 2}{2}(\because \bigcirc)=-\dfrac{3}{2}$

🎲 **다른 풀이:** 서로 다른 두 허근 α, β를 각각 이차방정식에 대입하여 주어진 식을 간단히 하여 값 구하기

α, β는 이차방정식 $x^2+x+2=0$의 두 허근이므로

$\alpha^2+\alpha+2=0,\ \beta^2+\beta+2=0$이 성립해.

즉, $\alpha^2=-\alpha-2,\ \beta^2=-\beta-2$이므로

방정식 $f(x)=0$의 해가 $x=a$일 때, $f(a)=0$이 성립해.

$\dfrac{\beta}{\alpha}+\dfrac{\alpha}{\beta}=\dfrac{\alpha^2+\beta^2}{\alpha\beta}=\dfrac{-\alpha-2-\beta-2}{\alpha\beta}=\dfrac{-(\alpha+\beta)-4}{\alpha\beta}$

$\qquad\qquad =\dfrac{-(-1)-4}{2}(\because \bigcirc)=-\dfrac{3}{2}$

G 44 정답 ③ ·· 삼차방정식의 풀이

(**정답 공식**: 조립제법으로 인수분해하여 세 근을 구한다.)

> 삼차방정식 $x^3-2x^2+3x-2=0$의 두 허근을 α, β라 할 때,
> $\dfrac{1}{\alpha}+\dfrac{1}{\beta}$의 값은?
>
> **단서** 삼차방정식은 적어도 하나의 실근을 가지지? 이 삼차방정식이 두 허근을 가지므로 나머지 한 근은 실근이야.
>
> ① $\dfrac{1}{6}$ ② $\dfrac{1}{3}$ ③ $\dfrac{1}{2}$
>
> ④ $\dfrac{2}{3}$ ⑤ $\dfrac{5}{6}$

1st 주어진 삼차방정식의 좌변을 인수분해하자.

주어진 삼차방정식 $x^3-2x^2+3x-2=0$에 $x=1$을 대입하면 등식이

$x^3-2x^2+3x-2=0$에 $x=1$을 대입하면 $1^3-2\times 1^2+3\times 1-2=1-2+3-2=0$

성립하므로 주어진 방정식의 좌변을 조립제법을 이용하여 인수분해하면

$$\begin{array}{c|cccc} 1 & 1 & -2 & 3 & -2 \\ & & 1 & -1 & 2 \\ \hline & 1 & -1 & 2 & 0 \end{array}$$

$x^3-2x^2+3x-2=(x-1)(x^2-x+2)$

2nd 두 허근 α, β에 대하여 $\dfrac{1}{\alpha}+\dfrac{1}{\beta}$의 값을 구하자.

따라서 삼차방정식 $x^3-2x^2+3x-2=0$, 즉 $(x-1)(x^2-x+2)=0$의 두 허근은 이차방정식 $x^2-x+2=0$의 두 허근과 같다. $x=1$은 실근이야.

이차방정식 $x^2-x+2=0$의 판별식을 D라 하면
$D=(-1)^2-4\times 1\times 2=-7<0$이므로 이 이차방정식은 두 허근을 가져.

이 두 허근이 α, β이므로 이차방정식의 근과 계수의 관계에 의하여
$\alpha+\beta=1,\ \alpha\beta=2$

$\therefore \dfrac{1}{\alpha}+\dfrac{1}{\beta}=\dfrac{\alpha+\beta}{\alpha\beta}=\dfrac{1}{2}$

G 45 정답 5 ·· 삼차방정식의 풀이

(**정답 공식**: 이차방정식 $ax^2+bx+c=0$의 두 근이 α, β이면 $\alpha+\beta=-\dfrac{b}{a},\ \alpha\beta=\dfrac{c}{a}$이다.)

> 삼차방정식 $x^3+x-2=0$의 서로 다른 두 허근을 α, β라 할 때, $\alpha^3+\beta^3$의 값을 구하시오.
>
> **단서 1** 삼차방정식 $x^3+x-2=0$의 좌변을 인수분해하여 두 허근이 나오는 방정식을 찾아봐.
>
> **단서 2** 곱셈 공식의 변형을 이용해 $\alpha^3+\beta^3$을 $\alpha+\beta$와 $\alpha\beta$로 나타낼 수 있어.

1st 주어진 삼차방정식의 좌변을 인수분해해 보자.

방정식 $x^3+x-2=0$에 $x=1$을 대입하면 등식이 성립하므로 $x=1$은 삼차방정식의 근이 된다.

즉, 조립제법을 이용하여 인수분해하면
$\therefore (x-1)(x^2+x+2)=0$

$$\begin{array}{c|cccc} 1 & 1 & 0 & 1 & -2 \\ & & 1 & 1 & 2 \\ \hline & 1 & 1 & 2 & 0 \end{array}$$

이때, 이차방정식 $x^2+x+2=0$의 판별식을 D라 하면
$D=1^2-4\times 1\times 2=-7<0$

이차방정식의 판별식 D에 대하여
$D>0 \Leftrightarrow$ 서로 다른 두 실근
$D=0 \Leftrightarrow$ 중근
$D<0 \Leftrightarrow$ 서로 다른 두 허근

이므로 삼차방정식 $x^3+x-2=0$의 두 허근 α, β는 이차방정식 $x^2+x+2=0$의 두 근이다.

2nd 이차방정식 $x^2+x+2=0$에서 근과 계수의 관계를 이용하자.

따라서 이차방정식의 근과 계수의 관계에서 $\alpha+\beta=-1,\ \alpha\beta=2$이므로

$\alpha^3+\beta^3=(\alpha+\beta)^3-3\alpha\beta(\alpha+\beta)$

$\alpha^3+\beta^3=(\alpha+\beta)^3-3\alpha\beta(\alpha+\beta)$

$\qquad =(-1)^3-3\times 2\times (-1)$

$\alpha^3-\beta^3=(\alpha-\beta)^3+3\alpha\beta(\alpha-\beta)$

$\qquad =-1+6=5$

🪄 **톡톡 풀이:** 서로 다른 두 허근 α, β를 각각 삼차방정식에 대입하여 주어진 식을 간단히 하여 값 구하기

2nd 에서 이차방정식 $x^2+x+2=0$의 근과 계수의 관계에 의해 $\alpha+\beta=-1$이고, α, β는 삼차방정식 $x^3+x-2=0$의 근이므로

$\alpha^3+\alpha-2=0$에서 $\alpha^3=-\alpha+2$

$\beta^3+\beta-2=0$에서 $\beta^3=-\beta+2$

$\therefore \alpha^3+\beta^3=(-\alpha+2)+(-\beta+2)=-(\alpha+\beta)+4$

$\qquad =-(-1)+4=5$

🎯 **삼·사차방정식의 풀이**　　　　　　　　개념·공식

> 삼차방정식 또는 사차방정식 $f(x)=0$의 해를 구할 때에는 다항식 $f(x)$에 대하여 $f(a)=0$이 되는 a가 있으면 $f(x)$는 $x-a$를 인수로 가짐을 이용하여 $f(x)$를 순서대로 인수분해하여 구한다.

G 46 정답 ① ·· 삼차방정식의 풀이

(**정답 공식**: 방정식 $f(x)=0$의 좌변을 인수분해하여 세 근을 구한다.)

> x에 대한 방정식
> $(1+x)(1+x^2)(1+x^4)=x^7+x^6+x^5+x^4$
>
> **단서** 우변을 먼저 인수분해한 후 좌변으로 이항하여 $f(x)=0$ 꼴로 만들어 봐.
>
> 의 세 근을 각각 α, β, γ라 할 때, $\alpha^4+\beta^4+\gamma^4$의 값은?
>
> ① 3   ② 7   ③ 11
>
> ④ 15   ⑤ 19

1st 주어진 방정식의 우변을 인수분해하자.

주어진 방정식의 우변을 인수분해하면
$x^7+x^6+x^5+x^4=x^4(x^3+x^2+x+1)$

$\qquad\qquad =x^4\{x^2(x+1)+x+1\}$

$\qquad\qquad =x^4(x^2+1)(x+1)$

2nd 방정식의 우변을 이항하여 정리하자.

$(1+x)(1+x^2)(1+x^4)=x^4(1+x)(1+x^2)$에서 우변을 좌변으로 이항하여 정리하면

$(1+x)(1+x^2)(1+x^4)-x^4(1+x)(1+x^2)=0$

$(1+x)(1+x^2)(1+x^4-x^4)=0$

$(x^2+1)(x+1)=0$

$\therefore x=-1$ 또는 $x=i$ 또는 $x=-i$

$(x^2+1)(x+1)=0$에서
$x^2=-1$ 또는 $x=-1$　　$\therefore x=\pm i$ 또는 $x=-1$

따라서 주어진 방정식의 세 근은 -1, i, $-i$이므로
$$\alpha^4+\beta^4+\gamma^4=(-1)^4+\underline{i^4+(-i)^4}$$
$$=1+1+1=3 \quad i^4=(-i)^4=1$$

다른 풀이 : 좌변을 전개하여 풀기

주어진 방정식의 좌변을 전개하면
$$\underline{(1+x)(1+x^2)(1+x^4)}=1+x+x^2+x^3+x^4+x^5+x^6+x^7$$
$(1+x)(1+x^2)(1+x^4)=(1+x+x^2+x^3)(1+x^4)$

즉, $1+x+x^2+x^3+x^4+x^5+x^6+x^7=x^7+x^6+x^5+x^4$이므로
$$x^3+x^2+x+1=0$$
$$x^2(x+1)+(x+1)=0$$
$$(x^2+1)(x+1)=0$$
$\therefore\ x=-1$ 또는 $x=i$ 또는 $x=-i$
(이하 동일)

G 47 정답 ① ·············· 삼차방정식의 풀이

정답 공식: 조립제법으로 인수분해하여 허근을 가지는 이차방정식을 구한다.

단서 삼차방정식의 좌변을 조립제법을 이용하여 인수분해하자.
삼차방정식 $2x^3+x^2+2x+3=0$의 한 허근을 α라 할 때, $4\alpha^2-2\alpha+7$의 값은?

① 1 ② 3 ③ 5
④ 7 ⑤ 9

1st 삼차방정식의 좌변을 인수분해하자.

삼차방정식 $2x^3+x^2+2x+3=0$에서 $x=-1$을 대입하면 $-2+1-2+3=0$, 즉 등식이 성립하므로 조립제법을 이용하여 좌변을 인수분해하면

$$
\begin{array}{r|rrrr}
-1 & 2 & 1 & 2 & 3 \\
   &   & -2 & 1 & -3 \\
\hline
   & 2 & -1 & 3 & 0
\end{array}
$$

$2x^3+x^2+2x+3=(x+1)(2x^2-x+3)=0$
α는 이 삼차방정식의 허근이므로 $\alpha\ne -1$이고
α는 이차방정식 $2x^2-x+3=0$의 근이다.
즉, $2\alpha^2-\alpha+3=0$에서 $2\alpha^2-\alpha=-3$이므로
$4\alpha^2-2\alpha+7=2(2\alpha^2-\alpha)+7=2\cdot(-3)+7=1$

보통, 허근에 대한 식의 값을 묻는 문제는 직접 허근을 구하여 대입한 후 계산하는 것보다는 허근을 이용한 조건식을 찾아 식을 변형하여 구하는 게 대부분임을 기억하자.

G 48 정답 ⑤ ·············· 삼차방정식의 풀이

정답 공식: 조립제법으로 인수분해하여 허근을 가지는 이차방정식을 구한다.

삼차방정식 $x^3+x^2-2=0$의 한 허근을 $a+bi$라 할 때, $|a|+|b|$의 값은? (단, a, b는 실수이고, $i=\sqrt{-1}$이다.)

① 4 ② $\dfrac{7}{2}$ ③ 3
④ $\dfrac{5}{2}$ ⑤ 2

단서 삼차방정식 $x^3+x^2-2=0$의 좌변을 인수분해하여 두 허근이 나오는 이차방정식을 찾아봐.

1st 조립제법을 이용하여 인수분해하자.

삼차방정식 $x^3+x^2-2=0$에 $x=1$을 대입하면 등식이 성립하므로 $x=1$은 이 삼차방정식의 근이 된다.

$$
\begin{array}{r|rrrr}
1 & 1 & 1 & 0 & -2 \\
  &   & 1 & 2 & 2 \\
\hline
  & 1 & 2 & 2 & 0
\end{array}
$$

즉, 조립제법을 이용하여 인수분해하면
$$x^3+x^2-2=(x-1)(x^2+2x+2)$$
$\therefore\ (x-1)(x^2+2x+2)=0$
이차방정식 $x^2+2x+2=0$의 판별식 $\dfrac{D}{4}=1^2-1\times 2<0$이므로
이차방정식 $x^2+2x+2=0$은 서로 다른 두 허근을 가져.

2nd 이차방정식 $x^2+2x+2=0$의 해를 근의 공식에서 구하자.
이차방정식 $x^2+2x+2=0$의 해를 근의 공식을 이용하여 구하면
이차방정식 $ax^2+2b'x+c=0(a\ne 0)$의 해는 근의 공식으로부터 $x=\dfrac{-b'\pm\sqrt{b'^2-ac}}{a}$야.
$x=-1\pm\sqrt{1-2}=-1\pm i$이므로 $a=-1$, $b=\pm 1$
$\therefore\ |a|+|b|=2$

G 49 정답 ⑤ ·············· 삼차방정식의 풀이

정답 공식: 이차방정식 $ax^2+bx+c=0$의 두 근을 α, β라 하면 $\alpha+\beta=-\dfrac{b}{a}$, $\alpha\beta=\dfrac{c}{a}$이다.

단서 1 모든 계수가 실수인 삼차방정식은 적어도 하나의 실근을 가져. **단서 2** 주어진 삼차방정식의 두 허근이 α, β이므로 나머지 한 근은 실근이야.
삼차방정식 $x^3+x^2+x-3=0$의 서로 다른 두 허근을 α, β라 할 때, $(\alpha^2+2\alpha+6)(\beta^2+2\beta+8)$의 값은?
단서 3 α^2, β^2의 경우 차수를 낮출 수 있어.
① 11 ② 12 ③ 13 ④ 14 ⑤ 15

1st 주어진 삼차방정식을 인수분해하자.
$x^3+x^2+x-3=0$에서 →조립제법으로 좌변을 인수분해하면
$(x-1)(x^2+2x+3)=0$
$\therefore\ x=1$ 또는 $x^2+2x+3=0\ \cdots$ ㉠
이차방정식 $x^2+2x+3=0$의 판별식을 D라 하면 $D=2^2-4\times 1\times 3=-8<0$이므로 이 이차방정식은 서로 다른 두 허근을 가져.

$$
\begin{array}{r|rrrr}
1 & 1 & 1 & 1 & -3 \\
  &   & 1 & 2 & 3 \\
\hline
  & 1 & 2 & 3 & 0
\end{array}
$$

2nd 주어진 삼차방정식의 서로 다른 두 허근 α, β에 대하여 $(\alpha^2+2\alpha+6)(\beta^2+2\beta+8)$의 값을 구하자.
㉠에 의하여 삼차방정식 $x^3+x^2+x-3=0$의 서로 다른 두 근 α, β는 이차방정식 $x^2+2x+3=0$의 두 근이다.
즉, $\alpha^2+2\alpha+3=0$, $\beta^2+2\beta+3=0$ →방정식 $f(x)=0$의 해가 $x=a$일 때, $f(a)=0$이 성립해.
이므로 $\alpha^2+2\alpha=-3$, $\beta^2+2\beta=-3$
$\therefore\ (\alpha^2+2\alpha+6)(\beta^2+2\beta+8)=(-3+6)\times(-3+8)$
$$=3\times 5=15$$

G 50 정답 ③ ·············· 삼차방정식의 풀이

정답 공식: 조립제법으로 인수분해하여 허근을 가지는 이차방정식을 구한다.

단서 조립제법을 사용하여 인수분해하면 두 허근을 구할 수 있지!
삼차방정식 $x^3+x^2+x-3=0$의 두 허근을 각각 z_1, z_2라 할 때, $z_1\overline{z_1}+z_2\overline{z_2}$의 값은? (단, $\overline{z_1}$, $\overline{z_2}$는 각각 z_1, z_2의 켤레복소수이다.)

① 2 ② 4 ③ 6
④ 8 ⑤ 10

1st 조립제법을 사용하여 인수분해하자.
$x^3+x^2+x-3=0$의 좌변을 조립제법을 사용하여 인수분해하면

$$\begin{array}{r|rrrr}1 & 1 & 1 & 1 & -3 \\ & & 1 & 2 & 3 \\ \hline & 1 & 2 & 3 & 0\end{array}$$

$x^3+x^2+x-3=(x-1)(x^2+2x+3)$

삼차방정식 $x^3+x^2+x-3=0$의 두 허근이 z_1, z_2이므로 결국 z_1, z_2는 이차방정식 $x^2+2x+3=0$의 두 허근이다.

근과 계수의 관계에 의하여

$z_1 z_2=3$ ⟶ 이차방정식 $ax^2+bx+c=0$의 두 근을 α, β라 하면 $\alpha+\beta=-\dfrac{b}{a}$, $\alpha\beta=\dfrac{c}{a}$

2nd 복소수의 성질 $z_1=a+bi$, $\overline{z_1}=a-bi$임을 이용하자.

두 허근 z_1, z_2에 대하여 $z_1=\overline{z_2}$, $z_2=\overline{z_1}$이므로

$z_1\overline{z_1}+z_2\overline{z_2}=z_1 z_2+z_2 z_2$ 이차방정식 $x^2+2x+3=0$의 두 허근 z_1, z_2는 서로 켤레복소수이므로 $z_1=\overline{z_2}$, $z_2=\overline{z_1}$가 성립하지!
$=2z_1 z_2$
$=2\times 3=6$

🔧 **다른 풀이:** 이차방정식의 근의 공식을 이용하여 허근을 직접 구하여 주어진 값 구하기

$x^3+x^2+x-3=(x-1)(x^2+2x+3)=0$이므로 z_1, z_2는 이차방정식 $x^2+2x+3=0$의 두 허근이야.

근의 공식을 이용하여 $x^2+2x+3=0$의 근을 구하면

$x=-1\pm\sqrt{1-3}=-1\pm\sqrt{2}i$

따라서 $z_1=-1-\sqrt{2}i$, $z_2=-1+\sqrt{2}i$라 하면

$z_1\overline{z_1}+z_2\overline{z_2}$
$=(-1-\sqrt{2}i)(-1+\sqrt{2}i)+(-1+\sqrt{2}i)(-1-\sqrt{2}i)=3+3=6$

> ❈ **삼 · 사차방정식의 풀이**   개념·공식
>
> 삼차방정식 또는 사차방정식 $f(x)=0$의 해를 구할 때에는 다항식 $f(x)$에 대하여 $f(\alpha)=0$이 되는 α가 있으면 $f(x)$는 $x-\alpha$를 인수로 가짐을 이용하여 $f(x)$를 순서대로 인수분해하여 구한다.

G 51   정답 4 ·· 사차방정식의 풀이

(**정답 공식:** 조립제법으로 인수분해하여 네 근을 구한다.)

> 사차방정식 $x^4-6x^3+15x^2-22x+12=0$의 모든 실근의 합을 구하시오.   단서 삼차 이상의 방정식 $f(x)=0$에서 $f(a)=0$이 되는 a를 찾고 조립제법을 이용하여 $f(x)$를 인수분해해.

1st 주어진 사차방정식의 좌변을 인수분해하자.

주어진 사차방정식 $x^4-6x^3+15x^2-22x+12=0$에 $x=1$을 대입하면 등식이 성립하므로 주어진 방정식의 좌변을 조립제법을 이용하여 인수분해하면 $x^4-6x^3+15x^2-22x+12=0$에 $x=1$을 대입하면 $1^4-6\times1^3+15\times1^2-22\times1+12=1-6+15-22+12=0$

$$\begin{array}{r|rrrrr}1 & 1 & -6 & 15 & -22 & 12 \\ & & 1 & -5 & 10 & -12 \\ \hline 3 & 1 & -5 & 10 & -12 & 0 \\ & & 3 & -6 & 12 & \\ \hline & 1 & -2 & 4 & 0 & \end{array}$$

$x^4-6x^3+15x^2-22x+12=(x-1)(x^3-5x^2+10x-12)$
$=(x-1)(x-3)(x^2-2x+4)$

즉, $(x-1)(x-3)(x^2-2x+4)=0$이고, 이차방정식 $x^2-2x+4=0$은 허근을 가지므로 주어진 사차방정식의 실근은 $x=1$ 또는 $x=3$

이차방정식 $x^2-2x+4=0$의 판별식을 D라 하면 $\dfrac{D}{4}=(-1)^2-1\times4=-3<0$이므로 이 이차방정식은 두 허근을 가져.

따라서 주어진 사차방정식의 모든 실근의 합은

$1+3=4$

G 52   정답 ④ ·· 사차방정식의 풀이

(**정답 공식:** 조립제법으로 인수분해 하여 네 근을 구한다.)

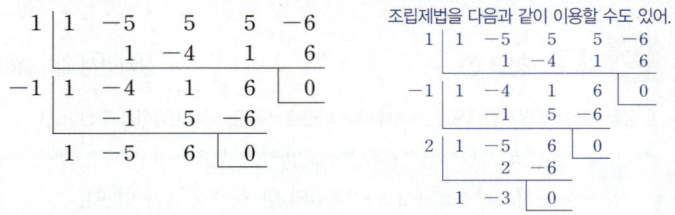

> 사차방정식   단서 주어진 사차방정식의 최고차항의 계수가 1이므로 상수항 6의 양의 약수 및 음의 약수를 이용해서 인수분해하자.
> $$x^4-5x^3+5x^2+5x-6=0$$
> 의 네 실근 중 가장 작은 것을 α, 가장 큰 것을 β라 할 때, $\beta-\alpha$의 값은?
> ① 1   ② 2   ③ 3
> ④ 4   ⑤ 5

1st 조립제법을 이용하여 네 실근을 찾아보자.

주어진 식에 $x=1$을 대입하면 등식이 성립하므로 조립제법을 사용하면

$$\begin{array}{r|rrrrr}1 & 1 & -5 & 5 & 5 & -6 \\ & & 1 & -4 & 1 & 6 \\ \hline -1 & 1 & -4 & 1 & 6 & 0 \\ & & -1 & 5 & -6 & \\ \hline & 1 & -5 & 6 & 0 & \end{array}$$

조립제법을 다음과 같이 이용할 수도 있어.

$$\begin{array}{r|rrrrr}1 & 1 & -5 & 5 & 5 & -6 \\ & & 1 & -4 & 1 & 6 \\ \hline -1 & 1 & -4 & 1 & 6 & 0 \\ & & -1 & 5 & -6 & \\ \hline 2 & 1 & -5 & 6 & 0 & \\ & & 2 & -6 & & \\ \hline & 1 & -3 & 0 & & \end{array}$$

$x^4-5x^3+5x^2+5x-6=(x-1)(x+1)(x^2-5x+6)$
$=(x-1)(x+1)(x-2)(x-3)$
$=0$

이므로 주어진 방정식의 해는 -1, 1, 2, 3이다.

따라서 $\alpha=-1$, $\beta=3$이므로 $\beta-\alpha=4$이다.

G 53   정답 ③ ·· 사차방정식의 풀이

(**정답 공식:** 조립제법으로 인수분해하고, 근과 계수의 관계를 이용한다.)

> 단서 $f(x)=x^4-3x^3+2x^2+2x-4$에서 $f(a)=0$이 되는 a를 상수 4의 약수 중에 찾자.
> 사차방정식 $x^4-3x^3+2x^2+2x-4=0$의 서로 다른 두 실근의 곱을 a, 서로 다른 두 허근의 곱을 b라 할 때, $a+b$의 값은?
> ① -8 ② -4 ③ 0 ④ 4 ⑤ 8

1st 조립제법으로 인수분해해 봐. 두 실근과 두 허근의 각각의 곱을 구해야 하니까, 이차식에서 근과 계수의 관계를 이용해.

$f(x)=x^4-3x^3+2x^2+2x-4$로 놓을 때,

$f(-1)=1+3+2-2-4=0$, $f(2)=16-24+8+4-4=0$이므로 조립제법을 이용하자.   삼차 이상의 식을 인수분해할 때, $f(a)=0$인 $x=a$를 찾는 게 우선이야. 그 다음은 조립제법으로 해결!

$$\begin{array}{r|rrrrr}-1 & 1 & -3 & 2 & 2 & -4 \\ & & -1 & 4 & -6 & 4 \\ \hline 2 & 1 & -4 & 6 & -4 & 0 \\ & & 2 & -4 & 4 & \\ \hline & 1 & -2 & 2 & 0 & \end{array}$$

$\therefore f(x)=(x+1)(x-2)(x^2-2x+2)=0$

두 실근은 $x=-1$ 또는 $x=2$이므로

두 실근의 곱은 $a=-2$

두 허근은 $x^2-2x+2=0$의 두 근이므로 근과 계수의 관계에 의하여

두 허근의 곱은 $b=2$ $x^2-2x+2=0$의 근은 $x=1\pm i$로 허근이 나와.

$\therefore a+b=-2+2=0$

*$f(a)=0$인 a를 찾는 방법

인수정리는 $f(a)=0$일 때 $f(x)=(x-a)Q(x)$처럼 $x-a$라는 일차식인 인수가 $f(x)$에 있다는 것이므로 $f(a)=0$이 되는 a를 찾는 게 매우 중요해. 이러한 a를 어떻게 찾아내야 할까?

$$a=\pm\frac{(f(x)의\ 상수항의\ 약수)}{(f(x)의\ 최고차항의\ 계수의\ 약수)}$$

이 문제에서 a를 찾아보자.
$f(x)$의 최고차항의 계수는 1이므로 1의 약수는 1, 상수항 -4, 즉 4의 약수는 1, 2, 4이므로 $a=\pm\frac{1}{1}$, $\pm\frac{2}{1}$, $\pm\frac{4}{1}$, 즉 $a=\pm1$, ±2, ±4 중 $f(a)=0$이 되는 값을 찾으면 돼.

🪄 톡톡 풀이: 다항식을 일차식으로 직접 나누어 몫을 구하여 값 구하기

$$
\begin{array}{c|cccc}
a & 2 & 1 & 1 & -1 \\
 & & 2a & 2a^2+a & 2a^3+a^2+a \\
\hline
 & 2 & 2a+1 & 2a^2+a+1 & 2a^3+a^2+a-1
\end{array}
$$

에서 나머지를 비교하면 ⟶ $Q(x)=2x^2+(2a+1)x+(2a^2+a+1)$
$2a^3+a^2+a-1=3$, 즉 $2a^3+a^2+a-4=0$
$(a-1)(2a^2+3a+4)=0$
따라서 실수 a의 값은 $a=1$이고 $Q(x)=2x^2+3x+4$이므로
$Q(1)=9$

👓 쉬운 풀이: $Q(x)$는 최고차항의 계수가 2인 이차다항식임을 이용하기

주어진 다항식의 x^3의 계수가 2이므로 $Q(x)=2x^2+bx+c$로 둘 수 있어.
즉, $2x^3+x^2+x-1=(x-1)(2x^2+bx+c)+3$에서
$2x^3+x^2+x-1=2x^3+(b-2)x^2+(c-b)x-c+3$
좌변과 우변의 계수를 비교해 보면
$1=b-2$, $-1=-c+3$ $\therefore b=3$, $c=4$
따라서 $Q(x)=2x^3+3x+4$이므로 $Q(1)=9$

✿ 나머지정리

개념·공식

x에 대한 다항식 $f(x)$를
① $x-a$로 나누었을 때의 나머지는 $f(a)$이다.
② $ax-b$로 나누었을 때의 나머지는 $f\left(\dfrac{b}{a}\right)$이다. ($a\neq0$)

G 54 정답 ⑤ ································· 삼차방정식의 풀이

정답 공식: 다항식 $f(x)$를 $x-a$로 나눈 나머지 R는 $R=f(a)$임을 이용하여 a를 구하고, 조립제법으로 $Q(x)$를 구한다.

> 다항식 $2x^3+x^2+x-1$을 일차식 $x-a$로 나누었을 때의 몫은 $Q(x)$, 나머지는 3이다. $Q(a)$의 값은? (단, a는 상수이다.)
>
> **단서** 다항식 A를 다항식 B로 나누었을 때의 몫을 Q, 나머지를 R라 하면 $A=BQ+R$로 나타낼 수 있어.
>
> ① 5 ② 6 ③ 7
> ④ 8 ⑤ 9

1st 몫과 나머지를 이용하여 항등식을 세우자.

다항식 $2x^3+x^2+x-1$을 일차식 $x-a$로 나누었을 때 몫은 $Q(x)$, 나머지는 3이므로
$2x^3+x^2+x-1=(x-a)Q(x)+3$
위의 식의 양변에 $x=a$를 대입하면
$2a^3+a^2+a-1=3$ ⟶ $a=1$을 대입하면 좌변의 식의 값이 0이 됨을 알 수 있어. 즉, $2a^3+a^2+a-4$는
$\underline{2a^3+a^2+a-4=0}$ $a-1$로 나누어떨어진다는 뜻이야.
$(a-1)(2a^2+3a+4)=0$
이때, $\underline{2a^2+3a+4=0에서\ D=9-32=-23<0이므로\ 실근을\ 갖지\ 않}$
$\underline{는다.}$ 다항식은 계수가 실수인 범위에서만 다루므로 상수 a는 실수이어야 해.
$\therefore a=1$ 즉, $2a^2+3a+4=0$을 만족시키는 a의 값은 허수이므로 구하는 a의 값이 될 수 없어.

주의 판별식을 통해 실근을 가지는지 허근을 가지는지 항상 확인 해줘야 해.

2nd 인수 $x-1$을 이용하여 몫 $Q(x)$를 구하자.

다항식 $2x^3+x^2+x-1$을 일차식 $x-1$로 나누었을 때의 몫이 $Q(x)$, 나머지가 3이므로 조립제법을 이용하면

$$
\begin{array}{c|cccc}
1 & 2 & 1 & 1 & -1 \\
 & & 2 & 3 & 4 \\
\hline
 & 2 & 3 & 4 & 3
\end{array}
$$

$2x^3+x^2+x-1=(x-1)(2x^2+3x+4)+3$
따라서 $Q(x)=2x^2+3x+4$이므로
$Q(a)=Q(1)=9$

G 55 정답 ② ································· 삼차방정식의 풀이

정답 공식: 조립제법으로 인수분해하여 세 근을 구한다.

> 다항식 $f(x)=x^3-(a+4)x^2+(4a-5)x+5a$에 대하여 $f(a)=f(a+3)=0$을 만족시키는 실수 a의 값의 합은?
>
> **단서** $f(a)=0$이므로 $f(x)$를 조립제법을 이용하여 인수분해 할 수 있어.
>
> ① -4 ② -2 ③ 0
> ④ 2 ⑤ 4

1st 조립제법을 이용하여 방정식의 근을 찾자.

$f(a)=0$이므로 $x=a$는 삼차방정식 $f(x)=0$의 근이다.
조립제법을 이용하여 $f(x)$를 인수분해하면

$$
\begin{array}{c|cccc}
a & 1 & -a-4 & 4a-5 & 5a \\
 & & a & -4a & -5a \\
\hline
 & 1 & -4 & -5 & 0
\end{array}
$$

$f(x)=(x-a)(x^2-4x-5)$
$\quad=(x-a)(x+1)(x-5)$
즉, 방정식 $f(x)=0$의 근은
$x=a$ 또는 $x=-1$ 또는 $x=5$ $f(-1)=0$이고 $f(5)=0$이란 뜻이야.
2nd 방정식의 근을 이용하여 a의 값을 구하자.

이때, $f(a+3)=0$에서 $a+3=-1$ 또는 $a+3=5$이므로
$a=-4$ 또는 $a=2$
따라서 실수 a의 값의 합은
$(-4)+2=-2$

다른 풀이 : $f(x)$에 $x=a+3$을 대입하여 풀기

$f(x)$에 $x=a+3$을 대입하면

$f(a+3)=(a+3)^3-(a+4)(a+3)^2+(4a-5)(a+3)+5a$

$\begin{aligned}(a+3)^3-(a+4)(a+3)^2+(4a-5)(a+3)+5a\\=(a+3)^2\{(a+3)-(a+4)\}+(4a-5)(a+3)+5a\\=-(a+3)^2+(4a-5)(a+3)+5a\\=-a^2-6a-9+4a^2+12a-5a-15+5a\\=3a^2+6a-24\end{aligned}$

$=3a^2+6a-24$

이때, $f(a+3)=0$이므로

$3a^2+6a-24=0$, $a^2+2a-8=0$

$(a+4)(a-2)=0$

$\therefore a=-4$ 또는 $a=2$

$a=-4$일 때, $f(x)=x^3-21x-20$이므로 $\underline{f(-4)=0}$

$f(x)=x^3-21x-20$에 $x=-4$를 대입하면
$f(-4)=(-4)^3-21\times(-4)-20=-64+84-20=0$

$a=2$일 때, $f(x)=x^3-6x^2+3x+10$이므로 $\underline{f(2)=0}$

$f(x)=x^3-6x^2+3x+10$에 $x=2$를 대입하면
$f(2)=2^3-6\times2^2+3\times2+10=8-24+6+10=0$

따라서 $a=-4$, $a=2$는 조건을 만족시켜.

따라서 실수 a의 값의 합은 $a=-4,a=2$는 모두 $f(a)=0$을 만족시켜.

$(-4)+2=-2$

G 56 정답 ② ································· 삼차방정식의 풀이

정답 공식: 인수정리와 조립제법을 이용하여 주어진 삼차방정식의 해를 구한다. 또한, 복소수 $z=a+bi$에 대하여 켤레복소수 $\bar{z}=a-bi$이다.

복소수 $z=a+bi$(a, b는 실수)가 다음 조건을 만족시킬 때, $a+b$의 값은? (단, $i=\sqrt{-1}$이고, $\bar{z}$는 z의 켤레복소수이다.)

(가) z는 방정식 $x^3-3x^2+9x+13=0$의 근이다.

단서 1 인수정리와 조립제법을 이용하여 방정식 $x^3-3x^2+9x+13=0$의 좌변을 인수분해한 후 방정식의 해를 구해.

(나) $\dfrac{z-\bar{z}}{i}$는 음의 실수이다.

단서 2 $z=a+bi$에 대하여 $\bar{z}=a-bi$임을 이용하여 조건에 맞는 해를 찾아.

① -3 ② -1 ③ 1
④ 3 ⑤ 5

1st 조건 (가)의 삼차방정식의 해를 구하기 위해 좌변을 인수분해하자.

조건 (가)에 주어진 방정식 $x^3-3x^2+9x+13=0$에서

$f(x)=x^3-3x^2+9x+13$이라 놓으면

$f(-1)=-1-3-9+13=0$이므로 $f(x)$는 $x+1$을 인수로 가진다.

$f(a)=0$이면 다항식 $f(x)$가 $x-a$를 인수로 갖는다는 뜻이므로 $f(a)=0$이 되는 a를 찾아야 해.
이때, a는 다음과 같이 구할 수 있어.
$a=\pm\dfrac{(f(x)\text{의 상수항의 약수})}{(f(x)\text{의 최고차항의 계수의 약수})}$

즉, 조립제법을 이용하여 $f(x)$를 인수분해하면

$\begin{array}{r|rrrr}-1&1&-3&9&13\\&&-1&4&-13\\\hline&1&-4&13&0\end{array}$

$\therefore f(x)=x^3-3x^2+9x+13=(x+1)(x^2-4x+13)$

2nd 삼차방정식을 풀자.

$z=-1$이면 $\bar{z}=-1$에서 $\dfrac{z-\bar{z}}{i}=\dfrac{-1-(-1)}{i}=0$이므로 조건 (나)를 만족시키지 않는다.

따라서 방정식 $x^3-3x^2+9x+13=0$, 즉 $(x+1)(x^2-4x+13)=0$의 근 중 $z\ne-1$이므로 z는 이차방정식 $x^2-4x+13=0$의 근이다.

이차방정식 $x^2-4x+13=0$의 근을 구하면

$x=\dfrac{-(-2)\pm\sqrt{(-2)^2-1\times13}}{1}=2\pm3i$

3rd 조건 (나)를 이용하여 z를 구해.

조건 (나)에서

$\dfrac{z-\bar{z}}{i}=\dfrac{(a+bi)-(a-bi)}{i}=\dfrac{2bi}{i}=2b$

복소수의 연산은 실수부분은 실수부분끼리, 허수부분은 허수부분끼리 계산하면 돼.

이고, $\dfrac{z-\bar{z}}{i}$가 음의 실수이므로 b는 음수이다.

따라서 조건을 만족시키는 $z=2-3i$이므로

$a=2$, $b=-3$

$\therefore a+b=2+(-3)=-1$

G 57 정답 3 ································· 삼차방정식의 풀이

정답 공식: a^3+b^3, ab의 값을 이용하여 $a+b$를 치환할 수 있는 방정식을 구한다.

두 실수 a, b에 대하여 $a^3=9-4\sqrt{5}$, $b^3=9+4\sqrt{5}$일 때, $a+b$의 값을 구하시오.

단서 a^3+b^3의 값과 $a^3\times b^3$의 값을 구해 봐.

1st 주어진 식의 합과 곱으로부터 a^3+b^3, ab의 값을 구할 수 있지?

$a^3=9-4\sqrt{5}$, $b^3=9+4\sqrt{5}$를

변변 더하면 $a^3+b^3=18$

변변 곱하면 $a^3b^3=1$ $\therefore ab=1$

$a^3b^3=1$에서 $(ab)^3=1$
$ab=x$라 하면
$x^3-1=0$, $(x-1)(x^2+x+1)=0$
이때, $x(=ab)$는 실수이므로
$x=1$, 즉 $ab=1$이야.

주의 두 실수를 곱하여 나온 수도 실수이므로 $x(=ab)$는 허수가 아닌 실수야.

또, $a^3+b^3=(a+b)^3-3ab(a+b)$에서

$18=(a+b)^3-3(a+b)$ ← a, b는 실수이므로 그 합인 $a+b=t$도 실수야.

여기서 $a+b=t$ (t는 실수)라 하면

$t^3-3t-18=0$

$(t-3)(t^2+3t+6)=0$

$\begin{array}{r|rrrr}3&1&0&-3&-18\\&&3&9&18\\\hline&1&3&6&0\end{array}$

$\therefore t=3$ 또는 $t^2+3t+6=0$

이때, 이차방정식 $t^2+3t+6=0$의 판별식을 D라 하면

$D=9-24=-15<0$이므로 실근을 갖지 않는다.

따라서 $t=3$이므로 $a+b=3$이다.

⚙ **조립제법** 개념·공식

다항식 $f(x)$를 $x-a$ 꼴의 일차식으로 나눌 때 계수만을 사용하여 몫과 나머지를 구하는 방법을 조립제법이라 한다.

예 조립제법을 이용하여 $(3x^2-2x+4)\div(x-2)$의 몫과 나머지 구하기

(i) 다항식 $3x^2-2x+4$의 계수를 첫째 줄에 차례로 적고, 가장 왼쪽의 수 3을 셋째 줄에 내려 적는다.

(ii) $x-2=0$을 만족시키는 x의 값 2를 맨 왼쪽에 적고 셋째 줄의 수 3과 곱하여 첫째 줄의 -2 아래에 적는다.

(iii) -2와 (2와 3의 곱인) 6을 합한 수 4를 6 아래 셋째 줄에 적는다.

(iv) (iii)과 같은 과정을 계속 할 때, 셋째 줄에 적힌 수 중 맨 오른쪽에 있는 수가 나머지이고, 그 수를 제외한 나머지 수가 몫의 계수이다.

$\begin{array}{r|rrr}2&3&-2&4\\&&6&8\\\hline&3&4&\boxed{12}\end{array}$

정답 공식: 반복되는 부분을 치환하여 인수분해한다.

> **단서** 직접 전개하기보다는 x^2-3x가 반복되니까 치환하자.
>
> 사차방정식 $(x^2-3x)^2-8(x^2-3x)+15=0$의 네 근을 a, b, c, d라 할 때, $a+b+c+d$의 값은?
>
> ① 2   ② 4   ③ 6   ④ 8   ⑤ 10

1st $x^2-3x=t$로 치환하여 인수분해하자.

$(x^2-3x)^2-8(x^2-3x)+15=0$에서 $x^2-3x=t$로 놓으면

$t^2-8t+15=0$ 반복되는 것은 치환하자!

$(t-3)(t-5)=0$

$\therefore (x^2-3x-3)(x^2-3x-5)=0$

$x^2-3x-3=0$과 $x^2-3x-5=0$의 각각에서 근과 계수의 관계에 의하여

(i) $x^2-3x-3=0$의 두 근을 a, b라 하면 근의 합의 값만 필요하니까 근과 계수의 관계를 이용해.
   두 근의 합 $a+b=3$

(ii) $x^2-3x-5=0$의 두 근을 c, d라 하면
   두 근의 합 $c+d=3$

$\therefore a+b+c+d=(a+b)+(c+d)=3+3=6$

정답 공식: 반복되는 부분을 치환하여 인수분해한다.

> 사차방정식 $(x^2-5x)(x^2-5x+13)+42=0$의 모든 실근의 곱을 구하시오. **단서** x^2-5x가 공통이므로 $x^2-5x=t$라 치환하여 사차방정식을 풀자.

1st $x^2-5x=t$로 치환하여 인수분해하자.

$(x^2-5x)(x^2-5x+13)+42=0$에서 $x^2-5x=t$라 하면

$t(t+13)+42=0$, $t^2+13t+42=0$

$(t+6)(t+7)=0$ ──→ $(t+6)(t+7)=0$에서 $t=x^2-5x$를 대입!

$(x^2-5x+6)(x^2-5x+7)=0$

$(x-2)(x-3)(x^2-5x+7)=0$ … ㉠

㉠을 만족하는 x의 값은 $x=2$ 또는 $x=3$ 또는 $x^2-5x+7=0$의 근이다.

2nd 인수분해 되지 않은 이차식의 근이 실근인지 허근인지 확인해 봐.

그런데 $x^2-5x+7=0$의 판별식을 D라 하면

$D=(-5)^2-4\times1\times7=-3<0$ ──→ 판별식을 이용하여 실근을 갖는지 확인하자.

이므로 이차방정식 $x^2-5x+7=0$은 허근을 갖는다.

따라서 주어진 사차방정식의 실근은 $x=2$ 또는 $x=3$이므로 모든 실근의 곱은 6이다.

> **필수** 모든 실근의 곱을 구하라고 했으니까 인수분해가 되지 않는 이차방정식의 근을 반드시 판별해야 해.

정답 공식: 반복되는 부분을 치환하여 인수분해한다.

> **단서1** 사차방정식 안에서 x^2-3x가 공통인수이므로 $x^2-3x=t$라 치환하여 사차방정식을 풀자.
>
> 사차방정식 $(x^2-3x)(x^2-3x+6)+5=0$의 서로 다른 두 실근을 a, β라 할 때, $a\beta$의 값은? **단서2** 각각의 근이 실근인지 허근인지 꼭 확인해.
>
> ① 1   ② 2   ③ 3   ④ 4   ⑤ 5

1st $x^2-3x=t$로 치환하여 인수분해하자.

$(x^2-3x)(x^2-3x+6)+5=0$에서 $x^2-3x=t$라 하면

$t(t+6)+5=0$, $t^2+6t+5=0$

$(t+1)(t+5)=0$

$(x^2-3x+1)(x^2-3x+5)=0$ ──→ $(t+1)(t+5)=0$에서 $t=x^2-3x$를 대입!

2nd 이차방정식의 판별식을 이용하여 두 이차방정식의 근의 종류를 판별해 실근인지 허근인지 확인해 봐.

이차방정식 $x^2-3x+1=0$의 판별식 D_1은

$D_1=(-3)^2-4\times1\times1=5>0$

이므로 이차방정식 $x^2-3x+1=0$은 서로 다른 두 실근을 갖는다.

이차방정식 $x^2-3x+5=0$의 판별식 D_2는

$D_2=(-3)^2-4\times1\times5=-11<0$

판별식을 이용하여 실근을 갖는지 확인하면 판별식의 값이 음수이므로 서로 다른 두 허근을 갖게 돼.

이므로 이차방정식 $x^2-3x+5=0$은 허근을 갖는다.

따라서 주어진 사차방정식의 서로 다른 두 실근 a, β는 이차방정식 $x^2-3x+1=0$의 서로 다른 두 실근이므로 근과 계수의 관계에 의하여 $a\beta=1$

정답 공식: 반복되는 부분을 치환하여 인수분해한다.

> **단서** x^2+x가 반복되므로 $x^2+x=t$로 치환하여 풀자.
>
> 사차방정식 $(x^2+x-1)(x^2+x+3)-5=0$의 서로 다른 두 허근을 a, β라 할 때, $a\overline{a}+\beta\overline{\beta}$의 값은?
>
> (단, $\overline{z}$는 z의 켤레복소수이다.)
>
> ① 4   ② 5   ③ 6   ④ 7   ⑤ 8

1st 주어진 방정식의 좌변을 인수분해하자.

$(x^2+x-1)(x^2+x+3)-5=0$에서 $x^2+x=t$라 하면

$(t-1)(t+3)-5=0$ x^2+x가 반복적으로 보이니까 치환한 거야.

$t^2+2t-8=0$, $(t-2)(t+4)=0$

$(x^2+x-2)(x^2+x+4)=0$

$(x-1)(x+2)(x^2+x+4)=0$

따라서 사차방정식의 서로 다른 두 허근 a, β는 방정식 $x^2+x+4=0$의 서로 다른 두 허근이므로 근과 계수의 관계에 의하여 $a\beta=4$

> 판별식 D를 구하면 $D=1^2-4\cdot4=-15<0$이므로 서로 다른 두 허근을 가짐을 알 수 있어.

한편, $\overline{a}=\beta$, $\overline{\beta}=a$이므로

$a\overline{a}+\beta\overline{\beta}=2a\beta=2\cdot4=8$

> **함정** 이차방정식 $x^2+x+4=0$의 모든 항의 계수가 실수이므로 한 근이 복소수이면 나머지 한 근은 그 복소수의 켤레복소수가 돼.

톡톡 풀이: 이차방정식의 근의 공식을 이용하여 허근을 직접 구하여 주어진 값 구하기

$x^2+x+4=0$의 해를 근의 공식을 이용하여 구하면

$$x=\frac{-1\pm\sqrt{1-16}}{2}=\frac{-1\pm\sqrt{15}i}{2}$$ ──→ 이차방정식 $ax^2+bx+c=0$의 근의 공식 $x=\frac{-b\pm\sqrt{b^2-4ac}}{2a}$

따라서 $\alpha = \dfrac{-1+\sqrt{15}i}{2}$, $\beta = \dfrac{-1-\sqrt{15}i}{2}$ 라 하면

$\overline{\alpha} = \dfrac{-1-\sqrt{15}i}{2}$, $\overline{\beta} = \dfrac{-1+\sqrt{15}i}{2}$

$\therefore \ \alpha\overline{\alpha} + \beta\overline{\beta} = \dfrac{-1+\sqrt{15}i}{2} \times \dfrac{-1-\sqrt{15}i}{2} + \dfrac{-1-\sqrt{15}i}{2} \times \dfrac{-1+\sqrt{15}i}{2}$

$\qquad\qquad = 4 + 4 = 8$

G 62 정답 ① ························· 치환을 이용한 사차방정식의 풀이

(**정답 공식**: 반복되는 부분을 치환하여 인수분해한 후 네 근을 구한다.)

> 방정식 $(x^2-4x+3)(x^2-6x+8)=120$ 의 한 허근을 ω라 할 때, $\omega^2-5\omega$의 값은? **단서** 바로 전개하려 하지 말고 두 이차식을 각각 인수분해한 후 치환을 이용해 봐.
>
> ① -16 ② -14 ③ -12
> ④ -10 ⑤ -8

1st 주어진 식을 정리하여 인수분해하자.

$(x^2-4x+3)(x^2-6x+8)=120$에서

$(x-1)(x-3)(x-2)(x-4)=120$

$\underline{(x^2-5x+4)(x^2-5x+6)=120}$ $\ _{(x-1)(x-3)(x-2)(x-4)=120에서}$
$\qquad\qquad\qquad\qquad\qquad\qquad _{\{(x-1)(x-4)\}\{(x-2)(x-3)\}=120}$

$x^2-5x=t$라 하면

$(t+4)(t+6)-120=0$, $t^2+10t-96=0$

$(t-6)(t+16)=0$

$\underline{(x^2-5x-6)(x^2-5x+16)=0}$ $\ _{(t-6)(t+16)=0에서\ t=x^2-5x를\ 대입해.}$

$(x+1)(x-6)(x^2-5x+16)=0$

2nd 사차방정식의 한 허근 ω에 대하여 $\omega^2-5\omega$의 값을 구하자.

사차방정식 $(x+1)(x-6)(x^2-5x+16)=0$의 실근은 -1, 6이고 이차방정식 $x^2-5x+16=0$은 허근을 가지므로

이차방정식 $x^2-5x+16=0$의 판별식을 D라 하면
$D=(-5)^2-4\times1\times16=-39<0$이므로
이 이차방정식은 두 허근을 가져.

ω는 이차방정식 $x^2-5x+16=0$의 근이다.

$\omega^2-5\omega+16=0$ $\qquad \therefore \ \omega^2-5\omega=-16$

G 63 정답 ③ ··················· 특수한 꼴의 사차방정식의 풀이

(**정답 공식**: $x^2=X$로 치환하여 인수분해한다.)

> **단서** $x^2=X$로 치환한 후 주어진 방정식의 좌변이 인수분해되는지 확인해 봐.
> 사차방정식 $x^4-10x^2+9=0$의 네 근을 α, β, γ, δ라 할 때, $|\alpha|+|\beta|+|\gamma|+|\delta|$의 값은?
>
> ① 4 ② 6 ③ 8 ④ 10 ⑤ 12

1st 인수분해 공식을 이용하여 네 근을 구해보자.

$x^4-10x^2+9=0$에서 $x^2=X$로 치환하면

$X^2-10X+9=0$, $(X-1)(X-9)=0$

$\therefore \ X=1$ 또는 $X=9$

즉, $x^2=1$ 또는 $x^2=9$이므로

$x=\pm1$ 또는 $x=\pm3$ $\ _{→\ \alpha,\ \beta,\ \gamma,\ \delta가\ 정확히\ 어떤\ 값인지는\ 알\ 수}$
$\qquad\qquad\qquad\qquad\qquad\quad _{없지만\ 구하는\ 것은\ 네\ 근의\ 절댓값의\ 합}$
$\qquad\qquad\qquad\qquad\qquad\quad _{만\ 알면\ 되므로\ \alpha=1,\ \beta=-1,\ \gamma=3,}$
$\qquad\qquad\qquad\qquad\qquad\quad _{\delta=-3이라\ 놓고\ 구한\ 거야.}$

$\therefore \ |\alpha|+|\beta|+|\gamma|+|\delta|=|1|+|-1|+|3|+|-3|=8$

G 64 정답 13 ··················· 특수한 꼴의 사차방정식의 풀이

(**정답 공식**: $x^2=t$로 치환하여 인수분해한 후 방정식을 푼다.)

> x에 대한 사차방정식 $\underline{x^4-7x^2+k-6=0}$의 모든 근이 실수가 **단서** $x^2=t$로 놓으면 이 방정식은 t에 대한 이차방정식이 돼. 이 이차방정식의 근의 조건을 생각해봐.
> 되도록 하는 자연수 k의 개수를 구하시오.

1st $x^2=t$로 놓고 사차방정식의 모든 근이 실수가 될 조건을 찾자.

$x^2=t\,(t\geq0)$라 하면 주어진 사차방정식은 $t^2-7t+k-6=0$이므로 t에 대한 이차방정식이다.

즉, 주어진 사차방정식의 모든 근이 실수이려면

방정식 $t^2-7t+k-6=0$의 두 실근이 0 이상이어야 한다.
t에 대한 이차방정식의 근이 음수이면 $x^2=t$에서 x는 허수가 돼.

2nd 조건을 만족시키는 k의 값의 범위를 구하자.

이차방정식 $t^2-7t+k-6=0$의 판별식을 D라 하면

(i) $D=(-7)^2-4\times1\times(k-6)\geq0$

$\qquad 49-4k+24\geq0$, $-4k\geq-73$ $\qquad \therefore \ k\leq\dfrac{73}{4}$

(ii) (두 근의 합)$=7\geq0$

(iii) (두 근의 곱)$=k-6\geq0$ $\qquad \therefore \ k\geq6$

(i)~(iii)에서 $6\leq k\leq\dfrac{73}{4}$

따라서 주어진 사차방정식의 모든 근이 실수가 되도록 하는 자연수 k는 6, 7, $\cdots$, 18이므로 그 개수는 13이다.

❀ **$x^4+ax^2+b=0$ 꼴의 방정식의 풀이** 개념·공식

$x^4+ax^2+b=0$ 꼴의 사차방정식

① $x^2=X$로 치환하여 X^2+aX+b를 인수분해한다.
② ①의 방법으로 인수분해되지 않을 경우에는
$\quad (x^2+A)^2-(Bx)^2=0$ 꼴로 변형한 후 좌변을 인수분해한다.

G 65 정답 ④ ··················· 특수한 꼴의 사차방정식의 풀이

(**정답 공식**: $(x^2+b)^2-(ax)^2=(x^2+ax+b)(x^2-ax+b)$를 이용한다.)

> **단서** 복이차식이므로 A^2-B^2 꼴로 유도해 보자.
> 사차방정식 $x^4-6x^2+1=0$의 모든 양의 근의 합은?
>
> ① 1 ② $\sqrt{2}$ ③ 2 ④ $2\sqrt{2}$ ⑤ 4

1st 주어진 식을 A^2-B^2 꼴로 변형하여 인수분해하자.

$\underline{x^4-6x^2+1=0}$에서 $\longrightarrow$ A^2-B^2 꼴로 변형해 보자.

$(x^4-2x^2+1)-4x^2=0$, $(x^2-1)^2-(2x)^2=0$

$(x^2+2x-1)(x^2-2x-1)=0$

$x^2+2x-1=0$ 또는 $x^2-2x-1=0$

$\therefore \ x=-1\pm\sqrt{2}$ 또는 $x=1\pm\sqrt{2}$

따라서 주어진 방정식의 양의 근은 $-1+\sqrt{2}$, $1+\sqrt{2}$이므로 두 근의 합은

$(-1+\sqrt{2})+(1+\sqrt{2})=2\sqrt{2}$ $\ _{1<\sqrt{2}<2이므로\ 0<-1+\sqrt{2}<1,\ 2<1+\sqrt{2}<3}$
$\qquad\qquad\qquad\qquad\qquad\qquad _{으로\ -1+\sqrt{2}와\ 1+\sqrt{2}\ 모두\ 양수인\ 것을}$
$\qquad\qquad\qquad\qquad\qquad\qquad _{알\ 수\ 있어.}$

G 66 정답 ⑤ ························· 특수한 꼴의 사차방정식의 풀이

> **정답 공식:** $a^2 \pm 2ab + b^2 = (a \pm b)^2$이고, 이차방정식 $ax^2 + bx + c = 0$에 대하여 이차방정식의 근의 공식은 $x = \dfrac{-b \pm \sqrt{b^2 - 4ac}}{2a}$이다.

▶ **단서1** 항의 차수가 모두 짝수인 복이차식 꼴의 사차방정식이므로 $x^2 = X$로 치환하여 생각해.

다음은 자연수 n에 대하여 x에 대한 사차방정식

$$4x^4 - 4(n+2)x^2 + (n-2)^2 = 0$$

이 서로 다른 네 개의 정수해를 갖도록 하는 20 이하의 모든 n의 값을 구하는 과정이다.

$P(x) = 4x^4 - 4(n+2)x^2 + (n-2)^2$이라 하자.
$x^2 = X$라 하면 주어진 방정식 $P(x) = 0$은
$4X^2 - 4(n+2)X + (n-2)^2 = 0$이고
근의 공식에 의해 $X = \dfrac{n+2 \pm \sqrt{\boxed{(가)}}}{2}$이다.

그러므로 $X = \left(\sqrt{\dfrac{n}{2}} + 1\right)^2$ 또는 $X = \left(\sqrt{\dfrac{n}{2}} - 1\right)^2$에서

$x = \sqrt{\dfrac{n}{2}} + 1$ 또는 $x = -\sqrt{\dfrac{n}{2}} - 1$ 또는 $x = \sqrt{\dfrac{n}{2}} - 1$

또는 $x = -\sqrt{\dfrac{n}{2}} + 1$이다.

▶ **단서2** $\left(\sqrt{\dfrac{n}{2}} + 1\right)^2$ 또는 $\left(\sqrt{\dfrac{n}{2}} - 1\right)^2$을 전개하여 (가)에 알맞은 식을 유추할 수도 있어.

방정식 $P(x) = 0$이 정수해를 갖기 위해서는 $\sqrt{\dfrac{n}{2}}$이 자연수가 되어야 한다.

▶ **단서3** 근호 안의 식 $\dfrac{n}{2}$이 자연수의 제곱수가 되어야 해.

따라서 자연수 n에 대하여 방정식 $P(x) = 0$이 서로 다른 네 개의 정수해를 갖도록 하는 20 이하의 모든 n의 값은 $\boxed{(나)}$, $\boxed{(다)}$이다.

위의 (가)에 알맞은 식을 $f(n)$이라 하고, (나), (다)에 알맞은 수를 각각 a, b라 할 때, $f(b-a)$의 값은? (단, $a < b$)

① 48 ② 56 ③ 64 ④ 72 ⑤ 80

1st $x^2 = X$로 치환하여 사차방정식을 풀어봐.

$P(x) = 4x^4 - 4(n+2)x^3 + (n-2)^2$이라 하자.
$x^2 = X$라 하면 주어진 방정식 $P(x) = 0$은
$4X^2 - 4(n+2)X + (n-2)^2 = 0$이고 근의 공식에 의해

> 이차방정식 $ax^2 + bx + c = 0$의 해는 $x = \dfrac{-b \pm \sqrt{b^2 - 4ac}}{2a}$

$$X = \dfrac{4(n+2) \pm \sqrt{16(n+2)^2 - 16(n-2)^2}}{8}$$

$= \dfrac{4(n+2) \pm 4\sqrt{8n}}{8}$

> $\sqrt{16(n+2)^2 - 16(n-2)^2}$
> $= 4\sqrt{(n+2)^2 - (n-2)^2}$
> $= 4\sqrt{8n}$

$= \dfrac{n+2 \pm \sqrt{8n}}{2}$ ···(가)

$= \dfrac{n}{2} \pm \sqrt{2n} + 1$

▶ **주의** $x^2 = X$으로 치환하여 X에 대한 이차방정식의 근을 구한 것임에 주의해.

$= \left(\sqrt{\dfrac{n}{2}}\right)^2 \pm 2\sqrt{\dfrac{n}{2}} + 1$

$\therefore X = \left(\sqrt{\dfrac{n}{2}} + 1\right)^2$ 또는 $X = \left(\sqrt{\dfrac{n}{2}} - 1\right)^2$

즉, $x^2 = \left(\sqrt{\dfrac{n}{2}} + 1\right)^2$ 또는 $x^2 = \left(\sqrt{\dfrac{n}{2}} - 1\right)^2$에서

(우측 단)

$x = \sqrt{\dfrac{n}{2}} + 1$ 또는 $x = -\sqrt{\dfrac{n}{2}} - 1$

> $x^2 = \left(\sqrt{\dfrac{n}{2}} + 1\right)^2$의 해

또는 $x = \sqrt{\dfrac{n}{2}} - 1$ 또는 $x = -\sqrt{\dfrac{n}{2}} + 1$이다.

> $x^2 = \left(\sqrt{\dfrac{n}{2}} - 1\right)^2$의 해

2nd 자연수 n에 대하여 방정식 $P(x) = 0$이 서로 다른 네 개의 정수해를 갖도록 하는 n의 값을 구해.

방정식 $P(x) = 0$이 정수해를 갖기 위해서는 $\sqrt{\dfrac{n}{2}}$이 자연수가 되어야 한다.

자연수 l에 대하여 $n = 2l^2$ 꼴이어야 하므로 가능한 20 이하의 자연수 n의 값은 2, 8, 18

> 자연수 l에 대하여 $\sqrt{\dfrac{n}{2}} = l$, $\dfrac{n}{2} = l^2$, $n = 2l^2$
> $l = 1$일 때, $n = 2$
> $l = 2$일 때, $n = 8$
> $l = 3$일 때, $n = 18$
> $l \geq 4$이면 $n > 20$이야.

(ⅰ) $n = 2$인 경우
  $x = 2$ 또는 $x = -2$ 또는 $x = 0$이므로 서로 다른 세 개의 정수해를 가진다. (×)

> $x^2 = \left(\sqrt{\dfrac{n}{2}} - 1\right)^2$에서 $x = 0$(중근)을 가져.

(ⅱ) $n = 8$인 경우
  $x = 3$ 또는 $x = -3$ 또는 $x = 1$ 또는 $x = -1$이므로 서로 다른 네 개의 정수해를 가진다. (○)

(ⅲ) $n = 18$인 경우
  $x = 4$ 또는 $x = -4$ 또는 $x = 2$ 또는 $x = -2$이므로 서로 다른 네 개의 정수해를 가진다. (○)

(ⅰ), (ⅱ), (ⅲ)에 의해 자연수 n에 대하여 방정식 $P(x) = 0$이 서로 다른 네 개의 정수해를 갖도록 하는 20 이하의 모든 n의 값은 8, 18이다.
  (나) (다)

따라서 $f(n) = 8n$, $a = 8$, $b = 18$이므로
$f(b-a) = f(10) = 80$이다.

G 67 정답 ⑤ ························· 특수한 꼴의 사차방정식의 풀이

> **정답 공식:** 양변을 x^2으로 나누고, $x + \dfrac{1}{x}$를 치환하여 인수분해한다.

▶ **단서** 가운데 항인 x^2의 좌우의 계수가 대칭인 것을 알 수 있지? 이렇게 계수가 좌우 대칭인 경우 가운데 항의 문자로 양변을 나누면 쉽게 해결할 수 있어.

사차방정식 $x^4 + 2x^3 - 6x^2 + 2x + 1 = 0$의 가장 큰 근을 α, 가장 작은 근을 β라 할 때, $\alpha - \beta$의 값은?

① $-1 - \sqrt{3}$ ② $-\sqrt{3}$ ③ $1 + \sqrt{3}$
④ $2 + \sqrt{3}$ ⑤ $3 + \sqrt{3}$

1st 사차방정식을 x^2으로 나누어 정리해.

사차방정식 $x^4 + 2x^3 - 6x^2 + 2x + 1 = 0$의 양변을 x^2으로 나누면

$x^2 + 2x - 6 + \dfrac{2}{x} + \dfrac{1}{x^2} = 0$

> $x = 0$은 이 방정식의 근이 아니므로 양변을 $x = 0$으로 나누어도 돼.

$x^2 + \dfrac{1}{x^2} + 2\left(x + \dfrac{1}{x}\right) - 6 = 0$

$\underbrace{\left(x + \dfrac{1}{x}\right)^2}_{} + 2\left(x + \dfrac{1}{x}\right) - 8 = 0$

> $x^2 + \dfrac{1}{x^2} = \left(x + \dfrac{1}{x}\right)^2 - 2$

▶ **실수** x로 식을 나눌 때 $x = 0$이면 나눌 수 없으므로 방정식이 $x = 0$인 근을 갖는지 항상 확인하도록 하자.

2nd $x + \dfrac{1}{x} = X$로 치환한 후 X에 대한 이차방정식을 풀어.

이때, $x + \dfrac{1}{x} = X$로 치환하면 $X^2 + 2X - 8 = 0$
$(X + 4)(X - 2) = 0$ $\therefore X = -4$ 또는 $X = 2$

3rd X의 값에서 x의 값을 구하자.

(ⅰ) $X = -4$일 때, $x + \dfrac{1}{x} = -4$에서
  $x^2 + 4x + 1 = 0$ $\therefore x = -2 \pm \sqrt{3}$

(ⅱ) $X = 2$일 때, $x + \dfrac{1}{x} = 2$에서

> $x^2 + 4x + 1 = 0$에서 짝수 근의 공식에 의해 $x = -2 \pm \sqrt{2^2 - 1 \times 1} = -2 \pm \sqrt{3}$

  $x^2 - 2x + 1 = 0$, $(x - 1)^2 = 0$ $\therefore x = 1$

따라서 가장 큰 근은 $\alpha = 1$, 가장 작은 근은 $\beta = -2 - \sqrt{3}$이므로
$\alpha - \beta = 1 - (-2 - \sqrt{3}) = 3 + \sqrt{3}$

> $-2 - \sqrt{3} < -2 + \sqrt{3} < 1$

G 68 정답 ③ ·· 특수한 꼴의 사차방정식의 풀이

정답 공식: 양변을 x^2으로 나누고, $x+\dfrac{1}{x}$을 치환하여 인수분해한다.

> 단서 x^2을 기준으로 계수를 살펴보면 좌우가 대칭인 식이야.
>
> 사차방정식 $x^4+6x^3-5x^2+6x+1=0$의 한 실근을 α라고 할 때, $\left|\alpha-\dfrac{1}{\alpha}\right|$의 값은?
>
> ① 3   ② 4   ③ $3\sqrt{5}$ ④ $4\sqrt{5}$ ⑤ $5\sqrt{5}$

1st 주어진 방정식이 x^2을 기준으로 좌우대칭이니까 양변을 x^2으로 나누어 $\left(x+\dfrac{1}{x}\right)$의 거듭제곱의 합으로 표현해보자.

$x^4+6x^3-5x^2+6x+1=0$ ← x^2을 기준으로 계수가 좌우 대칭이야. 이때는 x^2으로 나누어서 $x+\dfrac{1}{x}$에 대한 식으로 고쳐야 하는 거야.

에서 $x\neq 0$이므로 양변을 x^2으로 나누면

> **함정** 항이 홀수개이고 가운데 항을 기준으로 계수가 좌우대칭이면 $x+\dfrac{1}{x}$의 식을 이용할 수 있게 식을 변형하자.

$x^2+6x-5+\dfrac{6}{x}+\dfrac{1}{x^2}=0$

$x^2+\dfrac{1}{x^2}+6\left(x+\dfrac{1}{x}\right)-5=0$

$x^2+\dfrac{1}{x^2}=\left(x+\dfrac{1}{x}\right)^2-2\cdot x\cdot\dfrac{1}{x}=\left(x+\dfrac{1}{x}\right)^2-2$

$\left(x+\dfrac{1}{x}\right)^2+6\left(x+\dfrac{1}{x}\right)-7=0$

2nd $x+\dfrac{1}{x}=X$로 치환해서 인수분해 해 봐.

> **주의** 치환을 한 후에 값을 구할 때에는 다시 원상태로 바꿔서 계산해 주도록 하자.

$x+\dfrac{1}{x}$이 반복되므로 $x+\dfrac{1}{x}=X$로 치환하면

$X^2+6X-7=0$, $(X-1)(X+7)=0$

$\therefore X=1$ 또는 $X=-7$

(i) $X=1$일 때, $x+\dfrac{1}{x}=1$에서 양변에 x를 곱하여 정리하면

  $x^2-x+1=0 \cdots \bigcirc$

  $\bigcirc$의 판별식을 D_1이라고 하면

  $D_1=(-1)^2-4\cdot 1\cdot 1=-3<0$

  따라서 $\bigcirc$은 서로 다른 두 허근을 가진다.

(ii) $X=-7$일 때, $x+\dfrac{1}{x}=-7$에서 양변에 x를 곱하여 정리하면

  $x^2+7x+1=0 \cdots \bigcirc\!\!\!\bigcirc$

  $\bigcirc\!\!\!\bigcirc$의 판별식을 D_2라고 하면

  $D_2=7^2-4\cdot 1\cdot 1=45>0$

  따라서 $\bigcirc\!\!\!\bigcirc$은 서로 다른 두 실근을 가진다.

(i), (ii)에서 α는 $\bigcirc\!\!\!\bigcirc$의 한 실근이므로 $\alpha+\dfrac{1}{\alpha}=-7$

$\therefore \left|\alpha-\dfrac{1}{\alpha}\right|=\sqrt{\left(\alpha+\dfrac{1}{\alpha}\right)^2-4}=\sqrt{(-7)^2-4}=3\sqrt{5}$

$\left(\alpha-\dfrac{1}{\alpha}\right)^2=\alpha^2-2+\dfrac{1}{\alpha^2}=\alpha^2+2+\dfrac{1}{\alpha^2}-4=\left(\alpha+\dfrac{1}{\alpha}\right)^2-4$이므로

$\alpha-\dfrac{1}{\alpha}=\pm\sqrt{\left(\alpha+\dfrac{1}{\alpha}\right)^2-4}$ $\therefore \left|\alpha-\dfrac{1}{\alpha}\right|=\sqrt{\left(\alpha+\dfrac{1}{\alpha}\right)^2-4}$

G 69 정답 ③ ·· 근이 주어진 삼차방정식

정답 공식: 주어진 한 근을 대입하여 a를 구하고, 근과 계수의 관계를 이용하여 나머지 두 근의 곱을 구한다.

> x에 대한 삼차방정식
>
> 단서 주어진 삼차방정식의 한 근이 1이므로 $x=1$을 대입하면 등식이 성립해야 해.
>
> $ax^3+x^2+x-3=0$
>
> 의 한 근이 1일 때, 나머지 두 근의 곱은? (단, a는 상수이다.)
>
> ① 1   ② 2   ③ 3   ④ 4   ⑤ 5

1st 인수정리를 이용하여 a의 값을 구하자.

$f(x)=ax^3+x^2+x-3$으로 놓으면 삼차방정식 $f(x)=0$의 한 근이 1

이므로   방정식 $f(x)=0$의 한 근이 1이므로 $f(1)=0$이야.

$f(1)=0$, 즉 $a+1+1-3=0$

$\therefore a=1$

따라서 주어진 삼차방정식은

$x^3+x^2+x-3=0$이므로 조립제법을

이용하여 좌변을 인수분해하면

$x^3+x^2+x-3=(x-1)(x^2+2x+3)$

1	1	1	1	-3
		1	2	3
	1	2	3	0

2nd 이차방정식 $x^2+2x+3=0$에서 두 근의 곱을 구하자.

삼차방정식 $x^3+x^2+x-3=0$의 나머지 두 근은 이차방정식

$x^2+2x+3=0$

의 두 근과 같다.

> **주의** 근과 계수의 관계를 사용하면 두 근을 직접 구하는 수고 없이 두 근의 합, 곱을 구할 수 있어.

이때, 두 근을 α, β라 하면 근과 계수의 관계에 의하여 두 근의 곱은 $\alpha\beta=3$이다.

이차방정식 $ax^2+bx+c=0$의 두 근을 각각 α, β라 하면 $\alpha+\beta=-\dfrac{b}{a}$, $\alpha\beta=\dfrac{c}{a}$

G 70 정답 10 ·· 근이 주어진 삼차방정식

정답 공식: 방정식 $f(x)=0$의 한 근이 $x=\alpha$이면 $f(\alpha)=0$이 성립한다.

> x에 대한 삼차방정식
>
> $x^3-x^2+kx-k=0$
>
> 단서 방정식의 근의 의미를 잘 이해해야 해. 즉, 근이란 방정식을 참이 되게 하는 것으로 대입하면 등식이 성립하겠지?
>
> 이 허근 $3i$와 실근 α를 가질 때, $k+\alpha$의 값을 구하시오.
>
> (단, k는 실수이고, $i=\sqrt{-1}$이다.)

1st 주어진 방정식에 근을 대입하여 실수 k의 값을 구하자.

삼차방정식 $x^3-x^2+kx-k=0$에 허근 $x=3i$를 대입하면

$(3i)^3-(3i)^2+3ki-k=0$

$-27i+9+3ki-k=0$

$(9-k)+(3k-27)i=0$

> [두 복소수가 같을 조건] a, b, c, d가 실수일 때,
> (1) $a+bi=0 \Leftrightarrow a=0, b=0$
> (2) $a+bi=c+di \Leftrightarrow a=c, b=d$

$9-k=0$, $3k-27=0$ ($\because k$는 실수)

$\therefore k=9$

2nd 주어진 방정식에 실수 k의 값을 대입하여 실근 α를 구하자.

$x^3-x^2+9x-9=0$에서

$x^2(x-1)+9(x-1)=0$, $(x-1)(x^2+9)=0$

따라서 실근 $\alpha=1$이므로   근을 모두 구하면 $x=1$, $x=\pm 3i$

$k+\alpha=9+1=10$

> **다른 풀이 ❶:** $x-1$을 인수로 갖도록 인수분해한 뒤, 값 구하기

$x^3-x^2+kx-k=0$

$x^2(x-1)+k(x-1)=0$

$(x^2+k)(x-1)=0$

허근 $3i$는 $x^2+k=0$의 근이므로 대입하면

$9i^2+k=0$ $\therefore k=9$

$x-1=0$에서 $x=1=\alpha$

$\therefore k+\alpha=9+1=10$

> **다른 풀이 ❷:** 삼차방정식의 근과 계수의 관계를 이용하여 값 구하기

삼차방정식 $x^3-x^2+kx-k=0$의 계수가 모두 실수이므로 $3i$를 한 근으로 가지면 $3i$의 켤레복소수인 $-3i$도 근으로 가져.

즉, 주어진 방정식의 세 근이 $3i$, $-3i$, α이므로 삼차방정식의 근과 계수의 관계에 의해

삼차방정식 $ax^3+bx^2+cx+d=0$의 세 근을 α, β, γ라 하면
(1) $\alpha+\beta+\gamma=-\dfrac{b}{a}$
(2) $\alpha\beta+\beta\gamma+\gamma\alpha=\dfrac{c}{a}$
(3) $\alpha\beta\gamma=-\dfrac{d}{a}$

$3i+(-3i)+\alpha=1$

$\therefore \alpha=1$

$3i\times(-3i)\times\alpha=k$에서 $\alpha=1$이므로

$k=9$

$\therefore k+\alpha=9+1=10$

G 71 정답 ④ ··· 근이 주어진 사차방정식

(정답 공식: 주어진 한 근으로 a를 구하고, 조립제법으로 인수분해하여 b를 구한다.)

x에 대한 사차방정식
$$x^4-x^3+ax^2+x+6=0$$
단서 2 $x+2$를 인수로 가지니까 조립제법을 이용하여 사차방정식의 해를 구하자.

의 한 근이 -2일 때, 네 실근 중 가장 큰 것을 b라 하자. $a+b$의 값은? (단, a는 상수이다.)

① -7 ② -6 ③ -5
④ -4 ⑤ -3

단서 1 사차방정식의 한 근이 -2이므로 $x=-2$를 주어진 방정식에 대입하면 a의 값을 구할 수 있어.

1st $x=-2$를 대입하면 a를 구할 수 있어.

$x^4-x^3+ax^2+x+6=0$의 한 근이 -2이므로 $x=-2$를 대입하면
$4a+28=0$ ∴ $a=-7$

2nd 조립제법을 이용하여 인수분해하면 가장 큰 실근을 구할 수 있지?

사차방정식 $x^4-x^3-7x^2+x+6=0$에서 조립제법에 의하여

주어진 방정식이 -2를 근으로 가지므로 ←──(−2)
주어진 사차식은 $x+2$를 인수로 가져.

$$x^4-x^3-7x^2+x+6=0$$
$$(x+2)(x+1)(x-1)(x-3)=0$$
∴ $x=-2$ 또는 $x=-1$ 또는
$x=1$ 또는 $x=3$ → 가장 큰 실근

따라서 $a=-7$, $b=3$이므로
$a+b=-4$

	1	-1	-7	1	6
-2		-2	6	2	-6
-1	1	-3	-1	3	0
		-1	4	-3	
1	1	-4	3	0	
		1	-3		
	1	-3	0		

G 72 정답 ① ··· 근이 주어진 삼차방정식

(정답 공식: 방정식 $f(x)=0$의 한 근이 $x=a$이면 $f(a)=0$이 성립한다.)

삼차방정식 $x^3+(k+1)x^2+(4k-3)x+k+7=0$은 서로 다른 세 실근 1, α, β를 갖는다. $|\alpha-\beta|$의 값은?

단서 방정식에 대입하면 등식이 성립하겠지?

(단, k는 상수이다.)

① 5   ② 7   ③ 9   ④ 11   ⑤ 13

1st 주어진 방정식에 근을 대입하여 k의 값을 구해.

삼차방정식 $x^3+(k+1)x^2+(4k-3)x+k+7=0$의 한 근이 1이므로 대입하면

조립제법으로 $x=1$을 근으로 하고 나머지가 0이 된다고 계산할 수도 있어.

$1+(k+1)+(4k-3)+k+7=0$
$6k+6=0$ ∴ $k=-1$

2nd $|\alpha-\beta|$의 값을 구해.

주어진 방정식에 $k=-1$을 대입하여 정리하면 $x^3-7x+6=0$이다.
위 삼차방정식을 조립제법을 이용하여 인수분해하면

1	1	0	-7	6
		1	1	-6
	1	1	-6	0

실수 조립제법을 이용할 때 x^2의 계수가 0임에 주의해.

$(x-1)(x^2+x-6)=0$
$(x-1)(x-2)(x+3)=0$
따라서 삼차방정식의 서로 다른 세 실근은 1, 2, -3이다.
∴ $|\alpha-\beta|=|2-(-3)|=5$

G 73 정답 15 ··································· 근의 조건이 주어진 삼차방정식

(정답 공식: $ax^2+bx+c=0$ $(a\neq0)$이 허근을 가지면 $b^2-4ac<0$)

x에 대한 방정식 **단서** 허근에 대한 조건은 이차식에서 판단할 수 있으므로 삼차식을 인수분해하여 이차식을 찾아.
$$x^3+3x^2+(16-a)x+a-20=0$$
이 허근을 갖도록 하는 자연수 a의 개수를 구하시오.

1st 인수정리를 이용해서 $x^3+3x^2+(16-a)x+a-20$을 인수분해 해.

삼차다항식 $f(x)=x^3+3x^2+(16-a)x+a-20$이라 놓자.
$f(1)=0$이므로 $(16-a)x+a-20$에 $x=1$을 대입하면 a가 소거돼. 그래서 $x=1$을 먼저 대입해 보는 거야.
다항식 $f(x)$는 $x-1$을 인수로 가진다.
다항식 $f(x)$에 대하여 $f(\alpha)=0$이면 $f(x)$는 $x-\alpha$를 인수로 가져.
조립제법을 이용하여 인수분해하면

1	1	3	$16-a$	$a-20$
		1	4	$20-a$
	1	4	$20-a$	0

∴ $f(x)=(x-1)(x^2+4x+20-a)$

2nd 허근을 갖도록 하는 자연수 a의 개수를 구해.

삼차방정식 $x^3+3x^2+(16-a)x+a-20=0$이 허근을 가지려면 이차방정식 $x^2+4x+20-a=0$이 허근을 가져야 한다.

함정 단순히 "허근이 있다"="삼차방정식이 허근 있음"이 아니라 이차방정식이 허근을 가져야 판별식을 이용할 수 있으므로 $x=1$이라는 실근을 찾아. 방정식의 차수를 낮춰서 간단하게 접근해야 해.

이차방정식 $x^2+4x+20-a=0$의 판별식을 D라 하면 $\dfrac{D}{4}<0$
$2^2-(20-a)=a-16<0$
이차방정식 $ax^2+2bx+c=0$ $(a\neq0)$이 허근을 가지면 $b^2-ac<0$
따라서 $a<16$이므로 구하는 자연수 a의 개수는 15

G 74 정답 ② ··································· 근의 조건이 주어진 삼차방정식

(정답 공식: 이차방정식 $ax^2+bx+c=0$의 두 근을 α, β라 하면
$\alpha+\beta=-\dfrac{b}{a}$, $\alpha\beta=\dfrac{c}{a}$이다.)

단서 1 삼차방정식은 적어도 한 개의 실근을 가지므로 주어진 삼차방정식이 하나의 실근과 서로 다른 두 허근을 가짐을 알 수 있어.

x에 대한 삼차방정식
$x^3-(2a+1)x^2+(a+1)^2x-(a^2+1)=0$의 서로 다른 두 허근을 α, β라 하자. $\alpha+\beta=8$일 때, $\alpha\beta$의 값은?

단서 2 두 근의 합과 곱 형태이니까 근과 계수의 관계를 떠올려.

(단, a는 실수이다.)

① 16   ② 17   ③ 18   ④ 19   ⑤ 20

1st 조립제법을 이용하여 주어진 삼차방정식의 실근을 구해.

x에 대한 삼차방정식 $x^3-(2a+1)x^2+(a+1)^2x-(a^2+1)=0$을 조립제법을 이용하여 인수분해하면
$f(x)=x^3-(2a+1)x^2+(a+1)^2x-(a^2+1)$라 하면 $f(1)=0$이므로 주어진 삼차방정식의 실근 $x=1$을 찾을 수 있고, 이를 조립제법에 이용해.

1	1	$-(2a+1)$	$(a+1)^2$	$-(a^2+1)$
		1	$-2a$	a^2+1
	1	$-2a$	a^2+1	0

즉, $(x-1)(x^2-2ax+a^2+1)=0$이므로
삼차방정식의 실근은 $x=1$이고

이차방정식 $x^2-2ax+a^2+1=0$의 두 허근은 α, β이다.
이차방정식의 판별식을 D라 할 때, $D=4a^2-4(a^2+1)=-4<0$이므로
주어진 삼차방정식의 서로 다른 두 허근 α, β는
이차방정식 $x^2-2ax+a^2+1=0$의 서로 다른 두 허근과 같아.

2nd $\alpha\beta$의 값을 구해.

따라서 이차방정식의 근과 계수의 관계에 의해
$\alpha+\beta=2a=8$에서 $a=4$ 이차방정식 $ax^2+bx+c=0$의 두 근 α, β에 대하여
$\therefore \alpha\beta=a^2+1=17$ ① $\alpha+\beta=-\dfrac{b}{a}$ ② $\alpha\beta=\dfrac{c}{a}$

G 75 정답 ② ·········· 근의 조건이 주어진 삼차방정식

(정답 공식: 삼차방정식은 인수정리, 조립제법 등을 이용하여 다항식을
인수분해하여 푼다.)

> **단서 1** 먼저 상수 a가 사라지도록 대입할 수 있는 x의 값을 찾아.
> x에 대한 삼차방정식 $x^3+5x^2+(a-6)x-a=0$의 서로
> 다른 실근의 개수가 2가 되도록 하는 모든 실수 a의 값의
> 합은? **단서 2** 근을 3개 갖는 삼차방정식에서 서로 다른 2개의 근을 가지려면
> 중근이 존재해야 해.
> ① 1   ② 2   ③ 3   ④ 4   ⑤ 5

1st 삼차방정식의 한 실근을 우선 찾자.
삼차방정식 $x^3+5x^2+(a-6)x-a=0$에서
$f(x)=x^3+5x^2+(a-6)x-a$라 하면 $f(1)=0$이므로
$x^3+5x^2+(a-6)x-a=(x-1)(x^2+6x+a)=0$
$f(1)=0$이니 $f(x)$를 $x-1$로 나눈 몫을 조립제법을 통해 구해보면 인수분해할 수 있어.
이 삼차방정식은 $x=1$의 실근을 갖는다.

2nd 서로 다른 2개의 근을 갖는 경우를 생각해보자.
문제의 조건을 만족시키는 경우는 다음과 같다.
(ⅰ) 이차방정식 $x^2+6x+a=0$의 한 실근이 1일 때
$1^2+6+a=0$이므로 $a=-7$
이때 삼차방정식의 실근은 $x=1$ 또는 $x=-7$이 되어 문제 조건을
만족시킨다.
(ⅱ) 이차방정식 $x^2+6x+a=0$이 1이 아닌 중근을 가질 때
이차방정식 $x^2+6x+a=0$의 판별식을 D라 하면
$\dfrac{D}{4}=3^2-a=0$에서 $a=9$

이때 삼차방정식의 실근은 $x=1$ 또는 $x=-3$이 되어 문제 조건을
만족시킨다.   이때 모든 근이 일치하게 되면 오직 하나의 실근만 갖게 되니 주의해.
3rd 위에서 구한 결과를 토대로 답을 구하자.
(ⅰ), (ⅱ)에 의하여 모든 실수 a의 값의 합은 $-7+9=2$이다.

G 76 정답 7 ·········· 근의 조건이 주어진 삼차방정식

(정답 공식: 계수가 실수인 삼차방정식이 서로 다른 두 실근을 가지려면 중근을 가
져야 한다.)

> 삼차방정식
> $$x^3-5x^2+(a+4)x-a=0$$
> 의 서로 다른 실근의 개수가 2가 되도록 하는 모든 실수 a의
> 값의 합을 구하시오. **단서** 계수가 모두 실수인 삼차방정식의 실근의 개수가 2이면
> 중근을 반드시 가져야 해.

1st 주어진 삼차방정식의 좌변을 인수분해하자.
$f(x)=x^3-5x^2+(a+4)x-a$라 할 때, $f(1)=0$이므로 조립제법을
이용하여 $f(x)$를 인수분해하면 $f(1)=1-5+a+4-a=0$
$f(1)=0$이므로 $f(x)$는 $x-1$을 인수로 가져.

1		1	-5	$a+4$	$-a$
			1	-4	a
		1	-4	a	0

즉, $f(x)=(x-1)(x^2-4x+a)$이므로 주어진 삼차방정식을 풀면
$x^3-5x^2+(a+4)x-a=0$
$(x-1)(x^2-4x+a)=0$
$\therefore x=1$ 또는 $x^2-4x+a=0$

2nd 주어진 삼차방정식이 서로 다른 실근 2개를 가질 조건을 찾아 a의 값을 구하
자.   계수가 실수인 삼차방정식의 근은 다음의 3가지 경우가 있어.
    ① 서로 다른 세 실근
    ② 중근과 다른 한 실근(서로 다른 두 실근)
    ③ 한 실근과 서로 다른 두 허근
주어진 삼차방정식의 한 실근이 $x=1$이므로 이 삼차방정식이 서로 다
른 실근을 2개 가지는 경우는 다음과 같다.   1이 중근인 경우와 1이 중근이 아닌
경우로 나누어야 해.
(ⅰ) 이차방정식 $x^2-4x+a=0$이 $x=1$을 근으로 가지는 경우
   $1-4+a=0$에서 $a=3$
   이때, $x^2-4x+3=0$, 즉 $(x-1)(x-3)=0$에서
   $x=1$ 또는 $x=3$
   따라서 주어진 삼차방정식의 실근은
   $x=1$(중근) 또는 $x=3$
   이므로 $a=3$은 주어진 조건을 만족시킨다.
(ⅱ) 이차방정식 $x^2-4x+a=0$이 $x=1$이 아닌 중근을 갖는 경우
   이차방정식 $x^2-4x+a=0$의 판별식을 D라 할 때, $D=0$이어야 하
   므로   계수가 실수인 이차방정식 $ax^2+bx+c=0$에서 $D=b^2-4ac$라 할 때
     ① $D>0$이면 서로 다른 두 실근을 갖는다. ② $D=0$이면 중근(서로 같은 두 실근)을 갖는다.
     ③ $D<0$이면 서로 다른 두 허근을 갖는다.
   $\dfrac{D}{4}=(-2)^2-1\times a=0$
   $\therefore a=4$
   이때, $x^2-4x+4=0$, 즉 $(x-2)^2=0$에서 $x=2$
   따라서 주어진 삼차방정식의 실근은   **주의**
   $x=1$ 또는 $x=2$(중근)
   이므로 $a=4$는 주어진 조건을 만족시킨다.
(ⅰ), (ⅱ)에서 구하는 모든 실수 a의 값의 합은
$3+4=7$

> **주의** $(x-1)(x^2-2x+1)=0$과 같이 삼중근 $x=1$을 가지는 경우도 있을 수 있으므로 a의 값을 삼차방정식에 대입해서 서로 다른 두 실근을 가지는지 반드시 확인해야 해.

G 77 정답 ⑤ ·········· 근의 조건이 주어진 삼차방정식

(정답 공식: $x^2=-1$일 때, $x=\pm\sqrt{-1}=\pm i$이다.)

> 삼차방정식 $x^3-x^2-kx+k=0$의 세 근을 α, β, γ라 하자.
> α, β 중 실수는 하나뿐이고 $\alpha^2=-2\beta$일 때, $\beta^2+\gamma^2$의 값은?
> (단, k는 0이 아닌 실수이다.) **단서 1** 좌변을 인수분해하여
>   삼차방정식의 해를 구해봐.
> ① -5 ② -4 ③ -3
> ④ -2 ⑤ -1 → **단서 2** 이 조건을 이용해 k의 값의 범위를 구하면
> α, β의 값을 찾을 수 있어.

1st 인수분해를 이용하여 주어진 삼차방정식의 해를 구해.
주어진 삼차방정식의 좌변을 인수분해하여 풀면
  $f(x)=x^3-x^2-kx+k$라 할 때, $f(1)=1-1-k+k=0$이므로
  $f(x)$는 $x-1$을 인수로 가져.
$x^3-x^2-kx+k=0$, $x^2(x-1)-k(x-1)=0$
$(x-1)(x^2-k)=0$ $\therefore x=1$ 또는 $x^2=k$
이때, 0이 아닌 실수 k에 대하여 $k>0$이면 주어진 삼차방정식의 모든
근이 실수이므로 α, β 중 실수는 하나뿐이라는 조건을 만족시키지 않는다.
$k>0$이면 $x^2=k$에서 $x=\pm\sqrt{k}$이므로 주어진 삼차방정식의 세 근은
$x=1$, $x=\pm\sqrt{k}$로 모두 실수야.
따라서 $k<0$이다.

2nd $k<0$인 경우의 해를 생각해봐.

$k<0$인 경우에는 주어진 방정식의 실근은 $x=1$뿐인데 α, β 중 실수는 하나뿐이라 했으므로 $\alpha=1$ 또는 $\beta=1$이어야 한다.

(i) $\alpha=1$일 때

$\alpha^2=-2\beta$에서 $\beta=-\dfrac{1}{2}\alpha^2=-\dfrac{1}{2}$

이 경우 α, β가 모두 실수이므로 α, β 중 실수는 하나뿐이라는 조건을 만족시키지 않는다.

(ii) $\beta=1$일 때

$\alpha^2=-2\beta=-2$에서 $\alpha=\pm\sqrt{2}i$

이 경우 α, β 중 실수는 하나뿐이라는 조건을 만족시킨다.
이때, α, γ가 방정식 $x^2=k$의 근이므로
$k=\alpha^2=-2$에서 $\gamma^2=k=-2$

(i), (ii)에 의해 $\beta=1$, $\gamma^2=-2$이므로
$\beta^2+\gamma^2=1^2+(-2)=-1$

다른 풀이: 삼차방정식의 근과 계수의 관계를 이용하여 값 구하기

2nd 에서 $k<0$이므로 주어진 방정식의 실근은 $x=1$뿐이고, 세 근 α, β, γ에 대하여 α, β 중 실수는 하나뿐이라 했으므로 $\alpha=1$ 또는 $\beta=1$이어야 해.

그런데 $\alpha=1$이면 $\alpha^2=-2\beta$에서 $\beta=-\dfrac{1}{2}\alpha^2=-\dfrac{1}{2}$이 되어 β도 실수가 되므로 조건을 만족시키지 않아.

즉, $\beta=1$이고, $\alpha^2=-2\beta=-2$이므로 $\alpha=\pm\sqrt{2}i$야.
한편, 삼차방정식의 근과 계수의 관계에 의해

$\alpha+\beta+\gamma=-\dfrac{-1}{1}=1$이므로 ← 삼차방정식 $ax^3+bx^2+cx+d=0$의 세 근이 α, β, γ일 때, $\alpha+\beta+\gamma=-\dfrac{b}{a}$.

$\alpha+1+\gamma=1$ ∴ $\gamma=-\alpha$ ← $\alpha\beta+\beta\gamma+\gamma\alpha=\dfrac{c}{a}$, $\alpha\beta\gamma=-\dfrac{d}{a}$

따라서 $\alpha=\pm\sqrt{2}i$에서 $\gamma=\mp\sqrt{2}i$이므로
$\beta^2+\gamma^2=1^2+(\mp\sqrt{2}i)^2=1+(-2)=-1$

G 78 정답 ① ·························· 근의 조건이 주어진 삼차방정식

(**정답 공식:** 조립제법으로 인수분해한 후, 서로 다른 세 실근을 가질 조건을 구한다.)

단서 조립제법을 이용해서 인수분해하자.

x에 대한 방정식 $x^3+(8-a)x^2+(a^2-8a)x-a^3=0$이 서로 다른 세 실근을 갖기 위한 정수 a의 개수는?

① 6   ② 8   ③ 10   ④ 12   ⑤ 14

1st 주어진 식을 조립제법을 이용해서 인수분해하자.

$x^3+(8-a)x^2+(a^2-8a)x-a^3=0$을 좌변을 조립제법을 이용하여 인수분해하면

$$\begin{array}{r|rrrr} a & 1 & 8-a & a^2-8a & -a^3 \\ & & a & 8a & a^3 \\ \hline & 1 & 8 & a^2 & 0 \end{array}$$

$(x-a)(x^2+8x+a^2)=0$

2nd 서로 다른 세 실근을 가질 조건을 판별식을 이용해서 구하자.

서로 다른 세 실근을 갖기 위해서는 방정식 $x^2+8x+a^2=0$은 $x=a$가 아닌 서로 다른 두 실근을 가져야 하므로
$x^2+8x+a^2=0$의 판별식을 D라 할 때
$\dfrac{D}{4}=16-a^2>0$에서 $a^2<16$ ← $16=4^2=(-4)^2$

즉, $a^2<16$을 만족시키는 정수는 -3, -2, -1, 0, 1, 2, 3이다. ⋯ ㉠

또한, $x=a$는 $x^2+8x+a^2=0$의 근이 아니어야 하므로
$2a^2+8a=2a(a+4)\neq0$ $a^2+8a+a^2\neq0$이어야 해.
따라서 $a\neq0$이고 $a\neq-4$ ⋯ ㉡

함정
주어진 조건에서 서로 다른 세 실근을 가진다고 했으므로 중근이 생기면 안 돼.

㉠, ㉡에 의하여 정수 a의 개수는 -3, -2, -1, 1, 2, 3으로 6이다.

⚙ **이차방정식의 근의 판별**   개념·공식

이차방정식 $ax^2+bx+c=0$의 판별식을 $D=b^2-4ac$라 하면
① $D>0 \iff$ 서로 다른 두 실근
② $D=0 \iff$ 중근
③ $D<0 \iff$ 서로 다른 두 허근

G 79 정답 ③ ·························· 근의 조건이 주어진 삼차방정식

[**정답 공식:** 이차방정식 $ax^2+bx+c=0$의 판별식을 $D=b^2-4ac$라 할 때 $D>0$이면 서로 다른 두 실근을 가진다.]

x에 대한 삼차방정식 $(x-a)\{x^2+(1-3a)x+4\}=0$이 서로 다른 세 실근 1, α, β를 가질 때, $\alpha\beta$의 값은?

단서 $a=1$일 때와 $a\neq1$일 때로 나누어서 생각해야 해.

(단, a는 상수이다.)

① 4   ② 6   ③ 8
④ 10   ⑤ 12

1st 1이 $x-a=0$의 근일 경우 조건이 성립하는지 확인해.

(i) 1이 $x-a=0$의 근일 경우
x에 대한 방정식 $x-a=0$에 $x=1$을 대입하면 $a=1$이다.
방정식 $f(x)=0$의 한 근이 $x=a$이면 $f(a)=0$이 성립해.
주어진 삼차방정식에 $a=1$을 대입하면
$(x-1)(x^2-2x+4)=0$
이차방정식 $x^2-2x+4=0$의 판별식을 D라 하면
이차방정식 $ax^2+bx+c=0$의 판별식을 $D=b^2-4ac$라 할 때 $D>0$이면 서로 다른 두 실근을, $D=0$이면 한 실근(중근)을, $D<0$이면 서로 다른 두 허근을 가져.
$D=(-2)^2-4\times1\times4=-12<0$이므로 이차방정식은 서로 다른 두 허근을 가진다.
따라서 삼차방정식 $(x-1)(x^2-2x+4)=0$은 하나의 실근과 두 허근을 가지므로 주어진 방정식이 서로 다른 세 실근을 가짐에 모순이다.

2nd 1이 $x^2+(1-3a)x+4=0$의 근일 경우 조건이 성립하는지 확인해.

(ii) 1이 $x^2+(1-3a)x+4=0$의 근일 경우
x에 대한 방정식 $x^2+(1-3a)x+4=0$에 $x=1$을 대입하면
$1+(1-3a)+4=0$에서 $a=2$이다.
주어진 삼차방정식에 $a=2$를 대입하면
$(x-2)(x^2-5x+4)=0$에서 $(x-2)(x-1)(x-4)=0$
따라서 삼차방정식은 서로 다른 세 실근 1, 2, 4를 갖는다.

3rd $\alpha\beta$의 값을 구해.

(i), (ii)에 의해 $\alpha=2$, $\beta=4$(또는 $\alpha=4$, $\beta=2$)이므로
$\alpha\beta=2\times4=8$이다.

G 80 정답 7 ·············· 근의 조건이 주어진 사차방정식

정답 공식: 이차방정식 $ax^2+bx+c=0$의 두 근이 α, β일 때 $\alpha+\beta=-\dfrac{b}{a}$, $\alpha\beta=\dfrac{c}{a}$가 성립한다.

단서 항의 차수가 모두 짝수인 복이차식 꼴의 사차방정식이야.

x에 대한 사차방정식 $x^4-(2a-9)x^2+4=0$이 서로 다른 네 실근 α, β, γ, δ $(\alpha<\beta<\gamma<\delta)$를 가진다. $\alpha^2+\beta^2=5$일 때, 상수 a의 값을 구하시오.

1st 네 실근 α, β, γ, δ가 모두 다름을 이용해.

주어진 사차방정식은 $x=\alpha$를 근으로 가지면 $x=-\alpha$도 근으로 가진다.
············ (★)

따라서 $\alpha<\beta<0$이고, 네 실근은 각각 α, β, $-\beta(=\gamma)$, $-\alpha(=\delta)$이다.

2nd $x^2=A$로 치환하여 생각해.

$x^4-(2a-9)x^2+4=0$에서 $x^2=A$라 하면
$A^2-(2a-9)A+4=0 \cdots$ ㉠
A에 대한 이차방정식 ㉠의 해는 $A=\alpha^2$ 또는 $A=\beta^2$이다.

> $A=\alpha^2$에서 $x^2=\alpha^2$이므로 $x=\pm\alpha$
> $A=\beta^2$에서 $x^2=\beta^2$이므로 $x=\pm\beta$
> 따라서 주어진 사차방정식의 해가 $\pm\alpha$, $\pm\beta$이므로 조건을 만족해.

이때, $\alpha^2+\beta^2$은 이차방정식 ㉠의 두 근의 합이므로 이차방정식의 근과 계수의 관계에 의하여 $\alpha^2+\beta^2=2a-9$이고 조건에서 $\alpha^2+\beta^2=5$이므로
$2a-9=5$에서 $2a=14$
$\therefore a=7$

수능 핵강

＊특수한 형태의 사차방정식

(★)을 알아 보자.
$x^4-(2a-9)x^2+4=0$에서 $x^2=A$라 하면
$A^2-(2a-9)A+4=0$
A에 대한 이차방정식 $A^2-(2a-9)A+4=0$의 해를 p, $q(p>0,\ q>0)$라 하면 $A=p$ 또는 $A=q$야.
따라서 $A=x^2=p$에서 $x=\pm\sqrt{p}$이고 $A=x^2=q$에서 $x=\pm\sqrt{q}$이므로
<u>$x=\sqrt{p}$를 근으로 가지면 $x=-\sqrt{p}$도 근으로 가지고</u>
<u>$x=\sqrt{q}$를 근으로 가지면 $x=-\sqrt{q}$도 근으로 가져.</u>

G 81 정답 4 ·············· 근의 조건이 주어진 사차방정식

정답 공식: 이차방정식 $ax^2+bx+c=0$의 판별식 $D=b^2-4ac$의 부호가 $D\geq0$일 때 실근, $D<0$일 때 허근을 갖는다.

단서 1 공통 부분은 치환해서 인수분해 해.

사차방정식 $(x^2+kx+2)(x^2+kx+6)+3=0$이 실근과 허근을 모두 갖도록 하는 자연수 k의 값을 구하시오.

단서 2 계수가 실수인 방정식이 복소수를 근으로 가지면 반드시 그 켤레복소수도 근으로 가져. 즉, 사차방정식이 실근과 허근을 가지면 실근과 서로 다른 두 허근을 가져.

1st 사차방정식의 좌변을 인수분해하자.

사차방정식 $(x^2+kx+2)(x^2+kx+6)+3=0$에서 공통 부분인 x^2+kx를 X로 치환하면
$(X+2)(X+6)+3=0$
$X^2+8X+15=0$
$(X+3)(X+5)=0$
$(x^2+kx+3)(x^2+kx+5)=0$
$\therefore x^2+kx+3=0,\ x^2+kx+5=0$

2nd 사차방정식이 실근과 허근을 모두 갖도록 하는 자연수 k의 값을 구해.

주어진 사차방정식이 실근과 허근을 모두 가지려면 <u>실근과 서로 다른 두 허근을 가져야 한다.</u>

> 계수가 실수인 경우 어떤 복소수를 근으로 가지면 반드시 그 켤레복소수도 근으로 가지기 때문이야.

즉, 두 이차방정식 $x^2+kx+3=0$, $x^2+kx+5=0$의 판별식을 각각 D_1, D_2라 하면
<u>$D_1<0$, $D_2\geq0$ 또는 $D_1\geq0$, $D_2<0$이어야 한다.</u>

주의 사차방정식이 중근과 서로 다른 두 허근을 가지는 경우도 포함돼.

$D_1=k^2-12$, $D_2=k^2-20$이므로 주어진 사차방정식이 실근과 허근을 모두 가지려면 $\quad \hookrightarrow D_1>D_2$
$D_1\geq0$, $D_2<0$이어야 한다.
$k^2-12\geq0$, $k^2-20<0$에서
$12\leq k^2<20$이고 이것을 만족시키는 자연수 k의 값은 4이다.

★ 이차방정식의 근의 판별 　　　　　개념·공식

이차방정식 $ax^2+bx+c=0$의 판별식을 $D=b^2-4ac$라 하면
① $D>0$ ⟺ 서로 다른 두 실근
② $D=0$ ⟺ 중근
③ $D<0$ ⟺ 서로 다른 두 허근

G 82 정답 ① ·············· 근의 조건이 주어진 삼차방정식

정답 공식: 다항식 $f(x)$가 $f(\alpha)=0$을 만족시키면 $f(x)$는 $x-\alpha$를 인수로 가진다.

세 실수 a, b, c에 대하여 삼차다항식
$$P(x)=x^3+ax^2+bx+c$$
가 다음 조건을 만족시킨다.

(가) x에 대한 삼차방정식 $P(x)=0$은 <u>한 실근과 서로 다른 두 허근을 갖고, 서로 다른 두 허근의 곱은 5이다.</u>
단서 1 삼차방정식 $P(x)=0$은 (일차식)×(이차식)의 형태로 인수분해 되고 이차식에서 근과 계수의 관계를 이용하자.

(나) x에 대한 삼차방정식 $P(3x-1)=0$은 한 근 0과 서로 다른 두 허근을 갖고, 서로 다른 두 허근의 합은 2이다.
단서 2 삼차방정식 $P(3x-1)=0$에 $x=0$을 대입하면 성립해.

$a+b+c$의 값은?

① 3　　　　② 4　　　　③ 5
④ 6　　　　⑤ 7

1st 조건 (가)를 이용해서 $P(x)$를 나타내.

계수가 실수인 삼차다항식 $P(x)=x^3+ax^2+bx+c$에 대해 조건 (가)에서 다항식 $P(x)$의 한 실근을 γ라 하면 <u>$P(x)$는 $x-\gamma$를 인수로 가진다.</u> 다항식 $f(x)$가 $f(\alpha)=0$을 만족시키면 $f(x)$는 $x-\alpha$를 인수로 가져.

또한, 서로 다른 두 허근의 곱이 5이므로 실수 d에 대하여 x^2+dx+5를 인수로 가진다.

최고차항의 계수가 1인 삼차식이 (일차식)×(이차식)의 형태로 인수분해 될 때, (이차식)=0의 두 근의 곱이 5임을 이용하여 이차방정식의 근과 계수의 관계를 적용한 거야.

$\therefore P(x)=(x-\gamma)(x^2+dx+5)$

2nd 조건 (나)를 이용하여 $P(x)$의 인수를 구해.

조건 (나)에서 x에 대한 삼차방정식 $P(3x-1)=0$이 0을 실근으로 가지므로 대입하면　$x=0$일 때, 등식이 성립해.
$P(-1)=0$
따라서 $\gamma=-1$이고
$P(x)=(x+1)(x^2+dx+5) \cdots$ ㉠
또한, 방정식 $P(3x-1)=0$의 서로 다른 두 허근을 α, β라 하면 두 허근의 합이 2이므로 $\alpha+\beta=2$이고,
$P(3\alpha-1)=0$, $P(3\beta-1)=0$이 성립한다.

㉠에 의해
이차방정식 $x^2+dx+5=0$의 두 근이 $3\alpha-1$, $3\beta-1$이므로
이차방정식의 근과 계수의 관계에 의해
$(3\alpha-1)+(3\beta-1)=-d$
$3(\alpha+\beta)-2=-d$
$3\times 2-2=-d$ ($\because \alpha+\beta=2$)
$\therefore d=-4$

3rd $a+b+c$의 값을 구해.
$P(x)=(x+1)(x^2-4x+5)$
$\quad\quad =x^3-3x^2+x+5=x^3+ax^2+bx+c$
따라서 $a=-3$, $b=1$, $c=5$이므로
$a+b+c=-3+1+5=3$이다.

G 83 정답 ① ·····················근의 조건이 주어진 삼차방정식

정답 공식: 조립제법을 이용해 (가)의 식을 구하고, 근과 계수의 관계를 이용해 (나), (다)를 구한다.

다음은 x에 대한 삼차방정식
$$2x^3-5x^2+(k+3)x-k=0$$
의 서로 다른 세 실근이 직각삼각형의 세 변의 길이일 때, 상수 k의 값을 구하는 과정의 일부이다.

삼차방정식 $2x^3-5x^2+(k+3)x-k=0$에서
$(x-1)(\boxed{\text{(가)}}+k)=0$ **단서 1** 조립제법을 이용하여 삼차방정식의 좌변을 인수분해할 수 있어.
이므로 삼차방정식 $2x^3-5x^2+(k+3)x-k=0$의 서로 다른 세 실근은 1과 이차방정식 $\boxed{\text{(가)}}+k=0$의 두 근이다.
이차방정식 $\boxed{\text{(가)}}+k=0$의 두 근을 α, β $(\alpha>\beta)$라 하자. **단서 2** 이차방정식의 근과 계수의 관계를 이용하면 $\alpha+\beta$, $\alpha\beta$를 구할 수 있어.
1, α, β가 직각삼각형의 세 변의 길이가 되는 경우는 다음과 같이 2가지로 나눌 수 있다.
(i) 빗변의 길이가 1인 경우 **단서 3** 피타고라스 정리에 의하여 $\alpha^2+\beta^2=1$
$\alpha^2+\beta^2=1$이므로 $(\alpha+\beta)^2-2\alpha\beta=1$이다.
그러므로 $k=\boxed{\text{(나)}}$이다.
그런데 $\boxed{\text{(가)}}+k=0$에서 판별식 $D<0$이므로 α, β는 실수가 아니다. 따라서 1, α, β는 직각삼각형의 세 변의 길이가 될 수 없다.
(ii) 빗변의 길이가 α인 경우
$1+\beta^2=\alpha^2$이므로 $(\alpha+\beta)(\alpha-\beta)=1$이다.
그러므로 $k=\boxed{\text{(다)}}$이다. 이때, 1, α, β는 직각삼각형의 세 변의 길이가 될 수 있다.
따라서 (i)과 (ii)에 의하여 $k=\boxed{\text{(다)}}$이다.

위의 (가)에 알맞은 식을 $f(x)$라 하고, (나), (다)에 알맞은 수를 각각 p, q라 할 때, $f(3)\times\dfrac{q}{p}$의 값은?

① $\dfrac{13}{2}$ ② $\dfrac{15}{2}$ ③ $\dfrac{17}{2}$

④ $\dfrac{19}{2}$ ⑤ $\dfrac{21}{2}$

1st 주어진 삼차방정식의 한 실근이 1이므로 조립제법을 이용하여 좌변을 인수분해하자.

삼차방정식 $2x^3-5x^2+(k+3)x-k=0$에서 조립제법을 이용하여 좌변을 인수분해하면 $2x^3-5x^2+(k+3)x-k=(x-1)(\boxed{\text{(가)}}+k)$이므로 삼차식 $2x^3-5x^2+(k+3)x-k$는 일차식 $x-1$로 나누어떨어져.

$$\begin{array}{r|rrrr} 1 & 2 & -5 & k+3 & -k \\ & & 2 & -3 & k \\ \hline & 2 & -3 & k & 0 \end{array}$$

$(x-1)(\underbrace{2x^2-3x}_{\text{(가)}}+k)=0$

이므로 삼차방정식 $2x^3-5x^2+(k+3)x-k=0$의 서로 다른 세 실근은 1과 이차방정식 $2x^2-3x+k=0$의 두 근이다.

2nd 이차방정식의 두 근을 α, β라 놓고 1, α, β가 직각삼각형의 세 변의 길이가 될 조건을 생각하자.

이차방정식 $2x^2-3x+k=0$의 두 근을 α, β $(\alpha>\beta)$라 하면 1, α, β가 직각삼각형의 세 변의 길이가 되는 경우는 다음과 같이 2가지로 나눌 수 있다. **함정** 세 변의 길이가 각각 α, β, 1일 때, 가장 긴 빗변의 길이가 무엇인지 알 수 없으므로 꼭 경우를 나누어서 생각할 수 있도록 하자.

(i) 빗변의 길이가 1인 경우
$\alpha^2+\beta^2=1$이므로 $(\alpha+\beta)^2-2\alpha\beta=1$ 길이가 가장 긴 변이 빗변이므로 피타고라스 정리에 의하여 $\alpha^2+\beta^2=1$임을 알 수 있어.
이차방정식 $2x^2-3x+k=0$의 두 근이 α, β이므로 근과 계수의 관계에 의하여 $\alpha+\beta=\dfrac{3}{2}$, $\alpha\beta=\dfrac{k}{2}$
즉, $\left(\dfrac{3}{2}\right)^2-2\times\dfrac{k}{2}=1$이므로 $k=\dfrac{5}{4}$ ←(나)

그런데 $2x^2-3x+\dfrac{5}{4}=0$에서 판별식 $D=9-10=-1<0$이므로 α, β는 실수가 아니다.
따라서 1, α, β는 직각삼각형의 세 변의 길이가 될 수 없다.

(ii) 빗변의 길이가 α인 경우
$1+\beta^2=\alpha^2$이므로 $(\alpha+\beta)(\alpha-\beta)=1$이다.
$\alpha+\beta=\dfrac{3}{2}$, $\alpha\beta=\dfrac{k}{2}$이고 $\alpha-\beta=\dfrac{2}{3}$이므로 $(\alpha+\beta)(\alpha-\beta)=1$에서 $\alpha+\beta=\dfrac{3}{2}$이므로 대입하면
$(\alpha-\beta)^2=(\alpha+\beta)^2-4\alpha\beta$ $\dfrac{3}{2}(\alpha-\beta)=1$ $\therefore \alpha-\beta=\dfrac{2}{3}$
$\left(\dfrac{2}{3}\right)^2=\left(\dfrac{3}{2}\right)^2-4\times\dfrac{k}{2}$ **[곱셈 공식의 변형]** $(a+b)^2=(a-b)^2+4ab$ $(a-b)^2=(a+b)^2-4ab$
$\therefore k=\dfrac{65}{72}$ ←(다)

이때, $\alpha=\dfrac{13}{12}$, $\beta=\dfrac{5}{12}$이므로 1, α, β는 직각삼각형의 세 변의 길이가 될 수 있다. $\alpha+\beta=\dfrac{3}{2}$, $\alpha-\beta=\dfrac{2}{3}$를 연립하여 풀면 $\alpha=\dfrac{13}{12}$, $\beta=\dfrac{5}{12}$임을 알 수 있어.

따라서 (i)과 (ii)에 의하여 $k=\dfrac{65}{72}$이다.

3rd (가), (나)를 이용하여 $f(3)\times\dfrac{q}{p}$의 값을 구하자.

$f(x)=2x^2-3x$, $p=\dfrac{5}{4}$, $q=\dfrac{65}{72}$이므로

$$f(3)\times\dfrac{q}{p}=9\times\dfrac{\dfrac{65}{72}}{\dfrac{5}{4}}=\dfrac{13}{2}$$

조립제법 개념·공식

다항식 $f(x)$를 $x-a$ 꼴의 일차식으로 나눌 때 계수만을 사용하여 몫과 나머지를 구하는 방법을 조립제법이라 한다.

예 조립제법을 이용하여 $(3x^2-2x+4) \div (x-2)$의 몫과 나머지 구하기

  (i) 다항식 $3x^2-2x+4$의 계수를 첫째 줄에

	3	-2	4
2		6	8
	3	4	12

      차례로 적고, 가장 왼쪽의 수 3을 셋째 줄에 내려 적는다.

  (ii) $x-2=0$을 만족시키는 x의 값 2를 맨 왼쪽에 적고 셋째 줄의 수 3과 곱하여 첫째 줄의 -2 아래에 적는다.

  (iii) -2와 (2와 3의 곱인) 6을 합한 수 4를 6 아래 셋째 줄에 적는다.

  (iv) (iii)과 같은 과정을 계속 할 때, 셋째 줄에 적힌 수 중 맨 오른쪽에 있는 수가 나머지이고, 그 수를 제외한 나머지 수가 몫의 계수이다.

G 84　정답 ⑤　························ 근의 조건이 주어진 사차방정식

(**정답 공식**: 다항식 $P(x)$를 인수분해하여 방정식 $P(x)=0$의 실근을 찾는다.)

9 이하의 자연수 n에 대하여 다항식 $P(x)$가
$$P(x)=x^4+x^2-n^2-n$$
일 때, [보기]에서 옳은 것만을 있는 대로 고른 것은?

[보기]

ㄱ. $P(\sqrt{n})=0$ 〔단서1〕 방정식 $P(x)=0$의 해를 자연수 n을 이용하여 나타내봐.

ㄴ. 방정식 $P(x)=0$의 실근의 개수는 2이다.

ㄷ. 모든 정수 k에 대하여 $P(k) \neq 0$이 되도록 하는 모든 n의 값의 합은 31이다. 〔단서2〕 방정식 $P(k)=0$의 실근이 정수가 되면 안 된다는 뜻이야.

① ㄱ　　② ㄷ　　③ ㄱ, ㄴ
④ ㄴ, ㄷ　　⑤ ㄱ, ㄴ, ㄷ

1st 다항식 $P(x)$에 $x=\sqrt{n}$을 대입하여 값을 구해보자.

ㄱ. $P(\sqrt{n})=(\sqrt{n})^4+(\sqrt{n})^2-n^2-n$ 제곱근의 성질에 의해 양수 a에 대하여
$=n^2+n-n^2-n=0$ (참) $(\sqrt{a})^2=a$

2nd 인수분해를 이용하여 방정식 $P(x)=0$의 근을 구해.

ㄴ. $P(x)=x^4+x^2-n^2-n$ → $x^2=t$로 놓으면
$=x^4+x^2-n(n+1)$ $t^2+t-n(n+1)$
$=(x^2-n)(x^2+n+1)=0$ $=(t-n)\{t+(n+1)\}$
              $=(x^2-n)(x^2+n+1)$

즉, 방정식 $P(x)=0$의 실근은 $x=\sqrt{n}$ 또는 $x=-\sqrt{n}$ 이므로 방정식 $P(x)=0$의 실근의 개수는 2이다. (참)

3rd $P(k) \neq 0$이 되도록 하는 n을 찾아봐.

ㄷ. 모든 정수 k에 대하여   정수 k에 대하여 $k^2 \geq 0$이고, n은 9 이하의 자연수이므로 $n+1>0$
$P(k)=(k^2-n)(k^2+n+1)$에서 $k^2+n+1>0$이므로 $\therefore k^2+n+1>0$
$P(k) \neq 0$을 만족시키는 조건은 $k^2-n \neq 0$에서 $n \neq k^2$이다.

즉, n은 9 이하의 완전제곱수가 아닌 자연수이므로 모든 n의 값의 합은   → n이 (정수)^2 꼴로 나타나면 안 되지?
$2+3+5+6+7+8=31$ (참)

따라서 옳은 것은 ㄱ, ㄴ, ㄷ이다.

G 85　정답 16　························ 근의 조건이 주어진 삼차방정식

(**정답 공식**: 삼차방정식 $x^3-3x^2+4x-2=0$의 한 허근을 ω라 할 때, 켤레복소수 $\overline{\omega}$도 근이다.)

〔단서1〕 $x^3-3x^2+4x-2=0$의 좌변을 인수정리와 조립제법을 이용하여 인수분해하면 $(x-1)(x^2-2x+2)=0$이므로 ω는 이차방정식 $x^2-2x+2=0$의 한 근이야.

삼차방정식 $x^3-3x^2+4x-2=0$의 한 허근을 ω라 할 때, $\{\omega(\overline{\omega}-1)\}^n=256$을 만족시키는 자연수 n의 값을 구하시오. (단, $\overline{\omega}$는 ω의 켤레복소수이다.)

〔단서2〕 이차방정식 $x^2-2x+2=0$의 두 근이 ω, $\overline{\omega}$이므로 이차방정식의 근과 계수의 관계를 이용하여 $\omega(\overline{\omega}-1)$을 간단히 할 수 있어.

1st 삼차방정식의 해를 구하기 위해 좌변을 인수분해 해.

삼차방정식 $x^3-3x^2+4x-2=0$에서 $f(x)=x^3-3x^2+4x-2$라 놓으면   → 다항식 $f(x)$에 대하여 $f(\alpha)=0$이면 다항식 $f(x)$는 일차식 $x-\alpha$를 인수로 가져.
$f(1)=1-3+4-2=0$이므로 $f(x)$는 $x-1$을 인수로 가진다.

즉, 조립제법을 이용하여 $f(x)$를 인수분해하면

1	1	-3	4	-2
		1	-2	2
	1	-2	2	0

$\therefore f(x)=(x-1)(x^2-2x+2)$

2nd ω가 이차방정식 $x^2-2x+2=0$의 한 근임을 이용하여 $\{\omega(\overline{\omega}-1)\}^n=256$을 만족시키는 n의 값을 구해.

삼차방정식 $(x-1)(x^2-2x+2)=0$에서 ω는 허근이므로 ω는 이차방정식 $x^2-2x+2=0$의 근이다.
$\omega^2-2\omega+2=0$이므로 $\omega^2=2\omega-2$ … ㉠
이차방정식 $x^2-2x+2=0$의 두 허근은 ω, $\overline{\omega}$이므로 이차방정식의 근과 계수의 관계에 의하여   → 이차방정식 $ax^2+bx+c=0$의 두 근 α, β에 대하여 $\alpha+\beta=-\dfrac{b}{a}$이고 $\alpha\beta=\dfrac{c}{a}$야.
$\omega+\overline{\omega}=2$에서 $\overline{\omega}=2-\omega$ … ㉡이고
$\omega(\overline{\omega}-1)=\omega(2-\omega-1)$ $(\because ㉡)$
$\quad\quad\quad\quad =\omega(1-\omega)=-\omega^2+\omega$
$\quad\quad\quad\quad =-(2\omega-2)+\omega$ $(\because ㉠)$
$\quad\quad\quad\quad =-\omega+2=\overline{\omega}$ $(\because ㉡)$
그러므로 $\{\omega(\overline{\omega}-1)\}^n=\overline{\omega}^n$

이때 $\overline{\omega}^2-2\overline{\omega}+2=0$이 성립하므로   → $(\overline{\omega})^n$의 값이 실수가 되도록 하는 n의 최솟값을 찾자.
$\overline{\omega}^2=2\overline{\omega}-2$이고 양변을 제곱하면
$\overline{\omega}^4=4\overline{\omega}^2-8\overline{\omega}+4$
$\quad\quad =8\overline{\omega}-8-8\overline{\omega}+4=-4$
$256=(-4)^4=(\overline{\omega}^4)^4=\overline{\omega}^{16}$
$\therefore n=16$

🔍 **다른 풀이**: 허근을 직접 구하기

이차방정식 $x^2-2x+2=0$의 두 근은 $1+i$, $1-i$
$\omega=1+i$, $\overline{\omega}=1-i$ → 이차방정식 $ax^2+bx+c=0$의 근의 공식
$\overline{\omega}^2=-2i$, $\overline{\omega}^4=-4$ $x=\dfrac{-b\pm\sqrt{b^2-4ac}}{2a}$ 를 이용하여 근을 구해.
(이하 동일) $\omega=1-i$, $\overline{\omega}=1+i$라 해도 답은 같아.

【 **정답 공식**: 방정식을 인수분해하여 서로 다른 실근의 개수를 구한다. 】

이차함수 $f(x)=x^2-6x+5$가 있다. 실수 k에 대하여 x에 대한 방정식 $f(x)f(x-k)=0$의 서로 다른 실근의 개수를 $g(k)$

단서1 함수식이 주어져 있으니 사차방정식 $f(x)f(x-k)=0$의 근을 직접 구할 수 있어.

단서2 k의 값에 따른 $g(k)$의 값을 구해봐야 해.

라 하자. $g(k-7)+g(k+1)=6$이 되도록 하는 모든 k의 값의 합은?

단서3 $g(k-7)=2$, $g(k+1)=4$ 또는 $g(k-7)=3$, $g(k+1)=3$ 또는 $g(k-7)=4$, $g(k+1)=2$야. 각 경우에 만족시키는 k의 값을 구해.

① 9   ② 10   ③ 11
④ 12   ⑤ 13

1st 방정식 $f(x)f(x-k)=0$의 실근을 구해.

$f(x)=x^2-6x+5=(x-1)(x-5)$이므로
$f(x)f(x-k)=(x-1)(x-5)(x-k-1)(x-k-5)$ ··· ㉠
따라서 방정식 $f(x)f(x-k)=0$의 실근은
1, 5, $k+1$, $k+5$

서로 다른 4개의 실근같지만 $k=0$이면 $g(k)=2$, $k=\pm4$이면 $g(k)=3$이야. 이처럼 k에 적절한 수를 대입하면서 $g(k)$를 구해봐야 해.

즉, k의 값에 따라서 $g(k)$는 2 또는 3 또는 4이다.

2nd $f(x)f(x-k+7)=0$, $f(x)f(x-k-1)=0$의 근을 구해.

$g(k-7)$은 방정식 $f(x)f(x-k+7)=0$의 서로 다른 실근의 개수이고, (㉠에 k 대신 $k-7$을 대입)
$g(k+1)$은 방정식 $f(x)f(x-k-1)=0$의 서로 다른 실근의 개수이다. (㉠에 k 대신 $k+1$을 대입)

즉, $f(x)f(x-k+7)=(x-1)(x-5)(x-k+6)(x-k+2)$에서 방정식 $f(x)f(x-k+7)=0$의 실근은 1, 5, $k-6$, $k-2$이고,
$f(x)f(x-k-1)=(x-1)(x-5)(x-k-2)(x-k-6)$에서 방정식 $f(x)f(x-k-1)=0$의 실근은 1, 5, $k+2$, $k+6$이다.

3rd $g(k-7)+g(k+1)=6$인 각 경우에 대한 k의 값의 합을 구해.

(ⅰ) $g(k-7)=2$, $g(k+1)=4$인 경우
$k-6<k-2$이므로 $g(k-7)=2$인 경우는
$k-6=1$이고, $k-2=5$일 때이므로 $k=7$
$k=7$일 때, 방정식 $f(x)f(x-k-1)=0$의 실근은 1, 5, 9, 13이므로 $g(k+1)=4$를 만족시킨다.
∴ $k=7$

(ⅱ) $g(k-7)=3$, $g(k+1)=3$인 경우
$k-6<k-2$이므로 $g(k-7)=3$인 경우는
$k-6=5$ 또는 $k-2=1$일 때이므로
$k=11$ 또는 $k=3$
$k=11$일 때, 방정식 $f(x)f(x-k-1)=0$의 실근은 1, 5, 13, 17이므로 $g(k+1)=3$을 만족시키지 않는다.
$k=3$일 때, 방정식 $f(x)f(x-k-1)=0$의 실근은 1, 5, 9이므로 $g(k+1)=3$을 만족시킨다.
∴ $k=3$

(ⅲ) $g(k-7)=4$, $g(k+1)=2$인 경우
$k+2<k+6$이므로 $g(k+1)=2$인 경우는
$k+2=1$이고, $k+6=5$일 때이므로 $k=-1$
$k=-1$일 때, 방정식 $f(x)f(x-k+7)=0$의 실근은 1, 5, -7, -3이므로 $g(k-7)=4$를 만족시킨다.
∴ $k=-1$

(ⅰ)~(ⅲ)에서 모든 k의 값은 7, 3, -1이므로 그 합은 9이다.

【 **정답 공식**: 이차방정식 $ax^2+bx+c=0$의 판별식을 D라 할 때 $D=0$이면 이 이차방정식은 중근을 가진다. 】

x에 대한 **사차방정식**

단서1 사차방정식은 0개 또는 1개 또는 2개 또는 3개 또는 4개의 서로 다른 실근을 가질 수 있어.

$x^4+(2a+1)x^3+(3a+2)x^2+(a+2)x=0$의 서로 다른 실근의 개수가 3이 되도록 하는 모든 실수 a의 값의 곱을 구하시오.

단서2 계수가 실수인 방정식이 복소수를 근으로 가지면 반드시 그 켤레복소수도 근으로 가져. 즉, 사차방정식의 서로 다른 실근의 개수가 3이면 이 사차방정식은 허근을 갖지 않아. 따라서 이 사차방정식은 한 중근과 서로 다른 두 실근을 가져.

1st 사차방정식의 좌변을 인수분해하자.

$x^4+(2a+1)x^3+(3a+2)x^2+(a+2)x=0$에서
$x\{x^3+(2a+1)x^2+(3a+2)x+a+2\}=0$
$x(x+1)(x^2+2ax+a+2)=0$
∴ $x=-1$ 또는 $x=0$ 또는 $x^2+2ax+a+2=0$

2nd 주어진 사차방정식의 서로 다른 실근의 개수가 3이 되도록 하는 실수 a의 값을 모두 구해.

주어진 사차방정식의 서로 다른 실근의 개수가 3이 되려면 한 중근과 서로 다른 두 실근을 가져야 한다.
이때, 주어진 사차방정식이 $x=-1$, $x=0$을 실근으로 가지므로 이차방정식 $x^2+2ax+a+2=0$이

(ⅰ) $x=-1$을 중근이 아닌 실근으로 갖고 $x\neq0$인 또 다른 실근을 가질 때
이차방정식이 $x=-1$을 중근으로 가지면 사차방정식의 서로 다른 실근의 개수는 $x=0$, $x=-1$(삼중근)으로 2개야. 또, 이차방정식이 $x=-1$과 $x=0$을 실근으로 가지면 사차방정식의 서로 다른 실근의 개수는 $x=0$(중근), $x=-1$(중근)으로 2개야.
$x=-1$을 대입하면 $1-2a+a+2=0$에서 $a=3$
즉, 이차방정식은 $x^2+6x+5=(x+1)(x+5)=0$이므로 실근은 $x=-1$ 또는 $x=-5$이다.
따라서 $a=3$일 때 사차방정식은 서로 다른 세 실근 $x=-5$, $x=-1$(중근), $x=0$을 갖는다.

(ⅱ) $x=0$을 중근이 아닌 실근으로 갖고 $x\neq-1$인 또 다른 실근을 가질 때
이차방정식이 $x=0$을 중근으로 가지면 사차방정식의 서로 다른 실근의 개수는 $x=0$(삼중근), $x=-1$로 2개야. 또, 이차방정식이 $x=0$과 $x=-1$을 실근으로 가지면 사차방정식의 서로 다른 실근의 개수는 $x=0$(중근), $x=-1$(중근)으로 2개야.
$x=0$을 대입하면 $a+2=0$에서 $a=-2$
즉, 이차방정식은 $x^2-4x=x(x-4)=0$이므로 실근은 $x=0$ 또는 $x=4$이다.
따라서 $a=-2$일 때 사차방정식은 서로 다른 세 실근 $x=-1$, $x=0$(중근), $x=4$를 갖는다.

(ⅲ) $x\neq-1$, $x\neq0$인 중근을 가질 때
이차방정식이 $x=-1$을 중근으로 가지면 사차방정식의 서로 다른 실근의 개수는 $x=-1$(삼중근), $x=0$으로 2개야. 또, 이차방정식이 $x=0$을 중근으로 가지면 사차방정식의 서로 다른 실근의 개수는 $x=-1$, $x=0$(삼중근)으로 2개야.
이차방정식의 판별식을 D라 하면 $D=0$이어야 한다.
즉, $\dfrac{D}{4}=a^2-1\times(a+2)=0$에서 $a^2-a-2=0$
$(a+1)(a-2)=0$ ∴ $a=-1$ 또는 $a=2$
ⅰ) $a=-1$일 때,
이차방정식은 $x^2-2x+1=(x-1)^2=0$이므로 $x=1$을 중근으로 갖는다.
따라서 $a=-1$일 때 사차방정식은 서로 다른 세 실근 $x=-1$, $x=0$, $x=1$(중근)을 갖는다.
ⅱ) $a=2$일 때,
이차방정식은 $x^2+4x+4=(x+2)^2=0$이므로 $x=-2$를 중근으로 갖는다.
따라서 $a=2$일 때 사차방정식은 서로 다른 세 실근 $x=-2$(중근), $x=-1$, $x=0$을 갖는다.

(ⅰ)~(ⅲ)에 의하여 조건을 만족시키는 모든 실수 a의 값은 3, -2, -1, 2이므로 그 곱은 $3\times(-2)\times(-1)\times2=12$이다.

G 88 정답 ⑤ ················· 근의 조건이 주어진 사차방정식

정답 공식: $f(x)=0$ 꼴의 사차방정식은 $f(x)$를 인수정리와 조립제법을 이용하여 인수분해한다.

x에 대한 사차방정식

> **단서 1** $a^2-3a-10=(a+2)(a-5)$이므로 사차방정식의 좌변을 인수분해할 수 있어.

$$x^4+(3-2a)x^2+a^2-3a-10=0$$

이 실근과 허근을 모두 가질 때, 이 사차방정식에 대하여 [보기]에서 옳은 것만을 있는 대로 고른 것은? (단, a는 실수이다.)

> **단서 2** 주어진 사차방정식의 좌변에 x^4항과 x^2항만 있으므로 $(x^2-A)(x^2-B)=0$ 꼴로 인수분해될 거야. 이 사차방정식이 실근과 허근을 모두 갖기 위해서는 A, B의 값이 어떤 조건을 만족시켜야 할까?

[보기]

ㄱ. $a=1$이면 모든 실근의 곱은 -3이다.
ㄴ. 모든 실근의 곱이 -4이면 모든 허근의 곱은 3이다.
ㄷ. 정수인 근을 갖도록 하는 모든 실수 a의 값의 합은 -1이다.

① ㄱ ② ㄱ, ㄴ ③ ㄱ, ㄷ ④ ㄴ, ㄷ ⑤ ㄱ, ㄴ, ㄷ

1st $a=1$일 때의 사차방정식의 실근을 찾자.

ㄱ. $x^4+(3-2a)x^2+a^2-3a-10=0$에서 $a=1$이면
$x^4+x^2-12=0$, $(x^2-3)(x^2+4)=0$
$(x+\sqrt{3})(x-\sqrt{3})(x+2i)(x-2i)=0$
∴ $x=-\sqrt{3}$ 또는 $x=\sqrt{3}$ 또는 $x=-2i$ 또는 $x=2i$
이때, 실근은 $x=-\sqrt{3}$ 또는 $x=\sqrt{3}$이므로 모든 실근의 곱은 $(-\sqrt{3})\times\sqrt{3}=-3$이다. (참)

2nd 모든 실근의 곱이 -4임을 이용하여 a의 값을 구하자.

ㄴ. $x^4+(3-2a)x^2+a^2-3a-10=0$에서
$x^4+(3-2a)x^2+(a-5)(a+2)=0$
$(x^2-a+5)(x^2-a-2)=0$
∴ $x^2=a-5$ 또는 $x^2=a+2$ ··· ㉠

> $x^4+(3-2a)x^2+(a-5)(a+2)$
> $x^2 \to -(a-5)$
> $x^2 \to -(a+2)$
> $(-2a+3)x^2$

이때, a는 실수이므로 $a-5<a+2$이고,
사차방정식 $x^4+(3-2a)x^2+a^2-3a-10=0$이 실근과 허근을 모두 가진다고 했으므로 $a-5<0$이고 $a+2\geq0$에서 $-2\leq a<5$이어야 한다.

> 주어진 사차방정식이 실근과 허근을 모두 가져야 하니까 ㉠의 $x^2=a-5<0$이고, $x^2=a+2\geq0$이어야겠지?

즉, 주어진 사차방정식의 실근은 ㉠에 의해 $x=-\sqrt{a+2}$ 또는 $x=\sqrt{a+2}$이고, 모든 실근의 곱이 -4라 했으므로 $(-\sqrt{a+2})\times\sqrt{a+2}=-4$
$a+2=4$ ∴ $a=2$
따라서 이 사차방정식의 허근은 ㉠에 의해
$x=-\sqrt{3}i$ 또는 $x=\sqrt{3}i$이므로 모든 허근의 곱은 $(-\sqrt{3}i)\times\sqrt{3}i=3$ (참)

> 이 방정식의 허근은 $x=-\sqrt{a-5}$ 또는 $x=\sqrt{a-5}$인데 $a=2$이므로 $x=-\sqrt{2-5}=\sqrt{-3}=-\sqrt{3}i$ 또는 $x=\sqrt{2-5}=\sqrt{-3}=\sqrt{3}i$야.

3rd 정수인 근을 갖도록 하는 조건을 찾자.

ㄷ. ㄴ에서 $-2\leq a<5$라 했으므로 $0\leq a+2<7$
이때, ㉠에서 이 사차방정식이 정수인 근을 가지려면 $x^2=a+2$의 근이 정수여야 하므로 $a+2$의 값은 0 이상 7 미만인 제곱수여야 한다. 즉,
$a+2=0^2$일 때, $a+2=0$ ∴ $a=-2$
$a+2=1^2$일 때, $a+2=1$ ∴ $a=-1$
$a+2=2^2$일 때, $a+2=4$ ∴ $a=2$
즉, 정수인 근을 갖도록 하는 실수 a의 값은 -2, -1, 2이므로 그 합은 $(-2)+(-1)+2=-1$이다. (참)
따라서 옳은 것은 ㄱ, ㄴ, ㄷ이다.

G 89 정답 ⑤ ················· 삼차방정식의 근과 계수의 관계

정답 공식: 삼차방정식의 근과 계수의 관계를 이용한다.

삼차방정식 $x^3-2x^2+3x+5=0$의 세 근을 α, β, γ라 할 때, $(3-\alpha)(3-\beta)(3-\gamma)$의 값은?

> **단서** 전개하면 $\alpha\beta\gamma$, $\alpha+\beta+\gamma$, $\alpha\beta+\beta\gamma+\gamma\alpha$의 값이 필요하지.

① 11 ② 14 ③ 17 ④ 20 ⑤ 23

1st 삼차식의 근과 계수의 관계를 이용하자.

$x^3-2x^2+3x+5=0$의 세 근이 α, β, γ이므로 근과 계수의 관계에 의해
$\alpha+\beta+\gamma=-\dfrac{-2}{1}=2$, $\alpha\beta+\beta\gamma+\gamma\alpha=\dfrac{3}{1}=3$, $\alpha\beta\gamma=-\dfrac{5}{1}=-5$
∴ $(3-\alpha)(3-\beta)(3-\gamma)$
$=27-9(\alpha+\beta+\gamma)+3(\alpha\beta+\beta\gamma+\gamma\alpha)-\alpha\beta\gamma$
$=27-9\times2+3\times3-(-5)$
$=23$

> $(x-\alpha)(x-\beta)(x-\gamma)=x^3-(\alpha+\beta+\gamma)x^2+(\alpha\beta+\beta\gamma+\gamma\alpha)x-\alpha\beta\gamma$를 이용한 거야.

다른 풀이: 최고차항이 1인 삼차방정식 $f(x)=0$이 세 근 α, β, γ를 가지면 $f(x)=(x-\alpha)(x-\beta)(x-\gamma)$임을 이용하여 값 구하기

$x^3-2x^2+3x+5=0$의 세 근이 α, β, γ이므로
$x^3-2x^2+3x+5=(x-\alpha)(x-\beta)(x-\gamma)$
양변에 $x=3$을 대입하면
$(3-\alpha)(3-\beta)(3-\gamma)=3^3-2\cdot3^2+3\cdot3+5=23$

G 90 정답 ② ················· 삼차방정식의 근과 계수의 관계

정답 공식: 삼차방정식의 근과 계수의 관계를 이용한다.

삼차방정식 $x^3+2x^2-3x+4=0$의 세 근을 α, β, γ라 할 때, $(3+\alpha)(3+\beta)(3+\gamma)$의 값은?

> **단서** $x^3+2x^2-3x+4=(x-\alpha)(x-\beta)(x-r)$임을 알 수 있어.

① -5 ② -4 ③ -3 ④ -2 ⑤ -1

1st 삼차방정식의 근과 계수의 관계를 이용하자.

> 삼차방정식 $ax^3+bx^2+cx+d=0$의 세 근을 α, β, γ라고 하면

삼차방정식의 근과 계수의 관계에 의하여
$\alpha+\beta+\gamma=-2$, $\alpha\beta+\beta\gamma+\gamma\alpha=-3$, $\alpha\beta\gamma=-4$

> $\alpha+\beta+\gamma=-\dfrac{b}{a}$
> $\alpha\beta+\beta\gamma+\gamma\alpha=\dfrac{c}{a}$
> $\alpha\beta\gamma=-\dfrac{d}{a}$

$(3+\alpha)(3+\beta)(3+\gamma)=(9+3\alpha+3\beta+\alpha\beta)(3+\gamma)$
$=27+9(\alpha+\beta+\gamma)+3(\alpha\beta+\beta\gamma+\gamma\alpha)+\alpha\beta\gamma$
$=27-18-9-4$
$=-4$

다른 풀이: 최고차항이 1인 삼차방정식 $f(x)=0$이 세 근 α, β, γ를 가지면 $f(x)=(x-\alpha)(x-\beta)(x-\gamma)$임을 이용하여 값 구하기

삼차방정식 $x^3+2x^2-3x+4=0$의 세 근이 α, β, γ이므로
$x^3+2x^2-3x+4=(x-\alpha)(x-\beta)(x-\gamma)$
위의 식의 양변에 $x=-3$을 대입하면
$-27+18+9+4=(-3-\alpha)(-3-\beta)(-3-\gamma)$
$4=(-3-\alpha)(-3-\beta)(-3-\gamma)$
양변에 -1을 곱하면
$(3+\alpha)(3+\beta)(3+\gamma)=-4$

G 91 정답 ④ ·················· 삼차방정식의 근과 계수의 관계

[정답 공식: $f(x)=0$ 꼴의 삼차방정식은 인수정리, 조립제법 등을 이용하여 $f(x)$를 인수분해한다. **]**

---

x에 대한 삼차방정식 **[단서 1]** $x=2$를 대입하면 성립하므로 조립제법을 이용하여 인수분해 해.
$x^3-6x^2+(k+8)x-2k=0$은 서로 다른 세 실근 α, β,
$\gamma\,(\alpha<\beta<\gamma)$를 갖는다. $2\alpha+\beta=2\gamma$일 때, 상수 k의 값은? **[단서 2]** α, β, γ 중 어느 값이 2인지 구하여 대입해.

① $\dfrac{27}{8}$ ② $\dfrac{7}{2}$ ③ $\dfrac{29}{8}$ ④ $\dfrac{15}{4}$ ⑤ $\dfrac{31}{8}$

[1st] 다항식 $x^3-6x^2+(k+8)x-2k$의 인수를 찾아 인수분해하자.
삼차다항식 $x^3-6x^2+(k+8)x-2k$를 $f(x)$라 하면
$f(2)=8-24+2(k+8)-2k=0$이므로
$f(x)$는 $x-2$를 인수로 갖는다.
조립제법을 이용하여 $f(x)$를 인수분해하면

```
2 |  1   -6    k+8   -2k
  |       2    -8     2k
  ----------------------
     1   -4     k      0
```

$f(x)=(x-2)(x^2-4x+k)$
조립제법을 이용하지 않고 계수를 비교하여 인수분해할 수도 있어.

그러므로 α, β, γ를 세 실근으로 갖는 삼차방정식은
$(x-2)(x^2-4x+k)=0$ ··· ㉠

[2nd] α, β, γ 사이의 관계를 파악하자.
이때, 이차방정식 $x^2-4x+k=0$의 서로 다른 두 실근의 합은 4이므로

이차방정식 $ax^2+bx+c=0$의 두 근을 α, β라 하면
$\alpha+\beta=-\dfrac{b}{a}$, $\alpha\beta=\dfrac{c}{a}$

한 근은 2보다 작고, 다른 한 근은 2보다 크다. ··· ㉡
두 근이 모두 2보다 작다면 합은 4보다 작고,
두 근이 모두 2보다 크면 합은 4보다 크기 때문이야.

즉, $\alpha<\beta<\gamma$에 의해 $\beta=2$이고
이차방정식 $x^2-4x+k=0$의 두 근은 α, γ이다.

[3rd] 이차방정식의 근과 계수의 관계를 이용하여 답을 구하자.
이차방정식의 근과 계수의 관계에 의하여
$\alpha+\gamma=4$, $\alpha\gamma=k$ ··· ㉢
이때, $2\alpha+\beta=2\gamma$에서 $2\alpha-2\gamma=-\beta=-2$이므로

$\alpha+\gamma=4$, $\alpha-\gamma=-1$에서 $\alpha=\dfrac{3}{2}$, $\gamma=\dfrac{5}{2}$
변끼리 더하면 $2\alpha=3$, 변끼리 빼면 $2\gamma=5$이므로
$\alpha=\dfrac{3}{2}$, $\gamma=\dfrac{5}{2}$

따라서 ㉢에 의하여 $k=\dfrac{3}{2}\times\dfrac{5}{2}=\dfrac{15}{4}$

G 92 정답 ③ ·················· 삼차방정식의 근과 계수의 관계

[정답 공식: 삼차방정식의 근과 계수의 관계를 이용한다. **]**

[단서] 삼차방정식의 근과 계수의 관계에서 $\alpha+\beta+\gamma=2$임을 이용하여 식의 문자를 줄이자.
삼차방정식 $x^3-2x^2+x-4=0$의 세 근을 α, β, γ라 할 때,
$(\alpha+\beta)(\beta+\gamma)(\gamma+\alpha)$의 값은?

① -6 ② -4 ③ -2 ④ 0 ⑤ 2

[1st] 삼차식의 근과 계수의 관계를 이용하자. $\alpha+\beta+\gamma$의 값으로부터 구해야 하는 식의 모양을 간단히 바꿀 수 있어.
$x^3-2x^2+x-4=0$의 세 근이 α, β, γ라 하므로
근과 계수의 관계에 의해
$\alpha+\beta+\gamma=2$

$\alpha\beta+\beta\gamma+\gamma\alpha=1$
$\alpha\beta\gamma=4$
$\therefore\ (\alpha+\beta)(\beta+\gamma)(\gamma+\alpha)=(2-\gamma)(2-\alpha)(2-\beta)$

→ $\alpha+\beta+\gamma=2$에서
$\alpha+\beta=2-\gamma$,
$\beta+\gamma=2-\alpha$,
$\gamma+\alpha=2-\beta$야.

$=8-4(\alpha+\beta+\gamma)+2(\alpha\beta+\beta\gamma+\gamma\alpha)-\alpha\beta\gamma$
$=8-4\times2+2\times1-4=-2$

🔍 쉬운 풀이: 삼차방정식의 근과 계수의 관계를 이용하여 값 구하기
$x^3-2x^2+x-4=0$의 세 근이 α, β, γ이므로
$x^3-2x^2+x-4=(x-\alpha)(x-\beta)(x-\gamma)$ ··· ㉠
한편, 근과 계수의 관계에서 $\alpha+\beta+\gamma=2$이므로
$(\alpha+\beta)(\beta+\gamma)(\gamma+\alpha)=(2-\alpha)(2-\beta)(2-\gamma)$
따라서 ㉠에 $x=2$를 대입하면
$(2-\alpha)(2-\beta)(2-\gamma)=2^3-2\cdot2^2+2-4=-2$

삼차방정식 $ax^3+bx^2+cx+d=0$의 세 근을 α, β, γ라 할 때
(1) $\alpha+\beta+\gamma=-\dfrac{b}{a}$
(2) $\alpha\beta+\beta\gamma+\gamma\alpha=\dfrac{c}{a}$
(3) $\alpha\beta\gamma=-\dfrac{d}{a}$

G 93 정답 ③ ·················· 삼차방정식의 근과 계수의 관계

[정답 공식: 삼차방정식의 근과 계수의 관계를 이용한다. **]**

[단서] 다른 두 근을 α, β로 놓으면 $\alpha^2+\beta^2=20$을 만족해.
삼차방정식 $x^3+ax^2+2bx+24=0$의 한 근이 -3이고 다른 두 근의 제곱의 합이 20일 때, 음수 a, b에 대하여 $a-b$의 값은?

① -8 ② -3 ③ 2 ④ 5 ⑤ 8

[1st] 삼차방정식의 세 근을 -3, α, β라 놓고 근과 계수의 관계를 이용하여 α, β와 a, b 사이의 관계식을 구해.
$x^3+ax^2+2bx+24=0$의 세 근을 α, β, $-3(\alpha\neq\beta)$이라고 하면 근과 계수의 관계에 의하여
$-a=\alpha+\beta-3 \Rightarrow \alpha+\beta=3-a$ ··· ㉠
$2b=\alpha\beta-3\alpha-3\beta \Rightarrow \alpha\beta=3(\alpha+\beta)+2b$ ··· ㉡
$-24=\alpha\beta\cdot(-3) \Rightarrow \alpha\beta=8$

[2nd] $\alpha^2+\beta^2=20$임을 이용하여 a와 b의 값을 구해.
이때, $\alpha^2+\beta^2=(\alpha+\beta)^2-2\alpha\beta=20$이므로

곱셈 공식의 변형
$x^2+y^2=(x+y)^2-2xy$를 이용한 거야.

$(3-a)^2-2\cdot8=20$
$a^2-6a-27=0$
$(a+3)(a-9)=0$
$\therefore\ a=-3\ (\because\ \underline{a<0})$ 주어진 조건에서 a, b가 음수라고 했지.

㉠에서 $\alpha+\beta=3-(-3)=6$이므로 이것을 ㉡에 대입하면
$8=3\cdot6+2b$ $\therefore\ b=-5$
$\therefore\ a-b=2$

G 94 정답 3 ·················· 삼차방정식의 근과 계수의 관계

[정답 공식: 방정식 $f(x)=0$의 한 근이 a이면 $f(a)=0$이다. **]**

두 정수 a, b에 대하여 x에 대한 방정식
$x^3+ax^2+bx-3a=0$은 a를 포함한 서로 다른 세 정수를 근으 **[단서 1]** 삼차방정식의 한 근이 a로 주어져 있으니까 방정식에 $x=a$를 대입하면 성립해.
로 갖고, x에 대한 방정식 $x^3+bx^2-2ax-2ab=0$은 정수인 **[단서 2]** 인수분해할 수 있지?
근을 오직 하나만 갖는다. $a-b$의 값을 구하시오.

[1st] 방정식의 근이 주어졌으므로 대입하자.
x에 대한 방정식 $x^3+ax^2+bx-3a=0$이 a를 한 근으로 가지므로
$a^3+a^3+ab-3a=0$

[주의] 방정식을 접근하는 방식은 다양해. 방정식의 근이 a로 주어져 있으니, 인수분해하려 하지 말고 a를 대입해보자.

$a(2a^2+b-3)=0$
$\therefore\ a=0$ 또는 $2a^2+b-3=0$
첫 번째 방정식에서 찾아낸 조건이야.
구한 식을 두 번째 방정식에 사용할 거야.

2nd 구한 식을 이용하여 $a-b$의 값을 구해.

(i) $a=0$인 경우

방정식 $x^3+bx^2-2ax-2ab=0$에서

$x^3+bx^2=0$, $x^2(x+b)=0$

이 방정식이 정수인 근을 오직 하나만 가지는 조건에 의해 $b=0$

그런데 $x^3+ax^2+bx-3a=x^3=0$이므로 방정식이 서로 다른 세 정수를 근으로 가진다는 조건을 만족시키지 않는다.

(ii) $2a^2+b-3=0$ ··· ㉠인 경우

서로 다른 세 정수를 근으로 가지는 방정식 $x^3+ax^2+bx-3a=0$에서 삼차방정식의 근과 계수의 관계에 의해

[삼차방정식의 근과 계수의 관계]
삼차방정식 $ax^3+bx^2+cx+d=0\ (a\neq0)$의 세 근 α, β, γ에 대하여
$\alpha+\beta+\gamma=-\dfrac{b}{a}, \alpha\beta+\beta\gamma+\gamma\alpha=\dfrac{c}{a}, \alpha\beta\gamma=-\dfrac{d}{a}$

세 근의 곱은 $3a$이고,

한 근이 a이므로 세 근은 $a,\ -1,\ -3$ 또는 $a,\ 1,\ 3$이다.
<u>서로 다른 정수가 되어야 해.</u>

① 세 근이 $a,\ -1,\ -3$인 경우

세 근의 합은 $-a=a+(-1)+(-3)$이므로 $a=2$이고

㉠에 의해 $b=-5$이다.

$x^3+bx^2-2ax-2ab=x^2(x+b)-2a(x+b)$
$\qquad=(x+b)(x^2-2a)$
$\qquad=(x-5)(x^2-4)\ (\because a=2,\ b=-5)$
$\qquad=(x-5)(x+2)(x-2)=0$

즉, 이 방정식이 정수인 근을 오직 하나만 가지는 조건을 만족시키지 않는다.

② 세 근이 $a,\ 1,\ 3$인 경우

세 근의 합은 $-a=a+1+3$이므로 $a=-2$이고

㉠에 의해 $b=-5$이다.

$x^3+bx^2-2ax-2ab=(x+b)(x^2-2a)$
$\qquad=(x-5)(x^2+4)\ (\because a=-2,\ b=-5)$
$\qquad=0$

즉, 이 방정식은 정수인 근을 $x=5$ 하나만 가지므로 조건을 만족시킨다.

(i), (ii)에서 $a=-2$, $b=-5$이므로

$a-b=(-2)-(-5)=3$

G 95 정답 ① ························· 삼차방정식의 근과 계수의 관계

(**정답 공식**: 삼차방정식의 근과 계수의 관계를 이용한다.)

삼차방정식 $x^3+ax^2+bx+c=0$의 세 근을 $\alpha,\ \beta,\ \gamma$라 하자.

$\dfrac{1}{\alpha\beta},\ \dfrac{1}{\beta\gamma},\ \dfrac{1}{\gamma\alpha}$을 세 근으로 하는 삼차방정식을

$x^3-2x^2+3x-1=0$이라 할 때, $a^2+b^2+c^2$의 값은?

단서 삼차방정식의 근과 계수의 관계를 이용하여 (단, $a,\ b,\ c$는 상수이다.)
$\dfrac{1}{\alpha\beta},\ \dfrac{1}{\beta\gamma},\ \dfrac{1}{\gamma\alpha}$에 대한 식을 세워 봐.

① 14 ② 15 ③ 16
④ 17 ⑤ 18

1st 삼차방정식의 근과 계수의 관계를 이용하여 $a^2+b^2+c^2$의 값을 구하자.

$x^3+ax^2+bx+c=0$의 세 근이 $\alpha,\ \beta,\ \gamma$이므로

삼차방정식의 근과 계수의 관계에 의하여

[삼차방정식의 근과 계수의 관계]
삼차방정식 $ax^3+bx^2+cx+d=0$의 세 근을 α,β,γ라 하면
$\alpha+\beta+\gamma=-\dfrac{b}{a}, \alpha\beta+\beta\gamma+\gamma\alpha=\dfrac{c}{a}, \alpha\beta\gamma=-\dfrac{d}{a}$

$\alpha+\beta+\gamma=-a,\ \alpha\beta+\beta\gamma+\gamma\alpha=b,\ \alpha\beta\gamma=-c$

이때, 삼차방정식 $x^3-2x^2+3x-1=0$의 세 근이

$\dfrac{1}{\alpha\beta},\ \dfrac{1}{\beta\gamma},\ \dfrac{1}{\gamma\alpha}$이므로 삼차방정식의 근과 계수의 관계에 의하여

(i) $\dfrac{1}{\alpha\beta}+\dfrac{1}{\beta\gamma}+\dfrac{1}{\gamma\alpha}=\dfrac{\alpha+\beta+\gamma}{\alpha\beta\gamma}=\dfrac{-a}{-c}=2$

$\therefore a=2c$ ··· ㉠
삼차방정식 $x^3-2x^2+3x-1=0$의 세 근의 합은 $-\dfrac{-2}{1}=2$

(ii) $\dfrac{1}{\alpha\beta}\times\dfrac{1}{\beta\gamma}+\dfrac{1}{\beta\gamma}\times\dfrac{1}{\gamma\alpha}+\dfrac{1}{\gamma\alpha}\times\dfrac{1}{\alpha\beta}$

$=\dfrac{1}{\alpha\beta^2\gamma}+\dfrac{1}{\alpha\beta\gamma^2}+\dfrac{1}{\alpha^2\beta\gamma}$

$=\dfrac{\alpha\gamma+\alpha\beta+\beta\gamma}{(\alpha\beta\gamma)^2}=\dfrac{b}{(-c)^2}=3$

$\therefore b=3c^2$ ··· ㉡
삼차방정식 $x^3-2x^2+3x-1=0$의 두 근끼리의 곱의 합은 $\dfrac{3}{1}=3$

(iii) $\dfrac{1}{\alpha\beta}\times\dfrac{1}{\beta\gamma}\times\dfrac{1}{\gamma\alpha}=\dfrac{1}{(\alpha\beta\gamma)^2}=\dfrac{1}{(-c)^2}=1$

$\therefore c^2=1$
삼차방정식 $x^3-2x^2+3x-1=0$의 세 근의 곱은 $-\dfrac{-1}{1}=1$

㉠에서 $a^2=4c^2$이므로 $a^2=4\times1=4$

㉡에서 $b=3c^2=3\times1=3$이므로 $b^2=9$

$\therefore a^2+b^2+c^2=4+9+1=14$

G 96 정답 ① ························· 삼차방정식의 근과 계수의 관계

(**정답 공식**: 주어진 삼차방정식을 (일차식)×(이차식)=0으로 인수분해하고, 근과 계수의 관계를 이용한다.)

x에 대한 삼차방정식
단서 1 a의 값에 관계없이 방정식을 만족시키는 정수인 근을 먼저 하나 찾도록 하자.

$x^3-(a^2+a-1)x^2-a(a-3)x+4a=0$

이 서로 다른 세 실근 $\alpha,\ \beta,\ \gamma\ (\alpha<\beta<\gamma)$를 가질 때,

$\alpha\times\gamma=-4$가 되도록 하는 모든 실수 a의 값의 합은?

단서 2 $\alpha<\gamma$이고 α와 γ의 곱이 음수이므로 α는 음수, γ는 양수임을 알 수 있어.

① 1 ② 2 ③ 3 ④ 4 ⑤ 5

1st 삼차방정식의 한 근을 구하고 (일차식)×(이차식)=0으로 인수분해하자.

주어진 삼차방정식을 $f(x)=0$이라 하면

$f(-1)=-1-(a^2+a-1)+a(a-3)+4a=0$이므로

$f(x)=0$은 $x=-1$을 근으로 가진다.

따라서 $\alpha,\ \beta,\ \gamma$ 중 하나의 실근은 -1이다.

삼차방정식 $f(x)=0$의 좌변을 인수분해하면

$(x+1)\{x^2-(a^2+a)x+4a\}=0$

조립제법으로 삼차방정식 $f(x)$를 인수분해하면

-1	1	$-(a^2+a-1)$	$-a(a-3)$	$4a$
		-1	a^2+a	$-4a$
	1	$-a^2-a$	$4a$	0

$x^3-(a^2+a-1)x^2-a(a-3)x+4a$
$=(x+1)\{x^2-(a^2+a)x+4a\}$

2nd 세 실근 $\alpha,\ \beta,\ \gamma$의 조건을 확인하여 각 경우마다 a의 값이 존재하는지 확인하자.

(i) $\alpha=-1$ 또는 $\gamma=-1$일 때

$\alpha\times\gamma=-4$에서 하나의 값이 -1이므로 다른 하나의 값은 4이다.

이때, $\alpha<\beta<\gamma$에 의하여 $\alpha=-1$, $\gamma=4$

이차방정식 $x^2-(a^2+a)x+4a=0$의 한 실근이 4이므로

$x=4$를 대입하면 $4^2-4(a^2+a)+4a=0$, $4a^2=16$

$a^2=4$ $\therefore a=2$ 또는 $a=-2$

$a=2$이면 이차방정식 $x^2-(a^2+a)x+4a=0$은

$x^2-6x+8=(x-2)(x-4)=0$

이때, $\beta=2$, $\gamma=4$이므로 문제의 조건인 $\alpha<\beta<\gamma$가 성립한다.

$a=-2$이면 이차방정식 $x^2-(a^2+a)x+4a=0$은

$x^2-2x-8=(x-4)(x+2)=0$

이때, $\beta=-2$, $\gamma=4$이므로 문제의 조건인 $\alpha<\beta<\gamma$를 만족시키지 않는다. → $\alpha>\beta$

즉, 가능한 a의 값은 2이다.

(ii) $\beta=-1$일 때

이차방정식 $x^2-(a^2+a)x+4a=0$의 두 실근은 α, γ이고 $\alpha\times\gamma=-4$이므로 이차방정식의 근과 계수의 관계에 의하여

[이차방정식의 근과 계수의 관계]
$ax^2+bx+c=0$의 두 근을 α, β라 하면
$\alpha+\beta=-\dfrac{b}{a}$, $\alpha\beta=\dfrac{c}{a}$

$4a=-4$ $\therefore a=-1$

$a=-1$이면 이차방정식 $x^2-(a^2+a)x+4a=0$은
$x^2-4=(x-2)(x+2)=0$

이때, $\alpha=-2$, $\gamma=2$이므로 문제의 조건인 $\alpha<\beta<\gamma$가 성립한다.

즉, 가능한 a의 값은 -1이다.

3rd 모든 실수 a의 값의 합을 구하자.

(i), (ii)에 의해 모든 실수 a의 값의 합은 $2+(-1)=1$

G 97 정답 ⑤ ·················· 삼차방정식의 작성

정답 공식: 근과 계수의 관계를 이용해 주어진 세 수를 근으로 갖는 삼차방정식을 세운다.

> 삼차방정식 $x^3+4x^2+7x-2=0$의 세 근을 α, β, γ라고 할 때, $\dfrac{1}{\alpha}$, $\dfrac{1}{\beta}$, $\dfrac{1}{\gamma}$을 세 근으로 하고 x^3의 계수가 2인 삼차방정식은?
>
> ① $2x^3+7x^2-4x-1=0$ ② $2x^3+7x^2+4x-1=0$
> ③ $2x^3-7x^2+4x+1=0$ ④ $2x^3-7x^2-4x+1=0$
> ⑤ $2x^3-7x^2-4x-1=0$
>
> **단서** 구하는 삼차방정식은 $2\left(x-\dfrac{1}{\alpha}\right)\left(x-\dfrac{1}{\beta}\right)\left(x-\dfrac{1}{\gamma}\right)$이야.

1st 구해야 하는 삼차방정식을 $2\left(x-\dfrac{1}{\alpha}\right)\left(x-\dfrac{1}{\beta}\right)\left(x-\dfrac{1}{\gamma}\right)=0$으로 놓고 전개하여 각각의 계수를 구해보자. 근과 계수의 관계를 이용하면 α, β, γ 사이의 관계식을 찾을 수 있지?

$x^3+4x^2+7x-2=0$의 세 근이 α, β, γ이므로 근과 계수의 관계에 의해

$\alpha+\beta+\gamma=-4$
$\alpha\beta+\beta\gamma+\gamma\alpha=7$
$\alpha\beta\gamma=2$

이때, $\dfrac{1}{\alpha}$, $\dfrac{1}{\beta}$, $\dfrac{1}{\gamma}$을 세 근으로 하고 x^3의 계수가 2인 삼차방정식은

$2\left(x-\dfrac{1}{\alpha}\right)\left(x-\dfrac{1}{\beta}\right)\left(x-\dfrac{1}{\gamma}\right)=0$ x^3의 계수가 a이고 세 근이 α, β, γ인 삼차방정식은 $a(x-\alpha)(x-\beta)(x-\gamma)=0$

$2\left\{x^3-\left(\dfrac{1}{\alpha}+\dfrac{1}{\beta}+\dfrac{1}{\gamma}\right)x^2+\left(\dfrac{1}{\alpha\beta}+\dfrac{1}{\beta\gamma}+\dfrac{1}{\gamma\alpha}\right)x-\dfrac{1}{\alpha\beta\gamma}\right\}=0$

$2\left(x^3-\dfrac{\alpha\beta+\beta\gamma+\gamma\alpha}{\alpha\beta\gamma}x^2+\dfrac{\alpha+\beta+\gamma}{\alpha\beta\gamma}x-\dfrac{1}{\alpha\beta\gamma}\right)=0$

$2\left(x^3-\dfrac{7}{2}x^2+\dfrac{-4}{2}x-\dfrac{1}{2}\right)=0$

$\therefore 2x^3-7x^2-4x-1=0$

톡톡 풀이: 주어진 방정식의 근 α, β, γ과 구하려는 방정식의 근 $\dfrac{1}{\alpha}$, $\dfrac{1}{\beta}$, $\dfrac{1}{\gamma}$은 **역수의 관계임을 이용하여 삼차방정식 구하기**

$X=\dfrac{1}{x}$로 놓고 주어진 삼차방정식에 $x=\dfrac{1}{X}$을 대입하면,

X의 삼차식의 해는 $\dfrac{1}{\alpha}$, $\dfrac{1}{\beta}$, $\dfrac{1}{\gamma}$이 돼. 즉,

주의 방정식에서 x 대신에 $\dfrac{1}{X}$이 들어갔다고 생각하면 쉬워.

$\left(\dfrac{1}{X}\right)^3+4\left(\dfrac{1}{X}\right)^2+7\left(\dfrac{1}{X}\right)-2=0$

에서 X^3을 곱하여 내림차순으로 정리하면
$-2X^3+7X^2+4X+1=0$

따라서 $\dfrac{1}{\alpha}$, $\dfrac{1}{\beta}$, $\dfrac{1}{\gamma}$을 세 근으로 하고 x^3의 계수가 2인 삼차방정식은

$2x^3-7x^2-4x-1=0$

G 98 정답 ① ·················· 삼차방정식의 작성

정답 공식: 양변을 근의 세제곱으로 나누어 p, $f(x)$를 구한다.

> **단서** 원래 삼차방정식의 세 근과 역수인 것이 세 근이 되는 관계로 따지는 거야.
> 다음은 삼차방정식 $x^3+2x^2+3x+1=0$의 세 근이 α, β, γ일 때, $\dfrac{1}{\alpha}$, $\dfrac{1}{\beta}$, $\dfrac{1}{\gamma}$을 세 근으로 갖는 삼차방정식을 구하는 과정의 일부이다.
>
> > α가 삼차방정식 $x^3+2x^2+3x+1=0$의 한 근이므로 $\alpha^3+2\alpha^2+3\alpha+1=0$이다.
> > α는 0이 아니므로 양변을 α^3으로 나누어 정리하면 $\left(\dfrac{1}{\alpha}\right)^3+\boxed{\text{(가)}}\times\left(\dfrac{1}{\alpha}\right)^2+2\left(\dfrac{1}{\alpha}\right)+1=0$이다.
> > 그러므로 $\dfrac{1}{\alpha}$은 최고차항의 계수가 1인 x에 대한 삼차방정식 $\boxed{\text{(나)}}=0$의 한 근이다.
> > 같은 방법으로 β, γ도 삼차방정식 $x^3+2x^2+3x+1=0$의 근이므로
> > $\vdots$
> > 이다.
> > 따라서 $\dfrac{1}{\alpha}$, $\dfrac{1}{\beta}$, $\dfrac{1}{\gamma}$을 세 근으로 갖는 최고차항의 계수가 1인 x에 대한 삼차방정식은 $\boxed{\text{(나)}}=0$이다.
>
> 위의 (가)에 알맞은 수를 p, (나)에 알맞은 식을 $f(x)$라 할 때, $p+f(2)$의 값은?
>
> ① 28 ② 29 ③ 30
> ④ 31 ⑤ 32

1st α가 삼차방정식의 한 근이므로 대입한 후 $\dfrac{1}{\alpha}$에 대한 삼차식으로 변형하자.

α가 삼차방정식 $x^3+2x^2+3x+1=0$의 한 근이므로 $x=\alpha$를 대입하면 $\alpha^3+2\alpha^2+3\alpha+1=0$

이때, $\alpha=0$이면 식이 성립하지 않으므로 $\alpha\neq0$이다.
따라서 양변을 α^3으로 나누면

$\alpha=0$을 삼차방정식에 대입하면 $0+0+0+1\neq0$이야.

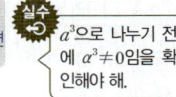 α^3으로 나누기 전에 $\alpha^3\neq0$임을 확인해야 해.

$1+\dfrac{2}{\alpha}+\dfrac{3}{\alpha^2}+\dfrac{1}{\alpha^3}=0$

$\left(\dfrac{1}{\alpha}\right)^3+\overset{\text{(가)}}{3}\times\left(\dfrac{1}{\alpha}\right)^2+2\left(\dfrac{1}{\alpha}\right)+1=0$

따라서 $\dfrac{1}{\alpha}$은 최고차항의 계수가 1인 x에 대한 삼차방정식
$\overset{\text{(나)}}{x^3+3x^2+2x+1}=0$의 한 근이다.

2nd $x=\beta$, $x=\gamma$에 대해서도 같은 방법으로 삼차방정식에 대입한 후 식을 정리하자.

같은 방법으로 $x=\beta$, $x=\gamma$도 삼차방정식 $x^3+2x^2+3x+1=0$의 근이므로

$\beta^3+2\beta^2+3\beta+1=0$ ··· ㉠
$\gamma^3+2\gamma^2+3\gamma+1=0$ ··· ㉡

또, β, γ는 0이 아니므로 ㉠, ㉡의 양변을 각각 β^3, γ^3으로 나누면

$1+\dfrac{2}{\beta}+\dfrac{3}{\beta^2}+\dfrac{1}{\beta^3}=0$

$1+\dfrac{2}{\gamma}+\dfrac{3}{\gamma^2}+\dfrac{1}{\gamma^3}=0$

$\therefore \left(\dfrac{1}{\beta}\right)^3+3\left(\dfrac{1}{\beta}\right)^2+2\left(\dfrac{1}{\beta}\right)+1=0$

$\left(\dfrac{1}{\gamma}\right)^3+3\left(\dfrac{1}{\gamma}\right)^2+2\left(\dfrac{1}{\gamma}\right)+1=0$

따라서 $\dfrac{1}{\beta}$, $\dfrac{1}{\gamma}$은 최고차항의 계수가 1인 x에 대한 삼차방정식

$x^3+3x^2+2x+1=0$의 근이다.

결국 $\dfrac{1}{\alpha}$, $\dfrac{1}{\beta}$, $\dfrac{1}{\gamma}$을 세 근으로 갖는 최고차항의 계수가 1인 x에 대한 삼차

방정식은 $x^3+3x^2+2x+1=0$ <u>결국 원래 방정식의 근의 역수를 근으로 갖는 방정식은 원래 방정식에 대하여 계수가 거꾸로 된 것이 돼.</u>

3rd $p+f(2)$의 값을 구하자.

따라서 $p=3$, $f(x)=x^3+3x^2+2x+1$이므로

$p+f(2)=3+(2^3+3\cdot2^2+2\cdot2+1)=28$

G 99 정답 ④ ·············· 삼차방정식의 작성

정답 공식: 근과 계수의 관계를 이용해 주어진 세 수를 근으로 갖는 삼차방정식을 세운다.

> **단서 1** 삼차방정식의 근과 계수의 관계를 이용하여 α, β, γ의 관계식을 구해.
> 삼차방정식 $3x^3-x^2+x-1=0$의 세 근을 α, β, γ라 할 때, $\alpha+1$, $\beta+1$, $\gamma+1$을 세 근으로 하고 x^3의 계수가 3인 삼차방정식은? **단서 2** 세 근의 합, 세 근을 두 개씩 곱한 것들의 합, 세 근의 곱을 알면 삼차방정식을 만들 수 있지?
> ① $3x^3+10x^2+12x+6=0$
> ② $3x^3+10x^2+12x-6=0$
> ③ $3x^3+10x^2-12x+6=0$
> ④ $3x^3-10x^2+12x-6=0$
> ⑤ $3x^3-10x^2-12x-6=0$

1st $\alpha+1$, $\beta+1$, $\gamma+1$을 세 근으로 하는 삼차방정식의 근과 계수의 관계를 이용해.

> 삼차방정식 $ax^3+bx^2+cx+d=0$의 세 근이 α, β, γ이면 $\alpha+\beta+\gamma=-\dfrac{b}{a}$, $\alpha\beta+\beta\gamma+\gamma\alpha=\dfrac{c}{a}$, $\alpha\beta\gamma=-\dfrac{d}{a}$

$3x^3-x^2+x-1=0$의 세 근이 α, β, γ이므로 근과 계수의 관계에 의해

$\alpha+\beta+\gamma=\dfrac{1}{3}$, $\alpha\beta+\beta\gamma+\gamma\alpha=\dfrac{1}{3}$, $\alpha\beta\gamma=\dfrac{1}{3}$

이때, $\alpha+1$, $\beta+1$, $\gamma+1$에 대하여

$\underline{(\alpha+1)+(\beta+1)+(\gamma+1)}$ 구하는 삼차방정식의 세 근의 합이야.

$=\alpha+\beta+\gamma+3=\dfrac{1}{3}+3=\dfrac{10}{3}$

구하는 삼차방정식의 세 근을 두 개씩 곱한 것들의 합이야.

$\underline{(\alpha+1)(\beta+1)+(\beta+1)(\gamma+1)+(\gamma+1)(\alpha+1)}$

$=(\alpha\beta+\alpha+\beta+1)+(\beta\gamma+\beta+\gamma+1)+(\gamma\alpha+\gamma+\alpha+1)$

$=(\alpha\beta+\beta\gamma+\gamma\alpha)+2(\alpha+\beta+\gamma)+3=\dfrac{1}{3}+\dfrac{2}{3}+3=4$

$\underline{(\alpha+1)(\beta+1)(\gamma+1)}$ 구하는 삼차방정식의 세 근의 곱이야.

$=\alpha\beta\gamma+(\alpha\beta+\beta\gamma+\gamma\alpha)+(\alpha+\beta+\gamma)+1=\dfrac{1}{3}+\dfrac{1}{3}+\dfrac{1}{3}+1=2$

2nd $\alpha+1$, $\beta+1$, $\gamma+1$을 세 근으로 하는 삼차방정식을 만들자.

따라서 $\alpha+1$, $\beta+1$, $\gamma+1$을 세 근으로 하고 x^3의 계수가 3인 삼차방정식은 $3\left(x^3-\dfrac{10}{3}x^2+4x-2\right)=0$

실수 근과 계수의 관계를 이용할 때, 계수의 부호에 주의하도록 해.

$\therefore 3x^3-10x^2+12x-6=0$

톡톡 풀이: 주어진 방정식의 근 α, β, γ과 구하려는 방정식의 근 $\alpha+1$, $\beta+1$, $\gamma+1$은 차이가 1임을 이용하여 삼차방정식 구하기

$X=x+1$이라 하고, $x=X-1$을 주어진 삼차방정식에 대입하면

$3(X-1)^3-(X-1)^2+(X-1)-1=0$

$3(X^3-3X^2+3X-1)-(X^2-2X+1)+(X-1)-1=0$

$3X^3-10X^2+12X-6=0$ <u>α, β, γ를 근으로 가지는 x에 대한 삼차방정식에 $X=x+1$을 대입했으니까 X에 대한 삼차방정식의 해는 $\alpha+1$, $\beta+1$, $\gamma+1$이 되는 거야.</u>

따라서 $\alpha+1$, $\beta+1$, $\gamma+1$을 세 근으로 하고

x^3의 계수가 3인 삼차방정식은 $3x^3-10x^2+12x-6=0$이야.

G 100 정답 ③ ·············· 삼차방정식의 작성

정답 공식: 근과 계수의 관계를 이용해 주어진 세 수를 근으로 갖는 삼차방정식을 세운다.

> **단서 1** 삼차방정식의 근과 계수의 관계를 떠올려봐.
> 삼차방정식 $x^3-4x^2+6x+3=0$의 세 근을 α, β, γ라 할 때, $2\alpha-1$, $2\beta-1$, $2\gamma-1$을 세 근으로 하고 x^3의 계수가 1인 삼차방정식은? **단서 2** 세 근의 합, 세 근을 두 개씩 곱한 것들의 합, 세 근의 곱을 알면 삼차방정식의 근과 계수의 관계로부터 삼차방정식을 만들 수 있어.
> ① $x^3+5x^2+11x+41=0$
> ② $x^3+5x^2-11x+41=0$
> ③ $x^3-5x^2+11x+41=0$
> ④ $x^3-5x^2+11x-41=0$
> ⑤ $x^3-5x^2-11x-41=0$

1st $2\alpha-1$, $2\beta-1$, $2\gamma-1$을 세 근으로 하는 삼차방정식의 근과 계수의 관계를 이용해.

$x^3-4x^2+6x+3=0$의 세 근이 α, β, γ이므로

근과 계수의 관계에 의하여 $\alpha+\beta+\gamma=4$, $\alpha\beta+\beta\gamma+\gamma\alpha=6$, $\alpha\beta\gamma=-3$

이때, $2\alpha-1$, $2\beta-1$, $2\gamma-1$에 대하여

$\underline{(2\alpha-1)+(2\beta-1)+(2\gamma-1)}$ 세 근의 합

$=2(\alpha+\beta+\gamma)-3=8-3=5$

$\underline{(2\alpha-1)(2\beta-1)+(2\beta-1)(2\gamma-1)+(2\gamma-1)(2\alpha-1)}$ 세 근을 두 개씩 곱한 것들의 합

$=(4\alpha\beta-2\alpha-2\beta+1)+(4\beta\gamma-2\beta-2\gamma+1)+(4\gamma\alpha-2\gamma-2\alpha+1)$

$=4(\alpha\beta+\beta\gamma+\gamma\alpha)-4(\alpha+\beta+\gamma)+3=24-16+3=11$

$\underline{(2\alpha-1)(2\beta-1)(2\gamma-1)}$ 세 근의 곱

$=8\alpha\beta\gamma-4(\alpha\beta+\beta\gamma+\gamma\alpha)+2(\alpha+\beta+\gamma)-1$

$=-24-24+8-1=-41$

2nd $2\alpha-1$, $2\beta-1$, $2\gamma-1$을 세 근으로 하는 삼차방정식을 만들자.

따라서 $2\alpha-1$, $2\beta-1$, $2\gamma-1$을 세 근으로 하고 x^3의 계수가 1인 삼차방정식은 $x^3-5x^2+11x+41=0$이다.

G 101 정답 ③ ·············· 삼차방정식의 작성

정답 공식: 주어진 조건을 이용해 $f(x)$의 식을 세우고 근과 계수의 관계를 이용한다.

> **단서** 모두 같은 꼴이지? 즉, $f(x)-x+1=0$에 $x=a$, $x=b$, $x=c$를 대입한 거잖아.
> 최고차항의 계수가 1인 삼차식 $f(x)$에 대하여
> $f(a)=a-1$, $f(b)=b-1$, $f(c)=c-1$
> 이 성립할 때, 삼차방정식 $f(x)=0$의 세 근의 곱은?
> ① 1
> ② abc
> ③ $abc+1$
> ④ $a+b+c$
> ⑤ $a+b+c-1$

1st 조건으로부터 $f(x)=x-1$의 세 근이 a, b, c임을 이용하자.

$f(a)-a+1=0$, $f(b)-b+1=0$, $f(c)-c+1=0$이므로

$\underline{x=a, b, c}$는 삼차방정식 $f(x)-x+1=0$의 근이다. …(*) ◀ 방정식의 근에 대한 정확한 개념이 있어야 이해가 돼.

$f(x)-x+1=(x-a)(x-b)(x-c)$이므로

함정 $h(x)=f(x)-x+1$이라 하면 $h(x)$는 최고차항이 1인 삼차식이야. $h(a)=0$, $h(b)=0$, $h(c)=0$이므로 $h(x)=f(x)-x+1=(x-a)(x-b)(x-c)=0$이 성립해.

$$f(x)=(x-a)(x-b)(x-c)+x-1$$
$$=x^3-(a+b+c)x^2+(ab+bc+ca+1)x-abc-1$$

따라서 삼차방정식의 근과 계수의 관계에서 방정식 $f(x)=0$의 세 근의 곱은 $abc+1$이다. (세 근의 곱)$=-\dfrac{-abc-1}{1}=abc+1$

수능 핵강

$*\,f(k)=0$이면 $x=k$는 방정식 $f(x)=0$의 근

($*$)은 근의 개념을 정확히 알고 있을 때 쓸 수 있어.
근이라는 것은 바로 등식을 성립하게 하는 특수한 값이야.
$f(x)-x+1=0$이라는 등식에 x 대신 a, b, c를 대입하면
$f(a)-a+1=0$, $f(b)-b+1=0$, $f(c)-c+1=0$이 성립한다고 조건에 나와 있어. 그래서 ($*$)이라는 결과가 나온 거야.
이건 자주 이용되는 문제풀이 기술이니까 기억하여 나중에 써먹자.

G 102 정답 ① ·································· 삼차방정식의 켤레근의 성질

정답 공식: 계수가 유리수인 삼차방정식의 한 근이 $p+q\sqrt{m}$이면, $p-q\sqrt{m}$도 근이다. (단, p, q는 유리수, $q\neq0$, $\sqrt{m}$은 무리수)

삼차방정식 $x^3+ax+b=0$의 한 근이 $\dfrac{1}{1-\sqrt{2}}$일 때, 유리수 a, b에 대하여 ab의 값은? 단서 삼차방정식의 계수가 모두 유리수이므로 켤레근을 생각하자.

① -10 ② -5 ③ 0
④ 5 ⑤ 10

1st 주어진 조건으로부터 다른 근을 하나 더 찾을 수 있지?

주어진 삼차방정식의 계수가 모두 유리수이므로 한 근이 $\dfrac{1}{1-\sqrt{2}}=-1-\sqrt{2}$이면 $-1+\sqrt{2}$도 근이다.

근의 공식에서 $x=\dfrac{-b+\sqrt{b^2-4ac}}{2a}$이므로 a, b, c가 유리수이기 때문에 무리수는 $\sqrt{b^2-4ac}$에서 나오는 거야. 그래서 근호의 부호만 다른 두 근이 나오게 되는 것이지.

나머지 한 근을 α라고 하면 근과 계수의 관계에 의하여
$(-1-\sqrt{2})+(-1+\sqrt{2})+\alpha=0$ $\therefore \alpha=2$
$(-1-\sqrt{2})(-1+\sqrt{2})+\alpha(-1-\sqrt{2})+\alpha(-1+\sqrt{2})=a$
$\therefore a=-5$
$(-1-\sqrt{2})(-1+\sqrt{2})\alpha=-b$ $\therefore b=2$
$\therefore ab=-10$

G 103 정답 ① ·································· 삼차방정식의 켤레근의 성질

정답 공식: 계수가 실수인 삼차방정식의 한 근이 복소수이면 그 켤레복소수도 근이다.

계수가 실수인 x에 대한 삼차방정식 $x^3+ax^2+bx-8=0$의 한 근이 $1-\sqrt{3}i$일 때, $a+b$의 값은? (단, $i=\sqrt{-1}$)
단서 주어진 삼차방정식의 계수가 모두 실수이므로 켤레근의 성질을 이용할 수 있어.

① 4 ② 5 ③ 6
④ 7 ⑤ 8

1st 계수가 실수인 삼차방정식의 근의 성질을 이용하자.

주어진 삼차방정식의 계수가 실수이므로 한 근이 $1-\sqrt{3}i$이면 $1+\sqrt{3}i$도 근이다.

2nd 삼차방정식의 근과 계수의 관계를 이용하자.

삼차방정식 $x^3+ax^2+bx-8=0$의 나머지 한 근을 α라 하면 삼차방정식의 근과 계수의 관계에 의해

$(1-\sqrt{3}i)+(1+\sqrt{3}i)+\alpha=-a$ ··· ㉠
$(1-\sqrt{3}i)(1+\sqrt{3}i)+\alpha(1-\sqrt{3}i)+\alpha(1+\sqrt{3}i)=b$ ··· ㉡
$(1-\sqrt{3}i)(1+\sqrt{3}i)\alpha=8$
$(1-\sqrt{3}i)(1+\sqrt{3}i)\alpha=8$에서 $4\alpha=8$
$\therefore \alpha=2$ $(1-\sqrt{3}i)(1+\sqrt{3}i)=1^2-(\sqrt{3}i)^2=1-(-3)=4$
$\alpha=2$를 ㉠에 대입하면
$(1-\sqrt{3}i)+(1+\sqrt{3}i)+2=-a$
$\therefore a=-4$
$\alpha=2$를 ㉡에 대입하면
$(1-\sqrt{3}i)(1+\sqrt{3}i)+2(1-\sqrt{3}i)+2(1+\sqrt{3}i)=b$
$\therefore b=8$ $(1-\sqrt{3}i)(1+\sqrt{3}i)+2(1-\sqrt{3}i)+2(1+\sqrt{3}i)$
$\therefore a+b=-4+8=4$ $=1^2-(\sqrt{3}i)^2+2-2\sqrt{3}i+2+2\sqrt{3}i$
$=1-(-3)+4=8$

다른 풀이: $1-\sqrt{3}i$를 직접 방정식에 대입하여 풀기

$1-\sqrt{3}i$가 주어진 삼차방정식의 근이므로
$(1-\sqrt{3}i)^3+a(1-\sqrt{3}i)^2+b(1-\sqrt{3}i)-8=0$
$(1-3\sqrt{3}i-9+3\sqrt{3}i)+a(1-2\sqrt{3}i-3)+b(1-\sqrt{3}i)-8=0$
$(-2a+b-16)-(2a+b)\sqrt{3}i=0$
이때, a, b는 실수이므로
$-2a+b-16=0$, $2a+b=0$ 실수 p, q에 대하여 $p+qi=0$이면 $p=0$, $q=0$
두 식을 연립하여 풀면 $a=-4$, $b=8$
$\therefore a+b=-4+8=4$ $-2a+b=16$ ··· ㉠, $2a+b=0$ ··· ㉡
㉡$-$㉠을 하면 $4a=-16$ $\therefore a=-4$
이를 ㉡에 대입하면 $-8+b=0$ $\therefore b=8$

G 104 정답 ⑤ ·································· 삼차방정식의 켤레근의 성질

정답 공식: 계수가 실수인 삼차방정식의 한 근이 복소수이면 그 켤레복소수도 근이다.

삼차방정식 $x^3+ax^2+bx-10=0$의 한 근이 $2+i$일 때, 나머지 두 근 중 실근을 α라고 하자. 이때, $a+b+\alpha$의 값은? (단, a, b는 실수이고, $i=\sqrt{-1}$이다.)

① -6 ② -3 ③ 3
④ 6 ⑤ 9 단서 a, b가 실수니까 삼차방정식의 계수는 모두 실수야. 한 근에 대해 다른 한 근은 켤레근이야.

1st 실수 계수의 삼차방정식에서는 허수인 근이 켤레근으로 나온다는 걸 이용해.

주어진 삼차방정식의 계수가 모두 실수이므로 한 근이 $2+i$이면 $2-i$도 근이다. 실수 계수의 조건으로 다른 근은 켤레근을 떠올리자.

나머지 한 근이 α이므로 근과 계수의 관계에 의하여
$(2+i)+(2-i)+\alpha=-a \Rightarrow 4+\alpha=-a$
$(2+i)(2-i)+(2+i)\alpha+(2-i)\alpha=b \Rightarrow 5+4\alpha=b$
$(2+i)(2-i)\alpha=10 \Rightarrow 5\alpha=10 \Rightarrow \alpha=2$ 주의
위의 세 식을 연립하여 풀면 $\alpha=2$, $a=-6$, $b=13$ 복소수의 연산에서 $i^2=-1$임을 기억해.
$\therefore a+b+\alpha=9$ $\alpha=2$를 $4+\alpha=-a$에 대입하면
$4+2=-a$ $\therefore a=-6$
$\alpha=2$를 $5+4\alpha=b$에 대입하면
$5+8=b$ $\therefore b=13$

삼차방정식의 켤레근 개념·공식

삼차방정식 $ax^3+bx^2+cx+d=0$에서
(1) a, b, c, d가 유리수일 때, 무리수 $p+q\sqrt{m}$이 근이면 $p-q\sqrt{m}$도 근이다. (단, p, q는 유리수, $q\neq0$, $\sqrt{m}$은 무리수)
(2) a, b, c, d가 실수일 때, 복소수 $p+qi$가 근이면 $p-qi$도 근이다. (단, p, q는 실수, $q\neq0$, $i=\sqrt{-1}$)

즉, 주어진 삼차방정식의 실근은
$x=1$이고 계수가 모두 실수인 삼차방정식의 한 허근을 z라 하므로 다른
한 허근은 z의 켤레복소수인 $\bar{z}$이다.

활정 계수가 모두 실수인 삼차방정식
$ax^3+bx^2+cx+d=0$의 한 허근을
z라 하면 $az^3+bz^2+cz+d=0$이 성
립해.
이때, $\overline{az^3+bz^2+cz+d}=\bar{0}$에서
$a\bar{z}^3+b\bar{z}^2+c\bar{z}+d=0$이므로 $x=\bar{z}$
도 삼차방정식의 근임을 알 수 있어.

G 105 정답 ① ·············· 삼차방정식, 사차방정식의 풀이

정답 공식: 이차방정식 $ax^2+bx+c=0$의 두 근을 α, β라 할 때,
$\alpha+\beta=-\dfrac{b}{a}, \alpha\beta=\dfrac{c}{a}$이다.

삼차방정식 $x^3+2x-3=0$의 한 허근을 $a+bi$할 때,
a^2b^2의 값은? (단, a, b는 실수이고, $i=\sqrt{-1}$이다.)

단서 주어진 삼차방정식의 계수가 모두 실수이므로 켤레근의 성질을 이용할 수 있어.

① $\dfrac{11}{16}$ ② $\dfrac{3}{4}$ ③ $\dfrac{13}{16}$ ④ $\dfrac{7}{8}$ ⑤ $\dfrac{15}{16}$

1st 주어진 방정식을 간단히 해.

$x^3+2x-3=0$에서 $(x-1)(x^2+x+3)=0$

$\therefore x=1$ 또는 $x^2+x+3=0$

$$\begin{array}{c|cccc} 1 & 1 & 0 & 2 & -3 \\ & & 1 & 1 & 3 \\ \hline & 1 & 1 & 3 & 0 \end{array}$$

2nd 주어진 방정식의 한 허근이 $a+bi$임을 이용하여 a, b의 값을 각각 구해.

즉, 삼차방정식 $x^3+2x-3=0$의 한 허근 $a+bi$는
이차방정식 $x^2+x+3=0$의 한 허근이고 이 이차방정식의 계수가 모두
실수이므로 다른 허근은 $a-bi$이다.

따라서 이차방정식의 근과 계수의 관계에
의하여 이차방정식 $ax^2+bx+c=0$의 두 근을 α, β라 하면
$\alpha+\beta=-\dfrac{b}{a}, \alpha\beta=\dfrac{c}{a}$가 성립해.

주의 이차방정식 $ax^2+bx+c=0$의 한
근이 $p+qi$일 때, a, b, c가 모두
실수이면 $p-qi$도 근이야. 이때,
주의할 점은 켤레근을 가지려면
a, b, c가 모두 실수이어야 한다는
조건을 놓치면 안 돼.

$(a+bi)+(a-bi)=-1$에서 $2a=-1$

$\therefore a=-\dfrac{1}{2}$

$(a-bi)(a+bi)=3$에서 $a^2+b^2=3$, $\dfrac{1}{4}+b^2=3$ $\therefore b^2=\dfrac{11}{4}$

$\therefore a^2b^2=\dfrac{1}{4}\times\dfrac{11}{4}=\dfrac{11}{16}$

다른 풀이: 이차방정식 $x^2+x+3=0$의 근을 직접 구하기

$x^2+x+3=0$에서 $x=-\dfrac{-1\pm\sqrt{1^2-4\times1\times3}}{2\times1}=-\dfrac{1}{2}\pm\dfrac{\sqrt{11}i}{2}$

그런데 이차방정식 $x^2+x+3=0$의 한 허근이 $a+bi$이므로

$a=-\dfrac{1}{2}, b=\pm\dfrac{\sqrt{11}}{2}$

$\therefore a^2b^2=\left(-\dfrac{1}{2}\right)^2\times\left(\pm\dfrac{\sqrt{11}}{2}\right)^2=\dfrac{1}{4}\times\dfrac{11}{4}=\dfrac{11}{16}$

G 106 정답 ② ················· 삼차방정식의 켤레근의 성질

정답 공식: 삼차방정식 $ax^3+bx^2+cx+d=0$에서 a, b, c, d가 실수일 때, 한
허근이 z이면 켤레복소수 $\bar{z}$도 근이다.

단서1 인수분해를 이용하여 삼차방정식의 실근을 먼저 구하자.

x에 대한 삼차방정식 $x^3+(k-1)x^2-k=0$의 한 허근을 z라
할 때, $z+\bar{z}=-2$이다. 실수 k의 값은?

단서2 삼차방정식의 계수가 모두 실수이면 한 허근에 대해 켤레복소수도 다른 한 허근임을 알아야 해.

(단, $\bar{z}$는 z의 켤레복소수이다.)

① $\dfrac{3}{2}$ ② 2 ③ $\dfrac{5}{2}$

④ 3 ⑤ $\dfrac{7}{2}$

1st 삼차방정식의 실근을 구해보자.

x에 대한 삼차방정식 $x^3+(k-1)x^2-k=0$에서

$x^3+(k-1)x^2-k=(x-1)(x^2+kx+k)=0$

$$\begin{array}{c|cccc} 1 & 1 & k-1 & 0 & -k \\ & & 1 & k & k \\ \hline & 1 & k & k & 0 \end{array}$$

2nd 이차방정식의 근과 계수의 관계를 이용하여 두 허근의 합을 구하자.

즉, 이차방정식 $x^2+kx+k=0$의 두 근은 $z, \bar{z}$이므로
이차방정식 $x^2+kx+k=0$의 근과 계수의 관계에 의해

$z+\bar{z}=-k$ 삼차방정식의 허근은 이차방정식
$x^2+kx+k=0$에서 구해지겠지

따라서 $z+\bar{z}=-2$라 하므로 $-k=-2$ $\therefore k=2$

G 107 정답 ② ················· 삼차방정식의 켤레근의 성질

정답 공식: 계수가 실수인 삼차방정식의 한 근이 복소수이면 그 켤레복소수도 근
이다.

실수 a, b, c에 대하여 x에 대한 삼차식
$f(x)=x^3+ax^2+bx+c$가 다음 조건을 만족한다.

단서2 $f(6)=0$이겠네~.
(가) $f(x)$는 $x-6$을 인수로 갖는다.
(나) 삼차방정식 $f(x)=0$의 한 근이 $3i$이다.
단서1 계수가 실수인 방정식 $f(x)=0$의 허근은 켤레인 관계야.

이때, 삼차방정식 $f(3x)=0$의 세 근의 합은? (단, $i=\sqrt{-1}$)

① 1 ② 2 ③ 4 ④ 8 ⑤ 16

1st 조건을 만족하는 삼차방정식의 해를 모두 찾아봐.

(가)에서 $f(x)=0$의 근은 $x=6$, (나)에서 $f(x)=0$의 근은 $3i, -3i$임
을 알 수 있다.

$f(x)=(x-6)(x-3i)(x+3i)$ $f(x)$의 계수가 모두 실수이기 때문에
한 허근에 대하여 다른 근은 켤레근이야.

$f(x)$의 최고차항의 계수는 1이지?

2nd x대신 $3x$를 대입하여 $f(3x)=0$의 해를 구하자.

x 대신 $3x$를 대입하면

$f(3x)=(3x-6)(3x-3i)(3x+3i)$
$=27(x-2)(x-i)(x+i)$

따라서 $f(3x)=0$의 세 근이 $2, i, -i$이므로 세 근의 합은
$2+i+(-i)=2$이다. $27(x-2)(x-i)(x+i)=0$
$\Longleftrightarrow (x-2)(x-i)(x+i)=0$

다른 풀이: 삼차방정식의 근과 계수의 관계를 이용하여 값 구하기

2nd 에서 $f(3x)$의 다항식을 구해보자.

$f(3x)=27(x-2)(x-i)(x+i)=27(x-2)(x^2+1)$
$=27(x^3-2x^2+x-2)=0$

따라서 근과 계수의 관계에 의해 $f(3x)=0$의 세 근의 합은
$-\dfrac{-2}{1}=2$

✿ 근과 계수의 관계 개념·공식

(1) 이차방정식 $ax^2+bx+c=0$의 두 근을 α, β라 하면
$\alpha+\beta=-\dfrac{b}{a}, \alpha\beta=\dfrac{c}{a}$

(2) 삼차방정식 $ax^3+bx^2+cx+d=0$의 세 근을 α, β, γ라 하면
$\alpha+\beta+\gamma=-\dfrac{b}{a}, \alpha\beta+\beta\gamma+\gamma\alpha=\dfrac{c}{a}, \alpha\beta\gamma=-\dfrac{d}{a}$

정답 공식: 계수가 실수인 삼차방정식의 한 근이 복소수이면 그 켤레복소수도 근 이다.

삼차방정식 $x^3-4x^2+4x-3=0$의 한 허근을 α라 한다. 이때 $\dfrac{\overline{\alpha}}{\alpha}+\dfrac{\alpha}{\overline{\alpha}}$의 값은? (단, $\overline{\alpha}$는 α의 켤레복소수)

단서1 인수분해를 이용하여 삼차방정식의 실근을 먼저 구하자.
단서2 삼차방정식의 계수가 모두 실수이면 한 허근에 대해 켤레복소수도 다른 한 허근임을 알아야 해.

① 0　　　　② 1　　　　③ -1
④ 2　　　　⑤ -2

1st 조립제법을 이용하여 주어진 삼차방정식의 좌변을 인수분해하자.

주어진 삼차방정식 $x^3-4x^2+4x-3=0$에 $x=3$을 대입하면 등식이 성립하므로 주어진 방정식의 좌변을 조립제법을 이용하여 인수분해하면

$x^3-4x^2+4x-3=0$에
$x=3$을 대입하면
$3^3-4\times3^2+4\times3-3$
$=27-36+12-3=0$

```
3 | 1  -4   4  -3
  |      3  -3   3
  ---------------
    1  -1   1   0
```

$3x^3-4x^2+4x-3=(x-3)(x^2-x+1)$

2nd 삼차방정식의 근의 성질을 이용하자.

주어진 삼차방정식 $x^3-4x^2+4x-3=0$, 즉 $(x-3)(x^2-x+1)=0$의 한 허근이 α이므로 $\overline{\alpha}$도 근이다.

즉, α, $\overline{\alpha}$는 이차방정식 $x^2-x+1=0$의 근이므로 이차방정식의 근과 계수의 관계에 의하여 삼차방정식 $(x-3)(x^2-x+1)=0$이 허근을 가지므로 이 허근은 $x^2-x+1=0$을 만족시켜야 해.

$\alpha+\overline{\alpha}=1$, $\alpha\overline{\alpha}=1$

$\therefore \dfrac{\overline{\alpha}}{\alpha}+\dfrac{\alpha}{\overline{\alpha}}=\dfrac{\alpha^2+(\overline{\alpha})^2}{\alpha\overline{\alpha}}=\dfrac{(\alpha+\overline{\alpha})^2-2\alpha\overline{\alpha}}{\alpha\overline{\alpha}}$

$=\dfrac{1^2-2\times1}{1}=-1$

정답 공식: 계수가 실수인 삼차방정식의 한 근이 복소수이면 그 켤레복소수도 근 이다.

세 실수 a, b, c에 대하여 한 근이 $1+\sqrt{3}i$인 방정식 $x^3+ax^2+bx+c=0$과 이차방정식 $x^2+ax+2=0$이 공통인 근 m을 가질 때, m의 값은? (단, $i=\sqrt{-1}$)

① 2　　　　② 1　　　　③ 0
④ -1　　　⑤ -2

단서 한 근이 $1+\sqrt{3}i$이므로 나머지 한 근은 $1-\sqrt{3}i$야.

1st 삼차방정식의 해를 하나 더 찾고, 이차방정식과 공통인 근을 가지는 경우를 나누어 생각해봐.

방정식 $x^3+ax^2+bx+c=0$의 계수가 모두 실수이므로 $1+\sqrt{3}i$가 근이 면 $1-\sqrt{3}i$도 근이다.

이때, $1+\sqrt{3}i$ 또는 $1-\sqrt{3}i$가 이차방정식 $x^2+ax+2=0$의 근이면 a가 실수인 이차방정식은 존재하지 않는다.

a가 실수이므로 $x^2+ax+2=0$의 한 근이 $1+\sqrt{3}i$ 또는 $1-\sqrt{3}i$이면 $(1+\sqrt{3}i)(1-\sqrt{3}i)=4\neq2$
즉, $1+\sqrt{3}i$ 또는 $1-\sqrt{3}i$는 $x^2+ax+2=0$의 근이 아니야.

따라서 주어진 삼차방정식과 이차방정식의 공통근 m은
$m\neq1\pm\sqrt{3}i$이다.
즉, 삼차방정식의 세 근은 $1\pm\sqrt{3}i$, m이다.

2nd 삼차방정식을 작성하여 a와 m의 관계식을 구해 봐. m을 이차방정식에 대 입하면 a와 m의 관계식을 또 얻을 수 있겠지?

두 근 $1+\sqrt{3}i$, $1-\sqrt{3}i$를 만족하는 이차방정식을 구하면 근과 계수의 관계에 의하여 두 근의 합과 곱이 각각 2, 4이므로

$x^2-2x+4=0$　두 근이 α, β인 이차방정식은 $x^2-(\alpha+\beta)x+\alpha\beta=0$

이고 이차식 x^2-2x+4와 일차식 $x-m$이 주어진 삼차방정식의 인수 이므로
$x^3+ax^2+bx+c=(x^2-2x+4)(x-m)$
$=x^3+(-m-2)x^2+(2m+4)x-4m=0$
이차항의 계수를 비교하면
$a=-m-2 \cdots \bigcirc$
한편, 공통인 근이 m이므로 $x=m$을 $x^2+ax+2=0$에 대입하면
$m^2+am+2=0$
이 식에 $\bigcirc$을 대입하면
$m^2+(-m-2)m+2=0$
$-2m+2=0$　　$\therefore m=1$

🔖 **다른 풀이**: 이차방정식과 삼차방정식이 공통근 m을 가지고, 각각의 방정식 의 근의 합이 $-a$로 같음을 이용하여 값 구하기

위의 풀이에서 $1+\sqrt{3}i$, $1-\sqrt{3}i$는 이차방정식 $x^2+ax+2=0$의 근이 아니지? 그럼, 이차방정식 $x^2+ax+2=0$의 근을 m, α라 하자.
이차방정식의 근과 계수의 관계에 의해
$-a=m+\alpha \cdots \bigcirc\!\!\bigcirc$
한편, 삼차방정식 $x^3+ax^2+bx+c=0$의 세 근이 $1+\sqrt{3}i$, $1-\sqrt{3}i$, m이므로 삼차방정식의 근과 계수의 관계에 의해
$-a=(1+\sqrt{3}i)+(1-\sqrt{3}i)+m$
$\therefore -a=2+m \cdots \bigcirc\!\!\bigcirc\!\!\bigcirc$
$\bigcirc\!\!\bigcirc$, $\bigcirc\!\!\bigcirc\!\!\bigcirc$에 의해 $\alpha=2$
즉, $\alpha=2$를 $x^2+ax+2=0$에 대입하면
$4+2a+2=0$　　$\therefore a=-3$
따라서 $a=-3$을 $\bigcirc\!\!\bigcirc\!\!\bigcirc$에 대입하면
$3=2+m$　　$\therefore m=1$

정답 공식: $a>0$일 때 $x^2=-a$이면 $x=\pm\sqrt{a}i$

x에 대한 삼차방정식 $(x-1)(x^2+ax+b)=0$의 서로 다른 세 근을 α, β, γ라 하자. **단서1** $\alpha=1$ 또는 $\beta=1$ 또는 $\gamma=1$이야.
$(2\alpha+2\beta-\gamma)^2=-81$일 때, $(4+\alpha)(4+\beta)(4+\gamma)$의 값을 구하시오. (단, a, b는 실수이다.) **단서2** $2\alpha+2\beta-\gamma=9i$ 또는 $2\alpha+2\beta-\gamma=-9i$야.

1st $\gamma\neq1$임을 보이자. $2\alpha+2\beta-\gamma$를 다루는데 γ의 계수만 다르니까 $\gamma=1$을 먼저 생각해 볼 거야.

삼차방정식 $(x-1)(x^2+ax+b)=0$의 서로 다른 세 근이 α, β, γ이므 로 $\alpha=1$ 또는 $\beta=1$ 또는 $\gamma=1$이다.
$\gamma=1$일 때, $x^2+ax+b=0$의 두 근이 α, β이다.
이차방정식의 근과 계수의 관계에 의하여 $\alpha+\beta=-a$
x에 대한 이차방정식 $ax^2+bx+c=0$의 두 근 α, β에 대하여
$\alpha+\beta=-\dfrac{b}{a}$, $\alpha\beta=\dfrac{c}{a}$
따라서 $(2\alpha+2\beta-\gamma)^2=(-2a-1)^2\geq0$이므로
$(2\alpha+2\beta-\gamma)^2=-81$을 만족시키지 않는다.
a가 실수이므로 $(-2a-1)^2\geq0$
따라서 $(-2a-1)^2=-81$은 성립하지 않아.
따라서 $\gamma\neq1$이므로 $\alpha=1$ 또는 $\beta=1$이다.

$a=1$일 때, $x^2+ax+b=0$의 두 근이 β, γ이다.

이차방정식의 근과 계수의 관계에 의하여

$\beta+\gamma=-a$, 즉 $\beta=-\gamma-a$이므로

$(2a+2\beta-\gamma)^2=(2+2\beta-\gamma)^2=(2-3\gamma-2a)^2=-81$

따라서 $\underline{2-3\gamma-2a=-9i}$ 또는 $2-3\gamma-2a=9i$
$\quad\quad\quad {\scriptstyle z^2<0 \Leftrightarrow z=bi\,(b\neq 0)}$

즉, $\gamma=\dfrac{2-2a}{3}+3i$ 또는 $\gamma=\dfrac{2-2a}{3}-3i$이므로

$(\beta,\ \gamma)=\left(\dfrac{2-2a}{3}-3i,\ \dfrac{2-2a}{3}+3i\right)$ 또는

이차방정식의 모든 계수가 실수이므로 두 허근은 서로 켤레복소수여야 해.

$(\beta,\ \gamma)=\left(\dfrac{2-2a}{3}+3i,\ \dfrac{2-2a}{3}-3i\right)$이다.

3rd $(4+a)(4+\beta)(4+\gamma)$의 값을 구해.

$\beta+\gamma=-a$이므로

$\dfrac{4-4a}{3}=-a,\ 4-4a=-3a \quad\quad \therefore a=4$

따라서 $(\beta,\ \gamma)=(-2-3i,\ -2+3i)$ 또는

$(\beta,\ \gamma)=(-2+3i,\ -2-3i)$이므로

$(4+a)(4+\beta)(4+\gamma)=5(2+3i)(2-3i)=5\times 13=65$

$\beta=1$일 때에도 $a=1$일 때와 같은 방법으로 계산하면

$(a,\ \gamma)=(-2-3i,\ -2+3i)$ 또는

$(a,\ \gamma)=(-2+3i,\ -2-3i)$이므로

$(4+a)(4+\beta)(4+\gamma)=65$

다른 풀이: $a=1$일 때, β, γ는 켤레근임을 이용하기

$(2a+2\beta-\gamma)^2=-81$에서 $2a+2\beta-\gamma=\pm 9i$ … ㉠

따라서 a, β, γ 중 적어도 하나는 허수이다.

$a=1$일 때, $x^2+ax+b=0$의 두 근이 β, γ이다.

이때, β, γ 중 적어도 하나는 허수이고 이차방정식은 두 실근 혹은

두 허근을 가지므로 β, γ는 모두 허근이다.

또한, a와 b는 실수이므로 β와 γ는 서로 켤레복소수이다.

따라서 두 실수 p, q에 대하여 $\beta=p+qi$, $\gamma=p-qi$이고

이를 ㉠에 대입하면 $2\times 1+2(p+qi)-(p-qi)=\pm 9i$

$p+2+3qi=\pm 9i$이므로 복소수의 실수부분과 허수부분이 서로 같음을

이용하면

$p+2=0,\ 3q=\pm 9 \quad \therefore p=-2,\ q=\pm 3$

따라서 $\beta=-2+3i$, $\gamma=-2-3i$ 또는 $\beta=-2-3i$, $\gamma=-2+3i$이다.

$\therefore (4+a)(4+\beta)+(4+\gamma)=(4+1)(4-2-3i)(4-2+3i)$
$\quad\quad\quad\quad\quad\quad\quad\quad =5(2-3i)(2+3i)=5\times 13=65$

G 111 정답 15 ·· $x^3=\pm 1$의 허근의 성질

(**정답 공식**: $x^3=1$의 한 허근 ω는 $\omega^3=1$, $\omega^2+\omega+1=0$을 만족한다.)

삼차방정식 $x^3=1$의 한 허근을 ω라 할 때,

단서 $\omega^3=1$, 즉 $\omega^3-1=(\omega-1)(\omega^2+\omega+1)=0$이 성립해.

$\dfrac{1}{\omega+1}+\dfrac{1}{\omega^2+1}+\dfrac{1}{\omega^3+1}+\cdots+\dfrac{1}{\omega^{30}+1}$의 값을 구하시오.

1st ω에 대한 식을 세우자.

ω는 삼차방정식 $x^3-1=0$, 즉 $(x-1)(x^2+x+1)=0$의 한 허근이므로

$\omega^3=1$, $\omega^2+\omega+1=0$

2nd 식을 변형하여 주어진 식의 값을 구하자.

$\omega^2+\omega+1=0$에서

$\omega+1=-\omega^2$, $\omega^2+1=-\omega$, $\omega^2+\omega=-1$이므로

$\dfrac{1}{\omega+1}+\dfrac{1}{\omega^2+1}+\dfrac{1}{\omega^3+1}=\dfrac{\omega^3}{-\omega^2}+\dfrac{\omega^3}{-\omega}+\dfrac{1}{1+1}$

$\quad\quad\quad\quad\quad\quad\quad =-\omega-\omega^2+\dfrac{1}{2}$ 식을 간단히 하기 위해 $\omega^3=1$을 이용했어.

$\quad\quad\quad\quad\quad\quad\quad =-(\omega^2+\omega)+\dfrac{1}{2}$

$\quad\quad\quad\quad\quad\quad\quad =-(-1)+\dfrac{1}{2}=\dfrac{3}{2}$

또, $\omega^3=1$에서

$\omega+1=\omega^4+1=\omega^7+1=\cdots=\omega^{28}+1$,

$\omega^2+1=\omega^5+1=\omega^8+1=\cdots=\omega^{29}+1$이므로

${\scriptstyle \omega^4=\omega^3\omega,\ \omega^7=(\omega^3)^2\omega,\ \cdots,\ \omega^{28}=(\omega^3)^9\omega}$
${\scriptstyle \omega^5=\omega^3\omega^2,\ \omega^8=(\omega^3)^2\omega^2,\ \cdots,\ \omega^{29}=(\omega^3)^9\omega^2}$

$\dfrac{1}{\omega+1}+\dfrac{1}{\omega^2+1}+\dfrac{1}{\omega^3+1}+\cdots+\dfrac{1}{\omega^{30}+1}$

$=\left(\dfrac{1}{\omega+1}+\dfrac{1}{\omega^2+1}+\dfrac{1}{\omega^3+1}\right)+\left(\dfrac{1}{\omega+1}+\dfrac{1}{\omega^2+1}+\dfrac{1}{\omega^3+1}\right)$

$\quad\quad +\cdots+\left(\dfrac{1}{\omega+1}+\dfrac{1}{\omega^2+1}+\dfrac{1}{\omega^3+1}\right)$

$=10\left(\dfrac{1}{\omega+1}+\dfrac{1}{\omega^2+1}+\dfrac{1}{\omega^3+1}\right)=10\times\dfrac{3}{2}=15$

G 112 정답 ② ·· $x^3=\pm 1$의 허근의 성질

(**정답 공식**: $x^3=1$의 한 허근 ω는 $\omega^3=1$, $\omega^2+\omega+1=0$을 만족한다.)

삼차방정식 $x^3+1=0$의 한 허근을 α라 할 때, 옳은 내용을

단서 $\alpha^3=1$, 즉 $(\alpha+1)(\alpha^2-\alpha+1)=0$이 성립해.

[보기]에서 모두 고른 것은? (단, $\overline{\alpha}$는 α의 켤레복소수이다.)

─────────── [보기] ───────────

ㄱ. $\alpha^2-\alpha+1=0$
ㄴ. $\alpha+\overline{\alpha}=\alpha\overline{\alpha}=1$
ㄷ. $\alpha^3+(\overline{\alpha})^3=\alpha^2+(\overline{\alpha})^2$

① ㄱ   ② ㄱ, ㄴ   ③ ㄱ, ㄷ
④ ㄴ, ㄷ   ⑤ ㄱ, ㄴ, ㄷ

1st 삼차방정식 $x^3+1=0$의 허근의 성질을 이용하여 [보기]의 참, 거짓을 판별하자.

ㄱ. 삼차방정식 $x^3+1=0$, 즉 $(x+1)(x^2-x+1)=0$에서

α는 이차방정식 $x^2-x+1=0$의 근이므로

$\alpha^2-\alpha+1=0$ (참)

ㄴ. α가 이차방정식 $x^2-x+1=0$의 근이므로 $\overline{\alpha}$도 근이다.

이차방정식 $x^2-x+1=0$의 계수가 실수이므로 허수 α를 근으로 가지면
그 켤레복소수인 $\overline{\alpha}$도 근으로 가져.

즉, 이차방정식의 근과 계수의 관계에 의하여

$\alpha+\overline{\alpha}=1$, $\alpha\overline{\alpha}=1$(참)

ㄷ. α, $\overline{\alpha}$가 삼차방정식 $x^3+1=0$의 근이므로

$\alpha^3=(\overline{\alpha})^3=-1$

$\therefore \alpha^3+(\overline{\alpha})^3=-1+(-1)=-2$

한편, $\alpha+\overline{\alpha}=\alpha\overline{\alpha}=1$이므로

$\alpha^2+(\overline{\alpha})^2=(\alpha+\overline{\alpha})^2-2\alpha\overline{\alpha}=1-2\times 1=-1$

$\therefore \underline{\alpha^3+(\overline{\alpha})^3\neq\alpha^2+(\overline{\alpha})^2}$ (거짓)

$\alpha^3+(\overline{\alpha})^3=(\alpha+\overline{\alpha})\{\alpha^2-\alpha\overline{\alpha}+(\overline{\alpha})^2\}$이지?
이 식에 $\alpha+\overline{\alpha}=\alpha\overline{\alpha}=1$을 대입하면
$\alpha^3+(\overline{\alpha})^3=\alpha^2+(\overline{\alpha})^2-1$이므로 $\alpha^3+(\overline{\alpha})^3\neq\alpha^2+(\overline{\alpha})^2$임을 알 수 있어.

따라서 옳은 것은 ㄱ, ㄴ이다.

G 113 정답 ⑤ ·· $x^3=\pm1$의 허근의 성질

정답 공식: $x^3+1=0$의 한 허근이 ω이면, $\overline{\omega}$도 근이고, $\omega^3=\overline{\omega}^3=-1$, $\omega^2-\omega+1=0$, $\overline{\omega}^2-\overline{\omega}+1=0$을 만족한다.

> **단서** $x^3+1=(x+1)(x^2-x+1)=0$에서 ω가 한 허근이니까 $\omega^3+1=0$이 성립해.

방정식 $x^3+1=0$의 한 허근을 ω라고 하자.
$A=(1+\omega+\omega^2+\cdots+\omega^8)(1+\overline{\omega}+\overline{\omega}^2+\cdots+\overline{\omega}^8)$,
$B=1-\dfrac{1}{\omega}+\dfrac{1}{\omega^2}-\dfrac{1}{\omega^3}$일 때, AB의 값은?

(단, $\overline{\omega}$는 ω의 켤레복소수이다.)

① -2 ② -1 ③ 1
④ 2 ⑤ 4

1st $x^3+1=0$의 허근의 성질을 이용하여 A의 값을 구해보자.

$x^3+1=0$에서 $(x+1)(x^2-x+1)=0$의 한 허근이 ω이므로
$\omega^3=-1$, $\omega^2-\omega+1=0$

> **함정** 삼차방정식 $x^3+1=0$의 허근은 이차방정식 $x^2-x+1=0$의 근이야.

$\therefore 1+\omega+\omega^2+\cdots+\omega^8$
$=(1+\omega+\omega^2)+\omega^3(1+\omega+\omega^2)+\omega^6(1+\omega+\omega^2)$
$=(1+\omega+\omega^2)-(1+\omega+\omega^2)+(1+\omega+\omega^2)$
$=1+\omega+\omega^2=1+\omega+(\omega-1)$
$=2\omega$

한편, 계수가 실수인 이차방정식 $x^2-x+1=0$의 한 허근이 ω이면 $\overline{\omega}$도 이 방정식의 한 근이므로 계수가 모두 실수일 때, ω가 근이면 켤레복소수인 $\overline{\omega}$도 근이야.
$\overline{\omega}^3=-1$, $\overline{\omega}^2-\overline{\omega}+1=0$
$\therefore 1+\overline{\omega}+\overline{\omega}^2+\cdots+\overline{\omega}^8$
$=(1+\overline{\omega}+\overline{\omega}^2)+\overline{\omega}^3(1+\overline{\omega}+\overline{\omega}^2)+\overline{\omega}^6(1+\overline{\omega}+\overline{\omega}^2)$
$=(1+\overline{\omega}+\overline{\omega}^2)-(1+\overline{\omega}+\overline{\omega}^2)+(1+\overline{\omega}+\overline{\omega}^2)$
$=1+\overline{\omega}+\overline{\omega}^2=1+\overline{\omega}+(\overline{\omega}-1)$
$=2\overline{\omega}$
$A=(1+\omega+\omega^2+\cdots+\omega^8)(1+\overline{\omega}+\overline{\omega}^2+\cdots+\overline{\omega}^8)$
$=2\omega\times2\overline{\omega}=4\omega\overline{\omega}=4$

→ 이차방정식 $x^2-x+1=0$의 두 허근이 ω, $\overline{\omega}$이므로 근과 계수의 관계에 의해 $\omega\overline{\omega}=\dfrac{1}{1}=1$

2nd B의 식을 통분하고 $\omega^2-\omega+1=0$임을 이용해서 그 값을 구해봐.

$B=1-\dfrac{1}{\omega}+\dfrac{1}{\omega^2}-\dfrac{1}{\omega^3}$
$=\dfrac{\omega^2-\omega+1}{\omega^2}-\dfrac{1}{\omega^3}$
$=-\dfrac{1}{\omega^3}=-\dfrac{1}{-1}=1$
$\therefore AB=4\cdot1=4$

G 114 정답 ④ ·· 방정식 $x^3=1$의 허근의 성질

정답 공식: 방정식 $x^3=1$의 한 허근을 ω라 하면, $\omega+\overline{\omega}=-1$, $\omega\overline{\omega}=1$이다. (단, $\overline{\omega}$는 ω의 켤레복소수)

> **단서** $\overline{z}$는 z의 켤레복소수이므로 z, $\overline{z}$는 계수가 모두 실수인 이차방정식의 두 근으로 생각해.

복소수 z에 대하여 $z+\overline{z}=-1$, $z\overline{z}=1$일 때,
$\dfrac{\overline{z}}{z^5}+\dfrac{(\overline{z})^2}{z^4}+\dfrac{(\overline{z})^3}{z^3}+\dfrac{(\overline{z})^4}{z^2}+\dfrac{(\overline{z})^5}{z}$의 값은?

(단, $\overline{z}$는 z의 켤레복소수이다.)

① 2 ② 3 ③ 4
④ 5 ⑤ 6

1st z^3, $(\overline{z})^3$의 값을 각각 구해.

> 이차항의 계수가 a이고, 두 근이 α, β인 이차방정식은 $a(x-\alpha)(x-\beta)=0$, 즉 $a\{x^2-(\alpha+\beta)x+\alpha\beta\}=0$이야.

$z+\overline{z}=-1$, $z\overline{z}=1$에서 이차방정식의 근과 계수의 관계에 의하여 z, $\overline{z}$는 이차방정식 $x^2+x+1=0$의 두 근이다.

이때, $x^2+x+1=0$의 양변에 $x-1$을 곱하면
$(x-1)(x^2+x+1)=0$에서
$x^3-1=0$ $\therefore x^3=1$

> 이때, $z+\overline{z}=-1$의 양변에 z를 곱하면 $z^2+z\overline{z}=-z$이고, $z\overline{z}=1$이므로 $z^2+1=-z$, 즉 $z^2+z+1=0$을 만족해. 따라서 z는 이차방정식 $x^2+x+1=0$의 근이야. 또한, $\overline{z}$는 z의 켤레복소수이므로 계수가 모두 실수인 이차방정식 $x^2+x+1=0$의 근이야.

따라서 z, $\overline{z}$는 삼차방정식 $x^3=1$의 두 허근이므로 $z^3=1\cdots$ (★), $(\overline{z})^3=1$이 성립한다.

2nd 주어진 식의 값을 구해.

$\therefore \dfrac{\overline{z}}{z^5}+\dfrac{(\overline{z})^2}{z^4}+\dfrac{(\overline{z})^3}{z^3}+\dfrac{(\overline{z})^4}{z^2}+\dfrac{(\overline{z})^5}{z}$
$=\dfrac{\overline{z}}{z^2}+\dfrac{(\overline{z})^2}{z}+\dfrac{1}{1}+\dfrac{\overline{z}}{z^2}+\dfrac{(\overline{z})^2}{z}$ → $z^3=1$, $(\overline{z})^3=1$임을 이용하여 식을 변형한 거야.
$=\dfrac{2\overline{z}}{z^2}+\dfrac{2(\overline{z})^2}{z}+1=\dfrac{2z\overline{z}+2(\overline{z})^2z}{z^3}+1$
$=\dfrac{2z\overline{z}+2(z\overline{z})^2}{z^3}+1=\dfrac{2\times1+2\times1^2}{1}+1=5$

> **다른 풀이 ❶** $\dfrac{(\overline{z})^m}{z^n}=(\overline{z})^6$ (단, $m+n=6$)을 이용하여 값 구하기

$z\overline{z}=1$에서 $\overline{z}=\dfrac{1}{z}$이고 위의 풀이에서 $z^3=1$, $(\overline{z})^3=1$이므로

$\dfrac{\overline{z}}{z^5}+\dfrac{(\overline{z})^2}{z^4}+\dfrac{(\overline{z})^3}{z^3}+\dfrac{(\overline{z})^4}{z^2}+\dfrac{(\overline{z})^5}{z}$
$=(\overline{z})^6+(\overline{z})^6+(\overline{z})^6+(\overline{z})^6+(\overline{z})^6$ → $\overline{z}=\dfrac{1}{z}$에서 $(\overline{z})^5=\dfrac{1}{z^5}$이므로 $\dfrac{\overline{z}}{z^5}=\overline{z}\times\dfrac{1}{z^5}=\overline{z}\times(\overline{z})^5=(\overline{z})^6$
$=5(\overline{z})^6=5\times1=5$ → $(\overline{z})^3=1$의 양변을 제곱하면 $(\overline{z})^6=1^2=1$

> **다른 풀이 ❷:** $z=a+bi$라 두고 a, b의 값을 직접 구하여 $\overline{z}=z^2$임을 이용하여 주어진 식을 변형하여 값 구하기

$z=a+bi$ (a, b는 실수)라 하면 $\overline{z}=a-bi$이므로
$z+\overline{z}=-1$에서 $a+bi+a-bi=-1$, $2a=-1$ $\therefore a=-\dfrac{1}{2}$
$z\overline{z}=1$에서 $(a+bi)(a-bi)=1$, $a^2+b^2=1$, $\dfrac{1}{4}+b^2=1$
$b^2=\dfrac{3}{4}$ $\therefore b=\pm\dfrac{\sqrt{3}}{2}$

→ $z=\dfrac{-1-\sqrt{3}i}{2}$라 놓고 풀어도 결과는 같아.

$z=\dfrac{-1+\sqrt{3}i}{2}$라 하면 $\overline{z}=\dfrac{-1-\sqrt{3}i}{2}$이고
$z^2=\left(\dfrac{-1+\sqrt{3}i}{2}\right)^2=\dfrac{1-2\sqrt{3}i-3}{4}=\dfrac{-1-\sqrt{3}i}{2}=\overline{z}$
$z^3=z^2\times z=\overline{z}\times z=1$
$\therefore \dfrac{\overline{z}}{z^5}+\dfrac{(\overline{z})^2}{z^4}+\dfrac{(\overline{z})^3}{z^3}+\dfrac{(\overline{z})^4}{z^2}+\dfrac{(\overline{z})^5}{z}$

→ $\overline{z}=z^2$임을 이용하여 변형한 거야.

$=\dfrac{z^2}{z^5}+\dfrac{z^4}{z^4}+\dfrac{z^6}{z^3}+\dfrac{z^8}{z^2}+\dfrac{z^{10}}{z}$
$=\dfrac{1}{z^3}+1+z^3+z^6+z^9$ → $z^6=(z^3)^2=1^2=1$, $z^9=(z^3)^3=1^3=1$
$=1+1+1+1+1=5$

> **수능 핵강**
>
> ✻ z가 이차방정식 $x^2+x+1=0$의 근일 때, $z^3=1$임을 다른 방법으로 알아보기
>
> (★)에서 $z^3=1$임을 다른 방법으로 알아볼까?
> z가 이차방정식 $x^2+x+1=0$의 근이므로 $z^2+z+1=0$이 성립해.
> 이 식의 양변에 z를 곱하면 $z^3+z^2+z=0$이야.
> 그런데 $z^2+z+1=0$에서 $z^2+z=-1$이고 이것을 $z^3+z^2+z=0$에 대입하면 $z^3-1=0$에서 $z^3=1$이야.

정답 및 해설 **295**

G 115 정답 10 ·············· $x^3=\pm1$의 허근의 성질

(정답 공식: $x^3=-1$의 한 허근 ω는 $\omega^3=-1$, $\omega^2-\omega+1=0$을 만족한다.)

단서 1 $\omega^3=-1$, $\omega^2-\omega+1=0$이 성립하지?

방정식 $x^3=-1$의 한 허근을 ω라고 할 때, 자연수 n에 대하여 함수 $f(n)$을 다음과 같이 정의한다.

$$f(n)=n\omega^n$$

이때, $f(1)+f(2)+f(3)+\cdots+f(10)=a\omega+b$를 만족시키는 실수 a, b에 대하여 $a-b$의 값을 구하시오.

단서 2 $f(1)+f(2)+f(3)+\cdots+f(10)=\omega+2\omega^2+3\omega^3+\cdots+10\omega^{10}$
이므로 ω의 성질을 이용해 이 식을 간단히 정리해야 해.

1st ω의 성질을 찾아야 해.

$x^3=-1$에서 $\omega^3=-1$ $\cdots$ ㉠
또한, $x^3+1=0$에서
$(x+1)(x^2-x+1)=0$
이때, ω는 허수이므로 ω는 이차방정식 $x^2-x+1=0$의 한 허근이다.
즉, $\omega^2-\omega+1=0$에서 [함정]
$\omega^2=\omega-1$ $\cdots$ ㉡

> $\omega^3=-1$임을 이용해 주어진 식에서 ω의 차수를 줄여나가기 위해 변형한 거야.

2nd $f(1)+f(2)+f(3)+\cdots+f(10)$을 정리하자.

$f(1)+f(2)+f(3)+\cdots+f(10)$
$=\omega+2\omega^2+3\omega^3+\cdots+10\omega^{10}$
$=\omega+2\omega^2+3\omega^3+\omega^3(4\omega+5\omega^2+6\omega^3)+\omega^6(7\omega+8\omega^2+9\omega^3)+10(\omega^3)^3\cdot\omega$
$=\omega+2\omega^2-3-(4\omega+5\omega^2-6)+\underline{(7\omega+8\omega^2-9)}-\underline{10\omega}$ ($\because$ ㉠)
$=5\omega^2-6\omega-6$

> $\omega^6=(\omega^3)^2$ $=(-1)^2=1$
> $(\omega^3)^3=(-1)^3=-1$

$=5(\omega-1)-6\omega-6$ ($\because$ ㉡)
$=-\omega-11$
따라서 $a=-1$, $b=-11$이므로
$a-b=-1-(-11)=10$

✿ 방정식 $x^3=-1$의 허근의 성질 [개념 · 공식]

방정식 $x^3=-1$의 한 허근을 ω라 할 때 (단, $\overline{\omega}$는 ω의 켤레복소수)

(1) $\omega^2-\omega+1=0$, $\omega+\overline{\omega}=1$, $\omega\overline{\omega}=1$

(2) $\omega^2=-\overline{\omega}=-\dfrac{1}{\omega}$

G 116 정답 ⑤ ·············· 삼차방정식의 활용

(정답 공식: x에 대한 방정식을 세운 후 인수분해하여 해를 구한다.)

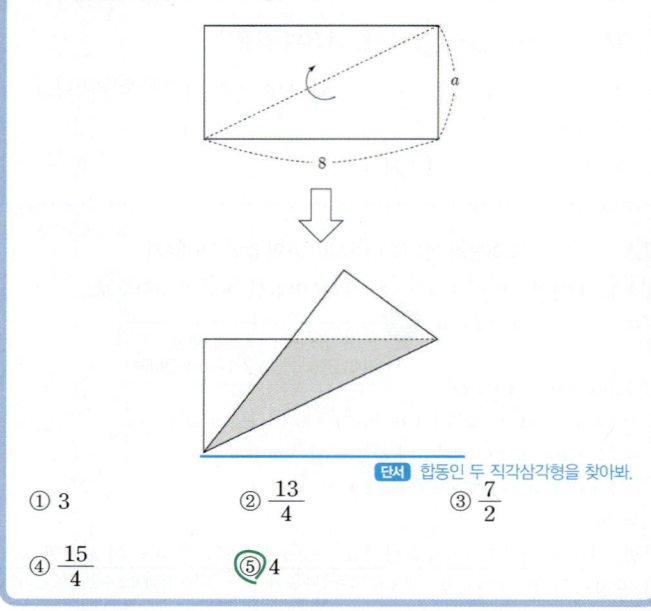

그림과 같이 가로와 세로의 길이가 각각 8, a인 직사각형 모양의 종이를 대각선을 따라 접어 겹쳐진 부분의 넓이가 10일 때, a의 값은? (단, $0<a<8$)

단서 합동인 두 직각삼각형을 찾아봐.

① 3   ② $\dfrac{13}{4}$ ③ $\dfrac{7}{2}$
④ $\dfrac{15}{4}$ ⑤ 4

1st 삼각형의 합동과 피타고라스 정리를 이용하자.

그림과 같이 직사각형 모양의 종이를 대각선을 따라 접었을 때, 겹쳐지지 않은 두 직각삼각형은 합동이다.

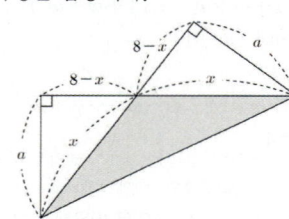

이때, 두 직각삼각형의 빗변의 길이를 x라 하면 직각을 낀 두 변의 길이는 $8-x$, a이다.
직사각형 모양의 종이의 가로의 길이가 8이야.
피타고라스 정리에 의하여
$x^2=a^2+(8-x)^2$이므로
$x^2=a^2+64-16x+x^2$, $16x=a^2+64$
$\therefore x=\dfrac{a^2+64}{16}$

2nd 겹쳐진 부분의 넓이를 이용하여 a의 값을 구하자.

한편, 겹쳐진 부분의 넓이는 $\dfrac{1}{2}ax$이므로 $\dfrac{1}{2}ax=10$에서

$\dfrac{1}{2}\times a\times\dfrac{a^2+64}{16}=10$

$a^3+64a-320=0$
$f(a)=a^3+64a-320$이라 하면
$f(4)=4^3+64\times4-320=64+256-320=0$이므로
조립제법을 이용하여 인수분해하면 다음과 같아.

```
4 | 1   0   64   -320
  |     4   16    320
  -------------------
    1   4   80 |    0
```

$\therefore f(a)=(a-4)(a^2+4a+80)$
$(a-4)(a^2+4a+80)=0$
$\therefore a=4$ ($\because a$는 $0<a<8$인 실수)

G 117 정답 ⑤ ·········· 삼차방정식의 활용

(정답 공식: x에 대한 방정식을 세운 후 인수분해하여 해를 구한다.)

그림과 같이 세 모서리의 길이가 각각 x, $x+1$, $x+2$인 직육면체 모양의 블록이 있다.

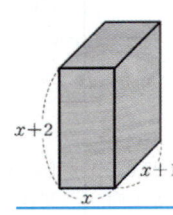

블록

> 단서1 블록 한 개의 부피는 $x(x+1)(x+2)$야.

이 블록들을 쌓아 만든 입체도형을 앞면, 옆면, 윗면에서 바라본 모양은 다음과 같다.

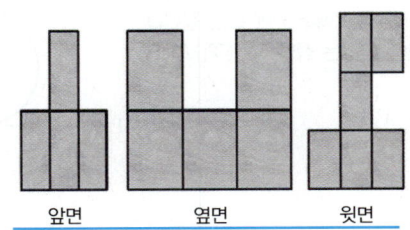

앞면   옆면   윗면

> 단서2 이 모양을 보고 블록을 쌓아 만든 입체도형의 전체 모양을 파악해야 해.

이 입체도형의 부피가 $7x^3+28x^2+20x+5$와 같을 때, x의 값은?

① 1   ② 2   ③ 3
④ 4   ⑤ 5

1st 블록들을 쌓아 만든 입체도형의 모양을 파악하자.

입체도형을 앞면, 옆면, 윗면에서 바라본 모양을 바탕으로 전체 구조를 나타내면 그림과 같다.

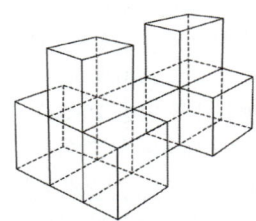

2nd 블록의 개수를 이용하여 입체도형의 부피에 대한 식을 세우고 x의 값을 구하자.

블록 한 개의 부피는 $x(x+1)(x+2)$이고, 블록의 개수는 8이므로
$8x(x+1)(x+2)=7x^3+28x^2+20x+5$

$8x(x+1)(x+2)=8x(x^2+3x+2)$
$\qquad\qquad\qquad =8x^3+24x^2+16x$

$8x^3+24x^2+16x=7x^3+28x^2+20x+5$

$\underline{x^3-4x^2-4x-5=0}$ → $f(x)=x^3-4x^2-4x-5$라 하면
$(x-5)(x^2+x+1)=0$ $\quad f(5)=5^3-4\times5^2-4\times5-5$
$\qquad\qquad\qquad\qquad =125-100-20-5=0$
∴ $x=5$ ($\because$ x는 양의 실수) 이므로 조립제법을 이용하여 인수분해하면 다음과 같아.

$$\begin{array}{r|rrrr} 5 & 1 & -4 & -4 & -5 \\ & & 5 & 5 & 5 \\ \hline & 1 & 1 & 1 & 0 \end{array}$$

∴ $f(x)=(x-5)(x^2+x+1)$

G 118 정답 ② ·········· 삼차방정식의 활용

(정답 공식: x에 대한 방정식을 세운 후 인수분해하여 해를 구한다.)

한 모서리의 길이가 x cm인 정육면체 네 개를 그림과 같이 쌓아 놓은 입체의 부피는 A cm^3, 겉넓이는 B cm^{2}이다.

> 단서 입체의 부피는 정육면체의 개수를 파악하여 구하고, 입체의 겉넓이는 정육면체끼리 겹쳐진 부분에 유의하여 구해.

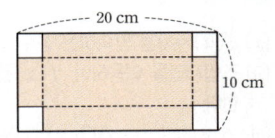

$3A=B+24$일 때, x의 값은?

① $\dfrac{3}{2}$ ② 2   ③ $1+\sqrt{2}$
④ $\dfrac{5}{2}$ ⑤ 3

1st 주어진 입체의 부피와 겉넓이를 구하자.

한 모서리의 길이가 x cm인 정육면체 한 개의 부피는 x^3 cm^{3}이므로 주어진 입체의 부피는 $4x^3$ cm^3
∴ $A=4x^3$ (입체의 부피)$=4\times$(정육면체의 부피)

또, 한 모서리의 길이가 x cm인 정육면체의 한 면의 넓이는 x^2 cm^{2}이고, 주어진 입체는 정육면체 4개의 24개의 면 중에서 6개의 면이 붙어 있으므로 주어진 입체의 겉넓이는 $18x^2$ cm^2
∴ $B=18x^2$ (입체의 겉넓이)$=(24-6)\times$(정육면체의 한 면의 넓이)

2nd $3A=B+24$임을 이용하여 x의 값을 구하자.

$3A=B+24$에서 $3\times4x^3=18x^2+24$
$12x^3=18x^2+24$
$\underline{2x^3-3x^2-4=0}$ → $f(x)=2x^3-3x^2-4$라 하면
$(x-2)(2x^2+x+2)=0$ $\quad f(2)=2\times2^3-3\times2^2-4=16-12-4=0$이므로
∴ $x=2$ ($\because$ x는 양의 실수) 조립제법을 이용하여 인수분해하면 다음과 같아.

$$\begin{array}{r|rrrr} 2 & 2 & -3 & 0 & -4 \\ & & 4 & 2 & 4 \\ \hline & 2 & 1 & 2 & 0 \end{array}$$

∴ $f(x)=(x-2)(2x^2+x+2)$

G 119 정답 3 ·········· 삼차방정식의 활용

(정답 공식: x에 대한 방정식을 세운 후 인수분해한다.)

그림과 같이 가로의 길이와 세로의 길이가 각각 20 cm, 10 cm인 직사각형 모양의 종이가 있다. 이 종이의 네 귀퉁이에서 한 변의 길이가 x cm인 정사각형을 잘라내고 점선을 따라 접었더니 부피가 168 cm^{3}인 직육면체 모양의 뚜껑 없는 상자가 되었다. 이때, 자연수 x의 값을 구하시오.

> 단서 직육면체의 모양의 상자의 밑면의 가로의 길이, 세로의 길이와 높이를 x에 대한 식으로 나타내자.

1st 부피에 대한 조건으로부터 x에 대한 방정식을 구하자.

직육면체 모양의 상자의 밑면의 가로의 길이는 $(20-2x)$ cm, 세로의 길이는 $(10-2x)$ cm, 높이는 x cm이다.

이때, 길이는 모두 양수이므로
$\underbrace{20-2x>0}_{x<10}$, $\underbrace{10-2x>0}_{x<5}$, $x>0$에서
$0<x<5$

직육면체 모양의 상자의 부피가 168 cm^{3}이므로
$(20-2x)(10-2x)x=168$

2nd 조립제법을 이용하여 삼차방정식의 해를 구해. 단 길이는 모두 양수니까 x의 범위에 주의해.

$4x^3-60x^2+200x=168,\ x^3-15x^2+50x-42=0$

$(x-3)(x^2-12x+14)=0$

$$\begin{array}{r|rrrr} 3 & 1 & -15 & 50 & -42 \\ & & 3 & -36 & 42 \\ \hline & 1 & -12 & 14 & 0 \end{array}$$

$\therefore\ x=3$ 또는 $x=6\pm\sqrt{22}$

이때, $0<x<5$이므로 $x=3$ 또는 $x=6-\sqrt{22}$이다.
따라서 구하는 자연수 x의 값은 3이다.

> **실수**
> $\sqrt{22}$의 대략적인 값을 이용해 $6\pm\sqrt{22}$의 값이 x의 값의 범위에 속하는지 확인해야 해.

G 120 정답 ① ················ 삼차방정식의 활용

(정답 공식: 정육면체의 한 변의 길이를 x라 놓고, 방정식을 세워 인수분해한다.)

> 어떤 정육면체의 밑면의 가로의 길이와 세로의 길이를 각각 2 cm씩 늘이고 높이를 1 cm 줄여서 직육면체를 만들었더니 그 부피가 처음 정육면체의 부피의 2배가 되었다. 처음 정육면체의 한 모서리의 길이는?
> **단서** 처음 정육면체의 한 모서리의 길이를 x cm로 놓고 직육면체의 가로의 길이, 세로의 길이, 높이를 x에 대한 식으로 나타내.
>
> ① 2 cm   ② 3 cm   ③ 4 cm
> ④ 5 cm   ⑤ 6 cm

1st 처음 정육면체의 한 모서리의 길이를 x라 놓고 방정식을 구해.

처음 정육면체의 한 모서리의 길이를 x cm $(x>0)$라 하면 새로 만든 직육면체의 밑면의 가로의 길이는 $(x+2)$ cm, 세로의 길이는 $(x+2)$ cm, 높이는 $(x-1)$ cm이다.

이때, 길이는 모두 양수이므로 $x+2>0,\ x-1>0$에서 $x>1$

> **주의** 길이를 나타낸 식이므로 x의 값에 대한 범위가 존재하는 것에 주의하자.

새로 만든 직육면체의 부피가 처음 정육면체의 부피의 2배이므로 $(x+2)(x+2)(x-1)=2x^3$

2nd 조립제법을 이용하여 삼차방정식의 해를 구하자.

$x^3+3x^2-4=2x^3$

$x^3-3x^2+4=0$

$(x+1)(x-2)^2=0$

$$\begin{array}{r|rrrr} -1 & 1 & -3 & 0 & 4 \\ & & -1 & 4 & -4 \\ \hline & 1 & -4 & 4 & 0 \end{array}$$

$x^3-3x^2+4=(x+1)(x^2-4x+4)=(x+1)(x-2)^2$

$\therefore\ x=2\ (\because x>1)$

따라서 처음 정육면체의 한 모서리의 길이는 2 cm이다.

고차다항식 $f(x)$의 인수분해 순서 개념·공식

(i) $f(a)=0$을 만족하는 상수 a의 값을 구한다.
(ii) 조립제법을 이용하여 $f(x)$를 $x-a$로 나누었을 때의 몫 $Q(x)$를 구한다.
(iii) $f(x)=(x-a)Q(x)$의 꼴로 인수분해한다.

G 121 정답 5 ················ 사차방정식의 활용

(정답 공식: $\overline{PA}^2=\overline{PB}\times\overline{PC}$임을 이용해 식을 세우고 근을 구한다.)

> **단서** 원의 접선과 할선이 주어졌으니까 접선과 할선 사이의 관계를 이용하자.
> 그림과 같이 원 밖의 한 점 P에서 원에 그은 접선의 접점을 A라 하고, 점 P를 지나는 직선이 원과 만나는 두 점을 각각 B, C라 하자. $\overline{PB}=x^2-2x+6,\ \overline{BC}=4x,\ \overline{PA}=\sqrt{21}x$가 되도록 하는 모든 x의 값의 합을 구하시오.

1st 원과 접선의 성질로부터 x에 대한 방정식을 세워봐.

원의 접선의 성질에 의해 $\overline{PA}^2=\overline{PB}\cdot\overline{PC}$이고,

$\overline{PC}=\overline{PB}+\overline{BC}=x^2-2x+6+4x=x^2+2x+6$이므로

$(\sqrt{21}x)^2=(x^2-2x+6)(x^2+2x+6)$

> **[원의 접선의 성질]**
> △PBA와 △PAC가 AA 닮음이므로
> $\overline{PB}:\overline{PA}=\overline{PA}:\overline{PC}$
> $\therefore\ \overline{PA}^2=\overline{PB}\cdot\overline{PC}$

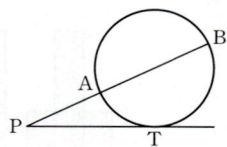

2nd 방정식을 풀어.

$21x^2=x^4+8x^2+36$

$x^4-13x^2+36=0$

$x^2=t\ (t>0)$라 치환하면

$t^2-13t+36=0,\ (t-9)(t-4)=0$

$\therefore\ t=9$ 또는 $t=4$

즉, $x^2=9$ 또는 $x^2=4$이다.

이때, $\overline{BC}=4x>0,\ \overline{PA}=\sqrt{21}x>0$에서 $x>0$이므로
$x^2=9$일 때 $x=3$이고, $x^2=4$일 때 $x=2$이다.
따라서 모든 x의 값의 합은 $3+2=5$이다.

접선과 할선 사이의 관계 개념·공식

원의 외부의 한 점 P에서 원에 그은 접선과 할선이 그 원과 만나는 점을 각각 T, A, B라 하면
$\overline{PT}^2=\overline{PA}\cdot\overline{PB}$
가 성립한다.

G 122 정답 ④ ················ 삼차방정식의 활용

(정답 공식: 세 점 A, B, C가 한 직선 위에 차례로 있을 때 두 양수 m, n에 대하여 $\overline{AB}:\overline{BC}=m:n$이면 $\overline{AB}=\dfrac{m}{m+n}\overline{AC}$)

> 양수 a에 대하여 $\overline{AB}=3a^2+10a+7$, $\overline{AD}=\overline{AE}=a$인 직육면체 ABCD−EFGH가 있다. 선분 AB를 $1:a$로 내분하는 점을 P, 선분 DC를 $1:a$로 내분하는 점을 Q라 하자. 직육면체 ABCD−EFGH에서 단면 PFGQ가 생기도록 삼각기둥 PFB−QGC를 잘라 내었다. 사각기둥 AEFP−DHGQ의 부피를 V_1, 삼각기둥 PFB−QGC의 부피를 V_2라 하자. $V_1-V_2=4$일 때, 선분 AP의 길이는?
>
> **단서 1** $\overline{AP}=\dfrac{1}{1+a}\overline{AB}$
> **단서 2** V_1, V_2를 구할 때도 있지만, V_1-V_2를 구하는 문제야. 각각 구하기 전에 V_1-V_2를 어떻게 구할지 생각해.
>
> ① $\dfrac{15}{2}$ ② 8   ③ $\dfrac{17}{2}$ ④ 9   ⑤ $\dfrac{19}{2}$

1st V_1-V_2를 a에 대한 식으로 나타내.

점 P는 선분 AB를 $1:a$로 내분하는 점이고
점 Q는 선분 DC를 $1:a$로 내분하는 점이므로

> $\overline{AP}:\overline{PB}=1:a$이므로
> $\overline{AP}:\overline{AB}=1:(1+a)$
> $\overline{AP}\times(1+a)=\overline{AB}$
> $\therefore\ \overline{AP}=\dfrac{1}{1+a}\overline{AB}$

두 선분 AP, DQ의 길이는

$$\overline{AP}=\overline{DQ}=(3a^2+10a+7)\times\frac{1}{1+a}$$

$$=\frac{(3a+7)(a+1)}{1+a}=3a+7 \cdots \bigcirc$$

점 P에서 선분 EF에 내린 수선의 발을 P′,
점 Q에서 선분 HG에 내린 수선의 발을 Q′이라 하자.
삼각기둥 PFB−QGC의 부피는
삼각기둥 PP′F−QQ′G의 부피와 같으므로

$$V_1-V_2=V_1-(삼각기둥\ PP′F-QQ′G의\ 부피)$$
$$=(직육면체\ APQD-EP′Q′H의\ 부피)$$
$$=(\square AEHD의\ 넓이)\times(선분\ AP의\ 길이)$$
$$=a^2\times(3a+7)=3a^3+7a^2$$

2nd a의 값을 구하고, 선분 AP의 길이를 구해.

$V_1-V_2=4$에서 $3a^3+7a^2=4$
조립제법을 이용하여 인수분해하면
$3a^3+7a^2-4=\underline{(a+1)(3a^2+4a-4)}$

$a=-1$일 때, $-3+7-4=0$이므로
다항식 $3a^3+7a^2-4$는 $(a+1)$을 인수로 가져.

$$\begin{array}{r|rrrr} -1 & 3 & 7 & 0 & -4 \\ & & -3 & -4 & 4 \\ \hline & 3 & 4 & -4 & 0 \end{array}$$

$$=(a+1)(a+2)(3a-2)=0$$

이고, a는 양수이므로 $a=\dfrac{2}{3}$

따라서 $\bigcirc$에 의해 선분 AP의 길이는 $3a+7=3\times\dfrac{2}{3}+7=9$

G 123 정답 ② ⸺⸺⸺⸺⸺⸺ 연립이차방정식

(정답 공식: 일차식을 이차식에 대입하여 문자의 개수를 줄인다.)

연립방정식
$$\begin{cases} x-y=3 \\ 2x^2+y^2=6 \end{cases}$$

단서 $y=x-3$을 $2x^2+y^2=6$에 대입해.

의 해를 $x=\alpha$, $y=\beta$라 할 때, $\alpha+\beta$의 값은?

① -2 ② -1 ③ 0 ④ 1 ⑤ 2

1st $\alpha+\beta$의 값을 구해.

연립방정식 $\begin{cases} x-y=3 \\ 2x^2+y^2=6 \end{cases}$ 에서

$x-y=3$, 즉 $y=x-3$을 $2x^2+y^2=6$에 대입하면
$2x^2+(x-3)^2=6$

$\rightarrow x=y+3$을 대입하여 풀어도 돼.

$2x^2+x^2-6x+9=6$, $3x^2-6x+9=6$
$3x^2-6x+3=0$, $3(x-1)^2=0$ ∴ $x=1$
이 값을 $y=x-3$에 대입하면 $y=-2$이므로 $\alpha=1$, $\beta=-2$
∴ $\alpha+\beta=-1$

> ❀ { 일차방정식 / 이차방정식 } 꼴의 연립이차방정식   개념·공식
>
> 일차방정식과 이차방정식으로 이루어진 연립이차방정식은
> 다음의 순서로 푼다.
> (i) 일차방정식을 x 또는 y에 대하여 정리한다.
> (ii) (i)에서의 정리한 식을 이차방정식에 대입하여 푼다.
> (iii) (ii)에서 구한 값을 (i)에 대입하여 나머지 해를 구한다.

G 124 정답 ④ ⸺⸺⸺⸺⸺⸺ 연립이차방정식

(정답 공식: 일차식을 이차식에 대입하여 문자의 개수를 줄인다.)

연립방정식
$$\begin{cases} x-y=2 \\ x^2+8x+y^2=2 \end{cases}$$

단서 $y=x-2$를 이차식에 대입해.

의 해를 $x=\alpha$, $y=\beta$라 할 때, $\alpha+\beta$의 값은?

① -1 ② -2 ③ -3
④ -4 ⑤ -5

1st $y=x-2$를 대입해서 α, β의 값을 각각 구해.

$x-y=2$에서 $y=x-2 \cdots \bigcirc$이므로
$\bigcirc$을 $x^2+8x+y^2=2$에 대입하면
$x^2+8x+(x-2)^2=2$, $x^2+8x+x^2-4x+4=2$
$2x^2+4x+2=0$, $2(x^2+2x+1)=0$
$2(x+1)^2=0$
∴ $x=-1$
이 값을 $\bigcirc$에 대입하면 $y=x-2=-3$

2nd $\alpha+\beta$의 값을 구해.

$\alpha=-1$, $\beta=-3$이므로
$\alpha+\beta=-1+(-3)=-4$

G 125 정답 ② ⸺⸺⸺⸺⸺⸺ 연립이차방정식

[정답 공식: 일차방정식을 한 문자에 대하여 정리한 다음 이차방정식의 해를 구하여 푼다.]

연립방정식
$$\begin{cases} 2x-y=4 \\ 3x^2-xy-7y=3 \end{cases}$$

단서 일차방정식을 한 문자에 대하여 정리한 다음 이차방정식에 대입하자.

의 해를 $x=\alpha$, $y=\beta$라 할 때, $\alpha+\beta$의 값은?

① 8 ② 11 ③ 14
④ 17 ⑤ 20

1st 일차방정식을 한 문자에 대하여 정리하자.

연립방정식의 해가 $x=\alpha$, $y=\beta$이므로
연립방정식에 $x=\alpha$, $y=\beta$를 대입하면 성립해.
$2\alpha-\beta=4$ ∴ $\beta=2\alpha-4 \cdots \bigcirc$

2nd 이차방정식에 대입하자.

$\bigcirc$을 $3\alpha^2-\alpha\beta-7\beta=3$에 대입하면
$3\alpha^2-\alpha(2\alpha-4)-7(2\alpha-4)=3$
$3\alpha^2-2\alpha^2+4\alpha-14\alpha+28=3$
$\alpha^2-10\alpha+25=0$

3rd 이차방정식을 풀어 답을 구하자.

$(\alpha-5)^2=0$이므로
$\alpha=5$, $\beta=2\times5-4(\because \bigcirc)=6$
∴ $\alpha+\beta=5+6=11$

G 126 정답 ② ·············· 일차 + 이차 : 연립이차방정식의 풀이

정답 공식: 연립이차방정식을 풀 때에는 한 문자를 다른 문자로 나타내거나 이차방정식을 인수분해한다.

연립방정식 $\begin{cases} 4x^2-4xy+y^2=0 \\ x+2y-10=0 \end{cases}$ 의 해를 $x=\alpha$, $y=\beta$라 할 때, $\alpha+\beta$의 값은?

단서 이차방정식의 좌변을 인수분해한 후 풀어서 x, y에 대한 일차방정식을 찾아 봐.

① 5 ② 6 ③ 7 ④ 8 ⑤ 9

1st 주어진 이차방정식을 간단히 해.

$4x^2-4xy+y^2=0$에서 $(2x-y)^2=0$, $2x-y=0$

$a^2-2ab+b^2=(a-b)^2$

$\therefore y=2x$

2nd 연립방정식의 해를 구해.

즉, 주어진 연립방정식은 $\begin{cases} y=2x \\ x+2y-10=0 \end{cases}$이므로 $y=2x$를

$x+2y-10=0$에 대입하면 $x+2\times 2x-10=0$

$5x=10$ $\therefore x=2$

$y=2x=2\times 2=4$

따라서 $\alpha=2$, $\beta=4$이므로 $\alpha+\beta=2+4=6$

다른 풀이: 연립방정식 중 일차식에서 한 문자를 다른 문자로 나타내어 이차방정식에 대입한 뒤, 인수분해하여 값 구하기

$x+2y-10=0$에서 $x=-2y+10$

이것을 $4x^2-4xy+y^2=0$에 대입하면

$4(-2y+10)^2-4(-2y+10)y+y^2=0$

$16y^2-160y+400+8y^2-40y+y^2=0$

$25y^2-200y+400=0$, $y^2-8y+16=0$

$(y-4)^2=0$ $\therefore y=4$

$x=-2y+10=-2\times 4+10=2$

따라서 $\alpha=2$, $\beta=4$이므로 $\alpha+\beta=2+4=6$

G 127 정답 ① ·············· 일차 + 이차 : 연립이차방정식의 풀이

정답 공식: 일차방정식을 한 문자에 대하여 정리한 후 이차방정식에 대입하여 해를 구한다.

연립방정식

$\begin{cases} 2x-y=1 \\ 4x^2-x-y^2=5 \end{cases}$

단서 일차방정식에서 한 문자를 다른 문자에 대한 식으로 정리한 후 이차방정식에 대입하여 푸는 거야.

의 해가 $x=\alpha$, $y=\beta$일 때, $\alpha\beta$의 값은?

① 6 ② 7 ③ 8 ④ 9 ⑤ 10

1st 연립방정식을 대입법으로 풀자.

$2x-y=1$에서 $y=2x-1$

$y=2x-1$을 $4x^2-x-y^2=5$에 대입하면

$4x^2-x-(2x-1)^2=5$

$2x-y=1$에서 $x=\frac{1}{2}(y+1)$로 정리하여 대입해도 되지만 이 경우 y의 계수가 분수여서 계산하는 데 약간 복잡할 수 있어. 되도록 계수가 정수가 되도록 식을 변형하는 것이 좋아.

$4x^2-x-4x^2+4x-1=5$

$3x=6$ $\therefore x=2$

$x=2$를 $y=2x-1$에 대입하면

$y=2\times 2-1=3$

따라서 $\alpha=2$, $\beta=3$이므로 $\alpha\beta=2\times 3=6$

톡톡 풀이: $A^2-B^2=(A+B)(A-B)$임을 이용하여 값 구하기

$2x-y=1$을 이용하자.

$4x^2-x-y^2=5$의 좌변을 변형하면 $4x^2-y^2=(2x+y)(2x-y)$로 인수분해한 거야.

$(2x+y)(2x-y)-x=5$ ··· ㉠

㉠에 $2x-y=1$을 대입하여 정리하면

$(2x+y)\times 1-x=5$에서 $x+y=5$

두 식 $2x-y=1$, $x+y=5$를 연립하여 풀면

$\underline{x=2, y=3}$ ─ $2x-y=1$, $x+y=5$를 변끼리 더하면

따라서 $\alpha=2$, $\beta=3$이므로 $3x=6$ $\therefore x=2$

$\alpha\beta=2\times 3=6$ $x=2$를 $x+y=5$에 대입하여 풀면 $2+y=5$ $\therefore y=3$

G 128 정답 ③ ·············· 일차 + 이차 : 연립이차방정식의 풀이

정답 공식: 두 다항식 A, B에 대하여 $AB=0$이면 $A=0$ 또는 $B=0$이다.

연립방정식 **단서1** 두 방정식을 모두 만족시키는 x, y의 값을 구해야 해.

$\begin{cases} 3x-2y=7 \\ 6x^2-xy-2y^2=0 \end{cases}$

단서2 이차방정식을 인수분해해서 풀어도 되고 일차방정식을 한 문자에 관하여 정리한 후 이차방정식에 대입하여 풀어도 돼.

의 해를 $x=\alpha$, $y=\beta$라 할 때, $\alpha-\beta$의 값은?

① 1 ② 2 ③ 3 ④ 4 ⑤ 5

1st 주어진 연립방정식을 간단히 해.

$6x^2-xy-2y^2=0$에서 $(3x-2y)(2x+y)=0$이므로

$3x-2y=0$ 또는 $2x+y=0$이다.

즉, 주어진 연립방정식은 $\begin{cases} 3x-2y=7 \\ 3x-2y=0 \end{cases}$ 또는 $\begin{cases} 3x-2y=7 \\ 2x+y=0 \end{cases}$이다.

2nd 연립방정식의 해를 구해.

(ⅰ) $\begin{cases} 3x-2y=7 \\ 3x-2y=0 \end{cases}$을 만족시키는 x, y는 존재하지 않는다.

두 직선 $3x-2y=7$, $3x-2y=0$은 서로 평행하므로 만나지 않아.

따라서 연립방정식 $\begin{cases} 3x-2y=7 \\ 3x-2y=0 \end{cases}$의 해는 존재하지 않아.

(ⅱ) $\begin{cases} 3x-2y=7 \\ 2x+y=0 \end{cases}$에서 $\begin{cases} 3x-2y=7 \\ y=-2x \end{cases}$이고 $y=-2x$를 $3x-2y=7$에

대입하면 $3x-2\times(-2x)=7$, $7x=7$

$\therefore x=1$, $y=-2\times 1=-2$

(ⅰ), (ⅱ)에 의하여 $x=1$, $y=-2$

3rd $\alpha-\beta$의 값을 구해.

따라서 $\alpha=1$, $\beta=-2$이므로

$\alpha-\beta=1-(-2)=3$

다른 풀이: 연립방정식 중 일차식에서 한 문자를 다른 문자로 나타내어 이차방정식에 대입한 뒤, 인수분해하여 값 구하기

$3x-2y=7$에서 $2y=3x-7$

$\therefore y=\dfrac{3x-7}{2}$ ··· ㉠

이것을 $6x^2-xy-2y^2=0$에 대입하면

$6x^2-x\times\dfrac{3x-7}{2}-2\times\left(\dfrac{3x-7}{2}\right)^2=0$

정리하면 $49x-49=0$, $49x=49$

$\therefore x=1$, $y=\dfrac{3\times 1-7}{2}=-2$ ($\because$ ㉠)

(이하 동일)

G 129 정답 3 ·················· 일차 + 이차 : 연립이차방정식의 풀이

정답 공식: 일차방정식과 이차방정식으로 이루어진 연립방정식은 일차방정식에서 한 문자를 다른 문자에 대한 식으로 변형한 후 이차방정식에 대입하여 푼다.

연립방정식

$$\begin{cases} x-y=-5 \\ 4x^2+y^2=20 \end{cases}$$

단서 일차방정식을 x 또는 y에 관한 식으로 정리해서 이차방정식에 대입해.

의 해를 $x=\alpha$, $y=\beta$라 할 때, $\alpha+\beta$의 값을 구하시오.

1st 연립방정식을 풀자.

$x-y=-5$에서 $y=x+5$ ··· ㉠

→ x를 y에 관한 식으로 나타내서 풀어도 돼.

이것을 $4x^2+y^2=20$에 대입하면
$4x^2+(x+5)^2=20$, $4x^2+x^2+10x+25=20$
$5x^2+10x+5=0$, $x^2+2x+1=0$, $(x+1)^2=0$
$\therefore x=-1$
이것을 ㉠에 대입하면 $y=-1+5=4$

2nd $\alpha+\beta$의 값을 구해.

따라서 $\alpha=-1$, $\beta=4$이므로
$\alpha+\beta=-1+4=3$

✿ 연립이차방정식의 풀이

개념·공식

(1) $\begin{cases} \text{일차방정식} \\ \text{이차방정식} \end{cases}$ 꼴
　(ⅰ) 일차방정식을 x 또는 y에 대하여 푼다.
　(ⅱ) (ⅰ)의 식을 이차방정식에 대입하여 푼다.
(2) $\begin{cases} \text{이차방정식} \\ \text{이차방정식} \end{cases}$ 꼴
　(ⅰ) 인수분해가 되는 이차방정식을 두 일차식의 곱으로 인수분해하여 일차방정식을 얻는다.
　(ⅱ) (ⅰ)의 일차방정식을 다른 이차방정식에 대입하여 푼다.

G 130 정답 ③ ·················· 일차 + 이차 : 연립이차방정식의 풀이

정답 공식: 일차방정식과 이차방정식으로 이루어진 연립이차방정식은 일차방정식을 한 문자에 대한 식으로 정리한 후 이차방정식에 대입하여 푼다.

연립방정식

$$\begin{cases} x-y+1=0 \\ x^2-2y^2-2=0 \end{cases}$$

단서 $x-y+1=0$을 x 또는 y에 대한 식으로 정리한 후 $x^2-2y^2-2=0$에 대입하여 해를 구해.

의 해를 $x=\alpha$, $y=\beta$라 할 때, $\alpha+\beta$의 값은?

① -5 　　② -4 　　③ -3
④ -2 　　⑤ -1

1st 연립방정식을 풀자.

$x-y+1=0$에서 $y=x+1$ ··· ㉠

→ $x-y+1=0$을 x에 대하여 나타내서 풀어도 돼. 즉, $x=y-1$을 $x^2-2y^2-2=0$에 대입하여 풀어도 돼.

이것을 $x^2-2y^2-2=0$에 대입하면
$x^2-2(x+1)^2-2=0$
$x^2-2x^2-4x-2-2=0$
$x^2+4x+4=0$, $(x+2)^2=0$ 　$\therefore x=-2$
이것을 ㉠에 대입하면 $y=-2+1=-1$
따라서 구하는 해는 $x=-2$, $y=-1$이므로
$\alpha=-2$, $\beta=-1$
$\therefore \alpha+\beta=(-2)+(-1)=-3$

G 131 정답 7 ·················· 일차 + 이차 : 연립이차방정식의 풀이

정답 공식: $\begin{cases} (\text{일차식})=0 \\ (\text{이차식})=0 \end{cases}$ 인 연립방정식은 (일차식)$=0$을 한 문자에 대한 식으로 변형한 후 (이차식)$=0$에 대입하여 푼다.

x, y에 대한 연립방정식

$$\begin{cases} x-2y=1 \\ 2x-y^2=6 \end{cases}$$

단서 일차방정식과 이차방정식이 섞여 있으면 일차방정식을 한 문자에 대한 식으로 변형하여 이차방정식에 대입하여 구하면 돼.

의 해가 $x=\alpha$, $y=\beta$일 때, $\alpha+\beta$의 값을 구하시오.

1st 먼저 일차방정식을 한 문자에 대한 식으로 변형하자.

x, y에 대한 연립방정식

$$\begin{cases} x-2y=1 & \cdots ㉠ \\ 2x-y^2=6 & \cdots ㉡ \end{cases}$$

에서 ㉠의 x를 y에 대한 식으로 변형하면
$x=2y+1$ ··· ㉢
이것을 ㉡에 대입하면
$2(2y+1)-y^2=6$
$4y+2-y^2=6$
$y^2-4y+4=0$
$(y-2)^2=0$
$\therefore y=2$
$y=2$를 ㉢에 대입하면
$x=2\times2+1=5$
따라서 $\alpha=5$, $\beta=2$이므로
$\alpha+\beta=5+2=7$

실수 ⟲ y를 x에 대한 식으로 변형해서 풀어도 돼.
즉, ㉠을 변형하면 $y=\dfrac{x-1}{2}$
이것을 ㉡에 대입하면 $2x-\left(\dfrac{x-1}{2}\right)^2=6$
그런데 식이 복잡해지지.
무엇에 대한 식으로 변형해야 계산이 간편해지는지 잘 생각해야 해.

G 132 정답 ③ ·················· 일차 + 이차 : 연립이차방정식의 풀이

정답 공식: 일차방정식을 어느 한 문자에 대하여 정리한 후, 이차방정식에 대입하여 푼다.

연립방정식

$$\begin{cases} 2x-y=1 \\ 5x^2-y^2=-5 \end{cases}$$

단서 두 식의 차수가 다르므로 일차방정식을 정리해서 이차방정식에 대입하는 방법으로 해결하자.

의 해를 $x=\alpha$, $y=\beta$라 할 때, $\alpha-\beta$의 값은?

① 1 　　② 2 　　③ 3 　　④ 4 　　⑤ 5

1st 일차방정식을 한 문자에 관해 정리하자.

$2x-y=1$을 y에 대하여 정리하면 $y=2x-1$ ··· ㉠

2nd 정리한 식을 이차방정식에 대입하여 답을 구하자.

$5x^2-y^2=-5$에 ㉠을 대입하면
$5x^2-(2x-1)^2=-5$에서
$5x^2-(4x^2-4x+1)=-5$
$x^2+4x+4=0$, $(x+2)^2=0$
$\therefore x=-2$

이 값을 ㉠에 대입하면 $y=-5$
따라서 $\alpha=-2$, $\beta=-5$이므로
$\alpha-\beta=-2-(-5)=3$

함정 $x=-2$를 이차방정식에 대입하면 가능한 y의 값이 2가지가 나오므로, 불필요한 계산을 줄이기 위해서는 이차방정식이 아닌 일차방정식에 대입하는 습관을 갖자.

G 133 정답 ③ ·················· 일차+이차 : 연립이차방정식의 풀이

정답 공식: 일차방정식과 이차방정식으로 이루어진 연립방정식은 일차방정식을 한 문자에 대한 식으로 변형한 후 이차방정식에 대입하여 푼다.

> 연립방정식
> $$\begin{cases} 4x^2-y^2=27 \\ 2x+y=3 \end{cases}$$ **단서** $4x^2-y^2$을 인수분해하면 $2x+y$가 나오므로 이를 이용하여 해를 구해.
>
> 의 해를 $x=\alpha$, $y=\beta$라 할 때, $\alpha-\beta$의 값은?
>
> ① 2 ② 4 ③ 6
> ④ 8 ⑤ 10

1st 이차방정식의 좌변을 인수분해 하자.

$4x^2-y^2=27$에서 $\rightarrow a^2-b^2=(a+b)(a-b)$

$(2x+y)(2x-y)=27$

이때, $2x+y=3$ … ㉠이므로 이것을 대입하면

$3\times(2x-y)=27$

$2x-y=9$ … ㉡

2nd 두 일차식을 연립하여 연립방정식의 해를 구하자.

두 식 ㉠, ㉡을 변변 더하면

$4x=12$ ∴ $x=3$

이것을 ㉡에 대입하면

$6-y=9$ ∴ $y=-3$

따라서 $\alpha=3$, $\beta=-3$이므로

$\alpha-\beta=3-(-3)=6$이다.

다른 풀이: 일차식의 y를 x에 대한 식으로 변형하여 이차방정식에 대입하기

$2x+y=3$에서 $y=3-2x$이므로 이를 이차식에 대입하면

$4x^2-(3-2x)^2=27$

$12x-9=27$ ∴ $x=3$

$y=3-2x=-3$

(이하 동일)

G 134 정답 3 ················ 일차+이차 : 연립이차방정식의 풀이

정답 공식: 연립이차방정식이 오직 한 쌍의 해를 가지려면 일차방정식을 한 문자에 대하여 정리한 후 이차방정식에 대입하여 만든 이차방정식이 중근을 가져야 한다.

> 연립방정식 $\begin{cases} 2x-y-1=0 \\ 4x^2-6y+3=0 \end{cases}$의 해를 $x=\alpha$, $y=\beta$라 할 때,
>
> $\alpha\times\beta$의 값을 구하시오. **단서** 일차식을 한 문자에 대해 정리한 후 이차식에 대입해.

1st 두 식을 연립해서 연립방정식의 해를 구해.

$2x-y-1=0$에서 $y=2x-1$ → $\begin{cases}(일차식)=0 \\ (이차식)=0\end{cases}$ 꼴의 연립방정식은 일차식을

위 식을 $4x^2-6y+3=0$에 대입하면 한 문자에 대해 나타내어 이차식에 대입해.

$4x^2-6(2x-1)+3=0$

$4x^2-12x+9=0$

$(2x-3)^2=0$

∴ $x=\dfrac{3}{2}$, $y=2$ → $y=2\times\dfrac{3}{2}-1=2$

2nd $\alpha\times\beta$의 값을 구해.

따라서 $\alpha=\dfrac{3}{2}$, $\beta=2$이므로 $\alpha\times\beta=\dfrac{3}{2}\times2=3$이다.

G 135 정답 15 ·················· 일차 + 이차 – 연립이차방정식

정답 공식: 연립방정식 중 하나를 다른 방정식에 대입하여 푼다.

> 연립방정식 **단서** 연립방정식의 첫 번째 식을 두 번째 식에 대입하면 문자가 하나 줄겠지?
> $$\begin{cases} x=y+5 \\ x^2-2y^2=50 \end{cases}$$
>
> 의 해를 $x=\alpha$, $y=\beta$라 할 때, $\alpha+\beta$의 값을 구하시오.

1st 연립방정식을 대입법으로 풀면 식을 정리하기가 편하겠지?

연립방정식의 $x=y+5$를 $x^2-2y^2=50$에 대입하자.

$(y+5)^2-2y^2=50$

$-y^2+10y+25=50$

$y^2-10y+25=0$

$(y-5)^2=0$ ∴ $y=5$

$x=y+5=5+5=10$

따라서 $\alpha=10$, $\beta=5$이므로

$\alpha+\beta=10+5=15$

> **[연립방정식의 해를 구하는 방법]**
> ① 가감법 : 두 방정식을 더하거나 빼서 한 미지수를 소거하는 방법
> ② 대입법 : 두 방정식 중 한 쪽의 방정식을 한 미지수에 관하여 풀고 이것을 다른 방정식에 대입하는 방법

G 136 정답 ③ ·················· 일차 + 이차 – 연립이차방정식

정답 공식: 일차방정식을 한 문자에 대하여 정리한 후 이차방정식에 대입하여 해를 구한다.

> 연립방정식
> $$\begin{cases} x-y-1=0 \\ x^2-xy+2y=4 \end{cases}$$ **단서** 연립방정식 중 일차방정식을 한 문자에 대하여 정리한 후 이차방정식에 대입해.
>
> 의 해를 $x=\alpha$, $y=\beta$라 할 때, $\alpha+\beta$의 값은?
>
> ① 1 ② 2 ③ 3
> ④ 4 ⑤ 5

1st 일차방정식을 이용하여 이차방정식을 한 문자로 나타내자.

연립방정식 $\begin{cases} x-y-1=0 & \cdots ㉠ \\ x^2-xy+2y=4 & \cdots ㉡ \end{cases}$에서

㉠은 $y=x-1$로 정리할 수 있고, 이것을 ㉡에 대입하면

$x^2-x(x-1)+2(x-1)=4$ y를 소거하고 x에 대한 방정식으로 만들면 해를 구할 수 있지.

2nd ㉡을 정리하여 해를 구해보자.

$x^2-x^2+x+2x-2=4$

$3x=6$

∴ $x=2$

$x=2$를 ㉠에 대입하면

$2-y-1=0$

∴ $y=1$

따라서 $\alpha=2$, $\beta=1$이므로

$\alpha+\beta=2+1=3$

개념·공식

❋ $\begin{cases} 일차방정식 \\ 이차방정식 \end{cases}$ 꼴의 연립이차방정식

일차방정식과 이차방정식으로 이루어진 연립이차방정식은 다음의 순서로 푼다.

(i) 일차방정식을 x 또는 y에 대하여 정리한다.

(ii) (i)에서의 정리한 식을 이차방정식에 대입하여 푼다.

(iii) (ii)에서 구한 값을 (i)에 대입하여 나머지 해를 구한다.

G 137 정답 ① ··············· 일차＋이차 : 연립이차방정식의 풀이

정답 공식: $x^2+y^2=(x+y)^2-2xy$임을 이용한다.

연립방정식 $\begin{cases} x+y+xy=8 \\ 2x+2y-xy=4 \end{cases}$ 의 해를 $x=\alpha$, $y=\beta$라 할 때,

단서 $x=\alpha$, $x=\beta$를 두 방정식에 대입했을 때 두 식 모두 성립한다는 거야.

$\alpha^2+\beta^2$의 값은?

① 8　　　　② 10　　　　③ 12
④ 14　　　　⑤ 16

1st $\alpha+\beta$, $\alpha\beta$의 값을 각각 구해.

두 방정식 $x+y+xy=8$, $2x+2y-xy=4$를 변변 더하면
$3x+3y=12$
$\therefore x+y=4 \Rightarrow \alpha+\beta=4 \cdots$ ㉠
$x+y=4$를 $x+y+xy=8$에 대입하면 $4+xy=8$
$\therefore xy=4 \Rightarrow \alpha\beta=4 \cdots$ ㉡　$x+y=4$를 $2x+2y-xy=4$에 대입해도 $xy=4$야.

2nd $\alpha^2+\beta^2$의 값을 구해.

$\therefore \alpha^2+\beta^2=(\alpha+\beta)^2-2\alpha\beta$
$\qquad\qquad =4^2-2\times4\,(\because ㉠, ㉡)$
$\qquad\qquad =16-8=8$

다른 풀이: 한 문자를 다른 문자로 나타내어 연립방정식의 해 구하기

위의 풀이의 ㉠에서 $\beta=-\alpha+4 \cdots$ ㉢
이것을 ㉡에 대입하면
$\alpha(-\alpha+4)=4$에서 $-\alpha^2+4\alpha=4$, $\alpha^2-4\alpha+4=0$
$(\alpha-2)^2=0 \qquad \therefore \alpha=2$
이것을 ㉢에 대입하면 $\beta=-2+4=2$
$\therefore \alpha^2+\beta^2=2^2+2^2=8$

톡톡 풀이: 이차방정식의 근과 계수의 관계를 이용하여 값 구하기

최고차항의 계수가 1이고 α, β를 두 근으로 갖는 이차방정식을
$x^2+px+q=0$이라 하면 이차방정식의 근과 계수의 관계에 의하여
이차방정식 $ax^2+bx+c=0$의 두 근을 p, q라 하면
$p+q=-\dfrac{b}{a}$, $pq=\dfrac{c}{a}$이고 이것을 이차방정식의 근과 계수의 관계라 해.
$-p=\alpha+\beta=4\,(\because ㉠)$에서 $p=-4$, $q=\alpha\beta=4\,(\because ㉡)$이므로
이차방정식 $x^2-4x+4=0$은 두 근 α, β를 가져.
그런데 $x^2-4x+4=0$에서 $(x-2)^2=0$, $x=2$이므로
이차방정식 $x^2-4x+4=0$은 중근 $x=2$를 가져.
따라서 $\alpha=2$, $\beta=2$이므로 $\alpha^2+\beta^2=2^2+2^2=8$이야.

G 138 정답 5 ··············· 일차＋이차 : 연립이차방정식의 풀이

정답 공식: 일차방정식과 이차방정식으로 이루어진 연립이차방정식은 일차방정식을 한 문자에 대한 식으로 변형한 후 이차방정식에 대입하여 해를 구한다.

연립방정식

$\begin{cases} x-y=3 \\ x^2-3xy+2y^2=6 \end{cases}$

단서 일차방정식과 이차방정식으로 이루어진 연립이차방정식이므로 일차방정식을 한 문자에 대하여 정리하여 이차방정식에 대입하여 해를 구해.

의 해가 $x=\alpha$, $y=\beta$라 할 때, $\alpha+\beta$의 값을 구하시오.

1st 일차방정식을 한 문자에 대하여 정리해.

연립방정식 $\begin{cases} x-y=3 & \cdots ㉠ \\ x^2-3xy+2y^2=6 & \cdots ㉡ \end{cases}$ 에서

㉠의 x를 y에 대한 식으로 변형하면

일차방정식을 한 문자로 정리할 때, 계수가 정수가 나오도록 정리하면 좋아.

$\begin{cases} (일차식)=0 \\ (이차식)=0 \end{cases}$ 꼴의 연립방정식은 일차식을 x 또는 y에 대하여 풀고, 그 식을 이차방정식에 대입하여 풀어.

$x=y+3 \cdots$ ㉢

2nd ㉢을 이차방정식에 대입하여 해를 구해.

㉢을 ㉡에 대입하면
$(y+3)^2-3(y+3)y+2y^2=6$
$y^2+6y+9-3y^2-9y+2y^2=6$
$-3y=-3$
$\therefore y=1$
$y=1$을 ㉢에 대입하면 $x=4$
따라서 $\alpha=4$, $\beta=1$이므로 $\alpha+\beta=5$

다른 풀이: 인수분해 이용하기

$\begin{cases} x-y=3 & \cdots ㉠ \\ x^2-3xy+2y^2=6 & \cdots ㉡ \end{cases}$
㉡에서 $(x-y)(x-2y)=6$

이차식을 인수분해 했을 때, 일차식의 값이 주어져 있으면 다른 일차식의 값을 구할 수 있고, 두 일차식을 연립하면 해를 구할 수 있어.

$x-y=3$이므로 $x-2y=2 \cdots$ ㉢
㉠－㉢에서 $y=1$
$y=1$을 ㉢에 대입하면 $x=4$
따라서 $\alpha=4$, $\beta=1$이므로 $\alpha+\beta=5$

G 139 정답 ② ··············· 일차＋이차 : 연립이차방정식의 풀이

정답 공식: 일차방정식과 이차방정식으로 이루어진 연립방정식은 일차방정식을 한 문자에 대한 식으로 정리한 후 이차방정식에 대입하여 푼다.

x, y에 대한 연립방정식

$\begin{cases} x-y=3 \\ x^2-xy-y^2=k \end{cases}$

단서 1 일차방정식을 한 문자에 대해 정리한 후 이차방정식에 대입해.

의 해를 $\begin{cases} x=\alpha \\ y=\alpha-3 \end{cases}$ 또는 $\begin{cases} x=\beta \\ y=\beta-3 \end{cases}$ 이라 하자.

α, β가 서로 다른 두 실수가 되도록 하는 자연수 k의 최댓값은?

단서 2 일차방정식을 이차방정식에 대입한 식이 서로 다른 두 실근을 갖게 되는 거겠지?

① 10　　② 11　　③ 12　　④ 13　　⑤ 14

1st 일차방정식을 한 문자에 대해 정리하고 이차방정식에 대입하자.

$x-y=3$을 y에 대하여 정리하면 $y=x-3 \cdots$ ㉠
$x^2-xy-y^2=k$에 ㉠을 대입하면
$x^2-x(x-3)-(x-3)^2=k$
$-x^2+9x-9-k=0$에서 $x^2-9x+9+k=0$

2nd 연립방정식의 해가 서로 다른 두 실수가 되므로 판별식을 이용하여 자연수 k의 최댓값을 구하자.

이차방정식 $x^2-9x+9+k=0$의 판별식을 D라 하면

이차방정식 $ax^2+bx+c=0$의 판별식을 $D=b^2-4ac$라 할 때, $D>0$이면 이 이차방정식은 서로 다른 두 실근을 가져.

$D=9^2-4\times(9+k)=81-36-4k>0$에서
α, β가 서로 다른 두 실수가 되므로 $D>0$
$-4k>-45$, $4k<45$　**주의** 부등식의 양변을 음수로 나누면 부등호의 방향이 반대로 바뀌게 돼.
$\therefore k<\dfrac{45}{4}=11.\times\times\times$

따라서 자연수 k의 최댓값은 11이다.

G 140 정답 ④ ·················· 일차＋이차 : 연립이차방정식의 풀이

【 **정답 공식:** 일차방정식과 이차방정식으로 이루어진 연립방정식은 일차방정식을 】
한 문자에 대한 식으로 변형한 후 이차방정식에 대입하여 푼다.

연립방정식 $\begin{cases} 2x-3y=-1 \\ x^2-2y^2=-1 \end{cases}$ 의 해를 $x=\alpha$, $y=\beta$라 할 때,

단서 1 일차방정식과 이차방정식으로 이루어진 연립방정식이니까 일차방정식을 한 문자에 대한 식으로 변형한 후 이차방정식에 대입하여 해를 구해.

$\alpha+\beta$의 값은? (단, $\alpha \neq \beta$)

① 9 　　　　② 10 　　　　③ 11
④ 12 　　　　⑤ 13

단서 2 연립방정식의 해 중에서 $\alpha=\beta$인 경우도 있다는 거야.

1st 일차방정식을 한 문자에 대한 식으로 변형해.

연립방정식 $\begin{cases} 2x-3y=-1 \cdots ㉠ \\ x^2-2y^2=-1 \cdots ㉡ \end{cases}$ 에서

㉠의 y를 x에 대한 식으로 변형하면
　x를 y에 대한 식으로 변형하여 풀어도 돼.
$y=\dfrac{2x+1}{3} \cdots ㉢$

2nd ㉢을 이차방정식에 대입하여 해를 구해.

㉢을 ㉡에 대입하면
$x^2-2\left(\dfrac{2x+1}{3}\right)^2=-1$, $x^2-\dfrac{8x^2+8x+2}{9}=-1$
$9x^2-(8x^2+8x+2)=-9$, $x^2-8x+7=0$
$(x-1)(x-7)=0$
$\therefore x=1$ 또는 $x=7$

이것을 ㉢에 대입하면 $\begin{cases} x=1 \\ y=1 \end{cases}$ 또는 $\begin{cases} x=7 \\ y=5 \end{cases}$ 이다.

이때, 조건에서 $\alpha \neq \beta$이므로 $\alpha=7$, $\beta=5$이다.

$\therefore \alpha+\beta=7+5=12$ **주의** ◁ 문제의 조건에 맞는지 꼭 확인해.

G 141 정답 ② ·················· 일차＋이차 : 연립이차방정식의 풀이

【 **정답 공식:** 미지수 a, b가 없는 식을 연립하여 구한다. 】

x, y에 대한 두 연립방정식
$\begin{cases} 3x+y=a \\ 2x+2y=1 \end{cases}$, $\begin{cases} x^2-y^2=-1 \\ x-y=b \end{cases}$

단서 두 연립방정식의 일치하는 해를 (p, q)라고 하면 네 개의 방정식에 $x=p$, $y=q$를 대입하면 등식이 모두 성립해.

의 해가 일치할 때, 두 상수 a, b에 대하여 ab의 값은?

① 1 　　　　② 2 　　　　③ 3
④ 4 　　　　⑤ 5

1st 두 연립방정식의 해가 일치하므로 상수 a, b를 포함하지 않은 x와 y에 대한 두 식을 연립하여 해를 구하자.

두 연립방정식
$\begin{cases} 3x+y=a \\ 2x+2y=1 \end{cases}$, $\begin{cases} x^2-y^2=-1 \\ x-y=b \end{cases}$

의 일치하는 해는 연립방정식

$\begin{cases} x^2-y^2=-1 \cdots ㉠ \\ 2x+2y=1 \cdots ㉡ \end{cases}$

두 연립방정식의 일치하는 해를 $x=p$, $y=q$라고 하면
→ $x=p$, $y=q$는 네 개의 방정식을 모두 만족시켜.
결국 네 개의 방정식 중에서 상수 a, b를 포함하지 않은 두 개의 방정식을 연립해서 풀면 돼.

의 해와 같다.

㉡에서 $x+y=\dfrac{1}{2}$이고,

㉠에서 $(x-y)(x+y)=-1$이므로

$x+y=\dfrac{1}{2}$을 대입하면 $x-y=-2$

따라서 $\begin{cases} x+y=\dfrac{1}{2} \\ x-y=-2 \end{cases}$ 를 연립하여 풀면

$x=-\dfrac{3}{4}$, $y=\dfrac{5}{4}$

2nd x, y를 이용해서 a, b의 값을 구하자.

$3x+y=a$에 $x=-\dfrac{3}{4}$, $y=\dfrac{5}{4}$를 대입하면

$a=3\times\left(-\dfrac{3}{4}\right)+\dfrac{5}{4}=-1$

$x-y=b$에 $x=-\dfrac{3}{4}$, $y=\dfrac{5}{4}$를 대입하면 $b=-\dfrac{3}{4}-\dfrac{5}{4}=-2$

$\therefore ab=2$

G 142 정답 ⑤ ·················· 이차＋이차 : 연립이차방정식의 풀이

【 **정답 공식:** 연립방정식의 두 이차방정식 중 인수분해가 쉽게 되는 이차식을 인 】
수분해하여 두 일차방정식을 얻은 후 이 일차방정식을 다른 이차방정식에 대입하여 푼다.

연립방정식

$\begin{cases} 2x^2-5xy+2y^2=0 \\ 4x^2-y^2=45 \end{cases}$

단서 연립이차방정식이니까 문자의 개수를 줄이는 방향으로 연립할 거야. 두 식 모두 좌변을 인수분해하자.

의 해를 $x=\alpha$, $y=\beta$라 할 때, $\alpha+\beta$의 값은?

(단, $\alpha>0$, $\beta>0$)

① $\sqrt{3}$ 　　　　② $\dfrac{3\sqrt{3}}{2}$ 　　　　③ $2\sqrt{3}$

④ $\dfrac{5\sqrt{3}}{2}$ 　　　　⑤ $3\sqrt{3}$

1st $2x^2-5xy+2y^2=0$을 인수분해하여 두 일차식을 구하자.

$\begin{cases} 2x^2-5xy+2y^2=0 \\ 4x^2-y^2=45 \end{cases}$ 에서

$\begin{cases} (2x-y)(x-2y)=0 \cdots ㉠ \\ (2x-y)(2x+y)=45 \cdots ㉡ \end{cases}$

㉠에서 $2x-y=0$ 또는 $x-2y=0$
　각 식을 나머지 이차식에 대입하자.

2nd 두 식을 연립해서 $\alpha+\beta$의 값을 구해.

(i) $2x-y=0$일 때
　㉡에 대입하면 좌변은 0, 우변은 45이므로 연립방정식의 해가 존재하지 않는다.

(ii) $x-2y=0$일 때
　$x=2y$를 ㉡에 대입하면
　$(2x-y)(2x+y)=3y\times5y=15y^2=45$
　$y^2=3$
　$\therefore y=\sqrt{3}$ 또는 $y=-\sqrt{3}$
　이때, $\beta>0$이므로 $\beta=\sqrt{3}$, $\alpha=2\sqrt{3}$

(i), (ii)에서 $\alpha+\beta=3\sqrt{3}$

G 143 정답 ① ················ 이차＋이차 : 연립이차방정식의 풀이

{ 정답 공식: 연립이차방정식 중 인수분해가 가능한 이차방정식에서 x, y의 관계식을 구하고 다른 이차방정식에 이를 대입한다. }

연립방정식 $\begin{cases} x^2-3xy+2y^2=0 \\ x^2-y^2=9 \end{cases}$ 의 해를

단서 두 이차방정식 중 인수분해가 되는 것을 먼저 풀어야 해.

$\begin{cases} x=\alpha_1 \\ y=\beta_1 \end{cases}$ 또는 $\begin{cases} x=\alpha_2 \\ y=\beta_2 \end{cases}$

라 하자. $\alpha_1<\alpha_2$일 때, $\beta_1-\beta_2$의 값은?

① $-2\sqrt{3}$ ② $-2\sqrt{2}$ ③ $2\sqrt{2}$ ④ $2\sqrt{3}$ ⑤ 4

1st $x^2-3xy+2y^2=0$의 좌변을 인수분해한 후 연립방정식의 해를 구하자.
$x^2-3xy+2y^2=0$에서
$(x-y)(x-2y)=0$ ∴ $x=y$ 또는 $x=2y$
(i) $x=y$일 때,
$x^2-y^2=9$에 대입하면 $y^2-y^2=0\neq9$이므로
조건을 만족시키지 않는다.
(ii) $x=2y$일 때,
$x^2-y^2=9$에 대입하면 $(2y)^2-y^2=9$, $3y^2=9$
$y^2=3$ ∴ $y=\sqrt{3}$ 또는 $y=-\sqrt{3}$
$y=\sqrt{3}$이면 $x=2y=2\sqrt{3}$
$y=-\sqrt{3}$이면 $x=2y=-2\sqrt{3}$
따라서 연립방정식의 해는 $\begin{cases} x=-2\sqrt{3} \\ y=-\sqrt{3} \end{cases}$ 또는 $\begin{cases} x=2\sqrt{3} \\ y=\sqrt{3} \end{cases}$

이때, $\alpha_1<\alpha_2$이므로 $\begin{cases} x=-2\sqrt{3}=\alpha_1 \\ y=-\sqrt{3}=\beta_1 \end{cases}$ 또는 $\begin{cases} x=2\sqrt{3}=\alpha_2 \\ y=\sqrt{3}=\beta_2 \end{cases}$

$\alpha_1=-2\sqrt{3}$, $\beta_1=-\sqrt{3}$, $\alpha_2=2\sqrt{3}$, $\beta_2=\sqrt{3}$
∴ $\beta_1-\beta_2=-\sqrt{3}-\sqrt{3}=-2\sqrt{3}$

G 144 정답 18 ················ 연립이차방정식의 풀이

{ 정답 공식: 두 개의 이차방정식으로 이루어진 연립이차방정식을 풀 때는 상수항이 0인 이차방정식을 인수분해 해야 한다. }

연립방정식
$\begin{cases} x^2-4xy+4y^2=0 \\ x^2-6x-12y+36=0 \end{cases}$
단서 두 방정식 중 상수항이 0인 방정식을 인수분해야 해.
의 해가 $x=\alpha, y=\beta$일 때, $\alpha\times\beta$의 값을 구하시오.

1st 인수분해 되는 이차방정식을 먼저 해결하자.
$x^2-4xy+4y^2=(x-2y)^2=0$에서
$x-2y=0$
∴ $x=2y$ ··· ㉠
2nd 다른 이차방정식을 이용하여 답을 구하자.
$x^2-6x-12y+36=0$에 ㉠을 대입하면
$x^2-6x-6x+36=(x-6)^2=0$ → 이 방정식을 해결하려면 두 문자를 한 문자에 관한 식으로 바꿔줄 필요가 있어.
따라서 $x=6, y=3$ (∵ ㉠)이므로
$\alpha\times\beta=6\times3=18$이다.

G 145 정답 ③ ················ 이차＋이차 : 연립이차방정식의 풀이

{ 정답 공식: 연립방정식의 두 이차방정식 중 인수분해가 쉽게 되는 이차식을 인수분해하여 일차방정식을 얻은 후 이 일차방정식을 다른 이차방정식에 대입하여 푼다. }

연립방정식
단서1 두 이차방정식으로 이루어진 연립이차방정식이지? 두 식 중 한 식을 인수분해한 후 일차방정식과 이차방정식으로 이루어진 연립이차방정식으로 바꾸어 봐.
$\begin{cases} x^2-2xy-3y^2=0 \\ x^2+y^2=20 \end{cases}$
의 해를 $x=a, y=b$라 할 때, $a+b$의 값은? (단, $a>0, b>0$)
① $2\sqrt{6}$ ② $2\sqrt{7}$ ③ $4\sqrt{2}$
④ 6 ⑤ $2\sqrt{10}$
단서2 연립방정식의 근 중 x, y의 값이 모두 양수인 근을 찾으라는 뜻이야.

1st $x^2-2xy-3y^2=0$의 좌변을 인수분해해.
$x^2-2xy-3y^2=0$에서 $(x-3y)(x+y)=0$이므로
$x=3y$ 또는 $x=-y$
두 수 또는 두 식 A, B에 대하여 $AB=0$이면 $A=0$ 또는 $B=0$이야.
이때, $x>0, y>0$이므로 $x=3y$
2nd $a+b$의 값을 구해. $a>0, b>0$이므로 $x>0, y>0$인 경우만 생각하면 돼.
$x=3y$를 $x^2+y^2=20$에 대입하면 $(3y)^2+y^2=20$, $y^2=2$
∴ $y=\sqrt{2}$ 또는 $y=-\sqrt{2}$ ··· ㉠
㉠을 $x=3y$에 대입하면 $y=\sqrt{2}$일 때, $x=3\sqrt{2}$
$y=-\sqrt{2}$일 때, $x=-3\sqrt{2}$
그런데 $x>0, y>0$이므로 $x=3\sqrt{2}, y=\sqrt{2}$
따라서 $a=3\sqrt{2}, b=\sqrt{2}$이므로
$a+b=3\sqrt{2}+\sqrt{2}=4\sqrt{2}$

G 146 정답 ① ················ 이차＋이차 : 연립이차방정식의 풀이

{ 정답 공식: 인수분해가 가능한 이차방정식에서 x, y의 관계식을 구하고 다른 이차방정식에 이를 대입한다. }

단서 두 이차방정식 중 인수분해가 되는 것을 먼저 풀어야 해.
연립방정식 $\begin{cases} 2x^2-xy-y^2=0 \\ 5x^2-y^2=4 \end{cases}$ 의 해를 $x=\alpha, y=\beta$라고 할 때, 다음 중 $\alpha\beta$의 값이 될 수 있는 것은?
① 1 ② 2 ③ 3
④ 4 ⑤ 5

1st 인수분해가 가능한 식을 정리해.
$2x^2-xy-y^2=0$에서 $(x-y)(2x+y)=0$
∴ $y=x$ 또는 $y=-2x$ → 인수분해가 가능한 것을 우선으로 풀자.
(i) $y=x$를 $5x^2-y^2=4$에 대입하면 $4x^2=4$
∴ $x=\pm1, y=\pm1$ (복호동순)
$x=\pm1$이고 $y=x$라고 했으니까 $y=\pm1$ (복호동순)
(ii) $y=-2x$를 $5x^2-y^2=4$에 대입하면 $x^2=4$
∴ $x=\pm2, y=\mp4$ (복호동순) $x=\pm2$이고 $y=-2x$라고 했으니까 $y=\mp4$ (복호동순)
$x=\alpha, y=\beta$이므로
$\begin{cases} x=\pm1, y=\pm1 \text{ (복호동순)일 때, } \alpha\beta=1 \\ x=\pm2, y=\mp4 \text{ (복호동순)일 때, } \alpha\beta=-8 \end{cases}$
따라서 $\alpha\beta$의 값이 될 수 있는 것은 ①이다.

G 147 정답 25 ·········· 이차+이차 : 연립이차방정식의 풀이

정답 공식: 연립이차방정식 중 인수분해가 가능한 이차방정식에서 x, y의 관계식을 구하고 다른 이차방정식에 이를 대입한다.

연립방정식
$$\begin{cases} x^2-y^2=6 \\ (x+y)^2-2(x+y)=3 \end{cases}$$
단서 $x+y=t$로 놓고 t에 대한 이차방정식을 풀자.
을 만족시키는 양수 x, y에 대하여 $20xy$의 값을 구하시오.

1st $x+y$의 값을 구하자.
$$\begin{cases} x^2-y^2=6 \cdots \text{㉠} \\ (x+y)^2-2(x+y)=3 \cdots \text{㉡} \end{cases}$$
㉡에서 $x+y=t$라 하면
$t^2-2t-3=0$, $(t+1)(t-3)=0$
$\therefore t=-1$ 또는 $t=3$
이때, $x>0$, $y>0$에서 $t>0$이므로 $t=3$
문제의 조건에서 x, y는 양수라 했어. ← t는 두 양수 x, y의 합이야.
$\therefore x+y=3 \cdots \text{㉢}$

2nd 식을 연립하여 x, y의 값을 구하자.
한편, ㉠의 좌변을 인수분해하면
$(x+y)(x-y)=6$
㉢을 위의 식에 대입하면
$3(x-y)=6$ $\therefore x-y=2 \cdots \text{㉣}$
㉢, ㉣을 연립하여 풀면 ㉢+㉣을 하면 $2x=5$ $\therefore x=\dfrac{5}{2}$
$x=\dfrac{5}{2}$, $y=\dfrac{1}{2}$ $\quad x=\dfrac{5}{2}$를 ㉢에 대입하면 $\dfrac{5}{2}+y=3$ $\therefore y=\dfrac{1}{2}$
$\therefore 20xy=20\times\dfrac{5}{2}\times\dfrac{1}{2}=25$이다.

G 148 정답 ⑤ ·········· 이차+이차 : 연립이차방정식의 풀이

정답 공식: 인수분해가 가능한 이차방정식에서 x, y의 관계식을 구하고 다른 이차방정식에 이를 대입한다.

단서 두 식 중 인수분해가 되는 식을 인수분해하여 일차방정식을 찾아내야 해.
연립방정식 $\begin{cases} 2x^2-xy-3y^2=0 \\ x^2+9y^2=10 \end{cases}$의 해를 $x=a$, $y=b$라고 할 때, $a+b$의 최댓값은?

① $-\dfrac{5\sqrt{2}}{3}$ ② -2 ③ 0

④ 2 ⑤ $\dfrac{5\sqrt{2}}{3}$

1st 인수분해 공식을 쓸 수 있는 식부터 정리해야겠지?
$\begin{cases} 2x^2-xy-3y^2=0 \cdots \text{㉠} \\ x^2+9y^2=10 \cdots \text{㉡} \end{cases}$이라 하면 ㉠에서
$(x+y)(2x-3y)=0$ $\therefore y=-x$ 또는 $y=\dfrac{2}{3}x$
(i) $y=-x$를 ㉡에 대입하면
$x^2+9x^2=10$, $x^2=1$ $\therefore x=\pm1$
$\therefore x=\pm1$, $y=\mp1$ (복호동순)
$\rightarrow a=1, b=-1$ 또는 $a=-1, b=1$
(ii) $y=\dfrac{2}{3}x$를 ㉡에 대입하면
$x^2+9\cdot\dfrac{4}{9}x^2=10$, $x^2=2$ $\therefore x=\pm\sqrt{2}$
$\therefore x=\pm\sqrt{2}$, $y=\pm\dfrac{2\sqrt{2}}{3}$ $\rightarrow a=\sqrt{2}, b=\dfrac{2\sqrt{2}}{3}$ 또는 $a=-\sqrt{2}, b=-\dfrac{2\sqrt{2}}{3}$
(i), (ii)에서 $a+b$의 값은 $a=\sqrt{2}$, $b=\dfrac{2\sqrt{2}}{3}$일 때 최대이므로
구하는 $a+b$의 최댓값은 $\sqrt{2}+\dfrac{2\sqrt{2}}{3}=\dfrac{5\sqrt{2}}{3}$이다.

G 149 정답 ① ·········· 이차+이차 : 연립이차방정식의 풀이

정답 공식: 인수분해가 가능한 이차방정식에서 x, y의 관계식을 구하고 다른 이차방정식에 이를 대입한다.

연립방정식
$$\begin{cases} x^2-3xy+2y^2=0 \\ 2x^2-y^2=2 \end{cases}$$
단서 $x^2-3xy+2y^2=(x-y)(x-2y)$로 인수분해할 수 있어.
의 해를 $x=\alpha$, $y=\beta$라 할 때, $\alpha^2+\beta^2$의 최댓값은?

① 4 ② $\dfrac{9}{2}$ ③ 5

④ $\dfrac{11}{2}$ ⑤ 6

1st $x^2-3xy+2y^2=0$의 좌변이 인수분해됨을 이용하자.
$\begin{cases} x^2-3xy+2y^2=0 \cdots \text{㉠} \\ 2x^2-y^2=2 \cdots \text{㉡} \end{cases}$ ← 연립이차방정식은 한 식을 인수분해하거나 이차항 또는 상수항을 소거하여 일차식과 이차식의 연립방정식의 꼴로 유도하여 풀어야 해.

㉠의 좌변을 인수분해하면
$(x-y)(x-2y)=0$
$\therefore y=x$ 또는 $y=\dfrac{1}{2}x$

2nd 인수분해한 일차식을 ㉡에 대입하여 연립방정식의 해를 구하자.
(i) $y=x$를 ㉡에 대입하면
$x^2=2$, $y^2=2$이므로 $\alpha^2+\beta^2=4$
$\rightarrow x=\pm\sqrt{2}, y=\pm\sqrt{2}$이고, $y=x$이므로 만족하는 순서쌍 (α, β)는 $(\sqrt{2}, \sqrt{2})$, $(-\sqrt{2}, -\sqrt{2})$ $\therefore \alpha^2+\beta^2=4$
(ii) $y=\dfrac{1}{2}x$를 ㉡에 대입하면
$x^2=\dfrac{8}{7}$, $y^2=\dfrac{2}{7}$이므로 $\alpha^2+\beta^2=\dfrac{10}{7}$
(i), (ii)에 의하여 $\alpha^2+\beta^2$의 최댓값은 4이다.

G 150 정답 ① ·········· 이차+이차 : 연립이차방정식의 풀이

정답 공식: 인수분해가 가능한 이차방정식에서 x, y의 관계식을 구하고 다른 이차방정식에 이를 대입한다.

연립방정식
$$\begin{cases} x^2+y^2=40 \\ 4x^2+y^2=4xy \end{cases}$$
단서 $4x^2+y^2=4xy$, 즉 $4x^2-4xy+y^2=0$에서 좌변이 인수분해가 되지?
의 해를 $x=\alpha$, $y=\beta$라 할 때, $\alpha\beta$의 값은?

① 16 ② 17 ③ 18
④ 19 ⑤ 20

1st 두 이차방정식 중에서 인수분해 할 수 있는 식이 있는지 살펴봐.
$\begin{cases} x^2+y^2=40 \cdots \text{㉠} \\ 4x^2+y^2=4xy \cdots \text{㉡} \end{cases}$라 하면
$\rightarrow 4x^2-4xy+y^2=0$, 즉 $(2x-y)^2=0$
㉡에서 $(2x-y)^2=0$이므로 $y=2x$
$y=2x$를 ㉠에 대입하면
$x^2=8$ $\therefore x=\pm2\sqrt{2}$ $\rightarrow x^2+y^2=40$에 $y=2x$를 대입하면 $x^2+4x^2=40$, $5x^2=40$ $\therefore x^2=8$
따라서 $\begin{cases} x=2\sqrt{2} \\ y=4\sqrt{2} \end{cases}$ 또는 $\begin{cases} x=-2\sqrt{2} \\ y=-4\sqrt{2} \end{cases}$이므로
$\alpha\beta=16$이다.

G 151 정답 25 ······················· 연립이차방정식의 풀이

정답 공식: $x+y=u$, $x-y=v$로 놓고 주어진 식을 u, v의 연립방정식으로 변형하여 해를 구한다.

연립방정식
$$\begin{cases} x^2-y^2=6 \\ (x+y)^2-(x+y)=6 \end{cases}$$

단서 $x^2-y^2=(x+y)(x-y)$이므로 $x+y$, $x-y$를 치환해서 구해.

을 만족시키는 양수 x, y에 대하여 $20xy$의 값을 구하시오.

1st $x+y=u$, $x-y=v$로 치환하여 u, v에 관한 연립방정식을 풀어보자.

$$\begin{cases} x^2-y^2=6 \\ (x+y)^2-(x+y)=6 \end{cases} 에서 \begin{cases} (x+y)(x-y)=6 \\ (x+y)^2-(x+y)-6=0 \end{cases}$$

$x+y=u$, $x-y=v$라 하면
$$\begin{cases} uv=6 & \cdots \ ㉠ \\ u^2-u-6=0 & \cdots \ ㉡ \end{cases}$$

㉡에서 $(u+2)(u-3)=0$ ∴ $u=-2$ 또는 $u=3$
조건에서 x, y는 양수이므로 $u=3$이다.
$u=3$을 ㉠에 대입하면
$3v=6$ ∴ $v=2$

주의 다른 문자로 치환할 때에는 범위도 같이 고려해야 해. ($x>0, y>0$에서 $x+y>0$이므로 $u>0$이야.)

2nd x, y의 값을 구할 수 있지?
$u=3$, $v=2$이므로 $x+y=3$, $x-y=2$
두 식을 연립하면 $x=\dfrac{5}{2}$, $y=\dfrac{1}{2}$

$$\begin{array}{r} x+y=3 \\ +)\ x-y=2 \\ \hline 2x\ \ =5 \Rightarrow x=\dfrac{5}{2} \end{array}$$
$\dfrac{5}{2}+y=3$에서 $y=\dfrac{1}{2}$

∴ $20xy=20 \times \dfrac{5}{2} \times \dfrac{1}{2}=25$

G 152 정답 ② ······················· 연립이차방정식의 풀이

정답 공식: $x+y=u$, $xy=v$로 놓고 주어진 식을 u, v의 연립방정식으로 변형하여 해를 구한다.

단서 $\dfrac{1}{x}+\dfrac{1}{y}=\dfrac{x+y}{xy}=\dfrac{3}{4}$에서 $xy=8$을 대입하면 $x+y$의 값을 구할 수 있어.

연립방정식 $\begin{cases} xy=8 \\ \dfrac{1}{x}+\dfrac{1}{y}=\dfrac{3}{4} \end{cases}$ 의 해를 $x=a$, $y=b$라고 할 때, 이차방정식 $bx^2+ax-1=0$의 두 근의 합은? (단, $a<b$)

① -2 ② $-\dfrac{1}{2}$ ③ $\dfrac{1}{2}$
④ 1 ⑤ 2

1st xy, $x+y$의 값을 찾아보자.

$$\begin{cases} xy=8 \\ \dfrac{1}{x}+\dfrac{1}{y}=\dfrac{3}{4} \end{cases} \Rightarrow \begin{cases} xy=8 \\ \dfrac{x+y}{xy}=\dfrac{3}{4} \end{cases} \Rightarrow \begin{cases} xy=8 \\ \dfrac{x+y}{8}=\dfrac{3}{4} \end{cases}$$

$xy=8$을 대입한 거야.

∴ $\begin{cases} xy=8 \\ x+y=6 \end{cases}$

2nd a, b를 구하고 근과 계수의 관계를 이용하여 이차방정식의 두 근의 합을 구해.
즉, x, y는 이차방정식 $t^2-6t+8=0$의 두 근이므로
$(t-2)(t-4)=0$

$x+y=u$, $xy=v$ ⟺ t에 대한 이차방정식 $t^2-ut+v=0$의 근이 x, y이다.

∴ $t=2$ 또는 $t=4$
∴ $x=2$, $y=4$ (∵ $x<y$)
$a=2$, $b=4$를 $bx^2+ax-1=0$에 대입하면 $4x^2+2x-1=0$
따라서 구하는 이차방정식의 두 근의 합은 근과 계수의 관계에 의하여
$-\dfrac{2}{4}=-\dfrac{1}{2}$

이차방정식 $ax^2+bx+c=0$의 두 근을 α, β라 하면 **(1)** $\alpha+\beta=-\dfrac{b}{a}$ **(2)** $\alpha\beta=\dfrac{c}{a}$

G 153 정답 ③ ······················· 연립이차방정식의 풀이

정답 공식: $x+y=u$, $xy=v$로 놓고 주어진 식을 u, v의 연립방정식으로 변형하여 해를 구하고, u, v의 값에 따라 자연수 x, y의 순서쌍을 구한다.

연립방정식
$$\begin{cases} x+y+xy=11 \\ x^2+y^2-xy=7 \end{cases}$$

단서 $x^2+y^2-xy=(x+y)^2-3xy$이므로 $x+y=u$, $xy=v$로 치환하여 정리하자.

을 만족시키는 자연수 x, y의 순서쌍 (x, y)의 개수는?

① 0 ② 1 ③ 2
④ 3 ⑤ 4

1st $x+y$와 xy를 치환하여 연립방정식을 풀어봐.

$$\begin{cases} x+y+xy=11 & \cdots \ ㉠ \\ x^2+y^2-xy=7 & \cdots \ ㉡ \end{cases}$$

㉡에서 $x^2+y^2-xy=(x+y)^2-3xy=7$이므로

$x^2+y^2-xy=\{(x+y)^2-2xy\}-xy$ $=(x+y)^2-3xy$

$x+y=u$, $xy=v$로 치환하면
$$\begin{cases} u+v=11 & \cdots \ ㉢ \\ u^2-3v=7 & \cdots \ ㉣ \end{cases}$$

㉢에서 $v=11-u$를 ㉣에 대입하면
$u^2-3(11-u)=7$, $u^2+3u-40=0$
$(u+8)(u-5)=0$
∴ $u=-8$ 또는 $u=5$
이것을 $v=11-u$에 대입하면 $v=19$ 또는 $v=6$
즉, $u=-8$, $v=19$ 또는 $u=5$, $v=6$이다.

2nd u, v의 값에 따라 조건을 만족하는 자연수 x, y를 구해보자.

(i) $u=-8$, $v=19$, 즉 $x+y=-8$, $xy=19$일 때,
x, y는 이차방정식 $t^2+8t+19=0$의 두 근이다.
그런데 이 방정식은 서로 다른 두 허근을 가지므로 이를 만족시키는 자연수 x, y의 값은 존재하지 않는다.

$t^2+8t+19=0$의 판별식을 D라 하면 $\dfrac{D}{4}=4^2-19=-3<0$

(ii) $u=5$, $v=6$, 즉 $x+y=5$, $xy=6$일 때,
x, y는 이차방정식 $t^2-5t+6=0$의 두 근이다.
$(t-2)(t-3)=0$ ∴ $t=2$ 또는 $t=3$
∴ $\begin{cases} x=2 \\ y=3 \end{cases}$ 또는 $\begin{cases} x=3 \\ y=2 \end{cases}$

함정 두 자연수의 합도 자연수이니까 이것으로도 조건에 맞지 않음을 알 수 있어.

따라서 주어진 연립방정식을 만족시키는 자연수 x, y의 순서쌍 (x, y)는 $(2, 3)$, $(3, 2)$의 2개이다.

✿ 연립이차방정식의 풀이 개념·공식

(1) $\begin{cases} 일차방정식 \\ 이차방정식 \end{cases}$ 꼴

(i) 일차방정식을 x 또는 y에 대하여 푼다.
(ii) (i)의 식을 이차방정식에 대입하여 푼다.

(2) $\begin{cases} 이차방정식 \\ 이차방정식 \end{cases}$ 꼴

(i) 인수분해가 되는 이차방정식을 두 일차식의 곱으로 인수분해하여 일차방정식을 얻는다.
(ii) (i)의 일차방정식을 다른 이차방정식에 대입하여 푼다.

G 154 정답 ① ··············· 연립이차방정식의 해의 조건

정답 공식: x, y를 두 근으로 가지는 이차방정식을 만들어 판별식 $D \geq 0$임을 이용한다.

연립방정식 $\begin{cases} x+y=2(a-1) \\ xy=a^2+7 \end{cases}$ 이 실근을 갖도록 하는 실수 a 의 값의 범위는? **단서** $x+y$와 xy의 값이 나왔으니까 x, y를 근으로 하는 t에 관한 이차방정식의 해를 구하는 식으로 바꿔서 생각하자.

① $a \leq -3$ ② $a < -3$ ③ $a \geq -3$
④ $a \leq 3$ ⑤ $a \geq 3$

1st x, y를 근으로 가지는 t에 관한 이차방정식을 만들어봐.

$\begin{cases} x+y=2(a-1) \\ xy=a^2+7 \end{cases}$ 에서 x, y는 이차방정식 $t^2-2(a-1)t+a^2+7=0$
$x+y, xy$의 값을 알면 t에 관한 이차방정식으로 x, y를 구할 수 있어.

의 두 근이므로 이차방정식의 판별식을 D라고 하면

$$\frac{D}{4}=(a-1)^2-(a^2+7) \geq 0$$

x, y가 실수이려면 x, y를 근으로 갖는 t에 대한 이차방정식의 판별식 $D \geq 0$이어야 해.

$a^2-2a+1-a^2-7 \geq 0$
$-2a-6 \geq 0$
$\therefore a \leq -3$

G 155 정답 5 ··············· 연립이차방정식의 해의 조건

정답 공식: x, y를 두 근으로 가지는 이차방정식을 만들어 판별식 $D \geq 0$임을 이용한다.

단서 $x+y$가 두 방정식에 모두 있어. 이것을 이용하여 xy를 구할 수 있지?

연립방정식 $\begin{cases} x+y=6 \\ x+y+xy=3k-1 \end{cases}$ 이 실근을 갖도록 하는 양의 정수 k의 개수를 구하시오.

1st x, y를 두 근으로 가지는 t에 관한 이차방정식을 만들어.

$\begin{cases} x+y=6 & \cdots \text{㉠} \\ x+y+xy=3k-1 & \cdots \text{㉡} \end{cases}$
㉠을 ㉡에 대입하면
$6+xy=3k-1$ $\therefore xy=3k-7 \cdots \text{㉢}$
$x+y$가 있기 때문에 두 번째 식은 xy라는 식만 나오게 돼.

㉠, ㉢을 만족시키는 실수 x, y는 이차방정식 $t^2-6t+3k-7=0$의 두 실근이므로 판별식을 D라고 하면
$x+y=u, xy=v$ 꼴은 $t^2-ut+v=0$으로 구하는 거야.

$$\frac{D}{4}=(-3)^2-(3k-7) \geq 0$$

$-3k+16 \geq 0$
$\therefore k \leq \frac{16}{3}$

주의 양의 정수, 즉 자연수 k를 찾으라는 뜻이야.

따라서 양의 정수 k는 1, 2, 3, 4, 5로 5개이다.

G 156 정답 ② ··············· 연립이차방정식의 해의 조건

정답 공식: 일차방정식을 한 문자에 대하여 정리한 후 이차방정식에 대입하여 판별식 $D < 0$임을 이용한다.

단서 연립한 이차방정식의 실근이 존재하지 않아야 하니까 판별식을 이용하면 돼.

연립방정식 $\begin{cases} x-y=k \\ 2x^2+x-y^2=5-2k^2 \end{cases}$ 이 실수해를 갖지 않도록 하는 정수 k의 최댓값은?

① -7 ② -6 ③ -5
④ -4 ⑤ -3

1st $y=x-k$를 이차식에 대입하여 x에 대한 이차방정식을 만들어봐.

$\begin{cases} x-y=k & \cdots \text{㉠} \\ 2x^2+x-y^2=5-2k^2 & \cdots \text{㉡} \end{cases}$
㉠에서 $y=x-k \cdots \text{㉢}$ 일차식을 이용하여 문자를 하나 없애는 것이 연립방정식의 기본이야.
㉢을 ㉡에 대입하면
$2x^2+x-(x-k)^2+2k^2-5=0$
$\therefore x^2+(2k+1)x+k^2-5=0$

2nd 실수해를 갖지 않으려면 판별식 D가 음수지?

주어진 연립방정식이 실수해를 갖지 않으므로 위의 이차방정식의 판별식을 D라고 하면   이차방정식이 허근을 가진다는 뜻이겠지?
$D=(2k+1)^2-4(k^2-5)<0$, $4k+21<0$

$$\therefore k < -\frac{21}{4}$$

실수 $-\frac{21}{4}=-5.25$보다 작은 정수 중 가장 큰 값은 -5가 아닌 -6이야. 실수하지 마!!

따라서 정수 k의 최댓값은 -6이다.

G 157 정답 16 ··············· 연립이차방정식의 해의 조건

정답 공식: 일차방정식을 한 문자에 대하여 정리한 후 이차방정식에 대입하여 판별식이 0이 되도록 k^2의 값을 구한다.

연립방정식 $\begin{cases} x+y=k \\ x^2+y^2=8 \end{cases}$ 이 오직 한 쌍의 해를 갖도록 하는 실수 k에 대하여 k^2의 값을 구하시오. **단서** 정리한 식이 이차방정식이고 한 쌍의 해를 가지려면 판별식 $D=0$이어야 해.

1st 주어진 이차식에 $y=-x+k$를 대입하여 정리한 후 판별식을 이용해.

$x+y=k$에서 $y=-x+k$를 $x^2+y^2=8$에 대입하여 정리하면
$x^2+(-x+k)^2=8$, $2x^2-2kx+k^2-8=0$
한 쌍의 해를 가지므로 이 이차방정식의 판별식을 D라 하면   이차방정식은 중근을 가져야 해.
$$\frac{D}{4}=(-k)^2-2(k^2-8)=0$$
$-k^2+16=0$
$\therefore k^2=16$

톡톡 풀이: 주어진 방정식으로 나타내어지는 도형을 이용하기

오직 한 쌍의 해를 가진다는 것은 직선인 $x+y=k$와 원인 $x^2+y^2=8$이 접한다는 의미야.
이때, $x^2+y^2=8$은 중심이 $(0, 0)$이고 반지름의 길이가 $2\sqrt{2}$인 원이므로 원의 중심 $(0, 0)$에서 직선 $x+y=k$, 즉 $x+y-k=0$까지의 거리가 $2\sqrt{2}$이어야 해.
즉, $\frac{|-k|}{\sqrt{1^2+1^2}}=2\sqrt{2}$에서 $\frac{|k|}{\sqrt{2}}=2\sqrt{2}$, $|k|=4$
$\therefore k^2=16$

G 158 정답 ② ⋯⋯⋯⋯⋯⋯⋯⋯⋯ 연립이차방정식의 해의 조건

[정답 공식: 연립이차방정식이 오직 한 쌍의 해를 가지려면 일차방정식을 한 문자에 대하여 정리한 후 이차방정식에 대입하여 만든 이차방정식이 중근을 가져야 한다.]

x, y에 대한 연립방정식
$$\begin{cases} 2x+y=1 \\ x^2-ky=-6 \end{cases}$$
이 오직 한 쌍의 해를 갖도록 하는 양수 k의 값은?
[단서] 오직 한 쌍의 해를 갖도록 하는 조건을 찾고 그 조건을 만족시키는 양수 k의 값을 구하면 돼.
① 1   ② 2   ③ 3
④ 4   ⑤ 5

1st 두 식을 연립하자.
$$\begin{cases} 2x+y=1 \ \cdots \ \unicode{x24D0} \\ x^2-ky=-6 \ \cdots \ \unicode{x24D1} \end{cases}$$
$\unicode{x24D0}$에서 $y=-2x+1 \ \cdots \ \unicode{x24D2}$
$\unicode{x24D2}$을 $\unicode{x24D1}$에 대입하면 $x^2-k(-2x+1)=-6$
$\therefore \ x^2+2kx+6-k=0$

2nd 주어진 연립방정식이 오직 한 쌍의 해를 갖도록 하는 양수 k의 값을 구해.
주어진 연립방정식이 오직 한 쌍의 해를 가지므로 이차방정식
$x^2+2kx+6-k=0 \ \cdots \ \unicode{x24D3}$이 중근을 가져야 한다.
즉, 이차방정식 $\unicode{x24D3}$의 판별식을 D라 하면
연립방정식이 오직 한 쌍의 해를 가지므로 이차방정식 $x^2+2kx+6-k=0$의 해의 개수도 하나야.

$\dfrac{D}{4}=k^2-(6-k)=0$ → 이차방정식 $\unicode{x24D3}$의 일차항의 계수가 짝수이므로 짝수 판별식을 사용한 거야.

$k^2+k-6=0$, $(k-2)(k+3)=0$ $\therefore \ k=2$ 또는 $k=-3$
이때, k가 양수이므로 $k=2$

G 159 정답 7 ⋯⋯⋯⋯⋯⋯⋯⋯⋯ 연립이차방정식의 해의 조건

[정답 공식: 일차방정식을 한 문자에 대하여 정리한 후 이차방정식에 대입하여 판별식 $D=0$임을 이용한다.]

x, y에 대한 연립방정식
$$\begin{cases} 2x-y=5 \\ x^2-2y=k \end{cases}$$ [단서1] x에 관한 이차방정식으로 나타내.
가 오직 한 쌍의 해 $x=\alpha$, $y=\beta$를 가질 때, $\alpha+\beta+k$의 값을 구하시오. (단, k는 상수이다.)
[단서2] 이차방정식의 판별식 $D=0$임을 이용해.

1st 연립방정식이 한 쌍의 해를 가질 조건을 따지자.
$2x-y=5$에서 $y=2x-5 \ \cdots \ \unicode{x24D0}$
$\unicode{x24D0}$을 $x^2-2y=k \ \cdots \ \unicode{x24D1}$에 대입하면
$x^2-2(2x-5)=k$
$\therefore \ x^2-4x+10-k=0 \ \cdots \ \unicode{x24D2}$
→ 이차방정식 $ax^2+bx+c=0$에서 b^2-4ac의 부호를 알면 이차방정식을 풀지 않고도 그 근이 실근인지 허근인지 알 수 있어.

2nd 이차방정식의 해가 오직 하나이려면 판별식 $D=0$이면 돼.
이 이차방정식의 판별식을 D라 하면 주어진 연립방정식이 오직 한 쌍의 해를 가질 조건은 $D=0$이다.
$\dfrac{D}{4}=(-2)^2-(10-k)=0$ $\therefore \ k=6$
이차방정식의 일차항의 계수가 짝수일 때 편리하게 사용해.
$k=6$을 $\unicode{x24D2}$에 대입하면
$x^2-4x+4=0$, $(x-2)^2=0$ $\therefore \ x=2$
$x=2$를 $\unicode{x24D0}$에 대입하면 $y=2 \cdot 2-5=-1$
$\therefore \ \alpha=2$, $\beta=-1$
따라서 $\alpha+\beta+k=2+(-1)+6=7$이다.

G 160 정답 $-\dfrac{1}{2}$ ⋯⋯⋯⋯⋯⋯⋯ 연립이차방정식의 해의 조건

[정답 공식: 일차방정식을 한 문자에 대하여 정리한 후 이차방정식에 대입하여 판별식 $D=0$임을 이용한다.]

연립방정식 $\begin{cases} x+y=2a \\ 2x^2+y^2=b \end{cases}$ [단서] 연립한 이차방정식이 중근을 가지면 돼. 가 오직 한 쌍의 해를 가질 때, 실수 a, b에 대하여 $4a+3b$의 최솟값을 구하시오.

1st $y=-x+2a$를 이차방정식에 대입하면 x에 대한 이차방정식을 만들 수 있어.
$$\begin{cases} x+y=2a \ \cdots \ \unicode{x24D0} \\ 2x^2+y^2=b \ \cdots \ \unicode{x24D1} \end{cases}$$
$\unicode{x24D0}$에서 $y=-x+2a \ \cdots \ \unicode{x24D2}$
이것을 이용하여 문자 y를 제거하고 x에 관한 식으로 고쳐야 연립방정식이 풀려.
$\unicode{x24D2}$을 $\unicode{x24D1}$에 대입하면
$2x^2+(-x+2a)^2=b$
$\therefore \ 3x^2-4ax+4a^2-b=0$

2nd 이차방정식이 오직 한 쌍의 해를 가질 조건은 판별식이 0인 거야.
주어진 연립방정식이 오직 한 쌍의 해를 가지므로 위의 이차방정식의 판별식을 D라고 하면 이차방정식이 중근을 가진다는 거야.
$\dfrac{D}{4}=(-2a)^2-3(4a^2-b)=0$
$-8a^2+3b=0$ $\therefore \ 3b=8a^2$
$\therefore \ 4a+3b=4a+8a^2=8\left(a^2+\dfrac{1}{2}a\right)$
$=8\left\{a^2+\dfrac{a}{2}+\left(\dfrac{1}{4}\right)^2\right\}-8\times\left(\dfrac{1}{4}\right)^2$
$=8\left(a+\dfrac{1}{4}\right)^2-\dfrac{1}{2}$

따라서 구하는 최솟값은 $-\dfrac{1}{2}$이다.

G 161 정답 ⑤ ⋯⋯⋯⋯⋯⋯⋯⋯⋯⋯ 연립이차방정식의 활용

[정답 공식: 일차방정식을 한 문자에 대하여 정리한 후 이차방정식에 대입한다.]

밑면의 반지름의 길이가 r, 높이가 h인 원기둥 모양의 용기에 대하여
$r+2h=8$, $r^2-2h^2=8$ [단서1] 미지수가 r, h의 두 개이고 식도 두 개이므로 연립하여 풀면 돼.
일 때, 이 용기의 부피는? (단, 용기의 두께는 무시한다.)
[단서2] 원기둥의 부피는 $\pi r^2 h$야.

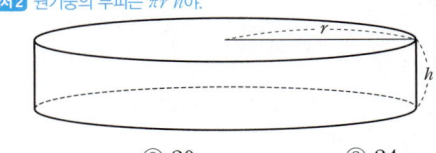

① 16π ② 20π ③ 24π
④ 28π ⑤ 32π

1st r, h에 대한 연립이차방정식을 풀자.
$$\begin{cases} r+2h=8 \ \cdots \ \unicode{x24D0} \\ r^2-2h^2=8 \ \cdots \ \unicode{x24D1} \end{cases}$$
일차식과 이차식을 연립하여 풀 때는 일차식을 한 문자에 관해서 푼 후 이차식에 대입하면 돼.
$\unicode{x24D0}$에서 $r=8-2h$이므로 $\unicode{x24D1}$에 대입하면
$(8-2h)^2-2h^2=8$
$h^2-16h+28=0$ → 전개하면 $4h^2-32h+64-2h^2=8$, 즉 $2h^2-32h+56=0$이므로 양변을 2로 나누자.
$(h-2)(h-14)=0$
$\therefore \ h=2$ 또는 $h=14$이다.

2nd 원기둥의 부피를 구하자.

$h=2$일 때 $r=4$이고 $h=14$일 때 $r=-20$이므로 구하는 r, h의 값은 $r=4$, $h=2$이다.

따라서 이 용기의 부피는

$\pi r^2 h = \pi \times 4^2 \times 2 = 32\pi$

> **실수** 활용 문제에서는 각 문자가 의미하는 것을 파악하여 범위를 설정할 수 있어야 해.

> r, h는 각각 원기둥의 밑면의 반지름의 길이와 높이이므로 모두 양수야.

밑면의 반지름의 길이가 r, 높이가 h인 원기둥의 부피는 $\pi r^2 h$야.

🎲 **다른 풀이: r에 대한 이차방정식을 풀어서 부피 구하기**

㉠에서 $h=4-\dfrac{r}{2}$이므로 ㉡에 대입하면

$r^2 - 2\left(4-\dfrac{r}{2}\right)^2 = 8$, $r^2 + 16r - 80 = 0$, $(r-4)(r+20)=0$

$r>0$이므로 $r=4$

$r=4$를 $h=4-\dfrac{r}{2}$에 대입하면 $h=2$

따라서 원기둥의 부피는 $\pi r^2 h = 32\pi$야.

G 162 정답 ① ································· 연립이차방정식의 활용

> **정답 공식:** 꽃밭의 가로, 세로의 길이를 각각 x, y라 놓고 둘레와 대각선의 길이로 방정식을 세운다.

직사각형 모양의 꽃밭이 있다. 꽃밭의 둘레의 길이가 10 m이고, 대각선의 길이가 $\sqrt{13}$ m일 때, 이 꽃밭의 가로의 길이와 세로의 길이의 차는? **단서** 꽃밭의 가로의 길이, 세로의 길이를 각각 x, y로 놓고 방정식을 세우자.

① 1 m ② $\dfrac{3}{2}$ m ③ 2 m ④ $\dfrac{5}{2}$ m ⑤ 3 m

1st 꽃밭의 가로의 길이를 x, 세로의 길이를 y로 놓고 방정식을 세우자.

꽃밭의 가로의 길이를 x m, 세로의 길이를 y m라 놓자.

둘레의 길이가 10 m이므로

$2(x+y)=10$

$\therefore x+y=5 \cdots$ ㉠

> **주의** 둘레의 길이는 가로의 길이 2개와 세로의 길이 2개를 모두 더한 값을 뜻해.

대각선의 길이가 $\sqrt{13}$ m이므로

$\sqrt{x^2+y^2}=\sqrt{13}$

$\therefore x^2+y^2=13 \cdots$ ㉡

2nd 연립방정식 ㉠, ㉡을 풀어야겠지?

㉠에서 $y=5-x$를 ㉡에 대입하면

$x^2+(5-x)^2=13$

$x^2-5x+6=0$

$(x-2)(x-3)=0$ $\therefore x=2$ 또는 $x=3$

이것을 ㉠에 대입하면

$\begin{cases} x=2 \\ y=3 \end{cases}$ 또는 $\begin{cases} x=3 \\ y=2 \end{cases}$

→ $x=2$일 때, $2+y=5 \Rightarrow y=3$
→ $x=3$일 때, $3+y=5 \Rightarrow y=2$

따라서 꽃밭의 가로의 길이와 세로의 길이의 차는

$|3-2|=|2-3|=1$(m)

🌸 **연립이차방정식의 풀이** 개념·공식

(1) $\begin{cases} \text{일차방정식} \\ \text{이차방정식} \end{cases}$ 꼴

   (i) 일차방정식을 x 또는 y에 대하여 푼다.
   (ii) (i)의 식을 이차방정식에 대입하여 푼다.

(2) $\begin{cases} \text{이차방정식} \\ \text{이차방정식} \end{cases}$ 꼴

   (i) 인수분해가 되는 이차방정식을 두 일차식의 곱으로 인수분해하여 일차방정식을 얻는다.
   (ii) (i)의 일차방정식을 다른 이차방정식에 대입하여 푼다.

G 163 정답 ③ ································· 연립이차방정식의 활용

> **정답 공식:** 이차방정식 $ax^2+2b'x+c=0$의 근은 $x=\dfrac{-b'\pm\sqrt{(b')^2-ac}}{a}$ 이다.

한 변의 길이가 a인 정사각형 ABCD와 한 변의 길이가 b인 정사각형 EFGH가 있다. 그림과 같이 네 점 A, E, B, F가 한 직선 위에 있고 $\overline{EB}=1$, $\overline{AF}=5$가 되도록 두 정사각형을 겹치게 놓았을 때, 선분 CD와 선분 HE의 교점을 I라 하자. 직사각형 EBCI의 넓이가 정사각형 EFGH의 넓이의 $\dfrac{1}{4}$일 때, b의 값은?

> **단서** 한 변의 길이가 각각 a, b인 정사각형이 겹치는 그림이야. a, b에 대한 식을 찾을 수 있도록 하자. 직사각형 EBCI와 정사각형 EFGH에서 식을 하나 구할 수 있지? (단, $1<a<b<5$)

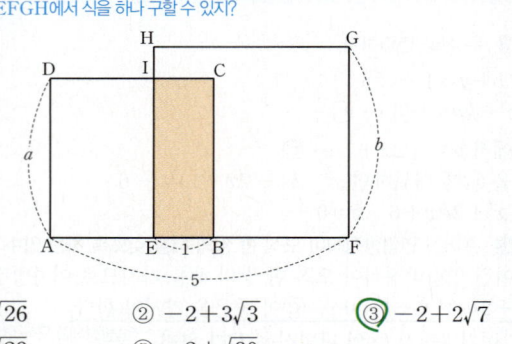

① $-2+\sqrt{26}$ ② $-2+3\sqrt{3}$ ③ $-2+2\sqrt{7}$
④ $-2+\sqrt{29}$ ⑤ $-2+\sqrt{30}$

1st 선분 AF에서 두 정사각형의 한 변이 1만큼 겹쳐 있으니까 a, b에 대한 식을 하나 구할 수 있어.

두 정사각형의 한 변의 길이가 a, b이고, 선분 AF의 길이가 5, 겹치는 선분 EB의 길이가 1이므로 $\overline{AF}=\overline{AB}+\overline{EF}-\overline{EB}$에서

$5=a+b-1$

$\therefore a+b=6 \cdots$ ㉠

> $\overline{AF}$는 두 정사각형의 한 변의 길이의 합에서 겹치는 부분의 길이를 빼면 돼.

2nd 직사각형 EBCI의 넓이가 정사각형 EFGH의 넓이의 $\dfrac{1}{4}$이니까 a, b에 대한 식을 하나 더 구할 수 있어.

(직사각형 EBCI의 넓이) $=1\times a=a$

(정사각형 EFGH의 넓이) $=b^2$

직사각형 EBCI의 넓이가 정사각형 EFGH의 넓이의 $\dfrac{1}{4}$이므로

$a=\dfrac{1}{4}b^2 \cdots$ ㉡

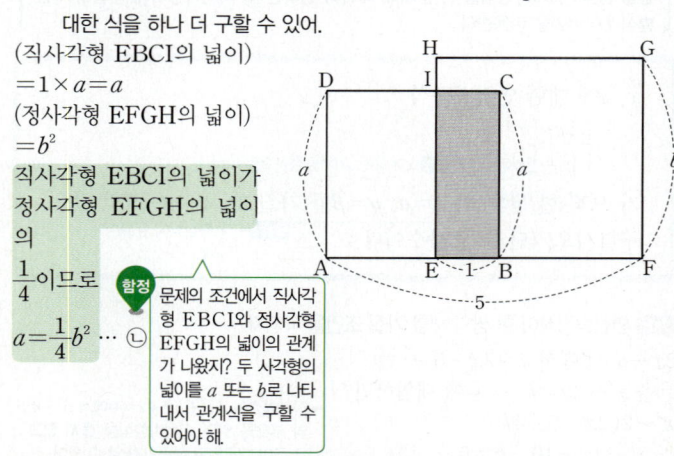

> 💡 **함정** 문제의 조건에서 직사각형 EBCI와 정사각형 EFGH의 넓이의 관계가 나왔지? 두 사각형의 넓이를 a 또는 b로 나타내서 관계식을 구할 수 있어야 해.

3rd ㉠, ㉡의 식을 연립하여 상수 b의 값을 구하자.

㉡을 ㉠에 대입하면

$\dfrac{1}{4}b^2+b=6$

$\dfrac{1}{4}b^2+b-6=0$

$b^2+4b-24=0$

$\therefore b=-2\pm\sqrt{4+24}=-2\pm\sqrt{28}=-2\pm2\sqrt{7}$

b는 변의 길이이므로 $b>0$

$\therefore b=-2+2\sqrt{7}$

> **[일차항의 계수가 짝수인 이차방정식의 근의 공식]** 이차방정식 $ax^2+2b'x+c=0$과 같이 x의 계수가 짝수일 때, $x=\dfrac{-b'\pm\sqrt{(b')^2-ac}}{a}$

> $b=\dfrac{-2\pm\sqrt{2^2-1\times(-24)}}{1}$

> **정답 공식:** 구해야 하는 두 변의 길이를 각각 x, y라 놓고 둘레와 빗변의 길이로 방정식을 세운다.

> **단서** 원에 내접하는 직각삼각형의 빗변의 길이는 원의 지름의 길이와 같아.
>
> 넓이가 25π cm²인 원에 내접하는 직각삼각형이 있다. 이 삼각형의 둘레의 길이가 24 cm일 때, 빗변이 아닌 두 변의 길이를 구하시오.

1st 구해야 하는 두 변의 길이를 x, y라 놓고 방정식을 세워봐.

→ 반지름의 길이가 r인 원의 넓이가 25π라 하면
$\pi r^2 = 25\pi$, $r^2 = 25$ ∴ $r = 5\,(\because r > 0)$

넓이가 25π cm²인 원의 반지름의 길이는 5 cm이고, 원에 내접하는 직각삼각형의 빗변의 길이는 원의 지름의 길이와 같으므로 직각삼각형의 빗변의 길이는 10 cm이다.

직각삼각형의 빗변이 아닌 두 변의 길이의 길이를 각각 x cm, y cm라고 하자.

삼각형의 둘레의 길이가 24 cm이므로
$10 + x + y = 24$
∴ $x + y = 14$ ⋯ ㉠

피타고라스 정리에 의해
$x^2 + y^2 = 10^2$ ∴ $x^2 + y^2 = 100$ ⋯ ㉡

2nd ㉠을 정리해서 ㉡에 대입하면 한 문자로 된 이차식이 나오겠지?

㉠에서 $y = 14 - x$를 ㉡에 대입하면
$x^2 + (14 - x)^2 = 100$, $x^2 - 14x + 48 = 0$
$(x - 6)(x - 8) = 0$ ∴ $x = 6$ 또는 $x = 8$

이것을 ㉠에 대입하면
$\begin{cases} x = 6 \\ y = 8 \end{cases}$ 또는 $\begin{cases} x = 8 \\ y = 6 \end{cases}$

따라서 빗변이 아닌 두 변의 길이는 6 cm, 8 cm이다.

G 165 정답 **54** ·············· 연립이차방정식의 활용

> **정답 공식:** 십의 자리 수가 x, 일의 자리 수가 y인 자연수는 $10x + y$이다. 조건으로부터 x, y의 방정식을 세운다.

> 각 자릿수의 제곱의 합이 41인 두 자리의 자연수가 있다. 이 자연수에서 십의 자리의 숫자와 일의 자리의 숫자를 바꾼 수는 처음 수보다 9만큼 작다고 할 때, 처음 자연수를 구하시오.
>
> **단서** 두 자리 자연수의 십의 자리의 숫자를 x, 일의 자리의 숫자를 y라 놓고 조건에 맞춰 연립방정식을 세워.

1st 십의 자리 숫자를 x, 일의 자리 숫자를 y라 놓고 연립방정식을 세워봐.

두 자리 자연수의 십의 자리의 숫자를 x, 일의 자리의 숫자를 y라 놓자.
각 자릿수의 제곱의 합이 41이므로
$x^2 + y^2 = 41$ ⋯ ㉠

실수 십의 자리의 수가 x, 일의 자리의 수가 y인 두 자리 자연수는 xy가 아닌 $10x + y$로 표현해야 해.

처음 두 자리 자연수는 $10x + y$이고
십의 자리의 숫자와 일의 자리의 숫자를 바꾼 수는 $10y + x$이므로
$10y + x = 10x + y - 9$에서

십의 자리의 숫자와 일의 자리의 숫자를 바꾼 수가 처음 수보다 9만큼 작다고 했어.

$y = x - 1$ ⋯ ㉡

2nd 연립방정식 ㉠, ㉡을 풀자.

㉡을 ㉠에 대입하면
$x^2 + (x - 1)^2 = 41$, $x^2 - x - 20 = 0$
$(x + 4)(x - 5) = 0$ ∴ $x = 5\,(\because x > 0)$

함정 x는 십의 자리 숫자이므로 x의 값은 1부터 9까지의 자연수야.

$x = 5$를 ㉡에 대입하면 $y = 4$
따라서 처음 자연수는 54이다.

G 166 정답 **39** ·············· 연립이차방정식의 활용

> **정답 공식:** 구해야 하는 두 변의 길이를 각각 x, y라 놓고 문제의 조건과 그림을 이용하여 방정식을 세운다.

> 그림과 같이 삼각형 ABC의 변 BC 위의 점 D에 대하여 $\overline{AD} = 6$, $\overline{BD} = 8$이고, $\angle BAD = \angle BCA$이다. $\overline{AC} = \overline{CD} - 1$일 때, 삼각형 ABC의 둘레의 길이를 구하시오.

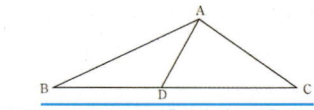

> **단서** $\angle BAD = \angle BCA$를 이용하면 서로 닮음인 두 삼각형을 찾을 수 있어.

1st 삼각형의 닮음을 이용하여 두 변의 길이 사이의 관계식을 구하자.

두 삼각형 ABC, DBA에서
$\angle BAD = \angle BCA$, $\angle B$는 공통이므로
$\triangle ABC \backsim \triangle DBA$ (AA 닮음)
즉, $\overline{AB} = x$, $\overline{CD} = y$라 하면 $\overline{AC} = y - 1$이므로
$\overline{AB} : \overline{AC} = \overline{DB} : \overline{DA}$에서 ←문제의 조건에서 $\overline{AC} = \overline{CD} - 1$이라 했어.

$x : (y - 1) = 8 : 6$ ∴ $x = \dfrac{4}{3}(y - 1)$

$x : (y-1) = 8 : 6$에서
$6x = 8(y - 1)$ ∴ $x = \dfrac{4}{3}(y - 1)$

또, $\overline{AB} : \overline{BC} = \overline{DB} : \overline{BA}$에서
$x : (8 + y) = 8 : x$
∴ $x^2 = 8y + 64$

2nd 식을 연립하여 x, y의 값을 구하자.

연립방정식 $\begin{cases} x = \dfrac{4}{3}(y - 1) & \cdots ㉠ \\ x^2 = 8y + 64 & \cdots ㉡ \end{cases}$ 에서 ㉠을 ㉡에 대입하면

$\left\{\dfrac{4}{3}(y - 1)\right\}^2 = 8y + 64$, $\dfrac{16}{9}(y - 1)^2 = 8y + 64$

$2(y - 1)^2 = 9y + 72$, $2y^2 - 13y - 70 = 0$
$(2y + 7)(y - 10) = 0$ ∴ $y = 10\,(\because y > 0)$

길이는 양수이므로 $y > 0$이야.

이를 ㉠에 대입하면
$x = \dfrac{4}{3} \times (10 - 1) = 12$

3rd 삼각형 ABC의 둘레의 길이를 구하자.

따라서 $\overline{AB} = 12$, $\overline{BC} = 18$, $\overline{CA} = 9$이므로
삼각형 ABC의 둘레의 길이는

$\overline{BC} = \overline{BD} + \overline{CD} = 8 + 10 = 18$
$\overline{CA} = \overline{CD} - 1 = 10 - 1 = 9$

$\overline{AB} + \overline{BC} + \overline{CA} = 12 + 18 + 9$
$= 39$

♦ **연립이차방정식의 풀이** 개념·공식

(1) $\begin{cases} \text{일차방정식} \\ \text{이차방정식} \end{cases}$ 꼴
  (i) 일차방정식을 x 또는 y에 대하여 푼다.
  (ii) (i)의 식을 이차방정식에 대입하여 푼다.

(2) $\begin{cases} \text{이차방정식} \\ \text{이차방정식} \end{cases}$ 꼴
  (i) 인수분해가 되는 이차방정식을 두 일차식의 곱으로 인수분해하여 일차방정식을 얻는다.
  (ii) (i)의 일차방정식을 다른 이차방정식에 대입하여 푼다.

G 167 정답 60 ·· 연립이차방정식의 활용

정답 공식: 주어진 도형의 겉넓이는
(정육면체의 겉넓이)−2×(원기둥의 밑면의 넓이)+(원기둥의 옆면의 넓이)로 구한다.

한 모서리의 길이가 a인 정육면체 모양의 입체도형이 있다. 이 입체도형에서 그림과 같이 밑면의 반지름의 길이가 b이고 높이가 a인 원기둥 모양의 구멍을 뚫었다. 남아 있는 입체도형의 겉넓이가 $216+16\pi$일 때, 두 유리수 a, b에 대하여 $15(a-b)$의 값을 구하시오. (단, $a>2b$)

> 단서 구하는 겉넓이는
> (정육면체의 겉넓이)−2×(원기둥의 밑면의 넓이)+(원기둥의 옆면의 넓이)와 같아.

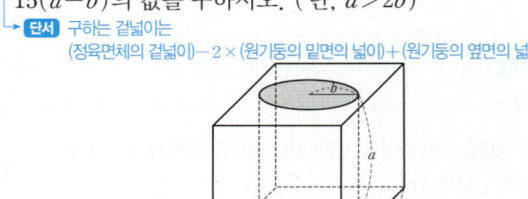

1st 한 모서리의 길이가 a인 정육면체의 겉넓이와 원기둥의 밑면과 원기둥의 옆면의 넓이를 구하자.

남아 있는 입체도형의 겉넓이를 S라 하면 S는 정육면체의 겉넓이에서 원기둥의 두 밑면의 넓이를 빼고 원기둥의 옆면의 넓이를 더한 것과 같으므로

$S=6a^2-2\pi b^2+2\pi ab$
  $=6a^2+2\pi(ab-b^2)$

> 정육면체의 겉넓이는 한 변의 길이가 a인 정사각형 6개의 넓이와 같으므로 $6a^2$이고, 원기둥의 밑면의 넓이는 πb^2이므로 두 밑면의 넓이의 합은 $2\pi b^2$, 원기둥의 옆면의 넓이는 $2\pi ab$야.

2nd a, b가 유리수임을 이용하자.

$S=216+16\pi$이고, a, b가 유리수이므로
$6a^2+2\pi(ab-b^2)=216+16\pi$에서
$6a^2-216+2\pi(ab-b^2-8)=0$

> 유리수 a, b에 대하여
> $a+b×($무리수$)=0 \Longleftrightarrow a=0, b=0$

이때, π가 무리수이므로
$6a^2-216=0$, $ab-b^2-8=0$
즉, $6a^2=216$이므로 $a=6$

> $6a^2=216$에서 $a^2=36$이고, a는 정육면체의 한 모서리의 길이이므로 $a>0$이어야 해.

또, $ab-b^2=8$에 $a=6$을 대입하면
$b^2-6b+8=0$
$(b-2)(b-4)=0$
$\therefore b=2$ 또는 $b=4$
그런데 $a>2b$이므로 $b=2$ → $6>2b$, 즉 $3>b$이어야 해.
$\therefore 15(a-b)=15\times 4=60$

> 주의 문제에서 주어진 조건에 맞는지 꼭 확인하도록 하자.

G 168 정답 ② ·· 부정방정식

정답 공식: 방정식을 (일차식)×(일차식)=(정수) 꼴로 변형하여 정수인 해를 구한다.

x, y에 대한 방정식 $xy+x+y-1=0$을 만족시키는 정수 x, y를 좌표평면 위의 점 (x, y)로 나타낼 때, 이 점들을 꼭짓점으로 하는 사각형의 넓이는?

> 단서 정수 x, y라는 조건이 주어졌으므로 주어진 방정식을 ( )×( )=(정수) 꼴로 변형해.

① 2 ② 6 ③ 8
④ $3\sqrt{2}$ ⑤ $4\sqrt{2}$

1st x, y의 순서쌍 (x, y)를 찾자.
$xy+x+y-1=0$에서 $x(y+1)+y+1-2=0$
$\therefore (x+1)(y+1)=2$
x, y가 정수이므로 $x+1$, $y+1$도 정수이고 두 정수의 곱이 2이므로 $x+1$, $y+1$의 값은 다음 표와 같다.

$x+1$	2	1	-2	-1
$y+1$	1	2	-1	-2

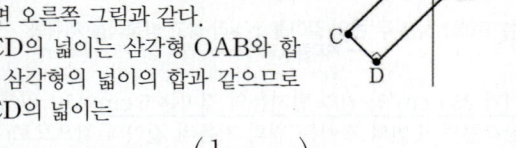

x	$2-1=1$	$1-1=0$	$-2-1=-3$	$-1-1=-2$
y	$1-1=0$	$2-1=1$	$-1-1=-2$	$-2-1=-3$

이를 만족시키는 정수 x, y의 순서쌍 (x, y)는
$(1, 0)$, $(0, 1)$, $(-3, -2)$, $(-2, -3)$

2nd 사각형의 넓이를 구하자.
$A(1, 0)$, $B(0, 1)$, $C(-3, -2)$, $D(-2, -3)$라 할 때, 네 점 A, B, C, D를 꼭짓점으로 하는 사각형 ABCD를 좌표평면 위에 나타내면 오른쪽 그림과 같다.
사각형 ABCD의 넓이는 삼각형 OAB와 합동인 12개의 삼각형의 넓이의 합과 같으므로 사각형 ABCD의 넓이는

$$\square ABCD=12\times\triangle OAB=12\times\left(\frac{1}{2}\times 1\times 1\right)=6$$

> $\triangle OAB=\frac{1}{2}\times\overline{OA}\times\overline{OB}$

G 169 정답 ② ·· 부정방정식

정답 공식: 모든 실수 x에 대하여 등식이 성립하면 항등식이다.

> 단서 '모든 실수 x에 대하여~'은 항등식을 나타내는 말이야. 식을 그냥 전개하기 어려우니까 반복되는 것은 치환해서 간편하게 하자.

두 자연수 a, $b(a<b)$와 모든 실수 x에 대하여 등식
$$(x^2-x)(x^2-x+3)+k(x^2-x)+8=(x^2-x+a)(x^2-x+b)$$
를 만족시키는 모든 상수 k의 값의 합은?

① 8 ② 9 ③ 10 ④ 11 ⑤ 12

1st 모든 실수 x에 대하여 등식이 성립하니까 항등식이지? 그리고 반복되는 식을 치환하여 식을 정리하자.
$(x^2-x)(x^2-x+3)+k(x^2-x)+8=(x^2-x+a)(x^2-x+b)$에서
$x^2-x=X$로 치환하자.
$X(X+3)+kX+8=(X+a)(X+b)$
$X^2+(k+3)X+8=X^2+(a+b)X+ab$

> Ax^2+Bx+C $=A'x^2+B'x+C'$이 x에 대한 항등식이면 $A=A'$, $B=B'$, $C=C'$

이것은 X에 대한 항등식이므로
$a+b=k+3$, $ab=8$ ··· ㉠

2nd $ab=8$인 자연수 a, b를 구할 수 있지?
㉠에서 $ab=8$이고, a, $b(a<b)$가 자연수이므로
$a=1$, $b=8$ 또는 $a=2$, $b=4$

> 실수 $a<b$라는 조건이 없을 경우에는 a, b의 값이 바뀔 수 있다는 것을 놓칠 수 있어. 조건을 꼼꼼하게 점검하면서 풀어야 실수가 없어.

(i) $a=1$, $b=8$인 경우
$k+3=a+b=1+8=9$ $\therefore k=6$
(ii) $a=2$, $b=4$인 경우
$k+3=a+b=2+4=6$ $\therefore k=3$
따라서 모든 상수 k의 값의 합은 $6+3=9$

G 170 정답 ⑤ ·· 부정방정식의 풀이

정답 공식: 근과 계수의 관계를 이용하여 m을 소거하고, (일차식)×(일차식)=(정수) 꼴로 변형하여 정수인 해를 구한다.

> 단서 근이 모두 정수이므로 부정방정식을 예상할 수 있어.

이차방정식 $x^2-(m-1)x+2m-9=0$의 두 근이 모두 정수가 되도록 하는 정수 m의 값의 합은?

① 2 ② 4 ③ 6 ④ 8 ⑤ 10

1st 근과 계수의 관계를 이용하여 m을 소거해봐.

주어진 이차방정식의 두 근을 α, $\beta(\alpha \le \beta)$라 하면 근과 계수의 관계에 의해
$\alpha + \beta = m - 1 \cdots$ ㉠
$\alpha\beta = 2m - 9 \cdots$ ㉡
㉡$-2\times$㉠을 하여 m을 소거하면
$\alpha\beta - 2\alpha - 2\beta = -7$

2nd (일차식)$\times$(일차식)$=$(정수)가 되도록 식을 정리한 후에 α, β가 정수인 조건을 이용하여 해를 찾아.

α, β가 정수이므로 $(\alpha-2)(\beta-2)=-3$에서
> $\alpha\beta - 2\alpha - 2\beta = -7$에서 $\alpha\beta$와 α, β가 동시에 나오면 부정방정식 꼴로 바꿀 수 있어.

$\alpha-2=-3$, $\beta-2=1$ 또는 $\alpha-2=-1$, $\beta-2=3$
$\alpha=-1$, $\beta=3$ 또는 $\alpha=1$, $\beta=5$
$\therefore m=3$ 또는 $m=7$
> α, β의 값을 ㉠ 또는 ㉡에 대입하면 m의 값을 구할 수 있어.

따라서 정수 m의 값의 합은 $3+7=10$이다.

G 171 정답 85 ···················· 부정방정식

(**정답 공식**: 방정식을 (일차식)$\times$(일차식)$=$(정수) 꼴로 변형하여 정수인 해를 구한다.)

> 네 변의 길이는 서로 다른 자연수이고, $\overline{AB}=9$, $\overline{CD}=7$, $\angle BAD = \angle BCD = 90°$인 사각형 ABCD가 있다. 대각선 BD의 길이를 a라 할 때, a^2의 값을 구하시오.
>
>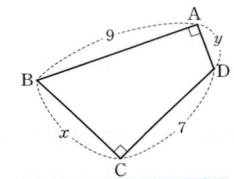
>
> **단서** 직각삼각형 ABD와 직각삼각형 BCD의 빗변의 길이가 a야.

1st 피타고라스 정리를 이용하여 방정식을 세우자.
삼각형 ABD와 삼각형 BCD는 직각삼각형이고 빗변이 일치하므로 피타고라스 정리에 의하여
$9^2 + y^2 = x^2 + 7^2$
$x^2 - y^2 = 32$
$\therefore (x-y)(x+y)=32$
> $x-y$, $x+y$는 자연수이고 $x-y < x+y$야.
> 이때, 곱하여 32가 되는 두 자연수는 1×32, 2×16, 4×8인데 $x-y=1$, $x+y=32$를 만족시키는 자연수 x, y는 존재하지 않으므로 제외하도록 해.

2nd 방정식을 풀고 a^2의 값을 구하자.
x, y가 모두 자연수이므로
$\begin{cases} x-y=2 \\ x+y=16 \end{cases}$ 또는 $\begin{cases} x-y=4 \\ x+y=8 \end{cases}$
> 두 식을 변끼리 더하면 $2x=12$ $\therefore x=6$
> $x=6$을 $x+y=8$에 대입하면 $6+y=8$ $\therefore y=2$

두 식을 변끼리 더하면
$2x=18$ $\therefore x=9$
$x=9$를 $x+y=16$에 대입하면 $9+y=16$ $\therefore y=7$
연립하여 풀면
$\begin{cases} x=9 \\ y=7 \end{cases}$ 또는 $\begin{cases} x=6 \\ y=2 \end{cases}$
그런데 사각형 ABCD의 네 변의 길이가 서로 다른 자연수이므로
$x=6$, $y=2$
$\therefore a^2 = \overline{BD}^2 = 9^2 + 2^2 = 6^2 + 7^2 = 85$

G 172 정답 5 ···················· 부정방정식의 풀이

(**정답 공식**: 주어진 방정식을 (일차식)$\times$(일차식)$=$(정수) 꼴로 변형하여 자연수인 해를 구한다.)

> 자연수 1을 분자로, 2 이상의 자연수를 분모로 갖는 분수를 단위분수라고 한다. 임의의 단위분수는 두 단위분수의 합으로 나타낼 수 있다. 예를 들어, $\frac{1}{3} = \frac{1}{4} + \frac{1}{12} = \frac{1}{6} + \frac{1}{6}$과 같이 두 가지 방법으로 나타낼 수 있다. 이때, 단위분수 $\frac{1}{6}$과 자연수 x, $y(x \le y)$에 대하여 $\frac{1}{6} = \frac{1}{x} + \frac{1}{y}$과 같이 나타내는 방법
> **단서** 주어진 식이 하나이고 x, y가 자연수라는 조건에서 부정방정식임을 알 수 있지.
> 의 수를 구하시오.

1st (일차식)$\times$(일차식)$=$(정수) 꼴로 식을 정리해봐.
$\frac{1}{6} = \frac{1}{x} + \frac{1}{y}$에서 $\frac{1}{6} = \frac{x+y}{xy}$ $\Rightarrow xy=6(x+y)$ $\Rightarrow xy=6x+6y$
$\Rightarrow xy - 6x - 6y = 0$
$xy - 6x - 6y = 0$
$(x-6)(y-6)=36$
> **주의** 조건에 맞는 것만을 답으로 해야 해.

x, $y(x \le y)$가 자연수이므로

$x-6$	1	2	3	4	6
$y-6$	36	18	12	9	6

x	7	8	9	10	12
y	42	24	18	15	12

따라서 구하는 방법의 수는 5가지이다.

G 173 정답 ① ···················· 부정방정식의 풀이

(**정답 공식**: 실수 A, B에 대하여 $A^2+B^2=0$이면 $A=B=0$임을 이용한다.)

> $x^2 + 4xy + 5y^2 - 6y + 9 = 0$을 만족하는 실수 x, y에 대하여 $x+y$의 값은?
> **단서** x, y에 대한 방정식이 주어졌고 실수 조건이 있으므로 주어진 방정식의 좌변을 A^2+B^2 꼴로 만들어봐.
>
> ① -3 ② -1 ③ 1   ④ 3   ⑤ 5

1st 식을 정리하여 $A^2+B^2=0$ 꼴로 만들면 $A=0$, $B=0$이어야 해.
$x^2 + 4xy + 5y^2 - 6y + 9 = 0$에서
$x^2 + 4xy + 4y^2 + y^2 - 6y + 9 = 0$
$(x+2y)^2 + (y-3)^2 = 0$
> (실수)^{2}은 항상 0 이상이야.
> 즉, 0 이상인 두 수를 더했을 때 0이 나오려면 두 수가 모두 0일 수밖에 없지.

x, y가 실수에서 (실수)$^2 \ge 0$이므로 주어진 방정식이 성립하려면
$x+2y=0$, $y-3=0$ $\therefore x=-6$, $y=3$
$\therefore x+y = -6+3 = -3$

G 174 정답 ③ ···················· 부정방정식의 풀이

(**정답 공식**: 한 문자에 대하여 내림차순으로 정리하고 판별식을 이용한다.)

> **단서1** x나 y에 대한 식으로 바꿔야 해.
> 방정식 $5x^2 + y^2 - 4xy + 6x + 9 = 0$을 만족시키는 실수 x, y에 대하여 $x-y$의 값은?
> **단서2** x, y가 실수라는 것은 실근을 가진다는 것을 의미해.
>
> ① -6 ② -3 ③ 3
> ④ 6   ⑤ 9

정답 및 해설 **313**

주어진 방정식을 한 문자에 대해 내림차순으로 정리해. 판별식을 이용하면 실수해를 가질 조건이 나와.

주어진 방정식을 x에 대하여 내림차순으로 정리하면
$5x^2-2(2y-3)x+y^2+9=0 \cdots$ ㉠
x가 실수이므로 이 이차방정식은 실근을 가져야 한다.
이때, 판별식을 D라고 하면   이차방정식이 실근을 가져야 하니까 판별식 $D\geq0$이야. 서로 다른 실근이라는 말이 없으니까 $D>0$이 아니야.
$\dfrac{D}{4}=(2y-3)^2-5(y^2+9)\geq0$
$4y^2-12y+9-5y^2-45\geq0$
$-y^2-12y-36\geq0$ 실수 부등식의 양변에 음수인 -1을 곱하면 부등호의 방향이 달라지지?
양변에 -1을 곱하면   이차항의 계수를 양수로 만들려는 거야.
$y^2+12y+36\leq0$
$(y+6)^2\leq0$
이때, y도 실수이므로 $y=-6$ (실수)$^2\geq0$이므로 $(y+6)^2\leq0$이 성립하려면 $y+6=0 \Rightarrow y=-6$
$y=-6$을 ㉠에 대입하면
$5x^2+30x+45=0$
$x^2+6x+9=0$, $(x+3)^2=0$ $\therefore x=-3$
$\therefore x-y=-3-(-6)=3$

🔁 쉬운 풀이: 실근을 갖는 방정식을 $A^2+B^2=0$꼴로 정리하면 $A=0$ 그리고 $B=0$임을 이용하여 값 구하기

$5x^2+y^2-4xy+6x+9=0$에서
$(4x^2-4xy+y^2)+(x^2+6x+9)=0$
$(2x-y)^2+(x+3)^2=0$
이때, x, y가 실수이므로 $2x-y$, $x+3$도 실수니까 (실수)$^2\geq0$에서
$2x-y=0$, $x+3=0$ $2x-y=0$, $x+3=0$이어야 해.
따라서 $x=-3$, $y=-6$이므로 $x-y=3$이야.

G 175 정답 ① ·· 부정방정식의 풀이

(정답 공식: 한 문자에 대하여 내림차순으로 정리하고 판별식을 이용한다.)

> 단서 주어진 식을 x에 대해 내림차순으로 정리하고 실근을 가지도록 하자.
> 실수 x, y에 대하여 $3x^2+y^2+2xy-8y+24=0$이 성립할 때, xy의 값은?
> ① -12 ② -8 ③ -2
> ④ 8 ⑤ 12

주어진 방정식을 한 문자에 대해 내림차순으로 정리한 후에 판별식을 이용해.
주어진 방정식을 x에 대하여 내림차순으로 정리하면
$3x^2+2xy+y^2-8y+24=0 \cdots$ ㉠ y에 대하여 내림차순으로 정리해도 돼.
x가 실수이므로 이 이차방정식은 실근을 가져야 한다.
판별식을 D라고 하면
$\dfrac{D}{4}=y^2-3(y^2-8y+24)\geq0$
$y^2-12y+36\leq0$
$(y-6)^2\leq0$
이때, y도 실수이므로 $y=6$ (실수)$^2\geq0$이므로 $(y-6)^2\leq0$이 성립하려면 $y-6=0 \Rightarrow y=6$
$y=6$을 ㉠에 대입하면
$3x^2+12x+12=0$
$x^2+4x+4=0$
$(x+2)^2=0$
$\therefore x=-2$
$\therefore xy=-12$

🔁 쉬운 풀이: 실근을 갖는 방정식을 완전제곱꼴로 정리하여 값 구하기

$3x^2+y^2+2xy-8y+24=0$에서
$3\left(x^2+\dfrac{2}{3}xy+\dfrac{1}{9}y^2\right)+\dfrac{2}{3}(y^2-12y+36)=0$
$3\left(x+\dfrac{1}{3}y\right)^2+\dfrac{2}{3}(y-6)^2=0$
이때, x, y가 실수이므로
$x+\dfrac{1}{3}y=0$, $y-6=0$
따라서 $y=6$, $x=-\dfrac{1}{3}\times6=-2$이므로
$xy=-12$

📋 서술형 스토리

G 176 정답 $a=-7$, 나머지 두 근 : 2, -3
··································· 삼차방정식의 미정계수의 결정

(정답 공식: 주어진 한 근을 대입해 a를 구하고 조립제법으로 인수분해 한다.)

> 단서 주어진 근을 대입하면 a를 구할 수 있어.
> 계수가 실수인 삼차방정식 $x^3+ax+6=0$의 한 근이 1일 때, 실수 a의 값과 나머지 두 근을 구하는 과정을 서술하시오.

주어진 근을 삼차방정식에 대입하여 a를 구하자.
주어진 방정식의 한 근이 1이므로
$1+a+6=0$ → 방정식의 근을 식에 대입하면 등식이 성립해.
$\therefore a=-7 \cdots$ ❶

조립제법을 이용하여 삼차방정식의 좌변을 인수분해하자.
$f(x)=x^3-7x+6$으로 놓으면 $f(1)=1-7+6=0$에서 $f(x)$는 $x-1$을 인수로 가지므로 조립제법을 이용하여 $f(x)$를 인수분해하면
$f(x)=(x-1)(x^2+x-6)$
$\quad\quad=(x-1)(x-2)(x+3) \cdots$ ❷   인수정리를 이용한 거야.
이므로 주어진 방정식은
$(x-1)(x-2)(x+3)=0$

$$\begin{array}{r|rrrr} 1 & 1 & 0 & -7 & 6 \\ & & 1 & 1 & -6 \\ \hline & 1 & 1 & -6 & 0 \end{array}$$

나머지 두 근을 구하자.
$\therefore x=1$ 또는 $x=2$ 또는 $x=-3$
따라서 실수 a의 값은 -7이고, 나머지 두 근은 2, -3이다. ··· ❸

[채점 기준표]

❶ a의 값을 구한다.		20%
❷ 인수정리와 조립제법을 이용하여 주어진 방정식을 인수분해한다.		50%
❸ 나머지 두 근을 구한다.		30%

G 177 정답 2 ································ 사차방정식의 미정계수의 결정

(정답 공식: 주어진 근을 대입해 a, b를 구하고 조립제법으로 인수분해한다.)

> 사차방정식 $x^4-12x^2+ax+b=0$의 네 근이 -3, 4, α, β일 때, $\alpha^3+\beta^3$의 값을 구하는 과정을 서술하시오. (단, a, b는 상수)
> 단서 방정식의 계수 a, b를 구하기 위해 주어진 두 근을 대입하여 두 개의 식을 구하자.

1st 두 근 -3과 4를 사차방정식에 대입하여 a와 b를 구하자.

$f(x)=x^4-12x^2+ax+b$로 놓으면 -3, 4가 $f(x)=0$의 근이므로

$f(-3)=(-3)^4-12\cdot(-3)^2-3a+b=0$ $f(-3)=0$, $f(4)=0$을 이용하면 두 개의 식이 나오지?

$\therefore -3a+b=27 \cdots \bigcirc$

$f(4)=4^4-12\cdot4^2+4a+b=0$

$\therefore 4a+b=-64 \cdots \bigcirc$

$\bigcirc$, $\bigcirc$을 연립하여 풀면

$$\begin{array}{r} -3a+b=27 \\ -)\quad 4a+b=-64 \\ \hline -7a\qquad =91 \Rightarrow a=-13 \end{array}$$

$a=-13$, $b=-12 \cdots \mathbf{❶}$

$\therefore f(x)=x^4-12x^2-13x-12$

2nd 조립제법을 이용하여 사차방정식의 좌변을 인수분해하자.

조립제법을 이용하여 $f(x)$를 인수분해하면

$$\begin{array}{r|rrrrr} -3 & 1 & 0 & -12 & -13 & -12 \\ & & -3 & 9 & 9 & 12 \\ \hline 4 & 1 & -3 & -3 & -4 & \boxed{0} \\ & & 4 & 4 & -4 & \\ \hline & 1 & 1 & 1 & \boxed{0} & \end{array}$$

$f(x)=(x+3)(x-4)(x^2+x+1) \cdots \mathbf{❷}$

3rd 근과 계수의 관계를 이용하여 $\alpha^3+\beta^3$을 구하자.

즉, $(x+3)(x+4)(x^2+x+1)=0$에서 α, β는 이차방정식 $x^2+x+1=0$의 두 근이다.

따라서 근과 계수의 관계에 의하여 $\alpha+\beta=-1$, $\alpha\beta=1$이므로

$\alpha^3+\beta^3=(\alpha+\beta)^3-3\alpha\beta(\alpha+\beta)$ 곱셈 공식의 변형 $x^3+y^3=(x+y)^3-3xy(x+y)$를 이용한 거야.

$=(-1)^3-3\cdot1\cdot(-1)$

$=2 \cdots \mathbf{❸}$

[채점 기준표]

❶ 사차방정식의 두 근이 -3, 4임을 이용하여 a, b의 값을 구한다.	40%
❷ 주어진 사차방정식의 좌변을 인수분해한다.	30%
❸ 근과 계수의 관계를 이용하여 $\alpha^3+\beta^3$의 값을 구한다.	30%

G 178 정답 5 ·················· 연립이차방정식의 풀이

정답 공식: 일차방정식을 한 문자에 대하여 정리한 후 이차방정식에 대입하여 인수분해 한다.

연립방정식 $\begin{cases} x+y=3 \\ x^2-3xy+y^2=-1 \end{cases}$ 의 근을 $x=\alpha$, $y=\beta$라고 할 때, $\alpha^2+\beta^2$의 값을 구하는 과정을 서술하시오.

단서 일차방정식을 한 문자에 대하여 정리한 후 이 식을 이차방정식에 대입해 풀어.

1st 일차방정식을 이용하여 이차방정식의 한 문자를 소거하자.

$\begin{cases} x+y=3 & \cdots \bigcirc \\ x^2-3xy+y^2=-1 & \cdots \bigcirc \end{cases}$ 이라 하자.

$\bigcirc$에서 $y=3-x$를 $\bigcirc$에 대입하면 $\to$ $x=3-y$를 $\bigcirc$에 대입하여 y의 값을 먼저 구해도 같은 결과가 나와.

$x^2-3x(3-x)+(3-x)^2=-1 \cdots \mathbf{❶}$

2nd 한 문자로 표현된 이차방정식을 풀어서 α와 β의 값을 구하자.

$5x^2-15x+10=0$

$x^2-3x+2=0$

$(x-1)(x-2)=0$

$\therefore x=1$ 또는 $x=2$

이것을 $\bigcirc$에 대입하면

$\begin{cases} x=1 \\ y=2 \end{cases}$ 또는 $\begin{cases} x=2 \\ y=1 \end{cases} \cdots \mathbf{❷}$

3rd $\alpha^2+\beta^2$의 값을 구하자.

따라서 $\alpha=1$, $\beta=2$ 또는 $\alpha=2$, $\beta=1$이므로

$\alpha^2+\beta^2=1^2+2^2=2^2+1^2=5 \cdots \mathbf{❸}$

[채점 기준표]

❶ 일차방정식을 한 문자에 대하여 정리한 후 이차방정식에 대입한다.	40%
❷ 연립방정식의 해를 구한다.	40%
❸ $\alpha^2+\beta^2$의 값을 구한다.	20%

G 179 정답 $x=\pm\sqrt6$, $y=\mp2\sqrt6$ 또는

$x=\pm4$, $y=\pm2$ (복호동순) · 연립이차방정식의 풀이

정답 공식: 인수분해가 가능한 이차방정식에서 x, y의 관계식을 구하고 다른 이차방정식에 이를 대입한다.

단서 인수분해가 되는 것부터 풀자.

연립방정식 $\begin{cases} 2x^2-3xy-2y^2=0 \\ 2x^2+y^2=36 \end{cases}$ 의 해를 구하는 과정을 서술하시오.

1st 인수분해되는 식부터 먼저 정리하자.

$2x^2-3xy-2y^2=(2x+y)(x-2y)=0$에서 $\cdots \mathbf{❶}$

$y=-2x$ 또는 $x=2y$

$\to$ $\begin{matrix} 2x & \diagdown & y \\ x & \diagup & -2y \\ \hline & -4xy+xy=-3xy \end{matrix}$

2nd $y=-2x$일 때, 연립방정식의 해를 구하자.

(i) $y=-2x$일 때

$2x^2+y^2=36$에 대입하면 $x^2=6$

$\therefore x=\pm\sqrt6$, $y=\mp2\sqrt6$ (복호동순) $\cdots \mathbf{❷}$

3rd $x=2y$일 때, 연립방정식의 해를 구하자.

(ii) $x=2y$일 때

$2x^2+y^2=36$에 대입하면 $y^2=4$ $\therefore y=\pm2$

$\therefore x=\pm4$, $y=\pm2$ (복호동순) $\cdots \mathbf{❸}$

[채점 기준표]

❶ $2x^2-3xy-2y^2=0$의 좌변을 인수분해한다.	20%
❷ $y=-2x$와 $2x^2+y^2=36$을 연립한다.	40%
❸ $x=2y$와 $2x^2+y^2=36$을 연립한다.	40%

G 180 정답 $-\dfrac{1}{2}$ ·················· 두 방정식의 공통인 근

정답 공식: 조립제법으로 삼차방정식을 인수분해하고 이차방정식과 공통인 근을 가지도록 하는 k의 값을 모두 구한다.

단서1 바로 인수분해해서 x의 값을 구할 수 있어.

두 방정식 $x^2-x-6=0$, $x^3+(2k+1)x^2+2(k-3)x-12k=0$ 이 공통인 근을 가지도록 하는 모든 상수 k의 값의 합을 구하는 과정을 서술하시오.

단서2 삼차방정식의 해 중에서 이차방정식의 해가 있도록 k의 값을 구하자.

1st 이차방정식의 근을 구하자.

$x^2-x-6=0$에서 $(x+2)(x-3)=0$

$\therefore x=-2$ 또는 $x=3$ … ①

2nd 조립제법을 이용하여 삼차방정식을 인수분해하자.

$f(x)=x^3+(2k+1)x^2+2(k-3)x-12k$로 놓으면

$f(2)=8+4(2k+1)+4(k-3)-12k=0$ ⟶ $f(\alpha)=0$인 $x=\alpha$를 찾아야 해.

이므로 조립제법을 이용하여 $f(x)$를 인수분해하면

$$\begin{array}{r|rrrr}
2 & 1 & 2k+1 & 2(k-3) & -12k \\
 & & 2 & 4k+6 & 12k \\
\hline
 & 1 & 2k+3 & 6k & 0
\end{array}$$

$\therefore f(x)=(x-2)\{x^2+(2k+3)x+6k\}$
$\qquad =(x-2)(x+3)(x+2k)$

3rd 삼차방정식의 해 중에서 이차방정식의 근 중 하나가 있도록 k의 값을 결정하자.

따라서 방정식 $f(x)=0$의 근은

$x=2$ 또는 $x=-3$ 또는 $x=-2k$ … ②

이므로 두 방정식이 공통인 근을 가지기 위해서는

$-2k=-2$ 또는 $-2k=3$ $x^2-x-6=0$의 근이 $x=-2$ 또는 $x=3$이므로 $f(x)=0$의 근 중 $x=-2k$가 $x=-2$ 또는 $x=3$이 되어야 해.

$\therefore k=1$ 또는 $k=-\dfrac{3}{2}$

따라서 k의 값의 합은 $1-\dfrac{3}{2}=-\dfrac{1}{2}$ … ③

[채점 기준표]

❶ 주어진 이차방정식의 근을 구한다.	20%
❷ 주어진 삼차방정식의 근을 구한다.	40%
❸ 두 방정식이 공통인 근을 가지기 위한 k의 값의 합을 구한다.	40%

G 181 정답 **4** ·············· 삼차방정식의 근과 계수의 관계

(정답 공식: 통분하고 삼차방정식의 근과 계수의 관계를 이용한다.)

단서 '삼차방정식의 세 근 α, β, γ'라는 말이 나오면 근과 계수의 관계를 생각하자.

삼차방정식 $x^3-5x^2+6x-2=0$의 세 근을 α, β, γ라고 할 때, $\dfrac{1}{\alpha^2}+\dfrac{1}{\beta^2}+\dfrac{1}{\gamma^2}$의 값을 구하는 과정을 서술하시오.

1st 삼차방정식의 근과 계수의 관계로부터 α, β, γ 사이의 관계식을 찾자.

주어진 삼차방정식의 세 근이 α, β, γ이므로 근과 계수의 관계에 의하여
$\alpha+\beta+\gamma=5$, $\alpha\beta+\beta\gamma+\gamma\alpha=6$, $\alpha\beta\gamma=2$ … ①

2nd $\dfrac{1}{\alpha^2}+\dfrac{1}{\beta^2}+\dfrac{1}{\gamma^2}$을 정리해서 α, β, γ 사이의 관계식을 이용할 수 있도록 식을 변형하자.

$\dfrac{1}{\alpha^2}+\dfrac{1}{\beta^2}+\dfrac{1}{\gamma^2}$

$=\dfrac{\alpha^2\beta^2+\beta^2\gamma^2+\gamma^2\alpha^2}{\alpha^2\beta^2\gamma^2}=\dfrac{(\alpha\beta)^2+(\beta\gamma)^2+(\gamma\alpha)^2}{(\alpha\beta\gamma)^2}$

$=\dfrac{(\alpha\beta+\beta\gamma+\gamma\alpha)^2-2(\alpha^2\beta\gamma+\alpha\beta^2\gamma+\alpha\beta\gamma^2)}{(\alpha\beta\gamma)^2}$

$=\dfrac{(\alpha\beta+\beta\gamma+\gamma\alpha)^2-2\alpha\beta\gamma(\alpha+\beta+\gamma)}{(\alpha\beta\gamma)^2}$ … ②

주의 문자가 여러 개인 식을 정리할 때 헷갈리지 않도록 주의해.

$A^2+B^2+C^2$
$=(A+B+C)^2$
$\quad -2(AB+BC+CA)$
에서 $A=\alpha\beta$, $B=\beta\gamma$, $C=\gamma\alpha$를 대입하면 돼.

3rd 식의 값을 구하자.

$=\dfrac{6^2-2\times2\times5}{2^2}=\dfrac{16}{4}=4$ … ③

[채점 기준표]

❶ 삼차방정식의 근과 계수의 관계를 이용한다.	40%
❷ 세 근의 합과 곱을 이용할 수 있도록 주어진 식을 정리한다.	40%
❸ 주어진 식의 값을 구한다.	20%

🔎 **쉬운 풀이:** $\dfrac{1}{\alpha}$, $\dfrac{1}{\beta}$, $\dfrac{1}{\gamma}$를 세 근으로 하는 삼차방정식 이용하기

삼차방정식 $x^3-5x^2+6x-2=0$의 세 근이 α, β, γ이므로

$-2x^3+6x^2-5x+1=0$의 세 근은 $\dfrac{1}{\alpha}$, $\dfrac{1}{\beta}$, $\dfrac{1}{\gamma}$이야.

즉, $-2x^3+6x^2-5x+1=0$에서 삼차방정식의 근과 계수의 관계에 의해

$\dfrac{1}{\alpha}+\dfrac{1}{\beta}+\dfrac{1}{\gamma}=3$, $\dfrac{1}{\alpha\beta}+\dfrac{1}{\beta\gamma}+\dfrac{1}{\gamma\alpha}=\dfrac{5}{2}$이므로

$\dfrac{1}{\alpha^2}+\dfrac{1}{\beta^2}+\dfrac{1}{\gamma^2}=\left(\dfrac{1}{\alpha}+\dfrac{1}{\beta}+\dfrac{1}{\gamma}\right)^2-2\left(\dfrac{1}{\alpha\beta}+\dfrac{1}{\beta\gamma}+\dfrac{1}{\gamma\alpha}\right)$
$\qquad\qquad\qquad =3^2-5=4$

G 182 정답 $x^3-2x^2+3x-3=0$ ·········· 삼차방정식의 작성

(정답 공식: 삼차방정식의 근과 계수의 관계를 이용한다.)

단서 1 삼차방정식의 근과 계수의 관계를 떠올려야지?

삼차방정식 $x^3-x^2+2x+1=0$의 세 근을 α, β, γ라고 할 때, $\alpha+\beta$, $\beta+\gamma$, $\gamma+\alpha$를 세 근으로 하고 x^3의 계수가 1인 삼차방정식을 구하는 과정을 서술하시오.

단서 2 삼차방정식을 구할 때에는 세 근의 합, 두 근끼리의 곱의 합, 세 근의 곱을 알면 돼.

1st 주어진 삼차방정식의 세 근 α, β, γ 사이의 관계식을 찾아보자.

삼차방정식 $x^3-x^2+2x+1=0$의 세 근이 α, β, γ이므로 근과 계수의 관계에 의하여
$\alpha+\beta+\gamma=1$, $\alpha\beta+\beta\gamma+\gamma\alpha=2$, $\alpha\beta\gamma=-1$ … ①

2nd $\alpha+\beta$, $\beta+\gamma$, $\gamma+\alpha$의 합, 두 개씩 곱한 것들의 합, 곱을 구하자.

이때, $\alpha+\beta+\gamma=1$에서 $\alpha+\beta=1-\gamma$, $\beta+\gamma=1-\alpha$, $\gamma+\alpha=1-\beta$이므로

함정 원하는 값을 얻기 위해서 조건을 적절히 변형하는 감각이 필요해.

$(1-\gamma)+(1-\alpha)+(1-\beta)$
$=3-(\alpha+\beta+\gamma)=3-1=2$

$(1-\gamma)(1-\alpha)+(1-\alpha)(1-\beta)+(1-\beta)(1-\gamma)$
$=1-(\alpha+\gamma)+\gamma\alpha+1-(\alpha+\beta)+\alpha\beta+1-(\beta+\gamma)+\beta\gamma$
$=3-2(\alpha+\beta+\gamma)+\alpha\beta+\beta\gamma+\gamma\alpha$
$=3-2\cdot1+2=3$

$(1-\gamma)(1-\alpha)(1-\beta)$
$=1-(\alpha+\beta+\gamma)+(\alpha\beta+\beta\gamma+\gamma\alpha)-\alpha\beta\gamma$
$=1-1+2-(-1)=3$ … ②

곱셈 공식
$(x-a)(x-b)(x-c)$
$=x^3-(a+b+c)x^2$
$\quad +(ab+bc+ca)x-abc$
에서 $x=1$인 경우를 생각하면 돼.

3rd 조건을 만족하는 삼차방정식을 구하자.

따라서 $\alpha+\beta$, $\beta+\gamma$, $\gamma+\alpha$, 즉 $1-\gamma$, $1-\alpha$, $1-\beta$를 세 근으로 하고 x^3의 계수가 1인 삼차방정식은 $x^3-2x^2+3x-3=0$이다. … ③

[채점 기준표]

❶ 삼차방정식의 근과 계수의 관계를 이용하여 $\alpha+\beta+\gamma$, $\alpha\beta+\beta\gamma+\gamma\alpha$, $\alpha\beta\gamma$의 값을 구한다.	30%
❷ 구하는 삼차방정식의 세 근의 합, 두 근끼리의 곱의 합, 세 근의 곱을 구한다.	40%
❸ 삼차방정식을 구한다.	30%

G 183 정답 6 .... 삼차방정식의 활용

정답 공식: 부피가 288인 것으로 x에 대한 삼차방정식을 구한 후, 조립제법으로 인수분해 한다.

그림은 삼각기둥의 전개도이다. 이 전개도의 점선을 따라 접어서 만든 삼각기둥의 부피가 288일 때, 전개도에서 x의 값을 구하는 과정을 서술하시오.

단서 삼각기둥의 부피는 (밑면의 넓이) × (높이)로 구해.

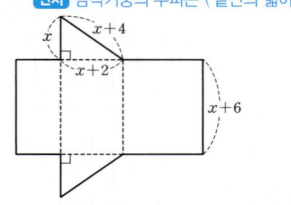

1st 삼각기둥의 부피를 x에 관한 식으로 나타내자.

주어진 삼각기둥의 부피가 288이므로 → (삼각기둥의 부피) = (밑넓이) × (높이)

$$\left\{\frac{1}{2} \times (x+2) \times x\right\} \times (x+6) = 288 \cdots \text{❶}$$

2nd 조립제법을 이용하여 인수분해하자.

$$x(x+2)(x+6) = 576$$
$$x^3 + 8x^2 + 12x - 576 = 0$$
$$(x-6)(x^2 + 14x + 96) = 0 \cdots \text{❷}$$

6	1	8	12	−576
		6	84	576
	1	14	96	0

3rd x의 값을 구하자.

이때, $x^2 + 14x + 96 = 0$의 판별식을 D라 하면

$$\frac{D}{4} = 49 - 96 = -47 < 0$$

즉, $x^2 + 14x + 96 = 0$은 허근을 가진다.

$$\therefore x = 6 \ (\because x\text{는 양의 실수}) \cdots \text{❸}$$

[채점 기준표]

❶ 삼각기둥의 부피를 x에 대한 식으로 표현한다.	30%
❷ x에 대한 식을 인수분해한다.	40%
❸ x의 값을 구한다.	30%

G 184 정답 9 .... 연립이차방정식의 풀이

정답 공식: $x+y=u$, $xy=v$로 놓고 주어진 식을 u, v의 연립방정식으로 변형하여 해를 구한다.

단서 이런 꼴의 식은 $x+y=u$, $xy=v$로 치환하여 풀어야 해.

연립방정식 $\begin{cases} x^2+xy+y^2=7 \\ x+y+xy=-5 \end{cases}$를 만족시키는 실수 x, y에 대하여 $|x-y|$의 최댓값을 M, 최솟값을 m이라고 하자. 이때, $M+m$의 값을 구하는 과정을 서술하시오.

1st $x+y=u$, $xy=v$로 치환하여 u, v에 관한 연립방정식을 풀어 보자.

주어진 연립방정식은

$$\begin{cases} (x+y)^2 - xy = 7 \\ x+y+xy = -5 \end{cases}$$
$x^2+y^2=(x+y)^2-2xy$를 이용한 거야.

이므로 $x+y=u$, $xy=v$로 놓으면

$$\begin{cases} u^2 - v = 7 \cdots \text{㉠} \\ u + v = -5 \cdots \text{㉡} \end{cases}$$

㉠+㉡을 하면

$u^2 + u = 2$, $u^2 + u - 2 = 0$
$(u+2)(u-1) = 0$ $\quad \therefore u = -2$ 또는 $u = 1$

이것을 ㉡에 대입하면
$u = -2$, $v = -3$ 또는 $u = 1$, $v = -6 \cdots \text{❶}$

2nd x, y의 값을 구하자.

(i) $u = -2$, $v = -3$, 즉 $x+y = -2$, $xy = -3$일 때,
x, y는 이차방정식 $t^2 + 2t - 3 = 0$의 두 근이므로
$(t+3)(t-1) = 0$ $\quad \therefore t = -3$ 또는 $t = 1$
$$\therefore \begin{cases} x = -3 \\ y = 1 \end{cases} \text{또는} \begin{cases} x = 1 \\ y = -3 \end{cases}$$

(ii) $u = 1$, $v = -6$, 즉 $x+y = 1$, $xy = -6$일 때,
x, y는 이차방정식 $t^2 - t - 6 = 0$의 두 근이므로
$(t+2)(t-3) = 0$ $\quad \therefore t = -2$ 또는 $t = 3$
$$\therefore \begin{cases} x = -2 \\ y = 3 \end{cases} \text{또는} \begin{cases} x = 3 \\ y = -2 \end{cases} \cdots \text{❷}$$

3rd $|x-y|$의 최댓값과 최솟값을 구하자.

따라서 $|x-y|$의 최댓값은 5, 최솟값은 4이므로
$M = 5$, $m = 4$
$$\therefore M + m = 9 \cdots \text{❸}$$

x	−3	1	−2	3
y	1	−3	3	−2
$x-y$	−4	4	−5	5

[채점 기준표]

❶ 주어진 연립방정식에서 $x+y=u$, $xy=v$로 놓고 u, v의 값을 구한다.	40%
❷ x, y의 값을 구한다.	40%
❸ $M+m$의 값을 구한다.	20%

G 185 정답 7 .... 부정방정식의 풀이

정답 공식: $A^2 + B^2 = (숫자)$ 꼴로 변형하고 식을 만족하는 정수 x, y를 구한다.

단서 1 ( )^2 + ( )^2 = k의 꼴로 만들 수 있는지 생각해 보자.

방정식 $x^2 + y^2 + 2x - 6y - 7 = 0$을 만족시키는 정수 x, y에 대하여 $x+y$의 최댓값을 구하는 과정을 서술하시오.

단서 2 x, y가 정수이므로 만족하는 근은 한정되어 있어.

1st 주어진 식을 $A^2 + B^2 = k$ 꼴로 변형하자.

$x^2 + y^2 + 2x - 6y - 7 = 0$에서
$(x+1)^2 + (y-3)^2 = 17$

2nd 식을 만족하는 정수 x, y의 값을 구하자.

x, y가 정수이므로 $x+1$, $y-3$도 정수이고 $(x+1)^2$, $(y-3)^2$도 정수야.
$(x+1)^2 = 1$, $(y-3)^2 = 16$ 또는 $(x+1)^2 = 16$, $(y-3)^2 = 1 \cdots \text{❶}$
정수의 제곱 수는 1, 4, 9, 16, 25, …이므로 두 제곱수의 합이 17이 나오려면
1+16밖에 없어.

(i) $(x+1)^2 = 1$, $(y-3)^2 = 16$일 때,
$x+1 = \pm 1$, $y-3 = \pm 4$
$$\therefore \begin{cases} x=0 \\ y=7 \end{cases} \text{또는} \begin{cases} x=0 \\ y=-1 \end{cases} \text{또는} \begin{cases} x=-2 \\ y=7 \end{cases} \text{또는} \begin{cases} x=-2 \\ y=-1 \end{cases}$$

(ii) $(x+1)^2 = 16$, $(y-3)^2 = 1$일 때,
$x+1 = \pm 4$, $y-3 = \pm 1$
$$\therefore \begin{cases} x=3 \\ y=4 \end{cases} \text{또는} \begin{cases} x=3 \\ y=2 \end{cases} \text{또는} \begin{cases} x=-5 \\ y=4 \end{cases} \text{또는} \begin{cases} x=-5 \\ y=2 \end{cases} \cdots \text{❷}$$

3rd $x+y$의 최댓값을 구하자.

따라서 $x+y$의 값은 −3 또는 −1 또는 5 또는 7이므로
최댓값은 7이다. $\cdots \text{❸}$

[채점 기준표]

Ⅰ $(x+1)^2$, $(y-3)^2$의 값을 구한다.		40%
Ⅱ x, y의 값을 구한다.		40%
Ⅲ $x+y$의 최댓값을 구한다.		20%

🔴 **부정방정식의 풀이**　　　　　　　　　개념·공식

(1) 정수 조건의 부정방정식
　① 주어진 등식을 (일차식)×(일차식)=(정수) 꼴로 변형
　② (정수)+(정수), (정수)−(정수), (정수)×(정수)의 결과도 정수임을 이용
(2) 실수 조건의 부정방정식
　① 실수 A, B에 대하여 $A^2+B^2=0$이면 $A=0$, $B=0$임을 이용
　② 판별식 $D \geq 0$임을 이용

$(x+y)^2$ **1등급** 고난도 스토리

G 186 정답 ⑤ ‥‥‥‥‥‥‥‥ ⭐2등급 대비 [정답률 24%]

> **정답 공식:** 삼차식 $f(x)$를 인수분해한 후, 이차방정식의 판별식과 근과 계수의 관계를 이용하여 주어진 근의 조건을 만족시키는 a, b의 값을 찾아본다.

x에 대한 삼차식
$$f(x)=x^3+(2a-1)x^2+(b^2-2a)x-b^2$$
에 대하여 [보기]에서 옳은 것만을 있는 대로 고른 것은?

> **[보기]**
>
> ㄱ. $f(x)$는 $x-1$을 인수로 갖는다. **단서1** $f(1)=0$인지 확인해.
>
> ㄴ. $a<b<0$인 어떤 두 실수 a, b에 대하여 방정식 $f(x)=0$의 서로 다른 실근의 개수는 2이다.
> **단서2** 삼차방정식 $f(x)=0$의 서로 다른 실근의 개수가 2가 되는 경우를 생각해봐. 이때, 이러한 경우를 만족시키는 $a<b<0$인 실수 a, b가 한 쌍이라도 존재하는지 확인하면 돼.
>
> ㄷ. 방정식 $f(x)=0$이 서로 다른 세 실근을 갖고 세 근의 합이 7이 되도록 하는 두 정수 a, b의 모든 순서쌍 (a, b)의 개수는 5이다.
> **단서3** 방정식의 세 근의 합이 주어졌으니까 근과 계수의 관계를 이용할 수 있어. 또, 삼차방정식이 서로 다른 세 실근을 가질 조건을 따져줄 때, $f(x)$를 (일차식)×(이차식) 꼴로 만들면 좀 더 수월해.

① ㄱ 　　　② ㄱ, ㄴ 　　　③ ㄱ, ㄷ
④ ㄴ, ㄷ 　　　⑤ ㄱ, ㄴ, ㄷ

1st 인수정리를 이용하여 ㄱ의 참, 거짓을 판별하자.

ㄱ. $f(1)=1+(2a-1)+(b^2-2a)-b^2=0$이므로
인수정리에 의하여 $f(x)$는 $x-1$을 인수로 갖는다. (참)
> 다항식 $P(x)$에 대하여 $P(\alpha)=0$이면 $P(x)$는 $x-\alpha$로 나누어떨어져.
> 즉, $P(\alpha)=0$이면 다항식 $P(x)$는 $x-\alpha$를 인수로 가지게 돼.

2nd $f(x)$를 인수분해한 후, 방정식 $f(x)=0$의 서로 다른 실근의 개수를 조사해.

ㄴ. ㄱ에서 $f(x)$가 $x-1$을 인수로 가지므로
$f(x)=x^3+(2a-1)x^2+(b^2-2a)x-b^2$에서 조립제법에 의하여

1	1	$2a-1$	b^2-2a	$-b^2$
		1	$2a$	b^2
	1	$2a$	b^2	0

$$\therefore f(x)=(x-1)(x^2+2ax+b^2)$$

이차방정식 $x^2+2ax+b^2=0$의 판별식을 D라 하면
$$\frac{D}{4}=a^2-b^2=(a-b)(a+b)$$
이때, $a<b<0$이면 $a-b<0$, $a+b<0$에서 $\underline{D>0}$이므로
> $\frac{D}{4}=(a-b)(a+b)$=(음수)×(음수)=(양수)

이차방정식 $x^2+2ax+b^2=0$은 항상 서로 다른 두 실근을 갖는다.
따라서 삼차방정식 $f(x)=0$이 서로 다른 두 실근을 가지려면 이차방정식 $x^2+2ax+b^2=0$이 $x=1$을 근으로 가져야 하므로
$1+2a+b^2=0$ ▸ $f(x)=(x-1)(x^2+2ax+b^2)$이므로 삼차방정식 $f(x)=0$은 $x=1$을 한 근으로 가져. 그런데 주어진 조건에서 이차방정식 $x^2+2ax+b^2=0$이 항상 서로 다른 두 실근을 가지므로 삼차방정식이 서로 다른 두 실근을 가지려면 이차방정식 $x^2+2ax+b^2=0$의 서로 다른 두 실근 중 하나는 $x=1$이어야 하는 거야.

그런데 $a=-2$, $b=-\sqrt{3}$이면 $a<b<0$이고
$1+2a+b^2=1-4+3=0$을 만족시킨다.
> $a=-5$, $b=-3$일 때에도 $1+2a+b^2=0$을 만족시켜.
> 즉, $f(x)=(x-1)(x^2-10x+9)=(x-1)^2(x-9)$이므로 방정식 $f(x)=0$의 서로 다른 실근은 $x=1$, $x=9$의 2개야.

이때, $f(x)=(x-1)(x^2-4x+3)=(x-1)^2(x-3)$이므로
방정식 $f(x)=0$의 서로 다른 실근의 개수는 2이다.
> 방정식 $f(x)=0$의 서로 다른 실근은 $x=1$, $x=3$이야.

즉, 방정식 $f(x)=0$의 서로 다른 실근의 개수가 2가 되면서 $a<b<0$을 만족하는 어떤 두 실수 a, b가 존재한다. (참)

3rd 이차방정식의 판별식과 근과 계수의 관계를 이용하여 ㄷ의 참, 거짓을 판별해.

ㄷ. 방정식 $f(x)=0$, 즉 $(x-1)(x^2+2ax+b^2)=0$은 $x=1$을 근으로 가지므로 삼차방정식 $(x-1)(x^2+2ax+b^2)=0$이 서로 다른 세 실근을 가지려면 이차방정식 $x^2+2ax+b^2=0$이 1이 아닌 서로 다른 두 실근을 가져야 한다.
> 이차방정식 $x^2+2ax+b^2=0$이 $x=1$을 실근으로 갖게 되면 $x=1$은 삼차방정식 $f(x)=0$의 중근이 되므로 삼차방정식 $f(x)=0$이 서로 다른 세 실근을 가질 수 없어.

이때, 방정식 $f(x)=0$의 서로 다른 세 실근의 합이 7이고, 이차방
> 삼차방정식의 근과 계수의 관계에 의해
> (세 근의 합)$=-(2a-1)=7$ ∴ $a=-3$

정식 $x^2+2ax+b^2=0$의 서로 다른 두 실근의 합이 $-2a$이므로
$1+(-2a)=7$ ∴ $a=-3$

한편, 이차방정식 $x^2+2ax+b^2=0$이 서로 다른 두 실근을 가져야 하므로
$$\frac{D}{4}=a^2-b^2>0$$
이 식에 $a=-3$을 대입하면
$9-b^2>0$, $b^2<9$ ∴ $-3<b<3$ ⋯ ㉠
또한, $x=1$이 방정식 $x^2+2ax+b^2=0$의 근이 아니어야 하므로
$1+2a+b^2\neq 0$, $1-6+b^2\neq 0$
∴ $b\neq \pm\sqrt{5}$ ⋯ ㉡
㉠, ㉡에 의해 정수 b의 값은 -2, -1, 0, 1, 2이다.
즉, 두 정수 a, b의 순서쌍 (a, b)의 개수는
$(-3, -2)$, $(-3, -1)$, $(-3, 0)$, $(-3, 1)$, $(-3, 2)$의 5이다. (참)
따라서 옳은 것은 ㄱ, ㄴ, ㄷ이다.

정답 공식: $x^3=1$의 한 허근이 ω이면, $\overline{\omega}$도 근이고, $\omega^3=\overline{\omega}^3=1$, $\omega^2+\omega+1=0$, $\overline{\omega}^2+\overline{\omega}+1=0$을 만족한다.

단서1 $x^3-1=0$의 좌변을 인수분해하면 $(x-1)(x^2+x+1)=0$이므로 ω는 이차방정식 $x^2+x+1=0$의 한 근이야.

삼차방정식 $x^3=1$의 한 허근을 ω라 할 때, [보기]에서 옳은 것만을 있는 대로 고른 것은? (단, $\overline{\omega}$는 ω의 켤레복소수이다.)

[보기]

ㄱ. $\overline{\omega}^3=1$

ㄴ. $\dfrac{1}{\omega}+\left(\dfrac{1}{\omega}\right)^2=\dfrac{1}{\overline{\omega}}+\left(\dfrac{1}{\overline{\omega}}\right)^2$

ㄷ. **단서2** ω는 $x^2+x+1=0$을 만족시킨다는 사실 $(-\omega-1)^n=\left(\dfrac{\overline{\omega}}{\omega+\overline{\omega}}\right)^n$을 만족시키는 100 이하의 자연수 n의 개수는 50이다.

① ㄱ   ② ㄷ   ③ ㄱ, ㄴ
④ ㄴ, ㄷ   ⑤ ㄱ, ㄴ, ㄷ

1st ω는 이차방정식 $x^2+x+1=0$의 허근임을 이용하자.

삼차방정식 $x^3=1$의 한 허근이 ω이므로
$x^3-1=0$, 즉 $(x-1)(x^2+x+1)=0$

$x-1=0$ 또는 $x^2+x+1=0$에서 $x=1$은 실근이므로 ω는 방정식 $x^2+x+1=0$의 근임을 알 수 있어.

에서 ω는 이차방정식 $x^2+x+1=0$의 근이다.
$\therefore \omega^3=1$, $\omega^2+\omega+1=0$

주의 ω가 문제에서 주어진 식의 허근이라 할 때 위의 전개 과정이 자주 나오므로 꼭 기억하도록 하자.

이차방정식 $x^2+x+1=0$의 계수가 모두 실수이므로 ω의 켤레복소수인 $\overline{\omega}$도 이 이차방정식의 근이다.
$\therefore \overline{\omega}^2+\overline{\omega}+1=0$, $\omega+\overline{\omega}=-1$, $\omega\times\overline{\omega}=1$

ω와 그 켤레복소수 $\overline{\omega}$가 이차방정식 $x^2+x+1=0$의 두 근이므로 근과 계수의 관계에 의하여 $\omega+\overline{\omega}=-1$, $\omega\times\overline{\omega}=1$이 성립함을 알 수 있어.

또, ω의 켤레복소수 $\overline{\omega}$는 삼차방정식 $x^3=1$의 근이기도 하므로 $\overline{\omega}^3=1$

$\overline{\omega}$가 이차방정식 $x^2+x+1=0$의 근이므로 $\overline{\omega}^2+\overline{\omega}+1=0$을 만족하고, 양변에 $\overline{\omega}-1$을 곱하면 $\overline{\omega}^3-1=0$, 즉 $\overline{\omega}^3=1$을 만족해.

2nd ω의 성질을 이용해서 추론해 보자.

ㄱ. ω가 방정식 $x^3=1$의 한 허근이므로 ω의 켤레복소수인 $\overline{\omega}$도 방정식 $x^3=1$의 근이다.
$\therefore \overline{\omega}^3=1$ (참)

ㄴ. $\dfrac{1}{\omega}+\left(\dfrac{1}{\omega}\right)^2=\dfrac{1}{\omega}+\dfrac{1}{\omega^2}=\dfrac{\omega+1}{\omega^2}=\dfrac{-\omega^2}{\omega^2}=-1$

$\omega^2+\omega+1=0$에서 $1+\omega=-\omega^2$

$\dfrac{1}{\overline{\omega}}+\left(\dfrac{1}{\overline{\omega}}\right)^2=\dfrac{1}{\overline{\omega}}+\dfrac{1}{\overline{\omega}^2}=\dfrac{\overline{\omega}+1}{\overline{\omega}^2}=\dfrac{-\overline{\omega}^2}{\overline{\omega}^2}=-1$

$\overline{\omega}^2+\overline{\omega}+1=0$에서 $\overline{\omega}+1=-\overline{\omega}^2$

$\therefore \dfrac{1}{\omega}+\left(\dfrac{1}{\omega}\right)^2=\dfrac{1}{\overline{\omega}}+\left(\dfrac{1}{\overline{\omega}}\right)^2$ (참)

ㄷ. (좌변)$=(-\omega-1)^n=(\omega^2)^n$ $\omega^2+\omega+1=0$에서 $\omega^2=-\omega-1$

(우변)$=\left(\dfrac{\overline{\omega}}{\omega+\overline{\omega}}\right)^n=(-\overline{\omega})^n$

ω, $\overline{\omega}$는 $x^2+x+1=0$의 두 근이므로 근과 계수의 관계에 의하여 $\omega+\overline{\omega}=-1$, $\omega\overline{\omega}=1$

$=\left(-\dfrac{1}{\omega}\right)^n=(-1)^n\times\left(\dfrac{1}{\omega}\right)^n$

$=(-1)^n\times(\omega^2)^n$ $\omega^3=1$이므로 $\dfrac{1}{\omega}=\omega^2$

이므로 $(-\omega-1)^n=\left(\dfrac{\overline{\omega}}{\omega+\overline{\omega}}\right)^n$을 만족시키는 n은

$(\omega^2)^n=(-1)^n\times(\omega^2)^n$

양변을 $(\omega^2)^n$으로 나누면 $1=(-1)^n$

즉, $1=(-1)^n$을 만족시키는 n은 짝수이므로 100 이하의 짝수 n의 개수는 50이다. (참)

따라서 옳은 것은 ㄱ, ㄴ, ㄷ이다.

정답 공식: 다항식의 나눗셈과 항등식을 이용하여 미정계수를 구한다.

다항식 $f(x)=x^4+(a+2)x^3+bx^2+ax+6$과 최고차항의 계수가 1이고 계수와 상수항이 모두 실수인 두 다항식 $g(x)$, $h(x)$가 다음 조건을 만족시킨다.

(가) 방정식 $f(x)=0$은 실근을 갖지 않는다.
단서1 사차방정식 $f(x)=0$이 실근을 갖지 않으면 $f(x)$는 (이차식)×(이차식)의 꼴로 인수분해가 돼.

(나) 다항식 $f(x)$는 두 다항식 $g(x)$, $h(x)$를 인수로 갖고,
단서2 $g(x)$와 $h(x)$는 모두 이차항의 계수가 1인 이차식의 꼴로 표현돼.
$h(x)$를 $g(x)$로 나눈 나머지는 $-4x-1$이다.
단서3 $g(x)$와 $h(x)$ 모두 이차항의 계수가 1인 이차식이므로 $h(x)$를 $g(x)$로 나누면 몫은 1이고 나머지가 $-4x-1$이므로 $h(x)=g(x)\times1-4x-1$로 나타낼 수 있어.

a^2+b^2의 값을 구하시오. (단, a, b는 상수이다.)

💡 **단서+발상** [유형 11]

단서1 방정식 $f(x)=0$이 실근을 갖지 않는데 $f(x)$는 사차다항식이므로 $f(x)$는 계수가 모두 실수인 두 이차식의 곱으로 표현될 수 있다. (개념)

단서2 두 방정식 $g(x)=0$과 $h(x)=0$이 실근을 가지지 않고, $g(x)$와 $h(x)$의 계수는 모두 실수이므로 $f(x)=g(x)h(x)$인 것을 알 수 있다. (발상)

단서3 $g(x)$와 $h(x)$는 모두 최고차항의 계수가 1인 이차다항식이므로 $h(x)-g(x)=-4x-1$, 즉 $h(x)=g(x)-4x-1$인 것을 알 수 있다. (해결)

주의 삼차방정식은 적어도 하나의 실근을 가져. 따라서 사차방정식이 실근을 갖지 않으려면 실계수 범위에서 인수분해 되지 않는 이차식의 곱으로 표현돼.

-------------------- [문제 풀이 순서] --------------------

1st 다항식의 나눗셈을 이용하여 식을 세우자.

$g(x)=x^2+px+q$로 두면 조건 (나)에 의해 $h(x)=x^2+(p-4)x+(q-1)$이고

$h(x)$와 $g(x)$가 둘 다 이차다항식이고 최고차항의 계수도 같으므로 조건 (나)에 의해 $h(x)=g(x)-4x-1$이야.

$g(x)h(x)=(x^2+px+q)\{x^2+(p-4)x+(q-1)\}$
$=x^4+(2p-4)x^3+(p^2-4p+2q-1)x^2$
$\quad +(2pq-p-4q)x+(q^2-q)$

2nd 항등식에서 계수비교를 통해 미정계수를 구하자.

$f(x)=g(x)h(x)$이므로 동류항의 계수를 비교하면
$a+2=2p-4 \cdots \bigcirc$
$b=p^2-4p+2q-1 \cdots \bigcirc\!\!\bigcirc$
$a=2pq-p-4q \cdots \bigcirc\!\!\bigcirc\!\!\bigcirc$
$6=q^2-q \cdots \bigcirc\!\!\bigcirc\!\!\bigcirc\!\!\bigcirc$
$\bigcirc\!\!\bigcirc\!\!\bigcirc\!\!\bigcirc$에서 $q^2-q-6=(q-3)(q+2)=0$이므로
$q=3$ 또는 $q=-2$
(i) $q=3$이면 $\bigcirc$~$\bigcirc\!\!\bigcirc\!\!\bigcirc$에서
$a=2p-6=5p-12$, $b=p^2-4p+5$이므로

p에 대한 일차방정식을 풀면 $3p=6$에서 $p=2$

$p=2$이고 $a=-2$, $b=1$이다.
$g(x)=x^2+2x+3$, $h(x)=x^2-2x+2$이고
$g(x)=0$, $h(x)=0$ 모두 실근을 갖지 않는다.

이차방정식 $ax^2+bx+c=0$의 판별식을 $D=b^2-4ac$라 할 때 $D<0$이면 실근이 없어.

$\therefore a^2+b^2=(-2)^2+1^2=5$

(ii) $q=-2$이면 ㉠~㉢에서
$a=2p-6=-5p+8$, $b=p^2-4p-5$이므로
<u>p에 대한 일차방정식을 풀면 $7p=14$에서 $p=2$</u>
$p=2$이고 $a=-2$, $b=-9$이다.
이때, $g(x)=x^2+2x-2$, $h(x)=x^2-2x-3$이고
$h(x)=(x-3)(x+1)=0$이 실근을 가지므로 $f(x)=0$이
실근을 갖지 않음에 모순된다.
(i), (ii)에 의해 $a^2+b^2=5$이다.

My Top Secret 서울대 선배의 **①** 등급 대비 전략

문제를 풀다가 $g(x)h(x)$를 직접 전개해야 할지 고민했을 수도 있어.
그러나 우리가 구해야 할 미지수는 a, b, p, q로 총 4개이고,
계수비교법을 통해 얻을 수 있는 식의 개수도 4개야.
따라서 직접 전개하여 모든 계수를 비교해야만 답이 나온다는 것을
빠르게 파악하고 실행에 옮겼어야 해.

G 189 정답 164 ·················· ⊕2등급 대비 [정답률 26%]

정답 공식: 반지름의 길이가 r인 두 원이 한 점에서 만나면, 즉 접하면 두 원의 중심 사이의 거리는 $2r$이다.

> ▶ **단서1** 두 원의 중심 사이의 거리는 두 원의 반지름의 길이의 합과 같아.
> 그림과 같이 $\overline{AD}=4$인 등변사다리꼴 ABCD에 대하여
> 선분 AB를 지름으로 하는 원과 선분 CD를 지름으로 하는 원이
> 오직 한 점에서 만난다. 사각형 ABCD의 넓이와 둘레의 길이를
> 각각 S, l이라 하면 $S^2+8l=6720$이다. $\overline{BD}^2$의 값을 구하시오.
> **단서2** 주어진 조건으로 원의 반지름의 길이에 대한 방정식을 세워.
> (단, $\overline{AD}<\overline{BC}$, $\overline{AB}=\overline{CD}$)
>
>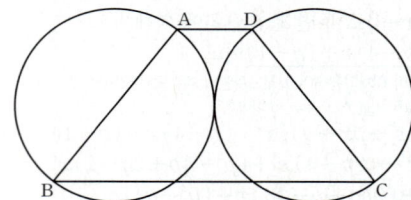

1st 두 원의 반지름의 길이를 r라 하고 각 선분의 길이를 r로 나타내 봐.

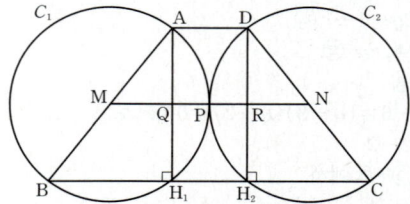

그림과 같이 두 선분 AB, CD를 지름으로 하는 원을 각각 C_1, C_2라
하고 두 선분 AB, CD의 중점을 각각 M, N이라 하면 두 점 M, N은
각각 두 원 C_1, C_2의 중심이다.
$\overline{AB}=\overline{CD}$에 의하여 두 원 C_1, C_2의 반지름의 길이가 서로 같으므로
두 원 C_1, C_2의 접점을 P라 하면 점 P는 선분 MN의 중점이다.
한편, 두 점 A, D에서 선분 BC에 내린 수선의 발을 각각 H_1, H_2,
선분 MN이 두 선분 AH_1, DH_2와 만나는 점을 각각 Q, R라 하고

두 원 C_1, C_2의 반지름의 길이를 r라 하면
$\overline{MP}=r$, $\overline{QP}=\dfrac{1}{2}\overline{QR}=\dfrac{1}{2}\overline{AD}=\dfrac{1}{2}\times4=2$이므로
<u>사각형 AQRD는 직사각형이므로 $\overline{AD}=\overline{QR}$야.</u>
$\overline{MQ}=\overline{MP}-\overline{QP}=r-2$
두 삼각형 AMQ, $\mathrm{ABH_1}$은 서로 닮음이고 닮음비가 1 : 2이므로
<u>두 선분 MQ, BH_1이 서로 평행하고 $\overline{AM}=r$, $\overline{AB}=2r$이므로</u>
<u>두 삼각형 AMQ, ABH_1은 닮음비가 1 : 2인 닮은 삼각형이야.</u>
$\overline{BH_1}=2\overline{MQ}$
$\quad=2(r-2)=2r-4$ ··· ㉠
마찬가지로 하면 $\overline{CH_2}=2r-4$이고 $\overline{H_1H_2}=\overline{AD}=4$이므로
<u>선분 CH_2의 길이는 두 삼각형 DRN, DH_2C가 닮음임을 이용하지 않고</u>
<u>두 삼각형 ABH_1, DCH_2가 합동임을 이용하여 구할 수도 있어.</u>
$\overline{BC}=\overline{BH_1}+\overline{H_1H_2}+\overline{CH_2}$
$\quad=(2r-4)+4+(2r-4)=4r-4$ ··· ㉡
직각삼각형 ABH_1에서 피타고라스 정리에 의하여
$\overline{AH_1}=\sqrt{\overline{AB}^2-\overline{BH_1}^2}=\sqrt{(2r)^2-(2r-4)^2}$
$\quad=\sqrt{4r^2-4r^2+16r-16}=4\sqrt{r-1}$ ··· ㉢

2nd 사각형 ABCD의 넓이와 둘레의 길이를 이용하여 방정식을 세워서 두 원 C_1, C_2의 반지름의 길이 r의 값을 구해.

사각형 ABCD의 넓이 S는
$S=\dfrac{1}{2}\times(\overline{AD}+\overline{BC})\times\overline{AH_1}$
$\quad=\dfrac{1}{2}\times\{4+(4r-4)\}\times4\sqrt{r-1}$ (∵ ㉡, ㉢)
$\quad=8r\sqrt{r-1}$
이고 둘레의 길이 l은
$l=\overline{AB}+\overline{BC}+\overline{CD}+\overline{AD}$
$\quad=2r+(4r-4)+2r+4$ (∵ ㉡)
$\quad=8r$
이므로 $S^2+8l=6720$에서
$(8r\sqrt{r-1})^2+8\times8r=6720$
$64r^3-64r^2+64r-6720=0$, $r^3-r^2+r-105=0$
$(r-5)(r^2+4r+21)=0$ 조립제법을 이용하여 인수분해해 봐.
∴ $r=5$ (∵ $r^2+4r+21>0$) ··· ㉣
$r^2+4r+21=(r^2+4r+4)+17$
$\quad=(r+2)^2+17>0$

$$\begin{array}{r|rrrr} 5 & 1 & -1 & 1 & -105 \\ & & 5 & 20 & 105 \\ \hline & 1 & 4 & 21 & 0 \end{array}$$

∴ $r^3-r^2+r-105=(r-5)(r^2+4r+21)$

3rd $\overline{BD}^2$의 값을 구해.

㉠, ㉣에 의하여
$\overline{BH_2}=\overline{BH_1}+\overline{H_1H_2}=(2r-4)+4=2r=2\times5=10$이고
㉢, ㉣에 의하여
$\overline{DH_2}=\overline{AH_1}=4\sqrt{r-1}=4\times\sqrt{5-1}=8$이므로
직각삼각형 BH_2D에서 피타고라스 정리에 의하여
$\overline{BD}^2=\overline{BH_2}^2+\overline{DH_2}^2=10^2+8^2=164$이다.

다른 풀이: 각 선분의 길이를 원의 반지름의 길이 r로 나타내는 다른 방법

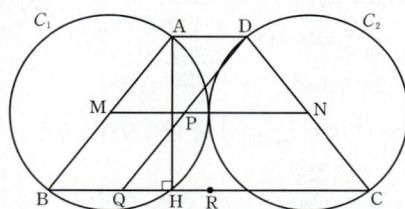

$\overline{AB}=\overline{CD}$이므로 두 선분 AB, CD를 지름으로 하는 두 원의 반지름의 길이는 같아.
따라서 이 두 원의 반지름의 길이를 r라 하고 두 선분 AB, CD의 중점을 각각 M, N이라 하면 $\overline{MN}=2r$야.

이때, 점 D를 지나고 선분 AB와 평행한 직선이 두 선분 MN, BC와 만나는 점을 각각 P, Q라 하면

$\overline{MP}=\overline{BQ}=\overline{AD}=4$이므로

<small>두 사각형 AMPD, ABQD는 모두 평행사변형이므로 $\overline{AD}=\overline{MP}=\overline{BQ}$야.</small>

$\overline{PN}=\overline{MN}-\overline{MP}=2r-4$야.

두 삼각형 DPN, DQC는 서로 닮음이고 닮음비가 1 : 2이므로

$\overline{QC}=2\overline{PN}=2(2r-4)=4r-8$이고

$\overline{BC}=\overline{BQ}+\overline{QC}=4+(4r-8)=4r-4$야.

점 A에서 선분 BC에 내린 수선의 발을 H, 선분 BC의 중점을 R라 하면

$\overline{BR}=\dfrac{1}{2}\overline{BC}=\dfrac{1}{2}(4r-4)=2r-2$이고

$\overline{HR}=\dfrac{1}{2}\overline{AD}=\dfrac{1}{2}\times 4=2$이므로

$\overline{BH}=\overline{BR}-\overline{HR}=(2r-2)-2=2r-4$야.

따라서 직각삼각형 ABH에서 피타고라스 정리에 의하여

$$\overline{AH}=\sqrt{\overline{AB}^2-\overline{BH}^2}$$
$$=\sqrt{(2r)^2-(2r-4)^2}=4\sqrt{r-1}$$

(이하 동일)

G 190 정답 **90** ················· ★2등급 대비 [정답률 35%]

(정답 공식: $|x+y|$, $|x-y|$의 값을 구하여 연립방정식을 푼다.)

<small>단서 1</small> $|x^2-y^2|=|(x+y)||(x-y)|$임을 이용해.

연립방정식 $\begin{cases}|x-y|=4\\ |x^2-y^2|=24\end{cases}$를 만족시키는 실수 x, y에 대하여

모든 $x^2-4xy+4y^2$의 값의 합을 구하시오.

<small>단서 2</small> $x^2-4xy+4y^2=(x-2y)^2$이니까 주어진 연립방정식을 풀어서 x, y의 값을 각각 대입해봐.

1st $|AB|=|A||B|$임을 이용하여 주어진 연립방정식의 식을 정리하자.

$x^2-y^2=(x+y)(x-y)$이므로

$|x^2-y^2|=24$에서

$|(x+y)(x-y)|=24$ ∴ $|x+y||x-y|=24$

이때, $|x-y|=4$이므로 $|x+y|=6$

<small>【주의】 절댓값 기호의 성질 중 $|A\times B|=|A|\times|B|$임을 이용한 거야. 기억해두면 좋아.</small>

2nd 연립방정식을 풀어 x, y의 값을 구하자.

주어진 연립방정식은 $\begin{cases}|x-y|=4\\ |x+y|=6\end{cases}$이므로

$\begin{cases}|x-y|=4\\ |x+y|=6\end{cases}$ ➡ $\begin{cases}x-y=\pm4\\ x+y=\pm6\end{cases}$

$\begin{cases}x-y=4\\ x+y=6\end{cases}$ 또는 $\begin{cases}x-y=-4\\ x+y=6\end{cases}$ 또는 $\begin{cases}x-y=4\\ x+y=-6\end{cases}$ 또는 $\begin{cases}x-y=-4\\ x+y=-6\end{cases}$이다.

각각의 연립일차방정식을 풀면

$\begin{cases}x=5\\ y=1\end{cases}$ 또는 $\begin{cases}x=1\\ y=5\end{cases}$ 또는 $\begin{cases}x=-1\\ y=-5\end{cases}$ 또는 $\begin{cases}x=-5\\ y=-1\end{cases}$

3rd $x^2-4xy+4y^2$의 값을 구하자.

$x^2-4xy+4y^2=(x-2y)^2$이므로

$\begin{cases}x=5\\ y=1\end{cases}$ 또는 $\begin{cases}x=1\\ y=5\end{cases}$ 또는 $\begin{cases}x=-1\\ y=-5\end{cases}$ 또는 $\begin{cases}x=-5\\ y=-1\end{cases}$일 때,

$(x-2y)^2$의 값을 구해보면 9 또는 81

<small>$\begin{cases}x=5\\ y=1\end{cases}$ 또는 $\begin{cases}x=-5\\ y=-1\end{cases}$일 때 $\begin{cases}x=1\\ y=5\end{cases}$ 또는 $\begin{cases}x=-1\\ y=-5\end{cases}$일 때</small>

따라서 구하는 모든 $x^2-4xy+4y^2=(x-2y)^2$의 값의 합은

$9+81=90$이다.

G 191 정답 $4-\sqrt{2}$ ················· ★2등급 대비 [정답률 31%]

(정답 공식: 직각삼각형의 외접원의 지름은 직각삼각형의 빗변과 같다.)

<small>단서 직각삼각형에서 외접원의 반지름의 길이는 빗변의 길이의 $\dfrac{1}{2}$이야.</small>

$\angle B=90°$인 직각삼각형 ABC의 외접원의 반지름의 길이가 3, 내접원의 반지름의 길이가 1이라고 할 때, 직각삼각형 ABC의 세 변 중 가장 짧은 변의 길이를 구하시오.

1st 직각삼각형의 빗변이 아닌 두 변의 길이를 x, y로 놓고 방정식을 세워보자.

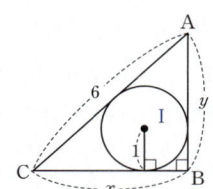

직각삼각형의 빗변의 길이는 외접원의 지름의 길이와 같으므로 6이다.
빗변이 아닌 두 변의 길이를 x, y라고 하면 그림에서

$x^2+y^2=36\cdots\text{㉠}$ <small>← 피타고라스 정리를 이용한 거야.</small>

$\dfrac{1}{2}xy=\dfrac{1}{2}(x+y+6)\cdot 1$

∴ $xy=x+y+6\cdots\text{㉡}$

<small>← 내접원의 중심을 I라 하면 $\triangle ABC=\dfrac{1}{2}\times\overline{AB}\times\overline{CB}=\triangle ABI+\triangle ACI+\triangle BCI$ 이것을 이용한 거야.</small>

2nd $x+y=u$, $xy=v$로 놓고 u, v의 값을 구해.

㉠, ㉡에서 $x+y=u$, $xy=v$라고 하면

$\begin{cases}u^2-2v=36\cdots\text{㉢}\\ v=u+6\cdots\text{㉣}\end{cases}$ <small>← $x^2+y^2=(x+y)^2-2xy=u^2-2v$ 로 구한 거야.</small>

㉣을 ㉢에 대입하면

$u^2-2(u+6)=36$

$u^2-2u-48=0$

$(u+6)(u-8)=0$

∴ $u=8$ ($\because u=x+y>0$)

이것을 ㉣에 대입하면

$u=8$, $v=14$

3rd x, y를 두 근으로 가지는 t에 관한 이차방정식을 만들어서 해를 구하자.

<small>$x+y=u$, $xy=v$일 때, x, y는 이차방정식 $t^2-ut+v=0$의 근이야.</small>

즉, $x+y=8$, $xy=14$일 때,

x, y는 이차방정식 $t^2-8t+14=0$의 두 근이므로 근의 공식을 이용하여 t의 값을 구하면

$t=4\pm\sqrt{2}$

∴ $\begin{cases}x=4+\sqrt{2}\\ y=4-\sqrt{2}\end{cases}$ 또는 $\begin{cases}x=4-\sqrt{2}\\ y=4+\sqrt{2}\end{cases}$

<small>【주의】 근을 문자 x, y로 나타내었으니까 방정식의 미지수는 t와 같이 x, y가 아닌 다른 문자로 정해야 하는 것에 유의해.</small>

따라서 삼각형 ABC의 세 변 중 가장 짧은 변의 길이는 $4-\sqrt{2}$이다.

✿ **대칭형의 연립방정식의 풀이**   개념·공식

(i) $x+y=u$, $xy=v$로 놓고 주어진 연립방정식을 u, v에 대한 연립방정식으로 나타낸다.

(ii) (i)에서 구한 연립방정식을 푼다.

(iii) x, y가 이차방정식 $t^2-ut+v=0$의 두 근임을 이용하여 해를 구한다.

＊두 함수의 그래프의 교점의 좌표에 대한 조건을 이용해 함수의 식 유추하기
[유형 06]

> 두 정수 m, n에 대하여 이차함수 $f(x)$와 일차함수 $g(x)$가
> 다음 조건을 만족시킨다.
> 단서1 $f(x)$는 이차함수이고 최댓값 0을 가지므로 함수 $y=f(x)$의 그래프는 위로
> 볼록하고 꼭짓점의 y좌표는 0이어야 해. 즉, $f(x)$의 최고차항의 계수는 음수야.
> (가) 함수 $f(x)$의 최댓값은 0이다.
> (나) 함수 $y=f(x)$의 그래프와 함수 $y=g(x)$의
> 　　그래프는 두 점 $(m, 0)$, $(m+4, 32n)$에서 만난다.
> 단서2 두 함수 $y=f(x)$, $y=g(x)$의 그래프는 두 점 $(m, 0)$, $(m+4, 32n)$을 각각 지나.
> (다) $0 \le a \le 4$인 정수 a에 대하여 정수 b가 부등식
> 　　$g(m+a) \le b \le f(m+a)$를 만족시킬 때, a, b의
> 　　모든 순서쌍 (a, b)의 개수는 45이다.
> 단서3 $0 \le a \le 4$인 정수 a를 부등식에 대입하여 조건을 만족시키는 정수 b의 개수를 구해.
>
> 방정식 $\{f(x)\}^2 - \{g(x)\}^2 = 0$을 만족시키는 실근 중 최댓값
> 과 최솟값의 합이 8일 때, $f(5) \times g(5)$의 값을 구하시오.

왜 1등급? 두 함수 $f(x)$, $g(x)$에 대한 주어진 조건들을 활용하여 두 함수의 그래프의 교점의 좌표와 관련된 정수 m, n의 값을 찾아 함수의 식을 구하는 문제이다.
주어진 조건들에서 이차함수와 일차함수의 특징, 두 함수의 그래프의 교점의 의미, 부등식으로 표현된 함숫값 사이의 관계 등을 복합적으로 파악하여 두 함수의 식을 구해야 한다.

단서+발상

단서1 이차함수가 최댓값을 갖기 위해서는 그래프가 위로 볼록한 포물선이어야 하므로 최고차항의 계수는 음수이다. 또한, 일반적으로 최고차항의 계수가 음수인 이차함수의 최댓값은 그래프의 꼭짓점의 y좌표의 값이기 때문에, 최댓값이 0이라고 하는 것은 꼭짓점의 y좌표가 0임을 알려주는 것이다. 개념

단서2 함수 $y=f(x)$의 그래프의 꼭짓점의 y좌표가 0이라 했는데 이 그래프가 점 $(m, 0)$을 지나므로 꼭짓점의 x좌표는 m이다. 발상
따라서 $f(x)=k(x-m)^2$ (단, $k<0$)이라 할 수 있고, 이 그래프가 점 $(m+4, 32n)$도 지나므로 이를 대입하면 k를 n에 대한 식으로 나타낼 수 있다. 또한, 일차함수 $y=g(x)$의 그래프가 지나는 두 점의 좌표가 주어졌으므로 $g(x)$의 식도 m, n에 대한 식으로 나타낼 수 있다. 적용

단서3 $0 \le a \le 4$라 했지만 a는 정수이므로 $a=0, 1, 2, 3, 4$이다. 위에서 구한 $f(x)$, $g(x)$의 식에 a의 값을 하나씩 대입한 후 부등식을 만족시키는 정수 b의 개수를 차례로 구해본다. 해결

주의 조건 (다)에서 a가 정수라 했으므로 정수를 하나씩 대입해야겠다는 전략을 세워야 풀이 전개가 쉬워진다. 또한, 정수 p, q에 대하여 부등식 $p \le b \le q$를 만족시키는 정수 b의 개수는 $q-p+1$임을 잊지 말아야 한다.

> 핵심 정답 공식: 주어진 조건을 이용하여 정수 m, n의 값을 각각 구하고 $f(x)$, $g(x)$의 함수식을 완성한다.

-------------------- [문제 풀이 순서] --------------------

1st 두 조건 (가), (나)를 이용하여 함수 $f(x)$의 식을 m, n으로 나타내.
조건 (가)에 의하여 이차함수 $f(x)$의 최고차항의 계수는 음수이고, 꼭짓점의 y좌표는 0이다. 실수 전체의 집합에서 정의된 이차함수에 대하여 이 이차함수가 최솟값을 가지면 이차항의 계수는 양수이고, 최댓값을 가지면 이차항의 계수는 음수야.
또, 조건 (나)에 의하여 함수 $y=f(x)$의 그래프가 점 $(m, 0)$을 지나므로 이 그래프의 축의 방정식은 $x=m$이고 꼭짓점의 좌표는 $(m, 0)$이다. 실수 전체의 집합에서 정의된 이차함수는 그래프의 꼭짓점에서 최댓값 또는 최솟값을 가져.

즉, 음수 k에 대하여 $f(x)=k(x-m)^2$이라 하면 조건 (나)에서 함수 $y=f(x)$의 그래프가 점 $(m+4, 32n)$을 지나므로
$f(m+4)=32n$에서
$k(m+4-m)^2=32n$, $16k=32n$ ∴ $k=2n$
따라서 $f(x)=2n(x-m)^2 \cdots$ ㉠이다.

2nd 조건 (나)를 이용하여 함수 $g(x)$의 식을 m, n으로 나타내.
조건 (나)에 의하여 함수 $y=g(x)$의 그래프가 두 점 $(m, 0)$, $g(x)$는 일차함수이므로 함수 $y=g(x)$의 그래프는 직선이야.
$(m+4, 32n)$을 지나므로
$g(x)=\dfrac{32n-0}{(m+4)-m}(x-m)$에서 $g(x)=8n(x-m) \cdots$ ㉡이다.
두 점 (x_1, y_1), (x_2, y_2)를 지나는 직선의 방정식은 $y=\dfrac{y_2-y_1}{x_2-x_1}(x-x_1)+y_1$이야.

3rd 조건 (다)를 이용하여 정수 n의 값을 결정해.
㉠, ㉡에 의하여
(i) $a=0$일 때,
　$f(m+a)=f(m)=0$, $g(m+a)=g(m)=0$이고
　$g(m+a) \le b \le f(m+a)$에서 $0 \le b \le 0$이므로
　조건 (다)를 만족시키는 정수 a, b의 모든 순서쌍 (a, b)의 개수는
　$(0, 0)$으로 1이다.
(ii) $a=1$일 때,
　$f(m+a)=f(m+1)=2n$, $g(m+a)=g(m+1)=8n$이고
　$g(m+a) \le b \le f(m+a)$에서 $8n \le b \le 2n$이므로
　조건 (다)를 만족시키는 정수 a, b의 모든 순서쌍 (a, b)의 개수는
　$(1, 8n)$, $(1, 8n+1)$, $\cdots$, $(1, 2n)$으로 $1-6n$이다.
(iii) $a=2$일 때, 정수 p, q에 대하여 부등식 $p \le x \le q$를 만족시키는 정수 x의 개수는 $q-p+1$이야.
　$f(m+a)=f(m+2)=8n$, $g(m+a)=g(m+2)=16n$이고
　$g(m+a) \le b \le f(m+a)$에서 $16n \le b \le 8n$이므로
　조건 (다)를 만족시키는 정수 a, b의 모든 순서쌍 (a, b)의 개수는
　$(2, 16n)$, $(2, 16n+1)$, $\cdots$, $(2, 8n)$으로 $1-8n$이다.
(iv) $a=3$일 때,
　$f(m+a)=f(m+3)=18n$, $g(m+a)=g(m+3)=24n$이고
　$g(m+a) \le b \le f(m+a)$에서 $24n \le b \le 18n$이므로
　조건 (다)를 만족시키는 정수 a, b의 모든 순서쌍 (a, b)의 개수는
　$(3, 24n)$, $(3, 24n+1)$, $\cdots$, $(3, 18n)$으로 $1-6n$이다.
(v) $a=4$일 때,
　$f(m+a)=f(m+4)=32n$, $g(m+a)=g(m+4)=32n$이고
　$g(m+a) \le b \le f(m+a)$에서 $32n \le b \le 32n$이므로
　조건 (다)를 만족시키는 정수 a, b의 모든 순서쌍 (a, b)의 개수는
　$(4, 32n)$으로 1이다.
(i)~(v)에 의하여 조건 (다)를 만족시키는 a, b의 모든 순서쌍 (a, b)의
개수는 $1+(1-6n)+(1-8n)+(1-6n)+1=5-20n$이고 이것이
45이므로 $5-20n=45$에서 $20n=-40$ ∴ $n=-2$

4th 정수 m의 값을 구하고 $f(5) \times g(5)$의 값을 구해.
㉠, ㉡에 의하여 $f(x)=-4(x-m)^2$, $g(x)=-16(x-m)$이다.
방정식 $\{f(x)\}^2 - \{g(x)\}^2 = 0$에서
$\{f(x)+g(x)\}\{f(x)-g(x)\}=0$
$\{-4(x-m)^2-16(x-m)\}\{-4(x-m)^2+16(x-m)\}=0$
$\{-4(x-m)(x-m+4)\} \times \{-4(x-m)(x-m-4)\}=0$
$16(x-m)^2(x-m+4)(x-m-4)=0$
∴ $x=m$ 또는 $x=m-4$ 또는 $x=m+4$
이때, 이 실근 중 최댓값과 최솟값의 합이 8이므로
m은 정수이므로 $m-4 < m < m+4$
즉, m, $m-4$, $m+4$ 중 최댓값은 $m+4$이고 최솟값은 $m-4$야.
$(m+4)+(m-4)=8$, $2m=8$ ∴ $m=4$
따라서 $f(x)=-4(x-4)^2$, $g(x)=-16(x-4)$이므로
$f(5) \times g(5) = \{-4(5-4)^2\} \times \{-16(5-4)\}$
$= (-4) \times (-16) = 64$

My Top Secret   서울대 선배의 **①** 등급 대비 전략

이 문제처럼 제시된 조건이 많고, 조건이 식으로 표현되어 복잡해보이더라도 조건들을 하나씩 살펴보면 이미 알고 있는 개념에서 시작되는 경우가 대부분이야. 특히, 함수와 관련된 고난도 문제가 이런 경향을 가지는데, 필요한 정보를 적절하게 해석하고 이를 활용할 수 있으려면 함수에 대한 기본 개념을 정확히 공부한 뒤 이를 적용하는 연습을 많이 해야 해.

G 193 정답 44   ⭐1등급 대비 [정답률 20%]

*근과 계수의 관계를 통해 미정계수의 값 구하기 [유형 06+07]

> **단서1** 근과 계수의 관계에서 세 근의 합이 12인 서로 다른 양의 정수를 모두 구해 보자.
> 삼차방정식 $x^3 - 12x^2 + mx - m - 4 = 0$이 서로 다른 세 개의 양의 정수인 근을 가질 때, 실수 m의 값을 구하시오.
> **단서2** 삼차방정식의 근과 계수의 관계를 이용해 세 근 사이의 관계식을 m에 대하여 나타내자.

왜 1등급? 주어진 삼차방정식이 서로 다른 세 자연수 근을 갖도록 하는 미정계수를 구하는 문제이다.
삼차방정식의 근과 계수의 관계를 이용해 식을 세운 후 서로 다른 세 자연수를 순서쌍으로 나타내어 조건을 만족시키는 것을 찾는다.

단서 + 발상

단서1 주어진 삼차방정식은 서로 다른 세 개의 자연수 근을 갖는다. 이때, 근과 계수의 관계에 의해 서로 다른 세 자연수의 합이 12이다. **개념**
그런데 $x = 1$을 대입하였을 때, 실수 m의 값에 관계없이 $x^3 - 12x^2 + mx - m - 4 = -15$가 되므로 $x = 1$은 이 방정식의 근이 될 수 없으므로 서로 다른 세 자연수는 2 이상이다. **적용**
따라서 2 이상의 서로 다른 세 자연수의 합이 12가 되는 경우는 $(2, 3, 7)$, $(2, 4, 6)$, $(3, 4, 5)$의 세 경우이다. **적용**

단서2 근과 계수의 관계에 의해 서로 다른 세 자연수 근을 α, β, γ라 하면, $\alpha\beta + \beta\gamma + \gamma\alpha = m$, $\alpha\beta\gamma = m + 4$이다. **개념**
각 경우에서 α, β, γ의 값을 대입하여 이를 만족시키는 α, β, γ의 값과 m의 값을 찾을 수 있다. **해결**

주의 삼차방정식의 근이 모두 자연수이므로 한정적으로 경우를 나누어 볼 수 있다.

(**핵심 정답 공식**: 삼차방정식의 근과 계수의 관계를 이용한다.)

-------------------- [문제 풀이 순서] --------------------

1st 세 근을 α, β, γ라 놓고 $\alpha + \beta + \gamma = 12$에서 나올 수 있는 정수해를 구해.
서로 다른 세 개의 양의 정수인 근을 각각 α, β, γ라 하면
$x^3 - 12x^2 + mx - m - 4 = (x - \alpha)(x - \beta)(x - \gamma)$
근과 계수의 관계에 의해 $\alpha + \beta + \gamma = 12$
$\alpha < \beta < \gamma$라고 하면 위 식을 만족하는 순서쌍 (α, β, γ)는

> α, β, γ가 서로 다른 값을 가지기 때문에 등호가 빠진 거야.

$(1, 2, 9), (1, 3, 8), (1, 4, 7), (1, 5, 6), (2, 3, 7), (2, 4, 6), (3, 4, 5)$
의 7개이다.

> α, β, γ가 양의 정수라는 조건이 있기 때문에 식이 $\alpha + \beta + \gamma = 12$로 하나만 있어도 순서쌍 (α, β, γ)가 무한히 나오지 않고 한정적으로 나오는 거야.

2nd 근과 계수의 관계로부터 조건을 만족하는 해를 찾아. **함정**
한편, 근과 계수의 관계에 의하여

> **함정** 문제를 풀 때 정한 조건이니까 빠트리지 않도록 하자.

$\alpha\beta + \beta\gamma + \gamma\alpha = m$, $\alpha\beta\gamma = m + 4$이므로
$\alpha\beta\gamma = \alpha\beta + \beta\gamma + \gamma\alpha + 4$ $\cdots$ ㉠
위에서 구한 순서쌍 중 ㉠을 만족시키는 것은 $(2, 4, 6)$이다.
$\therefore m = \alpha\beta + \beta\gamma + \gamma\alpha = 2 \cdot 4 + 4 \cdot 6 + 6 \cdot 2 = 44$

My Top Secret   서울대 선배의 **①** 등급 대비 전략

주어진 방정식을 실수 m에 대해 정리하면 $m(x-1) + x^3 - 12x^2 - 4 = 0$임을 알 수 있고, $x = 1$을 대입하여 실수 m의 값에 상관없이 방정식이 성립하는지 살펴볼 수 있어. 이 경우 $1 - 12 - 4 = -15 \neq 0$이므로 $x = 1$은 이 방정식의 근이 될 수 없으므로 서로 다른 세 개의 자연수 근은 모두 2 이상이겠지? 이처럼 주어진 식에서 미정계수가 있다면, 미정계수의 값에 상관없이 방정식이 성립하는지 확인할 수 있는 값을 대입하면 간단해져.

G 194 정답 46   ⭐1등급 대비 [정답률 12%]

*삼차방정식의 근과 계수의 관계를 통해 미정계수의 순서쌍 구하기
[유형 05+06+07]

> **단서1** 계수 a, b의 값에 관계없이 방정식을 만족시키는 정수인 근을 먼저 하나 찾자.
> x에 대한 삼차방정식 $ax^3 + 2bx^2 + 4bx + 8a = 0$이 서로 다른 세 정수를 근으로 갖는다. 두 정수 a, b가 $|a| \leq 50$, $|b| \leq 50$일 때, 순서쌍 (a, b)의 개수를 구하시오. **단서2** 삼차방정식의 근과 계수의 관계를 이용하자.

왜 1등급? 주어진 방정식이 서로 다른 세 정수근을 갖도록 하는 미정계수의 순서쌍을 구하는 문제이다.
미정계수의 값에 상관없이 성립하는 근을 찾아낸 후 삼차방정식의 근과 계수의 관계를 통해 서로 다른 세 정수근의 합과 곱을 따져보며 가능한 정수근의 순서쌍을 유추해야 한다.

단서 + 발상

단서1 주어진 방정식이 미정계수 a, b의 값에 상관없이 성립하는지 확인해 볼 수 있는 값은 $x = -2$이다.
$x = -2$를 대입하면 $-8a + 8b - 8b + 8a = 0$이므로 $x = -2$가 주어진 방정식의 근임을 알 수 있다. **개념**

단서2 삼차방정식의 근과 계수의 관계를 통해 -2가 아닌 두 근을 α, β라 하면, $\alpha + \beta + (-2) = -\dfrac{2b}{a}$, $\alpha \times \beta + (-2) \times \alpha + (-2) \times \beta = \dfrac{4b}{a}$, $(-2) \times \alpha \times \beta = -80$이다. 이를 정리하면, $\alpha\beta = 40$이고, $\alpha + \beta = -\dfrac{2b}{a} + 2$이다. **적용**

주어진 삼차방정식의 서로 다른 세 실근이 정수이므로 α, β는 -2가 아니다. 이를 만족시키는 두 정수의 순서쌍 a, b의 개수를 구하자. **해결**

주의 주어진 방정식이 삼차방정식이므로 $a \neq 0$이어야 함을 기억해야 한다.

(**핵심 정답 공식**: 주어진 삼차식을 (일차식)×(이차식)=0으로 인수분해하고, 근과 계수의 관계를 이용한다. 정수 조건에 주의하여 a, b의 순서쌍의 개수를 구한다.)

-------------------- [문제 풀이 순서] --------------------

1st 삼차방정식의 한 근을 구하고, 근과 계수의 관계로 나타내자.
주어진 삼차방정식을 $f(x) = 0$이라 하면
$f(-2) = -8a + 8b - 8b + 8a = 0$이므로
$f(x) = 0$은 $x = -2$를 근으로 가진다.
삼차방정식 $f(x) = 0$의 서로 다른 세 근을 $\alpha, \beta, -2$ (단, α, β는 정수)라 하면 삼차방정식의 근과 계수의 관계에 의해 세 근의 합과 세 근의 곱은 각각

[삼차방정식의 근과 계수의 관계]
$ax^3 + bx^2 + cx + d = 0$의 세 근을 α, β, γ라 하면
$\alpha + \beta + \gamma = -\dfrac{b}{a}$, $\alpha\beta + \beta\gamma + \gamma\alpha = \dfrac{c}{a}$, $\alpha\beta\gamma = -\dfrac{d}{a}$

$\alpha + \beta + (-2) = -\dfrac{2b}{a}$ $\cdots$ ㉠
$-2\alpha\beta = -8$ $\therefore \alpha\beta = 4$

따라서 (i), (ii)에 의해 순서쌍 (a, b)의 개수는 $32+14=46$이야.

2nd 세 근이 정수임을 이용해야 해.

$\alpha\beta=4$를 만족하는 서로 다른 정수 α, β는 1, 4 또는 -1, -4뿐이므로
$\alpha+\beta=5$ 또는 $\alpha+\beta=-5$이다. **주의**

> 조건에서 서로 다른 세 정수인 근이라 했으므로 $\alpha=2$, $\beta=2$ 또는 $\alpha=-2$, $\beta=-2$인 경우는 포함되지 않음에 유의해.

㉠에 대입하여
a, b의 관계식을 구하면
$5+(-2)=-\dfrac{2b}{a}$에서 $-\dfrac{2b}{a}=3$

$\therefore b=-\dfrac{3}{2}a$

$-5+(-2)=-\dfrac{2b}{a}$에서 $-\dfrac{2b}{a}=-7$

$\therefore b=\dfrac{7}{2}a$

> a, b가 모두 정수이므로 a는 2의 배수가 되어야 해. 이때, b는 3의 배수 또는 7의 배수로 정해져.

(i) $b=-\dfrac{3}{2}a$일 때, $|b|\le 50$에 대입하면

$\left|-\dfrac{3}{2}a\right|\le 50$에서 $-\dfrac{100}{3}\le a\le \dfrac{100}{3}$
$\underset{-50\le \frac{3}{2}a\le 50}{} \qquad \underset{33.\cdots}{}$

즉, b가 정수가 되려면 a는 -32부터 32까지의 짝수$(a\ne 0)$가
되어야 하므로 가능한 a의 개수는 32이다.

> $a=0$이면 주어진 방정식이 삼차방정식이 될 수 없어.

(ii) $b=\dfrac{7}{2}a$일 때,

$|b|\le 50$에 대입하면

$\left|\dfrac{7}{2}a\right|\le 50$에서 $-\dfrac{100}{7}\le a\le \dfrac{100}{7}$
$\underset{-50\le \frac{7}{2}a\le 50}{} \qquad \underset{14.\cdots}{}$

즉, b가 정수가 되려면 a는 -14부터 14까지의 짝수$(a\ne 0)$가
되어야 하므로 가능한 a의 개수는 14이다.

따라서 (i), (ii)에 의해 순서쌍 (a, b)의 개수는
$32+14=46$

다른 풀이: 세 근이 서로 다른 정수이고, 이차방정식의 근과 계수의 관계에 대하여 a, b의 관계식에서 정수의 특징을 활용하여 값 구하기

주어진 삼차식을 $f(x)$라 하면 $f(-2)=-8a+8b-8b+8a=0$
이므로 $f(x)$는 $x+2$를 인수로 가져.
삼차식 $f(x)$를 인수분해하면

```
 -2 |  a     2b      4b      8a
    |       -2a    -4b+4a   -8a
    |------------------------------
       a   2b-2a    4a       0
```

$\therefore f(x)=(x+2)\{ax^2+2(b-a)x+4a\}$

이때, $ax^2+2(b-a)x+4a=0$의 두 근을 α, β라 하면
이차방정식의 근과 계수의 관계에 의해 두 근의 합과 곱은

$\alpha+\beta=-\dfrac{2(b-a)}{a}$, $\alpha\beta=\dfrac{4a}{a}=4$

α, β는 -2가 아닌 서로 다른 정수이고, 곱이 4이므로
α, β의 값은 1, 4이거나 -1, -4야.

즉, $-\dfrac{2(b-a)}{a}=5$ 또는 $-\dfrac{2(b-a)}{a}=-5$이므로

$-2b=3a$ 또는 $2b=7a$

(i) $-2b=3a$일 때,
a는 짝수, b는 3의 배수여야 해. 즉, $|a|\le 50$, $|b|\le 50$을 만족하는
가능한 순서쌍 (a, b)는
$(-32, 48)$, $(-30, 45)$, $\cdots$, $(-2, 3)$,
$(2, -3)$, $\cdots$, $(30, -45)$, $(32, -48)$
이므로 그 개수는 32야.

(ii) $2b=7a$일 때,
a는 짝수, b는 7의 배수여야 해. 즉, $|a|\le 50$, $|b|\le 50$을 만족하는
가능한 순서쌍 (a, b)는
$(-14, -49)$, $(-12, -42)$, $\cdots$, $(-2, -7)$,
$(2, 7)$, $\cdots$, $(12, 42)$, $(14, 49)$

My Top Secret 서울대 선배의 **① 등급 대비 전략**

주어진 방정식의 근이 정수이면, 상황이 매우 한정적이야. 그래서 방정식
자체가 정수근 조건 없이는 풀 수 없도록 설계되어 있어.
또, 근과 계수의 관계를 통해 정수근의 곱을 알 수 있는데 근이 서로 다
르다면 가능한 경우가 더욱 줄어. 이럴 때는 몇 가지 안 되는 경우로
나누어 조건을 만족시키는 경우를 찾아내면 돼.

G 195 정답 38 ⭐**1등급 대비** [정답률 18%]

＊인수정리와 방정식 $x^3=1$의 허근의 성질을 활용하여 자연수 n의 값 구하기
[유형 10]

> 5 이상의 자연수 n에 대하여 다항식
> $P_n(x)=(1+x)(1+x^2)(1+x^3)\cdots(1+x^{n-1})(1+x^n)-64$
> **단서2** $x^3-1=(x-1)(x^2+x+1)$을 이용할 수 있어.
> 가 x^2+x+1로 나누어떨어지도록 하는 모든 자연수 n의 값의
> 합을 구하시오. **단서1** 나머지가 없다는 거야. 그럼 $P_n(x)$를 x^2+x+1과
> 몫의 곱으로 나타낼 수 있지?

🔴**왜 1등급?** 나머지정리를 이용하여 식을 세우고 방정식 $x^3=1$의 허근을 활용하
여 식의 값을 만족시키는 자연수 n의 규칙을 찾아야 한다.

대부분의 나머지정리 문제는 실수를 대입하는 방법으로 해결하지만, 이 문제는 복
소수를 대입하여 복소수의 거듭제곱의 규칙성을 찾아 식의 값을 구해야 하는 새로
운 유형이다.

💡 **단서+발상**

단서1 나누어떨어진다는 것은 나머지가 0이라는 것이므로 다항식 $P_n(x)$가
x^2+x+1로 나누어떨어지면 $P_n(x)$는 x^2+x+1을 인수로 가지게 된다. **개념**
즉, $P_n(x)$는 x^2+x+1로 나누었을 때의 몫과 x^2+x+1의 곱으로 표현할
수 있다. **적용**

단서2 x^2+x+1이 $P_n(x)$의 인수이므로 방정식 $x^2+x+1=0$의 허근 ω에 대하여
$P_n(\omega)=0$이다. **개념**
따라서 $\omega^2+\omega+1=0$이고, $\omega^3-1=(\omega-1)(\omega^2+\omega+1)=0$에서 $\omega^3=1$
이므로 이를 이용해 $n=5, 6, 7, \cdots$을 대입하면서 $P_n(\omega)=0$을 만족시키는
n의 값을 찾아본다. **해결**

🟡**주의** $P_n(\omega)=0$을 만족시키는 5 이상인 자연수 n의 값을 찾기 위해 n에 5, 6, 7,
$\cdots$을 직접 대입하여 규칙을 찾아야 하는데, 이때의 계산이 복잡하기 때문에 실수하지
않도록 조심해야 한다. 또한, $\omega^2+\omega+1=0$과 $\omega^3=1$임을 적절히 활용하여 식을
최대한 간단하게 정리할 수 있어야 풀이 시간을 줄일 수 있다.

핵심 정답 공식: 다항식 $f(x)$가 $p(x)$로 나누어떨어지고 그때의 몫을 $Q(x)$라
하면 $f(x)=p(x)Q(x)$가 성립한다.

- - - - - - - - - - - - - - **[문제 풀이 순서]** - - - - - - - - - - - - - -

 1st $P_n(x)$를 나누는 식과 몫을 이용하여 나타내.

$P_n(x)$가 x^2+x+1로 나누어떨어지므로 그때의 몫을 $A_n(x)$라 하면
$P_n(x)=(1+x)(1+x^2)(1+x^3)\cdots(1+x^{n-1})(1+x^n)-64$
$\qquad =(x^2+x+1)A_n(x) \cdots$ ㉠

> 다항식 $f(x)$를 다항식 $g(x)$로 나누었을 때의 몫을 $Q(x)$, 나머지를 $R(x)$라 하면
> $f(x)=g(x)Q(x)+R(x)$가 성립해.

2nd 인수정리를 이용해.

한편, 이차방정식 $x^2+x+1=0$의 한 허근을 ω라 하면

$\omega^2+\omega+1=0$ ··· ㉡이 성립한다. 이차방정식 $x^2+x+1=0$의 판별식을 D라 하면 $D=1-4=-3<0$이므로 이 이차방정식은 허근을 가져

방정식 $f(x)=0$의 근이 $x=a$이면 $f(a)=0$이 성립해.

즉, ㉠의 양변에 $x=\omega$를 대입하면 $P_n(\omega)=0$이다.

∴ $P_n(\omega)=(1+\omega)(1+\omega^2)(1+\omega^3)\cdots(1+\omega^{n-1})(1+\omega^n)-64=0$

3rd 조건을 만족시키는 자연수 n의 값을 구해.

$Q_n(x)=(1+x)(1+x^2)(1+x^3)\cdots(1+x^{n-1})(1+x^n)$이라 하면

$P_n(\omega)=Q_n(\omega)-64=0$이므로 $Q_n(\omega)=64$ ··· ㉢

즉, ㉢을 만족시키는 자연수 n의 값을 구하면 된다.

이때, ㉡의 양변에 $\omega-1$을 곱하면

$(\omega-1)(\omega^2+\omega+1)=0$에서

$\omega^3-1=0$ ∴ $\omega^3=1$

또, ㉡에서 $\omega+1=-\omega^2$이고 $\omega^2+1=-\omega$이다.

따라서 n이 5 이상인 자연수이므로 $n=5, 6, 7, \cdots$을 차례로 대입하여

$Q_n(\omega)$를 구해보면 ➡ <span style="color:blue">$\omega^3=1, \omega+1=-\omega^2, \omega^2+1=-\omega$를 이용하여 $Q_n(\omega)$를 구해.

$Q_5(\omega)=(1+\omega)(1+\omega^2)(1+\omega^3)(1+\omega^4)(1+\omega^5)$
$=(1+\omega)(1+\omega^2)(1+\omega^3)\underline{(1+\omega)(1+\omega^2)}$ $\omega^4=\omega^3\cdot\omega=\omega$ $\omega^5=\omega^3\cdot\omega^2=\omega^2$
$=(-\omega^2)(-\omega)(1+1)(-\omega^2)(-\omega)=2\omega^6=2(\omega^3)^2=2$

$Q_6(\omega)=Q_5(\omega)(1+\omega^6)=2\{1+(\omega^3)^2\}=2\times(1+1)=4$

$Q_7(\omega)=Q_6(\omega)(1+\omega^7)=4\{1+(\omega^3)^2\cdot\omega\}=4(1+\omega)=4(-\omega^2)$
$=-4\omega^2$

$Q_8(\omega)=Q_7(\omega)(1+\omega^8)=-4\omega^2\{1+(\omega^3)^2\cdot\omega^2\}=-4\omega^2(1+\omega^2)$
$=-4\omega^2(-\omega)=4\omega^3=4$

$Q_9(\omega)=Q_8(\omega)(1+\omega^9)=4\{1+(\omega^3)^3\}=4\times(1+1)=8$

$Q_{10}(\omega)=Q_9(\omega)(1+\omega^{10})=8\{1+(\omega^3)^3\cdot\omega\}=8(1+\omega)$
$=8(-\omega^2)=-8\omega^2$

$Q_{11}(\omega)=Q_{10}(\omega)(1+\omega^{11})=-8\omega^2\{1+(\omega^3)^3\cdot\omega^2\}=-8\omega^2(1+\omega^2)$
$=-8\omega^2(-\omega)=8\omega^3=8$

$Q_{12}(\omega)=Q_{11}(\omega)(1+\omega^{12})=8\{1+(\omega^3)^4\}=8\times(1+1)=16$

$Q_{13}(\omega)=Q_{12}(\omega)(1+\omega^{13})=16\{1+(\omega^3)^4\cdot\omega\}=16(1+\omega)$
$=16(-\omega^2)=-16\omega^2$

$Q_{14}(\omega)=Q_{13}(\omega)(1+\omega^{14})=-16\omega^2\{1+(\omega^3)^4\cdot\omega^2\}$
$=-16\omega^2(1+\omega^2)=-16\omega^2(-\omega)=16\omega^3$
$=16$
⋮

n이 5 이상인 자연수이므로 $n=5$부터 차례대로 대입하면서 $Q_n(\omega)$의 값을 구해 봐. 그런데 한도 끝도 없이 n의 값을 키워가면서 구할 수는 없으니까 $Q_n(\omega)$의 값의 규칙을 찾아야 해.

∴ $Q_{3k}(\omega)=2^k$, $Q_{3k+2}(\omega)=2^k$ (단, k는 2 이상인 자연수)

이때, $64=2^6$이므로 $Q_n(\omega)=64$를 만족시키는 자연수 n의 값은

$3\times6=18$, $3\times6+2=20$이다.

따라서 조건을 만족시키는 모든 자연수 n의 값의 합은

$18+20=38$이다.

My Top Secret   서울대 선배의 ❶ 등급 대비 전략

$x^2+x+1=0$은 일반적으로 허근을 갖는 방정식으로 알려져 있지만, 이 방정식의 허근을 직접 다루는 경우는 드물어. 오히려 x^2+x+1이 x^3-1의 인수임을 활용하여 방정식 $x^2+x+1=0$의 허근 ω에 대해 $\omega^3=1$임을 더 많이 다루게 돼.

따라서 위와 같은 풀이 전개 방향과 그 과정을 기억하면 복소수의 거듭제곱과 관련된 규칙을 찾는 문제에서 좀 더 쉽게 식을 다룰 수 있을 거야.

G 196 정답 $\dfrac{15}{2}$ ··················· ⭐1등급 대비 [정답률 20%]

* 방정식 $x^3=1$의 허근과 그 켤레근의 성질을 이용하여 $f(n)$의 규칙 찾기 [유형 10]

> **단서1** 다른 한 허근은 켤레근이므로 $\bar{\omega}$도 근이야.
>
> 방정식 $x^3=1$의 한 허근을 ω라고 할 때, $f(n)=\dfrac{\omega^{2n}}{\omega^n+1}$이라
>
> 고 하자. 이때, $f(1)+f(2)+f(3)+f(4)+\cdots+f(14)+f(15)$
>
> 의 값을 구하시오. (단, n은 자연수, $\bar{\omega}$는 ω의 켤레복소수이다.)
>
> **단서2** $f(n)$에 $n=1, 2, 3, \cdots$을 대입하여 $f(n)$의 규칙을 찾아내야 해.

왜 1등급? 방정식 $x^3=1$의 허근의 성질과 그 켤레근 사이의 관계를 이용해 $f(n)$의 주기성을 찾아내는 것이 어려웠다.

단서+발상

단서1 방정식 $x^3=1$의 허근은 이차방정식 $x^2+x+1=0$의 근이다. **개념**
따라서 $\omega^3=1$, $\omega^2+\omega+1=0$이고 ω의 켤레복소수인 $\bar{\omega}$에 대해서 $(\bar{\omega})^3=1$, $(\bar{\omega})^2+\bar{\omega}+1=0$이다. 또, 이차방정식의 근과 계수의 관계에 의해 $\omega+\bar{\omega}=-1$이고, $\omega\bar{\omega}=1$이다. **개념**

단서2 $f(n)$을 식의 변형을 통해 구하기는 힘들어보이므로 $n=1$부터 차례대로 대입하여 구할 수 있다. **적용**
이때, $\omega^3=1$, $(\bar{\omega})^3=1$이므로 $\omega^{n+3}=\omega^n$, $(\bar{\omega})^{n+3}=(\bar{\omega})^n$임을 이용하여 $n=1, n=2, n=3$일 때로 나누면 된다. **해결**

주의 ω를 직접 구해서 $f(n)$에 대입하면 많은 계산이 생겨 복잡하고 실수할 수 있으므로 ω의 성질을 이용해야 한다.

(**핵심 정답 공식:** $x^3=1$의 한 허근 ω는 $\omega^3=1$, $\omega^2+\omega+1=0$을 만족한다.)

-------------------- [문제 풀이 순서] --------------------

1st ω의 성질을 구하자.

$x^3=1$에서 $(x-1)(x^2+x+1)=0$ $x^2+x+1=0$의 두 근이 ω, $\bar{\omega}$이므로 근과 계수의 관계에서 $\omega+\bar{\omega}=-1$, $\omega\bar{\omega}=1$이야.

∴ $x=1$ 또는 $x^2+x+1=0$

즉, ω는 이차방정식 $x^2+x+1=0$의 한 근이므로 다른 한 근은 $\bar{\omega}$이다.

∴ $\omega^3=\bar{\omega}^3=1$, $\omega^2+\omega+1=0$, $\omega+\bar{\omega}=-1$, $\omega\bar{\omega}=1$

2nd $f(1), f(2), \cdots$의 값을 구해보자. **함정**

복소수 거듭제곱 꼴의 문제는 규칙이 나오는 것이 일반적이야. 규칙이 보일 때까지 $n=1, 2, 3, 4, 5, \cdots$를 대입해보자.

이때, $f(1)=\dfrac{\omega^2}{\bar{\omega}+1}=\dfrac{\omega^2}{-\omega}=-\omega$,

$f(2)=\dfrac{\omega^4}{\bar{\omega}^2+1}=\dfrac{\omega}{-\bar{\omega}}=-\omega^2$, $\omega\bar{\omega}=1$에서 $\bar{\omega}=\dfrac{1}{\omega}$이므로 $\dfrac{\omega}{\frac{1}{\omega}}=\dfrac{\omega}{-\frac{1}{\omega}}=-\omega^2$

$f(3)=\dfrac{\omega^6}{\bar{\omega}^3+1}=\dfrac{1}{2}$, $f(4)=\dfrac{\omega^8}{\bar{\omega}^4+1}=\dfrac{\omega^2}{\bar{\omega}+1}=f(1)$,

$f(5)=\dfrac{\omega^{10}}{\bar{\omega}^5+1}=\dfrac{\omega^4}{\bar{\omega}^2+1}=f(2)$, $f(6)=\dfrac{\omega^{12}}{\bar{\omega}^6+1}=\dfrac{1}{2}=f(3)$이므로

$f(1)=f(4)=f(7)=f(10)=f(13)$

$f(2)=f(5)=f(8)=f(11)=f(14)$

$f(3)=f(6)=f(9)=f(12)=f(15)$

∴ $f(1)+f(2)+f(3)+f(4)+\cdots+f(14)+f(15)$

$=5\{f(1)+f(2)+f(3)\}=5\left(-\omega-\omega^2+\dfrac{1}{2}\right)$ $\omega^2+\omega+1=0$에서 $-\omega^2-\omega=1$

$=5\left(1+\dfrac{1}{2}\right)=5\times\dfrac{3}{2}=\dfrac{15}{2}$

My Top Secret   서울대 선배의 ❶ 등급 대비 전략

복소수에 대한 문제에서 $f(n)$의 일반적인 값을 구하기 어려운 경우 $n=1$부터 차례대로 대입해보면서 $f(n)$의 값이 어느 순간부터 반복해서 나오는지 알아야 해.

이 문제에서는 $f(n)=f(n+3)$이 됨을 추론할 수 있어.

🐝 개념 확인 문제

H 01 정답 $x>3$

$-3x+2(x+1)<-1$
$-3x+2x+2<-1$
$-x<-3$ $\therefore x>3$

H 02 정답 $x\geq-\dfrac{5}{3}$

$\dfrac{x-3}{2}+x+4\geq0$

양변에 2를 곱하면
$x-3+2(x+4)\geq0$
$x-3+2x+8\geq0$
$3x\geq-5$ $\therefore x\geq-\dfrac{5}{3}$

H 03 정답 $x<14$

$\dfrac{2x+5}{3}-\dfrac{3x-2}{4}>1$

양변에 12를 곱하면
$4(2x+5)-3(3x-2)>12$
$8x+20-9x+6>12$
$-x>-14$ $\therefore x<14$

H 04 정답 (i) $a>-2$일 때, $x<\dfrac{a}{a+2}$

(ii) $a<-2$일 때, $x>\dfrac{a}{a+2}$

(iii) $a=-2$일 때, 해가 없다.

(i) $a>-2$일 때, $a+2>0$이므로
양변을 $a+2$로 나누면
$$x<\dfrac{a}{a+2}$$

(ii) $a<-2$일 때, $a+2<0$이므로
양변을 $a+2$로 나누면 부등호가 바뀌므로
$$x>\dfrac{a}{a+2}$$

(iii) $a=-2$일 때, $a+2=0$이므로
$0\cdot x<-2$
즉, 해가 없다.

H 05 정답 (i) $a>1$일 때, $x\geq\dfrac{a+3}{a-1}$

(ii) $a<1$일 때, $x\leq\dfrac{a+3}{a-1}$

(iii) $a=1$일 때, 해가 없다.

$ax-3\geq x+a$
$(a-1)x\geq a+3$

(i) $a>1$일 때, $a-1>0$이므로
양변을 $a-1$로 나누면
$$x\geq\dfrac{a+3}{a-1}$$

(ii) $a<1$일 때, $a-1<0$이므로
양변을 $a-1$로 나누면 부등호가 바뀌므로
$$x\leq\dfrac{a+3}{a-1}$$

(iii) $a=1$일 때, $a-1=0$이므로
$0\cdot x\geq4$
즉, 해가 없다.

H 06 정답 $x\leq1$

$2x-5<3$에서
$2x<8$ $\therefore x<4$ … ㉠
$-x+6\geq2x+3$에서
$-3x\geq-3$ $\therefore x\leq1$ … ㉡
㉠, ㉡의 공통부분을 구하면 $x\leq1$

H 07 정답 $-4\leq x<0$

$3x+2\geq2(x-1)$에서
$3x+2\geq2x-2$ $\therefore x\geq-4$ … ㉠
$3(x-1)<2x-3$에서
$3x-3<2x-3$ $\therefore x<0$ … ㉡
㉠, ㉡의 공통부분을 구하면 $-4\leq x<0$

H 08 정답 $3\leq x\leq4$

$\dfrac{3}{5}x+0.4\leq x-0.8$에서 $6x+4\leq10x-8$
$-4x\leq-12$ $\therefore x\geq3$ … ㉠

$3-\dfrac{x-2}{4}\geq\dfrac{2x-3}{2}$에서
$12-(x-2)\geq2(2x-3)$, $12-x+2\geq4x-6$
$-5x\geq-20$ $\therefore x\leq4$ … ㉡
㉠, ㉡의 공통부분을 구하면 $3\leq x\leq4$

H 09 정답 $-7<x\leq-6$

$2x-2<3x+5$에서
$-x<7$ $\therefore x>-7$ … ㉠
$3x+5\leq x-7$에서
$2x\leq-12$ $\therefore x\leq-6$ … ㉡
㉠, ㉡의 공통부분을 구하면 $-7<x\leq-6$

H 10 정답 $2\leq x\leq6$

$x+1\leq\dfrac{1}{2}x+4$에서

$2x+2\leq x+8$ $\therefore x\leq6$ … ㉠

$\dfrac{1}{2}x+4\leq3x-1$에서 $x+8\leq6x-2$

$-5x\leq-10$ $\therefore x\geq2$ … ㉡
㉠, ㉡의 공통부분을 구하면 $2\leq x\leq6$

H 11 정답 $5<x\leq14$

부등식의 각 변에 10을 곱하면
$7(x-8)\leq2(2x-7)<3(3x-13)$이므로
$$\begin{cases}7(x-8)\leq2(2x-7)\\2(2x-7)<3(3x-13)\end{cases}$$
첫 번째 부등식에서 $7x-56\leq4x-14$
$3x\leq42$ $\therefore x\leq14$ … ㉠
두 번째 부등식에서 $4x-14<9x-39$
$25<5x$ $\therefore 5<x$ … ㉡
㉠, ㉡의 공통부분을 구하면 $5<x\leq14$

H 12 정답 해가 없다.

$3x+1\leq-5$에서

$3x\leq-6$ $\quad\therefore x\leq-2$ … ㉠

$2x-3<4x+1$에서

$-2x<4$ $\quad\therefore x>-2$ … ㉡

㉠, ㉡의 공통부분이 없으므로 주어진 연립부등식의 해는 없다.

H 13 정답 $x=2$

$3x-4\geq-2(x-3)$에서 $3x-4\geq-2x+6$

$5x\geq10$ $\quad\therefore x\geq2$ … ㉠

$-(x-3)\geq x-1$에서 $-x+3\geq x-1$

$-2x\geq-4$ $\quad\therefore x\leq2$ … ㉡

㉠, ㉡의 공통부분을 구하면 $x=2$

H 14 정답 해가 없다.

$\dfrac{5}{3}x-2<x+\dfrac{2}{3}$에서 $5x-6<3x+2$

$2x<8$ $\quad\therefore x<4$ … ㉠

$3(x-3)>2x-4$에서

$3x-9>2x-4$ $\quad\therefore x>5$ … ㉡

㉠, ㉡의 공통부분이 없으므로 주어진 연립부등식의 해는 없다.

H 15 정답 $x=3$

첫 번째 부등식의 양변에 12를 곱하면

$4x+2\geq3x+5$ $\quad\therefore x\geq3$ … ㉠

두 번째 부등식의 양변에 10을 곱하면

$4x-2\geq5x-5$ $\quad\therefore 3\geq x$ … ㉡

㉠, ㉡의 공통부분을 구하면 $x=3$

H 16 정답 $a\geq1$

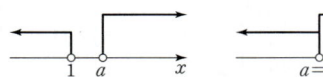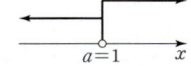

수직선에서 $a\geq1$이면 연립부등식의 해가 없다.

H 17 정답 $a\leq2$

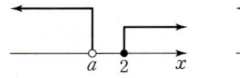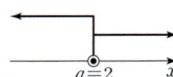

수직선에서 $a\leq2$이면 연립부등식의 해가 없다.

H 18 정답 $a>3$

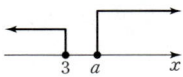

수직선에서 $a>3$이면 연립부등식의 해가 없다.

H 19 정답 $-1\leq x\leq3$

(i) $x\geq1$일 때,

$x-1\leq2$, $x\leq3$ $\quad\therefore 1\leq x\leq3$

(ii) $x<1$일 때,

$-(x-1)\leq2$, $-x+1\leq2$

$-x\leq1$, $x\geq-1$ $\quad\therefore -1\leq x<1$

(i)과 (ii)에 의해 $-1\leq x\leq3$

H 20 정답 $x<-2$ 또는 $x>\dfrac{1}{2}$

(i) $x\geq-\dfrac{3}{4}$일 때,

$4x+3>5$, $4x>2$ $\quad\therefore x>\dfrac{1}{2}$

(ii) $x<-\dfrac{3}{4}$일 때,

$-(4x+3)>5$, $-4x-3>5$

$-4x>8$ $\quad\therefore x<-2$

(i)과 (ii)에 의해 $x<-2$ 또는 $x>\dfrac{1}{2}$

H 21 정답 $x>\dfrac{7}{3}$

(i) $x\geq3$일 때,

$x-3<2x-4$, $-x<-1$ $\quad\therefore x>1$

이때, $x\geq3$이므로 $x\geq3$

(ii) $x<3$일 때,

$-x+3<2x-4$, $-3x<-7$ $\quad\therefore x>\dfrac{7}{3}$

이때, $x<3$이므로 $\dfrac{7}{3}<x<3$

(i)과 (ii)에 의해 $x>\dfrac{7}{3}$

H 22 정답 $x\leq-3$ 또는 $x\geq3$

(i) $x<-1$일 때,

$-(x+1)-(x-1)\geq6$, $-x-1-x+1\geq6$

$-2x\geq6$ $\quad\therefore x\leq-3$

(ii) $-1\leq x<1$일 때,

$(x+1)-(x-1)\geq6$, $x+1-x+1\geq6$

$\therefore 0\cdot x\geq4$

따라서 해가 없다.

(iii) $x\geq1$일 때,

$(x+1)+(x-1)\geq6$, $x+1+x-1\geq6$

$2x\geq6$ $\quad\therefore x\geq3$

(i)~(iii)에서 $x\leq-3$ 또는 $x\geq3$

H 23 정답 $-4<x<5$

(i) $x<-3$일 때,

$-(x-4)-(x+3)<9$, $-x+4-x-3<9$

$-2x<8$ $\quad\therefore x>-4$

이때, $x<-3$이므로 $-4<x<-3$

(ii) $-3\leq x<4$일 때,

$-(x-4)+(x+3)<9$, $-x+4+x+3<9$

$\therefore 0\cdot x<2$

따라서 해는 모든 실수이다.

그런데 $-3\leq x<4$이므로 $-3\leq x<4$

(iii) $x\geq4$일 때,

$(x-4)+(x+3)<9$, $x-4+x+3<9$

$2x<10$ $\quad\therefore x<5$

이때, $x\geq4$이므로 $4\leq x<5$

(i)~(iii)에서 $-4<x<5$

H 24 정답 ④ ································· 부등식의 성질

(정답 공식: 부등식의 성질을 이용한다.)

실수 a, b, c에 대하여 $a>b$, $c<0$일 때, 다음 중 옳지 않은 것은?
— 단서 부등식에서 양변에 음수를 곱하거나 나눌 때 부등호의 방향이 바뀜에 주의해.

① $a+c>b+c$ ② $a-c>b-c$

③ $ac<bc$ ④ $\dfrac{a}{c^2}<\dfrac{b}{c^2}$

⑤ $c-a<c-b$

1st 부등식의 성질을 이용하여 선택지의 참, 거짓을 따져봐.

① $a>b$이면 $a+c>b+c$

② $a>b$이면 $a-c>b-c$

③ $a>b$, $c<0$이면 $ac<bc$

④ $c<0$에서 $c^2>0$이므로

> 실수 a, b, c에 대하여
> ① $a>b$, $b>c$이면 $a>c$
> ② $a>b$이면 $a+c>b+c$, $a-c>b-c$
> ③ $a>b$, $c>0$이면 $ac>bc$, $\dfrac{a}{c}>\dfrac{b}{c}$
> ④ $a>b$, $c<0$이면 $ac<bc$, $\dfrac{a}{c}<\dfrac{b}{c}$

모든 실수 x에 대하여 $x^2\geq0$이야.
이때, $x^2=0$인 경우는 $x=0$뿐이야.

$a>b$에서 $\dfrac{a}{c^2}>\dfrac{b}{c^2}$

⑤ $a>b$에서 $-a<-b$이므로
$-a+c<-b+c$
$\therefore c-a<c-b$

따라서 옳지 않은 것은 ④이다.

H 25 정답 ③ ································· 부등식의 성질

(정답 공식: 부등식의 성질을 이용한다.)

실수 a, b, c에 대하여 다음 중 항상 성립하는 것은?
— 단서 부등식을 만족시키지 않는 예가 하나라도 있으면 그 부등식은 항상 성립하는 것이 아니야.

① $a<b<0$이면 $a^2<b^2$이다.

② $ac>bc$이면 $a>b$이다.

③ $ac^2>bc^2$이면 $a>b$이다.

④ $\dfrac{c^2}{a}>\dfrac{c^2}{b}$이면 $a>b$이다. (단, $a\neq0$, $b\neq0$)

⑤ $c<a<b$이면 $c^2<ab$이다.

1st 부등식을 만족시키지 않는 예를 찾아보자.

① $a=-2$, $b=-1$이면 $a<b<0$이지만
$a^2=4$, $b^2=1$이므로 $a^2>b^2$이다.

② $a=-2$, $b=2$이고 $c=-3$이면
$ac=6$, $bc=-6$에서 $ac>bc$이지만 $a<b$이다.

③ $ac^2>bc^2$이므로 $c\neq0$이다.
> 주의 부등식의 양변을 나눌 때 나누는 수가 0이 아닌지 꼭 확인해. 또, 나누는 수가 음수이면 부등호의 방향이 바뀐다는 점을 기억해.
> $c=0$이면 $ac^2=0$, $bc^2=0$이므로 주어진 부등식이 성립하지 않아.

즉, $c^2>0$이므로 $ac^2>bc^2$의 양변을 c^2으로 나누면 $a>b$이다.

④ $a=2$, $b=4$이고 $c=2$이면
> 부등식의 양변을 양수로 나누어도 부등호의 방향은 바뀌지 않지?

$\dfrac{c^2}{a}=\dfrac{4}{2}=2$, $\dfrac{c^2}{b}=\dfrac{4}{4}=1$에서 $\dfrac{c^2}{a}>\dfrac{c^2}{b}$이지만 $a<b$이다.

⑤ $a=2$, $b=3$이고 $c=-4$이면 $c<a<b$이지만
$c^2=16$, $ab=6$이므로 $c^2>ab$이다.

따라서 항상 성립하는 것은 ③이다.

> 부등식의 성질에 대한 문제에서 역수를 취하는 경우는 주의해서 따져봐야 해.
> ① $0<a<b$이면 $0<\dfrac{1}{b}<\dfrac{1}{a}$
> ② $a<b<0$이면 $\dfrac{1}{b}<\dfrac{1}{a}<0$
> ③ $a<0<b$이면 $\dfrac{1}{a}<0<\dfrac{1}{b}$

H 26 정답 ② ································· 부등식의 성질

(정답 공식: 부등식의 성질을 이용한다.)

$1<a<b$인 실수 a, b에 대하여 [보기] 중 옳은 것만을 있는 대로 고른 것은?

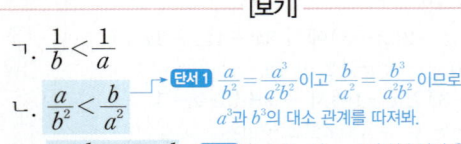

─────── [보기] ───────

ㄱ. $\dfrac{1}{b}<\dfrac{1}{a}$

ㄴ. $\dfrac{a}{b^2}<\dfrac{b}{a^2}$ — 단서 1 $\dfrac{a}{b^2}=\dfrac{a^3}{a^2b^2}$이고 $\dfrac{b}{a^2}=\dfrac{b^3}{a^2b^2}$이므로 a^3과 b^3의 대소 관계를 따져봐.

ㄷ. $a+b-1>ab$ — 단서 2 $(a+b-1)-ab$가 양수인지 음수인지 확인해.

① ㄱ   ② ㄱ, ㄴ   ③ ㄱ, ㄷ

④ ㄴ, ㄷ   ⑤ ㄱ, ㄴ, ㄷ

1st 두 양수 a, b에 대하여 $a<b$임을 이용해 ㄱ, ㄴ의 참, 거짓을 판단해.

ㄱ. $a<b$의 양변을 ab로 나누면
> a, b가 양수이므로 ab도 양수야. 즉, 부등식의 양변을 같은 양수로 나누어도 부등호의 방향은 변하지 않아.

$\dfrac{a}{ab}<\dfrac{b}{ab}$ $\therefore \dfrac{1}{b}<\dfrac{1}{a}$ (참)

> 주의 두 수가 모두 양수일 경우만 성립하는 식이야. 주의해!!

ㄴ. $a<b$이므로 $a^3<b^3$이다.
> 실수 a, b에 대하여 $a<b$이면 a, b의 부호에 관계없이 항상 $a^3<b^3$이야.

즉, $a^3<b^3$의 양변을 a^2b^2으로 나누면

$\dfrac{a^3}{a^2b^2}<\dfrac{b^3}{a^2b^2}$ $\therefore \dfrac{a}{b^2}<\dfrac{b}{a^2}$ (참)

2nd $(a+b-1)-ab$의 부호를 따져 ㄷ의 참, 거짓을 판단해.

ㄷ. $1<a<b$에서 $a-1>0$, $b-1>0$이므로
$(a+b-1)-ab=-a(b-1)+(b-1)$
$\qquad\qquad\qquad =-(a-1)(b-1)<0$

$\therefore a+b-1<ab$ (거짓)
> 두 양수의 곱은 양수이므로 $a-1>0$, $b-1>0$에서 $(a-1)(b-1)>0$ $\therefore -(a-1)(b-1)<0$

따라서 옳은 것은 ㄱ, ㄴ이다.
> 두 실수 A, B에 대하여
> ① $A-B>0$이면 $A>B$
> ② $A-B=0$이면 $A=B$
> ③ $A-B<0$이면 $A<B$

H 27 정답 ③ ································· 일차부등식의 풀이

(정답 공식: 일차부등식과 해의 부등호의 방향이 반대이면 x의 계수는 음수이다.)

x에 대한 부등식 $ax+x-b>0$의 해가 $x<1$일 때, $ax-bx-b<0$의 해는?
— 단서 주어진 부등식을 $\Box x>\Box$ 꼴로 만들고 부등호의 방향이 반대로 되기 위한 근거를 생각하자.

① $x<-a$ ② $x>a$ ③ $x>-b$

④ $x<b$ ⑤ $x<a-b$

1st 부등식의 해를 이용하여 a, b의 관계식을 찾아.

$ax+x-b>0$, 즉 $(a+1)x>b$의 해가 $x<1$이므로

$a+1<0$, $\dfrac{b}{a+1}=1$
> 부등호 방향을 바꾸기 위해서는 x의 계수가 음수여야 하므로 $a+1<0$이야.

따라서 $a<-1$, $a-b=-1$이므로
$ax-bx-b<0$에서
$(a-b)x<b$
$-x<b$
$\therefore x>-b$
> 함정 부등식의 해에서 부등호의 방향이 바뀌었으므로 x의 계수가 음수임을 알 수 있어.

H 28 정답 ② ·· 일차부등식의 풀이

(정답 공식: 일차부등식과 해의 부등호의 방향이 반대이면 x의 계수는 음수이다.)

[단서] 부등호의 방향이 바뀌었으니까 x의 계수가 음수가 되어야 해.

부등식 $(a+2)x<a^2(a+2)$의 해가 $x>5$일 때, 실수 a의 값은?

① -5 ② $-\sqrt{5}$ ③ -2

④ $\sqrt{5}$ ⑤ 5

1st 일차부등식과 해의 부등호의 방향이 다름에 주의하여 일차부등식을 세워봐.

$(a+2)x<a^2(a+2)$의 해가 $x>5$이므로

$a+2<0$, 즉 $a<-2$이고 $x>a^2$

따라서 $a^2=5$이므로   부등호 방향이 바뀌어야 하므로 x의 계수가 음수야.

$a=\pm\sqrt{5}$ 즉, $a+2<0$이야.

이때, $a<-2$이므로

$a=-\sqrt{5}$

H 29 정답 $x\leq\dfrac{2}{ab}$ ·························· 일차부등식의 풀이

(정답 공식: 음수 a, b의 대소 관계를 이용하여 주어진 일차부등식을 푼다.)

$a<b<0$일 때, x에 대한 부등식 $ab^2x+2a\leq a^2bx+2b$의 해를 구하시오. [단서] a, b가 모두 음수이고, 절댓값도 a가 크다는 걸 의미해.

1st 주어진 부등식을 $\square x\leq\square$ 꼴로 변형하자.

$ab^2x+2a\leq a^2bx+2b$에서

$ab^2x-a^2bx\leq 2b-2a$ 여기에서 함부로 $b-a$를 약분하지 말자.

$\underline{ab(b-a)x\leq 2(b-a)}$ $b-a=0$이면 모든 실수에 대하여 성립하고
     $b-a<0$이면 부등호 방향이 바뀔 수도 있기 때문이야.

이때, $a<b<0$에서 $ab>0$, $b-a>0$이므로

$x\leq\dfrac{2}{ab}$

H 30 정답 ① ·· 해가 특별한 부등식

(정답 공식: 일차부등식 $Ax>B$의 해가 모든 실수일 조건은 $A=0$, $B<0$이다.)

[단서] 모든 실수 x에 대하여 부등식이 성립하려면 x의 계수가 0이어야 해.

모든 실수 x에 대하여 부등식 $a^2x-3a>4x-4$가 성립할 때, 실수 a의 값은?

① -2 ② -1 ③ 1

④ 2 ⑤ 3

1st 부등식 $Ax>B$가 항상 성립할 조건은 $A=0$, $B<0$임을 이용하자.

$a^2x-3a>4x-4$에서

$(a^2-4)x>3a-4$ [실수↻] 0에 어떤 실수를 곱해도 그 값은 항상 0이고 0은 항상 음수보다 커.

$\therefore (a+2)(a-2)x>3a-4$ a의 값에 따라 해가 없거나 모든 실수가 될 수 있어.

(i) $a=-2$이면 $0\cdot x>-10$으로 항상 성립하므로 주어진 부등식의 해는 모든 실수이다.

(ii) $a=2$이면 $0\cdot x>2$로 성립하지 않으므로 주어진 부등식의 해는 없다.

따라서 구하는 a의 값은 -2이다.

H 31 정답 ④ ·· 해가 특별한 부등식

(정답 공식: 일차부등식 $Ax>B$의 해가 없을 조건은 $A=0$, $B\geq 0$이다.)

[단서] 부등식을 정리한 식의 x의 계수가 0이어야 해.

x에 대한 부등식 $5x-a>ax-b$의 해가 <u>없을</u> 때, 실수 b의 최댓값은?

① -5 ② -1 ③ 1 ④ 5 ⑤ 10

1st 부등식 $Ax>B$ 해가 존재하지 않을 조건은 $A=0$, $B\geq 0$임을 이용해.

$5x-a>ax-b$에서

$(5-a)x>a-b$ [함정] 0에 어떤 실수를 곱해도 그 값은 항상 0인데 0은 0 이상의 수보다 클 수 없지? 즉, 이 경우 부등식을 만족시키는 해는 없는 거야.

이 부등식의 해가 없으려면 $5-a=0$, $a-b\geq 0$

$\therefore a=5$, $b\leq 5$ 해가 없으려면 모든 실수 x에 대하여 부등식이 성립하지 않아

따라서 b의 최댓값은 5이다. 야 돼. 즉, x의 계수가 0이고 $a-b$가 양수 또는 0이면 되지.

H 32 정답 ① ·· 해가 특별한 부등식

(정답 공식: 일차부등식 $Ax>B$의 해가 모든 실수일 조건은 $A=0$, $B<0$이다.)

[단서] $\square x>\triangle$ 꼴로 정리하여 x의 계수가 0이고 부등식을 만족하는 조건을 구하자.

x에 대한 부등식 $a(4x+1)>b(x+2)$의 해가 <u>모든 실수</u>일 때, 부등식 $bx-2a<3b+5ax$의 해는?

① $x<-14$ ② $x<-4$ ③ $x<7$

④ $x>4$ ⑤ $x>14$

1st 부등식 $Ax>B$가 항상 성립할 조건은 $A=0$, $B<0$이지?

$a(4x+1)>b(x+2)$에서 $(4a-b)x>-a+2b$

이 부등식의 해가 모든 실수이므로 $\underline{4a-b=0, -a+2b<0}$

$\therefore b=4a$, $a<0$ x의 계수가 0이고 $-a+2b<0$이면 돼.

$bx-2a<3b+5ax$에 $b=4a$를 대입하여 풀면

$4ax-2a<12a+5ax$

$ax>-14a$ $\therefore x<-14$

H 33 정답 ⑤ ·· 연립부등식의 해

(정답 공식: 연립일차부등식은 각각의 일차부등식을 풀고, 각 부등식의 해를 수직선 위에 나타낸 후 공통부분을 찾아 해를 구한다.)

연립부등식

$$\begin{cases} 3x\geq x-3 \\ 2x+1\leq 11 \end{cases}$$

[단서] 정수 x의 개수가 아니라 정수의 합을 구할 수 있도록 주의해.

을 만족시키는 모든 정수 x의 값의 합은?

① 10 ② 11 ③ 12 ④ 13 ⑤ 14

1st 각각의 일차부등식의 해를 구하자.

$3x\geq x-3$에서 $2x\geq -3$ $\therefore x\geq -\dfrac{3}{2}$ ··· ㉠

$2x+1\leq 11$에서 $2x\leq 10$ $\therefore x\leq 5$ ··· ㉡

2nd 위에서 구한 해를 동시에 만족시키는 연립부등식의 해를 구하자.

㉠, ㉡에 의해 연립부등식의 해는

$-\dfrac{3}{2}\leq x\leq 5$ 공통부분이 있는지 확인해.

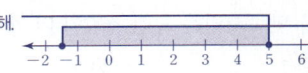

3rd 범위에 해당하는 정수를 찾아 답을 구하자.

이를 만족시키는 모든 정수 x는 -1, 0, 1, 2, 3, 4, 5이므로 그 합은

$-1+0+1+2+3+4+5=14$이다.

H 34 정답 21 ···················· 연립일차부등식의 계산

정답 공식: 연립부등식의 해를 구할 때는 각각의 부등식을 정리하여 수직선에 나타내어 공통 범위를 찾는다.

연립부등식
$$\begin{cases} 3x \le x+16 \\ x+8 \le 4x-10 \end{cases}$$
단서 각 부등식의 해를 구하고 공통 범위를 찾아.

을 만족시키는 모든 정수 x의 값의 합을 구하시오.

1st 각 부등식을 풀어.

$3x \le x+16$에서
$2x \le 16$ ∴ $x \le 8$ … ㉠
$x+8 \le 4x-10$에서
$-3x \le -18$ ∴ $x \ge 6$ … ㉡
부등식의 양변을 음수로 나눌 때는 부등호의 방향이 바뀐다는 것에 유의하자.

2nd 연립부등식의 해를 구해.

㉠, ㉡에서 연립부등식의 해는 $6 \le x \le 8$이므로
연립부등식을 만족시키는 정수 x의 값의 합은
$6+7+8=21$

H 35 정답 ① ···················· 연립일차부등식의 풀이

정답 공식: 각각의 부등식을 풀어 해를 구한 후 두 부등식의 해의 공통 부분을 찾아 연립부등식의 해를 구한다.

연립부등식 $\begin{cases} x+3 < 3x \\ 3x+4 < 2x+8 \end{cases}$ 의 해가 $a < x < b$일 때, ab의 값은?
단서 두 부등식의 해의 공통 부분이 연립부등식의 해야.

① 6   ② 7   ③ 8   ④ 9   ⑤ 10

1st 각각의 부등식의 해를 구해.

$x+3 < 3x$에서 $2x > 3$ ∴ $x > \dfrac{3}{2}$ … ㉠

$3x+4 < 2x+8$에서 $x < 4$ … ㉡

2nd 연립부등식의 해를 구하고 ab를 계산해.

㉠, ㉡에 의하여 주어진 연립부등식의 해는 $\dfrac{3}{2} < x < 4$이므로

$a = \dfrac{3}{2}$, $b = 4$이다.

㉠, ㉡을 수직선에 나타내면 그림과 같으므로 주어진 연립부등식의 해는 $\dfrac{3}{2} < x < 4$야.

∴ $ab = \dfrac{3}{2} \times 4 = 6$

H 36 정답 ④ ···················· 연립일차부등식의 풀이

정답 공식: a, b가 정수일 때, 부등식 $a \le x < b$ 또는 $a < x \le b$를 만족하는 정수 x의 개수는 $b-a$이다. (단, $a < b$)

연립부등식
$$\begin{cases} x+6 \le 4x \\ 3x+4 < x+16 \end{cases}$$
단서 부등식의 해를 구해서 그 범위 안에 있는 정수의 개수를 구하면 돼.

을 만족시키는 모든 정수 x의 개수는?

① 1   ② 2   ③ 3
④ 4   ⑤ 5

1st 두 일차부등식을 각각 풀어.

부등식 $x+6 \le 4x$를 풀면
부등식의 양변에서 x를 빼고 3으로 나눠.
$6 \le 3x$ ∴ $x \ge 2$
부등식 $3x+4 < x+16$을 풀면
부등식의 양변에서 x를 빼고 2로 나눠.
$2x < 12$ ∴ $x < 6$

2nd 두 부등식을 동시에 만족시키는 정수 x의 개수를 구해.

두 부등식을 동시에 만족시키는 x의 범위는 $2 \le x < 6$이므로
두 부등식을 동시에 만족시키는 정수 x의 개수는 $6-2=4$이다.
a, b가 정수일 때, 부등식 $a \le x < b$ 또는 $a < x \le b$를 만족하는 정수 x의 개수는 $b-a$

H 37 정답 ② ···················· 연립일차부등식의 풀이

정답 공식: 각 일차부등식의 해를 구한 후 두 부등식을 동시에 만족시키는 x의 값의 범위를 구한다.

연립부등식
$$\begin{cases} 3x \ge 2x+3 \\ x-10 \le -x \end{cases}$$
단서 1 각 일차부등식의 해를 구한 후 두 부등식을 동시에 만족시키는 x의 값의 범위를 구해.

를 만족시키는 모든 정수 x의 값의 합은?
단서 2 부등식의 해를 구해서 그 범위 안에 있는 정수의 값을 구해.

① 10   ② 12   ③ 14
④ 16   ⑤ 18

1st 두 일차부등식을 각각 풀자.

연립부등식 $\begin{cases} 3x \ge 2x+3 \\ x-10 \le -x \end{cases}$ 에서

부등식 $3x \ge 2x+3$을 풀면
$3x-2x \ge 3$
이항을 하여 x항은 좌변에, 상수항은 우변에 놓고 일차부등식을 정리하자.
∴ $x \ge 3$
부등식 $x-10 \le -x$를 풀면
$x+x \le 10$, $2x \le 10$
부등식의 양변을 양수로 나누면 부등호의 방향은 바뀌지 않아.
∴ $x \le 5$

2nd 두 부등식을 동시에 만족시키는 모든 정수 x의 값의 합을 구하자.

두 부등식을 동시에 만족시키는 x의 값의 범위는 $3 \le x \le 5$이므로
연립부등식을 만족시키는 모든 정수 x의 값은 3, 4, 5이고
그 합은 $3+4+5=12$이다.

H 38 정답 9 ···················· 연립일차부등식의 풀이

정답 공식: 연립일차부등식은 각각의 일차부등식을 푼 후 공통부분을 찾아 해를 구한다.

연립부등식
$$\begin{cases} 2x \le x+11 \\ x+5 < 4x-2 \end{cases}$$
단서 다른 문자가 등장하지 않는 한 문자에 관한 연립일차부등식이므로 먼저 각각의 해를 구하자.

를 만족시키는 모든 정수 x의 개수를 구하시오.

1st 각각의 부등식의 해를 구하자.

각각의 부등식의 해를 구하면
$2x \le x+11$에서 $x \le 11$

$x+5 < 4x-2$에서 $7 < 3x$, $x > \dfrac{7}{3}$

그러므로 두 해를 모두 만족시키는 해는

$\dfrac{7}{3} < x \le 11$ → 이때, $\dfrac{7}{3}=2+\dfrac{1}{3}$에 헷갈려서 2부터 해의 범위에 속한다든가 아니면 등호 포함 여부에 따라 11을 해의 범위에서 빼지 않도록 주의하자.

따라서 모든 정수 x는 3, 4, 5, …, 11이므로
그 개수는 9이다.

H 39 정답 ② ⋯⋯⋯⋯⋯⋯⋯⋯⋯ 연립일차부등식의 풀이

［ 정답 공식: 두 일차부등식을 각각 풀어 해의 공통부분을 찾는다. ］

> **단서** 각 부등식을 풀어 공통부분을 구하면 돼.
>
> 연립부등식 $\begin{cases} x-5 < -2x+1 \\ 2(x-1) \le 7x+3 \end{cases}$ 을 풀면?
>
> ① $x<2$　　② $-1 \le x < 2$　　③ $x \ge -1$
> ④ $1 \le x < 2$　　⑤ $x > 2$

1st 각각의 일차부등식을 풀어서 공통부분의 범위를 찾아보자.

$x-5 < -2x+1$에서
$3x < 6$　∴ $x < 2$ ⋯ ㉠
$2(x-1) \le 7x+3$에서
$2x-2 \le 7x+3$
$-5x \le 5$　∴ $x \ge -1$ ⋯ ㉡
㉠, ㉡의 공통부분을 구하면

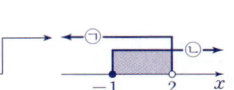

$-1 \le x < 2$

H 40 정답 ① ⋯⋯⋯⋯⋯⋯⋯⋯⋯ 연립일차부등식의 풀이

［ 정답 공식: 두 일차부등식을 각각 풀어 해의 공통부분을 찾는다. ］

> 연립부등식
>
> $\begin{cases} 4x > x-9 \\ x+2 \ge 2x-3 \end{cases}$　**단서1** 연립일차부등식의 풀이는 각각의 부등식의 해를 구한 후 공통부분을 구하면 되겠지!
>
> 을 만족시키는 정수 x의 개수는?
> **단서2** 문제의 지문에서 자연수, 정수, 실수 등의 조건을 잘 봐야 실수를 줄일 수 있어.
> ① 8　　② 9　　③ 10
> ④ 11　　⑤ 12

1st 두 개의 부등식을 동시에 만족하는 범위를 찾아보자.

연립부등식 $\begin{cases} 4x > x-9 & \cdots ㉠ \\ x+2 \ge 2x-3 & \cdots ㉡ \end{cases}$ 에서

㉠을 풀면
$4x-x > -9$, $3x > -9$
∴ $x > -3$ ⋯ ㉢
㉡을 풀면
$x-2x \ge -2-3$
$-x \ge -5$ → 부등호 방향 주의!
∴ $x \le 5$ ⋯ ㉣

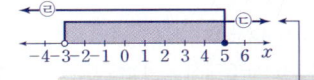

두 부등식 ㉢, ㉣을 동시에 만족시키는 x의 값의 범위는 $-3 < x \le 5$이다.
따라서 정수 x는 $-2, -1, 0, 1, 2, 3, 4, 5$의 8개이다.

> **실수** 부등식을 만족시키는 정수를 찾을 때 0을 빠트리는 경우가 있어. 조심해!

다른 풀이: $A<B$이고 $B<C$이면 $A<B<C$임을 이용하여 개수 구하기

$\begin{cases} 4x > x-9 \\ x+2 \ge 2x-3 \end{cases}$ 에서

$\begin{cases} 3x > -9 \\ 5 \ge x \end{cases}$ · $\begin{cases} x > -3 \\ 5 \ge x \end{cases}$ ⟶ $A<B$이고 $B<C$이면 $A<B<C$야.

즉, $-3 < x \le 5$이므로 만족하는 정수 x는
$-2, -1, 0, 1, 2, 3, 4, 5$의 8개야.

H 41 정답 ⑤ ⋯⋯⋯⋯⋯⋯⋯⋯⋯ 연립일차방정식의 풀이

［ 정답 공식: 두 일차부등식을 각각 풀어 해의 공통부분을 찾는다. ］

> 연립부등식 $\begin{cases} 2x < x+9 \\ x+5 \le 5x-3 \end{cases}$ 을 만족시키는 정수 x의 개수는?
> **단서1** 연립일차부등식이므로 각각의 부등식의 해를 구한 후 공통범위를 구하면 되겠지!
> **단서2** 자연수 또는 0 또는 음의 정수의 개수를 구하는 거야.
> ① 3　　② 4　　③ 5
> ④ 6　　⑤ 7

1st 일차부등식의 풀이를 이용해서 주어진 부등식의 해를 각각 구하자.

$2x < x+9$를 풀면 $x < 9$ ⋯ ㉠
$x+5 \le 5x-3$을 풀면
$-4x \le -8$　∴ $x \ge 2$ ⋯ ㉡

2nd ㉠, ㉡을 동시에 만족시키는 x의 값의 범위를 수직선 위에 나타내자.

두 부등식 ㉠, ㉡을 동시에 만족시키는 x의 값의 범위를 수직선 위에 나타내면 그림과 같다.

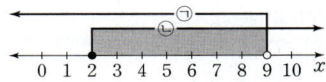

구하는 x의 값의 범위는 $2 \le x < 9$
따라서 정수 x는 2, 3, 4, 5, 6, 7, 8의 7개이다.

H 42 정답 10 ⋯⋯⋯⋯⋯⋯⋯⋯⋯ 연립일차부등식의 풀이

［ 정답 공식: 분모의 최소공배수를 곱하여 계수를 정수로 바꾼 후, 두 일차부등식을 각각 풀어 해의 공통부분을 찾는다. ］

> 연립부등식 $\begin{cases} x - \dfrac{x-1}{2} \ge \dfrac{x}{4}+1 \\ 0.4(x+0.5) > 0.6x-1 \end{cases}$ 을 만족시키는 정수 x의
>
> 최댓값과 최솟값의 곱을 구하시오.
> **단서** 연립부등식의 계수가 분수이면 양변에 분모의 최소공배수를, 계수가 소수이면 양변에 10의 거듭제곱을 곱해 정리해.

1st 주어진 부등식의 양변에 분모의 최소공배수를 곱하고 식을 간단히 하여 부등식을 풀어보자.

$x - \dfrac{x-1}{2} \ge \dfrac{x}{4}+1$에서
$4x-2(x-1) \ge x+4$
$4x-2x+2 \ge x+4$　∴ $x \ge 2$ ⋯ ㉠
$0.4(x+0.5) > 0.6x-1$에서
$4(x+0.5) > 6x-10$
$4x+2 > 6x-10$, $-2x > -12$　∴ $x < 6$ ⋯ ㉡

2nd ㉠, ㉡을 동시에 만족시키는 해의 범위를 구해.

㉠, ㉡의 공통부분을 구하면 $2 \le x < 6$

따라서 정수 x의 최댓값은 5, 최솟값은 2이므로
구하는 곱은 $5 \times 2 = 10$이다.

> **주의** $2 \le x < 6$을 만족시키는 정수 x의 최댓값은 6 아닌 5야. 주의해!

H 43 정답 ⑤ ·························· 특수한 해를 갖는 연립일차부등식

정답 공식: 두 일차부등식을 각각 풀어 해의 공통부분을 찾는다.

연립부등식 $\begin{cases} 2(x-1)>3x-3 \\ \dfrac{2}{3}x+1<x-2 \end{cases}$ 의 해는? **단서** 각 부등식의 해를 구해 공통부분이 있는지 찾자.

① $x<1$　　　② $x>9$　　　③ $-1<x<9$
④ $1<x<9$　　⑤ 해가 없다.

1st 각각의 부등식을 풀어서 공통부분의 범위를 찾아.

$2(x-1)>3x-3$에서
$2x-2>3x-3$
$-x>-1$　　　∴ $x<1$ ··· ㉠

$\dfrac{2}{3}x+1<x-2$에서

　↳ 계수를 정수로 만들면 계산이 편리해져.
　　양변에 3을 곱해 정리한 거야.

$2x+3<3x-6$
$-x<-9$　　　∴ $x>9$ ··· ㉡

이때, ㉠, ㉡의 공통부분이 없으므로 주어진 연립부등식의 해는 없다.

1보다 작고 9보다 큰 수는 없지? 　수직선에 나타내보면 더
　　　　　　　　　　　　　　　　정확히 알 수 있어.

H 44 정답 해가 없다. ·············· 특수한 해를 갖는 연립일차부등식

정답 공식: 분모의 최소공배수를 곱하여 계수를 정수로 바꾼 후, 두 일차부등식을 각각 풀어 해의 공통부분을 찾는다.

연립부등식 $\begin{cases} \dfrac{x-1}{2} \le \dfrac{x}{4}-1 \\ 0.8x<x+0.4 \end{cases}$ 의 해를 구하시오.

단서 연립부등식의 해는 두 부등식의 해의 공통부분을 뜻해.

1st 각각의 부등식을 풀고 동시에 만족하는 범위를 찾아보자.

$\dfrac{x-1}{2} \le \dfrac{x}{4}-1$에서 $2(x-1) \le x-4$

실수 양변에 같은 수를 곱해 계수를 정수로 만들 때 모든 항에 빠짐없이 곱해주어야 해.

$2x-2 \le x-4$　　∴ $x \le -2$ ··· ㉠
$0.8x<x+0.4$에서 $8x<10x+4$
$-2x<4$　　∴ $x>-2$ ··· ㉡
이때, ㉠, ㉡의 공통부분이 없으므로 주어진 연립부등식의 해는 없다.

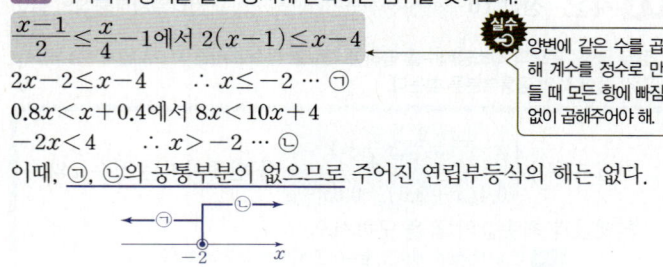

H 45 정답 ④ ·························· 특수한 해를 갖는 연립일차부등식

정답 공식: y를 x에 대한 식으로 정리한 후 연립방정식에 대입하여 해를 구한다.

$x+y=1$을 만족하는 두 실수 x, y가 연립부등식 $\begin{cases} 3x-5 \ge -x+3 \\ 2x-3y \ge 6x-5 \end{cases}$ 를 만족할 때, $x-y$의 값은?

① -5　　② -3　　③ 1　　④ 3　　⑤ 5

단서 주어진 부등식에 x, y의 문자가 2개지? 조건에서 $x+y=1$이라 했으니까 한 문자를 다른 문자에 대한 식으로 바꾸어 연립부등식에 대입하여 풀어.

1st 각각의 부등식에 $y=-x+1$을 대입하여 한 문자로 바꾼 후 부등식을 풀어.

$3x-5 \ge -x+3$에서 $4x \ge 8$　　∴ $x \ge 2$ ··· ㉠
한편, $x+y=1$에서 $y=1-x$이므로

주어진 연립부등식을 보면 두 번째 부등식에만 y항이 있지? 즉, y를 x에 대한 식으로 바꾸어 정리하는 게 시간도 줄이고 계산 실수를 줄일 수 있어.

$2x-3y \ge 6x-5$에 대입하면
$2x-3(1-x) \ge 6x-5$
$2x-3+3x \ge 6x-5$
$-x \ge -2$　　∴ $x \le 2$ ··· ㉡

주의 2보다 크거나 같고 2보다 작거나 같은 수는 2 하나뿐이지?

㉠, ㉡의 공통부분을 구하면 $x=2$
$x=2$를 $y=1-x$에 대입하면
$y=1-2=-1$
∴ $x-y=2-(-1)=3$

H 46 정답 ① ·································· $A<B<C$ 꼴의 부등식

정답 공식: $A<B\le C$형태의 부등식은 $A<B$와 $B \le C$의 연립일차부등식으로 바꾸어 푼다.

단서 $A<B<C$ 꼴의 부등식은 $\begin{cases} A<B \\ B<C \end{cases}$ 로 고쳐서 풀면 돼.

연립부등식 $x-\dfrac{1}{2} < \dfrac{x}{2} \le \dfrac{x-5}{4}$ 의 해는?

① $x \le -5$　　② $x>-5$　　③ $x>1$
④ $1<x \le 5$　　⑤ $-5 \le x<1$

1st 부등식 $A<B \le C$의 해는 두 개의 부등식 $A<B$, $B \le C$의 해의 공통부분을 찾아 구할 수 있어.

$x-\dfrac{1}{2} < \dfrac{x}{2} \le \dfrac{x-5}{4}$에서

$A<B<C$ 꼴의 부등식을

$\begin{cases} x-\dfrac{1}{2} < \dfrac{x}{2} \\ \dfrac{x}{2} \le \dfrac{x-5}{4} \end{cases}$

$\begin{cases} A<B \\ A<C \end{cases}$ 꼴로 고치면 B와 C의 대소 관계를 알 수 없고
$\begin{cases} A<C \\ B<C \end{cases}$ 꼴로 고치면 A와 B의 대소 관계를 알 수 없기
때문에 꼭 $\begin{cases} A<B \\ B<C \end{cases}$ 꼴로 고쳐야 해!

이때, $x-\dfrac{1}{2}<\dfrac{x}{2}$에서 $2x-1<x$　　∴ $x<1$ ··· ㉠
또한, $\dfrac{x}{2} \le \dfrac{x-5}{4}$에서 $2x \le x-5$　　∴ $x \le -5$ ··· ㉡
㉠, ㉡의 공통부분을 구하면 $x \le -5$

H 47 정답 ② ·································· $A<B<C$ 꼴의 부등식

정답 공식: $A \le B<C$ 형태의 부등식은 $A \le B$와 $B<C$의 연립일차부등식으로 바꾸어 푼다.

연립부등식 $2x-7 \le 6x+5<4x+9$의 해는 $a \le x<b$이다. 이때, $a+b$의 값은? **단서** $A<B<C$ 꼴의 부등식은 $\begin{cases} A<B \\ B<C \end{cases}$ 로 고쳐서 풀자.

① -3　　② -1　　③ 1
④ 3　　⑤ 5

1st 부등식 $A \le B<C$의 해는 두 개의 부등식 $A \le B$, $B<C$을 연립하여 풀면 되지?

$2x-7 \le 6x+5<4x+9$에서
$\begin{cases} 2x-7 \le 6x+5 \\ 6x+5<4x+9 \end{cases}$
$2x-7 \le 6x+5$에서 $-4x \le 12$　　∴ $x \ge -3$ ··· ㉠
$6x+5<4x+9$에서 $2x<4$　　∴ $x<2$ ··· ㉡
㉠, ㉡의 공통부분을 구하면

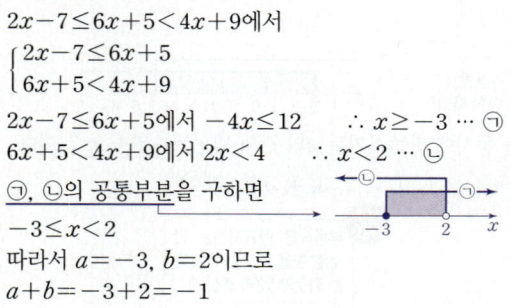

$-3 \le x<2$
따라서 $a=-3$, $b=2$이므로
$a+b=-3+2=-1$

H 48 정답 ③ ·· $A < B < C$ 꼴의 부등식

정답 공식: $A \le B < C$ 형태의 부등식은 $A \le B$와 $B < C$의 연립일차부등식으로 바꾸어 푼다.

연립부등식 $5(x-1) \le -x+4 < \dfrac{2x+13}{3}$ 을 만족하는 정수 x 의 개수는? 단서 $\begin{cases} A < B \\ B < C \end{cases}$ 로 부등식을 고쳐서 풀고, 두 부등식의 공통부분에 속하는 정수를 찾아봐.

① 0   ② 1   ③ 2   ④ 3   ⑤ 4

1st 부등식 $A \le B < C$의 해는 두 개의 부등식 $A \le B$, $B < C$을 동시에 만족하는 범위를 찾으면 돼.

$5(x-1) \le -x+4 < \dfrac{2x+13}{3}$ 에서 $\begin{cases} 5(x-1) \le -x+4 \\ -x+4 < \dfrac{2x+13}{3} \end{cases}$

실수 부등식 $A \le B < C$는 반드시 연립부등식 $\begin{cases} A \le B \\ B < C \end{cases}$ 꼴로 바꾸어야 해. $\begin{cases} A \le C \\ B < C \end{cases}$ 또는 $\begin{cases} A \le B \\ A < C \end{cases}$ 꼴로 바꾸면 답이 틀릴 수 있어.

$5(x-1) \le -x+4$에서 $5x-5 \le -x+4$

$6x \le 9$ ∴ $x \le \dfrac{3}{2}$ ··· ㉠

$-x+4 < \dfrac{2x+13}{3}$에서

$3(-x+4) < 2x+13$

$-3x+12 < 2x+13$, $-5x < 1$ ∴ $x > -\dfrac{1}{5}$ ··· ㉡

㉠, ㉡의 공통부분을 구하면 $-\dfrac{1}{5} < x \le \dfrac{3}{2}$

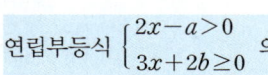

따라서 정수 x는 0, 1의 2개이다.

H 49 정답 ② ····························· 해가 주어진 연립일차부등식

정답 공식: 연립부등식의 해를 구한 후, 주어진 해와 같도록 a, b의 값을 구한다.

연립부등식 $\begin{cases} 2x-a > 0 \\ 3x+2b \ge 0 \end{cases}$ 의

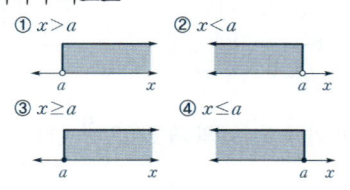

해를 수직선 위에 나타내면 오른쪽 그림과 같을 때, 상수 a, b에 대하여 $a+b$의 값은?

① 1   ② 2   ③ 3
④ 4   ⑤ 5

단서 연립부등식의 각 부등식을 풀어 수직선 위에 해를 직접 나타내봐.

1st 각 부등식을 풀자.

$2x-a > 0$을 풀면 $2x > a$ ∴ $x > \dfrac{a}{2}$

$3x+2b \ge 0$을 풀면 $3x \ge -2b$ ∴ $x \ge -\dfrac{2b}{3}$

2nd 수직선 위에 나타낸 그림을 부등식으로 바꾼 후 a, b의 값을 구해.

주어진 그림에서 $x > -2$, $x \ge -4$이고

→ 부등호의 방향과 종류를 살피면 연립부등식과 수직선을 대응시킬 수 있을 거야.

이것이 $x > \dfrac{a}{2}$, $x \ge -\dfrac{2b}{3}$에 대응되어야 하므로

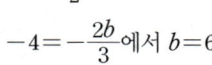
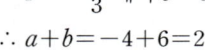

$-2 = \dfrac{a}{2}$에서 $a = -4$

$-4 = -\dfrac{2b}{3}$에서 $b = 6$

∴ $a+b = -4+6 = 2$

① $x > a$ ② $x < a$
③ $x \ge a$ ④ $x \le a$

H 50 정답 21 ····························· 연립일차부등식의 미정계수의 결정

정답 공식: 연립일차부등식을 풀어 그 해가 주어진 해와 같도록 하는 a, b의 값을 구한다.

x에 대한 연립부등식 $\begin{cases} x-1 > 8 \\ 2x-16 \le x+a \end{cases}$

단서 각 일차부등식을 풀어 공통범위를 구한 후 이 공통범위를 주어진 해와 비교해.

의 해가 $b < x \le 28$일 때, 두 상수 a, b에 대하여 $a+b$의 값을 구하시오.

1st 연립부등식의 해를 구해.

$x-1 > 8$에서 $x > 9$ ··· ㉠

$2x-16 \le x+a$에서 $x \le a+16$ ··· ㉡

이때, 주어진 연립일차부등식의 해가 존재하므로

㉠, ㉡의 공통범위는 $9 < x \le a+16$ ··· ㉢

→ 주어진 연립부등식의 해가 존재하려면 $a+16 > 9$이어야 해.

2nd 두 상수 a, b의 값을 각각 구하고 $a+b$를 계산해.

㉢이 $b < x \le 28$이므로 $b = 9$이고 $a+16 = 28$에서 $a = 12$

∴ $a+b = 12+9 = 21$

H 51 정답 ② ····························· 해가 주어진 연립일차부등식

정답 공식: 연립일차부등식을 풀어 그 해가 주어진 해와 같도록 하는 a의 값을 구한다.

연립부등식 $\begin{cases} 2x+7 > 5 \\ 8+ax \ge a \end{cases}$ 의 해가 $-1 < x \le 3$일 때, 실수 a의 값은? (단, $a < 0$)

단서 각 부등식을 풀어 공통부분을 구한 후 이 공통부분을 주어진 해와 비교해봐.

① -5 ② -4 ③ -3
④ -2 ⑤ -1

1st $8+ax \ge a$의 해가 $x \le 3$임을 이용하여 a의 값을 구하자.

$2x+7 > 5$에서

$2x > -2$ ∴ $x > -1$ ··· ㉠

$8+ax \ge a$에서

$ax \ge a-8$ ∴ $x \le \dfrac{a-8}{a}$ ($\because a < 0$) ··· ㉡

→ $a < 0$이니까 x의 계수 a로 양변을 나눌 때 부등호의 방향이 바뀜을 꼭 명심해!

㉠, ㉡의 공통부분을 구하면

$-1 < x \le \dfrac{a-8}{a}$

이때, 이 연립부등식의 해가 $-1 < x \le 3$이므로

$\dfrac{a-8}{a} = 3$, $a-8 = 3a$

∴ $a = -4$

실수 $a < 0$에서 답이 $x \le \dfrac{a-8}{a}$ 이 되어야 부등식의 해가 $x \le 3$이 될 수 있겠지?

H 52 정답 ④ ····························· 해가 주어진 연립일차부등식

정답 공식: 연립부등식의 해를 구한 후, 주어진 해와 같도록 a, b의 값을 구한다.

연립부등식 $\begin{cases} \dfrac{3x-2}{2} < \dfrac{2x+a}{3} \\ \dfrac{x}{2} + \dfrac{x-b}{4} \le x-2 \end{cases}$ 의 해가 $-3 \le x < \dfrac{12}{5}$일 때,

상수 a, b에 대하여 ab의 값은?

단서 연립부등식의 각 부등식을 풀어 해를 구하자. 이때, 계수가 분수인 경우 분모의 최소공배수를 양변에 곱해서 계수를 정수로 고쳐서 풀면 쉬워.

① 24   ② 27   ③ 30   ④ 33   ⑤ 36

1st 연립부등식의 각 부등식을 풀자.

$\dfrac{3x-2}{2} < \dfrac{2x+a}{3}$ 에서

→ 부등식의 양변에 분모의 최소공배수인 6을 곱한 거야.

$3(3x-2) < 2(2x+a)$

$9x-6 < 4x+2a,\ 5x < 2a+6$

$\therefore\ x < \dfrac{2a+6}{5}$

$\dfrac{x}{2} + \dfrac{x-b}{4} \le x-2$ 에서

→ 부등식의 양변에 분모의 최소공배수인 4를 곱한 거야.

$2x+x-b \le 4(x-2)$

$3x-b \le 4x-8,\ -x \le b-8$

$\therefore\ x \ge -b+8$

2nd 구한 해와 주어진 연립부등식의 해를 비교하여 $a,\ b$의 값을 구해.

주어진 연립부등식의 해가 $-3 \le x < \dfrac{12}{5}$ 이므로

실수 부등호의 방향을 정확히 확인해야 답에 맞는 $a,\ b$ 에 대한 등식을 얻을 수 있어.

$\dfrac{2a+6}{5} = \dfrac{12}{5}$ 에서

$2a+6 = 12 \qquad \therefore\ a=3$

$-b+8 = -3$ 에서 $b=11$

$\therefore\ ab = 3 \times 11 = 33$

H 53 정답 ② ························· 해가 주어진 연립일차부등식

정답 공식: 연립부등식 $A<B<C$의 해를 구한 후, 주어진 해와 같도록 $a,\ b$의 값을 구한다.

부등식 $0.3x+a < 0.2x-3 < 0.5x - \dfrac{9}{5}$ 의 해가 $b+2 < x < 6$일

때, 상수 $a,\ b$에 대하여 $\dfrac{a}{b}$의 값은?

단서 주어진 부등식을 연립부등식의 형태로 나타낸 후 각 부등식의 해를 구해.

① $\dfrac{2}{5}$ ② $\dfrac{3}{5}$ ③ $\dfrac{4}{5}$ ④ 1 ⑤ $\dfrac{6}{5}$

1st 주어진 부등식을 연립부등식으로 나타낸 후 연립부등식의 각 부등식의 해를 구하자.

$0.3x+a < 0.2x-3 < 0.5x - \dfrac{9}{5}$ 에서

$\begin{cases} 0.3x+a < 0.2x-3 \\ 0.2x-3 < 0.5x - \dfrac{9}{5} \end{cases}$

→ 부등식 $A<B<C$는 $\begin{cases} A<B \\ B<C \end{cases}$ 로 변형하여 연립부등식을 풀면 돼.

$0.3x+a < 0.2x-3$ 에서

$3x+10a < 2x-30$

$\therefore\ x < -10a-30$

$0.2x-3 < 0.5x - \dfrac{9}{5}$ 에서

$2x-30 < 5x-18,\ -3x < 12$

$\therefore\ x > -4$

2nd 주어진 해와 비교하여 $a,\ b$의 값을 구해봐.

주어진 해가 $b+2 < x < 6$ 이므로

$-10a-30 = 6$ 에서 $a = -\dfrac{18}{5}$

$b+2 = -4$ 에서 $b = -6$

주의

$\therefore\ \dfrac{a}{b} = \dfrac{-\dfrac{18}{5}}{-6} = \dfrac{3}{5}$

$\dfrac{\dfrac{A}{B}}{\dfrac{D}{C}} = \dfrac{A \times C}{B \times D}$ 로 계산한 거야.

H 54 정답 ④ ························· 해가 주어진 연립일차부등식

정답 공식: 연립부등식의 해를 수직선에 나타내고, 해가 없도록 하는 a의 값의 범위를 구한다.

연립부등식 $\begin{cases} 3x-2 \ge 10 \\ x+6 \le 2a \end{cases}$ 의 해가 없을 때, 실수 a의 값의 범위는?

단서 연립부등식의 해가 없다는 것은 두 부등식의 해의 공통부분이 없다는 뜻이야.

① $a \le 4$ ② $a < 4$ ③ $a \le 5$ ④ $a < 5$ ⑤ $a \le 6$

1st 두 부등식의 해를 수직선에 그려서 공통범위가 없게 하는 a의 값의 범위를 구해.

$3x-2 \ge 10$ 에서 $3x \ge 12$

$\therefore\ x \ge 4 \ \cdots\ \text{㉠}$

$x+6 \le 2a$ 에서 $x \le 2a-6 \ \cdots\ \text{㉡}$

이때, 주어진 연립부등식의 해가 없으므로

㉠, ㉡의 공통부분이 없어야 한다.

따라서 오른쪽 그림과 같아야 하므로

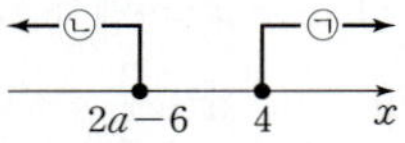

$2a-6 < 4 \qquad \therefore\ a < 5$

→ $2a-6 = 4$이면 연립부등식의 해는 $x=4$가 돼. 즉, 해가 없다는 조건에 모순이야. 따라서 '$\le$'가 아닌 '$<$'가 되어야 해.

H 55 정답 $\dfrac{9}{4}$ ························· 해가 주어진 연립일차부등식

정답 공식: 연립부등식의 해를 수직선에 나타내고, 해가 없도록 하는 k의 값의 범위를 구한다.

연립부등식 $\begin{cases} 3x-2 \le 2(x+1) \\ \dfrac{3x+k}{3} > \dfrac{4x-k}{5} + 2 \end{cases}$ 가 해를 갖지 않도록 하는

실수 k의 최댓값을 구하시오.

단서 연립부등식이 해를 갖지 않는다는 것은 두 부등식의 공통부분이 없다는 뜻이야. 공통부분이 없도록 두 부등식의 해를 수직선 위에 나타내봐.

1st 연립부등식의 각 부등식의 해를 구하자.

$3x-2 \le 2(x+1)$ 에서

$3x-2 \le 2x+2 \qquad \therefore\ x \le 4$

$\dfrac{3x+k}{3} > \dfrac{4x-k}{5} + 2$ 에서

→ 부등식의 양변에 분모의 최소공배수인 15를 곱한 거야.

$5(3x+k) > 3(4x-k) + 30$

$15x+5k > 12x-3k+30$

$3x > -8k+30 \qquad \therefore\ x > \dfrac{-8k+30}{3}$

2nd 두 부등식의 해를 수직선 위에 나타내어 해가 없도록 하는 조건을 찾아.

주어진 연립부등식이 해를 갖지 않으려면 오른쪽 그림과 같아야 하므로

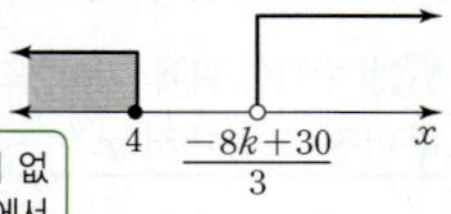

함정 수직선에서 공통부분이 없어야 해. 이때, 부등호에서 '='가 들어가는지 들어가지 않는지 꼭 확인해.

$\dfrac{-8k+30}{3} \ge 4$

$-8k+30 \ge 12$

$-8k \ge -18$

$\therefore\ k \le \dfrac{9}{4}$

따라서 실수 k의 최댓값은 $\dfrac{9}{4}$이다.

H 56 정답 ② ·················· 해가 주어진 연립일차부등식

정답 공식: 연립부등식의 해를 수직선에 나타내고, 해가 존재하도록 하는 a의 값의 범위를 구한다.

연립부등식 $\begin{cases} \dfrac{3-2x}{2} \le a \\ 3x+6 > 5x \end{cases}$ 의 해가 존재하기 위한 정수 a의

최솟값은?

[단서] 연립부등식의 해가 존재하려면 두 부등식의 해의 공통부분이 있어야 해.

① -2 ② -1 ③ 0 ④ 1 ⑤ 2

[1st] 두 개의 부등식의 해를 수직선에 그려서 공통범위가 있게 하는 정수 a의 값을 구해보자.

$\dfrac{3-2x}{2} \le a$에서 $3-2x \le 2a$

$-2x \le 2a-3$ $\therefore x \ge \dfrac{3-2a}{2}$ ··· ㉠

$3x+6 > 5x$에서 $-2x > -6$ $\therefore x < 3$ ··· ㉡

이때, 주어진 연립부등식의 해가 존재하려면 ㉠, ㉡의 공통부분이 있어야 하므로 오른쪽 그림과 같아야 한다.

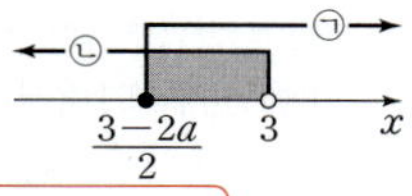

$\dfrac{3-2a}{2} < 3$, $3-2a < 6$ $\therefore a > -\dfrac{3}{2}$

[주의] $-\dfrac{3}{2}$보다 큰 정수 중 가장 작은 값을 뜻해.

따라서 정수 a의 최솟값은 -1이다.

$\dfrac{3-2a}{2}=3$이면 ㉠은 $x \ge 3$, ㉡은 $x<3$에서 연립부등식의 해가 없게 되지? 따라서 부등호는 '$\le$'가 아닌 '$<$'야.

✿ 연립일차부등식 〔개념·공식〕

(1) 연립일차부등식의 풀이
   (ⅰ) 각각의 일차부등식의 해를 구한다.
   (ⅱ) (ⅰ)에서 구한 해를 수직선 위에 나타내어 공통부분을 찾는다.

(2) $A<B<C$ 꼴의 부등식은 연립부등식 $\begin{cases} A<B \\ B<C \end{cases}$ 로 고쳐서 푼다.

H 57 정답 6 ·················· 해가 주어진 연립일차부등식

정답 공식: 연립부등식 $A<B<C$의 해를 구한 후, 해가 존재하도록 하는 k의 값의 범위를 구한다.

부등식 $3x-2 < -\dfrac{x}{2}+3k < x+5$가 해를 갖도록 하는

모든 자연수 k의 값의 합을 구하시오.

[단서] 연립부등식에서 각 부등식의 해가 $x>\alpha$, $x<\beta$일 때, 이 연립부등식의 해가 존재하려면 $\beta > \alpha$가 되어야 해.

[1st] 주어진 부등식을 연립부등식으로 나타낸 후 각 부등식의 해를 구하자.

$3x-2 < -\dfrac{x}{2}+3k < x+5$에서 $\begin{cases} 3x-2 < -\dfrac{x}{2}+3k \\ -\dfrac{x}{2}+3k < x+5 \end{cases}$

→ $A<B<C$ 꼴의 부등식은 $\begin{cases} A<B \\ B<C \end{cases}$ 로 바꾸어 풀자.

$3x-2 < -\dfrac{x}{2}+3k$에서

$6x-4 < -x+6k$, $7x < 6k+4$ $\therefore x < \dfrac{6k+4}{7}$

$-\dfrac{x}{2}+3k < x+5$에서

[주의] 부등식의 양변을 음수로 나눌 때 주의해.

$-x+6k < 2x+10$, $-3x < -6k+10$

$\therefore x > \dfrac{6k-10}{3}$

[2nd] 연립부등식의 해가 존재하도록 하는 k의 값의 범위를 찾아봐.

주어진 연립부등식이 해를 가지려면 오른쪽 그림과 같아야 하므로

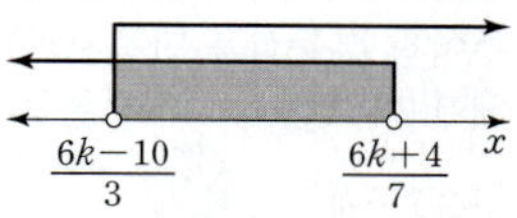

$\dfrac{6k-10}{3} < \dfrac{6k+4}{7}$에서

$7(6k-10) < 3(6k+4)$

$42k-70 < 18k+12$, $24k < 82$

$\therefore k < \dfrac{41}{12}$

따라서 조건을 만족시키는 자연수 k는 1, 2, 3이므로 그 합은 $1+2+3=6$이다.

[참고] 모든 자연수 k의 값의 합을 구하는 거야. k의 개수를 구하면 안 돼!

$\dfrac{41}{12}=3.4\cdots$보다 작은 자연수는 1, 2, 3이야.

H 58 정답 ③ ·········· 정수 해의 개수가 주어진 연립일차부등식

정답 공식: 미지수 a를 포함한 연립부등식의 해를 수직선 위에 움직이며 정수해가 4개가 되도록 a의 값의 범위를 구한다.

연립부등식 $\begin{cases} -2x+3a \le -3x+4a \\ 5x+3 > -5x-8 \end{cases}$ 을 만족하는 정수가 4개

일 때, 실수 a의 값의 범위는?

[단서] 각 부등식의 해를 구해 수직선 위에 나타낸 후 공통부분에 4개의 정수가 들어가도록 부등식의 해의 경곗값을 움직여봐.

① $1 \le a < 2$ ② $1 < a \le 2$ ③ $2 \le a < 3$
④ $2 < a \le 3$ ⑤ $3 \le a < 4$

[1st] 각각의 부등식의 해를 수직선에 그려서 공통범위 안에 정수가 4개 들어가도록 a의 값을 조절해봐.

$-2x+3a \le -3x+4a$에서 $x \le a$ ··· ㉠

$5x+3 > -5x-8$에서

$10x > -11$ $\therefore x > -\dfrac{11}{10}$ ··· ㉡

이때, ㉠, ㉡의 공통부분에 속하는 정수가 4개이므로 오른쪽 그림과 같아야 한다.

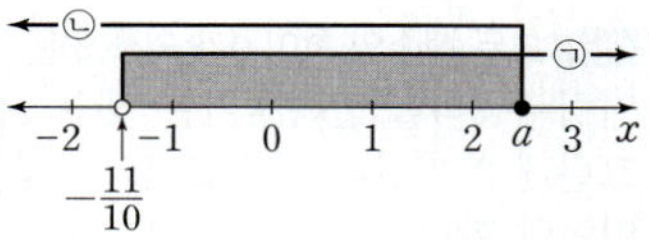

$\therefore 2 \le a < 3$

→ 공통부분에 속하는 정수가 4개 이려면 공통부분에 -1, 0, 1, 2가 반드시 들어가야 하므로 a의 위치는 그림과 같아.

H 59 정답 ③ ·········· 정수 해의 개수가 주어진 연립일차부등식

정답 공식: 미지수 k를 포함한 연립부등식의 해를 수직선 위에 움직이며 정수해를 2, 3만 가지도록 k의 값의 범위를 구한다.

부등식 $3x-6 < x+1 < 5x+k$를 만족시키는 정수 x가 2와 3뿐일 때, 실수 k의 값의 범위는?

[단서] 연립부등식의 해에 포함되는 정수가 2와 3만 되도록 수직선 위에 해를 나타내봐.

① $-8 < k \le -4$ ② $-8 \le k < -4$
③ $-7 < k \le -3$ ④ $-7 \le k < -3$
⑤ $-6 < k \le -2$

[1st] 주어진 부등식의 해를 구하자.

$3x-6 < x+1 < 5x+k$에서 $\begin{cases} 3x-6 < x+1 \\ x+1 < 5x+k \end{cases}$

먼저 $3x-6 < x+1$에서

$2x < 7$ $\therefore x < \dfrac{7}{2}$

또한, $x+1 < 5x+k$에서

$-4x < k-1$ $\therefore x > \dfrac{1-k}{4}$

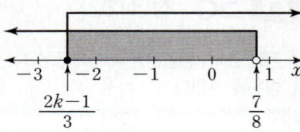

2nd 연립부등식의 정수인 해가 2와 3이 되도록 수직선 위에 해를 나타내자.

주어진 부등식을 만족시키는 정수인
해가 2와 3뿐이므로 오른쪽 그림에서

$$1 \leq \frac{1-k}{4} < 2$$

> $\frac{1-k}{4}$가 1이 될 때와 2가 될 때 부등식을 만족시키는 정수가 어떻게 되는지 꼭 확인하고 답을 구해야 해.

부등식을 만족시키는 가장 작은 정수가 2가 되어야 하니까 $\frac{1-k}{4}$는 1과 2 사이의 값이어야 해.

이때, $\frac{1-k}{4}$가 1이어도 $1 < x < \frac{7}{2}$에서 정수인 해는 2, 3뿐이므로 $\frac{1-k}{4}$의 값은

$$4 \leq 1-k < 8, \ 3 \leq -k < 7 \qquad \text{1 이상 2 미만인 거야.}$$

$$\therefore -7 < k \leq -3 \quad \rightarrow \quad 3 \leq -k < 7\text{에서 양변에 } -1\text{을 곱하면 부등호의 방향이 바뀌지?}$$
즉, $-3 \geq k > -7$이 돼.

H 60 정답 ⑤ ·········· 정수 해의 개수가 주어진 연립부등식

> **정답 공식:** 미지수가 포함된 부등식의 해를 움직이면서 해의 조건을 만족시키는 범위를 찾는다.

> **단서** 우선 주어진 부등식의 해를 구하여 조건에 맞는 a의 값을 찾아보자.
>
> x에 대한 연립부등식 $\begin{cases} x+2>3 \\ 3x<a+1 \end{cases}$ 을 만족시키는 **모든 정수 x**
>
> **의 값의 합이 9가 되도록** 하는 자연수 a의 **최댓값은?**
>
> ① 10　② 11　③ 12　④ 13　⑤ 14

1st 먼저 연립부등식의 해를 구하자.

> 만약 $a \leq 2$인 경우에는 $\frac{a+1}{3} \leq 1$이 되어 연립부등식의 해가 없게 되지. 즉, $a > 2$가 되어야 해가 나올 수 있어.

$\begin{cases} x+2>3 \\ 3x<a+1 \end{cases}$ 에서 $\begin{cases} x>1 \\ x<\frac{a+1}{3} \end{cases}$ 이므로 $1 < x < \frac{a+1}{3}$

2nd 모든 정수의 합이 9가 되록 하는 상수 a의 값의 범위를 구하자.

연립부등식을 만족시키는 정수 x는 2, 3, 4, …이다.

그런데 2 이상의 연속인 정수 x의 값의 합이 9가 되려면 $2+3+4=9$이어야 한다.

$$4 < \frac{a+1}{3} \leq 5, \ 12 < a+1 \leq 15 \qquad \therefore 11 < a \leq 14$$

따라서 자연수 a의 최댓값은 14이다.

H 61 정답 ② ·········· 정수 해의 개수가 주어진 연립일차부등식

> **정답 공식:** 미지수 a를 포함한 연립부등식의 해를 수직선 위에 움직이며 음의 정수해 2개가 되도록 a의 범위를 구한다.

> 연립부등식 $\begin{cases} \dfrac{x+1}{2} \geq k-x \\ \dfrac{x-2}{3} < \dfrac{1-2x}{2} \end{cases}$ 를 만족시키는 **음의 정수 x가**
>
> **단서** 연립부등식의 해가 음의 정수를 2개 포함하도록 미지수 k가 있는 부등식의 해를 수직선 위에서 움직여봐.
>
> **2개일 때,** 다음 중 실수 k의 값이 될 수 있는 것은?
>
> ① -4　② -3　③ 0　④ 3　⑤ 4

1st 연립부등식을 풀자.

$\dfrac{x+1}{2} \geq k-x$에서 $x+1 \geq 2k-2x, \ 3x \geq 2k-1 \qquad \therefore x \geq \dfrac{2k-1}{3}$

$\dfrac{x-2}{3} < \dfrac{1-2x}{2}$에서 $2x-4 < 3-6x, \ 8x < 7 \qquad \therefore x < \dfrac{7}{8}$

2nd 연립부등식의 음의 정수인 해가 2개가 되도록 수직선 위에 해를 나타내자.

주어진 연립부등식의 음의 정수인
해가 2개가 되려면 오른쪽 그림과
같이 음의 정수인 해가 -2, -1이
어야 하므로

$$-3 < \frac{2k-1}{3} \leq -2$$

$$-9 < 2k-1 \leq -6$$

$$-8 < 2k \leq -5$$

$$\therefore -4 < k \leq -\frac{5}{2}$$

> 연립부등식의 음의 정수인 해가 2개가 되려면 $\frac{2k-1}{3}$의 값은 -3과 -2 사이에 있어야 해. 이때, $\frac{2k-1}{3}$이 -2이어도 $-2 \leq x < \frac{7}{8}$에서 음의 정수인 해가 -1, -2이므로 $-3 < \frac{2k-1}{3} \leq -2$야.

따라서 선택지 중 실수 k의 값이 될 수 있는 것은 ② -3이다.

H 62 정답 9 ·········· 정수 해의 개수가 주어진 연립일차부등식

> **정답 공식:** 미지수 a를 포함한 연립부등식의 해를 수직선 위에 움직이며 정수해가 8개가 되도록 a의 값의 범위를 구한다.

> x에 대한 연립부등식
>
> **단서** 부등식 $A<B<C$의 해는 두 부등식 $A<B$, $B<C$의 해를 각각 구한 후 공통 범위를 구해야 해.
>
> $$3x-1<5x+3 \leq 4x+a$$
>
> 를 만족시키는 정수 x의 개수가 8이 되도록 하는 자연수 a의 값을 구하시오.

1st 연립부등식의 해를 구하자.

주어진 부등식의 해는 연립부등식 $\begin{cases} 3x-1<5x+3 & \cdots \ominus \\ 5x+3 \leq 4x+a & \cdots \oplus \end{cases}$ 의 해와 같다.

$\ominus$에서 $2x>-4 \qquad \therefore x>-2 \cdots \oplus$

$\oplus$에서 $x \leq a-3 \cdots \oplus$

두 부등식 $\oplus$, $\oplus$을 동시에
만족시키는 **정수 x의 개수가 8**이 되도록
수직선 위에 나타내면 그림과 같다.

> $-2 < x \leq a-3$를 만족시키는 정수 x의 개수가 8개이므로 $x=-1, 0, 1, 2, 3, 4, 5, 6$의 8개이어야 해.

따라서 $6 \leq a-3 < 7$에서 $9 \leq a < 10$이므로 자연수 a의 값은 9이다.

> 만약 $6 \leq a-3 \leq 7$이 되면 두 부등식을 동시에 만족시키는 정수 x가 $-1, 0, 1, 2, \cdots, 6, 7$의 9개가 되어 문제의 조건을 만족시키지 않아. 7이 포함되지 않는다는 사실에 주의하자.

H 63 정답 ⑤ ·········· 연립일차부등식의 활용

> **정답 공식:** 연속하는 세 홀수를 각각 $x-2$, x, $x+2$로 놓고 연립일차부등식을 세운다.

> **단서** 연속하는 세 홀수는 각 수가 2씩 차이가 남을 이용해.
>
> 연속하는 세 홀수의 합이 60보다 크고 66보다 작을 때, 세 홀수 중 가장 큰 수는?
>
> ① 15　② 17　③ 19　④ 21　⑤ 23

1st 연속하는 세 홀수를 $x-2$, x, $x+2$로 놓고 식을 세워보자.

연속하는 세 홀수 중 가운데 수를 x라고 하면 나머지 두 수는 $x-2$, $x+2$이므로

$$60 < (x-2)+x+(x+2) < 66$$

> 1, 3, 5, 7, 9, … 즉, 연속하는 홀수들은 차례로 2씩 차이가 남을 알 수 있어. 한편, 연속하는 짝수들도 차례로 2씩 차이가 남을 기억하자.

2nd x의 값의 범위를 구해.

$60 < 3x < 66 \qquad \therefore 20 < x < 22$

이때, x는 홀수이므로 $x=21$이다.

따라서 세 홀수는 19, 21, 23이므로 가장 큰 홀수는 23이다.

H 64 정답 ④ ································· 연립일차부등식의 활용

[정답 공식: (소금의 양)$=\dfrac{(농도)}{100}\times$(소금물의 양)임을 이용하여 부등식을 세운다.]

단서 2 소금물의 농도에 대한 문제에서는 소금물에서의 소금의 양을 기준으로 생각하자.
7%의 소금물과 12%의 소금물을 섞어서 8% 이상 10% 이하의 소금물 500 g을 만들려고 할 때, 섞어야 하는 7%의 소금물의 양의 범위는? 단서 1 7%의 소금물의 양을 x g이라고 하면 12%의 소금물의 양은 $(500-x)$ g이야.

① 100 g 이상 200 g 이하   ② 100 g 이상 300 g 이하
③ 200 g 이상 300 g 이하   ④ 200 g 이상 400 g 이하
⑤ 300 g 이상 400 g 이하

1st (소금의 양)$=\dfrac{(농도)}{100}\times$(소금물의 양)임을 이용해서 부등식을 만들어봐.

구해야 하는 7%의 소금물의 양을 x라 놓아야겠지?

7%의 소금물의 양을 x g이라고 하면
12%의 소금물의 양은
$(500-x)$ g이다.

(소금의 양)$=\dfrac{(농도)}{100}\times$(소금물의 양)

이때, 7%의 소금물 x g과 12%의 소금물 $(500-x)$ g에 들어 있는 소금의 양은 각각 $\left(\dfrac{7}{100}\times x\right)$ g, $\left\{\dfrac{12}{100}\times(500-x)\right\}$ g이므로

$$\dfrac{8}{100}\times500\leq\dfrac{7}{100}\times x+\dfrac{12}{100}\times(500-x)\leq\dfrac{10}{100}\times500$$
농도가 8%일 때의 소금의 양   농도가 10%일 때의 소금의 양

2nd (숫자)$<ax+b<$(숫자) 꼴의 부등식이니까 양변에 b를 빼고 a를 나눠서 x의 범위를 구할 수 있어.

실수 부등식의 각 변에 100을 곱해 계수를 정수로 만들어 풀어야 계산이 덜 복잡해.

$4000\leq7x+12(500-x)\leq5000$
이때, $4000\leq7x+12(500-x)$에서
$4000\leq7x+6000-12x$
$5x\leq2000$ ∴ $x\leq400$ ··· ㉠
또한, $7x+12(500-x)\leq5000$에서
$7x+6000-12x\leq5000$
$-5x\leq-1000$ ∴ $x\geq200$ ··· ㉡
㉠, ㉡의 공통부분을 구하면 $200\leq x\leq400$
따라서 섞어야 하는 7%의 소금물의 양은 200 g 이상 400 g 이하이다.

✿ **연립일차부등식의 활용**   개념·공식

연립일차부등식의 활용 문제는 다음과 같은 순서로 푼다.
(i) 문제의 의미를 파악하여 구하는 것을 x로 놓는다.
(ii) 주어진 조건을 이용하여 x에 대한 연립부등식을 세운다.
(iii) 연립부등식을 풀어서 문제의 뜻에 맞는 답을 구한다.

H 65 정답 28 ································· 연립일차부등식의 활용

[정답 공식: 1분에 □씩 물을 넣을 때 t분 후에 들어간 물의 양은 □t이다.]

단서 물을 넣기 시작한지 x분 후 A, B 물통에 넣은 물의 양은 각각 $15x$ L, $5x$ L야.
A 물통에는 70 L의 물이 들어 있고, B 물통에는 50 L의 물이 들어 있다. A 물통에는 1분에 15 L씩, B 물통에는 1분에 5 L씩 물을 넣을 때, A 물통의 물의 양이 B 물통의 물의 양의 2배 이상 2.5배 이하가 되는 것은 물을 넣기 시작한 지 a분 이상 b분 이하이다. 이때, $a+b$의 값을 구하시오.
(단, 물통의 크기는 충분히 크다.)

1st 물을 넣기 시작한지 x분 후의 물의 양을 각각 구해서 부등식을 세워봐.
A 물통에는 $15x$ L만큼, B 물통에는 $5x$ L만큼 물이 더 들어갔어.
물을 넣기 시작한지 x분 후의   주의 A 물통의 양을 기준으로 부등식을 세워야 해. 두 물통의 물의 양을 헷갈리지 마.
물통 A에 들어 있는
물의 양은 $(70+15x)$ L이고
물통 B에 들어 있는 물의 양은 $(50+5x)$ L이므로
$$2(50+5x)\leq70+15x\leq\dfrac{5}{2}(50+5x)$$
2.5배$=\dfrac{5}{2}$배

2nd 연립부등식을 풀자.

$2(50+5x)\leq70+15x$에서 $100+10x\leq70+15x$
$-5x\leq-30$ ∴ $x\geq6$ ··· ㉠
$70+15x\leq\dfrac{5}{2}(50+5x)$에서 $140+30x\leq5(50+5x)$
$140+30x\leq250+25x$, $5x\leq110$ ∴ $x\leq22$ ··· ㉡
㉠, ㉡의 공통부분을 구하면
$6\leq x\leq22$
따라서 A 물통의 물의 양이 B 물통의 물의 양의 2배 이상 2.5배 이하가 되는 것은 물을 넣기 시작한 지 6분 이상 22분 이하이므로
$a=6$, $b=22$ ∴ $a+b=6+22=28$

H 66 정답 ⑤ ································· 연립일차부등식의 활용

[정답 공식: 학생의 수는 고정된 값이므로 이를 기준으로 의자의 개수에 대한 연립일차부등식을 세운다.]

단서 1 의자의 개수를 x개라고 하면 전체 학생 수를 x에 대한 식으로 나타낼 수 있어.
어느 반 학생들이 긴 의자에 앉으려고 한다. 한 의자에 6명씩 앉으면 4명이 앉지 못하고 8명씩 앉으면 의자가 1개 남는다고 한다. 다음 중 의자의 개수가 될 수 없는 것은?
단서 2 의자가 1개 남으면 학생이 앉은 의자는 $(x-1)$개야. 즉, $(x-2)$개의 의자에는 8명씩 앉았고, $(x-1)$번째 의자에는 1명 이상 8명 이하의 학생이 앉았다는 뜻이지.
① 6   ② 7   ③ 8   ④ 9   ⑤ 10

1st 의자의 개수를 x라 놓고 주어진 조건을 이용하여 부등식을 만들어보자.

의자의 개수를 x개라고 하면 학생의 수는 $(6x+4)$명이다.
8명씩 앉으면 의자가 1개 남는다고 하므로
$(x-2)$개의 의자에는 8명씩 앉았고,
학생이 앉은 마지막 $(x-1)$번째 의자에는
1명 이상 8명 이하의 학생이 앉은 것이다.
즉, 학생 수는 $\{8(x-2)+1\}$명 이상이고
$\{8(x-2)+8\}$명 이하이므로
$$8(x-2)+1\leq6x+4\leq8(x-2)+8$$

x개
의자: ○○○···○○○
8명씩 앉음   1개 남음
1명 이상 8명 이하 앉음

함정 이런 유형의 문제에서 의자가 남는 경우는 남은 의자를 제외하고 학생들이 앉은 의자 중 맨 마지막 의자에 학생이 몇 명 앉느냐에 초점을 맞추면 돼.

2nd 연립부등식을 풀어.

$8(x-2)+1\leq6x+4$에서
$8x-15\leq6x+4$
$2x\leq19$ ∴ $x\leq\dfrac{19}{2}$ ··· ㉠
$6x+4\leq8(x-2)+8$에서
$6x+4\leq8x-8$
$-2x\leq-12$ ∴ $x\geq6$ ··· ㉡
㉠, ㉡의 공통부분을 구하면 $6\leq x\leq\dfrac{19}{2}$
따라서 의자의 개수는 6, 7, 8, 9가 될 수 있다.
의자의 개수는 자연수야.

H

H 67 정답 ② ⟩⟩⟩⟩⟩⟩⟩⟩⟩⟩⟩⟩⟩⟩⟩⟩⟩⟩⟩⟩⟩⟩⟩ 연립일차부등식의 활용

[정답 공식: 두 함수 $y=f(x)$, $y=g(x)$의 그래프가 만나면 방정식 $f(x)=g(x)$
의 실근이 존재하고, 만나지 않으면 방정식 $f(x)=g(x)$의 실근이 존재하지 않는다. **]**

> **단서1** 직선과 이차함수의 식을 연립한 방정식이 실근을 가져야 해.
> 직선 $y=x+k$가 이차함수 $y=x^2-2x+4$의 그래프와 만나고,
> 이차함수 $y=x^2-5x+15$의 그래프와 만나지 않도록 하는 모
> 든 정수 k의 개수는? **단서2** 직선과 이차함수의 식을 연립한 방정식은 실근을 갖지 않아.
>
> ① 3 ② 4 ③ 5 ④ 6 ⑤ 7

1st 직선 $y=x+k$와 이차함수 $y=x^2-2x+4$의 그래프가 만나도록 하는 k의
값의 범위를 구해.

직선 $y=x+k$와 이차함수 $y=x^2-2x+4$의 그래프가 만나므로 이차방
정식 $x^2-2x+4=x+k$, 즉 $x^2-3x-k+4=0$의 실근이 존재해야 한
다. 이 이차방정식의 실근이 직선 $y=x+k$와 이차함수 $y=x^2-2x+4$의 그래프의 교점의
x좌표가 돼.

따라서 이 이차방정식의 판별식을 D_1이라 하면 $D_1 \geq 0$이어야 하므로
이차방정식 $ax^2+bx+c=0$이 실근을 가지면 이 이차방정식의 판별식을 D라 할 때,
$D=0$이거나 $D>0$이어야 해. 즉, $D \geq 0$이어야 해.

$D_1=(-3)^2-4\times1\times(-k+4) \geq 0$에서

$9+4k-16 \geq 0$, $4k \geq 7$ ∴ $k \geq \dfrac{7}{4}$ … ㉠

2nd 직선 $y=x+k$와 이차함수 $y=x^2-5x+15$의 그래프가 만나지 않도록 하
는 k의 값의 범위를 구해.

직선 $y=x+k$와 이차함수 $y=x^2-5x+15$의 그래프가 만나지 않으므
로 이차방정식 $x^2-5x+15=x+k$, 즉 $x^2-6x-k+15=0$의 실근이
존재하지 않아야 한다. 실근이 존재하지 않는다는 것은 직선 $y=x+k$와 이차함수
$y=x^2-5x+15$의 그래프의 교점이 없다는 거야.

따라서 이 이차방정식의 판별식을 D_2라 하면 $D_2<0$이어야 하므로
이차방정식 $ax^2+bx+c=0$이 실근을 갖지 않으면 이 이차방정식의 판별식을
D라 할 때, $D<0$이어야 해.

$\dfrac{D_2}{4}=(-3)^2-1\times(-k+15)<0$에서

$9+k-15<0$ ∴ $k<6$ … ㉡

㉠, ㉡에 의하여 조건을 만족시키는 k의 값의 범위는

$\dfrac{7}{4} \leq k < 6$이므로 정수 k의 개수는 2, 3, 4, 5로 4이다.

🔑 **다른 풀이: 이차함수의 최솟값 이용하기**

함수 $y=x^2-2x+4$의 그래프와
직선 $y=x+k$가 만나려면 이차방정식
$x^2-2x+4=x+k$, 즉 $x^2-3x+4=k$의
해가 존재해야 해.
따라서 k의 값이

$y=x^2-3x+4=\left(x-\dfrac{3}{2}\right)^2+\dfrac{7}{4}$의
이차함수 $y=ax^2+bx+c$의 그래프는 함수식을
$y=a\left(x+\dfrac{b}{2a}\right)^2-\dfrac{b^2-4ac}{4a}$로 바꿀 수 있어.
최솟값보다 크거나 같아야 하므로
$k \geq \dfrac{7}{4}$이어야 해.

함수 $y=x^2-5x+15$의 그래프와 직선 $y=x+k$가 만나지 않으려면
이차방정식 $x^2-5x+15=x+k$, 즉 $x^2-6x+15=k$의 해가
존재하지 않아야 해.
따라서 k의 값이 $y=x^2-6x+15=(x-3)^2+6$의 최솟값보다
작아야 하므로 $k<6$이어야 해.
(이하 동일)

 H 68 정답 ③ ⟩⟩⟩⟩⟩⟩⟩⟩⟩⟩⟩⟩⟩⟩⟩⟩⟩ 절댓값 기호를 포함한 부등식

(정답 공식: 양수 k에 대하여 $|x| \leq k$이면 $-k \leq x \leq k$이다. **)**

> 부등식 $|2x-1| \leq 5$를 만족시키는 모든 정수 x의 개수는?
> **단서** 절댓값을 없애고 부등식을 풀면 돼.
>
> ① 2 ② 4 ③ 6 ④ 8 ⑤ 10

1st 주어진 부등식의 해를 구해. → $|2x-1| \leq 5$에서 $2x-1 \geq 0$이면
$2x-1 \leq 5$ … ㉠
$2x-1<0$이면 $-(2x-1) \leq 5$
∴ $2x-1 \geq -5$ … ㉡
㉠, ㉡에 의하여 $-5 \leq 2x-1 \leq 5$

$|2x-1| \leq 5$에서 $-5 \leq 2x-1 \leq 5$

각 변에 1을 더하면 $-4 \leq 2x \leq 6$
각 변에 같은 수를 더하여도 부등호의 방향은
바뀌지 않아.

다시 각 변을 2로 나누면 $-2 \leq x \leq 3$ ← 각 변을 같은 양수로 나누어도 부등호의
방향은 바뀌지 않아.

따라서 주어진 부등식을 만족시키는 정수 x의 개수는

$-2, -1, 0, 1, 2, 3$으로 6이다.
두 정수 a, b에 대하여 부등식 $a \leq x \leq b$를 만족시키는
정수 x의 개수는 $b-a+1$이므로 문제의 부등식을 만족
시키는 정수 x의 개수는 $3-(-2)+1=6$이야.

 H 69 정답 ⑤ ⟩⟩⟩⟩⟩⟩⟩⟩⟩⟩⟩⟩⟩⟩⟩⟩⟩ 절댓값 기호를 포함한 부등식

(정답 공식: 양수 k에 대하여 부등식 $|x|<k$의 해는 $-k<x<k$이다. **)**

> 부등식 $|x-2|<3$을 만족시키는 정수 x의 개수는?
> **단서** 부등식에 있는 절댓값 기호부터 없애자.
>
> ① 1 ② 2 ③ 3 ④ 4 ⑤ 5

1st 주어진 부등식의 해를 구해.

$|x-2|<3$에서 $-3<x-2<3$
부등식의 각 변에 2를 더하면 $-1<x<5$ ← 부등식의 각 변에 같은 수를 더하거나 같은
수를 빼도 부등호의 방향은 변하지 않아.
2nd 주어진 부등식을 만족시키는 정수 x의 개수를 구해.
따라서 주어진 부등식을 만족시키는 정수 x는 0, 1, 2, 3, 4로 5개이다.
$-1<x<5$를 만족시키는 정수 x의 개수는
$5-(-1)-1=5$야.

 H 70 정답 ⑤ ⟩⟩⟩⟩⟩⟩⟩⟩⟩⟩⟩⟩⟩⟩⟩⟩⟩ 절댓값 기호를 포함한 부등식

(정답 공식: $a>0$일 때, 부등식 $|x|<a$의 해는 $-a<x<a$이고,
$|x|>a$의 해는 $x<-a$ 또는 $x>a$이다. **)**

> 부등식 $|x-2|<5$를 만족시키는 모든 정수 x의 개수는?
> **단서** 양수 k에 대하여 $|f(x)|<k$이면 $-k<f(x)<k$임을 이용해.
>
> ① 5 ② 6 ③ 7 ④ 8 ⑤ 9

1st 부등식의 해를 구해.

$|x-2|<5$에서 $-5<x-2<5$
∴ $-3<x<7$ 각 변에 2를 더해서 해를 구해.
2nd 주어진 부등식을 만족시키는 모든 정수 x의 개수를 구해.
즉, 주어진 부등식을 만족시키는 모든 정수 x는 $-2, -1, 0, \cdots, 6$
으로 9개이다. $-3<x<7$을 만족시키는 정수 x의 개수는
$7-(-3)-1=9$야.

🔄 **다른 풀이:** $|x|=x(x\geq0)$ 또는 $|x|=-x(x<0)$임을 이용하여 개수 구하기

$|x-2|<5$에서 ───→ $x-2\geq0$인 경우와 $x-2<0$인 경우로 나누어 해를 구해.

(i) $x-2\geq0$, 즉 $x\geq2$일 때,
$x-2<5$ ∴ $x<7$
그런데 $x\geq2$이므로 이때의 해는 $2\leq x<7$이야.

(ii) $x-2<0$, 즉 $x<2$일 때,
$-(x-2)<5$, $x-2>-5$ ∴ $x>-3$
그런데 $x<2$이므로 이때의 해는 $-3<x<2$야.

(i), (ii)에 의하여 구하는 해는 $-3<x<7$이야.
(이하 동일)

H 71　정답 15 ············· 절댓값 기호를 포함한 부등식

(**정답 공식:** 양수 a에 대하여 $|x|<a$의 해는 $-a<x<a$이다.)

> 부등식 $|x-5|<2$를 만족시키는 모든 정수 x의 값의 합을 구하시오.
> **단서** 부등식의 해의 범위를 구한 뒤, 범위에 맞는 정수만을 찾자.

1st 부등식의 해를 통해 답을 구하자.

부등식 $|x-5|<2$의 해는 $-2<x-5<2$에서
부등식의 모든 변에 5씩 더하면 $3<x<7$ ───→ 양수 a에 대하여 $|x|<a$의 해는 $-a<x<a$

주의 $a<b<c$이면 $a<b$이고 $b<c$이므로 두 부등식의 양변에 모두 5씩 더하면 $a+5<b+5$이고 $b+5<c+5$야. 즉, $a+5<b+5<c+5$가 성립하므로 부등식의 모든 변에 같은 수를 더해도 부등호의 방향은 바뀌지 않아.

따라서 부등식을 만족시키는 모든 정수 x의 값은 4, 5, 6이고 그 합은
$4+5+6=15$이다.

H 72　정답 ① ············· 절댓값 기호를 포함한 부등식

(**정답 공식:** 양수 k에 대하여 $|x|<k$이면 $-k<x<k$이다.)

> 부등식 $|2x+1|<7$의 해가 $a<x<b$일 때, ab의 값은?
> **단서** 절댓값을 풀어 부등식의 해를 구해.
> ① -12　② -10　③ -8
> ④ -6　⑤ -4

1st 부등식을 풀자.

$|2x+1|<7$에서 $-7<2x+1<7$ ───→ $c>0$일 때, $|ax+b|<c$의 절댓값을 풀면 $-c<ax+b<c$야.

각 변에서 1을 빼면 $-8<2x<6$ ───→ 각 변에서 같은 수를 빼도 부등호의 방향은 바뀌지 않아.

다시 각 변을 2로 나누면 $-4<x<3$ ───→ 각 변을 같은 양수로 나누어도 부등호의 방향은 바뀌지 않아.

2nd ab의 값을 구해.

주어진 부등식의 해가 $a<x<b$이므로 $a=-4$, $b=3$
∴ $ab=(-4)\times3=-12$

H 73　정답 ⑤ ············· 절댓값 기호를 포함한 부등식

[**정답 공식:** $|a|=\begin{cases} a & (a\geq0) \\ -a & (a<0) \end{cases}$]

> 부등식 $x>|3x+1|-7$을 만족시키는 모든 정수 x의 값의 합은?
> **단서** 부등식에 절댓값이 포함되어 있으니까 절댓값 안의 값이 0이 되는 x의 값을 기준으로 구간을 나눠서 계산해.
> ① -2　② -1　③ 0　④ 1　⑤ 2

1st $x=-\dfrac{1}{3}$을 기준으로 범위를 나누어 부등식을 풀어보자.
───→ $a\geq0$일 때, $|a|=a$이고 $a<0$일 때, $|a|=-a$야.

(i) $x\geq-\dfrac{1}{3}$일 때, $3x+1\geq0$이므로 $x>3x+1-7$에서 $-2x>-6$
따라서 $x<3$이므로 $-\dfrac{1}{3}\leq x<3$이다.

(ii) $x<-\dfrac{1}{3}$일 때, $3x+1<0$이므로 $x>-3x-1-7$에서 $4x>-8$
따라서 $x>-2$이므로 $-2<x<-\dfrac{1}{3}$이다.

(i), (ii)에 의하여 $-2<x<3$ **실수** 부등식의 해는 (i) 또는 (ii)의 경우야. 공통 부분이 아니야.

따라서 부등식을 만족시키는 모든 정수 x는 $-1, 0, 1, 2$이므로 그 합은
$-1+0+1+2=2$

🧲 **톡톡 풀이:** 그래프를 이용하여 주어진 부등식의 해 구하기

$f(x)=|3x+1|-7$이라 하면
$x\leq-\dfrac{1}{3}$일 때, $f(x)=-(3x+1)-7=-3x-8$
$x>-\dfrac{1}{3}$일 때, $f(x)=(3x+1)-7=3x-6$

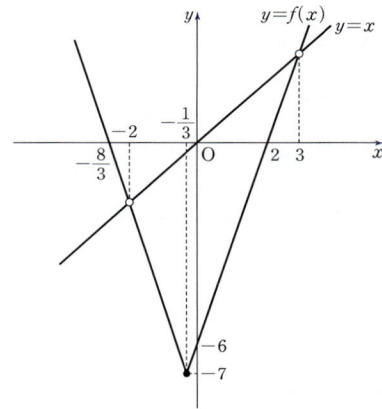

이때, 주어진 부등식 $x>|3x+1|-7$, 즉 $x>f(x)$의 해는
직선 $y=x$가 함수 $y=f(x)$의 그래프보다 위에 있는 부분의 x의 값의 범위와 같아.
한편, 직선 $y=x$와 함수 $y=f(x)$의 그래프의 교점의 x좌표는
$x\leq-\dfrac{1}{3}$에서 $x=-3x-8$, $4x=-8$ ∴ $x=-2$
$x>-\dfrac{1}{3}$에서 $x=3x-6$, $2x=6$ ∴ $x=3$
따라서 위의 그래프에 의해 주어진 부등식의 해는 $-2<x<3$이야.
(이하 동일)

H 74　정답 ③ ············· 절댓값 기호를 포함한 부등식

(**정답 공식:** 양수 k에 대하여 $|x|<k$이면 $-k<x<k$이다.)

> 부등식 $|2x-3|<5$의 해가 $a<x<b$일 때, $a+b$의 값은?
> **단서** 부등호의 방향을 잘 보고 절댓값 기호를 풀어야 해.
> ① 2　② $\dfrac{5}{2}$　③ 3　④ $\dfrac{7}{2}$　⑤ 4

1st 문제에 주어진 부등식을 풀자.

$|2x-3|<5$에서 $-5<2x-3<5$ ───→ 양수 a에 대하여 $|x|<a$의 해는 $-a<x<a$야.

각 변에 3을 더하면 $-2<2x<8$ ───→ 각 변에 같은 수를 더해도 부등호의 방향은 바뀌지 않아.

다시 각 변을 2로 나누면 $-1<x<4$이다. ───→ 각 변을 같은 양수로 나누어도 부등호의 방향은 바뀌지 않아.

2nd $a+b$의 값을 구해.

따라서 $a=-1$, $b=4$이므로 $a+b=-1+4=3$이다.

H 75 정답 ③ ························ 절댓값 기호를 포함한 부등식

【 정답 공식: $|x| \le a$ (a는 양수) $\iff -a \le x \le a$ 】

부등식 $|x-2| \le 3$을 만족시키는 정수 x의 개수는?
단서 절댓값을 없애고 부등식을 풀면 돼.
① 3 ② 5 ③ 7 ④ 9 ⑤ 11

1st 주어진 부등식의 해를 구해.

$|x-2| \le 3$에서 $-3 \le x-2 \le 3$
$|x| \le a$ ($a>0$)이면 $-a \le x \le a$
$\therefore -1 \le x \le 5$
각 변에 2를 더했어.

2nd 주어진 부등식을 만족시키는 정수 x의 개수를 구해.

따라서 주어진 부등식을 만족시키는 정수 x의 개수는
$5-(-1)+1=7$이다.
두 정수 a, b에 대하여 $a \le x \le b$를 만족시키는 정수 x의 개수는 $(b-a+1)$이야.

H 76 정답 ② ························ 절댓값을 포함한 연립부등식

【 정답 공식: 양수 a에 대하여 $|x| < a$의 해는 $-a < x < a$ 】

x에 대한 연립부등식
$$\begin{cases} |ax-1| < 21 \\ 2x+3 > 5 \end{cases}$$
단서 두 부등식 중 x 이외의 문자가 없는 아래쪽 부등식을 먼저 해결해.
를 만족시키는 자연수 x의 개수가 2일 때, 모든 정수 a의 값의 합은?
① 1 ② 2 ③ 3 ④ 4 ⑤ 5

1st 각각의 부등식의 해를 나타내자.

$2x+3 > 5$에서 $2x > 2$
$\therefore x > 1 \cdots \bigcirc$
연립부등식을 만족시키는 자연수 x의 개수가 2이므로
부등식 $|ax-1| < 21$을 만족시키는 1보다 큰 자연수 x의 개수가 2이어야 한다.
$|ax-1| < 21$에서 $-21 < ax-1 < 21$
$-20 < ax < 22 \cdots \bigcirc$
a의 부호에 따라 모든 변에 a를 나누었을 때 부등호의 방향이 달라질 수 있어.

2nd a의 부호에 따라 연립부등식의 해를 파악하자.

(i) $a > 0$일 때

$\bigcirc$의 양변을 a로 나누면 $-\dfrac{20}{a} < x < \dfrac{22}{a}$

이와 $\bigcirc$을 동시에 만족시키는 자연수 x는 2, 3이어야 하므로

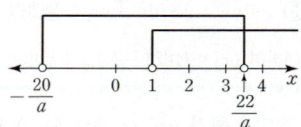
$3 < \dfrac{22}{a} \le 4$
주의 부등호의 등호 여부에 주의할 필요가 있어.
$3 < \dfrac{22}{a} \le 4$여야 $-\dfrac{20}{a} < x < \dfrac{22}{a}$에 3은 포함되고 4는 포함되지 않아.

양변에 양수 a를 곱하면 $3a < 22 \le 4a$

$\therefore \dfrac{11}{2} \le a < \dfrac{22}{3}$

이를 만족시키는 모든 정수 a의 값은 6, 7

(ii) $a < 0$일 때

$\bigcirc$의 양변을 a로 나누면 $\dfrac{22}{a} < x < -\dfrac{20}{a}$
부등호의 방향이 바뀌어.

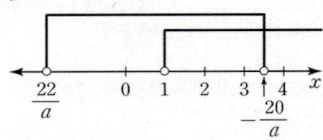

이와 $\bigcirc$을 동시에 만족시키는 자연수 x는 2, 3이어야 하므로

$3 < -\dfrac{20}{a} \le 4$

양변에 양수 $-a$를 곱하면 $-3a < 20 \le -4a$

$\therefore -\dfrac{20}{3} < a \le -5$

이를 만족시키는 모든 정수 a의 값은 -6, -5

(iii) $a = 0$일 때

$\bigcirc$에서 $-20 < 0 < 22$가 항상 성립하므로
연립부등식을 만족시키는 자연수 x는 무수히 많다.

(i)~(iii)에 의하여 모든 정수 a의 값의 합은
$6+7+(-6)+(-5)=2$

H 77 정답 7 ························ 절댓값 기호를 포함한 부등식

【 정답 공식: $|X| \le k$ (k는 양수) $\iff -k \le X \le k$ 】

연립부등식 $\begin{cases} 2x+5 \le 9 \\ |x-3| \le 7 \end{cases}$ 을 만족시키는 정수 x의 개수를 구하시오.
단서 연립일차부등식에 절댓값이 포함되어 있지? $|X| \le k$ (k는 양수) 꼴의 부등식을 푸는 방법이 생각나야 해.

1st 각각의 부등식을 풀어 공통 범위를 구하자.

먼저 $2x+5 \le 9$를 풀면
$2x+5 \le 9$, $2x \le 4$
$\therefore x \le 2 \cdots \bigcirc$

또, $|x-3| \le 7$을 풀면
$|x-3| \le 7$, $-7 \le x-3 \le 7$
$\therefore -4 \le x \le 10 \cdots \bigcirc$
[절댓값을 포함한 부등식의 풀이]
(1) $|x| < a$ ($a>0$) $\iff -a < x < a$
(2) $|x| > a$ ($a>0$) $\iff x < -a$ 또는 $x > a$

$\bigcirc$과 $\bigcirc$의 공통 범위를 구하면 $-4 \le x \le 2$

2nd 부등식을 만족시키는 정수 x의 개수를 구하자.

따라서 연립부등식의 해 중 정수는 -4, -3, -2, -1, 0, 1, 2로 7개이다.
α, β가 $\alpha < \beta$인 정수일 때, $\alpha \le x \le \beta$인 정수 x의 개수는 $(\beta-\alpha+1)$개야.

H 78 정답 ③ ························ 절댓값 기호가 두 개인 부등식

【 정답 공식: $x < -1$인 경우, $-1 \le x < 3$인 경우, $x \ge 3$인 경우의 해를 각각 구한다. 】

단서 절댓값 안이 0이 되는 x의 값을 기준으로 범위를 나누어 풀자.
부등식 $|x+1|+|3-x| \le 6$을 만족하는 모든 정수 x의 값의 합은?
① 1 ② 4 ③ 7 ④ 10 ⑤ 13

1st $x < -1$, $-1 \le x < 3$, $x \ge 3$의 세 범위에서 각각 절댓값을 없애고 부등식의 해를 구해봐.

$|x+1|+|3-x| \le 6$의 절댓값 안이 0이 되는 x의 값은 -1, 3이다.

x의 값을 기준으로
(i) ~~~ (ii) ~~~ (iii) ~~~
-1 ~~~ 3 ~~~ x

(i) $x<-1$일 때,
$-(x+1)+(3-x)\leq6$
$-2x+2\leq6 \Rightarrow x\geq-2$
$\therefore -2\leq x<-1$

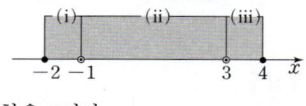
주의 $-1\leq x<3$인 경우에서 부등식을 풀면 답이 모든 실수가 나온다는 뜻이므로 이 경우의 해는 $-1\leq x<3$이 되는 거야.

(ii) $-1\leq x<3$일 때,
$(x+1)+(3-x)\leq6$
$4\leq6 \Rightarrow$ 해는 모든 실수 $\qquad \therefore -1\leq x<3$

(iii) $x\geq3$일 때,
$(x+1)-(3-x)\leq6, 2x-2\leq6 \Rightarrow x\leq4 \qquad \therefore 3\leq x\leq4$

(i), (ii), (iii)에서 주어진 부등식의 해는
$-2\leq x\leq4$

따라서 주어진 부등식을 만족하는 정수
x는 $-2, -1, 0, 1, 2, 3, 4$이므로 그 합은 7이다.

다른 풀이: 그래프를 이용하여 부등식의 해 구하기

$f(x)=|x+1|+|3-x|$라 하면
$x<-1$일 때, $f(x)=-(x+1)+(3-x)=-2x+2$
$-1\leq x<3$일 때, $f(x)=(x+1)+(3-x)=4$
$x\geq3$일 때, $f(x)=(x+1)-(3-x)=2x-2$
따라서 함수 $y=f(x)$의 그래프와 직선 $y=6$은 그림과 같아.

이때, 부등식 $|x+1|+|3-x|\leq6$, 즉 $f(x)\leq6$의 해는
함수 $y=f(x)$의 그래프가 직선 $y=6$보다 아래에 있거나 같은 부분의
x의 값의 범위야.
한편, 함수 $y=f(x)$의 그래프와 직선 $y=6$의 교점의 x좌표는
$x<-1$에서 $-2x+2=6, -2x=4 \qquad \therefore x=-2$
$x\geq3$에서 $2x-2=6, 2x=8 \qquad \therefore x=4$
따라서 위의 그래프에 의하여 주어진 부등식의 해는
$-2\leq x\leq4$야.
(이하 동일)

H 79 정답 4 ·· 절댓값 기호가 두 개인 부등식

(정답 공식: $x<-1$인 경우, $-1\leq x<2$인 경우, $x\geq2$인 경우의 해를 각각 구한다.)

부등식 $|x+1|+|x-2|<5$를 만족시키는 정수 x의 개수를 구하시오. 단서 절댓값 안이 0이 되는 x의 값을 기준으로 범위를 나누어 풀자.

1st $x<-1, -1\leq x<2, x\geq2$의 세 범위에서 각각 절댓값을 없애고 부등식의 해를 구하자.

$|x+1|+|x-2|<5$의 절댓값 안이 0이 되는 x의 값은 $-1, 2$이다.

(i) $x<-1$일 때,
$-(x+1)-(x-2)<5$
$-2x+1<5 \qquad \therefore x>-2$
이때, $x<-1$이므로 $-2<x<-1$

(ii) $-1\leq x<2$일 때,
$(x+1)-(x-2)<5$
즉, $3<5$는 항상 성립하므로 $-1\leq x<2$

(iii) $x\geq2$일 때, $\qquad$ $-1\leq x<2$인 경우에서 부등식을 풀면 해가 모든 실수가 나온다는 뜻이므로 이 경우의 해는 $-1\leq x<2$가 되는 거야.
$(x+1)+(x-2)<5$

$2x-1<5 \qquad \therefore x<3$
이때, $x\geq2$이므로 $2\leq x<3$

(i), (ii), (iii)에서 주어진 부등식의 해는
$-2<x<3$

따라서 주어진 부등식을 만족시키는 정수 x는 $-1, 0, 1, 2$이므로
그 개수는 4이다.

다른 풀이: 그래프를 이용하여 부등식의 해 구하기

$f(x)=|x+1|+|x-2|$라 하면
$x<-1$일 때, $f(x)=-(x+1)-(x-2)=-2x+1$
$-1\leq x<2$일 때, $f(x)=(x+1)-(x-2)=3$
$x\geq2$일 때, $f(x)=(x+1)+(x-2)=2x-1$
따라서 함수 $y=f(x)$의 그래프와 직선 $y=5$는 그림과 같아.

이때, $|x+1|+|x-2|<5$, 즉 $f(x)<5$의 해는 함수 $y=f(x)$의 그래프가 직선 $y=5$보다 아래에 있는 부분의 x의 값의 범위야.
한편, 함수 $y=f(x)$의 그래프와 직선 $y=5$의 교점의 x좌표는
$x<-1$에서 $-2x+1=5 \qquad \therefore x=-2$
$x\geq2$에서 $2x-1=5 \qquad \therefore x=3$
따라서 위의 그래프에 의하여 주어진 부등식의 해는 $-2<x<3$이야.
(이하 동일)

H 80 정답 ⑤ ···························· 절댓값 기호가 두 개인 부등식

(정답 공식: $\sqrt{x^2}=|x|$임을 이용하여 절댓값을 포함한 식으로 바꾸어 푼다.)

부등식 $|2x-3|\leq\sqrt{x^2+2x+1}+6$의 해가 $\alpha\leq x\leq\beta$일 때, $\beta-\alpha$의 값은? 단서 절댓값 안이 0이 되는 x의 값이 각각 $a, b(a<b)$일 때, $x<a, a\leq x<b, x\geq b$로 구간을 나누어 부등식을 풀면 돼.

① 4 $\qquad$ ② 6 $\qquad$ ③ 8 $\qquad$ ④ 10 $\qquad$ ⑤12

1st 절댓값 안이 0이 되는 값을 기준으로 구간을 나눠 부등식을 풀자.

$\sqrt{x^2+2x+1}=\sqrt{(x+1)^2}=|x+1|$이므로 주어진 부등식은
$|2x-3|\leq|x+1|+6 \rightarrow 2x-3=0$에서 $x=\frac{3}{2}$이고 $x+1=0$에서 $x=-1$이므로

(i) $x<-1$일 때, $\qquad$ $x<-1, -1\leq x<\frac{3}{2}, x\geq\frac{3}{2}$으로 구간을 나누어서
$-(2x-3)\leq-(x+1)+6$ 절댓값 기호를 없앤 후 부등식을 풀면 돼.
$-2x+3\leq-x-1+6, -x\leq2 \qquad \therefore x\geq-2$
그런데 $x<-1$이므로 $-2\leq x<-1$

(ii) $-1\leq x<\frac{3}{2}$일 때,
$-(2x-3)\leq x+1+6$
$-2x+3\leq x+7, -3x\leq4 \qquad \therefore x\geq-\frac{4}{3}$
그런데 $-1\leq x<\frac{3}{2}$이므로 $-1\leq x<\frac{3}{2}$

(iii) $x\geq\frac{3}{2}$일 때,
$2x-3\leq x+1+6 \qquad \therefore x\leq10$
그런데 $x\geq\frac{3}{2}$이므로 $\frac{3}{2}\leq x\leq10$

(i)~(iii)에서 주어진 부등식의 해는 $-2\leq x\leq10$
따라서 $\alpha=-2, \beta=10$이므로 $\beta-\alpha=10-(-2)=12$

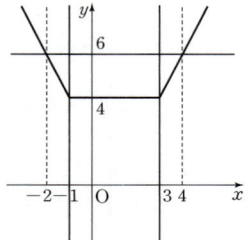
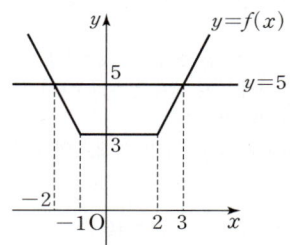

$f(x) = |2x-3|$,
$g(x) = \sqrt{x^2+2x+1} + 6 = \sqrt{(x+1)^2} + 6 = |x+1| + 6$이라 하고
두 함수 $y = f(x)$, $y = g(x)$의 그래프를 그리면 다음과 같아.

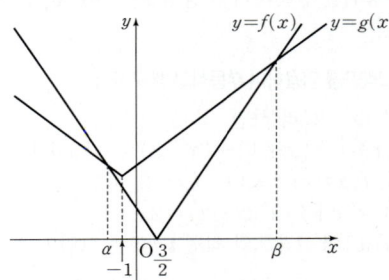

이때, 주어진 부등식 $|2x-3| \leq \sqrt{x^2+2x+1} + 6$, 즉 $f(x) \leq g(x)$의
해는 함수 $y = g(x)$의 그래프가 함수 $y = f(x)$의 그래프보다 위에 있거나
같은 부분의 x의 값의 범위와 같아.
한편, 두 함수 $y = f(x)$, $y = g(x)$의 그래프의 교점의 x좌표는
$x < -1$에서 $-2x+3 = -x+5$ $\therefore x = -2$
$x > \dfrac{3}{2}$에서 $2x-3 = x+7$ $\therefore x = 10$
따라서 위의 그래프에 의하여 주어진 부등식의 해는 $-2 \leq x \leq 10$이야.
(이하 동일)

절댓값 기호가 두 개인 부등식의 풀이   개념·공식

$|x-a| + |x-b| < c \, (a < b, \, c > 0)$ 꼴의 부등식은 절댓값 기호 안의
식의 값이 0이 되는 $x = a$, $x = b$를 기준으로 하여
(i) $x < a$, (ii) $a \leq x < b$, (iii) $x \geq b$일 때로 나누어 푼다.

H 81   정답 ④ ················· 절댓값 기호가 두 개인 부등식

【 정답 공식: 수직선 위의 두 점 $P(x_1)$, $Q(x_2)$에 대하여 $\overline{PQ} = |x_1 - x_2|$이다. 】

수직선 위의 두 점 $A(3)$, $B(7)$에 대하여 점 $P(x)$가
$\overline{AP} + \overline{BP} \leq 8$을 만족시킬 때, 선분 OP의 길이의 최댓값과 최
솟값의 합은? (단, O는 원점이다.)
［단서］절댓값 기호를 포함한 부등식을 세우고 절댓값 안이 0이 되는
x의 값을 기준으로 범위를 나누어 풀자.

① 7   ② 8   ③ 9
④ 10   ⑤ 11

1st 절댓값 기호를 포함한 부등식을 세우자.
점 P의 좌표가 x이므로
$\overline{AP} = |x-3|$, $\overline{BP} = |x-7|$
즉, $\overline{AP} + \overline{BP} \leq 8$에서
$|x-3| + |x-7| \leq 8$
2nd x의 값의 범위에 따라 경우를 나누어 부등식을 풀자.
$|x-3| + |x-7| \leq 8$의 절댓값 안이 0이 되는 x의 값은 3, 7이다.
(i) $x < 3$일 때,
 $-(x-3) - (x-7) \leq 8$
 $-2x + 10 \leq 8$ $\therefore x \geq 1$
 이때, $x < 3$이므로 $1 \leq x < 3$
(ii) $3 \leq x < 7$일 때,
 $(x-3) - (x-7) \leq 8$
 즉, $4 \leq 8$은 항상 성립하므로 $3 \leq x < 7$

(iii) $x \geq 7$일 때,
 $(x-3) + (x-7) \leq 8$
 $2x - 10 \leq 8$ $\therefore x \leq 9$
 이때, $x \geq 7$이므로 $7 \leq x \leq 9$
(i), (ii), (iii)에서 주어진 부등식의 해는
$1 \leq x \leq 9$ 수직선 위에서 원점 O와 점 $P(x)$ 사이의 거리는 $\overline{OP} = |x|$
$\therefore 1 \leq \overline{OP} \leq 9$ 이때, $1 \leq x \leq 9$에서 $x > 0$이므로 $1 \leq \overline{OP} \leq 9$야.
따라서 선분 OP의 길이의 최댓값과 최솟값의 합은
$9 + 1 = 10$

H 82   정답 ① ······ 절댓값 기호를 포함한 부등식의 미정계수의 결정

【 정답 공식: 양수 k에 대하여 $|x| < k \Longleftrightarrow -k < x < k$ 】

x에 대한 부등식
$\boxed{|x-a| < 2}$ ［단서 1］양수 k에 대하여 $|x| < k \Longleftrightarrow -k < x < k$임을 이용해.
를 만족시키는 모든 정수 x의 값의 합이 33일 때, 자연수 a
의 값은? ［단서 2］m, $n \, (m < n)$이 정수일 때, $m < x < n$을
만족시키는 정수 x의 개수는 $n - m - 1$이야.
① 11   ② 12   ③ 13   ④ 14   ⑤ 15

1st 절댓값 기호를 없애고 부등식을 풀어보자. $k > 0$일 때, $|x| < k \Longleftrightarrow -k < x < k$
$|x-a| < 2$에서 $-2 < x - a < 2$이므로 $|x| > k \Longleftrightarrow x < -k$ 또는 $x > k$
$a-2 < x < a+2$ ┐ a가 자연수이므로 $a-2 < x < a+2$를 만족시키는 정수 x의 개수는
$a+2 - (a-2) - 1 = 3$임을 알 수 있어.
a가 자연수이므로 위의 부등식을 만족시키는 정수 x는
$a-1$, a, $a+1$의 3개이다.
2nd 모든 정수 x의 값의 합이 33이 되는 a의 값을 구하자.
모든 정수 x의 값의 합이 33이므로
$(a-1) + a + (a+1) = 3a = 33$
$\therefore a = 11$

H 83   정답 ③ ················· 절댓값 기호를 포함한 부등식

【 정답 공식: 양수 a에 대하여 부등식 $|x| < a$의 해는 $-a < x < a$이다. 】

［단서 1］양수 a에 대하여 부등식 $|x| < a$의 해가 $-a < x < a$임을 이용해.
x에 대한 부등식 $|x-1| < n$을 만족시키는 정수 x의 개수가
9가 되도록 하는 자연수 n의 값은? ［단서 2］m, $n \, (m < n)$이 정수
일 때, $m < x < n$을
① 3   ② 4   만족시키는 정수 x의
④ 6   ⑤ 7   ③ 5 개수는 $n - m - 1$이야.

1st 주어진 부등식의 해를 구하자.
n이 양수이므로 $|x-1| < n$에서
$-n < x - 1 < n$ ┐ $a > 0$일 때,
$-n+1 < x < n+1$ ··· ㉠ $|x| < a \Rightarrow -a < x < a$
$|x| > a \Rightarrow x < -a$ 또는 $x > a$
2nd 조건을 만족시키는 자연수 n의 값을 구하자.
부등식 ㉠을 만족시키는 모든 정수 x의 개수는
$(n+1) - (-n+1) - 1 = 2n - 1$

> **주의** 예를 들어 $3 \leq x \leq 7$인 정수 x의 개수는 $(7-3) + 1 = 5$이고
> $3 < x < 7$인 정수 x의 개수는 $(7-3) - 1 = 3$이야.
> 이를 일반화하면 $a \leq x \leq b$인 정수 x의 개수는 $b - a + 1$,
> $a < x < b$인 정수 x의 개수는 $b - a - 1$이 되는 거야. (단, a, b는 정수)

이때, 주어진 부등식을 만족시키는 모든 정수 x의 개수가 9이므로
$2n - 1 = 9$에서 $2n = 10$
$\therefore n = 5$

정답 ③ ┈┈┈ 절댓값 기호를 포함한 부등식의 미정계수의 결정

(**정답 공식**: 양수 a에 대하여 부등식 $|x| \leq a$의 해는 $-a \leq x \leq a$이다.)

> **단서** 절댓값을 포함한 부등식의 해부터 구해야겠지?
>
> x에 대한 부등식 $|x-7| \leq a+1$을 만족시키는 모든 정수 x의 개수가 9가 되도록 하는 자연수 a의 값은?
>
> ① 1 　　　　② 2 　　　　③ 3
> ④ 4 　　　　⑤ 5

1st 주어진 부등식의 해를 구해.

$a+1$이 양수이므로 $|x-7| \leq a+1$에서

$-(a+1) \leq x-7 \leq a+1$ 　→ a가 자연수이므로 $a+1$도 자연수이고 양수야.

$\therefore -a+6 \leq x \leq a+8$ ⋯ ㉠

2nd 조건을 만족시키는 자연수 a의 값을 구해.

부등식 ㉠을 만족시키는 모든 정수 x의 개수는

$(a+8)-(-a+6)+1 = 2a+3$ 　→ 정수 $a, b\,(a<b)$에 대하여 $a \leq x \leq b$를 만족시키는 정수 x의 개수는 $b-a+1$이야.

이때, 주어진 부등식을 만족시키는 모든 정수 x의 개수가 9이므로

$2a+3=9$에서

$2a=6$

$\therefore a=3$

정답 ③ ┈┈┈ 절댓값 기호를 포함한 부등식의 미정계수의 결정

[**정답 공식**: 양수 a에 대하여 부등식 $|x| \leq a$의 해는 $-a \leq x \leq a$이고, 부등식 $|x| \geq a$의 해는 $x \leq -a$ 또는 $x \geq a$이다.]

> x에 대한 부등식 $|x-3| \leq a$를 만족시키는 정수 x의 개수가 15가 되도록 하는 자연수 a의 값은? **단서** 양수 a에 대하여 부등식 $|x| \leq a$의 해는 $-a \leq x \leq a$야.
>
> ① 5 　　　　② 6 　　　　③ 7
> ④ 8 　　　　⑤ 9

1st 주어진 부등식의 해를 구하자.

a는 자연수이므로 $|x-3| \leq a$에서

$-a \leq x-3 \leq a$ 　→ a는 자연수이므로 양수야.

$\therefore 3-a \leq x \leq 3+a$ ⋯ ㉠

2nd 부등식 ㉠을 만족시키는 정수 x의 개수를 이용하여 a의 값을 구해.

이때, 부등식 ㉠을 만족시키는 정수 x의 개수는

$(3+a)-(3-a)+1 = 2a+1$이므로 　a, b가 정수일 때, 부등식 $a \leq x \leq b$를 만족시키는 정수 x의 개수는 $b-a+1$이야.

$2a+1=15$ 　 $\therefore a=7$

정답 ③ ┈┈┈ 절댓값 기호를 포함한 부등식의 미정계수의 결정

[**정답 공식**: 양수 k에 대하여 $|x| < k \Longleftrightarrow -k < x < k$임을 이용하여 구한 부등식의 해와 주어진 해를 비교한다.]

> 부등식 $|3x-2| \leq a$의 해가 $b \leq x \leq 2$일 때, 두 상수 a, b에 대하여 $a+b$의 값은? (단, $a>0$)
>
> **단서** $|x| \leq k \Longleftrightarrow -k \leq x \leq k$(단, $k>0$)
>
> ① $\dfrac{8}{3}$ 　　　② 3 　　　③ $\dfrac{10}{3}$
> ④ $\dfrac{11}{3}$ 　　　⑤ 4

1st $|x| \leq a \Longleftrightarrow -a \leq x \leq a\,(a>0)$임을 이용하자.

$|3x-2| \leq a\,(a>0)$에서 　→ $a>0$일 때,

$-a \leq 3x-2 \leq a$, $2-a \leq 3x \leq 2+a$ 　 $|x| \leq a \Longleftrightarrow -a \leq x \leq a$

$\therefore \dfrac{-a+2}{3} \leq x \leq \dfrac{a+2}{3}$ 　 $|x| \geq a \Longleftrightarrow x \leq -a$ 또는 $x \geq a$

따라서 $\dfrac{a+2}{3}=2$, $\dfrac{-a+2}{3}=b$이므로 　→ $\dfrac{-a+2}{3} \leq x \leq \dfrac{a+2}{3}$가 $b \leq x \leq 2$와 일치해야 하므로 $\dfrac{a+2}{3}=2$, $\dfrac{-a+2}{3}=b$

$a=4$, $b=-\dfrac{2}{3}$

$\therefore a+b = \dfrac{10}{3}$

$\dfrac{a+2}{3}=2$에서 $a+2=6$이므로 $a=4$

$\dfrac{-a+2}{3}=b$에 $a=4$를 대입하면 $b=\dfrac{-4+2}{3}=-\dfrac{2}{3}$

정답 ① ┈┈┈ 절댓값 기호를 포함한 부등식의 미정계수의 결정

[**정답 공식**: 양수 k에 대하여 $|x| < k \Longleftrightarrow -k < x < k$]

> **단서 1** $|x| < k\,(k>0)$를 풀면 $-k < x < k$임을 이용하여 $|x-2| < a$부터 풀어.
>
> x에 대한 부등식 $|x-2| < a$를 만족시키는 모든 정수 x의 개수가 19일 때, 자연수 a의 값은? **단서 2** 정수의 개수가 19가 되는 경우는 $\alpha < x < \beta$에서 $\beta - \alpha - 1 = 19$가 된다는 의미야.
>
> ① 10 　　　② 12 　　　③ 14
> ④ 16 　　　⑤ 18

1st $-a < x-2 < a$의 정수인 해의 개수가 19개가 되는 a의 값을 찾아보자.

$|x-2| < a$에서

$-a < x-2 < a$ 　 $\therefore 2-a < x < 2+a$

위 부등식을 만족시키는 정수 x의 개수가 19개이므로

$2+a-(2-a)-1 = 2a-1 = 19$ [정수 x의 개수 구하기]

$2a=20$ 　 m, n이 정수일 때$(m<n)$
$\therefore a=10$ 　 ① $m < x < n$이면 $(n-m-1)$개
　　　　　 ② $m \leq x < n$ 또는 $m < x \leq n$이면 $(n-m)$개
　　　　　 ③ $m \leq x \leq n$이면 $(n-m+1)$개

정답 ⑤ ┈┈┈ 절댓값 기호를 포함한 부등식의 미정계수의 결정

(**정답 공식**: 양수 a에 대하여 $|x| < a \Longleftrightarrow -a < x < a$)

> x에 대한 부등식 $|3x-1| < x+a$의 해가 $-1 < x < 3$일 때, 양수 a의 값은? **단서** 절댓값이 포함된 부등식이 나오면 x의 범위를 나누어 절댓값을 풀고 부등식을 정리해.
>
> ① 4 　　② $\dfrac{17}{4}$ 　　③ $\dfrac{9}{2}$ 　　④ $\dfrac{19}{4}$ 　　⑤ 5

1st 절댓값 안이 0이 되는 값을 기준으로 x의 범위를 나누어, 절댓값을 풀고 부등식을 정리하자.

부등식 $|3x-1| < x+a$의 해는

(i) $x \geq \dfrac{1}{3}$일 때 　 $|k| = \begin{cases} k\,(k \geq 0) \\ -k\,(k<0) \end{cases}$

　　　　　　　　　　　　　　　　　→ [일차부등식]

$3x-1 < x+a$, $2x < a+1$ 　 일차부등식 $mx<n$에 대하여

$\therefore x < \dfrac{a+1}{2}$ 　 (1) $m>0$이면 $x < \dfrac{n}{m}$
　　　　　　　　　　　　　　　　 (2) $m<0$이면 $x > \dfrac{n}{m}$

이때, a가 양수이므로 $\dfrac{1}{3} \leq x < \dfrac{a+1}{2}$

(ii) $x < \dfrac{1}{3}$일 때,

$-3x+1 < x+a$, $-4x < -1+a$

$\therefore x > \dfrac{1-a}{4}$

이때, a가 양수이므로 $\dfrac{1-a}{4} < x < \dfrac{1}{3}$

(ⅰ), (ⅱ)에 의해 부등식의 해는 $\dfrac{1-a}{4}<x<\dfrac{a+1}{2}$

2nd 구한 해를 이용하여 양수 a의 값을 구하자.

따라서 부등식 $|3x-1|<x+a$의 해가 $-1<x<3$이므로

$\dfrac{1-a}{4}=-1$이고 $\dfrac{a+1}{2}=3$ $\therefore a=5$

H 89 정답 ③ …… 절댓값 기호를 포함한 부등식의 미정계수의 결정

【 정답 공식: $|x|\le a$의 해가 존재하지 않으려면 $a<0$이어야 한다. 】

> 부등식 $|x-8|\le\dfrac{3}{4}k-6$의 해가 존재하지 않도록 하는 양의
> 정수 k의 개수는? [단서] (절댓값) ≥0이니까 해가 존재하지 않기 위해서 우변의 값이 음수여야 해.
>
> ① 5   ② 6   ③ 7   ④ 8   ⑤ 9

1st (절댓값) ≥0이지? 이 부등식의 해가 존재하지 않으려면 우변이 음수면 돼.

$|x-8|\le\dfrac{3}{4}k-6$에서 x가 어떤 값이든 $|x-8|\ge0$이므로 주어진 부등식의 해가 존재하지 않으려면 [이것을 습관적으로 $x<8$, $x\ge8$로 나누어서 풀려고 하면 안 돼. 즉, $|x-8|\ge0$임을 이용하기만 하면 돼.]

$\dfrac{3}{4}k-6<0$ $\therefore k<8$

따라서 양의 정수 k는 1, 2, 3, 4, 5, 6, 7의 7개이다.

H 90 정답 $k>2$ …… 절댓값 기호를 포함한 부등식의 미정계수의 결정

【 정답 공식: $|x|<a$의 해가 존재하려면 $a>0$이어야 한다. 】

> 부등식 $|x+1|+2<k$의 해가 존재하도록 하는 실수 k의 값
> 의 범위를 구하시오. [단서] 실수 a에 대하여 $|a|\ge0$임을 이용해.

1st 절댓값의 성질을 이용하여 해가 존재하도록 하는 조건을 구해.

$|x+1|+2<k$에서 $|x+1|<k-2$

이때, 모든 실수 x에 대하여 $|x+1|\ge0$이므로

$|x+1|<k-2$에서 $k-2>0$이면 $|x+1|<k-2$의 해가 존재한다.

따라서 $k-2>0$이므로 $k>2$이다. [절댓값은 항상 0보다 크거나 같으니까 절댓값이 음수보다 작을 수 없겠지? 즉, $k-2$가 0 이하의 수가 아니면 부등식을 만족시키는 x의 값이 존재하게 돼.]

📋 **서술형 스토리**

H 91 정답 $\dfrac{11}{3}<k\le5$ ……… 연립일차부등식의 미정계수의 결정

【 정답 공식: 미지수 k를 포함한 연립부등식의 해를 수직선 위에 움직이며 양의 정수해가 4개가 되도록 k의 범위를 구한다. 】

> 연립부등식 $\begin{cases} 3x+5>-x-3 \\ \dfrac{x+3}{3}<k-x \end{cases}$ 를 만족시키는 양의 정수인 [단서] 연립부등식의 해가 양의 정수를 2개 포함하도록 미지수 k가 있는 부등식의 해를 수직선 위에서 움직여봐.
>
> 해가 2개일 때, 실수 k의 값의 범위를 구하는 과정을 서술하시오.

1st 연립부등식의 각 부등식을 풀자.

$3x+5>-x-3$에서 $4x>-8$ $\therefore x>-2$

$\dfrac{x+3}{3}<k-x$에서 $x+3<3k-3x$, $4x<3k-3$

$\therefore x<\dfrac{3k-3}{4}$ … ❶

2nd 양의 정수인 해가 2개가 되는 조건을 찾자.

주어진 양의 정수인 해가 2개이므로 양의 정수인 해가 1, 2가 되기 위해서는 그림과 같아야 한다. … ❷

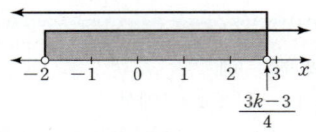

$\dfrac{3k-3}{4}$

3rd 조건을 만족시키는 k의 값의 범위를 구하자.

따라서 $2<\dfrac{3k-3}{4}\le3$이므로 [양의 정수인 해가 2개가 되려면 $\dfrac{3k-3}{4}$의 값이 2와 3 사이에 있어야 해.]

$8<3k-3\le12$, $11<3k\le15$ [이때, $\dfrac{3k-3}{4}$이 3이어도 $-2<x<3$에서 양의 정수인 해가 1, 2이므로 $2<\dfrac{3k-3}{4}\le3$이어야 해.]

$\therefore \dfrac{11}{3}<k\le5$ … ❸

[채점 기준표]

❶ 연립부등식의 각 부등식의 해를 구한다.		30%
❷ 양의 정수인 해가 2개가 되도록 수직선 위에 해를 나타낸다.		30%
❸ 조건을 만족시키는 k의 값의 범위를 구한다.		40%

H 92 정답 $-\dfrac{2}{3}$ ……………………… 절댓값 기호를 포함한 부등식

【 정답 공식: $\sqrt{x^2}=|x|$임을 이용하여 절댓값을 포함한 식으로 바꾸어 푼다. 이때, 절댓값 안이 0이 되는 x의 값을 기준으로 경우를 나눈다. 】

> 부등식 $\sqrt{4x^2-4x+1}+x-3\le0$의 해가 $a\le x\le b$일 때,
> $a+b$의 값을 구하는 과정을 서술하시오. [단서] $\sqrt{A^2}=|A|$이니까 주어진 부등식은 절댓값 기호를 포함한 부등식이야.

1st $\sqrt{}$ 의 식을 정리하자.

⚠ 주의 [$\sqrt{()^2}=|()|$임에 유의하여 문제를 풀고 범위를 나누어서 절댓값을 풀 수 있도록 하자.]

$\sqrt{4x^2-4x+1}=\sqrt{(2x-1)^2}=|2x-1|$

이므로 주어진 부등식은

$|2x-1|+x-3\le0$ … ❶ [$\sqrt{A^2}=|A|=\begin{cases} A & (A\ge0) \\ -A & (A<0) \end{cases}$]

2nd 절댓값 기호 안의 값을 0으로 하는 x의 값을 경계로 하여 구간을 나눈 후 부등식을 풀자.

$|2x-1|+x-3\le0$에서

(ⅰ) $x<\dfrac{1}{2}$일 때,

$-(2x-1)+x-3\le0$, $-2x+1+x-3\le0$

$-x\le2$ $\therefore x\ge-2$

그런데 $x<\dfrac{1}{2}$이므로 $-2\le x<\dfrac{1}{2}$

(ⅱ) $x\ge\dfrac{1}{2}$일 때,

$2x-1+x-3\le0$, $3x\le4$ $\therefore x\le\dfrac{4}{3}$

그런데 $x\ge\dfrac{1}{2}$이므로 $\dfrac{1}{2}\le x\le\dfrac{4}{3}$ … ❷

3rd 부등식의 해를 구해 a, b의 값을 찾고 $a+b$의 값을 구하자.

(i), (ii)에 의해 부등식의 해는 $-2 \le x \le \dfrac{4}{3}$

따라서 $a=-2$, $b=\dfrac{4}{3}$이므로

$a+b = -2 + \dfrac{4}{3} = -\dfrac{2}{3}$ ··· Ⅲ

[채점 기준표]

Ⅰ 근호 안의 식을 정리해 주어진 부등식을 절댓값 기호를 포함한 식으로 나타낸다.	20%
Ⅱ 범위를 나누어 부등식을 푼다.	50%
Ⅲ 주어진 부등식의 해를 찾아 $a+b$의 값을 구한다.	30%

H 93 정답 $-\dfrac{1}{3}$ ·········· 일차부등식의 풀이

【정답 공식: 부등식의 해가 주어진 해와 같도록 a, b의 관계식을 구한다. 이때, 일차부등식과 해의 부등호의 방향이 반대이면 x의 계수는 음수이다.】

단서 부등식과 해의 부등호를 보면 $a-b$의 부호를 정할 수 있어.

x에 대한 부등식 $(a-b)x+2a-b>0$의 해가 $x<\dfrac{1}{2}$일 때, 부등식 $(a+3b)x+7a-3b \le 0$을 만족시키는 x의 최댓값을 구하는 과정을 서술하시오.

1st $(a-b)x+2a-b>0$의 해를 보고 x의 계수의 부호와 a와 b의 관계식을 찾자.

$(a-b)x+2a-b>0$의 해가 $x<\dfrac{1}{2}$이므로 $a-b<0$ ··· Ⅰ

 x의 계수가 음수여야 부등호의 방향이 바뀌지.

$\therefore x < \dfrac{-2a+b}{a-b}$

주의 부등식의 미정계수를 구할 때에는 가장 먼저 해의 부등호 방향을 잘 살펴봐야 해.

즉, $\dfrac{-2a+b}{a-b} = \dfrac{1}{2}$이므로

$2(-2a+b)=a-b$

$\therefore 5a=3b$ ··· Ⅱ

2nd 앞에서 구한 관계식을 $(a+3b)x+7a-3b \le 0$에 대입하여 해를 구하자.

이것을 부등식 $(a+3b)x+7a-3b \le 0$에 대입하면

$(a+5a)x+7a-5a \le 0$

$\therefore 6ax+2a \le 0$ ··· ㉠

이때, $a-b<0$이므로 $a-\dfrac{5}{3}a<0$에서 $a>0$

㉠에서 $6x+2 \le 0$ $a>0$이니까 ㉠의 양변을 a로 나누어도 부등호 방향은 바뀌지 않아.

$\therefore x \le -\dfrac{1}{3}$ ··· Ⅲ

3rd x의 최댓값을 구하자.

따라서 x의 최댓값은 $-\dfrac{1}{3}$이다. ··· Ⅳ

[채점 기준표]

Ⅰ $a-b<0$임을 안다.	20%
Ⅱ a, b 사이의 관계식을 구한다.	30%
Ⅲ 부등식의 해를 구한다.	30%
Ⅳ x의 최댓값을 구한다.	20%

H 94 정답 21 ·········· 연립일차부등식의 풀이

【정답 공식: 분모의 최소공배수를 곱하여 계수를 정수로 바꾼 후, 연립부등식의 해를 수직선 위에 나타내어 해를 갖지 않도록 하는 a의 범위를 구한다.】

단서 두 부등식의 해를 수직선 위에 나타내었을 때, 공통부분이 존재하지 않아야 해.

연립부등식 $\begin{cases} 0.2x+1.5 \le 0.5x-1.2 \\ 3(x-4)>4x-a \end{cases}$ 가 해를 갖지 않도록 하는 실수 a의 최댓값을 구하는 과정을 서술하시오.

1st 첫 번째 부등식의 해를 구하자.

$0.2x+1.5 \le 0.5x-1.2$에서

$2x+15 \le 5x-12$, $-3x \le -27$ $\therefore x \ge 9$ ··· ㉠

2nd 두 번째 부등식의 해를 구하자.

$3(x-4)>4x-a$에서

$3x-12>4x-a$, $-x>12-a$ $\therefore x<a-12$ ··· ㉡ Ⅰ

3rd 각각의 부등식의 해가 공통범위를 갖지 않도록 a의 범위를 구하자.

이때, 주어진 연립부등식이 해를 갖지 않아야 하므로 오른쪽 그림과 같아야 한다.

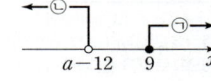

$a-12 \le 9$ $\therefore a \le 21$ ··· Ⅱ

 $a-12=9$이면 ㉡은 $x<9$지?
즉, ㉠ $x \ge 9$와 ㉡ $x<9$의 공통부분은 없어.

따라서 a의 최댓값은 21이다.

[채점 기준표]

Ⅰ 두 부등식의 해를 각각 구한다.	30%
Ⅱ 연립부등식이 해를 갖지 않도록 하는 a의 값의 범위를 구한다.	50%
Ⅲ a의 최댓값을 구한다.	20%

H 95 정답 -18 ··········· 절댓값 기호를 포함한 부등식의 풀이

【정답 공식: 양수 a에 대하여 $|x|<a \iff -a<x<a$인 것과 (절댓값)≥ 0임을 이용하여 부등식의 해를 구한다.】

부등식 $||x+2|-1|<4$를 만족시키는 모든 정수 x의 값의 합을 구하는 과정을 서술하시오. **단서** 절댓값이 두 개네? 바깥쪽 절댓값부터 풀면 돼.

1st 절댓값 두 개 중 바깥에 있는 절댓값을 풀어서 식을 정리하자.

$||x+2|-1|<4$에서 $-4<|x+2|-1<4$

$\therefore -3<|x+2|<5$ $|x|<a(a$는 양수)이면 $-a<x<a$를 이용한 거야.

2nd 안쪽의 절댓값을 풀어보자. 이때, (절댓값)≥ 0임을 이용하자.

그런데 $|x+2| \ge 0$이므로 절댓값은 항상 양수 또는 0이야.

$0 \le |x+2|<5$ ··· Ⅰ

$-5<x+2<5$ $\therefore -7<x<3$ ··· Ⅱ

3rd 정수 x의 합을 구하자.

따라서 정수 x는 -6, -5, -4, -3, -2, -1, 0, 1, 2이므로 그 합은 -18이다. ··· Ⅲ

[채점 기준표]

Ⅰ $0 \le |x+2|<5$임을 안다.	50%
Ⅱ x의 값의 범위를 구한다.	30%
Ⅲ 모든 정수 x의 값의 합을 구한다.	20%

H 96 정답 ② ······· ★2등급 대비 [정답률 35%]

(**정답 공식**: 일차부등식 $Ax<B$의 해가 없을 조건은 $A=0$, $B≤0$이다.)

[단서] 부등식 $Ax<B$의 해가 존재하지 않으려면 $A=0$, $B≤0$이야.

두 정수 a, b에 대하여 부등식 $a(a-1)x+b<6x+a$의 해가 존재하지 않고, $|b|≤4$일 때, a, b의 순서쌍 (a, b)의 개수는?

① 8   ② 9   ③ 10   ④ 11   ⑤ 12

1st 부등식 $a(a-1)x+b<6x+a$의 해가 존재하지 않을 조건을 구해.

$a(a-1)x+b<6x+a$에서
$(a^2-a-6)x<a-b$ ∴ $(a+2)(a-3)x<a-b$
이때, 이 부등식의 해가 존재하지 않으려면
$(a+2)(a-3)=0$이고 $a-b≤0$이어야 한다.

$(a+2)(a-3)≠0$이면 부등식 $(a+2)(a-3)x<a-b$는 반드시 해를 가지게 돼.
즉, $(a+2)(a-3)=0$이어야 하고, $0·x$의 값이 0 또는 음수보다 작게 되는 x의 값은
없으므로 해가 존재하지 않으려면 $a-b$의 값은 0 이하여야 해.

2nd 조건을 만족시키는 정수 a, b의 순서쌍을 찾자.

$(a+2)(a-3)=0$에서 $a=-2$ 또는 $a=3$이고
$|b|≤4$에서 $-4≤b≤4$ … ㉠

(ⅰ) $a=-2$일 때,
$a-b≤0$에서 $-2-b≤0$이므로
$-b≤2$ ∴ $b≥-2$ … ㉡

[실수] 정수 b를 구할 때, 0을 빠트리는 실수를 하지 말자.

즉, ㉠, ㉡에서 $-2≤b≤4$이므로
정수 a, b의 순서쌍 (a, b)는
$(-2, -2)$, $(-2, -1)$, $(-2, 0)$, $(-2, 1)$, $(-2, 2)$,
$(-2, 3)$, $(-2, 4)$의 7개이다.

(ⅱ) $a=3$일 때,
$a-b≤0$에서 $3-b≤0$이므로
$-b≤-3$ ∴ $b≥3$ … ㉢
즉, ㉠, ㉢에서 $3≤b≤4$이므로
정수 a, b의 순서쌍 (a, b)는 $(3, 3)$, $(3, 4)$의 2개이다.

(ⅰ), (ⅱ)에 의해 구하는 순서쌍의 개수는 $7+2=9$이다.

H 97 정답 ⑤ ······· ★2등급 대비 [정답률 31%]

(**정답 공식**: 주어진 해를 이용하여 a, b 사이의 관계식과 부호를 구해야 한다.)

[단서1] 부등식을 푼 후 주어진 해와 비교하여 a, b 사이의 관계식을 찾아. 이때, 주어진 해의 부등호의 방향을 확인하여 $a+b$의 값의 범위에 주의해야 해.

상수 a, b에 대하여 부등식 $(a+b)x+3a-2b≤0$의 해가 $x≥-\dfrac{4}{3}$일 때, 부등식 $|ax-2b|<-2a-b$를 만족시키는 정수 x의 최댓값과 최솟값의 합은?

[단서2] a, b 사이의 관계식을 대입하고 절댓값 기호에 주의하면서 부등식을 풀자.

① -2 ② -1 ③ 0 ④ 1 ⑤ 2

1st 주어진 부등식의 해를 이용해 a, b 사이의 관계식을 구해.

$(a+b)x+3a-2b≤0$에서
$(a+b)x≤-3a+2b$

$(a+b)x≤-3a+2b$에서 해가 $x≥-\dfrac{4}{3}$로 부등호의 방향이 바뀌었으니까 $a+b<0$이 되는 거야.

이때, 이 부등식의 해가 $x≥-\dfrac{4}{3}$이므로 $a+b<0$이다.

즉, $(a+b)x≤-3a+2b$에서 $x≥\dfrac{-3a+2b}{a+b}$이므로

$\dfrac{-3a+2b}{a+b}=-\dfrac{4}{3}$, $-9a+6b=-4a-4b$, $-5a=-10b$

∴ $a=2b$ $(a<0, b<0)$

$a+b<0$에 $a=2b$를 대입하면 $2b+b<0$ ∴ $b<0$
또한, $a=2b$에서 $a<0$이야.

2nd 부등식 $|ax-2b|<-2a-b$를 풀자.

$|ax-2b|<-2a-b$에 $a=2b$를 대입하면
$|2bx-2b|<-4b-b$, $|2bx-2b|<-5b$
이때, $-5b>0$이므로 $|2bx-2b|<-5b$에서
$5b<2bx-2b<-5b$, $7b<2bx<-3b$
∴ $-\dfrac{3}{2}<x<\dfrac{7}{2}$

$7b<2bx<-3b$에서 $2b<0$이므로 부등식의 각 변을 $2b$로 나누면
$\dfrac{7b}{2b}>x>\dfrac{-3b}{2b}$ ∴ $-\dfrac{3}{2}<x<\dfrac{7}{2}$

3rd 부등식을 만족시키는 정수 x의 최댓값과 최솟값을 구하자.

따라서 정수 x의 최댓값은 3, 최솟값은 -1이므로 구하는 합은
$3+(-1)=2$이다.

[함정] 구한 값이 양수처럼 보이지만 위의 범위 조건을 통해 음수임을 알 수 있으므로 '$-$' 부호가 없어도 음수라는 사실을 기억해야 해.

H 98 정답 ④ ······· ★1등급 대비 [정답률 18%]

* 부등식을 연립부등식으로 바꾸어 해를 구한 후 조건을 만족시키는 미정계수의 범위 구하기 [유형 06+09]

[단서1] 부등식의 해를 구해.

부등식 $\dfrac{x-4k}{3}<\dfrac{4x-5}{2}≤-\dfrac{x}{4}+k$를 만족시키는 양의 정수 x는 2개, 음의 정수 x는 1개일 때, 다음 중 자연수 k의 값이 될 수 있는 것은?

[단서2] 주어진 부등식의 해가 $a<x≤b$일 때, 이 범위에 양의 정수가 2개, 음의 정수가 1개 포함되도록 a, b의 값의 범위를 구해야 해.

① 1   ② 2   ③ 3   ④ 4   ⑤ 5

[왜 1등급?] 부등식을 풀어 주어진 해의 조건을 만족시키는 미정계수의 값의 범위를 구하는 문제이다.
이를 위해서는 주어진 부등식을 연립부등식으로 나누어 각각의 부등식에서 해를 구한 후 전체 부등식의 해를 구하여 해의 범위에 양의 정수와 음의 정수의 개수에 대한 조건을 적용시켜 미정계수의 범위를 정확히 확인해야 한다.

💡 **단서+발상**

[단서1] 주어진 부등식이 복잡해보이지만, 이 부등식은 $\dfrac{x-4k}{3}<\dfrac{4x-5}{2}$와
$\dfrac{4x-5}{2}≤-\dfrac{x}{4}+k$로 나누어 볼 수 있다. (발상)

$\dfrac{x-4k}{3}<\dfrac{4x-5}{2}$를 풀면 $x>\dfrac{-8k+15}{10}$이고, $\dfrac{4x-5}{2}≤-\dfrac{x}{4}+k$를 풀면
$x≤\dfrac{4k+10}{9}$이므로 주어진 부등식의 해는 $\dfrac{-8k+15}{10}<x≤\dfrac{4k+10}{9}$이다.
(적용)

[단서2] 부등식의 해를 수직선 위에 나타내 보자.
그런데 양의 정수가 2개이려면 양의 정수가 1, 2이고, 3 이상은 포함되지 않고
음의 정수가 1개이려면 음의 정수가 -1이고, -2 이하는 포함되지 않아야
한다. (적용)

따라서 그림과 같이 수직선에 나타내보면 $\dfrac{4k+10}{9}$의 범위와 $\dfrac{-8k+15}{10}$의
범위를 구할 수 있다. (해결)

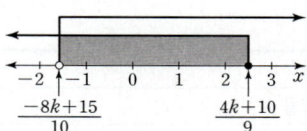

[주의] 부등호에 등호가 들어가도 되는지 여부를 정확히 확인해보아야 한다.

핵심 정답 공식: 미지수 k를 포함한 연립부등식의 해를 수직선 위에 움직이며 양의 정수해가 2개, 음의 정수해가 1개가 되도록 k의 범위를 구한다.

------------------ [문제 풀이 순서] ------------------

1st 주어진 부등식을 연립부등식으로 나타내고 해를 구하자.

$\dfrac{x-4k}{3} < \dfrac{4x-5}{2} \le -\dfrac{x}{4}+k$ 에서 $\begin{cases} \dfrac{x-4k}{3} < \dfrac{4x-5}{2} \\ \dfrac{4x-5}{2} \le -\dfrac{x}{4}+k \end{cases}$

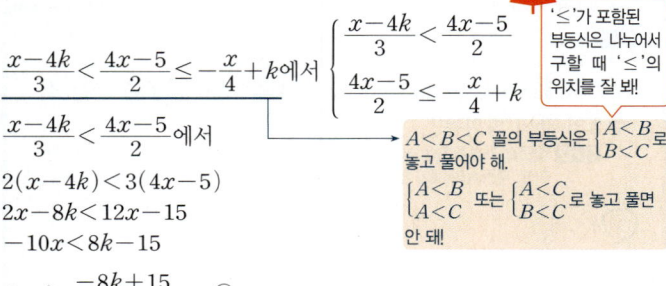

> **주의** '≤'가 포함된 부등식은 나누어서 구할 때 '≤'의 위치를 잘 봐!

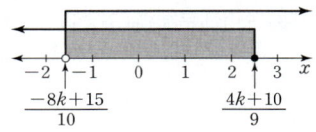

$A < B < C$ 꼴의 부등식은 $\begin{cases} A<B \\ B<C \end{cases}$ 로 놓고 풀어야 해.
$\begin{cases} A<B \\ A<C \end{cases}$ 또는 $\begin{cases} A<C \\ B<C \end{cases}$ 로 놓고 풀면 안 돼!

$\dfrac{x-4k}{3} < \dfrac{4x-5}{2}$ 에서

$2(x-4k) < 3(4x-5)$

$2x-8k < 12x-15$

$-10x < 8k-15$

$\therefore x > \dfrac{-8k+15}{10}$ … ㉠

$\dfrac{4x-5}{2} \le -\dfrac{x}{4}+k$ 에서 $2(4x-5) \le -x+4k$, $8x-10 \le -x+4k$

$9x \le 4k+10$ $\therefore x \le \dfrac{4k+10}{9}$ … ㉡

㉠, ㉡에서 $\dfrac{-8k+15}{10} < x \le \dfrac{4k+10}{9}$

2nd 양의 정수인 해가 2개, 음의 정수인 해가 1개가 되도록 하는 조건을 구해.

주어진 부등식을 만족시키는 양의 정수 x가 2개, 음의 정수 x가 1개가 되려면 오른쪽 그림과 같아야 하므로

$-2 \le \dfrac{-8k+15}{10} < -1$ … ㉢

$2 \le \dfrac{4k+10}{9} < 3$ … ㉣

> 부등호에 등호 '='가 들어가도 되는지 확인해야 해.

3rd k의 값의 범위를 구하자.

㉢에서 $-2 \le \dfrac{-8k+15}{10} < -1$, $-20 \le -8k+15 < -10$

$-35 \le -8k < -25$ $\therefore \dfrac{25}{8} < k \le \dfrac{35}{8}$ … ㉤

㉣에서 $2 \le \dfrac{4k+10}{9} < 3$, $18 \le 4k+10 < 27$

$8 \le 4k < 17$ $\therefore 2 \le k < \dfrac{17}{4}$ … ㉥

㉤, ㉥에서 $\dfrac{25}{8} < k < \dfrac{17}{4}$ $\dfrac{25}{8}=3.125$, $\dfrac{17}{4}=4.25$이므로 이 두 수 사이에 있는 자연수는 4야.

따라서 조건을 만족시키는 자연수 k의 값은 4이다.

My Top Secret 서울대 선배의 **1**등급 대비 전략

$a < x \le b$를 만족시키는 x의 값 중 양의 정수가 n개, 음의 정수가 m개라면, a는 음수이고 b는 양수가 되므로 부등식을 $0 \le x \le b$와 $a < x < 0$으로 나눌 수 있어.
가장 큰 정수 x의 값을 p라 하면, 1부터 p까지 들어갈 수 있으므로 $p = n$이고 같은 논리로 가장 작은 정수 x의 값은 $-m$이야.
즉, $-m-1$은 주어진 부등식을 만족시키지 못하고, $n+1$도 주어진 부등식을 만족시키지 못한다는 것을 알아두면 이와 비슷한 유형의 문제를 풀 때 유용하게 쓰일 데가 있을 거야.

＊주어진 부등식을 만족시키는 정수의 개수가 특정한 값이 되도록 하는 미정계수 구하기 [유형 11+12]

> 두 양수 a, b에 대하여 부등식 $|x-a|+|x+1| \le b$를 만족시키는 정수 x의 개수를 $f(a,b)$라 할 때, $f(n, n+3)=12$를 만족시키는 자연수 n의 값은?
> **단서1** $f(a,b)$의 정의를 이해하여 부등식에 적용해.
> ① 4   ② 5   ③ 6
> ④ 7   ⑤ 8
> **단서2** $a=n$, $b=n+3$을 대입한 후 절댓값 기호 안의 식을 0으로 하는 x의 값을 기준으로 구간을 나눠 부등식을 풀면 돼. 이때, n이 자연수라는 것 잊지마!

왜 1등급? 주어진 부등식을 만족시키는 정수의 개수가 12가 되도록 하는 자연수 n을 구하는 문제이다.
우선, $f(a,b)=12$가 뜻하는 것을 정확히 알아내야 하고, 절댓값 기호가 2개이므로 이를 없애기 위해 x의 범위를 제대로 나누어 따져보는 것이 중요하다.

단서+발상

단서1 $f(n, n+3)=12$라 했으므로 $f(a,b)$의 정의에 의해 $a=n$, $b=n+3$을 대입하여 $|x-n|+|x+1| \le n+3$을 성립시키는 정수 x의 개수가 12개가 되도록 하는 n을 구하면 된다. **발상**

단서2 부등식에 있는 절댓값 기호를 없애기 위해 x의 값의 범위를 나누어 본다. **개념**

절댓값 기호 안에 있는 식이 0이 되도록 하는 x가 -1과 n이므로 $x < -1$, $-1 \le x < n$, $x \le n$일 때로 나누어 부등식을 해결할 수 있다. **해결**

주의 n이 자연수이므로 $-2 \le x \le n+1$을 만족시키는 정수 x의 개수는 $(n+1)-(-2)+1 = n+4$(개)이다.

핵심 정답 공식: 주어진 부등식의 a, b에 n, $n+3$을 대입하여 부등식의 해를 구한다. 이때, 절댓값 안의 식의 값을 0으로 만드는 x의 값을 기준으로 경우를 나눈다.

------------------ [문제 풀이 순서] ------------------

1st a, b 대신에 n, $n+3$을 대입하여 부등식을 풀자.

$a=n$, $b=n+3$을 주어진 부등식에 대입하면

$|x-n|+|x+1| \le n+3$ 절댓값 기호 안의 식을 0으로 만드는 x의 값은 $x-n=0$에서 $x=n$, $x+1=0$에서 $x=-1$이야.

(i) $x < -1$일 때,

$-(x-n)-(x+1) \le n+3$

> $|x-n|$에서 $x<-1$이고, $n>0$이므로 $x-n<0$이야. 즉, $|x-n|=-(x-n)$

$-x+n-x-1 \le n+3$, $-2x \le 4$

$\therefore x \ge -2$
그런데 $x < -1$이므로 $-2 \le x < -1$

> **실수** x와 n의 값을 정확히 몰라도 주어진 범위를 고려하여 절댓값을 계산할 수 있어야 해.

(ii) $-1 \le x < n$일 때,

$-(x-n)+x+1 \le n+3$

$-x+n+x+1 \le n+3$

$\therefore 0 \cdot x \le 2$ $0 \cdot x=0 \le 2$이므로 모든 실수 x에 대하여 이 부등식이 성립해.
즉, 해는 모든 실수 x이다.
그런데 $-1 \le x < n$이므로 $-1 \le x < n$

(iii) $x \ge n$일 때,

$x-n+x+1 \le n+3$, $2x \le 2n+2$

$\therefore x \le n+1$
그런데 $x \ge n$이므로 $n \le x \le n+1$

(i)~(iii)에 의해 $-2 \le x \le n+1$

2nd 부등식을 만족시키는 정수 x의 개수가 12일 때의 n의 값을 구하자.

$-2 \le x \le n+1$을 만족시키는 정수 x의 개수는 $n+4$이므로

$f(n, n+3) = n+4 = 12$ $-2, -1, 0, 1, 2, \cdots, n, n+1$

$\therefore n = 8$

톡톡 풀이: 그래프를 이용하여 부등식의 해 구하기

$g(x)=|x-n|+|x+1|$이라 하면

$x\le -1$일 때, $g(x)=-(x-n)-(x+1)=-2x+n-1$

$-1<x\le n$일 때, $g(x)=-(x-n)+(x+1)=n+1$

$x\ge n$일 때, $g(x)=(x-n)+(x+1)=2x-n+1$

즉, 함수 $y=g(x)$의 그래프와 직선 $y=n+3$은 그림과 같아.

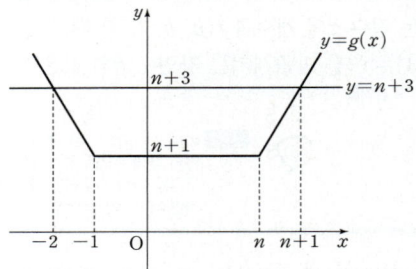

이때, 주어진 부등식 $|x-a|+|x+1|\le b$, 즉 $g(x)\le n+3$의 해는 함수 $y=g(x)$의 그래프가 직선 $y=n+3$보다 아래에 있거나 같은 부분의 x의 값의 범위이므로 위의 그래프에 의하여 $-2\le x\le n+1$이야.

(이하 동일)

My Top Secret
서울대 선배의 **①** 등급 대비 전략

문제가 새로운 함수 $f(a,\ b)$의 정의를 소개하여 조금 복잡해보이지만, 구하고자 하는 값이 $f(n,\ n+3)=12$인 경우이므로 $a=n$과 $b=n+3$을 바로 대입하여 주어진 조건을 간단하게 표현할 수 있어. 이후 절댓값 기호를 없애야 이항을 통해 부등식의 해를 구할 수 있고, 절댓값 기호가 2개이므로 절댓값 기호 안의 식이 0이 되는 두 값을 기준으로 부등식의 해를 구해야 해.

수능 핵강

＊ 절댓값 기호가 여러 개인 부등식의 풀이

절댓값이 많아지면 어떻게 풀까?

원리는 같아! 절댓값 안이 0이 되는 값을 기준으로 구간을 나눠서 푸는 원리!

$|x-a|+|x-b|+|x-c|\le k\ (a<b<c)$의 절댓값 안이 0이 되는 것은 $x-a=0,\ x-b=0,\ x-c=0$, 즉 $x=a,\ x=b,\ x=c$를 기준으로 구간을 나누자!

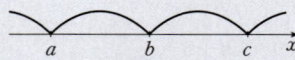

(ⅰ) $x<a$ (ⅱ) $a\le x<b$ (ⅲ) $b\le x<c$ (ⅳ) $c\le x$

나눠진 구간에서 각각의 절댓값이 양수면 그대로, 음수면 $-$를 붙여서 식을 풀면 돼.

＊ 절댓값 기호를 두 개 포함한 부등식이 해를 갖지 않도록 하는 미정계수의 범위 구하기 [유형 11+12+13]

단서1 절댓값 기호 안의 식의 값을 0으로 만드는 x의 값을 경계로 구간을 나눈 후 각 구간에서 절댓값 기호를 없앤 뒤 부등식을 풀면 돼.

부등식 $|3x-1|+|2x+3|\le k$가 해를 갖지 <u>않도록</u> 하는 실수 k의 값의 범위는?

단서2 절댓값 기호가 있는 부등식을 풀면 나누어진 구간에서 해가 각각 구해지지? 이때, 부등식의 해가 없으려면 어느 한 구간에서라도 해가 나오면 안 되는 거야.

① $k<\dfrac{11}{3}$ ② $k<4$ ③ $k<\dfrac{13}{3}$

④ $k>\dfrac{11}{3}$ ⑤ $k>4$

왜 1등급? 절댓값 기호를 두 개 포함한 부등식이 해를 갖지 않도록 하는 미정계수를 구하는 문제이다.

이를 위해서는 절댓값 기호 안에 있는 식이 0이 되는 값을 기준으로 범위를 나누어 해를 구했을 때, 각 경우에서의 해가 존재하지 않도록 미지수의 범위를 조절할 수 있어야 한다.

단서+발상

단서1 주어진 부등식의 절댓값 기호를 없애기 위해 절댓값 기호 안의 식이 0이 되는 x를 기준으로 나누어 볼 수 있다. 개념

즉, $x<-\dfrac{3}{2}$, $-\dfrac{3}{2}\le x<\dfrac{1}{3}$, $x\le \dfrac{1}{3}$로 나누어 부등식의 해를 구해야 한다. 적용

단서2 $x<-\dfrac{3}{2}$일 때, 부등식의 해는 $x\ge -\dfrac{k+2}{5}$이므로 $-\dfrac{k+2}{5}\le x<-\dfrac{3}{2}$인 실수 x가 존재하지 않아야 한다.

$-\dfrac{3}{2}\le x<\dfrac{1}{3}$일 때, 부등식의 해는 $x\ge 4-k$이므로 $4-k\le x<\dfrac{1}{3}$인 x가 존재하지 않아야 한다.

$x\ge \dfrac{1}{3}$일 때, $x\le \dfrac{k+2}{5}$이므로 $\dfrac{1}{3}\le x\le \dfrac{k+2}{5}$인 실수 x가 존재하지 않아야 한다. 해결

주의 x의 값의 범위를 나눌 때와 해가 존재하지 않기 위한 k의 값의 범위를 구할 때, 부등식에서 등호의 유무에 주의해야 한다.

핵심 정답 공식: $x<-\dfrac{3}{2}$인 경우, $-\dfrac{3}{2}\le x<\dfrac{1}{3}$인 경우, $x\ge \dfrac{1}{3}$인 경우에 대해 부등식이 해를 갖지 않도록 하는 k의 값의 조건을 구한다.

-------------------- [문제 풀이 순서] --------------------

1st 절댓값 기호의 안의 식이 0이 되는 값을 경계로 하여 구간을 나눈 후 부등식을 풀자. 이때, 각 구간에서 부등식이 해를 갖지 않도록 하는 조건을 찾아야 해.

$|3x-1|+|2x+3|\le k$에서
$\longrightarrow$ $3x-1=0$에서 $x=\dfrac{1}{3}$, $2x+3=0$에서 $x=-\dfrac{3}{2}$
즉, $-\dfrac{3}{2}$과 $\dfrac{1}{3}$을 기준으로 x의 값의 범위를 나누면 돼.

(ⅰ) $x<-\dfrac{3}{2}$일 때,

$-(3x-1)-(2x+3)\le k$

$-3x+1-2x-3\le k$, $-5x\le k+2$ $\therefore x\ge -\dfrac{k+2}{5}$

그런데 $x<-\dfrac{3}{2}$이므로 해를 갖지 않으려면 $-\dfrac{3}{2}\le -\dfrac{k+2}{5}$이어야 한다.

함정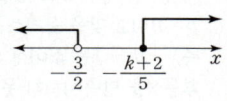

$-\dfrac{k+2}{5}$가 $-\dfrac{3}{2}$이면 해는 $x\ge -\dfrac{3}{2}$이지?

즉, $x<-\dfrac{3}{2}$일 때, 해가 $x\ge -\dfrac{3}{2}$이 나왔으므로 이 경우 해가 없어. 따라서 부등호에 '='이 붙는 거야.

$-15\le -2(k+2)$

$-15\le -2k-4$

$2k\le 11$ $\therefore k\le \dfrac{11}{2}$

(ii) $-\dfrac{3}{2}\le x<\dfrac{1}{3}$일 때,

$-(3x-1)+2x+3\le k$

$-3x+1+2x+3\le k,\ -x\le k-4$

$\therefore x\ge 4-k$

그런데 $-\dfrac{3}{2}\le x<\dfrac{1}{3}$이므로 해를 갖지 않으려면

$\dfrac{1}{3}\le 4-k$이어야 한다.

$\therefore k\le \dfrac{11}{3}$

(iii) $x\ge \dfrac{1}{3}$일 때,

$3x-1+2x+3\le k$

$5x\le k-2$

$\therefore x\le \dfrac{k-2}{5}$

그런데 $x\ge \dfrac{1}{3}$이므로 해를 갖지 않으려면

$\dfrac{k-2}{5}<\dfrac{1}{3}$이어야 한다.

$3k-6<5$

$\therefore k<\dfrac{11}{3}$

2nd 주어진 부등식이 해를 갖지 않도록 하는 k의 값의 범위를 구하자.

따라서 (i)~(iii)에 의해 구하는 k의 값의 범위는

$k<\dfrac{11}{3}$ 주어진 부등식의 해가 없으려면 (i)~(iii)에서 구한 해가 없기 위한 조건을 모두 만족시켜야 하지? 즉, k의 값의 범위는 $k\le\dfrac{11}{2},\ k\le\dfrac{11}{3},\ k<\dfrac{11}{3}$의 공통부분이어야 해.

다른 풀이: 절댓값 기호 안의 식이 0이 되는 값을 경계로 하여 구간을 나눈 뒤, 절댓값이 있는 좌변을 정리한 후 부등식의 성질을 이용하여 범위 구하기

$|3x-1|+|2x+3|\le k$에서

(i) $x<-\dfrac{3}{2}$일 때,

$|3x-1|+|2x+3|=-(3x-1)-(2x+3)$

$=-3x+1-2x-3$

$=-5x-2$

이때, $x<-\dfrac{3}{2}$에서 $-5x-2>\dfrac{11}{2}$ $\cdots$ ㉠

$\underline{x<-\dfrac{3}{2}$에서 $-5x>\dfrac{15}{2}$ $\therefore -5x-2>\dfrac{15}{2}-2}$

(ii) $-\dfrac{3}{2}\le x<\dfrac{1}{3}$일 때,

$|3x-1|+|2x+3|=-(3x-1)+2x+3$

$=-3x+1+2x+3$

$=-x+4$

이때, $-\dfrac{3}{2}\le x<\dfrac{1}{3}$에서 $\dfrac{11}{3}<-x+4\le\dfrac{11}{2}$ $\cdots$ ㉡

$\underline{-\dfrac{3}{2}\le x<\dfrac{1}{3}$에서 $-\dfrac{1}{3}<-x\le\dfrac{3}{2}}$

$\therefore -\dfrac{1}{3}+4<-x+4\le\dfrac{3}{2}+4$

(iii) $x\ge \dfrac{1}{3}$일 때,

$|3x-1|+|2x+3|=3x-1+2x+3$

$=5x+2$

이때, $x\ge\dfrac{1}{3}$에서 $5x+2\ge\dfrac{11}{3}$ $\cdots$ ㉢ $x\ge\dfrac{1}{3}$에서 $5x\ge\dfrac{5}{3}$ $\therefore 5x+2\ge\dfrac{5}{3}+2$

㉠~㉢에 의해 $|3x-1|+|2x+3|\ge\dfrac{11}{3}$

따라서 부등식 $|3x-1|+|2x+3|\le k$의 해가 없기 위해서는

$k<\dfrac{11}{3}$이어야 해.

$|3x-1|+|2x+3|=A$라 하면 $A\ge\dfrac{11}{3}$인데, $A\le k$의 해가 없기 위해서는 그림과 같아야 해.

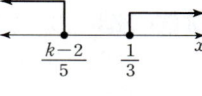

톡톡 풀이: 그래프를 이용하여 조건을 만족시키는 k의 값의 범위 구하기

$f(x)=|3x-1|+|2x+3|$라 하면

$x<-\dfrac{3}{2}$일 때, $f(x)=-(3x-1)-(2x+3)=-5x-2$

$-\dfrac{3}{2}\le x<\dfrac{1}{3}$일 때, $f(x)=-(3x-1)+(2x+3)=-x+4$

$x\ge\dfrac{1}{3}$일 때, $f(x)=(3x-1)+(2x+3)=5x+2$

즉, 함수 $y=f(x)$의 그래프는 그림과 같아.

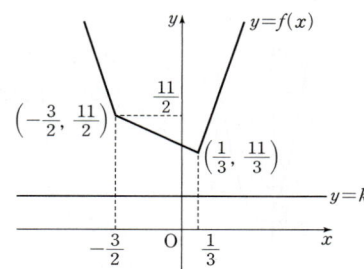

한편, 주어진 부등식 $|3x-1|+|2x+3|\le k$, 즉 $\underline{f(x)\le k$가 해를 갖지 않으려면 함수 $y=f(x)$의 그래프와 직선 $y=k$가 만나지 않아야 해.}

함수 $y=f(x)$의 그래프가 직선 $y=k$와 만나면 만나는 점의 x좌표는 주어진 부등식을 만족시키게 돼.

즉, k는 $f(x)$의 최솟값 $\dfrac{11}{3}$보다 작아야 하므로 구하는 k의 값의 범위는

$k<\dfrac{11}{3}$이야.

H

1등급 대비 특강

* 연립부등식에서 해의 범위 찾기

위의 문제의 풀이에서 왜 $x<-\dfrac{3}{2}$일 때와 $-\dfrac{3}{2}\le x<\dfrac{1}{3}$일 때, 그리고

$x\ge\dfrac{1}{3}$일 때의 부등식이 해를 갖지 않도록 하는 k의 값의 범위를 각각 구했을까?

그 이유는 이 세 구간 중 어느 한 구간에서라도 부등식의 해가 존재한다면 주어진 부등식은 해를 갖게 되는 것이기 때문이야.

이처럼 연립부등식의 해와 관련된 문제에서는 각 구간에서 구한 해들의 공통부분을 찾는 것인지, 아니면 어느 하나라도 속하는 범위를 찾는 것인지 문제의 뜻을 잘 파악해야 해.

My Top Secret 서울대 선배의 **①** 등급 대비 전략

모든 실수 x에 대해 주어진 부등식이 성립하지 않으므로 $|3x-1|+|2x+3|$의 최솟값은 k보다 커.

따라서 $|3x-1|+|2x+3|$의 최솟값을 구해보자.

먼저, $x<-\dfrac{3}{2}$에서 일차항의 계수가 -5이므로 x가 커질수록

$|3x-1|+|2x+3|$의 값은 작아지고, $-\dfrac{3}{2}\le x<\dfrac{1}{3}$에서도

일차항의 계수가 -1이므로 x가 커질수록 $|3x-1|+|2x+3|$의

값은 작아져.

그런데 $x\ge\dfrac{1}{3}$에서 일차항의 계수가 5이므로 x가 커질수록

$|3x-1|+|2x+3|$의 값은 커져.

따라서 $|3x-1|+|2x+3|$은 $x=\dfrac{1}{3}$에서 최솟값을 갖고 그 값은

$\dfrac{11}{3}$이야.

즉, $\dfrac{11}{3}>k$

개념 확인 문제

Ⅰ 01 정답 (1) $x<-3$ 또는 $x>1$ (2) $-3<x<1$
           (3) $x\leq-3$ 또는 $x\geq1$ (4) $-3\leq x\leq1$

Ⅰ 02 정답 (1)
         (2) $x<-2$ 또는 $x>4$
         (3) $-2\leq x\leq4$

Ⅰ 03 정답 (1)
         (2) 해가 없다.
         (3) $x=1$
         (4) $x\neq1$인 모든 실수

Ⅰ 04 정답 $x<-1$ 또는 $x>5$

Ⅰ 05 정답 $-1\leq x\leq\dfrac{5}{4}$

Ⅰ 06 정답 $-\dfrac{2}{3}<x<\dfrac{3}{2}$

Ⅰ 07 정답 $1\leq x\leq3$

Ⅰ 08 정답 $x<1$ 또는 $x>3$

Ⅰ 09 정답 $-3<x<\dfrac{1}{2}$

Ⅰ 10 정답 $x<-2$ 또는 $x>5$

Ⅰ 11 정답 모든 실수

Ⅰ 12 정답 해가 없다.

Ⅰ 13 정답 $x=1$

Ⅰ 14 정답 $x^2-5x-24>0$

Ⅰ 15 정답 $x^2-x-6\leq0$

Ⅰ 16 정답 $x^2-5x+4\geq0$

Ⅰ 17 정답 $x^2+11x+30<0$

Ⅰ 18 정답 $-3x^2+9x+30<0$
해가 $x<-2$ 또는 $x>5$이고 x^2의 계수가 1인 이차부등식은
$x^2-3x-10>0$
부등식의 양변에 -3을 곱하면 $-3x^2+9x+30<0$

Ⅰ 19 정답 $-3x^2+9x+12\geq0$
해가 $-1\leq x\leq4$이고 x^2의 계수가 1인 이차부등식은
$x^2-3x-4\leq0$
부등식의 양변에 -3을 곱하면 $-3x^2+9x+12\geq0$

Ⅰ 20 정답 $-3x^2+9x\leq0$
해가 $x\leq0$ 또는 $x\geq3$이고 x^2의 계수가 1인 이차부등식은
$x^2-3x\geq0$
부등식의 양변에 -3을 곱하면 $-3x^2+9x\leq0$

Ⅰ 21 정답 $-3x^2+21x-18>0$
해가 $1<x<6$이고 x^2의 계수가 1인 이차부등식은
$x^2-7x+6<0$
부등식의 양변에 -3을 곱하면 $-3x^2+21x-18>0$

Ⅰ 22 정답 $a>\dfrac{9}{4}$
모든 실수 x에 대하여 $x^2+3x+a>0$이 성립하려면 이차방정식 $x^2+3x+a=0$의 판별식 $D<0$이어야 한다.
$D=3^2-4a<0$, $9-4a<0$
$\therefore a>\dfrac{9}{4}$

Ⅰ 23 정답 $-1<a<\dfrac{3}{4}$
모든 실수 x에 대하여 $-x^2-4ax+a-3<0$
$x^2+4ax-a+3>0$이 성립하려면 이차방정식
$x^2+4ax-a+3=0$의 판별식 $D<0$이어야 한다.
$\dfrac{D}{4}=(2a)^2-(-a+3)<0$, $4a^2+a-3<0$
$(4a-3)(a+1)<0$ $\therefore -1<a<\dfrac{3}{4}$

Ⅰ 24 정답 $0\leq a\leq1$
x의 값에 관계없이 $x^2-2ax+a\geq0$이 항상 성립하려면 이차방정식 $x^2-2ax+a=0$의 판별식 $D\leq0$이어야 한다.
$\dfrac{D}{4}=(-a)^2-a\leq0$, $a^2-a\leq0$
$a(a-1)\leq0$ $\therefore 0\leq a\leq1$

Ⅰ 25 정답 $-\dfrac{1}{4}<a<1$
$x^2-4ax+3a+1>0$의 해가 모든 실수가 되려면 이차방정식 $x^2-4ax+3a+1=0$의 판별식 $D<0$이어야 한다.

$$\frac{D}{4}=(-2a)^2-(3a+1)<0, \; 4a^2-3a-1<0$$

$$(4a+1)(a-1)<0 \qquad \therefore -\frac{1}{4}<a<1$$

I 26 정답 $a\geq4$

$x^2+4x+a<0$의 해가 존재하지 않으려면
$x^2+4x+a\geq0$의 해가 모든 실수가 되어야 하므로 이차방정식
$x^2+4x+a=0$의 판별식 $D\leq0$이어야 한다.

$$\frac{D}{4}=2^2-a\leq0 \qquad \therefore a\geq4$$

I 27 정답 (1) $x\leq-\dfrac{1}{2}$ 또는 $x\geq\dfrac{3}{2}$

            (2) $1<x<2$

            (3) $\dfrac{3}{2}\leq x<2$

I 28 정답 $5<x<8$

(i) $5x-6>3x+4$
   $5x-3x>4+6$
   $2x>10$
   $\therefore x>5$
(ii) $x^2-7x-8<0$
   $(x-8)(x+1)<0$
   $\therefore -1<x<8$

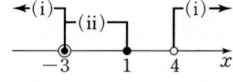

(i)과 (ii)에서 $5<x<8$

I 29 정답 $5\leq x<8$

(i) $x^2-10x+16<0, \; (x-8)(x-2)<0$
   $\therefore 2<x<8$
(ii) $4x-4\geq1+3x \qquad \therefore x\geq5$
(i)과 (ii)에서 $5\leq x<8$

I 30 정답 $-1\leq x\leq2$

(i) $x^2-3x-4\leq0, \; (x-4)(x+1)\leq0$
   $\therefore -1\leq x\leq4$
(ii) $3x-1\leq2.5x, \; 0.5x\leq1$
   $\therefore x\leq2$
(i)과 (ii)에서 $-1\leq x\leq2$

I 31 정답 해가 없다.

(i) $x^2-x-12>0$
   $(x+3)(x-4)>0$
   $\therefore x<-3$ 또는 $x>4$
(ii) $x^2+2x-3\leq0$
   $(x+3)(x-1)\leq0$
   $\therefore -3\leq x\leq1$

(i)과 (ii)에서 주어진 연립부등식의 해는 없다.

I 32 정답 $1\leq x<2$

(i) $x^2-4x+3\leq0, \; (x-1)(x-3)\leq0$
   $\therefore 1\leq x\leq3$
(ii) $2x^2-5x+2<0, \; (2x-1)(x-2)<0$

$$\therefore \frac{1}{2}<x<2$$

(i)과 (ii)에서 $1\leq x<2$

I 33 정답 $-4\leq x\leq-2$

(i) $x^2+6x+8\leq0, \; (x+2)(x+4)\leq0$
   $\therefore -4\leq x\leq-2$
(ii) $x^2-5x+6>0, \; (x-2)(x-3)>0$
   $\therefore x<2$ 또는 $x>3$
(i)과 (ii)에서 $-4\leq x\leq-2$

I 34 정답 $1\leq x\leq2$

(i) $-4x+3\leq x^2-2$
   $x^2+4x-5\geq0$
   $(x+5)(x-1)\geq0$
   $\therefore x\leq-5$ 또는 $x\geq1$
(ii) $x^2-2\leq2$
   $x^2-4\leq0$
   $(x+2)(x-2)\leq0$
   $\therefore -2\leq x\leq2$
(i)과 (ii)에서 $1\leq x\leq2$

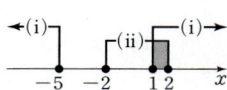

I 35 정답 $x=-3$ 또는 $1\leq x\leq3$

(i) $-2x\leq x^2-3, \; x^2+2x-3\geq0$
   $(x+3)(x-1)\geq0$
   $\therefore x\leq-3$ 또는 $x\geq1$
(ii) $x^2-3\leq6, \; x^2-9\leq0$
   $(x-3)(x+3)\leq0$
   $\therefore -3\leq x\leq3$
(i)과 (ii)에서 $x=-3$ 또는 $1\leq x\leq3$

I 36 정답 $-2\leq x\leq0$ 또는 $2\leq x\leq4$

(i) $x^2-9\leq2x-1, \; x^2-2x-8\leq0$
   $(x+2)(x-4)\leq0$
   $\therefore -2\leq x\leq4$
(ii) $2x-1\leq x^2-1, \; x^2-2x\geq0$
   $x(x-2)\geq0$
   $\therefore x\leq0$ 또는 $x\geq2$
(i)과 (ii)에서 $-2\leq x\leq0$ 또는 $2\leq x\leq4$

I 37 정답 $2<k\leq18$

(i) $\dfrac{D}{4}=4^2-(k-2)\geq0 \qquad \therefore k\leq18$
(ii) (두 근의 합)$=-8<0$
(iii) (두 근의 곱)$=k-2>0 \qquad \therefore k>2$
(i), (ii), (iii)에 의해 $2<k\leq18$

I 38 정답 $k\geq4$

(i) $\dfrac{D}{4}=(k-1)^2-(3k-3)\geq0$
   $k^2-5k+4\geq0, \; (k-1)(k-4)\geq0$
   $\therefore k\leq1$ 또는 $k\geq4$
(ii) (두 근의 합)$=2(k-1)>0 \qquad \therefore k>1$
(iii) (두 근의 곱)$=3k-3>0 \qquad \therefore k>1$
(i), (ii), (iii)에 의해 $k\geq4$

I 39 정답 $k > \dfrac{5}{2}$

(두 근의 곱)$= -2k+5 < 0$

$\therefore k > \dfrac{5}{2}$

I 40 정답 $-\dfrac{9}{2} < k \leq -2\sqrt{2}$

(i) (축)> 1이어야 한다.

$\begin{aligned} y &= x^2 + 2kx + 8 \\ &= x^2 + 2kx + k^2 - k^2 + 8 \\ &= (x+k)^2 - k^2 + 8 \end{aligned}$

(축)$= -k > 1$

$\therefore k < -1$

(ii) 이차방정식 $x^2 + 2kx + 8 = 0$의 판별식 $D \geq 0$

$\dfrac{D}{4} = k^2 - 8 \geq 0$

$(k - 2\sqrt{2})(k + 2\sqrt{2}) \geq 0$

$\therefore k \leq -2\sqrt{2}$ 또는 $k \geq 2\sqrt{2}$

(iii) $f(x) = x^2 + 2kx + 8$에서 $f(1) > 0$

$f(1) = 1 + 2k + 8 > 0$

$2k > -9$

$\therefore k > -\dfrac{9}{2}$

(i), (ii), (iii)에 의해

$-\dfrac{9}{2} < k \leq -2\sqrt{2}$

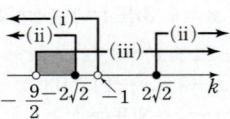

I 41 정답 $k \leq -\dfrac{5}{4}$

(i) (축)< 1이어야 한다.

$\begin{aligned} y &= x^2 - 4kx + 5 - k \\ &= x^2 - 4kx + 4k^2 - 4k^2 + 5 - k \\ &= (x - 2k)^2 - 4k^2 - k + 5 \end{aligned}$

(축)$= 2k < 1$

$\therefore k < \dfrac{1}{2}$

(ii) 이차방정식 $x^2 - 4kx + 5 - k = 0$의 판별식 $D \geq 0$

$\dfrac{D}{4} = (-2k)^2 - (5-k) \geq 0$

$4k^2 + k - 5 \geq 0$

$(4k + 5)(k - 1) \geq 0$

$\therefore k \leq -\dfrac{5}{4}$ 또는 $k \geq 1$

(iii) $f(x) = x^2 - 4kx + 5 - k$에서

$f(1) > 0$

$\begin{aligned} f(1) &= 1 - 4k + 5 - k \\ &= 6 - 5k > 0 \end{aligned}$

$\therefore k < \dfrac{6}{5}$

(i), (ii), (iii)에 의해

$k \leq -\dfrac{5}{4}$

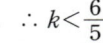

I 42 정답 $k < 1$

이차방정식 $x^2 + kx + k - 3 = 0$의 두 근 사이에 1이 있으려면 $f(x) = x^2 + kx + k - 3$에 대하여 $f(1) < 0$이 성립하면 된다.

$f(1) = 1 + k + k - 3 < 0$

$2k < 2 \quad \therefore k < 1$

I 43 정답 $1 \leq k < \dfrac{5}{4}$

(i) $D = (k+5)^2 - 4 \times 9 \geq 0$

$k^2 + 10k - 11 \geq 0$, $(k+11)(k-1) \geq 0$

$\therefore k \leq -11$ 또는 $k \geq 1$

(ii) $f(x) = x^2 - (k+5)x + 9$라 할 때,

$f(1) > 0$이 성립해야 하므로

$1 - (k+5) + 9 > 0$

$\therefore k < 5$

(iii) $f(4) > 0$이 성립해야 하므로

$16 - 4(k+5) + 9 > 0$, $5 > 4k$

$\therefore k < \dfrac{5}{4}$

(iv) 그래프의 축이 1과 4 사이에 있어야 하므로

$1 < -\dfrac{-(k+5)}{2} < 4$, $1 < \dfrac{k+5}{2} < 4$

$2 < k + 5 < 8 \qquad \therefore -3 < k < 3$

(i)~(iv)에 의해 $1 \leq k < \dfrac{5}{4}$

내신+학평 유형 스토리

I 44 정답 ① ·································· 이차방정식의 근의 공식

정답 공식: $\alpha < \beta$일 때, 양수 k에 대하여 이차부등식 $k(x-\alpha)(x-\beta) < 0$의 해는 $\alpha < x < \beta$이다.

단서 $\alpha < \beta$일 때, $(x-\alpha)(x-\beta) < 0 \iff \alpha < x < \beta$

이차부등식 $\underline{x^2 - 5x + 4 < 0}$을 만족시키는 모든 x의 값의 범위가 $1 < x < a$일 때, a의 값은?

① 4 ② 5 ③ 6
④ 7 ⑤ 8

1st 이차부등식의 해를 구하여 a의 값을 구해.

$x^2 - 5x + 4 = (x-1)(x-4) < 0$의 해는

$\underline{1 < x < 4}$이므로 $a = 4$ $\rightarrow$ $\alpha < \beta$인 두 상수 α, β와 양수 k에 대하여 이차부등식 $k(x-\alpha)(x-\beta) < 0$의 해는 $\alpha < x < \beta$

다른 풀이: 이차부등식의 경계는 이차방정식의 근임을 이용하기

x에 대한 이차방정식 $x^2 - 5x + 4 = 0$의 두 근은 1, a이고 이차방정식의 근과 계수의 관계에 의해 두 근의 합은 $1 + a = 5$

$\therefore a = 4$

I 45 정답 ⑤ ·································· 이차부등식의 풀이

정답 공식: $(x-\alpha)(x-\beta) \leq 0$ $(\alpha \leq \beta)$이면 $\alpha \leq x \leq \beta$이다.

이차부등식 $(x-1)(x-5) \leq 0$을 만족시키는 자연수 x의 개수는?

단서 이차부등식을 풀 때, 부등호의 방향에 주의해서 풀어야 해. $x=1$과 $x=5$를 기준으로 부등호의 방향을 따지자.

① 1 ② 2 ③ 3
④ 4 ⑤ 5

주어진 이차부등식을 풀고, 부등식을 만족시키는 자연수 x의 개수를 구하자.

주어진 이차부등식을 풀면 → [이차부등식의 풀이]
$$(x-1)(x-5) \leq 0$$
$\therefore 1 \leq x \leq 5$

$\alpha, \beta \, (\alpha \leq \beta)$가 실수일 때
(1) $(x-\alpha)(x-\beta) \leq 0 \Longleftrightarrow \alpha \leq x \leq \beta$
(2) $(x-\alpha)(x-\beta) \geq 0 \Longleftrightarrow x \leq \alpha$ 또는 $x \geq \beta$

따라서 주어진 이차부등식을 만족시키는 자연수 x는 1, 2, 3, 4, 5로 5개이다.

I 46 정답 ④ ·················· 이차부등식의 풀이

(정답 공식: 부등식을 $(x-\alpha)(x-\beta) \leq 0$의 꼴로 정리하여 해를 구한다.)

이차부등식 $x^2-6x+5 \leq 0$의 해가 $\alpha \leq x \leq \beta$일 때, $\beta-\alpha$의 값은?

단서 좌변을 인수분해하면 부등식의 해를 구할 수 있어.

① 1   ② 2   ③ 3   ④ 4   ⑤ 5

1st 주어진 이차부등식의 좌변을 인수분해하자.

주어진 이차부등식의 좌변을 인수분해하면
$(x-1)(x-5) \leq 0$ → 이차부등식 $(x-\alpha)(x-\beta) \leq 0 \, (\alpha < \beta)$의 해는 $\alpha \leq x \leq \beta$야.
이므로 이차부등식의 해는 $1 \leq x \leq 5$
따라서 $\alpha=1$, $\beta=5$이므로 $\beta-\alpha=5-1=4$

다른 풀이: 이차방정식의 근과 계수의 관계 이용하기

$x^2-6x+5=(x-\alpha)(x-\beta)=x^2-(\alpha+\beta)x+\alpha\beta$
양변의 계수를 비교하면 $\alpha+\beta=6$, $\alpha\beta=5 \, (\alpha<\beta)$이므로
$(\beta-\alpha)^2=(\alpha+\beta)^2-4\alpha\beta=6^2-20=16$
$\therefore \beta-\alpha=4$ $(a+b)^2=(a-b)^2+4ab, (a-b)^2=(a+b)^2-4ab$

🌸 이차함수의 그래프와 이차방정식·이차부등식의 해 | 개념·공식

이차함수 $y=ax^2+bx+c$ (단, $a>0$)의 그래프와 이차방정식, 이차부등식의 해 사이의 관계를 정리하면 다음과 같다.

$D=b^2-4ac$	$D>0$	$D=0$	$D<0$
$y=ax^2+bx+c$ 의 그래프	(그래프: α, β, 단 $\alpha<\beta$)	(그래프: α)	(그래프)
$ax^2+bx+c=0$ 의 해	두 실근 α, β	중근 α	허근
$ax^2+bx+c>0$ 의 해	$x<\alpha$ 또는 $x>\beta$	$x \neq \alpha$인 모든 실수	모든 실수
$ax^2+bx+c<0$ 의 해	$\alpha<x<\beta$	없다.	없다.

I 47 정답 ① ·················· 이차부등식의 풀이

(정답 공식: 부등식을 $(x-\alpha)(x-\beta) \geq 0$의 꼴로 정리하여 해를 구한다.)

단서 $x^2-7x+12=(x-\alpha)(x-\beta) \geq 0$이 성립한다는 의미야.
이차부등식 $x^2-7x+12 \geq 0$의 해가 $x \leq \alpha$ 또는 $x \geq \beta$일 때, $\beta-\alpha$의 값은?

① 1   ② 3   ③ 5
④ 7   ⑤ 9

1st 부등식을 풀어서 α와 β의 값을 찾아.

$x^2-7x+12 \geq 0$에서 → [이차부등식의 풀이]
$(x-3)(x-4) \geq 0$
$\therefore x \leq 3$ 또는 $x \geq 4$

$\alpha<\beta$일 때
① $(x-\alpha)(x-\beta) \geq 0 \Longleftrightarrow x \leq \alpha$ 또는 $x \geq \beta$
② $(x-\alpha)(x-\beta) \leq 0 \Longleftrightarrow \alpha \leq x \leq \beta$

따라서 $\alpha=3$, $\beta=4$이므로
$\beta-\alpha=1$

다른 풀이: 이차방정식의 근과 계수의 관계 이용하기

$x^2-7x+12=(x-\alpha)(x-\beta) \geq 0$이므로
$x^2-7x+12=x^2-(\alpha+\beta)+\alpha\beta \geq 0$
$\therefore \alpha+\beta=7$, $\alpha\beta=12$

문제에서 해가 $x \leq \alpha$ 또는 $x \geq \beta$라 했지? 이 뜻은 $\alpha < \beta$라는 의미이니까 $\beta-\alpha>0$이 되겠지.

이때, $\beta-\alpha=k\,(k>0)$이라 하고 양변을 제곱하면
$k^2=(\beta-\alpha)^2$
$\quad =(\alpha+\beta)^2-4\alpha\beta$
$\quad =49-48=1$
따라서 $k=1$이므로 $\beta-\alpha=1$이야.

I 48 정답 ② ·················· 이차부등식의 풀이

(정답 공식: 부등식을 $(ax+b)(cx+d)<0$의 꼴로 정리하여 해를 구한다.)

부등식 $(x-1)(3x-2)<4$를 만족시키는 정수 x의 개수는?

단서 전개하여 (이차식)<0 꼴로 바꾸자.

① 1   ② 2   ③ 3
④ 4   ⑤ 5

1st 먼저 (이차식)<0의 꼴로 변형!

$(x-1)(3x-2)<4$에서
$3x^2-5x+2<4$
$3x^2-5x-2<0$
$(3x+1)(x-2)<0$
$\therefore -\dfrac{1}{3}<x<2$ 범위에서 끝값인 정수 2는 반드시 제외하자.

주의 부등호에 포함되는지 포함되지 않는지 잘 확인하도록 해.

따라서 주어진 부등식을 만족시키는 정수 x는 0, 1의 2개이다.

I 49 정답 ③ ·················· 이차부등식의 풀이

(정답 공식: $f(x)$의 식에 x 대신 $x-1$을 넣어 $f(x-1)$의 식을 구하고, $(x-\alpha)(x-\beta)<0$의 꼴로 정리하여 해를 구한다.)

단서 $f(x-1)$은 $f(x)$에서 x 대신에 $x-1$을 대입하라는 거야.
이차함수 $f(x)=x^2-x-12$에 대하여 $f(x-1)<0$을 만족시키는 모든 정수 x의 값의 합은?

① 7   ② 8   ③ 9
④ 10   ⑤ 11

1st $f(x-1)$의 식을 구할 수 있지?

$f(x)=x^2-x-12$이므로
$f(x-1)=(x-1)^2-(x-1)-12$
$\quad\quad\quad =x^2-3x-10=(x+2)(x-5)$

$f(x-1)$은 $f(x)$의 x 대신에 $x-1$을 대입하라는 뜻!

따라서 $f(x-1)<0$을 만족시키는 x의 값의 범위는
$(x+2)(x-5)<0$ $\therefore -2<x<5$
따라서 정수 x는 -1, 0, 1, 2, 3, 4이므로 모든 정수 x의 값의 합은 9이다.

I

I 50 정답 8 ·· 이차부등식의 풀이

정답 공식: 부등식을 $(ax+b)(cx+d)<0$의 꼴로 정리하여 해를 구한다.

> 실수 x에 대하여 복소수 z가 다음 조건을 만족시킨다.
>
> (가) $z=3x+(2x-7)i$
> (나) $z^2+(\overline{z})^2$은 음수이다.
>
> 단서 복소수 $z=a+bi$에 대하여 $z^2+(\overline{z})^2<0$을 만족시킬 때의 a, b 사이의 관계를 알아내야 해.
>
> 이때 정수 x의 개수를 구하시오.
> (단, $i=\sqrt{-1}$이고, $\overline{z}$는 z의 켤레복소수이다.)

1st 복소수의 성질을 이용하여 주어진 조건을 식으로 나타내보자.

$z=a+bi$ (a, b는 실수)라 하면
$z^2=(a^2-b^2)+2abi$이고
$\quad z^2=(a+bi)^2=a^2+2abi+(bi)^2$
$\quad\quad =a^2+2abi-b^2=(a^2-b^2)+2abi$

이때, 복소수의 성질에 의하여 $(\overline{z})^2=\overline{z^2}$이므로

$\quad z=a+bi$ (a, b는 실수)에 대하여 $\overline{z}=a-bi$이므로
$\quad (\overline{z})^2=(a-bi)^2=a^2-2abi-b^2=(a^2-b^2)-2abi$
$\quad \overline{z^2}=\overline{\{(a^2-b^2)+2abi\}}=(a^2-b^2)-2abi$

$(\overline{z})^2=(a^2-b^2)-2abi$이다.
$\therefore z^2+(\overline{z})^2=2(a^2-b^2)=2(a+b)(a-b)\cdots$㉠

2nd 조건을 만족시키는 정수 x의 개수를 구하자.

조건 (가)의 $z=3x+(2x-7)i$에서 $a=3x$, $b=2x-7$을
㉠에 대입하면
$z^2+(\overline{z})^2=2(a+b)(a-b)$
$\quad =2\{3x+(2x-7)\}\{3x-(2x-7)\}$
$\quad =2(5x-7)(x+7)$

이때, 조건 (나)에 의하여 $z^2+(\overline{z})^2$은 음수이므로

$2(5x-7)(x+7)<0 \quad \therefore -7<x<\dfrac{7}{5}$

따라서 정수 x는 -6, -5, -4, -3, -2, -1, 0, 1이므로 정수 x의 개수는 8이다.

I 51 정답 ③ ··············· 절댓값 기호를 포함한 이차부등식의 풀이

정답 공식: 절댓값 기호 안의 식을 0으로 만드는 x의 값을 기준으로 경우를 나누어 각각의 이차부등식의 해를 구한다.

> 단서 절댓값을 풀기 위해 $x\geq0$, $x<0$으로 나누어서 풀어야지.
> 부등식 $x^2+3|x|-4\leq0$의 해는?
>
> ① $x\leq-1$ ② $x\geq4$ ③ $-1\leq x\leq1$
> ④ $-1\leq x\leq4$ ⑤ $-4\leq x\leq1$

1st 범위를 나누어서 부등식의 해를 구해보자.

$x^2+3|x|-4\leq0$에서
(i) $x\geq0$일 때,
$x^2+3x-4\leq0$, $(x+4)(x-1)\leq0 \quad \therefore -4\leq x\leq1$
이때, $x\geq0$이므로 $0\leq x\leq1 \cdots$㉠
(ii) $x<0$일 때
$x^2-3x-4\leq0$, $(x-4)(x+1)\leq0 \quad \therefore -1\leq x\leq4$
이때, $x<0$이므로 $-1\leq x<0 \cdots$㉡
㉠, ㉡에서 구하는 해는 $-1\leq x\leq1$
$\quad$ ㉠과 ㉡의 범위를 합하자.

> 여기서 끝내면 틀려.
> $x\geq0$인 범위를 빼먹지 말자.

> 실수 ⟳
> 해를 구한 후, 각 조건에 해당하는 범위와 공통범위를 구하는 것을 잊지 마.

다른 풀이: $x^2=|x|^2$임을 이용하기

$x^2+3|x|-4\leq0$에서
$|x|^2+3|x|-4\leq0$, $(|x|+4)(|x|-1)\leq0$
여기서 항상 $|x|+4>0$이므로 $|x|-1\leq0$이어야 해.
따라서 $|x|\leq1$에서 $-1\leq x\leq1$이야. 양변을 양수 $|x|+4$로 나눈 거야.

I 52 정답 ⑤ ··············· 절댓값 기호를 포함한 이차부등식의 풀이

정답 공식: 절댓값 기호 안의 식을 0으로 만드는 x의 값을 기준으로 경우를 나누어 각각의 이차부등식의 해를 구한다.

> 단서 $x\geq3$, $x<3$으로 범위를 나누어서 풀자.
> 부등식 $x^2-6x-9\leq3|x-3|$을 만족시키는 정수 x의 개수는?
>
> ① 9 ② 10 ③ 11 ④ 12 ⑤13

1st $x=3$을 기준으로 범위를 나누어서 부등식의 해를 구해봐.

$x^2-6x-9\leq3|x-3|$에서
(i) $x\geq3$일 때
$x^2-6x-9\leq3(x-3)$, $x^2-9x\leq0$
$x(x-9)\leq0 \quad \therefore 0\leq x\leq9$
그런데 $x\geq3$이므로 $3\leq x\leq9$
(ii) $x<3$일 때
$x^2-6x-9\leq-3(x-3)$, $x^2-3x-18\leq0$
$(x+3)(x-6)\leq0 \quad \therefore -3\leq x\leq6$
그런데 $x<3$이므로 $-3\leq x<3$
$\quad$→ 이것도 $x<3$인 범위에서 구한 거니까 그대로 쓰면 안 돼. 구한 범위와 $x<3$의 공통범위를 구해야 해.
(i), (ii)에 의하여 $-3\leq x\leq9$
따라서 정수 x는 -3, -2, $\cdots$, 8, 9로 13개이다.

톡톡 풀이: $(x-3)^2=|x-3|^2$임을 이용하기

$x^2-6x-9=(x-3)^2-18=|x-3|^2-18$
이므로 주어진 부등식을 변형하면 실수 a에 대하여 $a^2=|a|^2$
$|x-3|^2-18\leq3|x-3|$
이때, $|x-3|=A$라 하면
$A^2-18\leq3A$, $A^2-3A-18\leq0$
$(A+3)(A-6)\leq0$
그런데 $A\geq0$에서 $A+3>0$이므로
$A-6\leq0 \quad \therefore A\leq6$ ← $A=|x-3|$, 즉 절댓값이므로 0 이상이어야 해.
즉, $|x-3|\leq6$에서
$-6\leq x-3\leq6 \quad \therefore -3\leq x\leq9$
(이하 동일)

I 53 정답 ② ··············· 절댓값 기호를 포함한 이차부등식의 풀이

정답 공식: 절댓값 기호 안의 식을 0으로 만드는 x의 값을 기준으로 경우를 나누어 각각의 이차부등식의 해를 구한다.

> 단서 $x-1\geq0$인 경우와 $x-1<0$인 경우를 나누어서 풀자.
> 부등식 $x^2-2x-5<|x-1|$을 만족시키는 정수 x의 개수는?
>
> ① 4 ② 5 ③ 6 ④ 7 ⑤ 8

1st 범위를 나누어서 풀자.

$x^2-2x-5<|x-1|$에서 $x\geq1$인 경우와 $x<1$인 경우로 나누어서 풀자.
(i) $x\geq1$인 경우 → $|x-1|=x-1$
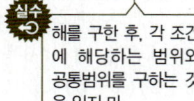
$x^2-2x-5<x-1$
$x^2-3x-4<0$

$(x+1)(x-4)<0$

$\therefore\ -1<x<4$

이때, $x\geq1$이므로 $1\leq x<4$이다.

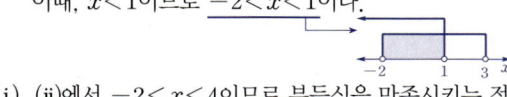

(ii) $x<1$인 경우 $|x-1|=-(x-1)$

$x^2-2x-5<-(x-1)$

$x^2-x-6<0$

$(x+2)(x-3)<0$

$\therefore\ -2<x<3$

이때, $x<1$이므로 $-2<x<1$이다.

(i), (ii)에서 $-2<x<4$이므로 부등식을 만족시키는 정수 x의 개수는 $-1, 0, 1, 2, 3$의 5이다.

🧩 **다른 풀이:** $(x-1)^2=|x-1|^2$임을 이용하기

$x^2-2x-5=(x^2-2x+1)-6$

$\qquad\qquad\ =(x-1)^2-6$

$\qquad\qquad\ =|x-1|^2-6$

이므로 $x^2-2x-5<|x-1|$에서 $|x-1|^2-6<|x-1|$

이때, $|x-1|=A\ (A\geq0)$라 하면   ← 실수의 절댓값은 항상 0 이상이야.

$A^2-6<A$

$A^2-A-6<0$

$(A+2)(A-3)<0$

그런데 $A+2>0$이므로

$\underline{A-3<0}\qquad\therefore\ A<3$ → $(A+2)(A-3)<0$에서 $A+2>0$이므로 $A-3<0$이면 돼.

즉, $|x-1|<3$에서

$-3<x-1<3\qquad\therefore\ -2<x<4$

(이하 동일)

Ⅰ 54 정답 ③ ······························ 해가 주어진 이차부등식

> 🟩 **정답 공식:** $\alpha<\beta$일 때, 양수 k에 대하여 이차부등식 $k(x-\alpha)(x-\beta)\leq0$의 해는 $\alpha\leq x\leq\beta$이다.

> [단서] 이차방정식 $x^2+ax+b=0$이 서로 다른 두 실근 $3, 5$를 가짐을 알 수 있어.
>
> x에 대한 이차부등식 $x^2+ax+b\leq0$의 해가 $3\leq x\leq5$일 때, 두 상수 a, b에 대하여 $b-a$의 값은?
>
> ① 21   ② 22   ③ 23   ④ 24   ⑤ 25

1st 이차부등식을 이차방정식으로 바꿔서 생각하자.

이차부등식 $x^2+ax+b\leq0$의 해가 $3\leq x\leq5$이려면

이차방정식 $x^2+ax+b=0$은 서로 다른 두 실근을 가져야 한다.

이차방정식 $x^2+ax+b=0$의

두 실근을 $\alpha, \beta\ (\alpha<\beta)$라 하면   → $x^2+ax+b=(x-\alpha)(x-\beta)$로 나타낼 수 있지?

이차부등식 $(x-\alpha)(x-\beta)\leq0$의 해는

$\alpha\leq x\leq\beta$이고 이 해가 $3\leq x\leq5$이므로

$\alpha=3,\ \beta=5$

2nd 이차방정식의 근과 계수의 관계를 통해 답을 구하자.

이차방정식의 근과 계수의 관계에 의해

$\alpha+\beta=-a=8,\ \alpha\beta=b=15$ → [이차방정식의 근과 계수의 관계]

따라서 $a=-8,\ b=15$이므로 x에 대한 이차방정식 $ax^2+bx+c=0$의

$b-a=15-(-8)=23$ 두 근을 α, β라 하면 $\alpha+\beta=-\dfrac{b}{a},\ \alpha\beta=\dfrac{c}{a}$

🧩 **다른 풀이:** $b-a$의 값을 바로 구하기

x^2의 계수가 1이고 해가 $3\leq x\leq5$인 이차부등식은

$(x-3)(x-5)\leq0$이므로

Ⅰ 55 정답 ⑤ ······························ 해가 주어진 이차부등식

> 🟩 **정답 공식:** $\alpha<\beta$일 때, 양수 k에 대하여 이차부등식 $k(x-\alpha)(x-\beta)<0$의 해는 $\alpha<x<\beta$이다.

> [단서] 이차부등식의 해를 이용하여 이차부등식을 세울 수 있어.
>
> x에 대한 이차부등식 $x^2+ax+b<0$의 해가 $-4<x<3$일 때, 두 상수 a, b에 대하여 $a-b$의 값은?
>
> ① 5   ② 7   ③ 9   ④ 11   ⑤ 13

1st 이차부등식의 해를 보고 이차부등식을 구해.

이차부등식 $x^2+ax+b<0$에서 좌변의 이차항의 계수가 1로 양수이고 해가 $-4<x<3$이므로 $x^2+ax+b=(x+4)(x-3)$이다.

$\alpha<\beta$인 두 상수 α, β에 대하여

① 해가 $\alpha<x<\beta$이고 이차항의 계수가 $a(a>0)$인 이차부등식은 $a(x-\alpha)(x-\beta)<0$이야.

② 해가 $x<\alpha$ 또는 $x>\beta$이고 이차항의 계수가 $a(a>0)$인 이차부등식은 $a(x-\alpha)(x-\beta)>0$이야.

이때, $(x+4)(x-3)=x^2+x-12$이므로 $a=1, b=-12$이다.

$\therefore\ a-b=1-(-12)=13$

🔍 **쉬운 풀이:** 이차방정식의 근과 계수의 관계를 이용하여 $a-b$의 값 구하기

부등식 $ax^2+bx+c<0(a>0)$의 해가 $\alpha<x<\beta$이면

방정식 $ax^2+bx+c=0$의 두 근은 α, β가 돼.

따라서 $x^2+ax+b=0$의 두 근이 $-4, 3$이므로 $a=1$이고 $b=-12$야.

근과 계수의 관계에 의하여 두 근의 합은 $-a=(-4)+3=-1$이므로 $a=1$이고 두 근의 곱은 $b=(-4)\times3=-12$야.

$\therefore\ a-b=1-(-12)=13$

> **[수능 핵강]**
>
> ＊ **이차부등식과 이차함수의 그래프**
>
> 최고차항의 계수가 $k(k>0)$인 이차함수 $f(x)$에 대하여 이차부등식 $f(x)<0$의 해가 존재하려면 함수 $y=f(x)$의 그래프는 그림과 같이 x축과 서로 다른 두 점에서 만나야 해. 이때, x축과 만나는 두 점의 x좌표를 각각 $\alpha, \beta(\alpha<\beta)$라 하면 이차방정식 $f(x)=0$의 해는 $x=\alpha$ 또는 $x=\beta$이고 이차부등식 $f(x)<0$의 해는 $\alpha<x<\beta$야. 따라서 $f(x)=k(x-\alpha)(x-\beta)$라 할 수 있어.
>
>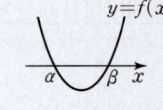

Ⅰ 56 정답 16 ······························ 해가 주어진 이차부등식

> 🟩 **정답 공식:** $\alpha<\beta$일 때, 양수 k에 대하여 이차부등식 $k(x-\alpha)(x-\beta)<0$의 해는 $\alpha<x<\beta$이다.]

> [단서] 최고차항의 계수가 양수인 이차함수 $y=x^2+ax+b$의 그래프가 x축보다 아래에 있는 부분의 x의 범위를 생각해야 해.
>
> x에 대한 부등식 $x^2+ax+b\leq0$의 해가 $-2\leq x\leq4$일 때, ab의 값을 구하시오. (단, a, b는 상수이다.)

1st 이차부등식의 해를 보고 이차부등식을 구해.

부등식 $x^2+ax+b\leq0$에서 좌변의 이차항의 계수가 1로 양수이고

이 부등식의 해가 $-2 \leq x \leq 4$이므로 $x^2+ax+b=(x+2)(x-4)$이다.

$\alpha<\beta$인 두 상수 α, β에 대하여

① 해가 $\alpha \leq x \leq \beta$이고 이차항의 계수가 $a(a>0)$인 이차부등식은 $a(x-\alpha)(x-\beta) \leq 0$이야.
② 해가 $x \leq \alpha$ 또는 $x \geq \beta$이고 이차항의 계수가 $a(a>0)$인 이차부등식은 $a(x-\alpha)(x-\beta) \geq 0$이야.

이때, $(x+2)(x-4)=x^2-2x-8$이므로 $a=-2$, $b=-8$이다.
$\therefore ab=(-2) \times (-8)=16$

🧭 **다른 풀이: 이차방정식의 근과 계수의 관계 이용하기**

이차방정식 $x^2+ax+b=0$의 두 실근을 α, β라 하면
부등식 $x^2+ax+b \leq 0$의 해는 $\alpha \leq x \leq \beta$이므로 조건에 의하여
$\alpha=-2$, $\beta=4$야.
이차방정식의 근과 계수의 관계에 의하여
$\alpha+\beta=2=-a$, $\alpha\beta=-8=b$
$\therefore ab=(-2) \times (-8)=16$

I 57 정답 ① ························· 해가 주어진 이차부등식

[**정답 공식**: 해가 $\alpha \leq x \leq \beta$이고 최고차항의 계수가 1인 이차부등식은 $(x-\alpha)(x-\beta) \leq 0$이다.]

> x에 대한 이차부등식 $x^2+ax+6 \leq 0$의 해가 $2 \leq x \leq 3$일 때, 상수 a의 값은? **단서** 이차부등식의 해를 이용하여 이차부등식을 유도해보자.
>
> ① -5 ② -4 ③ -3 ④ -2 ⑤ -1

1st 이차부등식의 해를 보고 원래의 이차부등식을 구할 수 있지?
최고차항의 계수가 1인 이차부등식의 해가 $2 \leq x \leq 3$이 되려면 이차부등식은

> [이차부등식의 해]
> 이차방정식 $ax^2+bx+c=0(a>0)$의 서로 다른 두 실근을 α, β $(\alpha<\beta)$라 할 때
> ① $ax^2+bx+c>0$의 해 : $x<\alpha$ 또는 $x>\beta$
> ② $ax^2+bx+c<0$의 해 : $\alpha<x<\beta$

$(x-2)(x-3) \leq 0$
이 되어야 한다.
$(x-2)(x-3) \leq 0$에서
$x^2-5x+6 \leq 0$
이것이 $x^2+ax+6 \leq 0$과 같으므로
$a=-5$

👓 **쉬운 풀이: 이차방정식의 근과 계수의 관계를 이용하여 상수 a의 값 구하기**

부등식 $x^2+ax+6 \leq 0$의 해가 $2 \leq x \leq 3$이라는 것은
방정식 $x^2+ax+6=0$의 두 근이 2, 3이라는 것을 의미해.
즉, 이차방정식의 근과 계수의 관계에 의하여 두 근의 합은 $-a=2+3$
이므로 $a=-5$야. 이차방정식 $ax^2+bx+c=0$의 두 근을 α, β라 하면 $\alpha+\beta=-\dfrac{b}{a}$, $\alpha\beta=\dfrac{c}{a}$야.

I 58 정답 ① ························· 해가 주어진 이차부등식

[**정답 공식**: $\alpha<\beta$일 때, 양수 k에 대하여 이차부등식 $k(x-\alpha)(x-\beta)<0$의 해는 $\alpha<x<\beta$이다.]

> x에 대한 이차부등식 $x^2+ax+6<0$의 해가 $2<x<3$일 때, 상수 a의 값은? **단서** 최고차항의 계수가 양수인 이차함수 $y=x^2+ax+6$의 그래프가 x축보다 아래에 있는 부분의 x의 값의 범위를 생각해야 해.
>
> ① -5 ② -4 ③ -3
> ④ -2 ⑤ -1

1st 이차부등식의 해를 보고 이차부등식을 구하자.
이차부등식 $x^2+ax+6<0$에서 좌변의 이차항의 계수가 1로
양수이고 해가 $2<x<3$이므로

$\alpha<\beta$인 두 상수 α, β에 대하여
① 해가 $\alpha<x<\beta$이고 이차항의 계수가 $a(a>0)$인 이차부등식은 $a(x-\alpha)(x-\beta)<0$이야.
② 해가 $x<\alpha$ 또는 $x>\beta$이고 이차항의 계수가 $a(a>0)$인 이차부등식은 $a(x-\alpha)(x-\beta)>0$이야.

$x^2+ax+6=(x-2)(x-3)$이다.
이때, $(x-2)(x-3)=x^2-5x+6$이므로 $a=-5$이다.

🧭 **다른 풀이: 이차방정식의 근과 계수의 관계 이용하기**

이차방정식 $x^2+ax+6=0$의 두 실근을 α, β라 하면
부등식 $x^2+ax+6<0$의 해는 $\alpha<x<\beta$이므로 조건에 의하여
$\alpha=2$, $\beta=3$야.
이차방정식의 근과 계수의 관계에 의하여
$\alpha+\beta=2+3=-a$
$\therefore a=-5$

I 59 정답 ⑤ ························· 해가 주어진 이차부등식

[**정답 공식**: x에 대한 이차부등식 $ax^2+bx+c \leq 0$의 해가 $\alpha \leq x \leq \beta$이면 이차방정식 $ax^2+bx+c=0$의 근은 $x=\alpha$ 또는 $x=\beta$이다.]

> x에 대한 이차부등식 $x^2+ax-12 \leq 0$의 해가 $-4 \leq x \leq b$일 때, 두 상수 a, b에 대하여 $a-b$의 값은? **단서** 이차부등식 $x^2+ax-12=0$의 근은 $x=-4$ 또는 $x=b$임을 알 수 있어.
>
> ① -6 ② -5 ③ -4
> ④ -3 ⑤ -2

1st 부등식 $x^2+ax-12 \leq 0$의 해를 정하자.
이차부등식 $x^2+ax-12 \leq 0$의 해가 $\alpha \leq x \leq \beta$이면
이차방정식 $x^2+ax-12=0$의 두 실근은 $x=\alpha$ 또는 $x=\beta$이다.

2nd α, β의 값을 통해 $a-b$의 값을 구하자.
이차부등식 $x^2+ax-12 \leq 0$의 해가
$-4 \leq x \leq b$이므로
$\alpha=-4$, $\beta=b$
이때, 이차방정식 $x^2+ax-12=0$에서
$-a=-4+b$, $-12=-4b$

이차방정식에서 근과 계수와의 관계에 의하여 두 실근의 합이 $-a$, 두 실근의 곱이 -12임을 이용하면 찾을 수 있는 관계식이야.

따라서 $b=3$, $a=1$이므로
$a-b=1-3=-2$이다.

I 60 정답 ① ························· 해가 주어진 이차부등식

(**정답 공식**: $\alpha<\beta$일 때, 이차부등식 $(x-\alpha)(x-\beta) \leq 0$의 해는 $\alpha \leq x \leq \beta$이다.)

> 이차부등식 $x^2-8x+a \leq 0$의 해가 $b \leq x \leq 6$일 때, $a+b$의 값은? (단, a, b는 상수이다.) **단서** 해가 $\alpha \leq x \leq \beta$이고 이차항의 계수가 1인 이차부등식은 $(x-\alpha)(x-\beta) \leq 0$임을 이용해.
>
> ① 14 ② 15 ③ 16
> ④ 17 ⑤ 18

1st 이차부등식의 해를 이용하여 주어진 이차부등식의 좌변을 완성해 봐.
이차부등식 $x^2-8x+a \leq 0$의 해가 $b \leq x \leq 6$이므로
$x^2-8x+a=(x-b)(x-6)$
$\qquad\qquad =x^2-(b+6)x+6b$
즉, $8=b+6$이므로 $b=2$ $(x-\alpha)(x-\beta)=x^2-(\alpha+\beta)x+\alpha\beta$
$a=6b$이므로 $a=6 \times 2=12$
$\therefore a+b=12+2=14$

🏃 톡톡 풀이: $x=6$이 이차방정식 $x^2-8x+a=0$의 해임을 이용하기

이차부등식 $x^2-8x+a\leq0$의 해가 $b\leq x\leq6$이므로
이차방정식 $x^2-8x+a=0$의 해는 $x=b$ 또는 $x=6$이야.
즉, 이차방정식 $x^2-8x+a=0$의 한 근이 $x=6$이므로
$\underline{36-48+a=0}$ ∴ $a=12$ ┈ $x=6$이 이차방정식 $x^2-8x+a=0$의 해이므로 대입하면 등식이 성립해.
즉, $x^2-8x+12\leq0$에서
$(x-2)(x-6)\leq0$ ∴ $2\leq x\leq6$
따라서 $b=2$이므로 $a+b=12+2=14$

Ⅰ 61 정답 42 ·········· 해가 주어진 이차부등식

정답 공식: 해가 $\alpha\leq x\leq\beta$이고 x^2의 계수가 1인 이차부등식은 $(x-\alpha)(x-\beta)\leq0$이다.

이차부등식 $x^2-ax+12\leq0$의 해가 $\alpha\leq x\leq\beta$이고, 이차부등식 $x^2-5x+b\geq0$의 해가 $x\leq\alpha-1$ 또는 $x\geq\beta-1$일 때, 상수 a, b의 곱 ab의 값을 구하시오. **단서** 해가 주어진 이차부등식을 세워 주어진 이차부등식과 계수끼리 비교해.

1st 해가 주어진 이차부등식을 세워 a, b 사이의 관계식을 찾자.

해가 $\alpha\leq x\leq\beta$이고 x^2의 계수가 1인 이차부등식은
① 해가 $\alpha\leq x\leq\beta$이고 x^2의 계수가 1인 이차부등식 ⇨ $(x-\alpha)(x-\beta)\leq0$
② 해가 $x\leq\alpha$ 또는 $x\geq\beta$이고 x^2의 계수가 1인 이차부등식 ⇨ $(x-\alpha)(x-\beta)\geq0$
$(x-\alpha)(x-\beta)\leq0$
∴ $x^2-(\alpha+\beta)x+\alpha\beta\leq0$
위의 이차부등식이 $x^2-ax+12\leq0$과 같으므로
$\alpha+\beta=a$, $\alpha\beta=12$ ┈ ㉠
또, 해가 $x\leq\alpha-1$ 또는 $x\geq\beta-1$이고 x^2의 계수가 1인 이차부등식은
① 해가 $\alpha\leq x\leq\beta$이고 x^2의 계수가 1인 이차부등식 ⇨ $(x-\alpha)(x-\beta)\leq0$
② 해가 $x\leq\alpha$ 또는 $x\geq\beta$이고 x^2의 계수가 1인 이차부등식 ⇨ $(x-\alpha)(x-\beta)\geq0$
$\{x-(\alpha-1)\}\{x-(\beta-1)\}\geq0$
∴ $x^2-(\alpha+\beta-2)x+(\alpha-1)(\beta-1)\geq0$
위의 이차부등식이 $x^2-5x+b\geq0$과 같으므로
$\alpha+\beta-2=5$, $(\alpha-1)(\beta-1)=b$ ┈ ㉡

2nd ㉠, ㉡을 만족시키는 a, b의 값을 구하자.

㉡의 $\alpha+\beta-2=5$에서 $\alpha+\beta=7$
∴ $a=7$
$(\alpha-1)(\beta-1)=b$에서
$b=\alpha\beta-(\alpha+\beta)+1=12-7+1=6(∵ ㉠, ㉡)$
∴ $ab=7\times6=42$

Ⅰ 62 정답 ③ ·········· 해가 주어진 이차부등식

정답 공식: 부등식을 $(x-\alpha)(x-\beta)\leq0$의 꼴로 정리하여 해를 구한다.

x에 대한 이차부등식 $x^2-(2a-1)x+a^2-a-2\leq0$을 만족시키는 모든 정수 x의 값의 합이 6일 때, 정수 a의 값은?

① -4 ② -2 ③ 2
④ 4 ⑤ 6 **단서** 상수항인 a^2-a-2를 인수분해할 수 있어. 이것을 이용하여 x에 대한 이차부등식을 인수분해하여 풀자.

1st 주어진 이차부등식을 인수분해하여 부등식의 해를 구해.

$x^2-(2a-1)x+a^2-a-2\leq0$에서
$x^2-(2a-1)x+(a+1)(a-2)\leq0$ $\begin{array}{l}x\diagdown-(a+1)\\x\diagup-(a-2)\\\hline(-a+2-a-1)x=-(2a-1)x\end{array}$
$\{x-(a+1)\}\{x-(a-2)\}\leq0$
∴ $a-2\leq x\leq a+1$

2nd 모든 정수해의 합이 6임을 이용하여 정수 a의 값을 구하자.

a는 정수이므로 정수 x는 $a-2$, $a-1$, a, $a+1$이고 모든 x의 값의 합이 6이므로
$(a-2)+(a-1)+a+(a+1)=6$
$4a=8$ ∴ $a=2$

📖 다른 풀이: 치환하여 주어진 부등식의 해를 a로 나타내기

$x^2-(2a-1)x+a^2-a-2\leq0$에서 $x^2-2ax+a^2+x-a-2\leq0$
$(x-a)^2+(x-a)-2\leq0$
이때, $x-a=A$라 하면 $A^2+A-2\leq0$
$(A+2)(A-1)\leq0$, $(x-a+2)(x-a-1)\leq0$
∴ $a-2\leq x\leq a+1$
(이하 동일)

Ⅰ 63 정답 ③ ·········· 해가 주어진 이차부등식

정답 공식: 이차부등식 $(x-\alpha)(x-\beta)\leq0$ (단, $\alpha\leq\beta$)의 해는 $\alpha\leq x\leq\beta$이다.

x에 대한 이차부등식
$$x^2-(n+5)x+5n\leq0$$
단서 좌변이 인수분해되므로 이차부등식의 해를 먼저 구해봐.
을 만족시키는 정수 x의 개수가 3이 되도록 하는 모든 자연수 n의 값의 합은?

① 8 ② 9 ③ 10 ④ 11 ⑤ 12

1st 좌변을 인수분해하여 $(x-a)(x-b)\leq0$의 꼴로 만들자.

$x^2-(n+5)x+5n\leq0$ → 일차항의 계수가 $-(n+5)$이고 상수항이 $5n$이므로 쉽게 인수분해할 수 있지?
$\underline{(x-5)(x-n)\leq0}$

2nd 자연수 n의 범위를 나누어 해를 구하자.

(ⅰ) $n<5$일 때, 해를 구하면 $n\leq x\leq5$ → 부등식의 해를 구할 때에는 5와 n의 대소를 먼저 생각해야 해.
정수 x의 개수가 3이므로 **함정** 두 정수 m, n에 대하여 $m\leq x\leq n$을 만족시키는 정수 x의 개수는 $n-m+1$이야.
$5-n+1=3$ ∴ $n=3$
(ⅱ) $n=5$일 때, 해를 구하면 $x=5$
이때, 정수 x의 개수가 1이므로 성립하지 않는다.
(ⅲ) $n>5$일 때, 해를 구하면 $5\leq x\leq n$
정수 x의 개수가 3이므로
$n-5+1=3$ ∴ $n=7$
따라서 조건을 만족시키는 모든 자연수 n의 값의 합은
$3+7=10$

Ⅰ 64 정답 56 ·········· 해가 주어진 이차부등식

정답 공식: 해가 $\alpha\leq x\leq\beta$이고 x^2의 계수가 1인 이차부등식은 $(x-\alpha)(x-\beta)\leq0$이다.

이차함수 $f(x)$에 대하여 $f(1)=8$이고 부등식 $f(x)\leq0$의 해가 $-3\leq x\leq0$일 때, $f(4)$의 값을 구하시오.
단서 해가 주어진 이차부등식을 세워 봐. 이때, 이차항의 계수에 주의해.

1st 해가 주어진 이차부등식을 세워보자.

부등식 $f(x)\leq0$의 해가 $-3\leq x\leq0$이므로
이차함수 $f(x)$는
$f(x)=ax(x+3)$ $\underline{(a>0)}$ $a=0$이면 $f(x)$는 이차함수가 아니고, $a<0$이면 위로 볼록한 그래프이므로 부등식 $f(x)\leq0$의 해가 $-3\leq x\leq0$이 아니야.
이때, $f(1)=8$이므로
$f(1)=a(1+3)=8$ ∴ $a=2$
따라서 $f(x)=2x(x+3)$이므로
$f(4)=2\times4\times(4+3)=56$

I 65 정답 ③ ·········· 해가 주어진 이차부등식

정답 공식: 해가 $\alpha \leq x \leq \beta$이고 x^2의 계수가 1인 이차부등식은 $(x-\alpha)(x-\beta) \leq 0$이다.

이차함수 $f(x)=x^2$의 그래프가 그림과 같을 때,

x에 대한 이차부등식 $\frac{1}{2}f(x) \leq k$를 만족시키는 정수 x의

단서1 $f(x)=x^2$을 대입하여 이차부등식의 해를 k를 사용하여 나타내.

개수가 7이 되도록 하는 모든 자연수 k의 값의 합은?

단서2 정수 x의 개수가 7이 되려면 k의 값의 범위가 어떻게 되어야 할지 알아내야 해.

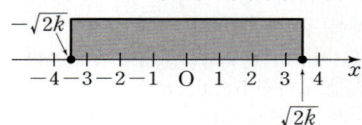

① 12   ② 15   ③ 18

④ 21   ⑤ 24

1st 이차부등식 $\frac{1}{2}f(x) \leq k$의 해를 구하자.

이차부등식 $\frac{1}{2}f(x) \leq k$에 $f(x)=x^2$을 대입하면

$\frac{1}{2}x^2 \leq k$에서 $x^2-2k \leq 0$이다.

이때, k가 자연수, 즉 $k>0$이므로

$(x-\sqrt{2k})(x+\sqrt{2k}) \leq 0$

$\therefore -\sqrt{2k} \leq x \leq \sqrt{2k} \cdots \bigcirc$

2nd 조건을 만족시키는 k의 값의 범위를 구하자.

$\bigcirc$을 만족시키는 정수 x의 개수가 7이므로

다음 그림과 같이 $3 \leq \sqrt{2k} < 4$ $\bigcirc$을 만족시키는 정수 x의 개수가 7이려면 x는 $-3, -2, -1, 0, 1, 2, 3$이어야 해.

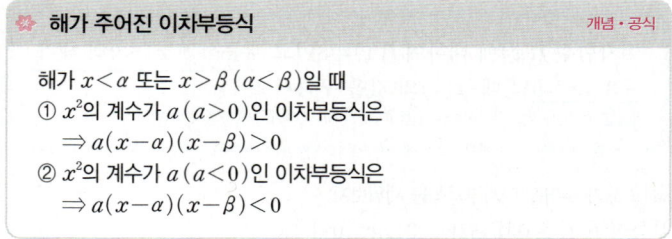

$3 \leq \sqrt{2k} < 4$

즉, 위 식의 각 변을 제곱하면 $9 \leq 2k < 16$이므로

$\frac{9}{2} \leq k < 8$

따라서 $\frac{9}{2} \leq k < 8$을 만족시키는 자연수 k는 5, 6, 7이므로 모든 k의 값의 합은 $5+6+7=18$이다.

⚙ **해가 주어진 이차부등식**   개념·공식

해가 $x<\alpha$ 또는 $x>\beta$ $(\alpha<\beta)$일 때
① x^2의 계수가 $a\,(a>0)$인 이차부등식은
  $\Rightarrow a(x-\alpha)(x-\beta)>0$
② x^2의 계수가 $a\,(a<0)$인 이차부등식은
  $\Rightarrow a(x-\alpha)(x-\beta)<0$

I 66 정답 ① ·········· 해가 주어진 이차부등식

정답 공식: 최고차항의 계수가 a이고 그래프가 x축과 $x=\alpha$, $x=\beta$에서 만나는 이차함수 $f(x)$에 대하여 $f(x)=a(x-\alpha)(x-\beta)$이다.

이차다항식 $P(x)$가 다음 조건을 만족시킬 때, $P(-1)$의 값은?

단서1 $P(x)$가 이차다항식이므로 $P(x) \geq -2x-3$은 이차부등식이야.

단서2 이차부등식의 해로 이차다항식을 유추해.

(가) 부등식 $P(x) \geq -2x-3$의 해는 $0 \leq x \leq 1$이다.

(나) 방정식 $P(x)=-3x-2$는 중근을 가진다.

단서3 $P(x)=-3x-2$는 이차방정식이므로 이차방정식의 판별식을 이용해.

① -3 ② -4 ③ -5 ④ -6 ⑤ -7

1st 이차다항식 $P(x)$를 구해.

조건 (가)의 $P(x) \geq -2x-3$에서 $P(x)+2x+3 \geq 0$이고 이 부등식의 해가 $0 \leq x \leq 1$이므로 이차다항식 $P(x)+2x+3$의 최고차항의 계수를 a라 하면 $a<0$이고 이차함수 $y=P(x)+2x+3$의 그래프는 x축과 $x=0$, $x=1$에서 만난다.

최고차항의 계수가 k인 이차함수 $f(x)$에 대하여 함수 $y=f(x)$의 그래프가 $x=\alpha$, $x=\beta\,(\alpha<\beta)$에서 x축과 만나면 $k>0$일 때 $f(x) \geq 0$의 해는 $x \leq \alpha$ 또는 $x \geq \beta$이고 $k<0$일 때 $f(x) \geq 0$의 해는 $\alpha \leq x \leq \beta$야. 즉, $a>0$이면 조건 (가)의 부등식의 해는 $x \leq 0$ 또는 $x \geq 1$이므로 $a<0$이 되어야 해.

즉, $P(x)+2x+3=ax(x-1)$이라 하면

최고차항의 계수가 k인 이차함수 $f(x)$에 대하여 함수 $y=f(x)$의 그래프가 $x=\alpha$, $x=\beta$에서 x축과 만나면 $f(x)=k(x-\alpha)(x-\beta)$라고 둘 수 있어.

$P(x)=ax(x-1)-2x-3=ax^2-(a+2)x-3$이다.

조건 (나)의 $P(x)=-3x-2$에 $P(x)$를 대입하면

$ax^2-(a+2)x-3=-3x-2$에서

$ax^2-(a-1)x-1=0$

이 이차방정식이 중근을 가지므로 판별식을 D라 하면 $D=0$이어야 한다.

이차방정식의 판별식 D에 대하여 이차방정식은 $D>0$이면 서로 다른 두 실근을, $D=0$이면 한 실근(중근)을, $D<0$이면 서로 다른 두 허근을 가져.

즉, $D=\{-(a-1)\}^2-4 \times a \times (-1)=0$에서

$a^2-2a+1+4a=0$, $a^2+2a+1=0$

$(a+1)^2=0$

$\therefore a=-1$

따라서 $P(x)=ax^2-(a+2)x-3=-x^2-x-3$이다.

$\therefore P(-1)=-(-1)^2-(-1)-3=-1+1-3=-3$

I 67 정답 ② ·········· 해가 주어진 이차부등식

정답 공식: 해가 $\alpha \leq x \leq \beta$이고 x^2의 계수가 1인 이차부등식은 $(x-\alpha)(x-\beta) \leq 0$이다.

그림은 두 점 $(-1, 0)$, $(2, 0)$을 지나는 이차함수 $y=f(x)$의

그래프를 나타낸 것이다. 부등식 $f\left(\dfrac{x+k}{2}\right) \leq 0$의 해가

단서2 $\dfrac{x+k}{2}=t$로 놓고 이차부등식 $f(x) \leq 0$의 해와 비교해.

$-3 \leq x \leq 3$일 때, 상수 k의 값은?

단서1 주어진 이차함수의 그래프를 이용하여 이차부등식을 세워 봐.

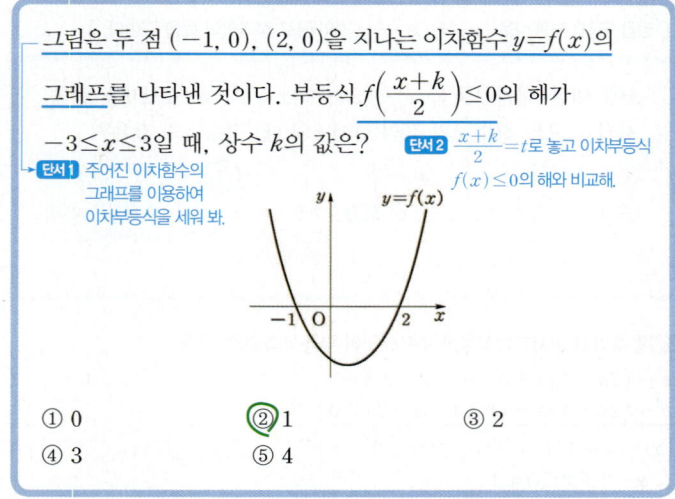

① 0   ② 1   ③ 2

④ 3   ⑤ 4

1st 이차함수 $y=f(x)$의 그래프를 이용하여 이차부등식의 해를 구하자.

주어진 이차함수의 그래프에서 $-1 \le x \le 2$일 때, $f(x) \le 0$이므로 이차부등식 $f(x) \le 0$의 해는 주어진 이차함수의 그래프에서 $f(-1)=0$, $f(2)=0$이고, $-1<x<2$일 때 $f(x)<0$이야.

$-1 \le x \le 2$

이때, $f\left(\dfrac{x+k}{2}\right) \le 0$에서 $\dfrac{x+k}{2}=t$라 하면 $f(t) \le 0$이고,

이차부등식 $f(t) \le 0$의 해는 $-1 \le t \le 2$이다.

즉, $-1 \le \dfrac{x+k}{2} \le 2$이므로

$-2 \le x+k \le 4$

$\therefore -2-k \le x \le 4-k \cdots$ ㉠

2nd 부등식 $f\left(\dfrac{x+k}{2}\right) \le 0$의 해가 $-3 \le x \le 3$임을 이용하여 k의 값을 구하자.

㉠이 $-3 \le x \le 3$과 같으므로

$-2-k=-3$, $4-k=3$ 위에서 구한 부등식 $f\left(\dfrac{x+k}{2}\right) \le 0$의 해가 ㉠이고, 문제에서 이 부등식의 해가 $-3 \le x \le 3$이라 했어.

$\therefore k=1$

I 68 정답 ⑤ ·········· 특수한 해를 갖는 이차부등식

정답 공식: 이차부등식 $f(x) \ge 0$이 단 한 개의 해를 가지려면 $f(x)$의 최고차항의 계수가 음수이고 판별식 $D=0$이어야 한다.

이차부등식 $ax^2+bx+c \ge 0$의 해가 $x=2$뿐일 때, 옳은 내용을 [보기]에서 모두 고른 것은? **단서** 이차부등식 $ax^2+bx+c \ge 0$의 해가 하나뿐일 때의 조건을 생각해.

[보기]

ㄱ. $a<0$
ㄴ. $b^2-4ac=0$
ㄷ. $a+b+c<0$

① ㄱ   ② ㄱ, ㄴ   ③ ㄱ, ㄷ
④ ㄴ, ㄷ   ⑤ ㄱ, ㄴ, ㄷ

1st 이차부등식의 성질을 이용하여 [보기]의 참, 거짓을 판별하자.

이차부등식 $ax^2+bx+c \ge 0$의 해가 $x=2$뿐이므로

$ax^2+bx+c=a(x-2)^2=ax^2-4ax+4a \ge 0$에서

$a<0$이고, $b=-4a$, $c=4a$이다.

ㄱ. $\underline{a<0}$ (참)
$a=0$이면 이차부등식이 아니고, $a>0$이면 모든 실수 x에 대하여 부등식이 성립해.

ㄴ. 이차방정식 $ax^2+bx+c=0$이 중근 $x=2$를 가지므로
$\underline{b^2-4ac=0}$ (참)
(판별식)$=0$

ㄷ. $a+b+c=a+(-4a)+4a=a<0$ (참)

따라서 옳은 것은 ㄱ, ㄴ, ㄷ이다.

다른 풀이: 이차함수의 그래프를 이용하기

이차부등식 $ax^2+bx+c \ge 0$의 해가 $x=2$뿐이려면 이차함수 $y=ax^2+bx+c$의 그래프의 개형은 그림과 같아야 해.

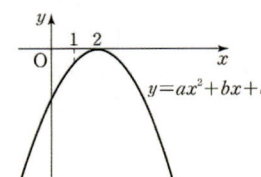

ㄱ. 이차함수의 그래프가 위로 볼록하므로 $a<0$ (참)

ㄴ. 이차함수의 그래프가 x축에 접하므로 이차방정식 $ax^2+bx+c=0$의 판별식을 D라 하면

$D=b^2-4ac=0$ (참)

ㄷ. 이차함수 $f(x)=ax^2+bx+c$라 하면
$f(1)=a+b+c$
이때, 이차함수 $y=f(x)$의 그래프에서 $f(1)<0$이므로
$a+b+c<0$ (참)

따라서 옳은 것은 ㄱ, ㄴ, ㄷ이야.

I 69 정답 ① ·········· 특수한 해를 갖는 이차부등식

정답 공식: 이차부등식 $f(x) \ge 0$이 단 한 개의 해를 가지려면 $f(x)$의 최고차항의 계수가 음수이고 판별식 $D=0$이어야 한다.

단서 $x=2$가 해가 되려면 먼저 a의 부호가 양수인지 음수인지 따져주어야 해.

x에 대한 이차부등식 $ax^2+bx+c \ge 0$의 해가 오직 $x=2$뿐일 때, 부등식 $bx^2+cx+8a<0$을 만족시키는 모든 정수 x의 값의 합은?

① 1   ② 2   ③ 3   ④ 4   ⑤ 5

1st 주어진 이차부등식의 해가 $x=2$뿐일 때 a, b, c의 정보를 알 수 있지?

x에 대한 이차부등식 $ax^2+bx+c \ge 0$의 해가 오직 $x=2$뿐이므로

$a<0$이고 $ax^2+bx+c=a(x-2)^2 \ge 0$ 해를 오직 하나만 갖기 위해서는 완전제곱식이어야 해.

즉, $ax^2+bx+c=a(x-2)^2=ax^2-4ax+4a$이므로

$b=-4a$, $c=4a \cdots$ ㉠

2nd ㉠을 $bx^2+cx+8a<0$에 대입해서 부등식을 풀자.

㉠을 $bx^2+cx+8a<0$에 대입하면

$-4ax^2+4ax+8a<0$

$-4a(x^2-x-2)<0$

$-4a(x+1)(x-2)<0$

$(x+1)(x-2)<0$ $(\because -4a>0)$

$\therefore -1<x<2$

따라서 부등식 $bx^2+cx+8a<0$을 만족시키는 정수 x는 0, 1이므로 그 합은 1이다.

I 70 정답 ④ ·········· 특수한 해를 갖는 이차부등식

정답 공식: 두 식을 연립한 이차방정식의 판별식 $D=0$임을 이용한다.

이차함수 $y=x^2-2ax+5a$의 그래프와 직선 $y=x$가 오직 한 점에서 만나도록 하는 모든 실수 a의 값의 합은?

① 1   ② 2   ③ 3   ④ 4   ⑤ 5

단서 직선과 이차함수의 그래프의 위치 관계가 주어진 경우 두 식을 연립한 이차방정식의 판별식을 이용하는 거야.

1st 이차함수 $y=x^2-2ax+5a$의 그래프와 직선 $y=x$가 한 점에서 만나는 경우를 생각하자.

이차함수 $y=x^2-2ax+5a$와 직선 $y=x$를 연립하면

$x^2-2ax+5a=x$에서

$x^2-(2a+1)x+5a=0 \cdots$ ㉠

그런데 이차함수 $y=x^2-2ax+5a$의 그래프와 직선 $y=x$가 오직 한 점에서 만나야 하므로 ㉠을 만족시키는 x의 값이 오직 하나만 존재해야 한다.

2nd 이차방정식에서 해가 1개일 조건은 판별식 $D=0$임을 이용해.

이차방정식 ㉠의 판별식을 D라 하면

$D=(2a+1)^2-20a=0$

$4a^2-16a+1=0$

따라서 구하는 모든 실수 a의 값의 합은 근과 계수의 관계에 의하여 4 이다.
이차방정식의 근과 계수의 관계에 의하여 $ax^2+bx+c=0$의 두 근을 각각 α, β라 하면 두 근의 합은 $\alpha+\beta=-\dfrac{b}{a}$, 두 근의 곱은 $\alpha\beta=\dfrac{c}{a}$야.
따라서 $4a^2-16a+1=0$을 만족하는 a의 값을 α, β라 하면
$\alpha+\beta=-\dfrac{-16}{4}=4$이고 $\alpha\beta=\dfrac{1}{4}$임을 알 수 있어.
꼭, α, β의 값을 구하지 않아도 근과 계수의 관계를 이용하면 그 합과 곱을 구할 수 있어.

🔧 **다른 풀이:** 이차함수의 그래프와 x축이 접하면 꼭짓점의 좌표가 0임을 이용하여 실수 a의 값 구하기

주어진 이차방정식과 직선 $y=x$가 한 점에서 만나므로 이차방정식 $x^2-2ax+5a=x$, 즉 $x^2-(2a+1)x+5a=0$의 해가 하나만 존재한다는 거야.
따라서 이것은 이차함수 $y=x^2-(2a+1)x+5a$의 그래프가 x축에 접한다는 뜻이야.

$y=x^2-(2a+1)x+5a$
$=\left\{x^2-(2a+1)x+\left(\dfrac{2a+1}{2}\right)^2-\left(\dfrac{2a+1}{2}\right)^2\right\}+5a$
$=\left(x-\dfrac{2a+1}{2}\right)^2-\dfrac{(2a+1)^2}{4}+5a$

에서 꼭짓점의 y좌표가 0이어야 하므로
$-\dfrac{(2a+1)^2}{4}+5a=0$
$(2a+1)^2-20a=0$ $\therefore\ 4a^2-16a+1=0$
(이하 동일)

> ✿ **이차함수 $y=ax^2+bx+c$의 그래프와 직선 $y=mx+n$의 위치 관계**   개념·공식
>
> 두 식을 연립한 이차방정식
> $ax^2+(b-m)x+c-n=0$의 판별식을 D라 할 때,
> ① $D>0$이면 서로 다른 두 점에서 만난다.
> ② $D=0$이면 한 점에서 만난다. (접한다.)
> ③ $D<0$이면 만나지 않는다.

I 71   정답 ④ ····························· 특수한 해를 갖는 이차부등식

[**정답 공식:** (나) 조건으로 $f(x)$의 식을 세우고, (가) 조건으로 $f(x)$의 식을 결정한다.]

> 이차함수 $f(x)$가 다음 조건을 만족시킨다.
>
> > (가) $f(0)=8$
> > (나) 이차부등식 $f(x)>0$의 해는 $x\ne 2$인 모든 실수이다.
> > **단서** 이차함수 $y=f(x)$의 그래프가 점 $(2,0)$에서 x축에 접하게 돼.
>
> $f(5)$의 값은?
>
> ① 12   ② 14   ③ 16   ④ 18   ⑤ 20

1st 주어진 조건을 이용하여 함수 $f(x)$를 추론해.
조건 (나)에서 이차부등식 $f(x)>0$의 해가
$x\ne 2$인 모든 실수이므로 이차함수 $f(x)$의 이차
항의 계수는 양수이고 그래프는 그림과 같이 x축
과 점 $(2,0)$에서 접해야 한다.
즉, $f(x)=a(x-2)^2\ (a>0)$이라 하면
조건 (가)에 의해
$f(0)=a(0-2)^2=4a=8$ $\therefore\ a=2$
따라서 $f(x)=2(x-2)^2$이므로
$f(5)=2(5-2)^2=18$

이차항의 계수가 음수이면 $f(x)<0$인 경우가 반드시 생기므로 조건 (나)에 맞지 않아.

I 72   정답 ④ ····························· 특수한 해를 갖는 이차부등식

[**정답 공식:** x에 대한 이차부등식 $(px-q)^2\le 0$의 해는 $x=\dfrac{q}{p}$이다.]

> 두 양수 a, b가 $\dfrac{1}{a}+\dfrac{1}{b}\le 2\sqrt{6}$, $(a-b)^2=36a^3b^3$을 만족시킬
> 때, $a+b$의 값은?   **단서 2** $(a-b)^2=(a+b)^2-4ab$로 변형 가능해.
> → **단서 1** 두 양수 m, n에 대하여 $m\le n$이면 $m^2\le n^2$이야.
>
> ① $\dfrac{\sqrt{6}}{3}$ ② $\dfrac{2\sqrt{2}}{3}$ ③ $\dfrac{4}{3}$
>
> ④ $\dfrac{2\sqrt{6}}{3}$ ⑤ $\dfrac{4\sqrt{2}}{3}$

1st 주어진 부등식을 변형하자.
$\dfrac{1}{a}+\dfrac{1}{b}=\dfrac{a+b}{ab}\le 2\sqrt{6}$에서 $ab>0$이므로 양변에 ab를 곱하면
$a+b\le 2\sqrt{6}ab$ $\therefore\ (a+b)^2\le 24(ab)^2\ \cdots\ \bigcirc$
a, b가 양수이므로 $a+b>0$, $2\sqrt{6}ab>0$이야. 즉, $a+b\le 2\sqrt{6}ab$의 양변을 제곱하면 $(a+b)^2\le(2\sqrt{6}ab)^2=24(ab)^2$이지.

2nd $(a+b)^2=(a-b)^2+4ab$를 이용해.
조건에서 $(a-b)^2=36a^3b^3=36(ab)^3$이고,
$(a-b)^2=(a+b)^2-4ab$이므로
$(a+b)^2=(a-b)^2+4ab$
$\qquad\quad=36(ab)^3+4ab\le 24(ab)^2\ (\because\ \bigcirc)\ \cdots\ \bigcirc\!\!\bigcirc$

3rd $ab=t$로 치환해서 부등식을 정리해.
이때, $ab=t>0$라 놓으면 $\bigcirc\!\!\bigcirc$에서
$36t^3+4t\le 24t^2$, $\dfrac{36t^2+4\le 24t}{}$ *$t>0$이므로 주어진 부등식의 양변을 t로 나누어도*
$9t^2-6t+1\le 0$, $(3t-1)^2\le 0$ *부등호의 방향이 바뀌지 않아.*
$\therefore\ t=\dfrac{1}{3}$ *실수를 제곱한 값은 항상 0 이상이지? 즉, $(3t-1)^2\le 0$에서 실수 $3t-1$을 제곱한 값이 0보다 작을 수는 없으니까 $(3t-1)^2=0$에서 $t=\dfrac{1}{3}$이 되는 거야.*
따라서 $ab=\dfrac{1}{3}$이므로
$(a+b)^2=36(ab)^3+4ab=36\times\left(\dfrac{1}{3}\right)^3+4\times\dfrac{1}{3}=\dfrac{8}{3}$
$\therefore\ a+b=\sqrt{\dfrac{8}{3}}=\dfrac{2\sqrt{6}}{3}\ (\because\ a+b>0)$

I 73   정답 22 ····························· 특수한 해를 갖는 이차부등식

[**정답 공식:** 부등식 $f(x)<0$의 해가 존재하지 않으면 함수 $y=f(x)$의 그래프가 x축 아래쪽에 그려지는 부분이 없어야 한다.]

> **단서** 부등식이 해를 가지지 않는다는 것은 부등식을 만족시키는 실수 x의 값이 존재하지 않는다는 거야.
> x에 대한 이차부등식 $x^2+8x+(a-6)<0$이 해를 갖지 않도록 하는 실수 a의 최솟값을 구하시오.

1st 부등식이 해를 갖지 않는다는 의미를 파악하자.
이차부등식 $x^2+8x+(a-6)<0$이 해를 갖지 않는다는 것은 모든 실수 x에 대하여 $x^2+8x+(a-6)\ge 0$이 성립한다는 의미이다.
2nd 이차방정식의 판별식을 이용하여 실수 a의 최솟값을 구하자.
$f(x)=x^2+8x+(a-6)$이라 하면 $f(x)$는
이차항의 계수가 양수인 이차함수이므로 함
수 $y=f(x)$의 그래프는 아래로 볼록한 포물
선이다.
즉, 모든 실수 x에 대하여 $f(x)\ge 0$이 성립

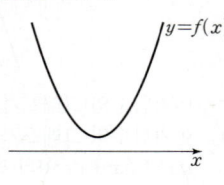

하려면 그래프가 그림과 같아야 하므로 이차방정식 $x^2+8x+(a-6)=0$
이 중근을 갖거나 실근을 갖지 않아야 한다.

$y=f(x)$의 그래프가 x축과 접하거나 만나지 않아야 해.

이 이차방정식의 판별식을 D라 하면 $D \leq 0$이어야 하므로

이차방정식 $ax^2+bx+c=0$의 판별식을 D라 하면 $D=b^2-4ac$이고
이차방정식 $ax^2+2b'x+c=0$의 판별식을 D라 하면 $\frac{D}{4}=b'^2-ac$야.

$\frac{D}{4}=4^2-1\times(a-6) \leq 0$에서 $16-a+6 \leq 0$

$\therefore a \geq 22$

따라서 실수 a의 최솟값은 22이다.

다른 풀이: 이차함수의 최솟값 활용하기

이차부등식 $x^2+8x+(a-6)<0$이 해를 갖지 않으므로 모든 실수 x에
대하여 $x^2+8x+(a-6) \geq 0$을 만족해.

즉, 이차함수 $y=x^2+8x+(a-6)$의 최솟값이 0 이상이 되어야 하지.

그런데 $y=x^2+8x+(a-6)=(x+4)^2+a-22$에서 이 이차함수의

최솟값이 $a-22$이므로

$$x^2+8x+(a-6)=(x^2+8x+16-16)+a-6$$
$$=(x^2+8x+16)-16+a-6$$
$$=(x+4)^2+a-22$$

$a-22 \geq 0$이야.

따라서 $a \geq 22$이므로 실수 a의 최솟값은 22야.

I 74 정답 10 ················· 특수한 해를 갖는 이차부등식

정답 공식: 이차부등식 $f(x)>0$이 해를 가지지 않으려면 $f(x)$의 최고차항의 계수가 음수이고 판별식 $D \leq 0$이어야 한다.

이차부등식 $-x^2-2(a+4)x+3(a-2)>0$의 해가 존재하지 않을 때, 정수 a의 개수를 구하시오. **단서** 이차방정식의 판별식 $D \leq 0$인 경우를 따지자. 주의할 점은 중근일 때도 해가 존재하지 않는다는 거야.

1st 최고차항의 계수를 양수로 만든 후 판별식을 이용해봐.

x^2의 계수를 양수로 만들기 위해 양변에 -1을 곱한 거야.
$-x^2-2(a+4)x+3(a-2)>0$에서

$x^2+2(a+4)x-3(a-2)<0$

이 부등식의 해가 존재하지 않으려면

모든 실수 x에 대하여

$x^2+2(a+4)x-3(a-2) \geq 0$

이 성립해야 한다.

$\longrightarrow$ _$x^2+2(a+4)x-3(a-2)<0$의 해가 존재하지 않는 것과 모든 실수 x에 대하여 $x^2+2(a+4)x-3(a-2) \geq 0$이 성립하는 것은 같은 의미야._

이차방정식 $x^2+2(a+4)x-3(a-2)=0$의 판별식을 D라고 하면

$\frac{D}{4}=(a+4)^2-1\cdot\{-3(a-2)\} \leq 0$

$a^2+8a+16+3a-6 \leq 0$ _$\frac{D}{4} \leq 0$처럼 등호가 붙은 것은 이차부등식에 등호가 붙어 있기 때문이야._

$a^2+11a+10 \leq 0$

$(a+1)(a+10) \leq 0$

$\therefore -10 \leq a \leq -1$

따라서 정수 a는 $-10, -9, \cdots, -2, -1$로 10개이다.

I 75 정답 ① ················· 특수한 해를 갖는 이차부등식

정답 공식: 이차부등식 $f(x)>0$이 해를 가지려면 최고차항의 계수가 양수이거나, 최고차항의 계수가 음수인 경우에는 판별식 $D>0$이어야 한다.

단서 a가 양수인지 음수인지 알 수 없으므로 두 경우로 나누어 풀자.
이차부등식 $ax^2-6x+4a>0$의 해가 존재할 때, 다음 중 실수 a의 값이 될 수 없는 것은?

① $-\frac{3}{2}$ ② -1 ③ $-\frac{1}{2}$ ④ $\frac{1}{2}$ ⑤ 1

1st a의 부호에 따라 해가 존재할 조건을 찾아보자.

주의 _a의 부호는 이차함수 $y=ax^2+bx+c$의 그래프의 모양을 결정하므로 두 함수 $y=ax^2+bx+c$와 $y=0$의 그래프의 위치 관계를 고려해봐._

(i) $a>0$일 때,
이차함수 $y=ax^2-6x+4a$의 그래프는 아래로 볼록하므로 주어진 부등식은 항상 해를 가진다. _아래로 볼록인 이차함수의 값이 항상 0보다 작거나 같을 수는 없기 때문이야._

(ii) $a<0$일 때,
$ax^2-6x+4a>0$이 해를 가지려면 이차방정식 $ax^2-6x+4a=0$이 서로 다른 두 실근을 가져야 하므로 이 이차방정식의 판별식을 D라고 하면 _이차함수 $y=ax^2-6x+4a$가 x축과 서로 다른 두 점에서 만나야 해._

$\frac{D}{4}=(-3)^2-a\cdot4a>0$

$4a^2-9<0$ $\longrightarrow (2a)^2-3^2<0 \Rightarrow (2a+3)(2a-3)<0$

$(2a+3)(2a-3)<0$

$\therefore -\frac{3}{2}<a<\frac{3}{2}$

이때, $a<0$이므로 $-\frac{3}{2}<a<0$

(i), (ii)에 의하여 $-\frac{3}{2}<a<0$ 또는 $a>0$

따라서 선택지 중 a의 값이 될 수 없는 것은 ①이다.

I 76 정답 ② ················· 이차부등식이 항상 성립할 조건

정답 공식: 모든 실수 x에 대하여 이차부등식 $ax^2+bx+c \geq 0 (a>0)$이 성립하려면 이차방정식 $ax^2+bx+c=0$의 판별식 D가 $D \leq 0$이어야 한다.

모든 실수 x에 대하여 부등식 $x^2-2kx+2k+15 \geq 0$ 이 성립하도록 하는 정수 k의 개수는? **단서** 모든 실수 x에 대하여 이차부등식 $x^2-2kx+2k+15 \geq 0$이 성립하려면 이차방정식 $x^2-2kx+2k+15=0$의 판별식 D에 대하여 $D \leq 0$이어야 해.

① 7 ② 9 ③ 11
④ 13 ⑤ 15

1st 이차방정식의 판별식을 이용해. $\longrightarrow$ _이차방정식 $ax^2+bx+c=0$에서 판별식 D는 $D=b^2-4ac$_

이차방정식 $x^2-2kx+2k+15=0$의 판별식을 D라 하자.

모든 실수 x에 대하여 부등식 $x^2-2kx+2k+15 \geq 0$이 성립하려면 $D \leq 0$이어야 하므로

$\frac{D}{4}=(-k)^2-1\times(2k+15) \leq 0$ _이차방정식 $ax^2+2b'x+c=0$의 판별식은 계산을 효율적으로 하기 위해 $\frac{D}{4}=(b')^2-ac$를 이용해._

$k^2-2k-15 \leq 0$, $(k+3)(k-5) \leq 0$

$\therefore -3 \leq k \leq 5$ _이차부등식 $(x-\alpha)(x-\beta) \leq 0 (\alpha<\beta)$의 해는 $\alpha \leq x \leq \beta$_

2nd 정수 k의 개수를 구해.

따라서 정수 k는 $-3, -2, -1, \cdots, 5$이므로 그 개수는 9이다.

두 정수 $m, n(m<n)$에 대하여 $m \leq k \leq n$을 만족하는 정수 k의 개수는 $n-m+1$이야.
즉, $-3 \leq k \leq 5$를 만족하는 정수 k의 개수는 $5-(-3)+1=9$

I 77 정답 ④ ·························· 이차부등식이 항상 성립할 조건

【 정답 공식: 최고차항의 계수의 부호, 부등호의 방향, 이차방정식의 판별식을 이용한다. 】

다음 [보기] 중 모든 실수 x에 대하여 성립하는 부등식을 모두 고른 것은? 단서 이차방정식의 판별식을 이용하여 판단하자.

[보기]
ㄱ. $x^2-x+2<0$ ㄴ. $x^2-6x+9\geq0$
ㄷ. $x^2+2x+3>0$ ㄹ. $x^2+10x+25\leq0$
ㅁ. $-2x^2+2x-3<0$

① ㄱ, ㄴ ② ㄷ, ㄹ ③ ㄱ, ㄹ, ㅁ
④ ㄴ, ㄷ, ㅁ ⑤ ㄴ, ㄹ, ㅁ

1st 판별식을 이용해.

ㄱ. 이차방정식 $x^2-x+2=0$의 판별식을 D라고 하면
$D=(-1)^2-4\cdot1\cdot2=-7<0$이므로
모든 실수 x에 대하여 $x^2-x+2>0$이다.
따라서 $x^2-x+2<0$의 해는 없다.

ㄴ. 이차방정식 $x^2-6x+9=0$의 판별식을 D라고 하면
$\dfrac{D}{4}=(-3)^2-1\cdot9=0$이므로 x의 계수가 짝수이면 $\dfrac{D}{4}$를 이용하는 게 계산이 좀 더 간편해져.
모든 실수 x에 대하여 $x^2-6x+9\geq0$이다.

ㄷ. 이차방정식 $x^2+2x+3=0$의 판별식을 D라고 하면
$\dfrac{D}{4}=1^2-1\cdot3=-2<0$이므로
모든 실수 x에 대하여 $x^2+2x+3>0$이다.

ㄹ. 이차방정식 $x^2+10x+25=0$의 판별식을 D라고 하면
$\dfrac{D}{4}=5^2-1\cdot25=0$이므로
모든 실수 x에 대하여 $x^2+10x+25\geq0$이다.
따라서 $x^2+10x+25\leq0$의 해는 $x=-5$뿐이다. $(x+5)^2\leq0$을 만족하는 x는 $x=-5$일 때 뿐이지.

ㅁ. 이차방정식 $-2x^2+2x-3=0$의 판별식을 D라고 하면
$\dfrac{D}{4}=1^2-(-2)\cdot(-3)=-5<0$이므로
모든 실수 x에 대하여 $-2x^2+2x-3<0$이다.
따라서 모든 실수 x에 대하여 성립하는 부등식은 ㄴ, ㄷ, ㅁ이다.

I 78 정답 7 ·························· 이차부등식이 항상 성립할 조건

【 정답 공식: 주어진 범위에서 이차부등식의 항상 성립하도록 이차함수의 그래프를 그린다. 】

$-1\leq x\leq1$에서 이차부등식 $x^2-2x+3\leq-x^2+k$가 항상 성립할 때, 실수 k의 최솟값을 구하시오.
단서 주어진 범위에서 부등식이 항상 성립하기 위한 조건을 구하기 위해 이차함수의 그래프의 개형을 그려 보자.

1st 이차함수 $y=2x^2-2x+3-k$의 그래프를 그리자.
이차부등식 $x^2-2x+3\leq-x^2+k$를 정리하면
$2x^2-2x+3-k\leq0$
$f(x)=2x^2-2x+3-k$ $(-1\leq x\leq1)$라 하면

$f(x)=2\left(x-\dfrac{1}{2}\right)^2+\dfrac{5}{2}-k$ $(-1\leq x\leq1)$
$f(x)=2x^2-2x+3-k$
$=2\left(x^2-x+\dfrac{1}{4}-\dfrac{1}{4}\right)+3-k$
$=2\left(x^2-x+\dfrac{1}{4}\right)-\dfrac{1}{2}+3-k$
$=2\left(x-\dfrac{1}{2}\right)^2+\dfrac{5}{2}-k$

즉, 함수 $y=f(x)$의 그래프의 꼭짓점의 좌표는 $\left(\dfrac{1}{2},\ \dfrac{5}{2}-k\right)$이다.
이때, $y=f(x)$의 그래프는 아래로 볼록하면서 축의 방정식은 $x=\dfrac{1}{2}$이므로 $-1\leq x\leq1$에서 부등식 $f(x)\leq0$이 항상 성립하려면 $y=f(x)$의 그래프의 개형은 다음 그림과 같아야 한다.

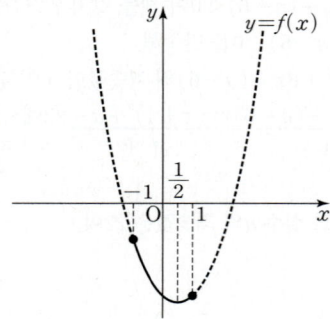

2nd 그림에서 부등식 $f(x)\leq0$이 항상 성립할 조건을 찾자.
$-1\leq x\leq1$에서 부등식 $f(x)\leq0$이 항상 성립하려면
$f(-1)\leq0$ ($\because f(-1)>f(1)$)이어야 하므로
위의 그림에서 $f(-1)>f(1)$이므로 $f(-1)\leq0$이면 당연히 $f(1)<0$이야.
$f(-1)=7-k\leq0$ $\therefore k\geq7$
$f(-1)=2\times(-1)^2-2\times(-1)+3-k=7-k$
따라서 실수 k의 최솟값은 7이다.

I 79 정답 ⑤ ·························· 이차부등식이 항상 성립할 조건

【 정답 공식: $\sqrt{f(x)}$가 실수가 되려면 모든 실수 x에 대하여 $f(x)\geq0$이어야 한다. 】

단서 $\sqrt{X}$가 실수가 되기 위해서는 $X\geq0$이어야 해.
모든 실수 x에 대하여 $\sqrt{x^2-8ax+4(3a+1)}$이 실수가 되도록 하는 실수 a의 최댓값과 최솟값의 합은?

① $-\dfrac{1}{2}$ ② 0 ③ $\dfrac{1}{4}$
④ $\dfrac{1}{2}$ ⑤ $\dfrac{3}{4}$

1st $\sqrt{X}$가 실수이려면 $X\geq0$이어야 하지? 근호 안의 이차식이 항상 0 이상의 값이 나올 조건을 찾아보자.
모든 실수 x에 대하여 $\sqrt{x^2-8ax+4(3a+1)}$이 실수가 되려면
모든 실수 x에 대하여 $x^2-8ax+4(3a+1)\geq0$이 성립해야 한다.
이차방정식 $x^2-8ax+4(3a+1)=0$의 판별식을 D라고 하면
$\dfrac{D}{4}=(-4a)^2-1\cdot4(3a+1)\leq0$ $\sqrt{\ }$ 안의 식이 음수가 나오게 되면 실수가 아니라 허수가 되겠지.
$4a^2-3a-1\leq0$
$(4a+1)(a-1)\leq0$
$\therefore -\dfrac{1}{4}\leq a\leq1$

따라서 a의 최솟값은 $-\dfrac{1}{4}$, 최댓값은 1이므로 그 합은 $\dfrac{3}{4}$이다.

정답 ③ ·························· 이차부등식이 항상 성립할 조건

> **정답 공식:** 이차부등식 $f(x) \leq 0$이 모든 실수 x에 대해 성립하려면 최고차항의
> 계수가 음수이고 판별식 $D \leq 0$이어야 한다.

> **단서** 조건에 만족하도록 a의 부호와 이차방정식의 판별식을 생각해야 해.
> 모든 실수 x에 대하여 이차부등식 $ax^2 - (a-1)x + a \leq 0$이
> 성립하도록 하는 실수 a의 최댓값은?
>
> ① -3 ② -2 ③ -1
> ④ 0 ⑤ 1

1st 이차부등식 $ax^2 + bx + c \leq 0$이 항상 성립하려면 $a < 0$과 이차방정식의
(판별식)≤ 0이어야 하지? ← $a > 0$인 경우는 항상 $ax^2 - (a-1)x + a > 0$이
되는 범위가 생기기 때문에 $a < 0$이어야 해.

모든 실수 x에 대하여 이차부등식 $ax^2 - (a-1)x + a \leq 0$이 성립하려면
$a < 0$

이차방정식 $ax^2 - (a-1)x + a = 0$의 판별식을 D라고 하면
$D = \{-(a-1)\}^2 - 4 \cdot a \cdot a \leq 0$

> **실수** 이차부등식이 항상 성립할 조건을 기억해 두면 편리하지만 주어진 식이나 등호 여부에 따라 바뀌기도 하니 꼭 확인해야 해.

$3a^2 + 2a - 1 \geq 0$

$(a+1)(3a-1) \geq 0$ → $a \diagdown 1$, $3a \diagdown -1$, $-a + 3a = 2a$

$\therefore a \leq -1$ 또는 $a \geq \dfrac{1}{3}$

이때, $a < 0$이므로 $a \leq -1$
구한 조건에서 $a < 0$을 적용한 거야.

따라서 a의 최댓값은 -1이다.

I 81 정답 ③ ·························· 이차부등식이 항상 성립할 조건

> **정답 공식:** 모든 실수 x에 대하여 이차부등식 $ax^2 + bx + c \geq 0 (a > 0)$이 성립하
> 려면 이차방정식 $ax^2 + bx + c = 0$의 판별식 $D \leq 0$이어야 한다.

> 모든 실수 x에 대하여 이차부등식
> $$x^2 - 2(k-2)x - k^2 + 5k - 3 \geq 0$$
> 이 성립하도록 하는 모든 정수 k의 값의 합은?
> **단서** 모든 실수 x에 대하여 주어진 이차부등식이 성립하려면 이차방정식
> $x^2 - 2(k-2)x - k^2 + 5k - 3 = 0$의 판별식 D에 대하여 $D \leq 0$이어야 해.
>
> ① 2 ② 4 ③ 6
> ④ 8 ⑤ 10

1st 이차방정식의 판별식을 이용하자.

$f(x) = x^2 - 2(k-2)x - k^2 + 5k - 3$이라 하자.
이차함수 $y = f(x)$의 그래프는 아래로 볼록하므로 모든 실수 x에 대하여
← 이차함수 $f(x) = x^2 - 2(k-2)x - k^2 + 5k - 3$의 최고차항의 계수가 1로 양수야.

$f(x) \geq 0$이 되려면 $y = f(x)$의 그래프가 x축에 접하거나 x축과 만나지 않아야 한다.

즉, 이차방정식 $x^2 - 2(k-2)x - k^2 + 5k - 3 = 0$의 판별식을 D라 하면

$\dfrac{D}{4} = (k-2)^2 - (-k^2 + 5k - 3) \leq 0$

$2k^2 - 9k + 7 \leq 0$, $(k-1)(2k-7) \leq 0$ ← $(k-2)^2 - (-k^2 + 5k - 3) \leq 0$에서 $k^2 - 4k + 4 + k^2 - 5k + 3 \leq 0$

$\therefore 1 \leq k \leq \dfrac{7}{2}$

2nd 모든 정수 k의 값의 합을 구하자.

따라서 $1 \leq k \leq \dfrac{7}{2}$을 만족시키는 정수 k는 1, 2, 3이므로 구하는 합은
$1 + 2 + 3 = 6$

I 82 정답 ④ ·························· 이차부등식이 항상 성립할 조건

> **정답 공식:** 모든 실수 x에 대하여 이차부등식 $ax^2 + bx + c > 0$이 성립하려면
> $a > 0$이고 판별식 $D = b^2 - 4ac < 0$이어야 한다.

> **단서** 이차방정식 $x^2 + (m+2)x + 2m + 1 = 0$과 연관지어 생각해 봐.
> 모든 실수 x에 대하여 이차부등식
> $$x^2 + (m+2)x + 2m + 1 > 0$$
> 이 성립하도록 하는 모든 정수 m의 값의 합은?
>
> ① 3 ② 4 ③ 5 ④ 6 ⑤ 7

1st 이차부등식이 성립하기 위한 조건으로 새로운 식을 만들자.
모든 실수 x에 대하여 이차부등식
$x^2 + (m+2)x + 2m + 1 > 0$이 성립하려면
이차방정식 $x^2 + (m+2)x + 2m + 1 = 0$이 허근을 가져야 한다.
모든 실수 x에 대하여 $x^2 + (m+2)x + 2m + 1 > 0$이면
이차방정식 $x^2 + (m+2)x + 2m + 1 = 0$은 실근을 가질 수 없으니 허근을 가져.
따라서 이차방정식 $x^2 + (m+2)x + 2m + 1 = 0$의 판별식을 D라 하면
$D = (m+2)^2 - 4(2m+1) < 0$ → 이차방정식 $ax^2 + bx + c = 0$의 판별식을 D라 하면 $D = b^2 - 4ac$이고, $D < 0$이면
$m^2 - 4m < 0$ 이차방정식은 서로 다른 두 허근을 가져.

2nd m에 대한 이차부등식의 해를 구하여 답을 찾자.

$m(m-4) < 0$ ← 이차부등식 $x(x-4) < 0$의 해는 함수 $y = x(x-4)$의 그래프가 x축($y=0$)보다 아래에 있는 부분의 x의 값이므로 0과 4 사이의 값이야.
$\therefore 0 < m < 4$

따라서 정수 m의 값은 1, 2, 3이므로 모든 정수 m의 값의 합은
$1 + 2 + 3 = 6$이다.

I 83 정답 ② ·························· 이차부등식이 항상 성립할 조건

> **정답 공식:** 주어진 범위에서 이차부등식의 최솟값이 0 이하가 되도록 k의 값을
> 구한다.

> $3 \leq x \leq 5$인 실수 x에 대하여 부등식 $x^2 - 4x - 4k + 3 \leq 0$이
> 항상 성립하도록 하는 상수 k의 최솟값은?
>
> ① 1 ② 2 ③ 3
> ④ 4 ⑤ 5 **단서** 주어진 범위에서 부등식이 항상 성립하기 위한 조건을 구하기 위해 그래프의 개형을 그려 보자.

1st 이차함수 $y = x^2 - 4x - 4k + 3$의 그래프를 그리자.
$f(x) = x^2 - 4x - 4k + 3 = (x-2)^2 - 4k - 1 \ (3 \leq x \leq 5)$
이라 하면 함수 $y = f(x)$의 그래프의 꼭짓점의 좌표는 $(2, -4k-1)$이다.
이때, $y = f(x)$의 그래프는 아래로 볼록하면서 축의 방정식은 $x = 2$이
므로 $3 \leq x \leq 5$에서 부등식 $f(x) \leq 0$이 항상 성립하려면 $y = f(x)$의 그
래프의 개형은 다음 그림과 같이 그려져야 한다.

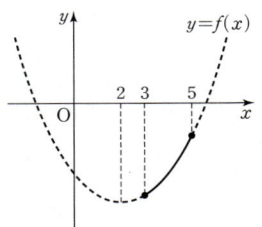

2nd 그림에서 부등식 $f(x) \leq 0$이 성립할 조건을 찾자.
즉, $3 \leq x \leq 5$에서 $f(x) \leq 0$이 항상 성립하려면
$f(5) \leq 0 \ (\because f(3) < f(5))$이어야 하므로 → 그림과 같이 $f(5) \leq 0$인 것만 따져도 되는 이유는 축의 방정식 $x = 2$의 오른쪽에서 $f(3)$은 $f(5)$보다 작기 때문이야.
$f(5) = 25 - 20 - 4k + 3 = -4k + 8 \leq 0$
$\therefore k \geq 2$

따라서 실수 k의 최솟값은 2이다.

I 84 정답 −10 ·················· 이차부등식과 이차함수의 그래프

[정답 공식: 부등식 (이차함수)<(직선)과 주어진 해의 범위로부터 만든 이차부등식이 같아야 한다.]

단서 직선의 y값보다 이차함수의 y값이 더 작은 범위를 구하면 돼.

이차함수 $y=ax^2-bx+a^2+3a$의 그래프가 직선 $y=5x-b$보다 아래쪽에 있는 x의 값의 범위가 $-6<x<1$일 때, 실수 a, b에 대하여 ab의 값을 구하시오.

1st 부등식 (이차함수)<(직선)의 해를 이용하여 a와 b의 관계식을 찾아보자.

$y=ax^2-bx+a^2+3a$의 그래프가 직선 $y=5x-b$보다 아래쪽에 있으므로

주어진 이차함수의 함숫값이 직선의 함숫값보다 작은 x의 범위를 구하는 거야.

$ax^2-bx+a^2+3a<5x-b$
$ax^2-(b+5)x+a^2+3a+b<0 \cdots \bigcirc$

$\bigcirc$의 해가 $-6<x<1$이므로 $a>0$ 만약 $\bigcirc$의 부등호 방향이 '>'이라면 $a<0$이겠지?

해가 $-6<x<1$이고 x^2의 계수가 1인 이차부등식은
$(x+6)(x-1)<0$
$\therefore x^2+5x-6<0$

양변에 a를 곱하면 $ax^2+5ax-6a<0 \cdots \bigcirc\!\!\!\!\!\bigcirc$ $a>0$이므로 양변에 a를 곱해도 부등호의 방향이 바뀌지 않아.

$\bigcirc$과 $\bigcirc\!\!\!\!\!\bigcirc$이 일치하므로
$-(b+5)=5a$, $a^2+3a+b=-6a$
$\therefore b=-5a-5$, $a^2+9a+b=0$

2nd a와 b의 값을 구해봐. → 문자를 a 하나로 통일하려는 거야.

$b=-5a-5$를 $a^2+9a+b=0$에 대입하여 풀면
$a^2+9a-5a-5=0 \Rightarrow a^2+4a-5=0 \Rightarrow (a+5)(a-1)=0$
$\therefore a=1 (\because a>0)$

주의 앞에서 구한 조건들을 잘 기억했다가 적용시켜야 해.

따라서 $a=1$, $b=-10$이므로
$ab=-10$

I 85 정답 ① ·················· 이차부등식과 이차함수의 그래프

[정답 공식: 부등식 (이차함수)<(직선)과 주어진 해의 범위로부터 만든 이차부등식이 같아야 한다.]

단서 아래쪽에 있다는 것은 y의 값이 더 작은 것을 의미해.

이차함수 $y=x^2+ax-b$의 그래프가 직선 $y=-2x+2$보다 아래쪽에 있는 x의 값의 범위가 $-2<x<3$일 때, 실수 a, b에 대하여 ab의 값은?

① −12   ② −6   ③ 2
④ 6   ⑤ 12

1st 부등식 (이차함수)<(직선)의 해로부터 a, b의 값을 구하자.

$y=x^2+ax-b$의 그래프가 직선 $y=-2x+2$보다 아래쪽에 있으므로
$x^2+ax-b<-2x+2$ 그래프가 아래쪽에 있다는 것은 함숫값이 더 작다는 거야. 그래서 $x^2+ax-b<-2x+2$인 x의 범위를 구하면 돼.
$x^2+(a+2)x-b-2<0 \cdots \bigcirc$

한편, 해가 $-2<x<3$이고 x^2의 계수가 1인 이차부등식은
$(x+2)(x-3)<0$
$\therefore x^2-x-6<0 \cdots \bigcirc\!\!\!\!\!\bigcirc$

$\bigcirc$과 $\bigcirc\!\!\!\!\!\bigcirc$의 부등호 방향이 같은지 잘 따져 보아야 해. 만약 반대로 되어 있다면 음수를 곱해서 맞춰 주어야 해.

$\bigcirc$과 $\bigcirc\!\!\!\!\!\bigcirc$이 일치하므로
$a+2=-1$, $-b-2=-6$
$\therefore a=-3$, $b=4$
$\therefore ab=-12$

실수 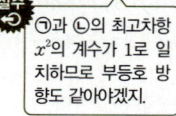 $\bigcirc$과 $\bigcirc\!\!\!\!\!\bigcirc$의 최고차항 x^2의 계수가 1로 일치하므로 부등호 방향도 같아야겠지.

I 86 정답 ⑤ ·················· 이차부등식과 이차함수의 그래프

[정답 공식: 부등식 (첫 번째 이차함수)>(두 번째 이차함수)의 해를 구한다.]

이차함수 $y=-3x^2+6x-4$의 그래프가 이차함수 $y=x^2-3x-2$의 그래프보다 위쪽에 있는 x의 값의 범위가 $\alpha<x<\beta$일 때, $\beta-\alpha$의 값은? **단서** 처음 이차함수의 함숫값이 뒤의 이차함수의 함숫값보다 크게 되는 x의 값의 범위를 구하면 돼.

① $\dfrac{1}{4}$ ② $\dfrac{1}{2}$ ③ $\dfrac{3}{4}$
④ $\dfrac{3}{2}$ ⑤ $\dfrac{7}{4}$

1st 부등식 $-3x^2+6x-4>x^2-3x-2$를 풀면 돼.

$y=-3x^2+6x-4$의 그래프가 $y=x^2-3x-2$의 그래프보다 위쪽에 있으므로 $y=-3x^2+6x-4$의 함숫값이 $y=x^2-3x-2$의 함숫값보다 큰 x의 범위를 구하는 거야.
$-3x^2+6x-4>x^2-3x-2$
$4x^2-9x+2<0$
$(4x-1)(x-2)<0$
$\therefore \dfrac{1}{4}<x<2$

따라서 $\alpha=\dfrac{1}{4}$, $\beta=2$이므로
$\beta-\alpha=\dfrac{7}{4}$

✿ 이차부등식의 풀이   개념·공식

이차방정식 $ax^2+bx+c=0$ $(a>0)$의 서로 다른 두 실근을 α, β $(\alpha<\beta)$라고 할 때,
① $ax^2+bx+c>0$의 해는 $x<\alpha$ 또는 $x>\beta$
② $ax^2+bx+c\geq0$의 해는 $x\leq\alpha$ 또는 $x\geq\beta$
③ $ax^2+bx+c<0$의 해는 $\alpha<x<\beta$
④ $ax^2+bx+c\leq0$의 해는 $\alpha\leq x\leq\beta$

I 87 정답 ⑤ ·················· 이차부등식과 이차함수의 그래프

[정답 공식: 이차함수의 그래프의 개형, 이차함수의 그래프와 직선의 교점 등을 이용하여 부등식의 해를 구한다.]

이차항의 계수가 음수인 이차함수 $y=f(x)$의 그래프와 직선 **단서1** 위로 볼록한 그래프야. $y=x+1$이 두 점에서 만나고 그 교점의 y좌표가 각각 3과 8이다. 이때 이차부등식 $f(x)-x-1>0$을 만족시키는 모든 정수 x의 값의 합은? **단서2** $f(x)>x+1$이므로 이차함수 $y=f(x)$의 그래프가 직선 $y=x+1$보다 위쪽에 있는 x의 값의 범위를 구해야 해.

① 14   ② 15   ③ 16
④ 17   ⑤ 18

1st 이차함수의 그래프와 직선의 위치 관계를 이용하자.

이차함수 $y=f(x)$의 그래프와 직선 $y=x+1$이 두 점에서 만나고 그 교점의 y좌표가 각각 3, 8이므로 $y=x+1$에서
$y=3$일 때 $x=2$, $y=8$일 때 $x=7$
$y=x+1$에 $y=3$, $y=8$을 각각 대입해서 x의 값을 구한 거야.

즉, 직선 $y=x+1$과 이차함수 $y=f(x)$의 그래프의 교점의 좌표는 $(2, 3)$, $(7, 8)$이므로 이차함수 $y=f(x)$의 그래프와 직선 $y=x+1$을 그림으로 나타내면 다음과 같다.

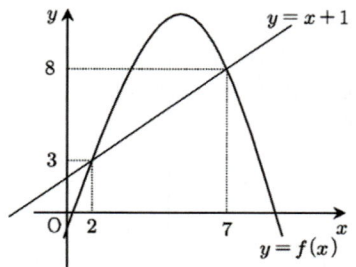

2nd 그래프를 이용하여 이차부등식 $f(x)-x-1>0$의 해를 구하자.

이때, 이차부등식 $f(x)-x-1>0$에서 $f(x)>x+1$이고, 이를 만족시키는 x의 값의 범위는 이차함수 $y=f(x)$의 그래프가 직선 $y=x+1$보다 위쪽에 있다는 뜻이야.
$2<x<7$

따라서 $2<x<7$을 만족시키는 정수 x는 3, 4, 5, 6이므로 구하는 합은 $3+4+5+6=18$

I 88 정답 ⑤ ························· 이차부등식과 이차함수의 그래프

정답 공식: 이차함수의 개형, 이차함수와 직선의 교점 등을 이용하여 참 거짓을 판단한다.

직선 $y=px+q$와 이차함수 $y=ax^2+bx+c$의 그래프가 그림과 같을 때, [보기]에서 옳은 것만을 있는 대로 고른 것은?

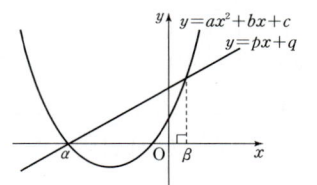

[보기]

ㄱ. $b^2-4ac>0$ 단서1 이차방정식 $ax^2+bx+c=0$의 판별식이지?

ㄴ. $aq^2+bq+c>0$ 단서2 이차함수 $y=ax^2+bx+c$에 $x=q$를 대입한 값이야.

ㄷ. 부등식 $ax^2+(b-p)x+c-q\leq0$의 해는 $\alpha\leq x\leq\beta$이다.

① ㄱ   ② ㄱ, ㄴ   ③ ㄱ, ㄷ
④ ㄴ, ㄷ   ⑤ ㄱ, ㄴ, ㄷ

1st 함수 $y=ax^2+bx+c$는 x축과 서로 다른 두 점에서 만남을 이용해.

ㄱ. 이차함수 $y=ax^2+bx+c$의 그래프가 x축과 서로 다른 두 점에서 만나므로 이차방정식 $ax^2+bx+c=0$ ··· ㉠은 서로 다른 두 실근을 가진다.
이차함수의 그래프가 x축과 만나는 두 점의 x좌표는 이차함수의 값이 0이 되는 식, 즉 $ax^2+bx+c=0$의 두 실근과 일치하는 거야.
따라서 ㉠의 판별식 D는 $D=b^2-4ac>0$ (참)

2nd q는 직선 $y=px+q$의 y절편임을 이용해.

ㄴ. 이차함수 $y=ax^2+bx+c$ ··· ㉡는 $x>0$일 때, $y>0$이다.
이때, 직선 $y=px+q$에서 q는 이 직선의 y절편이고 $q>0$이므로 ㉡에 $x=q$를 대입하면 $y=aq^2+bq+c>0$ (참)

3rd α, β는 이차함수의 그래프와 직선의 교점의 x좌표야.

ㄷ. 이차함수 $y=ax^2+bx+c$의 그래프와 직선 $y=px+q$의 교점의 x좌표는 α, β이므로 방정식 $ax^2+bx+c=px+q$
그래프의 교점의 x좌표는 그래프의 식을 연립하여 나온 방정식의 실근이야.
즉, $ax^2+(b-p)x+c-q=0$은 서로 다른 두 실근 α, β를 가진다.
따라서 부등식 $ax^2+(b-p)x+c-q=a(x-\alpha)(x-\beta)\leq0$에서 $a>0$이므로 이 부등식의 해는 $\alpha\leq x\leq\beta$이다. (참)

따라서 옳은 것은 ㄱ, ㄴ, ㄷ이다.

그래프를 이용한 부등식의 풀이 개념·공식

(1) 부등식 $f(x)>0$의 해
   $y=f(x)$의 그래프가 x축보다 위쪽에 있는 부분의 x의 값의 범위이다.
(2) 부등식 $f(x)>g(x)$의 해
   $y=f(x)$의 그래프가 $y=g(x)$의 그래프보다 위쪽에 있는 부분의 x의 값의 범위이다.

I 89 정답 ④ ························· 이차부등식과 이차함수의 그래프

정답 공식: 점 A, B의 좌표를 p에 대한 식으로 구한 후, 두 점을 해의 양 끝값으로 하는 이차부등식을 만들어 조건을 만족시키는 p의 범위를 구한다.

단서 꼭짓점 A와 점 B의 좌표를 구해야겠지?
0이 아닌 실수 p에 대하여 이차함수 $f(x)=x^2+px+p$의 그래프의 꼭짓점을 A, 이 이차함수의 그래프가 y축과 만나는 점을 B라 할 때, 두 점 A, B를 지나는 직선 l의 방정식을 $y=g(x)$라 하자. 부등식 $f(x)-g(x)\leq0$을 만족시키는 정수 x의 개수가 10이 되도록 하는 정수 p의 최댓값을 M, 최솟값을 m이라 할 때, $M-m$의 값은?

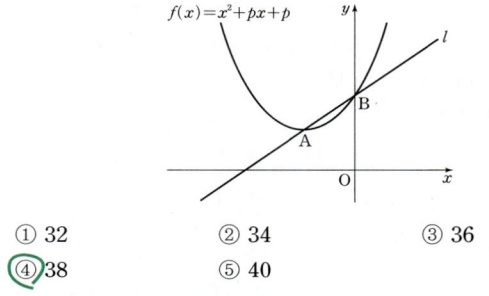

① 32   ② 34   ③ 36
④ 38   ⑤ 40

1st 두 점 A, B의 좌표부터 구해.

$f(x)=x^2+px+p$
$\quad=x^2+px+\dfrac{p^2}{4}-\dfrac{p^2}{4}+p$
$\quad=\left(x+\dfrac{p}{2}\right)^2-\dfrac{p^2}{4}+p$

이므로 두 점 A, B의 좌표는 각각 $\left(-\dfrac{p}{2},\ -\dfrac{p^2}{4}+p\right)$, $(0,\ p)$이다.

2nd 방정식 $f(x)-g(x)=0$의 해는 $x=0$ 또는 $x=-\dfrac{p}{2}$임을 이용해.

$f(x)$는 최고차항의 계수가 1인 이차함수이고 이차함수 $y=f(x)$의 그래프와 직선 $y=g(x)$의 교점의 x좌표가 0 또는 $-\dfrac{p}{2}$이므로

$f(x)-g(x)=x\left(x+\dfrac{p}{2}\right)$
$y=f(x)$와 $y=g(x)$의 그래프의 교점이 A, B이니까 x좌표가 0 또는 $-\dfrac{p}{2}$라는 거야.

즉, $f(x)-g(x)\leq0$에서 $x\left(x+\dfrac{p}{2}\right)\leq0$ ··· ㉠

3rd p의 범위에 따라 경우를 나누어 정수 p의 최댓값과 최솟값을 구해.

(i) $p>0$일 때, 부등식 ㉠의 해는 $-\dfrac{p}{2}\leq x\leq0$이고 이것을 만족시키는 정수 x의 개수가 10이 되어야 하므로 $-10<-\dfrac{p}{2}\leq-9$에서
$18\leq p<20$ $x=0,\ -1,\ -2,\ \cdots,\ -9$로 10개가 돼.
$\therefore p=18$ 또는 $p=19$

(ii) $p<0$일 때, 부등식 ㉠의 해는 $0\le x\le-\dfrac{p}{2}$이고 이것을 만족시키는

정수 x의 개수가 10이 되어야 하므로 $9\le-\dfrac{p}{2}<10$에서

$-20<p\le-18$ _{$x=0, 1, 2, 3, \cdots,$ 9로 10개가 돼.}

$\therefore p=-18$ 또는 $p=-19$

(i), (ii)에 의하여 정수 p의 최댓값과 최솟값은 각각 19, -19이므로

$M=19,\ m=-19$

$\therefore M-m=19-(-19)=38$

I 90 정답 ⑤ ·········· 두 그래프의 위치 관계와 이차부등식

(**정답 공식**: 함수 $y=f(x)$의 그래프와 직선 $x=a$의 교점은 $(a, f(a))$이다.)

> **단서 1** 두 함수 식에 $x=a$를 대입하면 y좌표를 각각 알 수 있어.
>
> 2가 아닌 양수 a에 대하여 직선 $x=a$가 두 함수 $f(x)=x^2-3x+3$, $g(x)=2x^2-4x$의 그래프와 만나는 점을 각각 P, Q라 하고, 직선 $x=a$가 x축과 만나는 점을 R이라 하자. $\overline{PR}+\overline{QR}\le3$을 만족시키는 a의 최댓값과 최솟값의 합은?
>
> **단서 2** y좌표의 대소 관계에 따라 부호가 결정되기에 경우를 나눌 필요가 있어.
>
> ① 2   ② $\dfrac{7}{3}$ ③ $\dfrac{8}{3}$ ④ 3   ⑤ $\dfrac{10}{3}$

1st 두 함수 $y=f(x)$, $y=g(x)$의 그래프의 개형을 그려서 어떤 값을 기준으로 범위를 나눠야 하는지 살펴 보자.

세 점 P, Q, R의 좌표는 각각

P(a, a^2-3a+3), Q$(a, 2a^2-4a)$, R$(a, 0)$ _{$x=a$에서 만나므로 x좌표는 모두 a야.}

이므로 $\overline{PR}=a^2-3a+3$, $\overline{QR}=|2a^2-4a|$ 이다.
_{두 점 P, R의 y좌표의 차와 같아.}
_{이때, $a^2-3a+3=\left(a-\dfrac{3}{2}\right)^2+\dfrac{3}{4}>0$이므로 절댓값을 안써도 돼.}

이때, $g(x)=2x^2-4x=2x(x-2)$, $f(x)=\left(x-\dfrac{3}{2}\right)^2+\dfrac{3}{4}$

이므로 두 함수 $y=f(x)$, $y=g(x)$의 그래프의 개형은 다음과 같다.

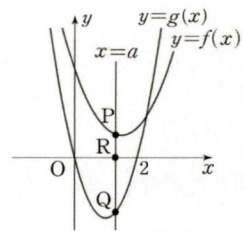

$0<x<2$에서 $g(x)<0$이고 $x>2$에서 $g(x)>0$이므로
_{$g(x)<0$은 $2x^2-4x<0$, $2x(x-2)<0$이므로}
_{$0<x<2$고 $g(x)>0$은 $2x^2-4x>0$, $2x(x-2)>0$이므로 $x<0$ 또는 $x>2$야.}
a의 값의 범위에 따라 다음과 같이 경우를 나누자.

2nd $2a^2-4a$의 부호에 따라 조건을 만족시키는 a의 값의 범위를 구해.

(i) $0<a<2$일 때

$\overline{QR}=|2a^2-4a|=-2a^2+4a$이므로

$\overline{PR}+\overline{QR}=-a^2+a+3\le3$에서

$a^2-a\ge0$이므로 ~~$a\le0$ 또는 $a\ge1$~~

$\therefore 1\le a<2$

> **실수** 이 값의 범위가 해가 아니라 (i) $0<a<2$일 때 구한 것이므로 처음 조건인 $0<a<2$도 동시에 고려해야 하는 거 잊지마.

(ii) $a>2$일 때

$\overline{QR}=|2a^2-4a|=2a^2-4a$이므로

$\overline{PR}+\overline{QR}=3a^2-7a+3\le3$에서

$3a^2-7a\le0$이므로 $0\le a\le\dfrac{7}{3}$

$\therefore 2<a\le\dfrac{7}{3}$

3rd a의 최댓값과 최솟값의 합을 구해.

(i), (ii)에 의하여 a의 최댓값과 최솟값의 합은

$\dfrac{7}{3}+1=\dfrac{10}{3}$

I 91 정답 ⑤ ·········· 두 그래프의 위치 관계와 이차부등식

[**정답 공식**: 두 함수 $y=f(x)$, $y=g(x)$의 그래프가 만나지 않으면 방정식 $f(x)=g(x)$의 실근이 존재하지 않는다.]

> 이차함수 $y=x^2+6x-3$의 그래프와 직선 $y=kx-7$이 만나지 않도록 하는 자연수 k의 개수는?
>
> **단서** 이차함수의 그래프와 직선이 만나지 않는다는 것은 두 식을 연립한 이차방정식이 실근을 갖지 않는다는 거야.
>
> ① 3   ② 4   ③ 5
>
> ④ 6   ⑤ 7

1st 이차함수의 그래프와 이차방정식의 관계를 이용해.

이차함수 $y=x^2+6x-3$의 그래프와 직선 $y=kx-7$이 만나지 않으므로 이차방정식 $x^2+6x-3=kx-7$, 즉
_{이차함수의 식과 일차함수의 식을 연립하여 만든 방정식은 이차방정식이야.}
$x^2-(k-6)x+4=0$의 실근이 존재하지 않는다.

2nd 이차방정식이 실근을 갖지 않을 조건을 이용하여 자연수 k의 개수를 구해.

이차방정식 $x^2-(k-6)x+4=0$의 판별식을 D라 하면 이 이차방정식
_{이차방정식의 실근의 개수는 이차방정식의 판별식으로 알 수 있어.}
이 실근을 갖지 않아야 하므로 $D<0$이어야 한다.
_{이차방정식 $f(x)=0$의 판별식을 D라 할 때, $f(x)=0$이 서로 다른 두 실근을 가지면 $D>0$, 한 근(중근)을 가지면 $D=0$, 실근을 갖지 않으면 $D<0$이야.}

즉, $\{-(k-6)\}^2-4\times1\times4<0$에서
_{이차방정식 $ax^2+bx+c=0$의 판별식은 $D=b^2-4ac$야.}

$k^2-12k+36-16<0$

$k^2-12k+20<0$, $(k-2)(k-10)<0$
_{양수 a와 상수 p, $q(p<q)$에 대하여 이차부등식 $a(x-p)(x-q)<0$의 해는 $p<x<q$야.}

$\therefore 2<k<10$
_{서로 다른 정수 α, β에 대하여 $\alpha<x<\beta$를 만족시키는 정수 x의 개수는 $\beta-\alpha-1$이야.}
_{즉, $2<k<10$을 만족시키는 자연수 k의 개수는 $10-2-1=7$이야.}

따라서 조건을 만족시키는 자연수 k의 개수는

3, 4, 5, 6, 7, 8, 9로 7개이다.

I 92 정답 ⑤ ·········· 두 그래프의 위치 관계와 이차부등식

(**정답 공식**: 모든 실수 x에 대하여 부등식 (이차함수)>(직선)이 성립할 조건을 구한다.)

> 이차함수 $y=kx^2-1$의 그래프가 직선 $y=4x-k+2$보다 항상 위쪽에 있을 때, 실수 k의 값의 범위는?
>
> **단서** 이차함수의 y값이 직선의 y값보다 항상 클 조건을 따지자.
>
> ① $-1<k<4$ ② $-1<k<0$ ③ $k>0$
>
> ④ $0<k<4$ ⑤ $k>4$

1st 부등식 (이차함수)>(직선)이 항상 성립하기 위한 조건을 생각해보자.

$y=kx^2-1$의 그래프가 직선 $y=4x-k+2$보다 항상 위쪽에 있으므로

$kx^2-1>4x-k+2$, 즉   _{그림으로 나타내면}

$kx^2-4x+k-3>0$이 항상 성립해야 한다.

따라서 $k>0$ … ㉠, $D<0$이어야 한다.

$\dfrac{D}{4}=4-k(k-3)<0$

$-k^2+3k+4<0$
$k^2-3k-4>0$
$(k+1)(k-4)>0$
$\therefore k<-1$ 또는 $k>4$ … ㉡
㉠, ㉡으로부터 $k>4$

즉, $\dfrac{D}{4}=\{2(2-k)\}^2-(16k-12)<0$

→ 일반적으로 이차방정식 $ax^2+bx+c=0$의 판별식은 $D=b^2-4ac$로 구해. 단, $b=2b'$이면 이때의 판별식은 $\dfrac{D}{4}=(b')^2-ac$로 구해도 돼.

$4(k^2-4k+4)-16k+12<0$
$4k^2-32k+28<0$, $4(k^2-8k+7)<0$
$4(k-1)(k-7)<0$ $\therefore 1<k<7$

I 93 정답 2 ····················· 두 그래프의 위치 관계와 이차부등식

〔 **정답 공식**: 이차함수가 x축과 만나지 않으려면 판별식 $D<0$이어야 한다. 〕

이차함수 $y=x^2+2(a-4)x+a^2+a-1$의 그래프가 x축과 만나지 않도록 하는 정수 a의 최솟값을 구하시오.

단서 최고차항의 계수가 양수인 이차함수 $y=f(x)$의 그래프가 x축과 만나지 않으려면 모든 실수 x에 대하여 이차부등식 $f(x)>0$이 성립해야 해.

1st 최고차항의 계수가 양수인 이차함수 $y=f(x)$의 그래프가 x축과 만나지 않는다는 것은 모든 실수 x에 대하여 $f(x)>0$이 성립한다는 의미!

이차함수 $y=x^2+2(a-4)x+a^2+a-1$의 그래프가 x축과 만나지 않으므로 모든 실수 x에 대하여 이차부등식 $x^2+2(a-4)x+a^2+a-1>0$이 성립한다.

즉, 이차방정식 $x^2+2(a-4)x+a^2+a-1=0$의 판별식을 D라 하면
$\dfrac{D}{4}=(a-4)^2-(a^2+a-1)<0$
$-9a+17<0$
$\therefore a>\dfrac{17}{9}$

따라서 정수 a의 최솟값은 2이다.

다른 풀이: 이차함수의 최솟값 활용하기

$y=x^2+2(a-4)x+a^2+a-1=(x+a-4)^2-(a-4)^2+a^2+a-1$
$=(x+a-4)^2+9a-17$

이때, 이 이차함수의 최솟값 $9a-17>0$이면 x축과 만나지 않으므로
$a>\dfrac{17}{9}$

따라서 정수 a의 최솟값은 2야.

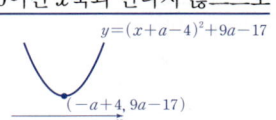

$y=(x+a-4)^2+9a-17$
$(-a+4, 9a-17)$

I 94 정답 ④ ····················· 두 그래프의 위치 관계와 이차부등식

〔 **정답 공식**: 모든 실수 x에 대하여 부등식 (이차함수)<(직선)이 성립할 조건을 구한다. 〕

단서 이차함수와 일차함수를 연립했을 때 해가 없어야 하니까 판별식 $D<0$이어야 해.

이차함수 $y=-x^2+4kx+5$의 그래프가 직선 $y=8x+16k-7$보다 항상 아래쪽에 있도록 하는 실수 k의 값의 범위는?

① $-2<k<4$ ② $-1<k<5$ ③ $0<k<6$
④ $1<k<7$ ⑤ $2<k<8$

1st 이차함수의 그래프가 직선보다 항상 아래쪽에 있을 조건을 구하자.

이차함수 $y=-x^2+4kx+5$의 그래프가 직선 $y=8x+16k-7$보다 항상 아래쪽에 있으므로
$-x^2+4kx+5<8x+16k-7$
$\therefore x^2+4(2-k)x+16k-12>0$ … ㉠

2nd 이차부등식이 항상 성립할 조건을 이용해.

모든 실수 x에 대하여 이차부등식 ㉠이 항상 성립하려면 이차방정식 $x^2+4(2-k)x+16x-12=0$의 판별식을 D라 할 때 $D<0$이어야 한다.

I 95 정답 10 ····················· 이차부등식의 활용

〔 **정답 공식**: 주어진 조건을 이용하여 이차부등식을 세우고 조건에 알맞은 답을 구한다. 〕

지면에서 70 m/초의 속도로 쏘아올린 물체의 t초 후의 높이를 h m라 할 때, $h=70t-5t^2$인 관계가 성립한다고 한다. 이때, 이 물체의 높이가 120 m 이상 되는 시간은 □초 동안이다. □ 안에 알맞은 값을 구하시오. **단서** 부등식 $70t-5t^2\geq120$의 해를 구해야 해.

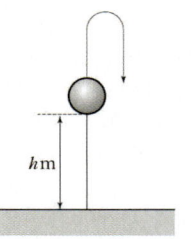

$h\,\text{m}$

1st 조건을 이용하여 이차부등식을 세운 후 풀자.

t초 후의 높이가 $h=70t-5t^2$이고, 물체의 높이가 120 m 이상이므로
$70t-5t^2\geq120$
$-5t^2+70t-120\geq0$
$t^2-14t+24\leq0$, $(t-2)(t-12)\leq0$
$\therefore 2\leq t\leq12$

따라서 이 물체의 높이가 120 m 이상인 시간은 2초에서 12초까지이므로 10초 동안이다.
$\therefore \square=10$

I 96 정답 2 ····················· 이차부등식의 활용

〔 **정답 공식**: (삼각형의 넓이)$=\dfrac{1}{2}\times$(밑변의 길이)$\times$(높이)임을 이용하여 부등식을 세우자. 〕

단서 밑변의 길이와 높이만 알면 삼각형의 넓이를 구할 수 있어.

밑변의 길이가 $5a-2$이고 높이가 $a+3$인 삼각형의 넓이가 20 이상이 되도록 하는 a의 최솟값을 구하시오.

1st 삼각형의 넓이를 구하는 공식을 이용하여 부등식을 만들어봐.

삼각형의 넓이가 20 이상이어야 하므로
$\dfrac{1}{2}(5a-2)(a+3)\geq20$ $\dfrac{1}{2}\times$(밑변의 길이)$\times$(높이)≥20에 맞게 식을 세우자.
$5a^2+13a-46\geq0$, $(5a+23)(a-2)\geq0$

$\therefore a\leq-\dfrac{23}{5}$ 또는 $a\geq2$

이때, 밑변의 길이 $5a-2>0$, 즉 $a>\dfrac{2}{5}$이어야 하므로 $a\geq2$

따라서 a의 최솟값은 2이다. 밑변의 길이와 높이는 길이이므로 양수이어야 해.
여기서 $a+3>0 \Rightarrow a>-3$은 $a>\dfrac{2}{5}$가 성립되니까 체크하지 않아도 돼.

I 97 정답 ③ ·············· 이차부등식의 활용

[정답 공식: 주어진 조건을 이용하여 이차부등식을 세우고 조건에 알맞은 답을 구 **]** 한다.

어느 라면 전문점에서 라면 한 그릇의 가격이 2000원이면 하루에 200그릇이 판매되고, 라면 한 그릇의 가격을 100원씩 내릴 때마다 하루 판매량이 20그릇씩 늘어난다고 한다. 하루의 라면 판매액의 합계가 442000원 이상이 되기 위한 라면 한 그릇의 가격의 최댓값은? **[단서]** 라면 한 그릇의 가격을 100원, 200원, 300원, …, 100x원 내리면 하루의 라면 판매량이 20그릇, 40그릇, 60그릇, …, 20x그릇 늘어난다는 거야.

① 1500원   ② 1600원   ③ 1700원
④ 1800원   ⑤ 1900원

1st 라면 한 그릇의 가격을 100x원만큼 내릴 때의 하루의 라면 판매액의 합계를 x에 대한 식으로 나타내자.

라면 한 그릇의 가격을 100x원만큼 내리면 라면 한 그릇의 가격은 $(2000-100x)$원이고 하루의 라면 판매량은 20x그릇이 늘어나므로 하루의 라면 판매량은 $(200+20x)$그릇이다.

즉, 라면 한 그릇의 가격을 100x원만큼 내리면 <u>하루의 라면 판매액의 합계</u>는 $(2000-100x)(200+20x)$원이다.
(라면 한 그릇의 가격) × (하루의 라면 판매량)

2nd 이차부등식을 풀자.

하루의 라면 판매액의 합계가 442000원 이상이 되려면
$(2000-100x)(200+20x) \geq 442000$
$400000+20000x-2000x^2 \geq 442000$
$2000x^2-20000x+42000 \leq 0$
$x^2-10x+21 \leq 0$, $(x-3)(x-7) \leq 0$
$\therefore 3 \leq x \leq 7$ 라면 한 그릇의 가격을 300원부터 700원까지 내릴 때 하루의 라면 판매액의 합계가 442000원 이상이 된다는 거야.

$3 \leq x \leq 7$에서 $2000-100x$의 최댓값은 $x=3$일 때 $2000-100\times 3 = 1700$이다.

따라서 조건을 만족시키는 라면 한 그릇의 가격의 최댓값은 1700원이다.

I 98 정답 ⑤ ·············· 이차부등식의 활용

[정답 공식: 정육면체의 한 변의 길이를 x라 놓고, 새로운 직육면체의 부피를 x에 관한 식으로 나타낸다. **]**

어느 정육면체의 밑면의 가로의 길이, 세로의 길이를 각각 6 cm, 4 cm 늘이고 높이를 6 cm 줄여서 새로운 직육면체를 만들었더니 <u>직육면체의 부피</u>가 처음 정육면체의 부피보다 작아졌다. 다음 중 처음 정육면체의 한 모서리의 길이가 될 수 없는 것은?
[단서] (가로의 길이) × (세로의 길이) × (높이)=(직육면체의 부피)를 이용하여 식을 세우자.
① 8   ② 9   ③ 10
④ 11   ⑤ 12

1st 정육면체의 한 모서리의 길이를 x로 놓고 조건에 맞도록 부등식을 만들어보자. 이 때 변의 길이가 모두 양수임에 주의해.

정육면체의 한 모서리의 길이를 x cm라고 하면 그 부피는 x^3 cm³이다.
새로운 직육면체의 밑면의 가로, 세로의 길이는 각각 $(x+6)$ cm, $(x+4)$ cm이고, 높이는 $(x-6)$ cm이므로 그 부피는 $(x+6)(x+4)(x-6)$ cm³이다. (직육면체의 부피)=(밑면의 넓이) × (높이)
새로운 직육면체의 부피가 처음 정육면체의 부피보다 작아졌으므로
$(x+6)(x+4)(x-6) < x^3$에서

$4x^2-36x-144 < 0$
$x^2-9x-36 < 0$
$(x+3)(x-12) < 0$
$\therefore -3 < x < 12$
이때, <u>$x-6>0$, 즉 $x>6$</u>이므로
$6 < x < 12$ 변의 길이는 양수지?

[함정] 변의 길이 $x+6$, $x+4$, $x-6$이 각각 모두 0보다 커야 하므로 $x>6$이 돼.

따라서 선택지 중 정육면체의 한 모서리의 길이가 될 수 없는 것은 ⑤이다.

I 99 정답 ① ·············· 이차부등식의 활용

[정답 공식: 도로의 폭을 x로 놓고 조건을 만족하는 이차부등식을 만든다. **]**

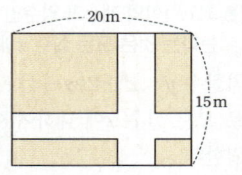

가로의 길이가 20 m, 세로의 길이가 15 m인 직사각형 모양의 땅에 그림과 같이 폭이 일정한 도로를 만들려고 한다. 이때, <u>도로를 제외한 땅의 넓이가 150 m² 이상이 되도록</u> 하는 도로의 폭의 범위는?
[단서] 가로의 길이는 도로의 폭을 제외한 길이이고, 세로의 길이도 도로의 폭을 제외한 길이인 직사각형 모양의 땅이야.

① 0 m 초과 5 m 이하   ② 0 m 초과 10 m 이하
③ 5 m 이상 10 m 미만   ④ 5 m 이상 15 m 미만
⑤ 10 m 이상 15 m 미만

1st 도로의 폭을 x라고 놓고 조건을 만족하도록 이차부등식을 만들어보자.

도로의 폭을 x m라고 하면 도로를 제외한 땅의 넓이가 150 m² 이상이므로
$(20-x)(15-x) \geq 150$ 가로와 세로에서 각각 도로의 폭을 제외한 직사각형의 넓이야.
$x^2-35x+150 \geq 0$
$(x-5)(x-30) \geq 0$
$\therefore x \leq 5$ 또는 $x \geq 30$ $x \leq 5$와 $0 < x < 15$를 동시에 만족해야 해.
이때, $x>0$, $15-x>0$, 즉 $0 < x < 15$이어야 하므로 $0 < x \leq 5$
따라서 구하는 도로의 폭의 범위는 0 m 초과 5 m 이하이다.

I 100 정답 ④ ·············· 이차부등식의 활용

[정답 공식: 상품의 원래가격을 p, 가격을 올리기 전의 판매액을 q로 놓고 부등식을 세운다. **]**

어느 상점에서 판매하던 A상품에 세금이 새롭게 부과되어서 이 상품의 가격을 원래의 가격보다 x % 올리기로 하였다. 가격을 올렸을 때, A상품의 판매량은 0.5x % 감소하였다. 세율은 총판매 수익의 10 %라고 할 때, <u>세금을 제외한 총판매 수익이 이전의 총판매 수익 이상이 되게 하는 x의 값의</u> 범위는 $a \leq x \leq b$이다. 이때, $b-a$의 값은? **[단서]** 원래 총판매 수익을 구하고 새롭게 가격이 매겨질 때의 총판매 수익을 구하자.

① $\dfrac{25}{3}$ ② $\dfrac{50}{3}$ ③ 25
④ $\dfrac{100}{3}$ ⑤ $\dfrac{125}{3}$

1st 상품의 원래 가격을 p, 가격을 올리기 전의 판매액을 q라 놓고 부등식을 세워보자.

함정 실생활 문제에서 원가와 판매가 문제는 학생들이 어렵게 느끼는 경우가 많아. 문제에 대한 전반적인 이해가 바탕이 되어야 해.

A상품의 원래의 가격을 p원이라고 하면 $x\%$ 올린 가격은

$$p+\frac{x}{100}p=\left(1+\frac{x}{100}\right)p(원)$$ → (원래 가격)+(올린 가격)이 $p+\frac{x}{100}p$가 돼.

가격을 올리기 전의 판매량을 q개라고 하면 가격을 올린 후의 판매량은

$$q-\frac{0.5x}{100}q=\left(1-\frac{x}{200}\right)q(개)$$ → (올리기 전 판매량)−(감소한 판매량)

즉, 세금을 제외한 총판매 수익이 이전의 총판매 수익 이상이 되어야 하므로

$$0.9\left(1+\frac{x}{100}\right)p\times\left(1-\frac{x}{200}\right)q\geq pq$$

세율이 총판매 수익의 10%라고 하니까 세금을 제외한 총판매 수익은 90%, 즉 0.9가 되는 거야.

2nd 부등식을 풀어보자.

$$9\left(1+\frac{x}{100}\right)\left(1-\frac{x}{200}\right)\geq10$$

$$9\left\{100\left(1+\frac{x}{100}\right)\right\}\left\{200\left(1-\frac{x}{200}\right)\right\}\geq200000$$

$$9(100+x)(200-x)\geq200000$$

$$9(20000+100x-x^2)\geq200000$$

$$9x^2-900x+20000\leq0 \qquad 3x \diagdown -100$$
$$(3x-100)(3x-200)\leq0 \qquad 3x \diagup -200$$
$$\qquad\qquad -600x-300x=-900x$$

$$\therefore \frac{100}{3}\leq x\leq\frac{200}{3}$$

따라서 $a=\dfrac{100}{3}$, $b=\dfrac{200}{3}$이므로 $b-a=\dfrac{100}{3}$

I 101 정답 ① ································· 연립이차부등식

정답 공식: 부등식 $(x-\alpha)(x-\beta)<0(\alpha<\beta)$의 해는 $\alpha<x<\beta$이고, 부등식 $(x-\alpha)(x-\beta)\geq0(\alpha<\beta)$의 해는 $x\leq\alpha$ 또는 $x\geq\beta$이다.

연립부등식

$$\begin{cases} x^2-x-6\geq0 \\ x^2-25<0 \end{cases}$$

단서 각 부등식의 해를 구해서 공통범위를 구하자.

을 만족시키는 모든 정수 x의 값의 합은?

① -2 ② -1 ③ 0
④ 1 ⑤ 2

1st 수직선을 이용하여 연립부등식을 만족시키는 정수 x의 값의 합을 구해.

(i) $x^2-x-6\geq0$에서 $\underline{(x+2)(x-3)\geq0}$
   $\therefore x\leq-2$ 또는 $x\geq3$ ··· ㉠

$(x+2)(x-3)\geq0$의 근은 이차함수 $y=(x+2)(x-3)$의 함숫값이 0 이상이 되는 x의 범위이므로 아래로 볼록한 그래프를 그리면 $x\leq-2$ 또는 $x\geq3$이야.

(ii) $x^2-25<0$에서 $(x+5)(x-5)<0$
   $\therefore -5<x<5$ ··· ㉡

(i), (ii)에서 연립부등식의 해는

수직선에 ㉠, ㉡을 나타내어 공통부분을 찾아.

$$-5<x\leq-2 \text{ 또는 } 3\leq x<5$$

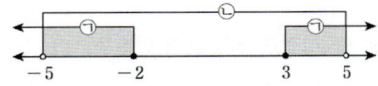

따라서 이를 만족시키는 모든 정수 x의 값은 -4, -3, -2, 3, 4이고 그 합은 -2이다.

I 102 정답 ④ ····················· 연립이차부등식의 풀이

정답 공식: 그래프에서 부등식 $0<f(x)$, $f(x)<g(x)$의 해를 구하고 공통범위를 찾는다.

두 이차함수 $y=f(x)$, $y=g(x)$의 그래프가 그림과 같을 때, 부등식 $0<f(x)<g(x)$의 해는?

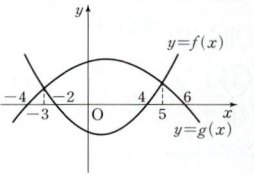

단서 $A<B<C$이면 $A<B$이고 $B<C$를 이용해서 풀자.

① $-4<x<-3$ 또는 $4<x<6$
② $-4<x<-2$ 또는 $4<x<5$
③ $-3<x<-2$
④ $-3<x<-2$ 또는 $4<x<5$
⑤ $-3<x<-2$ 또는 $4<x<6$

1st 그래프로부터 부등식 $0<f(x)$의 해를 구해봐.

먼저 $f(x)>0$의 해는 문제의 그림에서 $y=f(x)$가 y축의 양의 부분에 존재할 때의 x이므로

$$x<-2 \text{ 또는 } x>4 \cdots ㉠$$

실수 두 함수의 그래프 사이의 관계만 생각하여 답을 구하면 안 되고, $g(x)>0$, $f(x)>0$임을 먼저 생각해줘야 해.

2nd 그래프로부터 부등식 $f(x)<g(x)$의 해를 구해.

한편, $f(x)<g(x)$의 해는 $y=g(x)$의 그래프가 $y=f(x)$의 그래프 위쪽에 위치할 때의 x이므로

$f(x)<g(x)$는 $y=f(x)$의 값이 $y=g(x)$의 값보다 작은 x의 범위를 의미하지.

$$-3<x<5 \cdots ㉡$$

㉠, ㉡에서 공통범위는

$$-3<x<-2 \text{ 또는 } 4<x<5$$

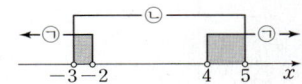

I 103 정답 34 ····················· 연립이차부등식의 풀이

정답 공식: 각각의 부등식을 풀고 해의 공통범위를 구한다.

연립부등식

$$\begin{cases} x-1\geq2 \\ x^2-5x\leq0 \end{cases}$$

단서 연립이차부등식의 풀이는 각각의 부등식의 해를 구한 후 공통부분을 구하면 되겠지!

의 해가 $\alpha\leq x\leq\beta$이다. $\alpha^2+\beta^2$의 값을 구하시오.

1st 두 개의 부등식의 해를 구하고 공통범위를 찾자.

주어진 연립부등식에서
부등식 $x-1\geq2$의 해는 $x\geq3$ ··· ㉠
부등식 $x^2-5x\leq0$의 해는
$x(x-5)\leq0$ $\therefore 0\leq x\leq5$ ··· ㉡
㉠, ㉡의 공통부분을 구하면 $3\leq x\leq5$

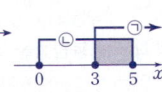

따라서 $\alpha=3$, $\beta=5$이므로
$$\alpha^2+\beta^2=3^2+5^2=9+25=34$$

이차부등식의 풀이   개념·공식

이차방정식 $ax^2+bx+c=0\,(a>0)$의 서로 다른 두 실근을 α, $\beta\,(\alpha<\beta)$라고 할 때,
① $ax^2+bx+c>0$의 해는 $x<\alpha$ 또는 $x>\beta$
② $ax^2+bx+c\geq0$의 해는 $x\leq\alpha$ 또는 $x\geq\beta$
③ $ax^2+bx+c<0$의 해는 $\alpha<x<\beta$
④ $ax^2+bx+c\leq0$의 해는 $\alpha\leq x\leq\beta$

I 104 정답 ① ········· 정수인 해의 조건이 주어진 연립이차부등식

정답 공식: 이차부등식 $(x-\alpha)(x-\beta)\leq 0(\alpha<\beta)$의 해는 $\alpha\leq x\leq\beta$이다.

연립부등식 $\begin{cases} 2x+1<3 \\ x^2-2x-15\leq 0 \end{cases}$ 을 만족시키는 모든 정수 x의 개수는? **단서** 연립부등식의 해는 각각의 부등식의 해의 공통부분이야.

① 4   ② 5   ③ 6
④ 7   ⑤ 8

1st 부등식 $2x+1<3$의 해를 구해.

부등식 $2x+1<3$을 풀면 $2x<2$에서 $x<1$ ··· ㉠

2nd 이차부등식 $x^2-2x-15\leq 0$의 해를 구해.

또한, 이차부등식 $x^2-2x-15\leq 0$을 풀면
$(x+3)(x-5)\leq 0$에서 $-3\leq x\leq 5$ ··· ㉡
이차방정식 $ax^2+bx+c=0(a>0)$의 서로 다른 두 실근을 α, $\beta(\alpha<\beta)$라 할 때, 이차부등식 $ax^2+bx+c\leq 0$의 해는 $\alpha\leq x\leq\beta$

3rd 주어진 연립부등식을 만족하는 정수 x의 개수를 구해.

㉠, ㉡을 동시에 만족시키는 연립부등식의 해는 $-3\leq x<1$이다.

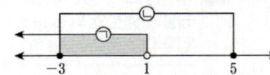

따라서 구하는 정수 x는 -3, -2, -1, 0으로 그 개수는 4이다.

I 105 정답 ④ ······························· 연립이차부등식의 풀이

정답 공식: 각각의 부등식을 풀어 해를 구한 후 두 부등식의 해의 공통범위를 찾아 연립부등식의 해를 구한다.

연립부등식
$\begin{cases} 2x-6\geq 0 \\ x^2-8x+12\leq 0 \end{cases}$ **단서** 각각의 부등식의 해를 구하고 공통범위를 찾으면 되지?

을 만족시키는 모든 자연수 x의 값의 합은?

① 15   ② 16   ③ 17   ④ 18   ⑤ 19

1st 각각의 부등식의 해를 구해.

$2x-6\geq 0$에서 $2x\geq 6$
$\therefore x\geq 3$ ··· ㉠
$x^2-8x+12\leq 0$에서 $(x-2)(x-6)\leq 0$
$\therefore 2\leq x\leq 6$ ··· ㉡
$\alpha<\beta$일 때 부등식 $(x-\alpha)(x-\beta)\leq 0$의 해는 $\alpha\leq x\leq\beta$이고, 부등식 $(x-\alpha)(x-\beta)\geq 0$의 해는 $x\leq\alpha$ 또는 $x\geq\beta$야.

2nd 각 부등식의 해의 공통범위를 찾아 연립부등식의 해를 구해.

㉠, ㉡의 공통범위는 $3\leq x\leq 6$이므로
각 부등식의 해를 수직선 위에 나타내면 공통범위를 구하기 쉬워.
주어진 연립부등식을 만족시키는 모든 자연수 x는
3, 4, 5, 6이고, 그 합은 $3+4+5+6=18$이다.

I 106 정답 7 ································· 연립이차부등식의 풀이

정답 공식: 각각의 부등식을 풀고 해의 공통범위를 구한다.

단서 연립부등식의 해는 두 부등식의 해를 각각 구한 후 공통 범위를 구해야 해.

연립부등식 $\begin{cases} x-1\geq 2 \\ x^2-6x\leq -8 \end{cases}$ 의 해가 $\alpha\leq x\leq\beta$이다. $\alpha+\beta$의 값을 구하시오.

1st 두 부등식의 해를 각각 구하고 공통범위를 구하자.

$x-1\geq 2$에서 일차부등식 $ax-b>0$의 해는
$x\geq 3$ ··· ㉠ $a>0$일 때 $x>\dfrac{b}{a}$, $a<0$일 때 $x<\dfrac{b}{a}$
$x^2-6x\leq -8$에서
$x^2-6x+8\leq 0$, $(x-2)(x-4)\leq 0$
$\therefore 2\leq x\leq 4$ ··· ㉡ $\alpha<\beta$일 때, $(x-\alpha)(x-\beta)\leq 0\Leftrightarrow\alpha\leq x\leq\beta$
$(x-\alpha)(x-\beta)\geq 0\Leftrightarrow x\leq\alpha$ 또는 $x\geq\beta$
주어진 연립부등식의 해는 ㉠, ㉡의 공통범위와 같으므로
$3\leq x\leq 4$
따라서 $\alpha=3$, $\beta=4$이므로 $\alpha+\beta=7$

I 107 정답 ① ································· 연립이차부등식의 풀이

정답 공식: 연립이차부등식은 각 부등식의 해를 구한 다음 이들의 공통부분을 구하여 푼다.

연립부등식
$\begin{cases} x^2-x-12\leq 0 \\ x^2-3x+2>0 \end{cases}$ **단서** 위 부등식의 해는 $\alpha\leq x\leq\beta$의 형태이고 아래 부등식의 해는 $x<\alpha$ 또는 $x>\beta$의 형태야.

을 만족시키는 모든 정수 x의 값의 합은?

① 1   ② 2   ③ 3   ④ 4   ⑤ 5

1st 두 부등식의 해를 각각 구하자.

두 부등식의 해를 각각 구하면
$x^2-x-12=(x-4)(x+3)\leq 0$
$-3\leq x\leq 4$ ··· ㉠
$x^2-3x+2=(x-1)(x-2)>0$
$x<1$ 또는 $x>2$ ··· ㉡

2nd 두 해를 동시에 만족시키는 정수 x의 값을 구하자.

㉠, ㉡을 모두 만족시키는 해는
$-3\leq x<1$ 또는 $2<x\leq 4$ 이때, 등호의 포함 유무에 따라 x의 값이 달라지게 되니 실수하지 않도록 주의하자.
따라서 이를 만족시키는 모든 정수 x의 값의 합은
$-3+(-2)+(-1)+0+3+4=1$이다.

I 108 정답 ⑤ ································· 연립이차부등식의 풀이

정답 공식: 각각의 부등식을 풀어 해를 구한 후 두 부등식의 해의 공통범위를 찾아 연립부등식의 해를 구한다.

연립부등식 $\begin{cases} 2x-7\geq 0 \\ x^2-5x-14<0 \end{cases}$ **단서** 각각의 부등식의 해를 구하고 공통범위를 구하면 돼.

을 만족시키는 모든 정수 x의 값의 합은?

① 7   ② 9   ③ 11
④ 13   ⑤ 15

1st 두 부등식을 각각 풀자.

연립부등식 $\begin{cases} 2x-7 \geq 0 \\ x^2-5x-14 < 0 \end{cases}$ 에서

$2x-7 \geq 0$을 풀면

$2x \geq 7$　　∴ $x \geq \dfrac{7}{2}$ … ㉠

$x^2-5x-14 < 0$을 풀면

$(x-7)(x+2) < 0$　　∴ $-2 < x < 7$ … ㉡

2nd 연립부등식을 만족시키는 모든 정수 x의 값의 합을 구하자.

㉠, ㉡을 동시에 만족시키는 x의 값의 범위는

$\dfrac{7}{2} \leq x < 7$

따라서 연립부등식을 만족시키는 정수 x는 4, 5, 6이므로 모든 정수 x의 값의 합은

$4+5+6 = 15$

I 109 정답 ④ ························· 연립이차부등식의 풀이

[정답 공식: 각각의 부등식을 풀어 해를 구한 후 두 부등식의 해의 공통범위를 찾아 연립부등식의 해를 구한다.]

> 연립부등식　**단서** 주어진 부등식을 $0 \leq -x^2+5x$인 경우와 $-x^2+5x < -x+9$인 경우로 나누어서 풀어.
> $$0 \leq -x^2+5x < -x+9$$
> 를 만족시키는 모든 정수 x의 값의 합은?
> ① 6　　　　② 8　　　　③ 10
> ④ 12　　　　⑤ 14

1st 연립부등식을 풀자.

$0 \leq -x^2+5x < -x+9$에서 → [$A < B < C$ 꼴의 부등식의 풀이]

(i) $0 \leq -x^2+5x$인 경우 　주어진 부등식을 $\begin{cases} A < B \\ B < C \end{cases}$로 나타내어 연립부등식을 푼다.

$x^2-5x \leq 0$, $x(x-5) \leq 0$

∴ $0 \leq x \leq 5$

(ii) $-x^2+5x < -x+9$인 경우

$x^2-6x+9 > 0$, $(x-3)^2 > 0$

∴ $x \neq 3$인 모든 실수

(i), (ii)에서 주어진 부등식을 만족시키는 해는

$0 \leq x < 3$ 또는 $3 < x \leq 5$ (ii)에서 $x\neq 3$이므로 $x=3$을 기준으로 범위가 둘로 나뉘게 돼.

따라서 부등식을 만족시키는 정수 x는 0, 1, 2, 4, 5이므로 모든 정수 x의 값의 합은

$0+1+2+4+5 = 12$

I 110 정답 13 ···················· 연립이차부등식의 풀이

[정답 공식: 인수분해를 이용하여 각각의 이차부등식의 해를 구하고, 공통범위를 찾는다.]

> 연립부등식
> $$\begin{cases} x^2-x-56 \leq 0 \\ 2x^2-3x-2 > 0 \end{cases}$$ **단서** x^2-x-56과 $2x^2-3x-2$가 인수분해가 되는지 따져보자.
> 을 만족시키는 정수 x의 개수를 구하시오.

1st 두 부등식의 해를 각각 구하자.

(i) $x^2-x-56 \leq 0$에서

$(x+7)(x-8) \leq 0$　　∴ $-7 \leq x \leq 8$ … ㉠

(ii) $2x^2-3x-2 > 0$에서

$(2x+1)(x-2) > 0$　　∴ $x < -\dfrac{1}{2}$ 또는 $x > 2$ … ㉡

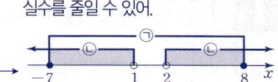

2nd 구한 해의 공통범위를 구하자.

㉠, ㉡의 공통범위를 구하면

$$-7 \leq x < -\dfrac{1}{2} \text{ 또는 } 2 < x \leq 8$$

따라서 정수 x는 -7, -6, -5, -4, -3, -2, -1, 3, 4, 5, 6, 7, 8이므로 연립부등식을 만족시키는 정수 x의 개수는 13이다.

I 111 정답 ④ ························· 연립이차부등식의 풀이

[정답 공식: 부등식 $(x-\alpha)(x-\beta) \leq 0(\alpha < \beta)$의 해는 $\alpha \leq x \leq \beta$이고, 부등식 $(x-\alpha)(x-\beta) > 0(\alpha < \beta)$의 해는 $x < \alpha$ 또는 $x > \beta$이다.]

> 연립부등식
> $$\begin{cases} x^2-4x-12 \leq 0 \\ x^2-4x+4 > 0 \end{cases}$$ **단서** 각 부등식의 해를 구하고 공통 범위를 찾아.
> 을 만족시키는 모든 정수 x의 개수는?
> ① 5　　　　② 6　　　　③ 7
> ④ 8　　　　⑤ 9

1st 각 부등식의 해를 구하자.

$x^2-4x-12 \leq 0$에서 $(x+2)(x-6) \leq 0$

∴ $-2 \leq x \leq 6$ … ㉠ → 부등식 $(x-\alpha)(x-\beta) \leq 0(\alpha < \beta)$의 해는 $\alpha \leq x \leq \beta$

$x^2-4x+4 > 0$에서 $(x-2)^2 > 0$

∴ $x \neq 2$인 모든 실수이다. … ㉡ → $(x-2)^2$의 값은 $x=2$일 때만 0이고 그 외에는 항상 0보다 커.

2nd 각 부등식의 해의 공통 범위를 찾아 연립부등식의 해를 구하자.

즉, 주어진 연립부등식의 해는 ㉠과 ㉡의 공통 범위인

$-2 \leq x < 2$ 또는 $2 < x \leq 6$이다.

> 연립부등식의 해를 구할 때는 수직선에 나타내어 공통 범위를 찾는 것이 실수를 줄이는 방법이야. 이 문제는 $-2 \leq x \leq 6$에서 2만 제외하면 되니 수직선은 생략했어.

따라서 연립부등식을 만족시키는 모든 정수 x의 개수는

-2, -1, 0, 1, 3, 4, 5, 6의 8이다.

I 112 정답 9 ········ 절댓값 기호를 포함한 연립이차부등식의 풀이

[정답 공식: 각각의 부등식을 풀고 해의 공통범위를 구한다. 이때, $|x| \leq a \ (a>0) \Longleftrightarrow -a \leq x \leq a$임을 이용한다.]

> 연립부등식 $\begin{cases} |x-1| \leq 6 \\ (x-2)(x-8) \leq 0 \end{cases}$ **단서** 각 부등식의 해를 구해서 공통범위를 구하자.
> 의 해가 $\alpha \leq x \leq \beta$일 때, $\alpha+\beta$의 값을 구하시오.

1st 각 부등식을 푼 후, 공통범위를 구하면 끝!

부등식 $|x-1| \leq 6$에서

$-6 \leq x-1 \leq 6$

∴ $-5 \leq x \leq 7$ … ㉠

부등식 $(x-2)(x-8) \leq 0$에서

$2 \leq x \leq 8$ … ㉡

㉠, ㉡에서 공통범위는

$2 \leq x \leq 7$

따라서 $\alpha=2$, $\beta=7$이므로

$\alpha+\beta = 2+7 = 9$

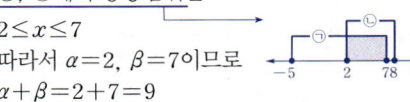

I 113 정답 ③ ····· 절댓값 기호를 포함한 연립이차부등식의 풀이

정답 공식: 각각의 부등식을 풀고 해의 공통범위를 구한다.
이때, $|x| < a(a > 0) \iff -a < x < a$임을 이용한다.

연립부등식 $\begin{cases} |2x-1| < 5 \\ x^2 - 5x + 4 \leq 0 \end{cases}$ 을 만족시키는 모든 정수 x의 값의 합은? **단서** $|A| < B(B > 0)$는 $-B < A < B$임을 이용하여 부등식의 해를 찾자.

① -3 ② 0 ③ 3 ④ 6 ⑤ 9

1st 각 부등식의 해를 구한 후 공통범위를 찾자.

$|2x-1| < 5$에서
$-5 < 2x - 1 < 5, \quad -4 < 2x < 6$
$\therefore -2 < x < 3 \cdots \bigcirc$ → $B > 0$일 때, $|A| < B \iff -B < A < B$
$x^2 - 5x + 4 \leq 0$에서
$(x-1)(x-4) \leq 0 \quad \therefore 1 \leq x \leq 4 \cdots \bigcirc$
$\bigcirc$, $\bigcirc$에서 연립부등식의 해는 $1 \leq x < 3$이므로 구하는 모든 정수 x의 값의 합은 $1 + 2 = 3$이다.

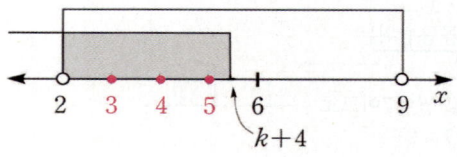

I 114 정답 ③ ····· 절댓값 기호를 포함한 연립부등식

정답 공식: 양수 a에 대하여
① $|x| \leq a$의 해는 $-a \leq x \leq a$
② $|x| > a$의 해는 $x < -a$ 또는 $x > a$

x에 대한 연립부등식

$\begin{cases} |x-k| \leq 4 \\ x^2 - 11x + 18 < 0 \end{cases}$ **단서1** 이 이차부등식이 x 말고는 다른 문자가 없으니 먼저 해결할 수 있어.

을 만족시키는 정수 x의 개수가 3이 되도록 하는 모든 정수 k의 값의 합은? **단서2** 이차부등식의 해 중에서 가능한 정수 x가 무엇인지를 생각해보면서 경우를 나눠보렴.

① 7 ② 9 ③ 11 ④ 13 ⑤ 15

1st 두 부등식의 해를 각각 구해보자.

부등식 $|x-k| \leq 4$의 해는
$-4 \leq x - k \leq 4$ → 양수 a에 대하여 $|x| \leq a$의 해는 $-a \leq x \leq a$
$\therefore k - 4 \leq x \leq k + 4 \cdots \bigcirc$
또한, 부등식 $x^2 - 11x + 18 < 0$의 해는
$(x-2)(x-9) < 0$
$\therefore 2 < x < 9 \cdots \bigcirc$

2nd 경우를 나누는 기준을 설정하자.

$\bigcirc$을 만족시키는 정수 x는 3, 4, 5, 6, 7, 8이므로 연립부등식의 해가 3, 4, 5일 때와 연립부등식의 해가 6, 7, 8일 때로 경우를 나누어 생각할 수 있다.
정수 k에 대하여 $\bigcirc$에 속하는 정수 x의 개수는 9이므로 3부터 8까지의 정수 중에서 한쪽 끝의 3개의 정수가 연립부등식의 해가 됨을 생각할 수 있어.

3rd 각각의 정수 k의 값을 통해 답을 구하자.

(i) 연립부등식의 해가 3, 4, 5일 때

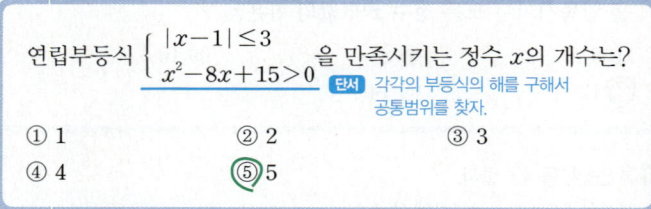

$\bigcirc$에서 $k - 4 \leq 3$이고 $5 \leq k + 4 < 6$이어야 하므로

주의 바로 k가 정수니깐 $k + 4 = 5$라 생각할 수도 있지만, 엄밀하게는 k가 실수여도 성립할 수 있기에 부등식으로 생각하는 것이 정확한 방법이야.

$k \leq 7$이고 $1 \leq k < 2$
이를 만족시키는 정수 k의 값은 1

(ii) 연립부등식의 해가 6, 7, 8일 때

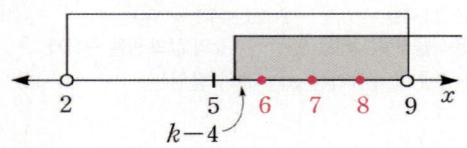

$\bigcirc$에서 $5 < k - 4 \leq 6$이고 $8 \leq k + 4$이어야 하므로
$9 < k \leq 10$이고 $4 \leq k$
이를 만족시키는 정수 k의 값은 10

(i), (ii)에 의하여 모든 정수 k의 값의 합은
$1 + 10 = 11$

I 115 정답 ⑤ ····· 절댓값 기호를 포함한 연립이차부등식

정답 공식: 각각의 부등식을 풀고 해의 공통범위를 구한다.
이때, $|x| \leq a(a > 0) \iff -a \leq x \leq a$임을 이용한다.

연립부등식 $\begin{cases} |x-1| \leq 3 \\ x^2 - 8x + 15 > 0 \end{cases}$ 을 만족시키는 정수 x의 개수는? **단서** 각각의 부등식의 해를 구해서 공통범위를 찾자.

① 1 ② 2 ③ 3

④ 4 ⑤ 5

1st 두 부등식의 해를 각각 구하자.

연립부등식 $\begin{cases} |x-1| \leq 3 \\ x^2 - 8x + 15 > 0 \end{cases}$ 에서

$|x-1| \leq 3$을 풀면
$-3 \leq x - 1 \leq 3$ → 부등식 $|x| \leq a$의 해는 $-a \leq x \leq a$, 부등식 $|x| \geq a$의 해는 $x \leq -a$ 또는 $x \geq a$
$\therefore -2 \leq x \leq 4 \cdots \bigcirc$
$x^2 - 8x + 15 > 0$을 풀면 $\alpha < \beta$일 때
$(x-3)(x-5) > 0$ 이차부등식 $(x-\alpha)(x-\beta) < 0$의 해는 $\alpha < x < \beta$, 이차부등식 $(x-\alpha)(x-\beta) > 0$의 해는 $x < \alpha$ 또는 $x > \beta$
$\therefore x < 3$ 또는 $x > 5 \cdots \bigcirc$

2nd 연립부등식을 만족시키는 정수 x의 개수를 구하자.

$\bigcirc$, $\bigcirc$을 동시에 만족시키는 x의 값의 범위는
$-2 \leq x < 3$
따라서 연립부등식을 만족시키는 정수 x는 $-2, -1, 0, 1, 2$이므로 그 개수는 5이다. $-2 \leq x < 3$에서 -2는 포함하고 3은 포함하지 않음에 주의해.

I 116 정답 ③ ····· 정수인 해의 조건이 주어진 연립이차부등식

정답 공식: 각 부등식의 해를 구한 다음 이들의 공통부분을 구한다.

연립부등식 $\begin{cases} |x-2| < k \\ x^2 - 2x - 3 \leq 0 \end{cases}$ 을 만족시키는 정수 x가 세 개 존재할 때, 양수 k의 최댓값은? **단서** 각 부등식의 해를 구한 다음 이들의 공통부분에 정수가 세 개 존재하도록 해를 수직선 위에 나타내 봐.

① 1 ② $\dfrac{3}{2}$ ③ 2

④ $\dfrac{5}{2}$ ⑤ 3

1st 두 부등식의 해를 각각 구하자.

연립부등식 $\begin{cases} |x-2|<k \\ x^2-2x-3\leq 0 \end{cases}$ 에서

$|x-2|<k$를 풀면

$-k<x-2<k$

$\therefore 2-k<x<2+k \cdots$ ㉠
> $2-k<x<2+k$에서 x의 값의 범위는 $x=2$인 점에 대하여 대칭이야.

$x^2-2x-3\leq 0$을 풀면

$(x-3)(x+1)\leq 0$

$\therefore -1\leq x\leq 3 \cdots$ ㉡

2nd 연립부등식을 만족시키는 정수 x가 세 개가 되도록 하는 k의 값의 범위를 구하자.

주어진 연립부등식을 만족시키는 정수 x의 값이 세 개 존재하려면 다음 그림과 같아야 한다.
공통부분에 속하는 정수는 1, 2, 3이야.

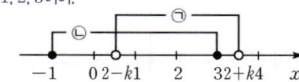

즉, $0\leq 2-k<1$이고 $3<2+k\leq 4$이어야 하므로

$1<k\leq 2$
> $0\leq 2-k<1$에서 $-2\leq -k<-1$이므로
> $1<k\leq 2$
> $3<2+k\leq 4$에서 $1<k\leq 2$

따라서 양수 k의 최댓값은 2이다.

Ⅰ 117 정답 ① ········ 절댓값 기호를 포함한 연립이차부등식의 풀이

〔 정답 공식: 각 부등식의 해를 구한 다음 이들의 공통부분이 없도록 하는 자연수 a의 값의 범위를 구한다. 〕

x에 대한 연립부등식

$\begin{cases} |x-5|<1 \\ x^2-4ax+3a^2>0 \end{cases}$
> **단서** $|x|<k(k>0)$는 $-k<x<k$임을 이용하고, 이차부등식에서는 이차식을 두 일차식의 곱으로 나타낸 후 부등식을 풀어.

이 해를 갖지 않도록 하는 자연수 a의 개수는?

① 3 ② 4 ③ 5 ④ 6 ⑤ 7

1st $|x-5|<1$을 풀자.

연립부등식 $\begin{cases} |x-5|<1 \\ x^2-4ax+3a^2>0 \end{cases}$ 에서

$|x-5|<1$을 풀면
> $|x|<k(k>0)$는 $-k<x<k$임을 이용해.

$-1<x-5<1$

각 변에 5를 더하면 $4<x<6$
> 부등식에서 각 변에 같은 수를 더하거나 뺄 때 부등호의 방향이 바뀌지 않아.

2nd $x^2-4ax+3a^2>0$을 풀자.

$x^2-4ax+3a^2>0$을 풀면

$(x-a)(x-3a)>0$
> $(x-a)(x-b)<0\ (a<b)$의 경우 $a<x<b$,
> $(x-a)(x-b)>0\ (a<b)$의 경우
> $x<a$ 또는 $x>b$로 풀 수 있어.

a가 자연수이므로 $x<a$ 또는 $x>3a$
> a가 자연수이면 양수이므로 $a<3a$야.

3rd 연립부등식이 해를 갖지 않기 위한 a의 값의 범위를 구해.

연립부등식이 해를 갖지 않으려면 다음과 같이 수직선 위에 나타낼 수 있어야 한다.

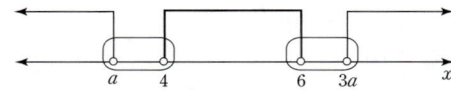

$a\leq 4$, $3a\geq 6$이어야 하므로 $2\leq a\leq 4$

실수⚡ a와 4가 같아도 연립부등식이 해를 갖지 않고, $3a$와 6이 같아도 연립부등식이 해를 갖지 않으므로 $a=4$, $a=2$일 때도 모두 연립부등식이 해를 갖지 않아.

따라서 자연수 a의 개수는 3이다.
> 두 자연수 $m, n\ (m<n)$에 대하여 $m\leq x\leq n$을 만족시키는 자연수 x의 개수는 $(n-m+1)$개야.

✿ **범위에 해당하는 정수의 개수**　　　　　　개념·공식

두 정수 $m, n\ (m<n)$에 대하여
(1) $m<x<n$인 정수 x의 개수는 $(n-m-1)$개
(2) $m\leq x<n$인 정수 x의 개수는 $(n-m)$개
(3) $m<x\leq n$인 정수 x의 개수는 $(n-m)$개
(4) $m\leq x\leq n$인 정수 x의 개수는 $(n-m+1)$개

Ⅰ 118 정답 ⑤ ····························· 해가 주어진 연립이차부등식

〔 정답 공식: 각 부등식을 풀고 해의 공통범위가 존재하도록 하는 a의 값의 범위를 구한다. 〕

연립부등식 $\begin{cases} x^2+x-6>0 \\ |x-a|\leq 1 \end{cases}$ 이 항상 해를 갖기 위한 실수 a의 값의 범위는?
> **단서** 각 부등식의 해를 구한 다음 해를 수직선 위에 나타냈을 때, 공통부분이 존재해야 한다는 거야.

① $-2<a<1$ ② $-1\leq a\leq 2$
③ $a<-1$ 또는 $a>0$ ④ $a\leq -2$ 또는 $a\geq 0$
⑤ $a<-2$ 또는 $a>1$

1st 두 부등식의 해를 각각 구하자.

연립부등식 $\begin{cases} x^2+x-6>0 \\ |x-a|\leq 1 \end{cases}$ 에서

$x^2+x-6>0$을 풀면

$(x+3)(x-2)>0$

$\therefore x<-3$ 또는 $x>2 \cdots$ ㉠

$|x-a|\leq 1$을 풀면

$-1\leq x-a\leq 1$

$\therefore a-1\leq x\leq a+1 \cdots$ ㉡

2nd 연립부등식이 해를 갖도록 하는 a의 값의 범위를 구하자.

주어진 연립부등식이 항상 해를 가지려면 다음 그림과 같아야 한다.

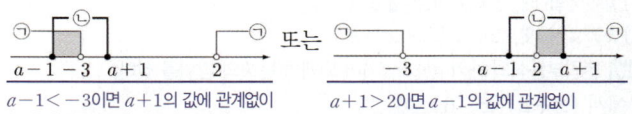

$a-1<-3$이면 $a+1$의 값에 관계없이 ㉠, ㉡의 공통부분이 반드시 존재해.

$a+1>2$이면 $a-1$의 값에 관계없이 ㉠, ㉡의 공통부분이 반드시 존재해.

따라서 $a-1<-3$ 또는 $a+1>2$이어야 하므로 실수 a의 값의 범위는 $a<-2$ 또는 $a>1$

Ⅰ 119 정답 ④ ····························· 해가 주어진 연립이차부등식

〔 정답 공식: 주어진 해를 수직선에 나타내어 두 개의 이차부등식을 구한다. 〕

> **단서** 수직선에 해를 나타내어 각 부등식에 해당하는 것을 풀어 보자.

x에 대한 연립부등식 $\begin{cases} x^2+ax+b\geq 0 \\ x^2+cx+d\leq 0 \end{cases}$ 의 해가 $2\leq x\leq 3$ 또는 $x=5$일 때, 상수 a, b, c, d에 대하여 $a+b+c+d$의 값은?

① 7 ② 8 ③ 9
④ 10 ⑤ 11

1st 두 이차부등식의 해를 수직선으로 나타내어 각각의 부등식의 해를 구해보자.

연립부등식 $x^2+ax+b\geq0$과 $x^2+cx+d\leq0$의 해를 수직선에 나타내면 그림과 같다. $x^2+ax+b\geq0$은 $x\leq\alpha$ 또는 $x\geq\beta$ 꼴이 되고 $x^2+cx+d\leq0$은 $\gamma\leq x\leq\delta$ 꼴로 해가 구해져.

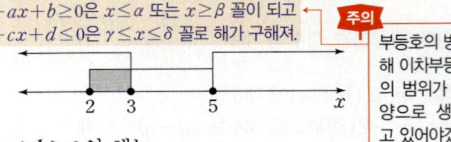

> **주의** 부등호의 방향을 통해 이차부등식의 해의 범위가 어떤 모양으로 생길지 알고 있어야겠지?

그림에서 $x^2+ax+b\geq0$의 해는
$x\leq3$ 또는 $x\geq5$이므로
$(x-3)(x-5)\geq0$, $x^2-8x+15\geq0$
$\therefore a=-8$, $b=15$
그림에서 $x^2+cx+d\leq0$의 해는
$2\leq x\leq5$이므로
$(x-2)(x-5)\leq0$, $x^2-7x+10\leq0$
$\therefore c=-7$, $d=10$
$\therefore a+b+c+d=-8+15+(-7)+10=10$

I 120 정답 ① ⋯⋯⋯⋯⋯⋯ 해가 주어진 연립이차부등식

[정답 공식: 각 이차부등식의 해가 주어진 해와 같게 되는 k의 조건을 구한다. **]**

> **단서** 문자 k가 포함된 식이 인수분해가 가능한지 따져보자.
>
> 연립부등식 $\begin{cases} x^2-(k+4)x+4k>0 \\ x^2-4x-12\leq0 \end{cases}$의 해가 $4<x\leq6$일 때,
> 실수 k의 최댓값은?
>
> ① -2 ② -1 ③ 0
> ④ 1 ⑤ 2

1st $x^2-(k+4)x+4k$를 인수분해하여 부등식의 해를 구해봐. k의 범위에 따라 해의 모양이 달라져.

$\begin{cases} x^2-(k+4)x+4k>0 \cdots \text{①} \\ x^2-4x-12\leq0 \cdots \text{②} \end{cases}$

①에서 $(x-4)(x-k)>0$ k의 값이 4보다 크냐 작냐에 따라 해가 달라지므로 $k<4$, $k>4$로 경우를 나누어야 해.
(i) $k<4$일 때, $x<k$ 또는 $x>4$
(ii) $k>4$일 때, $x<4$ 또는 $x>k$

2nd 연립부등식의 해가 $4<x\leq6$이 되게 하는 k의 범위를 찾아.

②에서 $(x+2)(x-6)\leq0$
$\therefore -2\leq x\leq6$
이때, 연립부등식의 해가 $4<x\leq6$이므로
①의 해는 $x<k$ 또는 $x>4$ (단, $k<4$)이어야 한다.

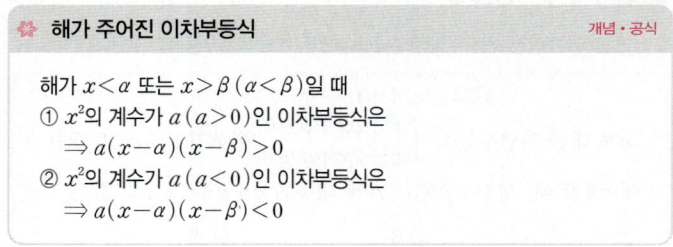

따라서 그림에서 $k\leq-2$이므로 k의 최댓값은 -2이다.

> **✿ 해가 주어진 이차부등식**   개념·공식
>
> 해가 $x<\alpha$ 또는 $x>\beta$ $(\alpha<\beta)$일 때
> ① x^2의 계수가 $a\,(a>0)$인 이차부등식은
> $\Rightarrow a(x-\alpha)(x-\beta)>0$
> ② x^2의 계수가 $a\,(a<0)$인 이차부등식은
> $\Rightarrow a(x-\alpha)(x-\beta)<0$

I 121 정답 21 ⋯⋯⋯⋯⋯⋯⋯⋯⋯ 연립이차부등식

[정답 공식: x에 대한 이차부등식 $ax^2+bx+c\geq0$의 해가 모든 실수이면 $ax^2+bx+c=0$의 판별식이 D일 때 $a>0$이고 $D\leq0$이다. **]**

> x에 대한 부등식   **단서** 연립부등식 $a\leq b\leq c$는 $\begin{cases} a\leq b \\ b\leq c \end{cases}$로 바꾸어 생각할 수 있어.
> $\underline{2x+1\leq2x+a\leq x^2-2x+24}$
> 의 해가 모든 실수가 되도록 하는 a의 최댓값과 최솟값의 합을 구하시오. (단, a는 실수이다.)

1st 연립부등식 형태로 나타내자.

x에 대한 부등식을 연립부등식으로 나타내면
$\begin{cases} 2x+1\leq2x+a \\ 2x+a\leq x^2-2x+24 \end{cases}$

2nd 각각의 부등식을 풀어 모든 실수를 해로 갖는 a의 값의 범위를 파악하자.

각각의 부등식이 모든 실수를 해로 가져야 하므로
$2x+1\leq2x+a$에서 $a\geq1$ ⋯ ㉠   각각의 부등식이 모든 실수를 해로 가져야 연립부등식의 해도 모든 실수가 될 수 있어.
$2x+a\leq x^2-2x+24$에서 $x^2-4x+24-a\geq0$
이 부등식의 해 또한 모든 실수가 되어야 하므로
이차방정식 $x^2-4x+24-a=0$의 판별식을 D라 하면

$\dfrac{D}{4}=(-2)^2-(24-a)\leq0$

모든 실수 x에 대하여 $ax^2+bx+c\geq0(a\neq0)$이 성립할 조건은 $a>0$, $D=b^2-4ac\leq0$

$4-(24-a)\leq0$, $a-20\leq0$ $\therefore a\leq20$ ⋯ ㉡

3rd a의 최댓값과 최솟값을 통해 답을 구하자.

㉠, ㉡에서 $1\leq a\leq20$이므로 a의 최댓값과 최솟값의 합은
$20+1=21$

I 122 정답 ⑤ ⋯⋯⋯⋯⋯⋯ 해가 주어진 연립이차부등식

(정답 공식: $\alpha<\beta$일 때, 이차부등식 $(x-\alpha)(x-\beta)<0$의 해는 $\alpha<x<\beta$이다. **)**

> $a<0$일 때, x에 대한 연립부등식
> $\begin{cases} (x-a)^2<a^2 \\ x^2+a<(a+1)x \end{cases}$ **단서1** $a<0$임을 이용하여 두 이차부등식을 각각 푼 후 연립이차부등식의 해를 구해.
> 의 해가 $b<x<b+1$이다. $a+b$의 값은? (단, a, b는 상수이다.)
> **단서2** 위에서 푼 연립이차부등식의 해와 비교하여 a, b의 값을 구해.
> ① 2 ② 1 ③ 0
> ④ -1 ⑤ -2

1st 연립부등식을 풀자.

$(x-a)^2<a^2$에서
$x^2-2ax+a^2<a^2$, $x^2-2ax<0$
$x(x-2a)<0$ $\therefore 2a<x<0\;(\because a<0)$ ⋯ ㉠
또, $x^2+a<(a+1)x$에서 $a<0$에서 $2a<0$이므로 이차부등식의 해는 $2a<x<0$이야.
$x^2-(a+1)x+a<0$, $(x-1)(x-a)<0$
$\therefore a<x<1\;(\because a<0)$ ⋯ ㉡

2nd a, b의 값을 구하자.

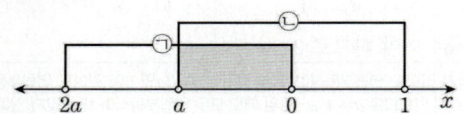

⊙, ⓒ을 모두 만족시키는 x의 값의 범위는

$a < x < 0$ _{a<0에서 2a<a<0<1이므로 공통범위는 a<x<0이야.}

이때, 주어진 연립부등식의 해가 $b < x < b+1$이므로

$b=a$, $b+1=0$

따라서 $a=-1$, $b=-1$이므로

$a+b=(-1)+(-1)=-2$

I 123 정답 ③ ·················· 해가 주어진 연립이차부등식

(**정답 공식**: 각 부등식을 풀고 해의 공통범위가 존재하도록 하는 k의 범위를 구한다.)

단서 인수분해하여 부등식을 풀고, 해의 범위가 겹치도록 k의 값을 구하면 되겠지?

연립이차부등식 $\begin{cases} x^2+4x-21 \leq 0 \\ x^2-5kx-6k^2 > 0 \end{cases}$ 의 해가 존재하도록 하는

양의 정수 k의 개수는?

① 4   ② 5   ③ 6   ④ 7   ⑤ 8

1st 각 이차부등식의 해를 구하자.

$x^2+4x-21 \leq 0$에서

$(x+7)(x-3) \leq 0$ ∴ $-7 \leq x \leq 3$ ··· ⊙

$x^2-5kx-6k^2 > 0$에서 $(x-6k)(x+k) > 0$

이때, $k > 0$이므로   → 조건에서 k가 양의 정수라고 했으므로 $k>0$이야.

$x < -k$ 또는 $x > 6k$ ··· ⓒ

2nd 주어진 연립부등식의 해가 존재하도록 하는 k의 값의 개수를 구해.

한편, k는 양의 정수이므로 주어진 연립이차부등식의 해가 존재하려면
⊙, ⓒ이 그림과 같이 그려져야 한다.

즉, $-7 < -k < 0$에서 $0 < k < 7$이므로 구하는 양의 정수 k의 값은 1, 2, 3, 4, 5, 6으로 6개이다. _{해가 존재하도록 6k<3으로 놓으면 k<½이 되므로 양의 정수 k가 존재하지 않아.}

I 124 정답 ④ ·················· 해가 주어진 연립이차부등식

[**정답 공식**: 각 부등식을 풀고 해의 공통범위가 존재하지 않게 되는 k의 범위를 구한다.]

연립부등식 $\begin{cases} x^2-x-12 > 0 \\ x^2-(2k+2)x+k^2+2k < 0 \end{cases}$ 이 해를 갖지 <u>않도록</u>

하는 실수 k의 값의 범위가 $a \leq k \leq \beta$일 때, $a^2+\beta^2$의 값은?

① 5   ② 8   ③ 10   ④ 13   ⑤ 17

단서 연립부등식이 해를 갖지 않는다는 것은 두 부등식의 해의 공통부분이 없다는 거야.

1st 각 부등식의 해를 구한 후 공통범위를 찾자.

먼저 $x^2-x-12 > 0$에서 $(x+3)(x-4) > 0$

∴ $x < -3$ 또는 $x > 4$ ··· ⊙

또한, $x^2-(2k+2)x+k^2+2k < 0$에서

$x^2-(k+k+2)x+k(k+2) < 0$ _{x ⟍ -k / x ⟍ -(k+2)}

$(x-k)(x-k-2) < 0$

∴ $k < x < k+2$ ··· ⓒ   → 실수 k에 대해 $k<k+2$이지?

2nd 해를 갖지 않도록 하는 실수 k의 값의 범위를 구해보자.

연립부등식이 해를 갖지 않으려면, ⊙, ⓒ의 공통범위가 없어야 한다.

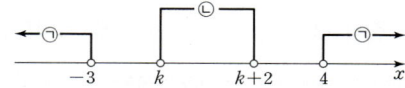

즉, $-3 \leq k$이고 $k+2 \leq 4$이어야 하므로

$-3 \leq k \leq 2$ → 두 부등식 ⊙, ⓒ의 해의 양 끝의 범위에 등가가 없지? 즉, 두 부등식의 해의 끝값이 서로 겹쳐도 공통인 해는 생기지 않아.

따라서 $a=-3$, $\beta=2$이므로

$a^2+\beta^2=(-3)^2+2^2=13$

🔖 해의 양 끝의 부등호에 등호가 있는지 없는지 잘 확인하여 문제를 풀어야 해.

I 125 정답 ⑤ ······················ 연립이차부등식

(**정답 공식**: 두 이차부등식을 동시에 만족하는 x의 값을 구한다.)

x에 대한 연립부등식

$\begin{cases} (x+9)(x-a^2+6a) \leq 0 \\ (x-2a)(x-2a+16) \leq 0 \end{cases}$ **단서** 두 부등식을 동시에 만족하는 x의 값을 구해.

을 만족시키는 실수 x가 오직 하나 존재하도록 하는 모든 실수 a의 값의 합은?

① $\frac{1}{2}$ ② 1   ③ $\frac{3}{2}$ ④ 2   ⑤ $\frac{5}{2}$

1st $(x-2a)(x-2a+16) \leq 0$의 해를 구해.

$2a-16 < 2a$이므로

$(x-2a)\{x-(2a-16)\} \leq 0$에서 $2a-16 \leq x \leq 2a$ ··· ⊙

2nd 연립부등식 $\begin{cases} (x+9)(x-a^2+6a) \leq 0 \\ (x-2a)(x-2a+16) \leq 0 \end{cases}$ 의 해가 오직 하나 존재하도록 하는 a의 값을 구해.

$(x+9)(x-a^2+6a) \leq 0$에서 $(x+9)\{x-(a^2-6a)\} \leq 0$이므로

$(a^2-6a)-(-9)=a^2-6a+9=(a-3)^2 \geq 0$이므로

$a=3$이면 $a^2-6a=-9$,   → -9와 a^2-6a는 대소 비교가 바로 파악되지 않기 때문에 대소 비교를 한 후에 부등식의 해를 구해야 해.

$a \neq 3$이면 $a^2-6a > -9$

① $a=3$이면

$(x+9)(x-a^2+6a) \leq 0$의 해는 $(x+9)\{x-(a^2-6a)\} \leq 0$,

$(x+9)^2 \leq 0$ ∴ $x=-9$

⊙에 의해 $(x-2a)(x-2a+16) \leq 0$의 해는 $-10 \leq x \leq 6$

따라서 연립부등식을 만족시키는 실수 x의 값은 -9로 오직 하나이므로 조건을 만족시킨다.

② $a \neq 3$이면

$(x+9)(x-a^2+6a) \leq 0$의 해는 $(x+9)\{x-(a^2-6a)\} \leq 0$에서

$a^2-6a > -9$이므로 $-9 \leq x \leq a^2-6a$

⊙에 의해 연립부등식을 만족시키는 실수 x가 오직 하나 존재하려면

$-9=2a$이거나 $a^2-6a=2a-16$이어야 한다.

$-9=2a$이면 $a=-\frac{9}{2}$이고

$a^2-6a=2a-16$이면 $a^2-8a+16=(a-4)^2=0$이므로

$a=4$

3rd 조건을 만족시키는 a의 값의 합을 구해.

(i), (ii)에 의하여 연립부등식을 만족시키는 실수 x가 오직 하나 존재하도록 하는 모든 실수 a의 값의 합은

$3+\left(-\frac{9}{2}\right)+4=\frac{5}{2}$

I 126 정답 11 ·························· 해가 주어진 연립이차부등식

정답 공식: 각 부등식의 해를 구한 다음 이들의 공통부분을 구하여 조건을 만족시키는 모든 실수 k의 값을 찾는다.

단서 1 $\alpha < \beta$일 때,
$(x-\alpha)(x-\beta) < 0 \Rightarrow \alpha < x < \beta$
$(x-\alpha)(x-\beta) > 0 \Rightarrow x < \alpha$ 또는 $x > \beta$

x에 대한 연립부등식 $\begin{cases} x^2 - 11x + 24 < 0 \\ x^2 - 2kx + k^2 - 9 > 0 \end{cases}$ 의 해가

$\alpha < x < \beta$일 때, $\beta - \alpha = 2$를 만족시키는 모든 실수 k의 값의 합을 구하시오. **단서 2** 경우를 나누어 수직선을 그려 공통부분을 찾아 조건을 적용하면 돼.

1st 각 이차부등식의 해를 구하자.

$x^2 - 11x + 24 < 0$에서
$(x-3)(x-8) < 0$ ∴ $3 < x < 8$
$x^2 - 2kx + k^2 - 9 = x^2 - 2kx + (k-3)(k+3) > 0$에서
$\{x - (k-3)\}\{x - (k+3)\} > 0$
∴ $x < k-3$ 또는 $x > k+3$ (∵ $k-3 < k+3$)

2nd 각 경우를 나누어 수직선을 그려보고 $\alpha < x < \beta$일 때, $\beta - \alpha = 2$를 만족시키는 모든 실수 k의 값을 구하여 그 합을 구하자.

부등식 $3 < x < 8$, $x < k-3$ 또는 $x > k+3$에서

(i) $3 < k-3 < 8$인 경우
$k > 6$이므로 $k+3 > 9$
∵ $3 < k-3$

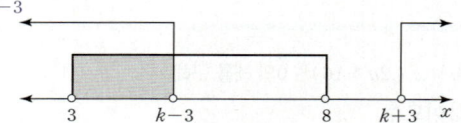

즉, 연립부등식의 해가 $3 < x < k-3$이므로
$(k-3) - 3 = 2$ ∴ $k = 8$

(ii) $3 < k+3 < 8$인 경우
$k < 5$이므로 $k-3 < 2$
∵ $k+3 < 8$

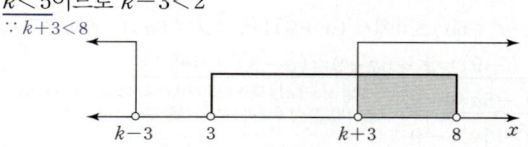

연립부등식의 해가 $k+3 < x < 8$이므로
$8 - (k+3) = 2$ ∴ $k = 3$

(i), (ii)에 의해 주어진 조건을 만족시키는 모든 실수 k의 값은 3, 8이므로 그 합은 $3 + 8 = 11$이다.

I 127 정답 ③ ·························· 이차부등식이 항상 성립할 조건

정답 공식: $A \le B \le C$를 두 부등식 $A \le B$, $B \le C$로 나누어 푼다. 각각의 해가 모든 실수 x에 대해 성립하도록 하는 a, b의 조건을 구한다.

단서 $x-2 \le g(x)$이고 $g(x) \le f(x)$가 항상 성립하는 조건을 따지자.
두 다항식 $f(x) = 2x^2 + 5x + 2$, $g(x) = (a-1)x + b$가 있다.
모든 실수 x에 대하여 부등식 $x-2 \le g(x) \le f(x)$가 항상 성립하도록 하는 실수 b의 값의 범위는 $\alpha \le b \le \beta$이다. 이때, $\beta - \alpha$의 값은?

① 1 ② $\dfrac{3}{2}$ ③ 2

④ $\dfrac{5}{2}$ ⑤ 3

1st $x-2 \le g(x)$가 항상 성립할 조건을 구해. 연속으로 연결된 연립부등식은 앞의 두 개와 뒤의 두 개를 묶어서 식을 풀어야 해.

부등식 $x-2 \le (a-1)x + b \le 2x^2 + 5x + 2$에서

(i) 모든 실수 x에 대하여 $(a-1)x + b \ge x-2$,
즉 $(a-2)x + b + 2 \ge 0$이 성립해야 하므로
$a = 2$, $b \ge -2$

2nd $g(x) \le f(x)$가 항상 성립할 조건을 구해.

(ii) (i)에서 $a = 2$이므로 모든 실수 x에 대하여
$2x^2 + 5x + 2 \ge x + b$, 즉 $2x^2 + 4x + 2 - b \ge 0$이 성립해야 하므로
이차방정식 $2x^2 + 4x + 2 - b = 0$의 판별식을 D라고 하면

$\dfrac{D}{4} = 2^2 - 2 \cdot (2-b) \le 0$

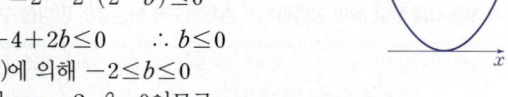

$4 - 4 + 2b \le 0$ ∴ $b \le 0$

(i), (ii)에 의해 $-2 \le b \le 0$
따라서 $\alpha = -2$, $\beta = 0$이므로
$\beta - \alpha = 0 - (-2) = 2$

I 128 정답 ④ ·························· 해의 조건이 주어진 연립이차부등식

정답 공식: $a < b$인 두 상수 a, b에 대하여 부등식 $(x-a)(x-b) \ge 0$의 해는 $x \le a$ 또는 $x \ge b$이고 $(x-a)(x-b) \le 0$의 해는 $a \le x \le b$이다.

단서 연립부등식의 해의 범위에 속하는 정수가 5개가 되어야 해.

x에 대한 연립부등식 $\begin{cases} x^2 - 2x - 3 \ge 0 \\ x^2 - (5+k)x + 5k \le 0 \end{cases}$ 을 만족시키는

정수 x의 개수가 5가 되도록 하는 모든 정수 k의 값의 곱은?

① -36 ② -30 ③ -24
④ -18 ⑤ -12

1st 각각의 부등식을 풀어.

$x^2 - 2x - 3 \ge 0$에서 $(x+1)(x-3) \ge 0$
∴ $x \le -1$ 또는 $x \ge 3$

$x^2 - (5+k)x + 5k \le 0$에서 $(x-5)(x-k) \le 0$이고 k의 값의 범위에 따라 해를 구하면 k의 값에 따라 해가 바뀌게 돼.

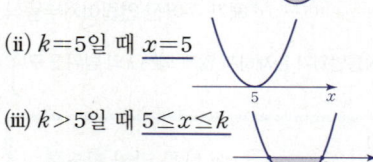

(i) $k < 5$일 때 $k \le x \le 5$

(ii) $k = 5$일 때 $x = 5$

(iii) $k > 5$일 때 $5 \le x \le k$

2nd 조건을 만족시키는 정수 x의 개수가 5가 되도록 하는 정수 k의 값을 구해.

(Ⅰ) $k < 5$일 때 주어진 연립부등식을 만족시키는 정수 x의 개수가 5가 되려면 그림과 같아야 한다. 연립부등식을 만족시키는 정수 x는 -2, -1, 3, 4, 5가 되어야 해.

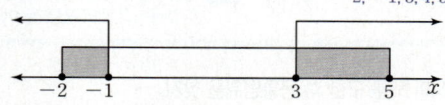

따라서 이때의 정수 k의 값은 -2이다.

(Ⅱ) $k = 5$일 때 주어진 연립부등식을 만족시키는 정수 x는 5로 1개이므로 조건을 만족시키지 않는다.

(Ⅲ) $k > 5$일 때 주어진 연립부등식을 만족시키는 정수 x의 개수가 5가 되려면 그림과 같아야 한다. 연립부등식을 만족시키는 정수 x는 5, 6, 7, 8, 9가 되어야 해.

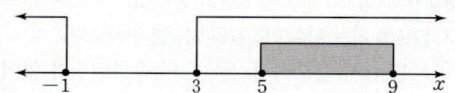

따라서 이때의 정수 k의 값은 9이다.
(Ⅰ) ~ (Ⅲ)에 의하여 주어진 연립부등식을 만족시키는 정수 x의 개수가
5가 되도록 하는 정수 k의 값은 -2, 9이므로 그 곱은 -18이다.

I 129 정답 ② ········ 정수인 해의 조건이 주어진 연립이차부등식

(정답 공식: 이차부등식 $(x-\alpha)(x-\beta)<0$ (단, $\alpha<\beta$)의 해는 $\alpha<x<\beta$이다.)

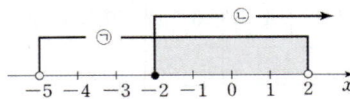

x에 대한 연립부등식 $\begin{cases} x^2+3x-10<0 \\ ax \geq a^2 \end{cases}$ 을 만족시키는
└ 단서 1 a의 부호에 따라 해가 달라지지?
정수 x의 개수가 4가 되도록 하는 정수 a의 값은?
└ 단서 2 두 부등식의 해의 공통 범위에 정수가 4개 있어야 해.

① -2 ② -1 ③ 0 ④ 1 ⑤ 2

1st $x^2+3x-10<0$의 해를 구해.

$x^2+3x-10<0$에서 $(x-2)(x+5)<0$ $\therefore -5<x<2 \cdots$ ㉠

2nd a의 값의 범위에 따라 부등식 $ax \geq a^2$의 해를 구하고 조건을 만족시키는
정수 a의 값을 구해.

$ax \geq a^2$에서

(i) $a>0$일 때, $x \geq a \cdots$ ㉡
즉, 주어진 연립부등식을 만족시키는 정수 x의 개수가 4이려면
㉠, ㉡이 그림과 같이 그려져야 한다.

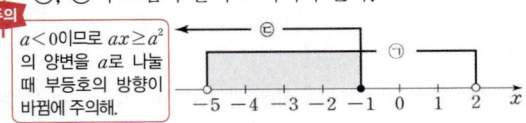

즉, 정수 a의 값은 -2이어야 하는데 $a>0$이므로 조건을 만족시키지
않는다.
└ 만약 a가 정수라는 조건이 주어지지 않을 경우 연립부등식을
만족시키는 정수 x의 개수가 4가 되려면 가능한 a의 값의 범위는
$-3<a \leq 2$야.

(ii) $a=0$일 때, $0 \times x \geq 0$
즉, 부등식 $ax \geq a^2$을 만족시키는 x는 모든 실수이므로 주어진
연립부등식을 만족시키는 정수 x의 값은 -4, -3, -2, $\cdots$, 1로
6개이다. 따라서 주어진 조건을 만족시키지 않는다.
└ 부등식 $x^2+3x-10<0$을
만족시키는 정수 x와 같아.

(iii) $a<0$일 때, $x \leq a \cdots$ ㉢
즉, 주어진 연립부등식을 만족시키는 정수 x의 개수가 4이려면
㉠, ㉢이 그림과 같이 그려져야 한다.

주의 $a<0$이므로 $ax \geq a^2$의 양변을 a로 나눌 때 부등호의 방향이 바뀜에 주의해.

즉, 정수 a의 값은 -1이다.
└ 만약 a가 정수라는 조건이 주어지지 않을 경우 연립부등식을
만족시키는 정수 x의 개수가 4가 되려면 가능한 a의 값의 범위는
$-1 \leq a <0$이야.

I 130 정답 ④ ········ 정수인 해의 조건이 주어진 연립이차부등식

(정답 공식: 부등식 $|x| \leq m$ (단, m은 양수)의 해는 $-m \leq x \leq m$이다.)

연립부등식 $\begin{cases} |x-k| \leq 5 \\ x^2-x-12>0 \end{cases}$ 을 만족시키는 모든 정수 x의 값의
합이 7이 되도록 하는 정수 k의 값은?
└ 단서 1 연립부등식의 해 중에서 정수들만 생각하면 돼.

① -2 ② -1 ③ 0
④ 1 ⑤ 2
└ 단서 2 조건을 만족시키는 k의 값 중에서 정수인 값만 찾으면 된다는 거야.

1st 주어진 부등식을 각각 풀어 봐.

부등식 $|x-k| \leq 5$를 풀면
$-5 \leq x-k \leq 5$에서 $k-5 \leq x \leq k+5 \cdots$ ㉠
또, 이차부등식 $x^2-x-12>0$을 풀면
$(x+3)(x-4)>0$에서 $x<-3$ 또는 $x>4 \cdots$ ㉡

2nd k의 값의 범위를 나누어 모든 정수해의 합이 7이 되도록 하는 k의 값을 구해.

(i) $k+5 \leq 4$, 즉 $k \leq -1$인 경우
$k \leq -1$이면 $k-5 \leq -6$이므로 부등식 ㉠, ㉡을 수직선 위에
나타내면 [그림 1]과 같다.

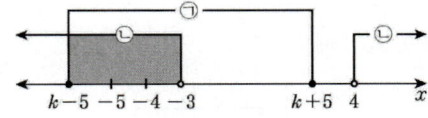

[그림 1]

이때, ㉠, ㉡을 모두 만족시키는 정수 x는 -3보다 작으므로
그 합은 7보다 작게 된다. ㉠, ㉡을 모두 만족시키는 정수 x는 -3보다 작으므로
모두 음수야. 따라서 음수끼리의 합은 7이 될 수 없지.
즉, 이 경우는 조건을 만족시키지 않는다.

(ii) $k-5 \geq -3$, 즉 $k \geq 2$인 경우
$k \geq 2$이면 $k+5 \geq 7$이므로 부등식 ㉠, ㉡을 수직선 위에
나타내면 [그림 2]와 같다.

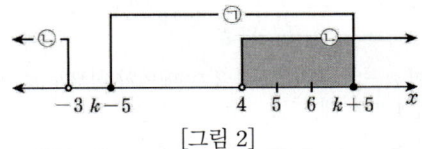

[그림 2]

이때, ㉠, ㉡을 모두 만족시키는 정수 x는 3개 이상이고 모두 4보다
크므로 그 합은 7보다 크게 된다. ㉠, ㉡을 모두 만족시키는 정수 x가 3개 이상이고
모두 4보다 크므로 연립부등식을 만족시키는 모든
정수 x의 값의 합은 $5+6+7=18$ 이상이 돼.
즉, 이 경우도 조건을 만족시키지 않는다.

(iii) $k-5<-3$이고, $k+5>4$인 경우 (i) $k \leq -1$인 경우와 (ii) $k \geq 2$인 경우에서
즉, $-1<k<2$인 경우 조건을 만족시키지 않으므로 $-1<k<2$인
경우를 따져주면 돼.

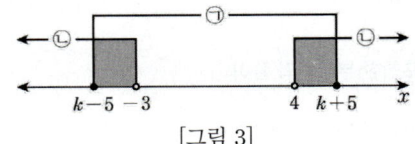

[그림 3]

k는 정수라 했으므로 $-1<k<2$에서 $k=0$ 또는 $k=1$이다.
ⅰ) $k=0$일 때,
[그림 3]에서 연립부등식의 해는 $-5 \leq x<-3$ 또는
$4<x \leq 5$이므로 모든 정수 x의 값의 합은 $-5+(-4)+5=-4$
즉, 이 경우는 조건을 만족시키지 않는다.
ⅱ) $k=1$일 때,
[그림 3]에서 연립부등식의 해는 $-4 \leq x<-3$ 또는
$4<x \leq 6$이므로 모든 정수 x의 값의 합은 $(-4)+5+6=7$
즉, 이 경우는 조건을 만족시킨다.
따라서 (i) ~ (iii)에 의해 구하는 정수 k의 값은 $k=1$이다.

I 131 정답 21 ········ 정수인 해의 조건이 주어진 연립이차부등식

(정답 공식: 각 부등식의 해를 구한 다음 이들의 공통 부분을 구한다.)

자연수 n에 대하여 x에 대한 연립부등식
$\begin{cases} |x-n|>2 \\ x^2-14x+40 \leq 0 \end{cases}$
└ 단서 자연수의 해가 2개가 되도록 두 부등식의 해를
수직선에 나타내 봐.
을 만족시키는 자연수 x의 개수가 2가 되도록 하는 모든 n의 값
의 합을 구하시오.

$|x-n|>2$에서 $x-n>2$ 또는 $x-n<-2$
양수 A에 대하여 $|x|>A$이면 $x>A$ 또는 $x<-A$야.
$\therefore x>n+2$ 또는 $x<n-2$ $\cdots$ ㉠
$x^2-14x+40\leq0$에서 $(x-4)(x-10)\leq0$
$\therefore 4\leq x\leq10$ $\cdots$ ㉡
양수 k와 두 실수 $\alpha,\beta(\alpha<\beta)$에 대하여
이차부등식 $k(x-\alpha)(x-\beta)\leq0$의 해는 $\alpha\leq x\leq\beta$야.

2nd 두 부등식을 만족시키는 자연수 x의 개수가 2가 되도록 하는 모든 자연수 n의 값의 합을 구해.

㉠, ㉡을 동시에 만족시키는 자연수 x의 개수가 2가 되는 경우는 다음과 같다.
(i) 자연수 x가 9, 10일 때,

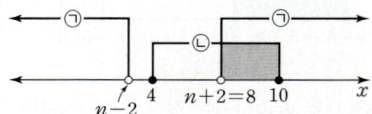

그림과 같이 $n-2\leq4$이고 $n+2=8$이어야 하므로 $n=6$
(ii) 자연수 x가 4, 10일 때,

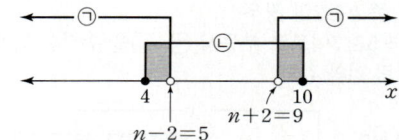

그림과 같이 $n-2=5$이고 $n+2=9$이어야 하므로 $n=7$
(iii) 자연수 x가 4, 5일 때,

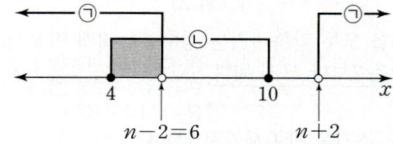

그림과 같이 $n-2=6$이고 $n+2\geq10$이어야 하므로 $n=8$
(i)~(iii)에 의하여 조건을 만족시키는 n의 값은 6, 7, 8이고 그 합은 $6+7+8=21$이다.

🌸 **절댓값을 포함한 부등식의 풀이**　　개념·공식

(1) $|x|<a\ (a>0)\Longleftrightarrow -a<x<a$
(2) $|x|\leq a\ (a>0)\Longleftrightarrow -a\leq x\leq a$
(3) $|x|>a\ (a>0)\Longleftrightarrow x<-a,\ x>a$
(4) $|x|\geq a\ (a>0)\Longleftrightarrow x\leq-a,\ x\geq a$

1st 이차부등식 $x^2-10x+21\leq0$의 해를 구해.

$x^2-10x+21\leq0$에서 $(x-3)(x-7)\leq0$
$\therefore 3\leq x\leq7$ $\cdots$ ㉠　함수 $y=(x-3)(x-7)$의 그래프의 개형이 그림과 같으므로 이차부등식 $(x-3)(x-7)\leq0$의 해는 $3\leq x\leq7$이야.

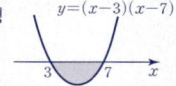

2nd 이차부등식 $x^2-2(n-1)x+n^2-2n\geq0$의 해를 구해.

$x^2-2(n-1)x+n^2-2n\geq0$에서 $x^2-(2n-2)x+n(n-2)\geq0$
$(x-n)(x-n+2)\geq0$　　$\therefore x\leq n-2$ 또는 $x\geq n$ $\cdots$ ㉡
함수 $y=(x-n)(x-n+2)$의 그래프의 개형이 그림과 같으므로 이차부등식 $(x-n)(x-n+2)\geq0$의 해는 $x\leq n-2$ 또는 $x\geq n$이야.

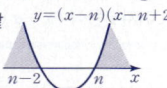

3rd 주어진 연립이차부등식을 만족시키는 정수 x의 개수가 4가 되도록 하는 모든 자연수 n의 값의 합을 구해.

㉠, ㉡에 의하여 주어진 연립이차부등식의 해는
(i) $n\leq3$일 때, $3\leq x\leq7$이므로 정수 x의 개수는 3, 4, 5, 6, 7로 5이다.

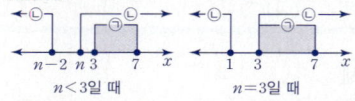
$n<3$일 때　　$n=3$일 때

(ii) $n=4$일 때, $4\leq x\leq7$이므로 정수 x의 개수는 4, 5, 6, 7로 4이다.

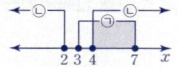

(iii) $n=5$일 때, $x=3$ 또는 $5\leq x\leq7$이므로 정수 x의 개수는 3, 5, 6, 7로 4이다.

(iv) $n=6$일 때, $3\leq x\leq4$ 또는 $6\leq x\leq7$이므로 정수 x의 개수는 3, 4, 6, 7로 4이다.

(v) $n=7$일 때, $3\leq x\leq5$ 또는 $x=7$이므로 정수 x의 개수는 3, 4, 5, 7로 4이다.

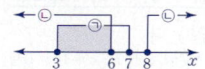

(vi) $n=8$일 때, $3\leq x\leq6$이므로 정수 x의 개수는 3, 4, 5, 6으로 4이다.

(vii) $n\geq9$일 때, $3\leq x\leq7$이므로 정수 x의 개수는 3, 4, 5, 6, 7로 5이다.

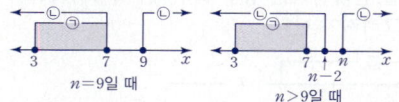
$n=9$일 때　　$n>9$일 때

(i)~(vii)에 의하여 주어진 연립이차부등식을 만족시키는 정수 x의 개수가 4가 되도록 하는 자연수 n은 4, 5, 6, 7, 8이므로
(구하는 합)$=4+5+6+7+8=30$

I 132 정답 30 ········· 정수인 해의 조건이 주어진 연립이차부등식

〔정답 공식: $a>0$이고 $p<q$일 때 이차부등식 $a(x-p)(x-q)\leq0$의 해는 $p\leq x\leq q$이고 이차부등식 $a(x-p)(x-q)\geq0$의 해는 $x\leq p$ 또는 $x\geq q$이다.〕

x에 대한 **연립이차부등식** 〔단서1〕 연립부등식의 해는 각각의 부등식의 해의 공통 부분이야.
$$\begin{cases} x^2-10x+21\leq0 \\ x^2-2(n-1)x+n^2-2n\geq0 \end{cases}$$
을 만족시키는 **정수 x의 개수가 4**가 되도록 하는 모든 자연수 n의 값의 합을 구하시오. 〔단서2〕 두 이차부등식의 해의 공통 부분에 속하는 정수 x의 개수가 4라는 거야.

I 133 정답 10 ·················· 해의 조건이 주어진 연립이차부등식

〔정답 공식: $a>0$이고 $\alpha<\beta$일 때 이차부등식 $a(x-\alpha)(x-\beta)<0$의 해는 $\alpha<x<\beta$이고 $a(x-\alpha)(x-\beta)>0$의 해는 $x<\alpha$ 또는 $x>\beta$이다.〕

x에 대한 연립부등식
$$\begin{cases} x^2-(a^2-3)x-3a^2<0 \\ x^2+(a-9)x-9a>0 \end{cases}$$ 〔단서1〕 연립부등식의 해는 두 부등식의 해의 공통 범위야.
을 만족시키는 정수 x가 존재하지 않기 위한 실수 a의 최댓값을 M이라 하자. M^2의 값을 구하시오. (단, $a>2$)
〔단서2〕 연립부등식의 해가 존재하지 않는 것이 아니라 정수 x가 존재하지 않기 때문에 해가 존재해도 그 해의 범위에 정수가 존재하지 않으면 돼.

1st 각 부등식의 해를 구해.

$x^2-(a^2-3)x-3a^2<0$에서 $(x-a^2)(x+3)<0$

$\therefore -3<x<a^2$ ← $a>2$에서 $a^2>4$이므로 $a^2>-3$이야. 따라서 해는 $-3<x<a^2$이야.

$x^2+(a-9)x-9a>0$에서 $(x+a)(x-9)>0$

$\therefore x<-a$ 또는 $x>9$ ← $a>2$에서 $-a<-2$이므로 $-a<9$이야. 따라서 해는 $x<-a$ 또는 $x>9$야.

2nd 연립부등식을 만족시키는 정수 x가 존재하지 않기 위한 실수 a의 값의 범위를 구해.

주어진 연립부등식을 만족시키는 정수 x가 존재하지 않으려면 [그림 1]과 같이 해가 존재하지 않거나, [그림 2]와 같이 해가 존재하더라도 해의 범위에 정수가 존재하지 않아야 한다.

> **주의** 연립부등식을 만족시키는 정수 x가 존재하지 않는 거니까 해가 존재해도 만족시키는 정수 x가 존재하지 않을 수 있음에 주의해.

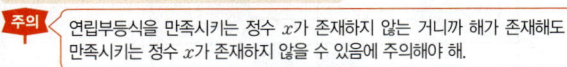

[그림 1]　　　　　　[그림 2]

(i) [그림 1]의 경우 a의 값의 범위를 구하면

$-a\leq -3$에서 $a\geq 3$ … ㉠ ← $-a$의 값이 -3이 되어도 해는 존재하지 않아.

$a^2\leq 9$에서 $-3\leq a\leq 3$이다. 그런데 $a>2$이므로

$2<a\leq 3$ … ㉡ ← a^2의 값이 9가 되어도 해는 존재하지 않아.

㉠, ㉡에 의하여 조건을 만족시키는 a의 값은 3이다.

(ii) [그림 2]의 경우 a의 값의 범위를 구하면

$-a\leq -2$에서 $a\geq 2$ … ㉢ ← $-a=-2$이면 음수인 해는 $-3<x<-2$이므로 정수 x가 존재하지 않아.

$a^2\leq 10$에서 $-\sqrt{10}\leq a\leq\sqrt{10}$이다. 그런데 $a>2$이므로

$2<a\leq\sqrt{10}$ … ㉣ ← $a^2=10$이면 양수인 해는 $9<x<10$이므로 정수 x가 존재하지 않아.

㉢, ㉣에 의하여 조건을 만족시키는 a의 값의 범위는 $2<a\leq\sqrt{10}$이다.

(i), (ii)에 의하여 연립부등식을 만족시키는 정수 x가 존재하지 않기 위한 a의 값의 범위는 $2<a\leq\sqrt{10}$이므로 a의 최댓값은 $M=\sqrt{10}$이다.

$\therefore M^2=(\sqrt{10})^2=10$

I 134 정답 2 ·························· 연립이차부등식의 활용

> **정답 공식:** 길이가 a, b, c($a<b<c$)인 세 선분으로 삼각형이 만들어지려면 $a+b>c$를 만족해야 하고, 둔각삼각형이려면 $a^2+b^2<c^2$을 만족해야 한다.

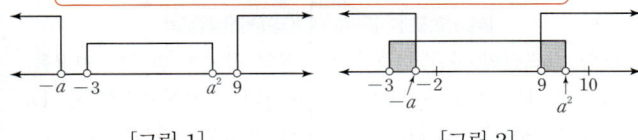

길이가 x, $x+1$, $x+2$인 세 선분으로 **둔각삼각형**을 만들려고 한다. 이때, 정수 x의 값을 구하시오.

> **단서** (가장 긴 변의 길이)$^2>$ (두 변의 길이의 제곱의 합)이 성립하는 삼각형이 둔각삼각형이야.

1st 삼각형이 될 조건과 둔각삼각형이 될 조건으로 두 개의 부등식을 만들어봐.

x, $x+1$, $x+2$는 삼각형의 세 변의 길이이므로

$x>0$이고

$x+2<x+x+1$ ← 가장 긴 변의 길이는 나머지 두 변의 길이의 합보다 짧아야 삼각형을 이루지.

$\therefore x>1$ … ㉠

> **함정** 삼각형의 결정조건에 의해 x의 값의 범위를 먼저 정할 수 있어야 해.

주어진 삼각형이 둔각삼각형이므로

$(x+2)^2>x^2+(x+1)^2$ ← 가장 긴 변의 길이의 제곱은 나머지 두 변의 길이의 제곱의 합보다 커.

$x^2-2x-3<0$, $(x+1)(x-3)<0$

$\therefore -1<x<3$ … ㉡

㉠, ㉡에서 $1<x<3$

이때, x는 정수이므로 $x=2$

I 135 정답 15 ·················· 연립이차부등식의 활용

> **정답 공식:** $a\leq h(x)\leq b$이면 $a\leq h(x)$이고 $h(x)\leq b$이다.

> **단서1** 세 점 A, B, C의 위치를 정의해 주고 있어. x축과 평행하거나 x축에 내린 수선 등 특수한 관계에 주목해야 해.

그림과 같이 이차함수 $f(x)=-x^2+2kx+k^2+4$ $(k>0)$의 그래프가 y축과 만나는 점을 A라 하자. 점 A를 지나고 x축에 평행한 직선이 이차함수 $y=f(x)$의 그래프와 만나는 점 중 A가 아닌 점을 B라 하고, 점 B에서 x축에 내린 수선의 발을 C라 하자. 사각형 OCBA의 둘레의 길이를 $g(k)$라 할 때, 부등

> **단서2** 사각형 OCBA는 각 변이 x축, y축에 평행하므로 직사각형이 돼.

식 $14\leq g(k)\leq 78$을 만족시키는 모든 자연수 k의 값의 합을 구하시오. (단, O는 원점이다.)

> **단서3** 두 부등식 $14\leq g(k)$와 $g(k)\leq 78$을 공통으로 만족시키는 k의 값의 범위를 찾아야 해.

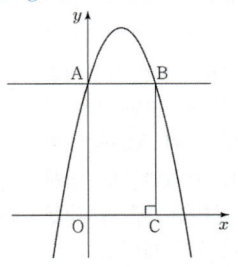

1st 세 점 A, B, C의 좌표를 구하여 사각형 OCBA의 둘레의 길이인 $g(k)$를 구하자.

이차함수 $f(x)=-x^2+2kx+k^2+4$ $(k>0)$의 그래프가 y축과 만나는 점 A의 좌표를 구하자.

이차함수 $y=f(x)$에 $x=0$을 대입하면

$y=f(0)=k^2+4$ ← 점 A가 이차함수의 그래프와 y축의 교점이므로 $x=0$을 대입하면 y좌표를 구할 수 있어.

즉, A$(0,\,k^2+4)$이다.

점 A를 지나고 x축에 평행한 직선이 이차함수 $y=f(x)$의 그래프와 만나는 점이 B이므로 ← 점 A를 지나고 x축에 평행한 직선의 방정식은 $y=k^2+4$야. 점 B의 x좌표는 이차함수 $y=f(x)$와 직선 $y=k^2+4$의 식을 연립하면 구할 수 있어.

$-x^2+2kx+k^2+4=k^2+4$

$x^2-2kx=0$, $x(x-2k)=0$

$\therefore x=0$ 또는 $x=2k$

즉, B$(2k,\,k^2+4)$이다. ← $x=0$인 경우는 A$(0,\,k^2+4)$가 되는 거야.

또, 점 C는 점 B에서 x축에 내린 수선의 발이므로 C$(2k,\,0)$이다. ← 점 C는 점 B와 x좌표가 같고, y좌표는 0이 되므로 C$(2k,\,0)$이야.

직사각형 OCBA의 둘레의 길이가 $g(k)$이므로

$g(k)=2(\overline{OA}+\overline{OC})$

$=2(k^2+4+2k)$ ($\because k>0$)

$=2(k^2+2k+4)$

> **주의** $k>0$이라는 조건이 없다면 $\overline{OA}=|k^2+4|$, $\overline{OC}=|2k|$로 놓고 풀어야 해.

2nd 주어진 부등식을 만족시키는 모든 자연수 k를 구하여 그 합을 구하자.

부등식 $14\leq g(k)\leq 78$에서

$14\leq 2(k^2+2k+4)\leq 78$

$7\leq k^2+2k+4\leq 39$
　(i)　　　　(ii)

[이차부등식의 풀이]
(1) $(x-\alpha)(x-\beta)<0$ $(\alpha<\beta)$ $\Longleftrightarrow \alpha<x<\beta$
(2) $(x-\alpha)(x-\beta)>0$ $(\alpha<\beta)$ $\Longleftrightarrow x<\alpha$ 또는 $x>\beta$

(i) $7\leq k^2+2k+4$에서

$k^2+2k-3\geq 0$, $(k+3)(k-1)\geq 0$

$\therefore k\leq -3$ 또는 $k\geq 1$ … ㉠

(ii) $k^2+2k+4 \leq 39$에서

$k^2+2k-35 \leq 0$, $(k+7)(k-5) \leq 0$

$\therefore -7 \leq k \leq 5$ … ㉡

㉠, ㉡의 공통 범위를 구하면 $-7 \leq k \leq -3$ 또는 $1 \leq k \leq 5$

그런데 $k > 0$이므로 $1 \leq k \leq 5$

따라서 구하는 자연수 k는 1, 2, 3, 4, 5이므로 그 합은

$1+2+3+4+5=15$

I 136 정답 9 ················· 연립이차부등식의 활용

정답 공식: $\triangle$APR, $\triangle$PBQ와 직사각형 PQCR의 넓이를 각각 a에 대한 식으로 나타낸다.

그림과 같이 $\overline{AC}=\overline{BC}=9$인 직각이등변삼각형 ABC가 있다. 빗변 AB 위의 점 P에서 변 BC와 변 AC에 내린 수선의 발을 각각 Q, R라 할 때, 직사각형 PQCR의 넓이는 두 삼각형 APR와 PBQ의 각각의 넓이보다 크다. $\overline{QC}=a$일 때, 모든 자연수 a의 값의 합을 구하시오.

단서 $\overline{QC}=a$를 이용하여 각 도형의 넓이를 a에 대한 식으로 나타내자.

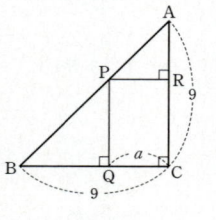

1st 직사각형의 넓이가 각각의 삼각형의 넓이보다 크다는 조건으로부터 두 개의 부등식을 만들 수 있지?

직각이등변삼각형 ABC와 직사각형 PQCR에 대하여

$\angle PBQ = \angle BPQ = 45°$, $\angle APR = \angle PAR = 45°$이므로

$\triangle$APR, $\triangle$PBQ는 모두 직각이등변삼각형이다.

이때, $\overline{QC}=a$이므로 $0 < a < 9$이고

$\overline{BQ}=9-a$이므로

$\overline{AR}=\overline{PR}=a$, $\overline{PQ}=\overline{BQ}=9-a$

$\therefore$ (직사각형 PQCR의 넓이)$=a(9-a)$

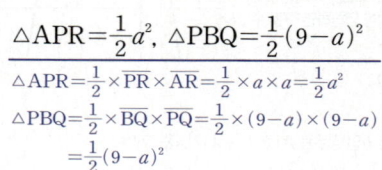

$\triangle APR = \frac{1}{2}a^2$, $\triangle PBQ = \frac{1}{2}(9-a)^2$

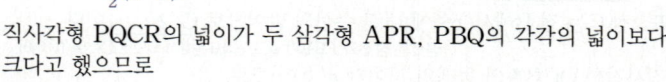

$\triangle APR = \frac{1}{2} \times \overline{PR} \times \overline{AR} = \frac{1}{2} \times a \times a = \frac{1}{2}a^2$

$\triangle PBQ = \frac{1}{2} \times \overline{BQ} \times \overline{PQ} = \frac{1}{2} \times (9-a) \times (9-a)$

$= \frac{1}{2}(9-a)^2$

직사각형 PQCR의 넓이가 두 삼각형 APR, PBQ의 각각의 넓이보다 크다고 했으므로

$\begin{cases} a(9-a) > \frac{1}{2}a^2 & \cdots ㉠ \\ a(9-a) > \frac{1}{2}(9-a)^2 & \cdots ㉡ \end{cases}$

㉠에서 $9a-a^2 > \frac{1}{2}a^2$

$\frac{3}{2}a^2 - 9a < 0$, $\frac{3}{2}a(a-6) < 0$

$\therefore 0 < a < 6$ … ㉢

㉡에서 $9a-a^2 > \frac{1}{2}(81-18a+a^2)$

$18a-2a^2 > 81-18a+a^2$, $a^2-12a+27 < 0$

$(a-3)(a-9) < 0$

$\therefore 3 < a < 9$ … ㉣

㉢, ㉣에 의해 $3 < a < 6$

따라서 자연수 a는 4, 5이므로

(구하는 합)$=4+5=9$

I 137 정답 ② ················· 연립이차부등식의 활용

정답 공식: 등변사다리꼴의 높이와 넓이를 d에 대한 식으로 나타낸다. 변의 길이와 넓이에 대한 조건을 이용하여 d의 연립부등식을 세운다.

그림과 같이 어느 행사장에서 바닥면이 등변사다리꼴이 되도록 무대 위에 3개의 직사각형 모양의 스크린을 설치하려고 한다.

양옆 스크린의 하단과 중앙 스크린의 하단이 만나는 지점을 각각 A, B라 하고, 만나지 않는 하단의 끝 지점을 각각 C, D라 하자. 사각형 ACDB는 $\overline{AC}=\overline{BD}$인 등변사다리꼴이고

단서 1 $\overline{AB} \leq 4\overline{AC}$

$\overline{CD}=20$ m, $\angle BAC=120°$이다. 선분 AB의 길이는 선분 AC의 길이의 4배보다 크지 않고, 사다리꼴 ACDB의 넓이는

단서 2 (사다리꼴의 넓이)$=\frac{1}{2}(\overline{CD}+\overline{AB}) \times ($높이$) \leq 75\sqrt{3}$

$75\sqrt{3}$ m² 이하이다. 중앙스크린의 가로인 선분 AB의 길이를 d(m)라 할 때, d의 최댓값과 최솟값의 합은? (단, 스크린의

단서 3 $\overline{AB}=d$이므로 사다리꼴의 높이를 d에 관한 식으로 나타낼 수 있어.

두께는 무시한다.)

① 25 ② 26 ③ 27 ④ 28 ⑤ 29

1st 점 A에서 선분 CD에 내린 수선의 발을 E라 하고 주어진 조건을 이용하여 $\overline{AC}$, $\overline{CE}$, $\overline{AE}$의 길이를 d로 나타내자.

그림과 같이 점 A에서 선분 CD에 내린 수선의 발을 E라 하면

$\angle BAC=120°$이므로

$\angle CAE=120°-90°=30°$

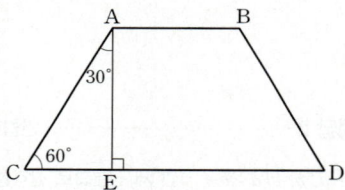

사각형 ACDB는 등변사다리꼴이고, 선분 AB의 길이가 $d(d>0)$이므로

$\overline{CE}=10-\frac{1}{2}d$, $\overline{AE}=\sqrt{3}\left(10-\frac{1}{2}d\right)$ → $\tan 60° = \frac{\overline{AE}}{\overline{CE}}$이므로 $\overline{AE}=\sqrt{3} \times \overline{CE}$

→ $\overline{CD}=20$이므로 $\overline{CE}=\frac{1}{2}(\overline{CD}-\overline{AB})=\frac{1}{2}(20-d)$

$\overline{AC}=2\left(10-\frac{1}{2}d\right)$ → $\cos 60° = \frac{\overline{CE}}{\overline{AC}}$이므로 $\overline{AC}=2\overline{CE}$

2nd 조건을 이용하여 연립부등식을 세우자.

조건에서 $\overline{AB} \leq 4\overline{AC}$이므로

→ $\overline{AB}$는 $4\overline{AC}$보다 크지 않아. 즉, 작거나 같아.

$d \leq 4 \times 2\left(10-\frac{1}{2}d\right)$ $\therefore d \leq 16$ … ㉠

사다리꼴 ACDB의 넓이가 $75\sqrt{3}$ 이하이므로

$\frac{1}{2} \times (d+20) \times \sqrt{3}\left(10-\frac{1}{2}d\right) \leq 75\sqrt{3}$

$\therefore d \leq -10$ 또는 $d \geq 10$ … ㉡ → $\left(\frac{1}{2}d+10\right)\left(10-\frac{1}{2}d\right) \leq 75$

㉠, ㉡에 의하여 $d \leq -10$ 또는 $10 \leq d \leq 16$ $100-\frac{1}{4}d^2 \leq 75$

그런데 $d > 0$이므로 $10 \leq d \leq 16$

따라서 d의 최댓값과 최솟값의 합은 $25-\frac{1}{4}d^2 \leq 0$, $d^2-100 \geq 0$

$16+10=26$ $(d-10)(d+10) \geq 0$

✿ 이차부등식의 풀이　　　　　　　　　　개념·공식

이차방정식 $ax^2+bx+c=0\,(a>0)$의 서로 다른 두 실근을 $\alpha,\ \beta\,(\alpha<\beta)$ 라고 할 때,

① $ax^2+bx+c>0$의 해는 $x<\alpha$ 또는 $x>\beta$
② $ax^2+bx+c\ge0$의 해는 $x\le\alpha$ 또는 $x\ge\beta$
③ $ax^2+bx+c<0$의 해는 $\alpha<x<\beta$
④ $ax^2+bx+c\le0$의 해는 $\alpha\le x\le\beta$

Ⅰ 138　정답 ④ ················ 이차방정식의 근의 판별과 이차부등식

〔 정답 공식: 이차방정식의 판별식이 음수가 되게 하는 a의 값의 범위를 구한다. 〕

이차방정식 $x^2+ax+16=0$이 허근을 갖도록 하는 자연수 a의 최댓값은?
　단서 이차방정식의 판별식을 D라 할 때, $D<0$이면 허근을 가져.

① 1　　　　　② 3　　　　　③ 5
④ 7　　　　　⑤ 9

1st 이차방정식이 허근을 가질 조건을 이용해 a의 값의 범위를 구하자.
주어진 이차방정식이 허근을 가지려면 이차방정식 $x^2+ax+16=0$의 판별식을 D라 할 때, $D<0$이어야 한다.
$D=a^2-4\times1\times16=a^2-64<0$　→ 이차방정식 $ax^2+bx+c=0$의 판별식을
$(a+8)(a-8)<0$　　　　　$D=b^2-4ac$라 할 때,
$\therefore\ -8<a<8$　　　　　(1) $D>0$: 서로 다른 두 실근을 가진다.
따라서 자연수 a의 최댓값은 7이다.　(2) $D=0$: 중근을 가진다.
　　　　　　　　　　　　　　　　(3) $D<0$: 서로 다른 두 허근을 가진다.

> **주의**
> 자연수 조건이 있으니까 a의 최솟값과 최댓값을 모두 구할 수 있어. 즉, 자연수 a의 최솟값은 1, 최댓값은 7이야.

✿ 이차방정식의 근의 판별　　　　　　　개념·공식

이차방정식 $ax^2+bx+c=0$의 판별식을 $D=b^2-4ac$라 하면
① $D>0\iff$ 서로 다른 두 실근
② $D=0\iff$ 중근
③ $D<0\iff$ 서로 다른 두 허근

Ⅰ 139　정답 7 ················ 이차방정식의 근의 판별과 이차부등식

〔 정답 공식: 이차방정식이 서로 다른 두 허근을 가지면 이차방정식의 판별식을 D라 할 때 $D<0$이다. 〕

　단서 이차방정식의 판별식을 이용하면 돼.
x에 대한 이차방정식 $x^2-(k+2)x+k+5=0$이 서로 다른 두 허근을 갖도록 하는 모든 정수 k의 개수를 구하시오.

1st 이차방정식의 판별식을 이용하여 k의 값의 범위를 구해.
이차방정식 $x^2-(k+2)x+k+5=0$이 서로 다른 두 허근을 가져야 하므로 이 이차방정식의 판별식을 D라 하면 $D<0$이어야 한다.
$D=\{-(k+2)\}^2-4\times1\times(k+5)$　→ 이차방정식 $ax^2+bx+c=0$의 판별식을
　$=k^2+4k+4-4k-20$　　　D라 하면 $D=b^2-4ac$이고 이차방정식이
　$=k^2-16=(k+4)(k-4)<0$　서로 다른 두 실근을 가지면 $D>0$,
$\therefore\ -4<k<4$　　　　　한 실근(중근)을 가지면 $D=0$,
　　　　　　　　　　　　　　　서로 다른 두 허근을 가지면 $D<0$이야.
2nd 조건을 만족시키는 모든 정수 k의 개수를 구해.
따라서 모든 정수 k의 개수는 $4-(-4)-1=7$이다.
　　　　　　　두 정수 $a,\ b$에 대하여 $a<x<b$를 만족시키는
　　　　　　　정수 x의 개수는 $b-a-1$이야.

Ⅰ 140　정답 ① ················ 이차방정식의 근의 판별과 이차부등식

〔 정답 공식: 이차방정식의 판별식이 양수가 되게 하는 k값의 범위를 구한다. 〕

　단서 이차방정식이 서로 다른 두 실근을 가지려면 판별식 $D>0$이어야 해.
x에 대한 이차방정식 $x^2-2(k+2)x+2k^2-28=0$이 서로 다른 두 실근을 갖기 위한 정수 k의 개수는?

① 11　　　　　② 12　　　　　③ 13
④ 14　　　　　⑤ 15

1st 판별식을 이용하자.
이차방정식 $x^2-2(k+2)x+2k^2-28=0$이 서로 다른 두 실근을 가지므로 판별식을 D라고 하면
$$\frac{D}{4}=\{-(k+2)\}^2-1\cdot(2k^2-28)>0$$
→ x의 계수가 짝수인 경우 판별식을 D보다는 $\dfrac{D}{4}$를 구하는
$k^2+4k+4-2k^2+28>0$　것이 훨씬 계산이 간단해.
$-k^2+4k+32>0$
$k^2-4k-32<0,\ (k+4)(k-8)<0$
$\therefore\ -4<k<8$
따라서 정수 k는 $-3,\ -2,\ -1,\ \cdots,\ 6,\ 7$로 11개이다.

Ⅰ 141　정답 ⑤ ················ 이차방정식의 근의 판별과 이차부등식

〔 정답 공식: 두 이차방정식의 판별식이 모두 양수가 되게 하는 k값의 범위를 구한다. 〕

　단서 이차방정식이 서로 다른 두 실근을 가지려면 판별식 $D>0$이어야 해.
x에 대한 두 이차방정식 $x^2-2kx+1=0$, $x^2-2kx+2k=0$이 모두 서로 다른 두 실근을 갖도록 하는 실수 k의 값의 범위는?

① $-1<k<0$　　② $0<k<1$　　③ $1<k<2$
④ $k<0$ 또는 $k>1$　⑤ $k<-1$ 또는 $k>2$

1st 두 이차방정식의 판별식이 모두 양수여야 해.
이차방정식 $x^2-2kx+1=0$이 서로 다른 두 실근을 가지려면
만약 '서로 다른'이라는 말이 없이 실근을 가지려면 $D\ge0$으로 등호가 붙어야 해.
$$\frac{D}{4}=k^2-1>0$$
$\Rightarrow(k+1)(k-1)>0$
$\therefore\ k<-1$ 또는 $k>1\ \cdots\ \bigcirc$

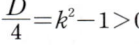

또, 이차방정식 $x^2-2kx+2k=0$이 서로 다른 두 실근을 가지려면 $\dfrac{D}{4}=k^2-2k>0$
$k(k-2)>0$
$\therefore\ k<0$ 또는 $k>2\ \cdots\ \bigcirc$

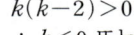

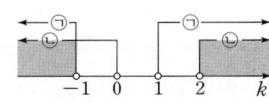

$\bigcirc,\ \bigcirc$에서 구하는 k의 값의 범위는
$k<-1$ 또는 $k>2$　　$\bigcirc$과 $\bigcirc$의 공통범위야.

I 142 정답 ① ·············· 이차방정식의 근의 판별과 이차부등식

정답 공식: 이차방정식의 판별식 D에 대하여 허근을 가질 때 $D<0$, 실근을 가질 때 $D\geq 0$임을 이용한다.

> 다음 조건을 만족시키는 모든 정수 k의 개수는?
>
> (가) x에 대한 이차방정식 $x^2+kx+3k=0$이 서로 다른 두 허근을 갖는다. 단서 1 이차방정식의 판별식 $D<0$을 이용해야겠지?
> (나) x에 대한 이차방정식 $x^2-2(k-3)x+4k-7=0$이 실근을 갖는다. 단서 2 이차방정식의 판별식 $D\geq 0$을 이용해야겠지?
>
> ① 6   ② 7   ③ 8   ④ 9   ⑤ 10

1st 조건 (가)를 만족시키는 k의 값의 범위를 구해.

조건 (가)에서 이차방정식 $x^2+kx+3k=0$의 판별식을 D_1이라 하면 이차방정식이 허근을 가지므로 $D_1<0$이다.
$D_1=k^2-4\times 3k=k^2-12k=k(k-12)<0$
∴ $0<k<12$ ··· ㉠   이차부등식 $(x-\alpha)(x-\beta)<0$ $(\alpha<\beta)$의 해는 $\alpha<x<\beta$

2nd 조건 (나)를 만족시키는 k의 값의 범위를 구해.

조건 (나)에서 이차방정식 $x^2-2(k-3)x+4k-7=0$의 판별식을 D_2라 하면 이차방정식이 실근을 가지므로 $D_2\geq 0$이다.
$$\frac{D_2}{4}=(k-3)^2-(4k-7)$$ 서로 다른 두 실근을 가지면 (판별식)>0, 중근(서로 같은 두 실근)을 가지면 (판별식)=0
$$=k^2-6k+9-4k+7$$
$$=k^2-10k+16$$
$$=(k-2)(k-8)\geq 0$$ 이차부등식 $(x-\alpha)(x-\beta)\geq 0$ $(\alpha<\beta)$의 해는 $x\leq\alpha$ 또는 $x\geq\beta$
∴ $k\leq 2$ 또는 $k\geq 8$ ··· ㉡

3rd 모든 정수 k의 개수를 구해.

㉠, ㉡에서 k의 값의 공통 범위를 구하면
공통 범위를 수직선에 그려보면 쉽게 찾을 수 있어.
$0<k\leq 2$ 또는 $8\leq k<12$이다.
따라서 모든 정수 k의 개수는 1, 2, 8, 9, 10, 11로 6이다.

I 143 정답 ② ·············· 이차방정식의 근의 판별과 이차부등식

정답 공식: 이차방정식 $ax^2+bx+c=0$ $(a\neq 0)$의 두 근을 α, β라 하면
$\alpha+\beta=-\dfrac{b}{a}$, $\alpha\beta=\dfrac{c}{a}$

> 단서 1 이차방정식 $f(x)=0$의 판별식을 D라 하면 $D>0$이 성립해.
> 최고차항의 계수가 1인 이차함수 $f(x)$에 대하여 방정식 $f(x)=0$은 서로 다른 두 실근을 갖고, 두 근의 곱은 4이다. 방정식 $f(x)=-x+1$의 두 근의 차가 2일 때, $f(6)$의 값은?
> 단서 2 이차방정식의 근과 계수의 관계를 이용하여야겠지?
>
> ① 7   ② 10   ③ 13   ④ 16   ⑤ 19

1st 이차함수 $f(x)$에 관한 정보를 토대로 조건을 정리하자.

최고차항의 계수가 1인 이차함수 $f(x)$를
$f(x)=x^2+ax+b$라 하자.
이차방정식 $x^2+ax+b=0$에서 두 근의 곱이 4이므로 이차방정식의 근과 계수의 관계에 의하여 $b=4$
이차방정식 $ax^2+bx+c=0$ $(a\neq 0)$의 두 근을 α, β라 하면 $\alpha+\beta=-\dfrac{b}{a}$, $\alpha\beta=\dfrac{c}{a}$

이제 이차방정식 $x^2+ax+4=0$이 서로 다른 두 실근을 가지므로 판별식을 D라 하면
$D=a^2-4\times 4=a^2-16=(a+4)(a-4)>0$
양수 a에 대하여 이차부등식 $a(x-\alpha)(x-\beta)>0$ $(\alpha<\beta)$의 해는 $x<\alpha$ 또는 $x>\beta$
∴ $a<-4$ 또는 $a>4$ ··· ㉠

2nd 방정식 $f(x)=-x+1$에서 이차방정식의 근과 계수의 관계를 이용하자.

방정식 $f(x)=-x+1$, $x^2+ax+4=-x+1$,
$x^2+(a+1)x+3=0$의 두 근을 α, β라 하면
두 근의 차가 2이므로 α, $\alpha+2$로 둬도 돼.
이차방정식의 근과 계수의 관계에 의하여
$\alpha+\beta=-(a+1)$, $\alpha\beta=3$
$Q(x)=x^4+x^3-2x^2-x+1$이다.

3rd 두 근의 차가 2임을 이용하여 $f(x)$와 $f(6)$의 값을 구하자.

문제에서 $|\alpha-\beta|=2$이므로 양변을 제곱하면
$(\alpha-\beta)^2=4$ $\alpha^2-2\alpha\beta+\beta^2=(\alpha^2+2\alpha\beta+\beta^2)-4\alpha\beta$이므로 $(\alpha-\beta)^2=(\alpha+\beta)^2-4\alpha\beta$가 성립해.
$(\alpha+\beta)^2-4\alpha\beta=4$
위 식에 $\alpha+\beta=-(a+1)$, $\alpha\beta=3$을 대입하면
$\{-(a+1)\}^2-4\times 3=4$
$a^2+2a-15=0$
$(a+5)(a-3)=0$
∴ $a=-5$ 또는 $a=3$
㉠에 의하여 $a=-5$
따라서 $f(x)=x^2-5x+4$이므로
$f(6)=6^2-5\times 6+4=10$

I 144 정답 ② ·············· 이차방정식의 근의 판별과 이차부등식

정답 공식: 이차방정식의 판별식과 근과 계수의 관계를 이용하여 조건을 만족시키는 k의 값의 범위를 구한다.

> 단서 1 이차방정식의 판별식으로 서로 다른 두 실근을 갖게 되는 k의 값의 범위를 구해야 해.
> x에 대한 이차방정식 $x^2-2kx-k+20=0$이 서로 다른 두 실근 α, β를 가질 때, $\alpha\beta>0$을 만족시키는 모든 자연수 k의 개수는?
> 단서 2 두 근의 곱이니까 이차방정식의 근과 계수의 관계를 이용해!
>
> ① 14   ② 15   ③ 16   ④ 17   ⑤ 18

1st 이차방정식이 서로 다른 두 실근을 갖도록 k의 값의 범위를 구해.

이차방정식 $x^2-2kx-k+20=0$이 서로 다른 두 실근 α, β를 가지므로 이 이차방정식의 판별식을 D라 하면 $D>0$이어야 한다.
이차방정식 $ax^2+bx+c=0$의 판별식을 D라 하면 $D=b^2-4ac$이고 이차방정식 $ax^2+2b'x+c=0$의 판별식을 D라 하면 $\dfrac{D}{4}=(b')^2-ac$야.
이차방정식의 판별식 D에 대하여 이차방정식은 $D>0$이면 서로 다른 두 실근을, $D=0$이면 한 실근(중근)을, $D<0$이면 서로 다른 두 허근을 가져.
$$\frac{D}{4}=(-k)^2-1\times(-k+20)=k^2+k-20$$
$$=(k+5)(k-4)>0$$ 양수 a에 대하여 이차부등식 $a(x-\alpha)(x-\beta)>0$ $(\alpha<\beta)$의 해는 $x<\alpha$ 또는 $x>\beta$야.
∴ $k<-5$ 또는 $k>4$
그런데 k는 자연수이므로 $k>4$ ··· ㉠

2nd $\alpha\beta>0$을 만족시키는 k의 값의 범위를 구해.

이차방정식 $x^2-2kx-k+20=0$의 두 실근 α, β에 대하여 $\alpha\beta>0$이므로 이차방정식의 근과 계수의 관계에 의하여
이차방정식 $ax^2+bx+c=0$의 두 근을 α, β라 하면 $\alpha+\beta=-\dfrac{b}{a}$, $\alpha\beta=\dfrac{c}{a}$야.
$\alpha\beta=-k+20>0$에서 $k<20$ ··· ㉡

3rd 조건을 만족시키는 모든 자연수 k의 개수를 구해.

㉠, ㉡을 모두 만족시켜야 하므로 $4<k<20$ 이것을 만족시키는 자연수 k의 개수는 $20-4-1=15$야.
따라서 조건을 만족시키는 모든 자연수 k의 개수는 5, 6, 7, ···, 19로 15이다.

이차방정식 $x^2-2kx-k+20=0$이 서로 다른 두 실근 α, β를 가지고 $\alpha\beta>0$이므로 $f(x)=x^2-2kx-k+20$이라 하면 이차함수 $y=f(x)$의 그래프의 개형은 그림과 같아야 해. ㄴ 두 실근 α, β의 부호가 같다는 거야. 즉, $\alpha<0$, $\beta<0$ 또는 $\alpha>0$, $\beta>0$이라는 거야.

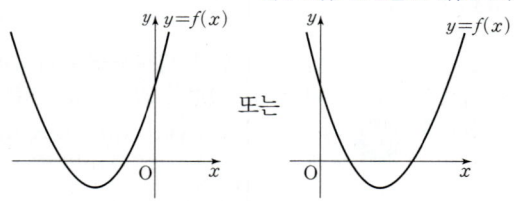
또는

즉, 함수 $f(x)$의 최솟값은 0보다 작고 $f(0)>0$이어야 해.
ㄴ 최솟값이 0보다 작아야 함수 $y=f(x)$의 그래프가 x축과 두 점에서 만나. ㄴ $f(0)>0$이어야 두 실근 α, β의 곱이 양수가 돼.

(i) $f(x)=x^2-2kx-k+20=(x-k)^2-k^2-k+20$이므로
함수 $f(x)$의 최솟값은 $x=k$일 때 $-k^2-k+20$이야.
즉, $-k^2-k+20<0$에서 $k^2+k-20>0$
$(k+5)(k-4)>0$ ∴ $k>4$ (∵ k는 자연수)
(ii) $f(0)=-k+20>0$에서 $k<20$
(i), (ii)에 의하여 주어진 조건을 만족시키는 자연수 k의 값의 범위는
$4<k<20$이야.
(이하 동일)

I 145 정답 ③ ·············· 이차방정식의 근의 판별과 이차부등식

【 정답 공식: 이차방정식의 판별식 D에 대하여 $D<0$이면 서로 다른 두 허근을 가진다. 】

x에 대한 삼차방정식
$$x^3+(a-1)x^2+ax-2a=0$$
이 한 실근과 서로 다른 두 허근을 갖도록 하는 정수 a의 개수는? 단서 조립제법을 이용하여 삼차방정식의 좌변을 인수분해하면 주어진 삼차방정식은 (일차식)×(이차식)=0 꼴이 될 거야. 이때, (이차식)=0의 해가 서로 다른 두 허근을 가질 조건을 생각하면 돼.

① 5 ② 6 ③ 7
④ 8 ⑤ 9

1st 주어진 삼차방정식의 좌변을 인수분해하자.
$f(x)=x^3+(a-1)x^2+ax-2a$라 하면
$f(1)=0$이므로 조립제법을 이용하여 인수분해하면
$f(1)=1^3+(a-1)\times1^2+a\times1-2a$
$\quad=1+a-1+a-2a=0$

$$\begin{array}{r|rrrr} 1 & 1 & a-1 & a & -2a \\ & & 1 & a & 2a \\ \hline & 1 & a & 2a & 0 \end{array}$$

∴ $f(x)=(x-1)(x^2+ax+2a)$

2nd 주어진 삼차방정식이 한 실근과 서로 다른 두 허근을 갖도록 하는 a의 값의 범위를 구하자.
삼차방정식 $(x-1)(x^2+ax+2a)=0$이 한 실근과 서로 다른 두 허근을 가지려면 이차방정식 $x^2+ax+2a=0$이 서로 다른 두 허근을 가져야 한다.
이차방정식 $x^2+ax+2a=0$의 판별식을 D라 하면
$D=a^2-4\times2a<0$
$a^2-8a<0$, $a(a-8)<0$
∴ $0<a<8$
따라서 조건을 만족시키는 정수 a는 1, 2, 3, 4, 5, 6, 7이므로 정수 a의 개수는 7이다.
두 정수 a, b에 대하여 부등식을 만족시키는 정수 x의 개수
① $a<x<b \Rightarrow b-a-1$(개)
② $a\leq x<b$ 또는 $a<x\leq b \Rightarrow b-a$(개)
③ $a\leq x\leq b \Rightarrow b-a+1$(개)

I 146 정답 ② ·············· 이차방정식의 근의 판별과 이차부등식

【 정답 공식: 두 이차방정식의 근의 조건을 이용해 판별식에 대한 부등식을 두 개 구하고, 이를 모두 만족시키는 m의 값의 범위를 구한다. 】

이차방정식 $x^2+2\sqrt{2}x-m(m+1)=0$은 실근을 갖고,
이차방정식 $x^2-(m-2)x+4=0$은 허근을 갖도록 하는 실수 m의 값의 범위는? 단서 이차방정식의 판별식 D에 대하여 $D\geq0$이면 실근을, $D<0$이면 서로 다른 두 허근을 가져.

① $-3\leq m<4$ ② $-2<m<6$
③ $0<m\leq7$ ④ $1<m<8$
⑤ $2\leq m<9$

1st 이차방정식이 실근을 가질 조건을 이용하자.
이차방정식 $x^2+2\sqrt{2}x-m(m+1)=0$이 실근을 가지므로 이 이차방정식의 판별식을 D_1이라 하면
$\dfrac{D_1}{4}=(\sqrt{2})^2+m(m+1)\geq0$
실수 '서로 다른 실근'이 아니라 '실근'을 갖는다고 했으므로 판별식 D에 대하여 $D>0$이 아니라 $D\geq0$이야.
$m^2+m+2\geq0$, $\left(m+\dfrac{1}{2}\right)^2+\dfrac{7}{4}\geq0$
$m^2+m+2\geq0$에서
$\left(m^2+m+\dfrac{1}{4}\right)-\dfrac{1}{4}+2\geq0$, $\left(m+\dfrac{1}{2}\right)^2+\dfrac{7}{4}\geq0$
이 부등식은 모든 실수 m에 대하여 성립하므로
이차방정식 $x^2+2\sqrt{2}x-m(m+1)=0$은 m의 값에 관계없이 항상 실근을 갖는다. … ㉠

2nd 이차방정식이 허근을 가질 조건을 이용하자.
이차방정식 $x^2-(m-2)x+4=0$이 허근을 가지므로 이 이차방정식의 판별식을 D_2라 하면
$D_2=(m-2)^2-16<0$
$m^2-4m-12<0$, $(m+2)(m-6)<0$
$(m-2)^2-16<0$에서
$m^2-4m+4-16<0$, $m^2-4m-12<0$
∴ $-2<m<6$ … ㉡
따라서 ㉠, ㉡을 동시에 만족시키는 실수 m의 값의 범위는
$-2<m<6$

I 147 정답 $-2\leq a\leq\dfrac{4}{3}$ ···· 이차방정식의 근의 판별과 이차부등식

【 정답 공식: 이차방정식의 판별식 D가 모든 실수 k에 대해 $D\geq0$이다. 】

단서 실근을 가질 조건은 $D\geq0$이고, D를 실수 k에 대한 식으로 변형하여 구하자.
이차방정식 $x^2-(k+2)x-k^2-3ak-4=0$이 실수 k의 값에 관계없이 항상 실근을 가질 때, 실수 a의 값의 범위를 구하시오.

1st 이차방정식의 판별식을 구해야겠지?
이차방정식 $x^2-(k+2)x-k^2-3ak-4=0$이 실근을 가지므로 판별식을 D_1이라고 하면
$D_1=\{-(k+2)\}^2-4\cdot1\cdot(-k^2-3ak-4)\geq0$
$5k^2+4(3a+1)k+20\geq0$ … ㉠
서로 다른 두 실근을 가질 조건과 혼동하지마. 중근을 가져도 실근을 가지는 거니까 등호가 들어가서 $D\geq0$이 되는 거야.

2nd k에 대한 이차부등식이 항상 성립하기 위한 조건을 찾아.
이때, ㉠이 실수 k의 값에 관계없이 항상 성립하여야 하므로 k에 대한 이차방정식 $5k^2+4(3a+1)k+20=0$의 판별식을 D_2라고 하면
$\dfrac{D_2}{4}=\{2(3a+1)\}^2-5\cdot20\leq0$
모든 실수 k에 대하여 ㉠이 성립해야 한다는 거야.
$3a^2+2a-8\leq0$
$(a+2)(3a-4)\leq0$
∴ $-2\leq a\leq\dfrac{4}{3}$
실수 판별식을 두 번 적용하여 문제를 풀어야 해. 헷갈리지 않도록 주의해.

정답 ⑤ ·············· 이차방정식의 근의 판별과 이차부등식

정답 공식: 이차방정식 $ax^2+bx+c=0$에서 $D=b^2-4ac<0$이면 이 이차방정식은 서로 다른 두 허근을 가진다.

다음은 x에 대한 방정식

$$(x^2+ax+a)(x^2+x+a)=0$$

의 근 중 서로 다른 허근의 개수가 2이기 위한 실수 a의 값의 범위를 구하는 과정이다.

(1) $a=1$인 경우

주어진 방정식은 $(x^2+x+1)^2=0$이다.

이때, 방정식 $x^2+x+1=0$의 근은

$$x=\frac{-1\pm\sqrt{\boxed{(가)}}\,i}{2}\quad(단, i=\sqrt{-1})이므로$$

방정식 $(x^2+x+1)^2=0$의 서로 다른 허근의 개수는 2이다. 단서 1 근의 공식을 바로 적용하자.

(2) $a\neq1$인 경우

방정식 $x^2+ax+a=0$의 근은

$$x=\frac{-a\pm\sqrt{\boxed{(나)}}}{2}이다.$$

(i) $\boxed{(나)}<0$일 때, 방정식 $x^2+x+a=0$은 실근을 가져야 하므로 실수 a의 값의 범위는

$$0<a\le\frac{1}{4}$$

이다.

(ii) $\boxed{(나)}\ge0$일 때, 방정식 $x^2+x+a=0$은 허근을 가져야 하므로 실수 a의 값의 범위는

$$a\ge\boxed{(다)}$$

이다.

따라서 (1)과 (2)에 의하여 방정식 단서 2 두 조건을 동시에 만족시키는 범위를 찾자.

$$(x^2+ax+a)(x^2+x+a)=0$$

의 근 중 서로 다른 허근의 개수가 2이기 위한 실수 a의 값의 범위는

$$0<a\le\frac{1}{4}\ 또는\ a=1\ 또는\ a\ge\boxed{(다)}$$

이다.

위의 (가), (다)에 알맞은 수를 각각 p, q라 하고, (나)에 알맞은 식을 $f(a)$라 할 때, $p+q+f(5)$의 값은?

① 8   ② 9   ③ 10
④ 11   ⑤ 12

1st $a=1$인 경우, 사차방정식의 서로 다른 허근의 개수를 구하자.

(1) $a=1$인 경우

주어진 방정식은

$(x^2+x+1)(x^2+x+1)=0$, 즉 $(x^2+x+1)^2=0$이다.

이때, 방정식 $x^2+x+1=0$의 근은

$$x=\frac{-1\pm\sqrt{1-4}}{2}=\frac{-1\pm\sqrt{\overset{(가)}{3}}\,i}{2}\quad(단, i=\sqrt{-1})이므로$$

방정식 $(x^2+x+1)^2=0$의 서로 다른 허근의 개수는 2이다.

2nd $a\neq1$인 경우, 사차방정식의 서로 다른 허근의 개수를 구하자.

(2) $a\neq1$인 경우

주어진 방정식은 $(x^2+ax+a)(x^2+x+a)=0$이다.

방정식 $x^2+ax+a=0$의 근은

$$x=\frac{-a\pm\sqrt{\overset{(나)}{a^2-4a}}}{2}$$

(i) $a^2-4a<0$, 즉 $0<a<4$ … ㉠일 때, 방정식 $x^2+ax+a=0$은 서로 다른 두 허근을 가지므로 방정식 $x^2+x+a=0$은 실근을 가져야 한다.

실수 방정식 $x^2+ax+a=0$이 서로 다른 두 허근을 가지니까 방정식 $x^2+x+a=0$이 허근을 더 가지게 되면 사차방정식의 허근이 2개를 넘게 돼.

즉, 이차방정식 $x^2+x+a=0$의 판별식 D에 대하여

$$D=1-4a\ge0\qquad\therefore a\le\frac{1}{4}\ \cdots\ ㉡$$

㉠, ㉡을 동시에 만족하는 a의 값의 범위는 $0<a\le\frac{1}{4}$

(ii) $a^2-4a\ge0$, 즉 $x\le0$ 또는 $x\ge4$ … ㉢일 때, 방정식 $x^2+ax+a=0$은 실근을 가지므로 방정식 $x^2+x+a=0$은 서로 다른 두 허근을 가져야 한다. 방정식 $x^2+ax+a=0$이 실근을 가지면 방정식 $x^2+x+a=0$이 서로 다른 2개의 허근을 가져야 사차방정식이 서로 다른 2개의 허근을 가지게 돼.

$$D=1-4a<0\qquad\therefore a>\frac{1}{4}\ \cdots\ ㉣$$

㉢, ㉣을 동시에 만족하는 a의 값의 범위는 $a\ge4$ ←$\overset{(다)}{}$

따라서 (1)과 (2)에 의하여 방정식

$(x^2+ax+a)(x^2+x+a)=0$

의 근 중 서로 다른 허근의 개수가 2이기 위한 실수 a의 값의 범위는

$$0<a\le\frac{1}{4}\ 또는\ a=1\ 또는\ a\ge4$$

즉, $p=3$, $q=4$이고 $f(a)=a^2-4a$이므로

$$p+q+f(5)=3+4+(5^2-4\times5)=12$$

정답 29 ············· 이차방정식의 근의 판별과 이차부등식

정답 공식: $x+y$, xy를 구하고, x, y를 두 근으로 가지는 이차방정식의 판별식 $D\ge0$임을 이용하여 k의 범위를 구한다.

x, y에 대한 연립방정식

$$\begin{cases} xy+3(x+y)=0 \\ xy-3(x+y)=k-9 \end{cases}$$

단서 두 식을 연립해서 xy, $x+y$를 k에 대한 식으로 정리하여 x, y를 두 근으로 하는 이차방정식을 세우자.

를 만족시키는 실수인 x, y가 존재하도록 하는 100 이하의 자연수 k의 개수를 구하시오.

1st 두 식을 연립해서 xy와 $x+y$를 구하자.

$$\begin{cases} xy+3(x+y)=0 & \cdots\ ㉠ \\ xy-3(x+y)=k-9 & \cdots\ ㉡ \end{cases}$$ 라 하자.

함정 x, y 각각의 값을 구할 수 없으므로 xy, $x+y$의 관계를 얻을 수 있도록 해야 해.

㉠－㉡, ㉠＋㉡을 각각 계산하면

$$x+y=-\frac{k-9}{6},\ xy=\frac{k-9}{2}\ \cdots\ ㉢$$

2nd 근과 계수의 관계를 이용하여 두 근의 합과 곱을 알고 있는 경우의 이차방정식을 생각하자.

x, y를 두 근으로 하는 t에 대한 이차방정식은

$$t^2+\frac{k-9}{6}t+\frac{k-9}{2}=0$$ α, β를 두 근으로 하는 이차항의 계수가 1인 이차방정식은 $t^2-(\alpha+\beta)t+\alpha\beta=0$이야.

$$\therefore 6t^2+(k-9)t+3(k-9)=0$$

실수 x, y가 존재하므로 이 이차방정식의 판별식을 D라 하면 $D \geq 0$을
만족한다. 즉,
$D = (k-9)^2 - 72(k-9) \geq 0$에서 ← 실수 x, y가 존재
$\Leftrightarrow$ 이차방정식 $6t^2 + (k-9)t + 3(k-9) = 0$
$(k-9)\{(k-9) - 72\} \geq 0$ 의 실근이 존재
$(k-9)(k-81) \geq 0$
$\therefore k \leq 9$ 또는 $k \geq 81$
따라서 100 이하의 자연수 k는 1, 2, $\cdots$, 9의 9개와 $\underline{81, 82, \cdots, 100}$의
20개로 총 $9 + 20 = 29$(개)이다. 　　　　　$100 - 81 + 1 = 20$(개)

I 150 　정답 ① ┈┈┈┈┈┈┈┈ 이차방정식의 실근의 부호

[**정답 공식:** 이차방정식의 두 근 α, β가 모두 음수이면 판별식 $D \geq 0$, $\alpha + \beta < 0$, $\alpha\beta > 0$이다.]

이차방정식 $x^2 - (a-2)x + a + 1 = 0$의 두 근이 모두 음수가
되도록 하는 실수 a의 값의 범위는? [단서] 두 근이 모두 음수라고 했으니까 실근을 가진다는 것이고, 두 근의 합과 곱도 부호를 알 수 있어.

　① $-1 < a \leq 0$　　② $-1 < a < 2$　　③ $0 < a < 2$
　④ $2 < a \leq 8$　　⑤ $a \leq 0$ 또는 $a \geq 8$

1st 판별식이 0 이상, 두 근의 합이 음수, 두 근의 곱이 양수가 되게 하는 공통범
위를 찾아보자.

$x^2 - (a-2)x + a + 1 = 0$이 실근을 가지려면 $D \geq 0$, 두 근의 합은 음수,
곱은 양수인 조건을 만족해야 한다. [함정] '두 근이 모두 음수'라는 조건을 통해 주어진 이차방정식의 두 근에 관한 조건을 모두 찾아낼 수 있어야 해.
(i) $D = (a-2)^2 - 4(a+1) \geq 0$
　$a^2 - 8a \geq 0$, $a(a-8) \geq 0$
　$\therefore a \leq 0$ 또는 $a \geq 8$ $\cdots$ ㉠
(ii) 주어진 이차방정식의 두 근을 α, β라 하면
　(두 근의 합) < 0이므로 → 두 근이 모두 음수니까 $\alpha < 0$, $\beta < 0 \Rightarrow \alpha + \beta < 0$, $\alpha\beta > 0$
　$\alpha + \beta = a - 2 < 0$
　$\therefore a < 2$ $\cdots$ ㉡
(iii) (두 근의 곱) > 0이므로
　$\alpha\beta = a + 1 > 0$
　$\therefore a > -1$ $\cdots$ ㉢
(i), (ii), (iii)에서 구하는
a의 값의 범위는
$-1 < a \leq 0$

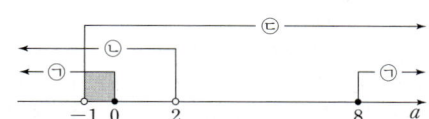

🔷 **다른 풀이:** 그래프로 조건을 만족시키는 실수 a의 값의 범위 구하기

$f(x) = x^2 - (a-2)x + a + 1$

$= \left(x - \dfrac{a-2}{2}\right)^2 + \dfrac{-a^2 + 8a}{4}$

라 할 때, 방정식 $f(x) = 0$의 두 근이
모두 음수이려면
(i) 축이 y축의 왼쪽에 존재해야 하므로
$\dfrac{a-2}{2} < 0$에서 $a < 2$

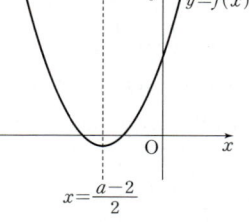

(ii) $f(x)$의 최솟값이 0보다 작거나 같아야 하므로 $\dfrac{-a^2 + 8a}{4} \leq 0$에서

$a^2 - 8a \geq 0$, $a(a-8) \geq 0$
$\therefore a \leq 0$ 또는 $a \geq 8$
(iii) y절편이 0보다 커야 하므로 $a + 1 > 0$에서 $a > -1$
(i)~(iii)에 의하여 조건을 만족시키는 실수 a의 값의 범위는
$-1 < a \leq 0$이야.

I 151 　정답 ② ┈┈┈┈┈┈┈┈ 이차방정식의 실근의 부호

[**정답 공식:** 이차방정식의 두 근 α, β가 모두 양수이면 판별식 $D \geq 0$, $\alpha + \beta > 0$, $\alpha\beta > 0$이다.]

[단서] 두 근 α, β가 모두 양수이면 $D \geq 0$, $\alpha + \beta > 0$, $\alpha\beta > 0$이 성립해.
이차방정식 $x^2 - 6x + k + 3 = 0$의 두 근이 모두 양수가 되도록
하는 실수 k의 값의 범위는?

　① $k < -3$　　　　　　　② $-3 < k \leq 6$
　③ $k \geq 6$　　　　　　　④ $k \leq 6$
　⑤ $k < -3$ 또는 $k \geq 6$

1st 판별식이 0 이상, 두 근의 합과 두 근의 곱이 모두 양수가 되게 하는 공통범
위를 찾아.

$x^2 - 6x + k + 3 = 0$의 판별식을 D, 두 근을 α, β라고 하면 두 근이 모두
양수이므로 [함정] '양수', '음수'는 실수에서만 판정할 수 있어. 즉, 두 근이 실수인 조건도 잊으면 안 돼.
(i) $\dfrac{D}{4} = (-3)^2 - (k+3) \geq 0$

　$\therefore k \leq 6$
(ii) $\alpha + \beta = 6 > 0$ 양수끼리의 합은 양수지?
(iii) $\overline{\alpha\beta = k + 3 > 0}$　$\therefore k > -3$
　양수끼리의 곱도 양수야.
(i), (ii)의 공통범위를 구하면
$-3 < k \leq 6$

I 152 　정답 ⑤ ┈┈┈┈┈┈┈┈ 이차방정식의 실근의 부호

[**정답 공식:** 이차방정식의 두 근의 합은 0이고 두 근의 곱은 음수이다.]

[단서] $\alpha + \beta = 0$, $\alpha\beta < 0$이 성립되는 이차방정식이야.
x에 대한 이차방정식 $x^2 + (a^2 - a - 6)x - a - 1 = 0$의 두 실근
의 절댓값이 같고 부호가 서로 다를 때, 상수 a의 값은?

　① -2　　　　② -1　　　　③ 1
　④ 2　　　　　⑤ 3

1st 두 근의 합이 0, 두 근의 곱이 음수일 조건을 찾아봐.
$x^2 + (a^2 - a - 6)x - a - 1 = 0$의 두 근을 α, β라 하면 α, β의 절댓값이
같고 부호가 다르므로 $\alpha + \beta = 0$, $\alpha\beta < 0$　즉, $\beta = -\alpha$라고 보면 돼.
(i) $\alpha + \beta = -(a^2 - a - 6) = -(a+2)(a-3) = 0$에서
　$a = -2$ 또는 $a = 3$
(ii) $\alpha\beta = -a - 1 < 0$에서 $a > -1$
(i), (ii)에서 $a = 3$

🌸 **이차방정식의 실근의 부호** 　　　　　　개념·공식

이차방정식 $ax^2 + bx + c = 0$의 판별식을 D, 두 근을 α, β라 할 때
① 두 근이 모두 양 : $D \geq 0$, $\alpha + \beta > 0$, $\alpha\beta > 0$
② 두 근이 모두 음 : $D \geq 0$, $\alpha + \beta < 0$, $\alpha\beta > 0$
③ 두 근의 부호가 다를 때 : $\alpha\beta < 0$

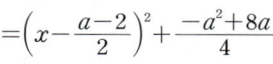

I 153 정답 ② ·· 이차방정식의 실근의 부호

> **정답 공식:** 이차방정식의 판별식 D에 대하여 이차방정식은 $D>0$이면 서로 다른 두 실근을, $D=0$이면 한 실근(중근)을, $D<0$이면 실근을 갖지 않는다.

그림과 같이 빗변의 길이가 c이고 둘레의 길이가 10인 직각삼각형 ABC가 있다.
다음은 직각삼각형 ABC의 빗변의 길이 c의 범위를 구하는 과정이다.

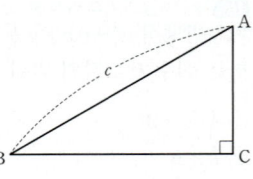

> $\overline{BC}=a$, $\overline{CA}=b$라 하면
> 삼각형 ABC의 둘레의 길이가 10이고 $\overline{AB}=c$이므로
> $a+b=$ (가) $\cdots \bigcirc$ **[단서 1]** 직각삼각형 ABC에서 피타고라스 정리를 적용한 거야.
> 이다. 삼각형 ABC가 직각삼각형이므로
> $a^2+b^2=c^2$에서 $(a+b)^2-2ab=c^2 \cdots \bigcirc$
> 이다. $\bigcirc$을 $\bigcirc$에 대입하면 $ab=$ (나) 이다.
> a, b를 두 실근으로 가지고 이차항의 계수가 1인 x에 대한 이차방정식은 $x^2-($ (가) $)x+$ (나) $=0 \cdots \bigcirc$ **[단서 2]** 근과 계수의 관계를 이용하여 이차방정식을 세운 거야.
> 이고 $\bigcirc$의 판별식 $D \geq 0$이다.
> **[단서 3]** 세운 이차방정식의 두 근이 a, b인데 $a=b$일 수도 있고, $a \neq b$일 수도 있으니까 중근을 갖거나, 서로 다른 두 실근을 가져. 즉, 판별식 D에 대하여 $D \geq 0$이야.
> 빗변의 길이 c는 양수이므로 부등식 $D \geq 0$의 해를 구하면 $c \geq$ (다) 이다.
> $\bigcirc$의 두 실근 a, b는 모두 양수이므로 두 근의 합 (가) 와 곱 (나) 는 모두 양수이다.
> 따라서 빗변의 길이 c의 범위는 (다) $\leq c<5$이다.

위의 (가), (나)에 알맞은 식을 각각 $f(c)$, $g(c)$라 하고 (다)에 알맞은 수를 k라 할 때, $\dfrac{k}{25} \times f\left(\dfrac{9}{2}\right) \times g\left(\dfrac{9}{2}\right)$의 값은?

① $10(\sqrt{2}-1)$ ② $11(\sqrt{2}-1)$ ③ $12(\sqrt{2}-1)$
④ $10(\sqrt{2}+1)$ ⑤ $11(\sqrt{2}+1)$

[1st] 두 변 BC, CA의 길이 사이의 관계식을 찾아.
$\overline{BC}=a$, $\overline{CA}=b$라 하면 삼각형 ABC의 둘레의 길이가 10이고 $\overline{AB}=c$이므로 $a+b+c=10$에서 $a+b=$ $\underbrace{10-c}_{\text{(가)}}$ $\cdots \bigcirc$이다.

삼각형 ABC가 직각삼각형이므로 피타고라스 정리에 의하여
$\overline{BC}^2+\overline{CA}^2=\overline{AB}^2$에서 $a^2+b^2=c^2$ $\therefore (a+b)^2-2ab=c^2 \cdots \bigcirc$
$\bigcirc$을 $\bigcirc$에 대입하면 $(10-c)^2-2ab=c^2$에서
$2ab=(10-c)^2-c^2=(100-20c+c^2)-c^2=100-20c$
$\therefore ab=$ $\underbrace{50-10c}_{\text{(나)}}$

[2nd] 삼각형 ABC의 빗변의 길이 c의 범위를 구해.
a, b를 두 실근으로 가지고 이차항의 계수가 1인 x에 대한 이차방정식은 $x^2-(10-c)x+50-10c=0 \cdots \bigcirc$이고 $\bigcirc$의 판별식 $D \geq 0$이다. 이때,
α, β를 두 근으로 하고 이차항의 계수가 1인 이차방정식은 $(x-\alpha)(x-\beta)=x^2-(\alpha+\beta)x+\alpha\beta=0$이야.
$D=\{-(10-c)\}^2-4 \times 1 \times (50-10c)$
$\quad =100-20c+c^2-200+40c=c^2+20c-100$
이므로 $c^2+20c-100 \geq 0$에서
$c \leq -10-10\sqrt{2}$ 또는 $c \geq -10+10\sqrt{2}$이다.
c에 대한 이차방정식 $c^2+20c-100=0$에서 이차방정식의 짝수 근의 공식에 의하여
$c=\dfrac{-10 \pm \sqrt{10^2-1 \times (-100)}}{1}=-10 \pm \sqrt{200}=-10 \pm 10\sqrt{2}$

그런데 빗변의 길이 c는 양수이므로
$c \geq$ $\underbrace{-10+10\sqrt{2}}_{\text{(다)}}$ $\cdots$ ⓔ
한편, ⓔ의 두 실근 a, b는 모두 양수이므로 두 근의 합 $a+b=10-c$와 두 근의 곱 $ab=50-10c$는 모두 양수이다.
즉, $10-c>0$에서 $c<10 \cdots$ ⓜ, $50-10c>0$에서 $c<5 \cdots$ ⓗ이므로 ⓔ, ⓜ, ⓗ에 의하여 빗변의 길이 c의 범위는
$-10+10\sqrt{2} \leq c<5$이다.

[3rd] $\dfrac{k}{25} \times f\left(\dfrac{9}{2}\right) \times g\left(\dfrac{9}{2}\right)$의 값을 구해.
따라서 $f(c)=10-c$, $g(c)=50-10c$, $k=-10+10\sqrt{2}$이므로
$f\left(\dfrac{9}{2}\right)=10-\dfrac{9}{2}=\dfrac{11}{2}$, $g\left(\dfrac{9}{2}\right)=50-10 \times \dfrac{9}{2}=50-45=5$
$\therefore \dfrac{k}{25} \times f\left(\dfrac{9}{2}\right) \times g\left(\dfrac{9}{2}\right)=\dfrac{-10+10\sqrt{2}}{25} \times \dfrac{11}{2} \times 5$
$\qquad\qquad\qquad\qquad\qquad =11(\sqrt{2}-1)$

I 154 정답 ③ ·· 이차방정식의 실근의 부호

> **정답 공식:** 이차방정식의 두 근의 합과 곱이 모두 음수이다.

[단서] 조건을 만족하려면 (두 근의 곱)<0, (두 근의 합)<0이어야 해.

이차방정식 $x^2+(k+2)x+k-7=0$의 두 근의 부호가 서로 다르고 음수인 근의 절댓값이 양수인 근보다 크도록 하는 정수 k의 개수는?

① 6   ② 7   ③ 8
④ 9   ⑤ 10

[1st] 두 근의 합과 곱이 모두 음수겠지?
$x^2+(k+2)x+k-7=0$의 두 근을 α, β라고 하면
두 근의 부호가 서로 다르므로   두 근의 부호가 서로 다르고 절댓값의 크기를 따지므로 서로 다른 두 실근을 가져.
$\alpha\beta=k-7<0$
$\therefore k<7 \cdots \bigcirc$
또, 음수인 근의 절댓값이 양수인 근보다 크므로
$\alpha+\beta=-(k+2)<0$ 만약 α가 음수이고, β가 양수라고 한다면 $|\alpha|>|\beta|$이니까
$\therefore k>-2 \cdots \bigcirc$ $\alpha+\beta<0$이 되는 거야.
$\bigcirc$, $\bigcirc$의 공통범위를 구하면
$-2<k<7$
따라서 정수 k는 -1, 0, 1, 2, 3, 4, 5, 6의 8개이다.

🔖 다른 풀이: 그래프로 조건을 만족시키는 정수 k의 값 구하기
$f(x)=x^2+(k+2)x+k-7$
$\quad =\left(x+\dfrac{k+2}{2}\right)^2-\dfrac{k^2+32}{4}$
라 할 때, 이차방정식 $f(x)=0$의 음수인 근을 α, 양수인 근을 β라 하면 함수 $y=f(x)$의 그래프는 그림과 같아야 해.
(i) 축이 y축의 왼쪽에 있어야 하므로
$\quad -\dfrac{k+2}{2}<0$에서 $k+2>0$
$\quad \therefore k>-2$
(ii) y절편은 0보다 작아야 하므로 $k-7<0$에서 $k<7$
이차항의 계수가 양수인 이차함수 $f(x)$에 대하여 함수 $y=f(x)$의 그래프의 y절편이 음수이면 이 그래프는 x축과 두 점에서 만나. 따라서 이 문제에서는 판별식을 따져줄 필요는 없어.
(i), (ii)에 의하여 조건을 만족시키는 k의 값이 범위는
$-2<k<7$이야.
(이하 동일)

I 155 정답 ② ·············· 이차방정식의 실근의 부호

정답 공식: 이차방정식의 근의 부호에 대한 조건이 주어지면 판별식, 두 근의 합, 두 근의 곱 등의 부호를 확인한다.

이차방정식 $x^2-2mx-3m-8=0$의 두 근 중 적어도 하나는 양의 실수가 되도록 하는 정수 m의 최솟값을 k라 할 때, k^2의 값은? **단서** 두 근 중 하나만 양의 실수인 경우와 두 근이 모두 양의 실수인 경우로 나누어 생각할 수 있어.

① 1 　　② 4 　　③ 9
④ 16 　　⑤ 25

1st 이차방정식의 두 근 중 적어도 하나가 양의 실수인 경우를 확인하자.

이차방정식의 두 근 중 적어도 하나가 양의 실수이면 두 근 중 하나만 양의 실수이거나 두 근이 모두 양의 실수이다.

(i) 두 근 중 하나만 양의 실수인 경우
나머지 한 근은 음수여야 하므로
(두 근의 곱)<0에서

$$-3m-8<0 \quad \therefore m>-\frac{8}{3}$$

> **실수** 두 근 중 하나는 양수, 나머지는 0이라 하자.
> 이차방정식 $x^2-2mx-3m-8=0$에 $x=0$을 대입하면
> $-3m-8=0 \quad \therefore m=-\frac{8}{3}$
> 그런데 이차방정식의 근과 계수의 관계에 의하여 (두 근의 합)$=m>0$이어야 하므로 모순이야.
> 따라서 두 근 중 하나가 양수이면 하나는 음수여야 해.

(ii) 두 근이 모두 양의 실수인 경우
　ⅰ) 이차방정식
　　$x^2-2mx-3m-8=0$의
　　판별식을 D라 하면
$$\frac{D}{4}=m^2+3m+8\geq0$$
$$\left(m+\frac{3}{2}\right)^2+\frac{23}{4}\geq0 \quad {\scriptstyle m^2+3m+8\geq0에서 \atop \scriptstyle (m^2+3m+\frac{9}{4})-\frac{9}{4}+8\geq0, \left(m+\frac{3}{2}\right)^2+\frac{23}{4}\geq0}$$

이 부등식은 모든 실수 m에 대하여 성립하므로 이차방정식 $x^2-2mx-3m-8=0$은 m의 값에 관계없이 항상 실근을 갖는다.

　ⅱ) (두 근의 합)>0
　　$2m>0 \quad \therefore m>0$
　ⅲ) (두 근의 곱)>0
　　$-3m-8>0 \quad \therefore m<-\frac{8}{3}$

ⅰ)~ⅲ)에서 두 근이 모두 양의 실수가 되도록 하는 실수 m은 존재하지 않는다.

(i), (ii)에서 $m>-\frac{8}{3}$ {\scriptstyle (ii)의 경우를 만족시키는 실수 m이 존재하지 않으므로 주어진 이차방정식의 두 근 중 하나가 적어도 양의 실수이면 (i)의 경우만 된다는 거야.}

따라서 두 근 중 적어도 하나는 양의 실수가 되도록 하는 정수 m의 최솟값은 $k=-2$이므로
$k^2=(-2)^2=4$

다른 풀이: 두 근이 모두 양의 실수가 아닌 경우를 구하기

$f(x)=x^2-2mx-3m-8$이라 하자.
이차방정식 $f(x)=0$의 판별식을 D라 하면
$$\frac{D}{4}=m^2+3m+8=\left(m+\frac{3}{2}\right)^2+\frac{23}{4}>0$$이므로 m의 값에 관계없이
이차방정식 $f(x)=0$은 항상 서로 다른 두 실근을 가져.
이때, 이차방정식 $f(x)=0$의 두 실근이 모두 0 이하가 되려면
(i) (두 근의 합)≤0에서
　$2m\leq0 \quad \therefore m\leq0$
(ii) (두 근의 곱)≥0에서
　$-3m-8\geq0 \quad \therefore m\leq-\frac{8}{3}$

(i), (ii)에서 $m\leq-\frac{8}{3}$

따라서 두 근 중 적어도 하나는 양의 실수가 되려면 $m>-\frac{8}{3}$
(이하 동일) {\scriptstyle 실수 m의 값 전체에서 두 근이 모두 0 이하가 되도록 하는 m의 값의 경우를 빼면 두 근 중 적어도 하나는 양의 실수가 되도록 하는 경우가 돼.}

I 156 정답 ④ ·············· 이차방정식의 근의 분리

정답 공식: 판별식 $D\geq0$, (함수 $f(x)$의 축)>1, $f(1)>0$이다.

> **단서** $f(x)=x^2-2kx+3k+4$라 놓으면 이차방정식이 두 실근을 가지므로 $D\geq0$, 축 $x=m$에서 m이 1보다 커야 하고, $f(1)>0$이어야 해.

이차방정식 $x^2-2kx+3k+4=0$의 두 근이 모두 1보다 크도록 하는 실수 k의 값의 범위는?

① $-1\leq k\leq4$ 　② $-5\leq k\leq-1$ 　③ $k>-5$
④ $k\geq4$ 　⑤ $-5<k\leq4$

1st 이차방정식이 두 실근을 가지고, $x=1$에서의 함숫값이 양수이고, 이차방정식의 축이 1보다 큰 조건을 모두 따져보자. {\scriptstyle 실수 문제의 조건을 만족시키는 이차함수의 그래프를 그려봐.}

$f(x)=x^2-2kx+3k+4=0$이라 하면
(i) 두 실근을 가지려면 $D\geq0$이어야 하므로
$$\frac{D}{4}=k^2-(3k+4)\geq0 \quad {\scriptstyle '서로 다른 두 실근'이 아니므로 \atop \scriptstyle 판별식 D\geq0에 등호를 빼놓지 마.}$$
$k^2-3k-4\geq0, (k+1)(k-4)\geq0$
$\therefore k\leq-1$ 또는 $k\geq4 \cdots$ ㉠

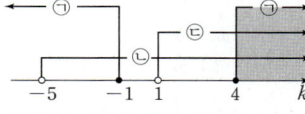

(ii) 함숫값 $f(1)>0$이어야 하므로
　$f(1)=1-2k+3k+4>0$
　$\therefore k>-5 \cdots$ ㉡
(iii) $f(x)=(x-k)^2-k^2+3k+4$의
축의 방정식 $x=k$에서 k가 1보다
커야 하므로
$k>1 \cdots$ ㉢ {\scriptstyle (i) D\geq0, (ii) f(1)>0을 만족한다고 하더라도 축에 대한 조건을 빼면 안 돼. 그 이유는 D\geq0이고 f(1)>0이라도 실근이 모두 1보다 작게 되는 경우도 생기기 때문이야.}
(i), (ii), (iii)의 공통범위를 구하면 $k\geq4$

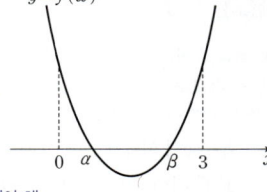

I 157 정답 $2\leq k<\dfrac{11}{5}$ ·············· 이차방정식의 근의 분리

정답 공식: 이차방정식 $f(x)=0$의 판별식 $D\geq0$, $0<$(함수 $f(x)$의 축)<3, $f(0)>0$, $f(3)>0$이다.

이차방정식 $x^2-2kx+k+2=0$의 두 근이 모두 3보다 작은 양수일 때, 실수 k의 값의 범위를 구하시오.

단서 $f(x)=x^2-2kx+k+2$일 때, $D\geq0$, $f(0)>0$, $f(3)>0$, $0<$(축의 방정식)<3을 만족하면 돼.

1st 이차방정식이 두 실근을 가지고, $x=0$과 $x=3$에서 함숫값이 모두 양수이고, 이차방정식의 축이 0과 3 사이에 있어야 하는 조건을 모두 따져보자.

$x^2-2kx+k+2=0$의 두 근을 α, β
$(\alpha\leq\beta)$라고 하면 α, β가 모두 3보다
작은 양수이므로 $0<\alpha\leq\beta<3$
$f(x)=x^2-2kx+k+2$로 놓으면
$y=f(x)$의 그래프는 오른쪽 그림과 같다.
{\scriptstyle 조건을 만족하는 것을 구하기 위해 (i) 판별식 D의 부호 (ii) 함숫값 (iii) 축의 방정식을 항상 생각하면서 풀어야 해.}

(i) $f(x)=0$의 판별식을 D라고 하면
$$\frac{D}{4}=(-k)^2-1\cdot(k+2)\geq0$$
$k^2-k-2\geq0, (k+1)(k-2)\geq0 \quad \therefore k\leq-1$ 또는 $k\geq2 \cdots$ ㉠
(ii) $f(0)=k+2>0 \quad \therefore k>-2 \cdots$ ㉡
(iii) $f(3)=9-6k+k+2>0$에서 $5k<11 \quad \therefore k<\dfrac{11}{5} \cdots$ ㉢
(iv) $f(x)=(x-k)^2-k^2+k+2$에서 축의 방정식이 $x=k$이므로
$0<k<3 \cdots$ ㉣

㉠~㉣의 공통범위를 구하면
$2\leq k<\dfrac{11}{5}$ {\scriptstyle 실수 여러 개의 부등식의 공통범위를 한꺼번에 구하기는 복잡해 수직선에 나타내어 실수를 방지하자.}

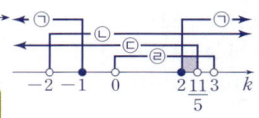

I 158 정답 ③ ·················· 이차방정식의 근의 분리

정답 공식: 이차방정식 $f(x)=0$의 판별식 $D≥0$, $0<$(함수 $f(x)$의 축)<6, $f(0)>0$, $f(6)>0$이다.

이차방정식 $x^2-2mx+m+2=0$의 서로 다른 두 근이 모두 0과 6 사이에 있을 때, 정수 m의 값은?

① 1 ② 2 ③ 3
④ 4 ⑤ 5 **단서** 이차함수 $y=x^2-2mx+m+2$의 그래프가 x축과 0, 6 사이의 두 점에서 만나도록 그림을 그려 생각해봐.

1st 이차방정식이 두 실근의 가지고, $x=0$과 $x=6$에서 함숫값이 모두 양수이고, 이차방정식의 축이 0과 6 사이에 있어야 하는 조건을 모두 만족하는 m의 범위를 구하자.

$f(x)=x^2-2mx+m+2$라 하면 이차방정식 $f(x)=0$의 서로 다른 두 근이 모두 0과 6 사이에 있으므로 $y=f(x)$의 그래프는 오른쪽 그림과 같다.

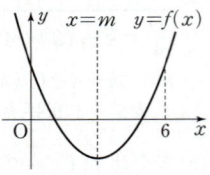

(i) 이차방정식 $f(x)=0$의 판별식을 D라고 하면
$\dfrac{D}{4}=(-m)^2-1\cdot(m+2)>0$
→ 서로 다른 두 실근을 갖는다 했어.
$m^2-m-2>0$
$(m+1)(m-2)>0$ **주의** 등호가 빠져야겠지?
∴ $m<-1$ 또는 $m>2$···㉠

(ii) $f(0)=m+2>0$ ∴ $m>-2$···㉡
(iii) $f(6)=36-12m+m+2>0$
∴ $m<\dfrac{38}{11}$ ···㉢
(iv) 축의 방정식이 $x=m$이므로
$0<m<6$···㉣
$\begin{aligned}y&=x^2-2mx+m+2\\&=(x^2-2mx+m^2)-m^2+m+2\\&=(x-m)^2-m^2+m+2\end{aligned}$

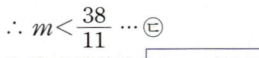

(i)∼(iv)의 공통부분을 구하면 $2<m<\dfrac{38}{11}$이므로 정수 m의 값은 3이다.

I 159 정답 ② ·················· 이차방정식의 근의 분리

정답 공식: $P(x)$, $Q(x)$를 대입하여 이차방정식을 만든 후, $x=2$에서의 함숫값의 조건을 이용한다.

두 다항식 $P(x)=3x^3+x+11$, $Q(x)=x^2-x+1$에 대하여 x에 대한 이차방정식 $P(x)-3(x+1)Q(x)+mx^2=0$이 2보다 작은 한 근과 2보다 큰 한 근을 갖도록 하는 정수 m의 개수는? **단서** 이차방정식 $f(x)=0$에 대하여 (이차항의 계수)>0일 때는 $f(2)<0$, (이차항의 계수)<0일 때는 $f(2)>0$이야.

① 1 ② 2 ③ 3 ④ 4 ⑤ 5

1st $P(x)$와 $Q(x)$를 주어진 방정식에 대입하여 정리해봐.
$P(x)-3(x+1)Q(x)+mx^2=0$에서
$3x^3+x+11-3(x+1)(x^2-x+1)+mx^2=0$
$3x^3+x+11-3(x^3+1)+mx^2=0$, $3x^3+x+11-3x^3-3+mx^2=0$
∴ $mx^2+x+8=0$

2nd m이 양수일 때와 음수일 때를 나누어 생각해보자.
주의 '이차방정식'이라 했으므로 m은 0이 될 수 없어.
$f(x)=mx^2+x+8$이라 하면
→ $m=0$일 때는 일차방정식이므로 근이 1개야.
(i) $m>0$일 때
→ 이차항의 계수가 양수, 음수인지에 따라 그래프의 개형이 달라지므로 나눠서 따져 주자.
$f(2)=4m+10<0$에서
$m<-\dfrac{5}{2}$

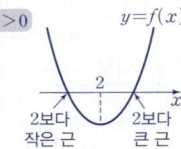

그런데 $m>0$이고 $m<-\dfrac{5}{2}$인 m은 존재하지 않는다.
(ii) $m<0$일 때
$f(2)=4m+10>0$에서
$m>-\dfrac{5}{2}$

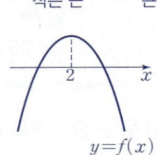

따라서 $-\dfrac{5}{2}<m<0$이므로 정수 m은 -2, -1의 2개이다.

I 160 정답 5 ·················· 이차방정식의 근의 분리

정답 공식: 주어진 이차방정식을 $f(x)=0$이라 하면 $f(-3)>0$, $f(-1)<0$, $f(1)>0$이다.

이차방정식 $x^2+kx+k^2-7=0$의 두 근을 $α$, $β$라고 할 때, $-3<α<-1<β<1$이 되도록 하는 실수 k의 값의 범위는 $a<k<b$이다. 이때, $a+b$의 값을 구하시오. **단서** 그래프가 그림처럼 그려져야 해.

1st 조건을 만족시키는 함수
$f(x)=x^2+kx+k^2-7$의 그래프를 그려보자.
$f(x)=x^2+kx+k^2-7$로 놓으면
$-3<α<-1<β<1$이므로
$y=f(x)$의 그래프는 그림과 같다.
$f(-1)<0$에서 그림과 같이 저절로 $D>0$인 것을 알겠지.

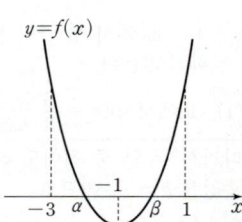

2nd $f(-3)>0$, $f(-1)<0$, $f(1)>0$를 모두 만족시키는 k의 범위를 찾아.
(i) $f(-3)=9-3k+k^2-7>0$
$k^2-3k+2>0$, $(k-1)(k-2)>0$
∴ $k<1$ 또는 $k>2$ ···㉠
(ii) $f(-1)=1-k+k^2-7<0$
$k^2-k-6<0$, $(k+2)(k-3)<0$
∴ $-2<k<3$ ···㉡
(iii) $f(1)=1+k+k^2-7>0$
$k^2+k-6>0$, $(k+3)(k-2)>0$
∴ $k<-3$ 또는 $k>2$ ···㉢

㉠, ㉡, ㉢의 공통범위를 구하면
$2<k<3$

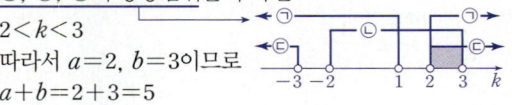

따라서 $a=2$, $b=3$이므로
$a+b=2+3=5$

정답 공식: 이차방정식 $f(x)=0$의 한 근만이 m, $n(m \neq n)$ 사이에 있도록 $f(m)$, $f(n)$의 부호를 따져본다.

이차방정식 $x^2-(a-1)x+2a+8=0$의 두 근 중에서 한 근만이 이차방정식 $x^2-7x+12=0$의 두 근 사이에 있을 때, 다음 중 실수 a의 값이 될 수 있는 것은?

① 10　　　　② 14　　　　③ 18

④ 22　　　　⑤ 26　**단서**

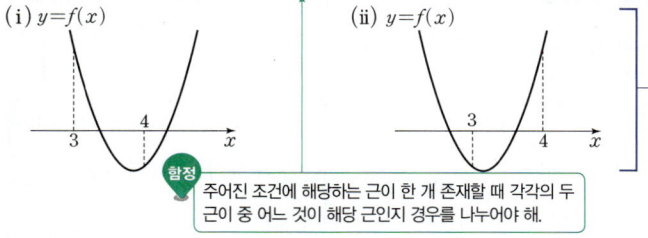 로 나올 수 있어.

1st 이차함수의 그래프를 생각해봐.

$x^2-7x+12=0$에서
$(x-3)(x-4)=0$
$\therefore x=3$ 또는 $x=4$

> 판별식 $D>0$과 축의 방정식도 조사해야 하지 않을까? 그런데 이와 같이 한 근이 특정한 값들 사이에 있는 경우는 판별식과 축의 방정식을 생각할 필요가 없어. 그래프를 보면 알겠지만 저절로 $D>0$이고 축의 조건도 필요없지.

$f(x)=x^2-(a-1)x+2a+8$로 놓으면 $f(x)=0$의 한 근만이 3과 4 사이에 있으므로 $y=f(x)$의 그래프는 다음 그림과 같이 위치해야 한다.

(i) $y=f(x)$　　　　(ii) $y=f(x)$

함정 주어진 조건에 해당하는 근이 한 개 존재할 때 각각의 두 근 중 어느 것이 해당 근인지 경우를 나누어야 해.

2nd $f(x)=0$의 두 근 중 작은 근이 3과 4 사이에 있기 위한 a의 범위를 구해.

(i) 이차방정식 $f(x)=0$의 두 근 중 작은 근이 3과 4 사이에 있는 경우

$f(3)>0$, $f(4) \leq 0$에서
$f(3)=9-3(a-1)+2a+8>0$
$-a+20>0$　$\therefore a<20$
$f(4)=16-4(a-1)+2a+8 \leq 0$
$-2a+28 \leq 0$　$\therefore a \geq 14$

> $f(3)>0$이고 $f(4)=0$인 경우의 그래프는 그림과 같아. $y=f(x)$

그런데 $a=14$이면 $f(x)=x^2-13x+36=0$에서
$(x-4)(x-9)=0$　$\therefore x=4$ 또는 $x=9$
즉, $f(x)=0$의 두 근 중 3과 4 사이에 있는 근은 없다.
따라서 $14<a<20$이다.

3rd $f(x)=0$의 두 근 중 큰 근이 3과 4 사이에 있기 위한 a의 범위를 구해.

(ii) 이차방정식 $f(x)=0$의 두 근 중 큰 근이 3과 4 사이에 있는 경우

$f(3) \leq 0$, $f(4)>0$에서
$f(3)=9-3(a-1)+2a+8 \leq 0$
$-a+20 \leq 0$　$\therefore a \geq 20$
$f(4)=16-4(a-1)+2a+8>0$
$-2a+28>0$　$\therefore a<14$

> $f(3)=0$이고 $f(4)>0$인 경우의 그래프는 그림과 같아. $y=f(x)$

이때, $a \geq 20$이고 $a<14$인 실수 a는 존재하지 않는다.
(i), (ii)에서 $14<a<20$이다.
따라서 선택지 중 a의 값이 될 수 있는 것은 ③이다.

정답 공식: 이차방정식 $f(x)=0$의 한 근만이 m, $n(m \neq n)$ 사이에 있으면 $f(m)$, $f(n)$의 부호를 따져본다. 또한 $f(x)=0$의 두 근이 m, n 사이에 있으면 판별식, 축, $f(m)$, $f(n)$을 모두 따져본다.

이차방정식 $x^2-kx+2k+5=0$의 근 중 적어도 한 개가 이차방정식 $x^2-3x-10=0$의 두 근 사이에 있을 때, 실수 k의 값의 범위는?

단서 $x^2-3x-10=0$의 두 근 사이에 한 근만 있을 때와 두 근이 모두 있을 때로 나누어 구하자.

① $k \leq -2$ 또는 $k \geq 10$

② $k \leq -2$ 또는 $k>10$

③ $k < -2$ 또는 $k \geq 10$

④ $k \leq -\dfrac{9}{4}$ 또는 $k>10$

⑤ $-\dfrac{9}{4}<k \leq -2$ 또는 $k>10$

1st $x^2-3x-10=0$의 해를 구하고 조건을 만족하는 경우를 생각해봐.

$x^2-3x-10=0$에서
$(x+2)(x-5)=0$　$\therefore x=-2$ 또는 $x=5$

$x^2-kx+2k+5=0$의 근 중 적어도 한 개가 -2와 5 사이에 존재해야 하므로 $f(x)=x^2-kx+2k+5$라 할 때, $y=f(x)$의 그래프와 x축과의 교점이 $x=-2$, 5 사이에 존재하면 된다.

2nd $f(x)=0$의 두 근 중 한 개만 -2와 5 사이에 있기 위한 k의 범위를 구해.

(i) 한 근만 -2, 5 사이에 존재하는 경우

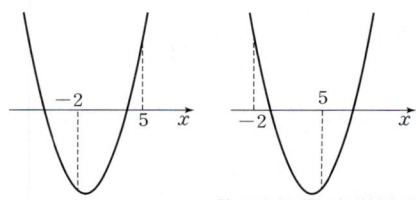

$f(-2)f(5) \leq 0$이어야 하므로

> 한 근만 특정한 값 사이에 있으면 판별식을 구할 필요가 없어. 왜냐하면 그림과 같이 저절로 실근을 가지게 되기 때문이야.

$(4+2k+2k+5)(25-5k+2k+5) \leq 0$
$(4k+9)(3k-30) \geq 0$　$\therefore k \leq -\dfrac{9}{4}$ 또는 $k \geq 10$

그런데 $k=10$일 때, $f(x)=(x-5)^2$이 되어 근이 -2와 5 사이에 있지 않게 된다.

$\therefore k \leq -\dfrac{9}{4}$ 또는 $k>10$

3rd $f(x)=0$의 두 근이 모두 -2와 5 사이에 있기 위한 k의 범위를 구해.

(ii) 두 근 모두 -2와 5 사이에 존재하는 경우
판별식 $D \geq 0$, $-2<($축$)<5$,
$f(-2)>0$, $f(5)>0$이어야 한다.

　i) $D=k^2-4(2k+5) \geq 0$
　　$k^2-8k-20 \geq 0$
　　$(k+2)(k-10) \geq 0$
　　$\therefore k \leq -2$ 또는 $k \geq 10$ ··· ㉠

　ii) (축)$=\dfrac{k}{2}$이므로
　　$-2<\dfrac{k}{2}<5$　$\therefore -4<k<10$ ··· ㉡

　iii) $f(-2)=4+2k+2k+5>0$이므로
　　$4k+9>0$　$\therefore k>-\dfrac{9}{4}$ ··· ㉢

　iv) $f(5)=25-5k+2k+5>0$이므로
　　$3k-30<0$　$\therefore k<10$ ··· ㉣

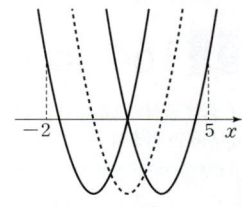

㉠~㉣을 동시에 만족하는 k는 $-\dfrac{9}{4}<k \leq -2$

(i), (ii)에 의하여 $k \leq -2$ 또는 $k>10$

I 163 정답 $-1 \le x \le \dfrac{3}{5}$ ················· 이차부등식의 풀이

【 정답 공식: 이차부등식과 그 해를 이용해 a, b, c의 관계식을 구한다. 】

> 단서 이차부등식의 해가 주어졌으니까 최고차항의 계수와 a, b, c 사이의 관계식을 찾을 수 있어.
>
> 이차부등식 $ax^2+bx+c<0$의 해가 $-\dfrac{1}{3}<x<2$일 때, 이차
> 부등식 $bx^2+cx+a \ge 0$의 해를 구하는 과정을 서술하시오.
> (단, a, b, c는 실수이다.)

1st a의 값의 범위를 구하자.

이차부등식 $ax^2+bx+c<0$의 해가

$-\dfrac{1}{3}<x<2$이므로 $a>0$이다. ··· ❶

> → $a>0$이면 $a(x-\alpha)(x-\beta)<0(\alpha<\beta)$의 해는 $\alpha<x<\beta$
> $a<0$이면 $a(x-\alpha)(x-\beta)<0$의 해는 $x<\alpha$ 또는 $x>\beta$

2nd 주어진 해를 이용하여 a, b, c의 관계식을 찾자.

주어진 이차부등식의 해가 $-\dfrac{1}{3}<x<2$이므로

$a\left(x+\dfrac{1}{3}\right)(x-2)<0$에서 $ax^2-\dfrac{5}{3}ax-\dfrac{2}{3}a<0$

이 부등식이 $ax^2+bx+c<0$과 같으므로

$b=-\dfrac{5}{3}a$, $c=-\dfrac{2}{3}a$ ··· ㉠ ··· ❷

3rd 이차부등식 $bx^2+cx+a \ge 0$의 해를 구하자.

$bx^2+cx+a \ge 0$에 ㉠을 대입하면

$-\dfrac{5}{3}ax^2-\dfrac{2}{3}ax+a \ge 0$

> → 부등식의 양변을 음수로 곱하거나 나눌 경우에는 부등식의 방향이 바뀌지? 문자를 곱하거나 나눌 때 부호에 주의해.

이때, $a>0$이므로 양변을 a로 나누면

$-\dfrac{5}{3}x^2-\dfrac{2}{3}x+1 \ge 0$

> **주의** 이차부등식에서 계수를 정수로 만들어야 인수분해하여 해를 구하기 쉬워.

$5x^2+2x-3 \le 0$, $(5x-3)(x+1) \le 0$

$\therefore -1 \le x \le \dfrac{3}{5}$ ··· ❸

[채점 기준표]

❶ a의 값의 범위를 구한다.	20%
❷ b, c를 a에 대한 식으로 나타낸다.	30%
❸ 이차부등식 $bx^2+cx+a \ge 0$의 해를 구한다.	50%

I 164 정답 2 ················· 특수한 해를 갖는 이차부등식

【 정답 공식: 최고차항의 계수가 양수인 이차부등식 $f(x) \le 0$의 해가 단 한 개만 존재하면 판별식 $D=0$이다. 】

> 단서 해가 단 한 개 존재하려면 판별식 $D=0$이어야 해.
>
> x에 대한 이차부등식 $2x^2+(k-2)x-2k+4 \le 0$의 해가 단 한 개 존재할 때, 양수 k의 값을 구하는 과정을 서술하시오.

1st 주어진 이차부등식의 해가 단 한 개 존재할 조건을 생각해 보자.

주어진 부등식이 단 한 개의 실근을 가지려면 완전제곱식으로 정리할 수 있어야 한다.

> 이차함수의 그래프가 그림과 같아야지?
> $y=2x^2+(k-2)x-2k+4$

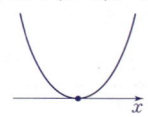

2nd 주어진 이차부등식의 판별식을 구하자.

이차방정식 $2x^2+(k-2)x-2k+4=0$의

판별식을 D라고 할 때

$D=(k-2)^2-4 \cdot 2 \cdot (-2k+4)=0$ ··· ❶

3rd 판별식이 0이 되게 하는 양수 k의 값을 구하자.

$k^2+12k-28=0$

$(k+14)(k-2)=0$

$\therefore k=2 \ (\because k>0)$ ··· ❷

[채점 기준표]

❶ 이차방정식 $2x^2+(k-2)x-2k+4=0$의 판별식이 0임을 안다.	60%
❷ k의 값을 구한다.	40%

I 165 정답 2 ················· 연립이차부등식의 풀이

【 정답 공식: 각 부등식을 풀고, 해의 공통범위가 없게 하는 k의 범위를 구한다. 이때, $|x|<a(a>0) \iff -a<x<a$임을 이용한다. 】

> 단서 $-4k^2+25$를 인수분해하고 이차식이 인수분해가 가능한지 따지자.
>
> 연립부등식 $\begin{cases} |x+3| \le k \\ x^2+10x-4k^2+25>0 \end{cases}$ 의 해가 없을 때, 양수 k
> 의 최솟값을 구하는 과정을 서술하시오.

1st $|x+3| \le k$의 해를 구하자.

$\begin{cases} |x+3| \le k \cdots ㉠ \\ x^2+10x-4k^2+25>0 \cdots ㉡ \end{cases}$

㉠에서 $-k \le x+3 \le k$

$\therefore -k-3 \le x \le k-3 \cdots ㉢$ ··· ❶

> **주의** k라는 문자가 포함되어 있어도 인수분해가 가능해!

2nd $x^2+10x-4k^2+25>0$의 해를 구하자.

㉡에서 $x^2+10x-(2k+5)(2k-5)>0$

$\{x+(2k+5)\}\{x-(2k-5)\}>0$

이때, $k>0$이므로

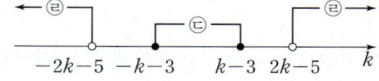

> 주어진 조건에서 k는 양수라고 했어.

$2k-5>-2k-5$

$\therefore x<-2k-5$ 또는 $x>2k-5 \cdots ㉣$ ··· ❷

3rd 연립부등식의 해가 없기 위한 k의 범위를 구하자.

㉢과 ㉣의 공통범위가 없으려면 다음 그림과 같아야 한다.

$-2k-5 \le -k-3$이고, $2k-5 \ge k-3 \cdots ❸$

즉, $k \ge -2$이고 $k \ge 2$

$\therefore k \ge 2$

따라서 k의 최솟값은 2이다. ··· ❹

[채점 기준표]

❶ 부등식 $|x+3| \le k$의 해를 구한다.	30%
❷ 부등식 $x^2+10x-4k^2+25>0$의 해를 구한다.	30%
❸ 연립부등식의 해가 없기 위한 조건을 구한다.	30%
❹ k의 최솟값을 구한다.	10%

I 166 정답 $5<k\le6$ ·········· 연립이차부등식의 풀이

정답 공식: 두 이차부등식의 해의 공통범위에 자연수가 단 하나만 포함되도록 k 값의 범위를 구한다.

> **단서 1** k가 정해지지 않았기 때문에 k의 범위를 나누어야 해.
>
> 이차부등식 $3x^2-13x+4>0$, $x^2-(k+3)x+3k<0$을 동시에 만족하는 자연수 x가 오직 하나만 존재할 때, 실수 k의 값의 범위를 구하는 과정을 서술하시오.
>
> **단서 2** ┗━┛ 이 그림처럼 자연수 x가 오직 하나인 범위만 구하면 돼.

1st $3x^2-13x+4>0$을 풀자.

$3x^2-13x+4=(3x-1)(x-4)>0$

$\therefore x<\dfrac{1}{3}$ 또는 $x>4$ ··· ㉠ · **Ⅰ**

2nd $x^2-(k+3)x+3k<0$의 좌변을 인수분해하자.

$x^2-(k+3)x+3k=(x-k)(x-3)<0$

k가 3보다 큰지 작은지 모르지? 경우를 나누자.

3rd 두 개의 부등식을 동시에 만족하는 자연수 x가 오직 하나만 있게 하는 k의 범위를 구하자.

> **실수** k와 3의 대소 관계를 모르기 때문에 k의 값의 범위를 나누어서 생각해야 해.

(ⅰ) $k<3$일 때

㉠과 $k<x<3$을 동시에 만족하는 자연수 x가 오직 하나 존재할 실수 k의 값은 존재하지 않는다. ··· **Ⅱ** ㉠과 공통범위는 $k<x<\dfrac{1}{3}$이 될 수 있는데 $\dfrac{1}{3}$보다 작은 자연수는 존재하지 않.

(ⅱ) $k\ge3$일 때

㉠과 $3<x<k$를 동시에 만족하는 자연수 x가 오직 하나 존재할 실수 k의 값의 범위는 $5<k\le6$ ··· **Ⅲ**

(ⅰ)과 (ⅱ)에서 구하는 실수 k의 값의 범위는

$5<k\le6$ ··· **Ⅳ**

[채점 기준표]

Ⅰ 부등식 $3x^2-13x+4>0$을 푼다.	20%
Ⅱ $k<3$일 때, 조건에 맞는 k의 값의 범위를 구한다.	30%
Ⅲ $k\ge3$일 때, 조건에 맞는 k의 값의 범위를 구한다.	30%
Ⅳ k의 값의 범위를 구한다.	20%

I 167 정답 $-\dfrac{2}{9}$ ·········· 연립이차부등식의 풀이

정답 공식: 미지수 a, b를 포함하지 않는 부등식을 풀고, 두 부등식의 해가 일치하도록 a, b의 값을 구한다.

> **단서** 먼저 절댓값이 있는 부등식부터 풀어야 해.
>
> 두 부등식 $x+5>|3x-1|$, $(a-1)x^2+(b+1)x+1>0$의 해가 일치할 때, 실수 a, b에 대하여 ab의 값을 구하는 과정을 서술하시오.

1st $x+5>|3x-1|$의 해를 구하자.

$x+5>|3x-1|$에서

(ⅰ) $x<\dfrac{1}{3}$일 때, 절댓값 안이 0이 되는 $x=\dfrac{1}{3}$을 기준으로 범위를 나누어서 구하자.

$x+5>-(3x-1)$에서 $4x>-4$ $\therefore x>-1$

그런데 $x<\dfrac{1}{3}$이므로 $-1<x<\dfrac{1}{3}$ ··· ㉠

(ⅱ) $x\ge\dfrac{1}{3}$일 때,

$x+5>3x-1$에서 $-2x>-6$ $\therefore x<3$

그런데 $x\ge\dfrac{1}{3}$이므로 $\dfrac{1}{3}\le x<3$ ··· ㉡

㉠, ㉡에서 $-1<x<3$ ··· **Ⅰ**

2nd 앞에서 구한 부등식의 해를 갖는 이차부등식을 구하자.

해가 $-1<x<3$이고 이차항의 계수가 1인 이차부등식은

$(x+1)(x-3)<0$ $\therefore x^2-2x-3<0$ ··· ㉢ · **Ⅱ**

3rd ab의 값을 구하자.

이때, $(a-1)x^2+(b+1)x+1>0$과 ㉢이 일치하므로 ←

$\underline{a-1<0}$ ㉢과 부등호 방향이 반대지? x^2의 계수 $a-1$이 음수여야 곱할 때 부등호 방향이 바뀌게 돼.

㉢의 양변에 $a-1$을 곱하면 $(a-1)x^2-2(a-1)x-3(a-1)>0$

따라서 $b+1=-2(a-1)$, $1=-3(a-1)$이므로

$a=\dfrac{2}{3}$, $b=-\dfrac{1}{3}$

$\therefore ab=-\dfrac{2}{9}$ ··· **Ⅲ**

> **함정** 두 이차부등식 $x^2-2x-3<0$, $(a-1)x^2+(b+1)x+1>0$의 해가 같다는 뜻은 두 식을 일치시킬 수 있다는 의미야.

[채점 기준표]

Ⅰ 부등식 $x+5>|3x-1|$을 푼다.	40%
Ⅱ 해가 $-1<x<3$이고 이차항의 계수가 1인 이차부등식을 구한다.	40%
Ⅲ ab의 값을 구한다.	20%

I 168 정답 -2 ·········· 이차부등식과 이차함수의 그래프

정답 공식: 모든 실수 x에 대하여 부등식 (함수)<(직선)이 성립하도록 m의 범위를 구한다.

> 함수 $y=mx^2-4x+2m$의 그래프가 직선 $y=2mx-1$보다 항상 아래쪽에 있도록 하는 정수 m의 최댓값을 구하는 과정을 서술하시오.
>
> **단서** 이차함수의 함숫값이 일차함수의 함숫값보다 항상 작다는 걸 의미해.

1st 주어진 조건을 이용하여 부등식을 세우자.

$y=mx^2-4x+2m$의 그래프가 직선 $y=2mx-1$보다 아래쪽에 있으려면 $mx^2-4x+2m<2mx-1$에서

$mx^2-2(m+2)x+2m+1<0$ ··· **Ⅰ**

2nd 모든 실수 x에 대하여 부등식이 성립할 조건을 찾아보자.

이 부등식이 모든 실수 x에 대하여 성립하므로 $m<0$

이차방정식 $mx^2-2(m+2)x+2m+1=0$의 판별식을 D라고 하면

$m\ge0$인 경우에는 부등식을 만족하는 경우의 x의 값은 모든 실수가 될 수 없어.

$\dfrac{D}{4}=(m+2)^2-m(2m+1)<0$

$m^2-3m-4>0$, $(m+1)(m-4)>0$

$\therefore m<-1$ 또는 $m>4$

이때, $m<0$이므로 $m<-1$ ··· **Ⅱ**

이차방정식 $ax^2+2bx+c=0$처럼 x의 계수가 짝수인 경우 판별식은 $\dfrac{D}{4}=b^2-ac$로 구하자.

3rd 정수 m의 값의 최댓값을 구하자.

따라서 정수 m의 최댓값은 -2이다. ··· **Ⅲ**

[채점 기준표]

Ⅰ 주어진 조건을 이용하여 부등식을 세운다.	30%
Ⅱ m의 값의 범위를 구한다.	50%
Ⅲ 정수 m의 최댓값을 구한다.	20%

🌸 이차함수의 그래프와 직선의 위치 관계　　개념·공식

이차함수 $y=ax^2+bx+c$와 직선 $y=mx+n$을 연립하여 만들어지는 이차방정식의 판별식을 D라 할 때, 이차함수의 그래프와 직선이
① 두 점에서 만난다. ⇨ $D>0$
② 한 점에서 만난다. ⇨ $D=0$
③ 만나지 않는다. ⇨ $D<0$
• 이차함수의 그래프가 항상 직선보다 위에 있다. ⇨ $a>0$이고 $D<0$
• 이차함수의 그래프가 항상 직선보다 아래에 있다. ⇨ $a<0$이고 $D<0$

I 169 정답 3 ··· 연립이차부등식의 응용

(정답 공식: $\dfrac{\sqrt{a}}{\sqrt{b}}=-\sqrt{\dfrac{a}{b}} \iff a\geq0,\ b<0$이다.)

$\dfrac{\sqrt{x+2}}{\sqrt{x^2-x-30}}=-\sqrt{\dfrac{x+2}{x^2-x-30}}$ 를 만족시키는 정수 x의 최댓값과 최솟값의 합을 구하는 과정을 서술하시오.

단서 $\dfrac{\sqrt{a}}{\sqrt{b}}=-\sqrt{\dfrac{a}{b}}$ 를 만족하기 위한 조건은 $a\geq0,\ b<0$일 때야.

1st $\dfrac{\sqrt{a}}{\sqrt{b}}=-\sqrt{\dfrac{a}{b}}$이면 $a\geq0,\ b<0$임을 이용하여 연립부등식을 세워보자.

$\dfrac{\sqrt{x+2}}{\sqrt{x^2-x-30}}=-\sqrt{\dfrac{x+2}{x^2-x-30}}$ 이므로 음수의 제곱근의 성질에 의하여
$\begin{cases} x+2\geq0 \cdots ㉠ \\ x^2-x-30<0 \cdots ㉡ \end{cases}$ … ❶

(1) $a<0,\ b<0$일 때, $\sqrt{a}\sqrt{b}=-\sqrt{ab}$
(2) $a\geq0,\ b<0$일 때, $\dfrac{\sqrt{a}}{\sqrt{b}}=-\sqrt{\dfrac{a}{b}}$

2nd 연립부등식을 풀자.

㉠에서 $x\geq-2$ … ㉢
㉡에서 $(x+5)(x-6)<0$　∴ $-5<x<6$ … ㉣
㉢과 ㉣의 공통범위를 구하면 $-2\leq x<6$ … ❷

3rd 정수 x의 최댓값과 최솟값의 합을 구하자.

따라서 정수 x의 최댓값은 5, 최솟값은 -2이므로 그 합은 3이다. … ❸

[채점 기준표]

❶ 음수의 제곱근의 성질을 이용하여 연립부등식을 세운다.		40%
❷ x의 값의 범위를 구한다.		40%
❸ 정수 x의 최댓값과 최솟값의 합을 구한다.		20%

I 170 정답 200 km 초과 600 km 미만 ·· 연립부등식의 활용

(정답 공식: 연립부등식 $\begin{cases} (\text{자동차 비용})>(\text{철도 비용}) \\ (\text{선박 비용})>(\text{철도 비용}) \end{cases}$ 의 해를 구한다.)

두 지점 사이의 거리가 $100x$ km일 때, 어느 상품을 운송하는 데 드는 비용은 자동차의 경우 (x^2+3x+1)만 원, 철도의 경우 $\left(\dfrac{1}{2}x^2+2x+5\right)$만 원, 선박의 경우 $(4x+11)$만 원이라고 한다. 이때, 이 상품을 철도로 운송하는 것이 다른 교통수단으로 운송하는 것보다 더 유리한 운송거리의 범위를 구하는 과정을 서술하시오. **단서** 운송이 더 유리하다는 것은 비용이 더 적게 들어간다는 거야.

1st 문제의 조건을 이용하여 연립부등식을 만들어보자.

철도로 운송하는 것이 다른 교통수단으로 운송하는 것보다 더 유리하려면

$\begin{cases} x^2+3x+1>\dfrac{1}{2}x^2+2x+5 \cdots ㉠ \\ 4x+11>\dfrac{1}{2}x^2+2x+5 \cdots ㉡ \end{cases}$ … ❶

부등호 방향을 반대로 하지 말자. 유리하다는 것은 운송비가 더 싸다는 거니까 적을수록 유리한 거야.

주의 실생활 문제에서는 조건을 식으로 표현할 때 수학적인 의미를 잘 고려해야 해.

2nd 연립부등식의 해를 구하자.

㉠에서 $\dfrac{1}{2}x^2+x-4>0$
$x^2+2x-8>0,\ (x+4)(x-2)>0$
∴ $x<-4$ 또는 $x>2$
이때, $x>0$이므로 $x>2$ … ㉢
　　　　x는 거리를 의미하니까 $x>0$
㉡에서 $\dfrac{1}{2}x^2-2x-6<0$
$x^2-4x-12<0,\ (x+2)(x-6)<0$　∴ $-2<x<6$
이때, $x>0$이므로 $0<x<6$ … ㉣
㉢, ㉣의 공통범위를 구하면
$2<x<6$ … ❷

3rd 철도로 운송하는 것이 더 유리한 운송거리의 범위를 구하자.

따라서 철도로 운송하는 것이 더 유리한 운송거리의 범위는 200 km 초과 600 km 미만이다. … ❸

[채점 기준표]

❶ 문제의 조건에 맞게 연립부등식을 세운다.	30%
❷ 연립부등식의 해를 구한다.	50%
❸ 철도로 운송하는 것이 더 유리한 운송거리의 범위를 구한다.	20%

I 171 정답 $a\leq-2$ 또는 $a\geq1$ ················· 연립이차부등식

(정답 공식: 두 이차방정식의 판별식이 0 이상이 되게 하는 a의 범위를 각각 구한다.)

두 이차방정식 $x^2-4x+8-a^2=0$, $x^2+2ax-3a+4=0$ 중 적어도 하나가 실근을 가질 때, 실수 a의 값의 범위를 구하는 과정을 서술하시오. **단서** 둘 다 실근을 가지거나 둘 중 하나만 실근을 가지는 경우지?

1st $x^2-4x+8-a^2=0$의 판별식을 이용하여 실근을 가질 조건을 구하자.
이차방정식 $x^2-4x+8-a^2=0$이 실근을 가지려면 판별식을 D_1이라고 할 때,
$\dfrac{D_1}{4}=(-2)^2-1\cdot(8-a^2)\geq0$
$a^2-4\geq0,\ (a+2)(a-2)\geq0$
∴ $a\leq-2$ 또는 $a\geq2$ … ㉠ ❶

2nd $x^2+2ax-3a+4=0$의 판별식을 이용하여 실근을 가질 조건을 구하자.
또한, 이차방정식 $x^2+2ax-3a+4=0$이 실근을 가지려면 판별식을 D_2라고 할 때,
$\dfrac{D_2}{4}=a^2-1\cdot(-3a+4)\geq0$
$a^2+3a-4\geq0,\ (a+4)(a-1)\geq0$
∴ $a\leq-4$ 또는 $a\geq1$ … ㉡ ❷

3rd a의 값의 범위를 구하자.
따라서 두 이차방정식 중 적어도 하나가 실근을 가져야 하는 a의 값의 범위는 ㉠ 또는 ㉡이다.
∴ $a\leq-2$ 또는 $a\geq1$ … ❸

수학에서 '또는'의 의미는 '둘 중 하나+둘 다'를 포함하고 있는 거야.

[채점 기준표]

❶ 이차방정식 $x^2-4x+8-a^2=0$이 실근을 갖는 a의 값의 범위를 구한다.	30%
❷ 이차방정식 $x^2+2ax-3a+4=0$이 실근을 갖는 a의 값의 범위를 구한다.	30%
❸ a의 값의 범위를 구한다.	40%

이차방정식의 근의 판별   개념·공식

이차방정식 $ax^2+bx+c=0$의 판별식을 $D=b^2-4ac$라 하면
① $D>0$ ⟺ 서로 다른 두 실근
② $D=0$ ⟺ 중근
③ $D<0$ ⟺ 서로 다른 두 허근

I 172 정답 147 ·················· 이차방정식의 근의 분리

【 정답 공식: 이차방정식 $f(x)=0$의 판별식, $f(2)$, $f(-2)$, $f(x)$의 축을 따져본다. 】

[단서] 판별식, 함숫값, 축을 조건에 맞게 구하자.

이차방정식 $x^2-ax+3=0$의 서로 다른 두 근이 -2와 2 사이에 있도록 하는 실수 a의 값의 범위가 $\alpha<a<\beta$ 또는 $\gamma<a<\delta$일 때, $\alpha\beta\gamma\delta$의 값을 구하는 과정을 서술하시오.

1st 문제의 조건을 만족시키는 이차함수의 모양을 생각해보자.

$f(x)=x^2-ax+3$이라고 할 때, 이차방정식 $f(x)=0$의 서로 다른 두 근이 -2와 2 사이에 있으려면 $y=f(x)$의 그래프가 오른쪽 그림과 같아야 한다.

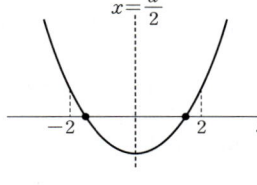

최고차항의 계수가 양수인 이차방정식 ······**❶**
$f(x)=0$의 서로 다른 두 근이 a와 b 사이에 있기 위한 조건
(i) (판별식)>0 (ii) $f(a)>0$
(iii) $f(b)>0$ (iv) $a<$(축)$<b$

2nd 문제의 조건을 만족시키도록 판별식, 함숫값, 축의 방정식의 범위를 구하자.

(i) $x^2-ax+3=0$의 판별식을 D라고 하면
$D=(-a)^2-4\cdot1\cdot3>0$
$a^2-12>0$, $(a+2\sqrt{3})(a-2\sqrt{3})>0$
∴ $a<-2\sqrt{3}$ 또는 $a>2\sqrt{3}$ ··· ㉠

(ii) $f(-2)=4+2a+3>0$ ∴ $a>-\dfrac{7}{2}$ ··· ㉡

(iii) $f(2)=4-2a+3>0$ ∴ $a<\dfrac{7}{2}$ ··· ㉢

(iv) $f(x)=x^2-ax+3=\left(x-\dfrac{1}{2}a\right)^2-\dfrac{1}{4}a^2+3$에서

축의 방정식이 $x=\dfrac{1}{2}a$이므로

$-2<\dfrac{1}{2}a<2$

∴ $-4<a<4$ ··· ㉣ ···**❷**

축의 방정식을 따져 주지 않으면 아래 그림과 같이 될 수 있기 때문에 축의 위치를 꼭 다루어 주어야 해.

㉠~㉣에 의하여 a의 값의 범위는
$-\dfrac{7}{2}<a<-2\sqrt{3}$ 또는 $2\sqrt{3}<a<\dfrac{7}{2}$ ···**❸**

[함정] 조건을 만족시키는 다양한 그래프 개형을 그려보면서 추가로 따져보아야 할 사항들을 체크해.

3rd α, β, γ, δ의 값을 구하자.

따라서 $\alpha=-\dfrac{7}{2}$, $\beta=-2\sqrt{3}$, $\gamma=2\sqrt{3}$, $\delta=\dfrac{7}{2}$이므로
$\alpha\beta\gamma\delta=147$ ···**❹**

[채점 기준표]

❶ 조건을 그림으로 나타낸다.	20%
❷ 두 근이 -2와 2 사이에 있을 조건을 구한다.	40%
❸ a의 값의 범위를 구한다.	20%
❹ $\alpha\beta\gamma\delta$의 값을 구한다.	20%

I 173 정답 ④ ·················· ★2등급 대비 [정답률 35%]

【 정답 공식: $h(t)\geq40$의 해가 $\alpha\leq t\leq\beta$ $(\alpha\leq\beta)$일 때, $5\leq\beta-\alpha\leq6$이 되게 하는 a의 값을 구한다. 】

지면에서 초속 $5a$ m의 속도로 쏘아 올린 로켓의 t초 후의 높이를 $h(t)$ m라 하면 $h(t)=5at-5t^2$인 관계가 성립한다고 한다. 이 로켓이 40 m 이상의 높이에서 5초 이상 6초 이하로 머물러 있게 하기 위한 자연수 a의 값은?

[단서] $h=40$인 해를 먼저 구하고, 그 해의 차가 5 이상 6 이하인 자연수 a의 값을 구해야지?

① 5   ② 6   ③ 7
④ 8   ⑤ 9

1st $h(t)\geq40$의 해를 $\alpha\leq t\leq\beta$ (단, $\alpha<\beta$)로 놓고 $5\leq\beta-\alpha\leq6$를 만족시키는 a의 범위를 구해.

40 m 이상 머물러 있는 시간은 $\beta-\alpha$가 되겠지?

부등식 $5at-5t^2\geq40$의 해를 $\alpha\leq t\leq\beta$라 하면 이차방정식 $5t^2-5at+40=0$의 근이 $t=\alpha$ 또는 $t=\beta$이므로 근과 계수의 관계에서

[함정] 주어진 조건을 이용하여 식을 구성할 수 있어야 해.

$\alpha+\beta=-\dfrac{-5a}{5}=a$, $\alpha\beta=\dfrac{40}{5}=8$ ··· ㉠
$(\beta-\alpha)^2=(\alpha+\beta)^2-4\alpha\beta=a^2-32$ (∵ ㉠)
∴ $\beta-\alpha=\sqrt{a^2-32}$

원래 $\beta-\alpha=\pm\sqrt{a^2-32}$가 나오지만 처음에 $\alpha\leq t\leq\beta$라고 놓았으니까 $\beta-\alpha>0$이 돼.

∴ $5\leq\sqrt{a^2-32}\leq6$
$25\leq a^2-32\leq36$
$57\leq a^2\leq68$
∴ $\sqrt{57}\leq a\leq\sqrt{68}$
        $7.\times\times\times$ $8.\times\times\times$

따라서 구하는 자연수 a의 값은 8이다.

I 174 정답 ② ·················· ★2등급 대비 [정답률 33%]

【 정답 공식: 각 부등식을 풀고 해의 공통범위가 존재하지 않게 되는 k의 범위를 구한다. 이때, 절댓값을 포함한 부등식에서는 $|x|^2=x^2$임을 이용한다. 】

[단서] $x^2=|x|^2$임을 이용하여 절댓값을 포함한 이차부등식의 해의 범위를 구해봐.

연립부등식
$$\begin{cases} x^2-(2k-8)x+k^2-8k>0 \\ x^2-5|x|+6\leq0 \end{cases}$$
의 해가 존재하지 않을 때, 상수 k의 값의 범위는?

① $2\leq k\leq4$ ② $3\leq k\leq5$ ③ $4\leq k\leq6$
④ $5\leq k\leq7$ ⑤ $6\leq k\leq8$

1st 첫 번째 이차부등식을 풀어보자.
$$\begin{cases} x^2-(2k-8)x+k^2-8k>0 & \cdots ㉠ \\ x^2-5|x|+6\leq0 & \cdots ㉡ \end{cases}$$

㉠을 풀면 $x^2-(k+k-8)x+k(k-8)>0$에서
$(x-k)(x-k+8)>0$
∴ $x<k-8$ 또는 $x>k$ ··· ㉢

[실수] $x>0$인 범위에서 $y=x^2-5x+6$의 그래프를 그리고, 이를 y축 대칭시켜 $x<0$인 범위에서의 그래프를 그리면 해를 쉽게 구할 수 있어.

2nd 두 번째 이차부등식을 풀어보자.

㉡을 풀면 $x^2-5|x|+6\leq0$에서
$|x|^2-5|x|+6\leq0$이므로
$(|x|-3)(|x|-2)\leq0$
$2\leq|x|\leq3$
∴ $-3\leq x\leq-2$ 또는 $2\leq x\leq3$ ··· ㉣

$x\geq0$, $x<0$인 경우로 나누어 풀어도 되지만, $x^2=|x|^2$임을 이용하여 풀 수도 있어. 절댓값의 정의가 원점에서부터의 거리임을 이용하면 해의 범위가 나와.

3rd 두 이차부등식의 해가 겹치지 않도록 하는 k의 값의 범위를 구하자.

ⓒ, ⓔ의 공통범위가 존재하지 않으려면
오른쪽 그림과 같아야 하
므로

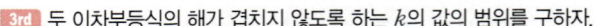

$k-8\leq-3$이고 $k\geq3$이
어야 한다. 경계값 숫자의 포함 여부를
잘 따져야 해.

$\therefore 3\leq k\leq5$

I 175 정답 ⑤ ············· ✪2등급 대비 [정답률 27%]

> **정답 공식:** $a>0$일 때, 이차부등식 $ax^2+bx+c\leq0$의 해가 $\alpha\leq x\leq\beta$이면
> $ax^2+bx+c=a(x-\alpha)(x-\beta)$이다.
> 또한, $a>0$일 때, 모든 실수 x에 대하여 이차부등식 $ax^2+bx+c\geq0$이 성립하
> 려면 $b^2-4ac\leq0$이다.

단서3 조건 (가), (나)를 이용해 $f(3)$의 값의 범위를 구해. ←

다음 조건을 만족시키는 이차함수 $f(x)$에 대하여 $f(3)$의 최
댓값을 M, 최솟값을 m이라 할 때, $M-m$의 값은?

단서1 $\dfrac{1-x}{4}=t$로 치환한 후 $-7\leq x\leq9$를 t에 대한 식으로 나타내면 t에 대한
이차부등식를 세울 수 있어.

(가) 부등식 $f\left(\dfrac{1-x}{4}\right)\leq0$의 해가 $-7\leq x\leq9$이다.

(나) 모든 실수 x에 대하여 부등식 $f(x)\geq2x-\dfrac{13}{3}$이 성
립한다. **단서2** 이차부등식 $f(x)-2x+\dfrac{13}{3}\geq0$이 모든 실수 x에
대하여 성립할 조건을 떠올려봐.

① $\dfrac{7}{4}$ ② $\dfrac{11}{6}$ ③ $\dfrac{23}{12}$

④ 2 ⑤ $\dfrac{25}{12}$

1st $\dfrac{1-x}{4}=t$라 놓고 조건 (가)를 이용해 이차함수 $f(x)$의 식을 구하자.

조건 (가)에서 $\dfrac{1-x}{4}=t$라 하면 $x=1-4t$ … ㉠

㉠을 $-7\leq x\leq9$에 대입하면
$-7\leq1-4t\leq9$, $-8\leq-4t\leq8$
$\therefore -2\leq t\leq2$

즉, 이차부등식 $f(t)\leq0$의 해가 $-2\leq t\leq2$이므로
$\underline{f(t)=k(t+2)(t-2)}$ $(k>0$인 상수$)$
라 놓을 수 있다. $a>0$이고 $a<\beta$일 때
$\qquad$ (1) 최고차항의 계수가 a이고 해가 $a\leq x\leq\beta$인 이차부등식은
$\therefore f(x)=k(x+2)(x-2)$ $\qquad a(x-\alpha)(x-\beta)\leq0$
$\qquad\quad =kx^2-4k$ … ㉡ $\quad$ (2) 최고차항의 계수가 a이고 해가 $x\leq\alpha$ 또는 $x\geq\beta$인
$f(t)=k(t+2)(t-2)$에서 $\qquad$ 이차부등식은 $a(x-\alpha)(x-\beta)\geq0$
t 대신에 x를 대입해봐.

2nd 조건 (나)를 이용해서 k의 값의 범위를 구해.

조건 (나)의 $f(x)\geq2x-\dfrac{13}{3}$에 ㉡을 대입하면

$kx^2-4k\geq2x-\dfrac{13}{3}$

이때, 모든 실수 x에 대하여

부등식 $kx^2-4k\geq2x-\dfrac{13}{3}$, 즉 $\underline{kx^2-2x-4k+\dfrac{13}{3}\geq0}$이 성립하므로

이차방정식 $kx^2-2x-4k+\dfrac{13}{3}=0$의 판별식을 D라 할 때
$\qquad\qquad\qquad\qquad\qquad\qquad\qquad\qquad$ 이차부등식
$\dfrac{D}{4}=1-k\left(-4k+\dfrac{13}{3}\right)\leq0$ $\qquad\qquad ax^2+bx+c\geq0$이
$\qquad\qquad\qquad\qquad\qquad\qquad\qquad\quad$ 항상 성립할 조건은
$\qquad\qquad\qquad\qquad\qquad\qquad\qquad\quad a>0$이고
$4k^2-\dfrac{13}{3}k+1\leq0$, $12k^2-13k+3\leq0$ $\quad b^2-4ac\leq0$이어야 해.

$(3k-1)(4k-3)\leq0$

$\therefore \dfrac{1}{3}\leq k\leq\dfrac{3}{4}$ … ⓒ

3rd $f(3)$의 최댓값, 최솟값을 찾자.

한편, ㉡에 의해 $f(3)=9k-4k=5k$이고

ⓒ에 의해 $\dfrac{5}{3}\leq5k\leq\dfrac{15}{4}$이므로

$\dfrac{5}{3}\leq f(3)\leq\dfrac{15}{4}$

따라서 $f(3)$의 최댓값 $M=\dfrac{15}{4}$, 최솟값 $m=\dfrac{5}{3}$이므로

$M-m=\dfrac{15}{4}-\dfrac{5}{3}=\dfrac{25}{12}$

🔧 **다른 풀이:** $f(x)=k(x-a)(x-b)$라 놓고 조건 (가)를 이용해 함수 $f(x)$를 구하기

$f(x)$는 이차함수이므로
$f(x)=k(x-a)(x-b)$ $(k, a, b$는 상수, $k\neq0$, $a<b)$
라 하자.

조건 (가)에서 $f\left(\dfrac{1-x}{4}\right)\leq0$이므로
$\qquad\qquad\qquad\qquad f(x)$에서 x 대신에 $\dfrac{1-x}{4}$를 대입하면 돼.
$k\left(\dfrac{1-x}{4}-a\right)\left(\dfrac{1-x}{4}-b\right)\leq0$

$k\left(\dfrac{1-4a-x}{4}\right)\left(\dfrac{1-4b-x}{4}\right)\leq0$

$k(x+4a-1)(x+4b-1)\leq0$
위의 이차부등식의 해가 $-7\leq x\leq9$이므로 $k>0$이고,
$-4a+1=9$, $-4b+1=-7$에서
$a=-2$, $b=2$ $\qquad\longrightarrow$ $a<b$이므로 $-4a+1>-4b+1$이겠지?
$\therefore f(x)=k(x-a)(x-b)$ $\quad$ 즉, 부등식 $k(x+4a-1)(x+4b-1)\leq0$의 해는
$\qquad =k(x+2)(x-2)$ $\qquad -4b+1\leq x\leq-4a+1$이고 이 해가 $-7\leq x\leq9$
$\qquad =kx^2-4k$ $(k>0)$ $\quad$ 이므로 $-4a+1=9$, $-4b+1=-7$이 되는 거야.

(이하 동일)

I 176 정답 ⑤ ············· ✪2등급 대비 [정답률 25%]

> **정답 공식:** 보관창고와의 거리에 따른 총 운송비가 390000원 이하가 되도록 부
> 등식을 세운다.

그림과 같이 일직선 위의 세 지점 A, B, C에 같은 제품을 생
산하는 공장이 있다. A와 B 사이의 거리는 20 km, B와 C 사
이의 거리는 50 km, A와 C 사이의 거리는 30 km이다. 이 일
직선 위의 두 지점 A와 C 사이에 보관창고를 지으려고 한다.
공장과 보관창고와의 거리가 x km일 때, 제품 한 개당 운송
비는 x^2원이 든다고 하자. 세 지점 A, B, C의 공장에서 하루
에 생산되는 제품이 각각 100개, 200개, 300개일 때, 하루에
드는 총 운송비가 390000원 이하가 되도록 하려면 보관창고
는 A지점에서 최대 몇 km 떨어진 지점까지 지을 수 있는가?
(단, 공장과 보관창고의 크기는 무시한다.)

단서1 A지점과 보관창고 사이의 거리를 **단서2** 각 공장에서 제품을 운송하는 운송비는 ←
x km라 놓자. $\qquad\qquad\qquad\qquad$ (제품 개수) $\times$ (제품 한 개당 운송비)야.

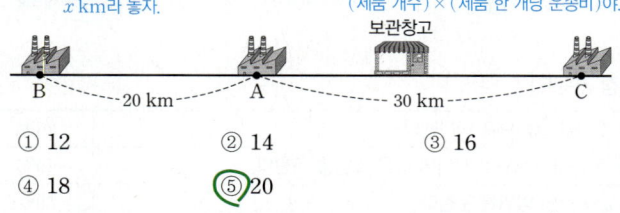

① 12 ② 14 ③ 16

④ 18 ⑤ 20

1st 주어진 조건을 이용해 이차부등식을 세우자.

보관창고가 A지점에서 x km 떨어져 있다고 하면 보관창고와 B지점 사이의 거리는 $20+x$(km), 보관창고와 C지점 사이의 거리는 $30-x$(km)이다.

→ (거리)≥0이지? 그런데 이 문제에서는 A와 C 사이에 보관창고를 지으려고 하므로 $x\neq0$이고 $x\neq30$이어야 해.

이때, $x>0$, $20+x>0$, $30-x>0$이므로

$0<x<30$ … ㉠

한편, 공장과 보관창고의 거리가 x km일 때, 제품 한 개당 운송비는 x^2원이고, 하루에 드는 총 운송비가 390000원 이하가 되어야 하므로

$100x^2+200(20+x)^2+300(30-x)^2\leq390000$

함정 운송비 구하는 법을 몰라도 문제에 제시된 조건을 통해 식을 유추할 수 있어.

B지점의 공장과 C지점의 공장에서 제품 한 개당 드는 운송비는 각각 $(20+x)^2$원, $(30-x)^2$원이야.

2nd 이차부등식을 풀자.

$100x^2+200(20+x)^2+300(30-x)^2\leq390000$에서

$x^2+2(20+x)^2+3(30-x)^2\leq3900$

$x^2+2(400+40x+x^2)+3(900-60x+x^2)\leq3900$

$x^2+800+80x+2x^2+2700-180x+3x^2\leq3900$

$6x^2-100x-400\leq0$

$3x^2-50x-200\leq0$

$(3x+10)(x-20)\leq0$

$\therefore -\dfrac{10}{3}\leq x\leq20$ … ㉡

3rd 연립부등식의 해를 구하고 문제의 뜻에 맞는 답을 찾자.

㉠, ㉡에서 $0<x\leq20$

즉, 보관창고는 A지점에서 최대 20 km 떨어진 지점까지 지을 수 있다.

I 177 정답 ④ .... ★2등급 대비 [정답률 21%]

정답 공식: 부등식 $f(x)\leq g(x)$의 해가 존재하지 않으면 모든 실수 x에 대하여 $f(x)>g(x)$이다.

실수 x에 대한 부등식

$x^2-9\leq2k(x-a)$

에 대하여 [보기]에서 옳은 것만을 있는 대로 고른 것은?

(단, a, k는 상수이다.)

단서 1 $a=3$을 주어진 부등식에 대입한 후 해를 구하자.

[보기]

ㄱ. $a=3$일 때, 부등식의 해는 $x\leq2k-3$이다.

ㄴ. $a=5$일 때, 부등식의 해가 존재하지 않도록 하는 정수 k의 개수는 7이다.
단서 2 부등식 $x^2-9\leq2k(x-a)$의 해가 존재하지 않으니까 반대로 생각하면 부등식 $x^2-9>2k(x-a)$의 해는 모든 실수라는 것을 알 수 있어.

ㄷ. $-3\leq a\leq3$일 때, 모든 실수 k에 대하여 부등식을 만족시키는 정수 x의 값은 항상 존재한다.
단서 3 주어진 부등식을 함수 $y=x^2-9$의 그래프와 직선 $y=2k(x-a)$의 위치 관계로 파악해봐.

① ㄱ ② ㄴ ③ ㄷ ④ ㄴ, ㄷ ⑤ ㄱ, ㄴ, ㄷ

1st $a=3$을 주어진 식에 대입해서 이차부등식의 해를 구해.

ㄱ. $a=3$일 때, $x^2-9\leq2k(x-3)$에서

$(x+3)(x-3)\leq2k(x-3)$ $\therefore (x-3)(x-2k+3)\leq0$ … ㉠

(i) $2k-3<3$, 즉 $k<3$일 때,

㉠의 해는 $2k-3\leq x\leq3$

(ii) $2k-3=3$, 즉 $k=3$일 때,

㉠의 해는 $x=3$

$(x-3)(x-2k+3)\leq0$에서 $k=3$이면 $(x-3)(x-3)\leq0$, $(x-3)^2\leq0$

이때, $(x-3)^2$은 음수가 될 수 없으므로 $(x-3)^2=0$ $\therefore x=3$

(iii) $2k-3>3$, 즉 $k>3$일 때,

㉠의 해는 $3\leq x\leq2k-3$

즉, $a=3$일 때, k의 값의 범위에 따라 부등식의 해가 달라지므로 부등식의 해는 $x\leq2k-3$이 아니다. (거짓)

2nd $a=5$를 대입해서 이차부등식의 해가 존재하지 않을 조건을 따져봐.

ㄴ. $a=5$일 때, $x^2-9\leq2k(x-5)$에서

$x^2-2kx+10k-9\leq0$

이 이차부등식의 해가 존재하지 않으려면 모든 실수 x에 대하여

이차부등식 $x^2-2kx+10k-9>0$이 성립해야 한다.

이때, 이차방정식 $x^2-2kx+10k-9=0$의 판별식을 D라 하면

$\dfrac{D}{4}=k^2-10k+9<0$

이차방정식 $ax^2+bx+c=0$의 판별식 $D=b^2-4ac$에 대하여

$(k-1)(k-9)<0$

$\therefore 1<k<9$

(1) 이차부등식 $ax^2+bx+c>0$의 해가 모든 실수이면 $a>0$, $D<0$
(2) 이차부등식 $ax^2+bx+c<0$의 해가 모든 실수이면 $a<0$, $D<0$

즉, 조건을 만족시키는 정수 k는 2, 3, 4, 5, 6, 7, 8의 7개이다. (참)

3rd 직선 $y=2k(x-a)$는 k의 값에 관계없이 점 $(a, 0)$을 지나는 직선임을 이용해.

ㄷ. 부등식 $x^2-9\leq2k(x-a)$, 즉 $(x+3)(x-3)\leq2k(x-a)$의 해는

함수 $y=(x+3)(x-3)$의 그래프가 직선 $y=2k(x-a)$보다 아래쪽에 있거나 만나는 부분의 x의 값의 범위이다.

이때, 함수 $y=(x+3)(x-3)$의 그래프는 두 점 $(-3, 0)$, $(3, 0)$을 지나면서 아래로 볼록한 포물선이고, 직선 $y=2k(x-a)$는 k의 값에 관계없이 점 $(a, 0)$을 지나고 기울기는 $2k$이다.

따라서 $-3\leq a\leq3$이고 k의 값의 부호에 따라

함수 $y=(x+3)(x-3)$의 그래프와 직선을 그리면 다음과 같이 나타낼 수 있다.

(i) $k>0$일 때,

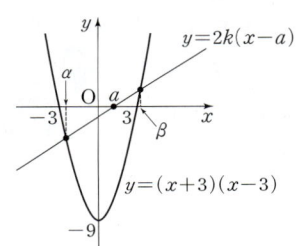

함수 $y=(x+3)(x-3)$의 그래프와 직선의 교점의 x좌표를 $x=\alpha$, $x=\beta$라 하면 주어진 부등식의 해는

$\alpha\leq x\leq\beta$ (단, $-3<\alpha<3<\beta$)

(ii) $k=0$일 때,

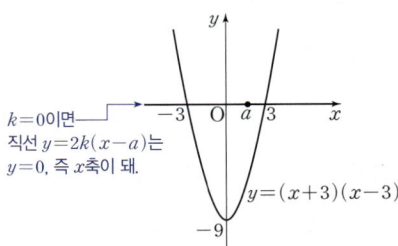

$k=0$이면 직선 $y=2k(x-a)$는 $y=0$, 즉 x축이 돼.

주어진 부등식은 $(x+3)(x-3)\leq0$이므로 부등식의 해는 $-3\leq x\leq3$

(iii) $k<0$일 때,

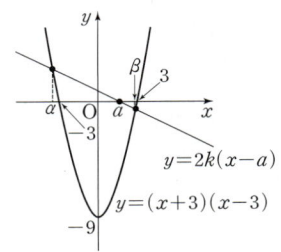

함수 $y=(x+3)(x-3)$의 그래프와 직선의 교점의 x좌표를
$x=\alpha$, $x=\beta$라 하면 주어진 부등식의 해는
$\alpha \le x \le \beta$ (단, $\alpha < -3 < \alpha < \beta < 3$)
즉, k의 값에 관계없이 부등식의 해는 정수 -3 또는 3을 포함하므
로 주어진 부등식을 만족시키는 정수 x의 값은 항상 존재한다. (참)
따라서 옳은 것은 ㄴ, ㄷ이다.

I 178 정답 ③ ·········· ★2등급 대비 [정답률 30%]

[정답 공식: $\sqrt{f(x)}$가 순허수가 되려면 모든 실수 x에 대하여 $f(x)<0$이어야 한다.]

> 모든 실수 x에 대하여 $\sqrt{ax^2+6ax+3a-4}$가 순허수가 되도
> 록 하는 상수 a의 값의 범위는?　단서 √ 안의 식이 항상 음수여야 해.
>
> ① $-\dfrac{5}{3}<a<0$　　　　② $-\dfrac{2}{3}<a<0$
>
> ③ $-\dfrac{2}{3}<a\le 0$　　　　④ $-\dfrac{1}{3}<a<0$
>
> ⑤ $-\dfrac{1}{3}<a\le 0$

1st 모든 실수 x에 대하여 $ax^2+6ax+3a-4<0$인 조건을 찾아.

주어진 값이 모든 실수 x에 대하여 순허수가 되려면
√ 안의 식이 항상 음수, 즉 $ax^2+6ax+3a-4<0$이어야 한다.

(ⅰ) $a=0$일 때 → 문제에서 이차식이라는 표현이 없지? 따라서 최고차항의 계수가 0인 경우와 아닌 경우를 나누어야 해.

　$ax^2+6ax+3a-4=-4<0$이므로 주어진 식이 순허수가 된다.

(ⅱ) $a\ne 0$일 때, 　이차식 ax^2+bx+c이 항상 음수일 조건 : $a<0$, (판별식)<0

주어진 이차식이 항상 음수이려면 $a<0$이고
이차방정식 $ax^2+6ax+3a-4=0$의 판별식 $D<0$이어야 한다.

$\dfrac{D}{4}=(3a)^2-a(3a-4)<0$에서　함정 이차부등식은 이차방정식, 이차함수와 연계하여 생각할 수 있어야 해.

$6a^2+4a<0$, $a(3a+2)<0$

$\therefore -\dfrac{2}{3}<a<0$

(ⅰ), (ⅱ)에서 $-\dfrac{2}{3}<a\le 0$

✿ 이차부등식이 항상 성립할 조건　　　　개념·공식

① 모든 실수 x에 대하여 $ax^2+bx+c>0$(단, $a\ne 0$)이 성립할 조건은
　$a>0$, $D=b^2-4ac<0$(단, $ax^2+bx+c\ge 0$일 때는 $a>0$, $D\le 0$)
② 모든 실수 x에 대하여 $ax^2+bx+c<0$(단, $a\ne 0$)이 성립할 조건은
　$a<0$, $D=b^2-4ac<0$(단, $ax^2+bx+c\le 0$일 때는 $a<0$, $D\le 0$)

I 179 정답 ④ ·········· ★2등급 대비 [정답률 31%]

[정답 공식: 조립제법으로 삼차식을 (일차식)×(이차식)으로 인수분해한 후, 이차식의 근의 조건을 따져본다.]

> x에 대한 삼차방정식 $x^3-5x^2+(k-9)x+k-3=0$이 1보
> 다 작은 한 근과 1보다 큰 서로 다른 두 실근을 갖도록 하는
> 모든 정수 k의 값의 합은?　단서 $x^3-5x^2+(k-9)x+k-3$ $=(x+1)(x^2-6x+k-3)$이므로 $x^2-6x+k-3=0$은 1보다 큰 서로 다른 두 실근을 가져야 해.
>
> ① 24　　　　② 26　　　　③ 28
>
> ④ 30　　　　⑤ 32

1st 주어진 삼차방정식의 좌변이 인수분해가 되는지 확인하자.

삼차방정식 $x^3-5x^2+(k-9)x+k-3=0$의 좌변을 조립제법을 이용
하여 인수분해하면

$$\begin{array}{r|rrrr} -1 & 1 & -5 & k-9 & k-3 \\ & & -1 & 6 & -k+3 \\ \hline & 1 & -6 & k-3 & 0 \end{array}$$

$\therefore x^3-5x^2+(k-9)x+k-3=(x+1)(x^2-6x+k-3)=0$
따라서 $x=-1$은 주어진 삼차방정식의 근이다.

2nd 이차방정식 $x^2-6x+k-3=0$이 1보다 큰 서로 다른 두 실근을 가지면 되겠지? 이차방정식 $f(x)=0$의 서로 다른 두 근이 모두 p보다 클 조건은 $f(p)>0$, (축)>p, $D>0$

이차방정식 $x^2-6x+k-3=0$이 1보다 큰 서로 다른 두 실근을 가져야 하므로

$f(x)=x^2-6x+k-3$이라 하면
$f(1)=1-6+k-3>0$
1보다 큰 근을 가질 조건
$\therefore k>8 \cdots \bigcirc$

또, $x^2-6x+k-3=0$의 판별식을 D라 하면
$\dfrac{D}{4}=9-k+3>0$　　서로 다른 두 실근을 가질 조건
$\therefore k<12 \cdots \bigcirc$

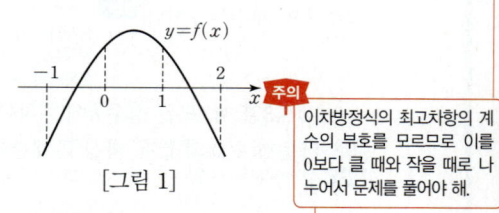

실수 그래프의 개형을 그린 후 이를 통해 문제를 풀면 훨씬 쉽게 풀 수 있어.

$\bigcirc$, $\bigcirc$을 모두 만족하는 k의 값의 범위는
$8<k<12$
따라서 구하는 정수 k는 9, 10, 11이므로 그 합은
$9+10+11=30$이다.

I 180 정답 $3<k<1+\dfrac{\sqrt{22}}{2}$ ······ ★2등급 대비 [정답률 28%]

[정답 공식: k의 부호에 따라 경우를 나누어 주어진 조건을 만족하도록 하는 k의 범위를 구한다.]

> 이차방정식 $kx^2-(k^2-7)x-5=0$의 한 근은 1과 2 사이에
> 있고, 다른 한 근은 -1과 0 사이에 있을 때, 실수 k의 값의
> 범위를 구하시오.　단서 이차방정식이라고 했으니까 $k\ne 0$이야. 주어진 이차식을 $f(x)$로 놓고, $k>0$인 경우와 $k<0$인 경우의 그래프를 그려서 조건을 따져봐야 해.

1st $f(x)=kx^2-(k^2-7)x-5$라 하고, $k<0$일 때 조건을 만족할 수 있는지 따져보자.

$f(x)=kx^2-(k^2-7)x-5$라 하자.
$k<0$일 때, 조건을 만족하는 $y=f(x)$의 그래프의 개형은 [그림 1]과
같아야 한다.

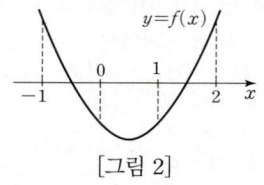

주의 이차방정식의 최고차항의 계수의 부호를 모르므로 이를 0보다 클 때와 작을 때로 나누어서 문제를 풀어야 해.

[그림 1]

그런데 $f(0)=-5<0$이므로 모순이다.

2nd $k>0$일 때 해의 조건을 만족하도록 k의 값의 범위를 구하자.

$k>0$일 때, 조건을 만족하는 $y=f(x)$의 그래프의 개형은 [그림 2]와
같아야 한다.

[그림 2]

$x=-1$, 0, 1, 2일 때의 $f(x)$의 부호를 따져보자.

(i) $f(-1)>0$에서   두 근의 부호가 서로 다를 때에는 판별식의 부호는 따지지 않아도 돼.
$k+(k^2-7)-5>0$, $k^2+k-12>0$
$(k+4)(k-3)>0$ $\therefore k<-4$ 또는 $k>3$
이때, $k>0$이므로 $k>3$이다. $\cdots$ ㉠

(ii) $f(0)=-5<0$

(iii) $f(1)<0$에서
$k-(k^2-7)-5<0$, $k^2-k-2>0$
$(k+1)(k-2)>0$ $\therefore k<-1$ 또는 $k>2$
이때, $k>0$이므로 $k>2$이다. $\cdots$ ㉡

(iv) $f(2)>0$에서
$4k-2(k^2-7)-5>0$
$2k^2-4k-9<0$ $\rightarrow 2k^2-4k-9=0$에서 근의 공식을 적용하면
$\therefore 1-\dfrac{\sqrt{22}}{2}<k<1+\dfrac{\sqrt{22}}{2}$ $k=\dfrac{2\pm\sqrt{2^2+18}}{2}=1\pm\dfrac{\sqrt{22}}{2}$

이때, $k>0$이므로 $0<k<1+\dfrac{\sqrt{22}}{2}$이다. $\cdots$ ㉢

따라서 ㉠, ㉡, ㉢의 공통부분은
$3<k<1+\dfrac{\sqrt{22}}{2}$이다.

$\dfrac{\sqrt{22}}{2}=\sqrt{\dfrac{11}{2}}=\sqrt{5.5}>\sqrt{4}=2$이니까

$1+\dfrac{\sqrt{22}}{2}>3$이야.

I 181 정답 **6** $\cdots\cdots\cdots\cdots\cdots$ ★1등급 대비 [정답률 10%]

＊조건을 만족시키는 이차부등식의 미정계수 구하기 [유형 01]

> x에 대한 이차부등식
> $$(2x-a^2+2a)(2x-3a)\leq 0$$
> 의 해가 $a\leq x\leq\beta$이다.   [단서2] 이차부등식을 풀어 α, β와 a 사이의 관계식을 찾자.
> 두 실수 α, β가 다음 조건을 만족시킬 때, 모든 실수 a의 값의 합을 구하시오.   [단서1] 조건 (가)만으로 α, β가 정수라고 단정할 수 없어. $\beta-\alpha$의 값이 정수라는 거니까 조건 (나)를 적당히 이용해서 $\beta-\alpha$의 값이 정해질 수 있는지 따지자.
>
> (가) $\beta-\alpha$는 자연수이다.
> (나) $\alpha\leq x\leq\beta$를 만족하는 정수 x의 개수는 3이다.

🔴**1등급?** 이차부등식의 해가 주어진 조건을 만족시키도록 하는 미정계수를 구하는 문제이다.
우선, 이차부등식의 해가 문자이므로 등호가 성립하는 해의 크기를 서로 비교해봐야 하고, 그 다음 이차부등식의 해 중 정수의 개수를 따져볼 때, 구간의 양 끝값이 정수인 경우와 정수가 아닌 경우로 나누어서 풀어봐야 하는 점이 어려웠다.

🧠 **단서+발상**

[단서1] 먼저, $\alpha\leq x\leq\beta$를 만족시키는 정수 x가 3개, $\beta-\alpha$가 자연수이므로 α가 정수이면 x는 α, $\alpha+1$, $\alpha+2$가 가능하므로 $\beta=\alpha+2$이다.
또, α가 정수가 아니면 정수 x는 α와 $\alpha+1$ 사이에 하나, $\alpha+1$과 $\alpha+2$ 사이에 하나, $\alpha+2$와 $\alpha+3$ 사이에 하나 존재하게 되므로 $\beta=\alpha+3$이다. **발상**

[단서2] 이차부등식 $(x-\alpha)(x-\beta)\leq 0$의 해가 $\alpha\leq x\leq\beta$이므로 $\alpha=\dfrac{a^2-2a}{2}$,
$\beta=\dfrac{3a}{2}$이거나 $\alpha=\dfrac{3a}{2}$, $\beta=\dfrac{a^2-2a}{2}$이다. **개념**
이 두 경우에서 α가 정수이고 $\beta=\alpha+2$인 경우와 α가 정수가 아니고 $\beta=\alpha+3$인 경우로 나누어 이를 만족시키는 실수 a의 값을 구할 수 있다. **적용**

🔴**주의** 이차부등식의 해의 경계가 되는 $\dfrac{1}{2}a^2-a$와 $\dfrac{3}{2}a$의 대소 관계를 따져줘야 하고, 해 α, β가 정수인 경우와 정수가 아닌 경우도 다시 나누어서 풀어야 한다.

> **핵심 정답 공식** : 두 정수 m, n에 대하여 부등식 $m\leq x\leq n$을 만족시키는 정수 x의 개수는 $n-m+1$이다.

$\cdots\cdots\cdots\cdots\cdots$ [문제 풀이 순서] $\cdots\cdots\cdots\cdots\cdots$

1st 조건을 이용하여 $\beta-\alpha$의 값을 따지자.
조건 (가)에서 $\beta-\alpha$가 자연수가 되기 위한 조건을 α, β가 모두 정수이거나 α, β가 각각 정수가 아닌 실수인 경우로 나누어 생각해보자.
조건 (나)에 의해 $\alpha\leq x\leq\beta$인 정수 x의 개수가 3이 되기 위해서
α, β가 모두 정수인 경우에는 $\beta-\alpha=2$,
α, β가 각각 정수가 아닌 실수인 경우에는 $\beta-\alpha=3$
이어야 한다.

🔴**실수** α, β가 정수인 경우, 예를 들면 $1\leq x\leq 3$이면 정수 $x=1$, 2, 3이므로 $\beta-\alpha=2$
α, β가 정수가 아닌 경우, 예를 들면 $1.5\leq x\leq 4.50$이면 정수 $x=2$, 3, 4이므로 $\beta-\alpha=3$

2nd 각각의 경우에 대하여 a의 값이 가능한지를 따지자.
이차부등식 $(2x-a^2+2a)(2x-3a)\leq 0$,
즉 $4\left\{x-\left(\dfrac{1}{2}a^2-a\right)\right\}\left(x-\dfrac{3}{2}a\right)\leq 0$에서 $\rightarrow a$의 값의 범위를 구하면
$a^2-2a>3a$, $a^2-5a>0$
$a(a-5)>0$
$\therefore a<0$ 또는 $a>5$

(i) $\dfrac{1}{2}a^2-a>\dfrac{3}{2}a$인 경우
이차부등식 $(2x-a^2+2a)(2x-3a)\leq 0$의 해는
$\dfrac{3}{2}a\leq x\leq\dfrac{1}{2}a^2-a$

i) α, β가 모두 정수인 경우
$\beta-\alpha=\left(\dfrac{1}{2}a^2-a\right)-\dfrac{3}{2}a=\dfrac{1}{2}a^2-\dfrac{5}{2}a=2$이므로
$a^2-5a-4=0$에서 $a=\dfrac{5\pm\sqrt{41}}{2}$ α, β가 모두 정수이면 $\beta-\alpha=2$가 성립한다고 했지?
$a=\dfrac{5\pm\sqrt{41}}{2}$이면 α와 β가 각각 정수가 아니므로 α, β가 모두
정수라는 가정에 모순이다.

ii) α, β가 각각 정수가 아닌 실수인 경우
$\beta-\alpha=\left(\dfrac{1}{2}a^2-a\right)-\dfrac{3}{2}a=\dfrac{1}{2}a^2-\dfrac{5}{2}a=3$이므로 α, β가 각각 정수가 아니면 $\beta-\alpha=3$이 성립한다고 했어.
$a^2-5a-6=0$에서 $(a+1)(a-6)=0$
$\therefore a=-1$ 또는 $a=6$
$a=-1$이면 $\alpha=-\dfrac{3}{2}$, $\beta=\dfrac{3}{2}$으로 $\dfrac{3}{2}a\leq x\leq\dfrac{1}{2}a^2-a$에 $a=-1$과
각각 정수가 아닌 실수이다. $a=6$을 대입하면 각각 α, β를 구할 수 있어.
$a=6$이면 $\alpha=9$, $\beta=12$로
모두 정수이므로 조건을 만족시키지 않는다.
즉, 조건을 만족시키는 $a=-1$ $\rightarrow a$의 값의 범위를 구하면
$a^2-2a<3a$, $a^2-5a<0$
$a(a-5)<0$
$\therefore 0<a<5$

(ii) $\dfrac{1}{2}a^2-a<\dfrac{3}{2}a$인 경우
이차부등식 $(2x-a^2+2a)(2x-3a)\leq 0$의 해는
$\dfrac{1}{2}a^2-a\leq x\leq\dfrac{3}{2}a$

i) α, β가 모두 정수인 경우
$\beta-\alpha=\dfrac{3}{2}a-\left(\dfrac{1}{2}a^2-a\right)=-\dfrac{1}{2}a^2+\dfrac{5}{2}a=2$이므로
$a^2-5a+4=0$에서 $(a-1)(a-4)=0$
$\therefore a=1$ 또는 $a=4$
$a=1$이면 $\alpha=-\dfrac{1}{2}$, $\beta=\dfrac{3}{2}$으로
각각 정수가 아니므로 조건을 만족시키지 않는다.
$a=4$이면 $\alpha=4$, $\beta=6$으로 모두 정수이다.
$\rightarrow \dfrac{1}{2}a^2-a\leq x\leq\dfrac{3}{2}a$에 $a=1$과 $a=4$를 대입하면 각각 α, β를 구할 수 있어.

즉, 조건을 만족시키는 $a=4$

ii) α, β가 각각 정수가 아닌 실수인 경우
$$\beta-\alpha=\frac{3}{2}a-\left(\frac{1}{2}a^2-a\right)=-\frac{1}{2}a^2+\frac{5}{2}a=3$$이므로
$a^2-5a+6=0$에서 $(a-2)(a-3)=0$
$\therefore a=2$ 또는 $a=3$
$a=2$이면 $\alpha=0$, $\beta=3$으로 모두 정수이므로
조건을 만족시키지 않는다.
$\underline{\quad\quad\quad\quad}$　　　$\frac{1}{2}a^2-a\leq x\leq\frac{3}{2}a$에 $a=2$와 $a=3$을
대입하면 각각 α, β를 구할 수 있어.
$a=3$이면 $\alpha=\frac{3}{2}$, $\beta=\frac{9}{2}$로
각각 정수가 아닌 실수이다. 즉, 조건을 만족시키는 $a=3$
(i), (ii)에 의하여 (구하는 합)$=-1+4+3=6$

My Top Secret
서울대 선배의 **①** 등급 대비 전략

조건 (가), (나)에서 $\beta-\alpha$가 자연수이고 $\alpha\leq x\leq\beta$를 만족시키는 정수의 개수가 3개라고 하니 무조건 $\beta-\alpha=3$인 경우만을 생각하여 푸는 경우가 대부분일 거야.
이런 유형의 경우 α와 β가 실수이므로 α와 β가 모두 정수인 경우는 물론이고, 모두 정수가 아닌 경우도 반드시 고려해줘야 한다는 것을 반드시 기억해두어야 실수를 줄일 수 있어.
그런 다음, α와 β가 모두 정수가 아닌 경우에 $\beta-\alpha$의 값은 위의 단서 + 발상과 풀이에서 제시한 두 가지 방법과 같이 수 체계에 대해 이해하며 찾으면 좋을 것 같아.

I 182 정답 ② ★1등급 대비 [정답률 23%]

* 모든 실수에 대해 성립하는 이차부등식의 미정계수 구하기 [유형 10]

> 모든 실수 x에 대하여 부등식
> 단서1 $-x^2+3x+2\leq mx+n$, $mx+n\leq x^2-x+4$ 의 두 부등식을 만족할 조건을 구하는 것과 같아.
> $$-x^2+3x+2\leq mx+n\leq x^2-x+4$$
> 가 성립할 때, m^2+n^2의 값은? (단, m, n은 상수이다.)
> ① 8 　②10 　③ 12
> ④ 14 　⑤ 16
> 단서2 단서1에서 세운 두 부등식에서 실수 m, n의 값을 찾아내자.

왜 1등급? 이 문제는 이차연립부등식이 모든 실수 x에 대해 성립하도록 하는 미정계수를 구하는 문제이다.
이를 위해서 이차부등식과 이차방정식 사이의 관계를 정확히 이해한 후, 두 이차방정식의 판별식의 조건을 만족시키는 m, n의 값을 찾는 것이 어려웠다.

단서 + 발상
단서1 먼저, 주어진 부등식은 두 부등식 $-x^2+3x+2\leq mx+n$과
$mx+n\leq x^2-x+4$를 합쳐 놓은 것과 같다.
따라서 모든 실수 x에 대해서 두 부등식을 모두 만족시키는 m과 n의 값을 찾으면 된다. (개념)
이차부등식 $(x-a)(x-b)\geq0$이 모든 실수 x에 대해 성립할 때, a와 b가 실수이면 $a=b$가 되어야 하므로 이차방정식 $(x-a)(x-b)=0$의 판별식은 0이다. (발상)
따라서 모든 실수 x에 대해
$x^2+(m-3)x+n-2\geq0$, $x^2-(m+1)x+4-n\geq0$이 성립하려면
$(m-3)^2-4(n-2)\leq0$이고, $(m+1)^2-4(4-n)\leq0$이다. (적용)
단서2 이제, 두 부등식 $(m-3)^2-4(n-2)\leq0$, $(m+1)^2-4(4-n)\leq0$을 동시에 만족시키는 m, n의 값을 구하면 된다. 이때, m, n은 실수임에 주의한다. (해결)

주의 부등식 $A\leq B\leq C$은 두 부등식 $A\leq B$와 $B\leq C$가 동시에 성립하는 것을 의미한다.
또, 풀이 과정에서 실수의 성질을 이용해 $m=1$이라는 결과를 얻어내야 한다.

> **핵심 정답 공식:** $A\leq B\leq C$를 두 부등식 $A\leq B$, $B\leq C$로 나누어 푼다. 각각의 해가 모든 실수 x에 대해 성립하도록 하는 m, n의 조건을 구한다.

---------------------- [문제 풀이 순서] ----------------------

1st 주어진 부등식을 $-x^2+3x+2\leq mx+n$, $mx+n\leq x^2-x+4$로 각각 나누어서 생각하자.
주어진 부등식을
$-x^2+3x+2\leq mx+n$ … ㉠　　$A<B<C$ 꼴의 부등식은
$mx+n\leq x^2-x+4$ … ㉡　　$\begin{cases}A<B\\B<C\end{cases}$ 로 고쳐서 푼다.
로 나누어 각각의 부등식을 풀자.

2nd ㉠, ㉡의 부등식이 모든 실수 x에 대하여 성립하는 경우를 생각하자.
㉠에서 $-x^2+3x+2\leq mx+n$, 즉 $x^2+(m-3)x+n-2\geq0$
모든 실수 x에 대하여 성립하려면 이차방정식 $x^2+(m-3)x+n-2=0$의 판별식 D에서 $D\leq0$이어야 한다.
즉, $D=(m-3)^2-4n+8\leq0$에서 $4n\geq m^2-6m+17$ … ㉢이어야 한다.
마찬가지로 ㉡에서도 $mx+n\leq x^2-x+4$, 즉 $x^2-(m+1)x+4-n\geq0$이므로 이차방정식 $x^2-(m+1)x+4-n=0$의 판별식을 D'이라 하면 $D'=(m+1)^2-16+4n\leq0$에서 $4n\leq-m^2-2m+15$ … ㉣이어야 한다.

3rd ㉢, ㉣의 식을 만족하는 m, n의 값을 구하자.
따라서 ㉢, ㉣에 의해
$m^2-6m+17\leq4n\leq-m^2-2m+15$ … ㉤에서
$m^2-6m+17\leq-m^2-2m+15$이므로
$2m^2-4m+2\leq0$
$2(m-1)^2\leq0$
이때, m이 실수이므로 $m=1$이다.
㉤에 $m=1$을 대입하면
$12\leq4n\leq12$
$\therefore n=3$
따라서 $m^2+n^2=1+9=10$이다.

　$4n$은 상수이므로 값이 정해져 있어. 즉, $m^2-6m+17\leq-m^2-2m+15$ 라 할 수 있는 거야.

　실수의 성질에 의하여 $2(m-1)^2\leq0$이려면
$2(m-1)^2=0$
즉, $m=1$이어야 해.

톡톡 풀이: $g(x)\leq h(x)\leq f(x)$라 할 때 직선 $y=h(x)$가 두 이차함수의 그래프에 동시에 접함을 이용하기
$f(x)=x^2-x+4$, $g(x)=-x^2+3x+2$, $h(x)=mx+n$
이라 하면 모든 실수 x에 대하여
$g(x)\leq h(x)\leq f(x)$
가 성립하면 되겠지!
$f(x)-g(x)=x^2-x+4-(-x^2+3x+2)$
$\qquad\qquad=2x^2-4x+2=2(x-1)^2$
이므로

　$f(x)=g(x)$, 즉 $f(x)-g(x)=0$에서 $2(x-1)^2=0$이므로 $x=1$ 즉, $y=f(x)$와 $y=g(x)$ 의 그래프의 교점의 x좌표가 1뿐이므로 두 그래프는 $x=1$ 에서 접해.

$\underline{y=f(x)\text{의 그래프와 } y=g(x)\text{의 그래프는 서로 접해.}}$
따라서 $g(x)\leq h(x)\leq f(x)$가 성립하기 위해서는 그림과 같이 $y=h(x)$의 그래프가 $y=g(x)$와 $y=f(x)$의 그래프에 동시에 접하면 돼.

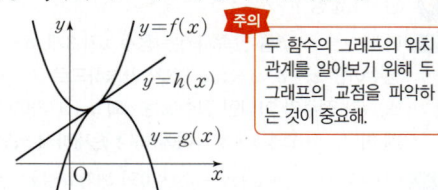

　주의 두 함수의 그래프의 위치 관계를 알아보기 위해 두 그래프의 교점을 파악하는 것이 중요해.

따라서 $f(x)=h(x)$와 $g(x)=h(x)$에서 판별식이 각각 0이어야 하므로
$x^2-(m+1)x+4-n=0$, $x^2+(m-3)x+n-2=0$에서
$(m+1)^2-4(4-n)=0$, $(m-3)^2-4(n-2)=0$
위의 두 식을 연립하면 $m=1$, $n=3$이므로 $m^2+n^2=10$이야.

* 그래프를 이용하여 부등식을 만족시키는 조건 찾기

주어진 부등식을 만족시키는 직선 $y=mx+n$의 위치를 파악하기 위하여 두 이차함수 $y=-x^2+3x+2$와 $y=x^2-x+4$의 그래프를 그려보면, 두 이차함수의 그래프가 $x=1$인 점에서 접함을 알 수 있어.

따라서 이차방정식 $x^2+(m-3)x+n-2=0$이 중근 $x=1$을 가지므로 $(x-1)^2=0$, 즉 $x^2-2x+1=0$과 계수를 비교하여 $m-3=-2$, $n-2=1$을 얻을 수 있어.

I 183 정답 ① .... ⭐1등급 대비 [정답률 13%]

*정수해의 개수가 특정한 값이 되도록 하는 연립이차부등식의 미정계수 구하기
[유형 13]

> x에 대한 연립부등식
> $$\begin{cases} x^2-a^2x\geq 0 \\ x^2-4ax+4a^2-1<0 \end{cases}$$
> **단서1** $\begin{cases} x(x-a^2)\geq 0 \\ (x-2a-1)(x-2a+1)<0 \end{cases}$ 으로 변형할 수 있어.
>
> 을 만족시키는 **정수 x의 개수가 1**이 되기 위한 모든 실수 a
> 의 값의 합은? (단, $0<a<\sqrt{2}$) **단서2** 연립부등식의 해 중 정수는 하나뿐 이라는 거야.
>
> ① $\dfrac{3}{2}$ ② $\dfrac{25}{16}$ ③ $\dfrac{13}{8}$
> ④ $\dfrac{27}{16}$ ⑤ $\dfrac{7}{4}$

왜 1등급? 연립이차부등식이 정수해를 1개 갖기 위한 미정계수를 구하는 문제이다. 이를 위해서 각각의 부등식의 해에서 경계에 해당하는 값들 중 적어도 하나가 양의 정수가 되도록 하는 a의 값을 먼저 정하는 것이 어려웠다.

단서+발상

단서1 먼저, 주어진 두 부등식의 이차식을 인수분해하면
$x(x-a^2)$, $(x-2a-1)(x-2a+1)$이다.
즉, 두 이차부등식의 해는 각각 $x\leq 0$ 또는 $x\geq a^2$, $2a-1<x<2a+1$이다. **개념**

단서2 이제, 각 부등식에서 정수 x의 개수를 구하는 것이므로 $x\geq a^2$, $2a-1<x<2a+1$에서 경계가 정수가 되는지 따져보는 것이 중요하다.

그런데 a^2, $2a-1$, $2a+1$ 중 정수가 하나 이상 있는 a는 $\dfrac{1}{2}$과 1이므로 이들을 기준으로 a의 범위를 나누어 볼 수 있다. **발상**

따라서 $0<a<\dfrac{1}{2}$, $a=\dfrac{1}{2}$, $\dfrac{1}{2}<a<1$, $a=1$, $1<a<\sqrt{2}$로 나누어 각 범위에서 정수 x가 1개가 되도록 하는 a를 구하자. **적용**

주의 a가 $0<a<\sqrt{2}$에서 a^2, $2a-1$, $2a+1$ 중 적어도 하나의 값이 양의 정수가 되는 a의 값을 찾아 범위를 나누어야 한다.

핵심 정답 공식: 주어진 연립부등식의 해를 구한 후, a의 값에 따라 해의 범위에 포함되는 정수의 개수를 체크한다.

--- **[문제 풀이 순서]** ---

1st 두 부등식의 해를 각각 구하자.
$x^2-a^2x\geq 0$에서
$x(x-a^2)\geq 0$
$\therefore x\leq 0$ 또는 $x\geq a^2$ ($\because a^2>0$)
$x^2-4ax+4a^2-1<0$에서

> → 다른 방법으로 인수분해해보자.
> $x^2-4ax+(2a-1)(2a+1)<0$
> $x \searrow -(2a-1)$
> $x \nearrow -(2a+1)$
> $\{x-(2a-1)\}\{x-(2a+1)\}<0$
> $\therefore 2a-1<x<2a+1$

$(x-2a)^2-1<0$
$(x-2a+1)(x-2a-1)<0$
$\{x-(2a-1)\}\{x-(2a+1)\}<0$
$\therefore 2a-1<x<2a+1$ → $2a-1<2a+1$이지?

2nd a의 값의 범위를 나눠 정수해가 1개인 경우를 구하자.

$0<a<\sqrt{2}$에서 a^2, $2a-1$, $2a+1$ 중 적어도 하나의 값이 양의 정수가 되도록 하는 a의 값은 $a=\dfrac{1}{2}$, $a=1$

→ $a^2-(2a-1)=a^2-2a+1=(a-1)^2\geq 0$이므로 $a^2\geq 2a-1$이야.

함정 연립부등식을 만족시키는 정수의 개수를 파악하는 것이 중요하니까 x의 범위의 경곗값이 정수가 나오도록 하는 a의 값을 찾은 거야.

이므로 다음과 같이 a의 값의 범위를 나누어서 생각하자.

(i) $0<a<\dfrac{1}{2}$일 때
$0<a^2<\dfrac{1}{4}$, $-1<2a-1<0$, $1<2a+1<2$
이므로 연립부등식의 해를 수직선 위에 나타내면 다음과 같다.

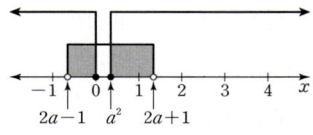

따라서 연립부등식의 해 중 정수 x의 값은 0, 1로 2개의 정수해가 존재한다.

(ii) $a=\dfrac{1}{2}$일 때
$a^2=\dfrac{1}{4}$, $2a-1=0$, $2a+1=2$
이므로 연립부등식의 해를 수직선 위에 나타내면 다음과 같다.

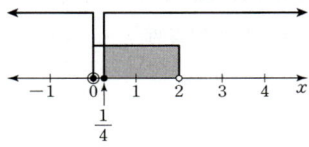

$\therefore \dfrac{1}{4}\leq x<2$
따라서 연립부등식의 해 중 정수 x의 값은 1로 1개의 정수해가 존재한다.

(iii) $\dfrac{1}{2}<a<1$일 때
$\dfrac{1}{4}<a^2<1$, $0<2a-1<1$, $2<2a+1<3$
이므로 연립부등식의 해를 수직선 위에 나타내면 다음과 같다.

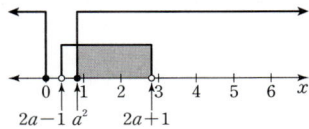

따라서 연립부등식의 해 중 정수 x의 값은 1, 2로 2개의 정수해가 존재한다.

(iv) $a=1$일 때
$a^2=1$, $2a-1=1$, $2a+1=3$
이므로 연립부등식의 해를 수직선 위에 나타내면 다음과 같다.

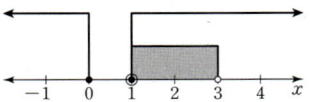

$\therefore 1<x<3$
따라서 연립부등식의 해 중 정수 x의 값은 2로 1개의 정수해가 존재한다.

(v) $1<a<\sqrt{2}$일 때

$1<a^2<2$, $1<2a-1<2\sqrt{2}-1$, $3<2a+1<2\sqrt{2}+1$

$\sqrt{2}=1.4\cdots$이므로
$2\sqrt{2}-1=1.8\cdots$
$2\sqrt{2}+1=3.8\cdots$

이므로 연립부등식의 해를 수직선 위에 나타내면 다음과 같다.

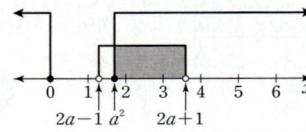

따라서 연립부등식의 해 중 정수 x는 2, 3으로 2개의 정수해가 존재한다.

3rd 1개의 정수해를 갖는 모든 a의 값의 합을 구하자.

(i)~(v)에서 $a=\dfrac{1}{2}$ 또는 $a=1$일 때, 주어진 연립부등식은 1개의 정수해를 갖는다.

따라서 조건을 만족시키는 모든 실수 a의 값의 합은 $\dfrac{1}{2}+1=\dfrac{3}{2}$이다.

1등급 대비 특강

※ **정수해에 대한 조건을 이용하여 미지수의 값 또는 범위 찾기**

$x^2-4ax+4a^2-1$을 인수분해하면 $(x-2a-1)(x-2a+1)$이므로 주어진 이차부등식의 해는 $2a-1<x<2a+1$이야.

이때, $0<a<\sqrt{2}$이므로 $-1<2a-1<x<2a+1<4$야.

따라서 주어진 연립부등식을 만족시키는 정수는 0, 1, 2, 3 중 하나가 돼. 문제에서 정수해의 개수는 1개여야 하므로 x의 값 0, 1, 2, 3을 주어진 부등식에 대입하여 a의 값 또는 범위를 찾은 후 그때의 x가 단 한 개만 만족시키는지 확인해보면 $x=1$일 때 $a=\dfrac{1}{2}$, $x=2$일 때 $a=1$로 조건을 만족시킴을 알 수 있어.

My Top Secret   서울대 선배의 **1** 등급 대비 전략

주어진 부등식이 x와 a에 대한 복잡한 식으로 주어져 있으므로 문제를 보자마자 당황할 수 있어. 그렇지만 좀 더 살펴보면 두 부등식이 인수분해가 가능한 형태인 것이 보일 거야. 그래서 인수분해를 통해 두 부등식의 해를 나타낼 수 있어. 부등식이 복잡해보여도 인수분해가 가능한지 살펴봐야 해.

> **정답 공식:** 이차방정식 $ax^2+bx+c=0$의 판별식 $D>0$일 때, 이차함수 $y=ax^2+bx+c$ $(a>0)$의 그래프가 x축과 만나는 두 점의 x좌표를 α, β $(\alpha<\beta)$라 하면 $ax^2+bx+c>0$의 해는 $x<\alpha$ 또는 $x>\beta$이고 $ax^2+bx+c<0$의 해는 $\alpha<x<\beta$

x에 대한 연립부등식

$$\begin{cases} ax^2+(a+b)x+a+b+1<0 \\ (a+b)x^2+(a+b+1)x+a<0 \end{cases}$$

을 만족시키는 모든 x의 값의 범위가 $x<p$일 때, 옳은 것만을 [보기]에서 있는 대로 고른 것은? (단, a, b, p는 실수이다.)

단서 두 부등식이 모두 이차부등식이면 최종적인 해가 $x<p$ 형태가 될 수 없으니 적어도 하나의 부등식은 일차부등식으로 해는 $x<a$꼴이 되어야 해

[보기]

ㄱ. $a=-1$일 때, $p=-1$이다.
ㄴ. $b>0$
ㄷ. $a^3\leq-1$

① ㄱ   ② ㄱ, ㄴ   ③ ㄱ, ㄷ
④ ㄴ, ㄷ   ⑤ ㄱ, ㄴ, ㄷ

 단서+발상

단서 연립부등식의 두 식은 모두 인수분해를 할 수 없는 형태이므로 해를 구하려고 하기보다는 a, b의 범위에 따른 해의 꼴을 생각해 봐야 한다. **발상**

주어진 연립부등식을 만족시키는 모든 x의 값의 범위가 $x<p$가 되기 위해서는 두 부등식 중에서 적어도 한 부등식의 이차항의 계수는 0이어야 한다. **발상**

즉, (i) $a=0$ 또는 (ii) $a+b=0$이 성립해야 한다. **적용**

-------------------- [문제 풀이 순서] --------------------

1st 연립부등식에 $a=-1$을 대입하여 ㄱ의 진위를 파악하자.

ㄱ. 연립부등식에 $a=-1$을 대입하면

$$\begin{cases} -x^2+(b-1)x+b<0 \\ (b-1)x^2+bx-1<0 \end{cases}$$

두 부등식의 해를 각각 구하자.

$-x^2+(b-1)x+b<0$의 해는

-1씩 양변에 곱하면 $x^2+(-b+1)x-b>0$이고

$(x-b)(x+1)>0$이므로

(ㄱ) $b<-1$일 때 $x<b$ 또는 $x>-1$

(ㄴ) $b=-1$일 때 $x\neq-1$인 모든 실수

(ㄷ) $b>-1$일 때 $x<-1$ 또는 $x>b$

이제 $(b-1)x^2+bx-1<0$의 해를 구해보자.

$(b-1)x^2+bx-1=0$의 판별식을 D라 할 때

$D=b^2+4(b-1)$

(i) $b>1$일 때,

$b^2>1$이고 $b-1>0$이므로 $D>0$

$(b-1)x^2+bx-1=0$의 두 해를 α_1, $\beta_1 (\alpha_1<\beta_1)$라 하면

$(b-1)x^2+bx-1<0$의 해는 $\alpha_1<x<\beta_1$

(ㄷ)에 의해 연립부등식의 해는 $x<p$일 수 없다.

(ii) $b=1$일 때,

$x-1<0$이므로 부등식의 해는 $x<1$이다.

(ㄷ)에 의해 연립부등식의 해는 $x<-1$ 또는 $x>1$과 $x<1$의 공통부분인 $x<-1$이다.

$\therefore p=-1$

(iii) $b<1$일 때,

   i) $D<0$인 경우

     부등식의 해는 모든 실수이다.

   ii) $D=0$인 경우

     $(b-1)x^2+bx-1=0$가 중근 α_2를 갖는다고 하면

     $(b-1)x^2+bx-1<0$의 해는 $x\neq\alpha$인 모든 실수이다.

   iii) $D>0$인 경우

     $(b-1)x^2+bx-1=0$의 두 해를 $\alpha_3,\ \beta_3(\alpha_3<\beta_3)$라 하면

     $(b-1)x^2+bx-1<0$의 해는 <u>$x<\alpha_3$ 또는 $x>\beta_3$</u>이다.

(ㄱ), (ㄴ), (ㄷ)에 의해 i)∼iii)의 경우 <u>모두 연립부등식의 해는</u>

└→ 이차항의 계수가 음수임에 주의해.

$x<p$일 수 없다.

(i)∼(iii)에 의하여 $p=-1$이다. (참)

2nd x의 값의 범위가 $x<p$ 꼴이 될 수 있는 형태를 찾아 b의 값의 범위를 파악하자.

ㄴ. 두 연립부등식을 만족시키는 모든 x의 값의 범위가 $x<p$이려면 두 부등식 중에서 한 부등식의 이차항의 계수는 0이어야 한다.

(Ⅰ) $a=0$일 때

$\begin{cases}bx+b+1<0\\bx^2+(b+1)x<0\end{cases}$, 즉 $\begin{cases}bx<-(b+1)\\x\{bx+(b+1)\}<0\end{cases}$에서

$b>0$이면 $\begin{cases}x<-\dfrac{b+1}{b}\\[2mm]-\dfrac{b+1}{b}<x<0\end{cases}$ 이 되어 해가 존재하지 않고,

$b=0$이어도 해가 존재하지 않으며,

$b<0$이면 $bx+b+1<0$의 해가 $x>-\dfrac{b+1}{b}$이므로

연립부등식의 해는 $x<p$ 꼴이 될 수 없다.

(Ⅱ) $a+b=0$일 때

$a=-b$를 대입하면 $\begin{cases}-bx^2+1<0\\x-b<0\end{cases}$

$b\leq0$이면 $-bx^2+1<0$의 해가 없고

    $-b\geq0,\ x^2\geq0$이므로 $-bx^2+1\geq1$

$b>0$이면 $\begin{cases}x<-\dfrac{\sqrt{b}}{b}\ \text{또는}\ x>\dfrac{\sqrt{b}}{b}\\x<b\end{cases}$ 가 되어

    → $-bx^2+1<0$에서 양변을 $-b$로 나누면

    $x^2-\dfrac{1}{b}>0,\ \left(x-\dfrac{\sqrt{b}}{b}\right)\left(x+\dfrac{\sqrt{b}}{b}\right)>0$

    $\therefore x<-\dfrac{\sqrt{b}}{b}\ \text{또는}\ x>\dfrac{\sqrt{b}}{b}$

$b>\dfrac{\sqrt{b}}{b}$이면 연립부등식의 해는

$x<-\dfrac{\sqrt{b}}{b}\ \text{또는}\ \dfrac{\sqrt{b}}{b}<x<b$이고

$b\leq\dfrac{\sqrt{b}}{b}$일 때, 연립부등식의 해는 $x<-\dfrac{\sqrt{b}}{b}$

(Ⅰ), (Ⅱ)에 의하여 $a+b=0$이고

$b>0$일 때 모든 x의 값의 범위가

$x<p$를 만족시키는 b가 존재한다. (참)

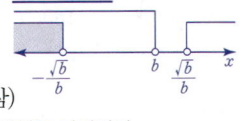

3rd a에 관한 부등식을 정리하여 a^3의 값의 범위를 파악하자.

ㄷ. ㄴ에 의해 $b\leq\dfrac{\sqrt{b}}{b}$일 때 연립부등식의 해가 $x<p$ 꼴이므로

이 식에 $a+b=0$, 즉 $b=-a$를 대입하면

$-a\leq\dfrac{\sqrt{-a}}{-a}$, $a^2\leq\sqrt{-a}$ ($\because b=-a>0$)

양변이 양수이므로 각각 제곱하면 $a^4\leq-a$

양변을 음수 a로 나누면 $a^3\geq-1$ (거짓)

따라서 옳은 것은 ㄱ, ㄴ이다.

1등급 대비 특강

✱ 특수한 연립부등식의 해

이차방정식 $ax^2+bx+c=0\ (a>0)$의 서로 다른 두 실근을 $\alpha,\ \beta$ $(\alpha<\beta)$라고 한다면, 이차부등식 $ax^2+bx+c>0$의 해는 $x<\alpha$ 또는 $x>\beta$이고, 이차부등식 $ax^2+bx+c<0$의 해는 $\alpha<x<\beta$지. 만약 문제에서 주어진 연립부등식을 구성하는 두 부등식의 이차항의 계수가 모두 0이 아니라고 해보자. 다시 말해 $a\neq0$이고 $a+b\neq0$이 성립한다고 하자. 여기서 두 이차방정식 $ax^2+(a+b)x+a+b+1=0$, $(a+b)x^2+(a+b+1)x+a=0$의 판별식을 각각 $D_1,\ D_2$라 하고 $D_1>0,\ D_2>0$이 성립한다고 하면, 주어진 연립부등식이 가질 수 있는 해의 형태는

(i) $x<p$ 또는 $x>q$, (ii) $p<x<q$, (iii) $p<x<q$ 또는 $r<x<s$의 형태밖에 없어. 이는 문제가 요구하는 '$x<p$꼴의 해' 조건에 맞지 않다고 할 수 있지. 그러므로 $a=0$이거나 $a+b=0$이 되어야 주어진 연립부등식이 $x<p$꼴의 해를 가질 수 있어.

 My Top Secret   서울대 선배의 **1**등급 대비 전략

내가 만일 실제 시험장에서 이 문제를 푼다면, 나는 이차항의 계수가 어떤 조건을 가져야 하는지 명확하게 밝히고 시작했을 거야. 그렇다면 이차부등식 두 개를 연립했을 때 얻은 해가 $x<p$ 꼴일 수 없으니 $a=0$이거나 $a+b=0$이어야 함을 먼저 알 수 있잖아? 그렇다면 $a=-1$인 경우에는 $a+b=0$이어야 하므로 $b=1$임을 알 수 있지. $a=-1$, $b=1$을 주어진 부등식에 대입해서 연립부등식을 풀면 $x<-1$이므로 $p=-1$이야. 풀이처럼 경우를 구분해서 푸는 것도 좋지만 문제의 조건이 의미하는 바를 정리하고 문제를 접근하면 시간을 좀 더 효율적으로이용할 수 있지. 이번 문제를 계기 삼아 다음부터 고난도 문제를 풀 때 조건을 문제지 여백에 정리하는 습관을 들여보는 건 어떨까?

Ⅰ 185 정답 **2** ·················· ★**1등급 대비** [정답률 7%]

✱ 이차부등식의 해의 조건을 만족시키는 미지수 구하기 [유형 02+07]

함수 $f(x)=x^2+2x-8$에 대하여 부등식

$$\dfrac{|f(x)|}{3}-f(x)\geq m(x-2)$$

단서1 $|f(x)|=\begin{cases}f(x)&(f(x)\geq0)\\-f(x)&(f(x)<0)\end{cases}$이므로 $f(x)\geq0,\ f(x)<0$이 되는 x의 값의 범위를 나눈 후 $\dfrac{|f(x)|}{3}-f(x)\geq m(x-2)$의 절댓값 기호를 없애고 식을 정리해.

를 만족시키는 정수 x의 개수가 10이 되도록 하는 **양수 m의 최솟값**을 구하시오. **단서2** 주어진 부등식은 함수 $y=\dfrac{|f(x)|}{3}-f(x)$의 그래프가 직선 $y=m(x-2)$보다 위에 있는 x의 값의 범위를 찾는 거야. 즉, 직선 $y=m(x-2)$의 특징을 파악하여 조건을 만족시키는 양수인 기울기 m의 값을 구해봐.

왜 1등급? 이 문제는 정수해의 개수를 만족시키는 이차부등식의 미지수를 구하는 문제이다.

우선, 부등식에 절댓값 기호가 포함되어 있으므로 이 의미를 파악할 수 있어야 하고, 주어진 부등식을 두 함수의 그래프로 나타내어 두 그래프의 위치 관계로 판단하는 것이 어려웠다.

💡 단서＋발상

단서1 부등식에 있는 절댓값 기호를 없애기 위해 $f(x)\geq0$인 경우와 $f(x)<0$인 경우로 나누어봐야 한다. **발상**

$f(x)=x^2+2x-8=(x+4)(x-2)$이므로 $f(x)\geq 0$인 경우는 $x\leq -4$ 또는 $x\geq 2$이고, $f(x)<0$인 경우는 $-4<x<2$이다. 개념

$f(x)\geq 0$인 경우, 주어진 부등식은 $-\dfrac{2f(x)}{3}\geq m(x-2)$이고, $f(x)<0$인

경우, 주어진 부등식은 $-\dfrac{4}{3}f(x)\geq m(x-2)$이다. 적용

단서2 다음 그림과 같이 $y=\dfrac{|f(x)|}{3}-f(x)$의 그래프와 $y=m(x-2)$의 그래프를 그려 두 그래프의 위치 관계를 통해 부등식이 성립하는지 파악할 수 있다. 발상

m은 양수이므로 $x>2$에서는 부등식을 만족시키지 않으며, $-4\leq x\leq 2$에서는 부등식을 항상 만족시킨다.

따라서 $x<-4$에서 $y=\dfrac{|f(x)|}{3}-f(x)$의 그래프와 $y=m(x-2)$의 그래프의 교점의 x좌표를 t라 할 때, t의 값의 범위가 어떻게 결정되어야 조건을 만족시킬지 생각해보면 된다. 해결

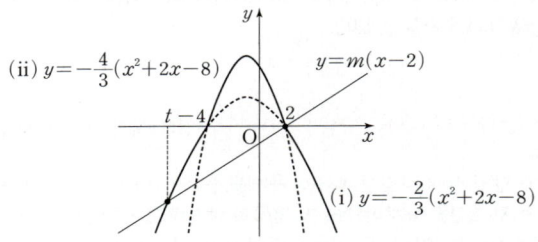

주의 직선 $y=m(x-2)$는 기울기 m이 양수이고 항상 점 $(2,0)$을 지남을 이용해 그래프를 그려본다.

> 핵심 정답 공식: 부등식 $f(x)>g(x)$의 해는 함수 $y=f(x)$의 그래프가 함수 $y=g(x)$의 그래프보다 위쪽에 있을 때의 x의 값의 범위이다.
> 또한, 직선 $y=m(x-a)$는 m의 값에 관계없이 항상 점 $(a,0)$을 지난다.

------------------- [문제 풀이 순서] -------------------

1st x의 값의 범위를 나누어서 $|f(x)|$를 먼저 해결하자.
$f(x)=x^2+2x-8=(x+4)(x-2)$이므로
$f(x)\geq 0$일 때, $(x+4)(x-2)\geq 0$에서 $x\leq -4$ 또는 $x\geq 2$
또, $f(x)<0$일 때, $(x+4)(x-2)<0$에서 $-4<x<2$
즉, $|f(x)|=\begin{cases} f(x) & (x\leq -4 \text{ 또는 } x\geq 2) \\ -f(x) & (-4<x<2)\end{cases}$ 이므로

부등식 $\dfrac{f(x)}{3}-f(x)\geq m(x-2)$를 다음의 두 경우로 나누어 정리하자.

(i) $f(x)\geq 0$, 즉 $x\leq -4$ 또는 $x\geq 2$일 때
$\dfrac{f(x)}{3}-f(x)\geq m(x-2)$이므로 ➡ $|f(x)|=f(x)$

$-\dfrac{2}{3}f(x)\geq m(x-2)$ $\quad\therefore -\dfrac{2}{3}(x^2+2x-8)\geq m(x-2)$

(ii) $f(x)<0$, 즉 $-4<x<2$일 때
$-\dfrac{f(x)}{3}-f(x)\geq m(x-2)$이므로 ➡ $|f(x)|=-f(x)$

$-\dfrac{4}{3}f(x)\geq m(x-2)$ $\quad\therefore -\dfrac{4}{3}(x^2+2x-8)\geq m(x-2)$

2nd 함수 $y=\dfrac{|f(x)|}{3}-f(x)$의 그래프와 직선 $y=m(x-2)$를 그려봐.

부등식 $\dfrac{|f(x)|}{3}-f(x)\geq m(x-2)$의 해는 함수 $y=\dfrac{|f(x)|}{3}-f(x)$의 그래프가 직선 $y=m(x-2)$와 만나거나 위쪽에 있을 때의 x의 값의 범위이다. 이때, (i), (ii)에 의해

$\dfrac{|f(x)|}{3}-f(x)=\begin{cases} -\dfrac{2}{3}(x^2+2x-8) & (x\leq -4 \text{ 또는 } x\geq 2) \\ -\dfrac{4}{3}(x^2+2x-8) & (-4<x<2)\end{cases}$

이고, 함수 $y=\dfrac{|f(x)|}{3}-f(x)$의 그래프는 x축과 점 $(-4,0)$, $(2,0)$에서 만난다.

모든 실수 m에 대하여 $(x-2)m-y=0$이 성립하면 $x=2$, $y=0$이어야 해.

따라서 직선 $y=m(x-2)$는 m의 값에 관계없이 점 $(2,0)$을 지나므로

함수 $y=\dfrac{|f(x)|}{3}-f(x)$의 그래프와 직선 $y=m(x-2)$의 점 $(2,0)$이 아닌 교점의 x좌표를 $x=t$ $(t<-4)$라 하고 그래프를 그리면 다음과 같다.

m이 양수라 했으므로 점 $(2,0)$을 지나고 기울기가 양수인 직선을 그려보면 교점의 x좌표 t는 -4보다 작을 수밖에 없어.

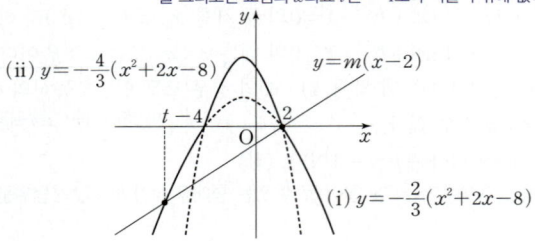

3rd 그래프를 이용해서 주어진 부등식의 정수인 해의 개수가 10이 되는 기울기 m의 최솟값을 구해.

위의 그래프에서 함수 $y=\dfrac{|f(x)|}{3}-f(x)$의 그래프가 직선 $y=m(x-2)$와 만나거나 위쪽에 있는 x의 값의 범위는 $t\leq x\leq 2$이다.
이때, 부등식 $t\leq x\leq 2$를 만족시키는 정수 x의 개수가 10이 되려면 정수 해는 -7, -6, $\cdots$, 0, 1, 2여야 하므로 $-8<t\leq -7$이어야 한다.
즉, 직선의 기울기 m이 최소가 되는 것은 $t=-7$일 때이다.

한편, $t=-7$, 즉 $x=-7$일 때 y의 값은 위의 그래프의 (i)에 의해
$y=-\dfrac{2}{3}(x^2+2x-8)$에 $x=-7$을 대입한 값이므로

$y=-\dfrac{2}{3}\times (49-14-8)=-18$

직선 $y=m(x-2)$가 점 $(-7,-18)$을 지날 때

$-18=m\times (-7-2)$ $\quad\therefore m=2$

따라서 기울기 m의 최솟값은 2이다.

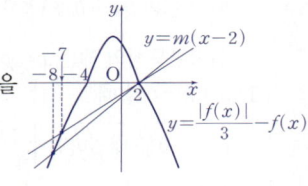

다른 풀이: 3rd 에서 $-8<t\leq -7$이고

(직선의 기울기)$=\dfrac{(y\text{의 값의 증가량})}{(x\text{의 값의 증가량})}$ 임을 이용하여

점 $(2,0)$을 지나는 직선의 기울기 m의 범위 구하기

3rd 에서 부등식 $t\leq x\leq 2$를 만족시키는 정수 x의 개수가 10이 되려면 정수 해는 -7, -6, $\cdots$, 0, 1, 2여야 하므로 $-8<t\leq -7$이어야 한다고 했지?

이때, $g(x)=-\dfrac{2}{3}(x^2+2x-8)$이라 하면

$t=-7$일 때

$g(-7)=-\dfrac{2}{3}\times\{(-7)^2+2\times (-7)-8\}=-18$

이므로 두 점 $(-7,-18)$, $(2,0)$을 지나는 직선의 기울기 m은

$m=\dfrac{0-(-18)}{2-(-7)}=2\cdots$ ㉠

$t=-8$일 때

$g(-8)=-\dfrac{2}{3}\times\{(-8)^2+2\times (-8)-8\}=-\dfrac{80}{3}$

이므로 두 점 $\left(-8,-\dfrac{80}{3}\right)$, $(2,0)$을 지나는 직선의 기울기 m은

$m=\dfrac{0-\left(-\dfrac{80}{3}\right)}{2-(-8)}=\dfrac{8}{3}\cdots$ ㉡

㉠, ㉡에서 m의 값의 범위는 $2\leq m<\dfrac{8}{3}$

따라서 m의 최솟값은 2야.

＊ 그래프가 아닌 부등식으로 해결해보기

주어진 부등식은 식으로 다룰 수 있어. x의 범위를 $-4<x<2$, $x\le-4$, $x\ge2$일 때로 나누어 준 뒤 각 범위에서 부등식을 만족시키는 x를 알 수 있어.

(ⅰ) $-4<x<2$일 때, 주어진 부등식은 $-\dfrac{4}{3}(x+4)(x-2)\ge m(x-2)$

인데 $x-2\le0$이므로 $-\dfrac{4}{3}(x+4)\le m$과 같아.

이때, m은 양수이고 $x+4>0$이므로 항상 성립해.

즉, 이 경우 만족시키는 정수 x는 6개야.

(ⅱ) $x\le-4$일 때, $-\dfrac{2}{3}(x+4)(x-2)\ge m(x-2)$이고, $x-2<0$이므로

$-\dfrac{2}{3}(x+4)\le m$과 같아.

즉, $-4-\dfrac{3}{2}m\le x\le-4$야.

(ⅲ) $x\ge2$일 때, $-\dfrac{2}{3}(x+4)(x-2)\ge m(x-2)$이고, $x-2>0$이므로

$-\dfrac{2}{3}(x+4)\ge m$과 같아.

그런데 m은 양수이므로 이 경우 부등식을 만족시키는 x는 존재하지 않아.
따라서 (ⅰ)~(ⅲ)에서 정수 x의 개수가 10이 되도록 하려면 (ⅱ)의 경우에서 정수의 개수가 4개가 나와야 하므로 $-8<-4-\dfrac{3}{2}m\le-7$이어야 해.

이를 풀면 $2\le m<\dfrac{8}{3}$이야.

Ⅰ 186 정답 120 ·················· ★1등급 대비 [정답률 10%]

＊주어진 조건으로부터 이차함수의 그래프 추론하기 [유형 15]

> 두 이차함수 $f(x)$, $g(x)$가 다음 조건을 만족시킨다.
>
> (가) 함수 $y=f(x)$의 그래프는 x축과 한 점
> $(0,0)$에서만 만난다. **단서1** 이차함수 $y=f(x)$의 그래프는 한 점 $(0,0)$에서 x축에 접해.
> (나) 부등식 $f(x)+g(x)\ge0$의 해는 $x\ge2$이다.
> **단서2** 다항함수 $f(x)+g(x)$의 차수와 최고차항의 부호가 각각 어떻게 될지 생각해 봐.
> (다) 모든 실수 x에 대하여
> $f(x)-g(x)\ge f(1)-g(1)$이다.
> **단서3** 함수 $f(x)-g(x)$가 이차함수이면 이 함수는 $x=1$에서 최소야.
>
> **단서4** 모든 실수 x에 대하여 $f(x)-k\ne0$이고 $g(x)-k\ne0$이어야 해.
> x에 대한 방정식 $\{f(x)-k\}\times\{g(x)-k\}=0$이 실근을 갖지 않도록 하는 정수 k의 개수가 5일 때, $f(22)+g(22)$의 최댓값을 구하시오. **단서5** 함수 $f(x)+g(x)$를 구해야 해.

왜 1등급? 주어진 조건을 해석하여 함수의 그래프를 추론하는 문제이다. 이차함수가 접할 때의 개념을 이해해야 하고, 함수의 최고차항의 차수에 따른 특징을 정확히 알고 있어야 조건을 해석할 수 있었다. $f(x)$의 최고차항의 계수를 미지수로 설정하고 조건을 이용하여 이 미지수의 범위를 구하는 과정에서 각각의 조건을 적절히 이용하는 것이 어려웠다.

💡 단서+발상

단서1 먼저, 함수 $y=f(x)$의 그래프가 $(0,0)$에서 x축에 접한다는 것은 $x=0$인 지점에서 $f(x)$가 x축과 한 점에서 만난다. 즉, 중근을 가진다고 해석할 수 있다. $f(x)$의 이차항의 계수를 미지수로 설정한다. **개념**

단서2 $f(x)$와 $g(x)$는 모두 이차식이므로 $f(x)+g(x)$의 식은 이차 이하의 식으로 나온다는 것을 알 수 있다. $f(x)+g(x)$가 이차식일 경우 $f(x)+g(x)\ge0$의 해가 $x\ge2$가 될 수 없는 것을 이용하여 $g(x)$의 최고차항의 계수를 미지수로 나타내 본다. **발상**

단서3 단서2에서 구한 결과를 바탕으로 조건 (다)를 해석하면 함수 $f(x)-g(x)$의 차수와 최고차항의 부호를 알아낼 수 있다. $f(x)-g(x)$가 $x=1$인 지점에서 최솟값을 가진다는 것을 이용하여 두 이차함수 $f(x)$, $g(x)$의 각 항의 계수를 미지수로 설정하고, 계수 간의 관계식을 구해 하나의 미지수로만 나타낼 수 있다. **적용**

단서4 $f(x)$의 최고차항의 계수는 양수, $g(x)$의 최고차항의 계수는 음수이므로 조건을 만족하는 k는 $f(x)$의 최솟값과 $g(x)$의 최댓값 사이에 존재한다. $f(x)$의 최솟값은 0이므로 $g(x)$의 최댓값이 -6 이상 -5 미만인 경우 정수 k의 개수가 5가 된다. 이로부터 미지수의 범위를 구하면 된다. **발상**

단서5 $f(22)+g(22)$의 값이 최대가 되도록 하는 미지수의 값을 앞서 구한 범위 내에서 대입하면 된다. **해결**

주의 $g(x)$의 최댓값의 범위를 부등식으로 설정할 때, 등호의 포함 유무를 신경써서 구하도록 한다.

> **핵심 정답 공식:** 이차함수 $y=f(x)$가 모든 실수 x에 대하여 $f(x)\ge f(a)$이면 함수 $f(x)$의 최고차항의 계수는 양수이고 $x=a$에서 최솟값을 가진다.

-------------------- [문제 풀이 순서] --------------------

1st 조건을 만족시키는 두 이차함수 $f(x)$, $g(x)$를 추론해.
조건 (가)에서 이차함수 $y=f(x)$의 그래프가 x축과 한 점에서만 만나므로 x축에 접하고, 그 접점의 좌표가 $(0,0)$이므로 $f(x)=ax^2$ $(a\ne0)$으로 나타낼 수 있다.
이차함수 $y=f(x)$의 그래프가 x축과 한 점에서만 만나므로 접하는 것이고, 그 접점의 x좌표가 p일 때, $f(x)=a(x-p)^2$ $(a\ne0)$으로 나타낼 수 있어.
두 이차함수 $f(x)$, $g(x)$에 대하여 $f(x)+g(x)$는 이차식 또는 일차식 또는 상수가 될 수 있다.
(ⅰ) $f(x)+g(x)$가 이차식이면 $f(x)+g(x)\ge0$은 이차부등식이므로
① 이차방정식 $f(x)+g(x)=0$의 해가 존재하지 않으면 이차부등식 $f(x)+g(x)\ge0$의 해는 모든 실수이거나 해가 존재하지 않는다.
이차방정식 $f(x)+g(x)=0$의 최고차항의 계수의 부호에 따라 이차부등식 $f(x)+g(x)\ge0$의 해는 모든 실수이거나 해가 존재하지 않아.
② 이차방정식 $f(x)+g(x)=0$이 중근 α를 가지면 이차부등식 $f(x)+g(x)\ge0$의 해는 모든 실수이거나 $x=\alpha$이다.
③ 이차방정식 $f(x)+g(x)=0$이 서로 다른 두 실근 α, $\beta(\alpha<\beta)$를 가지면 이차부등식 $f(x)+g(x)\ge0$의 해는 $x\le\alpha$ 또는 $x\ge\beta$이거나 $\alpha\le x\le\beta$이다.
따라서 조건 (나)에 의해 $f(x)+g(x)$는 이차식이 아니다.
(ⅱ) $f(x)+g(x)$가 상수 c이면 $f(x)+g(x)\ge0$의 해는 $c\ge0$이면 모든 실수이고, $c<0$이면 해가 존재하지 않는다.
따라서 조건 (나)에 의해 $f(x)+g(x)$는 상수가 아니다.
즉, (ⅰ), (ⅱ)에 의해 $f(x)+g(x)$는 일차식이어야 한다.

> **주의** 함수 $f(x)+g(x)$가 일차함수임을 보이는 것이 가장 중요해. 부등식 $f(x)+g(x)\ge0$이 일차부등식이 되어야 해가 $x\ge2$와 같이 나올 수 있어.

$f(x)=ax^2$에 대하여
$g(x)=-ax^2+bx+c\,(b\ne0)$라 하면
두 이차함수 $f(x)$, $g(x)$에 대하여 함수 $f(x)+g(x)$가 일차함수가 되려면 두 함수의 최고차항의 계수는 절댓값이 같고 부호가 반대여야 해. 또한, $f(x)+g(x)$의 일차항의 계수가 0이 되면 안되므로 $b\ne0$이야.
$f(x)+g(x)=bx+c$이고 일차부등식 $bx+c\ge0$, $bx\ge-c$의 해가 $x\ge2$이므로
$b\ne0$이고 $b<0$이면 $bx\ge-c$에서
$x\le-\dfrac{c}{b}$와 같이 부등호의 방향이 바뀌므로 $b>0$이야.
$b>0$, $-\dfrac{c}{b}=2$에서
$c=-2b\ \cdots$ ㉠
또한, 함수 $f(x)-g(x)=2ax^2-bx-c$는 조건 (다)에 의해 $x=1$에서 최솟값을 가지는 이차함수이므로
함수 $y=2ax^2-bx-c$의 그래프는 아래로 볼록하고 $x=1$을 축의 방정식으로 가진다.
이차함수는 최고차항의 계수가 양수일 때 최솟값을 가지고, 최고차항의 계수가 음수일 때 최댓값을 가져.
즉, $a>0$이고,
이차함수 $y=ax^2+bx+c$의 축의 방정식은 $x=-\dfrac{b}{2a}$야.
축의 방정식 $x=\dfrac{b}{4a}$에서

$\dfrac{b}{4a}=1$ $\therefore b=4a$ ··· ㉡

㉠, ㉡에 의해

$c=-2b=-8a$

이차함수 $g(x)=-ax^2+bx+c=-ax^2+4ax-8a$이고

일차함수 $f(x)+g(x)=4ax-8a$ ··· ㉢이다.

2nd $f(22)+g(22)$의 최댓값을 구해.

x에 대한 방정식 $\{f(x)-k\}\times\{g(x)-k\}=0$이 실근을 갖지 않으려면

모든 실수 x에 대하여 $f(x)-k\neq0$이고 $g(x)-k\neq0$이어야 한다.

즉, $f(x)\neq k$, $g(x)\neq k$에서 두 함수 $y=f(x)$, $y=g(x)$의 그래프가

직선 $y=k$와 각각 만나지 않아야 하므로 직선 $y=k$가 두 함수

$y=f(x)$, $y=g(x)$의 그래프 사이에 있어야 한다.

함수 $y=f(x)$의 그래프는 아래로 볼록, 함수 $y=g(x)$의 그래프는
위로 볼록하므로 모든 실수 x에 대하여 $g(x)<k<f(x)$이어야 해.

함수 $g(x)$의 최댓값을 구하면

$g(x)=-ax^2+4ax-8a$
$\quad=-a(x^2-4x+4-4)-8a$
$\quad=-a(x-2)^2-4a$

이차함수 $y=g(x)$의 그래프는 꼭짓점의 좌표가
$(2,\,-4a)$이고 위로 볼록해.

에서 $-4a$이므로 조건을 만족하는 정수 k의 값은 다음 그림과 같이

함수 $g(x)$의 최댓값 $-4a$보다 크고, 함수 $f(x)$의 최솟값 0보다 작다.

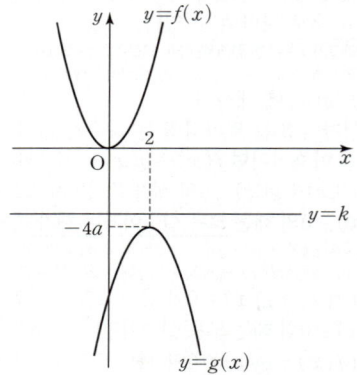

$-4a<k<0$을 만족시키는 정수 k의 개수가 5이므로

정수 k의 값은 $-1, -2, -3, -4, -5$가
될 수 있어.

$-6\leq-4a<-5$에서

$\dfrac{5}{4}<a\leq\dfrac{3}{2}$

$-4a<k<0$에서 $-4a$의 값은
-6은 될 수 있지만 -5는 될 수 없어.

㉢에 의해

$f(22)+g(22)=88a-8a=80a$이므로

$f(22)+g(22)$의 최댓값은

$a=\dfrac{3}{2}$일 때 $80\times\dfrac{3}{2}=120$이다.

1등급 대비 **특강**

＊ 이차함수의 그래프의 특징

이차함수 $y=f(x)$가 모든 실수 x에 대해 $f(x)\geq f(a)$를 만족한다는 것은
x에 어떤 값을 대입하든 a를 대입했을 때보다 크거나 같다는 것을 의미해.
이는 $f(x)$가 $x=a$에서 최솟값을 가지는 함수라고 해석되고, 최솟값을
가지는 이차함수의 최고차항의 계수는 양수이므로 $f(x)$의 최고차항의
계수가 양수라는 것도 알아낼 수 있어.

마찬가지로, 이차함수 $y=f(x)$가 모든 실수 x에 대해 $f(x)\leq f(a)$를
만족한다는 조건이 주어지면, $f(x)$는 최고차항의 계수가 음수이고
$x=a$에서 최댓값을 가져.

 My Top Secret 서울대 선배의 **①** 등급 대비 전략

다항함수 간의 계산식이 조건으로 주어졌을 때, 각 다항함수를
별개의 함수로 두어 해석하지 말고 하나의 통합된 함수로 생각해
해석하면 조건을 해석하는 데 도움이 될 수 있어. 예를 들면,
$f(x)+g(x)$에 대한 조건이 주어졌을 때, $f(x)+g(x)=h(x)$로
치환하여 두 함수의 합이 아닌 하나의 독립된 함수로 생각해
보는 거야!

✿ **이차방정식과 이차함수의 관계** 개념·공식

(1) 이차함수 $y=ax^2+bx+c$의 그래프와 x축의 교점의 x좌표가 α, β이면
　⇒ 이차방정식 $ax^2+bx+c=0$의 두 실근은 α, β이다.

(2) 이차함수 $y=ax^2+bx+c$의 그래프와 직선 $y=mx+n$의 교점의
　x좌표가 α, β이면
　⇒ 이차방정식 $ax^2+bx+c=mx+n$의 두 실근은 α, β이다.

I 187 정답 21 ··················· ★**1등급 대비** [정답률 20%]

＊ 모든 근이 실수가 되기 위한 조건을 부등식과 연계하기 [유형 16]

단서1 $x^2=t$로 치환하자.

x에 대한 사차방정식 $x^4-9x^2+k-10=0$의 **모든 근이 실수**
가 되도록 하는 자연수 k의 개수를 구하시오.

단서2 치환한 방정식의 두 근을 α, β라 하면 (판별식)≥0, $\alpha+\beta\geq0$, $\alpha\beta\geq0$임을 이용하자.

왜 1등급? 이 문제는 사차방정식의 근이 모두 실수이도록 하는 미정계수를 구하
는 문제이다.

이를 위해서 치환을 통해 주어진 방정식을 이차방정식으로 만든 후, 이차방정식이
음이 아닌 두 실근을 가져야 하므로 이차방정식의 판별식을 이용하는 것이 어려웠다.

💡 **단서＋발상**

단서1 주어진 방정식에서 차수가 홀수인 항이 없으므로 $x^2=t$로 치환하여 식을
간단하게 만들 수 있다.

이때, 모든 근이 실수이면 $x^2\geq0$이므로 $t\geq0$임에 주의해야 한다. 발상

단서2 이차방정식 $t^2-9t+k-10=0$의 실근이 모두 양수이기 위한 k의 값의
범위를 구해야 한다. 개념

우선, 근과 계수의 관계에 의해 두 실근을 α, β라 할 때, $\alpha+\beta\geq0$이고,
$\alpha\beta\geq0$이다.

또한, 두 실근을 가지므로 판별식이 0 이상이다. 적용

주의 $x^2=t$로 치환할 때 t의 값의 범위를 확인해야 한다.

核心 정답 공식: $x^2=t$로 치환해 t에 대한 이차방정식이 0 이상인 두 근을 가질
조건을 구한다.

------------------- [문제 풀이 순서] -------------------

1st 사차방정식 $x^4-9x^2+k-10=0$에서 $x^2=t$로 치환하자.

사차방정식 $x^4-9x^2+k-10=0$에서 $x^2=t\,(t\geq0)$라 하면

$t^2-9t+k-10=0$

상수와 짝수 차수항만 있음에 주목!

따라서 t에 대한 이차방정식 $t^2-9t+k-10=0$에서 $t\geq0$이므로 두 실
근은 0 이상이어야 한다. 두 실근 중 음수인 근이 있다면?

$t=x^2$이므로 x^2이 음수가 된다는 뜻인데 그러면 x는 허수가 되
겠지? 즉, 문제에서 모든 근이 실수라는 조건에 모순이야.

 주의
문자를 치환할 경우
치환한 문자의 범위를
반드시 확인해야 해.

이차방정식이 0 이상의 실근을 가질 조건을 따져.

$t^2-9t+k-10=0$의 판별식을 D, 0 이상의 실근을 α, β라 하면

$D\geq0$, $\alpha+\beta\geq0$, $\alpha\beta\geq0$

을 만족해야 된다.

(i) $D=81-4(k-10)\geq0$

$\quad 4k\leq121 \qquad \therefore k\leq\dfrac{121}{4}$

(ii) $\alpha+\beta=9\geq0$

(iii) $\alpha\beta=k-10\geq0 \qquad \therefore k\geq10$

(i), (ii), (iii)에서 $10\leq k\leq\dfrac{121}{4}$

> 자연수 m, $n(m<n)$에 대하여 $m\leq x\leq n$인 자연수 x의 개수는 $(n-m+1)$개

따라서 모든 근이 실수가 되도록 하는 <u>자연수 k의 개수</u>는 10, 11, $\cdots$, 30으로 21개이다.

My Top Secret   서울대 선배의 ❶ 등급 대비 전략

차수가 홀수인 항이 없는 방정식의 한 근을 a라 할 때, $-a$도 이 방정식의 근이 되므로 방정식을 이루는 다항식은 x^2-a^2으로 인수분해가 돼. 따라서 이 문제에서도 방정식을 이루는 다항식을 $(x^2-a^2)(x^2-b^2)$의 꼴로 인수분해할 수 있으며, 모든 근이 실근이므로 a와 b는 모두 실수야. 이를 바탕으로 k의 값의 범위를 구할 수 있어.

  J 경우의 수

🐝 **개념 확인 문제**

J 01 정답 6
$(1, 6)$, $(2, 5)$, $(3, 4)$, $(4, 3)$, $(5, 2)$, $(6, 1)$의 6가지

J 02 정답 4
$(1, 6)$, $(6, 1)$, $(2, 3)$, $(3, 2)$의 4가지

J 03 정답 5
$3+2=5$

J 04 정답 10
(i) 나오는 두 수의 차가 3이 되는 경우
$\quad (1, 4)$, $(2, 5)$, $(3, 6)$, $(4, 1)$, $(5, 2)$, $(6, 3)$의 6가지
(ii) 나오는 두 눈의 수의 차가 4가 되는 경우
$\quad (1, 5)$, $(2, 6)$, $(5, 1)$, $(6, 2)$의 4가지
(i), (ii)에 의하여 구하는 경우의 수는 $6+4=10$

J 05 정답 9
나오는 두 눈의 수의 합이 4의 배수가 되는 경우
합이 4인 경우 : $(1, 3)$, $(2, 2)$, $(3, 1)$의 3가지
합이 8인 경우 : $(2, 6)$, $(3, 5)$, $(4, 4)$, $(5, 3)$, $(6, 2)$의 5가지
합이 12인 경우 : $(6, 6)$의 1가지이므로
$3+5+1=9$

J 06 정답 6
2의 배수 : 2, 4, 6, 8, 10
5의 배수 : 5, 10
2와 5의 공배수 : 10
$\therefore$ (구하는 경우의 수)$=5+2-1=6$

J 07 정답 8
뽑힌 카드가 4의 배수인 사건을 A, 뽑힌 카드가 5의 배수인 사건을 B라 하면
$A=\{4, 8, 12, 16, 20\}$, $B=\{5, 10, 15, 20\}$이므로
$A\cap B=\{20\}$
$\therefore n(A\cup B)=n(A)+n(B)-n(A\cap B)$
$\qquad\qquad\quad =5+4-1=8$

J 08 정답 4
(i) $y=0$일 때,
$\quad 2x=30 \qquad \therefore x=15$ ← $(15, 0)$
(ii) $y=2$일 때,
$\quad 2x=20 \qquad \therefore x=10$ ← $(10, 2)$
(iii) $y=4$일 때,
$\quad 2x=10 \qquad \therefore x=5$ ← $(5, 4)$
(iv) $y=6$일 때,
$\quad 2x=0 \qquad \therefore x=0$ ← $(0, 6)$
따라서 순서쌍 (x, y)의 개수는 4이다.

J 09 정답 12
(i) $b=1$일 때, $a\leq7 \qquad \therefore a=1, 2, \cdots, 7$ ← 7개
(ii) $b=2$일 때, $a\leq4 \qquad \therefore a=1, 2, 3, 4$ ← 4개
(iii) $b=3$일 때, $a\leq1 \qquad \therefore a=1$ ← 1개
따라서 순서쌍 (a, b)의 개수는 $7+4+1=12$

J 10 정답 3

1000원짜리 음료수의 개수를 x, 3000원짜리 음료수의 개수를 y라고 하면 $1000x+3000y=10000$ ∴ $x+3y=10$
(i) $y=1$일 때, $x=7$
(ii) $y=2$일 때, $x=4$
(iii) $y=3$일 때, $x=1$
∴ (구하는 방법의 수)$=1+1+1=3$

J 11 정답 100

백의 자리의 숫자가 될 수 있는 것은 2, 4, 6, 8의 4가지
십의 자리의 숫자가 될 수 있는 것은 1, 3, 5, 7, 9의 5가지
일의 자리의 숫자가 될 수 있는 것은 1, 3, 5, 7, 9의 5가지
이므로 구하는 수의 개수는 곱의 법칙에 의하여
$4×5×5=100$

J 12 정답 125

세 숫자의 곱이 홀수가 되려면 각 자리에 있는 숫자는 모두 홀수가 되어야 하므로 구하는 수의 개수는 $5×5×5=125$

J 13 정답 9

$3×3=9$

J 14 정답 12

$2×2×3=12$

J 15 정답 12

$(x^2-2xy+y^2)(a+b)+(p+q+r)(l+m)$이므로
$3×2+3×2=12$

J 16 정답 18

집 ⟶ 학교 ⟶ 도서관 ⟶ 집
      2   ×   3   ×   3 $=18$

J 17 정답 24

$360=2^3×3^2×5$이므로
(약수의 개수)$=(3+1)×(2+1)×(1+1)$
               $=4×3×2=24$

J 18 정답 44

지불할 수 있는 방법의 수
1000원짜리 지폐를 지불하는 방법의 수는
0장, 1장, 2장, 3장, 4장의 5가지
5000원짜리 지폐를 지불하는 방법의 수는
0장, 1장, 2장의 3가지
10000원짜리 지폐를 지불하는 방법의 수는
0장, 1장, 2장의 3가지
이때, 0원을 지불하는 1가지 경우를 제외해야 한다.
따라서 지불할 수 있는 방법의 수는
$5×3×3-1=44$

J 19 정답 34

지불할 수 있는 금액의 수
5000원짜리가 2장이 있으므로 10000원짜리는 5000원짜리 2장으로 바꾸어 생각한다.
1000원짜리 4장의 지폐로 지불할 수 있는 방법의 수는
0원, 1000원, …, 4000원의 5가지
5000원짜리 6장의 지폐로 지불할 수 있는 방법의 수는
0원, 5000원, …, 30000원의 7가지
이때, 0원을 지불하는 1가지 경우를 제외해야 한다.
따라서 총 지불할 수 있는 금액의 수는
$5×7-1=34$

J 20 정답 ④ ⋯⋯⋯⋯⋯⋯⋯⋯⋯⋯⋯⋯ 경우의 수 – 합의 법칙

> **정답 공식** : a 또는 b 중에서 하나의 값을 먼저 정한 다음, 다른 문자의 값으로 가능한 것들을 하나씩 찾아가 보면 쉽게 풀 수 있다.

단서 a와 b는 1부터 6까지의 자연수만 가능해.
한 개의 주사위를 두 번 던져서 나오는 눈의 수를 차례로 a, b라 하자. $a^2+b≤6$을 만족시키는 a, b의 모든 순서쌍 (a, b)의 개수는?
① 4   ② 5   ③ 6   ④ 7   ⑤ 8

1st a의 값을 기준으로 순서쌍 (a, b)의 개수를 구해.

a가 3, 4, 5, 6일 때는 a^2의 값이 6보다 큰 값이 되므로 a가 1, 2일 때만 조사하면 된다.
$a=1$일 때, $1^2+b≤6$에서 $b≤5$이므로 가능한 순서쌍 (a, b)는 $(1, 1)$, $(1, 2)$, $(1, 3)$, $(1, 4)$, $(1, 5)$로 5개이다.
$a=2$일 때, $2^2+b≤6$에서 $b≤2$이므로 가능한 순서쌍 (a, b)는 $(2, 1)$, $(2, 2)$로 2개이다.
따라서 $a^2+b≤6$을 만족시키는 a, b의 모든 순서쌍 (a, b)의 개수는
$5+2=7$
$a=1$일 때와 $a=2$일 때는 동시에 일어나는 사건이 아니므로 합의 법칙을 사용하여 각각의 경우의 수를 더해.

> ⚙ **합의 법칙**   개념·공식
>
> 두 사건 A, B가 동시에 일어나지 않을 때, 사건 A, B가 일어나는 경우의 수가 각각 m, n이면
> (사건 A 또는 사건 B가 일어나는 경우의 수)$=m+n$

J 21 정답 ⑤ ⋯⋯⋯⋯⋯⋯⋯⋯⋯⋯⋯⋯⋯⋯⋯⋯⋯⋯⋯ 합의 법칙

(**정답 공식**: 밑면의 숫자의 합이 3, 6, 9, 12인 각각의 경우를 모두 구해 더한다.)

각 면에 1, 2, 3, 4, 5, 6의 숫자가 하나씩 적힌 정육면체가 있다. 이 정육면체 한 개를 두 번 연속하여 던질 때, 밑면에 나온 숫자의 합이 3의 배수가 되는 경우의 수는?
단서 밑면에 나온 숫자의 합으로 나올 수 있는 3의 배수인 3, 6, 9, 12를 생각해야 해!
① 2   ② 3   ③ 6   ④ 9   ⑤ 12

1st 정육면체를 두 번 던질 때 나오는 밑면의 숫자의 합이 3, 6, 9, 12가 되는 경우를 각각 구하여 더해.

밑면에 나온 두 숫자를 순서쌍으로 나타내면
(i) 눈의 합이 3이 되는 경우의 수는
     $(1, 2)$, $(2, 1)$의 2가지
(ii) 눈의 합이 6이 되는 경우의 수는
     $(1, 5)$, $(2, 4)$, $(3, 3)$, $(4, 2)$, $(5, 1)$의 5가지
(iii) 눈의 합이 9가 되는 경우의 수는
     $(3, 6)$, $(4, 5)$, $(5, 4)$, $(6, 3)$의 4가지   ▶ 두 눈의 수의 합은 $6+6=12$가 최대이므로 합이 15 이상인 경우는 존재하지 않아.
(iv) 눈의 합이 12가 되는 경우는 $(6, 6)$의 1가지
숫자의 합이 3의 배수 3, 6, 9, 12가 되는 사건은 동시에 일어날 수 없으므로 구하는 경우의 수는 $2+5+4+1=12$
합의 법칙을 생각해.

J 22 정답 ③ ⸺⸺⸺⸺⸺⸺⸺⸺⸺⸺⸺ 합의 법칙

(**정답 공식**: 3의 배수의 개수와 4의 배수의 개수를 더하고 12의 배수의 개수를 뺀다.)

> 1에서 100까지의 자연수 중에서 **3 또는 4로 나누어떨어지는 수의 개수는?** [단서] 3의 배수와 4의 배수의 개수를 각각 계산해 봐!
>
> ① 46 ② 48 ③ 50
> ④ 52 ⑤ 54

[1st] 100 이하의 자연수 중 3의 배수 또는 4의 배수의 개수를 구하자.

1에서 100까지의 자연수 중에서
3으로 나누어떨어지는 수는 3의 배수이므로 3의 배수의 개수는
3, 6, 9, ⋯, 99의 33개
4로 나누어떨어지는 수는 4의 배수이므로 4의 배수의 개수는
4, 8, 12, ⋯, 100의 25개
이때, 3과 4로 동시에 나누어떨어지는 수는 12의 배수이므로 12의 배수
의 개수는 12, 24, 36, ⋯, 96의 8개 ⟵ 3과 4의 최소공배수
따라서 구하는 수의 개수는
$33 + 25 - 8 = 50$

[수능 핵강]

＊두 사건 A, B가 동시에 일어나는 경우의 합의 법칙

두 사건 A, B가 일어나는 경우의 수가 각각 m, n이고, 두 사건 A, B가 동시에 일어나는 경우의 수가 l가지일 때, 사건 A 또는 B가 일어나는 경우의 수는 $m + n - l$

J 23 정답 ③ ⸺⸺⸺⸺⸺⸺⸺⸺⸺⸺⸺ 합의 법칙

(**정답 공식**: 두 공에 적힌 수의 차가 0, 1, 2인 각각의 경우의 수를 구해 더한다.)

> [단서] 차가 3 미만이 된다고 했으니 차가 0, 1, 2인 세 가지 경우로 나누어서 생각해 봐.
> 오른쪽 그림과 같이 1에서 8까지의 자연수 가 적힌 8개의 공이 들어 있는 주머니가 있다. 이 주머니에서 한 번에 한 개씩 두 개의 공을 꺼낼 때, **나오는 두 공에 적힌 수의 차 가 3 미만이 되는 경우의 수는?** (단, 꺼낸 공은 다시 넣는다.)
>
>
>
> ① 32 ② 33 ③ 34 ④ 35 ⑤ 36

[1st] 꺼낸 공에 적힌 수의 차가 0, 1, 2인 경우의 수를 각각 구해봐.

두 공에 적힌 수의 차가 3 미만이므로 차가 0인 경우, 차가 1인 경우, 차가 2인 경우로 나누어 생각해야 한다. ⟵ 꺼낸 공을 다시 넣으면 같은 공을 꺼낼 수 있어서 차가 0이 나올 수 있는 거야.
꺼낸 공에 적힌 두 수를 순서쌍으로 나타내면
(ⅰ) 차가 0인 경우
(1, 1), (2, 2), (3, 3), (4, 4), (5, 5), (6, 6), (7, 7), (8, 8)의 8가지
(ⅱ) 차가 1인 경우
(1, 2), (2, 3), (3, 4), (4, 5), (5, 6), (6, 7), (7, 8),
(2, 1), (3, 2), (4, 3), (5, 4), (6, 5), (7, 6), (8, 7)의 14가지
(ⅲ) 차가 2인 경우 ⟵ 순서가 바뀌면 다른 경우야.
(1, 3), (2, 4), (3, 5), (4, 6), (5, 7), (6, 8), (3, 1), (4, 2),
(5, 3), (6, 4), (7, 5), (8, 6)의 12가지
(ⅰ)~(ⅲ)은 동시에 일어날 수 없으므로 구하는 경우의 수는
$8 + 14 + 12 = 34$ ⟵ 합의 법칙을 이용해.

J 24 정답 11 ⸺⸺⸺⸺⸺⸺⸺⸺⸺⸺⸺ 합의 법칙

(**정답 공식**: 좌석 중 빈 자리를 X로 놓고 규칙에 맞는 좌석 배치를 생각해 본다.)

> 그림과 같이 4대의 컴퓨터에 A, B, C 3명이 앉아서 컴퓨터 실기 시험에 대비하여 연습을 하고 있다. **공정한 시험을 위하여 실기 시험에서는 자신이 연습하지 않은 컴퓨터를 사용하기로 한다.** 세 명이 동시에 시험을 볼 때, 4대의 컴퓨터에 A, B, C
> [단서] 좌석은 4개, 사람은 3명이므로 빈 자리가 하나 남게 돼. 빈 자리를 어디로 할 것인가를 기준으로 하여 경우를 나누어 봐.
> 3명의 좌석을 배치하는 방법의 수를 구하시오.
>
>

[1st] 빈 자리를 X로 놓고 생각하자.

빈 자리를 X라 하고, A, B, C 3명이 앉을 자리를 각각 A, B, C라 하자.
연습을 할 때, 좌석 배치를 순서쌍으로 나타내면
(A, X, B, C)
시험을 볼 때, 좌석 배치를 다음과 같이 나누어 생각할 수 있다. ⟵ 몇 번째 좌석을 비울 것인가로 경우를 나누는 거야.
(ⅰ) 첫째 좌석을 비우는 경우 ⟵ B와 C가 연습한 자리에 앉지 않도록 배치해야 해.
(X, A, C, B), (X, B, C, A), (X, C, A, B)의 3가지
(ⅱ) 둘째 좌석을 비우는 경우 ⟵ A와 B와 C가 연습한 자리에 앉지 않도록 배치해야 해.
(B, X, C, A), (C, X, A, B)의 2가지
(ⅲ) 셋째 좌석을 비우는 경우 ⟵ A와 C가 연습한 자리에 앉지 않도록 배치해야 해.
(B, C, X, A), (C, A, X, B), (C, B, X, A)의 3가지
(ⅳ) 넷째 좌석을 비우는 경우 ⟵ A와 B가 연습한 자리에 앉지 않도록 배치해야 해.
(B, A, C, X), (B, C, A, X), (C, B, A, X)의 3가지
(ⅰ)~(ⅳ)에서 모든 방법의 수는
$3 + 2 + 3 + 3 = 11$

✿ 합의 법칙 [개념·공식]

두 사건 A, B가 동시에 일어나지 않을 때, 사건 A, B가 일어나는 경우의 수가 각각 m, n이면
(사건 A 또는 사건 B가 일어나는 경우의 수)$= m + n$

J 25 정답 20 ⸺⸺⸺⸺⸺⸺⸺⸺⸺⸺⸺ 합의 법칙

(**정답 공식**: 꽃병 A에 꽂는 꽃의 종류에 따라 경우를 나누어 각각의 경우에 대해 꽃병 B에 꽂는 꽃의 경우의 수를 구해 모두 더한다.)

> [단서1] 꽃병 A의 꽃을 지정하고, 나머지 꽃이 전체 9송이가 되도록 하면 돼.
> 장미 8송이, 카네이션 6송이, 백합 8송이가 있다. 이 중 1송이를 골라 꽃병 A에 꽂고, **이 꽃과는 다른 종류의 꽃들 중 꽃병 B에 꽂을 꽃 9송이를 고르는 경우의 수를 구하시오.** (단, 같은 종류의 꽃은 서로 구분하지 않는다.)
>
> [단서2] 같은 종류의 꽃은 서로 구분하지 않기 때문에 꽃병 A에 대한 경우의 수를 세지 않는 거고, 꽃병 B에 대한 경우의 수도 각 종류의 꽃의 개수에 대한 경우만 세는 거야.
>
>
> 꽃병 A   꽃병 B

1st 꽃병 A에 장미를 꽂을 경우를 세어보자.

꽃병 A에 장미를 꽂을 때, 꽃병 B에 꽂은 꽃 9송이 중 카네이션이 a송이, 백합이 b송이라 하면 $a+b=9$에서 (a, b)로 가능한 경우는 $(1, 8)$, $(2, 7)$, $(3, 6)$, $(4, 5)$, $(5, 4)$, $(6, 3)$으로 6가지

→ a는 최대 6송이, b는 최대 8송이 므로 a는 6까지!

2nd 꽃병 A에 카네이션을 꽂을 경우를 세어보자.

꽃병 A에 카네이션을 꽂을 때, 꽃병 B에 꽂은 꽃 9송이 중 장미가 a송이, 백합이 b송이라 하면 $a+b=9$에서 (a, b)로 가능한 경우는 $(1, 8)$, $(2, 7)$, $(3, 6)$, $(4, 5)$, $(5, 4)$, $(6, 3)$, $(7, 2)$, $(8, 1)$로 8가지

→ a는 최대 8송이, b는 최대 8송이이므로 a는 8까지!

3rd 꽃병 A에 백합을 꽂을 경우를 세어보자.

꽃병 A에 백합을 꽂을 때, 꽃병 B에 꽂은 꽃 9송이 중 카네이션이 a송이, 장미가 b송이라 하면 $a+b=9$에서 (a, b)로 가능한 경우는 $(1, 8)$, $(2, 7)$, $(3, 6)$, $(4, 5)$, $(5, 4)$, $(6, 3)$으로 6가지

→ a는 최대 6송이, b는 최대 8송이이므로 a는 6까지!

따라서 구하는 경우는 합의 법칙에 의하여 $6+8+6=20$

수능 핵강

＊왜 두 수를 합하여 9가 되는 경우를 생각해야 할까?

같은 종류의 꽃은 서로 구분하지 않기 때문에 꽃병 A에 1송이의 꽃을 꽂는 것은 경우의 수로 세지 않아. 꽃병 A는 장미, 카네이션, 백합 중에 하나만 정하면 돼.

꽃병 B에는 9송이를 꽂자고 했지? 그런데 장미, 카네이션, 백합 모두 9송이보다 적어. 따라서 꽃병 B에는 꽃병 A에 꽂은 종류의 꽃이 아닌 다른 두 종류의 꽃이 모두 꽂히게 돼.

그러니까 다른 두 종류의 꽃으로 9송이를 만들면 되지?

즉, 두 수를 합하여 9가 되는 순서쌍을 만들면 되는 거야.

J 26 정답 ⑤ .... 합의 법칙

(**정답 공식**: 넓이를 기준으로 직사각형의 종류를 나누어 그 개수를 구한다.)

다음 그림이 포함하고 있는 모든 직사각형의 넓이의 총합은?

(단, 각 칸의 가로의 길이와 세로의 길이는 1이다.)

단서 그림에서 가장 작은 직사각형의 넓이는 1이지? 이를 이용하여 그림이 포함하고 있는 직사각형의 넓이를 기준으로 직사각형의 개수를 구해.

① 120   ② 140   ③ 160
④ 180   ⑤ 200

1st 넓이가 1인 직사각형을 생각해보자.

문제의 그림은 넓이가 1, 2, 3, 4, 6, 8, 9, 12인 직사각형들을 포함한다.
넓이가 1인 직사각형의 개수는
$4 \times 3 = 12$

2nd 넓이가 2인 직사각형을 생각해보자.

(i) 가로의 길이가 2, 세로의 길이가 1인 직사각형의 개수는
$\underline{3 \times 3 = 9}$
(가로 3가지) × (세로 3가지)

(ii) 가로의 길이가 1, 세로의 길이가 2인 직사각형의 개수는
$\underline{4 \times 2 = 8}$
(가로 4가지) × (세로 2가지)

(i) ~ (ii)에서 넓이가 2인 직사각형의 개수는
$9 + 8 = 17$

3rd 넓이가 3, 4, 6, 8, 9, 12인 직사각형을 생각해보자.

2nd와 같은 방법으로 넓이가 3, 4, 6, 8, 9, 12인 직사각형의 개수를 구하면

넓이가 3인 직사각형의 개수는 $2 \times 3 + 4 \times 1 = 6 + 4 = 10$

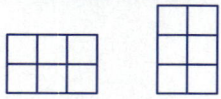

넓이가 4인 직사각형의 개수는 $3 \times 2 + 1 \times 3 = 6 + 3 = 9$

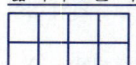

넓이가 6인 직사각형의 개수는 $2 \times 2 + 3 \times 1 = 4 + 3 = 7$

넓이가 8인 직사각형의 개수는 2

넓이가 9인 직사각형의 개수는 2

넓이가 12인 직사각형의 개수는 1

따라서 모든 직사각형의 넓이의 총합은
$1 \times 12 + 2 \times 17 + 3 \times 10 + 4 \times 9 + 6 \times 7 + 8 \times 2 + 9 \times 2 + 12 \times 1$
$= 12 + 34 + 30 + 36 + 42 + 16 + 18 + 12$
$= 200$

❋ **합의 법칙** 　　　　　　　　　개념·공식

두 사건 A, B가 동시에 일어나지 않을 때, 사건 A, B가 일어나는 경우의 수가 각각 m, n이면
(사건 A 또는 사건 B가 일어나는 경우의 수)$= m + n$

J 27 정답 32 ······································· 합의 법칙

정답 공식: 그림을 이용해 순위가 정해질 때까지 해야 하는 경기의 수를 따져 본다.

16명의 선수가 출전한 씨름대회에서 2명씩 8개의 조를 편성하여 조별로 한 번씩 경기를 하여 승부를 가린 후, 이긴 선수는
단서1 우선 16강에서는 총 8경기를 치루게 돼.
이긴 선수끼리 2명씩 4개 조로 경기를 하여 8위 이상의 순위를 정하고, 진 선수는 진 선수끼리 2명씩 4개 조를 편성하여 9위 이하의 순위를 정한다. 이와 같은 방식으로 경기를 하여 1위부
단서2 모든 순위가 정해질 때까지 경기를 해야 하므로 각 경기에서 이긴 사람, 진 사람을 구분하여 경기 수를 계산해.
터 16위의 순위가 결정될 때까지 치러야 하는 총 경기 수를 구하시오.(단, 무승부는 없다.)

1st 1위부터 8위까지 순위가 결정될 때의 경기 수를 구하자.
(i) 16강의 8개의 조의 경기의 수는 8
(ii) 16강에서 이긴 후 이 8경기를 통해 1위~8위와 9위~16위의 두 부류로 구분 돼.
i) 1, 2, 3, 4위를 정하는 데 필요한 경기의 수는 다음과 같다.

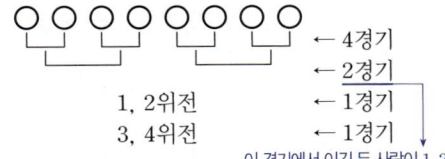

$$\therefore (\text{경기 수})=4+2+1+1=8$$

ii) 5, 6, 7, 8위를 정하는 데 필요한 경기의 수는 다음과 같다.

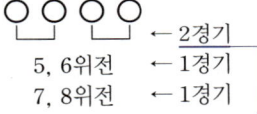

$$\therefore (\text{경기 수})=2+1+1=4$$

i)~ii)에서 1위부터 8위까지 순위를 정하는 경기 수는
$8+4=12$

2nd 9위부터 16위까지 순위가 결정될 때의 경기 수를 구하자.
(iii) 16강에서 진 8명이 (ii)와 같은 방법으로 9위에서 16위까지 가리게 되므로 필요한 경기의 수는 12

(i)~(iii)에서 1위부터 16위까지의 순위를 모두 정하기 위한 경기의 수는
$8+12+12=32$

J 28 정답 ④ ·············· 방정식과 부등식의 해의 개수

정답 공식: $z=0, 1, 2, 3$인 각각의 경우에서 (x, y)의 순서쌍의 개수를 모두 구하여 더한다.

단서1 $x+2y+4z=12$에서 계수가 큰 항 z를 기준으로 수를 대입하여 각 경우를 생각하면 돼!
방정식 $x+2y+4z=12$를 만족시키는 음이 아닌 정수 x, y, z의 순서쌍 (x, y, z)의 개수는?
단서2 음이 아닌 정수이므로 $x\geq0, y\geq0, z\geq0$이야.
① 10　　　② 12　　　③ 14
④ 16　　　⑤ 18

1st 계수가 가장 큰 z를 기준으로 z가 0, 1, 2, 3인 경우를 나누어 음이 아닌 정수의 순서쌍의 개수를 찾자.

음이 아닌 정수 x, y, z이므로 $x\geq0, y\geq0, z\geq0$
$x+2y=12-4z$에서 $12-4z\geq0$이므로 $0\leq z\leq3$
$\therefore z=0, 1, 2, 3$
(i) $z=0$일 때, $x+2y=12$이므로 순서쌍 (x, y)는
$(12, 0), (10, 1), (8, 2), (6, 3), (4, 4), (2, 5), (0, 6)$의 7개
x, y, z가 음이 아닌 정수이므로 x, y, z가 0이 되는 경우도 빠뜨리지 않아야 해.
(ii) $z=1$일 때, $x+2y=8$이므로 순서쌍 (x, y)는
$(8, 0), (6, 1), (4, 2), (2, 3), (0, 4)$의 5개
(iii) $z=2$일 때, $x+2y=4$이므로 순서쌍 (x, y)는
$(4, 0), (2, 1), (0, 2)$의 3개
(iv) $z=3$일 때, $x+2y=0$이므로 순서쌍 (x, y)는
$(0, 0)$의 1개
(i)~(iv)는 동시에 일어날 수 없으므로 구하는 순서쌍의 개수는
$7+5+3+1=16$

✿ 경우의 수의 합·곱의 법칙 　　　　　개념·공식

① 합의 법칙
두 사건 A, B가 동시에 일어나지 않을 때 사건 A, B가 일어나는 경우의 수가 각각 m, n이면 사건 A 또는 B가 일어나는 경우의 수는 $m+n$이다.

② 곱의 법칙
사건 A가 일어나는 경우의 수가 m, 그 각각에 대하여 사건 B가 일어나는 경우의 수가 n일 때, 두 사건 A, B가 잇달아 일어나는 경우의 수는 $m\times n$이다.

J 29 정답 ② ·············· 방정식과 부등식의 해의 개수

정답 공식: $z=1, 2, 3$인 각각의 경우에서 순서쌍 (x, y)의 개수를 모두 구하여 더한다.

방정식 $x+2y+3z=12$를 만족시키는 자연수 x, y, z의 순서쌍 (x, y, z)의 개수는?
단서 $x+2y+3z=12$에서 계수가 큰 항 z를 기준으로 수를 대입하여 각 경우를 생각하면 돼!
① 6　　　② 7　　　③ 8
④ 9　　　⑤ 10

1st 계수가 가장 큰 z를 기준으로 $z=1$ 또는 2 또는 3일 때 각각의 경우에서 자연수 순서쌍의 개수를 찾아 봐.

주의 해의 개수를 구할 때는 해의 조건이 자연수인지, 정수인지, 음이 아닌 정수인지 등 조건을 정확히 확인해야 해.

자연수 x, y, z이므로 $x\geq1, y\geq1, z\geq1$
$x+2y=12-3z$에서
$12-3z\geq3, 1\leq z\leq3$　$\therefore z=1, 2, 3$
x, y가 자연수이므로 $x+2y$의 최솟값은 3이야.
(i) $z=1$일 때
$x+2y=9$를 만족시키는 순서쌍 (x, y)는
$(7, 1), (5, 2), (3, 3), (1, 4)$의 4개
(ii) $z=2$일 때
$x+2y=6$을 만족시키는 순서쌍 (x, y)는 $(4, 1), (2, 2)$의 2개
(iii) $z=3$일 때
$x+2y=3$을 만족시키는 순서쌍 (x, y)는 $(1, 1)$의 1개
(i)~(iii)은 동시에 일어날 수 없으므로 구하는 방법의 수는
$4+2+1=7$

J 30 정답 ④ ······················ 방정식과 부등식의 해의 개수

정답 공식: $y=1$, 2인 각각의 경우에서 (x, y)의 순서쌍의 개수를 모두 구하여 더한다.

> 부등식 $x+3y \le 8$을 만족시키는 자연수 x, y의 순서쌍 (x, y)의 개수는? 단서 x, y가 자연수이므로 $4 \le x+3y \le 8$을 만족해!
> ① 4   ② 5   ③ 6   ④ 7   ⑤ 8

1st x, y가 자연수니까 $x+3y=4$일 때, 5일 때, $\cdots$, 8일 때를 나누어 각각의 순서쌍의 개수를 찾아보자.

x, y가 자연수이므로 $x \ge 1$, $y \ge 1$

$\therefore 4 \le x+3y \le 8$ → x, y가 자연수이기 때문에 $x+3y$의 최솟값은 4야.

$x+3y=4$, $x+3y=5$, $x+3y=6$, $x+3y=7$, $x+3y=8$인 5가지 경우로 나누어 생각할 수 있다.

(ⅰ) $x+3y=4$일 때, 순서쌍 (x, y)는
$(1, 1)$의 1개 → y의 계수가 x의 계수보다 크니까 y에 1부터 대입해 보며 x의 값을 구해 보자.

(ⅱ) $x+3y=5$일 때, 순서쌍 (x, y)는
$(2, 1)$의 1개

(ⅲ) $x+3y=6$일 때, 순서쌍 (x, y)는
$(3, 1)$의 1개

(ⅳ) $x+3y=7$일 때, 순서쌍 (x, y)는
$(4, 1)$, $(1, 2)$의 2개

(ⅴ) $x+3y=8$일 때, 순서쌍 (x, y)는
$(5, 1)$, $(2, 2)$의 2개

(ⅰ)~(ⅴ)는 동시에 일어날 수 없으므로 구하는 방법의 수는
$1+1+1+2+2=7$

J 31 정답 ⑤ ······················ 방정식과 부등식의 해의 개수

정답 공식: $x+y+z=3$, 4, 5인 각각의 경우에서 순서쌍 (x, y, z)의 개수를 모두 구하여 더한다.

> 부등식 $x+y+z \le 5$를 만족시키는 자연수 x, y, z의 순서쌍 (x, y, z)의 개수는? 단서 x, y, z가 자연수이므로 $3 \le x+y+z \le 5$를 만족하지?
> ① 6   ② 7   ③ 8
> ④ 9   ⑤ 10

1st $x+y+z=3$일 때, 4일 때, 5일 때를 나누어 각각의 자연수 순서쌍의 개수를 구해.

x, y, z가 자연수이므로 $x \ge 1$, $y \ge 1$, $z \ge 1$

$3 \le x+y+z \le 5$이므로 $x+y+z=3$, $x+y+z=4$, $x+y+z=5$인 경우로 나누어 생각하면 된다. → x, y, z가 자연수이므로 $x+y+z$의 최솟값은 3이야.

함정 $x+y+z$의 값이 최소가 될 때부터 구하는 게 경우를 나누기에 편리하지.

(ⅰ) $x+y+z=3$일 때, 순서쌍 (x, y, z)는
$(1, 1, 1)$의 1개

(ⅱ) $x+y+z=4$일 때, 순서쌍 (x, y, z)는
$(1, 1, 2)$, $(1, 2, 1)$, $(2, 1, 1)$의 3개

(ⅲ) $x+y+z=5$일 때, 순서쌍 (x, y, z)는 → 순서쌍이니까 순서가 다르면 다른 순서쌍으로 생각해야 해.
$(1, 1, 3)$, $(1, 3, 1)$, $(3, 1, 1)$, $(1, 2, 2)$, $(2, 1, 2)$, $(2, 2, 1)$의 6개

(ⅰ)~(ⅲ)은 동시에 일어날 수 없으므로 구하는 방법의 수는
$1+3+6=10$

J 32 정답 ② ······················ 방정식과 부등식의 해의 개수

정답 공식: $z=1$, 2, 3, 4인 각각의 경우에서 (x, y)의 순서쌍의 개수를 모두 구하여 더한다.

> 단서 x, y, z는 주사위를 던져서 나온 수이므로 x, y, z가 자연수야.
> 각 면에 1부터 6까지의 수가 각각 적힌 정육면체의 주사위를 세 번 던져서 나온 수를 차례로 x, y, z라고 할 때, $x+2y+3z=15$를 만족시키는 순서쌍 (x, y, z)의 개수는?
> ① 8   ② 9   ③ 10
> ④ 11   ⑤ 12

1st 계수가 가장 큰 z의 값을 기준으로 경우를 나눠보자.

x, y, z가 자연수이므로 $x \ge 1$, $y \ge 1$, $z \ge 1$

$x+2y+3z=15 \cdots$ ㉠

$3z=15-(x+2y)$이므로 $3 \le 3z \le 12$ → x, y, z가 자연수이므로 $3z$의 최솟값은 3이고 $3z=15-(x+2y)$에서 $x+2y$의 최솟값이 3이므로 $3z$의 최댓값은 12야.

$\therefore 1 \le z \le 4$ $\therefore z=1$, 2, 3, 4

(ⅰ) $z=1$일 때, ㉠에서 $x+2y=12$이므로 순서쌍 (x, y)는
$(6, 3)$, $(4, 4)$, $(2, 5)$의 3개

(ⅱ) $z=2$일 때, ㉠에서 $x+2y=9$이므로 순서쌍 (x, y)는
$(5, 2)$, $(3, 3)$, $(1, 4)$의 3개

(ⅲ) $z=3$일 때, ㉠에서 $x+2y=6$이므로 순서쌍 (x, y)는
$(4, 1)$, $(2, 2)$의 2개

(ⅳ) $z=4$일 때, ㉠에서 $x+2y=3$이므로 순서쌍 (x, y)는
$(1, 1)$의 1개

(ⅰ)~(ⅳ)는 동시에 일어날 수 없으므로 구하는 방법의 수는
$3+3+2+1=9$

J 33 정답 ① ······················ 곱의 법칙

정답 공식: 홀수는 일의 자리에 1, 3, 5 중 하나가 와야 하므로, 각 경우에 대해 가능한 세 자리 자연수의 개수를 구해 모두 더한다.

> 1, 2, 3, 4, 5, 6의 여섯 개의 숫자에서 서로 다른 세 수를 사용하여 만들 수 있는 세 자리 홀수의 개수는?
> ① 60   ② 80   ③ 100
> ④ 120   ⑤ 240   단서 일의 자리의 숫자가 홀수이면 되므로 일의 자리에 1, 3, 5가 오는 경우를 생각해!

1st 일의 자리에 1이 올 때의 경우의 수를 구해보자. 일의 자리가 3 또는 5인 경우도 같은 방법으로 구할 수 있어.

실수 홀수는 일의 자리에 홀수가 와야 된다는 것만 기억하면 되지.

일의 자리에 1이 오는 세 자리 수의 개수는 2, 3, 4, 5, 6의 다섯 개의 숫자를 한 번씩 사용하여 백의 자리의 숫자와 십의 자리의 숫자를 결정하는 경우의 수와 같으므로
$5 \times 4=20$

일의 자리에 3 또는 5가 오는 경우도 마찬가지이므로 각각 $5 \times 4=20$

따라서 세 자리 홀수의 개수는
$20 \times 3=60$ ← 일의 자리에 1, 3, 5가 오는 경우의 수

J 34 정답 ② ····················· 곱의 법칙

(정답 공식: 각 자리에 들어갈 수 있는 수의 개수를 구해 곱한다. **)**

> 다음 조건을 만족시키는 두 자리의 자연수의 개수는?
>
> (가) 2의 배수이다. **단서** 일의 자리의 수에 대한 조건을 준 거야.
> (나) 십의 자리의 수는 6의 약수이다.
>
> ① 16　　　　② 20　　　　③ 24
> ④ 28　　　　⑤ 32

1st 십의 자리, 일의 자리의 수로 가능한 수를 파악하자.

조건 (가)에 의하여 구하는 자연수는 2의 배수이므로 일의 자리의 수는
0, 2, 4, 6, 8 중 하나이어야 한다.　일의 자리의 수는 0 또는 짝수야.

또, 조건 (나)에 의하여 구하는 자연수의 십의 자리의 수가 6의 약수이므
로 십의 자리의 수는 1, 2, 3, 6 중 하나이어야 한다.

2nd 가능한 두 자리의 자연수의 개수를 구하자.

따라서 가능한 일의 자리의 수는 5개, 십의 자리의 수는 4개이므로 구하
는 두 자리의 자연수의 개수는

$5 \times 4 = 20$
각 자리에 들어갈 수의 개수를 알면 곱의 법칙을 이용해.

J 35 정답 ② ····················· 곱의 법칙

(정답 공식: 전체 세 자리 자연수의 개수에서 0을 포함하지 않는 세 자리 자연수의 개수를 뺀다. **)**

> 세 자리의 자연수 중 0이 반드시 포함된 세 자리 자연수는 모
> 두 몇 개인가? **단서** 0이 적어도 하나 이상 포함된 경우를 뜻하므로
> (전체 경우의 수)−(0이 포함되지 않은 경우의 수)로 구하면 돼.
> ① 150　② 171　③ 180　④ 187　⑤ 210

1st 세 자리의 자연수 중에서 0이 포함되지 않은 자연수의 개수를 빼자.

 직접 0이 반드시 포함된 세 자리 자연수의 개수를 세는 것보다
0이 포함되지 않은 세 자리 자연수의 개수를 구한 후 전체 개수에서
빼는 게 더 쉬워.

0이 반드시 포함된다는 것은 0이 적어도 하나 이상 포함된 경우를 뜻하
므로
(세 자리 자연수의 개수)−(0이 포함되지 않은 세 자리 자연수의 개수)
를 구하면 된다.
세 자리 자연수의 개수는 $9 \times 10 \times 10 = 900$
백의 자리에 올 수 있는 숫자는 0을
제외한 9개, 십의 자리, 일의 자리에
올 수 있는 숫자의 개수는 10개
0이 포함되지 않은 세 자리 자연수의 개수는 $9 \times 9 \times 9 = 729$
따라서 구하는 경우의 수는
$900 - 729 = 171$

다른 풀이: 0이 포함된 세 자리 자연수 꼴을 나누어 경우의 수 구하기

(ⅰ) □0□, □□0 꼴인 세 자리 자연수의 개수
　　□에 0을 제외한 9개의 숫자가 들어갈 수 있으므로 각각
　　$9 \times 9 = 81$
(ⅱ) □00 꼴인 세 자리 자연수의 개수
　　백의 자리 □에는 0을 제외한 9개의 숫자가 들어갈 수 있으므로 9
(ⅰ), (ⅱ)에서 $81 \times 2 + 9 = 171$
　　　　□0□, □□0 꼴의 2가지

J 36 정답 ② ····················· 곱의 법칙

(정답 공식: HT를 하나로 보고, HT 2개와 나머지를 배열한다고 생각한다. **)**

> 동전 한 개를 던져 앞면이 나오면 H, 뒷면이 나오면 T로 나타
> 내자. 동전 한 개를 6번 던져 HTHTTT, THTHHT와 같
> **단서1** HTHTTT는 HT 2개를 제외한
> 나머지 2개가 이웃하는 경우야.
> 이 H 바로 다음에 T가 나오는 경우가 2번만 나타나는 모든 경
> 우의 수는? **단서2** THTHHT는 HT 2개를 제외한
> 나머지 2개가 이웃하지 않는 경우야.
> ① 19　　　　② 21　　　　③ 23
> ④ 25　　　　⑤ 27

1st 2개의 HT와 2개의 □를 배열한다고 생각하여 경우를 나누자.
HT가 2개이면 동전을 네 번 던진 꼴이므로 나머지 두 번 던져 나온 결과를 □□로 놓은 거야.
HT를 한 세트로 본다면 구하는 경우의 수는 2개의 HT와 2개의 □를
배열할 때, 2개의 □가 이웃하는 경우와 이웃하지 않는 경우로 나눌 수
있다.

2nd 2개의 □가 이웃하는 경우와 이웃하지 않는 경우의 수를 각각 구하자.

(ⅰ) 2개의 □가 이웃하는 경우, 즉
　　HTHT□□, HT□□HT, □□HTHT인 경우이므로 3가지
　　사건 A
　　□□에는 HT를 제외한 HH, TH, TT가 들어갈 수 있으므로
　　3가지　　　　　　　　　　사건 B
　　∴ $3 \times 3 = 9$ 두 사건 A, B가 동시에 일어나므로 곱의 법칙을 쓴 거야.
(ⅱ) 2개의 □가 이웃하지 않는 경우, 즉
　　□HT□HT, □HTHT□, HT□HT□인 경우이므로 3가지
　　사건 C
　　2개의 □에 H와 T가 모두 들어갈 수 있으므로
　　$2 \times 2 = 4$(가지)　　사건 D
　　∴ $3 \times 4 = 12$ 두 사건 C, D가 동시에 일어나므로 곱의 법칙을 쓴 거야.
(ⅰ), (ⅱ)에서 구하는 경우의 수는
$9 + 12 = 21$ (ⅰ)과 (ⅱ)는 동시에 일어나지 않으므로 합의 법칙을 쓴 거야.

J 37 정답 36 ····················· 곱의 법칙

(정답 공식: 머리말, 제목, 인적사항에 쓸 수 있는 글꼴의 수를 구해 모두 곱한다. **)**

> 그림은 어떤 학생이 작성한 수행평가 보고서의 표지이다.
>
>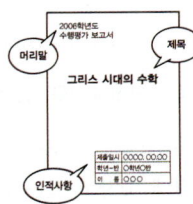
>
> 머리말, 제목, 인적사항의 글꼴을 표에서 각각 한 개씩 선택하
> 여 바꾸려고 할 때, 글꼴이 모두 다른 경우의 수를 구하시오.
> **단서1** 머리말, 제목, 인적사항에서 어떤 글꼴이 겹치는지 확인해야 해.

구분	글꼴
머리말	중고딕, 견고딕, 굴림체
제목	중고딕, 견고딕, 굴림체, 신명조, 견명조, 바탕체
인적사항	신명조, 견명조, 바탕체

단서2 머리말과 인적사항의 글꼴은 겹치는 것이 없으므로 먼저 머리말과
인적사항에 쓸 글꼴을 정해.

1st 머리말, 제목, 인적사항에 쓸 수 있는 글꼴의 수를 각각 구하자.

머리말과 인적사항의 글꼴들은 모두 다르므로 머리말과 인적사항에 사용할 글꼴을 먼저 정하고, 제목에 사용할 글꼴은 이미 사용된 글꼴을 제외한 나머지 중에서 정하면 된다.

제목의 글꼴은 머리말과 인적사항의 글꼴을 모두 포함하고 있어.
따라서 머리말, 제목, 인적사항의 글꼴을 모두 다르게 하려면 제목에서는 머리말과 인적사항에 사용된 2개의 글꼴을 제외해야 해.

(머리말의 글꼴을 선택하는 경우의 수)$=3$
(인적사항의 글꼴을 선택하는 경우의 수)$=3$
(제목의 글꼴을 선택하는 경우의 수)$=4$ ← $6-2=4$
따라서 구하는 경우의 수는
$3 \times 3 \times 4 = 36$

세 가지 글꼴은 동시에 정해지는 것이므로 곱의 법칙을 써야 해.

J 38 정답 657 ·································· 곱의 법칙

(**정답 공식**: '~하지 않은 사건'의 경우의 수는 여사건의 경우의 수를 이용한다.)

> '3·6·9게임'은 참가자들이 돌아가며 자연수를 1부터 차례로 말하되 3, 6, 9가 들어가 있는 수는 말하지 않는 게임이다. 예를 들면 3, 13, 60, 396, 462, 900 등은 말하지 않아야 한다.
> '3·6·9게임'을 할 때, 1부터 999까지의 자연수 중 말하지 않아야 하는 수의 개수를 구하시오. **단서** 여사건의 경우의 수는 3, 6, 9가 하나도 들어가 있지 않은 수의 개수야.

1st 3, 6, 9가 하나도 들어가 있지 않은 수의 개수를 구하자.

3, 6, 9가 하나도 들어가 있지 않은 수, 즉 3, 6, 9를 제외한 0, 1, 2, 4, 5, 7, 8로 이루어진 세 자리 수의 개수를 생각해 보자.
이때, 같은 수를 여러 번 사용할 수 있으며 앞의 자리에 있는 0은 없는 것으로 생각하면 된다.

예를 들어, 001은 1로, 085는 85로 생각하면 돼.

단, 000은 제외한다.
∴ (3, 6, 9가 하나도 들어가 있지 않은 수의 개수)
$= 7 \times 7 \times 7 - 1 = 342$ ← 000은 제외해야 하므로 1개를 빼줘야 해.

0, 1, 2, 4, 5, 7, 8의 7개 숫자를 중복을 허용해서 넣을 수 있어.
즉, 각 자리에 들어갈 수 있는 수는 각각 7개야.

따라서 말하지 않아야 하는 수의 개수는
(1부터 999까지의 자연수의 개수)
      $-$ (3, 6, 9가 하나도 들어가 있지 않은 수의 개수)
$= 999 - 342 = 657$

J 39 정답 ② ·································· 곱의 법칙

(**정답 공식**: 먼저 고정된 두 점 A, B에 숫자를 지정한 후 대칭축을 기준으로 나누어 숫자를 지정한다.)

> 정팔각형의 모든 꼭짓점에 숫자 0 또는 1을 지정하려고 한다. 그림과 같이 고정된 두 꼭짓점 A와 B를 잇는 직선에 대하여 **단서1** 대칭축 선상에 있는 두 점 A, B는 서로 같은 숫자일 필요가 없어. 대칭인 점에 같은 숫자를 지정하는 경우의 수는? **단서2** 직선을 기준으로 한쪽에 숫자를 정하면 나머지 한쪽은 한 가지로 결정이 돼
>
>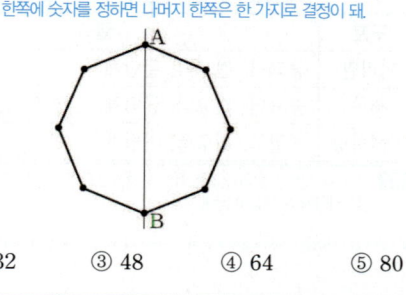
>
> ① 16   ② 32   ③ 48   ④ 64   ⑤ 80

1st 두 점 A, B의 숫자 지정을 생각하자.

대칭축 위의 점인 두 꼭짓점 A와 B에는 0 또는 1을 지정할 수 있다.
즉, 이때의 경우의 수는 ← 두 점 A, B에 지정하는 수에 대한 규칙은 따로 없어.
$2 \times 2 = 4$
(점의 개수) × (지정할 수 있는 숫자의 개수)

2nd 나머지 점들의 숫자 지정을 생각하자.

직선 AB의 왼쪽에 있는 세 점에는 0 또는 1을 지정할 수 있고, 이것이 결정되면 직선 AB의 오른쪽에 있는 세 점은 직선 AB에 대칭인 점과 동일한 점으로 지정된다.
즉, 이때의 경우의 수는
$(2 \times 2 \times 2) \times (1 \times 1 \times 1) = 8$

왼쪽에 있는 세 점에 지정할 수 있는 숫자의 개수가 각각 2이고, 왼쪽의 점에 어떤 숫자가 정해지면 그와 대칭인 오른쪽의 점에는 왼쪽의 숫자와 동일한 숫자를 지정하면 되므로 지정할 수 있는 숫자의 개수는 각각 1이야.

따라서 구하는 경우의 수는 곱의 법칙에 의하여
$4 \times 8 = 32$ 두 꼭짓점 A, B와 나머지 6개의 꼭짓점의 숫자 지정은 동시에 일어나므로 곱의 법칙을 써야 해.

J 40 정답 ④ ·································· 곱의 법칙

(**정답 공식**: 그림을 보면서 규칙에 맞게 방을 방문하는 방법을 생각해 본다.)

> [그림 1]과 같이 네 개의 방이 통로로 연결되어 있을 때, 어느 한 방에서 출발하여 모든 방을 한 번만 방문하는 방법의 수는 출발하는 방의 경우의 수가 4(가지)이고 각 경우에 모든 방을 방문하는 방법의 수는 2(가지)이므로, $4 \times 2 = 8$(가지)이다.
>
>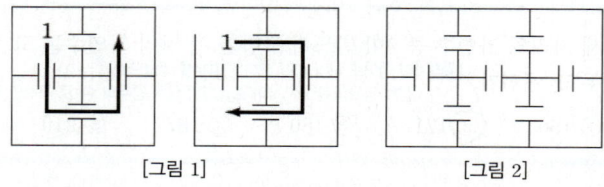
>
> [그림 1]   [그림 2]
>
> [그림 2]와 같이 6개의 방이 통로로 연결되어 있을 때, 어느 한 **단서** 1번, 3번, 4번, 6번 방은 통로가 2개이고, 2번, 5번 방은 통로가 3개이므로 경우를 나누어 이동하는 방법을 따져봐야 해. 방에서 출발하여 모든 방을 한 번만 방문하는 방법의 수는?
>
> ① 12가지   ② 14가지   ③ 15가지
> ④ 16가지   ⑤ 18가지

1st 모서리 쪽 방에서 출발하는 경우를 생각하자.

[그림 2]에서 윗줄 맨 왼쪽부터 시계방향으로 방에 번호를 매겼을 때, 1번 방에서 출발하는 경우 가능한 이동 방법은 다음 그림과 같이 3가지이다.

그림의 경우를 제외한 나머지는 모든 방을 방문하려면 한 번 이상 방문하는 방이 반드시 생겨.

 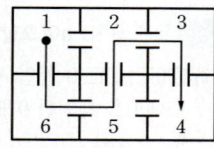

나머지 모서리 쪽 방, 즉 3번, 4번, 6번 방에서 출발하는 경우도 가능한 이동 방법은 각각 3가지이다.
∴ (모서리 쪽 방에서 출발하는 이동 방법의 수)
      $= 4 \times 3 = 12$
(4개의 모서리 쪽 방) × (3가지 이동 방법)

2nd 중간 방에서 출발하는 경우를 생각하자.

2번 방에서 출발하는 경우 가능한 이동 방법은 다음 그림과 같이 2가지이다.

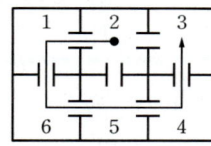 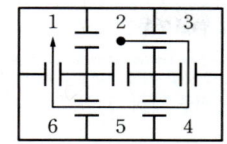

5번 방에서 출발하는 경우도 가능한 이동 방법은 각각 2가지이다.

∴ (중간 방에서 출발하는 이동 방법의 수)

$$= \underline{2} \times \underline{2} = 4$$

(2개의 중간 방) × (2가지 이동 방법)

따라서 전체 이동 방법의 수는

$$12 + 4 = 16$$

J 41 정답 ① .... 곱의 법칙

정답 공식: 규칙에 따라 각 자리에 들어갈 수 있는 숫자의 경우의 수를 구한다.

어떤 인터넷 사이트의 회원인 철수는 자신의 회원번호를 이용하여 다음과 같은 규칙에 따라 4자리 자연수인 비밀번호를 만들려고 한다.

(가) 각 자리의 숫자는 모두 다르다.
(나) 회원번호의 각 자리에 쓰인 숫자와 0은 사용할 수 없다.
　　단서 4의 배수가 되는 수는 마지막 두 자리의 수가 4의 배수이어야 해.
(다) 회원번호가 나타내는 수보다 큰 4의 배수이다.

철수의 회원번호가 6549일 때, 만들 수 있는 서로 다른 비밀번호의 개수는?

① 12　　　　② 14　　　　③ 16
④ 18　　　　⑤ 20

1st 경우를 나누어 생각하자.

비밀번호에 쓸 수 있는 숫자는 1, 2, 3, 7, 8이다.
　　철수의 회원번호가 6549이므로 0과 6, 5, 4, 9는 비밀번호로 쓸 수 없어.

또, 첫째 자리에 들어갈 수 있는 숫자는 7 또는 8이고 마지막 두 자리에
　　규칙 (다)에 의하여 비밀번호는 6549보다 커야 하므로 첫째 자리에 들어갈 수는 7, 8 중 하나야.

4의 배수가 들어가야 하므로 만들 수 있는 비밀번호의 개수는 다음과

[배수의 판정]
① 2의 배수 ⇨ 마지막 자리의 수가 0 또는 짝수인 수
② 3의 배수 ⇨ 각 자리의 수의 합이 3의 배수인 수
③ 4의 배수 ⇨ 마지막 두 자리의 수가 00 또는 4의 배수인 수

같이 경우를 나누어 구할 수 있다.

(i) 7□□□ 꼴의 수
　마지막 두 자리 수는 12, 28, 32의 3가지
　둘째 자리에 들어갈 수는 규칙 (가)에 의하여 2가지
　∴ 3 × 2 = 6(가지)　둘째 자리에 들어갈 수는 마지막 두 자리 수가 12이면 3 또는 8 / 28이면 1 또는 3 / 32이면 1 또는 8

(ii) 8□□□ 꼴의 수
　마지막 두 자리 수는 12, 32, 72의 3가지
　둘째 자리에 들어갈 수는 규칙 (가)에 의하여 2가지
　∴ 3 × 2 = 6(가지)　둘째 자리에 들어갈 수는 마지막 두 자리 수가 12이면 3 또는 7 / 32이면 1 또는 7 / 72이면 1 또는 3

2nd 만들 수 있는 비밀번호의 개수를 구하자.

(i), (ii)에서 만들 수 있는 서로 다른 비밀번호의 개수는 6 + 6 = 12

J 42 정답 88 .... 합의 법칙과 곱의 법칙

정답 공식: 두 사건 A, B에 대하여 사건 A가 일어나는 경우의 수가 m이고, 그 각각에 대하여 사건 B가 일어나는 경우의 수가 n일 때,
(사건 A와 B가 동시에 일어나는 경우의 수) $= m \times n$

다음 조건을 만족시키는 세 자리 자연수의 개수를 구하시오.

(가) 백의 자리의 수, 십의 자리의 수, 일의 자리의 수 중 7의 개수는 1이다.　단서 1 7이 들어갈 수 있는 자리에 따라 경우를 나누자.
(나) 백의 자리의 수와 일의 자리의 수의 곱을 2로 나눈 나머지는 1이다.　단서 2 2로 나눈 나머지가 1이라는 말은 홀수라는 뜻이고, (홀수) × (홀수) = (홀수)이므로 백의 자리의 수와 일의 자리의 수가 모두 홀수여야 해.

1st 경우를 나누는 기준을 정하자.

조건 (가)에 의하여 7이 들어갈 수 있는 자리는 백의 자리, 십의 자리, 일의 자리 중 하나이다.
조건 (나)에 의하여 백의 자리의 수와 일의 자리의 수의 곱은 홀수여야 하므로 두 수는 모두 홀수여야 한다.
　　두 수 중에서 하나라도 짝수면 그 곱은 짝수가 돼

그러므로 다음과 같이 경우를 나누어 생각할 수 있다.

2nd 각각의 경우의 수를 구하자.

(i) 7이 백의 자리의 수인 경우
　십의 자리의 수를 정하는 경우의 수는 9 →7을 제외한 0, 1, 2, 3, 4, 5, 6, 8, 9 중 하나를 골라.
　일의 자리의 수를 정하는 경우의 수는 4 →1, 3, 5, 9 중 하나를 골라.
　조건을 만족시키는 세 자리 자연수의 개수는
　$9 \times 4 = 36$

(ii) 7이 십의 자리의 수인 경우
　백의 자리, 일의 자리에 올 수 있는 수는 모두 1, 3, 5, 9 중 하나이므로 각각 4
　조건을 만족시키는 세 자리 자연수의 개수는
　$4 \times 4 = 16$

(iii) 7이 일의 자리의 수인 경우
　백의 자리의 수를 정하는 경우의 수는 4 →1, 3, 5, 9 중 하나를 골라.
　십의 자리의 수를 정하는 경우의 수는 9 →7을 제외한 0, 1, 2, 3, 4, 5, 6, 8, 9 중 하나를 골라.
　조건을 만족시키는 세 자리 자연수의 개수는
　$4 \times 9 = 36$

3rd 조건을 만족시키는 세 자리 자연수의 개수를 구하자.

(i)~(iii)에 의하여 구하는 세 자리 자연수의 개수는
$36 + 16 + 36 = 88$

J 43 정답 ④ ·· 곱의 법칙

정답 공식: 자동차 A, B, C를 먼저 배치하는 경우의 수를 구하고, 나머지 자동차 D, E, F를 배치하는 경우의 수를 구해 곱한다.

A, B, C, D, E, F의 6대의 자동차가 모터쇼에서 그림과 같이 6개의 부스에 전시된다고 한다. A 자동차는 B 자동차보다 출입구에 가까운 부스에 전시되고, B 자동차는 C 자동차보다 출입구에 가까운 부스에 전시되도록 자동차가 전시될 부스를 정하는 방법의 수는? **단서** A, B, C 자동차가 전시될 부스를 정한 후 나머지 부스에 D, E, F 자동차를 배치하면 돼.
(단, 부스 ②와 ④, ③과 ⑤는 각각 출입구에서 같은 거리에 있다.)

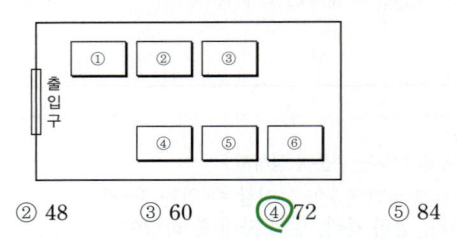

① 36   ② 48   ③ 60   ④ 72   ⑤ 84

1st A 자동차가 전시된 부스를 기준으로 B, C 자동차가 전시될 부스를 생각해 봐!

A, B, C 자동차가 전시된 부스를 주어진 조건에 맞도록 배정하는 경우는 $1 \times 2 \times 3 + 1 \times 2 \times 1 + 2 \times 2 \times 1 = 12$

A	B	C
①	②, ④	③, ⑤, ⑥
①	③, ⑤	⑥
②, ④	③, ⑤	⑥

실수 이렇게 표를 만들면 모든 경우를 빠짐없이 셀 수 있어.

2nd 나머지 세 대의 자동차는 남아 있는 세 부스에 배치하면 되잖아!

나머지 세 대의 자동차는 남아 있는 세 부스에 배치하면 되므로
$3 \times 2 \times 1 = 6$
따라서 구하는 경우의 수는 $12 \times 6 = 72$

J 44 정답 ③ ·· 약수의 개수

정답 공식: 두 수의 최대공약수의 약수의 개수를 구한다.

단서 두 수를 소인수분해해서 최대공약수를 먼저 구해 봐!
324와 540의 공약수 중 양수의 개수는?

① 8   ② 10   ③ 12
④ 14   ⑤ 16

1st 두 수의 최대공약수의 양의 약수의 개수를 구해.

324를 소인수분해하면
$324 = 2^2 \times 3^4$
540을 소인수분해하면
$540 = 2^2 \times 3^3 \times 5$
두 수의 공약수는 두 수의 최대공약수의 약수이므로
324와 540의 최대공약수를 구하면
$\underline{2^2 \times 3^3}$ → $2^2 \times 3^4$, $2^2 \times 3^3 \times 5$의 공통인 소인수를 모두 곱하되 공통인 소인수는 지수가 같거나 작은 것을 택해.
$2^2 \times 3^3$의 양의 약수의 개수는
$(2+1)(3+1) = 12$
따라서 324와 540의 공약수 중 양수의 개수는 12이다.

실수 '두 수의 공약수는 최대공약수의 약수이다.'는 많이 쓰이는 성질이야.

J 45 정답 ⑤ ·· 약수의 개수

정답 공식: 10의 거듭제곱을 소인수분해한 $10^n = 2^n 5^n$에서 약수의 개수는 $(n+1)^2$임을 이용한다.

단서 10의 거듭제곱을 10^n으로 나타내 봐!
10의 거듭제곱 중 양의 약수의 개수가 100인 수는?

① 10^5 ② 10^6 ③ 10^7
④ 10^8 ⑤ 10^9

1st $10^n = 2^n \times 5^n$이니까 10의 약수의 개수는 $(n+1)^2$임을 이용해.

10의 거듭제곱을 10^n으로 나타내면
$10 = 2 \times 5$이므로
$10^n = 2^n \times 5^n$ (n은 자연수)
10^n의 양의 약수의 개수는
$(n+1)(n+1) = (n+1)^2$
그런데 양의 약수의 개수가 100이므로
$(n+1)^2 = 100 = 10^2$
$n+1 = \underline{10}$ → n은 자연수이므로 -10은 될 수 없어.
$\therefore n = 9$
따라서 10의 거듭제곱 중 양의 약수가 100개인 수는 10^9이다.

실수 모든 선택지의 약수의 개수를 일일이 구해도 되지만, 모든 선택지가 10^n 형태로 되어 있음을 이용하는 거야.

약수의 개수 개념·공식

자연수 N이
$N = a^p \times b^q \times c^r$ (a, b, c는 서로 다른 소수, p, q, r는 자연수) 꼴로 소인수분해될 때
(1) (N의 약수의 개수) $= (p+1)(q+1)(r+1)$
(2) (N의 약수의 총합)
  $= (1 + a + a^2 + \cdots + a^p) \times (1 + b + b^2 + \cdots + b^q)$
  $\times (1 + c + c^2 + \cdots + c^r)$

J 46 정답 ④ ·· 약수의 개수

정답 공식: 1800을 소인수분해한 뒤 $15 \times (2^a \times 3^b \times 5^c)$ 형태로 만들어 약수의 총합 공식을 이용한다.

단서 15의 배수가 되려면 3의 배수이고, 동시에 5의 배수여야 해.
1800의 양의 약수 중 15의 배수의 총합은?

① 3600   ② 4200   ③ 4800   ④ 5400   ⑤ 6000

1st 3과 5를 소인수로 가지는 1800의 약수의 개수를 찾아보자.

$1800 = 2^3 \times 3^2 \times 5^2$의 약수 중에서
15의 배수는 3과 5를 약수로 가지는 경우이므로
$3 \times 5 \times (2^a \times 3^b \times 5^c)$ ($a = 0, 1, 2, 3, b = 0, 1, c = 0, 1$)의 꼴을 가진다.
$1800 = 3 \times 5 \times (2^3 \times 3 \times 5)$에서 15의 배수의 총합은 $2^3 \times 3 \times 5$의 양의 약수의 총합에 15를 곱하면 되므로
$15 \times (1 + 2 + 2^2 + 2^3)(1+3)(1+5)$
$= 15 \times 15 \times 4 \times 6$
$= 5400$

→ $2^3 \times 3^2 \times 5^2$의 약수라고 했으니까 소인수 2의 지수의 최댓값은 3, 3, 5의 지수의 최댓값은 2야. 그런데 앞에 3과 5가 1개씩 곱해져 있으니까 b와 c의 최댓값은 1이 돼.

수능 핵강

＊ 자연수를 소인수분해하여 약수의 총합 구하기
$N = a^\alpha b^\beta c^\gamma$ (a, b, c는 서로 다른 소수, α, β, γ는 자연수)일 때
N의 양의 약수의 총합은
$(a^0 + a^1 + \cdots + a^\alpha)(b^0 + b^1 + \cdots + b^\beta)(c^0 + c^1 + \cdots + c^\gamma)$

J 47 정답 ① ································ 도로망에서의 경우의 수

정답 공식: 동훈이가 도로를 선택하는 경우의 수를 구하고, 동훈이가 지난 길을 지나지 않도록 수정이가 도로를 선택하는 경우의 수를 구해 두 경우의 수를 곱한다.

오른쪽 그림과 같은 도로망이 있다. 동훈이는 이 도로망을 따라 A 지점에서 출발하여 B 지점과 C 지점을 차례로 지나 A 지점으로 돌아오고, 수정이는 A 지점에서 출발하여 C 지점과 B 지점을 차례로 지나 A 지점으로 돌아오려고 한다. 이때, 두 사람이 지나는 도로가 모두 다르도록 경로를 결정하는 방법의 수는?

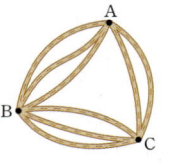

단서 동훈이가 먼저 경로를 선택하고 수정이는 동훈이가 선택한 도로를 빼고 나머지 도로 중에서 선택하면 돼!

① 72   ② 76   ③ 80   ④ 84   ⑤ 88

1st 동훈이의 경로의 수를 먼저 구하고, 동훈이가 지나지 않은 도로 중에서 수정이의 경로의 수를 구해.

 누구의 경로를 먼저 구하든 아무 상관없어.

두 사람이 지나는 도로가 모두 다르도록 하려면 동훈이가 먼저 도로를 선택하고 그 각각의 경우에 수정이는 동훈이가 선택한 도로를 빼고 나머지 도로 중에서 선택하면 된다.

동훈이가 도로를 선택하는 방법의 수는

$\underset{\underbrace{A - B - C - A}}{}$

$3 \times 3 \times 2 = 18$ ← 도로를 선택하는 방법을 각각 곱해.

수정이가 동훈이가 지나는 도로를 제외하고 나머지 도로를 선택하는 방법의 수는

$\underset{\underbrace{A - C - B - A}}{}$
동훈이가 A−C 도로를 지났으므로 2−1=1
동훈이가 C−B 도로를 지났으므로 3−1=2
동훈이가 B−A 도로를 지났으므로 3−1=2

$1 \times 2 \times 2 = 4$ ← 도로를 선택하는 방법을 각각 곱해.

따라서 구하는 경우의 수는 $18 \times 4 = 72$

J 48 정답 ② ································ 도로망에서의 경우의 수

정답 공식: 전시관 A에서 전시관 B부터 거치는 경우와 전시관 D부터 거치는 경우로 나누어 각각의 경우의 수를 구한 뒤 더한다.

네 개의 전시관 A, B, C, D 사이에는 오른쪽 그림과 같은 통로가 있다. A를 출발하여 모든 전시관을 한 번씩만 거쳐서, 다시 A로 돌아오는 방법의 수는?

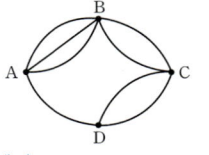

단서 A를 출발해서 A로 돌아오는 경로를 생각해 봐.

① 20   ② 24   ③ 28   ④ 32   ⑤ 36

1st A에서 시계 반대방향으로 도는 경우와 시계 방향으로 도는 경우의 수를 각각 구해야겠지?

(i) $A \to B \to C \to D \to A$로 가는 방법의 수는
$3 \times 2 \times 2 \times 1 = 12$

(ii) $A \to D \to C \to B \to A$로 가는 방법의 수는
$1 \times 2 \times 2 \times 3 = 12$

(i)과 (ii)는 동시에 일어날 수 없으므로

구하는 방법의 수는 $12 + 12 = 24$ 합의 법칙을 이용해.

J 49 정답 ① ································ 도로망에서의 경우의 수

정답 공식: 가능한 방문 순서의 경우를 모두 구하고, 각각의 경우에서 경로를 선택하는 경우의 수를 모두 구해 더한다.

오른쪽 그림은 네 박물관 A, B, C, D 사이의 도로망을 나타낸 것이다. A 박물관에서 출발하여 다시 A 박물관으로 되돌아올 때, B 박물관, C 박물관, D 박물관을 단 한 번씩만 지나는 경우의 수는?

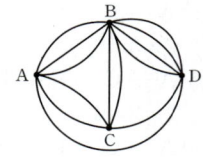

단서 A 박물관에서 A 박물관으로 되돌아올 때 선택할 수 있는 경로들을 먼저 생각해 봐!

① 92   ② 96   ③ 108   ④ 116   ⑤ 120

1st 출발과 도착점은 A로 고정되었으니, 박물관 B, C, D를 어떤 순서로 지날지 경우를 나누어보자. 각각의 경우에서 경로의 수를 구하고 더해야겠지?

A 박물관에서 A 박물관으로 되돌아올 때 선택할 수 있는 경로들은
$A \to B \to C \to D \to A$, $A \to B \to D \to C \to A$,
$A \to C \to B \to D \to A$, $A \to C \to D \to B \to A$,
$A \to D \to B \to C \to A$, $A \to D \to C \to B \to A$
알파벳 순서대로 경로를 생각하면 빠짐없이 구할 수 있어.

의 여섯 가지이다.

(i) $A \to B \to C \to D \to A$로 가는 방법의 수는
$3 \times 2 \times 1 \times 1 = 6$

(ii) $A \to B \to D \to C \to A$로 가는 방법의 수는
$3 \times 4 \times 1 \times 2 = 24$

(iii) $A \to C \to B \to D \to A$로 가는 방법의 수는
$2 \times 2 \times 4 \times 1 = 16$

(iv) $A \to C \to D \to B \to A$로 가는 방법의 수는 $2 \times 1 \times 4 \times 3 = 24$

(v) $A \to D \to B \to C \to A$로 가는 방법의 수는 $1 \times 4 \times 2 \times 2 = 16$

(vi) $A \to D \to C \to B \to A$로 가는 방법의 수는 $1 \times 1 \times 2 \times 3 = 6$

(i)~(vi)은 동시에 일어날 수 없으므로 구하는 방법의 수는
$6 + 24 + 16 + 24 + 16 + 6 = 92$ 합의 법칙을 이용해.

함정 A에서 출발하여 A로 돌아오는 모든 경로들을 빠짐없이 구해서 경우를 나누는 것이 핵심이야.

J 50 정답 ④ ································ 도로망에서의 경우의 수

정답 공식: 세 가지 놀이 기구를 이용하는 순서에 따라 경우를 나누고, 각각의 경로를 선택하는 경우의 수를 모두 구하여 더한다.

어느 놀이 동산에 있는 놀이기구 A, B, C, D 사이를 연결하는 도로망이 오른쪽 그림과 같을 때, 이 도로망을 따라 2번 이동하면서 이 놀이기구 중에서 서로 다른 3개의 놀이기구를 이용하려고 한다. 놀이기구 A 또는 B를 처음으로 이용하고, 같은 곳을 두 번 이상 지나지 않는 코스를 정하는 방법의 수는? (단, 놀이기구를 이용하는 순서가 다르면 다른 경우로 생각한다.)

단서 두 번 이상 지나지 않아야 하니까 코스를 일일이 적어보면서 체크해야 해.

① 14   ② 17   ③ 24   ④ 29   ⑤ 31

J

1st 놀이기구 A를 처음으로 이용할 때, 그 다음으로 이용할 놀이기구 두 가지를 정해서 각각의 경로의 수를 구해보자.

(i) 놀이기구 A를 처음으로 이용하는 경우

　i) A → B → C로 가는 방법의 수는

　　$2 \times 2 = 4$

　ii) A → B → D로 가는 방법의 수는

　　$2 \times 3 = 6$

　iii) A → C → B로 가는 방법의 수는

　　$2 \times 2 = 4$

　iv) A → C → D로 가는 방법의 수는

　　$2 \times 1 = 2$

2nd 놀이기구 B를 처음으로 이용할 때, 그 다음으로 이용할 놀이기구 두 가지를 정해서 각각의 경로의 수를 구해보자.

(ii) 놀이기구 B를 처음으로 이용하는 경우

　i) B → A → C로 가는 방법의 수는

　　$2 \times 2 = 4$

　ii) B → C → A로 가는 방법의 수는

　　$2 \times 2 = 4$

　iii) B → C → D로 가는 방법의 수는

　　$2 \times 1 = 2$

　iv) B → D → C로 가는 방법의 수는

　　$3 \times 1 = 3$

→ 합의 법칙을 이용해야 해.

(i), (ii)는 동시에 일어날 수 없으므로

구하는 방법의 수는

$(4+6+4+2) + (4+4+2+3) = 16 + 13 = 29$

🔧 **다른 풀이: 수형도를 이용하여 방법의 수 구하기**

(Ⅰ) 놀이기구 A를 처음으로 이용하는 경우를 수형도로 나타내면 [그림 1]과 같아.

이때, 코스를 정하는 방법의 수는

$2 \times 2 + 2 \times 3 + 2 \times 2 + 2 \times 1 = 16$

사건이 일어나는 모든 경우를 나뭇가지 모양의 그림으로 나타낸 것

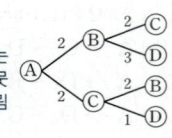

[그림 1]

(Ⅱ) 놀이기구 B를 처음으로 이용하는 경우를 수형도로 나타내면 [그림 2]와 같아.

이때, 코스를 정하는 방법의 수는

$2 \times 2 + 2 \times 2 + 2 \times 1 + 3 \times 1 = 13$

따라서 구하는 모든 방법의 수는

$16 + 13 = 29$

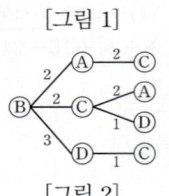

[그림 2]

J 51 정답 ④ ·························· 도형에 색칠하는 방법의 수

(정답 공식: A, B, C, D, E를 색칠하는 경우의 수를 차례로 모두 구해 곱한다.)

오른쪽 그림의 A, B, C, D, E 5개의 영역을 빨강, 노랑, 파랑, 초록, 주황의 5가지 색으로 칠하려고 한다. 같은 색을 중복하여 사용해도 좋으나 <u>인접하는 영역은 서로 다른 색으로 칠할</u> 때, 칠하는 방법의 수는?

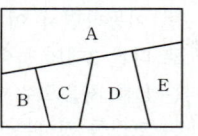

단서 가장 많은 면과 인접한 부분부터 먼저 칠하고 이웃한 면에 같은 색을 칠하지 않도록 주의하면서 칠할 수 있는 색의 수를 정해주면 돼!

① 270　　　　② 360　　　　③ 450
④ 540　　　　⑤ 630

1st A 영역이 다른 영역과 가장 많이 만나니까 A부터 B, C, D, E의 순서로 색을 칠해나가는 경우의 수를 구해보자.

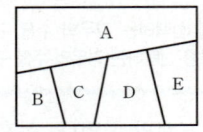

→ A 영역이 다른 영역과 가장 많이 만나니까 먼저 칠하는 거야.

A에 칠할 수 있는 색은 5가지, 그 각각의 경우에 대하여 B에 칠할 수 있는 색은 A에 칠한 색을 제외한 4가지, 그 각각의 경우에 대하여 C에 칠할 수 있는 색은 A와 B에 칠한 색을 제외한 3가지, 그 각각의 경우에 대하여 D에 칠할 수 있는 색은 A와 C에 칠한 색을 제외한 3가지, 그 각각의 경우에 대하여 E에 칠할 수 있는 색은 A와 D에 칠한 색을 제외한 3가지이다.

따라서 구하는 경우의 수는

$5 \times 4 \times 3 \times 3 \times 3 = 540$

각 영역에 색을 칠하는 사건은 잇달아 일어나니까 곱의 법칙을 사용해.

J 52 정답 ② ·························· 도형에 색칠하는 방법의 수

[정답 공식: 인접한 영역이 가장 많은 부분을 색칠하는 경우의 수를 구한 뒤, 나머지 부분을 색칠하는 경우의 수를 구해 곱한다.]

서로 다른 네 가지의 색이 있다. 이 중 <u>네 가지 이하의 색을 이용하여 인접한 행정 구역을 구별할 수 있도록 모두 칠하고자 한다. 다섯 개의 구역을 서로 다른 색으로 칠할 수 있는 모든 경우의 수는?</u> (단, 행정 구역에는 한 가지 색만을 칠한다.)

단서 가장 많은 면과 인접한 부분부터 먼저 칠하고 이웃한 면에 같은 색을 칠하지 않도록 주의하면서 칠할 수 있는 색의 수를 정해주면 돼.

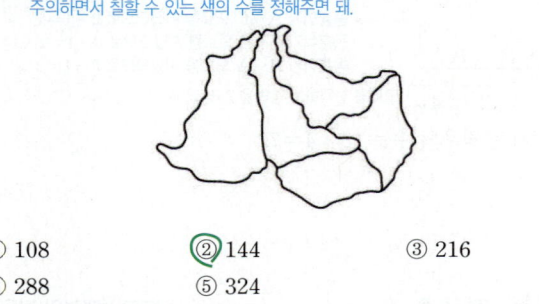

① 108　　　　② 144　　　　③ 216
④ 288　　　　⑤ 324

1st 인접한 영역이 가장 많은 구역부터 색을 칠하는 방법의 수를 구하자.

다음 그림과 같이 5개의 구역을 A~E로 구분하자.

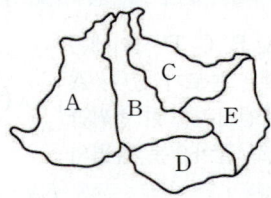

<u>B구역에 칠할 수 있는 색은 4가지</u>

B구역이 인접한 영역이 가장 많은 구역이야.

A구역에 칠할 수 있는 색은 B구역에 칠한 색을 제외한 3가지

E구역에 칠할 수 있는 색은 B구역에 칠한 색을 제외한 3가지

C구역 또는 D구역을 건너뛰고 E구역으로 간 이유는 C구역과 D구역은 서로 인접해 있지 않으므로 같은 색을 칠하는 경우와 다른 색을 칠하는 경우로 나눠서 생각해야 하기 때문이야. 이 경우는 [다른 풀이]를 참고하도록 해.

C구역에 칠할 수 있는 색은 B구역과 E구역에 칠한 색을 제외한 2가지

D구역에 칠할 수 있는 색은 B구역과 E구역에 칠한 색을 제외한 2가지

따라서 구하는 경우의 수는

$4 \times 3 \times 3 \times 2 \times 2 = 144$

구역에 색을 칠하는 것은 모두 동시에 일어나므로 곱의 법칙을 이용해.

🔶 다른 풀이 : 인접해 있지 않은 영역을 같은 색으로 칠하는 경우와 다른 색으로 칠하는 경우로 나눠서 생각하기

B구역 → A구역 → C구역 → D구역 → E구역 순으로 색을 칠하는 경우의 수를 구해보자.

B구역에 칠할 수 있는 색은 4가지

A구역에 칠할 수 있는 색은 B구역에 칠한 색을 제외한 3가지

이때, C구역과 D구역은 서로 인접해 있지 않으므로 다음과 같이 경우를 나누어 생각해야 해.

(i) C, D구역에 같은 색을 칠할 경우

　C구역에 칠할 수 있는 색은 B구역에 칠한 색을 제외한 3가지

　D구역에 칠할 수 있는 색은 C구역에 칠한 색인 1가지

　E구역에 칠할 수 있는 색은 B구역과 C, D구역에 칠한 색을 제외한 2가지

　∴ $4 \times 3 \times 3 \times 1 \times 2 = 72$

(ii) C, D구역에 다른 색을 칠할 경우

　C구역에 칠할 수 있는 색은 B구역에 칠한 색을 제외한 3가지

　D구역에 칠할 수 있는 색은 B구역과 C구역에 칠한 색을 제외한 2가지

　E구역에 칠할 수 있는 색은 B구역, C구역, D구역에 칠한 색을 제외한 1가지

　∴ $4 \times 3 \times 3 \times 2 \times 1 = 72$

(i), (ii)에서 구하는 경우의 수는 $72 + 72 = 144$

J 53　정답 ③ ················· 도형에 색칠하는 방법의 수

정답 공식: 사건 A가 일어나는 경우의 수가 m이고, 그 각각에 대하여 사건 B가 일어나는 경우의 수가 n일 때, 두 사건 A, B가 동시에(잇달아) 일어나는 경우의 수는 $m \times n$이다.

그림과 같이 크기가 같은 6개의 정사각형에 1부터 6까지의 자연수가 하나씩 적혀 있다.

1	2	3
4	5	6

단서1 서로 다른 4가지 색의 일부 또는 전부를 사용하는 것이니까 4가지 색을 사용해도 되고, 3가지 색을 사용해도 좋아.

서로 다른 4가지 색의 일부 또는 전부를 사용하여 다음 조건을 만족시키도록 6개의 정사각형에 색을 칠하는 경우의 수는? (단, 한 정사각형에 한 가지 색만을 칠한다.)

(가) 1이 적힌 정사각형과 6이 적힌 정사각형에는 같은 색을 칠한다.

(나) 변을 공유하는 두 정사각형에는 서로 다른 색을 칠한다. 단서2 변을 공유하는 경우에는 서로 다른 색을 칠해야 해. 그렇다면 같은 색을 써도 되는 경우를 순서쌍으로 나타내면 $(1,3), (1,5), (1,6), (2,4), (2,6), (3,4), (3,5)$

① 72　　② 84　　③ 96　　④ 108　　⑤ 120

1st 조건 (가)를 염두에 두고 칠할 영역의 순서를 정하자.

조건 (가)에서 영역 1, 6에 같은 색을 칠한다고 하고, 조건 (나)에서 변을 공유하는 두 정사각형은 서로 다른 색을 칠해야 한다고 하므로

영역 1, 6을 칠하고 영역 2, 영역 3, 영역 5, 영역 4의 순서로 색을 칠해보자.

2nd 1st 의 순서대로 경우의 수를 구하자.

영역 1, 6을 칠하는 경우는 서로 다른 4가지 색이 있으므로 같은 색을 칠할 경우의 수는 4이다.

영역 2 : 영역 1에 칠한 색을 제외한 3가지　　▶영역 3에 색을 칠할 때에는 변을 공유한 사각형인 영역 2와 영역 1, 6에 칠한

영역 3 : 영역 2, 6에 칠한 색을 제외한 2가지　　색을 제외하고 선택해야 해.

영역 5 : 영역 2, 6에 칠한 색을 제외한 2가지
영역 5에 색을 칠할 때에는 변을 공유한 사각형인 영역 2, 6에 칠한 색은 제외해야 해.

영역 4 : 영역 1, 5에 칠한 색을 제외한 2가지

따라서 조건을 만족시키는 경우의 수는

$4 \times 3 \times 2 \times 2 \times 2 = 96$
곱의 법칙은 동시에 일어나는 셋 이상의 사건에 대해서도 성립해.

J 54　정답 36 ················· 도형에 색칠하는 방법의 수

정답 공식: 서로 인접하지 않는 영역은 같은 색을 칠할 수도 있고, 다른 색을 칠할 수도 있음을 이해하고 경우의 수를 구한다.

그림과 같이 다섯 개의 영역으로 나누어진 도형이 있다. 각 영역에 빨간색, 노란색, 파란색 중 한 가지 색을 칠하는데, 인접한 영역은 서로 다른 색을 칠하여 구별하려고 한다. 칠할 수 있는 방법의 수를 구하시오.

단서 A, B, C, D, E의 순서로 칠할 때 E에 칠할 수 있는 색은 C, D에 같은 색을 칠하는 경우와 다른 색을 칠하는 경우에 따라 다르므로 나눠서 생각해야 해.

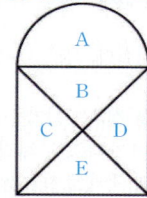

1st 서로 인접하지 않은 영역에 같은 색을 칠하는 경우와 다른 색을 칠하는 경우를 나누어 생각하자.

다음 그림과 같이 5개의 영역을 A~E로 구분하자.

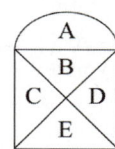

A영역에 칠할 수 있는 색은 3가지

B영역에 칠할 수 있는 색은 A영역에 칠한 색을 제외한 2가지

(i) C, D영역에 같은 색을 칠할 경우

　C영역에 칠할 수 있는 색은 B영역에 칠한 색을 제외한 2가지

　D영역에 칠할 수 있는 색은 C영역에 칠한 색인 1가지

　E영역에 칠할 수 있는 색은 C, D영역에 칠한 색을 제외한 2가지

　∴ $3 \times 2 \times 2 \times 1 \times 2 = 24$
영역에 색을 칠하는 것은 모두 동시에 일어나므로 곱의 법칙을 이용해.

(ii) C, D영역에 다른 색을 칠할 경우

　C영역에 칠할 수 있는 색은 B영역에 칠한 색을 제외한 2가지

　D영역에 칠할 수 있는 색은 B영역과 C영역에 칠한 색을 제외한 1가지

　E영역에 칠할 수 있는 색은 C영역, D영역에 칠한 색을 제외한 1가지

　∴ $3 \times 2 \times 2 \times 1 \times 1 = 12$

(i), (ii)에서 구하는 경우의 수는 $24 + 12 = 36$
(i), (ii)는 동시에 일어날 수 없으므로 합의 법칙을 이용해.

정답 공식: 특정한 조건이 주어진 부분에 칠하는 색을 먼저 정한다.

그림과 같은 모양의 종이에 서로 다른 3가지 색을 사용하여 색칠하려고 한다. 이웃한 사다리꼴에는 서로 다른 색을 칠하고, 맨 위의 사다리꼴과 맨 아래의 사다리꼴에 서로 다른 색을 칠한다. 5개의 사다리꼴에 색을 칠하는 방법의 수를 구하시오.

단서 맨 위와 맨 아래의 사다리꼴에 칠할 색을 먼저 정한 후 이웃하는 사다리꼴에 서로 다른 색을 칠하는 경우의 수를 생각해.

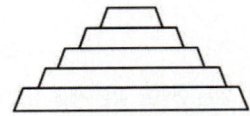

1st 맨 위와 맨 아래 사다리꼴에 색을 칠하는 방법을 생각하자.

서로 다른 3가지 색을 빨강, 파랑, 노랑이라 하자.
맨 위와 맨 아래의 사다리꼴에 서로 다른 색을 칠하는 방법의 수를 생각하면
맨 위의 사다리꼴에 칠할 수 있는 색은 3가지
맨 아래의 사다리꼴에 칠할 수 있는 색은 맨 위의 사다리꼴에 칠한 색을 제외한 2가지
즉, 맨 위와 맨 아래의 사다리꼴에 서로 다른 색을 칠하는 방법의 수는 $3 \times 2 = 6$

2nd 중간 부분의 사다리꼴에 색을 칠하는 방법을 생각하자.

위에서 구한 6가지의 경우 중 1가지를 구체적으로 살펴보자.
주어진 사다리꼴을 위에서부터 차례로 ①, ②, ③, ④, ⑤라 하고
①에 빨강, ⑤에 파랑을 칠한 경우 이웃한 사다리꼴에 서로 다른 색을 칠하려면

①	②	③	④	⑤
빨강	파랑	빨강	노랑	파랑
빨강	파랑	노랑	빨강	파랑
빨강	노랑	빨강	노랑	파랑
빨강	노랑	파랑	빨강	파랑
빨강	노랑	파랑	노랑	파랑

의 5가지가 가능하다.

수형도로 그려서 경우의 수를 구할 수 있어.

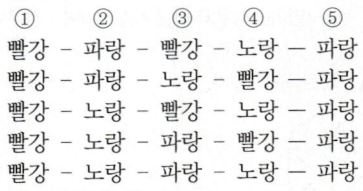

따라서 나머지 5가지의 경우들도 위와 같이 각각 5가지의 경우가 가능하므로 구하는 경우의 수는
$6 \times 5 = 30$

(맨 위와 맨 아래의 사다리꼴에 서로 다른 색을 칠하는 방법의 수)
× (각 경우에 대하여 사다리꼴에 색을 칠하는 방법의 수)

✿ 도형에 색칠하는 방법의 수 개념·공식

각 영역을 색칠하는 방법의 수는
(i) 인접한 영역이 가장 많은 영역에 색칠하는 방법의 수를 먼저 구하고 그 영역과 인접한 영역 순으로 방법의 수를 각각 구한다.
(ii) 같은 색을 칠할 수 있는 영역이 있을 때는 이 영역들이 같은 색인 경우와 다른 색인 경우로 나누어 생각한다.

정답 공식: 영역의 넓이를 이용하여 색칠할 수 있는 색의 조건이 주어졌으므로 영역의 넓이를 먼저 구한다.

그림과 같이 중심이 같고 반지름의 길이가 각각 1, 2, 3, 4, 5인 다섯 개의 원이 있다. 이 다섯 개의 원을 경계로 하여 안에서부터 다섯 개의 영역 A, B, C, D, E로 나누고, 서로 다른 3가지 색의 물감을 칠하여 색칠된 문양을 만들려고 한다. 각 영역은 1가지 색으로만 칠하고, 이웃한 영역은 서로 다른 색을 칠한다. 3가지 색의 물감은 각각 10통 이하만 사용할 수 있고 물감 1통으로는 영역 A의 넓이만큼만 칠할 수 있을 때, 만들 수 있는 서로 다르게 색칠된 문양의 개수는?

단서 영역 A, B, C, D, E의 넓이를 알아야 해.

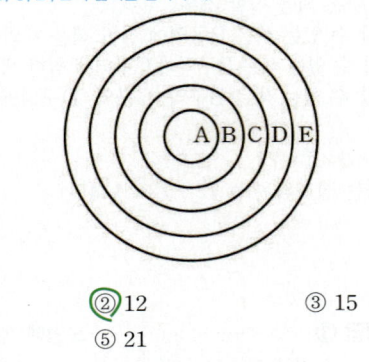

① 9   ② 12   ③ 15
④ 18   ⑤ 21

1st 각 영역의 넓이를 구하자.

A, B, C, D, E 5개의 영역의 넓이는 다음과 같다.
(영역 A의 넓이) $= \pi \times 1^2 = \pi$
(영역 B의 넓이) $= \pi \times 2^2 - \pi \times 1^2 = 4\pi - \pi = 3\pi$
(영역 C의 넓이) $= \pi \times 3^2 - \pi \times 2^2 = 9\pi - 4\pi = 5\pi$
(영역 D의 넓이) $= \pi \times 4^2 - \pi \times 3^2 = 16\pi - 9\pi = 7\pi$
(영역 E의 넓이) $= \pi \times 5^2 - \pi \times 4^2 = 25\pi - 16\pi = 9\pi$
한편, 물감 1통으로 칠할 수 있는 넓이는 π이고,
  영역 A의 넓이야.
물감은 1가지 색을 10통까지 쓸 수 있으므로 1가지 색으로 10π만큼의 넓이까지 칠할 수 있다.

2nd 문제의 조건을 만족시키는 경우들을 생각하자.

3가지 물감의 색을 빨강, 파랑, 노랑이라 하자.
영역 E에 빨강을 칠하는 경우
영역 E의 넓이가 9π로 가장 넓어서 물감의 양의 제한을 가장 많이 받기 때문에 영역 E부터 생각하는 것이 좋아.

영역 E (넓이 : 9π)	영역 D (넓이 : 7π)	영역 C (넓이 : 5π)	영역 B (넓이 : 3π)	영역 A (넓이 : π)
빨강	파랑	노랑	파랑	빨강
빨강	파랑	노랑	파랑	노랑
빨강	노랑	파랑	노랑	빨강
빨강	노랑	파랑	노랑	파랑

한 가지 색으로 최대 10π의 넓이만큼만 색칠할 수 있음에 유의해.
즉, 영역 E에 빨강을 칠하는 경우에 가능한 경우의 수는 4이다.
따라서 영역 E에 파랑, 노랑을 칠하는 경우의 수도 위와 같이 각각 4이므로
(구하는 문양의 개수) $= 3 \times 4 = 12$

J 57 정답 ③ ···························· 수형도를 이용하는 경우의 수

(정답 공식: 수형도를 그려 경우의 수를 파악한다.)

4명의 친구들이 각자 준비한 선물을 교환하려고 한다. 이때, 4명이 모두 다른 친구가 준비한 선물을 받는 경우의 수는?

단서 4명의 학생을 A, B, C, D, 각 학생이 준비한 선물을 순서대로 a, b, c, d라고 하고, 수형도로 나타내면 간단히 해결할 수 있어!

① 7   ② 8   ③ 9   ④ 10   ⑤ 11

1st 네 명의 학생들을 A, B, C, D라 하고 각 학생이 준비한 선물을 순서대로 a, b, c, d라 하자. 수형도를 그려봐.

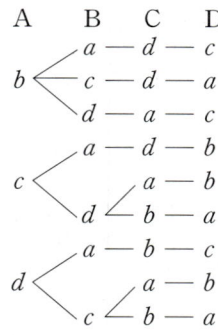

4명이 모두 다른 학생이 준비한 선물을 받는 경우의 수는 9

J 58 정답 ② ···························· 수형도를 이용하는 경우의 수

(정답 공식: 수형도를 이용하여 경우의 수를 파악한다.)

그림과 같이 세 면이 막혀 있는 주차장에 A, B, C, D 네 대의 차량이 주차되어 있다. 주차된 네 대의 차량이 한 번에 한 대씩 빠져나오려고 할 때, 차량이 모두 빠져나오는 순서를 정하는 경우의 수는? (단, 모든 차량은 주차 구역 내에서 직진만 하도록 한다.) 단서 A 또는 B부터 빠져나와야 한다는 걸 알 수 있어.

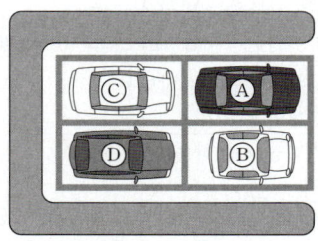

① 4   ② 6   ③ 8
④ 10   ⑤ 12

1st 수형도로 나타내자.

(i) A가 제일 먼저 빠져나오는 경우 차량이 빠져나오는 순서를 수형도로 나타내면 다음과 같다.

(첫 번째) (두 번째) (세 번째) (네 번째)

A < B < C — D
          D — C
          C — B — D

(ii) B가 제일 먼저 빠져나오는 경우 차량이 빠져나오는 순서를 수형도로 나타내면 다음과 같다.

(첫 번째) (두 번째) (세 번째) (네 번째)

B < A < C — D
          D — C
      D — A — C

(i), (ii)에서 구하는 경우의 수는

C와 D는 A와 B의 뒤편에 주차되어 있기 때문에 먼저 빠져나올 수 없어.

$$3+3=6$$

(i)과 (ii)는 동시에 일어나지 않으므로 합의 법칙을 쓴 거야.

J 59 정답 18 ···························· 수형도를 이용하는 경우의 수

(정답 공식: 수형도를 이용하여 경우의 수를 파악한다.)

숫자 1, 2, 3을 전부 또는 일부를 사용하여 같은 숫자가 이웃하지 않도록 다섯 자리 자연수를 만든다. 이때 만의 자리 숫자 단서1 3개의 숫자로 다섯 자리 자연수를 만드는 것이므로 숫자를 중복해서 사용할 수 있어. 와 일의 자리 숫자가 같은 경우의 수를 구하시오.

단서2 1□□□1, 2□□□2, 3□□□3 꼴을 뜻하는 거야.

1st 문제의 조건을 파악하여 경우를 나누자.

만의 자리 숫자와 일의 자리 숫자가 같은 다섯 자리 자연수의 형태는 1□□□1, 2□□□2, 3□□□3의 3가지이다.

2nd 수형도로 나타내자.

1□□□1 형태의 자연수들을 크기가 작은 순서를 생각하여 수형도로 나타내면 다음과 같다. 같은 수가 이웃하지 않도록 그려야 해.

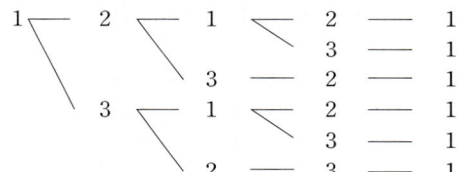

3rd 경우의 수를 구하자.

1□□□1 형태의 자연수들은 6가지이므로 2□□□2, 3□□□3 형태의 자연수들도 각각 6가지이다. 따라서 구하는 경우의 수는 $3 \times 6 = 18$

J 60 정답 ① ···························· 수형도를 이용하는 경우의 수

(정답 공식: 수형도를 그려 경우의 수를 파악한다.)

다음 그림과 같이 두 개의 정육면체가 서로 붙어 있다. A에서부터 L까지 모서리를 따라가는 최단경로 중 B를 통과하지 않는 경로의 수는? 단서 모서리를 따라 최단거리로 이동하는 경우의 수는 수형도로 나타내면 쉽게 해결할 수 있어!

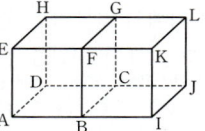

① 6   ② 8   ③ 10   ④ 12   ⑤ 14

1st 수형도를 그려보자.

수형도를 그리자.

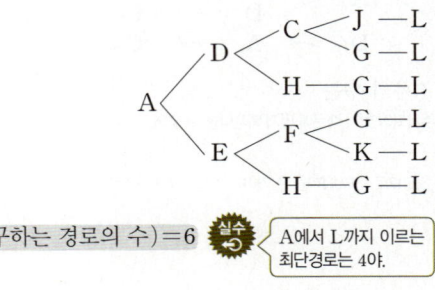

$\therefore$ (구하는 경로의 수)$=6$ [실수] A에서 L까지 이르는 최단경로는 4야.

J 61 정답 ⑤ ·················· 수형도를 이용하는 경우의 수

(정답 공식: 수형도를 그려 경우의 수를 파악한다.)

> 1, 2, 3, 4, 5의 번호가 각각 적힌 5개의 축구공을 B_1, B_2, B_3, B_4, B_5라고 쓰여진 바구니에 각각 1개씩 넣을 때, 2번 공은 B_1에 넣고, n번 공은 B_n에 넣지 않는 경우의 수는?
> [단서] 2번 공은 B_1에 넣고, n번 공은 B_n에 넣지 않는 경우를 수형도로 나타내 해결하자.
> (단, $n=1, 2, 3, 4, 5$)
> ① 7 ② 8 ③ 9
> ④ 10 ⑤ 11

1st 조건을 만족하도록 수형도를 그려서 생각해보자.

수형도를 그려 보면

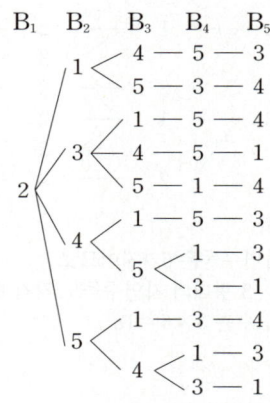

따라서 구하는 경우의 수는 11

J 62 정답 ① ·················· 지불 방법과 지불 금액의 수

(정답 공식: 지불가능한 금액의 수는 10000원 1장을 5000원 2장으로 바꾸어 생각해 구한다.)

> 10000원짜리 지폐 2장, 5000원짜리 지폐 2장, 1000원짜리 지폐 3장이 있다. 이 지폐의 일부 또는 전부를 사용하여 지불할 수 있는 금액의 수는? (단, 0원을 지불하는 경우는 제외한다.)
> [단서] 지불 금액의 수는 금액이 중복되는 경우 큰 단위의 화폐를 작은 단위의 화폐로 바꾸어서 계산하면 돼!
> ① 27 ② 28 ③ 29
> ④ 30 ⑤ 31

1st 1000원짜리 1장을 5000원짜리 2장으로 생각하여 지불할 수 있는 금액의 수를 따져보자.

10000원짜리 1장으로 지불할 수 있는 금액과 5000원짜리 2장으로 지불할 수 있는 금액이 같으므로 10000원짜리 지폐 2장을 5000원짜리 지폐 4장으로 바꾸면 지불할 수 있는 금액의 수는 5000원짜리 지폐 6장, 1000원짜리 지폐 3장으로 지불할 수 있는 금액의 수와 같다.

5000원짜리로 지불할 수 있는 금액은
0원, 5000원, 10000원, …, 30000원의 7가지
1000원짜리로 지불할 수 있는 금액은
0원, 1000원, 2000원, 3000원의 4가지
이때, 0원을 지불하는 경우를 빼야 하므로
5000원짜리, 1000원짜리 모두 0개를 지불할 경우 지불하는 금액은 0원이야.
지불할 수 있는 금액의 수는
$7 \times 4 - 1 = 27$

[참고] 이렇게 10000원짜리를 5000원짜리 지폐로 바꿔서 생각하는 게 중복이 되지 않게 지불할 수 있는 금액의 수를 구하는 방법이야.

J 63 정답 ③ ·················· 지불 방법과 지불 금액의 수

[정답 공식: 지불 방법의 수는 각 화폐의 개수 l, m, n에 대해 $(l+1)(m+1)(n+1)-1$이고, 지불가능한 금액의 수는 1000원 1개를 500원 2개로 바꾸어 생각해 구한다.]

> 100원짜리 동전 2개, 500원짜리 동전 3개, 1000원짜리 지폐 1개의 일부 또는 전부를 사용하여 지불할 수 있는 방법의 수를 a, 지불할 수 있는 금액의 수를 b라 할 때, $a-b$의 값은?
> (단, 0원을 지불하는 경우는 제외한다.)
> [단서] 지불할 수 있는 방법의 수와 지불할 수 있는 금액의 수는 비슷해 보이지만 지불할 수 있는 금액은 다른 화폐 단위끼리 중복되는 경우가 있으므로 주의해야 해!
> ① 4 ② 5 ③ 6
> ④ 7 ⑤ 8

1st 지불하는 방법의 수 a를 구해보자. 100원, 500원, 1000원에 대하여 각각 하나도 사용하지 않을 경우부터 전부 다 사용하는 경우까지 방법의 수를 구하고, 곱의 법칙을 이용하자.

(ⅰ) 지불할 수 있는 방법의 수

100원짜리 동전을 지불하는 방법은
0개, 1개, 2개의 3가지 → 0개를 지불하는 것도 지불하는 방법의 수에 포함 시켜.
500원짜리의 동전을 지불하는 방법은
0개, 1개, 2개, 3개의 4가지
1000원짜리의 지폐를 지불하는 방법은
0개, 1개의 2가지
이때, 0원을 지불하는 경우를 제외해야 하므로 구하는 방법의 수는
$a = 3 \times 4 \times 2 - 1 = 23$ → 100원짜리, 500원짜리, 1000원짜리 모두 0개를 지불할 경우 지불하는 경우 0원을 지불하게 돼.

2nd 지불하는 금액의 수 b를 구해보자. 1000원짜리 지폐를 500원짜리 동전 2개로 바꾸어 생각해.

(ⅱ) 지불할 수 있는 금액의 수

100원짜리로 지불할 수 있는 금액은 0원, 100원, 200원
500원짜리로 지불할 수 있는 금액은 0원, 500원, 1000원, 1500원
1000원짜리로 지불할 수 있는 금액은 0원, 1000원
그런데 500원짜리 2개로 지불할 수 있는 금액과 1000원짜리 1개로 지불할 수 있는 금액이 같으므로 1000원짜리 지폐 1개를 500원짜리 동전 2개로 바꾸면 지불할 수 있는 금액의 수는 100원짜리 동전 2개, 500원짜리 동전 5개로 지불할 수 있는 금액의 수와 같다.
100원짜리 동전으로 지불할 수 있는 금액은
0원, 100원, 200원의 3가지

500원짜리 동전으로 지불할 수 있는 금액은

0원, 500원, 1000원, ⋯, 2500원의 6가지

이때, 0원을 지불하는 경우를 제외해야 하므로 지불할 수 있는 금액의 수는

$b=3 \times 6-1=17$

(i), (ii)에서 $a=23$, $b=17$이므로 $a-b=6$

수능 핵강

✱ 지불하는 방법의 수와 지불하는 금액의 수 구별하기

(i) 지불하는 방법의 수

각 화폐의 수가 l, m, n일 때,

(지불하는 방법의 수)$=(l+1)(m+1)(n+1)-1$

(ii) 지불하는 금액의 수

큰 단위의 금액을 작은 단위의 금액으로 바꾸어 지불할 수 있는 금액의 수를 구하자.

J 64 정답 ② ················· 지불 방법과 지불 금액의 수

정답 공식: 지불 방법의 수는 각 화폐의 개수 l, m, n에 대해 $(l+1)(m+1)(n+1)-1$이고, 지불가능한 금액의 수는 100원, 500원을 50원으로 바꾸어 생각해 구한다.

50원짜리 동전 3개, 100원짜리 동전 4개, 500원짜리 동전 2개를 전부 또는 일부를 사용하여 어떤 물건 값을 지불하려고 한다. 지불하는 방법의 수를 m, 지불할 수 있는 금액의 수를 n이라 할 때, $m+n$의 값은? (단, 0원을 지불하는 경우는 제외한다.)

단서 지불할 수 있는 방법의 수와 지불할 수 있는 금액의 수는 비슷해 보이지만 지불할 수 있는 금액이 중복되는 경우 큰 단위의 화폐를 작은 단위의 화폐로 바꾸어서 계산해야 해.

① 89   ② 90   ③ 91

④ 92   ⑤ 93

1st 지불하는 방법의 수 m을 구해보자. 각각의 동전마다 하나도 사용하지 않을 경우부터 전부 다 사용하는 경우까지 방법의 수를 구하고, 곱의 법칙을 이용해.

(i) 지불할 수 있는 방법의 수

50원짜리 동전으로 지불할 수 있는 방법은

0개, 1개, 2개, 3개의 4가지 → 0개를 지불하는 것도 지불하는 방법의 수에 포함 시켜.

100원짜리 동전으로 지불할 수 있는 방법은

0개, 1개, 2개, 3개, 4개의 5가지

500원짜리 동전으로 지불할 수 있는 방법은

0개, 1개, 2개의 3가지

이때, 0원을 지불하는 경우를 제외해야 하므로 구하는 방법의 수는

$m=4 \times 5 \times 3-1=59$

2nd 지불하는 금액의 수 n을 구해봐. 100원짜리 동전 1개를 50원짜리 2개로, 500원짜리 동전 1개는 50원짜리 10개로 생각하여 지불할 수 있는 금액의 수를 따져봐.

(ii) 지불할 수 있는 금액의 수

50원짜리 동전 2개로 지불할 수 있는 금액과 100원짜리 동전 1개로 지불할 수 있는 금액이 같으므로 100원짜리 동전 4개를 50원짜리 동전 8개로 바꾸면 지불할 수 있는 금액의 수는 500원짜리 동전 2개, 50원짜리 동전 11개로 지불할 수 있는 금액의 수와 같다.

그런데 이때 50원짜리 10개로 지불할 수 있는 금액과 500원짜리 동전 1개로 지불할 수 있는 금액이 같으므로

500원짜리 동전 2개를 50원짜리 동전 20개로 바꾸면 지불할 수 있는 금액의 수는 50원짜리 동전 31개로 지불할 수 있는 금액의 수와 같다.

이때, 50원짜리 31개로 지불할 수 있는 금액의 수는

$n=31$

주의 0원을 지불하는 것은 제외하니까 50원짜리 1개부터 31개까지 지불하는 금액의 수는 31가지가 되는거야. 0원도 가능했다면 32가지였겠지?

(i), (ii)에 의하여

$m+n=59+31=90$

✿ 지불 방법과 지불 금액의 수   개념·공식

(1) 지불 방법의 수

① a원짜리 동전 n개로 지불할 수 있는 방법의 수

⇨ 0개, 1개, 2개 ⋯, n개의 $n+1$가지

② 100원짜리 동전 a개, 50원짜리 동전 b개, 10원짜리 동전 c개가 있을 때, 지불할 수 있는 방법의 수는

⇨ $(a+1)(b+1)(c+1)-1$ (0원을 지불하는 경우는 제외)

(2) 지불 금액의 수

① 화폐 단위가 큰 돈을 화폐 단위가 작은 돈으로 환산할 수 있는 경우

⇨ 화폐 단위가 작은 돈으로 환산하여 지불 방법의 수를 구한다.

② 환산할 수 없는 경우 ⇨ (지불 방법의 수)=(지불 금액의 수)

📋 서술형 스토리

J 65 정답 432 ················· 약수의 개수

(**정답 공식**: $a=3$, $a \neq 3$인 경우를 나누어 각각의 경우 b의 최솟값을 찾는다.)

단서 $27a^b=3^3a^b$이므로 $a=3$인 경우와 $a \neq 3$인 경우로 나눠서 생각해 봐!

소수 a와 자연수 b에 대하여 $27a^b$ 꼴의 자연수 중에서 양의 약수의 개수가 20인 가장 작은 수를 구하는 과정을 서술하시오.

1st $a=3$일 때, $27a^b=3^3 \times 3^b$의 양의 약수의 개수가 20인 자연수를 구하자.

(i) $a=3$이면 $27a^b$의 양의 약수가 개수가 20개이므로

$27a^b=3^{19}$ ⋯ ❶

2nd $a \neq 3$일 때, $27a^b=3^3 \times a^b$의 양의 약수의 개수가 20인 가장 작은 자연수를 구하자.

(ii) $a \neq 3$이면 $27a^b=3^3a^b$으로 소인수분해되므로 양의 약수의 개수는

$4(b+1)$이다. → 자연수 N이 $N=x^m y^n$ 꼴로 소인수분해될 때, N의 양의 약수의 개수는 $(m+1)(n+1)$

$4(b+1)=20$에서 $b=4$

$3^3 \times a^4$꼴의 자연수가 가장 작은 자연수가 되려면 $a=2$

$3^3 \times 2^4=27 \times 16=432$ ⋯ ❷

3rd 조건을 만족시키는 자연수를 구하자.

(i), (ii)에 의하여 구하는 가장 작은 수는 432 ⋯ ❸

$3^5 < 432 < 3^6 < 3^{19}$

[채점 기준표]

❶ $a=3$인 경우 약수의 개수가 20인 자연수를 구한다.	30%
❷ $a \neq 3$인 경우 약수의 개수가 20인 가장 작은 자연수를 구한다.	50%
❸ 조건을 만족시키는 답을 구한다.	20%

J 66 정답 16 ···································· 약수의 개수

정답 공식: 두 수 720과 2520의 최대공약수를 구한 뒤 최대공약수의 약수 중 3의 배수를 구한다.

> **단서** 두 수의 공약수는 최대공약수의 약수를 생각하면 되잖아!
> 두 수 720과 2520의 양의 공약수 중에서 3의 배수의 개수를 구하는 과정을 서술하시오.

1st 720과 2520을 소인수분해하여 두 수의 최대공약수를 구하자.

720과 2520을 소인수분해하면
$720 = 2^4 \times 3^2 \times 5$, $2520 = 2^3 \times 3^2 \times 5 \times 7$
이므로 두 수의 최대공약수는 $\underline{2^3 \times 3^2 \times 5}$이다. ··· **❶**

> $2^4 \times 3^2 \times 5$, $2^3 \times 3^2 \times 5 \times 7$의 공통인 소인수를 모두 곱하되 공통인 소인수는 지수가 같거나 작은 것을 택해.

2nd 두 수의 최대공약수로부터 공약수의 개수를 구할 수 있다. 이때 3의 배수인 공약수가 되려면 어떤 조건을 만족시켜야 할지 생각하자.

따라서 두 수의 공약수는
$2^a \times 3^b \times 5^c$ $(a=0, 1, 2, 3, b=0, 1, 2, c=0, 1)$
과 같은 꼴로 표현되고, 이 공약수가 3의 배수가 되려면 $b \neq 0$이어야 한다. ··· **❷**

3rd 3의 배수인 공약수의 개수를 구하자.

따라서 a의 값을 택할 수 있는 경우의 수는 4가지, b의 값을 택할 수 있는 경우의 수는 2가지, c의 값을 택할 수 있는 경우의 수는 2가지이므로 양의 공약수 중 3의 배수의 개수는 곱의 법칙에 의해 $4 \times 2 \times 2 = 16$이다. ··· **❸**

[채점 기준표]

❶ 720과 2520을 소인수분해하고 두 수의 최대공약수를 구한다.	30%
❷ 두 수의 공약수 중 3의 배수가 될 조건을 알아본다.	50%
❸ 곱의 법칙을 이용하여 답을 구한다.	20%

J 67 정답 48 ·································· 도로망에서의 경우의 수

정답 공식: 갈 때 B를 거치는 경우와 올 때 B를 거치는 경우를 나누어 각각의 경우의 수를 구해 더한다.

> 오른쪽 그림과 같이 A 도시에서 B 도시로 가는 길은 4가지, B 도시에서 C 도시로 가는 길은 3가지, A 도시에서 C 도시로 가는 길은 2가지이다. A 도시에서 C 도시를 왕복하는데 B 도시와 C 도시를 각각 한 번만 거치는 방법의 수를 구하는 과정을 서술하시오. **단서** A 도시에서 C 도시를 왕복하는데 B 도시를 한 번만 거치는 경로를 먼저 정리해 봐!

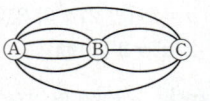

1st A에서 C에 갔다가 다시 A로 돌아올 때 B와 C를 한 번만 거치는 경로를 따져보자.

A 도시에서 C 도시를 왕복하는데 B 도시와 C 도시를 각각 한 번만 거치는 경로는
$A \rightarrow B \rightarrow C \rightarrow A$, $A \rightarrow C \rightarrow B \rightarrow A$의 2가지이다. ··· **❶**

2nd 각각의 경로의 수를 구하자.

(i) $A \rightarrow B \rightarrow C \rightarrow A$로 가는 방법의 수는
$\quad 4 \times 3 \times 2 = 24$

(ii) $A \rightarrow C \rightarrow B \rightarrow A$로 가는 방법의 수는
$\quad 2 \times 3 \times 4 = 24$ ··· **❷**

3rd 합의 법칙을 이용하여 답을 구하자.

(i), (ii)에 의하여 구하는 방법의 수는
$24 + 24 = 48$ ··· **❸**

> **주의** 동시에 일어날 수 없는 일이기 때문에 합의 법칙을 이용한 거야.

[채점 기준표]

❶ A 도시에서 C 도시를 왕복하는데 B 도시를 한 번만 거치는 경로를 구한다.	30%
❷ 각 경로의 경우의 수를 구한다.	50%
❸ 합의 법칙을 이용하여 답을 구한다.	20%

J 68 정답 8 ··································· 도로망에서의 경우의 수

정답 공식: 기존의 경우의 수를 구하고, B전시관과 C전시관을 잇는 통로가 1개 추가될 때마다 몇 개의 경우의 수가 추가되는지 구해 통로의 최소 필요 개수를 구한다.

> 오른쪽 그림과 같은 통로에서 A 전시관에서 D 전시관으로 가는 모든 방법의 수가 100가지 이상이 되도록 하려면 B 전시관과 C 전시관을 잇는 통로를 최소 몇 개 만들어야 하는지 구하는 과정을 서술하시오. (단, 같은 지점은 한 번만 지나고 새로 만들어지는 통로끼리는 만나지 않는다.) **단서** B 전시관과 C 전시관을 잇는 통로의 수를 x개라 하고 A 전시관에서 D 전시관으로 가는 모든 방법의 수를 구해 봐!

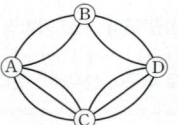

1st B에서 C를 잇는 통로가 x개 있다고 놓고, A에서 D로 가는 모든 경로를 생각하자.

B 전시관과 C 전시관을 잇는 통로가 x개 있다고 하자. ··· **❶**
A 전시관에서 D 전시관으로 가는 모든 경로를 생각해 보면
$A \rightarrow B \rightarrow D$, $A \rightarrow C \rightarrow D$, $A \rightarrow B \rightarrow C \rightarrow D$, $A \rightarrow C \rightarrow B \rightarrow D$
의 4가지이다.

2nd 각각의 경로의 수를 구하자.

(i) $A \rightarrow B \rightarrow D$로 가는 방법의 수는 $2 \times 2 = 4$
(ii) $A \rightarrow C \rightarrow D$로 가는 방법의 수는 $3 \times 3 = 9$
(iii) $A \rightarrow B \rightarrow C \rightarrow D$로 가는 방법의 수는 $2 \times x \times 3 = 6x$
(iv) $A \rightarrow C \rightarrow B \rightarrow D$로 가는 방법의 수는 $3 \times x \times 2 = 6x$
(i)~(iv)에서 A 전시관에서 D 전시관으로 가는 모든 방법의 수는
$4 + 9 + 6x + 6x = 13 + 12x$ ··· **❷**

> **주의** 각 경로는 동시에 일어날 수 없기 때문에 합의 법칙을 이용했어.

3rd 앞에서 구한 모든 경로의 수가 100 이상이 되게 하는 자연수 x의 값을 구하자.

이때 A 전시관에서 D 전시관으로 가는 모든 방법의 수가 100가지 이상이어야 하므로
$13 + 12x \geq 100$ $\quad \therefore x \geq 7.25$
따라서 B 전시관과 C 전시관을 잇는 통로는 최소 8개 만들어야 한다. ··· **❸**

[채점 기준표]

❶ B 전시관과 C 전시관을 잇는 통로의 수를 x개라고 가정한다.	20%
❷ A 전시관에서 D 전시관으로 가는 모든 방법의 수를 구한다.	60%
❸ 조건을 만족하는 답을 구한다.	20%

J 69 정답 104 ························· 곱의 법칙

정답 공식: 백의 자리가 2, 3, 4인 경우를 나누어 조건을 만족시키는 경우의 수를 구해 더한다.

[단서] 백의 자리 수가 2, 3, 4인 경우로 각각 나누어서 생각해 봐!
200부터 500까지의 짝수 중에서 각 자리의 숫자가 모두 다른 수의 개수를 구하는 과정을 서술하시오.

1st 백의 자리 숫자가 2인 경우, 즉 2□□ 꼴의 짝수의 개수를 구하자.

백의 자리의 숫자가 2, 3, 4인 경우로 나누어 생각하면
(i) 2□□ 꼴의 짝수
일의 자리에 올 수 있는 숫자는
0, 4, 6, 8의 4가지 → 백의 자리에 숫자 2가 있으니까 0, 4, 6, 8만 올 수 있어.
십의 자리에 올 수 있는 숫자는 백의 자리의 숫자와 일의 자리의 숫자를 제외한 8가지이므로
$4 \times 8 = 32$

2nd 백의 자리 숫자가 3인 경우, 즉 3□□ 꼴의 짝수의 개수를 구하자.

(ii) 3□□ 꼴의 짝수
일의 자리에 올 수 있는 숫자는
0, 2, 4, 6, 8의 5가지
십의 자리에 올 수 있는 숫자는 백의 자리의 숫자와 일의 자리의 숫자를 제외한 8가지이므로
$5 \times 8 = 40$

3rd 백의 자리 숫자가 4인 경우, 즉 4□□ 꼴의 짝수의 개수를 구하고, 합의 법칙을 이용하여 답을 구하자.

(iii) 4□□ 꼴의 짝수
일의 자리에 올 수 있는 숫자는
0, 2, 6, 8의 4가지 → 백의 자리에 숫자 4가 있으니까 0, 2, 6, 8만 올 수 있어.
십의 자리에 올 수 있는 숫자는 백의 자리의 숫자와 일의 자리의 숫자를 제외한 8가지이므로
$4 \times 8 = 32$ ··· ❶

[실수] (i)과 (iii)은 동일한 유형이니까 개수가 똑같이 나와야겠지? 만약 둘이 다르게 나왔다면 중간에 실수를 했다는 거야.

따라서 구하는 경우의 수는
$32 + 40 + 32 = 104$ ··· ❷

[채점 기준표]

❶ 백의 자리의 숫자가 2, 3, 4인 경우로 나누어 각각 짝수이고, 각 자리의 숫자가 모두 다른 수가 될 수 있는 경우의 수를 구한다.		70%
❷ 합의 법칙을 이용하여 경우의 수를 구한다.		30%

J 70 정답 11 ··················· 수형도를 이용하는 경우의 수

(**정답 공식:** 수형도를 그려 경우의 수를 파악한다.)

빨간색, 파란색, 노란색, 초록색의 구슬 4개와 빨간색, 파란색, 노란색의 상자 3개가 있다. 모든 상자에 반드시 상자와 같지 않은 색의 구슬 한 개만 넣는 경우의 수를 구하는 과정을 서술하시오. **[단서]** 경우의 수를 구하기 어려운 경우 수형도로 나타내면 간단히 해결할 수 있어!

1st 수형도를 그리자.

수형도를 그려 보면
→ 수형도로 경우의 수를 구하면 중복 없이 빠짐없이 구할 수 있어.

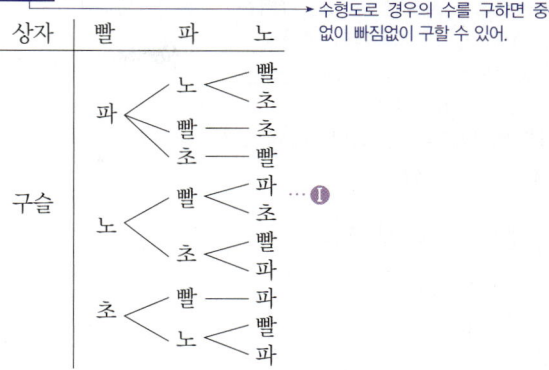

2nd 빨간 상자, 파란 상자, 노란 상자 순서로 상자와 다른 색의 구슬을 한 개씩 넣는 경우를 따져보자.

빨간 상자에 파란 공을 넣는 경우의 수는 4이다.
빨간 상자에 노란 공을 넣는 경우의 수는 4이다.
빨간 상자에 초록 공을 넣는 경우의 수는 3이다.

3rd 경우의 수를 구하자.
∴ (구하는 경우의 수) $= 4 + 4 + 3 = 11$ ··· ❷

[채점 기준표]

❶ 상자에 상자와 같지 않은 색의 구슬을 넣는 경우를 수형도로 나타낸다.		70%
❷ 경우의 수를 구한다.		30%

J 71 정답 840 ············· 지불 방법과 지불 금액의 수

정답 공식: 지불 방법의 수는 각 화폐의 개수 l, m, n에 대해 $\{(l+1)(m+1)(n+1)-1\}$개이고, 지불가능한 금액의 수는 100원짜리를 50원짜리로 바꾸어 생각해 구한다.

100원짜리 동전 3개, 50원짜리 동전 3개, 10원짜리 동전 3개의 일부 또는 전부를 사용하여 지불할 수 있는 방법의 수를 a, 지불할 수 있는 금액의 수를 b라 하자. $\dfrac{a}{3} \times (b+1)$의 값을 구하는 과정을 서술하시오. (단, 0원을 지불하는 경우는 제외한다.) **[단서]** 지불할 수 있는 방법의 수와 지불할 수 있는 금액의 수는 비슷해 보이지만 지불할 수 있는 금액은 중복되는 경우가 있으므로 주의해야 해!

1st 각각의 동전을 지불할 수 있는 방법의 수 a의 값을 구하자.

(i) 지불할 수 있는 방법의 수
100원짜리 동전으로 지불할 수 있는 방법은
0개, 1개, 2개, 3개의 4가지
50원짜리 동전으로 지불할 수 있는 방법은
0개, 1개, 2개, 3개의 4가지
10원짜리 동전으로 지불할 수 있는 방법은
0개, 1개, 2개, 3개의 4가지
이때, 0원을 지불하는 경우를 제외해야 하므로 구하는 방법의 수는
$a = 4 \times 4 \times 4 - 1 = 63$ ··· ❶

2nd 각각의 동전으로 지불할 수 있는 금액의 수 b를 구하자. 100원짜리 동전 1개를 50원짜리 동전 2개로 생각하자.

(ii) 지불할 수 있는 금액의 수 중복될 수 있는 금액이 무엇인지 알아야 해.
50원짜리 동전 2개로 지불할 수 있는 금액과 100원짜리 동전 1개로 지불할 수 있는 금액이 같으므로 100원짜리 동전 3개를 50원짜리 동

전 6개로 바꾸면 지불할 수 있는 금액의 수는 50원짜리 동전 9개, 10원짜리 동전 3개로 지불할 수 있는 금액의 수와 같다.
50원짜리 동전으로 지불할 수 있는 금액은
0원, 50원, 100원, …, 450원의 10가지
10원짜리 동전으로 지불할 수 있는 금액은
0원, 10원, 20원, 30원의 4가지
이때, 0원을 지불하는 경우를 제외해야 하므로 구하는 방법의 수는
$b = 10 \times 4 - 1 = 39$ ⋯ Ⅱ

3rd $\dfrac{a}{3} \times (b+1)$의 값을 구하자.

$\therefore \dfrac{a}{3} \times (b+1) = 21 \times 40$
$= 840$ ⋯ Ⅲ

[채점 기준표]

❶ 지불 방법의 수를 구한다.	40%
❷ 지불할 수 있는 금액이 같은 경우 큰 단위의 화폐를 작은 단위의 화폐로 바꿔서 지불 금액의 수를 구한다.	40%
❸ 식의 값을 구한다.	20%

[채점 기준표]

❶ 50원, 100원, 500원짜리 동전을 각각 x개, y개, z개로 놓고 음료수의 가격을 식으로 정리한다.	30%
❷ 계수가 가장 큰 z의 값을 기준으로 x, y의 값을 구한다.	50%
❸ 합의 법칙을 이용하여 답을 구한다.	20%

✿ 방정식과 부등식의 해의 개수   개념·공식

(1) 방정식 $ax + by + cz = d$를 만족시키는 정수의 순서쌍 (x, y, z)의 개수는 x, y, z 중 계수의 절댓값이 가장 큰 문자를 기준으로 수를 대입하여 구한다.

(2) 부등식 $ax + by \leq c$를 만족시키는 정수의 순서쌍 (x, y)의 개수는 주어진 조건을 만족하는 $ax + by$의 값을 찾은 후 $ax + by = d$ 꼴의 방정식을 만들어 이 방정식의 해의 개수를 구한다.

J 72   정답 7 ⋯⋯⋯⋯⋯⋯⋯⋯ 방정식과 부등식의 해의 개수

정답 공식: 각 동전을 사용하는 개수를 x, y, z라 두고 총 금액이 1200원인 것으로부터 x, y, z에 대한 방정식을 세우고, $z = 1, 2$인 경우를 나누어 자연수인 해의 순서쌍 (x, y, z)을 구한다.

50원, 100원, 500원짜리 동전만 사용할 수 있는 자동 판매기에서 600원짜리 음료수 2개를 선택하려고 한다. 세 종류의 동전을 모두 사용하여 거스름돈 없이 자동 판매기에 동전을 넣는 방법의 수를 구하는 과정을 서술하시오. (단, 동전을 넣는 순서는 고려하지 않는다.) [단서] 50원, 100원, 500원짜리 동전을 각각 x개, y개, z개 라고 가정하고 음료수 2개를 계산하는 식을 먼저 만들어야 해!

1st 50원, 100원, 500원짜리 동전을 각각 한 개 이상씩 사용하여 음료수 2개의 값인 1200원이 만들어지는 것을 식으로 표현하자.

600원짜리 음료수 2개의 가격은 1200원이므로 50원, 100원, 500원짜리 동전을 각각 x개, y개, z개를 사용한다고 하면
$50x + 100y + 500z = 1200$
$\therefore x + 2y + 10z = 24$ ⋯ ㉠ ⋯ ❶

2nd 500원의 동전의 개수가 1개 또는 2개일 때를 기준으로 각각의 방법의 수를 구하자. [실수] 계수가 가장 큰 z를 기준으로 순서쌍을 찾는게 편해.

그런데 세 종류의 동전을 모두 사용해야 하므로 $x \geq 1, y \geq 1, z \geq 1$
(ⅰ) $z = 1$일 때,
㉠에서 $x + 2y = 14$이므로
순서쌍 (x, y)는
$(12, 1), (10, 2), (8, 3), (6, 4), (4, 5), (2, 6)$의 6가지
(ⅱ) $z = 2$일 때,
㉠에서 $x + 2y = 4$이므로
순서쌍 (x, y)는
$(2, 1)$의 1가지 ⋯ ❷

3rd 앞에서 구한 방법의 수를 더하자.
(ⅰ), (ⅱ)에서 구하는 방법의 수는 $6 + 1 = 7$ ⋯ ❸

J 73   정답 14 ⋯⋯⋯⋯⋯⋯⋯⋯ 수형도를 이용하는 경우의 수

정답 공식: 점 A에서 점 C로 움직이는 경우와 점 A에서 점 B, D, E 중 하나로 움직이는 경우를 나눈 뒤 수형도를 그려 경우의 수를 구해 더한다.

오른쪽 그림과 같은 입체가 있다. 점 A에서 출발하여 모서리를 따라 움직일 때, 모서리 CG를 반드시 지나고, 모서리를 따라 아래로 또는 밑면 IFGH에 평행하게 갈 수는 있지만 다시 위로 올라갈 수는 없다고 할 때, 점 I로 가는 방법의 수를 구하는 과정을 서술하시오. (단, 각 꼭짓점을 많아야 한 번 지난다.)
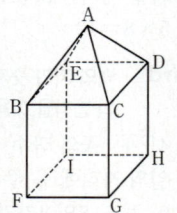
[단서] 모서리 CG를 반드시 지나야 하므로 점 A에서 점 B(점 D, 점 E)를 지나는 경우와 점 A에서 점 C를 지나는 경우로 나눠서 수형도를 생각해 봐!

1st 점 A에서 점 B를 지나 점 I까지 가는 방법의 수를 구하자.

(ⅰ) 점 A에서 점 B를 지나 점 I까지 가는 경우를 수형도로 나타내면 다음과 같다.

$$A - B - E - D - C - G - H - I$$
$$\searrow F - I$$
$$C - G - H - I$$
$$\searrow F - I$$

마찬가지로 점 D와 점 E를 지날 때에도 방법의 수가 같으므로
$4 + 4 + 4 = 12$ ⋯ ❶

2nd 점 A에서 바로 모서리 CG를 지나 점 I까지 가는 방법의 수를 구하자.

(ⅱ) 점 A에서 점 C를 지나 점 I까지 가는 경우를 수형도로 나타내면 다음과 같다.

$$A - C - G - H - I$$
$$\searrow F - I$$ ⋯ ❷

3rd 합의 법칙을 이용하여 답을 구하자.
따라서 구하는 방법의 수는 $12 + 2 = 14$ ⋯ ❸

[채점 기준표]

❶ 점 A에서 점 I까지 가는 방법을 수형도로 나타낸다.	50%
❷ 점 A에서 점 C를 지나 점 I까지 가는 방법을 수형도로 나타낸다.	30%
❸ 합의 법칙을 이용하여 답을 구한다.	20%

J 74 정답 ③ ⭐2등급 대비 [정답률 35%]

> **정답 공식:** 세 수를 a, $a+d$, $a+2d$로 놓은 뒤 $a+2d \leq 20$인 가능한 자연수 a, d에 대한 경우의 수를 모두 구해 더한다.

1부터 20까지의 수가 각각 적혀 있는 20개의 구슬이 들어 있는 주머니가 있다. 이 주머니에서 세 개의 구슬을 동시에 꺼낼 때, 두 구슬에 적혀 있는 **두 수의 평균과 나머지 한 구슬에 적혀 있는 수가 같아지도록** 구슬을 꺼내는 방법의 수는?

단서 '두 수의 평균과 나머지 수가 같으려면'에서 등차수열의 등차중항의 정의가 떠오르지?

① 80　　② 85　　③ 90　　④ 95　　⑤ 100

1st 조건을 만족시키는 세 구슬에 적혀있는 수를 각각 a, $a+d$, $a+2d$라고 놓자.

조건을 만족하도록 세 구슬의 수를 a, $a+d$, $a+2d$로 놓자. **[함정]** 수 3개의 조합을 수 2개(a, d)의 조합으로 바꾸는 것이 핵심이야.

이때, 구슬에는 1, 2, 3, …, 20의 수가 적혀 있으므로 $1 \leq a+2d \leq 20$을 만족하는 자연수 a, d는 다음과 같다. → 계수가 큰 d의 값부터 대입하여 a를 구한다.

2nd $d=1$일 때부터 $d=9$일 때까지 각각의 경우에서 a의 개수를 구하자.

(i) $d=1$일 때, $a=1, 2, 3, \cdots, 18$

(ii) $d=2$일 때, $a=1, 2, 3, \cdots, 16$

(iii) $d=3$일 때, $a=1, 2, 3, \cdots, 14$

　　　⋮

(ix) $d=9$일 때, $a=1, 2$

(i)~(ix)는 동시에 일어날 수 없으므로 구하는 방법의 수는

$18+16+14+\cdots+4+2=90$

J 75 정답 $c<a=b$ ⭐2등급 대비 [정답률 28%]

> **정답 공식:** 정육면체의 면 위에 놓인 직각이등변삼각형의 개수를 세어 a의 값을 구하고, 한 모서리당 조건을 만족하는 삼각형이 2개임을 이용하여 b의 값을 구한다. c는 삼각형의 세 변이 모두 정육면체의 한 면의 대각선이어야 함을 이용해 구한다.

정육면체의 8개의 꼭짓점 중에서 서로 다른 세 점을 택하여 삼각형을 만들 때, **정육면체의 두 모서리를 공유하는 삼각형의 개수를 a**, 정육면체의 한 모서리를 공유하는 삼각형의 개수를 b, 정육면체의 어느 변도 공유하지 않는 삼각형의 개수를 c라 할 때, a, b, c의 대소 관계를 구하시오.

단서 정육면체의 두 변을 공유하는 삼각형은 정육면체의 각 면의 대각선을 한 변으로 가지겠지?

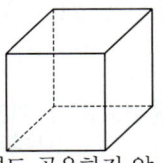

1st a의 값을 구하자. 각 면에서 대각선을 한 변으로 가지고 다른 두 변이 정육면체의 모서리인 삼각형의 개수를 세면 돼.

(i) 정육면체의 두 변을 공유하는 삼각형은 정육면체의 각 면의 대각선마다 그 대각선을 한 변으로 하는 삼각형이고 이 삼각형은 한 면에서 2개씩 존재한다. 예를 들면 면 ABCD에서 대각선 BD에 대하여 △ABD, △CBD의 두 개가 존재한다.

한 면에는 다른 대각선이 2개 있고 정육면체에는 면이 6개 있으므로

$2 \times 2 \times 6 = 24$ → 예를 들어 면 ABCD에는 대각선 AC와 BD가 있어.

$\therefore a=24$

2nd b를 구해보자. 각 모서리에서 조건을 만족시키는 삼각형의 개수를 구하여 모서리의 개수와 곱해.

(ii) 정육면체의 한 변을 공유하는 삼각형은 정육면체의 각 모서리마다 그 모서리를 한 변으로 하는 삼각형이 2개씩 존재한다. 예를 들면 모서리 AB를 한 변으로 하는 삼각형은 △ABH, △ABG의 두 개가 존재한다.

정육면체에는 모서리가 12개 있으므로

$2 \times 12 = 24$

$\therefore b=24$

3rd c를 구하자. 정육면체의 각 면에서의 대각선을 한 변으로 가지는 삼각형의 개수를 세면 돼. 중복으로 세지 않도록 주의해.

(iii) 정육면체의 어느 변도 공유하지 않는 삼각형은 각 면의 대각선마다 그 대각선을 한 변으로 하는 정삼각형이 2개씩 존재한다. 예를 들면 면 ABCD의 대각선 AC에서 대각선 AC를 한 변으로 하는 정삼각형은 △ACF, △ACH이다. 6개의 면에는 대각선이 12개 있고 각 정삼각형은 3번씩 중복되어 세어지므로

$2 \times 12 \times \dfrac{1}{3} = 8$

→ 예를 들어 삼각형 ACF의 경우 대각선 AC를 기준으로 1번, 대각선 AF를 기준으로 1번, 대각선 CF를 기준으로 1번, 이렇게 총 3번 세어지겠지?

$\therefore c=8$

(i), (ii), (iii)에 의하여 a, b, c의 대소 관계는

$c<a=b$

J 76 정답 130 ⭐2등급 대비 [정답률 25%]

> **정답 공식:** 변을 공유하지 않는 두 정사각형에 적혀 있는 수가 다른 경우와 같은 경우를 나누어 경우의 수를 세어야 한다. 조합으로 숫자를 선택한 다음, 선택된 숫자를 배열한다.

그림과 같이 한 개의 정삼각형과 세 개의 정사각형으로 이루어진 도형이 있다.

단서 1 6개 숫자 중에서 중복을 허락하여 숫자 네 개를 선택하는 경우 중 조건 (가), (나)를 더 살펴보고 경우를 더 줄여나가야 해.

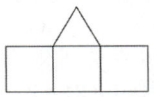

숫자 1, 2, 3, 4, 5, 6 중에서 중복을 허락하여 네 개를 택해 네 개의 정다각형 내부에 하나씩 적을 때, 다음 조건을 만족시키는 경우의 수를 구하시오.

단서 2 정사각형 3개와 정삼각형 1개가 있지? 정삼각형에 적을 수 있는 수를 생각해 보자. 1은 절대 들어갈 수 없고, 2 이상은 적을 수 있을까?

(가) 세 개의 정사각형에 적혀 있는 수는 모두 정삼각형에 적혀 있는 수보다 작다.

(나) 변을 공유하는 두 정사각형에 적혀 있는 수는 서로 다르다.

단서 3 중복을 허락하고, 붙어있는 정사각형에는 서로 다른 수를 적어야 하므로 정삼각형에 들어갈 수 있는 수는 2가 될 수 없겠지? 따라서 3, 4, 5, 6 중 하나의 수를 적을 수 있어.

1st $A \geq 3$인 경우를 각각 구하자.

그림과 같이 정삼각형에 적힌 수를 A, 정사각형에 적힌 수를 왼쪽부터 차례로 b, c, d라 하자.

조건 (가)에서 $A>b$, $A>c$, $A>d$이고, 조건 (나)에서 $b \neq c$, $c \neq d$이다.

조건 (가), (나)에 의하여 A보다 작은 수가 적어도 2개 존재해야 하므로 $A \geq 3$

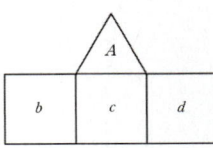

[주의] $A>b \neq c$이므로 A가 최소일 때를 생각해보면 $b=1$, $c=2$ (또는 $b=2$, $c=1$)일 때이므로 조건을 만족시키는 A의 값은 3 이상이 되어야 해.

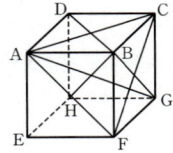

(i) $A=3$일 때

c는 1, 2 중 하나이므로 가능한 경우의 수는 2, 이 각각에 대하여

b, d는 1, 2 중 c가 아닌 수이어야 하므로 $1 \times 1 = 1$

따라서 $A=3$인 경우의 수는 $2 \times 1 = 2$

가능한 (b, c, d)의 순서쌍은 $(2, 1, 2)$, $(1, 2, 1)$의 2가지야.

(ii) $A=4$일 때

c는 1, 2, 3 중 하나이므로 가능한 경우의 수는 3,

이 각각에 대하여 b, d는 1, 2, 3 중 c가 아닌 수이어야 하므로

$2 \times 2 = 2^2$ b, d는 c와는 각각 다르지만, $b = d$인 경우도 가능하지?

따라서 $A=4$인 경우의 수는 $3 \times 2^2 = 12$

(iii) $A=5$일 때

c는 1, 2, 3, 4 중 하나이므로 가능한 경우의 수는 4, 이 각각에

대하여 b, d는 1, 2, 3, 4 중 c가 아닌 수이어야 하므로 $3 \times 3 = 3^2$

따라서 $A=5$인 경우의 수는 $4 \times 3^2 = 36$

(iv) $A=6$일 때

c는 1, 2, 3, 4, 5 중 하나이므로 가능한 경우의 수는 5, 이 각각에

대하여 b, d는 1, 2, 3, 4, 5 중 c가 아닌 수이면 되므로 $4 \times 4 = 4^2$

따라서 $A=6$인 경우의 수는 $5 \times 4^2 = 80$

2nd 경우의 수를 구하자.

(i)~(iv)에 의하여 구하는 경우의 수는

$2 + 12 + 36 + 80 = 130$

🔷 **다른 풀이: 경우의 수 이용하기**

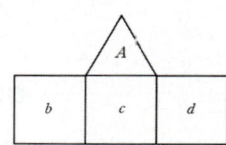

그림과 같이 정삼각형에 적힌 수를 A, 정사각형에 적힌 수를 왼쪽부터

차례로 b, c, d라 하면 조건 (가)에서 $A > b$, $A > c$, $A > d$,

조건 (나)에서 $b \neq c$, $c \neq d$인 경우를 구하자.

(i) $b = d$일 때,

6개의 자연수 중에서 A, b, c에 들어갈 서로 다른 3개의 수를

택하는 경우의 수는 $_6C_3 = 20$

택한 3개의 수 중 가장 큰 수를 A, 나머지 수를 b, c로 정하면 되므로

경우의 수는 $1 \times 2! = 2$

따라서 조건을 만족시키는 경우의 수는 $20 \times 2 = 40$

(ii) $b \neq d$일 때,

6개의 자연수 중에서 A, b, c, d에 들어갈 서로 다른 4개의 수를

택하는 경우의 수는 $_6C_4 = 15$

택한 4개의 수 중 가장 큰 수를 A, 나머지 수를 b, c, d로 정하면

되므로 경우의 수는 $1 \times 3! = 6$

따라서 조건을 만족시키는 경우의 수는 $15 \times 6 = 90$

(i), (ii)에 의하여 구하는 경우의 수는 $40 + 90 = 130$

J 77 정답 ② .... ⭐**2등급 대비** [정답률 31%]

┌ **정답 공식:** C, D 지점을 지나지 않는 경우 반드시 지나야 하는 점 P, Q, R를 구 ┐
└ 해 이들을 지나는 경우의 수를 구한다. ┘

그림과 같이 마름모 모양으로 연결된 도로망이 있다. 이 도

로망을 따라 A 지점에서 출발하여 C 지점을 지나지 않고, D

지점도 지나지 않으면서 B 지점까지 최단거리로 가는 경우의

수는? 단서 C, D 지점으로 가는 길이 없다고 생각하고 꼭 지나야 하는 곳을 지정해.

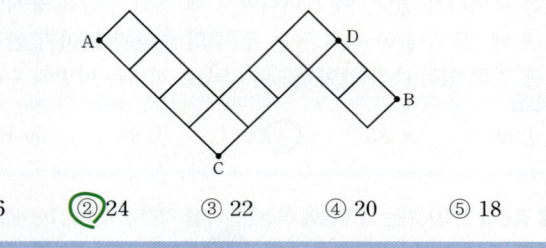

① 26   ②24   ③ 22   ④ 20   ⑤ 18

1st 두 지점 C, D를 지나지 않으면서 A 지점에서 B 지점까지 최단 거리로 가

려면 어떻게 가야 하는지 생각해 봐.

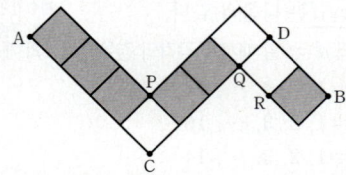

A 지점에서 출발해서 C 지점을 지나지 않고 D 지점도 지나지 않으면서
        ⇒ P를 꼭 지나!   ⇒ Q, R를 꼭 지나!

B 지점까지 최단거리로 가는 경우는 그림과 같이 점 P, Q, R를 잡으면

$A \to P \to Q \to R \to B$의 경로로 가야 한다.

2nd 구하는 최단거리로 가는 경우의 수를 계산해.

(i) A 지점에서 P 지점으로 가는 방법은 ＼로 3칸, ／로 1칸 이동해야

하므로 4가지

(ii) P 지점에서 Q 지점으로 가는 방법은 ／로 2칸, ＼로 1칸 이동해야

하므로 3가지

(iii) Q 지점에서 R 지점으로 간 후 B 지점으로 가는 방법은 2가지

(i)~(iii)에 의하여 구하는 경우의 수는   위쪽 ︿, 아래쪽 ﹀

$4 \times 3 \times 2 = 24$ 주의 ┌ 잇달아 일어나는 사건이니까
                              └ 곱의 법칙을 이용한 거야.

🔍 **쉬운 풀이:** C지점과 D지점과 연결된 도로를 없앤 후 최단거리로 가는

방법의 수 구하기

A 지점에서 B 지점으로 최단거리로 가는데 C, D 지점을 모두 지나지

않으므로 C, D 지점과 연결된 도로가 없다고 생각하면 그림과 같아.

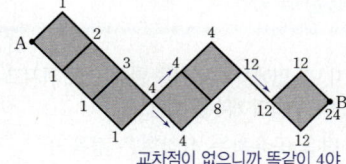

교차점이 없으니까 똑같이 4야.

따라서 각 경로의 합을 이용하여 최단거리로 가는 방법의 수를 구하면 24야.

J 78 정답 ⑤ ·················· ⭐2등급 대비 [정답률 35%]

【 정답 공식: 네 번의 이동 중 대각선을 지나는 순서에 따라 경우를 나누고, 각각의 경우의 수를 모두 구해 더한다. 】

> 오른쪽 그림과 같은 정육면체 ABCD−
> EFGH가 있다. 꼭짓점 A를 출발하여
> 모서리 12개와 각 면의 대각선 12개 중
> 에서 모서리 세 번과 대각선 한 번을 지
> 나 꼭짓점 G에 도착하는 서로 다른 방법
> 의 수는? [단서 모서리, 모서리, 모서리, 대각선의 순서를 바꾸는 경우로 나누어 각 경로의 수를 구하면 돼.]
> (단, 한 번 지난 모서리나 대각선은 다시 지나지 않는다.)
> ① 12   ② 18   ③ 24
> ④ 30   ⑤ 36

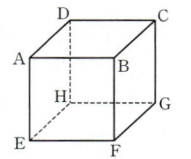

[1st] 꼭짓점 A를 출발하여 모서리 세 번과 대각선 한 번을 지나 꼭짓점 G에 도착하는 경로를 생각해 봐!

 대각선과 모서리의 순서에 따라 경우를 나눠서 각각의 경우의 수를 구하는 게 까다로워. 수형도를 그려서 경우의 수를 구한 후 확인할 수도 있겠지?

(i) 대각선, 모서리, 모서리, 모서리 순으로 지나는 경우의 수는
$3 \times 2 = 6$ ┌ 꼭짓점 A를 포함하는 대각선의 개수가 3, 각 대각선의 끝점에서 모서리를 3번 지나 점 G로 가는 경우의 수가 2이므로 $3 \times 2 = 6$

(ii) 모서리, 대각선, 모서리, 모서리 순으로 지나는 경우의 수는
$3 \times 2 \times 2 = 12$ ┌ 꼭짓점 A를 포함하는 모서리의 개수가 3, 각 모서리의 끝점에서 G를 제외한 다른 점으로의 대각선의 개수가 2, 각 대각선의 끝점에서 모서리를 2번 지나 점 G로 가는 경우의 수가 2이므로 $3 \times 2 \times 2 = 12$

(iii) 모서리, 모서리, 대각선, 모서리 순으로 지나는 경우의 수는
$3 \times 2 \times 2 = 12$

(iv) 모서리, 모서리, 모서리, 대각선 순으로 지나는 경우의 수는 $3 \times 2 = 6$

[2nd] 합의 법칙을 이용해.

(i)~(iv)에 의해 구하는 경우의 수는
$6 + 12 + 12 + 6 = 36$

J 79 정답 24 ·················· ⭐2등급 대비 [정답률 26%]

(정답 공식: 각 변의 수의 합으로 가능한 수를 먼저 구한다.)

> [그림 1]과 같이 사각형 모양의 판에 6개의 원이 삼각형 모양
> 으로 그려져 있다. 각 원 안에 1부터 6까지의 자연수를 각각
> 하나씩 적어 삼각형의 각 변에 있는 세 원 안에 적힌 수의 합
> 이 모두 같게 하려고 한다. 예를 들어, [그림 2]와 같이 적으면
> 삼각형의 각 변에 있는 수의 합이 모두 같다.
> [단서 각 변에 있는 세 원 안에 적힌 수를 합할 때 각 꼭짓점에 있는 원에 적힌 수는 두 번씩 더해지므로 두 번씩 더해지는 수들에 대한 조건을 먼저 찾도록 해.]

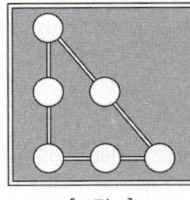
[그림 1]
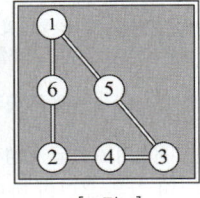
[그림 2]

> 이와 같이 [그림 1]의 원 안에 수를 적는 방법의 수를 구하시오.

[1st] 꼭짓점에 위치한 원에 들어갈 수들의 합의 조건을 찾자.

각 변에 있는 세 원 안에 적힌 수를 합할 때 각 꼭짓점에 있는 원에 적힌 수는 두 번씩, 꼭짓점이 아닌 변에 있는 원에 적힌 수는 한 번씩 더해진다.

이때, 한 변에 있는 숫자의 합을 S라 하고, 꼭짓점에 있는 원에 적힌 수를 a, b, c $(a<b<c)$라 하면 세 변의 숫자의 합을 모두 더한 것은
$(1+2+3+4+5+6)+(a+b+c)=21+(a+b+c)=3S$
즉, $21+\underline{(a+b+c)}$의 값은 3의 배수이므로 $a+b+c$의 값도 3의 배수
 └ 1부터 6까지의 6개의 수 중 서로 다른 3개의 수의 합이야.
가 되어야 한다.

[2nd] S의 값의 범위를 구하자.

$a+b+c$의 값이 3의 배수가 되는 순서쌍 (a, b, c)는
 1부터 6까지의 6개의 수 중 서로 다른 3개의 수의 합이 3의 배수가 되는 경우는 6, 9, 12, 15야.
$(1, 2, 3), (1, 2, 6), (1, 3, 5), (1, 5, 6),$
$(2, 3, 4), (2, 4, 6), (3, 4, 5), (4, 5, 6)$
이므로 $a+b+c$의 최솟값은 $1+2+3=6$이고
최댓값은 $4+5+6=15$이다.
즉, $6 \leq a+b+c \leq 15$에서 $27 \leq 21+(a+b+c) \leq 36$이므로
$27 \leq 3S \leq 36$ ∴ $9 \leq S \leq 12$
따라서 한 변에 있는 숫자의 합은 9 또는 10 또는 11 또는 12이어야 한다.

[3rd] 위에서 구한 범위를 고려해서 세 변의 수의 합이 모두 같은 경우를 생각해 보자.

$(a, b, c)=(1, 2, 3)$일 때, $\underline{S=9}$인 경우가 있다.
 └ $1+2+6=1+3+5=2+3+4=9$

$(a, b, c)=(1, 3, 5)$일 때, $\underline{S=10}$인 경우가 있다.
 └ $1+3+6=1+5+4=3+5+2=10$

$(a, b, c)=(2, 4, 6)$일 때, $\underline{S=11}$인 경우가 있다.
 └ $2+4+5=2+6+3=4+6+1=11$

$(a, b, c)=(4, 5, 6)$일 때, $\underline{S=12}$인 경우가 있다.
 └ $4+5+3=4+6+2=5+6+1=12$

한편, 순서쌍 (a, b, c)가 $(1, 2, 6), (1, 5, 6),$
$(2, 3, 4), (3, 4, 5)$일 때는 $S=9, S=10, S=11, S=12$가 되는
경우가 없다.
따라서 가능한 경우는 $(1, 2, 3), (1, 3, 5), (2, 4, 6), (4, 5, 6)$의
4가지이고,
각 경우에 대하여 꼭짓점에 있는 원에 숫자를 배열하는 방법이
$3 \times 2 \times 1=6$(가지)이므로
 첫 번째 꼭짓점에 있는 원에 들어갈 수는 3가지
 두 번째 꼭짓점에 있는 원에 들어갈 수는 첫 번째에 들어간 수를 제외한 2가지
 세 번째 꼭짓점에 있는 원에 들어갈 수는 첫 번째와 두 번째에 들어간 수를 제외한 1가지
(구하는 방법의 수)$=4 \times 6=24$
 각 꼭짓점에 숫자가 적히면 S의 값이 결정되므로 이에 맞춰서 나머지 세 원에 숫자를 적으면 돼.
따라서 6개의 원에 숫자를 적는 방법의 수는 세 꼭짓점에 숫자를 배열하는 방법의 수와 같아.

J 80 정답 60 ·················· ⭐1등급 대비 [정답률 12%]

＊이웃한 영역은 다른 색으로 칠하고, 3가지 색을 모두 사용하여 6개의 영역 색칠하는 방법 [유형 06]

> 직사각형을 오른쪽 그림과 같이 6개의 삼각
> 형으로 나누고 노랑, 파랑, 빨강의 3가지 색
> 을 칠하여 이들 6개의 삼각형을 구분하려고
> 한다. 이웃한 삼각형은 서로 다른 색을 칠하
> 고, 세 가지 색을 모두 사용한다고 할 때, 모
> 든 방법의 수를 구하시오. [단서 그림에서 6개의 삼각형을 A, B, C, …, F로 구분하고 각 영역을 칠하는 색을 결정하는 방법의 수를 생각해 봐!]

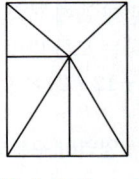

🔴1등급❓ 최소한의 색을 이용하여 구분된 영역을 색칠하는 경우의 수를 구하는 문제이다.

해결 과정에서 하나의 삼각형을 선택하여 색을 칠한 뒤, 이웃하지 않은 삼각형이 몇 개인지 확인하고, 같은 색을 칠할 경우를 나누고 각각의 경우에 대하여 이웃하지 않은 삼각형에는 서로 다른 색이 칠해지도록 경우를 따져볼 수 있어야 한다.

단서＋발상

단서 6개의 영역에 3개의 서로 다른 색을 칠하는 문제임을 파악한다.

발상 각 영역을 지정해주고, 모든 삼각형이 서로 이웃한 삼각형이 2개로 동일하므로 어느 영역을 먼저 칠해도 상관없음을 확인한다. **적용**

해결 A에 노란색을 칠한 뒤, 노란색을 칠할 수 있는 이웃하지 않은 영역을 찾는다.

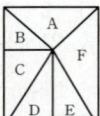

주의 노란색을 칠할 수 있는 영역은 전체 3개의 영역이다. 따라서 최대로 3개의 영역에 노란색을 칠할 수 있는 경우에서부터 최소로 1개의 영역에 노란색을 칠할 수 있는 경우까지 각 경우를 나누어서 생각해야 한다.

핵심 정답 공식: 같은 색을 1회, 2회, 3회 사용하여 색을 칠하는 경우를 나누어 조건에 맞도록 경우의 수를 구한다.

---------------- [문제 풀이 순서] ----------------

1st 각 영역을 A, B, C, D, E, F로 구분하고 A에 노란색을 칠한 경우를 생각해보자. 노란색을 최대한 많이 칠할 수 있는 곳은 A를 포함하여 3개의 영역이므로 노란색을 3회 사용하는 경우의 수를 구해보자.

각 영역을 A, B, C, D, E, F로 구분한 뒤 A에 노랑을 칠하고, 다음 경우의 수를 조사해 보자.

주의 이런 색칠 문제에서는 적절하게 경우를 나누는 게 이 문제의 핵심이자 가장 어려운 점이야.

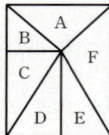

(ⅰ) 노랑을 3회 사용할 때,
C, E에 노랑을 칠하고 B, D, F에 파랑, 빨강을 칠하되 어느 것도 3회는 사용할 수 없으므로
$2 \times 2 \times 2 - \underline{2} = 6$
(모두 파랑을 사용하는 경우 1가지)
＋(모두 빨강을 사용하는 경우 1가지)

→ 파랑을 3회 사용하는 경우, 즉 B, D, F에 모두 파랑을 칠하는 경우 전체적으로 노랑과 파랑만 사용하게 되니까 3회는 사용할 수 없어.

2nd A에 노란색을 칠하고 A와 이웃하지 않은 영역 중 한 군데만 더 노란색을 칠하는 경우, 즉 노란색을 2회 사용하는 경우의 수를 구해.

(ⅱ) 노랑을 2회 사용할 때,
C에 노랑을 칠하면 B, D에는 빨강 또는 파랑을 칠할 수 있고,
E, F에는 하나의 색이 정해지므로
$2 \times 2 = 4$
같은 방법으로 D 또는 E에 노랑을 칠할 때도 마찬가지로 $4 \times 3 = 12$

3rd A에만 노란색을 칠하고 남은 영역을 파란색과 빨간색으로 칠하는 방법의 수, 즉 노란색을 1회 사용하는 경우의 수를 구해. A에 파란색 또는 빨간색이 칠해지는 경우도 마찬가지 방법으로 구할 수 있으니까 답을 구할 수 있지?

(ⅲ) 노랑을 1회 사용할 때,
B, D, F에 파랑, C, E에 빨강을 칠하거나
B, D, F에 빨강, C, E에 파랑을 칠하는 경우가 있으므로
2가지이다.
그런데 A에 파랑 또는 빨강을 칠할 때도 (ⅰ), (ⅱ), (ⅲ)과 같으므로 구하는 모든 방법의 수는
$(6 + 12 + 2) \times 3 = 60$

1등급 대비 특강

＊영역이 구분되도록 색 칠하기

영역이 구분되면 서로 이웃한 영역 중에서 제일 많은 영역과 맞닿아 있는 영역을 찾아. 그 영역에 먼저 색을 칠하고, 그 영역과 이웃하지 않아서 같은 색을 칠할 수 있는 영역 n개를 골라내. 선별된 n개의 영역에 대하여 같은 색을 칠할 수 있는 영역의 개수 1, 2, …, n에 따라 각 경우의 수를 구해.
서로 이웃한 영역마다 맞닿아 있는 영역의 개수가 같으면 아무 영역이든지 먼저 색을 칠한 다음에 그 영역과 이웃하지 않은 영역을 골라내고, 같은 색을 칠할 수 있는 영역의 개수를 최솟값에서부터 최댓값까지 각각 나누어 경우의 수를 구해.

J 81 정답 396 ⚫1등급 대비 [정답률 3%]

＊적절한 기준을 세워 경우를 나누고 복잡한 조건들을 만족시키도록 하는 경우의 수 구하기 [유형 01＋03]

교내 수학경시대회에 A 학급 학생 3명, B 학급 학생 3명, C 학급 학생 2명이 참가 신청하였다. 그림과 같이 두 분단, 네 줄의 좌석에 다음 조건을 만족시키도록 이 학생 8명을 배정하는 방법의 수를 구하시오.

단서1 조건 (가)와 (나)에 의해 같은 학급의 학생은 옆으로도 앞뒤로도 붙어 앉을 수 없어.

(가) 같은 줄의 바로 옆에 같은 학급 학생이 앉지 않도록 배정한다.
(나) 같은 분단의 바로 앞뒤에 같은 학급 학생이 앉지 않도록 배정한다.
(다) 같은 학급 학생을 같은 분단에 배정할 경우 학급 번호가 작을수록 교탁에 가까운 자리에 배정한다.

단서2 조건 (다)에서 같은 분단에 같은 학급의 학생이 두 명 있을 경우 앉는 순서를 정해줬지? 순서가 정해지면 경우의 수가 더 생길 수 없어. 그러니까 다른 분단에 앉는 학생이 누굴까만 생각하면 돼.

	교탁	
	1분단 ↓	2분단 ↓
첫째 줄 →	☐	☐
둘째 줄 →	☐	☐
셋째 줄 →	☐	☐
넷째 줄 →	☐	☐

왜 1등급? 8명의 학생을 조건을 만족시키도록 8좌석에 배정하는 문제로, 조건이 암시하는 바가 무엇인지 파악하고 적절히 경우를 나누는 과정이 어려웠다.

단서＋발상

단서1 조건 (가), (나)를 살펴보면 같은 줄에 같은 학급의 학생이 앉으면 안 되고, 같은 분단의 바로 앞뒤에 같은 학급의 학생이 앉으면 안 된다. **발상**
즉, 같은 학급의 학생이 상하좌우에 앉을 수 없다는 조건이다. **적용**

단서2 같은 분단에, 같은 학급의 학생이 앉을 경우 학급 번호가 작을수록 교탁에 가까운 자리에 앉는다면, 같은 분단에 같은 학급의 학생은 최대 2명이 앉을 수 있다. **발상**
A 학급의 학생을 기준으로 같은 분단에 1명 또는 2명을 배정해보고, C 학급의 학생을 배정한다. **적용**
이후 빈자리에 B 학급의 학생만 학급 번호순으로 배정하면 된다. 다른 분단에 앉힐 수 있는 다른 학급의 학생들을 예상한다. **해결**

주의 조건에 의하면 같은 분단에 같은 학급 학생이 3명이 앉을 수 없다는 점을 확인해야 한다.

핵심 정답 공식: 한 분단에 A, B 학급의 학생이 두 명씩 들어가는 경우와 그렇지 않은 경우를 나누어 각각의 경우에 자리를 배치하는 경우의 수를 구한다.

---------------- [문제 풀이 순서] ----------------

1st 조건 (나)를 이용하여 A 학급 학생이 1, 2 분단에 배정되는 원칙을 세워.

조건 (나)에 따르면 같은 분단의 바로 앞뒤에 같은 학급 학생이 앉지 않기 때문에 같은 분단에는 A 학급 학생이 1명 아니면 2명만 배정된다.
3명이 한 분단에 모두 같이 앉을 수 없어.
1분단에 A 학급 학생이 2명 배정되면 2분단에 1명 배정되고, 반대로 1분단에 A 학급 학생이 1명 배정되면 2분단에 2명 배정된다.
즉, 두 경우의 수는 같으므로 1분단에 A 학급 학생이 2명 배정되는 경우의 수만 확인하여 2배하면 된다.

2nd 1분단에 A 학급 학생이 2명 배정되는 경우를 나열해 보자.

A 학급 학생과 C 학급 학생이 배정되면 빈자리에 B 학급 학생만 배정하면 되므로 B 학급 학생의 자리는 신경 쓰지 않아도 된다.

1분단에 A 학급 학생 2명을 선택하여 첫째 줄에 작은 번호의 A 학급 학생을 배정할 때, C 학급 학생을 각각 다른 분단에 배정하는 방법은 1분단에 A 학급 학생의 자리를 선택할 경우의 수는 3이고

3명인 학급의 학생은 무조건 한 분단에는 두 명, 다른 분단에 한 명이 배정되는데, 조건 (다)에서 한 분단에 배정되는 두 명의 순서는 정해져 있지? 그러니까 다른 분단에 배정되는 한 명이 누구냐에 따라 경우의 수가 달라져. 즉, 2분단에 앉은 1명을 뽑는 경우와 같아.

C 학급 학생은 서로 다른 분단에 앉아 있기 때문에 가짓수는 2이다.

다른 분단에 앉은 학생을 선택하는 경우는 2가지

그리고 B 학급의 경우는 1분단에 앉을 학생을 선택하는 경우의 수인 3이다.

따라서 C 학급의 배정을 바꾸어 가면서 구하는 방법의 수는
(A 학급 방법의 수)×(B 학급 방법의 수)×(C 학급 방법의 수)로 계산하면 …ⓐ

(i) C 학급 학생이 1, 2분단에 각각 배정되는 경우

 i) A 학급이 1분단의 첫째줄, 셋째줄에 배정되는 경우

[좌석 배치도]

인 3가지 경우의 배정하는 방법의 수는 각각 $3\times3\times2$이므로 $3\times(3\times3\times2)$ (ⓐ에 의하여)

 ii) A 학급이 1분단의 첫째줄, 넷째줄에 배정되는 경우

[좌석 배치도]

인 4가지 경우의 배정하는 방법의 수는 각각 $3\times3\times2$이므로 $4\times(3\times3\times2)$ (ⓐ에 의하여)

 iii) A 학급이 1분단의 둘째줄, 넷째줄에 배정되는 경우

[좌석 배치도]

인 3가지 경우의 배정하는 방법의 수는 각각 $3\times3\times2$이므로 $3\times(3\times3\times2)$ (ⓐ에 의하여)

(ii) C 학급이 같은 분단에 배정되는 방법

B 학급의 위치를 고려하여 C 학급의 위치를 생각해야 해. 그럼 1가지 경우로 정해져!

이때, C 학급을 1분단에 모두 배정할 때, B 학급이 조건을 만족시키지 못하므로 *조건 (나)에 위배! 같은 분단에 앞뒤에 배정돼.*

[좌석 배치도]

인 2가지 경우의 배정하는 방법의 수는 각각 $3\times3\times1$이므로 $2\times(3\times3\times1)$

3rd 전체 경우의 수를 구해.

(i)의 i)~iii)에 의하여 $3\times3\times2$인 경우의 수가 10이고,
(ii)에 의하여 $3\times3\times1$인 경우의 수가 2이고 1분단과 2분단이 교환 가능하므로 전체 경우의 수는 $(18\times10+9\times2)\times2=396$

다른 풀이❶ : C학급 학생 2명이 모두 한 분단에 배정되는 경우와 서로 다른 분단에 배정되는 경우로 나누어 방법의 수 구하기

(i) C 학급의 학생 2명이 모두 한 분단에 배정될 경우를 나열해보자.

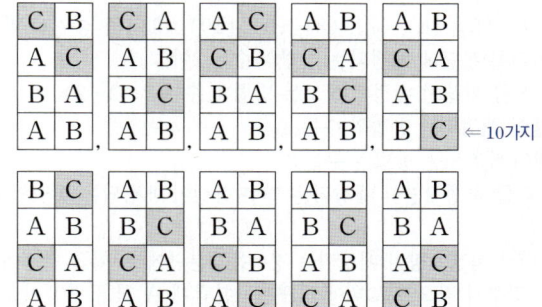 ⇐ 1가지

이고 여기서 A 학급과 B 학급의 자리를 모두 바꾸는 경우와 1분단과 2분단의 자리를 모두 바꾸는 경우가 있어.

(ii) C 학급의 학생 2명이 서로 다른 분단에 배정될 경우를 나열해 보자. 1분단 첫째 줄에 C 학급의 학생이 배정된 경우부터 순서대로 나열하면 다음과 같아.

[좌석 배치도] ⇐ 10가지

이 경우에는 (i)과 분류한 기준이 다를 뿐 같은 경우들이야.
즉, A 학급과 B 학급의 경우의 수는 다른 분단에 있어야 할 1명을 뽑아야 하기 때문에 무조건 3가지이고, C 학급의 경우의 수는 같은 분단에 2명이 있을 경우로 1가지, 다른 분단에 1명씩 있을 경우는 2가지야.

순서는 상관없고, 선택에 관계되어 있으니까 2가지야.

그러니까 (i)의 경우의 수는 $(3\times3\times1)\times2\times2=36$이고
(A, B 학급 바꿈)×(1, 2분단 바꿈)
(ii)의 경우의 수는 $\{(3\times3\times2)\times2\}\times10=360$이니까 모든 경우의 수는 $36+360=396$
1, 2분단 바꿈

다른 풀이❷ : A학급 학생 2명을 1분단에 먼저 배치하는 경우로 나누어 방법의 수 구하기

각 분단에는 같은 학급 학생이 3명 올 수 없으므로 1분단에는 A 학급 학생이 2명 또는 1명이 배정돼.
1분단에 A 학급 학생 2명이 배정되는 경우를 먼저 생각하자.
(단, 빈 좌석에는 B 학급 학생을 배정해.)

(i) 첫째 줄에 A 학급 학생이 앉지 않는 경우

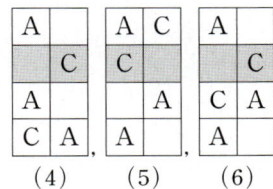

(1) (2) (3)

(ii) 둘째 줄에 A 학급 학생이 앉지 않는 경우

[좌석 배치도]

(4) (5) (6)

(iii) 셋째 줄에 A 학급 학생이 앉지 않는 경우

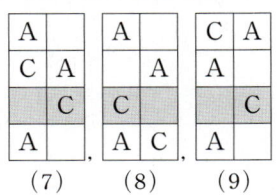

(7) (8) (9)

(iv) 넷째 줄에 A 학급 학생이 앉지 않는 경우

A			A			A	C
C	A		A				A
A			A	C		A	
	C			C		A	C

(10)　　　(11)　　　(12)

(3)과 (12)의 경우 C 학급 학생이 같은 분단에 배정되어 학급 번호가 작은 학생이 항상 앞줄에 앉기 때문에 C 학급 학생이 배정되는 방법의 수는 1이야.

(1), (2), (4), (5), (6), (7), (8), (9), (10), (11)의 경우 C 학급 학생이 서로 다른 분단에 배정되는 방법의 수는 2야.

그러므로 C 학급 학생이 배정되는 모든 방법의 수는 $1 \times 2 + 2 \times 10 = 22$

A 학급 학생이 배정되는 방법의 수는 3

B 학급 학생이 배정되는 방법의 수는 3

1분단에 A 학급 학생 2명이 배정되는 경우 학생이 배정되는 방법의 수는 $22 \times 3 \times 3$

1분단에 A 학급 학생 1명이 배정되는 경우는 2분단에 A 학급 학생이 2명 배정되는 경우와 같으므로 위에서 구한 1분단에 A 학급 학생이 2명 배정되는 방법의 수와 같아.

따라서 구하는 방법의 수는 $22 \times 3 \times 3 \times 2 = 396$

 My Top Secret　　서울대 선배의 **❶** 등급 대비 전략

확률과 경우의 수 문제 중 심화 문제는 조건을 나누는 것이 가장 중요해. 어떤 조건일 때의 경우, 또 다른 어떤 조건일 때의 경우 등 이런 경우들을 빠지지 않게 다 구하는 것이 핵심이라고 할 수 있어. 이런 것들을 잘 하려면 문제를 많이 풀어보는 게 좋아.

  K 순열과 조합

🐝 개념 **확인** 문제

K 01 정답 60
$_5P_3 = 5 \times 4 \times 3 = 60$

K 02 정답 120
$_5P_5 = 5 \times 4 \times 3 \times 2 \times 1 = 120$

K 03 정답 1
$_8P_0 = 1$

K 04 정답 24
$4! = 4 \times 3 \times 2 \times 1 = 24$

K 05 정답 6
$_nP_3 = n(n-1)(n-2) = 120 = 6 \times 5 \times 4$　∴ $n = 6$

K 06 정답 3
$_5P_r = 60 = 5 \times 4 \times 3$에서 $r = 3$

K 07 정답 4
$_8P_r = \dfrac{8!}{(8-r)!}$에서 $8 - r = 4$　∴ $r = 4$

K 08 정답 5
$_nP_n = n(n-1)(n-2) \cdots 3 \cdot 2 \cdot 1 = 120 = 5 \times 4 \times 3 \times 2 \times 1$
∴ $n = 5$

K 09 정답 7
$n(n-1)(n-2) = 210 = 7 \times 6 \times 5$　∴ $n = 7$

K 10 정답 8
$n(n-1)(n-2)(n-3) = 5n(n-1)(n-2)$이므로
$n - 3 = 5$ ($\because n \geq 4$)　∴ $n = 8$

K 11 정답 3
$120 = 6 \times 5 \times 4$　∴ $r = 3$

K 12 정답 9
$(n+1)n + n(n-1) = 162$이므로 $n^2 = 81$　∴ $n = 9$ ($\because n > 2$)

K 13 정답 360
$_6P_4 = 6 \times 5 \times 4 \times 3 = 360$

K 14 정답 60
A를 맨 앞에 먼저 놓고 나머지 5개의 문자 중 3개를 택하여 일렬로 배열하는 경우이므로 구하는 경우의 수는
$_5P_3 = 5 \times 4 \times 3 = 60$

K 15 정답 72
T, H를 제외한 4개의 문자 중 2개를 일렬로 배열한 후, ∨○∨○∨와 같이 ∨ 표시 중 하나에 T, H를 이웃하도록 배치하면 되고, 각각 T, H의 자리를 바꾸는 경우가 있다.
따라서 구하는 경우의 수는
$_4P_2 \times 3 \times 2! = (4 \times 3) \times 3 \times 2 = 72$

K 16 정답 240

(i) (여학생을 하나로 생각할 때 일렬로 세우는 방법의 수)
$=5!=120$
(ii) (여학생 2명을 일렬로 세우는 방법의 수)$=2!=2$
∴ (구하는 경우의 수)$=120 \times 2 = 240$

K 17 정답 1440

(i) (영어책 4권을 나열하는 방법의 수)$=4!$
(ii) (영어책 사이사이에 수학책을 나열하는 방법의 수)
$={}_5P_3=60$
∨⑬∨⑬∨⑬∨⑬∨
∴ (구하는 경우의 수)$=4! \times {}_5P_3 = 24 \times 60 = 1440$

K 18 정답 60

서로 다른 5개 중 3개를 선택하여 일렬로 배열하므로 구하는 개수는
$${}_5P_3 = 5 \times 4 \times 3 = 60$$

K 19 정답 24

세 자리의 자연수가 짝수가 되려면 일의 자리의 숫자가 2 또는 4가 되어야 하므로 앞의 두 자리에는 나머지 4개의 숫자 중 2개를 일렬로 배열하면 된다. 따라서 구하는 개수는
$$2 \times {}_4P_2 = 2 \times (4 \times 3) = 24$$

K 20 정답 18

□□□−0□□꼴
$${}_4P_3 - {}_3P_2 = 4 \times 3 \times 2 - 3 \times 2 = 18$$

K 21 정답 10

(i) 0이 일의 자리에 있는 경우
□□0이므로 1, 2, 3에서 2개를 택하는 순열
$${}_3P_2 = 3 \times 2 = 6$$
(ii) 0이 일의 자리에 없는 경우
짝수가 되려면 102, 302, 132, 312의 4가지
따라서 구하는 경우의 수는 $6+4=10$

K 22 정답 10

4명 중에서 2명을 뽑아 일렬로 세우는 방법의 수는
$${}_4P_2 = 12$$
회장, 부회장 모두 여학생을 뽑는 방법의 수는 여학생 2명 중에서 2명을 뽑아 일렬로 세우는 방법의 수와 같으므로
$${}_2P_2 = 2$$
회장, 부회장 중 적어도 한 명은 남학생을 뽑는 방법의 수는 모든 방법의 수에서 회장, 부회장 모두 여학생을 뽑는 방법의 수를 뺀 것과 같으므로
$$12 - 2 = 10$$

K 23 정답 6

a로 시작하는 문자열은 a를 맨 앞에 배치하고 나머지 b, c, d를 일렬로 나열하는 것과 같으므로 $3! = 6$

K 24 정답 16

a로 시작하는 것의 개수는 $3! = 6$
b로 시작하는 것의 개수는 $3! = 6$
ca로 시작하는 것의 개수는 $2! = 2$
cbad, cbda의 2개
따라서 cbda까지의 개수는 $6+6+2+2=16$이므로 16번째에 온다.

K 25 정답 dacb

a로 시작하는 것의 개수는 $3! = 6$
b로 시작하는 것의 개수는 $3! = 6$
c로 시작하는 것의 개수는 $3! = 6$
따라서 a로 시작하는 것부터 c로 시작하는 것까지의 총 개수는 $6+6+6=18$이므로 19번째에 오는 것은 dabc, 20번째에 오는 것은 dacb이다.

K 26 정답 15

$${}_6C_2 = \frac{6!}{4!2!} = \frac{6 \times 5}{2} = 15$$

K 27 정답 120

$${}_{10}C_7 = {}_{10}C_3 = \frac{10 \times 9 \times 8}{3!} = \frac{720}{6} = 120$$

K 28 정답 1

$${}_4C_0 = 1$$

K 29 정답 1

$${}_{11}C_{11} = 1$$

K 30 정답 6

$${}_nC_2 = \frac{n(n-1)}{2!} = 15 \Rightarrow n(n-1) = 30 = 6 \times 5 \quad \therefore n = 6$$

K 31 정답 3

${}_{11}C_8 = {}_{11}C_r$에서 $8 + r = 11$ ∴ $r = 3$

K 32 정답 3

${}_7C_r = {}_7C_{r+1}$에서 $r + (r+1) = 7 \Rightarrow 2r = 6$ ∴ $r = 3$

K 33 정답 10

$4 + 6 = n$ ∴ $n = 10$

K 34 정답 6

${}_6C_3 = \dfrac{{}_6P_3}{3!}$에서 $n = 6$

K 35 정답 2

${}_4C_r = {}_3C_r + {}_3C_{r-1}$에서
$r - 1 = 1$ ∴ $r = 2$

K 36 정답 84

서로 다른 9개 중 순서를 생각하지 않고 3개를 선택하는 경우의 수와 같으므로
$${}_9C_3 = \frac{9 \times 8 \times 7}{3 \times 2 \times 1} = 84$$

K 37 정답 9

서로 다른 9개 중 순서를 생각하지 않고 8개를 선택하는 경우의 수와 같으므로
$${}_9C_8 = {}_9C_1 = 9$$

K 38 정답 35

7명의 학생 중 4명을 뽑는 방법의 수는
$${}_7C_4 = \frac{7 \times 6 \times 5 \times 4}{4 \times 3 \times 2 \times 1} = 35$$

K 39 정답 12

남학생 4명 중 1명을 뽑는 방법의 수는
$_4C_1=4$

여학생 3명 중 2명을 뽑는 방법의 수는
$_3C_2=\dfrac{3\times2}{2\times1}=3$

따라서 구하는 방법의 수는
$4\times3=12$

K 40 정답 35

1을 제외한 7개의 수 중에서 3개의 수를 택한 후 각각의 경우에 1을 포함하면 되므로 구하는 방법의 수는
$_7C_3=\dfrac{7\times6\times5}{3\times2\times1}=35$

K 41 정답 35

3을 제외한 7개의 수 중에서 4개의 수를 택하면 되므로 구하는 방법의 수는
$_7C_4=\,_7C_3=\dfrac{7\times6\times5}{3\times2\times1}=35$

K 42 정답 20

5와 8을 제외한 6개의 수 중에서 3개의 수를 택한 후 각각의 경우에 5를 포함하면 되므로 구하는 방법의 수는
$_6C_3=\dfrac{6\times5\times4}{3\times2\times1}=20$

K 43 정답 80

9명 중에서 3명을 뽑는 방법의 수는
$_9C_3=\dfrac{9\times8\times7}{3\times2\times1}=84$

남자만 3명을 뽑는 방법의 수는 $_4C_3=\,_4C_1=4$
따라서 구하는 방법의 수는 $84-4=80$

K 44 정답 840

7명 중 4명을 뽑는 방법의 수는 $_7C_4=35$이고,
일렬로 세우는 방법의 수는 $4!$이므로
$_7C_4\times4!=35\times24=840$

K 45 정답 240

특정한 두 학생을 제외한 5명 중 2명을 뽑아야 하므로
$_5C_2=10$
4명을 일렬로 세우는 방법의 수는 $4!$이므로
$_5C_2\times4!=10\times24=240$

K 46 정답 90

어른 5명 중에서 1명을 뽑는 방법의 수는 $_5C_1=5$
어린이 3명 중 2명을 뽑는 방법의 수는 $_3C_2=\,_3C_1=3$
3명을 일렬로 세우는 방법의 수는 $3!=6$
따라서 구하는 방법의 수는 $5\times3\times6=90$

K 47 정답 28

직선의 개수는 $_8C_2=28$

K 48 정답 56

삼각형의 개수는 $_8C_3=56$

K 49 정답 9

대각선의 개수는
(꼭짓점 2개를 택하여 만든 선분의 개수) $-$ (변의 개수)
이므로 $_6C_2-6=15-6=9$

K 50 정답 ⑤ ·········· 이웃하거나 이웃하지 않는 경우의 순열의 수

(정답 공식: n명을 일렬로 나열하는 경우의 수는 $n!$이다.)

> 6명의 학생을 첫째 날 4명, 둘째 날 2명으로 나누어 한 사람씩 순서대로 상담하려고 한다. 이때 상담 순서를 정하는 방법의 수는?
>
> **단서** 한 사람씩 순서대로 상담하므로 6명을 일렬로 배열했을 때 앞에 배열된 4명은 첫째 날, 나머지는 둘째 날 상담하면 돼.
>
> ① 120 　　 ② 240 　　 ③ 360
> ④ 480 　　 ⑤ 720

1st 순열을 이용하여 구하자.

6명을 일렬로 배열한 후 앞의 4명은 첫째 날에, 뒤의 2명은 둘째 날에 상담하면 된다.
따라서 상담 순서를 정하는 방법의 수는
$6!=720$ $6!=6\times5\times4\times3\times2\times1$

🔑 **다른 풀이** : 첫째 날과 둘째 날을 나누어 순열을 이용하여 풀기

(i) 첫째 날 상담받을 4명을 뽑아 상담 순서를 정하는 방법의 수는
$_6P_4=6\times5\times4\times3=360$
(ii) 남은 2명의 둘째 날 상담 순서를 정하는 방법의 수는 $2!=2$
(i), (ii)에서 상담 순서를 정하는 방법의 수는
$360\times2=720$ (i)과 (ii)는 동시에 일어나므로 곱의 법칙을 적용해.

✿ **이웃하거나 이웃하지 않는 경우의 순열의 수** 　개념·공식

(1) **이웃하는 경우**
　(i) 이웃하는 것을 한 묶음으로 생각하여 일렬로 나열하는 방법의 수를 구한다.
　(ii) (한 묶음으로 생각하여 구한 순열의 수)
　　　　　　　　　$\times$ (한 묶음 안에서의 순열의 수)

(2) **이웃하지 않은 경우**
　(i) 먼저 이웃해도 되는 것을 나열하는 방법의 수를 구한다.
　(ii) 그 양끝과 사이사이에 이웃하지 않아야 할 것을 나열하는 방법의 수를 구한다.

K 51 정답 ③ ·········· 이웃하거나 이웃하지 않는 경우의 순열의 수

(정답 공식: 이웃하는 여학생 2명을 묶어 한 사람으로 생각한다.)

> 여학생 2명과 남학생 4명이 순서를 정하여 차례로 뜀틀 넘기를 할 때, 여학생 2명이 연이어 뜀틀 넘기를 하게 되는 경우의 수는?
>
> **단서** 여학생 2명을 하나로 생각하여 경우의 수를 구해. 이때, 두 여학생이 순서를 바꾸는 경우를 고려해야 해.
>
> ① 120 　　 ② 180 　　 ③ 240
> ④ 300 　　 ⑤ 360

1st 여학생을 묶어 생각하고 경우의 수를 구하자.

여학생 2명을 한 사람으로 생각하여 5명이 뜀틀 넘기를 하는 순서를 정하는 경우의 수는　남학생 4명 $+$ (여학생 두 명의 한 묶음)
$5!=120$
여학생 두 명이 뜀틀 넘기를 하는 순서를 정하는 경우의 수는
$2!=2$ 　여학생 묶음이 뜀틀 차례가 되었을 때 두 여학생 중 누가 먼저 뜀틀 순서를 정해야 해.
따라서 구하는 경우의 수는
$120\times2=240$

K 52 정답 ⑤ ·········· 이웃하거나 이웃하지 않는 경우의 순열의 수

정답 공식: 서로 이웃한 두 지역을 한 지역으로 생각한 후 5명의 담당 지역을 정하는 경우의 수를 구한다.

그림과 같이 경계가 구분된 6개 지역의 인구조사를 조사원 5명이 담당하려고 한다. 5명 중에서 <u>1명은 서로 이웃한 2개 지역</u>을, 나머지 4명은 남은 4개 지역을 각각 1개씩 담당한다.

단서 서로 이웃한 두 지역을 고른 후 이 지역을 한 묶음으로 생각한 후 5지역을 일렬로 세우는 경우의 수를 생각해.

이 조사원 5명의 담당 지역을 정하는 경우의 수는? (단, 경계가 일부라도 닿은 두 지역은 서로 이웃한 지역으로 본다.)

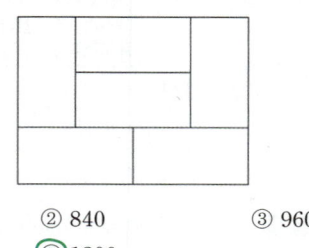

① 720 ② 840 ③ 960
④ 1080 ⑤ 1200

1st 서로 이웃한 2개의 지역을 짝지어 보자.

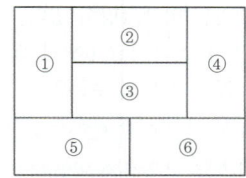

서로 이웃한 2개의 지역을 1명의 조사원이 담당한다고 했으므로 그림과 같이 6개 지역을 구분하고 이웃한 지역끼리 짝지어 보면 다음과 같다.

(①, ②), (①, ③), (①, ⑤), (②, ③), (②, ④),
(③, ④), (③, ⑤), (③, ⑥), (④, ⑥), (⑤, ⑥)

구하는 경우의 수는 조사원 5명의 담당 지역을 정하는 경우의 수이므로 조사원 1명이 이웃한 2개의 지역을 조사하는 순서는 고려하지 않아도 돼.

즉, 모두 10가지의 경우가 나오므로 인접한 2개의 지역을 하나로 묶어서 생각할 수 있다.

2nd 조사원 5명의 담당 지역을 정하는 경우의 수를 구하자.

6개의 지역 중 인접한 2개의 지역을 하나로 생각하면 <u>5개의 지역을 5명의 조사원이 담당하는 경우</u>가 되므로 구하는 경우의 수는

5명을 일렬로 배열하는 경우와 같아.

$10 \times 5! = 10 \times 120 = 1200$

🔧 톡톡 풀이: 조합을 이용하여 풀기

5명 중 서로 이웃한 2개의 지역을 담당하는 1명을 정하는 경우의 수는

$_5C_1 = 5$ $_nC_r = \dfrac{n!}{r!(n-r)!}, \ _nC_0 = 1, \ _nC_n = 1$

1st 에서 서로 이웃한 지역을 정하는 경우의 수는 10

나머지 4개의 지역을 4명의 조사원이 한 지역씩 정하는 경우의 수는

$4! = 24$ 6개 지역 중 이웃하는 2개의 지역을 제외한 나머지 4개의 지역을 일렬로 세우는 경우와 같아.

따라서 구하는 경우의 수는

$5 \times 10 \times 24 = 1200$

K 53 정답 720 ········ 이웃하거나 이웃하지 않는 경우의 순열의 수

정답 공식: 이웃하는 문자를 하나로 생각하여 나열한다.

7개의 문자 c, h, e, e, r, u, p를 모두 일렬로 나열할 때, <u>2개의 문자 e가 서로 이웃하게 되는</u> 경우의 수를 구하시오.

단서 두 개의 e를 하나로 묶어서 생각하여 일렬로 나열해 보자.

1st 서로 다른 n개를 나열하는 방법의 수는 $n!$임을 이용해.

2개의 문자 e를 묶어 한 문자 E라고 생각하고 나열하자.

주의 일반적으로 묶어서 하나로 생각하는 경우 그 묶음 안에서 서로 순서를 바꿔주는 배열도 잊지 말고 곱해야 해. 이 경우에는 같은 문자 e이므로 순서를 바꿔도 다른 경우가 생기지 않지만 말이야.

서로 다른 6개의 문자 c, h, E, r, u, p를 모두 일렬로 나열하는 경우의 수는 $6! = 720$ [순열] 서로 다른 n개의 문자를 일렬로 나열하는 방법의 수는 $n!$

위의 각 경우에 대하여 2개의 문자 e끼리 자리를 바꾸는 경우의 수는 1이므로 구하는 경우의 수는 $720 \times 1 = 720$

[같은 것이 있는 순열의 수] n개 중 같은 것이 각각 p, q, r개 있으면 n개를 나열하는 경우의 수는 $\dfrac{n!}{p!q!r!}$

K 54 정답 ③ ·········· 이웃하거나 이웃하지 않는 경우의 순열의 수

정답 공식: 남자를 이웃하지 않게 배치한 후 나머지 빈 자리에 여자를 배치한다.

그림과 같은 3좌석씩 3줄인 9개의 좌석에서 남자 5명, 여자 4명이 함께 영화를 관람하려 할 때, <u>남자끼리 좌우에 이웃하여 앉지 않고, 여자끼리 이웃하여 앉지 않는</u> 방법의 수는?

단서 남학생 수가 더 많으므로 남학생을 먼저 이웃하지 않게 배치해 봐.

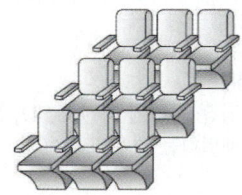

① $4! \times 5!$ ② $2 \times 3! \times 5!$ ③ $3 \times 4! \times 5!$
④ $5! \times 6!$ ⑤ $9 \times 4! \times 5!$

1st 남자가 앉을 자리 5개를 배치하는 방법을 생각하자.

먼저 남자가 앉을 자리 5개를 배치하는 방법은 다음과 같이 <u>3가지 경우</u>가 있다.

남자 어느 두 명도 서로 이웃하지 않아야 해. 이때, 남자 1명이 앉는 줄에는 남자가 가운데 좌석에 앉아야 여자끼리 이웃하지 않게 돼.

남		남
남		남
	남	

남		남
	남	
남		남

	남	
남		남
남		남

2nd 위의 각 경우에 대하여 남자와 여자를 배치하는 방법의 수를 구하자.

위에서 구한 3가지 경우 중 1가지 경우에 대하여 남자 5명을 배치하는 방법의 수는 $5!$

위에서 구한 5자리에 남자를 한 명씩 배치하는 거야.

비어 있는 4자리에 여자 4명 배치하는 방법의 수는 $4!$

따라서 구하는 방법의 수는 비어 있는 4자리에 여자를 배치하면 여자끼리는 이웃하지 않아.

$3 \times 4! \times 5!$

K 55 정답 ⑤ ············· 이웃하거나 이웃하지 않는 경우의 순열의 수

정답 공식: 사진 A, B를 배치하는 경우의 수부터 구한 후 나머지 사진들을 배치하는 경우의 수를 구한다.

다음 그림의 빈칸에 6장의 사진 A, B, C, D, E, F를 하나씩 배치하여 사진첩의 한 면을 완성할 때, A와 B가 이웃하는 경우의 수는? (단, 옆으로 이웃하는 경우만 이웃하는 것으로 한다.)

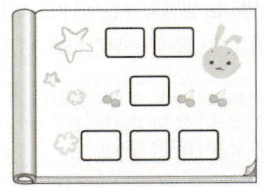

단서 그림에서 이웃한 두 칸을 정하는 경우의 수부터 구해.

① 128   ② 132   ③ 136
④ 140   ⑤ 144

1st 사진 A, B가 이웃하는 경우의 수를 구하자.

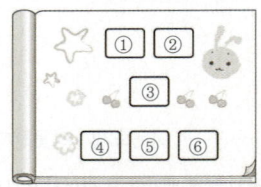

그림과 같이 빈칸에 ①, ②, ③, ④, ⑤, ⑥을 써넣을 때 사진 A와 B가 이웃하는 경우는 A와 B를 ① ② , ④ ⑤ , ⑤ ⑥ 에 배치하는 3가지 경우가 있다. 문제에서 옆으로 이웃하는 경우만 이웃하는 것으로 본다고 했으므로 ③ ⑤ 와 같은 경우는 이웃하는 게 아니야.

이때, 각각의 경우에 대하여 A와 B의 자리를 서로 바꿀 수 있으므로 사진 A와 B가 이웃하는 경우의 수는
$3 \times 2 = 6$

2nd 전체 경우의 수를 구하자.

사진 A, B를 배열하고 남은 자리에 사진 C, D, E, F를 배열하면 되므로 사진 C, D, E, F를 배열하는 경우의 수는
$4! = 24$
따라서 구하는 경우의 수는
$6 \times 24 = 144$

K 56 정답 ④ ····················· 자리에 대한 조건이 있는 순열의 수

정답 공식: A를 먼저 세우고, 나머지 학생들을 조건에 맞게 세우는 경우의 수를 구한다.

6명의 학생 A, B, C, D, E, F를 일렬로 세울 때, A를 맨 앞에 세우고 B는 A와 이웃하지 않게 세우는 경우의 수는?

단서 A의 자리는 고정되어 있으니까 B의 자리에 유의하면서 학생들을 일렬로 세우는 경우의 수를 구하면 돼.

① 24   ② 48   ③ 72
④ 96   ⑤ 120

1st A를 맨 앞에 세우고 나머지 학생들을 세우는 경우의 수를 구하자.

A를 맨 앞에 세운 후 나머지 학생들을 일렬로 세울 때 B는 A와 이웃하지 않게 세우는 경우의 수는 다음과 같다.
A가 맨 앞에 서니까 B는 앞에서 두 번째에만 서지 않으면 돼.

(i) A□B□□□인 경우의 수 : $4! = 24$ A와 B의 자리는 정해졌으니까 C, D, E, F를 일렬로 세우는 경우의 수야.
(ii) A□□B□□인 경우의 수 : $4! = 24$
(iii) A□□□B□인 경우의 수 : $4! = 24$
(iv) A□□□□B인 경우의 수 : $4! = 24$
(i)~(iv)에서 구하는 경우의 수는
$24 \times 4 = 96$

다른 풀이: 여사건의 경우의 수를 이용하여 풀기

6명의 학생을 일렬로 세울 때 A를 맨 앞에 세우는 경우의 수는
$5! = 120$ A의 자리는 정해졌으니까 나머지 B, C, D, E, F를 일렬로 세우는 경우의 수와 같아.
A를 맨 앞에 세우면서 A와 B가 이웃하는 경우의 수는
$4! = 24$
따라서 구하는 경우의 수는
$120 - 24 = 96$
A와 B가 이웃하지 않는 경우의 수는 전체 경우의 수에서 A와 B가 이웃하는 경우의 수를 빼면 돼.

실수 A는 맨 앞에 서야 하므로 A와 B가 이웃하면 항상 순서는 A, B이어야 해. 이웃하는 두 학생이 순서를 바꾸는 경우의 수를 고려해서 2!을 곱하는 실수를 하면 안 돼!

K 57 정답 ③ ········· 이웃하거나 이웃하지 않는 경우의 순열의 수

정답 공식: 양 끝에 2학년 학생 2명을 앉힌 뒤 남은 4명 중 1학년 학생 2명이 서로 이웃하지 않도록 앉힌다.

1학년 학생 2명과 2학년 학생 4명이 있다.
이 6명의 학생이 일렬로 나열된 6개의 의자에 다음 조건을 만족시키도록 모두 앉는 경우의 수는?

단서 1 전체 경우의 수에서 1학년 학생끼리 이웃하게 앉는 경우의 수를 빼는 방법으로 접근할 수 있어.

(가) 1학년 학생끼리는 이웃하지 않는다.
(나) 양 끝에 있는 의자에는 모두 2학년 학생이 앉는다.

단서 2 우선 양 끝에 2학년 학생을 앉혀 놓고 나머지 자리를 정해 보자.

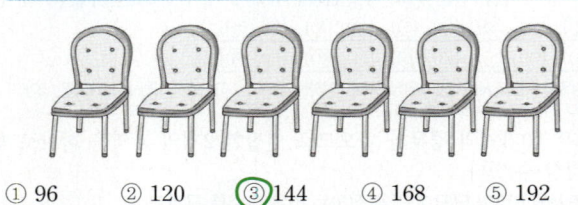

① 96   ② 120   ③ 144   ④ 168   ⑤ 192

1st 조건 (나)를 만족시키는 경우의 수를 구하자.

조건 (나)에서 2학년 학생 4명 중에서 2명이 양 끝에 있는 의자에 앉는 경우의 수는 $_4P_2 = 4 \times 3 = 12$ 2학년 학생 4명 중에서 순서대로 2명을 선택하여 일렬로 나열하는 경우의 수이므로 $_4P_2$를 계산해야 해.

2nd 조건 (나)를 만족시키면서 조건 (가)를 만족시키는 경우의 수를 구하자.

위의 각각의 경우에 대하여 1학년 학생이 앉을 수 있는 의자를 ①, 2학년 학생이 앉을 수 있는 의자를 ②라 하면 조건 (가)를 만족시키도록 나머지 4명의 학생이 4개의 의자에 앉는 경우는 다음 3가지 중 하나이다.

①②①②   ①②②①   ②①②①

각 경우는 1학년 학생 2명과 2학년 학생 2명이 의자에 앉는 경우이므로 모두 $2! \times 2! = 4$이다.
따라서 구하는 경우의 수는 $12 \times 3 \times 4 = 144$

다른 풀이: 2학년 학생 4명을 먼저 앉힌 후 1학년 2명을 앉히기

먼저 2학년 학생 4명을 일렬로 앉힌 후 1학년 학생 2명을 조건을 만족시키도록 앉힌 경우를 생각해 보자.
2학년 학생 4명을 일렬로 앉힌 경우의 수는
$4! = 4 \times 3 \times 2 \times 1 = 24$
이제, 2학년 학생을 ②라 하자.

②∨②∨②∨②

위의 각각의 경우에 대하여 두 조건 (가), (나)를 만족시키려면 1학년 학생 2명은 ∨표시된 3곳 중에서 2곳을 택하여 앉혀야 하므로 그 경우의 수는

$_3P_2 = 3 \times 2 = 6$

따라서 구하는 경우의 수는 $24 \times 6 = 144$

톡톡 풀이: 여사건을 이용하여 경우의 수 구하기

조건 (나)에서 양 끝에 있는 의자에 모두 2학년 학생을 앉히는 경우의 수는 $_4P_2 = 4 \times 3 = 12$ ← 양 끝에 앉지 못한 2학년 학생 2명도 잊지 않고 고려해 주어야 해.

이 각각에 대하여 양 끝을 제외한 4개의 의자에 나머지 <u>4명의 학생을 앉히는 경우의 수는 4! = 24</u>

이때, 조건 (나)를 만족시키면서 조건 (가)를 만족시키지 않는 경우는 1학년 학생끼리 이웃하여 앉는 경우이므로 1학년 학생을 한 묶음으로 보고 3명의 학생을 앉힌 후 1학년 학생을 앉히는 경우의 수는

$3! \times 2! = 12$

그러므로 조건 (가)를 만족시키도록 나머지 4명의 학생을 앉히는 경우의 수는 $24 - 12 = 12$

따라서 구하는 경우의 수는 $12 \times 12 = 144$야.

K 58 정답 480 ·········· 이웃하거나 이웃하지 않는 경우의 순열의 수

정답 공식: 남학생 3명과 빈 의자 1개를 먼저 배치하는 경우의 수를 구하고, 여학생을 사이사이에 배치하는 경우의 수를 구해 곱한다.

그림과 같이 의자 6개가 나란히 설치되어 있다. <u>여학생 2명과 남학생 3명이 모두 의자에 앉을 때, 여학생이 이웃하지 않게 앉는 경우의 수를 구하시오.</u> (단, 두 학생 사이에 빈 의자가 있

단서 여학생들끼리 이웃하지 않으려면 남학생 3명과 빈 의자 1개를 일렬로 나열한 다음 그 사이사이에 여학생을 앉히면 돼.

는 경우는 이웃하지 않는 것으로 한다.)

1st 남학생 3명과 빈 의자를 일렬로 나열한 후 그 사이사이에 여학생을 배열하는 경우의 수를 생각하자.

6개의 의자에 여학생 2명과 남학생 3명이 각각 한 개의 의자에 앉는 경우의 수는 여학생 2명, 남학생 3명, 빈 의자 1개를 일렬로 나열하는 경우의 수와 같다.

이때, 여학생들끼리 이웃하지 않으려면 남학생 3명과 빈 의자 1개를 일렬로 나열한 다음 양 끝과 그 사이사이에 여학생을 앉히면 된다.

문제에서 두 학생 사이에 빈 의자가 있는 경우 이웃하지 않는 것으로 간주한다고 했기 때문에 빈 의자는 남학생이 앉은 경우와 마찬가지로 생각하면 돼.

먼저 남학생 3명과 빈 의자 1개를 일렬로 나열하는 경우의 수는

$4! = 24$

양 끝과 그 사이사이에 여학생이 앉는 경우의 수는

$_5P_2 = 5 \times 4 = 20$ ∨□∨□∨□∨
          5개의 ∨ 부분에서 2개를 택하여 여학생 2명을 앉히면 돼.

따라서 구하는 경우의 수는 $24 \times 20 = 480$

다른 풀이 : 여사건의 경우의 수를 이용하여 풀기

의자 6개에 여학생 2명과 남학생 3명이 각각 한 개의 의자에 앉는 경우의 수는

$_6P_5 = 6 \times 5 \times 4 \times 3 \times 2 = 720$

여학생 2명이 이웃하여 앉는 경우의 수는

$5! \times 2! = 120 \times 2 = 240$

여학생 2명을 한 사람으로 보고 전체를 배열하는 경우의 수는 5!이고 여학생들끼리 자리를 바꾸는 경우의 수는 2!이므로 여학생 2명이 이웃하는 경우의 수는 5! × 2!이야.

따라서 구하는 경우의 수는

$720 - 240 = 480$

여학생이 이웃하지 않는 경우의 수는 전체 경우의 수에서 여학생이 이웃하는 경우의 수를 빼면 돼.

K 59 정답 ④ ·········· 이웃하거나 이웃하지 않는 경우의 순열의 수

정답 공식: 서로 다른 n개를 일렬로 나열하는 경우의 수는 $n!$이다.

두 인형 A, B에게 색이 정해지지 않은 셔츠와 바지를 모두 입힌 후, 입힌 옷의 색을 정하는 컴퓨터 게임이 있다. 서로 다른 모양의 셔츠와 바지가 각각 3개씩 있고, 각 옷의 색은 빨강과 초록 중 하나를 정한다. 한 인형에게 입힌 셔츠와 바지는 다른 인형에게 입히지 않는다. A 인형의 셔츠와 바지의 색은 서로 다르게 정하고, B 인형의 셔츠와 바지의 색도 서로 다르게 정한다. 이 게임에서 <u>두 인형 A, B에게 셔츠와 바지를 입히고 색을 정할 때,</u> 그 결과로 나타날 수 있는 경우의 수는?

단서 셔츠 3개 중 2개, 바지 2개 중 2개를 각각 골라 인형 A, B에 입힌 후 셔츠와 바지의 색을 결정하면 돼.

① 252   ② 216   ③ 180
④ 144   ⑤ 108

1st 두 인형에 셔츠와 바지를 입히는 방법의 수를 구하자.

<u>3개의 셔츠 중 두 인형 A, B에 입힐 셔츠 2개를 결정하는 방법의 수는</u>

$_3P_2 = 3 \times 2 = 6$ 3개의 셔츠 중 2개를 골라 일렬로 세우는 경우의 수와 같아.

또, 3개의 바지 중 두 인형 A, B에 입힐 바지 2개를 결정하는 방법의 수는

$_3P_2 = 3 \times 2 = 6$

2nd 두 인형에 입힌 옷의 색을 결정하는 방법의 수를 구하자.

인형 A의 옷의 색을 결정하는 방법의 수는 2   (셔츠, 바지)의 색을
인형 B의 옷의 색을 결정하는 방법의 수는 2   (빨강, 초록) 또는 (초록, 빨강)으로
따라서 구하는 경우의 수는   결정할 수 있어.

$6 \times 6 \times 2 \times 2 = 144$

K 60 정답 ⑤ ·········· 이웃하거나 이웃하지 않는 경우의 순열의 수

정답 공식: 이웃하지 않도록 카드를 나열하는 문제는 이웃해도 되는 카드를 나열한 다음 그 사이사이에 이웃하지 않는 카드를 배열하면 된다.

단서 1 일렬로 나열하므로 순열로 식을 세워야 해.

숫자 1, 2, 3, 4, 5가 하나씩 적혀 있는 5장의 카드가 있다. 이 5장의 카드를 모두 일렬로 나열할 때, <u>짝수가 적혀 있는 카드끼리 서로 이웃하지 않도록 나열하는</u> 경우의 수는?

단서 2 홀수 카드 사이사이에 짝수 카드를 넣어 봐.

① 24   ② 36   ③ 48
④ 60   ⑤ 72

1st 홀수를 먼저 나열하자.

홀수 1, 3, 5가 적혀 있는 카드를 나열하는 경우의 수는

$3! = 3 \times 2 \times 1 = 6$ 세 수를 나열하는 경우의 수는 3!

2nd 순열의 수를 구하자.

○ 1 ○ 3 ○ 5 ○

홀수가 적혀 있는 카드를 나열한 경우 각각에 대하여 다음과 같이 1, 3, 5가 적혀 있는 세 장의 카드의 사이사이와 양끝의 <u>네 곳 중에서 두 곳을 선택하여 2, 4가 적혀 있는 카드를 하나씩 나열하는 경우의 수는</u>

$_4P_2 = 4 \times 3 = 12$

주의 2, 4의 순서를 바꾸면 다른 경우가 되므로 순서가 있는 경우의 수이지? 순열로 계산하자!

따라서 구하는 경우의 수는

$6 \times 12 = 72$

K

5장의 카드를 모두 일렬로 나열하는 경우의 수는
$5! = 5 \times 4 \times 3 \times 2 \times 1 = 120$
2, 4가 적혀 있는 두 장의 카드를 한 묶음으로 생각하여

　　2 4　1 3 5

주의 2, 4를 하나로 묶으면 전체 카드의 수를 5개가 아니라 4개로 보고 나열하는 경우로 생각해야 해.

이와 같이 2, 4가 적힌 카드 묶음 1개와 1, 3, 5가 적혀 있는 카드 3장을 일렬로 나열하는 경우의 수는 4!이고, 이 각각에 대하여 2, 4 또는 4, 2로 나열하는 경우가 있으므로 2를 곱해줘야 해.

실수 묶음 안에서 순서를 바꾸면 경우가 달라지는 경우에는 묶음 안의 수를 나열하는 경우의 수 2!을 빠트리는 실수를 하지 않도록 해.

즉, 짝수가 적혀 있는 카드끼리 서로 이웃하도록 나열하는 경우의 수는 $4! \times 2 = 48$이야.
따라서 짝수가 적혀 있는 카드끼리 서로 이웃하지 않도록 나열하는 경우의 수는 $120 - 48 = 72$

K 61 정답 576 ·········· 이웃하거나 이웃하지 않는 경우의 순열의 수

정답 공식: 서로 다른 n개에서 서로 다른 r개를 뽑아 일렬로 나열하는 경우의 수는 $_n\text{P}_r$를 이용해서 구한다. (단, $0 < r \leq n$)

어느 관광지에서 7명의 관광객 A, B, C, D, E, F, G가 마차를 타려고 한다. 이 마차에는 4개의 2인용 의자가 있고, 마부는 가장 앞에 있는 2인용 의자의 오른쪽 좌석에 앉는다. 7명의 관광객이 다음 조건을 만족시키도록 비어 있는 7개의 좌석에 앉는 경우의 수를 구하시오.

단서1 좌석에 앉는 순서를 고려해야 하므로 순열을 이용해.

단서2 A와 B는 마부가 앉아 있는 의자에는 앉을 수 없어.

(가) A와 B는 같은 2인용 의자에 이웃하여 앉는다.
(나) C와 D는 같은 2인용 의자에 이웃하여 앉지 않는다.

단서3 C와 D가 같은 2인용 의자에 이웃하여 앉는 경우의 수를 구해봐.

1st 조건 (가)를 만족시키는 경우의 수를 구하자.
조건 (가)에서 A와 B가 같이 앉을 수 있는 2인용 의자는 마부가 앉아 있는 의자를 제외한 3개이고, 두 사람은 자리를 서로 바꿔 앉을 수 있으므로 $\underline{3 \times 2!} = 6$
　　　　　　　　2명이 일렬로 나열하는 것이므로 2!

2nd 조건 (나)를 만족시키는 경우의 수를 구하자.
→ 의자를 선택하고 그 의자에 A와 B가 앉게 되는 경우의 수를 구하는 것이므로 곱의 법칙을 적용해.

(i) 남은 5개의 좌석에 C와 D가 앉는 경우
　$_5\text{P}_2 = 5 \times 4 = 20$　서로 다른 5개에서 2개를 뽑아 일렬로 나열하는 것이므로 $_5\text{P}_2$

(ii) C와 D가 같은 2인용 의자에 이웃하여 앉는 경우
　두 사람이 이웃하여 앉을 수 있는 의자는 A와 B가 앉아있는 의자와 마부가 앉아 있는 의자를 제외한 나머지 2개이고, 두 사람은 서로 자리를 바꿔 앉을 수 있으므로 $2 \times 2! = 4$
즉, 조건 (나)에서 C와 D가 이웃하지 않도록 앉는 경우의 수는 (i)의 경우의 수에서 (ii)의 경우의 수를 빼면 되므로 $20 - 4 = 16$

3rd 남은 좌석에 E, F, G가 앉는 경우의 수를 구하자.
남은 3개의 좌석에 E, F, G가 앉는 경우의 수는 $3! = 6$
따라서 모든 경우의 수는 $6 \times 16 \times 6 = 576$
　7명의 관광객이 모두 앉아야 하므로 곱의 법칙을 적용해야겠지.

그림에서 A와 B가 같은 2인용 의자에 이웃하게 앉는 경우는 ①, ②, ③ 중 하나를 선택하고 A와 B의 위치를 바꿀 수 있으므로 3×2

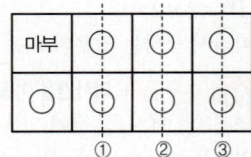

또, 나머지 다섯 자리 의자에 C, D, E, F, G가 앉는 경우의 수에서 C와 D가 같은 2인용 의자에 앉는 수를 빼면 $5! - 2 \times 2 \times 3!$
∴ (구하는 경우의 수) $= 3 \times 2 \times (5! - 2 \times 2 \times 3!) = 6 \times 96 = 576$

K 62 정답 ② ····················· 자리에 대한 조건이 있는 순열의 수

정답 공식: 양 끝에 여자를 앉히는 경우의 수를 구하고, 나머지 사람을 배치하는 경우의 수를 구해 곱한다.

남자 2명, 여자 3명이 한 줄로 설 때, 양 끝에 여자가 서는 방법의 수는?
단서 여자 3명 중 2명을 양 끝에 세우고 남은 여자 1명과 남자 2명을 일렬로 세우면 돼!
① 24　　②36　　③ 48　　④ 60　　⑤ 72

1st 양 끝에 여자를 배치하고 가운데에 나머지 사람을 배치하면 돼.
양 끝에 여자 2명을 먼저 세우고 가운데에 나머지 사람을 배치한다.

주의 '여○○○여'로 사람을 세우는 거야.

여자 3명 중 2명을 양 끝에 세우는 방법의 수는 $_3\text{P}_2 = 6$
그 각각에 대하여 나머지 3명(여자 1명과 남자 2명)을 일렬로 세우는 방법의 수는 $3! = 6$
따라서 구하는 방법의 수는 $6 \times 6 = 36$
→ 3명 중 2명을 선택해 일렬로 세우는 방법의 수

K 63 정답 ① ····················· 자리에 대한 조건이 있는 순열의 수

정답 공식: A를 먼저 배치하고, 나머지 문자 두 개를 배치하는 경우의 수를 순열을 이용해 구한다.

단서 A를 제외한 나머지 4개의 문자 중에서 2개를 뽑아 일렬로 나열하면 돼!
A, B, C, D, E의 5개의 문자 중에서 3개를 뽑아 일렬로 나열할 때, A로 시작하는 경우의 수는?
①12　　② 16　　③ 20　　④ 24　　⑤ 28

1st A를 맨 앞에 배치하고 그 뒤에 두 개의 문자를 나열하면 돼.
A로 시작한다고 했으므로 A를 맨 앞에 배치하고 A 뒤에 A를 제외한 나머지 4개의 문자 중에서 2개를 뽑아 일렬로 나열하면 된다.
따라서 구하는 경우의 수는 $_4\text{P}_2 = \underline{4 \times 3} = 12$
　$_n\text{P}_r$는 n부터 1씩 작아지는 r개의 자연수를 차례대로 곱한 거야.

K 64 정답 ① ·········· 이웃하거나 이웃하지 않는 경우의 순열의 수

(**정답 공식:** n명을 일렬로 나열하는 경우의 수는 $n!$이다.)

어느 고등학교 체육대회에서 이어달리기를 하는데, 여학생은 영희, 민주, 은영이가, 남학생은 철수, 상민이가 대표선수로 뽑혔다. 이 5명의 학생들이 여학생, 남학생, 여학생, 남학생, 여학생의 순서로 달려야 할 때, 달리는 순서를 정하는 방법의 수는? **단서** 달리는 순서의 성별이 고정되었으므로 여학생끼리, 남학생끼리 순서를 정하여 배치하면 돼.

① 12 ② 14 ③ 16
④ 18 ⑤ 20

1st 여학생끼리, 남학생끼리 달리는 순서를 정하는 경우의 수를 구하자.
여학생 3명이 달리는 순서를 정하는 경우의 수는
$3! = 6$
남학생 2명이 달리는 순서를 정하는 경우의 수는
$2! = 2$
2nd 남학생과 여학생이 순서대로 달리는 방법의 수를 구하자.
따라서 여학생, 남학생, 여학생, 남학생, 여학생의 순서로 달리는 방법의 수는
$6 \times 2 = 12$
여학생 3명의 순서를 정한 후 그 사이사이에 순서가 정해진 남학생을 배치하면 되는 거야.

K 65 정답 ④ ·········· 이웃하거나 이웃하지 않는 경우의 순열의 수

(**정답 공식:** 서로 다른 n개를 일렬로 나열하는 경우의 수는 $n!$이다.)

그림과 같이 정사각형 모양으로 배열된 9개의 원형탁자와 세 가지 색 빨강, 파랑, 노랑 보자기가 각각 3장씩 있다. 이 9장의 보자기로 탁자를 하나씩 덮을 때, 어떤 행과 어떤 열에도 같은 색이 놓이지 않도록 덮는 방법의 수는?
단서 첫 번째 행을 덮는 방법을 먼저 결정한 후 규칙에 맞게 두 번째, 세 번째 행을 덮는 방법을 생각해.

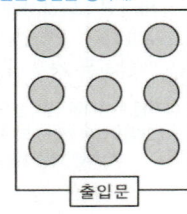

① 6 ② 8 ③ 10
④ 12 ⑤ 14

1st 먼저 첫 번째 행을 덮는 방법의 수를 구하자.
한 행에 같은 색이 있으면 안 되므로 첫 번째 행에 빨강, 파랑, 노랑 보자기를 덮는 방법의 수는 세 가지 색을 일렬로 나열하는 방법의 수와 같아.
$3! = 6$
2nd 첫 번째 행에 덮은 경우를 고려하여 두 번째 행을 덮는 방법을 구하자.
첫 번째 행에 빨강, 파랑, 노랑 순으로 보자기를 덮었을 경우 두 번째 행에 보자기를 덮는 방법은 다음과 같이 2가지가 가능하다.
각 열에 색깔이 겹치지 않도록 해야 해.

첫 번째 행	빨강, 파랑, 노랑
두 번째 행	파랑, 노랑, 빨강
	노랑, 빨강, 파랑

3rd 세 번째 행을 덮는 방법의 수를 구하자.
첫 번째 행과 두 번째 행에 덮는 방법이 결정되면 세 번째 행을 덮는 방법은 1가지 뿐이다. 각 열에 이미 두 가지 색의 보자기가 쓰였으므로 세 번째 행에는 각 열에서 안 쓴 나머지 한 색깔의 보자기를 덮어야 하는 거야.

	경우 1	경우 2
첫 번째 행	빨강, 파랑, 노랑	빨강, 파랑, 노랑
두 번째 행	파랑, 노랑, 빨강	노랑, 빨강, 파랑
세 번째 행	노랑, 빨강, 파랑	파랑, 노랑, 빨강

따라서 구하는 경우의 수는
$6 \times 2 \times 1 = 12$

K 66 정답 ⑤ ·················· 자리에 대한 조건이 있는 순열의 수

(**정답 공식:** 서로 다른 n개에서 서로 다른 r개를 택하는 순열의 수는
$_n P_r = (n-1)(n-2) \times \cdots \times (n-r+1)$ (단, $0 < r \le n$))

한 줄에 3개씩 모두 6개의 좌석이 있는 케이블카가 있다. 두 학생 A, B를 포함한 5명의 학생이 이 케이블카에 탑승하여 A, B는 같은 줄의 좌석에 앉고 나머지 세 명은 맞은편 줄의 좌석에 앉는 경우의 수는? **단서** 두 사건이 동시에 일어나면 곱의 법칙을 이용해야 해.

① 48 ② 54 ③ 60 ④ 66 ⑤ 72

1st 두 학생 A, B와 나머지 세 명의 학생들이 좌석에 앉는 경우의 수를 각각 구해.
(i) 학생 A, B가 같은 줄에 앉는 경우의 수
두 학생 A, B가 한 줄에 놓인 3개의 좌석에서 2개를 선택하여 앉는 경우의 수는 $_3 P_2 = 3 \times 2 = 6$
(ii) 나머지 세 명의 학생들이 같은 줄에 앉는 경우의 수
세 학생들이 한 줄에 놓인 3개의 좌석에 일렬로 앉는 경우의 수는
$3! = 3 \times 2 \times 1 = 6$ 3개의 좌석 중에서 3개 모두 택하여 앉는 경우의 수와 같으므로 $_3 P_3 = 3! = 6$
(iii) 줄을 선택하는 방법은 두 학생 A, B가 1~3번 좌석의 줄에 앉고, 나머지 세 학생이 4~6번 좌석의 줄에 앉는 경우와 그 반대의 경우가 있으므로 2가지
2nd 곱의 법칙을 이용해.
(i), (ii), (iii)에 의하여 구하는 경우의 수는
$_3 P_2 \times 3! \times 2 = 6 \times 6 \times 2 = 72$
→ **[곱의 법칙]**
사건 A가 일어나는 경우의 수가 m, 그 각각의 경우에서 사건 B가 일어나는 경우의 수가 n일 때, 두 사건 A, B가 잇달아 일어나는 경우의 수는 $m \times n$이다.

K 67 정답 ⑤ ·················· 자리에 대한 조건이 있는 순열의 수

(**정답 공식:** 아버지, 어머니를 먼저 배치하는 경우의 수를 구하고, 나머지 사람을 배치하는 경우의 수를 구해 곱한다.)

할머니, 아버지, 어머니, 아들, 딸로 구성된 5명의 가족이 있다. 이 가족이 그림과 같이 번호가 적힌 5개의 의자에 모두 앉을 때, 아버지, 어머니가 모두 홀수 번호가 적힌 의자에 앉는 경우의 수는? **단서** 홀수 번호는 1, 3, 5이고 이 중에서 2개를 택해서 아버지, 어머니가 앉으면 돼. 그 후 나머지를 배치해주면 되겠지?

① 28 ② 30 ③ 32 ④ 34 ⑤ 36

1st 아버지, 어머니가 홀수 번호 1, 3, 5의 의자에 앉는 경우를 순열을 생각하여 구하자.

홀수 번호가 적힌 3개의 의자 중에서 2개의 의자에 아버지, 어머니가 앉는 경우의 수는

$_3P_2 = 3 \times 2 = 6 \cdots$ ㉠

3개 중 2개를 선택하여 일렬로 배치하는 경우이지?

2nd 남은 가족 3명이 나머지 의자에 앉는 경우도 순열을 이용하여 구하자.

나머지 3개의 의자에 할머니, 아들, 딸이 앉는 경우의 수는

$_3P_3 = 3 \times 2 \times 1 = 6 \cdots$ ㉡

3rd 의자에 앉는 경우의 수를 곱의 법칙을 이용하여 구해.

따라서 ㉠, ㉡에 의하여 구하는 경우의 수는 $6 \times 6 = 36$

다른 풀이: 홀수 번호가 적힌 의자 중 2개의 의자를 선택하여 부모님을 앉힌 뒤, 남은 가족들을 앉혀서 경우의 수 구하기

홀수 번호가 적힌 3개의 의자 중에서 2개의 의자를 택하는 방법은 $_3C_2 = 3$이고, 그 각각에 대하여 아버지, 어머니가 앉는 경우의 수가 2가지이므로 3×2이지.

아버지와 어머니가 자리를 바꾸는 경우를 생각해야겠지? $_3P_2$와 같네. 즉, 2!이야.

또, 아버지, 어머니가 앉은 그 각각의 경우 <u>남은 가족 3명이 앉는 경우는 3!가지이므로</u> 구하는 경우의 수는 $(3 \times 2) \times 3! = 36$이야.

서로 다른 n개에서 모두를 택하는 순열의 수는 $n! = n(n-1)(n-2) \cdots 3 \times 2 \times 1$

순열의 수   개념·공식

① $_nP_r = n(n-1)(n-2) \cdots (n-r+1) = \dfrac{n!}{(n-r)!}$

② $_nP_n = n \times (n-1) \times \cdots \times 3 \times 2 \times 1 = n!$

③ $_nP_0 = 1$, $0! = 1$

K 68 정답 ① ·················· 자리에 대한 조건이 있는 순열의 수

[**정답 공식:** 2학년을 먼저 사각 의자에 앉히고 1학년끼리, 3학년끼리 서로 이웃하지 않게 앉는 경우의 수를 구한다.]

그림과 같이 둥근 의자 3개와 사각 의자 3개가 교대로 나열되어 있다.

1학년 학생 2명, 2학년 학생 2명, 3학년 학생 2명이 다음 조건을 만족시키도록 이 6개의 의자에 모두 앉는 경우의 수는?

(가) 2학년 학생은 사각 의자에만 앉는다.

단서1 사각 의자가 3개이므로 2학년 학생 2명이 사각 의자를 선택하는 경우의 수는 $_3C_2$가지 존재해.

(나) 같은 학년 학생은 서로 이웃하여 앉지 않는다.

단서2 조건 (가), (나)를 모두 만족하는 경우를 구해도 되고, 조건 (가)를 만족하는 경우에서 조건 (나)가 아닌, 즉 같은 학년 학생이 서로 이웃하는 경우를 구해서 빼도 돼.

① 64   ② 72   ③ 80

④ 88   ⑤ 96

1st 조건 (가), (나)를 만족하면서 1학년 학생 2명, 2학년 학생 2명, 3학년 학생 2명이 들어갈 수 있는 위치를 선택하는 경우의 수를 생각하여 구하자.

조건 (가)를 만족하는 경우는

 또는

 또는

사각 의자가 3개이므로 2학년 학생 2명이 사각 의자를 선택하는 경우의 수는 $_3C_2 = 3$(가지)

처럼 배열하는 경우가 존재한다.

이때, 조건 (나)도 만족하려면 다음과 같이 분류할 수 있다.

(i) 인 경우 이웃한 두 의자에 같은 학년 학생이 서로 이웃하여 앉으면 안되므로

A ② B ② A B 또는

같은 학년을 같은 알파벳으로 나타낸 거야.

A ② B ② B A 인 경우로 의자에 앉아야 한다.

(ii) 인 경우 2학년 학생들 사이에 있는 세 의자에 같은 학년 학생이 서로 이웃하여 앉으면 안되므로

A ② B A B ② 인 경우로 의자에 앉아야 한다.

(iii) 인 경우 이웃한 세 의자에 같은 학년 학생이 서로 이웃하여 앉으면 안되므로

A B A ② B ② 인 경우로 의자에 앉아야 한다.

(i)~(iii)에 의하여 조건 (가), (나)를 만족시키도록 각 학년의 학생들의 위치를 선택하는 경우의 수는 4가지이고, A와 B에 1학년과 3학년을 짝지어주는 경우의 수 2!을 곱하면 $4 \times 2!$

2nd 학년 간 학생들의 배열을 순열을 이용해서 구하고 위의 조건을 만족하는 경우의 수를 구하자.

각 학년 학생 2명의 위치가 정해지면 그 위치에 학생 2명을 순서대로 나열하는 경우의 수는 2!이므로 1학년, 2학년, 3학년 학생의 위치가 정해지면 그 위치에 학생들을 배열하는 경우의 수는 $2! \times 2! \times 2!$

따라서 구하는 방법의 수는 (1학년 학생 2명 간의 순서 배열의 수)

$(4 \times 2!) \times (2! \times 2! \times 2!)$ (2학년 학생 2명 간의 순서 배열의 수)

$= 64$ (3학년 학생 2명 간의 순서 배열의 수)

K 69 정답 ④ ·· 순열

(정답 공식: 경우를 분류하여 조건을 만족시키는 경우의 수를 구한다.)

어느 숙소에는 그림과 같이 객실 번호가 적힌 10개의 객실이 있다.

관광객 A, B, C를 포함한 5명의 관광객이 다음 규칙에 따라 10개의 객실 중에서 서로 다른 한 객실에 숙박하는 경우의 수는?

(가) 5명의 관광객 중 어느 관광객도 객실 번호가 102, 204인 객실에 숙박하지 않는다.

(나) A와 B가 숙박하는 객실 번호의 차는 1 또는 100 이다. 단서1 A와 B가 숙박하는 객실은 좌우 또는 위아래로 이웃해.

(다) A와 C가 숙박하는 객실 번호의 차는 4보다 크고 100이 아니다. 단서2 A와 C가 숙박하는 객실은 같은 층에 있지 않고, 위아래로 이웃하지 않아.

① 800　　　② 840　　　③ 880
④ 920　　　⑤ 960

1st (나), (다) 조건을 해석해.

그림에서 객실 번호는 오른쪽으로 갈수록 1씩 커지고, 위로 갈수록 100씩 커진다.

즉, 조건 (나)에서 A와 B는 같은 층에서 양옆으로 이웃하거나, 다른 층에서 위아래로 이웃한 객실에 숙박하고,

조건 (다)에서 A와 C는 같은 층에서 숙박하지 않고, 다른 층에서 위아래로 이웃하지 않는다. 같은 층에서 숙박하면 객실 번호의 차가 4 이하가 돼.

A가 숙박하는 객실에 따라 B와 C가 숙박하는 객실의 경우의 수를 구하자. 조건에서 A가 가장 많이 등장하고, 제한된 조건이 많아. 그래서 A의 위치에 따라 경우의 수를 구해야 해.

2nd 경우의 수가 A가 숙박하는 객실의 위치에 따라 대칭적으로 나옴을 확인해.

201	202	203		205
101		103	104	105

(ⅰ) A가 숙박하는 객실 번호가 201일 때,
B가 숙박할 수 있는 객실 번호는 101, 202
　　201인 객실과 이웃해야 해.
C가 숙박할 수 있는 객실 번호는 103, 104, 105
　　201인 객실과 같은 층에 있지 않고, 위아래로 이웃하지 않아야 해.

(ⅱ) A가 숙박하는 객실 번호가 105일 때,
B가 숙박할 수 있는 객실 번호는 104, 205
C가 숙박할 수 있는 객실 번호는 201, 202, 203
이므로 (ⅰ)의 경우와 경우의 수가 같다.

이와 같이 A가 숙박하는 객실 번호에 따른 경우의 수는 101과 205, 103과 203, 104와 202, 105와 201이 각각 같다.

따라서 A가 숙박하는 객실 번호가 101, 103, 104, 105일 때의 경우의 수를 각각 구한 뒤 2배를 하면 문제에서 구하는 경우의 수이다.

3rd A가 숙박하는 객실 번호에 따른 경우의 수를 구해.

① A가 숙박하는 객실 번호가 101일 때,

B가 숙박할 수 있는 객실 번호는 201이므로 경우의 수는 1
C가 숙박할 수 있는 객실 번호는 202, 203, 205이므로 경우의 수는 3
나머지 2명의 관광객이 남은 5개의 객실에 숙박하는 경우의 수는
$_5P_2 = 5 \times 4 = 20$
따라서 구하는 경우의 수는 $1 \times 3 \times 20 = 60$

> 실수 → 102, 204인 객실을 제외한 8개의 객실 중 A, B, C가 숙박하는 3개의 객실을 제외한 5개의 객실이 남아.

② A가 숙박하는 객실 번호가 103일 때,
B가 숙박할 수 있는 객실 번호는 104, 203 이므로 경우의 수는 2
C가 숙박할 수 있는 객실 번호는 201, 202, 205이므로 경우의 수는 3
나머지 2명의 관광객이 남은 5개의 객실에 숙박하는 경우의 수는
$_5P_2 = 5 \times 4 = 20$
따라서 구하는 경우의 수는 $2 \times 3 \times 20 = 120$

③ A가 숙박하는 객실 번호가 104일 때,
B가 숙박할 수 있는 객실 번호는 103, 105이므로 경우의 수는 2
C가 숙박할 수 있는 객실 번호는 201, 202, 203, 205이므로 경우의 수는 4
나머지 2명의 관광객이 남은 5개의 객실에 숙박하는 경우의 수는
$_5P_2 = 5 \times 4 = 20$
따라서 구하는 경우의 수는 $2 \times 4 \times 20 = 160$

④ A가 숙박하는 객실 번호가 105일 때,
B가 숙박할 수 있는 객실 번호는 104, 205이므로 경우의 수는 2
C가 숙박할 수 있는 객실 번호는 201, 202, 203이므로 경우의 수는 3
나머지 2명의 관광객이 남은 5개의 객실에 숙박하는 경우의 수는
$_5P_2 = 5 \times 4 = 20$
따라서 구하는 경우의 수는 $2 \times 3 \times 20 = 120$

①~④에서 구한 경우의 수를 더하면
$60 + 120 + 160 + 120 = 460$이므로
문제에서 구하는 경우의 수는 $460 \times 2 = 920$

K 70 정답 576 ········ 이웃하거나 이웃하지 않는 경우의 순열의 수

(정답 공식: 첫 번째 행에 걸은 모자의 배열에 대해 규칙에 맞게 두 번째, 세 번째 행에 걸 수 있는 모자의 배열을 생각한다.)

서로 다른 네 종류의 모자 A, B, C, D가 각각 3개씩 모두 12개 있다. 12개의 모자를 [그림 1]과 같이 일정한 간격으로 배열된 12개의 모자걸이에 각각 걸려고 한다. 이때 모든 가로 방향과 모든 세로 방향에 서로 다른 종류의 모자가 걸리도록 하려고 한다. [그림 2]는 이와 같은 방법으로 모자를 건 예이다.

단서 첫 번째 행에 걸 수 있는 모자의 배열을 먼저 생각하고, 그에 따라 두 번째, 세 번째 행에 모자를 거는 방법의 수를 구해.

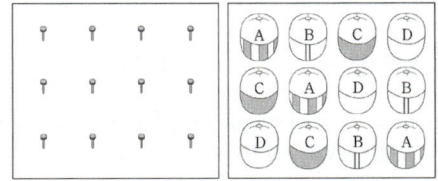

[그림 1]　　　　[그림 2]

이와 같은 방법으로 12개의 모자를 모자걸이에 걸 수 있는 방법의 수를 모두 구하시오. (단, 같은 종류의 모자끼리는 서로 구별하지 않는다.)

1st 첫 번째 행에 걸 수 있는 모자의 배열에 대해 두 번째 행에 걸 수 있는 모자의 배열을 찾자.

첫 번째 행에 모자를 거는 방법의 수는 4!이다.
모자 A, B, C, D를 일렬로 나열하는 경우의 수와 같아.

첫 번째 행에 걸은 모자의 배열 중 하나를 A, B, C, D라 하고, 이때의 두 번째 행에 걸 수 있는 모자의 배열을 구하면 다음과 같다.

첫 번째 행	A	B	C	D
두 번째 행	B	A	D	C
	B	C	D	A
	B	D	A	C
	C	A	D	B
	C	D	A	B
	C	D	B	A
	D	A	B	C
	D	C	A	B
	D	C	B	A

두 번째 행의 첫 번째 모자가 B, C, D인 경우가 각각 3가지야.

2nd 각 경우에 대하여 세 번째 행에 걸 수 있는 모자의 배열을 찾자.

(i) 두 번째 행의 첫 번째 모자의 종류가 B인 경우
B, A, D, C / B, C, D, A / B, D, A, C

첫 번째 행	A	B	C	D
두 번째 행	B	A	D	C
세 번째 행	C	D	A	B
	C	D	B	A
	D	C	A	B
	D	C	B	A

첫 번째 행	A	B	C	D
두 번째 행	B	C	D	A
세 번째 행	C	D	A	B
	D	A	B	C

첫 번째 행	A	B	C	D
두 번째 행	B	D	A	C
세 번째 행	C	A	D	B
	D	C	B	A

이때의 경우의 수는
$$4+2+2=8$$
(ii) 두 번째 행의 첫 번째 모자의 종류가 C인 경우
(i)과 같이 생각하면 8가지
(iii) 두 번째 행의 첫 번째 모자의 종류가 D인 경우
(i)과 같이 생각하면 8가지
(i)~(iii)에서 구하는 방법의 수는
$$4! \times 3 \times 8 = 24 \times 3 \times 8 = 576$$
첫 번째 행에 모자를 배열하는 경우의 수 → 두 번째, 세 번째 행에 모자를 배열하는 경우의 수

K 71 정답 ④ ·························· '적어도'의 조건이 있는 순열의 수

정답 공식: 사건 A가 적어도 한 번 일어나는 경우의 수는 전체 경우의 수에서 사건 A가 일어나지 않는 경우의 수를 뺀다.

남학생 3명, 여학생 3명 중 회장과 부회장을 각각 1명씩 뽑을 때, 적어도 1명을 남학생으로 뽑는 경우의 수는?
단서 (적어도 사건 A가 한 번 일어나는 경우의 수)
=(전체 경우의 수)-(사건 A가 일어나지 않는 경우의 수)
① 18   ② 20   ③ 22
④ 24   ⑤ 26

1st 전체 6명에서 회장과 부회장을 각각 1명씩 뽑는 경우의 수를 구하자.
남학생과 여학생 전체 6명 중에서 회장과 부회장을 각각 1명씩 뽑는 경우의 수는 $_6P_2 = 6 \times 5 = 30$

2nd 전체 경우의 수에서 여학생 중에서 회장과 부회장을 뽑는 경우의 수를 빼자.
여학생 3명 중에서 회장과 부회장을 뽑는 경우의 수는
$$_3P_2 = 3 \times 2 = 6$$
따라서 적어도 1명을 남학생으로 뽑는 경우의 수는 30-6=24이다.
전체 경우의 수가 $n(U)=300$이고, 적어도 1명을 남학생으로 뽑는 사건을 A라 하면 여학생 중에서만 뽑는 사건은 A^C이지. 이때, $n(A^C)=6$이므로 $n(A)=n(U)-n(A^C)=30-6=24$임을 알 수 있어.

K 72 정답 ⑤ ·························· '적어도'의 조건이 있는 순열의 수

정답 공식: 사건 A가 적어도 한 번 일어나는 경우의 수는 전체 경우의 수에서 사건 A가 일어나지 않는 경우의 수를 뺀다.

BOARD에 있는 5개의 문자를 일렬로 배열할 때, 적어도 한 쪽 끝에는 자음이 오는 경우의 수는? 단서 양쪽 끝에 모두 모음이 오는 경우의 수를 계산해 봐.
① 88   ② 93   ③ 98
④ 103   ⑤ 108

1st 5개의 문자를 일렬로 나열하는 경우의 수를 구해. → 총 5개의 문자를 일렬로 나열하는 방법의 수이므로 5!이야.
전체 경우의 수는 $5! = 5 \times 4 \times 3 \times 2 \times 1 = 120$
2nd 전체 경우의 수에서 양쪽 끝에 모두 모음이 있는 경우의 수를 빼자.
자음은 B, R, D로 3개이고, 모음은 O, A로 2개이므로 양쪽 끝에 모두 모음이 오는 경우의 수를 구하면
$2! \times 3! = 12$ 양쪽 끝에 모음이 서로 자리를 바꾸는 방법의 수가 2!이고, 가운데 자음 3개를 일렬로 나열하는 방법의 수가 3!이므로 2!×3!=12가 되지.
따라서 적어도 한쪽 끝에 자음이 오는 경우의 수는
$$120-12=108$$이다.

K 73 정답 ⑤ ····························· 순열을 이용한 정수의 개수

정답 공식: 4의 배수는 끝의 두 자리가 4의 배수여야 하므로 이를 만족시키는 수를 먼저 배치하고, 나머지 수를 배치하여 경우의 수를 구한다.

6개의 숫자 0, 1, 2, 3, 4, 5 중에서 서로 다른 5개를 택하여 다섯 자리의 정수를 만들 때, 4의 배수는 모두 몇 개 만들 수 있는가? 단서 4의 배수가 되기 위해서는 뒤의 두 자리의 수가 4의 배수가 되어야 해.
① 112   ② 120   ③ 128
④ 136   ⑤ 144

1st 다섯 자리의 정수 중 끝의 두 자리가 0을 포함하면서 4의 배수인 경우의 수를 구해봐.
4의 배수는 끝의 두 자리의 수가 4의 배수가 되어야 한다.
만의 자리에는 0이 올 수 없으므로 끝 두 자리의 수가 0을 포함하는 경우와 아닌 경우로 나눠서 생각해야 한다. 함정
정수를 만드는 문제에서 0은 가장 높은 자리에 올 수 없기 때문에 항상 0을 중심으로 경우를 나누어서 생각해야 해.
(i) 끝의 두 자리의 수가 04, 20, 40인 경우
만의 자리, 천의 자리, 백의 자리에 올 수 있는 숫자의 개수는 나머지 4개의 숫자에서 3개를 뽑아 나열하는 순열의 수 $_4P_3 = 4 \times 3 \times 2 = 24$와 같으므로
끝의 두 자리의 수가 04, 20, 40인 경우의 3가지
$$3 \times {_4P_3} = 72$$
2nd 다섯 자리의 정수 중 끝의 두 자리가 0을 포함하지 않으면서 4의 배수인 경우의 수를 구해.
(ii) 끝의 두 자리의 수가 12, 24, 32, 52인 경우
만의 자리에 올 수 있는 숫자는 0을 제외한 3개의 숫자 중 하나이고, 그 각각에 대해 천의 자리, 백의 자리에 올 수 있는 숫자의 개수는 나

머지 3개에서 2개를 뽑아 나열하는 순열의 수 $_3P_2=3\times2=6$과 같으므로 $4\times3\times{_3P_2}=72$

→ 끝의 두 자리의 수가 12, 24, 32, 52인 경우의 4가지

(i), (ii)에서 구하는 4의 배수의 개수는
$72+72=144$

K 74 정답 ① ································· 순열을 이용한 정수의 개수

> **정답 공식**: 3, 6을 나열하는 경우의 수를 구하고, 나머지 수를 나열하는 방법의 수를 구하여 곱한다.

> **단서** 1, 2, 3, 4, 5, 6 중 일의 자리와 십의 자리에 올 수 있는 3의 배수인 자연수는 3과 6이야!
> 1, 2, 3, 4, 5, 6을 한 번씩만 사용하여 만들 수 있는 여섯 자리 자연수 중에서 일의 자리의 숫자와 십의 자리의 숫자가 모두 3의 배수인 자연수의 개수는?
> ① 48 ② 50 ③ 52
> ④ 54 ⑤ 56

1st 3, 6을 끝의 두 자리에 배열하고 남은 네 개의 숫자를 나머지 자리에 배열하면 되지?

1, 2, 3, 4, 5, 6 중 일의 자리와 십의 자리에 올 수 있는 3의 배수인 자연수는 3과 6이다.
십의 자리와 일의 자리에 3과 6을 나열하는 방법의 수는
$2!=2$ → 3의 배수가 3과 6의 2개이고, 십의 자리와 일의 자리 2자리에 나열하는 방법의 수이니까 2!
남은 네 자리에 3과 6을 제외한 4개의 수를 나열하는 방법의 수는
$4!=24$
따라서 구하는 방법의 수는 $2\times24=48$

K 75 정답 ④ ································· 순열을 이용한 정수의 개수

> **정답 공식**: 천의 자리와 일의 자리에 홀수를 먼저 배치하고, 나머지 자리에 수를 배치하는 경우의 수를 구한다.

> 0, 1, 2, 3, 4의 5개의 숫자 중 서로 다른 4개의 숫자를 택하여 만들 수 있는 네 자리의 자연수 중에서 천의 자리의 숫자와 일의 자리의 숫자가 모두 홀수인 자연수의 개수는?
> **단서** 천의 자리와 일의 자리에 홀수를 먼저 배치하고 백의 자리와 십의 자리에 오는 숫자를 선택하면 돼!
> ① 6 ② 8 ③ 10
> ④ 12 ⑤ 14

1st 천의 자리와 일의 자리에 홀수를 먼저 배치하고 나머지 자리에 남은 수를 배치해.

천의 자리와 일의 자리에 홀수를 먼저 배치하고 나머지 자리에 남은 수를 배치한다.
천의 자리와 일의 자리에 홀수를 배치하는 경우의 수는 홀수인 1, 3을 일렬로 나열하는 순열의 수와 같으므로 $2!=2\times1=2$
그 각각에 대하여 백의 자리와 십의 자리에 나머지 숫자를 배치하는 경우의 수는 1, 3을 제외한 3개의 숫자에서 2개를 택하여 나열하는 순열의 수와 같으므로 $_3P_2=3\times2=6$
따라서 구하는 네 자리의 자연수의 개수는 $2\times6=12$

K 76 정답 ⑤ ································· 순열을 이용한 정수의 개수

> **정답 공식**: $n\geq r$일 때, 서로 다른 n개에서 r개를 택하여 일렬로 배열한 것을 n개 중에서 r개를 택하는 순열이라고 하고, 이 순열의 수를 $_nP_r$로 나타낸다.

> 1부터 8까지의 자연수가 각각 하나씩 적힌 8장의 카드를 모두 일렬로 나열할 때, 서로 이웃하는 두 카드에 적힌 수를 곱하여 만들어지는 7개의 수가 모두 짝수인 경우의 수는?
> **단서** 두 수 모두 홀수이면 곱은 홀수이므로 홀수가 연달아 나오지 않으면 된다.
> ① 180 ② 360 ③ 720
> ④ 1440 ⑤ 2880

1st 두 수의 곱이 짝수인 경우는 두 수가 모두 홀수가 아닌 경우야.

홀수끼리 이웃하지 않도록 배열하면 되므로
○ 짝 ○ 짝 ○ 짝 ○ 짝 ○
이때, 짝수를 배열하는 방법은 순열의 수이므로
$_4P_4=4!$
남은 5개의 ○에서 4개를 선택해서 홀수 4개를 나열하면 되므로
$_5P_4$
∴ (구하는 경우의 수)$=4!\times{_5P_4}=2880$(가지)
4!이 나오는 경우의 수와 $_5P_4$가 나오는 경우의 수는 동시에 일어나니까 곱한 거야.

K 77 정답 ② ································· 순열을 이용한 정수의 개수

> **정답 공식**: 합해서 3의 배수가 되는 세 자연수를 모두 구한 개수와 각 경우에서 세 자연수를 나열하는 방법의 수를 구해서 곱한다.

> **단서** 세 자리의 자연수가 3의 배수이려면 각 자리의 숫자의 합이 3의 배수이어야 해!
> 1, 2, 3, 4, 5, 6의 6개의 숫자에서 서로 다른 3개의 수를 택하여 만들 수 있는 세 자리의 자연수 중 3의 배수의 개수는?
> ① 42 ② 48 ③ 54 ④ 60 ⑤ 66

1st 세 개의 숫자의 합이 6, 9, 12, 15인 경우를 구해.

세 자리의 자연수가 3의 배수이려면 각 자리의 숫자의 합이 3의 배수가 되어야 한다. 대표적인 배수판별법은 꼭 외우고 있어야 해.

1, 2, 3, 4, 5, 6에서 서로 다른 3개의 숫자를 택할 때, 그 숫자의 합이 3의 배수인 경우는 6, 9, 12, 15일 때이다. → 1, 2, 3, 4, 5, 6 중에서 서로 다른 3개의 숫자를 택해서 더해야 하므로
(i) 합이 6인 경우 : (1, 2, 3)의 1가지 $1+2+3\leq$(세 숫자의 합)$\leq4+5+6$
(ii) 합이 9인 경우 : (1, 2, 6), (1, 3, 5), (2, 3, 4)의 3가지
(iii) 합이 12인 경우 : (1, 5, 6), (2, 4, 6), (3, 4, 5)의 3가지
(iv) 합이 15인 경우 : (4, 5, 6)의 1가지
2nd 각각의 경우에 대하여 세 수를 일렬로 나열하는 방법의 수를 구해.
(i)~(iv)의 각각에 대하여 세 수를 일렬로 나열하는 경우의 수는 $3!=6$
따라서 구하는 경우의 수는 $8\times6=48$

수능 핵강

＊ 배수판별법
① 3의 배수 : 각 자리의 숫자의 합이 3의 배수
② 4의 배수 : 끝의 두 자리의 수가 4의 배수
③ 5의 배수 : 일의 자리의 숫자가 0 또는 5
④ 6의 배수 : 2의 배수이면서 동시에 3의 배수
⑤ 8의 배수 : 끝의 세 자리의 수가 8의 배수
⑥ 9의 배수 : 각 자리의 숫자의 합이 9의 배수

정답 공식: 조건 (가), (나)를 만족시키는 수의 조합의 개수를 구하고, 각 경우에서 수를 나열하는 경우의 수를 구해서 곱한다.

> $1, 2, 3, \cdots, 8, 9$의 9개의 수에서 다음 두 조건을 만족시키도록 서로 다른 세 수를 선택하여 세 자리의 자연수를 만드는 방법의 수는? **단서** 주어진 두 조건을 만족시키도록 세 수를 뽑는 경우는 ☆+◇=7이거나 ☆+7=◇인 경우로 나눠서 생각해!
>
> (가) 세 수 중 어떤 두 수의 합은 나머지 한 수와 같다.
> (나) 세 수 중 7은 반드시 포함된다.
>
> ① 18 ② 21 ③ 24 ④ 27 ⑤ 30

1st 세 개의 수를 ☆, ◇, 7이라 놓고 ☆+◇=7, ☆+7=◇인 경우를 구해보자.

함정 숫자 7을 포함한 관계식이 두 종류가 나올 수 있음을 아는 게 핵심이야.

조건 (나)에 의해 세 수 중 7이 반드시 포함되므로 세 수를 ☆, ◇, 7이라 놓으면 조건 (가)에 의해 ☆+◇=7이거나 ☆+7=◇인 관계가 성립된다. ☆과 ◇의 크기가 정해지지 않았으니 ◇+7=☆과 같은 의미야.

따라서 ☆+◇=7인 경우와 ☆+7=◇인 경우로 나누어서 생각하면
(i) ☆+◇=7인 경우 : $(1, 6, 7), (2, 5, 7), (3, 4, 7)$의 3가지
(ii) ☆+7=◇인 경우 : $(1, 7, 8), (2, 7, 9)$의 2가지

2nd 각각의 경우에 대하여 세 수를 일렬로 나열하는 방법의 수를 구해.

(i), (ii)의 세 수를 나열하여 세 자리의 자연수를 만드는 방법의 수는
→ (i), (ii)의 경우가 동시에 생길 수 없으니 합의 법칙을 이용해.
$(3+2) \times 3! = 30$
→ (i), (ii)에서 선택한 세 수를 일렬로 나열하는 방법의 수야.

정답 공식: 서로 다른 한 자리 자연수 n개로 만들 수 있는 n자리 자연수의 개수는 $n!$이다.

> 자연수 1, 2, 3, 4, 5, 6, 7, 8 중에서 어느 두 수의 합도 9가 되지 않는 서로 다른 4개의 수를 뽑아 네 자리의 자연수를 만들려고 한다. 이때 만들 수 있는 네 자리의 자연수의 개수는? **단서** 1과 8, 2와 7, 3과 6, 4와 5는 함께 뽑으면 안 돼!
>
> ① 384 ② 424 ③ 464
> ④ 504 ⑤ 544

1st 문제의 제한 조건을 적용하여 수를 뽑는 방법을 생각하자.

합이 9가 되는 두 수를 순서쌍으로 나타내면
$(1, 8), (2, 7), (3, 6), (4, 5)$
의 네 가지 경우가 있다.

함정 어느 두 수의 합도 9가 되지 않는 서로 다른 4개의 수를 직접 뽑는 것은 복잡할 수 있어. 이런 경우는 함께 뽑으면 안 되는 두 수끼리 모아 놓은 후 규칙에 맞게 수를 뽑을 방법을 생각하는 게 좋아.

즉, 위의 순서쌍을 이루는 두 수를 같이 사용하면 문제의 조건에 어긋나므로 네 개의 순서쌍에서 각각 하나씩만 수를 뽑아야 한다.
$2 \times 2 \times 2 \times 2 = 16$ → 이렇게 하면 어느 두 수의 합도 9가 되지 않아.
1과 8 중 하나, 2와 7 중 하나, 3과 6 중 하나, 4와 5 중 하나

2nd 조건을 만족시키는 네 자리의 자연수의 개수를 구하자.

이때, 서로 다른 4개의 수로 만들 수 있는 네 자리의 자연수의 개수는
$4! = 24$
따라서 만들 수 있는 네 자리의 자연수의 개수는
$16 \times 24 = 384$

정답 공식: 세 자연수 A, B, C에 대하여 $A+B+C$, $A-B-C$가 모두 5의 배수가 되므로 $A+B+C$, $A-B-C$의 일의 자리 숫자만 조사하면 된다.

> 1부터 8까지의 자연수가 하나씩 적혀 있는 8장의 카드가 있다. 이 8장의 카드 중에서 6장의 카드를 택하여 왼쪽부터 모두 일렬로 나열한다. 이 6장의 카드에 적힌 수를 왼쪽부터 순서대로 $a_1, a_2, a_3, a_4, a_5, a_6$이라 할 때, 세 자연수 A, B, C를
> $$A = a_1 \times 100 + a_2 \times 10 + a_3,$$ **단서 1** A, B, C는 각각 세 자리의 자연수, 두 자리의 자연수, 한 자리의 자연수를 뜻해.
> $$B = a_4 \times 10 + a_5,$$
> $$C = a_6$$
> 이라 하자. 두 수 $A+B+C$, $A-B-C$가 모두 5의 배수가 되도록 하는 $a_1, a_2, a_3, a_4, a_5, a_6$의 모든 순서쌍 $(a_1, a_2, a_3, a_4, a_5, a_6)$의 개수를 구하시오. **단서 2** 일의 자리 숫자가 0 또는 5인지만 고려하면 돼
>
>

1st 조건을 만족시키는 $a_1, a_2, a_3, a_4, a_5, a_6$ 사이의 관계식을 구해.

$A+B+C = a_1 \times 100 + (a_2+a_4) \times 10 + (a_3+a_5+a_6)$이므로
$A+B+C$가 5의 배수가 되려면 $a_3+a_5+a_6$이 5의 배수이면 된다.
따라서 $a_3+a_5+a_6 = 5m$ (m은 정수)라 하자. … ㉠
마찬가지로
$A-B-C = a_1 \times 100 + (a_2-a_4) \times 10 + (a_3-a_5-a_6)$이므로
$A-B-C$가 5의 배수가 되려면 $a_3-a_5-a_6$이 5의 배수이면 된다.
따라서 $a_3-a_5-a_6 = 5n$ (n은 정수)라 하자. … ㉡

2nd a_3의 값을 구하자.

㉠과 ㉡을 변끼리 더하면
$2a_3 = 5(m+n)$이다. → 2와 5가 서로소이므로 등식이 성립하려면 a_3은 5의 배수이고, $m+n$은 2의 배수여야 해.
따라서 a_3은 5의 배수이므로 $a_3 = 5$

3rd 모든 순서쌍 $(a_1, a_2, a_3, a_4, a_5, a_6)$의 개수를 구해.

㉠에 $a_3 = 5$를 대입하면
$5 + a_5 + a_6 = 5m$
$a_5 + a_6 = 5(m-1)$이므로
$a_5 + a_6$도 5의 배수이다.
가능한 a_5, a_6의 값을 표로 나타내면 다음과 같다.

a_5	1	2	3	4	6	7	8
a_6	4	3, 8	2, 7	1, 6	4	3, 8	2, 7

경우의 수는 12이고,
각각의 경우에 대하여 a_1, a_2, a_4의 값은 나머지 카드에서 정하면 되므로
$_5P_3 = 60$ → a_3, a_5, a_6에 사용한 카드를 제외한 5장의 카드에서 3장을 뽑아 한 줄로 나열하는 경우의 수이므로 순열을 사용해.
따라서 모든 순서쌍 $(a_1, a_2, a_3, a_4, a_5, a_6)$의 개수는
$1 \times 12 \times 60 = 720$

K 81 정답 ② ························· 사전식으로 배열하는 방법의 수

정답 공식: 39번째로 작은 수를 찾기 위해, 큰 자리 수부터 조건을 만족하도록 정해본다.

> **단서** 다섯 자리의 자연수를 만들 때, 가장 큰 자리의 수가 1인 경우의 수를 먼저 생각해 봐!
>
> 5개의 숫자 0, 1, 2, 3, 4를 모두 사용하여 **다섯 자리의 자연수**를 만들 때, 39번째로 작은 수는?
>
> ① 23014 ② 23104 ③ 23401
> ④ 24130 ⑤ 24310

1st 1□□□□, 20□□□, 21□□□꼴의 다섯 자리의 자연수를 작은 수부터 세어보자.

5개의 숫자를 사용하여 만든 다섯 자리의 자연수를 크기 순으로 생각하면
1□□□□ 꼴인 자연수의 개수는 $4!=24$
20□□□ 꼴인 자연수의 개수는 $3!=6$ ← 0, 2, 3, 4의 4개의 숫자를 일렬로 나열하는 방법의 수야.
21□□□ 꼴인 자연수의 개수는 $3!=6$
10234부터 21430까지의 자연수의 개수는 $24+6+6=36$이므로 구하는 수는 23□□ 꼴의 세 번째 수이다.

즉, 23014, 23041, 23104, …에서 23104이다.

> **실수** 은근히 실수가 많은 부분이야. 39번째인데 그 전후의 수를 고르는 경우가 많아.

K 82 정답 ④ ························· 사전식으로 배열하는 방법의 수

정답 공식: 자연수의 총 개수를 구한 뒤, 천의 자리가 3인 수는 어느 범위에 들어가는지 구하고, 나머지 자리에 대해서도 같은 방법을 적용한다.

> 0, 1, 2, 3, 4, 5에서 서로 다른 4개를 택하여 만든 **네 자리의 자연수**를 작은 수부터 차례로 나열할 때, 3210은 몇 번째 수인가?
>
> > **단서** 천의 자리의 수가 1, 2인 경우의 수를 먼저 생각해 봐!
>
> ① 145 ② 146 ③ 147
> ④ 148 ⑤ 149

1st 3210 이하의 네 자리의 자연수의 개수를 구해. 1□□□, 2□□□, 30□□, 31□□, 320□ 꼴의 자연수의 개수를 세어야겠지?

1□□□ 꼴인 자연수의 개수는 $_5P_3=5\times4\times3=60$
2□□□ 꼴인 자연수의 개수는 $_5P_3=5\times4\times3=60$
30□□ 꼴인 자연수의 개수는 $_4P_2=4\times3=12$
31□□ 꼴인 자연수의 개수는 $_4P_2=4\times3=12$
320□ 꼴인 자연수의 개수는 $_3P_1=3$ → 1023부터 3205까지
따라서 1로 시작하는 것부터 320으로 시작하는 것까지의 총 개수는
$60+60+12+12+3=147$이므로 3210은 148번째 수이다.

✿ 순열의 수   개념·공식

① $_nP_r=n(n-1)(n-2)\cdots(n-r+1)=\dfrac{n!}{(n-r)!}$
② $_nP_n=n\times(n-1)\times\cdots\times3\times2\times1=n!$
③ $_nP_0=1$, $0!=1$

K 83 정답 ③ ························· 순열을 이용한 정수의 개수

정답 공식: 서로 다른 한 자리 자연수 n개로 만들 수 있는 n자리 자연수의 개수는 $n!$이다.

> 다음은 네 자연수 1, 2, 3, 4를 한 번씩 사용하여 만든 네 자리 정수를 크기순으로 나열한 것이다.
>
> | 1234 | 1243 | …… | 1423 | 1432 |
> | 2134 | 2143 | …… | 2413 | 2431 |
> | 3124 | 3142 | …… | 3412 | 3421 |
> | 4123 | 4132 | …… | 4312 | 4321 |
>
> 위의 모든 수들의 총합은?   > **단서** 만들 수 있는 정수의 개수를 구한 후, 각 숫자들이 몇 번씩 쓰였는지 확인하도록 해.
>
> ① 88880 ② 77770 ③ 66660
> ④ 55550 ⑤ 44440

1st 만들 수 있는 네 자리 정수의 개수를 구하자.
네 자연수 1, 2, 3, 4를 한 번씩 사용하여 만든 네 자리 정수의 개수는 ← 네 수 1, 2, 3, 4를 일렬로 나열하는 방법의 수와 같아.
$4!=24$

2nd 모든 수들의 총합을 묶어서 계산할 방법을 찾자.
24개의 네 자리 정수들에 대하여
천의 자리에 사용된 1, 2, 3, 4의 개수는 각각 6개, ← $24\div4=6$
백의 자리에 사용된 1, 2, 3, 4의 개수는 각각 6개, ← $24\div4=6$
십의 자리에 사용된 1, 2, 3, 4의 개수는 각각 6개, ← $24\div4=6$
일의 자리에 사용된 1, 2, 3, 4의 개수는 각각 6개이다. ← $24\div4=6$
따라서 모든 수들의 총합은
$1000\times(1+2+3+4)\times6+100\times(1+2+3+4)\times6$
$\qquad\qquad+10\times(1+2+3+4)\times6+(1+2+3+4)\times6$
$=(1000+100+10+1)\times10\times6$
$=1111\times60$
$=66660$

> 🧭 **다른 풀이 :** 네자리 정수들의 규칙성을 찾아 모든 수들의 총합 구하기
>
> 문제에 나열된 수들을 살펴보면 1, 2, 3, 4를 한 번씩 사용하여 만든 네 자리 정수들을 작은 수부터 차례로 나열했어.
> (처음 수)+(마지막의 수)$=1234+4321=5555$
> (두 번째 수)+(끝에서 두 번째 수)$=1243+4312=5555$
> ⋮
> 와 같이 두 수씩 짝지어 더하면 모두 5555야.
> 따라서 나열된 네 자리 자연수는 모두 24개이므로 구하는 모든 수의
> 총합은 $\dfrac{24}{2}\times5555=66660$
> └─ 24개의 수를 2개씩 짝지어서 더한 값이 5555지?

K 84 정답 307 ························· 사전식으로 배열하는 방법의 수

정답 공식: 백의 자리가 1일 때 총 몇 개의 자연수가 있는지 구하고, 이를 기준으로 150번째에 나열되는 수를 유추한다.

> 각 자리의 **숫자가 서로 다른 세 자리의 자연수**를 작은 수부터 차례로 나열할 때, 150번째에 나열되는 수를 구하시오.
>
> > **단서** 각 자리의 숫자가 서로 다른 세 자리의 자연수 중 백의 자리의 숫자가 1 또는 2인 자연수의 개수를 먼저 세어 보는 거야!

1st 세 자리의 자연수를 작은 수부터 세어보자. 1□□, 2□□ 꼴의 자연수의 개수를 구해봐.

숫자가 서로 다른 세 자리의 자연수를 크기 순으로 생각해 보면

(i) 1□□ 꼴인 자연수의 개수

십의 자리에 올 수 있는 숫자는 1을 제외한 9가지이고, 일의 자리에 올 수 있는 숫자는 백의 자리와 십의 자리에 온 수를 제외한 8가지이므로 $9 \times 8 = 72$

(ii) 2□□ 꼴인 자연수의 개수

백의 자리의 숫자가 1인 자연수와 마찬가지로 $9 \times 8 = 72$

따라서 백의 자리의 숫자가 1 또는 2인 수의 개수가 모두 $72+72=144$ 이므로 150번째 수는 백의 자리의 숫자가 3이고, <u>작은 수부터 6번째 수</u>인 307이다.

백의 자리의 숫자가 3인 수를 크기 순으로 차례대로
나열하면 301, 302, 304, 305, 306, 307, …

K 85 정답 ① ·· 사전식으로 배열하는 방법의 수

[**정답 공식**: 사전식으로 배열할 때 맨 앞자리가 c인 경우의 수를 구하고, 이를 기준으로 $cdeab$가 몇 번째인지 구한다.]

다섯 개의 문자 a, b, c, d, e를 모두 한 번씩 사용하여 사전식으로 배열할 때, <u>cdeab는 몇 번째로 나타나는가?</u>

단서 다섯 개의 문자 사전식으로 배열할 때, a와 b로 시작하는 문자열의 경우의 수를 먼저 구하는 거야!

① 65 ② 66 ③ 67
④ 68 ⑤ 69

1st a, b로 시작하는 문자열의 개수를 구해.

a□□□□ 꼴인 문자열의 개수 : $4! = 24$

b□□□□ 꼴인 문자열의 개수 : $4! = 24$

2nd c로 시작하는 문자열 중 사전식 배열에서 $cdeab$ 앞에 있는 문자열의 개수를 구해.

ca□□□ 꼴인 문자열의 개수 : $3! = 6$

cb□□□ 꼴인 문자열의 개수 : $3! = 6$

cda□□ 꼴인 문자열의 개수 : $2! = 2$

<u>cdb□□ 꼴인 문자열의 개수 : $2! = 2$</u>

주의 cdb□□ 다음에 cdc□□ 가 올 수는 없지?

따라서 a로 시작하는 것부터 cdb로 시작하는 것까지의 총 개수는 $24+24+6+6+2+2=64$ abcde부터 cdbea까지 이므로 cdeab는 65번째로 나타난다.

K 86 정답 ③ ·· 사전식으로 배열하는 방법의 수

(**정답 공식**: 일의 자리의 숫자가 0 또는 5인 경우의 자연수의 개수를 각각 구한다.)

6개의 숫자 0, 1, 2, 3, 4, 5에서 서로 다른 3개의 숫자를 사용하여 만든 세 자리의 자연수 중에서 <u>5의 배수의 개수는?</u>

단서 일의 자리의 숫자가 0 또는 5일 때 5의 배수가 돼.

① 24 ② 30 ③ 36
④ 42 ⑤ 48

1st 일의 자리의 숫자가 0인 경우의 세 자리의 자연수의 개수를 구하자.

<u>5의 배수이려면 일의 자리의 숫자가 0 또는 5이어야 한다.</u>

주의 대표적인 배수판별법은 꼭 외우고 있어야 해.   6개의 숫자 중에 0과 5가 있으니까 두 가지 경우를 모두 생각해 줘야 해.

(i) 일의 자리의 숫자가 0일 때

1, 2, 3, 4, 5의 숫자 중 2개를 택하여 일렬로 나열하는 경우의 수와 같으므로 $_5P_2 = 5 \times 4 = 20$

2nd 일의 자리의 숫자가 5인 경우의 세 자리의 자연수의 개수를 구해.

(ii) 일의 자리의 숫자가 5일 때

백의 자리에 올 수 있는 숫자는 0을 제외한 4가지이고, 십의 자리에 올 수 있는 숫자는 백의 자리에서 사용한 숫자를 제외한 4가지이므로 $4 \times 4 = 16$

(i), (ii)에 의하여 구하는 5의 배수의 개수는 $20+16=36$

K 87 정답 ⑤ ·· 순열

[**정답 공식**: $_nP_r = n(n-1)(n-2)\cdots(n-r+1) = \dfrac{n!}{(n-r)!}$]

$_5P_3$의 값은?

단서 $_nP_r$의 꼴이므로 순열의 식을 이용해.
서로 다른 5개에서 3개를 택해 일렬로 나열하는 경우의 수를 구하는 문제야.

① 20 ② 30 ③ 40 ④ 50 ⑤ 60

1st 순열의 식을 이용하여 계산해.

$$_5P_3 = 5 \times 4 \times 3 = 60 \longrightarrow {}_nP_r = n(n-1)(n-2)\cdots(n-r+1) = \frac{n!}{(n-r)!}$$

주의 5개 중에서 처음으로 나열하는 대상을 정하는 경우의 수는 5이고, 그 뒤로 이미 나열된 대상은 하나씩 제외해 나가면서 가능한 경우는 $\times 4$, $\times 3$의 형태로 점점 곱해야 해.

K 88 정답 12 ·· $_nP_r$와 $_nC_r$의 계산

(**정답 공식**: $_nP_r = n(n-1)(n-2)\cdots(n-r+1)$)

$_4P_2$의 값을 구하시오.

단서 $_nP_r$의 꼴이므로 순열의 식을 이용해.

1st 순열의 식을 이용하여 계산해.

$$_4P_2 = 4 \times 3 = 12$$

$$_4P_2 = \frac{4!}{(4-2)!} = \frac{4 \times 3 \times 2 \times 1}{2 \times 1} = 4 \times 3 = 12$$

K 89 정답 ⑤ ·· 조합의 수

[**정답 공식**: $_nC_r = \dfrac{n!}{r!(n-r)!}$]

$_5C_2$의 값은?

단서 조합의 수를 구해.

① 2 ② 4 ③ 6
④ 8 ⑤ 10

1st $_5C_2$의 값을 구해.

$$_5C_2 = \frac{5 \times 4}{2 \times 1} = 10$$

$_nC_r = \dfrac{{}_nP_r}{r!}$ 을 이용해도 돼.

K 90 정답 ① ·· $_nP_r$와 $_nC_r$의 계산

정답 공식: $_nC_r = \dfrac{n!}{(n-r)!r!}$ 임을 이용하여 계산한다.

$_4C_2$의 값은? **단서** 서로 다른 4개에서 2개를 선택하는 조합의 수를 식으로 나타내어 계산해야 해.

① 6   ② 7   ③ 8
④ 9   ⑤ 10

1st 조합의 수를 식으로 나타내어 계산해.

$$_4C_2 = \frac{4 \times 3}{2 \times 1} = 6$$

$_nC_r = \dfrac{_nP_r}{r!} = \dfrac{n!}{(n-r)!r!}$

K 91 정답 ④ ·· $_nP_r$와 $_nC_r$의 계산

정답 공식: $_nC_r = \dfrac{n!}{(n-r)!r!}$

$_5C_3 \times 3!$ 의 값은?
단서 조합과 순열을 계산해야 해.
① 15   ② 30   ③ 45   ④ 60   ⑤ 75

1st 조합과 순열의 수를 계산하자.

$$_5C_3 \times 3! = \frac{5 \times 4 \times 3}{3 \times 2 \times 1} \times (3 \times 2 \times 1) = 5 \times 4 \times 3 = 60$$

서로 다른 5개 중 3개를 선택만 하는 거야!

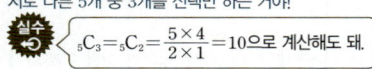
$_5C_3 = {}_5C_2 = \dfrac{5 \times 4}{2 \times 1} = 10$으로 계산해도 돼.

K 92 정답 15 ·· $_nP_r$와 $_nC_r$의 계산

정답 공식: 서로 다른 n개에서 서로 다른 r개를 택하는 조합의 수는 $_nC_r = \dfrac{_nP_r}{r!}$ (단, $0 \le r \le n$)이다.

$_5C_1 + {}_5C_2$의 값을 구하시오. **단서** $_nC_r = \dfrac{_nP_r}{r!}$를 이용해.

1st $_5C_1 + {}_5C_2$의 값을 계산해.

$_5C_1 = 5$, $_5C_2 = \dfrac{_5P_2}{2!}$

$$_5C_1 + {}_5C_2 = 5 + \frac{5 \times 4}{2 \times 1} = 5 + 10 = 15$$

K 93 정답 28 ·· $_nP_r$와 $_nC_r$의 계산

정답 공식: $_nP_r = \dfrac{n!}{(n-r)!}$, $_nC_r = \dfrac{n!}{(n-r)!r!}$

$_4P_3 + {}_4C_3$의 값을 구하시오.
단서 $_nP_r$은 순열의 수를, $_nC_r$은 조합의 수를 의미해.

1st 각각의 순열의 수와 조합의 수를 구하자.
$_4P_3 = 4 \times 3 \times 2 = 24$이고
$_4C_3 = {}_4C_1 = 4$이다. $_nC_r = {}_nC_{n-r}$

2nd 위에서 구한 값을 이용하여 답을 구하자.
$$\therefore {}_4P_3 + {}_4C_3 = 24 + 4 = 28$$

K 94 정답 30 ·· $_nP_r$와 $_nC_r$의 계산

정답 공식: $_nP_r = \dfrac{n!}{(n-r)!}$, $_nC_r = \dfrac{n!}{(n-r)!r!}$

$_5P_2 + {}_5C_2$의 값을 구하시오. **단서** 순열과 조합의 식으로 계산해. 계산 실수 주의!

1st 순열 공식과 조합 공식을 이용하여 식을 계산해.
$_5P_2 = 5 \times 4 = 20$
5개 중 2개를 선택하여 일렬로 배열

$_5C_2 = \dfrac{5 \times 4}{2 \times 1} = 10$
5개 중 2개를 선택만~!

$$\therefore {}_5P_2 + {}_5C_2 = 20 + 10 = 30$$

K 95 정답 ③ ·· $_nP_r$와 $_nC_r$의 계산

정답 공식: $_nP_r = \dfrac{n!}{(n-r)!} = n \times (n-1) \times \cdots \times (n-r+1)$,
$_nC_r = \dfrac{n!}{(n-r)!r!} = \dfrac{n \times (n-1) \times \cdots \times (n-r+1)}{r \times (r-1) \times (r-2) \times \cdots \times 1}$이다.

등식 $_{10}P_3 = n \times {}_{10}C_3$을 만족시키는 n의 값은?
단서 $_nP_r = \dfrac{n!}{(n-r)!}$, $_nC_r = \dfrac{n!}{(n-r)!r!}$
① 2   ② 4   ③ 6   ④ 8   ⑤ 10

1st 순열과 조합을 각각 계산하여 n의 값을 구하자.
$_{10}P_3 = n \times {}_{10}C_3$에 대하여
$$10 \times 9 \times 8 = n \times \frac{10 \times 9 \times 8}{3 \times 2 \times 1}, \quad 1 = n \times \frac{1}{3 \times 2 \times 1}$$
$$\therefore n = 6$$

다른 풀이: 순열의 수와 조합의 수의 관계를 이용하여 값 구하기

$_mP_r = \dfrac{m!}{(m-r)!}$, $_mC_r = \dfrac{m!}{(m-r)!r!}$에 의하여

$_mC_r = \dfrac{_mP_r}{r!}$ $\therefore {}_mP_r = {}_mC_r \times r!$

주의 $_mP_r$와 $_mC_r$의 관계식을 기억하면 좋아.

$m = 10$, $r = 3$일 때이므로
$n = r! = 3! = 3 \times 2 \times 1 = 6$

수능 핵강

＊ 순열과 조합의 관계
서로 다른 n개에서 r개를 택하는 순열의 수($_nP_r$)는 서로 다른 n개 중 r개를 택한 후 r개를 일렬로 배열하는 경우의 수와 같아. 이를 식 $_nP_r = {}_nC_r \times r!$ 로 이해하고 있는 것이 정말 중요해!

K

K 96 정답 ② ··· $_nP_r$와 $_nC_r$의 계산

정답 공식: $_nP_r = \dfrac{n!}{(n-r)!}$, $_nC_r = \dfrac{n!}{(n-r)!r!}$ 을 이용한다.

단서 순열과 조합의 식으로 나타내면 n에 대한 방정식을 구할 수 있어.

등식 $_nP_2 - {}_7C_2 = 21$을 만족시키는 자연수 n의 값은?

① 6   ②7   ③ 8
④ 9   ⑤ 10

1st 순열과 조합의 계산식을 활용해 주어진 식을 다시 써 봐.

$$_nP_2 - {}_7C_2 = n(n-1) - \dfrac{7 \times 6}{2 \times 1} = 21$$

계산 실수하기 좋은 형태야. 실수를 줄여야 해.

[순열과 조합의 수] ① $_nP_r = n(n-1)\cdots(n-r+1)$ ② $_nC_r = \dfrac{_nP_r}{r!}$

즉, $n^2 - n - 42 = 0$에서
이차식이니까 인수분해하자.
$(n-7)(n+6) = 0$
$\therefore n = 7$ 또는 $n = -6$
이때, n은 자연수이므로 $n = 7$

K 97 정답 11 ··· $_nP_r$와 $_nC_r$의 계산

정답 공식: $_nP_r = \dfrac{n!}{(n-r)!}$, $_nC_r = \dfrac{n!}{r!(n-r)!}$

등식 $2 \times {}_nC_3 = 3 \times {}_nP_2$를 만족시키는 자연수 n의 값을 구하시오.

단서 순열과 조합의 수를 이용하여 주어진 식을 n에 대한 식으로 나타내.

1st 순열과 조합의 수를 계산하여 자연수 n의 값을 구하자.

$2 \times {}_nC_3 = 3 \times {}_nP_2$에서

$$2 \times \dfrac{n(n-1)(n-2)}{3 \times 2 \times 1} = 3 \times n(n-1)$$

$n \geq 3$에서 $n(n-1) \neq 0$이므로 양변을 $n(n-1)$로 나누면
$_nC_3$과 $_nP_2$가 성립하려면 $n \geq 3$, $n \geq 2$이어야 하므로 $n \geq 3$이야.

$$\dfrac{n-2}{3} = 3, \ n - 2 = 9 \quad \therefore n = 11$$

K 98 정답 6 ··· $_nP_r$와 $_nC_r$의 계산

정답 공식: $_nP_r = \dfrac{n!}{(n-r)!}$ 을 이용해 n에 대한 방정식을 세운다.

단서 '$a : b = c : d$이면 $ad = bc$'를 이용해서 식을 세워 봐!

비례식 $_nP_3 : {}_{n-1}P_2 = 6 : 1$이 성립하도록 하는 자연수 n의 값을 구하시오. (단, $n \geq 3$)

1st $_nP_r$을 식으로 나타내어 비례식을 풀어보자.

함정 $_nP_r$에서 n과 r가 숫자가 아니고 문자더라도 식으로 표현할 수 있어야 해.

$_nP_3 : {}_{n-1}P_2 = 6 : 1$에서
$_nP_3 \times 1 = {}_{n-1}P_2 \times 6, \ {}_nP_3 = 6_{n-1}P_2$
$n(n-1)(n-2) = 6(n-1)(n-2)$ $\leftarrow {}_nP_r = n(n-1)(n-2)\cdots(n-r+1)$
$n \geq 3$이므로 양변을 $(n-1)(n-2)$로 나누면 $n = 6$

K 99 정답 ② ··· $_nP_r$와 $_nC_r$의 계산

정답 공식: $_nP_r = \dfrac{n!}{(n-r)!}$, $_nC_r = \dfrac{n!}{(n-r)!r!}$ 을 이용한다.

다음 식을 만족시키는 자연수 n의 값은?   단서 조합의 수와 순열의 수를 이용해서 식을 정리해 봐.

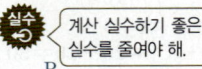
$$_nC_2 + {}_{n+1}C_3 = 3_nP_2$$

① 12   ②14   ③ 16
④ 18   ⑤ 20

1st 순열과 조합의 수를 식으로 나타내어 n에 대한 방정식을 풀면 돼.

$_nC_2 + {}_{n+1}C_3 = 3_nP_2$

$$\dfrac{n(n-1)}{2 \times 1} + \dfrac{(n+1)n(n-1)}{3 \times 2 \times 1} = 3n(n-1)$$

$_nP_r$는 n부터 1씩 작아지는 r개의 자연수를 차례대로 곱한 거야.

$_nC_r = \dfrac{_nP_r}{r!}$

$n \geq 2$이므로 양변을 $n(n-1)$로 나누면

$$\dfrac{1}{2} + \dfrac{n+1}{6} = 3, \ 3 + n + 1 = 18$$

$\therefore n = 14$

K 100 정답 ① ··· $_nP_r$와 $_nC_r$의 계산

정답 공식: $_nC_r = \dfrac{n!}{(n-r)!r!}$ 을 이용해 r에 대한 방정식을 세우고 이를 만족시키는 자연수 r의 값을 구한다.

단서 조합의 성질 $_nC_r = {}_nC_{n-r}$를 이용해야 해.

등식 $_{22}C_{r^2} = {}_{22}C_{r+2}$를 만족시키는 모든 자연수 r의 값의 합은?

①6   ② 7   ③ 8
④ 9   ⑤ 10

1st $_{22}C_{r^2} = {}_{22}C_{22-r^2}$임을 이용하자.

$_{22}C_{r^2} = {}_{22}C_{22-r^2} = {}_{22}C_{r+2}$에서
$r^2 = r + 2$ 또는 $22 - r^2 = r + 2$

실수 $r^2 = r + 2$만 하고 넘어가는 경우가 많아.

$\leftarrow {}_nC_r = {}_nC_{n-r}$

(i) $r^2 = r + 2$일 때,
$r^2 - r - 2 = 0$
$(r+1)(r-2) = 0$
$\therefore r = 2 \ (\because r > 0)$

(ii) $22 - r^2 = r + 2$일 때,
$r^2 + r - 20 = 0$
$(r+5)(r-4) = 0$
$\therefore r = 4 \ (\because r > 0)$

(i), (ii)에 의하여 구하는 자연수 r의 값의 합은
$2 + 4 = 6$

🌸 조합의 수   개념·공식

① $_nC_r = \dfrac{_nP_r}{r!} = \dfrac{n!}{r!(n-r)!}$

② $_nC_r = {}_nC_{n-r}$

③ $_nC_0 = 1, \ {}_nC_n = 1$

K 101　정답 ① ·············· $_nP_r$와 $_nC_r$를 이용한 증명

정답 공식: $_nP_r=\dfrac{n!}{(n-r)!}$을 이용해 등식이 성립하도록 빈칸에 알맞은 식을 구한다.

단서 순열의 식을 이용하여 식을 정리하고 분모를 통분해 봐!

다음은 $_{n-1}P_r+r\times _{n-1}P_{r-1}=_nP_r$임을 증명하는 과정이다.

[증명]

$_{n-1}P_r+r\times _{n-1}P_{r-1}$

$=\dfrac{(n-1)!}{(n-1-r)!}+r\times \dfrac{(n-1)!}{\boxed{(가)}}$

$=\dfrac{(n-1)!}{\boxed{(가)}}\times n=\dfrac{\boxed{(나)}}{(n-r)!}=_nP_r$

$\therefore _{n-1}P_r+r\times _{n-1}P_{r-1}=_nP_r$

위의 증명에서 (가), (나)에 알맞은 것을 순서대로 적으면?
(단, $1\le r<n$)

① $(n-r)!,\ n!$
② $(n-r)!,\ (n-1)!$
③ $(n-r)!,\ (n+1)!$
④ $n!,\ (n-1)!$
⑤ $n!,\ n!$

1st 순열의 수를 식으로 나타내어 정리해봐.

주의 순열 공식을 모른다면 풀 수 없는 문제겠지? 공식을 확실히 외워 둬야 해.

$_{n-1}P_r+r\times _{n-1}P_{r-1}$ → $_nP_r=\dfrac{n!}{(n-r)!}$

$=\dfrac{(n-1)!}{(n-1-r)!}+r\times \dfrac{(n-1)!}{(n-r)!}$ (가)

→ $\{(n-1)-(r-1)\}!=(n-r)!$

$=\dfrac{(n-1)!\times (n-r)}{(n-r-1)!\times (n-r)}+r\times \dfrac{(n-1)!}{(n-r)!}$

$=\dfrac{(n-1)!\times (n-r)}{(n-r)!}+r\times \dfrac{(n-1)!}{(n-r)!}$

→ $n!=n(n-1)(n-2)\cdots 3\times 2\times 1$
$=n\{(n-1)(n-2)\cdots 3\times 2\times 1\}$
$=n\times (n-1)!$

$=\dfrac{(n-1)!}{(n-r)!}\{(n-r)+r\}=\dfrac{(n-1)!}{(n-r)!}\times n$

$=\dfrac{n!}{(n-r)!}=_nP_r$ (나)

K 102　정답 ② ·············· $_nP_r$와 $_nC_r$를 이용한 증명

정답 공식: $_nC_r=\dfrac{n!}{(n-r)!r!}$을 이용해 등식이 성립하도록 빈칸에 알맞은 식을 구한다.

단서 조합의 수를 이용하여 식을 정리해 봐!

다음은 $n\times _{n-1}C_{r-1}=r\times _nC_r$임을 증명하는 과정이다.

[증명]

$n\times _{n-1}C_{r-1}=n\times \dfrac{(n-1)!}{(r-1)!\boxed{(가)}}$

$=\dfrac{\boxed{(나)}}{(r-1)!(n-r)!}$

$=\dfrac{r\times n!}{\boxed{(다)}(n-r)!}=r\times _nC_r$

위의 증명에서 (가), (나), (다)에 알맞은 것을 순서대로 적으면?

① $(n-r)!,\ n!,\ (r-1)!$
② $(n-r)!,\ n!,\ r!$
③ $(n-r)!,\ (n-1)!,\ (r-1)!$
④ $(n-r-1)!,\ n!,\ r!$
⑤ $(n-r-1)!,\ (n-1)!,\ (r-1)!$

1st 조합의 수를 식으로 나타내어 정리해보자.

실력↑ 증명하려는 등식의 좌변으로부터 우변으로 식을 조금씩 변형하려고 하면 돼.

$n\times _{n-1}C_{r-1}=n\times \dfrac{(n-1)!}{(r-1)!\underset{(가)}{(n-r)!}}=\dfrac{\overset{(나)\ n!}{n!}}{(r-1)!(n-r)!}$

→ $n\times (n-1)!=n!$
→ $n-1-(r-1)=n-r$

$=\dfrac{r\times n!}{\underset{(다)}{r!}(n-r)!}=r\times _nC_r$

→ $r\times (r-1)!$

K 103　정답 ④ ·············· $_nP_r$와 $_nC_r$를 이용한 증명

정답 공식: 조합의 수를 이용하여 주어진 과정을 따라간다.

다음은 서로 다른 n개에서 r개를 선택하는 조합의 수 $_nC_r(r\le n)$에 대한 어떤 성질을 설명하는 과정이다.

서로 다른 n개를 $\boxed{1}$, $\boxed{2}$, $\boxed{3}$, …, $\boxed{n}$이라 하자.

(i) $\boxed{1}$을 포함하여 r개를 선택하는 조합의 수는 $\boxed{(가)}$이다.

단서 1을 이미 선택했으므로 나머지 $(n-1)$개에서 $(r-1)$개를 선택하는 상황이야.

$\boxed{2}$를 포함하여 r개를 선택하는 조합의 수는 $\boxed{(가)}$이다.

$\boxed{3}$을 포함하여 r개를 선택하는 조합의 수는 $\boxed{(가)}$이다.

$\vdots$

$\boxed{n}$을 포함하여 r개를 선택하는 조합의 수는 $\boxed{(가)}$이다.

이상을 모두 합하면 $n\times \boxed{(가)}$이다. … ㉠

(ii) 그런데 위의 ㉠에 있는 조합의 수 중에는 $\boxed{1}$, $\boxed{2}$, $\boxed{3}$, …, $\boxed{r}$의 r개로 구성된 하나의 조합이 $\boxed{(나)}$번 반복되어 계산되었다.

(중략)

(i), (ii)로부터 서로 다른 n개에서 r개를 선택하는 조합의 수 $_nC_r$은

$_nC_r=\boxed{(다)}\times _{n-1}C_{r-1}$

위의 과정에서 (가), (나), (다)에 알맞은 것은?

	(가)	(나)	(다)
①	$_{n-1}C_{r-1}$	r	$\dfrac{r}{n}$
②	$_nC_{r-1}$	r	$\dfrac{n}{r}$
③	$_{n-1}C_{r-1}$	n	$\dfrac{r}{n}$
④	$_{n-1}C_{r-1}$	r	$\dfrac{n}{r}$
⑤	$_nC_{r-1}$	n	$\dfrac{r}{n}$

1st 특정한 것을 포함할 때의 조합의 수를 이용하자.

서로 다른 n개를 $\boxed{1}$, $\boxed{2}$, $\boxed{3}$, …, $\boxed{n}$이라 하자.

(i) 서로 다른 n개 중 1개를 포함하여 r개를 선택하는 조합의 수는 $(n-1)$개에서 $(r-1)$개를 선택하는 조합의 수와 같으므로

$_{n-1}C_{r-1}$이다.
↖(가)

이상을 모두 합하면 $n\times _{n-1}C_{r-1}$이다. … ㉠

2nd 같은 것이 반복된 횟수를 구하자.

(ii) 그런데 위의 ㉠에 있는 조합의 수 중에는 $\boxed{1}$, $\boxed{2}$, $\boxed{3}$, $\cdots$, $\boxed{r}$

의 r개로 구성된 하나의 조합이 $\boxed{1}$을 포함하여 r개를 선택하는

서로 다른 n개, 즉 $\boxed{1}$ $\boxed{2}$ $\boxed{3}$ $\cdots$, $\boxed{n}$ 중에서 r개를 뽑을 때, $\boxed{1}$ $\boxed{2}$ $\boxed{3}$ $\cdots$, $\boxed{r}$를 뽑는 특정한 1가지 경우를 뜻해.

조합부터 $\boxed{r}$를 포함하여 r개를 선택하는 조합까지 1번씩 총 $\boxed{r}$ 번

반복되어 계산되었다.
↘(나)

3rd 반복된 것만큼 나누자. r번 반복되었으므로 r로 나눠야겠지.

(i), (ii)로부터 서로 다른 n개에서 r개를 선택하는 조합의 수 $_n\mathrm{C}_r$은

$$_n\mathrm{C}_r = \frac{n}{r} \times {}_{n-1}\mathrm{C}_{r-1}$$
↘(다)

K 104 정답 ⑤ ·········· 조합의 수

> **정답 공식**: 서로 다른 n개 중에서 순서를 생각하지 않고 r개를 택하는 것을 조합이라 한다.

서로 다른 6개의 과목 중에서 서로 다른 3개를 선택하는 경우의 수는? **단서** 순서를 생각하지 않고 선택하는 것이므로 조합이지.

① 12 ② 14 ③ 16
④ 18 ⑤ 20

1st 조합을 이용해.

서로 다른 6개의 과목 중에서 서로 다른 3개를 선택하는 경우의 수는

$$_6\mathrm{C}_3 = \frac{_6\mathrm{P}_3}{3!} = \frac{6 \times 5 \times 4}{3 \times 2 \times 1} = 20$$
↘ $_n\mathrm{C}_r = \frac{_n\mathrm{P}_r}{r!} = \frac{n!}{r!(n-r)!}$ (단, $0 \le r \le n$)

K 105 정답 210 ·········· 조합의 수

> **정답 공식**: 조합을 이용해 1학년과 2학년 중에서 동아리 회원을 뽑는 경우의 수를 각각 구해 곱한다.

어느 학교 동아리 회원은 1학년이 7명, 2학년이 5명이다. 이 동아리에서 8명을 뽑을 때, 1학년에서 5명, 2학년에서 3명을 뽑는 경우의 수를 구하시오. **단서** 같은 학년의 학생을 뽑으니까 조합이지? 이때, 1학년과 2학년을 뽑는 사건은 동시에 일어나네.

1st 1학년 중 5명, 2학년 중 3명을 뽑는 경우의 수를 구해.

1학년 학생 7명 중 5명을 선택하고 그 각각의 경우 2학년 학생 5명 중 3명을 선택하면 되므로 A이고 B인 사건에 대하여 각각의 경우의 수를 곱해야겠지?

$$_7\mathrm{C}_5 \times {}_5\mathrm{C}_3 = {}_7\mathrm{C}_2 \times {}_5\mathrm{C}_2 = \frac{7 \times 6}{2 \times 1} \times \frac{5 \times 4}{2 \times 1} = 21 \times 10 = 210$$

[조합의 성질] ① $_n\mathrm{C}_r = {}_n\mathrm{C}_{n-r}$
② $_n\mathrm{C}_1 = n$

K 106 정답 ⑤ ·········· 조합의 수

> **정답 공식**: 서로 다른 n개에서 서로 다른 r개를 택하는 조합의 수는
> $_n\mathrm{C}_r = \frac{_n\mathrm{P}_r}{r!}$ (단, $0 \le r \le n$)이다.

9개의 숫자 0, 0, 0, 1, 1, 1, 1, 1, 1을 0끼리는 서로 이웃하지 않도록 일렬로 나열하여 만들 수 있는 아홉 자리의 자연수의 개수는? **단서** 1을 먼저 나열한 후 그 사이를 0이 조건에 맞게 들어갈 자리를 생각해.

① 12 ② 14 ③ 16 ④ 18 ⑤ 20

1st 조합을 이용하여 조건을 만족하는 자연수의 개수를 구해.

자연수의 첫 번째 자릿수는 0이 될 수 없으므로 1이다.

1 □ 1 □ 1 □ 1 □ 1 □ 1 □ → 0끼리 이웃하지 않게 나열하려면 0과 0 사이에는 적어도 1이 한 개 이상은 나열되어 있어야 해.

6개의 □ 중에서 3개를 골라 0을 넣으면 0끼리는 어느 것도 서로 이웃하지 않는 아홉 자리의 자연수를 만들 수 있다. → 3개의 0을 6개의 □에 나열할 때, 순서를 생각하지 않으므로 조합을 이용해.

따라서 구하는 자연수의 개수는

$$_6\mathrm{C}_3 = \frac{6 \times 5 \times 4}{3 \times 2 \times 1} = 20$$

K 107 정답 ④ ·········· 조합의 수

> **정답 공식**: 추가 가격이 500원이 되려면 200원, 300원짜리 재료를 각각 1개씩 선택하면 되고, 추가 가격이 1000원이 되려면 200원, 300원짜리 재료를 각각 2개씩 선택하면 된다.

어느 김밥 가게에서는 기본재료만 포함된 김밥의 가격을 1000원으로 하고, 기본재료 외에 선택재료가 추가될 경우 다음 표에 따라 가격을 정한다. 예를 들어 맛살과 참치가 추가된 김밥의 가격은 1500원이다. 선택재료를 추가하였을 때, 가격이 1500원 또는 2000원이 되는 김밥의 종류는 모두 몇 가지인가?

(단, 선택재료의 양은 가격에 영향을 주지 않는다.)

단서1 1500원짜리 김밥은 추가 가격이 500원이고, 2000원짜리 김밥은 추가 가격이 1000원이야.

선택재료	가격(원)
햄	200
맛살	200
김치	200
불고기	300
치즈	300
참치	300

단서2 200원짜리 선택재료가 3가지, 300원짜리 선택재료가 3가지 있어.

① 12 ② 14 ③ 16
④ 18 ⑤ 20

1st 추가 가격이 500원인 경우의 수를 구하자.

$500 = 200 + 300$이므로 추가 가격이 500원인 1500원짜리 김밥을 만드는 경우의 수는

$$_3\mathrm{C}_1 \times {}_3\mathrm{C}_1 = 3 \times 3 = 9$$

햄, 맛살, 김치 중 1가지, 불고기, 치즈, 참치 중 1가지를 고르면 돼.

2nd 추가 가격이 1000원인 경우의 수를 구하자.

$1000 = 200 + 200 + 300 + 300$이므로 추가 가격이 1000원인 2000원짜리 김밥을 만드는 경우의 수는

$$_3\mathrm{C}_2 \times {}_3\mathrm{C}_2 = {}_3\mathrm{C}_1 \times {}_3\mathrm{C}_1 = 3 \times 3 = 9$$

햄, 맛살, 김치 중 2가지, 불고기, 치즈, 참치 중 2가지를 고르면 돼.

따라서 구하는 김밥의 종류의 개수는

$9 + 9 = 18$

K 108 정답 ③ ······················ 조합의 수

정답 공식: a가 정해졌으므로 조건에 맞는 b, c를 정하는 경우의 수를 구한다.

$c<b<a<10$인 자연수 a, b, c에 대하여 백의 자리의 수, 십의 자리의 수, 일의 자리의 수가 각각 a, b, c인 세 자리의 자연수 중 500보다 크고 700보다 작은 모든 자연수의 개수는?

단서 a의 값은 5 또는 6이어야 해.

① 12 ② 14 ③ 16
④ 18 ⑤ 20

1st a의 값에 따라 경우를 나누어 생각해보자.

500보다 크고 700보다 작은 세 자리 자연수의 백의 자리의 수는 5 또는 6이므로 a의 값은 5 또는 6이다.
즉, a의 값에 따라 경우를 나누면 다음과 같다.

(i) $a=5$일 때,
$c<b<5$이므로 5보다 작은 자연수 중 2개를 뽑아 큰 수를 b, 작은 수를 c라 하는 경우의 수는 1, 2, 3, 4의 4개야.
$$_4C_2=\frac{4\times3}{2\times1}=6$$

(ii) $a=6$일 때,
$c<b<6$이므로 6보다 작은 자연수 중 2개를 뽑아 큰 수를 b, 작은 수를 c라 하는 경우의 수는 1, 2, 3, 4, 5의 5개야.
$$_5C_2=\frac{5\times4}{2\times1}=10$$

(i), (ii)에서 조건을 만족시키는 모든 자연수의 개수는
$6+10=16$

K 109 정답 ② ······················ 조합의 수

정답 공식: 7명의 학생을 2명, 2명, 3명의 3개의 조로 나누는 방법의 수를 생각한다.

7명의 학생이 양로원으로 봉사활동을 갔다. 청소 도우미 2명, 빨래 도우미 2명, 식사 도우미 3명으로 역할을 나누려고 할 때, 가능한 방법의 수는? **단서** 7명의 학생을 2명, 2명, 3명으로 나누고 서로 다른 3개의 역할로 분재하므로 분할된 인원수가 같아도 중복되지 않아.

① 105 ② 210 ③ 315
④ 420 ⑤ 630

1st 7명의 학생 중 역할별로 2명, 2명, 3명을 선택하는 경우의 수를 구하자.

7명 중 2명의 청소 도우미를 선택하는 방법의 수는
$$_7C_2=\frac{7\times6}{2\times1}=21$$ 서로 다른 7명에서 순서를 생각하지 않고 2명을 뽑는 경우의 수와 같아.

청소 도우미를 제외한 5명 중 2명의 빨래 도우미를 선택하는 방법의 수는
$$_5C_2=\frac{5\times4}{2\times1}=10$$ 서로 다른 5명에서 순서를 생각하지 않고 2명을 뽑는 경우의 수와 같아.

남은 3명은 식사 도우미를 하면 되므로 이때의 방법의 수는 1
서로 다른 3명에서 순서를 생각하지 않고 3명을 뽑는 경우의 수와 같아.
여기서 나눠진 2명, 2명, 3명의 학생들은 청소 도우미, 빨래 도우미, 식사 도우미로 각각 역할이 분리되므로 분할된 인원수가 같아도 중복되지 않는다.

따라서 구하는 방법의 수는
$21\times10\times1=210$

함정 학생들을 단순히 2명, 2명, 3명의 3개의 조로만 나누는 것인지, 그 3개의 조가 서로 이름이나 역할이 달라 구분이 가능한지 반드시 확인해야 해.

K 110 정답 15 ······················ 조합의 수

정답 공식: 꺼낸 5개의 공의 색이 3종류가 되는 경우를 생각한 후 각각의 경우의 수를 구한다.

흰 공 4개, 검은 공과 파란 공이 각각 2개씩, 빨간 공과 노란 공이 각각 1개씩 총 10개의 공이 들어 있는 주머니가 있다. 이 주머니에서 5개의 공을 꺼낼 때, 꺼낸 공의 색이 3종류인 경우의 수를 구하시오. (단, 같은 색의 공은 구별하지 않는다.)

단서 꺼낸 5개의 공의 색깔이 3종류가 되려면 색깔별 공의 개수가 2, 2, 1 또는 3, 1, 1이어야 해. 이를 만족시키는 경우의 수를 색깔별 공의 개수에 유의하여 구해.

1st 색깔별 공의 개수에 따라 경우를 나누어 구하자.

주머니에서 꺼낸 5개의 공의 색이 3종류인 경우는 색깔별 공의 개수가 $(2, 2, 1)$ 또는 $(3, 1, 1)$이어야 한다.

(i) 색깔별 공의 개수가 2, 2, 1인 경우
흰 공, 검은 공, 파란 공 중 2개의 공을 꺼낼 색을 고르는 경우의 수는
빨간 공과 노란 공은 1개씩 있으니까 2개를 뽑을 수 없어.
$$_3C_2=_3C_1=3 \quad _nC_r=_nC_{n-r}$$
흰 공, 검은 공, 파란 공 중 위에서 꺼내지 않은 색깔의 공과 빨간 공, 노란 공 중 1개의 공을 꺼낼 색을 고르는 경우의 수는
$$_3C_1=3$$
즉, 이때의 경우의 수는
$3\times3=9$

(ii) 색깔별 공의 개수가 3, 1, 1인 경우
공이 3개 이상인 것은 흰 공뿐이므로 흰 공을 3개 꺼내야 한다.
남은 검은 공, 파란 공, 빨간 공, 노란 공 중 1개의 공을 꺼낼 색을 고르는 경우의 수는
$$_4C_2=\frac{4\times3}{2\times1}=6$$

(i), (ii)에 의하여 꺼낸 공의 색이 3종류인 경우의 수는
$9+6=15$

K 111 정답 ② ······················ 조합의 수

정답 공식: 합이 짝수가 되는 경우는 짝수끼리, 홀수끼리 더했을 때이므로 조합을 이용해 각각의 경우의 수를 모두 구해 더한다.

1부터 8까지의 자연수가 각각 하나씩 적혀 있는 8장의 카드 중에서 동시에 5장의 카드를 선택하려고 한다. 선택한 카드에 적혀 있는 수의 합이 짝수인 경우의 수는? **단서** 숫자의 합이 짝수가 되는 경우는 모두 짝수이거나, 홀수가 2장, 4장 있는 경우이지?

① 24 ② 28 ③ 32
④ 36 ⑤ 40

1st 카드에 적힌 숫자를 짝수와 홀수로 각각 나누어서 5장의 카드에 있는 숫자의 합이 짝수일 조건을 생각하자.

1부터 8까지의 자연수 중에서 짝수와 홀수는 다음과 같다.
짝수 : 2, 4, 6, 8 → 짝수가 4개밖에 없으니까 모두 짝수인 경우는 제외돼.
홀수 : 1, 3, 5, 7 홀수가 2장, 4장인 경우로 나누자.

이때, 서로 다른 5장의 카드를 선택하여 그 합이 짝수인 경우는 짝수 3장과 홀수 2장, 짝수 1장과 홀수 4장일 때이다. **주의** 홀수를 더해서 짝수가 되려면 홀수는 짝수 개가 되어야 해.

2nd 조합을 이용하여 짝수 3장과 홀수 2장, 짝수 1장과 홀수 4장을 선택하는 경우의 수를 구하자.

(i) 짝수 3장, 홀수 2장인 경우: $_4C_3 \times _4C_2 = _4C_1 \times _4C_2 = 4 \times 6 = 24$

(ii) 짝수 1장, 홀수 4장인 경우: $_4C_1 \times _4C_4 = 4 \times 1 = 4$

(i), (ii)에 의하여 구하는 경우의 수는 $24 + 4 = 28$

[합의 법칙]
두 사건 A, B가 일어나는 경우의 수가 각각 m, n일 때,
A 또는 B가 일어나는 경우의 수는 $m+n$이다.

🏃 **톡톡 풀이**: 5장의 카드에 적힌 수의 합이 짝수이거나 홀수여야 하고, 그 합이 짝수가 되는 경우의 수와 홀수가 되는 경우의 수가 같음을 이용하여 경우의 수 구하기

1부터 8까지의 수 중 짝수와 홀수의 개수가 4로 같고, 5장의 카드 중 (짝수의 개수, 홀수의 개수)의 순서쌍이 (1, 4), (3, 2)인 경우, 뽑은 그 수의 합이 짝수야.

그런데 (홀수의 개수, 짝수의 개수)의 순서쌍이 (1, 4), (3, 2)이면 뽑은 그 수의 합이 홀수이니까 5장의 카드를 뽑을 때, 그 합이 짝수가 되는 경우의 수와 홀수가 되는 경우의 수가 같아.

따라서 구하는 경우의 수는

$_8C_5 \div 2 = _8C_3 \times \dfrac{1}{2} = \dfrac{8 \times 7 \times 6}{3 \times 2 \times 1} \times \dfrac{1}{2} = 28$

8개 중 5개를 선택하는 경우의 수는 그 합이 짝수일 때와 홀수일 때가 같으니까 2로 나눠주면 돼.

K 112 정답 50 ·················· 조합의 수

(**정답 공식**: 작은 원판 위에 큰 원판을 쌓으면 위에서 내려다봤을 때 작은 원판은 보이지 않는다는 점에 유의한다.)

반지름의 길이와 색이 모두 다른 나무 원판 5개가 있다. 5개의 원판의 중심이 일치하도록 원판을 쌓으려고 한다. 그림은 위에서 내려다봤을 때 원판 2개가 보이도록 원판 5개를 쌓은 한 가지 예이다. 이와 같이 위에서 내려다봤을 때 원판 2개가 보이도록 원판 5개를 쌓는 방법의 수를 구하시오.

단서 원판을 어떻게 쌓더라도 위에서 내려다봤을 때 가장 큰 원판은 무조건 보이게 돼. 따라서 가장 큰 원판의 위치에 따라 경우를 나눠주는 것이 좋아.

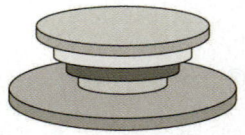

1st 가장 큰 원판의 위치를 기준으로 경우를 나누자.

가장 큰 원판을 A라 할 때, A 위에 원판이 1개, 2개, 3개, 4개 있는 경우
A를 맨 위에 놓으면 위에서 내려다봤을 때 A만 보이므로 문제의 조건에 맞지 않아.
로 나누어 위에서 내려다봤을 때 원판 2개가 보이는 경우의 수를 구하자.

(i) A 위에 원판이 1개 있는 경우

위에서 내려다봤을 때 A 위의 원판과 A의 2개가 보이게 돼.
A 위에 놓일 원판을 1개 뽑고
A를 제외한 나머지 4개의 원판 중 어느 것이 A 위에 놓여도 조건을 만족시켜.
나머지 원판 3개를 A 아래에 일렬로 배열하면 되므로 이때의 방법의 수는
$_4C_1 \times 3! = 4 \times 6 = 24$

	A

(ii) A 위에 원판이 2개 있는 경우

A 위에 놓일 원판을 2개 뽑고 나머지
뽑은 2개의 원판 중 더 큰 것을 위에 쌓아야 해. 즉, 2개를 뽑기만 하면 쌓는 순서는 결정이 되는 거야.
원판 2개를 A 아래에 일렬로 배열하면 되므로 이때의 방법의 수는
$_4C_2 \times 2! = \dfrac{4 \times 3}{2 \times 1} \times 2 = 12$

	A

(iii) A 위에 원판이 3개 있는 경우

A 위에 놓일 원판을 3개 뽑은 후 이 중 가장 큰 원판을 맨 위에 놓고 나머지 2개를 일렬로 배열한다.
뽑은 3개의 원판 중 가장 큰 것을 위에 쌓으면 아래 2개는 보이지 않으므로 쌓는 순서에 제약이 없어.
그런 다음 A 아래에 나머지 원판을 놓으면 되므로 이때의 방법의 수는
$_4C_3 \times 2! = _4C_1 \times 2! = 4 \times 2 = 8$

A

(iv) A 위에 원판이 4개 있는 경우

4개의 원판 중 가장 큰 원판을 맨 위에 놓고 나머지 3개를 일렬로 배열하면 되므로 이때의 방법의 수는
$3! = 6$ A를 제외한 나머지 4개의 원판 중 가장 큰 것을 맨 위에 쌓으면 아래 3개는 보이지 않으므로 쌓는 순서에 제약이 없어.

A

(i)~(iv)에서 구하는 방법의 수는
$24 + 12 + 8 + 6 = 50$

K 113 정답 ① · 특정한 것을 포함하거나 포함하지 않는 조합의 수

(**정답 공식**: A, B, C를 제외한 5명 중 2명을 뽑는 경우의 수와 같다.)

8명의 학생 중 4명의 위원을 뽑을 때, 특정한 세 학생 A, B, C 중 A는 뽑히지 않고 B, C는 함께 뽑히는 경우의 수는?
단서 특정한 세 학생 A, B, C는 뽑히는지 아닌지 정해져 있으므로 나머지 5명 중에서 위원 2명을 뽑으면 되잖아!

① 10 ② 14 ③ 18
④ 22 ⑤ 26

1st 뽑히는지 아닌지가 정해진 세 명을 제외하고 나머지 학생 중에 뽑는 경우의 수를 해.

A는 뽑히지 않고 B, C는 함께 뽑히는 방법의 수는 A, B, C를 제외한 5명 중 2명을 뽑는 경우의 수와 같으므로
서로 다른 n개에서 r개를 뽑을 때
$_5C_2 = \dfrac{5 \times 4}{2 \times 1} = 10$ ① 특정한 k개를 포함하여 r개를 뽑는 경우의 수 ⇒ $_{n-k}C_{r-k}$
② 특정한 k개를 제외하고 r개를 뽑는 경우의 수 ⇒ $_{n-k}C_r$

K 114 정답 ④ ·················· 조합의 수

(**정답 공식**: 운동 종류에 따라 5일을 나누어 선택하는 경우의 수를 구한다.)

지수는 다음 규칙에 따라 월요일부터 금요일까지 5일 동안 하루에 한 가지씩 운동을 하는 계획을 세우려 한다.

(가) 5일 중 3일을 선택하여 요가를 한다.
단서 1 먼저 요가를 할 3일을 선택해.

(나) 요가를 하지 않는 2일 중 하루를 선택하여 수영, 줄넘기 중 한 가지를 하고, 남은 하루는 농구, 축구 중 한 가지를 한다. **단서 2** 수영, 줄넘기 중 하나를 할 날과 농구, 축구 중 하나를 할 날을 선택해.

지수가 세울 수 있는 계획의 가짓수는?

① 50 ② 60 ③ 70
④ 80 ⑤ 90

1st 조건을 만족시키는 각각의 경우의 수를 구하자.

5일 중 3일을 선택하여 요가를 하는 방법의 수는

$$_5C_3=\,_5C_2=\frac{5\times4}{2\times1}=10$$

요가를 하지 않는 나머지 2일 중 하루를 선택하여 수영, 줄넘기 중 한 가지를 하는 방법의 수는

$$_2C_1\times\,_2C_1=2\times2=4 \rightarrow \text{수영, 줄넘기 중 하나를 선택}$$

요가를 하지 않는 나머지 2일 중 하루를 선택

남은 하루는 농구, 축구 중 한 가지를 하는 방법의 수는

$$_2C_1=2$$

농구, 축구 중 하나를 선택

따라서 구하는 방법의 수는

$$10\times4\times2=80$$

K 115 정답 ④ ·················· 조합의 수

정답 공식: 3개의 모둠에 남학생이 1명 이상씩 포함되어야 하므로 남학생 4명을 3개의 모둠으로 나누려면 몇 명씩 나누어야 할지 생각한다.

> 남학생 4명과 여학생 3명을 세 개의 모둠으로 나누려 할 때, 모든 모둠에 남학생과 여학생이 각각 1명 이상 포함되도록 하는 경우의 수는? **단서** 3명의 여학생은 3개의 모둠에 각각 한 명씩 들어가면 돼.
>
> ① 30   ② 32   ③ 34
> ④ 36   ⑤ 38

1st 남학생을 3개의 모둠으로 나누는 경우의 수를 구하자.

남학생 4명을 3개의 모둠으로 나눌 때, 모든 모둠에 1명 이상 포함되어야 하므로 남학생을 2명, 1명, 1명으로 나누어야 한다.

즉, 이때의 경우의 수는   3개의 모둠에 남학생을 1명씩 미리 배치한 후 나머지 한 명을 3개의 모둠 중 1개에 추가로 배치한다고 생각하면 돼. 즉, 남학생을 2명, 1명, 1명으로 나누어야 해.

$$_4C_2\times\,_2C_1\times\,_1C_1\times\frac{1}{2!}=\frac{4\times3}{2\times1}\times2\times1\times\frac{1}{2}=6$$

3개의 모둠이 이름이나 역할이 달라 구분되는 것이 아니지?

즉, 남학생 4명을 A, B, C, D라 했을 때, (A, B), C, D로 나누는 경우와 (A, B), D, C로 나누는 경우는 같은 경우가 돼. 따라서 인원수가 같은 모둠이 2개 있으므로 2!로 나눠 준 거야.

2nd 여학생을 3개의 모둠으로 나누는 경우의 수를 구하자.

여학생 3명을 3개의 조로 나누어야 하는데 각 조에 1명 이상씩 포함되어야 하므로 여학생은 나누어진 남학생의 모둠에 1명씩 배치하면 된다.

즉, 이때의 경우의 수는

$$3!=3\times2\times1=6$$ 남학생 중 (A, B)가 포함된 모둠에 여학생 ①번이 포함되는 경우와 여학생 ②번이 포함되는 경우는 다른 경우야. 즉, 여학생을 배치하는 경우의 수는 여학생 3명을 일렬로 세운 후 순서대로 3개의 모둠에 1명씩 배치한다고 생각하면 돼.

따라서 구하는 경우의 수는

$$6\times6=36$$

수능 핵강

＊모둠 나누기

서로 다른 n명을 p명, q명, r명으로 나누는 경우의 수 (단, $p+q+r=n$)

(1) $p,\,q,\,r$가 모두 다른 수일 때
$$\Rightarrow\,_nC_p\times\,_{n-p}C_q\times\,_rC_r$$

(2) $p,\,q,\,r$ 중 어느 두 수가 같을 때
$$\Rightarrow\,_nC_p\times\,_{n-p}C_q\times\,_rC_r\times\frac{1}{2!}$$

(3) $p,\,q,\,r$ 세 수가 모두 같을 때
$$\Rightarrow\,_nC_p\times\,_{n-p}C_q\times\,_rC_r\times\frac{1}{3!}$$

K 116 정답 25 ·· 특정한 것을 포함하거나 포함하지 않는 조합의 수

정답 공식: A, B가 들어가는 상품과 들어가지 않는 상품으로 나누어 경우의 수를 구한다.

> 8종류의 과자 A, B, C, D, E, F, G, H로 다음 조건에 따라 세트 상품을 만들려고 한다.
>
> (가) 각 세트에는 서로 다른 4종류의 과자를 각각 한 개씩 담는다.
> (나) A 또는 B를 담는 경우에는 A와 B를 같은 세트에 담는다. **단서** A, B는 하나의 상품으로 생각할 수 있으므로 A, B가 들어가는 세트 상품과 들어가지 않는 세트 상품으로 구분하여 경우의 수를 구해.
> (다) A, B, C 모두를 같은 세트에 담지 않는다.
>
> 서로 다른 세트 상품을 만들 수 있는 방법의 수를 구하시오.

1st 상품에 A, B가 들어가는 경우와 들어가지 않는 경우로 나누어 생각하자.

(i) A, B가 들어가는 세트 상품에는 A, B, C를 제외한 나머지 5종류의 과자에서 2종류를 담으면 되므로 이때의 경우의 수는   조건 (다)에서 세트 상품에 A, B, C를 모두 담지 않는다고 했으므로 A, B가 들어가면 C는 들어가면 안 돼.

$$_5C_2=\frac{5\times4}{2\times1}=10$$

(ii) A, B가 들어가지 않는 세트 상품에는 6종류의 과자에서 A, B를 제외한 나머지 4종류를 담으면 되므로 이때의 경우의 수는

$$_6C_4=\,_6C_2=\frac{6\times5}{2\times1}=15$$

(i), (ii)에서 구하는 방법의 수는

$$10+15=25$$

K 117 정답 200 ·················· 조합의 수

정답 공식: 여학생 5명은 3명, 2명의 2개의 조로 나누고, 남학생 6명은 3명씩 2개의 조로 나누는 방법의 수를 생각한다.

> 수련회에 참가한 여학생 5명과 남학생 6명을 4개의 방에 배정하려고 한다. 여학생은 1호실에 3명, 2호실에 2명을 배정하고, 남학생은 3호실과 4호실에 각각 3명씩 배정하는 방법의 수를 구하시오. **단서** 여학생과 남학생을 몇 명씩 뽑아 특정한 호실에 배정하는 것이므로 정해진 학생 수만큼 뽑기만 하면 돼.

1st 여학생을 1호실과 2호실에 배정하는 방법의 수를 구하자.

여학생 5명을 1호실에 3명, 2호실에 2명 배정하는 방법의 수는

$$_5C_3\times\,_2C_2=\,_5C_2\times\,_2C_2=\frac{5\times4}{2\times1}\times1=10$$

5명의 여학생 중 먼저 1호실에 들어갈 3명을 뽑으면 나머지 2명은 2호실에 들어가면 돼.

2nd 남학생을 3호실과 4호실에 배정하는 방법의 수를 구하자.

남학생 6명을 3호실에 3명, 4호실에 3명 배정하는 방법의 수는

$$_6C_3\times\,_3C_3=\frac{6\times5\times4}{3\times2\times1}\times1=20$$

함정

> 남학생 6명을 A, B, C, D, E, F라 했을 때, (A, B, C), (D, E, F)로 나누는 경우와 (D, E, F), (A, B, C)로 나누는 경우를 같은 경우라 생각하여 경우의 수를 $_6C_3\times\,_3C_3\times\frac{1}{2!}$로 생각할 수 있어.
> 하지만 (A, B, C)를 3호실, (D, E, F)를 4호실에 배정하는 경우와 (D, E, F)를 3호실, (A, B, C)를 4호실에 배정하는 경우는 다른 경우이므로 $\frac{1}{2!}$을 곱하지 않은 거야.

따라서 구하는 모든 방법의 수는

$$10\times20=200$$

정답 공식: A, B가 공통으로 가입한 동아리가 0개 또는 1개인 경우로 나누어 각각의 경우의 수를 구한다.

A, B 두 사람이 서로 다른 4개의 동아리 중에서 2개씩 가입하려고 한다. A와 B가 공통으로 가입하는 동아리가 1개 이하가 되도록 하는 경우의 수를 구하시오.

단서 A, B가 공통으로 가입한 동아리가 0개 또는 1개가 되도록 하는 경우의 수를 구해야 해.

(단, 가입 순서는 고려하지 않는다.)

1st A, B가 공통으로 가입한 동아리가 0개 또는 1인 경우로 나누어 생각하자.

(i) A, B가 공통으로 가입한 동아리가 0개인 경우
서로 다른 4개의 동아리 중에서 A가 2개의 동아리를 선택한 후 B가 나머지 2개의 동아리를 선택하면 되므로 이때의 경우의 수는

$$_4C_2 = \frac{4 \times 3}{2 \times 1} = 6$$

A가 2개의 동아리를 선택하면 B가 가입할 동아리가 바로 정해지므로 B가 선택하는 경우는 고려하지 않아도 돼.

(ii) A, B가 공통으로 가입한 동아리가 1개인 경우
공통으로 가입하는 동아리를 뽑는 경우의 수는
$$_4C_1 = 4$$
A가 다른 1개의 동아리를 선택하는 경우의 수는
$$_3C_1 = 3$$
4개의 동아리 중 공통으로 가입한 동아리 1개를 제외한 3개 중에 하나를 선택하는 거야.
B가 다른 1개의 동아리를 선택하는 경우의 수는
$$_2C_1 = 2$$
4개의 동아리 중 공통으로 가입한 동아리 1개, A가 선택한 동아리 1개를 제외한 2개 중에 하나를 선택하는 거야.
즉, 이때의 경우의 수는
$$4 \times 3 \times 2 = 24$$

(i), (ii)에서 구하는 경우의 수는
$$6 + 24 = 30$$

다른 풀이: 여사건의 경우의 수를 이용하여 풀기

A, B가 공통으로 가입한 동아리의 수가 1개 이하인 경우의 수는 전체 경우의 수에서 공통으로 가입한 동아리 수가 2개인 경우의 수를 빼면 돼. A, B 두 사람이 동아리를 2개 가입해야 하므로 A, B가 공통으로 가입할 수 있는 동아리의 수는 0개 또는 1개 또는 2개야.

(i) 전체 경우의 수는
$$_4C_2 \times _4C_2 = \frac{4 \times 3}{2 \times 1} \times \frac{4 \times 3}{2 \times 1} = 36$$
A와 B가 각각 4개의 동아리에서 2개를 선택하는 경우의 수야.

(ii) A, B가 공통으로 가입한 동아리가 2개인 경우는
A가 2개의 동아리를 선택하면 B는 A가 선택한 동아리를 가입하면 되므로 이때의 경우의 수는
$$_4C_2 = \frac{4 \times 3}{2 \times 1} = 6$$

(i), (ii)에서 구하는 경우의 수는
$$36 - 6 = 30$$

정답 공식: 서로 다른 n개에서 서로 다른 r개를 택하는 조합의 수는 $_nC_r = \frac{_nP_r}{r!}$ (단, $0 \leq r \leq n$)이다.

그림과 같이 9개의 칸으로 나누어진 정사각형의 각 칸에 1부터 9까지의 자연수가 적혀 있다.

1	2	3
4	5	6
7	8	9

이 9개의 숫자 중 다음 조건을 만족시키도록 2개의 숫자를 선택하려고 한다. **단서** 숫자 하나를 선택하면 그 숫자를 포함하는 가로줄과 세로줄에 있는 숫자는 선택할 수 없다는 의미야.

(가) 선택한 2개의 숫자는 서로 다른 가로줄에 있다.
(나) 선택한 2개의 숫자는 서로 다른 세로줄에 있다.

예를 들어, 숫자 1과 5를 선택하는 것은 조건을 만족시키지만, 숫자 3과 9를 선택하는 것은 조건을 만족시키지 않는다. 조건을 만족시키도록 2개의 숫자를 선택하는 경우의 수는?

① 9   ② 12   ③ 15
④ 18   ⑤ 21

1st 조건을 만족시키는 경우의 수를 각각 구해. → 순서가 상관없으므로 조합을 이용해.

3개의 가로줄 중 2개의 가로줄을 택하는 경우의 수는 $_3C_2 = 3$
택한 2개의 가로줄 중 한 가로줄에서 1개의 숫자를 선택하는 경우의 수는 $_3C_1 = 3$
조건 (나)에 의해 나머지 한 가로줄에서 이미 선택한 숫자와 다른 세로줄에 있는 1개의 숫자를 선택하는 경우의 수는 $_2C_1 = 2$

2nd 곱의 법칙을 이용해.

곱의 법칙에 의하여 구하는 경우의 수는
$$3 \times 3 \times 2 = 18$$

다른 풀이: 1에서 9까지의 숫자 중 2개를 선택하므로 1개를 먼저 구체적으로 선택한 뒤, 나머지를 선택하는 경우의 수를 구하기

1을 선택할 때,
조건을 만족시키도록 나머지 한 숫자를 선택하는 경우의 수는
5, 6, 8, 9의 4개의 숫자 중 1개의 숫자를 선택하는 경우이므로 경우의 수는 $_4C_1 = 4$
5, 6, 8, 9의 4가지
2를 선택할 때,
조건을 만족시키도록 나머지 한 숫자를 선택하는 경우의 수는
4, 6, 7, 9의 4가지
3을 선택할 때,
조건을 만족시키도록 나머지 한 숫자를 선택하는 경우의 수는
4, 5, 7, 8의 4가지
⋮
9를 선택할 때,
조건을 만족시키도록 나머지 한 숫자를 선택하는 경우의 수는
1, 2, 4, 5의 4가지
이므로 총 $9 \times 4 = 36$

그런데 각 경우마다 중복이 발생하므로 구하는 경우의 수는

예를 들어 1과 5를 선택하는 경우와 5와 1을 선택하는 경우는 같아.
이와 같이 두 숫자를 선택할 때 각 경우마다 중복이 생기게 되지

$$\frac{36}{2}=18(가지)$$

⚡ **톡톡 풀이:** 1개를 먼저 구체적으로 선택하면 각 경우에 대하여 조건을 만족하는 경우의 수와 조건을 만족하지 못하는 경우의 수가 같으므로 9개 중 2개를 선택하는 경우의 수를 2로 나누어 경우의 수 구하기

1을 선택할 때

↗ 2, 3은 조건 (가)를 만족시키지 못하고,
4, 7은 조건 (나)를 만족시키지 못해.

2, 3, 4, 7 중 하나를 선택하면 조건을 만족시키지 못하고 5, 6, 8, 9 중 하나를 선택하면 조건을 만족시켜. 이것은 2를 선택할 때, 3을 선택할 때, …, 9를 선택할 때도 마찬가지로 성립해.

즉, 각 경우에 대하여 조건을 만족하는 경우의 수와 조건을 만족하지 못하는 경우의 수는 같지.

따라서 구하는 경우의 수는

$$\frac{_9C_2}{2}=\frac{9\times8}{2}\times\frac{1}{2}=18이야.$$

✿ **특정한 것을 포함하거나 포함하지 않는 조합의 수**   개념·공식

(1) 특정한 것이 반드시 포함되는 경우
특정한 것을 이미 뽑았다고 생각하고 나머지에서 필요한 것을 뽑는다.
(2) 서로 다른 n개에서 r개를 뽑을 때
① 특정한 k개를 포함하여 r개를 뽑는 경우의 수: $_{n-k}C_{r-k}$
② 특정한 k개를 제외하고 r개를 뽑는 경우의 수: $_{n-k}C_r$

우선 2개의 빈 바구니에 파란색 공을 1개씩 넣고, 전체 5개의 바구니에 남은 파란색 공 4개를 넣는 경우의 수는 다음과 같다.

(i) 2개의 바구니를 골라 파란색 공을 각각 2개씩 넣는 경우의 수는

$$_5C_2=\frac{5\times4}{2\times1}=10$$

(ii) 3개의 바구니를 골라 파란색 공을 각각 2개, 1개, 1개 넣는 경우의 수는

$$_5C_3\times_3C_1=_5C_2\times_3C_1=\frac{5\times4}{2\times1}\times3=30$$

파란색 공이 들어갈 바구니 3개를 고르고, 그 중 파란색 공 2개를 넣을 바구니를 고르는 경우의 수야.

(iii) 4개의 바구니를 골라 파란색 공을 각각 1개씩 넣는 경우의 수는

$$_5C_4=_5C_1=5$$

(i) ~ (iii)에서 파란색 공을 넣는 경우의 수는

$$10+30+5=45$$

따라서 구하는 경우의 수는

$$10\times45=450$$

✿ **조합의 수**   개념·공식

① $_nC_r=\dfrac{_nP_r}{r!}=\dfrac{n!}{r!(n-r)!}$
② $_nC_r=_nC_{n-r}$
③ $_nC_0=1,\ _nC_n=1$

K

K 120 정답 450 ⋯⋯⋯⋯⋯⋯⋯⋯⋯⋯⋯⋯⋯⋯⋯ 조합의 수

정답 공식: 빨간색 공을 넣는 조건이 추가되었으므로 빨간색 공을 넣는 경우의 수를 먼저 구한 후 그에 따라 파란색 공을 넣는 경우의 수를 구한다.

다음 조건을 만족시키도록 서로 다른 5개의 바구니에 빨간색 공 3개와 파란색 공 6개를 모두 넣는 경우의 수를 구하시오.
(단, 같은 색의 공은 서로 구별하지 않는다.)

(가) 각 바구니에 공은 1개 이상, 3개 이하로 넣는다.
(나) 빨간색 공은 한 바구니에 2개 이상 넣을 수 없다.

단서 각 바구니마다 빨간색 공은 최대 1개만 넣을 수 있어.

1st 빨간색 공을 넣는 경우의 수를 구하자.

조건 (나)에 의하여 각 바구니에 빨간색 공은 0개 또는 1개 넣을 수 있으므로 빨간색 공을 바구니에 넣는 경우의 수는 5개의 바구니 중 빨간색 공이 들어갈 바구니 3개를 고르는 경우의 수와 같다.

즉, 빨간색 공을 넣는 경우의 수는

바구니는 5개이고, 빨간색 공이 3개이므로 빨간색 공을 바구니 3개에 1개씩 넣으면 나머지 바구니 2개에는 빨간색 공이 0개 들어가는 거야.

$$_5C_3=_5C_2=\frac{5\times4}{2\times1}=10$$

2nd 파란색 공을 넣는 경우의 수를 구하자.

1st 에서 빨간색 공을 넣지 않은 빈 바구니에는 조건 (가)에 의하여 파란색 공을 1개 이상 넣어야 한다. 각 바구니에 최소 1개의 공이 들어가야 한다고 했어.

K 121 정답 ⑤ ⋯⋯⋯⋯⋯⋯⋯ '적어도'의 조건이 있는 조합의 수

정답 공식: 전체 경우의 수에서 남학생만 뽑는 경우와 여학생만 뽑는 경우를 뺀다.

남학생 6명, 여학생 6명 중에서 4명을 뽑을 때, 남학생과 여학생을 각각 적어도 1명씩 뽑는 경우의 수는?
단서 전체 경우의 수에서 남학생만 뽑히거나 여학생만 뽑히는 경우의 수를 빼.

① 445   ② 450   ③ 455
④ 460   ⑤ 465

1st 12명의 학생 중 4명을 뽑는 경우의 수에서 남학생만 또는 여학생만 4명을 뽑는 경우의 수를 빼자.

남학생과 여학생이 반드시 1명 이상 포함되어야 하므로
전체 경우의 수에서 남학생만 4명을 뽑거나
여학생만 4명을 뽑는 경우의 수를 빼자.
12명의 학생 중 4명을 뽑는 경우의 수는

$$_{12}C_4=\frac{12\times11\times10\times9}{4\times3\times2\times1}=495$$

남학생 6명 중에서 4명을 뽑는 경우의 수는
여학생이 포함되지 않는 경우야.
$$_6C_4=_6C_2=\frac{6\times5}{2\times1}=15$$

여학생 6명 중에서 4명을 뽑는 경우의 수도 마찬가지로
남학생이 포함되지 않는 경우지?
$$_6C_4=_6C_2=15$$

따라서 구하는 경우의 수는

$$495-15-15=465$$

다른 풀이: 조건을 만족시키도록 남학생과 여학생을 뽑는 경우를 각각 나누어 경우의 수 구하기

12명 중에서 4명을 뽑을 때, 남학생과 여학생을 각각 적어도 1명씩 뽑으려면 남학생 수와 여학생 수가 다음과 같아야 한다.

남학생 수와 여학생 수를 순서쌍으로 나타내면
(남학생 수, 여학생 수)=(1, 3), (2, 2), (3, 1)

(i) 남학생 1명, 여학생 3명을 뽑는 경우의 수는

$$_6C_1 \times {_6}C_3 = 6 \times \frac{6 \times 5 \times 4}{3 \times 2 \times 1}$$
$$= 120$$

(ii) 남학생 2명, 여학생 2명을 뽑는 경우의 수는

$$_6C_2 \times {_6}C_2 = \frac{6 \times 5}{2 \times 1} \times \frac{6 \times 5}{2 \times 1}$$
$$= 225$$

(iii) 남학생 3명, 여학생 1명을 뽑는 경우의 수는

$$_6C_3 \times {_6}C_1 = \frac{6 \times 5 \times 4}{3 \times 2 \times 1} \times 6$$
$$= 120$$

(i), (ii), (iii)은 동시에 일어날 수 없으므로 구하는 경우의 수는
$120 + 225 + 120 = 465$ 합의 법칙을 이용해.

K 122   정답 ② ·················· '적어도'의 조건이 있는 조합의 수

(**정답 공식:** 전체 경우의 수에서 홀수만 2장 뽑는 경우의 수를 뺀다.)

> 1, 2, 3, 4, 5, 6의 자연수가 하나씩 쓰여 있는 6장의 카드 중에서 2장의 카드를 뽑을 때, 짝수가 쓰여 있는 카드를 적어도 1장 뽑는 경우의 수는? 단서 '적어도~'이면 (전체 경우의 수)−(사건이 일어나지 않는 경우의 수)로 구해야겠지?
> ① 10   ② 12   ③ 14
> ④ 16   ⑤ 18

1st 전체 경우의 수에서 홀수가 쓰여 있는 카드만 2장 뽑는 경우의 수를 빼자.

짝수가 쓰여 있는 카드를 적어도 1장 뽑는 경우의 수는 전체 경우의 수에서 짝수가 쓰여 있는 카드를 한 장도 뽑지 않는 경우의 수, 즉 2장 모두 홀수를 뽑는 경우의 수를 빼서 구할 수 있다.

6장의 카드 중에서 2장의 카드를 뽑는 경우의 수는
$$_6C_2 = \frac{6 \times 5}{2 \times 1} = 15$$

홀수 1, 3, 5의 숫자가 쓰여 있는 3장의 카드에서 2장의 카드를 뽑는 경우의 수는 ${}_nC_r = {}_nC_{n-r}$
$$_3C_2 = {_3}C_1 = 3$$

따라서 구하는 경우의 수는
$15 - 3 = 12$

K 123   정답 ④ ·················· '적어도'의 조건이 있는 조합의 수

(**정답 공식:** 전체 경우의 수에서 여학생 대표 세 명을 뽑는 경우의 수를 뺀 값이 210임을 이용해 여학생의 수와 남학생의 수를 차례로 구한다.)

> 남녀 학생 12명으로 구성된 동아리에서 3명의 대표를 뽑으려고 한다. 적어도 한 명의 남학생이 뽑히는 방법의 수가 210일 때, 남학생의 수는? 단서 '적어도'이면 여사건을 생각해 봐!
> ① 4   ② 5   ③ 6   ④ 7   ⑤ 8

1st 학생 12명 중에서 3명을 뽑는 방법의 수를 구해.

적어도 한 명의 남학생이 뽑히는 방법의 수는 전체 경우의 수에서 남학생을 한 명도 뽑지 않는 경우의 수, 즉 여학생 중에서 3명을 뽑는 경우의 수를 빼서 구할 수 있다.

12명 중에서 3명을 뽑는 방법의 수는
$$_{12}C_3 = \frac{12 \times 11 \times 10}{3 \times 2 \times 1} = 220$$

2nd 여학생의 수를 n으로 놓고, 조건을 이용하여 여학생만 뽑는 경우의 수를 구해보자.

여학생의 수를 n명이라 하면 여학생 중에서 3명을 뽑는 방법의 수는 ${}_nC_3$

대표 3명 중 적어도 한 명의 남학생이 선출되는 방법의 수가 210가지이므로

$_{12}C_3 - {}_nC_3 = 210$, $220 - {}_nC_3 = 210$

∴ ${}_nC_3 = 10$ → 전체 경우의 수에서 남학생이 한 명도 뽑히지 않는 방법의 수를 빼면 적어도 한 명의 남학생이 뽑히는 방법의 수를 구할 수 있어.

$${}_nC_3 = \frac{n(n-1)(n-2)}{3 \times 2 \times 1} = 10$$

$n(n-1)(n-2) = 60 = 5 \times 4 \times 3$

 실수 삼차방정식을 전개한 후 인수분해해서 삼차방정식을 풀어도 되지만, n이 자연수인 걸 아니까 대입해서 푸는 게 훨씬 빠르고 실수도 적어.

∴ $n = 5$

따라서 남학생의 수는 $12 - 5 = 7$

K 124   정답 ⑤ ·················· '적어도'의 조건이 있는 조합의 수

(**정답 공식:** 전체 경우에서 3의 배수가 아닌 수만 3개 뽑는 경우의 수를 구해서 뺀다.)

> 단서 직접 구하기보다는 '적어도 ~인' 조건의 순열의 수를 이용해 봐.
> 1부터 20까지의 자연수 중에서 3개의 서로 다른 수를 뽑아서 곱하였을 때 3의 배수가 되는 경우의 수는?
> ① 756   ② 761   ③ 766
> ④ 771   ⑤ 776

1st 세 개의 수의 곱이 3의 배수가 되려면 적어도 하나는 3의 배수를 뽑아야겠지? 세 개의 수를 뽑는 전체 경우의 수에서 3의 배수가 아닌 경우의 수를 빼자.

세 개의 수의 곱이 3의 배수가 되려면 세 개의 수 중 '적어도' 하나는 3의 배수가 되어야 하므로 구하는 경우의 수는 전체 경우의 수에서 3의 배수가 아닌 세 개의 수를 뽑는 경우의 수를 빼서 구한다.

함정 문제에는 '적어도'라는 표현이 없지만 사실상 있는거나 마찬가지야. 이걸 파악하는게 이 문제의 핵심이야.

1부터 20까지의 자연수 중에서 서로 다른 세 개의 수를 뽑는 경우의 수는
$$_{20}C_3 = \frac{20 \times 19 \times 18}{3 \times 2 \times 1} = 1140$$

1부터 20까지의 자연수 중에서 3의 배수는 6개이므로 3의 배수를 제외한 수들 가운데서 두 수를 뽑는 경우의 수는
$$_{14}C_3 = \frac{14 \times 13 \times 12}{3 \times 2 \times 1} = 364$$

따라서 구하는 경우의 수는
$1140 - 364 = 776$

K 125 정답 ② ················· '적어도'의 조건이 있는 조합의 수

정답 공식: 전체 경우의 수에서 남자 사원만 뽑는 경우와 여자 사원만 뽑는 경우를 뺀다.

새로 입사한 남자 사원 9명, 여자 사원 5명 중에서 3명을 뽑아 영업부에 배치하려고 한다. 남자 사원과 여자 사원을 각각 적어도 1명씩 영업부에 배치하는 방법의 수는?
단서 '적어도~'이면 (전체 경우의 수) − (사건이 일어나지 않는 경우의 수)로 구하자.

① 260 ② 270 ③ 280
④ 290 ⑤ 300

1st 새로 입사한 전체 사원 중에서 3명을 뽑는 경우의 수를 구한 후, 남자만 또는 여자만 뽑히는 경우의 수를 빼자.
→ 결국 남자 사원 1명, 여자 사원 2명 또는 남자 사원 2명, 여자 사원 1명씩 배치하는 거야.

남자 사원과 여자 사원을 각각 적어도 1명씩 영업부에 배치하는 경우의 수는 전체 경우의 수에서 남자 사원 또는 여자 사원을 1명도 배치하지 않는 방법의 수, 즉 남자 사원만 3명을 배치하거나 여자 사원만 3명을 배치하는 경우의 수를 빼서 구할 수 있다.

전체 14명의 사원 중에서 3명의 영업사원을 뽑는 방법의 수는

$$_{14}C_3 = \frac{14 \times 13 \times 12}{3 \times 2 \times 1} = 364$$

9명의 남자 사원 중에서 3명의 영업사원을 뽑는 방법의 수는

$$_9C_3 = \frac{9 \times 8 \times 7}{3 \times 2 \times 1} = 84$$

5명의 여자 사원 중에서 3명의 영업사원을 뽑는 방법의 수는

$$_5C_3 = \frac{5 \times 4 \times 3}{3 \times 2 \times 1} = 10$$

따라서 구하는 방법의 수는
$$364 - (84 + 10) = 270$$

K 126 정답 ⑤ ················· '적어도'의 조건이 있는 조합의 수

정답 공식: (사건 A가 적어도 한 번 일어나는 경우의 수)
=(모든 경우의 수)−(사건 A가 일어나지 않는 경우의 수)

어느 청소년 센터에서는 서로 다른 3개의 체육 동아리와 서로 다른 2개의 음악 동아리를 운영한다. 두 청소년 A와 B가 이 5개의 동아리 중에서 다음 조건을 만족시키도록 동아리를 선택하는 경우의 수는?

(가) A와 B는 각자 1개 이상의 체육 동아리와 1개 이상의 음악 동아리를 포함한 서로 다른 3개의 동아리를 선택한다. **단서1** A, B가 선택하는 동아리는 중복될 수 있어.

(나) A는 선택하고 B는 선택하지 않은 동아리의 개수는 적어도 1이다. **단서2** A와 B가 모두 같은 동아리를 선택한 경우의 수를 빼줘야겠지?

① 56 ② 60 ③ 64
④ 68 ⑤ 72

1st 조건을 읽고 경우의 수를 직접 구할지, 조건을 만족시키지 않는 경우의 수를 빼서 구할지 판단해.

두 조건 (가), (나)를 모두 만족하도록 동아리를 선택하는 경우의 수는 조건 (가)를 만족시키도록 동아리를 선택한 경우의 수에서

실수 A는 선택하고 B는 선택하지 않은 동아리의 개수가 1, 2, 3인 경우를 모두 따지는 것은 복잡하니까 0인 경우의 수만 구해서 뺄 거야.

2nd 조건을 만족시키는 경우의 수를 구해.

(ⅰ) 조건 (가)를 만족시키도록 동아리를 선택하는 경우의 수
두 청소년 A와 B가 조건 (가)를 만족시키도록 동아리를 선택하는 경우의 수는 서로 다른 5개의 동아리에서 3개의 동아리를 선택하는 경우 중 체육 동아리만 3개를 선택하는 경우를 제외하면 되므로 각각

체육 동아리	음악 동아리	
3	0	(×)
2	1	(○)
1	2	(○)

$$_5C_3 - _3C_3 = 10 - 1 = 9$$

따라서 A와 B가 조건 (가)를 만족시키도록 동아리를 선택하는 경우의 수는
$$9 \times 9 = 81$$

(ⅱ) A와 B가 모두 같은 동아리를 선택하는 경우의 수
A와 B가 모두 같은 동아리를 선택하는 경우의 수는 A가 조건 (가)를 만족시키도록 동아리를 선택하는 경우의 수 9에 B가 A가 선택한 동아리와 같은 동아리를 선택하는 경우의 수 1을 곱하면 되므로
$$9 \times 1 = 9$$

(ⅰ), (ⅱ)에서 구하는 경우의 수는 81−9=72
(사건 A가 적어도 한 번 일어나는 경우의 수)
=(모든 경우의 수)−(사건 A가 일어나지 않는 경우의 수)

K 127 정답 108 ················· '적어도'의 조건이 있는 조합의 수

정답 공식: 전체 경우의 수에서 숫자 1 또는 2 또는 3이 적힌 카드가 포함되지 않는 경우의 수를 뺀다.

그림과 같이 숫자 1, 2, 3이 각각 하나씩 적힌 세 가지 그림의 카드 9장이 있다. 이 중에서 서로 다른 5장의 카드를 선택할 때, 숫자 1, 2, 3이 적힌 카드가 적어도 한 장씩 포함되도록 선택하는 경우의 수를 구하시오.
(단, 카드를 선택하는 순서는 고려하지 않는다.)
단서 '적어도'이면 (전체 경우의 수) − (사건이 일어나지 않는 경우의 수)로 구하자.

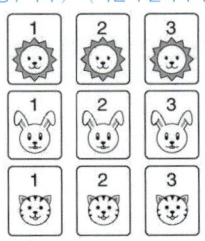

1st 전체 경우의 수를 구하자.

9장의 카드에서 5장의 카드를 선택하는 전체 경우의 수는

$$_9C_5 = _9C_4 = \frac{9 \times 8 \times 7 \times 6}{4 \times 3 \times 2 \times 1} = 126$$

2nd 2가지 숫자로 5장을 선택하는 경우의 수를 구하자.

1, 2, 3 중 두 가지 숫자가 적힌 카드로 5장을 선택하는 경우는

함정 숫자 1, 2, 3이 적힌 카드가 적어도 한 장씩 포함되는 것은 선택한 5장의 카드 중 1, 2, 3이 적힌 카드가 각각 1장 이상 있어야 한다는 뜻이야.
즉, 이 사건의 여사건은 선택한 5장의 카드 중 1 또는 2 또는 3이 적힌 카드가 포함되지 않는다는 거지.
그런데 각 숫자가 적힌 카드가 3장씩 있으므로 한 가지 숫자가 적힌 카드만으로는 5장을 선택할 수 없어.

1과 2, 1과 3, 2와 3이 적힌 카드로 5장을 선택하는 경우이다.

먼저, 1과 2가 적힌 카드로 5장을 선택하는 경우의 수는 1이 적힌 카드를 3장, 2가 적힌 카드를 2장 뽑는 경우의 수와 1이 적힌 카드를 2장, 2가 적힌 카드를 3장 뽑는 경우의 수의 합이므로 이때의 경우의 수는

$_3C_3 \times _3C_2 + _3C_2 \times _3C_3 = 1 \times 3 + 3 \times 1 = 6$

즉, 1과 3, 2와 3이 적힌 카드로 5장을 선택하는 경우의 수도 위와 같으므로 2가지 숫자로 5장을 선택하는 경우의 수는

$6 \times 3 = 18$

따라서 구하는 경우의 수는

$126 - 18 = 108$

🔧 다른 풀이 : 조건에 맞게 카드를 선택하는 경우의 수를 바로 구하기

9장의 카드 중에서 5장의 카드를 선택할 때, 숫자 1, 2, 3이 적힌 카드가 적어도 한 장 포함되려면

1, 2, 3이 적힌 카드가 각각 1장 이상 있어야 하므로 1, 2, 3이 적힌 카드를 한 장씩 먼저 뽑아 놓은 후, 1, 2, 3 중 중복을 허용해서 나머지 2장을 뽑는다고 생각하면 쉬워.

각 숫자가 포함된 카드를 2장, 2장, 1장 뽑거나 3장, 1장, 1장 뽑아야 해.

(i) 각 숫자가 포함된 카드를 2장, 2장, 1장 뽑을 때,
1장을 뽑는 숫자를 정하는 경우의 수는 3이므로
1, 2, 3 중 1개를 택하는 경우의 수야.
이때의 경우의 수는
$3 \times _3C_2 \times _3C_2 \times _3C_1 = 3 \times 3 \times 3 \times 3 = 81$

(ii) 각 숫자가 포함된 카드를 3장, 1장, 1장 뽑을 때,
3장을 뽑는 숫자를 정하는 경우의 수는 3이므로
이때의 경우의 수는
$3 \times _3C_3 \times _3C_1 \times _3C_1 = 3 \times 1 \times 3 \times 3 = 27$

(i), (ii)에서 구하는 경우의 수는
$81 + 27 = 108$

K 128 정답 ③ ·········· 뽑아서 나열하는 방법의 수

정답 공식: 5개의 수를 고르는 경우의 수와, 고른 수를 나열하는 경우의 수를 구해 곱한다.

1부터 9까지의 자연수 중에서 **서로 다른 홀수 2개, 서로 다른 짝수 3개**를 택하여 만들 수 있는 다섯 자리 자연수의 개수는? 단서 먼저 5개를 택하는 방법의 수를 구한 뒤, 5개의 수를 일렬로 나열하는 방법의 수를 생각해 봐.

① 4000 ② 4400 ③ 4800 ④ 5200 ⑤ 5600

1st 홀수 2개, 짝수 3개를 택하는 방법의 수를 이용해.

1부터 9까지의 자연수 중에서 홀수는 1, 3, 5, 7, 9의 5개, 짝수는 2, 4, 6, 8의 4개이므로

홀수 2개를 택하는 방법의 수는

$_5C_2 = \dfrac{5 \times 4}{2 \times 1} = 10$ 홀수 5개 중에서 2개를 택하는 방법의 수

> **주의** 아직 짝수와 홀수의 위치가 정해지지 않았기 때문에 순열이 아니라 조합으로 구한 거야.

짝수 3개를 택하는 방법의 수는

$_4C_3 = _4C_1 = 4$ 짝수 4개 중에서 3개를 택하는 방법의 수

2nd 뽑은 5개의 수를 일렬로 나열하는 방법의 수를 구해.

5개의 자연수를 일렬로 나열하는 방법의 수는

$5! = 120$

따라서 구하는 자연수의 개수는

$10 \times 4 \times 120 = 4800$

K 129 정답 ① ·········· 뽑아서 나열하는 방법의 수

정답 공식: 순열을 이용해 남자 대표를 뽑는 경우와 여자 대표를 뽑는 경우의 수를 구해 곱한다.

단서 직위가 정해진 것의 선출 방법은 순열로 구해야 해.
남자 5명과 여자 4명이 함께 있는 모임이 있다. 이 모임에서 **남자 대표, 남자 부대표, 여자 대표, 여자 부대표를 각각 1명씩 선출**하려고 한다. 선출하는 방법의 수는?

① 240 ② 120 ③ 80 ④ 40 ⑤ 20

1st 남자, 여자 중에서 각각 두 명을 뽑아서 대표와 부대표로 정하는 방법의 수를 구해. 순열을 이용해야겠지?

남자 5명 중에서 2명을 택하고 이들을 대표와 부대표로 정하는 것은 5명 중 2명을 뽑아 일렬로 세우는 방법의 수와 같으므로

$_5P_2 = 5 \times 4 = 20$
5명 중 2명을 선택하여 일렬로 세우는 거야.

일렬로 세우는 것뿐만 아니라 자격이 다른 대표를 뽑는 문제도 순열을 이용해.

여자의 경우도 같은 방법으로 생각하면 4명 중 2명을 뽑아 일렬로 세우는 방법의 수와 같으므로 $_4P_2 = 4 \times 3 = 12$

∴ (구하는 경우의 수) $= _5P_2 \times _4P_2 = 20 \times 12 = 240$

K 130 정답 ② ·········· 뽑아서 나열하는 방법의 수

정답 공식: 특정 사람이 포함되도록 사람을 뽑는 경우의 수와, 뽑은 사람을 나열하는 경우의 수를 구해 곱한다.

부모와 자녀 3명으로 이루어진 5명의 가족 중에서 **부모를 포함**하여 4명을 뽑아 일렬로 세우는 방법의 수는? 단서 먼저 부모를 선택하고 나머지 뽑는 인원을 생각하면 되잖아!

① 36 ② 72 ③ 108 ④ 144 ⑤ 180

1st 자녀 중 2명을 뽑는 경우의 수를 구해.

부모를 포함한다고 했으므로 자녀 중에서 2명만 뽑으면 된다.

남은 자녀 3명 중에서 2명을 뽑는 방법의 수는 $_3C_2 = _3C_1 = 3$

2nd 부모와 자녀 2명을 일렬로 세우는 방법의 수를 구하자. $\quad _nC_r = _nC_{n-r}$

뽑은 4명을 일렬로 세우는 방법의 수는 $4! = 24$

따라서 구하는 방법의 수는 $3 \times 24 = 72$

K 131 정답 ④ ·········· 뽑아서 나열하는 방법의 수

정답 공식: 먼저 1부에 공연할 팀을 뽑는다.

1부와 2부로 나누어 진행하는 어느 음악회에서 독창 2팀, 중창 2팀, 합창 3팀이 모두 공연할 때, 다음 두 조건에 따라 7팀의 공연 순서를 정하려고 한다.

(가) 1부에는 독창, 중창, 합창 순으로 3팀이 공연한다.
단서 공연 순서는 이미 정해졌으니까 독창, 중창, 합창 팀 중 1부에 공연할 팀만 정해만 돼.

(나) 2부에는 독창, 중창, 합창, 합창 순으로 4팀이 공연한다.

이 음악회의 공연 순서를 정하는 방법의 수는?

① 18 ② 20 ③ 22 ④ 24 ⑤ 26

1부에서 3팀이 독창, 중창, 합창 순으로 공연하는 순서를 정하는 방법의 수는
$${}_2C_1 \times {}_2C_1 \times {}_3C_1 = 2 \times 2 \times 3 = 12$$
독창 2팀 중 1팀을 선택하고, 중창 2팀 중 1팀을 선택하고,
합창 3팀 중 1팀을 선택하는 경우의 수야.
2부에서 독창 1팀, 중창 1팀의 공연 순서는 자동으로 결정되고,
1부에서 공연하지 않은 팀이 2부에서 공연을 하면 돼.
합창 2팀이 공연하는 순서만 결정하면 되므로
이때의 순서를 정하는 방법의 수는 ${}_2P_2 = 2$
따라서 구하는 방법의 수는
$$12 \times 2 = 24$$

K 132 정답 160 ·························· 뽑아서 나열하는 방법의 수

> **정답 공식:** 남학생 1명과 여학생 1명씩 짝을 지은 후 놀이기구의 5줄 중에서 2줄을 선택하는 경우의 수를 구한다.

남학생 2명과 여학생 2명이 함께 놀이공원에 가서 어느 놀이기구를 타려고 한다. 이 놀이기구는 그림과 같이 한 줄에 2개의 의자가 있고 모두 5줄로 되어 있다. 남학생 1명과 여학생 1명이 짝을 지어 2명씩 같은 줄에 앉을 때, 4명이 모두 놀이기구의 의자에 앉는 방법의 수를 구하시오.

> 단서 남학생 1명과 여학생 1명이 짝을 지어 앉는 경우의 수부터 구해야 해.
> 이때, 짝을 지은 두 사람이 자리를 바꾸는 경우도 고려해야 해.

1st 남학생과 여학생이 짝을 지어 앉는 경우의 수를 구하자.
남학생 2명을 A, B, 여학생 2명을 C, D라 하자.
남학생 1명과 여학생 1명이 짝을 지어 앞, 뒤로 앉는 경우를 (남, 여)로 나타내면
$$(A, C) / (A, D) / (B, C) / (B, D)$$
$$(B, D) / (B, C) / (A, D) / (A, C)$$
와 같이 4가지 경우가 있다.
이때, 짝을 지은 두 사람이 좌, 우로 자리를 바꾸는 경우의 수가 각각 2가지이므로 구하는 경우의 수는
$$4 \times 2 \times 2 = 16$$

2nd 놀이기구에 4명의 학생이 앉는 위치를 정하는 경우의 수를 구하자.
놀이기구의 5줄에서 4명의 학생이 앉을 2줄을 선택하는 경우의 수는
$${}_5C_2 = \frac{5 \times 4}{2 \times 1} = 10$$
놀이기구의 5줄에서 이들이 앉을 2줄만 정해주면 돼.
따라서 구하는 방법의 수는
$$16 \times 10 = 160$$

다른 풀이: 순열의 수를 이용하여 풀기

남학생 2명을 A, B, 여학생 2명을 C, D라 할 때, 남학생 1명과 여학생 1명이 짝을 지어 (남, 여)로 나타내면
$$(A, C), (B, D) / (A, D), (B, C)$$
의 2가지 경우가 있어.
이때, 짝을 지은 두 사람이 좌, 우로 자리를 바꾸는 경우의 수는
$$2 \times 2 = 4$$ 짝을 지은 남학생과 여학생이 서로 자리를 바꿀 수 있어.
놀이기구의 5줄에서 짝을 지은 두 쌍이 2줄을 선택하여 앉는 경우의 수는
$${}_5P_2 = 5 \times 4 = 20$$ 짝을 지은 두 쌍이 앞, 뒤로 앉는 순서를 생각해야 하므로
순열의 수를 적용해야 해.
따라서 구하는 방법의 수는
$$2 \times 4 \times 20 = 160$$

톡톡 풀이: 놀이기구의 줄에 따라 앉는 경우를 나누어 구하기

놀이기구의 좌석을 다음과 같이 나타내자.

P →				
Q →				

P행의 좌석에서 2개를 택하여 남학생 2명을 앉히는 방법의 수는
$${}_5P_2 = 5 \times 4 = 20$$
각각의 옆자리에 여학생을 앉히는 방법의 수는 2
여학생은 남학생이 앉는 자리의 옆자리, 즉 Q행에 앉아.
짝을 지은 두 사람이 좌, 우로 자리를 바꾸는 경우의 수는
$$2 \times 2 = 4$$
따라서 구하는 경우의 수는
$$20 \times 2 \times 4 = 160$$

K 133 정답 360 ·························· 뽑아서 나열하는 방법의 수

> **정답 공식:** 0부터 9까지의 수 중 서로 다른 세 수의 합이 짝수가 되는 경우를 찾는다.

갑은 컴퓨터를 이용하여 2000부터 2999까지의 네 자리 자연수를 을에게 전송하려고 한다. 전송 과정에서 일어날지도 모르는 오류를 을이 확인할 수 있도록 하기 위하여, 갑은 다음 규칙에 따라 전송하는 수의 끝에 숫자 하나를 덧붙여서 다섯 자리 수를 전송한다.

> 네 자리 수의 각 자리의 수의 합이 짝수이면 0, 홀수이면 1을 전송하는 수의 끝에 덧붙인다.

예를 들면, 2026은 20260으로, 2102는 21021로 전송한다. 갑이 전송하기 위하여 끝에 0을 덧붙인 다섯 자리 수 중에서 가운데 세 자리의 각각의 숫자가 모두 다른 경우의 수를 구하시오.

> 단서 끝에 0을 덧붙였으므로 전송한 수의 각 자리의 수의 합은 짝수야.

1st 끝에 0을 덧붙였으므로 각 자리의 수의 합이 짝수인 경우를 생각하자.
갑이 전송하기 위하여 끝에 0을 덧붙였으므로 전송한 다섯 자리의 수는 2□□□0 꼴이다.
즉, 2+□+□+□가 짝수가 되어야 하므로 가운데 세 자리의 각 자리의 숫자의 합, 즉 □+□+□가 짝수가 되어야 한다.
(짝수) + (짝수) = (짝수)지?
즉, 2+(□+□+□)가 짝수가 되어야 하는데 2가 짝수이므로 □+□+□도 짝수이어야 해.

2nd 0부터 9까지의 수 중 서로 다른 세 수의 합이 짝수가 되는 경우의 수를 구하자.
세 수의 합이 짝수가 되려면 세 수가 모두 짝수이거나 짝수가 한 개, 홀수가 두 개이어야 한다.
(i) 각 자리의 수가 모두 짝수인 경우
0, 2, 4, 6, 8 중 3개를 뽑아 나열하는 경우의 수는
$${}_5P_3 = 5 \times 4 \times 3 = 60$$ 주의

> 각 자리의 수에 들어갈 수 있는 수 중 0이 포함되어 있어서 맨 앞자리에 0을 제외한 경우의 수를 구하면 안 돼! 구하는 수는 실제로는 다섯 자리 중 가운데 들어가는 세 자리의 수이므로 앞자리에 0이 들어가도 돼.

(ii) 각 자리의 수 중 한 개는 짝수이고 두 개는 홀수인 경우
0, 2, 4, 6, 8 중 한 개를 뽑고, 1, 3, 5, 7, 9 중 두 개를 뽑은 후 세 수를 나열하는 경우의 수는
$$5 \times {}_5C_2 \times 3! = 5 \times \frac{5 \times 4}{2 \times 1} \times 6 = 300$$
(i), (ii)에서 구하는 경우의 수는
$$60 + 300 = 360$$

정답 공식: 두 학생이 선택 교육 과정에서 선택한 과목이 수학 과목으로 일치하는 경우와 과학 과목으로 일치하는 경우에 대하여 필수 선택 과목을 고려하여 빈칸에 알맞은 값을 구한다.

어느 학교에서는 '확률과 통계', '미적분', '기하'의 수학 과목 3개와 '물리학Ⅱ', '화학Ⅱ', '생명과학Ⅱ', '지구과학Ⅱ'의 과학 과목 4개를 선택 교육 과정으로 운영한다. 두 학생 A, B가 이 7개의 과목 중에서 다음 조건을 만족시키도록 과목을 선택하려고 한다.

- A, B는 각자 1개 이상의 수학 과목을 포함한 3개의 과목을 선택한다.
- A가 선택하는 3개의 과목과 B가 선택하는 3개의 과목 중에서 서로 일치하는 과목의 개수는 1이다.

단서 가장 조건이 까다로운 경우에 대하여 고정시켜 놓고 경우를 따져보면 쉬워. 두 학생이 선택할 수 있는 7과목 중 겹치는 과목이 1개라고 했으므로 7과목 중 겹치는 과목이 수학 과목인 경우와 과학 과목인 경우로 나눠서 각각 생각하면 되겠네.

다음은 A, B가 과목을 선택하는 경우의 수를 구하는 과정이다.

A, B가 선택하는 과목 중에서 서로 일치하는 과목이 수학 과목인 경우와 과학 과목인 경우로 나누어 구할 수 있다.

(i) 서로 일치하는 과목이 수학 과목일 때

3개의 수학 과목 중에서 1개를 선택하는 경우의 수는
$_3C_1=3$

위의 각 경우에 대하여 나머지 6개의 과목 중에서 A가 2개를 선택하고, 나머지 4개의 과목 중에서 B가 2개를 선택하는 경우의 수는 (가)

이때의 경우의 수는 3×(가)

(ii) 서로 일치하는 과목이 과학 과목일 때

4개의 과학 과목 중에서 1개를 선택하는 경우의 수는
$_4C_1=4$

위의 각 경우에 대하여 나머지 6개의 과목 중에서 A, B는 수학 과목을 1개 이상 선택해야 하므로 다음 두 가지 경우로 나눌 수 있다.

(ii)-1 A, B 모두 수학 과목 1개와 과학 과목 1개를 선택하는 경우의 수는
$(_3C_1\times_3C_1)\times(_2C_1\times_2C_1)=36$

(ii)-2 A, B 중 한 명은 수학 과목 2개를 선택하고, 다른 한 명은 수학 과목 1개와 과학 과목 1개를 선택하는 경우의 수는 (나)

이때의 경우의 수는 4×(36+(나))

(i), (ii)에 의하여 구하는 경우의 수는
3×(가)+4×(36+(나))이다.

위의 (가), (나)에 알맞은 수를 각각 p, q라 할 때, $p+q$의 값은?

① 102　　　　② 108　　　　③ 114
④ 120　　　　⑤ 126

1st 일치하는 과목이 수학인 경우를 생각하자.

두 학생 A, B가 선택하는 과목 중에서 서로 일치하는 과목이 수학 과목인 경우와 과학 과목인 경우로 나누어 구할 수 있다.

(i) 서로 일치하는 과목이 수학 과목일 때

3개의 수학 과목 중에서 1개를 선택하는 경우의 수는
$_3C_1=3$ → 만일 수학 과목 3개 중에서 미적분을 선택했다고 가정하면 미적분을 제외하고 나머지 (수학 2과목)+(과학 4과목)=6(개)의 과목에 대하여 두 학생이 2과목씩을 겹치지 않게 선택하는 경우의 수는 90이야. 이때, 나머지 2개의 수학 과목에 대하여도 같은 경우의 수를 가지므로 전체 경우의 수는 3×90이겠지?

위의 각 경우에 대하여 나머지 6개의 과목 중에서 A가 2개를 선택하고, 나머지 4개의 과목 중에서 B가 2개를 선택하는 경우의 수는
$_6C_2\times_4C_2=90$ ←(가) ← 필수로 선택해야 하는 수학 과목을 이미 선택하였으니 두 학생은 남은 6과목 중 겹치지 않게 2과목씩 선택하면 돼.

이때의 경우의 수는
3× 90

2nd 일치하는 과목이 과학인 경우를 생각하자.

주의 겹치는 과목이 과학 과목이면 선택할 수 있는 수학 과목이 3개이므로 수학 과목을 기준으로 경우를 나눌 수 있어야 해. 두 학생 A, B가 수학 과목을 각각 1개씩 선택하는 경우와 겹치는 과목없이 각각 1과목과 2과목을 선택하는 경우로 나누어서 생각해야 해.

(ii) 서로 일치하는 과목이 과학 과목일 때

4개의 과학 과목 중에서 1개를 선택하는 경우의 수는
$_4C_1=4$

위의 각 경우에 대하여 나머지 6개의 과목 중에서 A, B는 수학 과목을 1개 이상 선택해야 하므로 다음 두 가지 경우로 나눌 수 있다.

(ii)-1 A, B 모두 수학 과목 1개와 과학 과목 1개를 선택하는 경우의 수는
$(_3C_1\times_3C_1)\times(_2C_1\times_2C_1)=36$
서로 일치하는 과목이 과학 과목이면 남은 과목에 대하여 학생 A가 남은 수학 과목 3개와 과학 과목 3개 중에서 각각 1개씩 선택한 후 학생 B가 남은 수학 과목 2개와 과학 과목 2개 중에서 각각 1개씩 선택하는 경우의 수야.

(ii)-2 A, B 중 한 명은 수학 과목 2개를 선택하고, 다른 한 명은 수학 과목 1개와 과학 과목 1개를 선택하는 경우의 수는 다음과 같다.

두 학생 A, B 중 수학 과목 2개를 선택할 학생을 택하는 경우의 수는 $_2C_1$, 이 학생이 3개의 수학 과목 중 2개를 선택하는 경우의 수는 $_3C_2$, 다른 한 명이 남아 있는 수학 과목 1개를 선택하는 경우의 수는 $_1C_1$, 이 학생이 과학 과목 중 공통으로 선택한 한 과목을 제외한 3개의 과목 중 1개를 선택하는 경우의 수는 $_3C_1$이다.

따라서
$(_2C_1\times_3C_2)\times(_1C_1\times_3C_1)=18$ ←(나)

이때의 경우의 수는
4×(36+ 18)

(i), (ii)에 의하여 구하는 경우의 수는
3× 90 +4×(36+ 18)이다.

따라서 $p=90$, $q=18$이므로
$p+q=108$

유용한 순열, 조합의 공식 [개념·공식]

순열의 수 $_nP_r$나 조합의 수 $_nC_r$와 관련된 등식이 주어진 경우는 n 또는 r에 대한 방정식을 푸는 것을 생각해. 이때, 다음 공식들이 자주 이용되니 꼭 기억해!

① $_nP_r=n(n-1)(n-2)\cdots(n-r+1)=\dfrac{n!}{(n-r)!}$
(단, $0\le r\le n$)

② $_nC_r=\dfrac{_nP_r}{r!}=\dfrac{n!}{r!(n-r)!}$ (단, $0\le r\le n$)

③ $_nC_r=_nC_{n-r}$

④ $_nC_r=_{n-1}C_r+_{n-1}C_{r-1}$ (단, $1\le r<n$)

K 135 정답 ⑤ ·························· 조합을 활용하여 문제 해결하기

정답 공식: 이런 복잡한 경우의 수를 계산할 때는 첫째로 경우의 수 계산이 달라지는 상황을 정확하게 구분하고, 각각의 상황마다 문제의 조건에 맞게 표를 새로 작성해 가면서 경우의 수를 계산해 나가는 것이 중요하다.

그림과 같이 월요일부터 금요일까지 총 5일 동안 진행되는 스포츠 주간에 서로 다른 네 종목 A, B, C, D를 활동하기 위한 스포츠 활동 신청서가 있다.

스포츠 활동 신청서

종목\요일	월요일	화요일	수요일	목요일	금요일
A					
B					
C					
D					

단서 1 일주일 동안 총 10회의 활동이 이루어져.

매일 서로 다른 두 종목씩 하루도 빠짐없이 활동하도록 다음 규칙에 따라 스포츠 활동 신청서를 작성하는 경우의 수는?
(단, 종목을 신청하는 순서는 고려하지 않는다.)

단서 2 신청서에 종목을 선택하는 순서는 중요하지 않으므로 조합을 사용해서 문제를 해결하자.

(가) 각 종목은 적어도 2일을 선택하여 활동한다.
(나) 종목 A와 종목 B는 같은 요일에 활동하지 않는다.
단서 3 종목 A와 종목 B는 같은 요일에 활동하지 못하므로 A와 B를 활동하는 요일을 먼저 정해.
(다) 종목 B와 종목 C는 하루만 같은 요일에 활동한다.

① 410 ② 420 ③ 430 ④ 440 ⑤ 450

1st 네 종목 A, B, C, D의 활동 횟수를 순서쌍 (a, b, c, d)라 하여 가능한 순서쌍을 모두 구해.

네 종목 A, B, C, D의 활동 횟수를 순서쌍 (a, b, c, d)라 하면 매일 서로 다른 두 종목씩 활동하고 조건 (가)에 의하여
$a \geq 2$, $b \geq 2$, $c \geq 2$, $d \geq 2$이므로
$\underline{a+b+c+d=10}$이다. ← 매일 두 종목씩 5일 동안 활동하니까 종목별 활동 횟수의 총합은 10이야.

따라서 가능한 순서쌍 (a, b, c, d)는
조건 (나)에 의해 $a+b \leq 5$이고 $2 \leq a \leq 3$, $2 \leq b \leq 3$이야.
$(2, 2, 2, 4)$, $(2, 2, 4, 2)$, $(2, 2, 3, 3)$, $(2, 3, 2, 3)$, $(2, 3, 3, 2)$, $(3, 2, 2, 3)$, $(3, 2, 3, 2)$

2nd 위의 순서쌍 각각에 대하여 경우의 수를 계산해보자.

주의 조건 (나)에서 종목 A와 종목 B는 같은 요일에 활동하지 않으므로 종목 A와 종목 B의 활동 요일의 경우의 수를 먼저 조합으로 구하고, 그다음 조건 (다)를 이용하여 종목 C를 활동할 요일의 경우의 수를 구하자. 마지막으로 매일 서로 다른 두 종목을 활동한다는 점에 주의하자.

(i) $(2, 2, 2, 4)$일 때,
A와 B를 활동하는 경우의 수는
$_5C_2 \times _3C_2 = 30$ → 조합 공식 $_nC_r = \dfrac{_nP_r}{r!} = \dfrac{n!}{(n-r)!\,r!}$
C를 활동할 2일 중에 하루는 B와 같은 요일에 활동하므로 B를 활동하는 2일 중에 하루를 선택하고 아무 종목도 선택하지 않은 요일을 선택한다. 매일 서로 다른 두 종목을 활동한다는 규칙 때문에 그래.
$_2C_1 \times _1C_1 = 2$

이제 신청서에서 한 종목만 표시되어 있는 요일에 D를 써넣으면 된다.
따라서 이때의 경우의 수는 $30 \times 2 = 60$

(ii) $(2, 2, 4, 2)$일 때,
A와 B를 활동하는 경우의 수는
$_5C_2 \times _3C_2 = 30$
C를 활동할 4일 중에 하루는 B와 같은 요일에 활동하므로 B를 활동하는 2일 중에 하루를 선택하고, B가 활동하지 않은 3일을 모두 선택한다.
$_2C_1 \times _3C_3 = 2$
이제 신청서에서 한 종목만 표시되어 있는 요일에 D를 써넣으면 된다.
따라서 이때의 경우의 수는 $30 \times 2 = 60$

(iii) $(2, 2, 3, 3)$일 때,
A와 B를 활동하는 경우의 수는
$_5C_2 \times _3C_2 = 30$
C를 활동할 3일 중에 하루는 B와 같은 요일에 활동하므로 B를 활동하는 2일 중에 하루를 선택하고 아무 종목도 선택하지 않은 요일을 선택하고 나머지 하루는 A를 선택한 2일 중에 하루를 선택한다.
$_2C_1 \times _1C_1 \times _2C_1 = 4$
이제 신청서에서 한 종목만 표시되어 있는 요일에 D를 써넣으면 된다.
따라서 이때의 경우의 수는 $30 \times 4 = 120$

(iv) $(2, 3, 2, 3)$일 때,
A와 B를 활동하는 경우의 수는
$_5C_2 \times _3C_3 = 10$
C를 활동할 2일 중에 하루는 B와 같은 요일에 활동하므로 B를 활동하는 3일 중에 하루를 선택하고, B가 활동하지 않은 2일 중 하루를 선택한다.
$_3C_1 \times _2C_1 = 6$
이제 신청서에서 한 종목만 표시되어 있는 요일에 D를 써넣으면 된다.
따라서 이때의 경우의 수는 $10 \times 6 = 60$

(v) $(2, 3, 3, 2)$일 때,
A와 B를 활동하는 경우의 수는
$_5C_2 \times _3C_3 = 10$
C를 활동할 3일 중에 하루는 B와 같은 요일에 활동하므로 B를 활동하는 3일 중에 하루를 선택하고, B가 활동하지 않은 2일을 모두 선택한다.
$_3C_1 \times _2C_2 = 3$
이제 신청서에서 한 종목만 표시되어 있는 요일에 D를 써넣으면 된다.
따라서 이때의 경우의 수는 $10 \times 3 = 30$

(vi) $(3, 2, 2, 3)$일 때,
A와 B를 활동하는 경우의 수는
$_5C_3 \times _2C_2 = 10$
C를 활동할 2일 중에 하루는 B와 같은 요일에 활동하므로 B를 활동하는 2일 중에 하루를 선택하고, B가 활동하지 않은 3일 중 하루를 선택한다.
$_2C_1 \times _3C_1 = 6$
이제 신청서에서 한 종목만 표시되어 있는 요일에 D를 써넣으면 된다.
따라서 이때의 경우의 수는 $10 \times 6 = 60$

(vii) $(3, 2, 3, 2)$일 때,
A와 B를 활동하는 경우의 수는
$_5C_3 \times _2C_2 = 10$
C를 활동할 3일 중에 하루는 B와 같은 요일에 활동하므로 B를 활동하는 2일 중에 하루를 선택하고, B가 활동하지 않은 3일 중 이틀을 선택한다.
$_2C_1 \times _3C_2 = 6$

이제 신청서에서 한 종목만 표시되어 있는 요일에 D를 써넣으면 된다.

따라서 이때의 경우의 수는 $10 \times 6 = 60$

3rd 규칙에 따라 **스포츠 활동 신청서를 작성하는 경우의 수를 구해.**

(i)~(vii)에 의하여 스포츠 활동 신청서를 작성하는 경우의 수는

$60 + 60 + 120 + 60 + 30 + 60 + 60 = 450$이다.

이 중에서 각 변에 놓인 4개의 점 중에서 2개의 점을 택하여 이은 직선은 삼각형을 나눌 수 없으므로 각 변에 놓인 2개의 점을 선택하는 방법의 수는

$3 \times {}_4\mathrm{C}_2 = 18$ → 삼각형은 세 변이 있으니까 3을 곱해줘야 해.

따라서 구하는 직선의 개수는

$36 - 18 = 18$

K 136 정답 ② ······························· 직선의 개수

(**정답 공식**: 서로 다른 두 점이 결정되면 직선이 하나 만들어짐을 이용한다.)

> 어느 세 점도 일직선 위에 있지 않은 서로 다른 10개의 점을 이어서 만들 수 있는 **직선의 개수는?** **단서** 직선의 결정 조건을 생각해 보자.
>
> ① 30 ②45 ③ 60
>
> ④ 75 ⑤ 90

1st 서로 다른 두 점을 선택하면 직선이 하나 결정됨을 이용하자.

직선의 결정 조건에 의해 두 개의 점을 고르는 방법의 수를 구하면
서로 다른 두 점을 연결하면 하나의 직선이 돼.

주의
└ 문제에서 '어느 세 점도 일직선 위에 있지 않은'이라는 조건이 있기 때문에 서로 다른 10개의 점에서 2개의 점을 고르면 서로 다른 직선이 결정되는 거야.

${}_{10}\mathrm{C}_2 = \dfrac{10 \times 9}{2} = 45$이다. [조합의 수] ${}_n\mathrm{C}_r = \dfrac{n!}{r!(n-r)!}$

❀ **조합의 수** 개념·공식

① ${}_n\mathrm{C}_r = \dfrac{{}_n\mathrm{P}_r}{r!} = \dfrac{n!}{r!(n-r)!}$

② ${}_n\mathrm{C}_r = {}_n\mathrm{C}_{n-r}$

③ ${}_n\mathrm{C}_0 = 1, \ {}_n\mathrm{C}_n = 1$

K 137 정답 ③ ······························· 직선의 개수

(**정답 공식**: 두 개의 점을 고르는 전체 경우의 수에서 두 점이 삼각형의 같은 변 위에 있는 경우의 수를 뺀다.)

> 오른쪽 그림과 같이 정삼각형의 둘레에 같은 간격으로 9개의 점이 놓여 있다. 두 점을 연결하여 만든 직선 중에서 **정삼각형을 두 부분으로 나누는 직선의 개수는?**
> **단서** 각 변에 놓인 점 중에서 2개의 점을 택하여 이은 직선은 삼각형을 나눌 수 없어.
>
> ① 16 ② 17 ③18
>
> ④ 19 ⑤ 20

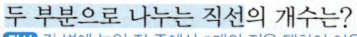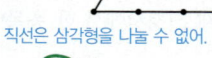

1st 전체 9개의 점 중에서 2개를 선택하는 경우의 수를 구해. 이 중에서 한 변에서 2개를 선택하는 경우의 수를 빼면 돼.

먼저 9개의 점 중에서 2개의 점을 선택하는 방법의 수는

${}_9\mathrm{C}_2 = \dfrac{9 \times 8}{2 \times 1} = 36$

K 138 정답 ① ······························· 직선의 개수

(**정답 공식**: 서로 다른 두 점이 결정되면 직선이 하나 만들어짐을 이용한다.)

> 그림과 같이 삼각형 위에 7개의 점이 있다. 이 중 두 점을 연결하여 만들 수 있는 직선의 개수는?
>
>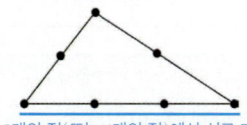
>
> **단서** 같은 변 위에 있는 3개의 점(또는 4개의 점)에서 서로 다른 2개의 점을 택해 만들어지는 직선들은 모두 일치함을 기억해.
>
> ①12 ② 13 ③ 14
>
> ④ 15 ⑤ 16

1st 7개의 점으로 만들 수 있는 직선의 개수를 구하자.

7개의 점을 이용하여 만들 수 있는 직선의 개수는

${}_7\mathrm{C}_2$ 7개의 점에서 2개를 뽑는 경우의 수

이때, 오른쪽 그림의

① 부분에서 3개의 점으로 만들 수 있는 직선은 모두 같은 직선이다.

② 부분에서 4개의 점으로 만들 수 있는 직선은 모두 같은 직선이다.

③ 부분에서 3개의 점으로 만들 수 있는 직선은 모두 같은 직선이다.

따라서 구하는 직선의 개수는

${}_7\mathrm{C}_2 - {}_3\mathrm{C}_2 - {}_4\mathrm{C}_2 - {}_3\mathrm{C}_2 + 3$ ①, ②, ③ 부분의 중복되는 직선을 모두 제외한 후 각 부분의 직선 1개씩만 남기는 거야.

$= \dfrac{7 \times 6}{2 \times 1} - 3 - \dfrac{4 \times 3}{2 \times 1} - 3 + 3$

$= 21 - 3 - 6 - 3 + 3 = 12$

K 139 정답 ② ······························· 직선의 개수

(**정답 공식**: 두 개의 점을 고르는 전체 경우의 수에서 두 점이 팔각형의 같은 변 위에 있는 경우의 수를 뺀다.)

> 오른쪽 그림과 같은 팔각형에서 **대각선의 개수는?** **단서** 대각선은 꼭짓점 중에서 2개를 택해서 연결하면 만들 수 있지만 이웃한 두 꼭짓점을 연결하면 선분이 되는 걸 주의해!
>
> ① 18 ②20
>
> ③ 22 ④ 24
>
> ⑤ 26

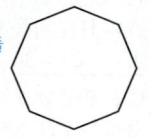

1st 전체 8개의 꼭짓점 중에서 2개를 선택하는 경우의 수를 구해봐. 이 중에서 이웃한 두 꼭짓점을 연결하는 경우의 수를 빼면 돼.

팔각형의 대각선의 개수는 8개의 꼭짓점 중에서 2개를 택하여 만들 수 있는 선분의 개수에서 변의 개수인 8을 뺀 것과 같다.

8개의 꼭짓점 중에서 2개를 택하는 경우의 수는

$_8C_2 = \dfrac{8 \times 7}{2 \times 1} = 28$ ← 이웃한 두 꼭짓점을 연결하면 대각선이 아니지?

여기에서 이웃한 두 꼭짓점을 연결하는 경우의 수인 변의 개수 8을 빼야 하므로 구하는 경우의 수는 $28 - 8 = 20$

다른 풀이: N각형의 대각선의 개수 $\dfrac{N(N-3)}{2}$ 이용하기

N개의 점 중 하나를 선택하고 선택된 점과 이웃하는 점 두 개를 제외한 $(N-3)$개 중 한 점을 택한 후 두 번 세어준 것을 제외하기 위해 2로 나눠주면 대각선의 개수가 $\dfrac{N(N-3)}{2}$인 것을 알 수 있어.

따라서 팔각형의 대각선의 수는 $\dfrac{8(8-3)}{2} = 20$

K 140 정답 200 ······················ 삼각형의 개수

정답 공식: 12개 중 3개의 점을 택하는 전체 경우의 수에서 세 점이 일직선 위에 놓이는 경우의 수를 뺀다.

오른쪽 그림과 같이 같은 간격으로 놓인 12개의 점이 있을 때, 이 중 **3개의 점을 연결하여 만들 수 있는 삼각형의 개수를** 구하시오.   **단서** 가로나 세로, 대각선, 즉 일직선 위의 3개의 점을 선택하면 삼각형을 만들 수 없잖아!

1st 12개의 점 중에서 3개를 택하는 경우의 수를 구하자.

삼각형의 개수는 12개의 점 중에서 3개를 택하는 경우의 수에서 세로 방향, 가로 방향, 대각선 방향의 일직선 위에 있는 점 중에서 3개를 선택하는 경우의 수를 빼서 구한다.

먼저 12개의 점 중에서 3개를 택하는 경우의 수는

$_{12}C_3 = \dfrac{12 \times 11 \times 10}{3 \times 2 \times 1} = 220$

2nd 세로방향 또는 가로방향 또는 대각선 방향의 일직선 위에서 3개를 택하는 경우의 수를 구해보자.

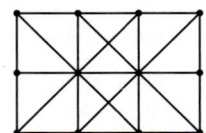

세로 방향인 일직선 위에 있는 3개의 점 중에서 3개를 택하는 경우의 수는

$4 \times _3C_3 = 4 \times 1 = 4$
세로 직선은 4개야.

가로 방향인 일직선 위에 있는 4개의 점 중에서 3개를 택하는 경우의 수는

$3 \times _4C_3 = 3 \times _4C_1 = 3 \times 4 = 12$
가로 직선은 3개야.

대각선 방향인 일직선 위에 있는 3개의 점 중에서 3개를 택하는 경우의 수는 $4 \times _3C_3 = 4 \times 1 = 4$
대각선 방향의 직선은 4개야.

실수 가로나 세로의 일직선 위에 있는 점은 생각하지만, 대각선 방향의 일직선 위에 있는 점은 놓치는 경우가 많아.

따라서 구하는 삼각형의 개수는
$220 - (4 + 12 + 4) = 200$

K 141 정답 ⑤ ····························· 삼각형의 개수

정답 공식: 어느 세 점도 일직선 위에 있지 않으므로, 조합을 이용해 a, b의 값을 구한다.

평면 위에 7개의 점이 있다. 어느 세 점도 일직선 위에 있지 않는다고 한다. 이 7개의 점으로 만들어지는 **직선의 개수를** a, **삼각형의 개수를** b라고 할 때, $a+b$의 값은?

① 52   ② 53   ③ 54
④ 55   ⑤ 56   **단서** 두 점으로 한 개의 직선을 만들 수 있고, 세 점으로 한 개의 삼각형을 만들 수 있어.

1st 7개의 점 중에서 2점을 연결하면 직선이, 3점을 연결하면 삼각형이 만들어져.

두 점을 이으면 직선이 한 개 생기므로 직선의 개수 a는 7개의 점 중 2개의 점을 택하는 방법의 수와 같다.

$a = _7C_2 = \dfrac{_7P_2}{2!} = \dfrac{7 \times 6}{2 \times 1} = 21$ → $_nC_r = \dfrac{_nP_r}{r!}$

세 개의 점을 이으면 삼각형이 한 개가 만들어지므로

$b = _7C_3 = \dfrac{_7P_3}{3!} = \dfrac{7 \times 6 \times 5}{3 \times 2 \times 1} = 35$ 어느 세 점도 일직선 위에 있지 않기 때문에 가능해.

$\therefore a + b = 56$

K 142 정답 105 ····························· 삼각형의 개수

정답 공식: 어느 세 점도 일직선 위에 있지 않을 때, 서로 다른 세 점이 결정되면 삼각형이 하나 만들어진다.

그림과 같이 사각형 ABCD의 꼭짓점과 변 위에 10개의 점이 있다. 이 중에서 3개의 점을 꼭짓점으로 하는 삼각형의 개수를 구하시오.

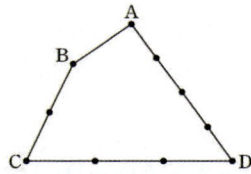

단서 같은 변 위에 있는 점들 중에서 3개를 고르면 삼각형이 되지 않아.

1st 10개의 점으로 만들 수 있는 삼각형의 개수를 구하자.

10개의 점을 이용하여 만들 수 있는 삼각형의 개수는

$_{10}C_3$ 10개의 점에서 3개를 뽑는 경우의 수

한 변 위에 있는 세 점을 고르면 삼각형이 만들어지지 않으므로
$\overline{BC}$ 위의 세 점을 고른 경우 : $_3C_3$
$\overline{CD}$ 위의 세 점을 고른 경우 : $_4C_3$
$\overline{DA}$ 위의 세 점을 고른 경우 : $_5C_3$

따라서 구하는 삼각형의 개수는
$_{10}C_3 - _3C_3 - _4C_3 - _5C_3$ 전체 경우의 수에서 삼각형이 생기지 않는 경우의 수를 빼 준 거야.
$= _{10}C_3 - _3C_3 - _4C_1 - _5C_2$
$= \dfrac{10 \times 9 \times 8}{3 \times 2 \times 1} - 1 - 4 - \dfrac{5 \times 4}{2 \times 1}$
$= 120 - 1 - 4 - 10 = 105$

정답 및 해설 **461**

K 143 정답 ④ ⸻⸻⸻⸻⸻ 삼각형의 개수

정답 공식: 조합을 이용하여 주어진 도형에서 세 선분을 선택하여 만들 수 있는 삼각형의 개수를 구한다.

> **단서1** 점 B, C를 꼭짓점으로 하는 삼각형은 ABC 뿐이므로 삼각형 ABC 이외의 삼각형의 꼭짓점 중 하나는 반드시 점 A야. 꼭짓점 A로부터 그은 선분은 AB, AD, AE, AF, AG, AC로 총 6개야.
>
> 삼각형 ABC에서, 꼭짓점 A와 선분 BC 위의 네 점을 연결하는 4개의 선분을 그리고, 선분 AB 위의 세 점과 선분 AC 위의 세 점을 연결하는 3개의 선분을 그려 그림과 같은 도형을 만들었다. 이 도형의 선들로 만들 수 있는 삼각형의 개수는? **단서2** 단서1에서 구한 선분 6개 중 2개를 선택하면 나머지는 어떤 선분을 선택해야 삼각형을 만들 수 있을까?

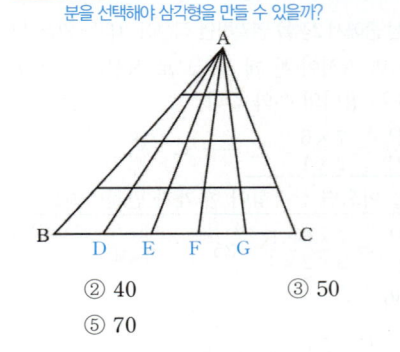

① 30　　　　② 40　　　　③ 50
④ 60　　　　⑤ 70

1st 주어진 도형을 살펴보고 삼각형을 만들 수 있는 경우를 나눠보자.

그림과 같이 선분 AB와 선분 AC 위의 세 점을 연결한 선분을 각각 l_1, l_2, l_3이라 하자.
주어진 도형의 선으로 삼각형을 만들기 위해서는 삼각형 ABC를 제외하고 나머지 삼각형은 반드시 점 A를 삼각형의 한 꼭짓점으로 해야 한다.

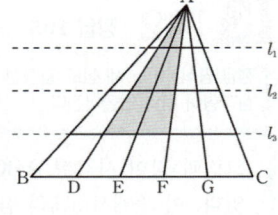

예를 들어, 선분 AD, AF, l_3을 선택하면 어두운 부분과 같은 삼각형이 만들어진다.
따라서 삼각형의 두 변이 만나는 점이 A이고, 나머지 한 변은 선분 BC, l_1, l_2, l_3 중 하나여야 한다.

> 두 변이 만나는 점이 A인 선분을 선택할 때는 순서를 고려하지 않아도 되므로 서로 다른 n개에서 순서를 고려하지 않고 r $(0 < r \leq n)$개를 택하는 조합의 수 $_nC_r$을 이용해.

2nd 삼각형의 개수를 구하자.

삼각형의 두 변이 만나는 점이 A인 경우는
꼭짓점 A를 지나는 6개의 선분 AB, AD, AE, AF, AG, AC 중에서 순서에 상관없이 2개의 변을 택하면 $_6C_2$이고, 선택한 경우마다 4개의 선분 l_1, l_2, l_3, BC 중에서 1개를 택하는 경우는 $_4C_1$이다.
따라서 주어진 도형의 선들로 만들 수 있는 삼각형의 개수는

$$_6C_2 \times {}_4C_1 = \frac{6 \times 5}{2 \times 1} \times \frac{4}{1} = 60$$ 이다.

> 꼭짓점 A를 지나는 선분 2개를 택한 뒤에 어느 선분 1개를 택해야 삼각형이 될 수 있을까 생각해 보자.

> **실수** 순서를 고려해야 하는지 하지 않아도 되는지 헷갈려서 실수하는 학생들이 많이 있어. 이를 실수하지 않으려면 직접적인 문제 상황 속에서 순서를 달리해보고 서로 같은 경우인지 혹은 다른 경우인지 구체적으로 확인해보는 연습을 해야 해.
> 예를 들어, 선분 AD, AG, l_2를 선택하든지 선분 AG, AD, l_2를 선택하든지 만들어지는 삼각형은 같지? 따라서 순서를 고려하지 않아도 되는 경우이므로 조합의 수를 이용해.

K 144 정답 516 ⸻⸻⸻⸻⸻ 삼각형의 개수

정답 공식: 점들을 좌표평면 위에 나타낸 뒤, 세 점을 고르는 전체 경우의 수에서 세 점이 일직선 위에 놓이는 경우의 수를 뺀다.

> **단서** $1 \leq x \leq 4$, $1 \leq y \leq 4$이고 x, y는 모두 정수인 점을 먼저 나타내 봐!
>
> 좌표평면 위의 점 (x, y)에 대하여 x, y는 모두 정수이고, $1 \leq x \leq 4$, $1 \leq y \leq 4$이다. 이 점들 중 세 점을 꼭짓점으로 하는 삼각형은 모두 몇 개인지 구하시오.

1st 16개의 점 중에서 세 점을 선택하는 방법의 수를 구하자.

구하는 삼각형의 개수는 16개의 점들 중 세 점을 선택하는 방법의 수에서 일직선 위에 있는 세 점을 선택하는 방법의 수를 빼서 구한다.
16개의 점 중에서 세 점을 선택하는 방법의 수는

$$_{16}C_3 = \frac{16 \times 15 \times 14}{3 \times 2 \times 1}$$
$$= 560 \cdots \text{❶}$$

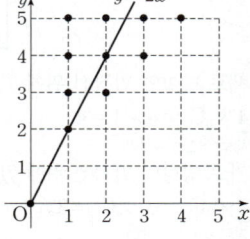

2nd 세 점이 일직선 위에 있는 경우를 빼줘야 해.

세 점이 일직선 위에 있는 직선의 개수는 4, 네 점이 일직선 위에 있는 대각선 방향의 직선이야.
직선의 개수는 10이므로 일직선 위에 있는 세 점을 선택하는 방법의 수는

$$4 \times {}_3C_3 + 10 \times {}_4C_3 = 4 \times 1 + 10 \times 4$$
$$= 44 \cdots \text{❷}$$

> 가로 방향의 직선이 4개, 세로 방향의 직선이 4개, 대각선 방향의 직선이 2개야.

따라서 구하는 삼각형의 개수는
$$560 - 44 = 516 \cdots \text{❸}$$

> **실수** 좌표평면에 정확히 나타내야 일직선 위에 있는 세 점을 찾기 쉬워.

K 145 정답 ① ⸻⸻⸻⸻⸻ 삼각형의 개수

정답 공식: 두 점 P, Q가 될 수 있는 점들을 좌표평면에 나타낸 뒤, 두 점을 고르는 전체 경우의 수에서 세 점 O, P, Q가 일직선 위에 놓이는 경우의 수를 뺀다.

> 1, 2, 3, 4, 5 중 2개의 수를 임의로 뽑아 작은 수를 a, 큰 수를 b라 하고, 또 다시 1, 2, 3, 4, 5 중 2개의 수를 임의로 뽑아 작은 수를 c, 큰 수를 d라 하자. 이때, 좌표평면에서 세 점 O$(0, 0)$, P(a, b), Q(c, d)를 이어 만들 수 있는 모든 삼각형의 개수는? **단서1** 먼저 두 점 P(a, b), Q(c, d)가 가능한 경우를 찾아 봐! (단, 세 꼭짓점의 좌표가 일치하는 삼각형은 동일한 삼각형으로 생각한다.) **단서2** 세 점이 삼각형이 되려면 한 직선 위에 없어야 하잖아!

① 44　　② 46　　③ 48　　④ 50　　⑤ 52

1st 점 P, Q가 될 수 있는 점의 개수를 찾고, 이 점 2개와 점 O를 연결할 때 삼각형이 만들어지는 경우의 수를 구해.

좌표평면에서 x좌표와 y좌표가 5 이하의 자연수인 점 중에서
(x좌표) < (y좌표)를 만족하는 점은 10개이다.
이 10개의 점 중 2개를 뽑아 점 O와 연결하여 삼각형을 만들면 되므로

$$_{10}C_2 = \frac{10 \times 9}{2 \times 1} = 45$$

이때, 뽑힌 두 점이 (1, 2), (2, 4)일 때는 삼각형이 만들어지지 않으므로 만들 수 있는 삼각형의 개수는 세 점이 한 직선 위에 있게 돼.
$$45 - 1 = 44$$

> **주의** 항상 이런 문제에서는 한 직선 위에 세 점이 있지 않은지 깊게 살펴봐야 해.

🔧 **다른 풀이:** 두 점 P, Q가 일치하는 경우와 세 점 O, P, Q가 한 직선 위에 있는 경우를 이용하여 개수 구하기

점 P(a, b)를 정하는 경우의 수는 5개의 수 중 2개의 수를 뽑는 경우의 수와 같으므로

$$_5C_2 = \frac{5 \times 4}{2 \times 1} = 10 \cdots \text{㉠}$$

점 Q(c, d)를 정하는 경우의 수도 5개의 수 중 2개의 수를 뽑는 경우의 수와 같으므로

$$_5C_2 = \frac{5 \times 4}{2 \times 1} = 10$$

이때, 세 점 중 두 점 이상이 같은 점이거나 세 점이 한 직선 위에 있으면 삼각형이 만들어지지 않아.

(i) 두 점이 같은 점인 경우 → a, b, c, d는 1, 2, 3, 4, 5 중 2개의 수를 뽑은 것이므로 원점과 같은 점이 될 수 없어.

$a=c$, $b=d$일 때,
두 점 P, Q가 일치하여 삼각형이 만들어지지 않아.
두 점 P, Q가 일치하는 경우의 수는 ㉠에 의하여 10

(ii) 세 점이 한 직선 위에 있는 경우 → 직선 OP의 기울기 $\frac{b-0}{a-0} = \frac{b}{a}$, 직선 OP의 기울기 $\frac{d-0}{c-0} = \frac{d}{c}$ 두 직선의 기울기가 같고 원점 O가 공통이니까 두 직선은 일치해. 즉, P와 Q와 O는 한 직선 위에 존재하는 거지.

$\frac{b}{a} = \frac{d}{c}$일 때, → $\frac{2}{1} = \frac{4}{2}$

$a=1, b=2, c=2, d=4$ 또는 $a=2, b=4, c=1, d=2$일 때에는 세 점 O, P, Q가 한 직선 위에 존재하여 삼각형이 만들어지지 않아. → $\frac{4}{2} = \frac{2}{1}$

∴ (경우의 수)$=2$

한편, 세 점 O$(0, 0)$, P(a, b), Q(c, d)로 만든 삼각형과 세 점 O$(0, 0)$, P(c, d), Q(a, b)로 만든 삼각형은 동일한 삼각형이므로 구하는 삼각형의 개수는 $\frac{10 \times 10 - 10 - 2}{2} = 44$

K 146 정답 ③ ·········· 사각형의 개수

정답 공식: 평행사변형은 두 쌍의 평행한 직선으로 만들 수 있으므로, 평행한 직선들의 집합에서 두 개씩 고르는 경우의 수를 구해 곱한다.

그림은 평행사변형의 각 변을 4등분하여 얻은 도형이다. 이 도형의 선들로 만들 수 있는 평행사변형 중에서 색칠한 부분을 포함하는 평행사변형의 개수는?

단서 색칠한 평행사변형을 포함하기 위해서 가로선과 세로선을 어떻게 택해야 할지 생각해 봐.

① 24 ② 30 ③ 36
④ 42 ⑤ 48

1st 가로 방향의 평행선을 고르는 방법의 수를 구하자.

오른쪽 그림과 같이 각각의 가로선을 a_1, a_2, a_3, a_4, a_5라 하고, 각각의 세로선을 b_1, b_2, b_3, b_4, b_5라 하자.

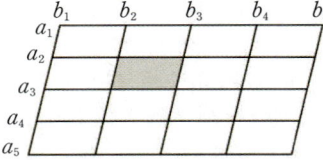

가로의 평행선 2개와 세로의 평행선 2개를 택하면 평행사변형이 만들어져.
색칠한 부분을 포함하기 위해서
가로선에서 색칠한 부분을 포함하려면 a_2를 포함한 위쪽의 선 중 1개, a_3을 포함한 아래쪽의 선 중 1개를 골라야 해.
가로선은 a_1, a_2 중 한 개, a_3, a_4, a_5 중 한 개를 골라야 하므로 가로선을 고르는 경우의 수는

$_2C_1 \times _3C_1 = 2 \times 3 = 6$

2nd 세로 방향의 평행선을 고르는 방법의 수를 구하자.

마찬가지로 색칠한 부분을 포함하기 위해서 세로선은 b_1, b_2 중 한 개, b_3, b_4, b_5 중 한 개를 골라야 하므로 세로선을 고르는 경우의 수는

$_2C_1 \times _3C_1 = 2 \times 3 = 6$

따라서 구하는 평행사변형의 개수는

$6 \times 6 = 36$

K 147 정답 ② ·········· 사각형의 개수

(정답 공식: 주어진 8개의 점들 중 4개의 점을 고르는 경우의 수를 구한다. **)**

오른쪽 그림과 같이 원 위에 8개의 점이 같은 간격으로 놓여 있을 때, 이 중에서 네 점을 꼭짓점으로 하는 사각형의 개수는?

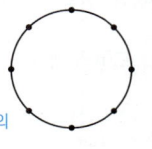

단서 어느 세 점도 일직선 위에 있지 않은 4개의 점을 선택하면 하나의 사각형이 결정돼! 따라서 8개의 점 중에서 4개를 선택하면 돼!

① 68 ② 70 ③ 72
④ 74 ⑤ 76

1st 주어진 8개의 점 중에서 4개의 점을 선택하는 경우의 수를 구해.

8개의 점 중에서 어느 세 점도 일직선 위에 있지 않으므로 사각형의 개수는 8개의 점 중에서 4개를 택하는 방법의 수와 같다. 일직선 위의 세 점과 다른 한 점으로는 사각형을 만들 수 없어.

구하는 사각형의 개수는

$$_8C_4 = \frac{8 \times 7 \times 6 \times 5}{4 \times 3 \times 2 \times 1} = 70$$

주의 어느 세 점도 일직선 위에 있지 않기 때문에 이렇게 간단하게 구할 수 있는거야. 항상 한 직선 위에 세 점이 있지 않은지 확인하고 풀어야 해.

🌸 도형의 개수를 구하는 조합 개념·공식

① 직선의 개수
어떤 세 점도 일직선 위에 있지 않은 경우, 서로 다른 n개의 점에서 두 점을 잇는 직선의 개수는 $_nC_2$이다.

② 삼각형의 개수
어떤 세 점도 일직선 위에 있지 않은 경우, 서로 다른 n개의 점으로 결정되는 삼각형의 개수는 $_nC_3$이다.

③ 평행사변형의 개수
m개의 평행선과 이것과 평행하지 않은 n개의 평행선이 이루는 평행사변형의 개수는 $_mC_2 \times _nC_2$이다.

K 148 정답 ② ·········· 사각형의 개수

정답 공식: 평행한 직선들의 집합에서 두 개씩 고르는 경우의 수를 구하고, 대각선으로 구성되는 정사각형의 개수도 구해 더한다.

오른쪽 그림과 같이 12개의 점이 일정한 간격으로 놓여 있다. 12개의 점 중에서 네 점을 택하여 만들 수 있는 직사각형의 개수는?

단서 일직선 위의 세 점이나 네 점을 택하면 직사각형은 만들어지지 않아.

① 18 ② 20 ③ 22
④ 24 ⑤ 26

1st 주어진 12개의 점을 가로 직선 4개와 세로 직선 3개로 생각해 봐. 직사각형이 만들어지려면 세로 직선 2개와 가로 직선 2개가 필요하지?

일정한 간격으로 놓여 있는 12개의 점으로 가로 직선 4개와 세로 직선 3개를 만들 수 있다.

가로 직선 4개 중에서 2개, 세로 직선 3개 중에서 2개를 택하면 하나의 직사각형이 만들어지므로 그 개수는

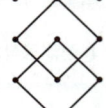
함정 이건 정말 놓치기 쉬워. 비슷한 유형의 문제가 나왔을 때 놓치지 않을 수 있도록 확실하게 익혀 두자.

가로 직선 4개 중에서 2개를 택하는 방법의 수
$$_4C_2 \times _3C_2 = \frac{4 \times 3}{2 \times 1} \times _3C_1 = 6 \times 3 = 18$$
세로 직선 3개 중에서 2개를 택하는 방법의 수

2nd 가로 직선과 세로 직선이 아닌 점들을 이용해서 직사각형이 만들어지는 경우가 있는지 찾아보자.

또한, 오른쪽 그림과 같이 네 점을 택해도 직사각형이 2개 생긴다.

따라서 구하는 직사각형의 개수는 $18+2=20$

⚙ 도형의 개수를 구하는 조합   개념·공식

① **직선의 개수**
   어떤 세 점도 일직선 위에 있지 않은 경우, 서로 다른 n개의 점에서 두 점을 잇는 직선의 개수는 $_nC_2$이다.

② **삼각형의 개수**
   어떤 세 점도 일직선 위에 있지 않은 경우, 서로 다른 n개의 점으로 결정되는 삼각형의 개수는 $_nC_3$이다.

③ **평행사변형의 개수**
   m개의 평행선과 이것과 평행하지 않은 n개의 평행선이 이루는 평행사변형의 개수는 $_mC_2 \times _nC_2$이다.

K 149   정답 ② ·· 사각형의 개수

정답 공식: 평행한 직선들의 집합에서 두 개씩 고르는 경우의 수를 구해 직사각형의 개수를 구하고, 정사각형의 개수를 구해 뺀다.

그림과 같이 정사각형이 12개 붙어 있는 도형이 있다. 이 도형의 선으로 이루어질 수 있는 사각형 중 **정사각형이 아닌 직사각형의 개수**는?

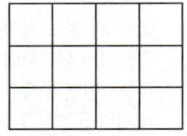

단서 먼저 직사각형이 되는 조건을 생각해서 직사각형의 개수를 구하고 정사각형인 경우의 수를 빼면 돼.

① 30   ② 40   ③ 50
④ 60   ⑤ 70

1st 두 쌍의 평행한 선분으로 만들어지는 직사각형의 개수를 구해봐.

먼저 직사각형을 만들기 위해 필요한 것은 2쌍의 평행한 선분이다.

가로 4개의 선 중 2개를 뽑고, 세로 5개의 선 중 2개를 뽑으면 되므로

$$_4C_2 \times _5C_2 = \frac{4 \times 3}{2 \times 1} \times \frac{5 \times 4}{2 \times 1}$$
$$= 6 \times 10 = 60$$

이 중 정사각형인 것을 구해서 제외하면 된다.

2nd 정사각형의 개수를 구해보자.

정사각형의 개수를 구하면
(ⅰ) 1×1인 정사각형 : 12개
(ⅱ) 2×2인 정사각형 : 6개
(ⅲ) 3×3인 정사각형 : 2개
따라서 구하는 경우의 수는 $60-(12+6+2)=40$

K 150   정답 ② ·· 사각형의 개수

정답 공식: 주어진 삼각형을 포함하려면 반드시 원점을 꼭짓점으로 하는 사각형을 만들어야 한다.

좌표평면 위에 9개의 점 (i, j) $(i=0, 4, 8, j=0, 4, 8)$이 있다. 이 9개의 점 중 네 점을 꼭짓점으로 하는 사각형 중에서 내부에 세 점 $(1, 1)$, $(3, 1)$, $(1, 3)$을 꼭짓점으로 하는 삼각형을 포함하는 사각형의 개수는?

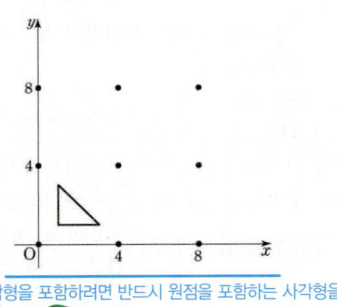

단서 그림의 삼각형을 포함하려면 반드시 원점을 포함하는 사각형을 만들어야 해.

① 13   ② 15   ③ 17
④ 19   ⑤ 21

1st 원점을 꼭짓점으로 하는 사각형의 방법의 수를 구하자.

주어진 삼각형을 포함하는 사각형을 만들려면 원점을 반드시 한 꼭짓점으로 해야 한다.

나머지 세 꼭짓점을 결정하는 방법은
   사각형은 네 개의 꼭짓점으로 이뤄지지?

원점 O와 연결된 변의 꼭짓점은 두 점 $(4, 0)$, $(8, 0)$ 중에서 한 개, 두 점 $(0, 4)$, $(0, 8)$ 중에서 한 개를 선택하고,   주어진 삼각형을 포함하기 위해서는 이와 같이 x축과 y축 위의 점을 하나씩 더 선택해야 해.

원점 O와 변으로 연결되지 않은 한 꼭짓점은 네 점 $(4, 4)$, $(4, 8)$, $(8, 4)$, $(8, 8)$ 중에서 한 개를 선택해야 한다.

즉, 꼭짓점을 선택하는 방법의 수는
$$_2C_1 \times _2C_1 \times _4C_1$$
$$= 2 \times 2 \times 4 = 16$$

2nd 이 중에서 사각형이 되지 않는 경우를 제외하자.

위에서 구한 경우 중 네 점 $(0, 0)$, $(8, 0)$, $(4, 4)$, $(0, 8)$을 꼭짓점으로 선택하면 사각형을 만들 수 없다.   세 점 $(8, 0)$, $(4, 4)$, $(0, 8)$이 한 직선 위에 있으므로 사각형이 만들어지지 않아.

따라서 구하는 사각형의 개수는
$$16-1=15$$

📋 서술형 스토리

K 151   정답 129 ······························ 순열을 이용한 정수의 개수

정답 공식: 백의 자리가 2이고 십의 자리가 5 이상인 자연수와 백의 자리가 3, 4, 5, 6인 자연수의 개수를 구하고 더한다.

0, 1, 2, 3, 4, 5, 6의 7개의 숫자 중 서로 다른 3개의 숫자를 택하여 **세 자리의 자연수**를 만들 때, 250보다 큰 수의 개수를 구하는 과정을 서술하시오.   **단서** 250보다 큰 세 자리의 자연수의 꼴을 생각해 봐!

1st 백의 자리의 수가 2이면서 250보다 큰 세 자리 자연수의 개수를 구하자.

250보다 큰 세 자리의 자연수는 25□, 26□, 3□□, 4□□, 5□□, 6□□ 꼴의 수이다. ··· ❶

(ⅰ) 25□일 때, □ 안에 들어갈 수는
1, 3, 4, 6의 4가지
(ⅱ) 26□일 때, □ 안에 들어갈 수는
0, 1, 3, 4, 5의 5가지

2nd 백의 자리의 수가 2보다 큰 세 자리의 자연수의 개수를 구하자.
(ⅲ) 3□□, 4□□, 5□□, 6□□일 때, 백의 자리에 오는 수를 제외한
6개의 숫자 중 2개를 택하여 나열하는 방법의 수와 같으므로
$4 \times {}_6P_2 = 120$ ⋯ ❷
└→ 3□□, 4□□, 5□□, 6□□일 때의 4가지

3rd 조건을 만족시키는 자연수의 개수를 구하자.
따라서 구하는 자연수의 개수는
$4+5+120=129$ ⋯ ❸

[채점 기준표]

❶ 250보다 큰 세 자리의 자연수의 꼴을 구한다.	40%
❷ ❶에서 구한 각 자연수의 꼴의 개수를 구한다.	40%
❸ 조건을 만족시키는 답을 구한다.	20%

K 152 정답 49 ⋯⋯⋯⋯⋯⋯⋯⋯⋯ 순열을 이용한 정수의 개수

(**정답 공식**: 1이 포함되는 횟수에 따라 경우를 나누어 각 경우 자연수의 개수를 구한다.)

다섯 개의 숫자 1, 2, 3, 4, 5를 써서 세 자리의 자연수를 만들 때, 다음 조건을 만족시키는 세 자리의 자연수의 개수를 구하는 과정을 서술하시오.

(가) 반드시 1을 포함한다.
(나) 1은 여러 번 쓸 수 있지만 다른 숫자는 한 번만 쓸 수 있다. **단서** 1이 몇 개 포함되었는지를 기준으로 나눠서 경우의 수를 생각해 봐!

1st 1이 한 개 포함된 세 자리의 자연수의 개수를 구하자.
1이 몇 개 포함되었는지를 기준으로 나누어서 생각해 보면
(ⅰ) 1이 1개 포함되는 경우, 즉 □△1, □1△, 1□△꼴의 세 자리의 자연수의 개수는
┌→ □△1, □1△, 1□△ 꼴의 3가지
$3 \times {}_4P_2 = 36$ ⋯ ❶
└→ 1을 제외한 4개의 수 중에서 2개를 택하여 나열하는 방법의 수

2nd 1이 두 개 포함된 세 자리의 자연수의 개수를 구하자.
(ⅱ) 1이 2개 포함되는 경우, 즉 11□, 1□1, □11 꼴의 세 자리 자연수의 개수는
주의 세 개의 자리 중에 1이 들어갈 두 곳을 고르는 조합으로 구할 수도 있지.
┌→ 11□, 1□1, □11 꼴의 3가지
$3 \times 4 = 12$ ⋯ ❷
└→ 1을 제외한 4개의 수 중에서 1개를 택하여 나열하는 방법의 수

3rd 1이 세 개 포함된 세 자리의 자연수의 개수를 구하자.
(ⅲ) 1이 3개 포함되는 경우는 111뿐이므로 세 자리의 자연수의 개수는 1
따라서 구하는 세 자리의 자연수의 개수는
$36+12+1=49$ ⋯ ❸

[채점 기준표]

❶ 1이 1개 포함된 경우의 수를 구한다.	40%
❷ 1이 2개 포함된 경우의 수를 구한다.	30%
❸ 1이 3개 포함되는 경우의 수를 구하여 조건을 만족시키는 답을 구한다.	30%

K 153 정답 516 ⋯⋯⋯⋯⋯⋯⋯⋯⋯⋯⋯ 삼각형의 개수

(**정답 공식**: 세 개의 점을 고르는 전체 경우의 수에서 세 점이 일직선 위에 놓이는 경우의 수를 뺀다.)

오른쪽 그림과 같이 같은 간격으로 놓인 16개의 점 중에서 3개의 점을 꼭짓점으로 하는 삼각형의 개수를 구하시오.
단서 16개의 점들을 이어 직선을 만들었을 때, 한 직선 위에 3개 이상의 점이 있는 직선의 개수를 구해야 해.

1st 16개의 점 중 3개의 점을 택하는 방법의 수를 구하자.
16개의 점 중에서 3개를 택하는 방법의 수는
${}_{16}C_3 = 560$ ⋯ ❶

2nd 한 직선 위의 점 중에서 3개의 점을 택한 방법의 수를 구하고, 이 경우에는 삼각형이 만들어지지 않는 경우의 수를 구하자.
(ⅰ) 한 직선 위에 4개의 점이 있는 경우
4개의 점 중에서 3개를 택하는 방법의 수는
${}_4C_3 = {}_4C_1 = 4$
이고, 한 직선 위에 4개의 점이 있는 직선은 10개이다. 일직선 위에 있는 세 점으로는 삼각형을 만들 수 없어.
(ⅱ) 한 직선 위에 3개의 점이 있는 경우
3개의 점 중에서 3개를 택하는 방법의 수는
${}_3C_3 = 1$
이고, 한 직선 위에 3개의 점이 있는 직선은 4개이다. ⋯ ❷

3rd 삼각형의 개수를 구하자.
따라서 구하는 삼각형의 개수는
$560 - 4 \times 10 - 1 \times 4 = 516$ ⋯ ❸
└→ 삼각형을 만들 수 없는 경우의 수

[채점 기준표]

❶ 16개의 점에서 3개의 점을 택하는 방법의 수를 구할 수 있다.	30%
❷ 일직선에서 서로 다른 점 3개를 택하는 경우의 수를 각각 구한다.	50%
❸ 조건을 만족시키는 답을 구한다.	20%

K 154 정답 160 ⋯⋯⋯⋯⋯⋯⋯⋯⋯⋯⋯ 삼각형의 개수

(**정답 공식**: 원에 내접하는 직각삼각형의 빗변은 원의 지름임을 이용해 전체 삼각형의 개수에서 직각삼각형의 개수를 뺀다.)

원에 내접하는 정십이각형이 있다. 이 정십이각형의 꼭짓점 12개 중에서 3개의 점을 택하여 삼각형을 만들 때, 직각삼각형이 아닌 것의 개수를 구하는 과정을 서술하시오.
단서 정십이각형의 외접원의 지름을 빗변으로 갖는 삼각형이 직각삼각형이 되니까 전체 삼각형의 개수에서 이것을 빼면 돼.

1st 만들 수 있는 삼각형의 개수를 구하자.
정십이각형의 12개의 꼭짓점 중에서 어느 세 점도 일직선 위에 있지 않으므로 만들 수 있는 삼각형의 개수는
${}_{12}C_3 = \dfrac{12 \times 11 \times 10}{3 \times 2 \times 1} = 220$ ⋯ ❶

2nd 직각삼각형, 즉 지름을 한 변으로 하는 삼각형
의 개수를 구하자.

> **실수** '지름의 원주각은 90°이다'는 성질은 정말
> 많이 쓰이는 성질이니까 꼭 익혀 두자.

정십이각형의 대각선 중에서 6개가 정십이각형의
외접원의 지름이고, 원의 지름이 되는 대각선 1개
당 10개의 직각삼각형을 만들 수 있으므로 직각삼각형의 개수는

$6 \times 10 = 60 \cdots$ **Ⅱ**　　　원의 중심을 지나는 대각선이 원의 지름이고 총 6개야.

3rd 조건을 만족시키는 삼각형의 개수를 구하자.

따라서 직각삼각형이 아닌 삼각형의 개수는

$220 - 60 = 160 \cdots$ **Ⅲ**

[채점 기준표]

Ⅰ	정십이각형의 꼭짓점으로 만들 수 있는 삼각형의 개수를 구한다.	30%
Ⅱ	정십이각형의 외접원의 지름을 빗변으로 하는 직각삼각형의 개수를 구한다.	50%
Ⅲ	조건을 만족시키는 답을 구한다.	20%

K 155 정답 96 …… 이웃하거나 이웃하지 않는 경우의 순열의 수

> **정답 공식:** 부부를 배치하는 경우의 수와, 나머지 사람들을 배치하는 경우의 수를 구해 곱한다.

> 다음은 어느 극장의 좌석 배치도의 일부분이다.
>
> [1][2]　[3][4]　[5]　[6]　[7]　[8]　[9]
>
> 1번과 2번, 3번과 4번은 커플 좌석이고 5번부터 9번까지는
> 개인 좌석이다. 두 쌍의 부부를 포함하여 남자 4명과 여자 5
> 명이 위의 좌석에 앉으려고 할 때, 부부는 <u>부부끼리 커플 좌</u>
> **단서 1** 부부끼리 커플 좌석에 앉을 때 커플석을 고르고 부부끼리 자리를 바꿔 앉을 수 있잖아!
> 석에 앉고 남은 <u>여자 3명은 서로 이웃하지 않도록 앉는 방법</u>
> **단서 2** 여자 3명이 이웃하지 않으려면 여자 사이사이에 남자 2명을 앉히는 경우의 수를 생각하면 돼!
> 의 수를 구하는 과정을 서술하시오.

1st 두 쌍의 부부가 커플 좌석에 앉는 방법의 수를 구하자.

두 쌍의 부부가 커플 좌석에 앉는 방법의 수는

　┌→ 두 커플 좌석 중 한 개를 고르는 방법의 수
$2 \times 2! \times 2! = 8 \cdots$ **Ⅰ**
　└→ 두 쌍의 부부가 부부끼리 자리를 바꿔 앉는 방법의 수

2nd 여자 3명이 이웃하지 않도록 앉는 방법의 수를 구하자.

여자 3명이 이웃하지 않도록 앉으려면 여자 사이사이에 남자 2명이 앉
으면 된다. 즉, 여자 3명은 5, 7, 9번 좌석에, 남자 2명은 6, 8번 좌석에
앉으면 된다.

남은 여자 3명과 남자 2명이 개인 좌석에 앉는 방법의 수는

　┌→ 여자 3명이 5, 7, 9번 좌석에 앉는 방법의 수
$3! \times 2! = 12 \cdots$ **Ⅱ**
　　　└→ 남자 2명이 6, 8번 좌석에 앉는 방법의 수

3rd 조건을 만족시키는 경우의 수를 구하자.

따라서 구하는 경우의 수는

$8 \times 12 = 96 \cdots$ **Ⅲ**

[채점 기준표]

Ⅰ	두 쌍의 부부를 커플 좌석에 배정하는 방법의 수를 구한다.	40%
Ⅱ	여자끼리 이웃하지 않도록 배정하는 방법의 수를 구한다.	40%
Ⅲ	조건을 만족하는 답을 구한다.	20%

K 156 정답 20 ……………………… 순열을 이용한 정수의 개수

> **정답 공식:** 더해서 3의 배수가 되는 경우를 구하고, 각 경우 세 자리 정수를 만들 수 있는 경우의 수를 구해 모두 더한다.

> 0, 2, 4, 6, 8의 숫자가 하나씩 적힌 5장의 카드에서 3장을
> 택하여 만들 수 있는 세 자리의 정수 중 3의 배수의 개수를
> 구하는 과정을 서술하시오.　**단서** 서로 다른 3개를 택하였을 때, 그 합이 3의 배수가 되는 경우를 생각해야 해!

1st 선택한 세 개의 숫자의 합이 3의 배수가 되는 경우를 찾아보자.

5개의 숫자 0, 2, 4, 6, 8에서 서로 다른 3개를 택하였을 때, 그 합이 3
의 배수가 되는 경우는

$\underline{(0, 2, 4)}$, $\underline{(0, 4, 8)}$, $\underline{(2, 4, 6)}$, $\underline{(4, 6, 8)} \cdots$ **Ⅰ**
　합이 6　　합이 12　　합이 12　　합이 18

> **함정** 5개의 숫자 중 3개의 숫자를 고르는 경우의 수는 $_5C_3 = 10$이니까 10가지
> 경우에 각 숫자의 합을 구해봐서 3의 배수가 되는 걸 찾으면 되겠지?

2nd 앞에서 구한 각각의 경우에 대해 세 자리 자연수의 개수를 구하자.

(i) 0, 2, 4로 만들 수 있는 세 자리의 정수의 개수는
$2 \times 2! = 4$　→ 백의 자리에 0이 올 수 없으므로 2가지

(ii) 0, 4, 8로 만들 수 있는 세 자리의 정수의 개수는
$2 \times 2! = 4$　→ 백의 자리에 0이 올 수 없으므로 2가지

(iii) 2, 4, 6으로 만들 수 있는 세 자리의 정수의 개수는
$3! = 6$

(iv) 4, 6, 8로 만들 수 있는 세 자리의 정수의 개수는
$3! = 6 \cdots$ **Ⅱ**

3rd 3의 배수인 세 자리 자연수의 개수를 구하자.

따라서 구하는 정수의 개수는

$4 + 4 + 6 + 6 = 20 \cdots$ **Ⅲ**

[채점 기준표]

Ⅰ	서로 다른 3개의 숫자를 택하였을 때, 그 합이 3의 배수가 되는 경우의 세 수를 구한다.	30%
Ⅱ	각각을 나열하여 만들 수 있는 세 자리의 정수의 개수를 구한다.	50%
Ⅲ	조건을 만족시키는 답을 구한다.	20%

K 157 정답 $A < C < B$ ……… '적어도'의 조건이 있는 조합의 수

> **정답 공식:** 조합을 이용하여 A의 경우를 구하고, B의 경우는 전체에서 남자만 뽑는 경우를, C의 경우는 전체에서 남자만, 혹은 여자만 뽑는 경우의 수를 뺀다.

> **단서** 조합을 이용하여 조건을 만족하는 각각의 경우의 수를 구하고 대소를 비교해 봐!
> 남자 5명, 여자 4명 중에서 4명의 대표를 뽑을 때, [보기]의 각 경
> 우의 수 A, B, C의 대소 관계를 구하는 과정을 서술하시오.
>
> [보기]
> A : 남자 2명, 여자 2명을 뽑는 경우
> B : 여자를 적어도 1명 뽑는 경우
> C : 여자 1명, 남자 1명을 반드시 포함하는 경우

1st 조합을 이용하여 A를 구하자.

(i) 남자 5명 중에서 2명을 뽑는 방법의 수는

$$_5C_2 = \frac{5 \times 4}{2 \times 1} = 10$$

여자 4명 중에서 2명을 뽑는 방법의 수는

$$_4C_2 = \frac{4 \times 3}{2 \times 1} = 6$$

$$\therefore A = 10 \times 6 = 60 \cdots ❶$$

2nd '적어도'의 조건이 있는 경우의 수를 구하는 방법을 떠올리며 B, C를 구하자.

(ii) 여자를 적어도 1명 뽑는 경우의 수는 전체 경우의 수에서 여자를 1명도 뽑지 않는 경우의 수, 즉 남자만 4명을 뽑는 경우의 수를 빼서 구한다.

전체 9명 중에서 4명을 뽑는 경우의 수는

$$_9C_4 = \frac{9 \times 8 \times 7 \times 6}{4 \times 3 \times 2 \times 1} = 126$$

남자 5명 중에서 4명을 뽑는 경우의 수는

$$_5C_4 = {}_5C_1 = 5$$

$$\therefore B = 126 - 5 = 121$$

(iii) 여자 1명, 남자 1명을 반드시 포함한다는 것은 적어도 여자 1명, 남자 1명을 뽑는다는 것이다.

따라서 구하는 경우의 수는 전체 경우의 수에서 남자만 4명을 뽑거나 여자만 4명을 뽑는 경우의 수를 빼서 구한다.

전체 9명 중에서 4명을 뽑는 경우의 수는

$$_9C_4 = \frac{9 \times 8 \times 7 \times 6}{4 \times 3 \times 2 \times 1} = 126$$

남자 5명 중에서 4명을 뽑는 경우의 수는

$$_5C_4 = {}_5C_1 = 5$$

여자 4명 중에서 4명을 뽑는 경우의 수는

$$_4C_4 = 1$$

$$\therefore C = 126 - (5+1) = 120 \cdots ❷$$

3rd A, B, C의 대소 관계를 판단하자.

(i), (ii), (iii)에서

$A = 60$, $B = 121$, $C = 120$이므로

$A < C < B \cdots ❸$

[채점 기준표]

❶ 조합을 이용하여 A의 값을 구한다.	20%
❷ '적어도 ~'의 조건이 있는 순열의 수의 성질을 이용하여 B, C의 값을 각각 구한다.	60%
❸ A, B, C의 대소 관계를 비교한다.	20%

K 158 정답 4 ·································· $_nP_r$와 $_nC_r$의 계산

(정답 공식: $_nC_r = {}_nC_{n-r}$임을 이용한다.)

> 등식 $_{12}C_{r-3} = {}_{12}C_{3r-1}$을 만족시키는 자연수 r의 값을 구하는 과정을 서술하시오. [단서] $_nC_r = {}_nC_{n-r}$인 조합의 성질을 이용해 봐!

1st $_{12}C_a = {}_{12}C_b$에서 $a = b$임을 이용하여 r를 구하자.

$_{12}C_{r-3} = {}_{12}C_{3r-1}$에서 $r - 3 = 3r - 1$이면 $r = -1$이므로 모순이다.
　　　　　　　　　　　　　　　　r은 자연수여야 해.

2nd $_{12}C_a = {}_{12}C_b$에서 $12 - a = b$임을 이용하여 r를 구하자.

따라서 $_{12}C_{r-3} = {}_{12}C_{12-(r-3)} = {}_{12}C_{15-r}$이므로

3rd 자연수 r을 구하자.

$_{12}C_{15-r} = {}_{12}C_{3r-1} \cdots ❶$

$15 - r = 3r - 1$

$\therefore r = 4 \cdots ❷$

[채점 기준표]

❶ $_nC_r = {}_nC_{n-r}$인 조합의 성질을 이용하여 식을 변형한다.	60%
❷ 주어진 식을 만족시키는 r의 값을 구한다.	40%

K 159 정답 25 ·································· 사각형의 개수

정답 공식: 조건을 만족시키는 점을 택하면 사다리꼴이 되므로, 사다리꼴의 넓이 공식으로부터 윗변과 아랫변의 길이의 합이 4가 되도록 점을 택하는 경우의 수를 구한다.

> [단서1] 두 평행선에서 각각 두 점을 택할 때, 사다리꼴이 되잖아!
> 오른쪽 그림과 같이 거리가 1인 두 평행선 위에 1만큼 떨어져 있는 점이 각각 5개씩 있다. 이 중에서 넓이가 2가 되도록 네 개의 점을 연결하여 만들 수 있는 사각형의 개수를 구하는 과정을 서술하시오. 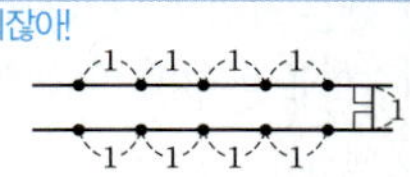
> [단서2] 이 사다리꼴의 높이는 1이므로 윗변과 아랫변의 길이의 합이 4가 되면 되잖아!

1st 사다리꼴의 높이가 1이고 넓이가 2이므로 사다리꼴의 윗변과 아랫변의 길이가 4가 되는 경우를 따져보자.

두 평행선에서 각각 두 점을 택할 때, 사각형이 되고 이 사각형은 사다리꼴이다.
　　　　　　　　　　　　　　한 쌍의 대변이 평행한 사각형이야.

사다리꼴의 윗변과 아랫변의 길이를 각각 a, b라고 하면 넓이는

$\frac{1}{2}(a+b) \times 1 = 2$이므로 $a + b = 4 \cdots ❶$

[함정] 이 관계식을 찾아내는 것이 핵심이야.

2nd 윗변과 아랫변의 길이에 따른 각각의 경우에 대해 사각형의 개수를 구하자.

(i) $a = 1$, $b = 3$일 때,
    $a = 1$인 경우는 4가지, $b = 3$인 경우는 2가지이므로
    $4 \times 2 = 8$

(ii) $a = 2$, $b = 2$일 때,
    $a = 2$인 경우는 3가지, $b = 2$인 경우는 3가지이므로
    $3 \times 3 = 9$

(iii) $a = 3$, $b = 1$일 때,
    $a = 3$인 경우는 2가지, $b = 1$인 경우는 4가지이므로
    $2 \times 4 = 8 \cdots ❷$

3rd 조건을 만족시키는 사각형의 개수를 구하자.

따라서 구하는 사각형의 개수는

$8 + 9 + 8 = 25 \cdots ❸$

[채점 기준표]

❶ 사다리꼴의 윗변과 아랫변의 길이의 합이 4가 됨을 구한다.	40%
❷ ❶의 각각의 경우에서 점을 선택하여 만들 수 있는 사각형의 개수를 구한다.	40%
❸ 조건을 만족시키는 답을 구한다.	20%

K 160 정답 170 .... 사각형의 개수

정답 공식: 평행한 직선들의 집합에서 두 개씩 고르는 경우의 수를 구해 직사각형의 개수를 구하고, 정사각형의 개수를 구해 뺀다.

> 단서 1 직사각형은 평행한 가로선과 세로선이 각각 한 쌍이 있어야 하잖아!
>
> 오른쪽 그림은 정사각형의 각 변을 5등분한 후 그 점들을 연결하여 얻은 도형이다. 이 도형의 선들로 이루어질 수 있는 직사각형 중에서 정사각형이 아닌 직사각형의 개수를 구하는 과정을 서술하시오. 단서 2 정사각형의 개수는 변의 길이에 따라 나눠서 구하면 돼!

1st 가로 선분 2개와 세로 선분 2개로 만들어지는 직사각형의 개수를 구하자.

> 주의 '점들로 만들 수 있는 사각형'이 아니라 '선들로 이루어지는 사각형'임에 주의하자.

직사각형의 개수는 가로 직선에서 2개, 세로 직선에서 2개를 택하는 방법의 수와 같으므로
$_6C_2 \times _6C_2 = 15 \times 15 = 225 \cdots$ ❶

2nd 정사각형의 개수를 구하자.

가장 작은 크기의 정사각형의 한 변의 길이를 1이라 하면,
정사각형은 크기에 따라 한 변의 길이가 1, 2, 3, 4, 5인 5가지 종류가 있다.
이때, 각 정사각형의 개수는 5^2, 4^2, 3^2, 2^2, 1^2이므로
정사각형의 총 개수는 $5^2+4^2+3^2+2^2+1^2=55$이다. $\cdots$ ❷

> 가로의 길이가 2인 선분이 4개, 세로의 길이가 2인 선분이 4개이므로 정사각형의 개수는 $4 \times 4 = 4^2$

3rd 직사각형이면서 정사각형은 아닌 사각형의 개수를 구하자.
따라서 구하는 직사각형의 개수는 $225-55=170 \cdots$ ❸

[채점 기준표]

❶ 직사각형의 개수를 구한다.	40%
❷ 정사각형의 개수를 구한다.	40%
❸ 조건을 만족시키는 답을 구한다.	20%

⚙ 도형의 개수를 구하는 조합 개념·공식

① 직선의 개수
   어떤 세 점도 일직선 위에 있지 않은 경우, 서로 다른 n개의 점에서 두 점을 잇는 직선의 개수는 $_nC_2$이다.
② 삼각형의 개수
   어떤 세 점도 일직선 위에 있지 않은 경우, 서로 다른 n개의 점으로 결정되는 삼각형의 개수는 $_nC_3$이다.
③ 평행사변형의 개수
   m개의 평행선과 이것과 평행하지 않은 n개의 평행선이 이루는 평행사변형의 개수는 $_mC_2 \times _nC_2$이다.

$(x+y)^2$ **1등급** 고난도 스토리

K 161 정답 ③ .... ★2등급 대비 [정답률 35%]

정답 공식: 각 자리의 숫자의 총합을 생각해 본다.

> 1, 2, 3, 4, 5의 다섯 개의 숫자에서 서로 다른 세 개를 택해 세 자리 자연수를 만든다. 이때, 만들어지는 모든 세 자리 자연수의 총합은? 단서 만들어지는 세 자리 자연수의 규칙을 찾으면 돼.
>
> ① 19960　② 19970　③ 19980
> ④ 19990　⑤ 20000

1st 5개의 숫자로 만들 수 있는 세 자리 자연수를 생각해.
다섯 개의 숫자에서 서로 다른 세 숫자를 택해 만드는 세 자리 자연수는
123, 124, 125, $\cdots$, 542, 543이 된다.
이때 이것들의 총합을 S, 백의 자리 숫자의 총합을 S_1, 십의 자리 숫자의 총합을 S_2, 일의 자리 숫자의 총합을 S_3이라 하자.
$123=1 \times 100+2 \times 10+3$
$124=1 \times 100+2 \times 10+4$
　　　⋮
$234=2 \times 100+3 \times 10+4$
　　　⋮
$543=5 \times 100+4 \times 10+3$
$S=S_1 \times 100+S_2 \times 10+S_3$

2nd S_1, S_2, S_3의 규칙을 찾아 S를 구하자.
이때 S_1에는 1, 2, 3, 4, 5가 각각 12개씩 있으므로
$S_1=(1+2+3+4+5) \times 12=180$
마찬가지로 $S_2=S_3=180$
따라서 $S=180 \times (100+10+1)=19980$

> 예를 들어, 세 자리의 수가 $1\square\square$일 때 $\square\square$에 들어갈 수들은 $_4P_3=4 \times 3=120$이고 $2\square\square$, $3\square\square$, $4\square\square$, $5\square\square$일 때도 마찬가지야.

K 162 정답 ③ .... ★2등급 대비 [정답률 30%]

정답 공식: 한 자리, 두 자리, 세 자리 수의 개수와 네 자리 수 중 조건을 만족시키는 수의 개수를 각각 구한다.

> 0, 1, 2, 3, 4를 사용하여 만들 수 있는 수 중에서 각 자리의 숫자가 모두 다른 양의 정수를 크기 순서로 나열하면 다음과 같다. 단서 한 자리, 두 자리, 세 자리의 수 등으로 나누어서 풀어야 해.
>
> 1, 2, 3, 4, 10, 12, $\cdots$, 43120, 43201, 43210
>
> 이때, 3421보다 작은 양의 정수의 개수는?
>
> ① 135　② 137　③ 139
> ④ 141　⑤ 143

1st 한 자리의 수와 두 자리의 수, 세 자리의 수의 개수를 세어 봐!

> 주의 '네 자리 자연수'가 아니라 그냥 '수'이기 때문에 한 자리, 두 자리 등의 수도 다 세어 주어야 하는 거야.

(i) 한 자리의 수는 4개
(ii) 두 자리의 수는 $4 \times _4P_1=16$
   └ 십의 자리의 숫자를 제외한 4개 중 1개를 택하는 방법의 수
(iii) 세 자리의 수는 $4 \times _4P_2=48$
   └ 맨 앞에는 0이 올 수 없으므로 4가지　└ 백의 자리의 숫자를 제외한 4개 중 2개를 택하여 나열하는 방법의 수

2nd 네 자리의 수는 1□□□, 2□□□인 경우의 수를 먼저 세어 봐!

(iv) 1□□□, 2□□□인 수의 개수는 각각

$$_4P_3 = 4 \times 3 \times 2 = 24$$

(v) 30□□, 31□□, 32□□인 수의 개수는 각각

$$_3P_2 = 3 \times 2 = 6$$

(vi) 340□, 341□인 수의 개수는 각각 2개

(vii) 3420으로 1개   3401, 3402, 3410, 3412로 모두 4개야.

따라서 3421보다 작은 양의 정수의 개수는

$$4 + 16 + 48 + 2 \times 24 + 3 \times 6 + 2 \times 2 + 1 = 139$$

K 163   정답 35 ····················· ✪2등급 대비 [정답률 28%]

> **정답 공식:** l, m, n의 각 경우에 대해 빈 자리 수를 구해 사람을 배치하는 경우의 수를 구한다.

> **단서** 3가지 경우로 나누어서 생각해 봐.
>
> A, B를 포함한 7명이 동시에 같은 버스를 타게 되었다. 빈 좌석이 3좌석이었을 때, A, B가 모두 빈 좌석에 앉게 되는 방법의 수를 l, A, B가 모두 빈 좌석에 앉지 못하게 되는 방법의 수를 m, A, B 중 한 사람만 빈 좌석에 앉게 되는 방법의 수를 n이라고 할 때, $l+m+n$의 값을 구하시오. (단, 빈 좌석에는 반드시 앉고, 빈 좌석은 서로 구별하지 않는다.)

1st 먼저 A, B가 모두 빈 좌석에 앉거나 앉지 못하는 경우에는 나머지 5명 중에서 1명을 뽑거나 3명을 뽑아 앉는 방법의 수를 구하면 돼!

(i) A, B가 모두 빈 좌석에 앉고 A, B를 제외한 5명 중에서 1명이 빈 좌석에 앉는 방법의 수는 만약 빈 좌석을 구별한다고 하면 3명이 앉는 방법의 수를 곱해야 해.

$$l = {_5C_1} = 5$$

(ii) A, B가 모두 빈 좌석에 앉지 못하고 A, B를 제외한 5명 중 3명이 빈 좌석에 앉는 방법의 수는

$$m = {_5C_3} = \frac{5 \times 4 \times 3}{3 \times 2 \times 1} = 10$$

2nd A, B 중 한 사람만 빈 좌석에 앉을 때 나머지 5명 중에서 2명을 뽑는 방법의 수를 구하면 돼!

(iii) A는 앉고 B를 제외한 5명 중에서 2명이 빈 좌석에 앉는 경우의 수는

$$_5C_2 = \frac{5 \times 4}{2 \times 1} = 10$$

마찬가지 방법으로 B만 앉는 경우의 수는 10

$$\therefore n = 10 + 10 = 20$$

(i), (ii), (iii)에 의하여

$$l + m + n = 5 + 10 + 20 = 35$$

> 🔧 **톡톡 풀이:** 구하려는 값은 A, B 두 사람이 빈 좌석 3개에 앉을 수 있는 방법의 수와 같고, 이것은 조합의 수로 구할 수 있으므로 이를 이용하여 값 구하기

A, B 모두 빈좌석에 앉거나 모두 못 앉거나, 한 사람만 앉거나 셋 중 한 경우만 가능하므로 $l+m+n$은 7명이 3좌석에 앉는 경우의 수와 같아.

$$\therefore l + m + n = {_7C_3}$$
$$= 35$$

✿ 조합의 수   개념·공식

> ① $_nC_r = \dfrac{_nP_r}{r!} = \dfrac{n!}{r!(n-r)!}$
>
> ② $_nC_r = {_nC_{n-r}}$
>
> ③ $_nC_0 = 1$, $_nC_n = 1$

K 164   정답 ⑤ ····················· ✪2등급 대비 [정답률 30%]

> **정답 공식:** 두 학교 A, B 사이에 한 팀이 있는 경우, 두 팀이 있는 경우를 나누어 나머지 팀들을 먼저 배치한 뒤, A, B를 배치해 경우의 수를 구한다.

> A, B, C, D, E, F의 6개의 학교에서 각 학교별로 한 팀씩 참가한 동아리 발표대회가 있다. A와 B 학교 동아리 사이에 다른 학교 동아리 한 팀 또는 두 팀이 발표하도록 순서를 정하는 방법의 수는? **단서** A와 B 사이에 한 팀이 발표하는 경우와 두 팀이 발표하는 경우로 나눠서 생각하면 돼!
>
> ① 120   ② 168   ③ 240   ④ 288   ⑤ 336

1st A, B학교 동아리 사이에 다른 학교 한 팀이 발표하게 하는 방법의 수를 구하자.

(i) A와 B 사이에 한 팀이 발표하는 경우는 아래와 같이 4가지

A□B□□□, □A□B□□, □□A□B□, □□□A□B

각각에 대하여 A, B를 제외한 나머지 네 팀을 일렬로 나열하는 순열의 수는 $4! = 24$

각각에 대하여 A, B 두 팀이 자리를 바꾸는 경우의 수는 $2! = 2$

따라서 구하는 경우의 수는 $4 \times 24 \times 2 = 192$

2nd A, B학교 동아리 사이에 다른 학교 두 팀이 발표하게 하는 방법의 수를 구하자.

(ii) A와 B 사이에 두 팀이 발표하는 경우는 아래와 같이 3가지

A□□B□□, □A□□B□, □□A□□B

각각에 대하여 A, B를 제외한 나머지 네 팀을 일렬로 나열하는 순열의 수는 $4! = 24$

각각에 대하여 A, B 두 팀이 자리를 바꾸는 경우의 수는 $2! = 2$

따라서 구하는 경우의 수는 $3 \times 24 \times 2 = 144$

(i), (ii)에 의하여 구하는 경우의 수는 실수

$192 + 144 = 336$ 두 경우가 동시에 일어날 수는 없기 때문에 합의 법칙을 이용한거야.

> 💠 **다른 풀이:** A와 B 학교 동아리 사이에 다른 학교 동아리를 배치하는 경우의 수를 구한 뒤, 이들을 하나의 동아리로 생각하고 다시 일렬로 나열하는 경우의 수 구하기

(i) A와 B 사이에 한 팀이 발표하는 경우

  ① A와 B를 제외한 나머지 4개의 학교 중 1개를 선택하여 A와 B 사이에 배치하는 방법의 수는

    $_4P_1 = 4$

  ② A□B를 하나로 생각하고 ①에서 선택되지 않은 3개의 학교와 함께 4개의 학교를 일렬로 나열하는 방법의 수는

    $4! = 24$

    이때, A와 B가 서로 자리를 바꾸는 방법의 수는

    $2! = 2$

    따라서 구하는 경우의 수는

    $4 \times 24 \times 2 = 192$

(ii) A와 B 사이에 두 팀이 발표하는 경우

  ① A와 B를 제외한 나머지 4개의 학교 중 2개를 선택하여 A와 B 사이에 배치하는 방법의 수는

    $_4P_2 = 4 \times 3 = 12$

  ② A□□B를 하나로 생각하고 ①에서 선택되지 않은 2개의 학교와 함께 3개의 학교를 일렬로 나열하는 방법의 수는

    $3! = 6$

    이때, A와 B가 서로 자리를 바꾸는 방법의 수는

    $2! = 2$

    따라서 구하는 경우의 수는

    $12 \times 6 \times 2 = 144$

(i), (ii)에 의하여 구하는 경우의 수는 $192 + 144 = 336$

> **정답 공식:** 서로 다른 n개에서 순서를 생각하지 않고 $r(0<r\le n)$개를 택하는 것을 n개에서 r를 택하는 조합이라 한다.

단서 5개의 인형을 선택할 때, 몇 종류의 인형이 포함되는지 경우를 나누면 돼.

서로 다른 네 종류의 인형이 각각 2개씩 있다. 이 8개의 인형 중에서 5개를 선택하는 경우의 수를 구하시오. (단, 같은 종류의 인형끼리는 서로 구별하지 않는다.)

1st 서로 다른 세 종류의 인형을 각각 1개, 2개, 2개 선택하는 경우의 수를 구해.

서로 다른 네 종류의 인형이 각각 2개씩 있으므로 5개의 인형을 선택하려면 최소한 세 종류 이상의 인형을 선택해야 한다.

세 종류 미만으로 인형 5개를 선택하려면 3개 이상 선택해야 하는 인형이 생기는데 모든 인형이 각각 2개씩만 있어서 불가능해. 따라서 인형을 세 종류 이상 골라야 해.

함정 첫째줄에서 1개, 둘째줄에서 4개를 선택하거나 첫째줄에서 2개, 둘째줄에서 3개를 선택한다는 아이디어로 접근한 친구들이 있을 거야. 예를 들어, 다음과 같이 골랐다고 해보자.

두 가지 경우 모두 결과적으로 곰인형 2개와 나머지 인형을 1개씩 선택한 경우로 같기 때문에 중복해서 세는 경우가 생기게 돼. 따라서 이렇게 접근하면 오류야.

(i) 서로 다른 세 종류의 인형을 각각 1개, 2개, 2개 선택하는 경우
서로 다른 네 종류의 인형 중에서 세 종류의 인형을 선택하는 경우의 수는
$${}_4C_3=4$$
위의 각 경우에서 세 종류의 인형 중 1개를 선택하는 인형의 종류를 정하면 남은 두 종류의 인형은 각각 2개씩 선택하면 되므로 이때의 경우의 수는
$${}_3C_1=3$$
따라서 이 경우의 수는
$$4\times3=12$$
서로 다른 네 종류의 인형 중에서 세 종류의 인형을 선택하는 사건과
각 사건에서 세 종류의 인형 중 1개를 선택하는 인형의 종류를 정하는 사건은
동시에 일어나므로 전체의 경우의 수를 구하기 위해서는 곱의 법칙을 이용하면 돼.

2nd 서로 다른 네 종류의 인형을 각각 1개, 1개, 1개, 2개 선택하는 경우의 수를 구해.

(ii) 서로 다른 네 종류의 인형을 각각 1개, 1개, 1개, 2개 선택하는 경우
서로 다른 네 종류의 인형 중에서 2개를 선택하는 인형을 정하면 남은 세 종류의 인형은 각각 1개씩 선택하면 되므로 이때의 경우의 수는
$${}_4C_1=4$$
(i), (ii)에 의하여 구하는 경우의 수는
$$12+4=16$$
서로 다른 세 종류의 인형을 각각 1개, 2개, 2개 선택하는 사건과
서로 다른 네 종류의 인형을 각각 1개, 1개, 1개, 2개 선택하는 사건은
동시에 일어날 수 없으므로 전체 경우의 수를 구하기 위해서는 합의 법칙을 이용하면 돼.

K 166 정답 **336** ······················· ⭐2등급 대비 [정답률 29%]

> **정답 공식:** 더해서 9가 되는 순서쌍은 $(1, 8)$, $(2, 7)$, $(3, 6)$, $(4, 5)$의 4가지이므로 이들을 이용해 각 자리 수 중 두 수의 합이 9가 되는 세 자리 자연수의 개수를 구해 전체 자연수의 개수에서 뺀다.

9개의 숫자 1, 2, 3, 4, 5, 6, 7, 8, 9 중에서 서로 다른 3개의 숫자를 택하여 다음 조건을 만족시키도록 세 자리 자연수를 만들려고 한다. 단서 '~아니다'가 있으므로 전체 경우의 수에서 각 자리의 수 중 두 수의 합이 9가 되는 경우의 수를 빼야겠지?

> 각 자리의 수 중 어떤 두 수의 합도 9가 아니다.

2+7=9이므로 조건을 만족시키지 않아.

예를 들어, 217은 조건을 만족시키지 않는다. 조건을 만족시키는 세 자리 자연수의 개수를 구하시오.

1st 두 수의 합이 9가 되는 경우를 생각하여 각 자리의 수 중 두 수를 합했을 때, 9가 되는 세 자리 자연수의 개수를 구해.

세 자리 수 abc에서 '$a+b\ne9$이고 $b+c\ne9$이고 $c+a\ne9$'인 사건의 여사건은 '$a+b=9$ 또는 $b+c=9$ 또는 $c+a=9$'야.

세 자리 자연수의 개수는 1부터 9까지의 자연수 중 세 수를 택하는 순열의 수이므로

서로 다른 n개에서 r를 택하는 순열의 수는
$${}_nP_r=n(n-1)(n-2)\cdots(n-r+1)$$
(단, $0<r\le n$)

$${}_9P_3=9\times8\times7=504$$

2nd 조건을 만족시키는 세 자리 자연수의 개수를 구해.

사건 A가 일어나지 않는 경우의 수는 (전체 사건의 경우의 수)−(사건 A가 일어나는 경우의 수)

1부터 9까지의 자연수 중 합이 9가 되는 두 수의 쌍은
$(1, 8)$, $(2, 7)$, $(3, 6)$, $(4, 5)$의 4개이다.
이 4개의 쌍 중 하나를 택하고, 9개의 숫자 중 이미 택한 2개의 숫자를 제외한 7개의 숫자 중 하나를 택하여 얻은 3개의 숫자를 일렬로 배열하면 되므로 서로 다른 3개의 숫자에서 3개를 택하여 일렬로 배열하는 경우의 수이므로 3!이야.

주의 '어떤 두 수의 합도 9가 아니다.'라는 조건이기 때문에 9가 세 자리 수에 사용되어도 상관없지?

두 수의 합이 9인 세 자리 자연수의 개수는 $4\times7\times3!=168$
따라서 구하는 세 자리 자연수의 개수는
$$504-168=336$$
(모든 세 자리 자연수의 개수) − (각 자리의 수 중 두 수의 합이 9가 되는 세 자리 자연수의 개수)

K 167 정답 **960** ······················· ⭐1등급 대비 [정답률 5%]

*순열과 조합을 상황에 맞게 적용하여 경우의 수 구하기 [유형 02+08+11]

서로 다른 종류의 꽃 4송이와 같은 종류의 초콜릿 2개를 5명의 학생에게 남김없이 나누어 주려고 한다. 아무것도 받지 못하는 학생이 없도록 꽃과 초콜릿을 나누어 주는 경우의 수를 구하시오. 단서1 꽃 4송이와 초콜릿 2개를 합하면 6개이고, 학생 5명에게 나누어 준다 하니까 5명 중 1명은 2개를 받게 되겠지?

단서2 1명이 받게 되는 꽃과 초콜릿의 개수가 바뀌는 상황을 기준으로 경우를 나누어 봐야 해.

💡 **단서+발상**

단서1 꽃과 초콜릿을 합한 개수는 6이고, 학생은 5명이므로 나눠주려고 하는 물건의 개수가 더 많다는 것을 파악한다. 발상

단서2 아무것도 받지 않은 학생이 없다는 조건을 생각하여 꽃을 ♡, 초콜릿을 라 하면 다음과 같이 생각해볼 수 있다. 적용

	학생 1	학생 2	학생 3	학생 4	학생 5
경우 1	♡	♡	♡	♡	■■
경우 2	♡	♡	♡♡	■	■
경우 3	♡	♡	♡	♡■	■

핵심 정답 공식: $_nP_r = \dfrac{n!}{(n-r)!}$, $_nC_r = \dfrac{_nP_r}{r!} = \dfrac{n!}{r!(n-r)!}$

------------------ [문제 풀이 순서] ------------------

1st 서로 다른 종류의 꽃 4송이와 같은 종류의 초콜릿 2개를 5명의 학생에게 나누어 주는 경우 1명의 학생이 2개를 받게 되는 경우를 생각해봐.

6개를 5명에게 나누어 줄 때, 아무도 받지 못하는 학생이 없도록 나눠 주면 1명은 2개를 받게 돼.

특정한 1명의 학생이 2개를 받는 경우를 나누어 보면

(i) 1명의 학생이 초콜릿 2개를 받는 경우
(ii) 1명의 학생이 꽃 2송이를 받는 경우
(iii) 1명의 학생이 꽃 1송이와 초콜릿 1개를 받는 경우

로 나눌 수 있다.

2nd 경우의 수를 구하자.

(i) 1명의 학생이 초콜릿 2개를 받는 경우

같은 종류의 초콜릿 2개를 받는 학생을 정하는 경우의 수는 $_5C_1 = 5$ 이고, 나머지 4명의 학생에게 서로 다른 4송이의 꽃을 각각 한 송이씩 나누어 주는 경우의 수는

$_4P_4 = 4! = 4 \times 3 \times 2 \times 1 = 24$

따라서 이때의 경우의 수는 $5 \times 24 = 120$ 동시에 일어나는 경우는 서로를 곱해.

(ii) 1명의 학생이 꽃 2송이를 받는 경우

서로 다른 4송이의 꽃 중에서 2송이의 꽃을 고르는 경우의 수는

$_4C_2 = \dfrac{4 \times 3}{2 \times 1} = 6$이고, 이 2송이의 꽃을 받는 학생을 정하는 경우의 수는 $_5C_1 = 5$이다. 또한, 남은 4명의 학생 중 남은 꽃 2송이를 받게 되는 경우의 수는

4명의 학생 중에 꽃을 받는 2명의 학생만 정하면 남은 2명의 학생은 당연히 초콜릿을 받겠지?

$_4P_2 = 4 \times 3 = 12$

따라서 이때의 경우의 수는 $6 \times 5 \times 12 = 360$

(iii) 1명의 학생이 꽃 1송이와 초콜릿 1개를 받는 경우

1명은 초콜릿 1개를 받으니까 5명 중 꽃을 받는 4명의 학생을 정하고 그 4명 중 초콜릿 1개를 받는 사람을 정해.

4송이의 꽃을 5명 중 4명의 학생에게 각각 1송이씩 나누어 주는 경우의 수는 $_5P_4 = 5 \times 4 \times 3 \times 2 = 120$이고 꽃을 받지 못한 학생에게 초콜릿 1개를 주는 경우의 수는 1, 꽃을 받은 학생 중 1명을 택해 남은 초콜릿 1개를 주는 경우의 수는 $_4C_1 = 4$

따라서 이때의 경우의 수는 $120 \times 1 \times 4 = 480$

(i)~(iii)에 의하여 구하는 경우의 수는

$120 + 360 + 480 = 960$

My Top Secret

서울대 선배의 ❶ 등급 대비 전략

구체적으로 단서+발상의 단서2와 같이 상황을 상세하게 나눠봐야 해. 문제를 많이 풀어봤다면 (나누어 줄 물건의 수)>(사람 수)라면 나누어 줄 물건(꽃과 초콜릿) 중에서 적은 수의 물건을 기준으로 생각하면 더 간단하게 경우를 나눌 수 있다는 것을 느낄 수 있어. 같은 종류의 초콜릿 2개를 기준으로 초콜릿 2개 모두 한 학생에게 나눠주는 경우는 나머지 4명의 학생에게 서로 다른 꽃 4송이를 한 송이씩 나눠주면 돼. 이제, 초콜릿 2개를 2명의 학생에게 나눠준다면 남은 3명의 학생에게 꽃 1개, 꽃 1개, 꽃 2개를 나눠주거나 초콜릿을 받은 2명의 학생 중 1명에게 꽃을 한 송이 주고, 나머지 3명의 학생에게 남은 꽃 3송이를 각각 한 송이씩 나눠주면 돼.

K 168 정답 ② · · · · · · · · · · · · · · · ★1등급 대비 [정답률 5%]

＊경우를 나누고 나서 나머지 조건에 맞춰 경우의 수를 계산할 때 놓치는 조건이 없도록 꼼꼼히 관찰하기 [유형 02]

그림과 같이 좌석 번호가 적힌 10개의 의자가 배열되어 있다.

두 학생 A, B를 포함한 5명의 학생이 다음 규칙에 따라 10개의 의자 중에서 서로 다른 5개의 의자에 앉는 경우의 수는?

단서3 A의 좌석 번호는 24 또는 25 뿐이야.

(가) A의 좌석 번호는 24 이상이고, B의 좌석 번호는 14 이하이다.

단서1 나란히 앉는 학생들이 없다는 말이야.

(나) 5명의 학생 중에서 어느 두 학생도 좌석 번호의 차가 1이 되도록 앉지 않는다.

(다) 5명의 학생 중에서 어느 두 학생도 좌석 번호의 차가 10이 되도록 앉지 않는다.

단서2 앞뒤로 앉는 학생들이 없다는 말이야.

① 54 ②60 ③ 66 ④ 72 ⑤ 78

왜 1등급? 조건 (나)는 양옆으로 앉지 않고, 조건 (다)는 앞뒤로 앉지 않는 조건을 파악하여 경우의 수를 구하는 문제이다. 이를 위해서는 A의 좌석 번호는 24 또는 25이고, B의 좌석 번호는 14 이하일 때, 가능한 경우를 생각해 보고 각각의 경우의 수를 구하는 것이 어려웠다.

💡 **단서+발상**

단서1 좌석 번호의 차이가 1이라는 것은 어느 두 학생도 양옆에 이웃하여 앉을 수 없다는 것을 의미한다. 발상

단서2 마찬가지로, 좌석 번호의 차가 10이 되지 않기 위해서 어느 두 학생도 앞뒤로 이웃하여 앉을 수 없다는 것을 의미한다. 발상

단서3 A의 좌석 번호가 24 이상이므로, A가 24이거나 25일 때의 경우로 나눠 살펴본다. 해결

주의 그림으로 상황이 주어진 경우 더 간단하게 조건을 파악하여 빠뜨리거나 중복되지 않게 경우의 수를 세어야 한다.

핵심 정답 공식: A의 좌석 번호를 지정한 후 조건을 따진다.

------------------ [문제 풀이 순서] ------------------

1st 경우의 수가 간단한 A의 좌석 번호를 이용하여 조건을 정리하자.

그림과 같이 의자의 위치와 좌석 번호를 나타내고 각 가로줄을 1열, 2열이라고 하자.

1열 →	11	12	13	14	15	16	17
2열 →			23	24	25		

규칙 (가)에 의하여 A는 좌석 번호가 24 또는 25인 의자에 앉을 수 있고, B는 좌석 번호가 11 또는 12 또는 13 또는 14인 의자에 앉을 수 있다. 규칙 (나), (다)에 의하여 5명의 학생 중 어느 두 학생도 양옆 또는 앞뒤로 이웃하여 앉지 않는다.

따라서 5명의 학생이 앉을 수 있는 5개의 의자를 선택한 후 규칙 (가)에 의하여 A, B가 앉고 남은 3개의 의자에 나머지 3명의 학생이 앉는 것으로 경우의 수를 구할 수 있다.

2nd A의 좌석 번호가 24인 경우를 생각해.

(ⅰ) A가 좌석 번호가 24인 의자에 앉을 때

11	12	13	14	15	16	17
		23	A	25		

A가 좌석 번호가 24인 의자에 앉으면 나머지 4명의 학생은 규칙 (나), (다)에 의하여 좌석 번호가 11, 13, 15, 17인 의자에 각각 한 명씩 앉아야 한다. A가 24번에 앉으면 양옆인 23번, 25번과 앞뒤 좌석인 14번은 비워두어야 해. 남아있는 11, 12, 13번과 15, 16, 17번에 4명의 학생이 앉으려면 11, 13, 15, 17번에 앉을 수 밖에 없어.

이때, B는 규칙 (가)에 의하여 좌석 번호가 11, 13인 2개의 의자 중 1개의 의자에 앉아야 하므로 B가 의자를 선택하여 앉는 경우의 수는 $_2C_1=2$

위의 각 경우에 대하여 A, B를 제외한 3명의 학생이 나머지 3개의 의자에 앉는 경우의 수는

$3!=3\times2\times1=6$

이때의 경우의 수는 $2\times6=12$

3rd A의 좌석 번호가 25인 경우를 생각해.

(ⅱ) A가 좌석 번호가 25인 의자에 앉을 때

11	12	13	14	15	16	17
		23	24	A		

A가 좌석 번호가 25인 의자에 앉으면 나머지 4명의 학생은 규칙 (나), (다)에 의하여 좌석 번호가 14인 의자, 좌석 번호가 23인 의자에 각각 한 명씩 앉고, 좌석 번호가 11 또는 12인 의자 중 하나, 좌석 번호가 16 또는 17인 의자 중 하나에 앉아야 한다. A가 25번에 앉으면 옆인 24번과 앞뒤 좌석인 15번은 비워두어야 해. 남은 자리에 4명이 앉으려면 11, 12, 14번에 2명, 16, 17번에 1명, 23번에 1명이 앉을 수 밖에 없어.

좌석 번호가 11 또는 12인 의자 중 하나를 선택하고, 좌석 번호가 16 또는 17인 의자 중 하나를 선택하는 경우의 수는 각각 $_2C_1=2$이므로 $2\times2=4$

이때, B는 규칙 (가)에 의하여 좌석 번호가 11, 14 또는 12, 14인 2개의 의자 중 1개의 의자에 앉아야 하므로 B가 의자를 선택하여 앉는 경우의 수는 $_2C_1=2$

위의 각 경우에 대하여 A, B를 제외한 3명의 학생이 나머지 3개의 의자에 앉는 경우의 수는 $3!=3\times2\times1=6$

이때의 경우의 수는 $4\times2\times6=48$

(ⅰ), (ⅱ)에 의하여 구하는 경우의 수는 $12+48=60$

My Top Secret
서울대 선배의 **①** 등급 대비 전략

A가 좌석 번호가 24인 의자에 앉는 경우는 한 칸씩 띄어 앉는다고 생각하면 쉽게 경우의 수를 찾을 수 있어. 문제는 A가 좌석 번호가 25인 의자에 앉는 경우야. A까지 포함해서 5명이 다 띄엄띄엄 앉으려면 14, 23번에는 꼭 앉아야 하고 11번과 12번 중에 한 자리, 16번과 17번 중에 한 자리에 앉아야 되고, 이 경우는 상황을 잘 통제해 나가야 하기 때문이지. 앉을 자리를 선택하는 경우는 조합을 이용하고, 각 경우에 대하여 B를 조건 (가)에 따라 14 이하의 자리에 앉힌 뒤 나머지 사람들을 순열을 이용하여 앉히면 돼.

🌸 순열의 수
개념·공식

① $_nP_r=n(n-1)(n-2)\cdots(n-r+1)=\dfrac{n!}{(n-r)!}$

② $_nP_n=n\times(n-1)\times\cdots\times3\times2\times1=n!$

③ $_nP_0=1, 0!=1$

🐝 개념 **확인** 문제

ㄴ 01 정답 2×1 행렬

ㄴ 02 정답 1×2 행렬

ㄴ 03 정답 1×3 행렬

ㄴ 04 정답 2×2 행렬, 2차정사각행렬

ㄴ 05 정답 2×3 행렬

ㄴ 06 정답 3×3 행렬, 3차정사각행렬

ㄴ 07 정답 3, 3

ㄴ 08 정답 24

행렬 $A=\begin{pmatrix} 1 & -2 & 7 \\ 9 & 31 & 0 \\ 6 & -5 & 8 \end{pmatrix}$의 제 2열의 성분을 모두 더하면

$(-2)+31+(-5)=24$

ㄴ 09 정답 -5

ㄴ 10 정답 7

ㄴ 11 정답 7

$a_{11}+a_{23}+a_{31}=1+0+6=7$

ㄴ 12 정답 $\begin{pmatrix} 1 & 0 & -1 \\ 3 & 2 & 1 \end{pmatrix}$

ㄴ 13 정답 $\begin{pmatrix} 0 & -1 \\ -1 & 0 \end{pmatrix}$

ㄴ 14 정답 $x=10, y=0$

ㄴ 15 정답 $x=4, y=-1$

ㄴ 16 정답 $x=9, y=-7$

ㄴ 17 정답 $\begin{pmatrix} 2 & 0 \\ 7 & 9 \end{pmatrix}$

L 18 정답 $\begin{pmatrix} 10 & 12 & 2 \\ -1 & -9 & 13 \end{pmatrix}$

L 19 정답 $(0 \quad 0)$

L 20 정답 $X = \begin{pmatrix} 2 & 8 \\ -6 & 2 \end{pmatrix}$

$B - C = \begin{pmatrix} 1 & 7 \\ 1 & 2 \end{pmatrix} - \begin{pmatrix} 6 & 6 \\ -5 & 0 \end{pmatrix} = \begin{pmatrix} -5 & 1 \\ 6 & 2 \end{pmatrix}$이므로

$X = A - (B - C) = \begin{pmatrix} -3 & 9 \\ 0 & 4 \end{pmatrix} - \begin{pmatrix} -5 & 1 \\ 6 & 2 \end{pmatrix} = \begin{pmatrix} 2 & 8 \\ -6 & 2 \end{pmatrix}$

L 21 정답 $X = \begin{pmatrix} -2 & 9 \\ 0 & 5 \end{pmatrix}$

$X = A + \begin{pmatrix} 1 & 0 \\ 0 & 1 \end{pmatrix} = \begin{pmatrix} -3 & 9 \\ 0 & 4 \end{pmatrix} + \begin{pmatrix} 1 & 0 \\ 0 & 1 \end{pmatrix} = \begin{pmatrix} -2 & 9 \\ 0 & 5 \end{pmatrix}$

L 22 정답 $X = \begin{pmatrix} -8 & 0 \\ 8 & 11 \end{pmatrix}$

$X = B - \begin{pmatrix} 9 & 7 \\ -7 & -9 \end{pmatrix} = \begin{pmatrix} 1 & 7 \\ 1 & 2 \end{pmatrix} - \begin{pmatrix} 9 & 7 \\ -7 & -9 \end{pmatrix}$

$= \begin{pmatrix} -8 & 0 \\ 8 & 11 \end{pmatrix}$

L 23 정답 $X = \begin{pmatrix} -6 & -6 \\ 5 & 0 \end{pmatrix}$

$X = O - C = \begin{pmatrix} 0 & 0 \\ 0 & 0 \end{pmatrix} - \begin{pmatrix} 6 & 6 \\ -5 & 0 \end{pmatrix} = \begin{pmatrix} -6 & -6 \\ 5 & 0 \end{pmatrix}$

L 24 정답 $\begin{pmatrix} 15 & 30 \\ 12 & -21 \end{pmatrix}$

L 25 정답 $\begin{pmatrix} 7 & 4 \\ -3 & 1 \end{pmatrix}$

L 26 정답 $\begin{pmatrix} -38 & -36 \\ 4 & 10 \end{pmatrix}$

$A + B = \begin{pmatrix} 5 & 10 \\ 4 & -7 \end{pmatrix} + \begin{pmatrix} 14 & 8 \\ -6 & 2 \end{pmatrix} = \begin{pmatrix} 19 & 18 \\ -2 & -5 \end{pmatrix}$이므로

$-2(A + B) = \begin{pmatrix} -38 & -36 \\ 4 & 10 \end{pmatrix}$

L 27 정답 $\begin{pmatrix} 135 & 70 \\ -64 & 27 \end{pmatrix}$

$-A = \begin{pmatrix} -5 & -10 \\ -4 & 7 \end{pmatrix}$, $10B = \begin{pmatrix} 140 & 80 \\ -60 & 20 \end{pmatrix}$이므로

$-A + 10B = \begin{pmatrix} -5 & -10 \\ -4 & 7 \end{pmatrix} + \begin{pmatrix} 140 & 80 \\ -60 & 20 \end{pmatrix} = \begin{pmatrix} 135 & 70 \\ -64 & 27 \end{pmatrix}$

L 28 정답 $\begin{pmatrix} -31 \\ 16 \end{pmatrix}$

L 29 정답 $(46 \quad 34)$

L 30 정답 (-13)

L 31 정답 $\begin{pmatrix} 4 & 2 & 4 \\ -4 & -2 & -4 \end{pmatrix}$

L 32 정답 $\begin{pmatrix} 32 & -27 \\ -48 & 72 \end{pmatrix}$

L 33 정답 $\begin{pmatrix} 0 & 84 \\ -12 & 104 \end{pmatrix}$

L 34 정답 $\begin{pmatrix} -23 & -93 \\ 48 & 72 \end{pmatrix}$

$A - B = \begin{pmatrix} 3 & -8 \\ 0 & 12 \end{pmatrix} - \begin{pmatrix} 0 & 7 \\ -4 & 6 \end{pmatrix} = \begin{pmatrix} 3 & -15 \\ 4 & 6 \end{pmatrix}$이므로

$A(A - B) = \begin{pmatrix} 3 & -8 \\ 0 & 12 \end{pmatrix}\begin{pmatrix} 3 & -15 \\ 4 & 6 \end{pmatrix} = \begin{pmatrix} -23 & -93 \\ 48 & 72 \end{pmatrix}$

L 35 정답 $\begin{pmatrix} 9 & -204 \\ 12 & 40 \end{pmatrix}$

$A - B = \begin{pmatrix} 3 & -8 \\ 0 & 12 \end{pmatrix} - \begin{pmatrix} 0 & 7 \\ -4 & 6 \end{pmatrix} = \begin{pmatrix} 3 & -15 \\ 4 & 6 \end{pmatrix}$이므로

$(A - B)A = \begin{pmatrix} 3 & -15 \\ 4 & 6 \end{pmatrix}\begin{pmatrix} 3 & -8 \\ 0 & 12 \end{pmatrix} = \begin{pmatrix} 9 & -204 \\ 12 & 40 \end{pmatrix}$

L 36 정답 $\begin{pmatrix} 13 & -21 \\ -84 & 328 \end{pmatrix}$

$A + B = \begin{pmatrix} 3 & -1 \\ -4 & 18 \end{pmatrix}$이므로

$(A + B)^2 = \begin{pmatrix} 3 & -1 \\ -4 & 18 \end{pmatrix}\begin{pmatrix} 3 & -1 \\ -4 & 18 \end{pmatrix} = \begin{pmatrix} 13 & -21 \\ -84 & 328 \end{pmatrix}$

L 37 정답 $\begin{pmatrix} -51 & -135 \\ 36 & -24 \end{pmatrix}$

$A - B = \begin{pmatrix} 3 & -15 \\ 4 & 6 \end{pmatrix}$이므로

$(A - B)^2 = \begin{pmatrix} 3 & -15 \\ 4 & 6 \end{pmatrix}\begin{pmatrix} 3 & -15 \\ 4 & 6 \end{pmatrix} = \begin{pmatrix} -51 & -135 \\ 36 & -24 \end{pmatrix}$

L 38 정답 $\begin{pmatrix} 5 & -51 \\ 60 & 168 \end{pmatrix}$

$A + B = \begin{pmatrix} 3 & -1 \\ -4 & 18 \end{pmatrix}$, $A - B = \begin{pmatrix} 3 & -15 \\ 4 & 6 \end{pmatrix}$이므로

$(A + B)(A - B) = \begin{pmatrix} 3 & -1 \\ -4 & 18 \end{pmatrix}\begin{pmatrix} 3 & -15 \\ 4 & 6 \end{pmatrix}$

$= \begin{pmatrix} 5 & -51 \\ 60 & 168 \end{pmatrix}$

L 39 정답 ㄱ, ㄷ, ㅂ

L 40 정답 $\begin{pmatrix} -2 & -10 \\ 45 & -17 \end{pmatrix}$

L 41 정답 $\begin{pmatrix} -446 & 190 \\ -855 & -161 \end{pmatrix}$

$A^2=\begin{pmatrix} -2 & -10 \\ 45 & -17 \end{pmatrix}$이므로

$A^4=A^2A^2=\begin{pmatrix} -2 & -10 \\ 45 & -17 \end{pmatrix}\begin{pmatrix} -2 & -10 \\ 45 & -17 \end{pmatrix}$

$=\begin{pmatrix} -446 & 190 \\ -855 & -161 \end{pmatrix}$

L 42 정답 $\begin{pmatrix} -2 & -10 \\ 45 & -17 \end{pmatrix}$

$(-A)^2=\begin{pmatrix} -4 & 2 \\ -9 & -1 \end{pmatrix}\begin{pmatrix} -4 & 2 \\ -9 & -1 \end{pmatrix}=\begin{pmatrix} -2 & -10 \\ 45 & -17 \end{pmatrix}$

L 43 정답 $\begin{pmatrix} -8 & -40 \\ 180 & -68 \end{pmatrix}$

$2A=\begin{pmatrix} 8 & -4 \\ 18 & 2 \end{pmatrix}$이므로

$(2A)^2=\begin{pmatrix} 8 & -4 \\ 18 & 2 \end{pmatrix}\begin{pmatrix} 8 & -4 \\ 18 & 2 \end{pmatrix}=\begin{pmatrix} -8 & -40 \\ 180 & -68 \end{pmatrix}$

L 44 정답 $\neq$

L 45 정답 BC

L 46 정답 AC

L 47 정답 $=$, $=$

L 48 정답 $\begin{pmatrix} 1 & 0 \\ 0 & 1 \end{pmatrix}$

L 49 정답 $\begin{pmatrix} -1 & 0 \\ 0 & -1 \end{pmatrix}$

L 50 정답 $\begin{pmatrix} 5 & 0 \\ 0 & 5 \end{pmatrix}$

L 51 정답 $\begin{pmatrix} 1 & 0 \\ 0 & 1 \end{pmatrix}$

L 52 정답 $\begin{pmatrix} 2 & 0 \\ 0 & 2 \end{pmatrix}$

$E^2-(-E)^3=E-(-E)=2E=\begin{pmatrix} 2 & 0 \\ 0 & 2 \end{pmatrix}$

L 53 정답 11 ·········· 행렬의 성분

(정답 공식: i, j에 각각 적당한 값을 대입하여 행렬의 각 성분의 값을 구한다.)

이차정사각행렬 A의 (i, j)성분 a_{ij}가
$$a_{ij}=(i+2j\text{의 양의 약수의 개수})$$
일 때, 행렬 A의 모든 성분의 합을 구하시오.
단서 성분을 각각 구하면 행렬을 구할 수 있어.
(단, $i=1, 2, j=1, 2$)

1st 먼저 행렬 A의 각각의 성분을 구하자.
$a_{ij}=(i+2j\text{의 양의 약수의 개수})$에
$i=1, 2, j=1, 2$를 대입하면
$\underline{a_{11}=(3\text{의 양의 약수의 개수})=2}$
3의 양의 약수는 1, 3으로 2개야.
$\underline{a_{12}=(5\text{의 양의 약수의 개수})=2}$
5의 양의 약수는 1, 5로 2개야.
$\underline{a_{21}=(4\text{의 양의 약수의 개수})=3}$
4의 양의 약수는 1, 2, 4로 3개야.
$\underline{a_{22}=(6\text{의 양의 약수의 개수})=4}$
6의 양의 약수는 1, 2, 3, 6으로 4개야.
$\therefore A=\begin{pmatrix} a_{11} & a_{12} \\ a_{21} & a_{22} \end{pmatrix}=\begin{pmatrix} 2 & 2 \\ 3 & 4 \end{pmatrix}$

2nd 행렬 A의 모든 성분의 합을 구하자.
따라서 행렬 A의 모든 성분의 합은
$2+2+3+4=11$

L 54 정답 ④ ·········· 행렬의 성분

(정답 공식: 행렬의 성분에 관한 식에 $i=1, 2, j=1, 2$를 차례로 대입한다.)

이차정사각행렬 A의 (i, j)성분 a_{ij}가 아래와 같이 정의될 때, 행렬 A의 모든 성분의 합은?

$$a_{ij}=\begin{cases} i-1 & (i>j) \\ i+j & (i=j) \\ i-2j & (i<j) \end{cases}$$

단서 i와 j의 크기에 따라 대입해야 하는 식이 달라.

① 1   ② 2   ③ 3
④ 4   ⑤ 5

1st 이차정사각행렬 A의 성분이 정의된 대로 행렬 A를 구해 보자.

$$a_{ij}=\begin{cases} i-1 & (i>j) \cdots \text{㉠} \\ i+j & (i=j) \cdots \text{㉡} \\ i-2j & (i<j) \cdots \text{㉢} \end{cases}$$

이차정사각행렬 A의 (i, j)성분 a_{ij}가 다음과 같이 정의됐으므로
$\underline{a_{11}=1+1=2\ (\because \text{㉡})}$ $i=1, j=1$이므로 $i=j$인 상태이니 ㉡에 대입하자.
$\underline{a_{12}=1-4=-3\ (\because \text{㉢})}$ $i=1, j=2$이므로 $i<j$인 상태이니 ㉢에 대입하자.
$\underline{a_{21}=2-1=1\ (\because \text{㉠})}$ $i=2, j=1$이므로 $i>j$인 상태이니 ㉠에 대입하자.
$\underline{a_{22}=2+2=4\ (\because \text{㉡})}$
$\therefore A=\begin{pmatrix} 2 & -3 \\ 1 & 4 \end{pmatrix}$ $i=2, j=2$이므로 $i=j$인 상태이니 ㉡에 대입하자.

따라서 행렬 A의 모든 성분의 합은 $2-3+1+4=4$

(**정답 공식**: i, j에 각각 적당한 값을 대입하여 행렬의 각 성분의 값을 구한다.)

이차정사각행렬 A의 (i, j) 성분 a_{ij}가   단서 $a_{ij}=2i+j+1$에 $i=1, 2$, $j=1, 2$를 차례로 대입하여 행렬 A의 성분을 구해.
$$a_{ij}=2i+j+1\,(i=1, 2,\ j=1, 2)$$
이다. 행렬 A의 모든 성분의 합을 구하시오.

1st 행렬 A의 각 성분을 구하자.

$a_{ij}=2i+j+1$에 $i=1, 2$, $j=1, 2$를 대입하면
$a_{11}=2+1+1=4$
$a_{12}=2+2+1=5$
$a_{21}=4+1+1=6$
$a_{22}=4+2+1=7$

2nd 행렬 A의 모든 성분의 합을 구하자.

따라서 $A=\begin{pmatrix} 4 & 5 \\ 6 & 7 \end{pmatrix}$이므로 행렬 A의 모든 성분의 합은
$4+5+6+7=22$ $A=\begin{pmatrix} a_{11} & a_{12} \\ a_{21} & a_{22} \end{pmatrix}$

⚙ **행렬의 (i, j)성분**   개념·공식

행렬 A의 제 i행과 제 j열이 만나는 위치의 성분을 행렬 A의 (i, j)성분이라 하고, 기호로 a_{ij}와 같이 나타낸다.
이때, 행렬 A를 $A=(a_{ij})$와 같이 나타내기도 한다.

(**정답 공식**: i, j에 각각 적당한 값을 대입하여 행렬의 각 성분의 값을 구한다.)

이차정사각행렬 A의 (i, j) 성분 a_{ij}를
단서 1 A가 이차정사각행렬이므로 a_{ij}에서 $i=1, 2$, $j=1, 2$야.
$$a_{ij}=\begin{cases} 3i+j & (i\text{가 홀수일 때}) \\ 3i-j & (i\text{가 짝수일 때}) \end{cases}$$
단서 2 i의 값에 따라 a_{ij}의 식이 달라짐에 유의해.
로 정의하자. 이때 행렬 A의 모든 성분의 합은?

① 12   ② 15   ③ 18
④ 21   ⑤ 24

1st 주어진 성분의 정의를 이용하여 행렬 A의 각 성분을 구하자.

(ⅰ) $i=1$일 때, i는 홀수이므로 $a_{ij}=3i+j$
∴ $a_{11}=3+1=4$, $a_{12}=3+2=5$
$a_{ij}=3i+j$에 $i=1, j=1$과 $i=1, j=2$를 각각 대입해.

(ⅱ) $i=2$일 때, i는 짝수이므로 $a_{ij}=3i-j$
∴ $a_{21}=6-1=5$, $a_{22}=6-2=4$
$a_{ij}=3i-j$에 $i=2, j=1$과 $i=2, j=2$를 각각 대입해.

2nd 행렬 A의 모든 성분의 합을 구하자.

따라서 $A=\begin{pmatrix} 4 & 5 \\ 5 & 4 \end{pmatrix}$이므로 행렬 A의 모든 성분의 합은
$4+5+5+4=18$

(**정답 공식**: i, j에 각각 적당한 값을 대입하여 행렬의 각 성분의 값을 구한다.)

이차정사각행렬 A의 (m, n) 성분을 a_{mn}이라고 하자. a_{mn}은 x에 대한 이차방정식 $x^2+2mx+n=0$이 서로 다른 두 실근을 가지면 $a_{mn}=1$, 중근을 가지면 $a_{mn}=0$, 허근을 가지면 $a_{mn}=-1$이라고 할 때, 행렬 A는?
단서 이차방정식 $x^2+2mx+n=0$의 판별식을 m, n에 대한 식으로 나타내 봐.

① $\begin{pmatrix} -1 & -1 \\ 1 & 1 \end{pmatrix}$ ② $\begin{pmatrix} -1 & 0 \\ -1 & 1 \end{pmatrix}$ ③ $\begin{pmatrix} 0 & 1 \\ -1 & 1 \end{pmatrix}$

④ $\begin{pmatrix} 0 & -1 \\ 1 & 1 \end{pmatrix}$ ⑤ $\begin{pmatrix} 0 & -1 \\ 1 & -1 \end{pmatrix}$

1st 이차방정식의 판별식을 이용하여 행렬 A의 각 성분을 구하자.

이차방정식 $x^2+2mx+n=0$의 판별식을 D라 하면
$$\frac{D}{4}=m^2-n$$

$m=1$, $n=1$일 때, $\dfrac{D}{4}=1^2-1=0$이므로 $a_{11}=0$
(판별식)$=0$이므로 이차방정식은 중근을 가져.

$m=1$, $n=2$일 때, $\dfrac{D}{4}=1^2-2=-1<0$이므로 $a_{12}=-1$
(판별식)<0이므로 이차방정식은 허근을 가져.

$m=2$, $n=1$일 때, $\dfrac{D}{4}=2^2-1=3>0$이므로 $a_{21}=1$
(판별식)>0이므로 이차방정식은 서로 다른 두 실근을 가져.

$m=2$, $n=2$일 때, $\dfrac{D}{4}=2^2-2=2>0$이므로 $a_{22}=1$

∴ $A=\begin{pmatrix} 0 & -1 \\ 1 & 1 \end{pmatrix}$

(**정답 공식**: i, j에 각각 적당한 값을 대입하여 행렬의 각 성분의 값을 구한다.)

이차정사각행렬 A의 (i, j) 성분 a_{ij}를 이차함수 $y=x^2-2(i+j)x+9$의 그래프와 x축이 만나는 점의 개수로 정의할 때, 행렬 A는?
단서 이차함수 $y=ax^2+bx+c$의 그래프가 x축과 만나는 점의 개수는 이차방정식 $ax^2+bx+c=0$의 서로 다른 실근의 개수와 같으므로 이차방정식의 판별식을 이용하여 접근해.

① $\begin{pmatrix} 0 & 1 \\ 1 & 1 \end{pmatrix}$ ② $\begin{pmatrix} 0 & 1 \\ 1 & 2 \end{pmatrix}$ ③ $\begin{pmatrix} 0 & 2 \\ 2 & 1 \end{pmatrix}$

④ $\begin{pmatrix} 1 & 0 \\ 0 & 2 \end{pmatrix}$ ⑤ $\begin{pmatrix} 1 & 1 \\ 2 & 0 \end{pmatrix}$

1st 이차방정식의 판별식을 이용하여 행렬 A의 각 성분을 구하자.

이차함수 $y=x^2-2(i+j)x+9$의 그래프와 x축이 만나는 점의 개수는 이차방정식 $x^2-2(i+j)x+9=0$의 서로 다른 실근의 개수와 같다.
이차방정식 $x^2-2(i+j)x+9=0$의 판별식을 D라 하면
$$\frac{D}{4}=(i+j)^2-9$$

$i=1$, $j=1$일 때, $\dfrac{D}{4}=2^2-9=-5<0$이므로 $a_{11}=0$
이차방정식이 허근을 가지므로 주어진 이차함수의 그래프와 x축이 만나는 점의 개수는 0이야.

$i=1$, $j=2$일 때, $\dfrac{D}{4}=3^2-9=0$이므로 $a_{12}=1$
이차방정식이 중근을 가지므로 주어진 이차함수의 그래프와 x축이 만나는 점의 개수는 1이야.

L

$i=2$, $j=1$일 때, $\dfrac{D}{4}=3^2-9=0$이므로 $a_{21}=1$

$i=2$, $j=2$일 때, $\dfrac{D}{4}=4^2-9=7>0$이므로 $\underline{a_{22}=2}$

$\therefore A=\begin{pmatrix} 0 & 1 \\ 1 & 2 \end{pmatrix}$

이차방정식이 서로 다른 두 실근을 가지므로 주어진 이차함수의 그래프와 x축이 만나는 점의 개수는 2야.

L 59 정답 ① ································· 행렬의 성분

정답 공식: 행렬의 성분의 식에 $i=1$, 2, $j=1$, 2를 차례로 대입한다.

이차정사각행렬 A의 (i, j)성분 a_{ij}를
$$a_{ij}=\left[\dfrac{3i-j}{2}\right]$$ 단서 2×2 행렬의 성분을 모두 구해. $(i=1, 2, j=1, 2)$

로 정의할 때, 행렬 A의 모든 성분의 합은?
(단, $[x]$는 x보다 크지 않은 최대의 정수이다.)

① 5 ② 6 ③ 7
④ 8 ⑤ 9

1st 이차정사각행렬 A의 성분이 정의된 대로 행렬 A를 구하자.

이차정사각행렬 A의 (i, j)성분 a_{ij}를

$a_{ij}=\left[\dfrac{3i-j}{2}\right]$ $(i=1, 2, j=1, 2)$로 정의했으므로

각 성분을 구하면

$a_{11}=\left[\dfrac{3-1}{2}\right]=\left[\dfrac{2}{2}\right]=1$, $a_{12}=\left[\dfrac{3-2}{2}\right]=\left[\dfrac{1}{2}\right]=0$,

$a_{21}=\left[\dfrac{6-1}{2}\right]=\left[\dfrac{5}{2}\right]=2$, $a_{22}=\left[\dfrac{6-2}{2}\right]=\left[\dfrac{4}{2}\right]=2$

$\therefore A=\begin{pmatrix} 1 & 0 \\ 2 & 2 \end{pmatrix}$

따라서 행렬 A의 모든 성분의 합은 $1+0+2+2=5$

L 60 정답 ⑤ ································· 서로 같은 행렬

정답 공식: 같은 꼴인 두 행렬 A, B의 대응하는 성분이 각각 같을 때, 두 행렬 A, B는 서로 같다고 한다.

두 행렬 $A=\begin{pmatrix} 6 & a+1 \\ 8 & 1 \end{pmatrix}$, $B=\begin{pmatrix} 6 & 4 \\ b-1 & 1 \end{pmatrix}$에 대하여

$A=B$일 때, $a\times b$의 값은? (단, a, b는 상수이다.)
단서 대응하는 성분이 각각 같아야 해.
① 15 ② 18 ③ 21
④ 24 ⑤ 27

1st 두 행렬이 서로 같을 조건을 확인하자.

두 행렬 A, B에 대하여 $A=B$이면

두 행렬 A, B의 대응하는 성분이 각각 같아야 한다.

2nd 두 행렬의 성분을 비교하여 답을 구하자.

두 행렬의 $(1, 2)$ 성분과 $(2, 1)$ 성분을 각각 비교하면

$a+1=4$, $8=b-1$ 두 행렬에서 $(1,1)$ 성분과 $(2,2)$ 성분은 일치하므로 문자로 나타난 성분만 비교해도 충분해.

따라서 $a=3$, $b=9$이므로

$a\times b=3\times 9=27$

L 61 정답 ② ································· 서로 같은 행렬

정답 공식: $A=\begin{pmatrix} a & b \\ c & d \end{pmatrix}$, $B=\begin{pmatrix} p & q \\ r & s \end{pmatrix}$에 대하여
$A=B \Longleftrightarrow a=p$, $b=q$, $c=r$, $d=s$

두 행렬 $A=\begin{pmatrix} a-1 & 4 \\ 2 & 6 \end{pmatrix}$, $B=\begin{pmatrix} 5 & 4 \\ 2 & b+2 \end{pmatrix}$에 대하여

$A=B$일 때, $a+b$의 값은?
단서 같은 꼴인 두 행렬의 대응하는 성분이 각각 같으면 두 행렬은 서로 같아.
① 9 ② 10 ③ 11 ④ 12 ⑤ 13

1st 행렬이 서로 같을 조건을 이해해.

두 행렬 A, B가 서로 같으므로 같은 행, 같은 열에 있는 성분을 각각 비교해.

$a-1=5$, $b+2=6$

따라서 $a=6$, $b=4$이므로 $a+b=10$

L 62 정답 50 ································· 서로 같은 행렬

정답 공식: $A=\begin{pmatrix} a & b \\ c & d \end{pmatrix}$, $B=\begin{pmatrix} p & q \\ r & s \end{pmatrix}$에 대하여
$A=B \Longleftrightarrow a=p$, $b=q$, $c=r$, $d=s$

두 행렬 $A=\begin{pmatrix} 10 & -b \\ 3 & a-b \end{pmatrix}$, $B=\begin{pmatrix} 2a & a-15 \\ 3 & -5 \end{pmatrix}$에 대하여

$A=B$가 성립할 때, 두 실수 a, b의 곱 ab의 값을 구하시오.
단서 같은 꼴인 두 행렬의 대응하는 성분이 각각 같으면 두 행렬은 서로 같아.

1st 행렬이 서로 같을 조건을 이해해.

두 행렬 A, B가 서로 같으므로 같은 행, 같은 열에 있는 성분을 각각 비교해.

$10=2a$, $-b=a-15$, $a-b=-5$

따라서 $a=5$, $b=10$이므로 $ab=50$

L 63 정답 14 ································· 서로 같은 행렬

정답 공식: 같은 꼴인 두 행렬 A, B의 대응하는 성분이 각각 같을 때, 두 행렬 A, B는 서로 같다고 한다.

등식 $\begin{pmatrix} x+y & x-z \\ y-z & y+z \end{pmatrix}=\begin{pmatrix} 5 & y \\ z & 3 \end{pmatrix}$을 만족시키는 실수 x, y, z에

대하여 $x+3y+5z$의 값을 구하시오.
단서 같은 행, 같은 열에 있는 성분을 각각 비교해.

1st 행렬이 서로 같을 조건을 이해해.

행렬이 서로 같을 조건에 의해 같은 행, 같은 열에 있는 성분을 각각 비교해.

$x+y=5$, $x-z=y$, $y-z=z$, $y+z=3$

2nd 연립방정식을 풀어.

$y-z=z$에서 $y=2z$ … ㉠이므로

$y+z=3$에 대입하면 $3z=3$

$\therefore z=1$, $y=2$ ($\because$ ㉠)

$x+y=5$에 $y=2$를 대입하면 $x=3$이다.

$\therefore x+3y+5z=3+6+5=14$

L 64 정답 ③ ⸻⸻⸻⸻⸻⸻ 서로 같은 행렬

정답 공식: $A=\begin{pmatrix} a & b \\ c & d \end{pmatrix}$, $B=\begin{pmatrix} p & q \\ r & s \end{pmatrix}$에 대하여
$A=B \Longleftrightarrow a=p,\ b=q,\ c=r,\ d=s$

두 행렬 $A=\begin{pmatrix} 1-x & x+y \\ -1 & xy \end{pmatrix}$, $B=\begin{pmatrix} y-2 & xy+1 \\ -1 & 4-xy \end{pmatrix}$에
단서1 두 행렬이 서로 같으므로 두 행렬의 대응하는 성분은 각각 같아.
대하여 $A=B$일 때, x^3+y^3의 값은?
단서2 곱셈 공식의 변형을 이용해 구할 수 있어.

① 7 ② 8 ③ 9
④ 10 ⑤ 11

1st 두 행렬이 서로 같음을 이용하여 $x+y$, xy의 값을 구하자.
두 행렬 A, B가 서로 같으므로
$1-x=y-2,\ x+y=xy+1,\ xy=4-xy$
$\therefore x+y=3,\ xy=2$
$1-x=y-2$에서 $x+y=1+2=3$
$xy=4-xy$에서 $2xy=4$ $\therefore xy=2$

2nd x^3+y^3의 값을 구하자.
$\therefore x^3+y^3=(x+y)^3-3xy(x+y)$
$\qquad =3^3-3\times 2\times 3$
$\qquad =27-18=9$

L 65 정답 40 ⸻⸻⸻⸻⸻⸻ 서로 같은 행렬

정답 공식: $A=\begin{pmatrix} a & b \\ c & d \end{pmatrix}$, $B=\begin{pmatrix} p & q \\ r & s \end{pmatrix}$에 대하여
$A=B \Longleftrightarrow a=p,\ b=q,\ c=r,\ d=s$

실수 x, y에 대하여 $\begin{pmatrix} 1 & x+y \\ -1 & 2 \end{pmatrix}=\begin{pmatrix} 1 & 4 \\ -1 & xy \end{pmatrix}$일 때,
단서1 두 행렬이 서로 같으므로 두 행렬의 대응하는 성분은 각각 같아.
x^3+y^3의 값을 구하시오.
단서2 곱셈 공식의 변형을 이용해 구할 수 있어.

1st 두 행렬이 서로 같음을 이용하여 $x+y$, xy의 값을 구하자.
$\begin{pmatrix} 1 & x+y \\ -1 & 2 \end{pmatrix}=\begin{pmatrix} 1 & 4 \\ -1 & xy \end{pmatrix}$이므로
$x+y=4,\ xy=2$
$(1,2)$성분끼리 비교한 거야. $(2,2)$성분끼리 비교한 거야.

2nd x^3+y^3의 값을 구하자.
$\therefore x^3+y^3=(x+y)^3-3xy(x+y)$
$\qquad =4^3-3\times 2\times 4$
$\qquad =64-24=40$

L 66 정답 ⑤ ⸻⸻⸻⸻⸻⸻ 행렬의 덧셈

정답 공식: $A=\begin{pmatrix} a & b \\ c & d \end{pmatrix}$, $B=\begin{pmatrix} p & q \\ r & s \end{pmatrix}$에 대하여 $A+B=\begin{pmatrix} a+p & b+q \\ c+r & d+s \end{pmatrix}$

두 행렬 $A=\begin{pmatrix} 1 & 1 \\ 0 & 2 \end{pmatrix}$, $B=\begin{pmatrix} 1 & 1 \\ 3 & 0 \end{pmatrix}$에 대하여
행렬 $A+B$의 모든 성분의 합은?
단서 식에 행렬을 대입하여 계산해.
① 5 ② 6 ③ 7
④ 8 ⑤ 9

1st 행렬의 연산을 이용하자.
$A+B=\begin{pmatrix} 1 & 1 \\ 0 & 2 \end{pmatrix}+\begin{pmatrix} 1 & 1 \\ 3 & 0 \end{pmatrix}=\begin{pmatrix} 2 & 2 \\ 3 & 2 \end{pmatrix}$
따라서 행렬 $A+B$의 모든 성분의 합은
$2+2+3+2=9$
→ 같은 위치에 있는 성분끼리 더해.

L 67 정답 ① ⸻⸻⸻⸻⸻⸻ 행렬의 실수배

정답 공식: 행렬 $A=\begin{pmatrix} a & b \\ c & d \end{pmatrix}$와 실수 k에 대하여 $kA=\begin{pmatrix} ka & kb \\ kc & kd \end{pmatrix}$

행렬 $A=\begin{pmatrix} 1 & 0 \\ 2 & 1 \end{pmatrix}$에 대하여 행렬 $3A$의 모든 성분의 합은?
단서 식에 행렬을 대입하여 계산해.
① 12 ② 15 ③ 18
④ 21 ⑤ 24

1st 행렬의 실수배를 하여 계산하자.
$3A=3\begin{pmatrix} 1 & 0 \\ 2 & 1 \end{pmatrix}=\begin{pmatrix} 3 & 0 \\ 6 & 3 \end{pmatrix}$
따라서 행렬 $3A$의 모든 성분의 합은
$3+0+6+3=12$

L 68 정답 ④ ⸻⸻⸻⸻⸻⸻ 행렬의 덧셈과 실수배

정답 공식: $A=\begin{pmatrix} a & b \\ c & d \end{pmatrix}$, $B=\begin{pmatrix} p & q \\ r & s \end{pmatrix}$에 대하여 $A+B=\begin{pmatrix} a+p & b+q \\ c+r & d+s \end{pmatrix}$

두 행렬 $A=\begin{pmatrix} 3 & 0 \\ 1 & -1 \end{pmatrix}$, $B=\begin{pmatrix} 2 & -1 \\ 0 & 2 \end{pmatrix}$에 대하여
행렬 $A+2B$의 모든 성분의 합은?
단서 식에 행렬을 대입하여 계산해.
① 3 ② 5 ③ 7
④ 9 ⑤ 11

1st 행렬의 연산을 이용하자
두 행렬 $A=\begin{pmatrix} 3 & 0 \\ 1 & -1 \end{pmatrix}$, $B=\begin{pmatrix} 2 & -1 \\ 0 & 2 \end{pmatrix}$에 대하여
$A+2B=\begin{pmatrix} 3 & 0 \\ 1 & -1 \end{pmatrix}+2\begin{pmatrix} 2 & -1 \\ 0 & 2 \end{pmatrix}$ 실수배를 한 다음 덧셈을 계산해.
$\qquad =\begin{pmatrix} 3 & 0 \\ 1 & -1 \end{pmatrix}+\begin{pmatrix} 4 & -2 \\ 0 & 4 \end{pmatrix}=\begin{pmatrix} 7 & -2 \\ 1 & 3 \end{pmatrix}$
따라서 행렬 $A+2B$의 모든 성분의 합은
$7+(-2)+1+3=9$

⚙ 행렬의 덧셈과 실수배   개념·공식

k, l이 실수이고, A, B, C가 같은 꼴의 행렬일 때,
① $A+B=B+A$(교환법칙)
② $(A+B)+C=A+(B+C)$(결합법칙)
③ $1A=A,\ (-1)A=-A,\ 0A=O,\ kO=O$($O$는 영행렬)
④ $(kl)A=k(lA)$(결합법칙)
⑤ $(k+l)A=kA+lA,\ k(A+B)=kA+kB$(분배법칙)

L 69　정답 4 ·························· 행렬의 덧셈과 실수배

정답 공식: $A=\begin{pmatrix} a & b \\ c & d \end{pmatrix}$, $B=\begin{pmatrix} p & q \\ r & s \end{pmatrix}$에 대하여 $A+B=\begin{pmatrix} a+p & b+q \\ c+r & d+s \end{pmatrix}$

등식 $3\begin{pmatrix} 1 & -2 \\ x & -6 \end{pmatrix}+2\begin{pmatrix} 1 & y \\ 3 & 9 \end{pmatrix}=\begin{pmatrix} 5 & 4 \\ 3 & 0 \end{pmatrix}$을 만족시키는 실수 x, y에 대하여 $x+y$의 값을 구하시오. **단서** 좌변을 간단히 해.

1st 등식의 좌변을 정리해.

$3\begin{pmatrix} 1 & -2 \\ x & -6 \end{pmatrix}+2\begin{pmatrix} 1 & y \\ 3 & 9 \end{pmatrix}=\begin{pmatrix} 5 & 4 \\ 3 & 0 \end{pmatrix}$에서

└→ 행렬 $A=\begin{pmatrix} a & b \\ c & d \end{pmatrix}$와 실수 k에 대하여

$\begin{pmatrix} 3 & -6 \\ 3x & -18 \end{pmatrix}+\begin{pmatrix} 2 & 2y \\ 6 & 18 \end{pmatrix}=\begin{pmatrix} 5 & 4 \\ 3 & 0 \end{pmatrix}$　$kA=\begin{pmatrix} ka & kb \\ kc & kd \end{pmatrix}$

$\therefore \begin{pmatrix} 5 & -6+2y \\ 3x+6 & 0 \end{pmatrix}=\begin{pmatrix} 5 & 4 \\ 3 & 0 \end{pmatrix}$

2nd 서로 같은 행렬의 성분을 비교해.

행렬이 서로 같을 조건에 의하여
같은 행, 같은 열에 있는 성분을 각각 비교해.
$-6+2y=4$, $3x+6=3$
따라서 $x=-1$, $y=5$이므로 $x+y=4$

L 70　정답 ④ ·························· 행렬의 덧셈과 실수배

정답 공식: $A=\begin{pmatrix} a & b \\ c & d \end{pmatrix}$, $B=\begin{pmatrix} p & q \\ r & s \end{pmatrix}$에 대하여 $A+B=\begin{pmatrix} a+p & b+q \\ c+r & d+s \end{pmatrix}$

두 행렬 $A=\begin{pmatrix} 0 & 1 \\ 1 & 2 \end{pmatrix}$, $B=\begin{pmatrix} 1 & -2 \\ 0 & 2 \end{pmatrix}$에 대하여

행렬 $2A+B$의 모든 성분의 합은? **단서** 식에 행렬을 대입하여 계산해.
① 6　　　　② 7　　　　③ 8
④ 9　　　　⑤ 10

1st 행렬의 덧셈을 계산하자.

$2A+B=2\begin{pmatrix} 0 & 1 \\ 1 & 2 \end{pmatrix}+\begin{pmatrix} 1 & -2 \\ 0 & 2 \end{pmatrix}$
실수배를 한 다음 덧셈을 계산해.
$=\begin{pmatrix} 0 & 2 \\ 2 & 4 \end{pmatrix}+\begin{pmatrix} 1 & -2 \\ 0 & 2 \end{pmatrix}$
$=\begin{pmatrix} 1 & 0 \\ 2 & 6 \end{pmatrix}$

따라서 행렬 $2A+B$의 모든 성분의 합은
$1+0+2+6=9$

L 71　정답 ⑤ ·························· 행렬의 덧셈과 실수배

정답 공식: $A=\begin{pmatrix} a & b \\ c & d \end{pmatrix}$, $B=\begin{pmatrix} p & q \\ r & s \end{pmatrix}$에 대하여 $A+B=\begin{pmatrix} a+p & b+q \\ c+r & d+s \end{pmatrix}$

두 행렬 $A=\begin{pmatrix} 1 & -2 \\ 2 & -1 \end{pmatrix}$, $B=\begin{pmatrix} -1 & 2 \\ -1 & 3 \end{pmatrix}$에 대하여

$2A=X-B$를 만족시키는 행렬 X의 모든 성분의 합은? **단서** 주어진 식을 정리한 다음 행렬을 대입하여 계산해.
① -1　　　② 0　　　　③ 1
④ 2　　　　⑤ 3

1st 행렬의 기본적인 연산을 계산하자.
$2A=X-B$에서
이항을 이용하여 행렬 X를 구해.
$X=2A+B$
$=2\begin{pmatrix} 1 & -2 \\ 2 & -1 \end{pmatrix}+\begin{pmatrix} -1 & 2 \\ -1 & 3 \end{pmatrix}$
실수배를 한 다음 덧셈을 계산해.
$=\begin{pmatrix} 2 & -4 \\ 4 & -2 \end{pmatrix}+\begin{pmatrix} -1 & 2 \\ -1 & 3 \end{pmatrix}$
$=\begin{pmatrix} 1 & -2 \\ 3 & 1 \end{pmatrix}$

따라서 행렬 X의 모든 성분의 합은
$1-2+3+1=3$

🔎 **다른 풀이: 각 행렬의 성분의 합을 이용하여 해결하기**

각 행렬의 성분의 합을 구하여도 돼.
즉, $2A=X-B$에서 $X=2A+B$이지?
이때, 행렬 A의 모든 성분의 합은 0이고
행렬 B의 모든 성분의 합은 3이므로
행렬 X의 모든 성분의 합은 $2\times0+3=3$

L 72　정답 ① ·························· 행렬의 뺄셈과 실수배

정답 공식: $A=\begin{pmatrix} a & b \\ c & d \end{pmatrix}$, $B=\begin{pmatrix} p & q \\ r & s \end{pmatrix}$에 대하여 $A-B=\begin{pmatrix} a-p & b-q \\ c-r & d-s \end{pmatrix}$

두 행렬 $A=\begin{pmatrix} 1 & -2 \\ 3 & 0 \end{pmatrix}$, $B=\begin{pmatrix} 2 & 0 \\ 1 & -1 \end{pmatrix}$에 대하여

$A=2B-X$를 만족시키는 행렬 X는? **단서** 주어진 식을 정리한 다음 행렬을 대입하여 계산해.
① $\begin{pmatrix} 3 & 2 \\ -1 & -2 \end{pmatrix}$　　② $\begin{pmatrix} 3 & -2 \\ 1 & 2 \end{pmatrix}$　　③ $\begin{pmatrix} -1 & -2 \\ 3 & 2 \end{pmatrix}$
④ $\begin{pmatrix} -2 & -1 \\ 2 & 3 \end{pmatrix}$　　⑤ $\begin{pmatrix} -3 & 1 \\ -2 & 2 \end{pmatrix}$

1st $A=2B-X$를 $X=pA+qB$ 꼴로 고쳐봐.
$A=2B-X$에서
이항을 이용하여 행렬 X를 구해.
$X=2B-A=2\begin{pmatrix} 2 & 0 \\ 1 & -1 \end{pmatrix}-\begin{pmatrix} 1 & -2 \\ 3 & 0 \end{pmatrix}$
실수배를 한 다음 뺄셈을 계산해.
$=\begin{pmatrix} 4 & 0 \\ 2 & -2 \end{pmatrix}-\begin{pmatrix} 1 & -2 \\ 3 & 0 \end{pmatrix}$
$=\begin{pmatrix} 3 & 2 \\ -1 & -2 \end{pmatrix}$

L 73　정답 ④ ·························· 행렬의 덧셈

정답 공식: $A=\begin{pmatrix} a & b \\ c & d \end{pmatrix}$, $B=\begin{pmatrix} p & q \\ r & s \end{pmatrix}$에 대하여 $A+B=\begin{pmatrix} a+p & b+q \\ c+r & d+s \end{pmatrix}$

두 행렬 $A=\begin{pmatrix} 1 & 1 \\ 1 & 1 \end{pmatrix}$, $B=\begin{pmatrix} 1 & 1 \\ a & 0 \end{pmatrix}$에 대하여

행렬 $A+B$의 모든 성분의 합이 10일 때, a의 값은? **단서** 식에 행렬을 대입하여 계산해.
① 1　　　　② 2　　　　③ 3
④ 4　　　　⑤ 5

$$A+B=\begin{pmatrix} 1 & 1 \\ 1 & 1 \end{pmatrix}+\begin{pmatrix} 1 & 1 \\ a & 0 \end{pmatrix}$$

$$=\begin{pmatrix} 2 & 2 \\ 1+a & 1 \end{pmatrix}$$

이때, 행렬 $A+B$의 모든 성분의 합은 10이므로

$2+2+(1+a)+1=10$

$a+6=10$ $\quad \therefore a=4$

L 74 정답 ④ ·· 행렬의 덧셈

정답 공식: $A=\begin{pmatrix} a & b \\ c & d \end{pmatrix}$, $B=\begin{pmatrix} p & q \\ r & s \end{pmatrix}$에 대하여 $A+B=\begin{pmatrix} a+p & b+q \\ c+r & d+s \end{pmatrix}$

두 행렬 $A=\begin{pmatrix} 2 & 0 \\ 1 & 0 \end{pmatrix}$, $B=\begin{pmatrix} a & 0 \\ 2 & -3 \end{pmatrix}$에 대하여

행렬 $\underline{A+B}$의 모든 성분의 합이 6일 때, a의 값은?

단서 식에 행렬을 대입하여 계산해.

① 1   ② 2   ③ 3

④ 4   ⑤ 5

1st 행렬의 덧셈은 각 성분끼리 더하면 돼.

$$A+B=\begin{pmatrix} 2 & 0 \\ 1 & 0 \end{pmatrix}+\begin{pmatrix} a & 0 \\ 2 & -3 \end{pmatrix}=\begin{pmatrix} 2+a & 0 \\ 3 & -3 \end{pmatrix}$$

같은 위치에 있는 성분끼리 더해.

이때, 행렬 $A+B$의 모든 성분의 합이 6이므로

$(2+a)+0+3+(-3)=6$, $2+a=6$

$\therefore a=4$

L 75 정답 ① ·· 행렬의 뺄셈

정답 공식: $A=\begin{pmatrix} a & b \\ c & d \end{pmatrix}$, $B=\begin{pmatrix} p & q \\ r & s \end{pmatrix}$에 대하여 $A-B=\begin{pmatrix} a-p & b-q \\ c-r & d-s \end{pmatrix}$

두 행렬 A, B에 대하여 $A=\begin{pmatrix} 2 & 1 \\ 1 & -1 \end{pmatrix}$이고

$A+B=\begin{pmatrix} 5 & 3 \\ 2 & 0 \end{pmatrix}$일 때, 행렬 B의 모든 성분의 합은?

단서 식에 행렬을 대입하여 계산해.

① 7   ② 8   ③ 9

④ 10   ⑤ 11

1st 주어진 행렬식의 좌변의 A를 우변으로 이항시키자.

$A=\begin{pmatrix} 2 & 1 \\ 1 & -1 \end{pmatrix}$을 $A+B=\begin{pmatrix} 5 & 3 \\ 2 & 0 \end{pmatrix}$에 대입하면

$\begin{pmatrix} 2 & 1 \\ 1 & -1 \end{pmatrix}+B=\begin{pmatrix} 5 & 3 \\ 2 & 0 \end{pmatrix}$

이항하여 행렬 B를 구해.

$\therefore B=\begin{pmatrix} 5 & 3 \\ 2 & 0 \end{pmatrix}-\begin{pmatrix} 2 & 1 \\ 1 & -1 \end{pmatrix}=\begin{pmatrix} 3 & 2 \\ 1 & 1 \end{pmatrix}$

따라서 행렬 B의 모든 성분의 합은 $3+2+1+1=7$

L 76 정답 ① ·· 행렬의 덧셈

정답 공식: $A=\begin{pmatrix} a & b \\ c & d \end{pmatrix}$, $B=\begin{pmatrix} p & q \\ r & s \end{pmatrix}$에 대하여 $A+B=\begin{pmatrix} a+p & b+q \\ c+r & d+s \end{pmatrix}$

행렬 $B=\begin{pmatrix} 1 & 2 \\ -1 & 1 \end{pmatrix}$에 대하여 $\underline{A-B=E}$를 만족시키는

단서 $A-B=E$이면 $A=B+E$야.

행렬 A는? (단, E는 단위행렬이다.)

① $\begin{pmatrix} 2 & 2 \\ -1 & 2 \end{pmatrix}$ ② $\begin{pmatrix} 0 & -2 \\ 1 & 0 \end{pmatrix}$ ③ $\begin{pmatrix} -1 & -4 \\ 2 & -1 \end{pmatrix}$

④ $\begin{pmatrix} 3 & 4 \\ -2 & 3 \end{pmatrix}$ ⑤ $\begin{pmatrix} 2 & 4 \\ 1 & -2 \end{pmatrix}$

1st 행렬의 덧셈을 하자.

$A-B=E$에서

$A=\underline{B+E}=\begin{pmatrix} 1 & 2 \\ -1 & 1 \end{pmatrix}+\begin{pmatrix} 1 & 0 \\ 0 & 1 \end{pmatrix}=\begin{pmatrix} 2 & 2 \\ -1 & 2 \end{pmatrix}$

이차단위행렬

$E=\begin{pmatrix} 1 & 0 \\ 0 & 1 \end{pmatrix}$

✿ 행렬의 덧셈, 뺄셈, 실수배   개념·공식

두 행렬 $A=\begin{pmatrix} a & b \\ c & d \end{pmatrix}$, $B=\begin{pmatrix} x & y \\ z & w \end{pmatrix}$에 대하여

① $A+B=\begin{pmatrix} a+x & b+y \\ c+z & d+w \end{pmatrix}$

② $A-B=\begin{pmatrix} a-x & b-y \\ c-z & d-w \end{pmatrix}$

③ $kA=\begin{pmatrix} ka & kb \\ kc & kd \end{pmatrix}$ (단, k는 실수)

L 77 정답 28 ·· 행렬의 덧셈과 실수배

정답 공식: $A=\begin{pmatrix} a & b \\ c & d \end{pmatrix}$, $B=\begin{pmatrix} p & q \\ r & s \end{pmatrix}$에 대하여 $A+B=\begin{pmatrix} a+p & b+q \\ c+r & d+s \end{pmatrix}$

두 행렬 $A=\begin{pmatrix} 1 & -4 \\ -5 & 2 \end{pmatrix}$, $B=\begin{pmatrix} 1 & 2 \\ 3 & 4 \end{pmatrix}$에 대하여

$A+\dfrac{1}{2}X=3B$를 만족시키는 행렬 X의 2행 1열의 성분을

구하시오. 단서 이항과 실수배를 이용해 X를 A, B에 대한 식으로 나타내 봐.

1st 주어진 등식을 변형하여 X를 A, B에 대한 식으로 나타내.

$A+\dfrac{1}{2}X=3B$에서 $\dfrac{1}{2}X=-A+3B$

$\therefore X=-2A+6B$

2nd 행렬의 연산을 이용해 행렬 X의 2행 1열의 성분을 구하자.

$X=-2A+6B$

$=-2\begin{pmatrix} 1 & -4 \\ -5 & 2 \end{pmatrix}+6\begin{pmatrix} 1 & 2 \\ 3 & 4 \end{pmatrix}$

$=\begin{pmatrix} -2 & 8 \\ 10 & -4 \end{pmatrix}+\begin{pmatrix} 6 & 12 \\ 18 & 24 \end{pmatrix}$

$=\begin{pmatrix} 4 & 20 \\ 28 & 20 \end{pmatrix}$ 실수배를 먼저 한 후 덧셈을 해야 해.

따라서 행렬 X의 2행 1열의 성분은 28이다.

L 78 정답 ② .... 행렬의 뺄셈

정답 공식: 문제 조건에 행렬 A, B가 주어져 있고 X를 구한다면 행렬 X를 A, B에 관한 식으로 정리한 후 대입하여 구한다.

두 행렬 $A=\begin{pmatrix} 1 & 0 \\ 3 & -2 \end{pmatrix}$, $B=\begin{pmatrix} 2 & -1 \\ 4 & 3 \end{pmatrix}$에 대하여

$A+X=3B+2X$를 만족시키는 행렬 X는?

단서 식을 정리해서 행렬 X를 A, B에 관한 식으로 정리해.

① $\begin{pmatrix} 5 & -3 \\ 9 & 11 \end{pmatrix}$ ② $\begin{pmatrix} -5 & 3 \\ -9 & -11 \end{pmatrix}$ ③ $\begin{pmatrix} 5 & 3 \\ -9 & -11 \end{pmatrix}$

④ $\begin{pmatrix} -5 & 3 \\ -9 & 11 \end{pmatrix}$ ⑤ $\begin{pmatrix} -5 & -3 \\ 9 & -11 \end{pmatrix}$

1st 주어진 식을 정리해서 행렬 X를 A, B에 관한 식으로 정리해.

$A+X=3B+2X$에서
X를 A, B에 관한 식으로 정리하면
$\underline{X=A-3B}$
$A+X=3B+2X$에서 X를 이항하면
$A=3B+X$이고 $3B$를 이항하면 $A-3B=X$야.

2nd A, B에 주어진 행렬을 대입하여 X를 구해.

$X=\begin{pmatrix} 1 & 0 \\ 3 & -2 \end{pmatrix}-3\begin{pmatrix} 2 & -1 \\ 4 & 3 \end{pmatrix}$

$=\begin{pmatrix} 1 & 0 \\ 3 & -2 \end{pmatrix}-\begin{pmatrix} 6 & -3 \\ 12 & 9 \end{pmatrix}$

$=\begin{pmatrix} -5 & 3 \\ -9 & -11 \end{pmatrix}$

L 79 정답 3 .... 행렬의 덧셈, 뺄셈, 실수배

정답 공식: A, B에 대한 방정식으로 생각하여 연립한다.

두 이차정사각행렬 A, B에 대하여

$A+B=\begin{pmatrix} 4 & 2 \\ -1 & 4 \end{pmatrix}$, $A-2B=\begin{pmatrix} 1 & 2 \\ 8 & -11 \end{pmatrix}$

단서 두 식을 변끼리 빼면 행렬 A가 상쇄돼.

일 때, 행렬 B의 모든 성분의 합을 구하시오.

1st 행렬 B를 구하자.
$(A+B)-(A-2B)=3B$에서
$3B=\begin{pmatrix} 4 & 2 \\ -1 & 4 \end{pmatrix}-\begin{pmatrix} 1 & 2 \\ 8 & -11 \end{pmatrix}=\begin{pmatrix} 3 & 0 \\ -9 & 15 \end{pmatrix}$
같은 위치에 있는 성분끼리 빼.
$\therefore B=\begin{pmatrix} 1 & 0 \\ -3 & 5 \end{pmatrix}$ → 행렬 $3B$의 모든 성분에 $\frac{1}{3}$을 곱하여 행렬 B를 구해.

2nd 행렬 B의 모든 성분의 합을 구하자.
따라서 행렬 B의 모든 성분의 합은
$1+0+(-3)+5=3$

L 80 정답 ⑤ .... 두 행렬의 합, 차

정답 공식: A, B에 대한 방정식으로 생각하여 연립한다.

두 행렬 A, B에 대하여
$$A-2B=\begin{pmatrix} -7 & -2 \\ 6 & 0 \end{pmatrix}, B=\begin{pmatrix} 2 & -1 \\ -3 & 1 \end{pmatrix}$$

일 때, 행렬 A의 모든 성분의 합은? **단서** 이항하고 행렬 B를 대입하여 행렬 A를 구해.

① -1 ② -2 ③ -3

④ -4 ⑤ -5

1st 주어진 행렬식의 좌변의 $2B$를 우변으로 이항시키자.

$A-2B=\begin{pmatrix} -7 & -2 \\ 6 & 0 \end{pmatrix}$에서

$\underline{A=2B+\begin{pmatrix} -7 & -2 \\ 6 & 0 \end{pmatrix}}$ 이항하여 행렬 A를 구해.

$=\begin{pmatrix} 4 & -2 \\ -6 & 2 \end{pmatrix}+\begin{pmatrix} -7 & -2 \\ 6 & 0 \end{pmatrix}$ $\left(\because B=\begin{pmatrix} 2 & -1 \\ -3 & 1 \end{pmatrix} \right)$

$=\begin{pmatrix} -3 & -4 \\ 0 & 2 \end{pmatrix}$

따라서 행렬 A의 모든 성분의 합은
$-3-4+0+2=-5$

L 81 정답 ③ .... 두 행렬의 합, 차

정답 공식: A, B에 대한 방정식으로 생각하여 연립한다.

두 이차정사각행렬 A, B에 대하여

$A+B=\begin{pmatrix} 2 & 5 \\ -4 & 1 \end{pmatrix}$, $A-B=\begin{pmatrix} 4 & 5 \\ 2 & 3 \end{pmatrix}$

일 때, 행렬 A는? **단서** 두 식을 연립하여 A를 구해.

① $\begin{pmatrix} 2 & 5 \\ 1 & 2 \end{pmatrix}$ ② $\begin{pmatrix} 2 & 4 \\ -1 & 2 \end{pmatrix}$ ③ $\begin{pmatrix} 3 & 5 \\ -1 & 2 \end{pmatrix}$

④ $\begin{pmatrix} 3 & 5 \\ 1 & 1 \end{pmatrix}$ ⑤ $\begin{pmatrix} 3 & 4 \\ -1 & 1 \end{pmatrix}$

1st 주어진 두 식을 연립하여 행렬 A를 구하자.
$A+B=\begin{pmatrix} 2 & 5 \\ -4 & 1 \end{pmatrix} \cdots \ominus$, $A-B=\begin{pmatrix} 4 & 5 \\ 2 & 3 \end{pmatrix} \cdots \oplus$
$\ominus+\oplus$을 하면
$2A=\begin{pmatrix} 2 & 5 \\ -4 & 1 \end{pmatrix}+\begin{pmatrix} 4 & 5 \\ 2 & 3 \end{pmatrix}=\begin{pmatrix} 6 & 10 \\ -2 & 4 \end{pmatrix}$
$\therefore A=\begin{pmatrix} 3 & 5 \\ -1 & 2 \end{pmatrix}$
행렬 $2A$의 각 성분을 2로 나눠주면 돼.

L 82 정답 ② ································· 두 행렬의 합, 차

(**정답 공식:** A, B에 대한 방정식으로 생각하여 연립한다.)

두 행렬 A, B에 대하여

$$A+B=\begin{pmatrix} -3 & 4 \\ 2 & 3 \end{pmatrix}, \quad A-2B=\begin{pmatrix} -2 & 3 \\ 1 & 4 \end{pmatrix}$$

일 때, 행렬 $A-B$의 모든 성분의 합은?

> [단서] $A+B$와 $A-2B$를 이용하여 $A-B$를 만들 수 있는 방법을 생각해.

① 5 ② 6 ③ 7
④ 8 ⑤ 9

1st 주어진 두 식을 적절히 변형하여 $A-B$의 식을 만들자.

$$A+B=\begin{pmatrix} -3 & 4 \\ 2 & 3 \end{pmatrix} \cdots \text{㉠}$$

$$A-2B=\begin{pmatrix} -2 & 3 \\ 1 & 4 \end{pmatrix} \text{에서} \quad 2A-4B=\begin{pmatrix} -4 & 6 \\ 2 & 8 \end{pmatrix} \cdots \text{㉡}$$

㉠+㉡을 하면

$$3A-3B=\begin{pmatrix} -3 & 4 \\ 2 & 3 \end{pmatrix}+\begin{pmatrix} -4 & 6 \\ 2 & 8 \end{pmatrix}=\begin{pmatrix} -7 & 10 \\ 4 & 11 \end{pmatrix}$$

$$\therefore A-B=\begin{pmatrix} -\dfrac{7}{3} & \dfrac{10}{3} \\ \dfrac{4}{3} & \dfrac{11}{3} \end{pmatrix}$$

> 행렬 $3A-3B$의 각 성분을 3으로 나눠주면 돼.

2nd 행렬 $A-B$의 모든 성분의 합을 구하자.

따라서 행렬 $A-B$의 모든 성분의 합은

$$-\frac{7}{3}+\frac{10}{3}+\frac{4}{3}+\frac{11}{3}=\frac{18}{3}=6$$

다른 풀이: B를 먼저 구한 후 $A-B$ 구하기

$$A+B=\begin{pmatrix} -3 & 4 \\ 2 & 3 \end{pmatrix} \cdots \text{㉠}, \quad A-2B=\begin{pmatrix} -2 & 3 \\ 1 & 4 \end{pmatrix} \cdots \text{㉢}$$

㉠-㉢을 하면

$$3B=\begin{pmatrix} -1 & 1 \\ 1 & -1 \end{pmatrix} \qquad \therefore B=\begin{pmatrix} -\dfrac{1}{3} & \dfrac{1}{3} \\ \dfrac{1}{3} & -\dfrac{1}{3} \end{pmatrix} \cdots \text{㉣}$$

이때, ㉢+㉣을 하면

> ㉠ 또는 ㉢에 ㉣를 대입하여 A를 구한 후 $A-B$를 구해도 되지만 ㉢+㉣을 하면 $A-B$를 바로 구할 수 있어.

$$A-B=\begin{pmatrix} -2 & 3 \\ 1 & 4 \end{pmatrix}+\begin{pmatrix} -\dfrac{1}{3} & \dfrac{1}{3} \\ \dfrac{1}{3} & -\dfrac{1}{3} \end{pmatrix}=\begin{pmatrix} -\dfrac{7}{3} & \dfrac{10}{3} \\ \dfrac{4}{3} & \dfrac{11}{3} \end{pmatrix}$$

따라서 행렬 $A-B$의 모든 성분의 합은

$$-\frac{7}{3}+\frac{10}{3}+\frac{4}{3}+\frac{11}{3}=\frac{18}{3}=6$$

✿ 행렬의 덧셈, 뺄셈, 실수배 　　　　　개념·공식

두 행렬 $A=\begin{pmatrix} a & b \\ c & d \end{pmatrix}$, $B=\begin{pmatrix} x & y \\ z & w \end{pmatrix}$에 대하여

① $A+B=\begin{pmatrix} a+x & b+y \\ c+z & d+w \end{pmatrix}$

② $A-B=\begin{pmatrix} a-x & b-y \\ c-z & d-w \end{pmatrix}$

③ $kA=\begin{pmatrix} ka & kb \\ kc & kd \end{pmatrix}$ (단, k는 실수)

L 83 정답 19 ································· 두 행렬의 합, 차

(**정답 공식:** A, B에 대한 방정식으로 생각하여 연립한다.)

이차정사각행렬 A, B가

> [단서] $A+2B$와 $2A+B$를 이용하여 $A+B$를 만들 수 있는 방법을 생각해.

$$A+2B=\begin{pmatrix} 5 & 13 \\ 2 & 10 \end{pmatrix}, \quad 2A+B=\begin{pmatrix} 4 & 11 \\ 1 & 11 \end{pmatrix}$$

을 만족시킬 때, 행렬 $A+B$의 모든 성분의 합을 구하시오.

1st 주어진 두 식을 적절히 변형하여 $A+B$의 식을 만들자.

$$A+2B=\begin{pmatrix} 5 & 13 \\ 2 & 10 \end{pmatrix} \cdots \text{㉠}, \quad 2A+B=\begin{pmatrix} 4 & 11 \\ 1 & 11 \end{pmatrix} \cdots \text{㉡}$$

㉠+㉡을 하면

$$3A+3B=\begin{pmatrix} 5 & 13 \\ 2 & 10 \end{pmatrix}+\begin{pmatrix} 4 & 11 \\ 1 & 11 \end{pmatrix}=\begin{pmatrix} 9 & 24 \\ 3 & 21 \end{pmatrix}$$

$$\therefore A+B=\begin{pmatrix} 3 & 8 \\ 1 & 7 \end{pmatrix}$$

> 행렬 $3A+3B$의 각 성분을 3으로 나눠주면 돼.

2nd 행렬 $A+B$의 모든 성분의 합을 구하자.

따라서 행렬 $A+B$의 모든 성분의 합은
$3+8+1+7=19$

다른 풀이: A, B를 각각 구하여 더하기

$$A+2B=\begin{pmatrix} 5 & 13 \\ 2 & 10 \end{pmatrix} \cdots \text{㉠}, \quad 2A+B=\begin{pmatrix} 4 & 11 \\ 1 & 11 \end{pmatrix} \cdots \text{㉡}$$

$2\times$㉡-㉠을 하면

$$3A=2\begin{pmatrix} 4 & 11 \\ 1 & 11 \end{pmatrix}-\begin{pmatrix} 5 & 13 \\ 2 & 10 \end{pmatrix}$$

> $2(2A+B)-(A+2B)$
> $=4A+2B-A-2B=3A$

$$=\begin{pmatrix} 8 & 22 \\ 2 & 22 \end{pmatrix}-\begin{pmatrix} 5 & 13 \\ 2 & 10 \end{pmatrix}=\begin{pmatrix} 3 & 9 \\ 0 & 12 \end{pmatrix}$$

$$\therefore A=\begin{pmatrix} 1 & 3 \\ 0 & 4 \end{pmatrix}$$

이를 ㉡에 대입하면

$$2\begin{pmatrix} 1 & 3 \\ 0 & 4 \end{pmatrix}+B=\begin{pmatrix} 4 & 11 \\ 1 & 11 \end{pmatrix}$$

$$\therefore B=\begin{pmatrix} 4 & 11 \\ 1 & 11 \end{pmatrix}-2\begin{pmatrix} 1 & 3 \\ 0 & 4 \end{pmatrix}$$

$$=\begin{pmatrix} 4 & 11 \\ 1 & 11 \end{pmatrix}-\begin{pmatrix} 2 & 6 \\ 0 & 8 \end{pmatrix}=\begin{pmatrix} 2 & 5 \\ 1 & 3 \end{pmatrix}$$

$$\therefore A+B=\begin{pmatrix} 1 & 3 \\ 0 & 4 \end{pmatrix}+\begin{pmatrix} 2 & 5 \\ 1 & 3 \end{pmatrix}=\begin{pmatrix} 3 & 8 \\ 1 & 7 \end{pmatrix}$$

따라서 행렬 $A+B$의 모든 성분의 합은
$3+8+1+7=19$

L 84 정답 ② ································· 두 행렬의 합, 차

(**정답 공식:** 각각의 등식을 연립하여 행렬 A, B를 구한다.)

$$3A+B=\begin{pmatrix} 2 & 1 \\ -2 & 5 \end{pmatrix}, \quad 2A-B=\begin{pmatrix} 3 & -1 \\ 2 & 5 \end{pmatrix} \text{를 만족하는 행렬}$$

> [단서] 두 식을 연립하여 A, B를 구해.

A, B에 대하여 행렬 $A+B$의 각 성분의 합은?

① -1 ② 0 ③ 1
④ 2 ⑤ 3

1st 주어진 식을 연립하여 행렬 A, B를 각각 구하자.

$3A+B=\begin{pmatrix} 2 & 1 \\ -2 & 5 \end{pmatrix}$ $\cdots$ ㉠

$2A-B=\begin{pmatrix} 3 & -1 \\ 2 & 5 \end{pmatrix}$ $\cdots$ ㉡

이므로 ㉠+㉡을 하면

$(3A+B)+(2A-B)=\begin{pmatrix} 2 & 1 \\ -2 & 5 \end{pmatrix}+\begin{pmatrix} 3 & -1 \\ 2 & 5 \end{pmatrix}=\begin{pmatrix} 5 & 0 \\ 0 & 10 \end{pmatrix}$

$5A=\begin{pmatrix} 5 & 0 \\ 0 & 10 \end{pmatrix}$ $\quad \therefore A=\begin{pmatrix} 1 & 0 \\ 0 & 2 \end{pmatrix}$ $\begin{pmatrix} a & b \\ c & d \end{pmatrix}+\begin{pmatrix} p & q \\ r & s \end{pmatrix}=\begin{pmatrix} a+p & b+q \\ c+r & d+s \end{pmatrix}$

㉠에서 $B=\begin{pmatrix} 2 & 1 \\ -2 & 5 \end{pmatrix}-3A$이므로

$B=\begin{pmatrix} 2 & 1 \\ -2 & 5 \end{pmatrix}-\begin{pmatrix} 3 & 0 \\ 0 & 6 \end{pmatrix}=\begin{pmatrix} -1 & 1 \\ -2 & -1 \end{pmatrix}$

2nd 행렬의 각각의 성분을 더하여 $A+B$를 구하자.

$\therefore A+B=\begin{pmatrix} 1 & 0 \\ 0 & 2 \end{pmatrix}+\begin{pmatrix} -1 & 1 \\ -2 & -1 \end{pmatrix}=\begin{pmatrix} 0 & 1 \\ -2 & 1 \end{pmatrix}$

따라서 행렬 $A+B$의 각 성분의 합은

$0+1+(-2)+1=0$

L 85 정답 8 ·· 두 행렬의 합, 차

(**정답 공식:** X, Y에 대한 방정식으로 생각하여 연립한다.)

> $2X+Y=\begin{pmatrix} 4 & 3 \\ 4 & -1 \end{pmatrix}$, $X-Y=\begin{pmatrix} -1 & -3 \\ 2 & -2 \end{pmatrix}$를 만족하는 행렬
>
> **단서** 두 식의 우변의 행렬을 각각 정의하여 두 행렬 X, Y를 구해.
>
> X, Y에 대하여 행렬 $X+Y$의 모든 성분의 합을 구하시오.

1st 두 식의 우변의 행렬을 각각 A, B로 놓자.

$2X+Y=\begin{pmatrix} 4 & 3 \\ 4 & -1 \end{pmatrix}$, $X-Y=\begin{pmatrix} -1 & -3 \\ 2 & -2 \end{pmatrix}$에서

$\begin{pmatrix} 4 & 3 \\ 4 & -1 \end{pmatrix}=A$, $\begin{pmatrix} -1 & -3 \\ 2 & -2 \end{pmatrix}=B$로 놓으면

$2X+Y=A$, $X-Y=B$

2nd 두 행렬 X, Y를 두 행렬 A, B로 나타내.

$\underline{A+B=3X}$에서 $X=\frac{1}{3}(A+B)$
$\quad\quad\llcorner$ 행렬 Y가 소거돼.

$\therefore X=\frac{1}{3}\begin{pmatrix} 3 & 0 \\ 6 & -3 \end{pmatrix}=\begin{pmatrix} 1 & 0 \\ 2 & -1 \end{pmatrix}$

$\underline{A-2B=3Y}$에서 $Y=\frac{1}{3}(A-2B)$
$\quad\quad\llcorner$ 행렬 X가 소거돼.

$\therefore Y$

$=\frac{1}{3}\begin{pmatrix} 4-2\times(-1) & 3-2\times(-3) \\ 4-2\times 2 & -1-2\times(-2) \end{pmatrix}$

$=\frac{1}{3}\begin{pmatrix} 6 & 9 \\ 0 & 3 \end{pmatrix}=\begin{pmatrix} 2 & 3 \\ 0 & 1 \end{pmatrix}$

> **실수** ↺ $A-2B$를 한 번에 계산하지 않고 $2B=\begin{pmatrix} -2 & -6 \\ 4 & -4 \end{pmatrix}$를 먼저 구하고 $A-2B$를 구하면 계산 실수를 줄일 수 있어.

$\therefore X+Y=\begin{pmatrix} 1 & 0 \\ 2 & -1 \end{pmatrix}+\begin{pmatrix} 2 & 3 \\ 0 & 1 \end{pmatrix}=\begin{pmatrix} 3 & 3 \\ 2 & 0 \end{pmatrix}$

따라서 행렬 $X+Y$의 모든 성분의 합은

$3+3+2+0=8$

L 86 정답 ③ ·· 행렬의 곱셈

(**정답 공식:** 행렬 AB는 행렬 A의 제 i행의 성분과 행렬 B의 제 j열의 성분을 각각 차례대로 곱하여 더한 값을 (i, j)성분으로 하는 행렬이다.)

> 두 행렬 $A=\begin{pmatrix} -2 \\ 4 \end{pmatrix}$, $B=\begin{pmatrix} 1 & \frac{3}{2} & 5 \end{pmatrix}$에 대하여
>
> 행렬 $\underline{AB}$의 모든 성분의 합은?
>
> **단서** 행렬을 곱하는 순서에 주의하여 계산해.
>
> ① 5   ② 10   ③ 15
>
> ④ 20   ⑤ 25

1st 행렬의 곱셈에서 $(2\times1$ 행렬$)\times(1\times3$ 행렬$)=(2\times3$ 행렬$)$이야.

$\underline{AB=\begin{pmatrix} -2 \\ 4 \end{pmatrix}\begin{pmatrix} 1 & \frac{3}{2} & 5 \end{pmatrix}}=\begin{pmatrix} -2 & -3 & -10 \\ 4 & 6 & 20 \end{pmatrix}$
$\quad\llcorner$ 행렬 A의 제 i행의 성분과 행렬 B의 제 j열의 성분을 각각 차례대로 곱해.

이므로 행렬 AB의 모든 성분의 합은

$-2-3-10+4+6+20=15$

L 87 정답 ① ·· 행렬의 곱셈

(**정답 공식:** 행렬 AB는 행렬 A의 제 i행의 성분과 행렬 B의 제 j열의 성분을 각각 차례대로 곱하여 더한 값을 (i, j)성분으로 하는 행렬이다.)

> 두 행렬 $A=\begin{pmatrix} 3 & 0 \\ 0 & 3 \end{pmatrix}$, $B=\begin{pmatrix} -1 & 1 \\ 1 & 1 \end{pmatrix}$에 대하여
>
> 행렬 $AB+2B$의 모든 성분의 합은?
>
> **단서** 행렬을 곱하는 순서에 주의하여 계산해.
>
> ① 10   ② 8   ③ 6
>
> ④ 4   ⑤ 2

1st $A=3E$임을 이용해

$A=\begin{pmatrix} 3 & 0 \\ 0 & 3 \end{pmatrix}=3\begin{pmatrix} 1 & 0 \\ 0 & 1 \end{pmatrix}=3E$이므로 $AB=3EB=3B$
$\quad\quad\quad\quad\quad\quad\quad\quad\quad\quad$ 행렬 A와 같은 꼴인 단위행렬 E에 대하여 $AE=EA=A$

$\therefore AB+2B=3B+2B=5B$

$\quad\quad\quad\quad=5\begin{pmatrix} -1 & 1 \\ 1 & 1 \end{pmatrix}=\begin{pmatrix} -5 & 5 \\ 5 & 5 \end{pmatrix}$

따라서 행렬 $AB+2B$의 모든 성분의 합은 $-5+5+5+5=10$

다른 풀이: AB, $2B$를 각각 계산하여 더하기

$AB=\begin{pmatrix} 3 & 0 \\ 0 & 3 \end{pmatrix}\begin{pmatrix} -1 & 1 \\ 1 & 1 \end{pmatrix}=\begin{pmatrix} -3 & 3 \\ 3 & 3 \end{pmatrix}$

$2B=2\begin{pmatrix} -1 & 1 \\ 1 & 1 \end{pmatrix}=\begin{pmatrix} -2 & 2 \\ 2 & 2 \end{pmatrix}$

$\therefore AB+2B=\begin{pmatrix} -3 & 3 \\ 3 & 3 \end{pmatrix}+\begin{pmatrix} -2 & 2 \\ 2 & 2 \end{pmatrix}=\begin{pmatrix} -5 & 5 \\ 5 & 5 \end{pmatrix}$

따라서 행렬 $AB+2B$의 모든 성분의 합은 10이야.

✿ 행렬의 곱셈   개념·공식

① $A=\begin{pmatrix} a & b \\ c & d \end{pmatrix}$, $B=\begin{pmatrix} p & q \\ r & s \end{pmatrix}$에 대하여

$\quad AB=\begin{pmatrix} ap+br & aq+bs \\ cp+dr & cq+ds \end{pmatrix}$

② 행렬의 곱셈에서 교환법칙은 일반적으로 성립하지 않는다.

정답 공식: 행렬의 곱셈에서 일반적으로 교환법칙은 성립하지 않는다.

이차정사각행렬 A, B에 대하여

$A=\begin{pmatrix} 2 & -4 \\ -1 & 2 \end{pmatrix}$, $B=\begin{pmatrix} 1 & 2 \\ 2 & 4 \end{pmatrix}$일 때, 행렬 $\frac{1}{3}AB-BA$는?

단서 행렬을 곱하는 순서에 주의하여 계산해.

① $\begin{pmatrix} -2 & -4 \\ 1 & 2 \end{pmatrix}$ ② $\begin{pmatrix} -2 & 8 \\ 2 & -4 \end{pmatrix}$ ③ $\begin{pmatrix} -4 & -8 \\ 2 & 4 \end{pmatrix}$

④ $\begin{pmatrix} -6 & -12 \\ 3 & 6 \end{pmatrix}$ ⑤ $\begin{pmatrix} 0 & 0 \\ 0 & 0 \end{pmatrix}$

1st 행렬 A, B를 이용하여 AB, BA를 각각 구해.

이차정사각행렬 $A=\begin{pmatrix} 2 & -4 \\ -1 & 2 \end{pmatrix}$, $B=\begin{pmatrix} 1 & 2 \\ 2 & 4 \end{pmatrix}$에 대하여

$AB=\begin{pmatrix} 2 & -4 \\ -1 & 2 \end{pmatrix}\begin{pmatrix} 1 & 2 \\ 2 & 4 \end{pmatrix}=\begin{pmatrix} -6 & -12 \\ 3 & 6 \end{pmatrix}$

└▶ 행렬 A의 제 i행의 성분과 행렬 B의 제 j열의 성분을 각각 차례대로 곱해.

$BA=\begin{pmatrix} 1 & 2 \\ 2 & 4 \end{pmatrix}\begin{pmatrix} 2 & -4 \\ -1 & 2 \end{pmatrix}=\begin{pmatrix} 0 & 0 \\ 0 & 0 \end{pmatrix}$

└▶ 행렬 B의 제 i행의 성분과 행렬 A의 제 j열의 성분을 각각 차례대로 곱해.

2nd 구하고자 하는 행렬 $\frac{1}{3}AB-BA$를 계산해.

$\therefore \frac{1}{3}AB-BA=\frac{1}{3}\begin{pmatrix} -6 & -12 \\ 3 & 6 \end{pmatrix}-\begin{pmatrix} 0 & 0 \\ 0 & 0 \end{pmatrix}=\begin{pmatrix} -2 & -4 \\ 1 & 2 \end{pmatrix}$

└▶ 영행렬을 더하거나 빼도 행렬은 변하지 않아.

정답 공식: 행렬 AB는 행렬 A의 제 i행의 성분과 행렬 B의 제 j열의 성분을 각각 차례대로 곱하여 더한 값을 (i, j)성분으로 하는 행렬이다.

두 행렬 $A=\begin{pmatrix} 1 & 1 \\ 1 & 0 \end{pmatrix}$, $B=\begin{pmatrix} 1 & 2 \\ 3 & 4 \end{pmatrix}$에 대하여

$2A+X=AB$를 만족시키는 행렬 X는?

단서 행렬을 대입하기 전에 $X=\cdots$ 꼴로 변형한 후 대입해.

① $\begin{pmatrix} 1 & 5 \\ 3 & -1 \end{pmatrix}$ ② $\begin{pmatrix} 2 & 4 \\ -1 & 2 \end{pmatrix}$ ③ $\begin{pmatrix} 2 & 5 \\ 7 & 0 \end{pmatrix}$

④ $\begin{pmatrix} 2 & 7 \\ 4 & 5 \end{pmatrix}$ ⑤ $\begin{pmatrix} 4 & 6 \\ 1 & 2 \end{pmatrix}$

1st X를 구하는 것이므로 주어진 식을 $X=\cdots$ 꼴로 변형해.

$2A+X=AB$에서 $X=AB-2A \cdots$ ㉠

2nd AB를 구해.

$A=\begin{pmatrix} 1 & 1 \\ 1 & 0 \end{pmatrix}$, $B=\begin{pmatrix} 1 & 2 \\ 3 & 4 \end{pmatrix}$이므로

$AB=\begin{pmatrix} 1 & 1 \\ 1 & 0 \end{pmatrix}\begin{pmatrix} 1 & 2 \\ 3 & 4 \end{pmatrix}=\begin{pmatrix} 4 & 6 \\ 1 & 2 \end{pmatrix}$

3rd 구한 AB를 ㉠에 대입하면 끝!

$\therefore X=AB-2A=\begin{pmatrix} 4 & 6 \\ 1 & 2 \end{pmatrix}-\begin{pmatrix} 2 & 2 \\ 2 & 0 \end{pmatrix}=\begin{pmatrix} 2 & 4 \\ -1 & 2 \end{pmatrix}$

다른 풀이: 단위행렬과 행렬의 곱셈에 대한 성질 이용하기

$X=AB-2A=\underline{AB-2AE}=A(B-2E)$

단위행렬의 성질에 의해 $2A=2AE$이고 행렬 A가 공통이므로 분배법칙을 이용해.

주의 행렬 A로 묶을 때, 행렬의 곱셈은 교환법칙이 성립하지 않으므로 묶는 방향이 중요해. 즉, $(B-2E)A$로 묶지 않도록 주의해.

$=\begin{pmatrix} 1 & 1 \\ 1 & 0 \end{pmatrix}\left\{\begin{pmatrix} 1 & 2 \\ 3 & 4 \end{pmatrix}-2\begin{pmatrix} 1 & 0 \\ 0 & 1 \end{pmatrix}\right\}$

$=\begin{pmatrix} 1 & 1 \\ 1 & 0 \end{pmatrix}\begin{pmatrix} -1 & 2 \\ 3 & 2 \end{pmatrix}=\begin{pmatrix} 2 & 4 \\ -1 & 2 \end{pmatrix}$

정답 공식: 행렬 AB는 행렬 A의 제 i행의 성분과 행렬 B의 제 j열의 성분을 각각 차례대로 곱하여 더한 값을 (i, j)성분으로 하는 행렬이다.

두 행렬 $A=\begin{pmatrix} 1 & 2 \\ 0 & 4 \end{pmatrix}$, $B=\begin{pmatrix} 3 & 0 \\ 1 & -2 \end{pmatrix}$에 대하여

$X+B=AB$를 만족시키는 행렬 X는?

단서 행렬을 대입하기 전에 $X=\cdots$ 꼴로 변형한 후 대입해.

① $\begin{pmatrix} 1 & 2 \\ 0 & 4 \end{pmatrix}$ ② $\begin{pmatrix} 1 & 0 \\ 0 & -1 \end{pmatrix}$ ③ $\begin{pmatrix} 2 & -4 \\ 3 & -6 \end{pmatrix}$

④ $\begin{pmatrix} 3 & 0 \\ 1 & -2 \end{pmatrix}$ ⑤ $\begin{pmatrix} 2 & 1 \\ 3 & -1 \end{pmatrix}$

1st 주어진 식을 이항하여 $X=\cdots$ 꼴로 나타내.

$X+B=AB$에서

$X=AB-B \cdots$ ㉠

행렬 AB를 구하여 두 행렬 AB, B의 차를 계산해.

2nd 행렬 A, B를 대입하여 행렬 X를 구해.

$AB=\begin{pmatrix} 1 & 2 \\ 0 & 4 \end{pmatrix}\begin{pmatrix} 3 & 0 \\ 1 & -2 \end{pmatrix}=\begin{pmatrix} 5 & -4 \\ 4 & -8 \end{pmatrix}$이므로

이를 ㉠에 대입하면

$X=AB-B=\begin{pmatrix} 5 & -4 \\ 4 & -8 \end{pmatrix}-\begin{pmatrix} 3 & 0 \\ 1 & -2 \end{pmatrix}=\begin{pmatrix} 2 & -4 \\ 3 & -6 \end{pmatrix}$

다른 풀이: 단위행렬과 행렬의 곱셈에 대한 성질 이용하기

$X=AB-B$에서 단위행렬 E에 대하여

$B=BE=EB$이므로

$X=AB-B=(A-E)B$

주의 행렬 B의 위치를 반대로 쓰지 않도록 주의해.

$=\left\{\begin{pmatrix} 1 & 2 \\ 0 & 4 \end{pmatrix}-\begin{pmatrix} 1 & 0 \\ 0 & 1 \end{pmatrix}\right\}\begin{pmatrix} 3 & 0 \\ 1 & -2 \end{pmatrix}$

$=\begin{pmatrix} 0 & 2 \\ 0 & 3 \end{pmatrix}\begin{pmatrix} 3 & 0 \\ 1 & -2 \end{pmatrix}=\begin{pmatrix} 2 & -4 \\ 3 & -6 \end{pmatrix}$

정답 공식: 행렬 AB는 행렬 A의 제 i행의 성분과 행렬 B의 제 j열의 성분을 각각 차례대로 곱하여 더한 값을 (i, j)성분으로 하는 행렬이다.

두 이차정사각행렬 $A=\begin{pmatrix} 1 & a \\ b & -2 \end{pmatrix}$, B가

단서 두 행렬 A와 B 중에서 행렬 A의 성분을 알려주었지만, 행렬 B에 대해서는 알려진 정보가 없으니 조건의 첫 번째 식을 이용하여 행렬 B를 행렬 A를 사용하여 나타내자.

$A+2B=\begin{pmatrix} 9 & 2 \\ 5 & 0 \end{pmatrix}$, $AB=O$

를 만족시킬 때, 행렬 B의 모든 성분의 합은?

(단, a, b는 상수이고, O는 영행렬이다.)

① 9 ② 10 ③ 11 ④ 12 ⑤ 13

1st 두 행렬 A와 $A+2B$를 이용하여 행렬 B를 나타내.

$A+2B=\begin{pmatrix} 9 & 2 \\ 5 & 0 \end{pmatrix}$에서

$2B=\begin{pmatrix} 9 & 2 \\ 5 & 0 \end{pmatrix}-A$이고, $A=\begin{pmatrix} 1 & a \\ b & -2 \end{pmatrix}$이므로

$$2B=\begin{pmatrix} 9 & 2 \\ 5 & 0 \end{pmatrix}-\begin{pmatrix} 1 & a \\ b & -2 \end{pmatrix}$$

<u>같은 위치에 있는 행렬의 성분끼리 빼.</u>

$$=\begin{pmatrix} 8 & 2-a \\ 5-b & 2 \end{pmatrix}$$

따라서 $B=\dfrac{1}{2}\begin{pmatrix} 8 & 2-a \\ 5-b & 2 \end{pmatrix}$ … ㉠이다.

[행렬의 실수배] $A=\begin{pmatrix} a_{11} & a_{12} \\ a_{22} & a_{21} \end{pmatrix}$이고, k가 실수일 때

$$kA=k\begin{pmatrix} a_{11} & a_{12} \\ a_{21} & a_{22} \end{pmatrix}=\begin{pmatrix} ka_{11} & ka_{12} \\ ka_{21} & ka_{22} \end{pmatrix}$$

2nd $AB=O$을 이용하여 행렬 B를 구하자.

$AB=O$이므로

두 행렬 A, B의 곱으로 표현하면

$$AB=\dfrac{1}{2}\begin{pmatrix} 1 & a \\ b & -2 \end{pmatrix}\begin{pmatrix} 8 & 2-a \\ 5-b & 2 \end{pmatrix}$$

→ $A(kB)=kAB$이므로 (k는 실수) 행렬 A의 제i행의 성분과 행렬 B의 제j열의 성분을 각각 차례대로 곱해.

$$=\dfrac{1}{2}\begin{pmatrix} -ab+5a+8 & a+2 \\ 10b-10 & -ab+2b-4 \end{pmatrix}$$

$$=\begin{pmatrix} 0 & 0 \\ 0 & 0 \end{pmatrix}$$

이때, $(1, 2)$ 성분이 0이므로 $a+2=0$이어야 한다. ∴ $a=-2$

$(2, 1)$ 성분이 0이므로 $10b-10=0$이어야 한다. ∴ $b=1$

구한 a, b의 값을 ㉠에 대입하면

$$B=\dfrac{1}{2}\begin{pmatrix} 8 & 4 \\ 4 & 2 \end{pmatrix}=\begin{pmatrix} 4 & 2 \\ 2 & 1 \end{pmatrix}$$이다.

따라서 행렬 B의 모든 성분의 합은
$4+2+2+1=9$이다.

L 92 정답 16 ···················· 행렬의 곱셈

정답 공식: $\begin{pmatrix} a & b \\ c & d \end{pmatrix}\begin{pmatrix} p & q \\ r & s \end{pmatrix}=\begin{pmatrix} ap+br & aq+bs \\ cp+dr & cq+ds \end{pmatrix}$

이차방정식 $x^2-4x-1=0$의 두 근을 α, β라 할 때,

단서1 이차방정식의 근과 계수의 관계를 이용하여 $\alpha+\beta$와 $\alpha\beta$의 값을 구해.

두 행렬의 곱 $\begin{pmatrix} \alpha & \beta \\ 0 & \alpha \end{pmatrix}\begin{pmatrix} \beta & \alpha \\ 0 & \beta \end{pmatrix}$의 모든 성분의 합을

구하시오. **단서2** 두 행렬을 곱한 후 모든 성분의 합을 α, β에 관한 식으로 나타내.

1st 이차방정식의 근과 계수의 관계를 이용하여 $\alpha+\beta$, $\alpha\beta$의 값을 구해.

이차방정식 $x^2-4x-1=0$의 두 근이 α, β이므로

근과 계수의 관계에 의해 **이차방정식 $ax^2+bx+c=0$의 두 근을 α, β라 하면**

$\alpha+\beta=4$, $\alpha\beta=-1$ ┃ $\alpha+\beta=-\dfrac{b}{a}$, $\alpha\beta=\dfrac{c}{a}$

2nd 두 행렬의 합을 구해.

$\begin{pmatrix} \alpha & \beta \\ 0 & \alpha \end{pmatrix}\begin{pmatrix} \beta & \alpha \\ 0 & \beta \end{pmatrix}=\begin{pmatrix} \alpha\beta & \alpha^2+\beta^2 \\ 0 & \alpha\beta \end{pmatrix}$이므로

모든 성분의 합은

$$\alpha\beta+(\alpha^2+\beta^2)+\alpha\beta=\alpha^2+\beta^2+2\alpha\beta$$
$$=(\alpha+\beta)^2=4^2=16$$

✿ 방정식의 근과 계수의 관계 개념·공식

① 이차방정식 $ax^2+bx+c=0$의 두 근을 α, β라 하면

$$\alpha+\beta=-\dfrac{b}{a},\ \alpha\beta=\dfrac{c}{a},\ |\alpha-\beta|=\dfrac{\sqrt{b^2-4ac}}{|a|}$$

② 삼차방정식 $ax^3+bx^2+cx+d=0$의 세 근을 α, β, γ라 하면

$$\alpha+\beta+\gamma=-\dfrac{b}{a},\ \alpha\beta+\beta\gamma+\gamma\alpha=\dfrac{c}{a},\ \alpha\beta\gamma=-\dfrac{d}{a}$$

L 93 정답 9 ···················· 행렬의 곱셈

정답 공식: 행렬 AB는 행렬 A의 제i행의 성분과 행렬 B의 제j열의 성분을 각각 차례대로 곱하여 더한 값을 (i, j)성분으로 하는 행렬이다.

두 행렬의 곱 $(n-1 \quad 9-3n)\begin{pmatrix} n^2-4n+4 \\ n-1 \end{pmatrix}$의 성분이

단서1 1×2행렬과 2×1행렬의 곱은 1×1행렬이야.

소수가 되도록 하는 모든 자연수 n의 합을 구하시오.

단서2 소수는 1과 자기 자신만을 약수로 갖는 수야.

1st 주어진 두 행렬의 곱의 성분을 구하자.

두 행렬의 곱

$(n-1 \quad 9-3n)\begin{pmatrix} n^2-4n+4 \\ n-1 \end{pmatrix}$의 성분은

$(a \quad b)\begin{pmatrix} c \\ d \end{pmatrix}=(ac+bd)$

$$(n-1)(n^2-4n+4)+(9-3n)(n-1)$$
$$=(n-1)\{(n^2-4n+4)+(9-3n)\}$$
$$=(n-1)(n^2-7n+13)$$

2nd $(n-1)(n^2-7n+13)$이 소수가 되도록 하는 자연수 n의 값을 구하자.

$(n-1)(n^2-7n+13)$이 소수가 되려면

두 자연수의 곱 $(n-1)(n^2-7n+13)$이 소수가 되려면 $n-1$과 $n^2-7n+13$ 중 하나의 값이 1, 다른 하나의 값은 소수가 되어야 해.

$n-1=1$이고 $n^2-7n+13$이 소수이거나
$n^2-7n+13=1$이고 $n-1$이 소수이어야 한다.

(i) $n-1=1$일 때,
  $n=2$이고, 이때 $n^2-7n+13=4-14+13=3$으로
  $n^2-7n+13$의 값이 소수가 되어 조건을 만족시킨다.

(ii) $n^2-7n+13=1$일 때,
  $n^2-7n+12=0$, $(n-3)(n-4)=0$
  ∴ $n=3$ 또는 $n=4$
  $n=3$이면 $n-1=3-1=2$이고,
  $n=4$이면 $n-1=4-1=3$이므로
  두 경우 모두 $n-1$의 값이 소수가 되어 조건을 만족시킨다.

(i), (ii)에서 자연수 n의 값은 2, 3, 4이므로
모든 n의 값의 합은 $2+3+4=9$

L 94 정답 ③ ···················· 행렬의 곱셈

정답 공식: 행렬 A에 관한 식이 있을 때, $A=\begin{pmatrix} a & b \\ c & d \end{pmatrix}$로 두고 대입하여 각 성분에 관한 관계식을 구할 수 있다.

행렬 $A=\begin{pmatrix} 1 & 1 \\ a & a \end{pmatrix}$와 이차정사각행렬 B가 다음 조건을

단서 $B=\begin{pmatrix} p & q \\ r & s \end{pmatrix}$로 두고 조건에 대입하면 성분에 대한 관계식을 구할 수 있어.

만족시킬 때, 행렬 $A+B$의 $(1, 2)$성분과 $(2, 1)$성분의 합은?

(가) $B\begin{pmatrix} 1 \\ -1 \end{pmatrix}=\begin{pmatrix} 0 \\ 0 \end{pmatrix}$이다.

(나) $AB=2A$이고, $BA=4B$이다.

① 2   ② 4   ③ 6

④ 8   ⑤ 9

1st 행렬 $B=\begin{pmatrix} p & q \\ r & s \end{pmatrix}$라 두고 조건 (가)에 대입하여 각 성분에 관한 관계식을 구해.

행렬 $B=\begin{pmatrix} p & q \\ r & s \end{pmatrix}$라 하면

조건 (가)에서

$B\begin{pmatrix} 1 \\ -1 \end{pmatrix}=\begin{pmatrix} p & q \\ r & s \end{pmatrix}\begin{pmatrix} 1 \\ -1 \end{pmatrix}=\begin{pmatrix} p-q \\ r-s \end{pmatrix}=\begin{pmatrix} 0 \\ 0 \end{pmatrix}$이므로

$p-q=0$에서 $p=q$이고,
$r-s=0$에서 $r=s$이다.

$\therefore B=\begin{pmatrix} p & p \\ r & r \end{pmatrix}$

2nd 행렬 $A=\begin{pmatrix} 1 & 1 \\ a & a \end{pmatrix}$, $B=\begin{pmatrix} p & p \\ r & r \end{pmatrix}$를 대입하여 a, p, r에 관한 식을 구해.

조건 (나)에서

$AB=2A$에 $A=\begin{pmatrix} 1 & 1 \\ a & a \end{pmatrix}$, $B=\begin{pmatrix} p & p \\ r & r \end{pmatrix}$를 대입하면

$AB=\begin{pmatrix} 1 & 1 \\ a & a \end{pmatrix}\begin{pmatrix} p & p \\ r & r \end{pmatrix}=\begin{pmatrix} p+r & p+r \\ a(p+r) & a(p+r) \end{pmatrix}$

$2A=2\begin{pmatrix} 1 & 1 \\ a & a \end{pmatrix}=\begin{pmatrix} 2 & 2 \\ 2a & 2a \end{pmatrix}$이므로

$\therefore p+r=2 \cdots \bigcirc$

$BA=4B$에 $A=\begin{pmatrix} 1 & 1 \\ a & a \end{pmatrix}$, $B=\begin{pmatrix} p & p \\ r & r \end{pmatrix}$를 대입하면

$BA=\begin{pmatrix} p & p \\ r & r \end{pmatrix}\begin{pmatrix} 1 & 1 \\ a & a \end{pmatrix}=\begin{pmatrix} p(1+a) & p(1+a) \\ r(1+a) & r(1+a) \end{pmatrix}$

$4B=4\begin{pmatrix} p & p \\ r & r \end{pmatrix}=\begin{pmatrix} 4p & 4p \\ 4r & 4r \end{pmatrix}$이므로

$p(1+a)=4p$, $r(1+a)=4r$
$\therefore a=3$ 또는 $p=r=0$
이때, $p=r=0$이면 $\bigcirc$에 모순이므로 $a=3$

$\therefore A=\begin{pmatrix} 1 & 1 \\ 3 & 3 \end{pmatrix}$

3rd 행렬 $A+B$의 $(1, 2)$성분과 $(2, 1)$성분의 합을 구해.

$A+B=\begin{pmatrix} 1 & 1 \\ 3 & 3 \end{pmatrix}+\begin{pmatrix} p & p \\ r & r \end{pmatrix}=\begin{pmatrix} p+1 & p+1 \\ r+3 & r+3 \end{pmatrix}$이므로

$(1, 2)$성분과 $(2, 1)$성분의 합은
$(p+1)+(r+3)=p+r+4=6$ $(\because \bigcirc)$
p, r의 값을 각각 알 수는 없지만 $p+r$의 값을 알기 때문에 성분의 합을 구할 수 있어.

L 95 정답 ④ ·················· 행렬의 거듭제곱

정답 공식: 정사각행렬 A와 두 자연수 m, n에 대하여
① $A^2=AA$, $A^3=A^2A$, $\cdots$, $A^{n+1}=A^nA$
② $A^mA^n=A^{m+n}$, $(A^m)^n=A^{mn}$

행렬 $A=\begin{pmatrix} -1 & -2 \\ 2 & 3 \end{pmatrix}$에 대하여 행렬 A^2+A^3의 모든 성분의 합은?
단서 이를 위해 행렬 A를 세 개까지 곱해야 해.

① 1 ② 2 ③ 3 ④ 4 ⑤ 5

1st 행렬 A^2을 구하자.

$A=\begin{pmatrix} -1 & -2 \\ 2 & 3 \end{pmatrix}$에 대하여

$A^2=\begin{pmatrix} -1 & -2 \\ 2 & 3 \end{pmatrix}\begin{pmatrix} -1 & -2 \\ 2 & 3 \end{pmatrix}$

$=\begin{pmatrix} 1-4 & 2-6 \\ -2+6 & -4+9 \end{pmatrix}=\begin{pmatrix} -3 & -4 \\ 4 & 5 \end{pmatrix}$

2nd 행렬 A^3을 구하자.

$A^3=\underline{A^2A}$ → 이미 구한 행렬 A^2을 이용하면 되겠지?

$=\begin{pmatrix} -3 & -4 \\ 4 & 5 \end{pmatrix}\begin{pmatrix} -1 & -2 \\ 2 & 3 \end{pmatrix}$

$=\begin{pmatrix} 3-8 & 6-12 \\ -4+10 & -8+15 \end{pmatrix}=\begin{pmatrix} -5 & -6 \\ 6 & 7 \end{pmatrix}$

3rd 위에서 얻은 행렬을 바탕으로 답을 구하자.

따라서 행렬 $A^2+A^3=\begin{pmatrix} -8 & -10 \\ 10 & 12 \end{pmatrix}$의 모든 성분의 합은

$(-8)+(-10)+10+12=4$

L 96 정답 22 ·················· 행렬의 거듭제곱

정답 공식: 행렬 A가 정사각행렬이고 n이 자연수일 때,
$A^2=AA$, $A^3=A^2A$, $\cdots$, $A^{n+1}=A^nA$

행렬 $A=\begin{pmatrix} 0 & 1 \\ 2 & 3 \end{pmatrix}$에 대하여 $\underline{A^2}$의 모든 성분의 합을 구하시오.
단서 정사각행렬 A의 거듭제곱을 계산해.

1st 행렬의 곱셈을 이용하여 $A^2=AA$로 계산해.

$A=\begin{pmatrix} 0 & 1 \\ 2 & 3 \end{pmatrix}$이므로

$A^2=AA=\begin{pmatrix} 0 & 1 \\ 2 & 3 \end{pmatrix}\begin{pmatrix} 0 & 1 \\ 2 & 3 \end{pmatrix}=\begin{pmatrix} 2 & 3 \\ 6 & 11 \end{pmatrix}$

따라서 A^2의 모든 성분의 합은 $2+3+6+11=22$

L 97 정답 ⑤ ·················· 행렬의 거듭제곱

정답 공식: 행렬 A가 정사각행렬이고 n이 자연수일 때,
$A^2=AA$, $A^3=A^2A$, $\cdots$, $A^{n+1}=A^nA$

두 행렬 A, B가 $A=\begin{pmatrix} 0 & 1 \\ 1 & 0 \end{pmatrix}$, $B=\begin{pmatrix} 1 & 0 \\ 0 & -1 \end{pmatrix}$일 때,

행렬 $(A+B)^2$은?
단서 정사각행렬 $A+B$의 거듭제곱을 계산해.

① $\begin{pmatrix} -1 & 1 \\ 1 & -1 \end{pmatrix}$ ② $\begin{pmatrix} 1 & 0 \\ 0 & 1 \end{pmatrix}$ ③ $\begin{pmatrix} 2 & 0 \\ 0 & -2 \end{pmatrix}$

④ $\begin{pmatrix} 0 & 2 \\ 2 & 0 \end{pmatrix}$ ⑤ $\begin{pmatrix} 2 & 0 \\ 0 & 2 \end{pmatrix}$

1st 행렬의 덧셈은 각각의 성분끼리 더해.

$A+B=\begin{pmatrix} 0 & 1 \\ 1 & 0 \end{pmatrix}+\begin{pmatrix} 1 & 0 \\ 0 & -1 \end{pmatrix}=\begin{pmatrix} 1 & 1 \\ 1 & -1 \end{pmatrix}$
→ 행렬 $A+B$는 행렬 A, B와 같은 이차정사각행렬이야.

2nd 행렬의 거듭제곱을 계산해.

$(A+B)^2=(A+B)(A+B)$

$=\begin{pmatrix} 1 & 1 \\ 1 & -1 \end{pmatrix}\begin{pmatrix} 1 & 1 \\ 1 & -1 \end{pmatrix}=\begin{pmatrix} 2 & 0 \\ 0 & 2 \end{pmatrix}$

> **정답 공식:** 행렬 A가 정사각행렬이고 n이 자연수일 때,
> $A^2=AA$, $A^3=A^2A$, $\cdots$, $A^{n+1}=A^nA$

두 행렬 $A=\begin{pmatrix} 1 & 2 \\ 3 & 0 \end{pmatrix}$, $B=\begin{pmatrix} 0 & 1 \\ 2 & -1 \end{pmatrix}$에 대하여

행렬 $(A-B)^2$의 모든 성분의 합은?
> **단서** 정사각행렬 $A-B$의 거듭제곱을 계산해.

① 2   ② 4   ③ 6
④ 8   ⑤ 10

1st 행렬의 연산을 이용하자.

$A-B=\begin{pmatrix} 1 & 2 \\ 3 & 0 \end{pmatrix}-\begin{pmatrix} 0 & 1 \\ 2 & -1 \end{pmatrix}=\begin{pmatrix} 1 & 1 \\ 1 & 1 \end{pmatrix}$

$(A-B)^2=\begin{pmatrix} 1 & 1 \\ 1 & 1 \end{pmatrix}\begin{pmatrix} 1 & 1 \\ 1 & 1 \end{pmatrix}=\begin{pmatrix} 2 & 2 \\ 2 & 2 \end{pmatrix}$
$\rightarrow (A-B)^2=(A-B)(A-B)$

따라서 행렬 $(A-B)^2$의 모든 성분의 합은 8

수능 핵강

❋ 식을 무조건 전개하지 말아야 하는 이유

이 문제는 전개해서 $A^2-AB-BA+B^2$을 구하는 방법보다 곱셈을 최소화하여 계산하는 방법으로 풀어야 시간을 안배할 수 있어.
한편, $(A-B)^2=A^2-AB-BA+B^2 \neq A^2-2AB+B^2$이 됨을 기억하고 있어야겠지?

> **정답 공식:** 행렬 A가 정사각행렬이고 n이 자연수일 때,
> $A^2=AA$, $A^3=A^2A$, $\cdots$, $A^{n+1}=A^nA$

두 상수 a, b에 대하여 행렬 $A=\begin{pmatrix} -1 & a \\ b & 2 \end{pmatrix}$가 $A^2=A$이고
$a^2+b^2=10$일 때, $(a+b)^2$의 값은?
> **단서** 두 상수 a, b에 대한 두 관계식을 연립해.

① 6   ② 7   ③ 8
④ 9   ⑤ 10

1st 먼저 $A^2=AA$를 구하자.

$A^2=AA=\begin{pmatrix} -1 & a \\ b & 2 \end{pmatrix}\begin{pmatrix} -1 & a \\ b & 2 \end{pmatrix}=\begin{pmatrix} 1+ab & a \\ b & ab+4 \end{pmatrix}$

2nd 주어진 식을 이용하여 $(a+b)^2$의 값을 구해.
$A^2=A$에서
$\begin{pmatrix} 1+ab & a \\ b & ab+4 \end{pmatrix}=\begin{pmatrix} -1 & a \\ b & 2 \end{pmatrix}$이므로 $ab=-2$
$\rightarrow$ 같은 위치에 있는 행렬의 성분이 각각 같아.

$\therefore (a+b)^2=a^2+b^2+2ab$
$\qquad\qquad =10-4=6$

> **정답 공식:** 행렬 A가 정사각행렬이고 n이 자연수일 때,
> $A^2=AA$, $A^3=A^2A$, $\cdots$, $A^{n+1}=A^nA$

행렬 $A=\begin{pmatrix} 2 & 0 \\ 0 & \sqrt{2} \end{pmatrix}$에 대하여 $A^{10}=\begin{pmatrix} a & 0 \\ 0 & b \end{pmatrix}$일 때,
> **단서** 정사각행렬 A의 거듭제곱에서 규칙을 찾아.

$\dfrac{a}{b}$의 값을 구하시오. (단, a, b는 상수이다.)

1st n이 자연수일 때, A^n의 성분을 구해.

행렬 $A=\begin{pmatrix} 2 & 0 \\ 0 & \sqrt{2} \end{pmatrix}$에 대하여

$A^2=AA=\begin{pmatrix} 2 & 0 \\ 0 & \sqrt{2} \end{pmatrix}\begin{pmatrix} 2 & 0 \\ 0 & \sqrt{2} \end{pmatrix}=\begin{pmatrix} 2^2 & 0 \\ 0 & (\sqrt{2})^2 \end{pmatrix}$

$A^3=A^2A=\begin{pmatrix} 2^2 & 0 \\ 0 & (\sqrt{2})^2 \end{pmatrix}\begin{pmatrix} 2 & 0 \\ 0 & \sqrt{2} \end{pmatrix}=\begin{pmatrix} 2^3 & 0 \\ 0 & (\sqrt{2})^3 \end{pmatrix}$

따라서 자연수 n에 대하여 $A^n=\begin{pmatrix} 2^n & 0 \\ 0 & (\sqrt{2})^n \end{pmatrix}$
행렬 $A=\begin{pmatrix} x & 0 \\ 0 & y \end{pmatrix}$에 대하여 $A^n=\begin{pmatrix} x^n & 0 \\ 0 & y^n \end{pmatrix}$ (n은 자연수)

2nd 행렬 A^{10}을 이용하여 $\dfrac{a}{b}$의 값을 구해.

$A^{10}=\begin{pmatrix} 2^{10} & 0 \\ 0 & (\sqrt{2})^{10} \end{pmatrix}=\begin{pmatrix} 2^{10} & 0 \\ 0 & 2^5 \end{pmatrix}$이므로 $a=2^{10}$, $b=2^5$
$(\sqrt{2})^{10}=\{(\sqrt{2})^2\}^5=2^5$

$\therefore \dfrac{a}{b}=\dfrac{2^{10}}{2^5}=2^{10-5}=32$

> **정답 공식:** 행렬 A가 정사각행렬이고 n이 자연수일 때,
> $A^2=AA$, $A^3=A^2A$, $\cdots$, $A^{n+1}=A^nA$

이차정사각행렬 A, B가
$$A+B=\begin{pmatrix} 1 & 2 \\ 2 & 1 \end{pmatrix}, \quad A-B=\begin{pmatrix} 1 & 0 \\ 0 & -1 \end{pmatrix}$$
일 때, 행렬 A^2-B^2은?
> **단서** A^2-B^2을 두 행렬 $A+B$, $A-B$의 곱으로 계산해서는 안 돼.

① $\begin{pmatrix} 0 & 1 \\ -1 & 0 \end{pmatrix}$ ② $\begin{pmatrix} 1 & 0 \\ 0 & -2 \end{pmatrix}$ ③ $\begin{pmatrix} 2 & 3 \\ 0 & -1 \end{pmatrix}$
④ $\begin{pmatrix} 1 & 0 \\ 0 & -1 \end{pmatrix}$ ⑤ $\begin{pmatrix} 1 & -2 \\ 2 & -1 \end{pmatrix}$

1st 두 행렬 A, B를 각각 구해.

$A+B=\begin{pmatrix} 1 & 2 \\ 2 & 1 \end{pmatrix} \cdots ㉠$, $A-B=\begin{pmatrix} 1 & 0 \\ 0 & -1 \end{pmatrix} \cdots ㉡$에 대하여
㉠+㉡을 하면

$2A=\begin{pmatrix} 1 & 2 \\ 2 & 1 \end{pmatrix}+\begin{pmatrix} 1 & 0 \\ 0 & -1 \end{pmatrix}=\begin{pmatrix} 2 & 2 \\ 2 & 0 \end{pmatrix} \qquad \therefore A=\begin{pmatrix} 1 & 1 \\ 1 & 0 \end{pmatrix}$
양변에 $\dfrac{1}{2}$을 곱하여 행렬 A를 구해.

㉠−㉡을 하면

$2B=\begin{pmatrix} 1 & 2 \\ 2 & 1 \end{pmatrix}-\begin{pmatrix} 1 & 0 \\ 0 & -1 \end{pmatrix}=\begin{pmatrix} 0 & 2 \\ 2 & 2 \end{pmatrix} \qquad \therefore B=\begin{pmatrix} 0 & 1 \\ 1 & 1 \end{pmatrix}$
양변에 $\dfrac{1}{2}$을 곱하여 행렬 B를 구해.

$A^2 = \begin{pmatrix} 1 & 1 \\ 1 & 0 \end{pmatrix}\begin{pmatrix} 1 & 1 \\ 1 & 0 \end{pmatrix} = \begin{pmatrix} 2 & 1 \\ 1 & 1 \end{pmatrix}$,

$B^2 = \begin{pmatrix} 0 & 1 \\ 1 & 1 \end{pmatrix}\begin{pmatrix} 0 & 1 \\ 1 & 1 \end{pmatrix} = \begin{pmatrix} 1 & 1 \\ 1 & 2 \end{pmatrix}$이므로

$A^2 - B^2 = \begin{pmatrix} 2 & 1 \\ 1 & 1 \end{pmatrix} - \begin{pmatrix} 1 & 1 \\ 1 & 2 \end{pmatrix} = \begin{pmatrix} 1 & 0 \\ 0 & -1 \end{pmatrix}$

주의 행렬의 곱셈에서는 교환법칙이 성립하지 않기 때문에 지수법칙이나 곱셈 공식이 성립하지 않음에 주의해.

L 102　정답 53 ······················· 행렬의 거듭제곱

정답 공식: 행렬 A가 정사각행렬이고 n이 자연수일 때, $A^2 = AA$, $A^3 = A^2 A$, $\cdots$, $A^{n+1} = A^n A$

> 이차방정식 $x^2 - 7x - 1 = 0$의 두 근을 α와 β라고 하자.
> **단서** $\alpha+\beta$, $\alpha\beta$의 값을 각각 구해.
> 행렬 $A = \begin{pmatrix} \alpha & 1 \\ 1 & \beta \end{pmatrix}$에 대하여 $A^2 = \begin{pmatrix} a & b \\ c & d \end{pmatrix}$라고 할 때,
> $a+d$의 값을 구하시오.

1st 이차방정식의 근과 계수의 관계를 이용해.

이차방정식 $x^2 - 7x - 1 = 0$의 두 근을 α, β라 하므로
이차방정식의 근과 계수의 관계에 의하여
$\alpha + \beta = 7$, $\alpha\beta = -1$ $\cdots$ ㉠

$A^2 = \begin{pmatrix} \alpha & 1 \\ 1 & \beta \end{pmatrix}\begin{pmatrix} \alpha & 1 \\ 1 & \beta \end{pmatrix} = \begin{pmatrix} \alpha^2+1 & \alpha+\beta \\ \alpha+\beta & 1+\beta^2 \end{pmatrix} = \begin{pmatrix} a & b \\ c & d \end{pmatrix}$이므로

$a = \alpha^2 + 1$, $d = 1 + \beta^2$

$\therefore a+d = \underline{\alpha^2 + 1 + 1 + \beta^2 = (\alpha+\beta)^2 - 2\alpha\beta + 2}$
$\quad\quad (\alpha+\beta)^2 = \alpha^2+\beta^2+2\alpha\beta,\ \alpha^2+\beta^2 = (\alpha+\beta)^2 - 2\alpha\beta$
$\quad\quad = 49 + 2 + 2(\because ㉠) = 53$

L 103　정답 3 ······················· 행렬의 거듭제곱

정답 공식: 행렬의 성분의 식에 $i=1, 2$, $j=1, 2$를 차례로 대입한다.

> 두 이차정사각행렬 A, B의 (i, j)성분을 각각 a_{ij}, b_{ij}라 할 때,
> $a_{ij} + a_{ji} = 0$, $b_{ij} - b_{ji} = 0$ $(i=1, 2, j=1, 2)$
> **단서** i와 j를 잘 구분하여 두 행렬 A, B의 성분을 구해.
> 이 성립한다. 두 행렬 A, B가 $2A - B = \begin{pmatrix} 1 & 2 \\ -2 & 4 \end{pmatrix}$를
> 만족시킬 때, 행렬 $A^2 - B$의 $(2, 2)$성분을 구하시오.

1st 두 행렬 A, B를 주어진 조건을 이용하여 나타내 봐.

$a_{ij} + a_{ji} = 0$에서 $a_{11} = 0$, $a_{12} = -a_{21}$, $a_{22} = 0$
$i=1, j=1$을 대입하면 $2a_{11} = 0$ $\therefore a_{11} = 0$
$i=1, j=2$를 대입하면 $a_{12} + a_{21} = 0$
$i=2, j=2$를 대입하면 $2a_{22} = 0$ $\therefore a_{22} = 0$

$\therefore A = \begin{pmatrix} a_{11} & a_{12} \\ a_{21} & a_{22} \end{pmatrix} = \underline{\begin{pmatrix} 0 & a_{12} \\ -a_{12} & 0 \end{pmatrix}}$
$\quad\quad a_{12}$의 값만 구하면 행렬 A를 구할 수 있어.

$b_{ij} - b_{ji} = 0$에서 $b_{12} = b_{21}$

$\therefore B = \begin{pmatrix} b_{11} & b_{12} \\ b_{21} & b_{22} \end{pmatrix} = \begin{pmatrix} b_{11} & b_{12} \\ b_{12} & b_{22} \end{pmatrix}$

2nd $2A - B = \begin{pmatrix} 1 & 2 \\ -2 & 4 \end{pmatrix}$를 이용하여 두 행렬 A, B를 구하자.

$2A - B = 2\begin{pmatrix} 0 & a_{12} \\ -a_{12} & 0 \end{pmatrix} - \begin{pmatrix} b_{11} & b_{12} \\ b_{12} & b_{22} \end{pmatrix}$

$\quad\quad = \begin{pmatrix} -b_{11} & 2a_{12}-b_{12} \\ -2a_{12}-b_{12} & -b_{22} \end{pmatrix} = \begin{pmatrix} 1 & 2 \\ -2 & 4 \end{pmatrix}$

$\quad\quad A = \begin{pmatrix} a & b \\ c & d \end{pmatrix}, B = \begin{pmatrix} p & q \\ r & s \end{pmatrix}$에 대하여 $A=B \Longleftrightarrow a=p, b=q, c=r, d=s$

에서 $b_{11} = -1$, $b_{22} = -4$이고,
$2a_{12} - b_{12} = 2$ $\cdots$ ㉠,
$-2a_{12} - b_{12} = -2$ $\cdots$ ㉡이다.
㉠, ㉡을 연립하면 $a_{12} = 1$, $b_{12} = 0$이므로

$A = \begin{pmatrix} 0 & 1 \\ -1 & 0 \end{pmatrix}$, $B = \begin{pmatrix} -1 & 0 \\ 0 & -4 \end{pmatrix}$

$\therefore A^2 - B = \underline{\begin{pmatrix} 0 & 1 \\ -1 & 0 \end{pmatrix}\begin{pmatrix} 0 & 1 \\ -1 & 0 \end{pmatrix}} - \begin{pmatrix} -1 & 0 \\ 0 & -4 \end{pmatrix}$
$\quad\quad\quad$ 곱셈을 먼저 계산해.

$\quad\quad = \begin{pmatrix} -1 & 0 \\ 0 & -1 \end{pmatrix} - \begin{pmatrix} -1 & 0 \\ 0 & -4 \end{pmatrix} = \begin{pmatrix} 0 & 0 \\ 0 & 3 \end{pmatrix}$

따라서 행렬 $A^2 - B$의 $(2, 2)$성분은 3이다.

L 104　정답 93 ······················· 행렬의 거듭제곱 – 규칙 찾기

정답 공식: $\begin{pmatrix} 1 & a \\ 0 & 1 \end{pmatrix}^n = \begin{pmatrix} 1 & na \\ 0 & 1 \end{pmatrix}$임을 이용한다.

> 두 행렬 $A = \begin{pmatrix} 1 & -1 \\ 0 & 1 \end{pmatrix}$, $B = \begin{pmatrix} 1 & -7 \\ 0 & -1 \end{pmatrix}$에 대하여
> **단서** 행렬 A가 $\begin{pmatrix} 1 & a \\ 0 & 1 \end{pmatrix}$꼴이므로 $\begin{pmatrix} 1 & a \\ 0 & 1 \end{pmatrix}^n = \begin{pmatrix} 1 & na \\ 0 & 1 \end{pmatrix}$을 이용하여 A^n을 구할 수 있어.
> $A^{100}B$의 모든 성분의 합을 구하시오.

1st A^2, A^3, A^4, $\cdots$을 차례로 구하여 A^{100}을 구하자.

$A = \begin{pmatrix} 1 & -1 \\ 0 & 1 \end{pmatrix}$이므로

$A^2 = AA = \begin{pmatrix} 1 & -1 \\ 0 & 1 \end{pmatrix}\begin{pmatrix} 1 & -1 \\ 0 & 1 \end{pmatrix} = \begin{pmatrix} 1 & -2 \\ 0 & 1 \end{pmatrix}$

$A^3 = A^2 A = \begin{pmatrix} 1 & -2 \\ 0 & 1 \end{pmatrix}\begin{pmatrix} 1 & -1 \\ 0 & 1 \end{pmatrix} = \begin{pmatrix} 1 & -3 \\ 0 & 1 \end{pmatrix}$

$A^4 = A^3 A = \begin{pmatrix} 1 & -3 \\ 0 & 1 \end{pmatrix}\begin{pmatrix} 1 & -1 \\ 0 & 1 \end{pmatrix} = \begin{pmatrix} 1 & -4 \\ 0 & 1 \end{pmatrix}$

$\qquad\qquad\vdots$ 　특수한 행렬의 거듭제곱의 성질인 $\begin{pmatrix} 1 & a \\ 0 & 1 \end{pmatrix}^n = \begin{pmatrix} 1 & na \\ 0 & 1 \end{pmatrix}$을 이용하면

$A^n = \begin{pmatrix} 1 & -n \\ 0 & 1 \end{pmatrix}$ A^2, A^3, A^4, $\cdots$를 구하지 않아도 $A^n = \begin{pmatrix} 1 & -1 \\ 0 & 1 \end{pmatrix}^n = \begin{pmatrix} 1 & -n \\ 0 & 1 \end{pmatrix}$임을 알 수 있어.

$\therefore A^{100} = \begin{pmatrix} 1 & -100 \\ 0 & 1 \end{pmatrix}$

2nd $A^{100}B$를 구해.

$A^{100}B = \begin{pmatrix} 1 & -100 \\ 0 & 1 \end{pmatrix}\begin{pmatrix} 1 & -7 \\ 0 & -1 \end{pmatrix} = \begin{pmatrix} 1 & 93 \\ 0 & -1 \end{pmatrix}$이므로

$A^{100}B$의 모든 성분의 합은
$1 + 93 + 0 + (-1) = 93$

L

정답 공식: 행렬 A가 정사각행렬이고 m, n이 자연수일 때,
$A^{n+1}=A^n A$, $A^m A^n=A^{m+n}$, $(A^m)^n=A^{mn}$

이차정사각행렬 $A=\begin{pmatrix} 2 & 0 \\ 1 & 1 \end{pmatrix}$, $B=\dfrac{1}{2}\begin{pmatrix} -1 & 0 \\ 1 & -2 \end{pmatrix}$에 대하여 행렬 $B^4 A^8$의 모든 성분의 합을 구하시오.

단서 행렬 $B^4 A^8$을 알아야 하니까 먼저 행렬 BA를 구해 $B^4 A^8$의 차수를 낮추자.

1st 행렬 BA를 구하자.

$A=\begin{pmatrix} 2 & 0 \\ 1 & 1 \end{pmatrix}$, $B=\dfrac{1}{2}\begin{pmatrix} -1 & 0 \\ 1 & -2 \end{pmatrix}$에서

$BA=\dfrac{1}{2}\begin{pmatrix} -1 & 0 \\ 1 & -2 \end{pmatrix}\begin{pmatrix} 2 & 0 \\ 1 & 1 \end{pmatrix}$

$=\dfrac{1}{2}\begin{pmatrix} -2 & 0 \\ 0 & -2 \end{pmatrix}=\begin{pmatrix} -1 & 0 \\ 0 & -1 \end{pmatrix}$

$=-E$

실수 BA를 구할 때, 실수 $\dfrac{1}{2}$을 먼저 곱한 후 행렬의 곱셈을 하면 식이 복잡해질 수 있으므로 두 행렬의 곱셈을 먼저 한 후 실수배를 하자.

2nd 행렬 $B^4 A^8$을 간단히 하자.

두 정사각행렬 A, B와 단위행렬 E에 대하여
① $A^2=AA$, $A^3=A^2A$, $A^4=A^3A$, $\cdots$
② 실수 k에 대하여
$EA=AE=A$, $(kE)^n=k^nE$

$B^4 A^8=B^3 BAA^7=B^3(-E)A^7$
$=-B^3 A^7=-B^2 BAA^6=-B^2(-E)A^6$
$=B^2 A^6=BBAA^5=B(-E)A^5$
$=-BA^5=-BAA^4=-(-E)A^4$
$=A^4$

3rd 행렬 A^4을 구하자.

$A=\begin{pmatrix} 2 & 0 \\ 1 & 1 \end{pmatrix}$에서 $A^2=\begin{pmatrix} 2 & 0 \\ 1 & 1 \end{pmatrix}\begin{pmatrix} 2 & 0 \\ 1 & 1 \end{pmatrix}=\begin{pmatrix} 4 & 0 \\ 3 & 1 \end{pmatrix}$

$\therefore A^4=(A^2)^2=\begin{pmatrix} 4 & 0 \\ 3 & 1 \end{pmatrix}\begin{pmatrix} 4 & 0 \\ 3 & 1 \end{pmatrix}=\begin{pmatrix} 16 & 0 \\ 15 & 1 \end{pmatrix}$

따라서 $B^4 A^8=\begin{pmatrix} 16 & 0 \\ 15 & 1 \end{pmatrix}$이므로 행렬 $B^4 A^8$의 모든 성분의 합은

$16+0+15+1=32$

정답 공식: 행렬 A가 정사각행렬이고 m, n이 자연수일 때, $A^{n+1}=A^n A$, $A^m A^n=A^{m+n}$, $(A^m)^n=A^{mn}$이 성립한다.

행렬 $A=\begin{pmatrix} 0 & 2 \\ 3 & 0 \end{pmatrix}$에 대하여 $A^{11}=\begin{pmatrix} a & b \\ c & d \end{pmatrix}$일 때, c의 값은?

단서 A^2, A^3, A^4, $\cdots$을 차례로 구하여 규칙을 찾아.

① 0   ② $2^5 \cdot 3^5$ ③ $2^5 \cdot 3^6$
④ $2^6 \cdot 3^5$ ⑤ $2^6 \cdot 3^6$

1st A^2, A^3, A^4, $\cdots$을 구해서 $(2, 1)$성분의 규칙을 발견하자.

$A^2=\begin{pmatrix} 0 & 2 \\ 3 & 0 \end{pmatrix}\begin{pmatrix} 0 & 2 \\ 3 & 0 \end{pmatrix}=\begin{pmatrix} 2\times 3 & 0 \\ 0 & 3\times 2 \end{pmatrix}$

$\begin{pmatrix} 6 & 0 \\ 0 & 6 \end{pmatrix}$으로 계산하여 나타내는 것보다 계산식으로 나타내는 것이 규칙을 찾기 쉬워.

$A^3=A^2A=\begin{pmatrix} 2\times 3 & 0 \\ 0 & 3\times 2 \end{pmatrix}\begin{pmatrix} 0 & 2 \\ 3 & 0 \end{pmatrix}=\begin{pmatrix} 0 & 2^2\times 3 \\ 3^2\times 2 & 0 \end{pmatrix}$

$A^4=A^3A=\begin{pmatrix} 0 & 2^2\times 3 \\ 3^2\times 2 & 0 \end{pmatrix}\begin{pmatrix} 0 & 2 \\ 3 & 0 \end{pmatrix}=\begin{pmatrix} 2^2\times 3^2 & 0 \\ 0 & 3^2\times 2^2 \end{pmatrix}$

$A^5=A^4A=\begin{pmatrix} 2^2\times 3^2 & 0 \\ 0 & 3^2\times 2^2 \end{pmatrix}\begin{pmatrix} 0 & 2 \\ 3 & 0 \end{pmatrix}=\begin{pmatrix} 0 & 2^3\times 3^2 \\ 3^2\times 2^2 & 0 \end{pmatrix}$

$\vdots$

(우측 상단 계속)

$A^{2n}=\begin{pmatrix} 2^n\times 3^n & 0 \\ 0 & 3^n\times 2^n \end{pmatrix}$

$A^{2n-1}=\begin{pmatrix} 0 & 2^n\times 3^{n-1} \\ 3^n\times 2^{n-1} & 0 \end{pmatrix}$

$A^{(짝수)}$와 $A^{(홀수)}$일 때 행렬의 규칙이 달라.

$\therefore A^{11}=A^{2\times 6-1}=\begin{pmatrix} 0 & 2^6\times 3^5 \\ 3^6\times 2^5 & 0 \end{pmatrix}=\begin{pmatrix} a & b \\ c & d \end{pmatrix}$

A^{2n-1}에 $n=6$을 대입하여 구해.

$\therefore c=3^6\times 2^5$

다른 풀이: 단위행렬과 행렬의 곱셈에 대한 성질 이용하기

$A^2=\begin{pmatrix} 0 & 2 \\ 3 & 0 \end{pmatrix}\begin{pmatrix} 0 & 2 \\ 3 & 0 \end{pmatrix}=\begin{pmatrix} 6 & 0 \\ 0 & 6 \end{pmatrix}=6E$

$A^{11}=(A^2)^5 A=6^5 EA=6^5 A=6^5\begin{pmatrix} 0 & 2 \\ 3 & 0 \end{pmatrix}$

$\therefore c=6^5\times 3=2^5\times 3^6$

실수 k에 대하여 $(kE)^n=k^n E$, $EA=AE=A$

정답 공식: 행렬 A가 정사각행렬이고 m, n이 자연수일 때, $A^{n+1}=A^n A$, $A^m A^n=A^{m+n}$, $(A^m)^n=A^{mn}$

행렬 $A=\begin{pmatrix} 0 & 1 \\ -1 & 2 \end{pmatrix}$에 대하여 행렬 A^n의 제 2행의 두 성분의 차가 25일 때, 자연수 n의 값은?

단서 A^2, A^3, A^4, $\cdots$을 차례로 구하여 규칙을 찾아.

① 12   ② 13   ③ 14
④ 15   ⑤ 16

1st A, A^2, A^3, $\cdots$을 이용하여 행렬 A^n을 구해.

행렬 $A=\begin{pmatrix} 0 & 1 \\ -1 & 2 \end{pmatrix}$에 대하여

$A^2=AA=\begin{pmatrix} 0 & 1 \\ -1 & 2 \end{pmatrix}\begin{pmatrix} 0 & 1 \\ -1 & 2 \end{pmatrix}=\begin{pmatrix} -1 & 2 \\ -2 & 3 \end{pmatrix}$

$A^3=A^2A=\begin{pmatrix} -1 & 2 \\ -2 & 3 \end{pmatrix}\begin{pmatrix} 0 & 1 \\ -1 & 2 \end{pmatrix}=\begin{pmatrix} -2 & 3 \\ -3 & 4 \end{pmatrix}$

$\vdots$

$A^n=\begin{pmatrix} 1-n & n \\ -n & n+1 \end{pmatrix}$ 위치가 같은 성분끼리 비교하면 변화하는 규칙을 찾을 수 있어.

행렬 A^n의 제 2행의 두 성분의 차는

$n+1-(-n)=2n+1$ $-n$과 $n+1$

$\because -n<n+1$

따라서 $2n+1=25$이므로 $n=12$이다.

정답 공식: 행렬 A가 정사각행렬이고 m, n이 자연수일 때, $A^{n+1}=A^n A$, $A^m A^n=A^{m+n}$, $(A^m)^n=A^{mn}$

행렬 $A=\begin{pmatrix} 1 & -2 \\ -1 & 2 \end{pmatrix}$에 대하여 **단서** 행렬의 곱셈의 성질을 이용해 A^n의 규칙을 찾아봐.

$A+A^2+A^3+A^4+A^5=kA$일 때, 상수 k의 값을 구하시오.

1st 행렬 A를 거듭제곱하여 규칙을 찾자.

$A=\begin{pmatrix} 1 & -2 \\ -1 & 2 \end{pmatrix}$에서

$A^2=\begin{pmatrix} 1 & -2 \\ -1 & 2 \end{pmatrix}\begin{pmatrix} 1 & -2 \\ -1 & 2 \end{pmatrix}=\begin{pmatrix} 3 & -6 \\ -3 & 6 \end{pmatrix}$

$=3\begin{pmatrix} 1 & -2 \\ -1 & 2 \end{pmatrix}=3A$

2nd k의 값을 구하자.

$A^3=A^2A=(3A)A=3A^2=3(3A)=9A$

$A^4=A^3A=(9A)A=9A^2=9(3A)=27A$

$A^5=A^4A=(27A)A=27A^2=27(3A)=81A$

이므로 $A^2=3A=3^1A,\ A^3=9A=3^2A,$

$A^4=27A=3^3A,\ A^5=81A=3^4A,\ \cdots$이므로

$A^n=3^{n-1}$임을 유추할 수 있어.

$A+A^2+A^3+A^4+A^5=A+3A+9A+27A+81A$

$=121A$

$\therefore k=121$　$A+3A+9A+27A+81A$
$=(1+3+9+27+81)A=121A$

L 109 정답 ② ·························· 행렬의 거듭제곱 – 규칙 찾기

(정답 공식: $A^2,\ A^3,\ A^4,\ \cdots$를 간단히 정리하면 규칙을 찾을 수 있다.)

영행렬이 아닌 이차정사각행렬 A가 임의의 자연수 n에 대하여
$A^{n+1}=A^{n+2}+A^n$을 만족할 때, A^{2009}을 간단히 하면?

단서 임의의 자연수 n에 대하여 성립하는 등식이므로 $n=1$을 대입해도 위의 등식이 성립해야 해.

① $-A^3$ 　　② $-A^2$ 　　③ A

④ A^2 　　⑤ A^3

1st 주어진 식을 이용하여 A^n의 규칙성을 찾아보자.

$A^{n+1}=A^{n+2}+A^n$에

$n=1$을 대입하면

$A^2=A^3+A$이므로 $A^3=A^2-A$ $\cdots$ ㉠

$A^4=A^3A=(A^2-A)A$ ($\because$ ㉠)

$\quad=A^3-A^2=(A^2-A)-A^2$ ($\because$ ㉠)

$\quad=-A$

$A^5=A^4A=-AA=-A^2$

$A^6=A^5A=-A^2A=-A^3$

$A^7=A^6A=-A^3A=-A^4=-(-A)=A$

$A^8=A^7A=AA=A^2$

$A^9=A^8A=A^2A=A^3$

$\vdots$

2nd 규칙성을 이용하여 A^{2009}를 구하자.

자연수 n에 대하여 A^n은
$A,\ A^2,\ A^3,\ -A,\ -A^2,\ -A^3$이 반복된다.

$2009=6\times334+5$이므로　주기가 6이므로 6으로 나누었을 때의 나머지를 알아보자.
즉, n을 6으로 나누었을 때 나머지를 k라 하면
$A^n=A^k$라 할 수 있어.

$A^{2009}=A^5=-A^2$

다른 풀이 : $A^{n+1}=A^{n+2}+A^n$에 n 대신 $n+1$을 대입한 식 이용하기

$A^{n+1}=A^{n+2}+A^n$ $\cdots$ ㉡에서

n대신 $n+1$을 대입하면

$A^{n+2}=A^{n+3}+A^{n+1}$ $\cdots$ ㉢

㉡+㉢을 하면

$A^{n+1}+A^{n+2}=(A^{n+2}+A^n)+(A^{n+3}+A^{n+1})$이므로

$O=A^n+A^{n+3}$ 　$\therefore A^{n+3}=-A^n$

$\therefore A^{2009}=-A^{2006}=(-1)^2A^{2003}=(-1)^3A^{2000}=\cdots$

$=(-1)^{669}A^2=-A^2$ 행렬 A의 지수가 3씩 감소할 때마다 (-1)의 지수는
1씩 증가해. 따라서 2009를 3으로 나눈 몫이 669이고
나머지가 2이므로 (-1)의 지수는 669이고
행렬 A의 지수는 2임을 알 수 있어.

L 110 정답 502 ·························· 행렬의 거듭제곱 – 규칙 찾기

(정답 공식: $\begin{pmatrix} 1 & a \\ 0 & 1 \end{pmatrix}^n=\begin{pmatrix} 1 & na \\ 0 & 1 \end{pmatrix}$임을 이용한다.)

이차정사각행렬 $A=\begin{pmatrix} 1 & -1 \\ 0 & 1 \end{pmatrix}$에 대하여

단서1 행렬 A가 $\begin{pmatrix} 1 & a \\ 0 & 1 \end{pmatrix}$꼴이므로 $\begin{pmatrix} 1 & a \\ 0 & 1 \end{pmatrix}^n=\begin{pmatrix} 1 & na \\ 0 & 1 \end{pmatrix}$를 이용하여 A^n을 구할 수 있어.

$A-A^2+A^3-A^4+\cdots+A^{1003}-A^{1004}=\begin{pmatrix} a & b \\ c & d \end{pmatrix}$

단서2 $A-A^2+A^3-A^4+\cdots+A^{1003}-A^{1004}$
$=(A-A^2)+(A^3-A^4)+\cdots+(A^{1003}-A^{1004})$로 두 항씩 묶어서
연산하면 규칙성을 찾을 수 있어.

일 때, $a+b+c+d$의 값을 구하시오. (단, $A^n=A^{n-1}A$)

1st $A^2,\ A^3,\ A^4,\ \cdots$을 구하자.

$A=\begin{pmatrix} 1 & -1 \\ 0 & 1 \end{pmatrix}$일 때

$A^2=\begin{pmatrix} 1 & -1 \\ 0 & 1 \end{pmatrix}\begin{pmatrix} 1 & -1 \\ 0 & 1 \end{pmatrix}=\begin{pmatrix} 1 & -2 \\ 0 & 1 \end{pmatrix}$

$A^3=A^2A=\begin{pmatrix} 1 & -2 \\ 0 & 1 \end{pmatrix}\begin{pmatrix} 1 & -1 \\ 0 & 1 \end{pmatrix}=\begin{pmatrix} 1 & -3 \\ 0 & 1 \end{pmatrix}$

$\vdots$ 　특수한 행렬의 거듭제곱의 성질인

$\therefore A^n=\begin{pmatrix} 1 & -n \\ 0 & 1 \end{pmatrix}$ $\begin{pmatrix} 1 & a \\ 0 & 1 \end{pmatrix}^n=\begin{pmatrix} 1 & na \\ 0 & 1 \end{pmatrix}$을 이용하면 $A^2,\ A^3,\ A^4,\ \cdots$를 구하지 않아도

$A^n=\begin{pmatrix} 1 & -1 \\ 0 & 1 \end{pmatrix}^n=\begin{pmatrix} 1 & -n \\ 0 & 1 \end{pmatrix}$임을 알 수 있어.

2nd A^n-A^{n+1}을 간단히 정리하자.

$A^n-A^{n+1}=\begin{pmatrix} 1 & -n \\ 0 & 1 \end{pmatrix}-\begin{pmatrix} 1 & -(n+1) \\ 0 & 1 \end{pmatrix}=\begin{pmatrix} 0 & 1 \\ 0 & 0 \end{pmatrix}$이므로

$A-A^2+A^3-A^4+\cdots+A^{1003}-A^{1004}$

$=\begin{pmatrix} 0 & 1 \\ 0 & 0 \end{pmatrix}+\begin{pmatrix} 0 & 1 \\ 0 & 0 \end{pmatrix}+\cdots+\begin{pmatrix} 0 & 1 \\ 0 & 0 \end{pmatrix}=502\begin{pmatrix} 0 & 1 \\ 0 & 0 \end{pmatrix}=\begin{pmatrix} 0 & 502 \\ 0 & 0 \end{pmatrix}$

$\therefore a+b+c+d=0+502+0+0=502$ →식의 항의 개수가 1004개이므로
두 항씩 묶으면 묶음은 502개야.

다른 풀이 : 케일리–해밀턴의 정리 이용하기

$A=\begin{pmatrix} 1 & -1 \\ 0 & 1 \end{pmatrix}$에 대하여 케일리–해밀턴의 정리를 이용하면

$A^2-2A+E=O$ (단, E는 단위행렬이고 O는 영행렬)

$A^2=2A-E$이므로

$A-A^2=A-(2A-E)=E-A$

$A^2-A^3=A(A-A^2)=A(E-A)$

$\quad=A-A^2=E-A$

$A^3-A^4=A(A^2-A^3)=A(E-A)$

$\quad=A-A^2=E-A$ A^n-A^{n+1} 꼴의 식이 모두 $E-A$가
됨을 알 수 있어.

$\vdots$

$A^n-A^{n+1}=E-A=\begin{pmatrix} 1 & 0 \\ 0 & 1 \end{pmatrix}-\begin{pmatrix} 1 & -1 \\ 0 & 1 \end{pmatrix}=\begin{pmatrix} 0 & 1 \\ 0 & 0 \end{pmatrix}$

(이하 동일)

정답 공식: 행렬 A가 정사각행렬이고 m, n이 자연수일 때,
$A^{n+1}=A^nA$, $A^mA^n=A^{m+n}$, $(A^m)^n=A^{mn}$

자연수 n과 8 이하의 자연수 a에 대하여 $\begin{pmatrix} a & 3 \\ 0 & a \end{pmatrix}^n$의

단서 A^2, A^3, A^4, $\cdots$을 차례로 구하여 규칙을 찾아.

$(1, 1)$성분과 $(1, 2)$성분이 같을 때, 가능한 모든 a의 값의 곱을 구하시오.

1st $n=2, 3, 4, \cdots$일 때의 행렬을 구하여 $\begin{pmatrix} a & 3 \\ 0 & a \end{pmatrix}^n$을 유추하자.

$\begin{pmatrix} a & 3 \\ 0 & a \end{pmatrix}^2 = \begin{pmatrix} a & 3 \\ 0 & a \end{pmatrix}\begin{pmatrix} a & 3 \\ 0 & a \end{pmatrix} = \begin{pmatrix} a^2 & 6a \\ 0 & a^2 \end{pmatrix}$

$\begin{pmatrix} a & 3 \\ 0 & a \end{pmatrix}^3 = \begin{pmatrix} a & 3 \\ 0 & a \end{pmatrix}^2\begin{pmatrix} a & 3 \\ 0 & a \end{pmatrix} = \begin{pmatrix} a^2 & 6a \\ 0 & a^2 \end{pmatrix}\begin{pmatrix} a & 3 \\ 0 & a \end{pmatrix} = \begin{pmatrix} a^3 & 9a^2 \\ 0 & a^3 \end{pmatrix}$

$\begin{pmatrix} a & 3 \\ 0 & a \end{pmatrix}^4 = \begin{pmatrix} a & 3 \\ 0 & a \end{pmatrix}^3\begin{pmatrix} a & 3 \\ 0 & a \end{pmatrix} = \begin{pmatrix} a^3 & 9a^2 \\ 0 & a^3 \end{pmatrix}\begin{pmatrix} a & 3 \\ 0 & a \end{pmatrix} = \begin{pmatrix} a^4 & 12a^3 \\ 0 & a^4 \end{pmatrix}$

$\vdots$

$\begin{pmatrix} a & 3 \\ 0 & a \end{pmatrix}^n = \begin{pmatrix} a^n & 3na^{n-1} \\ 0 & a^n \end{pmatrix}$

$A \Rightarrow A^2 \Rightarrow A^3 \Rightarrow A^4$일 때, $(1, 2)$성분이 $3 \Rightarrow 6a \Rightarrow 9a^2 \Rightarrow 12a^3$으로 변하므로 A^n의 $(1, 2)$성분은 $3na^{n-1}$으로 나타낼 수 있어.

2nd 주어진 조건을 만족하는 a의 값을 구하자.

$\begin{pmatrix} a & 3 \\ 0 & a \end{pmatrix}^n = \begin{pmatrix} a^n & 3na^{n-1} \\ 0 & a^n \end{pmatrix}$의 $(1, 1)$성분과 $(1, 2)$성분이 같으므로

$a^n = 3na^{n-1}$ (n은 자연수, a는 8 이하의 자연수)

$\therefore a = 3n$

(i) $n=1$일 때, $a=3$

(ii) $n=2$일 때, $a=6$

(iii) $n=3$일 때, $a=9$

$\vdots$ $a > 8$이므로 조건을 만족시키지 않아.

따라서 가능한 8 이하의 자연수 a는 3, 6이므로

가능한 모든 a의 값의 곱은 $3 \times 6 = 18$

정답 공식: 행렬 A가 정사각행렬이고 n이 자연수일 때, $A^{n+1}=A^nA$

행렬 $\begin{pmatrix} 2 & 1 \\ 0 & -4 \end{pmatrix}^n$의 $(1, 2)$성분은 $2^4-2^5+2^6-2^7+2^8$이고

단서 행렬의 성분을 계산하지 않고 계산식으로 나타내어서 규칙을 찾아야 해.

$(1, 1)$성분은 a이다. $a+n$의 값을 구하시오.

(단, n은 자연수이다.)

1st 행렬의 곱셈을 통해 규칙성을 찾아봐.

A^2, A^3, A^4, $\cdots$의 $(1, 2)$성분이 어떻게 변화하는지에 집중해야 해.

$\begin{pmatrix} 2 & 1 \\ 0 & -4 \end{pmatrix}^2 = \begin{pmatrix} 2 & 1 \\ 0 & -4 \end{pmatrix}\begin{pmatrix} 2 & 1 \\ 0 & -4 \end{pmatrix} = \begin{pmatrix} 2^2 & 2-2^2 \\ 0 & (-4)^2 \end{pmatrix}$

$\begin{pmatrix} 2 & 1 \\ 0 & -4 \end{pmatrix}^3 = \begin{pmatrix} 2 & 1 \\ 0 & -4 \end{pmatrix}^2\begin{pmatrix} 2 & 1 \\ 0 & -4 \end{pmatrix}$

$= \begin{pmatrix} 2^2 & 2-2^2 \\ 0 & (-4)^2 \end{pmatrix}\begin{pmatrix} 2 & 1 \\ 0 & -4 \end{pmatrix} = \begin{pmatrix} 2^3 & 2^2-2^3+2^4 \\ 0 & (-4)^3 \end{pmatrix}$

$\begin{pmatrix} 2 & 1 \\ 0 & -4 \end{pmatrix}^4 = \begin{pmatrix} 2 & 1 \\ 0 & -4 \end{pmatrix}^3\begin{pmatrix} 2 & 1 \\ 0 & -4 \end{pmatrix}$

$= \begin{pmatrix} 2^3 & 2^2-2^3+2^4 \\ 0 & (-4)^3 \end{pmatrix}\begin{pmatrix} 2 & 1 \\ 0 & -4 \end{pmatrix} = \begin{pmatrix} 2^4 & 2^3-2^4+2^5-2^6 \\ 0 & (-4)^4 \end{pmatrix}$

$\begin{pmatrix} 2 & 1 \\ 0 & -4 \end{pmatrix}^5 = \begin{pmatrix} 2 & 1 \\ 0 & -4 \end{pmatrix}^4\begin{pmatrix} 2 & 1 \\ 0 & -4 \end{pmatrix}$

$= \begin{pmatrix} 2^4 & 2^3-2^4+2^5-2^6 \\ 0 & (-4)^4 \end{pmatrix}\begin{pmatrix} 2 & 1 \\ 0 & -4 \end{pmatrix}$

$= \begin{pmatrix} 2^5 & 2^4-2^5+2^6-2^7+2^8 \\ 0 & (-4)^5 \end{pmatrix}$

$\therefore n=5$ 즉, 조건을 만족시키는 n의 값은 5겠지?

$\begin{pmatrix} 2 & 1 \\ 0 & -4 \end{pmatrix}^5$의 $(1, 1)$성분은 $2^5=32$이므로 $a=32$

$\therefore a+n = 32+5 = 37$

정답 공식: $A^n=E$를 만족시키는 자연수 n의 최솟값이 k이면 A^n은 k를 주기로 반복된다.

행렬 A가 $A=\begin{pmatrix} 1 & -2 \\ 1 & -1 \end{pmatrix}$일 때, A^{62}은?

단서 A^2, A^3, A^4, $\cdots$을 구해서 규칙을 찾아 A^n을 유추해.

(단, O는 영행렬이고 E는 단위행렬이다.)

① $-E$　　　　② E　　　　③ O

④ $-A$　　　　⑤ A

1st 단위행렬 E 또는 $-E$가 나올 때까지 행렬 A를 거듭제곱해 봐.

$A=\begin{pmatrix} 1 & -2 \\ 1 & -1 \end{pmatrix}$이므로

$A^2=\begin{pmatrix} 1 & -2 \\ 1 & -1 \end{pmatrix}\begin{pmatrix} 1 & -2 \\ 1 & -1 \end{pmatrix} = \begin{pmatrix} -1 & 0 \\ 0 & -1 \end{pmatrix} = -E$

$\therefore A^{62}=(A^2)^{31}=(-E)^{31}=-E$

$A^2=-E$이므로 $A^4=E$

실수 k에 대하여 $(kE)^n=k^nE$

다른 풀이: 케일리–해밀턴의 정리 이용하기

$A=\begin{pmatrix} 1 & -2 \\ 1 & -1 \end{pmatrix}$에 케일리–해밀턴의 정리를 이용하면

$A^2-(1-1)A+(-1+2)E=O$ 행렬 $A=\begin{pmatrix} a & b \\ c & d \end{pmatrix}$에 대하여

$\therefore A^2=-E$ $A^2-(a+d)A+(ad-bc)E=O$

$\therefore A^{62}=(A^2)^{31}=-E$

정답 공식: $A^n=E$를 만족시키는 자연수 n의 최솟값이 k이면 A^n은 k를 주기로 반복된다.

행렬 $A=\begin{pmatrix} 2 & -1 \\ 3 & -2 \end{pmatrix}$에 대하여 행렬 A^2+A^3의 모든 성분의

단서 A^2을 먼저 구해 봐.

합은?

① 4　　　　② 5　　　　③ 6

④ 7　　　　⑤ 8

1st A^2를 구해 보자.

$A=\begin{pmatrix} 2 & -1 \\ 3 & -2 \end{pmatrix}$에서

$A^2=\begin{pmatrix} 2 & -1 \\ 3 & -2 \end{pmatrix}\begin{pmatrix} 2 & -1 \\ 3 & -2 \end{pmatrix} = \begin{pmatrix} 1 & 0 \\ 0 & 1 \end{pmatrix} = E$

2nd A^2+A^3을 구하자.

$A^3=A^2A=EA=A$이므로

정사각행렬 A와 단위행렬 E에 대하여
① $A^2=AA$, $A^3=A^2A$, $A^4=A^3A$, $\cdots$
② $EA=AE=A$

$A^2+A^3=E+A=\begin{pmatrix} 1 & 0 \\ 0 & 1 \end{pmatrix}+\begin{pmatrix} 2 & -1 \\ 3 & -2 \end{pmatrix}=\begin{pmatrix} 3 & -1 \\ 3 & -1 \end{pmatrix}$

따라서 행렬 A^2+A^3의 모든 성분의 합은
$3+(-1)+3+(-1)=4$

Ｌ 115 정답 12 ·· $A^n=E$ 이용

정답 공식: $A^n=E$를 만족시키는 자연수 n의 최솟값이 k이면 A^n은 k를 주기로 반복된다.

행렬 $A=\begin{pmatrix} 2 & 5 \\ -1 & -2 \end{pmatrix}$에 대하여 행렬 $A+A^5+A^9$의 모든 성분의 합을 구하시오.

단서 $A^n=E$가 되는 최소의 n을 구해.

1st 행렬 A를 거듭제곱하여 규칙을 찾자.

$A=\begin{pmatrix} 2 & 5 \\ -1 & -2 \end{pmatrix}$에서

$A^2=\begin{pmatrix} 2 & 5 \\ -1 & -2 \end{pmatrix}\begin{pmatrix} 2 & 5 \\ -1 & -2 \end{pmatrix}=\begin{pmatrix} -1 & 0 \\ 0 & -1 \end{pmatrix}=-E$

$\therefore A^4=(A^2)^2=(-E)^2=E$

2nd $A+A^5+A^9$을 구하자.

$A^5=A^4A=EA=A$, $A^9=A^4A^5=EA=A$이므로

정사각행렬 A와 단위행렬 E에 대하여
① $A^2=AA$, $A^3=A^2A$, $A^4=A^3A$, $\cdots$
② $EA=AE=A$

$A+A^5+A^9=A+A+A=3A$

$=3\begin{pmatrix} 2 & 5 \\ -1 & -2 \end{pmatrix}=\begin{pmatrix} 6 & 15 \\ -3 & -6 \end{pmatrix}$

따라서 행렬 $A+A^5+A^9$의 모든 성분의 합은
$6+15+(-3)+(-6)=12$

Ｌ 116 정답 ④ ·· $A^n=E$ 이용

정답 공식: $A^n=E$를 만족시키는 자연수 n의 최솟값이 k이면 A^n은 k를 주기로 반복된다.

행렬 $A=\begin{pmatrix} -2 & 3 \\ -1 & 2 \end{pmatrix}$에 대하여 등식 $A^{2012}\begin{pmatrix} p \\ q \end{pmatrix}=\begin{pmatrix} -2 \\ 3 \end{pmatrix}$이 성립할 때, 두 실수 p, q의 합 $p+q$의 값은?

단서 $A^n=E$가 되는 최소의 n을 구해.

① -5 ② -1 ③ 0
④ 1 ⑤ 5

1st 행렬 A를 거듭제곱하여 규칙을 찾자.

$A=\begin{pmatrix} -2 & 3 \\ -1 & 2 \end{pmatrix}$에서

$A^2=\begin{pmatrix} -2 & 3 \\ -1 & 2 \end{pmatrix}\begin{pmatrix} -2 & 3 \\ -1 & 2 \end{pmatrix}=\begin{pmatrix} 1 & 0 \\ 0 & 1 \end{pmatrix}=E$

2nd p, q의 값을 구하자.

$A^{2012}=(A^2)^{1006}=E^{1006}=E$이므로

$A^{2012}\begin{pmatrix} p \\ q \end{pmatrix}=E\begin{pmatrix} p \\ q \end{pmatrix}=\begin{pmatrix} p \\ q \end{pmatrix}$

따라서 $\begin{pmatrix} p \\ q \end{pmatrix}=\begin{pmatrix} -2 \\ 3 \end{pmatrix}$이므로 $p=-2$, $q=3$

두 행렬 $A=\begin{pmatrix} a & b \\ c & d \end{pmatrix}$, $B=\begin{pmatrix} p & q \\ r & s \end{pmatrix}$에 대하여
$A=B$이면 $a=p$, $b=q$, $c=r$, $d=s$

$\therefore p+q=-2+3=1$

Ｌ 117 정답 ② ·· $A^n=E$의 이용

정답 공식: 행렬 A에 대하여 A^2, A^3, $\cdots$을 차례로 구하며 규칙성을 찾으면 $A^n=E$인 n을 구할 수 있다.

행렬 $A=\begin{pmatrix} 3 & 7 \\ -1 & -2 \end{pmatrix}$에 대하여 $A+A^2+A^3+\cdots+A^{2011}$의 모든 성분의 합은?

단서 $A^n=E$가 되는 최소의 n을 구해.

① 2 ② 7 ③ 12
④ 17 ⑤ 22

1st 행렬 A에 대하여 A^2, A^3, $\cdots$을 차례로 구하여 규칙성을 찾아봐.

$A=\begin{pmatrix} 3 & 7 \\ -1 & -2 \end{pmatrix}$

$A^2=\begin{pmatrix} 3 & 7 \\ -1 & -2 \end{pmatrix}\begin{pmatrix} 3 & 7 \\ -1 & -2 \end{pmatrix}=\begin{pmatrix} 2 & 7 \\ -1 & -3 \end{pmatrix}$

$A^3=A^2A=\begin{pmatrix} 2 & 7 \\ -1 & -3 \end{pmatrix}\begin{pmatrix} 3 & 7 \\ -1 & -2 \end{pmatrix}=\begin{pmatrix} -1 & 0 \\ 0 & -1 \end{pmatrix}=-E$

$A^4=A^3A=-EA=-A$

$A^5=A^4A=-AA=-A^2$

$A^6=(A^3)^2=(-E)^2=E$ $A^n=E$이면 $A+A^2+\cdots+A^n=O$가 성립해.

$\therefore A+A^2+A^3+A^4+A^5+A^6$

$=A+A^2-E-A-A^2+E=O \cdots$ ㉠

2nd 항을 6개씩 묶으면 답을 구할 수 있어.

$2011=6\times335+1$이므로 6개씩 묶으면 마지막 하나가 남는다.

$\therefore A+A^2+A^3+\cdots+A^{2010}+A^{2011}$

$=335(A+A^2+A^3+A^4+A^5+A^6)+A^{2011}$

$=O+(A^6)^{335}A(\because ㉠)=A$

$A^6=E$이므로 $A^{2011}=(A^6)^{335}A=E^{335}A=EA=A$

따라서 구하고자 하는 행렬의 모든 성분의 합은 A의 모든 성분의 합인
$3+7+(-1)+(-2)=7$이다.

🔧 다른 풀이: 케일리─해밀턴의 정리 이용하기

행렬 $A=\begin{pmatrix} 3 & 7 \\ -1 & -2 \end{pmatrix}$에 대하여

케일리─해밀턴의 정리를 이용하면

$A^2-(3-2)A+(-6+7)E=O$

즉, $A^2-A+E=O$

위의 등식의 양변에 $(A+E)$를 곱하면

$(A+E)(A^2-A+E)=A^3+E=O$

$x^2-x+1=0$이면
$(x+1)(x^2-x+1)=x^3+1=0$이 성립하므로
$A^2-A+E=O$이면 $(A+E)(A^2-A+E)=A^3+E=O$도 성립해.

$\therefore A^3=-E$

(이하 동일)

L 118 정답 102 $\cdots\cdots\cdots\cdots\cdots\cdots\cdots\cdots$ $A^n = E$의 이용

정답 공식: $A^n = E$를 만족시키는 자연수 n의 최솟값이 k이면 A^n은 k를 주기로 반복된다.

행렬 $A = \begin{pmatrix} 0 & 1 \\ -1 & 1 \end{pmatrix}$에 대하여 자연수 m, n은 다음 조건을 만족시킨다.

(가) $A^m = A^n$ 단서 $A^n = E$를 만족시키는 자연수 n의 값을 구하여 $A^n = A^{2n} = A^{3n} = \cdots = E$를 이용해.
(나) m, n은 100 이하의 서로 다른 자연수이다.

$|m-n|$의 최댓값을 p, 최솟값을 q라 할 때, $p+q$의 값을 구하시오.

1st 행렬 A의 거듭제곱을 하여 규칙을 찾자.

$A = \begin{pmatrix} 0 & 1 \\ -1 & 1 \end{pmatrix}$

$A^2 = \begin{pmatrix} 0 & 1 \\ -1 & 1 \end{pmatrix}\begin{pmatrix} 0 & 1 \\ -1 & 1 \end{pmatrix} = \begin{pmatrix} -1 & 1 \\ -1 & 0 \end{pmatrix}$

$A^3 = \begin{pmatrix} -1 & 1 \\ -1 & 0 \end{pmatrix}\begin{pmatrix} 0 & 1 \\ -1 & 1 \end{pmatrix} = \begin{pmatrix} -1 & 0 \\ 0 & -1 \end{pmatrix} = -E$

이때, $A^6 = A^3 A^3 = (-E)(-E) = E$이므로

$\underline{A^{6n} = E(\text{단, } n\text{은 자연수})}$
$A^6 = E$이므로 $A^{6n} = (A^6)^n = E^n = E$

2nd 조건 (가)를 만족시키는 서로 다른 자연수 m, n에 대하여 $|m-n|$의 최댓값과 최솟값을 구하자.

조건 (나)에 의해 m, n은 100 이하의 서로 다른 자연수이고, 조건 (가)를 만족시키는 경우는 다음과 같다.

$A = A^7 = A^{13} = \cdots = A^{91} = A^{97}$
$A^2 = A^8 = A^{14} = \cdots = A^{92} = A^{98}$
$A^3 = A^9 = A^{15} = \cdots = A^{93} = A^{99}$
$A^4 = A^{10} = A^{16} = \cdots = A^{94} = A^{100}$
$A^5 = A^{11} = A^{17} = \cdots = A^{95}$
$A^6 = A^{12} = A^{18} = \cdots = A^{96}$

즉, $A^m = A^n$이 성립하려면 $|m-n|$의 값은 6의 배수가 되어야 한다.
따라서 $|m-n|$의 최댓값은 96, 최솟값은 6이므로
$m=1$, $n=97$ 등의 경우에 최댓값을 가져.

$p+q = 96+6 = 102$

⚙ **행렬의 거듭제곱 − $A^n = E$의 이용** 개념·공식

정사각행렬 A에 대하여 $A^n = E$ 또는 $A^n = -E$를 만족시키는 자연수 n의 값을 구한다.
① $A^n = E$이면 $A^{n+1} = A$, $A^{n+2} = A^2$, $\cdots$
② $A^n = -E$이면 $A^{2n} = (-E)^2 = E$, $A^{2n+1} = A$, $A^{2n+2} = A^2$, $\cdots$

L 119 정답 ③ $\cdots\cdots\cdots\cdots\cdots$ 행렬의 곱셈의 실생활에의 활용

정답 공식: 주어진 조건과 표를 이용하여 구하는 것을 식으로 나타낸 후 두 행렬 P, Q의 곱을 하여 성분을 비교한다.

A 고등학교와 B 고등학교 학생들은 음악 활동으로 피아노와 드럼을 배우고 있다. [표 1]은 A 고등학교와 B 고등학교의 남학생 수와 여학생 수를 나타낸 것이다. 두 학교 모두 [표 2]와 같이 남학생의 20 %는 피아노를, 80 %는 드럼을 배우고, 여학생의 70 %는 피아노를, 30 %는 드럼을 배운다.

(단위 : 명)

	남학생	여학생
A 고등학교	120	160
B 고등학교	130	140

[표 1]

(단위 : %)

	피아노	드럼
남학생	20	80
여학생	70	30

[표 2]

[표 1]과 [표 2]를 각각 행렬 $P = \begin{pmatrix} 120 & 160 \\ 130 & 140 \end{pmatrix}$, 단서 1 [표 1]과 비교하면 B 고등학교의 학생은 2행임을 알 수 있어.

$Q = \begin{pmatrix} 0.2 & 0.8 \\ 0.7 & 0.3 \end{pmatrix}$으로 나타낼 때, B 고등학교에서 드럼을 단서 2 [표 2]와 비교하면 드럼을 배우는 학생은 2열임을 알 수 있어. 배우는 모든 학생 수를 나타낸 것은?

① 행렬 PQ의 $(1, 2)$ 성분
② 행렬 PQ의 $(2, 1)$ 성분
③ 행렬 PQ의 $(2, 2)$ 성분
④ 행렬 QP의 $(2, 1)$ 성분
⑤ 행렬 QP의 $(2, 2)$ 성분

1st 문제에서 요구하는 학생 수를 곱으로 나타내자.
B 고등학교의 남학생 수와 여학생 수는 각각 130명, 140명이고, 드럼을 배우는 남학생과 여학생의 비율은 각각 80 %, 30 %이다. 그러므로 B 고등학교에서 드럼을 배우는 모든 학생의 수는

$130 \times \dfrac{80}{100} + 140 \times \dfrac{30}{100} \cdots \text{㉠}$

2nd 두 행렬 P, Q의 곱 PQ를 구하자.
두 행렬 P, Q의 곱 PQ는
$$PQ = \begin{pmatrix} 120 & 160 \\ 130 & 140 \end{pmatrix}\begin{pmatrix} 0.2 & 0.8 \\ 0.7 & 0.3 \end{pmatrix}$$
$$= \begin{pmatrix} 120 \times 0.2 + 160 \times 0.7 & 120 \times 0.8 + 160 \times 0.3 \\ 130 \times 0.2 + 140 \times 0.7 & 130 \times 0.8 + 140 \times 0.3 \end{pmatrix}$$
왼쪽의 행과 오른쪽의 열을 순서에 맞게 곱해. 계산 실수에 주의하고

3rd 두 정보를 비교하여 답을 구하자.
㉠의 식은 행렬 PQ의 $(2, 2)$ 성분과 일치한다.
따라서 B 고등학교에서 드럼을 배우는 모든 학생의 수를 나타낸 것은 행렬 PQ의 $(2, 2)$ 성분이다.

L 120 정답 ② ·············· 행렬의 곱셈의 실생활에의 활용

> **정답 공식**: 실생활의 상황을 주어진 조건을 이용하여 표로 나타내고, 그것을 행렬로 나타낸다.

〈표1〉은 어느 단체에서 9월과 10월에 필요한 축구공과 축구화의 수량을 나타낸 것이고, 〈표2〉는 A, B 두 체육용품 가게에서 팔고 있는 축구공과 축구화의 단가를 나타낸 것이다.

〈표1〉		(단위 : 개)
	축구공	축구화
9월	37	77
10월	52	60

〈표2〉		(단위 : 원)
	A	B
축구공	23,000	28,000
축구화	36,000	42,000

두 행렬 X, Y를 각각

$$X=\begin{pmatrix} 37 & 77 \\ 52 & 60 \end{pmatrix}, Y=\begin{pmatrix} 23000 & 28000 \\ 36000 & 42000 \end{pmatrix}$$

라 하자. 다음 중 10월에 필요한 축구공과 축구화를 A가게에서 구입할 때, 구입액의 총합을 나타내는 것은?

> **단서** 행렬의 곱셈에서 각 성분이 의미하는 것을 파악해

① 행렬 XY의 (1, 2)성분   ② 행렬 XY의 (2, 1)성분
③ 행렬 XY의 (2, 2)성분   ④ 행렬 YX의 (1, 2)성분
⑤ 행렬 YX의 (2, 1)성분

1st 실생활에 행렬을 적용해.

10월에 필요한 축구공과 축구화를 A가게에서 구입할 때,
〈표1〉에 의해 축구공 52개와 축구화 60개   〈표2〉에 의해 축구공과 축구화의 단가는 각각 23000원, 36000원

구입액의 총합은 $52 \times 23000 + 60 \times 36000$이므로

행렬 $XY = \begin{pmatrix} 37 & 77 \\ 52 & 60 \end{pmatrix}\begin{pmatrix} 23000 & 28000 \\ 36000 & 42000 \end{pmatrix}$의

(2, 1)성분과 같다.

> ✿ **행렬의 곱셈**   개념·공식
>
> ① $A=\begin{pmatrix} a & b \\ c & d \end{pmatrix}$, $B=\begin{pmatrix} p & q \\ r & s \end{pmatrix}$에 대하여
>
> $AB=\begin{pmatrix} ap+br & aq+bs \\ cp+dr & cq+ds \end{pmatrix}$
>
> ② 행렬의 곱셈에서 교환법칙은 일반적으로 성립하지 않는다.

L 121 정답 ② ·············· 행렬의 곱셈의 실생활에의 활용

> **정답 공식**: 실생활의 상황을 주어진 조건을 이용하여 표로 나타내고, 그것을 행렬로 나타낸다.

제1문구점의 공책과 연필의 판매단가는 각각 250원, 150원이고, 제2문구점의 공책과 연필의 판매단가는 각각 300원, 100원이다. 다음 표는 두 문구점의 공책과 연필에 대한 이틀 동안의 판매실적을 나타낸 것이다.

〈표1〉 제1문구점의 판매실적

판매일 \ 종류	공책(권)	연필(자루)
제1일	6	7
제2일	9	4

〈표2〉 제2문구점의 판매실적

판매일 \ 종류	공책(권)	연필(자루)
제1일	7	$x(x-2)$
제2일	x	3

〈표1〉과 〈표2〉의 자료로 두 문구점의 매출액을 행렬을 이용하여 비교하려고 한다. 제1문구점과 제2문구점의 이틀 동안의 매출액이 서로 같게 되는 x에 대하여 제2문구점의 제2일의 매출액은?

> **단서** 주어진 표와 행렬을 이용해 제1문구점과 제2문구점의 이틀 동안의 매출액을 구해야 해.

① 1200원   ② 1800원   ③ 2400원
④ 3000원   ⑤ 3600원

1st 제1문구점과 제2문구점의 매출액을 행렬을 이용하여 나타내자.

제1문구점의 제1일, 제2일 매출액을 각각 a_1원, a_2원이라 하면

$$\begin{pmatrix} a_1 \\ a_2 \end{pmatrix}=\begin{pmatrix} 6 & 7 \\ 9 & 4 \end{pmatrix}\begin{pmatrix} 250 \\ 150 \end{pmatrix}=\begin{pmatrix} 2550 \\ 2850 \end{pmatrix}$$

$\begin{pmatrix} 6 & 7 \\ 9 & 4 \end{pmatrix}\begin{pmatrix} 250 \\ 150 \end{pmatrix}=\begin{pmatrix} 6 \times 250+7 \times 150 \\ 9 \times 250+4 \times 150 \end{pmatrix}$

제1문구점의 공책과 연필의 판매단가는 각각 250원, 150원이야.

$=\begin{pmatrix} 1500+1050 \\ 2250+600 \end{pmatrix}=\begin{pmatrix} 2550 \\ 2850 \end{pmatrix}$

제2문구점의 제1일, 제2일 매출액을 각각 b_1원, b_2원이라 하면

$$\begin{pmatrix} b_1 \\ b_2 \end{pmatrix}=\begin{pmatrix} 7 & x(x-2) \\ x & 3 \end{pmatrix}\begin{pmatrix} 300 \\ 100 \end{pmatrix}$$

제2문구점의 공책과 연필의 판매단가는 각각 300원, 100원이야.

$$=\begin{pmatrix} 2100+100x(x-2) \\ 300x+300 \end{pmatrix}$$

2nd x의 값을 구하자.

제1문구점과 제2문구점의 이틀 동안의 매출액이 서로 같아야 하므로 $a_1+a_2=b_1+b_2$에서

$2550+2850=2100+100x(x-2)+300x+300$
$100x(x-2)+300x-3000=0$
$x(x-2)+3x-30=0$, $x^2+x-30=0$
$(x+6)(x-5)=0$ ∴ $x=5$ (∵ $x \geq 2$)

3rd 제2문구점의 제2일의 매출액을 구하자.   제2문구점의 판매실적을 나타낸 표에서 판매개수는 0 이상이어야 하므로 $x \geq 0$, $x(x-2) \geq 0$에서 $x \geq 2$이어야 해.

따라서 제2문구점의 제2일의 매출액은

$b_2=300x+300$
$=300 \times 5+300=1500+300=1800$(원)

L 122 정답 ④ .... 행렬의 곱셈의 실생활에의 활용

정답 공식: 실생활의 상황을 주어진 조건을 이용하여 표로 나타내고, 그것을 행렬로 나타낸다.

어느 고등학교 A와 B에서는 체육활동으로 테니스와 배드민턴을 배우고 있다. 두 학교 A, B의 1학년과 2학년의 학생 수는 〈표1〉과 같다. 두 학교 모두 〈표2〉와 같이 1학년 학생의 70 %는 테니스를, 30 %는 배드민턴을 배우고, 2학년 학생의 60 %는 테니스를, 40 %는 배드민턴을 배운다고 한다.

(단위 : 명)

학교\학년	A	B
1학년	300	200
2학년	250	150

〈표1〉

(단위 : %)

활동\학년	1학년	2학년
테니스	70	60
배드민턴	30	40

〈표2〉

〈표1〉과 〈표2〉를 각각 행렬 $P=\begin{pmatrix} 300 & 200 \\ 250 & 150 \end{pmatrix}$, $Q=\begin{pmatrix} 0.7 & 0.6 \\ 0.3 & 0.4 \end{pmatrix}$ 로 나타낼 때, A 학교에서 배드민턴을 배우는 학생 수를 나타낸 것은?

단서 주어진 조건과 표를 이용해 구하는 것을 식으로 나타낸 후 두 행렬 P, Q의 곱을 하여 성분을 비교해 봐.

① PQ의 $(1, 2)$ 성분
② PQ의 $(2, 1)$ 성분
③ QP의 $(1, 2)$ 성분
④ QP의 $(2, 1)$ 성분
⑤ QP의 $(2, 2)$ 성분

1st A 학교에서 배드민턴을 배우는 학생 수를 식으로 나타내자.

1학년 학생의 30 %, 2학년 학생의 40 %가 배드민턴을 배우므로 A 학교에서 배드민턴을 배우는 학생 수는
$0.3 \times 300 + 0.4 \times 250$

A 학교의 1학년 학생 수는 300명이야. A 학교의 2학년 학생 수는 250명이야.

2nd 행렬 PQ, QP를 구해 위에서 구한 학생 수와 행렬의 성분을 비교하자.

$PQ=\begin{pmatrix} 300 & 200 \\ 250 & 150 \end{pmatrix}\begin{pmatrix} 0.7 & 0.6 \\ 0.3 & 0.4 \end{pmatrix}$

$=\begin{pmatrix} 300 \times 0.7 + 200 \times 0.3 & 300 \times 0.6 + 200 \times 0.4 \\ 250 \times 0.7 + 150 \times 0.3 & 250 \times 0.6 + 150 \times 0.4 \end{pmatrix}$

$QP=\begin{pmatrix} 0.7 & 0.6 \\ 0.3 & 0.4 \end{pmatrix}\begin{pmatrix} 300 & 200 \\ 250 & 150 \end{pmatrix}$

$=\begin{pmatrix} 0.7 \times 300 + 0.6 \times 250 & 0.7 \times 200 + 0.6 \times 150 \\ 0.3 \times 300 + 0.4 \times 250 & 0.3 \times 200 + 0.4 \times 150 \end{pmatrix}$

따라서 A 학교에서 배드민턴을 배우는 학생 수를 나타낸 것은 행렬 QP의 $(2, 1)$ 성분이다.

⚙ 행렬의 곱셈의 실생활에의 활용 　 개념·공식

(1) 실생활의 상황을 주어진 조건을 이용하여 표로 나타내고, 그것을 행렬로 나타낸다.
(2) 행렬과 관계있는 식으로 고쳐서 푼다.

L 123 정답 ③ .... 행렬의 곱셈의 실생활에의 활용

정답 공식: 실생활의 상황을 주어진 조건을 이용하여 표로 나타내고, 그것을 행렬로 나타낸다.

표는 2013학년도 수시 모집에서 어느 대학 A학과와 B학과의 선발 인원수와 경쟁률을 나타낸 것이다.

〈선발 인원수〉

구분	A학과	B학과
일반 전형	30	40
특별 전형	10	20

〈경쟁률〉

구분	일반 전형	특별 전형
A학과	5.1	21.4
B학과	10.7	11.5

경쟁률은 $\dfrac{(\text{지원자 수})}{(\text{선발 인원수})}$의 값이고, 일반 전형과 특별 전형에 동시에 지원할 수 없으며, A학과와 B학과에 동시에 지원할 수 없다고 한다. 2013학년도 수시 모집에서 이 대학 A, B 두 학과의 일반 전형 지원자 수의 합을 m, B학과의 일반 전형과 특별 전형 지원자 수의 합을 n이라 하자.

단서 주어진 조건과 표를 이용해 m, n을 식으로 나타낸 후 두 행렬 P, Q의 곱을 하여 성분을 비교해 봐.

두 행렬 $P=\begin{pmatrix} 30 & 40 \\ 10 & 20 \end{pmatrix}$, $Q=\begin{pmatrix} 5.1 & 21.4 \\ 10.7 & 11.5 \end{pmatrix}$에 대하여 $m+n$의 값과 같은 것은?

① 행렬 PQ의 $(1, 1)$ 성분과 $(2, 2)$ 성분의 합
② 행렬 PQ의 $(1, 1)$ 성분과 행렬 QP의 $(1, 1)$ 성분의 합
③ 행렬 PQ의 $(1, 1)$ 성분과 행렬 QP의 $(2, 2)$ 성분의 합
④ 행렬 PQ의 $(2, 2)$ 성분과 행렬 QP의 $(1, 1)$ 성분의 합
⑤ 행렬 PQ의 $(2, 2)$ 성분과 행렬 QP의 $(2, 2)$ 성분의 합

1st m, n의 값을 식으로 나타내자.

$(\text{경쟁률})=\dfrac{(\text{지원자 수})}{(\text{선발 인원수})}$이므로

$(\text{지원자 수})=(\text{선발 인원수}) \times (\text{경쟁률})$이다.

2013학년도 수시 모집에서 A, B 두 학과의 일반 전형 지원자 수의 합 m은
$m=30 \times 5.1 + 40 \times 10.7$
（A학과 일반 전형 선발 인원수）×（A학과 일반 전형 경쟁률）
→（B학과 일반 전형 선발 인원수）×（B학과 일반 전형 경쟁률）

2013학년도 수시 모집에서 B학과의 일반 전형과 특별 전형 지원자 수의 합 n은
$n=40 \times 10.7 + 20 \times 11.5$
（B학과 일반 전형 선발 인원수）×（B학과 일반 전형 경쟁률）
→（B학과 특별 전형 선발 인원수）×（B학과 특별 전형 경쟁률）

2nd 행렬 PQ, QP를 구해 위에서 구한 m, n과 행렬의 성분을 비교하자.

$PQ=\begin{pmatrix} 30 & 40 \\ 10 & 20 \end{pmatrix}\begin{pmatrix} 5.1 & 21.4 \\ 10.7 & 11.5 \end{pmatrix}$

$=\begin{pmatrix} 30 \times 5.1 + 40 \times 10.7 & 30 \times 21.4 + 40 \times 11.5 \\ 10 \times 5.1 + 20 \times 10.7 & 10 \times 21.4 + 20 \times 11.5 \end{pmatrix}$

$QP=\begin{pmatrix} 5.1 & 21.4 \\ 10.7 & 11.5 \end{pmatrix}\begin{pmatrix} 30 & 40 \\ 10 & 20 \end{pmatrix}$

$=\begin{pmatrix} 5.1 \times 30 + 21.4 \times 10 & 5.1 \times 40 + 21.4 \times 20 \\ 10.7 \times 30 + 11.5 \times 10 & 10.7 \times 40 + 11.5 \times 20 \end{pmatrix}$

따라서 $m+n$의 값은 행렬 PQ의 $(1, 1)$ 성분과 행렬 QP의 $(2, 2)$ 성분의 합과 같다.

L 124 정답 ① ················· 행렬의 곱셈의 실생활에의 활용

정답 공식: 실생활의 상황을 주어진 조건을 이용하여 표로 나타내고, 그것을 행렬로 나타낸다.

어느 식품회사의 숙성창고 출입문은 다음 규칙에 따라 생성되는 번호 $\boxed{a}\boxed{b}\boxed{c}\boxed{d}$ 에 의해 작동된다.

(가) 출입문 번호 $\boxed{a}\boxed{b}\boxed{c}\boxed{d}$ 는 다음 날 $\begin{pmatrix} 1 & 0 \\ 2 & 1 \end{pmatrix}\begin{pmatrix} a & b \\ c & d \end{pmatrix}=\begin{pmatrix} a' & b' \\ c' & d' \end{pmatrix}$ 에 의해 얻어지는 새로운 수 a', b', c', d'의 각각의 일의 자리 숫자로 구성된 $\boxed{p}\boxed{q}\boxed{r}\boxed{s}$ 로 자동으로 바뀐다.

(나) 출입문 번호는 (가)에 따라 매일 한 번씩 바뀐다.

(다) 처음 설정한 번호가 $\boxed{a}\boxed{b}\boxed{c}\boxed{d}$ 일 때, 바뀐 번호가 다시 $\boxed{a}\boxed{b}\boxed{c}\boxed{d}$ 가 되는 날 숙성창고 출입문이 처음으로 열린다.

예를 들어, 어느 날 번호가 $\boxed{3}\boxed{8}\boxed{2}\boxed{4}$ 이면

$\begin{pmatrix} 1 & 0 \\ 2 & 1 \end{pmatrix}\begin{pmatrix} 3 & 8 \\ 2 & 4 \end{pmatrix}=\begin{pmatrix} 3 & 8 \\ 8 & 20 \end{pmatrix}$ 이므로 다음날 번호는

$\boxed{3}\boxed{8}\boxed{8}\boxed{0}$ 으로 자동으로 바뀐다. 수요일에 처음 설정한 번호가 $\boxed{1}\boxed{1}\boxed{2}\boxed{5}$ 일 때, 숙성창고 출입문이 처음으로 열리는 요일은? 단서 주어진 조건에 따라 곱셈의 결과가 $\begin{pmatrix} 1 & 1 \\ 2 & 5 \end{pmatrix}$ 가 나올 때까지 행렬의 곱셈을 해 봐.

① 월요일   ② 화요일   ③ 수요일
④ 목요일   ⑤ 금요일

1st 행렬의 곱셈을 이용하여 출입문의 번호가 어떻게 바뀌는지 알아보자.
수요일에 처음 설정한 번호가 $\boxed{1}\boxed{1}\boxed{2}\boxed{5}$ 이므로
$\begin{pmatrix} 1 & 0 \\ 2 & 1 \end{pmatrix}\begin{pmatrix} 1 & 1 \\ 2 & 5 \end{pmatrix}=\begin{pmatrix} 1 & 1 \\ 4 & 7 \end{pmatrix}$
에서 목요일의 출입문 번호는 $\boxed{1}\boxed{1}\boxed{4}\boxed{7}$ 이다.
$\begin{pmatrix} 1 & 0 \\ 2 & 1 \end{pmatrix}\begin{pmatrix} 1 & 1 \\ 4 & 7 \end{pmatrix}=\begin{pmatrix} 1 & 1 \\ 6 & 9 \end{pmatrix}$
에서 금요일의 출입문 번호는 $\boxed{1}\boxed{1}\boxed{6}\boxed{9}$ 이다.
$\begin{pmatrix} 1 & 0 \\ 2 & 1 \end{pmatrix}\begin{pmatrix} 1 & 1 \\ 6 & 9 \end{pmatrix}=\begin{pmatrix} 1 & 1 \\ 8 & 11 \end{pmatrix}$
에서 토요일의 출입문 번호는 $\boxed{1}\boxed{1}\boxed{8}\boxed{1}$ 이다.
$\begin{pmatrix} 1 & 0 \\ 2 & 1 \end{pmatrix}\begin{pmatrix} 1 & 1 \\ 8 & 1 \end{pmatrix}=\begin{pmatrix} 1 & 1 \\ 10 & 3 \end{pmatrix}$ 행렬 $\begin{pmatrix} 1 & 1 \\ 8 & 11 \end{pmatrix}$의 $(2,2)$성분의 일의 자리 숫자야.
에서 일요일의 출입문 번호는 $\boxed{1}\boxed{1}\boxed{0}\boxed{3}$ 이다.
$\begin{pmatrix} 1 & 0 \\ 2 & 1 \end{pmatrix}\begin{pmatrix} 1 & 1 \\ 0 & 3 \end{pmatrix}=\begin{pmatrix} 1 & 1 \\ 2 & 5 \end{pmatrix}$ 행렬 $\begin{pmatrix} 1 & 1 \\ 10 & 3 \end{pmatrix}$의 $(2,1)$성분의 일의 자리 숫자야.

처음 설정한 번호가 $\boxed{1}\boxed{1}\boxed{2}\boxed{5}$ 일 때,
앞의 첫 번째, 두 번째 번호인 $\boxed{1}\boxed{1}$은 변함이 없어.
그리고 세 번째 번호는 2, 4, 6, 8, 0, 2, 4, 6, … 순으로 반복되고,
네 번째 번호는 5, 7, 9, 1, 3, 5, 7, 9, … 순으로 반복돼.

에서 다음 주 월요일의 출입문 번호는 $\boxed{1}\boxed{1}\boxed{2}\boxed{5}$ 이다.
따라서 숙성창고 출입문이 처음으로 열리는 요일은 월요일이다.

L 125 정답 ① ················· 행렬의 곱셈의 실생활에의 활용

정답 공식: 실생활의 상황을 주어진 조건을 이용하여 표로 나타내고, 그것을 행렬로 나타낸다.

가정의 전력량 요금은 200 kWh 이하까지는 다음과 같은 방법으로 계산한다.

사용한 전력량 중에서 100 kWh까지는 1 kWh에 59원이고, 100 kWh를 초과한 나머지 전력량에 대해서는 1 kWh에 122원이다.

한 달간 사용한 전력량이
a kWh($100 \le a \le 200$, a는 자연수)인 어느 가정의
전력량 요금(원)은 행렬 $\begin{pmatrix} 100 & a \\ 0 & x \end{pmatrix}\begin{pmatrix} 59 \\ 122 \end{pmatrix}$ 의 모든 성분의
합과 같다. x의 값은? 단서 행렬의 곱셈에서 모든 성분의 합이 의미하는 것을 파악해.

① -100 ② -1 ③ 0
④ 1 ⑤ 100

1st 사용한 전력량에 대한 요금을 계산해.
한 달간 사용한 전력량이 a kWh($100<a\le200$, a는 자연수)일 때의 전력량 요금을 주어진 조건으로 계산하면
$100\times59+(a-100)\times122 \cdots \text{㉠}$
한편, 주어진 행렬의 모든 성분의 합을 구하면
$\begin{pmatrix} 100 & a \\ 0 & x \end{pmatrix}\begin{pmatrix} 59 \\ 122 \end{pmatrix}=\begin{pmatrix} 100\times59+a\times122 \\ 0\times59+x\times122 \end{pmatrix}=\begin{pmatrix} 100\times59+a\times122 \\ x\times122 \end{pmatrix}$
이므로
$(2\times2 \text{ 행렬})\times(2\times1 \text{ 행렬})$
$=(2\times1 \text{ 행렬})$
$100\times59+a\times122+x\times122 \cdots \text{㉡}$

2nd 전력량 요금과 행렬의 모든 성분의 합이 같으므로 방정식을 세우자.
㉠＝㉡이므로
$100\times59+(a-100)\times122=100\times59+a\times122+x\times122$
$a\times122-100\times122=a\times122+x\times122$
$\therefore x=-100$

⚙ 행렬의 곱셈의 실생활에의 활용 개념·공식

(1) 실생활의 상황을 주어진 조건을 이용하여 표로 나타내고, 그것을 행렬로 나타낸다.
(2) 행렬과 관계있는 식으로 고쳐서 푼다.

L 126 정답 ② ·········· 행렬의 곱셈의 실생활에의 활용

정답 공식: 실생활의 상황을 주어진 조건을 이용하여 표로 나타내고, 그것을 행렬로 나타낸다.

그림과 같은 두 개의 도로망이 있다.

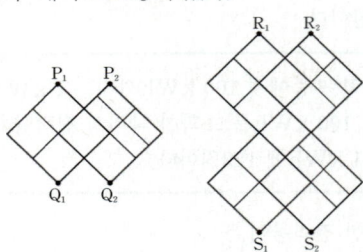

이차정사각행렬 A의 (i, j)성분 $a_{ij}(i=1, 2, j=1, 2)$를 $a_{ij}=$(P$_i$지점에서 도로망을 따라 Q$_j$지점까지 최단 거리로 가는 방법의 수)로 정의하자. 다음 중 R$_1$지점에서 도로망을 따라 S$_2$지점까지 최단 거리로 가는 방법의 수와 같은 것은?

단서 행렬의 곱셈에서 각 성분이 의미하는 것을 파악해.

(단; 모든 도로는 서로 평행하거나 수직이다.)

① 행렬 $2A$의 $(1, 2)$성분
② 행렬 A^2의 $(1, 2)$성분
③ 행렬 A^2의 $(2, 1)$성분
④ 행렬 A의 $(1, 2)$성분과 $(2, 2)$성분의 곱
⑤ 행렬 A의 $(1, 2)$성분과 $(2, 1)$성분의 곱

1st R$_1$지점에서 도로망의 따라 S$_2$지점까지 최단 거리로 가는 방법의 수를 구해.

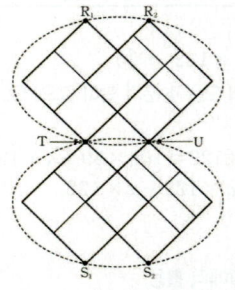

주어진 두 도로망 중 오른쪽 도로망은 왼쪽 도로망이 두 번 반복되는 것과 같다.

그림과 같이 R$_1$에서 S$_2$까지 최단거리로 가는 경우는 크게 T를 경유하는 경우와 U를 경유하는 경우이므로

T와 U를 모두 경유하면서 최단 거리로 가는 방법은 없으므로 두 방법의 수를 구하여 더하면 돼.

(i) T를 경유하는 경우

(경로가 R$_1$TS$_2$인 방법의 수)
$=$(P$_1$지점에서 Q$_1$지점까지 최단 거리로 가는 방법의 수)
$\times$(P$_1$지점에서 Q$_2$지점까지 최단 거리로 가는 방법의 수)
$=a_{11}a_{12}$

(ii) U를 경유하는 경우

(경로가 R$_1$US$_2$인 방법의 수)
$=$(P$_1$지점에서 Q$_2$지점까지 최단 거리로 가는 방법의 수)
$\times$(P$_2$지점에서 Q$_2$지점까지 최단 거리로 가는 방법의 수)
$=a_{12}a_{22}$

(i), (ii)에 의해 R$_1$지점에서 도로망을 따라 S$_2$지점까지 최단 거리로 가는 방법의 수는 $a_{11}a_{12}+a_{12}a_{22}$이다.

2nd 행렬 A을 구하여 각 성분과 비교하자.

→ 구하는 값이네!

$$A^2=\begin{pmatrix} a_{11} & a_{12} \\ a_{21} & a_{22} \end{pmatrix}\begin{pmatrix} a_{11} & a_{12} \\ a_{21} & a_{22} \end{pmatrix}=\begin{pmatrix} a_{11}a_{11}+a_{12}a_{21} & \underline{a_{11}a_{12}+a_{12}a_{22}} \\ a_{21}a_{11}+a_{22}a_{21} & a_{21}a_{12}+a_{22}a_{22} \end{pmatrix}$$

이므로 R$_1$지점에서 도로망을 따라 S$_2$지점까지 최단 거리로 가는 방법의 수는 행렬 A^2의 $(1, 2)$성분과 같다.

수능 핵강

＊ 문제의 행렬 A 구하기 (교육과정 외)

도로망을 따라 갈 때,
왼쪽 아래로 다른 도로망과 만나는 지점까지 가는 경우를 a,
오른쪽 아래로 다른 도로망과 만나는 지점까지 가는 경우를 b라고 하자.

$a_{11}=$(P$_1$지점에서 Q$_1$지점까지 최단 거리로 가는 방법의 수)
$=$(a, a, b, b를 순서 있게 배열하는 방법의 수)
$=\dfrac{4!}{2!2!}=6$

$a_{12}=$(P$_1$지점에서 Q$_2$지점까지 최단 거리로 가는 방법의 수)
$=$(a, b, b, b를 순서 있게 배열하는 방법의 수)
$=\dfrac{4!}{3!1!}=4$

$a_{21}=$(P$_2$지점에서 Q$_1$지점까지 최단 거리로 가는 방법의 수)
$=$(a, a, a, b를 순서 있게 배열하는 방법의 수)
$=\dfrac{5!}{4!1!}=5$

$a_{22}=$(P$_2$지점에서 Q$_2$지점까지 최단 거리로 가는 방법의 수)
$=$(a, a, a, b, b를 순서 있게 배열하는 방법의 수)
$=\dfrac{5!}{3!2!}=10$

$\therefore A=\begin{pmatrix} a_{11} & a_{12} \\ a_{21} & a_{22} \end{pmatrix}=\begin{pmatrix} 6 & 4 \\ 5 & 10 \end{pmatrix}$

L 127 정답 ① ·········· 행렬의 곱셈에 대한 성질

정답 공식: 행렬의 곱셈에서 결합법칙과 분배법칙이 성립한다.

두 행렬 $A=\begin{pmatrix} 3 & 1 \\ 2 & 4 \end{pmatrix}$, $B=\begin{pmatrix} -2 & -1 \\ -2 & -3 \end{pmatrix}$에 대하여

행렬 A^2+AB의 모든 성분의 합은?

단서 $A^2+AB=A(A+B)$

① 10 　　② 12 　　③ 14
④ 16 　　⑤ 18

1st 행렬의 곱셈을 계산해.

두 행렬 $A=\begin{pmatrix} 3 & 1 \\ 2 & 4 \end{pmatrix}$, $B=\begin{pmatrix} -2 & -1 \\ -2 & -3 \end{pmatrix}$에 대하여

$A^2+AB=A(A+B)$에서

$A+B=\begin{pmatrix} 3 & 1 \\ 2 & 4 \end{pmatrix}+\begin{pmatrix} -2 & -1 \\ -2 & -3 \end{pmatrix}=\begin{pmatrix} 1 & 0 \\ 0 & 1 \end{pmatrix}$이므로 구하는 행렬은

$A(A+B)=AE=A=\begin{pmatrix} 3 & 1 \\ 2 & 4 \end{pmatrix}$

단위행렬이야.

따라서 구하는 모든 성분의 합은
$3+1+2+4=10$이다.

(정답 공식: 행렬의 곱셈에서 결합법칙과 분배법칙이 성립한다.)

두 행렬 $A=\begin{pmatrix} 1 & -2 \\ x & -1 \end{pmatrix}$, $B=\begin{pmatrix} 1 & 2 \\ -3 & y \end{pmatrix}$에 대하여

$(A+B)^2=A^2+B^2$이 성립하도록 실수 x, y를 정할 때,

단서 $A^2+AB+BA+B^2=A^2+B^2$

x^2+y^2의 값을 구하시오.

1st 문제의 조건을 이해해.

$(A+B)^2=A^2+B^2$이 성립하려면

행렬의 곱셈에서 교환법칙은 일반적으로 성립하지 않기 때문에 단순히 전개해.

$A^2+AB+BA+B^2=A^2+B^2$에서

$AB+BA=O$, 즉 $AB=-BA$이어야 한다.

2nd 행렬의 곱셈을 계산해.

$\begin{pmatrix} 1 & -2 \\ x & -1 \end{pmatrix}\begin{pmatrix} 1 & 2 \\ -3 & y \end{pmatrix}=-\begin{pmatrix} 1 & 2 \\ -3 & y \end{pmatrix}\begin{pmatrix} 1 & -2 \\ x & -1 \end{pmatrix}$

$\begin{pmatrix} 7 & 2-2y \\ x+3 & 2x-y \end{pmatrix}=-\begin{pmatrix} 1+2x & -4 \\ -3+xy & 6-y \end{pmatrix}$

$=\begin{pmatrix} -1-2x & 4 \\ 3-xy & -6+y \end{pmatrix}$

두 행렬이 서로 같을 조건에 의해

같은 행, 같은 열에 있는 성분이 각각 같아야 해.

$7=-1-2x$, $2-2y=4$,

$x+3=3-xy$, $2x-y=-6+y$

$\therefore x=-4$, $y=-1$

$\therefore x^2+y^2=17$

(정답 공식: 행렬의 곱셈에서 결합법칙과 분배법칙이 성립한다.)

세 행렬

$A=\begin{pmatrix} 1 & 3 \\ -2 & 4 \end{pmatrix}$, $B=\begin{pmatrix} 3 & 1 \\ 2 & -1 \end{pmatrix}$, $C=\begin{pmatrix} -1 & -2 \\ 3 & -4 \end{pmatrix}$

에 대하여 행렬 $ABA+ABC$의 모든 성분의 합을 구하시오.

단서 $ABA+ABC=AB(A+C)$

1st 행렬의 곱셈을 계산해.

세 행렬 $A=\begin{pmatrix} 1 & 3 \\ -2 & 4 \end{pmatrix}$, $B=\begin{pmatrix} 3 & 1 \\ 2 & -1 \end{pmatrix}$, $C=\begin{pmatrix} -1 & -2 \\ 3 & -4 \end{pmatrix}$에 대하여

$ABA+ABC=AB(A+C)$에서 구하는 행렬은

주의 두 행렬 ABA, ABC를 각각 구하여 더하는 것보다 이와 같이 분배법칙을 이용하는 것이 더 편리해.

두 행렬 AB, $A+C$의 곱으로 계산할 수 있다.

$AB=\begin{pmatrix} 1 & 3 \\ -2 & 4 \end{pmatrix}\begin{pmatrix} 3 & 1 \\ 2 & -1 \end{pmatrix}=\begin{pmatrix} 9 & -2 \\ 2 & -6 \end{pmatrix}$,

$A+C=\begin{pmatrix} 1 & 3 \\ -2 & 4 \end{pmatrix}+\begin{pmatrix} -1 & -2 \\ 3 & -4 \end{pmatrix}=\begin{pmatrix} 0 & 1 \\ 1 & 0 \end{pmatrix}$이므로

구하는 행렬은

$AB(A+C)=\begin{pmatrix} 9 & -2 \\ 2 & -6 \end{pmatrix}\begin{pmatrix} 0 & 1 \\ 1 & 0 \end{pmatrix}=\begin{pmatrix} -2 & 9 \\ -6 & 2 \end{pmatrix}$

따라서 구하는 모든 성분의 합은

$(-2)+9+(-6)+2=3$

(정답 공식: 행렬의 곱셈에서 결합법칙과 분배법칙이 성립한다.)

두 행렬 A, B에 대하여

$A+B=\begin{pmatrix} 2 & 2 \\ 3 & 1 \end{pmatrix}$, $B=\begin{pmatrix} 0 & 1 \\ 3 & 2 \end{pmatrix}$

일 때, 행렬 $AB+B^2$은? 단서 $AB+B^2=(A+B)B$

① $\begin{pmatrix} 3 & 5 \\ 6 & 6 \end{pmatrix}$ ② $\begin{pmatrix} 3 & 1 \\ 12 & 8 \end{pmatrix}$ ③ $\begin{pmatrix} 6 & 6 \\ 3 & 5 \end{pmatrix}$

④ $\begin{pmatrix} 6 & 8 \\ 3 & 1 \end{pmatrix}$ ⑤ $\begin{pmatrix} 12 & 8 \\ 3 & 1 \end{pmatrix}$

1st 행렬의 곱셈을 계산해.

$AB+B^2=(A+B)B=\begin{pmatrix} 2 & 2 \\ 3 & 1 \end{pmatrix}\begin{pmatrix} 0 & 1 \\ 3 & 2 \end{pmatrix}=\begin{pmatrix} 6 & 6 \\ 3 & 5 \end{pmatrix}$

주의 행렬의 곱셈에서 교환법칙은 일반적으로 성립하지 않기 때문에 곱하는 순서에 주의해.

(정답 공식: 행렬의 곱셈에서 교환법칙은 일반적으로 성립하지 않는다.)

이차정사각행렬 A, B가

$(A-B)^2=\begin{pmatrix} 5 & 3 \\ 3 & 2 \end{pmatrix}$, $A^2+B^2=\begin{pmatrix} 4 & 0 \\ 1 & 3 \end{pmatrix}$

을 만족시킬 때, 행렬 $(A+B)^2$의 모든 성분의 합은?

단서 $(A+B)^2=A^2+AB+BA+B^2$

① 1 ② 3 ③ 5

④ 7 ⑤ 9

1st 주어진 행렬을 이용하여 행렬 $AB+BA$를 구해.

$(A-B)^2=A^2-AB-BA+B^2=\begin{pmatrix} 5 & 3 \\ 3 & 2 \end{pmatrix}$에서

$(A-B)^2=(A-B)(A-B)$를 전개해.

$A^2+B^2=\begin{pmatrix} 4 & 0 \\ 1 & 3 \end{pmatrix}\cdots$ ㉠이므로

$\begin{pmatrix} 4 & 0 \\ 1 & 3 \end{pmatrix}-AB-BA=\begin{pmatrix} 5 & 3 \\ 3 & 2 \end{pmatrix}$

$\therefore AB+BA=\begin{pmatrix} 4 & 0 \\ 1 & 3 \end{pmatrix}-\begin{pmatrix} 5 & 3 \\ 3 & 2 \end{pmatrix}$

$=\begin{pmatrix} -1 & -3 \\ -2 & 1 \end{pmatrix}\cdots$ ㉡

2nd 행렬 $(A+B)^2$의 모든 성분의 합을 구해.

㉠, ㉡에 의하여 구하는 행렬은

$(A+B)^2=A^2+AB+BA+B^2$

$(A+B)^2=(A+B)(A+B)$를 전개해.

$=(A^2+B^2)+(AB+BA)$

$=\begin{pmatrix} 4 & 0 \\ 1 & 3 \end{pmatrix}+\begin{pmatrix} -1 & -3 \\ -2 & 1 \end{pmatrix}$

$=\begin{pmatrix} 3 & -3 \\ -1 & 4 \end{pmatrix}$

따라서 행렬 $(A+B)^2$의 모든 성분의 합은

$3+(-3)+(-1)+4=3$

L 132 정답 52 ⋯⋯⋯⋯⋯⋯ 행렬의 곱셈에 대한 성질

(정답 공식: 행렬의 곱셈에서 교환법칙은 일반적으로 성립하지 않는다.)

이차정사각행렬 A, B가
$$A^2+B^2=\begin{pmatrix} 5 & 0 \\ \frac{3}{2} & 1 \end{pmatrix}, \ AB+BA=\begin{pmatrix} -4 & 0 \\ -\frac{1}{2} & 0 \end{pmatrix}$$
을 만족시킬 때, 행렬 $(A+B)^{100}$의 모든 성분의 합을 구하시오.

단서 $\{(A+B)^2\}^{50}$, $\{(A+B)^4\}^{25}$ 등 편리한 계산이 되도록 행렬의 거듭제곱을 변형해.

1st 주어진 행렬을 이용하여 행렬 $(A+B)^2$을 구해.
$$(A+B)^2=(A^2+B^2)+(AB+BA)$$
$$=\begin{pmatrix} 5 & 0 \\ \frac{3}{2} & 1 \end{pmatrix}+\begin{pmatrix} -4 & 0 \\ -\frac{1}{2} & 0 \end{pmatrix}=\begin{pmatrix} 1 & 0 \\ 1 & 1 \end{pmatrix}$$

이 행렬을 C라 하면 구하는 행렬은
$$\underline{(A+B)^{100}}=\{(A+B)^2\}^{50}=C^{50}$$
행렬 A가 정사각행렬이고 m, n이 자연수일 때, $A^{n+1}=A^n A$, $A^m A^n=A^{m+n}$, $(A^m)^n=A^{mn}$

2nd 행렬의 거듭제곱에서 규칙을 찾아.

$C=\begin{pmatrix} 1 & 0 \\ 1 & 1 \end{pmatrix}$이므로
C, C^2, C^3, ⋯을 구해서 규칙을 찾아 C^{50}을 유추해.
$$C^2=\begin{pmatrix} 1 & 0 \\ 1 & 1 \end{pmatrix}\begin{pmatrix} 1 & 0 \\ 1 & 1 \end{pmatrix}=\begin{pmatrix} 1 & 0 \\ 2 & 1 \end{pmatrix}$$
$$C^3=C^2 C=\begin{pmatrix} 1 & 0 \\ 2 & 1 \end{pmatrix}\begin{pmatrix} 1 & 0 \\ 1 & 1 \end{pmatrix}=\begin{pmatrix} 1 & 0 \\ 3 & 1 \end{pmatrix}$$
$$\vdots$$
$$C^{50}=C^{49}C=\begin{pmatrix} 1 & 0 \\ 49 & 1 \end{pmatrix}\begin{pmatrix} 1 & 0 \\ 1 & 1 \end{pmatrix}=\begin{pmatrix} 1 & 0 \\ 50 & 1 \end{pmatrix}$$
$$\therefore (A+B)^{100}=C^{50}=\begin{pmatrix} 1 & 0 \\ 50 & 1 \end{pmatrix}$$
따라서 행렬 $(A+B)^{100}$의 모든 성분의 합은 52이다.

L 133 정답 ② ⋯⋯⋯⋯⋯⋯ 행렬의 곱셈에 대한 성질

(정답 공식: $(A+B)^2=A^2+AB+BA+B^2$)

이차정사각행렬 A, B에 대하여
$$A+B=\begin{pmatrix} 1 & -2 \\ 3 & 2 \end{pmatrix}, \ AB+BA=\begin{pmatrix} -6 & -7 \\ 3 & 2 \end{pmatrix}$$
가 성립할 때, A^2+B^2은? 단서 $(A+B)^2$과 관련 있게 변형해.

① $\begin{pmatrix} -5 & -6 \\ 9 & -2 \end{pmatrix}$ ② $\begin{pmatrix} 1 & 1 \\ 6 & -4 \end{pmatrix}$ ③ $\begin{pmatrix} -5 & -9 \\ 6 & 0 \end{pmatrix}$

④ $\begin{pmatrix} -1 & 1 \\ 6 & -4 \end{pmatrix}$ ⑤ $\begin{pmatrix} -6 & 7 \\ 3 & 2 \end{pmatrix}$

1st 주어진 행렬을 이용하여 행렬 A^2+B^2을 나타내.
$(A+B)^2=A^2+AB+BA+B^2$이므로
구하는 행렬
$A^2+B^2=(A+B)^2-(AB+BA)$이다.
먼저 계산하자.

2nd 행렬 A^2+B^2을 구해.

$A+B=\begin{pmatrix} 1 & -2 \\ 3 & 2 \end{pmatrix}$에서
$$(A+B)^2=(A+B)(A+B)$$
$$=\begin{pmatrix} 1 & -2 \\ 3 & 2 \end{pmatrix}\begin{pmatrix} 1 & -2 \\ 3 & 2 \end{pmatrix}=\begin{pmatrix} -5 & -6 \\ 9 & -2 \end{pmatrix}$$
이므로
$$A^2+B^2=(A+B)^2-(AB+BA)$$
$$=\begin{pmatrix} -5 & -6 \\ 9 & -2 \end{pmatrix}-\begin{pmatrix} -6 & -7 \\ 3 & 2 \end{pmatrix}$$
$$=\begin{pmatrix} 1 & 1 \\ 6 & -4 \end{pmatrix}$$

L 134 정답 ④ ⋯⋯⋯⋯⋯⋯ 행렬의 곱셈에 대한 성질

(정답 공식: $(A+B)^2=A^2+AB+BA+B^2$)

이차정사각행렬 A, B가
$$(A+B)^2=\begin{pmatrix} 2 & 2 \\ -1 & -1 \end{pmatrix}, \ A^2+B^2=\begin{pmatrix} 0 & -2 \\ 1 & 3 \end{pmatrix}$$
을 만족시킬 때, 행렬 $\underline{AB+BA}$는?
단서 주어진 행렬의 차로 바로 구할 수 있지?

① $\begin{pmatrix} -1 & -3 \\ 5 & -2 \end{pmatrix}$ ② $\begin{pmatrix} 1 & 5 \\ -1 & 8 \end{pmatrix}$ ③ $\begin{pmatrix} 1 & 7 \\ 8 & 4 \end{pmatrix}$

④ $\begin{pmatrix} 2 & 4 \\ -2 & -4 \end{pmatrix}$ ⑤ $\begin{pmatrix} 2 & -7 \\ 6 & -2 \end{pmatrix}$

1st 주어진 행렬을 이용하여 행렬 $AB+BA$를 구해.
$(A+B)^2=A^2+AB+BA+B^2=\begin{pmatrix} 2 & 2 \\ -1 & -1 \end{pmatrix}$이고
$A^2+B^2=\begin{pmatrix} 0 & -2 \\ 1 & 3 \end{pmatrix}$이므로
$$AB+BA=(A+B)^2-(A^2+B^2)$$
$$=\begin{pmatrix} 2 & 2 \\ -1 & -1 \end{pmatrix}-\begin{pmatrix} 0 & -2 \\ 1 & 3 \end{pmatrix}$$
즉, 주어진 행렬의 차야.
$$=\begin{pmatrix} 2 & 4 \\ -2 & -4 \end{pmatrix}$$

L 135 정답 ⑤ ⋯⋯⋯⋯⋯⋯ 행렬의 곱셈에 대한 성질

(정답 공식: $(A-B)^2=A^2-AB-BA+B^2$)

두 이차정사각행렬 A, B가
$$A-B=\begin{pmatrix} 0 & 2 \\ -2 & 1 \end{pmatrix}, \ A^2+B^2=\begin{pmatrix} 0 & 2 \\ -1 & -1 \end{pmatrix}$$
단서 $AB+BA$과 관련 있게 변형해.
을 만족시킬 때, 행렬 $AB+BA$의 모든 성분의 합은?

① 3 ② 4 ③ 5
④ 6 ⑤ 7

1st 주어진 행렬을 이용하여 행렬 $AB+BA$를 나타내.
$(A-B)^2=A^2-AB-BA+B^2$이므로
구하는 행렬은
$AB+BA=(A^2+B^2)-(A-B)^2$이다.
먼저 계산하자.

2nd 행렬 $AB+BA$의 모든 성분의 합을 구해.

$A-B=\begin{pmatrix} 0 & 2 \\ -2 & 1 \end{pmatrix}$에서

$$(A-B)^2=(A-B)(A-B)$$
$$=\begin{pmatrix} 0 & 2 \\ -2 & 1 \end{pmatrix}\begin{pmatrix} 0 & 2 \\ -2 & 1 \end{pmatrix}=\begin{pmatrix} -4 & 2 \\ -2 & -3 \end{pmatrix}$$

이므로
$$AB+BA=(A^2+B^2)-(A-B)^2$$
$$=\begin{pmatrix} 0 & 2 \\ -1 & -1 \end{pmatrix}-\begin{pmatrix} -4 & 2 \\ -2 & -3 \end{pmatrix}$$
$$=\begin{pmatrix} 4 & 0 \\ 1 & 2 \end{pmatrix}$$

따라서 행렬 $AB+BA$의 모든 성분의 합은 7이다.

L 136 정답 23 ····························· 행렬의 곱셈에 대한 성질

(**정답 공식**: 행렬의 곱셈에서 결합법칙과 분배법칙이 성립한다.)

> 세 행렬 A, B, C에 대하여
> $$A-C=\begin{pmatrix} 1 & 2 \\ 2 & 3 \end{pmatrix},\ B+C=\begin{pmatrix} 0 & 1 \\ 1 & 3 \end{pmatrix}$$
> 일 때, 행렬 $AB+AC-C(B+C)$의 모든 성분의 합을 구하시오. **단서** 주어진 행렬 $A-C$, $B+C$를 이용할 수 있도록 변형해.

1st 주어진 행렬을 이용하여 행렬 $AB+AC-C(B+C)$를 나타내.

행렬의 곱셈에 대한 성질에 의하여
합과 곱이 정의되는 세 행렬 A, B, C에 대하여
① $AB \neq BA$ ② $(AB)C=A(BC)$
③ $A(B+C)=AB+AC$, $(A+B)C=AC+BC$
$$AB+AC-C(B+C)=\underline{A(B+C)}-\underline{C(B+C)}$$
분배법칙을 이용해.   분배법칙을 이용해.
$$=(A-C)(B+C)$$

2nd 행렬 $AB+AC-C(B+C)$의 모든 성분의 합을 구해.

따라서 구하는 행렬은
$$AB+AC-C(B+C)=(A-C)(B+C)$$
$$=\begin{pmatrix} 1 & 2 \\ 2 & 3 \end{pmatrix}\begin{pmatrix} 0 & 1 \\ 1 & 3 \end{pmatrix}=\begin{pmatrix} 2 & 7 \\ 3 & 11 \end{pmatrix}$$

따라서 행렬 $AB+AC-C(B+C)$의 모든 성분의 합은
$2+7+3+11=23$

> ✿ **행렬의 곱셈에 대한 성질**   개념·공식
>
> 합과 곱이 정의되는 세 행렬 A, B, C에 대하여
> ① 교환법칙은 일반적으로 성립하지 않는다.
> ② 결합법칙 : $(AB)C=A(BC)$
> ③ 분배법칙 : $A(B+C)=AB+AC$
> $(A+B)C=AC+BC$
> ④ $(kA)B=A(kB)=k(AB)$ (단, k는 실수)

L 137 정답 ② ····························· $AB=BA$가 성립하는 경우

(**정답 공식**: 행렬의 곱셈에서 교환법칙이 성립하는 상수를 구한다.)

> 두 행렬 $A=\begin{pmatrix} a & 1 \\ 0 & -1 \end{pmatrix}$, $B=\begin{pmatrix} 1 & -1 \\ b & 1 \end{pmatrix}$에 대하여
> $\underline{AB=BA}$가 성립할 때, $a+b$의 값은? (단, a, b는 상수이다.)
> **단서** 행렬이 서로 같을 조건을 이용해
> ① -2 ② -1 ③ 0
> ④ 1 ⑤ 2

1st $AB=BA$가 성립하는 상수 a, b를 구해.

$$AB=\begin{pmatrix} a & 1 \\ 0 & -1 \end{pmatrix}\begin{pmatrix} 1 & -1 \\ b & 1 \end{pmatrix}=\begin{pmatrix} a+b & -a+1 \\ -b & -1 \end{pmatrix}$$
$$BA=\begin{pmatrix} 1 & -1 \\ b & 1 \end{pmatrix}\begin{pmatrix} a & 1 \\ 0 & -1 \end{pmatrix}=\begin{pmatrix} a & 2 \\ ab & b-1 \end{pmatrix}$$

$AB=BA$가 성립하므로 두 행렬이 서로 같을 조건에 의해
$a+b=a$에서 $b=0$
행렬의 $(1, 1)$성분을 비교해.
$-a+1=2$에서 $a=-1$
행렬의 $(1, 2)$성분을 비교해.
$\therefore a+b=-1$

L 138 정답 13 ····························· $AB=BA$가 성립하는 경우

(**정답 공식**: 행렬의 곱셈에서 교환법칙이 성립하면 곱셈 공식을 적용할 수 있다.)

> 두 실수 x, y에 대하여 두 행렬 A, B를
> $$A=\begin{pmatrix} -1 & x \\ 3 & 0 \end{pmatrix},\ B=\begin{pmatrix} -2 & 2 \\ y & -1 \end{pmatrix}$$
> 이라 하자. $\underline{(A+B)(A-B)=A^2-B^2}$일 때
> x^2+y^2의 값을 구하시오. **단서** 행렬이 서로 같을 조건을 이용해.

1st $(A+B)(A-B)=A^2-B^2$의 의미를 해석해.

$(A+B)(A-B)=A^2-AB+BA-B^2$이므로
$(A+B)(A-B)=A^2-B^2$에서 $\underline{AB=BA}$이다.
$(A+B)(A-B)=A^2-B^2$을 계산하는 것보다
$AB=BA$를 계산하는 것이 편하기 때문에 변형했어.

2nd $AB=BA$가 성립하는 상수 x, y를 구해.

$$AB=\begin{pmatrix} -1 & x \\ 3 & 0 \end{pmatrix}\begin{pmatrix} -2 & 2 \\ y & -1 \end{pmatrix}=\begin{pmatrix} 2+xy & -2-x \\ -6 & 6 \end{pmatrix}$$
$$BA=\begin{pmatrix} -2 & 2 \\ y & -1 \end{pmatrix}\begin{pmatrix} -1 & x \\ 3 & 0 \end{pmatrix}=\begin{pmatrix} 8 & -2x \\ -y-3 & xy \end{pmatrix}$$

$AB=BA$이므로 두 행렬이 서로 같을 조건에 의해
$-2-x=-2x$에서 $x=2$
행렬의 $(1, 2)$성분을 비교해.
$-6=-y-3$에서 $y=3$
행렬의 $(2, 1)$성분을 비교해.
따라서 $x=2$, $y=3$이므로 $x^2+y^2=4+9=13$

L 139 정답 ② ···················· $AB=BA$가 성립하는 경우

(**정답 공식:** 행렬의 곱셈에서 교환법칙이 성립하면 곱셈 공식을 적용할 수 있다.)

두 행렬 $A=\begin{pmatrix} x & 2 \\ y & 4 \end{pmatrix}$, $B=\begin{pmatrix} 2 & -4 \\ -1 & 2 \end{pmatrix}$에 대하여

$\underline{(A+B)^2=A^2+2AB+B^2}$ 단서 행렬이 서로 같을 조건을 이용해.

이 성립할 때, xy의 값은? (단, x, y는 상수이다.)

① 1 ② 2 ③ 3
④ 4 ⑤ 5

1st $(A+B)^2=A^2+2AB+B^2$의 의미를 해석해.

$(A+B)^2=(A+B)(A+B)$
$\qquad\quad =A^2+AB+BA+B^2$
$\qquad\quad =A^2+2AB+B^2$

가 성립하므로 $\underline{AB=BA}$이다. $(A+B)^2=A^2+2AB+B^2$을 계산하는 것보다 $AB=BA$를 계산하는 것이 편하기 때문에 변형했어.

2nd $AB=BA$가 성립하는 상수 x, y를 구해.

$AB=\begin{pmatrix} x & 2 \\ y & 4 \end{pmatrix}\begin{pmatrix} 2 & -4 \\ -1 & 2 \end{pmatrix}=\begin{pmatrix} 2x-2 & -4x+4 \\ 2y-4 & -4y+8 \end{pmatrix}$

$BA=\begin{pmatrix} 2 & -4 \\ -1 & 2 \end{pmatrix}\begin{pmatrix} x & 2 \\ y & 4 \end{pmatrix}=\begin{pmatrix} 2x-4y & -12 \\ -x+2y & 6 \end{pmatrix}$

$AB=BA$이므로 두 행렬이 서로 같을 조건에 의해

$\underline{2x-2=2x-4y}$에서 $y=\dfrac{1}{2}$ → 행렬의 $(1,1)$성분을 비교해.

$\underline{-4x+4=-12}$에서 $x=4$ → 행렬의 $(1,2)$성분을 비교해.

따라서 $x=4$, $y=\dfrac{1}{2}$이므로 $xy=2$

L 140 정답 ② ······························· 행렬의 변형

[**정답 공식:** $A\begin{pmatrix} a \\ b \end{pmatrix}=\begin{pmatrix} p \\ q \end{pmatrix}$, $A\begin{pmatrix} c \\ d \end{pmatrix}=\begin{pmatrix} r \\ s \end{pmatrix}$이면

$mA\begin{pmatrix} a \\ b \end{pmatrix}+nA\begin{pmatrix} c \\ d \end{pmatrix}=m\begin{pmatrix} p \\ q \end{pmatrix}+n\begin{pmatrix} r \\ s \end{pmatrix}=\begin{pmatrix} mp+nr \\ mq+ns \end{pmatrix}$]

이차정사각행렬 A에 대하여 $A\begin{pmatrix} 1 \\ 0 \end{pmatrix}=\begin{pmatrix} 2 \\ 3 \end{pmatrix}$,

$A\begin{pmatrix} 0 \\ 1 \end{pmatrix}=\begin{pmatrix} -1 \\ 2 \end{pmatrix}$이다. $A\begin{pmatrix} 1 \\ 2 \end{pmatrix}=\begin{pmatrix} p \\ q \end{pmatrix}$일 때, $p+q$의 값은?

단서 주어진 행렬의 연산으로 변형해.

① 6 ② 7 ③ 8
④ 9 ⑤ 10

1st $A\begin{pmatrix} 1 \\ 2 \end{pmatrix}$를 주어진 행렬의 연산으로 변형해.

$A\begin{pmatrix} 1 \\ 0 \end{pmatrix}=\begin{pmatrix} 2 \\ 3 \end{pmatrix}$, $A\begin{pmatrix} 0 \\ 1 \end{pmatrix}=\begin{pmatrix} -1 \\ 2 \end{pmatrix}$이므로

행렬 $\begin{pmatrix} 1 \\ 2 \end{pmatrix}$를 두 행렬 $\begin{pmatrix} 1 \\ 0 \end{pmatrix}$, $\begin{pmatrix} 0 \\ 1 \end{pmatrix}$로 나타내면

$\begin{pmatrix} 1 \\ 2 \end{pmatrix}=m\begin{pmatrix} 1 \\ 0 \end{pmatrix}+n\begin{pmatrix} 0 \\ 1 \end{pmatrix}$을 만족시키는 m, n의 값을 구하면 $m=1$, $n=2$

$\begin{pmatrix} 1 \\ 2 \end{pmatrix}=\begin{pmatrix} 1 \\ 0 \end{pmatrix}+\begin{pmatrix} 0 \\ 2 \end{pmatrix}=\begin{pmatrix} 1 \\ 0 \end{pmatrix}+2\begin{pmatrix} 0 \\ 1 \end{pmatrix}$

등식의 왼쪽에 행렬 A를 곱하면

$A\begin{pmatrix} 1 \\ 2 \end{pmatrix}=A\begin{pmatrix} 1 \\ 0 \end{pmatrix}+2A\begin{pmatrix} 0 \\ 1 \end{pmatrix}$

$A\begin{pmatrix} a \\ b \end{pmatrix}=\begin{pmatrix} p \\ q \end{pmatrix}$, $A\begin{pmatrix} c \\ d \end{pmatrix}=\begin{pmatrix} r \\ s \end{pmatrix}$이면 $mA\begin{pmatrix} a \\ b \end{pmatrix}+nA\begin{pmatrix} c \\ d \end{pmatrix}=m\begin{pmatrix} p \\ q \end{pmatrix}+n\begin{pmatrix} r \\ s \end{pmatrix}=\begin{pmatrix} mp+nr \\ mq+ns \end{pmatrix}$

2nd $A\begin{pmatrix} 1 \\ 2 \end{pmatrix}$의 모든 성분의 합 $p+q$의 값을 구해.

$\therefore A\begin{pmatrix} 1 \\ 2 \end{pmatrix}=\begin{pmatrix} 2 \\ 3 \end{pmatrix}+2\begin{pmatrix} -1 \\ 2 \end{pmatrix}=\begin{pmatrix} 2 \\ 3 \end{pmatrix}+\begin{pmatrix} -2 \\ 4 \end{pmatrix}=\begin{pmatrix} 0 \\ 7 \end{pmatrix}=\begin{pmatrix} p \\ q \end{pmatrix}$

따라서 $p=0$, $q=7$이므로 $p+q=7$이다.

L 141 정답 ⑤ ······························· 행렬의 변형

[**정답 공식:** $A\begin{pmatrix} a \\ b \end{pmatrix}=\begin{pmatrix} p \\ q \end{pmatrix}$, $A\begin{pmatrix} c \\ d \end{pmatrix}=\begin{pmatrix} r \\ s \end{pmatrix}$이면

$mA\begin{pmatrix} a \\ b \end{pmatrix}+nA\begin{pmatrix} c \\ d \end{pmatrix}=m\begin{pmatrix} p \\ q \end{pmatrix}+n\begin{pmatrix} r \\ s \end{pmatrix}=\begin{pmatrix} mp+nr \\ mq+ns \end{pmatrix}$]

이차정사각행렬 A가 $A\begin{pmatrix} a \\ b \end{pmatrix}=\begin{pmatrix} 3 \\ 1 \end{pmatrix}$, $A\begin{pmatrix} 3a-c \\ 3b-d \end{pmatrix}=\begin{pmatrix} 2 \\ 5 \end{pmatrix}$를

단서 주어진 행렬의 연산으로 변형해.

만족시킬 때, $A\begin{pmatrix} c \\ d \end{pmatrix}$의 모든 성분의 합은?

(단, a, b, c, d는 상수이다.)

① 1 ② 2 ③ 3
④ 4 ⑤ 5

1st $A\begin{pmatrix} 3a-c \\ 3b-d \end{pmatrix}$를 $A\begin{pmatrix} a \\ b \end{pmatrix}$와 $A\begin{pmatrix} c \\ d \end{pmatrix}$로 변형해.

행렬 $\begin{pmatrix} 3a-c \\ 3b-d \end{pmatrix}$를 두 행렬 $\begin{pmatrix} a \\ b \end{pmatrix}$, $\begin{pmatrix} c \\ d \end{pmatrix}$로 나타내면

$\begin{pmatrix} 3a-c \\ 3b-d \end{pmatrix}=m\begin{pmatrix} a \\ b \end{pmatrix}+n\begin{pmatrix} c \\ d \end{pmatrix}$를 만족시키는 m, n의 값을 구하면 $m=3$, $n=-1$

$\begin{pmatrix} 3a-c \\ 3b-d \end{pmatrix}=\begin{pmatrix} 3a \\ 3b \end{pmatrix}+\begin{pmatrix} -c \\ -d \end{pmatrix}=3\begin{pmatrix} a \\ b \end{pmatrix}-\begin{pmatrix} c \\ d \end{pmatrix}$

등식의 왼쪽에 행렬 A를 곱하면

$A\begin{pmatrix} 3a-c \\ 3b-d \end{pmatrix}=3A\begin{pmatrix} a \\ b \end{pmatrix}-A\begin{pmatrix} c \\ d \end{pmatrix}$

$A\begin{pmatrix} a \\ b \end{pmatrix}=\begin{pmatrix} p \\ q \end{pmatrix}$, $A\begin{pmatrix} c \\ d \end{pmatrix}=\begin{pmatrix} r \\ s \end{pmatrix}$이면 $mA\begin{pmatrix} a \\ b \end{pmatrix}+nA\begin{pmatrix} c \\ d \end{pmatrix}=m\begin{pmatrix} p \\ q \end{pmatrix}+n\begin{pmatrix} r \\ s \end{pmatrix}=\begin{pmatrix} mp+nr \\ mq+ns \end{pmatrix}$

2nd $A\begin{pmatrix} c \\ d \end{pmatrix}$의 모든 성분의 합을 구해.

$\therefore A\begin{pmatrix} c \\ d \end{pmatrix}=3A\begin{pmatrix} a \\ b \end{pmatrix}-A\begin{pmatrix} 3a-c \\ 3b-d \end{pmatrix}$

$\qquad\quad =3\begin{pmatrix} 3 \\ 1 \end{pmatrix}-\begin{pmatrix} 2 \\ 5 \end{pmatrix}=\begin{pmatrix} 9 \\ 3 \end{pmatrix}-\begin{pmatrix} 2 \\ 5 \end{pmatrix}=\begin{pmatrix} 7 \\ -2 \end{pmatrix}$

따라서 모든 성분의 합은 5이다.

❀ **행렬의 덧셈과 실수배** 개념·공식

k, l이 실수이고, A, B, C가 같은 꼴의 행렬일 때,
① $A+B=B+A$ (교환법칙)
② $(A+B)+C=A+(B+C)$ (결합법칙)
③ $1A=A$, $(-1)A=-A$, $0A=O$, $kO=O$ (O는 영행렬)
④ $(kl)A=k(lA)$ (결합법칙)
⑤ $(k+l)A=kA+lA$, $k(A+B)=kA+kB$ (분배법칙)

L 142 정답 ⑤ .... 행렬의 변형

[정답 공식: 이차정사각행렬 A에 대해 $A\begin{pmatrix} a \\ b \end{pmatrix} = \begin{pmatrix} p \\ q \end{pmatrix}$, $A\begin{pmatrix} c \\ d \end{pmatrix} = \begin{pmatrix} r \\ s \end{pmatrix}$이면 $mA\begin{pmatrix} a \\ b \end{pmatrix} + nA\begin{pmatrix} c \\ d \end{pmatrix} = m\begin{pmatrix} p \\ q \end{pmatrix} + n\begin{pmatrix} r \\ s \end{pmatrix} = \begin{pmatrix} mp+nr \\ mq+ns \end{pmatrix}$ (m, n은 실수)]

두 이차정사각행렬 A, B가 다음 조건을 만족시킨다.
(단, E는 단위행렬이다.)

> (가) $AB + A = E$
> (나) $AB\begin{pmatrix} 1 \\ 2 \end{pmatrix} = \begin{pmatrix} 0 \\ 3 \end{pmatrix}$

$(B+E)\begin{pmatrix} x \\ y \end{pmatrix} = B\begin{pmatrix} 2 \\ 4 \end{pmatrix}$를 만족시키는 두 실수 x, y에 대하여 $x+y$의 값은?

단서 $A(B+E)=AB+A$에서 조건 (가)를 이용할 수 있으므로 이 식의 양변의 왼쪽에 행렬 A를 곱해 봐.

① -6　　　② -3　　　③ 0
④ 3　　　⑤ 6

1st 주어진 등식의 양변의 왼쪽에 행렬 A를 곱하자.

$(B+E)\begin{pmatrix} x \\ y \end{pmatrix} = B\begin{pmatrix} 2 \\ 4 \end{pmatrix}$의 양변의 왼쪽에 A를 곱하면

$A(B+E)\begin{pmatrix} x \\ y \end{pmatrix} = AB\begin{pmatrix} 2 \\ 4 \end{pmatrix}$

$A(B+E)=AB+A$, $(B+E)A=BA+A$ 인데 행렬의 곱셈에서는 교환법칙이 성립하지 않으므로 A를 곱하는 위치도 중요해.

$(AB+A)\begin{pmatrix} x \\ y \end{pmatrix} = AB\begin{pmatrix} 2 \\ 4 \end{pmatrix}$

조건 (가)에 의하여

$E\begin{pmatrix} x \\ y \end{pmatrix} = AB\begin{pmatrix} 2 \\ 4 \end{pmatrix}$　∴ $\begin{pmatrix} x \\ y \end{pmatrix} = AB\begin{pmatrix} 2 \\ 4 \end{pmatrix}$

2nd x, y의 값을 구하자.

조건 (나)에 의하여

$\begin{pmatrix} x \\ y \end{pmatrix} = AB\begin{pmatrix} 2 \\ 4 \end{pmatrix} = 2AB\begin{pmatrix} 1 \\ 2 \end{pmatrix} = 2\begin{pmatrix} 0 \\ 3 \end{pmatrix} = \begin{pmatrix} 0 \\ 6 \end{pmatrix}$

따라서 $x=0$, $y=6$이므로
$x+y = 0+6 = 6$

L 143 정답 80 .... 행렬의 변형

[정답 공식: $A\begin{pmatrix} a \\ b \end{pmatrix} = \begin{pmatrix} p \\ q \end{pmatrix}$이면 $A\begin{pmatrix} p \\ q \end{pmatrix} = A^2\begin{pmatrix} a \\ b \end{pmatrix}$이다.]

이차정사각행렬 A가 $A^2 + A - 2E = O$, $A\begin{pmatrix} 1 \\ 0 \end{pmatrix} = \begin{pmatrix} 1 \\ 2 \end{pmatrix}$를 만족한다.

단서 등식의 왼쪽에 행렬 A를 곱하면 구하는 행렬 $A\begin{pmatrix} 1 \\ 2 \end{pmatrix}$가 돼.

$A\begin{pmatrix} 1 \\ 2 \end{pmatrix} = \begin{pmatrix} a \\ b \end{pmatrix}$가 되는 상수 a, b에 대하여 $100a + 10b$의 값을 구하시오. (단, E는 단위행렬이고 O는 영행렬이다.)

1st $A\begin{pmatrix} 1 \\ 2 \end{pmatrix}$를 주어진 행렬로 변형해.

$A\begin{pmatrix} 1 \\ 0 \end{pmatrix} = \begin{pmatrix} 1 \\ 2 \end{pmatrix}$의 왼쪽에 행렬 A를 곱하면

$A^2\begin{pmatrix} 1 \\ 0 \end{pmatrix} = A\begin{pmatrix} 1 \\ 2 \end{pmatrix}$ $\cdots$ ㉠

2nd $A^2 + A - 2E = O$를 이용하여 $A^2\begin{pmatrix} 1 \\ 0 \end{pmatrix}$을 구해.

그런데 $A^2 + A - 2E = O$에서
$A^2 = -A + 2E$이므로
㉠에서

$A\begin{pmatrix} 1 \\ 2 \end{pmatrix} = A^2\begin{pmatrix} 1 \\ 0 \end{pmatrix}$

$= (-A+2E)\begin{pmatrix} 1 \\ 0 \end{pmatrix} = -A\begin{pmatrix} 1 \\ 0 \end{pmatrix} + 2E\begin{pmatrix} 1 \\ 0 \end{pmatrix}$

분배법칙이 성립해.

$= -A\begin{pmatrix} 1 \\ 0 \end{pmatrix} + 2\begin{pmatrix} 1 \\ 0 \end{pmatrix}$

$= \begin{pmatrix} 1 \\ 2 \end{pmatrix}$

∴ $A\begin{pmatrix} 1 \\ 2 \end{pmatrix} = -\begin{pmatrix} 1 \\ 2 \end{pmatrix} + \begin{pmatrix} 2 \\ 0 \end{pmatrix} = \begin{pmatrix} 1 \\ -2 \end{pmatrix} = \begin{pmatrix} a \\ b \end{pmatrix}$

따라서 $a=1$, $b=-2$이므로
$100a + 10b = 100 - 20 = 80$이다.

L 144 정답 ④ .... 단위행렬 E를 포함한 식

[정답 공식: 단위행렬 E를 포함한 곱셈식은 $AE = EA = A$로 교환법칙이 성립하므로 곱셈 공식을 이용할 수 있다.]

두 행렬 $E = \begin{pmatrix} 1 & 0 \\ 0 & 1 \end{pmatrix}$과 $A = \begin{pmatrix} 0 & 1 \\ 1 & 0 \end{pmatrix}$이 있다.

두 상수 a와 b가 $(E+2A)^2 = aE + bA$를 만족할 때, $a+b$의 값은?

단서 좌변을 정리하면 A^2이 나타나. A^2을 A와 E로 나타내야겠지?

① 6　　　② 7　　　③ 8
④ 9　　　⑤ 10

1st 행렬 $A^2 = E$ 됨을 이용하여 a, b의 값을 구해.

$(E+2A)^2 = aE + bA$ $\cdots$ ㉠에서 좌변을 정리하면

$(E+2A)^2 = E + 4A + 4A^2$

A^2이 없어져야 하지? A^2을 구해 보자.

$A^2 = AA = \begin{pmatrix} 0 & 1 \\ 1 & 0 \end{pmatrix}\begin{pmatrix} 0 & 1 \\ 1 & 0 \end{pmatrix} = \begin{pmatrix} 1 & 0 \\ 0 & 1 \end{pmatrix} = E$

∴ $(E+2A)^2 = E + 4A + 4A^2 = E + 4A + 4E = 5E + 4A$ $\cdots$ ㉡

㉠=㉡에서 $a=5$, $b=4$　　∴ $a+b=9$

수능 핵강

＊ A^2의 정체를 밝히는 다른 방법!

$A = \begin{pmatrix} 0 & 1 \\ 1 & 0 \end{pmatrix}$에 케일리-해밀턴의 정리를 적용하면 $A^2 - E = O$

∴ $A^2 = E$

(**정답 공식**: $B=aA+bE$이면 $AB=BA$가 성립한다.)

단위행렬의 실수배가 아닌 이차정사각행렬 A에 대하여
$(A+E)^2=3A+2E$가 성립하면
$(A+E)^3=aA+bE$이다. 두 실수 a, b의 곱 ab의 값을
단서 행렬의 거듭제곱의 성질을 이용하면 $(A+E)^3=(A+E)^2(A+E)$임을
이용하여 식의 차수를 낮춰.
구하시오. (단, E는 단위행렬이다.)

1st $(A+E)^2=3A+2E$를 이용하여 A^2을 A와 E로 나타내.
$\underline{(A+E)^2}=3A+2E$에서
곱셈 공식을 적용할 수 있어.
$A^2+2A+E=3A+2E$
$\therefore A^2=A+E$ ··· ㉠

2nd $(A+E)^3$을 A와 E로 나타내.
행렬의 거듭제곱의 성질에 의해
$\underline{(A+E)^3}=(A+E)^2(A+E)$
$(A+E)^3=A^3+3A^2+3A+E$를 이용해도 돼.
$\qquad =(3A+2E)(A+E)$ (∵ ㉠)
$\qquad =3A^2+5A+2E$
$\qquad =3(A+E)+5A+2E$ (∵ ㉠)
$\qquad =8A+5E=aA+bE$
따라서 $a=8$, $b=5$이므로 $ab=40$

[**정답 공식**: 단위행렬 E를 포함한 곱셈식은 $AE=EA=A$로 교환법칙이
성립하므로 곱셈 공식을 이용할 수 있다.]

이차정사각행렬 A에 대하여 $A^2=\begin{pmatrix} 1 & -2 \\ 0 & a \end{pmatrix}$이고, 행렬
$(A+E)^2+(A-E)^2$의 모든 성분의 합이 10일 때,
단서 곱셈 공식을 적용할 수 있어.
상수 a의 값을 구하시오. (단, E는 단위행렬)

1st 행렬 $(A+E)^2+(A-E)^2$을 구해.
$(A+E)^2+(A-E)^2$
곱셈 공식을 적용할 수 있어.
$=(A^2+2A+E)+(A^2-2A+E)$
$=2A^2+2E$
$=\underline{2\begin{pmatrix} 1 & -2 \\ 0 & a \end{pmatrix}}+2\begin{pmatrix} 1 & 0 \\ 0 & 1 \end{pmatrix}$
$\quad k\begin{pmatrix} a & b \\ c & d \end{pmatrix}=\begin{pmatrix} ka & kb \\ kc & kd \end{pmatrix}$
$=\begin{pmatrix} 2 & -4 \\ 0 & 2a \end{pmatrix}+\begin{pmatrix} 2 & 0 \\ 0 & 2 \end{pmatrix}$
$=\begin{pmatrix} 4 & -4 \\ 0 & 2a+2 \end{pmatrix}$

2nd 상수 a의 값을 구해.
행렬 $(A+E)^2+(A-E)^2$의 모든 성분의 합이 10이므로
$4+(-4)+0+(2a+2)=10$
$2a+2=10$
$\therefore a=4$

(**정답 공식**: $B=aA+bE$이면 $AB=BA$가 성립한다.)

영행렬이 아닌 두 이차정사각행렬 X, Y에 대하여
$X+Y=E$, $XY=O$일 때, 행렬 A를 $A=3X+Y$라 하면
단서1 등식의 왼쪽에 행렬 X를 곱하면 $XY=O$를 이용할 수 있어.
$A^3=aX+Y$이다. a의 값을 구하시오.
단서2 X, Y의 차수를 낮춰야 하므로 행렬의 거듭제곱에서 규칙을 찾아.
(단, E는 단위행렬이고 O는 영행렬이다.)

1st 주어진 식을 이용하여 행렬의 거듭제곱에서 규칙을 찾아.
$X+Y=E$의 양변의 왼쪽에 행렬 X를 곱하면
$X^2+XY=X$
이때, $\underline{XY=O}$이므로 $\underline{X^2=X}$
$\quad X^2+XY=X^2+O=X^2$
즉, $X^3=X^2X=X^2=X$, $X^4=X^3X=X^2=X$, ···
$\therefore X^n=X$(n은 자연수) ··· ㉠
마찬가지 방법으로 정리하면
$X+Y=E$의 오른쪽에 행렬 Y를 곱하면 $XY+Y^2=Y$에서 $Y^2=Y$
$\therefore Y^n=Y$(n은 자연수) ··· ㉡

2nd XY, YX를 구하여 $A^3=(3X+Y)^3$을 정리해.
또한, $X=XE=EX$에서
$X=\underline{X(X+Y)=(X+Y)X}$
$\quad X^2+XY=Y^2+YX$
$\therefore \underline{XY=YX=O}$ ··· ㉢
두 행렬 X, Y에서 교환법칙이 성립해.
㉠, ㉡, ㉢에 의해
$A^3=\underline{(3X+Y)^3}$
$\quad (a+b)^3=a^3+b^3+3ab(a+b)$
$=(3X)^3+Y^3+3\times3\underline{X\times Y}\times(3X+Y)$
$\qquad\qquad\qquad\qquad\quad XY=O$
$=27X^3+Y^3=27X+Y=aX+Y$
따라서 $a=27$이다.

[**정답 공식**: 단위행렬 E를 포함한 곱셈식은 $AE=EA=A$로 교환법칙이 성립하
므로 곱셈 공식을 이용할 수 있다.]

두 이차정사각행렬 A, B가 $A+B=E$, $AB=E$를 만족시킬
때, $A^{2012}+B^{2012}$과 같은 행렬은? (단, E는 단위행렬이다.)
단서 주어진 조건을 이용하여 $A^n=E$, $B^n=E$가 성립하는 n을 찾아야 해.
① $-2E$　　　 ② $-E$　　　 ③ E
④ $2E$　　　　 ⑤ $3E$

1st 주어진 조건을 이용하여 A, B의 거듭제곱을 단위행렬을 포함한 식으로 나타내자.
$A+B=E$에서 $B=E-A$이므로 $AB=E$에 대입하면
$A(E-A)=E$, $A-A^2=E$
$\therefore A^2-A+E=O$ ··· ㉠
㉠의 양변에 행렬 $A+E$를 곱하면
$(A+E)(A^2-A+E)=O$
$\underline{A^3+E=O}$ 　 $\therefore A^3=-E$
이차정사각행렬 A와 단위행렬 E, 영행렬 O에 대하여
$AE=EA=A$, $AO=OA=O$
같은 방법으로 $A+B=E$에서 $A=E-B$이므로 $AB=E$에 대입하면
$(E-B)B=E$, $B-B^2=E$
$\therefore B^2-B+E=O$ ··· ㉡

ⓒ의 양변에 행렬 $B+E$를 곱하면
$(B+E)(B^2-B+E)=O$
$B^3+E=O$ ∴ $B^3=-E$

2nd $A^{2012}+B^{2012}$을 간단히 하자.

$A^3=-E$에서 $A^6=(-E)^2=E^2=E$
$B^3=-E$에서 $B^6=(-E)^2=E^2=E$
∴ $A^{2012}+B^{2012}=A^{2010}A^2+B^{2010}B^2$
$\qquad =(A^6)^{335}A^2+(B^6)^{335}B^2$
$\qquad\qquad\underset{(A^6)^{335}A^2+(B^6)^{335}B^2=E^{335}A^2+E^{335}B^2}{\qquad\qquad\qquad\qquad =EA^2+EB^2=A^2+B^2}$
$\qquad =A^2+B^2=\underline{A-E+B-E}$
$\qquad\qquad\underset{ⓒ에서\ A^2-A+E=O이므로\ A^2=A-E}{\qquad\qquad\qquad 또,\ ⓛ에서\ B^2-B+E=O이므로\ B^2=B-E}$
$\qquad =A+B-2E=E-2E=-E$

🔷 **다른 풀이: 주어진 조건에서 $AB=BA$임을 이용하기**

2nd 에서 $A^{2012}+B^{2012}=A^2+B^2$
이때, $A+B=E$, $AB=E$에서 $AB=BA$이므로
$A^{2012}+B^{2012}=A^2+B^2$
$\qquad\qquad\underset{A+B=E의\ 양변의\ 왼쪽에\ A를\ 곱하면}{\qquad A(A+B)=A이므로\ A^2+AB=A}$
$\qquad =(A+B)^2-2AB$
$\qquad\qquad\underset{또,\ A+B=E의\ 양변의\ 오른쪽에\ A를\ 곱하면}{\qquad (A+B)A=A이므로\ A^2+BA=A}$
$\qquad =E-2E=-E$
$\qquad\qquad\underset{즉,\ A^2+AB=A,\ A^2+BA=A에서}{\qquad AB=BA가\ 성립해.}$

L 149 정답 ② ⸺⸺⸺⸺⸺ 단위행렬 E를 포함한 식

정답 공식: 단위행렬 E를 포함한 곱셈식은 $AE=EA=A$로 교환법칙이 성립하므로 곱셈 공식을 이용할 수 있다.

> 이차정사각행렬 A, B가 $\underline{A+B=-E}$, $\underline{AB=E}$를 만족시킬 때, $\underline{(A+B)+(A^2+B^2)+\cdots+(A^{2011}+B^{2011})}$을 간단히 한 것은? (단, E는 단위행렬이다.) **단서** 주어진 조건을 이용하여 $A^n=E$, $B^n=E$가 성립하는 n을 찾아야 해.
>
> ① $-2E$ ② $-E$ ③ E
> ④ $2E$ ⑤ $3E$

1st 주어진 조건을 이용하여 A, B의 거듭제곱을 단위행렬을 포함한 식으로 나타내자.

$A+B=-E$에서 $B=-A-E$이므로 $AB=E$에 대입하면
$A(-A-E)=E$, $-A^2-A=E$
∴ $A^2+A+E=O$ ⋯ ㉠
㉠의 양변에 행렬 $A-E$를 곱하면
$(A-E)(A^2+A+E)=O$
$A^3-E=O$ ∴ $A^3=E$
같은 방법으로
$A+B=-E$에서 $A=-B-E$이므로 $AB=E$에 대입하면
$(-B-E)B=E$, $-B^2-B=E$
∴ $B^2+B+E=O$ ⋯ ㉡
㉡의 양변에 행렬 $B-E$를 곱하면
$(B-E)(B^2+B+E)=O$
$B^3-E=O$ ∴ $B^3=E$

2nd $(A+B)+(A^2+B^2)+\cdots+(A^{2011}+B^{2011})$을 간단히 하자.
$(A+B)+(A^2+B^2)+\cdots+(A^{2011}+B^{2011})$
$=(A+A^2+A^3+\cdots+A^{2011})+(B+B^2+B^3+\cdots+B^{2011})$
$=\{A(E+A+A^2)+A^4(E+A+A^2)$
$\qquad\qquad +\cdots+A^{2008}(E+A+A^2)+A^{2011}\}$
$\qquad\qquad\underset{㉠에\ 의해\ E+A+A^2=O}{}$
$\qquad +\{B(E+B+B^2)+B^4(E+B+B^2)$
$\qquad\qquad +\cdots+B^{2008}(E+B+B^2)+B^{2011}\}$
$\qquad\qquad\underset{㉡에\ 의해\ E+B+B^2=O}{}$

$=A^{2011}+B^{2011}$
$=A^{2010}A+B^{2010}B$
$=(A^3)^{670}A+(B^3)^{670}B$
$\quad\underset{(A^3)^{670}A+(B^3)^{670}B=E^{670}A+E^{670}B}{\qquad\qquad\qquad =EA+EB=A+B}$
$=A+B=-E$

L 150 정답 18 ⸺⸺⸺⸺⸺ 단위행렬 E를 포함한 식

정답 공식: 단위행렬 E를 포함한 곱셈식은 $AE=EA=A$로 교환법칙이 성립하므로 곱셈 공식을 이용할 수 있다.

> 이차정사각행렬 A는 모든 성분의 합이 0이고
> $$A^2+A^3=-3A-3E$$
> 를 만족시킨다. 행렬 $\underline{A^4+A^5}$의 모든 성분의 합을 구하시오. **단서** 행렬의 거듭제곱의 성질을 이용하면 A^2과 (단, E는 단위행렬이다.) A^2+A^3의 곱으로 나타낼 수 있어.

1st $A^4+A^5=A^2(A^2+A^3)$임을 이용하여 주어진 식을 적용해.

$A^2+A^3=-3A-3E$이므로
$\underline{A^4+A^5=A^2(A^2+A^3)}=A^2(-3A-3E)$
$\underset{분배법칙이\ 성립해.}{}$
$\qquad\qquad =-3\underline{(A^2+A^3)}=9A+9E$
$\qquad\qquad\qquad\underset{=-3A-3E}{}$

이때, 행렬 A의 모든 성분의 합이 0이므로
행렬 $9A$의 모든 성분의 합도 0이다.

행렬 $A=\begin{pmatrix} a & b \\ c & d \end{pmatrix}$의 모든 성분의 합이 0이면 $a+b+c+d=0$

따라서 행렬 $9A=\begin{pmatrix} 9a & 9b \\ 9c & 9d \end{pmatrix}$의 모든 성분의 합은 $9a+9b+9c+9d=9(a+b+c+d)=0$

따라서 A^4+A^5의 모든 성분의 합은 $9E$의 모든 성분의 합과 같으므로
$9\times 2=18$ $\qquad\qquad\qquad\qquad 9E=\begin{pmatrix} 9 & 0 \\ 0 & 9 \end{pmatrix}$

L 151 정답 ③ ⸺⸺⸺⸺⸺ 단위행렬 E를 포함한 식

정답 공식: $B=aA+bE$이면 $AB=BA$가 성립한다.

> 이차정사각행렬 A, B에 대하여
> $$A^2+A=E, \quad AB=2E$$
> **단서1** 등식의 오른쪽에 행렬 B를 곱하면 $AB=2E$를 이용할 수 있어.
> 가 성립할 때, B^2을 A와 E로 나타내면?
> **단서2** 행렬 B를 A와 E로 나타낸 다음 정리해. (단, E는 이차단위행렬)
>
> ① $2A+4E$ ② $2A-E$ ③ $4A+8E$
> ④ $4A-2E$ ⑤ $8A-4E$

1st 주어진 두 식을 이용하여 B를 A와 E로 나타내 봐.
이차정사각행렬 A, B에 대하여
$A^2+A=E$ ⋯ ㉠, $AB=2E$ ⋯ ㉡
㉠의 양변의 오른쪽에 B를 곱하면
$A^2B+AB=B$
$\underline{AAB+AB=B}$ $\underset{AB=2E를\ 이용할\ 수\ 있게\ 변형했어.}{}$
$2A+2E=B(\because ㉡)$
∴ $B=2A+2E$

2nd 구해진 B를 이용하여 B^2을 구해.
∴ $B^2=(2A+2E)^2=4A^2+8A+4E$
$\qquad =4(A^2+A)+4A+4E$
$\qquad =4E+4A+4E(\because ㉠)$
$\qquad =4A+8E$

L 152 정답 40 ································· 단위행렬 E를 포함한 식

정답 공식: 단위행렬 E를 포함한 곱셈식은 $AE=EA=A$로 교환법칙이 성립하므로 곱셈 공식을 이용할 수 있다.

이차정사각행렬 A, B와 실수 k에 대하여

$$A+kB=\begin{pmatrix} 2 & 2 \\ 1 & 3 \end{pmatrix},\ A+B=E,\ B^2=B$$

단서1 두 식을 연립하여 행렬 B에 대한 식을 구해.
단서2 **단서1** 에서 구한 행렬 B를 이 식에 대입하여 k의 값을 구해.

가 성립할 때, $10k$의 값을 구하시오. (단, E는 단위행렬이다.)

1st 행렬 B에 대한 식을 구하자.

$$A+kB=\begin{pmatrix} 2 & 2 \\ 1 & 3 \end{pmatrix} \cdots ㉠$$

$$A+B=E=\begin{pmatrix} 1 & 0 \\ 0 & 1 \end{pmatrix} \cdots ㉡$$

㉠-㉡을 하면

$$(k-1)B=\begin{pmatrix} 2 & 2 \\ 1 & 3 \end{pmatrix}-\begin{pmatrix} 1 & 0 \\ 0 & 1 \end{pmatrix}=\begin{pmatrix} 1 & 2 \\ 1 & 2 \end{pmatrix} \cdots ㉢$$

2nd $B^2=B$임을 이용하여 k의 값을 구하자.

㉢의 양변의 행렬을 제곱하면

$$(k-1)^2B^2=\begin{pmatrix} 1 & 2 \\ 1 & 2 \end{pmatrix}\begin{pmatrix} 1 & 2 \\ 1 & 2 \end{pmatrix}=\begin{pmatrix} 3 & 6 \\ 3 & 6 \end{pmatrix}=3(k-1)B$$

이때, $B^2=B$이고 $B\neq O$이므로

$B=O$이면 ㉢에서 $O=\begin{pmatrix} 1 & 2 \\ 1 & 2 \end{pmatrix}$가 되어 모순이야.

$\begin{pmatrix} 3 & 6 \\ 3 & 6 \end{pmatrix}=3\begin{pmatrix} 1 & 2 \\ 1 & 2 \end{pmatrix}$
$=3(k-1)B$ (∵ ㉢)

$(k-1)^2B^2=3(k-1)B$에서
$(k-1)^2=3(k-1)$, $k^2-2k+1=3k-3$
$k^2-5k+4=0$, $(k-1)(k-4)=0$
$\therefore k=4$ (∵ $k\neq 1$)

$k=1$이면 ㉢에서 $O=\begin{pmatrix} 1 & 2 \\ 1 & 2 \end{pmatrix}$가 되어 모순이야.

$\therefore 10k=10\times 4=40$

L 153 정답 ① ································· 단위행렬 E를 포함한 식

정답 공식: $B=aA+bE$이면 $AB=BA$가 성립한다.

이차정사각행렬 A, B가

$$A+B=E,\ (E-A)(E-B)=E$$

단서 A 또는 B를 소거할 수 있어.

를 만족시킬 때, A^6+B^6의 모든 성분의 합은? (단, E는 단위행렬이다.)

① 4   ② 6   ③ 8
④ 10   ⑤ 12

1st 주어진 식을 정리하여 행렬의 거듭제곱을 구해.

$A+B=E$에서 $E-B=A$이므로
$(E-A)(E-B)=E$에 대입하면
$(E-A)(E-B)=(E-A)A=-A^2+A=E$
$A^2-A+E=O$
양변에 행렬 $A+E$를 곱하면
$\underline{(A+E)(A^2-A+E)=O}$
$AE=EA=A,\ AO=OA=O$
따라서 $A^3+E=O$, 즉 $A^3=-E$이다.

같은 방법으로
$(E-A)(E-B)=E$에 $E-A=B$를 대입하면
$\underline{(E-A)(E-B)=B(E-B)=B-B^2=E}$
$B^2-B+E=O,\ B^3+E=O$
$B^3=-E$이다.

2nd A^6+B^6의 모든 성분의 합을 구해.

따라서 구하는 행렬은
$A^6+B^6=(A^3)^2+(B^3)^2=(-E)^2+(-E)^2=E+E=2E$
따라서 A^6+B^6의 모든 성분의 합은 $2+0+0+2=4$이다.

🔷 **다른 풀이**: A^2+B^2, A^4+B^4의 곱 이용하기

조건을 이용하여 행렬의 거듭제곱을 추론한다.
$(E-A)(E-B)=E-(A+B)+AB=E$이므로
$A+B=AB=E$이고 $AB=BA$이다.

$A+B=E$의 양변에 A 또는 B를 각각 곱하면 $AB=BA$ 즉, 교환법칙이 성립해.

또한,
$A^2+B^2=(A+B)^2-2AB=E-2E=-E$
$A^4+B^4=(A^2+B^2)^2-2A^2B^2=E-2E=-E$
이므로
$A^6+B^6=(A^4+B^4)(A^2+B^2)-A^2B^2(A^2+B^2)$
$\qquad =(-E)^2-E(-E)=2E$
따라서 A^6+B^6의 모든 성분의 합은 4이다.

L 154 정답 ④ ································· 행렬의 진위 판별

정답 공식: 일반적으로 $AB\neq BA$임에 주의하여 진위를 판정한다.

이차정사각행렬 A, B에 대하여 등식
$$A+B=3E,\ AB=4B$$

단서 $A+B=3E$에서 $A=3E-B$, $B=3E-A$로 변형하여 다음 식에 대입하면 한 문자에 관한 식을 구할 수 있어.

가 성립할 때, 항상 옳은 것을 [보기]에서 모두 고른 것은? (단, E는 단위행렬이고 O는 영행렬이다.)

─────── [보기] ───────
ㄱ. $A=4E$ ㄴ. $B^2+B=O$
ㄷ. $A^2-B^2=3(A-B)$

① ㄱ   ② ㄴ   ③ ㄷ
④ ㄴ, ㄷ   ⑤ ㄱ, ㄴ, ㄷ

1st 거짓인 명제는 반례를 하나 찾으면 돼. 🚫**주의**

명제가 거짓임을 밝힐 때는 반례 하나만 찾으면 되지만 명제가 성립하는 예시를 하나만 찾는다고 명제가 참임을 밝힐 수는 없어. 이에 주의하며 진위 판정을 해야 해.

ㄱ. [반례] $A=3E$, $B=O$일 때,
$A+B=3E$, $AB=O=4B$이지만
$A\neq 4E$ (거짓)

2nd 행렬은 일반적으로 곱셈에 대한 교환법칙이 성립하지 않는다는 것에 주의하여 식을 전개해.

ㄴ. $A+B=3E$에서 $A=3E-B$
$AB=(3E-B)B=3B-B^2$
즉, $3B-B^2=4B$이므로 $B^2+B=O$ (참)
ㄷ. $A+B=3E$에서 $B=3E-A$
(좌변) $=A^2-B^2=A^2-(3E-A)^2$
$\qquad =A^2-(A^2-6A+9E)=6A-9E$
(우변) $=3(A-B)=3(A-3E+A)$
$\qquad =3(2A-3E)=6A-9E$
따라서 주어진 등식은 성립한다. (참)
따라서 옳은 것은 ㄴ, ㄷ이다.

(정답 공식: 행렬의 곱셈은 일반적으로 교환법칙이 성립하지 않는다.)

두 이차정사각행렬 A, B가 $\underline{AB=-BA}$를 만족할 때, 항상 성립하는 것을 [보기]에서 모두 고른 것은?

단서 [보기]에 주어진 식들을 행렬의 곱셈의 성질을 이용해 전개한 후 $AB=-BA$를 적용하여 식을 변형하는 거야.

─────────── [보기] ───────────
ㄱ. $(AB)^2=A^2B^2$
ㄴ. $(A+B)^2=A^2+B^2$
ㄷ. $(A-B)^2=(A+B)^2$

① ㄱ　　　　② ㄴ　　　　③ ㄱ, ㄴ
④ ㄴ, ㄷ　　　⑤ ㄱ, ㄴ, ㄷ

1st 행렬의 곱셈의 성질을 이용하여 ㄱ의 참, 거짓을 판별하자.

ㄱ. $(AB)^2=ABAB=A(BA)B$
$\quad =A(-AB)B=-AABB=-A^2B^2$ (거짓)

$AB=-BA$이므로 BA 대신에 $-AB$를 대입한 거야.

2nd 주어진 식을 분배법칙을 이용하여 전개한 후 ㄴ, ㄷ의 참, 거짓을 판별하자.

ㄴ. $(A+B)^2=(A+B)(A+B)=A^2+AB+BA+B^2$
$\quad =A^2-BA+BA+B^2=A^2+B^2$ (참)

주의 행렬의 곱셈에서는 일반적으로 교환법칙이 성립하지 않으므로 곱셈 공식처럼 $(A+B)^2=A^2+2AB+B^2$으로 전개하면 안 돼.
A 또는 B가 단위행렬이 아니라면 $(A+B)^2$은 $(A+B)(A+B)$로, $(A-B)^2$은 $(A-B)(A-B)$로 놓고 전개하도록 해.

ㄷ. $(A-B)^2=(A-B)(A-B)=A^2-AB-BA+B^2$
$\quad =A^2+BA-BA+B^2=A^2+B^2$
$\quad \therefore (A-B)^2=(A+B)^2 \,(\because \text{ㄴ})$ (참)

따라서 옳은 것은 ㄴ, ㄷ이다.

(정답 공식: 행렬의 곱셈은 일반적으로 교환법칙이 성립하지 않는다.)

두 이차정사각행렬 A, B에 대하여 옳은 것만을 [보기]에서 있는 대로 고른 것은? (단, E는 단위행렬이고, O는 영행렬이다.)

─────────── [보기] ───────────
ㄱ. $A^2=E$이면 $A=E$이다.
　단서1 단위행렬이 아닌 행렬 A를 제곱했을 때 단위행렬이 나오는 경우가 있는지 찾아 봐.
ㄴ. $(A+2B)^2=(A-2B)^2$이면
　단서2 분배법칙을 이용하여 좌변과 우변을 각각 전개한 후 비교해 봐.
　$AB+BA=O$이다.
ㄷ. $AB=A$, $BA=B$이면 $A^2+B^2=A+B$이다.
　단서3 A^2, B^2 꼴이 나오도록 $AB=A$, $BA=B$의 양변에 A 또는 B를 곱해 봐.

① ㄱ　　　　② ㄴ　　　　③ ㄷ
④ ㄴ, ㄷ　　　⑤ ㄱ, ㄴ, ㄷ

1st 거짓인 명제는 반례를 하나 들면 돼.

ㄱ. 【반례】$A=\begin{pmatrix} 0 & 1 \\ 1 & 0 \end{pmatrix}$이면

$A^2=\begin{pmatrix} 0 & 1 \\ 1 & 0 \end{pmatrix}\begin{pmatrix} 0 & 1 \\ 1 & 0 \end{pmatrix}=\begin{pmatrix} 1 & 0 \\ 0 & 1 \end{pmatrix}=E$

이지만 $A\neq E$이다. (거짓)

2nd 주어진 식을 전개하거나 변형하여 ㄴ, ㄷ의 참, 거짓을 판별하자.

ㄴ. $(A+2B)^2=(A+2B)(A+2B)$
$\quad =A^2+2AB+2BA+4B^2$

주의 곱셈 공식을 적용하여 $(A+2B)^2=A^2+4AB+4B^2$, $(A-2B)^2=A^2-4AB+4B^2$ 과 같이 전개하면 안 돼.

$(A-2B)^2=(A-2B)(A-2B)$
$\quad =A^2-2AB-2BA+4B^2$

$(A+2B)^2=(A-2B)^2$에서
$A^2+2AB+2BA+4B^2=A^2-2AB-2BA+4B^2$
$4AB+4BA=O \quad \therefore AB+BA=O$ (참)

ㄷ. $AB=A$의 양변의 오른쪽에 행렬 A를 곱하면
$\quad ABA=A^2$
$BA=B$의 양변의 오른쪽에 행렬 B를 곱하면
$\quad BAB=B^2$
$\quad \therefore A^2+B^2=ABA+BAB=A(BA)+B(AB)$

행렬의 곱셈에서는 결합법칙이 성립해.

$\quad =AB+BA=A+B$ (참)

따라서 옳은 것은 ㄴ, ㄷ이다.

(정답 공식: 행렬의 곱셈은 일반적으로 교환법칙이 성립하지 않는다.)

두 이차정사각행렬 A, B가
$$AB+B=A, \quad \underline{ABA-A^2=E}$$
를 만족시킬 때, 옳은 것만을 [보기]에서 있는 대로 고른 것은? (단, E는 단위행렬이다.)

─────────── [보기] ───────────
ㄱ. $AB=BA$
　단서 ABA는 B의 좌우에 A가 곱해진 꼴이므로 $ABA-A^2=A(BA-A)=(AB-A)A$를 이용할 수 있어.
ㄴ. $A^3B^3=E$
ㄷ. $(A-E)^{30}=-3^{15}E$

① ㄱ　　　　② ㄴ　　　　③ ㄱ, ㄷ
④ ㄴ, ㄷ　　　⑤ ㄱ, ㄴ, ㄷ

1st 주어진 조건을 이용하여 ㄱ의 참, 거짓을 판별하자.

ㄱ. $ABA-A^2=E$에서
$\quad A(BA-A)=(AB-A)A=E \cdots \ ㉠$
이때, $(AB-A)A=E$의 양변의 오른쪽에 행렬 $BA-A$를 곱하면
$\quad (AB-A)A(BA-A)=BA-A$

㉠에서 $A(BA-A)=E$야.

$\quad AB-A=BA-A \quad \therefore AB=BA$ (참)

2nd ㄱ을 이용하여 ㄴ의 참, 거짓을 판별하자.

ㄴ. $AB+B=A$에서 $AB-A=-B$
이를 ㉠에 대입하면 $-BA=E$

㉠의 $(AB-A)A=E$에 $AB-A=-B$를 대입한 거야.

이때, ㄱ에서 $AB=BA$이므로
$\quad AB=BA=-E$
$\quad \therefore A^3B^3=AAABBB=AA(AB)BB$

$AB=BA$이므로
$A^3B^3=AAABBB=AA(AB)BB=AA(BA)BB$
$\quad =A(AB)(AB)B=A(BA)(BA)B$
$\quad =(AB)(AB)(AB)=(AB)^3=(-E)^3=-E$
$\quad =AA(-E)BB=-AABB=-A(AB)B$
$\quad =-A(-E)B=AB=-E$ (거짓)

ㄷ. ㄴ에서 $BA=-E$

즉, $ABA-A^2=E$에서

$A(-E)-A^2=E$, $-A-A^2=E$

$\therefore A^2+A+E=O \cdots$ ㉡

㉡의 양변에 $A-E$를 곱하면

$(A-E)(A^2+A+E)=O$

$A^3-E=O \quad \therefore A^3=E$

또, ㉡에서 $A^2=-A-E$이므로

$(A-E)^2=A^2-2A+E=-A-E-2A+E=-3A$

$\therefore (A-E)^{30}=\{(A-E)^2\}^{15}$

$=(-3A)^{15}=\underline{-3^{15}A^{15}}=-3^{15}E$ (참)

따라서 옳은 것은 ㄱ, ㄷ이다. $\quad -3^{15}A^{15}=-3^{15}(A^3)^5=-3^{15}E^5=-3^{15}E$

L 158 정답 ⑤ ·· 행렬의 진위 판별

(**정답 공식**: 행렬의 곱셈은 일반적으로 교환법칙이 성립하지 않는다.)

이차정사각행렬 A와 B에 대하여 옳은 것만을 [보기]에서 있는 대로 고른 것은? (단, O는 영행렬이고, E는 단위행렬이다.)

─────────[보기]─────────

ㄱ. $(A+B)^2=(A-B)^2$이면 $AB=O$이다.

　　단서1 $AB \neq BA$임을 고려하여 $(A+B)^2$과 $(A-B)^2$을 전개해봐.

ㄴ. $A^2=E$, $B^2=B$이면 $(ABA)^2=ABA$이다.

　　단서2 $A^2=AA$임을 이용하여 $(ABA)^2$을 전개해봐.

ㄷ. $A(A+E)=E$, $AB=-E$이면 $B^2=A+2E$

① ㄴ　　② ㄷ　　③ ㄱ, ㄴ　　④ ㄱ, ㄷ　　⑤ ㄴ, ㄷ

1st $AB \neq BA$에 주의하여 $(A+B)^2$, $(A-B)^2$을 전개하자.

ㄱ. $(A+B)^2=A^2+AB+BA+B^2$,

$(A-B)^2=A^2-AB-BA+B^2$이므로

> **주의** 행렬은 곱셈에 대한 교환법칙이 성립하지 않으므로
> $(A+B)^2=A^2+2AB+B^2$,
> $(A-B)^2=A^2-2AB+B^2$
> 으로 전개하면 안돼.

$(A+B)^2=(A-B)^2$에서

$A^2+AB+BA+B^2=A^2-AB-BA+B^2$

$2AB+2BA=O \quad \therefore AB=-BA$

따라서 $AB=O$임은 알 수 없다. (거짓)

2nd $(ABA)^2=(ABA)(ABA)$로 전개하여 간단히 정리하자.

ㄴ. $(ABA)^2=(ABA)(ABA)=ABAABA$

$=ABA^2BA=ABEBA$ ($\because A^2=E$)

$=ABBA=AB^2A=ABA$ ($\because B^2=B$) (참)

3rd $A(A+E)=E$의 양변의 오른쪽에 행렬 B를 곱하자.

ㄷ. $A(A+E)=E$에서 $A^2+A=E$

양변의 오른쪽에 행렬 B를 곱하면

$A^2B+AB=B$

$AB=-E$의 양변의 왼쪽에 A를 곱하면

$A^2B=-A$

$A^2B+AB=-A-E=B$

$B=-A-E$이므로 양변을 제곱하면

$B^2=(-A-E)^2=A^2+2A+E$

$=(-A+E)+2A+E$ ($\because A^2=-A+E$)

$=A+2E$ (참)

따라서 옳은 것은 ㄴ, ㄷ이다.

L 159 정답 ④ ·· 행렬의 진위 판별

(**정답 공식**: 주어진 조건으로 참임을 증명하거나 반례를 찾아 거짓임을 증명한다.)

두 이차정사각행렬 $A_1=\begin{pmatrix} 1 & 0 \\ 1 & 0 \end{pmatrix}$, $B=\begin{pmatrix} 0 & 1 \\ 1 & 0 \end{pmatrix}$에 대하여

$\underline{A_{n+1}=A_nB \ (n=1, 2, 3, \cdots)}$ **단서** 정의에 따라 행렬 A_n을 구해.

로 정의할 때, [보기]에서 옳은 것을 모두 고른 것은?

─────────[보기]─────────

ㄱ. $A_2=A_5$　　　　　ㄴ. $A_{2n+2}=A_{2n}A_{2n+2}$

ㄷ. $A_{2n+1}=A_{2n}A_{2n+1}$

① ㄱ　　② ㄴ　　③ ㄱ, ㄴ

④ ㄴ, ㄷ　　⑤ ㄱ, ㄴ, ㄷ

1st $A_2, A_3, A_4, \cdots$을 각각 구한 다음 주어진 식에 대입해.

$A_1=\begin{pmatrix} 1 & 0 \\ 1 & 0 \end{pmatrix}$, $B=\begin{pmatrix} 0 & 1 \\ 1 & 0 \end{pmatrix}$에 대하여

$A_{n+1}=A_nB \ (n=1, 2, 3, \cdots)$인 행렬 $A_2, A_3, A_4, \cdots$를 차례로 구해보자.

$A_2=A_1B=\begin{pmatrix} 1 & 0 \\ 1 & 0 \end{pmatrix}\begin{pmatrix} 0 & 1 \\ 1 & 0 \end{pmatrix}=\begin{pmatrix} 0 & 1 \\ 0 & 1 \end{pmatrix}$

$A_3=A_2B=\begin{pmatrix} 0 & 1 \\ 0 & 1 \end{pmatrix}\begin{pmatrix} 0 & 1 \\ 1 & 0 \end{pmatrix}=\begin{pmatrix} 1 & 0 \\ 1 & 0 \end{pmatrix}$

$A_4=A_3B=\begin{pmatrix} 1 & 0 \\ 1 & 0 \end{pmatrix}\begin{pmatrix} 0 & 1 \\ 1 & 0 \end{pmatrix}=\begin{pmatrix} 0 & 1 \\ 0 & 1 \end{pmatrix}$

$\vdots$

$A_4=A_2$이므로 $A_5=A_4B=A_2B=A_3$임을 알 수 있어.

$\therefore \begin{cases} A_{2n-1}=\begin{pmatrix} 1 & 0 \\ 1 & 0 \end{pmatrix} \\ A_{2n}=\begin{pmatrix} 0 & 1 \\ 0 & 1 \end{pmatrix} \end{cases}$, $(n=1, 2, 3, \cdots)$

$A_{(홀수)}=\begin{pmatrix} 1 & 0 \\ 1 & 0 \end{pmatrix}$, $A_{(짝수)}=\begin{pmatrix} 0 & 1 \\ 0 & 1 \end{pmatrix}$

2nd [보기]에 대입해 참, 거짓을 판단해.

ㄱ. $A_2=\begin{pmatrix} 0 & 1 \\ 0 & 1 \end{pmatrix}$, $A_5=\begin{pmatrix} 1 & 0 \\ 1 & 0 \end{pmatrix}$이므로 $A_2 \neq A_5$ (거짓)

ㄴ. $A_{2n+2}=\begin{pmatrix} 0 & 1 \\ 0 & 1 \end{pmatrix}$, $A_{2n}=\begin{pmatrix} 0 & 1 \\ 0 & 1 \end{pmatrix}$이므로

$A_{2n}A_{2n+2}=\begin{pmatrix} 0 & 1 \\ 0 & 1 \end{pmatrix}\begin{pmatrix} 0 & 1 \\ 0 & 1 \end{pmatrix}=\begin{pmatrix} 0 & 1 \\ 0 & 1 \end{pmatrix}$

$\therefore A_{2n+2}=A_{2n}A_{2n+2}$ (참)

ㄷ. $A_{2n+1}=\begin{pmatrix} 1 & 0 \\ 1 & 0 \end{pmatrix}$, $A_{2n}=\begin{pmatrix} 0 & 1 \\ 0 & 1 \end{pmatrix}$이므로

$A_{2n}A_{2n+1}=\begin{pmatrix} 0 & 1 \\ 0 & 1 \end{pmatrix}\begin{pmatrix} 1 & 0 \\ 1 & 0 \end{pmatrix}=\begin{pmatrix} 1 & 0 \\ 1 & 0 \end{pmatrix}$

$\therefore A_{2n+1}=A_{2n}A_{2n+1}$ (참)

따라서 옳은 것은 ㄴ, ㄷ이다.

정답 128 ································· 케일리−해밀턴의 정리

[**정답 공식**: 행렬 A에 대하여 A^2, A^3을 차례로 계산하며]
[$A^n=kE$ (단, E는 단위행렬)꼴의 식을 구해야 한다.]

> 행렬 $A=\begin{pmatrix} -1 & 3 \\ -1 & -1 \end{pmatrix}$에 대하여 $A^6\begin{pmatrix} 1 \\ 1 \end{pmatrix}=\begin{pmatrix} a \\ b \end{pmatrix}$일 때,
>
> $a+b$의 값을 구하시오.　**단서** 행렬 A에 대하여 A^2, A^3을 구해보면 A^6을 구할 수 있을 거야.

1st 행렬 A^2, A^3을 차례로 계산한 다음 A^6을 구해.

케일리−해밀턴의 정리를 이용해보자.

행렬 $A=\begin{pmatrix} a & b \\ c & d \end{pmatrix}$에 대하여

$A^2-(a+d)A+(ad-bc)E=O$

$A=\begin{pmatrix} -1 & 3 \\ -1 & -1 \end{pmatrix}$이므로

$A^2-(-1-1)A+(1+3)E=O$

$\therefore A^2+2A+4E=O$

양변에 $(A-2E)$를 곱하면

　단위행렬 E는 임의의 행렬 A에 대하여 교환법칙이 성립해. 즉, $AE=EA=A$

$(A-2E)(A^2+2A+4E)=A^3-8E=O$

단위행렬 E는 다른 행렬과 교환법칙이 성립하므로 곱셈 공식을 활용할 수 있어.
곱셈 공식을 활용할 때 단위행렬 E는 숫자 1이라고 생각하면 돼.
이 식은 곱셈 공식 $(x-2)(x^2+2x+4)=x^3-8$을 이용했어.

$\therefore A^3=8E$, $A^6=64E$
　$A^3=8E$이므로 양변을 제곱하면 $A^6=64E$야. 이때 $E^2=E$임을 이용했어.

2nd 주어진 식에 대입하여 $a+b$의 값을 구해.

$\begin{pmatrix} a \\ b \end{pmatrix}=A^6\begin{pmatrix} 1 \\ 1 \end{pmatrix}=64E\begin{pmatrix} 1 \\ 1 \end{pmatrix}=\begin{pmatrix} 64 \\ 64 \end{pmatrix}$

따라서 $a=64$, $b=64$이므로
$a+b=64+64=128$

다른 풀이: 직접 거듭제곱하여 $A^3=8E$임을 구하기

행렬 $A=\begin{pmatrix} -1 & 3 \\ -1 & -1 \end{pmatrix}$에 대하여

$A^2=\begin{pmatrix} -1 & 3 \\ -1 & -1 \end{pmatrix}\begin{pmatrix} -1 & 3 \\ -1 & -1 \end{pmatrix}=\begin{pmatrix} -2 & -6 \\ 2 & -2 \end{pmatrix}$

$A^3=\begin{pmatrix} -2 & -6 \\ 2 & -2 \end{pmatrix}\begin{pmatrix} -1 & 3 \\ -1 & -1 \end{pmatrix}=\begin{pmatrix} 8 & 0 \\ 0 & 8 \end{pmatrix}=8E$

(이하 동일)

L 161 **정답 ②** ································· 케일리−해밀턴의 정리

[**정답 공식**: 행렬 $A=\begin{pmatrix} a & b \\ c & d \end{pmatrix}$에 대하여 $A^2-(a+d)A+(ad-bc)E=O$가]
성립한다.

> 이차방정식 $x^2-5x-1=0$의 두 근을 α, β라 할 때,
> **단서1** 이차방정식의 근과 계수의 관계를 이용하면 $\alpha+\beta$, $\alpha\beta$를 구할 수 있겠지?
> 행렬 $A=\begin{pmatrix} 2 & \alpha \\ \beta & -2 \end{pmatrix}$에 대하여 A^5과 같은 행렬은?
> **단서2** 케일리−해밀턴의 정리를 이용하면 차수를 낮출 수 있어.
> ① $6A$　② $9A$　③ $25A$　④ $27A$　⑤ $81A$

1st 주어진 이차방정식의 두 근이 α, β이므로 이차방정식의 근과 계수의 관계를 이용하자.

이차방정식 $x^2-5x-1=0$의 두 근이 α, β이므로
근과 계수의 관계에 의해
$\alpha+\beta=5$, $\alpha\beta=-1$ $\cdots$ ㉠

2nd A^5을 간단히 하기 위해 케일리−해밀턴의 정리를 이용하자.

행렬 $A=\begin{pmatrix} 2 & \alpha \\ \beta & -2 \end{pmatrix}$에 대하여

케일리−해밀턴의 정리를 적용하면

행렬 $A=\begin{pmatrix} a & b \\ c & d \end{pmatrix}$에 대하여

$A^2-(a+d)A+(ad-bc)E=O$ (단, E는 단위행렬, O는 영행렬)

$A^2-(2-2)A+(-4-\alpha\beta)E=O$이므로

$A^2=3E$ ($\because$ ㉠)

$\alpha\beta=-1$을 위의 식에 대입하면

$A^2+(-4+1)E=O$, 즉 $A^2-3E=O$이므로 $A^2=3E$

$\therefore A^5=A^4\cdot9=9EA=9A$
$A^2=3E$에서 $A^4=(A^2)^2=(3E)^2=9E$야.

L 162 **정답 ④** ································· 케일리−해밀턴의 정리

(**정답 공식**: $A^n=E$이면 $A+A^2+\cdots+A^n=O$가 성립한다.)

> 이차정사각행렬 A의 (i, j)성분 a_{ij}가
> $$a_{ij}=i-j \ (i=1, 2, j=1, 2)$$
> 이다. 행렬 $A+A^2+A^3+\cdots+A^{2010}$의 $(2, 1)$성분은?
> **단서** $A^k=E$인 최소의 자연수 k의 값을 구해야겠지?
> ① -2010　② -1　③ 0
> ④ 1　⑤ 2010

1st $i=1, 2$, $j=1, 2$를 차례로 대입하여 A를 구하자.

이차정사각행렬 A의 (i, j)성분 $a_{ij}=i-j$이므로

$A=\begin{pmatrix} a_{11} & a_{12} \\ a_{21} & a_{22} \end{pmatrix}$라 하면

$a_{11}=1-1=0$

$a_{12}=1-2=-1$

$a_{21}=2-1=1$

$a_{22}=2-2=0$

$\therefore A=\begin{pmatrix} 0 & -1 \\ 1 & 0 \end{pmatrix}$

2nd 케일리−해밀턴의 정리를 이용하여 $A^n=E$를 만족하는 최소의 자연수 n의 값을 찾자.

행렬 $A=\begin{pmatrix} 0 & -1 \\ 1 & 0 \end{pmatrix}$에 대하여 케일리−해밀턴의 정리를 적용하면

$A^2+E=O$　$\therefore A^2=-E$

$A^2=AA=\begin{pmatrix} 0 & -1 \\ 1 & 0 \end{pmatrix}\begin{pmatrix} 0 & -1 \\ 1 & 0 \end{pmatrix}=\begin{pmatrix} -1 & 0 \\ 0 & -1 \end{pmatrix}=-E$로 구해도 돼.

$A^3=A^2A=-EA=-A$

$A^4=(A^2)^2=(-E)^2=E$

$\therefore A+A^2+A^3+A^4=A-E-A+E=O$

즉, 연속하는 네 개의 항의 합이 O이므로

$A+A^2+A^3+\cdots+A^{2010}$

2010$=4\times502+2$이므로 4개씩 묶으면 2개의 항이 남아.

$=A+A^2=A-E$

$=\begin{pmatrix} 0 & -1 \\ 1 & 0 \end{pmatrix}-\begin{pmatrix} 1 & 0 \\ 0 & 1 \end{pmatrix}=\begin{pmatrix} -1 & -1 \\ 1 & -1 \end{pmatrix}$

따라서 구하는 행렬의 $(2, 1)$성분은 1이다.

L 163 정답 2 ······· 서로 같은 행렬

정답 공식: 같은 꼴인 두 행렬 A, B의 대응하는 성분이 각각 같을 때, 두 행렬 A, B는 서로 같다고 한다.

> 두 이차정사각행렬 A, B의 (i, j)성분 a_{ij}, b_{ij}가
> $$a_{ij}=\begin{cases} i(j+1)+1 & (i \neq j) \\ 2i+j & (i=j) \end{cases}, \quad b_{ij}=pi+qj$$이고
> $A=B$일 때, 상수 p, q에 대하여 pq의 값을 구하는 과정을 서술하시오. **단서** 같은 행, 같은 열에 있는 성분을 각각 비교해.

1st 이차정사각행렬 A를 구하자.

$a_{ij}=\begin{cases} i(j+1)+1 & (i \neq j) \\ 2i+j & (i=j) \end{cases}$에서

$a_{11}=2i+j=2+1=3$,
$a_{12}=i(j+1)+1=1 \times 3+1=4$,
$a_{21}=i(j+1)+1=2 \times 2+1=5$
$a_{22}=2i+j=4+2=6$

$\therefore A=\begin{pmatrix} 3 & 4 \\ 5 & 6 \end{pmatrix}$ ··· ❶

2nd 이차정사각행렬 B를 구하자.

또한, $b_{ij}=pi+qj$에서 이차정사각행렬

$B=\begin{pmatrix} p+q & p+2q \\ 2p+q & 2p+2q \end{pmatrix}$ ··· ❷

3rd 행렬이 서로 같을 조건을 이용하여 pq의 값을 구하자.

$A=B$이므로 $\begin{pmatrix} 3 & 4 \\ 5 & 6 \end{pmatrix}=\begin{pmatrix} p+q & p+2q \\ 2p+q & 2p+2q \end{pmatrix}$

$b_{21}-b_{11}=a_{21}-a_{11}$에서 $p=5-3=2$,
$\underline{(2p+q)-(p+q)}$이므로 q가 소거돼.
$b_{12}-b_{11}=a_{12}-a_{11}$에서 $q=4-3=1$
$\underline{(p+2q)-(p+q)}$이므로 p가 소거돼.
$\therefore pq=2 \times 1=2$ ··· ❸

[채점 기준표]

❶ 이차정사각행렬 A를 구한다.	40%
❷ 이차정사각행렬 B를 구한다.	20%
❸ 행렬이 서로 같을 조건을 이용하여 pq의 값을 구한다.	40%

L 164 정답 18 ······· 행렬의 거듭제곱 – 규칙 찾기

정답 공식: 행렬 A가 정사각행렬이고 m, n이 자연수일 때, $A^{n+1}=A^n A$, $A^m A^n=A^{m+n}$, $(A^m)^n=A^{mn}$

> $A=\begin{pmatrix} 1 & 2 \\ 2 & 4 \end{pmatrix}$일 때, 행렬 $\underline{A^{10}}$의 모든 성분의 합은 $m \times 5^n$이다. **단서** $A^2, A^3, A^4, \cdots$을 차례로 구하여 규칙을 찾아.
> 이때, 자연수 m, n의 합 $m+n$의 값을 구하는 과정을 서술하시오. (단, m과 5는 서로소이다.)

1st A^2과 A 사이의 관계식을 세우자.

$A=\begin{pmatrix} 1 & 2 \\ 2 & 4 \end{pmatrix}$에서 케일리-해밀턴의 정리에 의해

$A^2-5A=O$ 같은 꼴의 행렬 $A=\begin{pmatrix} a & b \\ c & d \end{pmatrix}$, E, O에 대하여

$\therefore \underline{A^2=5A}$ ··· ❶ $A^2-(a+d)A+(ad-bc)E=O$
직접 곱해서 구할 수도 있어.

$A^2=\begin{pmatrix} 1 & 2 \\ 2 & 4 \end{pmatrix}\begin{pmatrix} 1 & 2 \\ 2 & 4 \end{pmatrix}=\begin{pmatrix} 5 & 10 \\ 10 & 20 \end{pmatrix}=5\begin{pmatrix} 1 & 2 \\ 2 & 4 \end{pmatrix}=5A$

2nd 규칙을 찾아 A^{10}과 A 사이의 관계식을 세우자.

$A^3=A^2A=5A^2=\underline{5^2A}$ 규칙이 보이지?
$A^4=A^3A=5^2A^2=5^3A$
$\vdots$

$A^{10}=A^9A=5^8A^2=5^9A=5^9\begin{pmatrix} 1 & 2 \\ 2 & 4 \end{pmatrix}$ ··· ❷

3rd A^{10}의 모든 성분의 합을 구하여 $m+n$의 값을 구하자.

따라서 행렬 A^{10}의 모든 성분의 합은
$5^9(1+2+2+4)=9 \times 5^9=m \times 5^n$
따라서 $m=9$, $n=9$이므로
$m+n=9+9=18$ ··· ❸

[채점 기준표]

❶ A^2과 A 사이의 관계식을 세운다.	30%
❷ 규칙을 찾아 A^{10}과 A 사이의 관계식을 세운다.	50%
❸ 행렬 A^{10}의 모든 성분의 합을 구하여 $m+n$의 값을 구한다.	20%

L 165 정답 3 ······· 행렬의 변형

정답 공식: $A\begin{pmatrix} a \\ b \end{pmatrix}=\begin{pmatrix} p \\ q \end{pmatrix}$, $A\begin{pmatrix} c \\ d \end{pmatrix}=\begin{pmatrix} r \\ s \end{pmatrix}$이면
$mA\begin{pmatrix} a \\ b \end{pmatrix}+nA\begin{pmatrix} c \\ d \end{pmatrix}=m\begin{pmatrix} p \\ q \end{pmatrix}+n\begin{pmatrix} r \\ s \end{pmatrix}=\begin{pmatrix} mp+nr \\ mq+ns \end{pmatrix}$

> 이차정사각행렬 A에 대하여
> $$A\begin{pmatrix} 2 \\ 1 \end{pmatrix}=\begin{pmatrix} -1 \\ 1 \end{pmatrix}, \quad A\begin{pmatrix} -1 \\ 0 \end{pmatrix}=\begin{pmatrix} 3 \\ 1 \end{pmatrix}$$
> 이다. $A^{100}\begin{pmatrix} 1 \\ 1 \end{pmatrix}=\begin{pmatrix} x \\ y \end{pmatrix}$를 만족시키는 실수 x, y에 대하여 **단서** 주어진 행렬의 연산으로 $A\begin{pmatrix} 1 \\ 1 \end{pmatrix}$을 구해.
> $\dfrac{2x+y}{2x-y}$의 값을 구하는 과정을 서술하시오.

1st $A\begin{pmatrix} 1 \\ 1 \end{pmatrix}$을 구하자.

$A\begin{pmatrix} 2 \\ 1 \end{pmatrix}=\begin{pmatrix} -1 \\ 1 \end{pmatrix}$, $A\begin{pmatrix} -1 \\ 0 \end{pmatrix}=\begin{pmatrix} 3 \\ 1 \end{pmatrix}$에서

$A\begin{pmatrix} 1 \\ 1 \end{pmatrix}=A\begin{pmatrix} 2 \\ 1 \end{pmatrix}+A\begin{pmatrix} -1 \\ 0 \end{pmatrix}$이므로
$\underline{A\begin{pmatrix} a \\ b \end{pmatrix}+A\begin{pmatrix} c \\ d \end{pmatrix}=A\begin{pmatrix} a+c \\ b+d \end{pmatrix}}$
$A\begin{pmatrix} 1 \\ 1 \end{pmatrix}=\begin{pmatrix} -1 \\ 1 \end{pmatrix}+\begin{pmatrix} 3 \\ 1 \end{pmatrix}=\begin{pmatrix} 2 \\ 2 \end{pmatrix}=2\begin{pmatrix} 1 \\ 1 \end{pmatrix}$이다. ··· ❶
규칙을 찾기 위해 공통실수로 묶었어.

2nd 규칙을 찾아 $A^{100}\begin{pmatrix}1\\1\end{pmatrix}$을 구하자.

$A\begin{pmatrix}1\\1\end{pmatrix}=2\begin{pmatrix}1\\1\end{pmatrix}$의 양변의 왼쪽에 A를 곱하면

$A^2\begin{pmatrix}1\\1\end{pmatrix}=2A\begin{pmatrix}1\\1\end{pmatrix}=2^2\begin{pmatrix}1\\1\end{pmatrix}$
<sub 규칙이 보이지?>

$A^3\begin{pmatrix}1\\1\end{pmatrix}=2^2A\begin{pmatrix}1\\1\end{pmatrix}=2^3\begin{pmatrix}1\\1\end{pmatrix}$
$\vdots$

$A^{100}\begin{pmatrix}1\\1\end{pmatrix}=2^{99}A\begin{pmatrix}1\\1\end{pmatrix}=2^{100}\begin{pmatrix}1\\1\end{pmatrix}=\begin{pmatrix}2^{100}\\2^{100}\end{pmatrix}$ … Ⅱ

3rd $\dfrac{2x+y}{2x-y}$의 값을 구하자.

따라서 $x=2^{100}$, $y=2^{100}$이므로 $x=y$

$\therefore \dfrac{2x+y}{2x-y}=\dfrac{2x+x}{2x-x}=\dfrac{3x}{x}=3$ … Ⅲ

[채점 기준표]

Ⅰ $A\begin{pmatrix}1\\1\end{pmatrix}$을 구한다.	30%
Ⅱ 규칙을 찾아 $A^{100}\begin{pmatrix}1\\1\end{pmatrix}$을 구한다.	50%
Ⅲ $\dfrac{2x+y}{2x-y}$의 값을 구한다.	20%

L 166 정답 1 ……………………………… 케일리-해밀턴의 정리

> 정답 공식: 같은 꼴의 행렬 $A=\begin{pmatrix}a&b\\c&d\end{pmatrix}$, E, O에 대하여
> $A^2-(a+d)A+(ad-bc)E=O$가 성립한다.

행렬 $A=\begin{pmatrix}3&-2\\2&-1\end{pmatrix}$일 때, $A^{10}=mA+nE$를 만족시키는 실수
단서 케일리-해밀턴의 정리를 이용하여 차수를 낮춰야겠지?
m, n에 대하여 $m+n$의 값을 구하는 과정을 서술하시오.

1st A^2을 A, E로 나타내자.

케일리-해밀턴의 정리에 의해
$A^2-2A+E=O$이므로
$A^2=2A-E$ … Ⅰ
→ 같은 꼴의 행렬 $A=\begin{pmatrix}a&b\\c&d\end{pmatrix}$, E, O에 대하여
$A^2-(a+d)A+(ad-bc)E=O$

2nd 규칙을 찾아 A^{10}을 A, E로 나타내자.

$A^4=(A^2)^2=(2A-E)^2=4A^2-4A+E$
$\quad=4(2A-E)-4A+E$ → 행렬 A가 정사각행렬이고 m, n이 자연수일 때,
$\quad=4A-3E$ $A^{n+1}=A^nA$, $A^mA^n=A^{m+n}$, $(A^m)^n=A^{mn}$

$A^8=(A^4)^2=(4A-3E)^2=16A^2-24A+9E$
$\quad=16(2A-E)-24A+9E=8A-7E$

$\therefore A^{10}=A^2A^8=(2A-E)(8A-7E)$ 즉, $A^n=nA-(n-1)E$
$\quad=16A^2-22A+7E$
$\quad=16(2A-E)-22A+7E=10A-9E$ … Ⅱ

3rd $m+n$의 값을 구하자.

따라서 $m=10$, $n=-9$이므로 $m+n=1$이다. … Ⅲ

[채점 기준표]

Ⅰ A^2을 A, E로 나타낸다.	30%
Ⅱ 규칙을 찾아 A^{10}을 A, E로 나타낸다.	50%
Ⅲ $m+n$의 값을 구한다.	20%

L 167 정답 10 ……………………………… 행렬의 변형

> 정답 공식: $A\begin{pmatrix}a\\b\end{pmatrix}=\begin{pmatrix}p\\q\end{pmatrix}$, $A\begin{pmatrix}c\\d\end{pmatrix}=\begin{pmatrix}r\\s\end{pmatrix}$이면
> $mA\begin{pmatrix}a\\b\end{pmatrix}+nA\begin{pmatrix}c\\d\end{pmatrix}=m\begin{pmatrix}p\\q\end{pmatrix}+n\begin{pmatrix}r\\s\end{pmatrix}=\begin{pmatrix}mp+nr\\mq+ns\end{pmatrix}$

이차정사각행렬 A에 대하여
$$A\begin{pmatrix}2\\3\end{pmatrix}=\begin{pmatrix}1\\-1\end{pmatrix},\ A\begin{pmatrix}-1\\1\end{pmatrix}=\begin{pmatrix}3\\1\end{pmatrix}$$
이 성립할 때, $A\begin{pmatrix}x\\y\end{pmatrix}=\begin{pmatrix}5\\-1\end{pmatrix}$을 만족시키는 실수 x, y의 합
단서 $m\begin{pmatrix}1\\-1\end{pmatrix}+n\begin{pmatrix}3\\1\end{pmatrix}=\begin{pmatrix}5\\-1\end{pmatrix}$을 만족시키는 실수 m, n을 찾아야겠지?
$x+y$의 값을 구하는 과정을 서술하시오.

1st $\begin{pmatrix}5\\-1\end{pmatrix}$을 $\begin{pmatrix}1\\-1\end{pmatrix}$, $\begin{pmatrix}3\\1\end{pmatrix}$로 나타내자.

$m\begin{pmatrix}1\\-1\end{pmatrix}+n\begin{pmatrix}3\\1\end{pmatrix}=\begin{pmatrix}5\\-1\end{pmatrix}$을 만족시키는 실수 m, n을 구하면

$m=2$, $n=1$
$\begin{pmatrix}m+3n\\-m+n\end{pmatrix}=\begin{pmatrix}5\\-1\end{pmatrix}$, 즉 $m+3n=5$, $-m+n=-1$을 연립하여 풀면 $m=2$, $n=1$

$\therefore \begin{pmatrix}5\\-1\end{pmatrix}=2\begin{pmatrix}1\\-1\end{pmatrix}+\begin{pmatrix}3\\1\end{pmatrix}$ … Ⅰ

2nd 주어진 식을 이용하여 $\begin{pmatrix}x\\y\end{pmatrix}$를 구하자.

$A\begin{pmatrix}2\\3\end{pmatrix}=\begin{pmatrix}1\\-1\end{pmatrix}$, $A\begin{pmatrix}-1\\1\end{pmatrix}=\begin{pmatrix}3\\1\end{pmatrix}$이므로

$\begin{pmatrix}5\\-1\end{pmatrix}=2A\begin{pmatrix}2\\3\end{pmatrix}+A\begin{pmatrix}-1\\1\end{pmatrix}$
$\quad=A\begin{pmatrix}4\\6\end{pmatrix}+A\begin{pmatrix}-1\\1\end{pmatrix}$
$A\begin{pmatrix}a\\b\end{pmatrix}=\begin{pmatrix}p\\q\end{pmatrix}$, $A\begin{pmatrix}c\\d\end{pmatrix}=\begin{pmatrix}r\\s\end{pmatrix}$이면 $A\begin{pmatrix}a+c\\b+d\end{pmatrix}=\begin{pmatrix}p+r\\q+s\end{pmatrix}$
$\quad=A\begin{pmatrix}3\\7\end{pmatrix}=A\begin{pmatrix}x\\y\end{pmatrix}$ … Ⅱ

3rd $x+y$의 값을 구하자.

따라서 $x=3$, $y=7$이므로 $x+y=10$이다. … Ⅲ

[채점 기준표]

Ⅰ $\begin{pmatrix}5\\-1\end{pmatrix}$을 $\begin{pmatrix}1\\-1\end{pmatrix}$, $\begin{pmatrix}3\\1\end{pmatrix}$로 나타낸다.	40%
Ⅱ 주어진 식을 이용하여 $\begin{pmatrix}x\\y\end{pmatrix}$를 구한다.	40%
Ⅲ $x+y$의 값을 구한다.	20%

정답 공식: $A\begin{pmatrix} a \\ b \end{pmatrix} = \begin{pmatrix} p \\ q \end{pmatrix}$, $A\begin{pmatrix} c \\ d \end{pmatrix} = \begin{pmatrix} r \\ s \end{pmatrix}$이면
$mA\begin{pmatrix} a \\ b \end{pmatrix} + nA\begin{pmatrix} c \\ d \end{pmatrix} = m\begin{pmatrix} p \\ q \end{pmatrix} + n\begin{pmatrix} r \\ s \end{pmatrix} = \begin{pmatrix} mp+nr \\ mq+ns \end{pmatrix}$

이차정사각행렬 A가 다음 조건을 만족시킨다.

> (가) $A^2 + 3A - E = O$
>
> (나) $A\begin{pmatrix} -2 \\ 1 \end{pmatrix} = \begin{pmatrix} 1 \\ -4 \end{pmatrix}$

$(A+3E)\begin{pmatrix} x \\ y \end{pmatrix} = \begin{pmatrix} 4 \\ -2 \end{pmatrix}$를 만족시키는 실수 x, y에 대하여
단서 조건의 식과 각각 어떤 연관이 있는지 찾아봐.
$x+y$의 값을 구하는 과정을 서술하시오.

1st 조건 (가)를 이용하여 $\begin{pmatrix} x \\ y \end{pmatrix}$를 나타내자.

조건 (가)에서 $\underline{A^2 + 3A = E}$ ⋯ ㉠
$\qquad =A(A+3E)$이므로 주어진 식의 양변의 왼쪽에 A를 곱할 거야.

$(A+3E)\begin{pmatrix} x \\ y \end{pmatrix} = \begin{pmatrix} 4 \\ -2 \end{pmatrix}$의 양변의 왼쪽에 A를 곱하면

$(A^2+3A)\begin{pmatrix} x \\ y \end{pmatrix} = A\begin{pmatrix} 4 \\ -2 \end{pmatrix}$

㉠에 의하여 $\begin{pmatrix} x \\ y \end{pmatrix} = A\begin{pmatrix} 4 \\ -2 \end{pmatrix}$ ⋯ ❶

$(A^2+3A)\begin{pmatrix} x \\ y \end{pmatrix} = E\begin{pmatrix} x \\ y \end{pmatrix} = \begin{pmatrix} x \\ y \end{pmatrix}$

2nd 조건 (나)를 이용하여 $\begin{pmatrix} x \\ y \end{pmatrix}$를 구하자.

위 식에서 $\begin{pmatrix} 4 \\ -2 \end{pmatrix} = -2\begin{pmatrix} -2 \\ 1 \end{pmatrix}$이므로

$\begin{pmatrix} x \\ y \end{pmatrix} = A\begin{pmatrix} 4 \\ -2 \end{pmatrix} = -2A\begin{pmatrix} -2 \\ 1 \end{pmatrix}$

$\qquad = -2\begin{pmatrix} 1 \\ -4 \end{pmatrix}$ ($\because$ 조건 (나))

$\qquad = \begin{pmatrix} -2 \\ 8 \end{pmatrix}$ ⋯ ❷

3rd $x+y$의 값을 구하자.

따라서 $x=-2$, $y=8$이므로 $x+y=6$이다. ⋯ ❸

[채점 기준표]

❶ 조건 (가)를 이용하여 $\begin{pmatrix} x \\ y \end{pmatrix}$를 나타낸다.		40%
❷ 조건 (나)를 이용하여 $\begin{pmatrix} x \\ y \end{pmatrix}$를 구한다.		40%
❸ $x+y$의 값을 구한다.		20%

⚙ **행렬의 실수배에 대한 성질**　　　개념·공식

두 행렬 A, B가 같은 꼴이고, k, l이 실수일 때,
① $(kl)A = k(lA)$
② $(k+l)A = kA + lA$, $k(A+B) = kA + kB$
③ $1A = A$, $(-1)A = -A$
④ $0A = O$, $kO = O$

(정답 공식: 행렬의 곱셈에서 교환법칙은 일반적으로 성립하지 않는다.)

두 행렬 $A = \begin{pmatrix} 2 & -1 \\ 0 & 1 \end{pmatrix}$, $B = \begin{pmatrix} 1 & 1 \\ 0 & 2 \end{pmatrix}$에 대하여
행렬 $A^2B^2 + A^3B^3 + A^4B^4$의 모든 성분의 합을 구하는 과정을 서술하시오. 단서 $AB=BA$임을 증명한다면 $(AB)^2 + (AB)^3 + (AB)^4$과 같아.

1st $AB=BA$임을 증명하자.

두 행렬 $A = \begin{pmatrix} 2 & -1 \\ 0 & 1 \end{pmatrix}$, $B = \begin{pmatrix} 1 & 1 \\ 0 & 2 \end{pmatrix}$에 대하여

$AB = \begin{pmatrix} 2 & -1 \\ 0 & 1 \end{pmatrix}\begin{pmatrix} 1 & 1 \\ 0 & 2 \end{pmatrix} = \begin{pmatrix} 2 & 0 \\ 0 & 2 \end{pmatrix} = 2E$,

$BA = \begin{pmatrix} 1 & 1 \\ 0 & 2 \end{pmatrix}\begin{pmatrix} 2 & -1 \\ 0 & 1 \end{pmatrix} = \begin{pmatrix} 2 & 0 \\ 0 & 2 \end{pmatrix} = 2E$

이므로 $AB=BA$이다. ⋯ ❶

2nd $AB=BA$임을 이용하여 A^2B^2, A^3B^3, A^4B^4을 AB로 나타내자.

$AB=BA$이므로 A^2B^2, A^3B^3, A^4B^4을 각각 변형하면
$A^2B^2 = A\underline{AB}B = ABAB = (AB)^2$
$\qquad\quad =BA$
$A^3B^3 = AAABBB = AABABB$
$A^3B^3 = A^2ABB^2$으로 나타낸 다음 $AB=BA$를 적용해도 돼.
$\qquad\quad = ABABAB = (AB)^3$
$A^4B^4 = AAAABBBB = AAABABBB$
$\qquad\quad = AABABABB = ABABABAB$
$\qquad\quad = (AB)^4$ ⋯ ❷

3rd $A^2B^2 + A^3B^3 + A^4B^4$의 모든 성분의 합을 구하자.

$A^2B^2 + A^3B^3 + A^4B^4 = (AB)^2 + (AB)^3 + (AB)^4$
$\qquad\qquad\qquad = (2E)^2 + (2E)^3 + (2E)^4$
$\qquad\qquad\qquad = 4E + 8E + 16E$
$\qquad\qquad\qquad = 28E$
따라서 모든 성분의 합은 $28+0+0+28=56$이다. ⋯ ❸

[채점 기준표]

❶ $AB=BA$임을 증명한다.	30%
❷ $AB=BA$임을 이용하여 A^2B^2, A^3B^3, A^4B^4을 AB로 나타낸다.	40%
❸ $A^2B^2 + A^3B^3 + A^4B^4$의 모든 성분의 합을 구한다.	30%

정답 공식: $A\begin{pmatrix} a \\ b \end{pmatrix} = \begin{pmatrix} p \\ q \end{pmatrix}$, $A\begin{pmatrix} c \\ d \end{pmatrix} = \begin{pmatrix} r \\ s \end{pmatrix}$이면
$mA\begin{pmatrix} a \\ b \end{pmatrix} + nA\begin{pmatrix} c \\ d \end{pmatrix} = m\begin{pmatrix} p \\ q \end{pmatrix} + n\begin{pmatrix} r \\ s \end{pmatrix} = \begin{pmatrix} mp+nr \\ mq+ns \end{pmatrix}$

이차정사각행렬 A에 대하여

$$A^2 - 5A + 6E = O, \quad A\begin{pmatrix} 2 \\ -3 \end{pmatrix} = \begin{pmatrix} 11 \\ 1 \end{pmatrix}$$

이 성립할 때, 행렬 $A\begin{pmatrix} -22 \\ -2 \end{pmatrix} + A\begin{pmatrix} 20 \\ -30 \end{pmatrix}$의 모든 성분의 합을 구하는 과정을 서술하시오. 단서 $-2A\begin{pmatrix} 11 \\ 1 \end{pmatrix} + 10A\begin{pmatrix} 2 \\ -3 \end{pmatrix}$으로 변형하면 주어진 행렬의 연산으로 구할 수 있어.
(단, E는 단위행렬이고, O는 영행렬이다.)

1st 주어진 식을 이용할 수 있게 $A\begin{pmatrix} -22 \\ -2 \end{pmatrix}+A\begin{pmatrix} 20 \\ -30 \end{pmatrix}$을 변형하자.

$\begin{pmatrix} -22 \\ -2 \end{pmatrix}=-2\begin{pmatrix} 11 \\ 1 \end{pmatrix}=-2A\begin{pmatrix} 2 \\ -3 \end{pmatrix}$이므로

양변의 왼쪽에 A를 곱하면 $A\begin{pmatrix} -22 \\ -2 \end{pmatrix}=-2A^2\begin{pmatrix} 2 \\ -3 \end{pmatrix}$

따라서 주어진 행렬을 변형하면

$A\begin{pmatrix} -22 \\ -2 \end{pmatrix}+A\begin{pmatrix} 20 \\ -30 \end{pmatrix}=-2A^2\begin{pmatrix} 2 \\ -3 \end{pmatrix}+10A\begin{pmatrix} 2 \\ -3 \end{pmatrix}$

<u>분배법칙을 이용하자.</u>

$=(-2A^2+10A)\begin{pmatrix} 2 \\ -3 \end{pmatrix}\cdots$ ❶

2nd $A^2-5A+6E=O$를 이용하여 행렬을 구하자.

이때, $A^2-5A+6E=O$에서 $2A^2-10A+12E=O$

따라서 $-2A^2+10A=12E$이므로

$A\begin{pmatrix} -22 \\ -2 \end{pmatrix}+A\begin{pmatrix} 20 \\ -30 \end{pmatrix}=(-2A^2+10A)\begin{pmatrix} 2 \\ -3 \end{pmatrix}$

$=12E\begin{pmatrix} 2 \\ -3 \end{pmatrix}=\begin{pmatrix} 24 \\ -36 \end{pmatrix}\cdots$ ❷

$=12\begin{pmatrix} 2 \\ -3 \end{pmatrix}$

3rd 구한 행렬의 모든 성분의 합을 구하자.

따라서 모든 성분의 합은 $24+(-36)=-12$이다. $\cdots$ ❸

[채점 기준표]

❶ 주어진 식을 이용할 수 있게 $A\begin{pmatrix} -22 \\ -2 \end{pmatrix}+A\begin{pmatrix} 20 \\ -30 \end{pmatrix}$을 변형한다.	40%
❷ $A^2-5A+6E=O$를 이용하여 행렬을 구한다.	40%
❸ 구한 행렬의 모든 성분의 합을 구한다.	20%

L 171 정답 3 ·························· 행렬의 거듭제곱 – 규칙 찾기

(**정답 공식:** 행렬의 곱셈에서 일반적으로 교환법칙은 성립하지 않는다.)

두 행렬 $A_1=\begin{pmatrix} 1 & 2 \\ 3 & 4 \end{pmatrix}$, $P=\begin{pmatrix} 0 & 1 \\ 1 & 0 \end{pmatrix}$에 대하여

행렬 A_{n+1}을 다음과 같이 정의한다. (단, n은 자연수)

- 행렬 A_n의 $(1, 1)$성분이 $(1, 2)$성분보다 작으면
  $A_{n+1}=A_nP$
- 행렬 A_n의 $(1, 1)$성분이 $(1, 2)$성분보다 작지 않으면
  $A_{n+1}=-PA_n$ **단서** 행렬 $A_1, A_2, A_3, \cdots$의 제 1행의 두 성분의 크기를 비교해가며 계산해.

이때, 행렬 A_{2005}의 $(2, 1)$성분을 구하는 과정을 서술하시오.

1st 행렬 A_n의 정의에 따라 A_2, A_3, $\cdots$을 차례로 구하자.

$A_1=\begin{pmatrix} 1 & 2 \\ 3 & 4 \end{pmatrix}$, $P=\begin{pmatrix} 0 & 1 \\ 1 & 0 \end{pmatrix}$에 대하여

행렬 A_1의 $(1, 1)$성분 1은 $(1, 2)$성분 2보다 작으므로

$A_2=A_1P=\begin{pmatrix} 1 & 2 \\ 3 & 4 \end{pmatrix}\begin{pmatrix} 0 & 1 \\ 1 & 0 \end{pmatrix}=\begin{pmatrix} 2 & 1 \\ 4 & 3 \end{pmatrix}$

또, 행렬 A_2의 $(1, 1)$성분 2는 $(1, 2)$성분 1보다 작지 않으므로

$A_3=-PA_2=-\begin{pmatrix} 0 & 1 \\ 1 & 0 \end{pmatrix}\begin{pmatrix} 2 & 1 \\ 4 & 3 \end{pmatrix}=\begin{pmatrix} -4 & -3 \\ -2 & -1 \end{pmatrix}$

같은 방법으로 계속하면

$A_4=A_3P=\begin{pmatrix} -4 & -3 \\ -2 & -1 \end{pmatrix}\begin{pmatrix} 0 & 1 \\ 1 & 0 \end{pmatrix}=\begin{pmatrix} -3 & -4 \\ -1 & -2 \end{pmatrix}\cdots$ ❶

2nd $A_k=A_1$인 최소의 자연수 k의 값을 구하자.

$A_5=-PA_4=-\begin{pmatrix} 0 & 1 \\ 1 & 0 \end{pmatrix}\begin{pmatrix} -3 & -4 \\ -1 & -2 \end{pmatrix}=\begin{pmatrix} 1 & 2 \\ 3 & 4 \end{pmatrix}=\underline{A_1}\cdots$ ❷

즉, $A_1=A_5=A_9=\cdots$

3rd 행렬 A_n의 꼴을 유추하여 A_{2005}의 $(2, 1)$성분을 구하자.

이와 같이 계속되니까 $A_6=A_2$, $A_7=A_3$, $\cdots$, $A_{n+4}=A_n$임을 알 수 있다.

$\therefore A_{2005}=A_{4\times 501+1}=A_1=\begin{pmatrix} 1 & 2 \\ 3 & 4 \end{pmatrix}$

따라서 행렬 A_{2005}의 $(2, 1)$성분은 3이다. $\cdots$ ❸

주의 2행 1열의 성분을 찾아야 해. 1행 2열의 성분과 헷갈리지 않도록 주의해.

[채점 기준표]

❶ 행렬 A_n의 정의에 따라 A_2, A_3, $\cdots$을 차례로 구한다.	30%
❷ $A_k=A_1$인 최소의 자연수 k의 값을 구한다.	30%
❸ 행렬 A_n의 꼴을 유추하여 A_{2005}의 $(2, 1)$성분을 구한다.	40%

L 172 정답 4 ······························ 케일리 – 해밀턴의 정리

[**정답 공식:** 같은 꼴의 행렬 $A=\begin{pmatrix} a & b \\ c & d \end{pmatrix}$, E, O에 대하여
$A^2-(a+d)A+(ad-bc)E=O$가 성립한다.]

행렬 $A=\begin{pmatrix} x & y \\ y & x \end{pmatrix}$에 대하여 등식 $A^2+2A-3E=O$를 만족시키는 실수 x, y의 순서쌍 (x, y)의 개수를 구하는 과정을 서술하시오. **단서** $A=\begin{pmatrix} x & y \\ y & x \end{pmatrix}$이므로 행렬 A의 개수를 구하라는 말과 같지?

1st $A=kE$일 때, 순서쌍 (x, y)의 개수를 구하자.

행렬 $A=\begin{pmatrix} x & y \\ y & x \end{pmatrix}$에 대하여 등식 $A^2+2A-3E=O$가 성립하므로

실수 k에 대하여 $A=kE$일 때와 $A\neq kE$일 때로 나누어 순서쌍 (x, y)의 개수를 구하자.

(i) $\underline{A=kE}$일 때, 즉, $x=k$, $y=0$

$A^2+2A-3E=(k^2+2k-3)E=O$

$(kE)^2+2kE-3E=k^2E+2kE-3E$

위 식이 성립하려면 $k^2+2k-3=0$이어야 한다.

$(k+3)(k-1)=0$

$\therefore k=-3$ 또는 $k=1$

따라서 $A=\begin{pmatrix} -3 & 0 \\ 0 & -3 \end{pmatrix}$ 또는 $A=\begin{pmatrix} 1 & 0 \\ 0 & 1 \end{pmatrix}$이므로

$(x, y)=(-3, 0)$ 또는 $(x, y)=(1, 0)\cdots$ ❶

2nd $A\neq kE$일 때, 순서쌍 (x, y)의 개수를 구하자.

(ii) $A\neq kE$일 때,

문제에서 $A^2+2A-3E=O$이고

케일리−해밀턴의 정리에 의해

같은 꼴의 행렬 $A=\begin{pmatrix} a & b \\ c & d \end{pmatrix}$, E, O에 대하여 $A^2-(a+d)A+(ad-bc)E=O$

$\underline{A^2-2xA+(x^2-y^2)E=O}$이므로

$-2x=2$, $x^2-y^2=-3$으로 구해도 돼.

두 식의 양변을 각각 빼면

$2(x+1)A+(-3-x^2+y^2)E=O$

$2(x+1)A=(x^2-y^2+3)E$

이때, $A\neq kE$이므로 위 식이 성립하려면

$x+1=0$, $x^2-y^2+3=0$이어야 한다.

두 식을 연립하면 $x=-1$, $y=\pm 2$

따라서 $(x, y)=(-1, 2)$ 또는 $(x, y)=(-1, -2)\cdots$ ❷

순서쌍 (x, y)의 개수를 구하자.

(i), (ii)에 의하여 순서쌍 (x, y)의 개수는 4이다. ··· Ⅲ

[채점 기준표]

Ⅰ $A=kE$일 때, 순서쌍 (x, y)의 개수를 구한다.	40%
Ⅱ $A \neq kE$일 때, 순서쌍 (x, y)의 개수를 구한다.	40%
Ⅲ 순서쌍 (x, y)의 개수를 구한다.	20%

1등급 고난도 스토리

L 173 정답 30 ⋯⋯⋯⋯⋯⋯ ★2등급 대비 [정답률 35%]

정답 공식: $A\binom{a}{b}=\binom{p}{q}$이면 $A^2\binom{a}{b}=AA\binom{a}{b}=A\binom{p}{q}$

행렬 $A=\begin{pmatrix} a & b \\ c & d \end{pmatrix}$에 대하여 $A\binom{2}{3}=\binom{3}{4}$, $A^2\binom{2}{3}=\binom{5}{7}$일 때, $abcd$의 값을 구하시오.

단서 $A^2\binom{2}{3}=AA\binom{2}{3}$으로 변형하면 새로운 식이 나와.

1st 주어진 조건에 행렬 A를 대입하자.

행렬 $A=\begin{pmatrix} a & b \\ c & d \end{pmatrix}$이므로

$A\binom{2}{3}=\begin{pmatrix} a & b \\ c & d \end{pmatrix}\binom{2}{3}=\binom{2a+3b}{2c+3d}=\binom{3}{4}$ ··· ㉠

같은 행, 같은 열에 있는 성분이 각각 같아야 해.

$\therefore \begin{cases} 2a+3b=3 \cdots ㉡ \\ 2c+3d=4 \cdots ㉢ \end{cases}$

$A^2\binom{2}{3}=AA\binom{2}{3}=A\binom{3}{4}(\because ㉠)$

$\quad =\begin{pmatrix} a & b \\ c & d \end{pmatrix}\binom{3}{4}=\binom{3a+4b}{3c+4d}=\binom{5}{7}$

$\therefore \begin{cases} 3a+4b=5 \cdots ㉣ \\ 3c+4d=7 \cdots ㉤ \end{cases}$

(방정식의 개수)=(미지수의 개수)=4이므로 방정식을 풀면 미지수를 구할 수 있어.

2nd 연립방정식을 풀어서 $abcd$의 값을 구하자.

㉡×3－㉣×2를 하면

$(6a+9b)-(6a+8b)=9-10$

$\therefore b=-1, a=3 (\because ㉡)$

㉢×3－㉤×2를 하면

$(6c+9d)-(6c+8d)=12-14$

$\therefore d=-2, c=5 (\because ㉢)$

$\therefore abcd=3 \times (-1) \times 5 \times (-2)=30$

L 174 정답 180 ⋯⋯⋯⋯⋯⋯ ★2등급 대비 [정답률 33%]

정답 공식: $A^n=E$를 만족시키는 자연수 n의 최솟값이 k이면 A^n은 k를 주기로 반복된다.

행렬 $A=\begin{pmatrix} 0 & -1 \\ 1 & 0 \end{pmatrix}$에 대하여 $A^m=A^n$을 만족시키는

단서 $A^2, A^3, A^4, \cdots$을 구해서 규칙을 찾아.

40 이하의 두 자연수 $m, n(m>n)$의 순서쌍 (m, n)의 개수를 구하시오.

1st 행렬 A의 거듭제곱을 구해 규칙을 찾아봐.

$A=\begin{pmatrix} 0 & -1 \\ 1 & 0 \end{pmatrix}$에서

$A^2=\begin{pmatrix} 0 & -1 \\ 1 & 0 \end{pmatrix}\begin{pmatrix} 0 & -1 \\ 1 & 0 \end{pmatrix}=\begin{pmatrix} -1 & 0 \\ 0 & -1 \end{pmatrix}=-E$

$A^3=A^2A=-EA=-A$

$A^4=(A^2)^2=(-E)^2=E$

⋮

즉, A의 거듭제곱은 4를 주기로 같아.

따라서 $A^m=A^n$을 만족하는 것을 나열하면 다음과 같다.

$\begin{cases} A=A^5=A^9=\cdots=A^{37} \\ A^2=A^6=A^{10}=\cdots=A^{38} \\ A^3=A^7=A^{11}=\cdots=A^{39} \\ A^4=A^8=A^{12}=\cdots=A^{40} \end{cases}$ ··· ㉠

$40=4 \times 10$이므로 각각 10개씩 있어.

2nd 조건 $A^m=A^n$을 만족시키려면 두 행렬이 같도록 하는 A의 지수 중에서 두 개를 선택해야 해.

㉠에서 $A^m=A^n$을 만족하는 두 자연수 $m, n(m>n)$의 순서쌍 (m, n)은 같은 값을 가지는 10개의 행렬 중 두 개를 선택하는 조합의 수와 같으므로

$m>n$이라는 조건이 없으면 순열의 수로 계산해야 해.

$_{10}C_2$이고, 이것이 모두 4개가 있으므로 순서쌍 (m, n)의 개수는

$4 \times _{10}C_2=4 \times \dfrac{10 \times 9}{2}=180(개)$

L 175 정답 ② ⋯⋯⋯⋯⋯⋯ ★2등급 대비 [정답률 34%]

정답 공식: $A^n=E$를 만족시키는 자연수 n의 최솟값이 k이면 A^n은 k를 주기로 반복된다.

두 행렬 $X=\begin{pmatrix} 0 & 1 \\ 1 & 0 \end{pmatrix}$, $A=\begin{pmatrix} a & b \\ c & d \end{pmatrix}$에 대하여 다음 행렬 중 X^mAX^n의 꼴로 나타낼 수 없는 것은?

단서 $X^n=E$를 만족시키는 자연수 n의 값을 구하여 식을 간단히 해.

(단, m, n은 자연수이다.)

① $\begin{pmatrix} a & b \\ c & d \end{pmatrix}$　② $\begin{pmatrix} a & c \\ b & d \end{pmatrix}$　③ $\begin{pmatrix} c & d \\ a & b \end{pmatrix}$

④ $\begin{pmatrix} b & a \\ d & c \end{pmatrix}$　⑤ $\begin{pmatrix} d & c \\ b & a \end{pmatrix}$

1st X의 거듭제곱에서 규칙을 찾아.

$X^2=\begin{pmatrix} 0 & 1 \\ 1 & 0 \end{pmatrix}\begin{pmatrix} 0 & 1 \\ 1 & 0 \end{pmatrix}=\begin{pmatrix} 1 & 0 \\ 0 & 1 \end{pmatrix}=E$이므로

$X^{(짝수)}=E$, $X^{(홀수)}=X$이다.

$X^{(홀수)}=EX=X$

2nd 경우를 나누어 행렬 X^mAX^n을 구해.

즉, X^mAX^n에서 X^m, X^n은 각각 E 또는 X이다.

또한, $XA=\begin{pmatrix} 0 & 1 \\ 1 & 0 \end{pmatrix}\begin{pmatrix} a & b \\ c & d \end{pmatrix}=\begin{pmatrix} c & d \\ a & b \end{pmatrix}$로

행렬 A의 제 1행과 제 2행의 성분이 서로 바뀌고,

$AX=\begin{pmatrix} a & b \\ c & d \end{pmatrix}\begin{pmatrix} 0 & 1 \\ 1 & 0 \end{pmatrix}=\begin{pmatrix} b & a \\ d & c \end{pmatrix}$로

행렬 A의 제 1열과 제 2열의 성분이 서로 바뀐다.

이제 X^mAX^n을 자연수 m, n이 홀수일 때와 짝수일 때로 경우를 나누어 계산하자.

순서쌍 (m, n)이

(i) (홀수, 홀수)일 때

$X^mAX^n=XAX=(XA)X=\begin{pmatrix} c & d \\ a & b \end{pmatrix}\begin{pmatrix} 0 & 1 \\ 1 & 0 \end{pmatrix}=\begin{pmatrix} d & c \\ b & a \end{pmatrix}$

행렬의 곱셈의 결합법칙

(ii) (홀수, 짝수)일 때
$$X^m A X^n = XAE = XA = \begin{pmatrix} c & d \\ a & b \end{pmatrix}$$

(iii) (짝수, 홀수)일 때
$$X^m A X^n = EAX = AX = \begin{pmatrix} b & a \\ d & c \end{pmatrix}$$

(iv) (짝수, 짝수)일 때
$$X^m A X^n = EAE = A = \begin{pmatrix} a & b \\ c & d \end{pmatrix}$$

(i)~(iv)에 의해 $X^m A X^n$의 꼴로 나타낼 수 없는 것은 ②이다.

🌸 행렬의 곱셈   개념·공식

① $A = \begin{pmatrix} a & b \\ c & d \end{pmatrix}$, $B = \begin{pmatrix} p & q \\ r & s \end{pmatrix}$에 대하여

$$AB = \begin{pmatrix} ap+br & aq+bs \\ cp+dr & cq+ds \end{pmatrix}$$

② 행렬의 곱셈에서 교환법칙은 일반적으로 성립하지 않는다.

L 176 정답 ⑤ ························· ★2등급 대비 [정답률 29%]

(정답 공식: 주어진 조건으로 참임을 증명하거나 반례를 찾아 거짓임을 증명한다.)

이차정사각행렬 X, Y에 대하여
$$[X, Y] = XY - YX$$
단서 $[X, Y]$도 이차정사각행렬이므로 [보기]의 행렬이 각각 같은지 확인하면 돼.

로 정의한다. A, B, C가 이차정사각행렬일 때, [보기]의 성질 중 옳은 것만을 있는 대로 고른 것은?

─────────── [보기] ───────────
ㄱ. $[B, A] = -[A, B]$
ㄴ. $[aA, B] = a[A, B]$
ㄷ. $[[A, B], C] = [C, [B, A]]$
─────────────────────────────

① ㄱ   ② ㄱ, ㄴ   ③ ㄱ, ㄷ
④ ㄴ, ㄷ   ⑤ ㄱ, ㄴ, ㄷ

1st $[X, Y]$의 정의를 이용해 ㄱ, ㄴ의 진위를 판별해.

ㄱ. $[A, B] = AB - BA$이므로
$$[B, A] = BA - AB$$
$$= -(AB - BA) = -[A, B] \text{ (참)}$$

ㄴ. $a[A, B] = a(AB - BA)$이므로
$$[aA, B] = (aA)B - B(aA)$$
$$= a(AB - BA) = a[A, B] \text{ (참)}$$

2nd ㄱ, ㄴ을 이용하여 ㄷ의 진위를 판별해.

ㄷ. $[C, \underline{[B, A]}] = [C, -[A, B]]$ (∵ ㄱ)
$= \underline{-[A, B]} = -[-[A, B], C]$ (∵ ㄱ)
ㄱ에 의해 순서를 바꾸고 앞에 −를 붙였어.
$= [[A, B], C]$ (∵ ㄴ) (참)
ㄴ에 의해 앞의 행렬의 −를 [ ] 밖으로 빼내어 계산했어.

따라서 옳은 것은 ㄱ, ㄴ, ㄷ이다.

L 177 정답 8 ························· ★1등급 대비 [정답률 20%]

(정답 공식: 행렬 AB는 행렬 A의 제 i행의 성분과 행렬 B의 제 j열의 성분을 각각 차례대로 곱하여 더한 값을 (i, j)성분으로 하는 행렬이다.)

모든 성분이 0 또는 1인 4×1 행렬 X에 대하여
$$\begin{pmatrix} 1 & 1 & 1 & 1 \\ 1 & 0 & 1 & 0 \end{pmatrix} X = \begin{pmatrix} m \\ n \end{pmatrix}$$
단서 가능한 행렬 X의 개수는 $2 \times 2 \times 2 \times 2 = 16$(가지)야.

이라 할 때, $m+n$이 홀수가 되도록 하는 행렬 X의 개수를 구하시오.

1st 행렬 X를 정의하고 곱셈을 계산해.

모든 성분이 0 또는 1인 4×1 행렬 X를

$$X = \begin{pmatrix} a \\ b \\ c \\ d \end{pmatrix}$$라 두면 a, b, c, d는 각각 0 또는 1이다.

$$\begin{pmatrix} 1 & 1 & 1 & 1 \\ 1 & 0 & 1 & 0 \end{pmatrix} \begin{pmatrix} a \\ b \\ c \\ d \end{pmatrix} = \begin{pmatrix} m \\ n \end{pmatrix}$$에서 $\begin{pmatrix} a+b+c+d \\ a+c \end{pmatrix} = \begin{pmatrix} m \\ n \end{pmatrix}$

2nd $m+n$이 홀수가 되도록 하는 행렬 X의 개수를 구해.

행렬이 서로 같을 조건에 의해
같은 행, 같은 열에 있는 성분이 각각 같아야 해.
$a+b+c+d = m$, $a+c = n$이므로
$$m+n = 2(a+c) + b + d$$
이 부분은 a, c의 값에 관계없이 짝수야.

따라서 $m+n$이 홀수가 되려면 $b+d$가 홀수여야 한다.
$b+d$가 홀수가 되는 경우는
$b=0$, $d=1$ 또는 $b=1$, $d=0$의 2가지이고
각각의 경우에
a는 0 또는 1의 2가지, c도 0 또는 1의 2가지가 가능하므로
$m+n$이 홀수가 되도록 하는 행렬 X의 개수는
$$2 \times 2 \times 2 = 8 \text{(가지)}$$
동시에 일어나므로 곱의 법칙을 이용해.

🌸 두 행렬이 서로 같을 조건   개념·공식

(1) 두 행렬에서 행의 개수와 열의 개수가 각각 같을 때, 두 행렬은 같은 꼴이라 한다.

(2) 같은 꼴인 두 행렬 A, B의 대응하는 성분이 각각 같을 때, 두 행렬 A, B는 서로 같다고 하며 기호로 $A = B$와 같이 나타낸다.

L 178 정답 4 ★1등급 대비 [정답률 18%]

정답 공식: $A\begin{pmatrix} a \\ b \end{pmatrix} = \begin{pmatrix} p \\ q \end{pmatrix}$, $A\begin{pmatrix} c \\ d \end{pmatrix} = \begin{pmatrix} r \\ s \end{pmatrix}$ 이면

$mA\begin{pmatrix} a \\ b \end{pmatrix} + nA\begin{pmatrix} c \\ d \end{pmatrix} = m\begin{pmatrix} p \\ q \end{pmatrix} + n\begin{pmatrix} r \\ s \end{pmatrix} = \begin{pmatrix} mp+nr \\ mq+ns \end{pmatrix}$

이차정사각행렬 A가

$$A\begin{pmatrix} 2 \\ 1 \end{pmatrix} = \begin{pmatrix} 4 \\ 3 \end{pmatrix}, \quad A\begin{pmatrix} 1 \\ 1 \end{pmatrix} = \begin{pmatrix} 2 \\ 2 \end{pmatrix}$$

를 만족시킬 때, 다음 성질을 이용하여 행렬 A의 모든 성분의 합을 구하시오.

$A\begin{pmatrix} a \\ b \end{pmatrix} = \begin{pmatrix} p \\ q \end{pmatrix}$, $A\begin{pmatrix} c \\ d \end{pmatrix} = \begin{pmatrix} r \\ s \end{pmatrix}$ 이면

$A\begin{pmatrix} a & c \\ b & d \end{pmatrix} = \begin{pmatrix} p & r \\ q & s \end{pmatrix}$ 가 성립한다. 단서 행렬 A를 구하기 위해서는 $\begin{pmatrix} a & c \\ b & d \end{pmatrix} = E$로 만들어야 해.

1st 주어진 성질을 이용하여 구해야 하는 행렬을 찾아.

주어진 성질 '$A\begin{pmatrix} a \\ b \end{pmatrix} = \begin{pmatrix} p \\ q \end{pmatrix}$, $A\begin{pmatrix} c \\ d \end{pmatrix} = \begin{pmatrix} r \\ s \end{pmatrix}$ 이면

$A\begin{pmatrix} a & c \\ b & d \end{pmatrix} = \begin{pmatrix} p & r \\ q & s \end{pmatrix}$ 가 성립한다.'를 이용하여

행렬 A를 구하기 위해서는

$\begin{pmatrix} a & c \\ b & d \end{pmatrix} = E$로 만들어 $A\begin{pmatrix} a & c \\ b & d \end{pmatrix} = AE = A$로 계산해야 한다.

따라서 주어진 행렬을 이용하여 두 행렬 $A\begin{pmatrix} 1 \\ 0 \end{pmatrix}$, $A\begin{pmatrix} 0 \\ 1 \end{pmatrix}$을 만들면 된다.

2nd 행렬 A의 모든 성분의 합을 구해.

$A\begin{pmatrix} 2 \\ 1 \end{pmatrix} - A\begin{pmatrix} 1 \\ 1 \end{pmatrix} = \begin{pmatrix} 4 \\ 3 \end{pmatrix} - \begin{pmatrix} 2 \\ 2 \end{pmatrix}$에서

$m\begin{pmatrix} 2 \\ 1 \end{pmatrix} + n\begin{pmatrix} 1 \\ 1 \end{pmatrix} = \begin{pmatrix} 1 \\ 0 \end{pmatrix}$을 만족시키는 m, n의 값을 구하면 $m=1, n=-1$

$A\begin{pmatrix} 1 \\ 0 \end{pmatrix} = \begin{pmatrix} 2 \\ 1 \end{pmatrix} \cdots \bigcirc$

$-A\begin{pmatrix} 2 \\ 1 \end{pmatrix} + 2A\begin{pmatrix} 1 \\ 1 \end{pmatrix} = -\begin{pmatrix} 4 \\ 3 \end{pmatrix} + 2\begin{pmatrix} 2 \\ 2 \end{pmatrix}$에서

$m\begin{pmatrix} 2 \\ 1 \end{pmatrix} + n\begin{pmatrix} 1 \\ 1 \end{pmatrix} = \begin{pmatrix} 0 \\ 1 \end{pmatrix}$을 만족시키는 m, n의 값을 구하면 $m=-1, n=2$

$A\begin{pmatrix} 0 \\ 1 \end{pmatrix} = \begin{pmatrix} 0 \\ 1 \end{pmatrix} \cdots \bigcirc$

$\bigcirc$, $\bigcirc$과 문제의 행렬의 성질에 의해

$A\begin{pmatrix} 1 & 0 \\ 0 & 1 \end{pmatrix} = \begin{pmatrix} 2 & 0 \\ 1 & 1 \end{pmatrix}$, 즉 $A = \begin{pmatrix} 2 & 0 \\ 1 & 1 \end{pmatrix}$이다.

따라서 행렬 A의 모든 성분의 합은
$2+0+1+1 = 4$이다.

✿ **행렬의 실수배에 대한 성질** 　개념·공식

두 행렬 A, B가 같은 꼴이고, k, l이 실수일 때,
① $(kl)A = k(lA)$
② $(k+l)A = kA+lA$, $k(A+B) = kA+kB$
③ $1A = A$, $(-1)A = -A$
④ $0A = O$, $kO = O$

L 179 정답 ④ ★1등급 대비 [정답률 17%]

정답 공식: 주어진 조건으로 참임을 증명하거나 반례를 찾아 거짓임을 증명한다.

두 자연보호구역 P_1, P_2에서
두 종류의 동물 q_1, q_2의 서식 여부를 조사하여

q_i가 P_j구역에 살고 있으면 $a_{ij}=1$,
q_i가 P_j구역에 살고 있지 않으면 $a_{ij}=0$
$(i, j=1, 2)$ 단서 모든 성분이 0 또는 1이야.

인 행렬 $A = \begin{pmatrix} a_{11} & a_{12} \\ a_{21} & a_{22} \end{pmatrix}$를 만들었다. $A^2 = \begin{pmatrix} 1 & 2 \\ 0 & 1 \end{pmatrix}$일 때,

[보기]에서 옳은 것만을 있는 대로 고른 것은?

[보기]

ㄱ. q_1은 P_1, P_2 중 어느 한 구역에서만 살고 있다.
ㄴ. P_1구역에는 q_1, q_2 중 어느 한 종류만 살고 있다.
ㄷ. P_2구역에는 q_1, q_2 모두 살고 있다.

---

① ㄱ　　② ㄱ, ㄴ　　③ ㄱ, ㄷ
④ ㄴ, ㄷ　　⑤ ㄱ, ㄴ, ㄷ

1st $A^2 = \begin{pmatrix} 1 & 2 \\ 0 & 1 \end{pmatrix}$과 행렬 A의 모든 성분이 0 또는 1임을 이용해.

$A = \begin{pmatrix} a & b \\ c & d \end{pmatrix}$라 하면 a, b, c, d는 각각 0, 1 중 하나이다.
q_i가 P_j구역에 살고 있으면 $a_{ij}=1$,
q_i가 P_j구역에 살고 있지 않으면 $a_{ij}=0 (i, j=1, 2)$

$A^2 = \begin{pmatrix} a & b \\ c & d \end{pmatrix}\begin{pmatrix} a & b \\ c & d \end{pmatrix} = \begin{pmatrix} a^2+bc & b(a+d) \\ c(a+d) & bc+d^2 \end{pmatrix} = \begin{pmatrix} 1 & 2 \\ 0 & 1 \end{pmatrix}$에서
성분이 각각 같아야 해.

$b(a+d)=2$가 되려면 $a=1, b=1, d=1$이어야 하고
$0 \le b \le 1, 0 \le a+d \le 2$
$c(a+d)=2c=0$이 되려면 $c=0$이어야 한다.

$\therefore A = \begin{pmatrix} a & b \\ c & d \end{pmatrix} = \begin{pmatrix} 1 & 1 \\ 0 & 1 \end{pmatrix}$
$a_{11}=a_{12}=a_{22}=1, a_{21}=0$

2nd 행렬 A의 성분의 의미를 해석하여 [보기]의 진위를 판별해.

행렬 A의 제 1열의 두 성분 $a_{11}=1$, $a_{21}=0$이므로
P_1구역에는 q_1만 살고 있고,
행렬 A의 제 2열의 성분이 모두 1이므로
P_2구역에는 q_1, q_2 둘 다 살고 있다.
ㄱ. q_1은 P_1, P_2 두 구역에 모두 살고 있다. (거짓)
ㄴ. P_1 구역에는 q_1만 살고 있다. (참)
ㄷ. P_2 구역에는 q_1, q_2 모두 살고 있다. (참)
따라서 옳은 것은 ㄴ, ㄷ이다.

A 내신+학평 대비 단원별 모의고사
문제편 p. 322

문제편 p. 322

모의 A 01 정답 ④ ·························· 다항식의 연산

(정답 공식: 두 다항식의 합 또는 차는 동류항끼리의 합 또는 차를 계산한다.)

두 다항식
$$A=x^2+xy, \ B=x^2+7xy$$
에 대하여 $A+B$는? 단서 다항식의 덧셈은 문자와 차수가 같은 항들끼리 모아서 정리하자.

① x^2+2xy ② x^2+4xy ③ $2x^2+4xy$
④ $2x^2+8xy$ ⑤ $3x^2+2xy$

1st 동류항끼리 모으고 정리하자.

$A+B=(x^2+xy)+(x^2+7xy)$ ← 동류항끼리 묶어서 계산해야 해.
$=(1+1)x^2+(1+7)xy$
$=2x^2+8xy$

모의 A 02 정답 ① ·················· 다항식의 덧셈과 뺄셈

(정답 공식: 동류항끼리 모은 후 계수를 계산한다.)

두 다항식 $A=2x^2+3xy+1$, $B=2x^2+2xy-3$에 대하여
$A-B$는? 단서 $A-B$의 식을 x에 대한 내림차순으로 정리하자.

① $xy+4$ ② $xy+2$ ③ xy ④ $xy-2$ ⑤ $xy-4$

1st A와 B의 식을 대입하고 동류항끼리 묶어서 정리하면 돼.

$A-B$를 동류항을 이용하여 간단히 정리하면
$A-B=(2x^2+3xy+1)-(2x^2+2xy-3)$
$=2x^2+3xy+1-2x^2-2xy+3$
$=(2-2)x^2+(3-2)xy+(1+3)$
$=xy+4$

→ 문자와 차수가 각각 같은 항을 동류항이라고 해. 보통 식을 정리할 때, 한 문자에 대한 내림차순 또는 오름차순으로 정리하는 것이 식을 간단히 하는 방법이야.

모의 A 03 정답 ⑤ ·················· 다항식의 덧셈과 뺄셈

(정답 공식: A, B에 대한 식을 먼저 정리한 후 A, B를 대입해 식을 정리한다.)

두 다항식 $A=2x^3+x^2-3x+2$, $B=x^3-3x^2+2$에 대하여
$(3A+B)-(A+2B)$를 계산하면?
단서 다항식의 복잡한 덧셈과 뺄셈을 계산할 때는 주어진 식을 먼저 정리한 후 대입하면 돼.

① $2x^3-5x^2-3x-2$ ② $2x^3+5x^2-5x+2$
③ $3x^3-5x^2-2x-2$ ④ $3x^3+5x^2-4x-2$
⑤ $3x^3+5x^2-6x+2$

1st 구해야 하는 식을 정리한 후에 A와 B의 다항식을 대입해.

$(3A+B)-(A+2B)=3A+B-A-2B$
$-A$는 A의 각 항의 부호를 바꾼 후 더하여 계산한다.
즉, $-A=+(-A)$이다.
$=2A-B$
$=2(2x^3+x^2-3x+2)-(x^3-3x^2+2)$
$=4x^3+2x^2-6x+4-x^3+3x^2-2$
$=3x^3+5x^2-6x+2$

→ 상수 k에 대해 kA는 A의 각 항의 계수에 k를 곱해서 계산해.

모의 A 04 정답 ② ·············· 다항식의 전개식에서 계수 구하기

(정답 공식: x^4이 나오는 부분만 골라서 전개한다.)

단서 전개하는 문제에서는 필요한 것만 골라서 전개하면 돼.
$(1+x+x^2+\cdots+x^{2018})^2$의 전개식에서 x^4의 계수는?

① 4 ② 5 ③ 6 ④ 7 ⑤ 8

1st 주어진 다항식을 제곱할 때, x^4 항이 나오는 경우를 모두 구해.

$(1+x+x^2+\cdots+x^{2018})^2$
$=(1+x+x^2+x^3+x^4+\cdots+x^{2018})(1+x+x^2+x^3+x^4+\cdots+x^{2018})$
이 식의 전개식에서 x^4항은
$1\times x^4+x\times x^3+x^2\times x^2+x^3\times x+x^4\times 1$
$=x^4+x^4+x^4+x^4+x^4$
$=5x^4$
따라서 x^4의 계수는 5이다.

→ 주어진 식의 전개식에서 x^4의 계수는 $(1+x+x^2+x^3+x^4)(1+x+x^2+x^3+x^4)$의 전개식에서의 x^4의 계수와 같아.

실수 x^4항이 나올 수 있는 전개식만 고려하면 계산 과정이 편하고 실수를 줄일 수 있어.

모의 A 05 정답 ③ ·························· 곱셈 공식

(정답 공식: $(a+b+c)^2=a^2+b^2+c^2+2ab+2bc+2ca$를 이용한다.)

단서 곱셈 공식 $(a+b+c)^2=a^2+b^2+c^2+2ab+2bc+2ca$를 떠올려 계산하면 돼.
$(x+y-2z)^2$을 바르게 전개한 것은?

① $x^2+y^2+4z^2+2xy+4yz+4zx$
② $x^2+y^2+4z^2+2xy-4yz+4zx$
③ $x^2+y^2+4z^2+2xy-4yz-4zx$
④ $x^2+y^2-4z^2+2xy+4yz+4zx$
⑤ $x^2+y^2-4z^2+2xy-4yz+4zx$

1st 곱셈 공식을 이용해서 전개해보자.

곱셈 공식 $(a+b+c)^2=a^2+b^2+c^2+2ab+2bc+2ca$에 의해
$(x+y-2z)^2=x^2+y^2+(-2z)^2+2xy+2y(-2z)+2(-2z)x$
$=x^2+y^2+4z^2+2xy-4yz-4zx$

→ $(a+b+c)^2=a^2+b^2+c^2+2ab+2bc+2ca$에서 $a=x$, $b=y$, $c=-2z$로 놓고 풀면 돼.

모의 A 06 정답 ② ·························· 곱셈 공식의 활용

(정답 공식: $a=A$, $3b=B$, $2c=C$로 놓으면 $A+B+C$, $AB+BC+CA$가 주어졌으므로 $A^2+B^2+C^2$을 구한다.)

$a+3b+2c=13$, $3ab+6bc+2ca=20$일 때,
$a^2+9b^2+4c^2$의 값은? 단서 $3ab+6bc+2ca=a\times 3b+3b\times 2c+2c\times a$임을 찾을 수 있어야 해.

① 127 ② 129 ③ 131 ④ 133 ⑤ 135

1st $X^2+Y^2+Z^2=(X+Y+Z)^2-2(XY+YZ+ZX)$임을 이용할 수 있지?

$a^2+9b^2+4c^2=a^2+(3b)^2+(2c)^2$
$=(a+3b+2c)^2-2(a\times 3b+3b\times 2c+2c\times a)$
$=(a+3b+2c)^2-2(3ab+6bc+2ca)$
$=13^2-2\times 20=169-40=129$

→ $(x+y+z)^2=x^2+y^2+z^2+2xy+2yz+2zx$에서 $x=a$, $y=3b$, $z=2c$이면 문제에서 주어진 식의 모양이 보일 거야.

모의
A 07 정답 ② ···································· 곱셈 공식의 변형

> **정답 공식:** $a^3-b^3=(a-b)^3+3ab(a-b)$를 이용해 ab의 값을 구하고, $a^2+b^2=(a-b)^2+2ab$를 이용한다.

> 단서 a^3-b^3을 보면 곱셈 공식의 변형이 떠오르지.
> $a-b=-3$, $a^3-b^3=9$일 때, a^2-ab+b^2의 값은?
> ① 1 ②5 ③ 8 ④ 12 ⑤ 15

1st $a^3-b^3=(a-b)^3+3ab(a-b)$를 이용하여 ab의 값을 구하자.

$a^3-b^3=(a-b)^3+3ab(a-b)$이므로
$9=(-3)^3+3ab\cdot(-3)$ →$(a-b)^3=a^3-b^3-3ab(a-b)$의 양변에 $3ab(a-b)$를 더한 거야.
$-9ab=36$ ∴ $ab=-4$

2nd 식의 값을 구해.

∴ $a^2-ab+b^2=(a-b)^2+ab=(-3)^2+(-4)=5$
$a^2-ab+b^2=a^2-2ab+b^2+ab=(a-b)^2+ab$

모의
A 08 정답 ⑤ ···································· 곱셈 공식의 변형

> **정답 공식:** $x^5+\dfrac{1}{x^5}$을 $x^2+\dfrac{1}{x^2}$과 $x^3+\dfrac{1}{x^3}$을 이용해 나타내고, $x+\dfrac{1}{x}=-3$을 이용한다.

> 단서 $x^2+3x+1=0$에서 $x+\dfrac{1}{x}$의 값을 유도하는 게 중요해.
> $x^2+3x+1=0$일 때, $x^5+\dfrac{1}{x^5}$의 값은?
> ① -115 ② -117 ③ -119
> ④ -121 ⑤-123

1st x에 대한 이차방정식의 양변에 $\dfrac{1}{x}$을 곱해서 $x+\dfrac{1}{x}$의 값을 구해.

$x^2+3x+1=0$에서
$x\neq0$이므로 양변을 x로 나누면
$x\neq0$이어야 양변을 x로 나눌 수 있어.
$x+3+\dfrac{1}{x}=0$에서 $x+\dfrac{1}{x}=-3$이다.

2nd $x+\dfrac{1}{x}=-3$의 양변을 제곱하고 세제곱해서 $x^2+\dfrac{1}{x^2}$, $x^3+\dfrac{1}{x^3}$의 값을 구할 수 있지? 이 두 식을 곱해서 전개하면 $x^5+\dfrac{1}{x^5}$의 항을 포함한 식이 나와.

이때, $\left(x+\dfrac{1}{x}\right)^2=(-3)^2=9$에서
$x^2+2+\dfrac{1}{x^2}=9$이므로
→$x^2+\dfrac{1}{x^2}=\left(x+\dfrac{1}{x}\right)^2-2$
$x^2+\dfrac{1}{x^2}=7$

또한, $\left(x+\dfrac{1}{x}\right)^3=(-3)^3=-27$에서
$x^3+3x+\dfrac{3}{x}+\dfrac{1}{x^3}=-27$이므로
$x^3+\dfrac{1}{x^3}=-27-3\left(x+\dfrac{1}{x}\right)$
→$x^3+\dfrac{1}{x^3}=\left(x+\dfrac{1}{x}\right)^3-3\left(x+\dfrac{1}{x}\right)$
$=-27-3\cdot(-3)=-18$

따라서 $\left(x^3+\dfrac{1}{x^3}\right)\left(x^2+\dfrac{1}{x^2}\right)=x^5+\dfrac{1}{x^5}+x+\dfrac{1}{x}$이므로
$(-18)\times7=x^5+\dfrac{1}{x^5}+(-3)$

∴ $x^5+\dfrac{1}{x^5}=-123$

모의
A 09 정답 ③ ···································· 곱셈 공식의 활용

> **정답 공식:** 주어진 조건에서 $ab+bc+ca$를 구하고, $a^2+b^2+c^2=ab+bc+ca$임을 찾아내 a, b, c의 값을 구한다.

> 단서 $a+b+c$의 값과 $a^2+b^2+c^2$의 값이 주어졌으니까 곱셈 공식 $(a+b+c)^2=a^2+b^2+c^2+2(ab+bc+ca)$를 떠올려 봐.
> $a+b+c=\sqrt{3}$이고 $a^2+b^2+c^2=1$일 때, $3a+6b+9c=k\sqrt{3}$이다. k의 값은? (단, a, b, c는 실수, k는 유리수)
> ① 2 ② 4 ③6
> ④ 8 ⑤ 10

1st $X^2+Y^2+Z^2=(X+Y+Z)^2-2(XY+YZ+ZX)$임을 이용해.

$a+b+c=\sqrt{3}$, $a^2+b^2+c^2=1$이므로
$(a+b+c)^2=a^2+b^2+c^2+2(ab+bc+ca)$에서
$(\sqrt{3})^2=1+2(ab+bc+ca)$
∴ $ab+bc+ca=1$

> 함정 $a^2+b^2+c^2=1$이고 $ab+bc+ca=1$인 것에서 $a^2+b^2+c^2=ab+bc+ca$임을 알아내는 것이 핵심이야.

2nd $a^2+b^2+c^2$과 $ab+bc+ca$의 값이 같지?

이때, $a^2+b^2+c^2=ab+bc+ca$이므로
$a^2+b^2+c^2-ab-bc-ca=0$
$\dfrac{1}{2}\{(a-b)^2+(b-c)^2+(c-a)^2\}=0$
즉, $a-b=0$, $b-c=0$, $c-a=0$이어야 하므로

> 실수 x, y, z에 대하여 $x^2\geq0$, $y^2\geq0$, $z^2\geq0$이므로 $x^2+y^2+z^2=0$이려면 $x=0$, $y=0$, $z=0$이어야 해.

$a=b=c$이고 $a+b+c=\sqrt{3}$에서
$a=\dfrac{\sqrt{3}}{3}$, $b=\dfrac{\sqrt{3}}{3}$, $c=\dfrac{\sqrt{3}}{3}$이다.

∴ $3a+6b+9c=3\cdot\dfrac{\sqrt{3}}{3}+6\cdot\dfrac{\sqrt{3}}{3}+9\cdot\dfrac{\sqrt{3}}{3}$
$=\sqrt{3}+2\sqrt{3}+3\sqrt{3}=6\sqrt{3}$
∴ $k=6$

$a^2+b^2+c^2-ab-bc-ca=0$에서
$\dfrac{1}{2}(2a^2+2b^2+2c^2-2ab-2bc-2ca)=0$
$\dfrac{1}{2}\{(a^2-2ab+b^2)+(b^2-2bc+c^2)+(c^2-2ca+a^2)\}=0$
∴ $\dfrac{1}{2}\{(a-b)^2+(b-c)^2+(c-a)^2\}=0$

모의
A 10 정답 ② ···································· 곱셈 공식의 활용

> **정답 공식:** 91, 99, 111을 $100=10^2$을 이용해 나타낸다.

> 단서 주어진 자연수를 10의 거듭제곱들의 합 또는 차로 표현할 수 있는지 찾아보자.
> $91\times99\times111$의 값은?
> ① 111111 ②999999 ③ 1111111
> ④ 9999999 ⑤ 99999999

1st 91, 99, 111을 10의 거듭제곱의 합 또는 차로 나타낸 후에 곱셈 공식을 이용해.

$91\times99\times111$ $(a+b)(a^2-ab+b^2)=a^3+b^3$, $(a-b)(a^2+ab+b^2)=a^3-b^3$
$=(10^2-10+1)\times(10^2-1)\times(10^2+10+1)$
$=(10^2-10+1)\times(10+1)\times(10-1)\times(10^2+10+1)$
$=(10^3+1)\times(10^3-1)$
$=10^6-1=1000000-1$
$=999999$

> 실수 91, 99, 111을 10^2, 10, 1을 사용하여 나타내어야 계산이 쉬워져.

→$1001\times999=(1000+1)\times999$
$=999000+999=999999$
와 같이 계산해도 돼.

정답 공식: 직사각형의 가로, 세로의 길이를 각각 x, y라 두고 직사각형의 둘레의 길이에 대한 조건과 원에 내접하는 직사각형의 대각선의 길이는 원의 지름과 같다는 조건을 이용한다.

단서 원의 넓이에서 원의 지름의 길이를 구할 수 있고, 이게 직사각형의 대각선의 길이지?

오른쪽 그림과 같이 넓이가 8π인 원에 내접하는 직사각형의 둘레의 길이가 14일 때, 이 직사각형의 넓이는?

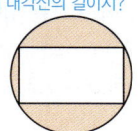

① $\dfrac{13}{2}$ ② 7   ③ $\dfrac{15}{2}$ ④ 8   ⑤ $\dfrac{17}{2}$

1st 직사각형의 가로의 길이를 x, 세로의 길이를 y라 하고 관계식을 찾아보자.

직사각형의 가로의 길이를 x, 세로의 길이를 y라 하면 둘레의 길이가 14이므로

> 직사각형의 가로의 길이를 x, 세로의 길이를 y라 하면 둘레의 길이는 가로와 세로의 길이의 합의 두 배야.

$2x+2y=14$ ∴ $x+y=7$

> **함정** 원에 내접하는 직사각형의 대각선의 길이는 원의 지름의 길이와 같음을 알고 있어야 해.

원의 넓이가 8π이므로 원의 반지름의 길이를 r라 하면
$\pi r^2=8\pi$, $r^2=8$ ∴ $r=2\sqrt{2}$ (∵ $r>0$)

즉, 원의 지름의 길이가 $4\sqrt{2}$이므로 $\sqrt{x^2+y^2}=4\sqrt{2}$

∴ $x^2+y^2=(4\sqrt{2})^2=32$

2nd $(x+y)^2=x^2+y^2+2xy$에 위에서 구한 값을 대입해.

$x+y=7$이고 $x^2+y^2=32$이므로

$(x+y)^2=x^2+y^2+2xy$, $49=32+2xy$ ∴ $xy=\dfrac{17}{2}$

따라서 직사각형의 넓이는 $xy=\dfrac{17}{2}$이다.

정답 공식: $2(ab+bc+ca)=(a+b+c)^2-(a^2+b^2+c^2)$

그림과 같이 모든 모서리 길이의 합이 20인 직육면체 ABCD−EFGH가 있다. $\overline{\text{AG}}=\sqrt{13}$일 때, 직육면체 ABCD−EFGH의 겉넓이는? **단서** 세 모서리 AB, AD, AE의 길이를 문자로 나타낸 후 모든 모서리의 길이의 합과 직육면체의 대각선의 길이, 겉넓이를 문자를 사용한 식으로 나타내.

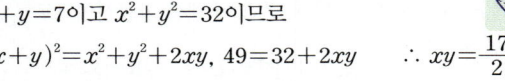

① 10   ② 12   ③ 14   ④ 16   ⑤ 18

1st 세 모서리의 길이 사이의 관계식을 구해.

주어진 직육면체의 세 모서리 AB, AD, AE의 길이를 각각 a, b, c라 하자. 모든 모서리의 길이의 합이 20이므로

$4(a+b+c)=20$ ∴ $a+b+c=5$

> 직육면체에서 같은 길이의 모서리가 4개씩 있지?

또, $\overline{\text{AG}}=\sqrt{a^2+b^2+c^2}=\sqrt{13}$이므로

$a^2+b^2+c^2=13$

> 이웃하는 세 모서리의 길이가 각각 a, b, c인 직육면체의 대각선의 길이는 $\sqrt{a^2+b^2+c^2}$이야.

2nd 곱셈 공식을 이용하여 직육면체의 겉넓이를 구하자.

따라서 직육면체 ABCD−EFGH의 겉넓이는

$2(ab+bc+ca)=(a+b+c)^2-(a^2+b^2+c^2)$
$\qquad\qquad\quad\ =25-13=12$

> $(a+b+c)^2=a^2+b^2+c^2+2ab+2bc+2ca$ 이므로 $2(ab+bc+ca)=(a+b+c)^2-(a^2+b^2+c^2)$

정답 공식: A에 대한 몫과 나머지의 관계식을 세운 후 식을 전개한다.

단서 나눗셈의 몫과 나머지가 나오면 $A=BQ+R$를 이용하여 식으로 표현하자.

다항식 A를 $3x^2-2x+1$로 나누었을 때의 몫은 $x-2$이고 나머지는 -4일 때, 다항식 A의 x^3의 계수와 x의 계수의 합은?

① 7   ② 8   ③ 9   ④ 10   ⑤ 11

1st $A=BQ+R$ 꼴로 나타내면 다항식 A를 구할 수 있어.

다항식 A를 $3x^2-2x+1$로 나누었을 때의 몫이 $x-2$, 나머지가 -4이므로

$A=\underline{(3x^2-2x+1)(x-2)}-4$ → 분배법칙을 이용하여 다항식을 전개해.
$\ \ =3x^3-8x^2+5x-6$

> **주의** 분배법칙을 이용할 때 마이너스 부호에 주의하여 전개하도록 해.

따라서 x^3의 계수는 3이고, x의 계수는 5이므로 구하는 값은 $3+5=8$이다.

정답 공식: $P(x)$에 대한 몫과 나머지의 관계식을 세운 후 식을 변형한다.

단서 $3x-6=3(x-2)$임을 이용하자.

다항식 $P(x)$를 $3x-6$으로 나누었을 때의 몫을 $Q(x)$, 나머지를 R라고 할 때, $P(x)$를 $x-2$로 나누었을 때의 몫과 나머지를 차례로 구하면?

① $Q(x)$, R ② $2Q(x)$, R ③ $3Q(x)$, R
④ $2Q(x)$, $2R$ ⑤ $3Q(x)$, $2R$

1st 몫과 나머지를 이용하여 식을 세운 후 $P(x)=(x-2)\square+\square$ 꼴로 만들자.

> [다항식의 나눗셈] 다항식 A를 다항식 B $(B\neq0)$로 나누었을 때의 몫을 Q, 나머지를 R라 하면 $A=BQ+R$

$\underline{A=BQ+R}$를 이용하면

> 어떠한 다항식 A가 $A=BQ+R$와 같이 표현되면 A를 다항식 B로 나누었을 때의 몫이 Q, 나머지가 R라 할 수 있어.

$P(x)=(3x-6)Q(x)+R$
$\qquad\ =3(x-2)Q(x)+R$
$\qquad\ =(x-2)3Q(x)+R$

> **실수** $P(x)$를 $x-2$로 나눌 때 $P(x)=3(x-2)Q(x)+R$에서의 몫은 나누는 식을 제외한 $3Q(x)$임을 주목해.

이므로 $P(x)$를 $x-2$로 나눈 몫은 $3Q(x)$이고 나머지는 R이다.

정답 공식: $(a+b)^2=a^2+b^2-2ab$, $a^3+b^3=(a+b)^3-3ab(a+b)$

$a+2b=5$, $ab=1$일 때, a^6+64b^6의 값을 구하는 과정을 서술하시오. **단서** $a^6+64b^6=(a^2)^3+(4b^2)^3$이지? 곱셈 공식의 변형을 이용하여 a^2+4b^2의 값부터 구해 봐.

1st 곱셈 공식을 이용하여 a^2+4b^2의 값을 먼저 구해.

$a+2b=5$, $ab=1$이므로

$a^2+4b^2=(a+2b)^2-2\times a\times 2b$
$\qquad\qquad =(a+2b)^2-4ab$

> $A^2+B^2=(A+B)^2-2AB$에서 $A=a$, $B=2b$로 놓은 거야.

$\qquad\qquad =5^2-4\times1=21$ … ❶

모의고사
Ⓐ

곱셈 공식을 이용하여 a^6+64b^6의 값을 구해.

따라서 $a^2+4b^2=21$, $ab=1$이므로

$a^6+64b^6=(a^2)^3+(4b^2)^3$

$A^3+B^3=(A+B)^3-3AB(A+B)$에서
$A=a^2$, $B=4b^2$으로 놓은 거야.

$=(a^2+4b^2)^3-3\times a^2\times 4b^2\times(a^2+4b^2)$ … ⓘⓘ

$=(a^2+4b^2)^3-12\times(ab)^2\times(a^2+4b^2)$

$=21^3-12\times1\times21=9261-252=9009$ … ⓘⓘⓘ

🧭 다른 풀이: 구하는 식을 다르게 변형하여 값 구하기

$a+2b=5$, $ab=1$이므로

$a^2+4b^2=(a+2b)^2-2\times a\times 2b=(a+2b)^2-4ab$

$=5^2-4\times1=21$

즉, $a^2+4b^2=21$, $ab=1$이므로

$a^4+16b^4=(a^2+4b^2)^2-2\times a^2\times 4b^2=(a^2+4b^2)^2-8(ab)^2$

$=21^2-8\times1=441-8=433$

$\therefore a^6+64b^6=(a^2)^3+(4b^2)^3$

$=(a^2+4b^2)\{(a^2)^2-a^2\times4b^2+(4b^2)^2\}$

$=(a^2+4b^2)(a^4-4a^2b^2+16b^4)$

[인수분해 공식]
A^3+B^3
$=(A+B)(A^2-AB+B^2)$

$=21\times(433-4\times1)=9009$

[채점 기준표]

ⓘ a^2+4b^2의 값을 구한다.	30%
ⓘⓘ a^6+64b^6을 곱셈 공식의 변형을 이용하여 나타낸다.	30%
ⓘⓘⓘ a^6+64b^6의 값을 구한다.	40%

⏱ **B** 내신+학평 대비 단원별 모의고사
문제편 p. 324

모의 **B 01** 정답 ① ·········· 항등식의 성질

(**정답 공식:** 식을 전개해 양변의 계수를 비교한다.)

모든 실수 x에 대하여 등식
$(x-1)(x+a)=bx^2-3x+2$
가 성립할 때, $a+b$의 값은? (단, a, b는 상수이다.)

단서 모든 실수 x에 대하여 등식 $ax^2+bx+c=a'x^2+b'x+c'$이 항상 성립할 조건은 $a=a'$, $b=b'$, $c=c'$이야.

① -1 ② -2 ③ -3 ④ -4 ⑤ -5

1st 왼쪽 식을 전개하여 양변의 계수를 비교해봐.

모든 실수 x에 대하여 등식이 성립하므로 등식을 정리하면

$x^2+(a-1)x-a=bx^2-3x+2$ ← x에 대한 항등식이야.

이고, 항등식의 성질에 의해 양변의 계수가 서로 같아야 하므로

$a=-2$, $b=1$이다. ← $ax^2+bx+c=a'x^2+b'x+c'$이 x에 관한 항등식 $\Longleftrightarrow a=a'$, $b=b'$, $c=c'$

$\therefore a+b=-1$

🧭 다른 풀이 ❶: 항등식에서 적당한 수치를 대입하여 계수 구하기

$(x-1)(x+a)=bx^2-3x+2$

가 모든 실수 x에 대하여 성립하므로

양변에 $x=0$을 대입하면 $-a=2$ $\therefore a=-2$

$x=1$을 대입하면 $b-3+2=0$ $\therefore b=1$

따라서 $a+b=-1$이야.

🧭 다른 풀이 ❷: 식을 정리하고 항등식의 계수를 비교하여 계수 구하기

$(x-1)(x+a)=bx^2-3x+2$에서

우변의 식을 좌변으로 이항하여 동류항끼리 묶으면

$x^2+(a-1)x-a-bx^2+3x-2=0$

$(1-b)x^2+(a+2)x-a-2=0$

이 등식이 모든 실수 x에 대하여 성립하므로

$1-b=0$, $a+2=0$, $-a-2=0$

따라서 $a=-2$, $b=1$이므로 $a+b=-1$

모의 **B 02** 정답 ④ ·········· 항등식의 미정계수의 결정

(**정답 공식:** 등식의 좌변을 $(x-1)$을 인수로 하는 조립제법으로 분해하여 양변의 계수를 비교하거나, 직접 x의 값을 대입하여 a, b, c에 대한 식을 얻어 $a+2b+3c$를 계산한다.)

단서 x에 대한 항등식이니까 x에 어떠한 값을 대입해도 등식이 성립하겠지?

등식 $x^2+2x-3=a(x-1)^2+b(x-1)+c$가 x에 대한 항등식이 되도록 하는 상수 a, b, c에 대하여 $a+2b+3c$의 값은?

① 6 ② 7 ③ 8 ④ 9 ⑤ 10

1st x에 대한 항등식에는 x에 어떠한 숫자를 대입해도 항상 등식이 성립하지?

$x^2+2x-3=a(x-1)^2+b(x-1)+c$가 x에 대한 항등식이므로

$x=1$을 대입하면

$1+2-3=c$ $\therefore c=0$

항등식의 미정계수법에는 계수를 비교하는 계수비교법과 문자에 값을 대입하는 수치대입법이 있어. 이 문제는 $x-1$이 있으니 $x=1$을 대입하면 쉽게 풀 수 있겠지?

$x=0$을 대입하면

$-3=a-b+c$ $\therefore a-b=-3$ … ㉠

$x=2$를 대입하면 ← $c=0$을 대입한 거야.

$4+4-3=a+b+c$ $\therefore a+b=5$ … ㉡

㉠, ㉡을 연립하여 풀면 $a=1$, $b=4$

$\therefore a+2b+3c=1+2\times4+3\times0=9$

모의 **B 03** 정답 ① ·········· 항등식의 성질

(**정답 공식:** 식을 전개하여 k에 대해 내림차순으로 정리한 후, 항등식 조건으로부터 각 항의 계수가 0이 되어야 함을 이용한다.)

단서 '~의 값에 관계없이'란 표현은 '~에 대한 항등식'이라는 말이야.

등식 $(k+2)x+(3k+1)y-k+2=0$이 k의 값에 관계없이 항상 성립할 때, 상수 x, y에 대하여 $x+y$의 값은?

① $-\dfrac{3}{5}$ ② $-\dfrac{2}{5}$ ③ $-\dfrac{1}{5}$ ④ $\dfrac{1}{5}$ ⑤ $\dfrac{2}{5}$

1st 주어진 식이 k에 대한 항등식이니까, k에 대하여 정리하자.

$(k+2)x+(3k+1)y-k+2=0$을 k에 대하여 정리하면

$(x+3y-1)k+(2x+y+2)=0$

k에 대한 항등식이므로 $(\quad)k+(\quad)=0$ 꼴로 정리해야 해.

2nd 항등식의 성질을 이용해.

이 식이 k의 값에 관계없이 항상 성립하므로

$x+3y-1=0$, $2x+y+2=0$

두 식을 연립하여 풀면 $x=-\dfrac{7}{5}$, $y=\dfrac{4}{5}$

$\therefore x+y=-\dfrac{7}{5}+\dfrac{4}{5}=-\dfrac{3}{5}$

정답 공식: 몫을 $ax+b$로 놓고 식을 전개해 양변을 비교한다. 또는 직접 다항식의 나눗셈을 수행한다.

> **단서** 삼차식을 이차식으로 나누니까 몫은 일차식 꼴이야.
>
> 다항식 $3x^3-4x^2+x+k$를 x^2+x+1로 나눈 나머지가 $5x+12$일 때, 상수 k의 값은?
>
> ① 3   ②5   ③ 7
>
> ④ 9   ⑤ 11

1st 주어진 삼차다항식을 몫과 나머지를 이용하여 나타내보자.

$3x^3-4x^2+x+k$를 x^2+x+1로 나누었을 때의 몫을 $ax+b$ (a, b는 상수)라 하면 ◁ 나누는 식이 이차식이므로 삼차식이 되려면 몫은 일차식 꼴이어야 해.

$3x^3-4x^2+x+k=(x^2+x+1)(ax+b)+5x+12$

$\qquad\qquad\qquad =ax^3+(a+b)x^2+(a+b+5)x+b+12$

2nd 위에서 구한 등식은 항등식이니까 각 항의 계수끼리 같아야겠지?

계수비교법에 의하여 $a=3$, $a+b=-4$, $a+b+5=1$, $k=b+12$

$a=3$을 $a+b=-4$에 대입하면

$3+b=-4$ $\therefore b=-7$

따라서 $b=-7$을 $k=b+12$에 대입하면

$k=-7+12=5$

> **함정** 주어진 식의 최고차항은 몫과 나누는 식의 곱으로부터 형성되므로 (x^2+x+1)과 곱해지는 몫은 x의 계수가 3인 일차식이야.

다른 풀이: 직접 나누어 계수를 비교하여 값 구하기

$$
\begin{array}{r}
3x-7 \\
x^2+x+1 \overline{\smash{)}\ 3x^3-4x^2+\ x+k} \\
\underline{3x^3+3x^2+3x} \qquad\qquad \\
-7x^2-2x+k \qquad \\
\underline{-7x^2-7x-7} \\
5x+(k+7)
\end{array}
$$

←$(x^2+x+1)\times 3x$

←$(x^2+x+1)\times(-7)$

나머지가 $5x+12$이므로

$k+7=12$ $\therefore k=5$

정답 공식: 인수정리를 이용하여 a의 값을 구한다.

> x에 대한 다항식 x^3-2x-a가 $x-2$로 나누어떨어지도록 하는 상수 a의 값을 구하시오. **단서** 나누어떨어진다. ⟺ 나머지가 0이다.

1st 인수정리를 이용하자.

$f(x)=x^3-2x-a$로 놓으면

인수정리에 의하여 ▷ 다항식 $f(x)$가 $x-\alpha$로 나누어떨어진다. ⟺ $f(\alpha)=0$ 즉, $x-\alpha$는 $f(x)$의 인수이다.

$f(2)=8-4-a=0$

$\therefore a=4$

다른 풀이: 주어진 다항식을 나누는 식과 몫의 곱으로 표현하고 적당한 수치를 대입하여 상수 구하기

x^3-2x-a를 $x-2$로 나눈 몫을 $Q(x)$라 하면

$x^3-2x-a=(x-2)Q(x)$

양변에 $x=2$를 대입하면

$8-4-a=0$ $\therefore a=4$

정답 공식: 구해야 하는 다항식의 일차식인 인수가 두 개 주어졌으므로 인수정리를 이용해 a, b에 대한 식을 두 개 얻고 이를 이용해 a, b의 값을 결정한다.

> **단서** 나누어떨어지니까 인수정리를 사용하면 되겠지?
>
> x에 대한 다항식 x^3-2x^2+ax+b가 x^2-4x+3으로 나누어떨어질 때, 상수 a, b에 대하여 $b-a$의 값은?
>
> ① 9   ② 10   ③11   ④ 12   ⑤ 13

1st 인수정리를 이용하여 a와 b의 관계식을 찾자.

$x^2-4x+3=(x-1)(x-3)$이고

다항식 x^3-2x^2+ax+b가 x^2-4x+3으로 나누어떨어지므로

다항식 x^3-2x^2+ax+b는 $x-1$과 $x-3$으로 각각 나누어떨어진다.

> 인수의 성질에 의해 2차 이상의 다항식으로 나누어떨어지면 그 다항식의 인수인 일차식으로도 나누어떨어지지?

인수정리에 의해 $f(x)=x^3-2x^2+ax+b$라 하면

$f(1)=0$, $f(3)=0$이므로 ▷ $f(x)$가 일차식 $x-a$로 나누어떨어지면 $f(a)=0$이다.

$f(1)=1^3-2\times 1^2+a\times 1+b=0$ $\therefore a+b=1$

$f(3)=3^3-2\times 3^2+a\times 3+b=0$ $\therefore 3a+b=-9$

위의 두 식을 연립하여 풀면 $a=-5$, $b=6$

$\therefore b-a=6-(-5)=11$

정답 공식: $f(1)=f(2)=f(3)$이라는 조건과 최고차항의 계수가 1이라는 조건에서 $f(x)$의 식을 세운 후, $f(-2)=0$임을 이용해 미정계수를 결정한다.

> **단서** $f(1)=f(2)=f(3)=k$라 하면 $f(1)-k=0$, $f(2)-k=0$, $f(3)-k=0$이야.
>
> x^3의 계수가 1인 삼차식 $f(x)$에 대하여 $f(1)=f(2)=f(3)$이고, $f(x)$는 $x+2$로 나누어떨어진다. 이때, $f(0)$의 값은?
>
> ① 50   ② 51   ③ 52   ④ 53   ⑤54

1st $f(1)=f(2)=f(3)=k$라 놓고 $f(x)$의 식을 세워봐.

x^3의 계수가 1인 삼차식 $f(x)$에 대하여 $f(1)=f(2)=f(3)$이므로

$f(1)=f(2)=f(3)=k$라 하면 ▷ $f(x)-k$라는 식에 x 대신 1, 2, 3을 대입하면 $f(x)-k$의 값이 모두 0이 된다는 뜻이야.

$f(1)-k=f(2)-k=f(3)-k=0$

즉, $f(x)-k$는 $x-1$, $x-2$, $x-3$으로 나누어떨어지므로

$f(x)-k=(x-1)(x-2)(x-3)$에서 ▷ $P(x)$가 일차식 $x-\alpha$로 나누어떨어지면 $P(\alpha)=0$

$f(x)$의 x^3의 계수는 1이라 했어.

$f(x)=(x-1)(x-2)(x-3)+k$이다. **실수** 문제에서 최고차항의 계수가 1이라 했으므로 조건에 유의하여 식을 만들 수 있어야 해.

2nd $f(x)$가 $x+2$로 나누어떨어지니까 인수정리를 이용할 수 있어.

이때, $f(x)$가 $x+2$로 나누어떨어지므로 $f(-2)=0$에서

$f(-2)=(-2-1)\times(-2-2)\times(-2-3)+k=k-60=0$

$\therefore k=60$

따라서 $f(x)=(x-1)(x-2)(x-3)+60$이므로

$f(0)=(-1)\times(-2)\times(-3)+60=54$

B 08 정답 ① ··· 항등식의 활용

정답 공식: 짝수 차수인 항의 계수를 모두 더한 값을 구해야 하므로 $x=1$과 $x=-1$을 대입한 식을 각각 구하여 연립한다.

등식 $(2x^2-x+3)^3=a_0+a_1x+\cdots+a_5x^5+a_6x^6$이 x의 값에 관계없이 항상 성립할 때, 상수 a_0, a_1, $\cdots$, a_5, a_6에 대하여 $a_0+a_2+a_4+a_6$의 값은?

단서 x에 대한 항등식이니까 어떠한 값을 대입해도 등식이 항상 성립하겠지?
그럼 대입해서 $a_0+a_2+a_4+a_6$의 식을 만들 수 있는 x의 값을 찾아보자.

① 140 ② 145 ③ 150
④ 155 ⑤ 160

1st 주어진 등식에 $x=1$, $x=-1$을 대입하여 두 식을 더해보자.

$(2x^2-x+3)^3=a_0+a_1x+\cdots+a_5x^5+a_6x^6$에

함정 구하고자 하는 값이 상수항을 포함한 짝수차항의 계수의 합이므로 홀수차항을 소거해야겠지.

$x=1$을 대입하면

$64=a_0+a_1+a_2+a_3+a_4+a_5+a_6 \cdots$ ㉠
$\quad\quad\quad (2-1+3)^3=4^3=64$

또한, $x=-1$을 대입하면

$216=a_0-a_1+a_2-a_3+a_4-a_5+a_6 \cdots$ ㉡
$\quad\quad\quad (2+1+3)^3=6^3=216$

㉠+㉡을 하면

$280=2(a_0+a_2+a_4+a_6)$

$\therefore a_0+a_2+a_4+a_6=140$

B 09 정답 ① ··· 항등식의 성질

정답 공식: 우변을 0으로 만드는 x를 각각 대입하여 a, b에 대한 식을 얻고 a, b를 결정한 후, 나머지정리를 이용하여 $f(-1)$의 값을 구한다.

단서 '임의의 ~에 대하여 성립한다.'라는 말은 '~에 대한 항등식'이란 뜻과 같아.

등식 $x^4+ax^2+bx-24=(x-4)(x+3)f(x)$가 임의의 x에 대하여 성립할 때, $f(-1)$의 값은? (단, a, b는 상수)

① 2 ② 3 ③ 4 ④ 5 ⑤ 6

1st 우변을 0으로 만들 수 있는 x의 값을 대입하여 a와 b의 값을 구해.

$x^4+ax^2+bx-24=(x-4)(x+3)f(x)$가

임의의 x에 대하여 성립하므로

$f(x)$의 식을 알 수 없으므로 전개하여 풀기에는 적절하지 않아.

등식의 양변에 $x=4$를 대입하면

$256+16a+4b-24=0$

$\therefore 4a+b=-58 \cdots$ ㉠

등식의 양변에 $x=-3$을 대입하면

$81+9a-3b-24=0$

$\therefore 3a-b=-19 \cdots$ ㉡

$\quad\quad\quad\quad\quad 4a+b=-58$
$\quad\quad\quad +) \; 3a-b=-19$
$\quad\quad\quad\quad\quad 7a\quad=-77 \quad \therefore a=-11$
$\quad\quad\quad 4\times(-11)+b=-58 \quad \therefore b=-14$

㉠, ㉡을 연립하여 풀면

$a=-11$, $b=-14$

2nd 주어진 등식에 $x=-1$을 대입해봐.

따라서 주어진 등식 $x^4-11x^2-14x-24=(x-4)(x+3)f(x)$의 양변에 $x=-1$을 대입하면

$1-11+14-24=(-5)\times 2\times f(-1)$

$-10f(-1)=-20 \quad \therefore f(-1)=2$

B 10 정답 ⑤ ··· 나머지정리

정답 공식: 나머지정리를 이용하여 a의 값을 결정한다.

다항식 x^3-ax^2+2x-7을 $x-2$로 나누었을 때의 나머지와 $x+1$로 나누었을 때의 나머지가 같을 때, 상수 a의 값은?

단서 나머지정리를 이용하여 $x-2$, $x+1$로 나누었을 때의 나머지를 각각 구해.

① -5 ② -1 ③ 1
④ 3 ⑤ 5

1st 나머지정리를 이용하여 a에 대한 방정식을 구해.

$P(x)=x^3-ax^2+2x-7$이라 하자.

$P(x)$를 $x-2$로 나눈 나머지는

$P(2)=8-4a+4-7=-4a+5 \cdots$ ㉠

[나머지정리] 다항식 $P(x)$를 일차식 $x-a$로 나눈 나머지는 $P(a)$이다.

$P(x)$를 $x+1$로 나눈 나머지는

$P(-1)=-1-a-2-7=-a-10 \cdots$ ㉡

이때, $P(x)$를 $x-2$로 나눈 나머지와 $x+1$로 나눈 나머지가 같으므로

㉠, ㉡에서 $-4a+5=-a-10$

$-3a=-15 \quad \therefore a=5$

B 11 정답 ④ ··· 나머지정리

정답 공식: $f(x)$를 삼차식으로 나누었을 때 몫과 나머지의 관계식을 세우고, 이 식에서 $f(x)$를 $(x-2)^2$과 $(x-5)$로 나누었을 때의 식을 구해 나머지의 식을 결정한다.

다항식 $f(x)$를 $(x-2)^2$으로 나눈 나머지는 $x-5$이고, $x+2$로 나눈 나머지는 9일 때, $f(x)$를 $(x-2)^2(x+2)$로 나눈 나머지는?

단서 $f(x)$를 삼차식으로 나누었으므로 나머지는 이차 이하의 다항식이야.

① $-x^2-3x-1$ ② $-x^2-3x+1$
③ $-x^2+3x-1$ ④ x^2-3x-1
⑤ x^2-3x+1

1st $f(x)$를 삼차식으로 나눈 나머지를 ax^2+bx+c라 놓고, 몫과 나머지를 이용하여 $f(x)$를 나타내봐.

$f(x)$를 $(x-2)^2(x+2)$로 나누었을 때의 몫을 $Q(x)$, 나머지를 ax^2+bx+c (a, b, c는 상수)라 하면

삼차식으로 나누었으므로 나머지는 나누는 식보다 차수가 낮아야 해. 즉, 이차 이하의 식이 되겠지.

$f(x)=(x-2)^2(x+2)Q(x)+ax^2+bx+c \cdots$ ㉠

2nd 주어진 조건을 이용해서 나머지를 구하자.

이때, $f(x)$를 $(x-2)^2$으로 나누었을 때의 나머지가 $x-5$이므로 ㉠에서 ax^2+bx+c를 $(x-2)^2$으로 나눈 나머지가 $x-5$이다.

$\therefore ax^2+bx+c=a(x-2)^2+x-5$

이것을 ㉠에 대입하면

$f(x)=(x-2)^2(x+2)Q(x)+a(x-2)^2+x-5 \cdots$ ㉡

한편, $f(x)$를 $x+2$로 나눈 나머지가 9이므로 ㉡에서

$f(-2)=16a-7=9 \quad \therefore a=1$

따라서 구하는 나머지는 $(x-2)^2+x-5=x^2-3x-1$

함정 $f(x)=(x-2)^2(x+2)Q(x)+ax^2+bx+c$에서 $(x-2)^2(x+2)Q(x)$는 $(x-2)^2$을 인수로 가지므로 $f(x)$를 $(x-2)^2$으로 나눈 나머지는 ax^2+bx+c를 $(x-2)^2$으로 나눈 나머지와 같아.

B 12 정답 ② ·· 나머지정리의 활용

정답 공식: 수를 문자로 치환한 후 몫과 나머지의 관계식을 세우고 이 식이 항등식임을 이용해 p, q의 값을 구한다.

> 2021^{100}을 2020으로 나누었을 때의 나머지를 p, 2020^{100}을 2019로 나누었을 때의 나머지를 q라 할 때, $p+q$의 값은?
>
> **단서** 큰 숫자가 나오면 간단한 문자로 치환하여 생각해 봐.
>
> ① 1   ② 2   ③ 3
> ④ 4   ⑤ 5

1st $2020=x$로 놓고 식을 다시 나타내보자.

> **주의** 숫자를 문자로 치환하여 풀 때 최대한 계산하기 편한 수를 선택할 수 있어야 해.

$2020=x$라 하면 $2021=x+1$, $2019=x-1$

이때, $\underset{2021^{100}}{\underline{(x+1)^{100}}}$을 x로 나누었을 때의 나머지가

p이므로 몫을 $Q_1(x)$라 하면

$(x+1)^{100}=xQ_1(x)+p \cdots \bigcirc$

$\bigcirc$의 양변에 $x=0$을 대입하면 $1=p$

또한, $\underset{2020^{100}}{\underline{x^{100}}}$을 $x-1$로 나누었을 때의 나머지가 q이므로 몫을 $Q_2(x)$라

하면

$x^{100}=(x-1)Q_2(x)+q \cdots \bigcirc\!\!\!\!\bigcirc$

$\bigcirc\!\!\!\!\bigcirc$의 양변에 $x=1$을 대입하면 $1=q$

따라서 $p=1$, $q=1$이므로

$p+q=1+1=2$

B 13 정답 49 ··· 나머지정리

정답 공식: (나)에서 $f(x)$의 몫과 나머지를 $ax+b$로 놓고, (가)를 이용해 a, b의 관계식을 찾아 b를 a에 대한 식으로 나타내 대입하고 식을 정리해 $R(x)$를 찾는다. $R(0)=R(6)$을 이용해 $R(x)$를 결정하고, $R(10)$의 값을 구한다.

> 삼차다항식 $f(x)$가 다음 조건을 만족시킨다.
>
> (가) $f(2)=1$ **단서 2** $f(x)$에 $x=2$를 대입한 함숫값이 1이야.
>
> (나) $f(x)$를 $(x-2)^2$으로 나눈 몫과 나머지가 같다.
> **단서 1** 이차식으로 나누었으므로 $f(x)$의 몫과 나머지를 $ax+b$라 하자.
>
> $f(x)$를 $(x-2)^3$으로 나눈 나머지를 $R(x)$라 하자.
> **단서 3** 삼차식으로 나누었으므로 나머지인 $R(x)$는 이차 이하의 식이야.
> $R(0)=R(6)$일 때, $R(10)$의 값을 구하시오.

1st 삼차다항식 $f(x)$를 이차식으로 나누면 나머지를 $ax+b$로 둘 수 있어.

조건 (나)에서 삼차식 $f(x)$를 이차식으로 나누므로 나머지와 몫을 $ax+b$ (a, b는 상수)라 하자.

> 다항식의 나머지의 차수는 나누는 식의 차수보다 낮아야 하므로 이차식으로 나눈 나머지는 일차식 또는 상수가 돼서 $ax+b$라 할 수 있어.

$\therefore f(x)=(x-2)^2(ax+b)+(ax+b) \cdots \bigcirc$

2nd $f(2)=1$이므로 문자 하나를 없앨 수 있겠지?

조건 (가)에서 $f(2)=1$이므로

$f(2)=2a+b=1 \quad \therefore b=1-2a$

$\therefore ax+b=ax+1-2a=a(x-2)+1$

> **주의** 다항식을 나눌 때에 나머지는 나누는 식보다 항상 차수가 낮아야 함에 유의하자.

위의 식을 $\bigcirc$에 대입하면

$f(x)=(x-2)^2\{a(x-2)+1\}+a(x-2)+1$

$\quad =a(x-2)^3+(x-2)^2+a(x-2)+1 \cdots \bigcirc\!\!\!\!\bigcirc$

3rd $f(x)$를 $(x-2)^3$으로 나눈 나머지 $R(x)$는 이차 이하의 식임을 이용해.

$\bigcirc\!\!\!\!\bigcirc$에서 $f(x)$를 삼차식 $(x-2)^3$으로 나눈 나머지 $R(x)$는 이차 이하의 식이므로 $R(x)=(x-2)^2+a(x-2)+1$

이때, 조건에서 $R(0)=R(6)$이므로

$4-2a+1=16+4a+1$, $6a=-12 \quad \therefore a=-2$

따라서 $R(x)=(x-2)^2-2(x-2)+1$이므로

$R(10)=64-16+1=49$

B 14 정답 ④ ·· 인수정리의 활용

정답 공식: $R(1)=0$임을 이용해 $R(x)=a(x-1)$이라 하고 식을 정리한 후 양변을 공통인수로 나누어 a의 값을 구한다.

> 다항식 $x^{200}-1$을 $(x-1)^2$으로 나누었을 때의 나머지를 $R(x)$라고 하자. 이때, $R(3)$의 값은?
>
> **단서** $x^{200}-1=(x-1)(x^{199}+x^{198}+\cdots+x+1)$임을 이용하여 $R(x)$의 식을 유추해 내야 해.
>
> ① 100   ② 200   ③ 300
> ④ 400   ⑤ 500

1st $x^n-1=(x-1)(x^{n-1}+x^{n-2}+\cdots+x+1)$임을 이용하여 나머지의 식을 유추해봐.

$x^{200}-1$을 $(x-1)^2$으로 나누었을 때의 몫을 $Q(x)$라 하면 나머지가 $R(x)$이므로

$x^{200}-1=(x-1)^2Q(x)+R(x) \cdots \bigcirc$

$\bigcirc$의 양변에 $x=1$을 대입하면 $R(1)=0$

즉, $x^{200}-1$을 $(x-1)^2$으로 나누었을 때의 나머지인 $R(x)$도 $x-1$로 나누어떨어진다.

> $R(x)$는 이차식 $(x-1)^2$으로 나눈 나머지이므로 일차 이하의 다항식이야.

따라서 상수 a에 대하여

$x^{200}-1=(x-1)^2Q(x)+a(x-1)$로 놓을 수 있다.

이때, $x^{200}-1=\underset{x^n-1=(x-1)(x^{n-1}+x^{n-2}+\cdots+x+1)}{\underline{(x-1)(x^{199}+x^{198}+\cdots+x+1)}}$이므로

> **실수** 조건을 통해 나머지 $R(x)$가 $x-1$을 인수로 가지는 일차 이하의 식인 것까지 알아냈으니까 최고차항의 계수를 상수 a를 사용하여 나타낸 거야.

$(x-1)(x^{199}+x^{198}+\cdots+x+1)$

$=(x-1)^2Q(x)+a(x-1)$에서

$x^{199}+x^{198}+\cdots+x+1=(x-1)Q(x)+a \cdots \bigcirc\!\!\!\!\bigcirc$

2nd $\bigcirc\!\!\!\!\bigcirc$에 $x=1$을 대입하면 a의 값을 구할 수 있지?

$\bigcirc\!\!\!\!\bigcirc$에 $x=1$을 대입하면

$\underset{\underset{200\text{개}}{\underline{1+1+\cdots+1+1=200}}}{200}=a$

> $(x-1)(x^{199}+x^{198}+\cdots+x+1)$
> $=(x-1)^2Q(x)+a(x-1)$
> $=(x-1)\{(x-1)Q(x)+a\}$
> 이므로
> $x^{199}+x^{198}+\cdots+x+1$
> $=(x-1)Q(x)+a$야.

따라서 $R(x)=200(x-1)$이므로

$R(3)=200\times 2=400$

> **주의** 항등식이므로 1이 아닌 x에 대해서도 성립해야 해. 따라서 양변을 $(x-1)$로 나눌 수 있어.

B 15 정답 ③ ·· 조립제법

정답 공식: 직접 조립제법을 실행하여 $Q(x)$, $R(x)$를 구한다.

> **단서** 조립제법은 $x-a$ 꼴의 일차식으로 나눌 때 몫과 나머지를 쉽게 구하는 거지? 여기서는 $2x-1$로 나누는 것이니까 $2\left(x-\dfrac{1}{2}\right)$에서 $x-\dfrac{1}{2}$로 우선 나누자.
>
> 다음 나눗셈을 조립제법을 이용하여 계산한 몫을 $Q(x)$, 나머지를 R라 할 때, $Q(3)+R$의 값은?
>
> $$(2x^3-5x^2+4x+3)\div(2x-1)$$
>
> ① 4   ② 6   ③ 8   ④ 10   ⑤ 12

1st 조립제법을 이용하여 몫과 나머지를 구할 수 있지?

조립제법으로 나눗셈을 하면

[조립제법]
다항식 $f(x)$를 $x-a$ 꼴의 일차식으로 나눌 때 계수만을 사용하여 몫과 나머지를 구하는 방법

$$
\begin{array}{r|rrrr}
\frac{1}{2} & 2 & -5 & 4 & 3 \\
 & & 1 & -2 & 1 \\
\hline
 & 2 & -4 & 2 & \boxed{4}
\end{array}
$$

$\therefore\ 2x^3-5x^2+4x+3=\left(x-\dfrac{1}{2}\right)(2x^2-4x+2)+4$
$\qquad\qquad\qquad\qquad = (2x-1)(x^2-2x+1)+4$

따라서 몫 $Q(x)=x^2-2x+1$이고 $R=4$이므로
$Q(3)+R=(9-6+1)+4=8$

$\left(x-\dfrac{1}{2}\right)(2x^2-4x+2)$
$=\left(x-\dfrac{1}{2}\right)\{2(x^2-2x+1)\}$
$=2\left(x-\dfrac{1}{2}\right)(x^2-2x+1)$
$=(2x-1)(x^2-2x+1)$

모의
B 16 정답 20 ·············· 나머지정리와 곱셈 공식의 활용

(**정답 공식:** $f(2)=A$, $g(2)=B$라 하면 $A+B$, A^3+B^3이 주어졌으므로 AB를 구한다.)

두 다항식 $f(x)$, $g(x)$에 대하여 $f(x)+g(x)$를 $x-2$로 나누었을 때의 나머지가 8이고, $\{f(x)\}^3+\{g(x)\}^3$을 $x-2$로 나누었을 때의 나머지가 32이다. $f(x)g(x)$를 $x-2$로 나누었을 때의 나머지를 구하는 과정을 서술하시오.

단서 $f(x)+g(x)$, $\{f(x)\}^3+\{g(x)\}^3$, $f(x)g(x)$를 $x-2$로 나누었을 때의 나머지는 각각 $f(2)+g(2)$, $\{f(2)\}^3+\{g(2)\}^3$, $f(2)g(2)$야. 이 세 식의 관계를 곱셈 공식에서 찾아 봐.

1st 나머지정리를 이용하여 $f(2)+g(2)$, $\{f(2)\}^3+\{g(2)\}^3$의 값을 구해 보자.

→ $f(x)$를 일차식 $x-a$로 나누었을 때의 나머지가 R이면 $f(a)=R$야.

$f(x)+g(x)$를 $x-2$로 나누었을 때의 나머지가 8이므로
$f(2)+g(2)=8 \cdots ㉠ \cdots$ **❶**

$\{f(x)\}^3+\{g(x)\}^3$을 $x-2$로 나누었을 때의 나머지가 32이므로
$\{f(2)\}^3+\{g(2)\}^3=32 \cdots ㉡ \cdots$ **❷**

2nd $(X+Y)^3=X^3+Y^3+3XY(X+Y)$를 이용하자.

$\{f(2)+g(2)\}^3=\{f(2)\}^3+\{g(2)\}^3+3f(2)g(2)\{f(2)+g(2)\}$

이므로 ㉠, ㉡을 대입하면
$\qquad (a+b)^3=a^3+b^3+3ab(a+b)$
$8^3=32+3\times f(2)g(2)\times 8 \cdots$ **❸**
$512=32+24f(2)g(2) \qquad \therefore\ f(2)g(2)=20$

따라서 $f(x)g(x)$를 $x-2$로 나누었을 때의 나머지는
$f(2)g(2)=20$이다. ··· **❹**

[채점 기준표]

❶ $f(2)+g(2)$의 값을 구한다.	20%
❷ $\{f(2)\}^3+\{g(2)\}^3$의 값을 구한다.	20%
❸ 곱셈 공식을 이용하여 $f(2)g(2)$에 대한 식을 세운다.	30%
❹ $f(x)g(x)$를 $x-2$로 나누었을 때의 나머지를 구한다.	30%

C 내신+학평 대비 단원별 모의고사
문제편 p. 326

모의
C 01 정답 ② ·············· 인수분해 공식

(**정답 공식:** $2y=Y$로 놓은 후 $x^3-y^3=(x-y)(x^2+xy+y^2)$을 이용한다.)

단서 $x^3-8y^3=x^3-(2y)^3$임을 이용하여 인수분해하자.

다항식 x^3-8y^3이 $(x-ay)(x^2+2xy+4y^2)$으로 인수분해될 때, 상수 a의 값은?

① 1   ② 2   ③ 3   ④ 4   ⑤ 5

1st $a^3-b^3=(a-b)(a^2+ab+b^2)$임을 이용해.

$x^3-8y^3=x^3-(2y)^3$ $\quad X^3-Y^3=(X-Y)(X^2+XY+Y^2)$
$\qquad\quad = (x-2y)(x^2+2xy+4y^2)$
$\qquad\quad = (x-ay)(x^2+2xy+4y^2)$

$\therefore\ a=2$

모의
C 02 정답 ④, ⑤ ·············· 인수분해

(**정답 공식:** 공통인수로 묶거나 조립제법을 통하여 인수분해한다.)

다음 중 다항식 x^3-2x^2-x+2의 인수가 아닌 것을 모두 고르면? (정답 2개) **단서** 공식을 사용하지 않는 인수분해는 같은 것이 있는지 확인하는 것이 필요해.

① $x-1$ ② $x+1$ ③ $x-2$ ④ $x+2$ ⑤ $x-3$

1st 다항식에서 동류항을 찾아서 인수분해하자.

$x^3-2x^2-x+2=x^2(x-2)-(x-2)$ → 같은 것이 있는지 확인하기 위해서는 4개의 항을 2개씩 묶는 것처럼 같은 개수의 항들로 묶어보는 게 좋아.
$\qquad\qquad\qquad = (x^2-1)(x-2)$
$\qquad\qquad\qquad = (x+1)(x-1)(x-2)$

따라서 주어진 다항식의 인수가 아닌 것은 ④, ⑤이다.

모의
C 03 정답 ⑤ ·············· 인수분해

(**정답 공식:** 두 식을 각각 인수분해한다.)

다음 중 두 다항식 x^2+x-6, x^3+4x^2+x-6에 공통으로 들어있는 인수인 것은? **단서** 두 다항식을 각각 인수분해하여 공통인 인수를 찾자.

① $x+1$ ② $x-2$ ③ $x+2$ ④ $x-3$ ⑤ $x+3$

1st 두 다항식을 각각 인수분해해보자.

$x^2+x-6=(x+3)(x-2)$

x^3+4x^2+x-6을 조립제법을 이용하여 인수분해하면

$$
\begin{array}{r|rrrr}
1 & 1 & 4 & 1 & -6 \\
 & & 1 & 5 & 6 \\
\hline
 & 1 & 5 & 6 & \boxed{0}
\end{array}
$$

$x^3+4x^2+x-6=(x-1)(x^2+5x+6)$
$\qquad\qquad\qquad = (x-1)(x+2)(x+3)$

따라서 주어진 두 다항식의 공통인 인수는 $x+3$이다.
$\qquad f(x)=x^3+4x^2+x-6$이라 하면 $f(1)=1+4+1-6=0$

C 04 정답 7 ·········· 복이차식의 인수분해

정답 공식: $(x^2+b)^2-a^2x^2=(x^2+ax+b)(x^2-ax+b)$를 이용하기 위해 식을 변형한다.

단서 복이차식을 인수분해하기 위해 X^2-Y^2 꼴로 변형해보자.

$x^4+6x^2y^2+25y^4$을 인수분해하면
$(x^2+Axy+By^2)(x^2-Axy+By^2)$이 된다. 이때, 상수 A, B에 대하여 $A+B$의 값을 구하시오. (단, $A>0$)

1st X^2-Y^2 꼴이 나오도록 식을 변형해서 인수분해하자.

$x^4+6x^2y^2+25y^4$

복이차식을 인수분해하기 위해 $6x^2y^2$을 $10x^2y^2-4x^2y^2$으로 분해한 거야.

$=\underline{x^4+10x^2y^2+25y^4-4x^2y^2}$

$=(x^2+5y^2)^2-(2xy)^2$

$x^2+5y^2=X$, $2xy=Y$로 치환하면
$X^2-Y^2=(X+Y)(X-Y)$
$=(x^2+5y^2+2xy)(x^2+5y^2-2xy)$

$=(x^2+2xy+5y^2)(x^2-2xy+5y^2)$

따라서 $A=2$, $B=5$이므로
$A+B=2+5=7$

C 05 정답 ④ ·········· 인수분해

정답 공식: 식을 정리한 후, $(x^2+b)^2-a^2x^2=(x^2+ax+b)(x^2-ax+b)$ 꼴을 이용하기 위해 식을 변형한다.

단서 $(x^2+2xy+y^2)(x^2-2xy+y^2)$을 무작정 전개하려 하지 말고 곱해진 식을 먼저 인수분해한 후 인수분해 공식을 사용할 수 있는지 확인해보자.

다항식 $(x^2+2xy+y^2)(x^2-2xy+y^2)-8(x^2+y^2)+16$의 인수인 것만을 [보기]에서 모두 고른 것은?

[보기]

ㄱ. $x+y+1$ ㄴ. $x-y-1$ ㄷ. $x+y+2$

ㄹ. $x-y+2$ ㅁ. $x-y-4$ ㅂ. $x+y+4$

① ㄱ, ㄴ ② ㄱ, ㅁ ③ ㄴ, ㅂ

④ ㄷ, ㄹ ⑤ ㄷ, ㅁ

1st 모든 항들을 다 전개하고 인수분해하려면 복잡하니까, 항들 중에 인수분해 공식을 이용할 수 있는 것을 찾아서 정리해봐.

$(x^2+2xy+y^2)(x^2-2xy+y^2)-8(x^2+y^2)+16$

$=(x+y)^2(x-y)^2-8(x^2+y^2)+16$

$a^2+2ab+b^2=(a+b)^2$
$a^2-2ab+b^2=(a-b)^2$

$=\{(x+y)(x-y)\}^2-8(x^2+y^2)+16$

$=(x^2-y^2)^2-8(x^2+y^2)+16$

$(x^2-y^2)^2-8(x^2+y^2)+16$에서 x^2-y^2과 x^2+y^2을 같은 형태로 바꿀 수 있다면 인수분해가 편해지지?

$=(x^2-y^2)^2-8(x^2-y^2)+16-16y^2$

2nd X^2-Y^2 꼴의 인수분해 공식을 이용해. 그러니까 $-8(x^2+y^2)$을 $-8(x^2-y^2)-16y^2$으로 바꾸어보자.

$=(x^2-y^2-4)^2-(4y)^2$

$=(x^2-y^2-4+4y)(x^2-y^2-4-4y)$

$=\{x^2-(y^2-4y+4)\}\{x^2-(y^2+4y+4)\}$

$=\{x^2-(y-2)^2\}\{x^2-(y+2)^2\}$

$=(x+y-2)(x-y+2)(x+y+2)(x-y-2)$

$(x^2-y^2)^2-8(x^2-y^2)+16-16y^2$
에서 $x^2-y^2=X$로 치환하면
$X^2-8X+16-(4y)^2$
$=(X-4)^2-(4y)^2$
$=(x^2-y^2-4)^2-(4y)^2$

C 06 정답 ① ·········· 인수분해의 활용

정답 공식: 조립제법을 통해 $f(n)$의 식을 인수분해한 후, 소수가 되기 위해서는 약수가 1과 자기 자신뿐이어야 함을 이용한다.

단서 2 주어진 식을 인수분해한 후 각 인수가 1이 되는 조건을 찾아보자.

자연수 n에 대하여 $f(n)=n^3-2n-4$라 할 때, $f(n)$이 소수가 되는 자연수 n의 값은?

단서 1 소수는 약수가 1과 자기 자신뿐인 수야.

① 3 ② 5 ③ 7 ④ 9 ⑤ 11

1st $f(n)$이 소수이려면 인수분해한 식 중 하나는 1이어야겠지?

$f(n)=n^3-2n-4=(n-2)(n^2+2n+2)$

이므로 $f(n)$이 소수이려면

$f(2)=0$이므로 조립제법을 이용해 인수분해 했어.

2	1	0	-2	-4
		2	4	4
	1	2	2	0

$\underline{n-2=1}$ 또는 $\underline{n^2+2n+2=1}$이어야 한다.

$n-2$와 n^2+2n+2가 모두 1이 아니면 $f(n)$은 1이 아닌 두 수의 곱으로 표현되므로 합성수가 돼.

함정 소수는 약수가 1과 자기 자신인 수이므로 조건에 의해 $\begin{cases} n-2=1 \\ n^2+2n+2=n^3-2n-4 \end{cases}$
$\begin{cases} n-2=n^3-2n-4 \\ n^2+2n+2=1 \end{cases}$ 중에 하나에 해당하는 거야. 계산하기 편한 경우로 풀면 돼.

(i) $n-2=1$일 때, $n=3$

(ii) $n^2+2n+2=1$일 때,
$n^2+2n+1=0$, $(n+1)^2=0$ $\therefore n=-1$
그런데 n은 자연수이므로 조건에 맞지 않는다.

따라서 구하는 자연수 n의 값은 3이다.

$n=3$일 때, $f(3)=3^3-2\cdot3-4=17$로 소수야.

C 07 정답 ④ ·········· 인수분해의 도형에의 활용

정답 공식: 인수정리를 이용하여 인수를 찾은 후, 조립제법을 이용하면 주어진 다항식을 인수분해할 수 있다.

자연수 n에 대하여 가로의 길이가 $n^3+7n^2+14n+8$, 세로의 길이가 n^2+5n+6인 직사각형 모양의 바닥이 있다. 한 변의 길이가 $n+2$인 정사각형 모양의 타일로 이 바닥 전체를 겹치지 않게 빈틈없이 깔려고 한다. 이때, 필요한 타일의 개수는?

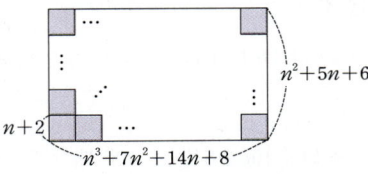

① $(n+1)(n+3)$

② $(n+3)(n+4)$

단서 가로의 길이와 세로의 길이를 $n+2$로 나누었을 때의 몫을 각각 구하면 필요한 타일의 개수를 구할 수 있겠지? 가로의 길이와 세로의 길이를 인수분해하자.

③ $(n+1)(n+2)(n+3)$

④ $(n+1)(n+3)(n+4)$

⑤ $(n+2)(n+3)(n+4)$

1st 세로의 길이와 가로의 길이를 각각 인수분해하자.

직사각형의 세로의 길이 n^2+5n+6을 인수분해하면
$n^2+5n+6=(n+2)(n+3)$
이제 직사각형의 가로의 길이 $n^3+7n^2+14n+8$을 인수분해하자.
$f(n)=n^3+7n^2+14n+8$이라 하면
$f(-2)=(-2)^3+7\times(-2)^2+14\times(-2)+8=0$

최고차항의 계수가 1인 다항식 $f(x)$에서 $f(\alpha)=0$인 α의 값을 찾을 때에는 상수항의 약수 중에서 찾으면 돼.

즉, $f(-2)=0$에서 $n+2$는 $f(n)$의 인수이므로 조립제법을 이용하여 인수분해하면

$$n^3+7n^2+14n+8=(n+2)(n^2+5n+4)$$
$$=(n+2)(n+1)(n+4)$$

	-2	1	7	14	8
			-2	-10	-8
		1	5	4	0

2nd 필요한 타일의 개수를 구해.

따라서 한 변의 길이가 $n+2$인 정사각형 모양의 타일은 세로로 $(n+3)$개, 가로에 $(n+1)(n+4)$개 필요하므로 필요한 타일의 개수는 $(n+1)(n+3)(n+4)$이다.

모의 C 08 정답 ① ······················· 인수분해의 활용

[정답 공식: 식을 한 문자에 대해 내림차순으로 정리한 후 인수분해한다.]

삼각형 ABC의 세 변의 길이 a, b, c 사이에 다음과 같은 관계가 성립할 때, 삼각형 ABC는 어떤 삼각형인가?

$$a^3-a^2b+ac^2+ab^2-b^3-bc^2=0$$

① $a=b$인 이등변삼각형
② $b=c$인 이등변삼각형
③ 정삼각형
④ 빗변의 길이가 a인 직각삼각형
⑤ 빗변의 길이가 c인 직각삼각형

단서 인수분해의 활용 문제 중 삼각형의 변의 길이를 이용하는 문제가 자주 출제돼. 문제에서 나온 조건과 삼각형의 성질(직각삼각형의 조건 등)을 복합적으로 활용해야 하는 경우가 있으니 주의하자.

1st 좌변을 인수분해하면 a, b, c 사이의 관계식을 찾을 수 있어.

$a^3-a^2b+ac^2+ab^2-b^3-bc^2=0$에서 등식의 좌변을 c에 대해 내림차순으로 정리하면

$$(a-b)c^2+a^3-a^2b+ab^2-b^3=0$$
$$(a-b)c^2+a^2(a-b)+b^2(a-b)=0$$
$$(a-b)(c^2+a^2+b^2)=0$$

이때, $a^2+b^2+c^2\neq0$이므로

$a-b=0$에서 $a=b$이다. ← $a>0$, $b>0$, $c>0$이므로 $a^2+b^2+c^2>0$이야.

따라서 삼각형 ABC는 $a=b$인 이등변삼각형이다.

여러 문자를 포함하고 있는 식을 인수분해할 때에는 차수가 가장 낮은 문자에 대하여 내림차순으로 정리한 다음 공통인수로 묶어 내거나 인수분해 공식을 사용해.

실수 c^2의 계수가 $a-b$이므로 나머지 항에서 $a-b$를 만들어 주려고 노력하면 식이 복잡하더라도 인수분해할 수 있어.

모의 C 09 정답 ④ ······················· 인수분해

[정답 공식: 식을 한 문자에 대해 내림차순으로 정리한 후 인수분해한다.]

단서 여러 개의 문자가 포함된 식의 인수분해를 할 때에는 차수가 낮은 문자에 대해 내림차순으로 정리하는 것이 편해.

$x^2-4xy+3y^2+6x-10y+8$을 x, y에 대한 두 일차식의 곱으로 인수분해했을 때, 이 두 일차식인 인수들의 합은?

① $2x-2y-4$
② $2x-2y+4$
③ $2x-4y-6$
④ $2x-4y+6$
⑤ $2x+4y+6$

1st 차수가 낮은 문자에 대하여 내림차순으로 정리해서 인수분해해보자.

주어진 식을 x에 대하여 내림차순으로 정리하면

$$x^2-4xy+3y^2+6x-10y+8$$
$$=x^2+(-4y+6)x+3y^2-10y+8$$
$$=x^2-(4y-6)x+(3y-4)(y-2)$$
$$=\{x-(3y-4)\}\{x-(y-2)\}$$
$$=(x-3y+4)(x-y+2)$$

$x \diagdown -(3y-4)$
$x \diagdown -(y-2)$
$(-y+2-3y+4)x=-(4y-6)x$

따라서 구하는 두 일차식인 인수들의 합은
$(x-3y+4)+(x-y+2)=2x-4y+6$

모의 C 10 정답 ② ······················· 인수분해

[정답 공식: 식을 전개한 후 한 문자에 대해 내림차순으로 정리한 후 인수분해한다.]

단서1 $a-b$의 값과 $b-c$의 값이 주어졌으니까 $a-c$의 값을 구할 수 있어.

$a-b=3+\sqrt{2}$, $b-c=3-\sqrt{2}$일 때, $a^2(b-c)+b^2(c-a)+c^2(a-b)$의 값은?

단서2 주어진 식을 전개하여 한 문자에 대해 내림차순으로 정리한 후 인수분해해 봐.

① 40 ② 42 ③ 44 ④ 46 ⑤ 48

1st 주어진 식을 전개하여 한 문자에 대하여 내림차순으로 정리한 후 인수분해하자.

$a-b=3+\sqrt{2}$, $b-c=3-\sqrt{2}$이므로

$$(a-b)+(b-c)=(3+\sqrt{2})+(3-\sqrt{2})$$

$\therefore a-c=6$

$\therefore a^2(b-c)+b^2(c-a)+c^2(a-b)$
$=a^2b-a^2c+b^2c-ab^2+ac^2-bc^2$
$=a^2(b-c)-a(b^2-c^2)+b^2c-bc^2$
$=a^2(b-c)-a(b-c)(b+c)+bc(b-c)$
$=(b-c)\{a^2-a(b+c)+bc\}$
$=(b-c)(a-b)(a-c)$
$=(3-\sqrt{2})\times(3+\sqrt{2})\times6$
$=7\times6=42$

함정 구해야 하는 식의 형태가 a, b, c의 순환 꼴이므로 a와 b, b와 c, c와 a 사이의 관계식이 필요하다는 것을 알아내야겠지. 이때, $a-b$와 $b-c$의 값이 $\sqrt{2}$의 부호만 반대이므로 이를 이용하여 $a-c$의 값을 구해내는 것이 중요해.

a, b, c 세 문자의 차수가 모두 같으니까 편의상 a에 대해 내림차순으로 정리했어.

$a \diagdown -b$
$a \diagdown -c$
$-ac-ab=-a(b+c)$

모의 C 11 정답 ② ······················· 인수분해의 활용

[정답 공식: 적절한 수를 문자로 치환한 후, 인수분해 공식을 이용한다.]

$\dfrac{2000^3+1}{2001}$의 값을 구하면? **단서** 분자가 X^3+1 꼴이니까 인수분해할 수 있지?

① 3997991 ② 3998001 ③ 3998011
④ 3998021 ⑤ 3998031

1st 분자가 X^3+1 꼴이므로 인수분해하자.

$$\frac{2000^3+1}{2001}=\frac{2000^3+1}{2000+1}$$
$$=\frac{(2000+1)(2000^2-2000+1)}{2000+1}$$
$$=2000^2-2000+1$$
$$=3998001$$

$\longrightarrow a^3+b^3=(a+b)(a^2-ab+b^2)$

주의 복잡한 분수 꼴을 인수분해를 이용하여 값을 구할 때에는 분모, 분자가 약분될 수 있도록 숫자를 치환하고 인수분해하는 데 초점을 맞추도록 해.

모의 C 12 정답 ② ······················· 인수분해를 이용한 수의 계산

[정답 공식: 반복되는 수를 문자로 치환해 인수분해한다.]

1이 아닌 두 자연수 a, $b(a<b)$에 대하여
$$11^4-6^4=a\times b\times157$$
로 나타낼 때, $a+b$의 값은? **단서** $a^4-b^4=(a^2-b^2)(a^2+b^2)$으로 인수분해할 수 있어.

① 21 ② 22 ③ 23
④ 24 ⑤ 25

1st A^2-B^2 꼴의 인수분해 공식을 이용해.

$\underline{11^4-6^4}=(11^2-6^2)(11^2+6^2)$

$\qquad\qquad\qquad\qquad\to 11^4-6^4=(11^2)^2-(6^2)^2$

$\quad=(11-6)(11+6)\times\underline{157}$

$\quad=5\times17\times157\qquad 11^2+6^2=121+36=157$

따라서 $a=5$, $b=17$이므로

$a+b=5+17=22\to 5\times17\times157=a\times b\times157$에서

$\qquad\qquad\qquad\qquad a, b$는 $a<b$인 자연수이므로 $a=5$, $b=17$이야.

모의
C 13 정답 ⑤ ·············· 인수분해를 이용한 식의 값 구하기

(정답 공식: $A^3+B^3=(A+B)(A^2-AB+B^2)$)

단서 1 A^3+B^3의 인수분해 공식 기억나지?

세 다항식 $f(x)=x^2+x$, $g(x)=x^2-2x-1$, $h(x)$에 대하여

$\to \{f(x)\}^3+\{g(x)\}^3=(2x^2-x-1)h(x)$

가 x에 대한 항등식일 때, $h(x)$를 $x-1$로 나누었을 때의 나머지는? **단서 2** 나머지정리에 의해 구하는 값은 $h(1)$의 값이야.

① 8　　② 9　　③ 10　　④ 11　　⑤ 12

1st $h(x)$를 $f(x)$, $g(x)$를 이용하여 나타내.

$\{f(x)\}^3+\{g(x)\}^3$

$=\{f(x)+g(x)\}[\{f(x)\}^2-f(x)g(x)+\{g(x)\}^2]$

$=(2x^2-x-1)h(x)\quad A^3+B^3=(A+B)(A^2-AB+B^2)$

이때, $f(x)+g(x)=(x^2+x)+(x^2-2x-1)=2x^2-x-1$이므로

$(2x^2-x-1)[\{f(x)\}^2-f(x)g(x)+\{g(x)\}^2]=(2x^2-x-1)h(x)$

위 식이 x에 대한 항등식이므로

$h(x)=\{f(x)\}^2-f(x)g(x)+\{g(x)\}^2$

2nd $h(x)$를 $x-1$로 나누었을 때의 나머지를 구해.

$h(x)$를 $x-1$로 나누었을 때의 나머지는 $h(1)$이고,

$f(1)=1^2+1=2$, $g(1)=1^2-2\times1-1=-2$이므로

$h(1)=\{f(1)\}^2-f(1)g(1)+\{g(1)\}^2$

$\quad=2^2-2\times(-2)+(-2)^2=4+4+4=12$

모의
C 14 정답 해설 참조 ·············· 인수분해의 활용

(정답 공식: $1000027=1000000+27=100^3+3^3$임을 이용한다.)

a^3+b^3을 인수분해하고 그 결과를 이용하여 1000027이 소수가 아님을 서술하시오. **단서** a^3+b^3의 인수분해 결과를 이용하라고 했으니까 1000027에서 27이 어떤 수의 세제곱인지를 찾는 것이 핵심이야.

1st $1000027=100^3+3^3$으로 보면 인수분해할 수 있지?

$a^3+b^3=(a+b)(a^2-ab+b^2)\cdots$ **Ⅰ**

$\to 3^3=27$을 찾았다면 $1000027=1000000+27$에서 1000000이 무엇의 세제곱인지 찾는 것은 어렵지 않겠지?

$1000027=1000000+27$에서

$27=3^3$이므로 $\cdots$ **Ⅱ**

$1000027=100^3+3^3=(100+3)(100^2-100\cdot3+3^2)$

$\qquad\qquad=103\times(10000-300+9)$

$\qquad\qquad=103\times9709\cdots$ **Ⅲ**

따라서 1000027은 1이 아닌 두 자연수의 곱으로

나타낼 수 있으므로 소수가 아니다. $\cdots$ **Ⅳ** 약수가 1과 자기 자신뿐인 자연수

[채점 기준표]

Ⅰ a^3+b^3을 인수분해한다.		20%
Ⅱ $1000027=1000000+27$이고 $27=3^3$임을 안다.		30%
Ⅲ 1000027을 두 자연수의 곱으로 나타낸다.		30%
Ⅳ 1000027이 소수가 아님을 설명한다.		20%

D 내신+학평 대비 단원별 모의고사 문제편 p. 328

모의
D 01 정답 ② ·············· 복소수의 사칙연산

[정답 공식: 분배법칙을 이용하여 괄호를 풀어 정리한다. 이때, 허수단위 i에 대하여 $i^2=-1$이다.]

$i(1+i)$의 값은? (단, $i=\sqrt{-1}$) **단서** 두 복소수 i와 $1+i$의 곱은 분배법칙을 이용하여 전개하면 돼.

① $-2+i$　　② $-1+i$　　③ i

④ $1+i$　　⑤ $2+i$

1st 분배법칙을 이용하여 정리한 후 계산해.

$i(1+i)=i+\underline{i^2}=i-1$

$\qquad\qquad\quad\to i^2=-1$

$\qquad=-1+i$

모의
D 02 정답 ③ ·············· 복소수의 뜻과 사칙연산

(정답 공식: 복소수를 실수부분과 허수부분으로 정리한다.)

$(3+i)-2i$의 값은? (단, $i=\sqrt{-1}$이다.) **단서** 실수부분은 실수부분끼리, 허수부분은 허수부분끼리 계산해.

① $1-i$　　② $2-i$　　③ $3-i$

④ $4-i$　　⑤ $5-i$

1st 허수단위 i를 문자로 생각하여 다항식의 덧셈과 뺄셈에서와 같은 방법으로 계산하자.

$(3+i)-2i=3+(1-2)i$

$\qquad\qquad\quad=3-i$ 허수단위 i를 문자로 생각하고 i를 포함한 항을 동류항과 같이 취급하면 돼.

모의
D 03 정답 ① ·············· 복소수의 계산

(정답 공식: 식을 전개해 복소수가 서로 같을 조건을 이용한다.)

단서 켤레복소수와 i^2의 계산만 신경쓰면 어렵지 않은 문제야.

등식 $\overline{(1-2i)}(x-yi)=3+i$를 만족하는 실수 x, y에 대하여 $x+y$의 값은? (단, $\overline{z}$는 z의 켤레복소수이고, $i=\sqrt{-1}$이다.)

① 2　　② 3　　③ 4

④ 5　　⑤ 6

1st 좌변과 우변을 정리해서 실수부분과 허수부분이 각각 같아지게 하는 x, y의 값을 구해.

$\overline{(1-2i)}(x-yi)=(1+2i)(x-yi)$

$\overline{a-bi}=a+bi \qquad =x-yi+2xi-2y\underline{i^2}$

$\qquad\qquad\qquad\qquad =x+(2x-y)i-2y\times\underline{(-1)}\quad i^2=-1$이야.

$\qquad\qquad\qquad\qquad =(x+2y)+(2x-y)i$

$(x+2y)+(2x-y)i=3+i$이므로

$x+2y=3$, $2x-y=1\to x, y$가 실수이므로 실수부분끼리, 허수부분끼리 같아야 해.

두 식을 연립하여 풀면 $x=1$, $y=1$

따라서 $x+y=2$이다.

모의고사 D

D 04 정답 ②

모의 ·················· 복소수가 주어질 때의 식의 값 구하기

정답 공식: α^2, β^2을 각각 계산하여 대입한다.

두 복소수 $\alpha = \dfrac{1+i}{i}$, $\beta = \dfrac{1-i}{i}$에 대하여 $(2\alpha^2+3)(2\beta^2+3)$ 의 값은? (단, $i = \sqrt{-1}$이다.)

단서 구하는 식을 전개하면 $4\alpha^2\beta^2 + 6(\alpha^2+\beta^2) + 9$야. $\alpha\beta$의 값과 $\alpha^2+\beta^2$의 값을 알면 되겠지?

① 20 ② 25 ③ 30
④ 35 ⑤ 40

1st 두 복소수의 합과 곱을 이용해서 식의 값을 구해.

$\alpha + \beta = \dfrac{1+i}{i} + \dfrac{1-i}{i} = \dfrac{2}{i} = \dfrac{2i}{-1} = -2i$

$\alpha\beta = \dfrac{1+i}{i} \times \dfrac{1-i}{i} = \dfrac{2}{-1} = -2$

$\rightarrow \alpha^2+\beta^2 = (\alpha^2+2\alpha\beta+\beta^2) - 2\alpha\beta = (\alpha+\beta)^2 - 2\alpha\beta$

이때, $\alpha^2 + \beta^2 = (\alpha+\beta)^2 - 2\alpha\beta = (-2i)^2 - 2\cdot(-2) = -4+4 = 0$ 이므로

$(2\alpha^2+3)(2\beta^2+3) = 4(\alpha\beta)^2 + 6(\alpha^2+\beta^2) + 9$
$= 4\times4 + 6\times0 + 9$
$= 25$

🔄 **다른 풀이:** 주어진 두 복소수의 제곱을 구하여 값을 그대로 대입하여 값 구하기

$\alpha = \dfrac{1+i}{i}$에서 $\alpha^2 = \left(\dfrac{1+i}{i}\right)^2 = \dfrac{2i}{-1} = -2i$

$\beta = \dfrac{1-i}{i}$에서 $\beta^2 = \left(\dfrac{1-i}{i}\right)^2 = \dfrac{-2i}{-1} = 2i$

$\therefore (2\alpha^2+3)(2\beta^2+3) = (-4i+3)(4i+3) = 25$

D 05 정답 ①

모의 ·················· 복소수가 서로 같을 조건

정답 공식: a, b, c, d가 실수일 때, $a+bi = c+di$이면 $a=c$, $b=d$이다.

두 실수 x, y가 등식 $(x+3) - yi = 9 - 8i$를 만족시킬 때, $x+y$의 값은? (단, $i = \sqrt{-1}$이다.)

단서 두 복소수가 서로 같으려면 실수부분과 허수부분이 각각 같아야 해.

① 14 ② 15 ③ 16
④ 17 ⑤ 18

1st 복소수가 서로 같을 조건을 이용해.

x, y가 실수이고 $(x+3) - yi = 9 - 8i$이므로

$x+3 = 9$, $y = 8$에서

복소수 $(x+3) - yi$의 실수부분은 $x+3$이고, 허수부분은 $-y$야. 또한, 복소수 $9-8i$의 실수부분은 9이고, 허수부분은 -8이지.

$x = 6$, $y = 8$

$\therefore x+y = 6+8 = 14$

D 06 정답 ①

모의 ·········· 켤레복소수의 성질을 이용하여 식의 값 구하기

정답 공식: 주어진 식을 인수분해하여 간단히 한다.

단서 $\alpha\overline{\beta} + \overline{\alpha}\beta + \overline{\alpha}\,\overline{\beta} + \alpha\beta$를 인수분해하여 식을 간단히 할 수 있는지 살펴봐.

$\alpha = 2 - 3i$, $\beta = 1 + 2i$일 때, $\alpha\overline{\beta} + \overline{\alpha}\beta + \overline{\alpha}\,\overline{\beta} + \alpha\beta$의 값은? (단, $i = \sqrt{-1}$이고, $\overline{\alpha}$, $\overline{\beta}$는 각각 α, β의 켤레복소수이다.)

① 8 ② 9 ③ 10
④ 11 ⑤ 12

1st 주어진 식을 간단히 정리한 후 식의 값을 구하자.

$\alpha\overline{\beta} + \overline{\alpha}\beta + \overline{\alpha}\,\overline{\beta} + \alpha\beta = \alpha(\beta+\overline{\beta}) + \overline{\alpha}(\beta+\overline{\beta})$
$= (\alpha+\overline{\alpha})(\beta+\overline{\beta})$
$= (2-3i+2+3i)(1+2i+1-2i)$
$= 4\times2 = 8$

$\rightarrow \alpha + \overline{\alpha} = 2\times(\alpha$의 실수부분$)$
$\beta + \overline{\beta} = 2\times(\beta$의 실수부분$)$

D 07 정답 ①

모의 ·················· 복소수를 $z = a+bi$로 놓고 풀기

정답 공식: 복소수 z가 실수이면 허수부분이 0이다. 또한, a, b, c, d가 실수일 때, $(a+bi)(c+di) = (ac-bd) + (ad+bc)i$이다.

실수가 아닌 복소수 z에 대하여 $z(z+2)$가 실수이고 $z\overline{z} = 6$ 일 때, $z(z+2)$의 값은? (단, $\overline{z}$는 z의 켤레복소수이다.)

단서 1 복소수 $z = a+bi(a, b$는 실수)로 놓고 복소수의 곱셈을 해봐. 이때, $z(z+2)$가 실수이므로 허수부분이 0임을 이용해야겠지?

① -6 ② -3 ③ 1
④ 3 ⑤ 6

단서 2 복소수 $z = a+bi(a, b$는 실수)의 켤레복소수는 $\overline{z} = a-bi$야.

1st $z(z+2)$가 실수임을 이용해.

$z = a+bi(a, b$는 실수, $b \neq 0)$라 하면

$z(z+2) = z^2 + 2z$

복소수 z가 실수가 아니므로 허수부분이 0이 될 수 없어.

$= (a+bi)^2 + 2(a+bi)$
$= (a^2-b^2+2a) + (2ab+2b)i \cdots \bigcirc$

이때, $z(z+2)$가 실수이므로

$2ab+2b = 2b(a+1) = 0$이어야 한다.

그런데 $b \neq 0$이므로

$\rightarrow$ 두 실수 x, y에 대하여 $xy = 0$이면 $x = 0$ 또는 $y = 0$이야.

$a+1 = 0$ $\therefore a = -1$

즉, $z = -1 + bi$이다.

2nd $z\overline{z} = 6$임을 이용하여 $z(z+2)$의 값을 구해.

이때, $\overline{z} = -1 - bi$이므로

$z\overline{z} = (-1+bi)(-1-bi)$
$= (-1)^2 - (bi)^2$
$= 1 + b^2 = 6$

복소수 $z = a+bi$에 대하여 $\overline{z} = a-bi$이므로 $z\overline{z} = (a+bi)(a-bi) = a^2 - (bi)^2 = a^2+b^2$ 즉, 복소수와 그 켤레복소수의 곱은 복소수의 실수부분과 허수부분의 제곱의 합과 같고, 이 값은 항상 실수야.

에서 $b^2 = 5$

따라서 $\bigcirc$에 $a = -1$, $b^2 = 5$를 대입하면

$z(z+2) = (a^2-b^2+2a) + (2ab+2b)i$
$= a^2-b^2+2a \ (\because 2ab+2b = 0)$
$= (-1)^2 - 5 + 2\times(-1)$
$= -6$

🔧 **톡톡 풀이:** 실수의 켤레복소수도 실수임을 이용하여 값 구하기

$z(z+2)$가 실수이므로 $z(z+2)$의 켤레복소수 $\overline{z(z+2)}$도 실수야.

즉, $z(z+2) = \overline{z(z+2)}$이므로

$z(z+2) = \overline{z}(\overline{z}+2)$

$z^2 - (\overline{z})^2 + 2z - 2\overline{z} = 0$

$(z-\overline{z})(z+\overline{z}) + 2(z-\overline{z}) = 0$

$(z-\overline{z})(z+\overline{z}+2) = 0$

[켤레복소수의 성질]
두 복소수 z_1, z_2에 대하여
① $\overline{z_1+z_2} = \overline{z_1}+\overline{z_2}$
② $\overline{z_1-z_2} = \overline{z_1}-\overline{z_2}$
③ $\overline{z_1 z_2} = \overline{z_1}\,\overline{z_2}$
④ $\overline{\left(\dfrac{z_1}{z_2}\right)} = \dfrac{\overline{z_1}}{\overline{z_2}}$ (단, $z_2 \neq 0$)

이때, 복소수 z는 실수가 아니므로 $z \neq \overline{z}$

$\therefore z+\overline{z}+2 = 0 \cdots \bigcirc$

복소수 z가 실수가 아니면 $z = a+bi(b \neq 0)$이고, $\overline{z} = a-bi$이므로 $z-\overline{z} = 2bi \neq 0$에서 $z \neq \overline{z}$야.

$\bigcirc$의 양변에 복소수 z를 곱하면

$z^2 + z\overline{z} + 2z = 0$

따라서 $z\overline{z} = 6$이므로

$z(z+2) = -z\overline{z} = -6$

모의
D 08 정답 ① ·························· 복소수를 $z=a+bi$로 놓고 풀기

(정답 공식: a, b, c, d가 실수일 때, $a+bi=c+di$이면 $a=c$, $b=d$이다.)

> 단서 복소수 $z=a+bi$(a, b는 실수)로 놓고 z^2을 구한 후, 복소수가 서로 같을 조건을 이용해.

등식 $z^2=3+4i$를 만족시키는 복소수 z에 대하여 $z\bar{z}$의 값은?
(단, $i=\sqrt{-1}$이고 $\bar{z}$는 z의 켤레복소수이다.)

①5   ② 6   ③ 7
④ 8   ⑤ 9

1st $z^2=3+4i$를 이용하여 복소수 z의 실수부분과 허수부분 사이의 관계를 구해.

$z=a+bi$(a, b는 실수)로 놓으면
$z^2=(a+bi)^2=3+4i$에서
$a^2-b^2+2abi=3+4i$이므로
$a^2-b^2=3$, $ab=2$
→ $i^2=-1$이므로
$(a+bi)^2=a^2+2abi+b^2i^2=a^2+2abi-b^2$

2nd $z\bar{z}$의 값을 구해.

$\therefore z\bar{z}=(a+bi)(a-bi)=a^2+b^2$
$=\sqrt{(a^2+b^2)^2}$ $x\geq 0$일 때, $x=\sqrt{x^2}$
$=\sqrt{(a^2-b^2)^2+4a^2b^2}$ $(x+y)^2=(x-y)^2+4xy$
$=\sqrt{3^2+4\times 2^2}=5$

🔧 **다른 풀이:** 주어진 등식에서 유도된 식을 이용하여 한 문자에 대한 방정식으로 바꾸어 값 구하기

1st 에서 $a^2-b^2=3$, $ab=2$라 했지?

즉, $ab=2$에서 $b=\dfrac{2}{a}$를 $a^2-b^2=3$에 대입하면

$a^2-\dfrac{4}{a^2}=3$, $a^4-3a^2-4=0$
$(a^2+1)(a^2-4)=0$ $\therefore a^2=-1$ 또는 $a^2=4$
이때, $a^2=-1$이면 a가 실수라는 조건에 맞지 않아.
즉, $a^2=4$이므로
$4-b^2=3$에서 $b^2=1$
$\therefore z\bar{z}=(a+bi)(a-bi)=a^2+b^2$
$=4+1=5$

⚡ **톡톡 풀이:** 주어진 등식으로 켤레복소수의 제곱을 구하여 값 유도하기

$z^2=3+4i$이므로
$(\bar{z})^2=\overline{z^2}=\overline{(3+4i)}=3-4i$
이때,
$(z\bar{z})^2=z^2(\bar{z})^2$
$=(3+4i)(3-4i)$
$=3^2-(4i)^2=25$
따라서 $z\bar{z}\geq 0$이므로
$z\bar{z}=\sqrt{25}=5$ $z=a+bi$에서
$z\bar{z}=(a+bi)(a-bi)=a^2+b^2\geq 0$이야.

모의
D 09 정답 ④ ·························· 복소수의 계산

(정답 공식: x를 분모의 유리화를 통해 먼저 간단히 한 후, x의 거듭제곱을 구한다.)

$x=\dfrac{3-i}{1+3i}$일 때, $1-x+x^2-x^3+x^4-x^5$의 값은?

> 단서 주어진 x를 간단히 정리한 후 식에 대입하자.
(단, $i=\sqrt{-1}$)

① 1   ② i ③ $-i$
④ $1+i$ ⑤ $1-i$

1st x의 값을 간단히 하자.

$x=\dfrac{3-i}{1+3i}=\dfrac{(3-i)(1-3i)}{(1+3i)(1-3i)}$
$=\dfrac{-10i}{10}=-i$ 분모에 복소수가 있다면 분모의 켤레복소수를 분모와 분자에 모두 곱하여 분모를 실수로 만들자.

2nd $i^2=-1$임을 이용하여 식의 값을 구해.

$\therefore 1-x+x^2-x^3+x^4-x^5$ → $(-i)^3=(-1)^3\times i^3=(-1)\times(-i)=i$
$=1-(-i)+(-i)^2-(-i)^3+(-i)^4-(-i)^5$
$=1+i+(-1)-i+1+i=1+i$

모의
D 10 정답 ③ ·························· i^n의 계산

(정답 공식: $n=0, 1, 2, \cdots$에 대하여 $i^{4n+1}=i$, $i^{4n+2}=-1$, $i^{4n+3}=-i$, $i^{4n+4}=1$임을 이용해 식을 간단히 한다.)

> 단서 i^n은 반복되는 성질을 가지고 있으니까 ki^k도 반복되는 성질이 있는지 확인해보자.
$i+2i^2+3i^3+4i^4+\cdots+2018i^{2018}=x+yi$를 만족하는 실수 x, y에 대하여 $x+y$의 값은? (단, $i=\sqrt{-1}$)

① -3 ② -2 ③ -1 ④ 0   ⑤ 1

1st i의 거듭제곱의 값은 i, -1, $-i$, 1이 반복되어 나타나니까 주어진 식을 네 개씩 묶어서 계산해봐.

> 함정 복소수 i의 거듭제곱에 대한 문제는 일정한 패턴의 특징이 나타나므로 이를 찾는 것에 집중해.

$i^2=-1$, $i^3=-i$, $i^4=1$이므로
$i+2i^2+3i^3+4i^4=i+(-2)+(-3i)+4=2-2i$
$5i^5+6i^6+7i^7+8i^8=(5i+6i^2+7i^3+8i^4)i^4$ → $i^4=1$
$=5i+(-6)+(-7i)+8$
$=2-2i$
즉, → i 또는 $-i$는 거듭제곱을 계속하면 값이 반복되는 성질을 가지고 있어 문제풀이에 중요해.
$(4n+1)i^{4n+1}+(4n+2)i^{4n+2}+(4n+3)i^{4n+3}+(4n+4)i^{4n+4}=2-2i$
(단, $n=0, 1, 2, \cdots$)
→ 반복되는 네 개씩 묶어 계산하고 나머지는 따로 계산하면 돼.
이고, $2018=4\times 504+2$이므로
$i+2i^2+3i^3+4i^4+\cdots+2018i^{2018}$ $i^{2017}=(i^4)^{504}\times i=i$
$=(2-2i)\times 504+2017i^{2017}+2018i^{2018}$
$=1008-1008i+2017i-2018=-1010+1009i$
따라서 $x=-1010$, $y=1009$이므로 $i^{2018}=(i^4)^{504}\times i^2=-1$
$x+y=-1$이다.

모의
D 11 정답 ③ ·························· 복소수의 사칙연산

(정답 공식: $A-B$가 최소가 되는 경우는 A가 최소, B가 최대일 때이다. 이때, $i^2=-1$임을 이용한다.)

복소수 0, i, $-2i$, $3i$, $-4i$, $5i$가 적힌 다트판에 3개의 다트를 던져 맞히는 게임이 있다. 3개의 다트를 모두 다트판에 맞혔을 때, 얻을 수 있는 세 복소수를 a, b, c라 하자. a^2-bc의 최솟값은? (단, $i=\sqrt{-1}$이고 경계에 맞는 경우는 없다.)

> 단서 a^2-bc의 값이 최소가 되려면 a^2의 값이 최소이고 bc의 값이 최대가 되어야 해.

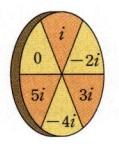

① -49 ② -47 ③ -45
④ -43 ⑤ -41

a^2이 최소이고 bc가 최대일 때, a^2-bc는 최솟값을 갖는다.

즉, a^2이 최소가 되는 경우는 $a=5i$일 때이므로

$a^2=(5i)^2=25i^2=-25$ ┈┈ $a=ki$(단, k는 실수)이면 $a^2=k^2i^2=-k^2$이므로 k의 절댓값이 클수록 a^2의 값은 작아져.

또, bc가 최대가 되는 경우는 $b=-4i$, $c=5i$ 또는 $b=5i$, $c=-4i$일

때이므로 ┈┈ $b=mi$, $c=ni$(단, m, n은 실수)이면 $bc=mni^2=-mn$이므로 $mn<0$이고, mn의 절댓값이 클수록 bc의 값은 커져.

$bc=(-4i)\times5i=5i\times(-4i)=-20i^2=20$

따라서 a^2-bc의 최솟값은 $-25-20=-45$

모의
D 12 정답 ③ ┈┈┈┈┈┈┈┈┈┈┈┈┈┈┈┈ i의 거듭제곱

(정답 공식: 자연수 n에 대하여 $i^{4n}=1$, $i^{4n+1}=i$, $i^{4n+2}=-1$, $i^{4n+3}=-i$이다.)

임의의 자연수 n에 대하여 $A=i^n-\dfrac{1}{i^n}$이 가질 수 있는 서로

다른 값의 개수는? (단, $i=\sqrt{-1}$이다.)

단서 허수단위 i의 거듭제곱의 값은 i, -1, $-i$, 1 중 하나이므로 이를 이용해 A의 값의 규칙을 찾아봐.

① 1   ② 2   ③ 3
④ 4   ⑤ 5

1st 자연수 n의 값을 변화시키면서 A가 가질 수 있는 값을 찾자.

$i^2=-1$이므로 i, i^2, i^3, i^4, $\cdots$의 값을 차례로 구하면

i, -1, $-i$, 1이 반복되어 나타난다. ┈ $i^3=i^2\times i=-1\times i=-i$ $i^4=i^2\times i^2=(-1)\times(-1)=1$

즉, k가 자연수일 때,

$n=4k$이면 $i^n=1$이므로 $\dfrac{1}{i^n}=\dfrac{1}{1}=1$ ┈ $i^{4k}=(i^4)^k=1^k=1$

$\therefore A=i^n-\dfrac{1}{i^n}=1-1=0$

$n=4k+1$이면 $i^n=i$이므로 $\dfrac{1}{i^n}=\dfrac{1}{i}=\dfrac{i}{i\times i}=\dfrac{i}{i^2}=\dfrac{i}{-1}=-i$

$\therefore A=i^n-\dfrac{1}{i^n}=i-(-i)=2i$ ┈ $i^{4k+1}=i^{4k}\times i=1\times i=i$

$n=4k+2$이면 $i^n=-1$이므로 $\dfrac{1}{i^n}=\dfrac{1}{-1}=-1$

$\therefore A=i^n-\dfrac{1}{i^n}=-1-(-1)=0$ ┈ $i^{4k+2}=i^{4k}\times i^2=1\times(-1)=-1$

$n=4k+3$이면 $i^n=-i$이므로 $\dfrac{1}{i^n}=\dfrac{1}{-i}=\dfrac{i}{-i\times i}=\dfrac{i}{-i^2}=i$

$\therefore A=i^n-\dfrac{1}{i^n}=-i-i=-2i$ ┈ $i^{4k+3}=i^{4k}\times i^3=1\times(-i)=-i$

따라서 $A=i^n-\dfrac{1}{i^n}$이 가질 수 있는 서로 다른 값은 0, $2i$, $-2i$의 3개이다.

모의
D 13 정답 ⑤ ┈┈┈┈┈┈┈┈┈┈┈┈┈ 음수의 제곱근의 계산

(정답 공식: $a>0$일 때, $\sqrt{-a}=\sqrt{a}i$이다.)

$\sqrt{-5}\sqrt{-20}+\dfrac{\sqrt{45}}{\sqrt{-5}}$의 값은? (단, $i=\sqrt{-1}$이다.)

단서 $a>0$일 때, $\sqrt{-a}=\sqrt{a}i$임을 이용하여 주어진 식을 정리해.

① $10+3i$ ② $10-3i$ ③ $-8i$ ④ $-10+3i$ ⑤ $-10-3i$

1st 음수의 제곱근을 이용하여 식의 값을 구해.

$\sqrt{-5}\sqrt{-20}+\dfrac{\sqrt{45}}{\sqrt{-5}}=\sqrt{5}i\times2\sqrt{5}i+\dfrac{3\sqrt{5}}{\sqrt{5}i}=10i^2+\dfrac{3i}{i^2}$ ┈ $a>0$일 때, $\sqrt{a^2}=a$이고, $i^2=-1$이야.

$=10\times(-1)+\dfrac{3i}{-1}=-10-3i$

모의
D 14 정답 ③ ┈┈┈┈┈┈┈┈┈┈┈┈┈ 음수의 제곱근의 성질

(정답 공식: 실수 a, b에 대하여 $\dfrac{\sqrt{a}}{\sqrt{b}}=-\sqrt{\dfrac{a}{b}}$이면 $a\geq0$, $b<0$임을 이용한다.)

등식 $\dfrac{\sqrt{x+1}}{\sqrt{x-3}}=-\sqrt{\dfrac{x+1}{x-3}}$을 만족시키는 정수 x의 개수는?

단서 주어진 등식을 통해 $x+1$과 $x-3$의 값의 범위를 알아내야 해.

① 2   ② 3   ③ 4
④ 5   ⑤ 6

1st $\dfrac{\sqrt{b}}{\sqrt{a}}=-\sqrt{\dfrac{b}{a}}$이면 $a<0$, $b\geq0$임을 이용하면 돼.

$\dfrac{\sqrt{x+1}}{\sqrt{x-3}}=-\sqrt{\dfrac{x+1}{x-3}}$이 되려면 $x+1\geq0$, $x-3<0$이어야 한다.

분자가 0이 되어도 주어진 등식이 성립하지?

따라서 $-1\leq x<3$이므로 정수 x는 -1, 0, 1, 2의 4개이다.

(1) $a\geq0$, $b<0$이면 $\dfrac{\sqrt{a}}{\sqrt{b}}=-\sqrt{\dfrac{a}{b}}$

(2) $a\leq0$, $b\leq0$이면 $\sqrt{a}\sqrt{b}=-\sqrt{ab}$

실수 분자가 0이 되는 경우를 항상 점검해봐야 해.

모의
D 15 정답 42 ┈┈┈┈┈┈┈┈┈┈┈┈┈ 음수의 제곱근의 성질

(정답 공식: $\sqrt{a}\sqrt{b}=-\sqrt{ab}$이면 $a<0$, $b<0$이거나 $a=0$ 또는 $b=0$이다. 또한, a, b, c, d가 실수일 때, $a+bi=c+di$이면 $a=c$, $b=d$이다.)

다음 조건을 만족시키는 실수 x, y에 대하여 xy의 값을 구하는 과정을 서술하시오. (단, $i=\sqrt{-1}$이다.)

단서 1 음수의 제곱근의 성질을 이용하여 x, y의 값의 범위를 구해.

(가) $\sqrt{x}\sqrt{y}=-\sqrt{xy}$ ┈ **단서 2** 두 복소수가 서로 같으려면 실수부분끼리, 허수부분끼리 각각 같아야겠지?

(나) $x^2+3x-(y+3)i=18+4i$

1st 조건 (가)를 만족시키는 실수 x, y의 값의 범위를 구해.

$\sqrt{x}\sqrt{y}=-\sqrt{xy}$이므로

$x<0$, $y<0$이거나 $x=0$ 또는 $y=0$이다. ┈ ㉠ ┈ **❶**

2nd 조건 (나)에서 복소수가 서로 같을 조건을 이용해.

$x^2+3x-(y+3)i=18+4i$이므로 ┈ a, b, c, d가 실수일 때, $a+bi=c+di$이면 $a=c$, $b=d$

$x^2+3x=18$, $y+3=-4$이다.

이때, $x^2+3x=18$에서

$x^2+3x-18=0$, $(x+6)(x-3)=0$

$\therefore x=-6$ 또는 $x=3$

그런데 ㉠에서 x는 양수가 아니므로 $x=-6$이다.

또한, $y+3=-4$에서 $y=-7$ ┈ **❷**

$\therefore xy=(-6)\times(-7)=42$ ┈ **❸**

[채점 기준표]

❶ 조건 (가)를 이용하여 x, y의 값의 범위를 각각 구한다.	40%
❷ 조건 (나)를 이용하여 x, y의 값을 각각 구한다.	40%
❸ xy의 값을 구한다.	20%

모의 E 01 정답 ⑤ ·· 이차방정식의 근

정답 공식: $f(x)=0$의 근이 α, β이면 $f(mx+n)=0$의 근은 $\dfrac{\alpha-n}{m}$, $\dfrac{\beta-n}{m}$임을 이용한다.

이차방정식 $f(x)=0$의 두 근 α, β에 대하여 $\alpha+\beta=-4$일 때, 이차방정식 $f(2x-5)=0$의 두 근의 합은?

단서 $f(x)=0$의 두 근이 α, β이므로 $f(2x-5)=0$의 근은 $2x-5=\alpha$ 또는 $2x-5=\beta$를 만족시키는 x의 값이야.

① -3 ② -1 ③ 0 ④ 1 ⑤ 3

1st $f(2x-5)=0$이려면 $2x-5=\alpha$ 또는 $2x-5=\beta$여야 함을 이용하자.

이차방정식 $f(x)=0$의 두 근이 α, β이므로

$f(\alpha)=0$, $f(\beta)=0$

즉, $f(2x-5)=0$이려면

방정식 $f(x)=0$의 두 근이 α, β라는 것은 x 대신에 α 또는 β를 대입했을 때, 등식을 만족한다는 뜻이야.

$2x-5=\alpha$ 또는 $2x-5=\beta$

$\therefore x=\dfrac{\alpha+5}{2}$ 또는 $x=\dfrac{\beta+5}{2}$ → 이 x값들이 방정식 $f(2x-5)=0$의 근이지.

따라서 이차방정식 $f(2x-5)=0$의 두 근의 합은

$\dfrac{\alpha+5}{2}+\dfrac{\beta+5}{2}=\dfrac{\alpha+\beta+10}{2}=\dfrac{-4+10}{2}=3$

모의 E 02 정답 169 ································ 이차방정식의 활용

정답 공식: 정사각형의 한 변의 길이를 x로 놓고, 오각형의 넓이를 x에 대한 식으로 세운다.

그림은 어느 지역에 있는 토지를 정사각형 ABCD로 나타낸 것이다. 변 AD 위에 $\overline{AE}=5$ m가 되는 점 E와 변 CD 위에 $\overline{CF}=3$ m가 되는 점 F를 일직선으로 연결한 경계선을 만들었다. 오각형 ABCFE의 넓이가 129 m²일 때, 정사각형 ABCD의 넓이는 a m²이다. a의 값을 구하시오.

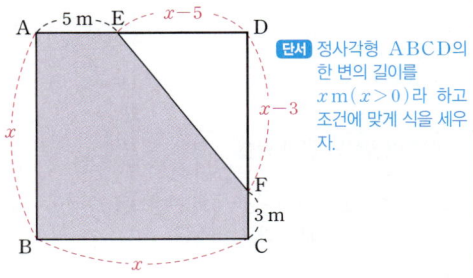

단서 정사각형 ABCD의 한 변의 길이를 x m($x>0$)라 하고 조건에 맞게 식을 세우자.

1st 정사각형 ABCD의 한 변의 길이를 x m로 놓고 식을 세우자.

정사각형 ABCD의 한 변의 길이를 x m($x>0$)라 하면

$\overline{ED}=(x-5)$ m

$\overline{DF}=(x-3)$ m

이고, 정사각형 ABCD의 넓이는 오각형 ABCFE의 넓이와 삼각형 EFD의 넓이의 합과 같으므로

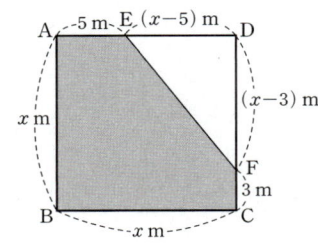

$x^2=129+\dfrac{1}{2}(x-3)(x-5)$

2nd 식을 정리하여 조건에 맞는 x의 값을 구해.

$2x^2=258+x^2-8x+15$

$x^2+8x-273=0$

$(x+21)(x-13)=0$

$\therefore x=-21$ 또는 $x=13$

이때, $x>0$이므로 $x=13$이다.

따라서 정사각형 ABCD의 넓이가 a m²이므로

$a=x^2=13^2=169$

한 변의 길이가 k인 정사각형의 넓이는 k^2이야.

모의 E 03 정답 ⑤ ······················ 이차방정식의 근의 판별

정답 공식: 이차방정식이 중근을 가질 조건은 판별식 $D=0$이다.

단서 판별식 $D=0$인 실수 a의 값을 구하자.

이차방정식 $x^2-(a-1)x+(a+2)=0$이 중근을 갖도록 하는 모든 실수 a의 값의 합은?

① 2 ② 3 ③ 4 ④ 5 ⑤ 6

1st 판별식이 0이 되게 하는 a의 값을 찾아.

$x^2-(a-1)x+(a+2)=0$에서

$D=(a-1)^2-4(a+2)=0$

$a^2-2a+1-4a-8=0$

$a^2-6a-7=0$

따라서 근과 계수의 관계에서 두 근의 합은 6이다.

[이차방정식의 근과 계수의 관계]
이차방정식 $ax^2+bx+c=0$의 두 근을 α, β라 할 때,
$\alpha+\beta=-\dfrac{b}{a}$, $\alpha\beta=\dfrac{c}{a}$

$\alpha+\beta=-\dfrac{-6}{1}=6$이야.

모의 E 04 정답 ③ ················ 이차방정식의 근과 계수의 관계

정답 공식: 근과 계수의 관계를 이용한다. 이때, α가 이차방정식의 근이므로 $x=\alpha$를 대입해도 식이 성립함을 이용하여 식을 정리한다.

단서 이차방정식의 근의 성질을 이용할 수 있도록 변형할 수 있어.

이차방정식 $x^2-3x-2=0$의 두 근이 α, β일 때, $\alpha^3-3\alpha^2+\alpha\beta+2\beta$의 값은?

① 0 ② 2 ③ 4 ④ 6 ⑤ 8

1st 이차방정식의 근과 계수의 관계를 이용해.

$x^2-3x-2=0$의 두 근이 α, β이므로 근과 계수의 관계에 의하여

$\alpha+\beta=3$, $\alpha\beta=-2$ ··· ㉠

또, α는 $x^2-3x-2=0$의 근이므로 $\alpha^2-3\alpha-2=0$에서

$\alpha^2-3\alpha=2$ ··· ㉡

근이란 등식이 성립하는 값임을 기억하자.

2nd ㉠, ㉡을 이용할 수 있게 구하는 식을 변형하자.

$\therefore \alpha^3-3\alpha^2+\alpha\beta+2\beta=\alpha(\alpha^2-3\alpha)+\alpha\beta+2\beta$

$=2\alpha+\alpha\beta+2\beta$ (∵ ㉡)

$=2(\alpha+\beta)+\alpha\beta$

$=2\times3-2$ (∵ ㉠)

$=4$

$\alpha^2-3\alpha$의 값을 이용하게 변형한 거야.

모의고사 **E**

E 05 정답 ② ·· 이차방정식의 작성

정답 공식: $\alpha+\beta$, $\alpha\beta$를 이용해 주어진 두 근을 갖는 이차방정식을 세워 p, q를 구한다.

이차방정식 $3x^2-2x+1=0$의 두 근이 α, β일 때, $\dfrac{\beta}{\alpha}$, $\dfrac{\alpha}{\beta}$를 두 근으로 갖고 최고차항의 계수가 1인 이차방정식은 $x^2+px+q=0$이다. 상수 p, q에 대하여 $p-q$의 값은?

① $-\dfrac{2}{3}$　　② $-\dfrac{1}{3}$　　③ $\dfrac{1}{3}$

④ $\dfrac{2}{3}$　　⑤ 1

> 단서 두 근이 새롭게 정해졌으니 새로운 두 근의 합과 곱을 기존의 두 근의 합과 곱으로 표현해 보자.

1st 새로운 두 근 $\dfrac{\beta}{\alpha}$, $\dfrac{\alpha}{\beta}$의 합과 곱으로부터 이차방정식을 만들어봐.

이차방정식 $3x^2-2x+1=0$의 두 근이 α, β이므로 이차방정식의 근과 계수의 관계에 의해

$\alpha+\beta=\dfrac{2}{3}$, $\alpha\beta=\dfrac{1}{3}$

$$\dfrac{\beta}{\alpha}+\dfrac{\alpha}{\beta}=\dfrac{\alpha^2+\beta^2}{\alpha\beta}=\dfrac{(\alpha+\beta)^2-2\alpha\beta}{\alpha\beta}$$
$$=\dfrac{\left(\dfrac{2}{3}\right)^2-2\times\dfrac{1}{3}}{\dfrac{1}{3}}=-\dfrac{2}{3}$$

> 곱셈 공식의 변형 $\alpha^2+\beta^2=(\alpha+\beta)^2-2\alpha\beta$를 사용하는 거야.

$\dfrac{\beta}{\alpha}\times\dfrac{\alpha}{\beta}=1$

즉, $\dfrac{\beta}{\alpha}$, $\dfrac{\alpha}{\beta}$를 두 근으로 갖고 최고차항의 계수가 1인 이차방정식은

$x^2+\dfrac{2}{3}x+1=0$이다.

> 두 수 a, b를 근으로 갖고 최고차항의 계수가 1인 이차방정식은
> $(x-a)(x-b)=0$
> $\Longleftrightarrow x^2-(a+b)x+ab=0$

따라서 $p=\dfrac{2}{3}$, $q=1$이므로

$p-q=\dfrac{2}{3}-1=-\dfrac{1}{3}$

E 06 정답 ③ ·· 이차방정식의 근의 판별

정답 공식: 이차방정식이 중근을 가질 조건은 판별식 $D=0$임을 이용해 k에 대한 식을 세운 뒤, 이 식이 k에 대한 항등식임을 이용해 a, b의 값을 구한다.

> 단서 2 k의 값에 관계없이 성립한다니까 k에 대한 항등식을 의미해.

x에 대한 이차방정식 $x^2+(2k-2)x+k^2+ak+b=0$이 k의 값에 관계없이 중근을 가질 때, 실수 a, b에 대하여 $a+b$의 값은?

> 단서 1 중근, 서로 다른 두 실근 등의 표현은 이차방정식의 판별식을 사용하라는 거지?

① -5　② -3　③ -1　④ 1　⑤ 3

1st 주어진 이차방정식이 중근을 가질 조건을 구할 수 있지?

x에 대한 이차방정식 $x^2+(2k-2)x+k^2+ak+b=0$이 k의 값에 관계없이 중근을 가지므로 주어진 이차방정식의 판별식을 D라 하면

$\dfrac{D}{4}=(k-1)^2-(k^2+ak+b)=0$

$k^2-2k+1-k^2-ak-b=0$

$-2k-ak+1-b=0$

2nd k에 대한 항등식의 성질을 이용해.

> 문제에서 'k의 값에 관계없이'라고 했지? k에 대한 항등식이라는 거야.

이때, $-2k-ak+1-b=0$이 k에 대한 항등식이므로

$-(2+a)k+1-b=0$에서

$2+a=0$, $1-b=0$

따라서 $a=-2$, $b=1$이므로 $a+b=-2+1=-1$

E 07 정답 ④ ·· 이차방정식의 근의 판별

정답 공식: 계수가 실수인 이차방정식 $ax^2+bx+c=0$에서 $D=b^2-4ac$라 할 때, 이차방정식이 서로 다른 두 실근을 가지면 $D>0$이다.

x에 대한 이차방정식 $(a^2-4)x^2=a+2$ `단서 1` 주어진 방정식이 이차방정식이므로 $a^2-4\ne0$이야. 가 서로 다른 두 실근을 갖도록 하는 9보다 작은 자연수 a의 개수는? `단서 2` 이차방정식의 판별식이 0보다 커야겠지?

① 3　　② 4　　③ 5

④ 6　　⑤ 7

1st 주어진 방정식을 간단히 정리하자.

$(a^2-4)x^2=a+2$에서

$(a+2)(a-2)x^2=a+2$

이때, a는 자연수이므로 $a+2>0$

> $a+2\ne0$이므로 $(a+2)(a-2)x^2=a+2$의 양변을 $a+2$로 나눌 수 있어.

즉, $(a-2)x^2=1$

> 방정식 $(a-2)x^2-1=0$이 이차방정식이므로 $a\ne2$이어야 해.

2nd 이차방정식의 판별식을 이용해.

이차방정식 $(a-2)x^2-1=0$의 판별식을 D라 하면 이 이차방정식이 서로 다른 두 실근을 가지므로

$D=0^2-4\times(a-2)\times(-1)=4(a-2)>0$

$\therefore a>2$

따라서 조건을 만족시키는 9보다 작은 자연수 a는 3, 4, 5, 6, 7, 8이므로 그 개수는 6이다.

🔍 쉬운 풀이: 주어진 이차방정식을 간단히 정리한 후 서로 다른 두 실근을 가질 조건 이용하기

이차방정식 $(a^2-4)x^2=a+2$에서

$(a+2)(a-2)x^2=a+2$

이때, $a+2>0$이므로 양변을 $a+2$로 나누면

$(a-2)x^2=1$

$x^2=\dfrac{1}{a-2}$ ($\because a\ne2$)

즉, 주어진 이차방정식이 서로 다른 두 실근을 가지므로

$\dfrac{1}{a-2}>0$에서

> $x^2=k$일 때, $k>0$이어야만 $x^2=k$에서 $x=\sqrt{k}$ 또는 $x=-\sqrt{k}$로 서로 다른 두 실근을 가질 수 있어.

$a-2>0$

$\therefore a>2$

(이하 동일)

⚙ 이차방정식의 근의 판별 개념·공식

이차방정식 $ax^2+bx+c=0$의 판별식을 $D=b^2-4ac$라 하면
① $D>0 \Longleftrightarrow$ 서로 다른 두 실근
② $D=0 \Longleftrightarrow$ 중근
③ $D<0 \Longleftrightarrow$ 서로 다른 두 허근

> **정답 공식:** 이차방정식 $ax^2+bx+c=0$의 두 근이 α, β이면 $\alpha+\beta=-\dfrac{b}{a}$, $\alpha\beta=\dfrac{c}{a}$이다.

0이 아닌 세 실수 p, q, r에 대하여 이차방정식 $x^2+px+q=0$의 두 근을 α, β라 할 때, $x^2+rx+p=0$은 두 근 3α, 3β를 갖는다. 이때, $\dfrac{r}{q}$의 값은? **단서** 이차방정식의 근과 계수의 관계를 이용해 두 근의 합과 곱을 p, q, r에 대한 식으로 나타내자.

① $\dfrac{1}{9}$ ② $\dfrac{1}{3}$ ③ 3

④ 9 ⑤ 27

1st 이차방정식의 근과 계수의 관계를 이용하자.

이차방정식 $x^2+px+q=0$의 두 근이 α, β이므로
근과 계수의 관계에 의하여 →이차방정식 $ax^2+bx+c=0$의 두 근이 α, β일 때,
$\alpha+\beta=-p$, $\alpha\beta=q$ $\alpha+\beta=-\dfrac{b}{a}$, $\alpha\beta=\dfrac{c}{a}$
또, 이차방정식 $x^2+rx+p=0$의 두 근이 3α, 3β이므로
근과 계수의 관계에 의하여
$3\alpha+3\beta=3(\alpha+\beta)=-r$, $(3\alpha)\times(3\beta)=9\alpha\beta=p$
이때, $\alpha+\beta=-p$이므로
$3(\alpha+\beta)=-r$, $-3p=-r$ ∴ $r=3p$
또, $\alpha\beta=q$이므로
$9\alpha\beta=p$, $9q=p$ ∴ $q=\dfrac{p}{9}$

∴ $\dfrac{r}{q}=\dfrac{3p}{\dfrac{p}{9}}=27$ $\dfrac{\frac{D}{C}}{\frac{B}{A}}=\dfrac{AD}{BC}$

> **정답 공식:** 두 근의 절댓값의 비와 두 근의 곱을 이용해 가능한 두 근의 합을 구해 각각의 경우에 대한 k의 값을 구한다.

이차방정식 $x^2+(6-k)x-12=0$의 두 근의 절댓값의 비가 3 : 1이 되도록 하는 모든 상수 k의 값의 곱은? **단서** 두 근의 절댓값의 비가 3 : 1이므로 한 근의 절댓값을 a $(a>0)$라 하면 다른 근의 절댓값은 $3a$가 돼.

① 12 ② 14 ③ 16

④ 18 ⑤ 20

1st 두 근의 곱이 음수니까 두 근의 부호가 반대겠지? 양수 a에 대하여 두 근을 $-3a$, a 또는 $3a$, $-a$로 놓고 a를 구하자.

이차방정식 $x^2+(6-k)x-12=0$의
두 근의 절댓값의 비가 3 : 1이므로
한 근의 절댓값을 a $(a>0)$라 하면
다른 근의 절댓값은 $3a$라 할 수 있다. **함정** 근의 조건을 파악하고 난 후에 이차방정식의 근과 계수의 관계에도 주의하여 문자로 나타낼 수 있어야 해.

이때, 이차방정식의 근과 계수의 관계에 의해 두 근의 곱은 -12이고
$-12<0$이므로 두 근의 부호는 다르다.
따라서 두 근의 곱은 $-3a^2$이 되므로
$-3a^2=-12$ 두 근이 될 수 있는 것은 두 근의 부호가 같을 때 a, $3a$ 또는 $-a$, $-3a$이거나 두 근의 부호가 다를 때 a, $-3a$ 또는 $-a$, $3a$야. 이때, 두 근의 곱이 음수이므로 a, $-3a$ 또는 $-a$, $3a$가 두 근이 되어 두 근의 곱은 $-3a^2$이 돼.
$a^2=4$
∴ $a=2$ $(∵ a>0)$

2nd 근과 계수의 관계를 이용하여 k의 값을 구해.
두 근의 합은 $2+(-6)=-4$ 또는 $(-2)+6=4$이다.
$a=2$이므로 두 근은 2, -6 또는 -2, 6이지.
이차방정식의 근과 계수의 관계에 의해 두 근의 합은 $-(6-k)$이므로
$-(6-k)=-4$ 또는 $-(6-k)=4$에서
$k=2$ 또는 $k=10$이다.
따라서 모든 k의 값의 곱은 $2\times10=20$이다.

> **정답 공식:** 이차방정식 $ax^2+bx+c=0$의 두 근이 α, β이면 $\alpha+\beta=-\dfrac{b}{a}$, $\alpha\beta=\dfrac{c}{a}$이다.

단서1 $a>0$이므로 근과 계수의 관계를 이용하면 두 근의 합과 곱의 부호를 알 수 있어.
이차방정식 $x^2-ax-3a=0$ $(a>0)$의 서로 다른 두 실근 α, β에 대하여 $|\alpha|+|\beta|=8$일 때, $\alpha^2+\beta^2$의 값은?
단서2 $|\alpha|+|\beta|=8$에서 두 근의 부호를 찾아 절댓값을 없앤 후 식을 정리해.

① 34 ② 36 ③ 38

④ 40 ⑤ 42

1st 주어진 이차방정식에서 근과 계수의 관계를 이용하자.
이차방정식 $x^2-ax-3a=0$의 두 근이 α, β이므로 근과 계수의 관계에 의해 $\alpha+\beta=a$, $\alpha\beta=-3a$

2nd 두 근 α, β의 부호를 따져봐.
이때, $a>0$이므로 $\alpha+\beta>0$, $\alpha\beta<0$에서 두 근의 부호는 서로 다르고 양수인 근의 절댓값이 음수인 근의 절댓값보다 큼을 알 수 있다.
즉, $\alpha<0<\beta$라 하면 $|\alpha|+|\beta|=8$이므로   두 실수 α, β에 대해 곱 $\alpha\beta$가 음수이므로 α와 β는 서로 부호가 달라. 또, 부호가 다른 두 근의 합 $\alpha+\beta$가 양수이므로 양수인 근의 절댓값이 음수인 근의 절댓값보다 큼을 알 수 있어.
$(|\alpha|+|\beta|)^2=(-\alpha+\beta)^2$
$\qquad=(\alpha+\beta)^2-4\alpha\beta$
$\qquad=a^2+12a=64$
$a^2+12a-64=0$
$(a+16)(a-4)=0$
∴ $a=4$ $(∵ a>0)$
따라서 $\alpha+\beta=a=4$, $\alpha\beta=-3a=-12$이므로
$\alpha^2+\beta^2=(\alpha+\beta)^2-2\alpha\beta$
$\qquad=4^2-2\times(-12)=40$

다른 풀이: 두 근의 부호를 이용하여 절댓값을 풀고, 경우를 나누어 구하는 식의 값 구하기

2nd에서 $\alpha<0<\beta$라 하면 $|\alpha|+|\beta|=8$이므로
$-\alpha+\beta=8$ ∴ $\beta=\alpha+8$ … ㉠
이때, $\alpha+\beta=a$, $\alpha\beta=-3a$에서
$\alpha\beta=-3(\alpha+\beta)$이므로 이 식에 ㉠을 대입하면
$\alpha(\alpha+8)=-3(2\alpha+8)$
$\alpha^2+14\alpha+24=0$
$(\alpha+12)(\alpha+2)=0$
∴ $\alpha=-12$ 또는 $\alpha=-2$
(i) $\alpha=-12$일 때,
$\beta=\alpha+8=-12+8=-4$
그런데 이것은 $\alpha<0<\beta$라는 조건에 맞지 않아.
(ii) $\alpha=-2$일 때,
$\beta=\alpha+8=-2+8=6$
∴ $\alpha^2+\beta^2=(-2)^2+6^2=40$

E 11 정답 ③ ···················· 이차방정식의 켤레근

> **정답 공식**: 실수 a, b, c, p, q에 대해 이차방정식 $ax^2+bx+c=0$의 한 근이 $p+qi$이면 다른 한 근은 $p-qi$이다. (단, $q \neq 0$)

> x에 대한 이차방정식 $x^2+(m+n)x-mn=0$의 한 근이 $-2+\sqrt{5}i$일 때, m^3+n^3의 값은? (단, $i=\sqrt{-1}$이고 m, n은 실수이다.) 단서 계수가 모두 실수인 이차방정식의 한 근이 $p+qi$ (단, p, q는 실수이고 $q \neq 0$)이면 다른 한 근은 $p-qi$지? 이를 근과 계수의 관계에 적용해봐.
> ① 164 ② 168 ③172 ④ 176 ⑤ 180

1st 이차방정식의 한 근을 이용하여 나머지 근을 구하자.

계수가 실수인 이차방정식 m, n이 실수이므로 이차방정식 $x^2+(m+n)x-mn=0$의 계수 및 상수는 모두 실수야.

$x^2+(m+n)x-mn=0$의 한 근이 $-2+\sqrt{5}i$이므로 다른 한 근은 $-2-\sqrt{5}i$이다.

2nd 근과 계수의 관계를 이용하여 m, n에 관한 식을 구하자.

즉, 이차방정식의 근과 계수의 관계에 의해
$(-2+\sqrt{5}i)+(-2-\sqrt{5}i)=-(m+n)$
$-4=-(m+n)$ ∴ $m+n=4$
$(-2+\sqrt{5}i)(-2-\sqrt{5}i)=-mn$
$4+5=-mn$ ∴ $mn=-9$

3rd 곱셈 공식을 이용하여 m^3+n^3을 계산하자.

∴ $m^3+n^3=(m+n)^3-3mn(m+n)$
$=4^3-3\times(-9)\times4$ $(a+b)^3=a^3+b^3+3ab(a+b)$
$=64+108=172$ $(a-b)^3=a^3-b^3-3ab(a-b)$

E 12 정답 ③ ···················· 절댓값 기호를 포함한 방정식

> **정답 공식**: $\sqrt{a^2}=|a|$이므로, 절댓값 안의 식의 값이 0이 되는 x의 값을 기준으로 범위를 나누어 각각의 범위에서의 근을 구한다.

> 방정식 $x^2+|x+2|=\sqrt{(x-2)^2}+8$의 모든 근의 제곱의 합은? 단서 $\sqrt{(x-2)^2}=|x-2|$이므로 절댓값 안이 0이 되는 x의 값을 기준으로 범위를 나눠서 풀어.
> ① 12 ② 14 ③16 ④ 18 ⑤ 20

1st $\sqrt{a^2}=|a|$이니까 주어진 방정식은 절댓값 기호를 두 개 포함한 방정식과 같아. $x<-2$, $-2 \leq x < 2$, $x \geq 2$인 범위에서 각각 절댓값을 풀어서 해를 구해보자.

주의: $\sqrt{(\ )^2}$꼴이 있는 방정식을 풀 때는 꼭 절댓값을 이용하여 구간을 나눠서 풀어야 해.

$x^2+|x+2|=\sqrt{(x-2)^2}+8$에서
$x^2+|x+2|=|x-2|+8$

(i) $x<-2$일 때, ($x+2<0$, $x-2<0$이야.)
$x^2-(x+2)=-(x-2)+8$
$x^2-x-2=-x+2+8$
$x^2=12$ ∴ $x=\pm2\sqrt{3}$
이때, $x<-2$이므로 $x=-2\sqrt{3}$ ($-\sqrt{16}<-\sqrt{12}<-\sqrt{9}$에서 $-4<-2\sqrt{3}<-3$)

(ii) $-2 \leq x < 2$일 때, ($x+2 \geq 0$, $x-2<0$)
$x^2+(x+2)=-(x-2)+8$
$x^2+x+2=-x+2+8$
$x^2+2x-8=0$
$(x+4)(x-2)=0$
∴ $x=-4$ 또는 $x=2$
그런데 $-2 \leq x < 2$이므로 해가 없다.

(iii) $x \geq 2$일 때, ($x+2>0$, $x-2 \geq 0$이야.)
$x^2+(x+2)=(x-2)+8$
$x^2=4$ ∴ $x=\pm2$
이때, $x \geq 2$이므로 $x=2$

(i)~(iii)에서 주어진 방정식의 근은 $x=-2\sqrt{3}$ 또는 $x=2$이므로 구하는 모든 근의 제곱의 합은 $(-2\sqrt{3})^2+2^2=12+4=16$

E 13 정답 ⑤ ·············· 이차방정식의 근과 계수의 관계의 활용

> **정답 공식**: 이차방정식 $ax^2+bx+c=0$에서 $b^2-4ac<0$이면 이차방정식은 서로 다른 두 허근을 가진다.

> 다음 [보기] 중 계수가 실수인 x에 대한 두 이차방정식 $ax^2+2bx+c=0$, $ax^2+3bx+c=0$의 근에 대한 설명으로 옳은 것만을 있는 대로 고른 것은? 단서1 두 이차방정식은 일차항을 제외한 나머지 항의 계수가 모두 같은 특징이 있어.
>
> **[보기]**
> ㄱ. 두 이차방정식에서 각각의 두 근의 곱은 서로 같다.
> ㄴ. $ac>0$이면 두 이차방정식은 실수인 공통인 근을 갖지 않는다. 단서2 근과 계수의 관계를 이용해 두 근의 곱을 각각 구해봐.
> ㄷ. $ax^2+3bx+c=0$이 허근을 가지면 $ax^2+2bx+c=0$도 허근을 가진다. 단서3 두 이차방정식의 두 근의 곱은 모두 $\frac{c}{a}$이므로 $ac>0$이면 두 근의 곱이 양수임을 알 수 있어.
>
> ① ㄱ ② ㄷ ③ ㄱ, ㄴ ④ ㄴ, ㄷ ⑤ ㄱ, ㄴ, ㄷ

1st 근과 계수의 관계를 이용하여 ㄱ의 참, 거짓을 판단하자.

ㄱ. 이차방정식 $ax^2+2bx+c=0$의 두 근을 α, β라 하면 근과 계수의 관계에 의해 $\alpha\beta=\frac{c}{a}$
또, 이차방정식 $ax^2+3bx+c=0$의 두 근을 α', β'이라 하면 근과 계수의 관계에 의해 $\alpha'\beta'=\frac{c}{a}$
즉, $\alpha\beta=\alpha'\beta'$이다. (참)

2nd 두 이차방정식의 공통인 실근이 존재할 때의 특징을 파악하자.

ㄴ. 주어진 두 이차방정식이 실수인 공통인 근 α를 갖는다고 하면
$a\alpha^2+2b\alpha+c=0$ ··· ㉠, $a\alpha^2+3b\alpha+c=0$ ··· ㉡
㉡-㉠을 하면 $b\alpha=0$
이때, $ac>0$에서 $\alpha \neq 0$이므로 $b=0$이다.
$b=0$을 ㉠에 대입하면 ($ac>0$이면 a와 c의 부호가 같으므로 $\frac{c}{a}>0$이야.)
$a\alpha^2+c=0$ ∴ $\alpha^2=-\frac{c}{a}$ 즉, 두 이차방정식에서 두 근의 곱이 모두 $\frac{c}{a}$이고 이 값이 양수이므로 두 근은 모두 0이 될 수 없어.
그런데 $ac>0$에서 $\frac{c}{a}>0$이므로 $-\frac{c}{a}<0$이 되어 α가 실수라는 가정에 모순이 된다. 실수를 제곱한 값은 항상 0 이상이어야 해.
즉, $ac>0$이면 두 이차방정식은 실수인 공통인 근을 갖지 않는다. (참)

3rd 이차방정식의 판별식을 이용하여 ㄷ의 참, 거짓을 판단하자.

ㄷ. 이차방정식 $ax^2+3bx+c=0$의 판별식을 D_1이라 하면 이 이차방정식이 허근을 가지므로
$D_1=(3b)^2-4ac=9b^2-4ac<0$
이때, 이차방정식 $ax^2+2bx+c=0$의 판별식을 D_2라 하면
$D_2=(2b)^2-4ac=4b^2-4ac$
$=9b^2-4ac-5b^2<0$ ($9b^2-4ac<0$이고 $5b^2 \geq 0$에서 $-5b^2 \leq 0$이므로 $9b^2-4ac-5b^2<0$이야.)
즉, $ax^2+3bx+c=0$이 허근을 가지면 $ax^2+2bx+c=0$도 허근을 가진다. (참)

따라서 옳은 것은 ㄱ, ㄴ, ㄷ이다.

E 14 정답 $x^2-4x-2=0$ ················· 이차방정식의 작성

(정답 공식: x^2의 계수가 1이고 a, b를 두근으로 하는 이차방정식은)
$x^2-(a+b)x+ab=0$이다.

실수 a, b가 등식 **단서** 근호 안의 식을 완전제곱식의 꼴로 인수분해하여 근호를 없애봐.
$$\sqrt{a^2+2ab-8a+b^2-8b+16}+\sqrt{a^2b^2+4ab+4}=0$$
을 만족시킬 때, x^2의 계수가 1이고 a, b를 두 근으로 하는
이차방정식을 구하는 과정을 서술하시오.

1st 주어진 등식의 좌변을 간단히 하자.

$a^2+2ab-8a+b^2-8b+16=a^2+2ab+b^2-8(a+b)+16$
$\qquad\qquad\qquad\qquad\qquad = (a+b)^2-8(a+b)+16$
$\qquad\qquad\qquad\qquad\qquad = (a+b-4)^2$

$a^2b^2+4ab+4=(ab)^2+4ab+4=(ab+2)^2 \cdots$ ❶

즉, $\sqrt{a^2+2ab-8a+b^2-8b+16}+\sqrt{a^2b^2+4ab+4}=0$에서
$\sqrt{(a+b-4)^2}+\sqrt{(ab+2)^2}=0$

$|a+b-4|+|ab+2|=0$ 0이 아닌 모든 실수 x에 대해 $|x|>0$이므로
$\qquad\qquad\qquad\qquad\quad |A|+|B|=0$이면 $A=0$이고 $B=0$이어야 해.
$a+b-4=0$, $ab+2=0$
$\therefore a+b=4$, $ab=-2 \cdots$ ❷

2nd 두 근의 합과 곱을 이용하여 이차방정식을 세우자.

따라서 $a+b=4$, $ab=-2$이므로 두 수 a, b를 근으로 하고 x^2의 계수
가 1인 이차방정식은
$x^2-4x-2=0 \cdots$ ❸
$\qquad\qquad$ 두 근이 α, β이고 x^2의 계수가 1인 이차방정식은
$\qquad\qquad (x-\alpha)(x-\beta)=0 \quad \therefore x^2-(\alpha+\beta)x+\alpha\beta=0$

[채점 기준표]

❶ 근호 안의 식을 각각 인수분해한다.	40%
❷ $a+b$, ab의 값을 구한다.	40%
❸ 이차방정식을 세운다.	20%

F 내신+학평 대비 단원별 모의고사 문제편 p. 332

F 01 정답 ① ················· 이차함수의 그래프의 성질

(정답 공식: 꼭짓점이 제3사분면에 있으면 x좌표와 y좌표가 모두 음수이다.)

이차함수 $y=x^2-2kx+k^2-2k-3$의 그래프의 꼭짓점이
제3사분면 위에 있을 때, 상수 k의 값의 범위는?

① $-\dfrac{3}{2}<k<0$ ② $-\dfrac{3}{2}<k\le0$ ③ $k<0$

④ $0<k<\dfrac{3}{2}$ ⑤ $0\le k<\dfrac{3}{2}$ **단서** 제3사분면 위의 점의 x좌표와 y좌표는 모두 음수야.

1st 제3사분면에 있는 점은 x좌표, y좌표가 모두 음수임을 이용해.

$y=x^2-2kx+k^2-2k-3=(x-k)^2-2k-3$
꼭짓점 $(k, -2k-3)$이 제3사분면 위에 있으려면 $k<0 \cdots$ ㉠
$-2k-3<0$에서 $k>-\dfrac{3}{2} \cdots$ ㉡

㉠, ㉡에서 k의 값의 범위는 $-\dfrac{3}{2}<k<0$

F 02 정답 ⑤ ················· 이차함수의 그래프와 x축의 교점

(정답 공식: 근의 공식으로 두 근을 구한다. 두 근의 차가 $\overline{AB}$의 길이이다.)

단서 두 점 A, B의 x좌표는 이차방정식 $x^2-3x-2=0$의 근이지?
이차함수 $y=x^2-3x-2$의 그래프가 x축과 서로 다른 두 점
A, B에서 만날 때, 선분 AB의 길이는?

① 3 ② $\sqrt{10}$ ③ $2\sqrt{3}$ ④ 4 ⑤ $\sqrt{17}$

1st 이차함수와 x축과의 교점의 좌표니까 이차방정식의 근을 구해.

이차함수 $y=x^2-3x-2$의 그래프가 x축과 만나는 두 점의 x좌표는 이

차방정식 $x^2-3x-2=0$의 두 근이므로 근을 구하면 $x=\dfrac{3\pm\sqrt{17}}{2}$

따라서 선분 AB의 길이는 이차함수가 x축과 만나는 점의 x좌표와
$\dfrac{3+\sqrt{17}}{2}-\dfrac{3-\sqrt{17}}{2}=\sqrt{17}$ 이차방정식의 두 근은 일치해.

F 03 정답 ③ ················· 이차함수의 그래프의 성질

(정답 공식: 이차함수 $y=k(x-\alpha)^2+\beta$의 그래프의 꼭짓점의 좌표는 (α, β)이고,)
이 그래프는 직선 $x=\alpha$에 대해 대칭이다.

이차함수 $y=x^2-ax+a$의 그래프에 대하여 [보기]에서 옳은
것만을 있는 대로 고른 것은? (단, a는 실수이다.)

단서 1 이차함수의 식에 $x=1$, $y=1$을 대입했을 때 성립하는지 확인해.

[보기]

ㄱ. 점 $(1, 1)$을 지난다.
ㄴ. x축의 방향으로 $-\dfrac{a}{2}$만큼 평행이동한 그래프는 y
축에 대칭이다. **단서 2** x축의 방향으로 $-\dfrac{a}{2}$만큼 평행이동한 도형은 원래
$\qquad$ 도형을 나타내는 식에 x 대신 $x+\dfrac{a}{2}$를 대입하면 돼.
ㄷ. 꼭짓점이 x축 위에 있도록 하는 a의 개수는 1이다.
$\qquad$ **단서 3** x축 위의 점의 y좌표는 0이지?

① ㄱ ② ㄷ ③ ㄱ, ㄴ
④ ㄴ, ㄷ ⑤ ㄱ, ㄴ, ㄷ

1st ㄱ의 참, 거짓을 확인하기 위해 점 $(1, 1)$을 대입하자.

ㄱ. $x=1$, $y=1$을 $y=x^2-ax+a$에 대입하면
$1=1^2-a+a$
즉, 이차함수 $y=x^2-ax+a$의 그래프는
점 $(1, 1)$을 지난다. (참)

2nd 이차함수의 그래프는 축에 대하여 대칭임을 이용하자.

ㄴ. $y=x^2-ax+a=\left(x-\dfrac{a}{2}\right)^2-\dfrac{a^2}{4}+a$

이 그래프를 x축의 방향으로 $-\dfrac{a}{2}$만큼 평행이동한 그래프의 식은

$y=\left(x+\dfrac{a}{2}-\dfrac{a}{2}\right)^2-\dfrac{a^2}{4}+a$

$\therefore y=x^2-\dfrac{a^2}{4}+a$

즉, 이 이차함수의 그래프의 축의 방정식은 $x=0$이므로 평행이동한
그래프는 y축에 대칭이다. (참)
$\qquad$ 직선 $x=0 \Rightarrow x$좌표가 모두 0인 점으로 이루어진 직선 $\Rightarrow y$축
$\qquad$ 직선 $y=0 \Rightarrow y$좌표가 모두 0인 점으로 이루어진 직선 $\Rightarrow x$축

모의고사 **F**

3rd 꼭짓점이 x축 위에 있을 조건을 이용하여 a의 값을 구하자.

ㄷ. ㄴ에서 이차함수 $y=x^2-ax+a$의 그래프의 꼭짓점의 좌표는

$\left(\dfrac{a}{2},\ -\dfrac{a^2}{4}+a\right)$이므로 꼭짓점이 x축 위에 있으려면

    <small>x축 위에 있는 모든 점의 y좌표는 0</small>
$-\dfrac{a^2}{4}+a=0$이어야 한다. <small>y축 위에 있는 모든 점의 x좌표는 0</small>

$a^2-4a=0,\ a(a-4)=0$ $\therefore\ a=0$ 또는 $a=4$

즉, 조건을 만족시키는 a의 개수는 2이다. (거짓)

따라서 옳은 것은 ㄱ, ㄴ이다.

<small>모의</small>
F 04 정답 ⑤ ·················· 이차함수의 그래프와 x축의 위치 관계

정답 공식: 이차함수 $y=f(x)$의 그래프가 x축과 서로 다른 두 점에서 만나기 위해서는 방정식 $f(x)=0$의 판별식 $D>0$이어야 함을 이용한다.

> 이차함수 $y=x^2+3ax+a^2-2a+1$의 그래프가 x축과 <u>서로 다른 두 점에서 만날</u> 때, 실수 a의 값의 범위는?
>
> ① $-3<a<\dfrac{1}{5}$ ② $-2<a<\dfrac{2}{5}$
>
> ③ $-2\le a\le\dfrac{2}{5}$ ④ $a<-3$ 또는 $a>\dfrac{1}{5}$
>
> ⑤ $a<-2$ 또는 $a>\dfrac{2}{5}$ <small>**단서** x축과 '서로 다른 두 점'에서 만난다는 것은 이차방정식이 서로 다른 두 실근을 갖는다는 뜻으로 이해해.</small>

1st 이차방정식의 판별식이 양수임을 이용하자.

이차함수 $y=x^2+3ax+a^2-2a+1$의 <u>그래프가 x축과 서로 다른 두 점에서 만나려면</u> 이차방정식 $x^2+3ax+a^2-2a+1=0$이 서로 다른 두 실근을 가져야 한다.

<small>→ x축 위의 점의 y좌표는 0이므로 x축과 만나면 $y=0$이야.
즉, $0=x^2+3ax+a^2-2a+1$이 되어 이차방정식 꼴이 되지.</small>

즉, 이차방정식 $x^2+3ax+a^2-2a+1=0$의 판별식을 D라 하면

$D=(3a)^2-4(a^2-2a+1)>0$에서 $9a^2-4a^2+8a-4>0$

$5a^2+8a-4>0,\ (a+2)(5a-2)>0$ $\therefore\ a<-2$ 또는 $a>\dfrac{2}{5}$

<small>모의</small>
F 05 정답 ④ ·················· 이차함수의 그래프와 직선의 위치 관계

정답 공식: 이차함수의 그래프와 직선이 한 점에서 만나면 두 식을 연립한 이차방정식의 판별식을 D라 할 때, $D=0$이다.

> 이차함수 $y=x^2+ax+b$의 그래프가 두 직선 $y=-x+1$과 $y=3x+5$에 동시에 접할 때, 상수 a, b에 대하여 ab의 값은?
>
> <small>**단서** 이차함수 $y=x^2+ax+b$의 그래프와 직선 $y=-x+1$의 교점이 1개이고 이차함수 $y=x^2+ax+b$의 그래프와 직선 $y=3x+5$의 교점도 1개야. 각각의 경우에서 (판별식)$=0$을 이용해.</small>
> ① 6   ② 9   ③ 12   ④ 15   ⑤ 18

1st 이차함수와 직선이 접하면 두 그래프가 만나는 점은 1개임을 이용하자.

이차함수 $y=x^2+ax+b$의 그래프와 직선 $y=-x+1$이 접하므로

$x^2+ax+b=-x+1$에서 <small>이차함수 $y=ax^2+bx+c$의 그래프와 직선 $y=mx+n$에 대하여 이차방정식 $ax^2+(b-m)x+c-n=0$의 판별식을 D라 할 때,</small>

$x^2+(a+1)x+(b-1)=0$

이 이차방정식의 판별식을 D_1이라 하면

$D_1=(a+1)^2-4(b-1)=0$ ··· ㉠   <small>(1) $D>0 \Longleftrightarrow$ 서로 다른 두 점에서 만난다.
(2) $D=0 \Longleftrightarrow$ 한 점에서 만난다.(접한다.)
(3) $D<0 \Longleftrightarrow$ 만나지 않는다.</small>

또, 이차함수 $y=x^2+ax+b$의 그래프와 직선 $y=3x+5$가 접하므로

$x^2+ax+b=3x+5$에서 $x^2+(a-3)x+(b-5)=0$

이 이차방정식의 판별식을 D_2라 하면

$D_2=(a-3)^2-4(b-5)=0$ ··· ㉡

2nd 구한 두 식을 연립하여 a, b의 값을 구하자.

㉠-㉡을 하면

$2a+1+4-(-6a+9+20)=0,\ 8a=24$ $\therefore\ a=3$

$a=3$을 ㉠에 대입하면 $4^2-4(b-1)=0,\ 4b=20$ $\therefore\ b=5$

$\therefore\ ab=3\times 5=15$

<small>모의</small>
F 06 정답 ④ ·················· 이차함수의 그래프와 직선의 위치 관계

정답 공식: 이차함수와 직선을 연립한 이차방정식의 실근의 개수가 두 그래프의 교점의 개수와 같음을 이용한다.

> <small>**단서** 이차함수와 직선의 식을 연립한 이차방정식의 판별식으로 해결해.</small>
> 직선 $y=x+m$은 이차함수 $y=x^2-x-4$의 그래프와 서로 다른 두 점에서 만나고, 이차함수 $y=x^2-3x+10$의 그래프와 만나지 않을 때, 정수 m의 최댓값과 최솟값의 합은?
>
> ① -2 ② -1 ③ 0   ④ 1   ⑤ 2

1st 판별식을 이용하여 직선과 함수 $y=x^2-x-4$의 그래프가 서로 다른 두 점에서 만날 조건을 구하자.

직선 $y=x+m$이 이차함수 $y=x^2-x-4$의 그래프와 서로 다른 두 점에서 만나므로 이차방정식 $x^2-x-4=x+m$, 즉 $x^2-2x-4-m=0$의 판별식을 D_1이라 하면

<small>이차함수의 그래프와 직선의 교점이 2개
$\Longleftrightarrow$ 두 식을 연립한 이차방정식의 실근이 2개</small>

$\dfrac{D_1}{4}=(-1)^2-(-4-m)>0$

$1+4+m>0$ $\therefore\ m>-5$ ··· ㉠

2nd 판별식을 이용하여 직선과 함수 $y=x^2-3x+10$의 그래프가 만나지 않을 조건을 구하자.

또한, 직선 $y=x+m$이 이차함수 $y=x^2-3x+10$의 <u>그래프와 만나지 않으므로</u> 이차방정식 $x^2-3x+10=x+m$, 즉 $x^2-4x+10-m=0$의 판별식을 D_2라 하면

<small>이차함수의 그래프와 직선의 교점이 없다.
$\Longleftrightarrow$ 두 식을 연립한 이차방정식의 실근이 없다.</small>

$\dfrac{D_2}{4}=(-2)^2-(10-m)<0$

$4-10+m<0$ $\therefore\ m<6$ ··· ㉡

㉠, ㉡에서 $-5<m<6$

따라서 정수 m의 최댓값은 5, 최솟값은 -4이므로

구하는 최댓값과 최솟값의 합은 $5+(-4)=1$

<small>모의</small>
F 07 정답 ① ·················· 제한된 범위에서 이차함수의 최대·최소

정답 공식: 이차함수 $f(x)=a(x-p)^2+q$의 그래프는 직선 $x=p$에 대하여 대칭이다.

> <small>**단서 1** 이차함수 $f(x)=x^2+ax+b$의 그래프는 아래로 볼록하고 축의 방정식이 직선 $x=2$이니까 그래프를 그릴 수 있겠지?</small>
> 이차함수 $f(x)=x^2+ax+b$의 그래프는 직선 $x=2$에 대하여 대칭이다. $0\le x\le 3$에서 함수 $f(x)$의 최댓값이 8일 때, $a+b$의 값은? (단, a, b는 상수이다.) <small>**단서 2** 그래프를 통해 이차함수 $f(x)$가 어디에서 최댓값을 갖는지 찾아봐.</small>
> ① 4   ② 6   ③ 8   ④ 10   ⑤ 12

1st 이차함수의 식을 변형하여 그래프의 축의 방정식을 찾자.

$f(x)=x^2+ax+b=\left(x+\dfrac{a}{2}\right)^2-\dfrac{a^2}{4}+b$ <small>이차함수 $y=a(x-p)^2+q$의 그래프의 꼭짓점의 좌표는 (p,q)이고 축의 방정식은 $x=p$야.</small>

이때, 이차함수 $y=f(x)$의 그래프는 직선 $x=2$에 대하여 대칭이므로

$-\dfrac{a}{2}=2$ $\therefore\ a=-4$

2nd 이차함수의 그래프를 이용하여 최댓값을 구하자.

이차항의 계수가 양수이고 직선 $x=2$를 축으로 하는 이차함수의 그래프는 그림과 같다.

즉, $0 \le x \le 3$에서 함수 $f(x)$의 최댓값은 $f(0)$

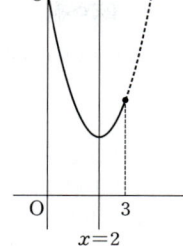

이므로 이차함수 $y=f(x)$의 그래프는 직선 $x=2$에 대하여 대칭이고 아래로 볼록한 포물선이므로 x가 2에서 멀어질수록 함숫값 $f(x)$는 커져.
따라서 $0 \le x \le 3$에서 최댓값은 $f(0)$이야.

$f(0)=b=8$

$\therefore a+b=(-4)+8=4$

다른 풀이: 이차함수의 대칭성을 이용하여 함수의 식을 유도하기

최고차항의 계수가 1인 이차함수 $y=f(x)$의 그래프가 직선 $x=2$에 대하여 대칭이므로

$f(x)=(x-2)^2+k=x^2-4x+4+k$ (k는 상수)라 할 수 있어.

이때, $0 \le x \le 3$에서 $f(0)=4+k$, $f(3)=9-12+4+k=1+k$

즉, $f(0) \ge f(3)$이므로 함수 $f(x)$의 최댓값은

$f(0)=4+k=8$ $\therefore k=4$

따라서 $f(x)=x^2-4x+4+4=x^2-4x+8$이므로 $a=-4$, $b=8$

$\therefore a+b=(-4)+8=4$

모의

F 08 정답 48 ·········· 이차함수의 그래프의 활용

정답 공식: $g(x)=-|f(x)|$이므로 그래프의 개형을 그려 교점을 모두 구한다.

그림과 같이 일차함수 $y=f(x)$의 그래프는 점 $(8, 0)$을 지나고, 이차함수 $y=g(x)$의 그래프는 직선 $x=8$을 축으로 한다. 두 함수 $y=f(x)$와 $y=g(x)$의 그래프가 만나는 서로 다른 두 점의 x좌표가 각각 4, 16일 때, 방정식 $|f(x)|+g(x)=0$의 모든 실근의 곱을 구하시오. (단, 두 함수 $f(x)$, $g(x)$의 최고차항의 계수는 양수이다.)

단서 $|f(x)|=-g(x)$로 변형하면 모든 실근은 $y=|f(x)|$와 $y=-g(x)$의 교점의 x좌표와 같아.

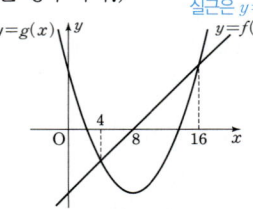

1st $|f(x)|+g(x)=0$에서 $f(x) \ge 0$일 때와 $f(x)<0$일 때를 나누어 생각해.

방정식 $|f(x)|+g(x)=0$, 즉 $|f(x)|=-g(x)$의 실근은 두 함수 $y=|f(x)|$와 $y=-g(x)$의 그래프가 만나는 점의 x좌표이다. 이때,

$|f(x)|=\begin{cases} -f(x) & (x<8) \\ f(x) & (x \ge 8) \end{cases}$

→ $y=f(x)$가 $x=8$을 기준으로 함숫값이 양수와 음수로 바뀌므로 $x<8$, $x \ge 8$로 나눈 거야.

이고, $y=-g(x)$의 그래프는 $y=g(x)$의 그래프를 x축에 대하여 대칭이동한 그래프이므로 두 함수 $y=|f(x)|$와 $y=-g(x)$의 그래프는 다음과 같다.

주의 $y=f(x)$의 그래프에서 x축의 아래 부분을 x축을 기준으로 접어 위로 올린 것과 같아.

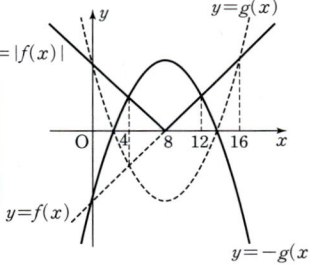

2nd 주어진 방정식의 실근을 구해. $\dfrac{4+k}{2}=8 \Rightarrow k=12$로 구할 수 있어.

두 함수 $y=|f(x)|$의 그래프와 $y=-g(x)$의 그래프는 모두 직선 $x=8$에 대하여 대칭이므로 두 그래프가 만나는 점의 x좌표는 4, 12이다.
따라서 방정식 $|f(x)|+g(x)=0$의 실근은 $x=4$ 또는 $x=12$이므로 모든 실근의 곱은 $4 \times 12 = 48$이다.

모의

F 09 정답 ⑤ ·········· 이차함수의 그래프의 성질

정답 공식: 이차함수와 x축과의 교점으로 이차함수의 식을 세운 후, 꼭짓점의 좌표가 주어진 직선 위에 있음을 이용한다.

이차함수 $y=ax^2+bx+c$의 그래프가 두 점 $(-2, 0)$, $(1, 0)$을 지나고, 꼭짓점이 직선 $4x-y=7$ 위에 있을 때, 상수 a, b, c에 대하여 $a-b-c$의 값은? **단서** 지나는 두 점의 y좌표가 모두 0이니까 이차방정식 $ax^2+bx+c=0$의 근을 알 수 있어.

① -4 ② -2 ③ 0
④ 4   ⑤ 8

1st $y=a(x+2)(x-1)$로 놓고 꼭짓점의 좌표를 구해보자.

$y=ax^2+bx+c$의 그래프가 두 점 $(-2, 0)$, $(1, 0)$을 지나므로 $y=a(x+2)(x-1)$로 놓으면

주의 이차함수의 최고차항의 계수가 a이므로 이에 유의하도록 해.

이차방정식 $ax^2+bx+c=0$의 근이 $x=-2$, $x=1$이므로 $ax^2+bx+c=a(x+2)(x-1)$이야.

$y=a(x^2+x-2)=a\left(x+\dfrac{1}{2}\right)^2-\dfrac{9}{4}a$

따라서 꼭짓점의 좌표는 $\left(-\dfrac{1}{2}, -\dfrac{9}{4}a\right)$이고, 이 점이 직선 $4x-y=7$ 위에 있으므로 대입하면

$4 \times \left(-\dfrac{1}{2}\right)-\left(-\dfrac{9}{4}a\right)=7$

$-2+\dfrac{9}{4}a=7$, $\dfrac{9}{4}a=9$ $\therefore a=4$

$\therefore y=4(x^2+x-2)=4x^2+4x-8$

따라서 $a=4$, $b=4$, $c=-8$이므로

$a-b-c=8$

모의

F 10 정답 ① ·········· 이차함수의 최대·최소 활용

정답 공식: 이차함수 $y=f(x)$의 그래프와 직선 $y=g(x)$가 만나는 두 점의 x좌표는 방정식 $f(x)=g(x)$, 즉 $f(x)-g(x)=0$의 근이다.

이차항의 계수가 -1인 이차함수 $y=f(x)$의 그래프와 직선 $y=g(x)$가 만나는 두 점의 x좌표는 2와 6이다. $h(x)=f(x)-g(x)$라 할 때, 함수 $h(x)$는 $x=p$에서 최댓값 q를 갖는다. $p+q$의 값은? **단서** 이차함수 $y=f(x)$의 그래프와 직선 $y=g(x)$가 만나는 두 점의 x좌표는 방정식 $f(x)=g(x)$, 즉 $f(x)-g(x)=0$의 근이야. 이를 이용해 $f(x)-g(x)$의 식을 세울 수 있어.

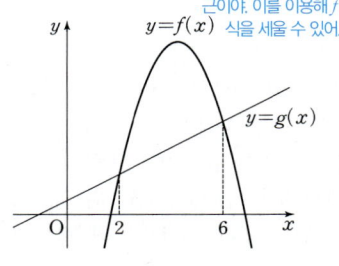

① 8   ② 9   ③ 10   ④ 11   ⑤ 12

1st 함수 $h(x)$의 식을 구하자.

이차함수 $y=f(x)$의 그래프와 직선 $y=g(x)$가 만나는 두 점의 x좌표가 2와 6이므로 방정식 $f(x)=g(x)$, 즉 $f(x)-g(x)=0$의 근은 $x=2$ 또는 $x=6$이다.

> 이차항의 계수가 k이고 $x=a$, $x=\beta$를 두 근으로 하는 이차방정식은 $k(x-a)(x-\beta)=0$

즉, $f(x)$의 이차항의 계수가 -1이므로
> $f(x)$는 이차식이고 $g(x)$는 일차식이지?

$f(x)-g(x)=-(x-2)(x-6)$
> 즉, $h(x)=f(x)-g(x)$는 이차식이고, $f(x)$와 이차항이 같음을 알 수 있어.

$\therefore h(x)=-(x-2)(x-6)=-x^2+8x-12$

2nd 이차함수 $h(x)$의 최댓값을 구하자.

$h(x)=-x^2+8x-12=-(x-4)^2+4$

이므로 이차함수 $h(x)$는 $x=4$에서 최댓값 4를 갖는다.

따라서 $p=4$, $q=4$이므로
> 이차항의 계수가 음수인 이차함수는 꼭짓점에서 최댓값을 가져.

$p+q=4+4=8$

F 11 정답 ② .... 이차함수의 최댓값과 최솟값

정답 공식: $y=f(x)$의 그래프의 개형을 먼저 그린 후, 주어진 범위에서 $f(x)$의 최댓값과 최솟값을 각각 구해 a, b의 값을 구한다.

> $0\le x\le a$에서 이차함수 $f(x)=x^2-4x+5$의 최솟값이 b, 최댓값이 17일 때, 실수 a, b에 대하여 $2a+b$의 값은? (단, $a>0$)
> **단서** 구간이 주어진 이차함수는 꼭짓점의 x좌표가 주어진 구간에 있는지, 있지 않은지에 따라 최댓값이나 최솟값이 달라진다는 것을 명심하자.
> ① 12　② 13　③ 14　④ 15　⑤ 16

1st 주어진 범위 안에 이차함수의 꼭짓점이 포함되는지 아닌지를 따져보면서 a, b의 값을 구해보자.

$f(x)=x^2-4x+5=(x-2)^2+1$

이때, $0\le x\le a$이므로 정의된 구간의 양 끝값을 $f(x)$에 대입하면

$f(0)=5$, $f(a)=(a-2)^2+1$

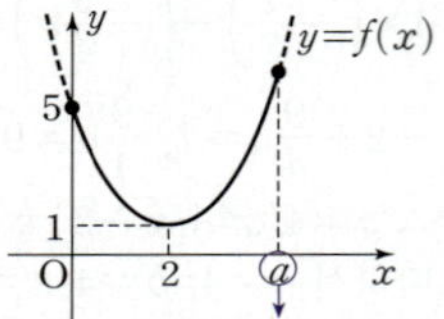

이때, 주어진 이차함수의 그래프가 아래로 볼록하므로 최댓값 17은 $f(0)$ 또는 $f(a)$의 값이다.

> 만약 $a<2$이면 $f(x)$의 최댓값은 $f(0)=5$여야 하는데 최댓값이 17이라 했으니까 $a>2$이어야 해.

그런데 $f(0)=5$이므로
$f(a)=(a-2)^2+1=17$
$(a-2)^2=16$　$\therefore a=6$

> $(a-2)^2=16$에서 $a-2=4$ 또는 $a-2=-4$ 이므로 $a=6$ 또는 $a=-2$ 그런데 $a>0$이므로 $a=6$이지.

즉, 주어진 구간 $0\le x\le 6$에 이차함수의 꼭짓점의 x좌표인 2가 포함되므로 $f(2)$가 최솟값 b이다.

따라서 $b=f(2)=1$이므로 $2a+b=2\times 6+1=13$

F 12 정답 ② .... 이차함수의 최대, 최소의 활용

정답 공식: $\overline{BP}=x$라 놓고 주어진 식을 x에 대한 이차식으로 나타내어 최솟값을 구한다.

> **단서** $\overline{BP}=x$라 놓고 $\overline{AP}^2+\overline{PQ}^2+\overline{QD}^2$을 x에 대한 식으로 나타내.
> 오른쪽 그림과 같이 가로의 길이가 4, 세로의 길이가 3인 직사각형 ABCD에서 점 P가 $\overline{BC}$ 위를 움직이고, $\overline{PQ}$와 $\overline{AB}$가 평행하도록 점 Q가 $\overline{AD}$ 위를 움직일 때, $\overline{AP}^2+\overline{PQ}^2+\overline{QD}^2$의 최솟값은? 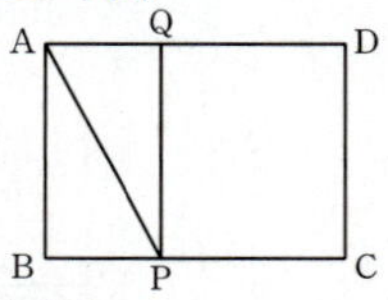
> ① 25　② 26　③ 27　④ 28　⑤ 29

1st $\overline{BP}=x$ (단, $0<x<4$)로 놓고 $\overline{AP}^2+\overline{PQ}^2+\overline{QD}^2$을 x에 관한 이차식으로 바꾸어 최솟값을 구해보자.

> $x>0$, $4-x>0$에서 $x>0$, $x<4$　$\therefore 0<x<4$

$\overline{BP}=x$라 하면 $\overline{PC}=4-x$이므로 $0<x<4$이고

$\overline{AP}=\sqrt{3^2+x^2}$, $\overline{PQ}=3$, $\overline{QD}=4-x$이다.

$\overline{AP}^2+\overline{PQ}^2+\overline{QD}^2=(9+x^2)+9+(4-x)^2$
> $\overline{QD}=\overline{AD}-\overline{AQ}$에서 $\overline{AQ}=\overline{BP}$이므로 $\overline{QD}=4-x$임을 알 수 있지?

$=2x^2-8x+34$
$=2(x-2)^2+26\ (0<x<4)$

따라서 $\overline{AP}^2+\overline{PQ}^2+\overline{QD}^2$은 $\overline{BP}=2$일 때 최솟값 26을 갖는다.

> 직각삼각형 ABP에서 $\overline{AP}=\sqrt{\overline{AB}^2+\overline{BP}^2}=\sqrt{3^2+x^2}$

F 13 정답 -6 .... 이차함수의 그래프와 직선의 위치 관계

정답 공식: 직선의 식을 $y=ax+b$라 놓고, 이차함수와 연립해 나오는 이차방정식이 k의 값에 관계없이 중근을 가지므로 $D=0$을 이용해 k에 대한 항등식을 세워 a, b를 구한다.

> **단서2** 실수 k의 값에 관계없이 성립한다는 것은 k에 대한 항등식이라는 거야.
> 실수 k의 값에 관계없이 이차함수 $y=x^2-2kx+k^2+2k-5$의 그래프가 항상 접하는 직선의 y절편을 구하는 과정을 서술하시오.
> **단서1** 직선의 방정식을 $y=ax+b$로 놓고 직선과 이차함수의 그래프가 접할 조건을 따지자.

1st 구해야 하는 직선을 $y=ax+b$로 놓고, 판별식을 이용하자.

이차함수 $y=x^2-2kx+k^2+2k-5$에 접하는 직선의 방정식을 $y=ax+b$ (a, b는 상수)라 하면

이차방정식 $x^2-2kx+k^2+2k-5=ax+b$, 즉

$x^2-(2k+a)x+k^2+2k-5-b=0$의 판별식을 D라 할 때,

$D=(2k+a)^2-4(k^2+2k-5-b)=0$ … ❶
> 이차함수의 그래프와 직선이 접하므로 교점은 오직 하나여야 해.

2nd k에 대한 항등식의 성질을 이용하여 a, b의 값을 찾아.

$4k^2+4ak+a^2-4k^2-8k+20+4b=0$
$(4a-8)k+a^2+20+4b=0$ … ㉠

이때, ㉠이 k의 값에 관계없이 성립해야 하므로

$4a-8=0$, $a^2+20+4b=0$ … ❷

$4a-8=0$에서 $a=2$

$a=2$를 $a^2+20+4b=0$에 대입하면

$4+20+4b=0$　$\therefore b=-6$ … ❸

따라서 구하는 직선의 방정식은 $y=2x-6$이므로 이 직선의 y절편은 -6이다. … ❹

[채점 기준표]

❶ 주어진 이차함수의 그래프와 직선 $y=ax+b$가 접할 조건을 찾는다.		30%
❷ k에 대한 항등식임을 이용하여 a, b에 대한 식을 세운다.		30%
❸ a, b의 값을 구한다.		20%
❹ 직선의 y절편을 구한다.		20%

모의 **G 01** 정답 ① ····················· 삼차방정식의 풀이

> **정답 공식:** 조립제법으로 인수분해한 후, 허근을 가지는 이차방정식에 대하여 근과 계수의 관계를 이용한다.

삼차방정식
$$x^3+x^2+x-3=0$$
의 두 허근을 α, β라 할 때, $(\alpha-1)(\beta-1)$의 값은?

> **단서** 계수가 실수인 삼차방정식에서 두 허근이 존재한다는 것은 실근이 한 개 존재한다는 의미야. 따라서 조립제법을 이용해서 실근을 구하자.

① 6   ② 7   ③ 8
④ 9   ⑤ 10

1st 조립제법을 이용해서 인수분해 하자. 허근을 가지는 이차식을 구할 수 있겠지?
최고차항의 계수가 1이므로 3의 약수 1, 3, -1, -3을 x의 값에 대입하여 식이 성립하는지를 조립제법을 이용하여 확인하면

```
1 | 1    1    1   -3
  |      1    2    3
  --------------------
    1    2    3    0
```
> 삼차방정식 $x^3+x^2+x-3=0$에서 상수 3의 약수는 양의 약수 및 음의 약수를 모두 의미해.

이므로 $x-1$은 x^3+x^2+x-3의 인수이다. 따라서 조립제법에 의하여
$$x^3+x^2+x-3=(x-1)(x^2+2x+3)=0$$
주어진 삼차방정식의 두 허근 α, β는 이차방정식 $x^2+2x+3=0$의 두 근이므로 이차방정식의 근과 계수의 관계에 의하여
$$\alpha+\beta=-2, \ \alpha\beta=3$$
> 이차방정식 $ax^2+bx+c=0$의 두 근을 각각 α, β라 하면 $\alpha+\beta=-\dfrac{b}{a}, \ \alpha\beta=\dfrac{c}{a}$

$$\therefore (\alpha-1)(\beta-1)=\alpha\beta-(\alpha+\beta)+1$$
$$=3-(-2)+1=6$$

> **다른 풀이:** 삼차방정식의 근과 계수의 관계를 이용하여 값 유도하기

조립제법을 이용하여 확인하면 $x-1$은 x^3+x^2+x-3의 인수임을 알 수 있어.
따라서 삼차방정식 $x^3+x^2+x-3=0$의 실근은 1이고 두 허근을 α, β라 하면

```
1 | 1    1    1   -3
  |      1    2    3
  --------------------
    1    2    3    0
```
> 삼차방정식 $ax^3+bx^2+cx+d=0$의 세 근을 각각 α, β, γ라 하면 $\alpha+\beta+\gamma=-\dfrac{b}{a}, \ \alpha\beta+\beta\gamma+\gamma\alpha=\dfrac{c}{a}, \ \alpha\beta\gamma=-\dfrac{d}{a}$

삼차방정식의 근과 계수의 관계에 의하여
$$1+\alpha+\beta=-1, \ \alpha+\beta+\alpha\beta=1, \ \alpha\beta=3$$
이므로 $\alpha+\beta=-2$, $\alpha\beta=3$이야.
(이하 동일)

모의 **G 02** 정답 ① ····················· 근이 주어진 삼차방정식

> **정답 공식:** 주어진 두 근을 대입해 a, b를 구하고, 인수분해하여 c를 구한다.

삼차방정식 $x^3+ax^2+bx-3a+2=0$의 세 근이 -1, 2, c일 때, $a+b+c$의 값은? (단, a, b는 상수)

> **단서** 방정식의 근이면 등식을 만족하는 값이야.

① -8 ② -4 ③ -1 ④ 3   ⑤ 6

1st 방정식의 근이 나와 있으니 조립제법을 이용할 수 있지?
$x^3+ax^2+bx-3a+2=0$에 $x=-1$, $x=2$를 각각 대입하면
$$-1+a-b-3a+2=0$$
> $x=-1$, $x=2$는 방정식의 근이니까 대입하면 등식이 성립해.

$$\therefore 2a+b-1=0 \cdots \bigcirc$$
$$8+4a+2b-3a+2=0$$
$$\therefore a+2b+10=0 \cdots \bigcirc$$
$\bigcirc$, $\bigcirc$을 연립하여 풀면
$$a=4, \ b=-7$$

따라서 삼차방정식 $x^3+4x^2-7x-10=0$을 풀자.
$f(x)=x^3+4x^2-7x-10$으로 놓으면
$$f(-1)=-1+4+7-10=0$$
$$f(2)=8+16-14-10=0$$
$$f(x)=(x+1)(x-2)(x+5)=0$$에서
$$x=-1 \ \text{또는} \ x=2 \ \text{또는} \ x=-5$$
즉, $c=-5$이므로 $a+b+c=-8$

```
-1 | 1    4   -7   -10
   |     -1   -3    10
   ---------------------
 2 | 1    3  -10     0
   |      2   10
   ---------------------
     1    5    0
```

> **다른 풀이:** 삼차방정식의 근과 계수의 관계를 이용하여 미지수의 값 구하기

$x^3+ax^2+bx-3a+2=0$에서 근과 계수의 관계에 의하여
$$-1+2+c=-\frac{a}{1} \qquad \therefore 1+c=-a \cdots \bigcirc$$
$$(-1)\cdot 2+2c+(-1)\cdot c=\frac{b}{1} \qquad \therefore c-2=b \cdots \bigcirc$$
$$(-1)\cdot 2\cdot c=-\frac{(-3a+2)}{1} \qquad \therefore 2c=-3a+2 \cdots \bigcirc$$
$\bigcirc$, $\bigcirc$, $\bigcirc$을 연립하면 $a=4$, $b=-7$, $c=-5$
$$\therefore a+b+c=-8$$
> $\bigcirc$을 $\bigcirc$에 대입하면 $2c=3(1+c)+2 \quad \therefore c=-5$ 이것을 $\bigcirc$, $\bigcirc$에 대입하면 $a=4$, $b=-7$

모의 **G 03** 정답 5 ····················· 삼차방정식의 활용

> **정답 공식:** 이차방정식 $ax^2+bx+c=0$의 두 근을 α, β라 할 때, $\alpha+\beta=-\dfrac{b}{a}, \ \alpha\beta=\dfrac{c}{a}$가 성립한다.

그림과 같이 이차함수 $y=x^2-8x+12$의 그래프와 직선 $y=k$가 만나는 두 점을 각각 A, B라 하자. 삼각형 AOB의 넓이가 15일 때, 양수 k의 값을 구하시오. (단, O는 원점이다.)

> **단서** △AOB에서 선분 AB를 밑변으로 잡으면 높이는 k이고, 밑변의 길이는 k로 표현할 수 있어.

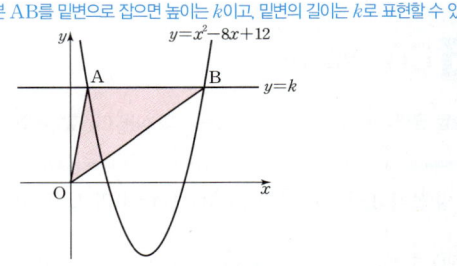
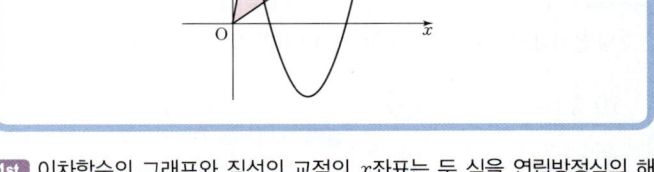

1st 이차함수의 그래프와 직선의 교점의 x좌표는 두 식을 연립방정식의 해가 되지?
이차함수 $y=x^2-8x+12$와 직선 $y=k$를 연립하면
$$x^2-8x+12=k$$에서 $x^2-8x+(12-k)=0$
> 두 점 A, B의 x좌표가 각각 α, β가 되는 거야.

2nd 근과 계수의 관계를 이용하여 두 근의 차를 구하자.
이차방정식 $x^2-8x+(12-k)=0$의 두 근을 α, $\beta(\alpha<\beta)$라 하면
근과 계수의 관계에 의해
$$\alpha+\beta=8, \ \alpha\beta=12-k$$이므로
$$(\alpha-\beta)^2=(\alpha+\beta)^2-4\alpha\beta=8^2-4(12-k)=16+4k$$
$$\therefore \beta-\alpha=\sqrt{16+4k} \quad \cdots \bigcirc$$
> $(\alpha-\beta)^2=\alpha^2+2\alpha\beta+\beta^2-4\alpha\beta$ $=\alpha^2-2\alpha\beta+\beta^2$ $=(\alpha+\beta)^2-4\alpha\beta$

3rd 주어진 삼각형의 넓이로 식을 세우자.
삼각형 AOB의 넓이가 15이므로
$$\frac{1}{2}\times(\beta-\alpha)\times k=15, \ \frac{1}{2}\times\sqrt{16+4k}\times k=15 \ (\because \bigcirc)$$
$$k\sqrt{16+4k}=30, \ k^2(16+4k)=900$$
$$k^3+4k^2-225=0$$
$$(k-5)(k^2+9k+45)=0$$
이때, $k^2+9k+45>0$이므로
구하는 k의 값은 $k=5$이다.
> $k^2+9k+45=\left(k+\dfrac{9}{2}\right)^2+\dfrac{99}{4}>0$

```
5 | 1    4    0   -225
  |      5   45    225
  ----------------------
    1    9   45      0
```

다른 풀이: 그래프의 성질을 이용하여 조건을 만족시키는 양수 k의 값 구하기

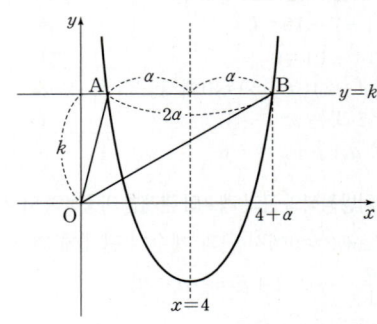

이차함수 $y=x^2-8x+12=(x-4)^2-4$와 직선 $y=k$가 만나는 두 점 A, B 사이의 거리를 2α라 하면 삼각형 AOB의 넓이가 15이므로

$$\frac{1}{2}\times 2\alpha\times k=15 \qquad \therefore k=\frac{15}{\alpha} \cdots \text{㉠}$$

선분 AB를 삼각형 AOB의 밑변으로 하고 넓이를 구한 거야.

이때, 점 B의 좌표는 $(4+\alpha, k)$이고 점 B는 이차함수 $y=x^2-8x+12$

이차함수 $y=x^2-8x+12=(x-4)^2-4$의 그래프는 축 $x=4$에 대하여 대칭이야.
그런데 선분 AB의 길이를 2α라 했으니까 두 점 A, B 각각에서 직선 $x=4$에 내린 수선의 발까지의 거리는 $\frac{2\alpha}{2}=\alpha$야. 즉, 두 점 A, B의 x좌표는 각각 $4-\alpha$, $4+\alpha$야.

위의 점이므로 $k=(4+\alpha)^2-8(4+\alpha)+12$에서

$$k=\alpha^2+8\alpha+16-32-8\alpha+12 \qquad \therefore k=\alpha^2-4 \cdots \text{㉡}$$

㉠을 ㉡에 대입하면 $\frac{15}{\alpha}=\alpha^2-4$에서 $\alpha^3-4\alpha-15=0$

$$(\alpha-3)(\alpha^2+3\alpha+5)=0 \qquad \therefore \alpha=3$$

α에 대한 이차방정식 $\alpha^2+3\alpha+5=0$의 판별식을 D라 하면 $D=3^2-4\times 1\times 5=-11<0$이므로 $\alpha^2+3\alpha+5=0$을 만족시키는 α의 값은 존재하지 않아.

이것을 ㉠에 대입하면 $k=\frac{15}{3}=5$야.

G 04 정답 ② ⸺⸺⸺⸺⸺⸺⸺⸺ 상반방정식의 풀이

[**정답 공식**: 계수가 대칭이므로, $x+\frac{1}{x}$의 식을 이용할 수 있도록 식을 변형한다.]

> 방정식 $4x^4-8x^3+3x^2-8x+4=0$의 모든 실근의 곱은?
>
> ① $\frac{1}{2}$ ②1   ③ $\frac{3}{2}$
>
> ④ 2   ⑤ $\frac{5}{2}$
>
> 단서 주어진 방정식의 좌변의 식이 가운데 항인 $3x^2$의 좌우로 계수가 같네? 이럴 때에는 양변을 x^3으로 나누고 시작해.

1st 주어진 방정식이 x^2을 기준으로 좌우대칭이니까 양변을 x^2으로 나누어 $\left(x+\frac{1}{x}\right)$의 거듭제곱의 합으로 표현해보자.

주의 주어진 방정식의 근이 0이 아님을 꼭 확인한 후 진행하자.

$4x^4-8x^3+3x^2-8x+4=0$에서

$4(x^4+1)-8(x^3+x)+3x^2=0 \quad \longrightarrow \quad ax^4+bx^3+cx^2+bx+a=0$ 꼴의 방정식을 상반방정식이라 해.

이때, $x\neq 0$이므로 양변을 x^2으로 나누면

$$4\left(x^2+\frac{1}{x^2}\right)-8\left(x+\frac{1}{x}\right)+3=0$$

$$4\left\{\left(x+\frac{1}{x}\right)^2-2\right\}-8\left(x+\frac{1}{x}\right)+3=0$$

$\left(x+\frac{1}{x}\right)^2=x^2+2\cdot x\cdot\frac{1}{x}+\left(\frac{1}{x}\right)^2$에서

$$4\left(x+\frac{1}{x}\right)^2-8\left(x+\frac{1}{x}\right)-5=0 \quad \longrightarrow \quad x^2+\frac{1}{x^2}=\left(x+\frac{1}{x}\right)^2-2$$

$x+\frac{1}{x}=X$라 치환하면

$$4X^2-8X-5=0, \quad (2X+1)(2X-5)=0$$

$$\therefore X=-\frac{1}{2} \text{ 또는 } X=\frac{5}{2}$$

실수 치환을 한 이유는 계산을 쉽게 하려고 사용하는 거야. 따라서 최종 결과를 구할 때에는 다시 치환하기 전으로 바꿔주는 과정이 필요해.

(i) $X=-\frac{1}{2}$일 때, $x+\frac{1}{x}=-\frac{1}{2}$이므로

$$2x^2+x+2=0$$

이 이차방정식의 판별식을 D라 하면

$$D=1^2-4\times 2\times 2=-15<0$$

따라서 이 이차방정식은 허근을 가진다.

(ii) $X=\frac{5}{2}$일 때, $x+\frac{1}{x}=\frac{5}{2}$이므로

$$2x^2-5x+2=0, \quad (2x-1)(x-2)=0$$

$$\therefore x=\frac{1}{2} \text{ 또는 } x=2$$

판별식을 D라 하면 $D=(-5)^2-4\times 2\times 2=9>0$로 즉, 서로 다른 두 실근을 가지므로 구하는 실근의 곱은 근과 계수의 관계에 의해 $\frac{2}{2}=1$이야.

따라서 실근은 $x=\frac{1}{2}$ 또는 $x=2$이므로 모든 실근의 곱은 $\frac{1}{2}\times 2=1$이다.

G 05 정답 ① ⸺⸺⸺⸺⸺⸺ 삼차방정식의 근과 계수의 관계

[**정답 공식**: 근과 계수의 관계와 인수분해 공식을 이용한다.]

> 삼차방정식 $x^3-2x^2+x-3=0$의 세 근을 α, β, γ라 할 때, $\alpha^3+\beta^3+\gamma^3$의 값은?
>
> 단서 α, β, γ가 나오면 삼차방정식의 근과 계수의 관계를 사용하는 문제가 대부분이야.
>
> ①11   ② 12   ③ 13   ④ 14   ⑤ 15

1st 삼차방정식의 근과 계수의 관계와 인수분해 공식

$\alpha^3+\beta^3+\gamma^3-3\alpha\beta\gamma=(\alpha+\beta+\gamma)(\alpha^2+\beta^2+\gamma^2-\alpha\beta-\beta\gamma-\gamma\alpha)$를 이용하자.

삼차방정식 $x^3-2x^2+x-3=0$의 세 근이 α, β, γ이므로 삼차방정식의 근과 계수의 관계에 의해

$\alpha+\beta+\gamma=2, \ \alpha\beta+\beta\gamma+\gamma\alpha=1, \ \alpha\beta\gamma=3$

이때, $\quad -\frac{-2}{1}=2 \qquad \frac{1}{1}=1 \qquad -\frac{-3}{1}=3$

$$\alpha^2+\beta^2+\gamma^2=(\alpha+\beta+\gamma)^2-2(\alpha\beta+\beta\gamma+\gamma\alpha)$$
$$=2^2-2\times 1=2$$

이므로

$\alpha^3+\beta^3+\gamma^3-3\alpha\beta\gamma=(\alpha+\beta+\gamma)(\alpha^2+\beta^2+\gamma^2-\alpha\beta-\beta\gamma-\gamma\alpha)$

$$\alpha^3+\beta^3+\gamma^3$$
$$=(\alpha+\beta+\gamma)(\alpha^2+\beta^2+\gamma^2-\alpha\beta-\beta\gamma-\gamma\alpha)+3\alpha\beta\gamma$$
$$=2\times(2-1)+3\times 3=11$$

G 06 정답 ① ⸺⸺⸺⸺⸺⸺⸺ 방정식 $x^3=1$의 허근

[**정답 공식**: 방정식 $x^3-1=0$의 한 허근 ω는 $\omega^3=1$, $\omega^2+\omega+1=0$을 만족하고, $\overline{\omega}$도 동일한 관계식을 만족함을 이용한다.]

> 삼차방정식 $x^3-1=0$의 한 허근을 ω라 할 때, [보기] 중 옳은 것만을 있는 대로 고른 것은? (단, $\overline{\omega}$는 ω의 켤레복소수)
>
> 단서 ω가 방정식 $x^3-1=0$, 즉 $(x-1)(x^2+x+1)=0$의 한 허근이므로 $\omega^3=1$, $\omega^2+\omega+1=0$이 성립함을 이용하자.
>
> **[보기]**
>
> ㄱ. $\omega^2+\omega+1=0$ ㄴ. $\omega+\overline{\omega}+\omega\overline{\omega}=0$
>
> ㄷ. $\omega+\frac{1}{\omega}=1$ ㄹ. $\omega^3+(\overline{\omega})^3=\omega^2+(\overline{\omega})^2$
>
> ① ㄱ, ㄴ   ② ㄱ, ㄹ   ③ ㄴ, ㄷ
>
> ④ ㄱ, ㄴ, ㄷ   ⑤ ㄱ, ㄴ, ㄹ

1st $x^3-1=0$의 허근의 성질을 이용하여 보기의 참, 거짓을 판단해 봐.

$x^3-1=0$에서 $(x-1)(x^2+x+1)=0$

이때, 이차방정식 $x^2+x+1=0$이 허근을 가지므로 $x^2+x+1=0$의 한 허근이 ω이다.

즉, $\omega^3=1$, $\omega^2+\omega+1=0$이다.

> **주의** 삼차방정식 $x^3=1$의 두 허근인 ω, $\overline{\omega}$에 대한 관계식을 자유자재로 변형하여 사용할 수 있어야 해.

ㄱ. $\omega^2+\omega+1=0$ (참)

ㄴ. $x^2+x+1=0$의 한 근이 ω이므로 ω의 켤레복소수인 $\overline{\omega}$도 근이다.

즉, 근과 계수의 관계에 의해

$\omega+\overline{\omega}=-1$, $\omega\overline{\omega}=1$이므로

$\omega+\overline{\omega}+\omega\overline{\omega}=-1+1=0$ (참)

> 이차방정식 $x^2+x+1=0$의 모든 계수가 실수이므로 허근 ω를 근으로 가지면 ω의 켤레복소수인 $\overline{\omega}$도 근으로 가져.

ㄷ. $\omega^2+\omega+1=0$이고 $\omega\neq0$이므로 양변을 ω로 나누면

$\omega+1+\dfrac{1}{\omega}=0$ ∴ $\omega+\dfrac{1}{\omega}=-1$ (거짓)

ㄹ. ω와 $\overline{\omega}$가 $x^3-1=0$의 근이므로

$x^3=1$에서 $\omega^3+(\overline{\omega})^3=1+1=2$

> $\omega^3=1$, $(\overline{\omega})^3=1$

또한, ω와 $\overline{\omega}$가 $x^2+x+1=0$의 근이므로

$x^2=-x-1$에서

> $\omega^2+\omega+1=0$, $(\overline{\omega})^2+\overline{\omega}+1=0$

$\omega^2+(\overline{\omega})^2=(-\omega-1)+(-\overline{\omega}-1)$
$=-(\omega+\overline{\omega})-2$
$=-(-1)-2=-1$

> $\omega+\overline{\omega}=1$, $\omega\overline{\omega}=1$이므로
> $\omega^2+(\overline{\omega})^2=(\omega+\overline{\omega})^2-2\omega\overline{\omega}$
> $=1^2-2\cdot1=-1$
> 이렇게 구해도 돼!

∴ $\omega^3+(\overline{\omega})^3\neq\omega^2+(\overline{\omega})^2$ (거짓)

따라서 옳은 것은 ㄱ, ㄴ이다.

> **정답 공식:** 계수가 유리수인 이차방정식의 한 근이 $p+q\sqrt{m}$(p, q는 유리수, $q\neq0$, $\sqrt{m}$은 무리수) 형태로 나오면, 다른 한 근은 $p-q\sqrt{m}$ 형태임을 이용한다.

> 삼차방정식 $x^3+ax+b=0$의 한 근이 $3+\sqrt{2}$일 때, 유리수 a, b에 대하여 $a+b$의 값은?
> **단서** 계수가 유리수인 삼차방정식이 무리수인 근을 가지면 반드시 그 무리수의 켤레무리수를 근으로 가져.
> ① 9 　② 10 　③ 11 　④ 12 　⑤ 13

1st 유리수 계수의 삼차 방정식의 한 근이 $3+\sqrt{2}$이니까 $3-\sqrt{2}$도 근으로 가지지? 근과 계수의 관계를 이용하여 나머지 한 근도 구해 봐.

방정식 $x^3+ax+b=0$에서 계수가 모두 유리수이므로 $3+\sqrt{2}$를 근으로 가지면 $3-\sqrt{2}$도 근으로 갖는다.

이때, 삼차방정식의 근과 계수의 관계에 의해

$x^3+ax+b=0$의 세 근의 합은 0이므로

> 주어진 삼차방정식의 x^2항이 없지? 즉, x^2항의 계수가 0이야.

또 다른 한 근을 α라 하면

$(3+\sqrt{2})+(3-\sqrt{2})+\alpha=0$ ∴ $\alpha=-6$

2nd 근과 계수의 관계를 이용하여 a, b의 값을 구해.

따라서 근과 계수의 관계에 의해

$a=(3+\sqrt{2})(3-\sqrt{2})+(3-\sqrt{2})\times(-6)+(-6)\times(3+\sqrt{2})$
$=7-18+6\sqrt{2}-18-6\sqrt{2}=-29$

$-b=(3+\sqrt{2})\times(3-\sqrt{2})\times(-6)=-42$ ∴ $b=42$

∴ $a+b=-29+42=13$

> ✿ **근과 계수의 관계** 　　　　　　　　개념·공식
>
> (1) 이차방정식 $ax^2+bx+c=0$의 두 근을 α, β라 하면
> $\alpha+\beta=-\dfrac{b}{a}$, $\alpha\beta=\dfrac{c}{a}$
>
> (2) 삼차방정식 $ax^3+bx^2+cx+d=0$의 세 근을 α, β, γ라 하면
> $\alpha+\beta+\gamma=-\dfrac{b}{a}$, $\alpha\beta+\beta\gamma+\gamma\alpha=\dfrac{c}{a}$, $\alpha\beta\gamma=-\dfrac{d}{a}$

> **정답 공식:** 인수정리와 실수 계수 이차방정식의 성질을 이용해 $f(x)$의 식을 구한 뒤, $f(2x)$의 식을 세워 근과 계수의 관계를 통해 세 근의 합을 구한다.

> 다항식 $f(x)=x^3+ax^2+bx+c$가 다음 조건을 만족할 때, 삼차방정식 $f(2x)=0$의 세 근의 합은? (단, a, b, c는 실수, $i=\sqrt{-1}$)
> **단서 1** 인수정리에 의해 $f(2)=0$이네?
> (가) $f(x)$는 $x-2$로 나누어떨어진다.
> (나) 삼차방정식 $f(x)=0$의 한 근이 $\sqrt{3}i$이다.
> **단서 2** 계수가 실수인 방정식이 복소수인 근을 가지면 그 복소수의 켤레복소수도 근이 돼.
> ① $\dfrac{3}{4}$ 　② 1 　③ $\dfrac{5}{4}$ 　④ $\dfrac{3}{2}$ 　⑤ $\dfrac{7}{4}$

1st 조건 (가), (나)로부터 세 근을 구하면 a, b, c의 값도 나오겠지?

조건 (가)에 의해 $f(2)=0$이므로 방정식 $f(x)=0$의 한 근이 2임을 알 수 있다. 또한, 조건 (나)에 의해 $\sqrt{3}i$와 $-\sqrt{3}i$가 근임을 알 수 있다.

따라서 방정식 $f(x)=0$, 즉 $x^3+ax^2+bx+c=0$에서 삼차방정식의 근과 계수의 관계에 의해

> 방정식 $f(x)=0$의 계수가 모두 실수이고 $\sqrt{3}i$를 근으로 가지니까 $\sqrt{3}i$의 켤레복소수인 $-\sqrt{3}i$도 이 방정식의 근이 되는 거야.

$-a=2+\sqrt{3}i+(-\sqrt{3}i)=2$ ∴ $a=-2$

$b=2\times\sqrt{3}i+\sqrt{3}i\times(-\sqrt{3}i)+(-\sqrt{3}i)\times2=3$

$-c=2\times\sqrt{3}i\times(-\sqrt{3}i)=6$ ∴ $c=-6$

∴ $f(x)=x^3-2x^2+3x-6$

2nd $f(2x)=0$의 방정식을 구해서 근과 계수의 관계를 이용하자.

따라서 　→ $f(x)$의 x 대신에 $2x$를 대입해.

$f(2x)=(2x)^3-2(2x)^2+3(2x)-6=8x^3-8x^2+6x-6$

이므로 삼차방정식의 근과 계수의 관계에 의해

$f(2x)=0$의 세 근의 합은 $-\dfrac{-8}{8}=1$이다.

> **정답 공식:** 일차방정식을 한 문자에 대하여 정리한 후 이차방정식에 대입하여 인수분해한다.

> 두 양수 α, β에 대하여 $x=\alpha$, $y=\beta$가
> **단서** 일차방정식을 어느 한 문자에 대하여 정리한 후, 이차방정식에 대입하여 해를 구하자.
> 연립이차방정식 $\begin{cases} 2x-y=-3 \\ 2x^2+y^2=27 \end{cases}$ 의 해일 때, $\alpha\beta$의 값은?
> ① 1 　② 2 　③ 3 　④ 4 　⑤ 5

1st $y=2x-3$을 주어진 이차식에 대입하여 연립방정식의 해를 찾아봐. 이때, 두 해가 모두 양수임에 주의해.

$\begin{cases} 2x-y=-3 \cdots ㉠ \\ 2x^2+y^2=27 \cdots ㉡ \end{cases}$ 이라 하자.

㉠에서 $y=2x+3 \cdots ㉢$

㉢을 ㉡에 대입하면 $2x^2+(2x+3)^2=27$

$6x^2+12x-18=0$, $x^2+2x-3=0$

$(x+3)(x-1)=0$ ∴ $x=-3$ 또는 $x=1$

$x=-3$을 ㉢에 대입하면 $y=2\times(-3)+3=-3$

$x=1$을 ㉢에 대입하면 $y=2\times1+3=5$

그런데 α, β는 모두 양수이므로 $\alpha=1$, $\beta=5$이다.

∴ $\alpha\times\beta=5$ 　문제의 조건을 빠트리지 말자!

G 10 정답 ⑤ ································· 연립이차방정식

(**정답 공식:** y를 x에 대한 식으로 정리하여 이차식에 대입한 뒤, x에 대한 이차방)
(정식이 실근을 가질 조건은 판별식 $D \geq 0$임을 이용해 k의 범위를 구한다.)

연립방정식 $\begin{cases} x+y=1 \\ 2x^2+y^2=k \end{cases}$ 가 실근을 갖도록 하는 실수 k의 최

솟값은? 단서 일차방정식을 x 또는 y에 대하여 정리하여 이차방정식에 대입한 후
이차방정식이 실근을 가질 조건을 이용하자.

① $-\dfrac{2}{3}$ ② $-\dfrac{1}{3}$ ③ 0 ④ $\dfrac{1}{3}$ ⑤ $\dfrac{2}{3}$

1st $y=1-x$를 $2x^2+y^2=k$에 대입하여 x에 대한 이차방정식을 만들어.

$x+y=1$에서 $y=1-x$를 $2x^2+y^2=k$에 대입하면
$2x^2+(1-x)^2=k$, $3x^2-2x+1-k=0$
이때, 주어진 연립방정식이 실근을 가지므로
이차방정식 $3x^2-2x+1-k=0$이 실근을 가져야 한다.

이 이차방정식의 판별식을 D라 하면   주어진 연립방정식이 실근을 가지므로
$\dfrac{D}{4}=(-1)^2-3(1-k)\geq 0$ $3x^2-2x+1-k=0$을 만족시키는
실수 x의 값이 존재해야 해.

$1-3+3k\geq 0$ $\therefore k \geq \dfrac{2}{3}$

따라서 실수 k의 최솟값은 $\dfrac{2}{3}$이다.

G 11 정답 ⑤ ················· 이차＋이차 : 연립이차방정식의 풀이

(**정답 공식:** 인수분해가 가능한 이차방정식에서 x, y의 관계식을 구하고 다른)
(이차방정식에 이를 대입한다.)

단서 $x^2-xy-2y^2=0$에서 좌변이 두 일차식의 곱으로 인수분해됨을 이용해.

연립방정식 $\begin{cases} x^2-xy-2y^2=0 \\ x^2+2xy-3y^2=20 \end{cases}$ 의 해를 $x=a$, $y=b$라고 할

때, 다음 중 ab의 값이 될 수 있는 것은?

① -8 ② -5 ③ -4
④ 4 ⑤ 5

1st 인수분해 할 수 있는 식이 보이면 그것부터 먼저 정리해.

$\begin{cases} x^2-xy-2y^2=0 & \cdots \text{㉠} \\ x^2+2xy-3y^2=20 & \cdots \text{㉡} \end{cases}$ 이라 하자.

㉠에서 $(x+y)(x-2y)=0$
$\therefore x=-y$ 또는 $x=2y$

(i) $x=-y$를 ㉡에 대입하면
  $y^2-2y^2-3y^2=20$
  $y^2=-5$ $\therefore y=\pm\sqrt{5}i$
  $\therefore x=\mp\sqrt{5}i$, $y=\pm\sqrt{5}i$ (복호동순)

(ii) $x=2y$를 ㉡에 대입하면
  $4y^2+4y^2-3y^2=20$
  $y^2=4$ $\therefore y=\pm 2$
  $\therefore x=\pm 4$, $y=\pm 2$ (복호동순)

$\rightarrow (\mp\sqrt{5}i)\times(\pm\sqrt{5}i)$
$= \{(\mp 1)\times(\pm 1)\}\times(\sqrt{5})^2\times i^2$
$= (-1)\times 5 \times(-1)$
$= 5$

(i), (ii)에서
$a=\mp\sqrt{5}i$, $b=\pm\sqrt{5}i$일 때, $ab=(\mp\sqrt{5}i)\times(\pm\sqrt{5}i)=5$
$a=\pm 4$, $b=\pm 2$일 때, $ab=(\pm 4)\times(\pm 2)=8$
따라서 ab의 값은 5 또는 8이다.

G 12 정답 ② ····························· 연립이차방정식의 활용

(**정답 공식:** $\overline{AB}=6$임을 이용해 a, b의 관계식을 하나 구하고, 두 반원의 교점과)
(두 반원의 중심을 이어 직각삼각형을 만들어 ab를 구한다.)

그림과 같이 직선 위에 $\overline{AB}=6$인 두 점 A, B가 있다. 선분 AB 위의 점 C에 대하여 선분 AC의 중점을 P_1, 선분 CB의 중점을 P_2라 하고 $\overline{P_1C}=a$, $\overline{CP_2}=b$라 하자. 점 P_1을 중심으로 단서 1 $2\overline{P_1C}+2\overline{P_2C}=\overline{AB}=6$이므로 $\overline{P_1C}+\overline{P_2C}=3$, 즉 $a+b=3$임을 알 수 있어. 하고 반지름의 길이가 $a+\dfrac{1}{2}$인 반원 O_1, 점 P_2를 중심으로 하 단서 2 $\overline{P_1P_2}=a+b$ 고 반지름의 길이가 $b+\dfrac{1}{2}$인 반원 O_2를 각각 그린 후, 선분 P_1P_2를 지름으로 하는 반원을 그린다. 두 반원 O_1과 O_2의 교점이 호 P_1P_2 위에 있을 때, ab의 값은? (단, $a<b$) 단서 3 교점을 P_3이라 하면 $\overline{P_1P_3}=a+\dfrac{1}{2}$, $\overline{P_2P_3}=b+\dfrac{1}{2}$이고, $\angle P_1P_3P_2=90°$야.

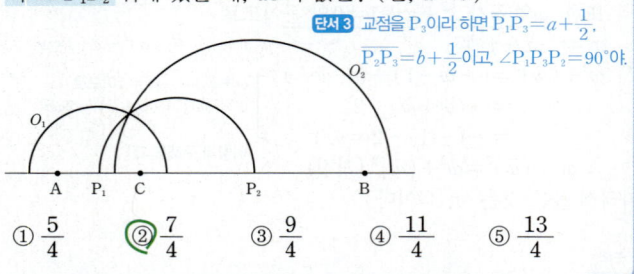

① $\dfrac{5}{4}$ ② $\dfrac{7}{4}$ ③ $\dfrac{9}{4}$ ④ $\dfrac{11}{4}$ ⑤ $\dfrac{13}{4}$

1st $\overline{P_1P_2}$의 길이를 a, b에 대한 식으로 나타내자.

$\overline{AB}=\overline{AC}+\overline{CB}$이므로 $6=2a+2b$에서 $a+b=3$
$\therefore \overline{P_1P_2}=a+b=3$

2nd 두 반원 O_1, O_2의 교점을 P_3이라 하면 삼각형 $P_1P_2P_3$은 $\angle P_1P_3P_2=90°$인 직각삼각형이야. 길이가 같은 호에 대한 원주각의 크기는 중심각 크기의 $\dfrac{1}{2}$이지?

따라서 $\overset{\frown}{P_1P_2}$에 대한 중심각의 크기가 $180°$이므로 원주각의 크기는 $90°$야.

두 반원 O_1과 O_2의 교점을 P_3이라 하면 반원에 대한 원주각의 크기는 $90°$이므로 삼각형 $P_1P_2P_3$은 $\angle P_1P_3P_2=90°$인 직각삼각형이다.

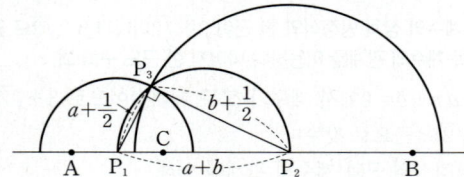

따라서 $\triangle P_1P_2P_3$에서 피타고라스 정리에 의하여

$\overline{P_1P_2}^2=\overline{P_1P_3}^2+\overline{P_2P_3}^2$

즉, $(a+b)^2=\left(a+\dfrac{1}{2}\right)^2+\left(b+\dfrac{1}{2}\right)^2$이므로

$a^2+2ab+b^2=a^2+a+\dfrac{1}{4}+b^2+b+\dfrac{1}{4}$

$2ab=a+b+\dfrac{1}{2}$ $\rightarrow a+b=3$을 대입하면

$\therefore ab=\dfrac{7}{4}$ $2ab=3+\dfrac{1}{2}=\dfrac{7}{2}$

G 13 정답 ③ ····································· 부정방정식

(**정답 공식:** 식을 정리해 $AB=C$ 형태로 변형한 뒤, 가능한 모든 조합을 찾는다.)

단서 주어진 식을 두 일차식의 곱의 꼴이 나오도록 변형해 봐.

$ab+2a-3b=2$를 만족하는 정수 a, b의 순서쌍 (a, b)의 개수는?

① 2   ② 4   ③ 6   ④ 8   ⑤ 10

1st 좌변이 두 일차식의 곱으로 표현되도록 정리해보자.

$ab+2a-3b=2$에서
$a(b+2)-3(b+2)+6=2$
$\therefore (a-3)(b+2)=-4$

2nd 정수해의 개수를 찾자.

이때, a, b가 정수이므로 $a-3$, $b+2$도 정수이다.
즉, 두 정수의 곱이 -4가 되는 경우는 다음 표와 같다.

$a-3$	-4	-2	-1	1	2	4
$b+2$	1	2	4	-4	-2	-1

위의 각 경우에서

a	$-4+3$	$-2+3$	$-1+3$	$1+3$	$2+3$	$4+3$
b	$1-2$	$2-2$	$4-2$	$-4-2$	$-2-2$	$-1-2$

$\begin{cases} a=-1 \\ b=-1 \end{cases}$ 또는 $\begin{cases} a=1 \\ b=0 \end{cases}$ 또는 $\begin{cases} a=2 \\ b=2 \end{cases}$ 또는 $\begin{cases} a=4 \\ b=-6 \end{cases}$ 또는 $\begin{cases} a=5 \\ b=-4 \end{cases}$

또는 $\begin{cases} a=7 \\ b=-3 \end{cases}$

따라서 구하는 순서쌍 (a, b)는 $(-1, -1)$, $(1, 0)$, $(2, 2)$, $(4, -6)$, $(5, -4)$, $(7, -3)$의 6개이다.

모의
G 14 정답 75 ·· 연립이차방정식의 활용

〔 **정답 공식:** 십의 자리 수를 x, 일의 자리 수를 y로 놓고 주어진 조건에 따라 식을 두 개 세워 연립방정식을 푼다. 〕

단서 1 두 자리 자연수의 십의 자리의 숫자를 x, 일의 자리의 숫자를 y로 놓고 식을 세우자.
각 자릿수의 제곱의 합이 74인 두 자리의 자연수가 있다. 이 자연수의 십의 자리의 숫자와 일의 자리의 숫자를 바꾼 수는 처음 수보다 18만큼 작다고 할 때, 처음 자연수를 구하는 과정을 서술하시오. **단서 2** 처음 수 $10x+y$의 십의 자리의 숫자와 일의 자리의 숫자를 바꾼 수는 $10y+x$임을 기억해.

1st 처음 수의 십의 자리의 숫자를 x, 일의 자리의 숫자를 y라 놓고 조건을 이용하여 연립방정식을 세워봐.

처음 수의 십의 자리의 숫자를 x, 일의 자리의 숫자를 y로 놓자.
각 자릿수의 제곱의 합이 74이므로   처음 수 : $10x+y$
$x^2+y^2=74$ ··· ㉠

주의
x는 자리를 나타내는 수이므로 x의 값은 1부터 9까지의 자연수이므로 양수야.

이 자연수의 십의 자리의 숫자와 일의 자리의 숫자를 바꾼 수는 $10y+x$이고, 이 수가 처음 수보다 18만큼 작다고 했으므로
$10x+y=10y+x+18$ → 바꾼 수가 처음 수보다 18만큼 작으니까 바꾼 수에 18을 더해줘야 처음 수와 같아지지.
$\therefore x-y=2$ ··· ㉡ ··· **❶**

2nd 연립방정식을 풀자.

㉡에서 $y=x-2$를 ㉠에 대입하면
$x^2+(x-2)^2=74$, $2x^2-4x-70=0$
$x^2-2x-35=0$, $(x+5)(x-7)=0$
$\therefore x=7 (\because x>0)$
$x=7$을 ㉡에 대입하면 $y=5$ ··· **❷**
따라서 처음 수는 75이다. ··· **❸**

[채점 기준표]

❶ 십의 자리의 숫자와 일의 자리의 숫자를 각각 x, y라 놓고 연립방정식을 세운다.	40%
❷ 연립방정식의 해를 구한다.	40%
❸ 처음 자연수를 구한다.	20%

H 내신+학평 대비 단원별 모의고사 문제편 p. 336

모의
H 01 정답 ③ ································ 특수한 해를 갖는 일차부등식

(**정답 공식:** 부등식 $ax>b$의 해가 모든 실수이면 $a=0$이고 $b<0$이다.)

부등식 $(a-b)x>a+b$의 해가 모든 실수일 때, 부등식 $(a+b)x>2a-b$의 해는? (단, a, b는 상수이다.)

단서 부등식에서 해가 모든 실수라는 것은 x에 어떤 값을 대입해도 부등식이 항상 성립한다는 뜻이야. 즉, x의 계수는 0이 되어야겠지? 그런 다음 부등호의 방향을 보고 판단하는 거야.

① $x<-\dfrac{1}{2}$ ② $x>-\dfrac{1}{2}$ ③ $x<\dfrac{1}{2}$

④ $x>\dfrac{1}{2}$ ⑤ $x<2$

1st 부등식 $(a-b)x>a+b$의 해가 모든 실수가 될 조건을 구해.

부등식 $(a-b)x>a+b$의 해가 모든 실수이려면
이 부등식은 $0 \times x>$ (음수) 꼴이어야 한다.
즉, $a-b=0$에서 $a=b$이고,
$a+b<0$에서 $a=b$이므로
$a+a<0$
$\therefore a<0$

부등식 $0 \times x>a+b$에서 $a+b=0$이면 $0>0$이 되어 부등식이 성립하지 않아. 또, $a+b>0$이면 $0>$(양수)가 되어 이 부등식도 성립하지 않지.

2nd 부등식 $(a+b)x>2a-b$의 해를 구하자.

따라서 $b=a$를 부등식 $(a+b)x>2a-b$에 대입한 후 해를 구하면
$(a+a)x>2a-a$
$2ax>a$
$2x<1 (\because a<0)$
$\therefore x<\dfrac{1}{2}$

모의
H 02 정답 ② ······································ 연립일차부등식의 풀이

(**정답 공식:** 연립부등식의 해는 각각의 부등식의 해들의 공통부분이다.)

연립부등식
$\begin{cases} 3(x+4)>6x \\ x-1>0 \end{cases}$
단서 두 일차부등식을 각각 풀어 두 부등식의 해의 공통부분을 찾으면 돼.
을 만족시키는 정수 x의 개수는?

① 1   ② 2   ③ 3   ④ 4   ⑤ 5

1st 각각의 부등식의 해를 구하자.

연립부등식 $\begin{cases} 3(x+4)>6x \\ x-1>0 \end{cases}$ 의 각 부등식의 해를 구하자.

$3(x+4)>6x$에서
$x+4>2x$ $\therefore x<4$ ··· ㉠
$x-1>0$에서 $x>1$ ··· ㉡

주어진 연립부등식의 해는 $x<4$와 $x>1$의 공통부분이므로 수직선 위에 나타내면 그림과 같아.

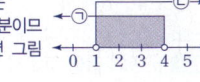

2nd 연립부등식의 해를 구하여 정수인 x의 개수를 구하자.

따라서 주어진 연립부등식의 해는 $1<x<4$이므로
이 범위를 만족시키는 정수 x는 2, 3의 2개이다.

모의고사
H

H 03 정답 ② ·· $A<B<C$ 꼴의 부등식

[정답 공식: 부등식 $A<B<C$ 꼴은 $\begin{cases} A<B \\ B<C \end{cases}$ 꼴로 나타낸 후 연립부등식의 해를 구한다.]

연립부등식 $2x-7<\dfrac{3x+2}{5}\leq4x-3$을 만족시키는 모든 자연수 x의 값의 합은? **단서** 주어진 부등식을 $\begin{cases} 2x-7<\dfrac{3x+2}{5} \\ \dfrac{3x+2}{5}\leq4x-3 \end{cases}$으로 나타낸 후 연립부등식의 해를 구하자.

① 10 ② 15 ③ 20
④ 25 ⑤ 30

1st 주어진 부등식을 연립부등식 꼴로 고친 후 해를 구해.

주어진 부등식은 $\begin{cases} 2x-7<\dfrac{3x+2}{5} \\ \dfrac{3x+2}{5}\leq4x-3 \end{cases}$ 으로 나타낼 수 있다.

(i) $2x-7<\dfrac{3x+2}{5}$에서

$10x-35<3x+2$ ← 계수를 정수로 바꾸기 위해 부등식의 양변에 5를 곱한 거야.

$7x<37$ ∴ $x<\dfrac{37}{7}$ ··· ㉠

(ii) $\dfrac{3x+2}{5}\leq4x-3$에서

$3x+2\leq5(4x-3)$, $3x+2\leq20x-15$

$-17x\leq-17$ ∴ $x\geq1$ ··· ㉡

따라서 ㉠, ㉡에 의해 연립부등식의 해는 $1\leq x<\dfrac{37}{7}$이고, 이 부등식을 만족시키는 자연수 x는 1, 2, 3, 4, 5이므로 구하는 합은
$1+2+3+4+5=15$

H 04 정답 ① ····· 연립부등식의 미정계수의 결정 – 해가 주어진 경우

(정답 공식: 연립부등식의 해는 각각의 부등식의 해들의 공통부분이다.)

x에 대한 연립부등식 $\begin{cases} 2x-a>3 \\ -x+4>b \end{cases}$의 해가 $-3<x<4$일 때, 상수 a, b에 대하여 $a+b$의 값은?

① -9 ② -1 ③ 0
④ 1 ⑤ 9 **단서** 연립부등식의 해를 미지수를 포함한 꼴로 나타낸 후 부등호의 방향에 주의하며 주어진 해와 비교해.

1st 각각의 부등식의 해를 구하자.

연립부등식 $\begin{cases} 2x-a>3 \\ -x+4>b \end{cases}$를 풀자.

$2x-a>3$에서

$2x>a+3$ ∴ $x>\dfrac{a+3}{2}$ ··· ㉠

$-x+4>b$에서

$-x>b-4$ ∴ $x<4-b$ ··· ㉡

2nd a, b의 값을 구하자.

연립부등식의 해가 $-3<x<4$이므로 ㉠, ㉡에 의해

$\dfrac{a+3}{2}=-3$, $4-b=4$ 위에서 구한 ㉠, ㉡의 공통부분이 $-3<x<4$라는 뜻이야.

따라서 $\dfrac{a+3}{2}=-3$에서 $a=-9$, $4-b=4$에서 $b=0$이므로

$a+b=-9+0=-9$

H 05 정답 ④ ·· 연립부등식의 미정계수의 결정 – 정수해의 개수가 주어진 경우

[정답 공식: 부등식의 해를 수직선 위에서 움직이며 연립부등식의 해의 범위에 정수가 포함되도록 하는 a의 값의 범위를 구한다.]

x에 대한 연립부등식 $\begin{cases} x-2\leq2x-a \\ 3x-4\leq14-5x \end{cases}$가 정수인 해를 갖도록 하는 상수 a의 최댓값은?

① 1 ② 2 ③ 3
④ 4 ⑤ 5 **단서** 연립부등식의 해의 범위에 정수가 포함되도록 a가 포함된 부등식의 해를 수직선 위에서 움직여봐.

1st 각각의 부등식의 해를 구하자.

먼저 연립부등식 $\begin{cases} x-2\leq2x-a \\ 3x-4\leq14-5x \end{cases}$ 의 해를 구하자.

$x-2\leq2x-a$에서

$-x\leq-a+2$ ∴ $x\geq a-2$ ··· ㉠

$3x-4\leq14-5x$에서

$8x\leq18$ ∴ $x\leq\dfrac{9}{4}$ ··· ㉡

2nd 연립부등식이 정수해를 가지는 경우를 생각해.

주어진 연립부등식이 정수인 해를 가지려면
연립부등식의 해를 구하기 위해서는 두 부등식의 해인 $x\geq a-2$, $x\leq\dfrac{9}{4}$의 겹치는 부분을 찾아야 해. 해가 존재하기 위해서는 $a-2\leq\dfrac{9}{4}$이어야 하고, 특히 정수인 해가 존재하기 위해서는 $a-2\leq2$이어야 해.

오른쪽 그림과 같아야 한다.

따라서 $a-2\leq2$에서 $a\leq4$여야 하므로 a의 최댓값은 4이다.

H 06 정답 ③ ································ 연립일차부등식의 활용

[정답 공식: 이차방정식의 판별식을 D라 할 때, 이차방정식이 실근을 가지면 $D\geq0$이고, 이차방정식이 허근을 가지면 $D<0$이다.]

이차방정식 $x^2+2\sqrt{2}x+m-1=0$은 실근을 갖고, 이차방정식 $x^2-(2m-1)x+m^2=0$은 허근을 갖도록 하는 실수 m의 값의 범위는? **단서** 이차방정식의 판별식을 이용해 실근, 허근을 갖도록 하는 m의 값의 범위를 구해.

① $-1\leq m<1$ ② $-\dfrac{1}{2}<m\leq3$ ③ $\dfrac{1}{4}<m\leq3$
④ $\dfrac{1}{2}\leq m<4$ ⑤ $1<m<4$

1st 실근을 가질 m의 값의 범위를 구하자.

이차방정식 $x^2+2\sqrt{2}x+m-1=0$의 판별식을 D_1이라 하면 이 이차방정식이 실근을 가지므로

$\dfrac{D_1}{4}=(\sqrt{2})^2-(m-1)\geq0$ 이차방정식 $ax^2+bx+c=0$에서 $D=b^2-4ac$라 할 때
(1) $D>0$이면 서로 다른 두 실근을 갖는다.
(2) $D=0$이면 중근을 갖는다.
(3) $D<0$이면 서로 다른 두 허근을 갖는다.

$2-m+1\geq0$, $-m\geq-3$
∴ $m\leq3$ ··· ㉠

2nd 허근을 가질 m의 값의 범위를 구하자.

이차방정식 $x^2-(2m-1)x+m^2=0$의 판별식을 D_2라 하면 이 이차방정식이 허근을 가지므로

$D_2=(2m-1)^2-4m^2<0$

$4m^2-4m+1-4m^2<0$, $-4m<-1$ ∴ $m>\dfrac{1}{4}$ ··· ㉡

따라서 ㉠, ㉡에 의해 실수 m의 값의 범위는 $\dfrac{1}{4}<m\leq3$이다.

H 07 정답 ② ································· 연립일차부등식

정답 공식: 두 일차부등식의 해를 각각 구한 뒤, 공통범위가 존재하지 않는 k의 범위를 구한다.

연립부등식 $\begin{cases} 3(x-2) > 4x+k \\ x+1.2 \geq 0.1(1-x) \end{cases}$ 의 해가 없을 때, 실수 k의 최솟값은? **단서** 연립부등식의 해가 없다는 것은 두 부등식의 해를 수직선 위에 나타냈을 때, 공통부분이 없다는 뜻이야.

① -6　②-5　③ -4　④ -3　⑤ -2

1st 각각의 부등식의 해를 구해보자.

$3(x-2) > 4x+k$에서
$3x-6 > 4x+k$, $-x > k+6$
$\therefore x < -k-6 \cdots$ ㉠
$x+1.2 \geq 0.1(1-x)$에서 → 계수를 정수로 만들기 위해 $x+1.2 \geq 0.1(1-x)$의 양변에 10을 곱한 거야.
$10x+12 \geq 1-x$, $11x \geq -11$
$\therefore x \geq -1 \cdots$ ㉡

2nd 연립부등식의 해가 없도록 k의 값의 범위를 구해.

이때, 주어진 연립부등식의 해가 없으려면
그림과 같아야 하므로
$-k-6 \leq -1$　$\therefore k \geq -5$
$-k-6 = -1$이어도 연립부등식의 해가 없어.
따라서 k의 최솟값은 -5이다.

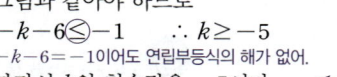
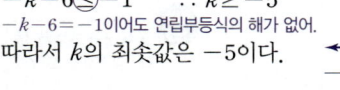

H 08 정답 ① ··············· 절댓값 기호를 포함한 부등식

정답 공식: $|ax-b| = \begin{cases} ax-b & \left(x \geq \frac{b}{a}\right) \\ -ax+b & \left(x < \frac{b}{a}\right) \end{cases}$

부등식 $|3x-2| \leq x+6$의 해가 $\alpha \leq x \leq \beta$일 때, $\alpha+\beta$의 값은? **단서** 절댓값 기호 안의 식을 0으로 하는 x의 값을 기준으로 범위를 나눈 후 절댓값 기호를 없애고 부등식을 풀자.

①$3$　②$4$　③ 5
④ 6　⑤ 7

1st x의 값의 범위를 나누어서 절댓값을 풀자.

부등식 $|3x-2| \leq x+6$에서 $|3x-2| = \begin{cases} 3x-2 & \left(x \geq \frac{2}{3}\right) \\ -3x+2 & \left(x < \frac{2}{3}\right) \end{cases}$

(i) $x < \frac{2}{3}$일 때, $3x-2 < 0$이므로
$-(3x-2) \leq x+6$, $-3x+2 \leq x+6$
$-4x \leq 4$　$\therefore x \geq -1$
이때, $x < \frac{2}{3}$이므로 $-1 \leq x < \frac{2}{3} \cdots$ ㉠

(ii) $x \geq \frac{2}{3}$일 때, $3x-2 \geq 0$이므로
$3x-2 \leq x+6$, $2x \leq 8$
$\therefore x \leq 4$
이때, $x \geq \frac{2}{3}$이므로 $\frac{2}{3} \leq x \leq 4 \cdots$ ㉡

2nd ㉠, ㉡에서 주어진 부등식의 해를 구해.

㉠, ㉡에 의하여 주어진 부등식의 해는
$-1 \leq x \leq 4$ → ㉠, ㉡에서 x의 값의 범위를 $x \geq \frac{2}{3}$ 또는 $x < \frac{2}{3}$로
따라서 $\alpha = -1$, $\beta = 4$이므로 나누었으므로 ㉠의 식을 만족하거나 ㉡의 식을 만족하는
$\alpha+\beta = (-1)+4 = 3$ 범위를 구하는 거야.

다른 풀이: $k > 0$일 때, $|x| < k \Leftrightarrow -k < x < k$임을 이용하기

$|3x-2| \leq x+6$에서 $-x-6 \leq 3x-2 \leq x+6$
(i) $-x-6 \leq 3x-2$에서　$a > 0$일 때 $\begin{cases} |x| < a \Leftrightarrow -a < x < a \\ |x| > a \Leftrightarrow x < -a \text{ 또는 } x > a \end{cases}$
　$-4x \leq 4$　$\therefore x \geq -1 \cdots$ ㉢
(ii) $3x-2 \leq x+6$에서
　$2x \leq 8$　$\therefore x \leq 4 \cdots$ ㉣
㉢, ㉣에 의하여 주어진 부등식의 해는 $-1 \leq x \leq 4$야.
(이하 동일)

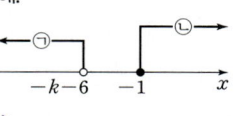

H 09 정답 ① ········ 절댓값 기호를 포함한 부등식의 미정계수의 결정

정답 공식: $|ax-b| = \begin{cases} ax-b & \left(x \geq \frac{b}{a}\right) \\ -ax+b & \left(x < \frac{b}{a}\right) \end{cases}$

x에 대한 부등식 $|4x+3|-2 \leq k$의 해가 $-2 \leq x \leq \frac{1}{2}$일 때, 상수 k의 값은? **단서** 절댓값 기호를 풀고 부등식의 해를 k를 포함한 꼴로 나타낸 후 주어진 해와 비교해.

①$3$　② 5　③ 7　④ 9　⑤ 11

1st x의 값의 범위를 나누어서 절댓값을 풀고 부등식의 해를 구하자.

부등식 $|4x+3|-2 \leq k$에서
(i) $x < -\frac{3}{4}$인 경우 $|A| = \begin{cases} A & (A \geq 0일 때) \\ -A & (A < 0일 때) \end{cases}$
$-4x-3-2 \leq k$, $-4x \leq k+5$
$\therefore x \geq -\frac{k+5}{4}$ → $-\frac{k+5}{4} \geq -\frac{3}{4}$이면 $x < -\frac{3}{4}$인 경우에는 해가 없게 돼. 그럼 $x \geq -\frac{3}{4}$인 경우에서 해가 존재하더라도 주어진 부등식의 해 $-2 \leq x \leq \frac{1}{2}$의 꼴이 나올 수 없어. 따라서 $-\frac{k+5}{4} < -\frac{3}{4}$이어야 하고, 이 경우의 해가 $-\frac{k+5}{4} \leq x < -\frac{3}{4}$이 되는 거야.
이때, $x < -\frac{3}{4}$이므로
$-\frac{k+5}{4} \leq x < -\frac{3}{4} \cdots$ ㉠

(ii) $x \geq -\frac{3}{4}$인 경우
$4x+3-2 \leq k$, $4x \leq k-1$　$\therefore x \leq \frac{k-1}{4}$
이때, $x \geq -\frac{3}{4}$이므로 $-\frac{3}{4} \leq x \leq \frac{k-1}{4} \cdots$ ㉡

㉠, ㉡에 의하여 주어진 부등식의 해는 $-\frac{k+5}{4} \leq x \leq \frac{k-1}{4}$

2nd 주어진 해와 비교해 k의 값을 구하자.

주어진 부등식의 해가 $-2 \leq x \leq \frac{1}{2}$이므로
$-\frac{k+5}{4} = -2$, $\frac{k-1}{4} = \frac{1}{2}$에서
$-\frac{k+5}{4} = -2$, $k+5 = 8$ $\underset{k-1=2 \quad \therefore k=3}{\overset{\frac{k-1}{4} = \frac{1}{2}에서}{}}$
$\therefore k = 3$

다른 풀이: $a > 0$일 때, $|x| < a \Leftrightarrow -a < x < a$임을 이용하기

$|4x+3|-2 \leq k$에서 $|4x+3| \leq k+2$
이때, 이 부등식의 해가 존재하므로 $k+2 > 0$이야.
즉, $|4x+3| \leq k+2$에서 → $k+2 = 0$이면 $|4x+3| \leq 0$에서 부등식의 해는
$-k-2 \leq 4x+3 \leq k+2$이므로 $x = -\frac{3}{4}$이야. 또, $k+2 < 0$이면 절댓값은 항상 0
$-k-5 \leq 4x \leq k-1$ 이상인데 $|4x+3| \leq$ (음수) 꼴이므로 이 부등식의
$\therefore -\frac{k+5}{4} \leq x \leq \frac{k-1}{4}$ 해는 없어. 따라서 부등식의 해가 $-2 \leq x \leq \frac{1}{2}$이 되기
위해서는 $k+2 > 0$이어야 해.
따라서 $-\frac{k+5}{4} = -2$, $\frac{k-1}{4} = \frac{1}{2}$이므로 $k = 3$이야.

주어진 부등식의 해가 $-2 \leq x \leq \frac{1}{2}$이므로 이 부등식의 각 변에 4를 곱하면

$-8 \leq 4x \leq 2$

또, 부등식의 각 변에 3을 더하면

$-5 \leq 4x+3 \leq 5$

즉, $|4x+3| \leq 5$에서 $|4x+3|-2 \leq 3$이고

이 부등식이 $|4x+3|-2 \leq k$와 같으므로 $k=3$이야.

모의
H 10 정답 ③ ········ 절댓값 기호를 포함한 부등식의 미정계수의 결정

[정답 공식] 연립부등식에서 각 부등식의 해를 수직선 위에서 움직이며 연립부등식의 해의 범위에 정수가 3개 포함되도록 하는 k의 값의 범위를 구한다.

연립부등식 $\begin{cases} |x-2| < k \\ 3x+3 \geq 4x \end{cases}$ 를 만족시키는 정수 x가 3개 존재할

때, 양수 k의 값의 범위는? [단서] 각 부등식의 해를 구한 후 공통부분에 정수가 3개가 들어가도록 수직선 위에 해를 표시해봐.

① $1 < k < 2$ ② $1 \leq k < 2$ ③ $1 < k \leq 2$
④ $2 \leq k < 3$ ⑤ $2 < k \leq 3$

1st 연립부등식의 각각의 부등식의 해를 구해.

연립부등식 $\begin{cases} |x-2| < k \\ 3x+3 \geq 4x \end{cases}$ 를 풀자.

먼저 $|x-2| < k$에서 $k > 0$이므로

$-k < x-2 < k$ $\therefore 2-k < x < 2+k \cdots$ ㉠

$3x+3 \geq 4x$에서

$-x \geq -3$ $\therefore x \leq 3 \cdots$ ㉡

2nd ㉠, ㉡에서 연립부등식의 해에 정수가 3개 포함되는 경우를 따져봐.

㉠, ㉡에 의하여 연립부등식의 해가 정수 3개를 포함하는 경우는 다음과 같다.

(i) $2+k > 3$, 즉 $k > 1$인 경우

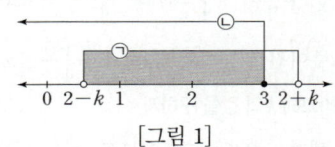

[그림 1]

연립부등식의 해에 정수가 3개 포함되려면 [그림 1]과 같아야 하므로

$0 \leq 2-k < 1$ 이 경우 포함되는 정수는 1, 2, 3이야.

$-2 \leq -k < -1$

$\therefore 1 < k \leq 2$

이때, $k > 1$이므로 $1 < k \leq 2$이다.

(ii) $2 < 2+k \leq 3$, 즉 $0 < k \leq 1$인 경우

$k > 0$이므로 $2+k > 2$이겠지?

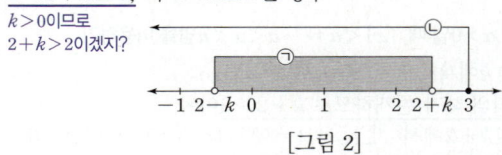

[그림 2]

연립부등식의 해에 정수가 3개 포함되려면 [그림 2]와 같아야 하므로

$-1 \leq 2-k < 0$ 이 경우 포함되는 정수는 0, 1, 2야.

$-3 \leq -k < -2$

$\therefore 2 < k \leq 3$

그런데 $0 < k \leq 1$이어야 하므로 이 경우는 조건에 맞지 않는다.

따라서 구하는 k의 값의 범위는 $1 < k \leq 2$이다.

모의
H 11 정답 ④ ····················· 절댓값을 포함한 부등식

[정답 공식] 절댓값 안의 식의 값을 0으로 만드는 x의 값을 기준으로 범위를 나누어 각각의 경우의 해를 구한다.

[단서] 절댓값을 포함한 부등식은 절댓값 안을 0으로 만드는 값을 기준으로 구간을 나누어서 풀어.

부등식 $|x+1| + |x-3| \leq 6$을 만족하는 정수 x의 개수는?

① 4 ② 5 ③ 6 ④ 7 ⑤ 8

1st 절댓값 안이 0이 되는 값을 기준으로 구간을 나누어야겠지?

(i) $x < -1$일 때, $\rightarrow x+1 < 0, x-3 < 0$

$-(x+1) - (x-3) \leq 6$

$-x-1-x+3 \leq 6$, $-2x \leq 4$ $\therefore x \geq -2$

그런데 $x < -1$이므로 $-2 \leq x < -1$

(ii) $-1 \leq x < 3$일 때, $\rightarrow x+1 \geq 0, x-3 < 0$

$(x+1) - (x-3) \leq 6$, $x+1-x+3 \leq 6$

$0 \cdot x \leq 2$ $\rightarrow$ x에 어떤 값을 대입해도 $0 \cdot x = 0 \leq 2$이지? 즉, 모든 실수 x에 대하여 성립하는 거야.

따라서 해는 모든 실수이다.

그런데 $-1 \leq x < 3$이므로 $-1 \leq x < 3$

(iii) $x \geq 3$일 때, $\rightarrow x+1 > 0, x-3 \geq 0$

$(x+1) + (x-3) \leq 6$, $2x \leq 8$ $\therefore x \leq 4$

그런데 $x \geq 3$이므로 $3 \leq x \leq 4$

(i)~(iii)에서 주어진 부등식의 해는 $-2 \leq x \leq 4$

따라서 정수 x는 $-2, -1, 0, 1, 2, 3, 4$의 7개이다.

[실수] 정수 x의 개수를 셀 때, 경곗값을 포함하는지, 0을 빠트리지 않는지 확인하자.

모의
H 12 정답 ② ················· 절댓값 기호가 2개인 부등식

[정답 공식] $|ax-b| = \begin{cases} ax-b & \left(x \geq \frac{b}{a} \right) \\ -ax+b & \left(x < \frac{b}{a} \right) \end{cases}$ 이다.

또한, $a > 0$일 때, $\begin{cases} |x| < a \Leftrightarrow -a < x < a \\ |x| > a \Leftrightarrow x < -a \ \text{또는}\ x > a \end{cases}$ 이다.

부등식 $||2x-3| -7| < 4$를 만족시키는 모든 정수 x의 값의 합은? [단서] x의 값의 범위를 $x < \frac{3}{2}$, $x \geq \frac{3}{2}$으로 나누어서 안쪽의 절댓값 기호를 없앤 후 $k > 0$이면 $|A| < k$는 $-k < A < k$가 됨을 이용해.

① 6 ② 9 ③ 10 ④ 14 ⑤ 15

1st x의 값의 범위를 나누어서 절댓값을 풀자.

(i) $x < \frac{3}{2}$인 경우 $\rightarrow 2x-3 < 0$이야.

$|-(2x-3) -7| < 4$에서 $|-2x+3-7| < 4$

$|-2x-4| < 4$, $-4 < -2x-4 < 4$

$0 < -2x < 8$ $\therefore -4 < x < 0$ $\rightarrow k > 0$일 때, $|A| < k$이면 $-k < A < k$

이때, $x < \frac{3}{2}$이므로 $-4 < x < 0 \cdots$ ㉠

(ii) $x \geq \frac{3}{2}$인 경우 $\rightarrow 2x-3 \geq 0$이야.

$|2x-3-7| < 4$에서 $|2x-10| < 4$

$-4 < 2x-10 < 4$, $6 < 2x < 14$ $\therefore 3 < x < 7$

이때, $x \geq \frac{3}{2}$이므로 $3 < x < 7 \cdots$ ㉡

㉠, ㉡에 의하여 주어진 부등식의 해는 $-4 < x < 0$ 또는 $3 < x < 7$이다.

따라서 부등식을 만족시키는 정수 x는 $-3, -2, -1, 4, 5, 6$이므로 구하는 합은 $-3+(-2)+(-1)+4+5+6=9$

🔷 다른 풀이: $a>0$일 때, $|x|<a \Leftrightarrow -a<x<a$,
$|x|>a \Leftrightarrow x<-a$ 또는 $x>a$임을 이용하기

$||2x-3|-7|<4$에서 $-4<|2x-3|-7<4$이므로
$3<|2x-3|<11$
(i) $|2x-3|>3$에서 ← $k>0$일 때, $|A|>k$이면 $A<-k$ 또는 $A>k$
$2x-3<-3$ 또는 $2x-3>3$이므로
$x<0$ 또는 $x>3$ $\cdots$ ㉢
(ii) $|2x-3|<11$에서
$-11<2x-3<11$이므로
$-8<2x<14$ $\quad \therefore -4<x<7$ $\cdots$ ㉣
㉢, ㉣에 의하여 부등식의 해는 $-4<x<0$ 또는 $3<x<7$이야.
(이하 동일)

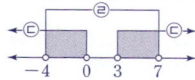

H 13 정답 11 ································· 절댓값 기호가 2개인 부등식

정답 공식: 수직선 위의 두 점 $P(x_1)$, $Q(x_2)$ 사이의 거리는 $\overline{PQ}=|x_2-x_1|$이다. 또, 절댓값 기호가 2개인 부등식은 절댓값 기호 안을 0으로 만드는 x의 값을 기준으로 범위를 나눈 후 절댓값 기호를 없애고 푼다.

> 단서 1 수직선 위의 두 점 사이의 거리는 두 점의 좌표의 차야. 즉, 절댓값으로 표현할 수 있지.
> 수직선 위의 두 점 $A(3)$, $B(8)$에 대하여 점 $P(x)$가
> $\overline{AP}+\overline{BP}\le 9$를 만족시킬 때, 선분 OP의 길이의 최댓값과 최솟값의 합을 구하는 과정을 서술하시오. (단, O는 원점이다.)
> 단서 2 길이는 항상 양수이므로 점 P의 좌표 x에 대하여 $\overline{OP}=|x|$가 돼.

1st $\overline{AP}+\overline{BP}\le 9$를 x에 대한 부등식으로 나타내자.
수직선 위의 두 점 $A(3)$, $B(8)$에 대하여 점 P의 좌표가 x이므로
$\overline{AP}=|x-3|$, $\overline{BP}=|x-8|$ $\cdots$ ㉠
즉, $\overline{AP}+\overline{BP}\le 9$에 ㉠을 대입하면
$|x-3|+|x-8|\le 9$ $\cdots$ ❶
2nd x의 값의 범위를 나누어 절댓값 기호를 없앤 후 부등식을 풀자.
부등식 $|x-3|+|x-8|\le 9$에서
$\quad$ → $x-3=0$에서 $x=3$이고 $x-8=0$에서
(i) $x<3$인 경우 $\quad$ $x=8$이므로 x의 값의 범위를 $x<3$, $3\le x<8$,
$\quad -(x-3)-(x-8)\le 9$, $-x+3-x+8\le 9$ $\quad x\ge 8$로 나눌 수 있어.
$\quad -2x\le -2$ $\quad \therefore x\ge 1$
$\quad$ 이때, $x<3$이므로 $1\le x<3$ $\cdots$ ㉡
(ii) $3\le x<8$인 경우
$\quad x-3-(x-8)\le 9$, $x-3-x+8\le 9$ $\quad \therefore 5\le 9$
$\quad$ 즉, 위 부등식은 항상 성립하고, $3\le x<8$이므로
$\quad$ 이때의 부등식의 해는 $3\le x<8$ $\cdots$ ㉢
(iii) $x\ge 8$인 경우
$\quad x-3+x-8\le 9$, $2x\le 20$ $\quad \therefore x\le 10$
$\quad$ 이때, $x\ge 8$이므로 $8\le x\le 10$ $\cdots$ ㉣
㉡~㉣에 의하여 x의 값의 범위는
$1\le x\le 10$ $\cdots$ ❷
3rd 선분 OP의 길이의 최댓값과 최솟값의 합을 구해.
따라서 $\overline{OP}=|x|$에서 선분 OP의 길이의 최솟값은 1, 최댓값은 10이
므로 구하는 합은 $1+10=11$ $\cdots$ ❸
$\quad$ → P(1)일 때 $\quad$ → P(10)일 때

[채점 기준표]

❶ $\overline{AP}+\overline{BP}\le 9$를 절댓값 기호를 포함한 x에 대한 부등식의 꼴로 나타낸다.		30%
❷ 부등식을 풀어 해를 구한다.		40%
❸ 선분 OP의 길이의 최댓값과 최솟값의 합을 구한다.		30%

모의 I 01 정답 ⑤ ································· 이차부등식의 풀이

(정답 공식: 부등식을 $(x-\alpha)(x-\beta)<0$의 꼴로 정리하여 해를 구한다.)

이차부등식 $(x+1)(x-3)<5$의 해가 $\alpha<x<\beta$일 때,
$\alpha+2\beta$의 값은? 단서 전개하여 이차식을 정리하자.
① -2 $\qquad$ ② 0 $\qquad$ ③ 2
④ 4 $\qquad$ ⑤ 6

1st $(x-\alpha)(x-\beta)<0$의 꼴로 주어진 식을 정리해봐.
$(x+1)(x-3)<5$에서 $x^2-2x-8<0$ $\quad$ $x^2-3x+x-3<5$에서
$(x+2)(x-4)<0$ $\quad \therefore -2<x<4$ $\quad x^2-2x-8<0$
따라서 $\alpha=-2$, $\beta=4$이므로
$\alpha+2\beta=-2+8=6$

모의 I 02 정답 ① ································· 해가 주어진 이차부등식

(정답 공식: 이차부등식과 그 해를 이용해 a, b의 값을 구한다.)

이차부등식 $x^2+ax+b<0$의 해가 $-1<x<5$가 되도록 하는 두 상수 a, b의 곱 ab의 값은? 단서 해가 $-1<x<5$이고 이차항의 계수가 1인 이차부등식은 $(x+1)(x-5)<0$이야.
① 20 $\qquad$ ② 25 $\qquad$ ③ 30
④ 35 $\qquad$ ⑤ 40

1st 부등식의 해와 부등호의 방향을 보면 이차부등식을 만들 수 있지?
해가 $-1<x<5$이고 이차항의 계수가 1인 이차부등식을 구하면
$(x+1)(x-5)<0$ $\quad$ → $x^2+ax+b=x^2-4x-5$
$x^2-4x-5<0$ $\quad$ 에서 모든 실수 x에 대하여 성립하므로 양변의 계수를 비교하면
에서 $x^2+ax+b=x^2-4x-5$ $\quad a=-4$, $b=-5$
따라서 $a=-4$, $b=-5$이므로 $\quad$ 마찬가지로 모든 실수 x에 대하여 성립하므로 우변의 식을 좌변으로 이항하여 동류항끼리 묶으면
$ab=20$ $\quad (a+4)x+b+5=0$
$\quad$ 이 항상 성립해야하므로 $a+4=0$, $b+5=0$에서
$\quad a=-4$, $b=-5$

🔷 다른 풀이 **❶**: 이차부등식을 이차방정식으로 바꾸어 생각하기
이차부등식을 이차방정식으로 생각하면 $x^2+ax+b=0$의 해가 -1 또는 5이므로
$x^2+ax+b=(x+1)(x-5)=x^2-4x-5$
가 성립해.
따라서 $a=-4$, $b=-5$이므로
$ab=(-4)\times(-5)=20$

🔷 다른 풀이 **❷**: 이차부등식을 이차함수로 바꾸어 생각하기
이차함수 $f(x)=x^2+ax+b$에서 $f(x)<0$인 해가 $-1<x<5$이므로
$f(-1)=0$, $f(5)=0$이야.
$f(-1)=1-a+b=0$ $\cdots$ ㉠
$f(5)=25+5a+b=0$ $\cdots$ ㉡
㉡-㉠에 의하여
$24+6a=0$ $\quad \therefore a=-4$
따라서 $a=-4$, $b=-5$이므로 $\quad$ → $1-(-4)+b=0$ $\quad \therefore b=-5$
$ab=(-4)\times(-5)=20$

모의 I 03 정답 ① ····························· 특수한 해를 갖는 이차부등식

정답 공식: 이차부등식 $f(x) \le 0$이 단 한 개의 해를 가지려면 $f(x)$의 최고차항의 계수가 양수이고 판별식 $D = 0$이어야 한다.

> x에 대한 이차부등식 $(a-2)x^2 - (a+1)x + 2a - 2 \le 0$의 해가 오직 한 개 존재할 때, 실수 a의 값은?
>
> [단서] 이차방정식의 판별식 $D = 0$인 경우와 연결시켜 생각하자.
>
> ① 3 ② 2 ③ $\dfrac{5}{7}$ ④ $\dfrac{3}{5}$ ⑤ $\dfrac{1}{3}$

1st 주어진 부등식의 해가 오직 하나 존재하기 위한 그래프의 모양을 생각하면 이차항의 계수와 판별식의 부호를 알 수 있지?

$(a-2)x^2 - (a+1)x + 2a - 2 = 0$의 판별식을 D라 할 때,
부등식 $(a-2)x^2 - (a+1)x + 2a - 2 \le 0$의 해가 오직 하나 존재하기 위해서는 <u>$a - 2 > 0$</u>, $D = 0$이어야 한다.

> 주어진 부등식이 이차부등식이므로 이차항의 계수 $a - 2 = 0$이 될 수는 없어. 그래서 $a - 2 \ge 0$이 아니고 $a - 2 > 0$이 되는 거야.

$D = (a+1)^2 - 4(a-2)(2a-2) = 0$에서
$a^2 + 2a + 1 - 4(2a^2 - 6a + 4) = 0$
$7a^2 - 26a + 15 = 0$
$(a-3)(7a-5) = 0$
$\therefore a = 3$ 또는 $a = \dfrac{5}{7}$

> [함정] $a - 2 < 0$이면 이차함수 $y = (a-2)x^2 + (a+1)x + 2a - 2$의 그래프는 위로 볼록하니까 y의 값이 x축 아래에 있도록 하는 x의 값은 무수히 많게 돼.

그런데 $a > 2$이어야 하므로 $a = 3$이 나왔지?
> $a - 2 > 0$에서 $a > 2$가 나왔지?

❀ 이차부등식이 해를 한 개만 가질 조건 개념·공식

이차방정식 $ax^2 + bx + c = 0$의 판별식을 D라 할 때
① $ax^2 + bx + c \le 0$이 해를 한 개만 가질 조건 ⇒ $a > 0$, $D = 0$
② $ax^2 + bx + c \ge 0$이 해를 한 개만 가질 조건 ⇒ $a < 0$, $D = 0$

모의 I 04 정답 ③ ····························· 이차부등식이 항상 성립할 조건

정답 공식: 이차부등식 $f(x) < 0$이 모든 실수 x에 대해 성립하려면 최고차항의 계수가 음수이고 판별식 $D < 0$이어야 한다.

> [단서] 최고차항의 계수의 부호가 양수인지 음수인지 정해지지 않았으니까 k의 범위를 나누자.
>
> 이차부등식 $kx^2 + 4x + k + 3 < 0$이 모든 실수 x에 대하여 성립하도록 하는 실수 k의 값의 범위는?
>
> ① $k < 0$ ② $k > 1$ ③ $k < -4$
> ④ $-4 < k < 1$ ⑤ $k < -4$ 또는 $k > 1$

1st 주어진 부등식의 해가 모든 실수가 될 때의 그래프의 모양을 생각해 봐. 이차항의 계수와 판별식의 부호를 알 수 있어.

> [주의] 이차함수 $y = kx^2 + 4x + k + 3$의 그래프가 위로 볼록이어야 해.

모든 실수 x에 대하여 $kx^2 + 4x + k + 3 < 0$이 성립하려면
(i) <u>$k < 0$</u> 만약 $k > 0$인 경우는 $kx^2 + 4x + k + 3$이 양수인 경우가 반드시 존재하기 때문에 $k > 0$이 되면 안 돼.
(ii) 해가 없어야 하므로 이차방정식 $kx^2 + 4x + k + 3 = 0$의
  (판별식) < 0에서
  $\dfrac{D}{4} = 4 - k(k+3) < 0$, $k^2 + 3k - 4 > 0$
  $(k+4)(k-1) > 0$ $\therefore k < -4$ 또는 $k > 1$
(i), (ii)에 의하여 $k < -4$

모의 I 05 정답 ③ ····························· 이차부등식이 항상 성립할 조건

정답 공식: 모든 실수 x에 대하여 $\sqrt{f(x)}$가 실수가 되려면 $f(x) \ge 0$임을 이용해 부등식을 풀어 a의 범위를 구한다.

> 모든 실수 x에 대하여 $\sqrt{ax^2 + 2(a-1)x + a}$가 실수가 되도록 하는 정수 a의 최솟값은? [단서] $\sqrt{\ }$로 나타내어진 값이 실수가 되려면 근호 안의 값이 0 이상이어야 하지?
>
> ① -1 ② 0 ③ 1
> ④ 2 ⑤ 3

1st 루트 안의 식의 값이 0 이상이어야 해. 이때, $a = 0$인 경우와 $a \ne 0$인 경우로 나누어서 풀어보자.

> [함정] $ax^2 + 2(a-1)x + a$가 반드시 이차식이라는 조건이 없으므로 $a = 0$이 되는 경우도 생각해주어야 해.

모든 실수 x에 대하여 $\sqrt{ax^2 + 2(a-1)x + a}$가 실수가 되려면
모든 실수 x에 대하여 $\underline{ax^2 + 2(a-1)x + a \ge 0}$ ··· ㉠이어야 한다.
(i) $a = 0$일 때, $\sqrt{\ }$ 안의 수가 0보다 크거나 같으면 실수, 0보다 작으면 허수야.
  ㉠에서 $-2x \ge 0$, 즉 $x \le 0$이므로 모든 실수 x에 대해 성립하지 않는다.
(ii) $a \ne 0$일 때,
  ㉠은 이차부등식이므로 주어진 이차부등식이 항상 성립하려면
  $a > 0$이고
  판별식 $D \le 0$이어야 한다.

  > 이차함수 $y = ax^2 + 2(a-1)x + a$의 그래프는 그림과 같아야 해.

  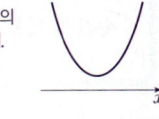

  $\dfrac{D}{4} = (a-1)^2 - a^2 \le 0$
  $-2a + 1 \le 0$ $\therefore a \ge \dfrac{1}{2}$

(i), (ii)에서 $a \ge \dfrac{1}{2}$이므로
정수 a의 최솟값은 1이다.

모의 I 06 정답 ④ ····································· 이차부등식

정답 공식: 조건에 맞게 이차부등식을 세운 뒤 해를 구한다.

> 이차함수 $y = x^2 - 2x - 4$의 그래프가 이차함수 $y = -x^2 + 2x + 2$의 그래프보다 위쪽에 있는 x의 값의 범위는?
>
> [단서] $y = f(x)$의 그래프가 $y = g(x)$의 그래프보다 위쪽에 있으면 $f(x) > g(x)$야.
>
> ① $-3 < x < 1$ ② $x < -3$ 또는 $x > 1$
> ③ $-1 < x < 3$ ④ $x < -1$ 또는 $x > 3$
> ⑤ $1 < x < 3$

1st 부등식 $x^2 - 2x - 4 > -x^2 + 2x + 2$의 해를 구하면 되지?

이차함수 $y = x^2 - 2x - 4$의 그래프가 이차함수 $y = -x^2 + 2x + 2$의 그래프보다 위쪽에 있으려면
$x^2 - 2x - 4 > -x^2 + 2x + 2$
$2x^2 - 4x - 6 > 0$
$x^2 - 2x - 3 > 0$
$(x+1)(x-3) > 0$
$\therefore x < -1$ 또는 $x > 3$

> 그래프를 그리면 다음과 같아.

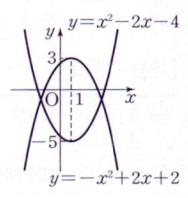

Ⅰ07 정답 27 ·················· 이차부등식과 이차함수의 관계

정답 공식: (가)에서 $f(x)$, $g(x)$의 식을 세운 후, (나)에서 $f(x)$, $g(x)$의 식을 결정한다.

> [단서 2] [단서 1] 에서 잡은 함수 꼴에서 k의 값을 알 수 있는 거야.
>
> 최고차항의 계수가 각각 $\frac{1}{2}$, 2인 두 이차함수 $y=f(x)$, $y=g(x)$ 가 다음 조건을 만족시킨다.
>
> > (가) 두 함수 $y=f(x)$와 $y=g(x)$의 그래프는 직선 $x=p$를 축으로 한다. [단서 1] 함수 꼴이 $k(x-p)^2+r$가 된다는 거야.
> > (나) 부등식 $f(x) \geq g(x)$의 해는 $-1 \leq x \leq 5$이다.
>
> $p \times \{f(2)-g(2)\}$의 값을 구하시오. (단, p는 상수이다.)

1st 주어진 조건을 이용하여 두 함수 $f(x)$, $g(x)$의 함수식을 세우자.

최고차항의 계수가 각각 $\frac{1}{2}$, 2인 두 이차함수 $y=f(x)$, $y=g(x)$의 그래프의 축은 직선 $x=p$이므로 $f(x)=\frac{1}{2}(x-p)^2+a$, $g(x)=2(x-p)^2+b$라 하자.

> $y=k(x-p)^2+r$의 축의 방정식이 $x=p$가 되는 것을 알고 있으면 이해가 되지.

2nd 조건 (나)를 만족시키는 이차부등식을 찾아 해결해.

> [함정] 주어진 조건들을 통하여 이차함수의 식을 각각 세울 수 있어야 해.

조건 (나)의 부등식 $f(x) \geq g(x)$, 즉 $g(x)-f(x) \leq 0$에서

$g(x)-f(x)=\frac{3}{2}x^2-3px+\frac{3}{2}p^2+b-a \leq 0$ ··· ㉠

또, 해가 $-1 \leq x \leq 5$이고 최고차항의 계수가 $\frac{3}{2}$인 이차부등식은

$\frac{3}{2}(x+1)(x-5) \leq 0$에서

$\frac{3}{2}x^2-6x-\frac{15}{2} \leq 0$ ··· ㉡

> 최고차항의 계수가 k $(k>0)$이고 해가 $\alpha \leq x \leq \beta$인 이차부등식은 $k(x-\alpha)(x-\beta) \leq 0$이다.

㉠, ㉡에서 $3p=6$, $\frac{3}{2}p^2+b-a=-\frac{15}{2}$이므로

$p=2$, $a-b=\frac{27}{2}$

$\therefore p \times \{f(2)-g(2)\}=p(a-b)=2 \times \frac{27}{2}$
$=27$

🔧 **톡톡 풀이:** 축이 같은 두 이차함수의 그래프의 교점이 그 축에 대하여 대칭이 됨을 이용하기

주어진 조건을 만족시키는 두 함수 $y=f(x)$, $y=g(x)$의 그래프의 개형은 그림과 같아.

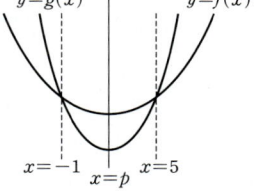

이때, 두 함수 $y=f(x)$, $y=g(x)$의 그래프는 모두 직선 $x=p$에 대하여 대칭이므로

$p=\frac{-1+5}{2}=2$ ··· ㉢

따라서 $f(x)=\frac{1}{2}(x-2)^2+a$, $g(x)=2(x-2)^2+b$라 하면

조건 (나)에 의해 방정식 $f(x)=g(x)$,

즉 $\frac{1}{2}(x-2)^2+a=2(x-2)^2+b$ ··· ㉣의 두 근이 -1, 5이므로 ㉣에

$x=-1$ 또는 $x=5$를 대입하면

$a-b=\frac{27}{2}$ ··· ㉤

$\therefore p \times \{f(2)-g(2)\}=p \times (a-b)=2 \times \frac{27}{2}$ ($\because$ ㉢, ㉤)
$=27$

Ⅰ08 정답 ① ·················· 연립이차부등식의 풀이

정답 공식: 두 이차부등식을 각각 풀어 해의 공통범위를 구한다.

> 연립이차부등식 $\begin{cases} x^2+x-6 \geq 0 \\ x^2+4x-5 < 0 \end{cases}$ 을 풀면?
>
> [단서] 각 부등식을 풀어 공통부분을 찾자.
>
> ① $-5 < x \leq -3$ ② $-5 \leq x < -3$
> ③ $-3 < x \leq 1$ ④ $-3 \leq x < 1$
> ⑤ $1 < x \leq 2$

1st 각각의 부등식의 해를 구하고 공통범위를 찾자.

$x^2+x-6 \geq 0$에서
$(x+3)(x-2) \geq 0$
$\therefore x \leq -3$ 또는 $x \geq 2$ ··· ㉠
$x^2+4x-5 < 0$에서
$(x+5)(x-1) < 0$
$\therefore -5 < x < 1$ ··· ㉡

> [이차부등식의 풀이]
> $\alpha < \beta$에 대하여
> $(x-\alpha)(x-\beta)>0 \Longleftrightarrow x<\alpha$ 또는 $x>\beta$
> $(x-\alpha)(x-\beta)<0 \Longleftrightarrow \alpha<x<\beta$

㉠, ㉡의 공통부분을 구하면
$-5 < x \leq -3$

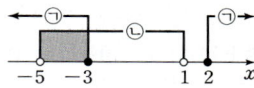

Ⅰ09 정답 ③ ·········· 절댓값 기호를 포함한 연립이차부등식의 풀이

정답 공식: 이차부등식 $(x-\alpha)(x-\beta) \leq 0(\alpha<\beta)$의 해는 $\alpha \leq x \leq \beta$이다. 또한, $|A|<k(k>0)$이면 $-k<A<k$이다.

> 연립부등식 $\begin{cases} x^2-2x-24 \leq 0 \\ |x-3| < 5 \end{cases}$ 를 만족시키는 정수 x의 개수는?
>
> [단서] 각 부등식의 해를 구한 후 두 해를 수직선 위에 나타내어 공통부분을 찾자.
>
> ① 6   ② 7   ③ 8
> ④ 9   ⑤ 10

1st 연립부등식의 각각의 부등식의 해를 구해.

연립부등식 $\begin{cases} x^2-2x-24 \leq 0 & \cdots \text{(i)} \\ |x-3| < 5 & \cdots \text{(ii)} \end{cases}$ 라 하면

(i) $x^2-2x-24 \leq 0$에서

$(x+4)(x-6) \leq 0$

> $\alpha<\beta$일 때
> 이차부등식 $(x-\alpha)(x-\beta) \leq 0$의 해는 $\alpha \leq x \leq \beta$
> 이차부등식 $(x-\alpha)(x-\beta) \geq 0$의 해는 $x \leq \alpha$ 또는 $x \geq \beta$

$\therefore -4 \leq x \leq 6$ ··· ㉠

(ii) $|x-3| < 5$에서

> $a>0$일 때
> $\begin{cases} |x|<a \Longleftrightarrow -a<x<a \\ |x|>a \Longleftrightarrow x<-a \text{ 또는 } x>a \end{cases}$

$-5 < x-3 < 5$

$\therefore -2 < x < 8$ ··· ㉡

2nd ㉠, ㉡의 공통범위를 찾아.

㉠, ㉡의 공통범위를 구하면
$-2 < x \leq 6$

따라서 주어진 연립부등식을 만족시키는 정수 x는 -1, 0, 1, 2, 3, 4, 5, 6의 8개이다.

> $6-(-2)=8$(개)

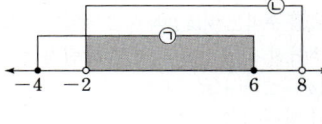
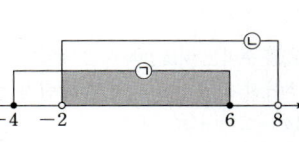

Ⅰ 10 정답 $-\dfrac{4}{3}\leq x\leq -1$ ·················· 연립이차부등식의 풀이

정답 공식: 주어진 해를 각 부등식에 대입해도 성립함을 이용해 k의 값을 구한 뒤, 이를 다시 대입해 연립부등식을 푼다.

> 연립부등식 $\begin{cases} 3x^2-4kx-4k^2\leq 0 \\ x^2+(k+7)x+4k\leq 0 \end{cases}$ 의 해가 $x=-1$을 포함할
>
> 때, 이 연립부등식의 해를 구하시오. (단, k는 자연수)
>
> **단서** 연립부등식의 해가 $x=-1$을 포함하므로 각 부등식에 $x=-1$을 대입하면 부등식이 성립해야 해.

1st $x=-1$을 부등식에 각각 대입하여 k에 대한 이차 연립부등식의 해를 구해.

연립부등식 $\begin{cases} 3x^2-4kx-4k^2\leq 0 \\ x^2+(k+7)x+4k\leq 0 \end{cases}$ 의 해가 $x=-1$을 포함하므로

$3x^2-4kx-4k^2\leq 0$에 $x=-1$을 대입하면

> 연립부등식의 해는 두 부등식을 공통으로 만족시키는 값이므로 두 부등식 각각에 $x=-1$을 대입하면 두 부등식이 모두 성립해야 해.

$3+4k-4k^2\leq 0,\ 4k^2-4k-3\geq 0$

$(2k+1)(2k-3)\geq 0$

$\therefore k\leq -\dfrac{1}{2}$ 또는 $k\geq \dfrac{3}{2}\ \cdots$ ㉠

$x^2+(k+7)x+4k\leq 0$에 $x=-1$을 대입하면

$1-(k+7)+4k\leq 0,\ 3k\leq 6$

$\therefore k\leq 2\ \cdots$ ㉡

㉠, ㉡의 공통부분을 구하면

$k\leq -\dfrac{1}{2}$ 또는 $\dfrac{3}{2}\leq k\leq 2$

> k의 값의 범위 안에서 자연수는 2뿐이야.

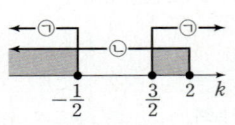

2nd 자연수 k의 값을 구하여 처음의 x에 대한 연립부등식의 해를 구하자.

그런데 k가 자연수라 했으므로 $k=2$이다. **(함정)** k가 자연수라는 조건을 꼭 확인해야 이 문제를 해결할 수 있어.

$k=2$를 주어진 연립부등식에 대입하면

$\begin{cases} 3x^2-8x-16\leq 0 \\ x^2+9x+8\leq 0 \end{cases}$

$3x^2-8x-16\leq 0$에서

$(3x+4)(x-4)\leq 0$ $\therefore -\dfrac{4}{3}\leq x\leq 4\ \cdots$ ㉢

$x^2+9x+8\leq 0$에서

$(x+8)(x+1)\leq 0$ $\therefore -8\leq x\leq -1\ \cdots$ ㉣

따라서 ㉢, ㉣의 공통부분을 구하면

$-\dfrac{4}{3}\leq x\leq -1$

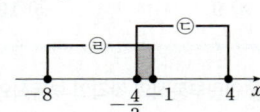

Ⅰ 11 정답 ③ ·················· 이차방정식의 근의 판별과 이차부등식

정답 공식: 주어진 식을 y에 대한 내림차순으로 정리한 후, (판별식)≥ 0임을 이용한다.

> 실수 x, y가 $x^2+4y^2-2xy-12=0$을 만족시킬 때, x의 최댓값과 최솟값의 차는? **단서** 주어진 식을 x, y에 관해 내림차순으로 정리한 후 실근을 가지려면 판별식 $D\geq 0$이어야 해.
>
> ① 2 ② 4 ③ 8 ④ 16 ⑤ 32

1st 주어진 식을 y에 대한 내림차순으로 정리한 후 판별식을 이용해봐.

주어진 식을 y에 대하여 내림차순으로 정리하면

$4y^2-2xy+x^2-12=0$

이 방정식을 만족시키는 실수 y가 존재해야 하므로 판별식을 D라고 하면

$\dfrac{D}{4}=(-x)^2-4\cdot(x^2-12)\geq 0$ → 조건 중 x, y가 실수라는 것 때문에 판별식을 쓸 수 있는 거야.

$x^2-16\leq 0$ → 판별식 $D\geq 0$이면 실근이 존재하는 조건이야.

$(x+4)(x-4)\leq 0$

$\therefore -4\leq x\leq 4$

따라서 x의 최댓값은 4, 최솟값은 -4이므로 그 차는 8이다.

Ⅰ 12 정답 ① ·················· 이차방정식의 근의 분리

정답 공식: 주어진 이차방정식을 $f(x)=0$이라 할 때, 판별식, 축, $f(1)$의 값을 이용해 m의 값의 범위를 구한다.

> 이차방정식 $x^2+2mx+2-m=0$의 두 근이 모두 1보다 크도록 하는 실수 m의 값의 범위가 $a<m\leq b$일 때, ab의 값은?
>
> ① 6 ② 8 ③ 10
> ④ 12 ⑤ 14 **단서** 이차함수 $y=x^2+2mx+2-m$의 그래프가 x축과 1보다 큰 부분에서 만나는 그림을 그리고 조건을 따지는 게 좋아.

1st 판별식, 함숫값, 축의 위치를 모두 따져보자.

$f(x)=x^2+2mx+2-m$이라 하면 이차방정식 $f(x)=0$의 두 근이 모두 1보다 크므로 이차함수 $y=f(x)$의 그래프가 오른쪽과 같아야 한다.

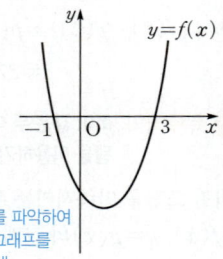

(ⅰ) 이차방정식 $f(x)=0$의 판별식을 D라 하면

$\dfrac{D}{4}=m^2-(2-m)\geq 0$ → 두 근이 모두 1보다 크므로 두 근은 모두 실수여야 해.

> **(주의)** 조건을 만족시키는 이차함수의 그래프를 먼저 그려봐.

$m^2+m-2\geq 0$

$(m+2)(m-1)\geq 0$

$\therefore m\leq -2$ 또는 $m\geq 1$

(ⅱ) $f(1)=1+2m+2-m>0$에서 $m>-3$

(ⅲ) 이차함수 $y=f(x)$의 그래프의 축의 방정식이 $x=-m$이므로

$-m>1$ $\therefore m<-1$

(ⅰ)~(ⅲ)에 의하여 $-3<m\leq -2$

따라서 $a=-3$, $b=-2$이므로 $ab=(-3)\times(-2)=6$

Ⅰ 13 정답 ④ ·················· 이차함수와 이차부등식

정답 공식: $f(x)$의 부호에 따라 $g(x)$의 개형을 그린 뒤, [보기]의 참, 거짓을 판정한다.

> 실수 전체의 집합에서 정의된 함수 $f(x)=x^2-2x-3$의 그래프는 그림과 같다. 함수 $g(x)$를
>
> $g(x)=\dfrac{f(x)+|f(x)|}{2}$
>
> 라 할 때, 옳은 것만을 [보기]에서 있는 대로 고른 것은? **단서** 절댓값 기호의 의미를 파악하여 함수 $g(x)$의 식과 그래프를 유추해.
>
> **[보기]**
> ㄱ. $y=g(x)$의 그래프는 직선 $x=2$에 대하여 대칭이다.
> ㄴ. 방정식 $g(x)=1$은 서로 다른 두 실근을 갖는다.
> ㄷ. 부등식 $g(x)\leq 0$의 해는 $-1\leq x\leq 3$이다.
>
> ① ㄱ ② ㄴ ③ ㄱ, ㄷ
> ④ ㄴ, ㄷ ⑤ ㄱ, ㄴ, ㄷ

1st 함수 $y=g(x)$를 $f(x)$의 부호에 따라 구간을 나눠서 구해.

$f(x)=x^2-2x-3=(x-1)^2-4$이고

$|f(x)|=\begin{cases} f(x) & (f(x)\geq 0) \\ -f(x) & (f(x)<0) \end{cases}$ 에서

> $x\leq -1$ 또는 $x\geq 3$일 때, $f(x)\geq 0$이므로 $|f(x)|=f(x)$ $\therefore g(x)=\dfrac{f(x)+f(x)}{2}=f(x)$

$g(x)=\begin{cases} f(x) & (x\leq -1 \text{ 또는 } x\geq 3) \\ 0 & (-1<x<3) \end{cases}$

> $-1<x<3$일 때, $f(x)<0$이므로 $|f(x)|=-f(x)$ $\therefore g(x)=\dfrac{f(x)-f(x)}{2}=0$

이므로 함수 $y=g(x)$의 그래프는 그림과 같다.

2nd 그래프를 이용하여 보기의 참, 거짓을 판별해.

ㄱ. $y=g(x)$의 그래프는 직선 $x=1$에 대하여 대칭이다. (거짓)

ㄴ. 방정식 $g(x)=1$의 해는 함수 $y=g(x)$의 그래프와 직선 $y=1$의 교점의 x좌표와 같다.

이때, $y=g(x)$의 그래프와 직선 $y=1$은 서로 다른 두 점에서 만나므로 방정식 $g(x)=1$은 서로 다른 두 실근을 가진다. (참)

ㄷ. 부등식 $g(x)\leq0$의 해는 $g(x)=0$이 될 때의 x의 값의 범위와 같으므로 $-1\leq x\leq3$이다. (참) → 함수 $y=g(x)$의 그래프가 x축과 만나거나 x축보다 아래쪽에 있는 x의 값의 범위를 뜻해.

따라서 옳은 것은 ㄴ, ㄷ이다.

모의
I 14 정답 $x>20$ ·········· 연립이차부등식의 활용

(정답 공식: 삼각형의 결정조건과 예각삼각형이 될 조건을 이용해 부등식을 두 개 세워 연립부등식을 푼다.)

> **단서1** 삼각형의 세 변의 길이 사이의 조건을 알아야겠지?
> 세 변의 길이가 각각 x, $x-4$, $x-8$인 삼각형이 예각삼각형이 되도록 하는 x의 값의 범위를 구하는 과정을 서술하시오.
> **단서2** 삼각형의 세 변의 길이가 a, b, c이고 a가 가장 긴 변의 길이일 때, 예각삼각형이 되려면 $a^2<b^2+c^2$이어야 해.

1st 주어진 길이에 대하여 삼각형이 될 조건과 예각삼각형이 될 조건으로 두 개의 부등식을 만들어 x의 범위를 구하자.

x, $x-4$, $x-8$이 삼각형의 세 변의 길이이므로
$x>0$, $x-4>0$, $x-8>0$에서 $x>8$ ··· ㉠ ··· **ⓘ**
세 변 x, $x-4$, $x-8$ 중 x가 가장 긴 변의 길이이므로
삼각형의 결정조건에 의해 → 삼각형의 세 변의 길이 a, b, c에 대하여 a가 가장 긴 변의 길이일 때, 삼각형이 만들어지려면 $a<b+c$
$x<(x-4)+(x-8)$
$\therefore x>12$ ··· ㉡ ··· **ⓘ**

> **함정** 삼각형의 활용 문제는 항상 변의 길이가 0보다 큰 조건, 삼각형의 결정조건을 먼저 따져본 후 문제에서 주어진 삼각형의 특징을 만족시키는 범위와의 공통부분을 구해야 해.

또한, 예각삼각형이 되려면
$x^2<(x-4)^2+(x-8)^2$
$x^2<x^2-8x+16+x^2-16x+64$
$x^2-24x+80>0$
$(x-4)(x-20)>0$
$\therefore x<4$ 또는 $x>20$ ··· ㉢ ··· **ⓘⓘ**
㉠, ㉡, ㉢의 공통범위를 구하면
$x>20$ ··· **ⓘⓥ**

> 삼각형 ABC의 세 변의 길이 a, b, c에 대하여 a가 가장 긴 변의 길이일 때
> ① △ABC가 예각삼각형이면 $a^2<b^2+c^2$
> ② △ABC가 직각삼각형이면 $a^2=b^2+c^2$
> ③ △ABC가 둔각삼각형이면 $a^2>b^2+c^2$

(수직선 그림: 4, 8, 12, 20)

[채점 기준표]

ⓘ 길이는 양수인 조건을 이용하여 x의 값의 범위를 구한다.	20%
ⓘⓘ 삼각형의 결정조건을 이용하여 x의 값의 범위를 구한다.	30%
ⓘⓘⓘ 예각삼각형임을 이용하여 x의 값의 범위를 구한다.	30%
ⓘⓥ ⓘ~ⓘⓘⓘ의 공통범위를 구한다.	20%

모의
J 01 정답 ③ ·········· 합의 법칙

(정답 공식: 합이 5인 경우와 12인 경우를 각각 세서 합한다.)

> 각 면에 1부터 4까지의 숫자가 하나씩 적혀 있는 정사면체가 있다. 이 정사면체를 세 번 연속하여 던질 때, 밑면에 나온 숫자의 합이 5 또는 12인 경우의 수는? **단서1** 밑면에 나온 숫자 3개를 순서쌍으로 나타내 봐!
> **단서2** 밑면에 나온 숫자의 합이 5 또는 12가 되는 경우를 각각 구해 봐!
> ① 5 ② 6 ③ 7
> ④ 8 ⑤ 9

1st 밑면에 나온 숫자의 합이 5가 되는 경우와 12가 되는 경우의 수를 구해서 더하자.

정사면체에서 나온 세 숫자를 순서쌍으로 나타내면
(ⅰ) 밑면에 나온 숫자의 합이 5가 되는 경우는
$(1, 1, 3)$, $(1, 3, 1)$, $(3, 1, 1)$, $(1, 2, 2)$, $(2, 1, 2)$, $(2, 2, 1)$의
6가지 → 각각 다른 경우로 생각해야 해.
(ⅱ) 밑면에 나온 숫자의 합이 12가 되는 경우는
$(4, 4, 4)$의 1가지
밑면에 나온 숫자의 합이 5이면서 12가 되는 경우는 없으므로
구하는 경우의 수는 → 합의 법칙을 이용해.
$6+1=7$

> **합의 법칙** 개념·공식
> 두 사건 A, B가 동시에 일어나지 않을 때, 사건 A, B가 일어나는 경우의 수가 각각 m, n이면 사건 A 또는 사건 B가 일어나는 경우의 수는 $m+n$가지

모의
J 02 정답 ① ·········· 자연수의 개수

(정답 공식: 전체 자연수의 개수에서 3또는 7의 배수인 자연수의 개수를 구해 뺀다.)

> 1부터 100까지의 자연수 중에서 3의 배수도 아니고 7의 배수도 아닌 자연수의 개수는? **단서** 3의 배수 또는 7의 배수인 수를 빼면 되잖아!
> ① 57 ② 58 ③ 59
> ④ 60 ⑤ 61

1st 3의 배수 또는 7의 배수의 개수를 구하자.

1부터 100까지의 자연수 중에서
(ⅰ) 3의 배수의 개수는 3, 6, 9, ⋯, 99의 33개
(ⅱ) 7의 배수의 개수는 7, 14, 21, ⋯, 98의 14개
(ⅲ) 3과 7의 공배수, 즉 21의 배수의 개수는 21, 42, 63, 84의 4개
따라서 3의 배수 또는 7의 배수인 자연수의 개수는
$33+14-4=43$ → '3의 배수도 아니고 7의 배수도 아닌'의 부정은 '3의 배수 또는 7의 배수'야.

2nd 100 이하의 자연수 중 3의 배수도 7의 배수도 아닌 수의 개수를 구해.

3의 배수도 아니고 7의 배수도 아닌 자연수의 개수는
$100-43=57$

J 03 정답 ③ ⸺⸺⸺⸺⸺⸺⸺⸺⸺⸺⸺⸺⸺ 곱의 법칙

(**정답 공식**: x를 고르는 경우의 수와 y를 고르는 경우의 수를 곱한다.)

> [단서] 주어진 범위에서 정수 x, y를 구해 봐.
> 두 수 x, y가 $-1 \leq x \leq 2$, $-3 \leq y \leq 4$인 정수일 때, 좌표평면에서 (x, y)를 좌표로 하는 점의 개수는?
> ① 28 ② 30 ③ 32 ④ 34 ⑤ 36

1st 곱의 법칙을 이용하자. x, y가 될 수 있는 수의 개수를 구해 봐.

x가 될 수 있는 수는 -1, 0, 1, 2의 4개,
y가 될 수 있는 수는 -3, -2, -1, 0, 1, 2, 3, 4의 8개이다.
x와 y로 만들 수 있는 순서쌍의 개수는 $4 \times 8 = 32$
  └→ 순서쌍의 개수는 곱의 법칙을 이용해.

J 04 정답 ⑤ ⸺⸺⸺⸺⸺⸺⸺⸺⸺⸺⸺⸺⸺ 곱의 법칙

(**정답 공식**: 괄호 안의 문자의 개수를 구하여 모두 곱한다.)

> 다항식 $(a+b)(x+y+z)(p+q+r+s)$를 전개할 때 생기는 서로 다른 항의 개수는? [단서] 식을 전개하여 나오는 항은 세 개의 괄호 안의 문자 중 각각 하나씩 선택하여 곱하여 얻을 수 있잖아!
> ① 8 ② 12 ③ 16 ④ 20 ⑤ 24

1st 각 괄호에서 나올 수 있는 문자의 개수를 곱하자.

$(a+b)$에서 곱할 수 있는 항의 개수는 2개,
$(x+y+z)$에서 곱할 수 있는 항의 개수는 3개,
$(p+q+r+s)$에서 곱할 수 있는 항의 개수는 4개이다.
그런데 전개시킨 항들 중 중복되는 부분이 있는지 확인해 보면 전개시킨
  └→ 동류항을 의미해.
항들이 모두 다르므로 구하는 항의 개수는 $2 \times 3 \times 4 = 24$

J 05 정답 135 ⸺⸺⸺⸺⸺⸺⸺⸺⸺⸺⸺⸺⸺ 곱의 법칙

(**정답 공식**: 일의 자리 숫자가 2, 4, 6인 각각의 경우의 수를 구해 더한다.)

> 3개의 주사위를 던져서 나온 수를 작은 수부터 차례로 나열하여 세 자리의 자연수를 만든다. 예를 들어 3, 1, 5가 나왔다면 135이고, 2, 4, 2가 나왔다면 224라 한다. 이와 같이 세 자리의 자연수를 만들 때, 짝수가 되는 경우의 수를 구하시오.
> [단서] 일의 자리의 숫자가 2, 4, 6인 경우로 나눠서 생각해 봐.

1st 세 자리 자연수가 되는 경우를 일의 자리의 숫자가 2, 4, 6인 경우로 나눠서 생각해.

(i) 일의 자리의 숫자가 2인 경우
　　최대의 눈이 2인 경우이므로 3개의 주사위가 각각 1, 2의 수 중 어느 하나가 나오는 경우의 수는 $2 \times 2 \times 2 = 2^3$
　　이 중 3개의 주사위의 숫자가 1, 1, 1인 경우의 수를 제외하면
　　$2^3 - 1 = 7$
　　　　└→ 2가 1개라도 나오면 일의 자리에 배치해서 짝수를 만들면 되지만 2가 한 개도 나오지 않으면 홀수 될 수 밖에 없어.
(ii) 일의 자리의 숫자가 4인 경우
　　최대의 눈이 4인 경우이므로 3개의 주사위가 각각 1, 2, 3, 4의 수 중 어느 하나가 나오는 경우의 수는 $4 \times 4 \times 4 = 4^3$
　　이 중 3개의 주사위의 숫자가 1, 2, 3의 수만으로 나오는 경우의 수 $3 \times 3 \times 3 = 3^3$을 제외하면 된다.
　　　　└→ 일의 자리가 4가 되어야 하므로 4가 1개라도 나와야 해.
　　$4^3 - 3^3 = 37$

(iii) 일의 자리의 숫자가 6인 경우
　　최대의 눈이 6인 경우이므로 3개의 주사위가 각각 1, 2, 3, 4, 5, 6의 수 중 어느 하나가 나오는 경우의 수는 $6 \times 6 \times 6 = 6^3$
　　이 중 3개의 주사위의 숫자가 1, 2, 3, 4, 5의 수만으로 나오는 경우의 수 $5 \times 5 \times 5 = 5^3$을 제외하면 된다.
　　　　└→ 일의 자리가 6이 되어야 하므로 6이 1개라도 나와야 해.
　　$6^3 - 5^3 = 91$

2nd 합의 법칙을 이용해!
따라서 구하는 경우의 수는 $7 + 37 + 91 = 135$

J 06 정답 ② ⸺⸺⸺⸺⸺⸺⸺⸺⸺⸺⸺⸺⸺ 약수의 개수

(**정답 공식**: 소인수분해 한 뒤 전체 약수의 개수 중 3의 배수가 아닌 수의 개수를 뺀다.)

> [단서] 180의 소인수 중 3이 반드시 포함되어야 해.
> 180의 양의 약수 중 3의 배수의 개수는?
> ① 10 ② 12 ③ 14 ④ 16 ⑤ 18

1st 전체 약수의 개수에서 3의 배수가 아닌 수들을 빼면 돼.

$180 = 2^2 \times 3^2 \times 5$이므로 180의 양의 약수의 개수는
$(2+1)(2+1)(1+1) = 18$
이 중 3의 배수가 아닌 약수는 $2^2 \times 5$의 약수이므로 그 개수는
$(2+1)(1+1) = 6$
따라서 구하는 3의 배수의 개수는
$18 - 6 = 12$

🔑 **다른 풀이**: 180의 양의 약수 중 소인수 3을 포함하는 약수의 개수를 곱의 법칙을 이용하여 구하기

자연수 N을 소인수분해해서 약수의 개수를 구하는 공식을 이용하자.
즉, 180의 양의 약수 중 소인수 3을 포함하는 수를 구하면 되는데
$180 = 2^2 \times 3^2 \times 5$이므로
$2^2 \times 5$의 양의 약수에 3 또는 3^2을 곱하면 되겠지?
$2^2 \times 5$의 양의 약수의 개수는
$(2+1)(1+1) = 6$ ─── 자연수 N이 $N = x^m y^n$ 꼴로 인수분해될 때, N의 양의 약수의 개수는 $(m+1)(n+1)$
그 각각의 경우에 3 또는 3^2을 곱하면 되므로
$6 \times 2 = 12$
　　└→ 3 또는 3^2의 2가지

J 07 정답 ① ⸺⸺⸺⸺⸺⸺⸺⸺⸺⸺⸺⸺⸺ 방정식과 부등식의 해의 개수

(**정답 공식**: $c = 1, 2, 3, 4$의 경우를 나누어 각 경우 방정식을 만족하는 (a, b)의 순서쌍의 개수를 구해본다.)

> [단서] 계수가 가장 큰 c의 값에 따라 경우를 나눠서 생각해 봐!
> 주사위를 세 번 던져서 나온 눈의 수를 차례로 a, b, c라 할 때, $a + 3b + 5c = 25$를 만족시키는 순서쌍 (a, b, c)의 개수는?
> ① 7 ② 8 ③ 9 ④ 10 ⑤ 11

1st 계수가 가장 큰 c의 값을 기준으로 경우를 나누어 순서쌍의 개수를 구해봐.

$a + 3b + 5c = 25$에서 c의 계수가 가장 크기 때문에 c의 값을 기준으로 나누어 생각하면 a, b는 주사위의 눈이기 때문에 1 이상이고, c는 최대 4까지만 될 수 있어.

(i) $c=1$일 때,

$a+3b=20$이므로 순서쌍 (a, b)의 개수는

(2, 6), (5, 5)의 2개 *a, b*는 주사위의 눈의 수이기 때문에 $1 \le a \le 6$, $1 \le b \le 6$인 범위 안에서 구해야 해.

(ii) $c=2$일 때,

$a+3b=15$이므로 순서쌍 (a, b)의 개수는 (3, 4), (6, 3)의 2개

(iii) $c=3$일 때,

$a+3b=10$이므로 순서쌍 (a, b)의 개수는 (1, 3), (4, 2)의 2개

(iv) $c=4$일 때,

$a+3b=5$이므로 순서쌍 (a, b)의 개수는 (2, 1)의 1개

(i)~(iv)에서 순서쌍 (a, b, c)의 개수는

$2+2+2+1=7$

J 08 정답 ② ·········· 방정식과 부등식의 해의 개수

> **정답 공식**: 세 변의 길이를 $x, y, z(x \le y \le z)$라 놓고 $x+y+z=15$, $x+y>z$ 를 만족하는 순서쌍 (x, y, z)의 개수를 z의 값에 따라 경우를 나누어 구한 뒤 모두 더한다.

단서 1 삼각형의 모든 변의 길이의 합을 15로 놓고 식을 세워.

길이가 같은 15개의 성냥개비를 모두 사용하여 만들 수 있는 서로 다른 삼각형의 개수는? (단, 합동인 삼각형은 하나로 센다.) **단서 2** 삼각형이 될 조건을 만족하도록 각 변에 사용되는 성냥개비의 개수를 생각해.

① 6 ② 7 ③ 8
④ 9 ⑤ 10

1st 삼각형에 사용된 성냥개비의 개수를 각각 $x, y, z(x \le y \le z)$라 놓고 삼각형이 될 조건을 생각해!

삼각형의 세 변에 사용된 성냥개비의 개수를 $x, y, z \ (x \le y \le z)$라 하면

$x+y+z=15$, $x+y>z$

따라서 $3z \ge x+y+z=15$에서 $z \ge 5$이고,

$z \ge y \ge x$이니까 $x+y+z$보다 $3z$가 크거나 같게 돼.

주의 $x+y+z=15$만 만족한다고 삼각형의 세 변의 길이가 될 수는 없지. 삼각형에서 가장 긴 변의 길이는 나머지 두 변의 길이의 합보다 작다는 것을 부등식으로 표현한 거야.

$2z<x+y+z=15$

$x+y>z$이니까 양변에 z를 더하면 $x+y+z>2z$가 돼.

$5 \le z < \dfrac{15}{2}$

$\therefore z=5, 6, 7$

2nd z의 값 5, 6, 7에 대해 자연수의 순서쌍의 (x, y, z)를 찾아 봐!

(i) $z=5$일 때,

$x+y=10$, $x \le y \le 5$이므로

$x+y+z=15$의 해의 순서쌍 (x, y, z)는 (5, 5, 5)의 1가지

(ii) $z=6$일 때,

$x+y=9$, $x \le y \le 6$이므로

$x+y+z=15$의 해의 순서쌍 (x, y, z)는 (3, 6, 6), (4, 5, 6)의 2가지

(iii) $z=7$일 때,

$x+y=8$, $x \le y \le 7$이므로

$x+y+z=15$의 해의 순서쌍 (x, y, z)는

(1, 7, 7), (2, 6, 7), (3, 5, 7), (4, 4, 7)의 4가지

따라서 구하는 삼각형의 개수는

$1+2+4=7$

J 09 정답 ② ·········· 도로망에서의 경우의 수

> **정답 공식**: 도시 B 또는 C를 지나는 경우와 도시 D로 바로 가는 경우로 나누어 각각의 경우의 수를 모두 구해 더한다.

그림은 네 도시 A, B, C, D를 연결하는 길을 나타낸 것이다. A 도시에서 출발하여 D 도시로 가는 모든 경우의 수는? **단서** A 도시에서 D 도시로 갈 때 선택할 수 있는 경로들을 먼저 생각해 봐!

(단, 같은 도시는 두 번 지나지 않는다.)

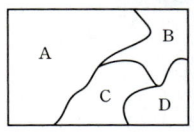

① 12 ② 13 ③ 14 ④ 15 ⑤ 16

1st A에서 D까지 갈 때 B를 지나는 경우, 아무 도시도 지나지 않는 경우, C를 지나는 경우를 나누어 생각해 봐.

A 도시에서 출발하여 D 도시로 가는 경로는

$A \to B \to D$, $A \to D$, $A \to C \to D$의 세 가지 중 하나이다.

(i) 경로 $A \to B \to D$를 선택할 때의 경우의 수는 $3 \times 2=6$

(ii) 경로 $A \to D$를 선택할 때의 경우의 수는 1

(iii) 경로 $A \to C \to D$를 선택할 때의 경우의 수는 $2 \times 3=6$

(i)~(iii)은 동시에 일어날 수 없으므로 구하는 방법의 수는

$6+1+6=13$ 합의 법칙을 이용해.

J 10 정답 ② ·········· 도형에 색칠하는 방법의 수

> **정답 공식**: 인접한 영역이 가장 많은 B 또는 C를 색칠하는 경우의 수를 구한 뒤, 나머지 영역을 색칠하는 경우의 수를 구해 곱한다.

오른쪽 그림과 같은 네 영역 A, B, C, D에 노랑, 초록, 빨강, 파랑의 4가지 색 중 어느 한 색을 칠하려고 한다. 이때, 네 영역 A, B, C, D에 색을 칠하는 방법의 수는? (단, 이웃한 영역은 서로 다른 색을 칠한다.) **단서** 한 영역을 기준으로 하여 색칠할 수 있는 방법의 수를 구한 뒤 인접한 영역을 대상으로 차례대로 구해 나가면 돼.

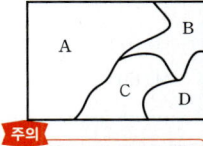

① 36 ② 48 ③ 52
④ 60 ⑤ 72

1st A, B, C, D의 순서로 색을 칠해나가는 경우의 수를 구해.

먼저 A, B, C, D의 순서대로 색을 칠한다고 할 때, A 영역에 칠할 수 있는 색은 노랑, 초록, 빨강, 파랑의 4가지이다.

그 각각의 경우에 대하여 B 영역에 칠할 수 있는 색은 A 영역에 칠한 색을 제외한 3가지,

B 영역은 A 영역뿐 아니라 C 영역도 인접해 있지만 A부터 차례대로 색을 칠하고 있기 때문에 이미 칠한 A영역만 신경써주면 돼.

주의 각 색을 한 번씩만 사용한다는 말이 없다는 것에 주의해.

그 각각의 경우에 대하여 C 영역에 칠할 수 있는 색은 A, B의 두 영역에 칠한 색을 제외한 2가지

D 영역에 칠할 수 있는 색은 B, C의 두 영역과 구분되면 되므로 A에서 사용한 색을 다시 사용할 수 있다.

앞에서 색칠한 각각의 경우에 대하여 D 영역에 칠할 수 있는 색은 B, C의 두 영역에 칠한 색을 제외한 2가지

따라서 구하는 경우의 수는

$4 \times 3 \times 2 \times 2=48$

[곱의 법칙]
두 사건 A, B가 일어나는 경우의 수가 각각 m, n이면
사건 A, B가 잇달아 일어나는 경우의 수는 $m \times n$

모의 J 11 정답 ① ····················· 수형도를 이용하는 경우의 수

(**정답 공식**: A → B인 경우와 A → F인 경우를 나누어 수형도를 그려본다.)

오른쪽 그림은 정육면체의 뚜껑이 열려 있는 상태를 나타낸 것이다. 꼭짓점 A에서 출발하여 변을 따라 꼭짓점 I까지 가는 데 한 번 지나간 꼭짓점은 다시 지나가지 않는다고 할 때, <mark>꼭짓점 A에서 꼭짓점 I까지 최단거리로 모서리를 따라가는 방법의 수는?</mark> [단서] 모서리를 따라 최단거리로 이동하는 경우의 수는 수형도로 나타내면 쉽게 해결할 수 있어!

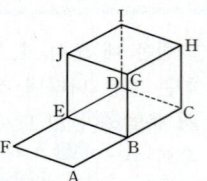

①8   ② 9   ③ 10
④ 11   ⑤ 12

[1st] A에서 출발하여 I까지 가는 수형도를 그려보자.

수형도를 그리면

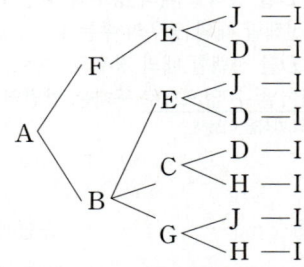

∴ (A에서 I까지 최단거리로 가는 방법의 수)=8

[실수] A에서 I까지 이르는 최단거리는 4야.

모의 J 12 정답 ③ ····················· 지불 방법과 지불 금액의 수

[**정답 공식**: 지불 방법의 수는 각 화폐의 개수를 l, m, n이라 할 때, $(l+1)(m+1)(n+1)-1$이다.]

100원짜리 동전 2개, 50원짜리 동전 3개, 10원짜리 동전 4개의 일부 또는 전부를 사용하여 <mark>지불하는 방법의 수는?</mark> (단, 0원을 지불하는 경우는 제외한다.) [단서] 금액의 지불 방법의 수는 사용하는 각각의 화폐를 하나도 사용하지 않는 경우부터 모두 사용하는 경우로 나눠 생각하면 돼!

① 57   ② 58   ③59
④ 60   ⑤ 61

[1st] 한 종류의 동전마다 하나도 사용하지 않을 때부터 전부 다 사용하는 경우까지 방법의 수를 구하고, 곱의 법칙을 이용해.

┌─ 0개를 지불하는 것도 지불하는 방법의 수에 포함시켜.

100원짜리 동전 2개를 지불하는 방법은 0개, 1개, 2개의 3가지
50원짜리 동전을 3개를 지불하는 방법은 0개, 1개, 2개, 3개의 4가지
10원짜리 동전을 4개를 지불하는 방법은 0개, 1개, 2개, 3개, 4개의 5가지
이때, 구한 금액의 전체 지불 방법의 수에서 0원을 지불하는 경우 1가지는 빼야 한다. [100원짜리, 50원짜리, 10원짜리 모두 0개를 지불할 경우 지불하는 금액은 0원이야.]
따라서 구하는 방법의 수는
$3 \times 4 \times 5 - 1 = 59$

모의 J 13 정답 13 ····················· 경우의 수

(**정답 공식**: 첫 문자가 x, y, z인 경우 각각에 대해 수형도를 그려 개수를 파악한다.)

[단서] 첫 번째 문자가 x, y, z일 때로 나눠서 생각해 봐

세 문자 x, y, z로 중복을 허락하여 세 자리의 문자열을 만들 때, 다음 조건을 모두 만족시키는 문자열의 개수를 구하시오.

(가) x 바로 다음에는 z가 온다.
(나) y 바로 다음에는 x 또는 z가 온다.
(다) z 바로 다음에는 x 또는 y 또는 z가 온다.

[1st] 첫 번째 문자가 x 또는 y 또는 z일 때의 경우를 나누어서 생각하자. 각각에 대하여 조건을 만족하는 문자열의 개수를 구해봐.

조건에 맞는 세 자리의 문자열의 개수는
(i) 첫 번째 문자가 x일 때
x 바로 다음에는 z가 오고, z 바로 다음에는 x, y, z 모두 올 수 있다.
∴ xzx, xzy, xzz의 3개

의 수형도를 그려서 구할 수도 있어. $x-z \begin{cases} x \\ y \\ z \end{cases}$

(ii) 첫 번째 문자가 y일 때
y 바로 다음에는 x 또는 z가 오고,
┌ x가 온 경우 x 바로 다음에는 z가,
└ z가 온 경우 z 바로 다음에는 x, y, z 모두 올 수 있다.
∴ yxz, yzx, yzy, yzz의 4개 ··· **❶**

(iii) 첫 번째 문자가 z일 때
z 바로 다음에는 x, y, z 모두 올 수 있고
┌ x가 온 경우 x 바로 다음에는 z가,
├ y가 온 경우 y 바로 다음에는 x 또는 z가,
└ z가 온 경우 z 바로 다음에는 x, y, z 모두 올 수 있다.
∴ zxz, zyx, zyz, zzx, zzy, zzz의 6개 ··· **❷**

따라서 구하는 문자열의 개수는
$3+4+6=13$이다. ··· **❸**

[채점 기준표]

❶ 첫 번째 문자가 x일 때와 y일 때, 각각 조건을 만족하는 문자열의 개수를 구한다.		40%
❷ 첫 번째 문자가 z일 때, 조건을 만족하는 문자열의 개수를 구한다.		30%
❸ 조건을 만족하는 문자열의 개수를 구한다.		30%

[수능 핵강]

✴ **수형도를 이용하여 조건에 맞게 직접 나열하기**

어떠한 대상을 주어진 조건에 맞게 나열하는 문제는 특별한 공식을 적용할 수 없어. 따라서 직접 나열하여 개수를 세어야 해.
이럴 때 가장 편리한 것이 수형도야. 이 문제도 수형도를 이용하면 빼먹지 않고 모든 경우를 나열할 수 있어.

(i) $x - z \begin{cases} x \\ y \\ z \end{cases}$

(ii) $y \begin{cases} x - z \\ z \begin{cases} x \\ y \\ z \end{cases} \end{cases}$

(iii) $z \begin{cases} x - z \\ y \begin{cases} x \\ z \end{cases} \\ z \begin{cases} x \\ y \\ z \end{cases} \end{cases}$

모의 K 01   정답 ④ ·· 조합의 수

> **정답 공식:** $a+b$가 홀수이려면 a, b중 하나만 홀수여야 하므로, 이를 만족하는 순서쌍 (a, b)의 개수를 구한다.

한 개의 주사위를 두 번 던져 나온 눈의 수를 차례로 a, b라 할 때, **$a+b$의 값이 홀수인 순서쌍 (a, b)의 개수는?**
> **단서** $a+b$의 값이 홀수가 되는 경우는 두 수 중 하나만 홀수인 경우야.

① 9   ② 12   ③ 15
④ 18   ⑤ 21

1st a와 b 중 하나는 홀수, 하나는 짝수인 경우의 수를 구하자.

$a+b$의 값이 홀수가 되려면 a, b 중 하나만 홀수이어야 한다.
(i) a가 홀수, b가 짝수인 경우의 수는
$${}_3C_1 \times {}_3C_1 = 3 \times 3 = 9$$
→ 주사위의 눈 1, 2, 3, 4, 5, 6 중 홀수가 3개, 짝수가 3개야.
(ii) a가 짝수, b가 홀수인 경우의 수는
$${}_3C_1 \times {}_3C_1 = 3 \times 3 = 9$$
(i), (ii)에서 순서쌍 (a, b)의 개수는
$$9 + 9 = 18$$

모의 K 02   정답 ⑤ ···················· 자리에 대한 조건이 있는 순열의 수

> **정답 공식:** 동욱과 수경 사이에 2명을 앉히는 방법의 수와 동욱과 수경이 자리를 바꾸는 방법의 수, 4명을 한 묶음으로 생각해 3명을 일렬로 앉히는 방법의 수를 모두 곱한다.

동욱이와 수경이를 포함한 6명을 같은 6개의 의자에 일렬로 앉힐 때, **동욱이와 수경이 사이에 2명만 앉는 방법의 수는?**
> **단서** 동욱이와 수경이 사이에 2명만 앉으려면 (동욱, ○, ○, 수경)을 한 묶음으로 생각해 봐!

① 100   ② 111   ③ 122   ④ 133   ⑤ 144

1st (동욱, ○, ○, 수경)을 한 묶음으로 생각해봐.

(동욱, ○, ○, 수경)을 한 묶음으로 생각하여 3명을 일렬로 앉히는 방법의 수는 $3! = 6$
→ (동욱, ○, ○, 수경), ○, ○ 처럼 6명 중 4명을 한 사람처럼 생각하면 나머지 2명과 함께 3명이라고 생각하면 돼.

동욱이와 수경이 사이에 2명을 앉히는 방법의 수는
$${}_4P_2 = 12$$

> **함정** 동욱이와 수경이 사이에 있지 않은 2명은 위에서 3명을 일렬로 앉히는 경우의 수에서 생각되었기 때문에 동욱이와 수경이 사이의 2명에 대해서만 순열을 따지는 거야.

동욱이와 수경이가 자리를 바꾸는 방법의 수는 $2! = 2$
따라서 구하는 방법의 수는 $6 \times 12 \times 2 = 144$

모의 K 03   정답 ⑤ ·· 순열의 수

> **정답 공식:** $12!$을 소인수분해한 뒤, 각 소인수들이 분자 또는 분모에만 위치하여야 하고, 1보다 큰 수와 1보다 작은 수가 절반씩 존재함을 이용한다.

> **단서 1** $12!$을 먼저 소인수분해해서 정리해 봐!

분자와 분모의 곱이 $12!$인 기약분수 중에서 0과 1 사이에 있는 기약분수의 개수는?
> **단서 2** 소인수를 분자와 분모가 모두 포함하게 되면 기약분수가 아니잖아!

① 8   ② 10   ③ 12   ④ 14   ⑤ 16

1st $12!$의 소인수를 구해보자.

$12! = 2^{10} \times 3^5 \times 5^2 \times 7 \times 11$이므로
$12!$의 소인수는 2, 3, 5, 7, 11의 5개이다.

2nd $12!$의 소인수에 대하여 각각 분자나 분모 중 한 쪽에만 속하는 경우의 수를 구하자.

이 소인수를 분자와 분모가 모두 포함하게 되면 기약분수가 아니므로 이 소인수들은 분자나 분모 중 어느 한 쪽에만 속해야 한다.
예를 들어 분모의 소인수가 2뿐이면 분자의 소인수 중에는 2가 포함되면 안 되고 3, 5, 7, 11이 모두 있어야 해.
따라서 분자와 분모의 곱이 $12!$인 기약분수의 개수는 $2^5 = 32$이고 이들 중 0과 1 사이의 수는 전체의 반이므로 구하는 기약분수의 개수는
$$\frac{32}{2} = 16$$
→ 2, 3, 5, 7, 11의 5개의 숫자를 둘로 나누는 경우의 수야. 각 숫자별로 분모 아니면 분자 중 한 곳에 배치되므로 각각 2가지 경우야.

 실수 기약분수 중 1인 것은 없고, $\frac{\Box}{\Box}$이 1보다 크다면 $\frac{\Box}{\Box}$은 1보다 작을 수 밖에 없기 때문에 2로 나누어주는 거야.

모의 K 04   정답 ⑤ ·· 조합의 수

> **정답 공식:** 각 색깔의 공을 3개 꺼내는 경우를 조합을 이용해 구한다.

주머니 안에 빨간 공 4개, 파란 공 3개, 노란 공 5개가 들어 있다. 이 중에서 3개의 공을 꺼낼 때, **모두 같은 색의 공을 꺼내는 방법의 수는?**
> **단서** 모두 같은 색의 공을 꺼내려면 빨간 공, 파란 공, 노란 공에서 각각 3개 꺼내는 경우를 생각해봐!

① 11   ② 12   ③ 13
④ 14   ⑤ 15

1st 빨간 공만 3개 꺼내거나 파란 공만 3개 꺼내거나 노란 공만 3개 꺼내는 방법의 수를 각각 구해보자.

(i) 빨간 공을 3개 꺼내는 방법의 수는 ${}_4C_3 = {}_4C_1 = 4$ → ${}_nC_r = {}_nC_{n-r}$
(ii) 파란 공을 3개 꺼내는 방법의 수는 ${}_3C_3 = 1$
(iii) 노란 공을 3개 꺼내는 방법의 수는 ${}_5C_3 = {}_5C_2 = \dfrac{5 \times 4}{2 \times 1} = 10$
따라서 구하는 방법의 수는
$$4 + 1 + 10 = 15$$

 모의고사 **K**

모의 K 05   정답 ③ ·· 조합의 수

> **정답 공식:** ${}_nC_r = {}_nC_{n-r}$

$_{10}C_{r+1} = {}_{10}C_{2r}$를 만족시키는 모든 자연수 r의 값의 합은?
> **단서** $r+1 = 2r$일 때도 성립하지만 조합의 성질에 의해 $r+1+2r = 10$일 때도 성립해.

① 2   ② 3   ③ 4
④ 5   ⑤ 6

1st 조합의 성질을 이용하여 r의 값을 구해.

$_{10}C_{r+1} = {}_{10}C_{2r}$가 성립할 조건은
$r+1 = 2r$ 또는 $\underbrace{r+1+2r = 10}_{{}_nC_r = {}_nC_{n-r}}$이다.
(i) $r+1 = 2r$에서 $r = 1$
(ii) $r+1+2r = 10$에서 $3r = 9$ ∴ $r = 3$
(i), (ii)에서 모든 r의 값의 합은
$$1 + 3 = 4$$

K 06 정답 ④ ················ '적어도'의 조건이 있는 순열의 수

(**정답 공식**: 전체 탑승하는 경우에서 각자 하나의 차를 타고 가는 경우의 수를 뺀다.)

네 사람이 5대의 승용차 A, B, C, D, E를 이용하여 같이 타고 가거나 각자 타고 가려고 한다. 이때, 적어도 두 사람이 승용차를 같이 타고 가는 경우의 수는? [단서] '적어도' 이면 여사건을 생각해 봐!

① 490   ② 495   ③ 500
④ 505   ⑤ 510

[1st] 네 사람이 대의 승용차를 타고 가는 경우의 수를 구해.

적어도 두 사람이 승용차를 같이 타고 가는 경우의 수는 전체의 경우의 수에서 각자 서로 다른 승용차를 타고 가는 방법의 수를 빼서 구할 수 있다.

네 사람이 승용차를 타고 갈 수 있는 모든 방법의 수는

$5^4 = 625$ → 한 사람이 타고 갈 수 있는 승용차의 종류는 5가지이고 4명 모두가 동시에 5가지를 선택할 수 있기 때문에 $5 \times 5 \times 5 \times 5 = 5^4$이야.

[2nd] 네 사람이 모두 다른 승용차를 타고 가는 경우의 수를 구해.

이때, 네 사람이 모두 각자 서로 다른 승용차를 타고 가는 방법의 수는

$_5P_4 = 120$ [주의] 단순히 승용차 5대 중 4대를 고르는 것이 아니라, 순서를 생각해야 하기 때문에 조합이 아니라 순열을 사용했어.

따라서 적어도 두 사람이 승용차를 같이 타고 가는 경우의 수는

$625 - 120 = 505$

K 07 정답 ④ ············· '적어도'의 조건이 있는 조합의 수

(**정답 공식**: 전체 경우의 수에서 3학년 학생만 뽑는 경우의 수를 구해 뺀다.)

어느 고등학교 동아리의 1학년 학생 3명, 2학년 학생 3명, 3학년 학생 4명 중에서 세 명을 뽑아 캠페인 활동을 하려고 한다. 1학년 학생 또는 2학년 학생이 적어도 1명 포함되도록 뽑는 방법의 수는? [단서] (전체 경우의 수) − (사건이 일어나지 않는 경우의 수)로 경우의 수를 구해.

① 104   ② 108   ③ 112
④ 116   ⑤ 120

[1st] 전체 학생 중에서 3명을 뽑는 경우의 수를 구해.

적어도 한 명이 1학년 또는 2학년 학생으로 구성되는 경우의 수는 전체 이 경우를 직접 구하려면 여러 경우를 다 생각해야 하니까 복잡해져. 예를 들어, 1학년 학생이 1명 포함되는 경우 2학년 학생이 0명, 1명, 2명 포함되는 경우를 다 생각해 줘야 해.

경우의 수에서 1학년 학생과 2학년 학생을 한 명도 뽑지 않는 경우의 수, 즉 3학년 학생 중에서만 3명을 뽑는 경우의 수를 빼서 구할 수 있다. 동아리의 회원 수가 모두 10명이므로 10명 중 3명을 뽑는 방법의 수는

$_{10}C_3 = \dfrac{10 \times 9 \times 8}{3 \times 2 \times 1} = 120$

[2nd] 3학년 학생들 중에서만 3명을 뽑는 경우의 수를 구해.

이때, 세 명을 모두 3학년 학생으로만 뽑는 경우의 수는

$_4C_3 = _4C_1 = 4$이므로 구하는 경우의 수는

$120 - 4 = 116$

K 08 정답 ⑤ ············· 사전식으로 배열하는 방법의 수

(**정답 공식**: 조건을 만족시키는 수 중 천의 자리가 3이고 백의 자리가 5 이상인 수와 천의 자리가 4, 5, 6, 7인 수의 경우를 나누어 각각의 개수를 구한 뒤 더한다.)

7개의 숫자 1, 2, 3, 4, 5, 6, 7에서 서로 다른 4개를 사용하여 네 자리의 정수를 만들 때, 3500보다 큰 수는 모두 몇 개인가? [단서] 7000, 6000, 5000, 4000인 경우를 먼저 생각해 봐!

① 500   ② 510   ③ 520   ④ 530   ⑤ 540

[1st] 천의 자리의 수가 4 이상인 네 자리 자연수의 개수를 구해봐.

3500보다 큰 수는 다음과 같다.

(ⅰ) 7○○○, 6○○○, 5○○○, 4○○○인 경우
천의 자리의 숫자를 제외한 나머지 6개의 숫자에서 3개를 택하여 배열하면 되므로 그 개수는
$4 \times _6P_3 = 4 \times 6 \times 5 \times 4 = 480$

[2nd] 천의 자리의 수가 3일 때 3500보다 큰 자연수의 개수를 구해봐.

(ⅱ) 37○○, 36○○, 35○○인 경우
천의 자리, 백의 자리의 숫자를 제외한 나머지 5개의 숫자에서 2개를 택하여 배열하면 되므로 그 개수는
$3 \times _5P_2 = 3 \times 5 \times 4 = 60$

(ⅰ), (ⅱ)에 의해 구하는 정수는 $480 + 60 = 540$

🎲 **다른 풀이**: 모든 네 자리 자연수의 개수에서 3500보다 작은 자연수의 개수를 빼서 구하기

7개의 숫자로 만들 수 있는 네 자리의 정수의 개수는
$_7P_4 = 7 \times 6 \times 5 \times 4 = 840$

3500보다 작은 수는 다음과 같아.

(ⅰ) 1○○○, 2○○○
$2 \times _6P_3 = 2 \times 6 \times 5 \times 4 = 240$
(ⅱ) 31○○, 32○○, 34○○
$3 \times _5P_2 = 3 \times 5 \times 4 = 60$

따라서 구하는 정수의 개수는 $840 - 240 - 60 = 540$

⚙ **조합의 수**   개념·공식

① $_nC_r = \dfrac{_nP_r}{r!} = \dfrac{n!}{r!(n-r)!}$

② $_nC_r = _nC_{n-r}$

③ $_nC_0 = 1$, $_nC_n = 1$

K 09 정답 ⑤ ············· 조합을 이용한 도형에서의 경우의 수

(**정답 공식**: 주어진 정사각형을 좌표평면에 그린 다음, 전체 경우의 수에서 선분 OA와 교점이 없는 선분을 만드는 경우의 수를 뺀다.)

[단서] 정사각형의 둘레 및 내부에 있는 x좌표, y좌표가 정수인 점을 표시해봐! 좌표평면에서 점 A(5, 5)와 원점 O를 이은 선분을 대각선으로 하는 정사각형의 둘레 및 내부에 x좌표, y좌표가 정수인 서로 다른 두 점을 이어 선분을 만든다. 이때, 이 선분과 선분 OA가 교점을 갖도록 서로 다른 두 점을 정하는 방법의 수는?

① 300   ② 330   ③ 360
④ 390   ⑤ 420

1st 정사각형의 내부에서 y좌표와 좌표가 모두 정수인 점들 중 2개를 선택하는 경우의 수를 구해보자.

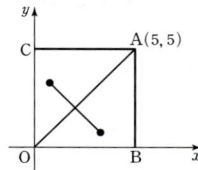

그림에서 □OBAC의 둘레와 내부에 있고, x좌표와 y좌표가 정수인 점의 개수는 모두 $6 \times 6 = 36$이다. $\quad 0 \le x \le 5, \, 0 \le y \le 5$이므로

선분을 정하는 모든 방법의 수는

$$_{36}C_2 = \frac{36 \times 35}{2 \times 1} = 630$$

2nd 선분 OA와 교점이 생기지 않는 경우의 수를 구해. 전체의 경우에서 이 경우를 빼주면 돼.

이 중에서 이 선분이 선분 OA와 교점을 갖지 않으려면 서로 다른 두 점이 모두 선분 OA의 위쪽 또는 아래쪽에 있어야 하므로 그 방법의 수는

$$_{15}C_2 \times 2 = \frac{15 \times 14}{2 \times 1} \times 2$$
$$= 210$$

→ 선분 OA를 중심으로 위쪽 또는 아래쪽에 각각 15개씩의 점이 있어.

따라서 구하는 경우의 수는
$$630 - 210 = 420$$

정답 ③ ···················· 조합의 수

(**정답 공식**: 자기 좌석에 앉는 세 명을 고르는 경우와, 남은 세 명이 자기 자리에 앉지 않도록 배열하는 경우의 수를 구해 곱한다.)

> **단서 1** 6명의 학생 중 자기 좌석에 앉는 3명을 먼저 정해 봐!
> 어느 극장에는 각 열에 A, B, C, D, E, F의 좌석 표시가 붙은 6개의 좌석이 놓여 있다. 6명의 학생이 A, B, C, D, E, F가 적혀 있는 표를 한 장씩 나누어 갖고 지정된 열에서 좌석 표시를 확인하지 않고 앉기로 할 때, 세 명은 자기 좌석에 앉고 다른 세 명은 다른 사람의 좌석에 앉게 되는 경우의 수는?
> **단서 2** 나머지 3명이 다른 좌석에 앉는 경우를 직접 찾아 봐!
> ① 24   ② 32   ③ 40
> ④ 48   ⑤ 56

1st 자기 좌석에 앉을 세 명을 정하는 경우의 수를 구해.

자기 좌석에 앉는 세 명을 결정하는 경우의 수는

$$_6C_3 = \frac{6 \times 5 \times 4}{3 \times 2 \times 1} = 20$$

→ 결정된 3명은 자신이 갖고 있는 표에 적힌 좌석에 그대로 앉으면 되므로 3명을 선택하기만 하면 돼.

2nd 나머지 세 명이 다른 사람의 좌석에 앉게 되는 경우의 수를 구해.

예를 들어 A, B, C가 적혀 있는 표를 가지고 있는 학생 세 명이 자기 좌석에 앉았을 때, 다른 D, E, F가 적혀 있는 표를 가지고 있는 학생 세 명이 다른 사람의 좌석에 앉는 경우는 오른쪽 표와 같이 2가지가 있다.

좌석표	A	B	C	D	E	F
앉은	A	B	C	E	F	D
좌석	A	B	C	F	D	E

따라서 구하는 경우의 수는
$$20 \times 2 = 40$$

함정 위처럼 표를 그리거나 수형도를 그려서 직접 구하는 수 밖에 없어.

정답 ⑤ ···················· 순열의 수

(**정답 공식**: 백의 자리에 0이 올 수 없음에 주의하여 순열을 이용한다.)

> 0, 1, 2, 3, 4, 5의 여섯 개의 숫자 중 서로 다른 세 수를 사용하여 만들 수 있는 세 자리의 자연수의 개수는?
> **단서** 0은 백의 자리에 올 수 없지?
> ① 20   ② 40   ③ 60
> ④ 80   ⑤ 100

1st 세 자리의 자연수의 개수를 구해.

0, 1, 2, 3, 4, 5의 여섯 개의 숫자 중 백의 자리에는 0이 아닌 1, 2, 3, 4, 5의 다섯 개의 숫자를 사용할 수 있고, 십의 자리와 일의 자리에는 백의 자리에 사용하지 않은 나머지 다섯 개의 숫자 중 2개의 수를 나열하면 된다.

순열을 이용해.

따라서 구하는 세 자리의 자연수의 개수는

$$5 \times {}_5P_2 = 5 \times (5 \times 4) = 100$$

동시에 일어나므로 곱의 법칙을 이용해야지.

정답 ② ······ 특정한 것을 포함하거나 포함하지 않는 조합의 수

(**정답 공식**: 흰 구슬을 먼저 배치한 후, 양 끝과 흰 구슬 사이사이에 검은 구슬을 나열하는 경우의 수를 구한다.)

> 서로 같은 모양의 흰 구슬 7개와 검은 구슬 3개를 일렬로 나열할 때, 검은 구슬이 서로 이웃하지 않도록 나열하는 경우의 수는?
> **단서** 이웃하지 않도록 나열하는 경우는 이웃해도 되는 것을 먼저 나열하고 나머지를 그 사이사이에 나열하면 되잖아!
> ① 54   ② 56   ③ 58   ④ 60   ⑤ 62

1st 흰 구슬을 먼저 나열하고 그 사이사이에 검은 구슬을 나열하면 되지?

검은 구슬이 서로 이웃하지 않도록 나열하는 방법은 흰 구슬 7개를 먼저 나열하고 흰 구슬 사이사이에 검은 구슬을 나열하면 된다.

$$\vee O \vee O \vee O \vee O \vee O \vee O \vee O \vee$$

위와 같이 ∨ 표시가 있는 8곳 중 3곳을 택하여 검은 구슬을 나열하면 검은 구슬이 서로 이웃하지 않게 된다.

$$\therefore {}_8C_3 = \frac{8 \times 7 \times 6}{3 \times 2 \times 1} = 56$$

주의 구별되지 않는 동일한 구슬들이기 때문에 순열이 아니라 조합을 이용한 거야.

⚙ **특정한 것을 포함하거나 포함하지 않는 조합의 수**   개념·공식

(1) 특정한 것이 반드시 포함되는 경우
   특정한 것을 이미 뽑았다고 생각하고 나머지에서 필요한 것을 뽑는다.
(2) 서로 다른 n개에서 r개를 뽑을 때
   ① 특정한 k개를 포함하여 r개를 뽑는 경우의 수: $_{n-k}C_{r-k}$
   ② 특정한 k개를 제외하고 r개를 뽑는 경우의 수: $_{n-k}C_r$

정답 공식: x축, y축 위에서 각각 두 개의 점을 골라 교점이 생기도록 이을 수 있으므로, 조합을 이용해 경우의 수를 구한다.

오른쪽 그림과 같이 x축, y축 위에 각각 5개와 3개의 점이 일정한 간격으로 놓여 있다. x축과 y축 위에 있는 점을 이어서 만든 **두 직선의 교점**이 제1사분면에서 생기도록 하는 방법의 수는?

단서 두 직선의 교점이 제1사분면에서 생기려면 x축 위의 두 점, y축 위의 두 점을 선택해야 해.

① 24　　② 26　　③ 28　　④ 30　　⑤ 32

1st x축의 점 2개와 y축의 점 2개가 있으면 제1사분면에서 교점이 생기도록 두 개의 직선을 그릴 수 있지?

x축 위의 두 점, y축 위의 두 점을 선택하여 그림과 같이 직선을 이으면 1개의 교점이 제1사분면에 생기게 된다.

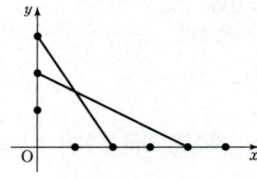

따라서 구하는 방법의 수는

$${}_5C_2 \times {}_3C_2 = \frac{5 \times 4}{2 \times 1} \times {}_3C_1 = 10 \times 3 = 30$$

K 14 정답 1440 ·········· 뽑아서 나열하는 방법의 수

정답 공식: 홀수, 짝수를 2개씩 고르는 경우의 수를 구하고, 이들을 나열하는 경우의 수를 구해 곱한다.

1부터 9까지의 숫자 중에서 서로 다른 4개의 숫자를 사용하여 비밀번호를 만들 때, **홀수 2개와 짝수 2개로 이루어진** 비밀번호의 개수를 구하는 과정을 서술하시오.

단서 1부터 9까지 숫자 중에서 홀수 1, 3, 5, 7, 9와 짝수 2, 4, 6, 8로 나누고 홀수 2개와 짝수 2개를 선택하여 나열하는 방법의 수를 생각하면 돼!

1st 홀수 중 2개, 짝수 중 2개를 선택하는 방법의 수를 구하자.

홀수 1, 3, 5, 7, 9 중에서 2개를 선택하는 방법의 수는

$${}_5C_2 = \frac{5 \times 4}{2 \times 1} = 10$$

짝수 2, 4, 6, 8 중에서 2개를 선택하는 방법의 수는

$${}_4C_2 = \frac{4 \times 3}{2 \times 1} = 6 \cdots$$ ❶

2nd 네 개의 수를 나열하는 방법의 수를 구하자.

홀수 2개, 짝수 2개를 나열하는 방법의 수는

$$4! = 4 \times 3 \times 2 \times 1 = 24 \cdots$$ ❷　비밀번호는 숫자의 순서가 중요하니까 나열하는 방법의 수를 구해야 해.

따라서 비밀번호의 개수는

$$10 \times 6 \times 24 = 1440 \cdots$$ ❸

[채점 기준표]

❶ 홀수 2개와 짝수 2개를 선택하는 방법의 수를 구한다.	40%
❷ 네 개의 수를 나열하는 방법의 수를 구한다.	30%
❸ 비밀번호의 개수를 구한다.	30%

 L 내신+학평 대비 단원별 모의고사 문제편 p.344

L 01 정답 ④ ·········· 행렬의 성분

정답 공식: 행렬의 성분의 식에 $i=1, 2$, $j=1, 2$를 차례로 대입한다.

이차정사각행렬 A의 (i, j) 성분 a_{ij}를

$$a_{ij} = ij + 1 \ (i=1, 2, \ j=1, 2)$$

단서 행렬의 정의에 따라 행렬 A의 네 성분을 각각 구해.

라 하자. 행렬 A의 모든 성분의 합은?

① 10　　② 11　　③ 12
④ 13　　⑤ 14

1st 행렬 A의 모든 성분의 합을 구해.

$a_{ij}=ij+1$의 i, j에 $i=1, 2$, $j=1, 2$를 각각 대입하면

행렬에서 제 i행과 제 j열이 만나는 위치의 성분을 기호로 a_{ij}와 같이 나타낸다.

$a_{11} = 1 \times 1 + 1 = 2$

$a_{12} = 1 \times 2 + 1 = 3$

$a_{21} = 2 \times 1 + 1 = 3$

$a_{22} = 2 \times 2 + 1 = 5$

따라서 $A = \begin{pmatrix} a_{11} & a_{12} \\ a_{21} & a_{22} \end{pmatrix} = \begin{pmatrix} 2 & 3 \\ 3 & 5 \end{pmatrix}$이므로

행렬 A의 모든 성분의 합은 $2+3+3+5=13$이다.

L 02 정답 ④ ·········· 행렬의 실수배

정답 공식: $A = \begin{pmatrix} a & b \\ c & d \end{pmatrix}$와 실수 k에 대하여 $kA = \begin{pmatrix} ka & kb \\ kc & kd \end{pmatrix}$

행렬 $A = \begin{pmatrix} 1 & 2 \\ 2 & -1 \end{pmatrix}$에 대하여 행렬 $2A$의 모든 성분의 합은?

단서 식에 행렬을 대입하여 계산해.

① 2　　② 4　　③ 6
④ 8　　⑤ 10

1st 행렬 $2A$를 구하자.

$2A = 2 \begin{pmatrix} 1 & 2 \\ 2 & -1 \end{pmatrix} = \begin{pmatrix} 2 & 4 \\ 4 & -2 \end{pmatrix}$이므로 모든 성분의 합은

$2+4+4-2=8$

L 03 정답 ② ·········· 행렬의 곱셈

정답 공식: 행렬 AB는 행렬 A의 제 i행의 성분과 행렬 B의 제 j열의 성분을 각각 차례로 곱하여 더한 값을 (i, j)성분으로 하는 행렬이다.

등식 $\begin{pmatrix} a & b \\ a^2 & b^2 \end{pmatrix}\begin{pmatrix} 1 \\ 1 \end{pmatrix} = \begin{pmatrix} 5 \\ 13 \end{pmatrix}$이 성립할 때, $(a^2+a)(b^2+b)$의 값은?

단서 연립이차방정식을 풀 듯이 계산해.

① 78　　② 72　　③ 66
④ 60　　⑤ 54

1st 행렬의 곱셈을 계산해.

$\begin{pmatrix} a & b \\ a^2 & b^2 \end{pmatrix}\begin{pmatrix} 1 \\ 1 \end{pmatrix} = \begin{pmatrix} a+b \\ a^2+b^2 \end{pmatrix} = \begin{pmatrix} 5 \\ 13 \end{pmatrix}$이므로

$a+b=5$, $a^2+b^2=13 \cdots$ ㉠　성분이 각각 같아야 해.

2nd $(a^2+a)(b^2+b)$의 값을 구해.

$\underline{(a^2+a)(b^2+b)}=ab(a+1)(b+1)$
공통인수로 묶어. $=ab(ab+a+b+1)$ … ㉡

즉, ab의 값을 구하면 계산할 수 있다.

곱셈 공식 $(a+b)^2=a^2+b^2+2ab$에 ㉠을 대입하면

$5^2=13+2ab$, $2ab=12$

$\therefore ab=6$

이 값을 ㉡에 대입하면

$(a^2+a)(b^2+b)=6(6+5+1)$ $(\because ㉠)$

$\qquad\qquad\qquad=6\times12=72$

L 04 정답 ③ ·· 행렬의 거듭제곱 – 규칙 찾기

(**정답 공식**: $A=\begin{pmatrix}1&0\\a&1\end{pmatrix}$이면 $A^n=\begin{pmatrix}1&0\\na&1\end{pmatrix}$)

행렬 $A=\begin{pmatrix}1&0\\3&1\end{pmatrix}$에 대하여 $A^8=\begin{pmatrix}1&0\\a&1\end{pmatrix}$일 때, a의 값은?

단서 두 행렬 A, A^8은 세 성분이 각각 같아.

① 72　　　　② 36　　　　③ 24

④ 12　　　　⑤ 9

1st A, A^2, A^3, …을 차례로 구해 보자.

$A^2=\begin{pmatrix}1&0\\3&1\end{pmatrix}\begin{pmatrix}1&0\\3&1\end{pmatrix}=\begin{pmatrix}1&0\\2\cdot3&1\end{pmatrix}$

$A^3=\begin{pmatrix}1&0\\3&1\end{pmatrix}\begin{pmatrix}1&0\\2\cdot3&1\end{pmatrix}=\begin{pmatrix}1&0\\3\cdot3&1\end{pmatrix}$

$\qquad\qquad\qquad\qquad\qquad$ 규칙이 보이지?

$\vdots$

$A^n=\begin{pmatrix}1&0\\3n&1\end{pmatrix}$

$\therefore A^8=\begin{pmatrix}1&0\\24&1\end{pmatrix}$

$\therefore a=24$

행렬 $A=\begin{pmatrix}a&b\\c&d\end{pmatrix}$에 대하여
$A^2-(a+d)A+(ad-bc)E=O$

다른 풀이: 케일리–해밀턴의 정리 이용하기

케일리–해밀턴의 정리를 적용하면 $A=\begin{pmatrix}1&0\\3&1\end{pmatrix}$에서

$A^2-(1+1)A+(1-0)E=O$

$\therefore A^2=2A-E$

$A^3=AA^2=A(2A-E)=2A^2-A=2(2A-E)-A=3A-2E$

$\vdots$　　　　　　　　　　　規則을 볼 때
$\qquad\qquad\qquad\qquad\qquad A^n=nA-(n-1)E$

$A^8=8A-7E=8\begin{pmatrix}1&0\\3&1\end{pmatrix}-\begin{pmatrix}7&0\\0&7\end{pmatrix}=\begin{pmatrix}1&0\\24&1\end{pmatrix}$

$\therefore a=24$

수능 핵강

＊케일리 – 해밀턴의 정리의 역은 일반적으로 성립하지 않아.

여기 다른 풀이에서 나오는 케일리–해밀턴의 정리의 역은 성립할까?

결론적으로 말하면 어떤 이차정사각행렬 A가

$A^2-(a+d)A+(ad-bc)E=O$를 만족할 때,

$A=\begin{pmatrix}a&b\\c&d\end{pmatrix}$라는 것은 거짓이야.

따라서 $A^2-(a+d)A+(ad-bc)E=O$가 성립할 때에는 다음과 같이 두 가지 경우로 나누어 풀어야 해.

① $A\neq kE$인 경우　　　　② $A=kE(k\neq0$인 상수)인 경우

$A=\begin{pmatrix}a&b\\c&d\end{pmatrix}$　　　　　$A=\begin{pmatrix}k&0\\0&k\end{pmatrix}$

L 05 정답 ② ·· 행렬의 곱셈에 대한 성질

(**정답 공식**: 행렬은 곱셈에 대한 결합법칙과 분배법칙이 성립한다.)

두 행렬 $A=\begin{pmatrix}3&1\\-1&4\end{pmatrix}$, $B=\begin{pmatrix}4&-1\\1&3\end{pmatrix}$에 대하여

$\underline{A^2+AB}$의 모든 성분의 합은?

단서 $A^2+AB=A(A+B)$로 변형하면 곱셈을 1번만 해도 돼.

① 50　　　　② 49　　　　③ 48

④ 47　　　　⑤ 46

1st A^2+AB의 모든 성분의 합을 구해.

두 행렬 $A=\begin{pmatrix}3&1\\-1&4\end{pmatrix}$, $B=\begin{pmatrix}4&-1\\1&3\end{pmatrix}$에 대하여

$A+B=\begin{pmatrix}7&0\\0&7\end{pmatrix}=7E$이므로

주의
행렬의 곱셈에서 교환법칙은 일반적으로 성립하지 않기 때문에
$A(A+B)\neq(A+B)A$야.
행렬을 묶는 방향에 주의해.

$A^2+AB=A(A+B)=7A$

$\qquad\qquad\qquad=7\begin{pmatrix}3&1\\-1&4\end{pmatrix}$

$\qquad\qquad\qquad=\begin{pmatrix}21&7\\-7&28\end{pmatrix}$

이므로 모든 성분의 합은

행렬 A의 모든 성분의 합을 구해서 7배 해도 돼.

$21+7+(-7)+28=49$이다.

L 06 정답 ① ·· 행렬의 곱셈에 대한 성질

(**정답 공식**: $(A+B)^2=A^2+AB+BA+B^2$)

두 행렬 $A=\begin{pmatrix}1&2\\3&0\end{pmatrix}$, $B=\begin{pmatrix}1&3\\2&0\end{pmatrix}$에 대하여

행렬 $(A+B)^2-(A^2+B^2)$의 모든 성분의 합은?

단서 식을 간단히 한 후 계산해.

① 38　　　　② 40　　　　③ 42

④ 44　　　　⑤ 46

1st 행렬을 간단히 하여 모든 성분의 합을 구해.

$\underline{(A+B)^2}-(A^2+B^2)$
$=(A+B)(A+B)$

$=(A^2+AB+BA+B^2)-(A^2+B^2)$

$=AB+BA$

$=\begin{pmatrix}1&2\\3&0\end{pmatrix}\begin{pmatrix}1&3\\2&0\end{pmatrix}+\begin{pmatrix}1&3\\2&0\end{pmatrix}\begin{pmatrix}1&2\\3&0\end{pmatrix}$

$=\begin{pmatrix}5&3\\3&9\end{pmatrix}+\begin{pmatrix}10&2\\2&4\end{pmatrix}$　곱셈을 먼저 계산하고 덧셈을 계산해.

$=\begin{pmatrix}15&5\\5&13\end{pmatrix}$

따라서 구하는 행렬의 모든 성분의 합은

$15+5+5+13=38$이다.

L

정답 및 해설 **557**

L 07 정답 ② .... 행렬의 곱셈에 대한 성질

(**정답 공식:** $(A+B)^2=A^2+AB+BA+B^2$, $(A-B)^2=A^2-AB-BA+B^2$)

두 이차정사각행렬 A, B가
$$(A+B)^2=\begin{pmatrix} 3 & 1 \\ 2 & 1 \end{pmatrix}, \quad A^2+B^2=\begin{pmatrix} 2 & -1 \\ 3 & 1 \end{pmatrix}$$
을 만족할 때, $(A-B)^2$은? **단서** 양변을 각각 빼면 $2AB$가 아니라 $AB+BA$를 알 수 있어.

① $\begin{pmatrix} 1 & -1 \\ 2 & 1 \end{pmatrix}$　　② $\begin{pmatrix} 1 & -3 \\ 4 & 1 \end{pmatrix}$　　③ $\begin{pmatrix} 1 & 0 \\ -3 & 1 \end{pmatrix}$

④ $\begin{pmatrix} -1 & 3 \\ 2 & 1 \end{pmatrix}$　　⑤ $\begin{pmatrix} -4 & 1 \\ 1 & 3 \end{pmatrix}$

1st 행렬 $(A-B)^2$을 구해.

$(A+B)^2=A^2+B^2+AB+BA$이므로
$AB+BA=(A+B)^2-(A^2+B^2)$
$$=\begin{pmatrix} 3 & 1 \\ 2 & 1 \end{pmatrix}-\begin{pmatrix} 2 & -1 \\ 3 & 1 \end{pmatrix}=\begin{pmatrix} 1 & 2 \\ -1 & 0 \end{pmatrix}$$
$\therefore (A-B)^2=A^2+B^2\underbrace{-AB-BA}_{=-(AB+BA)}$
$$=\begin{pmatrix} 2 & -1 \\ 3 & 1 \end{pmatrix}-\begin{pmatrix} 1 & 2 \\ -1 & 0 \end{pmatrix}=\begin{pmatrix} 1 & -3 \\ 4 & 1 \end{pmatrix}$$

L 08 정답 ② .... 행렬의 곱셈에 대한 성질

(**정답 공식:** $AB+AC=A(B+C)$, $AC+BC=(A+B)C$)

두 이차정사각행렬 A, B가
$$A+B=\begin{pmatrix} 1 & 2 \\ -3 & 1 \end{pmatrix}, \quad A-B=\begin{pmatrix} 3 & -1 \\ 0 & 1 \end{pmatrix}$$
을 만족할 때, $A^2+AB-BA-B^2$은? **단서** 분배법칙을 이용하여 간단히 해.

① $\begin{pmatrix} -6 & -5 \\ 3 & -1 \end{pmatrix}$　　② $\begin{pmatrix} 6 & 5 \\ -3 & 1 \end{pmatrix}$　　③ $\begin{pmatrix} 3 & 1 \\ -9 & 4 \end{pmatrix}$

④ $\begin{pmatrix} -3 & -1 \\ 9 & -4 \end{pmatrix}$　　⑤ $\begin{pmatrix} 3 & 6 \\ -4 & -1 \end{pmatrix}$

1st 행렬 $A^2+AB-BA-B^2$을 구해.

$\underline{A^2+AB-BA-B^2}=A(A+B)-B(A+B)$
같은 꼴이 나오게 2개씩 묶어. $=(A-B)(A+B)$
　　행렬의 분배법칙을 이용할 때는 곱셈의 순서에 주의하자.
$$=\begin{pmatrix} 3 & -1 \\ 0 & 1 \end{pmatrix}\begin{pmatrix} 1 & 2 \\ -3 & 1 \end{pmatrix}=\begin{pmatrix} 6 & 5 \\ -3 & 1 \end{pmatrix}$$

L 09 정답 ③ .... $AB=BA$가 성립하는 경우

(**정답 공식:** 행렬이 곱셈에 대한 교환법칙이 성립하는 상수를 구한다.)

두 행렬 $A=\begin{pmatrix} 2 & 0 \\ 1 & -1 \end{pmatrix}$, $B=\begin{pmatrix} 1 & a \\ 0 & 1 \end{pmatrix}$에 대하여

$AB=BA$가 성립할 때, 상수 a의 값은? **단서** 행렬이 서로 같을 조건을 이용해.
① -2　　　　② -1　　　　③ 0
④ 1　　　　⑤ 2

1st $AB=BA$가 성립하는 상수 a의 값을 구해.
$$AB=\begin{pmatrix} 2 & 0 \\ 1 & -1 \end{pmatrix}\begin{pmatrix} 1 & a \\ 0 & 1 \end{pmatrix}=\begin{pmatrix} 2 & 2a \\ 1 & a-1 \end{pmatrix}$$
$$BA=\begin{pmatrix} 1 & a \\ 0 & 1 \end{pmatrix}\begin{pmatrix} 2 & 0 \\ 1 & -1 \end{pmatrix}=\begin{pmatrix} 2+a & -a \\ 1 & -1 \end{pmatrix}$$
$AB=BA$가 성립하므로 두 행렬이 서로 같을 조건에 의해
$\underline{2=2+a}$에서 $a=0$
행렬의 $(1, 1)$성분을 비교해.

L 10 정답 ① .... $AB=BA$가 성립하는 경우

(**정답 공식:** 행렬이 곱셈에 대한 교환법칙이 성립하면 곱셈 공식을 적용할 수 있다.)

두 이차정사각행렬 $A=\begin{pmatrix} x & 0 \\ -1 & 2 \end{pmatrix}$, $B=\begin{pmatrix} 2 & y \\ 1 & 1 \end{pmatrix}$에 대하여

$(A+B)(A-B)=A^2-B^2$이 성립할 때, $x+y$의 값은?
단서 행렬이 서로 같을 조건을 이용해.
① 1　　　　② 2　　　　③ 3
④ 4　　　　⑤ 5

1st $(A+B)(A-B)=A^2-B^2$의 의미를 해석해.
$(A+B)(A-B)=A^2-AB+BA-B^2$이므로
$(A+B)(A-B)=A^2-B^2$에서 $\underline{AB=BA}$이다.
　　$(A+B)(A-B)=A^2-B^2$을 계산하는 것보다
　　$AB=BA$를 계산하는 것이 편하기 때문에 변형했어.

2nd $AB=BA$가 성립하는 상수 x, y를 구해.
$$AB=\begin{pmatrix} x & 0 \\ -1 & 2 \end{pmatrix}\begin{pmatrix} 2 & y \\ 1 & 1 \end{pmatrix}=\begin{pmatrix} 2x & xy \\ 0 & -y+2 \end{pmatrix}$$
$$BA=\begin{pmatrix} 2 & y \\ 1 & 1 \end{pmatrix}\begin{pmatrix} x & 0 \\ -1 & 2 \end{pmatrix}=\begin{pmatrix} 2x-y & 2y \\ x-1 & 2 \end{pmatrix}$$
$AB=BA$가 성립하므로 두 행렬이 서로 같을 조건에 의해
$\underline{0=x-1}$에서 $x=1$
행렬의 $(2, 1)$성분을 비교해.
$\underline{2x=2x-y}$에서 $y=0$
행렬의 $(1, 1)$성분을 비교해.
$\therefore x+y=1+0=1$

L 11 정답 ③ .... 행렬의 변형

[**정답 공식:** $A\begin{pmatrix} a \\ b \end{pmatrix}=\begin{pmatrix} p \\ q \end{pmatrix}$일 때, $(mA+nE)\begin{pmatrix} a \\ b \end{pmatrix}=m\begin{pmatrix} p \\ q \end{pmatrix}+n\begin{pmatrix} a \\ b \end{pmatrix}$ (m, n은 상수)]

이차정사각행렬 A에 대하여
$$A^2=2A-E, \quad A\begin{pmatrix} 2 \\ 1 \end{pmatrix}=\begin{pmatrix} 1 \\ 2 \end{pmatrix}$$
를 만족할 때, 행렬 $A^2\begin{pmatrix} 2 \\ 1 \end{pmatrix}$은? (단, E는 단위행렬)
단서 주어진 행렬의 연산으로 변형해.
① $\begin{pmatrix} 1 \\ 2 \end{pmatrix}$　　② $\begin{pmatrix} 2 \\ 1 \end{pmatrix}$　　③ $\begin{pmatrix} 0 \\ 3 \end{pmatrix}$

④ $\begin{pmatrix} 3 \\ 3 \end{pmatrix}$　　⑤ $\begin{pmatrix} 4 \\ 1 \end{pmatrix}$

1st 주어진 식을 이용하여 행렬을 변형해.

$A^2=2A-E$, $A\begin{pmatrix}2\\1\end{pmatrix}=\begin{pmatrix}1\\2\end{pmatrix}$이므로

$A^2\begin{pmatrix}2\\1\end{pmatrix}=(2A-E)\begin{pmatrix}2\\1\end{pmatrix}=2A\begin{pmatrix}2\\1\end{pmatrix}-E\begin{pmatrix}2\\1\end{pmatrix}$
   <u>분배법칙을 이용해.</u>

$=2\begin{pmatrix}1\\2\end{pmatrix}-\begin{pmatrix}2\\1\end{pmatrix}=\begin{pmatrix}2\\4\end{pmatrix}-\begin{pmatrix}2\\1\end{pmatrix}=\begin{pmatrix}0\\3\end{pmatrix}$

L 12 정답 ⑤ ·········· 단위행렬 E를 포함한 식

(**정답 공식:** 행렬 A와 단위행렬 E는 교환법칙이 성립한다.)

행렬 $A=\begin{pmatrix}3&0\\1&2\end{pmatrix}$에 대하여

$(A+E)(A^2-A+E)$는? (단, E는 단위행렬)

단서 곱셈 공식 $(x+1)(x^2-x+1)=x^3+1$을 떠올려.

① $\begin{pmatrix}1&0\\0&1\end{pmatrix}$ ② $\begin{pmatrix}9&0\\5&4\end{pmatrix}$ ③ $\begin{pmatrix}26&0\\19&7\end{pmatrix}$

④ $\begin{pmatrix}27&0\\19&8\end{pmatrix}$ ⑤ $\begin{pmatrix}28&0\\19&9\end{pmatrix}$

1st 행렬을 간단히 하여 계산해.

$A^2=\begin{pmatrix}3&0\\1&2\end{pmatrix}\begin{pmatrix}3&0\\1&2\end{pmatrix}=\begin{pmatrix}9&0\\5&4\end{pmatrix}$

$A^3=A^2A=\begin{pmatrix}9&0\\5&4\end{pmatrix}\begin{pmatrix}3&0\\1&2\end{pmatrix}=\begin{pmatrix}27&0\\19&8\end{pmatrix}$

$\therefore (A+E)(A^2-A+E)=A^3+E$
   $AE=EA=A$로 교환법칙이 성립하므로 곱셈 공식을 이용할 수 있어.

$=\begin{pmatrix}27&0\\19&8\end{pmatrix}+\begin{pmatrix}1&0\\0&1\end{pmatrix}=\begin{pmatrix}28&0\\19&9\end{pmatrix}$

L 13 정답 ② ·········· 단위행렬 E를 포함한 식

(**정답 공식:** 행렬 A와 단위행렬 E는 교환법칙이 성립한다.)

이차정사각행렬 A가 $A^2-A+E=O$를 만족시킬 때,
   단서 곱셈 공식 $(x+1)(x^2-x+1)=x^3+1$을 떠올려.
$A^{15}=kE$에서 실수 k의 값은?
                  (단, E는 단위행렬, O는 영행렬이다.)

① -2 ② -1 ③ 0

④ 1 ⑤ 2

1st 주어진 식을 이용하여 행렬 A^3을 구해.

$A^2-A+E=O$의 양변에 $A+E$를 곱하면
$(A+E)(A^2-A+E)=O$ 왼쪽, 오른쪽 중 어떤 방향에 곱해도 돼.
$A^3+E=O$ $\therefore A^3=-E$

2nd 실수 k의 값을 구해.
$A^{15}=(A^3)^5=(-E)^5=-E=kE$
$\therefore k=-1$

L 14 정답 ① ·········· 행렬의 진위 판별

(**정답 공식:** 주어진 조건으로 참임을 증명하거나 반례를 찾아 거짓임을 증명한다.)

두 이차정사각행렬 A, B에 대하여 [보기]에서 옳은 것만을
있는 대로 고른 것은? (단, E는 단위행렬, O는 영행렬이다.)

─────── [보기] ───────
ㄱ. $A+B=E$이면 $A^2-B^2=A-B$이다.
ㄴ. $\underline{A^2=2A}$이면 $A=O$ 또는 $A=2E$이다.
   단서 $A=O$, $A=2E$ 이외에도 식을 만족하는 행렬이 있으면 거짓이야.
ㄷ. $AB=A$이고 $BA=B$이면 $AB=BA$이다.

① ㄱ ② ㄴ ③ ㄱ, ㄷ
④ ㄴ, ㄷ ⑤ ㄱ, ㄴ, ㄷ

1st 조건에 맞게 [보기]의 진위를 판별해.
ㄱ. $A+B=E$에서 $A=E-B$
   $\therefore A^2-B^2=\underline{(E-B)^2}-B^2=E-2B=(E-B)-B=A-B$ (참)
      $(E-B)^2=E^2-EB-BE+B^2=E-2B+B^2$

ㄴ. [반례] $A=\begin{pmatrix}1&-1\\-1&1\end{pmatrix}$이면
      $\underline{A\neq O, A\neq kE}$이면서 $A^2=2A$를 만족시키는 행렬을 찾아.

$A^2=\begin{pmatrix}1&-1\\-1&1\end{pmatrix}\begin{pmatrix}1&-1\\-1&1\end{pmatrix}$

$=\begin{pmatrix}2&-2\\-2&2\end{pmatrix}=2\begin{pmatrix}1&-1\\-1&1\end{pmatrix}=2A$ (거짓)

ㄷ. [반례] $A=\begin{pmatrix}1&0\\0&0\end{pmatrix}$, $B=\begin{pmatrix}1&0\\1&0\end{pmatrix}$이면

$AB=\begin{pmatrix}1&0\\0&0\end{pmatrix}\begin{pmatrix}1&0\\1&0\end{pmatrix}=\begin{pmatrix}1&0\\0&0\end{pmatrix}=A$이고

$BA=\begin{pmatrix}1&0\\1&0\end{pmatrix}\begin{pmatrix}1&0\\0&0\end{pmatrix}=\begin{pmatrix}1&0\\1&0\end{pmatrix}=B$이지만

$AB\neq BA$이다. (거짓)
따라서 옳은 것은 ㄱ이다.

L 15 정답 13 ·········· 행렬의 곱셈

(**정답 공식:** 행렬 AB는 행렬 A의 제 i행의 성분과 행렬 B의 제 j열의 성분을 각각 차례대로 곱하여 더한 값을 (i, j)성분으로 하는 행렬이다.)

이차정사각행렬 A의 (i, j)성분 a_{ij}와
이차정사각행렬 B의 (i, j)성분 b_{ij}를 각각
   $a_{ij}=i-j+1$, $b_{ij}=i+j+1$ $(i=1, 2, j=1, 2)$
라 할 때, 행렬 AB의 $(2, 2)$성분을 구하시오.
   단서 $a_{22}\times b_{22}$로 계산하지 않도록 주의해.

1st 행렬 A를 구해.
이차정사각행렬 A의 (i, j)성분 a_{ij}와
이차정사각행렬 B의 (i, j)성분 b_{ij}는
각각 $a_{ij}=i-j+1$, $b_{ij}=i+j+1$ $(i=1, 2, j=1, 2)$이므로
$a_{11}=1-1+1=1$,
$a_{12}=1-2+1=0$,
$a_{21}=2-1+1=2$,
$a_{22}=2-2+1=1$
$\therefore A=\begin{pmatrix}1&0\\2&1\end{pmatrix}$ ··· **❶**

모의고사
L

$b_{11}=1+1+1=3$,
$b_{12}=1+2+1=4$,
$b_{21}=2+1+1=4$,
$b_{22}=2+2+1=5$

$\therefore B=\begin{pmatrix} 3 & 4 \\ 4 & 5 \end{pmatrix}$ ⋯ Ⅱ

3rd 행렬의 곱셈을 이용하여 AB의 $(2, 2)$성분을 구해.

$$AB=\begin{pmatrix} 1 & 0 \\ 2 & 1 \end{pmatrix}\begin{pmatrix} 3 & 4 \\ 4 & 5 \end{pmatrix}=\begin{pmatrix} 3 & 4 \\ 10 & 13 \end{pmatrix}$$

따라서 행렬 AB의 $(2, 2)$성분은 13이다. ⋯ Ⅲ
제 2행과 제 2열이 만나는 곳의 성분을 찾아.

[채점 기준표]

Ⅰ 행렬 A를 구한다.	30%
Ⅱ 행렬 B를 구한다.	30%
Ⅲ 행렬의 곱셈을 이용하여 AB의 $(2, 2)$성분을 구한다.	40%